Andreas Friesecke

Die Audio-Enzyklopädie

Andreas Friesecke

Die Audio-Enzyklopädie

Ein Nachschlagewerk für Tontechniker

2. Auflage

DE GRUYTER
SAUR

ISBN 978-3-11-034013-6
e-ISBN (PDF) 978-3-11-034018-1
e-ISBN (EPUB) 978-3-11-039602-7

Library of Congress Cataloging-in-Publication Data
A CIP catalog record for this book has been applied for at the Library of Congress.

Bibliografische Information der Deutschen Nationalbibliothek
Die Deutsche Nationalbibliothek verzeichnet diese Publikation
in der Deutschen Nationalbibliografie; detaillierte bibliografische Daten
sind im Internet über http://dnb.dnb.de abrufbar.

Druck und Bindung: CPI books GmbH, Leck
Gedruckt auf säurefreiem Papier
Printed in Germany

www.degruyter.com

Inhaltsverzeichnis

Vorwort

Die meisten Leser dieses Buches werden es wissen – aus eigener Erfahrung oder zumindest aus den Erzählungen anderer: Ein Musikinstrument zu lernen ist eine mühsame, langwierige Sache. Man benötigt Durchhaltevermögen und ein geeignetes Instrument. Das kann zunächst einfach und nicht zu teuer sein. Außerdem ist ein Lehrer vonnöten, der einem den Umgang mit dem Instrument und auch das Grundwissen beibringt. Und dann heißt es üben, üben, üben: Etüden rauf und runter, ob man mag oder nicht. Zu guter letzt soll man auch noch musikalisch spielen und die Musik interpretieren, aber – muss jetzt nicht erst ein besseres Instrument her? Und dazu vielleicht ein neuer Lehrer, ein Professor, ein Orchestermusiker oder gar ein bekannter Solist? So tastet (oder streicht oder bläst) man sich heran an das große Ziel.

Mit der Tontechnik ist es ähnlich wie beim Erlernen eines Instruments. Vielleicht ist ein Tonstudio nichts anderes als ein großes, komplexes Musikinstrument. Daher fängt man besser klein an, mit einem einfachen Mischpult. Und sucht sich jemand, der einem die richtige Technik, die Handgriffe und Vorgehensweisen beibringt. Auch ohne Lehrer kann man es versuchen, doch auf manches wird man dann nicht so schnell kommen. Aber irgendwann ist es soweit, und man sieht sich nach einem neuen, größeren Pult um. Und endlich, nach vielem Üben und Üben, wird man selbst in der Profiliga mitspielen und mitmischen können und vielleicht sogar sein Wissen weitergeben.

Wer schon ein Musikinstrument beherrscht, der wird sich beim "Erlernen des Mischpults" wahrscheinlich leichter tun. Auch Musikalität und Erfahrung im kreativen Umgang mit Musik sind von Vorteil. Aber am Lernen führt kein Weg vorbei, und das ist in jedem Fall ein komplexer und langwieriger Prozess. Schließlich muss man auch im Tonstudio irgendwann seine Geräte "im Schlaf" beherrschen: sich einen Klang vorstellen können und dabei die Regler und Knöpfe ganz automatisch so drehen und schieben, bis der gedachte Klang eingestellt ist - genauso wie man bei einem Instrument nicht mehr nachdenken muss, welche Griffe zu welchen Noten gehören. Dann kann man ein Tonstudio wirklich bedienen. Und dann beherrscht man ein mächtiges und großartiges "Instrument".

Bei einem Musikinstrument ist es ein Irrtum zu glauben, dass sich mit einem Profiinstrument das Lernen umgehen ließe. Man kann nicht gut sein, nur weil man teures Equipment hat, und auch auf einem einfachen Instrument kann man sehr musikalisch spielen, wenn man dieses Instrument beherrscht. Das ist bei der Arbeit im Tonstudio nicht anders.

Dieses Buch soll helfen, den technischen Umgang mit dem Tonstudio zu erlernen. Es ist ein Nachschlagewerk für den richtigen Umgang mit den Funktionen dieses "Musikinstruments". Auch wenn es keinen Lehrer ersetzen kann, unterstützt und fördert es den tieferen Einstieg in die Welt der Tonstudios. Und es wird hoffentlich über die Jahre ein Handbuch sein, auf das man immer wieder zurückgreifen kann und das immer mehr Kenntnis und Anregung bietet, je weiter man im Umgang mit seinem "Instrument" fortgeschritten ist.

In der zweiten Auflage dieses Buches finden sich über 100 Seiten Aktualisierungen, die meist der technischen Weiterentwicklung geschuldet sind. Durch diese Ergänzungen sind aber auch "alte" Inhalte herausgenommen worden. Vor allem der Umgang mit Bandmaschinen (Rauschunterdrükkung und Einmessen) ist nicht mehr enthalten. Diese Inhalte sind jedoch für den interessierten Leser weiterhin unter **www.die-audio-enzyklopaedie.de** verfügbar.

Danksagung

Zuerst möchte ich mich bei allen Kollegen bedanken, die mir mit Rat und Tat zur Seite standen:

- Stefan Bock
- Norman Büttner
- Thomas Erl
- Andreas Grotloh
- Armand Klenk
- Christian Lausmann
- Peter Maier
- Christian Müller
- Eberhard Sengpiel
- Michel Schreiber
- Florian Stärk

Weiterhin gilt mein Dank allen Firmen, die mir auf unkomplizierte Weise geholfen haben, an Informationen und Bildmaterial zu diesem Buch zu kommen.
Ein Dankeschön geht erneut an Michel Schreiber, der mir bei der Wahl des Titels zur Seite stand.

Danke auch an Anselm Turba, der eine ausführliche Liste mit Tippfehlern der ersten Auflage erstellt hat, die hier berücksichtigt wurde.

Ganz besonderer Dank gilt meiner Frau Susanne, die mir über die ganzen Jahre zur Seite stand, während ich an diesem Buch gearbeitet habe. Ihr verdanken Sie, liebe Leser, eine große Menge Kommas an den richtigen Stellen und eine korrekte Ausdrucksweise.

Hohenbrunn, im April 2014

Andreas Friesecke

Kapitel 1 - Akustik und Schwingungen

1 Akustik und Schwingungen

1.1 Schwingungen

Spricht man von einem "Signal" in der Tontechnik, so meint man eine Schwingung. Diese kann eine Änderung des Schalldrucks zur Folge haben, eine Schwankung der elektrischen Spannung verursachen oder die Veränderung der magnetischen Flussdichte auf einem Tonband bedeuten. Alle Schallereignisse, die man hören kann, sind Schwingungen. Nun existieren mehr oder weniger komplizierte Schwingungsverläufe und das genaue Aussehen einer Schwingung ist im Wesentlichen dafür verantwortlich, wie man ein Schallereignis einstuft. So gibt es einfache, sinusförmige Schwingungen, die in der Physik auch als Ton bezeichnet und vom Menschen als recht langweilig empfunden werden. Komplexe Schwingungen sind Gemische aus einfachen Schwingungen und können mehr oder weniger wohlklingend sein.
Auf die verschiedenen Formen der Schwingungen soll in diesem Kapitel eingegangen werden.

1.1.1 Einfache Schwingungen

Eine einfache Schwingung - gemeint ist hierbei eine sinusförmige Schwingung - ist durch drei grundlegende Größen charakterisiert:

- Die Amplitude: Dies ist die maximale Auslenkung der Schwingung vom Nulldurchgang.
- Die Periodendauer: Dies ist die Zeit, nach der sich die Schwingung wiederholt. Sie wird meistens dadurch bestimmt, dass man den zeitlichen Abstand zwischen zwei Nulldurchgängen in gleicher Richtung misst.
- Die Phasenlage: Dies ist die Zeit mit der der Schwingungsbeginn vom Zeitpunkt t=0 abweicht.

Die Periodendauer (T) wird oft durch die Frequenz ersetzt, wobei der mathematische Zusammenhang

$$f = \frac{1}{T}$$

gilt. Die Phasenlage wird meist als Winkel angegeben, der zeigt, um welchen Teil einer Periode die Schwingung vom Zeitpunkt t=0 abweicht.

Bei mathematischen Darstellungen von Schwingungen kommt hinzu, dass Winkel nicht im Gradmaß, sondern im Bogenmaß angegeben werden. Hierbei gilt:

360° im Gradmaß entsprechen $2 \cdot \pi$ im Bogenmaß

1.1.1.1 Einfache Darstellung

Eine einfache Schwingung ist die Grundlage für alle Schwingungsverläufe. Sie hat einen sinusförmigen Verlauf und kann mit Hilfe der folgenden Formel berechnet werden:

$$f(t) = A \cdot \cos(\omega \cdot t + \varphi)$$

mit:
f(t): Schwingungsverlauf über die Zeit
A: Amplitude der Schwingung
ω: Winkelgeschwindigkeit: $\omega = 2 \cdot \pi \cdot f$,
mit: f: Frequenz in Hertz, Hz
t: Zeit in Sekunden, s
φ: Phasenwinkel im Bogenmaß

Bei der Berechnung einer einfachen Schwingung wird die Cosinusfunktion verwendet, da diese in der Mathematik dem Realteil einer Schwingung entspricht. Die Sinusfunktion würde dem Imaginärteil entsprechen und findet nur dann Verwendung, wenn komplexe Zahlen geschrieben werden. Auch die Cosinusfunktion erzeugt einen sinusförmigen Schwingungsverlauf. Möchte man mit der Cosinusfunktion explizit eine Sinusschwingung erzeugen, so muss der Phasenwinkel φ auf $-\frac{\pi}{2}$ gesetzt werden.
Die Abbildung 1.1-1 zeigt eine Sinusschwingung mit einem Phasenwinkel von φ=0.
Man kann sich die Entstehung des Schwingungsverlaufs vorstellen, wenn man an einen Zeiger denkt, der sich gegen den Uhrzeigersinn dreht (siehe Abbildung 1.1-2). Die Winkelgeschwindigkeit ω gibt an, wie schnell sich der Zeiger dreht. Ist die Winkelgeschwindigkeit genau $\omega=2\cdot\pi$, dann dreht sich der Zeiger einmal pro Sekunde im Kreis, ist die Winkelgeschwindigkeit $\omega=10\cdot\pi$, dann dreht er sich fünfmal pro Sekunde im Kreis. Die Winkelgeschwindigkeit wird im Bogenmaß angegeben. Hierbei entspricht $2\cdot\pi$ genau 360° im Gradmaß.

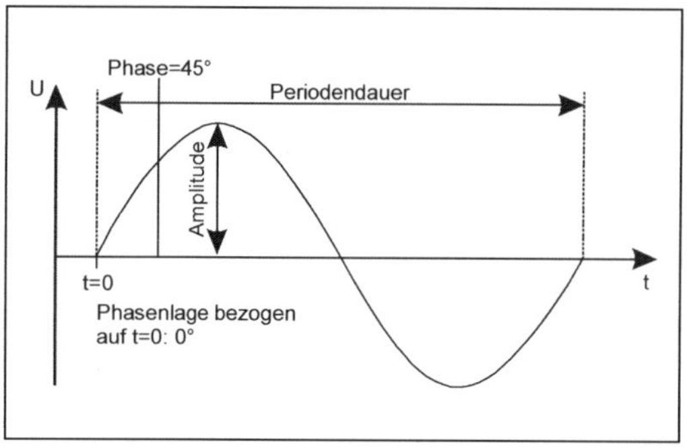

Abb. 1.1-1: Sinusschwingung

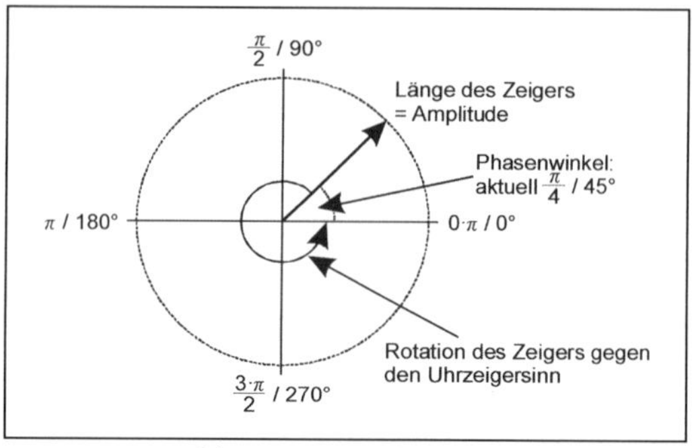

Abb. 1.1-2: Zeigerdiagramm

Stellt man sich nun das Diagramm mit dem drehenden Zeiger vor, während es mit der Zeit nach hinten in den Raum bewegt wird, dann projiziert die Spitze des Zeigers eine sinusförmige Schwingung auf die Zeitachse. Die Länge des Zeigers entspricht hierbei der Amplitude der Schwingung. Der Phasenwinkel φ gibt die Position des Zeigers zum Zeitpunkt t=0 an.

Die Zeigerdiagramme sind somit eine Möglichkeit, eine sinusförmige Schwingung darzustellen, ohne jedes Mal den gesamten Schwingungsverlauf zeichnen zu müssen. Es genügt ein einfacher Zeiger mit einem Phasenwinkel und einer Angabe der Winkelgeschwindigkeit. Insbesondere bei der Addition von mehreren Schwingungen können die Zeigerdiagramme sehr hilfreich sein, da man mit ihnen über eine einfache Vektoraddition die Summe mehrerer sinusförmiger Schwingungen bilden kann (siehe Kapitel 1.1.2).

1.1.1.2 Komplexe Darstellung

In der Mathematik und der Signalanalyse wird eine Schwingung oft nicht mit

$$f(t) = A \cdot \cos(\omega \cdot t + \varphi)$$

sondern als

$$f(t) = a \cdot \cos(\omega \cdot t) + b \cdot \sin(\omega \cdot t)$$

geschrieben.

Dies ist mathematisch gesehen das gleiche, nur dass die Schwingung nun nicht mehr nur mit Hilfe der Amplitude A und der Phase φ beschrieben wird, sondern als komplexer Wert, bestehend aus einem Realteil

$$\mathrm{Re}\, f(t) = a \cdot \cos(\omega \cdot t)$$

sowie einem Imaginärteil

$$\mathrm{Im}\, f(t) = b \cdot \sin(\omega \cdot t)$$

mit a und b als "Amplituden" des Real- bzw. Imaginärteils. Der Begriff Amplitude ist zwar prinzipiell für die Teilschwingungen richtig, hat jedoch nicht direkt etwas mit der ursprünglichen Signalamplitude zu tun und steht deshalb in Anführungszeichen.

Auch bei der komplexen Darstellung einer Schwingung funktioniert die Darstellung im Zeigerdiagramm. Der Zeiger, der in Abbildung 1.1-2 zu sehen war, besteht nun aus zwei Zeigern (siehe Abbildung 1.1-4). Die vektorielle Addition dieser beiden Zeiger führt zu dem gleichen Zeiger, der bereits in Abbildung 1.1-2 zu sehen war. Möchte man aus der komplexen Darstellung wieder die Amplitude und die Phase der Schwingung berechnen, so können folgende Formeln angewandt werden:

$$A = \sqrt{a^2 + b^2}$$

$$\varphi = \arctan\left(\frac{b}{a}\right)$$

mit:

A: Amplitude der Gesamtschwingung
φ: Phasenwinkel der Gesamtschwingung
a: Amplitude des Realteils der Schwingung
b: Amplitude des Imaginärteils der Schwingung

Bei der Projektion des Real- und Imaginärzeigers ergeben sich nun zwei Funktionen. Während die Projektion des Realteils eine Cosinusfunktion er-

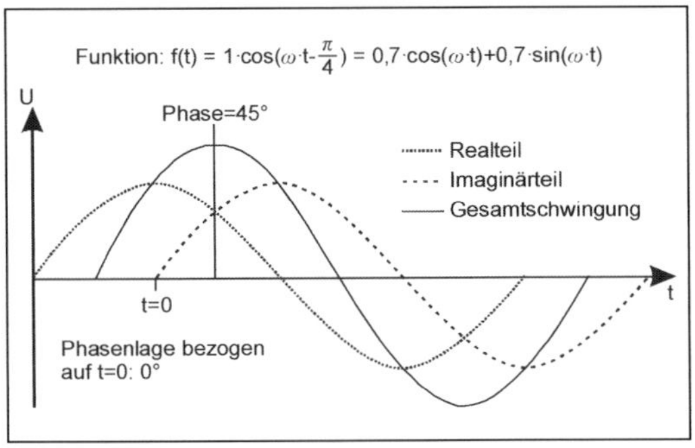

Abb. 1.1-3: Cosinus- und Sinusschwingung repräsentieren den realen und komplexen Teil einer Schwingung

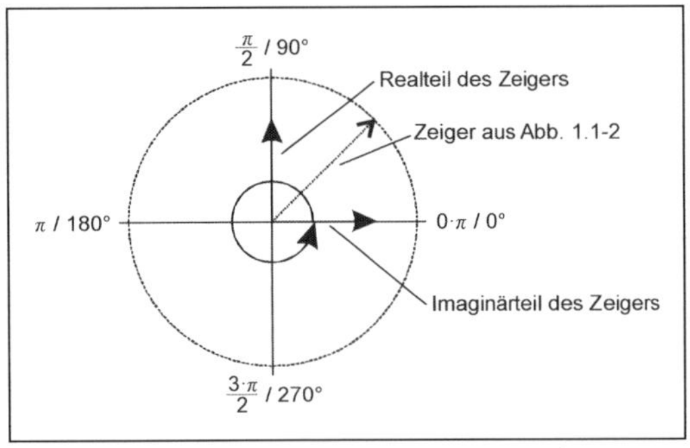

Abb. 1.1-4: Komplexer Zeiger zum Zeitpunkt t=0 (aus Abb. 1.1-3)

gibt, bildet sich der Imaginärteil auf eine Sinusfunktion ab.

Zum besseren Verständnis sollen noch ein paar Vergleiche gegeben werden:

$$f(t) = \\ = A \cdot \cos(\omega \cdot t + 0) = a \cdot \cos(\omega \cdot t) + 0 \cdot \sin(\omega \cdot t)$$

mit: $a = A$

$$f(t) = \\ = A \cdot \cos(\omega \cdot t - \frac{\pi}{4}) = a \cdot \cos(\omega \cdot t) + b \cdot \sin(\omega \cdot t)$$

mit: $a = b = A \cdot \frac{1}{\sqrt{2}}$

$$f(t) = \\ = A \cdot \cos(\omega \cdot t - \frac{\pi}{2}) = 0 \cdot \cos(\omega \cdot t) + b \cdot \cos(\omega \cdot t)$$

mit: $b = A$

$$f(t) = \\ = A \cdot \cos(\omega \cdot t - \pi) = a \cdot \cos(\omega \cdot t) + 0 \cdot \sin(\omega \cdot t)$$

mit: $a = -A$

Die komplexe Darstellung einer Schwingung vereinfacht die Analyse einer Schwingung (siehe Kapitel 1.1.5) wesentlich und wird deshalb oft der herkömmlichen Darstellung vorgezogen.

1.1.2 Überlagerung von einfachen Schwingungen

Wenn man von einer Überlagerung von Schwingungen spricht, so ist damit eine Addition verschiedener Wellenformen gemeint. Um herauszufinden, was bei der Überlagerung von zwei Schwingungen passiert, muss jeder Punkt der einen Schwingung mit jedem Punkt einer weiteren Schwingung addiert werden. Das Ergebnis ist dann die neu entstandene Schwingung. In den folgenden Unterkapiteln werden verschiedene Möglichkeiten der Schwingungsüberlagerung mathematisch gezeigt.

1.1.2.1 Gleiche Frequenz, gleiche Amplitude, unterschiedliche Phase

Haben zwei Schwingungen die gleiche Frequenz und die gleiche Amplitude, so stellt dies den einfachsten Fall der Überlagerung dar. Man muss bei der Addition lediglich den Phasenwinkel der beiden Schwingungen betrachten. Mathematisch betrachtet kann man sagen, die erste Schwingung lautet:

$$f_1(t) = A \cdot \cos(\omega \cdot t + \varphi_1)$$

Die zweite Schwingung lautet dann:

$$f_2(t) = A \cdot \cos(\omega \cdot t + \varphi_2)$$

Man sieht, dass sich die beiden Schwingungen nur im Phasenwinkel φ_1 und φ_2 voneinander unterscheiden.

Grundlegend gilt:

$$\cos(A) + \cos(B) =$$

$$= 2 \cdot \cos\left(\frac{A+B}{2}\right) \cdot \cos\left(\frac{A-B}{2}\right)$$

Somit kann man schreiben:

$$f_G(t) = f_1(t) + f_2(t) =$$

$$= 2 \cdot A \cdot \cos\left(\frac{\varphi_1 - \varphi_2}{2}\right) \cdot \cos\left(\omega \cdot t + \frac{\varphi_1 + \varphi_2}{2}\right)$$

Das Ergebnis ist also eine Schwingung mit der gleichen Frequenz, jedoch einer anderen Phasenlage. Die Phasenlage der neuen Schwingung lautet:

$$\varphi_G = \frac{\varphi_1 + \varphi_2}{2}$$

Die Amplitude der Schwingung hat sich in fast allen Fällen auch verändert und lautet nun:

$$A_G = 2 \cdot A \cdot \cos\left(\frac{\varphi_1 - \varphi_2}{2}\right)$$

Die Addition zweier Schwingungen kann jedoch nicht nur über mathematische Formeln erfolgen sondern auch grafisch mit Hilfe von Zeigerdiagrammen. In Abbildung 1.1-5 sind die Additionen von vier verschiedenen Phasenunterschieden zu sehen.

Phasenunterschied	w_G	A_G
0 / 0°	0 / 0°	$2 \cdot A$
$\frac{\pi}{2}$ / 90°	$\frac{\pi}{4}$ / 45°	$\sqrt{2} \cdot A$
$\frac{2 \cdot \pi}{3}$ / 120°	$\frac{\pi}{3}$ / 60°	A
π / 180°	$\frac{\pi}{2}$ / 90°	0

Tab. 1.1-1: Resultierende Phasen und Amplituden bei der Addition zweier Schwingungen mit gleicher Amplitude und gleicher Frequenz

Der dicke Pfeil gibt jeweils den Summenvektor aus den beiden Einzelsignalen an. Der Einfachheit halber hat die Schwingung $f_1(t)$ in diesen Zeichnungen immer die Phasenlage 0. Für die vier verschiedenen Phasenunterschiede sollen nun auch die resultierende Phase und Amplitude berechnet werden. Die Ergebnisse sind in Tabelle 1.1-1 zu sehen.

Ein Sonderfall ist die Addition der zwei Schwingungen, die $\frac{2 \cdot \pi}{3}$ oder 120° auseinander liegen. Hierbei

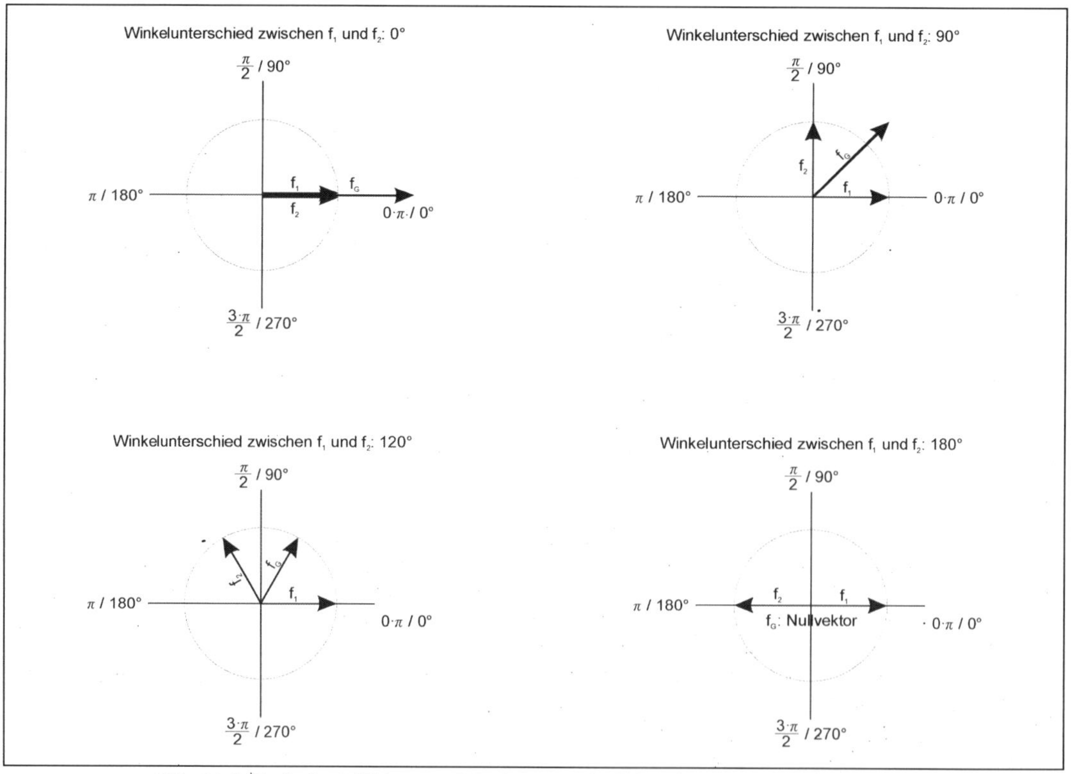

Abb. 1.1-5: Grafische Addition von Schwingungen im Zeigerdiagramm und als Funktion

ergibt sich eine Amplitude, die gleich groß ist wie die Amplitude der Einzelsignale.

1.1.2.2 Gleiche Frequenz, unterschiedliche Amplitude und Phase

Werden zwei Schwingungen mit gleicher Frequenz, jedoch ungleicher Amplitude und Phase betrachtet, so lauten ihre Gleichungen:

$$f_1(t) = A_1 \cdot \cos(\omega \cdot t + \varphi_1)$$

und:

$$f_2(t) = A_2 \cdot \cos(\omega \cdot t + \varphi_2)$$

Man sieht, dass sich die beiden Schwingungen nun in der Amplitude A_1 und A_2, sowie im Phasenwinkel φ_1 und φ_2 voneinander unterscheiden. Die Addition dieser Schwingungen ist ein wenig komplizierter. Es ergibt sich immer noch eine resultierende Schwingung mit der gleichen Frequenz, die auch die Teilschwingungen haben. Die Gesamtamplitude berechnet sich jedoch nun mit:

$$A_G = \sqrt{A_1^2 + A_2^2 + 2 \cdot A_1 \cdot A_2 \cdot \cos(\varphi_2 - \varphi_1)}$$

Die Gesamtphase wird mit der folgenden Formel berechnet:

$$\varphi_G = \arctan\left(\frac{A_1 \cdot \sin(\varphi_1) + A_2 \cdot \sin(\varphi_2)}{A_1 \cdot \cos(\varphi_1) + A_2 \cdot \cos(\varphi_2)}\right)$$

Man kann hierbei erkennen, dass die Gesamtamplitude A_G niemals Null werden und somit auch keine Komplettauslöschung der sich überlagernden Schwingung stattfinden kann.

Nach Einsetzen der oben genannten Formeln lautet die Gesamtschwingung:

$$f_G(t) = A_G \cdot \cos(\omega \cdot t + \varphi_G)$$

1.1.2.3 Ungleiche Frequenz, Amplitude und Phase

Der schwierigste Fall bei der Überlagerung von Schwingungen tritt ein, wenn alle drei Größen, die eine Schwingung definieren, voneinander abweichen. Ihre Gleichungen lauten dann:

$$f_1(t) = A_1 \cdot \cos(\omega_1 \cdot t + \varphi_1)$$

und:

$$f_2(t) = A_2 \cdot \cos(\omega_2 \cdot t + \varphi_2)$$

Die Schwingungen unterscheiden sich nun in der Amplitude A_1 und A_2, in der Winkelgeschwindigkeit ω_1 und ω_2, sowie im Phasenwinkel φ_1 und φ_2.

Die beiden Phasenwinkel φ_1 und φ_2 sind zwar verschieden, aufgrund der unterschiedlichen Frequenz gibt es jedoch einen Zeitpunkt, an dem gilt $\varphi_1 = \varphi_2$. Dieser Zeitpunkt soll definiert werden als $\varphi_1 = \varphi_2 = 0$. Somit vereinfachen sich die Formeln zu:

$$f_1(t) = A_1 \cdot \cos(\omega_1 \cdot t)$$

und:

$$f_2(t) = A_2 \cdot \cos(\omega_2 \cdot t)$$

Grundlegend gilt nach wie vor:

$$\cos A + \cos B =$$

$$= 2 \cdot \cos\left(\frac{A+B}{2}\right) \cdot \cos\left(\frac{A-B}{2}\right)$$

Somit kann man schreiben:

$$f_G(t) = 2 \cdot \cos\left(\frac{\omega_1 + \omega_2}{2} \cdot t\right) \cdot \cos\left(\frac{\omega_1 - \omega_2}{2} \cdot t\right)$$

Die Amplitude dieser Schwingung kann mit der Formel:

$$A_G = \sqrt{A_1^2 + A_2^2 + 2 \cdot A_1 \cdot A_2 \cdot \cos[(\omega_1 - \omega_2) \cdot t]}$$

berechnet werden. Man erkennt hierbei, dass die Amplitude mit der Differenzfrequenz ω_1-ω_2 moduliert wird.

Eine Gesamtphase kann nicht angegeben werden, da diese im Vergleich zu den Einzelschwingungen ständig ihren Wert verändert.

1.1.2.4 Addition von gleichen Signalen im Raum

Werden zwei gleiche Signale auf zwei Lautsprecher gegeben, so addieren sich deren Schalldrücke im Raum. Um nun festzustellen, um wie viel dB sich die Signale addieren, kann man zunächst die Leistung der beiden Signale mit einbeziehen: Bei zwei

gleichen Signalen wird an gleichen Lautsprechern auch die gleiche Leistung hervorgerufen. Im Vergleich zu einem einzelnen Signal hat sich die Leistung somit bei zwei Signalen verdoppelt. Die doppelte Leistung bedeutet einen Pegelanstieg um +3dB. Somit muss auch der Schalldruck im Raum um +3dB angestiegen sein, da sich Energie nicht vermehren kann.
Unter Umständen ist es jedoch möglich, dass der gemessene Schalldruck an einer bestimmten Position im Raum tatsächlich um +6dB ansteigt, obwohl nur +3dB mehr Leistung auf die Lautsprecher gegeben wurde. Dies erklärt sich durch Interferenzen, die dafür sorgen, dass sich der Schalldruck direkt vor den Lautsprechern um +6dB erhöht, wenn auch der Abstand zu beiden Lautsprechern gleich ist. Seitlich der Lautsprecher oder dahinter kann der Schalldruck jedoch auch geringer werden. Betrachtet man den gesamten Raum, so steigt der Schalldruck insgesamt nur um +3dB an.

Damit kommt man zu einer anderen Möglichkeit, dieses Problem zu betrachten:

- An einem Abhörpunkt, der sich im diffusen Schallfeld des Raums befindet, erhöht sich der Schalldruck um +3dB. Je höher die Frequenz ist, desto eher befindet man sich im diffusen Schallfeld für diese Frequenz.
- An einem Abhörpunkt, an dem fast nur Direktsignal zu hören ist und der gleich weit entfernt von beiden Lautsprechern ist, steigt der Schalldruck um bis zu +6dB an. Je tiefer die Frequenz ist, desto eher kann dieser Zustand in der Praxis erreicht werden. Durch die auftretenden stehenden Wellen sind allerdings auch Auslöschungen mit über -20dB Pegelverlust möglich!

Diese Problematik wird beim Downmix von Signalen interessant (siehe Kapitel 13.5.5) und findet auch im Livebereich (vor allem Open Air) eine positiv genutzte Anwendung (siehe Kapitel 6.13).

1.1.3 Modulation von Schwingungen

Für die Übertragung von Signalen ist es oft erforderlich, eine Modulation des Signals vorzunehmen, damit das Signal besser an den Übertragungskanal angepasst und somit effektiver übertragen werden kann. Im folgenden Kapitel sollen die wichtigsten Modulationsarten von Schwingungen für analoge Signale gezeigt werden.

1.1.3.1 Amplitudenmodulation

Die Amplitudenmodulation ist die einfachste Modulationsart von analogen Signalen. Ein Trägersignal mit einer bestimmten Frequenz wird in Abhängigkeit des Nutzsignals in der Amplitude verändert. Dabei gilt: Je größer die Spannung des Nutzsignals ist, desto größer wird auch die Amplitude des Trägersignals. Die Abbildung 1.1-6 zeigt die Funktionsweise der Amplitudenmodulation mit dem Trägersignal, dem Nutzsignal und dem Signal nach der Amplitudenmodulation.

Mathematisch gesehen kann die Amplitudenmodulation durch folgende Formel ausgedrückt werden:

$$AM(t) = \frac{A \cdot f(t) + o}{2} \cdot \cos(\omega \cdot t)$$

mit:

AM(t):	Amplitudenmoduliertes Signal
A:	Amplitude des Nutzsignals
o:	Offsetwert (so dass keine negativen Werte den Träger modulieren können)
f(t):	Nutzsignal
ω:	Winkelgeschwindigkeit des Trägersignals
t:	Zeit in Sekunden, s

Im Ruhezustand des Nutzsignals ist f(t)=0, der Offset wird mit o=1 angenommen, somit ergibt sich für die Amplitude des Trägersignals:

$$m(t) = \frac{1}{2} \cdot \cos(\omega \cdot t)$$

Die maximal zulässige Amplitude des Nutzsignals (A) darf nicht größer werden als die Amplitude des Trägersignals (a), da ansonsten im Bereich der negativen Halbwelle des Nutzsignals keine korrekte Modulation mehr möglich ist und die Übertragung verzerren würde. Der Modulationsgrad (m), definiert mit

$$m = \frac{A}{a} \cdot 100\%$$

muss kleiner oder gleich 100% sein, da sonst die oben genannten Verzerrungen auftreten würden.

Die Trägerfrequenz ist in der Praxis um ein Vielfaches höher als die höchste Frequenz des Nutzsignals. Der Frequenzbereich für langwellige Radioübertragung beginnt bei 100kHz, für Mittelwelle bei ca. 500kHz.

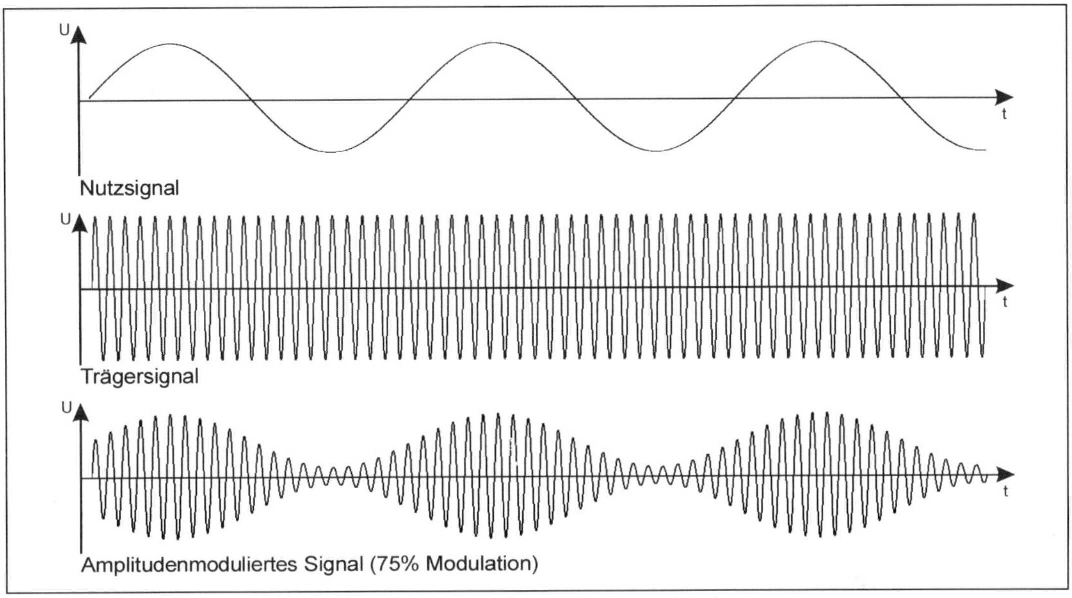

Abb. 1.1-6: Prinzip der Amplitudenmodulation

Die Amplitudenmodulation wird hauptsächlich für einfache Signalübertragungen verwendet.

Die Amplitudenänderung des Trägers entspricht der Lautstärke des Nutzsignals; die Häufigkeit, in der sich der Träger ändert, entspricht der Frequenz des Nutzsignals.

Dadurch ergibt sich das Problem, dass Schwankungen in der Amplitude des zu empfangenden Signals gleichzeitig auch Lautstärkeveränderungen des Nutzsignals hervorrufen. Je nach Qualität der Übertragungsstrecke kann es also zu Pegelveränderungen im Nutzsignal kommen.

1.1.3.2 Amplitudendemodulation durch Hüllkurvengleichrichtung

Eine Möglichkeit, ein amplitudenmoduliertes Signal zu demodulieren, funktioniert durch Gleichrichten des modulierten Signals mit Hilfe einer Diode. Das gleichgerichtete Signal wird in einen Kondensator geladen, welcher wiederum durch einen Widerstand entladen werden kann. Dadurch ergibt sich die Hüllkurve des modulierten Signals. Eventuell verbliebene Reste der Hochfrequenz werden durch ein Tiefpassfilter herausgefiltert. Ein Koppelkondensator am Ende filtert den verbleibenden Gleichspannungsoffset aus dem Signal, so dass das Nutzsignal übrig bleibt. Die Wellenformen bei der Amplitudendemodulation sind in Abbildung 1.1-7 zu sehen.

1.1.3.3 Amplitudendemodulation durch eine nichtlineare Kennlinie

Eine zweite Möglichkeit, ein amplitudenmoduliertes Signal zu demodulieren, ist mit Hilfe einer Schaltung mit nichtlinearer Übertragungsfunktion (siehe Kapitel 4.1). Wenn die Übertragungsfunktion im positiven Bereich eine andere Verstärkung aufweist als im negativen Bereich, so hat eine reine Wechselspannung, die mit dieser Funktion übertragen wird, einen Gleichspannungsanteil zur Folge. Das bedeutet, dass das hochfrequente Trägersignal, in dessen Amplitude die Audioinformation steckt, in gewisser Form gleichgerichtet wird.

Angenommen, die Verstärkung im positiven Bereich der Übertragungsfunktion sei im Mittel 1,2, im negativen Bereich jedoch nur 1,1. In diesem Fall würde die hochfrequente Trägerschwingung nach der Verstärkung an der Übertragungsfunktion eine Verschiebung in den positiven Bereich erfahren. Da positive Signalamplituden um den Faktor 1,2 verstärkt werden, negative jedoch nur um 1,1, bleibt ein positiver Rest übrig. Dieser hat die 0,1-fache Amplitude des Spitze-Spitze-Wertes des Trägersignals. Ändert sich die Amplitude des Trägersignals infolge der Modulation, so ändert sich auch der

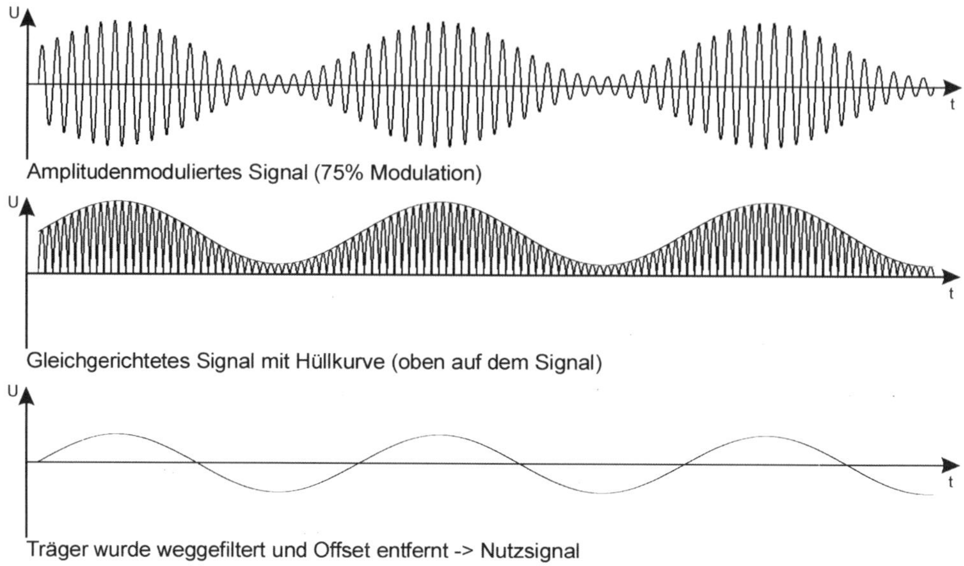

Abb. 1.1-7: Amplitudendemodulation durch Hüllkurvengleichrichtung

Gleichspannungsanteil, der nach der Verstärkung entstanden ist. Somit ist man bei einem ganz ähnlichen Prinzip angelangt, das bereits in Kapitel 1.1.2.2 beschrieben wurde.

Je größer der Unterschied zwischen der Verstärkung im positiven und im negativen Bereich ist, desto stärker kann die Verstärkung des Signals an der nichtlinearen Kennlinie zu einem hörbaren Empfang amplitudenmodulierter Sendungen führen. Dieses Problem tritt hauptsächlich bei Gitarrenverstärkern auf, die keine gute Ruhestromeinstellung der Gegentaktendstufen haben und genau dadurch vom "Sound" verzerrt klingen sollen. Als unschöner Nebeneffekt dieser Verzerrungen begünstigen sie jedoch einen AM-Radioempfang.

1.1.3.4 Frequenzmodulation

Bei der Frequenzmodulation handelt es sich um ein etwas aufwendigeres Verfahren. Auch hier gibt es ein Nutzsignal und eine Trägerfrequenz, die ein Vielfaches höher ist als das Nutzsignal. Durch das Nutzsignal wird die Frequenz des Trägersignals bei der Frequenzmodulation verändert. So wird die Frequenz des Trägersignals bei einer niedrigen Spannung des Nutzsignals tiefer und bei einer hohen Spannung des Nutzsignals höher. Die Abbildung 1.1-8 zeigt das Prinzip der Frequenzmodulation mit Trägersignal, Nutzsignal und dem frequenzmodulierten Signal.

Im Ruhezustand des Nutzsignals f(t) liegt die Frequenz des Trägersignals bei ihrem Normalwert. Dies ist der Wert, der bei Radiosendern als Sendefrequenz bekanntgegeben wird.

Nimmt f(t) einen positiven Wert an (positive Halbwelle), so wird die Frequenz des Trägersignals höher. Wird f(t) negativ, so sinkt die Frequenz des Trägersignals ab.

Die Frequenzmodulation wird hauptsächlich für qualitativ hochwertigere Signalübertragungen verwendet. Sie findet Anwendung bei UKW-Radio, Fernsehen und Sendemikrofonen.

Der Frequenzhub - also die Stärke der Frequenzänderung - des Trägers entspricht nun der Lautstärke des Nutzsignals, die Häufigkeit, in der sich die Frequenz des Trägers ändert, entspricht der Frequenz des Nutzsignals.

Somit ist diese Modulationsart - im Gegensatz zur Amplitudenmodulation - unempfindlich gegenüber Schwankungen in der Stärke des zu empfangenden Signals, da die Signalstärke in keiner direkten Beziehung zum Nutzsignal steht.

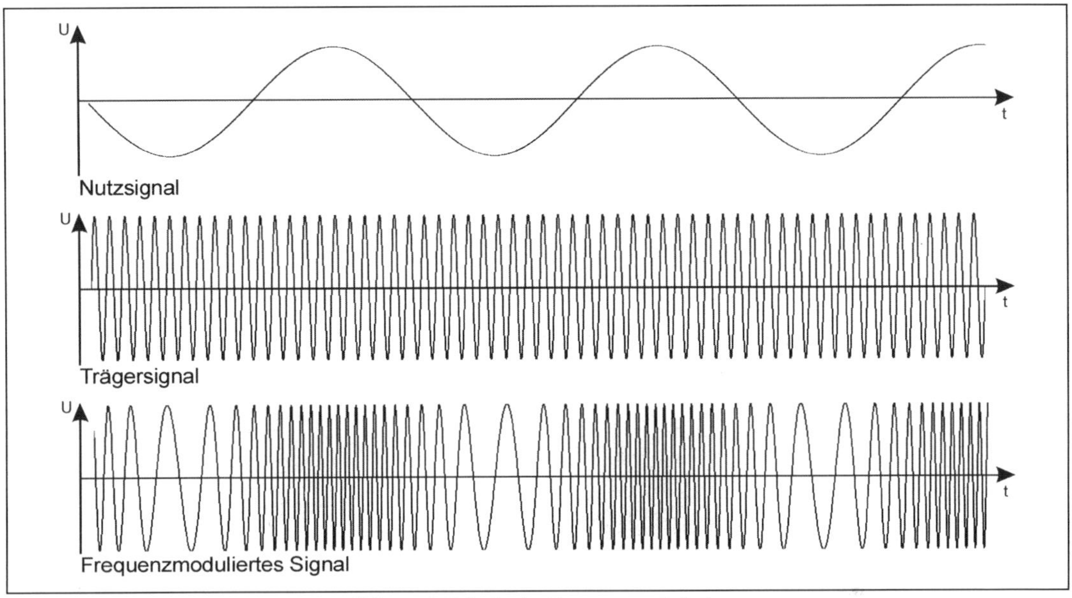

Abb. 1.1-8: Prinzip der Frequenzmodulation

Um einen noch besseren Signal-Rauschabstand zu erreichen, wird bei den meisten FM-Sendestrecken eine Rauschunterdrückung eingesetzt. Dies kann eine Emphasis oder auch ein Kompandersystem sein (siehe Kapitel 8.3).

1.1.3.5 Frequenzdemodulation

Bei der Frequenzdemodulation müssen zwei Schritte hintereinander durchgeführt werden. Zunächst muss das frequenzmodulierte Signal in ein amplitudenmoduliertes Signal umgewandelt werden. Anschließend erfolgt eine Amplitudendemodulation wie in Kapitel 1.1.3.2 beschrieben.

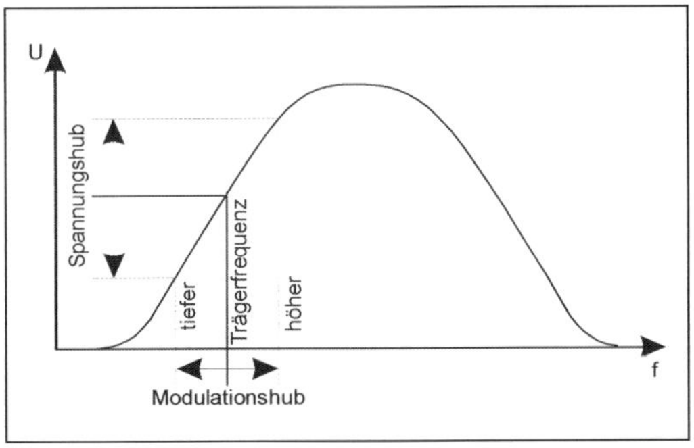

Abb. 1.1-9: Umwandlung eines frequenzmodulierten Signals in ein amplitudenmoduliertes.

Hier soll nun nur noch die Umwandlung eines frequenzmodulierten Signals in ein amplitudenmoduliertes gezeigt werden. Dies kann im einfachsten Fall an der Flanke eines Filters geschehen. Die Abbildung 1.1-9 zeigt, wie diese Umwandlung prinzipiell geschehen kann. Man legt die Ruhefrequenz (f_0) des Trägers in die Mitte der Flanke des Filters. Wird die Frequenz nun durch eine Modulation höher, so rutscht sie an der Flanke des Filters nach oben, wird sie tiefer, rutscht sie nach unten. Die Ausgangsspannung des Filters stellt ein amplitudenmoduliertes Signal dar, welches sehr einfach demoduliert werden kann.

1.1.3.6 Pulsweitenmodulation

Bei der Pulsweitenmodulation wird ein hochfrequentes Rechtecksignal durch das Nutzsignal im Tastverhältnis moduliert. Das Tastverhältnis eines Rechtecksignals beschreibt die Dauer, in der es positiv ist, im Verhältnis zu der Dauer, in der es negativ oder Null ist:

$$\text{Tastverhältnis} = \frac{t_{ein}}{t_{ein} + t_{aus}} \cdot 100\%$$

mit:

t_{ein}: Zeit, in der das Rechtecksignal positiv ist

t_{aus}: Zeit, in der das Rechtecksignal negativ oder Null ist

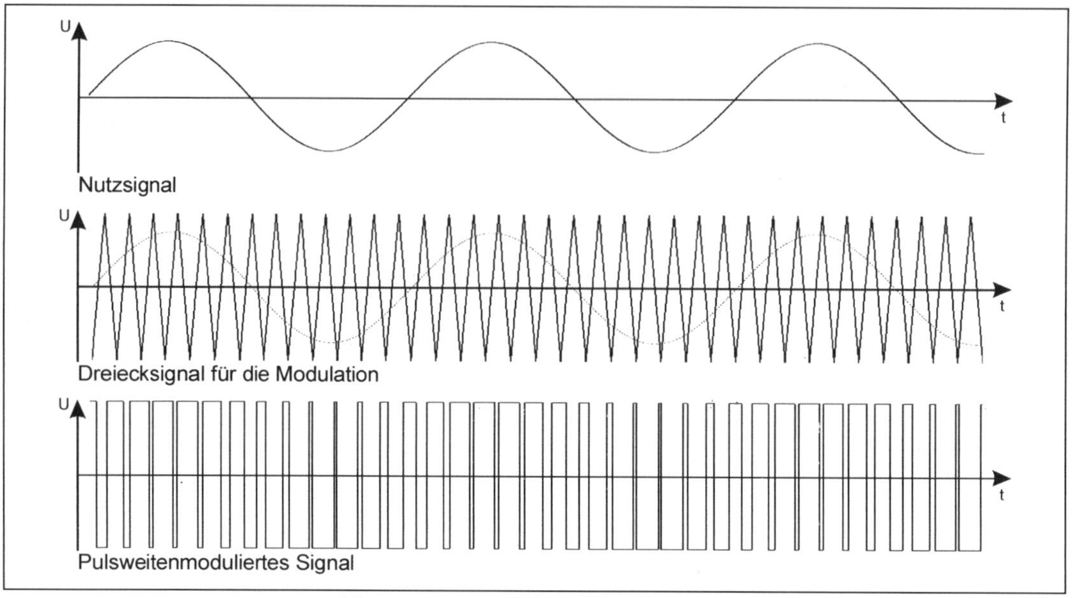

Abb. 1.1-10: Prinzip der Pulsweitenmodulation

Bei einem Tastverhältnis von 50% ist das Rechtecksignal also während der ersten Hälfte einer Periode positiv und während der anderen Hälfte negativ oder Null. Die Tastverhältnisse 0% (t_{ein}=0) und 100% (t_{aus}=0) ergeben keinen Sinn, da in diesen Fällen auch keine Rechteckschwingung mehr vorhanden ist.

Eine Pulsweitenmodulation kann mit Hilfe eines hochfrequenten Dreieckgenerators, der eine Hilfsfrequenz für die Modulation erzeugt, und einem Komparator bewerkstelligt werden. Die Abbildung 1.1-10 zeigt die Pulsweitenmodulation mit dem dreieckigen Hilfssignal, dem Nutzsignal und dem Signal nach der Pulsweitenmodulation.

Die Formel zur Berechnung des pulsweitenmodulierten Signals lautet:

$$\begin{aligned} PWM(t) &= 1, \text{wenn } f(t) > d(t) \\ PWM(t) &= 0 \text{ oder } -1, \text{wenn } f(t) < d(t) \end{aligned}$$

mit:
PWM(t): Pulsweitenmoduliertes Signal
d(t): Hochfrequentes, dreieckiges Hilfssignal
f(t): Nutzsignal

Die Pulsweitenmodulation wird verwendet, wenn das Signal möglichst einfach mit Hilfe von nur zwei Zuständen übertragen werden soll. Somit kann es durch Schalter oder Leuchtdioden bzw. Optokoppler geschickt werden, ohne dass Verluste auftreten. Obwohl das Signal nur noch aus zwei Zuständen besteht, ist es noch lange nicht digital (siehe Kapitel 7.1.1), sondern nur in einem binären Zustand.

Die Verstärkung in Klasse-D Endstufen, drahtlose Signalübertragung, sowie die Steuerung von Schaltnetzteilen erfolgt mit Hilfe dieser Modulationstechnik. Sie hat den Vorteil, dass die zur Verfügung stehende Leistung mit einem optimalen Wirkungsgrad umgesetzt wird, da nur Schaltzustände existieren (siehe Kapitel 5.13.1.2).

1.1.3.7 Pulsweitendemodulation

Die Demodulation eines pulsweitenmodulierten Signals kann ganz einfach mit Hilfe eines Tiefpassfilters erfolgen. Dieser muss folgende Eigenschaften aufweisen:

- keine Dämpfung im Bereich des zu übertragenden Nutzsignals (zum Beispiel im Audiobereich).
- starke Dämpfung an der Hilfsfrequenz (=Trägerfrequenz), so dass diese komplett weggefiltert wird.

Wird das hochfrequente Trägersignal herausgefiltert, bleibt nur dessen Mittelwert übrig, und dieser entspricht exakt dem ursprünglichen Nutzsignal. Für eine saubere Demodulation sollte die höchste Frequenz des Nutzsignals noch deutlich unter der Frequenz des Trägersignals liegen. Auf diese Weise muss das Tiefpassfilter nicht so steil sein und ruft keine störenden Phasenverschiebungen im Nutzbereich hervor. Für Audioanwendungen mit ca. 100dB Dynamik empfiehlt sich ein ähnliches Verhältnis wie beim A/D-Wandeln mit Oversampling (siehe Kapitel 7.3.5.2), um ein möglichst einfaches Filter mit wenig Phasenverschiebung zu bekommen.

1.1.4 Komplexe Schwingungen

Unter komplexen Schwingungen versteht man die Addition mehrerer sinusförmiger Schwingungen miteinander. Diese können in einem harmonischen Verhältnis zueinander stehen (=harmonische Schwingung) oder aus völlig willkürlichen Frequenzen gebildet werden (=nichtharmonische Schwingungen).

1.1.4.1 Harmonische Schwingungen

Bei den harmonischen Schwingungen entsteht die resultierende Gesamtschwingung durch die Addition von sinusförmigen Schwingungen, die in einem harmonischen Zusammenhang miteinander stehen. Damit ist gemeint, dass es eine Grundschwingung gibt, die auch 1. Harmonische genannt wird. Zu dieser addieren sich Oberschwingungen, die eine ganzzahlig vielfache Frequenz der Grundschwingung haben. So hat die 2. Harmonische die zweifache Frequenz der ersten Harmonischen, die dritte Harmonische die dreifache Frequenz usw.

So könnte man die Entstehung einer harmonischen Schwingung mathematisch mit folgender Formel beschreiben:

$$
\begin{aligned}
f(t) = A_0 &+ \\
&+A_1 \cdot \cos(\omega \cdot t + \varphi_1) \\
&+A_2 \cdot \cos(2 \cdot \omega \cdot t + \varphi_2) \\
&+A_3 \cdot \cos(3 \cdot \omega \cdot t + \varphi_3) \\
&+A_4 \cdot \cos(4 \cdot \omega \cdot t + \varphi_4) \\
&+ \ldots
\end{aligned}
$$

mit:

f(t): Schwingungsverlauf über die Zeit
A_x: Amplitude der Schwingung
ω: Winkelgeschwindigkeit: $\omega = 2 \cdot \pi \cdot f$, mit:
f: Frequenz in Hertz, Hz
t: Zeit in Sekunden, s
φ_x: Phasenwinkel im Bogenmaß
x: Nummer der Harmonischen

In der Formel fällt die nullte Harmonische auf, die mit A_0 geschrieben wird, was in Wirklichkeit

$$A_0 \cdot \cos(0 \cdot \omega \cdot t + \varphi_0)$$

mit $\varphi_0 = 0$ ist. Somit kommt für den Cosinus der Wert 1 und für den gesamten Term nur A_0 heraus. Es handelt sich hierbei um das Null-Niveau der Schwingung, das heißt, den Ruhewert, um den die harmonische Schwingung herum pendelt. In der Elektrotechnik spricht man auch vom "Gleichspannungspotential".

Möchte man die Schwingung aus analysetechnischen Gründen komplex darstellen (siehe Kapitel 1.1.1.2), dann lautet die Formel:

$$
\begin{aligned}
f(t) = a_0 &+ \\
&+a_1 \cdot \cos(\omega \cdot t) + b_1 \cdot \sin(\omega \cdot t) \\
&+a_2 \cdot \cos(2 \cdot \omega \cdot t) + b_2 \cdot \sin(2 \cdot \omega \cdot t) \\
&+a_3 \cdot \cos(3 \cdot \omega \cdot t) + b_3 \cdot \sin(3 \cdot \omega \cdot t) \\
&+a_4 \cdot \cos(4 \cdot \omega \cdot t) + b_4 \cdot \sin(4 \cdot \omega \cdot t) \\
&+ \ldots
\end{aligned}
$$

mit:

f(t): Schwingungsverlauf über die Zeit
a_x: "Amplitude" des Realteils der Schwingung
b_x: "Amplitude" des Imaginärteils der Schwingung
ω: Winkelgeschwindigkeit: $\omega = 2 \cdot \pi \cdot f$, mit:
f: Frequenz in Hertz, Hz
t: Zeit in Sekunden, s
x: Nummer der Harmonischen

Diese Formel wird auch "Fourierreihe für f(t)" genannt und ist auch unter dem Begriff "Fouriersynthese" bekannt. Für die Analyse von komplexen Schwingungen (siehe Kapitel 1.1.5) wird diese Darstellung benötigt, damit die Berechnung verständlich wird.

1.1.4.2 Nichtharmonische Schwingungen

Von "nichtharmonischen Schwingungen" spricht man, wenn sinusförmige Schwingungen mit einem nicht geradzahligen Verhältnis zueinander addiert werden. Der Klang einer nichtharmonischen Schwingung wird als dissonant und nicht angenehm empfunden.

Im Gegensatz zu den harmonischen Schwingungen kann für eine nichtharmonische Schwingung keine allgemeingültige Formel aufgestellt werden. Die Analyse einer nichtharmonischen Schwingung erweist sich aus diesem Grund auch als sehr schwierig.

1.1.5 Analyse komplexer Schwingungen

Die bekannteste Methode zur Analyse von harmonischen Schwingungen ist die Fourieranalyse oder auch Fouriertransformation. Diese wird nach Jean Baptiste Fourier benannt, einem französischen Mathematiker und Physiker, der Ende des 18. Jahrhunderts die Theorie aufstellte, dass sich jede periodische Schwingung in einzelne Harmonische zerlegen lasse. Eine Erklärung, wie diese funktioniert, sowie verschiedene Varianten der Fouriertransformation werden in den folgenden Kapiteln erläutert.

1.1.5.1 Die Fouriertransformation

Fourier verfasste Anfang des 19. Jahrhunderts eine Formel für die Zerlegung komplexer Schwingungen in ihre harmonischen Komponenten. Diese wurde unter dem Begriff Fouriertransformation bekannt und lautet (bereits vereinfacht):

$$c(k) = \frac{1}{T} \cdot \int_0^T f(t) \cdot e^{-i \cdot k \cdot \omega \cdot t}\, dt$$

mit:

- c(k): Komplexe Darstellung des Spektrums
- T: Periodendauer: $\frac{2 \cdot \pi}{\omega}$ in Sekunden, s
- f(t): Funktion, die analysiert wird
- e: Basis des natürlichen Logarithmus
- i: Imaginäre Einheit: $\sqrt{-1}$
- ω: Winkelgeschwindigkeit der 1. Harmonischen $\omega = 2 \cdot \pi \cdot f$ mit f: Frequenz der ersten Harmonischen in Hertz, Hz
- k: Nummer der Harmonischen: 0, 1, 2, 3, 4...
- t: Zeit in Sekunden, s

Nun gilt nach der Eulerschen Formel:

$$e^{-i \cdot \varphi} = \cos(\varphi) - i \cdot \sin(\varphi)$$

Somit kann das Fourierintegral auch geschrieben werden als:

$$c(k) = \frac{1}{T} \cdot \int_0^T f(t) \cdot [\cos(k \cdot \omega \cdot t) - i \cdot \sin(k \cdot \omega \cdot t)]\, dt$$

Weiterhin gilt für die komplexe Größe c(k):

$$c(k) = a(k) + i \cdot b(k)$$

Also kann man das Fourierintegral in einen Real- und einen Imaginärteil spalten:

$$a(k) = \frac{2}{T} \cdot \int_0^T f(t) \cdot \cos(k \cdot \omega \cdot t)\, dt$$

$$b(k) = -\frac{2}{T} \cdot \int_0^T f(t) \cdot \sin(k \cdot \omega \cdot t)\, dt$$

für k=0 gilt somit:

$$a(0) = \frac{1}{T} \cdot \int_0^T f(t)\, dt \quad \text{und} \quad b(0) = 0$$

Anhand der Berechnung von a(0) kann man sehr einfach sehen, wie die Amplituden der einzelnen Harmonischen gebildet werden - es ist lediglich das Integral über eine Periode der ersten Harmonischen. Im Falle von k=0 ergibt sich daraus der Gleichspannungsanteil der Schwingung f(t). Für alle $k \geq 1$ wird die Schwingung f(t) mit einem Cosinusterm (Realteil) beziehungsweise Sinusterm (Imaginärteil) erweitert.

Die zu analysierende Schwingung ist definiert mit:

$$\begin{aligned} f(t) = a_0 &+ \\ &+ a_1 \cdot \cos(\omega \cdot t) + b_1 \cdot \sin(\omega \cdot t) \\ &+ a_2 \cdot \cos(2 \cdot \omega \cdot t) + b_2 \cdot \sin(2 \cdot \omega \cdot t) \\ &+ a_3 \cdot \cos(3 \cdot \omega \cdot t) + b_3 \cdot \sin(3 \cdot \omega \cdot t) \\ &+ a_4 \cdot \cos(4 \cdot \omega \cdot t) + b_4 \cdot \sin(4 \cdot \omega \cdot t) \\ &+ \ldots \end{aligned}$$

Es gilt grundlegend:

$$\cos(A) \cdot \cos(B) =$$

$$= \frac{1}{2} \cdot \cos(A + B) + \frac{1}{2} \cdot \cos(A - B)$$

sowie:

$$\sin(A) \cdot \cos(B) =$$

$$= \frac{1}{2} \cdot \sin(A - B) + \frac{1}{2} \cdot \sin(A + B)$$

und:

$$\sin(A)\cdot\sin(B) =$$

$$= \frac{1}{2}\cdot\cos(A+B) - \frac{1}{2}\cdot\cos(A-B)$$

Fourier führt für die Analyse der komplexen Schwingung eine Erweiterung dieser Schwingung durch. f(t) wird im Realteil mit einem Cosinusterm erweitert und im Imaginärteil mit einem Sinusterm.

Am Beispiel einer Schwingung, die zu Beweiszwecken nur aus der dritten Harmonischen besteht, soll gezeigt werden, wie die Amplitude von deren Realteil bei der Fourieranalyse ermittelt wird.

Die dritte Harmonische der Signalschwingung lautet:

$$a_3\cdot\cos(3\cdot\omega\cdot t) + b_3\cdot\sin(3\cdot\omega\cdot t)$$

Durch die Erweiterung mit einem Cosinusterm wird die Analyse des Realteils der dritten Harmonischen für k=1 zu:

$$a(1) = \frac{2}{T}\cdot\int_0^T a_3\cdot\cos(3\cdot\omega\cdot t)\cdot\cos(1\cdot\omega\cdot t) +$$

$$+b_3\cdot\sin(3\cdot\omega\cdot t)\cdot\cos(1\cdot\omega\cdot t)\,dt =$$

$$= \frac{2}{T}\cdot\int_0^T \frac{1}{2}\cdot a_3\cdot(\cos(4\cdot\omega\cdot t) + \cos(2\cdot\omega\cdot t)) +$$

$$+\frac{1}{2}\cdot b_3\cdot(\sin(2\cdot\omega\cdot t) + \sin(4\cdot\omega\cdot t))\,dt =$$

$$= \frac{2}{T}\cdot 0 = 0$$

Der Mittelwert einer Cosinusschwingung sowie einer Sinusschwingung über eine oder mehrere Perioden ist immer Null. Somit wird auch das oben gezeigte Integral zu Null, und die Fourieranalyse zeigt, dass für k=1 keine Amplitude des Realteils zu erwarten ist. Zur Erinnerung: Es war auch nur die dritte Harmonische vorhanden. Für k=1 darf also auch keine Amplitude herauskommen.

Als nächstes soll k=2 gewählt werden. Für a(2) gilt somit:

$$a(2) = \frac{2}{T}\cdot\int_0^T a_3\cdot\cos(3\cdot\omega\cdot t)\cdot\cos(2\cdot\omega\cdot t) +$$

$$+b_3\cdot\sin(3\cdot\omega\cdot t)\cdot\cos(2\cdot\omega\cdot t)\,dt =$$

$$= \frac{2}{T}\cdot\int_0^T \frac{1}{2}\cdot a_3\cdot(\cos(5\cdot\omega\cdot t) + \cos(\omega\cdot t)) +$$

$$+\frac{1}{2}\cdot b_3\cdot(\sin(\omega\cdot t) + \sin(5\cdot\omega\cdot t))\,dt =$$

$$= \frac{2}{T}\cdot 0 = 0$$

Auch in diesem Fall wird das Integral zu Null, da der Mittelwert nur über komplette Perioden der Schwingung gebildet wird. Somit wird der Realteil der Analyse auch für k=2 zu Null.

Als nächstes soll k=3 gesetzt werden. Für a(3) gilt somit:

$$a(3) = \frac{2}{T}\cdot\int_0^T a_3\cdot\cos(3\cdot\omega\cdot t)\cdot\cos(3\cdot\omega\cdot t) +$$

$$+b_3\cdot\sin(3\cdot\omega\cdot t)\cdot\cos(3\cdot\omega\cdot t)\,dt =$$

$$= \frac{2}{T}\cdot\int_0^T \frac{1}{2}\cdot a_3\cdot(\cos(6\cdot\omega\cdot t) + \cos(0)) +$$

$$+\frac{1}{2}\cdot b_3\cdot(\sin(0) + \sin(6\cdot\omega\cdot t))\,dt =$$

$$= a_3$$

Somit bekommt man tatsächlich die Amplitude des Realteils für die dritte Harmonische korrekt zurück, da cos(0)=1 und sin(0)=0. Die Integrale über die kompletten Schwingungen sind nach wie vor Null. Wie man selbst weiter ermitteln kann, kommt für alle k=4, 5, 6, ... auch Null heraus.

Die vergleichbare Rechnung könnte man mit den Imaginärteilen anstellen. Auch hier kommt nur für k=3 die Amplitude b_3 heraus. Für alle k≠3 ergibt die Berechnung Null.

Man kann also erkennen, dass die Erweiterung mit den Cosinus- und Sinustermen eine Art "Sieb" für bestimmte Frequenzen bildet. Nur bei den richtigen Harmonischen ergibt der Mittelwert ein Ergebnis ungleich Null und stellt direkt die Stärke der entsprechenden Harmonischen dar.

1.1.5.2 Die diskrete Fouriertransformation

Da die Berechnung eines Integrals teilweise recht schwierig sein kann, hat man die diskrete Fouriertransformation eingeführt. Sie entspricht dem Fourierintegral, gilt jedoch nur für diskrete Werte für f(t). Diskret bedeutet, dass das Signal aus einer endlichen Menge an Werten besteht und nicht unendlich genau dargestellt wird. Die Digitaltechnik ist das beste Beispiel für die diskrete Signaldarstellung (siehe Kapitel 7.1.2). Bei der Verwendung von diskreten Signalen wird aus dem Integral eine Summenfunktion. Die Fouriertransformation kann also einfacher geschrieben werden mit:

$$c(k) = \frac{1}{N} \cdot \sum_{n=0}^{N-1} f(n) \cdot \left[\cos\left(\frac{k \cdot \omega \cdot n}{f \cdot N}\right) - i \cdot \sin\left(\frac{k \cdot \omega \cdot n}{f \cdot N}\right)\right]$$

mit:

f(n): Aktueller Abtastwert der Schwingung

n: Nummer des Abtastwertes: 0, 1, 2, ..., N-1

f: Frequenz der 1. Harmonischen in Hertz, Hz. (Tatsache ist, dass sich f im Bruch wegkürzen wird! Dadurch liegt die erste Harmonische bei $\frac{f_s}{N}$ mit f_s: Abtastfrequenz in Hertz, Hz)

ω: Winkelgeschwindigkeit: $\omega=2 \cdot \pi \cdot f$

k: Nummer der Harmonischen: 0,1,2, ..., $\frac{N}{2} - 1$

N: Gesamtanzahl der zu analysierenden Abtastwerte

1.1.5.3 Die FFT (Fast Fourier Transformation)

Die schnelle Fouriertransformation (FFT) kann angewandt werden, wenn die Anzahl der zu analysierenden Abtastwerte (N) bei Verwendung der diskreten Fouriertransformation eine Potenz von zwei ist. So ist zum Beispiel für 512, 1024, ..., 16384, ... eine schnelle Fouriertransformation möglich. Bei genau dieser Anzahl von Analysewerten können Ergebnisse der Berechnungen für mehrere Harmonische (k) gleichzeitig verwendet werden. Auf diese Weise wird Rechenzeit gespart. In vielen Spektumanalysatoren und computergestützten Messsystemen wird die FFT angewandt, um eine akzeptable Leistung des Systems zu bekommen und den Prozessor nicht zu sehr zu belasten.

1.2 Schall

Schall entsteht durch die Ausbreitung von Schwingungen, den Schallwellen. Mit ihrer Hilfe werden Signale zum Mikrofon transportiert und gelangen vom Lautsprecher an unser Ohr. In diesem Kapitel soll auf die physikalischen Eigenschaften des Schalls näher eingegangen werden.

1.2.1 Schallwellen

Die Darstellung der Wellenausbreitung von Schall soll in diesem Kapitel nur anhand von gasförmigen Medien dargestellt werden. Dies bedeutet nicht, dass der Schall nicht auch durch flüssige oder feste Medien transportiert werden kann. Diese ist jedoch im Rahmen einer tontechnischen Betrachtung des Schalls eher nebensächlich.

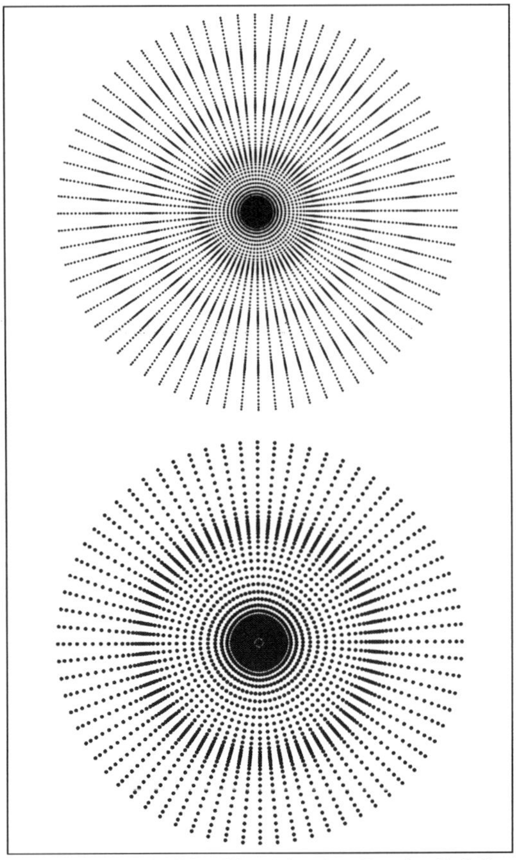

Abb. 1.2-1: Schalldruckbereiche einer Kugelwelle bei hoher Frequenz (oben) und tiefer Frequenz (unten)

Breitet sich der Schall in einem gasförmigen Medium aus - zum Beispiel Luft - so geschieht dies in Form von Longitudinalwellen oder Kompressionswellen. Dies sind Wellen, bei denen die Teilchen des Trägermediums - in unserem Fall die Luftmoleküle - vor und zurück in Richtung der Wellenausbreitung schwingen. Somit ergeben sich Zonen mit einem Überdruck und Zonen mit einem Unterdruck, welche sich periodisch abwechseln und mit der Schallgeschwindigkeit ausbreiten. Die Abbildung 1.2-1 zeigt die prinzipielle Darstellung einer Schallwelle anhand der Kugelwelle. Die Punkte stellen die Luftmoleküle dar, die an machen Stellen der Schallwelle eng beieinander (Überdruck) und an anderen Stellen weit auseinander liegen (Unterdruck). Diese Druckzonen wechseln sich periodisch im Abstand der Wellenlänge der Schwingung ab. Weiterhin stellt die Abbildung 1.2-1 nur eine Momentaufnahme der Schwingung dar. Die gezeigten Zonen breiten sich nämlich auch noch mit der Schallgeschwindigkeit in alle Richtungen aus.

1.2.2 Ausbreitung von Schall

Die Ausbreitung von Schall erfolgt mit der Schallgeschwindigkeit. Diese ist für alle Frequenzen, die abgestrahlt werden, gleich groß. Sie ist jedoch abhängig von dem Medium, in dem der Schall sich ausbreitet, von der Temperatur des Mediums, sowie bei Luft auch vernachlässigbar geringfügig von der Luftfeuchte.

1.2.2.1 Schallgeschwindigkeit

Die Schallgeschwindigkeit ist in trockener Luft nur noch von der Temperatur der Luft abhängig. Sie ändert sich pro Grad Celsius um $0,6\frac{m}{s}$ und beträgt bei 0° Celsius $331,6\frac{m}{s}$. Somit kann man allgemein schreiben:

$$c = \left(331,6 + 0,6 \cdot \frac{t}{°C}\right)\frac{m}{s}$$

mit:

c: Ausbreitungsgeschwindigkeit im Medium. In diesem Fall: Schallgeschwindigkeit in Meter pro Sekunde, $\frac{m}{s}$

t: Temperatur in Grad Celsius, °C

Bei einer Temperatur von 20°C, die meist als typische Umgebungstemperatur angenommen wird, gilt also:

Material	Schallgeschwindigkeit in $\frac{m}{s}$
Gummi	54
Luft, 20°C	344
Wasser, 20°C	1483
Hartgummi	1570
Eis, -4°C	3200
Holz	3300 - 4500
Stein	3600 - 3800
Glas	4000 - 5500
Stahl	5100

Tab. 1.2-1: Schallgeschwindigkeiten in verschiedenen Materialien

$$c = 344\,\frac{m}{s}$$

In der Tabelle 1.2-1 sind die Schallgeschwindigkeiten für verschiedene Materialien aufgelistet. Hierbei fällt auf, dass die Schallgeschwindigkeit in fast allen Feststoffen wesentlich höher ist als in Luft.

1.2.2.2 Frequenz und Wellenlänge

Die Wellenlänge einer Schallschwingung kann direkt aus der Frequenz und der Schallgeschwindigkeit berechnet werden. Die Formel, die diesen Zusammenhang beschreibt, lautet:

$$\lambda = \frac{c}{f}$$

mit:
λ: Wellenlänge in Metern, m
c: Schallgeschwindigkeit im Medium in $\frac{m}{s}$
f: Frequenz in Hertz, Hz

Hierbei ist zu beachten, dass die entsprechende Schallgeschwindigkeit für das Medium verwendet werden muss, in dem sich der Schall ausbreitet.

Frequenz	Wellenlänge
20Hz	17,2m
100Hz	3,4m
500Hz	68,8cm
1kHz	34,4cm
5kHz	6,9cm
10kHz	3,4cm
20kHz	1,7cm

Tab. 1.2-2: Verhältnis zwischen Wellenlänge und Frequenz in der Luft

Die Berechnung der Wellenlänge erweist sich als wichtig, wenn Effekte wie Reflexion und Beugung betrachtet werden sollen.

In Tabelle 1.2-2 sind die Wellenlängen für verschiedenen Frequenzen und $c = 344\,\frac{m}{s}$ dargestellt.

1.2.2.3 Der Dopplereffekt

Der Dopplereffekt entsteht, wenn sich eine Schallquelle auf den Hörer oder das Mikrofon zubewegt oder sich von ihnen entfernt. Durch diesen Effekt wird ein Schallereignis höher oder tiefer wahrgenommen, als es in Wirklichkeit ist. Dies wurde von dem österreichischen Physiker Christian Doppler 1842 entdeckt und nach ihm benannt. Die Abbildung 1.2-2 zeigt anhand von drei Beispielen, die Gebiete gleichen Drucks:

- Stehende Schallquelle (oben): Das Signal gelangt mit der richtigen Wellenlänge zum Hörer und wird somit auch in der richtigen Tonhöhe wahrgenommen.
- Schallquelle bewegt sich auf den Hörer zu (mitte): Die Wellenlänge, die beim Hörer ankommt, ist durch die Bewegung der Schallquelle kleiner geworden. Dadurch wird das Signal mit einer höheren Frequenz wahrgenommen.
- Schallquelle bewegt sich vom Hörer weg (unten): Die Wellenlänge, die beim Hörer ankommt, ist nun durch die Bewegung der Schallquelle größer geworden. Dadurch wird das Signal mit einer tieferen Frequenz wahrgenommen.

Die Frequenz, die vom Hörer wahrgenommen wird, ist also abhängig von der abgestrahlten Frequenz, sowie der Geschwindigkeit, mit der sich die Schallquelle zum Hörer bewegt:

$$f_H = f_Q \cdot \frac{c - v_H}{c - v_Q}$$

mit:
f_H: Frequenz, die der Hörer wahrnimmt in Hertz, Hz
f_Q: Frequenz, die die Quelle abstrahlt, in Hertz, Hz
c: Schallgeschwindigkeit in $\frac{m}{s}$
v_Q: Geschwindigkeit der Quelle zum Hörer in $\frac{m}{s}$. Bewegt sich die Schallquelle nicht, so ist $v_Q=0$.
v_H: Geschwindigkeit des Hörers zur Quelle in $\frac{m}{s}$. Bewegt sich der Hörer nicht, so ist $v_H=0$.

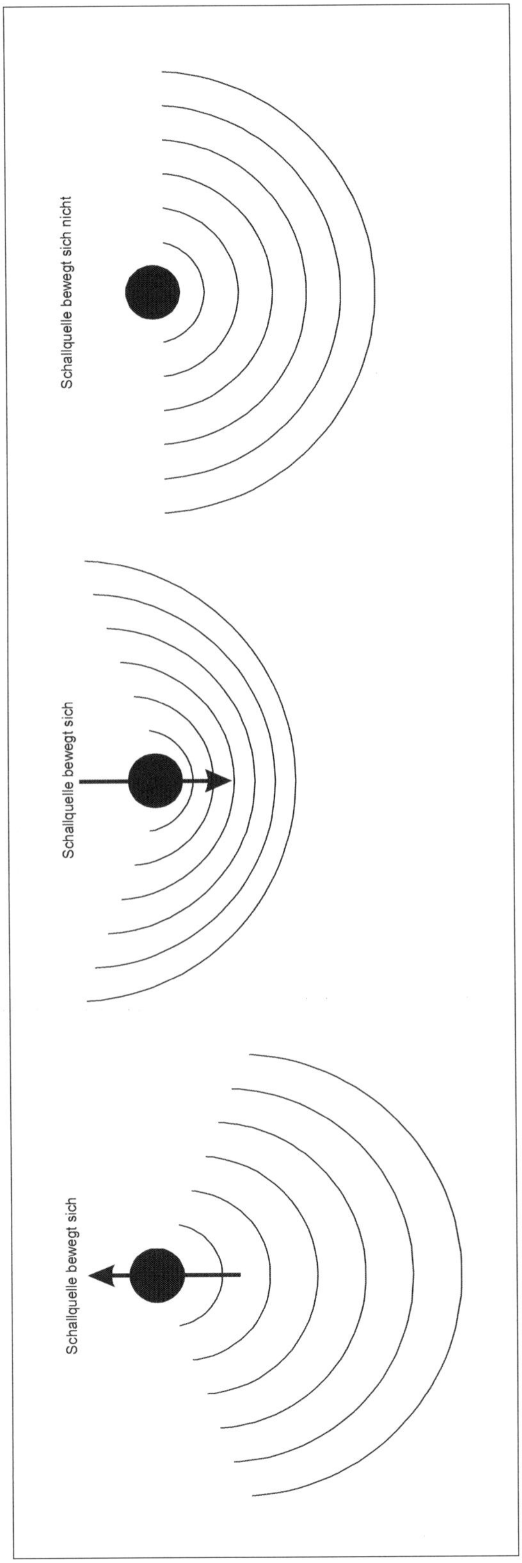

Abb. 1.2-2: Der Dopplereffekt

Die Geschwindigkeiten v_Q und v_H sind positiv, wenn sich die Quelle, bzw. der Hörer in Richtung der Schallwelle bewegen. Sie sind negativ, wenn sie sich entgegen der Richtung der Schallwelle bewegen.

Etwas besonderes passiert, wenn v_Q=c. In diesem Fall ist die Geschwindigkeit gleich Mach 1. Die Mach-Zahl wurde nach dem österreichischen Physiker Ernst Mach benannt und berechnet sich mit:

$$M = \frac{v_Q}{c}$$

mit:

M: Mach-Zahl: Bei der Angabe einer Geschwindigkeit als Mach-Zahl wird berücksichtigt, dass die Schallgeschwindigkeit temperaturabhängig ist. Somit gilt immer: Mach 1 liegt bei der aktuell geltenden Schallgeschwindigkeit.

c: Schallgeschwindigkeit in $\frac{m}{s}$

v_Q: Geschwindigkeit der Quelle in $\frac{m}{s}$.

Im Fall von Mach 1 liegen alle Wellenfronten, die von der Schallquelle ausgehen, auf der selben Stelle. An dieser Stelle, die sich selbst mit Schallgeschwindigkeit bewegt, entsteht die Schallmauer.

Bewegt sich ein Objekt mit v_Q>c, also mit Überschallgeschwindigkeit, so bildet dieses Objekt einen Mach-Kegel. Dies passiert unabhängig davon, ob das Objekt eine Schallquelle ist oder nicht. Der Öffnungswinkel α des Mach-Kegels ist mit:

$$\alpha = 2 \cdot \arcsin\left(\frac{c}{v_Q}\right) = 2 \cdot \arcsin\left(\frac{1}{M}\right)$$

definiert. Wird ein Schallempfänger von der Wellenfront des Kegels getroffen, so hört er den Überschallknall.

1.2.2.4 Schalldruck

Der Schalldruck ist als die zeitliche Abweichung vom mittleren Druck definiert. Der mittlere Druck ist in gasförmigen Medien der Druck, der im Ruhezustand vorherrscht. Der mittlere Druck in Luft ist in Tabelle 1.2-3 zu sehen. Er ist abhängig von der Höhe und der Wetterlage. Die Tabelle gibt die verschiedenen Werte bei normalem Wetter an. In etwa 5500 Meter Höhe hat sich der Luftdruck im Vergleich zum Druck in Null Metern Höhe halbiert.

Der Schalldruck stellt somit die Verdichtung bzw. Verdünnung der Luft an bestimmten Stellen einer Schallwelle dar. Es gilt:

$$p_a(t) = p_0 + p(t)$$

mit:
$p_a(t)$: Absoluter Druck in Pascal, Pa
p_0: Mittlerer Druck in Pascal, Pa
$p(t)$: Schalldruck in Pascal, Pa
t: Zeit in Sekunden, s

Für das menschliche Ohr und für Mikrofone ist der Schalldruck entscheidend für das, was gehört bzw. gewandelt wird.
Der Schalldruck ist eine ungerichtete Größe, das heißt, es wird ein Wert angegeben (Über- oder Unterdruck) aber keine Richtung.

1.2.2.5 Der Druckgradient

Der Druckgradient ist der Druckunterschied zwischen zwei nebeneinander liegenden Punkten in einem Schallfeld. In der Praxis sind diese Punkte die Vorderseite und die Rückseite einer Mikrofonmembran. Der Druckgradient wird bei gleichem Schalldruck zu tiefen Frequenzen hin kleiner und zu hohen Frequenzen hin größer.

1.2.2.6 Schallschnelle

Die Schallschnelle ist die Geschwindigkeit, mit der sich die Teilchen, mit deren Hilfe eine Schallwelle transportiert wird, um ihren Ruhepunkt hin- und herbewegen. Die Schallschnelle ist eine gerichtete Größe. Das bedeutet, dass neben der Geschwindigkeit auch die Richtung angegeben wird. Im einfachsten Fall der ebenen Welle ist die Richtung identisch mit der Ausbreitungsrichtung der Schallwelle. Eine positive Schnelle bedeutet dann eine Vorwärtsbewegung des Luftteilchens, eine negative Schnelle eine Rückwärtsbewegung.
Die Schallschnelle darf nicht mit der Schallgeschwindigkeit verwechselt werden, da es sich um eine völlig unterschiedliche Größe handelt.

Höhe über Null in m	Luftdruck in hPa
0	1.013,25
100	1.001,3
200	989,5
300	977,7
400	966,1
500	954,6
600	943,2
700	931,9
800	920,8
900	909,7
1.000	898,8
2.000	795
3.000	701,1
4.000	616,4
5.000	540,2

Tab. 1.2-3: Luftdruck in Abhängigkeit der Höhe

1.2.2.7 Impedanz einer Schallwelle, Schallwellenwiderstand

Das Verhältnis aus dem Schalldruck zu Schallschnelle ist der Schallwellenwiderstand oder auch die Impedanz einer Schallwelle:

$$Z = \frac{p}{v}$$

Z: Impedanz der Schallwelle in $\frac{Pa \cdot s}{m} = \frac{N \cdot s}{m^3}$
p: Schalldruck in Pascal, Pa
v: Schallschnelle in $\frac{m}{s}$

Im weiteren Verlauf dieses Abschnitts soll auf die genaue Herleitung der Impedanz bei verschiedenen Wellenformen verzichtet werden, sondern nur die Formeln zur Berechnung gezeigt werden.

Bei einer ebenen Welle entspricht die Schallkennimpedanz der Luft dem Produkt aus der Luftdichte und der Schallgeschwindigkeit:

$$Z_0 = \frac{p}{v} = \rho \cdot c = 414 \frac{N \cdot s}{m^3} = 414 \frac{Pa \cdot s}{m}$$

mit:
Z_0: Schallkennimpedanz der Luft (ebene Welle)
ρ: Dichte der Luft: $1,204 \frac{kg}{m^3}$
c: Schallgeschwindigkeit: $344 \frac{m}{s}$

Die Impedanz einer kugelförmigen Schallwelle ist wesentlich komplizierter zu berechnen, da sie abhängig von der Frequenz der Welle und dem Abstand zum Zentrum des Kugelstrahlers ist. Der Vollständigkeit halber soll die Formel hier jedoch angegeben werden:

$$Z(f, r) = \frac{\rho \cdot c}{1 + \frac{c}{i \cdot 2 \cdot \pi \cdot f \cdot r}}$$

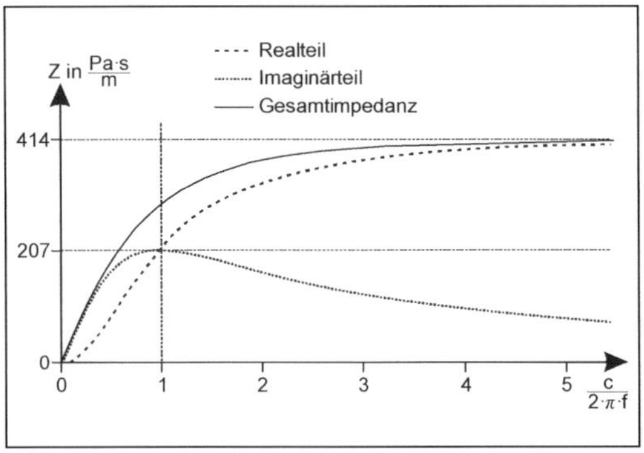

Abb. 1.2-3: Impedanzverlauf der Kugelwelle

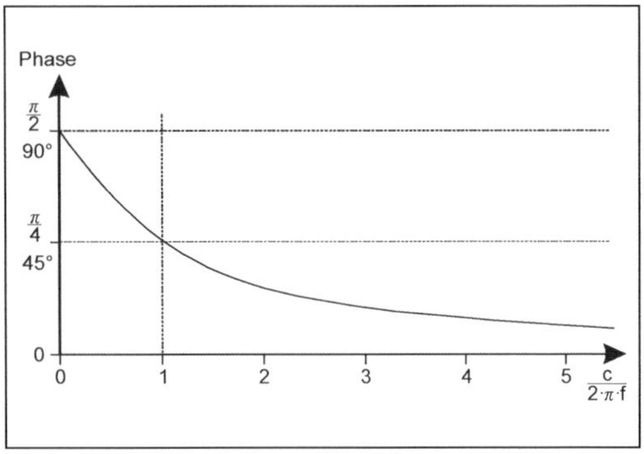

Abb. 1.2-4: Phasenverlauf der Kugelwelle

mit:

Z: Schallimpedanz der Kugelwelle. Diese ist abhängig von der Frequenz f und dem Abstand zur Schallquelle r

ρ: Dichte der Luft: $1,204 \frac{kg}{m^3}$

c: Schallgeschwindigkeit: $344 \frac{m}{s}$

i: Imaginäre Einheit: $i = \sqrt{-1}$

f: Frequenz der Welle in Hertz, Hz

r: Abstand zum Kugelstrahler in Meter, m

Die Impedanz der Kugelwelle ist also eine komplexe Größe, die aus einem Realteil und einem Imaginärteil besteht. Die Funktion der Impedanz, ist bezogen auf den Radius in Abbildung 1.2-3 zu sehen. Dort sind weiterhin auch der Realteil sowie der Imaginärteil dieser Funktion abgebildet. Es gilt zu beachten, dass der prinzipielle Verlauf für alle Frequenzen gleich ist. Deshalb wurde die x-Achse mit der Wellenzahl $\frac{2 \cdot \pi \cdot f}{c}$ erweitert. Würde man den Verlauf direkt auf den Abstand beziehen, so würde der Verlauf bei einer höheren Frequenz beziehungsweise einer niedrigeren Schallgeschwindigkeit in der x-Achse gestaucht zu sehen sein. Bei einer tieferen Frequenz beziehungsweise einer höheren Schallgeschwindigkeit wäre der Verlauf gedehnt.

Die Abbildung 1.2-4 zeigt schließlich den Phasenverlauf, der sich aufgrund der komplexen Impedanz ergibt. Der Phasenwinkel gibt die Phasenverschiebung zwischen Schalldruck und Schallschnelle an. Der Druck kann berechnet werden mit:

$$p = v \cdot Z$$

Hat Z nun eine Phasenverschiebung von 90°, so bedeutet dies, dass der Schalldruck 90° phasenverschoben zur Schallschnelle ist.

In Abbildung 1.2-4 erkennt man, dass im Zentrum des Kugelstrahlers der Phasenwinkel $\frac{\pi}{2}$ bzw. 90° beträgt. Bei immer größeren Entfernungen vom Zentrum des Strahlers wird der Phasenwinkel stetig kleiner und nähert sich in sehr großer Entfernung 0 bzw. 0° an. Dies deckt sich mit der Aussage in Kapitel 1.2.2.8, dass bei der ebenen Welle keine Phasenverschiebung zwischen Schalldruck und Schallschnelle vorherrscht.

Bei der Entfernung:

$$r = \frac{c}{2 \cdot \pi \cdot f}$$

beträgt die Phasenverschiebung zwischen Schalldruck und Schallschnelle genau $\frac{\pi}{4}$ bzw. 45°. Bei f=100Hz passiert dies in 54,7cm Entfernung zum Zentrum des Kugelstrahlers. Diese Entfernung entspricht in etwa einem Sechstel der Wellenlänge der Schwingung. Bei einer doppelt so hohen Frequenz halbiert sich der Abstand zur Schallquelle.

1.2.2.8 Schallintensität

Die Schallintensität kann sehr einfach aus den Effektivwerten des Schalldrucks und der Schallschnelle berechnet werden. Näheres zum Effektivwert ist in Kapitel 4.3.2.1 zu finden. Die Schallintensität lautet:

$$I = p \cdot v$$

mit:

I: Schallintensität in $\frac{W}{m^2}$

p: Effektivwert des Schalldrucks in Pascal, Pa

v: Effektivwert der Schallschnelle in $\frac{m}{s}$

Ist lediglich der Schalldruck als Effektivwert gegeben, so kann - im ebenen Schallfeld - mit Hilfe der Schallkennimpedanz auch die Schallintensität berechnet werden:

$$I = \frac{p^2}{Z_0}$$

mit:

I: Schallintensität in $\frac{W}{m^2}$

p: Effektivwert des Schalldrucks in Pascal, Pa

Z_0: Schallkennimpedanz: $414 \frac{Pa \cdot s}{m}$

Bei einer Kugelwelle ist diese Berechnung theoretisch erst in großen Entfernungen korrekt. Allerdings kann eine Berechnung mit einer Einschränkung der Genauigkeit durchgeführt werden, da sich die Impedanz der Kugelwelle sehr schnell der Schallkennimpedanz nähert. So erreicht Z bereits in einer Entfernung von $\frac{\lambda}{3}$ der Wellenlänge 90% von Z_0.

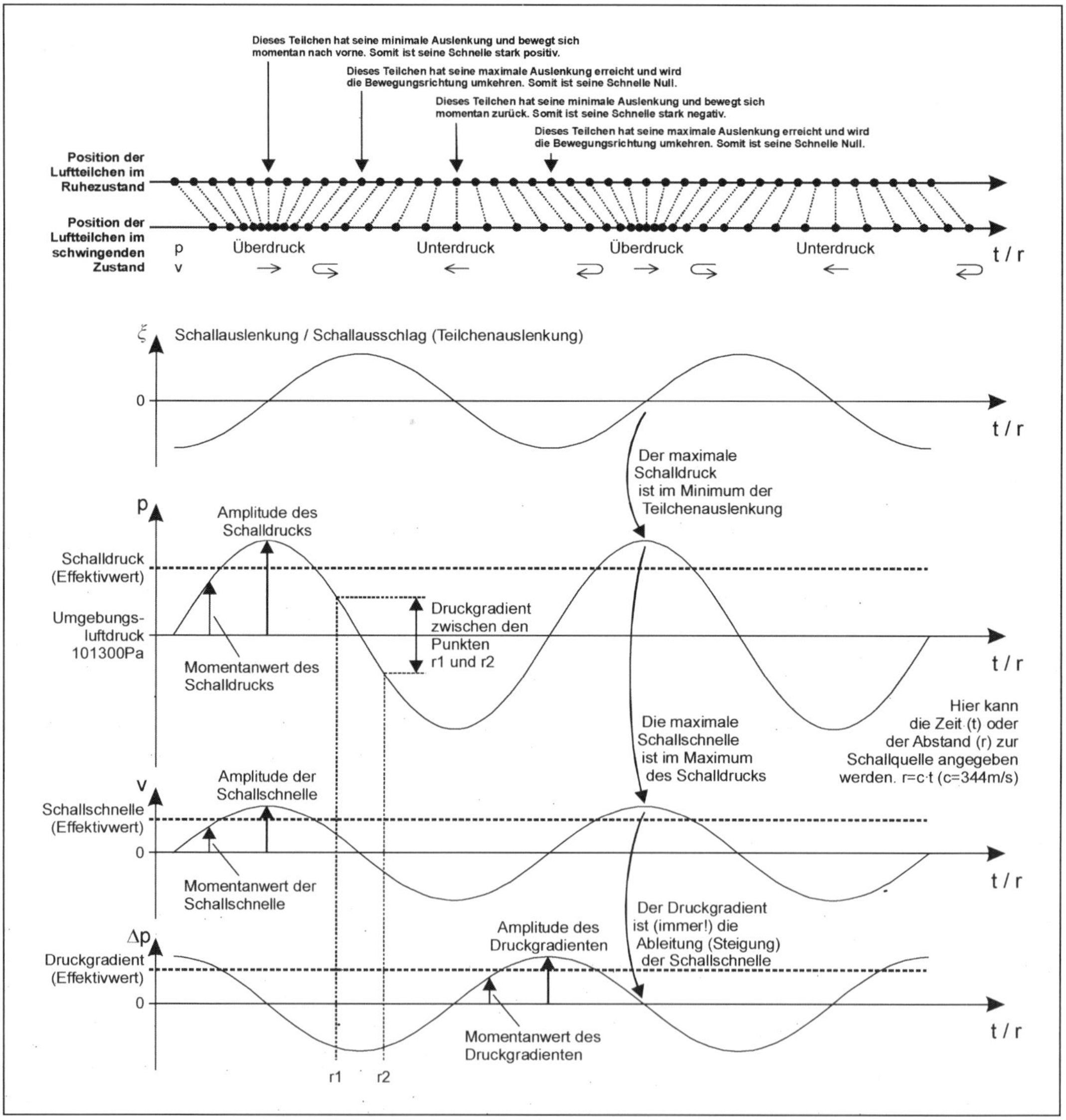

Abb. 1.2-5: Zusammenhang der Schallfeldgrößen in einer ebenen Welle

1.2.2.9 Die ebene Welle

Die einfachste Form der Schallausbreitung ist bei der ebenen Schallwelle gegeben. Diese ist eine Welle, bei der alle Gebiete gleichen Schalldrucks auf einer Ebene liegen. Die Ausbreitungsrichtung ist demzufolge senkrecht zu dieser Ebene. Betrachtet man nun die Teilchen, die die Schallwelle transportieren (zum Beispiel die Luftmoleküle), so stellt man fest, dass diese alle in gleicher Richtung hin- und herschwingen (siehe Abbildung 1.2-5).
Betrachtet man eine Fläche, durch die eine sinusförmige Schallwelle senkrecht hindurchgeht, und versucht für diese Fläche die Schallschnelle zu bestimmen, so stellt man fest, dass tatsächlich alle Teilchen in gleicher Weise schwingen. In dem Moment, in dem die Teilchen ihre höchste Geschwindigkeit erreichen, ist auch der Schalldruck am höchsten. Für die ebene Welle gilt daher: Schallschnelle und Schalldruck sind in Phase zueinander.

1.2.2.10 Die Kugelwelle

Ist eine Schallquelle im Verhältnis zu der Wellenlänge, die sie abstrahlt sehr klein, so ist das Abstrahlverhalten der Quelle kugelförmig, da sich der Schall in allen Richtungen um die Quelle herumbeugen kann (siehe Kapitel 1.2.3). Auch Schallquellen, deren Abmessungen im Verhältnis zur Wellenlänge groß sind, können kugelförmig abstrahlen, wenn sie entsprechend konstruiert sind. So wäre beispielsweise ein "atmende" Kugel eine kugelförmig abstrahlende Schallquelle unabhängig von der abgestrahlten Frequenz. Letztere Schallquellen sind in der Praxis allerdings nur sehr selten anzutreffen.
In einer Kugelwelle besteht eine frequenz- und abstandsabhängige Phasenverschiebung zwischen Schalldruck und Schallschnelle. Sehr nah am Schallerzeuger gilt: Schallschnelle und Schalldruck sind 90° zueinander in der Phase verschoben. Je weiter man vom Schallerzeuger weggeht, desto mehr wird Schalldruck und Schallschnelle phasengleich.

1.2.2.11 $1/r^2$ Regel

Entfernt man sich von einer Schallquelle, so nimmt die Schallintensität proportional zum Quadrat der Entfernung ab. Diese Tatsache wird auch als $1/r^2$ Regel bezeichnet. Sie beruht auf der Tatsache, dass sich die Schallleistung auf einer Kugeloberfläche oder auf einem Segment einer Kugeloberfläche ausbreitet. Ausgehend von der Formel:

$$L_I = L_{P_{ak}} - 10 \cdot \log\frac{4 \cdot \pi \cdot r^2}{Q}$$

mit:

L_I: Schallintensitätspegel in dB_I (in Luft gleich dem Schalldruckpegel in dB_{SPL})
L_{Pak}: Akustischer Leistungspegel / Schallleistungspegel in dB_{SWL}
r: Abstand zur Schallquelle in Meter, m
Q: Abstrahlverhalten des Lautsprechers:
Q=1: Kugelförmig
Q=2: Halbkugelförmig
Q=4: Viertelkugelförmig
Q=8: Achtelkugelförmig
...
Q=25: Fünfundzwanzigstelkugelförmig
...

ist ersichtlich, dass der Schallintensitätspegel aus dem Schalleistungspegel berechnet werden kann. Hierbei ist noch ein abstandsabhängiger Korrekturwert erforderlich, in dem die Entfernung quadratisch enthalten ist. Man kann erkennen, dass die Oberfläche einer Kugel ($4 \cdot \pi \cdot r^2$) in der Formel beschrieben wird, welche noch durch einen Korrekturwert geteilt wird, der das Abstrahlverhalten der Schallquelle im Raum berücksichtigt. So bekommt man bei Q=2 nur eine halbkugelförmige Abstrahlung. Unabhängig vom Korrekturwert Q bleibt allerdings die Tatsache bestehen, dass der Abstand r zur Schallquelle quadratisch Einfluss auf den Schallintensitätspegel nimmt. Dies bedeutet, dass der Schallintensitätspegel bei jeder Verdopplung der Entfernung zur Schallquelle um 6dB abnimmt.
Da die Schallwelle für größere Abstände ($r>\lambda$) immer mehr in eine ebene Welle übergeht, kann man für diese Bereiche den Schallintensitätspegel mit dem Schalldruckpegel gleichsetzen. Somit nimmt auch der Schalldruckpegel mit jeder Verdoppelung der Entfernung um 6dB ab. Dies entspricht einer Halbierung des Schalldrucks. Da weiterhin der Schalldruck und die Schallintensität in einem quadratischen Verhältnis zueinander stehen, kann man sagen:

- Die Schallintensität nimmt im Verhältnis $1/r^2$ zum Abstand r ab.
- Der Schalldruck nimmt im Verhältnis 1/r zum Abstand r ab.

Beides ist gleichbedeutend mit einer Verringerung des Schallintensitäts-/ Schalldruckpegels um -6dB pro Verdoppelung der Entfernung.

1.2.2.12 1/r Regel

Mit einem Linienstrahler ist es möglich, eine Schallwelle so zu formen, dass sie sich nicht kugelförmig oder kugelsegmentförmig ausbreitet, sondern zylinderförmig oder zylindersegmentförmig. Ein Linienstrahler besteht entweder aus einer länglichen Membran, die an allen Punkten das gleiche (=kohärente) Signal abstrahlt, oder aus mehreren, linienförmig angeordneten, einzelnen Lautsprechern, denen durch "Waveguides" ebenfalls die kohärente Abstrahlung einer Schallwelle gelingt. In beiden Fällen kann man von einem Zylinderstrahler sprechen. Für die Oberfläche eines Zylinders gilt:

$$A = 2 \cdot \pi \cdot r \cdot h$$

mit:

A: Oberfläche der Zylinders in Quadratmetern, m^2

r: Radius des Zylinders in Metern, m

h: Höhe des Zylinders in Metern, m

Die Formel aus Kapitel 1.2.2.11 würde sich bei einer Zylinderwelle folgendermaßen verändern:

$$L_I = L_{P_{ak}} - 10 \cdot \log \frac{2 \cdot \pi \cdot r \cdot h}{Q}$$

mit:

L_I: Schallintensitätspegel in dB_I (in Luft gleich dem Schalldruckpegel in dB_{SPL})

L_{Pak}: Akustischer Leistungspegel / Schallleistungspegel in dB_{SWL}

r: Abstand zur Schallquelle in Meter, m

Q: Abstrahlverhalten des Lautsprechers:

Q=1: Zylinderförmig

Q=2: Halbzylinderförmig

Q=4: Viertelzylinderförmig

Q=8: Achtelzylinderförmig

...

Q=25: Fünfundzwanzigstelzylinderförmig

...

Da der Abstand zur Schallquelle nicht mehr quadratisch in die Formel eingeht, gilt bei der Zylinderwelle:

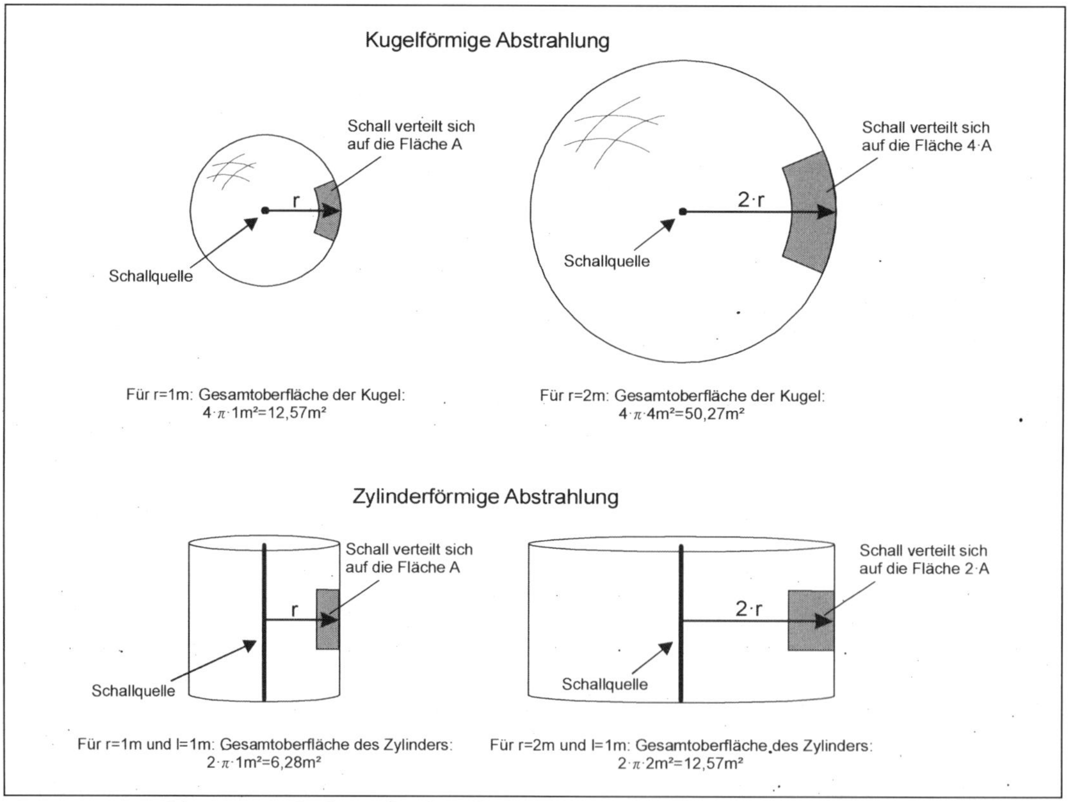

Abb. 1.2-6: Vergleich zwischen kugelförmiger und zylinderförmiger Schallabstrahlung

- Die Schallintensität nimmt im Verhältnis $\frac{1}{r}$ zum Abstand r ab.
- Der Schalldruck nimmt im Verhältnis $\frac{1}{\sqrt{r}}$ zum Abstand r ab.

Beides ist gleichbedeutend mit einer Verringerung des Schallintensitäts-/ Schalldruckpegels um -3dB pro Verdoppelung der Entfernung.

Bei der Zylinderwelle ist jedoch zu beachten, dass sie sich abhängig von der Frequenz und Entfernung einer Kugelwelle annähert. In diesem Fall gilt dann auch wieder die $1/r^2$ Regel. Die Entfernung, bei der der Übergang von der Zylinderwelle zur Kugelwelle stattfindet, liegt bei:

$$r = \frac{h^2 \cdot f}{2 \cdot c}$$

mit:
r: Abstand, bei dem der Übergang zwischen Zylinderwelle und Kugelwelle stattfindet in Metern, m
h: Länge des Zylinderstrahlers in Metern, m
f: Frequenz in Hertz, Hz
c: Schallgeschwindigkeit. In Luft: $344\frac{m}{s}$

Wird beispielsweise ein Linienstrahler mit 3m Länge realisiert, so findet der Übergang bei einer Frequenz von 100Hz bereits in 1,3m Entfernung statt, bei 200Hz in 2,6m Entfernung, und bei 1kHz erst in 13m Entfernung.
Ändert sich die Schallwelle von zylinderförmig auf kugelförmig, so ändert sich auch der Schalldruckverlust von -3dB pro Entfernungsverdopplung auf -6dB pro Entfernungsverdopplung! Dies hat somit bei jeder Entfernung einen unterschiedlichen Frequenzgang des Lautsprechers zur Folge. Möchte man also einen ausgewogenen Frequenzgang erzielen, so ist dies immer nur in einem bestimmten Abstand zum Lautsprecher möglich. Je länger hierbei der Linienstrahler ist, desto größere Entfernungen oder tiefere Frequenzen sind möglich.

Eine praktische Anwendungen finden Linienstrahler in "Line-Arrays" (siehe Kapitel 6.13.3).

1.2.3 Beeinflussung der Schallwelle

Die Ausbreitung von Schallwellen geschieht - wie auch bei fast allen anderen Wellen- nach dem Huygensschen Prinzip. Dieses besagt, dass jeder von der Wellenbewegung erfasste Punkt eines Mediums selbst wieder zum Ausgangspunkt einer kugelförmigen Welle wird. Der niederländische Physiker Christiaan Huygens hat dieses Prinzip im 17. Jahrhundert begründet und damit eine Grundlage für die Erklärung der Reflexion und Brechung von Wellen geschaffen. Der französische Physiker Augustin Fresnel erweiterte das Huygenssche Prinzip im 19. Jahrhundert um weitere Erscheinungen der Brechung von Wellen, so dass das Ganze heute unter dem Namen "Huygens-Fresnel-Prinzip" bekannt ist.

1.2.3.1 Reflexion von Schall

Trifft eine Schallwelle auf ein Objekt, das eine deutlich andere Schallimpedanz hat als die Luft, und das von seinen effektiven Abmessungen her gleich oder größer der Wellenlänge der Schallwelle ist, so wird die Schallwelle an diesem Objekt reflektiert. Für alle harten Materialien ist auf jeden Fall die Bedingung der starken Impedanzänderung gegeben. Die effektive Abmessungsfläche ist die Fläche, die senkrecht zur Ausbreitungsrichtung des Schalls steht.

Bei der Reflexion gilt, dass der Einfallswinkel des Schallstrahls α gleich dem Ausfallswinkel β ist (siehe Abbildung 1.2-7a).

Sonderfälle bei der Reflexion sind in der Akustik Reflexionen an 90° Ecken. Gelangt eine Schallwelle in eine 90° Ecke, so wird sie in die gleiche Richtung zurückgeworfen, aus der sie auch gekommen ist (siehe Abbildung 1.2-7b)..

Ist die reflektierende Oberfläche gewölbt, kann man sich die Reflexion einzelner Schallstrahlen an den Tangenten der jeweiligen Oberfläche vorstellen. Es gilt nach wie vor: Einfallswinkel = Ausfallswinkel.
Daraus resultiert, dass eine konvex geformte Fläche eine Schallwelle zerstreut (siehe Abbildung 1.2-7c).
Eine konkav geformte Fläche bündelt zunächst eine Schallwelle auf einen Fokuspunkt. Hinter dem Fokuspunkt findet jedoch auch hier wieder eine Streuung der Schallwelle statt (siehe Abbildung 1.2-7d).

Eine weitere Besonderheit ergibt sich bei einer Reflexion, die zu einer gleichphasigen Überlagerung des einfallenden und ausfallenden Schalls führt. In diesem Fall entsteht eine stehende Welle. Auf die Eigenschaften von stehenden Wellen wird in Kapitel 1.5.2 näher eingegangen.

Besonders zu beachten sind Interferenzen, die durch die Addition einer Schallwelle mit der Reflexion einer Schallwelle entstehen. Da die Reflexion immer später eintrifft als das Direktsignal, ergibt sich ein Zeitunterschied zwischen Direktsignal und Reflexion von Δt. Abhängig von der Frequenz der Schallwelle ruft dieser Zeitunterschied einen mehr oder weniger großen Phasenunterschied zwischen den beiden Wellen hervor. Dieser berechnet sich mit:

$$\varphi = \Delta t \cdot f \cdot 360^{o}$$

mit:
φ: Phasenwinkel zwischen den Signalen in Grad
Δt: Zeitunterschied zwischen Direktsignal und reflektiertem Signal
f: Frequenz der Signale in Hertz, Hz

Beträgt die Phasendifferenz dieser zwei Signale 180° oder ein ungeradzahliges Vielfaches davon (540°, 900°...), so löschen sich die Schallwellen bei der Addition gegenseitig aus. Dies muss jedoch nicht zwangsläufig zu einer Komplettauslöschung führen, da die Reflexion in der Regel schwächer ist als das Direktsignal.
Beträgt die Phasendifferenz 360° oder ein Vielfaches davon (720°, 1080°...), so kommt es bei einer Addition der Wellen zu einer Erhöhung des Pegels. Diese kann im Höchstfall zu +6dB mehr Pegel führen, wenn beide Schallwellen gleich laut sind.

Betrachtet man den ganzen Frequenzbereich, so wird man feststellen, dass immer abwechselnd ein Einbruch und eine Überhöhung auftreten. Die Auswirkungen im Frequenzbereich nennt man Kammfilter, da deren Verlauf den Zähnen eines Kamms ähnelt. Die Abbildung 1.2-8 zeigt ein typisches Kammfilter, hervorgerufen durch eine Bodenreflexion. Zum Vergleich ist die gleiche Messung mit absorptiv abgedecktem Boden zu sehen.

Kammfilter treten bei mehreren Raumreflexionen bei den unterschiedlichsten Frequenzen auf, so dass kein einzelner "Kamm" mehr erkennbar ist. Der gesamte Frequenzverlauf wird dann sehr unruhig.
Kammfilter treten auch auf, wenn zwei Schallquellen das gleiche Signal abstrahlen und diese nicht gleich weit vom Abhörpunkt entfernt sind.

Die klanglichen Auswirkungen von Kammfiltern sind je nach Stärke des Kammfilters:

- Deutlich hörbare Frequenzgangfehler.
- Das Signal kann durch Kammfilter "härter" klingen, ohne dass Frequenzgangfehler zu bemerken wären.
- Veränderung der Lokalisation. Es kann zu einer unvorhergesehenen Positionsverschiebung der Schallquelle kommen. Eine Links-Rechts-Verschiebung ist hierbei jedoch eher unwahrscheinlich. Vielmehr kann die Schallquelle

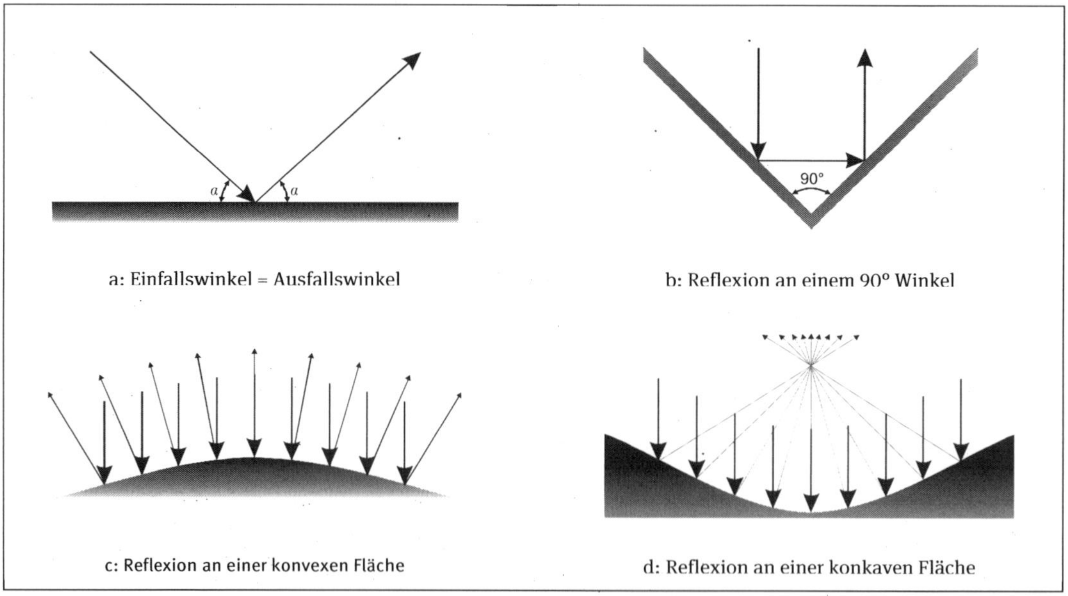

a: Einfallswinkel = Ausfallswinkel
b: Reflexion an einem 90° Winkel
c: Reflexion an einer konvexen Fläche
d: Reflexion an einer konkaven Fläche

Abb. 1.2-7: Reflexion von Schallwellen

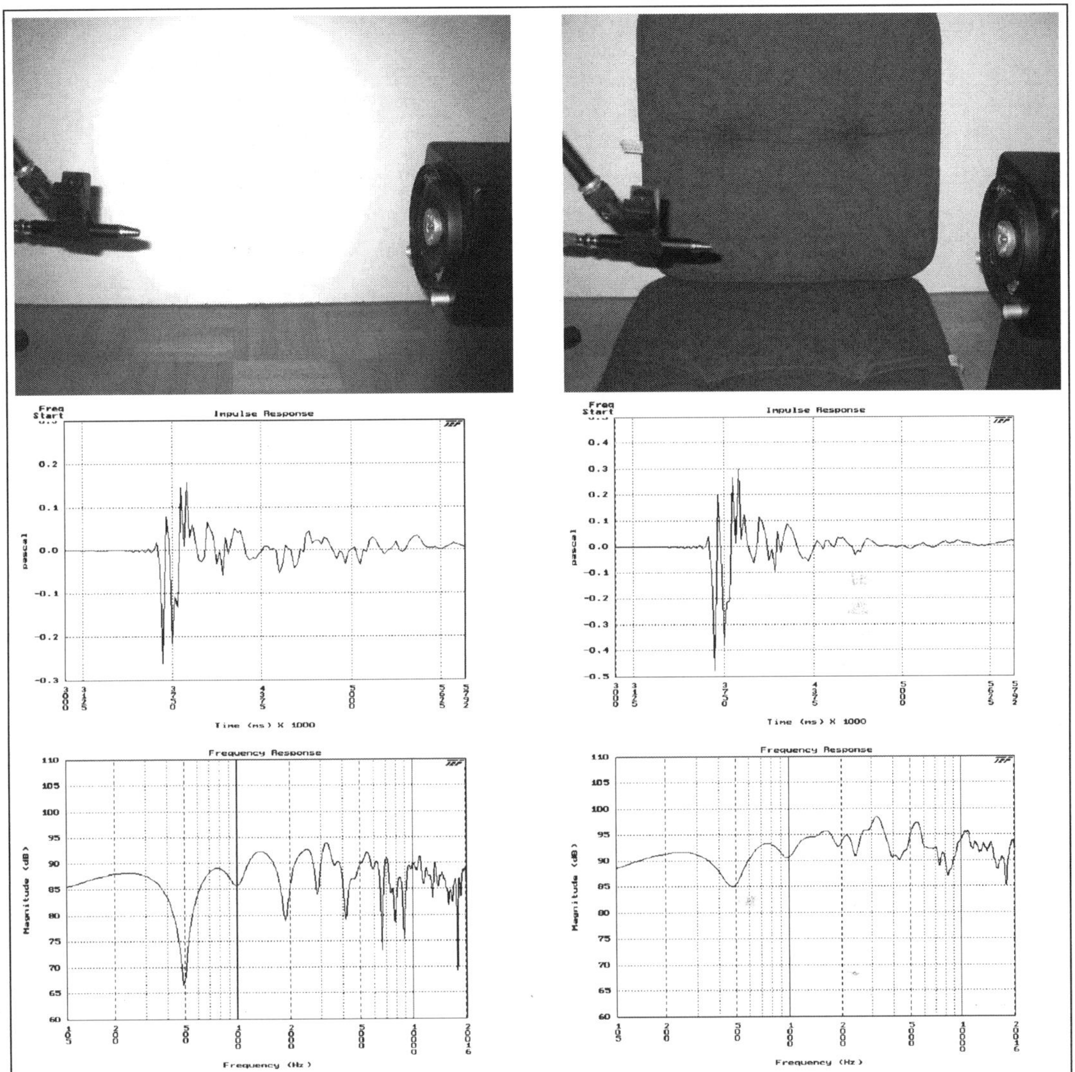

Kammfilter durch eine Bodenreflexion

Absorptiv abgedeckter Boden

Abb. 1.2-8: Kammfiltereffekte durch Reflexionen

über den Boxen, neben den Boxen oder auch hinter dem Abhörpunkt erscheinen.

1.2.3.2 Diffusität von Schall

Eine sehr spezielle Variante der Reflexion von Schall ist die Diffusität. In diesem Fall werden Schallwellen so reflektiert, dass sie nicht direkt zurückgeworfen werden, sondern diffus. Die einfachste Variante einer diffusen Reflexion von Schall bekommt man, wenn die reflektierende Fläche unregelmäßig geformt ist, so dass jede Stelle den

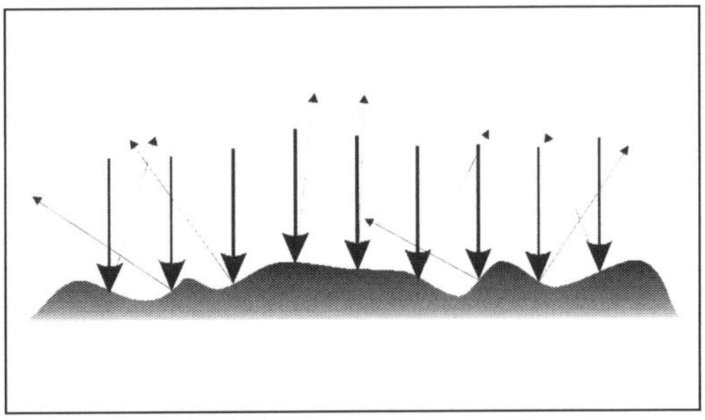

Abb. 1.2-9: Diffusität durch unregelmäßig geformte Reflexionsflächen

Schall in eine andere Richtung reflektiert (siehe Abbildung 1.2-9). Wird eine möglichst diffuse Zerstreuung des Schalls innerhalb eines definierten Frequenzbereichs angestrebt, so sollte ein Diffusor als Akustikmodul eingesetzt werden. Näheres dazu ist im Kapitel 1.6.7 zu finden.

1.2.3.3 Beugung von Schall

Trifft eine Schallwelle auf ein Hindernis, so wird sie entweder reflektiert oder sie kann sich um das Hindernis herumbeugen. Die Beugung findet statt, wenn die effektive Fläche des Hindernisses kleiner als die Wellenlänge der Schallwelle ist (siehe Abbildung 1.2-10c). Hinter einem Hindernis, welches größer ist als die Wellenlänge, bildet sich ein Schallschatten, in dem kein Direktschall der Quelle zu hören ist (siehe Abbildung 1.2-10d).
Soll also eine Schallwelle von einem Hörer ferngehalten werden, so muss eine "unendliche Schallwand" aufgebaut werden. Unter dem Begriff "unendliche Schallwand" versteht man eine Begrenzungsfläche, die für alle in Frage kommenden Schallwellen so groß ist, dass sich der Schall nicht um sie herum beugen kann.

Ein weiterer Beugungseffekt tritt auf, wenn eine Schallwelle durch ein Loch hindurchtritt, das im Verhältnis zur Wellenlänge der Schallwelle klein ist. In diesem Fall entsteht an der Austrittsöffnung des Lochs eine neue, halbkugelförmige Schallquelle, die als Punktstrahler eine Schallwelle in den Raum abgibt (siehe Abbildung 1.2-10a). Ist das Loch hingegen größer als die Wellenlänge, so geht der Schall ungehindert durch das Loch hindurch und kann sich dahinter weiter ausbreiten (siehe Abbildung 1.2-10b).

1.2.3.4 Brechung von Schall

Eine Schallbrechung findet statt, wenn eine Schallwelle von einem Medium in ein anderes übergeht und beide Medien eine unterschiedliche Schallgeschwindigkeit aufweisen. Hierbei gilt, dass sich nach dem Brechungsgesetz

$$\frac{\sin\alpha}{\sin\beta} = \frac{c1}{c2}$$

die Ausbreitungsrichtung der Schallwelle ändert. Es ist:

α: Einfallswinkel der Schallwelle im ersten Medium, bezogen auf der Lot der Ebene, in der die Schallgeschwindigkeit wechselt.
β: Ausfallswinkel der Schallwelle im zweiten Medium, bezogen auf der Lot der Ebene, in der die Schallgeschwindigkeit wechselt.
c1: Schallgeschwindigkeit im ersten Medium
c2: Schallgeschwindigkeit im zweiten Medium

Die Abbildung 1.2-11 verdeutlicht noch einmal die Brechung von Schall anhand einer Skizze.

Im besonderen Fall, wenn α=0°, ist auch β=0°, da ein senkrecht einfallender Schall keine Richtungsänderung durchführt.

In der Praxis ist die Schallbrechung zum Beispiel bei Open-Air Konzerten relevant, wenn sich der abgestrahlte Schall an unterschiedlich warmen Luftschichten bricht. Die Abbildung 1.2-12 zeigt zwei mögliche Fälle der Schallbrechung:

- Die Luft in Bodennähe ist kälter als in den darüber liegenden Luftschichten. Dies ist eher früh am Morgen der Fall, da der Boden noch nicht erwärmt wurde. In diesem Fall wird die

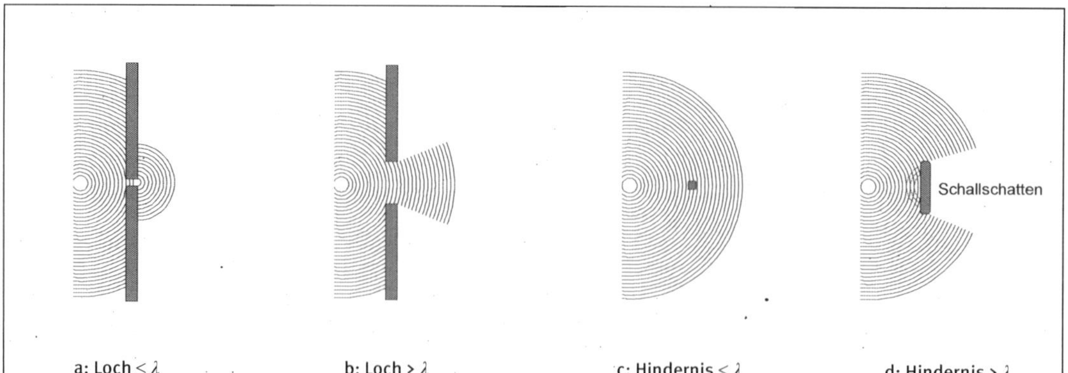

Abb. 1.2-10: Beugung bei Löchern oder Hindernissen

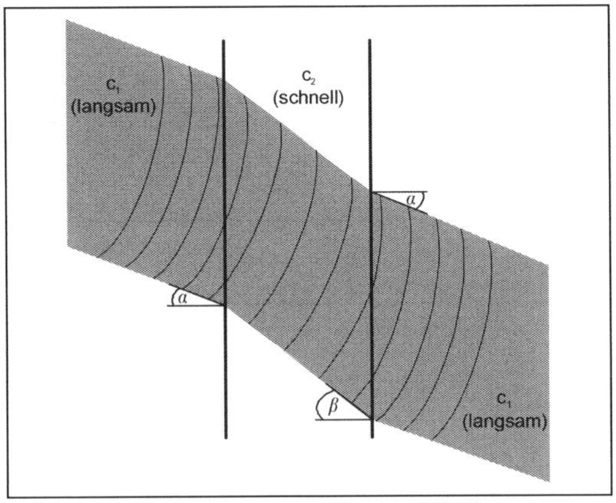

Abb. 1.2-11: Brechung von Schall

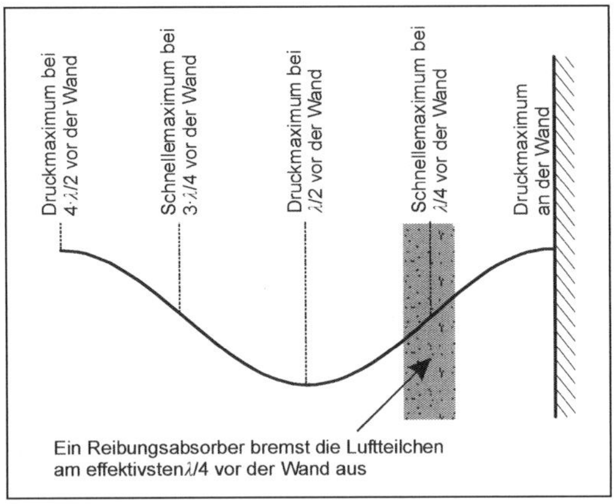

Abb. 1.2-13: Strömungswiderstand als Absorber

abgestrahlte Schallwelle nach unten abgelenkt, und in großen Entfernungen ist mehr Schall zu hören als man erwartet.

- Die Luft in Bodennähe ist wärmer als in den darüber liegenden Luftschichten. Dies ist meistens am Abend der Fall, da der Boden die Wärme länger speichern kann. In diesem Fall wird die abgestrahlte Schallwelle nach oben abgelenkt, so dass in großen Entfernungen weniger Schall ankommt als erwartet.

1.2.3.5 Absorption von Schall

Bei der Absorption von Schall wird ein Teil der Schallwelle oder die komplette Schallwelle energetisch vernichtet (=absorbiert). Eine Absorption kann auf zwei Weisen erfolgen:

- Eine Schallwelle wird durch Reibungsverluste in Wärme umgewandelt. Dies passiert am effektivsten, wenn sich ein starker Strömungswiderstand (z.B. Mineralwolle) im Schnellemaximum der Schallwelle befindet und die Teilchenbewegung abbremst. Platziert man diesen Strömungswiderstand vor einer Wand, so befindet sich das Schnellemaximum bei $\frac{\lambda}{4}$ der Wellenlänge vor der Wand, da an der Wand keine Schnelle sein kann (siehe Abbildung 1.2-13). Somit lässt sich weiterhin sagen, dass eine möglichst effektive Schallabsorption bis zu einer unteren Grenzfrequenz von:

$$f_{min} = \frac{c}{4 \cdot d}$$

gegeben ist. Dabei ist:

f_{min}: unterste sehr gut wirksame Grenzfrequenz des Absorbers

c: Schallgeschwindigkeit

d: Dicke des Absorbers in Meter, m

- Eine Schallwelle wird durch Gegenschall vernichtet oder teilweise ausgelöscht. Dieser Effekt tritt bei einem Plattenschwinger oder Helmholtzresonator auf, welche als resonanzfähige Systeme auf einer bestimmten Frequenz Gegenschall zur eintreffenden Schallwelle erzeugen. Im Gegensatz zu einem Strömungswiderstand arbeiten die Resonanzabsorber am effektivsten im Druckmaximum einer Schall-

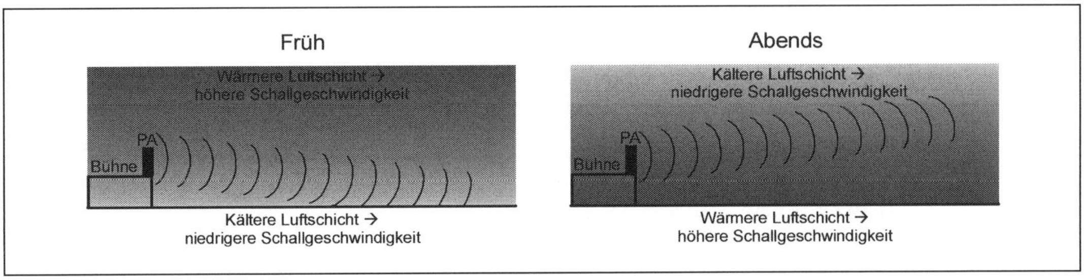

Abb. 1.2-12: Brechung an unterschiedlich warmen Luftschichten

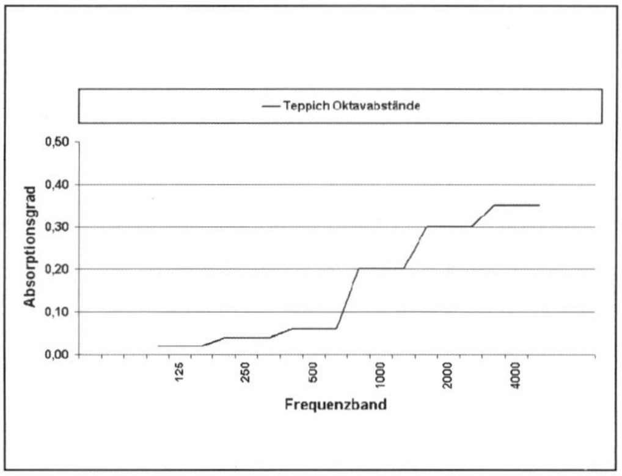

Abb. 1.2-14: Absorptionskoeffizienten in Oktavabständen

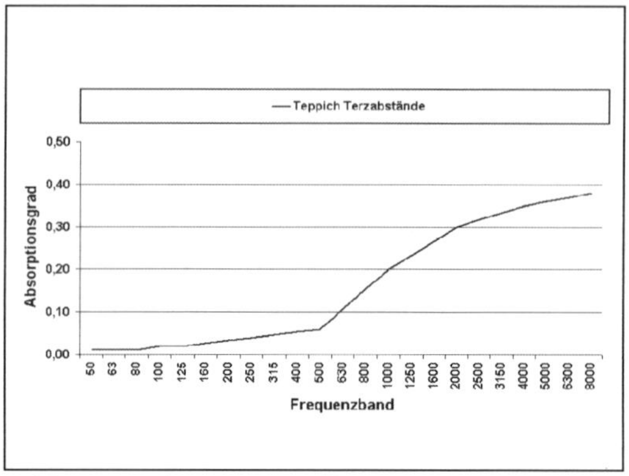

Abb. 1.2-15: Absorptionskoeffizienten in Terzabständen

welle, da ihre Resonanz dort am besten angeregt wird. Sie sollten also immer an Begrenzungsflächen, noch besser in den Ecken eines Raums aufgestellt werden.

Wie gut oder schlecht ein Material den Schall absorbiert, wird mit Hilfe des Absorptionsfaktors a angegeben. Ist $a=0$, dann wird der Schall komplett reflektiert und nichts absorbiert. Bei $a=1$ findet eine komplette Absorption des Schalls statt und es wird nichts reflektiert.
Alle Materialien weisen in der Praxis eine frequenzabhängige Schallabsorption auf. Von Herstellern und in Tabellen wird diese in der Regel in Oktavbereichen von 125Hz bis 4kHz angegeben. Ein Beispiel (Absorption von Teppich) ist in Abbildung 1.2-14 angegeben. Soll eine genauere Frequenzberechnung der Absorption stattfinden, so können die gegebenen Werte extrapoliert und interpoliert werden.

Für die Interpolation auf Terzabstände gilt beispielsweise:

$$a_{160\text{Hz}} = \frac{a_{250\text{Hz}} - a_{125\text{Hz}}}{3} + a_{125\text{Hz}}$$

und:

$$a_{200\text{Hz}} = \frac{a_{250\text{Hz}} - a_{125\text{Hz}}}{3} + a_{160\text{Hz}}$$

Diese Berechnung kann in jedem weiteren Oktavband entsprechend durchgeführt werden.

Für die Extrapolation gilt beispielsweise:

$$a_{100\text{Hz}} = 2 \cdot a_{125\text{Hz}} - a_{160\text{Hz}}$$

beziehungsweise:

$$a_{5000\text{Hz}} = 2 \cdot a_{4000\text{Hz}} - a_{3150\text{Hz}}$$

Somit lässt sich der Frequenzbereich der Absorptionsgrade auf 100Hz bis 5000Hz in Terzabständen präzisieren (siehe Abbildung 1.2-15).

Genauere Informationen und Tabellen zur praktischen Realisierung der Schallabsorption sind in Kapitel 1.5.1 zu finden.

1.3 Dezibel und Pegel

1.3.1 Definition der "Einheit" Dezibel

Die in der Tontechnik für den Pegel verwendete "Einheit" Dezibel, oder kurz dB entspricht einem zehntel Bel und stellt das logarithmische Verhältnismaß zweier Leistungen dar. Sie wurde nach dem amerikanischen Erfinder Alexander Graham Bell benannt.

Für die Berechnung des Pegels gibt es nur eine ursprünglich definierte Formel:

$$L = \log\frac{P1}{P2}$$

mit:
L: Pegel in Bel, B
P1 und P2: Leistungen in Watt, W

Für die Berechnung wird der Logarithmus auf der Basis 10 verwendet. Dieser ist die Umkehrfunktion der Exponentialfunktion 10^x. Somit gilt:

$$\log 10^x = x$$

Wenn es also um die Berechnung des logarithmischen Wertes einer Zahl geht, so kann man sich auch fragen: "10 hoch wie viel ergibt diese Zahl?" Als Beispiel:

$$\log 1000 = \log 10^3 = 3$$

Man kann den Logarithmus der Zahl 1000 einfach bestimmen, da 1000 der Exponentialfunktion 10^3 entspricht. Bei krummeren Werten wird es etwas schwieriger:

$$\log 200 = \log 10^{2,3} = 2,3$$

Allerdings ist der Exponent 2,3 hierbei bereits gerundet und mit dem Taschenrechner ausgerechnet worden. Ohne diesen ist es nicht so einfach, den Logarithmus krummer Exponenten zu berechnen.

Ziel der Einheit Bel war das Schaffen einer Größe, die dem Lautstärkeempfinden des menschlichen Gehörs angepasst ist. Wenn die akustische Leistung eines Signals um 1 Bel erhöht wird, dann bedeutet das, dass das Signal doppelt so laut empfunden wird. Wird sie um 1 Bel verringert, so entspricht dies der halben, empfundenen Lautstärke. Damit für die Gleichung:

$$L = \log\frac{P1}{P2}$$

der Wert 1 herauskommt, muss P1 zehn mal so groß sein wie P2. Somit wird die doppelte, empfundene Lautstärke durch die zehnfache Leistung hervorgerufen.

Die Einteilung der Lautstärkeempfindung in Verdoppelungen schien etwas grob zu sein, also wurde die Einheit Bel in zehn Schritte eingeteilt, die mit der Vorsilbe "dezi" versehen werden. Dabei ist ein Dezibel oder dB der kleinste gerade wahrnehmbare Lautstärkeunterschied. Eine Einteilung des Bel in noch feinere Stufen erscheint daher nicht sinnvoll. Der Pegel in Dezibel kann wie folgt berechnet werden:

$$L = 10 \cdot \log\frac{P1}{P2}$$

mit:
L: Pegel in Dezibel, dB
P1 und P2: Leistungen in Watt, W

Die Größe dB sowie die zuletzt genannte Formel sind in der Tontechnik zum Standardmaß für den Pegel geworden. Die ursprüngliche Bezeichnung Bel ist hingegen nur sehr selten zu finden. Um eine Einheit handelt es sich im eigentlichen Sinne nicht, da nach der Berechnung durch Kürzung jeglicher Bezug zur Originaleinheit (Watt) fehlt.

Es gibt, wie oben erwähnt, nur eine einzige grundlegende Formel für den Pegel. Diese wurde ausschließlich für die Verwendung mit Leistungen definiert. In der Praxis müssen jedoch nicht immer Leistungsunterschiede berechnet werden, sondern auch Spannungs- oder Schalldruckunterschiede. Diese können auf keinen Fall direkt in die Pegelformel eingesetzt werden, sondern müssen zunächst in eine Leistung umgerechnet werden. Dies soll am Beispiel der Spannung gezeigt werden. Spannung kann mit folgender Formel in eine Leistung umgerechnet werden:

$$P = \frac{U^2}{R}$$

mit:
P: Leistung in Watt, W
U: Spannung in Volt, V
R: Widerstand in Ohm, Ω

Damit zwei Spannungen vernünftig miteinander verglichen werden können, müssen sie an dem gleichen Widerstand anliegen. Diesen kann man sich auch als den Widerstand (bzw. Impedanz) eines Lautsprechers vorstellen, der die Spannung hörbar machen soll. Somit gilt:

$$L = 10 \cdot \log \frac{U1^2 \cdot R}{R \cdot U2^2}$$

nach dem Kürzen von R ergibt sich:

$$L = 10 \cdot \log \frac{U1^2}{U2^2}$$

Man sieht, dass der Wert des Widerstandes R unerheblich ist, wenn für den Vergleich zweier Spannungen der gleiche Widerstand verwendet wird. Anders ausgedrückt: Es ist unerheblich, an welchem Lautsprecher der Vergleich der Lautstärke vorgenommen wird. Weiterhin sieht man, dass Spannungen quadratisch in der Pegelformel eingesetzt werden müssen. Man kann nun die Formel noch ein wenig umstellen

$$L = 10 \cdot \log \left(\frac{U1}{U2}\right)^2$$

und nach Anwendung der Rechenregel $\log x^y = y \cdot \log x$ schreiben:

$$L = 10 \cdot 2 \cdot \log \frac{U1}{U2}$$

$$L = 20 \cdot \log \frac{U1}{U2}$$

mit:
L: Pegel in Dezibel, dB
U1 und U2: Spannungen in Volt, V

Auf diese Weise erkennt man, dass die beiden Formeln

$$L = 10 \cdot \log \frac{P1}{P2}$$

und

$$L = 20 \cdot \log \frac{U1}{U2}$$

auf der gleichen Basisformel berechnet werden und somit auch das gleiche Ergebnis liefern müssen. Dies soll anhand eines Beispiels bewiesen werden: Die Spannung U1 soll drei mal so hoch sein wie U2. U2 soll 10V betragen. Somit ergibt sich für den Pegelunterschied:

$$L = 20 \cdot \log \frac{30V}{10V} = 9,54dB$$

Die beiden Spannungen liegen an einem 8Ω Lautsprecher an und rufen folgende Leistungen hervor:

$$P2 = \frac{(10V)^2}{8\Omega} = 12,5W$$

$$P1 = \frac{(30V)^2}{8\Omega} = 112,5W$$

Werden diese Leistungen nun in die Pegelformel für Leistungen eingesetzt, so ergibt sich:

$$L = 10 \cdot \log \frac{112,5W}{12,5W} = 9,54dB$$

Es kommt das gleiche Ergebnis heraus wie bei der Berechnung mit Hilfe der Spannungsformel. Somit ist es bei der Berechnung von Pegelunterschieden völlig unerheblich, an welcher Stelle des Signalflusses der Unterschied genommen wird. Da immer die gleiche Formel angewandt wird, muss auch immer das gleiche Ergebnis herauskommen.

Durch den Logarithmus entsteht eine nicht zu unterschätzende Vereinfachung im Umgang mit Signalen und deren Verstärkungsfaktoren. Der Logarithmus versetzt einen eine Rechenebene tiefer, als man gerade ist. Somit wird aus einer Multiplikation eine Addition und aus einer Division eine Subtraktion. Pegelveränderungen in einem Mischpult sind immer Multiplikationen (lauter) oder Divisionen (leiser). Diese müssen durch die Pegeldarstellung nicht mehr als Verstärkungsfaktor größer oder kleiner Eins angegeben werden, sondern können mit Plus oder Minus auf der Geräteoberfläche beschriftet werden. Eine Erhöhung des Pegels um +6dB entspricht beispielsweise einer Multiplikation des Signals mit dem Faktor 2, eine Verringerung des Pegels um -3dB der Division des Signals mit dem Faktor $\sqrt{2}$. Auf diese Weise wird der Umgang mit Verstärkungsänderungen sehr einfach, da immer nur Additionen oder Subtraktionen verlangt werden. Erst der Mischpultkonstrukteur muss sich

Größe	Einheit	Formel für die Pegelberechnung in dB	Umgestellte Formel
Leistung	W	$L = 10 \cdot \log \frac{P1}{P2}$	$P1 = 10^{\frac{L}{10}} \cdot P2$
Schallintensität	$\frac{W}{m^2}$	$L = 10 \cdot \log \frac{I1}{I2}$	$I1 = 10^{\frac{L}{10}} \cdot I2$
Spannung	V	$L = 20 \cdot \log \frac{U1}{U2}$	$U1 = 10^{\frac{L}{20}} \cdot U2$
Schalldruck	Pa	$L = 20 \cdot \log \frac{p1}{p2}$	$p1 = 10^{\frac{L}{20}} \cdot p2$
Bandfluss	$\frac{pWb}{mm}$	$L = 20 \cdot \log \frac{B1}{B2}$	$B1 = 10^{\frac{L}{20}} \cdot B2$
Widerstand	Ω	$L = 20 \cdot \log \frac{R1}{R2}$	$R1 = 10^{\frac{L}{20}} \cdot R2$

Tab. 1.3-1: Verschiedene Größen und die Formeln zur Berechnung des Pegels

überlegen, was er für eine Elektronik bauen muss, um eine bestimmte Pegeländerung zu erreichen.

1.3.2 Formeln zur Berechnung relativer Pegel

In der Tabelle 1.3-1 wird ein Überblick über die verwendeten Größen in der Tontechnik und die entsprechend anzuwendende Pegelformel gegeben. Weiterhin wurden die Formeln jeweils nach der ersten Vergleichsgröße umgestellt, sollte diese bei bekannter Pegelveränderung und gegebener zweiter Vergleichsgröße gesucht sein.

Das Ergebnis der oben stehenden Formeln ist immer nur ein relativer Pegelunterschied zwischen den zwei Vergleichsgrößen. Aus diesem Grund wird das Ergebnis manchmal auch als dBr anstatt dB angegeben. Das kleine "r" soll hierbei auf den relativen Pegelunterschied hinweisen.

1.3.3 Logarithmischer Zusammenhang zwischen Frequenzempfinden und Lautstärkeempfinden

Es besteht ein interessanter Zusammenhang zwischen dem Frequenzempfinden und dem Lautstärkeempfinden des Menschen. Beide Größen werden logarithmisch wahrgenommen. So entspricht eine Verdoppelung der Frequenz der Empfindung eines Oktavintervalls. Man könnte somit als Formel schreiben:

$$f_{Oktave} = f \cdot 2$$

Eine Terz ist eine Aufteilung der Oktave in drei gleich große logarithmische Schritte und wird mit dem Faktor $\sqrt[3]{2}$ berechnet. Ein Halbtonschritt ist die Aufteilung der Oktave in zwölf gleich große logarithmische Schritte und wird mit dem Faktor $\sqrt[12]{2}$ berechnet. So kann man beispielsweise rechnerisch vom Kammerton a^1 mit 440Hz Frequenz über die Formel:

$$b^1 = 440\text{Hz}(a^1) \cdot \sqrt[12]{2} = 466{,}16\text{Hz}$$

zu dem einen Halbton höher gelegenen b^1 gelangen.

Eine ähnliche Bewandtnis hat es mit der Empfindung der Lautstärke. Hier entspricht die Verzehnfachung der Leistung der doppelten, empfundenen Lautstärke. Man kann als Formel schreiben:

$$P_{\text{doppelt so laut}} = P \cdot 10$$

	F	R	E	Q	U	E	N	Z	(in	Hz)
1. Dekade	20	25	31,5	40	50	63	80	100	125	160
2. Dekade	200	250	315	400	500	630	800	**1.000**	1.250	1.600
3. Dekade	2.000	2.500	3.150	4.000	5.000	6.300	8.000	10.000	12.500	16.000
4. Dekade	20.000									

Tab. 1.3-2: Terzmittenfrequenzen nach ISO

Eine gerade wahrnehmbare Änderung des Pegels liegt bei 1dB oder der Aufteilung der Verdoppelung der Leistung in 10 gleiche logarithmische Schritte, welche mit dem Faktor $\sqrt[10]{10}$ berechnet werden können. Nun ist der Faktor $\sqrt[10]{10}$ mit dem Faktor $\sqrt[3]{2}$ sehr ähnlich, so dass auch dieser Faktor für eine einfache Berechnung der Pegel in 1dB Schritten hinreichend genau verwendet werden könnte. Dies wiederum eröffnet die Möglichkeit, anhand von bekannten Terzmittenfrequenzen Pegelberechnungen durchzuführen. Jeder Toningenieur hat früher oder später mit den Terzmittenfrequenzen nach ISO zu tun. Diese sind in Tabelle 1.3-2 aufgelistet. Der Frequenzabstand zwischen zwei Terzen kann (zur Erinnerung) mit dem Faktor $\sqrt[3]{2}$ berechnet werden und entspricht somit bei dem Vergleich von Leistungen ziemlich genau einem Pegelunterschied von 1dB. Man kann also hinreichend genau sagen: Die Leistungen 20W und 25W liegen 1dB auseinander. Gleiches gilt auch für 5000W und 6300W usw.. Über die Tabelle 1.3-2 lassen sich also Leistungsunterschiede in dB sehr schnell nachschauen, vorausgesetzt, man hat die gegebenen Vergleichsgrößen auf die nächstgelegenen Terzbänder auf- oder abgerundet. Soll beispielsweise der Pegelunterschied zwischen 28W und 750W berechnet werden, so ergäbe dies auf konventionelle Weise:

$$L = 10 \cdot \log \frac{750\text{W}}{28\text{W}} = 14,28\text{dB}$$

Über die Terztabelle müsste man zunächst 28W auf 31,5W runden, 750W auf 800W runden und anschließend die Abstände abzählen, die zwischen diesen Terzen liegen. Hierbei kann ein Schritt nach rechts mit +1dB, einer nach unten in der Tabelle mit +10dB gleichgesetzt werden. Es ergibt sich somit ein Pegelunterschied von ca. 14dB. Man kommt tatsächlich auf ein ausreichend genaues Ergebnis auch ohne die Verwendung eines Taschenrechners. Die oben stehende Tabelle lässt sich weiterhin beliebig nach oben und unten erweitern und lässt somit die Berechnung von sehr kleinen und sehr großen Leistungen ebenso zu.

1.3.4 Formeln zur Berechnung absoluter Pegel

Neben den bisher gezeigten relativen Pegeln, die immer nur den Unterschied zwischen zwei Größen beschreiben, gibt es auch noch die absoluten Pegel. Diese setzen eine Größe in das Verhältnis zu einem Referenzwert. Dieser Referenzwert ist für einen bestimmten absoluten Pegel fest definiert und steht für die Berechnung des Pegels immer im Nenner der Formel. Das bedeutet, wenn die zu berechnende Größe dem Referenzwert entspricht, ergibt sich ein Pegel von 0dB. Es gibt für fast jeden Betriebszustand eines Signals einen passenden absoluten Pegel. Mit Hilfe diese Pegels kann die absolute Größe eines Signals durch kleine Zahlen-

Bezeichnung	Pegel	Referenz	Formel für die Berechnung	Umgestellte Formel
Schalldruckpegel	dB_{SPL}	$2 \cdot 10^{-5}\,\text{Pa}$	$L_{SPL} = 20 \cdot \log \frac{p}{2 \cdot 10^{-5}\,\text{Pa}}$	$p = 10^{\frac{L_{SPL}}{20}} \cdot 2 \cdot 10^{-5}\,\text{Pa}$
Spannungspegel	dBu	$0,775\text{V}$	$L_u = 20 \cdot \log \frac{U}{0,775\text{V}}$	$U = 10^{\frac{L_u}{20}} \cdot 0,775\text{V}$
Spannungspegel	dBV	1V	$L_V = 20 \cdot \log \frac{U}{1\text{V}}$	$U = 10^{\frac{L_V}{20}} \cdot 1\text{V}$
Elektrischer Leistungspegel	dBm	1mW	$L_{P_{el}} = 10 \cdot \log \frac{P_{el}}{1 \cdot 10^{-3}\,\text{W}}$	$P_{el} = 10^{\frac{L_{P_{el}}}{10}} \cdot 1 \cdot 10^{-3}\text{W}$
Akustischer Leistungspegel	$dB_{SWL/PWL}$	1pW	$L_{P_{ak}} = 10 \cdot \log \frac{P_{ak}}{1 \cdot 10^{-12}\,\text{W}}$	$P_{ak} = 10^{\frac{L_{P_{ak}}}{10}} \cdot 1 \cdot 10^{-12}\text{W}$
Schallintensitätspegel	dB_I	$\frac{1\text{pW}}{\text{m}^2}$	$L_I = 10 \cdot \log \frac{I}{1 \cdot 10^{-12}\,\frac{\text{W}}{\text{m}^2}}$	$I = 10^{\frac{L_I}{10}} \cdot 1 \cdot 10^{-12}\frac{\text{W}}{\text{m}^2}$
Digitalpegel	dB_{FS}	$(2^N - 1)\text{LSB}$	$L_{FS} = 20 \cdot \log \frac{U(\text{LSB})}{(2^N-1)\text{LSB}}$	$U(\text{LSB}) = 10^{\frac{L_{FS}}{20}} \cdot (2^N - 1)\text{LSB}$

Tab. 1.3-3: Absolute Pegel

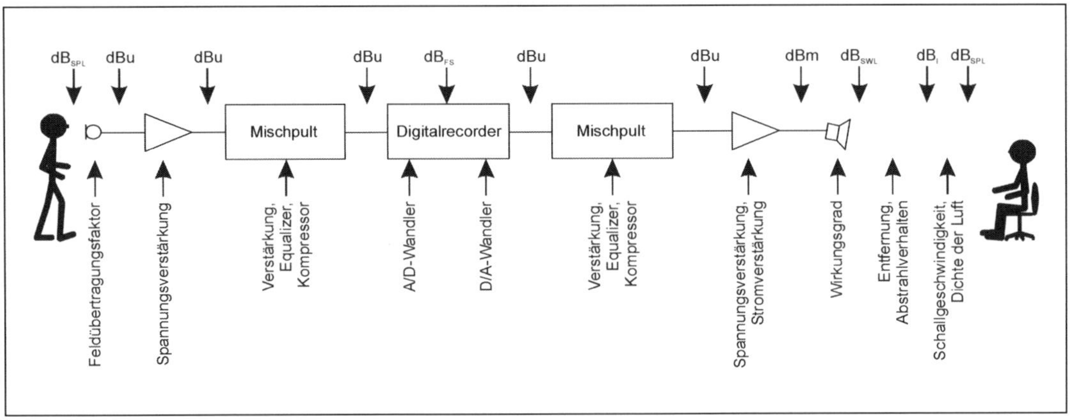

Abb. 1.3-1: Signalfluss im Studio und die dazugehörigen absoluten Pegel

werte beschrieben werden. Weiterhin haben absolute Pegel den Vorteil, dass man zu ihnen relative Pegelunterschiede addieren oder subtrahieren kann. Auf diese Weise gelangt man zu den neuen absoluten Pegeln, die sich ergeben, wenn eine relative Änderung eines Pegels durchgeführt wird. Die Tabelle 1.3-3 und die Abbildung 1.3-1 zeigt die gebräuchlichen absoluten Pegel sowie die Formeln für die Berechnung derselben. Man erkennt die absoluten Pegel an einem Buchstaben oder Index hinter der Bezeichnung "dB".

1.3.4.1 dB_{SPL}

Der Schalldruckpegel dB_{SPL} (SPL steht für **S**ound **P**ressure **L**evel) verwendet als Referenzwert die untere Hörschwelle des Menschen bei 1kHz. Somit entsprechen $0dB_{Spl}$ dem leisesten, gerade wahrnehmbaren 1kHz Ton. Der Schalldruckpegel hat demzufolge fast nur positive dB-Werte, wenn es um hörbare Signale geht.
Der Schalldruck eines Instrumentes oder einer Verstärkeranlage wird mit dB_{SPL} angegeben.

Der Referenzwert von $2 \cdot 10^{-5}$Pa kann über die definierte Schallintensität I (siehe Kapitel 1.3.4.6) und die Impedanz der Luft errechnet werden:

$$p = \sqrt{I \cdot Z_0} = \sqrt{I \cdot \rho \cdot c} = 2,04 \cdot 10^{-5}\,\mathrm{Pa}$$

mit:

p: Schalldruck in Pascal, Pa. In diesem Fall die untere Hörschwelle bei 1kHz

I: Schallintensitätsreferenz: $1\frac{\mathrm{pW}}{\mathrm{m}^2}$

Z_0: Schallkennimpedanz der Luft: $414\frac{\mathrm{kg}}{\mathrm{m}^2 \cdot \mathrm{s}}$

ρ: Dichte der Luft: $1,204\frac{\mathrm{kg}}{\mathrm{m}^3}$

c: Schallgeschwindigkeit: $344\frac{\mathrm{m}}{\mathrm{s}}$

Mit Hilfe des Feldleerlaufübertragungsfaktors bzw. des Feldbetriebsübertragungsfaktors (siehe Kapitel 6.1.3.2) kann von dem Schalldruck auf eine resultierende Spannung umgerechnet werden.

1.3.4.2 dBu

Der Spannungspegel dBu wurde über die elektrische Leistung von 1mW an einem Widerstand von 600Ω definiert. Über die Formel

$$U = \sqrt{1\mathrm{mW} \cdot 600\Omega} = 0,775\mathrm{V}$$

kann die resultierende Spannung berechnet werden. Diese wurde als Referenzwert definiert. 1mW ist die Referenz für den elektrischen Leistungspegel dBm. Somit kann man bei Geräten, die eine Ein- oder Ausgangsimpedanz von 600Ω haben, dBm und dBu gleichsetzen. An 600Ω gilt beispielsweise +6dBm = +6dBu. Die Impedanz von 600Ω ist vorzugsweise bei Rundfunkgeräten anzutreffen (siehe Kapitel 4.15.4).
Die Größe eines Signals innerhalb eines Mischpults wird in dBu angegeben.

Mit Hilfe der Formel

$$P = \frac{U^2}{R}$$

kann von der Spannung in eine elektrische Leistung umgerechnet werden. Hierbei ist R der Widerstand, an dem die Spannung anliegt.

1.3.4.3 dBV

Der Spannungspegel dBV mit der Referenz 1V ist ein Pegel aus der Messtechnik und findet im professionellen Studiobereich keine Anwendung. Er wurde jedoch für den Homerecordingbereich eingeführt - wahrscheinlich um eine Inkompatibilität zu dem professionell gebräuchlichen dBu zu schaffen.

1.3.4.4 dBm

dBm ist der elektrische Leistungspegel mit der Referenz 1mW. Das kleine "m" bei dBm erinnert an die Referenz. dBm kann, wenn die elektrische Leistung an einem Widerstand von 600Ω entsteht, mit dBu gleichgesetzt werden.
Anwendung findet dBm bei der Leistungsanpassung von Geräten (siehe Kapitel 4.15.3.2) oder bei der logarithmischen Darstellung elektrischer Leistungen.

Mit Hilfe des Wirkungsgrades eines Lautsprechers kann von der elektrischen Leistung in die akustische Leistung umgerechnet werden:

$$P_{ak} = P_{el} \cdot \eta$$

mit

η: Wirkungsgrad des Lautsprechers in Prozent
P_{ak}: Akustische Leistung an der Membran in Watt, W
P_{el}: Elektrische Eingangsleistung des Lautsprechers in Watt, W

1.3.4.5 dB_{SWL} / dB_{PWL}

Für den akustischen Leistungspegel oder Schallleistungspegel gibt es zwei verschiedene Bezeichnungen: dB_{SWL} und dB_{PWL}. Beide finden Verwendung. SWL steht für **S**ound Po**w**er **L**evel, PWL für **P**o**w**er **L**evel. Die Referenz von 1pW wurde von dem Schallintensitätspegel (siehe 1.2.4.6) abgeleitet.
Der Schallleistungspegel beschreibt die akustische Leistung, die an der Membran eines Lautsprechers entsteht.

Mit Hilfe des Abstrahlverhaltens des Lautsprechers und dessen Entfernung kann vom Schallleistungspegel auf den Schallintensitätspegel umgerechnet werden. Hierbei gilt:

$$L_I = L_{P_{ak}} - 10 \cdot \log \frac{4 \cdot \pi \cdot r^2}{Q}$$

mit:

r: Abstand zur Schallquelle in Meter, m
Q: Abstrahlverhalten des Lautsprechers:
Q=1: Kugelförmig
Q=2: Halbkugelförmig
Q=4: Viertelkugelförmig
Q=8: Achtelkugelförmig
...
Q=25: Fünfundzwanzigstelkugelförmig
...

1.3.4.6 dB_I

Der Schallintensitätspegel verwendet als Referenz $\frac{1\text{pW}}{\text{m}^2}$. Diese Größe wurde von Fletcher und Munson bei den Versuchen zur Ermittlung der Kurven gleicher Lautstärke als die Hörschwelle bei 1kHz festgelegt (siehe hierzu auch Kapitel 2.3.2) und rechnerisch aus dem Schalldruck von $2 \cdot 10^{-5}$Pa sowie der Impedanz der Luft gebildet:

$$I = \frac{p^2}{Z_0} = \frac{(2 \cdot 10^{-5}\,\text{Pa})^2}{\rho \cdot c} = \frac{4 \cdot 10^{-10} \frac{\text{kg}^2}{\text{s}^4 \cdot \text{m}^2}}{1{,}204 \frac{\text{kg}}{\text{m}^3} \cdot 344 \frac{\text{m}}{\text{s}}} =$$

$$= 0{,}97 \cdot 10^{-12} \frac{\text{kg}}{\text{s}^3} \approx 1 \cdot 10^{-12} \frac{\text{W}}{\text{m}^2}$$

mit:

I: Schallintensität in $\frac{\text{W}}{\text{m}^2}$
p: Schalldruck in Pascal, Pa
Z_0: Schallkennimpedanz der Luft: $414 \frac{\text{kg}}{\text{m}^2 \cdot \text{s}}$
ρ: Dichte der Luft: $1{,}204 \frac{\text{kg}}{\text{m}^3}$
c: Schallgeschwindigkeit: $344 \frac{\text{m}}{\text{s}}$

Somit können die Pegel dB_{Spl} und dB_I im Medium Luft gleichgesetzt werden. Es gilt also beispielsweise: $+94dB_{Spl} = +94dB_I$. Auf diese Weise kann sehr einfach zwischen Schallintensität und Schalldruck umgerechnet werden, ohne dass die Schallkennimpedanz der Luft Z_0 bekannt sein muss.

1.3.4.7 dB_{FS}

Der Digitalpegel dB_{FS} (FS steht für **F**ull **S**cale) findet Anwendung bei der Aussteuerung von Digitalsignalen. Er hat eine gewisse Ähnlichkeit mit der Größe VU (siehe Kapitel 1.3.7), da er zwar ein absoluter Pegel ist, jedoch die Wortbreite N des Digitalsignals mit einbezogen werden muss. $0dB_{FS}$ beschreibt die Vollaussteuerung eines Digitalsignals. Positive dB_{FS}-Werte existieren nicht. Die

Einheit LSB steht für **L**east **S**ignificant **B**it und beschreibt eine Spannungsrasterstufe des digitalen Signals. Bei einem Signal mit -70dB_{FS} werden beispielsweise bei einer Wortbreite von 16-Bit

$$\text{Signal} = 10^{\frac{-70dB_{FS}}{20}} \cdot (2^{16} - 1)\,\text{LSB} = 20\text{LSB}$$

nur noch zwanzig Spannungsstufen verwendet, um das Signal darzustellen.

1.3.5 Bewertete , absolute Pegel

Bei der Messung von Schalldruckpegeln oder Spannungspegeln ist eine lineare Messung über den gesamten Audiobereich oft nicht aussagekräftig. Viel mehr soll das frequenzabhängige Lautstärkeempfinden des menschlichen Ohres in die Messung mit einbezogen werden. Hierfür wurden bewertete Pegelmessungen eingeführt, die an einem Buchstaben A, B oder C in Klammern hinter dem dB zu erkennen sind. Der Ausgangspegel für die Bewertung ist meist eine Schalldruckpegelmessung, kann jedoch auch ein Spannungspegel sein. Über diesen wird eine Bewertungskurve gelegt, die in erster Linie die tiefen und hohen Frequenzen der linearen Messung abschwächt und somit eine Anpassung an das menschliche Gehör vornehmen soll.

1.3.5.1 dB(A)

Die A-Bewertung basiert auf der 40-Phon-Kurve und wird für die Messung von leisen Signalen im Bereich von 20dB_{Spl} bis 55dB_{Spl} verwendet. Für Vergleiche werden auch oft für lautere Pegel noch A-bewertete Messungen herangezogen. So wird beispielsweise die Stand- und Fahrgeräuschmessung eines Kraftfahrzeugs in dB(A) angegeben. Der Pegelverlauf und der Frequenzgang der A-Bewertung ist in Tabelle 1.3-4 zu sehen.

1.3.5.2 dB(B)

Die B-Bewertung basiert auf der 70-Phon-Kurve und soll für Schalldruckpegel zwischen 55dB_{Spl} bis 85dB_{Spl} angewandt werden. Ihr Pegelverlauf und Frequenzgang ist ebenfalls in Tabelle 1.3-4 zu sehen.

1.3.5.3 dB(C)

Die C-Bewertung basiert auf der 90-Phon-Kurve und ist für sehr laute Signale gedacht. Der zu messende Schalldruckpegel sollte zwischen 85dB_{Spl} und 140dB_{Spl} liegen. Ihr annähernd flacher Pegelverlauf und Frequenzgang ist als letztes in Tabelle 1.3-4 enthalten.

1.3.5.4 dB(D) und dB(U)

Eine D-Bewertung wurde in der Vergangenheit für die Messung von Fluglärm benutzt. Diese Bewertung hat jedoch inzwischen keine Bedeutung mehr. Die U-Bewertung wird eingesetzt, wenn bei Schalldruckmessungen Ultraschallanteile vorhanden sind, die nicht mit gemessen werden sollen. Dazu wird bereits ab 12kHz ein Tiefpassfilter eingesetzt, das die Signalanteile über 20kHz um mehr als 24dB abschwächt.

1.3.6 0dB - der Studiopegel

Der so genannte "Studiopegel" wird bei der Pegelmarke 0dB auf dem Messgerät eines Mischpults definiert. Diese 0dB-Marke liegt um den "Headroom" niedriger als die Clippinggrenze eines Gerätes (siehe Abbildung 1.3-2). Die Clippinggrenze wiederum ist direkt abhängig von der Betriebsspannung eines Gerätes.
Die Clippinggrenze wird direkt vom Gerätehersteller durch die verwendete Betriebsspannung vorgegeben. Der Headroom beträgt bei Mischpulten normalerweise 20dB und bei analogen Bandmaschinen 12dB. Bei digitalen Aufzeichnungsgeräten ist der Headroom meist 0dB. Jedoch kann auch bei Digitalrecordern ein künstlicher Headroom festgelegt werden, damit sich der Digitalrecorder ähnlich verhält wie eine analoge Bandmaschine.

Nachdem die Clippinggrenze und auch der Headroom vorgegeben sind, ergibt sich automatisch ein bestimmter absoluter Spannungspegel für die 0dB Marke. Dieser ist abhängig von der Höhe der Betriebsspannung und über die verschiedenen Studiokategorien stark unterschiedlich (siehe Tabelle 1.3-5). Die Studiokategorie wird durch das Mischpult festgelegt, da sich dieses nicht im Pegel umstellen lässt.

Der Signal-Rauschabstand eines Gerätes geht von der Clippinggrenze bis zum Grundrauschen eines Gerätes. Dieser Wert ist jedoch eine rein technische

Angabe und bedeutet nicht unbedingt, dass auch genauso viel Dynamik benutzt werden sollte.
So gibt es bei Digitalgeräten einen so genannten "Footroom", der einen Bereich darstellt, der relativ starke Verzerrungen des Signals mit sich bringt. Diesen Bereich kann man zwar für das Signal verwenden, möchte dies jedoch in der Regel nicht tun. Durch Dither und Noise-Shaping kann dieser Footroom größtenteils eliminiert werden (siehe Kapitel 7.4.3).

Frequenz in Hz	A-Bewertung: Pegelverlust in dB	B-Bewertung: Pegelverlust in dB	C-Bewertung: Pegelverlust in dB
10	-70.4	-38.2	-14.3
12.5	-63.4	-33.2	-11.2
16	-56.7	-28.5	-8.5
20	-50.5	-24.2	-6.2
25	-44.7	-20.4	-4.4
31.5	-39.4	-17.1	-3.0
40	-34.6	-14.2	-2.0
50	-30.2	-11.6	-1.3
63	-26.2	-9.3	-0.8
80	-22.5	-7.4	-0.5
100	-19.1	-5.6	-0.3
125	-16.1	-4.2	-0.2
160	-13.4	-3.0	-0.1
200	-10.9	-2.0	0
250	-8.6	-1.3	0
315	-6.6	-0.8	0
400	-4.8	-0.5	0
500	-3.2	-0.3	0
630	-1.9	-0.1	0
800	-0.8	0	0
1.000	0.0	0	0
1.250	+0.6	0	0
1.600	+1.0	0	-0.1
2.000	+1.2	-0.1	-0.2
2.500	+1.3	-0.2	-0.3
3.150	+1.2	-0.4	-0.5
4.000	+1.0	-0.7	-0.8
5.000	+0.5	-1.2	-1.3
6.300	-0.1	-1.9	-2.0
8.000	-1.1	-2.9	-3.0
10.000	-2.5	-4.3	-4.4
12.500	-4,3	-6,1	-6,2
16.000	-6,6	-8,4	-8,5
20.000	-9,3	-11,1	-11,2

Tab. 1.3-4: Bewertungskurven A, B und C nach ANSI S1.4-1971

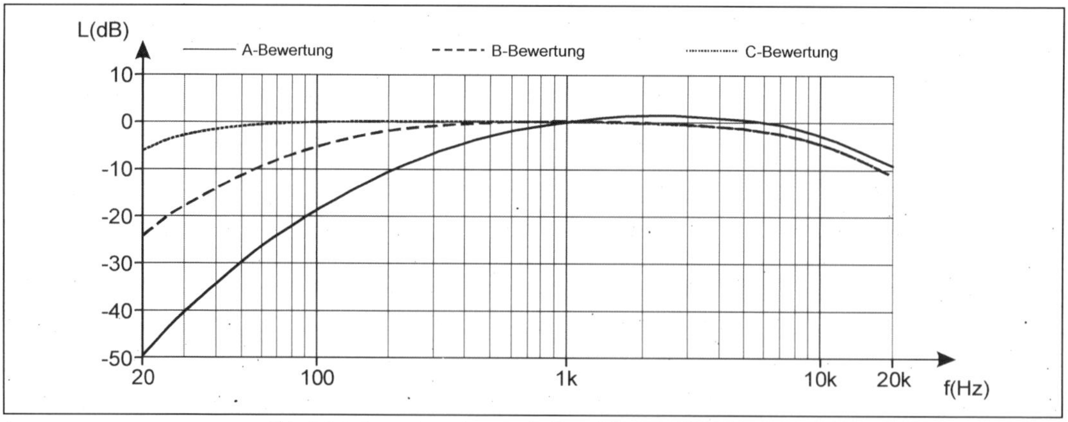

Abb. 1.3-1: Bewertungskurven A, B und C nach ANSI S1.4-1971

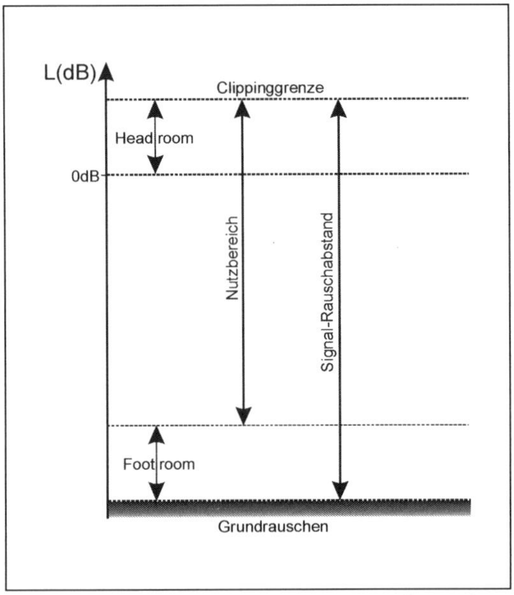

Abb. 1.3-2: Clipping, Grundrauschen, Signal-Rauschabstand, 0dB und Headroom

Studiokategorie	0dB entsprechen
Rundfunk	+6dBu = +6dBm
Professionelles Studio	+4dBu
Semiprofessionelles Studio	0dBu
Homerecording-Studio	-10dBV
HiFi-Anlagen	-10dBu

Tab. 1.3-5: Studiopegel

1.3.7 VU - Volume Units

Die Einheit VU steht für "Volume Units", was soviel bedeutet wie Lautstärkeeinheiten. Die Berechnung und Anwendung von VU erfolgt vergleichbar mit den bereits bekannten Dezibel. So entspricht eine Erhöhung des Pegels um+6dB auch einer Erhöhung um +6VU.

VU ist im Gegensatz zu dB, in gewisser Weise an das Lautstärkeempfinden des menschlichen Gehörs angepasst. Man könnte also auch sagen: dB ist der technische Pegel, VU ist der vom Gehör empfundene Pegel. Die Gehöranpassung erfolgt dadurch, dass bei einer VU-Messung eine Integrationszeit von 100ms verwendet wird. Diese Zeit entspricht recht gut der Integrationszeit des Gehörs. Nicht berücksichtigt werden in der VU-Messung die "Kurven gleicher Lautstärke" und der Verdeckungseffekt (siehe auch Kapitel 2.3).

Bei der dB-Messung ist keine Integrationszeit vorgegeben, und so kann eine Pegelmessung für dB theoretisch bereits nach 1 Periode einer Schwingung erfolgen. Abhängig von der zu messenden Frequenz kann die Messung zwischen 50ms (20Hz) und 50µs (20kHz) dauern.

Die VU-Meter besitzen durch die Integrationszeit von 100ms eine relativ große Trägheit in Bezug auf kurze Signalspitzen, da sie den empfundenen Lautstärkepegel anzeigen sollen, der bei kurzen Spitzen auch nicht als sehr hoch empfunden wird (siehe Kapitel 16.3.1.1). Damit die kurzen Spitzen, die von einem VU-Meter nicht angezeigt werden können, die Bandmaschine oder den Digitalrecorder nicht ins Clipping bringen, wurde der so genannte "Headroom" eingeführt. Dies ist eine Aussteuerungsreserve von 12dB-20dB, die über der 0VU Marke liegt. Bei moderneren Aufzeichnungsgeräten wird der Headroom oft nicht mehr eingebaut, da die eingebauten Peak-Meter schnell genug sind, um auch kurzfristige Pegelspitzen korrekt anzuzeigen. Auf diese Weise wird keine Aussteuerungsreserve mehr benötigt und der Headroom auf 0dB gesetzt.

1.4 Grundlagen der Bauakustik

In der Bauakustik geht es um die Isolation eines Raums nach außen hin. Dabei unterscheidet man zwischen der Schallemission und der Schallimission:

- Schallemission: Darunter versteht man den Schall, den eine Schallquelle nach außen hin abgibt. Im Bereich der Raumakustik geht es um den Schall, der aus dem Raum, in dem er erzeugt wird, nach außen dringt.
- Schallimission: Hierbei geht es um den Schall, der von außen in den Raum eindringt und als Störgeräusch hörbar werden kann.

Durch eine gute Schallisolation in einem Raum werden Schallemission und Schallimission immer gleichzeitig reduziert.

Bevor man sich jedoch zu viele Gedanken um die Isolation eines Raums macht, sollte man sich immer zuerst überlegen, ob nicht andere, möglicherweise kostengünstigere Varianten zur Verfügung stehen:

- Studios sollten keinesfalls in der Nähe von starken Luftschallquellen oder Körperschallquellen platziert werden. Räumlichkeiten in der Nähe eines Flughafens oder an einer Bahnstrecke mögen zwar billig sein, jedoch wird eine übermäßig aufwändige Isolation nötig.
- Bei Raum-in-Raum-Konstruktionen unbedingt darauf achten, dass keine (wirklich KEINE) festen Verbindungen zwischen den Schalen vorhanden sind, da ansonsten Schallbrücken entstehen und die gesamte Konstruktion in Frage gestellt wird!
- Bei einer starken Bedämpfung des Schalls im Raum durch Absorber kann weniger Schall nach außen dringen. Da in Studioräumen bei einer guten Akustik auch eine kontrollierte Bedämpfung aller Frequenzen gegeben ist, wird dadurch die Schallisolation immer ein wenig unproblematischer.

1.4.1 Ruhegeräusch

Um unter bestimmten Bedingungen in einem Raum arbeiten zu können, ist für Regie- und Aufnahmeräume, für Konzertsäle und Kinos ein bestimmtes Ruhegeräusch gefordert. Wäre das Grundgeräusch im Raum zu hoch, so könnten leise Störsignale oder schlimmstenfalls leise Stellen in der Musik nicht mehr korrekt beurteilt werden. Das Ruhegeräusch wird meist als NC-Wert angegeben. Es sind jedoch auch Angaben wie eine Schallpegelmessung mit A-Bewertung möglich (siehe Kapitel 1.3.5).

1.4.1.1 Noise Criteria (NC)

Wenn es darum geht, ein ganz bestimmtes minimales Ruhegeräusch einzuhalten, können Noise-Criteria-Werte (NC-Werte) angegeben werden. Mit einer einzigen Zahl ist es dadurch möglich, ein bestimmtes Ruhegeräusch über ein komplettes Frequenzspektum anzugeben. In Abbildung 1.4-1 sind die NC-Kurven für NC-15 bis NC-70 in Fünferschritten angegeben. Zwischenwerte existieren interpoliert zwischen den jeweiligen Kurven.

In Studios und Konzertsälen gilt es, ein Ruhegeräusch von NC-15 bis NC-25 einzuhalten. Für Filmmischateliers und Kinos ist NC-20 bis NC-30 zu empfehlen.

Für die Ermittlung einer bestimmten NC-Kurve muss der Ruheschalldruckpegel in den einzelnen Oktaven gemessen werden. Hierzu benötigt man ein sehr empfindliches Schalldruckmessgerät mit durchschaltbaren Oktavfiltern.
In jeder Oktave wird der gemessene Pegel in das NC-Diagramm eingetragen. Das Ergebnis ist die NC-Kurve, bei der der gemessene Pegel im Durchschnitt liegt. Somit ist es möglich, dass das gemessene Ruhegeräusch die NC-Kurve in manchen Frequenzbändern überschreitet, wenn es die NC-Kurve in mindestens ebenso vielen Frequenzbändern auch wieder vergleichbar unterschreitet.
Möchte man jedoch mit der Messung auf der sicheren Seite sein, so kann man auch die NC-Kurve angeben, die von allen gemessenen Pegeln unterschritten wird.

Um schnell die NC-Kurve abschätzen zu können, kann man sich des folgenden Tricks bedienen, der anwendbar ist, wenn das Ruhegeräusch ein Rauschen ist. Dies gilt zum Beispiel für Klimaanlagen und Lüfter relativ gut: Man misst das Ruhegeräusch A-bewertet mit einem empfindlichen Schalldruckmessgerät. Von dem gemessenen Wert wird 10 abgezogen und man erhält die zugehörige NC-Kurve. Wird beispielsweise ein Ruhegeräusch von $40dB_{SPL}(A)$ gemessen, so beträgt das Ruhegeräusch in dem Raum etwa NC-30.

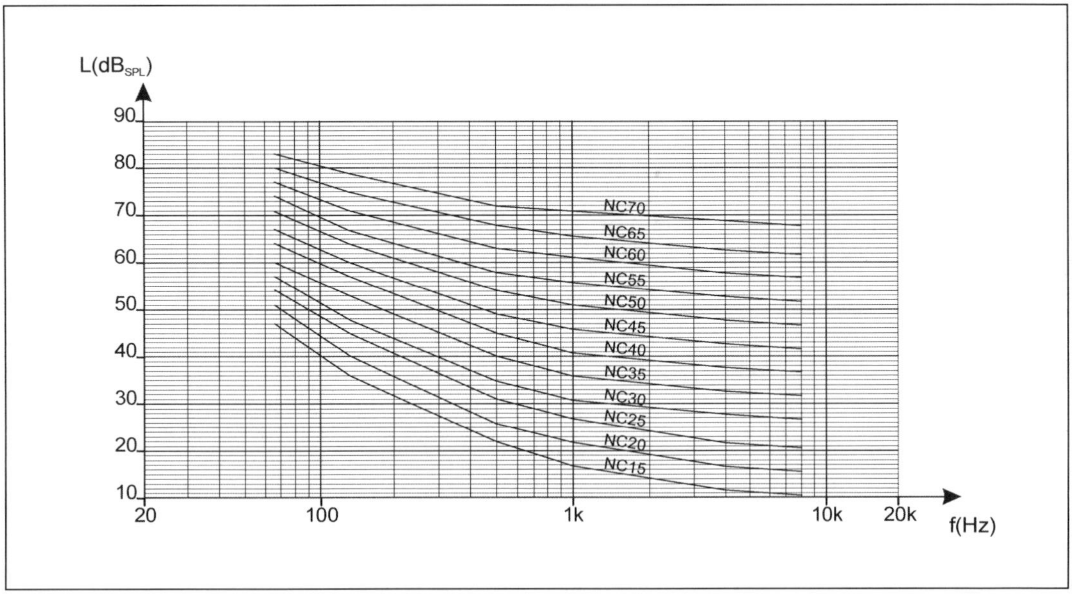

Abb. 1.4-1: NC-Kurven für die Ruhegeräuschmessung

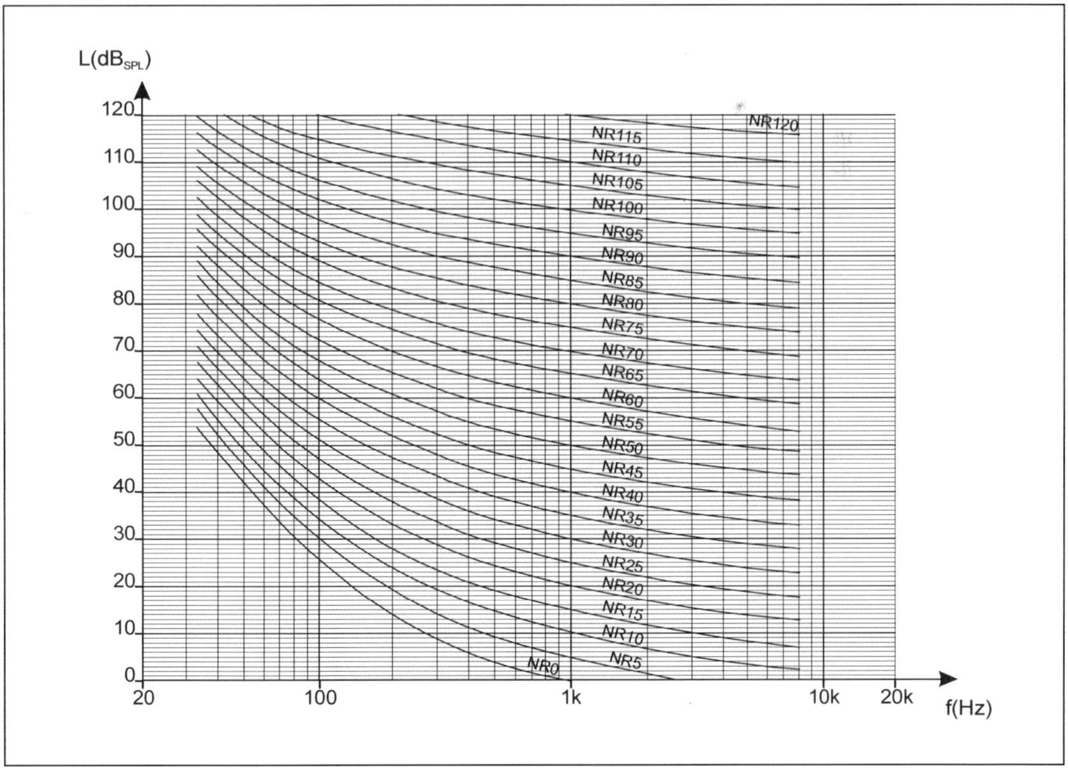

Abb. 1.4-2: NR-Kurven für die Ruhegeräuschmessung

1.4.1.2 Noise Rating (NR)

Ähnlich den NC-Kurven sind die Noise-Rating-Kurven (NR-Kurven). Auch hier gilt eine Messung in Oktavschritten, allerdings ist in jedem Fall die Kurve zu wählen, die in keiner Oktave von einem Messwert überschritten wird.
Die NR-Kurven finden deutlich seltener Anwendung im Studiobau als die NC-Kurven. Sie sind in Abbildung 1.4-2 zu sehen.

1.4.2 Schalldämmung

Eine Schalldämmung wird immer dann benötigt wenn ein Ein- oder Ausdringen von Schall verhindert werden soll. So kann es notwendig sein, einen Raum gegen Lärm von außen zu schützen oder man möchte verhindern, dass laute Signale von Instrumenten oder der Abhöranlage nach außen dringen.

In beiden Fällen ist eine relativ teure, massive Isolation notwendig.
Eine gute Schalldämmung ist von folgenden Parametern abhängig:

- Hauptsächlich ist die Masse der verwendeten Trennwände für die Isolation verantwortlich.
- Sind die Trennwände "bedämpft elastisch" , so geht Schallenergie durch Verformung der Wand verloren und die Isolation wird besser.
- Durch Resonanzen der Trennwände verschlechtert sich die Schallisolation an den Resonanzfrequenzen.
- Für eine gute Schallisolation sollten sämtliche Öffnungen und Fugen möglichst schalldicht verschlossen werden.
- Jegliche Schallbrücken zwischen getrennt angeordneten Wänden sind zu vermeiden. Auch scheinbar "vernachlässigbare" Verbindungen

Terzmittenfrequenz	Pegelverlust für STC-30
125	14dB
160	17dB
200	20dB
250	23dB
315	26dB
400	29dB
500	30dB
630	31dB
800	32dB
1000	33dB
1250	34dB
1600	34dB
2000	34dB
2500	34dB
3150	34dB
4000	34dB

Tab. 1.4-1: STC-30 Tabelle

Terzmitten-frequenz	Pegelverlust für STC-42	Gemessener Pegelverlust	Differenz zu STC-42
125	26dB	35dB	9dB
160	29dB	34dB	5dB
200	32dB	35dB	3dB
250	35dB	36dB	1dB
315	38dB	36dB	-2dB
400	41dB	37dB	-4dB
500	42dB	37dB	-5dB
630	43dB	39dB	-4dB
800	44dB	40dB	-4dB
1000	45dB	42dB	-3dB
1250	46dB	44dB	-2dB
1600	46dB	45dB	-1dB
2000	46dB	46dB	0dB
2500	46dB	48dB	2dB
3150	46dB	50dB	4dB
4000	46dB	53dB	4dB
Summe der negativen Differenzen:			-25dB

Tab. 1.4-2: Praktische Messanwendung

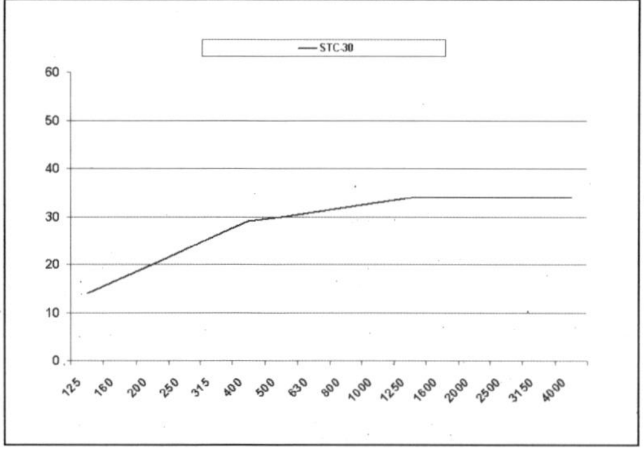

Abb. 1.4-3: STC-30 Kurve

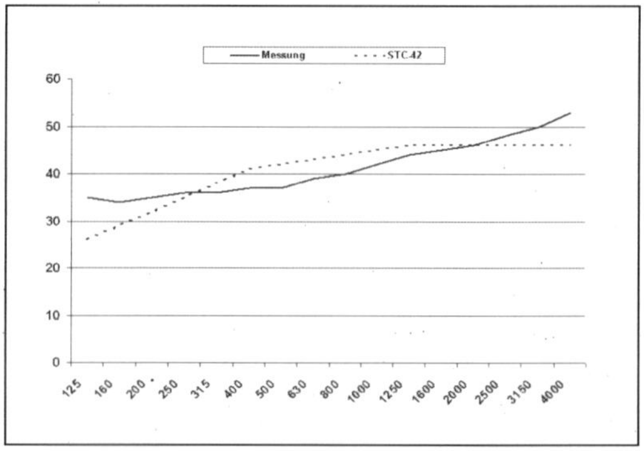

Abb. 1.4-4: Praktische Messanwendung

wie ein Stück Holz oder "nur eine" Schraube verschlechtern die Isolation enorm.

Für die Messung der Schalldämmung gibt es zwei verschiedene Messwerte, die in den nächsten Kapiteln beschrieben werden: Der in USA verwendete Sound-Transmission-Class-Wert (STC) und das in Deutschland verwendete Schalldämmmaß (R).

1.4.2.1 Sound Transmission Class (STC)

Die in Amerika verwendete Sound Transmission Class (STC) versucht die isolierenden Eigenschaften eines Materials mit einer einzigen Zahl zu beschreiben. Dazu wird eine Schallisolationsmessung in Terzabständen durchgeführt. (Siehe auch Kapitel 16.2.2.4). Anschließend wird eine Bewertungskurve - die "STC-Contour" - so lange über der Messung verschoben, bis die Summe aller Pegelunterschreitungen nicht mehr als 32dB beträgt und bei einer einzelnen Terz nicht mehr als 8dB Unterschreitung unter der STC-Contour gegeben sind. Der daraus resultierende STC-Wert kann anschließend in der STC-Contour bei 500Hz abgelesen werden. In der Praxis hilft ein Tabellenkalkulationsprogramm, diesen Wert schnell zu ermitteln.
In Tabelle 1.4-1 ist die STC-Contour exemplarisch für STC-30 angegeben - in Abbildung 1.4-3 ist diese Kurve zu sehen.
Ein Rechenbeispiel für die Auswertung ist in Tabelle 1.4-2 und Abbildung 1.4-4 zu finden.

1.4.2.2 Schalldämmmaß (R)

Das Schalldämmmaß R definiert die Dämmwirkung eines Bauteils zur Schalldämmung. Das Schalldämmmaß errechnet sich mit:

$$R = -10 \cdot \log \frac{P_{abgestrahlt}}{P_{einwirkend}}$$

mit:
R: Schalldämmmaß in Dezibel, dB
P: Auf das Trennbauteil einwirkende Schallleistung beziehungsweise die vom Trennbauteil in den Nebenraum abgegebene Schallleistung.

Im Schalldämmmaß R wird immer nur das Trennbauteil als solches betrachtet. In der Praxis erreicht der Schall den Nebenraum jedoch nicht nur durch ein trennendes Bauteil, sondern auch durch so genannte Nebenwege. Dies sind zum Beispiel die Wände, in denen das Trennbauteil eingebaut wird, Abdichtungen, Fugen, Lüftungskanäle, Heizungsrohre etc.
Sollen die Nebenwege auch in der Messung Berücksichtigung finden, so spricht man von dem Bau-Schalldämmmaß R'. Das Hochkomma kennzeichnet das Vorhandensein von Nebenwegen.
Die Formel ändert sich dadurch zu:

$$R = -10 \cdot \log \frac{P_{total}}{P_{einwirkend}}$$

mit:
R': Bau-Schalldämmmaß in Dezibel, dB
P: Auf das Trennbauteil einwirkende Schallleistung beziehungsweise die totale im Nebenraum ankommende Schallleistung.

Das Schalldämmmaß R und R' ist für jede Frequenz verschieden und muss somit in Form einer Tabelle angegeben werden. Möchte man jedoch ebenfalls eine Einzahlangabe, so kann man das bewertete Schalldämmmaß R_w beziehungsweise das bewertete Bau- Schalldämmmaß R'_w ermitteln:
Hierbei wird das gleiche Verfahren wie bei der STC Messung angewandt. Auch die Bewertungskurve ist identisch mit der STC-Contour.

1.4.2.3 Aufbau und Schalldämmung von Wänden

Bei der Betrachtung von Wänden als schalltrennendes Bauteil unterschiedet man zwischen mehreren unterschiedlichen Wandtypen:

- Einschalige Bauteile: Dies sind Wände, die nur aus einer einzigen schallisolierenden Schale bestehen.
- Doppelschalige Bauteile: In diesem Fall ist vor einer einschaligen Wand eine zweite Vorsatzschale angebracht oder es sind zwei unabhängige Wände aufgestellt.
- Dreifachschalige Bauteile: In diesem Fall sind meist auf beiden Seiten einer massiven Wand zusätzliche Vorsatzschalen angebracht.

Für das grundlegende Verständnis genügt es, die einschaligen und die doppelschaligen Bauteile näher zu betrachten, da die dreifachschaligen lediglich eine konsequente Weiterentwicklung der doppelschaligen Bauteile sind.

Einschalige Bauteile:

Das Schalldämmmaß eines einschaligen Bauteils verhält sich grundsätzlich immer, wie in Abbildung 1.4-5 zu sehen.

Bei sehr tiefen Frequenzen (a) ist die Steifigkeit des trennenden Bauteils für die Schalldämmung relevant.

Bei tiefen Frequenzen (b) tritt die Eigenresonanz (f_c) des Bauteils in Erscheinung. Je nach Bedämpfung dieser Eigenresonanz wird das Schalldämmmaß mehr oder weniger stark beeinflusst. Eine gute Bedämpfung kann man durch hohe Energieverluste in den Trennbauteilen erreichen. Man könnte beispielsweise "weiche" Wände (mit Gummi oder Blei verkleidet) nehmen, die Wände durch Dämmstoffe (Mineralwolle) dämpfen oder sie elastisch so einspannen, also nicht fest verschrauben, dass durch die Einspannung Energie entzogen wird.

Bei tiefen bis mittleren Frequenzen (c) ist in erster Linie die flächenbezogene Masse m' des Trennbauteils entscheidend. Je schwerer das Bauteil ist, desto besser wird auch seine schalldämmende Wirkung. Mit folgender Formel kann das Dämmmaß R in diesem Frequenzbereich abgeschätzt werden:

$$R = 20 \cdot \log\left(\frac{\pi \cdot f \cdot m'}{\rho \cdot c}\right) - 3$$

mit:

R: Schalldämmmaß in Dezibel, dB

f: Frequenz in Hertz, Hz

m': Flächenbezogene Masse des Bauteils in $\frac{kg}{m^2}$

ρ: Dichte der Luft: $1{,}2 \frac{kg}{m^3}$

c: Schallgeschwindigkeit: $344 \frac{m}{s}$

Bei mittleren Frequenzen (d) entsteht durch den Spuranpassungseffekt ein Einbruch in der Schalldämmung. Dieser tritt auf, wenn die Biegewellenresonanzfrequenz der Platte erreicht ist. Diese lässt sich mit folgender Formel berechnen:

$$f_{cb} \approx \frac{6{,}4 \cdot 10^4}{d} \cdot \sqrt{\frac{\rho}{E}}$$

mit:

f_{cb}: Biegewellenresonanzfrequenz in Hertz, Hz

d: Dicke der Platte in Meter, m

ρ: Dichte der Platte in $\frac{kg}{m^3}$

E: Elastizitätsmodul der Platte in $\frac{N}{m^2}$

Bei mittleren bis hohen Frequenzen (e) oberhalb der Biegewellenresonanzfrequenz steigt die Schalldämmung mit 25dB pro Dekade stetig an.

Um das Schalldämmmaß eines einschaligen Bauteils abschätzen zu können soll die Abbildung 1.4-6 eine kleine Hilfe bieten. In ihr erkennt man idealisiert das Bau-Schalldämmmaß für verschiedene flächenbezogene Massen.

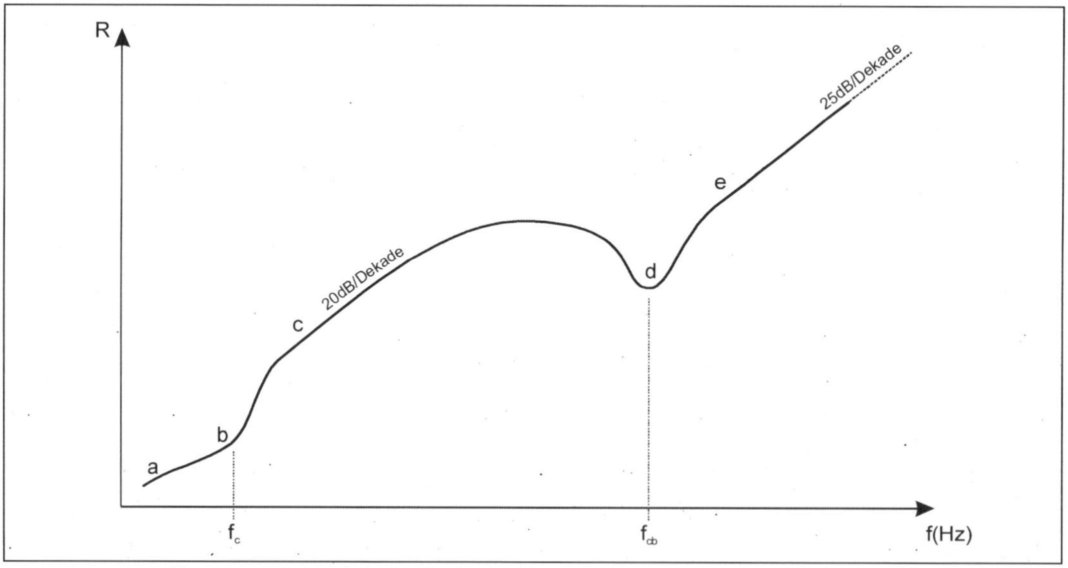

Abb. 1.4-5: Grundsätzlicher Verlauf des Schalldämmmaßes von einschaligen Bauteilen

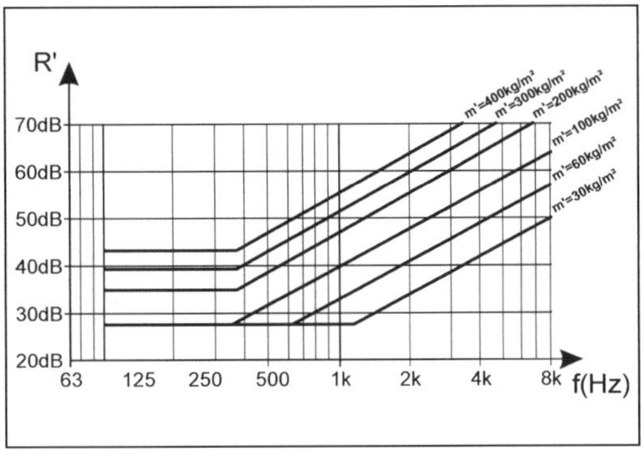

Abb. 1.4-6: Idealisiertes Bau-Schalldämmmaß R' für verschiedene einschalige Bauteile

Doppelschalige Bauteile:

Beim doppelschaligen Aufbau hat man zweimal die Eigenschaft einer einschaligen Wand. Das führt direkt dazu, dass das Schalldämmmaß bei mittleren und hohen Frequenzen erheblich besser wird.

Durch die Federwirkung des Zwischenraums zwischen den Schalen mit den Massen der Schalen entsteht eine Feder-Masse-Resonanz. Diese lässt sich für biegeweiche Schalen mit folgender Formel berechnen:

$$f_r \approx \frac{65}{\sqrt{d \cdot m'}}$$

mit:

f_r: Resonanzfrequenz in Hertz, Hz

d: Abstand der Schalen in Meter, m

m': Flächenbezogene Masse der Schalen
Bei zwei unterschiedlichen flächenbezogenen Massen gilt: $m' = \frac{m1' \cdot m2'}{m1' + m2'}$
mit:
m1' und m2': Flächenbezogene Masse der jeweiligen Schalen

Die Federwirkung tritt sowohl bei Luft als Zwischenraummaterial auf, als auch bei Mineralwolle oder ähnlichen Dämmstoffen. Durch diese Resonanzerscheinung entsteht ein weiterer Einbruch der Schalldämmung im tiefen Frequenzbereich. Der Verlauf des Schalldämmmaßes einer zweischaligen Wand ist in Abbildung 1.4-7 zu sehen. Zum Vergleich ist gestrichelt noch einmal der Verlauf einer einschaligen Wand zu sehen.

Man sieht deutlich, dass die Schalldämmung zu hohen Frequenzen hin deutlich besser wird. Im Bereich der Resonanzfrequenz f_r nimmt sie jedoch einen schlechteren Wert an.

Eine Möglichkeit, den Einbruch bei f_{cb} zu verringern, besteht darin, die beiden Schalen aus unterschiedlichen Materialbeschaffenheiten aufzubauen. Das wäre zum Beispiel möglich, wenn man bei einer Leichtbauwand die eine Seite aus zwei Lagen Gips aufbaut und die andere Seite aus einer Lage Gips plus einer Lage Spanplatte. Bei Fenstern würde man beispielsweise zwei unterschiedlich dicke Scheiben verwenden.

Vorsatzschalen:

Vorsatzschalen sind einschalige Wandaufbauten, die vor eine bestehende Wand gesetzt werden. Auf beiden Seiten einer bereits existierenden Wand kann maximal eine Vorsatzschale gebaut werden. Vorsatzschalen haben den Zweck das Schalldämmmaß der Wand zu erhöhen.

Damit eine Vorsatzschale ausreichend Wirkung zeigt, darf sie nicht steif mit der Wand verbunden werden. Nur elastische Verbindungen sind hier sinnvoll.

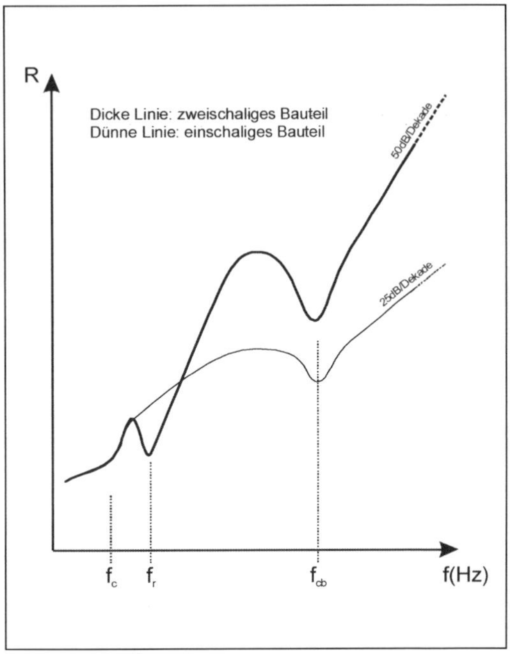

Abb. 1.4-7: Grundsätzlicher Verlauf des Schalldämmmaßes von zweischaligen Bauteilen

Einschaliger Wandaufbau	Dicke in mm	flächenbezogene Masse m' in kg/m³	bewertetes Bau-Schalldämmmaß R'_w
Schwerbeton	120 140	276 330	49dB 52dB
Schwerbeton mit beidseitig anbetonierten 25mm Gipsplatten	120	360	54dB
Porenbeton	115 175	70 95	38dB 40dB
Leichtbetonstein	200	220	47dB
Bimsbeton	60	110	36dB
Vollgips	100 260	105 315	41dB 42dB
Vollziegel	115 175 240	260 380 460	49dB 52dB 55dB
Hohllochziegel	115 240 300	200 350 450	47dB 53dB 56dB
Kalksandstein	240	510	55dB
Glasbau-Hohlsteine	80 95	70 80	40dB 46dB

Tab. 1.4-3: Bewertetes Bau-Schalldämmmaß verschiedener einschaliger Wandaufbauten

Ausführung des C-Profils	Wandstärke	Bewertetes Bau-Schalldämmmaß R'w
Gemeinsames C-Profil für beide Schalen Beidseitig einfach beplankt (1·12,5mm) 50mm Profil 75mm Profil 100mm Profil	 75mm 100mm 125mm	 41dB 43dB 44dB
Beidseitig doppelt beplankt (2·12,5mm) 50mm Profil 75mm Profil 100mm Profil	 100mm 125mm 150mm	 50dB 52dB 53dB
Beidseitig dreifach beplankt (3·12,5mm) 50mm Profil 75mm Profil 100mm Profil	 125mm 150mm 175mm	 51dB 53dB 55dB
Getrennte C-Profile für die beiden Schalen und 5mm Luft dazwischen. Doppelt beplankt (2·12,5mm) 2·50mm Profil 2·100mm Profil	 155mm 255mm	 62dB 63dB
Schallschutzwand mit federndem Ständerwerk (je 100mm) und Schallschutzplatten. Doppelt beplankt (2·12,5mm)	300mm	65dB
Schallschutzwand mit federndem Ständerwerk (je 100mm) und Schallschutzplatten. Doppelt beplankt (1·12,5mm + 1·25mm)	325mm	68dB
Schallschutzwand mit federndem Ständerwerk (je 100mm) und Schallschutzplatten. Dreifach beplankt (1·12,5mm + 1·25mm + 1·12,5mm)	400mm	73dB
Vorsatzschale auf frei stehendem Ständerwerk oder über Mineralfaserplatten mit der Wand verklebt. Einfach beplankt (1·12,5mm)	+65-115mm	Verbesserung um 6-10dB
Vorsatzschale auf frei stehendem Ständerwerk oder über Mineralfaserplatten mit der Wand verklebt. Doppelt beplankt (2·12,5mm)	+80-130mm	Verbesserung um 11-16dB

Tab. 1.4-4: Bewertetes Bau-Schalldämmmaß verschiedener zweischaliger Wandaufbauten und Vorsatzschalen

Hinweise zum Aufbau:
Um eine möglichst gute Isolation einer Wand zu erreichen, sind einige Dinge zu beachten:

- Bei mehrlagigen Plattenaufbauten darauf achten, dass die Fugen nicht übereinander liegen. Die Lagen sollten versetzt aufeinander gesetzt werden.
- Fugen gut verspachteln, damit durch die Ritzen kein Schall dringen kann.
- Massivwände verputzen, damit die Ritzen abgedichtet werden.
- Durchbrüche und Schwachstellen vermeiden. Steckdosen, Schalter und Kabelkanäle lieber auf Putz montieren als in die Wand einbauen.

In den Tabellen 1.4-3 und 1.4-4 sind für verschiedene Wandaufbauten bewertete Bau-Schalldämmmaße zu sehen.

1.4.2.4 Aufbau einer veränderbaren Kabeldurchführung

Möchte man zwischen zwei Räumen eine Kabeldurchführung aufbauen, die relativ einfach veränderbar sein muss (hinzufügen und wegnehmen von Kabeln), so bietet sich ein so genannter "Sandkasten" an. Diese Konstruktion ist schematisch in Abbildung 1.4-8 zu sehen.
Aufgrund des relativ hohen Aufwands, bei jeder Änderung der Verkabelung Sand entfernen und wieder hinzufügen zu müssen, sieht man heute eher die doppelte Menge an Kabeln zwischen zwei Räumen vor und hat dann immer ausreichende Reserven.

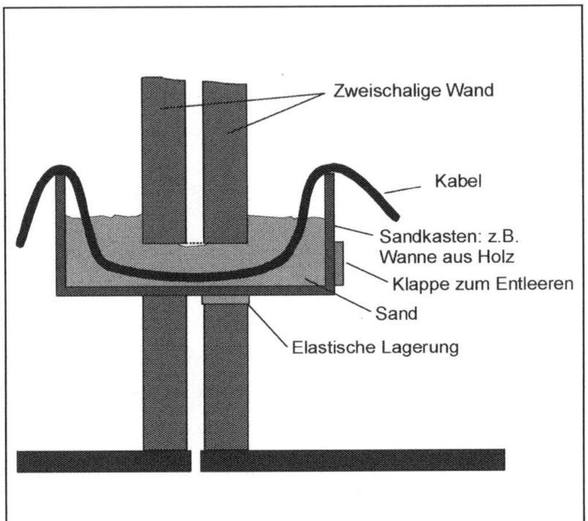

Abb. 1.4-8: Ein "Sandkasten" zwischen zwei Räumen

1.4.2.5 Aufbau und Schalldämmung von Decken und Böden

Wenn es um eine gute Tritt- und Luftschalldämmung von Böden geht, kommt man ebenfalls nicht um eine elastische Konstruktion und hohe Massen herum. Eine Standardkonstruktion in Regie- und Aufnahmeräumen ist daher der "schwimmende Estrich". Dabei wird eine Estrichplatte gegossen, die sich auf einer elastischen Isolationsschicht befindet und eine sehr niedrige Resonanzfrequenz hat. Im Gegensatz zu den herkömmlichen Konstruktionen im Haus- und Wohnungsbau ist die Platte jedoch meist schwerer, die Dämmschicht dicker und die Randfuge größer. Außerdem werden keine Heizungs- oder Wasserrohre mit in die Estrichplatte vergossen.
Da bei einer Raum-in-Raum Konstruktion auf die Estrichplatte noch die Wände (und die gesamte Studioeinrichtung) kommen, muss das Gesamtgewicht sorgfältig berechnet werden, da ansonsten ein falsches Dämmmaterial verwendet wird.
Die Platte darf allseitig keinen Kontakt zur Rohbauwand haben - auch kleinste Verbindungen wie zum Beispiel etwas Beton in der Fuge machen gute Isolationswerte sofort zunichte.
Kabelkanäle in den Estrich einzugießen ist zwar möglich, stellt jedoch immer auch einen Schwachpunkt der Konstruktion dar.

In einigen Fällen findet man sehr massive Rohdecken/-böden vor. In diesem Fall möchte man vielleicht lediglich eine Körper-, Tritt- und Luftschallentkoppelung des Bodens haben, aber keine Raum-in-Raum Konstruktion aufbauen. Man kann für diese Anforderung eine Art "Fertigfußboden" aufbauen.
Dazu nimmt man ein schwingungsdämpfendes Material (zum Beispiel Sylomer) und legt den Rohboden vollflächig oder stückweise damit aus. Auf die richtige Menge des schwingungsdämpfenden Materials ist zu achten, damit man eine möglichst niedrige Resonanzfrequenz bekommt.
Danach nimmt man beispielsweise Span- oder MDF-Platten, legt diese auf das schwingungsdämpfende Material und verschraubt zwei Lagen davon miteinander. Dabei ist darauf zu achten, dass die Fugen der beiden Lagen versetzt liegen.
Auch hier ist immer das spätere Gesamtgewicht der Konstruktion zu beachten, da sich das schwingungsdämpfende Material ansonsten zu sehr durchdrückt und keine Wirkung mehr zeigt. Weiterhin ist ein Abstand zur Wand zu halten, damit auch dort keine Schallbrücken entstehen.

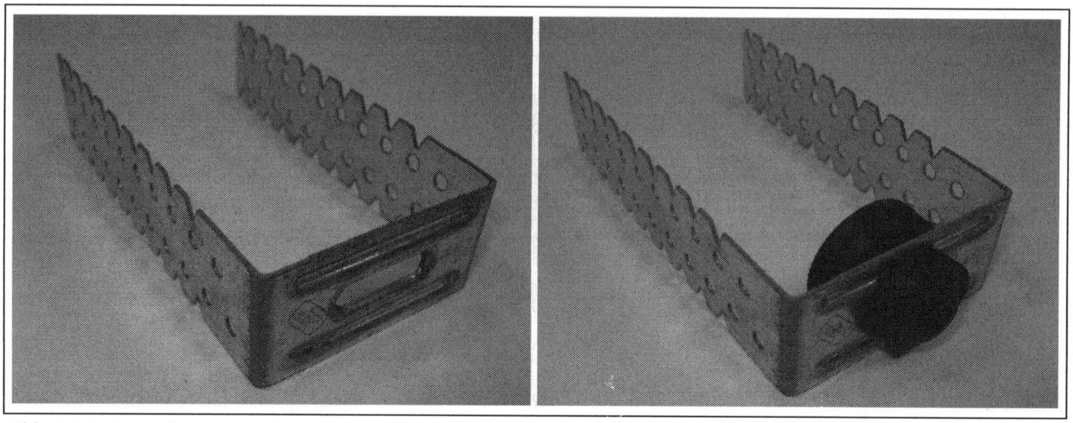

Abb. 1.4-9: Normale Deckenhalterung (links) und die akustisch modifizierte Variante (rechts) zur elastischen Abhängung

Abb. 1.4-10: Andere Varianten für elastische Deckenabhängungen

Diese Konstruktion wird auch gerne als "Drum-Riser" für Schlagzeugkabinen eingesetzt.

Möchte man eine zusätzliche Decke für eine erhöhte Isolation verwenden, dann muss eine abgehängte Decke konstruiert werden. Dabei ist es wichtig, dass die zusätzliche Decke - ebenso wie die Wände - von der Rohdecke entkoppelt ist. Das gelingt mit elastisch gelagerten "Akustikabhängern". Normale, so genannte "Federabhänger" sind ebenso wenig geeignet wie die Standard-Abhänger, da sie eine relativ starre Verbindung zur Rohdecke herstellen.
Die Akustik-Abhänger haben eine Gummischicht zwischen der Rohdeckenbefestigung und der abgehängten Decke (Siehe Abbildung 1.4-9 und 1.4-10). Wichtig ist hierbei, dass die Menge der Abhänger korrekt berechnet wird, damit die Resonanzfrequenz der gesamten Deckenkonstruktion günstig (also niedrig) liegt. Die notwendige Menge der Abhänger ist abhängig vom Gesamtgewicht der abzuhängenden Decke. Die Berechnung der korrekten Menge sollte beim Hersteller zu finden sein.

1.4.2.6 Aufbau und Schalldämmung von Türen

Türen stellen den ersten Schwachpunkt in der Raumisolation dar. Sie müssen ein einfaches Betreten des Raums zulassen oder sogar so gestaltet sein, dass man mit großen schweren Teilen auf Rollen hindurchkommt. So benötigt ein großer Aufnahmeraum auf jeden Fall eine Möglichkeit, einen Konzertflügel rollend hindurchzubekommen. Zusätzlich zu diesen Anforderungen soll eine

Studiotür eine sehr gute Isolation aufweisen, so dass die Isolation der Wand durch die Tür nicht geschwächt wird.

Die Isolation einer Tür ist normalerweise von folgenden konstruktiven Eigenschaften abhängig:

- Materialbeschaffenheit der Tür: Eine Tür sollte eine gute innere Dämpfung haben, damit keine Resonanzerscheinungen des Türblatts auftreten. Um das zu erreichen, kann man die Tür mit einem stark dämpfenden Material füllen (zum Beispiel Sand oder Mineralwolle). Alternativ baut man die Tür aus mehreren unterschiedlichen Schichten eines schwingungsarmen Materials auf. Beispielsweise könnte man eine Studiotür aus vielen einzelnen, miteinander verschraubten MDF- oder Spanplatten aufbauen.
- Masse der Tür: Hier gilt ebenso wie bei den Wänden, dass die schwerere Tür die besseren Isolationswerte bringt, was zum Beispiel bei Studiotüren wichtig ist.
- Gute umlaufende Dichtung: Damit der Schall auch an den Fugen nicht durchkommen kann, muss eine Tür rundum über eine gut schließende Dichtung verfügen. Man spricht in diesem Zusammenhang auch von dem "Falz" einer Tür. Für Studiotüren wird man um einen Doppelfalz mit langfedernden Dichtungen nicht herumkommen. Das bedeutet, dass zwei umlaufende Dichtungen angebracht sind, um die Fugen schalldicht zu verschließen. Ein Problem ist hierbei die Abdichtung nach unten also zur Türschwelle hin. Da eine möglichst ebene oder nur leicht erhabene Schwelle anzustreben ist, gibt es gerade in diesem Bereich verschiedene ausgeklügelte Dichtmechanismen (siehe Abbildung 1.4-11):
  Schwellendichtung: In diesem einfachen Fall ist die Schwelle gegenüber dem Fußboden etwas erhaben. Beim Schließen der Tür kann somit die Dichtung auch auf der Unterseite an die Schwelle gedrückt werden und die Öffnung dicht verschließen. Allerdings entsteht bei dieser Konstruktion eine Stufe, die Probleme mit Rollwägen machen kann.
  Auflaufdichtung: Hierbei wird die Schwelle schräg ausgeführt und die Tür läuft beim Schließen mit ihrer unteren Dichtung auf diese Schwelle auf.
  Absenkdichtung: Diese Dichtung ist auf der Unterseite der Tür eingebaut. Im geöffneten Zustand der Tür ist die Dichtung im Türblatt versenkt. Wird die Tür geschlossen, so werden im Türfalz Nocken betätigt, die die Dichtung auf den Boden absenken und andrücken. Somit ist in diesem Zusammenhang eine glatte Dichtfläche unterhalb der Tür wichtig.
- Keine Öffnungen: Ganz wichtig ist, dass man die gute isolierende Tür nicht durch "unnötige" Öffnungen wieder zerstört. Eine Bohrung für einen Schließzylinder stellt eine Schallöffnung dar, die die ganze Isolation wieder zunichte macht. Auch eine Glasscheibe sollte man nur einbauen, wenn sie die entsprechende Stärke hat, um die Isolation nicht zu verschlechtern.

Von verschiedenen Herstellern werden so genannte "Akustiktüren" mit hohen Isolationswerten angeboten. Dabei handelt es sich meist um sehr schwere Stahltüren, die innen mit zusätzlichen Verstrebungen und Dämmstoff versehen sind. Der Vorteil dieser Türen besteht darin, dass sie - sofern sie korrekt eingebaut werden - auf jeden Fall die angegeben Isolationswerte bringen. Bei richtiger Wahl der Tür fügt man somit keine Schwachstelle in die Raumkonstruktion ein.

Eine relativ kostengünstige Möglichkeit, eine gute Isolation zu bekommen, ist die Verwendung von "Terrassentüren". Damit sind Türen gemeint, die man normalerweise in einem Haus oder einer Wohnung als Terrassentüren verwenden würde. Der Vorteil dieser Türen besteht darin, dass sie eine

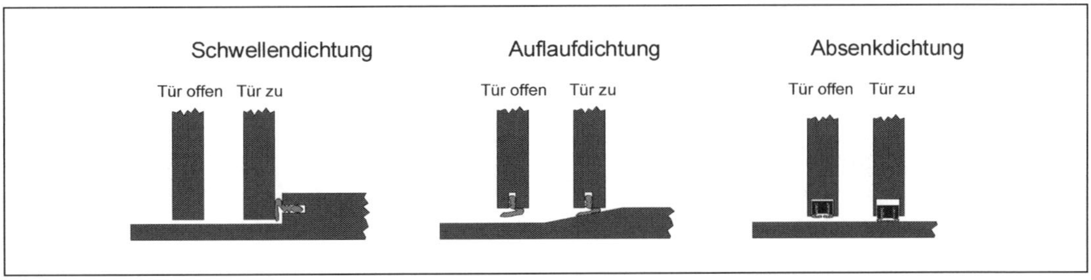

Abb. 1.4-11: Verschiedene Arten von Türschwellen

rundum schließende Dichtung haben und mit Hilfe der Türgriffs ziemlich gut zugezogen werden können. Außerdem sind diese Türen in verschiedenen Schallisolationsklassen verfügbar, so dass man sich die Tür entsprechend der erforderlichen Isolation kaufen kann. Ein weiterer, großer Vorteil besteht darin, dass diese Türen ausgehend von ihrer eigentlichen Verwendung immer durchsichtig sind. Somit lässt sich eine einfache, gut isolierende Verbindung zwischen Regie- und Aufnahmeraum herstellen, bei der auch der Sichtkontakt bei geschlossener Tür bestehen bleibt. Der Hauptnachteil der Terrassentüren liegt in der relativ hohen Schwelle, die konstruktionsbedingt am Boden entsteht und über die man nicht so einfach mit einem Rollwagen kommt.

Grundsätzlich kann man die Isolationswerte verbessern, wenn man mehrere Türen verwendet. In einer einfachen Wand wird dies normalerweise nicht gemacht. Hat man aber eine Raum-in-Raum-Konstruktion, so muss sowieso der innere Raum und der Rohraum jeweils eine Tür bekommen. Die

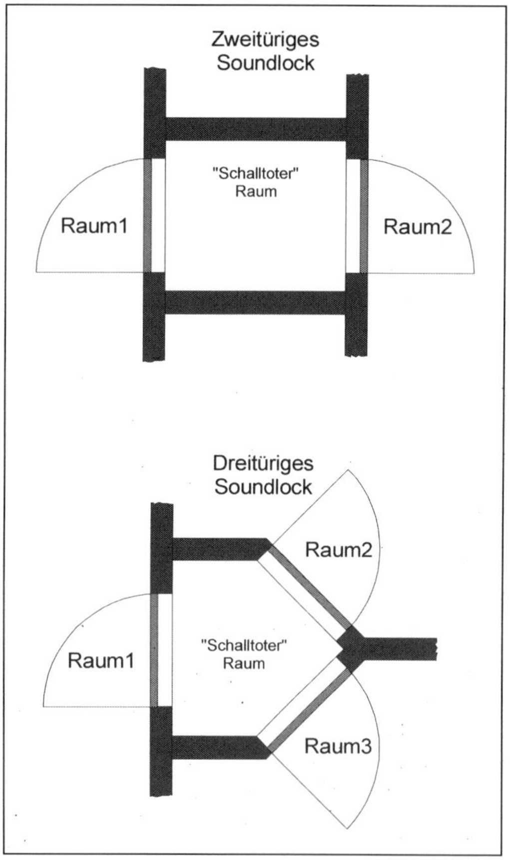

Abb. 1.4-12: Zwei- und dreitüriges Soundlock

Türen werden hierbei sinnvollerweise an die Isolationswerte der jeweiligen Wandschalen angepasst.

Eine typische Konstruktion in Zusammenhang mit Türen ist ein so genanntes "Soundlock". Hierbei handelt es sich um ein Mehrtürensystem, bei dem man nicht direkt von einem Raum in den nächsten gehen kann, sondern sich zwischendrin in einem kleinen, möglichst "schalltoten" Raum befindet. Verlässt man also beispielsweise den Regieraum, so geht man durch die erste Tür in den kleinen Raum und schließt die Regieraumtür wieder hinter sich. Dann erst öffnet man die zweite Tür zum Aufnahmeraum. Auf diese Art und Weise bleibt immer mindestens die Isolation einer Tür erhalten. Sind beide Türen geschlossen wird eine extrem hohe Isolation erreicht, da der Schall nach der ersten Tür zusätzlich in dem kleinen Raum absorbiert wird und dann noch die zweite Tür durchdringen muss.

Ein weiterer Vorteil von Soundlocks ist, dass man mehr als zwei Türen einbauen kann und somit mehrere Räume miteinander verbinden kann. Der "kleine Raum", der oben genannt wurde, könnte hierbei auch ein Gang sein. Die Abbildung 1.4-12 zeigt ein typisches Soundlock in der Draufsicht.

Auch in Kinosälen findet man oft ein Soundlock mit zwei Türen, damit beim Verlassen oder Betreten des Kinosaals die Zuschauer nicht durch Schall aus dem Foyer gestört werden.

1.4.2.7 Aufbau und Schalldämmung von Fenstern

Ein Schwachpunkt in der Bauakustik sind neben den Türen die Fenster. Die Stärke der Scheiben und die Dichtungen sind wesentlich für die Isolation verantwortlich. Zwischen Regie- und Aufnahmeräumen werden daher Fenster verwendet, die nicht zu öffnen sind und aus relativ dicken Scheiben bestehen. Die Abbildung 1.4-13 zeigt den schrittweisen Aufbau eines solchen Fensters.
In die zwei voneinander getrennten Wände von Regie- und Aufnahmeraum werden zwei unabhängige, massive Holzrahmen eingesetzt. Zwischen den Rahmen bleibt eine mindestens 1cm breite Trennfuge, damit keine mechanische Verbindung zwischen den Wänden entstehen kann. Anschließend wird die Fuge allseitig mit einer Folie locker überbrückt, damit kein Staub und Dreck in das Fenster geraten kann. Auf die Folie kann man Silica-Gel legen, um später im Fenster auftretende Feuchtigkeit zu binden.

Als nächstes werden Holzleisten zur Befestigung der Glasscheiben eingesetzt. Diese werden so schräg befestigt, dass die Scheibe eine Neigung von 7-15° nach oben oder unten bekommt. In beiden Fällen wird der Schall nicht in der Horizontalen zurückreflektiert. Jede Richtung hat hierbei jedoch noch einen weiteren Vorteil: Nach unten geneigte Scheiben (V-Form) reflektieren das Deckenlicht weniger stark. Nach oben geneigte Scheiben (A-Form) können nicht von innen mit herabrieselndem Material verschmutzen.
Der Bereich zwischen den zwei Scheiben wird nun mit einem absorbierenden Material verkleidet. Hierzu kann ein Akustikschaumstoff verwendet werden oder eine Stoffbespannung, die mit einem Schaumstoff hinterlegt ist. Mineral- und Steinwolle ist ausdrücklich nicht zu empfehlen, da mit der Zeit Fussel in den Zwischenraum rieseln können, die nicht mehr zu entfernen sind!
Nach dem Lackieren der Rahmen werden die Scheiben sehr sorgfältig gereinigt und mit Silikon in die Rahmen geklebt. Weitere Holzleisten halten die Glasscheiben nach außen hin.

Ein Regieraumfenster wird normalerweise aus zwei Glasscheiben aufgebaut, weshalb es als zweischaliges Trennbauteil angesehen werden kann. Damit der Spuranpassungseffekt nicht für beide Scheiben an der gleichen Frequenz auftritt, sollte man verschieden starke Glasscheiben benutzen, damit die Isolation besser wird. Als Materialstärke empfiehlt sich je nach Scheibengröße 15mm - 25mm starkes Glas. Auf diese Weise erhält man ein sehr hochwertiges und gut isolierendes Fenster, auch wenn die Kosten dafür relativ hoch sind.

Die Qualität eines Regiefensters lässt sich leicht überprüfen, indem man mit dem Handballen leicht dagegen schlägt. Dabei sollte nur ein dumpfes Geräusch zu hören sein und keinesfalls eine hörbare Resonanz auftreten.

1.4.2.8 Raum-in-Raum Konstruktion

Unter einer Raum-in-Raum Konstruktion versteht man einen eigenständigen, in sich geschlossenen Raum, der sich elastisch in einem anderen Raum befindet. Dies wird zum Beispiel realisiert, indem man einen schwimmenden Estrich in einen Raum einbringt. Auf dem Estrich befinden sich Vorsatzschalen für alle Wände. Auf den Vorsatzschalen wird oben eine von der Rohdecke abgehängte Decke angebracht. Die Abbildung 1.4-14 zeigt den Konstruktionsplan für eine typische Raum-in-Raum Konstruktion.

Grundsätzlich gilt für die gesamte Konstruktion:

- Auf keinen Fall eine feste Verbindung zu dem Rohraum herstellen.
- Alle elastischen Verbindungen mit möglichst niedriger Resonanzfrequenz (also weich) aufbauen.
- Möglichst hohe Massen verwenden.

1.4.2.9 Heizung, Lüftung und Klimaanlagen

Heizungsrohre, Lüftungs- und Klimaanlagen stellen sehr kritische Schallbrücken dar, die sämtliche Bemühungen um eine gute Isolation schnell wieder zunichte machen können.

Da es meist unvermeidlich ist, dass Rohre oder Luftkanäle für eine Belüftung oder Klimaanlage durch die Raumwände gehen, kann der Schall die Wand an diesen Stellen relativ einfach durchdringen, wenn die Öffnungen nicht sorgfältig verschlossen worden sind.

Daraus ergeben sich folgende Regeln:

- Nur so viele Wanddurchbrüche machen, wie unbedingt notwendig. Auf eine Heizung kann eventuell komplett verzichtet werden, wenn die Studiogeräte ausreichend Wärme produzieren, um den Raum auf einer angenehmen Temperatur zu halten. Oft ist eher eine Klimatisierung nötig, als eine Heizung.
- Autarke Geräte einsetzen, die ohne Wanddurchbrüche heizen oder kühlen können und lediglich einen Stromanschluss benötigen.
- Alle Wanddurchbrüche so klein wie möglich halten. Besser ein dünnes als ein dickes Rohr verwenden. Das heißt: lieber ein Split-Klimagerät, das nur dünne Kältemittelschläuche benötigt, als ein Standgerät, das einen dicken Abluft-/Abwasserschlauch benötigt.
- Alle Wanddurchbrüche sorgfältig und luftdicht mit Bauschaum verschließen. Auch kleine Luftlöcher lassen den Schall sehr störend durch!
- Um Körperschallübertragung durch Rohrleitungen zu vermeiden, sollten Umkofferungen (Verkleidungen) mit Gips- oder Holzplatten um die Rohrleitungen angebracht werden. Auf diese Weise wird sowohl der Erregerschall von den Rohrleitungen ferngehalten, als auch der

Phase 1: Der Rahmen besteht aus zwei Teilen. Jeder Teil befindet sich luftdicht eingebaut in der jeweiligen Wand.

Phase 2: Eine Folie wird zwischen die Rahmen gespannt, um den Zwischenraum abzudichten.

Phase 3: Der Rahmen und die Halteleisten für das Glas werden schwarz gestrichen. Auf die Folie (unten) wird zur Trocknung Silica-Gel gelegt (nicht zu sehen!).

Phase 4: Das Fenster ist fertig. Zwischen den Scheiben ist Stoff gespannt. Die Scheiben werden mit Silikon eingeklebt. Ein zweiter Leistensatz fixiert sie nach außen.

Abb. 1.4-13: Aufbau eines Regieraumfensters

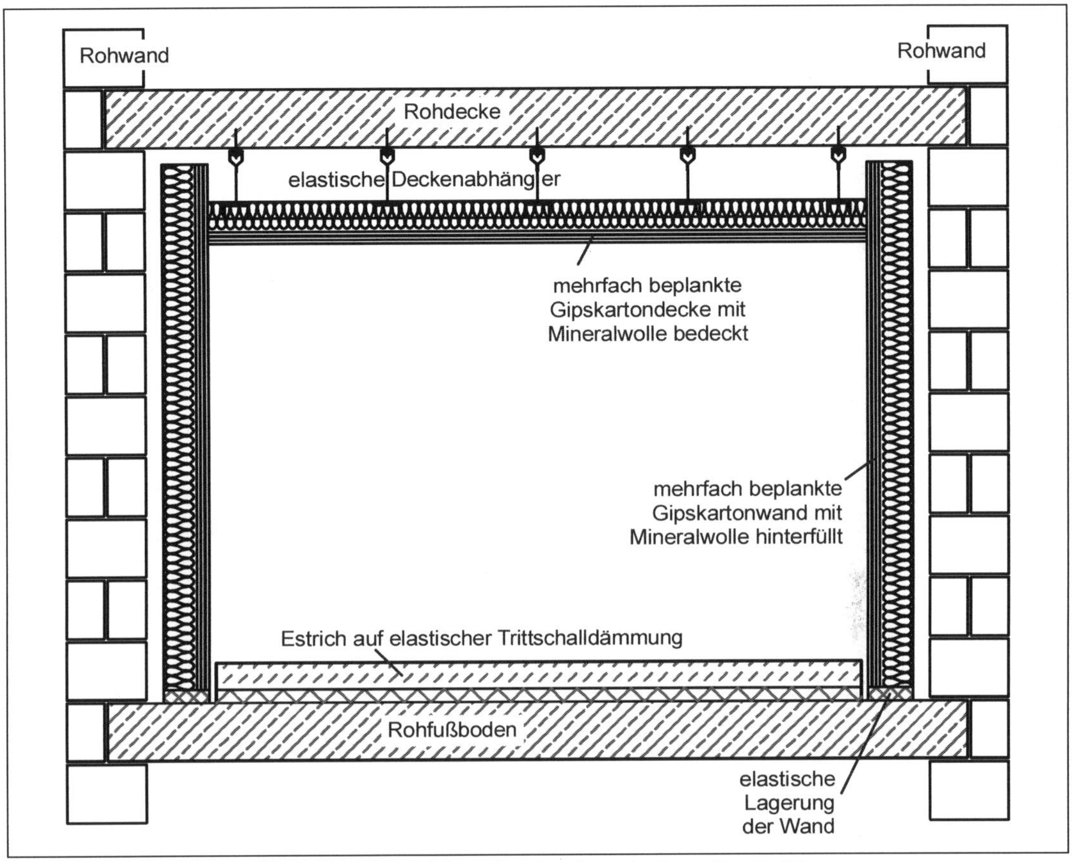

Abb. 1.4-14: Konstruktionsplan einer Raum-in-Raum Konstruktion.
(Bild mit Unterstützung von HMP-Architekten + Ingenieure / concept-A)

abgestrahlte Schall der Rohrleitung vom Raum.

- Bei Lüftungsanlagen ausreichend Schalldämpfer einsetzen, um eine gute Isolation der Räume zueinander zu gewährleisten. Die Schalldämpfer bringen gleich noch den positiven Nebeneffekt, dass weniger Strömungs- und Lüftergeräusche zu hören sind.
- Statt einer zentralen Klimaanlage eher Einzelgeräte verwenden, die keine Verbindungen zwischen den Räumen benötigen.

Die Geräuschentwicklung von Klimaanlagen ist oft ein störender Faktor in einem Regie- beziehungsweise Aufnahmeraum. Daher kann man diese mit speziellen Schalldämpfern versehen. Die Abbildung 1.4-15 zeigt die Schnittzeichnung eines solchen Schalldämpfers. Hierbei gilt: je länger die Luft durch einen akustisch bedämpften Umweg laufen muss, desto leiser wird die Klimaanlage. Ein elastischer Anschluss zwischen Klimagerät und Ummantelung ist wichtig, damit keine Vibrationen auf die Verkleidung übertragen werden können.

Gerade in kleineren Aufnahmeräumen wird die Klimaanlage oft während der Aufnahmen abgeschaltet. Zum Lüften der Räume müssen dann jedoch regelmäßig Pausen eingelegt werden, was aber der Qualität der Aufnahme nicht abträglich sein muss.

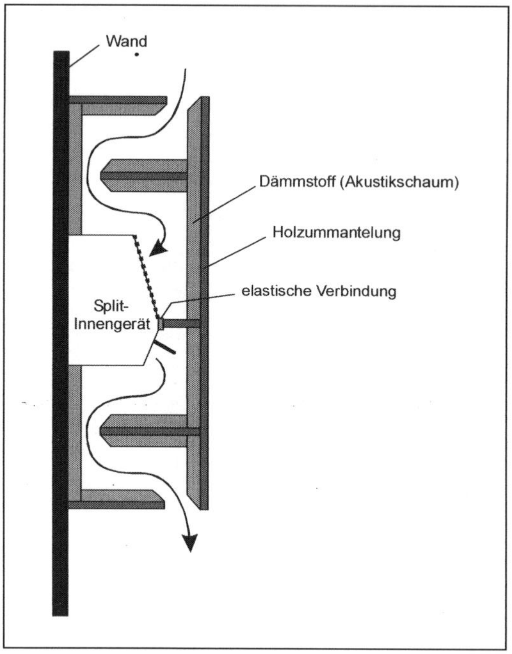

Abb. 1.4-15: Schnittbild einer möglichen Schalldämpferkonstruktion um ein Split-Klimagerät (Innengerät). Die nicht abgebildeten Seitenwände sind ebenfalls mit Akustikschaum belegt.

1.5 Grundlagen der Raumakustik

Geht es um die Gestaltung der Raumakustik, so sind drei wesentliche Grundlagen zu beachten:

- Es sollte eine ausgewogene Nachhallzeit im Raum vorherrschen, damit ein gleichmäßiges Abklingen des diffusen Schallfeldes gegeben ist.
  Weiterhin sollte die Nachhallzeit so gewählt werden, dass sie der Nachhallzeit in den Räumlichkeiten der zukünftigen Musikhörer entspricht. Aus diesem Grund haben Tonregieräume fast immer eine Nachhallzeit von 0,3s, wie sie auch in durchschnittlichen Wohnzimmern vorherrscht.
- Der Raum sollte frei von störenden stehenden Wellen sein, da ansonsten Dröhnen oder Löcher im Bassbereich die Folge sind.
- Die Gestaltung des Raums sollte so erfolgen, dass sich ein angenehmes Reflexionsmuster ergibt. Das bedeutet, dass keine störenden ersten Reflexionen an der Abhörposition auftreten. Weiterhin sollten alle Reflexionen möglichst diffus sein.

Je nach tatsächlicher Größe des Raums liegen die Schwerpunkte der Betrachtung etwas unterschiedlich. So kann in einem großen Raum dessen Klang sehr gut mit Hilfe der Raumreflexionen ermittelt werden, stehende Wellen nehmen jedoch keinen störenden Einfluss auf die Raumakustik. In einem kleinen Raum verhält es sich dagegen genau umgekehrt. Stehende Wellen müssen berechnet und bedämpft werden, wohingegen einzelne, störende Reflexionen kaum auftreten.

Diese genannten drei Grundlagen und der Umgang mit ihnen bei der Planung der Raumakustik sind Thema der nächsten drei Kapitel.

1.5.1 Nachhallzeit RT

Die Nachhallzeit RT (engl. für Reverberation Time) beschreibt die Zeitdauer, in der der Nachhall eines Raums um 60dB leiser wird, nachdem die Schallquelle abgeschaltet wurde. Die Nachhallzeit RT ist hierbei ein Standardwert für die Raumakustik und für Effektgeräte. RT kann in der Praxis auch aus geringeren Pegelverlusten als 60dB berechnet werden. Hat man beispielsweise nur die Zeit gemessen, in der der Nachhall um 20dB leiser wird, so ist die RT das Dreifache dieses Wertes:

$$RT = t_{20dB} \cdot 3$$

Statt RT findet man oft auch die Angabe RT60, welche an die 60dB Pegelverlust als Basis dieser Messung erinnert. Beide Werte haben die gleiche Bedeutung.

1.5.1.1 Messung von RT

Prinzipiell kann RT aus jeder beliebigen, gemessenen oder bekannten Nachhallzeit berechnet werden. Im Endeffekt gibt RT lediglich die Steigung einer Funktion an. Die Funktion ist der Verlauf des Schalldruckpegels über die Zeit. Seine Steigung wird gemessen, nachdem das Erregersignal abgeschaltet wurde und der Raum ausklingt.
Die Messung kann hierbei über das gesamte Frequenzspektrum erfolgen oder auf Oktaven oder Terzen beschränkt werden. Welcher Frequenzbe-

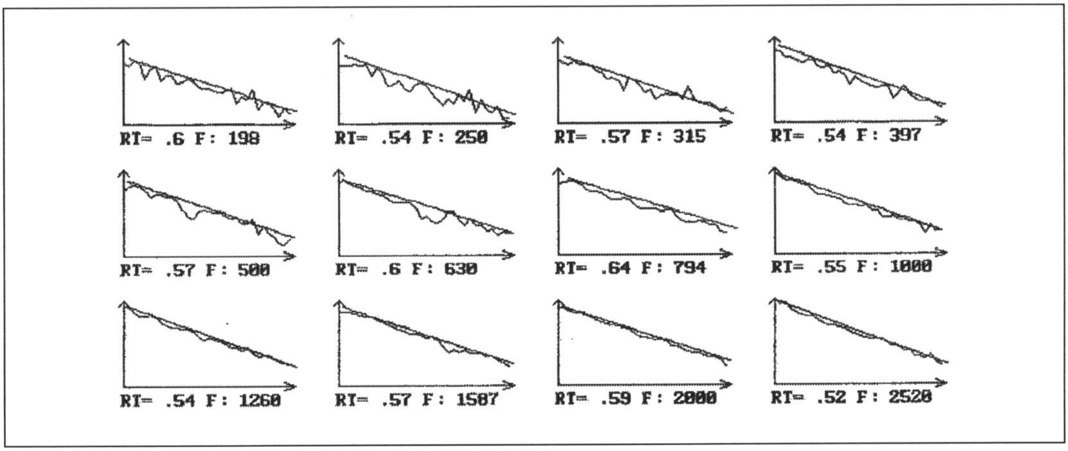

Abb. 1.5-1: Analyse der Nachhallzeit in Terzbereichen durch Anlegen von Linien

reich tatsächlich gemessen wird, hängt lediglich vom verwendeten Erregersignal ab. So könnte eine Messung beispielsweise mit oktav- oder terzgefiltertem Rauschen erfolgen, um ein Ergebnis in Oktav- beziehungsweise Terzbändern zu bekommen. Messgeräte für RT messen meist den kompletten Frequenzbereich und filtern nach der Messung rechnerisch Oktaven oder Terzen aus. Die Abbildung 1.5-1 zeigt die Analyse der Nachhallzeit RT in Terzbereichen. Wie man gut erkennen kann, ist der Pegelverlauf teilweise sehr unruhig. Aus diesem Grund legt man eine Linie an den Pegelverlauf an und versucht, die Steigung optisch so gut wie möglich zu erfassen. Dies ist eine sehr einfache und doch effektive Möglichkeit, die Nachhallzeit zu bestimmen.

Liegt die Nachhallzeit RT in Terzen oder Oktaven vor, so kann dies als Grundlage für die Planung akustischer Maßnahmen verwendet werden.

1.5.1.2 Berechnung von RT

Liegt RT nicht als gemessener Wert vor, so kann die Nachhallzeit mit Hilfe verschiedener Formeln relativ genau berechnet werden.

Berechnung nach Sabine: Die einfachste Formel zur Nachhallzeitberechnung wurde 1898 von Wallace Clement Sabine aufgestellt:

$$RT = 0,163 \cdot \frac{V}{S \cdot a}$$

mit:
RT: Nachhallzeit in Sekunden, s
V: Raumvolumen in m^3
S: Oberfläche des Raums in m^2
a: Mittlerer Absorptionskoeffizient aller Flächen des Raums

In dieser einfachen Formel wird für S die gesamte Oberfläche des Raums eingesetzt und für a der mittlere Absorptionskoeffizient aller Raumoberflächen. Da in der Praxis selten der mittlere Absorptionskoeffizient vorliegt, kann die Formel so abgeändert werden, dass einzelne Teilflächen mit ihren entsprechenden Absorptionskoeffizienten eingesetzt werden können:

$$RT = 0,163 \cdot \frac{V}{S_1 \cdot a_1 + S_2 \cdot a_2 + S_3 \cdot a_3 + \ldots + S_n \cdot a_n}$$

mit:
RT: Nachhallzeit in Sekunden, s
V: Raumvolumen in m^3
S_n: Oberfläche eines bestimmten absorbierenden Materials in m^2
a_n: Absorptionskoeffizient des entsprechenden Materials

Man muss bei dieser Formel alle vorhandenen Oberflächen eines Raums abmessen, ihren Absorptionskoeffizienten nachschlagen und die Werte in die Formel einsetzen. Die Summe aller Oberflächen, muss am Ende der Oberfläche des Raums entsprechen. Sehr stark reflektierende Oberflächen können unter Umständen weggelassen werden, da a bei ihnen gegen Null geht.

In sehr kleinen Räumen oder bei relativ kurzen Nachhallzeiten stimmt die Formel von Sabine nicht mehr. Norris Eyring hat daher die Formel leicht verändert.

Berechnung nach Eyring: Da bei der Nachhallberechnung nach Sabine die Nachhallzeit bei einem Absorptionskoeffizienten von a=1 nicht Null wird, hat Eyring die Formel verbessert und dieses Problem berücksichtigt:

$$RT = 0,163 \cdot \frac{V}{-S \cdot \ln(1-a)}$$

mit:
RT: Nachhallzeit in Sekunden, s
V: Raumvolumen in m^3
S: Oberfläche des Raums in m^2
a: Mittlerer Absorptionskoeffizient aller Flächen des Raums
(ln: Natürlicher Logarithmus zur Basis e)

Der gemittelte Absorptionskoeffizient kann aus den Teilflächen und ihren entsprechenden Absorptionskoeffizienten berechnet werden:

$$a = \frac{S_1 \cdot a_1 + S_2 \cdot a_2 + S_3 \cdot a_3 + \ldots + S_n \cdot a_n}{S}$$

mit:
a: Mittlerer Absorptionskoeffizient aller Flächen des Raums
S: Oberfläche des Raums in m^2
S_n: Oberfläche eines bestimmten absorbierenden Materials in m^2
a_n: Absorptionskoeffizient des entsprechenden Materials

Raumgrößen	
Länge	5 m
Breite	3,5 m
Höhe	2,6 m
Gesamtoberfläche	**79,2 m²**
Volumen	**45,5 m³**

Frequenz		31,5	63	125	250	500	1k	2k	4k	8k
Gewünschte Nachhallzeit		0,3	0,3	0,3	0,3	0,3	0,3	0,3	0,3	0,3
Gewünschte obere Grenze		0,798	0,6	0,519	0,441	0,399	0,399	0,399	0,399	0,399
Gewünschte untere Grenze		0,219	0,219	0,219	0,219	0,219	0,198	0,177	0,153	0,132

Flächen										
Wände (Mauerwerk, verputzt)	Absorptionsgrad	0,01	0,02	0,02	0,03	0,03	0,04	0,05	0,07	0,09
Fläche 1	42,2	42,2	42,2	42,2	42,2	42,2	42,2	42,2	42,2	42,2
Decke (Beton)	Absorptionsgrad	0,01	0,01	0,02	0,02	0,03	0,04	0,05	0,05	0,06
Fläche 2	17,5	17,5	17,5	17,5	17,5	17,5	17,5	17,5	17,5	17,5
Parkett	Absorptionsgrad	0,01	0,02	0,03	0,04	0,04	0,05	0,05	0,05	0,06
Fläche 3	17,5	17,5	17,5	17,5	17,5	17,5	17,5	17,5	17,5	17,5
Tür	Absorptionsgrad	0,03	0,05	0,1	0,08	0,06	0,05	0,05	0,05	0,05
Fläche 4	2	2	2	2	2	2	2	2	2	2
Gesamte absoptive Fläche		0,83	1,47	1,92	2,48	2,61	3,36	3,96	4,80	6,00
Gemittelter Absorptionskoeffizient		0,01	0,02	0,02	0,03	0,03	0,04	0,05	0,06	0,08
Nachhallzeit (Sabine)		8,91	5,05	3,86	3,00	2,84	2,21	1,87	1,54	1,24
Nachhallzeit (Eyring)		8,87	5,00	3,82	2,95	2,79	2,16	1,83	1,50	1,19

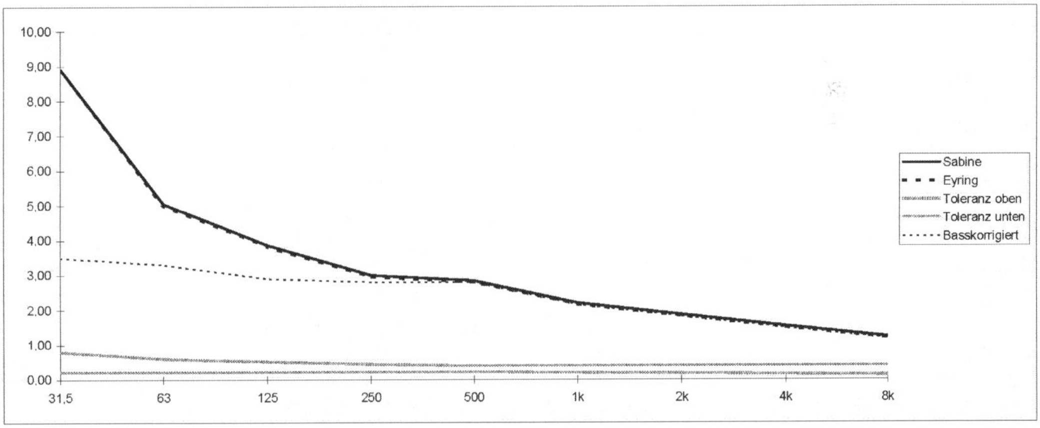

Abb. 1.5-2: Beispielhafte Berechnung der Nachhallzeit nach Sabine und Eyring für einen Rohraum

Beispielberechnung: Anhand eines einfachen Raums soll die Nachhallzeit mit Hilfe der Formel von Sabine und Eyring beispielhaft berechnet werden. Folgende Eckdaten sind hierbei bekannt:

- Der Raum hat die Maße: 5m Länge, 3,5m Breite und 2,6m Höhe.
- Die Decke und alle Seitenwände sind gemauert, beziehungsweise aus Beton. Die Wände sind nur verputzt. Auf dem Boden liegt Parkett.
- Die Türfläche beträgt ca. 2m², die Tür ist aus Holz, kann somit zunächst von der Absorption mit dem Parkett verglichen werden. Allerdings stellt sie auch teilweise die Funktion eines Plattenschwingers dar.

Aus den gegebenen Werten kann man zunächst das Raumvolumen und die Oberflächen berechnen:

Raumvolumen:	45,5m³
Bodenfläche:	17,5m²
Deckenfläche:	17,5m²
Wandflächen ohne Tür:	42,2m²
Türfläche:	2,0m²

Die Absorptionsgrade für verputzte Wand, Parkett und eine Tür sind in Tabelle 1.5-1 zu finden.

In Abbildung 1.5-2 ist eine Tabellenkalkulation zu sehen, die anhand der oben stehenden Formeln, die Nachhallzeit nach Sabine und Eyring in den verschiedenen Frequenzbereichen berechnet und grafisch darstellt. Allerdings ist gerade die extrem lange Nachhallzeit im Bass stark anzuzweifeln. In

Raumgrößen	
Länge	5 m
Breite	3,5 m
Höhe	2,6 m
Gesamtoberfläche	**79,2 m²**
Volumen	**45,5 m³**

Frequenz		31,5	63	125	250	500 1k	2k	4k	8k	
Gewünschte Nachhallzeit		0,3	0,3	0,3	0,3	0,3	0,3	0,3	0,3	0,3
Gewünschte obere Grenze		0,798	0,6	0,519	0,441	0,399	0,399	0,399	0,399	0,399
Gewünschte untere Grenze		0,219	0,219	0,219	0,219	0,219	0,198	0,177	0,153	0,132
Flächen										
Wände (Mauerwerk, verputzt)	Absorptionsgrad	0,01	0,02	0,02	0,03	0,03	0,04	0,05	0,07	0,09
Fläche 1	20,2	20,2	20,2	20,2	20,2	20,2	20,2	20,2	20,2	20,2
Breitbandabsorber (10cm)	Absorptionsgrad	0,05	0,2	0,45	0,7	0,85	0,9	1	1	1
Fläche 2	12	12	12	12	12	12	12	12	12	12
Bassfalle mit Folie	Absorptionsgrad	0,7	0,8	0,9	0,95	0,9	0,85	0,8	0,75	0,7
Fläche 3	10	10	10	10	10	10	10	10	10	10
Decke (Beton)	Absorptionsgrad	0,01	0,01	0,02	0,02	0,03	0,04	0,05	0,05	0,06
Fläche 4	11,5	11,5	11,5	11,5	11,5	11,5	11,5	11,5	11,5	11,5
Deckensegel (10cm)	Absorptionsgrad	0,05	0,2	0,45	0,7	0,85	0,9	1	1	1
Fläche 5	6	6	6	6	6	6	6	6	6	6
Parkett	Absorptionsgrad	0,01	0,02	0,03	0,04	0,04	0,05	0,05	0,05	0,06
Fläche 6	17,5	17,5	17,5	17,5	17,5	17,5	17,5	17,5	17,5	17,5
Tür	Absorptionsgrad	0,03	0,05	0,1	0,08	0,06	0,05	0,05	0,05	0,05
Fläche 7	2	2	2	2	2	2	2	2	2	2
Gesamte absoptive Fläche		8,45	12,57	18,46	23,80	26,07	26,94	28,56	28,46	28,66
Gemittelter Absorptionskoeffizient		0,11	0,16	0,23	0,30	0,33	0,34	0,36	0,36	0,36
Nachhallzeit (Sabine)		0,88	0,59	0,40	0,31	0,28	0,28	0,26	0,26	0,26
Nachhallzeit (Eyring)		0,83	0,54	0,35	0,26	0,23	0,23	0,21	0,21	0,21

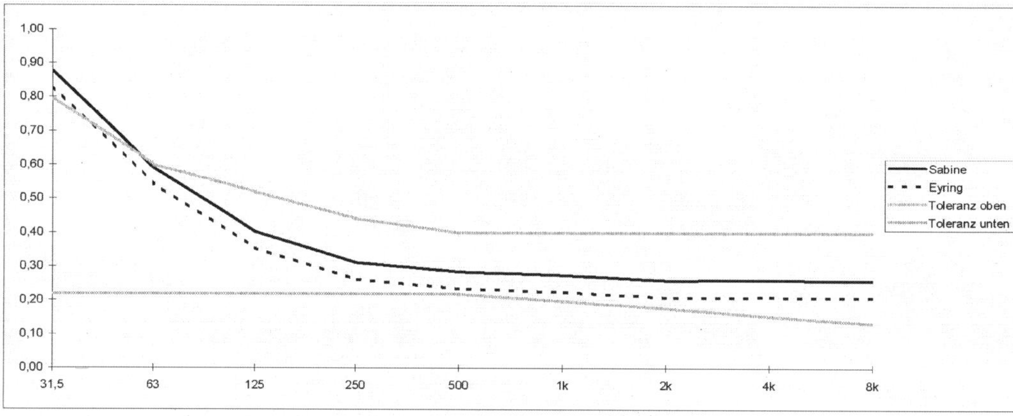

Abb. 1.5-3: Modifikation des in Abbildung 1.5-2 berechneten Rohraums

der Praxis regen die sehr tiefen Frequenzen die Wände an zu schwingen und dringen teilweise durch sie hindurch. Dadurch geht Energie verloren, und es ist im Bass mit einer maximalen Nachhallzeit von 3-4s zu rechnen.

Eine Messung der tatsächlichen Nachhallzeit würde für eine professionelle Planung die Bestätigung der theoretischen Berechnungen geben und auch die tatsächliche Nachhallzeit im Bass besser widerspiegeln.

Die prinzipielle Problematik ist jedoch gut zu erkennen: Fast alle Materialien haben zu höheren Frequenzen hin ein stärkeres Absorptionsvermögen. Dadurch ergibt sich eine Nachhallzeit, die im Bass länger ist und zu den Höhen hin immer geringer wird.

1.5.1.3 Akustische Planung der Nachhallzeit

Die gemessene oder berechnete Nachhallzeit ist eine wertvolle Grundlage für die Planung notwendiger raumakustischer Maßnahmen.

Um die Nachhallzeit planen zu können, muss zunächst die gewünschte Sollnachhallzeit bekannt sein. Beispiele für verschiedene Räumlichkeiten und ihre möglichen Nachhallzeiten sind in Kapitel 1.7 zu finden.

Für die nun folgende Beispielplanung wird eine Sollnachhallzeit von 0,3s innerhalb eines Standard-Toleranzbereichs angestrebt. Die Zeit von 0,3s ist in Regieräumen üblich. Als Basis für die Planung der Nachhallzeit soll zum einen die in Kapitel 1.5.1.2 berechnete Nachhallzeit und zum anderen eine gemessene Nachhallzeit herangezogen werden.

Berechnete Nachhallzeit des Rohraums: Bei der berechneten Nachhallzeit ist die Planung relativ einfach: Man muss lediglich in dem vorhandenen Raum Modifikationen vornehmen, bis die Nachhallzeit dem Sollwert entspricht. Dabei ist es wahrscheinlich, dass neue, absorptive Flächen die bisherigen Wand- und Deckenflächen ersetzen müssen. Es kann jedoch auch passieren, dass in einem bereits "behandelten" Raum absorptive Flächen reduziert werden müssen, damit der Sollwert erreicht wird.

In dem Berechnungsbeispiel aus Kapitel 1.5.1.2 liegt die Nachhallzeit in allen Frequenzbereichen zu hoch. Das bedeutet, dass zusätzliche absorptive Oberflächen in den Raum gebracht werden müssen. Da diese meist die vorhandenen Wand- und Deckenflächen verdecken, müssen die Oberflächen des Rohraums entsprechend reduziert werden.

Die Abbildung 1.5-3 zeigt die modifizierte Tabelle, nachdem ein Deckensegel mit $6m^2$ angebracht wurde. Weiterhin befinden sich an den Wänden $12m^2$ Breitbandabsorber sowie $10m^2$ Bassfalle.

Man sieht, dass die Nachhallzeit bereits durch diese wenigen, jedoch gezielt eingesetzten akustischen Maßnahmen in den Toleranzbereich gebracht werden kann.

Man kann aber auch erkennen, dass die Nachhallzeit mit den hier gewählten einfachen Mitteln im Bass noch nicht ganz auf einen befriedigenden Wert kommt. Daher empfiehlt es sich, stehende Wellen zu suchen und diese gezielt durch Helmholtzresonatoren zu bekämpfen. Diese Resonatoren verringern dann auch die Nachhallzeit im Bass.

Gemessene Nachhallzeit des Rohraums: Wurde die Nachhallzeit des Rohraums gemessen, so müssen die Messergebnisse zunächst in einen gemittelten Absorptionskoeffizienten umgerechnet werden, bevor man weiter planen kann. Die Formel nach Eyring hierzu lautet:

$$a = 1 - e^{\frac{-0{,}163 \cdot V}{S \cdot RT}}$$

Frequenz (Hz)	31,5	63	125	250	500	1000	2000	4000	8000
Stühle									
Polsterstuhl (leer)	0,15	0,3	0,5	0,65	0,8	0,85	0,8	0,7	0,6
Polsterstuhl (besetzt)	0,2	0,4	0,6	0,75	0,9	0,95	0,95	0,85	0,8
Holzstühle /-bänke (leer)	0,03	0,07	0,15	0,2	0,22	0,4	0,35	0,3	0,28
Holzstühle /-bänke (besetzt)	0,25	0,4	0,55	0,6	0,75	0,85	0,8	0,85	0,8
Boden									
Teppichboden bis ca. 5mm	0,01	0,02	0,03	0,04	0,05	0,2	0,3	0,4	0,5
Teppichboden ab 5mm	0,02	0,02	0,03	0,06	0,1	0,3	0,5	0,6	0,7
Linoleum	0,01	0,01	0,02	0,03	0,03	0,04	0,04	0,05	0,05
Parkett oder Dielen festaufliegend	0,01	0,02	0,03	0,04	0,04	0,05	0,05	0,05	0,06
Marmorboden, Fliesen	0,01	0,01	0,02	0,02	0,03	0,04	0,05	0,06	0,06
Beton	0,01	0,01	0,02	0,02	0,03	0,04	0,05	0,05	0,06
Wandmaterialien									
Beton	0,01	0,01	0,02	0,02	0,03	0,04	0,05	0,05	0,06
Mauerwerk, glatt	0,01	0,02	0,02	0,03	0,03	0,04	0,05	0,07	0,09
Leichtbauwand (Gipskarton auf Metallständerwerk)	0,1	0,12	0,25	0,12	0,1	0,1	0,12	0,15	0,2
Fenster, Spiegel	0,01	0,01	0,12	0,1	0,05	0,04	0,02	0,02	0,02
Tür (Holz, lackiert)	0,03	0,05	0,1	0,08	0,06	0,05	0,05	0,05	0,05
Einbauten									
Dünner Vorhang	0,03	0,05	0,07	0,1	0,2	0,3	0,4	0,5	0,6
Schwerer Vorhang gerüscht	0,05	0,1	0,15	0,45	0,9	0,95	1	1	1
Mineralwolle 20mm	0,01	0,02	0,05	0,2	0,45	0,7	0,85	0,9	1
Mineralwolle 50mm	0,02	0,05	0,2	0,45	0,7	0,85	0,9	1	1
Mineralwolle 100mm	0,05	0,2	0,45	0,7	0,85	0,9	1	1	1
Mineralwolle 200mm	0,2	0,45	0,7	0,85	0,9	1	1	1	1
Bassfalle (650mm Mineralwolle)	0,7	0,8	0,9	0,95	1	1	1	1	1
Bassfalle (650mm) mit Folie	0,7	0,8	0,9	0,95	0,9	0,85	0,8	0,75	0,7

Tab. 1.5-1: Absorptionswerte (a) für verschiedene Materialien

mit:
RT: Nachhallzeit in Sekunden, s
V: Raumvolumen in m^3
S: Oberfläche des Raums in m^2
α: Mittlerer Absorptionskoeffizient aller Flächen des Raums

Diese Berechnung muss für die verschiedenen Frequenzbereiche erfolgen, in denen die Nachhallzeit gemessen wurde. Anschließend können absorptive Flächen, wie auch in Abbildung 1.5-3 eingebracht werden.

An welchen Positionen die akustischen Maßnahmen eingebaut werden, lässt sich sinnvoll mit Hilfe des Raytracings ermitteln (siehe Kapitel 1.5.3).

In der Praxis spielt in die akustische Planung eines Raums eine Menge Erfahrung hinein, da immer eine optimale Verbindung zwischen Nachhallzeit, Reflexionsmuster und angenehmem Arbeitsklima geschaffen werden muss.

1.5.1.4 Absorptionstabelle

In der Tabelle 1.5-1 sind die frequenzabhängigen Absorptionswerte verschiedener Materialen abzulesen. Diese Tabelle kann als Grundlage zur Planung der Nachhallzeit verwendet werden.

1.5.2 Stehende Wellen (Moden)

Unter dem Begriff "Stehende Wellen" versteht man Raumresonanzen, die zwischen den Begrenzungsflächen eines Raums entstehen. Für eine stehende Welle wird oft auch der Begriff "Mode" verwendet. Man unterscheidet drei Arten von stehenden Wellen in einem rechteckigen Raum:

- Axiale Moden: sie entstehen zwischen zwei Begrenzungsflächen eines Raums
- Tangentiale Moden: sie entstehen zwischen vier Begrenzungsflächen eines Raums
- Oblique Moden: sie entstehen zwischen allen sechs Begrenzungsflächen eines Raums

Eine stehende Welle entsteht, wenn ein Vielfaches der halben Wellenlänge zwischen die Begrenzungsflächen eines Raums passt. Die Abbildung 1.5-4 zeigt Beispiele für verschiedene Frequenzen, die zwischen zwei Begrenzungsflächen eine axiale Mode entstehen lassen. Somit muss für die Beschreibung einer stehenden Welle noch eine weitere Größe eingeführt werden: die Ordnungszahl der stehenden Welle. Eine stehende Welle 1. Ordnung entsteht, wenn die halbe Wellenlänge der Erregerfrequenz genau zwischen die Begrenzungsflächen passt. Für die axiale Mode aus der Abbildung 1.5-4 würde also gelten:

$$f_1 = \frac{c}{2 \cdot L}$$

mit:
c: Schallgeschwindigkeit: $344 \frac{m}{s}$
f_1: Frequenz der axialen Mode 1. Ordnung in Hertz, Hz
L: Abstand der Begrenzungsflächen in Meter, m

Die stehenden Wellen höherer Ordnung berechnen sich anschließend aus den ganzzahligen Vielfachen der Mode 1. Ordnung:

$$f_2 = 2 \cdot f_1$$
$$f_3 = 3 \cdot f_1$$
$$f_4 = 4 \cdot f_1$$

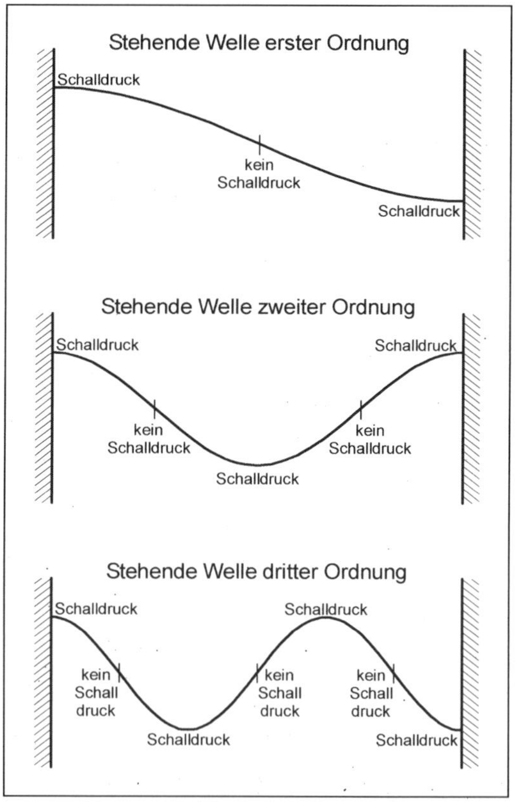

Abb. 1.5-4: Axiale Moden 1. bis 3. Ordnung

Um axiale, tangentiale und oblique Moden verschiedenster Ordnung in ihrer Frequenz berechnen zu können, wird die folgende Formel angewandt:

$$f = \frac{c}{2} \cdot \sqrt{\left(\frac{n_x}{L}\right)^2 + \left(\frac{n_y}{B}\right)^2 + \left(\frac{n_z}{H}\right)^2}$$

Hierbei ist:

f: Frequenz der Mode in Hertz, Hz
c: Schallgeschwindigkeit: $344 \frac{m}{s}$
n_x: Ordnung der Mode (Raumlänge)
n_y: Ordnung der Mode (Raumbreite)
n_z: Ordnung der Mode (Raumhöhe)
L, B, H: Länge, Breite und Höhe des Raums in Meter, m

Um also die axiale Mode 1. Ordnung berechnen zu können, die in der Längsrichtung des Raums auftritt, setzt man n_x=1, n_y=0 und n_z=0 in die Formel ein. Für die tangentiale Mode 1. Ordnung, die zwischen den vier Wänden des Raums auftritt, n_x=1, n_y=1 und n_z=0 und für die oblique Mode 1. Ordnung zwischen allen sechs Raumbegrenzungsflächen n_x=1, n_y=1 und n_z=1.

In der Tabelle 1.5-2 sind die stehenden Wellen bis zur 3. Ordnung für einen Raum mit den Maßen:

Länge = 5,8m
Breite = 4m
Höhe = 2,5m

berechnet worden.

Stehende Wellen sind störend im Schallfeld bemerkbar, wenn sie einzeln auftreten. Je dichter sie im Frequenzbereich aufeinander folgen, desto mehr

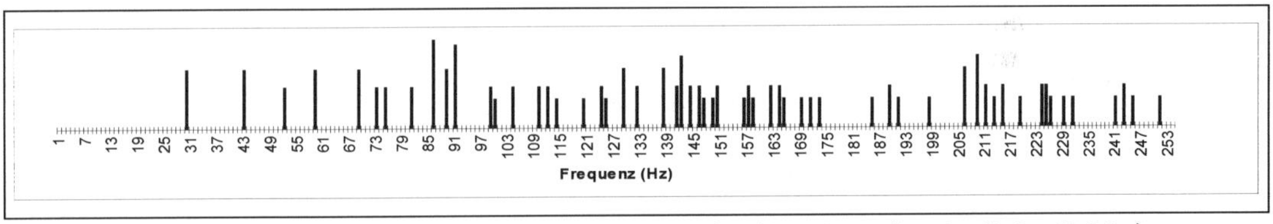

Abb. 1.5-5: Spektrale Verteilung der Moden in einem rechteckigen Raum (L=5,8m; B=4m; H=2,5m)

Nummer	n_x	n_y	n_z	Frequenz	Typ	Nummer	n_x	n_y	n_z	Frequenz	Typ
1	1	0	0	29,66	Axial	33	2	0	2	149,84	Tangential
2	0	1	0	43	Axial	34	2	1	2	155,89	Oblique
3	1	1	0	52,23	Tangential	35	3	3	0	156,7	Tangential
4	2	0	0	59,31	Axial	36	2	3	1	157,77	Oblique
5	0	0	1	68,8	Axial	37	0	2	2	162,26	Tangential
6	2	1	0	73,26	Tangential	38	3	0	2	163,86	Tangential
7	1	0	1	74,92	Tangential	39	1	2	2	164,95	Oblique
8	0	1	1	81,13	Tangential	40	3	1	2	169,4	Oblique
9	0	2	0	86	Axial	41	3	3	1	171,14	Oblique
10	1	1	1	86,38	Oblique	42	2	2	2	172,76	Oblique
11	3	0	0	88,97	Axial	43	3	2	2	185,05	Oblique
12	2	0	1	90,84	Tangential	44	0	3	2	188,61	Tangential
13	1	2	0	90,97	Tangential	45	1	3	2	190,93	Oblique
14	3	1	0	98,81	Tangential	46	2	3	2	197,72	Oblique
15	2	1	1	100,5	Oblique	47	0	0	3	206,4	Axial
16	2	2	0	104,47	Tangential	48	1	0	3	208,52	Tangential
17	0	2	1	110,13	Tangential	49	3	3	2	208,54	Oblique
18	3	0	1	112,46	Tangential	50	0	1	3	210,83	Tangential
19	1	2	1	114,06	Oblique	51	1	1	3	212,91	Oblique
20	3	1	1	120,4	Oblique	52	2	0	3	214,75	Tangential
21	3	2	0	123,74	Tangential	53	2	1	3	219,02	Oblique
22	2	2	1	125,09	Oblique	54	0	2	3	223,6	Tangential
23	0	3	0	129	Axial	55	3	0	3	224,76	Tangential
24	1	3	0	132,36	Tangential	56	1	2	3	225,56	Oblique
25	0	0	2	137,6	Axial	57	3	1	3	228,83	Oblique
26	1	0	2	140,76	Tangential	58	2	2	3	231,33	Oblique
27	3	2	1	141,58	Oblique	59	3	2	3	240,65	Oblique
28	2	3	0	141,98	Tangential	60	0	3	3	243,4	Tangential
29	0	1	2	144,16	Tangential	61	1	3	3	245,2	Oblique
30	0	3	1	146,2	Tangential	62	2	3	3	250,52	Oblique
31	1	1	2	147,18	Oblique	63	3	3	3	259,15	Oblique
32	1	3	1	149,18	Oblique						

Tab. 1.5-2: Moden 1. bis 3. Ordnung in einem rechteckigen Raum (L=5,8m; B=4m; H=2,5m)

werden sie als Nachhall des Raums wahrgenommen. Darum ist es wichtig, die spektrale Dichteverteilung der Moden zu betrachten. Diese wird aus Abbildung 1.5-5 ersichtlich. Man erkennt hierbei deutlich, dass im tieffrequenten Bereich die Moden einzeln auftreten, wohingegen die Resonanzen bei höheren Frequenzen dichter beieinander liegen. Kritische stehende Wellen für den Beispielraum liegen also nur bei 30Hz, 43Hz, 52Hz und 59Hz. Alle höherfrequenten Moden liegen so dicht beieinander, dass sie zum Nachhall des Raums beitragen, der nicht gezielt absorbiert werden muss. Da eine stehende Welle etwa 5Hz Bandbreite hat, kann man ab einer gewissen Dichte der stehenden Wellen von einem "ineinanderfließen" der Moden sprechen.

Mit der folgenden Formel kann berechnet werden, wie viele stehende Wellen sich in etwa unterhalb einer bestimmten Frequenz befinden:

$$N \approx \frac{4 \cdot \pi \cdot V \cdot f^3}{3 \cdot c^3} + \frac{\pi \cdot S \cdot f^2}{4 \cdot c^2} + \frac{D \cdot f}{8 \cdot c}$$

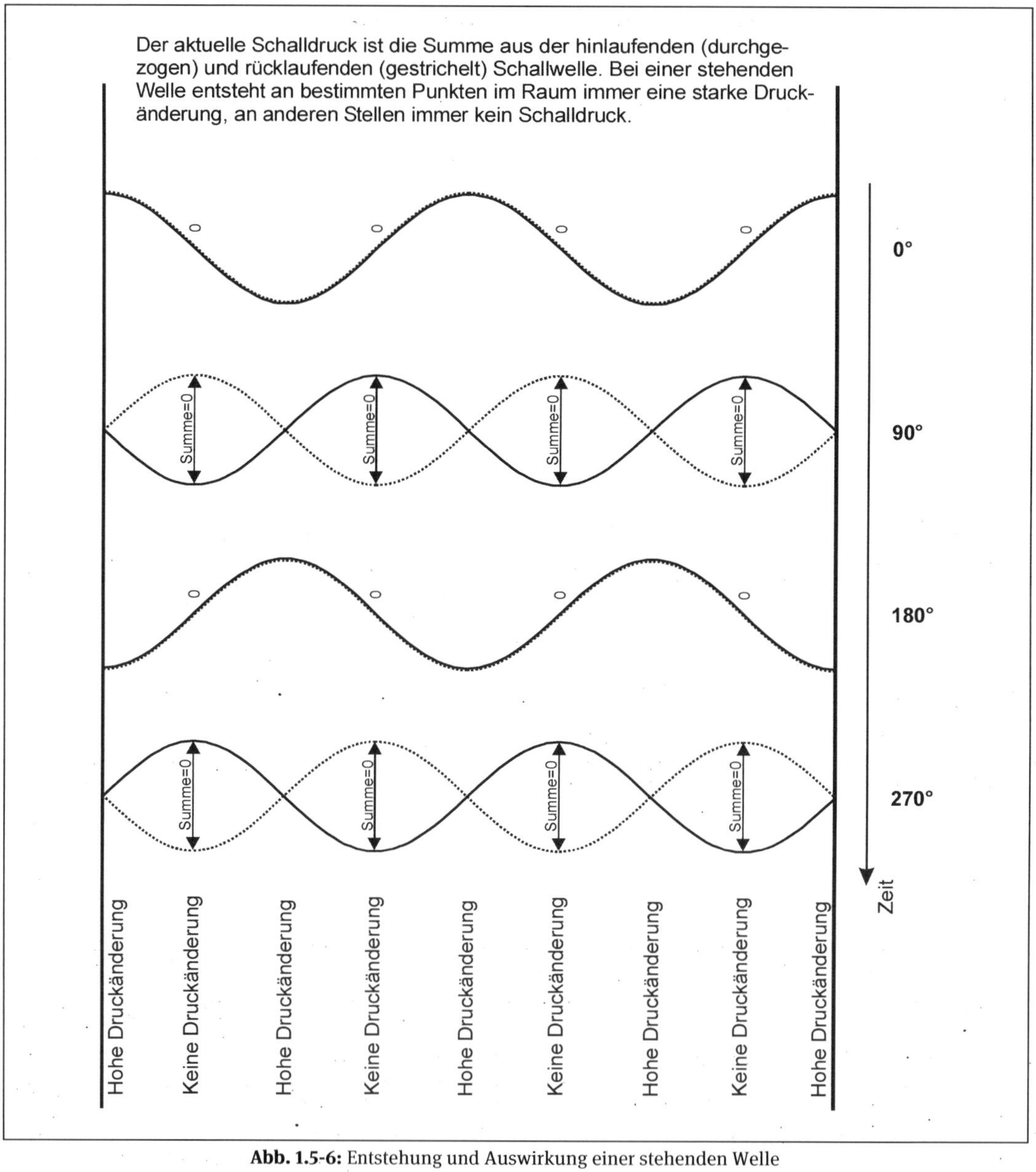

Abb. 1.5-6: Entstehung und Auswirkung einer stehenden Welle

mit:
N: Anzahl der stehenden Wellen
f: Frequenz in Hertz, Hz
c: Schallgeschwindigkeit: $344 \frac{m}{s}$
V: Raumvolumen in Kubikmeter, m^3
$V = L \cdot B \cdot H$
S: Gesamtoberfläche des Raums:
$S = 2 \cdot (L \cdot B + L \cdot H + B \cdot H)$
D: Summe aller Raumlängen
$D = 4 \cdot (L + B + H)$

Wird in diese Formel für f=100Hz eingesetzt und werden die Raummaße des Beispielraums zugrunde gelegt, so ergibt sich N=14, was durch die Tabelle 1.5-2 bestätigt wird. Die Berechnung der Moden unter f=200Hz ergibt N=77, was auf ein starkes Ansteigen der spektralen Dichteverteilung hinweist. Dieser Wert kann nicht mehr durch die Tabelle bestätigt werden, da in dieser nur die stehenden Wellen bis zur 3. Ordnung aufgelistet werden.
Eine weitere Formel erlaubt die Berechnung der Moden, die in einem bestimmten Frequenzbereich entstehen:

$$\Delta N \approx \left(\frac{4 \cdot \pi \cdot V \cdot f^3}{c^3} + \frac{\pi \cdot S \cdot f^2}{2 \cdot c^2} + \frac{D \cdot f}{8 \cdot c} \right) \cdot \frac{\Delta f}{f}$$

Hierbei ist Δf der Frequenzbereich, der um die Frequenz f herum betrachtet werden soll. Sollen Oktavbänder betrachtet werden, so ist

$$\frac{\Delta f}{f} = 0,707$$

für Terzbänder ist

$$\frac{\Delta f}{f} = 0,23$$

Tabelle 1.5-3 zeigt ΔN für die Berechnung von Oktavbändern bei bestimmten Mittenfrequenzen. Man sieht hierbei das exponentielle Ansteigen der Anzahl der stehenden Wellen zu immer höheren Frequenzen hin. Auch dies ist ein Hinweis darauf, dass störende Moden nur im tieffrequenten Bereich zu suchen sind.

Um die klanglichen Auswirkungen stehender Wellen in einem Raum beschreiben zu können, wurde das so genannte "Bonello-Kriterium" eingeführt. Es besagt, dass für einen gut klingenden Raum die Anzahl der stehenden Wellen zu jeder nächsthöheren Terz gleichgroß oder ansteigend sein muss. Man muss also aus Tabelle 1.5-2 die Anzahl der stehenden Wellen für die Terzbänder 10Hz, 12,5Hz, 16Hz, 20Hz... abzählen und in ein Diagramm eintragen. Dann kann man im Diagramm sehen, ob der Raum das Bonello-Kriterium erfüllt oder nicht.
Weiterhin sagt Bonello, dass in einer Terz, in der mehrere Moden auf gleichen Frequenzen liegen, mindestens 5 Moden insgesamt sein sollten.
In Abbildung 1.5-7 ist die Anzahl der Moden in dem oben berechneten Raum zu sehen. Zum Vergleich zwei Räume mit anderen Maßen (Breite 5m und Breite 6m), die nicht das Bonello-Kriterium erfüllen.

Um störende stehende Wellen zu bekämpfen, muss zunächst eine Ermittlung der störenden Frequenzen im tatsächlichen Raum erfolgen (siehe Kapitel 16.2.2.6). Anschließend kann die stehende Welle mit gezielt platzierten Helmholtzresonatoren (siehe Kapitel 1.6.3) abgedämpft werden. Hierbei ist zu beachten, dass der Helmholtzresonator eine gute eigene Dämpfung aufweisen muss, da er die stehende Welle ansonsten zwar absorbiert, seinerseits jedoch auch eine störende Resonanz auf der gleichen Frequenz erzeugt.

Man könnte in der theoretischen Planung eines Raums sehr genau messen, wie lang eine stehende Welle ausklingt und daraus die Nachhallzeit RT für die stehende Welle berechnen. Anschließend wäre es möglich einen Helmholtzresonator exakt so zu berechnen, dass dessen Absorptionsgrad die stehende Welle auf die Zielnachhallzeit herunterdämpft.
In der Praxis ist eine stehende Welle allerdings immer störend, auch wenn sie nur kurz ausschwingt. Daher ist es ratsam, sie möglichst stark

Mittenfrequenz (f)	Oktave geht von	bis	Anzahl der Moden im Frequenzbereich
50Hz	35Hz	70Hz	6
100Hz	70Hz	140Hz	32
200Hz	140Hz	280Hz	196
400Hz	280Hz	560Hz	1.354
800Hz	560Hz	1.120Hz	9.987
1.600Hz	1.120Hz	2.240Hz	76.597

Tab. 1.5-3: Anzahl der Moden in bestimmten Oktavbändern

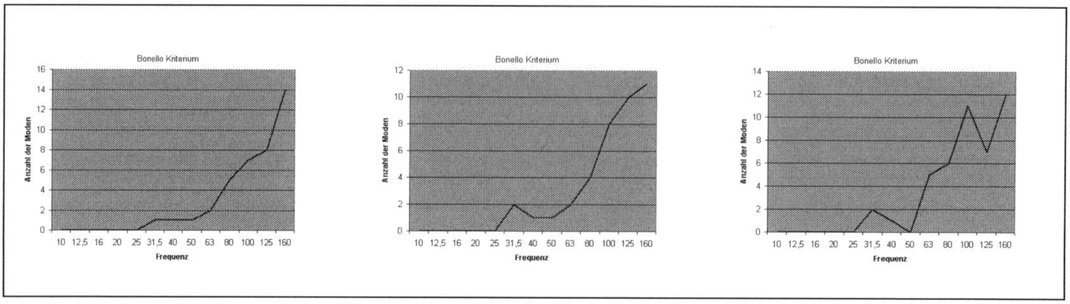

Abb. 1.5-7: Darstellung des Bonello-Kriteriums.
Links: Der Raum ist gut (Länge = 5,8m, Breite = 4m, Höhe = 2,5m)
Mitte: Der Raum ist schlecht (Länge = 5,8m, Breite = 5m, Höhe = 2,5m)
Rechts: Der Raum ist ganz schlecht (Länge = 5,8m, Breite = 6m, Höhe = 2,5m)

zu bedämpfen. Deshalb werden die Helmholtzresonatoren in der Praxis so groß gebaut, wie es die räumlichen Gegebenheiten zulassen, um möglichst viel von der stehenden Welle zu schlucken. Die tatsächliche Größe des Resonators fällt nämlich von den Kosten her kaum ins Gewicht.

Die Abbildung 1.5-8 zeigt die Rückwand eines Raums, in dem ein Helmholtzresonator in der Ecke angebracht wurde.

Um eine möglichst optimale Verteilung der stehenden Wellen in einem rechteckigen Raum zu bekommen, sollte der Raum die folgenden Proportionen aufweisen:

1 : 1,14 : 1,39
1 : 1,28 : 1,54
1 : 1,60 : 2,33

Diese Werte sollten als Grundlage für die Gestaltung der Raumgeometrie verwendet werden.

1.5.3 Reflexionsmuster in einem Raum

Das Reflexionsmuster in einem Raum kann heute sehr einfach mit Hilfe eines Computerprogramms ermittelt werden, das ein so genanntes "Ray Tracing" durchführt. Hierbei wird der Raum dreidimensional in einen Computer eingegeben. Dazu benötigt man sowohl die Raumabmessungen als auch die Beschaffenheit der Wände. Durch letzteres kann bereits simuliert werden, welche klanglichen Auswirkungen bestimmte bauliche (Akustik-) Maßnahmen haben.

In den künstlichen Raum kann man nun eine künstliche Schallquelle platzieren und in Abhängigkeit von deren Abstrahlverhalten berechnen, welche Reflexionen im Raum entstehen. Für verschiedene Abhörpunkte können auf diese Weise Reflexionsmuster erstellt werden, und es kann schnell beurteilt werden, ob störende Reflexionen auftreten.
Die "Auralisation" geht einen Schritt weiter: Hierbei wird das ermittelte Reflexionsmuster mit Hilfe der Faltung (siehe Kapitel 7.12) auf ein Musiksignal gerechnet und der Klang des Raums somit für einem bestimmten Abhörpunkt hörbar gemacht. Man kann sich also den Klang des Raums anhören, bevor er wirklich gebaut wird, und teure, bauliche Korrekturen bereits im Vorfeld vermeiden.

Sollte eine solche Simulation des Klangs nicht möglich sein, muss man anhand des Reflexionsmusters erkennen können, ob ein Raum gut klingen könnte oder nicht. Dazu sind die folgenden, grundlegenden Dinge zu beachten.

1.5.3.1 Direktsignal

Das Direktsignal der Schallquelle trifft immer zuerst ein. Danach sollte eine Reflexionspause sein, damit das Direktsignal ungestört aus der richtigen Richtung lokalisiert werden kann. Diese Pause nennt man auch "Initial Time Delay Gap" oder kurz "ITD-Gap". Sie sollte so lang sein, dass die erste Reflexion für alle Signalarten im Haas-Bereich (siehe Kapitel 2.6) zu liegen kommt.
Reflexionen, die zu früh kommen, verschieben oder verschmieren die Lokalisation von Schallquellen.
Reflexionen, die zu spät kommen, werden als störendes Echo wahrgenommen.

Abb. 1.5-8: Rückwand eines Regieraums mit Helmholtzresonator in der Ecke

1.5.3.2 Erste Reflexionen

Auf das Direktsignal folgen die "ersten Reflexionen". Hiermit sind meist die ersten sechs Reflexionen gemeint, die von der Decke, dem Boden und den vier Wänden herrühren. Die ersten Reflexionen geben dem Hörer Aufschluss über die Größe des Raums und die Position der Schallquelle im Raum. Sie sind daher von entscheidender Bedeutung für die Lokalisation von Schallquellen.

Trifft die erste Reflexion etwa 17ms nach dem Direktsignal ein, so liegt sie im Haas-Bereich (siehe Kapitel 2.6). Innerhalb des Haas-Bereiches können eine oder mehrere starke Reflexionen auftreten, ohne dass die Lokalisation des Direktsignals dadurch beeinträchtigt wird. Jede starke Reflexion im Haas-Bereich erzeugt ihrerseits einen neuen Haas-Bereich, in den man wiederum gezielt eine Reflexion legen könnte. Dies wird Kutruff-Effekt genannt (siehe auch hier: Kapitel 2.6).
Diese beiden Effekte werden vor allem in Räumen zur Musik- oder Sprachwiedergabe eingesetzt, um auf allen Sitzplätzen eine möglichst ausreichende Lautstärke zu bekommen, ohne dass die Lokalisation darunter leidet. Beispiele dazu finden sich in Kapitel 1.7.2 bis 1.7.4.

In einer Tonregie sind erste Reflexionen unerwünscht, da man schließlich die Akustik des Aufnahmeraums beurteilen möchte und die der Regie selbst nicht hörbar sein soll. Es gibt zwar akustische Konzepte, die Reflexionen gezielt in den Haas-Bereich legen, jedoch sind rein diffus gestaltete Regieräume klanglich neutraler. Im gesamten Arbeitsbereich des Toningenieurs wird eine reflexionsfreie Zone (RFZ) angestrebt (siehe Abbildung 1.5-9).

1.5.3.3 Diffusschall

Nach den ersten Reflexionen - oder bei Regieräumen bereits nach dem Direktsignal - sollte der Raum möglichst diffus reagieren. Das bedeutet, viele dichte, schwache, gleichmäßig verteilte Reflexionen sind ideal. Auf diese Weise wird der Nach-

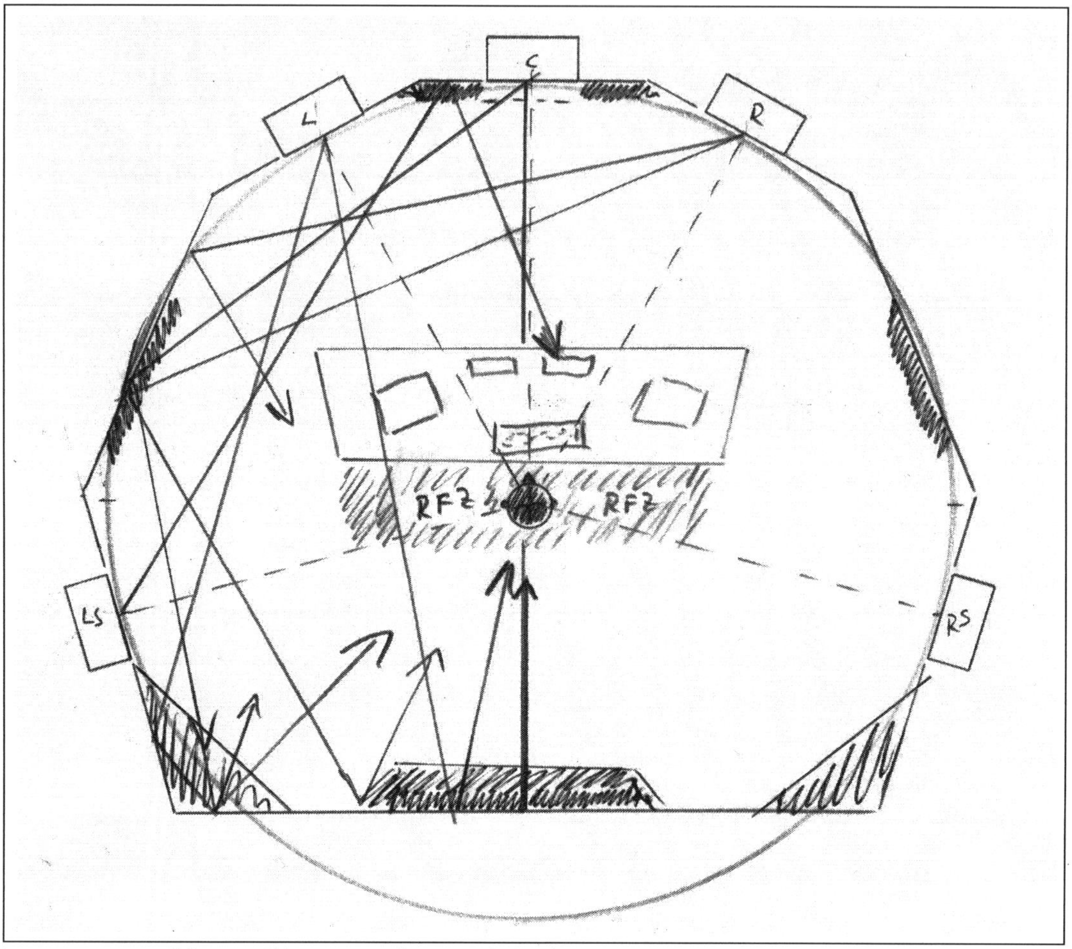

Abb. 1.5-9: Skizze eines Reflexionsverhaltens und die möglichen Stellen für Absorber

hall des Raums als gleichmäßig empfunden und die Lokalisation nicht verschoben.

Um die Reflexionen möglichst diffus zu bekommen, werden Diffusoren unterschiedlichster Bauweise eingesetzt (siehe Kapitel 1.6.7).

In vielen kostengünstigen akustischen Gestaltungen werden die Diffusoren aus Kostengründen weggelassen, da sie im Vergleich zu anderen Akustikeinbauten sehr teuer sind.

1.5.3.4 Konstruktion der Raumreflexionen

Sind die Reflexionsmuster nicht am Computer zu bestimmen, so kann man die ersten Reflexionen auch einfach mit Lineal und Bleistift auf einem Grundrissplan des Studios konstruieren. Hierzu gilt immer die Formel Einfallswinkel=Ausfallswinkel. Man zeichnet nun von der Schallquelle ausgehend Schallstrahlen, die sich an den Wänden reflektieren. Nun kann man schnell erkennen, ob störende frühe Reflexionen an die Abhörposition gelangen oder nicht (siehe Abbildung 1.5-9). Korrekterweise sollte man hierbei auch das Abstrahlverhalten der Schallquelle berücksichtigen: Je stärker gerichtet ein Lautsprecher den Schall abstrahlt, desto weniger Richtungen, aus denen Reflexionen kommen können, müssen berücksichtigt werden.

1.6 Möglichkeiten zur Gestaltung der Raumakustik

Um die Akustik eines Raums verändern zu können, sind viele verschiedene Einbaumaßnahmen möglich. Für die jeweiligen Frequenzbereiche sind unterschiedliche Konstruktionen vonnöten, um bestimmte akustische Probleme zu behandeln.
Um die gesamte Akustik eines Raums zu optimieren, braucht man die richtige Menge akustischer Maßnahmen an der richtigen Stelle im Raum. Hilfe zur Mengenberechnung und Positionierung der Akustikmaßnahmen wurde im Kapitel 1.5 gegeben.

1.6.1 Reibungsabsorber

Eine Möglichkeit, Schall zu absorbieren ist, ihn durch Reibung auszubremsen. Dabei behindert ein möglichst wirkungsvoller Strömungswiderstand im Schallschnellebereich der Schallwelle die Molekülbewegung und entzieht somit der Schallwelle Energie. Für eine effektive Materialauswahl ist darauf zu achten, dass der Absorber zwar schalldurchlässig ist, jedoch einen möglichst guten Strömungswiderstand aufweist.
Die beste Wirkung wird hierbei erreicht, wenn der Strömungswiderstand eine viertel Wellenlänge vor einer Begrenzungsfläche angebracht wird, da dort die Schallschnelle am höchsten ist.
Ein hierfür häufig verwendetes Material ist Mineralwolle oder schwerer Stoff. Es ist sehr wichtig, schalldurchlässiges Material als Reibungsabsorber zu verwenden, da ansonsten ein Reflektor, oder ein Resonanzabsorber aufgebaut wird. Die Schalldurchlässigkeit lässt sich leicht überprüfen: kann man relativ gut Luft in das Material hineinblasen (Test durch Blasen mit dem Mund), so ist es als Reibungsabsorber geeignet.
Gerade bei Bespannstoffen ist dieser Test sehr wichtig, da sich der eigentliche Absorber erst hinter der Stoffbespannung befindet. Wird ein luftundurchlässiger Stoff verwendet, so kann der Schall nicht hindurchdringen und es findet kaum Absorption statt.
Ein weiterer Test, der zumindest einen Eindruck über die absorbierende Wirkung hinterlässt, ist durch Hören zu bewerkstelligen. Hierbei legt man ein Ohr sehr dicht an das absorptive Material, während das andere Ohr unverändert in Richtung Raum zeigt. Bei wirkungsvollen Absorbern sollte man nun am absorberseitigen Ohr deutlich spüren, wie der Schall "weggesaugt" wird.
Wenn man eine luftundurchlässige Folie vor einem Reibungsabsorber anbringt, können vor allem hohe Frequenzen die Folie nicht passieren, werden von ihr nur gering absorbiert und zum größten Teil reflektiert. Je tiefer die auftreffende Frequenz ist, desto leichter durchdringt sie die Folie und wird von dem dahinter liegenden Absorptionsmaterial geschluckt. Auf diese Weise können effektive Mitten und Bassabsorber konstruiert werden, die in den Höhen keine zu starke Absorptionswirkung zeigen. Dies ist oft wichtig, da die Höhen in der Regel kaum noch bedämpft werden müssen - ein in den Höhen zu trockener Raum jedoch schnell "stumpf" und nicht "brilliant" oder "offen" klingt.

1.6.2 Resonanzabsorber

Die zweite Möglichkeit, Schall zu absorbieren, geschieht mit Hilfe von Gegenschall. Hierbei wird ein resonanzfähiges System durch den Schall angeregt. Da eine Resonanz immer gegenphasig zum Erreger schwingt, erzeugt das resonanzfähige System Gegenschall, welcher den Erregerschall teilweise auslöscht. Je nach Größe des Resonanzabsorbers kann mehr oder weniger kräftiger Gegenschall erzeugt werden.

Ihre maximale Wirkung entfalten Resonanzabsorber im Schalldruckmaximum. Man sollte sie also direkt an die Wand stellen, in die Wand einlassen oder noch besser in eine Ecke positionieren.
Beispiele für Resonanzabsorber sind Helmholtzresonatoren und Platten- beziehungsweise Folienschwinger.

1.6.2.1 Das Feder-Masse-System

Die Formel, auf der alle Resonanzabsorber beruhen, ist die Formel für ein Feder-Masse-System. Sie lautet allgemein:

$$f_{res} = \frac{1}{2 \cdot \pi} \cdot \sqrt{\frac{D}{m}}$$

mit:

f_{res}: Resonanzfrequenz des Feder-Masse-Systems in Hertz, Hz

D: Federkonstante in $\frac{N}{m}$

m: Masse in Kilogramm, kg

Die Federkonstante D eines geschlossenen Luftvolumens berechnet sich mit:

$$D = \frac{S^2 \cdot c^2 \cdot \rho}{V}$$

mit:
D: Federkonstante des geschlossenen Luftvolumens in $\frac{N}{m}$
S: Oberfläche der schwingenden Masse, die auf das Volumen wirkt in m^2
c: Schallgeschwindigkeit: $344 \frac{m}{s}$
ρ: Dichte der Luft: $1{,}2 \frac{kg}{m^3}$
V: Volumen in m^3

Die Masse, die auf die Feder wirkt, ist entweder eine Platte, Folie oder eine bestimmte Menge Luft in einem Tunnel (Helmholtzresonator). In letzterem Fall muss die Masse anhand der Tunnelmaße zunächst berechnet werden. Sie lautet:

$$m = S \cdot t \cdot \rho$$

mit:
m: Masse der Luft in einem Tunnel in kg
S: Oberfläche des Tunnels in m^2
t: Tiefe des Tunnels in Meter, m
ρ: Dichte der Luft: $1{,}2 \frac{kg}{m3}$

Das Volumen des Tunnels (S·t) ist allerdings in der Praxis nicht die einzige Luftmenge, die zur Massenberechnung beiträgt. Es muss noch eine gewisse Menge Luft vor und hinter dem Tunnel mit berücksichtigt werden, die "mitgerissen" wird. Diese zusätzliche Luft wird durch eine Mündungskorrektur mit eingerechnet. Die Mündungskorrektur wird zur Tiefe t addiert und verlängert diese somit. Genaueres zur Mündungskorrektur findet sich in den nächsten Kapiteln, da diese von der Form der jeweiligen Öffnung abhängig ist.

1.6.2.2 Messung der Resonanzfrequenz

Sollte der Resonanzabsorber teilweise mit Mineralwolle gefüllt werden, ist die wirkliche Federkonstante des Luftvolumens nicht einfach zu berechnen. Weiterhin ist die Mündungskorrektur nicht so einfach zu bestimmen, da sie frequenzabhängig ist (was in späteren Formeln zur Vereinfachung nicht berücksichtigt wurde).
Somit gestaltet es sich in der Praxis als schwierig, die Resonanzfrequenz eines Resonanzabsorbers rechnerisch korrekt zu ermitteln. Deshalb soll hier nun eine relativ einfache Möglichkeit vorgestellt werden, die Resonanzfrequenz zu messen und somit die korrekte Funktion des Absorbers zu garantieren.

In den fertig gebauten Absorber wird ein Loch gebohrt, das eine Verbindung zwischen Außenluft und dem innen abgeschlossenen Luftvolumen herstellt. Es ist darauf zu achten, dass das Loch nicht so angebracht wird, dass man durch das Loch auf eine der Resonatoröffnungen sehen kann. Das Loch sollte also möglichst seitlich angebracht werden.
In dieses Loch wird ein Mikrofon luftdicht hineingesteckt. Man kann hierzu beispielsweise das Mikrofon so lange mit Papier umwickeln, bis es saugend in das Loch passt. An den Ausgang des Mikrofons schließt man ein Speicheroszilloskop, oder den Eingang einer Soundkarte an.
Jetzt muss der Resonator durch einen kräftigen Impuls angeregt werden. Hierzu eignet sich die Stoßantwort eines Lautsprechers sehr gut. Man gibt zum Beispiel einen positiven Spannungsimpuls mit 2s Länge (über einen Koppelkondensator!) auf den Eingang des Lautsprecherverstärkers. Der Knackser, der nun aus dem Lautsprecher abgestrahlt wird, regt den Resonator an, da in dem Knackser auch die Resonanzfrequenz enthalten ist.
Am Ausgang des Mikrofons ist nun die Resonanzfrequenz des Resonators zu sehen, da dieses im Inneren des Resonators die Druckänderungen registriert. Man muss nur noch über die Wellenform die Frequenz bestimmen und anschließend den Resonator eventuell baulich so anpassen, dass die gewünschte Resonanzfrequenz erreicht wird.

Es empfiehlt sich im Falle von Korrekturen immer, das Resonatorvolumen zunächst zu groß zu wählen, da eine Verkleinerung meist einfach möglich ist. Durch das ursprünglich zu groß gewählte Volumen liegt die Resonanzfrequenz zunächst zu niedrig und kann dann nach oben korrigiert werden. Weiterhin steigt die Resonanzfrequenz durch Vergrößern der Resonatortunnel. Somit kann man sich durch Auffeilen der Tunnel langsam der korrekten Frequenz nähern. Auch durch die Hinzugabe und das Wegnehmen von Mineralwolle im Resonator kann die Resonanzfrequenz etwas beeinflusst werden.

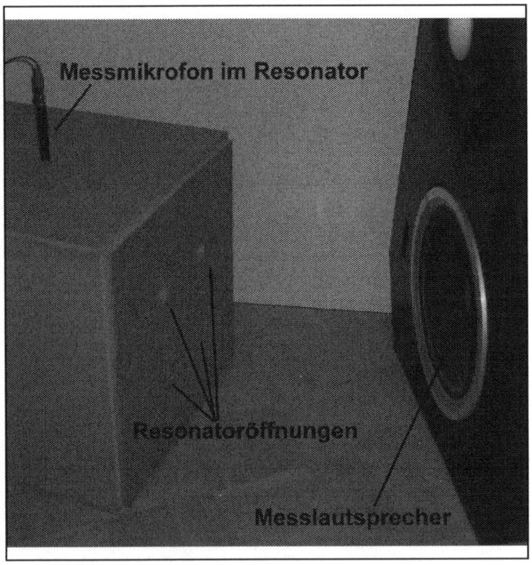

Messaufbau für Resonanzmessungen

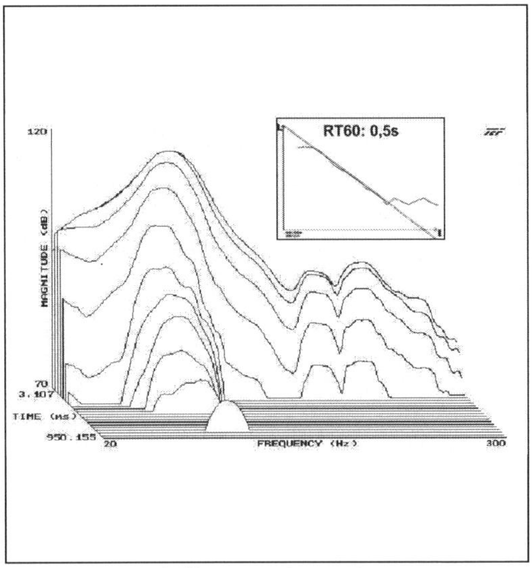

3-D Wasserfalldiagramm der 4-Löcher-Messung und die daraus ermittelte Nachhallzeit (RT=0,5s)

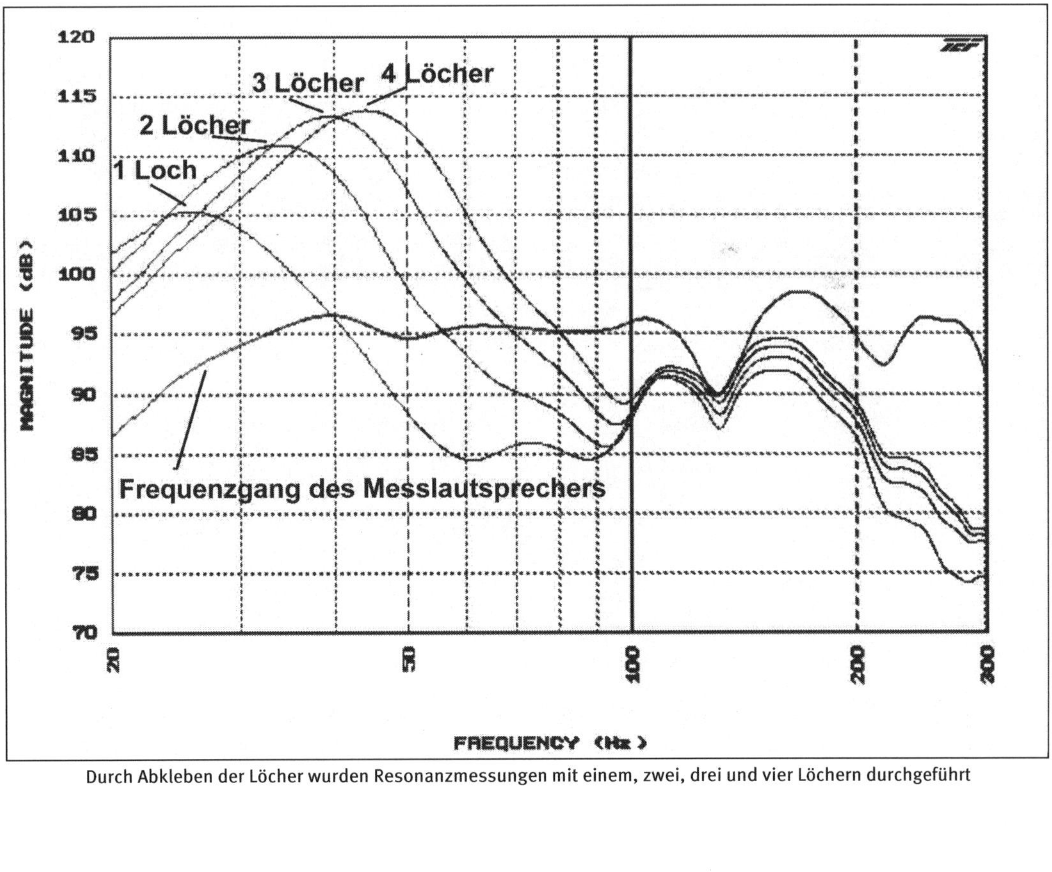

Durch Abkleben der Löcher wurden Resonanzmessungen mit einem, zwei, drei und vier Löchern durchgeführt

Abb. 1.6-1: Messaufbau für die Bestimmung der Resonanzfrequenz eines Resonanzabsorbers

1.6.3 Tiefenabsorber

Eine der schwierigsten Aufgaben in der Akustik ist die Absorption von tiefen Frequenzen. Meist sind es stehende Wellen, die gezielt absorbiert werden sollen, es kann jedoch auch notwendig sein, den gesamten Bassbereich in der Nachhallzeit zu regulieren.

1.6.3.1 Bassfallen

Die einfachste Möglichkeit, im gesamten Bassbereich Schall zu absorbieren, geschieht mit Hilfe so genannter "Bassfallen". Hierbei handelt es sich um große Hohlräume, die mit Mineralwolle gefüllt sind und in denen der Schall ausgebremst werden soll. Mineralwolle ist am effektivsten, wenn sie im Schallschnellemaximum der Schallwelle positioniert wird. Daher muss der Hohlraum der Bassfalle mindestens eine viertel Wellenlänge tief sein um effizient zu arbeiten. Bei sehr tiefen Frequenzen wird dies allerdings kaum noch realisierbar. So müsste eine Bassfalle für 35Hz über 1m tief sein. Nur in sehr großen Räumen hat man solch tiefe Hohlräume übrig, um Bassfallen aufbauen zu können.

Alternativ zu der Bassfalle in einem mit Mineralwolle gefüllten Hohlraum, kann auch der Dämmstoff vor einer Wand angebracht werden. So kann ein 60cm tiefer, mit Mineralwolle gefüllter Kasten tiefe Frequenzen oberhalb von 100Hz sehr effektiv

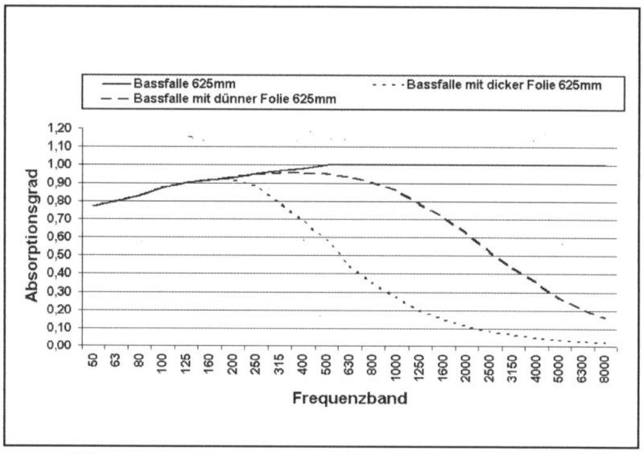

Abb. 1.6-3: Absorptionsverhalten einer Bassfalle

Abb. 1.6-2: Bassfalle an der Rückwand eines Regieraums. Maße: Höhe ca. 1,8m, Breite, ca 2m, Tiefe ca. 60cm
Links: Mineralwollfüllung mit schwarzem Vlies davor. **Rechts:** Helmholtzresonator mit Öffnungen.

absorbieren. Auch unter 100Hz ist eine deutliche Dämpfung des Schalls bemerkbar.
In Abbildung 1.6-2 ist eine vor die Wand gestellte, stoffverkleidete Bassfalle mit integriertem Helmholtzresonator zu sehen. In Abbildung 1.6-3 ist der dazugehörige Absorptionskoeffizient dargestellt.

1.6.3.2 Helmholtzresonatoren

Sollen bestimmte Frequenzen im Bassbereich gezielt absorbiert werden, so bieten sich Helmholtzresonatoren als Resonanzabsorber an. Sie können exakt auf die Störfrequenz abgestimmt werden und sind somit sehr gut geeignet, um stehende Wellen zu absorbieren.
Die Resonanzfrequenz eines Helmholtzresonators berechnet sich mit folgender Formel:

$$f_{res} = \frac{c}{2\pi} \cdot \sqrt{\frac{S}{V \cdot (d+k)}}$$

mit:

c: Schallgeschwindigkeit: $344 \frac{m}{s}$
S: Oberfläche der Resonatoröffnung in m^2
V: Volumen des Resonators in m^3
d: Tiefe der Resonatoröffnung in Meter, m
k: Mündungskorrektur in Meter, m

Die Mündungskorrektur besagt, wie viel Luft vor und hinter der Resonatoröffnung mitschwingt. Es wird in den weiteren Beispielen von runden Öffnungen ausgegangen. Bei diesen berechnet sich die Mündungskorrektur einer geflanschten Rohröffnung mit $k=0{,}85 \cdot r$ und bei einer ungeflanschten Öffnung mit $k=0{,}614 \cdot r$. Die Mündungskorrektur muss für beide Enden des Rohres beachtet werden. Dabei gibt es drei Möglichkeiten (siehe Abbildung 1.6-4):

- Steht das Rohr auf beiden Seiten hervor, so gilt als Gesamt-Mündungskorrektur: $k=1{,}23 \cdot r$.
- Ist das Rohr auf beiden Seiten geflanscht, also ein ganz normales Loch, so gilt als Gesamt-Mündungskorrektur: $k=1{,}7 \cdot r$.
- Steht das Rohr nur auf einer Seite hervor (=einseitig geflanscht), so gilt als Gesamt-Mündungskorrektur: $k=1{,}46 \cdot r$.

Die Konstruktion eines Helmholtzresonators ist in Abbildung 1.6-5 zu sehen.

Soll beispielsweise eine stehende Welle mit 33Hz absorbiert werden, dann kann ein Helmholtzresonator mit folgenden Werten aufgebaut werden:

Resonanzfrequenz:	33,0Hz
Volumen: 250Liter	$= 0{,}25m^3$
Lochradius: 5cm	$= 0{,}05m$
Anzahl der Resonatoröffnungen:	2
Resultierende Oberfläche der Resonatoröffnungen:	$0{,}016m^2$
Einseitig geflanschte Rohre	

Notwendige Tiefe der Resonatoröffnungen: 10cm

Ein Resonator mit drei Öffnungen und einer Resonanzfrequenz von 42 Hz hätte beispielsweise folgende Werte:

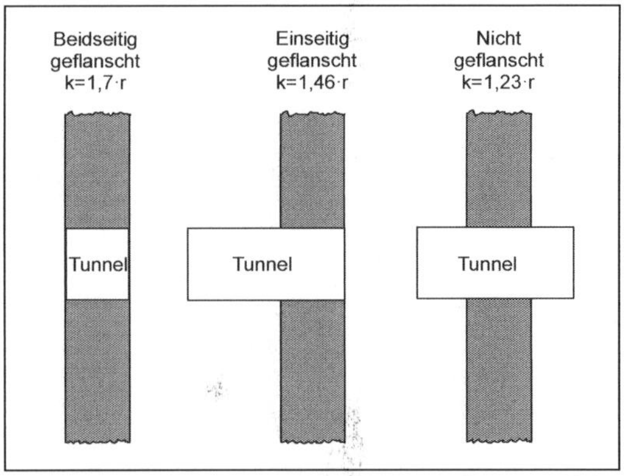

Abb. 1.6-4: Drei Varianten der Resonatoröffnung und die dazu gehörigen Mündungskorrekturen

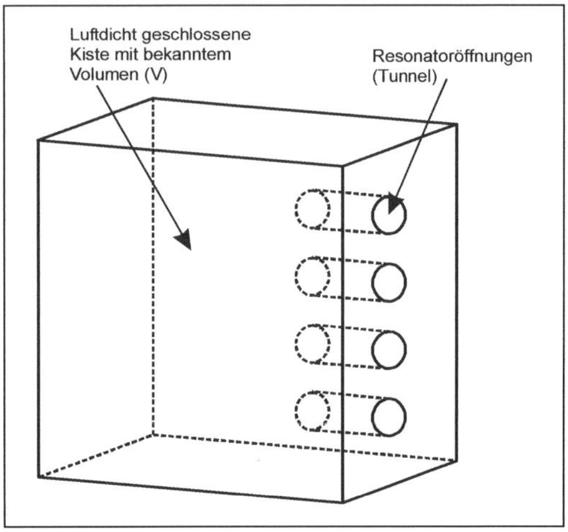

Abb. 1.6-5: Konstruktion eines Helmholtzresonators

Resonanzfrequenz:	42,0Hz
Volumen: 250Liter	$= 0{,}25m^3$
Tiefe der Öffnungen: 19mm	$= 0{,}019m$
Anzahl der Resonatoröffnungen:	4
Beidseitig geflanschte Öffnung	

Notwendiger Lochdurchmesser: 5,6cm

Auf diese Weise können beliebige Helmholtzresonatoren berechnet werden. Gerade zu höheren Frequenzen hin empfiehlt es sich, mehrere Resonatoröffnungen zu verwenden, da ansonsten die Tiefe der Resonatoröffnung sehr gering wird und nicht mehr genau genug zu realisieren ist.

Ein Trick bei der Gestaltung der Resonatoröffnungen ist es, die Tiefe gleich der Wandstärke des verwendeten Materials zu setzen. So wäre bei 19mm Spanplatte als Konstruktionsmaterial des Resonators auch die Tiefe der Resonatoröffnungen gleich 19mm.

Resonanzfrequenz: 42,0Hz	
Volumen: 250Liter	$= 0{,}25m^3$
Lochradius: 5cm	$= 0{,}05m$
Anzahl der Resonatoröffnungen:	3
Resultierende Gesamtoberfläche der Resonatoröffnungen:	$0{,}024m^2$
Einseitig geflanschte Rohre	

Notwendige Tiefe der Resonatoröffnungen: 8,7cm

Ein ordentlich, stabil und luftdicht aufgebauter Helmholtzresonator mit glatten Innenflächen der Resonatoröffnungen kann relativ hohe Q-Faktoren aufweisen. Dies bedeutet, dass die Resonanz nur in einem ganz schmalbandigen Frequenzbereich angeregt werden kann und relativ lange ausklingt. Im schlimmsten Fall würde der Helmholtzresonator durch die lange Ausklingzeit die Nachhallzeit im Bass sogar noch verlängern anstatt sie zu verkürzen. Eine stehende Welle würde somit zwar zunächst absorbiert, der Resonator jedoch seinerseits relativ lange nachdröhnen.
Es ist daher erwünscht, den Resonator mit einem niedrigen Q-Faktor zu bauen. Erreicht werden kann das durch Einfüllen von Dämmstoff in den Resonator. Allerdings verändert sich dadurch das effektive Volumen, und die Resonanzfrequenz verschiebt sich. Einfacher erreicht man ein Absenken von Q, wenn man einen Strömungswiderstand in der Resonatoröffnung anbringt. Ein bis drei Lagen luftdurchlässiges Vlies oder Stoff über die Resonatoröffnung gespannt, ist eine gute Möglichkeit den Resonator breitbandiger und kürzer ausklingend zu bekommen.

Eine Formel, um aus dem Q-Faktor die Nachhallzeit RT zu berechnen, lautet:

$$RT = \frac{\frac{Q}{\pi}\cdot\left(6{,}9+0{,}5\cdot\ln\left(1+\frac{1}{\sqrt{4\cdot Q^2-1}}\right)\right)}{f_g}$$

mit:

RT: Nachhallzeit, in der die Resonanz um 60dB abgeklungen ist in Sekunden, s
Q: Güte der Resonanz
f: Resonanzfrequenz des Helmholtzresonators in Hertz, Hz

Hat der Resonator zum Beispiel Q=4, dann liegt bei 54Hz die Nachhallzeit bei 0,16s. Dies ist kurz genug, um kein störendes Nachdröhnen zu produzieren.

Helmholtzresonatoren können in der Praxis eher zu groß gebaut werden, wenn sie auf ein niedriges Q getrimmt werden. Auf diese Weise werden stehende Wellen effektiver bedämpft, auch wenn der Resonator möglicherweise nicht genau auf die richtige Frequenz gestimmt wurde. Aufgrund der immer vorhandenen Eigennachhallzeit der Resonatoren ist eine zu starke Bedämpfung einer stehenden Welle nicht zu befürchten.

Die Effektivität eines Helmholtzresonators ist abhängig von dessen Position im Raum. So ist ein Resonator, der sich in einer Raumecke befindet, doppelt so effektiv wie einer, der in einer Kante montiert ist. Der Resonator in der Kante ist wiederum doppelt so effektiv wie einer, der mittig an einer Wandfläche montiert wurde. Letzterer ist immer noch doppelt so effektiv, wie ein frei stehender Resonator (siehe Tabelle 1.6-1).
Man wird somit stets versuchen, die Helmholtzresonatoren in die Raumecken zu positionieren, wenn die entsprechenden stehenden Wellen dort auch ihr Druckmaximum haben. Liegt das Druckmaximum nicht in einer Ecke, so ist die Positionierung in der

Platzierung	Effektivität
Frei stehend	1
Wand	2
Kante	4
Ecke	8

Tab. 1.6-1: Effektivität eines Helmholtzresonators in Abhängigkeit von dessen Positionierung im Raum

Ecke auch nicht sinnvoll. Der Resonator muss immer im Druckmaximum montiert werden.

In Abbildung 1.6-6 ist das Wasserfalldiagramm eines Raums zu sehen, bei dem deutlich eine stehende Welle bei etwa 150Hz herausragt (links). Nach dem Einbau von Helmholtzresonatoren ist die stehende Welle verschwunden (rechts).

1.6.4 Mittenabsorber

Soll der Mittenbereich breitbandig bedämpft werden, so empfehlen sich Plattenschwinger, Folienschwinger, Schlitzplattenschwinger sowie Lochplattenschwinger. Bei allen Typen handelt es sich um Resonanzabsorber, die im Druckmaximum einer Schallwelle am effektivsten arbeiten.

1.6.4.1 Plattenschwinger und Folienschwinger

Von ihrer grundlegenden Funktionsweise sind Plattenschwinger und Folienschwinger identisch. Der Unterschied besteht lediglich darin, dass eine Folie eine niedrigere, vor allem jedoch eine höhere flächenspezifische Masse haben kann, bei der eine Platte bereits nicht mehr schwingen würde.

Holz hat eine Dichte von 0,4 bis 1 kg/dm³. Praktisch verwendbare Holzdicken sind zwischen 3mm und 6mm, so dass je nach verwendeter Holzart die flächenspezifische Masse zwischen 1,2kg/m² und 6kg/m² liegt. Dickere Holzplatten schwingen nicht mehr vernünftig, da sie zu steif werden.

Für flächenspezifische Massen über 5kg/m² können dicke Kunststofffolien eingesetzt werden. Neben ihrer höheren flächenspezifischen Masse haben Folien auch eine bessere innere Dämpfung, so dass der Q-Faktor eines Folienschwingers geringer ausfällt, als der eines Plattenschwingers.

Die Resonanzfrequenz eines Platten- und Folienschwingers berechnet sich mit folgender Formel:

$$f_{res} = \frac{600}{\sqrt{m' \cdot d}}$$

mit:

f_{res}: Resonanzfrequenz in Hertz, Hz
m': Flächenspezifische Masse in kg/m²
d: Tiefe des Luftpolsters hinter der Platte oder Folie in cm

Der Aufbau eines Plattenschwingers ist in Abbildung 1.6-7 skizziert. In den Hohlraum hinter der Platte oder Folie wird meist Mineralwolle eingefüllt, um eine breitere Resonanz zu bekommen und höhere Absorptionsgrade zu erreichen. Die Mineralwolle darf allerdings die Platte oder Folie nur leicht oder gar nicht berühren und sollte deshalb eventuell mit einem Draht zurück gehalten werden.

Das Absorptionsverhalten kann über die Frequenz angepasst werden, wenn man andere Tiefen und andere flächenspezifische Massen einsetzt.

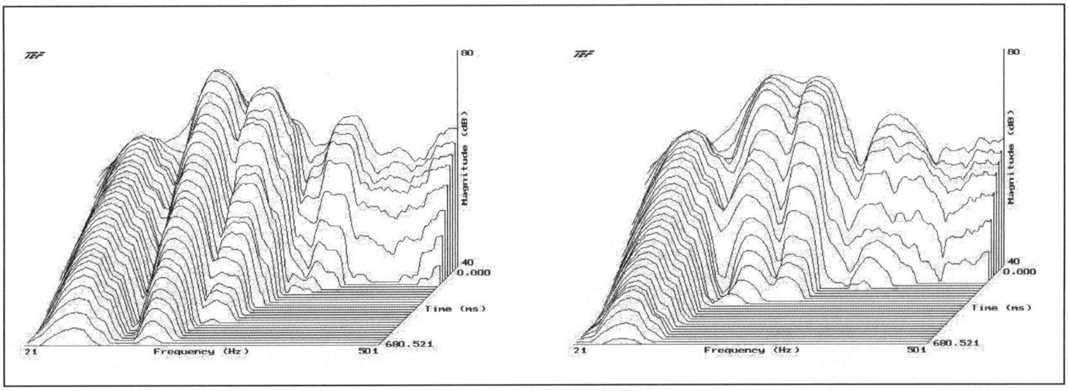

Abb. 1.6-6: Nachhallzeit eines Raums vor (links) und nach (rechts) dem Einbau von Helmholtzresonatoren (© HMP, München)

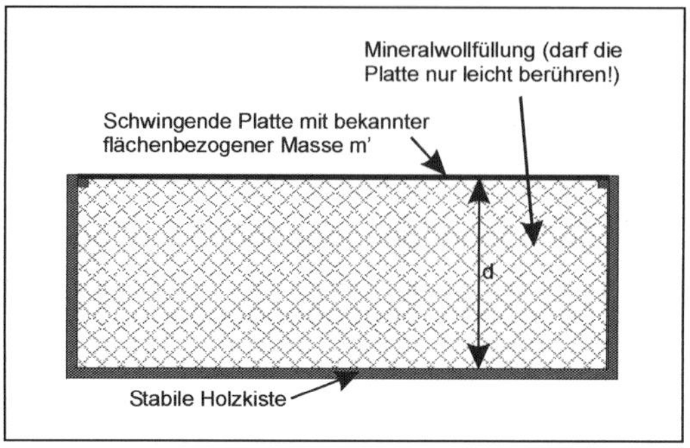

Abb. 1.6-7: Aufbau eines Plattenschwingers

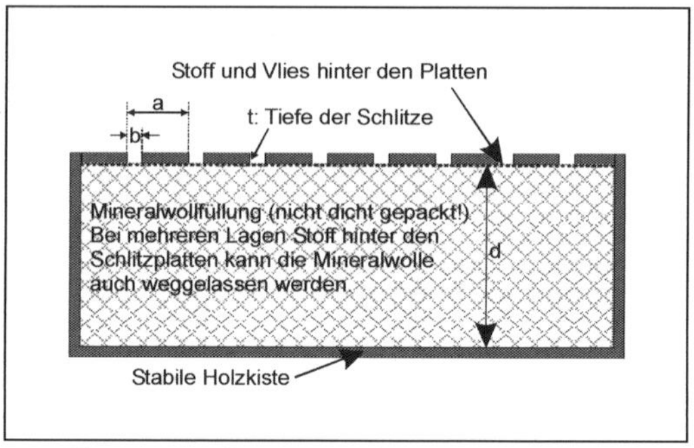

Abb. 1.6-8: Aufbau eines Schlitzplattenschwingers

Damit ein Plattenschwinger gut funktionieren kann, sollten folgende Mindestabmessungen eingehalten werden:

- Kantenlänge der Platte oder Folie mindestens 50cm.
- Oberfläche mindestens 0,5m².
- Tiefe: $d \leq \frac{2800}{f_{res}}$. Mit d in cm.

1.6.4.2 Schlitzplattenschwinger

Schlitzplattenschwinger sind prinzipiell Helmholtzresonatoren, die jedoch meist auf relativ hohe Frequenzen gestimmt werden und sehr breitbandig arbeiten sollen. Aufgrund ihres gefälligen Äußeren werden sie nicht hinter Stoffen oder Verkleidungen versteckt, sondern sollen den Raum optisch und akustisch verbessern. Der Aufbau eines Schlitzplattenschwingers ist in Abbildung 1.6-8 zu sehen.

Hinter die Schlitze kann man einen dünnen Vliesstoff befestigen, der dafür sorgt, dass der Q-Faktor des Resonators geringer wird, und dass man nicht in den Schlitzplattenschwinger hineinschauen kann.
Auf der Rückwand des Schlitzplattenschwingers befestigt man eine Mineralwollplatte.

Die Formel zur Berechnung der Resonanzfrequenz lautet:

$$f_{res} = \frac{c}{2 \cdot \pi} \cdot \sqrt{\frac{1000 \cdot p}{d \cdot t}}$$

mit:
f_{res}: Resonanzfrequenz des Schlitzplattenschwingers in Hertz, Hz
c: Schallgeschwindigkeit: $344 \frac{m}{s}$
d: Tiefe des Luftpolsters hinter der Platte in cm
t: Effektive Schlitztiefe in mm. Diese ist durch die Mündungskorrektur etwa 1,2 mal größer, als die sichtbare Schlitztiefe!
a: Abstand der Schlitze in mm
b: Breite eines Schlitzes in mm
p: Perforation oder Schlitzflächenanteil der Frontplatte in Prozent, %: $p = \frac{b}{a} \cdot 100\%$

1.6.4.3 Lochplattenschwinger

Lochplattenschwinger sind eine weitere Variante der Helmholtzresonatoren, bei der nicht nur ein einziges oder wenige Löcher in einer Kiste angebracht werden, sondern die Frontplatte der Kiste durch die Löcher perforiert wird. Dadurch ergibt sich ein anderes optisches Erscheinungsbild als bei den Schlitzplattenschwingern. Weiterhin sind perforierte Lochplatten einfach zu beziehen. Ein typischer Lochplattenschwinger ist in Abbildung 1.6-9 zu sehen.

Bei der Berechnung eines Lochplattenschwingers geht man ebenso vor wie bei der Berechnung eines Helmholtzresonators, nur die Formel kann durch die gleichmäßige Perforation der Frontplatte vereinfacht werden. Sie lautet:

$$f_{res} = \frac{c}{2 \cdot \pi} \cdot \sqrt{\frac{1000 \cdot p}{d \cdot (t + 1{,}7 \cdot r)}}$$

mit:
f_{res}: Resonanzfrequenz des Lochplattenschwingers in Hertz, Hz
c: Schallgeschwindigkeit: $344 \frac{m}{s}$

Abb. 1.6-9: Lochplattenschwinger

p: Perforation der Frontplatte in Prozent, %. Beträgt die Perforation 2%, so ist für p der Wert 2 einzusetzen und nicht 0,02!
d: Tiefe des Luftpolsters hinter der Platte in cm
t: Lochtiefe in mm
r: Radius der Löcher in mm

Die Perforation der Frontplatte berechnet sich auf der gesamten Lochfläche geteilt durch die Gesamtoberfläche der Frontplatte.
Ein Loch hat die Oberfläche:

$$A_L = r^2 \cdot \pi$$

mit:
A_L: Oberfläche des Lochs in m^2
r: Radius des Lochs in m

Die Gesamtoberfläche der Platte ist:

$$A_P = l \cdot b$$

mit:
A_P: Oberfläche der Platte in m^2
l: Länge der Platte in Meter, m
b: Breite der Platte in Meter, m

Die Perforation der Platte berechnet sich nun mit:

$$p = \frac{N \cdot A_L}{A_P} \cdot 100\%$$

mit:
p: Perforation der Platte in Prozent
N: Anzahl der Löcher auf der Platte
A_L: Oberfläche eines Lochs in m^2
A_P: Oberfläche der Platte in m^2

Bei einer einfachen, quadratischen Anordnung der Löcher kann man die oben genannten Formeln vereinfachen:

$$p = \frac{\pi}{4} \cdot \left(\frac{d}{S_L}\right)^2 \cdot 100\%$$

mit:
p: Perforation der Platte in Prozent
d: Durchmesser der Löcher in Meter,m
S_L: Abstand der Lochmittelpunkte (nicht diagonal) in Meter, m

Der Hohlraum hinter der Lochplatte wird zur Hälfte mit Mineralwolle gefüllt. Dabei wird die Mineralwolle auf der Rückseite des Hohlraums befestigt, so dass sie die Lochplatte nicht berühren und bedämpfen kann.

Die Lochplatte sollte so mit dem Rahmen der Konstruktion verbunden werden, dass keine Schepper- oder Schnarrgeräusche auftreten, wenn die Platte schwingt. Dies kann man am einfachsten durch Klopfen auf der Lochplatte überprüfen.

1.6.5 Höhenabsorber

Reine Höhenabsorber sind sicherlich die einfachste Absorbervariante. Es handelt sich hierbei lediglich um ein absorptives Material wie Teppich, Vorhangstoff, Schaustoff oder Mineralwolle, welches den schwingenden Luftteilchen durch Reibungsverluste Energie entzieht. Diese Art von Absorber ist am effektivsten, wenn er im Maximum der Luftteilchenbewegung - also im Schallschnellemaximum angebracht wird. Geht man davon aus, dass sich an einer Begrenzungsfläche wie Wand oder Decke immer nur ein Druckmaximum ausbilden kann, da sich die Teilchen an der Begrenzungsfläche nicht bewegen können, so muss das Schnellemaximum eine viertel Wellenlänge von der Begrenzungsfläche entfernt liegen. In diesem Schnellemaximum arbeitet der normale Höhenabsorber am effektivsten.

1.6.5.1 Höhenabsorber ohne Luftpolster

Eine Möglichkeit, einen Reibungsabsorber zu platzieren, ist die direkte Befestigung des absorptiven Materials an der Wand, Decke oder am Boden.

In diesem Fall kann man direkt über die Dicke des Materials auf die tiefste noch sehr gut absorbierte Frequenz rückschließen. So erreicht eine 20mm dicke Mineralwollplatte erst über 2kHz eine Absorption von mehr als 80%, eine 50mm dicke Platte schon bei etwa 800Hz. In Abbildung 1.6-10 sind die Absorptionsgrade von 4 unterschiedlich dicken Mineralwollplatten zu sehen. Man erkennt deutlich, wie die Absorption mit dem dicker werdenden Material auch zu tieferen Frequenzen immer vollständiger erfolgt.
Bei 100mm Dicke kann man bereits mit einer Absorption von mehr als 80% des Schalls über 400Hz rechnen. Bei 800mm Dicke wird schließlich der gesamte Audiobereich über 50Hz stärker als 80% absorbiert.

Eine "Daumenregel" besagt, dass der Absorptionsgrad bei einer Schichtdicke von einem Achtel der zu absorbierenden Wellenlänge 0,8 (=80%) beträgt:

$$f = \frac{c}{8 \cdot d}$$

mit:
f: Frequenz, ab der (aufwärts) mit $\alpha > 0{,}8$ absorbiert wird in Hertz, Hz
c: Schallgeschwindigkeit. In Luft $344 \frac{m}{s}$
d: Dicke des Materials in Meter, m

Der vielgesehene "Pyramidenschaumstoff", der Studios ein "akustisches Aussehen" geben soll, ist von seinem Absorptionsverhalten her mit 30mm dicker Mineralwolle vergleichbar und zeigt unter 500Hz nicht mehr viel Wirkung.

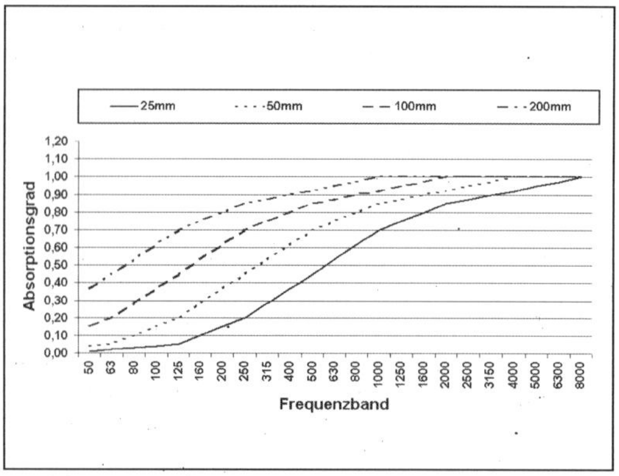

Abb. 1.6-10: Absorptionsverhalten von Mineralwolle verschiedener Stärken

Ein oft vergessener, jedoch sehr kritisch zu betrachtender Höhenabsorber ist Teppich. Da der in Studios verwendete Industrieteppich meist nur sehr dünn ist, beginnt die Absorption auch erst bei sehr hohen Frequenzen. Die Gefahr hierbei ist, dass der Raum durch den Teppich sehr an Brillanz verliert, ohne dass man bewusst eine falsche Nachhallzeit bemerken würde.
Bessere Varianten für den Bodenbelag sind Parkett, PVC-Beläge, Beton oder Marmor. Diese Materialien weisen alle über den gesamten Frequenzbereich einen relativ kleinen und gleichmäßigen Absorptionsgrad auf. Die Abbildung 1.6-11 zeigt das Absorptionsverhalten eines 5mm dicken Teppichs im Vergleich zu Parkett und Marmor.

1.6.5.2 Reibungsabsorber mit Luftpolster

Bei Reibungsabsorbern mit Luftpolster befindet sich zwischen Wand und absorptivem Material ein Luftpolster. Dadurch wird es möglich, weniger absorptives Material einzusetzen und dennoch eine sehr wirkungsvolle Bedämpfung von Schall zu bekommen. Das absorptive Material ist jedoch ebenfalls nur im Schnellemaximum einer Schwingung wirkungsvoll. Dazu ein Beispiel:

Eine 1kHz Schwingung hat in Luft eine Wellenlänge von 34cm. Ein Viertel dieser Wellenlänge ist 8,5cm. Würde man nun einen Vorhang 8,5cm vor einer Wand aufhängen so wäre dieser bei 1kHz am effektivsten. Bei 2kHz jedoch würde er sich eine halbe Wellenlänge vor der Wand befinden und somit im Druckmaximum dieser Frequenz liegen. Die Absorption des Vorhangs würde somit auf ein Minimum sinken. Bei 3kHz ist seine Wirkung dann wieder sehr hoch, da 8,5cm genau drei Viertel der Wellenlänge entsprechen und wieder ein Schall-

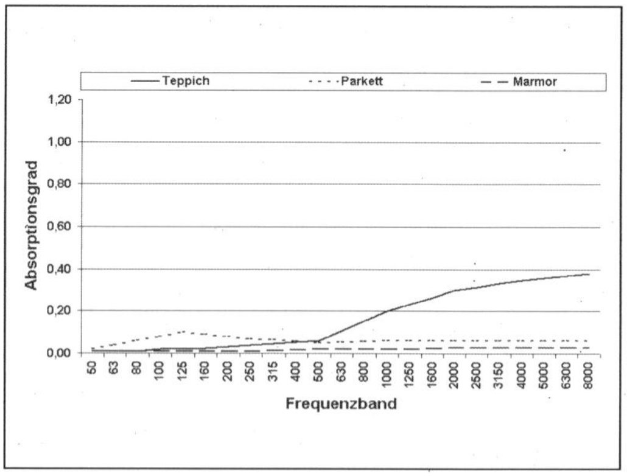

Abb. 1.6-11: Absorptionsverhalten von Teppich (5mm), Parkett und Marmor

schnellemaximum vorherrscht. Schließlich würde die Absorptionswirkung bei 4kHz wieder gering ausfallen, da der Vorhang sich genau eine Wellenlänge von der Wand entfernt befindet. Anmerkung: In den Absorptionsmessungen sind immer nur Frequenzbereiche wie Oktaven oder Terzen dargestellt, so dass eine Welligkeit im Frequenzbereich nicht sichtbar wird.

Um dieses Problem zu minimieren, wird der Vorhang in der Praxis nicht vor die Wand gespannt, sondern in Wellenform aufgehängt. Dadurch gibt es immer Stellen, die näher oder weiter weg von der Wand sind und somit bei verschiedenen Frequenzen ihre optimale Wirkung entfalten. Auch wenn Mineralwolle in einem bestimmten Abstand zu einer Wand angebracht wird, so sind dies meist stärkere Platten, die bei verschiedenen Frequenzen wirken sollen.

Für eine fest installierte Konstruktion ist der Absorber mit Luftpolster nicht unbedingt sinnvoll, da der Hohlraum hinter dem absorptiven Material ebenso gut ausgefüllt werden kann und sich dadurch ein effektiverer Absorber ergibt (siehe Abbildung 1.6-12). Somit beschränkt sich die tatsächliche Anwendung in erster Linie auf variable Lösungen wie Vorhänge oder ähnliches.

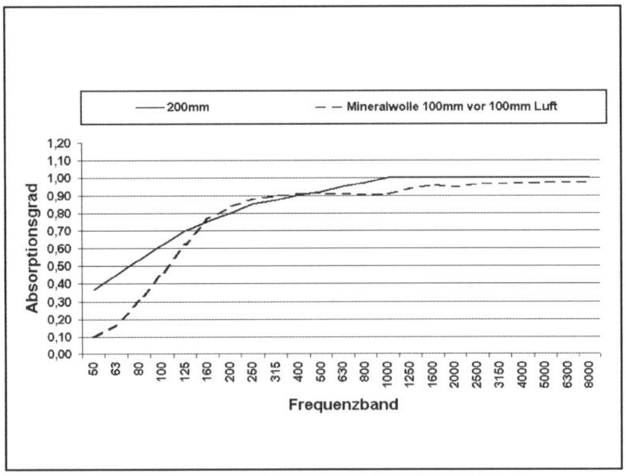

Abb. 1.6-12: Vergleich des Absorptionsgrades zwischen 200mm Mineralwolle und 100mm Mineralwolle vor 100mm Luft

1.6.6 Breitbandabsorber

Breitbandabsorber sind eine der schwierigsten Absorbervarianten, da sie über einen möglichst breiten Frequenzbereich das gleiche Absorptionsverhalten haben sollen. Nur die Ausnahme, dass der Absorptionsgrad $\alpha=1$ gewünscht ist, lässt sich verhältnismäßig einfach realisieren: man konstruiert einen entsprechend dicken (800mm oder mehr) "Höhenabsorber". Dieser absorbiert alle Frequenzen gleichmäßig und vollständig über den gesamten Audiobereich.
Ist es jedoch gewünscht, einen Absorptionsgrad von $\alpha<1$ zu erhalten oder keine 800mm Raum zu verbrauchen, so wird die Konstruktion bedeutend schwieriger: Es wird sehr wahrscheinlich auf eine geschickt berechnete Kombination aus Reibungsabsorber und Resonanzabsorber hinauslaufen.

Hierzu könnte beispielsweise eine 100mm dicke Mineralwollplatte mit einer halbdurchlässigen Membran beklebt werden. Die Membran würde als Masse zusammen mit der Federwirkung der Mineralwolle einen tieffrequenten Resonanzabsorber bilden. Da die Membran jedoch halbdurchlässig ist, werden auch mittlere und hohe Frequenzen absorbiert. Wird nun die Resonanz breit und tief ausgelegt und die Durchlässigkeit der Membran günstig gewählt, so können bei geringen Bautiefen erstaunliche Absorptionswirkungen erzielt werden.

Denkbar wäre weiterhin ein Loch- oder Schlitzplattenschwinger, der mit einem niedrigen Q-Faktor sehr breitbandig aufgebaut wird. Mit einem kleinen Luftpolster als Abstand wird dann vor den Plattenschwinger eine Mineralwollplatte angebracht. Auch diese Kombination kann bei günstiger Abstimmung sehr breitbandig funktionieren.

Die genaue Berechnung und Messung dieser Absorber ist jedoch sehr kompliziert und erfordert spezielle Gerätschaften. So verwundert es nicht, dass die Akustikexperten über den genauen Aufbau und die Materialwahl ihrer Breitbandabsorber nicht sprechen möchten.

1.6.7 Diffusoren

Diffusoren haben die Aufgabe, Schall möglichst diffus zu reflektieren. Das heißt, es handelt sich um Reflektoren mit einer ganz bestimmten Oberflächenstruktur, so dass der Schall nicht direkt zurückgeworfen, sondern möglichst gestreut reflektiert wird.

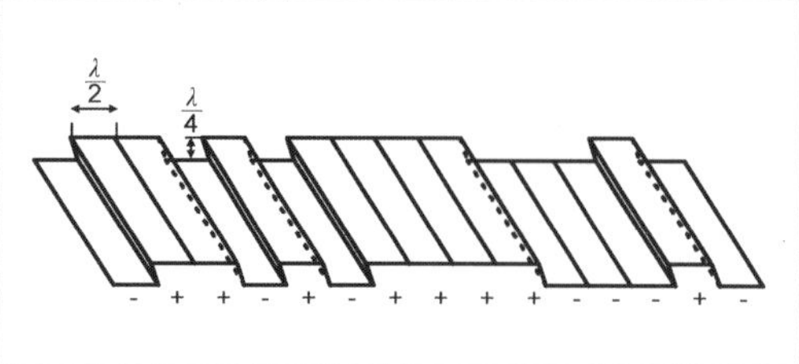

Abb. 1.6-13: Maximalfolgediffusor

1.6.7.1 Maximalfolgediffusoren

Manfred Schroeder fand heraus, dass durch eine Wandstruktur in Form einer Maximalfolge eine Wellenfront innerhalb eines bestimmten Frequenzbereichs stark gestreut reflektiert wird. Es wurde eine Struktur wie in Abbildung 1.6-13 zu sehen verwendet, die der Maximalfolge '-++-+-++++---+-' folgt. Dabei bedeutet ein '-' eine Vertiefung mit einem Viertel der Wellenlänge und ein '+' keine Vertiefung. Jedes Element der Struktur ist eine halbe Wellenlänge breit. Bei der entsprechenden Wellenlänge wird die Wellenfront am besten gestreut - zwischen der 0,7- und der 1,4-fachen Wellenlänge ist die Streuwirkung immer noch befriedigend.

1.6.7.2 Quadratic-Residue Diffusor

Basierend auf der Idee eines Maximalfolgediffusors schuf Schroeder den "Quadratic-Residue Diffusor", kurz QRD. "Quadratic Residue" bedeutet soviel wie "quadratischer Rest", was auf die verwendete Formel zur Berechnung dieser Diffusoren hinweist.

Die Konstruktion eines QRD ist wesentlich aufwändiger, jedoch auch optisch ansprechender. Außerdem können die obere und untere Grenzfrequenz dieses Diffusors in weiten Grenzen konstruktionstechnisch festgelegt werden.

Folgelänge (p)	Verhältnis S_{max} zu p
5	0,80
7	0,57
11	0,82
13	0,92
17	0,94
19	0,89
23	0,78
29	0,97
31	0,90
37	0,97

Tab. 1.6-2: Verhältnis zwischen S_{max} und p für verschiedene QRD-Folgen

Bei diesem Diffusor werden Böden unterschiedlicher Tiefe gebaut, zwischen denen sich jeweils eine Trennwand befindet. Die Abbildung 1.6-14 zeigt einen typischen QRD.

Zunächst werden die Tiefenfaktoren für die Diffusorböden über eine mathematische Folge nach folgender Formel berechnet:

$$t = n^2 \bmod p$$

mit:
t: Tiefenfaktor der Diffusorböden
p: Primzahl
n: Ganzzahl zwischen Null und p

Die resultierenden Tiefenfaktoren werden als Multiplikatoren für die Berechnung der Tiefen der einzelnen Diffusorböden benötigt.

Bei der Berechnung der Folge wird die Modulo-Rechnung angewandt (mod). Hierbei handelt es sich um die Berechnung des Rests einer Division. So gilt beispielsweise:

$$7 \bmod 5 = 2 \text{ denn: } 7 \div 5 = 1 \text{ Rest } 2$$

oder:

$$23 \bmod 8 = 7 \text{ denn: } 23 \div 8 = 2 \text{ Rest } 7$$

Bei der Modulorechnung wird stets nur der Rest einer Division angegeben.

Die Primzahl, die man in der Berechnung verwendet, ist frei wählbar, hat jedoch einen Einfluss auf die unterste Grenzfrequenz des Diffusors. In der Praxis wird sie in Abhängigkeit der gewünschten Größe des Diffusors gewählt.

Die Breite der einzelnen Diffusorböden nimmt direkt Einfluss auf die obere Grenzfrequenz des Diffusors und ist damit mehr oder weniger festgelegt:

$$f_{max} = \frac{c}{2 \cdot b}$$

mit:
f_{max}: Obere Grenzfrequenz des Diffusors in Hertz, Hz
c: Schallgeschwindigkeit: $344 \frac{m}{s}$

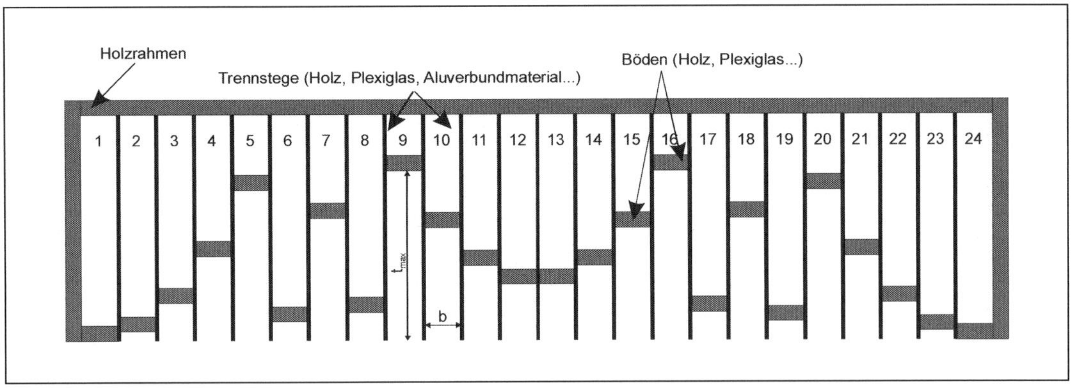

Abb. 1.6-14: Quadratic-Residue Diffusor (QRD)

b: Breite der Böden in Meter, m

Die untere Grenzfrequenz berechnet sich mit:

$$f_{min} = \frac{S_{max} \cdot c}{2 \cdot p \cdot t_{max}}$$

mit:

f_{min}: Untere Grenzfrequenz des Diffusors in Hertz, Hz

S_{max}: Größte Zahl in der Folge

c: Schallgeschwindigkeit: $344 \frac{m}{s}$

p: Primzahl, Länge der Folge

Boden Nummer	Tiefe (cm)
1	0,0
2	2,5
3	10,0
4	22,5
5	40,0
6	5,0
7	32,5
8	7,5
9	45,0
10	30,0
11	20,0
12	15,0
13	15,0
14	20,0
15	30,0
16	45,0
17	7,5
18	32,5
19	5,0
20	40,0
21	22,5
22	10,0
23	2,5
24	0,0

Tab. 1.6-3: Tiefe der 24 Böden eines p=23 QRD mit d_{max}=45cm

t_{max}: Tiefe des tiefsten Bodens in Meter, m

Man sieht, dass die unterste Grenzfrequenz eines Diffusors vom Verhältnis zwischen S_{max} und p abhängt. Soll nun ein Diffusor möglichst platzsparend aufgebaut werden, so ist ein möglichst kleines Verhältnis anzustreben. In Tabelle 1.6-2 sind die Verhältnisse zwischen S_{max} und p für die verschiedenen Diffusorfolgen angegeben. Man sieht, dass mit p=23 eine sehr effiziente Größe herauskommt. Weitere optimale Folgen für platzsparende Diffusoren sind p=11 und p=7.
Die möglichen Folgen für die Primzahlen zwischen 5 und 37 sind in Tabelle 1.6-4 abzulesen. Dort findet man auch für jede Folge S_{max}. Dies ist der größte Zahlenwert, der in einer Folge auftritt.

Beispiel: Ein Diffusor soll berechnet werden, der zwischen 300Hz und 7kHz arbeitet. Eine Folge mit p=23 wird verwendet. Daraus ergeben sich folgende Daten:

Breite der Böden: b=2,46cm
Breite der Trennwände: 4mm
Gesamtbreite des Diffusors: 68,24cm

S_{max}: 18
t_{max}: 45cm

Obwohl der Diffusor nur bis 300Hz heruntergeht muss er bereits 45cm tief gebaut werden! Die Einzeltiefen der jeweiligen Böden sind in Tabelle 1.6-3 zu sehen. Hierbei wird t_{max} durch S_{max} geteilt und anschließend mit dem jeweiligen Tiefenfaktor multipliziert.

Hätte man den Diffusor mit einer p=19 Folge aufgebaut, so wäre der tiefste Boden 51cm tief. Bei einer p=29 Folge sogar 55cm.

Die Höhe des Diffusors ist relativ unkritisch, sollte jedoch mindestens 50cm betragen.

In Abbildung 1.6-15 sind verschiedene Diffusorfolgen zu sehen, damit man sich ein Bild von deren optischer Erscheinung machen kann. So ist beispielsweise der QRD19 ein optisch sehr ansprechendes Modell, wohingegen der QRD37 einen eher "zerrissenen" Eindruck macht.

Sollen mehrere Diffusoren nebeneinander angeordnet werden, so beginnt jeder Diffusor mit dem Tiefenfaktor Null und endet mit einem Faktor ungleich Null. Das bedeutet, dass an der Verbindungsstelle der Tiefenfaktor Null nur genau einmal vorkommt.

Eine Sonderform des QRD ist ein Diffusor mit integrierten Helmholtzresonatoren in den Böden. Ein Beispiel ist in Abbildung 1.6-16 zu sehen. Durch die unterschiedlich tiefen Böden können bei gleichen Lochdurchmessern viele unterschiedliche Resonanzfrequenzen der Helmholtzresonatoren erreicht werden. Diese Resonatoren sollten so abgestimmt werden, dass sie unterhalb der untersten

Folgenummer	**Primzahl (p)**									
n	**5**	**7**	**11**	**13**	**17**	**19**	**23**	**29**	**31**	**37**
0	0	0	0	0	0	0	0	0	0	0
1	1	1	1	1	1	1	1	1	1	1
2	4	4	4	4	4	4	4	4	4	4
3	4	2	9	9	9	9	9	9	9	9
4	1	2	5	3	16	16	16	16	16	16
5	0	4	3	12	8	6	2	25	25	25
6		1	3	10	2	17	13	7	5	36
7		0	5	10	15	11	3	20	18	12
8			9	12	13	7	18	6	2	27
9			4	3	13	5	12	23	19	7
10			1	9	15	5	8	13	7	26
11			0	4	2	7	6	5	28	10
12				1	8	11	6	28	20	33
13				0	16	17	8	24	14	21
14					9	6	12	22	10	11
15					4	16	18	22	8	3
16					1	9	3	24	8	34
17					0	4	13	28	10	30
18						1	2	5	14	28
19						0	16	13	20	28
20							9	23	28	30
21							4	6	7	34
22							1	20	19	3
23							0	7	2	11
24								25	18	21
25								16	5	33
26								9	25	10
27								4	16	26
28								1	9	7
29								0	4	27
30									1	12
31									0	36
32										25
33										16
34										9
35										4
36										1
37										0
S_{max}	*4*	*4*	*9*	*12*	*16*	*17*	*18*	*28*	*28*	*36*

Tab. 1.6-4: Tiefenfaktoren der verschiedenen QR-Diffusorfolgen für die Primzahlen von 5 bis 37

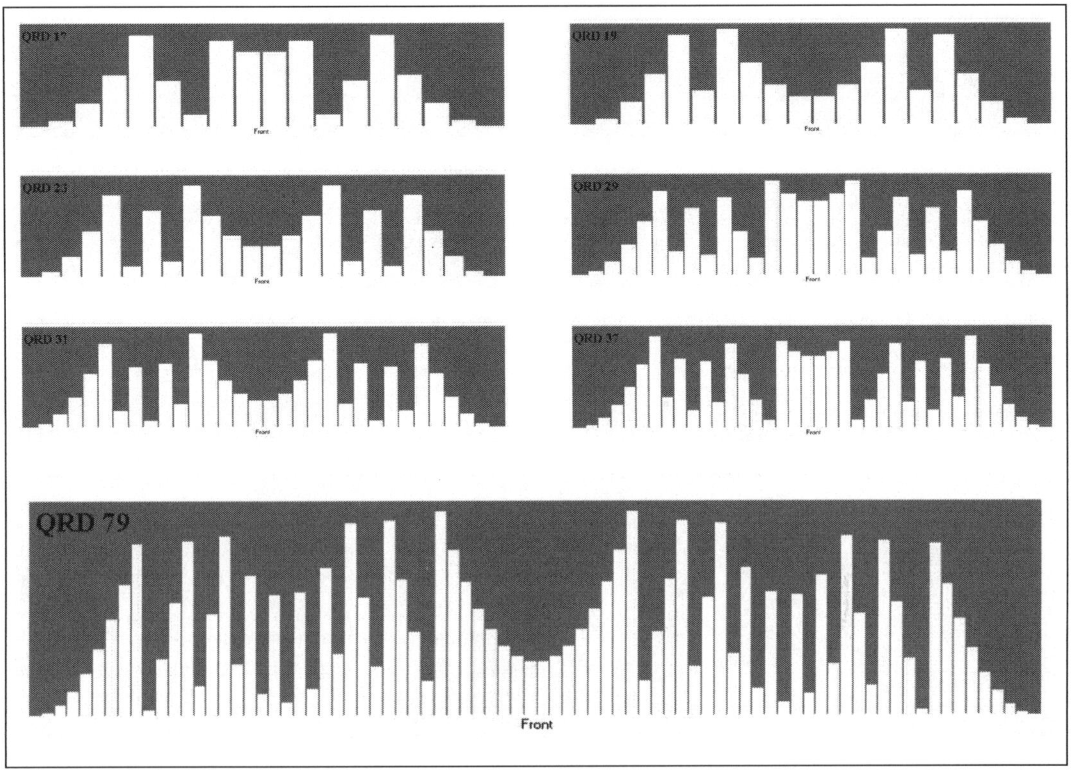

Abb. 1.6-15: Verschiedene QRD-Folgen

Grenzfrequenz des Diffusors arbeiten. Auf diese Weise geht nur von bestimmten Böden eine Absorption der Helmholtzresonanzfrequenzen aus, von anderen Böden nicht. Dies führt wiederum zu einer Diffusion des tieffrequenten Schalls. Somit wird ein Diffusor geschaffen, der deutlich tiefer wirksam ist, als ein QRD ohne die Helmholtzresonatoren. Die Konstruktion ist jedoch sehr aufwändig und teuer.

Beim Aufbau von Diffusoren ist darauf zu achten, dass die Trennwände zwischen den Böden vibrationsfrei befestigt werden, da sonst ein Schnarren von ihnen ausgehen kann. Am Besten verleimt man diese Trennwände mit den Böden.

Bei zusätzlicher Integration von Helmholtzresonatoren ist weiterhin eine möglichst gute Dichtigkeit der Luftvolumen hinter den Böden anzustreben. Weiterhin sollten die Resonatoröffnungen - wie bereits beim Helmholtzresonator - mit Vlies oder Stoff hinterlegt werden, um die Resonanz breiter zu bekommen.

Diffusoren sind aufgrund der Menge an benötigtem Material immer eine teure Angelegenheit.

1.6.7.3 Primitive-Root Diffusor

Eine andere, jedoch selten angewandte Variante für die Konstruktion von Diffusoren sind die "Primitive-Root" Diffusoren. Es gelten die gleichen Formeln für die obere und untere Grenzfrequenz wie bei den QRD, allerdings berechnen sich die Tiefenfaktoren nach einer anderen Formel:

$$t = g^n \bmod p$$

mit:

t: Tiefenfaktor der Diffusorböden
g: Primitive Root von p
p: Primzahl
n: Ganzzahl zwischen 1 und p-1

Die Ergebnisse dieser Rechnung sind in Tabelle 1.6-5 zu sehen. Hierbei werden nur die Diffusorfolgen bis p=19 angegeben, da die Berechnung bei größeren Primzahlen nur noch sehr schwierig

Abb. 1.6-16: QRD mit Helmholtzresonatoren in den Böden, genannt "Helmfusor"

Primzahl	Primitive Root (g)
5	2
7	3
11	2
13	2
17	3
19	2
23	5
29	2
31	3
37	2
41	6
43	3
47	5
53	2

Tab. 1.6-6: Primitive Roots von Primzahlen zwischen 5 und 53

möglich ist. Will man die Folgen für größere Diffusoren berechnen, so sind in Tabelle 1.6-6 die Primitive Roots von größeren Primzahlen angegeben.

Der optische Aufbau der Primitive-Root-Diffusoren (PRD) ist unsymmetrisch und sieht daher nicht so gefällig aus wie bei den QRD. Weiterhin bieten die PRD eine weniger gleichmäßige Diffusion als die QRD. Aus diesen Gründen kommen sie in der Praxis kaum zum Einsatz.

Folgenummer	Primzahl (p)					
n	5	7	11	13	17	19
g	2	3	2	2	3	2
1	2	3	2	2	3	2
2	4	2	4	4	9	4
3	3	6	8	8	10	8
4	1	4	5	3	13	16
5		5	10	6	5	13
6		1	9	12	15	7
7			7	11	11	14
8			3	9	16	9
9			6	5	14	18
10			1	10	8	17
11				7	7	15
12				1	4	11
13					12	3
14					2	6
15					6	12
16					1	5
17						10
18						1
S_{max}	*4*	*6*	*10*	*12*	*16*	*18*

Tab. 1.6-5: Tiefenfaktoren der verschiedenen PRD-Folgen für die Primzahlen von 5 bis 19

1.7 Beispiele für die Gestaltung der Raumakustik

Bei der Gestaltung der Raumakustik sind nicht nur die akustischen Maßnahmen wichtig. Vielmehr ist es die optische Gestaltung des Raumes, die ansprechend gestaltet sein muss. Ergonomische Arbeitsplätze sind heutzutage ebenfalls ein Muss und so spielt die Akustik eher eine untergeordnete Rolle. Untergeordnet natürlich nur im Sinne von "unsichtbar", da die akustischen Einbaumaßnahmen in den wenigsten Fällen den Raum optisch prägen sollen.
Die Kunst eines erfahrenen Akustikers ist es nun, die verschiedenen Aspekte der Raumgestaltung zusammen zu bringen. Hierbei muss, was die Optik und die Raumgestaltung betrifft, auf die Wünsche des Kunden eingegangen werden, und gleichzeitig muss die notwendige Akustik so eingebaut werden, dass der gewünschte Klang entsteht.
Da es viele gute Konzepte und Umsetzungen für diese Art der Raumgestaltung gibt, sollen in diesem Kapitel nur Beispiele für eine mögliche Umsetzung in verschiedenen Bereichen gezeigt werden. Diese stellen selbstverständlich nicht die einzigen Möglichkeiten dar, die Akustik zu gestalten und sie sind auch nicht unbedingt perfekt. Allerdings sind sie mit Erfolg in der Praxis realisiert worden.

1.7.1 Akustik von Aufnahmeräumen

In einem Aufnahmeraum sollen die unterschiedlichsten Instrumente für die unterschiedlichsten Produktionen aufgenommen werden. Für jede spezielle Anwendung einen eigenen Raum zu bauen, ist hierbei aus Kosten- und Platzgründen nicht möglich. Daher werden Aufnahmeräume oft mit unterschiedlicher Akustik in den verschiedenen Ecken des Raums ausgestattet. Auch umklappbare Wände, Schiebewände oder verstellbare Deckensegel sind in Aufnahmeräumen oft zu finden.
Um den Sprachbereich angenehm klingen und den Raum nicht billig wirken zu lassen, werden oft Mittenabsorber bei 100-400Hz eingesetzt, die die Nachhallzeit in diesem Frequenzbereich eher zu kurz werden lassen.

Absorptive Materialien am einen Ende des Raums und eine möglicherweise geflieste Wand auf der anderen Seite bieten dem Toningenieur vielfältige Verwendungsmöglichkeiten durch unterschiedliche Positionierung der Schallquelle.

Besonders hervorzuheben sind Räume für Hörspielaufnahmen, in denen spezielle Einbauten vorhanden sind, um den Schauspielern / Sprechern die Möglichkeit zu geben, sich auch akustisch durch das gespielte Geschehen zu bewegen. So gibt es dort Türen, Treppen und absorptiv abgeschlossene Bereiche (so genanntes "Zelt"), in denen unterschiedlichste klangliche Eindrücke geschaffen werden können.
Auch die "Schnecke" - ein schneckenförmiger Gang, in den der Schauspieler hineingehen oder aus welchem er herauskommen kann, dient der Darstellung von deutlich hörbarem Entfernen oder Näherkommen des Sprechers.

Ein meist sehr kleiner Raum mit einer eher aggressiven Akustik ist das "Drumbooth". Es befindet sich oft als zusätzlicher Raum-im-Raum im Aufnahmeraum. Im Drumbooth wird Schlagzeug und E-Gitarre aufgenommen. Die zusätzliche Isolierung erlaubt eine gut kontrollierte Aufnahme von sehr lautstarken Schallquellen. Durch die eher aggressive Akustik ist es möglich, diesen Instrumenten mehr Durchsetzungsvermögen zu geben.
Ein möglichst durchsichtig klingendes, fein gespieltes Schlagzeug hingegen wird man eher im Aufnahmeraum abnehmen, und nicht das Drumbooth verwenden.

Sprecherkabinen sind im Grunde nichts weiter, als kleine Aufnahmeräume, die speziell für Sprache optimiert werden. Oft ist ein Sichtkontakt zu einem Fernsehmonitor notwendig, da zum Beispiel Sportsendungen live kommentiert werden sollen.
In einer Sprecherkabine kommt es auf eine kurze Nachhallzeit mit geringen ersten Reflexionen an, da ansonsten der kleine Raum zu deutlich hörbar wäre. Weiterhin wird der Grundtonbereich der Sprache von 100Hz bis 400Hz durch Plattenschwinger mit einer deutlich kürzeren Nachhallzeit versehen, so dass die Sprache nicht dröhnen kann oder die Akustik billig wirkt.

Aufnahmeräume für Filmsynchronisation sind meist relativ normale, leicht bedämpfte Räume, in denen ein Schauspieler / Sprecher nahe am Mikrofon in der Mitte des Raums steht. Dies entspricht am ehesten der Akustik am Set, die es nachzubilden gilt.
Ein zusätzliches Mikrofon in einer Raumecke ermöglicht es dem Toningenieur die Aufnahme, falls bildbezogen notwendig, mit mehr Raumeindruck zu versehen. Für Außenaufnahmen und sehr trockene Szenen gibt es ein "Zelt" mit einem weite-

ren Sprecherpult. Dies ist ein mit Molton abgehängter Bereich, in dem eine sehr trockene Akustik vorherrscht. Der Sprecher begibt sich in dieses Zelt und könnte die Akustik sogar durch mehr oder weniger starkes Öffnen des Vorhangs der Szene anpassen.

Verschiedene Aufnahmeräume sind in den Bildern auf den folgenden Seiten zu sehen.

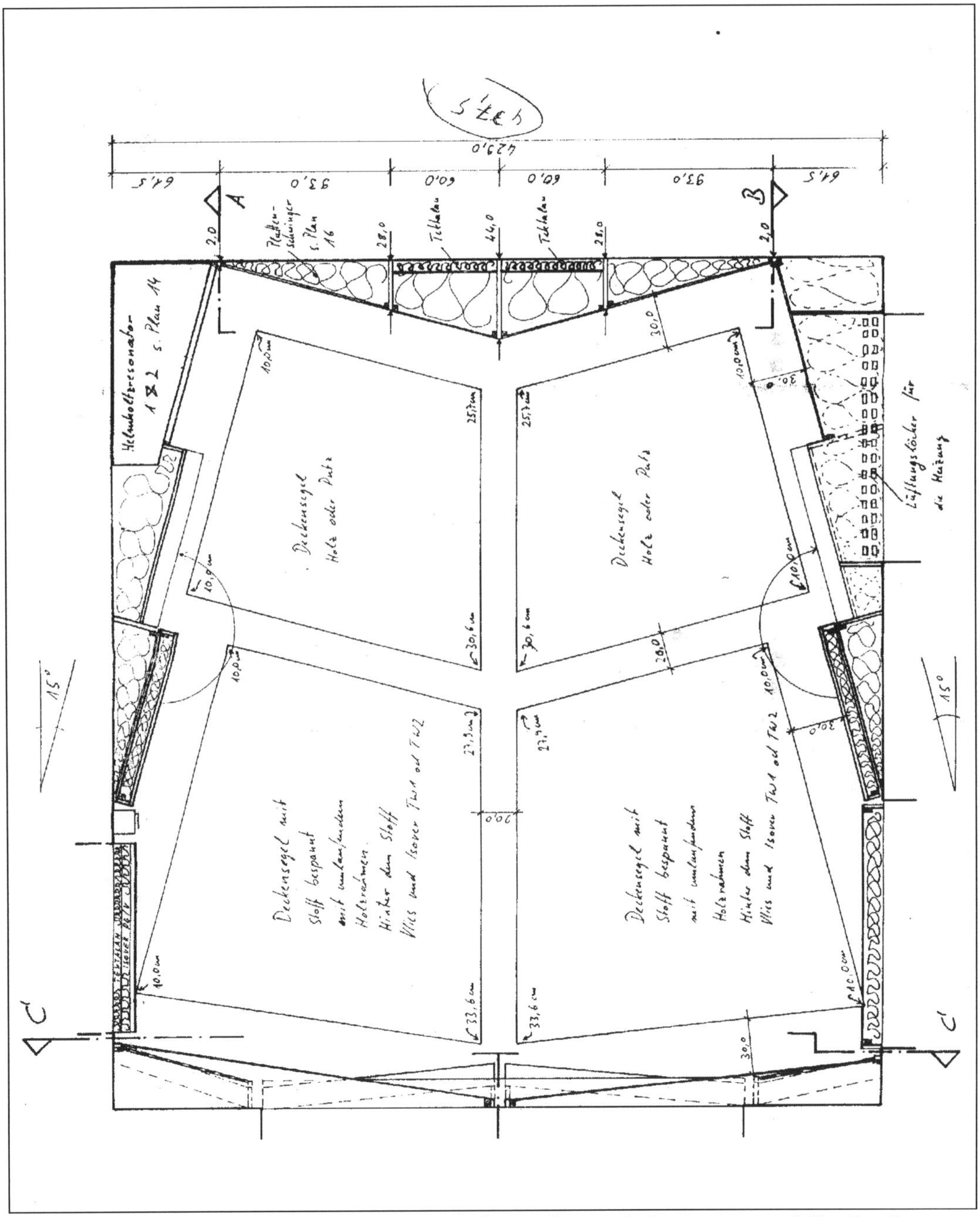

Abb. 1.7-1: Konstruktionszeichnung eines universell einsetzbaren Aufnahmeraums mit variabler Akustik. (© ACM, München)

Übersicht über ein Hörspielstudio. Links ist gut der Bereich für den Geräuschemacher zu erkennen. In der Mitte oben (leicht rechts) der Sprechertisch sowie die Fenster zu den Regieräumen.

Verschiedene Gerätschaften für Geräusche. Davor sind unterschiedliche Bodenbeläge: Teppich, Sand, Kies, Marmor. Links vom Fass ist das Anschlussfeld für Mikrofone und Kopfhörer zu erkennen.

Links: Zwei Treppen aus Stein und Holz führen auf eine Plattform. Darunter befindet sich eine Küchen-Badezimmer-Kombination. Rechts geht eine Wendeltreppe wieder herunter.

Abb. 1.7-2: Hörspielstudio des Bayerischen Rundfunks in München.
(mit freundlicher Genehmigung des Bayerischen Rundfunks)

Ein rollbares Gerät mit verschiedenen Türen, Fenstern, Schlössern, Riegeln, Schubladen, einer Briefkastenklappe und einem Rolladen. Damit kann der Geräuschemacher nahezu überall "akustisch hineingehen".

Links: Der Sprechertisch. Er ist vieleckig, damit mehrere Sprecher gut im Stereobild daran platziert werden können. Mitte und rechts: Die "Schnecke": Ein absorptiv gestalteter, schneckenförmiger Gang, mit dessen Hilfe man sehr gut einen sich entfernenden oder näher kommenden Sprecher aufnehmen kann.

Abb. 1.7-3: Hörspielstudio des Bayerischen Rundfunks in München.
(mit freundlicher Genehmigung des Bayerischen Rundfunks)

Das Drumbooth befindet sich beispielsweise als zusätzlicher, stark isolierter Raum im Aufnahmeraum.

Die massive Tür des Drumbooth

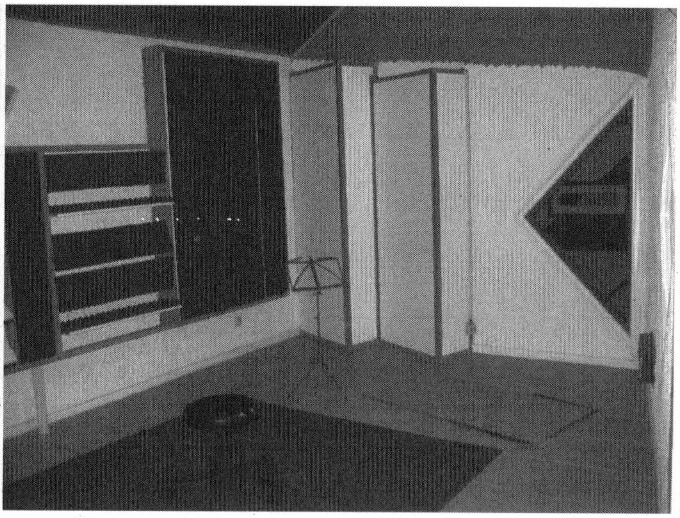

Gefliester Boden und eine variable Akustik an den Wänden machen den Klang "knallig" und "agressiv".

Abb. 1.7-4: Typisches Drumbooth für laute Instrumente (Mit freundlicher Genehmigung der SAE Frankfurt)

Abb. 1.7-5: Sprecherkabine (links) mit Absorbermodulen und Schlitzplattenschwingern und Maschinenraum (rechts) mit massiver Isolation gegen Störgeräusche (© Giesing-Team, München)

Abb. 1.7-6: Aufnahmeraum eines Synchronstudios
Rechts im Bild: das "Zelt", in dem man sehr trockene Aufnahmen machen kann. (© TV+Synchron Berlin GmbH)

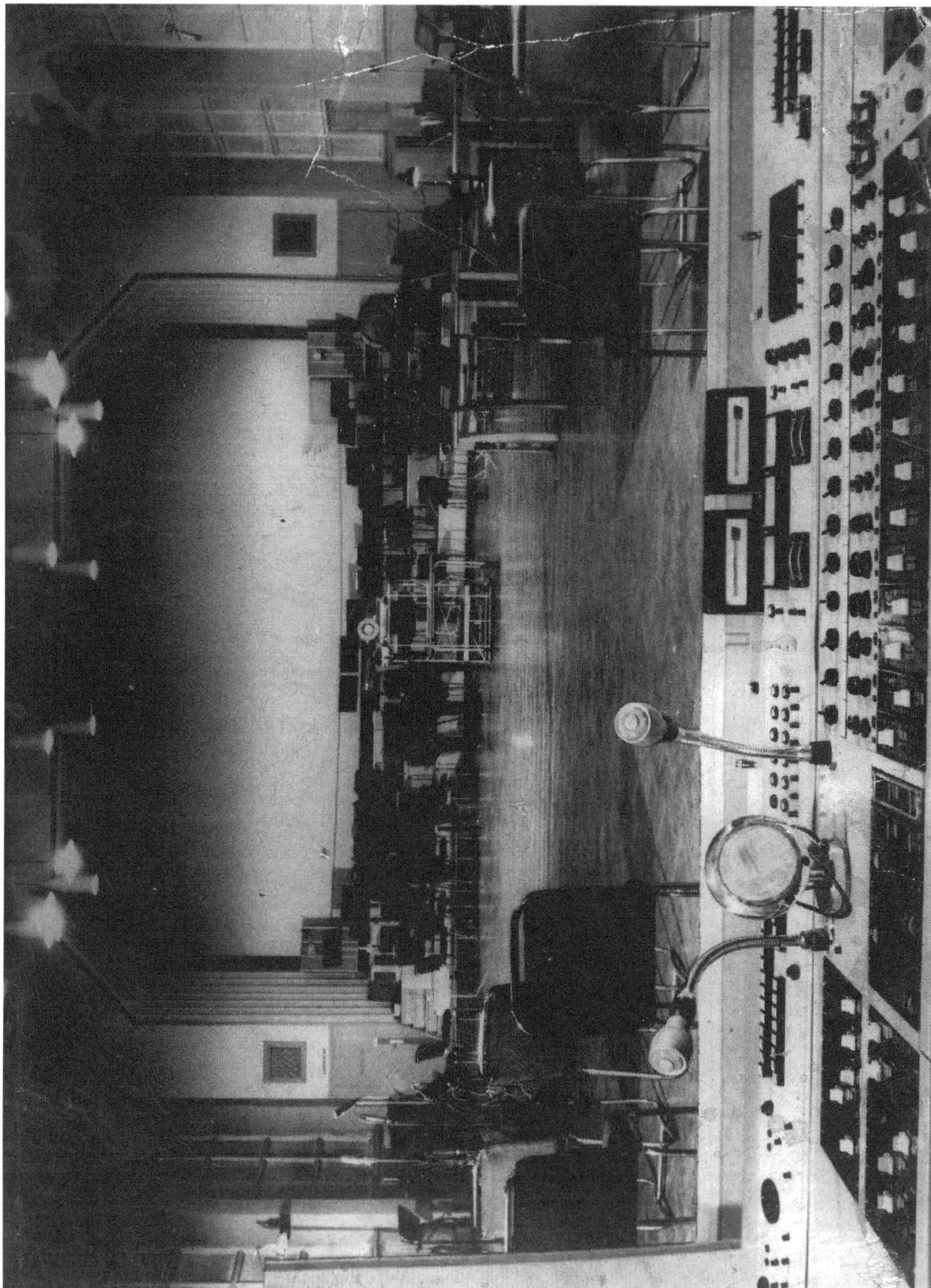

Abb. 1.7-7: Älteres Bild eines Aufnahmeraums für Orchester und Filmmusikaufnahmen. In der Mitte ist gut die Leinwand zu sehen, auf die der Film projiziert wurde, den die Musiker zu vertonen hatten. Heute wird mit kleinen Monitoren am Dirigentenpult gearbeitet. (© Bavaria-Musikstudios, München)

1.7.2 Akustik von Regieräumen

Die Akustik in einem Regieraum hat normalerweise die Aufgabe, der Akustik in den späteren Konsumentenhörräumen ähnlich zu sein.
So werden die meisten Regieräume mit einer Nachhallzeit von 0,3s gebaut, da dies die durchschnittliche Nachhallzeit von Wohnzimmern darstellt.
Soll Musik für eine Disco gemischt werden, wäre es sinnvoll die Akustik einer Disco in der Regie zu realisieren. Mischkinos "verpflanzen" - wie der Name schon sagt - die komplette Regie in einen vollwertigen Kinosaal.
Die große Kunst beim Bau einer Regie ist es, die absorptiven und reflexiven Oberflächen so anzuordnen, dass der Raum nicht zu stark bedämpft wird und dass keine störenden frühen Reflexionen auf dem Abhörpunkt eintreffen.

Für einen guten Klang am Abhörplatz gelten folgende wichtige Regeln:

- Der Arbeitsbereich sollte sich innerhalb einer "Reflexionsfreien Zone" (Reflection Free Zone, kurz RFZ) befinden. Das heißt, dass durch geeignete bauliche und akustische Maßnahmen zunächst nur Direktschall auf den Abhörplatz gelangen darf und keine Reflexionen früher als 15ms auftreten dürfen. Dadurch entsteht eine zeitliche Lücke von mindestens 15ms zwischen Direktsignal und erster Reflexion (Initial Time Delay Gap, kurz ITD-Gap).
  Ab 15ms können Raumreflexionen gezielt im Haas-Bereich platziert werden, ohne dass sie die Lokalisation der Schallquelle verschlechtern würden.
  Regieräume werden so geplant, dass über die gesamte Mischpultbreite sowie von Mischpultkante bis hinten zu dem Effekt-Rack eine RFZ gegeben ist. Umgeleitete Reflexionen können durch Diffusoren zusätzlich gestreut werden und sollten nicht eher als 15ms nach dem Direktsignal in der RFZ eintreffen.
- Stereolautsprecher sollten so angeordnet sein, dass sie zusammen mit dem Abhörpunkt in der Mitte des Mischpultes ein gleichseitiges Dreieck bilden. Somit ergibt sich vom Abhörpunkt aus ein Öffnungswinkel von ±30° zu den Stereolautsprechern.
  Die Praxis hat gezeigt, dass viele Toningenieure diesen in der Theorie "idealen Abhörpunkt" in der Praxis nicht bevorzugen. Somit kann es notwendig sein, den tatsächlichen Abhörpunkt ein wenig nach vorne oder hinten korrigierbar zu gestalten. Da hierzu meist das Mischpult verschoben werden muss, sollte der dafür notwendige Platz Berücksichtigung finden.
- Surroundlautsprecher sollten nach ITU-R BS. 775-1 aufgestellt werden. Sollen die Lautsprecher in die Wand eingebaut werden, so ist in diesem Fall die Geometrie des Regieraums an die Lautsprecherpositionen anzupassen.
  Achtung! Bei Surroundlautsprechern ist es wesentlich schwieriger, die reflexionsfreie Zone im Abhörbereich zu realisieren und gleichzeitig den Raum nicht zu trocken zu gestalten.
- Sämtliche Lautsprecher sollten so ausgerichtet sein, dass die Hochtöner am Abhörpunkt auf Ohrhöhe zeigen.

Viel mehr gibt es zur Akustik einer Regie nicht zu sagen, außer, dass eine angenehme Arbeitsatmosphäre herrschen sollte, und alle Geräte ergonomisch bedienbar sein sollten.

Auf den folgenden Abbildungen sind Beispiele für verschiedene Regieräume zu sehen.

Abb. 1.7-8: Schrittweiser Aufbau eines Regieraums:
Oben: Ständerkonstruktion für die Boxenfront und das Regiefenster. Probeaufbau in der Schreinerwerkstatt.
Mitte: Einbau und Schließen der Oberflächen sowie Einbau der Lautsprecher und der Technik.
Unten: Fertiges Studio - Ansicht aus Regie- und Aufnahmeraum.
(© HMP, München und Teldex, Berlin)

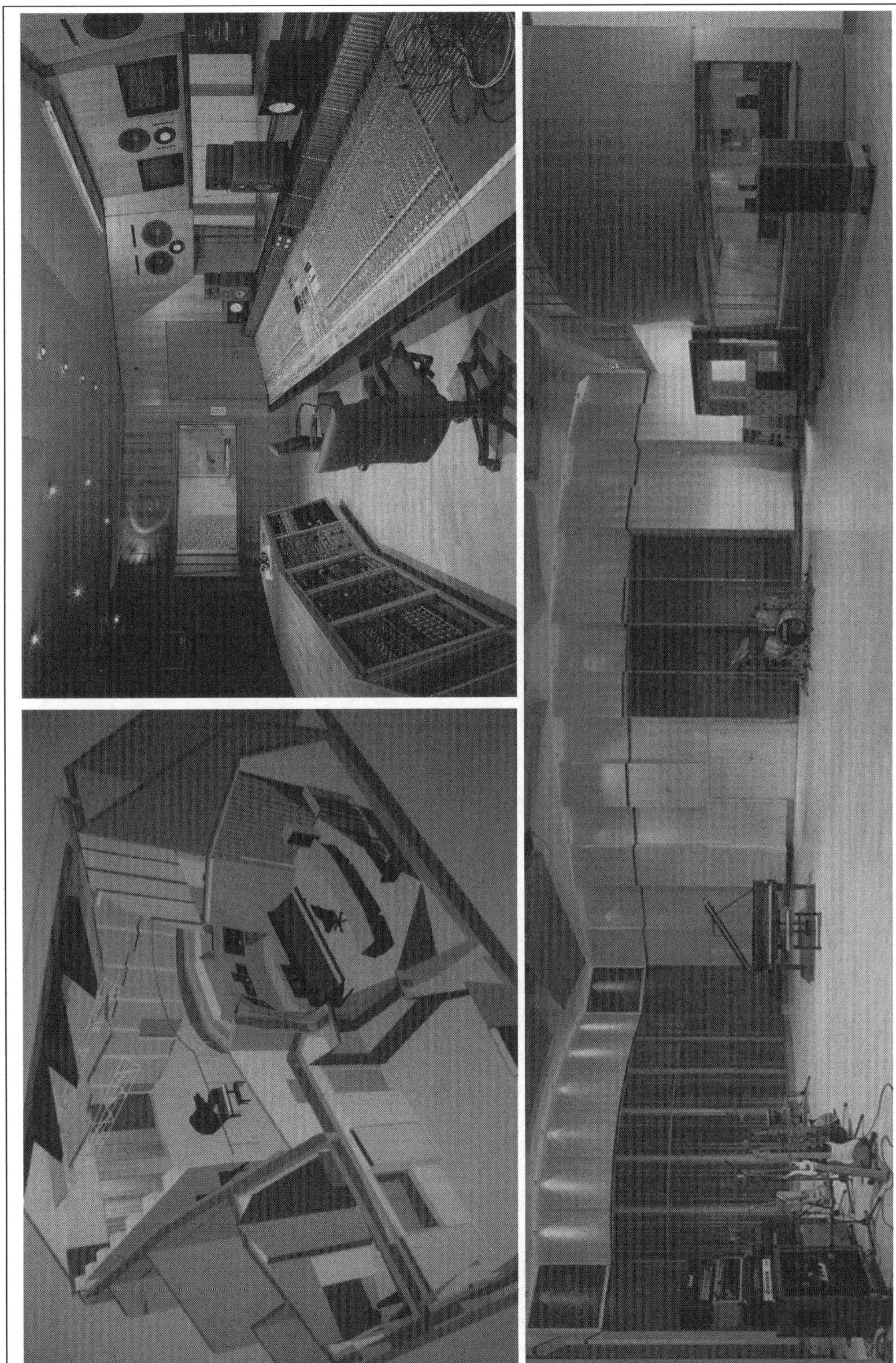

Abb. 1.7-9: Planung und Realisierung eines Regie- und Aufnahmeraums. (© ACM, München und Cap-à-Pie Studios)

Abb. 1.7-10: Regie- und Aufnahmeraum eines Musikproduktionsstudios. (© 301 Studios)

1.7.3 Akustik von Kirchen, Konzertsälen und Opernhäusern

Kirchen sind in erster Linie als Haus Gottes gebaut worden, werden jedoch aufgrund ihrer teilweise hervorragenden Akustik sehr oft auch für Konzertveranstaltungen genutzt.
Für Sprachwiedergabe ist eine große Kirche eigentlich weniger geeignet. Die Nachhallzeit ist zu lang, die Entfernungen zwischen Pfarrer und Gemeinde für eine ausreichende Lautstärke zu groß. Aus diesen Gründen wird in eine Kirche heute fast immer eine Elektroakustische-Anlage (kurz ELA-Anlage) eingebaut. Diese gibt die verstärkte Stimme des Pfarrers über mehrere säulenförmige Lautsprecher in der Kirche wieder und soll dadurch auf allen Plätzen eine möglichst große Sprachverständlichkeit ermöglichen. Säulenförmige Lautsprecher bieten sich hierbei in zweierlei Hinsicht an:

- Die Lautsprecher integrieren sich gut in das optische Gesamtbild der Kirche. Direkt an einer Säule befestigt und in einer entsprechenden Farbe gewählt sind sie für die meisten Kirchenbesucher unsichtbar.
- Die Richtcharakteristik eines säulenförmigen Lautsprechers sieht aus wie ein horizontal liegender Fächer. Dadurch wird der Schall sehr breit abgestrahlt, es entstehen jedoch wenige Bodenreflexionen und wenig Diffusschall, der in den Deckenbereich gestrahlt wird. Durch die resultierende Schallbündelung erhöht sich die Sprachverständlichkeit der Lautsprecherwiedergabe (siehe Kapitel 1.7.4). Die Richtcharakteristik ist der der menschlichen Stimme nicht unähnlich.

Vor allem durch die vielen Verzierungen, Säulen, Gewölbe, Bögen und Nebenräume erhalten viele Kirchen einen angenehm klingenden, relativ langen Nachhall. Komponisten, die geistliche Werke geschrieben haben, haben diesen Hall meist in ihre Komposition mit einbezogen und so lässt sich diese Musik durch den Hall erst richtig erleben.

Durch die Luftabsorption in den teilweise enormen Raumvolumina der Kirchen kann die Nachhallzeit in mittleren Frequenzen kaum länger als 10s und zu hohen Frequenzen kaum länger als 5s werden.
Typischerweise ist die Nachhallzeit im tieffrequenten Bereich am längsten und nimmt dann zu hohen Frequenzen hin stetig ab.
Die Nachhallzeit ändert sich extrem durch die Anzahl der anwesenden Zuhörer. Dies begründet sich dadurch, dass die Kirchenbänke normalerweise aus Holz sind und kaum Schall absorbieren. Jeder Zuhörer, der sich auf die Bank setzt, absorbiert eine bestimmte Menge an Schall und reduziert somit die Nachhallzeit.

Kirchen wurden in der Regel nicht bewusst akustisch geplant. Entweder war der gute Klang einer Kirche ein glücklicher Nebeneffekt der architektonischen Planung der Kirche oder es handelte sich um erfahrene Kirchenbaumeister, die wussten, dass eine bestimmte Architektur einen guten Klang mit sich bringt, ohne jedoch konkrete Berechnungen hierzu durchzuführen.
Typische akustische Probleme in Kirchen sind eine eventuell schlechte Schalldämmung zur Außenwelt, so dass Straßengeräusche hereindringen können. Weiterhin ist teilweise die Heizung oder das Orgelgebläse hörbar.

Konzertsäle und Opernhäuser werden - im Gegensatz zu Kirchen - ausschließlich für die Musikdarbietung gebaut und müssen somit akustisch eine hohe Qualität aufweisen. Es wird sehr viel Wert auf eine gute Isolation zu Außenwelt gelegt und es wird versucht, jegliche Störgeräusche auf ein Minimum zu reduzieren. Für den Bau der "Philharmonie im Gasteig" in München wurden sogar die darunter verlaufenden S-Bahn-Schienen auf Gummi gelagert, damit keine tieffrequenten Rumpelgeräusche hörbar werden.
Bei alten Konzertsälen hat die Erfahrung der Baumeister oft zu hervorragenden Ergebnissen geführt, auch wenn keine akustischen Berechnungen vorlagen. Die guten Säle sind heute legendär, wie beispielsweise die "Schuhschachtelsäle":

- Herkulessaal (München)
- Großer Musikvereinssaal (Wien)
- Concertgebouw (Amsterdam)

Moderne Konzertgebäude werden aufwändig berechnet, in Modellen gebaut und unter Zuhilfenahme von Miniaturschallquellen und -mikrofonen hörbar gemacht (Auralisation). Die moderne Computertechnik ermöglicht die Auralisation eines 3D-Modells, bei dem die entsprechenden Wandeigenschaften eingegeben wurden.
Auf diese Weise kann ein Saal "am Reißbrett" optimiert werden, bevor er tatsächlich gebaut wird. Am Beispiel des "Großen Konzertsaals im Gasteig" in München hatte man dann jedoch tatsächlich vergessen, dass nicht nur dem Zuschauer ein ausgewogener Klang geboten werden muss,

Konzertsaal	Baujahr	Raumvolumen	Sitzplätze	Nachhallzeit
Festsaal Schloss Esterhaza (Fertöd / Ungarn)	1769	1530m³		2,3s - 1,2s
Haydnsaal Schloss Esterhazy (Eisenstadt / Österreich)	1672	6800m³		2,8s - 1,7s
Konzerthus (Göteborg / Schweden)	1935	11900m³	1370	1,9s - 1,7s
Sinfonie an der Regnitz (Bamberg / Deutschland)	1993	14300m³	1420	2,2s - 1,9s
Großer Musikvereinssaal (Wien (Österreich)	1870	14600m³	1680	2,4s - 2,0s
Schauspielhaus Berlin (Berlin / Deutschland)	1984	15000m³	1675	2,2s - 2,0s
Beethovenhalle (Bonn / Deutschland)	1959	15700m³	1410	2,0s - 1,7s
Liederhalle (Stuttgart / Deutschland)	1956	16000m³	2000	1,8s - 1,7s
Concertgebouw (Amsterdam / Holland)	1887	18700m³	2205	2,2s - 2,0s
Boston Symphony Hall (Boston / USA)	1900	18740m³	2630	2,2s - 1,8s
Theatro Colon (Buenos Aires / Argentinien)	1908	20550m³	2490	1,8s - 1,8s
Gewandhaus (Leipzig / Deutschland)	1981	21560m³	1905	2,0s - 2,0s
Royal Festival Hall (London / England)	1951	22000m³	3000	1,5s - 1,4s
Alte Oper (Frankfurt / Deutschland)	1981	22200m³	2355	2,0s - 1,6s
Meistersingerhalle (Nürnberg / Deutschland)	1963	23000m³	2000	2,2s - 2,1s
Philharmonie Berlin (Berlin / Deutschland)	1963	26000m³	2220	2,4s - 2,0s
Philharmonie München (München / Deutschland)	1985	30000m³	2400	2,2s - 2,1s

Opernhaus	Baujahr	Raumvolumen	Sitzplätze	Nachhallzeit
Große Oper Paris (Paris / Frankreich)	1875	9960m³	2130	1,1s - 0,9s
Festspielhaus Bayreuth (Bayreuth / Deutschland)	1876	10300m³	1800	1,6s - 1,3s
Staatsoper Wien (Wien / Österreich)	1955	10660m³	1660	1,3s - 1,1s
Theatro alla Scala (Mailand / Italien)	1946	11250m³	2290	1,2s - 1,0s
Semperoper (Dresden / Deutschland)	1985	12500m³	1290	1,9s - 1,3s
Festspielhaus Salzburg (Salzburg / Österreich)	1960	14000m³	2160	1,5s - 1,3s
Opéra National de Paris (Paris / Frankreich)	1989	21000m³	2700	1,6s - 1,3s
Metropolitan Opera (MET) (New York / USA)	1966	30500m³	5000	1,8s - 1,3s

Kirche	Raumvolumen	Nachhallzeit
Abteikirche Ettal (Ettal / Deutschland)	15000m³	7,5s (750Hz)
St. Michaelis (Hamburg / Deutschland)	32000m³	6,3s (500Hz)
Freiburger Münster (Freiburg / Deutschland)	45000m³	7,5s (90Hz)
Abteikirche Weingarten (Weingarten / Deutschland)	90000m³	8,5s (270Hz)
Ulmer Münster (Ulm / Deutschland)	105000m³	12s (75Hz)
Kölner Dom (Köln / Deutschland)	230000m³	13s (100Hz)

Tab. 1.7-1: Akustische Daten von ausgewählten Konzertsälen

sondern sich auch die Musiker gegenseitig hören sollten. Daraufhin wurden zusätzliche Deckenreflektoren über der Bühne angebracht, damit die Musiker Schallreflexionen ihrer eigenen Darbietung zu hören bekommen.

Da es anmaßend wäre, an dieser Stelle Tips für den Bau eines Konzertsaals zu geben, sollen lediglich ein paar grundlegende Überlegungen aufgezählt werden:

- Gute Akustik auf allen Sitzplätzen und auf der Bühne. Ausnutzen des Haas-Effektes und des Kutruff-Effektes.
- Niedriges Ruhegeräusch.
- Nachhallzeit unabhängig von der Anzahl der Besucher. Verwendung von speziellem Polstermaterial der Stühle (Absorption eines unbesetzten Stuhls ähnlich der eines besetzten Stuhls).
- Möglichst "unsichtbare" Akustik.

In der Tabelle 1.7-1 sind ein paar "technische Daten" von Konzertsälen, Opernhäusern und Kirchen aufgelistet.

1.7.4 Akustik von Räumen für Sprachwiedergabe

Räume für Sprachwiedergabe sind beispielsweise Konferenzräume, Vorlesungssäle oder Theater. Auch wenn manche dieser Räume vielseitig eingesetzt werden können, ist doch die Sprachwiedergabe deren Hauptverwendungszweck. Daher muss in diesen Räumen eine möglichst gute Sprachverständlichkeit gewährleistet sein.

Faktoren, die sich auf die Sprachverständlichkeit eines Raums auswirken sind:

- Ruhegeräusch im Raum
- Nachhallzeit
- Frühe Reflexionen (<1ms)
- Späte, starke Reflexionen (>100ms)
- Verhältnis zwischen Direktschall und Diffusschall
- Zeitfehler zwischen Schallquellen, die zu Kammfiltern führen

Sprache besteht zum einen aus Konsonanten, die etwa 65ms lang sind und die für Artikulation (Sprachinformation) verantwortlich sind. Zum anderen besteht sie aus Vokalen, die circa 100ms andauern und für die Lautstärke zuständig sind. Wird das Spektrum betrachtet, welches für die Artikulation von Sprache verantwortlich ist, so spielt das Oktavband um 2000Hz eine dominante Rolle. Ein Drittel der Sprachinformationen sind in diesem Oktavband zu finden, drei Viertel der Sprachinformationen in den Oktavbändern 1kHz, 2kHz und 4kHz und nur ein Viertel der Sprachinformation unter 1kHz.
Achtung! Dies bedeutet nicht, dass sich die Energieverteilung gleichermaßen verhält! Es geht hierbei nur um die Wichtigkeit der einzelnen Frequenzbänder für die Aufnahmefähigkeit der Sprachinformation.

1.7.4.1 Ruhegeräusch

Jedes hörbare Ruhegeräusch in einem Raum hat einen Maskierungseffekt zur Folge. Aufgrund dessen werden leise Anteile der Sprache verdeckt und somit vom Gehirn nicht mehr weiterverarbeitet. Diese Ruhegeräusche kommen von Lüftern in Computern, Videoprojektoren oder auch der Klimaanlage. Wenn das Störgeräusch relativ breitbandig ist und einem Rosa Rauschen ähnelt, ist eine Kompensation durch entsprechend lauteres Sprechen leicht möglich.

Kritisch wird es, wenn das Geräusch tonale Komponenten enthält, die im Oktavband um 2kHz oder auch noch darüber liegen. In diesem Fall wird direkt eine deutliche Verschlechterung der Sprachverständlichkeit bemerkbar und auch durch lauteres Sprechen ist keine einfache Verbesserung erzielbar. In der Praxis sollten so geartete Störquellen abgestellt oder vermieden werden. Schallquellen dieser Art könnten Festplatten, kleine Lüfter oder ähnliches sein.

1.7.4.2 Nachhallzeit, Direkt- und Diffusschall

Von der Nachhallzeit eines Raums hängt der Hallradius (siehe Kapitel 6.13.1.5) einer Schallquelle ab. Je länger die Nachhallzeit ist, desto kleiner ist auch der Hallradius. Das bedeutet, dass man bereits in einem relativ geringen Abstand zu einem Sprecher hauptsächlich Diffusschall hören wird und nur noch wenig Direktschall.
Je mehr Direktschall von einem Sprecher zu hören ist, desto besser ist die Sprachverständlichkeit. Der Diffusschallanteil - bestehend aus vielen einzelnen Raumreflexionen, die aus unterschiedlicher Richtung beim Hörer eintreffen - sorgt für eine verschwommene, undeutliche Sprachverständlichkeit.

Für eine möglichst hohe Sprachverständlichkeit sind somit folgende Maßnahmen möglich:

- Geringe Nachhallzeit in einem Raum. Dies kann im Extremfall einen zu geringen Schalldruck bei größeren Entfernungen zur Schallquelle mit sich bringen.
  Bei Open-Air ist die Nachhallzeit 0s. Dort zeigt sich das Problem der zu geringen Lautstärken in den hinteren Reihen besonders deutlich.
- Einsatz von Stützlautsprechern im Raum. Diese "Delay-Lines" sollten das Signal des Sprechers so stark verzögert abstrahlen, dass sie im Haas-Bereich (siehe Kapitel 2.6.2) des Sprechers liegen. Die Formel für die Berechnung der Delayzeit lautet:

  $$t = \frac{d}{c} + 17\text{ms}$$

  mit:
  t: Notwendige Delayzeit in Sekunden, s
  d: Abstand des Lautsprechers zum Sprecher in Meter, m
  c: Schallgeschwindigkeit: In Luft $344\frac{\text{m}}{\text{s}}$

  Der Zusatzwert 17ms stellt die optimale Wirksamkeit des Haas-Effektes sicher.

Durch die zusätzlichen Lautsprecher wird dem Hörer mehr Direktsignalanteil gegeben als wenn er sich in einem großen Abstand zum Sprecher befinden würde.

- Verwendung von Beschallungslautsprechern mit Richtwirkung. Je gerichteter Lautsprecher abstrahlen, desto größer wird der Hallradius und die Sprachverständlichkeit nimmt zu. Stehen keine gerichteten Lautsprecher - wie zum Beispiel Hornlautsprecher - zur Verfügung, so können die Lautsprecher auch in Raumecken gestellt werden. Auf diese Weise erhöht sich der Direktschallanteil und der Diffusschall wird geringer.

1.7.4.3 Reflexionen und Zeitfehler

Starke Reflexionen führen zusammen mit dem Direktsignal zu Kammfiltereffekten. Hierbei ist eine Reflexion von Wand, Decke oder Boden vergleichbar mit Lautsprechern, die einen Zeitfehler haben.

Zeitfehler bedeutet, dass Teile eines Lautsprechersystems das gleiche Signal zu unterschiedlichen Zeitpunkten abstrahlen. Dies können verschiedene Wege eines Mehrwegesystems sein, die an ihrer Übernahmefrequenz nicht zeitgleich arbeiten (siehe Kapitel 6.10.2.14). Eine andere Möglichkeit sind mehrere Lautsprecher, die das gleiche Signal in einem "Stack" abstrahlen sollen, jedoch nicht richtig aufgestellt worden sind.

Mit folgender Formel können die Einbrüche im Frequenzgang berechnet werden:

$$f = \frac{c}{2 \cdot d \cdot N}$$

mit:

f: Frequenz der Einbrüche in Hertz, Hz
c: Schallgeschwindigkeit. In Luft $344 \frac{m}{s}$
d: Abstand der Lautsprecher zueinander oder Abstand zwischen Direktsignal und Reflexion in Meter, m
N: Ordnungszahl des Einbruchs. N=1, 3, 5, 7...

1.7.5 Akustik von Kinos und Filmmischateliers

Die sicherlich bekannteste Variante, eine Kinoakustik zu gestalten, bietet die Firma THX aus Amerika an. Mit einem Gesamtkonzept von Raumakustik, Bauakustik und Elektroakustik wird dem Kinoarchitekten eine Anleitung an die Hand gegeben, mit der bei korrekter Umsetzung garantiert ist, ein akustisch sehr gut gestaltetes Kino zu entwerfen. Dabei wird die einfache, jedoch wichtige Idee verfolgt, dass der Kinozuschauer den gleichen Klang erleben soll wie der Filmtonmeister oder Regisseur in der Filmmischung.
Obwohl es sicherlich möglich ist, auch gute Kinos zu bauen, ohne die THX-Richtlinien zu kennen, lohnt sich doch der kritische Blick in ein THX- Kino, um das dort realisierte akustische Konzept zu verstehen.

1.7.5.1 Nachhallzeit

Die "richtige" Nachhallzeit in einem Kino trägt ganz wesentlich zu der Sprachverständlichkeit eines Films bei. Weiterhin kann sie, je nach Nachhallzeit, dem Zuschauer ein angenehmes oder unangenehmes Gefühl während des Aufenthaltes im Kinosaal vermitteln. Zudem wird die Lautstärkeverteilung im Kinosaal durch ein angemessenes Maß an Diffusschall gleichmäßiger, und von der Beschallungsanlage werden keine extremen Leistungen gefordert.

- Ist die Nachhallzeit zu gering, wird ein "orientierungsloses" Gefühl vermittelt. Der optische Eindruck des Kinosaals scheint zunächst nicht mit dem Höreindruck übereinzustimmen. Dieses Problem relativiert sich, sobald das Licht ausgeht und der Raum somit auch optisch verschwindet.
  Da in diesem Fall nur ein geringer Diffusschallanteil existiert, ist eine gute Sprachverständlichkeit gegeben.
  Von der Beschallungsanlage müssen relativ hohe Leistungen abgestrahlt werden. Dies führt jedoch zwangsläufig zu einem meist zu hohen Pegel in der vorderen Sitzreihen.
- Eine zu lange Nachhallzeit vermittelt ein "halliges" Gefühl, ähnlich der Akustik in einer Tiefgarage. Ist das Licht ausgeschaltet, bleibt der Raum trotzdem stark wahrnehmbar und überlagert ständig den Ton aus dem Film.
  Die Sprachverständlichkeit in einem halligen Raum ist relativ schlecht. Besonders kritisch sind hierbei "pseudoakustische" Räume: Diese scheinen auf den ersten Eindruck eine gute Akustik zu haben - allerdings ist die Nachhallzeit erst oberhalb von 200-500Hz akzeptabel oder sogar zu kurz. Der Raum wirkt dadurch zunächst "trocken". Wenn jedoch Sprache aus der Beschallungsanlage kommt, fängt der

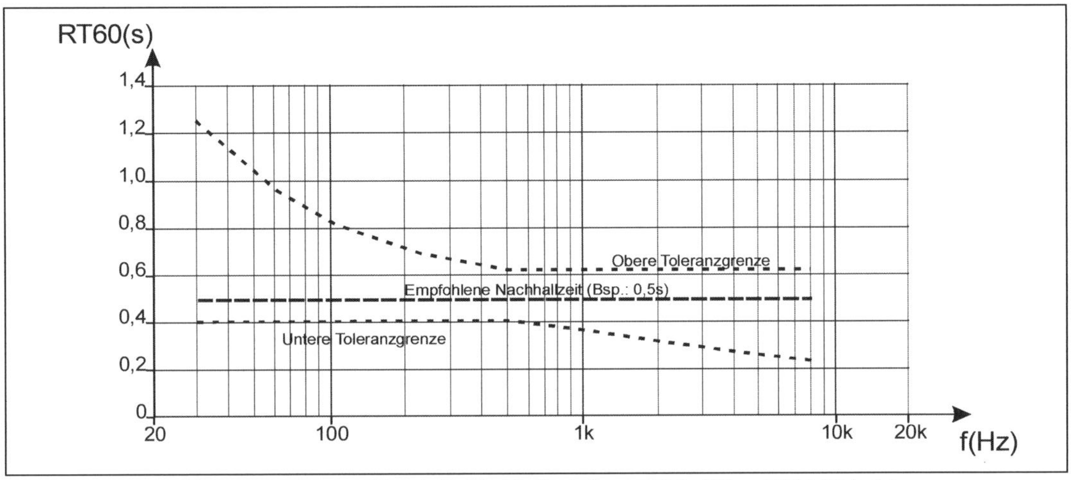

Abb. 1.7-11: Toleranzschlauch der Nachhallzeit für ein 1700m³ Kino. RT(500Hz)=0,5s

Raum bei 100-200Hz an zu dröhnen und bietet wenig Präsenz bei 5000-7000Hz. Somit ist die Sprachverständlichkeit sehr schlecht.
Bereits niedrige Leistungen der Beschallungsanlage führen zu übermäßig viel Diffusschall und "vermatschen" den Gesamtklang.

- Eine möglichst frequenzunabhängige, optimale Nachhallzeit vermittelt ein angenehmes Raumgefühl. Man fühlt sich mit und ohne Licht im Raum wie zu Hause.
Die Sprachverständlichkeit ist gut, ohne, dass übermäßig viel Leistung von der Beschallungsanlage gefordert wird. Sowohl Sprache, als auch Musik und Soundeffekte klingen ausgewogen.

Der THX-Standard schreibt - abhängig vom Raumvolumen - obere und untere Grenzen für die Nachhallzeiten bei verschiedenen Frequenzen vor. Hierbei muss zunächst die empfohlene Nachhallzeit bei 500Hz in Abhängigkeit vom Raumvolumen bestimmt werden. Tabelle 1.7-2 gibt für bestimmte Raumvolumina Beispielwerte an. Weiterhin werden Minimal- und Maximalwerte für die Nachhallzeit bei 500Hz definiert.
Ist die Nachhallzeit bei 500Hz ermittelt, so muss diese über den Frequenzbereich von 31,5Hz bis 8000Hz innerhalb eines bestimmten Toleranzschlauchs konstant gehalten werden. Dieser Toleranzschlauch erlaubt bei 31,5Hz eine doppelt so lange Nachhallzeit wie die maximale Nachhallzeit bei 500Hz. Bei 8kHz darf die Nachhallzeit minimal auf 60% der minimalen Nachhallzeit von 500Hz abfallen. Der Toleranzschlauch ist in Abbildung 1.7-11 beispielhaft für 0,5s (500Hz) Nachhallzeit zu sehen.

Neben der zahlenmäßigen Bestimmung der Nachhallzeit sollten weiterhin vermieden werden:

- Stehende Wellen
- Flatterechos
- Zu frühe oder zu späte Reflexionen, die die Lokalisation verschieben oder verschlechtern
- Konkave Oberflächen

1.7.5.2 Ruhegeräusch

Das Ruhegeräusch in einem THX-Kino sollte NC-25 betragen und darf NC-30 nicht überschreiten. Diese Werte gelten bei laufender Klimaanlage und laufendem Projektor, jedoch ohne Publikum.

Um diese Anforderung zu erfüllen, sind aufwändige Maßnahmen notwendig:

Raumvolumen	$300m^3$	$850m^3$	$1700m^3$	$3400m^3$	$8500m^3$	$17000m^3$
Minimale Nachhallzeit (RT60)	0,22s	0,30s	0,40s	0,50s	0,68s	0,80s
Optimale Nachhallzeit (RT60)	0,30s	0,40s	0,50s	0,60s	0,80s	1,00s
Maximale Nachhallzeit (RT60)	0,40s	0,50s	0,63s	0,75s	0,95s	1,20s

Tab. 1.7-2: Nachhallzeiten bei 500Hz für verschiedene Raumvolumina

- Eine stabile Wandkonstruktion ist notwendig. Empfohlen wird ein Wandaufbau mit einer STC-65.
- Die Eingangstüren sollten eine sehr gute Schalldämmung (vergleichbar der Wandisolation) aufweisen und dürfen nicht quietschen. Mehrtürensysteme (Soundlocks) werden hierbei empfohlen.
- Die Klimaanlage sollte mit Schalldämpfern versehen werden und sehr leise laufen.
- Der Projektorraum - in Fachkreisen "Bildwerferraum" - sollte ein studioähnliches Fenster mit sehr guter Isolation bekommen.
- Der Projektor sollte auf schwingungsdämpfendem Material stehen.
- Aufzüge, Motoren und ähnliche Maschinerie sollte schwingungsdämpfend gelagert werden.
- Dimmer sollten nicht hörbar summen.

Abb. 1.7-12: Aufbau der THX-Boxenfront ohne die Leinwand (© JBL)

- Auch bei hohem Schalldruck von der Beschallungsanlage sollte kein "Scheppern" oder "Rappeln" von der Einrichtung zu hören sein.

1.7.5.3 Die Boxenfront (THX-Baffle)

Die Boxenfront bei THX-Kinos ist eine eher ungewöhnliche, in Kinos selten anzutreffende Konstruktion. Während die Frontlautsprecher in den meisten Kinos einfach an die Wand geschraubt werden und anschließend eine Leinwand davor gespannt wird, so verlangt der THX-Standard den Einbau der Lautsprecher in die Wand. Da dies mit der Rohbauwand meist nur schwer möglich ist, und auch die Isolationseigenschaften der Wand nicht beeinträchtigt werden sollten, wird eine Vorsatzschale aus mehreren Lagen Gips im Abstand von ca. 1m vor die Wand gebaut. Diese von THX patentierte Konstruktion nennt sich THX-Baffle. Die Rohbauwand hinter der Vorsatzschale muss mit 50mm absorbierendem Material verkleidet werden.
In diese relativ tiefe Vorsatzschale werden die Frontlautsprecher bündig eingelassen. Hierzu wird ein Podest gebaut, welches die Vorsatzschale mit der Rohbauwand verbindet. Auf diesem steht - auf schwingungsdämpfendem Material - die Lautsprecherbox.
Da die Lautsprecher parallel zur Wand eingebaut werden und der Abstrahlwinkel somit ungünstig ist, sollten die Hochtonhörner auf einen Punkt gerichtet werden, der sich auf 2/3 der Kinotiefe befindet. Hierbei sollten sie auf eine Höhe von 1,1m über dem Boden zeigen.
Die Oberfläche der Vorsatzschale sollte mit 25mm speziellem absorbierenden Material verkleidet sein, welches eine schwarze Oberfläche hat. Auf diese Weise werden Flatterechos zwischen Leinwand und Vorsatzschale vermieden. Die schwarze Oberfläche verhindert außerdem störende Lichtreflexionen hinter der Leinwand.

Durch die Verwendung des THX-Baffles wird vermieden, dass sich Schallwellen um den Lautsprecher herumbeugen können und über die Rohbauwand in den Zuschauerraum zurück reflektieren. Kammfilter und somit ein unregelmäßiger Frequenzgang, sowie eine schlechtere Sprachverständlichkeit wären ansonsten die Folge. Die Abbildung 1.7-12 zeigt den Aufbau eines THX- Baffles, bevor die Leinwand davor gespannt wird.

1.7.5.4 Die Bildprojektion

Damit die Bilddarstellung nicht zu kurz kommt, gibt es einige Vorgaben bezüglich der Projektion:

- Der Betrachtungswinkel eines Cinemascope-Bildes (2,35:1) sollte in der Mitte der letzten Reihe nicht weniger als 36° betragen. Ein Betrachtungswinkel unter 26° ist unzulässig.
- Der Projektor sollte weder horizontal noch vertikal mehr als 5° von der Mittellinie der Leinwand versetzt montiert werden.
- Das Verhältnis zwischen Kinolänge (Leinwand bis letzte Sitzreihe) und Kinobreite sollte 1,4:1 bis 1,7:1 betragen.
- Die Sitzfläche sollte zur Leinwand hin abfallen, um eine bequeme Sicht zu ermöglichen.
- Das Projektorfenster sollte eine gute Schallisolation aufweisen und dennoch zu öffnen sein, damit es gereinigt werden kann (siehe Abbildung 1.7-13).

1.7.5.5 Die Lautsprecheranlage

Für den Frequenzgang einer Lautsprecheranlage in einem Kino gibt es mehrere Frequenzgangkurven (Englisch: Curves), die beim Einmessen einer Kinotonanlage eingehalten werden sollten. Durch das Einhalten dieser Frequenzgänge wird sichergestellt, dass die Tonwiedergabe in unterschiedlichen Kinos mit unterschiedlichen elektroakustischen Anlagen zu einem vergleichbaren Ergebnis für die Zuschauer führt.

Die Frequenzgänge der verschiedenen Frequenzganganpassungen sind in Abbildung 1.7-14 zu sehen.

- **Academy-Curve:** 1938 wurde die "Academy-Curve" definiert, die zwischen 100Hz und 1,6kHz linear verläuft. Unter 100Hz fällt sie steil ab und hat bei 40Hz schon 7dB Pegelverlust. Ähnlich verhält es sich mit den Höhen: 5kHz werden um 10dB abgeschwächt und 8kHz um 18dB.
  Die Academy-Curve war eine rein elektrische Korrektur des Frequenzgangs vom Projektor bis hinter die Endstufen. Die Lautsprecher wurden hierbei noch nicht mit einbezogen.
  Die Academy-Curve war somit nur eine notwendige Korrektur, um die Unzulänglichkeiten des Tonsystems zu verstecken:
  Die Verstärker konnten keine hohe Leistung

Abb. 1.7-13: Projektorfenster eines THX-Kinos. Links im Bild: Die Projektormechanik und -optik.

liefern, daher wurden die tiefen Frequenzen beschnitten. Das Rauschen und Knistern auf der Lichttonspur wurde durch die Dämpfung in den Höhen leiser.

- **X-Curve:** Als 1971 Dolby-A als Rauschunterdrückungssystem in die Kinos kam, wurde auch eine neue Frequenzgangkurve definiert: Die "Extended-Curve" oder kurz "X-Curve".
Sie dient nicht mehr der Kompensation technischer Unzulänglichkeiten, sondern bezieht sich auf den empfundenen Klangeindruck im Zuschauerbereich. Somit findet hierbei tatsächlich eine Messung im Kinosaal statt, anhand deren die X-Curve für die gesamte Anlage eingestellt wird.
Die X-Curve ist linear von 60Hz bis 2kHz und fällt dann in den Höhen mit 3dB/Oktave ab. Unter 60Hz fällt der Pegel ebenfalls um 5dB bis 20Hz ab. Dieser Kurvenverlauf entspricht dem angenehmen und ausgewogenen Hörempfinden in einem großen Kinosaal. Der Pegelverlust im Bass soll einem Messfehler der Schallpegelmesser im Bass entgegenwirken, da in diesem Bereich die meist längere Nachhallzeit zu einem zu großen Pegel führt. Der Höhenabfall entspricht dem in vielen Hörtests ermittelten Empfinden des Menschen, der in großen Räumen einen linearen Frequenzverlauf als höhenlastig empfinden würde.
- **Modifizierte X-Curve:** Für kleinere Kinosäle (Volumen < 150m³) wird eine modifizierte X-Curve empfohlen. Diese beinhaltet meist keinen Pegelverlust im Bass und hat einen weniger starken Pegelabfall in den Höhen. Auch dies entspricht wiederum dem klanglichen Empfinden in diesen Räumen.
- **Flat Response:** Für ganz kleine Kinosäle, wie Heimkinos oder ähnliches ist keine Frequenzgangkorrektur erforderlich. Die Lautsprecheranlage kann einfach linear eingestellt bleiben.
- **House-Curve:** Unter einer "House-Curve" versteht man die Frequenzgangkorrekturen, die individuell für einen bestimmten Raum gemacht worden sind. House-Curves sind in jedem Raum anders. Bei THX wird eine House-Curve verwendet, da die THX-Kinos bezüglich ihrer Nachhallzeit nicht zu den normalen Kinos gehören und somit die X-Curve nicht direkt anwendbar ist.

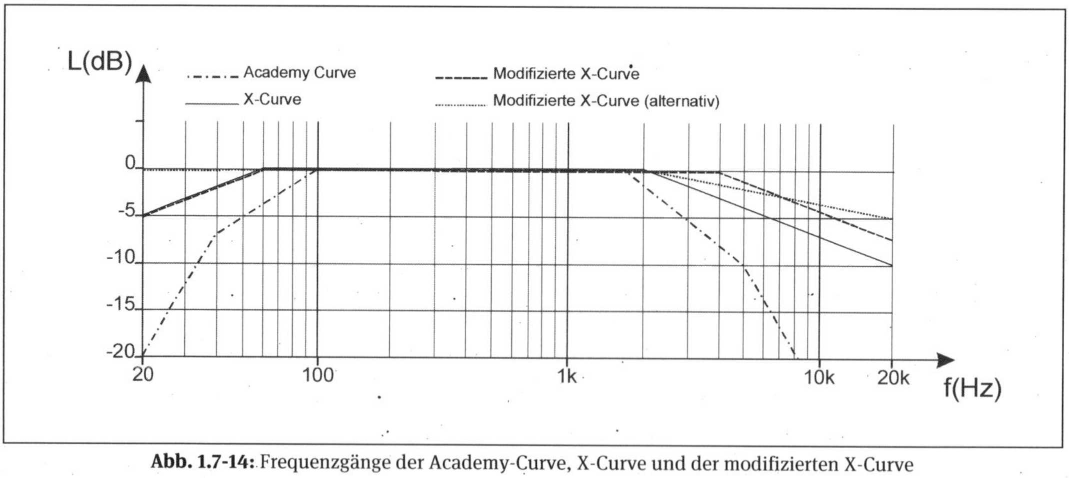

Abb. 1.7-14: Frequenzgänge der Academy-Curve, X-Curve und der modifizierten X-Curve

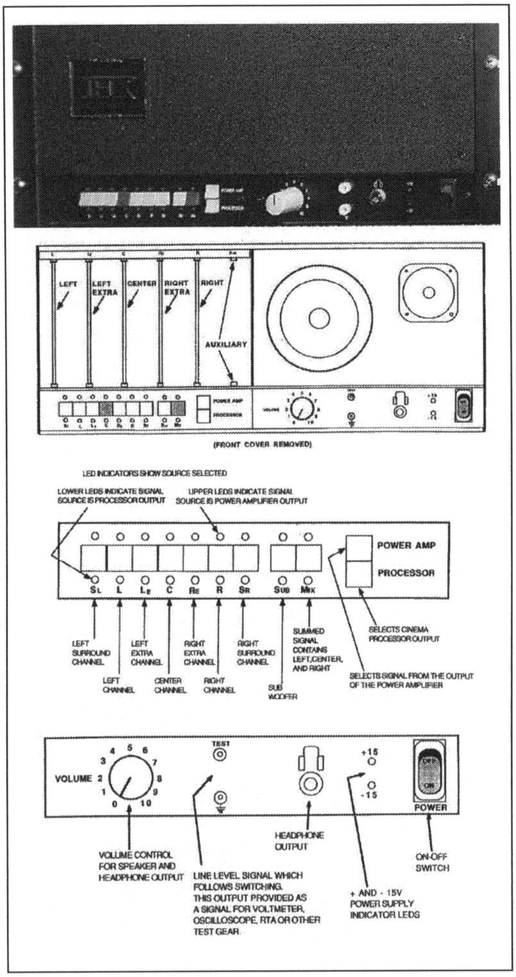

Abb. 1.7-15: Der THX-Monitor 3417
(© THX)

Die Tonanlage in einem Kino wird in zwei Teile untergliedert:

- "A-Chain": Tonabtaster auf dem Projektor, eventuelle digitale oder analoge Mehrkanaldecoder und Rauschunterdrückungssysteme. In Filmmischateliers auch das Filmmischpult.
- "B-Chain": Frequenzweiche, Equalizer, Endstufen, Lautsprecher und Kinosaalakustik

Mit hoher Wahrscheinlichkeit befinden sich in der A-Chain Geräte der Firma Dolby. In diesem Fall liegt die Kontrolle des Signalflusses und der Geräte auch in den Händen der Dolby-Techniker. Dies geht in Nicht-THX-Kinos bis ans Ende der B- Chain, wo der Referenzpegel gemessen wird.

In THX-Kinos werden der Aufbau und die Komponenten der B-Chain von der Firma THX vorgegeben. Das bedeutet, dass nur bestimmtes, von THX zertifiziertes Equipment zum Einsatz kommen darf und dass die Einmessung der Kinoanlage unter Lizenz von THX geschieht.
So muss beispielsweise eine spezielle Frequenzweiche von THX bezogen werden. Diese verfügt über eine Hochtonanhebung, um den Höhenverlust der Lautsprecher hinter der Leinwand zu kompensieren. Weiterhin sind Horn-EQs enthalten, sowie eine Anpassung des Frequenzgangs an die "House- Curve".
Damit die Lautsprecher aktiv betrieben werden können, enthält die Frequenzweiche 24dB/Oktave-Filter für Hochtöner und Tieftöner, da in THX Kinos 2-Wege Aktivsysteme eingesetzt werden. Weiterhin ist es mit dem THX-Monitor möglich, die Signale vor und hinter den Endstufen über einen eingebauten Kontrolllautsprecher oder Kopfhörer abzuhören, um Fehler schnell zu finden.
Die Abbildung 1.7-15 zeigt den analogen "THX-Monitor 3417", sowie eine Zeichnung, auf der die Funktionen der Tasten besser zu erkennen sind. Weiterhin sind auch die Frequenzweichenkarten zu sehen, die für die Frontlautsprecher verwendet werden. Ein Ausbau bis zu maximal 5 Frontkanälen ist möglich.
Die verwendeten Endstufen und Lautsprecher sollten nur aus einer Liste von THX-zertifizierten Endstufen und Lautsprechern gewählt werden und müssen für die jeweilige Kinosaalgröße angemessen sein.

Durch die THX-Vorschriften wird sichergestellt, dass eine möglichst gute Wiedergabekette seitens des Kinobesitzers realisiert wird und nicht am falschen Ende, das heißt am Klang, gespart wird.

Damit sichergestellt ist, dass die Kinozuschauer den Film in der gleichen Lautstärke hören, wie auch der Filmtonmeister, der ihn gemischt hat, werden Kinoanlagen auf einen Referenzschalldruck kalibriert. Dazu wird zunächst ein Rosa Rauschen, welches mit Hilfe eines Bandpassfilters von 500Hz bis 2kHz auf zwei Oktaven beschränkt ist, auf die Lautsprecher gegeben. Das Rosa Rauschen muss mit Hilfe eines Effektivwertmessgerätes so eingestellt werden, dass es elektrisch -20dB unter Vollaussteuerung liegt (Auf Digitalsystemen könnte man zum Vergleich einen Sinuston erzeugen, der bei $-17dB_{FS}$ (Peak) liegt. Dieser hat dann $-20dB_{eff}$. Der Pegel, den das Effektivwertmessgerät bei dem Sinuston anzeigt, muss auch bei den Rauschsigna-

Anwendung	Frontkanäle	Surround-Kanäle
Kino / Mischkino	$85dB_{SPL}$(C)	$83dB_{SPL}$(C)
Filmmischatelier	$85dB_{SPL}$(C)	$85dB_{SPL}$(C)
TV / Video	79-$82dB_{SPL}$(C)	79-$82dB_{SPL}$(C)
Heimkino	70-$75dB_{SPL}$(C)	70-$75dB_{SPL}$(C)

Tab. 1.7-3: Referenzpegel für Filmmischungen

len angezeigt werden. Peak-Meter sind ungeeignet!). Auf analogen Mischpulten wird das Rauschsignal auf 0VU (auf einem VU-Meter!) eingestellt.
Die Verstärkeranlage wird nun so eingestellt, dass das Rauschsignal bei dem erforderlichen Referenzwert liegt (siehe Tabelle 1.7-3). Dazu wird das Schalldruckmessgerät auf "Slow" und auf C-Bewertung gestellt. Man misst am Referenzpunkt (in der Mitte der Saalbreite und 1/3 vor der Rückwand) des Kinos oder am Abhörpunkt des Filmmischateliers.

Der LFE wird mit Hilfe eines bandpassgefilterten Rosa Rauschens (40Hz-80Hz) mit -20dB unter Vollaussteuerung auf +10dB mehr Pegel als auf den Frontkanälen eingestellt. Das geht in der Praxis nur mit Hilfe eines Realtime-Analysers. Mit einem Schalldruckmessgerät sollte man ihn nur 4-6dB über den gemessenen Pegel der Frontkanäle stellen, um damit (tatsächlich) auf die +10dB zu kommen.

Kapitel 2 - Psychoakustik

2 Psychoakustik

2.1 Die Funktionsweise des Gehörs

Die Funktionsweise des Gehörs ist weitestgehend erforscht, so dass es relativ schlüssige Theorien zur Funktionsweise der Schallwahrnehmung gibt. In diesem Abschnitt (Kapitel 2.1) soll zunächst nur die Funktion des Ohrs bis hin zur Signalverarbeitung im Gehirn beschrieben werden. Besonders zu erwähnende, psychoakustische Eigenschaften des Gehörs werden detailliert in den darauf folgenden Kapiteln abgehandelt.

Um bestimmte Richtungsangaben zu Schallereignissen sprachlich eindeutig zuordnen zu können, teilt man den 3-dimensionalen Raum um den Kopf in drei einzelne Ebenen auf (siehe Abbildung 2.1-1) und schafft somit ein kopfbezogenes Koordinatensystem:

- Die Horizontalebene: Sie liegt in der Horizontalen und beschreibt die Signalrichtungen links, rechts, vorne und hinten.
- Die Frontalebene: Sie befindet sich um die Ohren und den Hals herum und beschreibt die Richtungen links, rechts oben und unten.
- Die Medianebene: Sie geht über die Nase, den Hals und den Hinterkopf und beschreibt die Richtungen vorne, hinten, oben und unten.

Für Schalllokalisationen aus den verschiedenen Richtungen einer Ebene sind unterschiedliche

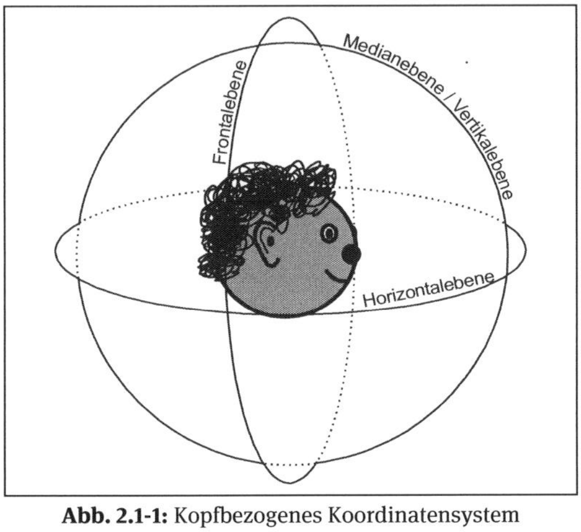

Abb. 2.1-1: Kopfbezogenes Koordinatensystem

Eigenschaften des Gehörs und der Signalverarbeitung im Gehirn verantwortlich. Eine genauere Beschreibung hierzu findet sich ab dem Kapitel 2.5.

2.1.1 Das Ohr

Das Ohr ist das wichtigste "Instrument" des Toningenieurs, wenn es um die Beurteilung von Signalen und Klängen geht. Es ist im Wachzustand immer aktiv und kann nicht, wie zum Beispiel das Auge, aktiv verschlossen werden, um bestimmte Sinneseindrücke nicht zum Gehirn vorzulassen.

Das Ohr wird in drei Bereiche unterteilt: Außenohr, Mittelohr und Innenohr. Jeder dieser Bereiche ist für bestimmte Eigenschaften der Schallwahrnehmung verantwortlich. Eine schematische Zeichnung des Ohrs ist in Abbildung 2.1-2 zu sehen.

2.1.1.1 Das Außenohr

Zu dem Außenohr gehört zunächst der von außen sichtbare Teil des Ohrs: die Ohrmuschel. Weiterhin zählt auch der Gehörgang zum Außenohr. Das Trommelfell schließt das Außenohr gegen das Mittelohr ab.
Zusätzlich gehört auch der Schädelknochen in gewissem Maße zum Außenohr, über den der Schall ebenso in Richtung Mittelohr geleitet werden kann. Letzteres lässt sich einfach nachprüfen, indem man sich jeweils einen Finger in jeden Gehörgang steckt und sich somit die "Ohren zuhält". Man wird trotzdem in einem bestimmten Frequenzbereich noch relativ gut Signale wahrnehmen können. Das ist auf die Knochenschallleitung über den Schädelknochen zurückzuführen.

Die Ohrmuschel: Sie ist wesentlich für 3-dimensionale Lokalisationsvorgänge von Signalen verantwortlich. An der Ohrmuschel entstehen sehr frühe Reflexionen, die sich dem direkt in den Gehörgang einfallenden Signal überlagern (siehe auch Kapitel 2.6.1). Anhand dieser Reflexionen ist es möglich, ein Signal in der Median-, Frontal- und Horizontalebene einzuordnen.
Es wurden Versuche gemacht, die Ohrmuschel mit Knetmasse weg zu modellieren, so dass lediglich die Öffnungen der Gehörgänge verbleiben. Hierbei hat man festgestellt, dass die Versuchspersonen

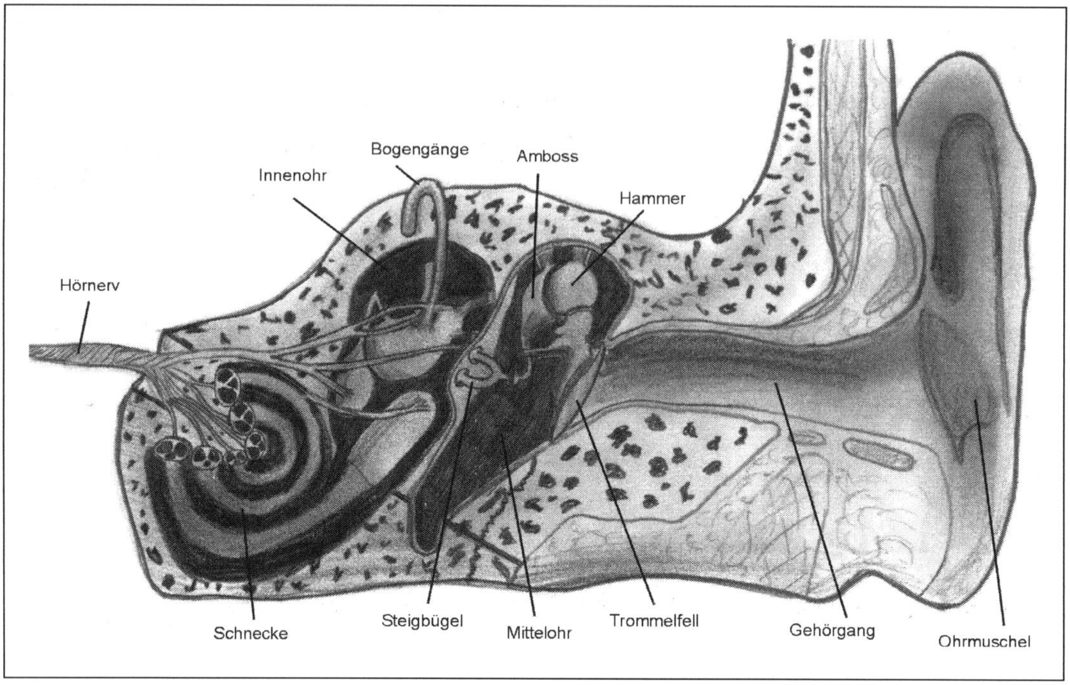

Abb. 2.1-2: Schematischer Aufbau des Ohrs

ohne Ohrmuscheln nur noch in der Lage waren, ein Signal zwischen links und rechts einzuordnen, nicht mehr jedoch oben/unten und vorne/hinten zu bestimmen.
Die genaue Form und Größe der Ohrmuscheln ist hierbei nicht so wichtig. Vielmehr lernt der Hörer seine eigenen Ohrmuscheln im Laufe des Lebens kennen und kann somit dessen Auswirkungen auf ein Signal beurteilen.

Es ist in gewissem Maße möglich, die Übertragungsfunktion des Außenohrs künstlich nachzubilden. Auf diese Weise kann eine Schallquelle an einer virtuellen Stelle im Raum positioniert werden, ohne dass an dieser Stelle ein Lautsprecher stehen muss (siehe Kapitel 2.9).
Hierzu muss die Außenohrübertragungsfunktion gemessen werden, die zu einer bestimmten Signalrichtung gehört. Diese kann anschließend künstlich auf ein Signal gerechnet werden, um die eben gemessene Richtung zu simulieren.
Eine Außenohrübertragungsfunktion heißt in der Fachwelt HRTF. Dies steht für "Head Related Transfer Function".

Der Gehörgang: Er dient der Weiterleitung des Schalls zum Trommelfell. Er misst etwa 1-1,5cm im Durchmesser und ist ungefähr 5cm lang.

Im Gehörgang befinden sich die Drüsen für den Ohrenschmalz. Letzteres dient zum Schutz der empfindlichen Haut im Inneren des Ohres. Es wird in gewissem Maße automatisch nach außen transportiert, da die Haut im Gehörgang nach außen wächst.
Sollte in übermäßigem Maß Ohrenschmalz gebildet werden, so kann sich dieses vor dem Trommelfell ablagern und die Schwingung des Trommelfells behindern. Sollte dies passiert sein, so kann man sich beim Ohrenarzt den Gehörgang durchspülen lassen und Tipps dazu bekommen, wie man die Ohren am besten sauber hält.
Es sollte vermieden werden, den Gehörgang übermäßig stark selbst zu Reinigen oder mit Wattestäbchen zu putzen, da auf diese Weise das schützende Ohrenschmalz entfernt wird und die Wahrscheinlichkeit einer Gehörgangsentzündung höher ist.

2.1.1.2 Das Mittelohr

Das Mittelohr besteht aus der luftgefüllten Paukenhöhle, welche zwischen Trommelfell und Innenohr liegt. In der Paukenhöhle wird das Schallereignis über ein Hebelsystem aus Hammer, Amboss und Steigbügel in Richtung Innenohr übertragen.

Das Trommelfell: Es ist vergleichbar mit der Membran eines Druckempfängermikrofons. Eine Membran vor einem abgeschlossenen Luftvolumen wird von den Schallwellen in Schwingungen versetzt. Dank des Gehörgangs und der Ohrmuschel ist das Ohr jedoch nicht mit kugelförmiger Richtcharakteristik ausgestattet.
Die Bewegungen des Trommelfells werden anschließend über Hammer, Amboss und Steigbügel in der Impedanz gewandelt und zum Innenohr transportiert.

Hammer, Amboss und Steigbügel: Hierbei handelt es sich um ein Hebelsystem, das aus drei Knöchelchen besteht, welche durch Gelenke miteinander verbunden sind. Hierbei ist der "Griff" des Hammers mit dem Trommelfell verwachsen. Der "Kopf" des Hammers ist mit dem Amboss verbunden, der die Aufgabe hat, die Schwingungen auf den Steigbügel zu übertragen. Der Steigbügel, als letztes Glied in der Übertragungskette, ist mit dem ovalen Fenster verwachsen, welches das Innenohr abschließt.
Dieses Hebelsystem überträgt somit die Schwingungen vom Trommelfell auf das ovale Fenster und stellt - vergleichbar mit der Elektrotechnik - einen "Übertrager" dar. Dieser "Übertrager" hat in erster Linie die Aufgabe, die Schallschwingungen zwischen zwei verschiedenen Medien umzuwandeln: Am Trommelfell wird die Schwingung in der Luft angeregt, im Innenohr muss eine Flüssigkeit - die so genannte "Perilymphe" - in Schwingungen versetzt werden.

Mit Hilfe eines Muskels kann das Übersetzungsverhältnis des Hebelsystems verändert werden. Bei lauten Schallereignissen ab etwa $70dB_{SPL}$ kann auf diese Weise das Gehör unempfindlicher eingestellt werden. Dazu wird mit einem Muskel der Steigbügel vom Amboss weggebogen. In Folge dessen wird der Trommelfellspannmuskel angeregt, und das Trommelfell stärker gespannt. Insgesamt ist dann die Übertragung zwischen Trommelfell und Innenohr nicht mehr so wirkungsvoll, so dass sich eine Signaldämpfung von etwa 5-8dB ergibt.
Der Dämpfungsvorgang dauert nur etwa 20ms, so dass bei lauten Signalen ein relativ schneller Schutz des Ohrs aktiviert werden kann. Die Rückstellzeit dieser Muskeln ist deutlich länger - sicherlich hat jeder schon mal bemerkt, dass es nach lauter Musik länger dauert, bis wieder die normale, gewohnte Hörempfindlichkeit hergestellt ist.

2.1.1.3 Das Innenohr

Das Innenohr ist ein mit Lymphe (=Zellflüssigkeit) gefüllter Raum, in dem sich die Bogengänge und die Schnecke befinden.

Die Bogengänge sind Bestandteil des Gleichgewichtssystems des Menschen. Auf ihre Funktion soll hier nicht näher eingegangen werden.

In der Schnecke befindet sich das eigentliche Hörorgan, das die Schallschwingungen in elektrische Nervenimpulse umwandelt. Es ist das so genannte Corti-Organ.
Die Schnecke hat etwa 1cm Durchmesser und 2,5 Windungen. Ausgerollt wäre sie ungefähr 3cm lang.

In Abbildung 2.1-3 ist eine Schnittzeichnung durch die aufgerollte Schnecke zu sehen. Zwischen zwei Räumen, die mit Perilymphe (umgebende Lymphe) gefüllt sind, befindet sich das Corti-Organ in der Endolymphe (innere Lymphe).
In der ersten Vergrößerung kann man erkennen, dass die obere Abtrennung zur Perilymphe durch die Reissner-Membran erfolgt. Die untere Abtrennung geschieht durch die Basilarmembran.
In der zweiten Vergrößerung erkennt man gut die Tektorialmembran, sowie die inneren und äußeren Haarzellen. Letztere sind nach den feinen Härchen (Stereozilien) benannt, die sich auf der Oberfläche der Sinneszellen befinden.
Die Reissner-Membran ist eine starre Abtrennung zwischen der Scala vestibuli und der Scala media (mit Lymphe gefüllte Kammern innerhalb der Schnecke). Die Basilarmembran, auf der sich das Corti-Organ befindet, ist hingegen elastisch. Wenn die Basilarmembran anfängt zu schwingen, dann stoßen die Stereozilien gegen die Tektorialmembran und die dazugehörigen Haarzellen geben Nervenimpulse an das Gehirn ab. Um den Hörvorgang jedoch besser verstehen zu können und zu sehen, unter welchen Bedingungen die Basilarmembran anfängt zu schwingen, sollte die Schnecke in ausgerollter Form betrachtet werden.

Würde man die Schnecke der Länge nach ausrollen, so ergäbe sich ein Bild, wie in Abbildung 2.1-4 zu sehen.
Von der Basis am großen Ende der Schnecke, an dem auch der Steigbügel befestigt ist, bis zum Apex (Spitze der Schnecke) misst die Schnecke etwa 34mm. Ihre Dicke variiert zwischen 13mm und 6mm.

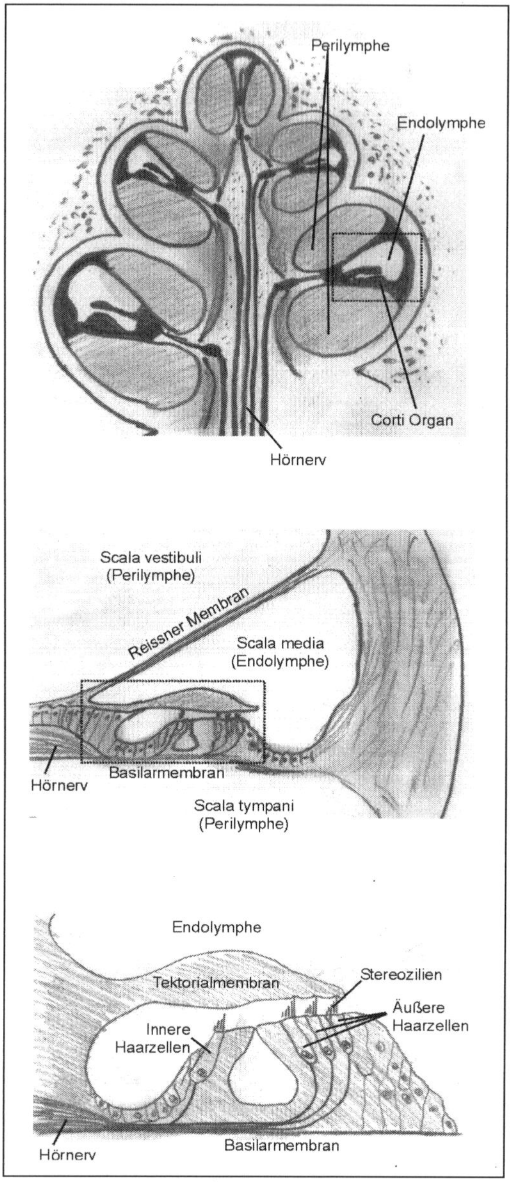

Abb. 2.1-3: Schnitt durch die Schnecke und zwei Vergrößerungen des Corti-Organs (gestrichelte Kästchen)

In der Schnecke befinden sich die beiden mit Endolymphe gefüllten Kammern "Scala vestibuli" und "Scala tympani".
Am hinteren Ende der Schnecke sind diese beiden Kammern durch das Schneckenloch miteinander verbunden, so dass ein Flüssigkeitsaustausch stattfinden kann.

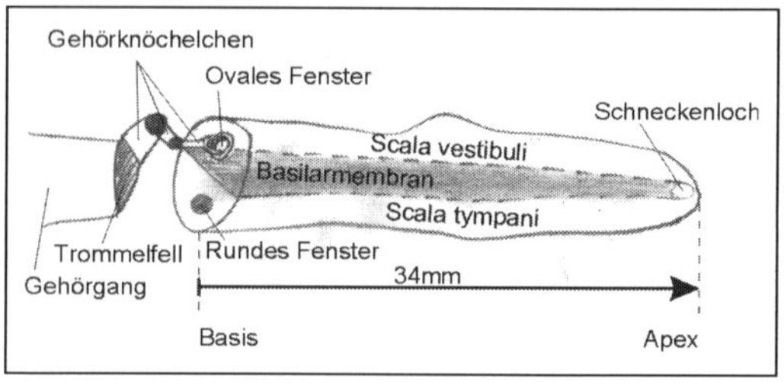

Abb. 2.1-4: Ausgerollte Schnecke

Zwischen diesen beiden Kammern ist die Reissner-Membran (nicht in Abbildung 2.1-4 zu sehen) und die Basilarmembran als Abtrennung vorhanden.
Die Basilarmembran besteht aus vielen Fasern, die quer in der Schnecke eingespannt sind. Länge und Dicke der Fasern ändern sich von der Basis bis zum Apex, so dass die Steifheit der Basilarmembran in Richtung Apex kontinuierlich abnimmt. Das bedeutet wiederum, dass jeder Teil der Basilarmembran bei einer anderen Frequenz in Resonanz geht und die darüber liegenden Haarzellen in Schwingung versetzt. Bei tiefen Frequenzen liegt das Resonanzmaximum näher am Apex, bei hohen näher an der Basis.
Angeregt wird die Basilarmembran von dem Druckunterschied, der zwischen Scala vestibuli und Scala tympani entsteht, sobald der Steigbügel auf das ovale Fenster der Schnecke drückt. Je nach Frequenz der Schwingung gerät eine unterschiedliche Stelle der Basilarmembran in Resonanz und die Haarzellen geben an dieser Stelle Nervenimpulse an das Gehirn ab.
Über 16000 Haarzellen in einer inneren und drei äußeren Reihen befinden sich auf der Basilarmembran und können Nervenimpulse abgeben. Das heißt, 4000 Reihen mit Haarzellen tasten die Basilarmembran an verschiedenen Stellen ab und analysieren auf diese Weise das Gehörte.
Jenachdem, wie stark eine bestimmte Frequenz die Basilarmembran anregt, werden von den Haarzellen mehr oder weniger Nervenimpulse abgegeben. Auch scheinen die Stereozilien durch Verformung in der Lage zu sein, die Resonanz künstlich weiter zu verstärken. Mit kleinen Messmikrofonen im Gehörgang wurde nachgewiesen, dass nach Abschalten einer externen Schallquelle einer bestimmten Frequenz diese Frequenz noch eine kurze Zeit im Ohr nachklingt. Das Ohr produziert sozusagen einen Ton, der nicht mehr da ist. Auf diese Weise erklärt sich auch die sehr hohe Empfindlichkeit des Gehörs, sowie der zeitliche Nachverdeckungseffekt (siehe Kapitel 2.3.5).

Das Innenohr stellt somit einen 4000-bandigen Frequenzanalyser dar, der einen Dynamikumfang von bis zu 130dB darstellen kann. Es ist eines der hochentwickelsten Organe im menschlichen Körper.

2.1.2 Signalverarbeitung vom Ohr bis zum Gehirn

Um ein Schallereignis bestimmen und weiterverarbeiten zu können, ist nicht nur das Ohr notwendig, sondern auch die Weiterverarbeitung der Nervenimpulse aus dem Innenohr im Gehirn.
An dieser Stelle soll knapp erläutert werden, welche Verarbeitungsstufen das Signal durchläuft:

- Das Außenohr verändert den Frequenzgang des Signals in Abhängigkeit der Richtung, aus der das Signal eintrifft.
- Im Innenohr wird die Frequenzanalyse des Signals durchgeführt. Alle Frequenzen, die im Innenohr eintreffen, werden mit Hilfe von Nervenimpulsen an das Gehirn weitergeleitet. Die Amplitude der eintreffenden Frequenz wird durch die Menge der Nervenimpulse übertragen.
- Im Gehirn (in mehreren Teilen des Gehirns) erfolgt zunächst die Auswertung von Pegel- und Laufzeitunterschieden der Nervenimpulse, die von den beiden Ohren abgegeben werden.
  Als nächstes wird die Hüllkurve der Signale ausgewertet. Dies ist für die Grundtonerkennung von komplexen Schwingungen sowie für den Amplitudenverlauf von Signalen wichtig, damit eine Erkennung erfolgen kann.
  Es folgt das Zusammenmischen der Signale von beiden Ohren und anschließend eine Art Mustererkennung. Diese ermöglicht es, komplexe Schwingungen hinsichtlich ihrer Obertonstruktur zu erkennen. Die Erkennung erfolgt hierbei ähnlich der Wahrnehmung von Buchstaben, die auch noch identifizierbar sind, wenn sie etwas anders geschrieben werden oder gedreht zu lesen sind.
  In der letzten Stufe des Gehirns wird der erkannte Klang mit der zugehörigen Lautstärke und Richtung in Zusammenhang mit anderen Schallereignissen gebracht. Hierbei wird auch der zeitliche Ablauf der Hörereignisse ausgewertet.

2.1.3 Schädigung des Gehörs

Bei einer Schädigung des Gehörs handelt es sich in der Regel um einen Verlust oder eine Einschränkung der Hörfähigkeit. Der Auslöser für eine Gehörschädigung kann verschiedene Ursachen haben, die von einem Toningenieur nach Möglichkeit vermieden werden sollten:

2.1.3.1 Akustisches Trauma

Unter einem akustischen Trauma versteht man die Schädigung des Innenohrs durch zu laute Schalleinwirkungen. Hierbei werden mehrere Varianten unterschieden:

Knall- und Explosionstrauma: Durch einen kurzen, im Millisekundenbereich liegenden, sehr lauten Knall (Schuss, Schlag auf das Ohr, Explosion) wird das Innenohr geschädigt. Hierbei kann die Basilarmembran einreißen und die Stereozilien abbrechen.
Im schlimmsten Fall, bei extrem lauten Explosionen, kann das Trommelfell reißen und die Gehörknöchelchen brechen.

Akutes Trauma: Von einem akuten Trauma spricht man, wenn man über längere Zeit einem Lärmpegel von über 90dB(A) ausgesetzt war. Dies kann beim Discobesuch, bei Konzerten oder auch bei lautem Musikgenuss über Kopfhörer der Fall sein. Auch Lärm von Maschinen führt zu einem akuten Trauma.
Wird die Lärmquelle abgestellt, so erholt sich das Gehör und das normale Hörvermögen wird wieder hergestellt.

Chronisches Trauma: Bei einem chronischen Trauma wird das Gehör dauerhaft und unwiderruflich geschädigt. Eine dauerhafte Lärmbelästigung über viele Monate oder Jahre hinweg führt zu einem chronischen Trauma. Die Schwere der Schädigung ist hierbei abhängig von der Dauer der Lärmbelastung, vom Schalldruck und der zeitlichen Verteilung der Lärmbelastung (Verhältnis zwischen Lärmzeiten und ruhigen Zeiten).
Üblicherweise treten chronische Traumen bei Menschen auf, die täglich ein stark lärmbelastetes Umfeld haben. Dies können Arbeiter an Maschinen oder in lauten Fahrzeugen sein. Auch Toningenieure und Orchestermusiker, die jeden Abend hohen Schalldrücken ausgesetzt sind, erleiden chronische Traumen, wenn kein Schallschutz verwendet wird.

2.1.3.2 Tinnitus

Unter Tinnitus versteht man "Ohrgeräusche", die jedoch nur von der betroffenen Person wahrgenommen werden können. Das heißt, dass das Ohr Nervenimpulse aussendet, obwohl keine Schallereignisse vorhanden sind.
Ursache für einen Tinnitus sind Durchblutungsstörungen, Stress oder auch ein akustisches Trauma.
Um ein plötzliches Auftreten eines Tinnitus zu vermeiden, sollte man sich gesund ernähren, und nicht zu viel Stress auf sich nehmen. Gerade für einen Toningenieur kann ein Tinnitus schwerwiegende Folgen haben.

2.1.3.3 Hörsturz

Ein Hörsturz ist ein plötzlich auftretender Hörverlust, der teilweise auch von einem Tinnitus begleitet ist. Er entsteht aufgrund einer Durchblutungsstörung des Innenohrs und muss sofort behandelt werden. Erfolgt die Behandlung mit durchblutungsfördernden Mitteln nicht innerhalb von 24 Stunden, so können dauerhafte Schäden auftreten.

Kurzfristige Durchblutungsstörungen hat sicherlich jeder schon einmal erlebt: Plötzlich ist auf einem Ohr nichts mehr zu hören oder nur noch ein Pfeifton da. Dies geht normalerweise innerhalb von wenigen Sekunden oder Minuten zurück. Bei einem Hörsturz bleibt jedoch das eben beschriebene Symptom bestehen und der Betroffene sollte baldmöglichst ein Krankenhaus aufsuchen.

2.1.3.4 Altersschwerhörigkeit

Die natürliche Altersschwerhörigkeit tritt deutlich merkbar ab etwa 50 Jahren auf. Sie entsteht durch eine Verhärtung der Basilarmembran und den Verfall der Haarzellen. Beeinträchtigt wird hierbei in erster Linie die Hörbarkeit von hohen Frequenzen. Eine "Daumen-Regel" besagt, dass man pro 10-Jahre Alter etwa 1kHz weniger Höhen wahrnehmen kann. Dies würde bei einem 30-jährigen bedeuten, dass er nicht mehr bis 20kHz sondern nur noch bis 17kHz hört.
In Wirklichkeit wird das Gehör zu hohen Frequenzen hin wesentlich unempfindlicher. Die Auswirkungen auf die Hörschwelle sind in Kapitel 2.3.2.3 in Abbildung 2.3-3 zu sehen.

2.2 Wahrnehmung von Frequenzen

In diesem Kapitel geht es um die Wahrnehmung von Tonhöhen und Frequenzen. Neben der Funktionsweise der Frequenzerkennung werden auch der Verdeckungseffekt, sowie die Überlagerungen von verschiedenen Frequenzen erläutert, die zu Schwebungen, Rauigkeit von Tönen oder zur Wahrnehmung von nicht vorhandenen Tönen führen können.

2.2.1 Tonhöhenwahrnehmung

Wie bereits in Kapitel 2.1 beschrieben, stellt die Basilarmembran im Innenohr eine Art Frequenzanalyser dar. Vergleichbar mit vielen einzelnen, steilflankigen Bandpassfiltern gibt das Ohr Nervenimpulse bei der Erregung in bestimmten Frequenzbereichen ab. Treffen mehrere Frequenzen gleichzeitig auf die Basilarmembran, so geraten auch mehrere Teile dieser Membran in Resonanz, und die jeweils zu den Frequenzen gehörigen Nervenimpulse werden abgegeben. Die Lautstärke der einzelnen Frequenzen bestimmt die Anzahl der abgegebenen Nervenimpulse.

2.2.1.1 Hörbereich

Der Frequenzumfang, den ein Mensch hören kann, liegt zwischen etwa 16Hz und 20kHz. Beide Werte stellen etwas idealisierte Zahlen dar, da zu tiefen Frequenzen hin, etwa ab 16-20Hz nicht mehr genau gesagt werden kann, ob es sich noch um eine gehörte Frequenz handelt oder nur noch "bewegte Luft". Da auch nur wenige Musikinstrumente bis in diesen Frequenzbereich herunterreichen, ist die genaue Bestimmung der unteren Hörschwelle nicht so relevant.

Die obere Hörgrenze des Menschen liegt im Idealfall bei 20kHz und ist von der Frequenz etwa 1000-mal höher, als die untere Hörgrenze. Der Wert von 20kHz ist jedoch nicht ein ganzes Menschenleben lang gültig, sondern nur in jungen Jahren. Je älter man wird, desto schlechter werden hohe Frequenzen wahrgenommen (siehe hierzu auch Kapitel 2.1.3.4 und Abbildung 2.3-3).

In der Abbildung 2.2-1 ist in Abhängigkeit der Frequenz zu sehen, an welcher Stelle der Basilarmembran die Haarzellen in der Schnecke des Innenohrs in Schwingung geraten. Der angegebene Abstand ist von der Basis aus gemessen. Das bedeutet, dass tiefe Frequenzen am Apex eine Resonanzerscheinung hervorrufen und hohe Frequenzen an der Basis.

Hierbei ist gut zu erkennen, dass die Wahrnehmung der Frequenzen logarithmisch erfolgt. Die Frequenzskala der Abbildung 2.2-1 ist logarithmisch und die Position der Resonanz ist bis auf einen Knick bei 500Hz nahezu linear von der logarithmischen Frequenz abhängig.

Weiterhin kann man auch gut erkennen, mit welcher Genauigkeit bestimmte Frequenzbereiche vom Ohr aufgelöst werden. So ist beispielsweise die Auflösung zwischen 10000 und 20000Hz ebenso

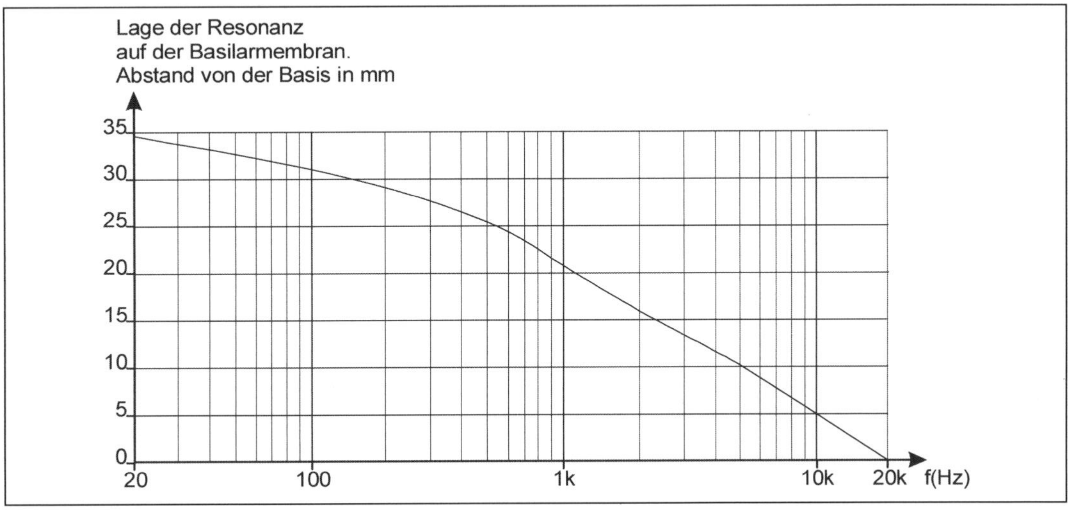

Abb. 2.2-1: Lage der Resonanz der Basilarmembran in Abhängigkeit der Erregerfrequenz

genau wie die zwischen 1000 und 2000Hz beziehungsweise zwischen 100Hz und 500Hz.
Dies erklärt auch, warum Frequenzanalyser im Audiobereich nicht über eine lineare Frequenzauflösung verfügen sollten, sondern über eine logarithmische (siehe Terzbandanalyser, Kapitel 16.3.3).

2.2.1.2 Frequenzauflösung

Die Frequenzauflösung besagt, welchen Tonhöhenunterschied man gerade noch wahrnehmen kann. Die Tonhöhe wird hierbei jedoch nicht in Halb- oder Vierteltönen angegeben, sondern in Prozent der Frequenz. Man muss hierbei grundsätzlich zwei Zustände unterscheiden:

- Wird die Tonhöhe langsam verändert (moduliert) so ist die Frequenzauflösung relativ schlecht.
- Wird die Tonhöhe schnell verändert (umgeschaltet), so ist die Frequenzauflösung relativ gut.

Die Wahrnehmung eines Tonhöhenunterschieds von langsam geänderten Tonhöhen liegt bei 100Hz bei etwa 3% . Dies entspricht einem Frequenzunterschied von 3Hz oder einem Viertelton. Zum Vergleich: Ein Halbton entspricht etwa 6% Tonhöhenunterschied.
Bei einer Frequenz von etwa 350Hz beträgt die Wahrnehmungsgrenze 1%, was auch wieder 3Hz entspricht. Hier ist es jedoch musikalisch gesehen weniger als ein Achtelton, den man wahrnehmen kann. Bis etwa 500Hz beträgt die Wahrnehmungsgrenze ungefähr 3Hz danach nähert sie sich 0,6% an.
Zwischen 800 Hz und 5000Hz liegt die Frequenzunterscheidung bei 0,6%. Musikalisch wäre das bereits genauer als ein Sechszehntelton.
Über 5000Hz wird die Tonhöhenunterscheidung wieder rapide schlechter als 0,6%.

Werden keine langsam veränderten Töne verglichen, sondern zwischen zwei unterschiedlichen Frequenzen umgeschaltet, ist die Wahrnehmung weitaus besser. So stellt es beispielsweise kein Problem dar, bei einem Stimmgerät die Frequenzen 440Hz und 441Hz voneinander zu unterschieden, wenn zwischen diesen bei der Kalibrierung des Gerätes umgeschaltet wird. Der Tonhöhenunterschied von 1Hz bei 400Hz Messfrequenz entspricht 0,25%. Praktisch ist die Wahrnehmbarkeit von plötzlich auftretenden Frequenzänderungen bis zu 30 Mal besser, als die von langsamen Frequenzänderungen.

2.2.1.3 Frequenzänderung mit der Lautstärke

Die Wahrnehmung der Tonhöhe ändert sich mit der Lautstärke des Tons. Hierbei gilt:

- Für Frequenzen unter 500Hz wird bei einer Zunahme der Lautstärke ein Ton immer tiefer empfunden. Die Verschiebung der Tonhöhe kann hierbei über drei Halbtöne betragen.
- Für Frequenzen zwischen 500Hz und 3000Hz ist die Änderung der Tonhöhe in Abhängigkeit der Lautstärke relativ gering. Weniger als ein Halbton kann als Verschiebung wahrgenommen werden. Lautere Töne erscheinen tiefer.
- Für hohe Frequenzen über 3000Hz steigt die Tonhöhe mit zunehmender Lautstärke leicht an. Auch hier ist die Verschiebung geringer als ein Halbton.

Aus der Sicht eines Musikers ist die Veränderung der wahrgenommenen Tonhöhe in Abhängigkeit der Lautstärke meist unkritisch, da sie sowohl vom Zuhörer als auch vom Musiker selbst wahrgenommen wird. Letzterer kann die Tonhöhe jedoch so korrigieren, dass die Intonation wieder stimmt.

2.2.1.4 Zurechthöreffekt

Unter "Zurechthören" versteht man eine Eigenschaft des menschlichen Gehirns, bei Intervallen, die nicht sauber gespielt werden, trotzdem die gewünschte Harmonie herauszuhören. Dies ist Aufgrund der gegenwärtig verwendeten Stimmung auch notwendig (gleichstufig, temperierte Stimmung, siehe auch Kapitel 2.2.4).
Beim Zurechthören werden die wahrgenommenen Intervalle auf die korrekten Tonhöhen "quantisiert", damit die Harmonie richtig empfunden werden kann. Man wird somit einen Dur-Akkord als solchen empfinden, auch wenn die Terz und die Quinte nicht genau im richtigen Verhältnis zum Grundton stehen. Je mehr und je stärker das Gehirn zurechthören muss, desto eher klingt die Musik als verstimmt oder unsauber intoniert. Es können bis etwa 50Cent Tonhöhenabweichungen zurechtgehört werden.

In Tabelle 2.2-1 sind die Unterschiede zwischen der reinen und der gleichstufig temperierten Stimmung zu sehen.

Intervall	Temperiert	Rein	Unterschied
Prime	+0Cent	+0Cent	0Cent
kleine Sekunde	+100Cent	+112Cent	-12Cent
große Sekunde	+200Cent	+204Cent	-4Cent
kleine Terz	+300Cent	+316Cent	-16Cent
große Terz	+400Cent	+386Cent	+14Cent
Quarte	+500Cent	+498Cent	+2Cent
verminderte Quinte	+600Cent	+582Cent	+18Cent
Quinte	+700Cent	+702Cent	-2Cent
kleine Sexte	+800Cent	+814Cent	-14Cent
große Sexte	+900Cent	+884Cent	+16Cent
kleine Septime	+1000Cent	+996Cent	+4Cent
große Septime	+1100Cent	+1088Cent	+12Cent
Oktave	+1200Cent	+1200Cent	0Cent

Tab. 2.2-1: Unterschiede zwischen der gleichstufig temperierten Stimmung und der reinen Stimmung

Wird beispielsweise ein Dur-Akkord in der gleichstufigen Temperatur gespielt, so liegt die große Terz 14Cent zu hoch, und die Quinte 2Cent zu niedrig im Vergleich zur reinen Stimmung. Vor allem die Terz muss somit deutlich zurechtgehört werden.

Dadurch, dass die moderne, elektronische Musik fast ausschließlich auf der gleichstufigen Temperatur basiert, ist der normale Mensch diese Stimmung und dessen Fehler gewohnt. Ein Stück in reiner Stimmung wirkt dann schnell langweilig, da die Reibungen der Intervalle fehlen.
In Orchestern wird eine Mischform aus der temperierten und der reinen Stimmung gespielt: Der Grundton orientiert sich an der temperierten Stimmung - damit ist das Orchester kompatibel zu temperiert gestimmten Instrumenten. Die Harmonien über den Grundtönen werden anschließend rein intoniert, so dass sich ein sehr sauberer, harmonischer Gesamtklang ergibt. Mit herkömmlichen synthetischen Klangerzeugern ist diese Mischform der Stimmungen noch nicht möglich.

2.2.2 Klangwahrnehmung und Grundtonerkennung

Ein Klang ist ein Gemisch aus einzelnen harmonischen Schwingungen. Dies bedeutet, dass alle Schwingungen eine ganzzahlig vielfache Frequenz des Grundtons haben (siehe auch Kapitel 3.1.2).
Da der Grundton die empfundene Tonhöhe des Klangs bestimmt, ist es wichtig, diesen aus dem komplexen Tongemisch heraus zu erkennen.

2.2.2.1 Klangerkennung

Für die Erkennung eines bestimmten Klangs sind zwei Faktoren verantwortlich:

- Jeder Klang hat eine bestimmte Obertonstruktur. Das heißt, dass die Lautstärke und auch Phasenlage der Obertöne in einem bestimmten Verhältnis zum Grundton stehen. In der Abbildung 2.2-2 sind verschiedene Obertonstrukturen zu sehen: In der oberen Abbildung der Vergleich zwischen den Instrumenten Fagott und Cello, sowie dem Vokal "o". Alle drei Signale befinden sich in einem ähnlichen Frequenzbereich.
  Man kann sehr gut erkennen, dass das Fagott stark ausgeprägte dritte, vierte und fünfte Harmonische hat, wohingegen bei dem Cello nur die zweite Harmonische stark vorhanden ist. Beim Vokal "o" sind die Harmonischen 2-5 deutlich sichtbar.
  Diese niedrigen Harmonischen verleihen dem Klang ein volles rundes Klangbild.

  In der unteren Abbildung werden die Vokale "o" und "i" miteinander verglichen. Während der Vokal "o" starke zweite bis fünfte Harmonische hat, ist beim "i" nur die 16. Harmonische noch relevant vertreten. Letztere ist es auch, die dem "i" seine helle Klangfarbe verleiht.
- Der zweite Faktor für die Klangerkennung ist der Einschwingvorgang des Signals. Dieser ist bestimmt die genaue Erkennung eines Instrumentes und dessen Reflexionen in einem Raum geben Aufschluss über die Position des Instrumentes im Raum. In Fachkreisen heißt der Einschwingvorgang "Transient".

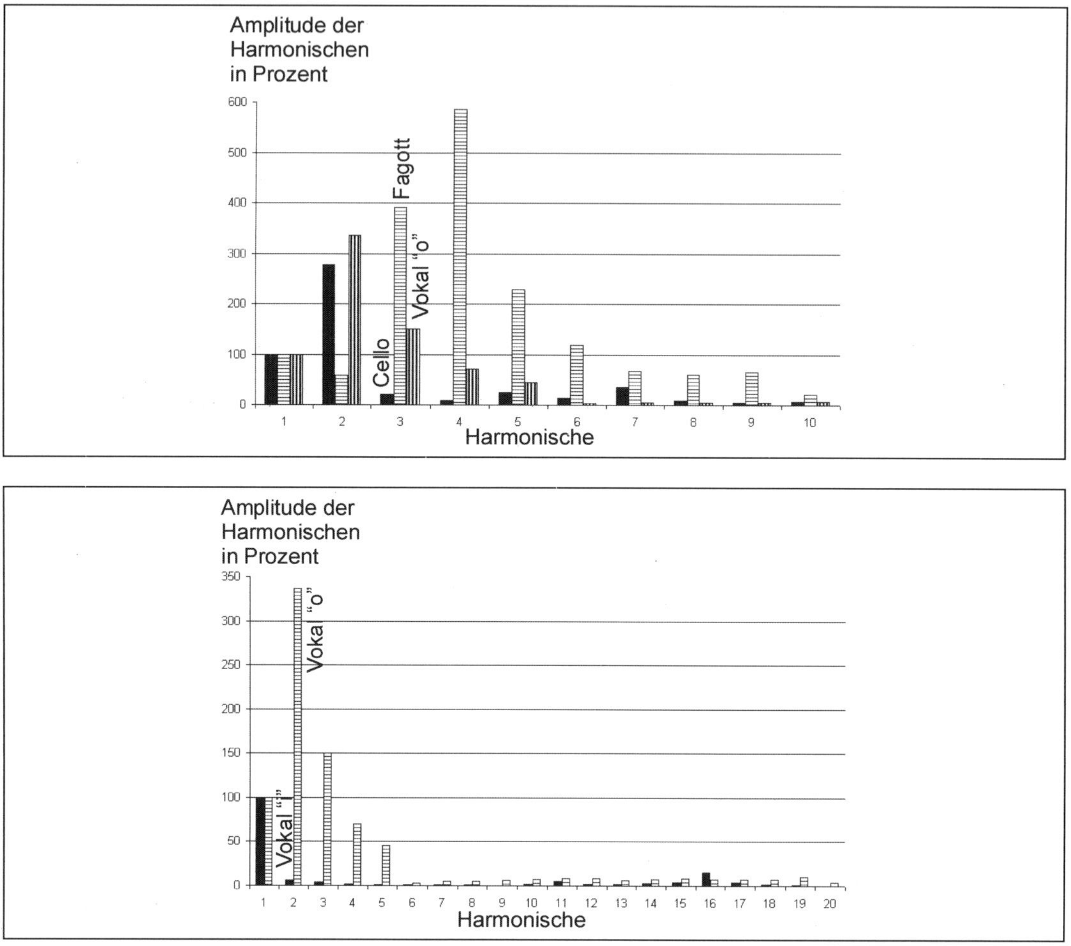

Abb. 2.2-2: Obertonstrukturen für verschiedene Klänge

Wird der Einschwingvorgang eines Instrumentes abgeschnitten, so wird es nahezu unmöglich es eindeutig zu identifizieren, da die Obertonstruktur alleine nicht ausreicht.

- Wird der Einschwingvorgang verfälscht (zum Beispiel durch starkes EQing, einen Kompressor oder einen Transientendesigner), so erscheint ein Instrument nicht mehr natürlich und wird demzufolge eher als synthetischer Klang identifiziert.

2.2.2.2 Grundtonbestimmung

Um die Tonhöhe eines Klangs korrekt einordnen zu können, muss der Grundton des Klangs vom Gehirn erkannt werden. Hierzu versucht das Gehirn regelmäßige Wiederholungen im Schwingungsverlauf zu finden. Die Periodendauer der längsten Wiederholung bestimmt anschließend die wahrgenommene Grundfrequenz eines Klangs.

2.2.2.3 Residualeffekt

Liegt der Grundton eines Klangs unter der Schwelle der Wahrnehmung, weil er zu tief oder zu leise ist, so ist das Gehirn trotzdem noch in der Lage, den Klang in der Tonhöhe einzuordnen. Das liegt daran, dass die Summe der ersten beiden Obertöne (zweite und dritte Harmonische) eine Wellenform ergeben, die sich über die Periode des Grundtons (1. Harmonische) wiederholt (siehe Abbildung 2.2-3). Da das Gehirn eben diese Wiederholungen sucht, wird der fehlende Grundton vom Gehirn erkannt und auch scheinbar wahrgenommen.
Auf diese Weise ist es möglich, tiefe Frequenzen zu hören, die gar nicht abgestrahlt wurden. Dieser Effekt wird Residualeffekt genannt.

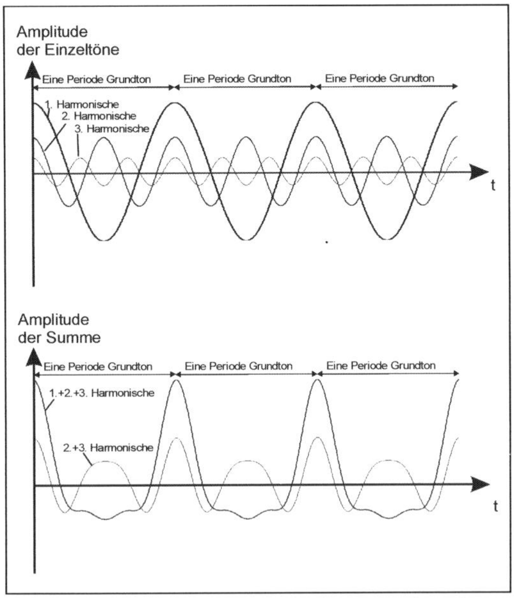

Abb. 2.2-3: Vergleich der Wellenform zwischen der Summe 1.+2.+3. Harmonische und der Summe 2.+3. Harmonische

Der Begriff "Residuum" bedeutet soviel wie "Rest". Gemeint ist hiermit, dass der unhörbare Rest des Klangs (der Grundton) wahrgenommen werden kann, obwohl er nicht vorhanden ist.

Der Residualeffekt kann auch künstlich produziert werden, indem man zu einem Klang exakt den gleichen Klang um eine Quinte höher gestimmt hinzumischt. Mit Hilfe eines Pitch-Shifters ist dies relativ leicht möglich. Im Ergebnis wird der Klang eine Oktave tiefer wahrgenommen, als im Original. Der Abstand einer Quinte entspricht hierbei genau dem Abstand zwischen zweiter und dritter Harmonischer. Sind nur ein Ton und die Quinte darüber vorhanden, so scheint die erste Harmonische zu fehlen und wird vom Gehirn nachgebildet.

In der klassischen Musik ist dieser Effekt schon länger bekannt: Durch Quintparallelen bei unterschiedlichen Instrumenten oder auch Quinten bei der Registrierung einer Orgel wird der Residualeffekt beim Zuhörer ausgelöst, und eine Instrumentengruppe oder die Orgel klingt tiefer und größer, als sie eigentlich ist.

2.2.3 Wahrnehmung von überlagerten Frequenzen

Werden dem Ohr gleichzeitig zwei verschiedene Frequenzen vorgespielt, so spricht man von einer Überlagerung der Frequenzen. Je nachdem, wie weit die beiden Frequenzen auseinander liegen, ergeben sich unterschiedliche klangliche Effekte:

- Liegen die Frequenzen weniger als 10Hz auseinander, so entsteht eine hörbare Schwebung in der Amplitude. Dies bedeutet, dass die Lautstärke mit dem Frequenzunterschied der beiden Frequenzen schwankt. Die gehörte Frequenz ist der Mittelwert der beiden Einzelfrequenzen.
  Beispiel: 1000Hz und 1006Hz werden vorgespielt. Man nimmt als neue Frequenz 1003Hz wahr, welche mit 6Hz lauter und leiser wird.
- Liegen die Frequenzen mehr als 10Hz auseinander, so hat man zunächst ein Gefühl der "Rauigkeit". Die neu gehörte Frequenz ist immer noch der Mittelwert der beiden Einzelfrequenzen, aber sie klingt nicht schön.
  Beispiel: Mehrere Geigen eines Schulorchesters versuchen den gleichen Ton zu spielen. In Wirklichkeit entstehen verschiedene Töne, die zufällig um ±30Hz (Beispielwert!) auseinander liegen. Da manche Geigen zu tief, andere zu hoch spielen, ergibt sich als Durchschnittswert der richtige Ton. Durch die entstandene Rauigkeit klingt der neue Gesamtton jedoch für den Zuhörer sehr unsauber.
  Der Übergang von einer hörbaren Schwebung zum Gefühl der Rauigkeit liegt zwischen 10Hz und 20Hz und ist stufenlos.
- Liegen die Frequenzen weit genug auseinander, so werden sie als zwei getrennte, saubere Einzeltöne wahrgenommen. Wie weit die Frequenzen auseinander liegen müssen, damit sie getrennt wahrgenommen werden können, ist in Tabelle 2.2-2 aufgelistet.
  Wie man sehen kann, umfasst der als rau oder unangenehm empfundene Abstand im Bass bereits eine große Terz. Aus diesem Grund ist es nicht empfehlenswert, in tiefen Tonlagen Terzen einzusetzen.

Es soll hier nicht unerwähnt bleiben, dass die eben genannten Effekte nur zutreffen, wenn die zwei Frequenzen auf das selbe Ohr treffen. Dies ist typischerweise bei Live- oder Lautsprecherwiedergabe der Fall. Wird jedoch über Kopfhörer jeweils

Frequenz	125Hz	250Hz	500Hz	1000Hz	2000Hz	4000Hz	5000Hz
Mindestabstand zur Unterscheidung	30Hz	20Hz	30Hz	75Hz	200Hz	550Hz	750Hz
Entsprechendes musikalisches Intervall	große Terz	große Sekunde	kleine Sekunde	kleine Sekunde	große Sekunde	große Sekunde	kleine Terz

Tab. 2.2-2: Notwendiger Frequenzunterschied, damit zwei überlagerte Frequenzen als getrennte Frequenzen wahrgenommen werden können

eine Frequenz auf je ein Ohr gegeben, so verschwinden die Schwebungs- und Rauigkeitseffekte.

2.2.4 Mathematische Relationen von Intervallen

Die Intervalle der Musik sind den meisten in der Notenschrift oder "vom Gehör her" bekannt. Sie sind jedoch auch exakt mathematisch definiert. In der heute verwendeten Stimmung, der gleichstufig temperierten Stimmung (auch gleichstufige Temperatur genannt), liegen alle Halbtöne um den gleichen Multiplikationsfaktor in der Frequenz auseinander. Dies hat zur Folge, dass alle Intervalle außer der Oktave im Verhältnis zur reinen Stimmung ein klein wenig verstimmt sind. Durch das Zurechthören (siehe Kapitel 2.2.1.4) wird dieses Problem vom Gehirn kompensiert. Der Vorteil der gleichstufig temperierten Stimmung ist die Tatsache, dass alle Tonarten gleichermaßen angewandt werden können. Es gibt keine "schöneren" oder "hässlicheren" Tonarten, wie zum Beispiel in der temperierten Stimmung oder in der reinen Stimmung.

Ein Halbton wird in 100 weitere Schritte unterteilt, um die Tonhöhe noch genauer beschreiben zu können. Diese Schritte nennt man "Cent". 1200Cent entsprechen einer Oktave.
In der Tabelle 2.2-3 werden die mathematischen Zusammenhänge von verschiedenen Intervallen aufgelistet.

Intervall	Reine Stimmung	Temperierte Stimmung Formel	Temperierte Stimmung Multiplikator	Temperierte Stimmung Prozent
1Cent		$\sqrt[1200]{2}$	1,00057779	0,06%
1Halbton		$\sqrt[12]{2}$	1,05946309	5,95%
kleine Sekunde	16÷15	$\sqrt[12]{2}$	1,05946309	5,95%
große Sekunde	9÷8	$\sqrt[6]{2}$	1,12246204	12,25%
kleine Terz	6÷5	$\sqrt[4]{2}$	1,18920712	18,92%
große Terz	5÷4	$\sqrt[3]{2}$	1,25992105	25,99%
Quarte	4÷3	$\sqrt[12]{32}$	1,33483985	33,48%
verminderte Quinte	7÷5	$\sqrt{2}$	1,41421356	41,42%
Quinte	3÷2	$\sqrt[12]{128}$	1,49830707	49,83%
kleine Sexte	8÷5	$\sqrt[3]{4}$	1,58740105	58,74%
große Sexte	5÷3	$\sqrt[4]{8}$	1,68179283	68,18%
kleine Septime	16÷9	$\sqrt[6]{32}$	1,78179744	78,18%
große Septime	15÷8	$\sqrt[12]{2048}$	1,88774863	88,77%

Tab. 2.2-3: Mathematische Zusammenhänge zwischen verschiedenen musikalischen Intervallen

2.3 Wahrnehmung von Lautstärke

Über das Lautstärke- oder Lautheitsempfinden von Signalen haben sich schon viele Forscher Gedanken gemacht und komplizierte Hörversuche dazu durchgeführt. Einige der bekanntesten sind sicherlich "Fletcher & Munson", die 1933 bei den Bell Laboratories die berühmten "Kurven gleicher Lautstärke" definiert haben. Diese Kurven geben an, bei welchem Schalldruckpegel unterschiedliche Frequenzen als gleich laut wahrgenommen werden (siehe Kapitel 2.3.2).
Fletcher & Munson haben jedoch noch mehr in ihrem 1933 erschienenen Dokument "Loudness, Its Definition, Measurement and Calculation" festgelegt. So wurde von ihnen eine Grundlage geschaffen, wie Lautheit überhaupt zu verstehen ist: Die Gesamtmenge an Nervenimpulsen pro Sekunde, die von allen Nervenfasern des Gehörs ausgeht, welche durch ein Schallereignis erregt werden.

Dabei stellten sie jedoch fest, dass diese Lautheitsbestimmung nur für einzelne Töne oder relativ weit auseinander liegende Töne in einem Frequenzgemisch stimmt.

Weiterhin wurde festgestellt, dass relativ unabhängig von der Frequenz ein fester Pegelunterschied besteht, je nachdem, ob ein Signal nur von einem Ohr oder von beiden Ohren wahrgenommen wird. Wird ein Signal nur mit einem Ohr wahrgenommen, so werden nur halb so viele Nervenimpulse ausgelöst, wie im Vergleich zur Wahrnehmung des gleichen Signals über beide Ohren. Demzufolge muss die Wahrnehmung mit nur einem Ohr die halbe Lautheit im Vergleich zur beidohrigen Wahrnehmung bedeuten. Versucht man nun zwei Signale gleich laut wirken zu lassen, wobei das eine Signal auf beide Ohren trifft, und das andere Signal nur auf ein Ohr, so hat man festgestellt, dass das Signal, das nur auf einem Ohr zu hören ist, +10dB lauter sein muss als das Signal, dass auf beide Ohren wirkt.

Eine weitere Feststellung war, dass zwei relativ weit auseinander liegende, gleich laute Töne (125Hz und 1000Hz), die gleichzeitig ertönen, um 10dB lauter wirken als einer der beiden Töne einzeln (Zwei nahe beieinander liegende Töne würden jedoch nur 3dB lauter wirken).
Das heißt im Umkehrschluss, dass ein einzelner Ton +10dB lauter abgespielt werden müsste, um den gleichen Lautstärkeeindruck hervorzurufen wie zwei weit auseinander liegende Töne ohne Pegelerhöhung:

125Hz+1000Hz **wirkt gleich laut wie** 125Hz+10dB

Aus diesen Experimenten von Fletcher und Munson ergibt sich die bis heute gültige Definition: "Die doppelte empfundene Lautstärke wird bei einem Pegelunterschied von +10dB wahrgenommen".
Mit weiteren Versuchen, Signale mit 10 mehr oder weniger weit auseinander liegenden Frequenzkomponenten zu erzeugen, wurde dieses Lautstärkeempfinden überprüft und festgestellt: Erklingen 10 Töne gleichzeitig, die jeweils 530Hz auseinander liegen, so wirken diese um etwa 32dB lauter als einer dieser Töne einzeln.
Eine Erklärung, warum dies so ist, kann mit Hilfe der Bark-Skala gegeben werden.

2.3.1 Die Bark-Skala / Kritische Frequenzbänder

"Kritische Frequenzbänder" sind in gewisser Weise vergleichbar mit Frequenzbändern eines Analysers, in denen die Pegeldarstellung eines komplexen Musiksignals in einzelnen Frequenzbereichen erfolgt.
Experimentell nachgewiesen, führt auch das Ohr eine Lautstärkeanalyse von Signalen nur innerhalb bestimmter Frequenzbereiche, den "Kritischen Frequenzbändern" durch. Wird ein Rauschen unterschiedlicher Bandbreite, jedoch mit gleicher Energie erzeugt, so wird dieses solange gleich laut wahrgenommen, solange sich die Bandbreite des Rauschens innerhalb eines kritischen Frequenzbands befindet. Überschreitet die Bandbreite des Rauschens jedoch das kritische Frequenzband, so wird die wahrgenommene Lautstärke größer.
Die kritischen Frequenzbänder haben bei tiefen Frequenzen eine Bandbreite von 100Hz und zu hohen Frequenzen eine Bandbreite, die bis 3500Hz ansteigt (siehe Abbildung 2.3-1). Werden nun - von 0Hz beginnend - die ermittelten Bandbreiten aneinander gehängt, so ergibt sich die Bark-Skala. Das tiefste Band geht hierbei von 0Hz-100Hz (0Bark-1Bark). Das nächste von 100Hz-200Hz (1Bark-2Bark) usw.
Die gesamte Bark-Skala geht von 0Bark bis 24Bark und ist in Tabelle 2.3-1 aufgelistet. Hierbei ist das Frequenzband Nummer 25 nicht offiziell in der Bark-Skala enthalten, sondern dient lediglich der Ergänzung bis zum oberen Ende des Hörbereichs.

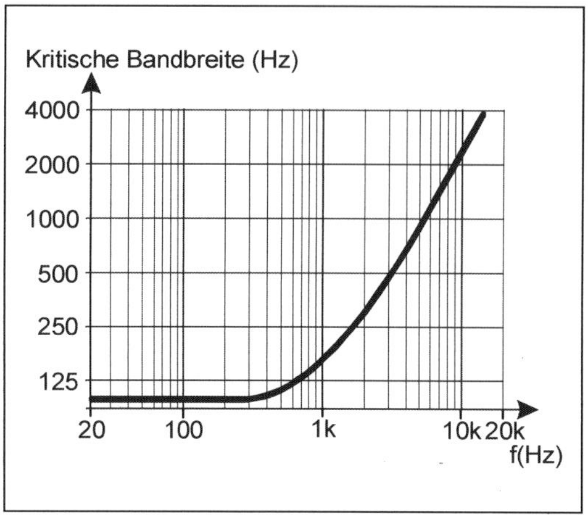

Abb. 2.3-1: Kritische Bandbreite über die Frequenz betrachtet

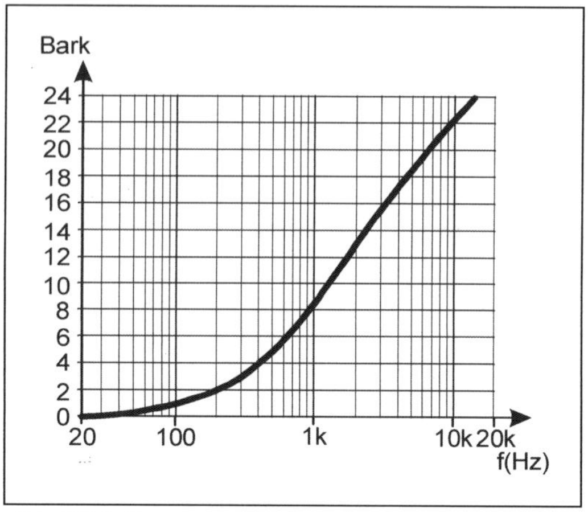

Abb. 2.3-2: Zusammenhang zwischen Frequenz und Bark

Wichtig für das Verständnis ist, dass diese Skala lediglich eine Orientierung geben soll, in welchem Frequenzbereich welche kritische Bandbreite vorhanden ist, jedoch keine absoluten Grenzen wie bei einem Terzbandanalyser darstellt. So fällt beispielsweise auch zwischen 70 und 170 Hz die Lautstärkewahrnehmung in ein kritisches Band mit 100Hz Breite (nämlich in das 0,72Bark-Band).

Die Formel, um eine Frequenz in Bark umzurechnen lautet:

$$z = 13 \cdot \arctan(0,76 \cdot f) + 3,5 \cdot \arctan(f/7,5)^2$$

mit:
f: Frequenz in Kilohertz(!)
z: Kritisches Frequenzband in Bark

Frequenzband	Mittenfrequenz in Hz	Bandbreite in Hz	Untere Frequenz	Obere Frequenz	Bark
1	50	100	0	100	0
2	150	100	100	200	1
3	250	100	200	300	2
4	350	100	300	400	3
5	450	110	400	510	4
6	570	120	510	630	5
7	700	140	630	770	6
8	840	150	770	920	7
9	1000	160	920	1080	8
10	1170	190	1080	1270	9
11	1370	210	1270	1480	10
12	1600	240	1480	1720	11
13	1850	280	1720	2000	12
14	2150	320	2000	2320	13
15	2500	380	2320	2700	14
16	2900	450	2700	3150	15
17	3400	550	3150	3700	16
18	4000	700	3700	4400	17
19	4800	900	4400	5300	18
20	5800	1100	5300	6400	19
21	7000	1300	6400	7700	20
22	8500	1800	7700	9500	21
23	10500	2500	9500	12000	22
24	13500	3500	12000	15500	23
25	*19500*	*4500*	*15500*	*20000*	*24*

Tab. 2.3-1: Kritische Frequenzbänder

Achtung: Die Winkel müssen im Bogenmaß berechnet werden.

Die kritische Bandbreite um eine bestimmte Frequenz herum kann mit folgender Formel berechnet werden:

$$\Delta f_G = 25 + 75 \cdot (1 + 1{,}4 \cdot f^2)^{0{,}69}$$

mit:
Δf_G: Bandbreite in Hertz
f: Frequenz in Kilohertz(!)

Auch ein Bark kann noch weiter unterteilt werden. So gilt 1Bark = 100mel (mel ist die so genannte "Tonheit"). 1mel entspricht etwa dem Abstand von 1,5 Haarzellen auf der Basilarmembran.

Die Summe aller Lautstärkewahrnehmungen in den einzelnen Frequenzbändern ist ausschlaggebend für die Gesamtlautstärke, die empfunden wird. So ergeben gleiche Lautstärken in zwei verschiedenen Frequenzbändern die doppelte empfundene Lautstärke im Vergleich zu einem Signal, das nur innerhalb eines Frequenzbandes vorherrscht. Liegen in 10 verschiedenen Frequenzbändern jeweils gleich laute Signale vor, so entspricht dies der 10-fachen empfundenen Lautstärke im Vergleich zu einem einzelnen Signal innerhalb eines Frequenzbandes.
Dieser Zusammenhang wird grundlegend in der Größe "Bel" dargestellt. 1 Bel mehr, oder auch 10 deziBel (dB) mehr, entspricht der doppelten empfundenen Lautstärke. 2 Bel mehr, der vierfachen, 3 Bel mehr der 8 fachen Lautstärke. 3,2 Bel mehr (32dB) entspräche dann rechnerisch der zehnfachen Lautstärke, was sich mit den Beobachtungen von Fletcher und Munson deckt.

Die geringste, wahrnehmbare Lautstärkeänderung liegt bei etwa 1dB. Sie wird hörbar, wenn innerhalb eines kritischen Frequenzbandes der Pegel um 1dB zunimmt.

2.3.2 Kurven gleicher Lautstärke

Das menschliche Gehör erfasst laut Lehrbuch einen Frequenzbereich von 20Hz bis 20000Hz. Es werden jedoch nicht alle Frequenzen vom Gehör gleich gut wahrgenommen. Im Gegensatz zu einem Mikrofon mit linearem Frequenzgang hat das Ohr einen ziemlich "verbogenen" Frequenzgang.
Ein lineares Mikrofon wandelt einen bestimmten Schalldruck, unabhängig von der Frequenz, in eine bestimmte Ausgangsspannung um. Dieser Zusammenhang wird mit Hilfe des Feldübertragungsfaktors beschrieben (siehe Kapitel 6.1.3.2).
Das Ohr reagiert bei jeder Frequenz unterschiedlich empfindlich. Würde man dieses Empfinden als Spannungsverlauf ausdrücken wollen, so würde bei sehr tiefen Frequenzen über 1000-Mal weniger herauskommen als bei 1000Hz.

Um das Lautstärkeempfinden des Ohrs bei verschiedenen Frequenzen beschreiben zu können, wurden in Versuchsreihen die "Kurven gleicher Lautstärke" ermittelt. Diese geben an, welcher Schalldruck erforderlich ist, um unabhängig von der Frequenz einen bestimmten Lautstärkeeindruck zu haben. Aus heutiger Sicht sind hierbei die "Fletcher-Munson-Kurven" interessant, da sie die ersten experimentell bestimmten Kurven darstellen. Darüber hinaus sind die Robinson-Dadson-Kurven sehr relevant, die auch in die ISO 226 aufgenommen wurden.

2.3.2.1 Fletcher-Munson-Kurven

Die Kurven gleicher Lautstärke sind unter anderem unter der Bezeichnung "Fletcher-Munson-Kurven" bekannt, da Harvey Fletcher und Wildon Munson sie 1933 bei den Bell Laboratories empirisch ermittelt haben. Im Vergleich zu einem Referenzpegel bei 1kHz wurde die frequenzabhängige Lautstärkeempfindlichkeit der menschlichen Ohren ermittelt. Die Referenz wurde aus mehreren Gründen bei 1kHz festgelegt:

- 1kHz ist ein einfach zu rechnender Wert.
- 1kHz ist eine Standardbezugsfrequenz.
- Bei 1kHz ist der Lautstärkehörumfang des Menschen sehr groß.
- 1kHz liegt, was die Frequenz betrifft, in der Mitte des Hörbereichs.

Weiterhin wurde die Hörschwelle bei 1kHz definiert, die ebenfalls aus Gründen der Vereinfachung bei der Schallintensität von 1pW/m² festgelegt wurde. Dies entspricht einem Schallintensitätspegel von $0dB_I$ (siehe Kapitel 1.3.4.6). In der Praxis stellte sich heraus, dass diese Hörschwelle nur von wenigen Personen mit einem sehr feinen Gehör tatsächlich erreicht wird. Die meisten Menschen hören diesen Schallintensitätspegel noch nicht, sondern nehmen einen 1kHz Ton erst ab $+4dB_I$ wahr.

Die Umrechnung der Schallintensität in den Schalldruck kann bei einer ebenen Welle mit folgender Formel erfolgen:

$$p = \sqrt{I \cdot c \cdot \rho}$$

mit:

p: Schalldruck in Pascal, Pa

I: Schallintensität in $\frac{W}{m^2}$

c: Schallgeschwindigkeit. In Luft: $344 \frac{m}{s}$

ρ: Dichte der Luft: $1{,}2 \frac{kg}{m^3}$

Daraus ergibt sich ein Schalldruck von $2{,}03 \cdot 10^{-5}$Pa. Dieser wird in der Praxis mit $2 \cdot 10^{-5}$Pa als Referenz für die Hörschwelle bei 1kHz und als Referenz für den absoluten Schalldruckpegel verwendet:

$0dB_{SPL} = 2 \cdot 10^{-5}$Pa (siehe Kapitel 1.3.4.1).

Es wurde eine Theorie aufgestellt, nach der die empfundene Lautstärke eines Tons oder eines Klangs gleichzusetzen sei mit der Anzahl der Nervenbahnen, die im Ohr angeregt werden. Um nun zwei Signale mit der gleichen Lautstärke zu empfinden, sei demnach die gleiche Anzahl an erregten Nervenbahnen notwendig.

Für die Messung der Lautheit wurde eine Art Kopfhörer verwendet, der so entzerrt wurde, dass er den gleichen Lautstärkeeindruck hervorruft, wie ein Lautsprecher, der eine ebene Welle zum Hörer hin abstrahlt. Der entscheidende Vorteil dieses Kopfhörers liegt darin, dass Kopfbewegungen keine Messfehler hervorrufen können.

Mit Sinustönen, die über den eben genannten Kopfhörer abgestrahlt wurden, ermittelte man, welche Schalldruckpegel notwendig sind, um verschiedene Frequenzen gleich laut hören zu können. Aufgrund der unterschiedlichen Wahrnehmung verschiedener Ohren wurden die Werte von 11 Versuchspersonen gemittelt. Die Fletcher-Munson Kurven sind in Abbildung 2.3-1 zu sehen.

Die niedrigste Kurve gleicher Lautstärke ist gleichzeitig die Hörschwelle. Sie beschreibt, ab welchem Schalldruck ein Signal gerade wahrgenommen werden kann. Bei 1kHz schneidet diese Kurve den Schalldruck von $2 \cdot 10^{-5}$Pa. Dieser wurde daraufhin

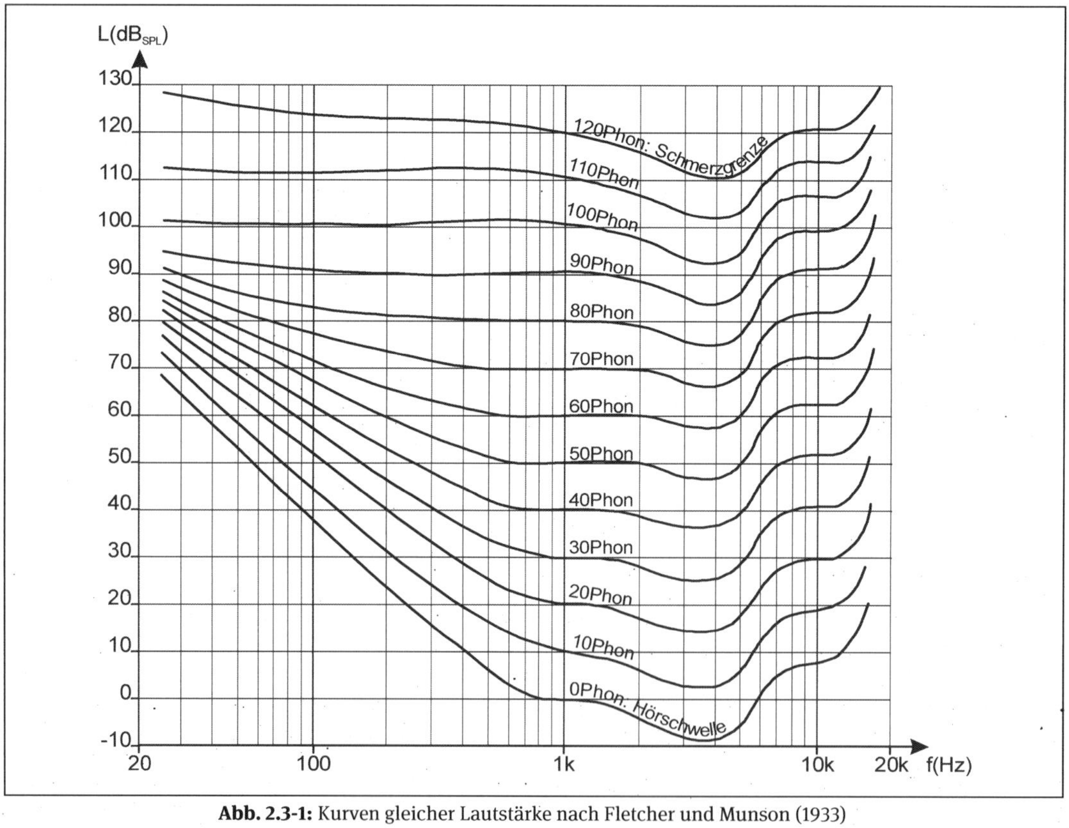

Abb. 2.3-1: Kurven gleicher Lautstärke nach Fletcher und Munson (1933)

als Referenzschalldruck für den Schalldruckpegel festgelegt. Somit sind $0dB_{SPL}=2\cdot10^{-5}Pa$.

Die höchste Kurve gleicher Lautstärke ist die Schmerzgrenze. Sie gibt den Grenzschalldruck an, ab dem aus dem normalen Hörempfinden ein Schmerzempfinden wird. Es gibt also keinen Sinn, weitere Kurven oberhalb der Schmerzgrenze zu ermitteln.

2.3.2.2 Phon

Wie man aus den Kurven gleicher Lautstärke sehen kann, ist die Größe "Dezibel" für die Beschreibung des Lautstärkeempfindens unzureichend. Deshalb wurde eine weitere Größe definiert, welche das frequenzabhängige Lautstärkeempfinden berücksichtigt. Diese Größe heißt "Phon" und ist ebenso in Abbildung 2.3-1 zu sehen. Spricht man beispielsweise von einem Signal mit 50 Phon, so ruft dieses, unabhängig von der Frequenz, einen bestimmten Lautstärkeeindruck hervor.
Für Lautstärkemessungen wird die Größe Phon jedoch nicht verwendet. Da aber auch bei Lautstärkemessungen das frequenzabhängige Empfinden des Ohrs berücksichtigt werden muss, hat man die so genannten "Bewertungen" eingeführt. Diese filtern das Signal vom Mikrofon so, dass es einer bestimmten Phon-Kurve recht nahe kommt. Anschließend wird das Signal der Pegelmessstufe zugeführt (siehe Kapitel 1.3.5).

2.3.2.3 Robinson-Dadson-Kurven

Im Jahr 1956 wurde eine weitere Bestimmung der Kurven gleicher Lautstärke veröffentlicht. Diese neue Untersuchung, die von D.W. Robinson und R.S. Dadson am National Physical Laboratory in England durchgeführt wurde, ist für die meisten Anwendungen nach wie vor die aktuellste Untersuchung der Lautstärkewahrnehmung unterschiedlicher Frequenzen. Im Gegensatz zu Fletcher und Munson wurden von Robinson und Dadson lediglich aktuellere und genauere Kurven gleicher Lautstärke ermittelt. Es wurden keine Untersuchungen über das Lautstärkeempfinden als solches durchgeführt.

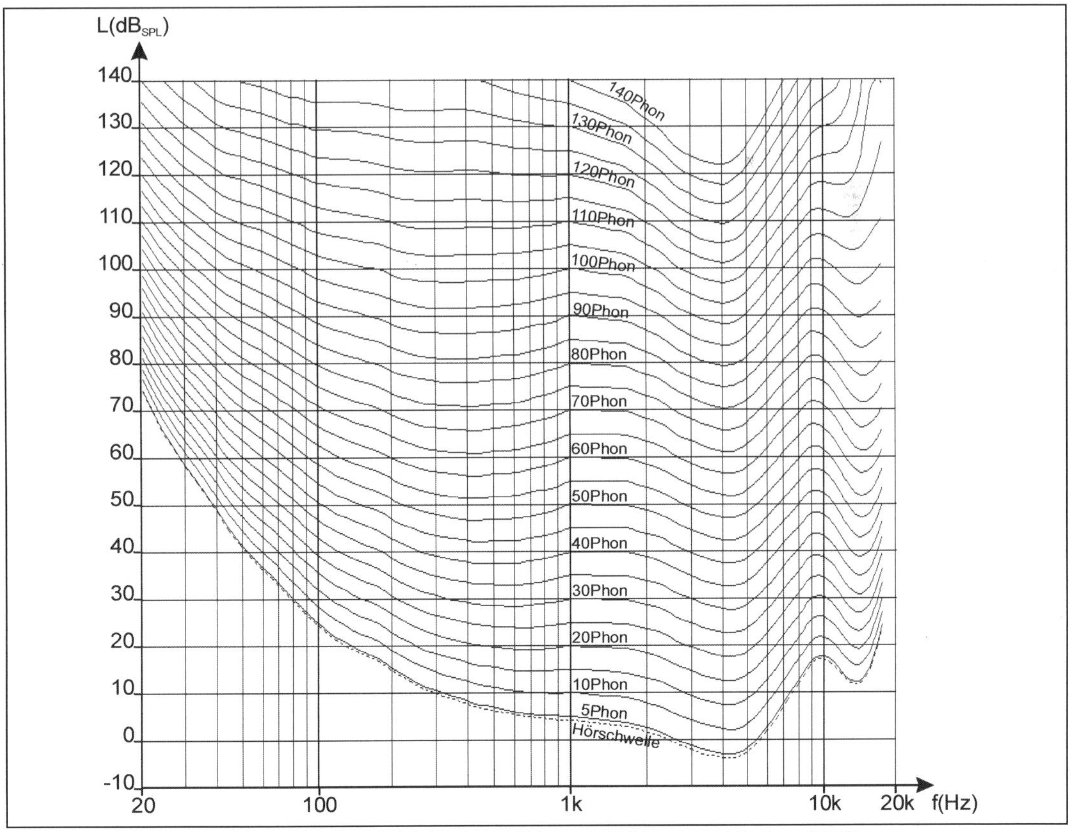

Abb. 2.3-2: Kurven gleicher Lautstärke nach Robinson und Dadson (1956)

Das Ergebnis liegt in Form einer Formel und einer Tabelle mit Parametern vor, aus denen die Kurven gleicher Lautstärke berechnet werden können. Die Ergebnisse sind in 5-Phon-Schritten in der Abbildung 2.3-2 zu sehen. Die unterschiedliche optische Darstellung im Vergleich zu Abbildung 2.3-1 rührt daher, dass Abbildung 2.3-1 anhand der Originalpublikation nachgezeichnet wurde, Abbildung 2.3-2 hingegen berechnet wurde, und die Daten aus einem Mathematikprogramm übernommen wurden.

Zum Teil sind erhebliche Unterschiede im Bass und um 10kHz zu erkennen. Dies lässt sich dadurch erklären, dass bei Fletcher und Munson nur 11 Testpersonen den unterschiedlichsten Tests unterzogen wurden. Weiterhin wurden nur 10 Messfrequenzen verwendet, und weitere Werte interpoliert.

Bei Robinson und Dadson kamen 90 Testpersonen zum Einsatz, und die Kurven liegen mit 43 Messfrequenzen wesentlich genauer vor.

Im Vergleich zu Fletcher und Munson wird eine andere Hörschwelle benutzt. Diese ist als gestrichelte Linie in Abbildung 2.3-2 zu sehen und liegt in etwa bei 4Phon. Dieses Ergebnis deckt sich jedoch auch mit den Untersuchungen von Fletcher und Munson, die die Hörschwelle willkürlich bei 0Phon festgelegt haben, obwohl sie wussten, dass die meisten Menschen erst ab 4Phon etwas hören.

Einen interessanten Zusatzaspekt haben Robinson und Dadson untersucht: die Altersschwerhörigkeit. So sind alle Kurven gleicher Lautstärke aus Abbildung 2.3-2 für ein Alter von 20 Jahren gültig. Mit Hilfe eines Korrekturwertes können die Kurven jedoch auch so berechnet werden, dass das Alter (in 2-Jahres Schritten) mit einbezogen wird.
In Abbildung 2.3-3 wird die Auswirkung des Alters auf die Hörschwelle gezeigt. Hierbei ist gut zu erkennen, dass mit zunehmendem Alter die Höhen deutlich schlechter wahrgenommen werden, Frequenzen unter 1000Hz jedoch kaum beeinträchtigt sind.

2.3.2.4 Auswirkungen auf die Produktion

Aus produktionstechnischer Sicht stellen die Kurven gleicher Lautstärke ein gewisses Problem dar. Wie man erkennen kann, verlaufen sie nicht in allen Lautstärkebereichen gleich, sondern werden zu höheren Schalldruckpegeln hin immer flacher. Das bedeutet, dass ein Mix, der bei hohen Lautstärken erstellt wurde, auch nur mit einer ähnlich hohen Abhörlautstärke beim Endverbraucher gut klingt.

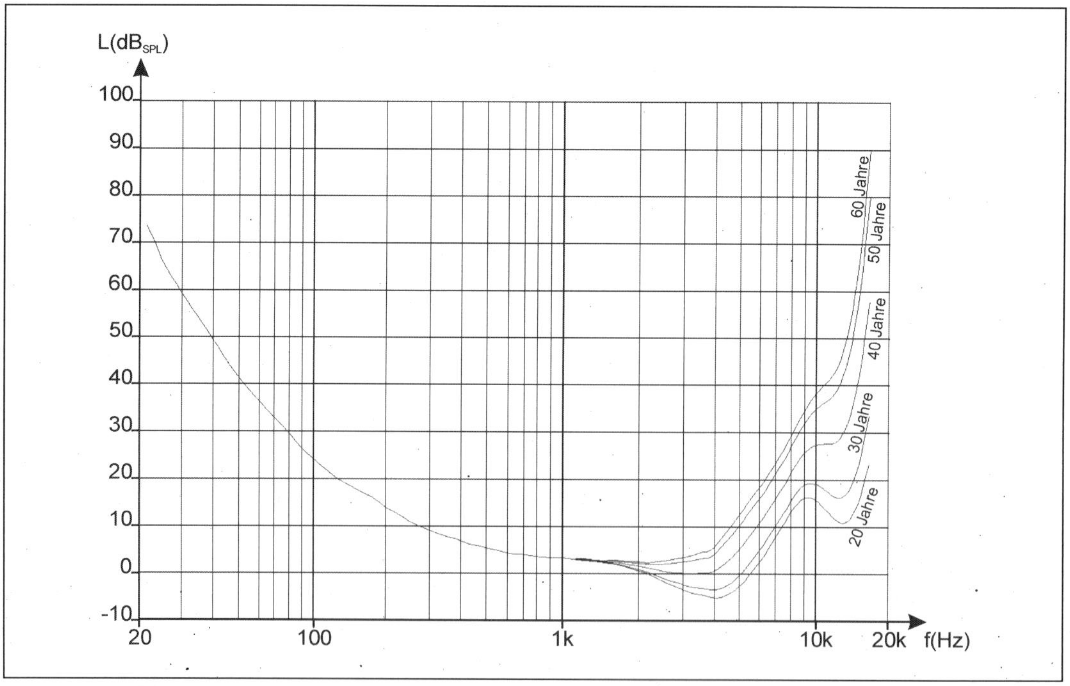

Abb. 2.3-3: Hörschwelle bei unterschiedlich alten Personen (nach Robinson und Dadson 1956)

Wird der Mix leiser abgehört, so wirkt er schnell zu mittenlastig, da die tiefen und hohen Frequenzen bei niedrigeren Schalldrücken nicht so gut wahrgenommen werden können. Eine Abhilfe gegen dieses Problem schafft die "Loudness"-Funktion, die bei vielen HiFi-Anlagen vorhanden ist. Sie hebt sowohl die Bässe als auch die Höhen an und korrigiert somit den Frequenzgang bei leisen Abhörlautstärken. Empfehlenswert wäre hierbei eine automatische Loudness, bei der die Anpassung stufenlos über die gesamte Abhörlautstärke geschieht. Aus Kostengründen wird in der Praxis meist nur eine schaltbare Korrektur eingebaut.
Im Mastering kann auf dieses Problem insofern eingegangen werden, dass pegelabhängige Equalizer eingesetzt werden. Diese können bei dynamikreichen Stücken über den gesamten Dynamikbereich zu einem optimalen Klang führen.

In Kino- und Fernsehmischungen wird mit kalibrierten Abhörlautstärken gearbeitet, so dass gewährleistet ist, dass der Zuhörer unter den gleichen Lautstärkebedingungen den Mix hört, unter denen ihn der Toningenieur erstellt hat

2.3.3 Sone

Um dem Empfinden von Lautheit besser gerecht zu werden, wurde die Einheit "Sone" definiert. Ein Lautstärkepegel von 40Phon bei 1kHz entspricht laut Definition 1Sone. In Hörversuchen wurde ermittelt, wann verschiedene Testpersonen ein Signal im Vergleich zu einem Testton als doppelt so laut empfanden. Hierbei kam heraus, dass die doppelte empfundene Lautstärke 50Phon entspricht. Dies sind somit 2Sone. Die vierfache Lautstärke liegt bei 4Sone (60Phon). 64Sone entsprechen schließlich 100Phon.

Zu leiseren Pegeln hin verläuft dieses Verhältnis nicht mehr proportional. So sind 30Phon noch 0,5Sone, 20Phon jedoch nur noch etwa 0,125Sone (anstatt 0,25Sone). 10Phon entsprechen schließlich etwa 0,02Sone.
Ein Experiment zu der Lautstärkewahrnehmung von Signalen haben bereits Fletcher und Munson durchgeführt und eine aufwändige Tabelle generiert, anhand dessen man die Lautstärke eines komplexen Signalgemisches ermitteln kann. Allerdings gab es damals (1933) noch nicht die Einheit Sone, die sie zur Beschreibung der empfundenen Lautstärke hätten benutzen können.

In Abbildung 2.3-4 ist sowohl die grafische Beziehung der Einheit Sone zur Pegeländerung eines Signals zu sehen, als auch das Ergebnis der Experimente von Fletcher und Munson. Die experimentellen Werte von Fletcher und Munson sind hierbei so kalibriert worden, dass bei 40Phon eine Übereinstimmung beider Messungen vorherrscht.

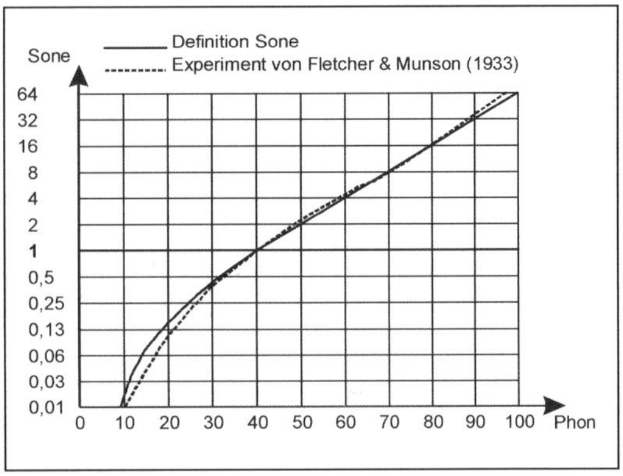

Abb. 2.3-4: Die Einheit Sone im Vergleich zu den experimentellen Messungen von Fletcher und Munson

Lautheit in Sone	Definition bei Sone		Experiment von Fletcher und Munson	
	Pegel in Phon	Pegelunterschied	Pegel in Phon	Pegelunterschied
64	100		96	
32	90	10	88	8
16	80	10	79	9
8	70	10	70	9
4	60	10	59	11
2	50	10	49	10
1	40	10	40	9
0,5	32	8	33	7
0,25	25	7	27	6
0,13	19	6	22	5
0,06	14	5	18	4
0,03	11	3	14	4
0,01	9	2	10	4

Tab. 2.3-2: Phon-Werte für eine Lautstärkeverdopplung

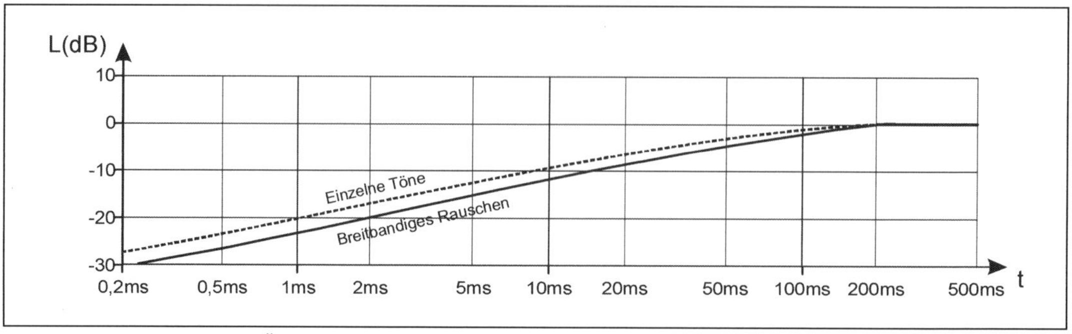

Abb. 2.3-5: Änderung des Lautstärkeempfindens bei kurzen Signalen. Signaldauer = t

Weiterhin ist in der Tabelle 2.3-2 der entsprechende Phon-Wert und der Pegelunterschied einer Lautstärkeverdopplung oder Lautstärkehalbierung zu sehen.

Mit Hilfe der Tabelle 2.3-2 kann berechnet werden, welche Pegelunterschiede notwendig sind, um eine Verdoppelung der empfundenen Lautstärke zu erreichen. Geht man beispielsweise davon aus, dass ein Signal mit 30Phon Lautstärke vorliegt, so liegt die doppelte Lautstärke etwa 7-8dB, bei einem Signal mit 70 Phon 9-10dB darüber.
Hierbei ist zu beachten, dass die zu vergleichenden Lautstärken in Phon vorliegen müssen und nicht in dB_{SPL}.
Soll beispielsweise eine Verzehnfachung der Lautstärke berechnet werden, so muss der Sone-Wert um den Faktor Zehn ansteigen. Ausgehend von 60Phon läge die zehnfache Lautstärke dann bei etwa 92Phon.

2.3.4 Lautheit von kurzen Signalen

Wie laut ein Signal empfunden wird, hängt nicht nur von dem Schalldruckpegel und der spektralen Zusammensetzung des Signals ab, sondern auch von dessen Länge. Hierbei wurde festgestellt, dass Signale ab einer Dauer von etwa 100ms mit einer konstanten Lautstärke wahrgenommen werden. Liegt die Signaldauer jedoch unter 100ms, so wird das Signal leiser wahrgenommen, als es vom Schalldruckpegel her in den Kurven gleicher Lautstärke zu finden wäre. So wird beispielsweise ein 10ms andauerndes Signal etwa 10dB leiser wahrgenommen, als ein Signal, das 100ms andauert. Der Verlauf der Abschwächung ist in Abbildung 2.3-5 zu sehen.

2.3.5 Verdeckungseffekt

Der Verdeckungseffekt ist der psychoakustische Effekt, gegen der der Toningenieur beim Mischen von Audiosignalen hauptsächlich ankämpfen muss. Somit stellt er eine der Berechtigungen für das Berufsbild des Toningenieurs dar.
Es gibt zwei verschiedene Verdeckungseffekte, die in den folgenden Kapiteln genauer beschrieben werden. Beide stellen eine wesentliche Grundlage für die Datenreduktionsverfahren von Audiosignalen dar (siehe Kapitel 7.11).

2.3.5.1 Frequenzabhängige Verdeckung

Die Verdeckung von Frequenzen ist der am deutlichsten wahrnehmbare Verdeckungseffekt. Er besagt, dass laute Signale leisere Signale, die im gleichen oder benachbarten Frequenzbereich liegen, verdecken. Dies hat zur Folge, dass die leiseren Signale in den entsprechenden Frequenzbereichen nicht mehr bewusst wahrgenommen werden.

Ein praktisches Beispiel für diesen Effekt ist die Verdeckung von Rauschen. Hat ein Gerät ein gewisses Grundrauschen, so wird dieses nur in den Frequenzbereichen hörbar sein, in denen kein Nutzsignal vorhanden ist. Auch ein zu leises Nutzsignal wird das Rauschen nicht mehr vollständig verdecken können, so dass es ganz oder teilweise hörbar wird.
Bei normalen Musiksignalen sind die hochfrequenten Signalanteile am schwächsten vertreten. Wird nun das Musiksignal leiser, so wird das Grundrauschen zuerst in den Höhen in Erscheinung treten. Auch Rauschunterdrückungssysteme können gegen das Rauschen nichts anderes tun, als es zu verdecken (siehe Kapitel 8.3).

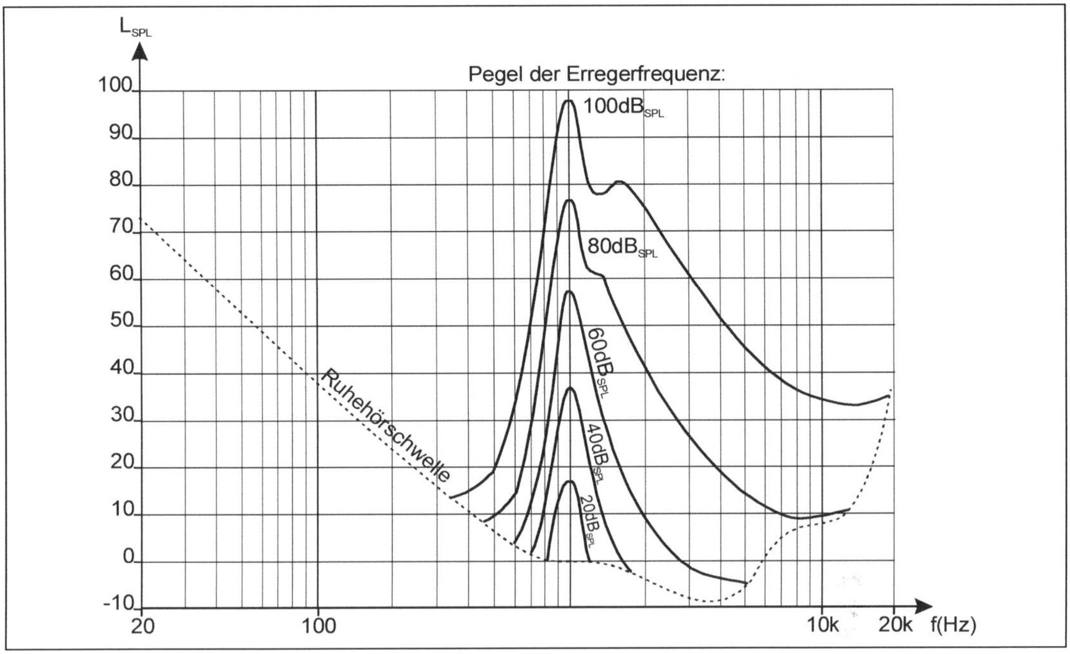

Abb. 2.3-6: Frequenzabhängiger Verdeckungseffekt von Signalen.
Dicke Linien: Mithörschwellen in Abhängigkeit des Pegels der Erregerfrequenz

In der Praxis kann eine Erregerfrequenz nicht nur die leiseren Anteile mit genau der gleichen Frequenz verdecken. Vielmehr werden auch etwas tieffrequentere und sehr viele hochfrequentere Signalanteile verdeckt. Die Auswirkung der Frequenzverdeckung ist grafisch in Abbildung 2.3-6 dargestellt. Die durchgezogenen Linien stellen hierbei die Verdeckungsschwellen für unterschiedlich laute Erregerfrequenzen dar. Unterhalb dieser Linien ist ein Signal aufgrund des Verdeckungseffektes nicht mehr wahrnehmbar.
Dies hat zur Folge, dass die Hörschwelle verändert wird, da durch den Verdeckungseffekt erst Signale wahrgenommen werden können, die über der Verdeckungsschwelle liegen. Die dadurch neu entstehende Hörschwelle nennt man "Mithörschwelle"

In Abbildung 2.3-6 kann man gut erkennen, dass unterhalb der Erregerfrequenz ein steiler Abfall der Verdeckungsschwelle mit etwa 100dB/Okt. erfolgt. Das Abfallen der Verdeckungsschwelle oberhalb der Erregerfrequenz ist abhängig von der Lautstärke des Erregers unterschiedlich steil.
Sind mehrere, verschiedene Erregerfrequenzen oder ein komplexes Musiksignal vorhanden, so kombinieren sich die Verdeckungsschwellen der einzelnen Erreger. Die Gesamtverdeckungsschwelle, die sich aus der Summe aller Erregerfrequenzen berechnet, ist der Schlüssel zu Datenreduktionsverfahren wie MPEG oder Dolby Digital. Sie ist jedoch sehr aufwändig zu berechnen und erfordert korrekte Modelle der Einzelverdeckungen. Stimmt die Schwelle bei der Datenreduktion nicht, so können so genannte Artefakte hörbar werden, da sie nicht mehr verdeckt werden (siehe Kapitel 7.11).

In der Musikproduktion hat der Verdeckungseffekt Auswirkungen auf den Klang einzelner Instrumente. So passiert es typischerweise in einer Rock-/ Popproduktion, dass ein gut gemischter Bass, einzeln gehört, genügend Präsenz und Attack hat. Kommt jedoch die Bass-Drum noch hinzu, so verdeckt diese plötzlich den Bass, und EQ-, sowie Kompressoreinstellungen müssen eventuell korrigiert werden.
Die Hauptaufgabe des Mischens besteht darin, gegen den Verdeckungseffekt zu arbeiten, so dass alle Signale in der Summe gut durchkommen und sich nicht gegenseitig verdecken.

2.3.5.2 Zeitliche Vor- und Nachverdeckung

Neben der frequenzabhängigen Verdeckung gibt es auch eine zeitlich abhängige Verdeckung. Letztere hat zur Folge, dass kurz vor dem Einschalten eines Signals und etwas länger nach dessen Abschalten

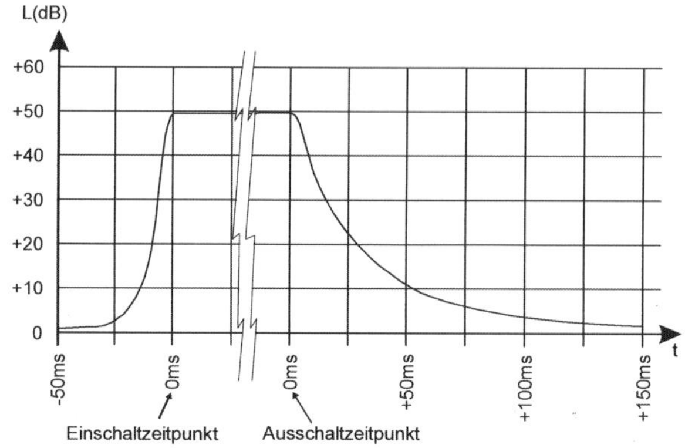

Abb. 2.3-7: Verlauf der zeitlichen Vor- und Nachverdeckung

andere Signale nicht wahrgenommen werden. Hierbei geht es jedoch nicht nur um Signale im gleichen Frequenzbereich, sondern auch um weit auseinander liegende Frequenzen.

Der zeitliche Verlauf dieser Verdeckungsart ist in Abbildung 2.3-7 zu sehen.

In der Produktion kann diese Art der Verdeckung gewinnbringend eingesetzt werden. So wird beispielsweise beim Einschalten einer Spur unmittelbar vor einem Schallereignis kein "Anrauschen" der Spur wahrgenommen. Vergleichbares gilt auch für den Ausklingvorgang.

2.4 Phasenempfinden

Es gibt zwei hörbare Phasenfehler bei der Schallreproduktion. Beide haben mehr oder weniger stark hörbare Auswirkungen auf den Klang beziehungsweise das Klangbild:

- Interchannel-Phasenfehler: Zeitunterschiede zwischen verschiedenen Wiedergabekanälen.
- Intrachannel-Phasenfehler: Zeitfehler innerhalb eines Übertragungskanals.

Mit Phasenfehler ist ein Zeitfehler, also ein Delay, gemeint. Dieser Zeitfehler tritt jedoch nicht auf dem gesamten Kanal auf, sondern ist frequenzabhängig. Das kann bedeuten, dass zum Beispiel nur mittlere Frequenzen etwas zu spät wiedergegeben werden, Bässe und Höhen jedoch zum richtigen Zeitpunkt.

2.4.1 Interchannel-Phasenfehler

Bei den Interchannel-Phasenfehlern treten Zeitverschiebungen zwischen einzelnen Wiedergabekanälen auf. Das bedeutet, ein Kanal ist bei bestimmten Frequenzen - oder auch über den gesamten Frequenzbereich - etwas früher oder später als der andere Kanal hörbar. Diese Fehler können durch folgende Probleme entstehen:

- Ungleiche Signalführungen der Kanäle
- Unterschiedliche Latenz der Kanäle
- Fehler in A/D- oder D/A-Wandlern
- Falsche Boxenaufstellung
- Schlechte Sitzposition

Es hat sich gezeigt, dass Interchannel-Phasenfehler bereits ab 10µs Zeitfehler hörbar sind. Sie bewirken je nach Stärke eine leichte bis deutlich merkbare Lokalisationsverschiebung der Signale zum früheren Kanal hin (siehe auch Kapitel 2.8.2).

2.4.2 Intrachannel-Phasenfehler

Bei den Intrachannel-Phasenfehlern handelt es sich um Zeitfehler, die innerhalb eines Übertragungskanals auftreten. Das heißt, dass innerhalb eines Kanals bestimmte Frequenzen früher oder später wiedergegeben werden, als andere. Dies kann folgende Ursachen haben:

- Phasenverschiebungen durch Frequenzweichen in Mehrwegelautsprechern
- Phasenverschiebungen von sehr steilflankig wirkenden Filtern (Anti-Aliasing-Filter oder Rekonstruktionsfilter)

Über die Hörbarkeit dieser Phasenfehler gibt es viele widersprüchliche Meinungen: So scheint ein Phasenfehler innerhalb eines Kanals keinen Einfluss auf ein statisches Schallereignis zu haben. Vielmehr wirkt er sich auf den Einschwingvorgang aus und verändert somit die Erkennbarkeit und die Lokalisation eines Signals.
Unter Idealbedingungen über Kopfhörer sind im mittleren Frequenzbereich Phasenfehler ab 250-500µs hörbar. Bei höheren und tieferen Frequenzen nimmt diese Zeit zu.
Wird jedoch nicht über Kopfhörer abgehört, sondern in einem Raum über Lautsprecher, so haben Phasenfehler erst ab etwa 1ms hörbare Auswirkungen auf ein Signal. Bei einem 1kHz- Signal entspricht dies bereits einer Verschiebung um eine komplette Periode (360°)!

2.5 Lokalisation

Geht es um die Lokalisation von Schallquellen, so wird diese in der Umgangssprache fast immer mit "Ortung" bezeichnet. Das mag daran liegen, dass das Wort "Ortung" kürzer ist und gefälliger klingt als "Lokalisation". Teilweise wird auch in der Literatur wahlweise "Ortung" oder "Lokalisation" benutzt, um nicht immer den gleichen Begriff wiederholen zu müssen. Ortung ist jedoch eigentlich kein Synonym für Lokalisation:

- **Ortung** ist die Bestimmung der eigenen Position innerhalb eines Systems. Dies kann satellitengestützt die GPS-Ortung sein, oder auch die Positionsbestimmung mit Hilfe einer Karte. Auch U-Boote, Flugzeuge und Fledermäuse orten ihre Position durch Sonar oder Radar.
- **Lokalisation** ist die Bestimmung einer Richtung oder einer Position. So lokalisiert man beispielsweise, wo sich ein Objekt befindet, oder von wo eine Schall- oder Lichtquelle kommt.

Obgleich beide Begriffe in der Praxis vorkommen, wird in diesem Buch nur der Begriff "Lokalisation" verwandt. Spricht ein Toningenieur in der Praxis von Ortung, dann meint er in der Regel Lokalisation.

Zu Erinnerung an das kopfbezogene Koordinatensystem sei an dieser Stelle noch einmal auf Abbildung 2.1-1 in Kapitel 2.1 hingewiesen.

2.5.1 Lokalisationsmechanismen des Gehörs

Die Lokalisation von Schallquellen wird nicht allein durch ein Organ oder ausschließlich das Gehirn durchgeführt. Vielmehr ist es die Kombination verschiedener Lokalisationsmechanismen, die es dem Menschen ermöglichen, schnell und genau die Richtung einer Schallquelle anzugeben:

- Laufzeitdifferenzen zwischen den Ohren
- Pegelunterschiede zwischen den Ohren
- Hervorhebung bestimmter Frequenzbereiche
- Schmalbandige Einbrüche durch sehr frühe Reflexionen an der Ohrmuschel
- Bekanntheitsgrad des Signals

2.5.2 Lokalisation in der Horizontalebene

Die Lokalisation in der Horizontalebene erfolgt hauptsächlich durch zwei Lokalisationsmechanismen: den Laufzeit- und Pegelunterschieden zwischen den Ohren. Die Genauigkeit der horizontalen Lokalisation ist relativ hoch:

- In Blickrichtung (0° vor dem Hörer): 2-3°
- Auf der Seite (90°): 4-5°

Bei natürlich auftretenden Schallereignissen sind Laufzeit- und Pegeldifferenzen immer gleichsinnig. Es ergibt sich somit eine Äquivalenz der Lokalisationsmechanismen. Bei der Kopfhörerwiedergabe können jedoch auch nur einzelne Lokalisationsmechanismen verwendet werden.

2.5.2.1 Lokalisation durch interaurale Laufzeitdifferenzen

Um die Lokalisation durch Laufzeitdifferenzen verstehen zu können, sollte man zunächst das Schaubild in Abbildung 2.5-1 betrachten. Wie man sieht, wird eine Schallquelle, die sich nicht genau vor der Hörposition befindet, das der Schallquelle zugewandte Ohr etwas früher erreichen als das abgewandte Ohr. Weiterhin kann man sehen, dass die Schallquelle das zugewandte Ohr auf direktem Weg erreichen kann und einen Umweg um den Kopf nehmen muss, um das abgewandte Ohr zu erreichen. Der daraus resultierende Laufzeitunterschied errechnet sich näherungsweise mit:

$$\Delta t = \frac{d \cdot \pi}{c} \cdot \frac{\alpha}{360°}$$

mit:

Δt: Laufzeitunterschied des Schalls zwischen linkem und rechtem Ohr in Sekunden, s
d: Ohrabstand in Meter, m (Standard: 0,175m)
c: Schallgeschwindigkeit: In Luft: $344 \frac{m}{s}$
α: Einfallswinkel der Schallquelle in Grad, °

Der geringste Laufzeitunterschied, der bemerkt werden kann, liegt bei etwa 10µs (siehe auch Kapitel 2.4.1). Allerdings lässt sich erst ab etwa 30µs eine tatsächlich neue Position einer Schallquelle sicher bestimmen. Daraus ergibt sich eine Lokalisationsunschärfe von 2° - 3°.

Der maximale Laufzeitunterschied beträgt 630µs bei seitlichem Schalleinfall. In diesem Fall muss der

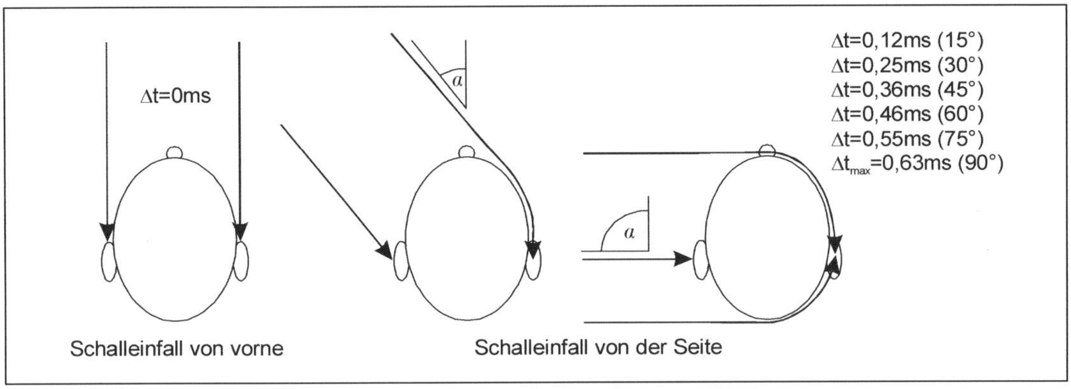

Abb. 2.5-1: Lokalisation durch Laufzeitunterschiede

Schall den größten Umweg zum abgewandten Ohr zurücklegen. Das Problem hierbei ist, dass rein rechnerisch bei einem kugelförmigen Kopf der Schall genau 0,4ms für einen Umweg von einem Viertelkopf brauchen würde. In der Praxis gibt es jedoch zwei Umwege: einen kurzen über den Hinterkopf und einen längeren mit maximal 0,63ms über die Stirn. Aus diesem Grund ist bei seitlichem Schalleinfall die Lokalisationsschärfe auch deutlich schlechter und liegt nur bei 12° - 18°.

Um die Laufzeitunterschiede wahrnehmen zu können, werden bei Frequenzen unter 1000Hz vom Gehirn die Schwingungsverläufe der Signale und die Lautstärkeverläufe der Signale analysiert. Oberhalb 1000Hz sind nur noch die Lautstärkeverläufe (Hüllkurven) der Signale auswertbar.
Zu tiefen Frequenzen hin werden die Schwingungsverläufe an beiden Ohren immer ähnlicher, da die kleinen Laufzeitunterschiede zwischen den Ohren kaum mehr Phasenunterschiede im Schwingungsverlauf bedeuten. Daher sind tiefe Frequenzen deutlich schlechter oder gar nicht mehr lokalisierbar.

Grundsätzlich gilt: je mehr verschiedene Frequenzen ein Signal hat, desto genauer wird es mit Hilfe von Laufzeitunterschieden lokalisiert.

2.5.2.2 Lokalisation durch interaurale Pegeldifferenzen

Der unwichtigere Lokalisationsmechanismus in der Horizontalebene ist die Lokalisation mit Hilfe von Pegelunterschieden an den Ohren. Das der Schallquelle abgewandte Ohr wird von der Schallquelle durch den Kopf abgeschattet und bekommt dadurch weniger Pegel als das zugewandte Ohr. Dieser Pegelunterschied ist sehr stark frequenzabhängig. Unter 300Hz kann sich der Schall um den Kopf herum beugen und es sind demzufolge kaum noch Pegelunterschiede vorhanden. Dies ist ein weiterer Grund dafür, warum tiefe Frequenzen von Subwoofern oder tiefe Orgeltöne nicht gut lokalisierbar sind.
Wie gut tatsächlich eine Schallquelle durch Pegelunterschiede lokalisiert werden kann, hängt neben den Pegeldifferenzen auch sehr stark von der Erfahrung und dem Bekanntsein der Schallquelle ab.

2.5.2.3 Lokalisation durch Reflexionen an der Ohrmuschel

Neben den Pegel- und Laufzeitunterschieden sind auch frühe Reflexionen an der Ohrmuschel für die Lokalisation in der Horizontalebene verantwortlich. Sie bewegen sich im Bereich um 100-200μs und haben einen Frequenzeinbruch im gehörten Frequenzspektrum zur Folge. Genaueres zu diesen Reflexionen ist im Kapitel 2.6.1 zu finden.

2.5.3 Lokalisation in der Medianebene

Richtungslokalisation in der Medianebene bedeutet unter anderem die Höhe eines Schallereignisses zu bestimmen. Man spricht hierbei auch von der "Elevation" einer Schallquelle. Weiterhin soll festgestellt werden, ob ein Schallereignis vor oder hinter dem Hörer stattfindet.
Die Lokalisation in der Medianebene wird durch so genannte "richtungsbestimmende Bänder" sowie durch Reflexionen an der Ohrmuschel bestimmt. Die Lokalisationsunschärfe liegt bei etwa 10°

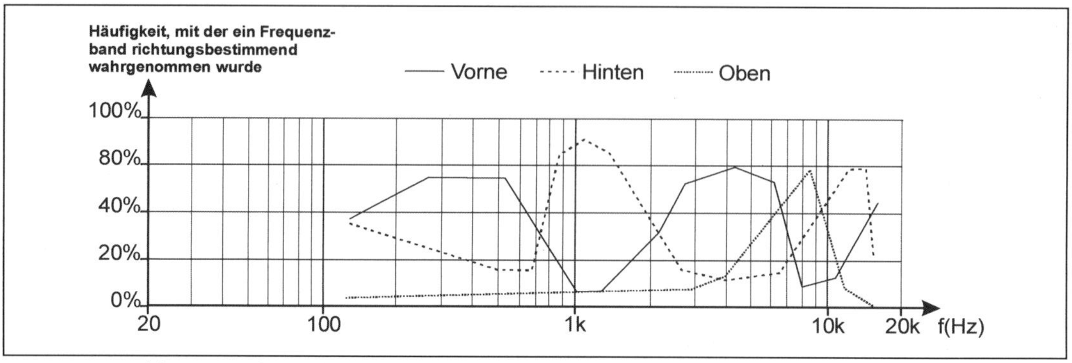

Abb. 2.5-2: Richtungsbestimmende Frequenzbänder für die Lokalisation in der Medianebene

2.5.3.1 Lokalisation durch richtungsbestimmende Frequenzen

1983 hat Jens Blauert ein wissenschaftliches Schreiben verfasst, in dem es um die Lokalisation in allen drei Dimensionen geht. In diesem Zusammenhang wurde auch die Lokalisation von Signalen in der Medianebene untersucht. In einem reflexionsarmen Raum wurden schmalbandige Rauschsignale vorgespielt, und ein Zusammenhang zwischen der lokalisierten Richtung und der Frequenz des Rauschens festgestellt. Daraus ergab sich folgendes Ergebnis:

- Signale, die zwischen 2kHz und 7kHz relativ laut sind, werden als präsent wahrgenommen und von vorne lokalisiert. Weiterhin ist eine Erhöhung zwischen 250-500Hz für die Vorne-Wahrnehmung hilfreich.
- Signale mit starken Frequenzanteilen bei 1kHz werden tendenziell von hinten wahrgenommen. Auch hilfreich sind Frequenzanteile von 12- 16kHz.
- Signale mit starken Frequenzanteilen bei 8kHz werden eher von oben wahrgenommen.

Die Aufteilung der richtungsbestimmenden Bänder ist in Abbildung 2.5-2 zu sehen.

2.5.3.2 Lokalisation durch Reflexionen an der Ohrmuschel

Neben den richtungsbestimmenden Frequenzbändern scheinen auch Reflexionen an den Ohrmuscheln für die Lokalisation in der Medianebene verantwortlich zu sein. Je nach Reflexionsdauer haben sie unterschiedliche Frequenzeinbrüche im Gesamtspektrum eines Signals zur Folge:

- Ein Frequenzeinbruch bei etwa 8kHz repräsentiert ein Signal aus Ohrhöhe.
- Ein Frequenzeinbruch bei 10-11kHz hat eine erhöhte Signallokalisation zur Folge.
- Ein Frequenzeinbruch bei 6-7kHz hat eine Signalrichtung von unten zur Folge.

2.5.4 In-Kopf-Lokalisation

Bei der Wiedergabe von Signalen über Kopfhörer ergibt sich keine Lokalisation der Schallquelle vor, hinter oder seitlich vom Zuhörer, sondern eine so genannte "In-Kopf-Lokalisation".
Alle abgebildeten Signale werden im Kopf zwischen linkem und rechten Ohr wahrgenommen. Es wird somit nicht mehr möglich, eine Tiefenstaffelung des Signals zu bekommen, da der Lokalisationsparameter "Tiefe" entfällt.
Dadurch gestaltet es sich in der Praxis schwierig, ein Klangbild über Kopfhörer zu mischen, das, über Lautsprecher abgehört, fehlerfrei ist.
Neben der In-Kopf-Lokalisation werden auch extreme Panoramaeinstellungen unnatürlich wahrgenommen. Wird ein Signal beispielsweise nur auf den rechten Ausgangskanal geschickt, so ist es bei der Lautsprecherwiedergabe trotzdem über beide Ohren zu hören. Lokalisiert wird es vom rechten Lautsprecher. Im Gegensatz dazu erscheint das Signal bei der Kopfhörerwiedergabe ausschließlich am rechten Ohr und liefert somit einen Klangeindruck, der in der Natur nicht vorkommt.

2.5.5 Theorie der Schallquellenlokalisation

Wieso lokalisiert man Schallereignisse so genau aus einer bestimmten Richtung? Dieser Frage versuchen Theorien über die Schallquellenlokalisation auf den Grund zu gehen. Eine schlüssige Theorie besagt, dass die Erkennung der Signalrichtung und die Erkennung der Signalart unabhängig voneinander in zwei verschiedenen Teilen des Gehirns ablaufen.
So wird zunächst von jedem Ohr eine Folge von Nervenimpulsen ausgesandt, jenachdem welche Art von Signal eintrifft.

In einer ersten Erkennungsstufe werden anhand einer Mustererkennung bestimmte Merkmale für die Signale bestimmt. So können zum Beispiel Einschwingvorgänge von statischen Schwingungsverläufen unterschieden werden. Breitbandigere Signale werden mit anderen Merkmalen behaftet als schmalbandige Signale, Frequenzeinbrüche oder Pegelüberhöhungen in Signalen werden erkannt.

In einer zweiten Stufe versucht das Gehirn die Merkmale, die vom linken und rechten Ohr erkannt wurden, zusammen zu führen. Hierbei wird zum Beispiel festgestellt, dass ein Transient, der am linken Ohr erkannt wurde, kurz darauf auch am rechten Ohr erkannt wird. Auch kann die Übereinstimmung einer ganzen Merkmalsfolge festgestellt werden, die vom linken und vom rechten Ohr kam und in der ersten Stufe erkannt wurde.
Auf diese Weise ist es auch möglich, komplexeren Signalen aufmerksam zu folgen, obwohl gleichzeitig viele andere Schallreize vorhanden sind. Man nennt dies den "Cocktailparty-Effekt". Man kann einem Gespräch auf einer Party folgen, obwohl viele andere Stimmen und Musik in vergleichbarer Lautstärke zu hören sind. Das Gehirn konzentriert sich im Moment des bewussten Zuhörens auf einen bestimmten Zeitabstand und Pegelunterschied der Musterfolgen zwischen linkem und rechten Ohr, so dass das gezielte Verfolgen einer Richtung möglich wird. Hält man sich ein Ohr zu, verschwindet der Cocktailparty-Effekt, da nur noch die Musterfolge eines Ohrs zum Gehirn vordringt und kein Vergleich mehr möglich ist.

In der dritten Stufe werden die Musterfolgen wiederum mit erlernten "Schablonen" verglichen, und es findet eine Erkennung des Schallereignisses statt. An dieser Stelle wird zum Beispiel unterschieden, welches Instrument man gerade hört, welcher Teil eines Wortes gerade gesprochen wird und, ob die Person bekannt ist, die das Wort spricht.

Zuletzt werden die erkannten Schallereignisse in Zusammenhang gebracht, Worte und Sätze verstanden, verschiedene Instrumente zu einem Gesamtklang zusammengesetzt, Harmonien erkannt, sowie Musik als mehr oder weniger schön empfunden.

Auch ein Vergleich mit den Signalen, die von anderen Sinnesorganen (Augen, Nase...) herrühren, findet in den letzten drei Stufen statt, so dass die erkannten Muster dadurch gefestigt werden können.

2.6 Wahrnehmung von verzögerten Schallereignissen

Treffen zwei gleiche Schallereignisse nacheinander ein, so treten je nach Verzögerungszeit die unterschiedlichsten Effekte ein. Ein Effekt, der auf jeden Fall eintritt, ist der Kammfiltereffekt (siehe Kapitel 1.2.3.1) Der Frequenzgang des Signals wird auf Grund des Kammfiltereffekts durch viele schmalbandige Einbrüche sowie zwischen den Einbrüchen liegende Überhöhungen verfälscht. Abgesehen von den möglicherweise offensichtlichen Klangveränderungen im Frequenzgang, treten auch andere, psychoakustische Effekte auf, die in diesem Kapitel näher beschrieben werden.

Vor allem für sehr kurz hintereinander auftretende Schallereignisse sind noch nicht alle Auswirkungen vollständig erforscht.

2.6.1 Verzögerte Schallereignisse aus der gleichen Richtung

Treten zwei verzögerte Schallereignisse aus der gleichen Richtung auf, so würde man zunächst nur eine Veränderung des Frequenzgangs des Signals vermuten.
Je nach Lautsprecheraufstellung kann jedoch auch eine deutliche Veränderung der Lokalisation der Phantomschallquellen resultieren.

Als Beispiel für gleiche Signale, die zeitverzögert aus der gleichen Richtung kommen, sei hier ein Mehrwegelautsprecher genannt. Hochtöner und Tieftöner strahlen an ihrer Trennfrequenz das gleiche Signal mit gleichem Pegel ab. Durch Phasenverschiebungen in der Frequenzweiche kann es passieren, dass die Signale von Hoch- und Tieftöner nicht zeitgleich abgestrahlt werden, sondern sehr kurz hintereinander. Die Verzögerungszeit beträgt in der Praxis zwischen 20µs und 200µs.
Da Hochtöner und Tieftöner relativ nahe beieinander auf der Front des Lautsprechers montiert sind, würde man zunächst vermuten, dass diese kurze Zeitverzögerung zwischen zwei Signalen keinerlei Auswirkung zeigen kann. Setzt man sich allerdings in ein gleichseitiges Dreieck mit zwei Lautsprechern, die diesen Zeitfehler aufweisen, stellt man fest, dass Phantomschallquellen zwischen den Lautsprechern nicht scharf abgebildet werden. Weiterhin vermisst man die räumliche Tiefe in einer Mischung.

Ein Test, der schnell Mehrwegelautsprecher entlarvt, die einen Zeitfehler aufweisen, sieht so aus: Man gibt ein Mono-Musiksignal auf die Stereolautsprecher. Sitzt man im gleichseitigen Dreieck vor den Lautsprechern, sollte das Musiksignal aus der Mitte zwischen den Lautsprechern zu hören sein. Die Lautsprecher selber sollten hierbei nicht als Schallquelle des Musiksignals wahrnehmbar sein.

Bei den meisten Lautsprechern, die man diesem Test unterzieht, stellt man fest, dass Monosignale nicht nur aus der Mitte zwischen den Lautsprechern zu hören sind, sondern auch immer noch genau bestimmt werden kann, welche Lautsprecher das Signal abstrahlen. Dies entspricht jedoch nicht der Theorie der Phantomschallquellen. Eine Phantomschallquelle sollte nur von einer Richtung lokalisiert werden. Sind die Lautsprecher als zusätzliche Schallquellen hörbar, so liegt ein Fehler seitens der Lautsprecher vor. Dieser Fehler wird von der Zeitverzögerung der Lautsprechersysteme zueinander hervorgerufen und wirkt sich um so schlimmer aus, je größer die Verzögerungszeit ist.
Der Zeitfehler ist korrigierbar (siehe Kapitel 6.10.2.14) und, sofern man Wert auf eine gute Lokalisation und Tiefenstaffelung legt, sollte er auch korrigiert werden. Obgleich 100µs Zeitfehler gering erscheinen, ist dessen Auswirkung von jedem Laien bereits hörbar.

Eine mögliche Begründung für die Auswirkung dieses Zeitfehlers findet sich in einer Theorie, wie der Mensch Richtungen wahrnimmt:
Reflexionen der einfallenden Schallereignisse an der Ohrmuschel geben dem Gehirn die Richtung des Schallereignisses an. Diese Reflexionen liegen im Bereich von ca. 100-200µs. Dabei scheint es unerheblich zu sein, ob die Auswirkung in der Zeitebene (verzögertes Schallereignis) oder in der Frequenzebene (Kammfilter) betrachtet wird. Beides hat die gleichen Auswirkungen auf das Gehirn.
Wesentlich ist die Stärke des verzögert eintreffenden Signals (siehe Abbildung 2.6-1). Je stärker die Reflexion ist, desto mehr wird ein Signal von der Seite aus lokalisiert. Sind das Direktsignal und die Reflexion gleich stark, so vermutet das Gehirn eine Signalquelle von der Seite. Dies wäre bei Lautsprechern mit Zeitfehler im Bereich der Grenzfrequenz der Fall.
Durch den Zeitfehler werden die Phantomschallquellen an der Grenzfrequenz in die Breite gezogen, und die Tiefenstaffelung wird deutlich geringer, da eine Art Im-Kopf-Lokalisation stattfindet.

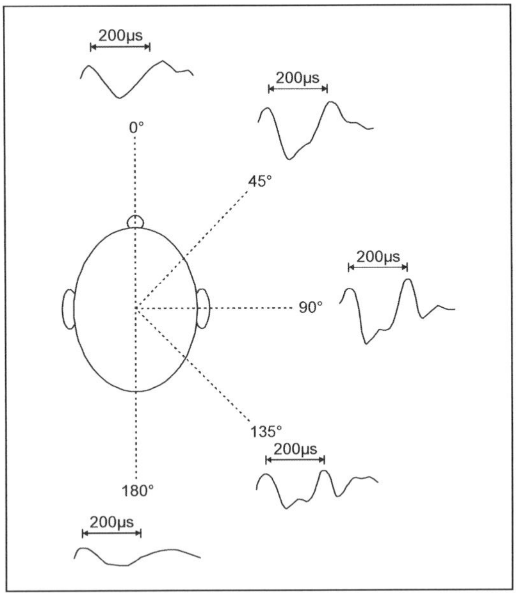

Abb. 2.6-1: Reflexionen an der Ohrmuschel bestimmen die Richtungslokalisation

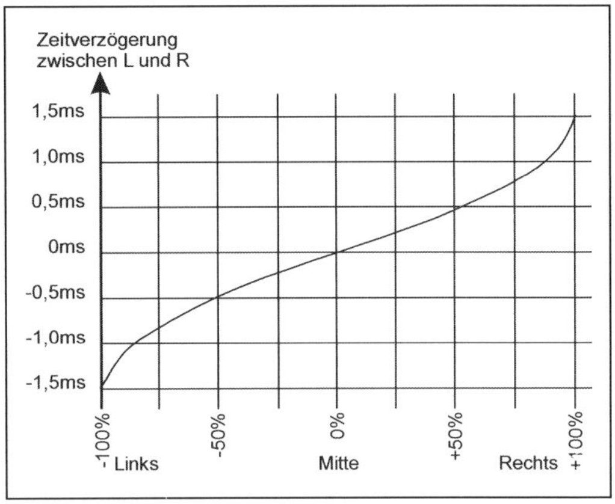

Abb. 2.6-2: Lokalisationsverschiebungen durch Laufzeitunterschiede

2.6.2 Verzögerte Schallereignisse aus verschiedenen Richtungen

Treffen zwei gleiche Schallereignisse aus unterschiedlichen Richtungen verzögert am Hörplatz ein, so kann man deren Auswirkungen in drei Zeitbereiche einteilen: Zeitverzögerungen kleiner 2ms, zwischen 1ms und 30ms und über 30ms.

2.6.2.1 Zeitverzögerung kleiner 2ms

Liegt die Zeitverzögerung zwischen zwei gleichen Signalen aus unterschiedlichen Richtungen unter 2ms, so hat dies eine Verschiebung der Lokalisationsrichtung des Signals zur Folge.
Davon ausgehend, dass man in einem gleichseitigen Dreieck mit den Lautsprechern sitzt, und zwei gleichlaute Signale abgestrahlt werden, ergeben sich Lokalisationsverschiebungen, wie in Abbildung 2.6-2 (und auch Abbildung 2.8-4 im Kapitel 2.8) zu erkennen. Man sieht, dass Laufzeitunterschiede bis 0,9ms zunächst eine lineare Verschiebung aus der Stereomitte zur Folge haben. Laufzeitunterschiede über 0,9ms wirken sich weniger stark aus, und ab 1,5ms Laufzeitunterschied wird das Signal annähernd nur noch aus einem Lautsprecher lokalisiert.

Sollte es sich bei dem Versuchsaufbau nur um ein gleichschenkliges Dreieck handeln (das heißt, man befindet sich nicht am idealen Abhörpunkt, sondern davor oder dahinter), so kann ebenso davon ausgegangen werden, dass das Signal bei 1,5ms Laufzeitunterschied nur noch aus einem Lautsprecher wahrgenommen wird.

In der Stereomikrofontechnik wird diese Eigenschaft des Gehörs genutzt, um Stereoaufnahmen mittels Laufzeitunterschieden zu bewerkstelligen. Techniken, die auf Laufzeitunterschieden beruhen, sind zum Beispiel die AB-Technik oder die ORTF-Technik (siehe Kapitel 6.6.2 und 6.6.3).

Auch in der Musikproduktion kann mit Hilfe von Delays eine Lokalisationsverschiebung erzielt werden. Sind die Anwendungen im Moment meist auf das Verdoppeln von Schallereignissen beschränkt (zum Beispiel gedoppelte Gitarren in der Rock-/ Popmusik), so ist es nur noch eine Frage der Zeit, bis Digitalmischpulte neben dem Pegelpanoramaregler auch einen Laufzeitpanoramaregler besitzen werden.

Die Lokalisationsverschiebung durch Laufzeitunterschiede zwischen zwei Schallereignissen kann auch mit Pegelunterschieden kombiniert werden. In diesem Fall gilt einfach die Summe der beiden Verschiebungsgrößen. So verursacht beispielsweise eine Schallquelle, die 500µs verzögert und 4dB leiser ist, eine Verschiebung um 85% in Richtung der lauteren und früheren Schallquelle (siehe auch Kapitel 2.8.3)

Die ORTF Stereomikrofontechnik basiert zum Beispiel auf einer kombinierten Lokalisationsverschiebung.

2.6.2.2 Zeitverzögerung von 2ms bis 30ms

Ab einer Verzögerungszeit von 2ms tritt, in Abhängigkeit des Pegels des verzögerten Signals, der so genannte Präzedenzeffekt oder Haas-Effekt auf.
Dieser besagt, dass bei zwei gleichen Schallereignissen, die verzögert am Abhörpunkt eintreffen, die Richtungslokalisation bei dem zuerst eintreffenden Schallereignis bleibt. Dies funktioniert sogar bei einem um bis zu 10dB höheren Pegel des zweiten Schallereignisses.
Abbildung 2.6-3 zeigt die Abhängigkeit des Pegels des zweiten Signals im Verhältnis zur Verzögerungszeit. Wie man erkennen kann, besteht bei einer Verzögerungszeit von t=17ms die Möglichkeit, dass das zweite Signal bis über 10dB lauter eintreffen kann, ohne dass das Gehirn die Lokalisation des ersten Schallereignisses verliert. Den Zeitbereich, in dem dieser Effekt funktioniert, nennt man Haas-Bereich.

Eine Erklärung für dieses Phänomen könnte in der Klangverarbeitung des Gehirns zu finden sein. Das erste eintreffende Signal gibt dem Gehirn die notwendigen Schlüsselinformationen über den Klang und die Richtung einer Schallquelle. Das Gehirn ist nun eine gewisse Zeit beschäftigt, diese Informationen auszuwerten, so dass ein zweites, kurz darauf eintreffendes Schallereignis bezüglich des Informationsgehalts nicht verarbeitet werden kann.

Wie gut der Präzedenzeffekt funktioniert, hängt jedoch nicht nur von der Verzögerungszeit, sondern auch von der Art des Schallereignisses ab. So sind statische Klänge, so genannte Klangflächen, die weich einschwingen, hinsichtlich ihrer genauen Verzögerungszeit relativ unkritisch. Bei kurzen, perkussiven Signalen hingegen, kann das zweite Signal wesentlich früher als Echo wahrgenommen werden. Ein in dieser Beziehung kritisches Signal ist das Xylophon, welches sehr kurze Schallereignisse produziert. Auch ein "Knackfrosch" eignet sich sehr gut, um hörbare, frühe Reflexionen experimentell zu ermitteln.

In der Raumakustik wird der Präzedenzeffekt oft gezielt eingesetzt, um den Lautstärkeeindruck am Hörplatz zu vergrößern. Dazu werden reflexive Oberflächen so platziert, dass deren Reflexionen im Haas-Bereich liegen. Für eine Reflexion, die nach t=17ms eintreffen soll, entspricht dies einer Umwegstrecke von 5,85m.
Reflektoren könnten in einem Konzertsaal an den Seitenwänden, der Decke oder über der Bühne so angebracht werden, dass zwischen Direktsignal und Reflexion genau dieser Wegstreckenunterschied herrscht. Auf diese Weise wird das Schallereignis nach wie vor auf der Bühne lokalisiert, der Lautstärkeeindruck jedoch durch die Reflexion erhöht.

Hierbei ist ein weiterer, interessanter Effekt zu beobachten, der vor allem in größeren Räumen Anwendung findet: Trifft eine erste, starke Reflexion im Haas Bereich ein, so verschiebt sich die Lokalisation der primären Schallquelle nicht. Es entsteht jedoch durch die Reflexion ein weiterer Haas-Bereich nach der Reflexion. In diesen Zeitbereich können weitere Reflexionen fallen, die auch keine Lokalisationsverschiebung des primären Schallereignisses zur Folge haben werden. Auf diese Weise lässt sich der Haas-Bereich ziemlich

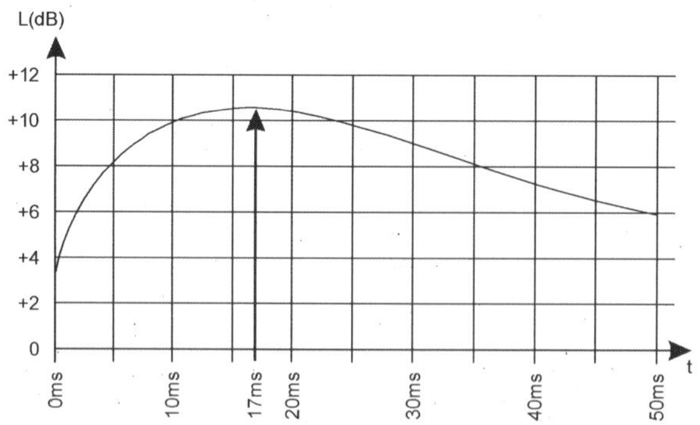

Abb. 2.6-3: Eine verzögerte Reflexion kann je nach Verzögerungszeit über 10dB lauter sein, als das Direktsignal, ohne dass die Lokalisation des Direktsignals verloren geht

lange ausdehnen, und eine große Zahl an Reflexionen kann gewinnbringend für die Hörlautstärke verwendet werden, ohne, dass sich die Richtung des ersten Schallereignisses verschiebt. Dieser Effekt wird "Kutruff-Effekt" genannt.
Die Berechnung der Pegel und Laufzeiten der einzelnen Reflexionen kann heute relativ einfach anhand eines 3D-Modells des zu bauenden Saals erfolgen. Eine entsprechende Akustikplanungssoftware erlaubt gleichzeitig auch eine Auralisation des Raums, so dass man verschiedene Schallquellen an unterschiedlichen Hörpositionen im Raum anhören kann, bevor der Raum tatsächlich gebaut werden muss. Auf diese Weise lassen sich Fehler in einem relativ frühen Stadium vermeiden und sowohl der Haas- als auch der Kutruff-Effekt optimal ausnutzen.

Regieräume wurden eine Zeit lang nach dem "Live-End/Dead-End"-Prinzip gebaut. Hierbei waren die vorderen Wände, an denen auch die Lautsprecher waren, absorptiv gestaltet und die Rückwand des Raums reflexiv. Bei optimaler Raumgröße lag die Rückwandreflexion genau 17ms nach dem Eintreffen des Direktschalls der Lautsprecher. War der Raum nach hinten größer, so hat man so genannte "Haas-Kicker" aufgestellt. Dies sind große, teilweise konvexe Flächen, die genau nach 17ms eine Reflexion auf den Abhörplatz werfen. Die eigentliche Rückwandreflexion liegt anschließend im Bereich des Kutruff-Effekts und ist somit nicht als störendes Echo wahrnehmbar.

In Beschallungsanlagen ist es nicht immer möglich, die Frontlautsprecher so laut zu machen, dass der gesamte Zuschauerbereich vernünftig beschallt wird. Oft bekommen die vorderen Reihen zu viel Schalldruck und weit hinten wird es zu leise oder durch Raumreflexionen zu "matschig" oder zu hallig. Um dieses Problem zu lösen, kann man zusätzliche Lautsprecher in den hinteren Teilen des Zuhörerbereiches aufstellen, und diese mit einer verzögerten Kopie des Frontsignals speisen. Die Verzögerungszeit dieser Lautsprecher errechnet sich aus der Laufzeit des Schalls zwischen Direktsignal und Aufstellungsort des Lautsprechers plus 17ms für den Präzedenzeffekt:

$$t = \frac{d}{c} + 17\text{ms}$$

mit:
t: Verzögerungszeit für die Delays in Sekunden, s
d: Abstand zwischen primärer Schallquelle und Lautsprecher in Meter, m
c: Schallgeschwindigkeit. In Luft $344\frac{\text{m}}{\text{s}}$

In Kirchen werden schmale, zeilenförmige Lautsprecher verwendet, die meist an den Säulen angebracht werden. Sie verstärken die Sprache des Redners und strahlen sie zeitverzögert ab, so dass die Lokalisation beim Redner bleibt.
Im Live-Bereich werden "Delay-Towers" eingesetzt, die die hinteren Bereiche des Zuschauerbereiches beschallen. Der Name rührt von den meist großen, turmförmigen Lautsprecheraufbauten, die verwendet wurden.
Auch in Kinos wird ein Delay auf den Surroundlautsprechern eingesetzt, um die Lokalisation der Schallereignisse auf die Frontlautsprecher zu konzentrieren. Dies soll bewirken, dass der Blick nicht von der Leinwand weggeht, um zu verhindern, dass man merkt, dass man "nur im Kino" ist.

In der Musikproduktion gibt es mehrere Möglichkeiten den Präzedenzeffekt einzusetzen:

- Stützmikrofone können in den Haas-Bereich der Hauptmikrofone verzögert werden. Dadurch ist das genaue Panning der Stützmikrofone nicht so wichtig. Der Stützeffekt bleibt trotzdem erhalten.
- Das Hauptmikrofon kann in den Haas-Bereich eines Stützmikrofons verzögert werden. Dies bietet sich beispielsweise an, wenn bei einer Konzertaufnahme die Solisten nicht in der Mitte der Bühne stehen konnten, letztere jedoch auf der Aufnahme mittig platziert werden sollen. Man stellt die Stütze im Panorama in die Mitte und verzögert das Hauptmikrofon in den Haas-Bereich. Unabhängig von der Position der Solisten auf dem Hauptmikrofon erscheinen sie ohne Panoramaverschiebungen in der Mitte der Mischung. Die genaue Verzögerungszeit sollte hierbei genauestens durch Hören kontrolliert werden, damit auch im Nachhall keine Wanderbewegungen der Schallquellen entstehen.

2.6.2.3 Zeitverzögerung über 30ms

Zeitverzögerungen über 30ms werden in der Regel als Echo wahrgenommen. Die genaue Zeit, ab wann ein Signal vom Haas-Bereich in ein hörbares Echo übergeht, ist wiederum abhängig von der Signalart. Je kürzer ein Schallereignis ist, desto eher ist auch ein Echo zu hören.

Aus akustischer Sicht sind Echos schlecht, da sie die Sprachverständlichkeit und die Lokalisation von Schallereignissen stören. Man denke nur an die Lautsprecherdurchsagen auf großen Bahnhöfen, bei denen viele Echos der verschiedenen Lautsprecher am Hörpunkt eintreffen. Der Sprachinhalt der Durchsage ist dabei meist kaum noch zu verstehen.

In der Musikproduktion können Echos gezielt eingesetzt werden, um Instrumente zu verdoppeln und dadurch Stereoeffekte zu erzielen. So könnte eine einmal aufgenommene Rhythmusgitarre einfach durch Delays gedoppelt werden. Dazu gibt man die Gitarre auf den linken Kanal und die verzögerte Gitarre auf den rechten Kanal. Sollte das noch zu "langweilig" klingen, kann man weitere verzögerte Versionen zusätzlich links und rechts positionieren. Durch viele unterschiedliche Verzögerungszeiten bekommt man ein breites, volles Signal.

Leise eingesetzte Delays von Signalen können die ersten Reflexionen eines Raums nachbilden. Als Orientierung kann man sich den realen Raum auf ein Blatt Papier aufmalen, eine Schallquelle und eine Hörposition einzeichnen und überlegen, welche Verzögerungszeiten in diesem Raum auftreten, und aus welcher Richtung die Reflexionen kommen. Wird dies mit Hilfe mehrerer Delays nachprogrammiert, kann man den Raum schnell und einfach künstlich nachbilden. Hierzu reichen vier bis sechs erste Reflexionen. Ein diffuser Nachhall kann für große Räume die Realität der Illusion weiter verbessern.

Echos werden gerne als Effekt eingesetzt, um sich vom Ende einer Phrase zum Anfang der nächsten "hinüberzuretten". Dazu programmiert man ein immer leiser werdendes Echo im Takt der Musik und gibt dieses auf die letzte Silbe oder den letzten Ton einer Phrase. Durch die rhythmische Wiederholung scheint kein Loch zwischen den Phrasen zu entstehen. Die Berechnung der Delayzeit kann mit folgender Formel erfolgen:

$$t = \frac{60000}{BPM \cdot N}$$

mit:

t: Delayzeit in Millisekunden, ms

BPM: Beats Per Minute. Anzahl der Viertelnoten pro Minute

N: Mögliche weitere Unterteilung:
- N=1,5: Halbetriolen
- N=2: Achtel
- N=3: Vierteltriolen
- N=4: Sechzehntel
- N=6: Achteltriolen

2.7 Entfernungshören

Über das Bestimmen der Entfernung zu einer Schallquelle kann nicht viel berichtet werden. Es ist in erster Linie ein Lernvorgang, der auf der Hörerfahrung des Hörers beruht. Eine gänzlich unbekannte Schallquelle im Freien in der Entfernung einzuschätzen ist nahezu unmöglich.

Es gibt jedoch einige Tatsachen, die auf eine bestimmte Entfernung einer Schallquelle schließen lassen. Mit Hilfe dieser Eigenschaften von Schallquellen lässt sich eine bestimmte Entfernung einer Schallquelle auch recht gut künstlich generieren.

2.7.1 Erste Raumreflexionen

Jede Schallquelle in einem Raum erzeugt neben einem Direktsignal auch so genannte "Erste Reflexionen". In einem normalen, rechteckigen Raum sind dies die ersten sechs Reflexionen, die von Boden, Decke und den vier Seitenwänden kommen. Befindet man sich selber an einer bestimmten Position in diesem Raum, so erzeugt man auch diese ersten sechs Reflexionen, wenn man selber als Schallquelle fungiert. So bekommt man beispielsweise durch das Sprechen mit seinem Gegenüber eine Information über die eigenen Position im Raum.
Genau so, wie man die eigene Position in einem Raum einschätzen kann, ist es auch möglich eine unbekannte, andere Schallquelle anhand deren erster Reflexionen einzuschätzen. Daher ist auch eine Entfernungsabschätzung möglich.

Folgende Überlegung kann einen wichtigen Hinweis für die Entfernung einer Schallquelle geben: Je näher sich eine Schallquelle am Schallempfänger befindet, desto früher trifft das Direktsignal im Vergleich zu den ersten Reflexionen ein. Das bedeutet, dass zwischen Direktsignal und den ersten Reflexionen eine relativ lange Zeit vergeht (siehe Abbildung 2.7-1).
Ist die Schallquelle relativ weit weg vom Schalempfänger, so wird der Zeit- und Wegunterschied zwischen Direktsignal und der ersten Reflexionen immer kürzer (siehe Abbildung 2.7-2).
Auf diese Weise kann man auch mit Hilfe von künstlichen ersten Reflexionen eine Schallquelle nah oder entfernt wirken lassen.

2.7.2 Frequenzgang

Der wahrgenommene Frequenzgang einer Schallquelle ändert sich mit der Entfernung, in der sich die Schallquelle befindet. Dazu tragen zwei Faktoren bei:

- Die Luftabsorption sorgt dafür, dass mit zunehmender Entfernung die hochfrequenten Anteile eines Signals immer schwächer werden.
  Die Luftabsorption ist zwar bei Frequenzen unter 1kHz relativ vernachlässigbar (siehe Tabelle 2.7-1), wird jedoch zu hohen Frequenzen hin immer deutlicher zu hören.

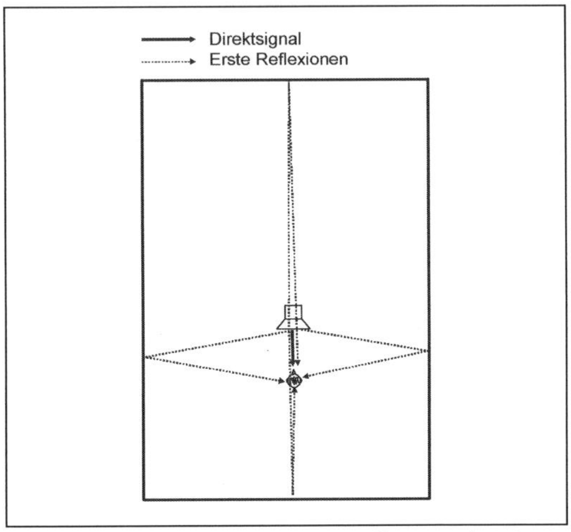

Abb. 2.7-1: Direktsignal und erste Reflexionen bei einer nahe gelegenen Schallquelle

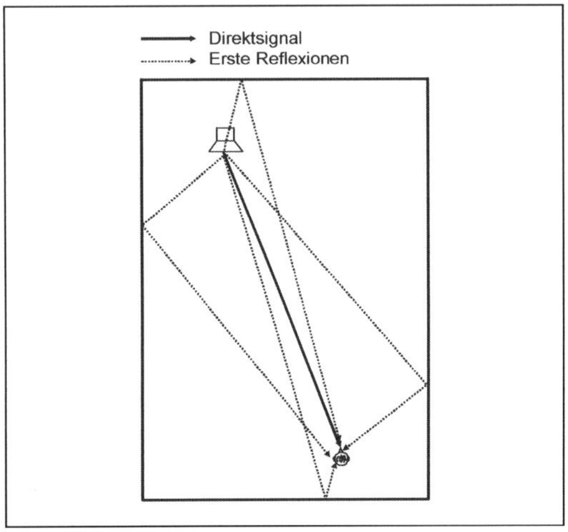

Abb. 2.7-2: Direktsignal und erste Reflexionen bei einer entfernt gelegenen Schallquelle

Frequenz	125Hz	250Hz	500Hz	1000Hz	2000Hz	4000Hz	8000Hz	16000Hz
Absórption in dB/100m	0,035	0,075	0,18	0,42	1,1	2,7	10	35

Tab. 2.7-1: Luftabsorption bei 50% Luftfeuchtigkeit und 20° Umgebungstemperatur

Eine leicht übertriebene Abschwächung der Höhen eines Signals vermittelt somit eine relativ große, empfundene Distanz des Signals zum Hörer. Hierbei muss man nicht unbedingt auf realistische Werte der Tabelle 2.7-1 zurückgreifen, sondern kann durchaus mehr Höhen abschwächen, als in der Realität.

Die Absorptionswerte sind in der Tabelle in dB/100m angegeben. Möchte man diese auf dB/m skalieren, so sind die Werte durch 100 zu teilen.

- Die tiefen Frequenzen wirken in unmittelbarer Nähe einer Schallquelle stärker, als in großer Entfernung. Dies hängt unter anderem mit dem Abstrahlverhalten tiefer Frequenzen zusammen, das meist relativ ungerichtet ist.
  Möchte man die Nähe einer Schallquelle künstlich nachbilden, so empfiehlt es sich, dem Signal mehr Tiefen zu geben. Der empfundene Effekt kommt dem Nahbesprechungseffekt von Druckgradientenmikrofonen (siehe auch Kapitel 6.3.2) teilweise recht nahe.

2.7.3 Diffusschallanteil

Über das Verhältnis zwischen Direktschallanteil und Diffusschallanteil kann die Entfernung zu einer Schallquelle abgeschätzt werden. Auch dieser Wert beruht auf Erfahrungen, was das Abstrahlverhalten einer Schallquelle angeht. Als Direktschall bezeichnet man hierbei das Signal, das direkt von der Schallquelle ausgeht. Der Diffusschall dagegen ist der Signalanteil, der durch Raumreflexionen und den Nachhall in einem Raum zusätzlich dazukommt. Es gilt folgendes:

- Je näher man sich an einer Schallquelle befindet, desto größer ist der Direktschallanteil im Verhältnis zum Diffusschallanteil. In unmittelbarer Nähe zur Schallquelle wird der Diffusschall akustisch "verschwinden" und nur noch der Direktschall hörbar sein.
- Je weiter man von einer Schallquelle weg ist, desto schwächer wird der Direktschall und desto stärker der Diffusschallanteil. Den Abstand, bei dem Direkt- und Diffusschallanteil gleich stark sind, nennt man "Hallradius" (siehe auch Kapitel 6.13.1.5).

Der Diffusschallanteil kann in der Praxis künstlich durch Hinzufügen eines Hallsignals verstärkt werden. Durch dieses "Verhallen" eines Signals kann eine größere Distanz zur Schallquelle simuliert werden.

Hierbei ist zu bedenken, dass sowohl die ersten Reflexionen, als auch der diffuse Nachhall zusammen einen schlüssigen Höreindruck vermitteln sollten und nicht eine entgegengesetzte Wirkung bringen dürfen.

2.8 Phantomschallquellen

Unter einer Phantomschallquelle versteht man die Lokalisation eines Schallereignisses aus einer Richtung, in der sich kein Schallwandler befindet. Wenn man nicht aus der Praxis wüsste, dass Signale auch zwischen den Lautsprechern lokalisiert werden können, so sollte man annehmen, dass ein Schallereignis immer nur aus der Richtung gehört werden kann, in der sich auch ein Lautsprecher befindet.

In Kapitel 2.5 wurden bereits die Grundlagen der Lokalisation vorgestellt - in diesem Kapitel geht es nun darum, wie man eine Schallquelle künstlich zwischen zwei Lautsprechern positionieren kann.

Die Grundbedingung hierfür ist, dass zwei Lautsprecher vorhanden sind, zwischen denen eine Phantomschallquelle entstehen kann. Weiterhin müssen beide Lautsprecher das gleiche Signal abstrahlen, welches jedoch verzögert sein, oder einen Pegelunterschied aufweisen kann.
Die in den Kapiteln 2.8.1 bis 2.8.3 angegebenen Richtungen für Phantomschallquellen gelten nur für die Aufstellung beider Lautsprecher in Blickrichtung. Ein typisches Beispiel hierfür ist die Stereoaufstellung, in der beide Lautsprecher zusammen mit dem Abhörpunkt ein gleichseitiges Dreieck bilden (siehe Abbildung 2.8-1).
Eine Aufstellung der Lautsprecher hinter dem Hörer liefert nahezu identische Ergebnisse. Eine praktische Anwendung könnte eine Surroundaufstellung sein (siehe Abbildung 2.8-2).

Kritisch ist die Aufstellung der Lautsprecher seitlich vom Zuhörer. Diese Aufstellung findet sich beispielsweise in der Surroundaufstellung aus Abbildung 2.8-2. Seitliche Phantomschallquellen sind sehr instabil bezüglich ihrer Richtung und werden nicht scharf abgebildet. Möchte man ein Schallereignis zwischen L und LS positionieren, so ist dies zwar möglich, jedoch wird sich keine so gute Richtungs- und Tiefenwahrnehmung ermöglichen lassen, wie bei der Positionierung vor oder hinter dem Abhörpunkt. Somit ist es nicht möglich, bei einer Surroundlautsprecheraufstellung mit Hilfe von Phantomschallquellen eine über 360° gehende gleich gute Abbildung zu bekommen.

Abhilfe kann die Wellenfeldsynthese schaffen, auf die kurz in Kapitel 2.8-4 eingegangen wird.

2.8.1 Phantomschallquellen durch Pegelunterschiede

Die einfachste Möglichkeit eine Phantomschallquelle zwischen zwei Lautsprecher zu positionieren, erfolgt mit Hilfe von Pegelunterschieden zwischen den Lautsprechern. Diese Methode ist deshalb so einfach, da lediglich ein gegenläufiger Pegelsteller (Panoramapoti) benötigt wird, um den gewünschten Effekt zu erzielen. Die ersten Panoramasteller, die es ermöglichten, stufenlos ein Signal zwischen die Lautsprecher zu legen, wurden Ende der 30er Jahre des 20. Jahrhunderts für den Film "Fantasia" gebaut (siehe hierzu auch Kapitel 13).

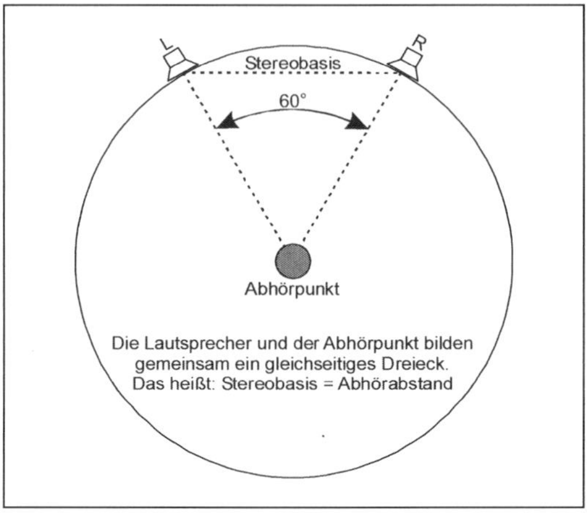

Abb. 2.8-1: Aufstellung der Lautsprecher in einem gleichseitigen Dreieck für Stereowiedergabe (nach ITU-R BS 775)

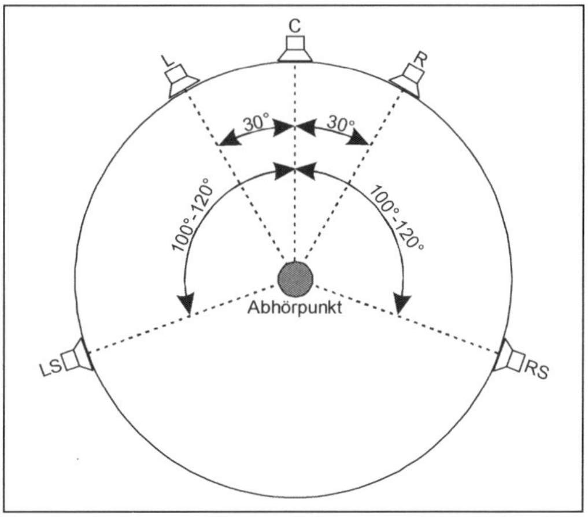

Abb. 2.8-2: Aufstellung der Lautsprecher in einem Kreis für Surroundwiedergabe (nach ITU-R BS 775)

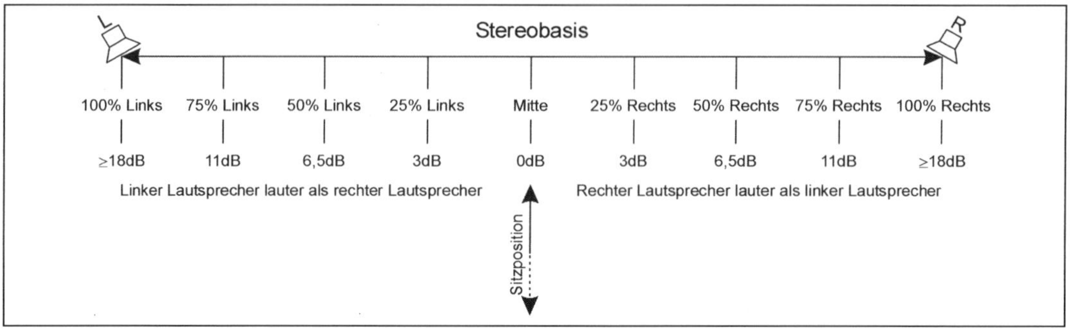

Abb. 2.8-3: Position einer Phantomschallquelle in Abhängigkeit der Pegeldifferenzen zwischen den Lautsprechern

Die Abbildung 2.8-3 zeigt, welche Pegelunterschiede notwendig sind, um ein Signal auf eine bestimmte Position zwischen den Lautsprechern zu legen.

Hier ist zu sehen, dass die Position der Phantomschallquelle zwischen den Lautsprechern in der Einheit Prozent angegeben wird, da die Lokalisation der Richtung prozentual abhängig von der Stereobasisbreite ist. Es ist demnach egal, ob die Lautsprecher 2m oder 5m auseinander stehen und in welchem Abstand der Hörer sich zu den Lautsprechern befindet. Solange man gleich weit weg von beiden Lautsprechern ist, sich somit auf der Mittelachse zwischen den Lautsprechern befindet, wird ein Pegelunterschied von 6,5dB immer eine Verschiebung auf 50% in Richtung des lauteren Lautsprechers zur Folge haben.
Weiterhin sieht man in der Abbildung 2.8-3, dass der Pegelunterschied in etwa proportional zur Position der Phantomschallquelle ist.

Es ist anzumerken, dass eine Panoramaeinstellung mit Hilfe von Pegelunterschieden immer monokompatibel ist. Das heißt, dass bei der Addition der beiden Signale keinerlei Auslöschungen entstehen können, sondern der Pegel des Signals erhalten bleibt.

2.8.2 Phantomschallquellen durch Laufzeitunterschiede

Relativ ähnlich zu der eben genannten Phantomschallquellenpositionierung mit Hilfe von Pegelunterschieden verläuft die Positionierung mit Hilfe von Laufzeitunterschieden. Auch in diesem Fall ist es nicht erforderlich, im gleichseitigen Dreieck mit den Lautsprechern abzuhören, sondern nur, die gleichen Abstände zu den Lautsprechern einzuhalten. Die Realisierung in der Praxis gestaltet sich jedoch wesentlich komplizierter, da je nach gewünschter Richtung auf den linken oder rechten Kanal ein Delay gegeben werden muss. Letzteres ist weder analog noch digital vergleichbar einfach zu realisieren, wie eine Pegeländerung.

Neben der komplizierteren Ausführung gilt es zu bedenken, dass die Monokompatibilität nicht mehr bei allen Frequenzen gegeben ist. Werden zwei Signale mit einer Zeitverzögerung addiert, so bildet sich immer ein Kammfilter (siehe Kapitel 1.2.3.1). Ob dieses im Hörbereich liegt und wie stark dessen Auswirkungen sind, hängt jedoch von der eingestellten Verzögerungszeit ab. Im schlimmsten Fall, das heißt bei Δt=1,5ms, liegt der tiefste Frequenzeinbruch des Kammfilters bei 333Hz und ist damit deutlich hörbar.

In Abbildung 2.8-4 sind die notwendigen Verzögerungszeiten zu sehen, die eine bestimmte Phantomschallquellenposition zwischen den Lautsprechern hervorrufen.

2.8.3 Äquivalenz und Trading

Bei Äquivalenz und Trading geht es um die Kombinationsmöglichkeiten zwischen den beiden eben beschriebenen Möglichkeiten zur Phantomschallquellenpositionierung.

Bei der "Äquivalenz" handelt es sich um gleichsinnige Vermischung der Pegel- und Laufzeitunterschiede. Das bedeutet, dass ein Signal sowohl vom Pegel- als auch vom Laufzeitunterschied her in die gleiche Richtung ausgelenkt wird. Praktischer

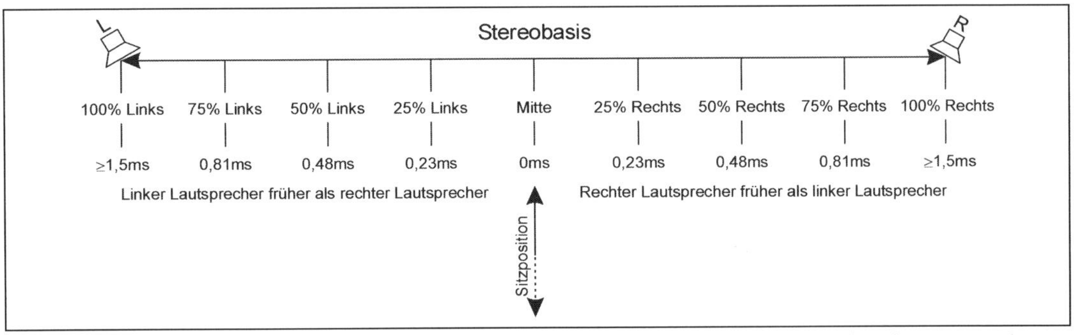

Abb. 2.8-4: Position einer Phantomschallquelle in Abhängigkeit der Laufzeitdifferenzen zwischen den Lautsprechern

Weise kann bei der Berechnung der Gesamtposition der Phantomschallquelle einfach die Auslenkung durch den Pegelunterschied und die Auslenkung durch den Laufzeitunterschied addiert werden.
Hierzu ein Beispiel: Das linke Signal soll um 3dB lauter sein als das rechte. Dies würde einer Positionierung bei 25% Links entsprechen. Weiterhin soll das rechte Signal um 0,3ms gegenüber dem linken Signal verzögert sein. Dies wiederum entspricht einer Auslenkung nach links um 33%. Die Gesamtwirkung der Pegel- und Laufzeitunterschiede führt zu einer Position bei 25%+33%=58% in Richtung links.
In Tabelle 2.8-1 sind die genauen Pegel- und Laufzeitunterschiede für verschiedene Richtungsauslenkungen aufgelistet.

Spricht man von "Trading", so geht es um die gegensinnige Richtungsauslenkung von Pegel- und Laufzeitunterschieden. Man könnte auch sagen: es wird versucht Richtungsänderungen durch die eine Technik mit Hilfe der anderen zu kompensieren. Da so etwas in der Natur nicht vorkommt, ist unser Gehirn nicht auf ein solch fehlerhaftes Signal vorbereitet und wird es demzufolge nicht korrekt weiterverarbeiten können.
Es ist zwar möglich, durch das Trading eine Richtung zu verändern, jedoch wird die erzielte Phantomschallquelle nicht scharf und präzise lokalisierbar sein.

Praktisch tritt das Problem des Trading zum Beispiel auf, wenn eine Stereoaufnahme in A/B-Technik mit Hilfe eines Pegelpanoramastellers in der Richtung verändert werden soll. Wurde beispielsweise auf den Mikrofonen eine Schallquelle von rechts aufgenommen, so erreicht das Signal das rechte Mikrofon früher, als das linke. Der Pegel des Signals auf beiden Mikrofonen könnte hierbei annähernd gleich groß sein.
Soll dieses Stereosignal nun mit Hilfe eines Pegelpanoramastellers nach links verschoben werden, so wird das spätere Signal (linkes Mikrofon) lauter gemacht und das frühere Signal (rechtes Mikrofon) leiser. Das Ergebnis ist eine ungenaue Abbildung des Signals.
Da in der Praxis auf einer Stereomikrofontechnik immer Signale sowohl von links als auch von rechts kommen, wird eine Pegelpanoramaveränderung für eine der beiden Richtungen jeweils mit Trading verbunden sein, und die andere Richtung durch

Auslenkung aus der Mitte	Pegel-unterschied	Laufzeit-unterschied
0%	0,0dB	0,00ms
5%	0,6dB	0,04ms
10%	1,1dB	0,08ms
15%	1,7dB	0,13ms
20%	2,4dB	0,18ms
25%	3,0dB	0,23ms
30%	3,7dB	0,28ms
35%	4,3dB	0,33ms
40%	5,0dB	0,38ms
45%	5,8dB	0,43ms
50%	6,5dB	0,48ms
55%	7,3dB	0,53ms
60%	8,1dB	0,59ms
65%	9,0dB	0,66ms
70%	10,0dB	0,73ms
75%	11,0dB	0,81ms
80%	12,1dB	0,91ms
85%	13,4dB	1,00ms
90%	14,8dB	1,13ms
95%	16,3dB	1,31ms
100%	18,0dB	1,50ms

Tab. 2.8-1: Notwendige Pegel- und Laufzeitunterschiede für verschiedene Richtungsauslenkungen

Äquivalenz unterstützen. Das Ergebnis ist dadurch in der Regel unbefriedigend.

2.8.4 Wellenfeldsynthese

Die "Wellenfeldsynthese" ist eine neue Methode, Schallereignisse zu reproduzieren, die sehr realitätsgetreu klingen. Hierbei wird versucht, das natürliche Schallfeld im Hörraum mit Hilfe vieler einzelner Lautsprecher zu reproduzieren. Man spricht hierbei auch von einem "akustischen Vorhang".
Der Unterschied zwischen dem akustischen Vorhang und der echten Wellenfeldsynthese besteht darin, dass beim akustischen Vorhang die Signale aller Mikrofone aufgezeichnet und übertragen werden, bei der Wellenfeldsynthese die Signale jedoch künstlich berechnet (=synthetisiert) werden.

Bei der Wellenfeldsynthese geht man von der Wellentheorie von C. Huygens aus, welche, an die Tontechnik angepasst, besagt: Jede primäre Schallquelle, die ein Signal abstrahlt, hat sekundäre Schallquellen zur Folge. Letzteres sind punktförmige Schallquellen, die an den Stellen im Raum entstehen, an denen die Schallwelle vorbeikommt.
Würde man nun an bestimmten Stellen im Raum Mikrofone positionieren (ein so genanntes Mikrofonarray), deren Signale aufzeichnen und später über ein entsprechendes Lautsprecherarray reproduzieren, so würden die Lautsprecher ein realistisches Abbild der Originalschallquelle abgeben. Eine Skizze der eben beschriebenen Vorgehensweise ist in Abbildung 2.8-5 zu sehen.

In der Praxis können noch ein oder mehrere Dinge verändert werden:

- Weicht die Aufstellung der Lautsprecher von der Aufstellung der Mikrofone ab, so können die Signale, die die Lautsprecher bekommen müssten, aus den Mikrofonsignalen interpoliert oder extrapoliert werden.
- Anstatt die Signale mit dem Mikrofonarray aufzuzeichnen, kann auch nur die Raumimpulsantwort für eine bestimmte Schallquellenposition im Raum aufgezeichnet werden. Ein trockenes Signal, auf das anschließend die Impulsantworten des Mikrofonarrays gefaltet (siehe Kapitel 7.12.2) werden, kann anschließend so über das Lautsprecherarray wiedergegeben werden, als ob es tatsächlich in dem Raum aufgenommen worden wäre. Auf diese Weise können herkömmliche Mehrspuraufnahmen so nachbearbeitet werden, dass sie über ein Lautsprecherarray wiedergegeben werden können.
  Es muss weiterhin kein einzelnes Signal eines Instrumentes sein, dass in die Faltung geschickt wird. Hierbei sind ebenso Summenkanäle möglich, die anschließend an bestimmten Stellen im Raum positioniert werden können. Auf diese Weise kann eine Stereo- oder Surroundmischung über ein Array wiedergegeben werden, und der Zuhörer kann sich

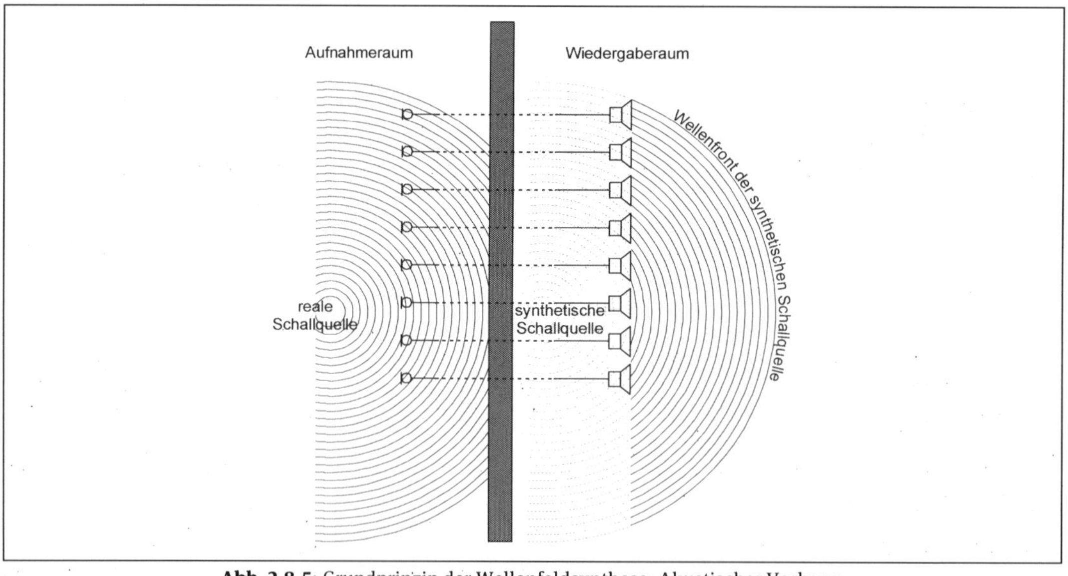

Abb. 2.8-5: Grundprinzip der Wellenfeldsynthese: Akustischer Vorhang

softwareseitig aussuchen, wo die Lautsprecher stehen sollen und in welchen Raum er sie platzieren möchte.

Entscheidende Vorteile der Wellenfeldsynthese sind:

- Virtuelle Schallquellen sind nicht nur zwischen und hinter den Boxen reproduzierbar, sondern auch davor. Somit können Schallereignisse sehr nahe an den Zuhörer gebracht werden.
- Bewegt man sich während des Zuhörens durch den Raum, so bleibt die Räumlichkeit erhalten. Mehr noch: sie stimmt immer mit der jeweiligen Hörposition überein.

Neben den eben erwähnten Vorteilen der Wellenfeldsynthese gibt es jedoch auch einige Nachteile, die nicht unerwähnt bleiben sollen:

- Sehr viele Lautsprecher sind notwendig, die um den Hörbereich herum platziert werden müssen, um eine gute räumliche Abbildung zu bekommen. Meist werden kleine Lautsprecher verwendet, die jedoch keine gute Basswiedergabe haben. Also muss zusätzlich ein Subwoofer eingesetzt werden.
- Die Lautsprecher dürfen nicht zu weit auseinander stehen, da sonst Fehlabbildungen zu hohen Frequenzen hin entstehen.
- Ein enormer Rechenaufwand ist notwendig, um Schallquellen mittels Faltung über das Lautsprecherarray zu positionieren. Alternativ (wenn die Aufnahme bereits mit einem entsprechenden Array gemacht wurde) wird eine sehr hohe Übertragungskapazität notwendig, um die vielen Signale für die Lautsprecher zu übertragen.

Die Wellenfeldsynthese stellt sicherlich eine faszinierende Möglichkeit dar, sehr gute räumliche Abbildungen zu schaffen. Es bleibt abzuwarten, ob der Installationsaufwand für das Hörerlebnis gerechtfertigt ist.

2.9 Virtuelle Schallquellen

Unter virtuellen Schallquellen versteht man Schallquellen, die man aus einer Richtung zu lokalisieren glaubt, obwohl sie nicht in dieser Richtung liegen. Zu den virtuellen Schallquellen zählen beispielsweise "Virtual Surround"-Systeme, welche virtuelle Surroundlautsprecher simulieren, die jedoch in Wirklichkeit über die normalen Stereolautsprecher abgestrahlt werden.

Die Funktionsweise von virtuellen Schallquellen ist relativ einfach erklärt, wenn man mit dem Prinzip der Faltung (siehe Kapitel 7.12.2) vertraut ist.
Für die Simulation von Schallquellen werden Außenohrübertragungsfunktionen benötigt. Eine Außenohrübertragungsfunktion (engl. HRTF für Head Relted Transfer Function) beschreibt die Änderung, die ein Signal erfährt, wenn es von der Schallquelle aus einer bestimmten Richtung ins Ohr gelangt. Zur Messung werden kleine Messmikrofone ins Ohr eingebracht, oder man verwendet einen Kunstkopf. Signalquelle für die Messung ist immer nur eine Schallquelle.
Gemessen werden die Außenohrübertragungsfunktionen in beiden Ohren. Sie liegen somit als Stereoinformation vor.
Zwei Außenohrübertragungsfunktionen werden benötigt: Die Funktion zwischen einem Frontlautsprecher und dem Ohr (H_F), sowie die Funktion zwischen einem Surroundlautsprecher und dem Ohr (H_S). Die Differenz dieser beiden Außenohrübertragungsfunktionen (H_S-H_F) beschreibt, wie ein Signal verändert werden muss, damit es, wenn es von einem Frontlautsprecher abgestrahlt wird, so klingt, als ob es von einem Surroundlautsprecher abgestrahlt würde.
Liegt die Differenz der Außenohrübertragungsfunktionen als Impulsantwort vor, so kann diese einfach auf das Surroundsignal gefaltet werden. Anschließend wird das Surroundsignal über die Frontlautsprecher abgestrahlt.

Erscheint die Faltung als zu kompliziert oder rechenaufwändig, so kann die Simulation der virtuellen Schallquellen auch in der Frequenzebene erfolgen. Dazu müssen die Differenzen der Außenohrübertragungsfunktionen als Spektrum dargestellt werden. Der Frequenzverlauf des Spektrums wird anschließend dem Surroundsignal mit Hilfe eines Equalizers aufgeprägt.
Hierbei kann man teilweise eine deutliche Vereinfachung vornehmen. Wie in Hörtests ermittelt wurde, sind nur bestimmte, schmalbandige Frequenzeinbrüche für die Lokalisation einer Schallquelle aus einer bestimmten Richtung verantwortlich (siehe auch Kapitel 2.5.3.1). Durch wenige, gezielt positionierte Notchfilter ist es nun auch möglich, eine relativ "glaubwürdige" virtuelle Schallquelle zu erzeugen.
Die notwendigen Einbrüche liegen je nach Position der Schallquelle zwischen 3kHz und 16kHz. Ein einzelner Frequenzeinbruch alleine produziert hierbei jedoch nicht unbedingt eine klare Richtungsinformation. Es können zwei oder drei Einbrüche notwendig sein, um dem Gehirn eine Richtung vorzugeben.

Kapitel 3 - Schallquellen

3 Schallquellen

In diesem Kapitel werden viele Schallquellen vorgestellt, die in der Praxis mit Hilfe von Mikrofonen abgenommen werden müssen. Dazu werden hier grundlegende Informationen zu den einzelnen Instrumenten gegeben, sowie größtenteils auf das Abstrahlverhalten der Instrumente eingegangen.
Ziel dieses Kapitels ist es jedoch nicht, konkrete Vorschläge zu Mikrofonpositionen oder Anzahl der Mikrofone zu geben. Vielmehr muss für jede Aufnahme individuell vom Toningenieur entschieden werden, welche Mikrofone in welcher Aufstellung das beste Ergebnis liefern.

Doch auch bei der späteren Bearbeitung ist einiges zu beachten. So müssen beispielsweise Sänger und Musiker mit Blasinstrumenten an bestimmten Stellen im Stück atmen. Dies gehört zur Spielweise des Instrumentes dazu und sollte nicht herausgeschnitten werden, da ansonsten die Spielweise mechanisch, steril und unnatürlich wirken kann.
Auch bei Sprachaufnahmen ist ein "Anatmer" oft der entscheidende Faktor, um dem Hörer ein gutes Gefühl zu geben und nicht plötzlich mit dem Text "überfallen" zu werden.

3.1 Ton, Klang und Geräusch

Man unterscheidet drei Arten von Schallereignissen: Töne, Klänge und Geräusche. In der Praxis werden diese drei Schallereignisse so gut wie nie in ihrer Reinform vorkommen. Vielmehr besteht jedes Schallereignis aus einer Mischung von Tönen, Klängen und Geräuschen.

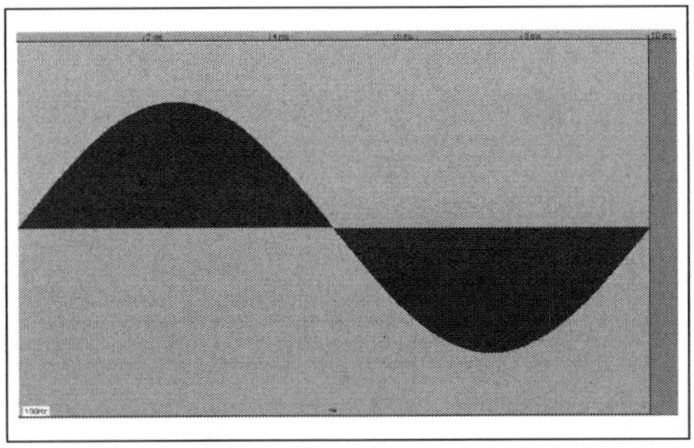

Abb. 3.1-1: Eine sinusförmige Schwingung = Ton

3.1.1 Ton

Unter einem Ton versteht man eine einzelne sinusförmige Schwingung. Diese Art von Schwingung kann nur synthetisch erzeugt werden, da sie in der Natur nicht vorkommt. Die Abbildung 3.1-1 zeigt den Verlauf einer sinusförmigen Schwingung.

Instrumente, die einer sinusförmigen Schwingung am nächsten kommen sind Blockflöte und Orgel. Jedoch klingt nicht jede Orgelpfeife sinusförmig. Nur bestimmte Orgelpfeifen produzieren annähernd sinusförmige Schwingungen.

Eine reine sinusförmige Schwingung klingt relativ uninteressant und langweilig. Sie kann jedoch gut

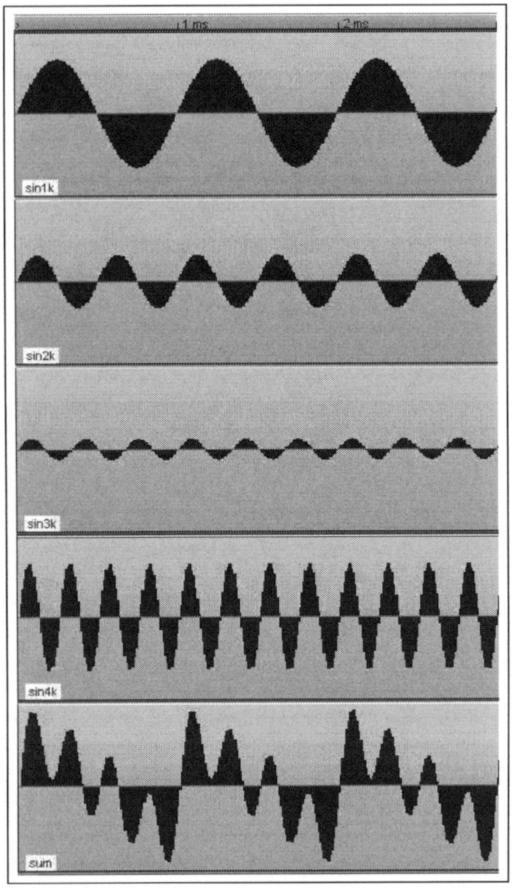

Abb. 3.1-2: Die Summe mehrerer Harmonischer = Klang

Name	Alternativer Name	Frequenzverhältnis zum Grundton	Beispiel:
1. Harmonische	Grundton	· 1	100Hz
2. Harmonische	1. Oberton	· 2 (Oktave über der 1. Harmonischen)	200Hz
3. Harmonische	2. Oberton	· 3 (Quinte über der 2. Harmonischen)	300Hz
4. Harmonische	3. Oberton	· 4 (Quarte über der 3. Harmonischen)	400Hz
5. Harmonische	4. Oberton	· 5 (große Terz über der 4. Harmonischen)	500Hz
6. Harmonische	5. Oberton	· 6 (kleine Terz über der 5. Harmonischen)	600Hz
7. Harmonische	6. Oberton	· 7	700Hz
8. Harmonische	7. Oberton	· 8	800Hz
9. Harmonische	8. Oberton	· 9 (große Sekunde über der 8. Harmonischen)	900Hz
...	...	...	...
15. Harmonische	14. Oberton	· 15	1500Hz
16. Harmonische	15. Oberton	· 16 (kleine Sekunde über der 15. Harmonischen)	1600Hz
...	...	...	...
n. Harmonische	(n-1). Oberton	· n	n·100Hz

Tab. 3.1-1: Zusammenhang zwischen den einzelnen Tönen eines Klangs

für Hörversuche zu Schwebungseffekten und zum Intervallhören verwendet werden.

3.1.2 Klang

Ein Klang ist die Mischung mehrerer sinusförmiger Töne. Diese stehen hierbei in einem bestimmten Frequenzverhältnis zueinander: sie sind alle ganzzahlige Vielfache eines tiefsten Tons, des Grundtons (siehe auch Kapitel 1.1.4.1). Der Grundton wird auch "Erste Harmonische" genannt. Die Vielfachen des Grundtons sind Obertöne oder weitere Harmonische. Die Tabelle 3.1-1 zeigt den Frequenzzusammenhang und die Bezeichnungen der einzelnen Komponenten eines Klangs.
Ein Klang hat einen periodisch wiederkehrenden Schwingungsverlauf mit der Periodendauer des Grundtons. Dieser Grundton wird vom Gehirn erkannt (siehe Kapitel 2.2.2), und es ist somit möglich, einem Klang eine Tonhöhe zuzuordnen.

Somit gilt:

- Der Grundton (1. Harmonische) eines Klangs bestimmt die empfundene Tonhöhe des Klangs.
- Die Obertöne (ab 2. der Harmonischen) bestimmen die Klangfarbe eines Klangs.

Neben der Pegelverteilung der einzelnen Harmonischen ist auch der Einschwingvorgang eines Klangs, also die Phasenlage und die Lautstärkehüllkurven der einzelnen Harmonischen, ganz wesentlich an der Erkennung eines Klangs beteiligt. Werden die Einschwingvorgänge verändert oder weggeschnitten, so fällt die Erkennung eines Klangs schwerer, und man neigt dazu, den Klang als "synthetisch" zu bezeichnen.

Bei akustischen Instrumenten gibt es fast immer so genannte Formantbereiche. Dies sind Frequenzbereiche, die immer überbetont sind oder länger ausklingen. Sie entstehen durch Eigenresonanzen des Instrumentenkörpers. Erst, wenn diese Formantbereiche auch bei der synthetischen Klangerzeugung hinzukommen, wirkt der Klang authentisch.

3.1.3 Geräusch

Ein Geräusch besteht aus Frequenzgemischen, die kein ganzzahliges Verhältnis der Frequenzen zueinander haben. Weiterhin ist es auch möglich, dass die Phasenlage der einzelnen Frequenzen sich stetig verändert, also die Frequenzen Schwankungen in der Tonhöhe aufweisen.

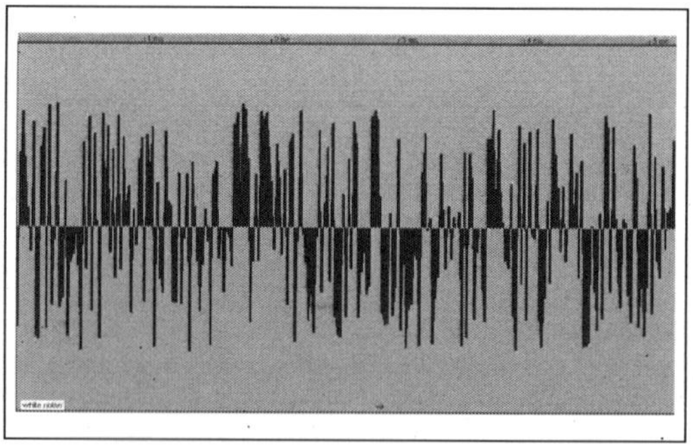

Abb. 3.1-3: Wellenform von weißem Rauschen

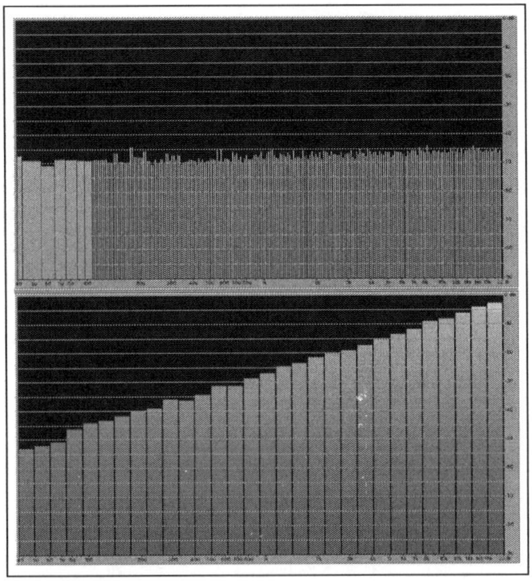

Abb. 3.1-4: Darstellung von weißem Rauschen als Amplitudenfrequenzgang (oben) und als Spektrum auf einem Terzbandanalyser (unten)

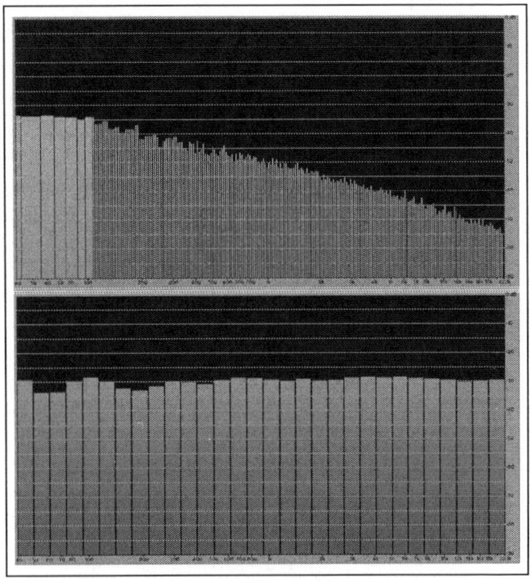

Abb. 3.1-5: Darstellung von rosa Rauschen als Amplitudenfrequenzgang (oben) und als Spektrum auf einem Terzbandanalyser (unten)

Zu den Geräuschen zählt hauptsächlich jegliche Art von Rauschen. Jedoch auch ein Knall oder ein Knackser wird zu den Geräuschen gezählt, da man ihnen keine Tonhöhe zuordnen kann.

Unter den Rauschsignalen sind zwei Versionen am bekanntesten:

- **Weißes Rauschen:** Bei weißem Rauschen sind alle Frequenzen gleich laut. Dies entspricht auch der spektralen Verteilung von weißem Licht, woher auch der Name des Rauschens kommt. Die Wellenform von weißem Rauschen ist in Abbildung 3.1-3 zu sehen.
  Der Energiegehalt pro Frequenzband steigt um 3dB/Oktave zu hohen Frequenzen hin.
- **Rosa Rauschen:** Bei rosa Rauschen sind tiefere Frequenzen lauter als hohe. Hohe Frequenzen werden mit 3dB/Oktave leiser. Der Energiegehalt ist daher in allen Frequenzbändern gleich groß.

In der Abbildung 3.1-4 und 3.1-5 sind die Frequenzspektren für weißes und rosa Rauschen zu sehen. Die Darstellung erfolgt jeweils einmal als Amplitudenfrequenzgang (oben) und einmal als Energiespektrum (unten). Man kann hierbei schön erkennen, dass die Frequenzgangdarstellung und die Spektraldarstellung völlig unterschiedliche Ergebnisse liefern, die es zu unterscheiden gilt.

3.1.4 Tongemisch

Ein Tongemisch besteht aus verschiedenen Tönen, die jedoch keine ganzzahligen Vielfachen voneinander sind. Wahrgenommen werden diese Töne als unterschiedliche Töne mit unterschiedlicher Frequenz und nicht als Klang. Welche Frequenzunterschiede hierbei noch wahrgenommen werden können, ist in Kapitel 2.2.3 nachzulesen.
Da in der Praxis reine Töne so gut wie nie auftreten gibt es auch nur selten Tongemische. Vielmehr sind Klanggemische anzutreffen.
Sind zu einzelnen Tönen ganzzahlige Vielfache auch in dem Tongemisch vorhanden, so werden sie durch die Mustererkennung im Gehirn zu Klängen zusammengesetzt. Es ergibt sich in diesem Fall ein Klanggemisch. Sind die Klänge bekannt, so können diese vom geschulten Hörer einzeln aus dem Gemisch heraus erkannt werden und namentlich benannt werden.
Beispiele für Klanggemische sind Akkorde auf dem Klavier, in Orchestern oder Bands.

3.1.5 Notation und Tonhöhen

Damit man eine Vorstellung bekommt, welche Frequenz zu einer bestimmten Tonhöhe gehört, ist in Tabelle 3.1-2 der Zusammenhang zwischen der

Note	Frequenz	Note	Frequenz	Note	Frequenz
Subkontraoktave		**Kleine Oktave**		**Dreigestrichene Oktave**	
C_2	16,35Hz	c	130,81Hz	c^3	1046,51Hz
$C\#_2$	17,32Hz	c#	138,59Hz	$c\#^3$	1108,73Hz
D_2	18,35Hz	d	146,83Hz	d^3	1174,66Hz
$D\#_2$	19,45Hz	d#	155,56Hz	$d\#^3$	1244,51Hz
E_2	20,60Hz	e	164,81Hz	e^3	1318,51Hz
F_2	21,83Hz	f	174,61Hz	f^3	1396,91Hz
$F\#_2$	23,12Hz	f#	185,00Hz	$f\#^3$	1479,98Hz
G_2	24,50Hz	g	196,00Hz	g^3	1567,98Hz
$G\#_2$	25,96Hz	g#	207,65Hz	$g\#^3$	1661,22Hz
A_2	27,5Hz	a	220,00Hz	a^3	1760,00Hz
B_2	29,14Hz	b	233,08Hz	b^3	1864,66Hz
H_2	30,87Hz	h	246,94Hz	h^3	1975,53Hz
Kontraoktave		**Eingestrichene Oktave**		**Viergestrichene Oktave**	
C_1	32,70Hz	c^1	261,63Hz	c^4	2093,02Hz
$C\#_1$	34,65Hz	$c\#^1$	277,18Hz	$c\#^4$	2217,46Hz
D_1	36,71Hz	d^1	293,66Hz	d^4	2349,32Hz
$D\#_1$	38,89Hz	$d\#^1$	311,13Hz	$d\#^4$	2489,02Hz
E_1	41,20Hz	e^1	329,63Hz	e^4	2637,02Hz
F_1	43,65Hz	f^1	349,23Hz	f^4	2793,83Hz
$F\#_1$	46,25Hz	$f\#^1$	369,99Hz	$f\#^4$	2959,96Hz
G_1	49,00Hz	g^1	392,00Hz	g^4	3135,96Hz
$G\#_1$	51,91Hz	$g\#^1$	415,30Hz	$g\#^4$	3322,44Hz
A_1	55,00Hz	a^1	440,00Hz	a^4	3520,00Hz
B_1	58,27Hz	b^1	466,16Hz	b^4	3729,31Hz
H_1	61,74Hz	h^1	493,88Hz	h^4	3951,07Hz
Große Oktave		**Zweigestrichene Oktave**		**Fünfgestrichene Oktave**	
C	65,41Hz	c^2	523,25Hz	c^5	4186,04Hz
C#	69,30Hz	$c\#^2$	554,37Hz		
D	73,42Hz	d^2	587,33Hz		
D#	77,78Hz	d#2	622,25Hz		
E	82,41Hz	e^2	659,26Hz		
F	87,31Hz	f^2	698,46Hz		
F#	92,50Hz	$f\#^2$	739,99Hz		
G	98,00Hz	g^2	783,99Hz		
G#	103,83Hz	$g\#^2$	830,61Hz		
A	110,00Hz	a^2	880,00Hz		
B	116,54Hz	b^2	932,33Hz		
H	123,47Hz	h^2	987,77Hz		

Tab. 3.1-2: Notierung der Tonhöhe und die zugehörigen Frequenzen

notierten Tonhöhe und der tatsächlichen Frequenz in Hertz zu sehen. Dabei fängt die Notation in der Subkontraoktave bei C_2 an und geht bis über die viergestrichene Oktave zum c^5.

3.2 Menschliche Stimme (Sprache und Gesang)

Eine der häufigsten Schallquellen, die ein Toningenieur aufzeichnen muss, ist die menschliche Stimme. Man begegnet ihr in Form der Sprechstimme und der Singstimme. Eine Mikrofonierung ergibt sich bei:

- Moderation (Radio /Fernsehen)
- Interview
- Reden
- Hörbuch
- Hörspiel
- Filmsynchronisation
- Theater / Kabarett
- Musical
- Oper
- Rock- / Popsongs

Wichtig ist bei allen Anwendungen die Sprachverständlichkeit, die durch eine korrekte Mikrofonposition und eine Frequenzgangkorrektur verbessert werden kann.
Für die Sprachverständlichkeit ist in erster Linie der Frequenzbereich um 2000Hz ausschlaggebend (siehe auch Kapitel 1.7.4). Ausgehend von den Richtdiagrammen auf der nächsten Seite ist daher eine Mikrofonposition etwa 30° unter der horizontalen Blickrichtung zu empfehlen. In der Praxis können an dieser Position jedoch die "S"-Laute zu stark vorhanden sein, so dass man eher eine Position etwa 20-30° über der horizontalen Blickrichtung wählt.

Da bei Sprachaufnahmen meist Druckgradientenmikrofone eingesetzt werden, wirkt sich der Nahbesprechungseffekt bei geringen Mikrofonabständen deutlich im Bassbereich aus. Dies kann zu einer dröhnigen oder kehligen Stimme führen. Es empfiehlt sich in jedem Fall ein Hochpassfilter auszuprobieren, das im Bereich von 80-200Hz dem Nahbesprechungseffekt entgegenwirken soll.
Für die Vermittlung eines bestimmten Entfernungseindrucks, kann der Nahbesprechungseffekt gezielt eingesetzt oder weggefiltert werden:

- Soll der Sprecher nahe und direkt wirken, so kann der Nahbesprechungseffekt in der Aufnahme belassen werden.
- Soll der Sprecher distanziert klingen oder (bei Synchronaufnahmen) die Aufnahme im Freien stattfinden, so kann der Nahbesprechungseffekt komplett weggefiltert werden.

Bei der Mikrofonaufstellung sollte darauf geachtet werden, dass keine frühen, starken Reflexionen von einer Tischplatte, dem Rednerpult, dem Regiefenster oder von Noten beziehungsweise Textheften auf das Mikrofon treffen. Sollte dies passieren, so würde jede geringe Positionsänderung des Sprechers zu einem sich verändernden Kammfilter führen, das sofort störend in der Aufnahme bemerkt würde.

Für eine Sprachaufnahme "aus dem Off" sollte der Direktschall nicht aufgezeichnet werden, sondern nur ein Diffusschallanteil. Dies kann erreicht werden, wenn man auf die Off-Axis-Richtung eines Richtmikrofons spricht oder auch einen Gegenstand zwischen Sprecher und Mikrofon hält.

Für eine natürliche Sprachaufnahme ist nicht nur das Sprechen als solches notwendig, sondern auch die Gestik und Mimik des Sprechers. Professionelle Sprecher sind daher meist Schauspieler und sie agieren auch während den Sprachaufnahmen. Es ist zum Beispiel auf einer Aufnahme deutlich zu hören, ob jemand grinsen muss oder die Mundwinkel nach unten verzieht. Auch beim Gestikulieren verändern sich die Druckverhältnisse in der Lunge und im Rachenraum, so dass dies in der Sprache wahrgenommen werden kann.

Bei Gesangsaufnahmen von Solisten ist zu beachten, dass diese während den Proben meist nicht mit voller Kraft, also ihrer "Konzertstimme" singen. Um sie korrekt Einpegeln zu können, ist oft die Bitte erforderlich, eine bestimmte Passage, einmal mit Konzertstimme vorzutragen. Weiterhin kann es passieren, dass der Solist in Duetten oder Terzetten mit anderen Sängern agiert und sich vom Mikrofon wegdreht. Daher sollte immer ein Mikrofonabstand gewählt werden, bei dem dies nicht so sehr auffällt.

Bei einem Chor handelt es sich um viele nicht korrelierte Stimmen, die den chortypischen Gesamtklang ergeben. Soll ein Chor abgenommen werden, so dürfen die Mikrofone nicht zu nahe an einzelnen Sängern positioniert sein, da ansonsten die entsprechenden Stimmen zu laut auf der Aufnahme zu hören sind und sich nicht mehr mit dem Chorklang mischen. Es empfiehlt sich jeweils ein Mikrofon für jede Stimmlage, welches in ausreichendem Abstand über dem Chor angebracht wird.

Instrument:	**Gesangsstimme**
Stimmlagen:	Bass, Bariton, Tenor, Alt, Mezzo-Sopran, Sopran
Im Orchester:	Solo
Tonerzeugung:	Stimmbänder
Notenschlüssel:	Bass- und Sopranschlüssel
Transponierung:	keine
Tonumfang:	C bis c^3 (Bass bis Sopran)
Frequenzumfang:	65Hz bis 1047Hz (Bass bis Sopran)
Hauptformant:	Je nach gesungenem Vokal
Obertonbereich:	bis über 10000Hz (Zischlaute)
Dynamik:	50-60dB
Pegel bei forte:	$100dB_{SPL}$

Besonderheiten bei der Aufnahme:

Bei zu geringem Mikrofonabstand können leicht Übersteuerungen und Popgeräusche auftreten.

Es ist auf Reflexionen von den Noten zu achten. Weiterhin sollten die Noten nicht das Mikrofon verdecken. Am besten ist eine tiefe Haltung der Noten.

Während den Proben singen Sänger oft nicht mit "Konzertstimme". Bei der Aufführung ergibt sich dann ein anderer, lauterer Klang.

Abstrahlrichtungen in der horizontalen Ebene:

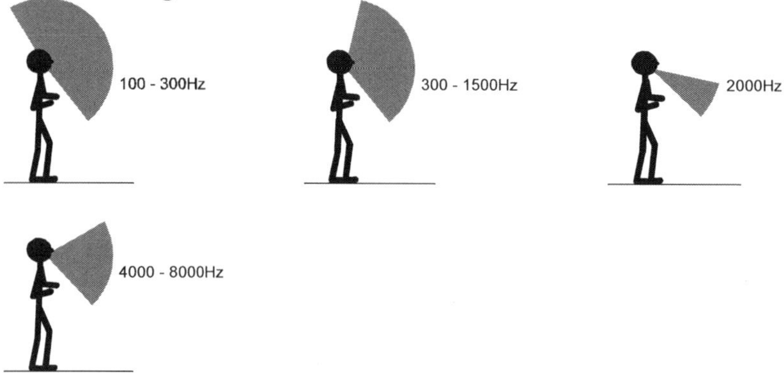

Abstrahlrichtungen in der vertikalen Ebene:

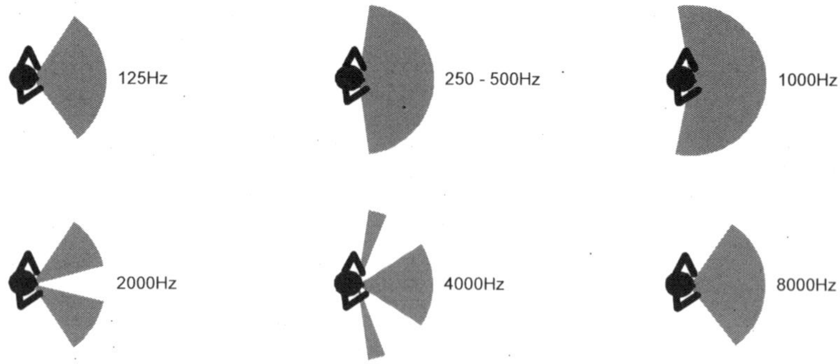

3.3 Akustische Musikinstrumente

3.3.1 Grundlagen

Zu den akustischen Musikinstrumenten zählt man die Musikinstrumente, die ohne Hilfe von elektronischen Schaltkreisen oder einer Stromversorgung in der Lage sind, Klänge hervor zu bringen.

Man unterscheidet weiterhin die Instrumentengruppen nach der Art, wie der Klang erzeugt wird:

- Streichinstrumente
- Blasinstrumente
- Schlaginstrumente
- Zupfinstrumente

Da die akustischen Instrumente ohne elektronische Unterstützung auskommen müssen, ist neben dem Instrument auch dessen Position im Raum oder die Unterstützende Wirkung einer Wand, eines Bodens oder eines Tisches zu berücksichtigen.
So klingen beispielsweise Kontrabässe "satter", wenn sie nach der Orchesteraufstellung von Stokowski direkt vor der Rückwand der Bühne platziert werden.
Eine Zither wird auf einem Resonanztisch besser und voller klingen, als auf einem normalen Tisch.
In der Regel kennen gute Musiker diese kleinen Geheimnisse und wissen an welchen Stellen im Raum ihr Instrument gut oder schlecht klingt und können somit möglicherweise hilfreiche Tips zur Aufnahme geben.

3.3.1.1 Stimmung

Heutzutage geht man fast immer von der gleichstufigen temperierten Stimmung aus, in der alle Halbtöne den gleichen Abstand zueinander haben (siehe auch Kapitel 2.2). Jedoch sind die meisten Orchesterinstrumente nicht an die gleichstufige Temperatur gebunden. Vielmehr sind sie in der Lage, die Tonhöhe relativ weit zu variieren, so dass das Spielen in reiner Stimmung möglich ist.
In der Praxis wird zwar auf einen "Kammerton" gestimmt, der zwischen a^1=440Hz und a^1=444Hz liegt, jedoch ist nur dieser eine Ton eine Referenz für die Orchestermusiker. Alle weiteren Akkorde und Harmonien werden nach Gehör und Können intoniert. Dadurch ergeben sich in Profiorchestern zwangsläufig reine Harmonien, da diese vom Gehör als richtig empfunden werden.
Dies ist auch ein Grund, warum ein synthetisch in temperierter Stimmung erzeugter Orchesterklang nie an den echten Orchesterklang heranreichen kann.

3.3.1.2 Notation

Die meisten Orchesterinstrumente erklingen in der Tonhöhe, die in der Notenschrift notiert ist.
Die Notenschrift mit 5 Linien ermöglicht eine gut lesbare Notation von etwa 2 Oktaven Tonumfang. Damit bei dem großen Tonumfang der verschiedenen Orchesterinstrumente keine schwer lesbare Notation entsteht, gibt es verschiedene Notenschlüssel, die die fünf Notenlinien in ihrer Tonhöhe skalieren:

- Bassschlüssel:
  Auf der obersten Notenlinie
  steht das "a" (220Hz)

- Tenorschlüssel:
  Auf der obersten Notenlinie
  steht das "e^1" (330Hz)

- Altschlüssel:
  Auf der obersten Notenlinie
  steht das "g^1" (392Hz)

- Violinschlüssel:
  Auf der obersten Notenlinie
  steht das "f^2" (698Hz)

Neben der Möglichkeit, Instrumente in verschiedenen Schlüsseln zu notieren und ihnen damit die Lesbarkeit ihrer Tonlage zu erleichtern, gibt es noch die Transponierung. Dies bedeutet, dass ein Instrument nicht in der notierten Tonhöhe erklingt, sondern um einen bestimmten Betrag an Halbtonschritten verschoben ist.
So wird zum Beispiel bei einer "Klarinette in B" ein im Violinschlüssel notiertes "c^2" in Wirklichkeit um einen Ganzton tiefer erklingen und als "b^1" zu hören sein. Bei einer "Klarinette in A" ist der gehörte Ton um eine kleine Terz tiefer als der notierte (c^2 wird zu a^1). Der Vorteil liegt darin, dass zum Beispiel die "Klarinette in B" ein Stück in B-Dur (2 Be als Vorzeichen) so spielen kann, als wäre es C-Dur (also ohne Vorzeichen). Gleiches gilt für die "Klarinette in A" für A-Dur (drei Kreuze).

3.3.2 Orchesteraufstellungen

3.3.2.1 Barockorchester

Barockorchester sind relativ klein und können aus nur 10-15 Musikern bestehen. Besonderes Augenmerk gilt hierbei der Basso-Continuo-Gruppe, welche aus den unterschiedlichsten Bassinstrumenten zusammengesetzt sein kann:

- Cembalo
- Orgelpositiv (kleine Begleitorgel)
- Theorbe (Basslaute)
- Fagott
- Gambe
- Cello
- Kontrabass

Die Basso-Continuo-Gruppe befindet sich aus Sicht des Zuschauers auf der rechten Seite des Dirigenten. Ihre Klangvielfalt ist es Wert, bei der Mikrofonierung diese Gruppe extra zu beachten.
Auf der linken Seite des Dirigenten sind alle anderen Instrumente des Orchesters anzutreffen. Meist sind nur 2-3 Streichinstrumente jeder Gruppe vorhanden, wenige Blasinstrumente und eventuell eine Pauke.

Der Dirigent dirigiert oft vom Cembalo aus, an dem er das Orchester zusätzlich begleitet. Das Cembalo ist vor allem auch bei Rezitativen wichtig.
Die Abbildung 3.3-1 zeigt eine typische Aufstellung eines Barockorchesters.

3.3.2.2 Klassische / Romantische Orchester

Man unterscheidet bei modernen Orchesteraufstellungen die europäische Aufstellung und die amerikanische Aufstellung. Die meisten Orchester spielen jedoch heutzutage nach der amerikanischen Aufstellung (siehe Abbildung 3.3-2).
Die Pauke in der letzten Reihe ist hierbei eine Minimaldarstellung der Schlagwerkergruppe. Diese Gruppe kann in romantischen Orchestern aus bis zu 10 Musikern bestehen, die die unterschiedlichsten Schlaginstrumente spielen (siehe Kapitel 3.3.9).

Links hinter den 1. und 2. Geigen sind bei romantischen Orchestern noch Harfe und Celesta platziert, denen auf jeden Fall ein besonderes Augenmerk bei der Mikrofonierung zu widmen ist.

Die Abbildung 3.3-2 zeigt die moderne Orchesteraufstellung in einer Größe, die gegen Ende der Klassik und Anfang der Romantik realistisch war. Diese Besetzung mit 58 Mann konnte in der Spätromantik bis auf über 100 Musiker anwachsen.

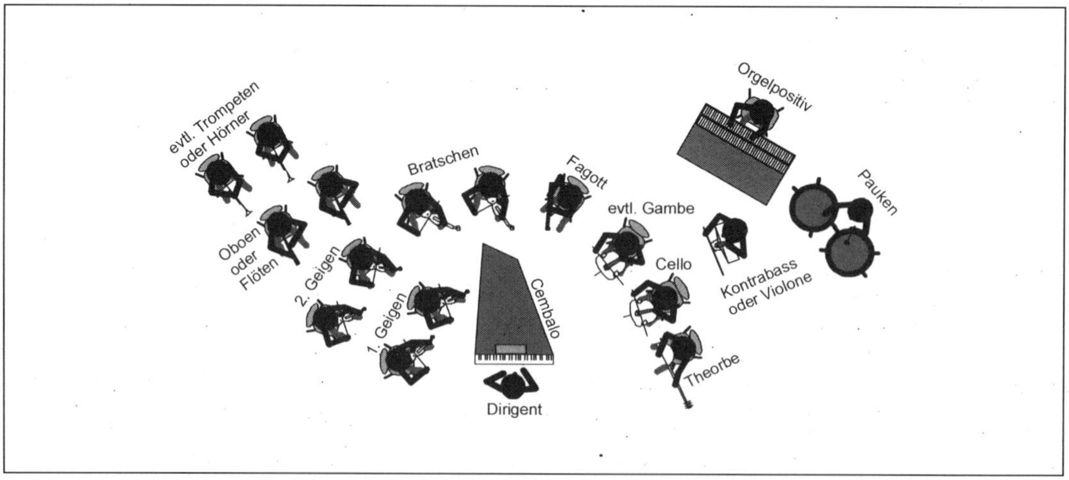

Abb. 3.3-1: Typische Aufstellung eines Barockorchesters

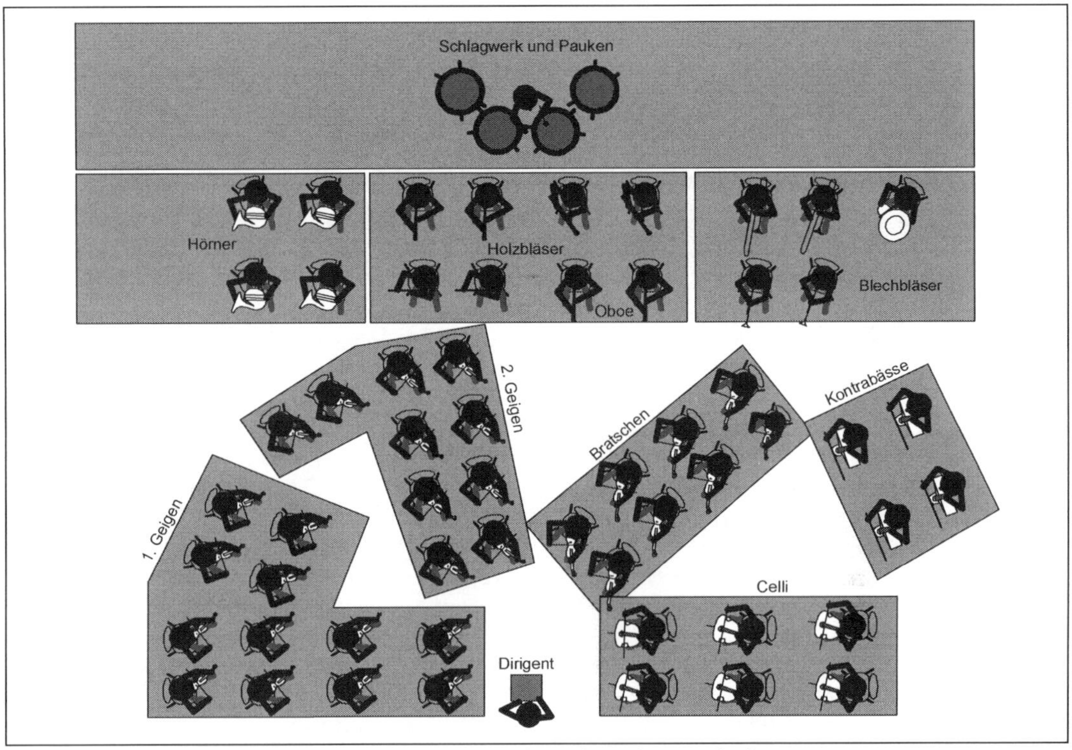

Abb. 3.3-2: Moderne, amerikanische Orchesteraufstellung

3.3.3 Streichinstrumente

Die Streichinstrumente bilden den Großteil eines klassischen Orchesters. Man unterscheidet sie nach der Größe in Violine, Viola, Violoncello und Kontrabass.

Da die Streicher im Orchester immer als Gruppe spielen, ist es auch ratsam, sie als Gruppe zu mikrofonieren, da sonst nicht der typischer Streicherklang erreicht werden kann.
Eine Einzelmikrofonierung ist nur bei Solisten ratsam.

Der Klang eines Streichinstruments ist im wesentlichen von der Bogenführung abhängig. Es kann jedoch auch ein Dämpfer auf den Steg aufgeklemmt werden (con sordino), um dem Instrument grundsätzlich einen weicheren Klang zu geben.

Moderne Streichinstrumente haben keine Bünde und können die Tonhöhe stufenlos variieren.
Barocke Streichinstrumente erkennt man an dem anders geformten Bogen und daran, dass Gambe (ähnlich Cello) und Violone (ähnlich Kontrabass) Bünde haben.

3.3.3.1 Violine

Die Violine - auch Geige genannt - ist das kleinste und höchste der Streichinstrumente. Sie tritt im Orchester in Gruppen von 2-12/16 Personen auf. Weiterhin wird unterschieden in "Erste Violinen" und "Zweite Violinen". Erstere spielen oft die Melodiestimme eines Werkes, wohingegen letztere eine Harmoniestimme spielen.

Die Violine hat vier Saiten, welche in Quinten zueinander gestimmt werden: g, d^1, a^1, e^2
Ihre Abkürzung in der Partitur lautet "V."

3.3.3.2 Viola

Die Viola - eher bekannt als Bratsche - sieht aus wie eine zu groß geratene Violine. Im Orchester spielt sie in Gruppen von 2-8/12 Personen eine weitere Harmoniestimme.
Auch die Viola hat vier Saiten, die in Quinten zueinander gestimmt werden. Sie erklingt eine Quinte tiefer, als die Violine: c, g, d^1, a^1
Ihre Abkürzung in der Partitur lautet "Va."

3.3.3.3 Violoncello

Das Violoncello, oder kurz Cello ist zusammen mit dem Kontrabass das Bassinstrument der Streichergruppe. Es wird in Gruppen von 1-6/10 Personen gespielt. Das Violoncello erklingt genau eine Oktave tiefer als die Viola: C, G, d, a
Die Abkürzung in der Partitur lautet "Vc."

3.3.3.4 Kontrabass

Der Kontrabass ist das tiefste Streichinstrument und verleiht der Streichergruppe ein "sattes" Bassfundament. Er wird in Gruppen von 1-4/8 Personen gespielt. In normaler Bauform hat er vier Saiten, welche zueinander in Quartabstand gestimmt sind: E_1, A_1, D, G. Es gibt jedoch auch 5-saitige Kontrabässe, bei denen noch das C_1 hinzukommt.
Der Kontrabass wird eine Oktave höher notiert, als er tatsächlich erklingt.
Die Abkürzung in der Partitur lautet "Kb."

Instrument:	**Violine (=Geige)**
Instrumentenart:	Streichinstrument
Im Orchester:	Gruppe (12-16)
Tonerzeugung:	Bogen
Notenschlüssel:	Violinschlüssel
Transponierung:	keine
Tonumfang:	g bis g^4
Frequenzumfang:	196Hz bis 3136Hz
Hauptformant:	400Hz (Vokal "o")
Obertonbereich:	bis 10000Hz
Dynamik:	30-35dB
Pegel bei forte:	$89dB_{SPL}$
Einschwingzeit:	30-300ms
Ausschwingzeit:	100-3000ms

Besonderheiten bei der Aufnahme:

Bei geringen Mikrofonabständen sind teilweise starke Reibgeräusche und Rauschen zu hören. Diese werden mit zunehmendem Mikrofonabstand geringer. Weiterhin produziert ein Geiger mit Vollbart unangenehme Kratzgeräusche am Instrument.
Neben dem Hauptformanten sind weitere Formanten bei 800-1200Hz, 2000-2600Hz und 3000-4000Hz vorhanden. Diese zusätzlichen Formantbereiche verleihen dem Instrument einen weichen und doch brillanten Klang.

Abstrahlrichtungen in der horizontalen Ebene:

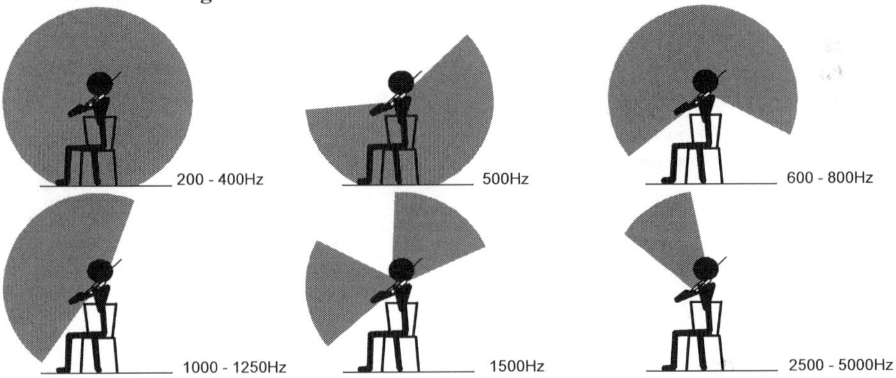

Abstrahlrichtungen in der vertikalen Ebene:

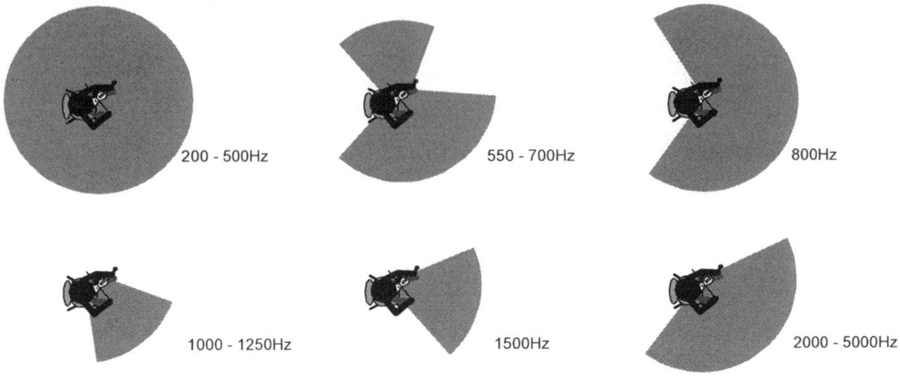

Instrument:	**Viola (=Bratsche)**
Instrumentenart:	Streichinstrument
Im Orchester:	Gruppe (8-12)
Tonerzeugung:	Bogen
Notenschlüssel:	Bratschenschlüssel (Altschlüssel)
Transponierung:	keine
Tonumfang:	c bis f^3
Frequenzumfang:	131Hz bis 1397Hz
Hauptformant:	220Hz (Vokal "u")
Obertonbereich:	bis 7000Hz
Dynamik:	25-30dB
Pegel bei forte:	87dB_{SPL}
Einschwingzeit:	20-300ms
Ausschwingzeit:	100-4000ms

Besonderheiten bei der Aufnahme:

Bei geringen Mikrofonabständen sind teilweise starke Reibgeräusche und Rauschen zu hören. Dies wird mit zunehmendem Mikrofonabstand geringer. Weiterhin produziert ein Bratscher mit Vollbart unangenehme Kratzgeräusche am Instrument..
Neben dem Hauptformanten sind weitere Formanten bei 350Hz, 600Hz, 1600Hz und 3000Hz vorhanden. Diese verleihen dem Instrument einen nasalen Klang.

Abstrahlrichtungen in der horizontalen Ebene:

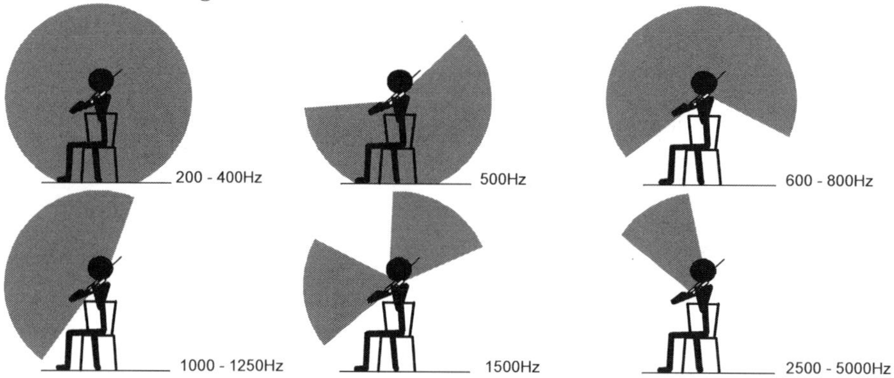

Abstrahlrichtungen in der vertikalen Ebene:

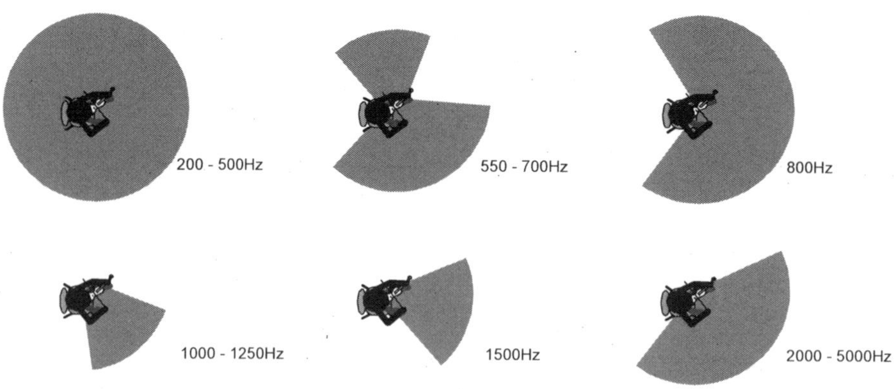

Instrument:	**Violoncello**
Instrumentenart:	Streichinstrument
Im Orchester:	Gruppe (6-10)
Tonerzeugung:	Bogen
Notenschlüssel:	Bassschlüssel
Transponierung:	keine
Tonumfang:	C bis c^3
Frequenzumfang:	65Hz bis 1047Hz
Hauptformant:	250, 300 und 500Hz (Vokal "o", "u")
Obertonbereich:	bis 8000Hz
Dynamik:	25-30dB
Pegel bei forte:	$90dB_{SPL}$
Einschwingzeit:	60-300ms
Ausschwingzeit:	100-10000ms
Artverwandt:	Gambe

Besonderheiten bei der Aufnahme:

Bei geringen Mikrofonabständen sind teilweise starke Reibgeräusche und Rauschen zu hören. Dies wird mit zunehmendem Mikrofonabstand geringer. Es ist auf eventuelle Störgeräusche durch reibende Kleidung am Instrument zu achten.
Der Stachel des Cellos regt den Boden zum Schwingen an. Man kann dies gegebenenfalls durch eine Gummiunterlage verhindern.

Abstrahlrichtungen in der horizontalen Ebene:

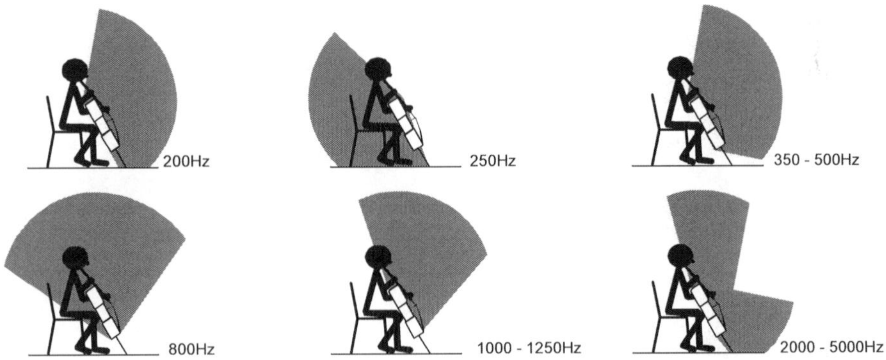

Abstrahlrichtungen in der vertikalen Ebene:

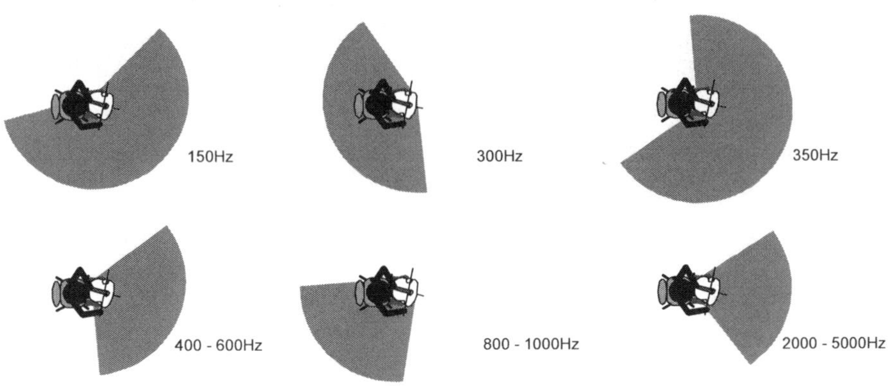

Instrument:	Kontrabass
Instrumentenart:	Streichinstrument
Im Orchester:	Gruppe (4-8)
Tonerzeugung:	Bogen
Notenschlüssel:	Bassschlüssel
Transponierung:	eine Oktave tiefer
Tonumfang:	E_1 bis g^1
Frequenzumfang:	41Hz bis 392Hz
Hauptformant:	70-350Hz (kein Vokal)
Obertonbereich:	bis 1500Hz (Streichgeräusche höher)
Dynamik:	25-30dB
Pegel bei forte:	$92dB_{SPL}$
Einschwingzeit:	100-400ms
Ausschwingzeit:	100-10000ms

Besonderheiten bei der Aufnahme:

Bei geringen Mikrofonabständen sind teilweise starke Reibgeräusche und Rauschen zu hören. Dies wird mit zunehmendem Mikrofonabstand geringer.

Es ist auf ein Mikrofon mit guter Tiefbassübertragung zu achten (Kugelcharakteristik).

Abstrahlrichtungen in der horizontalen Ebene:

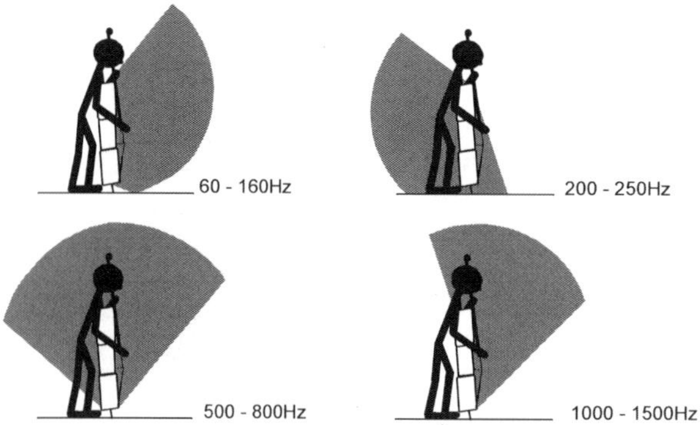

Abstrahlrichtungen in der vertikalen Ebene:

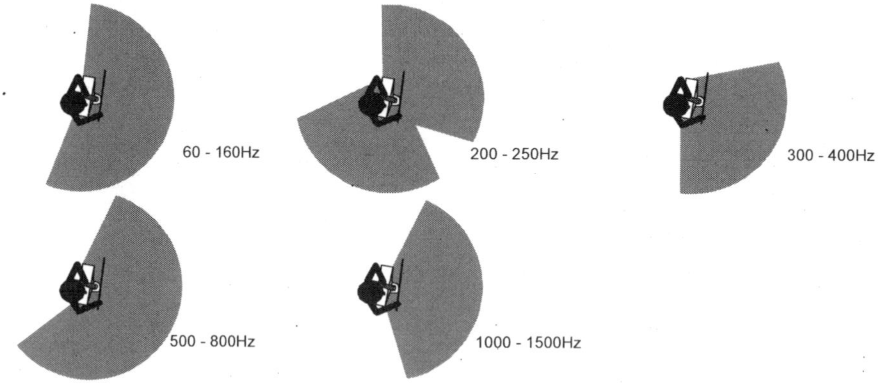

3.3.4 Holzblasinstrumente

In der Familie der Holzblasinstrumente wird nach der Art unterschieden, mit der der Ton erzeugt wird:

- Flöteninstrumente: Durch Blasen über eine Schneidekante hinweg wird der Luftstrom gebrochen und ein Klang erzeugt.
  Instrumente: Blockflöte, Querflöte
- Einzelrohrblattinstrumente: Durch ein einzelnes, in Schwingung versetztes Blatt aus Holz (Schilfrohr, Bambus) oder sehr selten Plastik wird der Klang erzeugt.
  Instrumente: Klarinette, Saxophon
- Doppelrohrblattinstrumente: Der Klang wird durch zwei gegenüberliegende, in Schwingung versetzte Blätter aus Holz (Schilfrohr, Bambus) oder sehr selten Plastik erzeugt.
  Instrumente: Dudelsack, Oboe, Fagott
- Als Ausnahme zählt in bestimmten Besetzungen auch das Waldhorn zu den Holzblasinstrumenten, obwohl es von der Tonerzeugung und der Bauweise eigentlich ein Blechblasinstrument ist.

Die Holzblasinstrumente treten im Orchester meist paarweise auf und sind meist solistisch tätig. Weiterhin ist die gesamte Holzbläsergruppe oft ein Gegenpol zu den Streichern. Es empfiehlt sich daher, entweder die gesamte Gruppe aller Holzbläser zu mikrofonieren oder sie paarweise nach Instrumenten abzunehmen.

3.3.4.1 Querflöte, Pikkoloflöte

Die Querflöte - auch "Große Flöte" genannt - ist ein rohrförmiges Instrument aus Holz oder Metall, das quer zur Blickrichtung des Spielers gehalten wird. Die Tonerzeugung erfolgt über ein Anblasloch, welches eine Variation des Klangs und der Intonation zulässt.
Durch Klappen und Grifflöcher wird die wirksame schwingungsfähige Rohrlänge bestimmt und die Tonhöhe beeinflusst. Der Klang wird über das gesamte Instrument abgestrahlt. Im Bereich des Anblaslochs sind Anblasgeräusche hörbar, die dort gezielt mikrofoniert werden können.
Die Pikkoloflöte - auch "Kleine Flöte" genannt - ist halb so groß, wie die große Flöte und dementsprechend eine Oktave höher als die große Flöte. Sie ist transponiert notiert und erklingt eine Oktave höher als notiert.

3.3.4.2 Oboe, Oboe d'Amore, Englischhorn

Die Oboe ist das kleinste Doppelrohrblattinstrument. Es wird in der Literatur als liebliches Soloinstrument verwendet, obgleich der Klang etwas nasal ist. Wie bei allen Holzblasinstrumenten verläuft die Klangabstrahlung über das gesamte Instrument. Es kann kein Anblasgeräusch am Mundstück mikrofoniert werden. Das Instrument ist aus schwarz gebeiztem Holz gefertigt. Die Oboe unterscheidet sich optisch von der Klarinette durch ihre dünnere Form und eine kurze "flanschartige" Öffnung.
Die Oboe d'Amore ist transponiert in A notiert. Sie erklingt somit eine Terz tiefer als die Oboe.
Das Englischhorn, welches in F notiert ist, erklingt eine Quinte tiefer als die Oboe.
Oboe d'Amore und Englischhorn erkennt man an dem eiförmigen Schallbecher um unteren Ende des Instruments.
Ihre Abkürzungen in der Partitur lauten: "Ob.", "Ob. d'amore" und "EHr.".

3.3.4.3 Klarinette, Bassetthorn, Bassklarinette

Die Klarinette ist auf den ersten Blick der Oboe sehr ähnlich, hat jedoch eine offenere Bohrung und eine trichterförmige Öffnung. Das Instrument ist ebenfalls aus schwarz gebeiztem Holz gefertigt.
Die Klarinette wird mit einem Einzelrohrblatt als Tonerzeuger gespielt. Im Gegensatz zu der Oboe kann der Ton bei der Klarinette "aus dem Nichts" heraus entstehen und dadurch eine höhere Dynamik erreicht werden. Auch bei der Klarinette kann kein Anblasgeräusch abmikrofoniert werden.
Klarinetten sind transponiert notiert (in B oder A). Da es vorkommen kann, dass der Klarinettist im Stück die Instrumente wechseln muss, hat er immer beide Instrumente dabei.
In der Romantik kam eine kleinere Klarinette in Es hinzu, die eine Quarte über der B-Klarinette liegt.
Mozart setzte sehr gerne das Bassetthorn ein, das einen düsteren, geheimnisvollen Klang mit sich bringt. Es transponiert in F und erklingt eine Quarte unter der B-Klarinette.
Ebenfalls anzutreffen ist die Bassklarinette in B, die eine Oktave tiefer als die B-Klarinette erklingt.
Die Abkürzungen der genannten Instrumente in der Partitur lauten: "Klar." (und anschließend die Transponierung), "BHr." und "BKlar."

3.3.4.4 Saxophon

Das Saxophon wurde von dem Belgier Adolphe Sax im Jahre 1840 erfunden. Es verfügt über ein Einzelrohrblatt als Tonerzeuger. Der Ansatz ist damit dem der Klarinette sehr ähnlich, die Griffweise ähnelt jedoch eher der einer Querflöte. Das Instrument ist aus Metall und in vielen Größen erhältlich:

- Soraninosaxophon (in F oder Es)
- Sopransaxophon (in C oder B)
- Altsaxophon (in F oder Es)
- Tenorsaxophon (in C oder B)
- Baritonsaxophon (in F oder Es)
- Basssaxophon (in C oder B)

Wie man sehen kann, sind viele Saxophone transponierende Instrumente. In der klassischen Musik sind sie erst ab der Romantik anzutreffen.
Ihre Abkürzungen in der Partitur lauten: "Sax."

3.3.4.5 Fagott, Kontrafagott

Das Fagott ist wie die Oboe ein Doppelrohrblattinstrument. Es spielt in der Orchesterliteratur die Rolle des Bassinstruments, ist jedoch auch oft solistisch tätig. Meist sind dies humoristische Passagen, die dem Klang des Instruments gerecht werden.
Die Tonerzeugung am Mundstück ist nicht mikrophonierbar, sondern nur der Gesamtklang, der über das gesamte Instrument abgestrahlt wird. Es gibt jedoch findige Fagottisten, die sich ein Mikrofon in die Nähe des Oktavlochs im S-Bogen gebaut haben und anschließend Klänge wie mit einem E-Bass erzeugen können.

Das Instrument wäre abgewickelt ca. 3m lang und ist am unteren Ende 180° gebogen. Das Kontrafagott ist doppelt so lang wie das Fagott und viermal gebogen. Es erklingt eine Oktave tiefer als das Fagott und ist um eine Oktave transponiert notiert. Der tiefste Ton ist noch tiefer als beim Kontrabass und liegt beim B_2 bei 29Hz (beziehungsweise A_2=27,5Hz)!
Die Abkürzungen in der Partitur lauten: "Fg." oder "Kontrafg."

3.3.4.6 Dudelsack

Der Dudelsack erzeugt den Klang ebenso wie das Fagott mit Hilfe eines Doppelrohrblattes. Dieses befindet sich jedoch nicht im Mund des Spielers Vielmehr sind mehrere Doppelrohrblätter jeweils an den Kopfenden der Schalmei sowie der Bordunpfeifen angebracht. Diese werden durch Luftauslässe des Luftsacks in Schwingung gebracht. Der Luftsack wird zwischen Arm und Körper geklemmt und mit dem Mund aufgeblasen. Durch Druck mit dem Arm auf den Luftsack kann die Luftmenge durch das Doppelrohrblatt gesteuert und die Tonhöhe gehalten werden. Es gibt keine direkte Möglichkeit, den Klang zu beeinflussen.
Der Dudelsack erzeugt den Schall aus zwei unterschiedlichen Pfeifen:

- Melodiepfeife: Auch Schalmei genannt. An ihr befinden sich die Grifflöcher. Ihre Schallabstrahlung lässt sich am ehesten mit der einer Oboe vergleichen.
- Bordunpfeifen: Diese liegen in der Regel über der Schulter des Spielers und geben immer die gleichen Töne von sich. Sie bilden somit die harmonische Grundlage des Dudelsackspielers.

Es ist empfehlenswert, die Melodie- und die Bordunpfeifen getrennt zu mikrofonieren, da es auf diese Weise möglich wird, die Lautstärkeverhältnisse im Nachhinein anzupassen.
Für die Bordunpfeifen empfehlen sich eventuell Ansteckmikrofone.

Instrument:	**Querflöte (= Große Flöte)**
Instrumentenart:	Holzblasinstrument
Im Orchester:	Solo (2)
Tonerzeugung:	Anblasloch
Notenschlüssel:	Violinschlüssel
Transponierung:	keine
Tonumfang:	h bis f^4
Frequenzumfang:	247Hz bis 2792 Hz
Hauptformant:	keiner
Obertonbereich:	bis 10000Hz
Dynamik:	15-20dB
Pegel bei forte:	$91 dB_{SPL}$
Einschwingzeit:	30-100ms
Ausschwingzeit:	100-200ms
Artverwandt:	Piccoloflöte, Altflöte (G)

Besonderheiten bei der Aufnahme:

Mikrofon möglichst genau vor den Spieler stellen. Die Höhe ist relativ unkritisch.

Es ist auf Klappengeräusche zu achten. Weiterhin können in der Nähe des Mundloches die Anblasgeräusche mikrofoniert werden, wenn gewünscht.

Abstrahlrichtungen in der horizontalen Ebene:

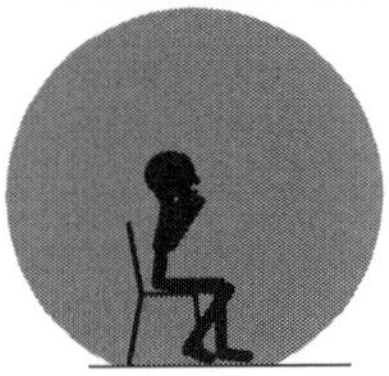

Die Flöte strahlt in dieser Ebene fast immer in alle Richtungen ab.
Lediglich hinter dem Spieler wird es bei hohen Frequenzen zu einer Schallabschattung kommen.

Abstrahlrichtungen in der vertikalen Ebene:

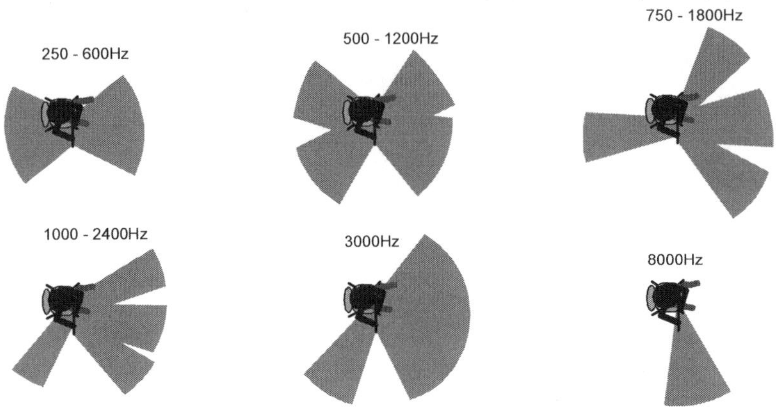

Instrument:	**Klarinette B (oder A)**
Instrumentenart:	Holzblasinstrument
Im Orchester:	Solo (2-4)
Tonerzeugung:	Einzelrohrblatt
Notenschlüssel:	Violinschlüssel
Transponierung:	notiert c^1 klingt b (oder a)
Tonumfang:	d(c#) bis $b^3(a^3)$
Frequenzumfang:	147Hz(139Hz) bis 1864Hz(1760Hz)
Hauptformant:	keine ausgeprägten Formanten
Obertonbereich:	bis 5000Hz
Dynamik:	25-50dB
Pegel bei forte:	$93dB_{SPL}$
Einschwingzeit:	15-50ms
Ausschwingzeit:	50-100ms
Artverwandt:	Bassetthorn (F), Bassklarinette (B)

Besonderheiten bei der Aufnahme:

Bereits geringfügige Änderungen der Mikrofonposition können relativ starke Klangveränderungen hervorrufen.

Es ist auf Klappengeräusche zu achten. Weiterhin kann es besser sein, den Klarinettisten während eines Solos aufstehen zu lassen, damit nicht das Notenpult den Klang dämpft.

Abstrahlrichtungen in der horizontalen Ebene:

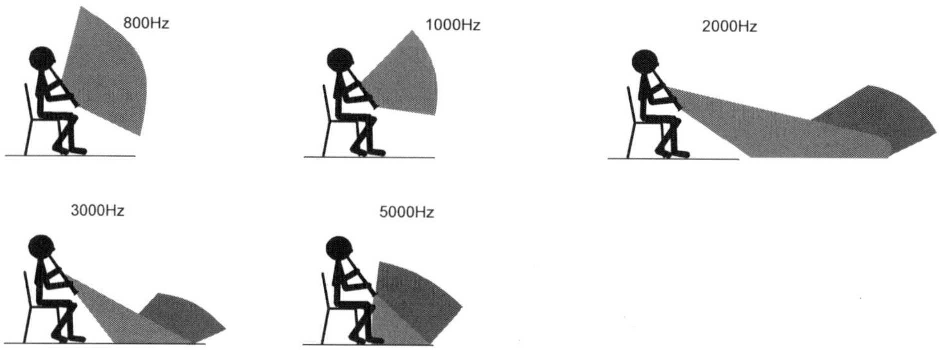

Abstrahlrichtungen in der vertikalen Ebene:

Instrument: Oboe

Instrumentenart: Holzblasinstrument
Im Orchester: Solo (2-4)
Tonerzeugung: Doppelrohrblatt
Notenschlüssel: Violinschlüssel
Transponierung: keine
Tonumfang: b bis a^3
Frequenzumfang: 233Hz bis 1760Hz
Hauptformant: 1100Hz, (zwischen Vokal a und ö)
Obertonbereich: bis 12000Hz
Dynamik: 20-30dB
Pegel bei forte: $93dB_{SPL}$
Einschwingzeit: 10-100ms
Ausschwingzeit: 100ms
Artverwandt: Oboe d'Amore (A), Englischhorn (F)

Besonderheiten bei der Aufnahme:

Bereits geringfügige Änderungen der Mikrofonposition können relativ starke Klangveränderungen hervorrufen.

Es ist auf Klappengeräusche zu achten. Weiterhin kann es besser sein, den Oboisten während eines Solos aufstehen zu lassen, damit nicht das Notenpult den Klang dämpft.

Abstrahlrichtungen in der horizontalen Ebene:

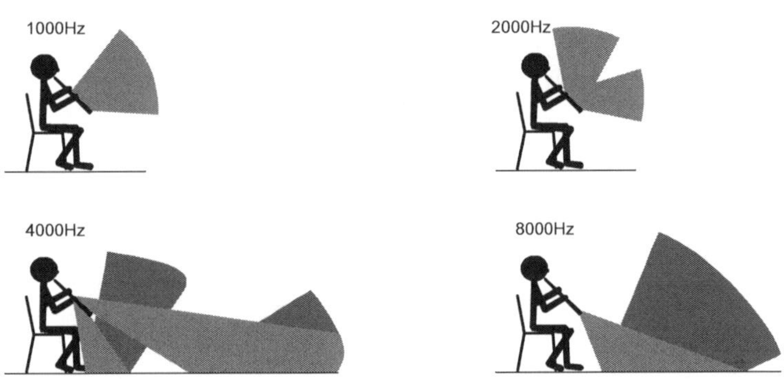

Abstrahlrichtungen in der vertikalen Ebene:

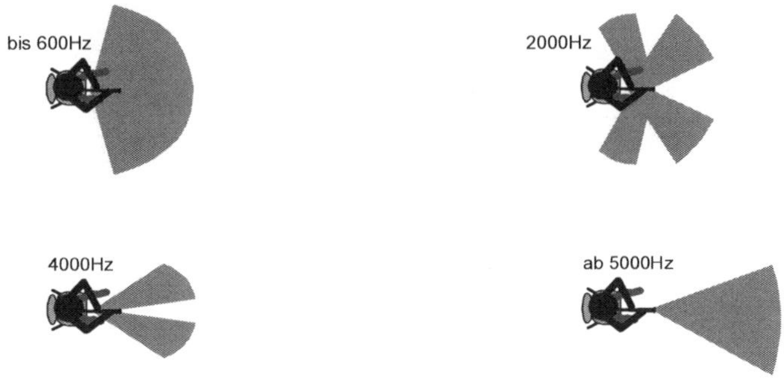

Instrument: **Fagott**
Instrumentenart: Holzblasinstrument
Im Orchester: Solo (2-4)
Tonerzeugung: Doppelrohrblatt
Notenschlüssel: Bassschlüssel
Transponierung: keine
Tonumfang: B_1 bis f^2
Frequenzumfang: 58Hz bis 700 Hz
Hauptformant: 500Hz, (Vokal o)
Obertonbereich: bis12000Hz
Dynamik: 25-30dB
Pegel bei forte: $93dB_{SPL}$
Einschwingzeit: 30-60ms
Ausschwingzeit: 100-400ms
Artverwandt: Heckelphon, Kontrafagott

Besonderheiten bei der Aufnahme:

Mikrofon möglichst in Bauch- bis Schulterhöhe des Spielers platzieren. Nicht über das Intrument hängen.

Es ist auf Klappengeräusche zu achten. Bei leisen Passagen sind teilweise starke Anblasgeräusche zu hören.

Achtung: Beim tiefsten Ton (B_1) sind Luft- und Anblasgeräusche auch direkt über der Schallöffnung zu hören.

Abstrahlrichtungen in der horizontalen Ebene:

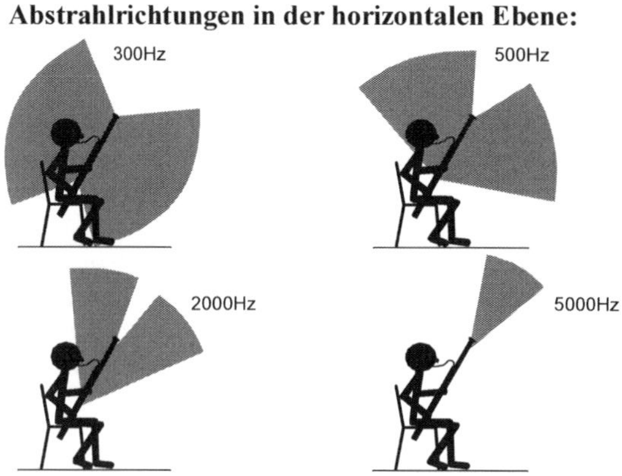

Abstrahlrichtungen in der vertikalen Ebene:

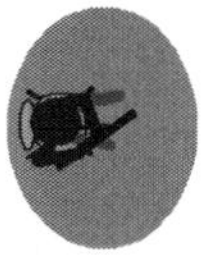

Das Fagott strahlt in dieser Ebene fast immer in alle Richtungen ab.
Lediglich hinter dem Spieler wird es bei hohen Frequenzen zu einer Schallabschattung kommen.
Da das Instrument beim Spielen nicht völlig senkrecht gehalten wird (Ausnahme Kontrafagott), ist die Schallabstrahlung leicht oval.

3.3.5 Blechblasinstrumente

Bei den Blechblasinstrumenten erfolgt die Schallerzeugung durch die Lippen des Musikers, die in einem Mundstück anfangen zu vibrieren. Das Mundstück wird Becher, Kessel oder Trichter genannt. Je nach Form des Mundstücks ergibt sich ein anderer Klang des Instruments.

Der Schall wird bei allen Blechblasinstrumenten nur aus dem Schalltrichter abgestrahlt. Daher fällt die Mikrofonierung deutlich leichter, als bei Holzblasinstrumenten. Andererseits wirken sich teilweise schon geringe Bewegungen des Musikers stark auf die Schallabstrahlung aus, da der Schalltrichter sofort eine andere Position in Bezug auf das Mikrofon bekommt.

Blechblasinstrumente können aufgrund fehlender Klappen oder Grifflöcher zunächst nur die Naturtonreihe spielen. Dies bedeutet, dass alle spielbaren Töne ein ganzzahliges Vielfaches eines Grundtons sind. Dieser Grundton, auch "Pedalton" genannt, ist wiederum von der Länge des Instruments abhängig.
Da in der Naturtonreihe chromatische Tonanordnungen erst zu relativ hohen Obertönen hin vorkommen, wurde in der frühen Literatur tatsächlich nur nach den Naturtönen komponiert. Daher stammen auch die typischen Jagdrufe der Trompeten und Hörner.
Heutige Blasinstrumente haben zusätzliche Ventile, mit denen man die effektive Rohrlänge des Instrumentes länger oder kürzer "schalten" kann. Auf diese Weise wird es bereits bei niedrigen Naturtönen möglich, chromatisch zu spielen.

3.3.5.1 Horn

Das Horn ist ein Zwitter unter den Blasinstrumenten. Es wird in der Literatur sowohl zu den Holzblasinstrumenten gerechnet, als auch zu den Blechblasinstrumenten. Von der Konstruktion und der Spielweise ist es eindeutig ein Blechblasinstrument. Sein Klang ist jedoch so vielseitig, dass es sich auch sehr gut mit Holzblasinstrumenten mischt und gerne im Zusammenspiel mit Holzblasinstrumenten eingesetzt wird.
Moderne Hörner sind "Doppelhörner", das heißt, dass man mit einem zusätzlichen Ventil zwischen zwei kompletten Instrumenten (Horn in B und Horn in F) umschalten kann, jenachdem, was in der Literatur gerade verlangt wird.
Durch das "Stopfen" des Schalltrichters mit der Hand kann der Klang des Horns in weitem Maße beeinflusst werden und von weich bis blechern alle Klangfarben annehmen.
Der Schalltrichter des Horns ist nach hinten gerichtet, so dass der Hörer niemals Direktschall aus diesem Instrument zu hören bekommt.
Die Abkürzung in der Partitur lautet: "Hr."

3.3.5.2 Trompete

Die Trompete ist oft als Soloinstrument oder Fanfareninstrument im Orchester besetzt. Ihr heller durchdringender Klang aus dem nach vorne gerichteten Schalltrichter setzt sich sehr gut gegenüber allen anderen Orchesterinstrumenten durch.
Durch einen Dämpfer im Schalltrichter kann die Trompete auch sehr leise oder "komische" Geräusche von sich geben.
Meistens wird auf der Trompete in B gespielt, wobei gerade in der Barockliteratur auch eine kleinere Trompete zum Einsatz kommt, auf der die sehr hoch notierten Stücke dieser Zeit einfacher zu spielen sind.
Ihre Abkürzung in der Partitur lautet: "Trp."

3.3.5.3 Posaune

Die Posaune verfügt nicht über Ventile sondern über ein ausziehbares Rohr, mit dessen Hilfe man die Instrumentenlänge verändern kann. Für die Posaune ist es somit relativ einfach, eine stufenlose Tonhöhenveränderung zu realisieren (Glissando).
Ihre Abkürzung in der Partitur lautet: "Pos."

3.3.5.4 Tuba

Die Tuba ist das tiefste Blechblasinstrument und stellt somit dass Bassfundament für diese Instrumentengruppe zur Verfügung. Ihr Klang ist weich und voll. Der Schalltrichter zeigt beim Spielen nahezu senkrecht nach oben, was jedoch keinen Einfluss auf das Abstrahlverhalten der tiefen Frequenzen hat. Lediglich Obertöne werden in Richtung Decke abgestrahlt.
Der Frequenzumfang der Tuba reicht hinunter bis A_2 (27,5Hz)!
Ihre Abkürzung in der Partitur lautet: "Tb."

Instrument:	**Horn F (oder B)**
Instrumentenart:	Blechblasintrument
Im Orchester:	Solo (2-6)
Tonerzeugung:	Kessel- oder Trichtermundstück
Notenschlüssel:	Violinschlüssel
Transponierung:	notiert c^1 klingt f (oder b)
Tonumfang:	H_1(E) bis f^2(b^2)
Frequenzumfang:	62Hz(82Hz) bis 698Hz(932Hz)
Hauptformant:	340Hz (Vokal "u")
Obertonbereich:	bis 10000Hz
Dynamik:	35-40dB
Pegel bei forte:	$102dB_{SPL}$
Einschwingzeit:	10-100ms
Ausschwingzeit:	150ms

Besonderheiten bei der Aufnahme:

Das Horn strahlt die meisten Frequenzen und alle Obertöne nach hinten ab. Demzufolge ist eine Mikrofonposition hinter dem Spieler angebracht.

Alternativ kann auch mit einer reflektierenden Rückwand gearbeitet, und das Mikrofon dann vor dem Spieler positioniert werden. Diese Aufstellung repräsentiert besser den Klang am Dirigentenpult und im Publikum.

Abstrahlrichtungen in der horizontalen Ebene:

300 - 600Hz

1000 - 1300Hz

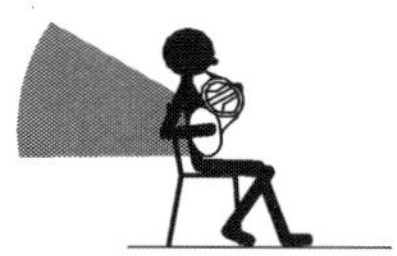
3000 - 5000Hz

Abstrahlrichtungen in der vertikalen Ebene:

150 - 200Hz und 300 - 500Hz

200 - 275Hz

600 - 900Hz und 1400 - 1700Hz

1000 - 1300Hz

2000 - 3000Hz

4000-10000Hz

Instrument:	**Trompete**
Instrumentenart:	Blechblasinstrument
Im Orchester:	Solo (2)
Tonerzeugung:	Kessel- oder Trichtermundstück
Notenschlüssel:	Violinschlüssel
Transponierung:	notiert c^1 klingt b
Tonumfang:	e bis d^3
Frequenzumfang:	165Hz bis 1175 Hz
Hauptformant:	1200-1500Hz (Vokal a bis ü)
Obertonbereich:	bis 15000Hz
Dynamik:	25-30dB
Pegel bei forte:	101dB$_{SPL}$
Einschwingzeit:	15-180ms
Ausschwingzeit:	keine
Artverwandt:	Kleine Trompete(D), Kornett (B)

Besonderheiten bei der Aufnahme:

Nur direkt auf der Hauptachse des Instruments können alle Frequenzen des Trompetenspektrums aufgenommen werden. Allerdings sind dort starke Blas- und Luftgeräusche zu erwarten. Auch die Betätigung der Ventile ist auf der Hauptachse ausgeprägt zu hören. Deshalb sollte das Mikrofon etwas von der Hauptachse versetzt positioniert werden.

Abstrahlrichtungen in der horizontalen Ebene:

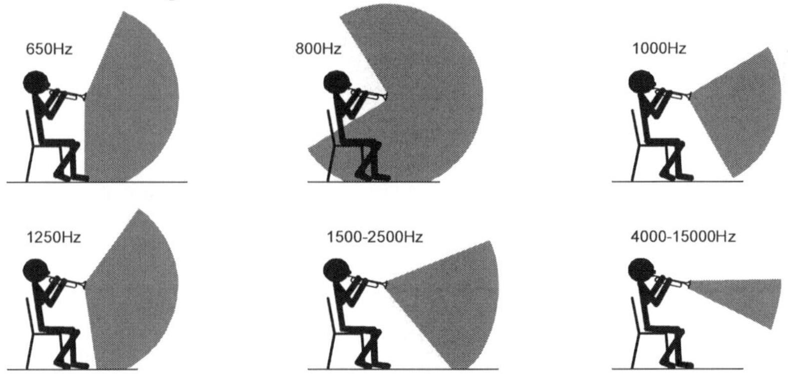

Abstrahlrichtungen in der vertikalen Ebene:

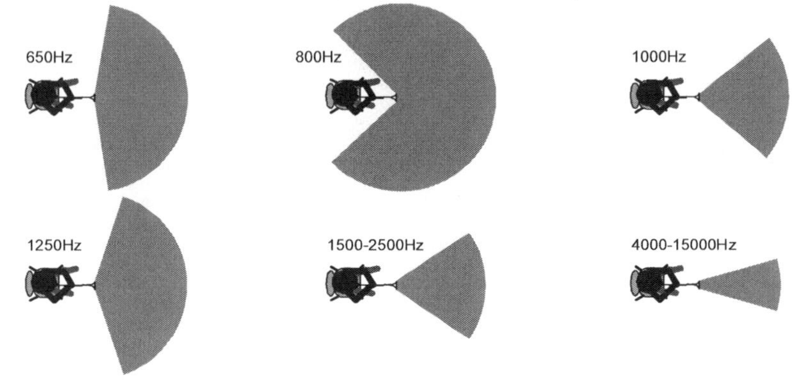

Instrument:	**Posaune (Tenorposaune)**
Instrumentenart:	Blechblasinstrument
Im Orchester:	Solo (3-4)
Tonerzeugung:	Kessel- oder Trichtermundstück
Notenschlüssel:	Tenorschlüssel
Transponierung:	keine
Tonumfang:	E bis b^1
Frequenzumfang:	82Hz bis 466 Hz
Hauptformant:	480-600Hz (Vokal o)
Obertonbereich:	bis 10000Hz
Dynamik:	30-35dB
Pegel bei forte:	$101dB_{SPL}$
Einschwingzeit:	20-70ms
Ausschwingzeit:	keine
Artverwandt:	Altposaune, Bassposaune

Besonderheiten bei der Aufnahme:

Nur direkt auf der Hauptachse des Instruments können alle Frequenzen des Trompetenspektrums aufgenommen werden. Allerdings sind dort starke Blas- und Luftgeräusche zu erwarten. Auch die Betätigung der Ventile ist auf der Hauptachse ausgeprägt zu hören. Deshalb sollte das Mikrofon etwas von der Hauptachse versetzt positioniert werden.

Abstrahlrichtungen in der horizontalen Ebene:

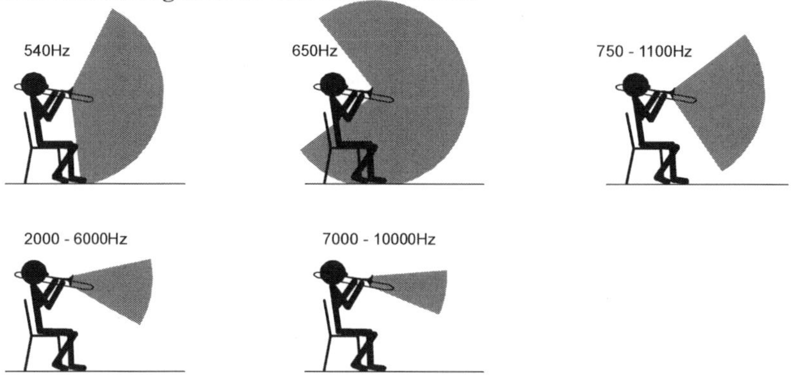

Abstrahlrichtungen in der vertikalen Ebene:

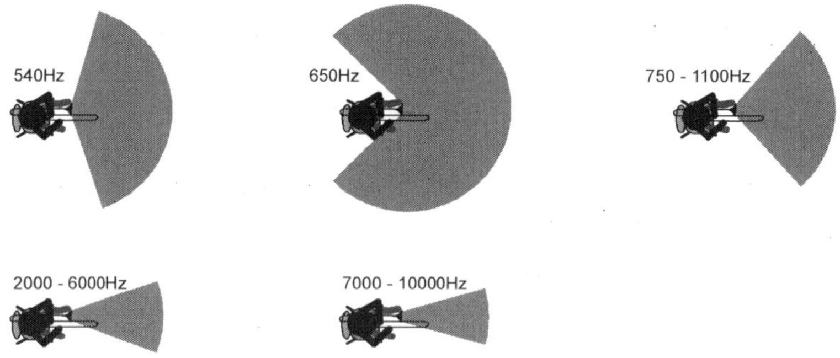

Instrument:	**Tuba (=Basstuba)**
Instrumentenart:	Blechblasinstrument
Im Orchester:	Solo (1-2)
Tonerzeugung:	Kessel- oder Trichtermundstück
Notenschlüssel:	Bassschlüssel
Transponierung:	keine
Tonumfang:	B_2 bis a^1
Frequenzumfang:	29Hz bis 440 Hz
Hauptformant:	210-250Hz (Vokal u bis o)
Obertonbereich:	bis 2000Hz
Dynamik:	25-30dB
Pegel bei forte:	$104dB_{SPL}$
Einschwingzeit:	25-60ms
Ausschwingzeit:	keine
Artverwandt:	Kontrabasstuba

Besonderheiten bei der Aufnahme:

Direkt auf der Hauptachse des Instrumentes sind viele Obertöne vorhanden, die den Klang scharf machen können. Für den typischen Tubaklang sollte das Mikrofon deutlich von der Hauptabstrahlachse des Instrumentes entfernt aufgestellt werden.

Abstrahlrichtungen in der horizontalen Ebene:

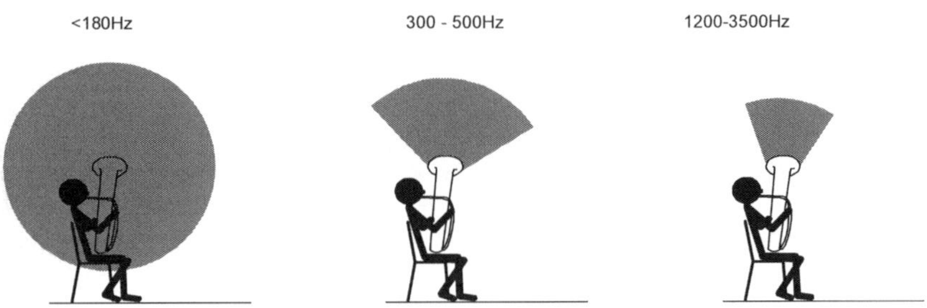

Abstrahlrichtungen in der vertikalen Ebene:

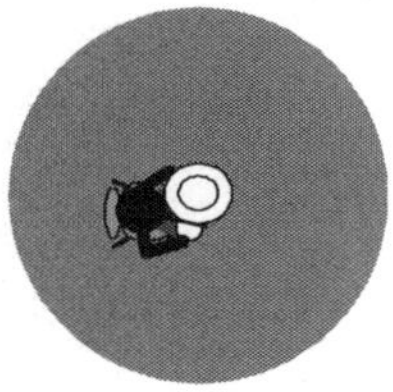

In vertikaler Richtung ist die Abstrahlung bei allen Frequenzen kugel- bis trichterförmig.
Zu höheren Frequenzen hin wird der Trichter immer schmaler

3.3.6 Flügel, Klavier und Cembalo

Das Klavier und der Flügel sind die bekanntesten Tasteninstrumente. Der Unterschied besteht in der Richtung, in der die Saiten verlaufen: Beim Flügel verlaufen die Saiten horizontal, beim Klavier vertikal. Dadurch kann das Klavier kompakter und platzsparender gebaut werden.
Mit Hilfe einer Hammermechanik werden Saiten, die im Inneren des Klaviers gespannt sind angeschlagen. Je nach angeschlagenem Ton können dies bis zu drei gleich gestimmte Saiten gleichzeitig sein.
Die Stärke des Tastenanschlags beeinflusst direkt die Lautstärke und den Klang eines Tons. Es ist zwar nicht möglich, auf einem Klavier falsch intonierte Töne zu spielen, jedoch kann der Klang sehr unausgewogen klingen, wenn das Instrument nicht beherrscht wird.
Bekannte Flügel wie Steinway oder Bösendorfer haben neben ihrem ausgezeichneten Klang auch die Eigenschaft, dass sie relativ modellunabhängig die gleichen Spieleigenschaften aufweisen. Daher fällt es einem Künstler leichter, sich an das Instrument zu gewöhnen. Dies ist bei einem Flügel sehr wichtig, da der Musiker im Gegensatz zu anderen Instrumenten meist nicht sein eigenes Instrument mitbringen kann.
Flügel und Klavier verfügen über zwei bis drei Fußpedale:

- Das linke Pedal ist eine Art Dämpfungspedal. Es verändert beim Klavier den Weg der Hämmerchen, so dass nicht mehr so stark angeschlagen werden kann. Beim Flügel werden die Hämmerchen zur Seite verschoben. Auf diese Weise werden nur noch eine oder zwei der bis zu drei Saiten angeschlagen. Die anderen klingen lediglich durch Eigenresonanz mit.
- Das mittlere Pedal ist meist nur bei Flügeln vorhanden. Es hält die Dämpfer der Tasten, die beim Betätigen des Pedals niedergedrückt waren, von den Saiten entfernt. Alle anderen Tastendämpfer verhalten sich wie immer. Auf diese Weise können einzelne Töne oder Akkorde lange gehalten werden, obwohl man normal weiterspielt.
- Das rechte Pedal hebt alle Dämpfer von den Saiten. Jede angeschlagene Saite schwingt so lange, bis die eigenen Energieverluste sie ausklingen lassen.
  Würde man durchgehend mit niedergetretenem rechten Pedal spielen, so ergäbe sich ein unschöner "Klangbrei".
  Interessant kann dieses Pedal sein, wenn das Klavier durch eine externe Schallquelle angeregt wird und die Saiten nur mitschwingen sollen.

Der Klang eines Flügels ist wesentlich von der Stellung des Deckels abhängig. Je weiter der Deckel geöffnet ist, desto lauter und präsenter klingt das Instrument. Für Tonaufnahmen kann es auch Sinn geben, den Deckel komplett zu entfernen, damit Mikrofonpositionen über dem Instrument möglich sind.

Das Cembalo ist der Vorläufer des heutigen Flügels und von der Form und Saitenanordnung sehr ähnlich aufgebaut. Die Klangerzeugung erfolgt jedoch nicht über Hämmerchen, sondern über eine Zupfmechanik. Bei dieser werden die Saiten beim Niederdrücken der Taste "angerissen" und in Schwingung versetzt. Es ist so gut wie keine Beeinflussung des Klangs und der Lautstärke des Tons möglich. Um mehr Klangvielfalt zu bekommen, hat man mehrere Saitenanordnungen mit umschaltbarer Mechanik oder mit mehreren Manualen gebaut. Durch Kombination der unterschiedlichen Saiten ergeben sich noch weitere Klangänderungsmöglichkeiten.

Im Vergleich zu dem Klavier ist ein Cembalo ziemlich leise. Es setzt sich jedoch im Barockorchester sehr gut durch und ist auch auf Aufnahmen meist nicht zu schwach zu hören, da es sich in der Regel am Dirigentenplatz befindet.

Instrument:	**Flügel**
Instrumentenart:	Tasteninstrument
Im Orchester:	nur Soloinstrument
Tonerzeugung:	Hammermechanik
Notenschlüssel:	Bass- und Violinschlüssel
Transponierung:	keine
Tonumfang:	A_2 bis c^5
Frequenzumfang:	27,5Hz bis 4186 Hz
Hauptformant:	Resonanzboden: 100-1000Hz
Obertonbereich:	bis 10000Hz
Dynamik:	45dB
Pegel bei forte:	$95dB_{SPL}$
Einschwingzeit:	10-30ms
Ausschwingzeit:	20-10000ms
Artverwandt:	Klavier

Besonderheiten bei der Aufnahme:

Das Hauptmikrofon sollte im Bereich der vollen Brillanz positioniert werden. Zusätzliche Mikrofone (evtl. Grenzflächen) können in den Flügel zeigen, um den Klang direkter zu bekommen.

Es ist auf Geräusche der Pedale und der Dämpfer zu achten, die oft störend wahrzunehmen sind.

Abstrahlrichtungen in der horizontalen Ebene:

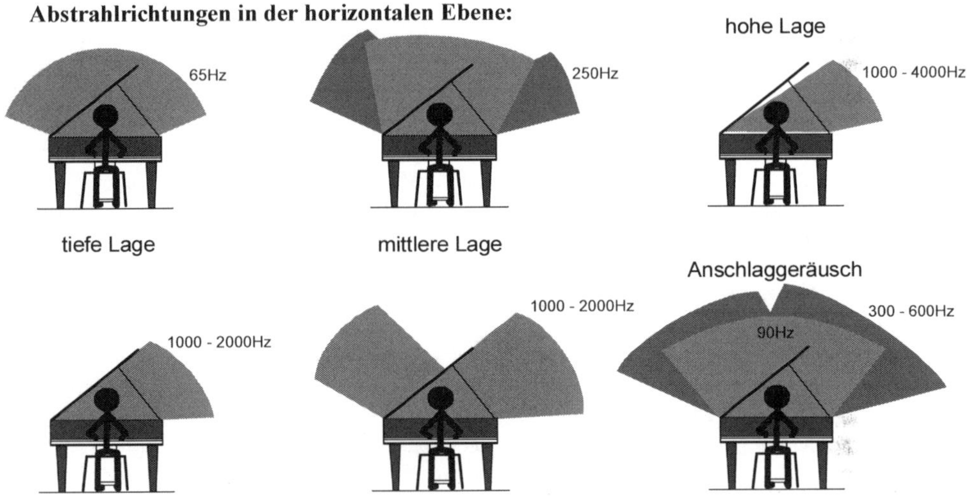

Abstrahlrichtungen in der vertikalen Ebene:

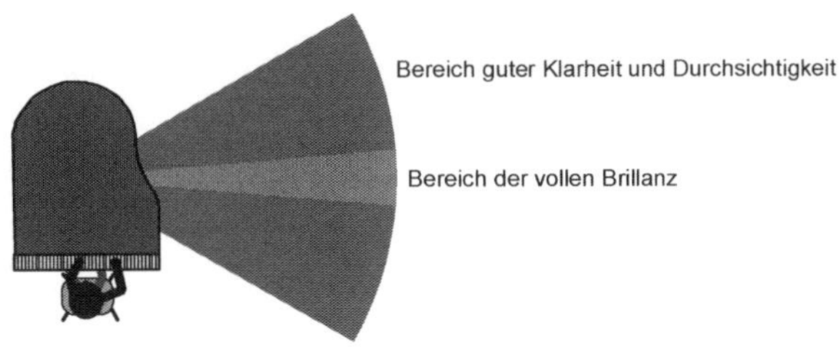

3.3.7 Zupfinstrumente

Bis auf die Harfe sind akustische Zupfinstrumente in der Orchesterliteratur kaum zu finden. Vielmehr trifft man sie in der Volksmusik an, in der sie oft zu einem Kammermusikensemble oder Zupfinstrumentenorchester zusammengesetzt werden.

Jedes Zupfinstrument ist in seiner Klangfülle wesentlich vom Korpus und dessen Resonanzeigenschaften abhängig. Allerdings können es eben diese Resonanzen sein, die bei bestimmten Frequenzen ein Dröhnen oder eine Überpräsenz hervorrufen. Daher ist es immer empfehlenswert bei der Mischung von Zupfinstrumenten nach eben diesen Resonanzen zu suchen und sie gegebenenfalls abzusenken.

Alle Zupfinstrumente - dies gilt auch für die elektronischen Varianten - klingen am besten mit einem frischen Satz Saiten.

3.3.7.1 Gitarre, Laute

Die Gitarre soll hier stellvertretend für eine große Gruppe an Instrumenten genannt werden: Gitarre, Banjo, Balalaika, Ukulele und andere.
Jedes dieser Instrumente verfügt über einen Resonanzkorpus, einen Steg mit Bünden und über Saiten in verschiedener Stimmung. Bei jedem dieser Instrumente kann durch die regionale Volksmusik das Ursprungsland relativ einfach herausgehört werden. So verbindet man mit einem Banjo die amerikanische Bluegrass Musik, mit einer Balalaika Lieder russischer Herkunft.
Die Schallabstrahlung dieser Instrumente ist im Wesentlichen im Bereich des Korpus. Je nach Mikrofonposition können hierbei mehr oder weniger starke Zupfgeräusche oder Anschlaggeräusche des Plektrums mit aufgenommen werden.
Mit einem Mikrofon am Steg kann man Rutschgeräusche der Finger über die Saiten abnehmen, die einen typischen "unplugged" Charakter vermitteln.

Die Laute unterscheidet sich von der Gitarre durch die Tatsache, dass statt einer Saite oft Saitenchöre vorhanden sind. Das heißt, dass jeder Ton von mehreren gleichzeitig erklingenden Saiten erzeugt wird. Da die Saiten niemals exakt gleichphasig schwingen, ergibt sich ein leichter Chorus-Effekt, der dem Instrument einen volleren Klang gibt.

Eine besondere Laute ist die Theorbe, die als Bassbegleitung in Barockorchestern anzutreffen ist. Sie verfügt neben den Griffsaiten zusätzlich über Bordunsaiten, die fest eingestimmt werden und die Begleitsaiten darstellen.

3.3.7.2 Zither

Die Zither wird auf dem Tisch liegend gespielt. Sie verfügt über 5 Melodiesaiten, die mit Hilfe eines Rings am rechten Daumen angerissen werden. Die Saiten haben Bünde, so dass nur in Halbtonschritten gespielt werden kann.
Weiterhin gibt es über 30 Begleitsaiten, die nach dem Quintenzirkel gestimmt sind. Sie werden ebenfalls von der rechten Hand gespielt. Die Zither ist somit ein Instrument, ähnlich dem Klavier, auf dem sowohl die Melodiestimme als auch die komplette Begleitung dazu gespielt werden kann.
Der Klang der Zither hängt wesentlich von der Beschaffenheit des sich darunter befindlichen Tisches ab. Am besten ist hierbei die Verwendung eines Resonanztisches in Kombination mit spitzen Metallfüßchen am Instrument.
Die Zither wird oft mit dem Hackbrett verwechselt, welches jedoch mit zwei Hämmerchen gespielt wird und nur Melodie oder Harmoniestimmen spielen kann.

3.3.7.3 Harfe

Die Harfe wird ab der Romantik auch als Orchesterinstrument eingesetzt. Im Barock wurde sie bereits als Soloinstrument in Konzerten verwendet.
Sie hat normalerweise 47 Saiten und ist in Ces-Dur gestimmt. Das heißt, wenn man alle Saiten nacheinander anzupft erklingt eine Tonleiter in Ces-Dur. Mit Hilfe von sieben Pedalen kann jeder der sieben Töne der Ces-Dur Tonleiter um einen halben oder ganzen Ton nach oben verstimmt werden. Auf diese Weise ist es möglich die Harfe auf jede Tonart einzustellen.
Die Harfe strahlt ihr volles Frequenzspektrum nicht genau in Verlängerung des Instrumentes ab, sondern in Richtung ±45°. Dies sollte bei der Mikrofonierung ebenso beachtet werden, wie die Tatsache, dass die Pedalerie möglicherweise störende Nebengeräusche erzeugt.

3.3.8 Orgel, Orgelpositiv

Die Orgel ist das größte Instrument, dass in der klassischen Musik existiert. Sie ersetzt ein ganzes Orchester und die verschiedene Pfeifen sollen den Klang einzelner Orchesterinstrumente nachahmen. So verwundert es auch nicht, dass die "Register", die für die Klangeinstellung der Orgel verantwortlich sind, teilweise nach Orchesterinstrumenten benannt sind.
Die Orgel verfügt über mehrere Manuale, denen man unterschiedliche Register zuweisen kann. Weiterhin können die Manuale und die Register auch gekoppelt werden, so dass Mischungen der Klänge entstehen. Eine übliche Anwendung hierbei ist die Ausnutzung des Residualeffekts: Zwei Register werden so gekoppelt, dass das eine eine Quinte höher klingt, als das andere. Auf diese Weise wird ein zusätzlicher Grundton vom Gehirn nachgebildet und es wirkt so, als würde die Orgel tiefer spielen.
Viele Orgeln haben Registerbezeichnungen in "Fuß". Diese Angabe bezieht sich auf die Pfeifenlänge einer auf C gestimmten Pfeife. Hierbei hat die 8'-Pfeife (acht Fuß) tatsächlich die notierte Tonhöhe - sie erklingt als C. Eine 4'-Pfeife würde als c zu hören sein, eine 2'-Pfeife als c^1. Ebenso verhält es sich mit längeren Pfeifen: 16' erklingen als C_1 und 32' als C_2.

Zu dem Instrument Orgel gehört auch die Kirche und deren Akustik dazu. So wird man bei der Aufnahme zunächst durch Hören versuchen, eine möglichst gute Position für die Mikrofone zu ermitteln. An dieser Position sollten alle Register der Orgel ausgewogen klingen und ein gutes Verhältnis zwischen Direktschall und Nachhall vorherrschen.

Da die Orgel eindrucksvoll sehr tiefe Frequenzen erzeugen kann, sollte dies bei der Aufnahme mit eingefangen werden. Daher bieten sich Mikrofone mit Kugelcharakteristik als Hauptmikrofon oder Bassstütze an, da diese einen linearen Frequenzgang bis zu tiefsten Frequenzen hin haben.

Am Sitzplatz des Orgelspielers sind noch weitaus mehr interessante Geräusche der Orgel zu hören, die man im Publikum oft nicht mehr wahrnimmt: Luftgeräusche des Blasebalgs, Klappen-, Ventil- und Pedalgeräusche. Es kann für eine Aufnahme durchaus reizvoll sein, diese Geräusche mit aufzunehmen und eventuell später zum Gesamtklang hinzuzufügen, so dass sich ein realistischerer Klangeindruck ergibt.

Das Orgelpositiv ist eine kleine Begleitorgel, die nicht viel größer ist als ein Klavier. Sie wird vor allem in Barockensembles im Orchester platziert und spielt in der Basso-Continuo-Gruppe mit.
Es ist nur selten notwendig, diese Orgel extra abzunehmen, da sie sich normalerweise sehr gut mit den anderen Basso-Continuo-Instrumenten mischt.

3.3.9 Schlagwerk / Schlagzeug

In romantischen Orchestern trifft man in der hintersten Reihe eine mehr oder weniger große Anzahl an Schlagwerkern an. Diese spielen die unterschiedlichsten Instrumente:

- Pauke
- Große Trommel
- Kleine Trommel (Militärtrommel)
- Xylophon / Marimbaphon
- Triangel
- Röhrenglocken und Kuhglocken
- Rasseln, Schellen, Peitschen
- Holzkisten, Ambosse
- Holzstöcke / Kastagnetten
- Zimbeln / Becken / Gong

Hierbei ist es nicht unbedingt notwendig, jedes dieser Instrumente einzeln abzunehmen. Meist reichen Mikrofone für bestimmte Instrumentengruppen, die in der Nähe zueinander stehen.
Sollten diese Instrumente solistisch tätig werden, so ist ihnen die gleiche Aufmerksamkeit beim Mikrofonieren zu schenken, wie jedem anderen Soloinstrument. Bei den Xylophonen kann eine Stereomikrofontechnik einen Gewinn bringen, da man damit sehr schön die Größe des Instruments und die Lokalisation der einzelnen Stäbe zur Geltung bringen kann.

Es ist bei Schlaginstrumenten grundsätzlich zu beachten, dass sehr kurze, laute Spitzenschalldrücke auftreten, wobei die empfundene Lautstärke niedrig sein kann. Sollten die Schlaginstrumente aufgrund mangelnder Messtechnik übersteuert werden, so fangen die Spitzen an zu verzerren und das aufgenommene Signal klingt "gedrückt". Man hört bei den Schlaginstrumenten in der Regel keine Verzerrungen beim Übersteuern, aber die Natürlichkeit und auch die Lokalisation verschlechtert sich dadurch.

Ein komplettes Schlagzeugset kann auf zweierlei Weise abmikrofoniert werden:

- Soll der Klang möglichst naturgetreu eingefangen werden, so stellt man eine Stereomikrofontechnik vor das Schlagzeug. Der Gesamtklang ist wesentlich vom Instrument, seiner Position im Raum und dem Raum selbst abhängig. Diese Technik ist meist im Jazz-Bereich anzutreffen.
- Soll der Klang noch stark beeinflusst werden können, so stellt man zusätzlich zur Stereomikrofontechnik an jede Trommel und jedes Becken ein Stützmikrofon. Dies ist die übliche Vorgehensweise im Rock/Popbereich.
  Man hat hierbei weiterhin den Vorteil, dass die einzelnen Spuren, auf denen die Trommeln und Becken aufgenommen wurden, später verwendet werden können, um synthetische Klänge oder Samples anzutriggern.
  Weiterhin kann jedem einzelnen Teil des Schlagzeugs ein eigener Effekt zugewiesen werden (zum Beispiel: Flanger auf HiHat, Gated Reverb auf Snare, Kleiner Raum auf Toms etc.)

Das Bild 3.3-3 zeigt den typischen Mikrofonaufbau für ein Rock/Pop-Schlagzeug. Auf dem Detailfoto sind die drei Mikrofone pro Trommel gut zu sehen. Dabei handelt es sich jeweils um zwei dynamische Mikrofone und ein spezielles Triggermikrofon. Man hat auf diese Weise die größtmögliche Klangauswahl bei der Aufnahme.

Abb. 3.3-3: Mikrofonaufbau für die Schlagzeugabnahme im Rock/Popbereich. (© Chris Lausmann, MS-Productions)

Abb. 3.3-4: Detail aus Abbildung 3.3-3

Instrument:	**Pauke**
Instrumentenart:	Schlaginstrument
Im Orchester:	Ein Spieler, bis zu vier Pauken
Tonerzeugung:	Resonanzfell
Notenschlüssel:	Bassschlüssel
Transponierung:	keine
Tonumfang:	D bis g
Frequenzumfang:	73Hz bis 196 Hz
Hauptformant:	keiner
Obertonbereich:	bis 5000Hz
Dynamik:	45dB
Pegel bei forte:	$105dB_{SPL}$
Einschwingzeit:	20-100ms
Ausschwingzeit:	bis mehrere Sekunden

Besonderheiten bei der Aufnahme:

Aufgrund der Abstrahlcharakteristik sollte das Mikrofon sich nicht über der Pauke befinden, sondern neben ihr.

Die Obertonstruktur der Pauke lässt sie eine Oktave tiefer klingen, als die tiefste Resonanz (Residualeffekt). Diese ganz tiefe Frequenz ist jedoch nur scheinbar vorhanden und kann nicht durch Equalizer angehoben oder abgesenkt werden.

Abstrahlrichtungen in der horizontalen Ebene:

100-150Hz (Ringmode)

90-200Hz (Hauptton)

135-500Hz (Quinte)

Abstrahlrichtungen in der vertikalen Ebene:

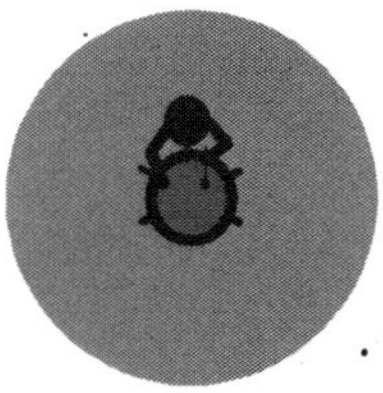
100-150Hz (Ringmode)

90-200Hz (Hauptton)

135-500Hz (Quinte)

3.4 Elektronische Musikinstrumente, Synthesizer und Sampler

Elektronische Musikinstrumente gibt es seit etwa 1900. Sie sind dadurch charakterisiert, dass sie entweder Strom brauchen, damit ein Ton oder ein Geräusch produziert wird oder die Klangerzeugung auf einem elektrischen Effekt beruht.
Es gibt elektronische Musikinstrumente, wie die E-Gitarre oder den E-Bass, die ähnlich wie akustische Instrumente funktionieren, jedoch noch einen Verstärker benötigen, damit man sie in einer angemessenen Lautstärke hören kann. Die meisten elektronischen Musikinstrumente erzeugen und manipulieren jedoch ihre Klänge komplett auf elektronische Weise.

3.4.1 E-Gitarre / E-Bass

Als die Unterhaltungsmusik zunehmend an Stellenwert gewann, entstanden Besetzungen mit Schlagzeug, Gitarre und Bass. Teilweise wurden auch Bläser hinzugenommen. Schnell stellte sich heraus, dass die Gitarre und der Bass im Verhältnis zu den anderen Instrumenten zu leise waren. Reichten zunächst noch größere Resonanzkörper und Stahlsaiten aus, um einen lauteren Klang zu bekommen, so wurde mit zunehmender Clubgröße irgendwann die elektronische Verstärkung der Gitarre nötig. Am Anfang wurden hierzu Mikrofone am Instrument angebracht oder in die Schalllöcher eingebaut. Das Signal der Mikrofone wurde verstärkt und mit Hilfe von Lautsprechern wiedergegeben. Man hatte auf diese Weise zwar einen natürlichen Klang, die Rückkopplungsgefahr war jedoch relativ groß.
Daher wurde nach neuen Tonabnehmersystemen gesucht und zunächst Piezotonabnehmer statt den Mikrofonen eingesetzt. Diese wandeln mechanische Verformungen in Spannungen um ohne dass der Luftschall mit aufgenommen wird. Eine Instrumentenabnahme mit einem Piezomikrofon erforderte jedoch bei dem Instrument einen Resonanzkörper, da ansonsten keine Verformung stattfindet.
Später kamen Tonabnehmersysteme mit Spulen hinzu (Single-Coil-Tonabnehmer), die Magnetfeldänderungen in Spannungen umwandelten. Dazu wurde im einfachsten Fall eine Spule aus dünnem Kupferlackdraht um einen Stabmagneten gewickelt. Das sich außerhalb der Spule schließende Magnetfeld wird durch Stahlsaiten beeinflusst und ruft in der Spule eine Magnetfeldänderung hervor, die wiederum eine Spannung in der Spule induziert. Diese Art der Tonabnehmer funktioniert nur mit Stahlsaiten, da Nylonsaiten keine Magnetfelder beeinflussen können.
Als ungünstiger Nebeneffekt induziert auch jedes magnetische Störfeld von außerhalb eine Spannung in den Tonabnehmer. Daher kommt es bei den Gitarren und E-Bässen oft zu Brummstörungen durch einstreuende Magnetfelder aus dem Lichtnetz. Um dieses Problem zu lösen, wurden so genannte "Humbucker"-Tonabnehmer entwickelt. Diese bestehen aus zwei Spulen, welche hintereinander geschaltet und entgegengesetzt gewickelt die Störfelder von außen wirkungsvoll unterdrücken. Die Saitenbewegung kann trotzdem erfasst werden, da diese nur das Magnetfeld von einer der beiden Spulen beeinflusst.

Bei den echten E-Gitarren und E-Bässen ist eigentlich kein Resonanzkörper mehr notwendig, da die Saitenschwingungen nur vom Tonabnehmer abgetastet und verstärkt werden. Daher können die Gitarren aus den unterschiedlichsten Materialien und in den "verrücktesten" Formen gebaut werden, ohne dass der Klang dadurch wesentlich beeinflusst wird. Einfluss nimmt das Material und die Konstruktion hauptsächlich noch auf die Ausklingphase des Instruments.

Es gibt auch halbakustische Gitarren, die über einen relativ flachen Resonanzkörper verfügen, in den ein Mikrofon eingebaut ist. Man kann durch das Mischungsverhältnis von Tonabnehmer zu Mikrofon den Klang sehr flexibel zwischen "elektrisch" und "akustisch" einstellen.

Bei Gitarren ist die gesamte Elektronik fast immer passiv, so dass zwar Lautstärke und Klang eingestellt werden können, sich jedoch alle Parameter gegenseitig beeinflussen. Auch das Zuleitungskabel beeinflusst durch seine Länge und die Kabelart den Gesamtklang der Gitarre.
E-Bässe sind eher mit einer aktiven Elektronik ausgestattet, die zwar eine Batterie benötigt, jedoch eine stabile Klangerzeugung unabhängig von den einzelnen Parametern ermöglicht.

Bei E-Gitarren und E-Bässen ist der Klang nicht allein vom Instrument, den Saiten und den Tonabnehmersystemen abhängig, sondern auch von den Verstärkern und Boxen, über die das Signal wiedergegeben wird. So ist es bei E-Bässen eine gängige Aufnahmepraxis, den Bass einmal direkt in das Pult einzuspielen und einmal über den Verstärker mit

Abb. 3.4-1. Mögliche Mikrofonaufstellung bei der Abnahme von Gitarrenverstärkern (© Chris Lausmann, MS-Productions)

Mikrofonen abzunehmen. Aus den zwei Aufnahmespuren wird dann der Gesamtklang gemischt.
E-Gitarren werden fast ausschließlich über Verstärker abmikrofoniert. Hierzu werden fast immer mehrere Mikrofone verwendet, aus denen dann der Gesamtklang zusammengemischt wird. Die richtige Position der Mikrofone vor den Lautsprechern zu finden ist dabei die große Kunst (siehe zum Beispiel Abbildung 3.4-1).

Eine weitere Technik ist die Simulation von Gitarrenverstärkern mit Hilfe von Geräten oder Plug-Ins. Dabei kann man auf Knopfdruck verschiedene Verstärker (Amp) und Boxen (Cabinet) einstellen und sich den gewünschten Klang individuell zusammenstellen.
Hierzu ist es notwendig, die Gitarre "clean" aufzunehmen, damit alle klangbeeinflussenden Effekte nachträglich noch dazugegeben werden können.

Effekte, die für E-Gitarren und E-Bässe verwendet werden sind:

- Chorus
- Flanger
- Phaser
- Wha-Wha
- Distortion
- Leslie
- Delay

Auf diese Effekte wird im Kapitel 10 genauer eingegangen.

Die Stimmung einer E-Gitarre ist normalerweise gleich mit der einer akustischen Gitarre und lautet: E, A, d, g, h, e^1. Ein E-Bass wird genauso gestimmt, wie ein Kontrabass: E_1, A_1, D, G

3.4.2 Synthesizer

Unter einem "Synthesizer" versteht man ein elektronisches Musikinstrument, dass auf künstlichem Wege Töne, Klänge und Geräusche erzeugt. Diese synthetischen Klänge können einem echten Instrument sehr nahe kommen. Es sind jedoch auch völlig neue Klänge möglich, die mit Hilfe von akustischen Instrumenten nicht realisierbar wären.

3.4.2.1 Geschichte

Die Geschichte der Synthesizer fängt um 1900 mit dem "Dynamophone" an, welches auch unter dem Namen "Telharmonium" bekannt wurde. Letzterer Name bezieht sich auf die Tatsache, dass die Übertragung der Musik, die mit diesem Instrument gemacht wurde, über das Telefonnetz erfolgte, da es keine Möglichkeit gab, das Instrument in einen Konzertsaal zu bewegen.
Das Dynamophon wurde von Thaddeus Cahill erfunden und bestand aus 145 dampfbetriebenen Dynamos (siehe Abbildung 3.4-2), die elektrische Schwingungen mit unterschiedlichster Frequenz erzeugen konnten. Jeder dieser Dynamos erzeugte nicht nur einen einzigen Ton, sondern auch dessen Obertöne, die vom Spieler nach Belieben zusammengemischt werden konnten. Auf diese Weise war eine sehr individuelle Klanggestaltung möglich.
Das Dynamophone belegte eine ganze Etage eines New Yorker Hochhauses und hatte ein Gesamtgewicht von 200 Tonnen.
Die Übertragung der Musik über die Telefonleitungen mit diesem Instrument wurde 1911 wieder eingestellt, da es zu viele Störungen mit sich brachte und normale Telefongespräche stark beeinflusst wurden.

1920 wurde das heute noch beliebte, da einfach herzustellende Theremin von seinem Erfinder Lew Sergejewitch (kurz: Leon) Termen vorgestellt. Es beruht auf dem Prinzip, dass zwei hochfrequente

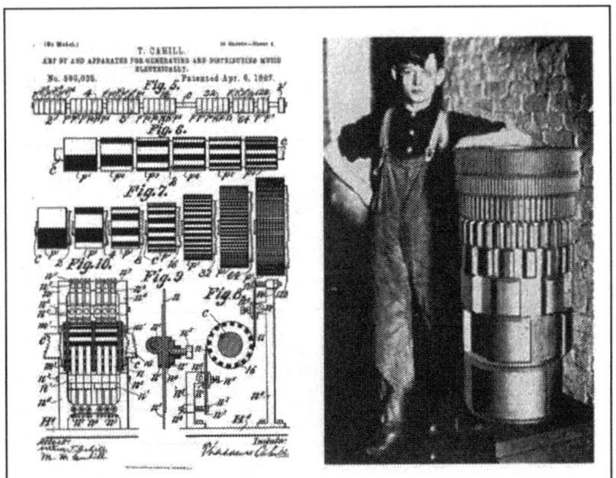

Abb. 3.4-2: Patentschrift und Foto der dampfbetriebenen Walzen des Telharmoniums

Schwingungen miteinander gemischt werden und dabei Summen- und Differenztöne entstehen. Mischt man beispielsweise die zwei Frequenzen 100000Hz und 101000Hz, so wird der Differenzton von 100000Hz-101000Hz als 1000Hz Schwingung hörbar. Die Trägerfrequenzen und die Summentöne werden am Ausgang heraus gefiltert, da sie ohnehin nicht wahrgenommen werden können.
Das besondere am Theremin, das auch Ätherophon genannt wurde, war die Tatsache, dass Tonhöhe und Lautstärke mit Hilfe von zwei Antennen berührungslos vom Musiker beeinflusst werden konnten. Durch die Kapazität, die der menschliche Körper auf die Antenne ausübt, konnten die Frequenzen der Schwingkreise beeinflusst und das Instrument "wie von Geisterhand" gespielt werden.

1928 stellte Maurice Martenot das "Ondes-Martenot" vor, welches im wesentlichen Unterschied zum Theremin die Tonhöhe durch den Zug an einer Saite beeinflusste. Dadurch war es deutlich leichter zu spielen. Nachdem in einer weiteren Verbesserung eine Klaviatur zur Tonhöhensteuerung hinzukam, wurde es für viele Jahrzehnte sogar ein Orchesterinstrument.

1930 wurde von dem Deutschen Ingenieur Friedrich Trautwein das "Trautonium" vorgestellt. Dies war ein Gerät, dass mit Hilfe von elektronischen Schwingkreisen seine Töne erzeugte. Weiterhin konnten durch Resonanzfilter Formanten hinzugefügt werden. Gespielt wurde das Trautonium durch Herunterdrücken einer nichtleitenden Saite, die mit Widerstandsdraht umwickelt war. Die Saite wurde auf eine Metallplatte gedrückt und der um die Saite gewickelte Widerstandsdraht wurde mit der Metallplatte elektrisch verbunden. Jenachdem, auf welche Stelle die Saite aufsetzte, war der Ton höher oder tiefer. Über dem Draht waren verschiebbare Metallzungen angebracht, die am Ende mit Leder verkleidet waren. Diese konnten als eine Art Tasten wiederholbar immer auf dieselbe Stelle der Saite drücken.
Die Metallplatte befand sich weiterhin auf einer druckempfindlichen Widerstandsschicht. So konnte die Lautstärke des erklingenden Tons durch stärkeres oder schwächeres Drücken der Saite direkt gesteuert werden.

1955 kam die legendäre, von Laurens Hammond hergestellte "Hammond B3" auf den Markt. Nach Vorbild des Telharmoniums sind in dieser Orgel motorisch angetriebene Tonwalzen eingebaut, die Magnetfelder in Spulen induzieren. Durch Zugriegel konnten einzelne Harmonische zugemischt werden, um den Klang individuell zu gestalten. Typisches Charaktermerkmal der Hammondorgeln ist jedoch ihr Vibrato und ihr Choruseffekt. Dieser wird durch ein kompliziertes, motorisch angetriebenes Phasenschiebernetzwerk erreicht, welches periodisch die Tonhöhe verändert. Da zur damaligen Zeit eher nur Tremoloeffekte (Lautstärkeänderungen) möglich waren, war der Vibratoeffekt der Hammondorgel etwas ganz besonderes.

1964 brachte Robert Moog einen modularen Synthesizer auf den Markt, der nach ihm benannt und unter dem Namen "Moog-Synthesizer" bekannt wurde. Bei diesem Synthesizer konnten alle Baugruppen beliebig miteinander verschaltet werden, so dass es dem Anwender überlassen war, den Klang zu kreieren. Er bestand aus den Baugruppen Klangerzeuger (VCO), Hüllkurvengenerator, VCA, VCF, Noise-Generator, LFO, Trigger, Delay und anderen.

1965 erschien das "Fender Rhodes Piano 'Suitcase 73' Modell". Dieses elektronische Klavier erzeugt seinen typischen Klang dadurch, dass mit einer Hammermechanik unterschiedlich gestimmte Metallplättchen angeschlagen werden. Die Schwingung dieser Plättchen wird durch einen Tonabnehmer wie in einer E-Gitarre abgenommen und einem Verstärker zugeführt.

Ein weiterer Meilenstein der Synthesizergeschichte war 1983 der DX7 von Yamaha. Dabei handelte es sich um einen "kostengünstigen" FM-Synthesizer mit 6 Operatoren, die miteinander verknüpft werden konnten. Er war Mono und 16-stimmig polyphon. Deutlich über 150000 Exemplare wurden verkauft, und er ist heute noch in vielen Studios zu finden.

3.4.2.2 Hüllkurvenbearbeitung

Damit ein synthetisch erzeugter Ton nicht nur statisch erklingt, was relativ langweilig und unnatürlich wäre, hat man recht früh eine Steuerung der Lautstärkehüllkurve erfunden. Hierbei wird versucht, den natürlichen Lautstärkeverlauf von akustischen Instrumenten möglichst gut nachzubilden.

Zum Standard geworden ist die so genannte ADSR-Hüllkurve. Sie besteht aus den vier Parametern **A**ttack, **D**ecay, **S**ustain und **R**elease. In Abbildung 3.4-3 ist der Verlauf einer ADSR-Hüllkurve zu sehen:

- **Attack:** Nach dem Anschlagen der Taste bestimmt die Attackzeit die Dauer des Einschwingvorgangs eines Tons. Die Steuerspannung wird hierbei von Null auf den Maximalwert gefahren.
- **Decay:** Ist der Attack-Vorgang abgeschlossen, sinkt der Pegel innerhalb der Decayzeit auf den Wert, der im Parameter Sustain angegeben wird.
- **Sustain:** Dieser Parameter gibt die Lautstärke an, in der ein Ton gehalten wird, nachdem die Decayphase abgeschlossen ist. Der Sustainwert wird als Prozentwert des Maximalwertes oder direkt als Spannung angegeben.
- **Release:** Nach dem Loslassen der Taste bestimmt der Releasewert, wie lange es dauert, bis die Steuerspannung auf Null abgefallen ist.

Ein Hüllkurvengenerator erzeugt die ADSR-Hüllkurve. Mit dieser Steuerspannung kann anschließend ein VCA angesteuert werden, um einen realistischen Lautstärkeverlauf zu bekommen. Um verschieden laute Töne spielen zu können, wird die

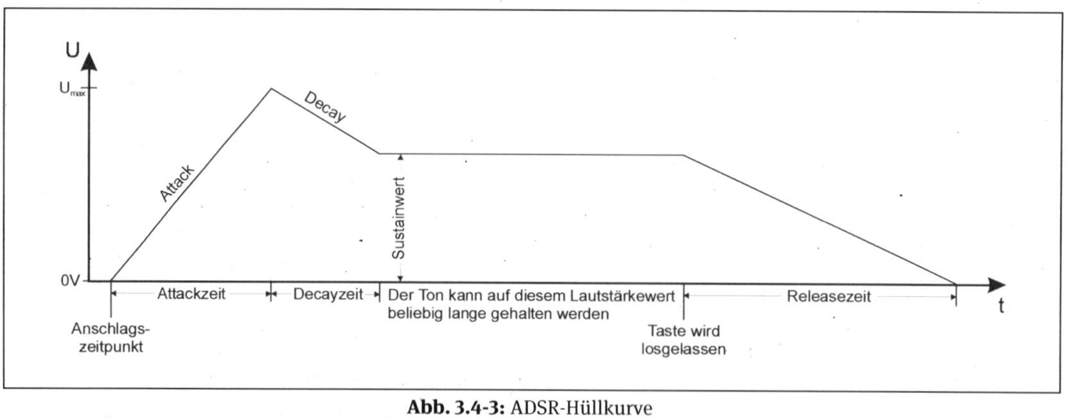

Abb. 3.4-3: ADSR-Hüllkurve

Steuerspannung des ADSR-Hüllkurvengenerators noch mit einem Parameter multipliziert, der vom Note-On-Velocity-Wert abhängig ist.

Man kann die ADSR-Hüllkurve auch zum Steuern von VCFs verwenden, um Klangänderungen während eines Tones zu bekommen. Den Frequenzbereich, über den der VCF läuft, ist dabei abhängig von der eingestellten Cut-Off-Frequency des VCF. Spielt man unterschiedliche Tonhöhen, so soll das Filter bei einem höheren Ton auch in einem höheren Frequenzbereich arbeiten, also tonhöhenabhängig verlaufen. Dazu gibt es den Parameter "Key Follow".

Es ist dem Hersteller eines ADSR-Hüllkurvengenerators überlassen, zu bestimmen, ob die einzelnen Phasen eine lineare oder logarithmische Steuerspannungsänderung hervorrufen. Daher kann es bei gleichen Parametern zu unterschiedlichen klanglichen Auswirkungen der ADSR-Hüllkurve kommen.

3.4.2.3 Additive Synthese

Die einfachste, jedoch zunächst technisch aufwändigste Syntheseform ist die additive Synthese. Hierbei wird ein Klang dadurch geschaffen, dass man dessen Harmonische aus einzelnen Sinusgeneratoren zusammensetzt. Jeder der Generatoren kann eventuell durch einen eigenen ADSR-Hüllkurvengenerator in der Lautstärke verändert werden. Meistens wird jedoch nur die Lautstärkehüllkurve für die Summe aller Sinusschwingungen gesteuert.
Früher war es ein enormer technischer Aufwand, viele frequenzstabile Sinusgeneratoren gleichzeitig anzusteuern und zu kontrollieren. Mit der heutigen Digitaltechnik ist es nur noch eine Frage der Prozessorleistung.

3.4.2.4 Subtraktive Synthese

Die subtraktive Synthese basiert auf dem Prinzip, von einem obertonreichen Signal mit Hilfe eines Filters die Obertöne abzuschwächen - sie also zu subtrahieren.
Als Ausgangssignal wird ein obertonreiches Signal benötigt, wie zum Beispiel ein Rechteck-, Dreieck-, Sägezahn- oder Nadelimpulssignal. Mit Hilfe eines Tiefpassfilters kann nun dem Ausgangssignal der Obertonanteil entzogen werden, um den Klang weicher zu gestalten.
Wird dem Filter gleichzeitig noch eine Resonanz gegeben, so wird der Frequenzbereich knapp unterhalb der Grenzfrequenz hervorgehoben. Vor allem, wenn das Filter in der Frequenz durch einen LFO verschoben wird, ergibt die Hervorhebung der Grenzfrequenz einen interessanten Effekt.
Zusätzlich kann ein bestimmter, fester Frequenzbereich durch einen Bell-EQ angehoben werden, um den Formantbereich eines Instrumentes zu simulieren.

3.4.2.5 FM-Synthese

Die FM-Synthese beschreitet einen völlig anderen Weg, als die bisher genannten Verfahren: Es wird zunächst eine Sinusschwingung erzeugt, die als Trägersignal dient. Dieser Träger wird mit Hilfe eines zweiten Sinusgenerators in der Frequenz moduliert. Die Modulationsfrequenz und der Modulationshub sind hierbei einstellbar. Das Ergebnis sind mehrere Obertöne und Seitenfrequenzen des Trägers. Die Formel für die FM-Synthese lautet:

$$x = \sin\left(2 \cdot \pi \cdot t \cdot f_t + \frac{f_t \cdot \sin(2 \cdot \pi \cdot t \cdot f_m) \cdot h}{f_m}\right)$$

mit:
x: Ausgangssignal der FM-Synthese
t: Zeit in Sekunden, s
f_t: Trägerfrequenz in Hertz, Hz
f_m: Modulationsfrequenz in Hertz, Hz
h: Modulationshub (0...1)
1: maximale Modulation

Mit der FM-Synthese ist es auf relativ einfache technische Weise möglich, komplexe Klänge zu erzeugen. Allerdings liegen die Editierungsmöglichkeiten nicht offensichtlich auf der Hand. Es erfordert viel Erfahrung und teilweise langes Experimentieren, bis mit einem FM-Synthesizer der gewünschte Klang erzeugt wird. Noch komplizierter wird es, wenn mehrere Generatoren den Träger gleichzeitig modulieren, oder der Modulator des Trägers seinerseits in der Frequenz moduliert wird.

In der Abbildung 3.4-4 sind die Syntheseverfahren der additiven, subtraktiven und FM-Synthese miteinander im Vergleich zu sehen. Es wird hierbei exemplarisch sowohl die Wellenform als auch das resultierende Spektrum miteinander verglichen. Bei der additiven Synthese wurden zwei Frequenzen addiert, bei der subtraktiven ein Rechtecksignal tiefpassgefiltert und bei der FM-Synthese ein Generator mit einem zweiten moduliert.

3.4.2.6 Wavetablesynthese

Ein "Wavetable" ist eine Datentabelle mit mehreren kurzen Wellenformabschnitten. Letztere könnte man auch Samples nennen (siehe Kapitel 3.4.3). Ein Wellenformabschnitt ist heute meist eine Periode einer komplexen Schwingung. Früher wurden aus Speicherplatzgründen nur halbe Perioden gespeichert und diese dann einmal richtig und einmal invertiert ausgegeben, um eine ganze Periode zu erhalten.
Wird ein Ton gespielt, so wird dieser als immer wiederkehrende Schleife aus dem Wavetable ausgelesen. Mit Hilfe von Hüllkurvengeneratoren kann man bei der Klanggestaltung zwischen den verschiedenen Wavetables überblenden oder sie auch miteinander mischen. Durch das flexible Festlegen und Verändern der Generatorwellenform ist eine vielseitigere Klanggestaltung im Vergleich zu subtraktiven Synthesizern gegeben.
Die weitere Klanggestaltung nach dem Wavetablegenerator ist meist genauso, wie bei subtraktiven Synthesizern. Daher könnte man die Wavetablesynthesizer auch als eine Weiterentwicklung des subtraktiven Synthesizer betrachten.

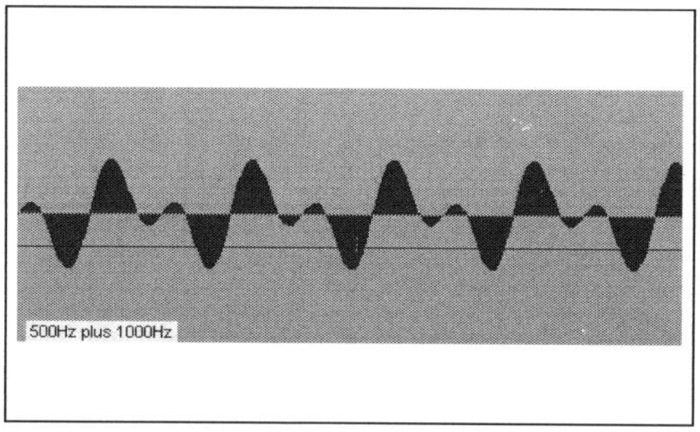

Additive Synthese: Wellenform

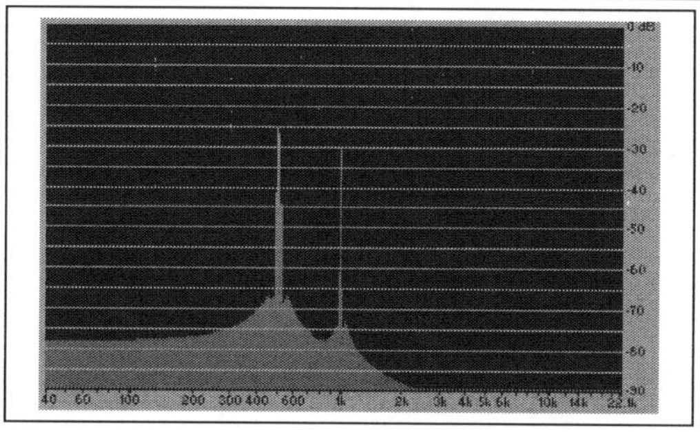
Additive Synthese: Spektrum

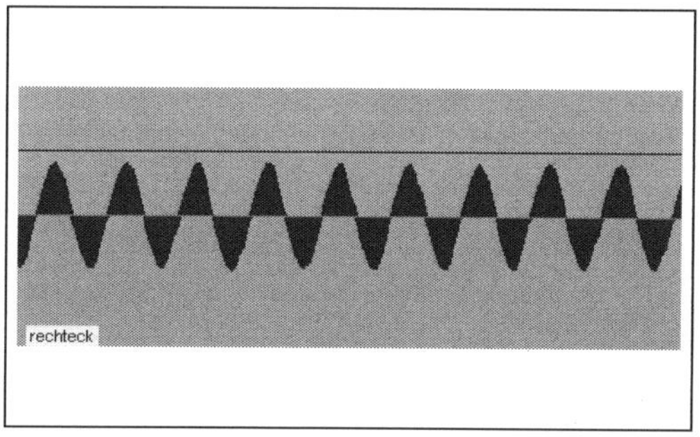

Subtraktive Synthese: Wellenform

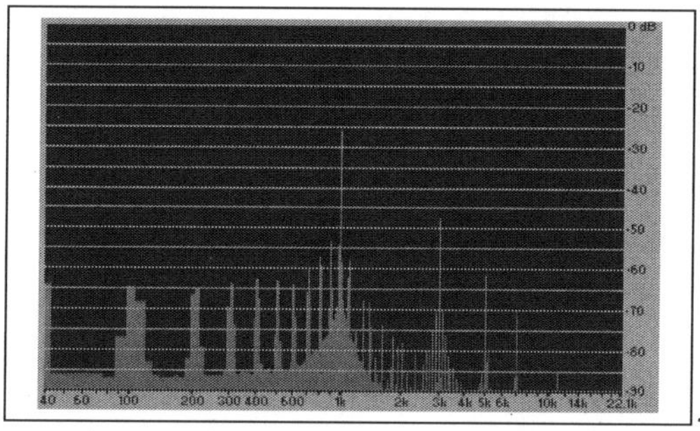
Subtraktive Synthese: Spektrum

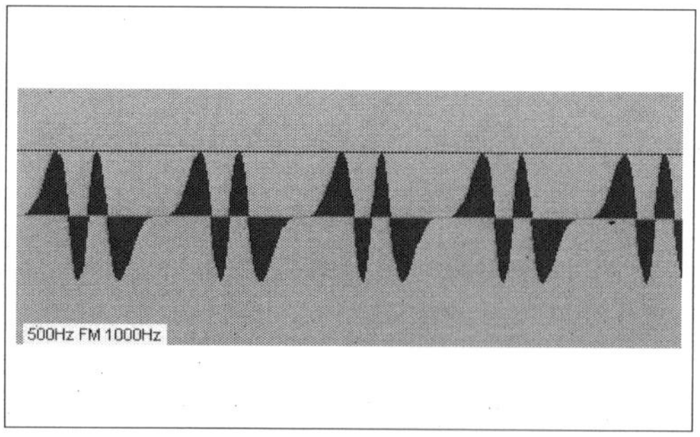

FM-Synthese: Wellenform

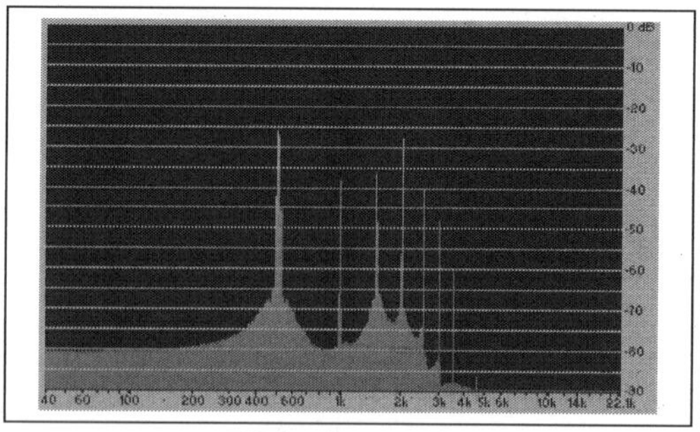
FM-Synthese: Spektrum

Abb. 3.4-4: Vergleich zwischen additiver, subtraktiver und FM-Synthese

3.4.2.7 Granularsynthese

Bei der Granularsynthese werden einzelne Teile einer gesampleten Wellenform (siehe Kapitel 3.4.3) als Basis für die Klangerzeugung verwendet. Diese einzelnen Stückchen, werden sowohl mit Fade-In als auch mit Fade-Out versehen und können dann in beliebiger Reihenfolge aneinander gehängt oder auch überlagert werden. Dadurch wird eine unglaubliche Vielfalt an Klängen möglich, allerdings ist es sehr schwierig und wenig intuitiv, diese Klänge zu editieren. Man bewegt sich hier bereits in Richtung Sounddesign.

3.4.2.8 Physical Modeling

Physical Modeling ist ein Syntheseverfahren, das seinen Ansatz nicht in der erzeugten Wellenform hat, sondern in der Art und Weise, wie der Erzeuger der Wellenform aussieht. Dies heißt, dass bei der synthetischen Erzeugung einer Trompete nicht die Wellenform direkt nachgebildet wird, sondern die Konstruktion der Trompete mit Mundstück, Rohr, Ventilen und Schalltrichter.
Wird nun im Mundstück eine Schallquelle erzeugt, so berechnet das Pysical-Modeling-Verfahren, welcher Klang am Schalltrichter entstehen würde.

Dieses Verfahren klingt zunächst sehr kompliziert und verspricht auf den ersten Blick auch kein anderes Klangergebnis als einfachere Syntheseverfahren oder ein Sampler. Bei dieser Syntheseart ist es jedoch sehr gut möglich, auf einem wirklich "virtuellen Instrument" zu spielen, da alle veränderbaren Faktoren als Parameter zur Verfügung stehen. So kann der Spieler die Ventile der Trompete betätigen, oder die Form des Schallbechers verändern und so einen Dämpfer simulieren. Bei einem Streichinstrument könnten Parameter für den Bogendruck, die Bogengeschwindigkeit und das Saitenmaterial gegeben sein. Auch das Korpusmaterial könnte einstellbar sein, so dass man mal eben ausprobieren kann, ob eine Holz- oder Stahlgeige besser klingt. Zum Experimentieren könnte man sogar den Korpus aus Gummi machen und somit ein Instrument schaffen, dass in Wirklichkeit nicht möglich wäre.

Für Physical Modeling empfiehlt sich ein spezieller MIDI-Controller, der es einem geübten Spieler direkt möglich macht, auf die gewünschten Parameter Einfluss zu nehmen. Dies könnte im eben genannten Beispiel der Trompete eine MIDI-Trompete sein, auf der man dann relativ realistisch auch alle anderen Blechblasinstrumente spielen könnte.

3.4.3 Sampler

Unter einem "Sampler" versteht man ein elektronisches Musikinstrument, dass kurze, aufgezeichnete "Musikstückchen" (=Samples) wiedergeben kann. Da die aufgezeichneten Samples von Originalinstrumenten stammen können, ist es mit einem Sampler möglich, so gut wie jedes beliebige Instrument relativ natürlich zu spielen.

3.4.3.1 Geschichte

Das Mellotron, welches 1948 vorgestellt wurde, gilt als der erste Sampler. Erfunden wurde es von Henry Chamberlin, der ein vielseitigeres Gerät bauen wollte als die existierenden Orgeln. 1962 wurde das Gerät jedoch erst unter dem Namen Mellotron bekannt, nachdem es von der Firma Bradmatic in Serie produziert wurde.
Im Mellotron (**Melo**dy Elec**tron**ics) befindet sich für jede Taste des Keyboards ein kleines Bandlaufwerk. Drückt man die Taste nieder, so wird das Band abgespielt und kann bis zu 20s laufen. Zu hören ist der auf Band aufgezeichnete Klang. Wird die Taste wieder losgelassen, schnellt das Band zurück, so dass man gleich wieder die gleiche Taste anschlagen kann und den Klang erneut hört.
Man kann somit jeder Taste eine eigene, beliebige Tonaufnahme zuordnen, die jedoch vorher auf Band aufgezeichnet werden muss.
Das Mellotron wurde kurz nach seiner Serienfertigung von Musikern und deren Gewerkschaften als sehr problematisch angesehen, da es den echten Musiker ersetzen könnte, wenn dessen Instrument einmal auf Band aufgezeichnet wurde. Die Sorgen erwiesen sich jedoch schnell als unbegründet, da das Gerät aufgrund der komplexen Mechanik nicht immer zuverlässig funktionierte.
In späteren Versionen wurden bis zu 16-Spuren auf den Bändern aufgenommen, so dass es dann möglich war, zwischen verschiedenen Klängen auf einer Taste umzuschalten.

1979 wurde das Fairlight CMI (**C**omputer **M**usical **I**nstrument) als erster digitaler Sampler vorgestellt. Es arbeitete mit 8-Bit Auflösung und einer Abtastfrequenz von 24kHz. Durch die digitale Aufzeichnung und Wiedergabe war es möglich, einen aufgezeichneten Klang über verschiedene Tasten in unterschiedlicher Tonhöhe wiederzugeben, da die Originalaufzeichnung umgerechnet werden konnte.

Große Konkurrenz war das Synclavier von New England Digital, welches zunächst nur ein FM-Synthesizer war, sich jedoch bis zum "Tapeless Postproduction Studio" weiterentwickelte.

Weitere Highlights bei den Samplern kamen von E-MU-Systems, die den ersten Keyboard Sampler auf den Markt brachten. Ensoniq gilt als die Firma, die den ersten "bezahlbaren" Sampler herstellte.

3.4.3.2 Funktion

Ein Sampler ist heute ein Gerät, das in Abhängigkeit bestimmter MIDI-Befehle oder Tastenanschläge einen Klang abspielen kann. Hierbei kann man jeder Taste ein eigenes Sample zuweisen oder Samples in der Tonhöhe transponieren.
Bei der Transponierung entsteht das Problem, dass eine einfache Erhöhung oder Verringerung der Abtastfrequenz die Abspieldauer des Samples verändert. Weiterhin verschiebt sich ebenfalls der Formantbereich eines Instrumentes. Aus diesem Grund klingen transponierte Samples schnell unnatürlich.

Da jedes Sample einmal eingespielt und aufgenommen werden muss, bedeutet dies eine Vielzahl an Aufnahmen und eine große Menge an Speicherplatz. Daher wurde früher oft ein Sample für einen Ton nur einmal laut und einmal leise aufgenommen, und die Zwischenlautstärken aus diesen Eckdaten zusammen gemischt. Auch über mehrere Halbtöne hinweg wurde das gleiche Sample verwendet.

Für den besten und natürlichsten Klang sollte jeder Taste ein eigenes Sample zugewiesen werden. Bei modernen Samplern ist dies der Fall. Auch jeder möglichen Lautstärke, in der das "Instrument" gespielt werden soll, sollte ein eigener Klang zugewiesen werden. Dies wird heute durch mehrere Aufnahmen in unterschiedlicher Lautstärke und die Interpolation von wenigen Zwischenstufen realisiert.

Auch, wenn viele Samples für jede einzelne Taste abgespeichert werden, ist der natürliche Klang mancher Instrumente noch nicht korrekt nachzubilden. Beim Klavier schwingen beispielsweise alle Saiten mit, die nicht abgedämpft sind. Das heißt, ein Klang ändert sich, jenachdem, welche Tastenkombinationen gedrückt werden. Diese Vielfalt an Möglichkeiten kann und will man jedoch nicht mehr abspeichern.

Neben den natürlichen Klängen können Sampler auch synthetische Klänge ausgeben. Dazu wird die Wellenform des synthetischen Klangs gespeichert, und eine Lautstärkehüllkurve darüber gerechnet.

Ein echtes Instrument, wie beispielsweise eine Oboe könnte am Sampler nahezu endlos lange ausklingen, da es vielseitige Editierungsmöglichkeiten gibt. So kann man einen bestimmten Bereich des Oboen-Samples als Attackbereich definieren, und danach eine Endlosschleife für die Sustainphase programmieren, die erst dann zu Ende ist, wenn die Taste losgelassen wird. Dann wird der Releasebereich des Samples gespielt, oder die Schleife ausgeblendet.
Obgleich es unrealistisch ist, wäre die selbe Vorgehensweise auch für ein Klavier anwendbar, welches dann endlos klingen könnte.

Sampler werden auch zum Triggern von Klängen verwendet. Geht es beispielsweise darum, bei einer Schlagzeugaufnahme die echten Klänge durch Samples zu ersetzen, so triggert man mit Hilfe der der Originalaufnahme einen Sampler an.

Da ein Sampler in der Lage ist, in Echtzeit Pitch-Shifting durchzuführen, wird er gerne als Produktionsmittel in der elektronischen Musik und bei Remixes eingesetzt.

Neben der Verwendung eines Samplers als Musikinstrument können auch beliebige Tonaufnahmen gespeichert und auf Knopfdruck wiedergegeben werden. Anwendung hierfür findet sich beispielsweise im Theater oder Musical, wenn Atmos oder Geräusche eingespielt werden sollen. Ein Sampler arbeitet für diese Anwendungen einfach zuverlässiger und schneller als ein CD-Player.

3.5 Schallereignisse in der Natur / Atmosphären / Foleys

Bei Schallereignissen in der Natur geht es in erster Linie um die Dokumentation bestimmter Klänge.
Das so genannte "affektive Gedächtnis" des Menschen verbindet bestimmte Gegenden auf der Welt mit bestimmten Klängen. Zum Beispiel wird das Zirpen von Grillen mit einer südländischen Umgebung in Verbindung gebracht. Hört man hingegen Möwen schreien, dann erinnert man sich an Hafen oder Schifffahrt.
Zu jeder Lokalität auf der Welt gibt es typische Klänge und Geräusche. Man hat sie entweder persönlich kennen gelernt oder kennt sie aus dem Kino und Fernsehen.

3.5.1 Allgemeine Hinweise

Bei Aufnahmen in der Natur ist man meist auf Batterien oder Akkus angewiesen. Man sollte im Vorfeld die Menge richtig abschätzen und den Ladezustand kennen. Bei extrem niedrigen Temperaturen sollte man die Batterien und Akkus am Körper warm halten, da sie ansonsten nicht die gewünschte Spannung abgeben (siehe auch Kapitel 4.16.2).

Als Tonmann bei Außenaufnahmen empfiehlt sich weiterhin immer eine angemessene Kleidung, die sowohl Sonne, als auch Regen gut abhalten kann. Praktische Kleidung, bei der man sich auch mal schmutzig machen kann, ist hier eher angesagt, als schickes Aussehen. Auch ein wirksamer Sonnenschutz ist je nach Witterung wichtig.
Da Außenaufnahmen teilweise sehr lange dauern können, sollte man etwas zu essen und zu trinken dabei haben. Oft gibt es am Set nur Kaffee und Süßigkeiten.

3.5.2 O-Ton Aufnahmen

Wenn es um den O-Ton (Originalton) bei einem Filmdreh oder Hörspiel geht, so gibt es für Aufnahmen in der freien Natur ein paar Punkte, die zu beachten sind:

- Relativ oft ist ein Windschutz notwendig. Dieser sollte immer für eine Aufnahme bereit liegen.
- Es ist darauf zu achten, dass die Hintergrundgeräusche, die zu hören sind, mit der Handlung übereinstimmen. So wäre es beispielsweise in einem Film, der im Mittelalter spielt unrealistisch, wenn auf der Aufnahme ein vorbeifliegendes Flugzeug zu hören ist.
- Nicht immer kann geangelt werden, da zum Beispiel bei Totalen alles um den Schauspieler herum zu sehen ist. Meistens kann hier nur mit Ansteckmikrofonen gearbeitet werden.
- Außenaufnahmen klingen meist sehr "trocken" und "dünn". Für bestimmte Stellen eines Films kann es notwendig sein, die Geräusche mit "Foleys" (siehe Kapitel 3.5.4) zu verbessern. So klingt ein Pistolenschuss im Freien ziemlich billig und unspektakulär. Wird jedoch nachträglich noch ein Sample aus einer Sound-Library darunter gelegt, so kann schnell die gewünschte Wirkung erzielt werden, ohne dass es unnatürlich wirkt.

3.5.3 Atmo Aufnahmen

Unter "Atmos" versteht man die akustische Beschreibung einer Szenerie, auch dessen Atmosphäre genannt.
Die einfachste Atmo ist das Ruhegeräusch in einem geschlossenen Raum. Erst wenn man bewusst darauf achtet, wird man merken, dass es da einige Geräusche gibt, die man aufzeichnen kann. Nur in einem Studio-Aufnahmeraum sollten die eigenen Ruhegeräusche sehr gering sein, da später künstliche Atmos zur Aufnahme hinzugefügt werden sollen.
Wird die Aufnahme eines "leeren" Raumes vorgespielt, so kann sich der Hörer unbewusst in diesen Raum hineinversetzen und sich akustisch zurecht finden. Daher ist es bei Konzertaufnahmen üblich, vor dem ersten Einsatz der Musik ein paar Sekunden den Raum hörbar einzuspielen.

Realistische und natürliche Atmos werden in Dokumentarfilmen eingesetzt, wenn es wichtig ist, den originalen Klangeindruck wiederzugeben. Hierbei ist jedoch der Lautstärkeeindruck nicht immer korrekt, da teilweise extreme Dynamikschwankungen vorhanden sind, die im Film störend wirken würden. Eine Einschränkung der Dynamik durch Kompressoren ist an dieser Stelle angebracht.

Bei Atmos für Filme und Hörspiele wird sehr oft vom Sound-Designer eine glaubwürdige Atmo kreiert. Dies hängt teilweise damit zusammen, dass der O-Ton am Filmset nicht den gewünschten Klang hat oder, dass die psychologische Wirkung beim Zuhörer nicht stimmen würde.
Bei der künstlichen Zusammenstellung von Atmos wird viel mit dem affektiven Gedächtnis gearbeitet. Weiterhin werden teilweise O-Ton-Atmos eingesetzt und andere im Bild zu sehende Dinge mit Tönen untermalt.
Als Beispiel könnte hier eine nächtliche Szene dienen, in der Windgeräusche zu hören sind, in der Ferne bellt oder heult ein Hund, es raschelt in der Nähe und so weiter. All diese Einzelgeräusche kommen aus einer Sound-Library und werden zu einer neuen Atmo zusammengesetzt.
Hierbei muss man jedoch nicht nur darauf achten, dass die Atmo glaubwürdig erscheint, sondern auch, dass sich einzelne Geräusche nicht zu oft oder zu regelmäßig wiederholen. Wenn man darauf achtet, stellt man sehr oft fest, dass der bellende Hund im Hintergrund immer gleich bellt, dass Autotüren oft mit dem gleichen Geräusch zufallen und dass alle Schritte ähnlich klingen.
Das menschliche Gehirn kann sich an bestimmte Klänge und Geräusche sehr gut erinnern und wird daher Wiederholungen schnell bemerken. Es ist wichtig, auf einen möglichst großen Vorrat an verschiedenen Geräuschen und lang andauernden Geräuschsequenzen zurückzugreifen.

Für teure Produktionen werden aus diesem Grund die Atmos und Foleys auch extra aufgenommen, damit sie nicht wie aus einer Sound-Library klingen.

3.5.4 Foleys

Foleys sind Geräusche, die den klanglichen Eindruck einer Szene unterstützen sollen. Sie sind nach Jack Foley benannt, einem Geräuschemacher, der in den Anfängen des Tonfilms die Anwendung von Begleitgeräuschen zum Film erfunden hat. Damals war das Problem, dass sehr viel in Kulissen gedreht wurde und daher viele Geräusche unecht klangen.
Foleys sollten mindestens realistisch klingen, können jedoch das klangliche Geschehen auch übertrieben darstellen. So wird beispielsweise der Faustschlag in einem Film immer mit Foleys unterlegt, da er ansonsten kaum zu hören wäre und keine Wirkung beim Zuschauer zeigen würde. In den Bildfolgen in Abbildung 3.5-1 sind zwei typische Szenen eines Geräuschemachers bei der Arbeit zu sehen. Man beachte hierbei den Blick des Geräuschemachers, der immer auf die Filmsequenz gerichtet ist, damit das Geräusch synchron erzeugt wird.

Auch wenn die Bilder zeigen, dass passende Gegenstände für die Erzeugung der entsprechenden Geräusche verwendet werden, so sind oft auch

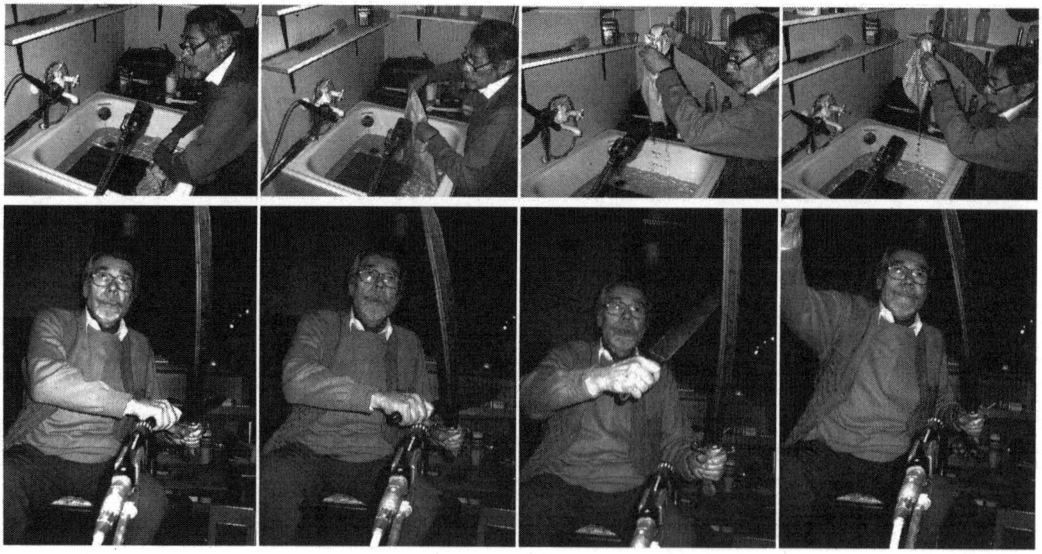

Abb. 3.5-1: Geräuschemacher bei der Arbeit (© Meloton-Studios, München)

Geräusch	Erzeugung
Schritte auf Asphalt/Holz	Mit verschiedensten Schuhen Schritte auf entsprechendem Untergrund nachmachen. Die verschiedenen Untergründe werden als kleine Flächen im Foleystudio eingebaut. Die Schritte werden im Sitzen "auf der Stelle" gemacht, damit man das Mikrofon fest aufstellen kann.
Schritte auf Laub	Rascheln mit echtem Laub oder altem Tonbandmaterial
Schritte im Schnee	Kneten von Säckchen, die mit Mehl und/oder Speisestärke gefüllt sind. Zusätzliche Geräusche mit kleinen Kieselsteinen.
Kleidungsgeräusche	Reiben, wischen und schaben auf echter Kleidung bzw. mögliches ähnlichen Stoffen wie im Bild.
Kaminfeuer	Langsames und vorsichtiges zerknüllen einer Keksschachtel für die Knackgeräusche. Wedeln mit einem Stofftuch direkt vor dem Mikro für das Lodern.
Knarzen	Breiteres Tonband (Perfoläuferband) zwischen Fingern durchgleiten lassen. Kork zwischen Holzteile pressen und dann "quälen".
Türschloss	Echte Türschlösser unterschiedlicher Größe
Waffenhandling	Mit echten, eher "ausgeleierten" Waffen oder mit verschiedenen Metallteilen, die aufeinander klappern und wackeln können.
Waffe laden, entsichern	Am besten mit echter Waffe oder Soundarchiv. Revolvertrommel kann auch mit Fahrrad-Leerlauf oder Angelschnur-Trommel gemacht werden.
Metallgeräusch von Klingen	Am besten mit echten Schwertern. Große Küchenmesser sind tlw. auch geeignet
Swooshes von Klingen	Schwingen eines langen Holz- oder Bambusstabs vor dem Mikrofon.
Schwimmen	In dicker Plastik-Maurerwanne oder in aufblasbarem Kinder-Planschbecken. Wichtig ist, dass die Gefäße keine Eigenresonanzen haben dürfen, die die Glaubwürdigkeit herabsetzen. Weiterhin ist sehr vorsichtig mit dem Mikrofon umzugehen, das nicht nass werden darf.
Waschbecken	Im echten Waschbecken
Dusche	Duschkopf, auf Sprühstrahl geschalteter Spülbeckenkopf oder Gartenschlauch
Fahrrad	Fahrrad-Kette in Kombination mit einer zum Ring geschlossenen Abflusskette aus einer Badewanne bewegen. Schutzblechgeräusche mit Blechteilen oder Blechgerätschaft (z.B. alte Fischwaage) machen. Meist wird jedoch direkt ein echtes Fahrrad genommen.
Autoreifen	z.B. drehen eines Balls auf Sand

Tab. 3.5-1: Typische Geräusche und wie sie erzeugt werden können - mit Dank an das Meloton Studio, München

ungewöhnliche Materialien an der Erzeugung von Standardgeräuschen beteiligt. Beispielsweise findet man in fast jedem Foley-Studio ein Karton mit Tonbandresten, die - wenn man darüber läuft - dazu verwendet werden können, den Klang von Laub zu vermitteln. In Tabelle 3.5-1 sind ein paar typische Geräusche aufgelistet und Tipps, mit welchen Materialien diese erzeugt werden können.

Kapitel 4 - Elektrotechnische Grundlagen

4 Elektrotechnische Grundlagen

4.1 Die Übertragungsfunktion

Um den Zusammenhang zwischen zwei verschiedenen Größen oder auch nur zwischen dem Eingang und dem Ausgang eines Gerätes beschreiben zu können, verwendet man Übertragungsfunktionen. Eine Übertragungsfunktion beschreibt den mathematischen Zusammenhang zwischen den beiden Größen, zwischen denen ein Signal übertragen werden soll. Man unterscheidet lineare und nichtlineare Übertragungsfunktionen.

Die Übertragungsfunktion wird mit dem Formelbuchstaben H angegeben und berechnet sich mit:

$$H = \frac{\text{Ausgang}}{\text{Eingang}}$$

Eine Übertragungsfunktion beschreibt also das Verhältnis zwischen dem Ausgang und dem Eingang einer Übertragungsstrecke.

4.1.1 Lineare Übertragungsfunktionen

Von einer linearen Übertragungsfunktion spricht man, wenn das Ausgangssignal sich proportional zum Eingangssignal verhält, das heißt, wenn sich der Zusammenhang zwischen Ausgang und Eingang durch eine mathematische Funktion erster Ordnung, also einer Gerade, beschreiben lässt.

Eine der einfachsten linearen Übertragungsfunktionen ist die Funktion eines "idealen" Verbindungskabels: H=1, was soviel bedeutet wie Ausgang= Eingang. Diese Übertragungsfunktion ist in Abbildung 4.1-1 zu sehen.
In Abbildung 4.1-2 ist die Übertragungsfunktion für einen Verstärker mit dem Verstärkungsfaktor 2 zu sehen. Die steiler ansteigende Gerade zeigt deutlich, dass jeder Eingangsspannung auf der Rechtswertachse eine doppelt so große Ausgangsspannung auf der Hochwertachse zugewiesen wird, dass das Signal also genau doppelt so groß am Ausgang erscheint.
In Abbildung 4.1-3 ist die Übertragungsfunktion für ein Dämpfungsglied oder auch einen Spannungsteiler mit Teilungsfaktor 2 zu sehen. Hier ist die

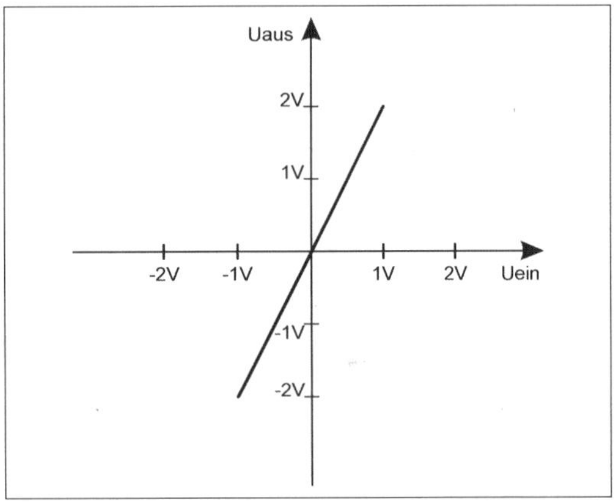

Abb. 4.1-2: Verstärker, Verstärkungsfaktor 2

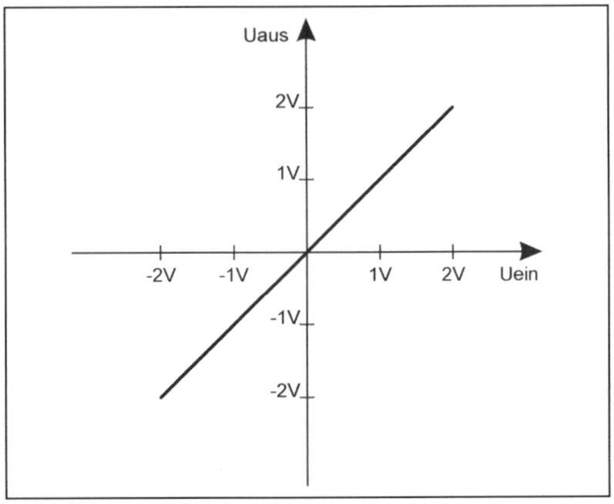

Abb. 4.1-1: Lineare Übertragungsfunktion: H=1

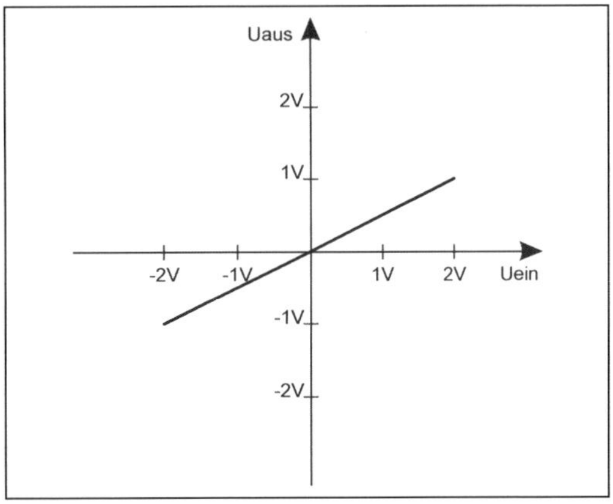

Abb. 4.1-3: Dämpfungsglied, Verstärkungsfaktor 0,5

Gerade flacher als in Abbildung 4.1-1, so dass jeder Eingangsspannung nur die halbe Ausgangsspannung zugewiesen wird.
Eine Übertragungsfunktion ist im Audiobereich allerdings nicht immer für alle Frequenzen gleich, so dass man in der Praxis von einer frequenzabhängigen Übertragungsfunktion sprechen muss:

$$H(f) = \frac{\text{Ausgang}(f)}{\text{Eingang}(f)}$$

In dieser Formel ist die Frequenzabhängigkeit des Ein- und Ausgangs mit berücksichtigt. Sollte die Übertragungsfunktion nun immer noch H(f)=1 lauten, so bedeutet dies, dass der Ausgang für alle Frequenzen gleich dem Eingang sein wird - der Frequenzgang des Gerätes wird also linear sein. In Kapitel 5.2 bis 5.7 werden Filter für Audiosignale vorgestellt, bei denen die Frequenzabhängigkeit der Übertragungsfunktion direkt auf den Frequenzgang des Filters hinweist. In Wirklichkeit gestaltet sich die Übertragungsfunktion als noch schwieriger, da sie nicht nur frequenzabhängig ist, sondern auch die Phasenverschiebung zwischen Ein- und Ausgangssignal über die Frequenz berücksichtigen muss. Dies wird möglich durch eine komplexe Übertragungsfunktion. In diesem Fall besteht die Übertragungsfunktion aus einem Real- und einem Imaginärteil. Man könnte auch sagen aus einer Real- und einer Imaginärübertragungsfunktion. Mit Hilfe der Formel

$$L(f) = 20 \cdot \log \sqrt{H_{Re}(f)^2 + H_{Im}(f)^2}$$

kann der Frequenzgang der Übertragungsfunktion in dB berechnet werden.

Hierbei ist:
L(f): Pegel an der Frequenz f
$H_{Re}(f)$: Realteil der Übertragungsfunktion
$H_{Im}(f)$: Imaginärteil der Übertragungsfunktion

Mit Hilfe der Formel

$$\varphi(f) = \arctan\left[\frac{H_{Im(f)}}{H_{Re(f)}}\right]$$

kann der Phasenwinkel der Übertragungsfunktion $\varphi(f)$ berechnet werden.

4.1.1.1 Lineare Verzerrungen

Sollte eine Übertragungsfunktion frequenzabhängig sein, sich jedoch im gesamten Frequenzbereich lediglich die Steigung ändern, so ist sie weiterhin eine lineare Übertragungsfunktion. Sie deutet nur darauf hin, dass das Signal für verschiedene Frequenzen eine unterschiedliche Verstärkung hat. Man spricht in diesem Zusammenhang von einer linearen Verzerrung des Signals - also von einer Veränderung des Frequenzgangs. Filter und Equalizer erzeugen lineare Verzerrungen, die nach klangästhetischen Gesichtspunkten durchaus sinnvoll sein können.

4.1.2 Nichtlineare Übertragungsfunktionen

Besteht in der Übertragungsfunktion H(f) kein linearer Zusammenhang zwischen Ausgang und Eingang, so spricht man von einer nichtlinearen Übertragungsfunktion. Eine nichtlineare Übertragungsfunktion entsteht, wenn sich im Übertragungsglied zwischen Ein- und Ausgang bestimmte Größen nicht proportional zueinander verändern. Eine häufig vorkommende nichtlineare Übertragungsfunktion ist in Abbildung 4.1-4 zu sehen. Diese Funktion beschreibt das Übersteuern (Clipping) eines Gerätes. Es ist zu erkennen, dass ab einer bestimmten Eingangsspannung - sowohl in positiver als auch in negativer Richtung - die Ausgangsspannung nicht weiter ansteigt. Das kann auf eine unzureichende Betriebsspannung zurückzuführen sein, die nicht überschritten werden kann, oder auf das Übersteuern einer Verstärkerstufe in dem Gerät. Eine weitere, öfter anzutreffende nichtlineare Übertragungsfunktion ist in Abbildung 4.1-5 zu sehen. Hier handelt es sich um die typische Nichtlinearität einer Transistorendstufe ohne Ruhestrom oder auch der Übertragungsfunktion zwischen Aufnahmekopf und Tonband bei einer Magnettonaufzeichnung.

4.1.2.1 Nichtlineare Verzerrungen

Besitzt die Übertragungsfunktion Nichtlinearitäten, so entstehen nichtlineare Verzerrungen. Diese haben unterschiedliche Auswirkungen auf das Signal.

- Es entstehen neue Obertöne des Signals. Eine Sinusschwingung wird durch die nichtlinearen Verzerrungen rechteckiger, bekommt also ganz bestimmte Obertöne hinzugefügt.

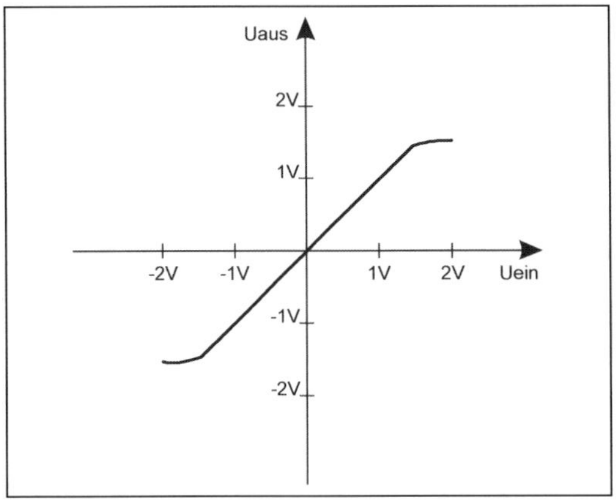

Abb. 4.1-4: Clipping

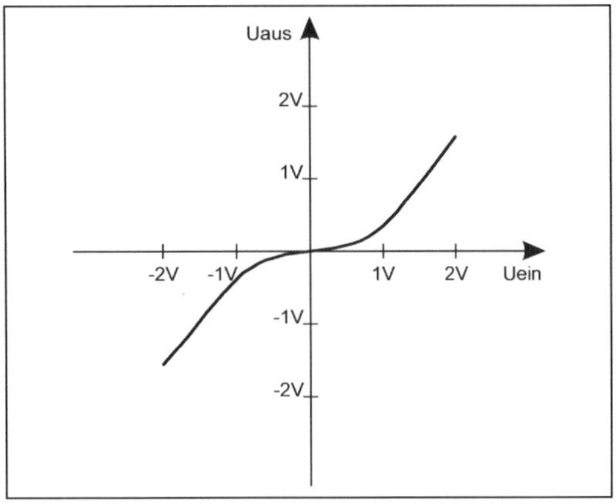

Abb. 4.1-5: Nulldurchgangsverzerrung

- Es entstehen Summen- und Differenzfrequenzen, wenn verschiedene Frequenzen gleichzeitig an einer nichtlinearen Übertragungsfunktion übertragen werden. So führt Beispielsweise die Übertragung eines 1000Hz-Tones und eines 1100Hz-Tones zu einer neu entstehenden Summenfrequenz von 2100Hz und zu einer Differenzfrequenz von 100Hz.
- Es findet eine Amplitudendemodulation (AM) statt. Ein Verstärker mit einer nichtlinearen Übertragungsfunktion arbeitet somit auch als Radioempfänger für AM-Sendungen. Auf diese Weise können bestimmte Lang-, Mittel- und Kurzwellensendungen in Verstärkern hörbar werden. Je nichtlinearer die Übertragungsfunktion ist, um so besser arbeitet die Amplitudendemodulation.

Diese Auswirkungen sind im Sinne einer möglichst sauberen Signalübertragung unerwünscht, können jedoch manchmal als Effekt eingesetzt werden. So ist die Verzerrung von elektrischen Gitarren im Rock/Pop Bereich ein gängiges Stilmittel, um diesen Instrumenten einen "fetteren Sound" zu geben.

4.2 Das Atommodell

Niels Bohr schuf 1913 das nach ihm benannte Atommodell, nach welchem ein Atom aus einem Kern mit positiv geladenen Protonen und ungeladenen Neutronen besteht. Um diesen Kern kreisen die negativ geladenen Elektronen auf mehreren, annähernd konzentrischen Schalen. Normalerweise kreisen genau so viele Elektronen um den Kern, wie sich Protonen im Kern befinden, so dass das gesamte Atom nach außen hin ladungsneutral erscheint.
Für die meisten elektrotechnischen Vorgänge dienen die Elektronen als Ladungsträger. Ein Elektron, kurz e^- genannt, besitzt die elektrische Elementarladung $1{,}602 \cdot 10^{-19}$C. Die beim Stromfluss transportierte Ladung ist immer ein Vielfaches dieser Elementarladung.
Für die Tontechnik interessant ist zum einen die Stromleitung im Vakuum (Elektronenröhre, siehe Kapitel 4.10) und zum anderen die Stromleitung durch Festkörper.

4.2.1 Stromleitung im Vakuum

Bei der Stromleitung im Vakuum werden die Elektronen von der Kathode ausgesandt. Es befinden sich keine Hindernisse für das Elektron im Vakuum, das heißt, sie werden von der Anodenspannung in Richtung Anode beschleunigt. Die hierbei dem Elektron zugeführte Energie wird in Elektronenvolt (eV) gemessen.

Ein Elektronenvolt ist die Energie, die ein Elektron beim Durchlaufen der Spannung von 1 Volt erreicht.

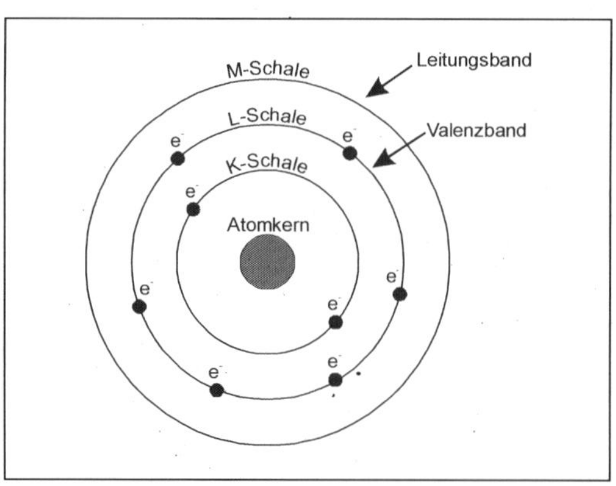

Abb. 4.2-1: Atommodell

Die Geschwindigkeit v, die das Elektron bei der Beschleunigung mit der Spannung U erreicht, kann mit folgender Formel berechnet werden:

$$v = 593{,}1 \cdot \sqrt{\frac{U}{1V}} \frac{km}{s}$$

Diese Formel kann gut im Bereich der Elektronenröhren eingesetzt werden, da sich die Beschleunigungsspannungen zwischen 100V und 300V bewegen, und sich bei diesen Spannungen noch kein relativistischer Massenzuwachs bemerkbar macht.

4.2.2 Stromleitung in Festkörpern

Bei den Festkörpern unterscheidet man drei verschiedene Arten von Stoffen:

- Nichtleiter
- Leiter
- Halbleiter

Fast alle haben eines gemeinsam: Ihr Atomaufbau ist kristallin, das heißt, die Atome dieser Kristalle bilden regelmäßige Raumgitter. Die Energieniveaus der einzelnen Elektronen auf den Umlaufbahnen um die Atome sind aufgrund der Kristallgitterbindungen sehr unterschiedlich, so dass man hier von so genannten Energiebändern spricht. Die Bereiche zwischen den Energiebändern, in denen sich keine Elektronen aufhalten können, nennt man "verbotene Zonen". Die Abbildung 4.2-1 zeigt das Modell eines beliebigen Atoms. Es wurde absichtlich nicht näher benannt, um zu zeigen, dass dieses Modell für alle Atome gültig ist. Um den Atomkern angeordnet sieht man die Schalen, auf denen sich die Elektronen befinden. Diese Schalen werden der Reihe nach, vom Kern beginnend, K-, L-, M-, N-, O-, P- und Q-Schale genannt. Je weiter außen auf einer Schale sich ein Elektron befindet, desto höher ist sein Energieniveau. Die letzte, mit Elektronen besetzte Schale nennt man Valenzschale oder Valenzband, das nächst äußere Band wird, unabhängig davon, ob sich Elektronen darauf befinden, Leitungsband genannt. Die Elektronen, die sich auf dem Valenzband befinden, sind an den Atomkern gebunden und stehen demzufolge nicht für die Stromleitung zur Verfügung. Die Elektronen auf dem Leitungsband sind frei beweglich und können als Ladungsträger für den Stromfluss dienen.
Durch Energiezufuhr können Elektronen vom Valenzband in das Leitungsband gehoben werden.

Die Energie kann hierbei auf vier verschiedene Arten zugeführt werden:

- Wärme
- Licht
- Elektrisches Feld
- Magnetisches Feld

Bedingung für den erfolgreichen Transport eines Elektrons vom Valenz- in das Leitungsband ist das Überwinden der "verbotenen Zone", dem Energiebereich zwischen dem Valenz- und dem Leitungsband. Diese muss auf einmal überwunden werden, Elektronen können also in dieser Zone nicht "geparkt" werden, um dann bei erneuter Energiezufuhr weiter in Richtung Leitungsband angehoben zu werden.
Man kann also mit Energiezufuhr in ausreichender Menge, Elektronen vom Valenz- in das Leitungsband heben, und somit aus dem Nichtleitermaterial einen Stromleiter machen.
Der Unterschied zwischen den oben genannten drei verschiedenen Stoffen besteht in der Breite der verbotenen Zone, also in der Menge der Energie ΔE, die zugeführt werden muss, um eine Elektronenleitung herbei zu führen. Die Abbildung 4.2-2 zeigt die drei verschiedenen Materialien und die Energieniveaus der Valenz- und Leitungsbänder zueinander.

4.2.2.1 Nichtleiter

Die Nichtleitermaterialien, oder auch Isolatoren, sind definiert mit einem Energieunterschied ΔE von mehr als 3eV zwischen dem Valenzband und dem Leitungsband. In der Elektrotechnik verwendete Nichtleitermaterialien sind Glas, Keramik, Kunststoffe, Epoxy- und Gießharzverbundstoffe, sowie verschiedene Gase.

4.2.2.2 Leiter

Die Leiter haben keinen Energieunterschied ΔE zwischen dem Valenz- und dem Leitungsband. $\Delta E = 0eV$. Aufgrund der Bindungsstruktur sind von vornherein freie Elektronen vorhanden, die für den Stromfluss verwendet werden können. Metalle gehen eine Bindung ein, bei der sehr viele Elektronen frei sind. Auf etwa 1 bis 10 Atome des Metallgitters kommt ein freies Elektron, welches sich zwischen den Atomen unregelmäßig hin- und herbewegt. Alle Metalle sind Leiter, besonders gute Leiter sind Silber, Kupfer und Gold.

4.2.2.3 Halbleiter

Halbleiter sind eine Untergruppe der Nichtleiter. Es sind Nichtleiter, die bereits bei sehr wenig Energie zu Leitern werden. Die Umgebungstemperatur reicht hierbei meist schon aus, um Stromfluss durch Halbleiter zu ermöglichen. Der Energieunterschied ΔE zwischen dem Valenz- und dem Leitungsband ist bei Halbleitern größer 0eV und kleiner oder gleich 3eV. Die bekanntesten Halbleitermaterialien sind Silizium und Germanium. In Kapitel 4.11 wird genauer auf die Halbleitertechnik eingegangen.

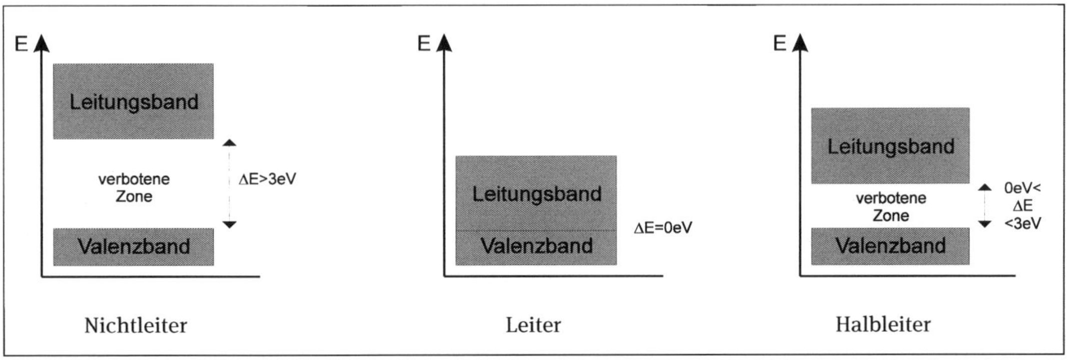

Abb. 4.2-2: Energiemodelle für Nichtleiter, Leiter und Halbleiter

4.3 Spannung

Spannung wird definiert als die Potenzialdifferenz zwischen zwei Punkten. Weiterhin steckt in dem Begriff Spannung das Bedürfnis nach Ladungsausgleich.
Spannung entsteht also, wenn es einen Unterschied an freien Elektronen zwischen zwei verschiedenen Punkten gibt. Der Punkt, an dem sich zu viele Elektronen befinden, wird Minuspol genannt, der Punkt, an dem zu wenige Elektronen sind, ist der Pluspol.

Um Spannung zu erzeugen, müssen Ladungsträger getrennt werden. Dafür muss Arbeit verrichtet werden, so dass die Formel für die Spannung lautet:

$$U = \frac{W}{Q}$$

mit:
U: Spannung in Volt, V
W: Arbeit in Joule, J
Q: Ladung in Coulomb, C

Ist die Potenzialdifferenz geschaffen, so haben die getrennten Elektronen das Bedürfnis, wieder an ihre Ausgangsposition zurück zu kehren, sie streben einen Ladungsausgleich an. Dieser Ladungsausgleich findet jedoch nicht unbedingt statt, denn Ladungsausgleich bedeutet Stromfluss, und Strom kann nur fließen, wenn sich zwischen den Polen ein leitfähiges Material befindet.

4.3.1 Gleichspannung

Hat eine Spannung immer die gleiche Polarität, ist also immer an dem einen Punkt der Minuspol und an dem anderen Punkt der Pluspol, so spricht man von einer Gleichspannung. Eine Gleichspannung stellt die Grundlage der meisten Stromversorgungen im Audiobereich dar. Man unterscheidet hierbei zwischen zwei Arten der Gleichspannungsversorgung.

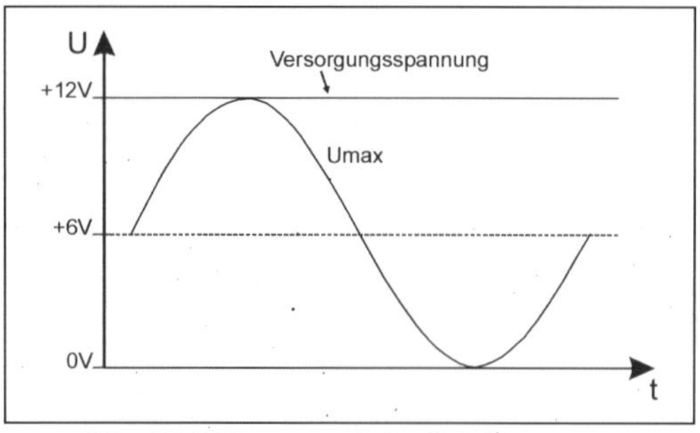

Abb. 4.3-1: Unsymmetrische Gleichspannung

4.3.1.1 Unsymmetrische Gleichspannung

Eine unsymmetrische Gleichspannung ist eine Spannung, die einen Plus- und einen Minuspol hat. Typische unsymmetrische Spannungsquellen sind Batterien, Akkus oder auch die meisten Steckernetzteile. In Abbildung 4.3-1 ist als Beispiel der zeitliche Verlauf einer unsymmetrischen Gleichspannung von +12V zu sehen. Man kann erkennen, dass sich die Spannung (der Unterschied zwischen dem 12V Potential und dem 0V Potential) über die Zeit betrachtet nicht verändert. Die Potenziale stellen gleichzeitig auch die Grenzen für ein Audiosignal dar, das von einem Gerät verarbeitet werden soll, welches mit dieser Spannung betrieben wird. Das Gerät wird keine Potenziale größer +12V oder kleiner 0V verarbeiten können. Das maximal mögliche Audiosignal (U_{max}) ist in Form einer Sinusschwingung auch in Abbildung 4.3-1 zu sehen.

$$U_{max} = 12V_{SS}$$

$$U_{eff} = \frac{U_{SS}}{2 \cdot \sqrt{2}} = \frac{12V_{SS}}{2 \cdot \sqrt{2}} = 4,24V_{eff}$$

$$Lu = 20 \cdot \log \frac{4,24V}{0,775V} = 14,77dBu$$

mit:
U_{max}: Maximal mögliche Audiosignalspannung in Volt, V
U_{SS}: Spitze-Spitze-Spannung. Spannung zwischen höchster und niedrigster Signalspitze in Volt, V
U_{eff}: Effektivspannung in Volt, V
Lu: Spannungspegel in dBu

Der maximale Pegel, den ein Gerät mit einer unsymmetrischen 12V Spannungsversorgung verarbeiten oder abgeben kann, liegt theoretisch bei +14,77dBu. Alle Signale, die diesen Pegel überschreiten, werden verzerrt wiedergegeben - sie gehen ins Clipping.
Man kann an dem Sinussignal in Abbildung 4.3-1 sehen, dass es sich auf einem künstlichen Bezugspotential von +6V befindet. Audiosignale haben normalerweise ein Bezugspotential von 0V. Um sie

auf +6V Bezugspotential zu bringen, muss das Signal verschoben werden. Dies erfolgt meist mit Hilfe eines Koppelkondensators (siehe Kapitel 5.15.3) und ist nicht immer ohne Klangeinbußen.

4.3.1.2 Symmetrische Gleichspannung

Eine symmetrische Spannung hat drei Pole: einen Pluspol, einen 0V Pol und einen Minuspol. Das positive Potenzial am Pluspol ist hierbei vom Betrag genau so groß, wie das negative Potenzial am Minuspol. Der 0V Pol stellt die Symmetrieachse zwischen diesen beiden Polen dar. In Abbildung 4.3-2 ist eine symmetrische Gleichspannung von ±12V zu sehen. Das ± Zeichen deutet auf eine symmetrische Gleichspannung hin. Auch hier ist das maximal mögliche Audiosignal in Form einer Sinusschwingung in der Abbildung zu sehen.

$$U_{max} = 24V_{SS}$$

$$U_{eff} = \frac{U_{SS}}{2 \cdot \sqrt{2}} = \frac{24V_{SS}}{2 \cdot \sqrt{2}} = 8,49V_{eff}$$

$$Lu = 20 \cdot \log \frac{8{,}49V}{0{,}775V} = 20,79dBu$$

mit:

U_{max}: Maximal mögliche Audiosignalspannung in Volt, V

U_{SS}: Spitze-Spitze-Spannung. Spannung zwischen höchster und niedrigster Signalspitze in Volt, V

U_{eff}: Effektivspannung in Volt, V

Lu: Spannungspegel in dBu

Der maximal mögliche Pegel ist nun im Vergleich zu der unsymmetrischen Betriebsspannung um ca. 6dB größer geworden.

Um das Signal eines professionellen Studiogerätes unverzerrt wiedergeben zu können, ist eine Betriebsspannung von ±17,5V notwendig. Aus dem damit erreichbaren maximalen Pegel von +24dBu und der Tatsache, dass man im professionellen Studiobereich 20dB Headroom haben möchte, ergibt sich auch der Studiopegel für professionelle Tonstudios von +4dBu.

Standard-Endstufenschaltungen können mit einer symmetrischen Betriebsspannung bis ±100V betrieben werden.

Bei einer symmetrischen Betriebsspannung ist keine Verschiebung des Bezugspotenzials eines Audiosignals notwendig. Somit sind auch keine Klangeinbußen durch Koppelkondensatoren zu befürchten.

4.3.2 Wechselspannung

Eine Wechselspannung ist dadurch gekennzeichnet, dass die Polarität der Spannung in regelmäßigen Abständen wechselt. Das heißt, dass Plus- und Minuspol nicht immer am selben Anschluss sind, sondern zwischen dem einen und dem anderen Anschluss abwechseln. Man könnte auch sagen, Plus- und Minuspol tauschen in regelmäßigen Abständen ihre Position.

Eine Wechselspannung hat eine bestimmte Frequenz, je nachdem, wie oft der Austausch zwischen den Polen pro Sekunde stattfindet. Ist an einem Anschluss 100 mal pro Sekunde der Minuspol messbar, so beträgt die Frequenz 100Hz.

Weiterhin hat die Wechselspannung eine bestimmte Wellenform. Diese kann bekannten mathematischen Funktionen folgen (Sinus, Dreieck, Rechteck, Impuls) oder auch ein Gemisch aus allen möglichen Schwingungsarten sein (komplexes Audiosignal).

Um den Energiegehalt einer Wechselspannung mit dem einer Gleichspannung vergleichen zu können, muss die Wellenform und eventuell auch die Frequenz der Wechselspannung berücksichtigt werden, da eine Wechselspannung - im Gegensatz zu einer Gleichspannung - einen sich stetig ändernden Spannungsverlauf hat. Der "Effektivwert" beinhaltet die Wellenform sowie die Frequenz einer Wechselspannung und macht sie somit vergleichbar mit

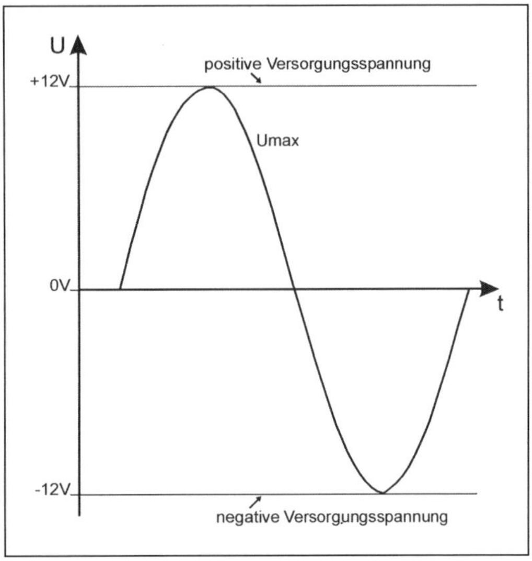

Abb. 4.3-2: Symmetrische Gleichspannung

einer Gleichspannung. Eine Wechselspannung wird standardmäßig als Effektivwert angegeben. Das bedeutet, wenn die Netzspannung mit U=230V angegeben wird, sind das 230V effektiv. Der Effektivwert wird nicht extra gekennzeichnet:

$$U\ (=U_{eff}) = 230V$$

Dennoch soll in diesem Kapitel an entsprechenden Stellen U_{eff} stehen, um explizit herauszustellen, dass es sich hier um den Effektivwert handelt.

4.3.2.1 Der Effektivwert

Der Effektivwert einer Wechselspannung gibt eine Gleichspannung an, die den selben Energiegehalt hat wie die Wechselspannung. Würde man beispielsweise eine Glühbirne mit 12V Gleichspannung betreiben, so würde sie genauso hell leuchten wie mit einer Wechselspannung, die $12V_{eff}$ hat. Um den Effektivwert berechnen zu können, muss die Wechselspannung über eine bestimmte Zeit betrachtet werden und mit folgender Formel der Effektivwert berechnet werden:

$$U_{eff} = \sqrt{\frac{1}{T} \cdot \int_0^T U(t)^2 dt}$$

mit:

U_{eff}: Effektivspannung in Volt, V
T: Periodendauer in Sekunden, s
U(t): Wellenform der Wechselspannung
t: Zeit in Sekunden, s

In dieser Formel wird die Funktion der Schwingung quadriert, über eine Periode integriert und anschließend die Wurzel aus dem Ergebnis gezogen. Aufgrund der Verschachtelung der Berechnungen ineinander (Wurzel-Mittelwert-Quadrat, oder auf Englisch Root-Mean-Square), wird diese Formel auch RMS-Formel genannt. Möchte man den Effektivwert der Schwingung nicht über

Signalform	Crestfaktor (F_c)
Sinus	$\sqrt{2}$
[illegible]	[illegible]

Tab. 4.3-1: Crestfaktoren

eine Periode sondern z.B. über eine Sekunde berechnen, lautet die Formel:

$$U_{eff} = \sqrt{\int_0^{1s} U(t)^2 dt}$$

Etwas einfacher wird die Berechnung, wenn die Wechselspannung bereits digitalisiert wurde und somit in diskreten Werten vorliegt. Die oben stehende Formel würde bei einer Abtastfrequenz von 44100Hz wie folgt lauten:

$$U_{eff} = \sqrt{\frac{\sum_{n=0}^{44099} U(n)^2}{44100}}$$

Durch die diskreten Werte wird aus dem Integral eine Summe, die wesentlich einfacher zu berechnen ist. In Abbildung 4.3-3 ist anhand einer Sinusschwingung zu sehen, wie man sich das Berechnen des Effektivwertes grafisch vorstellen kann.
Für bestimme Wellenformen kann die Berechnung auch mit Hilfe des Crestfaktors erfolgen.

4.3.2.2 Der Crestfaktor

Der Crestfaktor (F_c), oder auch Scheitelfaktor, beschreibt das Verhältnis zwischen dem Spitzenwert (U_s) einer Wellenform und deren Effektivwert:

$$F_c = \frac{U_s}{U_{eff}}$$

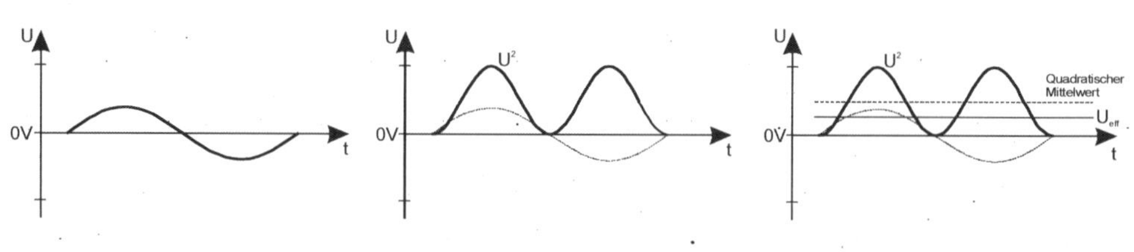

Sinusschwingung — Quadriert — Quadratischer Mittelwert und Effektivwert

Abb. 4.3-3: Entstehung des Effektivwertes

Der Spitzenwert wird auch als die Amplitude einer Schwingung bezeichnet.
Für verschiedene gängige Wellenformen ist der Crestfaktor in Tabelle 4.3-1 abzulesen. Um von dem Crestfaktor auf den Effektivwert zu kommen, muss die oben stehende Formel umgestellt werden:

$$U_{eff} = \frac{U_s}{F_c}$$

Manchmal ist nicht der Spitzenwert einer Wellenform gegeben, sondern der Spitze-Spitze Wert (U_{ss}). Dieser muss zunächst in den Spitzenwert umgerechnet werden. Für eine Schwingung, die symmetrisch zum Nullpotenzial verläuft, gilt:

$$U_S = \frac{U_{ss}}{2}$$

und somit:

$$U_{eff} = \frac{U_{ss}}{2 \cdot F_c}$$

4.4 Strom

Strom ist die gerichtete Bewegung von Ladungsträgern. Damit Strom fließen kann, müssen zwei Grundvoraussetzungen gegeben sein:

- Spannung muss anliegen
- Ein elektrischer Leiter muss sich zwischen den Polen befinden

Die Stromstärke wird in der Einheit "Ampere" angegeben und berechnet sich wie folgt:

$$I = \frac{Q}{t}$$

mit:
I: Stromstärke in Ampere, A
Q: Ladung in Coulomb, C
t: Zeit in Sekunden, s

Der Strom beschreibt also, wie viele Ladungsträger (Elektronen) pro Zeit durch eine bestimmte Stelle des Leiters fließen.
Zwei verschiedene Stromflussrichtungen sind definiert.

4.4.1 Stromflussrichtungen

Als der Effekt des Stromflusses das erste Mal beobachtet wurde, hat man die Bewegung von positiv geladenen Ionen in Flüssigkeiten betrachtet. Daraus wurde die "Technische Stromflussrichtung" definiert. Ihr zufolge fließt der Strom vom Pluspol zum Minuspol, was für die damals beobachteten Ionen auch richtig war.
Erst viele Jahre später haben die Physiker herausbekommen, dass es meistens die Elektronen sind, die für den Transport von Ladungen - also den Stromfluss - verantwortlich sind. Diese bewegen sich jedoch in Richtung Pluspol, und so musste eine zweite Stromflussrichtung festgelegt werden. Die "Physikalische Stromflussrichtung" definiert den Stromfluss vom Minus- zum Pluspol.

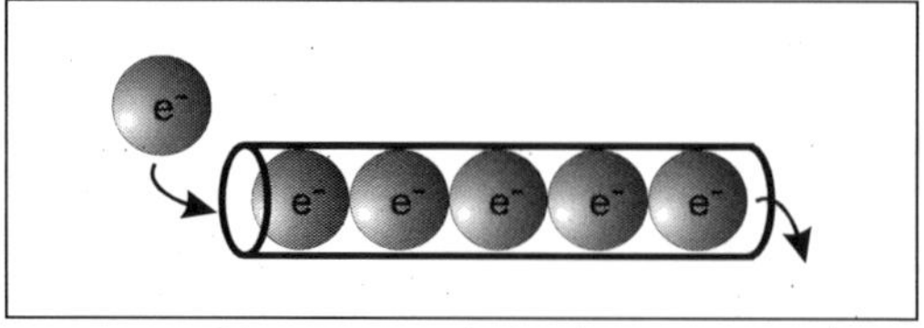

Abb. 4.4-1: Impuls der Elektronen

In Schaltbildern und Berechnungen von elektrischen Schaltungen wird nach wie vor die technische Stromflussrichtung verwendet, da man sich über eine zu lange Zeit daran gewöhnt hatte.

4.4.2 Geschwindigkeit des Stroms

Die Geschwindigkeit, mit der der Strom durch den Leiter zu fließen scheint, ist sehr hoch - annähernd Lichtgeschwindigkeit. Die hohe Geschwindigkeit des Stroms ist jedoch nicht auf eine schnelle Bewegung der freien Elektronen zurückzuführen - im Gegenteil, die Elektronen bewegen sich nur mit einer Geschwindigkeit von wenigen mm/s durch den Leiter. Vielmehr ist es ein Impuls, der dafür sorgt, dass der Strom sich unendlich schnell zu bewegen scheint. In Abbildung 4.4-1 ist das Modell eines Stromleiters zu sehen. Die Elektronen befinden sich dicht an dicht in dem Leiter, der wie ein Rohr die Elektronen umschließt. Wird nun auf der linken Seite ein neues Elektron (durch die Spannungsquelle) in den Leiter geschoben, so wird aufgrund des Impulses, den dieses Elektron auslöst sofort auf der rechten Seite ein Elektron den Leiter verlassen. Es ist zwar ein ganz anderes Elektron, als das, was links hineingesteckt wurde, aber es hat die gleichen elektrischen Eigenschaften. Somit scheint sich das Elektron von links nach rechts in unendlich hoher Geschwindigkeit zu bewegen.

4.4.3 Thermisches Rauschen

Nur die gerichtete Bewegung von Elektronen ist als Stromfluss definiert. Die freien Elektronen in einem Metallgitter bewegen sich allerdings die ganze Zeit hin- und her, da sie sich gegenseitig abstoßen und auch von den Atomkernen der Metallatome abgewiesen werden. Diese ungerichtete Bewegung wird um so heftiger, je höher die Temperatur ist. Der gerichteten Bewegung der Ladungsträger (Stromfluss) überlagert sich also eine ungerichtete, zufällige Bewegung, die den Strom auch zufällig verändert. Dies wird als Rauschen hörbar, wenn ein Audiosignal durch einen Leiter geschickt wird. Die Stärke des Rauschens ist abhängig von der Temperatur und wird deshalb als thermisches Rauschen oder Johnson-Rauschen bezeichnet. Der Effektivwert des Rauschens über einen bestimmten Frequenzbereich kann mit folgender Formel berechnet werden:

$$E_t = \sqrt{4 \cdot k \cdot T \cdot R \cdot (f_H - f_L)}$$

Mit:
E_t: Rauschspannung in Volt, V
k: Boltzmann Konstante $= 1{,}38 \cdot 10^{-23} \frac{J}{K}$
T: Absolute Temperatur in Kelvin, K
R: Widerstand in Ohm, Ω
f_H: Oberes Frequenzlimit in Hertz, Hz
f_L: Unteres Frequenzlimit in Hertz, Hz

Oft wird das thermische Rauschen für eine Frequenz von 1000Hz und die Umgebungstemperatur von 21°C angegeben. In diesem Fall wird f_H-f_L=1Hz und T=294K. Die Formel vereinfacht sich nun zu:

$$E_t = 1{,}28 \cdot 10^{-10} \cdot \sqrt{R}$$

Das Ergebnis liegt in der Einheit $\frac{V}{\sqrt{Hz}}$ vor, da bei der Berechnung der Frequenzumfang nicht berücksichtigt wurde. Für einen Widerstand von 200Ω, wie man ihn typischerweise bei Mikrofonen findet, ergibt sich eine Rauschspannung von $1{,}8 \frac{nV}{\sqrt{Hz}}$.

Dieser Wert ist zum Beispiel für die Berechnung des Gesamtrauschens eines Operationsverstärkers (siehe Kapitel 4.14.2) notwendig.
Möchte man die Rauschspannung in einem bestimmten Frequenzbereich berechnen, so muss für f_H und f_L die obere bzw. untere Grenzfrequenz des Systems eingegeben werden:

$$E_t = 1{,}28 \cdot 10^{-10} \cdot \sqrt{R} \cdot \sqrt{f_H - f_L}$$

Am Beispiel des eben genannten Mikrofons und dem Audiobereich von 20Hz bis 20kHz wäre dies:

$$E_t = 1{,}8 \frac{nV}{\sqrt{Hz}} \cdot \sqrt{20000Hz - 20Hz}$$

Dies führt zu einer Rauschspannung von $254nV_{eff}$.

Um das thermische Rauschen möglichst gering zu halten, sollte die Bandbreite eines Signals eingeschränkt und der Widerstand der Spannungsquelle möglichst gering gehalten werden. Das Kühlen von Geräten bringt nicht sehr viel. Eine Halbierung der Temperatur von 294K würde 147K und somit -126°C entsprechen und nur 3dB weniger Rauschen zur Folge haben.

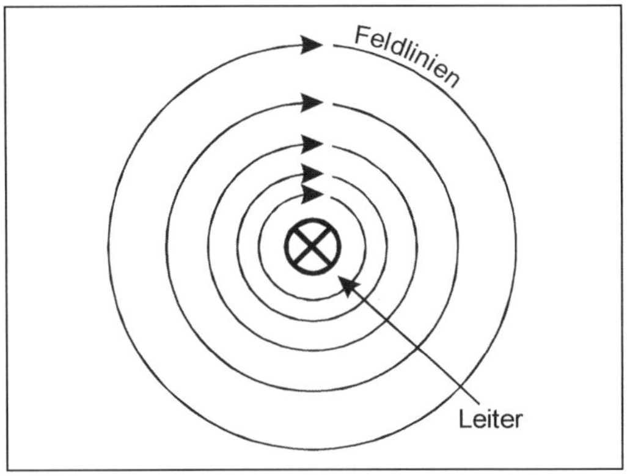

Abb. 4.4-2: Magnetische Feldlinien

Bei sehr rauscharmen Analoggeräten ist also immer der Entwicklungsingenieur gefragt, der alle Widerstände auf die niedrigsten Werte hin berechnen muss, um das Rauschen möglichst gering zu halten. Zu gering dürfen die Widerstände jedoch auch nicht sein, da sonst die Operationsverstärker überlastet werden und das Signal verzerrt wird.

4.4.4 Auswirkungen des Stroms

Fließt Strom, so gibt es verschiedene Auswirkungen, von denen manche auf jeden Fall auftreten werden, andere nur eventuell auftreten können:

- **Wärmewirkung:** Ein stromdurchflossener Leiter erwärmt sich immer. Die Erwärmung kann jedoch so gering sein, dass sie bei Umgebungstemperatur nicht bemerkt wird.
- **Magnetische Wirkung:** Es entsteht immer ein Magnetfeld um den Leiter. Abbildung 4.4-2 zeigt die Richtung der magnetischen Feldlinien, wenn die technische Stromrichtung in die Abbildung hinein geht. Bei Wechselstrom wechselt auch die Richtung der magnetischen Feldlinien.
- **Lichtwirkung:** Es kann Licht entstehen, wenn die Erwärmung eines Materials so hoch ist, dass es glüht. Lichtwirkung ist außerdem in Gasen und manchen Halbleitermaterialien zu beobachten.
- **Chemische Wirkung:** In leitenden Flüssigkeiten kann eine chemische Wirkung hervorgerufen werden. Auf diese Weise funktionieren die meisten Akkumulatoren

Stromstärke	Auswirkung
0,3mA	Empfindungsgrenze
1mA	Schreck
10mA	Muskelkrampf
30mA	Betäubung
50mA	Herzkammerflimmern, Tod

Tab. 4.4-1: Stromwirkung auf den Menschen

- **Wirkung auf den Menschen:** Die Muskeln werden durch elektrische Impulse gesteuert, weshalb Strom auch eine Wirkung auf den Menschen haben kann. Tabelle 4.4-1 zeigt die verschiedenen Auswirkungen unterschiedlicher Stromstärken auf den Menschen. Welcher Strom tatsächlich fließen kann, hängt vom Körperwiderstand ab und kann mit Hilfe des Ohmschen Gesetzes berechnet werden.

4.5 Grundlegende Formeln

In diesem Kapitel sollen einige grundlegende Formeln der Elektrotechnik vorgestellt werden.

4.5.1 Ohmsches Gesetz

Georg Ohm entdeckte 1826 das nach ihm benannte Gesetz der Stromleitung. Mit Hilfe des Ohmschen Gesetzes kann der Zusammenhang zwischen Spannung, Strom und Widerstand berechnet werden. Die Stromstärke in einem Leiter ist direkt proportional zu der Spannung und umgekehrt proportional zum Widerstand des Leiters. Daraus ergibt sich die Formel:

$$I = \frac{U}{R}$$

mit:
I: Strom in Ampere, A
U: Spannung in Volt, V
R: Widerstand in Ohm, Ω

Es ist zu beachten, dass der Strom sehr groß wird, wenn der Widerstand gegen Null Ohm geht. In diesem Fall wird der Strom nur noch von dem Innenwiderstand der Spannungsquelle begrenzt. Man spricht von einem Kurzschluss. Um die Zerstörung von Bauteilen oder der Spannungsquelle zu vermeiden, werden Sicherungen in den Stromkreis geschaltet, die ab einem bestimmten Maximalstrom durchbrennen oder abschalten und somit den Stromkreis unterbrechen.
Wird die oben stehende Formel nach dem Widerstand R aufgelöst, so ergibt sich:

$$R = \frac{U}{I}$$

Das Ohmsche Gesetz gilt immer für einen Widerstand, die Spannung, die an diesem Widerstand abfällt und den Strom, der durch diesen Widerstand fließt.

4.5.2 Kirchhoffsche Gesetze

Gustav Kirchhoff stellte bereits als Student 1845 die nach ihm benannten Gesetze auf, die die Stromverzweigung, beziehungsweise die Summe der Spannungsabfälle in einem Stromkreis beschreiben.

4.5.2.1 1. Kirchhoffsches Gesetz (Knotenpunktsatz)

In jedem Verzweigungspunkt (=Verbindungspunkt oder auch Knotenpunkt) eines Stromkreises ist die Summe der zufließenden Ströme gleich der Summe der abfließenden Ströme. Wenn I_n ein Teilstrom ist, gilt also:

$$\sum_{n=1}^{N} I_n = 0A$$

Aus diesem Gesetz geht auch hervor, dass die Summe aller Teilströme in einer Stromverzweigung dem Gesamtstrom vor der Verzweigung entsprechen muss (siehe Kapitel 4.6.7.2). Wichtig bei dem Gesetz ist, dass die einzelnen Ströme vorzeichenrichtig addiert werden.

4.5.2.2 2. Kirchhoffsches Gesetz (Maschensatz)

In jedem geschlossenen Stromkreis (=Masche) ist die Summe aller Spannungsabfälle gleich der Summe aller Spannungsquellen. Wenn also eine Spannungsquelle über einen Spannungsteiler in zwei Teilspannungen aufgeteilt wird, so ist die Summe der zwei Teilspannungen gleich der Quellenspannung. Für U_n als Quellenspannung und $I_n \cdot R_n$ als Spannungsabfall, der aus dem Strom I_n durch den Widerstand R_n resultiert gilt:

$$\sum_{n=1}^{N} U_n = \sum_{n=1}^{N} I_n \cdot R_n$$

Wichtig hierbei ist, dass die Spannungen im gleichen Drehsinn innerhalb einer Masche addiert werden. Welchen Drehsinn man benutzt, ist jedoch unerheblich. Dieses Gesetz ist eine wichtige Grundlage für den Spannungsteiler (siehe Kapitel 4.6.7.1 und 5.1).

4.5.3 Berechnung der Leistung

Nach James Watt ist die Einheit für die Leistung benannt. Die elektrische Leistung ist direkt proportional zur anliegenden Spannung und direkt proportional zum fließenden Strom. Sie kann mit folgender Formel berechnet werden:

$$P = U \cdot I$$

mit:
P: Leistung in Watt, W
U: Spannung in Volt, V
I: Strom in Ampere, A

Wird mit Hilfe des Ohmschen Gesetzes die Stromstärke I durch $\frac{U}{R}$ ersetzt, so ergibt sich:

$$P = \frac{U^2}{R}$$

Diese Formel kann verwendet werden, um bei einer bekannten Effektiv- oder Spitzenspannung die Effektiv- bzw. Spitzenleistung eines Verstärkers an dem Widerstand R eines bestimmten Lautsprechers zu berechnen.

4.5.4 Berechnung der Arbeit

Die elektrische Arbeit kann mit Hilfe der Formel W=U·Q berechnet werden (siehe Kapitel 4.3). Q kann durch I·t ersetzt werden (siehe Kapitel 4.4), so dass sich für die elektrische Arbeit folgende Formel ergibt:

$$W = U \cdot I \cdot t = P \cdot t$$

mit:
W: Arbeit in Joule, J = Wattsekunden, Ws
U: Spannung in Volt, V
I: Strom in Ampere, A
t: Zeit in Sekunden, s
P: Leistung in Watt, W

3600Ws werden zu einer Wattstunde = Wh zusammengefasst, 1000Wh werden als Kilowattstunde = kWh angegeben. Der Elektrizitätsversorger berechnet die Kosten für die Energie nach kWh - Stromzähler zählen entsprechend auch in kWh.

4.5.5 Der Wirkungsgrad

Der Wirkungsgrad gibt das Verhältnis zwischen der abgegebenen und der zugeführten Leistung eines Energiewandlers an. Der Wirkungsgrad wird meistens in Prozent angegeben, so dass die Berechnung lautet:

$$\eta = \frac{P_{ab}}{P_{zu}} \cdot 100\%$$

mit:
η (eta): Wirkungsgrad in Prozent, %
P_{ab}: Abgegebene Leistung in Watt, W
P_{zu}: Zugeführte Leistung in Watt, W

Da Geräte immer in irgendeiner Form Verluste aufweisen, ist auch der Wirkungsgrad immer unter 100%. Ein Wirkungsgrad von 50% würde bedeuten, dass die Hälfte der gesamten zugeführten Leistung als Verlustleistung verloren geht, und entsprechend auch nur die verbleibende Hälfte als Ausgangsleistung genutzt werden kann.
Sind mehrere Energiewandler hintereinander geschaltet, so gilt für den Gesamtwirkungsgrad:

$$\eta = \eta_1 \cdot \eta_2 \cdot \eta_3 \cdot \ldots$$

4.6 Der Widerstand

4.6.1 Definition

Jeder Leiter hat einen Widerstand, den er dem Strom entgegensetzt. Der Widerstand wird nach dem Physiker Georg Ohm benannt und beschreibt das Verhältnis der Spannung, die an dem Leiter anliegt zu dem Strom, der durch den Leiter hindurchfließt (siehe auch Kapitel 4.5.1):

$$R = \frac{U}{I}$$

Die Einheit des Widerstandes ist das Ohm, Ω.
Als Widerstand wird jedoch nicht nur der Widerstand eines jeden Leiters bezeichnet, es gibt auch Bauteile, die mit einem bestimmten Widerstand hergestellt werden. Ist ein Widerstand nicht von der angelegten Frequenz abhängig, so spricht man von einem "Ohmschen Widerstand". In einem Ohmschen Widerstand gibt es keine Phasenverschiebung zwischen der angelegten Spannung und dem durchfließenden Strom. Das Schaltzeichen eines Widerstandes ist in Abbildung 4.6-1 zu sehen. Hierbei ist zu beachten, dass in einem Schaltbild keine Kommas geschrieben, sondern durch die Dimension des Widerstandswertes ersetzt werden. In Tabelle 4.6-1 ist zu sehen, wie Widerstandswerte in Schaltbildern angegeben werden

4.6.2 Der Leitwert

Als Leitwert versteht man den Kehrwert des Widerstandes. Er beschreibt also, wie gut ein Material den Strom leitet, und nicht, was für ein Widerstand dem Strom entgegengesetzt wird.

$$G = \frac{1}{R}$$

mit:
G: Leitwert in Siemens, S
R: Widerstand in Ohm, Ω

4.6.3 Anwendung von Widerständen

Es gibt zwei Hauptanwendungen für Widerstände in der Tontechnik:

- Wird ein Widerstand vor einen Verbraucher in einen Stromkreis geschaltet, so dient er als Strombegrenzer. Die Ausgangsimpedanz eines Gerätes (siehe Kapitel 4.15) ist ein typisches Beispiel für so einen Widerstand.
- Werden zwei Widerstände hintereinander geschaltet und mit einer gemeinsamen Spannung versorgt, so ergibt sich ein Spannungsteiler (siehe Kapitel 5.1). Fast alle Widerstände in Mischpulten arbeiten als Spannungsteiler. Beispiele sind der Fader und alle Potentiometer.

4.6.4 Bauformen von Widerständen

Widerstände werden nach dem Material benannt, aus dem sie hergestellt werden oder nach ihrem Verhalten in Bezug auf äußere Einflüsse. Kohle, Metallfilm- und Drahtwiderstände sind nach dem Material benannt, aus dem sie bestehen. Potentiometer, Fader, Thermistoren, Varistoren und Photowiderstände werden nach dem Einfluss benannt, auf den sie reagieren. Abbildung 4.6-1 zeigt die verschiedenen Arten von Widerständen, die nach ihrem Material benannt sind.

4.6.4.1 Kohlewiderstände

Der Kohlewiderstand ist der Standardwiderstand, wenn man das Bauteil Widerstand meint. Eine dünne Kohleschicht wird auf einen Keramikträger aufgebracht. An den Enden des Keramikträgers sind zwei Anschlüsse befestigt, zwischen denen der Widerstand besteht. Der Abgleich auf den genauen Widerstandswert erfolgt durch Einschleifen der Kohleschicht. Kohlewiderstände haben meistens eine Toleranz von 5%. Sie haben in der Tontechnik eine untergeordnete Rolle, da sie eine höhere Toleranz und eine geringere Belastbarkeit als Metallfilmwiderstände haben.

Widerstandswert	Beschriftung im Schaltbild
1Ω	1R
1,5Ω	1R5
2,2kΩ	2k2
47kΩ	47k
1MΩ	1M
3,3MΩ	3M3

Tab. 4.6-1: Widerstandsbeschriftung im Schaltbild

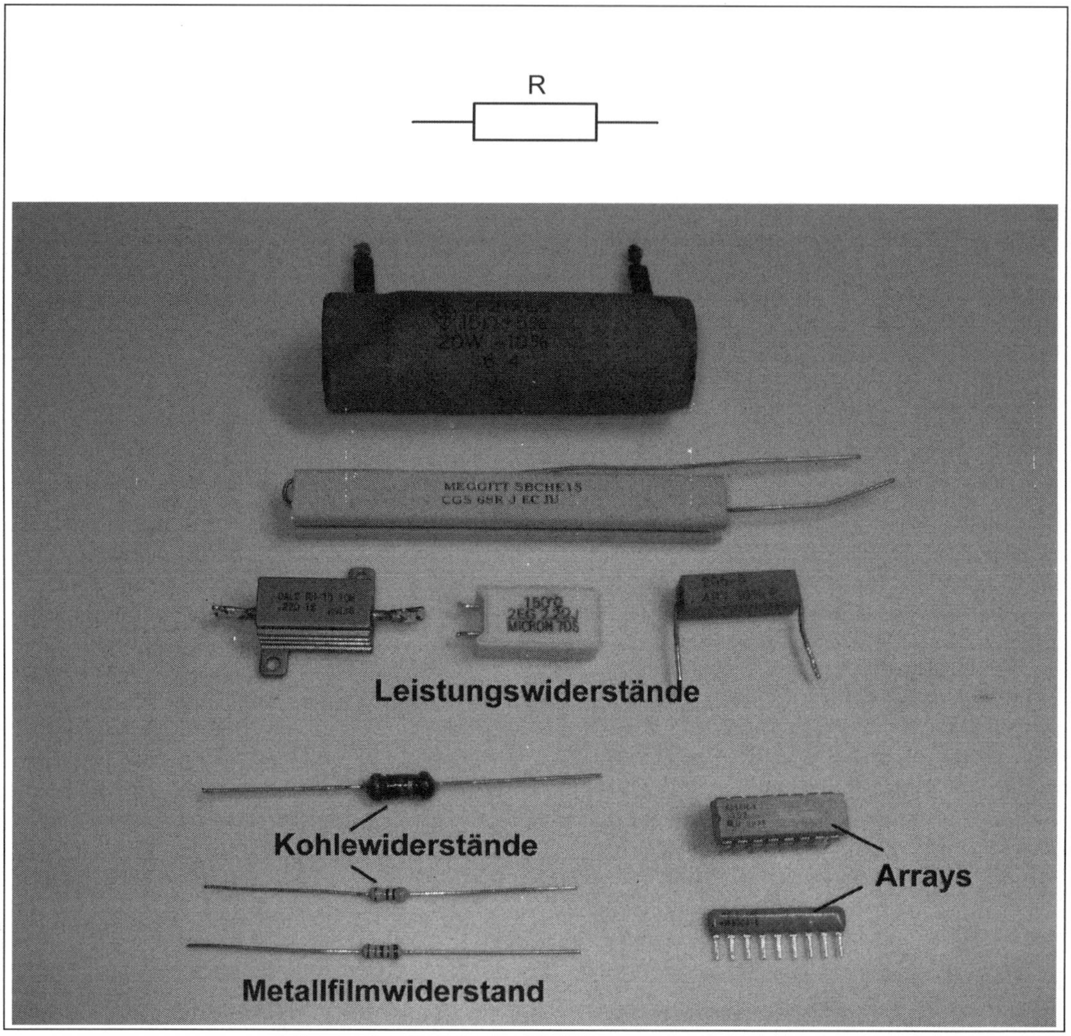

Abb. 4.6-1: Schaltzeichen und Bauformen von Widerständen

4.6.4.2 Metallfilmwiderstände

Metallfilmwiderstände werden prinzipiell genau so hergestellt, wie Kohlewiderstände. Hierbei wird die Kohleschicht durch ein Metalloxid oder eine Edelmetallschicht ersetzt. Die Toleranz von Metallfilmwiderständen liegt typischerweise bei 1%. Im Audiobereich werden sie aufgrund ihrer Genauigkeit für fast alle Schaltungen eingesetzt.

4.6.4.3 Drahtwiderstände

Drahtwiderstände bestehen aus einem Draht, der auf einen isolierten Träger gewickelt wird. Bei gleicher Baugröße haben Drahtwiderstände eine wesentlich höhere Belastbarkeit als Kohle- oder Metallfilmwiderstände. Durch spezielle Wickeltechniken kann vermieden werden, dass ein Drahtwiderstand eine störende Induktivität bekommt. Drahtwiderstände sind oft in Keramikkörper einzementiert, um die thermische Belastbarkeit weiter zu erhöhen. Anwendung finden sie in Netzteilen und Endstufen.

4.6.4.4 Widerstandsnetzwerke

Widerstandsnetzwerke (Arrays) sind Anordnungen von mehreren gleich großen Metallfilmwiderständen in einem Gehäuse. So finden sich beispielsweise bis zu 8 unabhängige Widerstände in einem DIL-Gehäuse (DIL = Dual In Line = Gehäuse mit zwei Anschlussreihen) oder bis zu 11 Widerstände

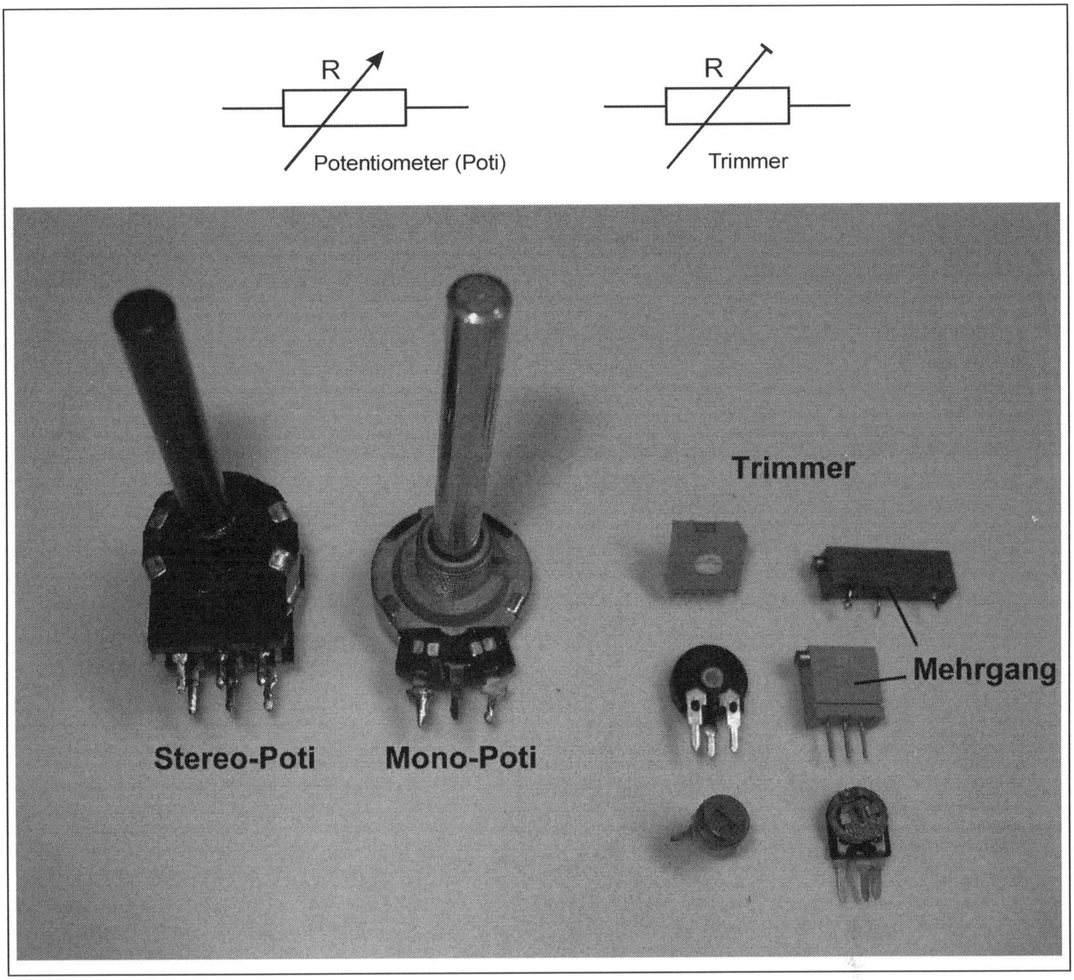

Abb. 4.6-2: Schaltzeichen und Bauformen von Potentiometern

mit jeweils einem gemeinsamen Anschluss in einem SIL-Gehäuse (SIL = Single In Line = Gehäuse mit einer Anschlussreihe). Widerstandsnetzwerke werden eingesetzt, um Platz auf der Leiterplatte zu sparen, damit ein Gerät kleiner gebaut und Kosten gespart werden können.

4.6.4.5 Potentiometer / Trimmer

Ein Potentiometer (Poti) ist ein Drehwiderstand. Das heißt, der Wert des Widerstandes ist veränderlich in Abhängigkeit des Drehwinkels einer Achse. Drehwiderstände, die nur mit einem Schraubendreher eingestellt werden können und keinen Drehknopf besitzen, nennt man Trimmer. Die Schaltzeichen für das Potentiometer, den Trimmer und den Fader, sowie mögliche Bauformen sind in Abbildung 4.6-2 zu sehen. Auf der Abbildung ist zu erkennen, dass das Potentiometer als Reihenschaltung von zwei Widerständen mit einem variablen Mittelabgriff angesehen werden kann. Somit ist ein Potentiometer prinzipiell schon ein Spannungsteiler (siehe Kapitel 5.1) und wird auch meistens als solcher verwendet. Der Widerstand kann sich auf unterschiedlichste Weise in Abhängigkeit des Drehwinkels ändern (siehe Abbildung 4.6-3). Die Änderungen werden im Uhrzeigersinn betrachtet. Die wichtigsten Widerstandsverläufe im Tontechnikbereich sind:

- **Linear (Typ B):** Der Widerstand ändert sich linear zum Drehwinkel der Achse. Trimmer haben meistens eine lineare Änderung des Widerstandes. Anwendung sind Panoramasteller und Equalizer.

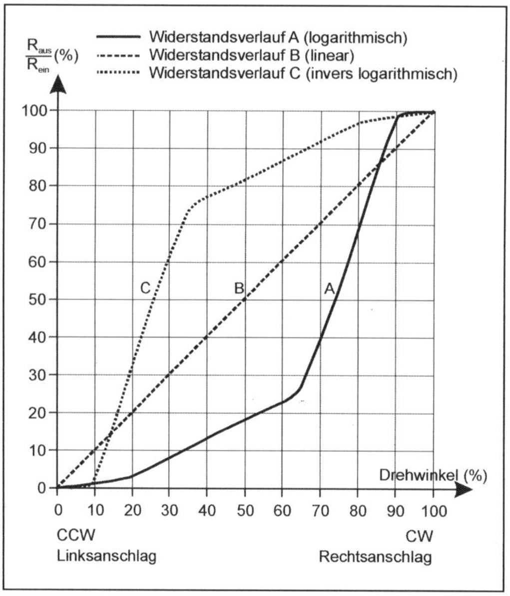

Abb. 4.6-3: Widerstandsverläufe der unterschiedlichen Potitypen

- **Logarithmisch (Typ A):** Der Widerstand ändert sich erst langsam und gegen Ende des Drehbereiches immer schneller. Anwendung sind Pegelsteller.
- **Invers Logarithmisch (Typ C):** Der Widerstand ändert sich erst schnell und gegen Ende des Drehbereiches immer langsamer. Anwendung sind Verstärkungsregler von Mikrofonvorverstärkern.

Potentiometer in Mischpulten gibt es in zwei Materialvarianten:

- **Kohle:** Standardpotentiometer und Trimmer bestehen aus einer Kohleschicht und einem Schleifer mit Kohlekontakt. Kohlepotentiometer nutzen sich schneller ab und fangen deshalb eher an zu "kratzen". Reinigen ist ab einem gewissen Alter nicht mehr sinnvoll, da die Kohleschicht weggerieben ist.
- **Leitplastik:** Hochwertigere Potentiometer haben als Widerstandsschicht eine Leitplastikschicht. Diese ist sehr hart und weist so gut wie keine Abnutzungserscheinungen auf. Leitplastikpotentiometer müssen bei normalem Studiobetrieb nicht ausgewechselt werden und fangen auch nicht an zu kratzen.

Potentiometer gibt es in sehr vielen verschiedenen Ausführungen bezüglich Widerstandsverlauf, Achsdurchmesser, Anschlussbelegung, Einfach, Zwei-, Drei- oder Vierfachausführung, so dass im Falle eines defekten Potentiometers das Originalersatzteil des Herstellers verwendet werden muss.

In Schaltbildern ist teilweise durch die Abkürzung "CW" und "CCW" das entsprechende Drehende des Potis gekenntzeichnet. "CW" steht hierbei für "Clockwise" also Rechtsanschlag und "CCW" für "Counter-Clockwise" also Linksanschlag.

4.6.4.6 Fader

Ein Potentiometer, das nicht gedreht wird, sondern den Widerstand in Abhängigkeit einer Linearbewegung ändert nennt man Fader. Die Schiebebewegung eines Faders gibt dem Tontechniker eine feinfühlige Möglichkeit Lautstärkeverhältnisse zu beeinflussen. Weiterhin ist es problemlos möglich mehrere Fader gleichzeitig zu schieben - bei den Potentiometern ist man auf maximal zwei Knöpfe gleichzeitig begrenzt. Auch Fader sind in Kohle- und Leitplastikausführung zu bekommen. Da ein Fader mechanisch nicht so gut gegen Umwelteinflüsse geschützt werden kann wie ein Potentiometer, ist hier ein hohe Qualität besonders wichtig. In professionellen Mischpulten sind deshalb ausschließlich Leitplastikfader eingesetzt. Die Standardlänge für professionelle Fader ist 100mm. Kürzere Fader werden im semiprofessionellen bzw. HiFi-Bereich eingesetzt. In Abbildung 4.6-4 ist das Schaltzeichen und der Aufbau eines Studiofaders zu sehen.

4.6.4.7 Thermistoren

Verändert sich ein Widerstand in Abhängigkeit der Temperatur der er ausgesetzt ist, so nennt man ihn temperaturabhängigen Widerstand oder Thermistor. Man unterscheidet zwei verschiedene Arten von Thermistoren:

- **Heißleiter:** Wird der Widerstandswert bei steigender Temperatur immer kleiner, handelt es sich um einen Heißleiter. Da sich der Widerstandswert umgekehrt proportional zur Temperatur verändert, hat er auch die Bezeichnung **NTC** (Negative Temperature Coefficient). Heißleiter werden zur Temperaturmessung, zur Einschaltverzögerung von Endstufen und als Lüfterregelungsbauteil eingesetzt.
- **Kaltleiter:** Wird der Widerstandswert bei steigender Temperatur immer größer, so handelt es sich um einen Kaltleiter. Da sich der

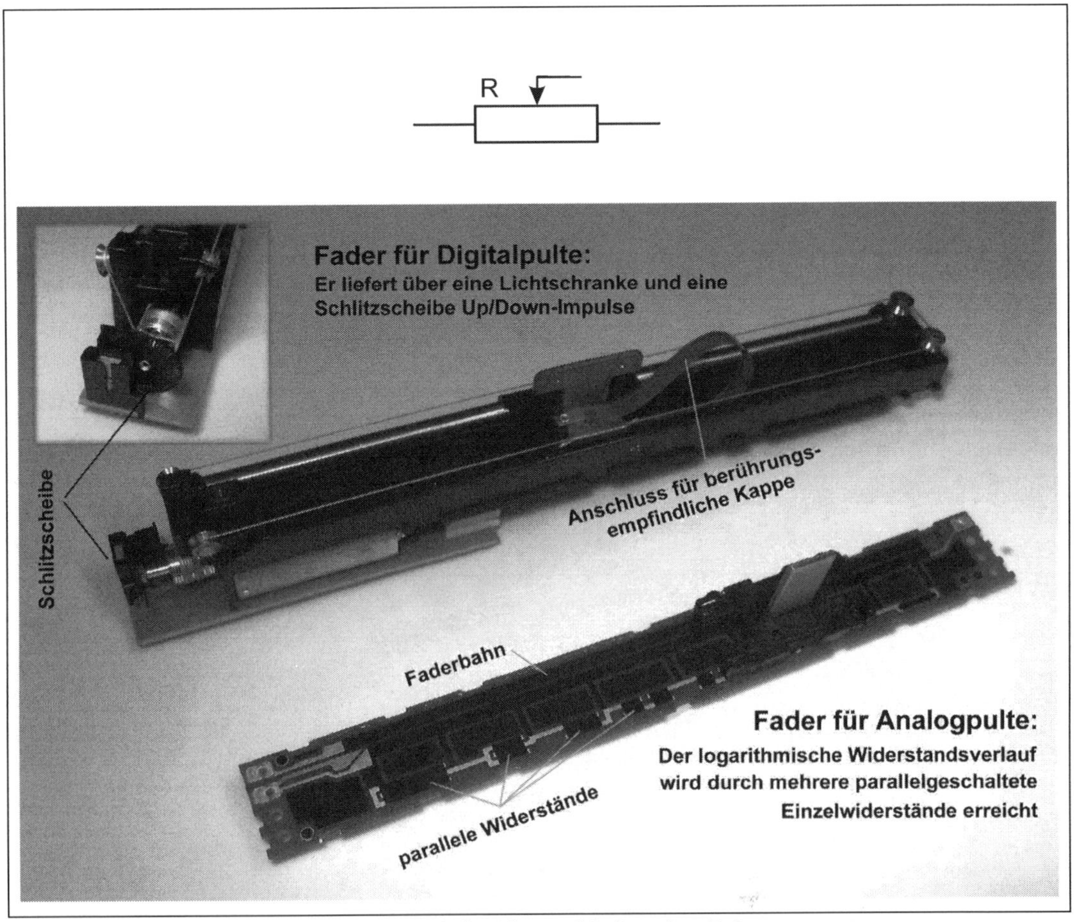

Abb. 4.6-4: Schaltzeichen und Aufbau eines Faders

Widerstandswert proportional zur Temperatur verändert, hat er auch die Bezeichnung **PTC** (Positive Temperature Coefficient). Kaltleiter werden meistens als thermischer Überlastschutz eingesetzt. Die Glühbirne beispielsweise, die in einer Lautsprecherbox vor den Hochtöner geschaltet wird, ist ein Kaltleiter, der den Hochtöner vor einer zu hohen Leistung schützen soll.

4.6.4.8 Varistoren

Ein Widerstand, der seinen Wert in Abhängigkeit der anliegenden Spannung verändert, wird Varistor genannt. Ab einer bestimmten anliegenden Spannung steigt der Stromfluss durch einen Varistor stark an, das heißt, der Widerstandswert nimmt sehr schnell ab. Kurzfristig kann ein Varistor hierbei mehrere tausend Ampere Strom verkraften. In welcher Richtung die Spannung anliegt, ist hierbei unerheblich. Die höchstzulässige Wechselspannung, die an einen Varistor angelegt werden kann, ohne dass ein nennenswerter Strom fließt, ist als Effektivwert auf den Varistor aufgedruckt. So könnte ein 250V-Typ parallel zu der Netzversorgung eines Gerätes geschaltet werden, um kurzfristige Spannungsspitzen abzublocken. Dies ist auch die Hauptanwendung für Varistoren: das Abblokken von Spannungsspitzen, die entweder als störende Knackser hörbar wären oder schlimmstenfalls ein Gerät zerstören könnten. Ein Varistor sollte jedoch nicht nur in Audiogeräten eingesetzt werden, um diese vor Spannungsspitzen auf der Netzspannung zu schützen, sondern auch in oder an dem Gerät, das die Spannungsspitze erzeugt.

4.6.4.9 Photowiderstände

Widerstände, deren Wert abhängig von der einfallenden Lichtstärke ist, werden Photowiderstände

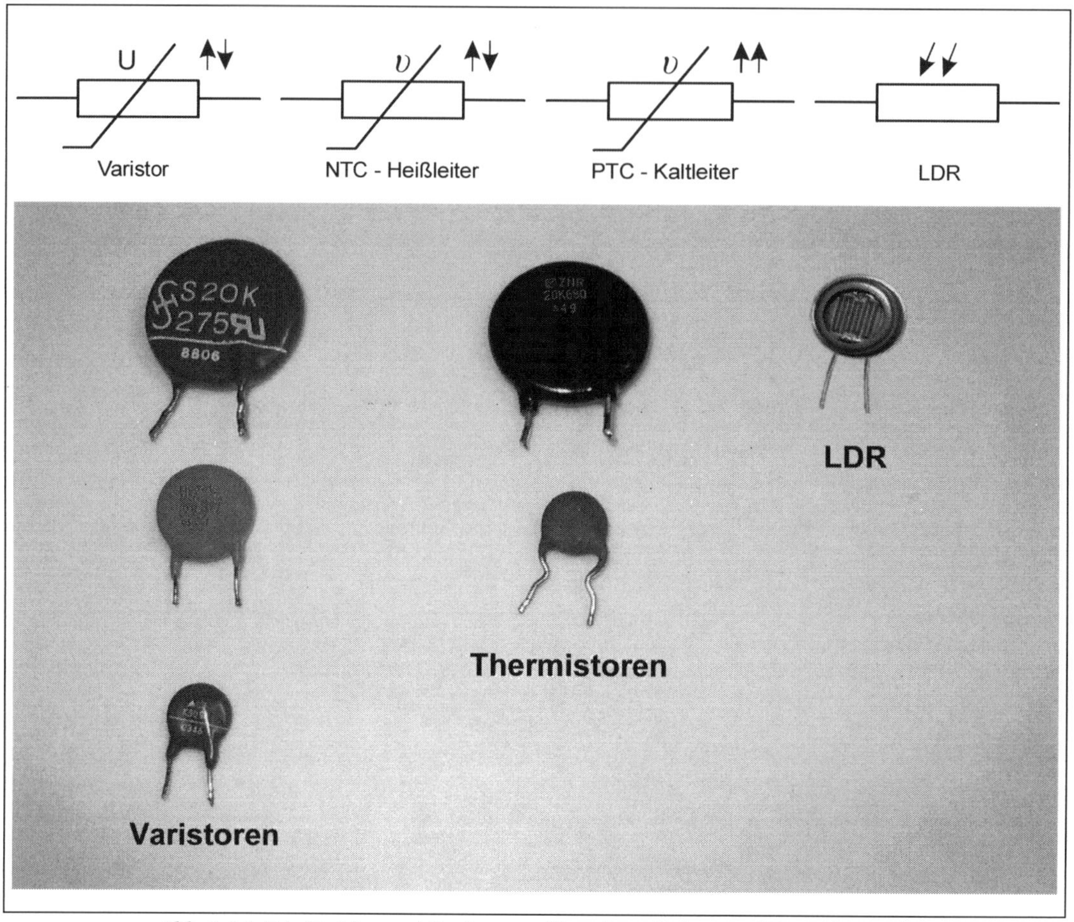

Abb. 4.6-5: Schaltzeichen und Bauform von Thermistor, Varistor und Fotowiderstand

oder LDR (Light Dependent Resistor) genannt. Photowiderstände sind eigentlich reine Halbleiter (siehe Kapitel 4.11.2). Sie ändern ihren Widerstandswert umgekehrt proportional zur zugeführten Energie. Das bedeutet, je mehr Licht durch das Fenster eines Photowiderstandes fällt, desto kleiner wird sein Widerstandswert. Die meisten Photowiderstände haben einen Dunkelwiderstand von mehreren hundert Kiloohm bis zu Megaohm. Bei sehr starkem Lichteinfall kann der Widerstand bis auf wenige Ohm absinken. Photowiderstände werden zur Helligkeitsregelung von Anzeigen verwendet und sind teilweise in Limiter- und Kompressorschaltungen zu finden, bei denen kein VCA im Signal verwendet werden soll. Die Abbildung 4.6-5 zeigt Varistoren, Thermistoren und einen Photowiderstand.

4.6.5 Der Farbcode

Der Widerstandswert wird mit Hilfe eines Farbcodes in Form von farbigen Ringen auf den Widerstand aufgedruckt. Erst bei größeren Drahtwiderständen ist der tatsächliche Widerstandswert in Form von Zahlen aufgedruckt. Tabelle 4.6-2 zeigt den Farbcode für einen Widerstand, der mit 4 farbigen Ringen beschriftet ist. Die Ringe haben folgende Bedeutung:

1. Ring: 1. Ziffer des Widerstandswertes
2. Ring: 2. Ziffer des Widerstandswertes
3. Ring: Multiplikator
4. Ring: Toleranzbereich in Prozent

Ein Widerstand mit dem 4-stelligen Farbcode gelb-violett-orange-gold hat also den Wert:

$$47 \cdot 10^3 \pm 5\% = 47k\Omega$$

Farbe	1. Ring	2. Ring	3. Ring	4. Ring
keine	-	-	-	±20%
Silber	-	-	10^{-2}	±10%
Gold	-	-	10^{-1}	±5%
Schwarz	0	0	10^{0}	-
Braun	1	1	10^{1}	±1%
Rot	2	2	10^{2}	±2%
Orange	3	3	10^{3}	-
Gelb	4	4	10^{4}	-
Grün	5	5	10^{5}	±0,5%
Blau	6	6	10^{6}	-
Violett	7	7	10^{7}	-
Grau	8	8	10^{8}	-
Weiß	9	9	10^{9}	-

Tab. 4.6-2: Widerstandsfarbcode

Wird der Widerstand mit Hilfe von 5 farbigen Ringen angegeben, so haben die Ringe die Bedeutung:

1. Ring: 1. Ziffer des Widerstandswertes
2. Ring: 2. Ziffer des Widerstandswertes
3. Ring: 3. Ziffer des Widerstandswertes
4. Ring: Multiplikator
5. Ring: Toleranzbereich in Prozent

Ein Widerstand mit 5 Ringen und dem Farbcode braun-rot-schwarz-rot-braun hat also folgenden Wert:

$$120 \cdot 10^2 \pm 1\% = 12\text{k}\Omega$$

Anstelle des Farbcodes findet man bei SMD- (Surface Mounted Device) und Drahtwiderständen sowie bei Kondensatoren auch die Beschriftung in Form einer Zahlenfolge, die sich jedoch an dem Schema des Farbcodes orientiert. Findet man zum Beispiel die Zahl 100 auf einem Widerstand, so kann dies 100Ω bedeuten oder $10 \cdot 10^0 = 10\Omega$. In einem solchen Fall ist der Widerstand vorsichtshalber nachzumessen. Die Beschriftung 121 ist wiederum ziemlich eindeutig und deutet auf einen Widerstand mit $12 \cdot 10^1 = 120\Omega$ hin, da der Widerstandswert 121Ω in der Standardnormreihe E12 nicht enthalten ist.

4.6.6 Widerstandsnormreihen

In der IEC (International Electrotechnical Commission) sind Widerstandsreihen genormt worden, die auch als E-Reihen bekannt sind. Die Standard-Reihe für Widerstände ist hierbei die E12-Reihe, bei der es 12 verschiedene Widerstände pro Dekade gibt. Die gebräuchlichen Reihen sind E6 für Leistungswiderstände und Potentiometer, E12, E24 und E96 für Kohle- und Metallfilmwiderstände. In Tabelle 4.6-3 sind die IEC-Reihen E6, E12, E24 und E96 aufgelistet. Die angegebenen Werte können entweder direkt für die Widerstände in Ω, kΩ und MΩ verwendet oder mit dem Faktor 10 bzw. 100 multipliziert werden. So gibt es den Wert 4,7 in der E12-Reihe als 4,7Ω, 47Ω, 470Ω, 4,7kΩ, 47kΩ, 470kΩ und 4,7MΩ Widerstand.
In der Tontechnik werden die meisten Geräte mit Widerständen aus der E12-Reihe konstruiert. Lediglich hochwertige, sehr teure Pulte und Frequenzweichen werden mit Widerständen aus der E96-Reihe bestückt.

4.6.7 Reihen- und Parallelschaltung von Widerständen

Die zwei wichtigsten Widerstandsgrundschaltungen sind die Reihen- und die Parallelschaltung. Sie dienen als Basis für das Verständnis des unbelasteten und des belasteten Spannungsteilers sowie für alle Filteranwendungen.

E6	1,0				1,5				2,2				3,3				4,7				6,8			
E12	1,0		1,2		1,5		1,8		2,2		2,7		3,3		3,9		4,7		5,6		6,8		8,2	
E24	1,0	1,1	1,2	1,3	1,5	1,6	1,8	2,0	2,2	2,4	2,7	3,0	3,3	3,6	3,9	4,3	4,7	5,1	5,6	6,2	6,8	7,5	8,2	9,1
E96	1,00	1,02	1,05	1,07	1,10	1,13	1,15	1,18	1,21	1,24	1,27	1,30	1,33	1,37	1,40	1,43	1,47	1,50	1,54	1,58	1,62	1,65	1,69	1,74
	1,78	1,82	1,87	1,91	1,96	2,00	2,05	2,10	2,15	2,21	2,26	2,32	2,37	2,43	2,49	2,55	2,61	2,67	2,74	2,80	2,87	2,94	3,01	3,09
	3,16	3,24	3,32	3,40	3,48	3,57	3,65	3,74	3,83	3,92	4,02	4,12	4,22	4,32	4,42	4,53	4,64	4,75	4,87	4,99	5,11	5,23	5,36	5,49
	5,62	5,76	5,90	6,04	6,19	6,34	6,49	6,65	6,81	6,98	7,15	7,32	7,50	7,68	7,87	8,06	8,25	8,45	8,66	8,87	9,09	9,31	9,53	9,76

Tab. 4.6-3: Widerstandsnormreihen

4.6.7.1 Reihenschaltung

Bei der Reihenschaltung von Widerständen werden die Widerstände hintereinander in den selben Stromkreis geschaltet. Die Abbildung 4.6-6 zeigt die Reihenschaltung von zwei Widerständen. Da die Widerstände im gleichen Stromkreis sind, fließt durch alle Widerstände der gleiche Strom. Über das Ohmsche Gesetz kann der Spannungsabfall an den einzelnen Widerständen berechnet werden. Da $U = R \cdot I$ und I durch beide Widerstände gleich ist, gilt: $U \sim R$ (sprich: U ist proportional zu R). Die Summe der Teilspannungen, die mit oben stehender Formel berechnet wurden, ist gleich der Gesamtspannung. Da $U \sim R$ gilt auch, dass die Summe der Teilwiderstände gleich dem Gesamtwiderstand ist.

Es können also zusammenfassend folgende Eigenschaften der Reihenschaltung festgestellt werden:

- In allen Widerständen ist der Strom gleich groß.
- Die Gesamtspannung teilt sich auf die einzelnen Widerstände auf:

$$U_{Gesamt} = U1 + U2 + \ldots$$

- Der Gesamtwiderstand der Schaltung ist die Summe der Teilwiderstände:

$$R_{Gesamt} = R1 + R2 + \ldots$$

- Die Teilspannungen sind proportional zu den Teilwiderständen:

$$\frac{U1}{R1} = \frac{U2}{R2} = \ldots$$

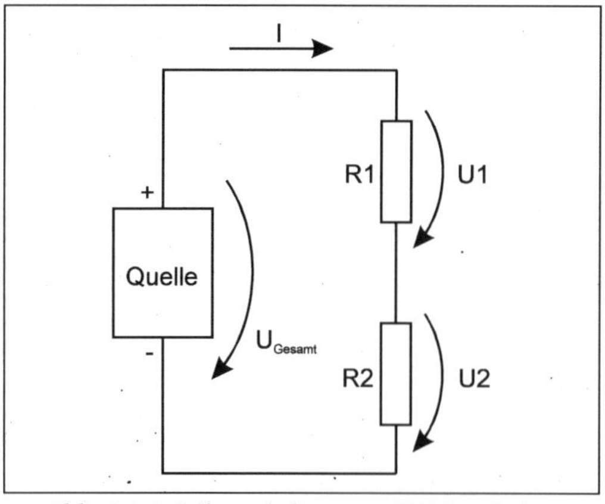

Abb. 4.6-6: Reihenschaltung von 2 Widerständen

Die Anwendung der Reihenschaltung von Widerständen ist der Spannungsteiler. Über das Verhältnis der Widerstände zueinander kann auch das Verhältnis bestimmt werden, in dem sich die Gesamtspannung aufteilt. Das in Kapitel 4.6.4.5 beschriebene Potentiometer und der Fader aus Kapitel 4.6.4.6 sind Beispiele für einen einstellbaren Spannungsteiler mit zwei Teilwiderständen. Wie der Spannungsteiler berechnet wird, und welche Varianten es gibt, ist in Kapitel 5.1 genauer beschrieben.

4.6.7.2 Parallelschaltung

Um eine Parallelschaltung von Widerständen handelt es sich, wenn an den Widerständen die gleiche Spannung anliegt. Dies kann die Gesamtspannung einer Quelle sein oder auch die Teilspannung eines Spannungsteilers. Die Abbildung 4.6-7 zeigt die Parallelschaltung von zwei Widerständen. Über die Formel $I = \frac{U}{R}$ kann der Strom durch den einzelnen Widerstand berechnet werden. Da U an beiden Widerständen gleich ist, gilt: $I \sim \frac{1}{R}$. Die Summe der Teilströme, die mit oben stehender Formel berechnet wurden, ist gleich dem Gesamtstrom:

$$I_{Gesamt} = I1 + I2 + \ldots$$

Da $I \sim \frac{1}{R}$ gilt:

$$\frac{1}{R_{Gesamt}} = \frac{1}{R1} + \frac{1}{R2} + \ldots$$

oder:

$$R_{Gesamt} = \frac{1}{\frac{1}{R1} + \frac{1}{R2} + \ldots}$$

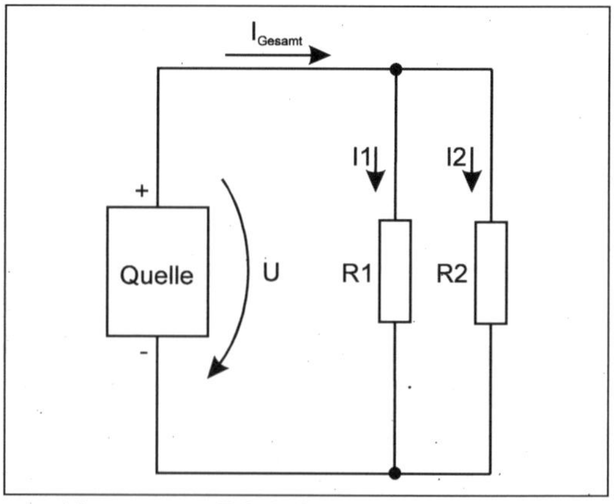

Abb. 4.6-7: Parallelschaltung von 2 Widerständen

Die Anwendung der Parallelschaltung ist der Stromteiler, der in der Tontechnik als solcher selten zu finden ist. Man kann jedoch durch die Parallelschaltung von Widerständen kleinere, "krummere" Werte erzeugen. Hierbei gilt, dass der Gesamtwiderstand bei einer Parallelschaltung immer kleiner ist, als der kleinste Teilwiderstand.

4.7 Der Kondensator

4.7.1 Definition

Ein Kondensator besteht aus zwei leitenden Platten, mit der Oberfläche A, die sich im Abstand d gegenüberstehen und zwischen denen sich ein Dielektrikum befindet (siehe Abbildung 4.7-1). Wird an die Kondensatorplatten eine Spannung angelegt, so fließt, obwohl die Platten nicht leitend miteinander verbunden sind, kurzfristig ein Strom. Dieser Strom resultiert aus einer Verschiebung der Elektronen, die sich auf den metallischen Platten befinden. Vom Minuspol der Spannungsquelle werden Elektronen auf die eine Platte geschoben, während der Pluspol der Spannungsquelle Elektronen von der anderen Platte "absaugt". Der Kondensator wird durch diesen Vorgang aufgeladen. Wird nun die Spannungsquelle vom Kondensator getrennt, so sind die Ladungsträger auf den Platten des Kondensators "gefangen", da sie nirgendwohin abfließen können.
Der Elektronenüberschuss auf der negativen Platte und der Elektronenmangel auf der positiven Platte haben eine Anziehungskraft der Ladungen zur Folge. Der Kondensator hat also eine elektrische Ladung gespeichert.

4.7.2 Das elektrische Feld im Kondensator

Die Anziehungskraft zwischen den Platten wird auch als elektrische Feldstärke bezeichnet, die wie folgt berechnet werden kann:

$$E = \frac{U}{d}$$

mit:
E: Elektrische Feldstärke in $\frac{V}{m}$
U: Spannung am Kondensator in Volt, V
d: Abstand der Platten zueinander in Meter, m

Je größer die Spannung am Kondensator ist, desto größer wird also auch die Anziehungskraft der Ladungsträger.

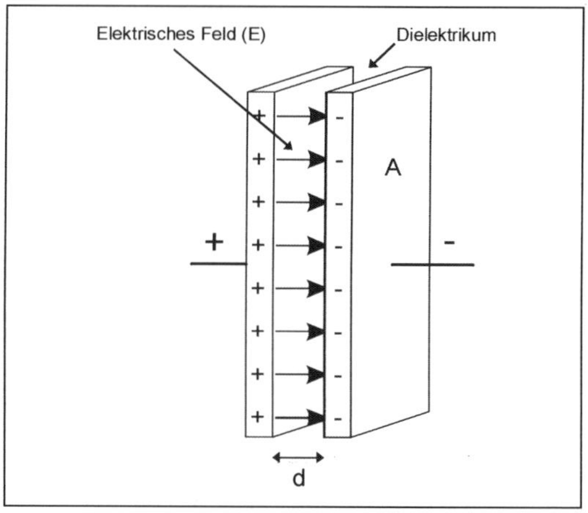

Abb. 4.7-1: Der Kondensator

4.7.3 Die Kapazität

Die Kapazität eines Kondensators gibt an, wie viele Ladungsträger bei einer bestimmten Spannung in dem Kondensator gespeichert werden können. Sie berechnet sich mit:

$$C = \frac{Q}{U}$$

mit:
C: Kapazität in Farad, F
Q: Ladung in Coulomb, C
U: Spannung in Volt, V

Aus der Formel geht hervor, dass bei einer bestimmten Kapazität mehr Ladung gespeichert werden kann, wenn die Spannung höher ist, weil durch die höhere Spannung auch die Anziehungskraft der Ladungsträger größer ist. Die Kapazität kann jedoch auch über die mechanischen Parameter eines Kondensators berechnet werden:

$$C = \frac{A \cdot \varepsilon}{d}$$

mit:
C: Kapazität in Farad, F
A: Oberfläche einer Kondensatorplatte in Quadratmeter, m^2
ε: Dielektrizitätskonstante in $\frac{C}{V \cdot m}$
d: Abstand der Platten zueinander in Meter, m

Die Dielektrizitätskonstante kann berechnet werden mit:

$$\varepsilon = \varepsilon_0 \cdot \varepsilon_r$$

mit:

ε: Dielektrizitätskonstante in $\frac{C}{V \cdot m}$

ε_0: Elektrische Feldkonstante $= 8{,}854 \cdot 10^{-12} \frac{C}{V \cdot m}$

ε_r: Dielektrizitätszahl (dimensionslos)

Das Dielektrikum ist ein Material, das die Anziehungskraft der Ladungen zwischen den Platten verstärken und somit die Kapazität des Kondensators vergrößern kann. In Tabelle 4.7-1 sind Dielektrizitätszahlen für verschiedene Dielektrika angegeben. Das Dielektrikum erreicht die Verstärkung der Anziehungskraft durch Ladungen, die in diesem Material gebunden sind. Diese Ladungen bilden elektrische Dipole, die das elektrische Feld im Kondensator weiterleiten.
Tontechnisch wichtige Dielektrika sind die "Elektrete", die eine besonders beständige Polarisation der elektrischen Dipole aufweisen. Auf diese Weise können Ladungen dauerhaft gespeichert oder "eingefroren" werden. Sie finden Anwendung in Elektretkondensatormikrofonen, die somit keine Kapselvorspannung benötigen.

4.7.4 Anwendung von Kondensatoren

In der Tontechnik finden sich drei Anwendungen für Kondensatoren:

- Kondensatoren können elektrische Ladungen speichern. Sie werden deshalb als Ladungsspeicher in Netzteilen eigesetzt.
- Ein Kondensator ist ein frequenzabhängiger Widerstand (siehe Kapitel 4.7.6). Man kann mit ihm frequenzabhängige Spannungsteiler, also Filter und Equalizer aufbauen.
- Der Kondensator kann Gleichspannungsanteile aus einem Signal entfernen. Man spricht hierbei von einem Koppelkondensator, der zum Beispiel für Phantomspeisung benötigt wird (siehe Kapitel 5.11 und 5.15.3.2)

Dielektrikum	Dielektrizitätszahl
Luft, Vakuum	1
Aluminiumoxid	6 ... 9
Glimmer	5 ... 9
Keramikmasse	10 ... 50000
Polyethylen	2,5
Polystyrol	2,5
Quarz	2 ... 4

Tab. 4.7-1: Dielektrizitätszahlen

4.7.5 Bauformen von Kondensatoren

Kondensatoren werden nach ihrem Dielektrikum benannt. Die verschiedenen Bauformen und die dazu gehörenden Schaltzeichen sind in Abbildung 4.7-2 zu sehen. Die verschiedenen Bauformen sollen nun in der Reihenfolge ihrer Kapazität aufgelistet werden. Kondensatoren haben eine maximale Betriebsspannung, die auf den Bauteilen aufgedruckt ist. Wird diese überschritten, können Ladungsträger das Dielektrikum überwinden, und der Kondensator wird leitend. Dies führt meist zur Zerstörung des Kondensators. Die Kapazität eines Kondensators ist auf den Kondensator im Klartext aufgedruckt oder, wie in Kapitel 4.6.5 beschrieben, als Farb- oder Zahlencode codiert. Grundeinheit bei der Codierung ist meistens pF. Steht der Wert im Klartext auf dem Kondensator ist die Einheit fast immer µF. So beträgt die Kapazität eines Kondensators mit dem Aufdruck "0,1" 100nF oder 0,1µF; einer mit dem Aufdruck "331" hat jedoch 330pF.

4.7.5.1 Keramikkondensatoren

Das Dielektrikum besteht aus Keramik. Keramikkondensatoren haben einen Kapazitätsbereich von 1pF bis 100nF. Sie können ihre Ladung sehr schnell aufnehmen und abgeben. Sie werden deshalb für Hochfrequenzanwendungen eingesetzt. In Mischpulten werden sie verwendet, um Hochfrequenzen von Radiosendern oder Schwingneigungen von Operationsverstärkern zu unterdrücken.

4.7.5.2 Folienkondensatoren

Folienkondensatoren haben als Dielektrikum eine Kunststofffolie. Dies kann zum Beispiel Polystyrol, Polypropylen oder Polyethylen sein. Die Kapazitäten reichen von 1nF bis 10µF. Aufgrund des Kapazitätsbereiches werden sie hauptsächlich im Niederfrequenzbereich eingesetzt. Im Audiobereich sind sie in Filtern, Frequenzweichen und Equalizern zu finden.

4.7.5.3 Elektrolytkondensatoren

Elektrolytkondensatoren (Elkos) haben als Dielektrikum eine dünne Oxidschicht, die zum Teil noch mit einem mit Elektrolyt getränkten Material zwischen den Platten versehen wird. Elektrolytkondensatoren haben eine hohe Kapazität von 1µF bis über 1F. Sie werden als Ladungsspeicher in Endstufen und Netzteilen eingesetzt. Man findet sie auch als Koppelkondensatoren im Audiosignal, wobei sie

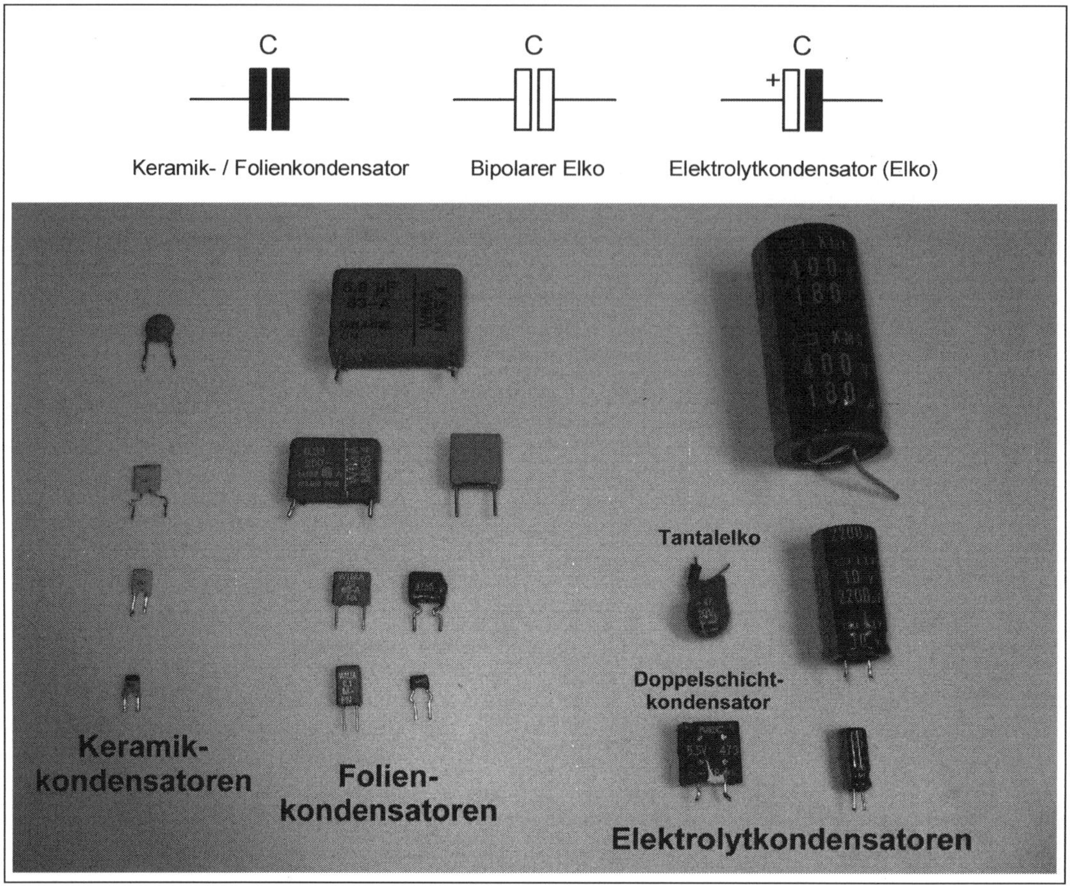

Abb. 4.7-2: Schaltzeichen und Bauformen von Kondensatoren

hierbei eine schlechtere Klangqualität aufweisen als Folienkondensatoren. Elektrolytkondensatoren sind gepolt. Werden sie in der falschen Richtung geladen, kann ein Strom durch das Elektrolyt fließen, der Kondensator erhitzt sich sehr stark und kann innerhalb kürzester Zeit explodieren. Elektrolytkondensatoren verlieren mit der Zeit ihre Kapazität, da sie austrocknen können. Dies passiert um so schneller, je wärmer die Umgebungstemperatur dieser Kondensatoren ist. Es gibt Elektrolytkondensatoren für 85° und 105° Umgebungstemperatur. Sollte die angegebene Temperatur dauerhaft vorherrschen, so ist die Nennkapazität nur für 5000 Betriebsstunden garantiert.

4.7.5.4 Bipolare Elektrolytkondensatoren

Eine Sonderform des Elektrolytkondensators, die speziell im Audiobereich zu finden ist, sind die bipolaren Elektrolytkondensatoren. Wie der Name bereits andeutet, weisen sie keine Polung auf. Das heißt, sie sind auch für Wechselspannungen geeignet. Haupteinsatzgebiet sind Frequenzweichen von billigen, passiven Lautsprecherboxen, in denen große Kapazitäten benötigt werden, die Kosten jedoch gering sein sollen. Ein bipolarer Elektrolytkondensator ist wesentlich billiger als ein vergleichbarer Folienkondensator und erfüllt rein rechnerisch den selben Zweck. Der Klang ist jedoch schlechter als der eines Folienkondensators. Ein bipolarer Elektrolytkondensator kann auch einfach selber hergestellt werden, indem man zwei gleiche, gepolte Elektrolytkondensatoren mit entgegengesetzter Polung in Reihe schaltet. Die Kapazität halbiert sich hierbei, die Betriebsspannung bleibt genauso groß, wie die Nennspannung des einzelnen Kondensators.

4.7.5.5 Tantal-Elektrolytkondensatoren

Tantal-Elektrolytkondensatoren weisen ein geringeres Rauschen als Elektrolytkondensatoren auf. Dies ist auf eine bessere Beschaffenheit des Dielektrikums zurück zu führen, welches bei den Tantal-Elektrolytkondensatoren weniger Ladungen fehlerhaft durchlässt. Sie haben somit auch eine geringere Selbstentladung. Haupteinsatzgebiet dieser Kondensatoren sind Mikrofone, Mikrofonvorverstärker sowie hochwertige Koppelkondensatorschaltungen. Der Kapazitätsbereich reicht von 1µF bis 100µF. Tantal-Kondensatoren gehen unangenehmer kaputt als Elektrolytkondensatoren. Sie können mit zunehmendem Alter oder bei kurzfristiger Überlastung einen Kurzschluss zwischen den Platten bekommen und somit einen plötzlichen Ausfall eines Gerätes verursachen.

4.7.5.6 Doppelschichtkondensatoren

Doppelschichtkondensatoren, auch bekannt unter den Bezeichnungen "Gold-Cap" oder "Ultra-Cap", sind eine Mischung aus Kondensator und Akkumulator. Sie haben sehr große Kapazitäten von 0,1F bis 5000F. Sie können zur Stromversorgung für stromsparende Geräte oder Speicherausfallsicherung verwendet werden. Der Strom, den ein Doppelschichtkondensator abgibt, ist jedoch aufgrund seines Innenwiderstandes geringer als der eines normalen Elektrolytkondensators. Er ist deshalb nicht als Siebkondensator in Endstufen geeignet, wo kurzfristig höchste Ströme benötigt werden. Je mehr Kapazität jedoch ein Doppelschichtkondensator hat, desto geringer wird sein Innenwiderstand. In Zukunft könnten möglicherweise Doppelschichtkondensatoren Batterien und Akkus ersetzen.

4.7.6 Der Blindwiderstand

Ein Kondensator kann in Abhängigkeit der angelegten Spannung eine bestimmte Menge an Ladungsträgern speichern. Wird der Kondensator also mit einer Spannung aufgeladen, so fließen eine bestimmte Menge an Ladungsträgern als Strom in den Kondensator, bis dieser voll ist. Dann hört der Stromfluss auf. Wird der Kondensator nun umgeladen, also erst entladen und schließlich wieder in umgekehrter Richtung aufgeladen, so fließt die doppelte Menge an Ladungsträgern, bis der Kondensator vollständig umgeladen ist. Findet der Umladevorgang in regelmäßigen Zeitintervallen statt, so kann man auch davon sprechen, dass an dem Kondensator eine Wechselspannung anliegt. Durch das regelmäßige Umladen wird nun auch eine bestimmte Menge an Ladungsträgern pro Zeit bewegt, das heißt, es fließt ein Strom:

$$I = \frac{Q}{t}$$

Die Spannung, die am Kondensator anliegt ist:

$$U = \frac{Q}{C}$$

Nach dem Ohmschen Gesetz würde sich hieraus ein Widerstand berechnen lassen:

$$R = \frac{U}{I} = \frac{Q \cdot t}{C \cdot Q} = \frac{t}{C}$$

Wird nun t noch durch die Frequenz ersetzt durch

$$t = \frac{1}{\omega} = \frac{1}{2 \cdot \pi \cdot f}$$

ergibt sich für R:

$$R = \frac{1}{\omega \cdot C} = \frac{1}{2 \cdot \pi \cdot f \cdot C}$$

Damit der so genannte Blindwiderstand des Kondensators nicht mit einem Ohmschen Widerstand verwechselt wird, gibt man ihm den Formelbuchstaben X mit dem Index C:

$$X_C = \frac{1}{\omega \cdot C} = \frac{1}{2 \cdot \pi \cdot f \cdot C}$$

mit:

X_C: Blindwiderstand des Kondensators in Ohm, Ω

ω: Winkelgeschwindigkeit in $\frac{1}{s}$

f: Frequenz in Hertz, Hz

C: Kapazität in Farad, F

Der Widerstand eines Kondensators wird Blindwiderstand genannt, da nicht wirklich Strom durch ihn hindurchfließt, sondern nur ein Blindstrom fließt. Das heißt, dass der Strom bei jedem Umladevorgang nur hin- und herpendelt.

Der Blindwiderstand eines Kondensators ist sowohl zur Frequenz als auch zur der Kapazität umgekehrt proportional. Der Blindwiderstand eines Kondensators bei Gleichspannung (f=0Hz) ist unendlich groß. Für Gleichspannungen ist der Kondensator ein Isolator.

4.7.7 Ladekennlinien

4.7.7.1 Aufladevorgang

Wird ein Kondensator über einen Widerstand aufgeladen, so ergibt sich eine Ladekennlinie (siehe Abbildung 4.7-3), die sich an der Exponentialfunktion orientiert:

$$U_C = U_0 \cdot \left(1 - e^{-\frac{t}{R \cdot C}}\right)$$

Der Ladestrom verhält sich hierbei:

$$I = I_0 \cdot e^{-\frac{t}{R \cdot C}}$$

Das heißt, der Kondensator wird zunächst sehr schnell geladen (mit I_0), und die Spannung am Kondensator steigt entsprechend schnell an. Je höher die Spannung am Kondensator ist, desto geringer wird der Ladestrom. Der Ladestrom kann mit:

$$I = \frac{U_R}{R}$$

berechnet werden und ist direkt proportional zu der Spannung, die am Widerstand abfällt. Je höher die Spannung am Kondensator ist, desto geringer wird U_R, demzufolge wird auch I geringer. Nähert sich die Ladung des Kondensators der Quellenspannung U_0, so geht I gegen Null, was bedeutet, dass der Kondensator erst nach unendlich langer Zeit voll werden würde.

4.7.7.2 Entladevorgang

Wenn der Kondensator über einen Widerstand entladen wird, so ist die Spannung des Kondensators gleich der Spannung am Widerstand, da der Kondensator nun als Spannungsquelle dient, und der Widerstand der Verbraucher ist. Daraus ergibt sich:

$$U_C = U_0 \cdot e^{-\frac{t}{R \cdot C}}$$

und

$$I = -I_0 \cdot e^{-\frac{t}{R \cdot C}}$$

Hierbei ist U_0 die Spannung, auf die der Kondensator zu Beginn des Entladevorgangs aufgeladen war. Auch hier kann der Strom mit:

$$I = -\frac{U_R}{R}$$

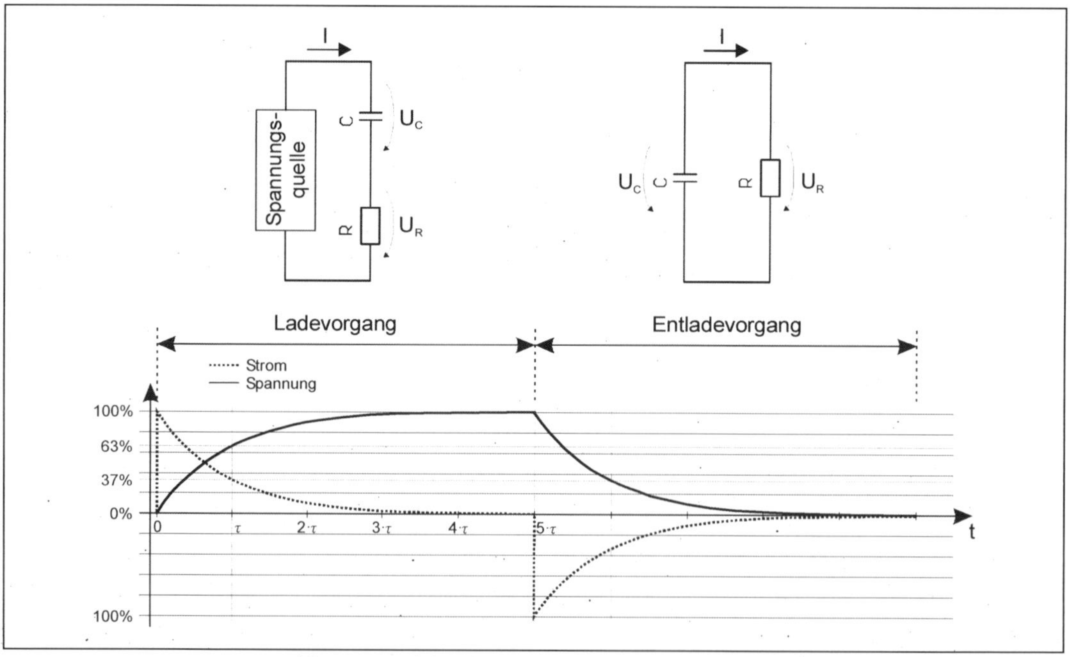

Abb. 4.7-3: Lade- und Entladevorgang des Kondensators

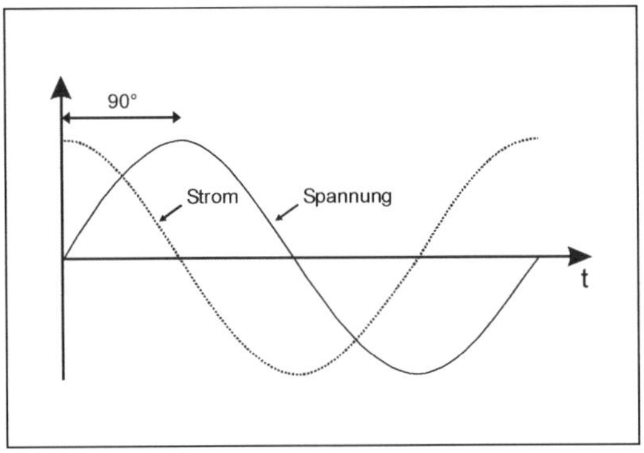

Abb. 4.7-4: Phasenverschiebung zwischen Strom und Spannung am Kondensator

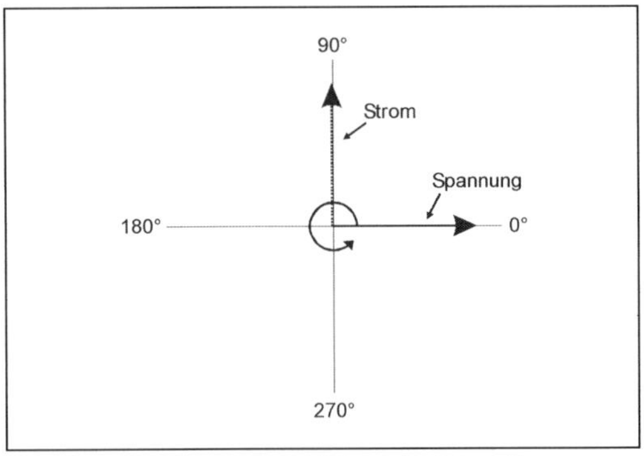

Abb. 4.7-5: Phasenverschiebung im Zeigerdiagramm

berechnet werden. Er ist dann allerdings negativ, da er aus dem Kondensator herausfließt und nicht hinein. Die Entladung beginnt zunächst sehr schnell, da $U_R = U_C$. Je geringer U_C wird, desto geringer wird auch U_R, und der Strom nimmt entsprechend proportional ab. Theoretisch wird der Kondensator ebenfalls erst nach unendlich langer Zeit vollständig entladen sein.

4.7.8 Zeitkonstante τ

Die Zeit, in der der Strom beim Auf- oder Entladevorgang auf $e^{-1} = \frac{1}{e}$ abgefallen ist, wird τ (tau) genannt. Aus den oben stehenden Formeln sieht man dass man τ mit

$$\tau = R \cdot C$$

berechnen kann. Mit:

τ: Zeitkonstante in Sekunden, s
R: Widerstand in Ohm, Ω
C: Kapazität in Farad, F

Nach der Zeit τ ist der Kondensator also zu 63% aufgeladen ($1-e^{-1}$) beziehungsweise auf 37% entladen (e^{-1}). Da der Kondensator niemals seine vollständige Ladung erhalten und auch nie ganz entladen werden kann, hat man definiert, dass er nach der Zeit $5 \cdot \tau$ als vollständig auf- bzw. entladen gilt.

4.7.9 Phasenverschiebung zwischen Strom und Spannung

Betrachtet man den Verlauf der Spannung U_C und des Stroms I am Kondensator, so fällt auf, dass für eine schnelle Ladung des Kondensators viel Strom fließen muss. Ist der Kondensator dann aufgeladen, so nähert sich der Strom dem Wert Null. Auch zum Entladen ist zunächst wieder ein großer Strom nötig, der nach dem Entladen wiederum Richtung Null geht. Der Strom ist also abhängig von der Änderung der Spannung oder mathematisch ausgedrückt die Ableitung der Spannung. Legt man nun eine sinusförmige Wechselspannung an den Kondensator an, so ist der Stromverlauf die Ableitung der Sinusfunktion - also cosinusförmig (siehe Abbildung 4.7-4). Die Phasenverschiebung zwischen Strom und Spannung am Kondensator beträgt somit - unabhängig von der angelegten Frequenz - immer 90°. Der Strom eilt hierbei der Spannung um 90° voraus. Dies kann noch deutlicher in einem Zeigerdiagramm dargestellt werden (siehe Abbildung 4.7-5).

4.7.10 Reihen- und Parallelschaltung von Kondensatoren

Bei der Reihen- und Parallelschaltung von Kondensatoren verhält es sich anders als bei Widerständen.

4.7.10.1 Reihenschaltung

Die Reihenschaltung von Kondensatoren kann mit einem Größer werden des Plattenabstandes d gleich gesetzt werden. Daraus ergibt sich:

$$\frac{1}{C_{Gesamt}} = \frac{1}{C1} + \frac{1}{C2} + \dots$$

Die Gesamtspannung steigt auf die Summe der Einzelspannungen der Kondensatoren (Ausnahme: bipolarer Elektrolytkondensator). Dies ist auch die Anwendung der Reihenschaltung. Man kann somit

Kondensatoren mit größerer Nennspannung bekommen.

4.7.10.2 Parallelschaltung

Die Parallelschaltung von Kondensatoren entspricht einer Vergrößerung der Plattenoberfläche A. Somit kann man sagen:

$$C_{Gesamt} = C1 + C2 + ...$$

Die Kapazität wird vergrößert, die Spannung, die maximal an die Kondensatoren angelegt werden kann, bleibt jedoch gleich. Anwendung findet diese Schaltung bei dem Erstellen von "krummen" Werten und bei großen Netzteilen, in denen große Siebkapazitäten aus mehreren parallelgeschalteten Elektrolytkondensatoren zusammen gesetzt werden.

4.8 Die Spule

4.8.1 Definition

Ein stromdurchflossener Leiter erzeugt ein Magnetfeld um sich herum (siehe Kapitel 4.4.4). Wird der Leiter in Form einer Spule gewickelt, so überlagern sich die Magnetfelder der einzelnen Windungen. Im Inneren der Spule ergibt sich deshalb ein gerichtetes, homogenes Magnetfeld, außerhalb der Spule ein ungerichtetes Streufeld (siehe Abbildung 4.8-1). Die Spule ist in der Lage, die Energie eines elektrischen Feldes (=Spannung) in ein magnetisches Feld umzuwandeln.

4.8.2 Das magnetische Feld in der Spule

4.8.2.1 Die magnetische Feldstärke

In einer zylinderförmigen Spule kann die magnetische Feldstärke mit folgender Formel berechnet werden:

$$H = \frac{I \cdot N}{l}$$

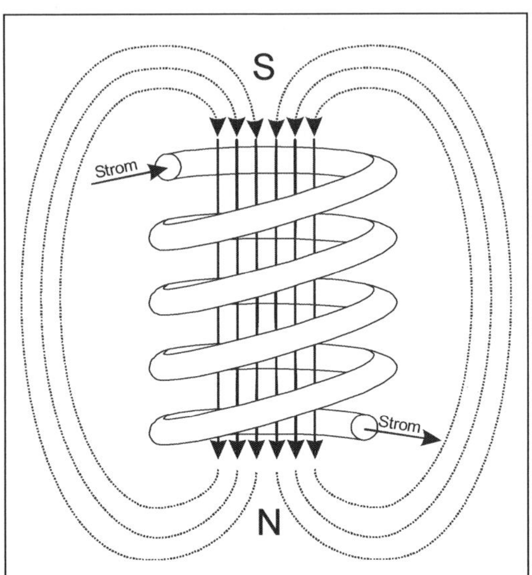

Abb. 4.8-1: Das Magnetfeld einer Spule

mit:
H: Magnetische Feldstärke in $\frac{A}{m}$
I: Strom in Ampere, A
N: Windungszahl
l: Länge der Spule (nicht die Länge des Drahtes!) in Meter, m

4.8.2.2 Die magnetische Flussdichte

Eine weitere Möglichkeit, die Stärke eines magnetischen Feldes darzustellen, ist die magnetische Induktion, auch magnetische Flussdichte genannt. Sie beschreibt die Auswirkung eines sich ändernden Magnetfeldes und gibt an, welcher Spannungsstoß, bei einer bestimmten Windungszahl in eine bestimmte Fläche induziert wird:

$$B = \int \frac{U}{A \cdot N} dt$$

mit:
B: Magnetische Flussdichte in $\frac{V \cdot s}{m^2} = \frac{Wb}{m^2} = \text{Tesla, T}$
U: Induzierte Spannung in Volt, V
A: Fläche in Quadratmeter, m^2
N: Windungszahl

Die magnetische Flussdichte im Vakuum und in der Luft kann auch aus der magnetischen Feldstärke berechnet werden:

$$B = \mu_0 \cdot H$$

Wobei μ_0 die magnetische Feldkonstante von $1{,}26 \cdot 10^{-6} \frac{V \cdot s}{A \cdot m}$ ist.
Wird ein Material in die Spule eingebracht - und wenn man nicht gerade im Vakuum ist, ist immer ein Material in der Spule - so werden die magnetischen Dipole (Elementarmagnete) im Inneren des Materials ausgerichtet, und die magnetische Induktionswirkung wird erhöht. Für die Berechnung der magnetische Flussdichte gilt dann:

$$B = \mu \cdot H$$

mit:
μ: Permeabilitätskonstante in $\frac{V \cdot s}{A \cdot m}$

Die Permeabilitätskonstante kann berechnet werden mit:

$$\mu = \mu_0 \cdot \mu_r$$

mit:

μ: Permeabilitätskonstante in $\frac{V \cdot s}{A \cdot m}$

μ_0: Magnetische Feldkonstante $= 1{,}26 \cdot 10^{-6} \frac{V \cdot s}{A \cdot m}$

μ_r: Permeabilitätszahl (dimensionslos)

In Tabelle 4.8-1 sind Permeabilitätszahlen von verschiedenen Materialien zu sehen. Die Permeabilitätszahl beschreibt also in etwa, wie gut die Elementarmagnete eines Materials zur magnetischen Flussdichte beitragen können.

Der magnetische Fluss Φ beschreibt das Produkt aus magnetischer Flussdichte und der Fläche, die von den Feldlinien senkrecht durchdrungen werden. Er kann berechnet werden mit:

$$\Phi = B_N \cdot A$$

mit:

Φ: Magnetischer Fluss in Weber, Wb

B_N: Magnetische Flussdichte, die senkrecht auf die Fläche wirkt, in Tesla, T

A: Fläche in Quadratmeter, m^2

4.8.2.3 Materialien im Magnetfeld

Man unterscheidet vier verschiedene Arten von Materialien, die sich im Inneren eines Magnetfeldes befinden können, nach der Art, wie sie das Magnetfeld beeinflussen:

- **Ferromagnetisch:** Stahl, Gusseisen, Nickel und Kobalt. Diese Materialien haben ein μ_r, das deutlich größer als Eins ist. Somit stärken sie das magnetische Feld ganz erheblich.
- **Ferrimagnetisch:** Ferrite. Sie verhalten sich ähnlich ferromagnetischen Stoffen. Sie gehen jedoch bereits bei geringen magnetischen Kräften in die Sättigung und haben einen größeren elektrischen Widerstand als ferromagnetische Stoffe.
- **Paramagnetisch:** Aluminium, Chrom, Platin. Sie haben ein μ_r, das etwas größer als Eins ist. Somit stärken sie das magnetische Feld nur gering.
- **Diamagnetisch:** Silizium, Kupfer, Silber, Gold, Wasser. μ_r ist hier kleiner als Eins. Diese Materialien schwächen das magnetische Feld geringfügig ab.

Die Permeabilitätszahl ist bei ferro- und ferrimagnetischen Materialien nicht konstant. Vielmehr verändert sie sich mit der magnetischen Feldstärke, die auf das Material wirkt. Man gibt deshalb für diese Materialien einen Bereich der Permeabilität an oder den Maximalwert, der in der Praxis nur bei einer bestimmten Feldstärke gilt.

Bei ferro- und ferrimagnetischen Stoffen beschreibt die Hystereseschleife, wie die magnetische Flussdichte im Verhältnis zur magnetischen Feldstärke verläuft (siehe Abbildung 4.8-2). Wird ein unmagnetisiertes Material mit Magnetismus versehen, so steigt die Flussdichte mit der Neukurve an, bis sich ein Maximalwert (=Sättigung) ergibt. Wird nun die magnetische Feldstärke zurückgenommen, so geht die Flussdichte nicht in gleichem Maße zurück, sondern es verbleibt bei H=0 ein Restmagnetismus B_R, auch Remanenz genannt. Erst bei der Koerzitivfeldstärke H_K wird die magnetische Flussdichte wieder Null. Die Art der Hystereseschleife beschreibt, wie gut ein Material den Magnetismus speichern kann.

Man unterscheidet hierbei zwischen magnetisch weichen und magnetisch harten Stoffen:

- **Magnetisch weiche Materialien:** unlegiertes Eisen, Ferrit. Die Elementarmagnete, die sich aufgrund der Kraftwirkung des magnetischen Feldes ausrichten, kehren wieder in ihre ursprüngliche Lage zurück, wenn die magnetische Kraft nicht mehr gegeben ist. Die Koerzitivfeldstärke ist hier sehr gering, die Hystereseschleife nur relativ schmal. Anwendung hierfür sind Spulen und Transformatorenkerne, die den Magnetismus nicht speichern sollen.
  Bei magnetisch weichen Materialien richten sich die Elementarmagnete proportional zur angelegten Feldstärke aus. Die Übertragungsfunktion zwischen Feldstärke und Flussdichte ist somit linear.
- **Magnetisch harte Materialien:** Alle Bandsorten bei Tonbandgeräten sind magnetisch hart. Sie speichern den Magnetismus, das heißt, die Elementarmagnete kehren nach dem Entfernen der magnetischen Kraft nicht wieder in

Material	Permeabilitätszahl
Vakuum, Luft	1
Stahl	100 ... 4000
Permalloy	6000 ... 70000
Aluminium	1,0000208
Chrom	1,000278
Kupfer	0,9999904
Wasser	0,99999097

Tab. 4.8-1: Permeabilitätszahlen

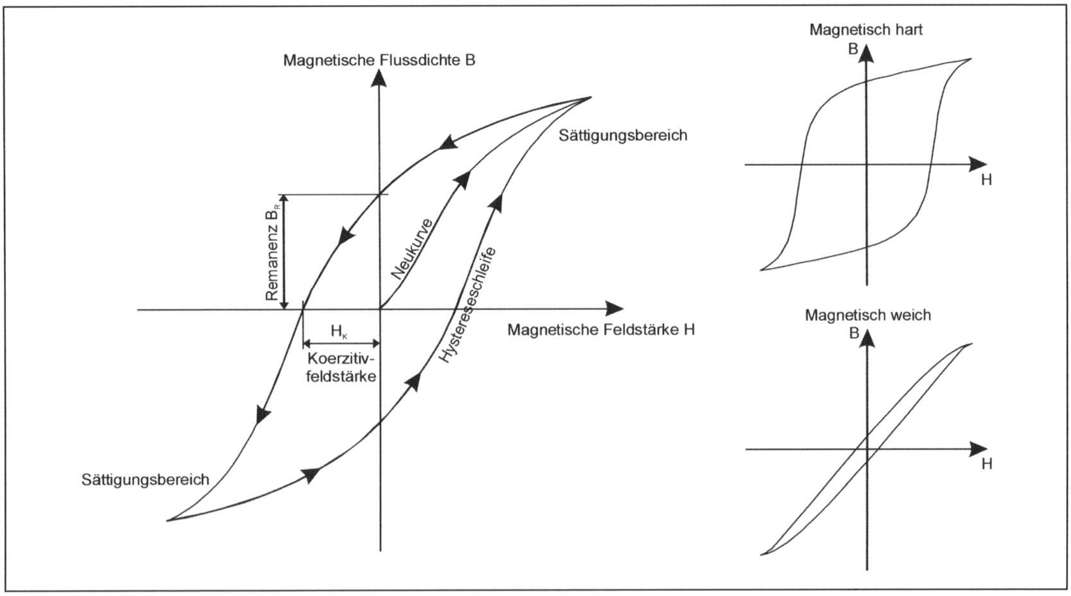

Abb. 4.8-2: Die Hystereseschleife

ihre Ausgangslage zurück, sondern bleiben ausgerichtet. Die Koerzitivfeldstärke ist hier sehr groß, die Hystereseschleife relativ breit. Bei magnetisch harten Materialien richten sich die Elementarmagnete bei geringer Feldstärke kaum aus. Erst ab einer gewissen Mindestfeldstärke beginnt eine proportionale Ausrichtung. Die Übertragungsfunktion zwischen Feldstärke und Flussdichte ist somit nichtlinear.

Die Abbildung 4.8-2 zeigt ebenfalls die Hystereseschleifen für magnetisch weiche und magnetisch harte Materialien.

4.8.2.4 Magnetostriktion

Ferromagnetische und insbesondere ferrimagnetische Stoffe ändern ihre Länge in Abhängigkeit des Magnetfeldes, das sie durchdringt. Dabei ist die Längenänderung in Richtung der Magnetfeldlinien entgegengesetzt zu der, die senkrecht zu den Feldlinien auftritt. Das Volumen des Materials bleibt hierbei in etwa konstant. Die Magnetostriktion ist die Ursache für das hörbare Brummen von Transformatoren. Wird ein Audioübertrager mit einem Musiksignal beschickt, so kann das Signal aus dem Übertrager gehört werden - man sagt, der Übertrager "spricht". Die mechanische Verformung des Kerns eines Übertragers kann zudem zu einem hörbaren Signal am Ausgang des Übertragers führen. Um dem entgegen zu wirken, werden sehr hochwertige Übertrager, vergleichbar mit Mikrofonen, in einer "Spinne" aufgehängt.

4.8.3 Strom im Magnetfeld

4.8.3.1 Die Lorentzkraft

Befindet sich ein stromdurchflossener Leiter im Magnetfeld, so wirkt die, nach dem niederländischen Physiker Hendrik Lorentz benannte, Lorentzkraft auf den Leiter (siehe Abbildung 4.8-3). Die Kraft wirkt hierbei immer senkrecht zur Bewegungsrichtung der Ladungsträger. Sie kann mit folgender Formel berechnet werden, wenn der Strom senkrecht zu den Magnetfeldlinien fließt:

$$F = Q \cdot v \cdot B$$

mit:

F: Lorentzkraft in Newton, N
Q: Ladung in Coulomb, C
v: Geschwindigkeit der Ladungsträger in $\frac{m}{s}$
B: Magnetische Flussdichte in Tesla, T

Bei der Konstruktion von Lautsprechern, die diese Kraftwirkung nutzen, werden die Leiter immer so angeordnet, dass sich die Ladungsträger senkrecht (also 90°) zu den Magnetfeldlinien bewegen.

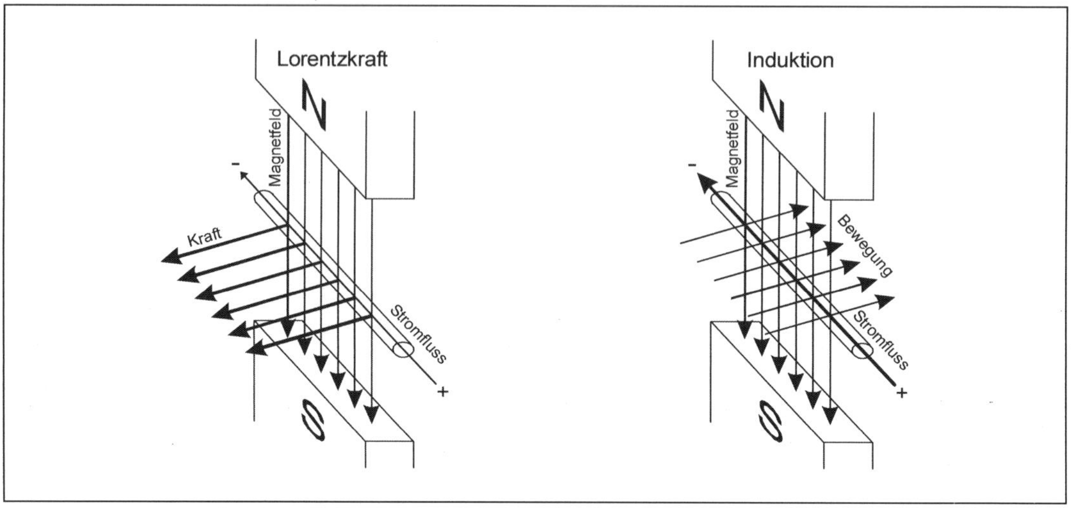

Abb. 4.8-3: Schematische Darstellung der Lorentzkraft und der Induktion

Bewegen sich die Ladungsträger mit einem beliebigen Winkel α zu den Magnetfeldlinien, so lautet die Formel:

$$F = Q \cdot v \cdot B \cdot \sin\alpha$$

4.8.4 Die Induktion

Wird ein Leiter in einem Magnetfeld bewegt, so wird eine Spannung in den Leiter induziert (siehe Abbildung 4.8-3). Für den Fall, dass die Bewegung senkrecht zu den Magnetfeldlinien verläuft, kann diese Spannung wie folgt berechnet werden:

$$U = -B \cdot l \cdot v$$

mit:
U: Induzierte Spannung in Volt, V
B: Magnetische Flussdichte in Tesla, T
l: Länge des Leiters in Meter, m
v: Geschwindigkeit des Leiters in $\frac{m}{s}$

Dieser Effekt wird bei dynamischen Mikrofonen genutzt. Auch bei diesen wird der Leiter so angeordnet, dass die Bewegung immer senkrecht zu den Magnetfeldlinien verläuft. Bei einem beliebigen Winkel α zwischen Magnetfeldlinien und Bewegungsrichtung muss die obige Formel wieder mit dem Faktor $\cdot\sin(\alpha)$ ergänzt werden.
Auch wenn das magnetische Feld, das den Leiter durchströmt, sich verändert, wird eine Spannung in den Leiter induziert. Diese Veränderung kann durch eine Lageänderung des Leiters im Magnetfeld erfolgen oder durch eine Änderung des Magnetfeldes selbst. Die induzierte Spannung ist hierbei abhängig von der Änderung des magnetischen Flusses zu einem bestimmten Zeitpunkt und berechnet sich mit:

$$U = -N\frac{d\Phi}{dt}$$

mit:
U: Induzierte Momentanspannung in Volt, V
N: Windungszahl (dimensionslos)
dΦ: Änderung des magnetischen Flusses in Weber, Wb
dt: Zeit, in der sich der magnetische Fluss verändert hat, in Sekunden, s

Der oben genannte Effekt wird bei Transformatoren und Audioübertragern sowie bei Wiedergabetonköpfen von Bandmaschinen genutzt.

Eine besondere Art der Induktion ist die Selbstinduktion. Sie besagt, dass ein sich änderndes Feld auch in die Spule, die das Feld erzeugt, eine Spannung induziert. Sie entsteht, wenn eine Spule von einem nicht konstanten Strom durchflossen wird. Die induzierte Spannung ist hierbei abhängig von der Änderung des Stroms und den Konstruktionsdaten der Spule. Diese Konstruktionsdaten werden als so genannte Induktivität L einer Spule angegeben. Für eine Ring- bzw. Zylinderspule gilt:

$$L = \frac{\mu \cdot N^2 \cdot A}{l}$$

mit:
L: Induktivität in $\frac{V \cdot s}{A}$ = Henry, H
μ: Permeabilitätskonstante in $\frac{V \cdot s}{A \cdot m}$
N: Windungszahl (dimensionslos)
A: Querschnittsfläche der Spule in m^2
l: Länge der Spule in Meter, m

Die Spannung der Eigeninduktion kann nun wie folgt berechnet werden:

$$U = -L \cdot \frac{dI}{dt}$$

mit:
U: Induzierte Spannung in Volt, V
L: Induktivität in Henry, H
dI: Änderung des Stroms in Ampere, A
dt: Zeit, in der sich der Strom ändert, in Sekunden, s

Die Induktivität wird weiterhin für die Berechnung der elektrischen Eigenschaften (Blindwiderstand, Zeitkonstante) benötigt. Die Definition der Induktivität besagt: Eine Spule hat ein Henry, wenn eine Reduzierung der Stromstärke um 1 Ampere 1 Sekunde lang 1 Volt induziert. In der Praxis geht der Strom sehr schnell zurück, so dass auch die Spannung schneller induziert wird. Man kann also auch bei der Reduzierung des Stroms um 1 Ampere 1 Millisekunde lang 1000 Volt bekommen oder 100 Mikrosekunden lang 10000 Volt. Diese hohen induzierten Spannungen erfordern beispielsweise bei Relais eine Funkenlöschdiode, damit beim Abschalten eines Relais nicht die Ansteuerschaltung zerstört wird.

4.8.5 Anwendung von Spulen

Es gibt viele Anwendungen von Spulen in der Audiotechnik. Allerdings sind die Spulen immer weniger in niederpegeligen Schaltungen zu finden. Dies hängt mit ihrer Empfindlichkeit gegenüber störenden Magnetfeldern von Netztransformatoren oder Ähnlichem zusammen, die dem Audiosignal schnell ein Brummen hinzufügen können. So werden Spulen in Equalizern oder aktiven Filtern meistens elektronisch simuliert (siehe Kapitel 5.4). Geht es hingegen um die Filterung von hohen Strömen wie beispielsweise in passiven Lautsprecherfrequenzweichen oder Netzteilen, so werden nach wie vor Spulen eingesetzt. Weiterhin basiert das Prinzip des dynamischen Mikrofons und des elektrodynamischen Lautsprechers auf einer Spulenkonstruktion (wobei die Spule in Wirklichkeit nur ein konstruktionsbedingter, jedoch eigentlich unerwünschter Nebeneffekt ist - siehe auch Kapitel 6.8.1.3). Spulen sind auch in den Aufnahme-, Wiedergabe- und Löschköpfen von Magnetaufzeichnungsgeräten zu finden, wo sie als Energiewandler von Spannung zu Magnetismus benutzt werden.

4.8.6 Bauformen von Spulen

Man unterscheidet grundsätzlich zwei Arten von Spulen. Die einen haben keinen Ferrit- oder Eisenkern, das heißt, in ihrem Inneren befindet sich meistens Luft. Die anderen haben einen Eisen- oder Ferritkern, um die Induktivität zu erhöhen.

4.8.6.1 Luftspulen

Luftspulen haben kein ferro- oder ferrimagnetisches Material in ihrem Inneren. Es gibt also keine Elementarmagnete, die sich durch das Feld der Spule ausrichten müssen. Das hat mehrere Vorteile:

- Es gibt keine Verzerrungen beim Ummagnetisieren der Spule (siehe Hystereseschleife).
- Es gibt keinen Sättigungseffekt bei zu hohen Feldstärken.

Was die klanglichen Eigenschaften betrifft, sind also Luftspulen bevorzugt zu verwenden. Für große Induktivitäten, wie sie in Lautsprecherfrequenzweichen vorkommen, sind hierzu allerdings dicke Drähte und viele Windungen vonnöten. Luftspulen sind demzufolge relativ teuer und nur in hochwertigen Geräten anzutreffen.

4.8.6.2 Spulen mit Kern

Durch das Einbringen eines Ferrit- oder Eisenkerns in das Innere der Spule kann die Induktivität stark erhöht werden. Allerdings treten nun wiederum Verzerrungseffekte beim Ummagnetisieren und eine mögliche Sättigung bei höheren Strömen auf. In hochwertigen Frequenzweichen und Audioschaltungen sind deswegen keine Spulen mit Kern zu finden. Die Sättigung einer Spule mit Kern kann jedoch auch als Effekt benutzt werden, um dem Signal neue, warmklingende Obertöne zu geben. Bei der "Bandkompression" oder dem Überfahren von Ausgangsübertragern von Röhrenendstufen findet dieser Effekt praktische Anwendung.

4.8.7 Der Blindwiderstand

Obwohl eine Spule nur aus einem zusammengewikkelten Draht besteht, der eigentlich nur seinen Drahtwiderstand haben sollte, weist sie, wie der Kondensator auch, einen frequenzabhängigen Widerstand auf. Dieser kann durch die Selbstinduktion erklärt werden, die den Stromfluss durch die Spule hemmt, wenn sie zu schnell umgeladen werden soll. Die an einer Spule anliegende Spannung ist die Quellenspannung, der allerdings die selbstinduzierte Spannung entgegenwirkt. Da die Spule direkt mit der Spannungsquelle verbunden ist, hat die Selbstinduktion keine Auswirkung auf die Quellenspannung, sondern nur auf den Strom:

$$I = \frac{U \cdot t}{L}$$

mit:

$$t = \frac{1}{\omega} = \frac{1}{2 \cdot \pi \cdot f}$$

also:

$$R = \frac{U}{I} = \frac{U \cdot L}{U \cdot t} = \frac{L}{t} = \omega \cdot L = 2 \cdot \pi \cdot f \cdot L$$

Damit der so genannte Blindwiderstand der Spule nicht mit einem Ohmschen Widerstand verwechselt wird, gibt man ihm den Formelbuchstaben X mit dem Index L:

$$X_L = \omega \cdot L = 2 \cdot \pi \cdot f \cdot L$$

mit:

X_L: Blindwiderstand der Spule in Ohm, Ω
ω: Winkelgeschwindigkeit in $\frac{1}{s}$
f: Frequenz in Hertz, Hz
L: Induktivität in Henry, H

Der Blindwiderstand einer Spule ist proportional zur Frequenz und proportional zur Induktivität. Der Blindwiderstand einer Spule bei Gleichspannung (f=0Hz) ist der Drahtwiderstand der Spule und im Idealfall Null.

4.8.8 Ladekennlinien

4.8.8.1 Einschaltvorgang

Wird eine Spule in Reihe mit einem Widerstand an eine Spannungsquelle geschaltet, so fließt aufgrund der Selbstinduktion der Spule nicht sofort der maximale Strom, und somit ist auch das Magnetfeld nicht sofort maximal vorhanden. Vielmehr ergibt sich eine Kennlinie (siehe Abbil-

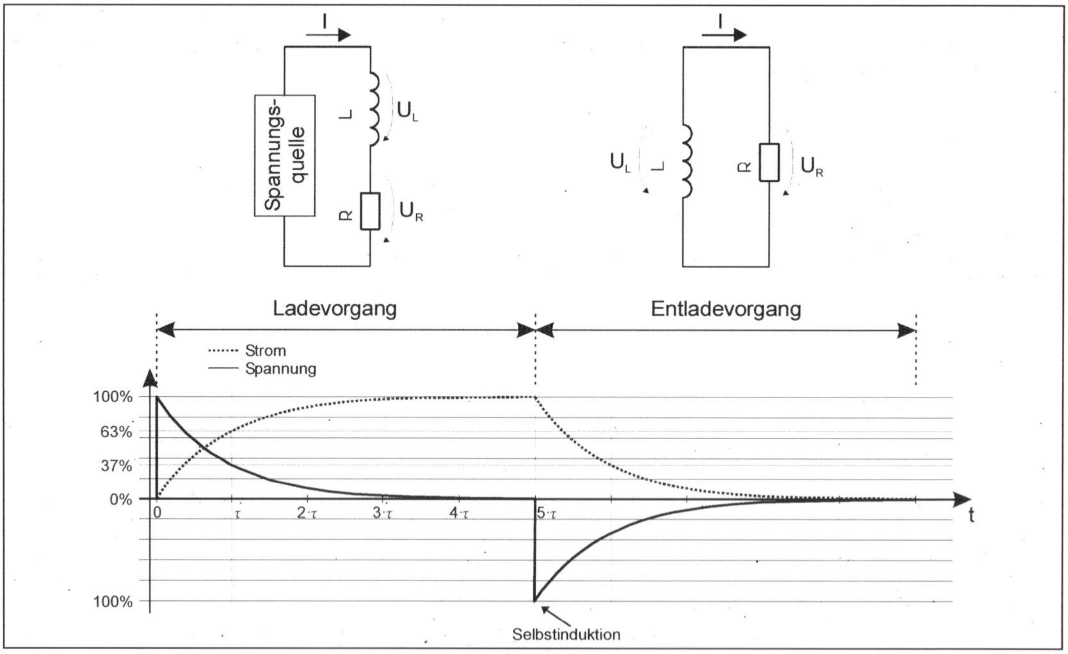

dung 4.8-4), die sich an der Exponentialfunktion orientiert:

$$I = I_0 \cdot \left(1 - e^{-\frac{t \cdot R}{L}}\right)$$

Die Spannung an der Spule verhält sich hierbei mit:

$$U_L = U_0 \cdot e^{-\frac{t \cdot R}{L}}$$

Das heißt, der Strom steigt zunächst schnell an, um dann immer langsamer dem maximalen Strom I_0 zuzustreben. Die Spannung an der Spule ist zunächst die Quellenspannung U_0, fällt dann umgekehrt proportional zum Strom ab und geht bei maximalem Strom gegen Null. Erst nach unendlich langer Zeit wäre das Magnetfeld der Spule komplett aufgebaut.

4.8.8.2 Ausschaltvorgang

Wird die Spannungsquelle an der Spule abgeschaltet, so kann das magnetische Feld, das die Spule aufgebaut hat, nicht aufrecht erhalten werden. Es kehrt in die Spule zurück, und seine Energie wird in die induzierte Spannung umgewandelt. Der zur Spule parallelgeschaltete Widerstand ist der Verbraucher, an dem diese Spannung anliegt. Über das Ohmsche Gesetz kann der Strom durch den Widerstand berechnet werden. Er beträgt:

$$I = I_0 \cdot e^{-\frac{t \cdot R}{L}}$$

mit

$$U_L = -U_0 \cdot e^{-\frac{t \cdot R}{L}}$$

Hierbei ist U_0 die größte Spannung, die von der Spule induziert wird. Diese Spannung ist jetzt negativ, da es sich um eine von der Spule induzierte Spannung handelt. Befindet sich beim Abschalten des Stroms kein Widerstand als Verbraucher parallel zu der Spule (R=unendlich), wird die induzierte Spannung kurzfristig sehr groß. Dies kann zur Funkenbildung führen und wird bei Zündspulen in Autos nutzbringend eingesetzt, ist jedoch bei Relais, ein störender Effekt, der unterdrückt werden muss. Die Unterdrückung kann mit einer so genannten Freilaufdiode geschehen, die parallel zur Erregerspule des Relais, jedoch entgegen der Erregerspannung geschaltet wird. Somit wird sie leitend, wenn die Selbstinduktion (die entgegen der Erregerspannung passiert) eintritt, und der Funken wird unterdrückt.

4.8.9 Zeitkonstante τ

Die Zeit, bis die Spannung an der Spule beim Ein- oder Ausschaltvorgang auf $e^{-1} = \frac{1}{e}$ des Maximalwertes zurückgegangen ist, wird τ (tau) genannt. Aus den oben stehenden Formeln wird deutlich, dass man τ mit

$$\tau = \frac{L}{R}$$

berechnen kann. Mit:
τ: Zeitkonstante in Sekunden, s
R: Widerstand in Ohm, Ω
L: Induktivität in Henry, H

Nach der Zeit τ fließen also während des Einschaltvorgangs 63% des maximalen Stroms ($1-e^{-1}$) bzw. 37% des Stroms beim Ausschaltvorgang (e^{-1}) durch die Spule. Dementsprechend groß ist das magnetische Feld der Spule. Auch hier wird definiert, dass das Magnetfeld nach der Zeit $5 \cdot \tau$ als vollständig auf- bzw. abgebaut gilt.

4.8.10 Phasenverschiebung zwischen Strom und Spannung

Betrachtet man den Verlauf der Spannung U_L und des Stroms I an der Spule, so fällt auf, dass die Spannung nur verzögert für einen Stromfluss sorgt und es eine Gegeninduktion gibt. Aus dem gleichen Grund ist nach dem Abschalten der Spannungsquelle die Spannung auch nicht sofort weg. Bei der Spule ist der Verlauf der Spannung abhängig von der Änderung des Stroms oder mathematisch ausgedrückt die Ableitung des Stroms. Legt man nun eine sinusförmige Wechselspannung an die Spule an, so stellt diese die Ableitung des Stromverlaufes an der Spule dar, der demzufolge negativ cosinusförmig sein muss (siehe Abbildung 4.8-5). Die Phasenverschiebung zwischen Strom und Spannung an der Spule beträgt also - unabhängig von der angelegten Frequenz - immer 90°. Der Strom ist hierbei der Spannung 90° hinterher. Dies ist auch im Zeigerdiagramm (siehe Abbildung 4.8-6) zu sehen.

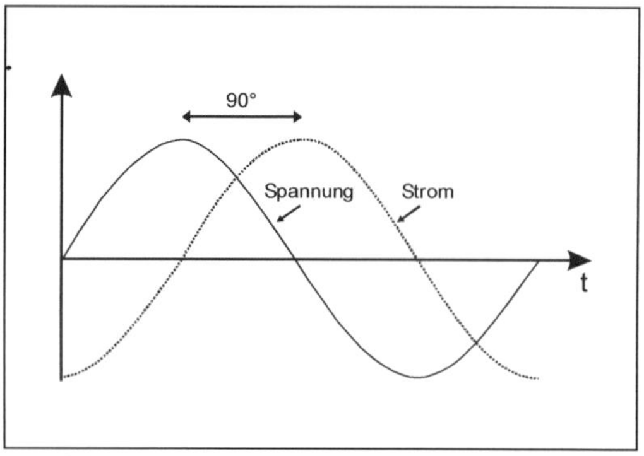

Abb. 4.8-5: Phasenverschiebung zwischen Strom und Spannung an der Spule

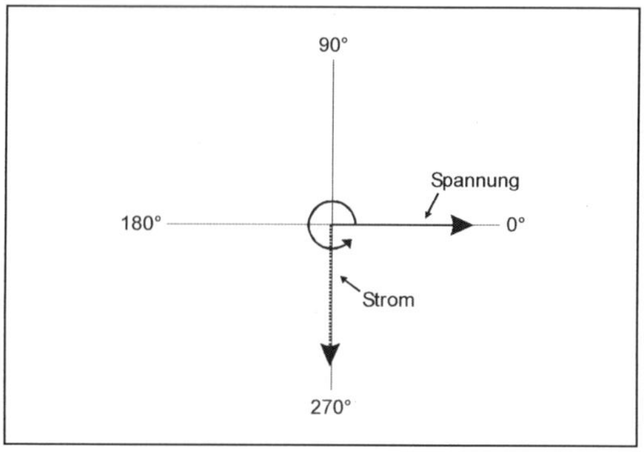

Abb. 4.8-6: Phasenverschiebung im Zeigerdiagramm

4.8.11 Reihen- und Parallelschaltung von Spulen

Die Reihen- und Parallelschaltung von Spulen verhält sich genau so wie die von Widerständen.

4.8.11.1 Reihenschaltung

Die Reihenschaltung von Spulen berechnet sich mit:

$$L_{Gesamt} = L1 + L2 + ...$$

Die Gesamtinduktivität kann also durch die Reihenschaltung vergrößert werden. Dies ist auch die Anwendung der Reihenschaltung. Man kann somit Spulen mit großer Induktivität aus mehreren kleinen Spulen zusammensetzen.

4.8.11.2 Parallelschaltung

Die Parallelschaltung von Spulen kann mit folgender Formel berechnet werden:

$$\frac{1}{L_{Gesamt}} = \frac{1}{L1} + \frac{1}{L2} + ...$$

Die Gesamtinduktivität ist immer kleiner als die kleinste Teilinduktivität. Anwendung findet diese Schaltung beim Erstellen von "krummen" Werten, die nicht direkt erhältlich sind.

4.9 Audio-Übertrager und Transformatoren

4.9.1 Definition

Die Anordnung von zwei oder mehreren Spulen auf einem gemeinsamen Kern wird Übertrager bzw. Transformator (kurz: Trafo) genannt. Die Abbildung 4.9-1 zeigt schematisch die Konstruktion mit 2 Spulen. An die eine Spule wird eine Eingangswechselspannung angelegt. Diese Spule wird auch Primärwicklung oder Primärseite des Transformators genannt. Der Stromfluss durch diese Spule hat ein wechselndes Magnetfeld im Inneren des gemeinsamen Kerns zur Folge. Dieses wiederum induziert in der zweiten Spule eine Wechselspannung. Die zweite Spule wird Sekundärwicklung oder Sekundärseite des Transformators genannt. Sollten Primär- und Sekundärseite eine unterschiedliche Spannungen haben, so wird die Seite mit der höheren Spannung Oberspannungswicklung und die mit der niedrigeren Spannung Unterspannungswicklung genannt.
Abbildung 4.9-3 zeigt das Schaltzeichen eines Transformators. Das Verhältnis zwischen der Spannung auf der Primärseite und der auf der Sekundärseite kann für einen idealen Trafo über das Verhältnis der Windungszahlen der Spulen berechnet werden:

$$\frac{U_P}{U_S} = \frac{N_P}{N_S}$$

mit:
U_P: Primärspannung in Volt, V
U_S: Sekundärspannung in Volt, V
N_P: Windungszahl auf der Primärseite
N_S: Windungszahl auf der Sekundärseite

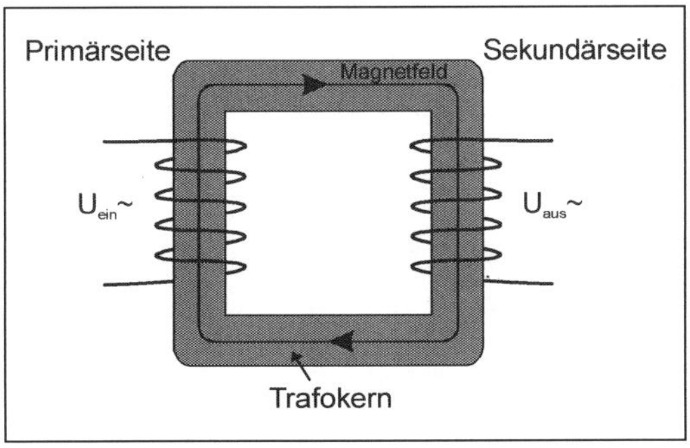

Abb. 4.9-1: Schematischer Aufbau eines Trafos

Da die Leistung auf der Primärseite gleich groß ist wie die auf der Sekundärseite (siehe auch Kapitel 4.9.1.2), gilt:

$$U_1 \cdot I_1 = U_2 \cdot I_2$$

oder:

$$\frac{U_1}{U_2} = \frac{I_2}{I_1}$$

und somit:

$$\frac{I_2}{I_1} = \frac{N_1}{N_2}$$

mit:
I1: Strom in der Primärwicklung in Ampere, A
I2: Strom in der Sekundärwicklung in Ampere, A

Die Ströme verhalten sich also umgekehrt proportional zu den Windungszahlen des Trafos. Wenn also bei einem Trafo die Sekundärspannung halb so groß ist wie die Primärspannung, dann ist auch der Sekundärstrom doppelt so groß wie der Primärstrom.
Geht es darum, die Impedanzen durch einen Transformator anzupassen, so gilt, dass die Impedanzen im Quadrat des Windungsverhältnisses übertragen werden:

$$\sqrt{\frac{Z_1}{Z_2}} = \frac{N_1}{N_2}$$

mit:
Z_1: Eingangsimpedanz in Ohm, Ω
Z_2: Ausgangsimpedanz in Ohm, Ω

Ein Trafo ist in Wirklichkeit nicht ideal, so dass mit Verlusten gerechnet werden muss. Diese äußern sich in einer Erwärmung des Transformators. Wie gut ein realer Trafo den Magnetfluss, der an der Primärseite erzeugt wird, auf die Sekundärseite transportieren kann, wird Kopplung genannt. Im Idealfall ist die Kopplung Eins, das heißt, der gesamte Fluss wird in die Ausgangswicklung gelangen. In der Praxis ist die Kopplung konstruktionsbedingt kleiner als Eins, so dass Verluste des magnetischen Flusses zu erwarten sind, die sich als magnetisches Streufeld um den Trafo herum ausbilden. Dieses Streufeld kann andere Bauteile und Leitungen beeinflussen und bei Netztrafos eine Brummspannung induzieren. Die mit dem Kopplungsfaktor K versehene Gleichung lautet dann:

$$\frac{U_P}{U_S} = \frac{N_P}{N_S \cdot K}$$

mit:
K: Kopplungsfaktor (dimensionslos)

Der Kopplungsfaktor (Wirkungsgrad) eines Trafos liegt in der Praxis zwischen 60% bei kleinen Transformatoren und fast 100% bei großen Trafos.

4.9.1.1 Wirkungsweise

Ein Trafo setzt also die elektrische Energie auf der Primärseite in magnetische Energie um, diese wird im Kern weitergeleitet und auf der Sekundärseite wieder in elektrische Energie zurückgewandelt. Das klingt zunächst sehr umständlich, hat jedoch zwei entscheidende Vorteile:

- Es wird immer nur die Energie übertragen, die auf der Sekundärseite tatsächlich benötigt wird. So wird beispielsweise eine Niedervolt Halogenlampe, die mit 12V betrieben wird und 55W Leistung benötigt (=4,6A), auch der Primärseite des Trafos nur 55W Leistung abverlangen. Der Strom auf der Primärseite beträgt also bei einer Netzspannung von 230V nur 0,24A. Ein Spannungsteiler, der auch von 230V auf 12V herunter teilen könnte, müsste den gleichen Strom in allen Bauteilen haben und würde, obwohl die Lampe nur 55W Leistung benötigt, insgesamt:

  230V·4,6A = 1055W = 1,055kW

  Leistung aufbringen. 1000W davon würden sinnlos in Wärme umgewandelt werden, da nur 55W für die Lampe benötigt werden (siehe Abbildung 4.9-2).
- Zwischen Primär- und Sekundärseite besteht eine galvanische Trennung. Das heißt, es gibt keine leitende Verbindung zwischen den beiden Seiten des Trafos. Damit sind Geräte, die über einen Netztransformator mit Strom versorgt werden vom Stromnetz galvanisch getrennt. Somit kann beim Berühren von leitenden Teilen des Gerätes nicht mehr so viel passieren wie beim Berühren des Stromnetzes. Übertrager zwischen Audiogeräten trennen die Geräte elektrisch von einander - trotzdem wird das Audiosignal noch übertragen. Auf diese Weise können keine Brummschleifen mehr entstehen (siehe Kapitel 4.20).

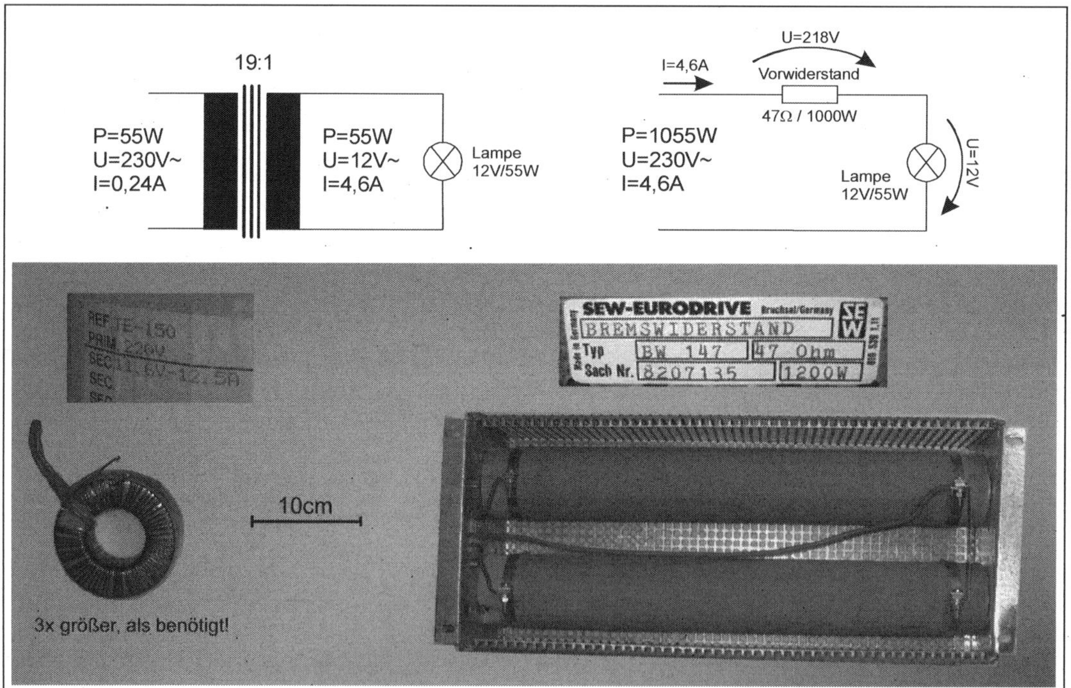

Abb. 4.9-2: Vergleich Spannungsreduzierung mit Trafo (links) und Spannungsteiler (rechts)

4.9.1.2 Leistung

Die Leistung, die von einem Trafo übertragen werden kann, ist abhängig von der Größe des Trafos und der Frequenz der anliegenden Wechselspannung. Hierbei gilt:

- Die übertragbare Leistung ist proportional zu der Größe des Transformators.
- Die übertragbare Leistung ist proportional zu der Frequenz der Wechselspannung.

Für einen Trafo, der beispielsweise 1kW bei der Netzfrequenz von 50Hz übertragen soll, ist also eine gewisse Mindestgröße und somit auch ein gewisses Gewicht des Gerätes erforderlich. Beides kann nur reduziert werden, wenn man die Frequenz, mit der der Trafo betrieben wird, erhöht. Dies passiert beispielsweise in Schaltnetzteilen, die die Netzspannung zunächst gleichrichten, um sie anschließend auf einer viel höheren Frequenz (20kHz - 100kHz) wieder zu "zerhacken". Auf diese Weise können kräftige und zugleich sehr kleine und leichte Netzteile gebaut werden. Weiterhin kann auf diese Weise der Wirkungsgrad erhöht werden, da man durch den Schalter, der die Gleichspannung zerhackt, Einfluss auf die Wellenform der Wechselspannung hat und diese den gegebenen Lastbedingungen anpassen kann.

4.9.2 Netztransformatoren

Die häufigste Anwendung von Transformatoren ist der Netztrafo. Er hat die Aufgabe, die relativ hohe Netzspannung von 230V auf Werte herunter zu setzen, mit denen Audiogeräte arbeiten können. Als schönen Nebeneffekt führt er somit auch eine galvanische Trennung der verschiedenen Geräte untereinander aus, so dass nicht so einfach Brummschleifen entstehen können. Man unterscheidet zwei Hauptbauformen von Netztransformatoren:

4.9.2.1 Schichtkerntransformatoren

Bei Schichtkerntransformatoren wird der Kern aus vielen Schichten eines in Form gestanzten Blechs gebildet. Diese Art Kern ist sehr kostengünstig herstellbar, und die einzelnen Blechschichten können nach dem Wickeln des Drahtes in den Wickelkörper eingeschoben werden. Je nach Ausführung werden die Blechschichten nur miteinander verschraubt, zusätzlich miteinander mit Lack verklebt oder komplett vergossen. Bei der einfachsten Ausführung ist ein mechanisches Brummen des Trafos aufgrund der Magnetostriktion des Kernes nicht selten störend hörbar. Schichtkerntransformatoren lassen sich aufgrund der rechteckigen Bauform zwar gut in Geräten unterbringen, gerade im Audiobereich sollte man aber über ihre Verwendung kritisch nachdenken. Sie besitzen ein relativ starkes Streufeld, das ein störendes Brummen in Audiosignale oder Tonköpfe induzieren kann.

4.9.2.2 Ringkerntransformatoren

Bei Ringkerntransformatoren besteht der Kern aus einem Ferritring, der aus einem Stück gegossen ist. Das Aufwickeln des Drahtes ist entsprechend komplizierter als bei Schichtkerntransformatoren. Eine Wickelmaschine muss eingesetzt werden, die aufklappbar ist, um den Trafokern aufzunehmen. Weiterhin muss der Draht einmal mehr umgespult werden, was einen deutlich höheren Preis dieses Trafotyps zur Folge hat. Ringkerntrafos lassen sich sehr einfach mit einer Zentralschraube in der Mitte des Ringes befestigen. Hierbei ist jedoch darauf zu achten, dass diese Schraube nur auf dem Geräteboden verschraubt ist - bei einem zusätzlichen Kontakt der Schraube am Gerätedeckel entsteht bei Metallgehäusen eine Kurzschlusswindung! Ringkerntrafos sind im Audiobereich zu bevorzugen, da sie fast kein störendes Streufeld aufweisen und somit weder das eigene Gerät, noch andere in der Nähe befindliche Baugruppen beeinträchtigen. Bei vergleichbarer Größe haben Ringkerntrafos eine höhere Leistung als Schichtkerntransformatoren.

4.9.3 Audioübertrager

Eine spezielle Anwendung von Transformatoren ist der Audioübertrager. Er hat normalerweise ein Wicklungsverhältnis von 1:1, so dass das Signal am Ausgang gleich groß ist wie am Eingang. Die einzige Aufgabe eines Audioübertragers ist die galvanische Trennung zwischen Eingang und Ausgang. Als günstigen Nebeneffekt kann er gleichzeitig zum Symmetrieren eines Signals verwendet werden. Da er nur die galvanische Trennung eines Audiosignals bewerkstelligen soll, ist darauf zu achten, dass er keinerlei verschlechternde Einflüsse auf das Signal hat und folgenden Anforderungen genügt:

- Linear von 20Hz bis 20kHz

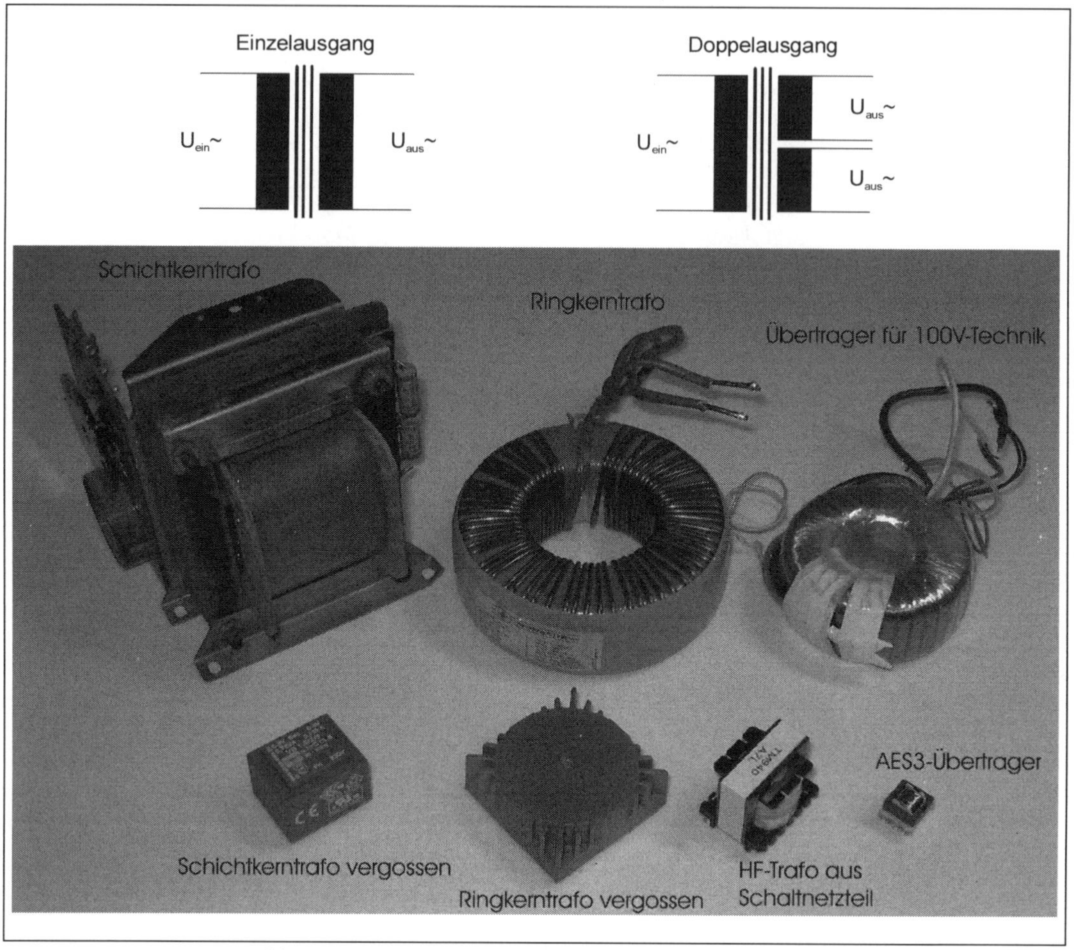

Abb. 4.9-3: Schaltzeichen und Bauformen von Transformatoren

- Verzerrungsfrei über den gesamten Pegelbereich
- Magnetisch unempfindlich
- Mechanisch unempfindlich

Diese Anforderungen sind in der Praxis nicht oder nur mit hohem finanziellem Aufwand zu erreichen. Aus diesem Grund ist die Verwendung von Übertragern immer ein Kompromiss. Wenn also die galvanische Trennung von zwei Audiosignalen nicht unbedingt erforderlich ist, sollte man auf Übertrager verzichten. Im Folgenden sollen die möglichen Anwendungen von Übertragern im Tontechnikbereich beschrieben werden.

4.9.3.1 Symmetrierübertrager

Die Aufgabe eines Symmetrierübertragers ist es, aus einem unsymmetrischen Signal, wie es innerhalb von Geräten verwendet wird, ein symmetrisches zu machen, das man anschließend über längere Strecken relativ problemlos transportieren kann. Der Symmetrierübertrager besteht aus einer Eingangswicklung, an der das unsymmetrische Signal anliegt, und einer entsprechend gleichen Ausgangswicklung, an der hot und cold des symmetrischen Signals abgegriffen werden können. Es ist also ein 1:1 Übertrager. Eventuell befindet sich in der Ausgangswicklung noch eine Mittelanzapfung, die mit dem Potential der Symmetrieachse verbunden werden kann.

Ein Übertrager, der ein Signal desymmetrieren soll ist entsprechend spiegelbildlich aufgebaut. Beispielschaltungen von Symmetrierung und Desymmetrierung sind in Kapitel 5.10 beschrieben.

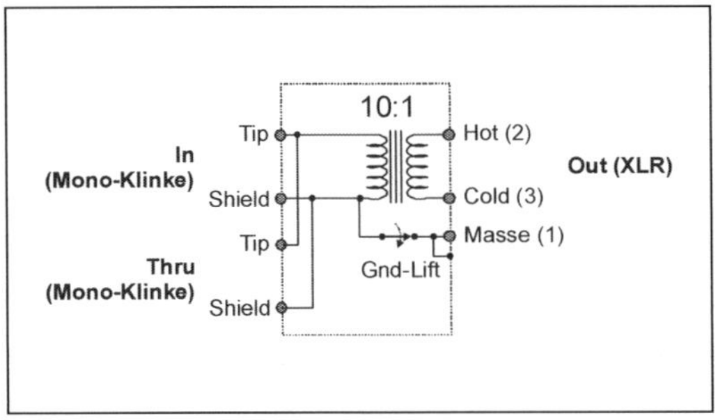

Abb. 4.9-4: Passive DI-Box

4.9.3.2 Passive DI-Box

Die bekannteste Anwendung eines Übertragers ist die passive DI-Box. DI steht für "Direct", "Direct Input" oder auch "Direct Injection". Dies soll darauf hindeuten, dass Instrumente mit Hilfe einer DI-Box direkt mit dem Mikrofoneingang eines Mischpultes verbunden werden können. Eine Di-Box hat als Eingang einen Mono-Klinkenstecker und als Ausgang einen XLR-Stecker. Dazwischen befindet sich ein 10:1 Übertrager, der auch zum Symmetrieren verwendet werden kann. Weiterhin findet man einen Dämpfungsschalter, auch Pad genannt, sowie einen Ground-lift Schalter. Letzterer hat die Aufgabe, die eingangsseitige Masse von der ausgangsseitigen zu trennen, um Brummschleifen öffnen zu können. In Abbildung 4.9-4 ist das Schaltbild einer passiven DI-Box zu sehen. Passive DI-Boxen werden im Studio oder Live Bereich eingesetzt, um Brummschleifen zu eliminieren, oder ein Signal zu symmetrieren. Auch beides gleichzeitig ist möglich. Eine häufig anzutreffende Anwendung ist der provisorische Aufbau einer symmetrischen Verbindung zwischen zwei unsymmetrischen Geräten (siehe Abbildung 4.9-5). Hierzu wird die erste DI-Box ganz normal betrieben. Ihr symmetrisches Ausgangssignal kann nun über eine lange Strecke geführt werden, um am Ende der Verbindung in den Ausgang der zweiten DI-Box zu gehen. Diese ist verkehrt herum geschaltet und desymmetriert das Signal wieder, welches nun unsymmetrisch am Klinkeneingang der zweiten DI Box abgegriffen werden kann.

4.9.3.3 Split-Box

Die Split-Box ist im Prinzip eine Mehrfach-DI- Box. Sie hat eine Eingangswicklung, einen direkten Thru-Ausgang und eine oder mehrere galvanisch getrennte Ausgangswicklungen. Somit können Instrumente, die an den Eingang einer Split- Box gesteckt werden, galvanisch voneinander getrennt an mehrere Quellen weiterverteilt werden. Die Split-Box findet man meistens im Live-Bereich, wo alle Instrumente und Mikrofone auf der Bühne zunächst in die Split-Box gesteckt werden, um dann auf den Monitor-Mischer, den Front-of-House-Mischer und eventuell noch zu einem Ü- Wagen verteilt zu werden. Split-Boxen ersetzen dann die Stage-Box. Über den direkten Thru-Ausgang wird eine eventuell benötigte Phantomspeisung für angeschlossene Kondensatormikrofone zur Verfügung gestellt.

4.9.3.4 Ausgangsübertrager für Röhrenendstufen

Röhrenendstufen benötigen zur Impedanzanpassung von der Endstufe an den Lautsprecher einen Ausgangsübertrager. Die Endstufenröhren haben zum Beispiel eine Ausgangsimpedanz von 10kΩ - an diese soll ein Lautsprecher mit 8Ω angeschlossen werden. Hierzu ist ein Übertrager mit einem Wicklungsverhältnis von

$$\sqrt{\frac{10000\Omega}{8\Omega}} = \frac{35}{1}$$

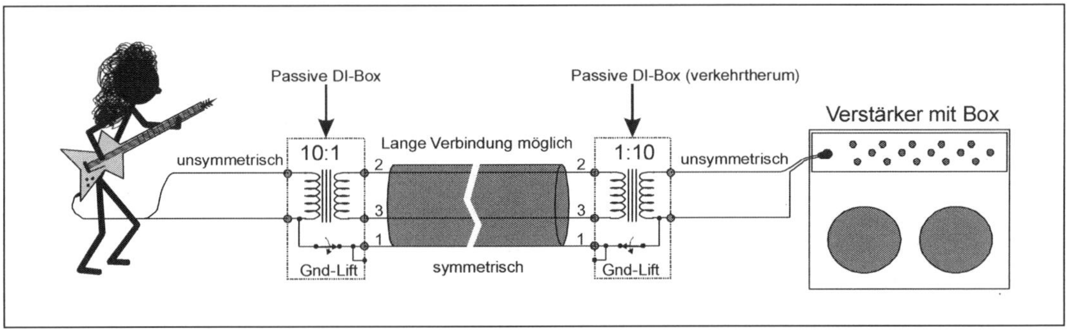

Abb. 4.9-5: Aufbau einer symmetrischen Verbindung mit Hilfe zweier passiver DI-Boxen

notwendig. Zu beachten ist, das der Übertrager die gewünschte Ausgangsleistung der Endstufe übertragen kann. Je nach Konstruktion kann der Übertrager dem Signal mehr oder weniger viele Verzerrungen hinzufügen oder wird von der Endstufe gezielt in die Sättigung gebracht. Dies ergibt einen durchaus gewünschten Effekt, der unter anderem den charakteristischen Klang von Röhrenendstufen ausmacht.

4.9.3.5 Übertrager für die 100V-Technik

Übertrager für die 100V-Technik sind den Ausgangsübertragern für Röhrenendstufen sehr ähnlich. In der 100V-Technik wird ein Leistungssignal einer Endstufe auf einer Spannung von 100V übertragen. Die fließenden Ströme sind auf diese Weise relativ gering, so dass man mit dünnen, günstigen Leitungen diese Signale über lange Strecken übertragen kann. Die 100V-Technik wird eingesetzt, wenn viele Lautsprecher in einer weiträumigen Installation betrieben werden sollen. So findet man sie in Schulen, öffentlichen Gebäuden und Kaufhäusern für die dort anzutreffenden Lautsprecheranlagen. An jedem einzelnen installierten Lautsprecher befindet sich ein Übertrager, der die 100V auf eine geringere Spannung herunter, gleichzeitig jedoch den Strom heraufsetzt. Auf diese Weise können 4W oder 8W Lautsprecher direkt betrieben werden. Würde man diese Lautsprecher direkt an einer herkömmlichen Endstufe anschließen, so ginge der größte Teil der Endstufenleistung auf den langen Kabelwegen verloren und würde in Wärme umgewandelt werden.

Genaueres zur 100V-Technik, die auch ELA-Technik genannt wird, ist in Kapitel 6.13.4 zu lesen.

4.10 Die Röhre

Die Röhre ist das erste aktiv stromverstärkende Bauteil, das erfunden wurde. Sie wurde 1906 unter dem Namen "Audion" von Lee de Forest erfunden und stellt eine Weiterentwicklung der Röhrendiode dar, welche 1904 von John A. Fleming erfunden wurde.
Die Röhre war Anfang des 20. Jahrhunderts ein Meilenstein in der Tontechnik, da man erst mit ihrer Hilfe praktisch einsetzbare Kondensatormikrofone, Tonbandmaschinen und Endstufen bauen konnte.
Erst 1948 wurde der Transistor erfunden und begann Schritt für Schritt die Röhre abzulösen. Heute ist die Röhre eine Art "Effektgerät", das gerne eingesetzt wird, um Audiogeräten einen bestimmten charakteristischen Klang zu geben.

An dieser Stelle soll nicht verschwiegen werden, dass Röhren eine begrenzte Lebensdauer haben. Die geheizte Kathode der Röhre "vergiftet" sich mit der Zeit. Damit ist gemeint, dass die Oberfläche der Kathode rau und zerfurcht wird, aushärtet und immer weniger und ungleichmäßiger Elektronen abgibt.
Die genaue Lebensdauer eine Röhre kann schlecht vorhergesagt werden, da sie von ihrem Betriebszustand abhängt. Allerdings wurden spezielle "Langlebensröhren" mit einer garantierten Lebensdauer von 10000 Betriebsstunden angegeben. Man wird also bei jedem regelmäßig laufenden Röhrengerät den Zeitpunkt erleben, zu dem es anfängt zu rauschen, zu knistern und zu zischen. Dies sind die ersten Hinweise auf eine vergiftete Kathode, und es ist an der Zeit, die Röhre auszuwechseln.

4.10.1 Bestandteile einer Röhre

Eine Röhre ist ein evakuiertes, also luftleeres Gefäß, in dem sich mehrere elektrische Anschlüsse befinden. Röhren bestehen normalerweise aus Glas und sind daher mechanisch relativ empfindlich. Auch bei Anregung des Röhrengehäuses durch Schall haben die Glasröhren eine Eigenfrequenz, die im Signal hörbar wird. Man sagt hierbei: eine Röhre "klingt". Für Mikrofone gibt es daher spezielle klingarme Röhren oder man spricht von einer "großen Klingfestigkeit".

Röhren aus Metall wurden hauptsächlich im militärischen Bereich eingesetzt und sind heute kaum noch zu finden.
Um das Vakuum in der Röhre zu bekommen und zu erhalten, ist ein so genannter "Getter" in der Röhre. Dies ist ein Metall, das den restlichen Sauerstoff nach dem Evakuieren der Röhre bindet. Dieses Material ist normalerweise als dunkel glänzende Fläche auf der Innenwand der Röhre zu sehen. Bei einer Röhre die "Luft gezogen" hat, wird das Gettermaterial weißlich. Dies ist dann ein sicherer Indikator dafür, dass die Röhre defekt ist.
Im Inneren der Röhre befinden sich mehrere Elektroden, die die Funktionsweise der Röhre ausmachen. Diese sind in den nächsten Unterkapiteln beschrieben.
In Abbildung 4.10-1 sind die Schaltsymbole der wichtigsten Röhren gezeigt. Abbildung 4.10-3 zeigt die Schaltzeichen von Diode bis Pentode. In Abbildung 4.10-4 bis 4.10-7 sind schließlich verschiedene Bauformen von Röhren zu sehen.

4.10.1.1 Kathode

Die Kathode stellt die Ladungsträgerquelle innerhalb einer Röhre dar. Sie ist aus Metall und wird mit Hilfe eines Heizdrahtes aufgeheizt. Dadurch werden die Elektronen im Inneren der Kathode so stark in Bewegung gebracht, dass sie das Metall verlassen und im Vakuum der Röhre als freie Ladungsträger zur Verfügung stehen.

Man unterscheidet direkt und indirekt geheizte Kathoden. Bei den direkt geheizten befindet sich ein Anschluss der Heizung an der Kathode. Die Heizspannung muss in diesem Fall sehr sauber sein, da ansonsten die Spannungsschwankung der Heizung im Signal zu hören ist. Bei den indirekt geheizten Kathoden ist der Heizfaden isoliert von der Kathode und hat keinen Einfluss auf das Nutzsignal. Diese Röhren werden oft auch mit Wechselspannung geheizt, da diese einfacher zur Verfügung gestellt werden kann.
Die Kathode befindet sich in der Regel im Zentrum der Röhre.

4.10.1.2 Anode

Die Anode ist der Anschluss, an dem die freien Ladungsträger wieder eingesammelt werden. Das bedeutet, dass bei einer Röhre grundsätzlich die Elektronen von der Kathode zur Anode wandern. Die technische Stromflussrichtung ist daher immer von der Anode zur Kathode.

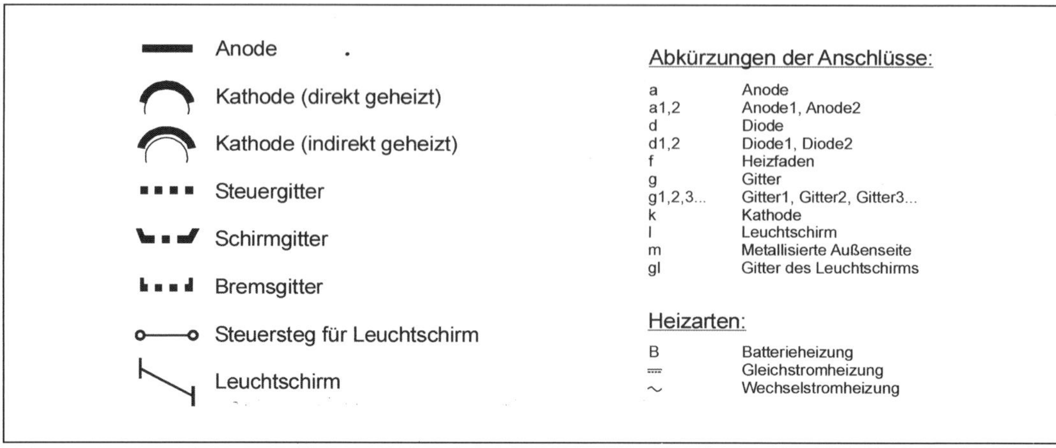

Abb. 4.10-1: Schaltsymbole von Röhren

Die Anode ist der äußere Metallschirm in einer Röhre. Sie wird normalerweise nur so groß gebaut, wie es der maximal mögliche Elektronenstrom in der Röhre erforderlich macht, um keine zu großen Kapazitäten zwischen Anode und Kathode zu bekommen.

4.10.1.3 Gitter

Das Gitter ist ein Metallgitter mit vielen winzigen Maschen. Es bildet zusammen mit der Anode und der Kathode elektrische Felder aus, die den Stromfluss steuern können.
Das Gitter befindet sich mechanisch zwischen Kathode und Anode. Es können auch mehrere Gitter vorhanden sein (Tetrode und Pentode). Siehe dazu auch Abbildung 4.10-2.

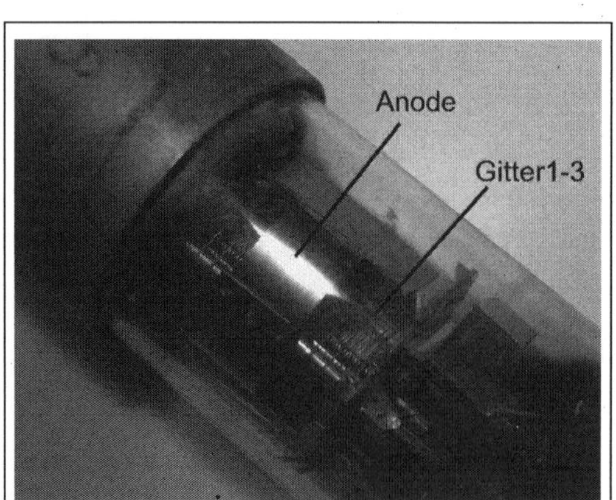

Abb. 4.10-2: Gitter und Anode in einer Pentode

4.10.2 Die Diode

Die einfachste Funktion einer Röhre ist die einer Diode. Das bedeutet, dass die Röhre ein Ventil für den Stromfluss ist.
Im Falle der Diode hat die Röhre nur eine Kathode und eine Anode. Es gibt kein Gitter.
Da die Kathode geheizt ist, werden auch nur an der Kathode Ladungsträger, also Elektronen austreten können. Die ungeheizte Anode kann keine Ladungsträger aussenden, nur aufnehmen. Daraus ergeben sich zwei Zustände:

- **Flussrichtung:** Wird an die Kathode der Minuspol und an die Anode der Pluspol einer Spannungsquelle gelegt, so sind an der Kathode ausreichend Elektronen vorhanden, die frei werden können. Diese fliegen durch das Vakuum der Röhre zur Anode und werden dort wieder eingesammelt. Durch die Röhre fließt Strom.
- **Sperrrichtung:** Wird an die Kathode der Pluspol und an die Anode der Minuspol einer Spannungsquelle angeschlossen, so herrscht an der Kathode Elektronenmangel. Daher können keine Elektronen frei werden, und somit kann auch kein Strom fließen.

Die Röhrendiode wurde zum Beispiel als Gleichrichter eingesetzt, bevor die Halbleiterdioden industrietauglich wurden. Bei den Halbleiterdioden hat man die Anschlüsse aus Gründen der Vergleichbarkeit ebenfalls Kathode und Anode genannt, obgleich sie mit deren Funktion nichts mehr gemein haben.

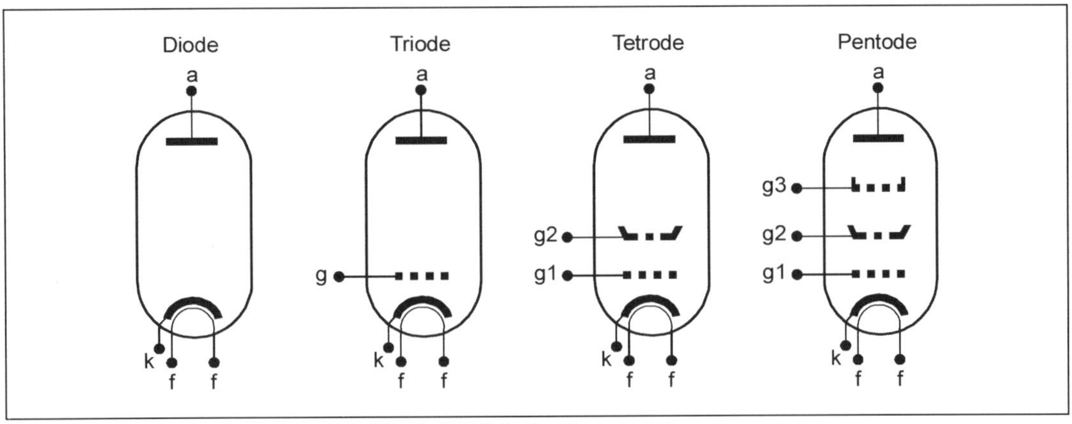

Abb. 4.10-3: Schaltzeichen von Röhren

4.10.3 Die Triode

Bei der Triode befindet sich zwischen Kathode und Anode das Steuergitter. Es handelt sich hierbei um den Anschluss, mit dem der Stromfluss zwischen Kathode und Anode gesteuert werden kann.
Das Funktionsprinzip einer Triode ist folgendes: Die Kathode wird mit dem Minuspol der Spannungsquelle verbunden und sendet, da sie geheizt wird, Elektronen aus. Die Anode wird mit dem Pluspol der Spannungsquelle verbunden und zieht diese Ladungsträger an. Die Elektronen werden jedoch nur angezogen, wenn sie das positive Potential der Anode auch wirklich "sehen" können. Das Gitter befindet sich um die Kathode herum und stellt somit das erste Potential dar, welches die Elektronen zu sehen bekommen. Die Anode ist lediglich durch die Maschen des Gitters zu sehen.
Wird an das Gitter eine negative Spannung von wenigen Volt gegenüber der Kathode angelegt, so entsteht am Gitter ein Elektronenüberschuss. Die freien Elektronen an der Kathode haben somit kein Interesse zum Gitter zu fliegen, da sie von den Elektronen am Gitter abgestoßen werden. Je weniger negativ das Gitter geladen wird, desto weniger werden die freien Elektronen abgestoßen und desto mehr fliegen durch das Gitter zur Anode. Dabei treffen nur wenige Elektronen während ihres Fluges auf das Gitter auf und die meisten fliegen durch die Maschen. Somit ergibt sich ein Anodenstrom, der ein Vielfaches höher ist als der Gitterstrom.

Die Triode ist also ein Verstärker, welcher mit Hilfe der Gitterspannung gesteuert werden kann. Sie findet in verschiedenen Grundschaltungen als Spannungs- und Stromverstärker Einsatz.

4.10.4 Die Pentode

Bei Tetroden und bei Pentoden wird zwischen das Steuergitter und die Anode ein weiteres Gitter eingebracht: das "Schirmgitter". Es ist positiv geladen und schirmt die Anode vom Steuergitter ab. Dadurch verringert sich die Kapazität zwischen Steuergitter und Anode erheblich.

Heizart	Elektrodensystem	Sockel	
A 4V~ parallel	**A** Diode	**1-19**	Verchiedene Sockel:
	B Duodiode		Stiftsockel
C 200mA≃ Serie	**C** Triode		(A, O, C)
D 1,4V; 1,25V; 0,625V Batterie, Parallel und Serie	**D** Leistungs-Triode		Außen-kontakt-sockel
E 6,3V~ Parallel und Serie	**E** Tetrode		(P, V)
G 5V~ Parallel	**F** Pentode	**20-29**	8-pol. Loktal-sockel
	H Hexode oder Heptode	(außer D21er Serie und DF22)	Schlüssel-röhrensockel (W8A)
K 2V Batterie, Parallel	**K** Oktode oder Heptode	**30-39**	Oktalsockel (K8A)
	L Leistungs-Pentode oder Tetrode	**40-49**	8-pol.Rimlock-sockel (B8A)
P 300mA≃ Serie	**M** Abstimmanzeiger	**50-60**	9.pol. Loktal-sockel und
U 100mA≃ Serie	**Q** Enneode		Spezialröhren mit verschiedenen Sockeln
V 50mA≃ Serie	**X** Gasgefüllter Zweiweggleich-richter	**61-79**	Subminiatur-ausführung
	Y Einweg Gleich-richter	**80-89**	Novalsockel (B9A)
	Z Zweiweg-gleichrichter	**90-99**	7-pol. Miniatur-ausführung (B7G)

Tab. 4.10-1: Röhrenschlüssel

Es ergibt sich jedoch ein Problem: stark beschleunigte Elektronen, die auf der Anode auftreffen, schleudern beim Aufprall wiederum Elektronen aus der Anode heraus. Diese sind im Vakuum frei, werden vom positiven Schirmgitter angezogen und sorgen für einen Stromfluss im Schirmgitter. Bei Trioden gibt es zwar auch die freien Elektronen an der Anode, sie werden jedoch vom negativ geladenen Steuergitter nicht angezogen.
Abhilfe schafft das bei Pentoden eingebaute, dritte Gitter zwischen Schirmgitter und Anode: das so genannte "Bremsgitter". Es ist meist auf dem gleichen Potential wie die Kathode. Es hält die freien Elektronen an der Anode davon ab, zurück zum Schirmgitter zu gehen.

Pentoden werden eingesetzt, wenn es um sehr geringe Eingangskapazitäten am Steuergitter geht, also vor allem um geringe Wechselstromwiderstände bei hohen Frequenzen. Dies war vor allem in Radioempfängern von Bedeutung.
Im Audiobereich sind Pentoden hauptsächlich als Endstufenröhren zu finden.

4.10.5 Schlüssel für deutsche Rundfunkröhren

In der Tabelle 4.10-1 ist der Schlüssel für deutsche Rundfunkröhren aufgelistet. Anhand dessen kann man ablesen, welche Systeme, welche Heizung und was für eine Art Sockel eine Röhre hat. So ist zum Beispiel eine ECC86 eine 6,3V geheizte Doppeltriode mit einem Novalsockel.

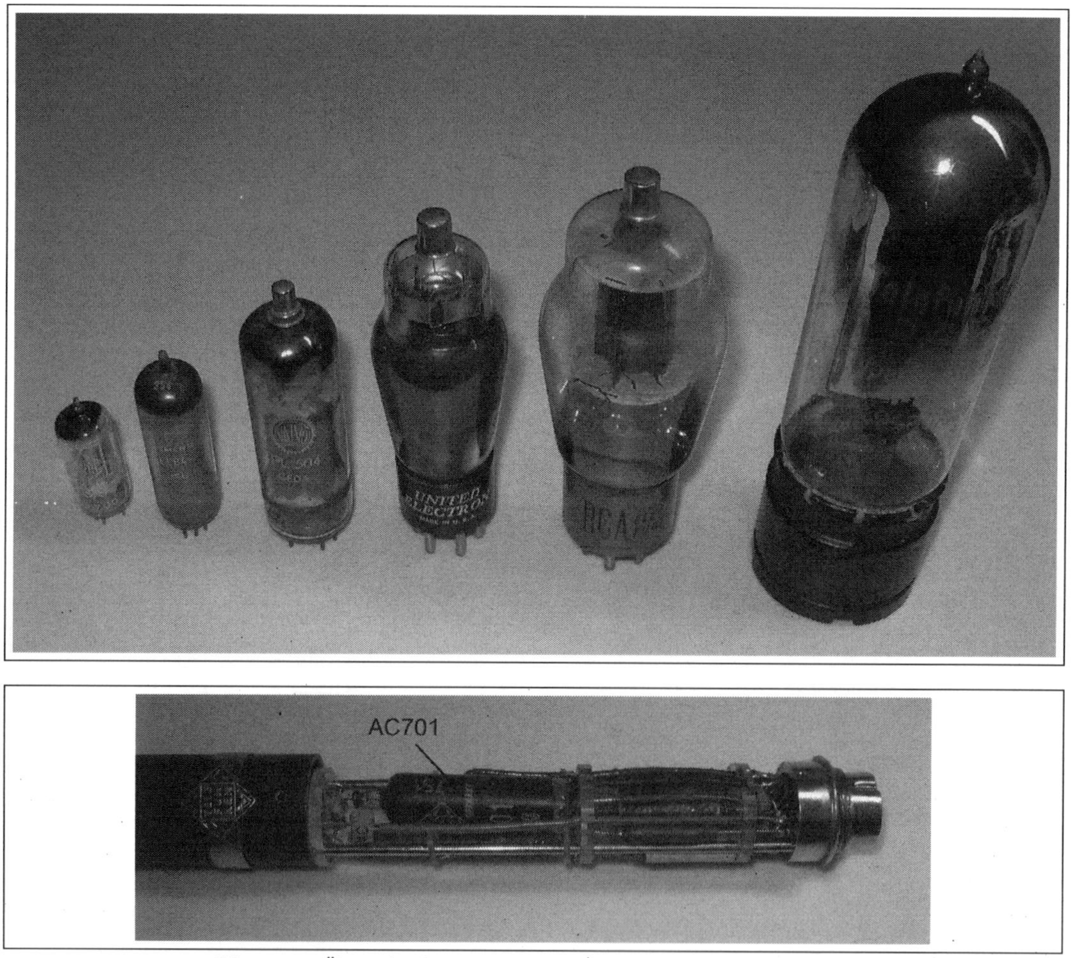

Abb. 4.10-4: Übersicht über verschiedene Röhren. Von Links nach rechts: Batteriegeheizte Triode, Audioendstufen-Pentode, Zeilentrafo-Pentode, zwei amerikanische Leistungspentoden, Leistungspentode aus Radiosender. Unteres Bild: Miniaturröhre in einem Kleinmembrankondensatormikrofon.

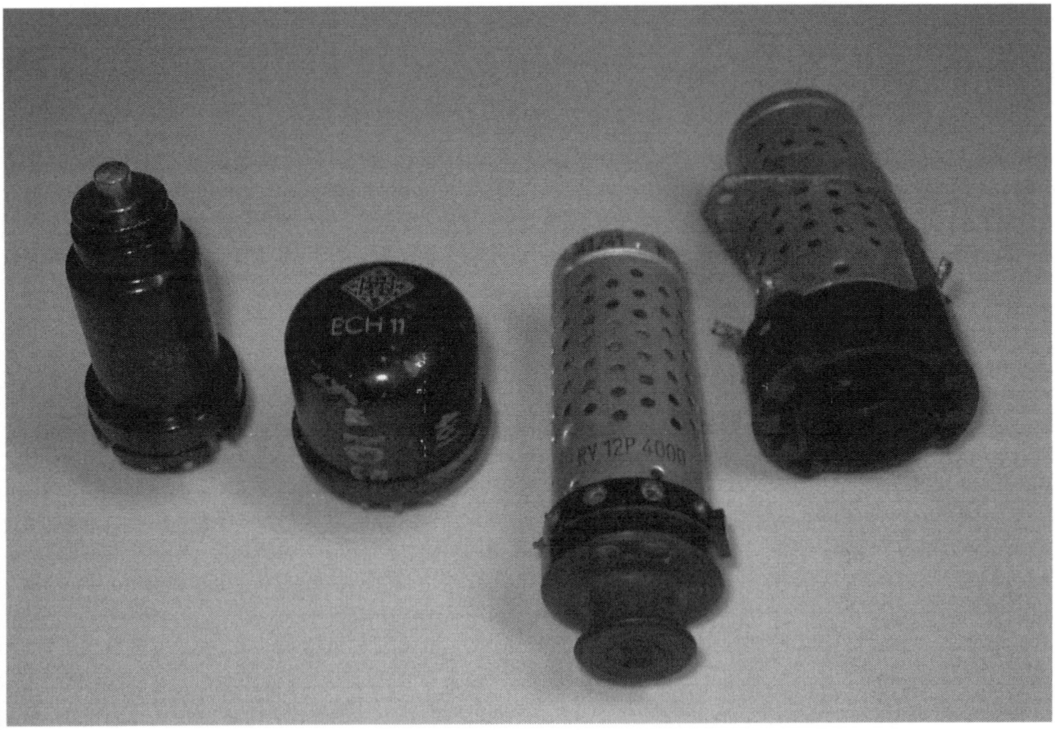

Abb. 4.10-5: Links: Amerikanische Stahlröhre und deutsche Stahlröhre. Rechts: "Panzerröhre" mit passender Fassung

Abb. 4.10-6: Links: Aussteuerungsmesser (meist für Tonbandgeräte),
Rechts: Abstimmanzeige für Radioempfänger - "Magisches Auge" (zeigt die Empfangsstärke an)

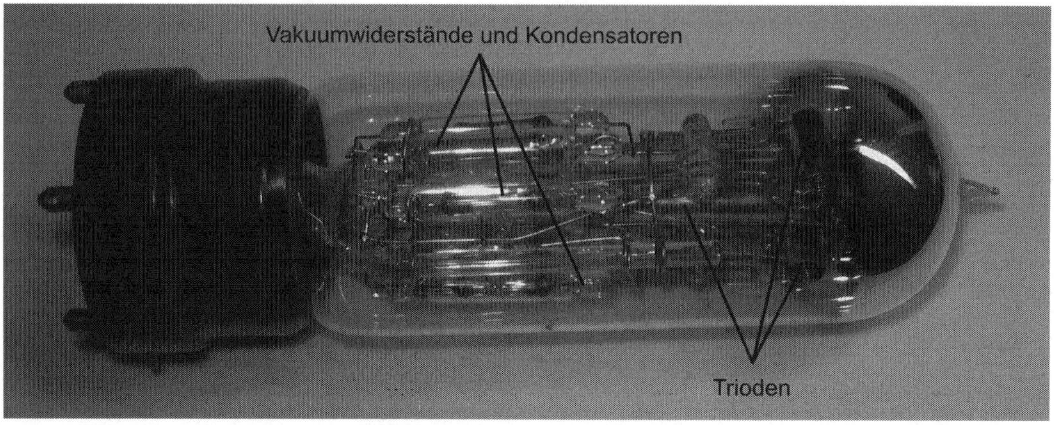

Abb. 4.10-7: Sehr seltenes Exemplar: Eine "3NF" - Mehrfachröhre von Loewe
Innen befinden sich 3 Trioden, Widerstände und Koppelkondensatoren. Mit nur minimaler zusätzlicher Beschaltung konnte man mit dieser Mehrfachröhre einen kompletten Radioempfänger aufbauen. Sie ist so gesehen eine Art Vorgänger der heutigen "Integrierten Schaltungen". Der Grund für den Bau einer solchen Röhre war jedoch ein anderer. Man musste damals pro eingebauter Röhrenfassung (nicht pro Röhrensystem) eine Lizenzgebühr an Telefunken entrichten.
Die Integration von 3 Röhren in eine Fassung sparte somit Kosten.

4.11 Halbleitertechnik

In der Mitte des zwanzigsten Jahrhunderts wurde mit Hochdruck an neuen Bauteilen für die Elektrotechnik gearbeitet. Auch wenn die Röhren mittlerweile bewährte und ausgereifte Bauelemente waren, so hatten sie doch einige gravierende Nachteile:

- Sie mussten geheizt werden, was eine relativ hohe Stromaufnahme zur Folge hatte.
- Sie sind unverhältnismäßig groß - für tragbare Anwendungen ein Problem.
- Sie haben eine begrenzte Lebensdauer.
- Sie sind mechanisch empfindlich gegenüber Erschütterungen und können zerbrechen.

Obwohl man versucht hat, diese Nachteile zu minimieren - es gab batteriegeheizte Röhren, Subminiaturröhren, Langlebensröhren und Panzerröhren - so war man doch an einer Alternative interessiert. Die Halbleitermaterialien waren eine vielversprechende Möglichkeit, auf lange Frist die Röhre zu ersetzen. Aufgrund des Auftrags eines japanischen Taschenrechnerherstellers, hat die amerikanische Firma INTEL schließlich im Jahre 1969 den ersten Mikroprozessor entwickelt, der aus 2300 Transistoren bestand und, in einen Chip integriert, eine vergleichbare Rechenleistung hatte wie der legendäre erste Computer "ENIAC".

4.11.1 Definition der Halbleitermaterialien

Halbleitermaterialien sind, wie in Kapitel 4.2.2 beschrieben, Nichtleiter, die bereits bei geringer Energiezufuhr zum Leiter werden können. Die bekanntesten Halbleitermaterialien sind Silizium und Germanium, wobei heute das wesentlich billigere Silizium hauptsächlich anzutreffen ist. Damit ein Halbleiter zum Leiter werden kann, müssen die Valenzelektronen, die um den Atomkern kreisen, in das Leitungsband gehoben werden, wo sie als freie Elektronen zur Verfügung stehen. Dazu ist die Energie ΔE notwendig.
Zur Erinnerung ist in Abbildung 4.11-1 noch einmal das Energiemodell der Halbleitermaterialien zu sehen. Die Energiedifferenz ΔE berechnet sich aus der Differenz der Energie des Leitungsbandes E_L und der des Valenzbandes E_V. Sie beträgt:

$$\Delta E = E_L - E_V$$

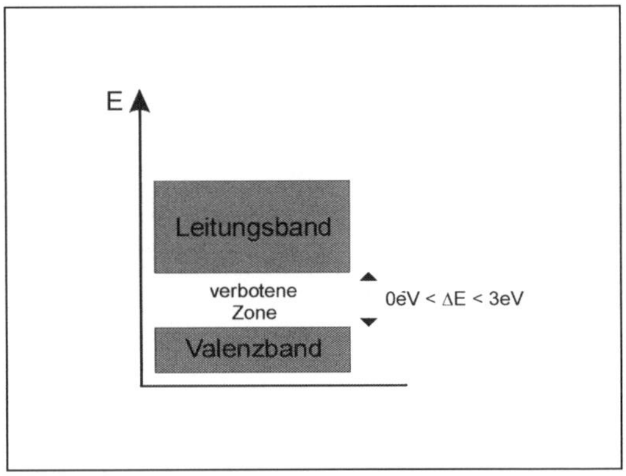

Abb. 4.11-1: Energiemodell für Halbleiter

Die Energiedifferenz ΔE bei Germanium ist ca. 0,72eV, bei Siliziums liegt sie bei ca. 1,12eV. Germanium wäre also der "bessere" Halbleiter, ist jedoch auch der teurere.
Halbleitermaterialien sind in ihrer Reinform als I-Leiter oder dotiert als N-Leiter beziehungsweise P-Leiter anzutreffen.

4.11.2 Reine Halbleiter (I-Leiter)

Germanium und Silizium sind vierwertige Atome, das heißt, sie haben vier Valenzelektronen im Valenzband. Mit diesen vier Elektronen geht ein Halbleiteratom mit anderen Halbleiteratomen eine zweidimensionale Kristallgitterbindung ein (siehe Abbildung 4.11-2). Jeweils ein eigenes Elektron und ein fremdes Elektron umkreisen gemeinsam das eigene und das fremde Atom. Reine Halbleitermaterialien werden so rein hergestellt, dass auf 10^{10} Halbleiteratome nur ein Fremdatom kommt. Reine Halbleiter weisen eine energieabhängige Stromlei-

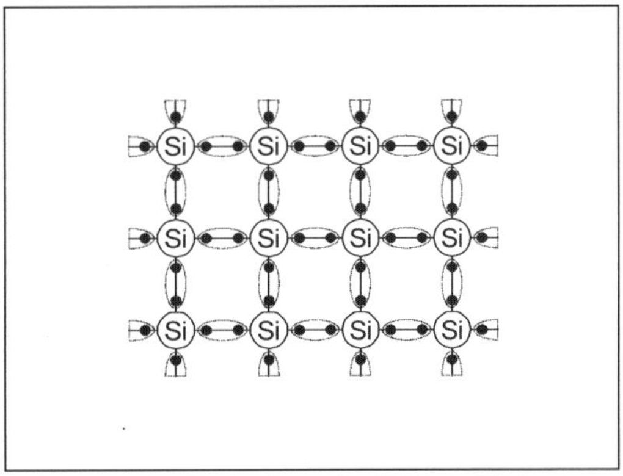

Abb. 4.11-2: Kristallgitterbindung von Silizium

tung auf. Werden Elektronen aus dem Valenzband in das Leitungsband gehoben, weil genügend Energie zugeführt wurde, so kann ein Stromfluss durch das Halbleitermaterial beobachtet werden. So hat Germanium bei Zimmertemperatur bereits ein freies Ladungsträgerpaar pro 10^9 Germaniumatome. In einem Kubikzentimeter Germanium sind etwa $4{,}4 \cdot 10^{22}$ Atome.
Die reinen Halbleiter sind in der Praxis energieabhängige Widerstände. Das heißt, je mehr Energie den Bauteilen zugeführt wird, desto besser leiten sie den Strom. Zu den energieabhängigen Bauteilen gehören die Fotowiderstände (LDR), die Heißleiter (NTC) und die spannungsabhängigen Widerstände (VDR).

4.11.2.1 Elektronenstrom

Wird an einen reinen Halbleiter eine Spannung angelegt und genügend Energie ist vorhanden, um freie Ladungsträger zu bekommen, so stellt sich ein Stromfluss durch den Halbleiter ein. Dieser Stromfluss kann entweder als Elektronenstrom oder als Löcherstrom (siehe nächstes Kapitel) betrachtet werden.

Beim Elektronenstrom betrachtet man die Elektronen, die durch einen Halbleiter wandern. Im Gegensatz zu den Metallen, die direkt den Strom leiten und bei denen der Strom einen Impuls durch alle freien Elektronen darstellt, ist bei Halbleitern zunächst die Existenz von Elektronen auf dem Leitungsband notwendig. Jedes einzelne freie Elektron kann dann zu einer Stelle mit positiver Ladung wandern. Diese Stelle mit positiver Ladung ist entweder der Pluspol oder ein so genanntes "Loch" - ein fehlendes Elektron auf dem Leitungsband eines Atoms. Ein Loch entsteht, wenn ein Elektron das Leitungsband eines Atoms verlässt.

Betrachtet man also den Elektronenstrom durch ein Halbleitermaterial, so "hüpft" das Elektron durch viele Löcher zum Pluspol hin (siehe Abbildung 4.11-3).

4.11.2.2 Löcherstrom

Der Löcherstrom ist genau das Gegenteil vom Elektronenstrom. Da bei jeder Elektronenbewegung innerhalb eines Halbleitermaterials Löcher entstehen, in die wieder Elektronen hineingehen, scheinen sich auch die Löcher zu bewegen (siehe Abbildung 4.11-3). Sie "wandern" in genau umgekehrter Richtung wie die Elektronen. In Wirklichkeit gehen sie jedoch nur ein umgekehrter Reihenfolge auf und wieder zu.
Für bestimmte Halbleiterbauteile ist es jedoch von Vorteil nicht den Elektronenstrom sondern den Löcherstrom zu beobachten.

4.11.3 Dotieren von reinen Halbleitern

Unter dem "Dotieren" von Halbleitern versteht man das gezielte "Verschmutzen" des reinen Halbleitermaterials. Durch das Dotieren verringert sich der Abstand zwischen Valenz- und Leitungsband, und eine geringere Energie ist notwendig, um das Halbleitermaterial leitend zu machen.
Wirklich interessant werden jedoch erst die Kombinationen aus unterschiedlich dotierten Materialien. So ergibt zum Beispiel die Kombination aus einem N-dotierten und einem P-dotierten Material eine Diode (siehe Kapitel 4.12) und die Kombination von drei unterschiedlich dotierten Materialien einen Transistor (siehe Kapitel 4.13).

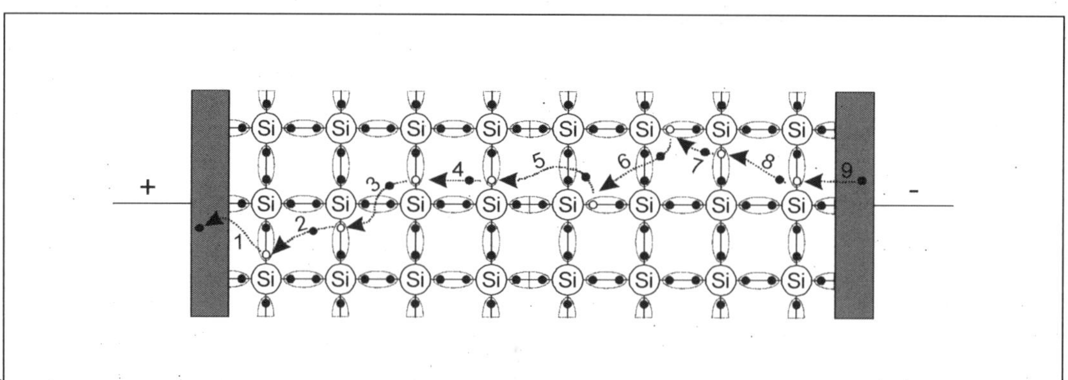

Abb. 4.11-3: Elektronen und Löcherstrom durch ein Halbleitermaterial (schwarzer Punkt: Elektron, weisser Punkt: Loch)

4.11.3.1 Dotieren mit 5-wertigen Fremdatomen (N-Leiter)

Halbleitermaterialien wie Silizium oder Germanium sind 4-wertig. Das heißt, sie haben vier Valenzelektronen, die für eine Bindung zuständig sind. Wird nun in ein solches Material ein 5-wertiges Atom eingefügt, so ist ein Valenzelektron übrig, das nicht in der Kristallgitterbindung benötigt wird (siehe Abbildung 4.11-4). Dieses fünfte Elektron liegt zwar auf dem Valenzband des Fremdatoms, muss aber, um frei zu werden, nur auf das Leitungsband des Siliziums gehoben werden (siehe Abbildung 4.11-5). Die Energie, die dafür notwendig ist, ist deutlich geringer als die des reinen Siliziummaterials.

Typische Materialien für eine 5-wertige Dotierung sind Phosphor (P), Arsen (As) oder Antimon (Sb).

5-wertig dotierte Halbleitermaterialien heißen auch N-dotiert oder N-Leiter, da sie einen negativen Ladungsträger zur Verfügung stellen.

4.11.3.2 Dotieren mit 3-wertigen Fremdatomen (P-Leiter)

Das Dotieren mit 3-wertigen Fremdatomen erfolgt analog zu dem Dotieren mit 5-wertigen Fremdatomen. Durch das fehlende Elektron des 3-wertigen Fremdmaterials steht jedoch in der Kristallgitterbindung ein Loch zur Verfügung, welches Elektronen von den umliegenden Siliziumatomen aufnehmen kann.
Auch in diesem Fall wird der Energieaufwand geringer, den ein Elektron (des Siliziums) aufbringen muss, um in das Loch des Fremdatoms zu gelangen.

Materialien für das Dotieren mit 3-wertigen Fremdatomen sind Aluminium (Al), Gallium (Ga) oder Indium (In).

3-wertig dotierte Halbleitermaterialien heißen auch P-dotiert oder P-Leiter, da sie einen positiven Ladungsträger zur Verfügung stellen.

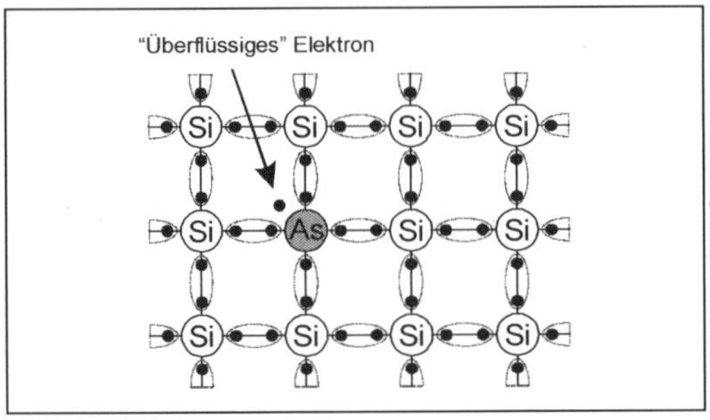

Abb. 4.11-4: Atommodell eines N-dotierten Halbleiters

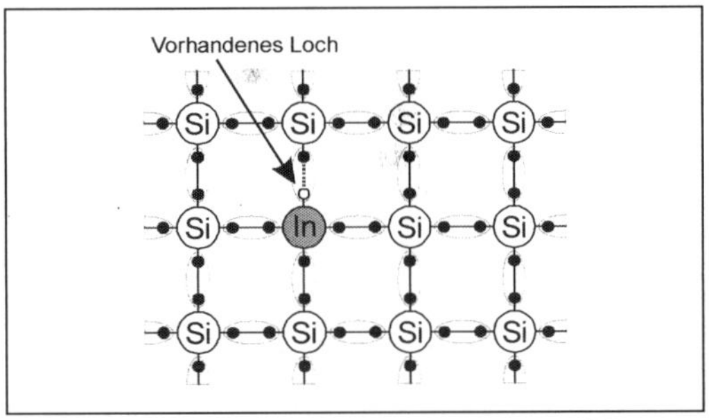

Abb. 4.11-6: Atommodell eines P-dotierten Halbleiters

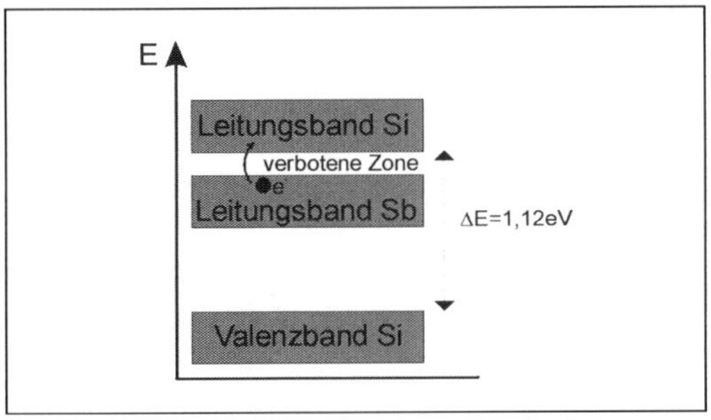

Abb. 4.11-5: Energiemodell eines 5-wertig dotierten Halbleiters

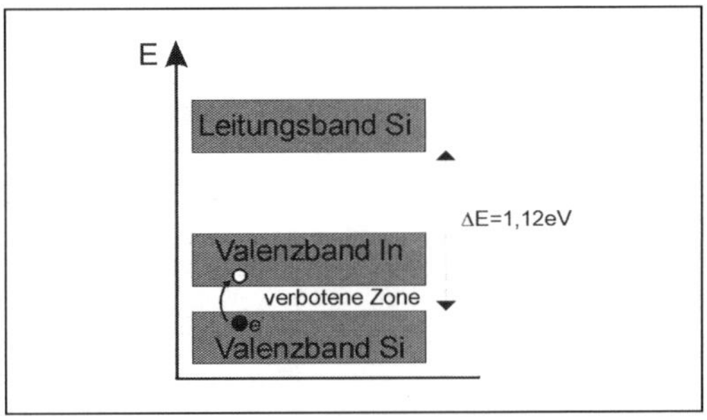

Abb. 4.11-7: Energiemodell eines 3-wertig dotierten Halbleiters

4.12 Die Diode

Dioden dienen ganz allgemein als Ventil für den Strom. Durch eine Diode kann der Strom in einer Richtung fließen, in der anderen Richtung ist der Stromfluss gesperrt. Ausnahmen bilden hier die Zenerdioden (siehe Kapitel 4.12.2.5), welche auch in der Gegenrichtung ab einer bestimmten Spannung einen Stromfluss zulassen.

4.12.1 Der PN-Übergang

Werden ein N-dotierter Halbleiter und ein P-dotierter Halbleiter zusammengefügt, entsteht ein so genannter PN-Übergang. Betrachtet man die Energieniveaus der Elektronen und der Löcher in den dotierten Materialien, so sieht man schnell, dass die Elektronen ohne Energiezufuhr aus dem N-Leiter in die Löcher des P-Leiters gelangen können (siehe Abbildung 4.12-1). Aus diesem Grund entsteht an der Übergangsstelle zwischen P und N eine "Sperrschicht". Sie wird deshalb so genannt, weil sie ladungsneutral ist und weder bevorzugt Elektronen abgibt noch welche aufnimmt. Sie verhält sich wie ein Isolator.

Die Anschlüsse der Diode werden in Anlehnung an die Röhre "Anode" und "Kathode" genannt. Die Anode ist hierbei der Anschluss an dem P-dotierten Halbleiter, die Kathode befindet sich am N-dotierten Halbleiter.

Es gibt zwei Möglichkeiten, Spannung an eine Diode anzulegen:

- **- an Anode und + an Kathode:** In diesem Fall ist die Diode in Sperrrichtung. Elektronen, die vom Minuspol in die P-Schicht eindringen, füllen deren Löcher und verbreitern die Sperrschicht. Gleichzeitig werden Elektronen aus der N-Schicht vom Pluspol "abgesaugt".
  Je höher die angelegte Spannung ist, desto breiter wird die Sperrschicht. Da die Sperrschicht ein isolierendes Material ist, stellt eine Diode in Sperrrichtung einen Kondensator dar. Die Kapazität kann über die angelegte Spannung beeinflusst werden. Je höher die Sperrspannung ist, desto geringer wird die Kapazität. Bei normalen Dioden ist die Sperrschichtkapazität im Bereich weniger Picofarad. Bei speziellen Kapazitätsdioden kann sie mehrere Hundert Picofarad annehmen.
- **+ an Anode und - an Kathode:** In diesem Fall ist die Diode in Flussrichtung. Wird eine bestimmte Durchlassspannung überschritten, so werden vom Pluspol an der Anode die Elektronen aus den Löchern der Sperrschicht herausgerissen. Neue Elektronen kommen vom Minuspol nach, und Strom fließt. Je größer der Strom in Flussrichtung wird, desto größer wird

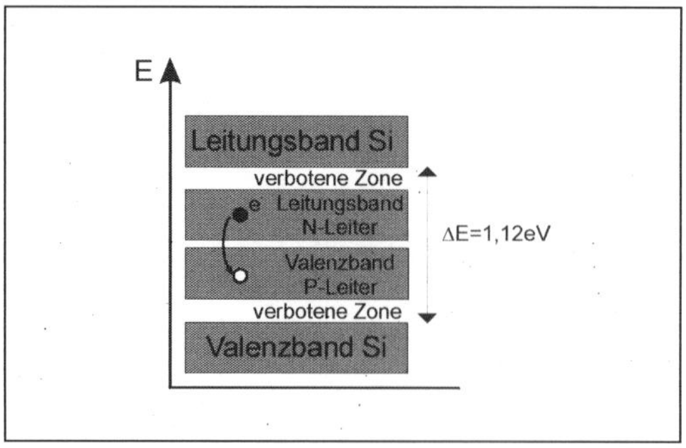

Abb. 4.12-1: Energiemodell des PN-Übergangs

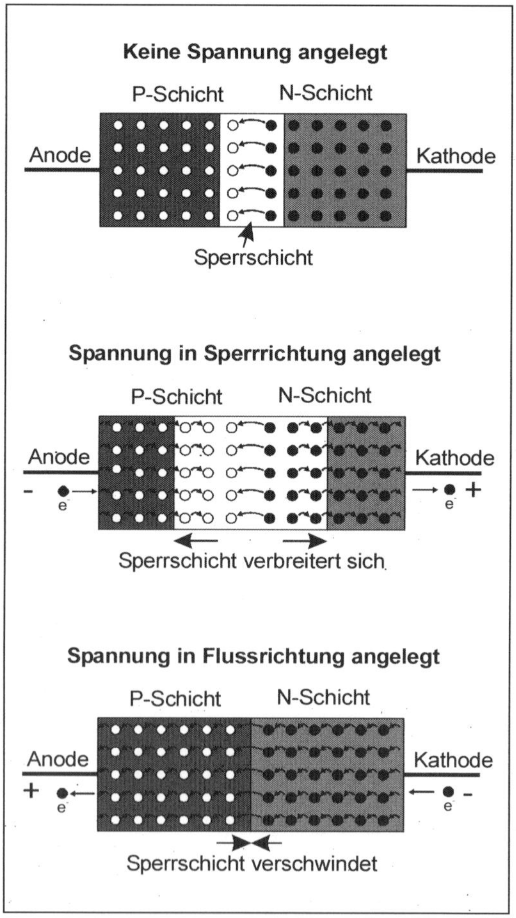

Abb. 4.12-2: Verschiedene Zustände des PN-Übergangs

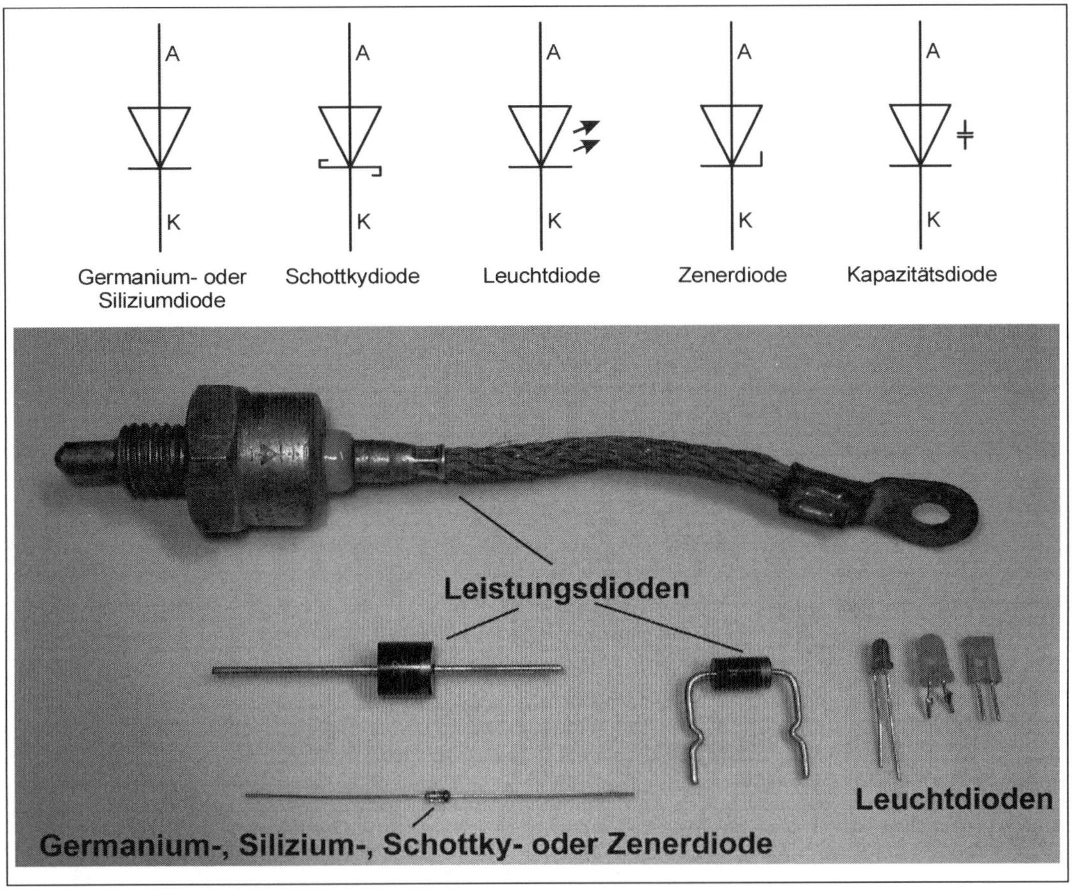

Abb. 4.12-3: Schaltzeichen und Bauformen von Dioden

auch die Durchlassspannung, die an der Diode verloren geht.

4.12.2 Kennlinien und Bauformen von Dioden

Bei allen Dioden kann man eine Kennlinie und verschiedene Parameter angeben. Die Kennlinien der unterschiedlichen Dioden sind in Abbildung 4.12-4 zu sehen, die Parameter sind jeweils bei den Diodentypen angegeben. Folgende Parameter sind in erster Linie interessant:

- **Durchlassspannung:** Dies ist die Spannung, ab der eine Diode den Strom in Durchlassrichtung durchlässt. Sie ist abhängig vom Material, der Temperatur und dem Strom. Je höher die Temperatur, desto niedriger die Durchlassspannung. Je höher der Strom, desto höher die Durchlassspannung.

  Die Durchlassspannung fällt an einer Diode in Flussrichtung ab und geht somit verloren. Soll beispielsweise ein Gerät mit einer Siliziumdiode gegen Verpolung geschützt werden, und die Diode befindet sich in Reihe zum Gerät, so ist je nach Strom mit einem Spannungsverlust von 0,7-1V zu rechnen.
- **Sperrspannung:** Dies ist die maximale Spannung, die eine Diode in Sperrrichtung verkraftet. Wird die Sperrspannung überschritten, so leitet die Diode den Strom auch in Sperrrichtung und wird zerstört. Sie verhält sich dann in der Regel wie eine direkte Verbindung in beide Richtungen.
- **Strom:** Interessant ist nur der Strom in Flussrichtung, da in Sperrrichtung ein vernachlässigbar geringer Strom im nA bis µA-Bereich fließt. Der Strom in Durchlassrichtung sollte nicht überschritten werden, da die Diode ansonsten zu heiß wird und durchbrennt. Die Verlustleistung der Diode berechnet sich aus

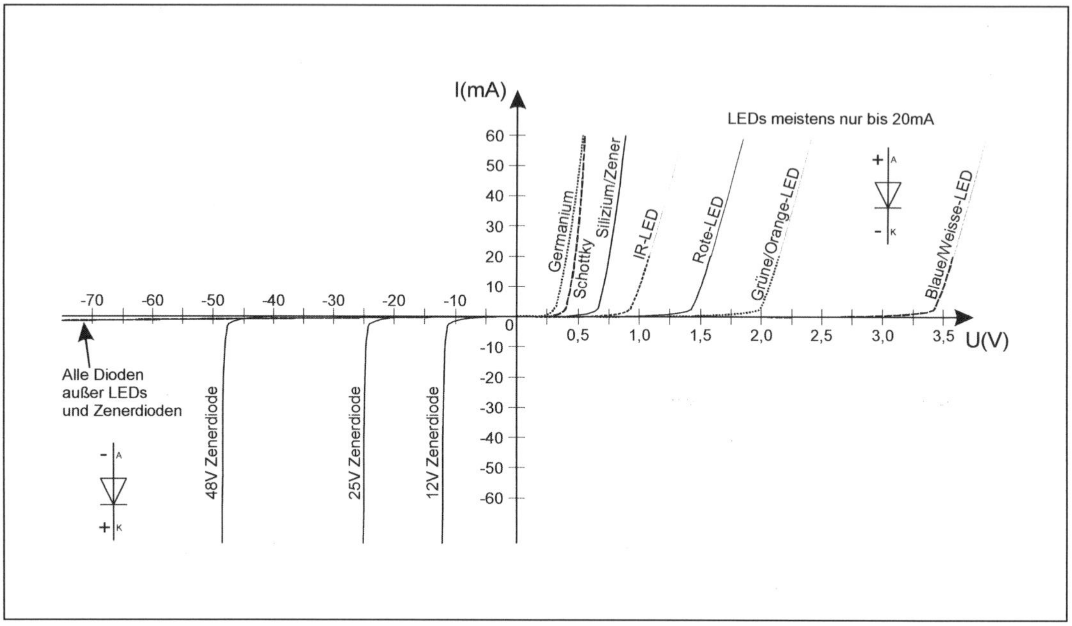

Abb. 4.12-4: Kennlinien von Dioden

dem Produkt von Durchlassspannung und Strom.

4.12.2.1 Siliziumdiode

Die Standarddiode ist eine Siliziumdiode. Sie hat eine Durchlassspannung von etwa 0,7V. Es gibt die Siliziumdiode mit Sperrspannungen bis über 1000V und Strömen über 100A. Eine einfache Standarddiode für Audioanwendungen ist die 1N4148 mit 100V Sperrspannung und 200mA Strom.

4.12.2.2 Germaniumdiode

Germaniumdioden kommen in der Elektronik heute nur noch relativ selten vor. Sie werden hauptsächlich für Radio- und Fernsehempfänger eingesetzt, da sie eine kleinere Durchlassspannung haben. Sie beträgt typischerweise 0,3V.

4.12.2.3 Leuchtdioden (LED)

Leuchtdioden, auch LEDs genannt (Light Emitting Diode) sind Dioden, die bei der Rekombination von Elektronen und Löchern Licht aussenden. Welche Wellenlänge das Licht hat, hängt vom Halbleitermaterial und dessen Dotierung ab. Allgemein kann man sagen, dass die Durchlassspannung um so höher wird, je kurzwelliger das Licht ist, das die Leuchtdiode aussendet. In Tabelle 4.12-1 sind die Durchlassspannungen für verschiedene Wellenlängenbereiche angegeben.
Leuchtdioden sind normalerweise nur für den Betrieb in Flussrichtung konzipiert. Sie verkraften keine sehr hohen Sperrspannungen. Sollen sie mit Wechselstrom betrieben werden, so muss man eine normale Diode in Reihe schalten, um hohe Sperrspannungen abzufangen.

4.12.2.4 Schottky Dioden

Schottky Dioden sind sehr schnell schaltende Dioden mit einer niedrigen Durchlassspannung von 0,2-0,4V. Ein Standardtyp ist die BAT85 mit 60V Sperrspannung und 200mA Strom.

Farbe	Durchlassspannung
IR (Infrarot)	ca. 1V
Rot	ca. 1,5V
Grün	ca. 2,1V
Orange	ca. 2,2V
Blau	ca. 3,5V
Ultraviolett	ca. 3,5V
Weiss	ca. 3,5-4V
RGB (Multicolor)	Mehrere einfarbige Dioden in einem Gehäuse

Tab. 4.12-1: Durchlassspannungen verschiedener Leuchtdioden

Abb. 4.12-5: Schaltzeichen und Bauformen von Gleichrichtern

Schottky-Dioden haben keinen PN-Übergang sondern einen Metall-Halbleiter-Übergang, der ein ähnliches Verhalten wie ein PN-Übergang aufweist.

4.12.2.5 Zenerdioden

Zenerdioden sind nach dem Physiker Clarence Malvin Zener benannt, der entdeckte, dass eine hohe elektrische Feldstärke einen Stromfluss in Halbleitermaterialien hervorrufen kann. Zenerdioden verhalten sich in Flussrichtung wie normale Siliziumdioden. In Sperrrichtung geschaltet, fangen sie aufgrund des Zenereffektes ab einer bestimmten Spannung auch an, Strom zu leiten. Die Spannung (Zenerspannung), bei der der Stromfluss in Sperrrichtung einsetzt, ist konstruktionsbedingt und wird vom Hersteller vorgegeben. Zenerdioden gibt es mit Zenerspannungen zwischen 2V und 300V.
Zenerdioden werden zur Spannungsstabilisierung oder als Schutzschaltung gegen Überspannung eingesetzt.

4.12.3 Der Gleichrichter

Ein Gleichrichter hat die Aufgabe, aus einer Wechselspannung eine Gleichspannung zu machen. Der Gleichrichter alleine sorgt hierbei jedoch nicht für eine Glättung oder Stabilisierung dieser Gleichspannung, sondern verhindert lediglich den ständigen Vorzeichenwechsel der Spannung. Zur endgültigen Glättung und Stabilisierung sind Ladeelkos und Spannungsregler notwendig (siehe auch Kapitel 5.15.).

4.12.3.1 Einweggleichrichter

Die einfachste Variante des Gleichrichters besteht aus einer einzigen Diode. Man spricht hierbei auch von einem Einweggleichrichter.
Von der angelegten Wechselspannung gelangt lediglich eine Halbwelle durch die Diode, die andere wird gesperrt. Auf diese Weise gelangen zum Beispiel nur die positiven Halbwellen an den Ausgang (siehe Abbildung 4.12-6). Während der negativen Halbwelle kommt keine Spannung aus der Diode heraus.
Das Problem der Einweggleichrichtung liegt auf der Hand: die großen Löcher zwischen den positiven Halbwellen müssen durch aufwändige Glättungsmaßnahmen "gefüllt" werden, da die Gleichspannung ansonsten immer wieder einbricht.
Somit eignet sich der Einweggleichrichter im Audiobereich nur für relativ kleine Lasten oder signalunkritische Schaltungsteile (Lämpchen).

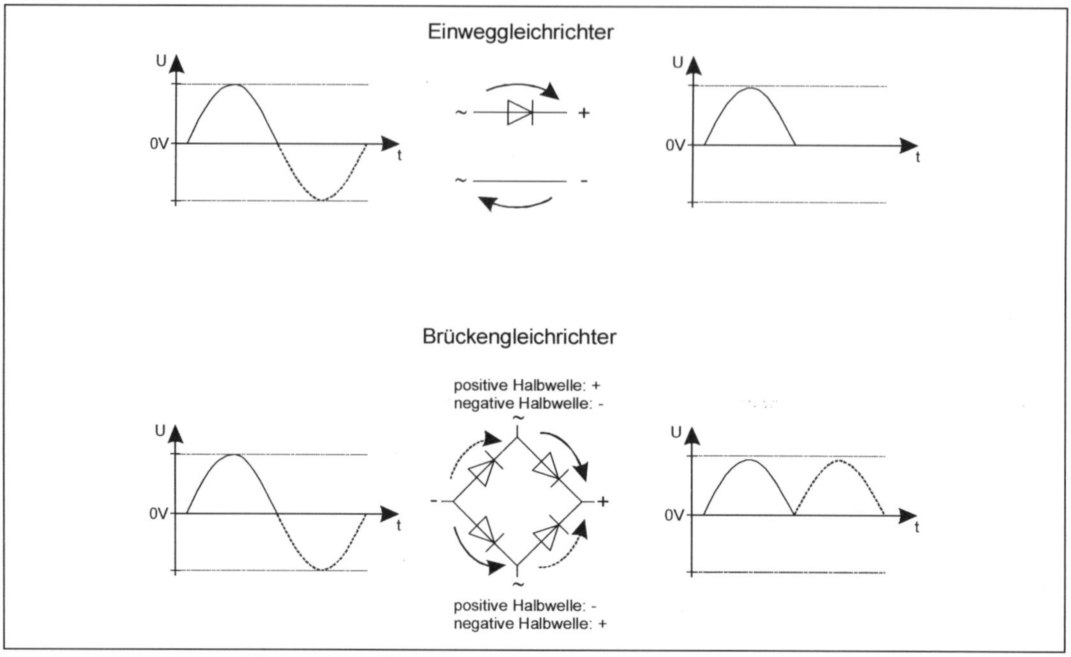

Abb. 4.12-6: Funktionsweise von Einweg- und Brückengleichrichter

4.12.3.2 Brückengleichrichter

Die bessere Gleichrichtervariante stellt der Brückengleichrichter dar. Vier Dioden sind hierbei so angeordnet, dass jede Halbwelle der Wechselspannung positiv auf den Ausgang des Gleichrichters gelangt. Da die Wechselspannung jeweils durch zwei Dioden gleichzeitig geleitet wird, verliert man am Brückengleichrichter je nach Stromstärke 1,4-2V. Durch entsprechende Dimensionierung des Netztrafos ist das kein Problem, allerdings lässt sich ein Audiosignal nur sehr schlecht durch eine Brückengleichrichterschaltung gleichrichten. In einfachen VU-Metern wird daher eine einzelne Germaniumdiode als Einweggleichrichter eingesetzt.

4.13 Der Transistor

Der Transistor ist ein stromverstärkendes Bauelement, ähnlich der Röhre. Er wird aus Halbleitermaterialien aufgebaut und unterteilt in bipolare und unipolare Transistoren. In der Audiotechnik werden Transistoren heute nur noch in bestimmten Schaltungen eingesetzt und ansonsten durch den einfacher einsetzbaren Operationsverstärker ersetzt. Aus diesem Grund soll hier das Bauteil Transistor nur kurz vorgestellt und nicht genauer beschrieben werden.
Transistoren findet man heute noch in Mikrofonen, Mikrofonvorverstärkern und Endstufen.

4.13.1 Bipolare Transistoren

Die erste Transistorart sind die bipolaren Transistoren. Sie haben ihren Namen von den zwei unterschiedlich "gepolten" Materialien, aus denen sie zusammengesetzt werden. Wie auch bei der Diode werden N-dotierte und P-dotierte Halbleitermaterialien benutzt.

4.13.1.1 NPN-Transistor

Ein NPN-Transistor wird aus zwei N-dotierten Halbleiterschichten und einer P-dotierten Schicht gefertigt. Die Anordnung ist in Abbildung 4.13-1 zu sehen. Dadurch, dass sich in einem Transistor zwei PN-Übergänge befinden, kann man ihn im Ersatzschaltbild auch wie zwei Dioden betrachten. Man kann ihn allerdings nicht aus zwei zusammengeschalteten Dioden nachbauen, da die P- und N-Schichten andere Eigenschaften haben, als in einer Diode. Die Abbildung 4.13-2 zeigt das Ersatzschaltbild eines NPN-Transistors, sowie dessen tatsächliches Schaltbild.

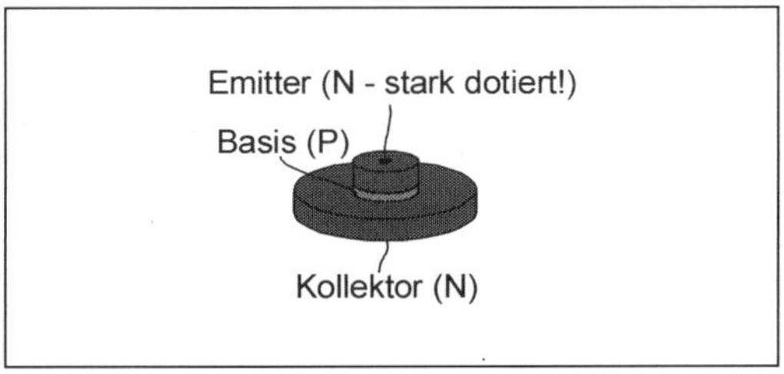

Abb. 4.13-1: Schematischer Aufbau eines NPN-Transistors

Durch den Aufbau des Transistors ergibt sich folgendes Verhalten (siehe Prinzipbeschaltung in Abbildung 4.13-3):

- Wenn keine Spannung am Transistor angelegt ist, bildet sich zwischen beiden PN-Übergängen eine Sperrschicht.
- Der PN-Übergang zwischen Basis und Emitter verschwindet, wenn die Durchlassspannung einer Siliziumdiode erreicht ist (etwa 0,7V). Hierbei muss beim NPN-Transistor an der Basis eine positive Spannung gegenüber dem Emitter anliegen.
- Am Kollektor liegt eine noch positivere Spannung an als an der Basis. Dadurch bildet sich zwischen Basis und Kollektor eine Sperrschicht.
- Sobald die Basis-Emitterstrecke in Flussrichtung geht, werden aus dem Emitter aufgrund der starken Dotierung sehr viele Elektronen frei und fließen Richtung Basis.
- Die Basis ist sehr klein und dünn und kann die vielen Elektronen nicht aufnehmen. Sie "überschwemmen" die Basis und gelangen durch die zweite Sperrschicht zum Kollektor. Der Kollektor sammelt die Elektronen mit seiner positiven Versorgungsspannung ein.

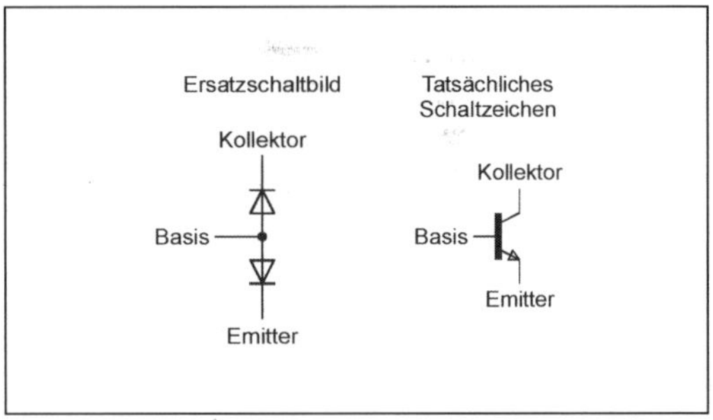

Abb. 4.13-2: Ersatzschaltbild und Schaltzeichen eines NPN-Transistors

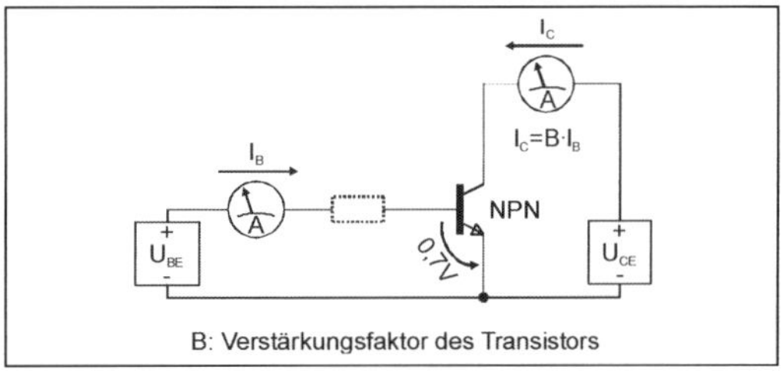

Abb. 4.13-3: Grundschaltung eines NPN-Transistors

Durch die eben genannten Vorgänge ergibt sich nur ein kleiner Basisstrom I_B, da nicht sehr viele Elektronen über die kleine Basis abfließen können. Der Basisstrom kann mit Hilfe des gestrichelt eingezeichneten Widerstands begrenzt werden. Weiterhin ergibt sich ein großer Kollektorstrom I_C, da der Hauptteil der Elektronen zum Kollektor hin abfließt. Das Verhältnis zwischen Basis- und Kollektorstrom ist annähernd konstant und stellt den Verstärkungsfaktor des Transistors B dar.

4.13.1.2 PNP-Transistor

Der PNP-Transistor ist genau das Gegenteil vom NPN-Transistor. Alle Spannungspolungen sind umgekehrt, und anstelle der Elektronen kann man sich seine Funktion mit Löchern vorstellen.

Die Abbildungen 4.13-4 bis 4.13-6 zeigen den Aufbau, die Schaltzeichen und eine Prinzipbeschaltung des PNP-Transistors.

In der Praxis kombiniert man NPN- und PNP-Transistoren zu "Komplementären Pärchen", also Transistorpärchen, die die gleichen Eigenschaften besitzen, jedoch mit entgegengesetzten Spannungen arbeiten. Im Kapitel 5.13 sind Endstufenschaltungen mit komplementären Transistorpärchen beschrieben.

4.13.1.3 Darlingtonschaltungen

Wenn die Stromverstärkung B eines Transistors für eine bestimmte Anwendung nicht ausreicht, kann man zwei Transistoren als so genannte "Darlingtonschaltung" hintereinander setzen. Es gibt auch Transistoren, die bereits eine Darlingtonschaltung im Gehäuse haben und nach außen hin wie ein normaler Transistor aussehen.
Man unterscheidet zwei Varianten der Darlingtonschaltung, die für NPN- und PNP-Transistoren in Abbildung 4.13-7 zu sehen sind. Dies sind einmal die normalen Darlingtonschaltungen, die links in der Abbildung zu sehen sind. Zum andern gibt es die Komplementär-Darlingtonschaltungen, die rechts in der Abbildung zu sehen sind. Der Unterschied bei letzteren besteht darin, dass jeweils eine Kombination aus NPN- und PNP-Transistoren zum Einsatz kommt. Dies kann dann hilfreich sein, wenn man genau die gleichen Transistoren als Ausgangsverstärker haben möchte, sie jedoch als NPN- und PNP-Transistor ansteuern möchte (siehe Schaltung in Kapitel 5.13.1.1).
Der Widerstand in den Darlingtonschaltungen sorgt dafür, dass der zweite Transistor schnell genug wieder den Stromfluss unterbrechen kann. Er wird fast immer eingebaut.

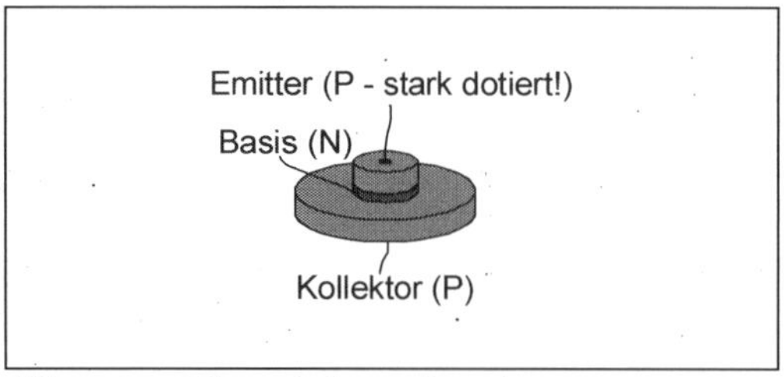

Abb. 4.13-4: Schematischer Aufbau eines PNP-Transistors

4.13.2 Der unipolare Transistor (FET)

Ein unipolarer Transistor, oder auch Feldeffekttransistor (FET) genannt, ist ein Transistor, dessen Laststrom durch eine einzige dotierte Halbleiterschicht gesteuert wird. Die Steuerung erfolgt hierbei nicht durch Sperrschichten sondern durch so genannte "Kanäle". In Abbildung 4.13-8 ist der Prinzipaufbau eines FETs zu sehen. Es handelt sich hierbei um einen N-Kanal-MOSFET, der im nächsten Kapitel genauer beschrieben wird. Am N-Kanal befinden sich die Anschlüsse "Source" (Quelle) und

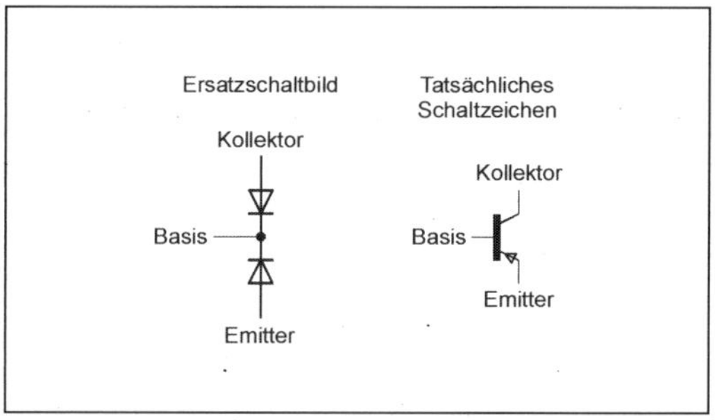

Abb. 4.13-5: Ersatzschaltbild und Schaltzeichen eines PNP-Transistors

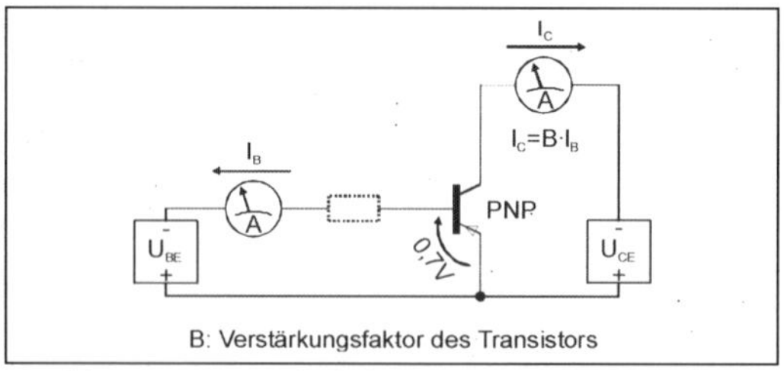

Abb. 4.13-6: Grundschaltung eines PNP-Transistors

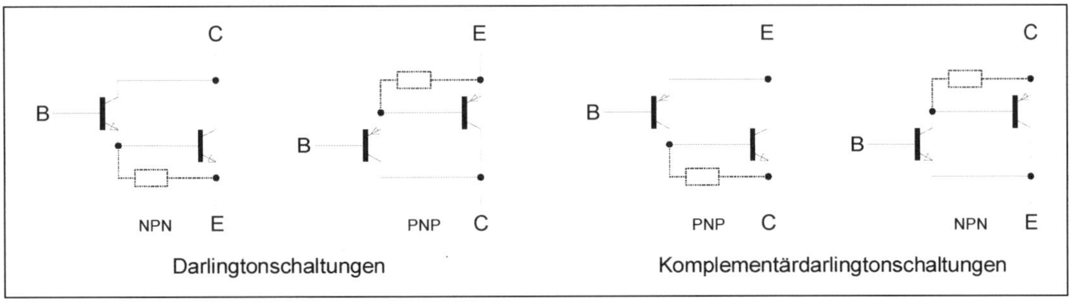

Abb. 4.13-7: NPN- und PNP-Darlingtonschaltungen

"Drain" (Ablauf). Zwischen ihnen kann durch den N-dotierten Halbleiter der Strom fließen. Mit Hilfe einer Spannung am "Gate" (Tor) kann der Kanal durch eine Sperrschicht verengt und der Stromfluss damit gesteuert werden.
Es handelt sich bei diesem Bauteil also um einen steuerbaren Widerstand. Die Steuerung am Gate erfolgt hierbei weitgehend stromlos, da nur ein elektrisches Feld benötigt wird, um die Kanalbreite einzustellen.
FETs werden zum Beispiel anstelle von Bipolartransistoren in Endstufen eingesetzt oder als elektronische Schalter in Mischpulten. Weiterhin findet man sie in Kondensatormikrofonen als rauscharme Impedanzwandler.

4.13.2.1 FET Bauformen

Man unterscheidet grundsätzlich drei verschiedene Typen von FETs:

- **Sperrschicht FETs:** Auch J-Fet genannt. Bei diesen FETs ist der Kanal Source-Drain von vornherein selbstleitend. Das heißt, wenn an das Gate des FET keine Spannung gegenüber Source angelegt wird, dann wird der volle Strom durchgelassen. Je mehr Spannung zwischen Gate und Source anliegt, desto größer wird die Sperrschicht zwischen dem PN-Übergang und desto geringer wird der Stromfluss zwischen Source und Drain. Die Sperrschicht "schnürt" also den Stromfluss zwischen Source und Drain ab.
  Damit sich die Sperrschicht ausbilden kann, muss die Spannung am Gate bei einem N-Kanal-FET negativ gegenüber Source sein. Bei einem P-Kanal-FET muss sie positiv gegenüber Source sein. Umgekehrte Polungen der Gate-Spannungen sind nicht zulässig, da der PN-Übergang zwischen Gate und Source ansonsten wie eine Diode in Flussrichtung ginge.
- **Verarmungs-MOSFETs:** MOS steht für "Metal Oxide Semiconductor". Das bedeutet, dass ein Metalloxid als Isolator in das Gate eingebaut wird. Es entsteht daher keine Sperrschicht, wie bei den J-FETs.
  MOSFETs werden auch Isolierschicht-FETs genannt. Verarmungs-MOSFETs sind von vornherein selbstleitend und benötigen eine Spannung, um den Stromfluss zu reduzieren. Die Spannung kann jedoch bipolar sein, da kein PN-Übergang zwischen Gate und Source vorhanden ist. Ist die Steuerspannung zwischen Gate und Source bei einem N-Kanal-MOSFET negativ, werden Ladungsträger aus dem Substrat angezogen und aus dem Kanal verdrängt. Dadurch wird der Kanal verengt. Ist die Spannung positiv, werden die Ladungsträger

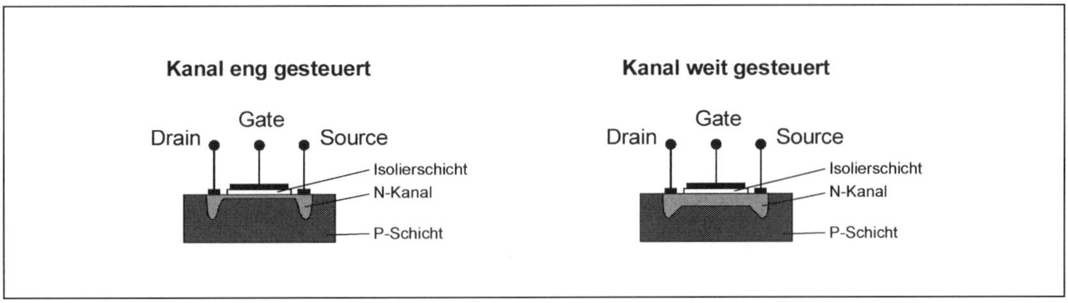

Abb. 4.13-8: Schematischer Aufbau eines N-Kanal MOSFETs

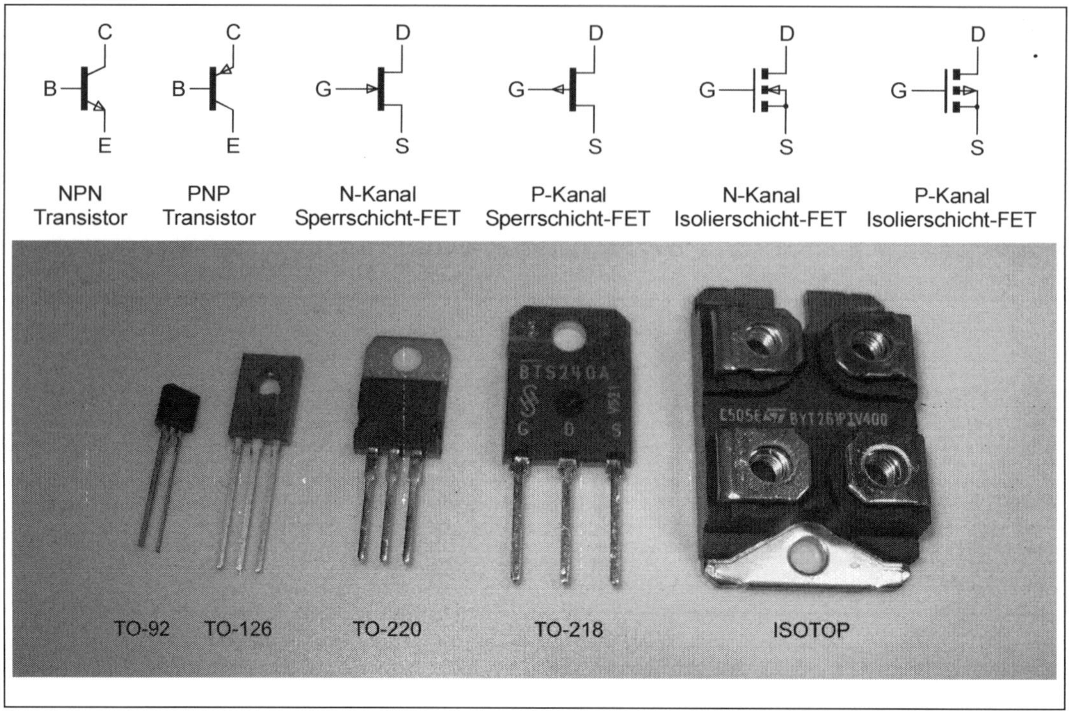

Abb. 4.13-9: Schaltzeichen und Bauformen von Transistoren und Feldeffekttransistoren (FETs). Die beiden rechten FET-Schaltzeichen werden noch in Anreicherungstypen (mit gestrichelter Source-Drain-Linie - siehe Bild) und Verarmungstypen (mit durchgezogener Source-Drain-Linie) unterschieden.

aus dem Substrat abgestoßen, und der Kanal weitet sich. Das Substrat (Pfeil im Schaltzeichen) ist mit Source verbunden, damit sich entsprechende elektrische Felder zwischen Gate und dem Substrat ausbilden können.

- **Anreicherungs-MOSFETs:** Diese Variante des MOSFETs ist von vornherein selbstsperrend. Das heißt, dass ohne Spannung am Gate auch kein Stromfluss zwischen Source und Drain stattfinden kann. Bei einem N-Kanal-MOSFET kann der Stromfluss zwischen Source und Drain durch eine **positive** Steuerspannung zwischen Gate und Source aktiviert werden.

Die Schaltzeichen der verschiedenen FETs sind in Abbildung 4.13-9 zu sehen. Die dort ebenfalls gezeigten Bauformen können in der Praxis sowohl von bipolaren Transistoren als auch von FETs stammen.

Je nach Stromstärke kann es notwendig sein, diese Bauteile auf einen Kühlkörper zu montieren, da sie ansonsten bei zu hoher Temperatur zunächst unerwünschte Effekte zeigen und schließlich auch durchbrennen könnten.

4.14 Der Operationsverstärker

Der Operationsverstärker ist das Standardbauteil in modernen analogen Audiogeräten. Es handelt sich bei ihm um eine integrierte Schaltung, die mehrere Transistorschaltungen beinhaltet. So befindet sich beispielsweise am Eingang ein Differenzverstärker, der nur den Unterschied zwischen den Eingangssignalen verstärkt. Am Ausgang hat er meistens eine kleine Gegentaktendstufe, um genügend Strom liefern zu können. Weiterhin sind Temperaturstabilisierungen, Stromquellen und Kurzschlussschutzschaltungen enthalten. Der Name Operationsverstärker kommt daher, dass er mehrere mathematische Rechenoperationen elektronisch durchführen kann. So kann man beispielsweise mit einem Operationsverstärker subtrahieren oder auch differenzieren (ohne Operationsverstärker ist dagegen nur eine Addition oder eine Integration möglich). Auf diese Weise wird es möglich, mit Operationsverstärkern Differenzialgleichungen elektronisch umzusetzen. Der Operationsverstärker kann weiterhin Signale verstärken und abschwächen, was einer Multiplikation mit einem Verstärkungsfaktor beziehungsweise einer Addition des Pegels entspricht. Eine Multiplikation oder Division zweier Signale miteinander ist dagegen nicht möglich.

Der Operationsverstärker wird meistens kurz "OP", oder "OpAmp" genannt.

4.14.1 Eigenschaften

4.14.1.1 Anschlüsse

Der Operationsverstärker verfügt über fünf Anschlüsse (siehe Abbildung 4.14-1):

- **Zwei Betriebsspannungsanschlüsse:** An diese Anschlüsse wird normalerweise eine symmetrische Betriebsspannung angelegt. In diesem Fall kann der Operationsverstärker sowohl positive, als auch negative Spannungen bis in die Nähe der Betriebsspannung verarbeiten.
  Wird ein Operationsverstärker unsymmetrisch betrieben, so kann er auch nur positive Signale an den Eingängen und am Ausgang verarbeiten. Ein Audiosignal muss in diesem Fall so aufbereitet werden, dass es in den Arbeitsbereich des Operationsverstärkers gelangt (siehe Kapitel 5.15.3.2).
- **Zwei Eingänge:** Die beiden Eingänge heißen "nicht invertierender Eingang" - erkennbar an dem Pluszeichen am Eingang und "invertierender Eingang" - erkennbar an dem Minuszeichen am Eingang. Der Operationsverstärker verstärkt immer nur die Differenz zwischen diesen beiden Eingängen.
  Die Eingänge eines Operationsverstärkers haben eine sehr hohe Eingangsimpedanz im Megaohm- bis Teraohm-Bereich.
- **Ausgang:** Am Ausgang kommt das verstärkte Signal mit niedriger Ausgangsimpedanz heraus. Das heißt, dass relativ viel Strom am Ausgang zur Verfügung steht, ohne, dass das Signal zusammenbricht. Ein Standardoperationsverstärker für Studioanwendungen muss ein Signal verzerrungsfrei an einer Last von 600Ω zur Verfügung stellen können.

Das Ausgangssignal kann anhand der Eingangssignale nach folgender Formel berechnet werden:

$$\Delta U_{aus} = \left(U_{ein+} - U_{ein-}\right) \cdot A$$

mit:

ΔU_{aus}: Ausgangsspannungsänderung in Volt, V
U_{ein+}: Eingangsspannung am nicht invertierenden Eingang in Volt, V
U_{ein-}: Eingangsspannung am invertierenden Eingang in Volt, V
A: Open Loop Gain (siehe Kapitel 4.14.1.3)

Die Ausgangsspannung wird also nicht direkt angegeben, sondern nur die Ausgangsspannungsänderung. Aus der oben stehenden Formel ergeben sich drei verschiedene Betriebszustände, die der Operationsverstärker annehmen kann:

- **$U_{ein+} > U_{ein-}$:** In diesem Fall ist die Differenz der Eingangsspannungen positiv, und der Ausgang des Operationsverstärkers steigt mit der Slew-Rate an. Er kann nicht über die positive Betriebsspannung ansteigen.
- **$U_{ein+} < U_{ein-}$:** In diesem Fall ist die Differenz der Eingangsspannungen negativ, und der Ausgang des Operationsverstärkers fällt mit der Slew-Rate ab. Er kann nicht über die negative Betriebsspannung abfallen.
- **$U_{ein+} = U_{ein-}$:** In diesem Fall ist die Differenz der Eingangsspannungen null, und der Ausgang des Operationsverstärkers verändert sich nicht.

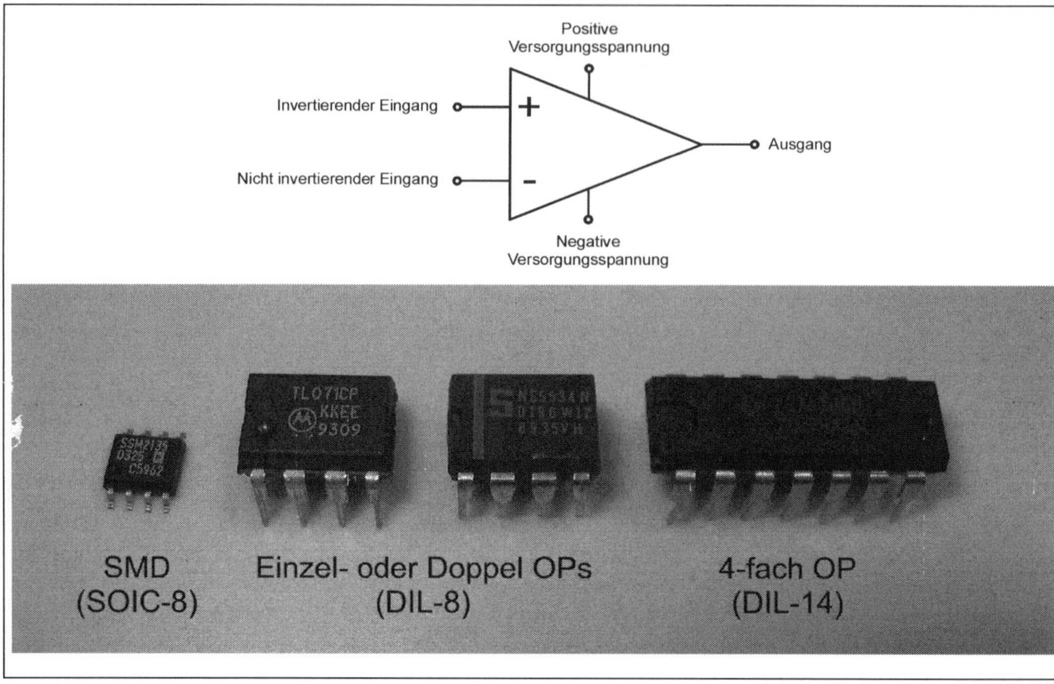

Abb. 4.14-1: Schaltzeichen und Bauformen von Operationsverstärkern

Er bleibt bei der Spannung stehen, bei der er zuletzt gewesen ist.

Mehr als diese drei verschiedenen Betriebszustände kann der Operationsverstärker nicht annehmen. Um nun eine sinnvolle Schaltung daraus zu machen, kann man den Ausgang so schalten, dass er die Eingangsspannungen beeinflusst. Auf diese Weise hat der Ausgang Einfluss auf die Differenz zwischen den Eingängen und somit auch auf das Betriebsverhalten. Man spricht in diesem Fall vom "Closed-Loop-Betrieb". Das heißt, dass eine geschlossene Regelschleife zwischen Ausgang und Eingang besteht. Alle Operationsverstärkergrundschaltungen (siehe Kapitel 5.3) basieren auf dem Closed-Loop-Betrieb.

4.14.1.2 Verstärkung

Der Verstärkungsfaktor A, der im vorangegangenen Kapitel genannt wurde, ist die so genannte "Open Loop Gain" oder "Offene Schleifenverstärkung". Hierbei handelt es sich um die maximal mögliche Verstärkung, die ein Operationsverstärker hat. Sie ist abhängig von der Frequenz und wird zu hohen Frequenzen hin immer kleiner. In Abbildung 4.14-2 ist die Open Loop Gain eines Operationsverstärkers zu sehen. Jeder Operationsverstärker hat eine andere Open Loop Gain, die abhängig von dessen Slew-Rate ist. Ein Diagramm, ähnlich wie in Abbildung 4.14-2, ist in den Datenblättern des Operationsverstärkers zu finden.
In das Diagramm ist weiterhin grau hinterlegt der "Audiobereich" eingezeichnet. Dies ist der Bereich, in dem der Operationsverstärker für Audioanwendungen betrieben wird. Er geht von 20Hz bis 20kHz und umfasst Verstärkungen von 0dB (Im-

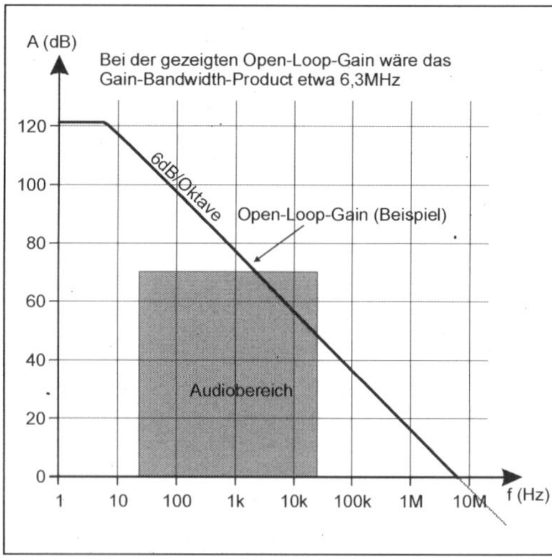

Abb. 4.14-2: Open-Loop-Gain

pedanzwandler) bis 70dB (Mikrofonvorverstärker). Mit der hier gezeigten Open-Loop-Gain wäre allerdings nur eine Verstärkung von maximal 50dB im Audiobereich möglich.

Man erkennt bei der Open-Loop-Gain, dass zu hohen Frequenzen hin die mögliche Verstärkung um 6dB pro Oktave abnimmt. Ab einer bestimmten, höchsten Frequenz kann der Operationsverstärker gar nicht mehr verstärken, sondern ist nur noch in der Lage dem Signal zu folgen. Geht man mit der Frequenz noch weiter darüber, so kann das Signal nur noch abgeschwächt werden.
Man kann das Open-Loop-Gain Diagramm benutzen, um zu sehen, ob der Operationsverstärker für eine bestimmte Anwendung geeignet ist, oder nicht. Für Audioanwendungen sollte er auf jeden Fall bis 20kHz arbeiten. Man geht also bei 20kHz im Diagramm nach oben und liest die entsprechende Maximalverstärkung des Operationsverstärkers ab. Jede geringere Verstärkung ist dann ebenso problemlos möglich.

Eine weitere Möglichkeit, die maximale Verstärkung eines Operationsverstärkers anzugeben, ohne ein Open-Loop-Gain Diagramm zu benötigen, ist das "Gain-Bandwidth-Product", kurz GBWP. Wie der Name bereits sagt, handelt es sich um das Produkt aus Verstärkung und Bandbreite. Schafft ein Operationsverstärker beispielsweise bis 100kHz eine Verstärkung von 40dB (=100-fach), so beträgt das GBWP 100000Hz·100=10MHz. Möchte man nun die maximale Verstärkung bei einer anderen Frequenz wissen, so teilt man das GBWP durch die gewünschte Frequenz. Beispiel: 10MHz/20kHz gibt 500-fache Verstärkung, also +54dB. Ist die Verstärkung bekannt, so teilt man das GBWP durch eben diese und erhält die maximale Frequenz. Beispiel: 10MHz/18 (+25dB) = 556kHz.

4.14.1.3 Slew-Rate

Die Slew-Rate ist die Anstiegsgeschwindigkeit des Ausgangs des Operationsverstärkers. Sie wird in der Einheit $\frac{V}{\mu s}$ angegeben. Sie besagt, wie schnell der Ausgang eines Operationsverstärkers seine Spannung verändern kann.

Die Slew-Rate bestimmt, welche höchste Frequenz mit welcher maximalen Amplitude vom Operationsverstärker ausgegeben werden kann. Die Abbildung 4.14-3 zeigt die Slew-Rate als gestrichelte gerade Linie im Vergleich zu unterschiedlichen Signalen bei ±15V = +22,7dBu.

Ist die Slew-Rate zu niedrig, dann kann der Operationsverstärker nicht mehr der Signalspannung folgen und liefert ein dreieckiges Ausgangssignal. Man spricht in diesem Fall von den "Slew-Verzerrungen".

Durch den endlich hohen Wert der Slew-Rate wird auch die Open-Loop-Gain bestimmt. Hat ein Operationsverstärker eine höhere Slew-Rate, so hat er auch eine höhere Open Loop Gain.

4.14.1.4 Common Mode Rejection Ratio (CMRR)

Die "Common Mode Rejection Ratio", kurz CMRR oder auch "Gleichtaktunterdrückungsmaß" gibt an, wie gut ein Operationsverstärker Signale unterdrükken kann, die auf beiden Eingängen gleichermaßen anliegen. Laut der Formel aus Kapitel 4.14.1.1 sollte am Verstärkerausgang keine Änderung stattfinden, wenn an beiden Eingängen das gleiche Signal anliegt. Da jedoch jeder Operationsverstärker winzige Ungleichheiten zwischen den Eingängen aufweist, ergibt sich in der Praxis doch eine kleine Ausgangsspannungsänderung.

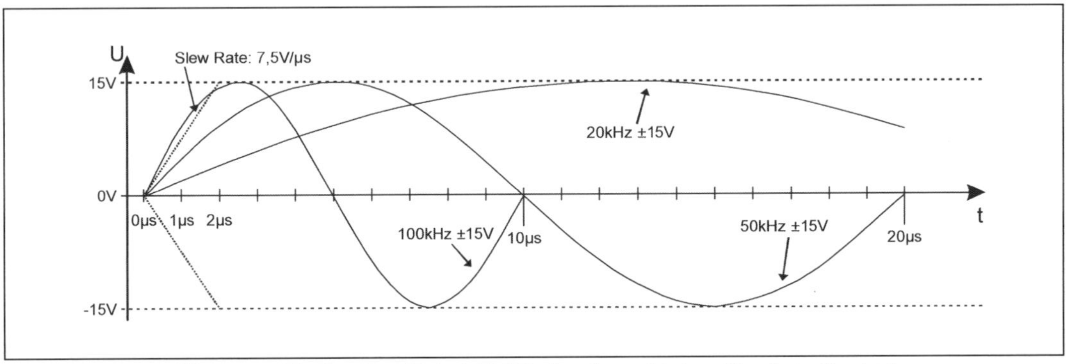

Abb. 4.14-3: Die Slew-Rate (Beispiel 7,5V/µs) und verschiedene Signale im Vergleich

Die CMRR wird in dB angegeben und berechnet sich mit folgender Formel:

$$\mathrm{CMRR} = 20 \cdot \log \frac{U_{ein}}{U_{aus}}$$

mit:
CMRR: Common Mode Rejection Ratio in dB
U_{ein}: Eingangsspannung in Volt, V
U_{aus}: Ausgangsspannung in Volt, V

Je höher der Wert ist, desto besser arbeitet der Eingang eines Operationsverstärkers als Differenzverstärker. Werte zwischen 100-140dB sind in der Praxis realistisch.

Ein weiterer Bereich, in dem eine CMRR angegeben wird, sind symmetrische Eingänge von Audiogeräten. In diesem Fall wird mit der CMRR beschrieben, wie gut Signale, die auf Hot und auf Cold gleichermaßen vorkommen (also die eingestreuten Störungen), von dem Eingang heraus gerechnet werden können. Auch hier ist der höhere Wert der bessere Wert.

Die CMRR ist frequenzabhängig und wird zu höheren Frequenzen hin schlechter.

4.14.1.5 Power Supply Rejection Ratio (PSRR)

Die "Power Supply Rejection Ratio", kurz PSRR oder auch das "Netzstörunterdrückungsverhältnis" gibt an, wie stark Störungen auf der Versorgungsspannung auf den Ausgang des Operationsverstärkers durchkommen. Sie kann in dB angegeben werden und berechnet sich nach folgender Formel:

$$\mathrm{PSRR} = 20 \cdot \log \frac{\Delta U_P}{\Delta U_{aus}}$$

mit:
PSRR: Power Supply Rejection Ratio in dB
ΔU_P: Änderung der Betriebsspannung in Volt, V
ΔU_{aus}: Änderung der Ausgangsspannung in Volt, V

Eine PSRR von 80dB würde bedeuten, dass eine Betriebsspannungsschwankung von 1V mit 100µV am Ausgang zu messen wäre. Werte von 80-100dB sind in der Praxis realistisch.

Um möglichst wenige Störungen durch eine schwankende oder rauschende Betriebsspannung zu bekommen, sollte darauf geachtet werden, die Versorgungsspannung in hochwertigen Schaltungen entsprechend zu filtern (siehe Kapitel 5.15.4.2).

Auch die PSRR ist frequenzabhängig und wird zu höheren Frequenzen hin schlechter.

4.14.1.6 Spannungs- und Stromrauschen

Das Spannungs- und Stromrauschen gibt an, welche Eingangsrauschspannung und welchen Eingangsrauschstrom ein Operationsverstärker hat. Dieses Rauschen wird verstärkt am Ausgang wieder erscheinen und hat wesentlichen Einfluss auf das Gesamtrauschverhalten einer Operationsverstärkerschaltung. Eine genauere Betrachtung des Rauschens ist im Kapitel 4.14.2 zu finden.
Das Eigenrauschen eines Operationsverstärkers wird unterschieden in das Spannungsrauschen und in das Stromrauschen.

Das Spannungsrauschen wird in der Einheit $\frac{V}{\sqrt{Hz}}$ angegeben, das Stromrauschen in der Einheit $\frac{A}{\sqrt{Hz}}$

4.14.1.7 Offsetspannung

Unter der "Offsetspannung" versteht man die Spannung, die als Versatz zum Nullpunkt im Ruhezustand eines Operationsverstärkers am Ausgang entsteht. Das heißt, liegt kein Signal am Eingang des Verstärkers an, wird trotzdem eine kleine Gleichspannung am Ausgang des Verstärkers ausgegeben. Diese Gleichspannung ist zwar nicht direkt hörbar, hat aber störende Geräusche zur Folge, wenn sie auf bewegte Potis oder Fader gelangt. Auch Mute- oder Routing-Schalter knacksen, wenn sie eine Offsetspannung schalten müssen.

Aus diesem Grund wird in einer Audioschaltung der Offset beseitigt, bevor ein Signal auf einen einstellbaren Widerstand oder einen Schalter kommt. Die einfachste Möglichkeit hierbei ist der Einsatz eines Koppelkondensators (siehe Kapitel 5.15.3.2)

Um den Grund für die Offsetspannung am Ausgang eines Operationsverstärkers verstehen zu können, muss man sich dessen Ursachen am Eingang des Operationsverstärkers anschauen:

- **Input Offset Voltage:** (Eingangsoffsetspannung, V_{OS}) Jeder Operationsverstärker hat eine Eingangsoffsetspannung. Diese entsteht durch

$$O_I = V_{OS} + I_{B+} \cdot R3 - I_{B-} \cdot \left[\frac{R1 \cdot R2}{R1 + R2} \right]$$

$$O_O = V_{OS} \cdot \left[1 + \frac{R2}{R1} \right] + I_{B+} \cdot R3 \cdot \left[1 + \frac{R2}{R1} \right] - I_{B-} \cdot R2$$

mit:

O_I:	Eingangsoffsetspannung in Volt, V
O_O:	Ausgangsoffsetspannung in Volt, V
R1, R2 und R3:	Widerstände in Ohm, Ω
V_{OS}:	Eingangsoffsetspannung des Operationsverstärkers Volt, V
I_{B+} und I_{B-}:	Eingangsruhestrom des Operationsverstärkers in Ampere, A

Der Offset durch die Eingangsruheströme hebt sich auf, wenn gilt:

$I_{B+} = I_{B-}$und gleichzeitig $R3 = \left[\frac{R1 \cdot R2}{R1 + R2} \right]$

In diesem Fall beträgt $O_I = V_{OS}$

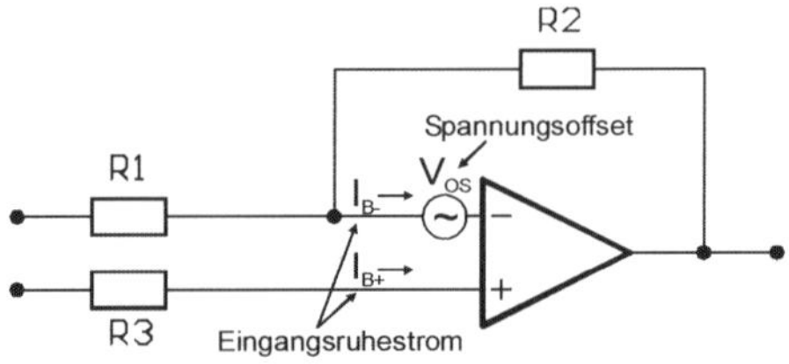

Abb. 4.14-4: Berechnung der Offsetspannung eines Operationsverstärkers

eine notwendige Signalverschiebung im Inneren des Operationsverstärkers, um die verschiedenen integrierten Verstärkerstufen einander anzupassen. Diese Signalverschiebung ist nicht perfekt und hat die Eingangsoffsetspannung zur Folge.
Als weiterer Nebeneffekt verändert sich diese Offsetspannung in Abhängigkeit der Temperatur (Input Offset Voltage Drift).

- **Input Bias Current:** (Eingangsruhestrom, I_B) Jeder Operationsverstärker hat einen endlichen Eingangswiderstand. Über diesen Widerstand fließt ein Eingangsruhestrom, der einen Spannungsabfall am entsprechenden Eingangswiderstand zur Folge hat.
  Da der Operationsverstärker zwei gegenphasige Eingänge hat, ist es jedoch möglich, die externe Beschaltung so zu wählen, dass die beiden Eingangsruheströme keine Offsetspannung hinzufügen. Dies ist gegeben, wenn die Parallelschaltung aus R1 und R2 den gleichen Wert hat wie R3 und, wenn gleichzeitig an beiden Eingängen der gleiche Eingangsruhestrom gegeben ist.

Eine Beispielschaltung, sowie die Berechnung der Offsetspannungen ist in Abbildung 4.14-4 zu finden. Den Eingangsspannungsoffset sowie die Eingangsruheströme kann man dem Datenblatt des Operationsverstärkers entnehmen.

Als Beispiel soll der NE5532 mit dem TL072 verglichen werden:

- **NE5532:**
  Eingangsoffsetspannung: V_{OS}=0,5mV
  Eingangsruhestrom: I_{B+}=I_{B-}=200nA

- **TL072:**
  Eingangsoffsetspannung: V_{OS}=3mV
  Eingangsruhestrom: I_{B+}=I_{B-}=65pA

Gesetzt den einfachen Fall einer invertierenden Grundschaltung mit Verstärkungsfaktor 1, die zum Beispiel als Phasendreher eingesetzt werden soll.

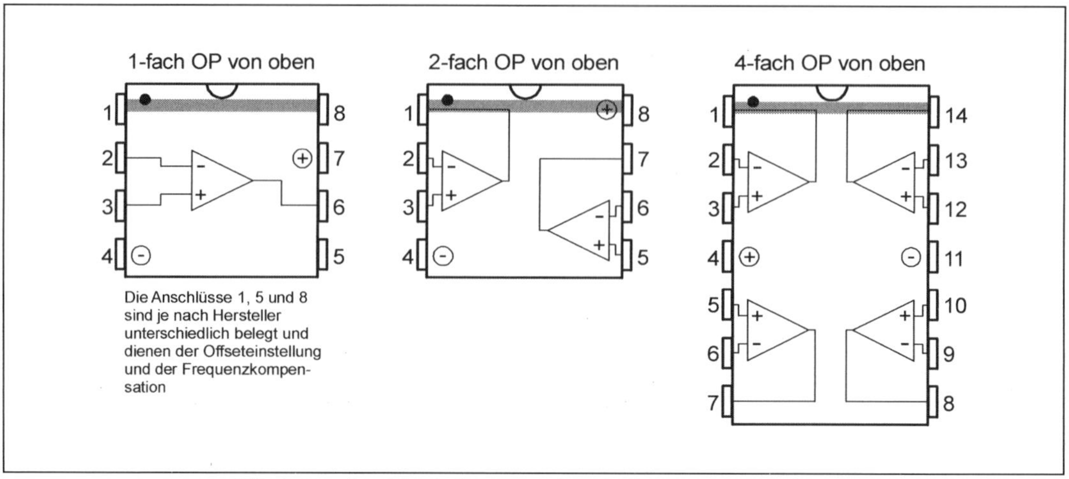

Abb. 4.14-5: Anschlussbelegung von Standardoperationsverstärkern

Die Widerstände R1=R2 werden mit 10kΩ gewählt. R3 ist 0Ω, das heißt, der nicht invertierende Eingang liegt direkt auf Masse.
In diesem Fall hätte der NE5532 eine Ausgangsoffsetspannung von -1mV und der TL 072 eine von -6mV. Durch die Wahl von R3=2500Ω verändert sich die Funktion der Schaltung nicht, der Offset beim NE5532 wird jedoch Null. Beim TL072 gibt es keine Möglichkeit, mit Hilfe von R3 den Offset zu eliminieren, da die Eingangsruheströme zu gering sind, um der Eingangsoffsetspannung entgegen zu wirken.

Einfachoperationsverstärker im 8-poligen Gehäuse bieten normalerweise die Möglichkeit den Offset mit Hilfe eines externen Trimmers bei einer bestimmten Temperatur auf Null Volt zu stellen. Danach ist nur noch die Offsettemperaturdrift zu beachten, die sowohl für den Eingangsspannungsoffset als auch für den Ruhestrom gilt.

4.14.1.8 Anschlussbelegung

Für Einfach-, Doppel- und Vierfachoperationsverstärker gibt es Standardanschlussbelegungen. Die meisten Operationsverstärkerhersteller halten sich an diese Anschlussbelegungen. Sie sind in Abbildung 4.14-5 zu sehen. Beim Einfachoperationsverstärker sind die Anschlüsse 1, 5 und 8 nicht immer gleich belegt. Sie werden je nach Hersteller unterschiedlich für die Offseteinstellung und Frequenzkompensation genutzt. Letztere begrenzt den Operationsverstärker auf eine bestimmte obere Grenzfrequenz, bis zu der er arbeitet.

4.14.1.9 Technische Daten von Operationsverstärkern

In der Tabelle 4.14-1 sind die wichtigsten technischen Daten von einigen ausgewählten Operationsverstärkern zu finden. Es handelt sich hierbei um Operationsverstärker, die im Audiobereich häufig anzutreffen sind. Für die vollständigen Daten benötigt man das Datenblatt des entsprechenden Operationsverstärkers, welches beim Hersteller zu beziehen ist.

4.14.2 Berechnung des Rauschens einer Operationsverstärkerschaltung

Um das Rauschen einer Operationsverstärkerschaltung zu betrachten, muss man sowohl dessen Spannungs- als auch dessen Stromrauschen kennen. Weiterhin müssen die Widerstandswerte für die Quellimpedanz und die verstärkungsbestimmenden Widerstände vorliegen.
Die hier zu besprechende Schaltung ist eine einfache, nicht invertierende Grundschaltung mit einer Quellimpedanz am nicht invertierenden Eingang von R3. R1 und R2 sind verstärkungsbestimmend und stellen die Verstärkung der Schaltung auf den Faktor $1 + \frac{R2}{R1}$ ein (siehe Abbildung 4.14-6).

Zwei Standardoperationsverstärker sollen unter verschiedenen Bedingungen miteinander verglichen werden:

Typ	TL071/-072/-074	NE5534	NE5532	RC/MC4558	MC33201/-33202/-33204
Art	1x / 2x / 4xOP	1xOP	2xOP	2xOP	1x / 2x / 4xOP
Technik	J-FET	Bipolar	Bipolar	Bipolar	Bipolar
Gain-Bandwidth-Product	3MHz	10MHz	10MHz	3MHz	2,2MHz
Betriebsspannung	±3V - ±18V	±3V - ±20V	±3V - ±20V	±3V - ±18V	+1,8V - +12V unsymm.!
Stromaufnahme (ohne Last)	1,4mA pro OP	4mA	8mA	3mA	1mA pro OP
Spannungsrauschen	18nV/√Hz	4nV/√Hz	5nV/√Hz	10nV/√Hz	20nV/√Hz
Stromrauschen	0,01pA/√Hz	0,6pA/√Hz	0,7pA/√Hz	0,5pA/√Hz	0,2pA/√Hz
Eingangsimpedanz	1TΩ	100kΩ	300kΩ	1MΩ	200kΩ
Ausgangsimpedanz		0,3Ω	0,3Ω		100Ω
Eingangsspannungsoffset	3mV	0,5mV	0,5mV	0,5mV	6-10mV
Eingangsruhestrom	65pA	20nA	10nA	150nA	80nA
CMRR	86dB	100dB	100dB	90dB	90dB
Slew Rate	13V/µs	13V/µs	9V/µs	1V/µs	1V/µs

Tab. 4.14-1: Technische Daten von ausgewählten Operationsverstärkern

- **NE5532:**
  Spannungsrauschen $5 \frac{\text{nV}}{\sqrt{\text{Hz}}}$
  Stromrauschen $0,7 \frac{\text{pA}}{\sqrt{\text{Hz}}}$

- **TL072:**
  Spannungsrauschen $18 \frac{\text{nV}}{\sqrt{\text{Hz}}}$
  Stromrauschen $0,01 \frac{\text{pA}}{\sqrt{\text{Hz}}}$

Beide Verstärker sollen in vier verschiedenen externen Beschaltungsvarianten betrachtet werden:

- **Variante 1: Spannungsverstärker**
  Verstärkungsfaktor 101 (40dB)
  R2=10kΩ, R1=100Ω, R3=200Ω

- **Variante 2: Spannungsverstärker**
  Verstärkungsfaktor 101 (40dB)
  R2=100kΩ, R1=10kΩ, R3=200Ω

- **Variante 3: Spannungsverstärker**
  Verstärkungsfaktor 11 (20dB)
  R2=100kΩ, R1=10kΩ, R3=10kΩ

- **Variante 4: Impedanzwandler**
  Verstärkungsfaktor 1 (0dB)
  R2=0Ω, R1=10kΩ, R3=10kΩ

In Tabelle 4.14-2 sind die unterschiedlichen Rauschwerte für diese Beschaltungen zu sehen. Die Temperatur soll 25°C betragen. Da teilweise die Widerstände für die Schaltungen gleich gewählt wurden, ist auch das thermische Rauschen dieser Widerstände identisch.

Man erkennt, dass in Variante 1 das Eingangsrauschen des Operationsverstärkers nahezu identisch mit dem eigenen Spannungsrauschen ist. Das liegt daran, dass die kleinen Widerstandswerte kaum thermisches und kaum Stromrauschen hinzufügen. Die Schaltung mit NE5532 rauscht etwa 3,3-mal weniger (-5,2dB) als die mit dem TL072.

In Variante 2 wird das Eingangsrauschen des NE5532 merklich größer, das des TL072 kaum. Die zehnmal größeren verstärkungsbestimmenden Widerstände fügen beim NE5532 deutlich thermisches Rauschen und Stromrauschen hinzu. Beim TL072 ist aufgrund des eigenen hohen Spannungsrauschens kaum ein Unterschied festzustellen.

In Variante 3 nähert sich durch die hochohmige Wahl aller drei Widerstände das Rauschen beider Schaltungen nahe aneinander an. Dominant ist hierbei das thermische Rauschen der Widerstände und das Stromrauschen des Operationsverstärkers.

Nr.	R1	R2	R3	Gain	dB	E_I NE5532	E_O NE5532	E_I TL072	E_O TL072
1	100Ω	10kΩ	200Ω	101	40,09	5,47nV	0,553µV	18,13nV	1,832µV
2	1kΩ	100kΩ	200Ω	101	40,09	6,78nV	0,678µV	18,52nV	1,871µV
3	10kΩ	100kΩ	10kΩ	11	20,83	20,7nV	0,228µV	25,16nV	0,277µV
4	10kΩ	0Ω	10kΩ	1	0	15,4nV	15,4nV	22,04nV	22,04nV

Tab. 4.14-2: Vergleich des Rauschens zwischen vier verschiedenen Operationsverstärkerbeschaltungen

$$E_I = \sqrt{V_N^2 + 4kT \cdot R3 + 4kT \cdot R1 \cdot \left[\frac{R2}{R1+R2}\right]^2 + I_{N+}^2 \cdot R3^2 + I_{N-}^2 \cdot \left[\frac{R1 \cdot R2}{R1+R2}\right]^2 + 4kT \cdot R2 \cdot \left[\frac{R1}{R1+R2}\right]^2}$$

$$E_A = E_I \cdot NG$$

$$NG = 1 + \frac{R2}{R1}$$

mit:

E_I:	Eingangsrauschspannung in $\frac{V}{\sqrt{Hz}}$
E_O:	Ausgangsrauschspannung in $\frac{V}{\sqrt{Hz}}$
NG:	Noise Gain: Verstärkungsfaktor der Schaltung für das Rauschen
R1, R2 und R3:	Widerstände in Ohm, Ω
V_N:	Eingangsspannungsrauschen des Operationsverstärkers in $\frac{V}{\sqrt{Hz}}$
I_{N+} und I_{N-}:	Eingangsstromrauschen des Operationsverstärkers in $\frac{A}{\sqrt{Hz}}$
k:	Boltzmannkonstante: $1{,}38 \cdot 10^{-23} \frac{J}{K}$
T:	Temperatur in Kelvin, K (0°C = +273K)

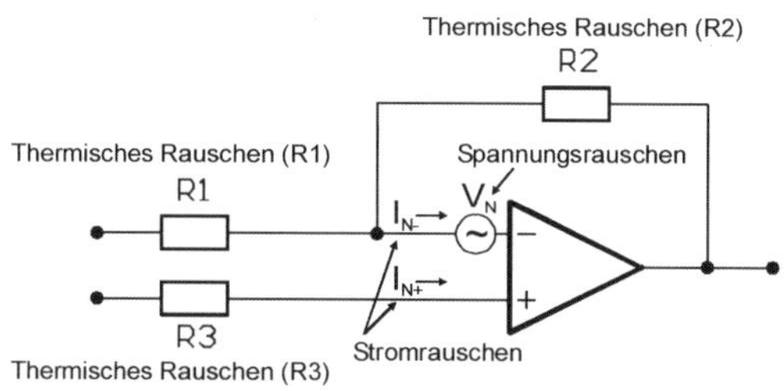

Abb. 4.14-6: Formel für die Berechnung des Gesamtrauschens einer Operationsverstärkerschaltung

In Variante 4 ist zwar das Stromrauschen des TL072 deutlich geringer als das des NE5532, allerdings hat der NE5532 aufgrund des geringeren Spannungsrauschens den insgesamt niedrigeren Rauschwert.

Man sieht also, dass nicht nur der Operationsverstärker bestimmend für das Rauschen einer Schaltung ist, sondern bei höheren Widerstandswerten maßgeblich die Widerstände selbst beteiligt sind. Es würde beispielsweise in Schaltungsvariante 3 kaum einen Effekt mit sich bringen, den TL072 gegen einen NE5532 auszutauschen, wohingegen in Schaltungsvariante 1 eine deutliche Verbesserung zu bemerken wäre.

4.14.3 Der Operationsverstärker als Komparator

Wird ein Operationsverstärker ohne Gegenkopplungswiderstand betrieben, so arbeitet er als "Komparator". Ein Komparator ist ein Vergleicher, der am Ausgang anzeigt, ob eine Eingangsspannung größer oder kleiner als eine andere Eingangsspannung ist. Der Operationsverstärker wird in diesem Fall im "Open-Loop-Betrieb" eingesetzt und erzeugt durch seine sehr hohe Verstärkung, bereits bei geringsten Spannungsunterschieden zwischen seinen Eingängen eine sehr starke Änderung der Ausgangsspannung. Da keinerlei Gegenkopplung vorhanden ist, die Einfluss auf die Eingangsspannungen nehmen kann, steigt der Ausgang bis zur Betriebsspannung an oder fällt ab, jenachdem, ob die Differenz der Eingangsspannungen positiv oder negativ ist. Das bedeutet, dass am Ausgang eines Komparators nur die positive oder die negative Betriebsspannung anliegen kann:

- **Positive Betriebsspannung:** Der nicht invertierende Eingang des OPs ist positiver als der invertierende Eingang.

- **Negative Betriebsspannung:** Der nicht invertierende Eingang des OPs ist negativer als der invertierende Eingang.

Reicht die Verstärkung des Operationsverstärkers nicht aus, um den Ausgang bei sehr kleinen Spannungsunterschieden an den Eingängen sicher bis an die Betriebsspannung zu bringen, dann kann mit Hilfe eines hochohmigen Widerstands eine schwache Mitkopplung eingebaut werden. Dazu wird der Ausgang des OPs mit dem nicht invertierenden Eingang über einen großen Widerstand (1MΩ oder mehr) verbunden.

Beispielschaltungen mit Komparatoren finden sich im Kapitel 5.14.

4.15 Signalübertragung

4.15.1 Unsymmetrische Signalübertragung

Die einfachste und kostengünstigste Methode, ein Signal von einem Gerät zu einem anderen zu übertragen, ist die unsymmetrische Signalübertragung. Diese Form der Signalübertragung ist jedem bekannt durch die Verkabelung der heimischen HiFi-Anlage. Hierbei wird pro Signal ein zweiadriges Kabel zwischen den Ausgang des ersten Gerätes und den Eingang des zweiten Gerätes gesteckt. Die Abbildung 4.15-1 zeigt die unsymmetrische Signalübertragung für ein einzelnes Signal. Die zwei signalführenden Anschlüsse heißen Signal und Masse. Der Signalanschluss führt das Signalpotential, welches vom Ausgangsverstärker ausgegeben wird, und der Masseanschluss das Massepotential, das als Bezugspotential dient. Das Audiosignal, das übertragen werden soll, ist die Potentialdifferenz zwischen diesen beiden Anschlüssen. Das Übertragungskabel besteht aus einem Signalleiter und einem Schirm, der den Signalleiter umgibt. Dieser Schirm transportiert gleichzeitig das Massepotential zwischen den zwei Geräten. Zusätzlich hat der Schirm die Aufgabe, Störeinstrahlungen vom Signalleiter fern zu halten. Dies funktioniert jedoch nur für elektrische Störfelder, wie z.B. das allgegenwärtige Netzbrummen, das als elektrisches Feld zwischen allen Stromkabeln existiert. Ein weiteres elektrisches Störfeld sind Radiosender, für deren Empfang ein Kabel als mehr oder weniger gute Antenne dienen kann. Der Schirm kann die Störfelder bis zu einem gewissen Grad abschwächen, da er mit großen Potentialen in den Geräten (den Gerätemassen) verbunden ist. Um diese Potentiale zum Schwanken zu bringen, muss die Störung relativ stark sein oder das Kabel so lang, dass die Störung über den Widerstand des Kabels einen merklichen Spannungsabfall verursachen kann. Sollte die Einstreuung jedoch tatsächlich das Massepotential zum Schwanken bringen, dann wird auf der Eingangsseite die Störung hörbar, denn der Eingangsverstärker betrachtet die Potentialdifferenz zwischen Signal- und Masseleitung und gibt diese in das Gerät weiter. Je kleiner nun das Signal ist, desto eher ist ein Schwanken der Masseleitung hörbar. Besonders kritisch verhält es sich bei Mikrofon- und E-Gitarrensignalen, die sich im Millivoltbereich bewegen. Das 50 Hertz Netzbrummen ist sicherlich ein sehr penetrantes Störsignal, doch kann es auch vorkommen, das man plötzlich mit einem Gitarrenverstärker anfängt Radiosender zu hören. Dies scheint auf den ersten Blick ungewöhnlich, da ein Verstärker normalerweise kein Radioempfänger ist. Hier soll auf Kapitel 4.1.2.1 verwiesen werden, in dem festgestellt wurde, das die möglicherweise nichtlineare Kennlinie eines Verstärkers auch eine Amplitudendemodulation durchführen kann. Das heißt, je mehr nichtlineare Verzerrungen ein Verstärker produziert, desto besser ist er auch als AM-Radioempfänger geeignet. Bei Gitarrenverstärkern, die ihren typischen "Sound" durch relativ starke nichtlineare Verzerrungen erzielen, ist der Radioempfang also besonders stark ausgeprägt. Hinzu kommt, dass das Gitarrensignal schwach ist, und eine Störung somit sehr schnell hörbar wird.

Um eine unproblematische unsymmetrische Signalübertragung zu ermöglichen, kann nur empfohlen werden, die Verbindungskabel so kurz wie möglich zu halten.

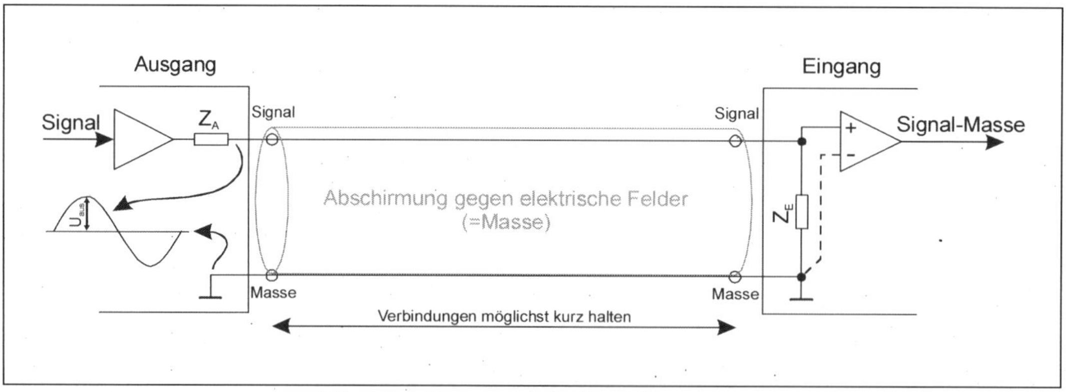

Abb. 4.15-1: Unsymmetrische Signalübertragung

4.15.2 Symmetrische Signalübertragung

Eine wesentlich aufwendigere und teurere Methode der Signalführung ist die symmetrische Signalübertragung. Hierzu werden dreipolige Stecker und ein spezielles Kabel benötigt. Das Kabel hat einen Schirm, wie schon von der unsymmetrischen Variante bekannt, jedoch zwei Signalleiter, die miteinander verdrillt sind. Man nennt diese Kabel daher "twisted pair" Kabel. Diese Art Kabel gewährleistet, dass Einstreuungen immer auf beide Signalleitungen gleich stark gelangen. In Abbildung 4.15-2 sieht man die symmetrische Signalführung für ein einzelnes Signal. Am Geräteausgang wird das Audiosignal mit Hilfe einer Operationsverstärkerschaltung (=elektronische Symmetrierung) oder eines Übertragers (=Trafosymmetrierung) in zwei symmetrische Signale aufgeteilt. Diese heißen:

- **Hot:** Auf der Hot-Leitung wird das halbe Signalpotential geführt.
- **Cold:** Auf der Cold-Leitung wird das invertierte, halbe Signalpotential geführt.

Die Potentialdifferenz zwischen den Anschlüssen Hot und Cold ist das Signal. Masse steht hierbei als Schirmpotential zur Verfügung, ist jedoch für die Signalübertragung nicht notwendig.
Auf der Eingangsseite befindet sich ein Differenzverstärker, der mit sehr hoher Präzision Hot-Cold rechnet und deren Differenz als Audiosignal ausgibt. Auf diese Weise wird es auch möglich, Störungen magnetischer oder elektrischer Art einfach heraus zu rechnen, da diese immer auf Hot und Cold vorzeichengleich mit gleicher Größe auftreten.

Eine Besonderheit der symmetrischen Signalübertragung ist die Masse. Sie dient nur als Schirm und ist für die eigentliche Signalübertragung nicht erforderlich. Um Brummschleifen zu vermeiden (siehe Kapitel 4.20), wird der Schirm meistens nur an einer Seite des Kabels angeschlossen. Man wählt hierbei den Anschluss mit der "größeren" Masse, das heißt, das Gerät mit mehr Metall. Meistens wird hierzu das Mischpult verwendet. Das andere Ende des Kabels bleibt offen. Ausnahmen hiervon sind:

- Mikrofone jeder Art
- DI-Boxen
- Eventuell lange Leitungen, bei denen ein zusätzlicher Masseanschluss für eine bessere Ableitung der Störungen sorgt

Eine weitere Besonderheit findet man bei symmetrischen Digitalkabeln. Hier wird die Masse immer am Ausgang direkt und am Eingang über einen 22nF Kondensator angeschlossen. Auf diese Weise bleibt eine Schirmung auf beiden Seiten für hohe Frequenzen gegeben, Brummstörungen können jedoch nicht auftreten, da sie ausgefiltert werden.

Es sollen noch einmal die Umrechnungsformeln für das Audiosignal gezeigt werden:

Ausgang:

$$\mathrm{Hot} = \frac{1}{2} \cdot \mathrm{Signal}$$

$$\mathrm{Cold} = -\frac{1}{2} \cdot \mathrm{Signal}$$

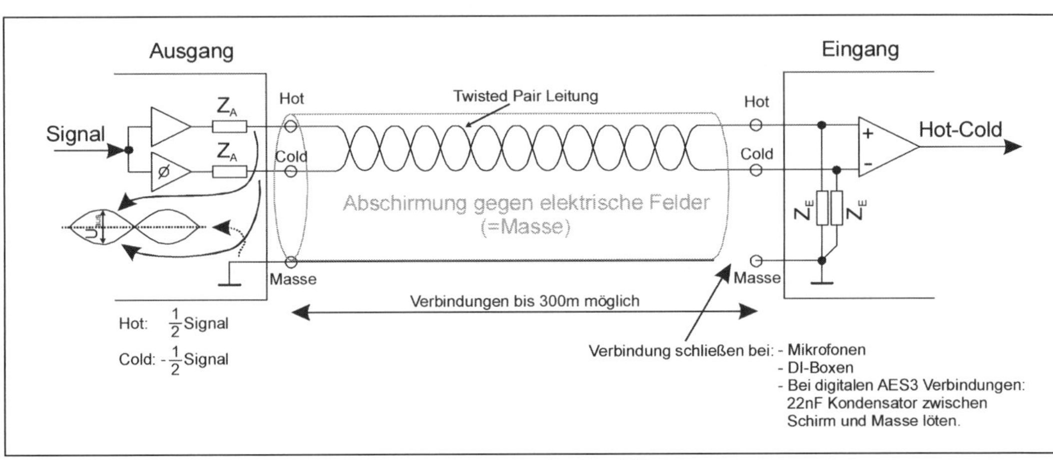

Abb. 4.15-2: Symmetrische Signalübertragung

Eingang:

$$\begin{aligned} &\text{Hot} - \text{Cold} \\ &= \tfrac{1}{2} \cdot \text{Signal} - (-\tfrac{1}{2} \cdot \text{Signal}) \\ &= \text{Signal} \end{aligned}$$

Eingang mit Störungen:

$$\begin{aligned} &\text{Hot} - \text{Cold} \\ &= (\tfrac{1}{2} \cdot \text{Signal} + \text{Störung}) \\ &-(-\tfrac{1}{2} \cdot \text{Signal} + \text{Störung}) \\ &= \text{Signal} \end{aligned}$$

4.15.3 Anpassungen

Werden zwei Geräte miteinander verbunden, so ergibt sich aufgrund der Ein- und Ausgangsimpedanzen der Geräte ein unbelasteter Spannungsteiler. Der Pegelverlust dieses Spannungsteilers kann mit folgender Formel berechnet werden:

$$L = 20 \cdot \log \frac{Z_{ein}}{Z_{aus} + Z_{ein}}$$

mit:
Z_{ein}: Eingangsimpedanz in Ohm, Ω
Z_{aus}: Ausgangsimpedanz in Ohm, Ω

Sind zum Beispiel die Ausgangs- und die Eingangsimpedanz gleich groß, so ergibt sich ein Spannungsteiler mit -6dB Pegelverlust. Das heißt, nur die Hälfte der Ausgangsspannung des ersten Gerätes kommt noch am Eingang des zweiten Gerätes an.
Dieser Pegelverlust wäre dann minimal, wenn die Ausgangsimpedanz gegen Null Ohm gehen würde und die Eingangsimpedanz gegen unendlich Ohm. Allerdings widersprechen die Aufgaben der Ein- und Ausgangsimpedanzen dieser Forderung.

- Die Ausgangsimpedanz dient als Kurzschlussschutz und soll den Ausgangsverstärker vor zu hohem Stromfluss schützen. Professionelle Studiogeräte müssen einen dauerhaften Kurzschluss am Ausgang ohne Schaden überstehen, somit kann die Ausgangsimpedanz nicht Null werden, da sonst keine Strombegrenzung gegeben wäre.
- Die Eingangsimpedanz bestimmt den Arbeitspunkt des Eingangsverstärkers. Das heißt, sie gibt an, um welches Ruhepotential herum der Verstärker arbeiten soll. Gleichzeitig stellt sie dieses Ruhepotential zur Verfügung, wenn nichts am Geräteeingang angeschlossen ist. Somit wird vermieden, dass sich ein offener Eingang irgendwelche Signale einfängt.

Die oben genannten Forderungen für einen minimalen Pegelverlust sind also in der Praxis nicht einzuhalten. Jedoch kann man versuchen ihnen nahe zu kommen: Die Ausgangsimpedanz soll so klein wie möglich, und die Eingangsimpedanz so groß wie möglich sein.

Es ist jedoch noch ein weiterer Punkt zu beachten:
Das Signal stellt eine gezielte Bewegung von Ladungsträgern im Kabel dar. Störeinstreuungen hingegen sind fehlerhafte Bewegungen von Ladungsträgern. Um den Störabstand zwischen Nutzsignal und Störungen möglichst groß zu bekommen, sollte man einen großen Nutzstrom im Kabel haben. Das kann erreicht werden, indem man Z_{ein} immer kleiner macht (Stromanpassung). Allerdings wird durch den eben erwähnten Spannungsteiler die Spannung am Signalempfänger immer kleiner.
Je größer Z_{ein} ist, desto mehr Spannung bleibt beim Empfänger übrig, aber der Strom im Audiosignal wird immer geringer (Spannungsanpassung).
Der Kompromiss, bei dem gleichzeitig möglichst viel Strom und viel Spannung übertragen wird, ist gegeben, wenn $Z_{aus}=Z_{ein}$ (Leistungsanpassung). Mit dieser Konstellation kann man viel Spannung über eine große Entfernung hinweg mit geringen Störungen übertragen.

Die Ausgangsimpedanz Z_{aus} eines Gerätes trägt wesentlich zu der Qualität der Signalübertragung über ein Kabel bei. Das Kabel weist eine längenabhängige Kapazität (C) auf, die zusammen mit der Ausgangsimpedanz ein Tiefpassfilter bildet. Gelangt nun die Grenzfrequenz dieses Filters in die Nähe des Audiobereichs, dann werden die Höhen des Signals mehr oder weniger stark beschnitten. Je kleiner allerdings die Ausgangsimpedanz eines Gerätes ist, desto höher ist auch die Grenzfrequenz dieses unfreiwillig aufgebauten Filters. Die Abbildung 4.15-3 zeigt dieses Filter. Der Leitungswiderstand (R) des Kabels sowie dessen Induktivität (L) ist in diesem Beispiel und meist auch in der Praxis vernachlässigbar.

Damit beim Verkabeln von verschiedenen Geräten keine überraschenden Pegelverluste auftreten, wurden durch die so genannten "Anpassungen" die

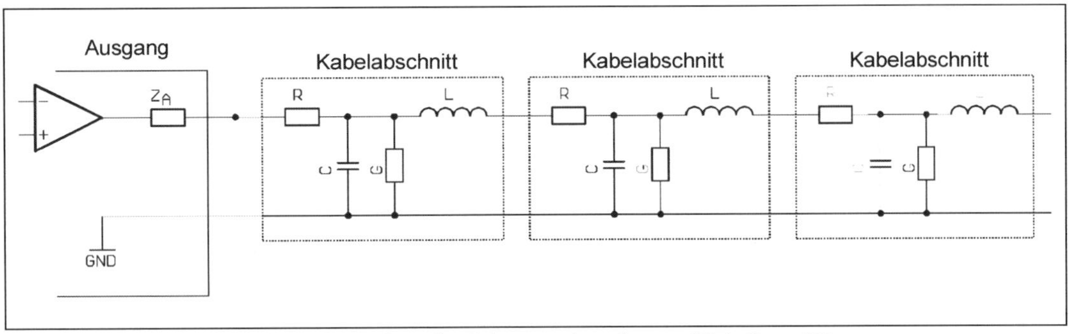

Abb. 4.15-3: Tiefpass durch Ausgangsimpedanz und Kabelkapazität

Verhältnisse zwischen Ein- und Ausgangsimpedanzen festgelegt. Ein Vergleich zwischen den verschiedenen Möglichkeiten der Anpassung ist in der Abbildung 4.15-4 zu sehen.

4.15.3.1 Spannungsanpassung

Von Spannungsanpassung spricht man, wenn mehr als die Hälfte der Ausgangsspannung am Eingang des empfangenden Gerätes ankommt. Damit das gewährleistet ist, gilt prinzipiell folgende Formel:

$$Z_{aus} < Z_{ein}$$

In der Praxis hat man im HiFi-Bereich und bei Mikrofonen ein Verhältnis von 1:5 gewählt. Das heißt:

$$Z_{ein} = 5 \cdot Z_{aus}$$

Auf diese Weise ergibt sich ein Pegelverlust von -1,6dB pro Verbindung. So lange die Anzahl der Verbindungen auf Eins oder Zwei beschränkt ist, kann diese Anpassung akzeptiert werden. In der professionellen Studiotechnik, wo zwischen Mikrofon und Masterrecorder auch schnell 10 oder mehr Verbindungen sein können, wäre der gesamte Pegelverlust nicht akzeptabel. So hat man im Homerecording- und im Profibereich die Überanpassung definiert. Sie besagt:

$$Z_{aus} \ll Z_{ein}$$

Ein genaues Verhältnis ist hierbei nicht vorgeschrieben. Es bewegt sich jedoch in der Praxis zwischen 1:100 (entspricht -0,09dB Pegelverlust) und 1:10000 (entspricht -0,0009dB Pegelverlust).

Wird ein Signal mit Hilfe der Spannungsanpassung zwischen zwei Geräten übertragen, so wird dessen Pegel als Spannungspegel, also in dBu oder in dBV angegeben.

4.15.3.2 Leistungsanpassung

Bei der Leistungsanpassung ist definiert, dass der Geräteausgang und der Geräteeingang gleichzeitig mit maximaler Leistung betrieben werden müssen. Da durch die Ausgangs- und Eingangsimpedanz immer der gleiche Strom fließt (ein Stromkreis), muss noch dafür gesorgt werden, dass auch an beiden Impedanzen die gleiche Spannung abfällt. Hierzu wird die gesamte Ausgangsspannung gleichermaßen auf die Ausgangsimpedanz und die Eingangsimpedanz verteilt. Dies ist gegeben, wenn gilt:

$$Z_{aus} = Z_{ein}$$

Dabei ergibt sich immer ein Verlust des Spannungspegels um -6dB, das heißt, es muss immer die doppelte Spannung am Verstärkerausgang anliegen, als am Eingang erwartet wird. Leistungsanpas-

Gerätetyp	Z_{aus}	Z_{ein}
Analog:		
HiFi	10kΩ	47kΩ
Mikrofone	50Ω - 200Ω	1kΩ
Homerecording Line Signal	10Ω - 100Ω	10kΩ - 100kΩ
Profi Line Signal	10Ω - 50Ω	2,2kΩ - 22kΩ
Rundfunk	600Ω	600Ω
Video	75Ω	75Ω
Digital:		
S/PDIF	75Ω	75Ω
AES/EBU	110Ω	110Ω

Tab. 4.15-1: Übersicht der Ein- und Ausgangsimpedanzen

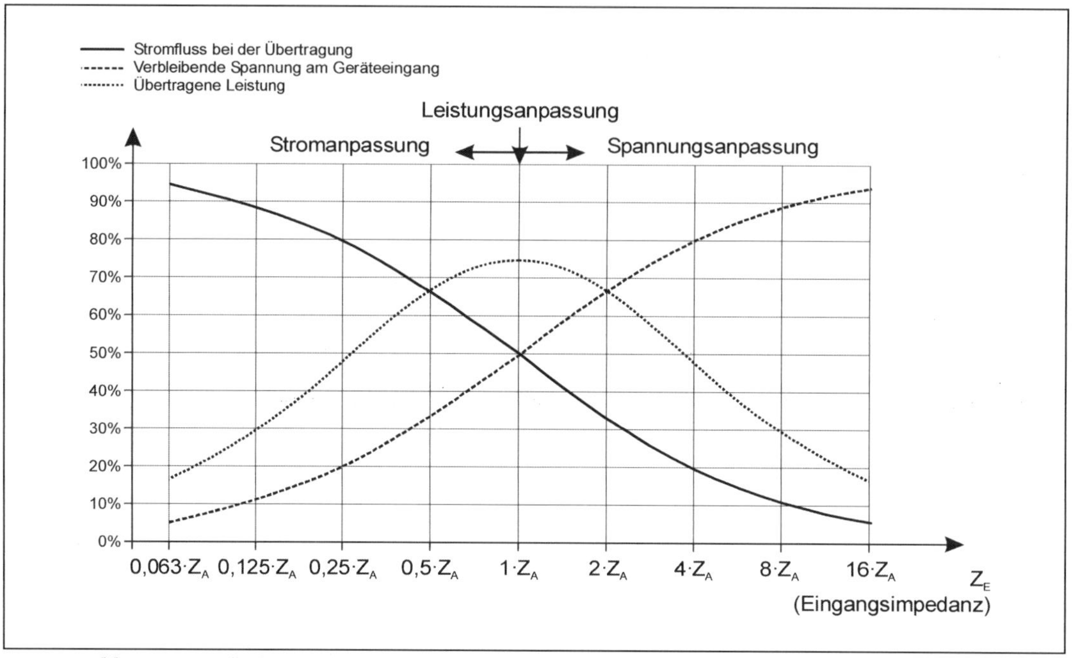

Abb. 4.15-4: Verlauf von Strom, Eingangsspannung und Leistung bei den verschiedenen Anpassungen

sung wird eingesetzt, wenn Übertrager an den Aus- und Eingängen verwendet werden sollen oder, wenn die ausgesendete Leistung am Empfänger vollständig absorbiert werden soll. Somit trifft man sie bei Analogsignalen im Rundfunk, bei S/PDIF- und AES/EBU-Digitalleitungen, bei Antennen- und Videoleitungen und bei SCSI-Kabeln an.

Wird ein Signal mit Hilfe der Leistungsanpassung übertragen, so wird dessen Pegel als elektrischer Leistungspegel, also in dBm angegeben.

4.15.4 Gebräuchliche Ein- und Ausgangsimpedanzen

In Tabelle 4.15-1 sind die in der Praxis verwendeten Ein- und Ausgangsimpedanzen von verschiedenen Gerätetypen aufgelistet.

4.16 Stromversorgung

In diesem Kapitel werden die verschiedenen Möglichkeiten einer Stromversorgung beschrieben. Da jedes Gerät eine Stromversorgung benötigt, und der Stromversorgung - gerade bei Audiogeräten - eine wichtige Rolle zukommt, ist es durchaus relevant, wie ein Gerät versorgt wird.

4.16.1 Das Stromnetz

Die Versorgung fast aller Geräte erfolgt aus dem Stromnetz. Die Energieunternehmen, die den Strom in Kraftwerken erzeugen, speisen ihn in das Stromnetz ein und die Verbraucher - Haushalte und Gewerbe - entnehmen ihn wieder aus dem Netz. Spricht man von "dem Strom aus der Steckdose", so meint man den Strom aus dem Stromnetz, der sehr zuverlässig zu jeder Zeit zur Verfügung steht.
Der Strom wird normalerweise in Form von Drehstrom geliefert (siehe Kapitel 4.16.1.1). Teile des Drehstroms können als Wechselstrom verwendet werden (siehe Kapitel 4.16.1.2), da die meisten Geräte mit Wechselstrom funktionieren (siehe Abbildung 4.16-1).

4.16.1.1 Drehstrom

Bei Drehstrom handelt es sich um drei gleiche Spannungsquellen mit zueinander um 120° phasenverschobenen Sinusschwingungen. Die drei Spannungen nennt man auch die drei "Phasen" eines Drehstromanschlusses. Zwischen jeweils zwei dieser Phasen liegt ein Effektivwert von 400V ($566V_S$) an.
Drehstrom entsteht direkt aus einem Drehstromgenerator, welcher einfach eine Drehbewegung in Strom umsetzt. Für den Betrieb von Drehstrommotoren kann der Drehstrom auch wieder direkt in eine Drehbewegung (allerdings mit fester Drehzahl) umgesetzt werden.
Im Audiobereich wird Drehstrom normalerweise nicht benötigt, da keine Spannungen von 400V notwendig sind. Man nutzt allerdings gerne die Tatsache, dass man unterschiedliche Verbraucher, die sich möglichst wenig beeinflussen sollen, an verschiedene Phasen eines Drehstromanschlusses anschließt. So kann zum Beispiel die Audiotechnik an einer Phase sein und die Lichttechnik an einer anderen Phase.

Die Absicherung eines Drehstromanschlusses kann mit 16A, 32A, 63A oder 125A erfolgen. Je nach Absicherung wird ein unterschiedlicher CEEform-Stecker (siehe Kapitel 4.18.5.3) verwendet.

Die Farbcodierung der Adern eines Drehstromkabels ist in Tabelle 4.16-1 zu sehen.

4.16.1.2 Wechselstrom

Zwischen einer Drehstromphase und dem Nullleiter herrscht eine Spannung von 230V effektiv ($325V_S$). Man kann daher den Drehstromanschluss in drei unabhängige Wechselstromanschlüsse aufteilen. Hierbei ist jedoch zu beachten, dass die drei Phasen

Farbe	Funktion
Grün / Gelb	Schutzleiter
Blau	Nullleiter
Braun	Phase 1
Schwarz	Phase 2
Schwarz	Phase 3

Tab. 4.16-1: Farbcodierung der Adern eines Drehstromkabels

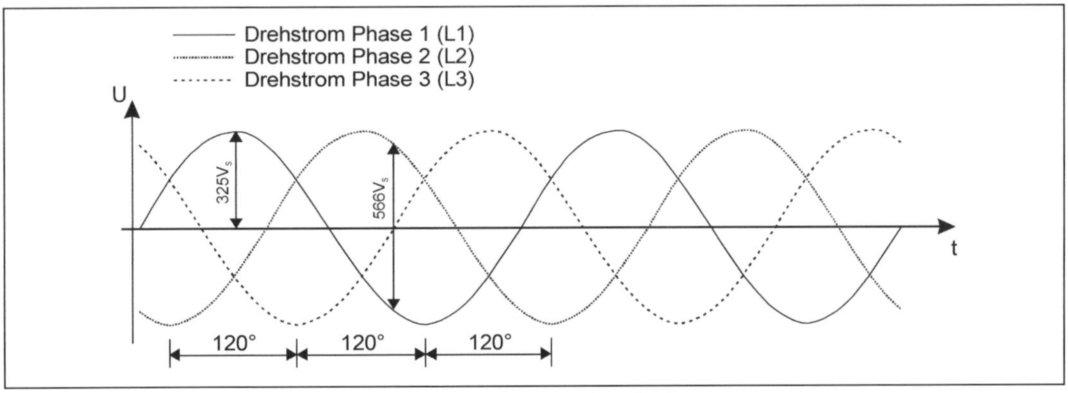

Abb. 4.16-1: Drehstrom und Wechselstrom

möglichst unabhängig voneinander sein sollen. Soll beispielsweise ein Computernetzwerk oder eine andere Art Fernsteuerung über das Stromnetz erfolgen, so funktioniert dies zunächst nur innerhalb der gleichen Phase. Ist ein phasenübergreifender Betrieb gewünscht, so muss ein so genannter Phasenkoppler benutzt werden, der die Steuersignale auf alle drei Phasen verteilt.

Ein Wechselstromanschluss darf nicht stärker abgesichert sein, als der Drehstromanschluss, aus dem er gewonnen wird. Standard sind 16A-Sicherungen für die einzelnen Stromkreise.

Die Farbcodierung eines Wechselstromkabels entspricht der des Drehstromkabels. Da nur eine Phase vorkommt, wird diese mit einem braunen oder schwarzen Kabel realisiert.

4.16.2 Stromversorgung aus Akkus / Batterien

Für portable Anwendungen oder Notstromversorgungen kann der Strombedarf der Geräte aus Batterien oder Akkus gedeckt werden. Dabei unterscheidet man zwischen der Möglichkeit, ein Gerät direkt mit der Batteriespannung zu betreiben, oder diese Spannung über einen DC/DC- oder DC/AC-Wandler vor der Verwendung umzusetzen. In beiden Fällen ist das Entladeverhalten der Batterie oder des Akkus von großer Bedeutung. Bei Akkus interessiert weiterhin das Ladeverhalten sowie die Zyklenfestigkeit.

Batterien (also nicht wiederaufladbare Zellen) werden auch Primärzellen genannt. Akkus kann man jedoch auch - im entsprechenden Zusammenhang - Batterien nennen.

4.16.2.1 Entladeverhalten von Batterien

Die Entladedauer von Batterien hängt von der Kapazität einer Batterie ab. Diese wird normalerweise in der Einheit Milliamperestunden (mAh) angegeben. Unglücklicherweise ist die Kapazität nicht auf die Batterien aufgedruckt, so dass ein Vergleich zwischen den verschiedenen Herstellern kaum möglich ist. Meist kann man nur über den Batterietyp auf die Entladedauer schließen. Man unterscheidet hierbei hauptsächlich drei verschiedene Typen:

- **Zink-Kohle:** Dieser Batterietyp ist der einfachste und kostengünstigste. Oft wird bei diesen Batterien gar keine Angabe zum Batterietyp gemacht. Dieser Batterietyp hat die geringste Kapazität im Vergleich zu anderen Typen.
  Die Zellspannung beträgt 1,5V pro Zelle.
- **Alkaline:** Der Name rührt von einem alkalischen Elektrolyt in der Batterie her. Dieses ist in der Regel Kalilauge. Alkaline-Batterien haben etwa die doppelte bis dreifache Kapazität im Vergleich zu Zink-Kohle-Batterien.
  Die Zellspannung beträgt 1,5V pro Zelle.
- **Lithium:** Geht es um eine geringe Selbstentladung, lange Bereitschaftszeiten und eine gute Temperaturbeständigkeit, so kann man zu Lithiumbatterien greifen. Diese haben allerdings eine Zellspannung von 3V pro Zelle. Ihre Kapazitäten übersteigen trotz doppelter Zellspannung die von Alkali-Zellen.

Das Entladeverhalten von Batterien ist typischerweise in zwei Bereiche zu unterteilen: Zu Beginn der Entladung fällt die Spannung zunächst mäßig ab. Nach etwa einem Drittel oder der Hälfte der Entladezeit fällt die Spannung stärker ab. Hat eine Zelle unter Last nur noch 0,8V, so spricht man von einer entladenen Batterie. Eine Ausnahme bildet die Lithiumbatterie, die ein Entladeverhalten ähnlich dem der Akkus hat
Das Entladeverhalten von Batterien und Akkus ist in Abbildung 4.16-2 dargestellt.
Anzeigen, die den Zustand einer Batterie darstellen sollen, sind normalerweise auf deren typisches Entladeverhalten eingestellt und zeigen bei Akkus völlig falsche Werte an. Bei besseren Geräten kann der Batterieindikator zwischen Akkus und Batterien umgeschaltet werden.

4.16.2.2 Entladeverhalten von Akkus

Auch die Kapazität (C) von Akkus wird in mAh oder bei großen Akkus in Ah angegeben. Der Wert bezieht sich normalerweise auf die Entladung mit einem Strom, der einem fünftel der Kapazität entspricht. Das heißt, dass ein C=4000mAh Akku mit C/5=800mA entladen wird, oder ein 65Ah Akku mit 13A. Bei niedrigerem Entladestrom ist die Kapazität meist gleich hoch, bei höherem Entladestrom nimmt sie ab. Wird beispielsweise ein 4000mAh Akku mit 4000mA entladen, so ist er möglicherweise bereits nach 20-30 Minuten leer.

Man unterscheidet auch die Akkus je nach chemischer Zusammensetzung in verschiedene Typen:

- **Bleiakkus (nass):** Bleiplatten zusammen mit Schwefelsäure speichern die Ladung durch chemische Umsetzung an den Plattenoberflächen. Die Zellspannung beträgt 2V pro Zelle. Bei einer Zellspannung von 1,75V pro Zelle ist der Akku leer. Wird ein Bleiakku überladen, so tritt eine Gasung auf, der Akku verliert Wasser und die Säurekonzentration steigt. Durch Nachfüllen von destilliertem Wasser kann der Wasserverlust ausgeglichen werden. Oxidiert die Oberfläche der Bleiplatten durch Alterung oder Austrocknung, so verliert der Akku an Kapazität. Der Bleiakku funktioniert zu niedrigen Temperaturen hin immer schlechter.
- **Bleiakkus (Gel oder Flies):** Im Prinzip sind sie vergleichbar mit den nassen Bleiakkus, doch die Schwefelsäure ist in Form eines Gels oder in Glasfaserflies gebunden. Diese Akkus sind auslaufsicher und können auch "über Kopf" betrieben werden. Sie sind jedoch nicht nachfüllbar. Daher ist eine Gasung der Zellen unbedingt durch ein geeignetes Ladegerät zu vermeiden.
- **Nickel Cadmium (NiCd):** Bei diesen Akkus werden zwei Nickelelektroden verwendet, von denen eine mit Cadmium beklebt ist. Kalilauge dient als Elektrolyt. Bei der Ladung und Entladung treten keine chemischen Umwandlungen an den Elektroden auf, nur Wasser kann bei Überladung durch Gasung verloren gehen. Bei offenen NiCd-Zellen kann dies durch Nachfüllen mit destilliertem Wasser ausgeglichen werden, bei geschlossenen Zellen verliert der Akku an Kapazität. Die Zellspannung beträgt 1,2V pro Zelle. Bei 1V pro Zelle ist der Akku leer. NiCd-Akkus haben bei gleicher Kapazität ein deutlich geringeres Gewicht als Bleiakkus. Zu niedrigen Temperaturen hin funktioniert ein NiCd-Akku besser. Er ist problemlos bis -20°C einsetzbar.
- **Nickel Metallhydrid (NiMH):** Vergleichbar mit Nickel-Cadmium, doch das Schwermetall Cadmium wird durch eine Metalllegierung ersetzt, die Wasserstoff binden kann (Metall-Hydrid = MH = Metall plus Wasserstoff). NiMH-Akkus haben eine größere Selbstentladung als NiCd-Akkus. Unter 0°C funktionieren sie schlechter.
- **Lithium:** Lithium-Akkus haben das geringste Gewicht im Vergleich zu anderen Akkutypen. Die Elektroden sind unter anderem aus Lithium, woher auch der Name kommt. Das Elektrolyt ist eine organische Flüssigkeit. Die Zellspannung beträgt 3,6V pro Zelle. Eine Zelle gilt als leer bei einer Zellspannung von 2,6V pro Zelle. Die Selbstentladung ist relativ gering. Lithium-Akkus können im Vergleich zu ihrer Kapazität weniger Strom liefern. Man sollte sie nicht mit mehr als C·2 entladen. Das bedeutet, dass ein 1000mAh Akku nicht mit mehr als 2A belastet werden sollte. Sind höhere Ströme notwendig, so sollten NiCd-, NiMH- oder Bleiakkus genommen werden.
  Manche Lithiumakkus sind bei zu starker Entladung explosionsgefährdet und haben daher eine eingebaute Überstromsicherung. Löst diese aus, so wird der Akku unbrauchbar.
  Lithiumakkus sind auch bei niedrigen Temperaturen bis -20°C verwendbar.

Die Entladekurve von Akkus verläuft völlig anders als die von Primärzellen. Man kann dies bereits anhand der relativ geringen Spannungsunterschiede zwischen einer vollen und einer leeren Zelle erahnen.
Akkus verlieren während der gesamten Entladungsphase nur relativ wenig Spannung. Am Ende der Entladung bricht die Spannung plötzlich und schnell ein. Es ist daher wesentlich schwieriger, bei

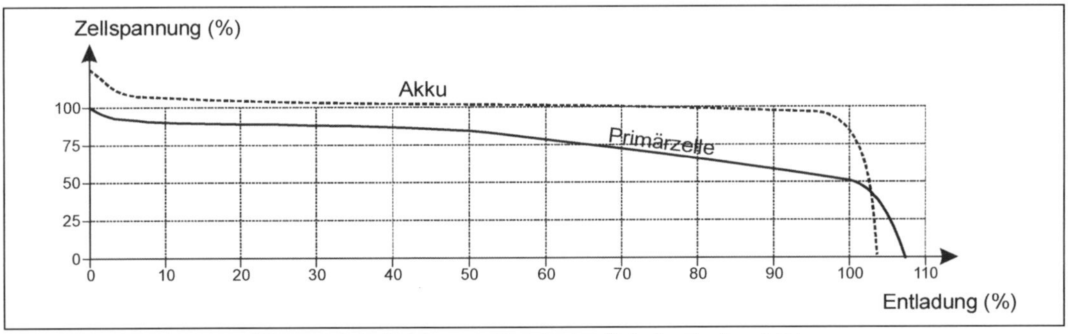

Abb. 4.16-2: Entladekurven für Batterien (Primärzellen) und Akkus

Akkutechnik	Zyklenzahl	Zellspannung	Entladespannung pro Zelle
Blei / Bleigel / Blei-Vlies	300-800	2V	1,75V
NiCd	1.000	1,2V	1V
NiMH	1.000	1,2V	1V
Lithium	300-800	3,6V	2,6V

Tab. 4.16-2: Vergleich zwischen unterschiedlichen Akkutypen

Akkus anhand der Zellspannung etwas über den Ladezustand auszusagen. Daher messen moderne Akkuanzeigen den hineingeladenen sowie den entnommenen Strom und zeigen anhand dieser Daten den Füllstand des Akkus an.

Das Entladeverhalten ist in Abbildung 4.16-2 dargestellt.

4.16.2.3 Laden von Akkus / Zyklenfestigkeit

Um Akkus mit ihrer maximalen Kapazität betreiben zu können, ist ein entsprechendes Lademanagement notwendig. Zwar verzeihen viele Akkutypen eine "unsaubere" Ladung, aber sie zeigen dann nicht ihre maximale Leistung oder haben eine geringere Zyklenzahl. Zu jedem Akku gehört ein typisches Ladegerät, an dem nicht gespart werden sollte. Sollen einzelne Akkuzellen geladen werden, so ist eine Einzelzellenüberwachung dringend notwendig. Bei Akkupacks aus mehreren Zellen geht man davon aus, dass jede Zelle des Packs die gleiche "Lebensgeschichte" hat und daher alle zusammen geladen werden können.

Ein Akku hat eine begrenzte Zyklenzahl. Ein Zyklus (auch Vollzyklus genannt), beschreibt die komplette Entladung und das erneute Aufladen des Akkus. Werden die Akkus nicht komplett entladen, sondern nur teilweise und dann gleich wieder aufgeladen, so durchläuft man nur Teilzyklen und erhöht damit die Anzahl der möglichen Ladevorgänge.
Teilentladungen führen bei NiCd- und NiMH-Akkus zu dem so genannten Memoryeffekt. Dieser besagt, dass eine mehrfach nur teilentladene Zelle, nach erneuter Aufladung nicht mehr ihre volle Kapazität zu haben scheint. Die Zellspannung bricht dann bereits zu einem früheren Zeitpunkt ein. Der Akku scheint sich also zu "merken" wie viel Kapazität er abgeben muss, bevor er wieder aufgeladen wird.
Der Memoryeffekt kann durch einen kompletten Entlade-Ladezyklus rückgängig gemacht werden. Es wird daher empfohlen, alle 50 Ladevorgänge den Akku vor dem Laden komplett bis zu einer Zellspannung von 1V oder 0,8V zu entladen, um ihn anschließend gleich wieder aufzuladen. Gute Ladegeräte verfügen über ein Ladeprogramm, das diese "Akkupflege" automatisch übernimmt.

Bleiakkus sollten grundsätzlich nicht mit hohen Strömen komplett entladen werden, da dies ihre Lebensdauer drastisch verringert. Eine Entladung auf etwa 50% ist akzeptabel. Soll tiefer entladen werden, so sollte man bei Bleiakkus auf die Bezeichnung "Zyklenfest" geachtet werden.

Die Anzahl der Zyklen beschreibt, nach welcher Zyklenzahl der Akku nur noch 80% seiner Nominalkapazität hat. Es sind immer Vollzyklen gemeint. Eine Übersicht ist in Tabelle 4.16-2 gegeben.

4.17 Kabel

Ein Kabel stellt die (meist notwendige) Verbindung zwischen zwei Geräten dar. Es wird von vielen genau so wahrgenommen, wie ein Museumswärter im Museum: Er ist zwar da, aber keiner könnte sagen, wer es war. Dabei ist ein Kabel viel mehr, als nur ein "ideales Stück Draht", das zwei Geräte miteinander verbindet.

4.17.1 Kabelparameter

Ein Kabel ist vom Ersatzschaltbild her ein Filter erster Ordnung. Es hat nämlich abhängig von der Länge einen Widerstand, eine Induktivität, eine Kapazität und einen Leitwert. Diese Parameter skalieren sich direkt proportional mit der Länge des Kabels. Wird also beispielsweise einer der Parameter pro Kilometer Kabellänge angegeben, dann haben 10m des entsprechenden Kabels ein Hundertstel des Wertes (Siehe Abbildung 4.17-1).
Neben der Filterfunktion, die das Kabel an sich darstellt, fällt in der Praxis eher das Filter ins Gewicht, das durch das Kabel und die Ausgangsimpedanz des Gerätes aufgebaut wird. In Kapitel 4.15 wurde bereits darauf eingegangen.

4.17.1.1 Leitungsquerschnitt

Der Leitungsquerschnitt gibt an, wie viel Oberfläche ein Kabel im Querschnitt besitzt. Der Kabelquerschnitt wird in Europa in mm^2 angegeben, in Amerika als AWG-Nummer (American Wire Gauge Number). Die Tabelle 4.17-1 listet die verschiedenen AWG-Nummern und die entsprechenden Kabelquerschnitte auf.

Vom Kabelquerschnitt hängt der Leitungswiderstand eines Kabels und damit auch die maximale Strombelastbarkeit ab. Geht man beispielsweise von einem 1mm^2-Kabel aus, so hat ein Kupferkabel einen Leitungswiderstand von 0,017Ω pro Meter. Fließt über dieses Kabel ein Strom von 10A, so hat dies einen Spannungsabfall von 0,17V zur Folge. Daraus ergibt sich eine Verlustleistung im Kabel von 1,7W, mit der das Kabel erwärmt wird. Hätte man das gleiche mit einem 0,22mm^2-Kabel gemacht, so wäre der Leitungswiderstand bei 0,077Ω pro Meter, der Spannungsabfall somit bei 0,77V und die Verlustleistung bei 7,7W. Das dünnere Kabel wird somit deutlich wärmer und brennt dadurch schneller durch.
Laut der VDE-Vorschrift 0100 sind die in Tabelle 4.17-2 aufgelisteten Maximalströme zulässig.

4.17.1.2 Leitungswiderstand R

Der Leitungswiderstand eines Kabels ist der Ohmsche Widerstand, den das Kabel bezogen auf seine Länge hat. Er wird meist in Ohm pro 100m oder Ohm pro Kilometer angegeben.
Der Leitungswiderstand ist abhängig vom Querschnitt und vom Material der verwendeten Leiter. So hat beispielsweise ein Standardmikrofonkabel mit 0,22mm^2 etwa 50Ω pro km. Bei 10m Länge wären dies 0,5Ω. Ein Lautsprecherkabel mit 4mm^2 Querschnitt kommt auf etwa 5Ω pro Kilometer also 0,05Ω bei 10m Länge.

Die Abhängigkeit des Leitungswiderstands vom Material ist in Tabelle 4.17-3 zu sehen. Hier wird der Widerstand eines bestimmten Materials bei 1mm^2 Querschnitt und 1m Länge angegeben.

AWG-Nr.	Querschnitt	AWG-Nr.	Querschnitt	AWG-Nr.	Querschnitt	AWG-Nr.	Querschnitt
1	42,4mm^2	13	2,6mm^2	25	0,16mm^2	37	0,010mm^2
2	33,6mm^2	14	2,1mm^2	26	0,13mm^2	38	0,008mm^2
3	26,7mm^2	15	1,7mm^2	27	0,10mm^2	39	0,0063mm^2
4	21,2mm^2	16	1,3mm^2	28	0,08mm^2	40	0,0050mm^2
5	16,8mm^2	17	1,0mm^2	29	0,064mm^2	41	0,0040mm^2
6	13,3mm^2	18	0,82mm^2	30	0,051mm^2	42	0,0032mm^2
7	10,6mm^2	19	0,65mm^2	31	0,040mm^2	43	0,0025mm^2
8	8,4mm^2	20	0,52mm^2	32	0,032mm^2	44	0,0020mm^2
9	6,7mm^2	21	0,41mm^2	33	0,025mm^2		
10	5,3mm^2	22	0,33mm^2	34	0,020mm^2		
11	4,2mm^2	23	0,26mm^2	35	0,016mm^2		
12	3,3mm^2	24	0,20mm^2	36	0,013mm^2		

Tab. 4.17-1: Kabelquerschnitte und AWG-Nummern

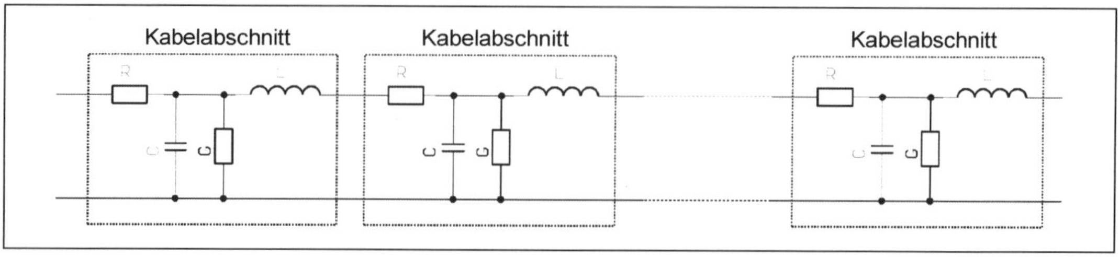

Abb. 4.17-1: Ersatzschaltbild eines unsymmetrischen Kabels

4.17.1.3 Leitungsinduktivität L

Die Leitungsinduktivität ist die Fähigkeit des Kabels, ein Magnetfeld aufzubauen. Man kann sich vereinfacht ein Kabel wie den Teil einer Spule vorstellen, der nicht aufgewickelt wurde. Fließt ein Strom durch das Kabel, entsteht ein Magnetfeld um das Kabel herum. Wird der Strom reduziert oder abgeschaltet, so kehrt das Magnetfeld in das Kabel zurück und induziert eine Spannung.
Wie bei jeder Induktivität steigt der Blindwiderstand der Leitungsinduktivität zu hohen Frequenzen hin an. Das bedeutet, dass für Wechselspannungen die Summe aus Leitungswiderstand und dem Blindwiderstand der Leitungsinduktivität gilt. Aufgrund der Phasenverschiebung in Induktivitäten berechnet sich die Summe mit:

$$Z = \sqrt{R^2 + (2 \cdot \pi \cdot f \cdot L)^2}$$

mit:
Z: Gesamtimpedanz aus dem Leitungswiderstand und dem Blindwiderstand der Leitungsinduktivität in Ohm, Ω
R: Leitungswiderstand in Ohm, Ω
L: Leitungsinduktivität in Henry, H
f: Frequenz in Hertz, Hz

Die Induktivität eines Kabels wird selten angegeben, da sie sehr gering ist und kaum Auswirkungen auf eine Audioübertragung hat. Sie beträgt grob geschätzt 1μH pro Meter. Daraus ergibt sich rechnerisch ein Blindwiderstand von 1,3Ω bei 20kHz und 10m Kabellänge.

Dieser Wert könnte bei Lautsprecherkabeln kritisch werden, allerdings ist bei größeren Kabelquerschnitten die Induktivität geringer und geht in den Bereich von 0,1-0,3μH pro Meter.
Interessant ist in diesem Zusammenhang, dass die Induktivität um so kleiner wird, je näher die Leiter aneinander liegen. Eine "schicke" Stegleitung mit 10mm Abstand zwischen den Leitern hat etwa die doppelte Induktivität im Vergleich zu einer Leitung mit 3mm Abstand und bereits die 10-fache Induktivität im Vergleich zu einer Leitung mit 1mm Leiterabstand.

4.17.1.4 Leitungskapazität C

Die Leitungskapazität entsteht durch die Anordnung der Stromleiter in einem Kabel. Die Kabel sind leitfähige Materialien, zwischen denen sich ihre eigene Ummantelung als Isolator befindet. Daraus ergibt sich ein Kondensator, bei dem die "Platten" die Leitungen und das Dielektrikum die isolierende Ummantelung ist. Je länger das Kabel wird, desto größer werden auch die "Kondensatorplatten".
Man unterscheidet zwischen der Kapazität von Signalleitung zu Schirm und der Kapazität von Signalleitung zu Signalleitung. Letztere kommt nur bei mehradrigen Kabeln, also beispielsweise symmetrischen Kabeln vor.
Kabelkapazitäten liegen typischerweise im Bereich von 50-150pF pro Meter.

Leitungsquerschnitt	Maximaler Strom
0,75mm²	13A
1,00mm²	16A
1,50mm²	20A
2,50mm²	27A
4,00mm²	36A

Tab. 4.17-2: Vorgeschriebene Mindestleitungsquerschnitte nach VDE 0100

Material	Widerstand
Aluminium	26,7mΩ
Chrom	26,4mΩ
Gold	24,2mΩ
Kupfer	17,2mΩ
Silber	16,1mΩ

Tab. 4.17-3: Leitungswiderstand in Ω pro 1mm² Querschnitt und 1m Länge in Abhängigkeit vom Material

4.17.1.5 Leitungsleitwert G

Der Leitungsleitwert in der Einheit "Siemens" (S) oder, wenn als Kehrwert angegeben, der Isolationswiderstand in Ohm, ist die Leitfähigkeit zwischen den zwei Leitern eines Kabels. Da sich zwischen den Leitern ein Isolator befindet, ist der Leitwert sehr gering. Er befindet sich im Bereich zwischen $2 \cdot 10^{-7}$S und $1 \cdot 10^{-9}$S pro Kilometer. Das entspricht einem Isolationswiderstand von 5MΩ bis 1GΩ pro Kilometer. Auf 10m umgerechnet ergibt das einen Isolationswiderstand von 500MΩ bis 100GΩ.

4.17.1.6 Wellenwiderstand

Der Wellenwiderstand oder auch die Leitungsimpedanz ist der komplexe Gesamtwiderstand, den ein Kabel dem Signal einer bestimmten Frequenz entgegensetzt. Er ist normalerweise im Audiobereich nicht relevant und wird erst bei Hochfrequenzübertragungen beachtet. Da jedoch Digitalsignale bereits zu den Hochfrequenzsignalen zählen, interessiert der Wellenwiderstand von Digitalkabeln durchaus.
Der Wellenwiderstand setzt sich aus den eben genannten vier Leitungsparametern R, L, C und G zusammen. Er berechnet sich mit:

$$Z = \sqrt{\frac{R+2 \cdot \pi \cdot f \cdot L}{G+2 \cdot \pi \cdot f \cdot C}}$$

mit:
Z: Wellenwiderstand in Ohm, Ω
R: Leitungswiderstand in Ohm, Ω
L: Leitungsinduktivität in Henry, H
C: Leitungskapazität in Farad, F
G: Leitungsleitwert in Siemens, S
f: Frequenz in Hertz, Hz

Wichtig bei der Berechnung ist, dass man alle vier Leitungsparameter auf die gleiche Länge skaliert. Am einfachsten wird es, wenn man als Länge 1m annimmt. In diesem Fall wird G und R nahezu Null und es bleibt:

$$Z = \sqrt{\frac{L}{C}}$$

Für ein Kabel mit ca. 1µH Leitungsinduktivität und 85pF Leitungskapazität ergibt sich ein Wellenwiderstand von 108Ω. Es könnte sich somit um ein 110Ω-Kabel für die AES3 Digitalübertragung handeln.

Der Wellenwiderstand ist wichtig, wenn es um die korrekte Anpassung von Signalquelle und Signalempfänger geht. Vor allem im hochfrequenten Bereich treten unschöne Störungen auf, wenn die Widerstände der Übertragung nicht korrekt gewählt werden.
Man kann sich dabei die Kabelkapazität und die Kabelinduktivität als Energiespeicher vorstellen, durch die das Signal "durchgeschoben" wird. Dabei lädt die Signalquelle zunächst den ersten Teilkondensator des Kabels über den Teilwiderstand auf. Dieser gibt seine Ladung über die nächste Teilinduktivität an den nächsten Teilkondensator weiter und so weiter. Am letzten Kondensator muss nun die korrekte Menge an Energie verbraucht werden, um auch diesen letzten Kondensator vollständig zu entladen. Am einfachsten passiert das mit Hilfe der Eingangsimpedanz, die so groß gewählt werden muss, dass der Kondensator komplett entladen wird. Alternativ kann ein Abschlusswiderstand verwendet werden, der bei sehr hohen Eingangsimpedanzen für die korrekte Entladung sorgt.
Stimmt der Abschlusswiderstand nicht, passiert folgendes:

- **Abschlusswiderstand zu groß:** Der Kondensator wird nicht vollständig entladen, die verbleibende Energie der Signalwelle wird von ihm wieder rückwärts ins Kabel eingespeist und gelangt zurück zum Empfänger. Es entstehen phasenrichtige Reflexionen in der Leitung.
- **Abschlusswiderstand zu klein:** Der Entladestrom ist zu hoch und die Induktivität baut ein zu starkes Magnetfeld auf. Beim Zurückkehren dieses Magnetfelds in die Leitung induziert es eine Gegenspannung. Dadurch entstehen gegenphasige Reflexionen in der Leitung

Eine korrekte Signalübertragung ohne Reflexionen findet statt, wenn die Ausgangsimpedanz des Senders, die Leitungsimpedanz (=Wellenwiderstand) und die Eingangsimpedanz des Empfängers identisch sind. Da Ausgangs- und Eingangsimpedanz in der Praxis gegeben sind, bedeutet dies, dass ein Kabel mit dem richtigen Wellenwiderstand für die Übertragung verwendet werden muss.
Den Abschluss der Leitung mit dem korrekten Abschlusswiderstand nennt man auch "Terminierung". Gerade in der Videotechnik und Datenübertragung werden Terminierungswiderstände eingesetzt, die an das Ende des Kabels angebracht werden müssen.

4.17.2 Kabelarten

Für die Signalübertragung werden normalerweise drei verschiedene Kabeltypen verwendet, die im Folgenden kurz beschrieben werden. Zu den Signalübertragungstechniken wird an dieser Stelle auf das Kapitel 4.15 hingewiesen.

4.17.2.1 Unsymmetrische Kabel

Unsymmetrische Kabel sind die einfachsten Standardkabel, wie man sie beispielsweise in jeder HiFi-Anlage findet. Sie haben einen Signalleiter und einen Schirm, der um den Signalleiter herum gelegt ist. Der Schirm ist mit Masse verbunden und arbeitet als Abschirmung gegen elektrische Störfelder. Diese werden durch den Schirm um den Signalleiter herum geleitet und gelangen auf diese Weise nicht in den Signalleiter. Magnetische Felder kann der Schirm nicht abhalten, da er aus Kupfer oder Aluminium besteht und von Magnetfeldern durchdrungen wird.
Die Hauptproblematik der unsymmetrischen Kabel ist die Tatsache, dass die Masse gleich dem Schirm ist, dadurch Einstreuungen im Schirm als Potentialschwankung auf der Masse erscheinen und diese somit hörbar sind.
Verbindungen mit unsymmetrischen Kabeln sollten so kurz wie möglich gehalten werden.

4.17.2.2 Koaxialkabel

Koaxialkabel sind unsymmetrische Kabel mit einem ganz bestimmten mechanischen Aufbau. Der Signalleiter ist über einen Isolator mit gleichbleibender Dicke exakt in der Mitte des Schirms angeordnet. Dadurch bekommt dieses Kabel einen definierten Wellenwiderstand und wird somit für die Hochfrequenzübertragung verwendbar. Auch Audiosignale können über Koaxialkabel übertragen werden, was jedoch in der Regel keinen Vorteil gegenüber normalen unsymmetrischen Kabeln hat.

4.17.2.3 Symmetrische "Twisted Pair" Kabel

"Twisted Pair" bedeutet soviel wie "verdrehtes Pärchen". Der Name bezieht sich darauf, dass jeweils zwei Leitungspärchen verdreht oder auch "verseilt" zueinander geführt werden. Die Verseillänge oder auch "Schlaglänge" ist dabei relativ kurz. Auf diese Weise passiert folgendes:

- Elektrische und magnetische Störungen, die von außen in das Kabel gelangen, dringen gleich stark in beide Leitungen ein. Bei einer symmetrischen Signalübertragung ermöglicht dies dem Empfänger, die Störungen wieder heraus zu rechnen.
- Magnetische Felder, die von den Signalleitungen selbst erzeugt werden, heben sich gegeneinander auf, wenn in einer Signalleitung der hinfließende und in der anderen der rückfließende Strom ist. Dadurch reduziert sich die Leitungsinduktivität enorm.

Symmetrische Kabel haben neben dem Ersatzschaltbild in Abbildung 4.17-1 auch noch eine Kabelkapazität zwischen den Leitungspaaren. Dadurch steigt in der Praxis die kapazitive Belastung eines Geräteausgangs. Da jedoch meist Profigeräte mit niedriger Ausgangsimpedanz symmetrische Kabel ansteuern, stellt diese Mehrbelastung in der Praxis kein Problem dar. Man könnte sie theoretisch reduzieren, wenn man die Übertragung ohne Schirm, also nur mit einem verseilten Pärchen betreibt. Allerdings muss in diesem Fall mehr Wert auf eine exakte Symmetrie gelegt werden, da dann kein Schirm mehr vorhanden ist, der Störungen abhalten kann.

4.17.3 Lichtleiter

Lichtleiter sind "Kabel", in denen die Signale in Form von Lichtwellen übertragen werden. Hierbei kann es sich um sichtbares Licht oder unsichtbares Licht (meist Infrarot) handeln.
Im Audiobereich sind die Hauptvorteile einer Lichtleiterübertragung:

- Geringe Kosten des Lichtleiters.
- Keine elektrische Verbindung der Geräte. Lichtleiter sind aus Kunststoff oder Glas und leiten den Strom nicht.
- Extreme lange Verbindungen mit sehr hohen Bandbreiten möglich.

Da das übertragene Licht bei Lichtleitern durch viele Reflexionen innerhalb des Lichtleiters zum Ausgang gelangt, ist die Frage berechtigt, wie lange es braucht, um durch den Lichtleiter zu kommen. Dies hängt ganz wesentlich von den Materialeigenschaften des Lichtleiters ab, die die Lichtgeschwindigkeit bestimmen.
Man unterscheidet hierbei Monomode und Multimode-Fasern, die sich in erster Linie durch ihren inneren Aufbau unterscheiden (siehe Abbildung 4.17-2).

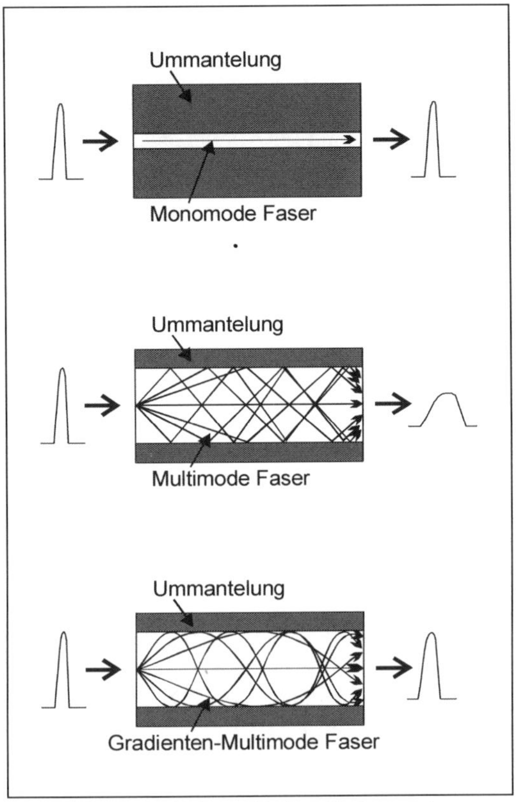

Abb. 4.17-2: Drei verschiedene Varianten eines Glasfaserkabels

Das im Studio bekannte "Optische Kabel " für S/PDIF- oder ADAT-Optical-Verbindungen ist ein ganz einfacher, kostengünstiger Multimode-Lichtleiter aus Kunststoff. Mit ihm sind nur Übertragungsstrecken bis zu 10m möglich.

4.17.3.1 Monomode

Monomode-Fasern, auch Single-Mode-Fasern genannt, sind extrem dünne Lichtleiter mit einem Kerndurchmesser von 9µm. Aufgrund des geringen Durchmessers kann sich das Licht nur noch geradlinig in Richtung der Faser ausbreiten. Dadurch kommt es zu fast keinen Laufzeitunterschieden zwischen verschiedenen Lichtstrahlen.
Das Monomode-Kabel kann somit auch kürzeste Impulse über sehr große Entfernungen akkurat übertragen.

4.17.3.2 Multimode

Multimode-Fasern sind aus praktischen Gründen dicker aufgebaut und haben 50µm oder 62,5µm Kerndurchmesser. Dadurch sind sie einfacher zu verarbeiten und finden meist innerhalb von Firmennetzwerken Anwendung.
Durch den dickeren Kern kann sich das Licht mehrere Wege durch den Lichtwellenleiter suchen, und verschiedene Lichtstrahlen treffen, je nach Laufzeit, zu unterschiedlichen Zeitpunkten am Ausgang ein. Dadurch gelangen Impulse zeitlich verzerrt zum Ausgang (Dispersion) und werden möglicherweise nicht mehr erkannt.
Eine mögliche Lösung gegen die Dispersion ist ein spezieller Aufbau der Multimode-Faser: die Gradienten-Multimode-Faser. Bei ihr besteht der Kern aus einem Material dessen Dichte von innen nach außen immer geringer wird. Dadurch ändert sich auch die Ausbreitungsgeschwindigkeit des Lichts, so dass es im Inneren des Kerns am langsamsten und gegen außen immer schneller ist. Dadurch treffen alle Arten von Lichtstrahlen in etwa wieder zeitgleich am Ausgang des Lichtleiters ein, und die Impulsverzerrung ist sehr gering.

4.18 Steckverbinder

Steckverbinder oder kurz Stecker sind in einem Tonstudio von essenzieller Bedeutung. Nur mit Hilfe der Stecker können vielseitige und flexible Verkabelungen realisiert, angepasst und modifiziert werden. Hätte man alle Verbindungen fest eingerichtet, so wäre man im täglichen Arbeitsablauf sehr eingeschränkt und könnte nicht sehr kreativ arbeiten.
Seit es Steckverbinder gibt, wird versucht, ein großes Problem zu lösen: sie müssen sehr zuverlässig funktionieren. Dem entgegen steht in der Praxis, dass sie keinen zu hohen Preis haben dürfen, und so stellen die meisten Steckverbinder einen Kompromiss aus Preis und Qualität dar.

Man unterscheidet männliche und weibliche Steckverbinder. Männliche Verbinder sind die so genannten Stecker, weibliche die Kupplungen oder Buchsen. Man erkennt die Stecker daran, dass sie hervorstehende Stiftkontakte haben, die Kupplungen bzw. Buchsen hingegen weisen Löcher oder Schlitze auf.

Die verschiedenen Möglichkeiten und Steckervarianten sollen im Folgenden beschrieben werden.

4.18.1 Unsymmetrische Steckverbinder

Unsymmetrische Steckverbinder sind in der Regel zweipolig ausgeführt und im Homerecording- und HiFi-Bereich zu finden. Sie sind eher von geringer Qualität, da sie in erster Linie günstig sein müssen.

4.18.1.1 RCA / Cinch

Der billigste und wohl bekannteste Steckverbinder ist der RCA- oder Cinch-Stecker, mit dem alle Verbindungen einer modernen HiFi-Anlage realisiert werden. In Abbildung 4.18-1 ist ein Stecker und eine Buchse zu sehen. Der Mittelkontakt führt das Signal, der Außenring die Masse. Cinch-Stecker haben sich millionenfach bewährt, sind jedoch in vielen Punkten zu unprofessionell:

- Alle Ein- und Ausgänge sind immer als Buchsen ausgeführt. Dies bedeutet, dass Verbindungskabel immer Stecker auf Stecker verbinden. Auf diese Weise kann man jedoch auch zwei Ausgänge oder zwei Eingänge miteinander verbinden. Weiterhin ist es nicht möglich, die Kabel ohne Adapter zu verlängern.
- Die Stecker verriegeln nicht und können leicht herausgezogen werden.
- Die Stecker sind mechanisch nicht sehr robust.
- Der signalführende Stift gibt vor der Masse Kontakt. Dies führt zu einem unschönen Brummen oder Knacksen beim Ein- und Ausstecken an laufenden Geräten.

Auch wenn es Hi-End-Cinch-Stecker in vergoldeter und handgedrehter Ausführung gibt, ist die Qualität dieser Verbinder für den Profibereich nicht akzeptabel.

Anwendung:

- HiFi
- S/PDIF Digitalschnittstelle

4.18.1.2 Mono-Klinke / Stereo-Klinke

Die Klinkenstecker sind eine kostengünstige Variante des Cinch-Steckers im Homerecording- und Semiprofi-Bereich. Sie weisen prinzipiell jedoch die gleich Nachteile auf.

Klinken-Stecker sind im Vergleich zu Cinch-Steckern handlicher und lassen eine höhere Anzahl von Steckzyklen zu, ohne kaputt zu gehen. Aus diesem Grund werden Mono-Klinkenstecker im Tonstudio für fast alle unsymmetrischen Verbindungen eingesetzt.

Unsymmetrische Stereo-Klinkenstecker findet man bei Kopfhörern und in der Unterhaltungselektronik. Mit ihrer Hilfe wird ein Stereosignal übertragen. So sind die 1/4" / 6,3mm Stereoklinken in HiFi-Geräten und Profiequipment als Kopfhörerausgänge anzutreffen. 1/8" / 3,5mm Stereoklinken hingegen findet man in Soundkarten, tragbaren CD-Spielern und sonstiger Unterhaltungselektronik.

Die Abbildung 4.18-2 zeigt einen Mono- und einen Stereoklinkenstecker im Vergleich. Bei beiden Steckern liegt die Masse auf "Sleeve". Das Signal ist auf "Tip" und bei Stereoklinkensteckern auch auf "Ring". Bei Stereoklinkensteckern gilt:

- Tip: linker Kanal
- Ring: rechter Kanal.
- Sleeve: Masse

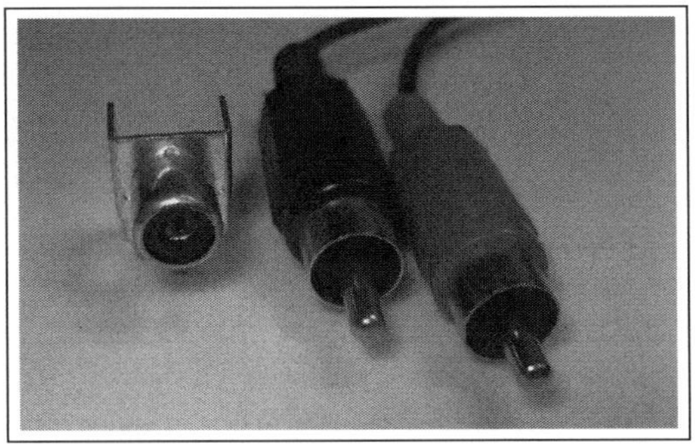

Abb. 4.18-1: Cinch-Stecker und Buchse

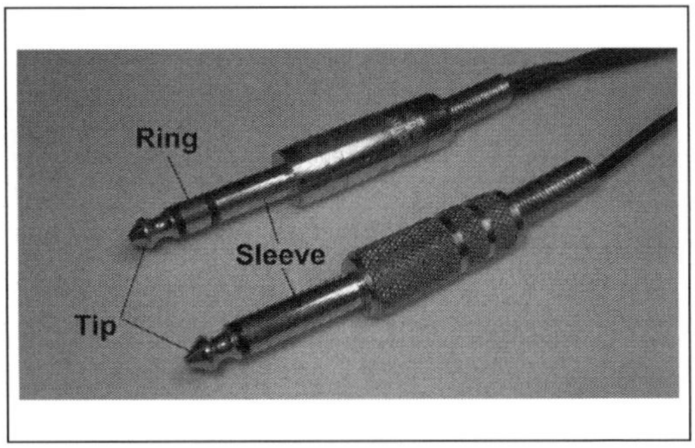

Abb. 4.18-2: Unsymmetrische Mono- und Stereo-Klinkenstecker

Anwendung:

- Unsymmetrische Line-Verbindungen im Studio
- Instrumentenkabel (Gitarre, Bass)
- Billige, unsymmetrische Mikrofone

4.18.1.3 DIN

DIN-Steckverbinder findet man heute hauptsächlich bei MIDI-Anschlüssen. So sind alle MIDI-Anschlüsse über 5-polige DIN-Stecker realisiert, wie sie in Abbildung 4.18-3 rechts zu sehen sind. Früher hat man mit den gleichen Steckern auch HiFi-Komponenten miteinander verbunden. Mit einem einzigen 5-poligen DIN-Stecker konnte man beispielsweise ein Kassettendeck aufnahme- und wiedergabeseitig in Stereo verkabeln.
Links in der Abbildung 4.18-3 ist ein verschraubbarer DIN-Stecker zu sehen, wie er beispielsweise bei Röhrenmikrofonen zu finden ist. Er hat den Vorteil vieler Pole und stellt durch die Verschraubung eine mechanisch stabile Verbindung her.
DIN-Stecker gibt es von 3-12 Polen. Die Belegung ist anwendungs- und herstellerspezifisch.

Anwendung:

- MIDI
- Altes HiFi-Equipment
- Ältere Mikrofone
- Röhrenmikrofone

4.18.1.4 BNC

BNC-Stecker trifft man in der Mess- und Videotechnik an. Sie sind koaxial aufgebaut und können durch Verdrehen verriegelt werden. Die Masse gibt vor der signalführenden Leitung Kontakt, und die Stecker sind relativ robust konstruiert. Vom Eigenbau von BNC-Adaptern und -Kabeln ist abzuraten, da die industriell gefertigten Kabel wesentlich stabiler und langlebiger sind.

Die Abbildung 4.18-4 zeigt die BNC-Stecker.

Anwendung:

- Messtechnik
- Videotechnik
- MADI Digitalschnittstelle

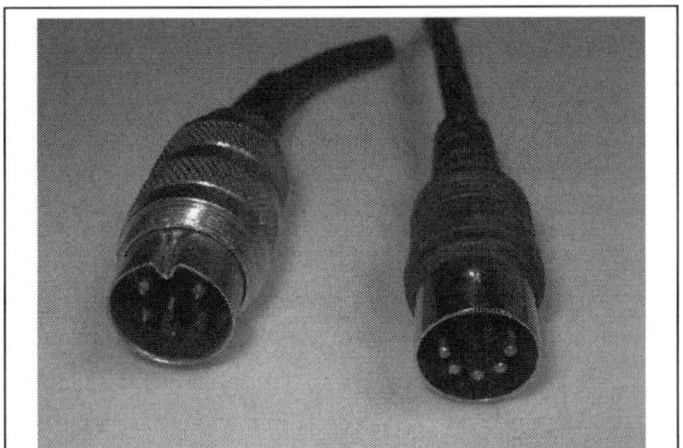

Abb. 4.18-3: DIN-Stecker

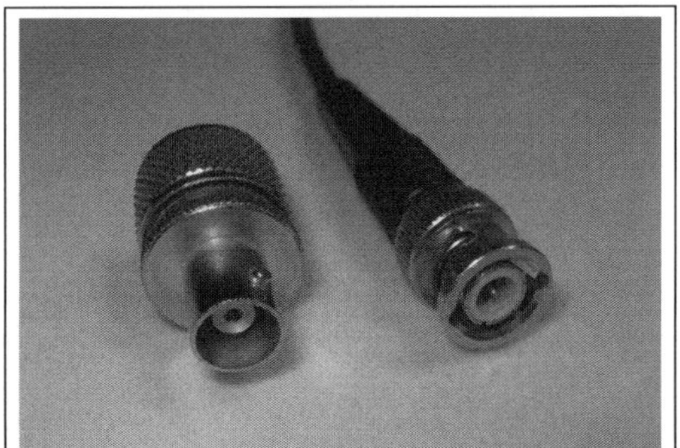

Abb. 4.18-4: BNC-Stecker

4.18.1.5 Speakon

Die Speakon-Stecker findet man in der Lautsprecherverkabelung. Es handelt sich um Hochstromstecker mit zwei oder vier Anschlüssen. Von weitem ähnlich einem Verbindungsstück für einen Gartenschlauch, sind sie aus der Nähe betrachtet ein professionelles Steckersystem für Lautsprecherleitungen. Die Stecker sind stabil und verriegelbar und stellen somit eine unverzichtbare Anschlussmöglichkeit von Lautsprechern im Livebereich dar. HiFi- und Studiolautsprecher werden in der Regel nicht über Speakon-Stecker angeschlossen, da die Schraub- oder Klemmverbinder an Lautsprechern einen besseren Kontakt gewährleisten, jedoch nicht so komfortabel sind.

Die Abbildung 4.18-5 zeigt die Speakon-Stecker. Es gibt sie in 3 verschiedenen Polzahlen, wobei immer zwei Pole zu einem Paar zusammengefasst sind und zu einem Lautsprecher gehören:

- 2-polig: Pole 1+ und 1-
- 4-polig: Pole 1+, 1- und 2+, 2-
- 8-polig: Pole 1+, 1-, 2+, 2-, 3+, 3- und 4+, 4-

Obwohl die Verkabelung mit Speakon-Steckern noch keiner Norm unterliegt, sollte man folgendes beachten: Die Steckerbelegung sollte so erfolgen, dass auch in der Hektik eines Bühnenaufbaus niemals zwei Verstärkerausgänge zufällig mit einem Kabel miteinander verbunden und damit kurzgeschlossen werden können. Dazu gibt es eine Empfehlung der AES:

- **Normale Lautsprecher:** Man verwendet eine 2-polige Buchse am Verstärkerpatchfeld und eine 4-polige Buchse am Lautsprecher. Die Kabel gehen von 2-polig auf 4-polig. Belegung auf beiden Seiten 1+ und 1-
- **Bi-Amplified Lautsprecher:** Bei diesen Lautsprechern werden Hochtöner und Tieftöner von getrennten Verstärkern betrieben. Man hat eine 8-polige Buchse am Verstärkerpatchfeld und eine 4-polige Buchse am Lautsprecher. Die Kabel sind von 8-polig auf 4-polig.
  Belegung am Patchfeld: Tieftöner: 3+ und 3- , Hochtöner: 4+ und 4-.
  Belegung am Lautsprecher: Tieftöner: 1+ und 1- , Hochtöner: 2+ und 2.

Natürlich sind auch andere Verkabelungen denkbar, bei denen ein Kurzschluss ausgeschlossen ist.

Anwendung:

- Lautsprecher

4.18.2 Symmetrische Steckverbinder

Symmetrische Steckverbinder müssen drei Anschlüsse haben, damit ein symmetrisches Signal übertragen werden kann. Es gibt auch bei symmetrischen Verbindungen billige und sehr teure, professionelle Steckervarianten.

4.18.2.1 XLR / Mini-XLR

Die Stecker der XLR-Serie sind die professionellen Steckverbinder in den Tonstudios. Aus Kostengründen werden sie heute fast nur noch bei Mikrofonkabeln eingesetzt, obwohl sie auch für Line- und Digitalsignale verwendet werden können.
XLR-Stecker haben mehrere professionelle Eigenschaften:

- Alle Ausgänge sind männlich, alle Eingänge sind weiblich. Kabel sind meist männlich auf weiblich. Somit kann man normalerweise nur Ausgänge mit Eingängen verbinden. Ein Verlängern des Kabels ist problemlos möglich.
- Die Stecker verriegeln in den Buchsen.

Abb. 4.18-5: Speakon-Stecker (© Neutrik)

- Die Stecker sind mechanisch sehr robust ausgeführt.
- Die Buchsen / Kupplungen haben einen vorlaufenden Massekontakt. Somit wird ein unschönes Brummen oder Knacksen beim Einbeziehungsweise Ausstecken vermieden.

Es gibt billigere Varianten, wie zum Beispiel die XLB- und XLM-Serie, die zu den XLR-Steckverbindern kompatibel sind. Aufgrund der geringeren Zahl der Steckzyklen und der schlechteren mechanischen Verarbeitung, ist von diesen Typen jedoch im rauen Studioalltag abzuraten.

Mit immer kleiner werdenden (portablen) Geräten kommen mehr und mehr auch "Mini-XLR"-Stecker vor. Auch bekannt unter dem Namen Rean RT3 finden sich diese Stecker an Field-Recordern, Mikrofonen und Kopfhörern.
Die Abbildung 4.18-6 zeigt sowohl XLR-Stecker als auch die "Mini-XLR"-Variante. Die Anschlussbelegung lautet:

- 1: Masse
- 2: Hot
- 3: Cold

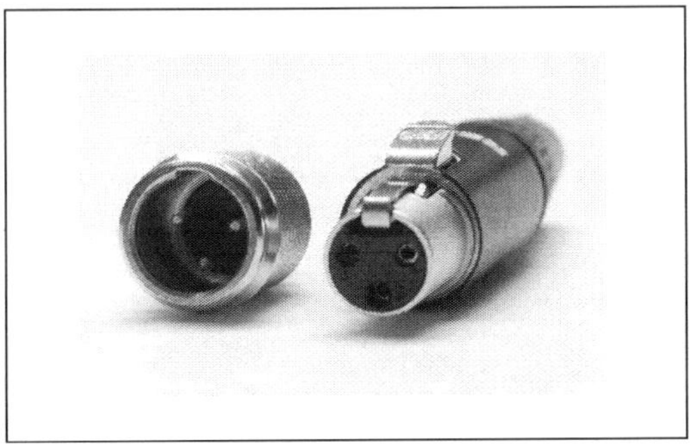

Abb. 4.18-6: XLR-Stecker (oben) und Mini-XLR-Stecker (unten)

Anwendung:

- Mikrofonverbindungen
- Professionelle Line-Verbindungen
- AES3 Digitalschnittstelle

4.18.2.2 Stereo-Klinke

Aus Kostengründen werden im Studio mehr und mehr symmetrische Signale über Stereo-Klinkenstecker geführt. Die drei notwendigen Anschlüsse sind gegeben, und auf die Robustheit und Professionalität wird aufgrund der hohen Kostenersparnis verzichtet. Eine Ausnahme stellen die TT-Phone Patchcords dar, die schon seit jeher in professionellen Steckfeldern eingesetzt wurden. TT-Phone steht für Tiny-TelePhone, da diese Steckverbinder in der Telefonhandvermittlung verwendet wurden. Die hohe Qualität und Steckzyklenzahl hat diese Stecker auch in Profistudios Verwendung finden lassen.

Die Abbildung 4.18-7 zeigt die symmetrischen Stereo-Klinkenstecker. Deren Anschlussbelegung lautet:

- Tip: Hot
- Ring: Cold
- Sleeve: Masse

Anwendung:

- Symmetrische Line-Verbindungen
- Steckfeldverbindungen

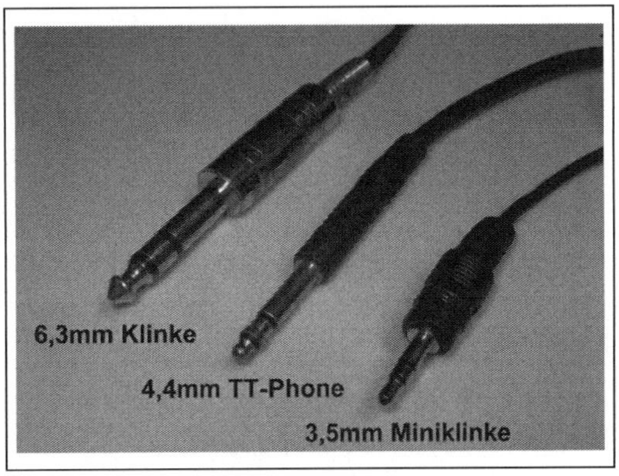

Abb. 4.18-7: Verschiedene symmetrische Stereo-Klinkenstecker

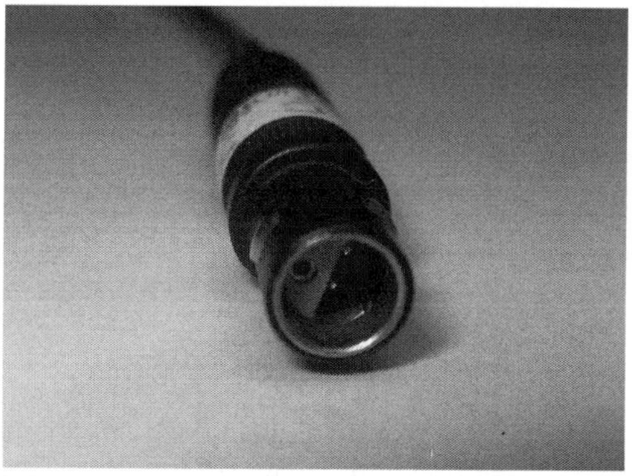

Abb. 4.18-8: LEMO-Steckverbinder

4.18.2.3 LEMO

LEMO-Steckverbinder könnte man als kleine XLR-Stecker bezeichnen. Sie weisen die gleichen professionellen Eigenschaften auf, sind jedoch wesentlich kleiner. Sie finden unterschiedlichste Anwendungen je nach verwendeter Polzahl.

Die Abbildung 4.18-8 zeigt die LEMO-Steckverbinder. Die Anschlussbelegung ist herstellerspezifisch.

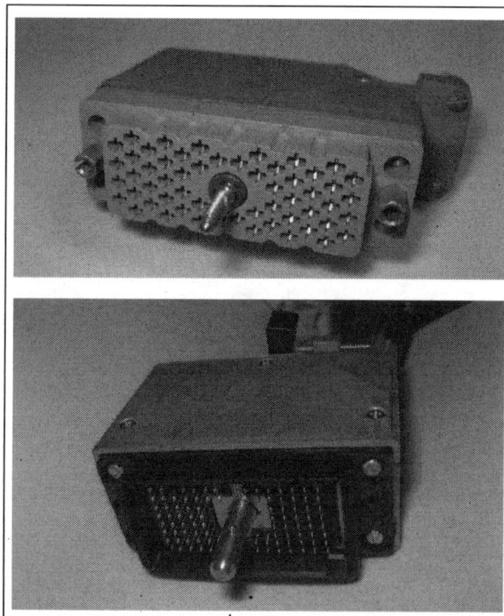

Abb. 4.18-9: Zwei verschiedene Multipin-Stecker:
Oben: 56-poliger EDAC-Stecker
Unten: 96-poliger Cannon DL-Stecker

Anwendung:

- Messtechnik
- Steckfeldverbindungen
- Mikrofontechnik

4.18.3 Mehrfachsteckverbinder

Mehrfachsteckverbinder dienen dazu, viele Signalverbindungen mit nur einem Stecker herzustellen. Auf diese Weise können komplette Racks mit nur einem Steckverbinder an ein Mischpult angeschlossen werden. Die Mehrspurbandmaschine kann mit nur zwei großen Steckern alle 48 symmetrischen Verbindungen zum Pult herstellen. Wie ein Mehrfachsteckverbinder belegt ist, muss dem jeweiligen Datenblatt des Geräteherstellers entnommen werden, da es keine einheitlichen Normen gibt. Die wichtigsten Mehrfachsteckverbinder sollen kurz gezeigt werden.

4.18.3.1 Professionelle Multipin-Stecker

Diese Steckverbinder sind relativ teure, jedoch sehr zuverlässige Steckverbinder mit teilweise mehreren 100 Kontakten. Als Beispiel sollten hier der 56-polige EDAC bzw. der 96-polige Cannon-DL Stecker diesen. Letzterer ist sogar ein Nullkraftstecker, der ohne Kraftaufwand in die Buchse eingesetzt werden kann und dann mit Hilfe einer 90°-Drehung eines Knebels alle 96 Pole kontaktiert.
Mit diesen Steckern kann man zum Beispiel 24 symmetrische Verbindungen über einen 56-poligen EDAC-Stecker herstellen, wenn man die 24 Masseanschlüsse auf 8 Steckkontakte zusammenfasst. Bei den 96-poligen Steckern sind 32 symmetrische Verbindungen auf einem Stecker möglich.

Abbildung 4.18-9 zeigt zwei verschiedene Varianten dieser professionellen Multipin-Stecker. Die Anschlussbelegung ist herstellerspezifisch und muss im z.B. Manual des Mischpults nachgeschlagen werden.

Anwendung:

- Professionelle Mischpulte
- Professionelle Mehrspurmaschinen

4.18.3.2 Sub-D

Sub-D-Stecker stammen ursprünglich aus dem Computerbereich und sind nur für sehr wenige

Steckzyklen ausgelegt. Aufgrund der hohen Fertigungszahlen sind sie jedoch extrem günstig zu bekommen. In mehr und mehr Studiogeräten werden 25-polige Sub-D-Steckverbinder eingesetzt, um acht symmetrische Verbindungen herzustellen und gleichzeitig Platz auf der Geräterückseite zu sparen. Auch andere Polzahlen sind denkbar und werden eingesetzt. Es ist zu beachten, dass die Sub-D-Stekker tatsächlich nicht für viele Steckzyklen ausgelegt sind (20-100) und deshalb nicht ständig aus- und eingesteckt werden sollten.

Abbildung 4.18-10 zeigt einen 25-poligen Sub-D-Stecker. Die Anschlussbelegung ist herstellerspezifisch.

Anwendung:

- Mehrspurrecorder
- Mischpulte
- Soundkarten
- Messtechnik

4.18.4 Netzwerkstecker

Zunehmend werden Netzwerkstecker anstelle von Multicores eingesetzt, da auf diese Weise mit einem deutlich leichteren und günstigeren Kabel eine digitale mehrkanalige Verbindung geschaffen werden kann.
Als Steckerstandard haben sich die Ethernet-Stekker etabliert, die jedoch für den rauen Bühnenalltag zu empfindlich sind. Deshalb gibt es sie in einer Variante mit Metallhülle unter dem Namen Ethercon. Erhältlich als Cat5- und Cat6-Version (die nicht zueinander steckkompatibel sind!) stellen sie eine robuste Ethernetverbindung dar. Die Abbildung 4.18-11 zeigt Cat5 Etherconstecker und -buchse.

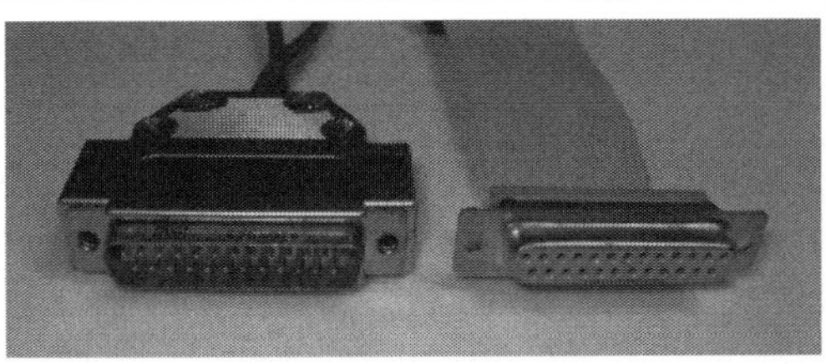

Abb. 4.18-10: 25-polige Sub-D-Stecker

4.18.5 Netzsteckverbinder

Netzstecker haben die Aufgabe, ein Gerät mit der Steckdose und somit mit dem Stromnetz zu verbinden. Hierbei gibt es verschiedene Varianten mit und ohne Schutzkontakt.

4.18.5.1 Europastecker

Die Europastecker sind zweipolige Stecker ohne Schutzkontakt. Ihr Name deutet darauf hin, dass sie in ganz Europa in die Steckdosen passen sollen. Diese Anschlusskabel sind entweder fest mit dem Gerät verbunden oder haben an der Geräteseite eine Kleingerätekupplung mit Doppelnut. In Abbildung 4.18-12 ist ein Eurostecker mit einer Kleingerätekupplung zu sehen.

4.18.5.2 Schutzkontakt- / Kaltgerätestecker

Für Netzverbindungen mit Schutzkontakt wird ein Schutzkontakt- oder kurz Schuko-Stecker benötigt. Auch dieser kann fest mit dem Gerät verbunden sein oder hat am geräteseitigen Ende eine Kaltgerätekupplung. Letztere hat drei Kontakte, von denen der mittlere der Schutzkontakt, die beiden äußeren die stromführenden Anschlüsse sind. Die Abbildung 4.18-13 zeigt einen Schutzkontaktstecker und eine Kaltgerätekupplung.

4.18.5.3 Hochstrom- / CEEform-Stecker

Für Hochstromanwendungen, wie schwere Maschinen, kräftige Endstufen sowie Lichtanlagen, stehen Hochstromstecker in der Norm EN 60309-1 und EN 60309-2 zur Verfügung. Diese Stecker werden auch CEE- oder CEEform-Stecker genannt. Sie existieren in drei Grundausführungen:

Abb. 4.18-11: Ethercon Stecker und Buchse

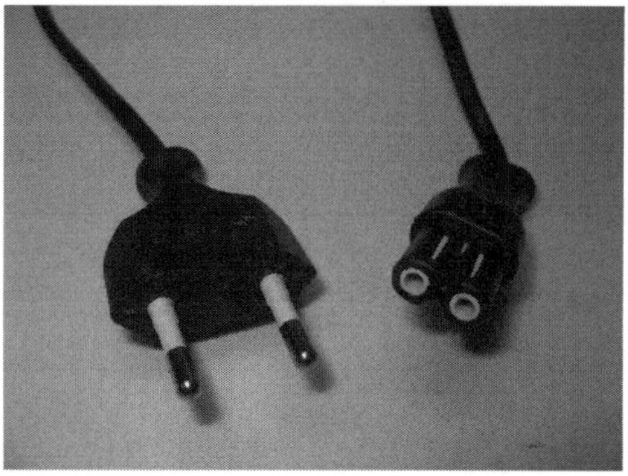

Abb. 4.18-12: Eurostecker und Kleingerätekupplung

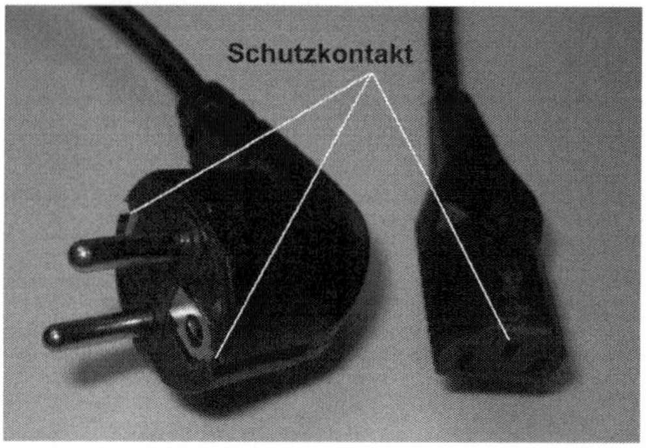

Abb. 4.18-13: Schutzkontaktstecker und Kaltgerätekupplung

- 2 Phasen + Erde (2P+E)
- 3 Phasen + Erde (3P+E)
- 3 Phasen + Nullleiter + Erde (3P+N+E)

Ein 5-poliger CEEform Stecker mit 3 Phasen / Nulleiter und Erde ist in Abbildung 4.18-14 zu sehen.

Die Stecker sind in 4 verschiedenen Stromstärken erhältlich:

- 16 Ampere
- 32 Ampere
- 63 Ampere
- 125 Ampere

Für die verschiedenen Anwendungen und Spannungsbereiche stehen weiterhin Farbcodierungen der Steckergehäuse zur Verfügung. Bei diesen Steckern muss gewährleistet sein, dass nur gleichfarbige Stecker zusammenpassen, und ein Gleichspannungsstecker nicht zufällig in eine Wechselspannungsquelle gesteckt werden kann. Dies geschieht durch die Anordnung der Buchsen in Relation zu der Führungsnut im Plastikkragen des Steckers. Hat man die Steckdose vor sich, und die Führungsnut zeigt nach unten (6 Uhr Position), so kann man aus der Position der Erdungsbuchse (Buchse mit dem größten Durchmesser) die Anwendung des Steckers erkennen. Die Tabelle 4.18-1 listet die verschiedenen Codierungsmöglichkeiten auf.

4.18.6 Kreuzschienen

Unter Kreuzschienen versteht man Steckfelder, an denen in Matrixform verschiedene Eingänge und Ausgänge anliegen. Ähnlich wie beim "Schiffe versenken" kann man an bestimmten Koordinaten eine Steckverbindung setzen, mit deren Hilfe man einen Eingang auf einen Ausgang schalten kann. Durch die Matrixanordnung können sehr übersichtlich alle Eingänge mit allen Ausgängen verbunden werden.

Abb. 4.18-14 5-poliger CEEform-Stecker
Der Stecker ist rot, der Erdungsstecker bei 6 Uhr.
Es ist daher ein Stecker für
220/380V-240/415V/50Hz+60Hz.

Farbe / Polzahl	Spannungsbereich / Frequenzbereich	Position der Erdungsbuchse
Gelb / 2P + E	110V - 130V / 50Hz + 60Hz	4 Uhr
Gelb / 3P + E	110V - 130V / 50Hz + 60Hz	4 Uhr
Gelb / 3P +N +E	63,5/110V - 75/130V / 50Hz + 60Hz	4 Uhr
Blau / 2P + E	**220V - 250V / 50Hz + 60Hz**	**6 Uhr**
Blau / 3P + E	220V - 250V / 50Hz + 60Hz	9 Uhr
Blau / 3P + N + E	120/208V - 144/250V / 50Hz + 60Hz	9 Uhr
Rot / 2P + E	380V - 415V / 50Hz + 60Hz	9 Uhr
Rot / 3P + E	380V / 50Hz oder 440V / 60Hz	3 Uhr
Rot / 3P + N + E	220/380V - 250/440V / 60Hz	3 Uhr
Rot / 3P + E	380V - 415V / 50Hz + 60Hz	6 Uhr
Rot / 3P + N + E	**220/380V - 240/415V / 50Hz + 60Hz**	**6 Uhr**
Rot / 3P + E	400V - 460V / 60Hz	11 Uhr
Rot / 3P + N + E	250/400V - 256/460V / 60Hz	11 Uhr
Schwarz / 3P + E	600V - 690V / 50Hz + 60Hz	5 Uhr
Schwarz / 3P + N + E	347/600V - 400/690V / 50Hz + 60Hz	5 Uhr
Schwarz / 2P + E	480V - 500V / 50Hz + 60Hz	7 Uhr
Schwarz / 3P + E	480V - 500V / 50Hz + 60Hz	7 Uhr
Schwarz / 3P + N + E	277/480V - 288/500V / 50Hz + 60Hz	7 Uhr
Grün / 2P + E	>50V / 300-500Hz	2 Uhr
Grün / 3P + E	>50V / 300-500Hz	2 Uhr
Grün / 3P + N + E	>50V / 300-500Hz	2 Uhr
Grün / 2P + E	>50V / 100-300Hz	10 Uhr
Grün / 3P + E	>50V / 100-300Hz	10 Uhr
Grün / 3P + N + E	>50V / 100-300Hz	10 Uhr
Grau / 2P + E	50V - 250V / Gleichspannung	3 Uhr
Grau / 2P + E	277V / 60 Hz	5 Uhr
Grau / 2P + E	>250V / Gleichspannung	8 Uhr
Grau / 2P + E	Versorgung von einem Trenntrafo	12 Uhr
Grau / 3P + E	Versorgung von einem Trenntrafo	12 Uhr

Tab. 4.18-1: Codierungen der CEE-Buchsen (Stecker entsprechend spiegelverkehrt)

Moderne Kreuzschienen sind vollelektronisch und haben einen Steuercomputer, der die Verbindungen setzt und eine grafische Darstellung ermöglicht. Dieser kann auch bestimmte Verbindungen schützen oder Prioritätsschaltungen ermöglichen, damit beispielsweise im Rundfunkbereich immer das Hauptprogramm Vorrang vor einer internen (unwichtigeren) Verbindung hat.

4.19 Adapter

Oft kommt es vor, dass verschiedene Geräte zusammengesteckt werden müssen, aber deren Stecker nicht direkt aneinander passen. In diesen Fällen werden Adapter benötigt.
Für Audiosignale sind oft passive Adapter ausreichend. Das bedeutet, dass sie nur aus einem Kabel und Steckern bzw. Kupplungen bestehen.
Für Daten und auch für Stromversorgungen sind eher aktive Adapter gefordert. Erstere müssen in der Regel Datenströme umformatieren, letztere gegebenenfalls die Netzspannung ändern.

4.19.1 Adapter für Audiosignale

Die wohl häufigste Anwendung für Adapter sind einfache Anpassungen auf andere Stecker. So soll ein Signal vielleicht von XLR auf Klinke oder Cinch adaptiert, aufgesplittet oder zusammengeführt werden.

Grundsätzlich können analoge Kabel jederzeit einfach mit einem anderen Stecker versehen werden und scho hat man einen "Adapter". Damit dieser jedoch möglichst optimal funktioniert, sollten die Tipps der folgenden Unterkapitel beachtet werden.

4.19.1.1 Adapter unsymmetrisch / symmetrisch

Einer der am häufigsten benötigten Adapter soll unsymmetrische mit symmetrischen Signalen verbinden. Dabei ist es in der Praxis unerheblich, ob der Adapter von einem unsymmetrischen Ausgang auf einen symmetrischen Eingang gehen soll oder umgekehrt - das Prinzip bleibt das gleiche.

Bei den symmetrischen Signalen liegt die Signalspannung zwischen Hot und Cold an. Zusätzlich existiert ein Masseanschluss, der in erster Linie der Abschirmung der Leitung dient.
Bei den unsymmetrischen Signalen liegt die Signalspannung zwischen Signal und Masse an. Die Masse ist gleichzeitig die Abschirmung für die Leitung.
Um das Signal verlustfrei adaptieren zu können, müssen auf jeden Fall erst einmal Hot mit Signal und Cold mit Masse verbunden werden. Zusätzlich kann man sich überlegen, was mit der Masse des symmetrischen Signals passieren soll. Meist wird sie auch mit der unsymmetrischen Masse verbunden, so dass Cold und Masse zusammengelegt werden (siehe Abbildung 4.19-1). Sollte jedoch durch diese Masseverbindung eine störende Brummschleife entstehen, so wird die Masse auf der symmetrischen Seite einfach nicht angeschlossen (siehe Abbildung 4.19-2). Bei diesen Adaptern werden meist symmetrische Kabel verwendet, die erst auf der unsymmetrischen Seite adaptiert werden.
Da sich heutzutage die elektronisch symmetrierten Ein- und Ausgänge vergleichbar mit den trafosymmetrierten Ein- und Ausgängen verhalten, sind die beiden eben genannten Adapter immer die beste Wahl. Ein elektronisch symmetrierter Ausgang mit einer Cross-Coupled-Pair-Schaltung am Ausgang kann sogar gezielt durch den Kurzschluss Cold mit Masse dazu gebracht werden, als unsymmetrischer Ausgang zu arbeiten.

Hinweis: Der häufigste Fehler beim Adapter unsymmetrisch / symmetrisch besteht darin, Hot mit Signal und Masse mit Masse zu verbinden sowie Cold in's Leere gehen zu lassen. Dieser falsche Adapter hat in der Praxis Pegelverluste zur Folge bzw. würde bei trafosymmetrischen Ein- und Ausgängen gar nicht funktionieren.

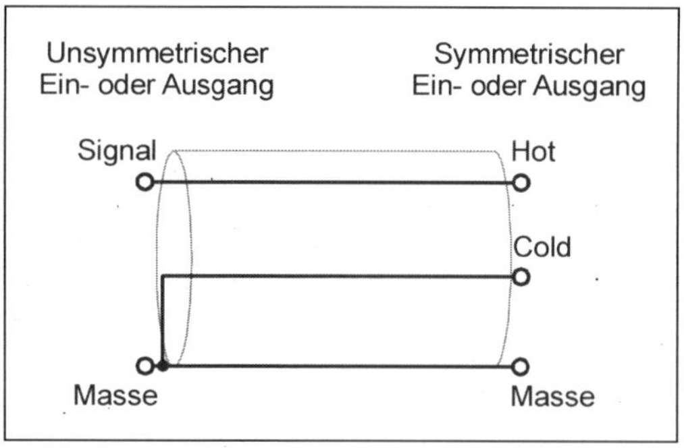

Abb. 4.19-1: Adapter von symmetrisch auf unsymmetrisch (oder umgekehrt) mit Masseverbindung

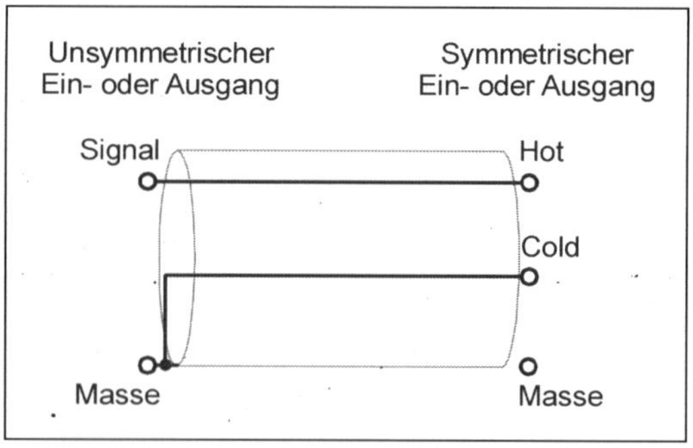

Abb. 4.19-2: Adapter von symmetrisch auf unsymmetrisch (oder umgekehrt) ohne Masseverbindung

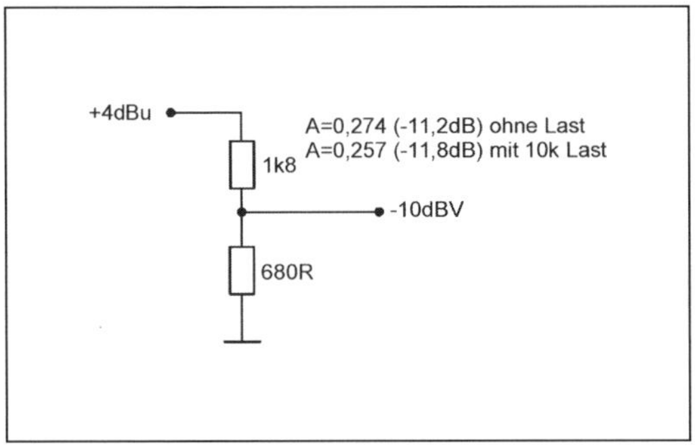

Abb. 4.19-3: Adapter von +4dBu auf -10dBV mit Hilfe eines Spannungsteilers

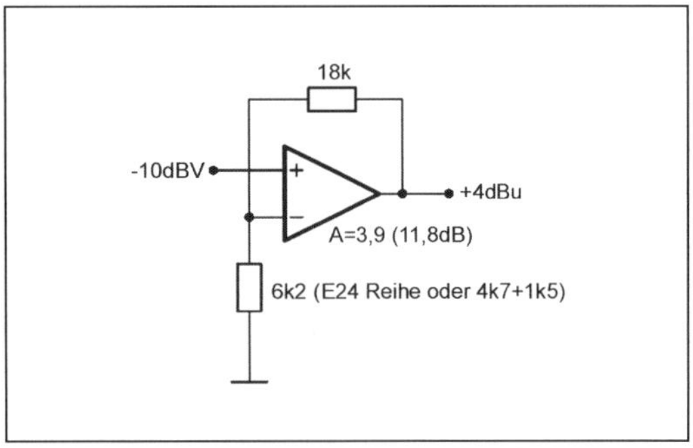

Abb. 4.19-4: Adapter von -10dBV auf +4dBu mit Hilfe einer nicht invertierenden OP-Schaltung

4.19.1.2 Adapter Profi / Homercordingpegel

Zwischen einem Profisignal mit +4dBu Studiopegel und einem Homerecordingsignal mit -10dBV Studiopegel liegen 11,8dB Pegelunterschied. Werden Geräte dieser beiden Kategorien einfach miteinander verbunden, so kommt es zu deutlich zu viel bzw. zu wenig Pegel.

In der Richtung Profi -> Homerecording ist der Adapter relativ einfach. In das Signal kann ein Spannungsteiler eingebaut werden, der den erforderlichen Pegelverlust bringt. Bei der Berechnung des Spannungsteilers sollte noch die Eingangsimpedanz des Homerecordinggerätes als Last mitberücksichtigt werden, so dass die Berechnung eines belasteten Spannungsteilers durchgeführt werden muss. Da Profigeräte jedoch relativ niederohmig belastet werden können, kann der Spannungsteiler auch so ausgelegt werden, dass die Eingangsimpedanz nur noch eine untergeordnete Rolle spielt. In Abbildung 4.19-3 ist so ein Spannungsteiler zu sehen. Durch die Wahl der Widerstände schwankt der Pegelverlust zwischen 11,2dB und 11,8dB bei einer angenommenen Eingangsimpedanz zwischen unendlich und 10kΩ.

In der Richtung Homerecording -> Profi kann kein einfacher passiver Adapter gebaut werden, da das Signal um 11,8dB verstärkt werden muss. Dies kann mit Hilfe einer kleinen Operationsverstärkerschaltung passieren, die jedoch eine eigene Stromversorgung benötigt und daher recht aufwendig ist (siehe Abbildung 4.19-4). In der Praxis versucht man deshalb eher einen Eingang zu finden, der direkt für Homerecording Pegel angepasst ist, oder man dreht den Line-Input-Gain entsprechend weit auf, bis das Signal um ca. 12dB verstärkt ist.

4.19.1.3 Splitter

Soll ein Signal in zwei oder mehr Signale aufgesplittet werden, so kann dies einfach über ein Y-Kabel erfolgen. Das heißt, das Eingangssignal des Adapters wird über direkte Verbindungen auf mehrere Ausgänge gelegt. Dabei werden die jeweils gleichen Signale (Signal oder Hot, Cold und Masse) miteinander verbunden.

4.19.1.4 Signalzusammenfassungen

Sollen zwei oder mehr Signale zusammengefasst werden, so kann dies nicht einfach mit einem "umgekehrten Y-Kabel" erfolgen. Das Problem sind hierbei die sehr niedrigen Ausgangsimpedanzen der Studiogeräte und die daraus resultierende Intoleranz gegenüber anderen externen Signalen.
Normalerweise wird für die Summierung von mehreren Signalen ein Mischpult verwendet. Wenn es jedoch einmal ohne gehen muss, kann man die Signale über Summenwiderstände zusammenführen (siehe Abbildung 4.19-5). Diese sollten vom Wert her so gewählt werden, dass sie mit der Ausgangsimpedanz des jeweiligen Geräten zusam-

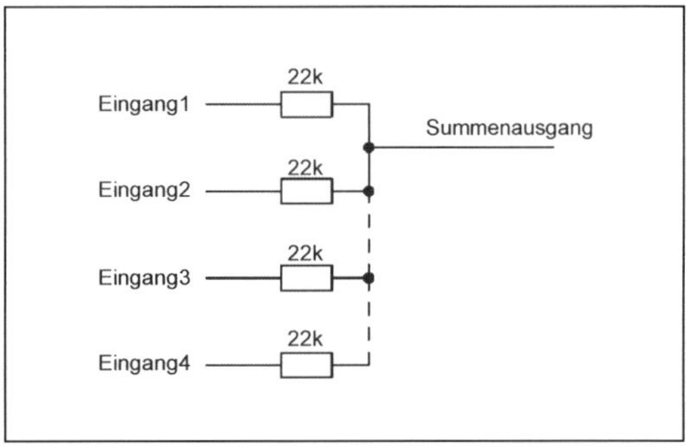

Abb. 4.19-5: Passive Summierung mehrerer Signale

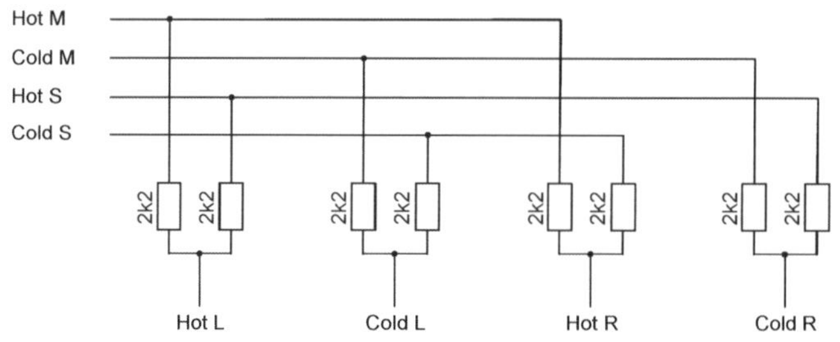

Abb. 4.19-6: Passiver Adapter M/S auf L/R oder umgekehrt

men passen (also im HiFi-Bereich ca. 22kΩ und im Studiobereich ca. 2,2kΩ). Wenn alle Summenwiderstände gleich groß sind, werden die Signale auch im gleichen Verhältnis summiert.
Es gilt zu beachten, dass diese passive Summierung Pegelverluste mit sich bringt (siehe Kapitel 5.9). So verliert man bei zwei Signalen, die summiert werden sollen, ca. 6dB, bei 3 Signalen ca. 9,5dB Pegel.
Bei der Summierung sind nur die signalführenden Leitungen über Widerstände zu verbinden, die Masse wird direkt verbunden.

4.19.1.5 Adapter L/R auf M/S und zurück

Ein ungewöhnlicher passiver Adapter codiert ein L/R-Signal in ein M/S-Signal (oder umgekehrt).
Damit dieser Adapter funktionieren kann, müssen jedoch symmetrische Eingänge vorhanden sein.
Das hier vorgestellte Beispiel verfügt ebenfalls über symmetrische Zuspieler (siehe Abbildung 4.19-6).

Da die Mitte die Summe aus L+R ist, kann sie einfach über eine passive Summierung erzeugt werden. Dazu werden L_{hot} und R_{hot} über zwei gleich große Widerstände auf M_{hot} gegeben. Analog dazu werden L_{cold} und R_{cold} auf M_{cold} gelegt.
Das Seitensignal ist L-R. Um dies erzeugen zu können, werden L_{hot} und R_{cold} auf S_{hot} gelegt, sowie L_{cold} und R_{hot} auf S_{cold} geschaltet.

Für die Verwendung mit Profigeräten haben sich hierbei Widerstände von 2,2kΩ bewährt. Bei Homerecordinggeräten sollten die Widerstände eher mit 10kΩ-22kΩ gewählt werden.

4.19.2 Adapter für Datensignale

Datensignale wie z.B. MIDI, USB oder Ethernet können nicht einfach passiv auf andere Datenformate adaptiert werden.
Auch wenn die Adapter teilweise fast unsichtbar erscheinen, weil die Technik sich im Stecker befindet, sind für die Umwandlung von beispielsweise USB in MIDI Prozessoren erforderlich. Das USB-Signal muss zuerst empfangen, zwischengespeichert und dann als neuer, anders getakteter und umformatierter Datenstrom wieder ausgegeben werden.
Man spricht in diesem Zusammenhang auch von "Schnittstellenwandlern", die jedoch auf jeden Fall eine eigene Logikschaltung beinhalten.

Kritisch sind auch die RJ45-Kabel, die am ehesten aus den Ethernet-Netzwerken bekannt sind. Nur weil ein Gerät über eine RJ45-Buchse verfügt, heißt das noch lange nicht, dass es auch ethernet-tauglich ist. Das Steckerformat wird zum Beispiel auch gerne verwendet, um einen seriellen Kommunikationsport zwischen mehreren Geräten eines Typs zu realisieren. Es können dann zwar die billigen Netzwerkkabel verwendet werden, aber es ist deswegen noch kein Ethernet-Netzwerk aufgebaut.

Bei Datensignalen muss also sehr gut zwischen *Datenformat* und *Steckerformat* unterschieden werden. Ob sich zwei Geräte untereinander "verstehen", hängt am Ende nur vom Datenformat ab.

4.19.3 Adapter für die Stromversorgung

4.19.3.1 Kleinspannung

Steckernetzteile sind eine beliebte Art von Stromversorgung, da sie die Schutzanforderungen für Geräte vereinfachen, indem sie die gefährliche Netzspannung außerhalb des Gerätes in eine ungefährliche Kleinspannung umwandeln.
In den Bedienungsanleitungen für die Geräte steht immer "nur mit Originalnetzteil verwenden", und die Hersteller tun gut daran, dies zu fordern. Der Besitzer der Gerätes weiß schließlich nicht, was in dem Steckernetzteil wirklich drin ist (z.B. Strombegrenzung oder Laderegelung) und kann daher auch nicht beurteilen, ob ein anderes Netzteil auch funktionieren würde.
Meistens ist jedoch tatsächlich nur ein ganz normales Netzteil enthalten und somit wären auch alternative Stromversorgungen denkbar.
Für eine einfache Stromversorgung sind drei Varianten denkbar:

- Wechselspannungsnetzteil: Hier ist im Steckernetzteil nur ein Trafo. Die Gleichrichter und die Stabilisierungsschaltung befinden sich im Gerät (kommt selten vor).
- Gleichspannungsnetzteil mit ungeregelter Gleichspannung: Trafo, Gleichrichter und Siebelko sind im Steckernetzteil. Das Netzteil liefert eine ungeregelte Gleichspannung, die im Leerlauf deutlich über der Nennspannung sein kann. Die eigentliche Spannungsstabilisierung findet im Gerät statt (kommt immer seltener vor).
- Gleichspannungsnetzteil mit stabilisierter Gleichspannung: Trafo, Gleichrichter und Stabilisierung befinden sich im Steckernetzteil. Das angeschlossene Gerät kann die Spannung direkt als Betriebsspannung verwenden.

Geräte, die der letzten Variante angehören, sind am unproblematischsten als "Ersatznetzteil" einsetzbar. Welche Variante man vor sich hat, kann man teilweise an der Beschriftung erkennen, zwischen den letzten beiden Varianten sollte man jedoch eine Messung der Ausgangsspannung durchführen. Entspricht diese der aufgedruckten Spannung, so gehört das Netzteil zur letzten Variante. Liegt sie (deutlich) drüber, dann liegt die mittlere Variante vor.

Eine Verwendung von stabilisierten Steckernetzteilen als Ersatznetzteil für unstabilisierte ist unkritisch. Andersherum kann die zu hohe Leerlaufspannung Schäden verursachen.
Wichtig ist auf jeden Fall, die richtige Polarität beim Kleinspannungsstecker einzuhalten, da das zu betreibende Gerät sonst sofort zerstört werden könnte!

Bei Wechselspannungsnetzteilen kann oft auch einfach ein Gleichspannungsnetzteil mit gleicher Spannung verwendet werden. Die Polarität ist hierbei egal. Es kann jedoch auch passieren, dass bestimmte Dinge nicht funktionieren. So könnte beispielsweise eine 48V Phantomspeisung aus 12V~ mit Hilfe einer Kaskadenschaltung erzeugt werden. Liegt keine Wechselspannung vor, so funktioniert die Kaskade nicht und die hohe Phantomspeisungsspannung entsteht nicht. Es geht jedoch auch nichts kaputt.

Wichtig: Immer wenn mit Ersatznetzteilen gearbeitet wird, ist darauf zu achten, dass das Netzteil ausreichend Strom liefert. Fordert das Gerät z.B. 500mA (Wert steht auf dem Gerät), so muss ein Netzteil mit mindestens 500mA verwendet werden. Ein Netzteil mit 800mA oder 1000mA oder 2A würde also funktionieren, eines mit 300mA nicht.

4.19.3.1 Netzspannung

Adapter für Netzspannung unterliegen den VDI-Normen und sind ohne Kenntnis dieser Vorschriften nicht unbedingt fehlerfrei selber zu bauen.
Da die meisten Adapter jedoch käuflich erhältlich sind, soll hier nur ein kleiner Überblick gegeben werden, worauf in der Praxis zu achten ist.

Adapter von Drehstrom/Wechselstrom:

Adapter von Drehstrom auf Drehstrom dürfen nur in eine Richtung realisiert werden. So kann beispielsweise ein Gerät mit 32A Drehstromanschluss mit Hilfe eines Adapters an eine 16A Drehstromsteckdose angeschlossen werden. Ob das Gerät dann jedoch auch funktioniert, ist fraglich.
Bei einem umgekehrten Adapter (16A Drehstromanschluss an 32A Drehstromsteckdose) müssen Leitungsschutzschalter (=Sicherungen) in den Adapter eingebaut werden, die den entnommenen Strom auf 16A begrenzen. Ansonsten könnte sowohl der 16A Stecker als auch das dazugehörige Kabel überlastet werden, schmelzen oder brennen.

Jeder Drehstromanschluss beinhaltet 3 Wechselstromphasen (Siehe Kapitel 4.16.1.1). Somit kann ein Adapter gebaut werden, der aus einer 16A Drehstromdose drei 16A Wechselstromphasen macht. In der Praxis sind diese Adapter auch mit zusätzlichen Leitungsschutzschaltern und FI-Schalter zusätzlich abgesichert.
Auch aus einer 32A Drehstromdose können drei 16A Wechselstromphasen "gewonnen" werden, wenn die entsprechenden Leitungschutzschalter den Wechselstrom passend zum Kabelquerschnitt und den verwendeten Steckdosen begrenzen (Standard: 16A).

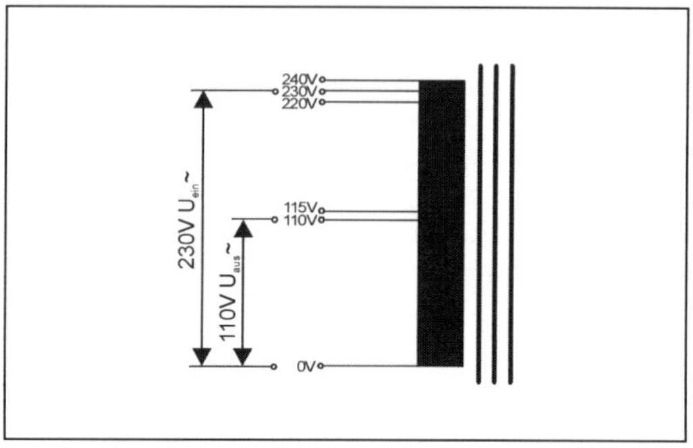

Abb. 4.19-7: Autotrafo mit mehreren Abgriffen

Adapter von 230V auf 115V

Um Geräte für den amerikanischen Markt in Deutschland verwenden zu können, könnte unter Umständen ein 230V auf 115V Adapter erforderlich sein. Glücklicherweise haben die meisten modernen Geräte ein Schaltnetzteil mit Weitbereichseingang, das zwischen ca. 90V und 250V an allen Lichtnetzen der Welt funktioniert. Geht es jedoch um ältere Geräte mit konventionellen Netzteilen, und sind diese nicht auf eine andere Eingangsspannung umschaltbar, dann benötigt man einen Adapter.
Dieser besteht in der Praxis aus einem Netztrafo, der ein Wicklungsverhältnis von ca. 2:1 hat. Somit werden aus den 230V der deutschen Steckdosen die 115V für die amerikanischen Geräte.
Hierbei werden aus Kostengründen oft so genannten "Autotrafos" verwendet, die keine galvanische Trennung haben. Sie bestehen nur aus einer Primärwicklung, die bei den verschiedenen benötigten Spannungen Abgriffe hat (siehe Abbildung 4.19-7).
Um den problemlosen Betrieb zu gewährleisten, muss der Trafo die erforderliche Leistung übertragen können. Diese kann auf dem zu betreibenden Gerät abgelesen werden. Der Trafo darf dann durchaus noch etwas größer dimensioniert werden, um ihn nicht an seiner Leistungsgrenze zu betreiben. Ein zu großer Trafo (größer ca. 1kW) ist jedoch wiederum problematisch, da er an einer normalen Steckdose kaum in Betrieb zu nehmen ist. Durch den hohen Anlaufstrom des Trafos ist es sehr wahrscheinlich, dass beim Einstecken die Sicherung der Steckdose fliegt. Hier hilft ein trägerer Sicherungsautomat oder eine zusätzliche Sanftanlaufschaltung.

4.20 Brummschleifen

Eine Brummschleife ist wahrscheinlich eine der Erscheinungen bei der Studioverkabelung, vor der sich die Tontechniker am meisten fürchten. Man verbindet zwei Audiogeräte miteinander und hört auf einmal ein unangenehmes tieffrequentes Brummen aus den Lautsprechern. Dabei ist jedoch keines der eben genannten Geräte mit der Endstufe verbunden oder über das Mischpult auf die Lautsprecher gelegt worden. Ein Umdrehen des Netzsteckers in der Steckdose verändert das Brummen ein wenig, kann es jedoch nicht beseitigen. Es hört merkwürdigerweise in dem Moment auf, in dem man den Computer einschaltet...

Dieses Szenario ist nur eine von viele Varianten einer Brummschleife. Aufgrund der Tatsache, dass sich eine Brummschleife jedes mal anders zu verhalten scheint, ist sie für viele Toningenieure ein Mysterium geblieben und wird mit sehr primitiven, jedoch gefährlichen Mitteln bekämpft. So sieht man oft die mit Gewebeband abgeklebten Schutzkontaktstecker in den Steckdosen von Homerecordingstudios oder auf kleinen Live-Bühnen.

In diesem Kapitel soll es um das Begreifen der Entstehung sowie der Beseitigung der Brummschleifen gehen, ohne, dass man den Schutz von Personen außer acht lässt.

4.20.1 Entstehung der Brummschleife

Werden zwei Audiogeräte, die beide über Schutzkontaktstecker geerdet sind, über ein Audiosignal miteinander verbunden, so entsteht prinzipiell eine Brummschleife. Ob und wie stark diese allerdings zu hören sein wird, ist jedoch nicht vorhersagbar. Die Abbildung 4.20-1 zeigt die Entstehung einer Brummschleife am Beispiel von zwei unsymmetrisch miteinander verbundenen Geräten. Es sind zwei Eigenschaften der Geräte, die hier unglücklich zusammentreffen und die Brummschleife erzeugen:

- Ein geschlossener Stromkreis wird (Schleife) über die Signalmasse und die Schutzleiter der beiden Geräte gebildet.
- Parallel zu den Schutzleitern liegen die Kabel für Phase und Null im Stromkabel.

Jede dieser Eigenschaften einzeln wäre unproblematisch, zusammen bildet der geschlossene Stromkreis der Schutzleiter und der Audiomasse jedoch die Brummschleife. Die über mehrere Meter parallel zum Schutzleiter liegenden Stromkabel Phase und Null erzeugen magnetische Wechselfelder, wenn ein Strom durch sie hindurchfließt (siehe Kapitel 4.4.4). Diese können nun in den Schutzleiter eine Brummspannung mit der Netzfrequenz induzieren. Die erzeugten Felder von Phase und Null sind zwar prinzipiell entgegengesetzt gerichtet und müssten sich gegeneinander aufheben, dies funktioniert jedoch nur, wenn der Schutzleiter an allen Stellen des Kabels den jeweils gleichen Abstand zu Phase und zu Null hat. In Standardstromkabeln ist dies nicht der Fall, und somit wird eine Brummspan-

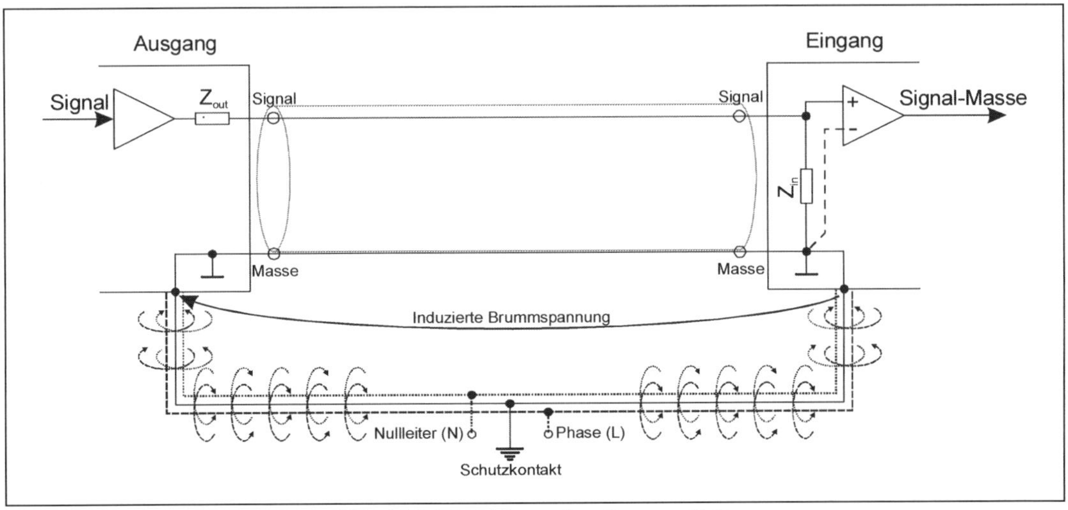

Abb. 4.20-1: Entstehung einer Brummschleife

nung mit der Netzfrequenz in den Schutzleiter induziert. Diese Spannung fällt über die Audiomasse ab und stört dadurch mit einem hörbaren Brummen die Audioübertragung.

Wie stark sich die Brummschleife auswirkt, hängt nur davon ab, wie gut oder schlecht sich die magnetischen Wechselfelder von Phase und Null gegeneinander aufheben und wie viel Rest in den Schutzleiter induziert wird.

Fällt die induzierte Brummspannung direkt über der Masse eines unsymmetrischen Signals ab, so ist die Störwirkung unmittelbar hörbar. Fällt sie jedoch über der Masse eines symmetrischen Signals ab, so wird man den Brumm wahrscheinlich nicht bemerken, da die Masse keine Bedeutung für das Audiosignal hat (siehe Kapitel 4.15).

Fließt in einem Zweig des Stromkabels mehr oder weniger Strom (durch zusätzlich an- oder abgeschaltete Geräte), so werden auch die Magnetfelder mehr oder weniger stark und können sich insgesamt besser oder schlechter gegeneinander aufheben. Dies erklärt, warum beispielsweise eine Kaffeemaschine, die an der selben Mehrfachsteckdose steckt wie ein Computer, bei ihrem Einschalten die Brummschleife stärker oder schwächer hörbar werden lässt, obwohl die Kaffeemaschine keinerlei Audioverbindung zu den anderen Geräten aufweist (siehe Abbildung 4.20-2).

Das Isolieren eines der beiden Schutzkontakte mit Hilfe von Gewebeband würde zwar die Schleife öffnen und das Brummen beseitigen, allerdings beseitigt man auf diese Weise auch den Schutz der Menschen, die mit diesem Gerät umgehen, vor gefährlichen Stromschlägen. Das Abkleben von Schutzkontakten ist jedoch nicht nur eine formell unschöne Lösung gegen die Brummschleife, sondern ist aufgrund der Lebensgefahr für Musiker und Techniker verboten und zu unterlassen! Es werden im folgenden legale und ungefährliche, jedoch funktionierende Lösungen gegen Brummschleifen aufgezeigt.

4.20.2 Maßnahmen zum Reduzieren einer Brummschleife

Es gibt zwei einfache Lösungen zum Reduzieren einer Brummschleife. Dies bedeutet, dass das Brummen schwächer und somit vielleicht unhörbar wird. Allerdings bedeutet es nicht, dass die Brummschleife eliminiert wird, und das Brummen somit garantiert weg ist.

4.20.2.1 Kurze Stromkabel

Man kann sehr kurze Stromkabel für das Verbinden der Geräte mit der Mehrfachsteckdose verwenden. Auf diese Weise haben die entstehenden Magnetfelder auch nur eine sehr kurze Angriffsstrecke, und das induzierte Störsignal fällt relativ schwach aus. Da allerdings kurze Kabel auch zur Folge haben, dass die Geräte sehr dicht beieinander stehen müssen, bietet sich diese Lösung nur für die Stromverkabelung in Racks an. Hier könnte man eine Steckdosenleiste an einer Seitenwand des Racks be-

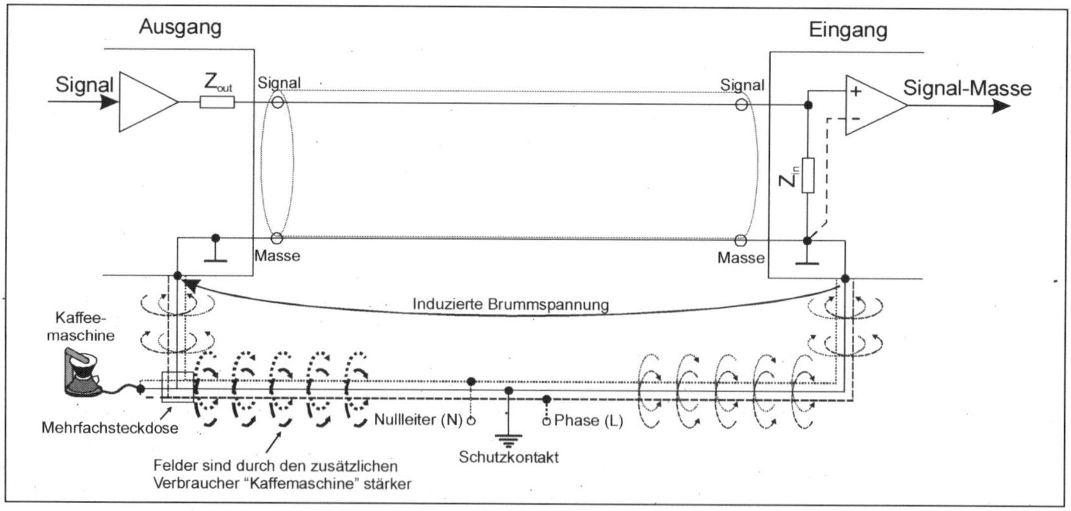

Abb. 4.20-2: Beeinflussung der Brummschleife durch Stromverbraucher

festigen und die Geräte mit 20 bis 30cm langen Stromkabeln mit der Steckdose verbinden.

Achtung! Trotz der verwendeten kurzen Stromkabel ist die Brummschleife nicht weg. Sie ist nur so schwach, dass man sie wahrscheinlich nicht hören kann. Sollten jedoch in die Verkabelung zusätzliche Geräte mit langen Kabeln eingefügt werden, so kann die Brummschleife sehr schnell wieder hörbar werden.

4.20.2.2 Audiostromkabel

Es gibt spezielle Audiostromkabel, die eine sehr parallele Führung von Phase, Null und Schutzleiter haben. Somit heben sich die störenden Magnetfelder optimal gegeneinander auf, und die Brummschleife wird minimiert. Allerdings sind diese Stromkabel relativ teuer und nützen nur dann etwas, wenn die komplette Schleife beziehungsweise mehrere Schleifen ausschließlich aus diesen Spezialkabeln bestehen. Bereits eine zwischengeschaltete Mehrfachsteckdose ohne diese parallele Stromführung kann die Brummschleife wieder so stark werden lassen, dass sich der Aufwand nicht gelohnt hat.

4.20.3 Maßnahmen zum Eliminieren einer Brummschleife

Geht es um das sichere Verhindern einer Brummschleife, so müssen eine oder beide Ursachen, die für die Entstehung verantwortlich waren, beseitigt werden. Dazu gibt es mehrere Möglichkeiten, die je nach Situation angewandt werden können.

4.20.3.1 Ground-Lift Schalter

Ein Ground-Lift Schalter ist ein Schalter, der die Verbindung zwischen der Audiomasse und der Schutzerde eines Gerätes auftrennt. Er öffnet somit den geschlossenen Stromkreis, in den die Brummspannung induziert wird (siehe Abbildung 4.20-3). Man erkennt hierbei, dass die induzierte Brummspannung nach wie vor vorhanden ist. Sie kann lediglich nicht mehr über die Audiomasse abfließen.

Ein Ground-Lift Schalter, der auch mit Gnd-Lift oder nur Lift bezeichnet sein kann, hat im Übrigen nur diese eine Aufgabe: Er wurde in das Gerät eingebaut, um eine Brummschleife zu öffnen.

Der Schutz für den Menschen bleibt hierbei erhalten, da die Schutzerde nach wie vor mit dem Gerätegehäuse verbunden ist. Lediglich die Verbindung zur Audiomasse wird aufgetrennt.

Bei professionellen Geräten ist die Verbindung zwischen Audiomasse und Gerätegehäuse und somit mit der Erde standardmäßig geschlossen, da auf diese Weise Störungen, die auf den Schirm der Audioleitung einstreuen, besser abgeleitet werden können. Das Gerät hat somit einen besseren Signal-Rauschabstand.

Der Ground-Lift Schalter in einem Gerät öffnet nur die Brummschleife, die dieses Gerät eventuell mit anderen bildet. Sind zwei Geräte von der Brummschleife betroffen, so genügt ein Ground-Lift Schalter, sind es drei, so braucht man zwei Ground-Lift Schalter, bei vier Geräten drei Schalter. Ein Ground-Lift Schalter ist in der Praxis meist nur eine Ergänzung zu anderen Maßnahmen gegen Brumm-

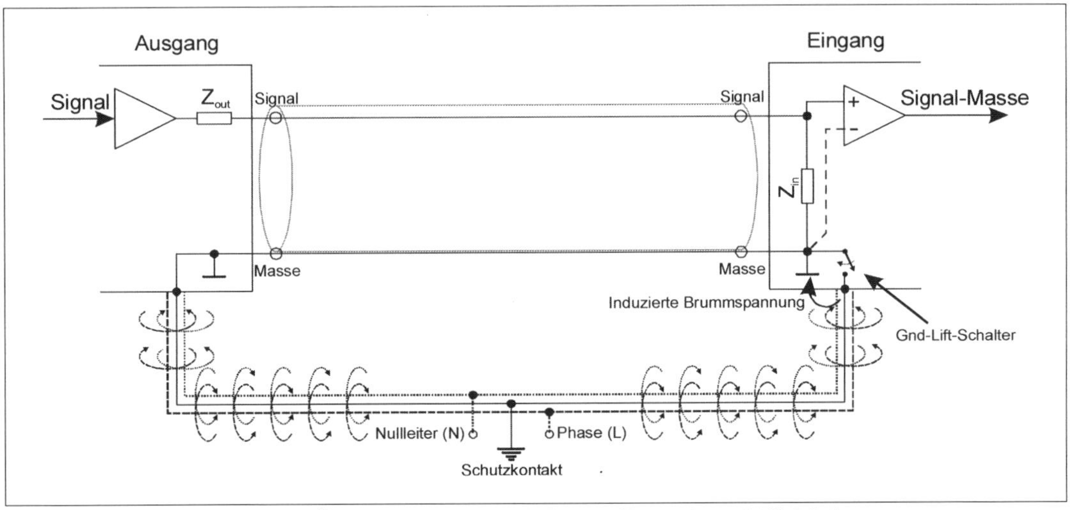

Abb. 4.20-3: Öffnen einer Brummschleife mit Hilfe von Ground-Lift Schaltern

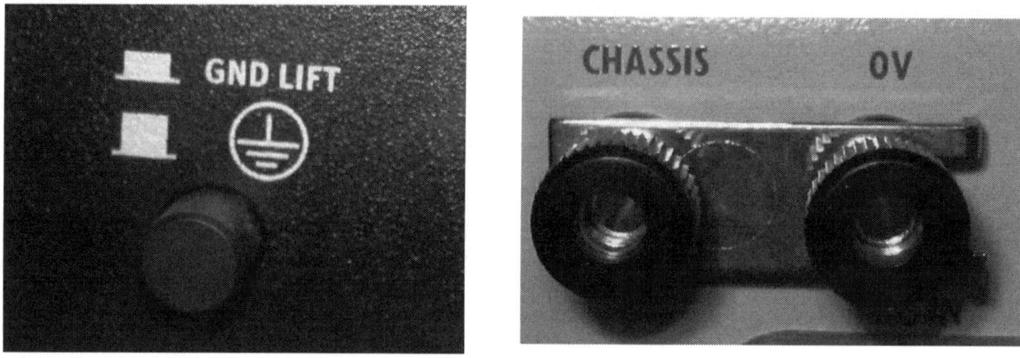

Abb. 4.20-4: Zwei typische Varianten von Ground-Lift Schaltern

schleifen, da die wenigsten Geräte über solch einen Schalter verfügen.

4.20.3.2 Passiver Übertrager / DI-Box

Eine zweite Variante, den geschlossenen Stromkreis zu öffnen, funktioniert mit Hilfe eines passiven Audioübertragers oder einer DI-Box. Der Übertrager wird in das Audiosignal geschaltet und führt eine galvanische Trennung des Signals durch. Folgendes ist bei der Verwendung eines Übertragers zu beachten:

- Der Übertrager sollte ein 1:1-Typ sein, damit das Audiosignal weder lauter noch leiser wird, sondern nur galvanisch getrennt wird.
- Der Übertrager kann das Audiosignal in Abhängigkeit von seiner Qualität im Klang verändern.

Wie man in der Abbildung 4.20-5 sehen kann, fällt die induzierte Brummspannung komplett zwischen den galvanisch voneinander getrennten Hälften des Übertragers ab. Es ist keine Spannung vorhanden, die über die Audiomasse abfällt. Daher ist das Brummen nicht mehr im Signal vorhanden.

Gerade im Live-Bereich wird der 1:1-Übertrager meist durch eine DI-Box (**DI**rect-Box, auch **D**irect-**I**nput-Box oder **D**irect-**I**njection-Box) ersetzt. Diese hat ihnen Namen daher, weil man mit ihrer Hilfe ein Signal direkt in den Mikrofoneingang eines Mischpultes stecken kann. Eine DI-Box enthält normalerweise einen 10:1-Übertrager und schwächt somit das Signal um -20dB ab. Das Signal befindet sich dann auf Mikrofonpegel und muss wieder hochverstärkt werden. Im Live-Bereich ist das in der Regel unkritisch, im Studio sollte man jedoch

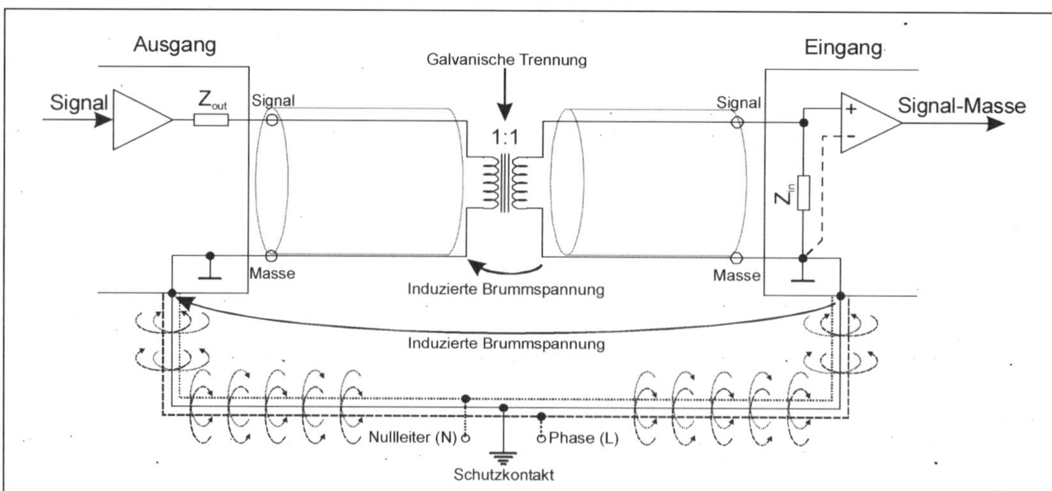

Abb. 4.20-5: Öffnen einer Brummschleife mit Hilfe eines 1:1-Übertragers

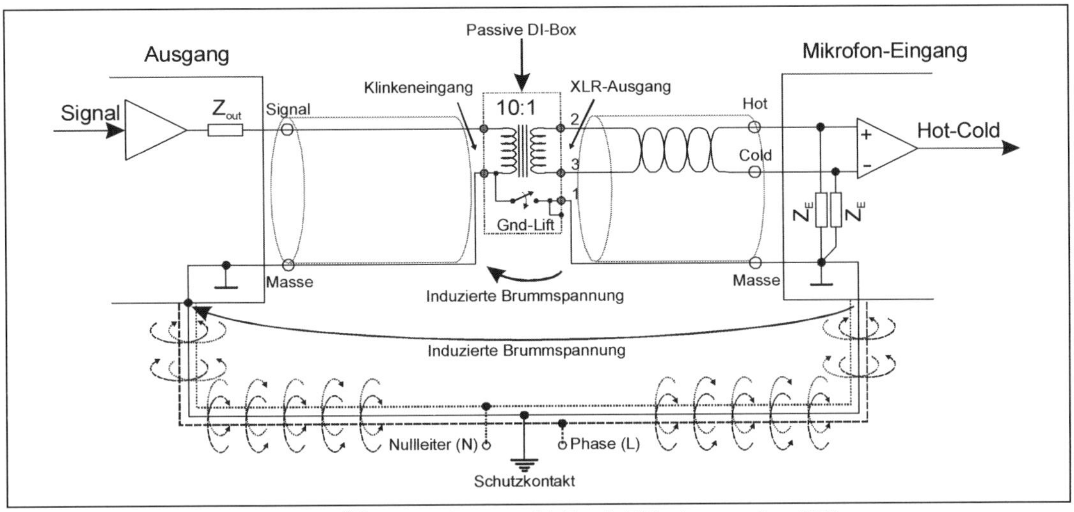

Abb. 4.20-6: Öffnen einer Brummschleife mit Hilfe einer passiven DI-Box

zugunsten des Rauschens einen 1:1 Übertrager wählen.
Wichtig bei der Verwendung der DI-Box sind zwei Dinge:

- Es muss sich um eine passive DI-Box handeln, da nur eine passive DI-Box sicher die galvanische Trennung bewerkstelligt.
- Der Ground-Lift Schalter der DI-Box muss geöffnet sein, damit die Audiomasse nicht zwischen Eingang und Ausgang der DI-Box verbunden wird.

Die Verkabelungsvariante mit Hilfe einer passiven DI-Box ist in Abbildung 4.20-6 zu sehen.

Um die Brummschleife erfolgreich zu öffnen, muss in jeder Audioverbindung an Geräten, die am Schutzkontakt angeschlossen sind, ein passiver Übertrager oder eine passive DI-Box mit geöffnetem Ground-Lift Schalter installiert werden.

Diese Variante der Brummschleifenbekämpfung ist im Livebereich Standard. Brummt ein Gerät, nachdem es mit dem Mischpult verbunden wurde, so werden DI-Boxen in die Audiosignale geschaltet, und das Brummen schnell und zuverlässig beseitigt. Oft findet man Live auch die DI-Boxen fest in die Stagebox eingebaut, um von vornherein der Entstehung von Brummschleifen entgegenzuwirken.

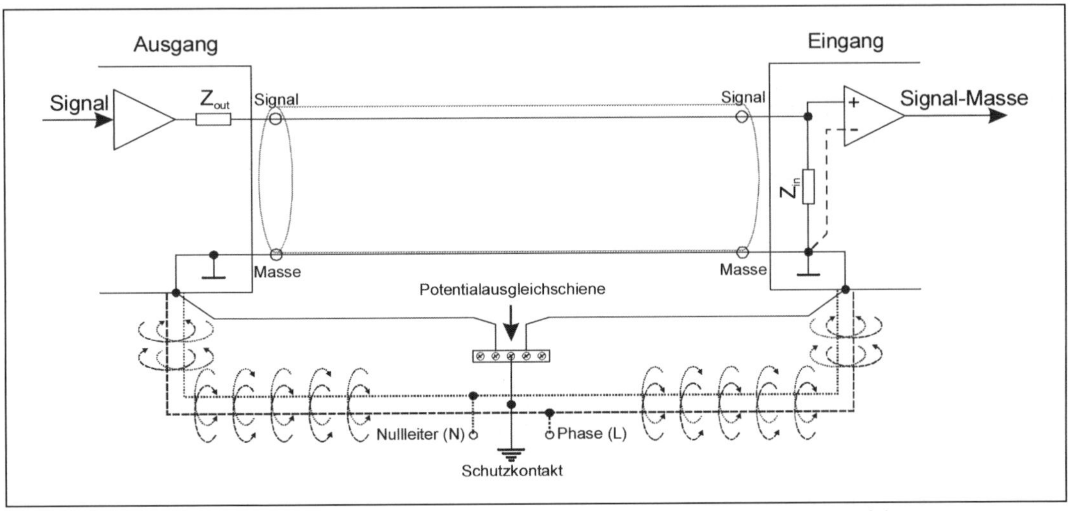

Abb. 4.20-7: Beseitigen einer Brummschleife durch räumlich getrennte Schutzleiterführung

Auch bei DI-Boxen kann eine zu billige Wahl die Signalqualität des Audiosignals beeinträchtigen.

4.20.3.3 Räumlich getrennte Schutzleiterführung

Geht es um Brummschleifen, die bei einer Festinstallation auftreten, sehr viele Audioverbindungen oder verschiedene Signalarten betreffen (Audio, Video, ...), dann kann man günstig mit Hilfe der räumlich getrennten Schutzleiterführung eine nachhaltige Lösung gegen das Brummen realisieren.

Die Abbildung 4.20-7 zeigt schematisch, wie diese Variante funktioniert. Die stromführenden Adern Phase und Null werden an einer anderen Stelle verlegt als der Schutzleiter. Dies ist zwar ein bisschen unpraktischer, da nicht mehr alle drei Leitungen in einem Kabel verlaufen, allerdings kann auf diese Weise auch kein störendes Magnetfeld in den Schutzleiter induziert werden. Für die räumliche Trennung sind bereits wenige Zentimeter ausreichend. Um eine effektive Unterdrückung der Brummstörung zu bekommen, ist es wichtig, dass kein Teil der Schleife parallel zu Phase und Null zu liegen kommt.

Eine praktische Lösung, wie die räumlich getrennte Schutzleiterführung realisiert werden könnte, ist in den Abbildungen 4.20-8 und 4.20-9 zu sehen. An die Kaltgerätekupplungen für die Geräte werden Standard-Eurostecker an Phase und Null angeschraubt. Die Eurostecker werden dann in eine normale Mehrfachsteckdose gesteckt. Der Schutzkontakt der Kaltgerätekupplung wird über ein grün/gelbes Kabel mit einer Potentialausgleichschiene verbunden und darf nicht zu nahe an den Eurokabeln entlang geführt werden. Ein paar Zentimeter Abstand sollte man lassen. Die Potentialausgleichschiene stellt den zentralen Erdungspunkt dar und ist fest mit dem Schutzkontakt des Studios verbunden. Diese feste Verbindung kann an einer Steckdose angeschlossen sein oder direkt an der Hauserde im Keller.
Wichtig ist hierbei, die VDE-Vorschriften zu beachten, die unter anderem besagen:

Abb. 4.20-8: Vorbeugende Verkabelung im Rack gegen Brummschleifen

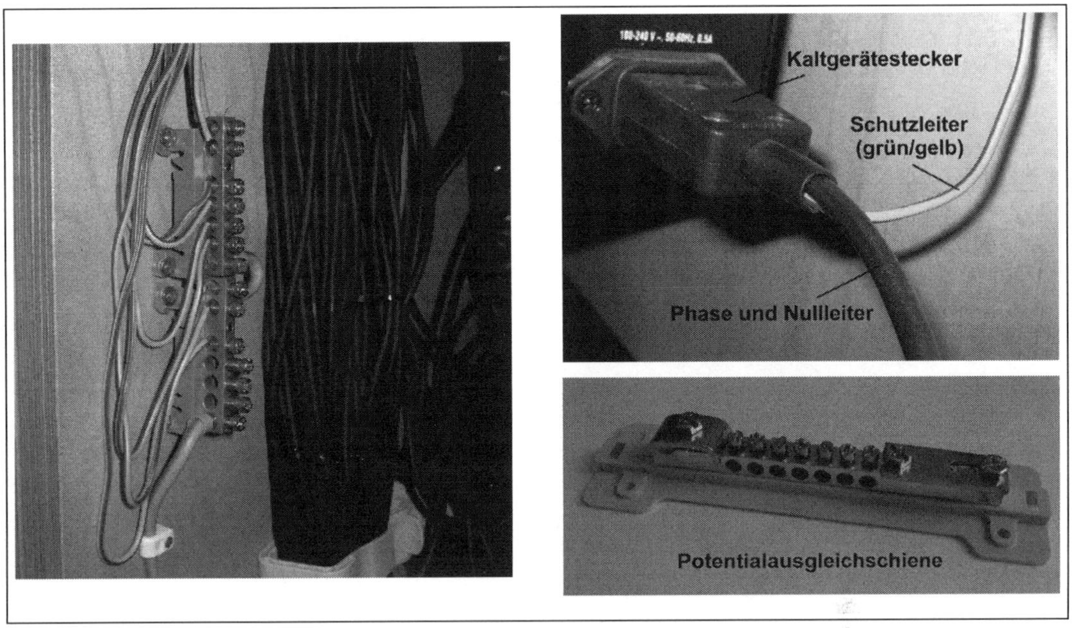

Abb. 4.20-9: Details der Rackverkabelung mit räumlich getrennten Schutzleitern:
Links: Potentialausgleichschienen zur Schutzerdung der Geräte.
Rechts oben: Detail eines modifizierten Kaltgerätesteckers
Rechts unten: Große Potentialausgleichschiene für Hausinstallation

- Netzverkabelungen außerhalb eines Gerätes dürfen nicht gelötet werden. Man kann sie verschrauben oder crimpen.
- Beim Verschrauben von Verbindungen sind starre Leitungen oder Litzenkabel mit Aderendhülsen zu verwenden.
- Der Schutzkontakt darf nicht einzeln zu lösen sein. Er sollte also mit einem Erdungspunkt der Hausinstallation fest verschraubt sein.

Die hier gezeigte Lösung erfüllt diese Forderungen. Es ist trotzdem zu empfehlen, bei der Verkabelung von Strom einen Elektriker hinzuzuziehen, um sicher zu gehen, dass alles vorschriftsgemäß ausgeführt wurde.

4.20.3.4 Mantelstromfilter

Ein Mantelstromfilter stellt eine einfache, steckbare Lösung dar, wenn eine Brummschleife über ein Antennenkabel entsteht. Antennenanschlüsse sind aus Blitzschutzgründen mit dem Schutzkontakt verbunden. Dadurch kann sich die Brummschleife über den zentralen Erdungspunkt im Haus schließen (siehe Abbildung 4.19-10).

Ein Mantelstromfilter ist ein Hochpassfilter, das den 50Hz Brumm ausfiltert, die hochfrequenten Signalanteile des Antennensignals, die über 80MHz liegen, aber durchlässt. Alternativ kann auch ein kleiner Hochfrequenzübertrager eingebaut sein, der Antennenkabel und HiFi-Gerät galvanisch voneinander trennt. Man benötigt ein Mantelstromfilter meist, wenn man einen Computer an eine HiFi-Anlage anschließt, und diese gleichzeitig über den Tuner oder Videorecorder mit der Hausantenne verbunden ist.
Ein Mantelstromfilter kann auch recht einfach selber gebaut werden: Man lötet zwei gleiche Kondensatoren mit etwa 1nF-10nF sowohl in die Signal-, als auch in die Masseleitung des Antennenkabels. Am einfachsten geht das, wenn man sie in einen Antennenstecker mit einbaut. Zusammen mit der Eingangsimpedanz des Radio- oder Fernsehempfängers wirken die Kondensatoren dann als Hochpassfilter gegen das Brummen.

Hierbei ist zu beachten, dass Mantelstromfilter bei Satellitenantennen nicht funktionieren, da diese den Frequenzbereich um 0Hz und 22kHz ebenfalls benötigen, dieser jedoch mit herausgefiltert wird.

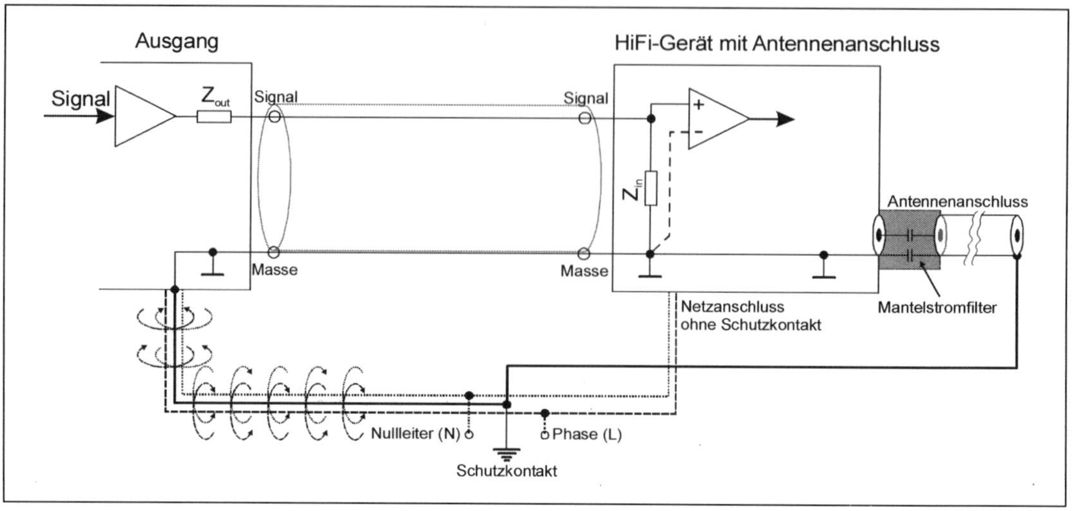

Abb. 4.20-10: Anwendung eines Mantelstromfilters

Kapitel 5 - Elektrotechnische Schaltungen in der Tontechnik

5 Elektrotechnische Schaltungen in der Tontechnik

5.1 Spannungsteiler

Ein Spannungsteiler hat die Aufgabe eine Spannung in mehrere Teilspannungen aufzuteilen. Dies kann sowohl frequenzunabhängig als auch frequenzabhängig (Filter) geschehen. In beiden Fällen berechnet sich die Ausgangsspannung immer mit der gleichen Formel:

$$\frac{U_{aus}}{U_{ein}} = \frac{R_{aus}}{R_{ein}}$$

mit:

U_{aus}: Heruntergeteilte Ausgangsspannung in Volt, V

R_{aus}: Widerstand, über dem die Ausgangsspannung abgegriffen wird in Ohm, Ω

U_{ein}: Eingangsspannung in Volt,V

R_{ein}: Widerstand, an dem die Eingangsspannung anliegt (=Gesamtwiderstand) in Ohm, Ω

5.1.1 Unsymmetrischer Spannungsteiler

Ein unsymmetrischer Spannungsteiler ist die einfachste Möglichkeit, ein Signal in der Spannung zu reduzieren. Auf diese Weise wird ebenfalls der Pegel des Signals geringer.
Man kann Spannungsteiler grundsätzlich immer in zwei Arten aufteilen: Unbelastet und belastet. Bei letzteren befindet sich parallel zum Ausgang des Spannungsteilers ein Lastwiderstand.

5.1.1.1 Unbelasteter Spannungsteiler

Der einfachste unsymmetrische Spannungsteiler ist der unbelastete. Er besteht nur aus zwei Widerständen R1 und R2 (siehe Abbildung 5.1-1). Über die ohmschen Gesetze kann die Ausgangsspannung berechnet werden:

$$U_{aus} = R2 \cdot I$$

$$I = \frac{U_{ein}}{R1+R2}$$

und somit:

$$U_{aus} = \frac{U_{ein} \cdot R2}{R1+R2}$$

mit:

R1, R2: Widerstände in Ohm, Ω

U_{ein}: Eingangsspannung in Volt, V

U_{aus}: Ausgangsspannung in Volt, V

Durch Umstellen der Formel ergibt sich:

$$\frac{U_{aus}}{R2} = \frac{U_{ein}}{R1+R2}$$

oder auch:

$$\frac{U_{aus}}{U_{ein}} = \frac{R2}{R1+R2}$$

Die letzte Formel kann verwendet werden, um den Pegelverlust eines Spannungsteilers zu errechnen:

$$L = 20 \cdot \log\left(\frac{U_{aus}}{U_{ein}}\right)$$

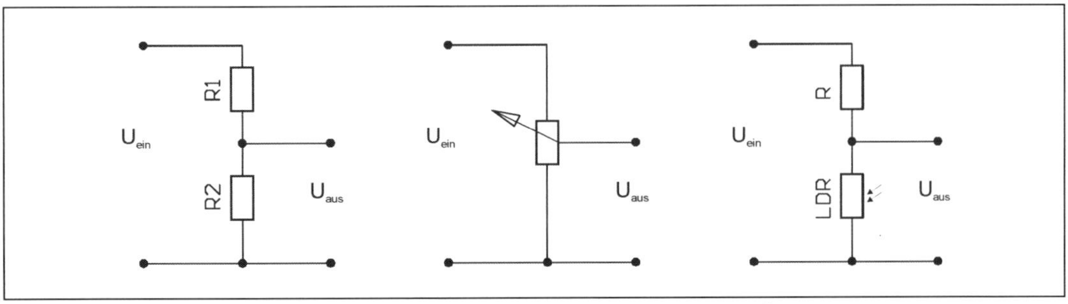

Abb. 5.1-1: Unbelastete unsymmetrische Spannungsteiler

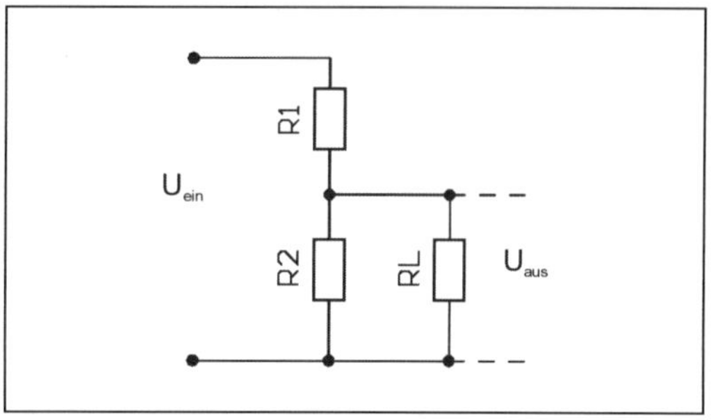

Abb. 5.1-2: Belasteter unsymmetrischer Spannungsteiler

und somit:

$$L = 20 \cdot \log\left(\frac{R2}{R1+R2}\right)$$

mit
L: Pegelverlust in Dezibel, dB

Varianten des unsymmetrischen Spannungsteilers sind ebenfalls in Abbildung 5.1-1 zu sehen: In der Mitte ein Potentiometer (kurz: Poti) oder auch ein Fader. Hierbei handelt es sich um einen einstellbaren Spannungsteiler. Die Summe R1+R2 wird in diesem Fall durch den Widerstandswert des Potis ersetzt. R2 ist abhängig von der eingestellten Position des Potis und kann zwischen 0Ω und dem Widerstandswert des Potis liegen (siehe auch Kapitel 4.6.4.5).

Die Variante rechts in der Abbildung ist ein helligkeitsabhängiger Spannungsteiler. Anstelle von R2 wird ein LDR (Light Dependent Resistor) verwendet. Wenn Licht auf diesen Widerstand fällt, wird sein Widerstandswert geringer, und die Ausgangsspannung des Spannungsteilers sinkt ab. Diese Schaltung wurde in den ersten Kompressoren eingesetzt: Das Audiosignal lief ausschließlich durch einen Spannungsteiler mit LDR. Am Ausgang der Schaltung wurde eine einstellbare Verstärkerschaltung eingebaut, die eine Glühbirne ansteuerte, welche auf den LDR leuchtete. Wird nun das Ausgangssignal so groß, dass die Glühbirne anfängt zu leuchten, wird es automatisch durch den Spannungsteiler heruntergeregelt, bis die Glühbirne nicht mehr leuchtet. Auf diese Weise ist eine einfache Kompression des Signals möglich.

5.1.1.2 Belasteter Spannungsteiler

Beim unsymmetrischen belasteten Spannungsteiler kommt am Ausgang ein Lastwiderstand dazu. Dieser ist parallel zu R2 geschaltet, wodurch sich der Ausgangswiderstand der Schaltung ändert in:

$$R_g = \frac{1}{\frac{1}{R2} + \frac{1}{R_L}}$$

mit:

R_g: Gesamtausgangswiderstand, hervorgerufen durch die Parallelschaltung von R2 und R_L in Ohm, Ω
R2: Ausgangswiderstand des Spannungsteilers in Ohm, Ω
R_L: Angeschlossener Lastwiderstand in Ohm, Ω

Die Formel zur Berechnung des Spannungsteilers ändert sich dadurch in:

$$U_{aus} = \frac{U_{ein} \cdot R_g}{R1+R_g}$$

oder als Pegelverlust:

$$L = 20 \cdot \log\left(\frac{R_g}{R1+R_g}\right)$$

mit:

R1, R_g: Widerstände in Ohm, Ω
U_{ein}: Eingangsspannung in Volt, V
U_{aus}: Ausgangsspannung in Volt, V
L: Pegelverlust in deziBel, dB

In der Praxis sind alle Spannungsteiler, die an den Eingang eines Gerätes angeschlossen werden, belastete Spannungsteiler, da die Eingangsimpedanz des angeschlossenen Gerätes als Lastwiderstand wirkt.

Da die Eingangsimpedanz in der Praxis zwischen 600Ω und 100kΩ betragen kann, sind die Auswirkungen der Belastung stark abhängig von der Eingangsimpedanz. Wenn möglich, sollte die Last in die Spannungsteilerberechnung mit einbezogen werden. Ist dies nicht möglich, sollte sie im Verhältnis zu R2 möglichst groß ausfallen. Dadurch zeigt sie bei der Parallelschaltung zu R2 nur geringe Auswirkungen auf den Gesamtwiderstand.

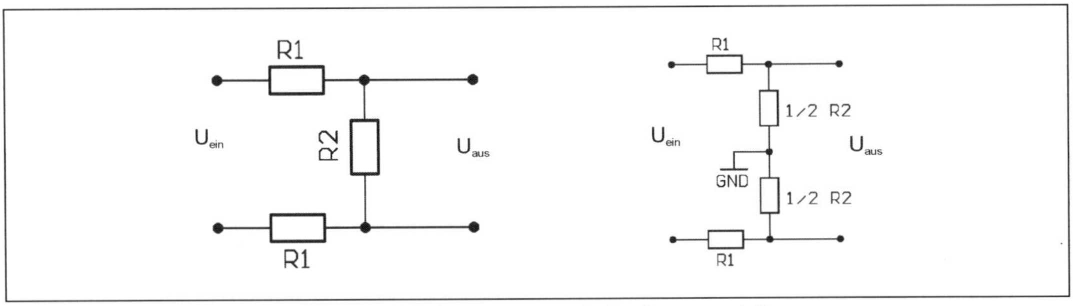

Abb. 5.1-3: Unbelasteter symmetrischer Spannungsteiler

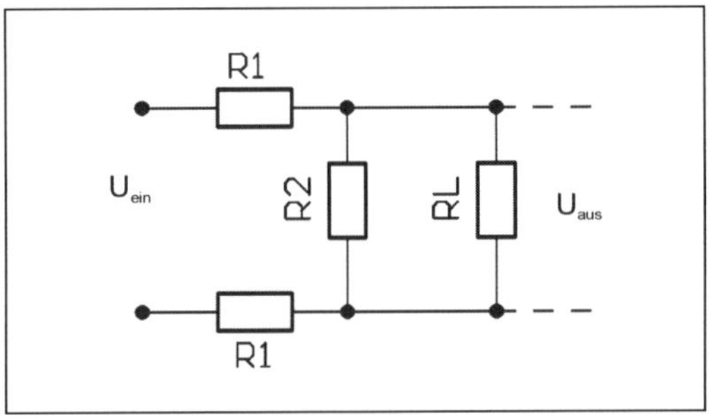

Abb. 5.1-4: Belasteter symmetrischer Spannungsteiler

5.1.2 Symmetrischer Spannungsteiler

Die symmetrischen Spannungsteiler können direkt in symmetrische Signale eingesetzt werden ohne die Symmetrie zu verschlechtern oder zu zerstören. Man kann sich die symmetrischen Spannungsteiler einfach wie zwei unsymmetrische Spannungsteiler vorstellen, die in der Mitte von R2 auf Masse (=Symmetrieachse) gelegt worden sind. In Abbildung 5.1-3 ist dieser Vergleich anhand eines unsymmetrischen Spannungsteilers zu sehen.

5.1.2.1 Unbelasteter Spannungsteiler

Im Vergleich zum unbelasteten unsymmetrischen Spannungsteiler kommt hier ein dritter Widerstand in die Schaltung hinein. Um die Symmetrie aufrecht zu halten, müssen beide Widerstände, die in den Signalleitungen liegen, gleich groß sein (R1).
Die Ausgangsspannung dieser Schaltung kann man mit folgender Formel berechnen:

$$U_{aus} = \frac{U_{ein} \cdot R2}{R1+R2+R1}$$

oder als Pegelverlust:

$$L = 20 \cdot \log\left(\frac{R2}{R1+R2+R1}\right)$$

mit:

R1, R2: Widerstände in Ohm, Ω
U_{ein}: Eingangsspannung in Volt, V
U_{aus}: Ausgangsspannung in Volt, V
L: Pegelverlust in deziBel, dB

5.1.2.2 Belasteter Spannungsteiler

Genau wie schon bei der unsymmetrischen Variante befindet sich beim symmetrischen belasteten Spannungsteiler ein Lastwiderstand parallel zum Ausgangswiderstand des Spannungsteilers.
Dadurch ändert sich die Formel zur Berechnung des Spannungsteilers in:

$$U_{aus} = \frac{U_{ein} \cdot Rg}{R1+R_g+R1}$$

oder als Pegelverlust:

$$L = 20 \cdot \log\left(\frac{R_g}{R1+R_g+R1}\right)$$

mit:

$$R_g = \frac{1}{\frac{1}{R2}+\frac{1}{R_L}}$$

und:

R1, R2, R_L: Widerstände in Ohm, Ω
U_{ein}: Eingangsspannung in Volt, V
U_{aus}: Ausgangsspannung in Volt, V
L: Pegelverlust in deziBel, dB

5.2 Filter 1. Ordnung

Filter haben die Aufgabe, bestimmte Frequenzbereiche eines Audiosignals durchzulassen und andere wegzufiltern. Auf diese Weise können nicht benötigte Frequenzanteile eines Signals abgeschwächt, Störgeräusche unterdrückt und klangliche Veränderungen eines Signals durchgeführt werden.
Die einfachsten Filter sind Filter 1.Ordnung. Sie lassen sich mathematisch durch eine Übertragungsfunktion 1.Ordnung beschreiben und bestehen aus einem frequenzabhängigen Spannungsteiler.
Filter 1. Ordnung kann man nur als Hochpass oder Tiefpass aufbauen.

Um das folgende Kapitel verstehen zu können, sind die Grundlagen der Elektrotechnik (Kapitel 4) Voraussetzung.

Die Grenzfrequenz eines Filters liegt definitionsgemäß an der Frequenz, bei der das Filter einen Pegelverlust von -3dB aufweist. Aufgrund der Phasenverschiebung von 90° zwischen den beiden Bauteilen des Filters bedeutet dies, dass der ohmsche Widerstand gleich groß sein muss wie der frequenzabhängige Widerstand (genauere Erläuterungen sind bei den jeweiligen Filtern gegeben).
Daher gilt für alle Filter 1. Ordnung die gleiche Formel zur Berechnung der Grenzfrequenz:

$$f_g = \frac{1}{2 \cdot \pi \cdot \tau}$$

$$\text{und: } \tau = R \cdot C$$

$$\text{oder: } \tau = \frac{L}{R}$$

mit:
f_g: Grenzfrequenz des Filters in Hertz, Hz
τ: Zeitkonstante in Sekunden, s
R: Widerstand in Ohm, Ω
C: Kapazität des Kondensators in Farad, F
L: Induktivität der Spule in Henry, H

5.2.1 Hochpassfilter

Ein Hochpassfilter hat die Aufgabe, hohe Frequenzen passieren zu lassen und tiefe Frequenzen abzuschwächen. Dazu muss ein Spannungsteiler aufgebaut werden, der zu tiefen Frequenzen hin immer mehr Pegelverlust bekommt. Als frequenzabhängige Bauteile können sowohl ein Kondensator, als auch eine Spule eingesetzt werden (siehe Abbildung 5.2-1).

Filter mit Kondensator: Wird ein Kondensator als frequenzabhängiges Bauteil eingesetzt, so greift man die Ausgangsspannung über dem (ohmschen, frequenzunabhängigen) Widerstand ab. Da zu hohen Frequenzen hin der Blindwiderstand des Kon-

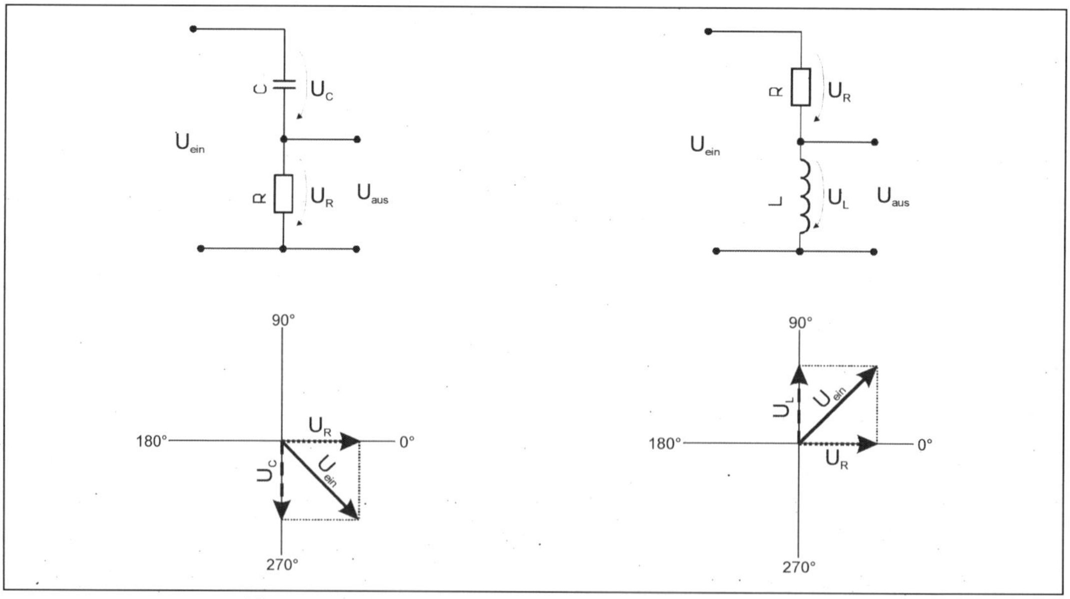

Abb. 5.2-1: Hochpassfilter mit Kondensator (links) und Spule (rechts)

densators immer kleiner wird, gelangt immer mehr Strom und somit auch mehr Leistung an den Ausgang des Filters. Diese Art von Filter ist daher gut für passive Frequenzweichen bei Hochtönern einsetzbar.

Filter mit Spule: Bei einer Spule als frequenzabhängiges Bauteil erfolgt der Abgriff der Ausgangsspannung über der Spule. Diese bekommt zu hohen Frequenzen hin einen immer größeren Blindwiderstand und teilt die Ausgangsspannung somit immer weniger herunter. Der Widerstand vor dem Ausgang hat jedoch bei allen Frequenzen den gleichen Wert und bestimmt den maximal möglichen Strom am Ausgang. Für Hochtöneranwendungen ist diese Art von Hochpass nicht so gut geeignet, da die maximale Ausgangsleistung durch den Widerstand begrenzt ist, und bei tiefen Frequenzen durch den immer kleineren Widerstand der Spule immer mehr Leistung vom Verstärker abverlangt wird, obwohl immer weniger Ausgangssignal zu hören ist.

Bei beiden Versionen liegt die Eingangsspannung des Filters immer an beiden Bauteilen an und sorgt für einen gleich großen Strom in beiden Bauteilen. Dadurch ergeben sich zwei um 90° phasenverschobene Teilspannungen.
Bei der Verwendung eines Kondensators ist die Spannung am Kondensator 90° hinter der am Widerstand. Bei der Verwendung einer Spule ist die Spannung an der Spule genau 90° vor der Spannung am Widerstand. Die vektorielle Summe der beiden Teilspannungen ergibt die Eingangsspannung (siehe Abbildung 5.2-1 unten).

In einer Reihenschaltung verhalten sich die Teilspannungen immer proportional zu den Teilwiderständen. Das bedeutet, dass auch die Teilwiderstände vektoriell mit einer Phasenverschiebung von 90° addiert werden müssen. Mit Hilfe der pythagoräischen Formel ist das möglich:

$$U_{ein} = \sqrt{U_R^2 + U_{C(L)}^2}$$

und daher:

$$R_g = \sqrt{R^2 + X_{C(L)}^2}$$

mit:

U_{ein}: Eingangsspannung des Filters in Volt, V
U_R: Teilspannung am Widerstand in Volt, V
$U_{C(L)}$: Teilspannung am Kondensator beziehungsweise an der Spule in Volt, V
R_g: Gesamtwiderstand in Ohm, Ω
R: Widerstand in Ohm, Ω
$X_{C(L)}$: Blindwiderstand des Kondensators beziehungsweise der Spule in Ohm, Ω

Für die Ausgangsspannung des Filters ergibt sich dann:

$$\frac{U_{aus}}{U_{ein}} = \frac{R_{aus}}{R_g}$$

also im Falle des Hochpasses mit Kondensator:

$$U_{aus} = U_{ein} \cdot \frac{R}{R_g} = U_{ein} \cdot \frac{R}{\sqrt{R^2+X_C^2}}$$

und im Falle des Hochpasses mit Spule:

$$U_{aus} = U_{ein} \cdot \frac{X_L}{R_g} = U_{ein} \cdot \frac{X_L}{\sqrt{R^2+X_L^2}}$$

und zur Erinnerung:

$$X_C = \frac{1}{2 \cdot \pi \cdot f \cdot C} \text{ und } X_L = 2 \cdot \pi \cdot f \cdot L$$

Soll der frequenzabhängige Pegelverlust des Filters berechnet werden, so gilt ganz allgemein:

$$L = 20 \cdot \log\left(\frac{U_{aus}}{U_{ein}}\right)$$

und somit für den Hochpass mit Kondensator:

$$L = 20 \cdot \log\left(\frac{R}{\sqrt{R^2+X_C^2}}\right)$$

und für den Hochpass mit Spule:

$$L = 20 \cdot \log\left(\frac{X_L}{\sqrt{R^2+X_L^2}}\right)$$

Die Ausgangsspannung des Hochpassfilters weist eine frequenzabhängige Phasenverschiebung zur Eingangsspannung auf. Diese entsteht durch die anteilige Addition der nicht phasenverschobenen Teilspannung am Widerstand und der phasenverschobenen Teilspannung am Kondensator (Spule) zur Gesamtspannung. In Abbildung 5.2-2 ist die

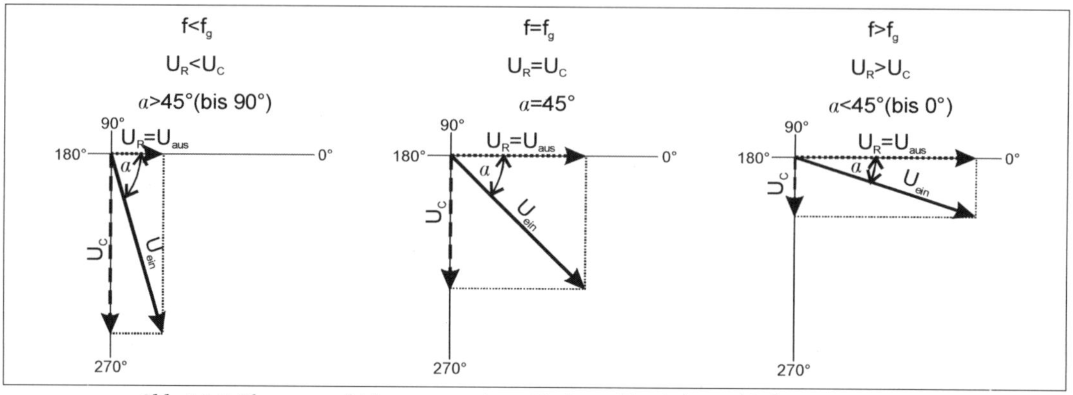

Abb. 5.2-2: Phasenverschiebungen an einem Hochpassfilter bei verschiedenen Frequenzen

unterschiedliche Addition dieser Teilspannung bei verschiedenen Frequenzen zu sehen.

Die Phasenverschiebung des Hochpassfilters errechnet sich mit:

$$a = \arccos\left(\frac{U_{aus}}{U_{ein}}\right)$$

und somit für ein Hochpassfilter mit Kondensator:

$$a = \arccos\left(\frac{R}{\sqrt{R^2+X_C^2}}\right)$$

und für eines mit Spule:

$$a = \arccos\left(\frac{X_L}{\sqrt{R^2+X_L^2}}\right)$$

mit:

a: Phasenverschiebung zwischen Ausgangs- und Eingangsspannung in Grad, °

Der Verlauf des Pegelverlustes und der Phasenverschiebung ist in Abbildung 5.2-3 zu sehen.

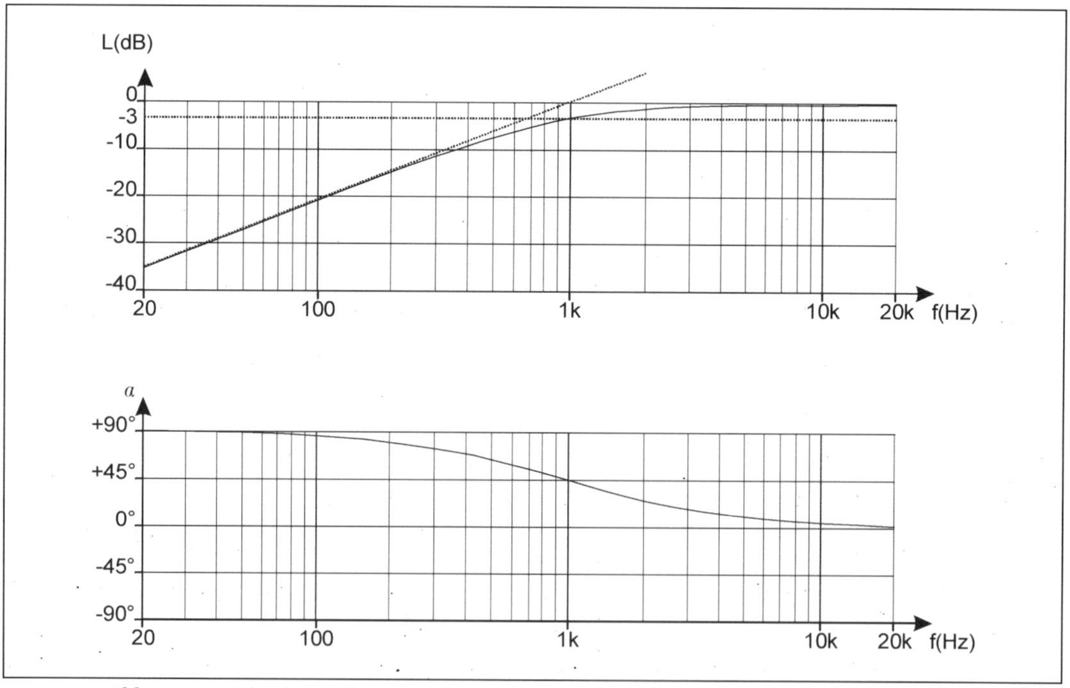

Abb. 5.2-3: Amplituden- und Phasenfrequenzgang eines Hochpassfilters erster Ordnung (f_g=1kHz)

An der Grenzfrequenz beträgt der Pegelverlust definitionsgemäß -3dB. Die Phasenverschiebung +45°.
Man kann erkennen, dass der Pegelverlust sich zu immer tieferen Frequenzen hin einem bestimmten Wert annähert: bei Filtern erster Ordnung ist dies 6dB/Oktave beziehungsweise 20dB/Dekade. Dieser Pegelabfall ist durch die gestrichelte Linie in Abbildung 5.2-3 gekennzeichnet.

5.2.2 Tiefpassfilter

Mit einem Tiefpassfilter verfolgt man genau die gegenteilige Idee eines Hochpassfilters: tiefe Frequenzen sollen durchgelassen und hohe Frequenzen unterdrückt werden. Zum besseren Verständnis des Tiefpassfilters sollte daher das Kapitel 5.2.1 zuerst gelesen werden.
Um diesen umgekehrten Spannungsteiler praktisch zu realisieren, werden die Bauteile des Hochpassfilters gegeneinander ausgetauscht (siehe Abbildung 5.2-4). Auch hier besteht wieder die Möglichkeit, den Tiefpass sowohl mit einem Kondensator als auch mit einer Spule als frequenzabhängiges Bauteil zu realisieren.

Filter mit Spule: Wird eine Spule als frequenzabhängiges Bauteil eingesetzt, so greift man die Ausgangsspannung über dem (ohmschen, frequenzunabhängigen) Widerstand ab. Da zu tiefen Frequenzen hin der Blindwiderstand der Spule immer kleiner wird, gelangt immer mehr Strom und somit auch mehr Leistung an den Ausgang des Filters. Diese Art von Filter ist daher gut für passive Frequenzweichen bei Tieftönern einsetzbar.

Filter mit Kondensator: Bei einem Kondensator als frequenzabhängiges Bauteil, erfolgt der Abgriff der Ausgangsspannung über dem Kondensator. Dieser bekommt zu tiefen Frequenzen hin einen immer größeren Blindwiderstand und teilt die Ausgangsspannung somit immer weniger herunter. Der Widerstand vor dem Ausgang hat jedoch bei allen Frequenzen den gleichen Wert und bestimmt dadurch den maximal möglichen Strom am Ausgang. Für Tieftöneranwendungen ist diese Art von Hochpass nicht so gut geeignet, da die maximale Ausgangsleistung durch den Widerstand begrenzt ist, und bei hohen Frequenzen durch den immer kleineren Widerstand des Kondensators immer mehr Leistung vom Verstärker abverlangt wird, obwohl immer weniger Ausgangssignal zu hören ist.

Für die Berechnung der Ausgangsspannung des Tiefpassfilters mit Kondensator gilt:

$$U_{aus} = U_{ein} \cdot \frac{X_C}{Rg} = U_{ein} \cdot \frac{X_C}{\sqrt{R^2+X_C^2}}$$

und im Falle des Tiefpasses mit Spule:

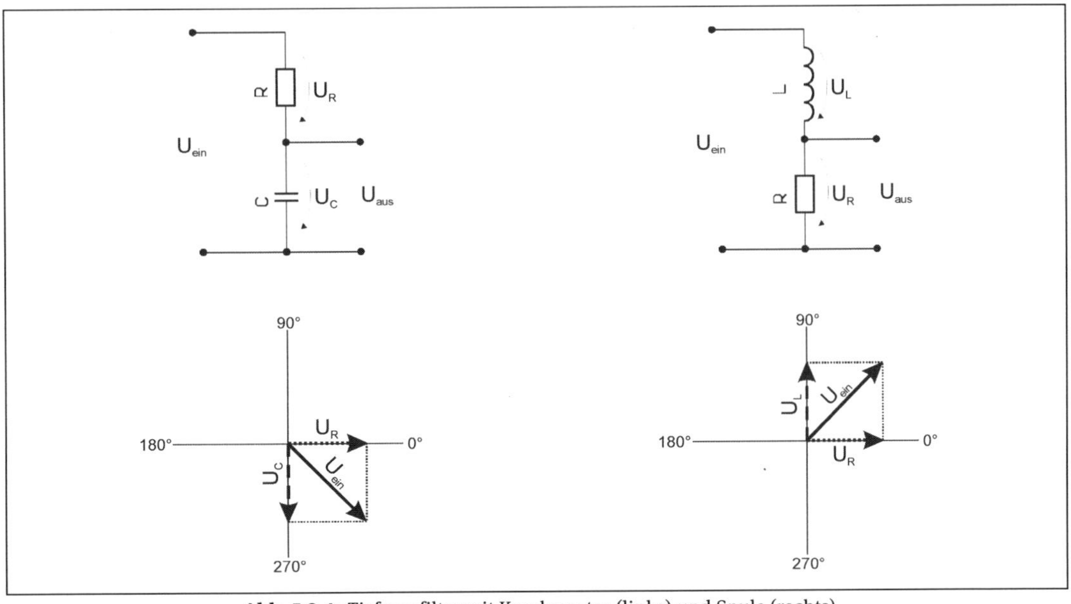

Abb. 5.2-4: Tiefpassfilter mit Kondensator (links) und Spule (rechts)

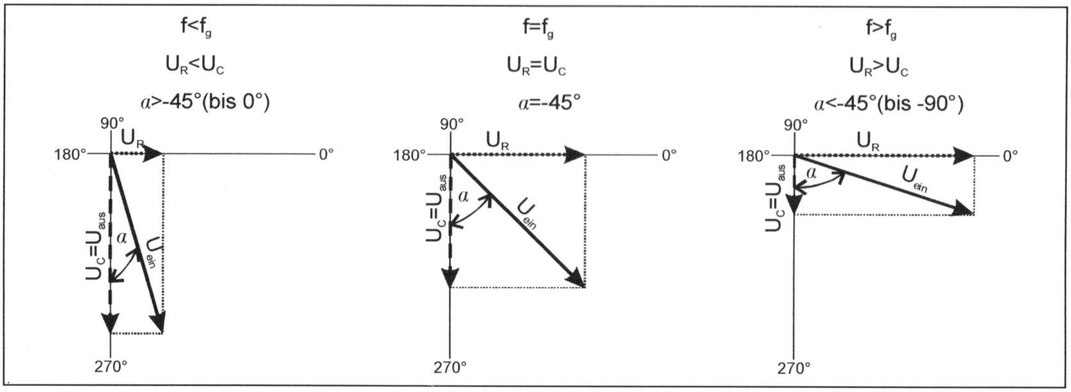

Abb. 5.2-5: Phasenverschiebungen an einem Tiefpassfilter bei verschiedenen Frequenzen

$$U_{aus} = U_{ein} \cdot \frac{R}{R_g} = U_{ein} \cdot \frac{R}{\sqrt{R^2+X_L^2}}$$

Der frequenzabhängige Pegelverlust des Filters wird bei einem Tiefpass mit Kondensator mit folgender Formel berechnet:

$$L = 20 \cdot \log\left(\frac{X_C}{\sqrt{R^2+X_C^2}}\right)$$

Bei einem Tiefpass mit Spule gilt:

$$L = 20 \cdot \log\left(\frac{R}{\sqrt{R^2+X_L^2}}\right)$$

Die Phasenverschiebung des Tiefpassfilters mit einem Kondensator errechnet sich mit:

$$\alpha = -\arccos\left(\frac{X_C}{\sqrt{R^2+X_C^2}}\right)$$

Bei einem Tiefpass mit Spule gilt dann:

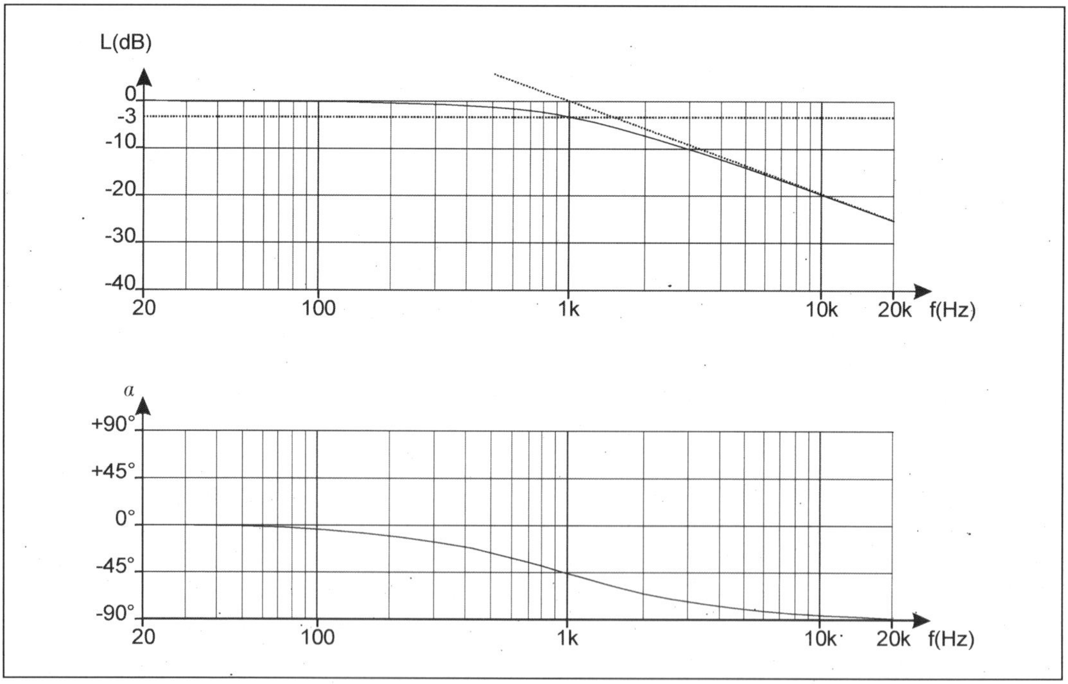

Abb. 5.2-6: Amplituden- und Phasenfrequenzgang eines Tiefpassfilters erster Ordnung (f_g=1kHz)

$$a = -\arccos\left(\frac{R}{\sqrt{R^2+X_L^2}}\right)$$

Der Verlauf des Pegelverlustes und der Phasenverschiebung ist in Abbildung 5.2-6 zu sehen. An der Grenzfrequenz beträgt die Phasenverschiebung zwischen Eingangs- und Ausgangsspannung -45°.

Anmerkung: die Berechnung der Grenzfrequenz erfolgt genau wie beim Hochpass und wurde bereits unter Punkt 5.2 beschrieben.

5.2.3 Addition von Tiefpass und Hochpass 1. Ordnung

Wird ein Tiefpass- und ein Hochpassfilter erster Ordnung mit der gleichen Grenzfrequenz aufgebaut, und die Ausgangssignale dieser Filter addiert (siehe Abbildung 5.2-7), so ergibt sich ein Gesamtfrequenzgang ohne Phasenverschiebungen und ohne Pegelveränderungen.
Diese Tatsache ist anhand der Formeln in Kapitel 5.2.1 und 5.2.2 nicht wirklich gut zu erkennen. Lediglich an der (gemeinsamen) Grenzfrequenz kann recht einfach folgende Aussage getroffen werden: werden zwei Signale mit gleicher Frequenz, gleichem Pegel (-3dB) und 90° Phasenverschiebung addiert, ergibt sich ein um +3dB höherer Pegel (siehe Abbildung 5.2-8), der wieder dem Pegel des ungefilterten Originalsignals entspricht.

Um mathematisch die Addition der beiden Filter zu berechnen, bietet sich die Darstellung der Filter als komplexe Übertragungsfunktion an. Diese lautet für den Hochpass:

$$H = \frac{1}{1+\frac{1}{P}}$$

und für den Tiefpass:

$$H = \frac{1}{1+P}$$

und demzufolge für die Summe aus Hochpass und Tiefpass:

$$H = \frac{1}{1+\frac{1}{P}} + \frac{1}{1+P}$$

Erweitert man die Gleichung des Hochpassfilters mit dem Faktor P kommt man zu:

$$H = \frac{P}{P+1} + \frac{1}{1+P} = \frac{P}{1+P} + \frac{1}{1+P} = \frac{P+1}{1+P} = \frac{1+P}{1+P} = 1$$

mit:
H: Komplexe Übertragungsfunktion des Filters
P: Komplexe Frequenzvariable: $P=j\cdot\omega\cdot\tau$
j: Komplexe Einheit: $j = \sqrt{-1}$
ω: Winkelgeschwindigkeit: $\omega=2\cdot\pi\cdot f$
f: Frequenz in Hertz, Hz
τ: Zeitkonstante. Zum Beispiel $\tau=R\cdot C$

An dieser Stelle soll nicht weiter auf die komplexe Berechnung von Filtern eingegangen werden, obwohl auf diese Weise auch Filter höherer Ordnung gut und einfach berechnet und addiert werden können.

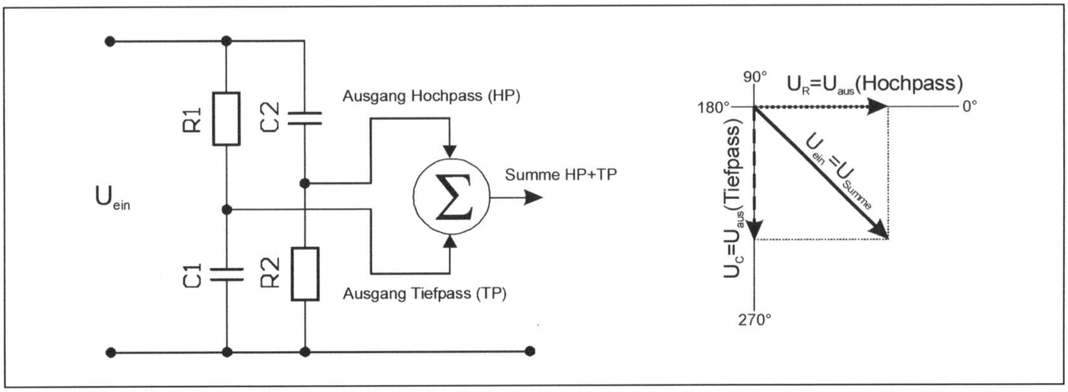

Abb. 5.2-7: Addition von Hochpass- und Tiefpassfilter erster Ordnung mit gleicher Grenzfrequenz: R1=R2 und C1=C2

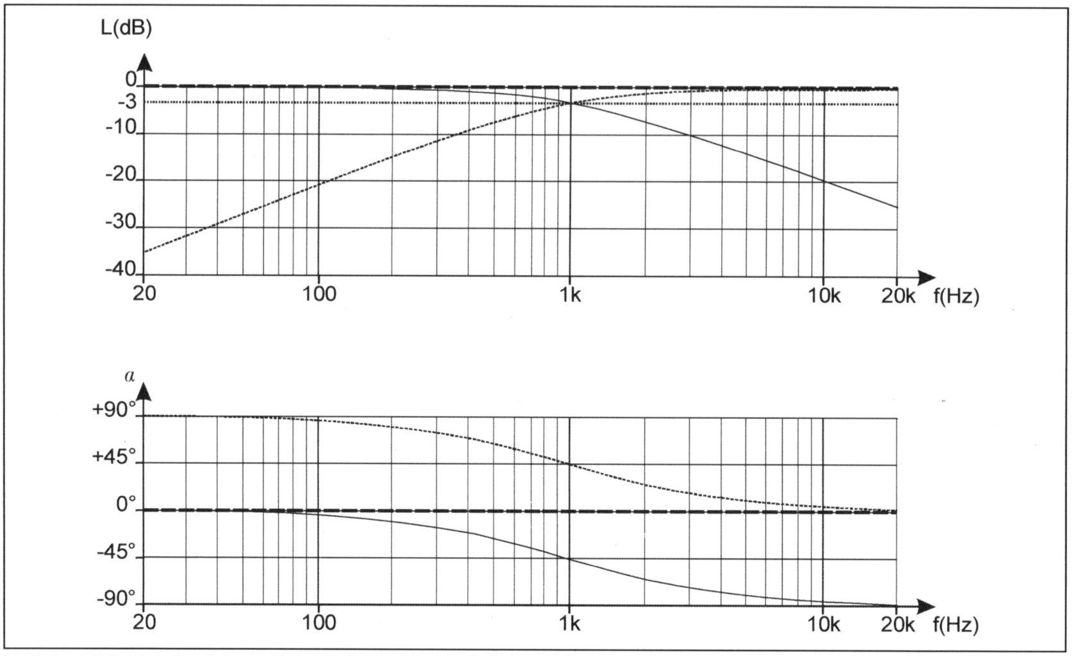

Abb. 5.2-8: Amplituden- und Phasenfrequenzgang bei der Addition von Hochpass- und Tiefpassfilter erster Ordnung

5.3 Operationsverstärkergrundschaltungen

Man unterscheidet drei Operationsverstärkergrundschaltungen, aus denen die meisten Schaltungen im Audiobereich gebildet werden. Diese werden in den nächsten Abschnitten genauer erläutert.

5.3.1 Invertierende Grundschaltung

Die invertierende Grundschaltung hat die Eigenschaft, dass das Ausgangssignal invertiert zum Eingangssignal ist. Im "Tontechnikerslang" sagt man auch gerne, das Signal sei "phasengedreht". Das ist nicht völlig falsch, doch ein Techniker wird bei phasengedrehten Signalen immer an Verzögerungen um eine halbe Periode denken. In diesem Fall hat jedoch das Signal nur ein anderes Vorzeichen bekommen und ist daher "invertiert".

Die invertierende Operationsverstärkergrundschaltung ist in Abbildung 5.3-1 zu sehen. Ihre Verstärkung berechnet sich mit:

$$A = -\frac{R1}{R2}$$

mit:
A: Verstärkungsfaktor der Schaltung
R1, R2: Widerstände in Ohm, Ω

Durch entsprechende Wahl der Widerstände sind so gut wie alle Verstärkungsfaktoren zwischen 0 und Unendlich möglich. In der Praxis ist die höchste Verstärkung durch die Open Loop Gain des Operationsverstärkers begrenzt, so dass gilt:

$$0 \leq A \leq \text{Open Loop Gain}$$

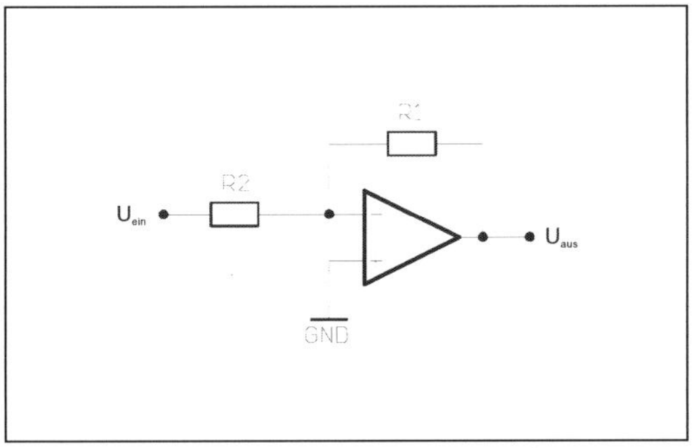

Abb. 5.3-1: Invertierende Grundschaltung

Verstärkungsfaktoren kleiner 1 bedeuten, dass die Schaltung das Signal abschwächt. Sie ist daher auch für Anwendungen geeignet, in denen ein Signal sowohl abgeschwächt als auch verstärkt werden soll.
Anwendungen der invertierenden Grundschaltung sind:

- Phasendreher (Inverter)
- Cut/Boost eines Equalizers
- Input Gain (±10dB) eines Mischpultkanalzugs

Die invertierende Grundschaltung erzeugt am invertierenden Eingang des Operationsverstärkers eine virtuelle Masse, da an diesem Punkt das Eingangssignal und das invertierte Ausgangssignal so aufsummiert werden, dass sich immer ein 0V-Potential ergibt. Die Eingangsimpedanz der Schaltung beträgt somit R2.

5.3.2 Nicht invertierende Grundschaltung

Die nicht invertierende Operationsverstärkergrundschaltung sieht zwar auf den ersten Blick ganz anders aus als die invertierende, jedoch sind eigentlich nur die Eingangspotentiale vertauscht. Der Widerstand R2 geht nun auf Masse und das Signalpotential auf den nicht invertierenden Eingang (siehe Abbildung 5.3-2).

Die nicht invertierende Schaltung hat eine Eingangsimpedanz, die wesentlich höher ist als bei der invertierenden Grundschaltung: Sie hat nahezu den gleichen Wert wie der Gleichtakteingangswiderstand des Operationsverstärkers. Allerdings wird dieser Eingangsimpedanz noch der Eingangsruhestrom des Operationsverstärkers überlagert, der wiederum vom Typ des Operationsverstärkers abhängig ist (siehe auch Kapitel 4.14). Um tatsäch-

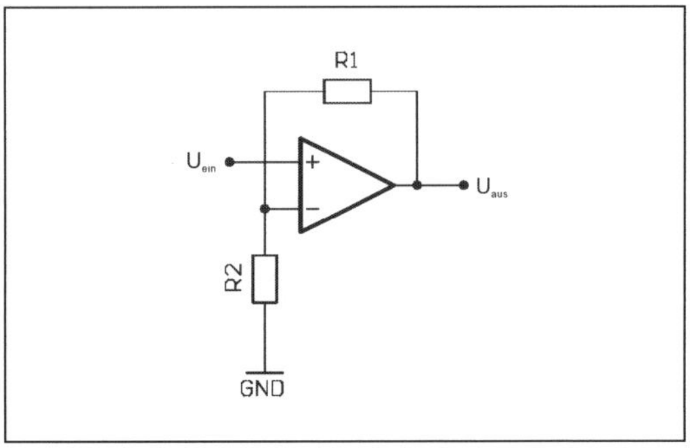

Abb. 5.3-2: Nicht invertierende Grundschaltung

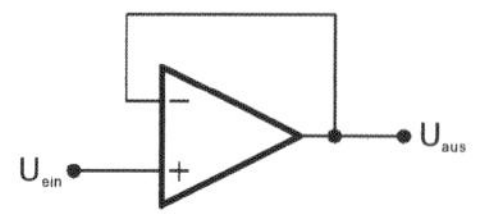

Abb. 5.3-3: Impedanzwandler

lich eine hohe Eingangsimpedanz zu bekommen, muss entweder ein Operationsverstärker mit einem sehr kleinen Eingangsruhestrom gewählt, oder der Widerstand R2 sehr groß gewählt werden. Letzteres findet beispielsweise beim Impedanzwandler Anwendung.

Die Verstärkung der nicht invertierenden Grundschaltung berechnet sich mit:

$$A = 1 + \frac{R1}{R2}.$$

mit:
A: Verstärkungsfaktor der Schaltung
R1, R2: Widerstände in Ohm, Ω

Die kleinstmögliche Verstärkung beträgt 1, was die Anwendung für die Schaltung auf eine reine Verstärkung beschränkt. Sie findet Anwendung als:

- Aufholverstärker
- Mikrofonverstärker

Unter Aufholverstärkern versteht man Verstärker, die eine Signal im Pegel erhöhen, also beispielsweise von -10dBV auf +4dBu heraufsetzen. Ein weiterer Aufholverstärker befindet sich hinter dem Fader in einem Mischpult. Dieser sorgt dafür, dass je nach Ausführung, am oberen Anschlag des Faders eine Verstärkung des Signals um +10, +12 oder +15dB stattfindet.

5.3.3 Impedanzwandler

Der Impedanzwandler ist eigentlich nur eine Sonderform der nicht invertierenden Grundschaltung. Hierbei wird der Ausgang direkt mit dem invertierenden Eingang verbunden. In der nicht invertierenden Grundschaltung würde das R1=0Ω, R2=∞Ω bedeuten. Die Verstärkung wird dadurch auf den Wert 1 gestellt (siehe Abbildung 5.3-3).
Die Besonderheit der Impedanzwandlerschaltung ist das Impedanzverhalten des Operationsverstärkers. Er verfügt (je nach Typ) über eine nahezu unendlich hohe Eingangsimpedanz und über eine sehr geringe Ausgangsimpedanz von fast 0Ω.
Durch diese Eigenschaften ist es möglich, eine Signalquelle mit Hilfe eines Impedanzwandlers von einer Last abzukoppeln. Das bedeutet, dass völlig unabhängig von der Belastung am Ausgang des Impedanzwandlers die Schaltung vor dem Impedanzwandler keine Last "sieht" und damit immer wie im unbelasteten Zustand arbeitet.
Da viele Schaltungen ohne Last berechnet werden, bietet sich der Impedanzwandler an, um eine tatsächlich aufgebaute Schaltung so zu gestalten, dass sie wie unter lastlosen Bedingungen funktioniert.

5.3.4 Praktische Hinweise zu den Operationsverstärkerschaltungen

Wenn man Operationsverstärkerschaltungen in Schaltbildern sieht, dann fällt zunächst auf, dass die Versorgungsspannung so gut wie nie direkt am Operationsverstärker eingezeichnet ist. Diese wird aus Gründen der Übersichtlichkeit weggelassen und befindet sich entweder am Rand der Schaltung oder sogar auf einem getrennten Blatt.
In der Spannungsversorgung von Operationsverstärkern sollten Bypass-Kondensatoren eingesetzt werden (siehe Kapitel 5.15.4.2).

Ein Operationsverstärker, der hohe kapazitive Lasten ansteuern muss, kann durch die Belastung des Ausgangs eine Schwingneigung bekommen und in seiner Funktion instabil werden. Bei Mischpulten ist das vor allem bei den Ausgängen ein Problem, an die lange Kabel angeschlossen werden könnten. Um diesem Problem entgegen zu wirken wird häufig eine Schaltung eingesetzt, die sich "Lead-Kompensation" nennt. Sie ist in Abbildung 5.3-4 zu sehen. Sie kann sowohl für die invertierende als auch für die nicht invertierende Schaltung eingesetzt werden, ist in Abbildung 5.3-4 jedoch nur für die invertierende Grundschaltung zu sehen.
Der Ausgangswiderstand kann hierbei zwischen 22Ω und 100Ω gewählt werden. Ein gerne genommener Wert beträgt 68Ω oder 82Ω. Der Kondensator in der Gegenkopplung kompensiert in erster Linie die mögliche auftretende Kabelkapazität. Er

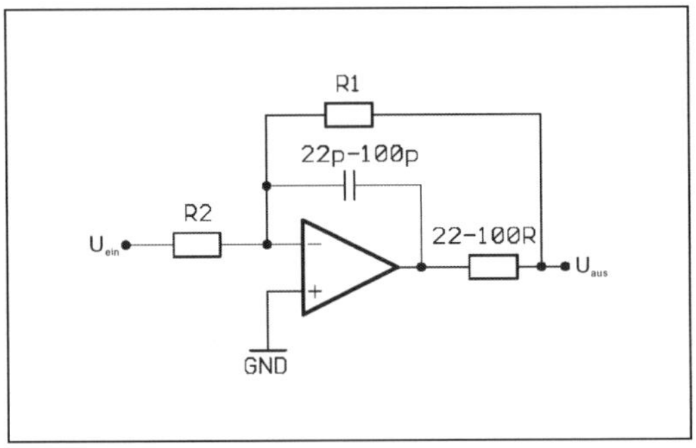

Abb. 5.3-4: Lead Kompensation

sollte um so größer gewählt werden, je länger die angeschlossenen Kabel sein können. Ein typischer Wert beträgt 100pF.

Es gibt sehr viele anschlusskompatible Operationsverstärker. Wenn man jedoch auf Standardtypen zurückgreift, so kann im späteren Servicefall einfach und kostengünstig ein Ersatz beschafft werden. In Profimischpulten haben sich die Operationsverstärker NE5534 (Einzel-OP) und NE5532 (Doppel-OP) etabliert. Im semiprofessionellen Bereich und bei Livepulten findet man die Typen TL071 (Einzel-OP) und TL072 (Doppel-OP) vor.

Die tatsächlichen Widerstandswerte, die in den Operationsverstärkerschaltungen eingesetzt werden, sind die große Kunst eines Audioschaltungsdesigners. Alle Schaltungen geben immer nur Verhältnisse der Widerstände an, jedoch selten absolute oder gute Werte. Daher hier zwei Grundregeln:

- Möglichst niedrige Widerstandswerte verwenden. Eine Halbierung des Widerstandswertes verringert das Rauschen der Schaltung um -3dB, solange die Widerstände die dominante Rauschquelle sind.
- Eine Gesamtbelastung des Operationsverstärkerausgangs unter 600Ω sollte vermieden werden. Hierbei ist die Parallelschaltung aller belastenden Widerstände und Blindwiderstände zu berücksichtigen.

Mit Hilfe dieser Regeln kann man möglichst niedrige, noch zulässige Werte annähern, und damit das beste Signal-Rauschverhältnis erzielen.

5.4 Aktive Hochpass- und Tiefpassfilter höherer Ordnung

Für viele Anwendungen haben Filter erster Ordnung keine ausreichend hohe Flankensteilheit. Zum Beispiel soll in Frequenzweichen dafür gesorgt werden, dass die Frequenzbereiche, die einen Lautsprecher zerstören oder zu unkontrollierter Schwingung bringen könnten, wirkungsvoll abgedämpft werden. Hierzu ist in der Praxis mindestens ein Filter zweiter Ordnung notwendig (siehe auch nächstes Kapitel).

5.4.1 Mathematische Grundlagen

Die Ordnungszahl eines Filters, also die Bezeichnung "Erster Ordnung", "Zweiter Ordnung" und so weiter kommt von der Ordnung der komplexen Übertragungsfunktion, mit der ein Filter berechnet werden kann. In einem Filter erster Ordnung ist in der Übertragungsfunktion lediglich eine frequenzabhängige Variable vorhanden. Das heißt übertragen auf die Schaltung des Filters, dass ein frequenzabhängiges Bauteil zum Einsatz kommt.
In einem Filter zweiter Ordnung geht auch die Übertragungsfunktion bereits bis zur zweiten Potenz (also x^2). Beim Filter vierter Ordnung geht sie bis zur vierten Potenz (also x^4). Mit zunehmender Ordnung der Übertragungsfunktion müssen auch entsprechend viele frequenzabhängige Bauteile in der Schaltung zum Einsatz kommen. So kann man beispielsweise ein Filter zweiter Ordnung mit zwei Kondensatoren aufbauen. Zwei Spulen oder die Kombination aus einem Kondensator und einer Spule sind jedoch ebenfalls möglich.

Um ein Filter zweiter Ordnung zu realisieren, schaltet man im einfachsten Fall zwei Filter erster Ordnung hintereinander. Daraus ergibt sich ein komplexer Spannungsteiler zweiter Ordnung, dessen Frequenzverlauf abhängig von den Einzelfiltern und deren gegenseitiger Belastung ist.
Da die Berechnung aus Kapitel 5.3 für solche Filter nicht mehr gut geeignet ist, werden diese Filter immer über deren komplexe Übertragungsfunktion berechnet. In diesem Kapitel soll auf die Herleitung der komplexen Übertragungsfunktion verzichtet werden. Sie wird hier lediglich für die Berechnung eines beliebigen Filters höherer Ordnung vorgestellt:

Für den Tiefpass gilt:

$$H(P) = \frac{1}{\prod_i (1 + a_i \cdot P + b_i \cdot P^2)}$$

und für den Hochpass:

$$H(P) = \frac{1}{\prod_i \left(1 + \frac{a_i}{P} + \frac{b_i}{P^2}\right)}$$

mit:

H(P):	Komplexe Übertragungsfunktion des Filters
a_i, und b_i:	Koeffizienten des Filters
i:	Nummer des Teilfilters
P:	Komplexe Frequenzvariable:

Die komplexe Frequenzvariable berechnet sich mit:

$$P = \frac{j \cdot f}{f_g}$$

mit:

j: Imaginäre Einheit: $j = \sqrt{-1}$ und $j^2 = -1$
f: Frequenz in Hertz, Hz
f_g: Grenzfrequenz in Hertz, Hz

Aus der komplexen Übertragungsfunktion kann mit folgenden Formeln der Amplituden- und der Phasenfrequenzgang berechnet werden:

$$L_f = 20 \cdot \log\left(\sqrt{Re_f^2 + Im_f^2}\right)$$

$$\varphi_f = \arctan\left(\frac{Im_f}{Re_f}\right)$$

mit:

L_f:	Pegelverlust bei einer bestimmten Frequenz in Dezibel, dB
φ_f:	Phasenwinkel bei einer bestimmten Frequenz in Grad, °
Re_f und Im_f:	Real- und Imaginärteile der komplexen Übertragungsfunktion bei einer bestimmten Frequenz.
f:	Frequenz in Hertz, Hz

Mit Hilfe eines Mathematikprogramms und den entsprechenden Koeffizientensätzen (siehe Kapitel 5.4.3) lassen sich nun nahezu beliebige Filter berechnen.

In der Praxis werden Filter höherer Ordnung aus Teilfiltern zweiter Ordnung zusammengesetzt. Für die praktische Berechnung sind hierbei die Grenzfrequenz und die Güte eines jeden Teilfilters von Interesse. Die Grenzfrequenz des Teilfilters kann man aus den Koeffiziententabellen als Verhältniswert zur Grenzfrequenz ablesen. Es gilt:

$$f_{gi} = \left(f_{gi}/f_g\right) \cdot f_g$$

Das in Klammern stehende Verhältnis f_{gi}/f_g ist in den Tabellen im Kapitel 5.4.3 als Zahlenwert zu finden.

Der Q-Faktor Q_i eines Teilfilters kann aus den Koeffizienten a_i und b_i berechnet werden:

$$Q_i = \frac{\sqrt{b_i}}{a_i}$$

mit:

f_{gi}:	Grenzfrequenz des Teilfilters i in Hertz, Hz
f_g:	Grenzfrequenz des Gesamtfilters in Hertz, Hz
Q_i:	Güte des Teilfilters i
a_i und b_i:	Koeffizienten des Teilfilters i
i:	Nummer des Teilfilters

Soll ein Filter höherer Ordnung berechnet werden, so gilt folgendes:

- Ist die Ordnung geradzahlig (4., 6., 8. Ordnung), so wird das Filter aus Teilfiltern zweiter Ordnung zusammengesetzt. Diese werden meist aus Gründen der Übersteuerungsfestigkeit so angeordnet, dass die niedrigsten Q-Faktoren zuerst und die höchsten Q-Faktoren zuletzt eingebaut werden.
- Ist die Ordnung ungeradzahlig (3., 5., 7. Ordnung), so kommt vor das erste Teilfilter 2. Ordnung einfach ein weiteres Filter erster Ordnung.

5.4.2 Aufbau eines Filters zweiter Ordnung

Eine Standardschaltung, nach der ein aktives Filter zweiter Ordnung aufgebaut wird, ist die "Sallen & Key" Schaltung. Sie wurde benannt nach ihren Entwicklern R. P. Sallen und E. L. Key, die diese Schaltungen in ihrem Werk "A practical method of designing RC active filters" vorgestellt haben.

Die Besonderheit an den Sallen & Key Filtern ist die nahezu freie Auswahl an Grenzfrequenzen und Q-Faktoren. Dadurch kann man die unterschiedlichsten Filter aufbauen, die unter anderem auch für die Konstruktion von Filtern höherer Ordnung notwendig sind.

Typische Beispiele für Sallen & Key Hochpass- und Tiefpassfilter sind in Abbildung 5.4-1 und 5.4-4 in den nächsten Kapiteln zu sehen.

5.4.2.1 Sallen & Key Hochpass

Ein typisches Hochpassfilter 2. Ordnung nach Sallen & Key ist in Abbildung 5.4-1 zu sehen. Drei der unendlich vielen möglichen Amplituden- und Phasenfrequenzgänge dieses Filters sind in Abbildung 5.4-2 zu sehen.

Eine Besonderheit der Hochpassschaltung aus Abbildung 5.4-1 ist die Tatsache, dass alle Bauteile innerhalb des gestrichelten Kästchens einen so genannten "Gyrator" bilden. Ein Gyrator stellt die elektronische Nachbildung einer Spule dar. Dies gelingt durch eine Mitkopplung des Operationsverstärkerausgangs über einen frequenzabhängigen Spannungsteiler auf den nicht invertierenden Eingang.

Der Gyrator und dessen (vereinfachte) Ersatzschaltung ist noch einmal in Abbildung 5.4-3 zu sehen. Die Berechnung der Induktivität erfolgt mit der Formel:

$$L = C \cdot R1 \cdot (R2 - R1)$$

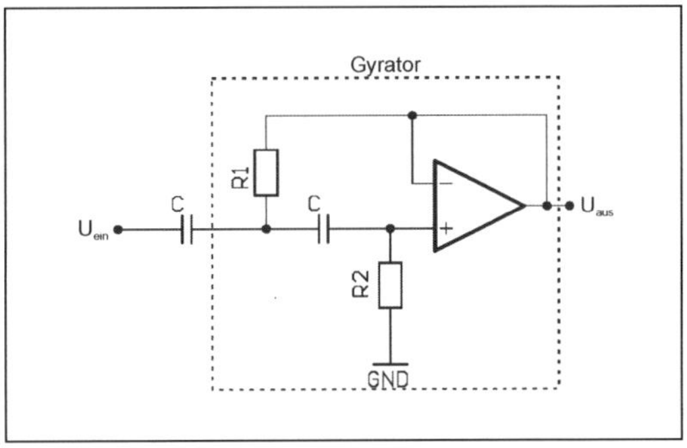

Abb. 5.4-1: Hochpass 2. Ordnung nach Sallen & Key

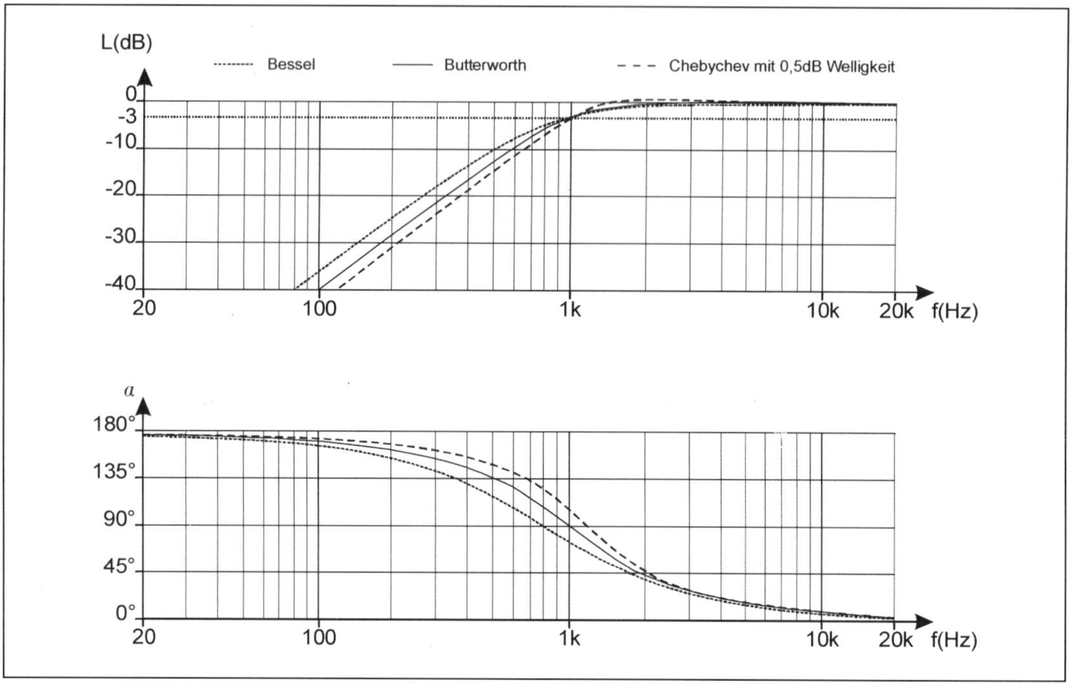

Abb. 5.4-2: Amplituden und Phasenfrequenzgänge für drei Hochpassfilter 2. Ordnung; f_g=1kHz: Bessel, Butterworth und Chebychev (0,5dB Welligkeit)

mit:

L:	Induktivität in Henry, H
C:	Kapazität in Farad, F
R1 und R2:	Widerstände in Ohm, Ω

R1 entspricht dem ohmschen Widerstand der nachgebildeten Spule.

Mit Hilfe des Gyrators können große Induktivitäten nachgebildet werden, ohne dass man große oder teure Bauteile benötigt. So ergibt zum Beispiel die Bauteildimensionierung C=100nF, R1=100Ω und R2=100kΩ bereits eine Induktivität von 1H!

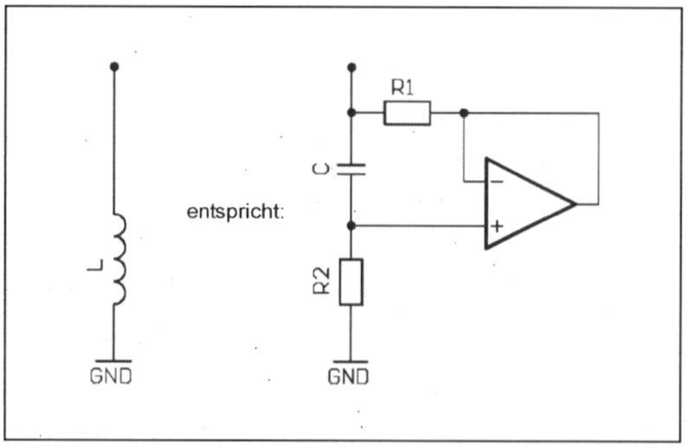

Abb. 5.4-3: Gyratorschaltung

Ein großer Vorteil ist weiterhin, dass die erzeugte Induktivität nicht durch Magnetfelder beeinflusst wird, wie es bei einer realen Spule der Fall wäre. Als einzigen Nachteil muss man anmerken, dass der Gyrator eine Stromversorgung benötigt.

In der Hochpassschaltung aus Abbildung 5.4-1 sieht man, dass die beiden Kondensatoren gleich groß, und die beiden Widerstände unterschiedlich groß gewählt sind. Man hat es also mit drei verschiedenen Bauteilparametern zu tun, die die Grenzfrequenz und die Güte des Filters bestimmen:

$$R1 = \frac{a_i}{4 \cdot \pi \cdot f_g \cdot C \cdot b_i}$$

und:

$$R2 = \frac{1}{\pi \cdot f_g \cdot C \cdot a_i}$$

mit:

f_g:	Grenzfrequenz des Filters in Hertz, Hz
R1 und R2:	Widerstände in Ohm, Ω
C:	Kapazität in Farad, F
a_i, und b_i:	Koeffizienten des Teilfilters i
i:	Nummer des Teilfilters

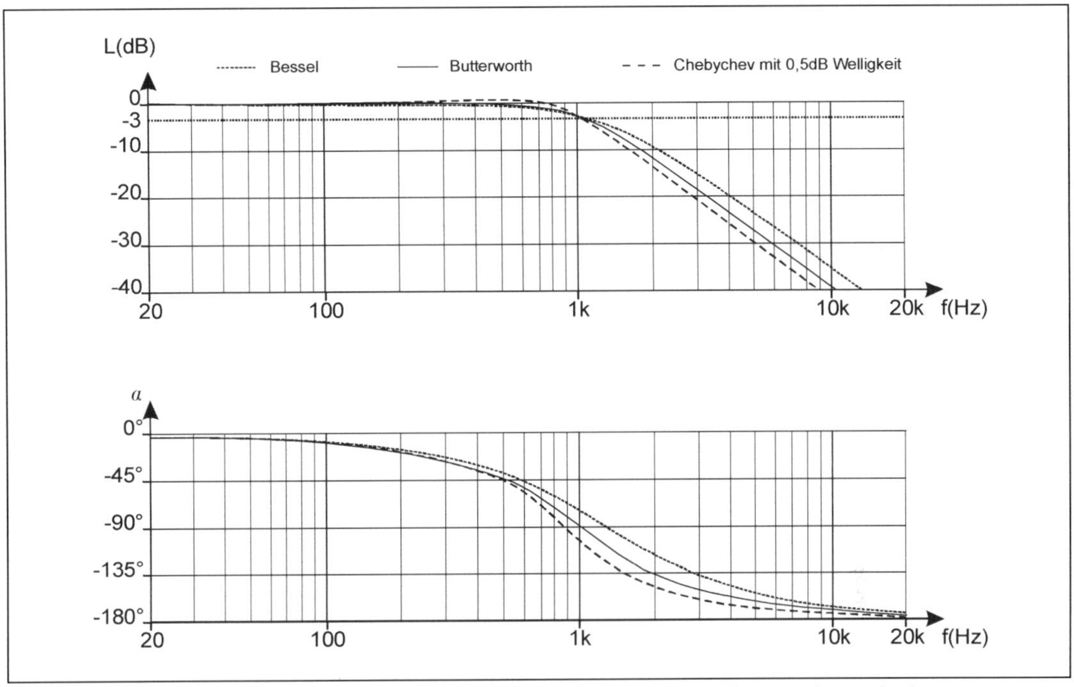

Abb. 5.4-5: Amplituden und Phasenfrequenzgänge für drei Tiefpassfilter 2. Ordnung; f_g=1kHz: Bessel, Butterworth und Chebychev (0,5dB Welligkeit)

Die Koeffizienten für die Berechnung der Filter sind in Kapitel 5.4.3 zu finden.

5.4.2.2 Sallen & Key Tiefpass

Bei einem Tiefpassfilter nach Sallen & Key (siehe Abbildung 5.4-4) sind die Bauteile umgekehrt angeordnet, als beim Hochpassfilter. Das heißt, dass beide Widerstände nun gleich groß gewählt werden und zwei unterschiedliche Kondensatoren Anwendung finden.

Die Schaltung in dem gestrichelten Kästchen ist ein "Super-Kondensator" oder "Super-Capacitor". Es gibt kein direkt vergleichbares reales Bauteil dazu. Man könnte die Schaltung als einen "Kondensator 2. Ordnung mit Resonanzfähigkeit" bezeichnen.

In dieser Schaltung sind beide Widerstände gleich groß. Die beiden Kondensatoren und der Widerstandswert sind folgendermaßen von den Filterkoeffizienten abhängig:

$$C1 = \frac{4 \cdot b_i \cdot C2}{a_i^2}$$

und:

$$R = \frac{a_i \cdot C1}{4 \cdot \pi \cdot f_g \cdot C1 \cdot C2}$$

mit:

f_g:	Grenzfrequenz des Filters in Hertz, Hz
C1 und C2:	Kapazitäten in Farad, F
R:	Widerstand in Ohm, Ω
a_i, und b_i:	Koeffizienten des Teilfilters i
i:	Nummer des Teilfilters

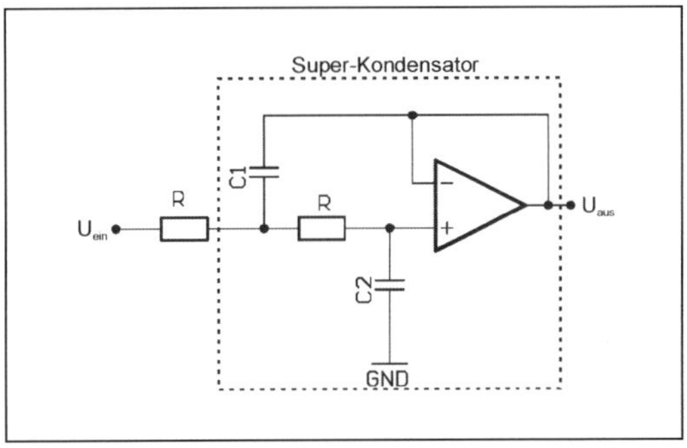

Abb. 5.4-4: Tiefpass 2. Ordnung nach Sallen & Key

Drei mögliche Amplituden- und Phasenfrequenzgänge dieses Filters sind in Abbildung 5.4-5 zu sehen.

5.4.3 Koeffizientensätze

Die nun folgenden Tabellen enthalten die Koeffizienten für drei ausgewählte Filter von erster bis 10. Ordnung. Es handelt sich hierbei um die Typen "Bessel", "Butterworth" und "Chebychev mit 0,5dB Welligkeit". Mit Hilfe dieser Koeffizientensätze ist es möglich, die Bauteile der Filter zu berechnen und sie aufzubauen. Ebenso können die Q-Faktoren und die Grenzfrequenzen der Teilfilter benutzt werden, um die digitalen IIR-Filter (siehe Kapitel 7.12.1) zu programmieren.

In der Praxis gibt man bei analogen Filtern die Kondensatoren durch ihre geringere Auswahlmöglichkeit vor und berechnet danach die notwendigen Widerstandswerte. Auf diese Vorgehensweise hin sind auch die Gleichungen bei den einzelnen Filtern ausgelegt.

Ordnung	i	a_i	b_i	f_{gi}/f_g	Q_i
1	1	1,0000	0,0000	1,000	-
2	1	1,3617	0,6180	1,000	0,58
3	1	0,7560	0,0000	1,323	-
	2	0,9996	0,4772	1,414	0,69
4	1	1,3397	0,4889	0,978	0,52
	2	0,7743	0,3890	1,797	0,81
5	1	0,6656	0,0000	1,502	-
	2	1,1402	0,4128	1,184	0,56
	3	0,6216	0,3245	2,138	0,92
6	1	1,2217	0,3887	1,063	0,51
	2	0,9686	0,3505	1,431	0,61
	3	0,5131	0,2756	2,447	1,02
7	1	0,5937	0,0000	1,684	-
	2	1,0944	0,3395	1,207	0,53
	3	0,8304	0,3011	1,695	0,66
	4	0,4332	0,2381	2,731	1,13
8	1	1,1112	0,3162	1,164	0,51
	2	0,9754	0,2979	1,381	0,56
	3	0,7202	0,2621	1,963	0,71
	4	0,3728	0,2087	2,992	1,23
9	1	0,5386	0,0000	1,857	-
	2	1,0244	0,2834	1,277	0,52
	3	0,8710	0,2636	1,574	0,59
	4	0,6320	0,2311	2,226	0,76
	5	0,3257	0,1854	3,237	1,32
10	1	1,0215	0,2650	1,264	0,50
	2	0,9393	0,2549	1,412	0,54
	3	0,7815	0,2351	1,780	0,62
	4	0,5604	0,2059	2,479	0,81
	5	0,2883	0,1665	3,466	1,42

Tab. 5.4-1: Filterkoeffizienten für ein Besselfilter

Ordnung	i	a_i	b_i	f_{gi}/f_g	Q_i
1	1	1,0000	0,0000	1,000	-
2	1	1,4142	1,0000	1,000	0,71
3	1	1,0000	0,0000	1,000	-
	2	1,0000	1,0000	1,272	1,00
4	1	1,8478	1,0000	0,719	0,54
	2	0,7654	1,0000	1,390	1,31
5	1	1,0000	0,0000	1,000	-
	2	1,6180	1,0000	0,859	0,62
	3	0,6180	1,0000	1,448	1,62
6	1	1,9319	1,0000	0,676	0,52
	2	1,4142	1,0000	1,000	0,71
	3	0,5176	1,0000	1,479	1,93
7	1	1,0000	0,0000	1,000	-
	2	1,8019	1,0000	0,745	0,55
	3	1,2470	1,0000	1,117	0,80
	4	0,4450	1,0000	1,499	2,25
8	1	1,9616	1,0000	0,661	0,51
	2	1,6629	1,0000	0,829	0,60
	3	1,1111	1,0000	1,206	0,90
	4	0,3902	1,0000	1,512	2,56
9	1	1,0000	0,0000	1,000	-
	2	1,8794	1,0000	0,703	0,53
	3	1,5321	1,0000	0,917	0,65
	4	1,0000	1,0000	1,272	1,00
	5	0,3473	1,0000	1,521	2,88
10	1	1,9754	1,0000	0,655	0,51
	2	1,7820	1,0000	0,756	0,56
	3	1,4142	1,0000	1,000	0,71
	4	0,9080	1,0000	1,322	1,10
	5	0,3129	1,0000	1,527	3,20

Tab. 5.4-2: Filterkoeffizienten für ein Butterworthfilter

Ordnung	i	a_i	b_i	f_{gi}/f_g	Q_i
1	1	1,0000	0,0000	1,000	-
2	1	1,3614	1,3827	1,000	0,86
3	1	1,8636	0,0000	0,537	-
	2	0,6402	1,1931	1,335	1,71
4	1	2,6282	3,4341	0,538	0,71
	2	0,3648	1,1509	1,419	2,94
5	1	2,9235	0,0000	0,342	-
	2	1,3025	2,3534	0,881	1,18
	3	0,2290	1,0833	1,480	4,54
6	1	3,8645	6,9797	0,366	0,68
	2	0,7528	1,8573	1,078	1,81
	3	0,1589	1,0711	1,495	6,51
7	1	4,0211	0,0000	0,249	-
	2	1,8729	4,1795	0,645	1,09
	3	0,4861	1,5676	1,208	2,58
	4	0,1156	1,0443	1,517	8,84
8	1	5,1117	11,9607	0,276	0,68
	2	1,0639	2,9365	0,844	1,61
	3	0,3439	1,4206	1,284	3,47
	4	0,0885	1,0407	1,521	11,53
9	1	5,1318	0,0000	0,195	-
	2	2,4283	6,6307	0,506	1,06
	3	0,6839	2,2908	0,989	2,21
	4	0,2559	1,3133	1,344	4,48
	5	0,0695	1,0272	1,532	14,58
10	1	6,3648	18,3695	0,222	0,67
	2	1,3582	4,3453	0,689	1,53
	3	0,4822	1,9440	1,091	2,89
	4	0,1994	1,2520	1,381	5,61
	5	0,0563	1,0263	1,533	17,99

Tab. 5.4-3 Filterkoeffizienten für ein Chebychevfilter mit 0,5dB Welligkeit

5.5 Frequenzweichen

Frequenzweichen haben die Aufgabe, Signale für ein Mehrwegelautsprechersystem so aufzubereiten, dass nur die vom jeweiligen Lautsprecher wiederzugebenden Frequenzanteile auch zu diesem gelangen.
Lautsprecher haben das Problem, dass sie nur einen relativ kleinen Frequenzbereich gut wiedergeben können. Dieser Bereich liegt realistisch im Verhältnis 1:10-1:20.
Das heißt, dass ein Tieftöner, der ab 20Hz arbeiten soll, bis maximal 200Hz oder 400Hz betrieben werden sollte. Bei noch höheren Frequenzen besteht die Gefahr, dass die relativ schwere Tieftönermembran den geforderten schnellen Bewegungen nicht mehr folgen kann und es zu Eigenschwingungen auf der Membranoberfläche kommt.
Für einen Hochtöner ist zwar die schnelle Bewegung kein Problem, allerdings verkraftet dieser aufgrund seines kleinen und leichten Antriebs keine hohen Leistungen. Werden zu viele tiefe Frequenzen auf einen Hochtöner gegeben so brennt dieser durch.

Eine Frequenzweiche soll nun genau diese Probleme lösen. Allerdings ist es unerwünscht, dass durch den Einsatz einer Frequenzweiche neue Probleme hinzukommen. Das bedeutet, dass die Signalzerlegung in die verschiedenen Frequenzbereiche und die anschließende Zusammensetzung in der Luft am Ohr der Hörers möglichst ohne Signalveränderungen erfolgen soll.
Auf die Zusammensetzung des Signals in der Luft hat man keinen Einfluss, wohl aber auf die Art und Weise, wie die Signale zerlegt werden. Man kann zwischen den unterschiedlichsten Filtercharakteristiken und Filterordnungen wählen.

Ohne hier auf die mathematischen Hintergründe einzugehen, sollen in diesem Kapitel verschiedene Filtertypen gezeigt werden, die das Signal zerlegen. Weiterhin wird gezeigt, was passiert, wenn die gefilterten Signale wieder zusammen addiert werden.
Auf eine Frequenzweiche mit Filtern erster Ordnung soll hierbei nicht eingegangen werden. Diese bietet zwar eine perfekte Wiederherstellung des Originalsignals (siehe Kapitel 5.2.3), ist jedoch mit einer Flankensteilheit von 6dB/Okt. nicht selektiv genug, um die Aufgabe einer Frequenzweiche gut zu erfüllen. Mit Filtern erster Ordnung würden die Tieftöner zu viele Höhen abbekommen, und zu viel tiefe Frequenzen auf die Hochtöner gelangen.

5.5.1 Frequenzweiche mit Filtern 2. Ordnung

In vielen passiven Lautsprechern werden Filter 2. Ordnung als Frequenzweichen eingesetzt. Diese sind von ihrer Dämpfung her bereits geeignet, um die Lautsprecher vor unerwünschten Frequenzen zu schützen.

Wird beispielsweise der Hochpass und der Tiefpass als Butterworthfilter 2. Ordnung mit der gleichen Grenzfrequenz aufgebaut, so ergibt sich eine Filterfunktion wie in Abbildung 5.5-1 zu sehen.
Man erkennt, dass sich, aufgrund der Phasenverschiebungen am Filter, das Summensignal aus Hochpass und Tiefpass an ihrer gemeinsamen Grenzfrequenz auslöschen. Der damit konstruierte Lautsprecher hätte also ein "Loch" im Frequenzgang.
Um dieses Problem zu lösen, wird der Hochtöner verpolt angeschlossen, und die Phase somit um 180° gedreht (siehe Abbildung 5.5-2).
Nun ergibt sich an der gemeinsamen Grenzfrequenz zwar keine Auslöschung mehr, jedoch ist eine Pegelüberhöhung um +3dB zu verzeichnen. Der Lautsprecher würde somit "mittig" klingen, da dieser Bereich zu laut wiedergegeben würde.
In einem weiteren Optimierungsschritt kann man die Grenzfrequenzen der Filter so lange auseinander ziehen, bis sich ein annähernd linearer Frequenzgang ergibt (siehe Abbildung 5.5-3).
Jetzt hat man um die Grenzfrequenz herum zwar einen linearen Amplitudenverlauf, allerdings sind die Phasen der beiden Filter an der Grenzfrequenz des Lautsprechers nicht mehr deckungsgleich. Das bedeutet, dass die Lautsprecher das Signal leicht zeitversetzt hintereinander abstrahlen. Dadurch wird ein Time-Alignment (siehe Kapitel 6.10.2.14) nötig, welches jedoch wieder Einfluss auf den Amplitudenverlauf hat.

Man sieht, dass man mit einfachen Filtern zweiter Ordnung keine vernünftige Frequenzweiche aufbauen kann.

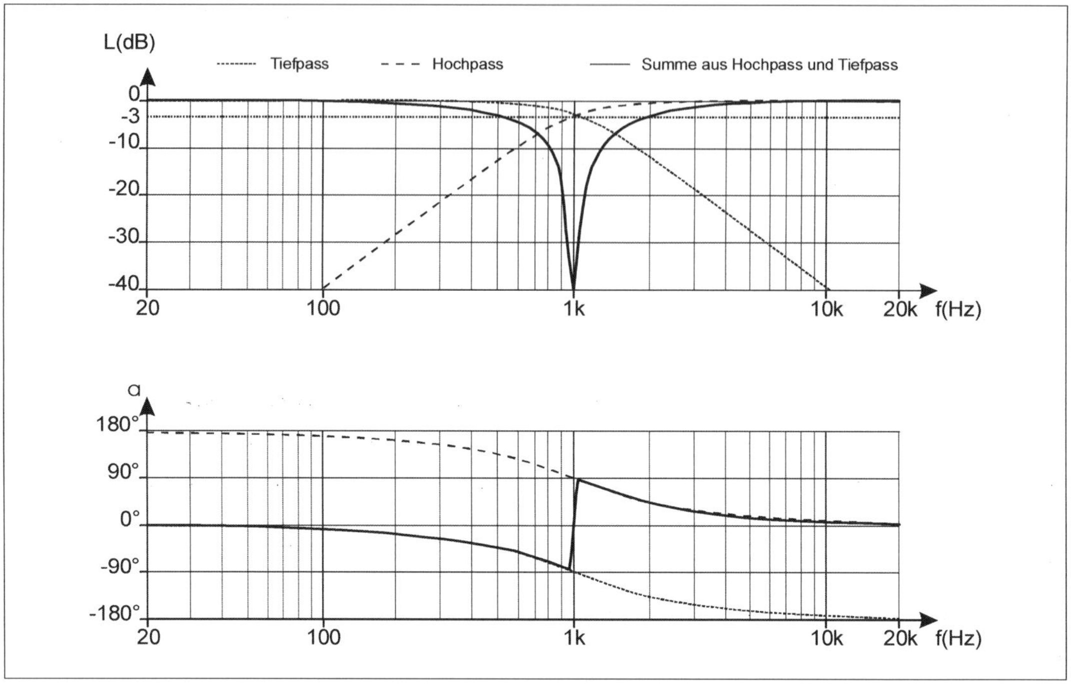

Abb. 5.5-1: Frequenzweiche aus zwei Butterworthfiltern zweiter Ordnung (f_g=1kHz) und die Summe der beiden gefilterten Ausgangssignale

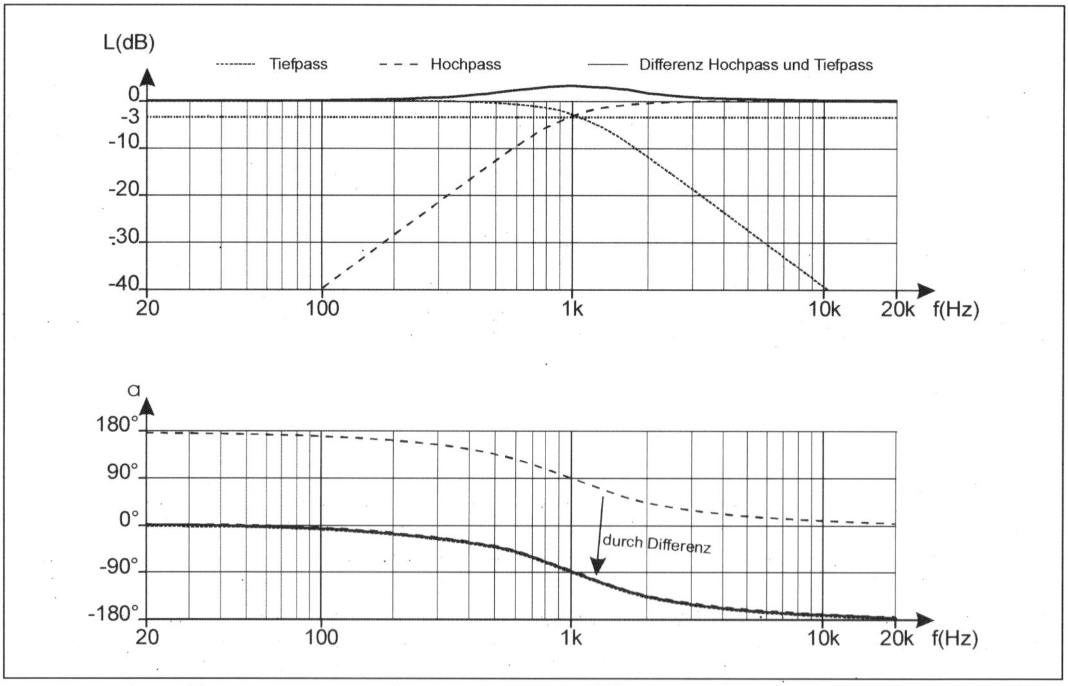

Abb. 5.5-2: Frequenzweiche aus zwei Butterworthfiltern zweiter Ordnung (f_g=1kHz) und die Differenz der beiden gefilterten Ausgangssignale

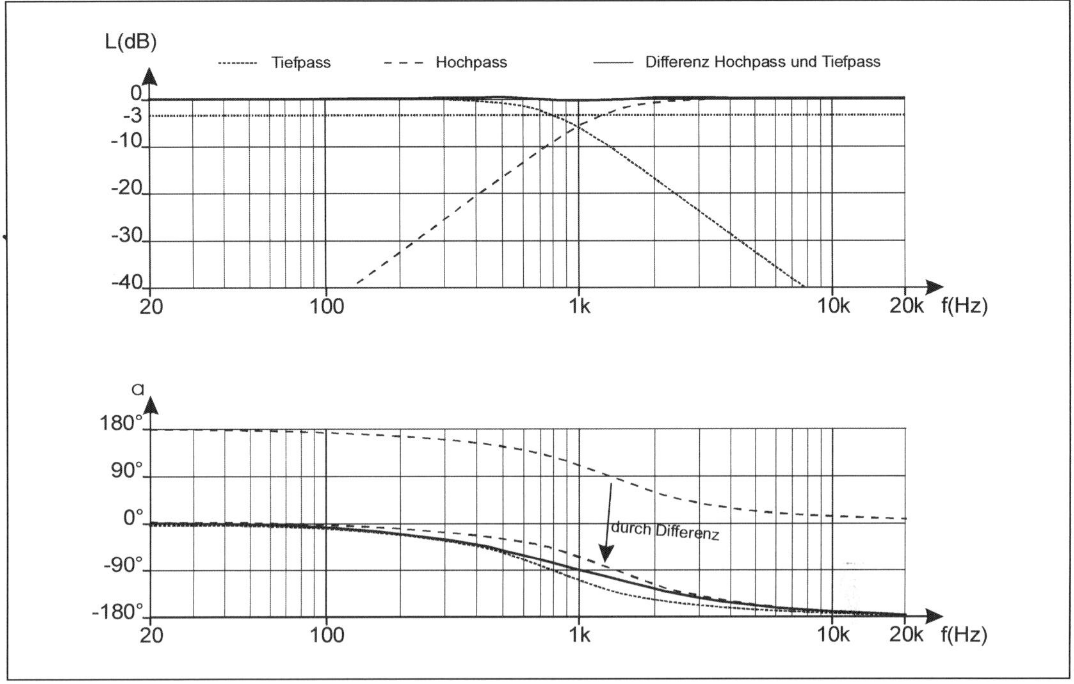

Abb. 5.5-3: Frequenzweiche aus zwei Butterworthfiltern zweiter Ordnung (f_g=750Hz und 1250Hz) und die Differenz der beiden gefilterten Ausgangssignale

5.5.2 Frequenzweiche mit Filtern 3. Ordnung

Setzt man zwei Butterworthfilter 3. Ordnung als Frequenzweiche ein, so ergibt sich in der Summe ein linearer Amplitudenverlauf (siehe Abbildung 5.5-4. Auf den ersten Blick scheint das Filter geeignet zu sein. Interessant ist vor allem, dass sowohl die Summe als auch die Differenz der Einzelfilter zu einem linearen Amplitudenverlauf führt.

Betrachtet man jedoch die Phasenverläufe der Filter, so fällt wieder ein Unterschied zwischen Hoch- und Tiefpass auf. Daraus resultiert eine Zeitverschiebung, die den Klang verschlechtert, sollte kein Time-Alignment der Lautsprecher vorgenommen werden. Im Gesamtphasenverlauf ist die Differenz die bessere Wahl, da die Phase flacher verläuft.

5.5.3 Frequenzweiche mit Filtern 4. Ordnung

Bei einer Frequenzweiche mit Filtern 4. Ordnung kann man entweder ein komplettes Filter 4. Ordnung entwerfen, oder zwei Filter 2. Ordnung hintereinander schalten.
Werden zwei Butterworthfilter 4.Ordnung mit gleicher Grenzfrequenz als Frequenzweiche eingesetzt, und die Ausgangsspannungen addiert, so ergibt sich ein ähnliches Bild wie bei der Subtraktion von Filtern 2. Ordnung. Durch die doppelt so hohe Phasenverschiebung im Vergleich zum Filter 2. Ordnung, ergibt sich bei Addition von Hochpass und Tiefpass keine Auslöschung, sondern eine Pegelerhöhung um +3dB im Amplitudenverlauf. Werden nun allerdings wieder die Grenzfrequenzen auseinandergezogen, bis sich ein möglichst linearer Amplitudenverlauf ergibt, so entsteht erneut ein Phasenversatz der Filter an der Grenzfrequenz, welcher zu einer zeitversetzten Abstrahlung der Signale führt.

Einen anderen Ansatz verfolgten die beiden Techniker Siegfried Linkwitz und Russ Riley. Sie wollten ein Filter entwerfen, welches in der Summe einen flachen Amplitudenverlauf und eine übereinstimmende Phase an der Grenzfrequenz hat. Sie kamen zu dem Ergebnis, dass zwei hintereinander geschaltete, identische Butterworthfilter 2. Ordnung ein Filter 4. Ordnung ergeben müsste, welches oben

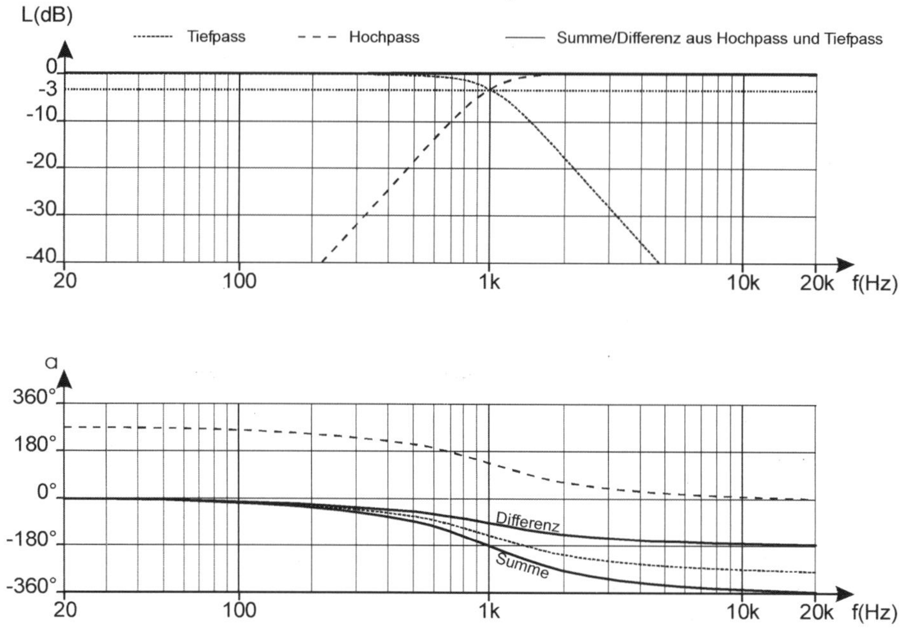

Abb. 5.5-4: Frequenzweiche aus zwei Butterworthfiltern dritter Ordnung (f_g=1000Hz) und die Summe / Differenz der beiden gefilterten Ausgangssignale

genannte Bedingungen erfüllt (siehe Abbildung 5.5-5).
Zunächst fällt auf, dass die Kombination der zwei Butterworthfilter an der Grenzfrequenz zu einem Pegelverlust von -6dB führt. Man kann also nicht von einer "echten Grenzfrequenz" sprechen, da diese definitionsgemäß immer -3dB Pegelverlust bedeutet. Linkwitz und Riley haben jedoch den Pegelverlust von -6dB als Grenzfrequenz definiert. Das Ergebnis ist ein Filter mit flachem Amplitudenverlauf und identischen Phasenverläufen von Hochpass, Tiefpass und Gesamtphase.

5.5.4 Korrekturen von Frequenzgangfehlern bei Lautsprechern.

Sollen bei den fertig gefilterten Lautsprechen noch Korrekturen im Frequenzgang durchgeführt werden, so ist dies auf zweierlei Weise möglich:

- Sind die vorzunehmenden Korrekturen im Bereich der Trennfrequenz des Lautsprechers, so kann mit Hilfe der Frequenzweichenfilter eine Korrektur vorgenommen werden. Dazu verändert man die Güte des Frequenzweichenfilters, bis der gewünschte Effekt entsteht. Problematisch hierbei ist, dass man auf diese Weise die grundlegende Funktion der Frequenzweiche verändert, und die Summe von Hochpass und Tiefpass nicht mehr stimmen muss. Das heißt, man korrigiert zwar die Fehler des Lautsprechers, verbessert möglicherweise jedoch nicht den Gesamtfrequenzverlauf.
- Die zweite Möglichkeit der Korrektur ist durch einen Equalizer gegeben. Hierbei sollten vollparametrische Equalizer zum Einsatz kommen, da nur bei ihnen mit Hilfe der Parameter Cut/Boost, Frequenz und Q-Faktor individuell auf die Fehler des Lautsprechers eingegangen werden kann. Es ist darauf zu achten, dass vor allem im Bereich der Grenzfrequenz der Frequenzweiche immer eine Korrektur des Gesamtlautsprechers vorgenommen wird und nicht nur eine der einzelnen Treiber.

Genaueres zu den Möglichkeiten, einen Equalizer aufzubauen, findet man im nächsten Kapitel.

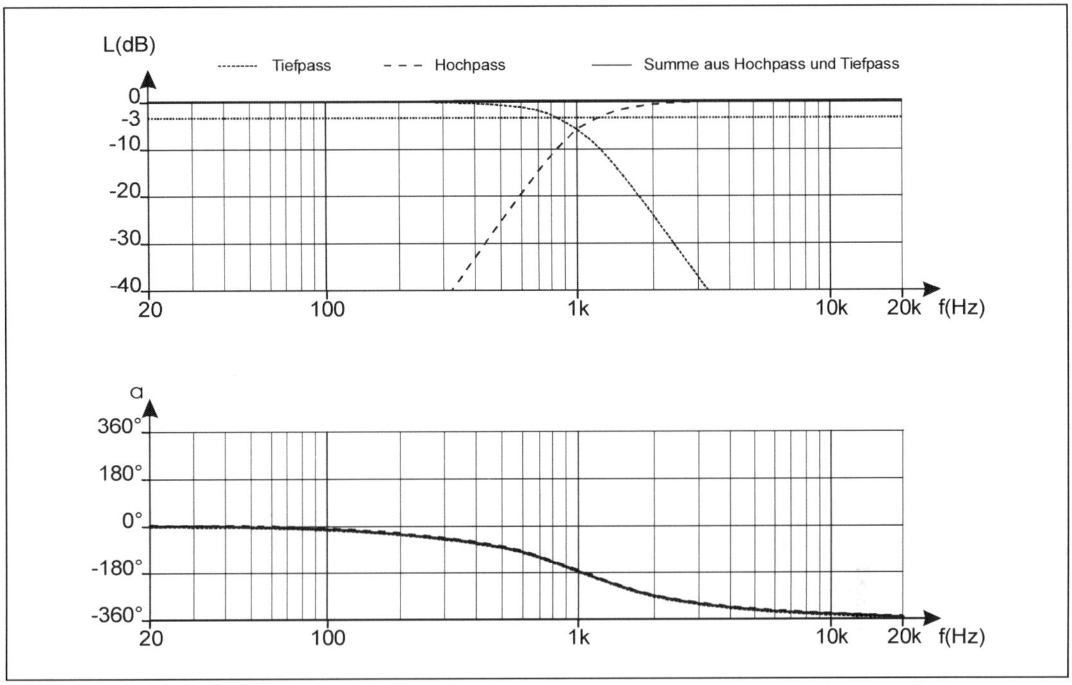

Abb. 5.5-5: Frequenzweiche aus zwei Linkwitz-Riley-Filtern vierter Ordnung (f_g=1000Hz) und die Summe der beiden gefilterten Ausgangssignale

5.6 Equalizer

Equalizer oder auf Deutsch "Entzerrer" haben die Aufgabe, den Klang eines Signals zu gestalten oder Fehler im Frequenzgang zu korrigieren.
Alle hier vorgestellten Equalizerschaltungen haben eines gemeinsam: Es handelt sich bei ihnen um schwingungsfähige Systeme, das heißt, sie verändern immer den Amplitudenfrequenzgang und den Phasenfrequenzgang.
Soll ein Equalizer linearphasig ausgeführt werden, also eine Amplitudenänderung mit sich bringen, ohne dass die Phase ebenfalls verändert wird, so ist dies mit Hilfe der FIR-Digitalfilter (siehe Kapitel 7.12.2) möglich.

Ein Equalizer besteht grundlegend aus zwei Baugruppen:

- Cut/Boost-Schaltung: Diese Schaltung addiert oder subtrahiert den frequenzbearbeitenden Block und das Direktsignal. Auf diese Weise können bestimmte Frequenzbereiche überbetont oder abgeschwächt werden.
- Frequenzbearbeitender Block: In diesem Block wird das Signal hochpass-, tiefpass- oder bandpassgefiltert.

In Kapitel 5.6.1 geht es zunächst um die Möglichkeiten, eine Cut/Boost-Schaltung zu realisieren, in Kapitel 5.6.2 dann um die frequenzbearbeitenden Blöcke. Bei letzteren werden die Hochpass- und Tiefpassfilter weggelassen, da diese bereits in Kapitel 5.4 beschrieben wurden. Es handelt sich somit nur noch um verschiedene Möglichkeiten, einen vollparametrischen Bandpassfilter zu realisieren.

5.6.1 Cut/Boost-Schaltungen

Die Cut/Boost-Schaltung addiert oder subtrahiert ein frequenzbearbeitetes Signal und das Direktsignal. Auf diese Weise kann der Gesamtfrequenzgang "verbogen" oder "korrigiert" werden, je nach Bedarf.

Eine Möglichkeit, eine Cut/Boost-Schaltung zu bauen ist in Abbildung 5.6-1 zu sehen.
Wie man sieht, ist die gesamte Schaltung eine invertierende Grundschaltung. Der frequenzbearbeitende Block (=Filter) kann hierbei je nach Potistellung ein zusätzliches Signal vom Eingang oder vom Ausgang zum invertierenden Eingang des Operationsverstärkers geben.
Möchte man die Funktionsweise einfach analysieren, so ersetzt man den frequenzbearbeitenden Block einfach durch eine Drahtbrücke. In diesem Fall ist zu erkennen, dass die Verstärkung in den Extrempositionen des Potis zwischen -12dB und +12dB variiert. Je nach Wahl des Eingangswiderstands R1 und der Verstärkung des frequenzbearbeitenden Blocks kann die Cut/Boost-Wirkung eingestellt werden.
Die maximale Cut/Boost-Wirkung mit einer Filterschaltung mit Verstärkung 1 kann folgendermaßen berechnet werden:

$$A = \pm 20 \cdot \log\left(\frac{R1}{R1 \| R2}\right)$$

mit:
A: Verstärkung in Dezibel, dB
R1 und R2: Widerstände in Ohm, Ω

Die Wahl des Potiwiderstands mit 10kΩ und den Widerständen R3 erfolgt je nach gewünschter Regelkennlinie. Mit den angegebenen Werten ist eine sehr angenehm reagierende Cut/Boost-Schaltung realisierbar.

Eine weitere Variante ist in Abbildung 5.6-2 zu sehen. Hier handelt es sich um einen Differenzverstärker. Der frequenzbearbeitende Block wird auf den nicht invertierenden Operationsverstärkereingang gegeben, während das Direktsignal auf den invertierenden Eingang gelangt. Auch hier ist eine Analyse der Schaltung möglich, wenn man den

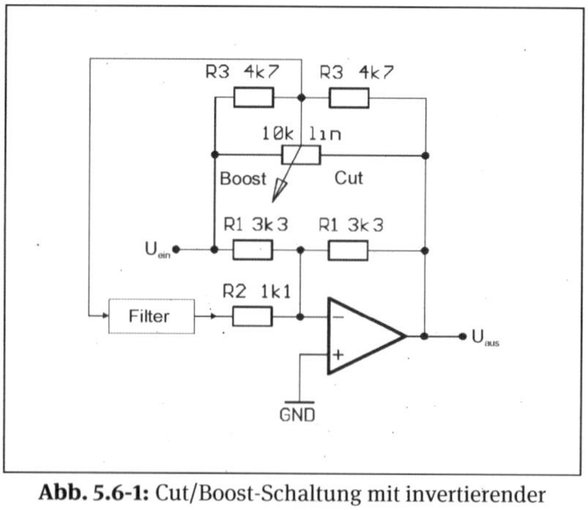

Abb. 5.6-1: Cut/Boost-Schaltung mit invertierender Operationsverstärkergrundschaltung

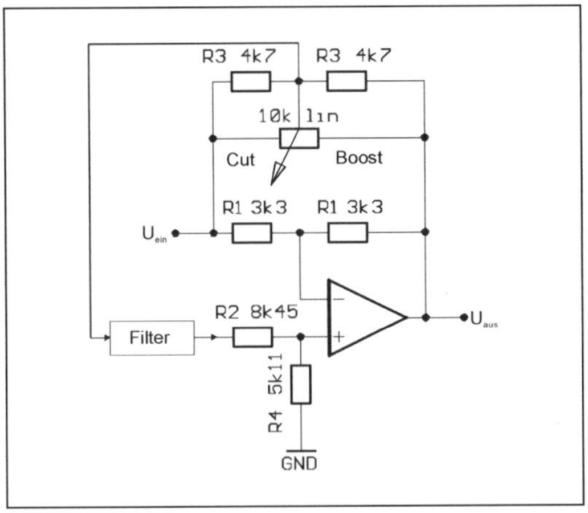

Abb. 5.6-2: Cut/Boost-Schaltung mit Differenzverstärker

frequenzbearbeitenden Block mit einer Drahtbrücke ersetzt.

Je mehr Eingangssignal durch das Cut/Boost-Poti auf den nicht invertierenden Eingang gegeben wird, desto schwächer wird das Ausgangssignal, da die Eingangsdifferenz immer geringer wird. Je mehr invertiertes Ausgangssignal durch das Poti auf den nicht invertierenden Eingang gegeben wird, desto stärker wird das Ausgangssignal.

Die Berechnung des Cut/Boost-Wertes ist nicht mehr so einfach, wie in der vorangegangenen Schaltung. Er wird durch das Teilerverhältnis von R2 und R4 bestimmt und beträgt:

$$A = \pm 20 \cdot \log\left(\frac{0{,}5}{0{,}5 - \frac{R4}{R2+R4}}\right)$$

mit:

A: Verstärkung in Dezibel, dB

R2 und R4: Widerstände in Ohm, Ω

Im Beispiel der Abbildung 5.6-2 beträgt die Verstärkung etwa ±12dB.

Diese Schaltung kann unter Umständen instabil werden! Das heißt, wenn der Nenner der obigen Formel Null oder negativ wird, fängt die Schaltung an zu schwingen. Das kann in der Praxis dann passieren, wenn der frequenzbearbeitende Block eine Verstärkung >1 hat und der Spannungsteiler aus R2 und R4 die Ausgangsspannung nicht unter den Wert 0,5 teilen kann.

Die dritte Variante einer Cut/Boost-Schaltung ist mit einem einzigen Operationsverstärker für beliebig viele Equalizerbänder möglich. Sie ist in Abbildung 5.6-3 zu sehen. Wie man erkennen kann, liegen alle Cut/Boost-Regler zwischen dem invertierenden und dem nicht invertierenden Eingang eines einzigen Operationsverstärkers. Der frequenzbearbeitende Block wird auf Masse geschaltet. Mit Hilfe eines Widerstandes im Massezweig kann der maximale Cut/Boost-Wert eingestellt werden. Er berechnet sich mit:

$$A = \pm 20 \cdot \log\left(1 + \frac{10k\Omega}{R}\right)$$

mit:

A: Verstärkung in Dezibel, dB

R: Widerstand in Ohm, Ω

Wie man sehen kann, ist der Widerstand R direkt für den maximalen Cut/Boost-Wert verantwortlich. In der Bandpassfilterschaltung im nächsten Kapitel

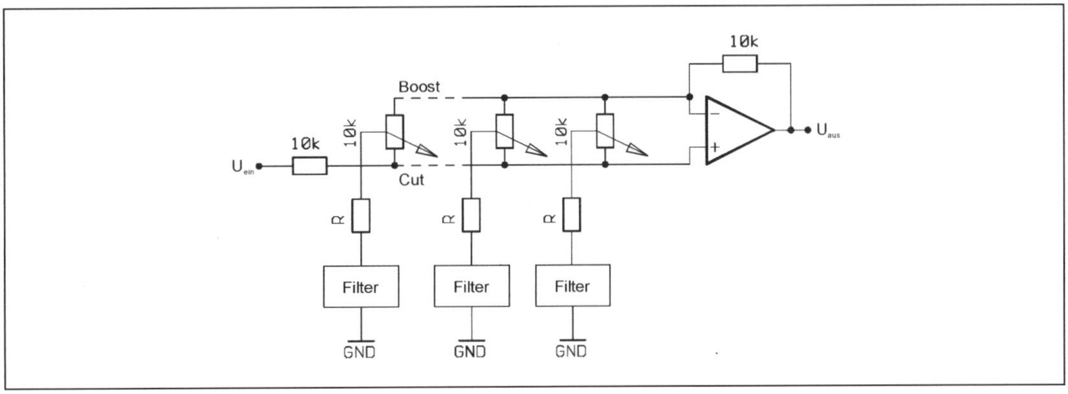

Abb. 5.6-3: Multiband-Cut/Boost-Schaltung mit einem Differenzverstärker

ist er jedoch ebenfalls ausschlaggebend für den Q-Faktor. Daher ist es nicht möglich, einen Equalizer mit dieser Schaltung zu konstruieren, bei dem Q-Faktor und Cut/Boost unabhängig voneinander einstellbar sind.

5.6.2 Vollparametrische Bandpassfilter

Wird ein Equalizer aufgebaut, so muss eine Filterschaltung (Hochpass, Tiefpass oder Bandpass) zu einem Signal addiert oder von einem Signal abgezogen werden. Hoch- und Tiefpassfilter wurden bereits in Kapitel 5.4 behandelt, so dass das Augenmerk hier auf den Bandpassfiltern liegen soll.

Ein Bandpassfilter lässt, wie der Name bereits vermuten lässt, ein bestimmtes Frequenzband durch und sperrt Frequenzen, die darüber oder darunter liegen.
Der einfachste Bandpass besteht aus einem Hochpass und einem Tiefpass 1. Ordnung, die hintereinander geschaltet sind. Hieraus kann man bereits sehen, dass ein Bandpassfilter immer mindestens 2. Ordnung sein muss, da zwei frequenzabhängige Bauteile verwendet werden müssen. Wie bei jedem Filter höherer Ordnung reicht demnach eine einzelne Frequenzangabe nicht mehr aus, um das Filter zu beschreiben. Es ist noch ein weiterer Parameter notwendig. Dieser ist bei Bandpassfiltern der Q-Faktor, also die Güte der Bandpassresonanz. Ein Bandpass 2. Ordnung benötigt somit die Parameter Mittenfrequenz und Q-Faktor.
Oft wird im Zusammenhang mit Bandpassfilter auch der Begriff "Bandbreite" verwendet. Diese gibt den Frequenzabstand zwischen den -3dB-Punkten des Bandpassfilters an. Sie berechnet sich mit:

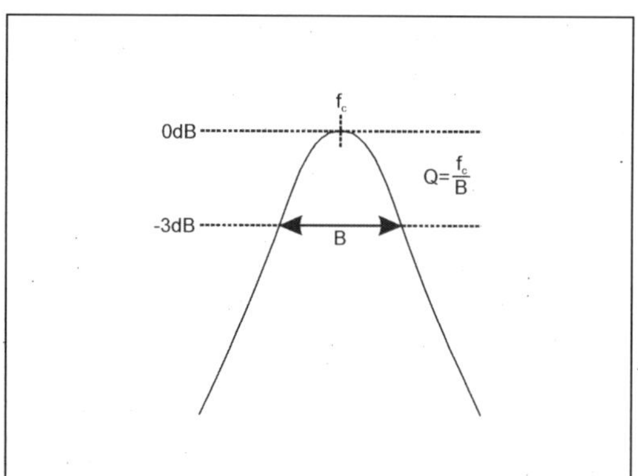

Abb. 5.6-4: Grafische Darstellung der Parameter Mittenfrequenz (f_c), Q-Faktor (Q) und Bandbreite (B)

$$B = \frac{f_c}{Q}$$

mit:
B: Bandbreite in Hertz, Hz
f_c: Mittenfrequenz in Hertz. Hz
Q: Q-Faktor

In Abbildung 5.6-4 sind die Parameter noch einmal grafisch dargestellt.

Bei der Konstruktion von Bandpassfiltern für Equalizer ist es so gut wie immer erwünscht, dass die Parameter Mittenfrequenz, Q-Faktor und Cut/Boost unabhängig voneinander einstellbar sind. Das bedeutet, dass sich beim Erhöhen der Mittenfrequenz der Q-Faktor nicht verändern darf oder der Cut/Boost-Wert nicht mehr stimmt.
Um dies zu realisieren, benötigt man einen so genannten "Constant-Q"-Bandpassfilter, der bei der Mittenfrequenz immer die gleiche Verstärkung aufweist. Diese Eigenschaften erfüllen nicht alle Bandpassfilterschaltungen.

5.6.2.1 Passiver Bandpass

Eine passive Bandpassfilterschaltung mit einem Widerstand, einem Kondensator und einer Spule ist in Abbildung 5.6-5 zu sehen. Die dazugehörigen Formeln lauten:

$$f_C = \frac{1}{2 \cdot \pi \cdot \sqrt{L \cdot C}}$$

und:

$$Q = \frac{1}{R} \cdot \sqrt{\frac{L}{C}}$$

mit:
f_c: Mittenfrequenz in Hertz. Hz
Q: Q-Faktor
R: Widerstand in Ohm, Ω

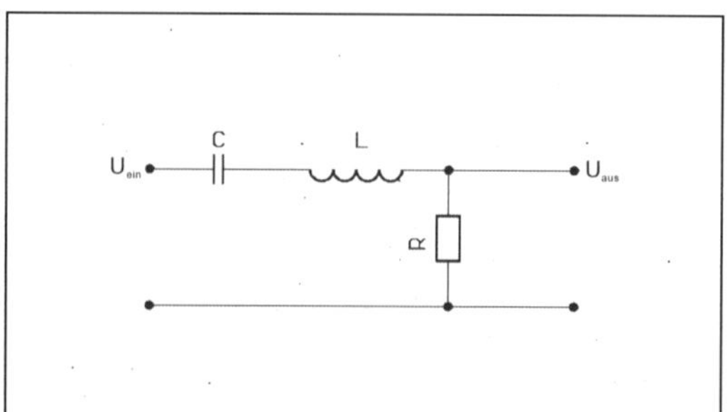

Abb. 5.6-5: Passiver RLC-Bandpass

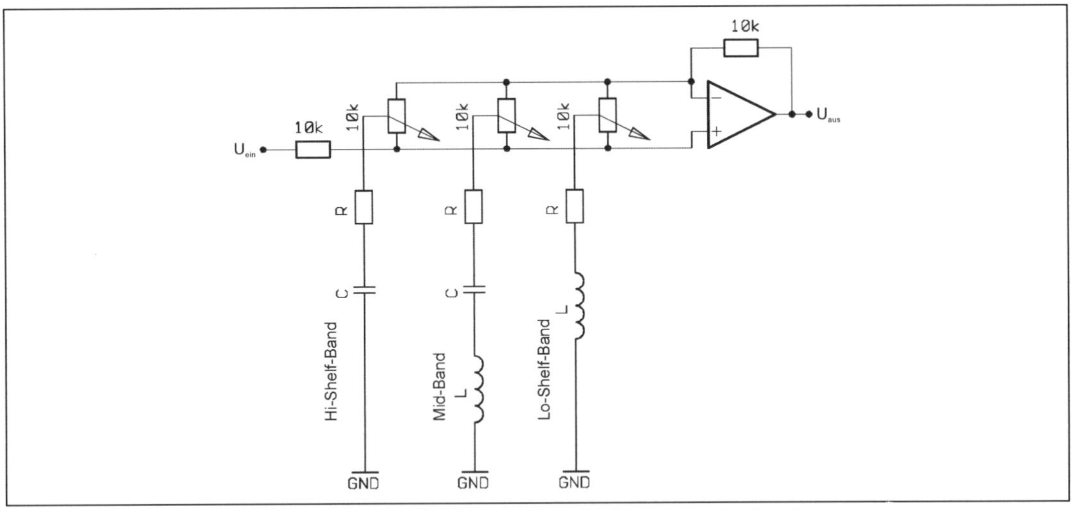

Abb. 5.6-6: Dreiband-EQ mit passivem RLC-Bandpass für die Mitten

C: Kapazität in Farad, F
L: Induktivität in Henry, H

Man kann aus den Formeln ablesen, dass die Resonanzfrequenz von der Kapazität und der Induktivität abhängig ist, nicht jedoch vom ohmschen Widerstand. Der Q-Faktor ist von allen drei Parametern abhängig. Somit könnte man zwar den Q-Faktor mit Hilfe des Widerstandes unabhängig einstellen, eine Veränderung von C oder L hätte jedoch neben der gewünschten Änderung der Mittenfrequenz auch immer eine Änderung von Q zur Folge. Weiterhin ist es in der Praxis nicht einfach, die Kapazität oder die Induktivität mit einfachen Mitteln verstellbar zu gestalten.

Die Gesamtverstärkung der Schaltung beträgt immer A=1 bei f_c.

Praktischen Einsatz findet die Schaltung bei grafischen Equalizern, bei denen sowohl Mittenfrequenz als auch Güte fest vorgegeben sind. In diesem Fall wird sie gerne in Kombination mit der dritten Cut/Boost-Schaltung eingesetzt und sieht dann so aus, wie in Abbildung 5.6-6 zu sehen.

Als störendes Element in der Schaltung bleiben die Spulen. Sie sind empfindlich gegenüber Magnetfeldern und müssen zu tiefen Frequenzen hin sehr groß werden. Daher bietet es sich an, die Spulen durch Gyratoren (siehe Kapitel 5.4.2.1) zu ersetzen.

5.6.2.2 Aktiver Bandpass mit Gyratorschaltung

Den passiven Bandpass (und auch das LF-Band) aus dem vorangegangenen Kapitel kann man einfach gegen einen Bandpass mit Gyratorschaltung austauschen. Dadurch ersetzt man die Spule gegen Bauteile, die nicht magnetfeldabhängig sind und relativ klein und kostengünstig ausfallen. Die entsprechende Schaltung ist in Abbildung 5.6-7 zu sehen. Hier ist ebenfalls eine Möglichkeit eingezeichnet, die Parameter des Bandpasses mit Hilfe von Widerständen zu verändern.
Allerdings besteht das Problem, dass eine Veränderung der Mittenfrequenz - also der Induktivität - auch den Q-Faktor verändert (und umgekehrt).

5.6.2.3 Passives RC-Bandpassfilter

Wird ein RC-Hochpass und ein RC-Tiefpass 1. Ordnung hintereinander geschaltet, so erhält man einen Bandpassfilter.
Der hier vorgestellt passive Bandpassfilter findet in der Praxis eher selten Anwendung. Meist wird ein aktiver Bandpass (Kapitel 5.6.2.4) eingesetzt. Das Problem liegt in dem Q-Faktor dieser Schaltung, der fest bei Q=0,34 liegt.

Die Schaltung des passiven RC-Bandpassfilters ist in Abbildung 5.6-8 zu sehen.

Man sieht, dass der frequenzabhängige Spannungsteiler aus dem Ausgangswiderstand $R||X_C$ besteht

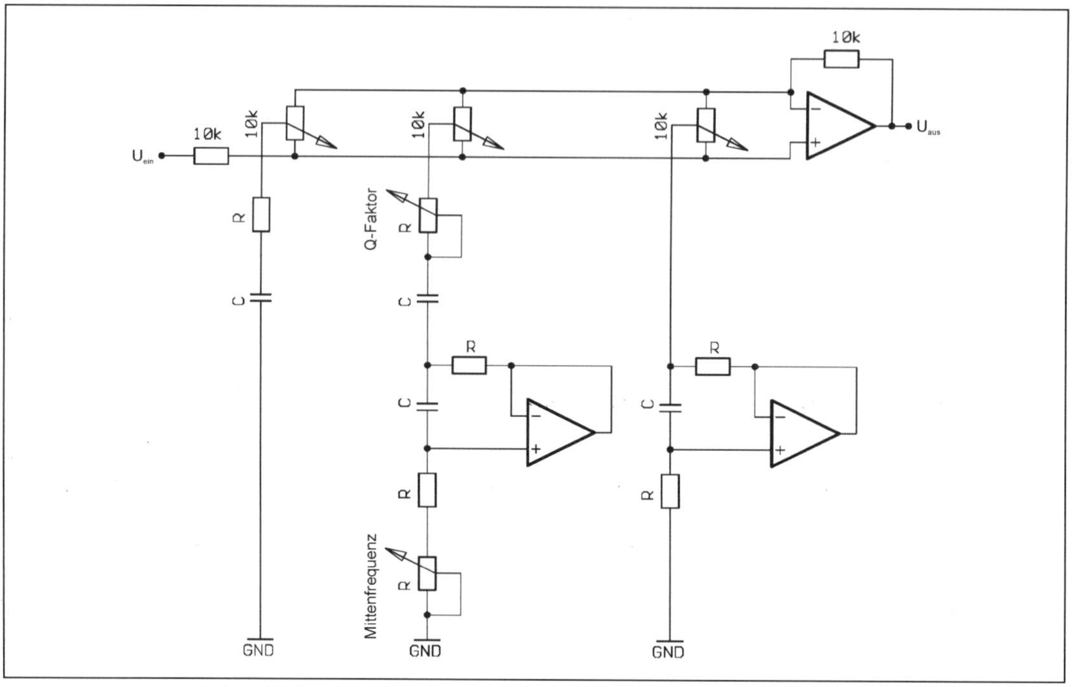

Abb. 5.6-7: Dreiband-EQ mit parametrischem Gyrator-Bandpass für die Mitten

und der Eingangswiderstand $R+X_C+R||X_C$ groß ist. Hierbei ist zu beachten, dass die Widerstände vektoriell addiert werden müssen, damit die Phasenverschiebungen zwischen Strom und Spannung in den Kondensatoren Berücksichtigung finden.

Da die Berechnung des Gesamtwiderstandes ohne komplexe Zahlen sehr schwierig ist, soll hier auf die Herleitung der Formeln verzichtet werden und lediglich das Ergebnis vorgestellt werden.
Der Amplitudenverlauf des Bandpassfilters mit zwei gleichen Widerständen und zwei gleichen Kondensatoren berechnet sich mit:

$$U_{aus} = U_{ein} \cdot \frac{1}{\sqrt{\left(\frac{1}{2\cdot\pi\cdot f\cdot R\cdot C} - 2\cdot\pi\cdot f\cdot R\cdot C\right)^2 + 9}}$$

Der Pegelverlust errechnet sich somit durch:

$$L = 20 \cdot \log\left(\frac{1}{\sqrt{\left(\frac{1}{2\cdot\pi\cdot f\cdot R\cdot C} - 2\cdot\pi\cdot f\cdot R\cdot C\right)^2 + 9}}\right)$$

und der Phasenverlauf mit:

$$\alpha = \arctan\left(\frac{1-(2\cdot\pi\cdot f\cdot R\cdot C)^2}{6\cdot\pi\cdot f\cdot R\cdot C}\right)$$

Die Mittenfrequenz des Bandpassfilters errechnet sich mit:

$$f_C = \frac{1}{2\cdot\pi\cdot R\cdot C}$$

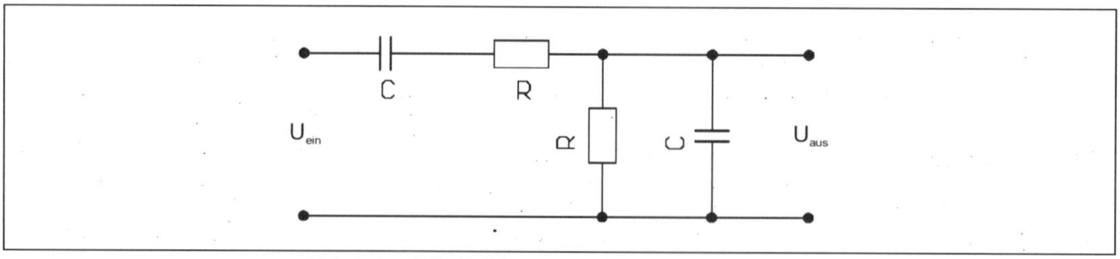

Abb. 5.6-8: Schaltbild eines Bandpassfilters 2. Ordnung

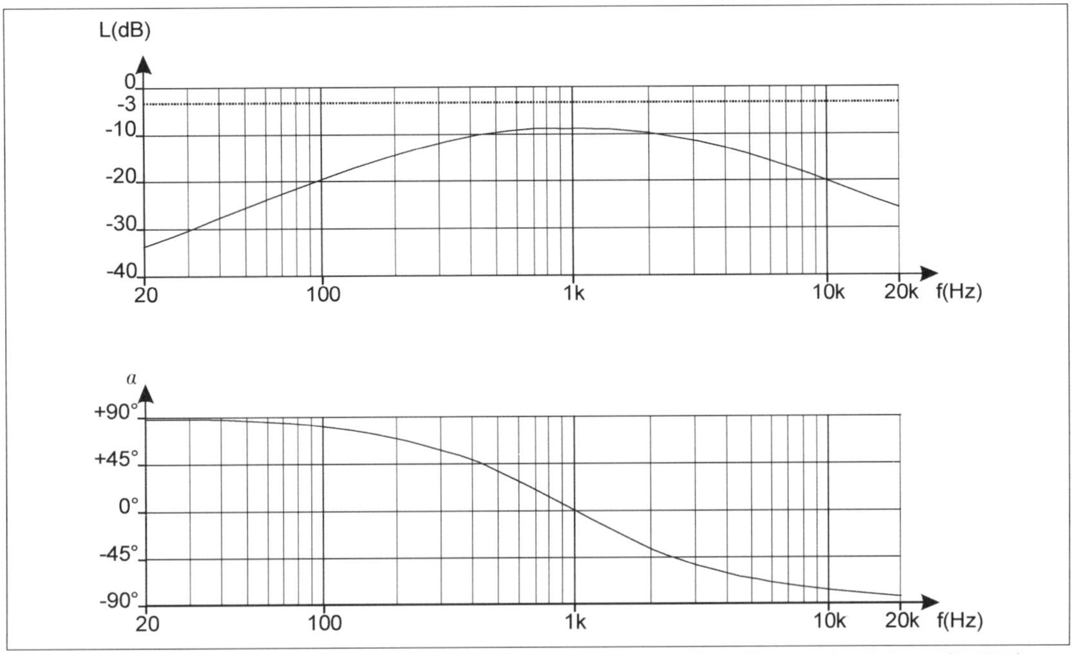

Abb. 5.6-9: Amplituden und Phasenfrequenzgang eines passiven RC-Bandpassfilters zweiter Ordnung (f_c=1kHz)

mit:
f: Frequenz in Hertz, Hz,
R: Widerstände in Ohm, Ω
C: Kapazitäten in Farad, F
L: Pegelverlust in deziBel, dB
α: Phasenverschiebung in Grad, °
f_c: Mittenfrequenz in Hertz, Hz

An der Mittenfrequenz beträgt der Pegelverlust -9,54dB, die Phasenverschiebung 0° (siehe Abbildung 5.6-9)

5.6.2.4 Aktives RC-Bandpassfilter

Das RC-Bandpassfilter aus dem vorangegangenen Kapitel kann mit Hilfe von zwei Operationsverstärkern so modifiziert werden, dass der Q-Faktor einstellbar wird und die Verstärkung an der Mittenfrequenz 0dB beträgt. Die Schaltung ist in Abbildung 5.6-10 zu sehen. Die Berechnung für die Mittenfrequenz erfolgt genauso wie bereits beim passiven RC-Bandpassfilter. Durch die 47kΩ-Potis, die mit den 4,7kΩ Widerständen in Reihe geschaltet sind, ergibt sich ein Einstellbereich der Mittenfrequenz von etwa 1:10. Der Q-Faktor ist einstellbar zwischen Q=0,5 und Q=3. Da sich bei einer Veränderung des Q-Faktors die Verstärkung an der Mittenfrequenz ändert, ist ein weiterer Verstärker nachgeschaltet, der die gesamte Schaltung auf einer konstanten Verstärkung hält.

5.6.2.5 State Variable Filter

Die letzte Bandpassfilterschaltung ist das "State Variable Filter" oder auch Universalfilter. Dieses Filter liefert ein hochpass-, ein tiefpass- und ein bandpassgefiltertes Ausgangssignal mit variablem Q-Faktor und konstanter Gesamtverstärkung. Es lässt sich mit einfachen Standardpotis aufbauen.
Grundelement des State-Variable-Filters ist ein Integrator, wie er in Abbildung 5.6-11 zu sehen ist. Der gezeigte Integrator integriert und invertiert das Eingangssignal.

Ein Inverter und zwei identische Integratoren sind hintereinander geschaltet und ergeben einen "Analogrechner", der an seinen verschiedenen Ausgängen einen Hochpass, einen Bandpass und einen Tiefpass darstellt (Abbildung 5.6.12). In unserem Fall interessiert nur der Bandpassausgang, der mit konstanter Verstärkung am Ausgang des Q-Faktor-Verstärkers zu finden ist.

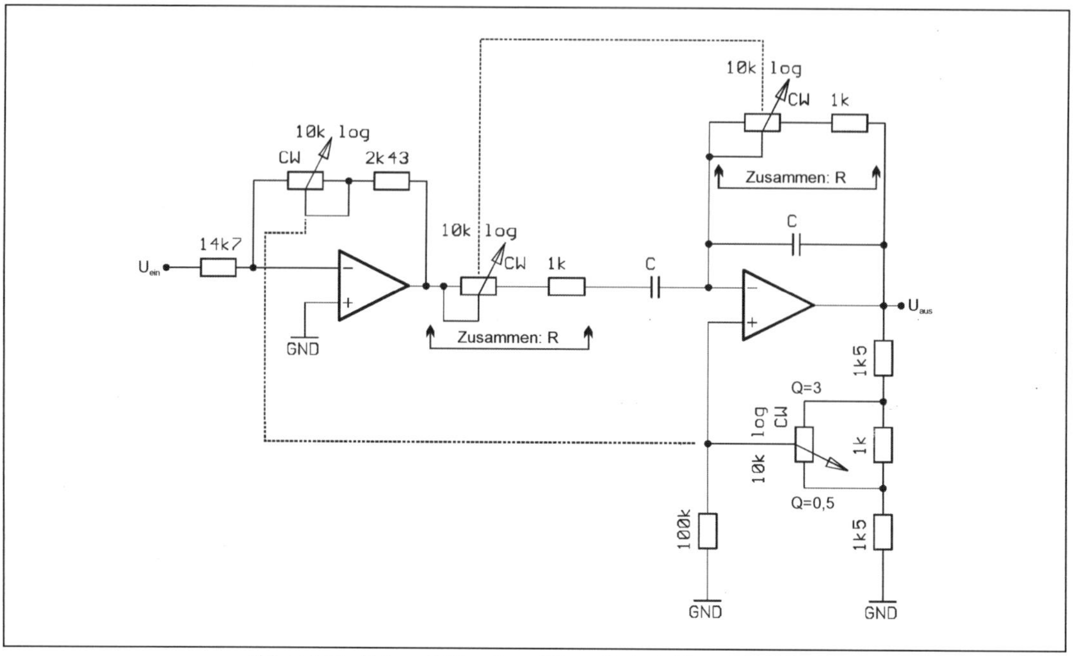

Abb. 5.6-10: Aktives RC-Bandpassfilter mit einstellbarem Q-Faktor

Die Grenzfrequenz ist hierbei mit einem Stereopoti einstellbar, der Q-Faktor sogar mit einem Monopoti. Es gelten folgende Formeln:

$$f_C = \frac{1}{2 \cdot \pi \cdot R \cdot C}$$

mit:
f_c: Mittenfrequenz in Hertz, Hz
R: Widerstände in Ohm, Ω
C: Kapazitäten in Farad, F

Der Q-Faktor berechnet sich aus der Verstärkung des untersten Operationsverstärkers:

$$Q = \frac{R1}{R2}$$

mit:
R1: Eingangswiderstand in Ohm, Ω
R2: Gegenkopplungswiderstand in Ohm, Ω

Mit den Beispielwerten aus dem Schaltbild ist R1=12kΩ und R1 kann zwischen 1,5kΩ und 23,5kΩ variieren. Somit sind Q-Faktoren von 0,5 bis 8 möglich.

Die Gesamtverstärkung der gezeigten Schaltung beträgt immer 1.

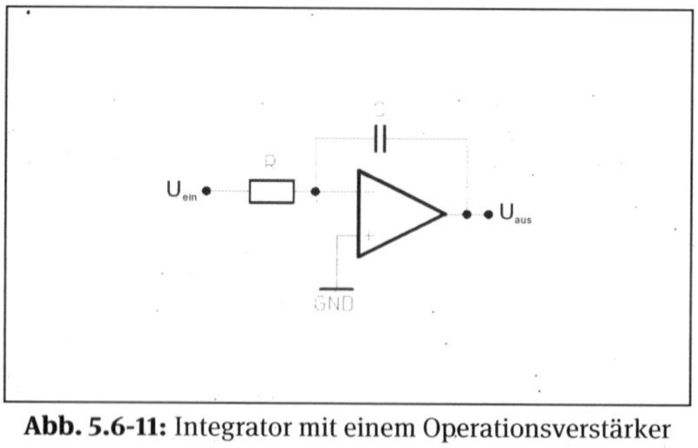

Abb. 5.6-11: Integrator mit einem Operationsverstärker

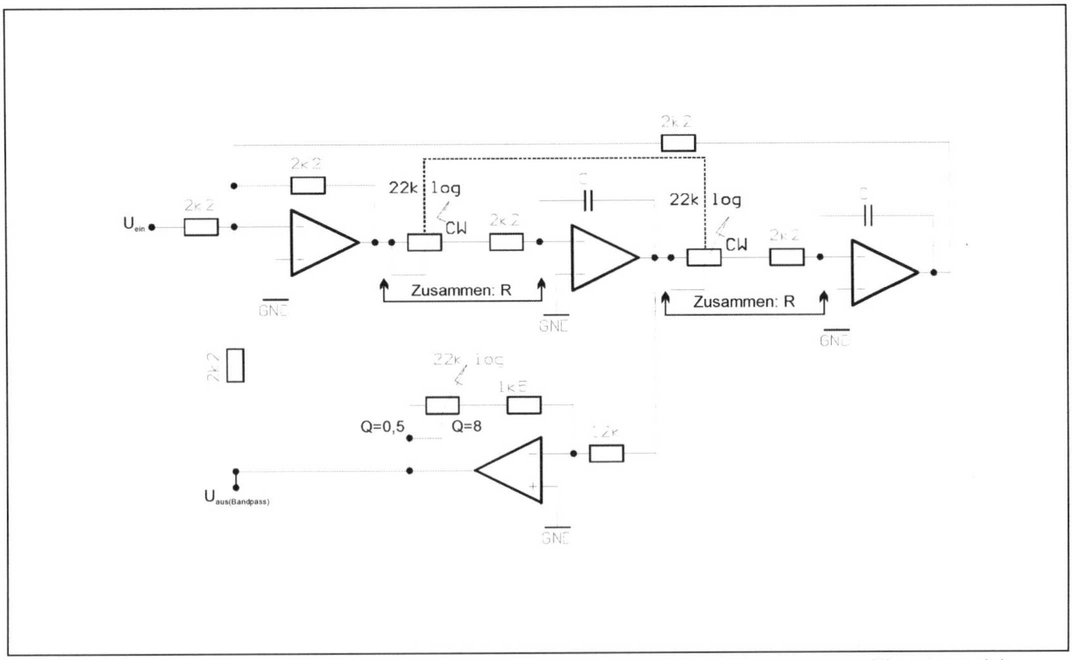

Abb. 5.6-12: State Variable Filter mit unabhängig voneinander einstellbarer Mittenfrequenz (f_c) und Güte (Q)

5.7 Kerbfilter

Kerbfilter oder auch Notchfilter haben die Aufgabe, eine ganz bestimmte Frequenz möglichst stark zu unterdrücken. Da in der Amplitudenfrequenzgangdarstellung eine schmale Kerbe an der abzusenkenden Frequenz entsteht, heißen diese Filter Kerbfilter (engl. Notch = Kerbe).
Typische Schaltungen für diese Filter sind die RLC-Saugkreise, die eine bestimmte Frequenz unterdrücken sollen, und die elliptischen Filter, die meist in Kombination mit einem Tiefpass realisiert werden und früher typische Anti-Aliasing-Filter oder Rekonstruktionsfilter in digitalen Audiosystemen waren.

5.7.1 RLC-Saugkreis

Der RLC-Saugkreis besteht, wie der Name schon sagt, aus einem Widerstand (R), einer Spule (L) und einem Kondensator (C). Diese Bauteile sind wie in Abbildung 5.7-1 zu sehen zusammengeschaltet.
In dieser Reihenschaltung fließt durch alle Bauteile der gleiche Strom, die Eingangsspannung liegt über allen drei Bauteilen an, die Ausgangsspannung wird nur über Spule und Kondensator abgegriffen.

Durch die entgegengesetzten Phasenverschiebungen zwischen Strom und Spannung an Spule und Kondensator wird die Ausgangsspannung bei einer ganz bestimmten Frequenz Null werden. Dies ist der Fall, wenn gilt: $X_C = X_L$. Setzt man für X_C und X_L die Formeln für deren Berechnung ein, so ergibt sich:

$$\frac{1}{2 \cdot \pi \cdot f_C \cdot C} = 2 \cdot \pi \cdot f_C \cdot L$$

und daraus:

$$f_C = \frac{1}{2 \cdot \pi \cdot \sqrt{L \cdot C}}$$

weiterhin gilt:

$$Q = \frac{1}{R} \cdot \sqrt{\frac{L}{C}}$$

mit:

C: Kapazität des Kondensators in Farad, F
L: Induktivität der Spule in Henry, H
R: Widerstand in Ohm, Ω
f_c: Mittenfrequenz des Kerbfilters in Hertz, Hz
Q: Güte

An dieser speziellen Frequenz müsste die Ausgangsspannung theoretisch Null werden. In der Praxis hat die verwendete Spule jedoch auch noch einen ohmschen Widerstand, an dem ein nicht phasenverschobener Teil der Ausgangsspannung anliegt. Dieser ohmsche Widerstand bildet zusammen mit dem Widerstand R einen normalen, frequenzunabhängigen Spannungsteiler, der die Gesamtdämpfung des Signals bei f_c bestimmt. Je größer R gewählt wird, desto größer wird auch die Dämpfung bei f_c. Allerdings wird auch die Gesamtbelastbarkeit des Ausgangs immer geringer.

Als schwierig gestaltet sich die Veränderbarkeit der Mittenfrequenz, da hierfür entweder der Kondensator oder die Spule einstellbar sein muss. Daher wird diese Schaltung in der Regel nur zur Unterdrükkung einer bestimmten, bekannten Frequenz eingesetzt, und der Abgleich erfolgt einmalig ab Werk mit Hilfe eines einstellbaren Kerns in der Spule.

Die resultierenden Amplituden- und Phasenfrequenzgänge des Saugkreises sind in Abbildung 5.7-3 zu sehen.

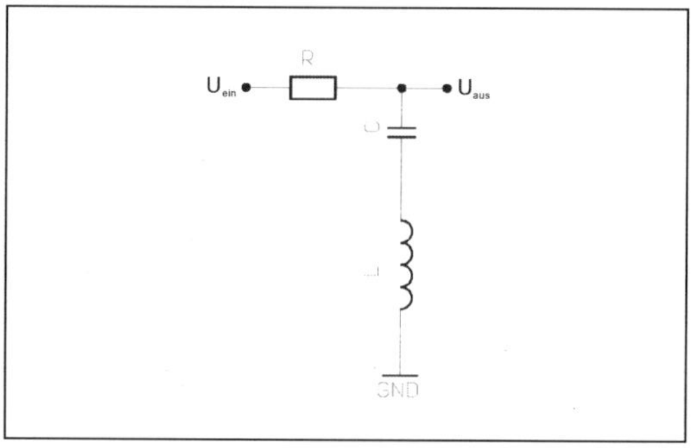

Abb. 5.7-1: Passiver RLC-Saugkreis

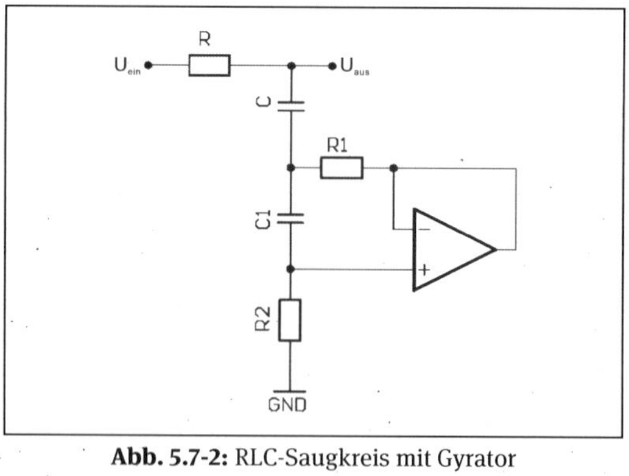

Abb. 5.7-2: RLC-Saugkreis mit Gyrator

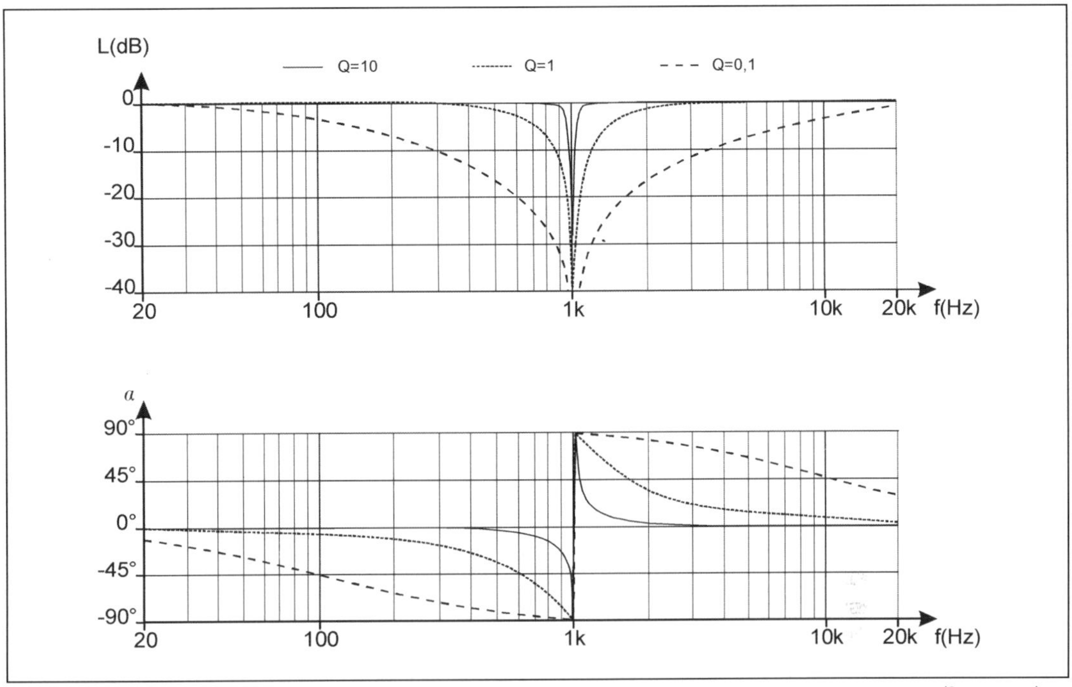

Abb. 5.7-3: Amplituden- und Phasenfrequenzgang des RLC-Saugkreises für unterschiedliche Q-Faktoren (f_c=1000Hz).

5.7.2 RLC-Saugkreis mit Gyrator

Der passive RLC-Saugkreis kann mit Hilfe einer Gyratorschaltung (siehe Kapitel 5.4.2.1) aktiv gestaltet werden und hat den Vorteil, dass keine Spule verwendet wird, wodurch keine Beeinflussung der Schaltung durch Magnetfelder entsteht. Weiterhin wird die Realisierung einer einstellbaren Mittenfrequenz einfacher, da nur Widerstände verändert werden müssen und keine Spulen oder Kondensatoren.

Die Schaltung eines Kerbfilters mit Gyrator ist in Abbildung 5.7-2 zu sehen. Die Funktionsweise ist identisch mit der der passiven Schaltung.
Hinweis: Es wird eine Stromversorgung benötigt.

5.7.3 Elliptisches Filter

Eine weitere Möglichkeit einen Filter aufzubauen, das bei einer bestimmten Frequenz eine maximale Dämpfung aufweist, ist das so genannte "Elliptische Filter" oder auch "Cauer-Filter" genannt. Es besteht aus der Addition eines Tiefpass- und Hochpassfilters (siehe Abbildung 5.7-4).

Wie bereits in Kapitel 5.5.1 zu sehen war, ergibt zum Beispiel die Addition eines Tiefpass- und Hochpassfilters 2. Ordnung an deren Grenzfrequenz eine Komplettauslöschung. Somit kann - zunächst umständlicher, jedoch funktionierend - ein Kerbfilter aufgebaut werden.
Im nächsten Schritt kann man nun die Verstärkung der Hochpass- und Tieffassfilter variieren. Dadurch verschiebt sich die Frequenz des Einbruchs und der Frequenzgang verändert sich. In Abbildung 5.7-5 sind verschiedene Frequenzgänge für unterschiedliche Pegel der Filter zu sehen.

Die Verstärkung der Filter berechnet sich mit:

$$A_H = \frac{R3}{R1} \text{ und } A_T = \frac{R3}{R2}$$

mit:

A_H und A_T:	Verstärkungsfaktor von Hochpass- und Tiefpassfilter
R1, R2 und R3:	Widerstände in Ohm, Ω

Schaltet man nun noch einen Tiefpassfilter hinter das elliptische Filter (siehe Blockschaltbild Abbildung 5.7-6), so bekommt man einen steilen Einbruch bei einer bestimmten Frequenz und eine akzeptable Dämpfung zu höheren Frequenzen hin. Zum Vergleich wird in Abbildung 5.7-7 ein Tiefpass 8. Ordnung dem elliptischen Filter gegenübergestellt.

Man kann auf diese Weise mit weniger Filterbauteilen zunächst eine ähnliche Dämpfung erreichen wie mit einem Tiefpassfilter hoher Ordnung. Zu höheren Frequenzen hin lässt diese Schaltung zwar wieder das Signal besser durch, für die Anwendung kann es jedoch in der Praxis so aussehen, dass in diesem Frequenzbereich kein so starkes Signal mehr vorhanden ist. Vor allem, wenn es darum geht, eine bestimmte Frequenz und ihre (zumeist schwächeren) Obertöne herauszufiltern, bietet sich diese Schaltung an.

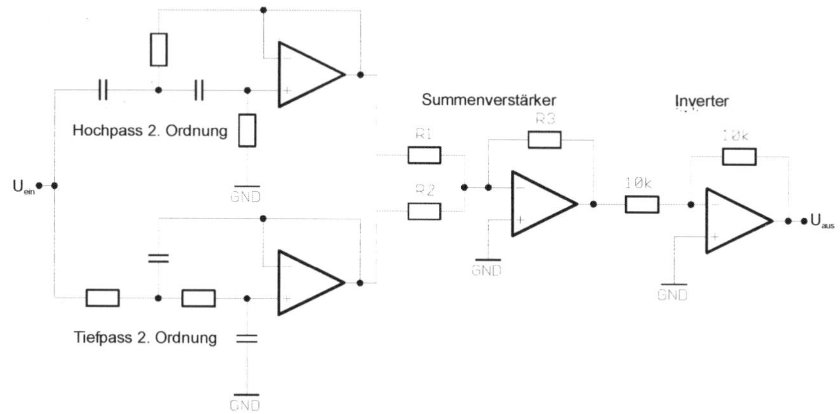

Abb. 5.7-4: Elliptisches Filter

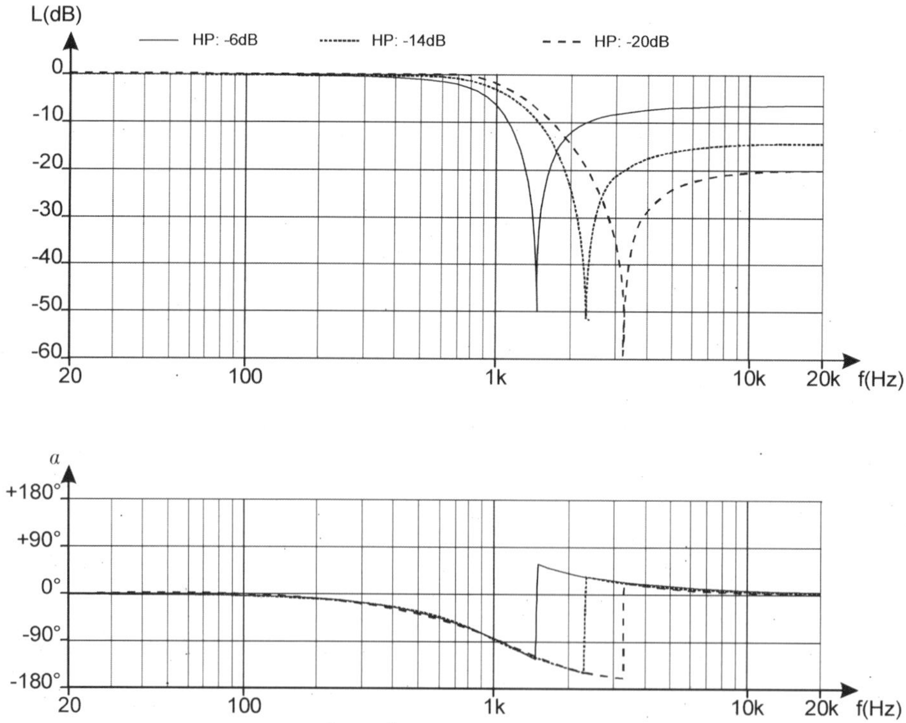

Abb. 5.7-5: Frequenzgänge verschiedener Filtergewichtungen

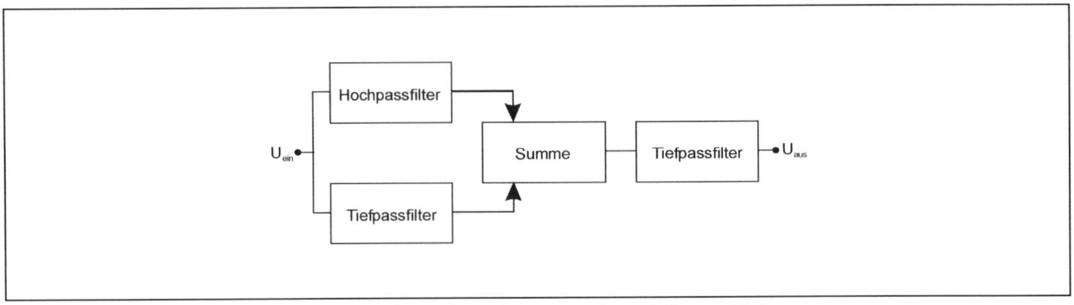

Abb. 5.7-6: Elliptisches Filter mit nachgeschaltetem Tiefpass

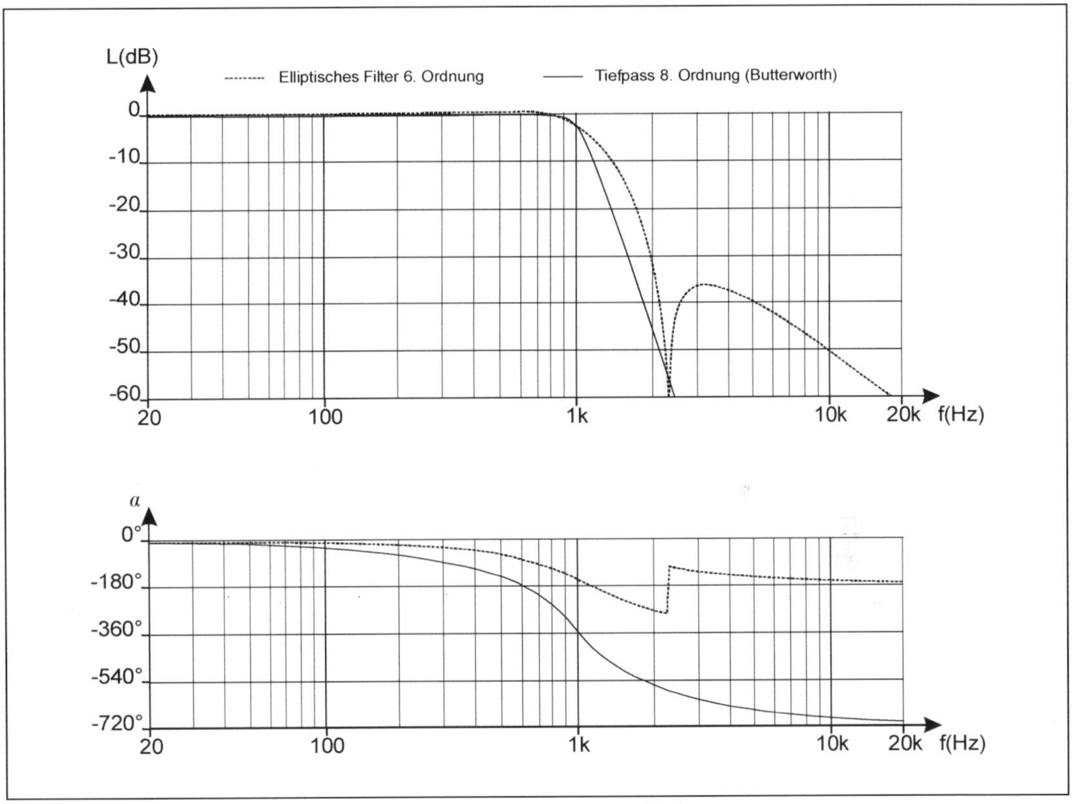

Abb. 5.7-7: Frequenzgangvergleich:
Elliptisches Filter mit nachgeschaltetem Tiefpass im Vergleich zu Tiefpass 8. Ordnung

5.8 Allpassfilter

Allpassfilter haben die Aufgabe, alle Frequenzen ohne Pegelveränderung passieren zu lassen. Sie verändern lediglich die Phasenlage eines Signals.

5.8.1 Allpassfilter als Delay

Die Standardanwendung für ein Allpassfilter ist ein analoges Delay. Praktikabel ist ein analoges Allpassfilter, wenn es um relativ kurze Verzögerungszeiten geht, da ansonsten die Ordnung des Allpassfilters sehr hoch wird. Es gilt:

- Je höher die Delayzeit wird, desto höher muss auch die Ordnung des Filters werden.
- Je höher die höchste Frequenz ist, die es zu verzögern gilt, desto höher muss die Ordnung des Filters werden.

Als Beispiel könnte man mit Hilfe eines Allpassfilters einen Mitteltöner, der bis 5000Hz betrieben wird um 100µs verzögern, um ein Time-Alignment durchzuführen. Man benötigt dafür ein Allpassfilter 2. Ordnung. Für eine Verzögerungszeit von 200µs ist bereits ein Allpassfilter 4. Ordnung notwendig. Soll ein Hochtöner bis 20kHz um 100µs verzögert werden, so ist bereits ein Allpassfilter 7. Ordnung notwendig!

Die Berechnung eines Allpassfilters erfolgt in mehreren Schritten:

Zuerst wird die frequenznormierte Gruppenlaufzeit (=Delayzeit) des Filters berechnet:

$$T = t_D \cdot f_{max}$$

mit:
T: Normierte Gruppenlaufzeit
t_D: Delayzeit des Filters in Sekunden, s
f_{max}: Höchste zu verzögernde Frequenz in Hertz, Hz

Als nächstes wählt man aus Tabelle 5.8-1 die notwendige Ordnung des Allpassfilters aus.
Beispiel: Für ein Filter mit t_D=100µs und f_{max}= 5000Hz ergibt sich T=0,5. Ein Allpassfilter 2. Ordnung erreicht ein T_{max} von 0,518 und ist somit geeignet.

Ordnung des Allpassfilters	Maximale normierte Gruppenlaufzeit: T_{max}
1	0,205
2	0,518
3	0,844
4	1,174
5	1,506
6	1,840
8	2,174
7	2,508
9	2,843
10	3,179

Tab. 5.8-1: Maximale normierte Gruppenlaufzeit in Abhängigkeit der Ordnung eines Allpassfilters

Damit nun die gewünschte Verzögerungszeit genau stimmt, muss die Grenzfrequenz des Allpassfilters berechnet werden:

$$f_G = \frac{T_{max}}{t_D}$$

mit:
f_G: Grenzfrequenz das Allpassfilters
T_{max}: Maximale normierte Gruppenlaufzeit
t_D: Delayzeit des Filters in Sekunden, s

Sie würde in unserem Beispiel f_G=5180Hz ergeben. Wird also ein Allpassfilter 2. Ordnung mit f_G= 5180Hz aufgebaut, so hat dieses eine Verzögerungszeit von t_D=100µs.

Wenn Allpassfilter aufgebaut werden sollen, so kann man diese aus den beiden folgenden Schaltungen zu Allpässen der gewünschten Ordnung kombinieren. Die zur Berechnung notwendigen Koeffizientensätze sind in Kapitel 5.8.1.3 zu finden.

5.8.1.1 Allpassfilter 1. Ordnung

Die Schaltung für ein Allpassfilter 1. Ordnung ist in Abbildung 5.8-1 zu sehen. Die Berechnung erfolgt mit:

$$R1 \cdot C = \frac{a_1}{2 \cdot \pi \cdot f_G}$$

mit:
R1: Widerstand in Ohm, Ω
C: Kondensator in Farad, F
a_1: Filterkoeffizient
f_G: Grenzfrequenz in Hertz, Hz

5.8.1.2 Allpassfilter 2. Ordnung

Die Schaltung eines Allpassfilters 2. Ordnung ist in Abbildung 5.8-2 zu sehen. Die Berechnung mit Hilfe der Filterkoeffizienten erfolgt durch folgende Formeln:

$$R1 = \frac{a_i}{4 \cdot \pi \cdot f_G \cdot C}$$

$$R2 = \frac{b_i}{a_i \cdot \pi \cdot f_G \cdot C}$$

$$R3 = R \cdot \frac{b_i}{a_i^2}$$

mit:

R1, R2, R3, R:	Widerstände in Ohm, Ω
C:	Kondensatoren in Farad, F
a_i und b_i:	Filterkoeffizienten
f_G:	Grenzfrequenz in Hertz, Hz

5.8.1.3 Koeffizientensätze

Die in Tabelle 5.8-2 aufgelisteten Koeffizientensätze dienen der Berechnung von Allpassfiltern bis zur 10. Ordnung.

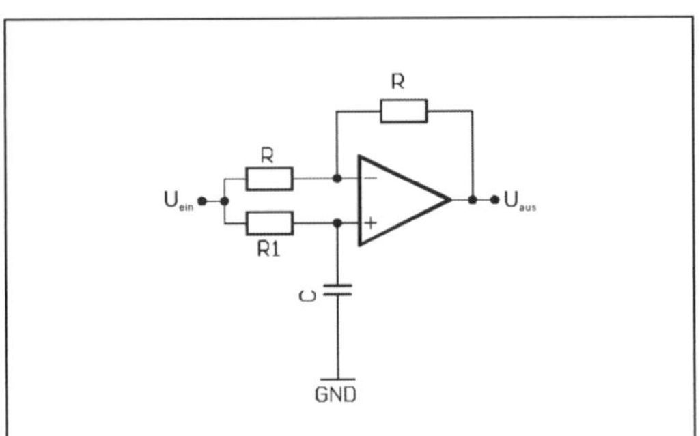

Abb. 5.8-1: Allpassfilter 1. Ordnung

5.8.2 90° Phasendreher

Eine weitere Anwendung des Allpassfilters ist der 90° Phasendreher. Er findet zum Beispiel Anwendung in einem Dolby Stereo Encoder oder in der Rundfunktechnik.
Mit einem 90° Phasendreher kann man jedoch nicht nur Signale um 90° drehen, sondern durch entsprechende Addition mit 0° oder 180°-Signalen jede beliebige Phasenverschiebung erreichen.

Die Schaltung eines solchen "Phasenschiebernetzwerkes" ist in Abbildung 5.8-3 zu sehen. Für den Betrieb des Netzwerkes ist ein Eingangssignal in normaler und invertierter Form notwendig. Letzteres kann beispielsweise durch eine invertierende Operationsverstärkerschaltung erzeugt werden. Alle Widerstände des Netzwerkes sind gleich groß, die Kondensatoren halbieren sich in etwa von Stufe zu Stufe.

Bei der Schaltung ist jedoch zu beachten, dass zwar am Ausgang vier zueinander um 90° phasenverschobene Signale anliegen, die Phasenverschiebung zum Eingangssignal jedoch bei jeder Frequenz eine andere ist. Somit kann kein konstanter Phasenversatz zwischen einem Eingang und einem Ausgang angegeben werden!
Weiterhin ist der Amplitudenverlauf nicht ganz linear. Er ist zusammen mit dem Phasenverlauf der vier Ausgänge in Abbildung 5.8-4 zu sehen. Die Amplitude verläuft bei allen Ausgängen gleich.
Die obere und untere Grenzfrequenz des Phasenschiebernetzwerkes ist abhängig von den kleinsten und größten Kondensatorwerten und berechnet sich mit:

$$f_g = \frac{1}{2 \cdot \pi \cdot R \cdot C}$$

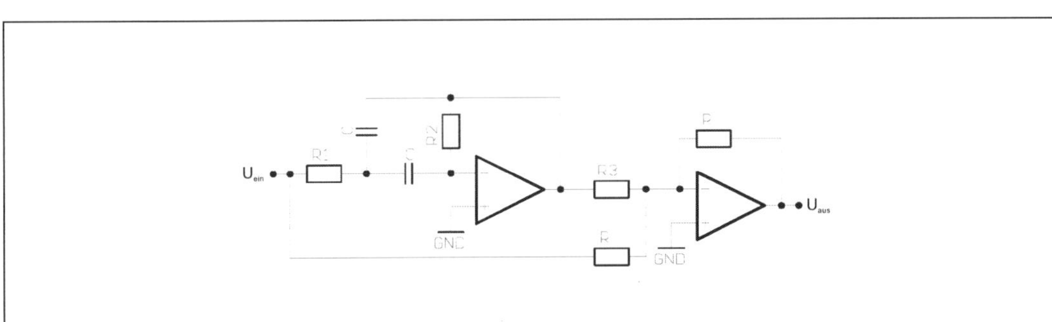

Abb. 5.8-2: Allpassfilter 2. Ordnung

Ordnung	i	a_i	b_i
1	1	0,6436	0,0000
2	1	1,6278	0,8832
3	1	1,1415	0,0000
	2	1,5092	1,0877
4	1	2,3370	1,4878
	2	1,3506	1,1837
5	1	1,2974	0,0000
	2	2,2224	1,5685
	3	1,2116	1,2330
6	1	2,6117	1,7763
	2	2,0706	1,6015
	3	1,0967	1,2596
7	1	1,3735	0,0000
	2	2,5320	1,8169
	3	1,9211	1,6116
	4	1,0023	1,2743
8	1	2,7541	1,9420
	2	2,4174	1,8300
	3	1,7850	1,6101
	4	0,9239	1,2822
9	1	1,4186	0,0000
	2	2,6979	1,9659
	3	2,2940	1,8282
	4	1,6644	1,6027
	5	1,8579	1,2862
10	1	2,8406	2,0490
	2	2,6120	1,9714
	3	2,1733	1,8184
	4	1,5583	1,5923
	5	0,8018	1,2877

Tab. 5.8-2: Filterkoeffizienten für Allpassfilter bis 10. Ordnung

mit:

f_g: Grenzfrequenz in Hertz, Hz
R: Widerstand in Ohm, Ω
C: Kapazität in Farad, F

Um den gesamten Audiobereich bearbeiten zu können, sind 10 Stufen hintereinander notwendig, damit die Kapazitäten über ein Verhältnis von 1000:1 kleiner werden können. In der gezeigten Schaltung wird der Bereich von 19,4Hz bis 19400Hz bearbeitet und ausschließlich Standardbauteile werden verwendet.

Für eine stufenlose Veränderung der Phasenlage eines Signals von 0° bis 180° kann die Schaltung aus Abbildung 5.8-5 eingesetzt werden. Im gestrichelten Block muss das Phasenschiebernetzwerk aus Abbildung 5.8-3 eingesetzt werden.
Davor befindet sich die notwendige Aufbereitung des Eingangssignals in eine normale und eine phasengedrehte Variante. Weiterhin ist direkt am Eingang ein Bandpassfilter, das den Amplitudenfehler des Phasenschiebernetzwerkes innerhalb von ±1dB korrigiert.
Am Ausgang befindet sich je ein Impedanzwandler für den 0°, 90° und 270° (= -90°) Ausgang.
Nach den Impedanzwandlern wird das Signal über eine Standard-Panning-Schaltung zwischen 0° und ±90° verschoben. Dabei bleibt der Pegel des Ausgangssignals konstant.

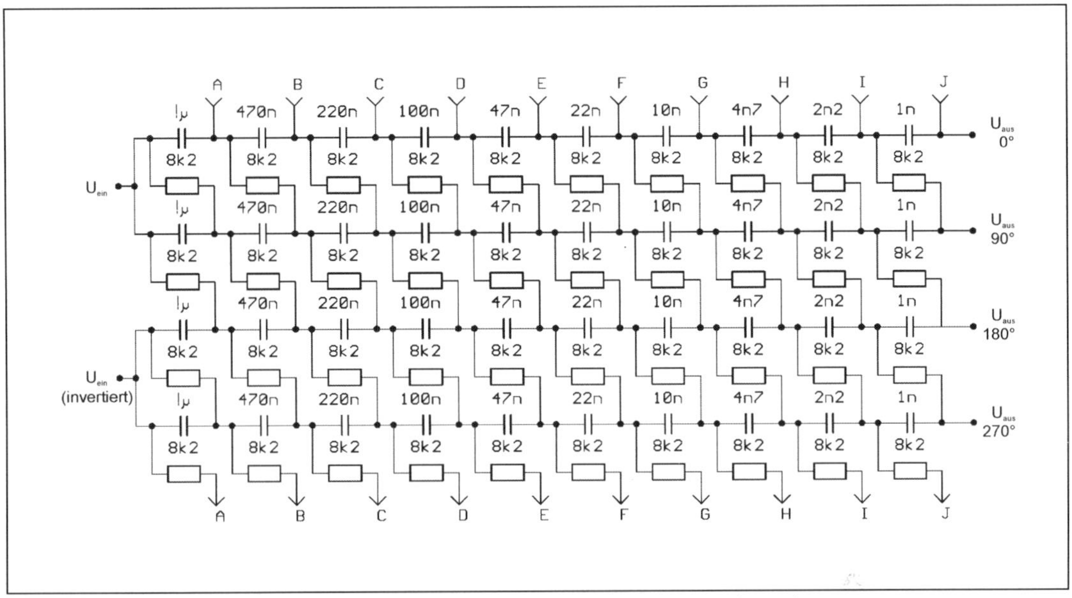

Abb. 5.8-3: Phasenschiebernetzwerk mit 0°, 90°, 180° und 270° (= -90°) Ausgängen

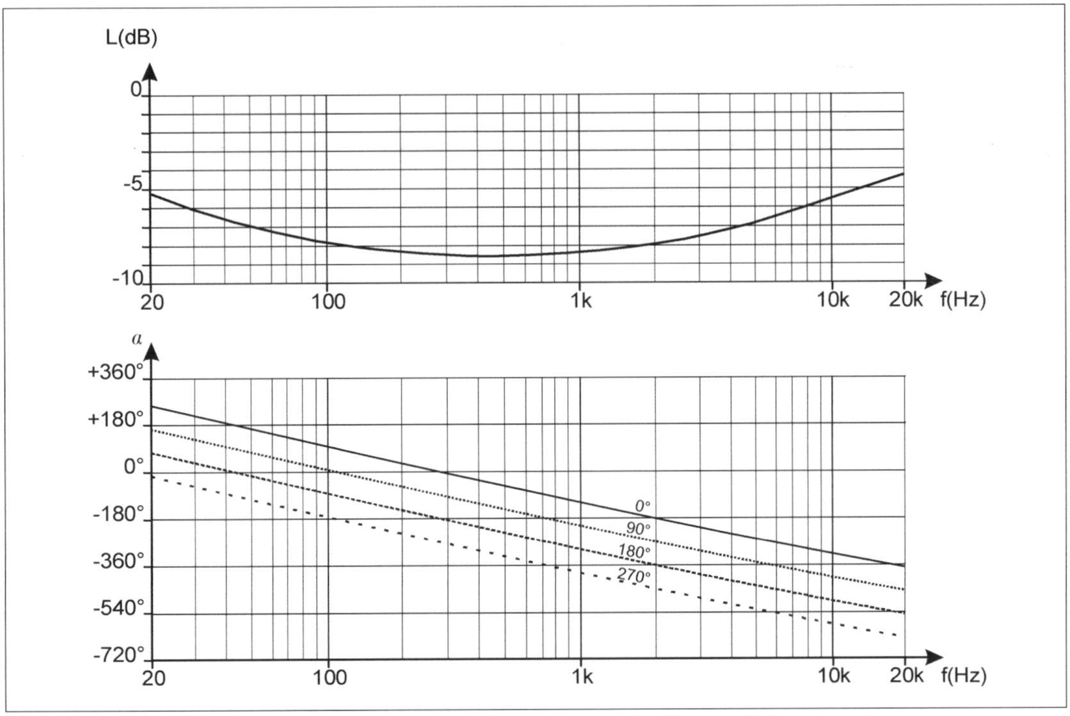

Abb. 5.8-4: Amplituden- und Phasenfrequenzgang des Phasenschiebernetzwerkes

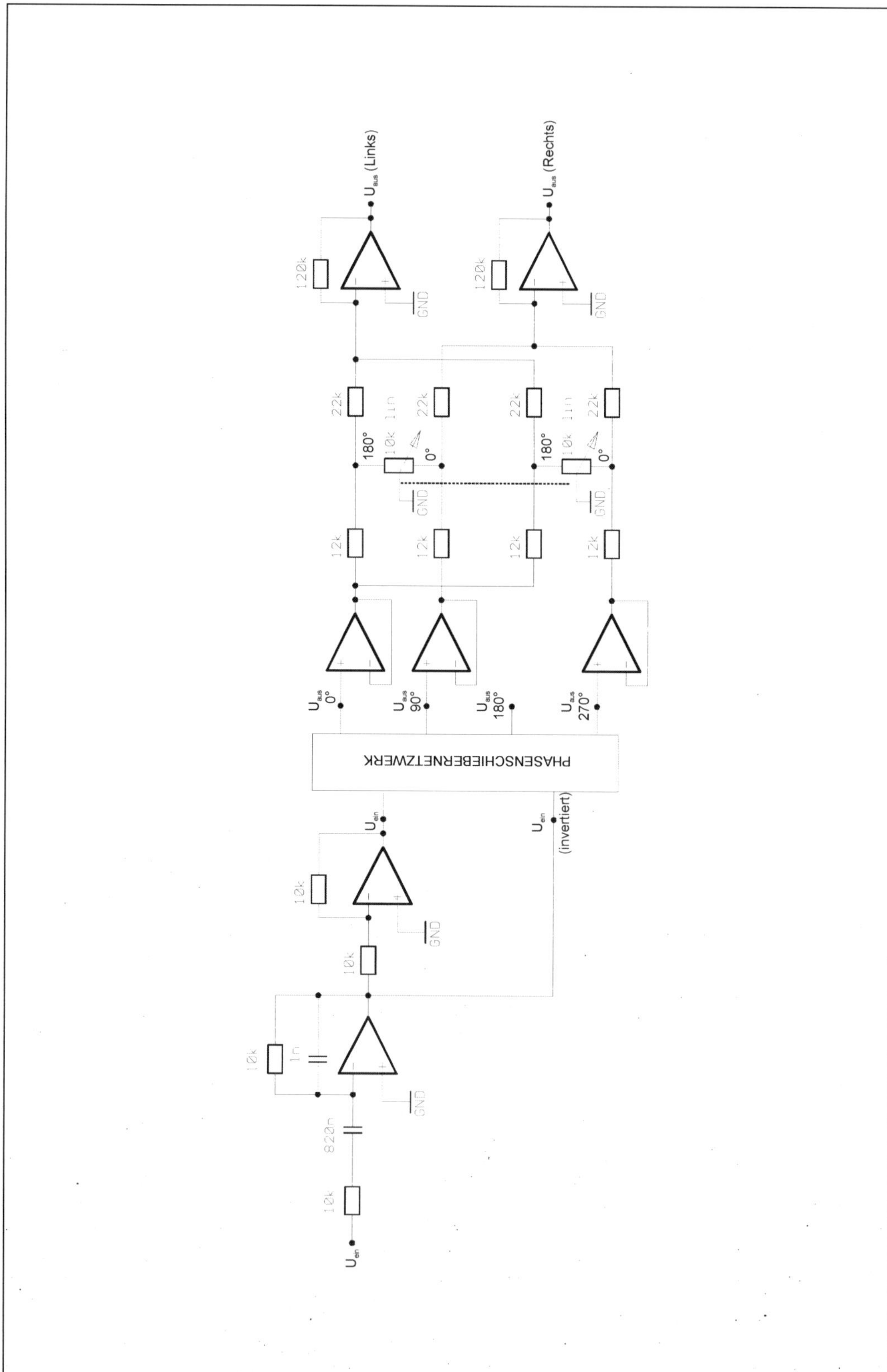

Abb. 5.8-5: Phasenschiebernetzwerk mit Frequenzgangkompensation und stufenlosem 0°-180° Regler

5.9 Summenverstärker

Summenverstärker haben die Aufgabe, mehrere Signale aufzusummieren. Sie stellen somit die eigentliche Funktion eines Mischpults dar. In der Praxis unterscheidet man "Einfache Summenverstärker", die zum Beispiel für Mono-Summen verwendet werden, und "0V-Summenverstärker", die für Busse in Mischpulten verwendet werden.

5.9.1 Einfacher aktiver Summenverstärker

Bei einem einfachen aktiven Summenverstärker, wie er in Abbildung 5.9-1 zu sehen ist, ergänzt man die passive Summe, die mit Hilfe der Widerstände R1 erzeugt wird, um einen Aufholverstärker.
Dieser Aufholverstärker soll den unvermeidlichen Pegelverlust der passiven Summe kompensieren. Daher muss er vom Verstärkungsfaktor in Abhängigkeit der Anzahl der Eingänge dimensioniert werden:

- Verfügt die Schaltung über zwei Eingänge (Beispiel: Monosumme aus Stereosignal), so wird die Spannung durch die Summierung halbiert (-6dB). Um die korrekte Summenspannung zu bekommen, muss der Verstärker auf Verstärkungsfaktor 2 gestellt werden (+6dB). In der Praxis würde er auf Faktor 1,4 (+3dB) gestellt werden, da bei der Addition von nicht korrelierten Stereosignalen nur teilweise Auslöschungen entstehen und eine durchschnittliche Abschwächung um nur -3dB stattfindet.
- Werden 24 Kanäle addiert (Mischpult), so muss der Verstärker auf den Verstärkungsfaktor 24 (+27,6dB) gestellt werden, um den korrekten Summenpegel zu bekommen.
- Bei einer variablen Anzahl von Eingängen müsste jeweils auch der Verstärkungsfaktor angepasst werden. Dies wäre bei einem Mischpultrouting der Fall, bei dem je nach Bedarf unterschiedlich viele Kanäle auf eine Summe geschickt werden.

Die Verstärkung des Operationsverstärkers berechnet sich mit:

$$A = 1 + \frac{R3}{R2}$$

Zur Analyse der Schaltung empfiehlt es sich, alle nicht genutzten Eingänge auf Masse zu legen und dann zu berechnen, was ein Eingang macht. Auf diese Weise könnte man nacheinander mit allen Eingängen verfahren und so Schritt für Schritt die Funktion aller Eingänge berechnen.

In der Praxis kommt zu der Abhängigkeit der Eingangsanzahl noch ein weiteres Problem hinzu: Auf den Busleitungen im Mischpult befindet sich das geschwächte Summensignal. Da in einem Mischpult immer mehrere Summen über teilweise längere Strecken parallel geführt werden, entsteht ein nicht zu vernachlässigendes Übersprechen zwischen den einzelnen Bussen. Um dieses Problem in den Griff zu bekommen, werden in Mischpulten hauptsächlich "0V"-Summenverstärker eingesetzt oder die Summensignale symmetrisch geführt.

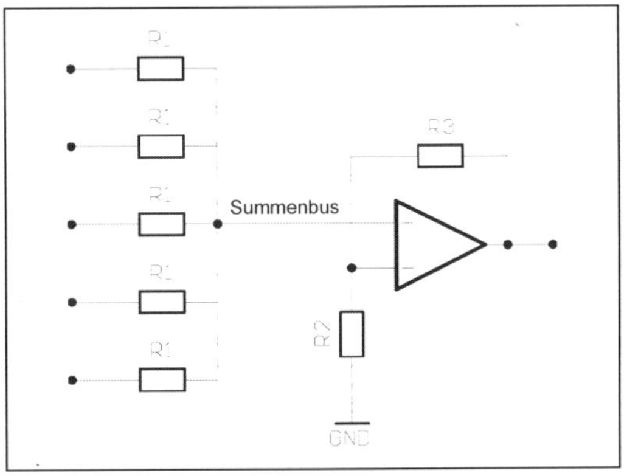

Abb. 5.9-1: Schaltung eines einfachen aktiven Summenverstärkers

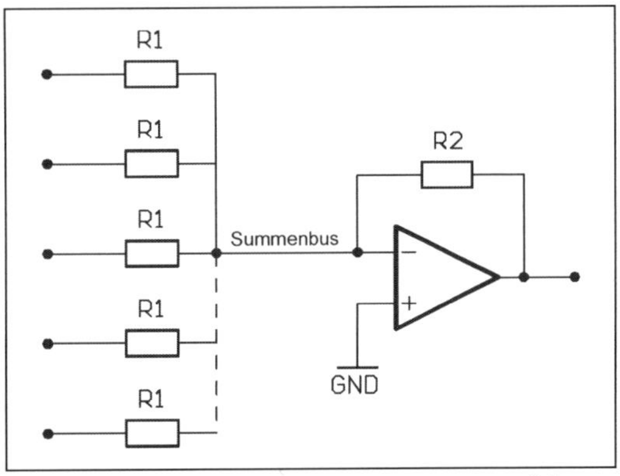

Abb. 5.9-2: Schaltung eines "0V"-Summenverstärkers

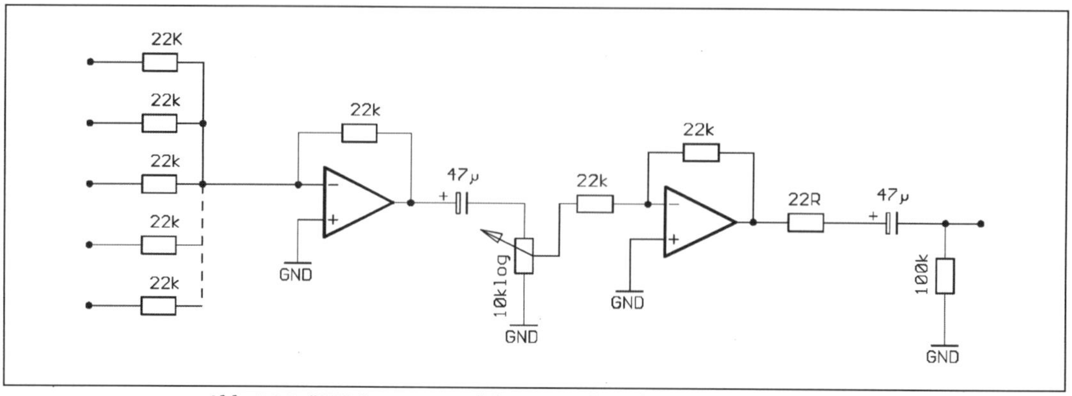

Abb. 5.9-3: "0V"-Summenverstärker mit nachgeschaltetem Mastergain-Poti

5.9.2 "0V"-Summenverstärker

Der "0V"-Summenverstärker verdankt seinen Namen der Tatsache, dass auf dem Summenbus immer eine Spannung von 0V vorherrscht. Dies lässt sich durch die grundlegende Funktionsweise einer invertierenden Operationsverstärkerschaltung erklären, die am invertierenden Eingang eine virtuelle Masse ausbildet (siehe Kapitel 5.3.1).

Die Verstärkung dieser Schaltung wird mit folgender Formel berechnet:

$$A = -\frac{R2}{R1}$$

Hierbei fällt auf, dass die Summe als invertiertes Signal zur Verfügung steht. Dies ist in der Praxis unproblematisch, da nach dem Summenverstärker oft noch ein Mastergain-Poti folgt, das dann ebenfalls als invertierende Schaltung ausgeführt werden kann und das Vorzeichen des Signals wieder korrigiert (siehe Abbildung 5.9-3).

Vorteilhaft ist die 0V-Spannung auf dem Summenbus, da sie kein Übersprechen zu benachbart geführten Busleitungen produzieren kann.
Weiterhin ist die Verstärkung unabhängig von der Anzahl der Eingänge immer gleich. Dies kann gut nachvollzogen werden, wenn erneut die unbenutzten Eingänge auf Masse gelegt werden. Was bleibt, ist immer eine invertierende Grundschaltung.

5.9.3 M/S-Decoder

Mit Hilfe eines Summenverstärkers und eines Differenzverstärkers (siehe Kapitel 5.10.6) kann einfach ein M/S-Decoder aufgebaut werden. Die Decodierungsvorschrift für den M/S-Verstärker lautet:

$$L=(M+S)\cdot 0{,}7 \text{ und } R=(M-S)\cdot 0{,}7$$

Der Multiplikator 0,7 bedeutet hierbei, dass die Summe und die Differenz noch um -3dB abgeschwächt werden müssen.

In der Praxis will man die Summe fest bilden und die Differenz variabel gestalten, um die Stereobasisbreite einstellen zu können. Dazu kann die Schaltung in Abbildung 5.9-4 dienen.

Das Mittensignal wird durch einen festen Spannungsteiler um -3,25dB abgeschwächt. Das Seitensignal kann mit Hilfe des Potis von $-\infty$ bis 0dB im Pegel eingestellt werden. Wird das gleiche Verhältnis wie im festen Spannungsteiler eingestellt, dann beträgt die Abschwächung auch -3,25dB. Beide Eingänge haben über den festen Spannungsteiler und das Poti die gleiche Eingangsimpedanz.
Die nachgeschalteten Summen- und Differenzverstärker weisen jeweils eine Verstärkung von Eins auf. Mit Hilfe des Potis kann nun die Stereobasisbreite von Mono bis +3dB überhöht eingestellt werden. Soll eine stärkere Überhöhung erreicht werden, so kann im einfachsten Fall nur der Spannungsteiler für das Mittensignal stärker wirken. Wird er beispielsweise aus zwei 10kΩ Widerständen aufgebaut, so ergibt sich ein Pegelverlust von -6dB und damit auch eine maximale Überhöhung von +6dB.

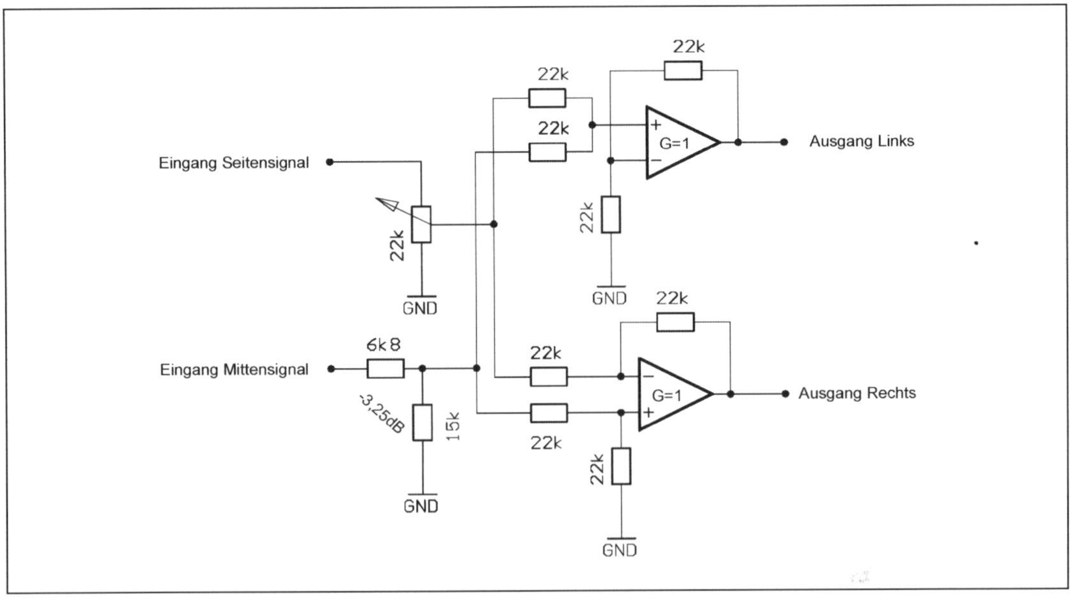

Abb. 5.9-4: M/S-Decoder

Wird der M/S-Decoder umgekehrt benutzt, so decodiert er Links und Rechts auf Mitte und Seite. Dazu gibt man das linke Signal an den Mitteneingang und das rechte Signal an den Seiteneingang. Beide Eingänge müssen auf gleiche Abschwächung gestellt werden (zum Beispiel durch Ersetzen des Potis mit einem festen Spannungsteiler). Am linken Ausgang kommt dann das Mittensignal und am rechten Ausgang das Seitensignal heraus.

Durch Hintereinanderschalten von zwei Decodern kann eine Stereobasisverbreiterungsschaltung aufgebaut werden. Dazu zerlegt der erste Decoder das Eingangssignal in Mitte und Seite, der zweite codiert es zurück zu Links und Rechts. Mit dem Poti stellt man die Basisbreite ein.

5.10 Symmetrierung und Desymmetrierung von Signalen

Die symmetrische Signalübertragung bietet vor allem bezüglich der Störsignalunterdrückung entscheidende Vorteile gegenüber der unsymmetrischen Signalübertragung (siehe auch Kapitel 4.15). Da die Signale allerdings innerhalb eines Gerätes in der Regel unsymmetrisch geführt werden, müssen die Signale symmetriert werden, bevor sie auf einen symmetrischen Ausgang gelangen. Ebenso ist eine Desymmetrierung am Eingang notwendig, damit ein unsymmetrisches Signal zur Weiterverarbeitung vorliegt. Die verschiedenen Möglichkeiten der Symmetrierung und der Desymmetrierung sollen in den folgenden Kapiteln erläutert werden.

Hierbei ist zu beachten, dass die einfachste und unproblematischste Art der Symmetrierung und Desymmetrierung mit Hilfe eines Übertragers erfolgen kann. Daher werden die elektronischen Schaltungen in manchen Kapiteln mit der Trafoschaltung verglichen.

5.10.1 Trafosymmetrierung

Eine Trafosymmetrierung ist die einfachste Möglichkeit, aus einem unsymmetrischen Signal ein symmetrisches zu machen. Die notwendige Beschaltung des Trafos ist in Abbildung 5.10-1 zu sehen. Obwohl die Schaltung sehr einfach ist, hat sie doch einige Nachteile:

- Trafos brauchen viel Platz
- Trafos sind relativ schwer
- Trafos mit gutem Frequenzverhalten sind teuer

Aus diesen Gründen wird mehr und mehr eine elektronische Symmetrierung der Signale vorgenommen.

In der Abbildung sind zwei Alternativen zu sehen, die beide in der Praxis Anwendung finden können:

- Links: Die Masse des unsymmetrischen Signals ist mit der Masse des symmetrischen Signals verbunden. Dadurch ist keine galvanische Trennung der Gerätemassen gegeben.
- Rechts: Die Masse des symmetrischen Ausgangs ist mit dem Gerätegehäuse und mit der Schutzerde verbunden. Sollte keine Verbindung zwischen Masse und Gehäuse bestehen (Ground-Lift aktiviert), so ist eine galvanische Trennung zwischen unsymmetrischem Eingang und symmetrischem Ausgang gegeben.

Die Potentialdifferenz zwischen Hot und Cold ist Aufgrund des 1:1-Übertragers gleich groß wie die Potentialdifferenz zwischen Signal und Masse. Es wird also bei der symmetrischen Signalübertragung immer der gleiche Pegel übertragen, wie auch bei der unsymmetrischen Signalübertragung.

Da die Signalinformation am symmetrischen Ausgang zwischen Hot und Cold zur Verfügung gestellt wird, besteht eine galvanische Trennung zwischen dem Eingangssignal und dem Ausgangssignal. Es ist am Signalausgang kein Potentialbezug zu Masse gegeben. Das bedeutet, dass bei einem trafosymmetrischen Ausgang, der unsymmetrisch angeschlossen werden soll, zwingend Cold mit Schirm (=Masse, bei der unsymmetrischen Leitung) verbunden sein muss, da ansonsten keine Ausgangsspannung zur Verfügung steht.
Legt man Hot auf Masse, so steht am Cold-Ausgang ein unsymmetrisches, invertiertes Signal zur Verfügung.

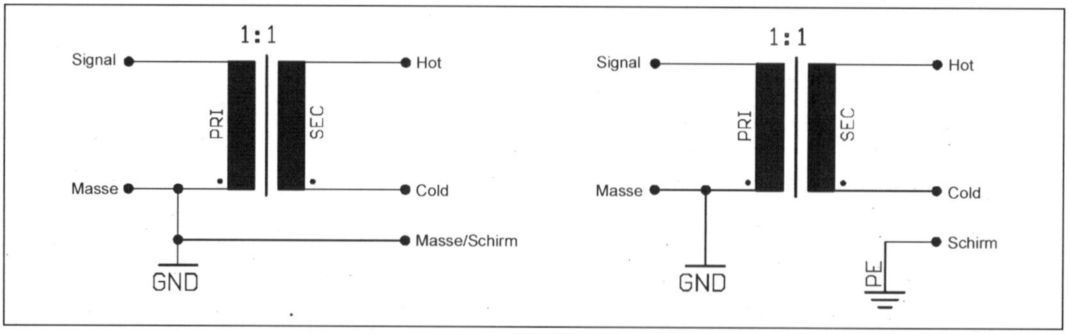

Abb. 5.10-1: Trafosymmetrierung in zwei Alternativen

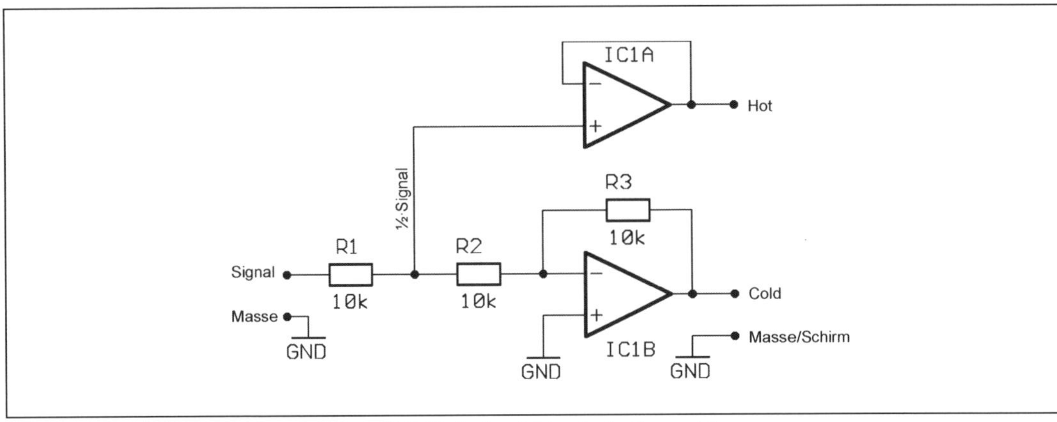

Abb. 5.10-2: Einfache elektronische Symmetrierung

Vertauscht man in einer symmetrischen Verbindung Hot und Cold, so bleibt das Signal symmetrisch, wird jedoch invertiert (phasengedreht).

5.10.2 Einfache elektronische Symmetrierung

Die einfache elektronische Symmetrierung ist immer dann anwendbar, wenn klar ist, dass das Ausgangssignal wirklich als symmetrisches Signal genutzt werden soll. Eine Weiterverwendung als unsymmetrisches Signal ist unzulässig und bringt die Schaltung in einen schlechten Betriebszustand.

Die Schaltung besteht lediglich aus einem Pufferverstärker (IC1A) und einem Invertierer (IC1B). Damit der Ausgangspegel stimmt, wird das Eingangssignal über den Eingangsspannungsteiler (R1 und R2) um -6dB abgeschwächt. Die Widerstände arbeiten als Spannungsteiler, da sich am invertierenden Eingang von IC1B eine virtuelle Masse ausbildet. Auf diese Weise kommt aus IC1A das halbe Eingangssignal und aus IC1B das invertierte halbe Eingangssignal heraus. Gemeinsames Bezugspotential ist die Masse. Bei dieser Schaltung ist also keine galvanische Trennung zwischen Ein- und Ausgang möglich.

Problematisch wird es, wenn an den Ausgang ein unsymmetrischer Eingang angeschlossen werden soll. Legt man wie gewöhnlich Cold auf Masse, so ist der invertierende Verstärker kurzgeschlossen und speist ein stark verzerrtes Signal in die Masse ein. Das kann zu Störungen im Signal und auch zur Zerstörung des Operationsverstärkers führen.

Verwendet man für eine unsymmetrische Signalführung nur den Hot-Ausgang und lässt den Cold-Ausgang offen, so hat man nur das halbe Signal und somit -6dB Pegelverlust auf der Verbindung.

Um diese Probleme zu lösen, wurde die "Cross Coupled Pair"-Schaltung entwickelt.

5.10.3 "Cross Coupled Pair"-Symmetrierung

Die "Cross Coupled Pair"-Symmetrierung ist eine elektronische Symmetrierung, die sich bis auf die galvanische Trennung genauso wie eine Trafosymmetrierung verhält. Sie ist die Standardvariante der elektronischen Symmetrierung, da ihre Anwendung in der Praxis unkritisch gegenüber allen Betriebszuständen ist.

Die Schaltung besteht, wie in Abbildung 5.10-3 zu sehen ist, aus drei Operationsverstärkern. Einer ist als invertierende Grundschaltung eingesetzt, und die anderen beiden als Differenzverstärker (siehe Kapitel 5.10.6). Die gesamte Schaltung hat einen Verstärkungsfaktor von eins, so dass zwischen Hot und Cold das doppelte Signal anliegt wie zwischen Signal und Masse.

Die Eingangssektion ist ein einfacher Inverter mit Verstärkungsfaktor 1, der dafür sorgt, dass das Eingangssignal in invertierter Form zur Verfügung steht. Die beiden Differenzverstärker bekommen im normalen Betriebszustand an dem nicht invertierenden Eingang jeweils ein Signal der Eingangsschaltung und ein invertiertes Signal vom jeweils

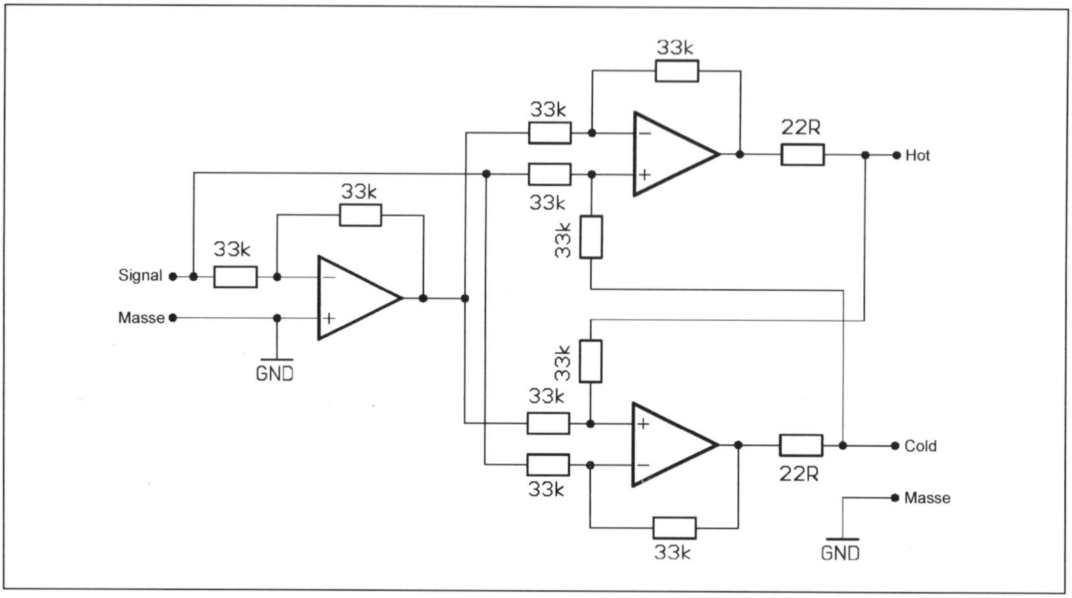

Abb. 5.10-3: Elektronische Symmetrierung "Cross Coupled Pair"

anderen Ausgang. Das bedeutet, dass normalerweise am nicht invertierenden Eingang ein 0V-Potential durch Auslöschung dieser beiden entgegengesetzten Potentiale entsteht. Damit wird aus den beiden Differenzverstärkern eine einfache invertierende Grundschaltung mit Verstärkungsfaktor 1. Diese geben das zweimal invertierte Signal auf den Hot-Ausgang und das einmal invertierte auf den Cold-Ausgang.

Wird nun zum Beispiel Cold mit Masse verbunden, um ein unsymmetrisches Signal zu bekommen, so passiert folgendes:

- Das Cold-Signal am nicht invertierenden Eingang des oberen Operationsverstärkers fällt weg und wird gegen ein Massepotential ersetzt. Dadurch wird die obere Schaltung zu einem normalen Differenzverstärker mit Verstärkungsfaktor 1. An den Eingängen des Differenzverstärkers liegt einmal das phasenrichtige und einmal das phasengedrehte Signal an, so dass die Differenz der beiden Eingangssignale das doppelte Ausgangssignal ergibt.
- Das doppelte Hot-Signal gelangt an den nicht invertierenden Eingang des unteren Operationsverstärkers. Dadurch bekommt man zusammen mit dem invertierten Eingangssignal an diesem Punkt ein Signal der Stärke 0,5·Hot. Da ein Operationsverstärker immer dafür sorgt, an seinen beiden Eingängen das gleiche Potential zu haben, stellt er in diesem Falle auch 0,5·Hot am invertierenden Eingang ein. Dieses Potential wird erreicht, wenn am Ausgang des unteren Operationsverstärkers eine Spannung von 0V anliegt.

Zusammenfassend kann man sagen, dass ein Ausgang, der auf Masse gelegt wird, tatsächlich abgeschaltet und der entsprechende andere Ausgang um +6dB angehoben wird. Auf diese Weise ergibt sich nach wie vor der gleiche Ausgangspegel und kein Operationsverstärker wird überlastet.

Entsprechend verhält es sich, wenn man Hot mit Masse brücken würden.

Sollten beide Ausgänge mit Masse verbunden werden, sorgen die 22Ω Schutzwiderstände an den Ausgängen dafür, dass keine zu hohen Ströme fließen und die Operationsverstärker nicht kaputtgehen können.

5.10.4 Quasisymmetrierung

Die Quasisymmetrierung ist eine passive Schaltung, mit deren Hilfe man jeden unsymmetri-

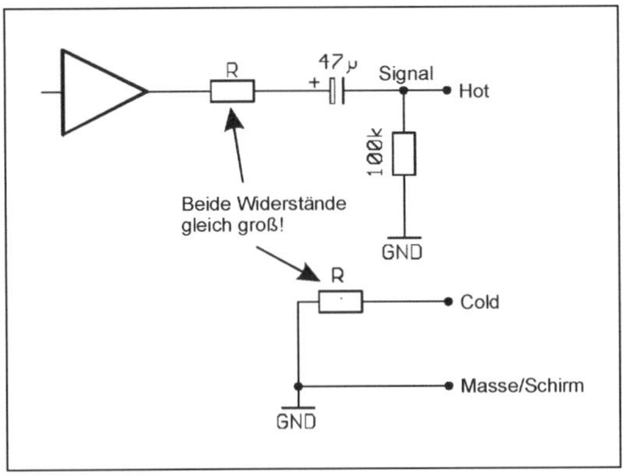

Abb. 5.10-4: Quasisymmetrischer Ausgang

schen Ausgang in einen quasisymmetrischen umwandeln kann. Quasisymmetrisch bedeutet, dass kein echtes Hot- und Cold Signal vorhanden ist, die Störunterdrückung über die symmetrische Leitung und einen symmetrischen Eingang aber trotzdem funktioniert.
Dies wird erreicht, in dem man den Signalausgang eines unsymmetrischen Ausgangs in Hot umbenennt und einen künstlichen Cold Ausgang schafft, der lediglich das Massepotential über den gleichen Widerstand zur Verfügung stellt, wie auch der Signalausgang (siehe Abbildung 5.10-4).

Die Potentialdifferenz zwischen Hot und Cold entspricht der Potentialdifferenz zwischen Signal und Masse, da es die gleichen Potentiale sind. Dies bedeutet, dass auch der gleiche Pegel transportiert wird, wie bei einem echten symmetrischen Ausgang. Lediglich die Tatsache, dass auf Cold ein invertiertes Signal vorhanden ist, stimmt hier nicht.
Wichtig ist, dass der Widerstand, der zwischen Cold und Masse liegt, gleich groß ist wie der Widerstand am Ausgang des Operationsverstärkers. Nur in diesem Fall ist gewährleistet, dass Störungen, die in eine symmetrische Leitung gelangen, in beiden Adern (Hot und Cold) gleich stark auftreten und damit von einem symmetrischen Eingang wieder heraus gerechnet werden können.

5.10.5 Trafodesymmetrierung

Ebenso wie die Trafosymmetrierung ist auch die Trafodesymmetrierung die einfachste Variante, um aus einem symmetrischen Signal ein unsymmetrisches Signal zu bekommen. Bei der Desymmetrierung werden auch die Störungen, die auf den Signalleitungen "Hot" und "Cold" gleichphasig aufgetreten sind, heraus gerechnet. Somit entscheidet die Desymmetrierungsstufe hauptsächlich über die Qualität einer symmetrischen Signalübertragung.
Die Probleme der Trafodesymmetrierung sind identisch mit denen der Trafosymmetrierung, so dass heute meist aus Kostengründen eine elektronische Desymmetrierung bevorzugt wird.

5.10.6 Elektronische Desymmetrierung mit Differenzverstärker

Die Standardvariante der elektronischen Desymmetrierung ist mit nur einem Operationsverstärker möglich und in Abbildung 5.10-6 zu sehen. Dieser bildet die Differenz zwischen "Hot" und Cold", berechnet somit das unsymmetrische Signal und eliminiert die Störungen, die bei der Signalübertragung aufgetreten sind.

Das Poti, das in Reihe mit dem unteren Widerstand geschaltet ist, dient zur Einstellung der Gleichtaktunterdrückung (CMRR) (siehe Kapitel 4.14.1.4) und damit der Symmetrie der Schaltung. Mit Hilfe des Potis gleicht man die Fertigungstoleranzen der anderen Widerstände aus.

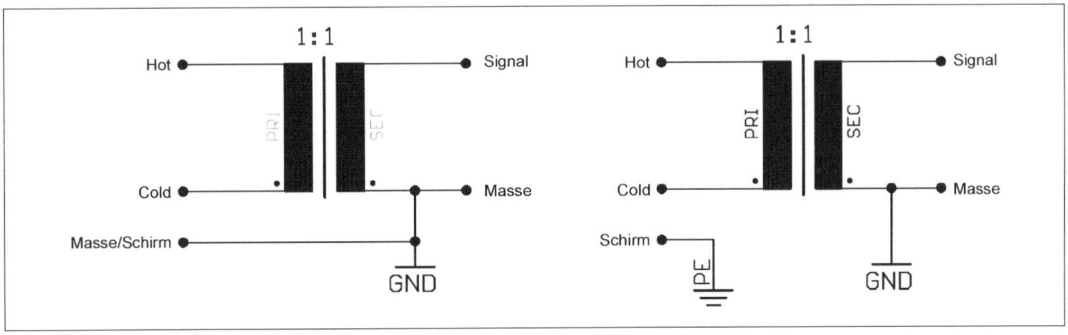

Abb. 5.10-5: Trafodesymmetrierung in zwei Alternativen

Für dessen Justage gibt man an beide Eingänge ein Signal und stellt das Poti so ein, dass am Ausgang der Schaltung eine möglichst geringe Spannung anliegt. Doch auch bereits bei Widerständen mit 1% Toleranz lässt sich eine Gleichtaktunterdrückung von über 60dB erreichen.

Für ein Ausgangssignal von (Hot-Cold)·1, also einem Verstärkungsfaktor von Eins wählt man alle vier Widerstände gleich groß. Soll eine andere Verstärkung eingestellt werden, so kann diese mit folgender Formel berechnet werden:

$$A = \frac{R2}{R1}$$

mit:
A: Verstärkungsfaktor
R1, R2: Widerstände in Ohm, Ω

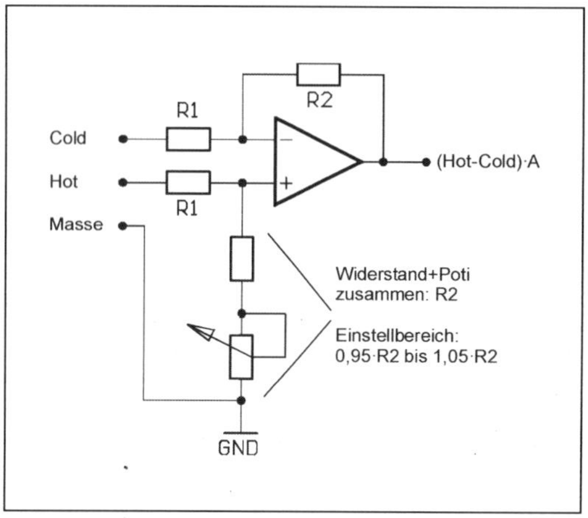

Abb. 5.10-6: Einfache elektronische Desymmetrierung

Da bei einstellbarer Verstärkung immer zwei Widerstände gleichzeitig verändert werden müssen, leidet darunter die Gleichtaktunterdrückung der Schaltung.
Um die Schaltung zu analysieren, kann man jeweils Hot oder Cold auf Masse legen und die verbleibende Schaltung - die nunmehr eine Standardgrundschaltung ist - analysieren.

Ein Problem dieser Schaltung ist, dass zu hohe Eingangsspannungen die Schaltung auch bei geringen Verstärkungsfaktoren (A<1) am Hot-Eingang übersteuern könnten. In diesem Fall sollte ein symmetrischer Spannungsteiler (siehe Kapitel 5.1.2) vorgeschaltet werden.

5.10.7 Elektronische Desymmetrierung mit Summenverstärker

Eine mögliche Variante der elektronischen Desymmetrierung ist mit Hilfe eines Summenverstärkers möglich. Da jedoch eigentlich eine Differenz berechnet werden muss, wird zunächst das eine Signal invertiert und anschließend der Summe zugeführt. Wird, wie in Abbildung 5.10-7 zu sehen ist, auch der Summenverstärker als invertierender Verstärker aufgebaut, so gilt für die Ausgangsspannung:

$$U_{aus} = -(-\text{Hot} + \text{Cold}) \cdot A = (\text{Hot} - \text{Cold}) \cdot A$$

Die Verstärkung dieser Schaltung kann mit einem einzigen Widerstand geregelt werden und berechnet sich mit:

$$A = \frac{R3}{R2}$$

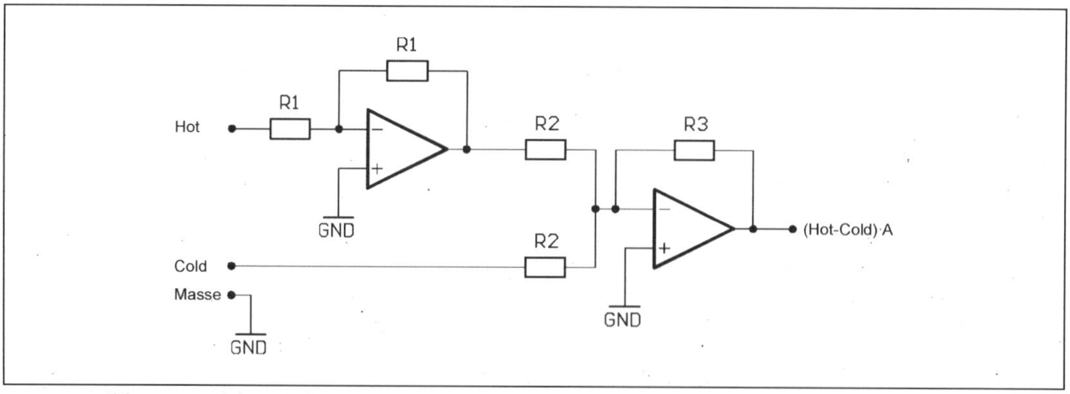

Abb. 5.10-7: Elektronische Desymmetrierung mit Hilfe eines Inverters und eines Summenverstärkers

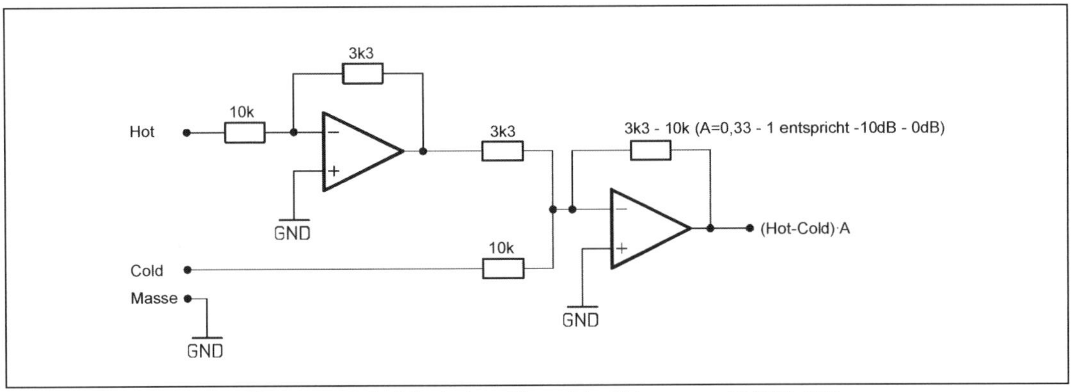

Abb. 5.10-8: Beispiel mit einstellbarer Verstärkung von -10dB bis 0dB

Für einen Verstärkungsfaktor von Eins und der daraus resultierenden Funktion (Hot-Cold)·1 werden alle Widerstände gleich groß gewählt.

Vorteil dieser Schaltung ist, dass sie Eingangsspannungen verkraften kann, die über der Betriebsspannung der Schaltung liegen, da die Signale Hot und Cold jeweils auf einen virtuellen Massepunkt gehen. Soll beispielsweise mit einer Betriebsspannung von ±6V ein Eingangssignal mit maximal ±18V verarbeitet werden, so muss die Schaltung die Eingangssignale um den Faktor Drei oder mehr abschwächen. Ein möglicher konkreter Schaltungsaufbau hierzu ist in Abbildung 5.10-8 zu sehen.

Die Gleichtaktunterdrückung der Schaltung ist abhängig von der Paarungstoleranz der Widerstände R2. Nur wenn diese sehr genau miteinander übereinstimmen (weniger 0,1% Toleranz), wird eine Gleichtaktunterdrückung von 60dB oder mehr erreicht. Damit ist es nahezu unumgänglich, einen Widerstand justierbar zu machen, um die Gleichtaktunterdrückung einstellen zu können.

5.11 Mikrofonvorverstärker

Mikrofonvorverstärker haben die Aufgabe, das relativ kleine Ausgangssignal eines Mikrofons auf den Pegel eines Line-Signals zu bringen. Line-Signale kommen zum Beispiel von CD-Playern, Synthesizern und HD-Recordern und bewegen sich im Bereich von mehreren 100mV bis zu mehreren Volt. Mikrofonsignale sind im Milli- oder Mikrovoltbereich und je nach Schallquelle etwa 100-1000 mal kleiner als Line-Signale.
Es geht also bei Mikrofonvorverstärkern darum, eine relativ hohe Verstärkung von bis zu 70dB (über 3000-fach) möglichst rauscharm zu realisieren. Am Ausgang des Verstärkers soll nur das verstärkte Mikrofonsignal zu hören sein, jedoch kein zusätzliches Rauschen des Mikrofonvorverstärkers.

Das Ausgangssignal eines Mikrofons hat zwar eine geringe Spannung, jedoch einen relativ hohen Strom, der sich durch die niedrige Ausgangsimpedanz des Mikrofons von typischerweise 50-200Ω ergibt. Diese Tatsache macht man sich zu Nutze, um verschiedene rauscharme Vorverstärkerschaltungen zu konstruieren. Der hohe Ausgangsstrom eines Mikrofons ist notwendig, um das Signal möglichst störungsfrei über längere Kabel transportieren zu können.

5.11.1 Mikrofonvorverstärker mit Trafoeingang

Der Mikrofonvorverstärker mit Trafoeingang, wie er in Abbildung 5.11-1 zu sehen ist, stellt eine von zwei Standardeingangsschaltungen für Mikrofone dar.
Das Mikrofon mit seiner niedrigen Ausgangsimpedanz steuert direkt einen Übertrager an, der das Signal im Verhältnis 1:10 hochtransformiert. Das heißt, dass nach dem Übertrager die 10-fache Spannung und somit +20dB mehr an Pegel anliegt. Der Strom wird dadurch zwar auch auf ein Zehntel reduziert, jedoch ist der hohe Strom nur auf dem langen Kabelweg notwendig und nicht mehr im Mischpult.
Der Transformator sollte eine Eingangsimpedanz von 1000-1500Ω haben, um das Mikrofonsignal korrekt abzuschließen. Es handelt sich hierbei um Spezialanfertigungen, die ganz wesentlichen Einfluss auf den Gesamtklang des Vorverstärkers haben.

Damit das Signal hinter dem Übertrager den nachgeschalteten Verstärker nicht übersteuert, ist ein Pad-Schalter am Eingang vorgesehen, der das Signal um -30dB abdämpfen kann. Bei sehr lauten Schallquellen kann es notwendig sein, diese Dämpfung zu aktivieren.

Über die zwei 6,8kΩ Widerstände wird die Phantomspeisung von +48V auf die Leitungen "Hot" und "Cold" gegeben.

Hinter dem Übertrager ist ein RC-Glied (220pF und 12kΩ), das verhindern soll, dass zu hohen Frequenzen hin die Ausgangsspannung des Übertragers ansteigt. Die Werte dieses RC-Glieds müssen an den jeweils verwendeten Übertrager angepasst werden! Die beiden Zenerdioden hinter dem RC-Glied verhindern Überspannungen am Eingang des Operationsverstärkers. Sie begrenzen auf U_Z+0,7V, also in diesem Fall auf 12,7V.

Die nachfolgende nicht-invertierende Operationsverstärkerschaltung wird mit Hilfe des 10kΩ-Potis auf eine Verstärkung zwischen +4dB und +54dB eingestellt. Der 510Ω Widerstand zusammen mit dem 68pF Kondensator sorgt dafür, dass zu hohen Frequenzen hin die Verstärkung abnimmt, und kein unnötiges hochfrequentes Rauschen verstärkt wird. Die beiden Elkos halten störende Gleichspannungen vom Poti ab, so dass es zu keinen "Kratzgeräuschen" kommt. Das Poti hat eine invers-logarithmische Charakteristik um eine gute Einstellbarkeit der Verstärkung zu ermöglichen. Solche Potis sind schwer zu bekommen und können auch durch einen mehrstufigen Schalter ersetzt werden.
Am Ausgang der Schaltung ist ein RC-Glied als Koppelkondensator angebracht, welches einen eventuellen Gleichspannungsoffset entfernt.

Obgleich die Schaltung mit einem Standardoperationsverstärker aufgebaut ist, hat sie hervorragende Signal-Rauscheigenschaften, da die Verstärkung des Operationsverstärkers 20dB niedriger liegt als die Gesamtverstärkung der Schaltung. Dies ist jedoch nur mit einem 1:10 Übertrager möglich, der in der Praxis die Kosten der Schaltung bestimmt.

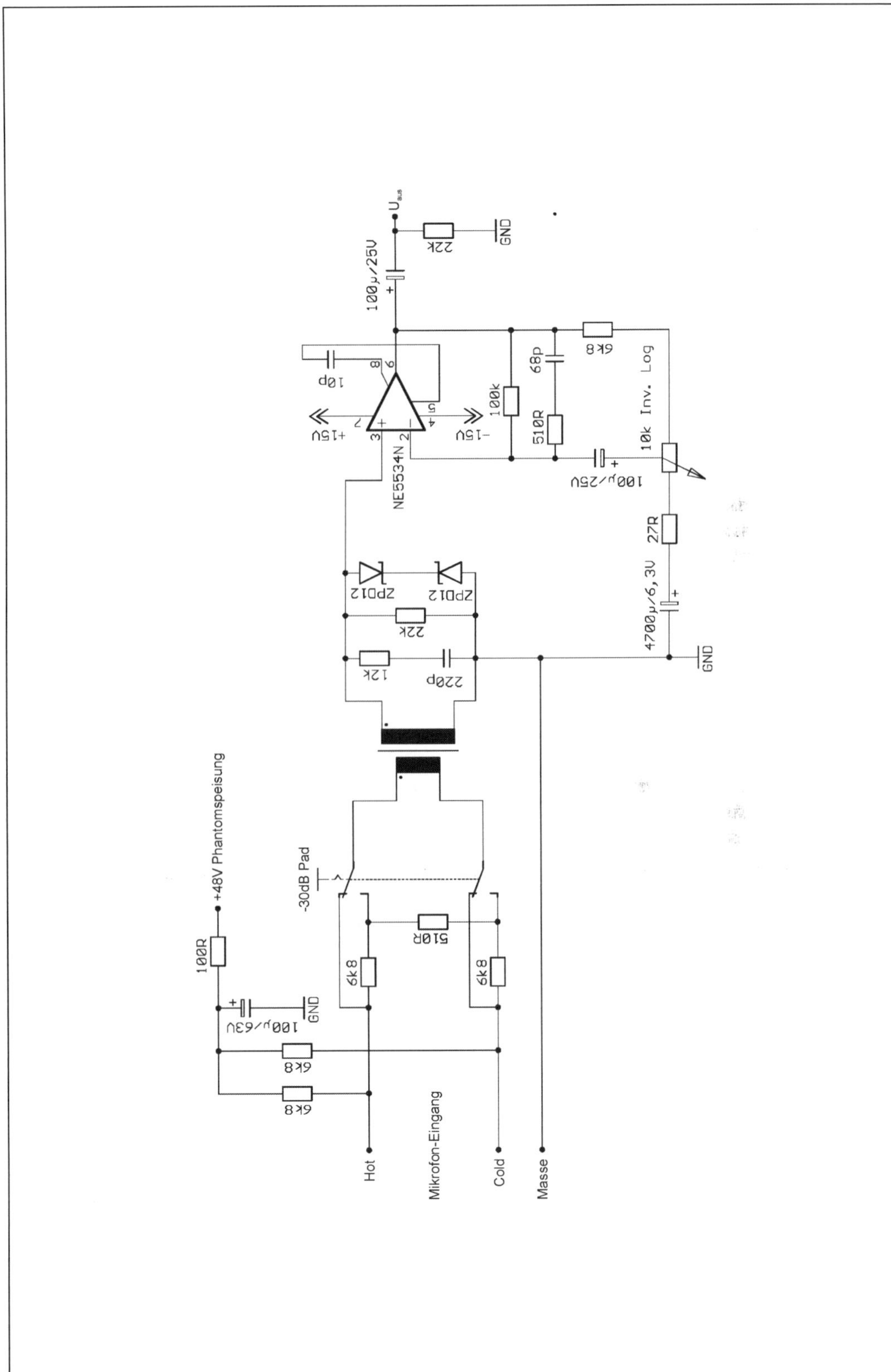

Abb. 5.11-1: Mikrofonvorverstärker mit Eingangsübertrager

5.11.2 Mikrofonvorverstärker mit Transistoren

Eine weitere Standardschaltung für einen hochwertigen Mikrofonvorverstärker kann man mit Hilfe eines Operationsverstärkers und einer Transistorvorstufe aus zwei gleichen Transistoren erzielen (siehe Abbildung 5.11-2). Je gleicher die verwendeten Transistorpärchen sind, desto besser ist die Gleichtaktunterdrückung der Schaltung und desto geringer ist das Eingangsrauschen. In hochwertigen Schaltungen werden so genannte "matched transistors", wie zum Beispiel der MAT02 von Analog Devices oder der LM 394 von National Semiconductor eingesetzt. Dies sind Chips, in denen sich zwei oder mehrere identische Transistoren auf einem Siliziumchip befinden, welche über eine hervorragende Gleichheit verfügen.
Werden mehrere dieser Transistorpärchen parallel geschaltet, so reduziert sich das Rauschen der Eingangsstufe noch weiter:

- Bei zwei Pärchen um -3dB
- Bei drei Pärchen um -4,8dB
- Bei vier Pärchen um -6dB

In der Praxis wird bei "matched transistors" ein Pärchen eingesetzt, wohingegen bei normalen Transistoren zwei bis drei Pärchen parallel geschaltet werden, um ein besseres Eingangsrauschen zu erzielen.

Zwischen den Transistoren liegt das Gain-Poti, das auch bei dieser Schaltung eine invers-logarithmische Charakteristik haben muss. Die großen Elkos sorgen für einen gleichspannungsfreien Lauf des Potis. Je kleiner der Wert des Potis ist, desto höher ist die eingestellte Verstärkung. In diesem Fall geht sie von 66dB bis 10dB. Wird das Poti aus der Schaltung entfernt, hat man 0dB Verstärkung.
Am Ausgang der Transistoren befindet sich ein normaler Operationsverstärker in Differenzverstärkerschaltung.

Auch hier ist am Eingang eine Phantomspeisung und eine Schutzschaltung mit Zenerdioden eingezeichnet. Da die Verstärkung der Schaltung bis 0dB heruntergeht, wurde auf einen Pad-Schalter verzichtet. Der 1,5kΩ Widerstand am Eingang stellt die Eingangsimpedanz der Schaltung dar.

Die Schaltung im gestrichelten Kästchen ist komplett in einem Chip erhältlich. Damit wird der Aufbau platzsparender und einfacher möglich. Der erste Chip dieser Art war von der ehemaligen Spezialchipfirma PMI und hieß SSM2017. Heute ist der Nachfolger SSM2019 von Analog Devices ein verbesserter Ersatz.

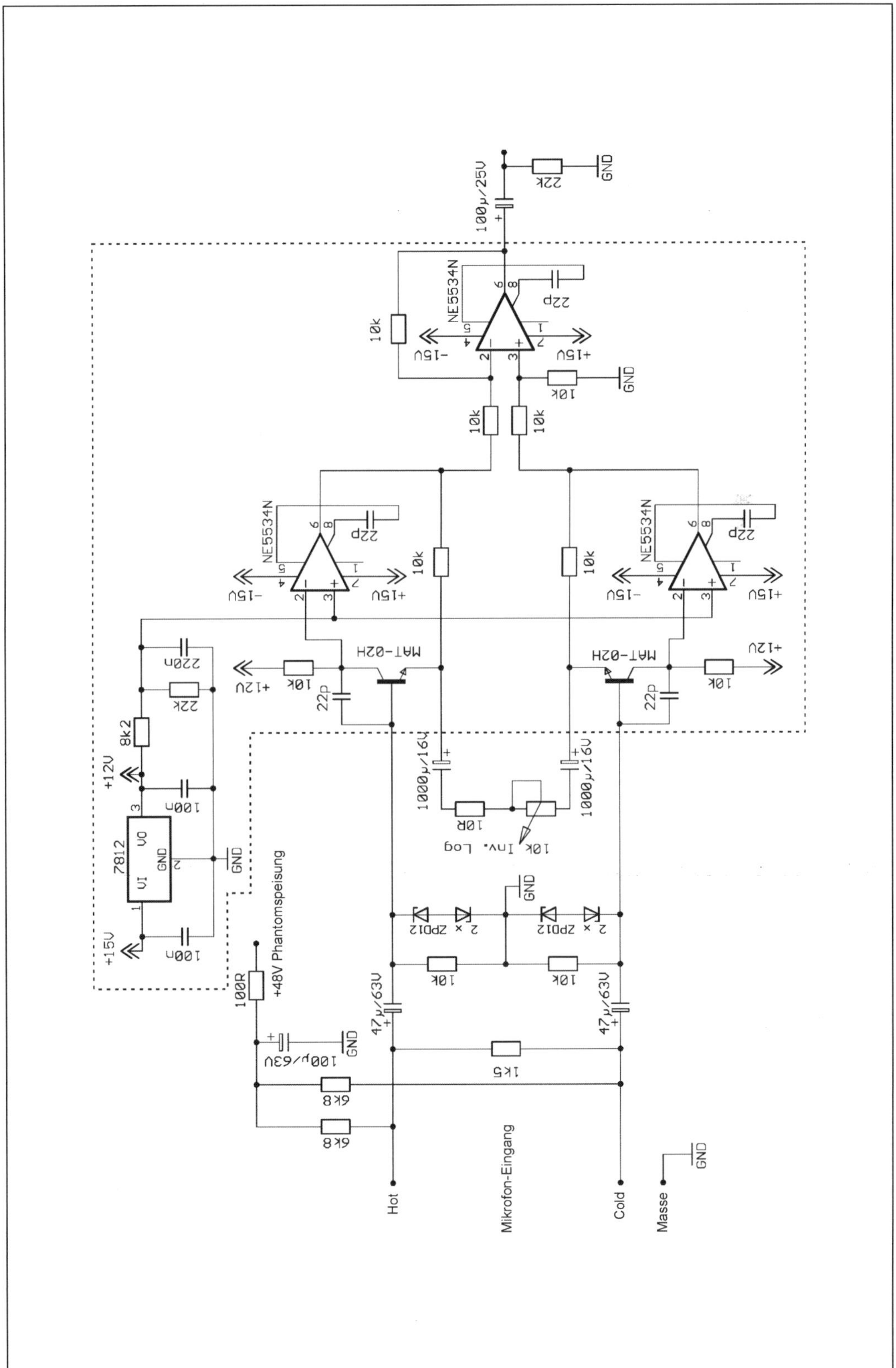

Abb. 5.11-2: Mikrofonvorverstärker mit Transistoren

5.11.3 Einfacher Mikrofonvorverstärker für Talkbackanwendungen

Als letzte Schaltung soll ein einfacher Mikrofonvorverstärker für Talkbackanwendungen vorgestellt werden (siehe Abbildung 5.11-3). Gute Werte bezüglich Rauschen und Frequenzlinearität sind hierbei nicht gefragt, da bereits das eingesetzte Elektretkondensatormikrofon keine guten Werte aufweist. Es geht bei der Schaltung um einen möglichst kostengünstigen Aufbau.

Die Versorgung des Talkbackverstärkers erfolgt mit einer 12V Gleichspannung. Die Operationsverstärker sollten für den unsymmetrischen Spannungsbetrieb ausgelegt sein. So könnte beispielsweise der MC33202 als Rail-to-Rail Doppeloperationsverstärker eingesetzt werden. Über den Versorgungsanschlüssen des Operationsverstärkers liegt, möglichst nahe am Operationsverstärker montiert, ein 100nF Kondensator (C6).

Die Widerstände R9 und R10 dienen als Spannungsteiler und erzeugen zusammen mit C5 eine stabile Referenzspannung von 6V.

Die Widerstände R1 und R2 sind Vorwiderstände für die Elektretkapsel. C1 glättet eine vorhandene Restwelligkeit der Betriebsspannung, so dass keine Brummspannung auf die Mikrofonversorgung gelangt.

IC1a und IC1b dienen jeweils als invertierende Verstärker. Mit IC1a kann man maximal eine 220-fache Verstärkung erreichen, und IC1b verstärkt immer um das 15-fache. Somit ist insgesamt eine Maximalverstärkung von 3300-fach möglich (entspricht +70dB).

Die Kondensatoren C2 und C3 zusammen mit R5 sorgen dafür, dass auf dem Poti R4 keine Gleichspannung liegt und das Poti dadurch nicht kratzen kann. C2 dient hierbei gleichzeitig mit R3 als Hochpassfilter und verhindert ein Aufschaukeln der gesamten Schaltung bei Windgeräuschen.

Die Kombination C4 und R8 dient als Koppelkondensator am Ausgang und koppelt die 6V Referenzspannung ab, so dass das Ausgangssignal wieder bezogen auf 0V aus der Schaltung herauskommt.

Die Schaltung ist mit der angegebenen Dimensionierung für normale Talkbackanwendungen geeignet und kann bei weit aufgedrehter Verstärkung von IC1a auch zur kompletten Raumüberwachung eingesetzt werden.

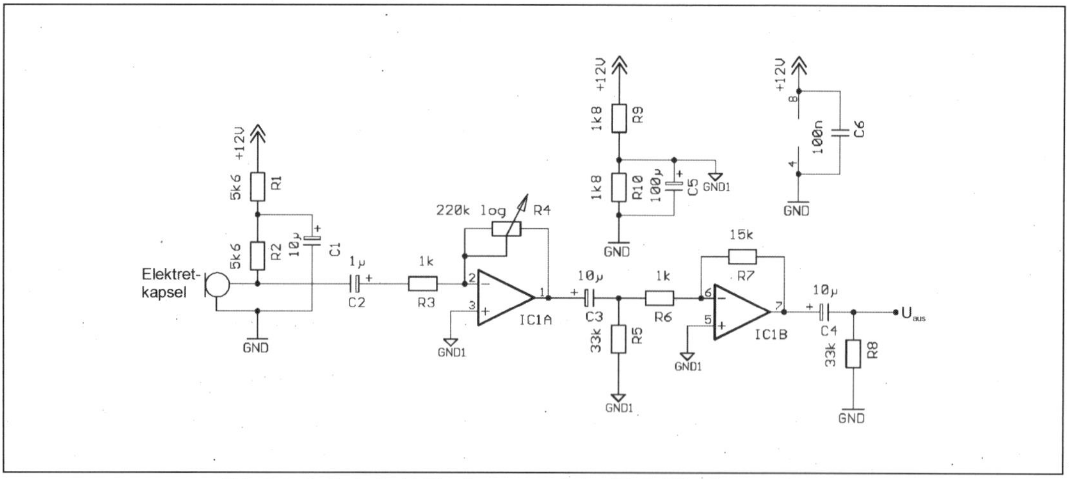

Abb. 5.11-3: Einfacher Mikrofonvorverstärker für Talkbackanwendungen

5.12 Elektretspeiseadapter

Elektretmikrofone sind bereits sehr preiswert zu bekommen und für manche Anwendungen eine interessante Alternative zu teuren professionellen Mikrofonen. So kann beispielsweise ein "Bassmikrofon" aus einem kostengünstigen Elektretmikrofon mit Kugelcharakteristik bestehen und ggf. noch in eine Platte als Grenzfläche verbaut werden. Wird dieses Mikrofon dann nur unter etwa 100Hz eingesetzt, so ist auch das relativ hohe Eigenrauschen des günstigen Mikrofons kein Problem.

Auch einfache Eigenkopfmikrofone lassen sich schnell mit zwei Elektretmikrofonen realisieren.

Das Problem ist jedoch immer die Versorgung des Elektretmikrofons, wenn am Pult "nur" Phantomspeisung an einem symmetrischen Eingang zur Verfügung steht.

Elektretmikrofone sind unsymmetrisch und benötigen eine Speisung, die oft maximal 12V betragen darf. Der hier beschriebene Adapter hat die Aufgabe, aus den 48V eine elektretmikrofonverträgliche Spannung zu erzeugen und gleichzeitig das Ausgangssignal des Mikrofons zu pseudosymmetrieren, um den direkten Betrieb an Mischpulteingängen zu ermöglichen.

Die Abbildung 5.12-1 zeigt das Schaltbild des Speiseadapters.
Die Widerstände R1 und R2 dienen hierbei dazu, die Phantomspeisung symmetrisch aus hot und cold abzuzapfen. An der Zenerdiode D3 wird die ausgekoppelte Spannung auf 12V begrenzt. Der Kondensator C2 sorgt für eine Stabilisierung der 12V. Über den Widerstand R4 wird die 12V-Versorgung dem Elektretmikrofon als Speisung zugeführt.
Der Widerstand R4 ist normalerweise in den Datenblättern der Elektretmikrofone angegeben und variiert mit der tatsächlichen Speisespannung. Bei 12V sind jedoch 18kΩ ein üblicher Wert.
Das Audiosignal, das aus dem Elektretmikrofon kommt, wird über C1 und R5 von dem Gleichspannungsanteil der Speisespannung befreit. Die Zenerdioden D1 und D2 sorgen für eine Spannungsbegrenzung von 6,3V, damit das Einschalten der Phantomspeisung keine gefährlichen Spannungsspitzen zum Mikrofon ergeben kann.
Die Elkos C3 und C4 koppeln die Phantomspeisung vom Elektretmikrofon ab.
Der Widerstand R3 sorgt für die Pseudosymmetrierung. Der Wert dieses Widerstandes muss aus dem Datenblatt des Mikrofons entnommen werden und entspricht der Ausgangsimpedanz des Mikrofons. In der Praxis hat sich gezeigt, dass dieser Widerstand einstellbar sein sollte, um ein optimales Rauschverhalten des Speiseadapters zu gewährleisten. Zwar funktioniert der Adapter in der Regel auch ohne Einstellmöglichkeit problemlos, jedoch gab es in Einzelfällen Mikrofoneingänge, an denen ein erhöhtes Rauschen aufgetreten ist, welches durch einen einstellbaren R3 auf ein Minimum reduziert werden konnte. Hierzu wurde für R3 ein Trimmer mit 2,2kΩ eingebaut, bei einer Nennausgangsimpedanz von 1,5kΩ für das zu betreibende Mikrofon.

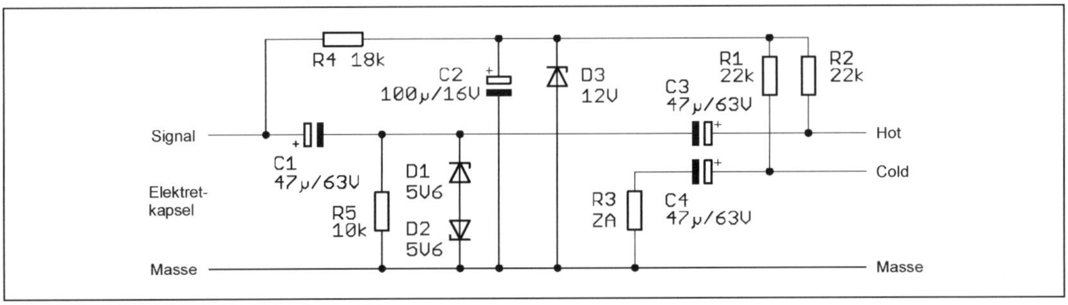

Abb. 5.12-1: Adapter für den Betrieb von Elektretmikrofonen an Phantomspeisung

5.13 Endstufen

Aufgabe einer Endstufe ist es, dem Lautsprecher ausreichend Leistung zur Verfügung zu stellen, um die Schallwandlung verzerrungsfrei zu ermöglichen. Ein professionelles Mischpult hat zwar bereits eine relativ hohe Spannung, verfügt jedoch an seinen Ausgängen über zu wenig Strom, um einen Lautsprecher direkt ansteuern zu können. Lediglich Lasten mit mindestens 600Ω sind direkt von den Ausgängen eines Mischpultes ansteuerbar. So kann beispielsweise ein 600Ω-Kopfhörer direkt an jedem Mischpultausgang betrieben werden, ohne dass ein Kopfhörerverstärker dazwischen geschaltet werden muss.
Soll jedoch ein Lautsprecher angesteuert werden, so ist ein höherer Strom notwendig. Um diesen zu erzeugen, benötigt man eine Endstufe. Sie ist also in erster Linie ein Stromverstärker mit sehr hohem Stromverstärkungsfaktor.
Da man bei leisen Signalen die Möglichkeit haben will, das Signal lauter zu machen, muss eine Endstufe in der Praxis auch über eine Spannungsverstärkung verfügen. Diese ist allerdings nicht sehr hoch und beträgt etwa 20-30dB.

Man spricht bei Endstufen auch von "Leistungsverstärkern", da sie immer Spannung und Strom gleichzeitig erhöhen können. Sie sind in Leistungsvarianten von 1W für Kopfhörerverstärker bis zu mehreren 1000W für Beschallungsanlagen verfügbar.

Endstufen werden in der Regel als "Gegentaktendstufen" aufgebaut. Das heißt, dass sich zwei stromverstärkende Bauteile am Ausgang befinden, die den notwendigen Ausgangsstrom liefern sollen. Dies können zwei Transistoren, zwei Röhren oder auch Schalter sein. Aus Formulierungsgründen wird hierbei in diesem Zusammenhang weiterhin von Transistoren gesprochen, obwohl auch eine Röhre gemeint sein könnte.
Die beiden Ausgangstransistoren übernehmen jeweils eine Halbwelle des zu verstärkenden Signals. Auf diese Weise kann eine Endstufe mit relativ hohem Wirkungsgrad aufgebaut werden, die im Ruhezustand nur wenig Verluste hat.

Verluste äußern sich in Form von Wärmeentwicklung und sind ein unerwünschtes Nebenprodukt des Verstärkungsvorgangs. Je mehr Wärme eine Endstufe erzeugt, desto geringer ist auch ihr Wirkungsgrad. Dieser ist definiert mit:

$$\eta = \frac{P_{aus}}{Pein} \cdot 100\%$$

mit:
η: Wirkungsgrad in Prozent, %
P_{aus}: Ausgangsleistung in Watt, W
P_{ein}: Eingangsleistung in Watt, W

Weiterhin teilt sich die Eingangsleistung auf in:

$$P_{ein} = P_{aus} + P_V$$

mit:
P_v: Verlustleistung in Watt, W
P_{aus}: Ausgangsleistung in Watt, W
P_{ein}: Eingangsleistung in Watt, W

Die Verlustleistung entsteht in erster Linie an den Ausgangstransistoren und berechnet sich mit:

$$P_V = U_V \cdot I$$

mit:
P_v: Verlustleistung in Watt, W
U_v: Spannungsabfall am Ausgangstransistor in Volt, V
I: Strom, der durch den Transistor fließt in Ampere, A

Wird beispielsweise bei einer Betriebsspannung von 70V an einem Transistor nur eine Ausgangsspannung von 20V benötigt, so müssen die restlichen 50V am Transistor abfallen. Bei einer Lautsprecherimpedanz von 8Ω fließen bei 20V Ausgangsspannung 2,5A Strom. Diese kommen vom

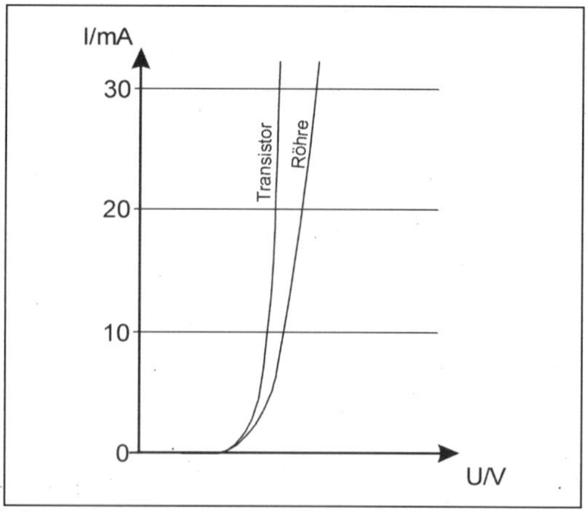

Abb. 5.13-1: Beispielkennlinien von Röhre und Transistor. Achtung: Spannung nicht skaliert!

Netzteil über den Verstärkertransistor. Dessen Verlustleistung beträgt somit (in diesem Moment):

$$50V \cdot 2{,}5A = 125W.$$

Die Übertragungsfunktionen von Transistoren und Röhren sind nicht linear (siehe Abbildung 5.13-1). Das bedeutet, dass man weder mit einem Transistor noch mit einer Röhre direkt ein Audiosignal verzerrungsfrei verstärken kann. Mann muss das Audiosignal vorher in den linearen Bereich eines Transistors bringen. Um dies zu bewerkstelligen, ist eine Vorspannung an den Eingängen der Transistoren notwendig, welche einen Ruhestrom zur Folge hat. Je höher diese Vorspannung gewählt wird, desto mehr kommt man in den linearen Bereich des Transistors. Allerdings fließt auch immer mehr Ruhestrom und die Endstufe erzeugt bereits im Ruhezustand hohe Verlustleistungen. Die Verzerrungen im Audiosignal minimieren sich jedoch und der Klang der Endstufe wird besser.

Beim Aufbau von Gegentaktendstufen versucht man einen möglichst guten Kompromiss aus gutem Klang und geringer Verlustleistung zu erzielen.

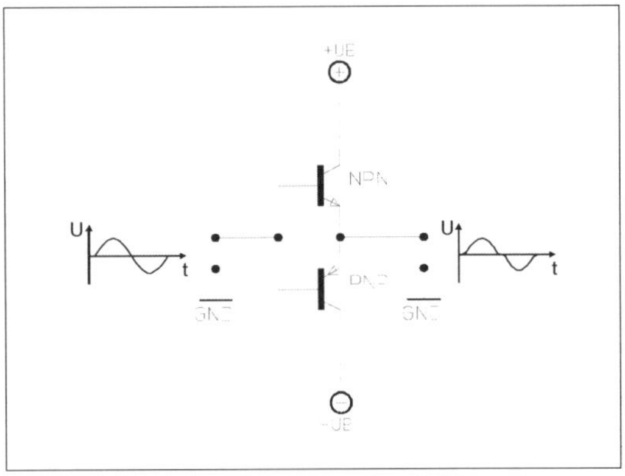

Abb. 5.13-2: Gegentaktendstufe Klasse B

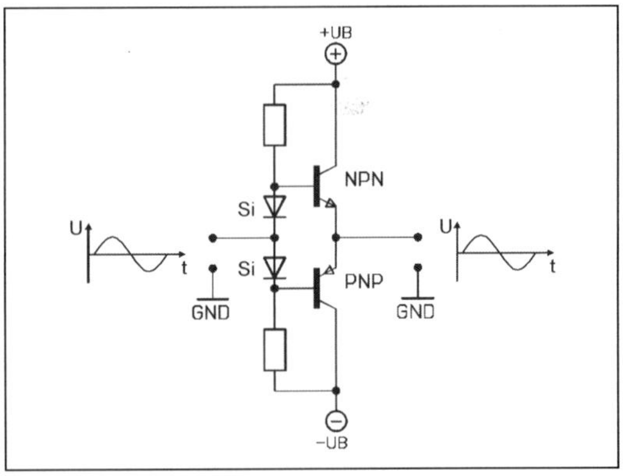

Abb. 5.13-3: Gegentaktendstufe Klasse AB

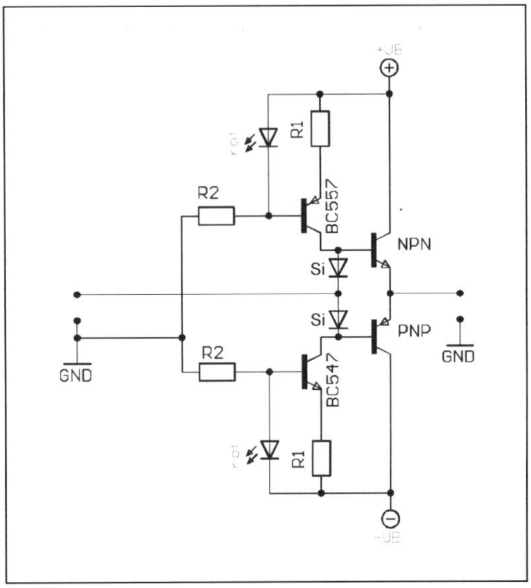

Abb. 5.13-4: Gegentaktendstufe Klasse AB mit Stromquellen

5.13.1 Klassifizierung von Gegentaktendstufen

Je nachdem, wie die verstärkenden Bauteile im Ruhezustand betrieben werden und auf welche Art und Weise die Verstärkung erfolgt, unterscheidet man bei den Endstufen mehrere Klassen. Diese sind in den nächsten Kapiteln, nach ihrer Zusammengehörigkeit sortiert, beschrieben.

5.13.1.1 Klasse A, AB, B und C

Klasse B: Die einfachste Variante, eine Gegentaktendstufe aufzubauen, ist eine Endstufe Klasse B. Sie verfügt lediglich über zwei komplementäre Transistoren, die das Ausgangssignal im Strom verstärken. Die Schaltung einer Klasse B Endstufe ist in Abbildung 5.13-2 zu sehen.

Der obere NPN-Transistor verstärkt die positive Halbwelle des Eingangssignals, der untere PNP-Transistor die negative Halbwelle. Im Nulldurchgang des Eingangssignals liegt auch keine Spannung an den Basen der Transistoren an. Aufgrund der nichtlinearen Kennlinie der Transistoren fließt somit kein Basisstrom und die Transistoren steuern nicht durch. Erst ab etwa 0,6V Eingangsspannung fangen die Transistoren an durchzusteuern, und

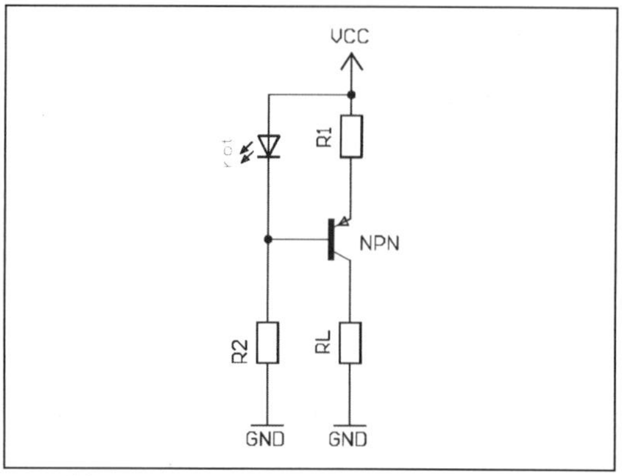

Abb. 5.13-5: Stromquelle mit Transistor und LED

ein Ausgangssignal erscheint. Dadurch ist die Ausgangsspannung dieses Verstärkers im Nulldurchgangsbereich stark verzerrt.

Klasse AB: Um die Verzerrungen zu verringern, kann man den Basen der Transistoren eine Vorspannung gegenüber dem Eingangssignal geben. Am einfachsten geschieht dies mit Hilfe einer Diode, die eine vergleichbare Kennlinie hat wie ein Transistor. Die entsprechende Schaltung ist in Abbildung 5.13-3 zu sehen. Es handelt sich hierbei auch um die Standardendstufenschaltung, wie sie in vielen HiFi-Geräten zu finden ist. Die Verzerrungen dieser Schaltung sind relativ gering, jedoch noch nicht komplett eliminiert. Diese Schaltung nennt sich "Klasse AB". Bei der eben gezeigten Schaltung muss der Basisstrom über die Widerstände an den Dioden zur Verfügung gestellt werden. Da der Strom durch einen Widerstand abhängig vom Spannungsabfall am Widerstand ist, wird der Basisstrom zu immer höheren Aussteuerungen hin immer geringer, obwohl eigentlich immer mehr Strom benötigt wird.
Eine verbesserte Variante der Schaltung ist in Abbildung 5.13-4 zu sehen. Die Widerstände wurden hierbei durch Stromquellen ersetzt. Diese können über den gesamten Aussteuerungsbereich einen konstanten Strom liefern.

Stromquelle: Die Funktion einer Stromquelle ist in Abbildung 5.13-5 noch einmal getrennt zu sehen. Eine rote LED wird von der Betriebsspannung mit Strom versorgt. Der Widerstand R2 ist so zu wählen, dass durch die Leuchtdiode ein Strom von etwa 10mA, jedoch niemals mehr als 20mA fließt. An der Leuchtdiode fällt konstant die gleiche Spannung von etwa 1,5V ab. An der Basis-Emitter-Strecke des Transistors fallen etwa 0,7V ab, so dass 0,8V am Widerstand R1 abfallen müssen. Der Strom, den die Stromquelle liefern kann, berechnet sich dann mit:

$$I = \frac{0{,}8V}{R1}$$

mit:
I: Maximaler Ausgangsstrom der Stromquelle in Ampere, A
R1: Widerstand in Ohm, Ω

Wird die Stromquelle durch R_L zu stark belastet oder kurzgeschlossen, fließt der eben berechnete Konstantstrom. Wird weniger als dieser Strom benötigt, fließt auch weniger Strom.
Die Stromquelle mit einer Leuchtdiode und einem Transistor ist relativ temperaturstabil, da beide ein sehr ähnliches Temperaturverhalten haben. Um dies jedoch auch wirklich zu nutzen, sollte man die Leuchtdiode direkt neben den Transistor bauen und nicht als Funktionsanzeige an der Gerätefront platzieren.

Zwischen Klasse AB und A: Durch ein weiteres Erhöhen der Basisvorspannung und somit auch des Ruhestroms der Transistoren ist es möglich, die Schaltung noch besser in den linearen Bereich der Transistoren zu bringen. Dadurch steigt jedoch auch der Ruhestrom und somit die Erwärmung der Endstufe. Weiterhin verringert sich bei einer höheren Basisvorspannung die maximale Aussteuerbarkeit der Transistoren und damit auch die Ausgangsleistung der Endstufe. Bessere HiFi-Verstärker und Studioverstärker arbeiten mit einem leicht höheren Ruhestrom als bei Klasse AB um einen besseren Klirrfaktor zu erreichen.

Klasse A: Im Extremfall kann die Vorspannung an den Basen der Transistoren auf die halbe Betriebsspannung hochgeregelt werden. In diesem Fall spricht man von einer Klasse A Endstufe. Die Transistoren arbeiten beide immer im linearen Bereich ihrer Kennlinie und die Verzerrungen dieser Endstufe sind nahezu Null.
Bei der Klasse A Endstufe werden jedoch beide Ausgangstransistoren bereits im Ruhezustand halb ausgesteuert, so dass das Nutzsignal im Vergleich zu Klasse AB nur noch halb so viel Ausgangsspannung haben kann. Dadurch verringert sich die Ausgangsleistung auf ein Viertel im Vergleich zu Klasse AB. Im Ruhezustand braucht diese Schaltung bereits sehr viel Strom und erzeugt eine hohe Verlustleistung. Klasse A Gegentaktendstufen fin-

den zum Beispiel Anwendung bei Kopfhörerverstärkern. Dort ist die Gesamtleistung nicht sehr hoch und deswegen auch die Verlustleistung relativ klein.

Ein typisches Beispiel für eine komplett diskret - also ohne integrierte Schaltungen - aufgebaute Endstufe ist in Abbildung 5.13-6 zu sehen. Sie verfügt über eine Strombegrenzung von 5A maximalem Ausgangsstrom und kann bis zu ±30V Betriebsspannung vertragen.
Die Eingangsschaltung besteht auf einer Differenzverstärkerstufe, die mit T1 und T2 aufgebaut wurde. Diese beiden Transistoren ersetzen den sonst notwendigen Operationsverstärker am Eingang und sorgen für die notwendige Spannungsverstärkung. Letztere wird mit Hilfe der Widerstände R4 und R5 auf Verstärkungsfaktor 31, also etwa +30dB gestellt. Die Schaltung um T3 herum ist eine "einstellbare Zenerdiode". Man kann mit ihr die Vorspannung zwischen den Basen von T7 und T8 bestimmen. Mit dem Poti P1 wird demzufolge auch der Ruhestrom eingestellt. T7 mit T9 sowie T8 mit T10 stellen Darlington-Ausgangsstufen dar (siehe Kapitel 4.13.1.3). Letztere ist hierbei als quasikomplementäre Darlingtonschaltung aufgebaut, um identische Ausgangstransistoren verwenden zu können. Eine Alternative hierzu ist als normale Darlingtonschaltung rechts in der Abbildung zu sehen.

T5 und T6 stellen die Ausgangsstrombegrenzung dar. Fällt über den Widerständen R14 oder R15 mehr als 0,6V ab, so regeln diese die Basisspannung von T7 und T8 zurück. Dies geschieht bei 0,12Ω bei etwa 5A Ausgangsstrom.

Mit dem Poti P1 wird der Ruhestrom so eingestellt, dass durch die Ausgangstransistoren ein Ruhestrom von etwa 50mA fließt. Dies entspricht einem Spannungsabfall von 6mV an den Widerständen R14 und R15.

Die Endstufe kann mit einer Betriebsspannung bis ±30V betrieben werden. Für höhere Betriebsspannungen müssen alle Transistoren durch spannungsfestere Typen ersetzt werden. Die Transistoren T4, T7, T8, T9 und T10 müssen gekühlt werden.

Klasse C: Erwähnt werden soll hier noch die Endstufe Klasse C, welche über eine negative Basisvorspannung verfügt. Dadurch werden die Ausgangstransistoren nur in den Spitzen des Eingangssignals leitend. Bei einem Audiosignal würden extrem starke Verzerrungen auftreten. Endstufen Klasse C eignen sich daher nur für Anwendungen, in denen zum Beispiel ein Schwingkreis am Schwingen gehalten werden muss und in jeder Schwingungsperiode immer nur sehr wenig Energie nachgespeist werden soll.

5.13.1.2 Klasse D, E und F

Die Klassen D, E und F stellen einen besonderen Endstufentyp dar. Es handelt sich hierbei um so genannte "Schaltendstufen" oder "PWM-Endstufen". Die Klassen E und F sind hierbei für Audioanwendungen uninteressant und finden eher in der Sende- und Steuerungstechnik Anwendung.

Beim Klasse D-Verstärker werden anstelle der linear verstärkenden Ausgangstransistoren Schalttransistoren eingesetzt. Diese können den Strom, der durch sie hindurchfließt, nicht stufenlos verändern, sondern nur komplett an- oder ausschalten.

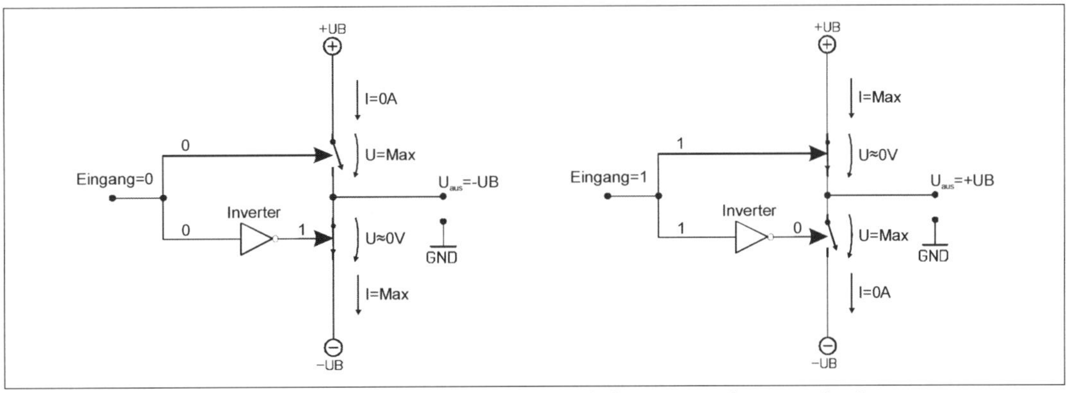

Abb. 5.13-7: Funktionsweise der Ausgangsschalter in einer Klasse D Endstufe

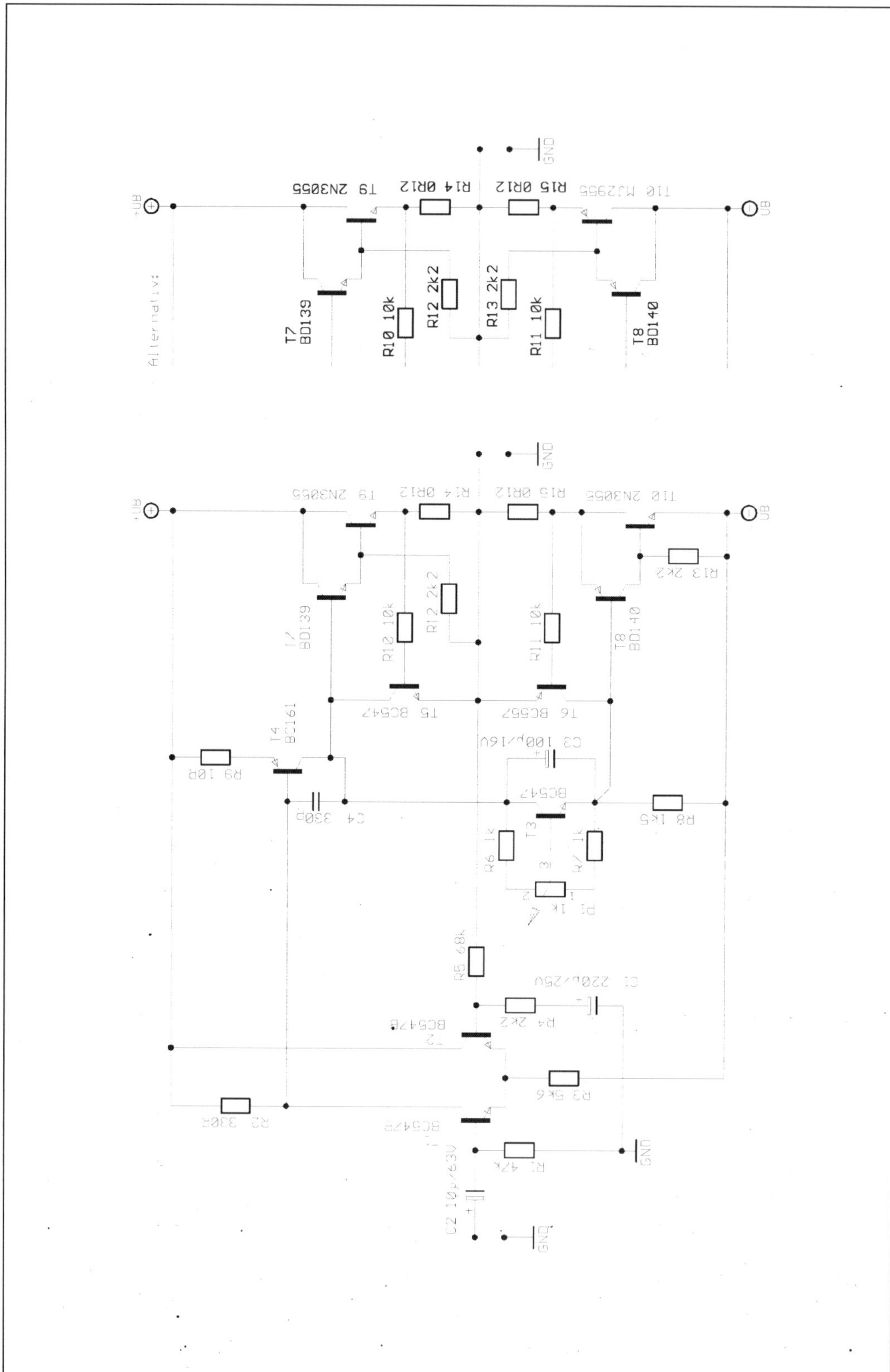

Abb. 5.13-6: Schaltbild einer kompletten Gegentaktendstufe

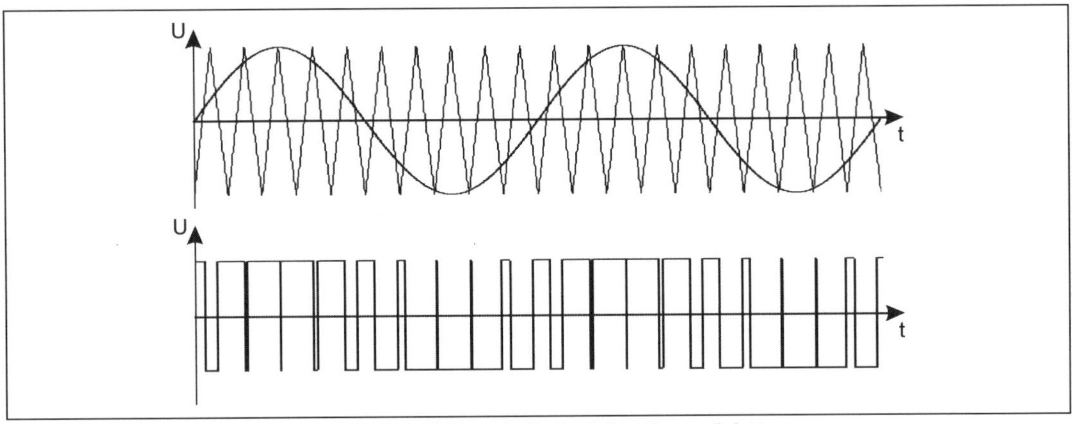

Abb. 5.13-8: Funktionsprinzip der Pulsweitenmodulation.
Oben: sinusförmiges Eingangssignal und dreieckige Modulationsspannung. Unten: pulsweitenmoduliertes Signal

Dadurch ergibt sich zunächst ein sehr interessantes Verhalten der Verlustleistung an diesen Transistoren: Ist ein Transistor durchgeschaltet, fließt ein sehr hoher Strom durch ihn hindurch, es fällt jedoch so gut wie keine Spannung an ihm ab. Ist er nicht durchgeschaltet, so fällt die maximale Spannung ab, aber es fließt kein Strom durch ihn hindurch (Siehe Abbildung 5.13-7). In beiden Fällen ist das Produkt aus Strom und Spannung - also die Verlustleistung - bei Null! Da im durchgeschalteten Zustand aufgrund der Leitfähigkeit des Transistors der Spannungsabfall nicht wirklich genau bei 0V liegt, ergibt sich in der Praxis eine sehr geringe Verlustleistung. Klasse D-Endstufen können jedoch mit geringer Kühlung sehr hohe Ausgangsleistungen liefern und erreichen Wirkungsgrade deutlich über 90%. Somit sind zum Beispiel wasserdichte, lüfterlose Leistungsendstufen für den Außeneinsatz möglich.

Die Schalter am Ausgang der Klasse D Endstufe schalten immer wechselseitig. Das heißt, ist der eine Schalter geschlossen, so ist der andere geöffnet. Das bedeutet, dass das Ausgangssignal eine Rechteckspannung sein muss, da immer nur zwischen der positiven und negativen Betriebsspannung umgeschaltet werden kann.
Würde das Audiosignal direkt in eine Rechteckspannung verformt werden, so hätte man ein sehr stark verzerrtes Ausgangssignal! Daher muss das Signal zunächst so aufbereitet werden, dass es mit Hilfe einer Rechteckschwingung gut darstellbar ist. Diese Aufbereitung erfolgt mit Hilfe der Pulsweitenmodulation, kurz PWM. Deren Funktionsweise ist in Abbildung 5.13-8 zu sehen.
Ein hochfrequentes Dreiecksignal wird über einen Komparator (siehe Kapitel 5.14) mit dem Audioeingangssignal verglichen. Dadurch entsteht am Ausgang des Komparators ein Rechtecksignal, dessen

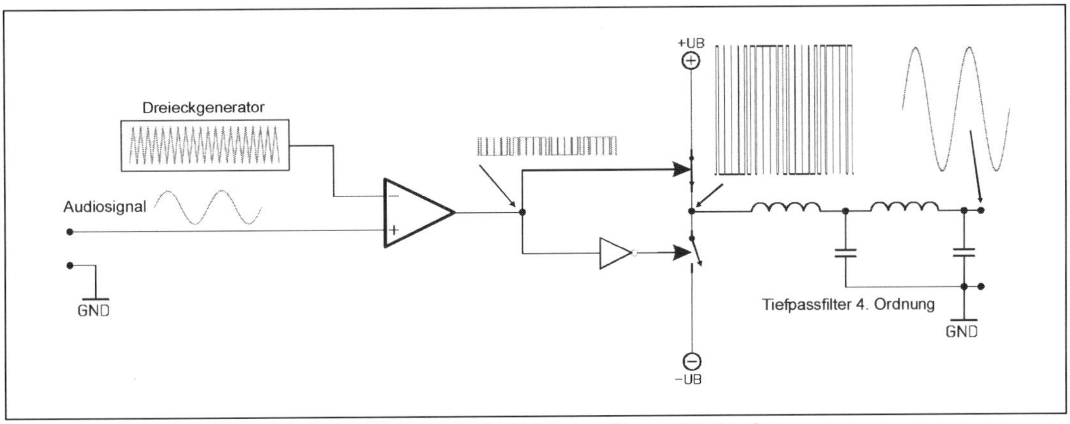

Abb. 5.13-9: Blockschaltbild einer Klasse D Endstufe

Tastverhältnis sich in Abhängigkeit des Audiosignals verändert.

- Ist die Audiosignalspannung bei 0V, so ergibt sich ein Tastverhältnis von 50:50
- Ist die Ausgangssignalspannung über Null, so verschiebt sich das Tastverhältnis immer weiter in den positiven Bereich. Das heißt, dass die rechteckige Ausgangsspannung immer länger positiv als negativ ist.
- Ist die Ausgangssignalspannung unter Null, so verschiebt sich das Tastverhältnis immer weiter in den negativen Bereich. Das heißt, dass die rechteckige Ausgangsspannung immer länger negativ als positiv ist.

Dieses rechteckige Ausgangssignal kann nun auf die Schalttransistoren am Ausgang gegeben und dort hochgeschaltet werden. Dadurch entsteht ein größeres, stromstärkeres Rechtecksignal, welches jedoch einen identischem Verlauf hat.
Um dieses rechteckige Ausgangssignal dem Lautsprecher zuführen zu können, ohne dass dieser aufgrund der hohen Rechteckanteile zerstört wird, muss die Ausgangsspannung tiefpassgefiltert werden. Das Filter muss jedoch die gesamte Ausgangsleistung der Endstufe verkraften und soll trotzdem im Audiobereich linear sein und die Schaltfrequenz (die Rechteckspannung) vollständig wegfiltern. An dieser Stelle liegt einer der kritischsten Schwachpunkte dieser Endstufe: Durch eine zu starke Filterung wird das Audiosignal beeinträchtigt. Durch eine zu schwache Filterung bleiben zu viele hochfrequente Anteile übrig, die mit dem Audiosignal Summen- und Differenzfrequenzen bilden können. Vor allem letztere würden sich störend auf den Klang auswirken.
Der Gesamtklirrfaktor einer Klasse D Endstufe lässt sich daher nicht direkt mit dem Klirrfaktor einer Klasse AB Endstufe vergleichen, da es sich um unterschiedliche Arten von Verzerrungen handelt. Die Verzerrungen einer Klasse D Endstufe werden als störender empfunden, da Störfrequenzen auftreten, die keinen harmonischen Zusammenhang mit dem Audiosignal haben.

Das Blockschaltbild einer Klasse D Endstufe ist in Abbildung 5.13-9 zu sehen.

5.13.1.3 Klasse G und H

Endstufen der Klassen G und H sind erweiterte Klasse AB Endstufen. Bei ihnen wird versucht, durch eine doppelte Versorgungsspannung und doppelte Ausgangstransistoren die Verlustleistung geringer zu bekommen. Bis zu einer bestimmten Ausgangsspannung wird die Endstufe mit einer niedrigeren Betriebsspannung betrieben, und nur die "inneren" Transistoren, welche mit ±U1 verbunden sind, arbeiten. In den Signalspitzen, wenn sehr hohe Ausgangsspannungen verlangt werden, kommen die "äußeren" Transistoren, verbunden mit ±U2 hinzu.
Beträgt U1 zum Beispiel nur die Hälfte von U2, so reduziert sich die Verlustleistung und damit die Erwärmung der Endstufe bei leisen bis mittleren Signalen drastisch und ist auch bei lauten Signalen deutlich geringer, als wenn sie immer mit ±U2 betrieben würde.

In Abbildung 5.13-10 ist eine Gegentaktendstufe Klasse G vereinfacht dargestellt. Die Dioden D1 sorgen hierbei für die Basisvorspannung im AB-Betrieb. Die Dioden D2 sorgen dafür, dass ab Vollaussteuerung der inneren Transistoren die äußeren in Betrieb gehen. Die Dioden in den Betriebsspannungsleitungen von ±U1 sorgen lediglich dafür, dass die äußeren Transistoren ihre Leistung nicht in das Netzteil von ±U1 abgeben.

Verstärker Klasse H verfügen auch über unterschiedlich hohe Betriebsspannungen, die jedoch umgeschaltet werden. Es wird hierbei für das Audiosignal nur ein Ausgangstransistorpärchen verwendet, und es muss keine Übernahme des

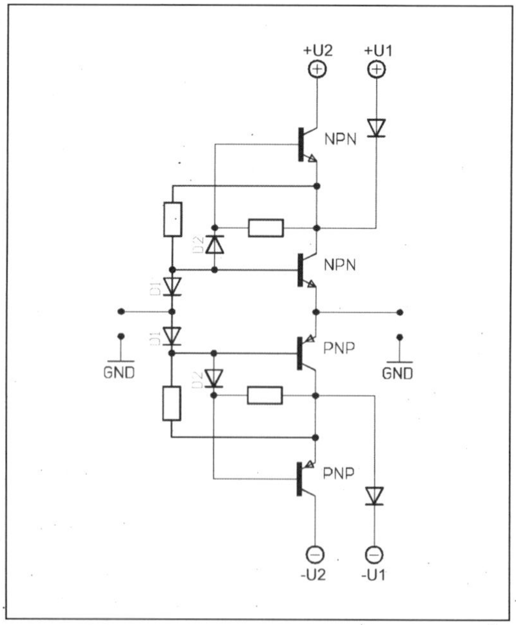

Abb. 5.13-10: Gegentaktendstufe Klasse G

Signals zwischen den Transistorpärchen stattfinden. Dadurch lassen sich Verzerrungen an dem Übergabepunkt verringern.
Das Hochschalten der Versorgungsspannung kann auch in mehr als zwei Stufen erfolgen. Dadurch verringert sich die Verlustleistung der Endstufe noch einmal.

5.13.1.4 Übersicht der Klassen

In der Tabelle 5.13-1 ist eine Übersicht über die gängigen Endstufen-Klassen zu finden.

5.13.2 Schutzschaltungen

Gute Endstufen verfügen über Schutzschaltungen. Diese schützen entweder den Lautsprecher oder die Endstufe selbst vor Beschädigung oder Zerstörung. Folgende Schutzschaltungen sind möglich:

- **Primärseitige Einschaltverzögerung:** Diese Schaltung schaltet den Netztrafo oder einen primärseitigen Ladeelko nicht sofort direkt an das Netz. Vielmehr geht die Endstufe zuerst über einen Vorwiderstand in Betrieb, welcher ab einem gewissen Ladezustand der Elkos überbrückt wird und die Endstufe direkt ans Netz schaltet.
  Auf diese Weise werden die Gleichrichter vor den Ladeelkos geschont und die Netzleitung im Einschaltmoment nicht so stark belastet.
- **Einschaltverzögerung der Lautsprecher:** In diesem Fall handelt es sich nicht wirklich um eine eigene Schutzschaltung. Das verzögerte Einschalten der Lautsprecher ist nur eine Folge der anderen Schutzschaltungen, die beim Einschalten der Endstufe den Lautsprecher aufgrund von Fehlern noch nicht freigeben. Hauptsächlich ist der DC-Schutz dafür verantwortlich.
- **DC-Schutz:** Diese Schutzschaltung misst, ob sich am Lautsprecherausgang eine Gleichspannung befindet. Ist diese zu stark, wird der Lautsprecher abgeschaltet. In unglücklichen Fällen kann diese Schaltung auch bei extrem lauten Subbässen ansprechen.
  Der DC-Schutz löst beispielsweise aus, wenn eine Versorgungsspannung ausfällt oder ein zu starker Gleichspannungsknackser auf den Verstärkereingang gegeben wird. Er spricht ebenfalls im Einschaltmoment von Endstufen an, solange die Betriebsspannungen noch nicht komplett hochgefahren sind.
- **HF-Schutz:** Diese recht seltene Schutzschaltung schaltet den Lautsprecher ab, wenn zu viel hochfrequenter Pegel auf den Ausgang gelangt. Sie soll damit vor elektrischen Feedbacks und Schwingneigungen schützen, die ein unhörbares Signal erzeugen könnten, welches den Hochtöner zerstören würde.
- **Übertemperaturschutz:** Wenn die Leistungstransistoren zu heiß werden, schaltet diese Schutzschaltung den Lautsprecher und damit auch die Belastung für die Leistungstransistoren ab. Nach dem Abkühlen geht die Endstufe wieder an. Da die Temperatur normalerweise am Kühlkörper gemessen wird, kann es länger dauern, bis wieder eingeschaltet wird.
- **Kurzschlussschutz:** Wird der Ausgangsstrom der Endstufe zu hoch, dann spricht der Kurzschlussschutz an. Es kann auch sein, dass eine zu geringe Lautsprecherimpedanz angeschlossen wurde, die zu einem zu hohen Ausgangsstrom führt.
  Spricht die Schaltung an, dann wird der Lautsprecher beziehungsweise der Kurzschluss von der Endstufe getrennt und der Stromfluss somit unterbrochen.

5.13.3 Brückenschaltung von Endstufen

Eine Endstufe ist normalerweise so gebaut, dass die Ausgangsspannung der Leistungstransistoren gegenüber Masse abgegeben wird. Das heißt, dass an der roten Lautsprecherklemme das Signalpotential anliegt und an der schwarzen Klemme das Massepotential. Bei einer Stereoendstufe führen beide

Klasse	Ausgangsleistung	Verlustleistung	Ruhestrom	Verzerrungen	Anwendung
A	Niedrig	sehr hoch	sehr hoch	fast keine	High-End / Kopfhörer
AB	hoch	mittel	niedrig	gering	Standard HiFi
B	hoch	gering	null	sehr hoch	Nicht Audio
C	hoch	sehr gering	negativ	extrem hoch	Nicht Audio
D und E	sehr hoch	sehr gering	nicht vorhanden	gering	PA / HiFi
G und H	sehr hoch	gering bis mittel	niedrig	gering	PA

Tab. 5.13-1: Übersicht über die Endstufenklassen

schwarzen Klemmen Masse und sind miteinander verbunden. Die maximal verfügbare Ausgangsspannung ist somit identisch mit der halben Betriebsspannung. Beträgt die Betriebsspannung beispielsweise ±70V, also gesamt 140V, so kann maximal eine Spannung von 70V gegenüber Masse am Ausgang abgegriffen werden. Wenn man die gesamte Betriebsspannung an den Ausgang bekommen könnte, so würde sich durch die Verdoppelung der Spannung die mögliche Ausgangsleistung vervierfachen.
Durch eine Brückenschaltung von zwei gleichen Endstufen wird dies möglich. Wie in Abbildung 5.13-11 zu sehen, wird eine Stereo-Endstufe verwendet, um einen Lautsprecher in Brücke zu betreiben. Der eine Eingang der Stereo-Endstufe bekommt hierbei das normale Eingangssignal, der andere Eingang ein invertiertes Signal. Auf diese Weise entstehen an den beiden roten Klemmen zueinander invertierte Potentiale, und die Differenz zwischen den roten Klemmen wird doppelt so hoch wie zwischen einer roten und einer schwarzen Klemme.
Da der Lautsprecher zwischen roten Klemmen liegt, die jeweils ein zueinander phasengedrehtes Signal abgeben, entsteht in der Mitte der Lautsprecherschwingspule eine virtuelle Masse. Somit "sieht" jeder Endstufenausgang nur die halbe Impedanz des Lautsprechers. Hat der Lautsprecher beispielsweise 8Ω Impedanz, so wird jeder der beiden Endstufenausgänge mit 4Ω belastet. Da man die Mindestlastimpedanz einer Endstufe nicht unterschreiten sollte, um möglichst geringe Verzerrungen zu haben und den Kurzschlussschutz nicht auszulösen, muss man beachten, dass die angeschlossene Lautsprecherimpedanz doppelt so groß ist wie die Mindestlastimpedanz der Endstufe:

$$Z_{LS} \geq 2 \cdot Z_{min}$$

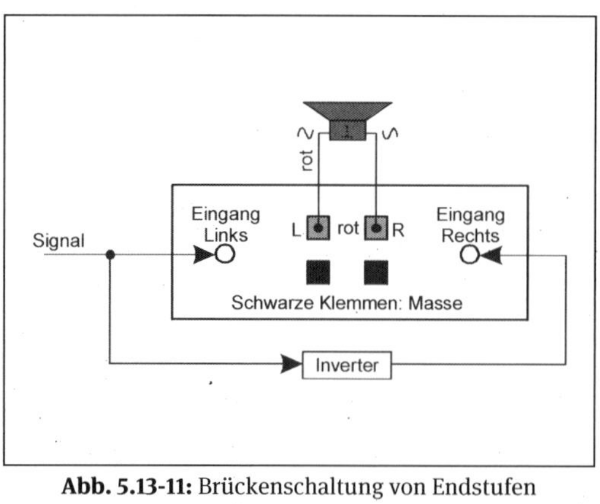

Abb. 5.13-11: Brückenschaltung von Endstufen

mit:
Z_{LS}: Impedanz des Lautsprechers in Ohm, Ω
Z_{min}: Mindestlastimpedanz der Endstufe in Ohm, Ω

Weiterhin gilt es zu beachten, dass beim Brückenbetrieb immer zwei gleiche Endstufen eingesetzt werden, also beispielsweise zwei Hälften einer Stereoendstufe. Werden unterschiedlich starke Endstufen verwendet, so kann die stärkere die schwächere Endstufe zerstören.
Die Lautstärkeregler beider Endstufenhälften sollten gleich weit aufgedreht sein, um die maximale Leistung zu erzielen. Sind sie unterschiedlich weit aufgedreht, reduziert sich lediglich die Ausgangsleistung, die Endstufen können dadurch jedoch nicht zerstört werden.

Bei der Eingangsbeschaltung der beiden Endstufenhälften gibt es mehrere Schaltungsmöglichkeiten, die in Abbildung 5.13-12 zu sehen sind. Am einfachsten ist es, wenn die Endstufe bereits einen "Bridge"-Schalter hat, da dieser das Signal des einen Eingangs invertiert auf den anderen Eingang legt.

5.13.4 Klangbestimmende Faktoren

Trotz gleicher Ausgangsleistung und linearem Frequenzgang weit über den Hörbereich hinaus klingen Endstufen unterschiedlich. Es gibt weitere, teilweise nicht offensichtliche Faktoren, die den Klang wesentlich beeinflussen:

- Art der internen Verkabelung
- Größe der Siebelkos
- Größe des Netzteils
- Niedrige Ausgangsimpedanz

Alle diese Eigenschaften laufen immer wieder auf das gleiche hinaus. Die Endstufe sollte eine möglichst niedrige Ausgangsimpedanz haben und möglichst impulsfest sein. Eine niederohmige interne Verkabelung, große Siebelkos und ein starkes Netzteil sind die Grundvoraussetzungen, um eine niedrige Ausgangsimpedanz zu realisieren.
Bei der Konstruktion einer Lautsprecherbox muss die Ausgangsimpedanz der Endstufe mit einberechnet werden. Man nimmt normalerweise eine ideale, sehr niedrige Impedanz von nahezu 0Ω an. Erfüllt die Endstufe in der Praxis diese Forderung nicht, so klingt der Lautsprecher im Bass schwächer und nicht so "knackig". Möchte man einen möglichst

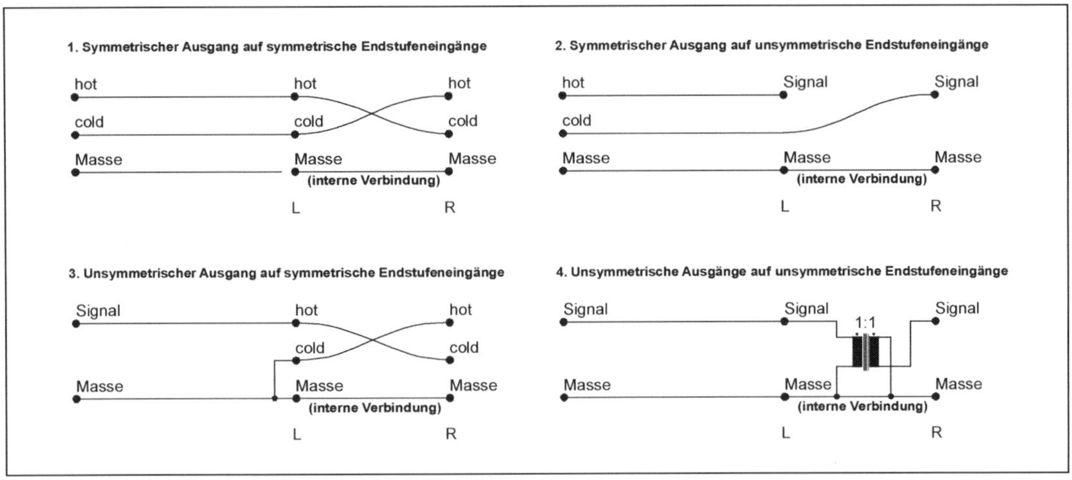

Abb. 5.13-12: Verschiedene Verkabelungsmöglichkeiten für die Brückenschaltung

optimalen Klang, so empfiehlt es sich, immer eine überdimensionierte Endstufe für einen Lautsprecher zu wählen, da diese die Forderung nach niedriger Ausgangsimpedanz besser erfüllen kann.

Die Netzteilgröße ist ganz wesentlich für die verfügbare Dauerleistung am Ausgang verantwortlich. Oft wird ein zu kleiner Netztrafo eingebaut, der eine hohe Leerlaufspannung hat und eine hohe Spitzenleistung vortäuschen soll. Nach der Effektivwertformel hat eine Sinusschwingung einen Effektivwert, der 0,7 mal so hoch wie die Amplitude ist - also -3dB unter dem Spitzenwert liegt. Demzufolge sollte auch die Sinusleistung einer Endstufe -3dB unter der Spitzenleistung liegen, was der halben Leistung entspricht. Unter Dauerbelastung mit Sinustönen bricht die Spannung jedoch bei einem zu kleinen Netzteil zusammen, und die Sinusleistung ist deutlich niedriger, als die halbe Spitzenleistung. Eine gute Endstufe kann man an dem korrekten Verhältnis ausmachen: $P_{Spitze}=2 \cdot P_{Sinus}$.

5.14 Komparatorschaltungen

Ein Komparator ist im Grunde eine Operationsverstärkerschaltung ohne Gegenkopplung. Da ein Operationsverstärker auf die kleinsten Unterschiede zwischen den beiden Eingängen mit einer heftigen Ausgangsspannungsänderung reagiert, kann er auf diese Weise als Vergleicherschaltung eingesetzt werden:

- Ist die Spannung am nicht invertierenden Eingang höher als die Spannung am invertierenden Eingang, so steigt die Ausgangsspannung bis zur positiven Betriebsspannung an, da es keine Gegenkopplung gibt, die den Operationsverstärker unter Kontrolle hält.
- Ist die Spannung am nicht invertierenden Eingang kleiner als die Spannung am invertierenden Eingang, so sinkt die Ausgangsspannung bis zur negativen Betriebsspannung ab.
- Sollte die Eingangsspannung an beiden Eingängen in sehr engen Grenzen gleich sein, so ändert sich die Spannung am Ausgang nicht. Da dies einen nicht definierten Zustand der Ausgangsspannung darstellt (sie ändert sich nicht, das heißt, sie bleibt da stehen, wo sie zuletzt war), muss eventuell mit Hilfe eines Mitkopplungswiderstandes vom Ausgang zum nicht invertierenden Eingang nachgeholfen werden, einen der ersten beiden Zustände zu erreichen.

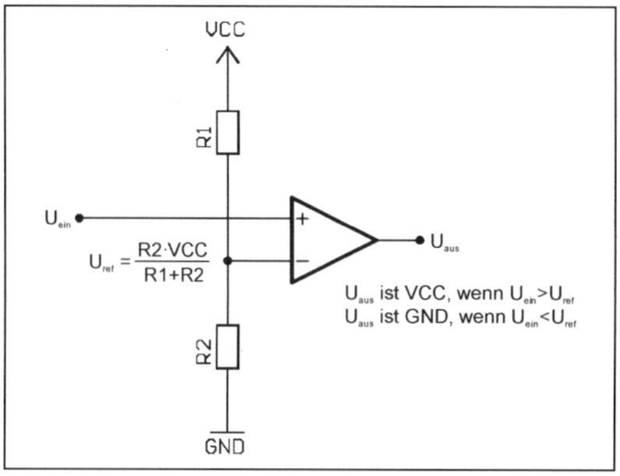

Abb. 5.14-1: Komparator Grundschaltung

Ein Komparator kann also am Ausgang nur zwei verschiedene Zustände anzeigen: größer und kleiner. Er eignet sich daher für Vergleicheranwendungen, bei denen die Ausgangsspannung sich ändern soll, wenn eine bestimmte Referenzspannung überschritten wird.

So eine Schaltung ist in Abbildung 5.14-1 zu sehen: Der Spannungsteiler aus R1 und R2 teilt die Betriebsspannung zu einer Referenzspannung für den Umschaltschwellwert herunter. Diese Referenzspannung wird auf den invertierenden Eingang des Operationsverstärkers gegeben. Auf den nicht invertierenden Eingang kommt das zu messende Signal. Überschreitet letzteres die Referenzspannung, wechselt die Ausgangsspannung von der

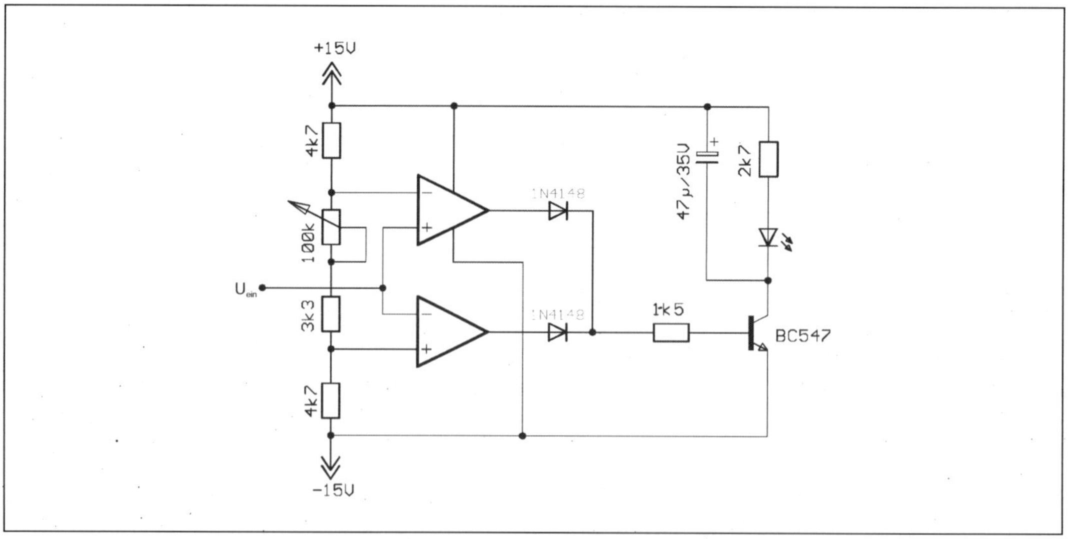

Abb. 5.14-2: Peak-LED mit Komparatoren

negativen Betriebsspannung zur positiven Betriebsspannung des Operationsverstärkers.

5.14.1 Peak-LED

Bei einer Peak-LED kommt es darauf an, kurze Spitzen im Audiosignal möglichst schnell anzeigen zu können, damit die Kontrolle einer möglichen Übersteuerung erfolgen kann.
Dabei ist es wichtig, sowohl positive als auch negative Spitzen zu erfassen und anzuzeigen. Für die Anzeige selber reicht jedoch ein einzelnes Lämpchen, das sowohl bei positiven als auch bei negativen Spitzen aufleuchtet.
Eine mögliche Schaltung für eine solche Peak-LED ist in Abbildung 5.14-2 zu sehen.

Am Eingang befindet sich ein symmetrischer Spannungsteiler, mit dem man die beiden Referenzspannungen gleichzeitig mit einem Poti einstellen kann. Der Einstellbereich liegt dabei zwischen -0,75dB und -11,7dB unter Betriebsspannung.
Der obere Komparator überwacht das Überschreiten des Eingangssignals über die positive Referenzspannung, der untere das Unterschreiten unter die negative Referenzspannung. Auf diese Weise können positive und negative Übersteuerungen ohne Gleichrichter erfasst werden.
Soll das Peak-Lämpchen aufleuchten, so wird der Ausgangs des jeweiligen Komparators positiv. Da nur eine LED verwendet werden soll, werden die Ausgänge der Komparatoren über zwei Dioden verbunden, so dass sie sich nicht gegenseitig beeinflussen können. Anschließend wird mit einem Transistor das Signal im Strom verstärkt und auf eine LED gegeben. Der Elko an der LED sorgt dafür, dass die LED länger leuchtet, als der Referenzwert überschritten wurde, um ein sicheres Ablesen zu ermöglichen.

5.14.2 LED-Ketten

Mit Hilfe der integrierten Bausteine LM3914 / LM3915 und LM3916 können sehr einfach LED-Ketten für unterschiedliche Anzeigeanwendungen aufgebaut werden. Die drei Bausteine sind alle anschlusskompatibel zueinander, verfügen jedoch über unterschiedliche integrierte Spannungsteiler, um unterschiedliche Skalierungen der Anzeige zu ermöglichen. Immer 10 LEDs pro Baustein werden angesteuert.

- **LM3914:** Dieser Baustein ermöglicht eine lineare Anzeige. Er ist mit weiteren LM3914 beliebig zu längeren LED-Ketten kaskadierbar.
- **LM3915:** Logarithmische Anzeige in 3dB-Schritten. Anzeigen bis zu 90dB Gesamtdynamik sind möglich.
- **LM3916:** Die Skala entspricht der eines typischen HiFi-VU-Meters:
  -20 / -10 / -7 / -5 / -3 / -1 / 0 / +1 / +2 / +3dB

In Abbildung 5.14-3 ist die Innenverschaltung, sowie die externe Minimalbeschaltung am Beispiel des LM3916 zu sehen.

5.14.2.1 Peak-Meter mit LED Kette

In Abbildung 5.14-4 ist eine komplette Peak-Meter-Schaltung nach DIN mit einem LM3916 und einem LM3915 zu sehen.
In dieser Schaltung wird das Audiosignal zunächst durch einen Präzisions-Vollwellengleichrichter gleichgerichtet und mit den Zeitkonstanten für ein DIN-Messgerät versehen: 10ms Hinlaufzeit und 1,5s für

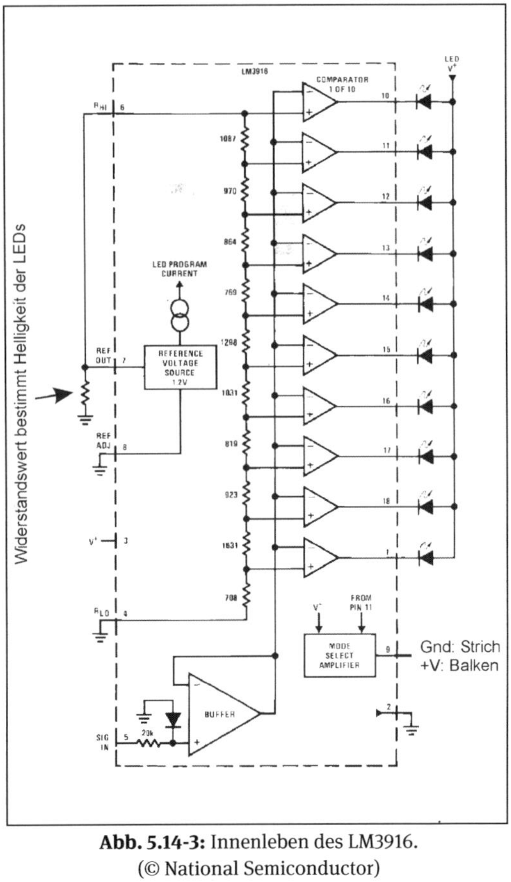

Abb. 5.14-3: Innenleben des LM3916.
(© National Semiconductor)

20dB Rücklauf. Für die Hinlaufzeit ist der 220nF Kondensator zuständig, für die Rücklaufzeit der 3,3µF Kondensator.

Anschließend geht das Signal direkt auf den LM3916 und mit 16dB Verstärkung auf den LM3915. Dadurch erhält man eine Skala, die mit 18 LEDs von -37dB bis +3dB geht.
Beide LM3915 und LM3916 sind hierbei durch die Verbindung von Anschluss 9 auf +12V in den "Bargraph-Mode" geschaltet, was bedeutet, dass eine Balken- und keine Strichanzeige dargestellt wird.
Die Farbe der LEDs kann nach belieben gewählt werden, da die LM39xx-Serie den Strom durch die LEDs konstant hält.

5.14.2.2 Korrelationsgradmesser mit LED-Kette

Ein Korrelationsgradmesser (Phasenmessgerät) ist eine relativ einfach aufzubauende Schaltung (Siehe Abbildung 5.14-5). Es werden zwei identische Eingangsschaltungen benötigt, die das Signal aufbereiten, bevor ein Exklusiv-Oder-Logikbaustein die Phase zwischen den beiden Signalen ermittelt. Die Eingänge können beliebig vergeben werden, da nur die relative Phase angezeigt wird.

Nach einem Koppelkondensator am Eingang wird das Signal durch den ersten Operationsverstärker auf eine Rechteckschwingung mit ±0,7V verstärkt. Dies wird bei nahezu allen Eingangssignalpegeln sehr gut ausgeführt.
Die zweite Operationsverstärkerschaltung verstärkt die Rechteckschwingung weiter auf die komplette Betriebsspannung der Schaltung. Anschließend werden im ersten Logikbaustein die Rechteckflanken verbessert.

Die beiden Eingangssignale werden an einem Exklusiv-Oder-Logikbaustein miteinander verglichen. Da die Eingangssignale mittlerweile rechteckkig sind und somit nur noch aus ihrem Vorzeichen bestehen, ergibt sich am Ausgang des Logikbausteins ein Signal, dessen Tastverhältnis proportional zum Phasenwinkel zwischen den Signalen ist. Dabei gilt für das Ausgangssignal des Logikbausteins:

- 0° Phasenverschiebung: 0V.
- 45° Phasenverschiebung: Rechteck mit 25% positivem Tastverhältnis.
- 90° Phasenverschiebung: Rechteck mit 50% Tastverhältnis.
- 45° Phasenverschiebung: Rechteck mit 75% positivem Tastverhältnis.
- 180° Phasenverschiebung: positive Betriebsspannung.

Im nächsten Logikbaustein wird dieses Signal invertiert, damit die Ausgangsspannung auch auf einem Zeigerinstrument angezeigt werden kann, wobei der Vollausschlag dann bei 0° Phasenverschiebung liegt.

Der 10kΩ Widerstand zusammen mit dem 22µF Kondensator bestimmt die Trägheit der Anzeige. Der 820kΩ und der 47kΩ Widerstand erzeugen eine kleine Vorspannung, damit die Anzeige bei einem komplett phasenverschobenen Signal nicht verlöscht.

Zuletzt wird aus zwei LM3914 eine lineare 20-stellige LED-Kette aufgebaut. Sie ist in diesem Fall als Punktanzeige und nicht als Balkenanzeige realisiert worden. Somit ergibt sich ein "Zeiger" der den Korrelationsgrad anzeigen kann. Mit dem 5kΩ Poti stellt man die Anzeige so ein, dass bei 90° Phasenverschiebung genau die letzte rote und die erste grüne LED aufleuchten (Korrelationsgrad 0).

Alternativ kann man auch ein echtes Zeigerinstrument einsetzen. In diesem Fall sollte man jedoch nach dem 22µF Elko einen Spannungsteiler einsetzen, der auf den Vollausschlag des Zeigerinstrumentes justiert wird. Hat beispielsweise das Zeigerinstrument einen Vollausschlag von 2V, so muss bei 8V Betriebsspannung ein Spannungsteiler mit Teilerfaktor 4 eingesetzt werden.

Der genaue Wert der Betriebsspannung ist bei der gezeigten Schaltung relativ unkritisch, sollte jedoch aufgrund der maximalen Verlustleistung des LM3914 nicht über ±9V gehen. Der verwendete Operationsverstärker kann ein einfacher 4-fach OP sein (zum Beispiel TL084 oder TL074).

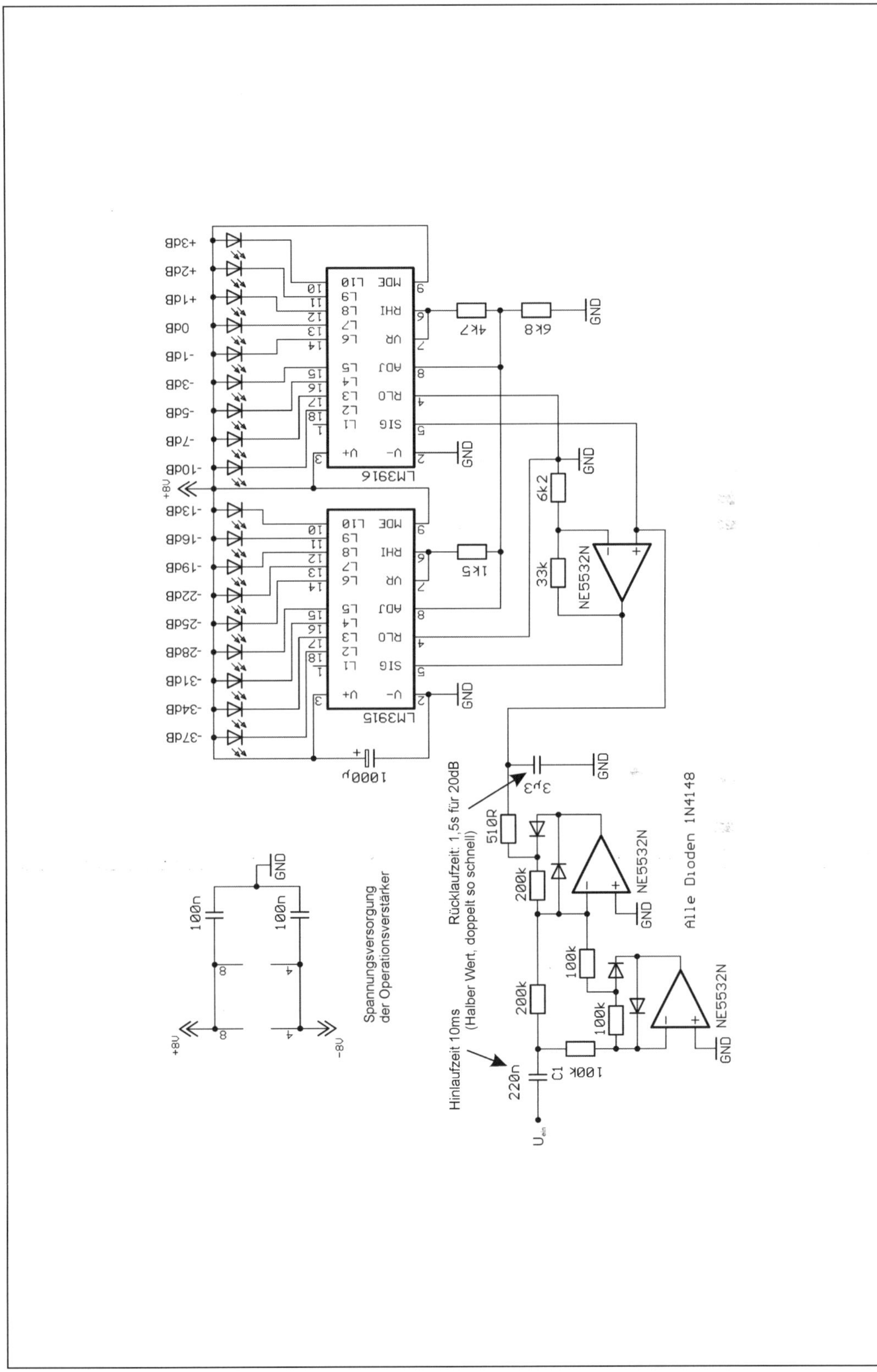

Abb. 5.14-4: Peak-Meter nach DIN mit LM3915 und LM3916

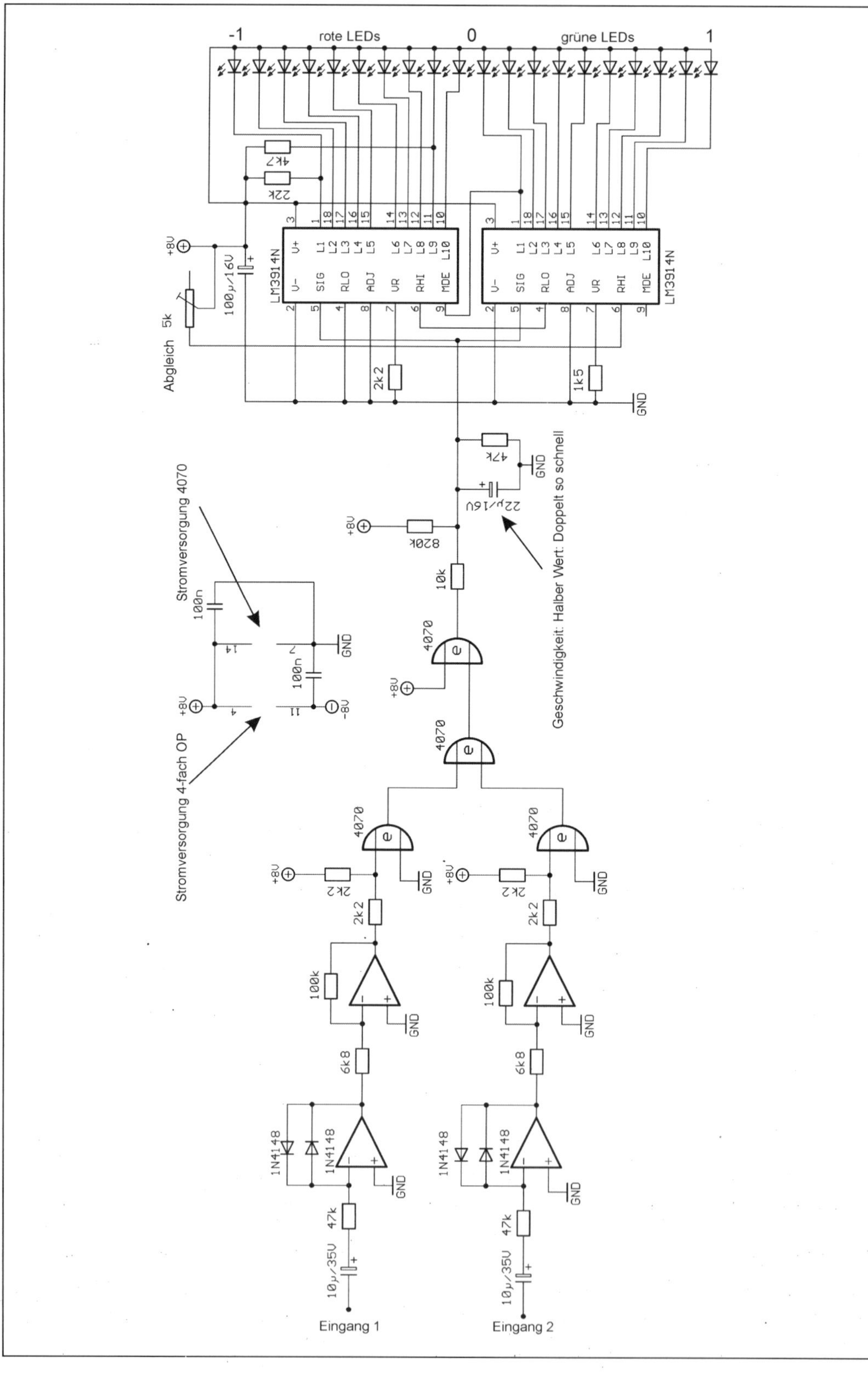

Abb. 5.14-5: Korrelationsgradmesser mit zwei LM3914

5.15 Netzteilschaltungen

Netzteile dienen der Stromversorgung von aktiven Elektronikschaltungen. Man benötigt sie unter anderem, um Operationsverstärker, Transistoren, Logikbausteine, Prozessoren und Lämpchen zu betreiben.

5.15.1 Technische Daten und Fachbegriffe

Bevor auf die Schaltungen und die Netzteilarten eingegangen werden kann, sollten ein paar Grundlagen und Fachbegriffe erläutert werden:

- **Primärseite:** Eingangsseite eines Netzteils. Normalerweise mit der Netzsteckdose verbunden.
- **Sekundärseite:** Ausgangsseite eines Netzteils. Auf der Sekundärseite können eine oder mehrere Gleich- oder Wechselspannungen zur Verfügung stehen.
- **Galvanische Trennung:** Elektrische Isolation. Bei Netzteilen sind normalerweise Primär- und Sekundärseite galvanisch getrennt. Dadurch ist die Sekundärseite nicht elektrisch mit der Netzspannung verbunden.
  Ausnahmen stellen "Spartrafos" oder "Autotrafos" dar, die zwar eine Spannung umtransformieren können, jedoch über keine galvanische Trennung verfügen.
- **Weitbereichseingang:** Schaltnetzteile haben oft einen Eingangsspannungsbereich von 65V bis 250V. Auch die Eingangsfrequenz ist unerheblich, da die Spannung sofort gleichgerichtet wird.
- **Ausgangsleistung:** Abhängig vom Netztransformator können Netzteile mehr oder weniger Ausgangsleistung liefern. Die Leistung wird in Watt oder VA angegeben.
- **Ausgangsstrom:** Ist auf einem Netzteil ein Ausgangsstrom angegeben, handelt es sich bei stabilisierten Netzteilen um den maximal zulässigen Ausgangsstrom. Wird weniger Strom benötigt, ist dies nicht schlimm.
  Bei unstabilisierten Netzteilen ist es der Nominalstrom, bei dem auch die korrekte Spannung zur Verfügung steht. Ist hier der Stromverbrauch zu gering, steigt die Ausgangsspannung des Netzteils an.
- **Ausgangsspannung:** Dies ist die tatsächliche Ausgangsspannung bei stabilisierten Netzteilen, bei unstabilisierten Netzteilen die Ausgangsspannung unter der Nominalbelastung, das heißt, mit dem korrekten Ausgangsstrom.
- **Restwelligkeit:** Eine Spannungsglättung oder -stabilisierung erfolgt niemals perfekt. Es bleibt immer ein Rest der Wechselspannung übrig. Diese nennt man die Restwelligkeit. Sie bewegt sich normalerweise im Millivoltbereich.
- **DC/DC-Wandler:** Dies sind Bausteine, die eine Gleichspannung in eine andere (höhere oder niedrigere) Gleichspannung umwandeln können. Mit ihrer Hilfe kann zum Beispiel eine Batteriespannung von 3V auf eine Spannung von ±15V hochgewandelt werden, um damit Operationsverstärker zu betreiben. Auch in Mikrofonen sind oft DC/DC-Wandler vorhanden, die die Phantomspeisung, die zwischen 9V und 54V betragen kann, auf die Kapselvorspannung von 60V oder ±60V umwandeln.

5.15.2 Grundlagen

Man unterscheidet zunächst grundlegend zwei Arten von Netzteilen:

- **Konventionelle Netzteile:** Diese haben einen Netztransformator, der die Netzspannung direkt auf eine niedrigere Spannung heruntersetzt. Die niedrigere Sekundärspannung wird anschließend gleichgerichtet, geglättet und gegebenenfalls stabilisiert.
- **Schaltnetzteile:** Hier wird die Netzspannung zuerst gleichgerichtet und dann mit einer hohen Frequenz (zum Beispiel 30kHz) wieder zu einer Wechselspannung zerhackt. Diese hochfrequente Hochspannung wird über einen Transformator heruntertransformiert, gleichgerichtet und stabilisiert. Der Vorteil von diesen Netzteilen liegt in der kleineren, leichteren Bauform, da Transformatoren mit immer höher werdender Wechselspannungsfrequenz bei gleicher Leistung immer kleiner gebaut werden können, da sie die benötigte Leistung in mehreren kleinen "Portionen" heruntertransformieren können. Weiterhin kann die Spannungsregelung über die Menge an primär zugeführter Energie erfolgen, was zu besseren Wirkungsgraden führt als die Sekundärregelung bei konventionellen Netzteilen. Zu guter letzt können aufgrund der hohen Schaltfrequenz kleinere Siebkapazitäten auf der Sekun-

därseite eingesetzt werden, ohne dass eine störende Restwelligkeit auftritt.
Da Schaltnetzteile wesentlich mehr Bauteile benötigen als konventionelle Netzteile sind sie jedoch auch deutlich fehleranfälliger und auch schwieriger zu reparieren.

In diesem Kapitel soll nur auf konventionelle Netzteile eingegangen werden, da man solche bei Bedarf auch problemlos selbst bauen kann.

Netzteile können weiterhin unterschieden werden zwischen stabilisierten und nicht stabilisierten Netzteilen:

- **Nicht stabilisierte Netzteile:** Bei diesen Netzteilen ist die tatsächliche Ausgangsspannung stark lastabhängig und kann im Leerlauf (also ohne Last) bis zum 1,5-fachen der angegebenen Nominalspannung betragen. Teilweise ist eine relativ große Restwelligkeit vorhanden.
- **Stabilisierte Netzteile:** Die Ausgangsspannung wird durch eine Stabilisierungsschaltung innerhalb eines sehr kleinen Toleranzbereiches konstant gehalten. Das bedeutet, dass unabhängig von der Last immer die gleiche Ausgangsspannung vorhanden ist. Auch die Restwelligkeit eines solchen Netzteils ist deutlich geringer als die eines unstabilisierten Netzteils.

Eine letzte Art der Unterscheidung erfolgt über die Anzahl der Sekundärspannungen. Einfache Netzteile verfügen über eine Ausgangsspannung und dienen einer unsymmetrischen Spannungsversorgung (siehe Kapitel 5.15.3). Für professionelle Audioanwendungen werden Netzteile mit zwei identischen Ausgangsspannungen für eine symmetrische Spannungsversorgung verwendet (siehe Kapitel 5.15.4).
In Mischpulten finden Netzteile mit drei, vier oder noch mehr Ausgangsspannungen Anwendung. So könnten für ein professionelles Mischpult folgende Spannungen vorhanden sein:

- ±17V für die Operationsverstärker
- +12V für Lämpchen
- +5V für Prozessoren und Logikbausteine
- +48V für die Phantomspeisung
- +250V für Plasmameter

Netzteile für solche Pulte sind Spezialanfertigungen und werden nur für dieses eine Mischpult konstruiert.

5.15.3 Unsymmetrische Spannungsversorgung

Die einfachste Möglichkeit, ein Gerät mit Spannung zu versorgen, ist die unsymmetrische Spannungsversorgung. Hierbei hat man eine einzige Betriebsspannung, die für die Operationsverstärker zur Verfügung steht. Viele HiFi-Geräte verfügen nur über eine unsymmetrische Spannung. Auch Steckernetzteile sind normalerweise unsymmetrisch. Wird ein Gerät mit Batterien betrieben, sind auch diese als unsymmetrische Versorgungsspannung eingesetzt. Es besteht jedoch immer die Möglichkeit, mit Hilfe eines DC/DC-Wandlers eine unsymmetrische Netzteilspannung im Gerät doch noch zu einer symmetrischen Spannung zu wandeln und damit eine bessere Versorgung der Operationsverstärker zu gewährleisten.

5.15.3.1 Aufbau eines Netzteils

Eine typische Schaltung für ein unsymmetrisches Netzteil ist in Abbildung 5.15-1 zu sehen.

Man sieht, dass die Spannung hinter dem Netztransformator über einen Brückengleichrichter gleichgerichtet wird. Anstelle eines fertig aufgebauten Brückengleichrichters können auch vier einzelne Dioden eingesetzt werden. Die vier Kondensatoren, die über den Dioden des Gleichrichters liegen, dämpfen die "Umschaltknackser" der Dioden und sorgen somit für eine geringere Restwelligkeit des Netzteils.
Nach den Dioden erfolgt die Glättung der gleichgerichteten Wechselspannung an dem Elektrolytkondensator C1. Eine Daumenregel besagt, dass dieser Kondensator mit etwa 2200µF/1A Strom dimensioniert werden sollte.

Hinter dem oder den Glättungselkos ist eine Spannungsregelung eingebaut. Diese kann im einfachsten Fall mit einem Festspannungsregler des Typs 78xx erfolgen. Dabei steht das "xx" für die Spannung, auf die geregelt werden soll. Dieser Regler ist ein so genannter "Längsregler" und die überschüssige Spannung wird einfach in Wärme umgewandelt. Das bedeutet, dass bei höheren Strömen eine merkliche Verlustleistung am Spannungsregler auftritt und dieser heiß wird. Ab 200mA Strom sollte der Spannungsregler mit einem Kühlkörper versehen werden oder mit einer Glimmerscheibe isoliert auf das Metallgehäuse des Gerätes geschraubt werden.

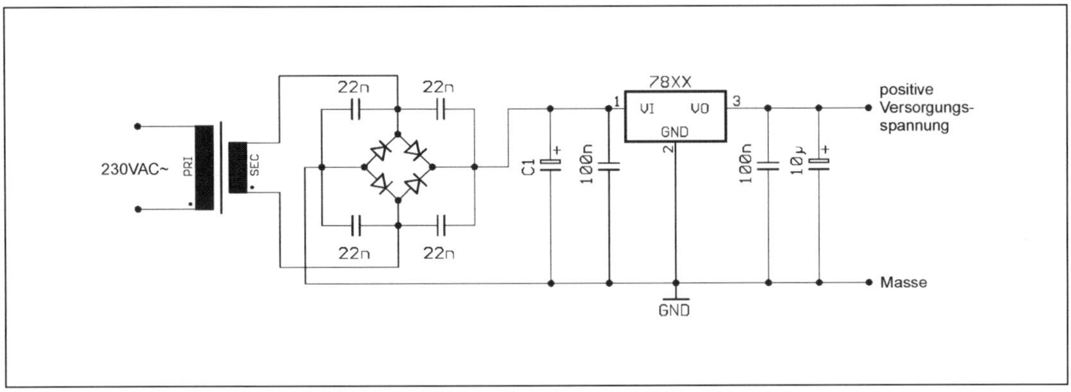

Abb. 5.15-1: Schaltung eines unsymmetrischen Netzteils

Eine Alternative zu einem Festspannungsregler ist ein einstellbarer Spannungsregler wie der LM317. Diese Variante ist in Abbildung 5.15-2 zu sehen. Die Ausgangsspannung des einstellbaren Spannungsreglers berechnet sich mit:

$$U_{aus} = 1,25 \cdot \left(1 + \frac{R1}{R2}\right)$$

mit:
U_{aus}: Ausgangsspannung in Volt, V
R1, R2: Widerstände in Ohm, Ω
Empfohlen: R2 ca. 240Ω

Um beide Varianten der Spannungsregelung herum sind noch weitere Kondensatoren zu sehen. Die 100nF Kondensatoren "bremsen" den Regler in seiner Regelgeschwindigkeit, so dass er sich nicht aufschaukeln kann. Würden diese Kondensatoren fehlen, so kann es passieren, dass der Regler "schwingt" und der stabilisierten Ausgangsspannung eine sehr hochfrequente Wechselspannung überlagert.

Der 10µF Kondensator am Ausgang dient der kurzfristigen Stromversorgung der angeschlossenen Verbraucher. Er entlastet den Spannungsregler von kurzen Verbrauchsspitzen, die der Regler dann nicht mehr ausregeln muss. Dieser Elko kann bei Bedarf auch größer gewählt werden.

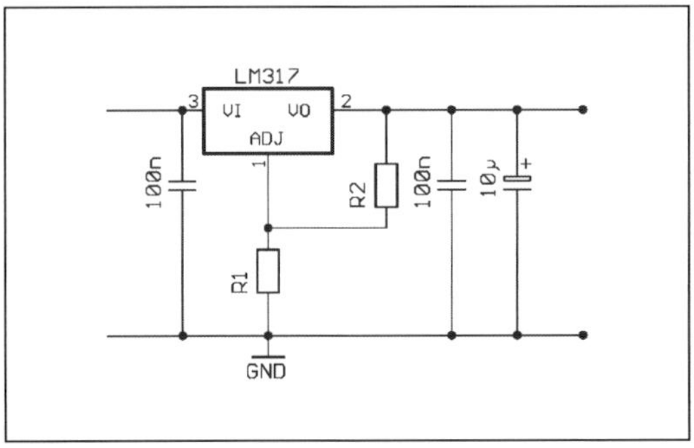

Abb. 5.15-2: Einstellbare Spannungsregelung mit LM317

5.15.3.2 Versorgung einer Operationsverstärkerschaltung

Wird eine Audioschaltung mit einer unsymmetrischen Spannung versorgt, so besteht zunächst das Problem, dass ein Audiosignal positive und negative Halbwellen enthält, die Versorgungsspannung jedoch nur positiv ist. Aus diesem Grund muss eine künstliche Masse (später auch U_{ref} genannt) für das Audiosignal geschaffen werden, und damit der Nulldurchgangswert für das Audiosignal so verschoben werden, dass das gesamte Signal im positiven Spannungsbereich liegt.

Sinnvollerweise legt man dazu die künstliche Masse auf die halbe Betriebsspannung (siehe Abbildung 5.15-3). Dies kann mit Hilfe unterschiedlicher Schaltungsvarianten geschehen (siehe Abbildung 5.15-4):

- Die einfachste Variante besteht aus einem Spannungsteiler mit zwei gleichen Widerständen und einem Elko als Stabilisierung. Wenn nur wenige Operationsverstärker mit dieser künstlichen Masse versorgt werden sollen, ist diese Schaltung ausreichend.
- In der zweiten Variante sorgt ein Operationsverstärker in Impedanzwandlerschaltung für eine stabile Referenzspannung. Dabei wird der gleiche, jedoch möglicherweise hochohmigere Spannungsteiler zum Erzeugen der Spannung benutzt, diese dann jedoch anschließend noch

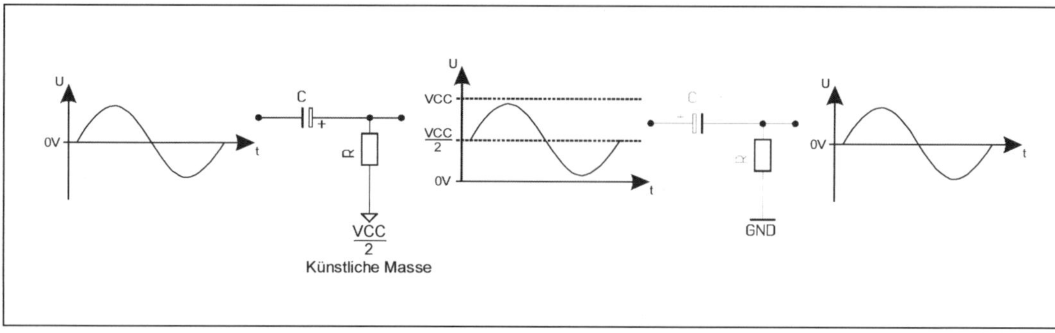

Abb. 5.15-3: Verschiebung des Audiosignals in den Betriebsspannungsbereich

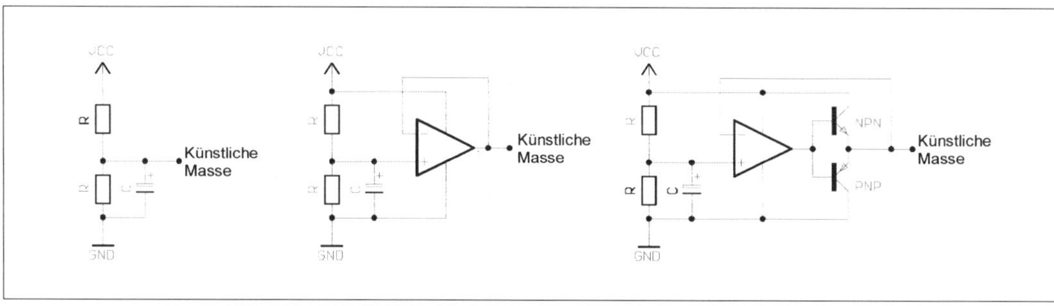

Abb. 5.15-4: Drei Möglichkeiten, um eine künstliche Masse zu schaffen

mit Hilfe des Impedanzwandlers stabil gegenüber Belastungen gemacht.

- Sollte auch die Impedanzwandlerunterstützung nicht ausreichen, kann man noch einen "Nachbrenner" hinterher schalten. Dieser besteht aus zwei Transistoren, die je nach Dimensionierung die Referenzspannung auch bei hohen Belastungen stabil halten können.

Zwei verschiedene Operationsverstärkerschaltungen mit einer unsymmetrischen Versorgungsspannung sind in Abbildung 5.15-5 zu sehen.
Hier sind gut die Koppelkondensatoren am Eingang und Ausgang zu sehen, die am Eingang das Audiosignal auf die künstliche Masse (U_{ref}) hochziehen und am Ausgang wieder abkoppeln.

Weiterhin ist ganz rechts in der Abbildung eine Entkopplung des Operationsverstärkers durch einen Vorwiderstand und einen Kondensator in der Betriebsspannungsleitung zu sehen. Diese Bauteile dienen dazu, den Operationsverstärker vom Netzteil so zu entkoppeln, dass der kurzfristige Strombedarf aus dem 100nF-Kondensator bezogen werden kann und nicht über die Betriebsspannungsleitung vom Netzteil kommen muss. Besonders wichtig wird diese Betriebsspannungsentkopplung jedoch erst beim Einsatz mehrerer Operationsverstärkerschaltungen, um eine gegenseitige Beeinflussung über die gemeinsame Betriebsspannung zu vermeiden.

5.15.4 Symmetrische Spannungsversorgung

Bei einer symmetrischen Spannungsversorgung hat man zwei gleich große Spannungen, die symmetrisch zum 0Volt Potential angeordnet sind. Dadurch können die versorgten Schaltungen positive und negative Signalanteile sofort bearbeiten und es muss keine Verschiebung des Signals erfolgen.

Im professionellen Audiobereich werden ausschließlich symmetrische Spannungsversorgungen eingesetzt. Sie sind zwar komplizierter zu bauen und es gibt sie nicht "von der Stange", aber bei diesen Netzteilen sind in Folge weniger Bauteile für die Audioschaltungen notwendig und es muss keine stabile künstliche Masse erzeugt werden.

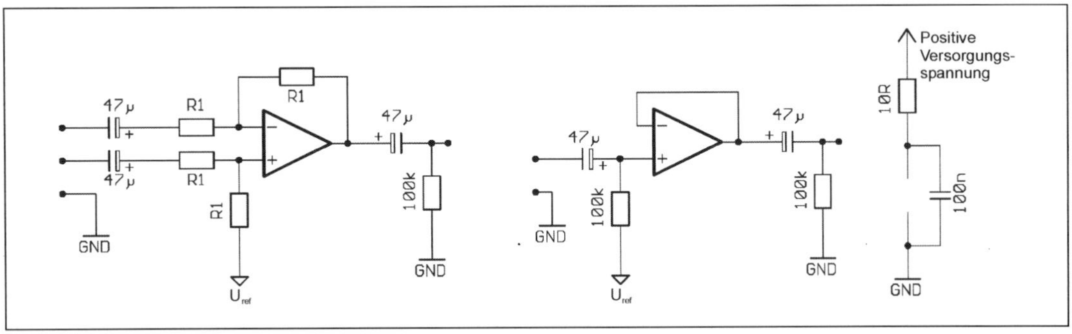

Abb. 5.15-5: Operationsverstärkerschaltungen mit unsymmetrischer Versorgungsspannung. Man beachte die Polung der Koppelelkos!

5.15.4.1 Aufbau eines Netzteils

Der Aufbau eines typischen symmetrischen Netzteils ist in Abbildung 5.15-6 zu sehen. Wie bereits beim unsymmetrischen Netzteil wird die Ausgangsspannung zunächst gleichgerichtet und anschließend mit den Elkos C1 und C2 geglättet. Der Netztransformator verfügt über zwei identische Sekundärwicklungen, die in der Mitte miteinander verbunden werden und die Symmetrieachse darstellen. Hinter dem Gleichrichter ist also eine gleich große positive wie negative Spannung (bezogen auf Masse) vorhanden, die mit zwei Elkos geglättet werden muss. Auch eine Stabilisierung der Spannung muss sowohl für den positiven, als auch für den negativen Spannungsausgang realisiert werden. Dazu gibt es komplementäre Festspannungsregler: 78xx und 79xx. Das "xx" steht wiederum für die einzustellende Spannung. Die Kondensatoren um die Spannungsregler herum sind bereits beim unsymmetrischen Netzteil beschrieben worden

5.15.4.2 Versorgung einer Operationsverstärkerschaltung

Eine Operationsverstärkerschaltung kann direkt mit einer symmetrischen Betriebsspannung versorgt werden. Die meisten Operationsverstärker halten dabei eine maximale Versorgungsspannung von bis zu ±18V aus. Theoretisch sind keinerlei Koppelkondensatoren notwendig, die eine Signalverschlechterung erzeugen können. In der Praxis weisen die Operationsverstärker jedoch immer einen kleinen Gleichspannungsoffset am Ausgang auf, so dass zumindest am Ausgang eines Gerätes ein Koppelkondensator eingefügt werden sollte.

Damit sich mehrere Operationsverstärker nicht gegenseitig durch ihren Strombedarf beeinflussen, müssen sie durch geeignete Maßnahmen voneinander entkoppelt werden. Dazu kann die Schaltung aus Abbildung 5.15-7 verwendet werden. Wichtig ist hierbei, dass die Kondensatoren möglichst nah an

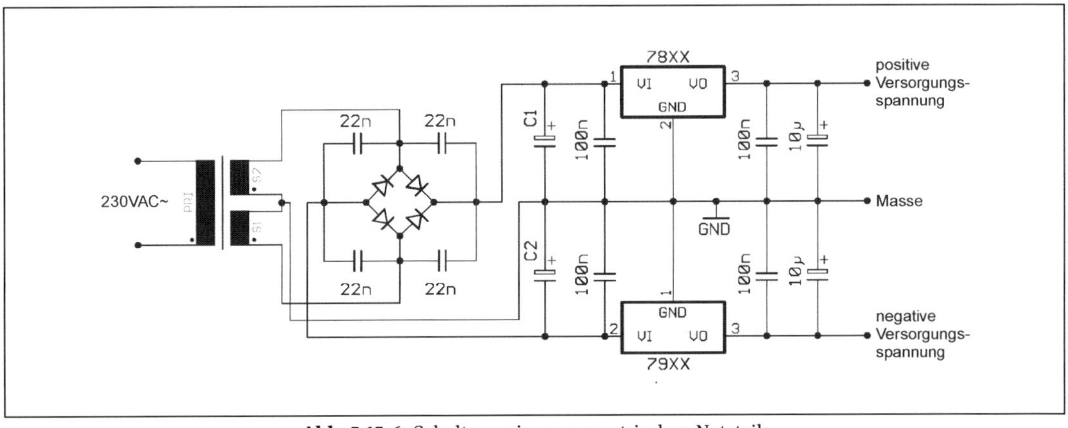

Abb. 5.15-6: Schaltung eines symmetrischen Netzteils

den jeweiligen Operationsverstärker gebaut werden.
Soll die Schaltung extrem hochwertig werden, so kann jeder einzelne Operationsverstärker zusätzlich mit Vorwiderständen entkoppelt werden und zusätzlich Elkos zur Entkoppelung bekommen. (siehe Abbildung 5.15-8). Bei dieser Schaltung baut man die Kondensatoren möglichst nahe an den Operationsverstärker, danach die Elkos und dann die Vorwiderstände.

5.15.5 Tips zur Dimensionierung von Netzteilen

Unter der "Dimensionierung" versteht man in der Elektrotechnik die Wahl der richtigen Bauteile. Dabei geht es darum, dass ein Bauteil von der Spannung, vom Strom und auch von der Leistung her richtig groß gewählt wird, um den Anforderungen auf Dauer standzuhalten.
In diesem Kapitel sollen ein paar ganz einfache Tips gegeben werden, um auf keinen Fall ein Netzteil mit unterdimensionierten Bauteilen zu bestücken.

5.15.5.1 Netztrafo

Der Netztrafo sollte so groß gewählt werden, dass er die maximal benötigte Ausgangsleistung auf Dauer liefern kann. Die Leistung kann man mit folgender Formel berechnen:

$$P_N = 1{,}2 \cdot I_A \cdot (U_{AC} + 2 \cdot U_D)$$

mit:

P_N: Nennleistung des Trafos in Watt, W
I_A: Ausgangsnennstrom des Netzteils in Ampere, A
U_{AC}: Ausgangsspannung des Trafos unter Last in Volt, V
U_D: Durchlassspannung der Gleichrichterdioden in Volt, V

Die Lastausgangsspannung des Trafos ist die auf dem Trafo angegebene Sekundärspannung. Diese steigt jedoch im Leerlauf, also wenn keine Belastung des Ausgangs vorliegt, an. Je nach Größe des Trafos kann dieser Anstieg bis zum 1,8-fachen der Lastausgangsspannung betragen. Die Leerlaufüberhöhung ist um so schlimmer, je kleiner der Trafo ist. Bei 2W-Typen und darunter kann der Überhöhungsfaktor 1,8 betragen, bei 50W-Typen etwa 1,2 und ab 100W etwa 1,1.

Die richtige Ausgangsspannung des Netztrafos wird durch die Wahl des Gleichrichters, Siebelkos und Spannungsreglers bestimmt. Sie kann mit folgender Formel berechnet werden:

$$U_{AC} = \frac{U_{min} + U_{BrSS} + 2 \cdot U_D}{\sqrt{2}}$$

mit:

U_{AC}: Ausgangsspannung des Trafos unter Last in Volt, V
U_{min}: Mindesteingangsspannung des Spannungsreglers in Volt, V
U_{BrSS}: Restwelligkeit (Spitze-Spitze) in Volt, V
U_D: Durchlassspannung der Gleichrichterdioden in Volt, V

Beispiel: Ein symmetrisches Netzteil soll mit ±12V Ausgangsspannung aufgebaut werden und insgesamt 1A Strom liefern können. Für die Spannungsregler ist mindestens eine Eingangsspannung von U_{min}=15V erforderlich. Für die positive und negative Hälfte wird jeweils ein 2200µF Siebelko eingesetzt.

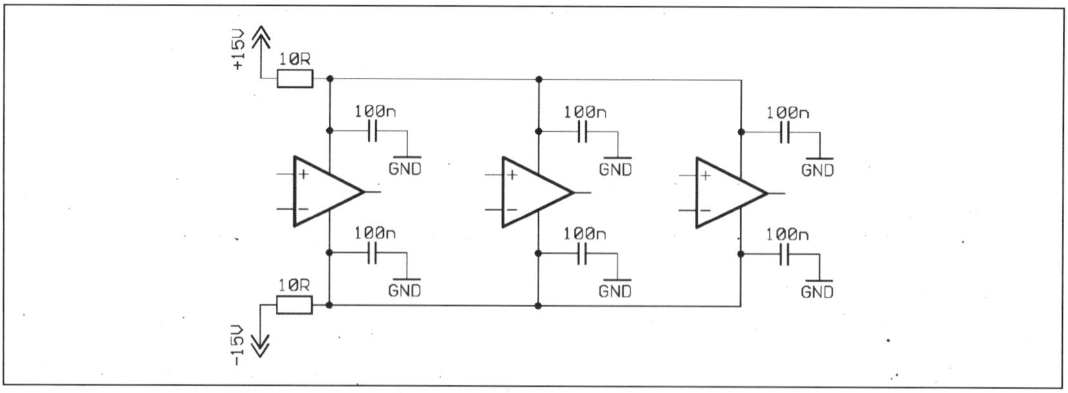

Abb. 5.15-7: Entkopplung der Operationsverstärker durch Kondensatoren

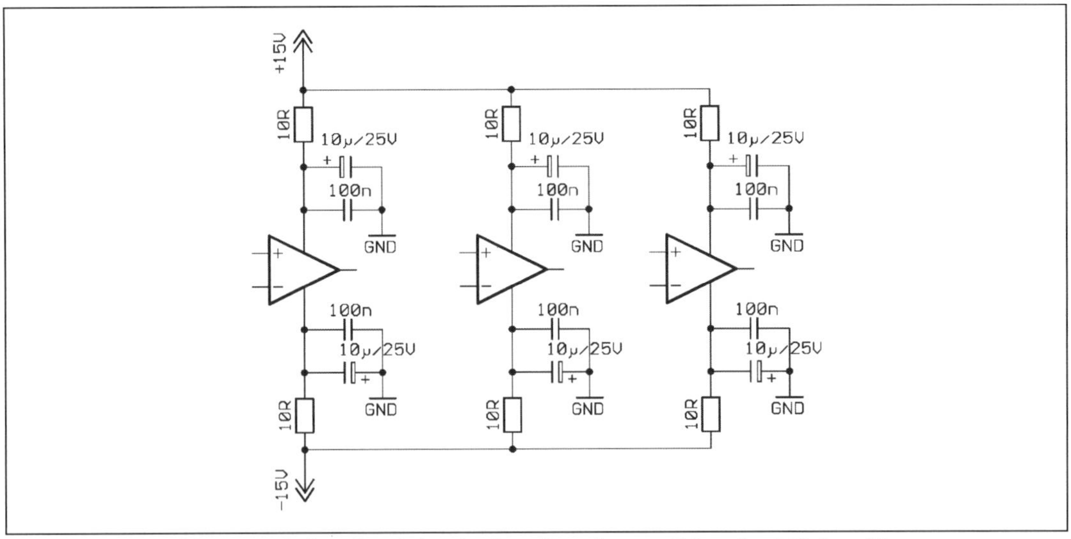

Abb. 5.15-8: Entkopplung jedes einzelnen Operationsverstärkers durch Tiefpassfilter mit Widerständen und Kondensatoren in den Betriebsspannungsleitungen

Die Gesamtkapazität beträgt somit 4400µF. Daraus ergibt sich eine Restbrummspannung von U_{Br}=2,3V. Die Durchlassspannung der Dioden wird mit U_D=0,9V (bei 1A Strom!) angegeben.
Somit ergibt sich eine Trafosekundärspannung von 13,5V. Der nächstliegende Typ ist 15V. Es muss ein Trafo mit zwei 15V-Ausgangswicklungen sein, damit ein symmetrisches Netzteil aufgebaut werden kann

Für die Leistungsberechnung ergibt sich, dass der Netztrafo mindestens eine Ausgangsleistung von P_N=38W haben sollte. Ein 50W-Typ wird hier empfohlen. Eine noch höhere Leistung würde nicht schaden, vergrößert jedoch den Platzbedarf.

5.15.5.2 Gleichrichter

Ein Gleichrichter besteht entweder aus vier einzelnen Dioden oder einer fertig aufgebauten Gleichrichterbrücke. Bei beiden interessiert für eine Netzteilschaltung der maximal zulässige Strom und die maximal zulässige Sperrspannung.
Bei Dioden muss man diese Werte dem Datenblatt des Herstellers entnehmen, bei Gleichrichtern steht er meist drauf: Hinter der Bezeichnung "Bxx Cxxxx" verbirgt sich nach dem "B" die maximale Stoßspitzensperrspannung in Volt und hinter dem "C" der Nennstrom in mA.

Die Stoßspitzenspannung wird in Zusammenhang mit der Leerlaufspannung des Netztrafos interessant. Diese kann, wie in Kapitel 5.15.5.1 beschrieben, bis zur 1,8-fachen Lastausgangsspannung betragen. Da hier mit der Spitzenspannung gerechnet wird, muss die auf dem Trafo angegebene effektive Ausgangsspannung noch korrigiert werden:

$$U_{Sp} = U_L \cdot \sqrt{2}$$

mit:
U_{Sp}: Spitzenleerlaufspannung in Volt, V
U_L: Leerlaufspannung in Volt, V

Beispiel: Für das bereits erwähnte Netzteil mit ±12V Ausgangsspannung soll ein Gleichrichter berechnet werden. Die Nennspannung des Trafos beträgt 2·15V=30V. Als Trafo wird ein 40W-Typ eingesetzt, der mit einem Leerlaufüberhöhungsfaktor von 1,18 angegeben wird. U_{Sp} beträgt somit 50V.
Der Ausgangsstrom des Netzteils soll mit 1A betragen können. Mit einem Gleichrichter B80C1500 oder B80C2200 ist man somit auf der sicheren Seite.

Da bei Eigenentwicklungen und Kleinserien die Kosten einzelner Bauteile keine große Rolle spielen, wird empfohlen, einen noch stärkeren Gleichrichter einzusetzen, da dieser dann auch nach vielen 1000 Einschaltvorgängen noch funktionieren wird. Im Einschaltvorgang wird der Gleichrichter durch den Aufladevorgang der Siebelkos kurzfristig sehr stark belastet und kann durchbrennen.

5.15.5.3 Siebelko

Eine einfache "Daumenregel" für den Siebelko besagt, dass man etwa 2200µF pro 1A Strombedarf als Siebelko vorsehen sollte. Mit diesem Wert ist man auf der sicheren Seite und bekommt keine zu hohe Restwelligkeit. Die Restwelligkeit einer geglätteten Gleichspannung beträgt im schlimmsten Fall:

$$U_{BrSS} = \frac{I_A \cdot 10}{C}$$

mit:
U_{BrSS}: Restwelligkeit (Spitze-Spitze) in Volt, V
I_A: Ausgangsstrom in Milliampere, mA
C: Kapazität des Siebelkos in Farad, F

In der Praxis kommt hier noch ein last- und innenwiderstandsabhängiger Korrekturfaktor dazu, der jedoch die Brummspannung nur weiter verringern kann.

Beispiel: Bei einem Ausgangsstrom von 1A (also 1000mA) wird ein 2200µF Elko zur Siebung eingesetzt. Die Restwelligkeit der Gleichspannung beträgt $4{,}5V_{SS}$. Wird stattdessen ein 4700µF Elko verwendet, verringert sich die Restwelligkeit auf $2{,}1V_{SS}$.

Wichtig ist die Restwelligkeit für die Auswahl der richtigen Netztrafos. Es darf nicht passieren, dass die geglättete Gleichspannung aufgrund der Restwelligkeit unter die Mindesteingangsspannung des Spannungsreglers fällt, da letzterer ansonsten nicht mehr regeln kann und ein Brummen am Ausgang entsteht.

Elkos unterliegen einem Alterungsprozess. Das bedeutet, dass sie in Abhängigkeit ihrer Betriebsdauer und in Abhängigkeit der Umgebungstemperatur mit der Zeit an Kapazität verlieren. Dieser Effekt ist um so schlimmer, je höher die Umgebungstemperatur ist. Sollte sie die auf dem Elko angegebene Temperatur (meist 85° oder 105°) betragen, so garantiert der Hersteller meist nur 5000 Betriebsstunden bei der vollen Nennkapazität. Vor allem in Netzteilen kann die Umgebungstemperatur relativ hoch werden. Daher ist es ratsam, die Siebelkos etwas überdimensioniert zu wählen, damit das Netzteil im Laufe der Betriebsdauer des Gerätes nicht in einen kritischen Betriebszustand gerät. Allerdings sollte man die Elkos nicht unnötig riesig wählen, da sie im Einschaltmoment aufgeladen werden müssen und ein größerer Siebelko auch einen höheren Einschaltstrom mit sich bringt. Er belastet dann die Sicherung und den Gleichrichter unnötig stark.

5.15.5.4 Spannungsregler

Alle Festspannungsregler vom Typ 78xx und 79xx brauchen eine Eingangsspannung, die ca 3V größer ist, als die zu regelnde Ausgangsspannung. Ist dieser Spannungsverlust schaltungstechnisch nicht zu verkraften, sollte nach so genannten "Low-Drop" Spannungsreglern gesucht werden. Weiterhin darf die Eingangsspannung einen bestimmten Wert nicht überschreiten, da der Regler ansonsten zerstört wird.
In der Tabelle 5.15-1 sind die wichtigsten Spannungsregler und ihre dazugehörigen minimalen und maximalen Eingangsspannungen aufgelistet (jeweils auf 1V gerundet).
Der Spannungsregler "verbrät" beim Regelvorgang die überschüssige Spannung am Eingang in Form von Wärme. Die Verlustleistung des Regler berechnet sich mit:

$$P_V = (U_{ein} - U_{aus}) \cdot I$$

mit:
P_V: Verlustleistung in Watt, W
U_{ein}: Eingangsspannung in Volt, V
U_{aus}: Ausgangsspannung in Volt, V
I: Stromfluss in Ampere, A

So erzeugt ein 15V Regler, der 20V Eingangsspannung hat und 1A Strom liefern soll, 5W Verlustwärme. Ein Kühlkörper muss in diesem Fall

Typ	U_{aus}	U_{einmin}	U_{einmax}
7805	5V	8V	20V
7806	6V	9V	21V
7808	8V	11V	23V
7809	9V	12V	24V
7810	10V	13V	25V
7812	12V	15V	27V
7815	15V	18V	30V
7818	18V	21V	33V
7824	24V	28V	38V

Tab. 5.15-1: Daten von Festspannungsreglern

eingesetzt werden, um die Überhitzung des Spannungsreglers auszuschließen.
Dazu muss der thermische Widerstand des Spannungsreglers und der des Kühlkörpers bekannt sein. Sollte eine isolierende Glimmer- oder Silikonscheibe eingesetzt werden, so ist auch diese zu berücksichtigen.

Für die Erwärmung der Elektronik des Spannungsreglers gilt:

$$T_J = T_A + P_V \cdot (R_{THJ-C} + R_{THI} + R_{THK})$$

Für die Erwärmung des Kühlkörpers:

$$T_J = T_A + P_V \cdot (R_{THJ-C} + R_{THI})$$

mit:

T_J: Temperatur der Elektronik des Spannungsreglers in °C

T_A: Umgebungstemperatur in °C

P_V: Verlustleistung in Watt, W

$R_{TH\,J\text{-}C}$: Thermischer Widerstand zwischen Reglerelektronik und Gehäuseboden in K/W

$R_{TH\,I}$: Thermischer Widerstand des Isoliermaterials in K/W

$R_{TH\,K}$: Thermischer Widerstand des Kühlkörpers in K/W

Beispiel: Ein Standard-Festspannungsregler wird im TO220 Gehäuse eingesetzt. Laut Hersteller beträgt $R_{TH\ J\text{-}C}$=5K/W. Weiterhin findet eine Silikonisolierscheibe mit $R_{TH\ I}$=0,85K/W und ein Kühlkörper mit $R_{TH\ K}$=9K/W Anwendung. Bei einer Umgebungstemperatur von 25°C und der bereits oben berechneten Verlustleistung von P_V=5W beträgt die Gesamterwärmung der Reglerelektronik T_J=99°C. Der Hersteller gibt eine maximale Temperatur von 125°C an. Somit ist der Regler im sicheren Betriebsbereich. Der Kühlkörper erwärmt sich in diesem Fall auf 54°C und ist somit eben noch anzufassen, ohne dass man meint, sich die Finger zu verbrennen.
Laut Hersteller liegt der gesamte thermische Widerstand des Reglergehäuses ohne Kühlkörper bei 65K/W. Das heißt, wäre der Regler ohne Kühlkörper verwendet worden, würde die Reglerelektronik eine Temperatur von 350°C erreichen, wenn nicht vorher der integrierte Übertemperaturschutz ansprechen und den Regler abschalten würde.

5.15.6 Schaltnetzteile

Unter Schaltnetzteilen versteht man Netzteile, die die Netzwechselspannung (230V/50Hz) zunächst gleichrichten, um sie dann mit Hilfe eines elektronischen Schalters (Transistor) auf einer höheren Frequenz wieder zu zerteilen.
Durch eine entsprechend hohe Schaltfrequenz können kleinere Trafos und kleinere Siebelkos eingesetzt werden, so dass Schaltnetzteile sehr kompakt und verhältnismäßig leicht aufgebaut werden können.
Weiterhin ist es Standard, dass Schaltnetzteile "primär geregelt" werden. Das bedeutet, dass die Ausgangsspannung dadurch stabilisiert wird, dass auf der Netzseite nur die Menge an Energie in den Trafo geschickt wird, die momentan für die korrekte Ausgangsspannung erforderlich ist. Auf diese Weise erreichen Schaltnetzteile sehr hohe Wirkungsgrade und werden kaum warm.

Schaltnetzteile sind aufgrund des hochfrequenztauglichen Trafos, der richtigen Wahl der Elkos und des kritischen Platinenlayouts nicht so leicht selber zu bauen, deshalb wird hier nur auf eine Standardschaltung eingegangen, damit das Funktionsprinzip nachvollzogen werden kann.

Die Abbildung 5.15-9 zeigt eine Standardschaltung mit einem UC3842 als Schaltregler. Wenn das Prinzip dieses Standard-Schaltnetzteilreglers verstanden wurde, so sind auch dessen Alternativen leicht nachvollziehbar.

Die meisten Schaltnetzteile sind als so genannte "Fly-Back-Wandler" aufgebaut. Das bedeutet, dass der Schalttransistor einen Strom durch die Primärwicklung des Trafos schickt und ein Magnetfeld aufbaut. Beim Abschalten wird ein Strom auf der Sekundärseite induziert, da das Magnetfeld wieder in den Trafo zurückkehrt.

In der Beispielschaltung sieht man, dass die Netzspannung zunächst mit Hilfe eines Gleichrichters und des Ladeelkos C1 auf eine Gleichspannung gebracht wird. Sollten am Eingang 230VAC anliegen, so beträgt die Ladespannung des Elkos ca. 325V.
Diese Gleichspannung wird über den hochohmigen, so genannten "Bootstrap-Widerstand" R1 auf C2 und D1 gegeben. Dort stellt sich nach kurzer Ladezeit von C2 die Betriebsspannung des integrierten Schaltkreises IC1 ein und dieser startet seinen Betrieb.

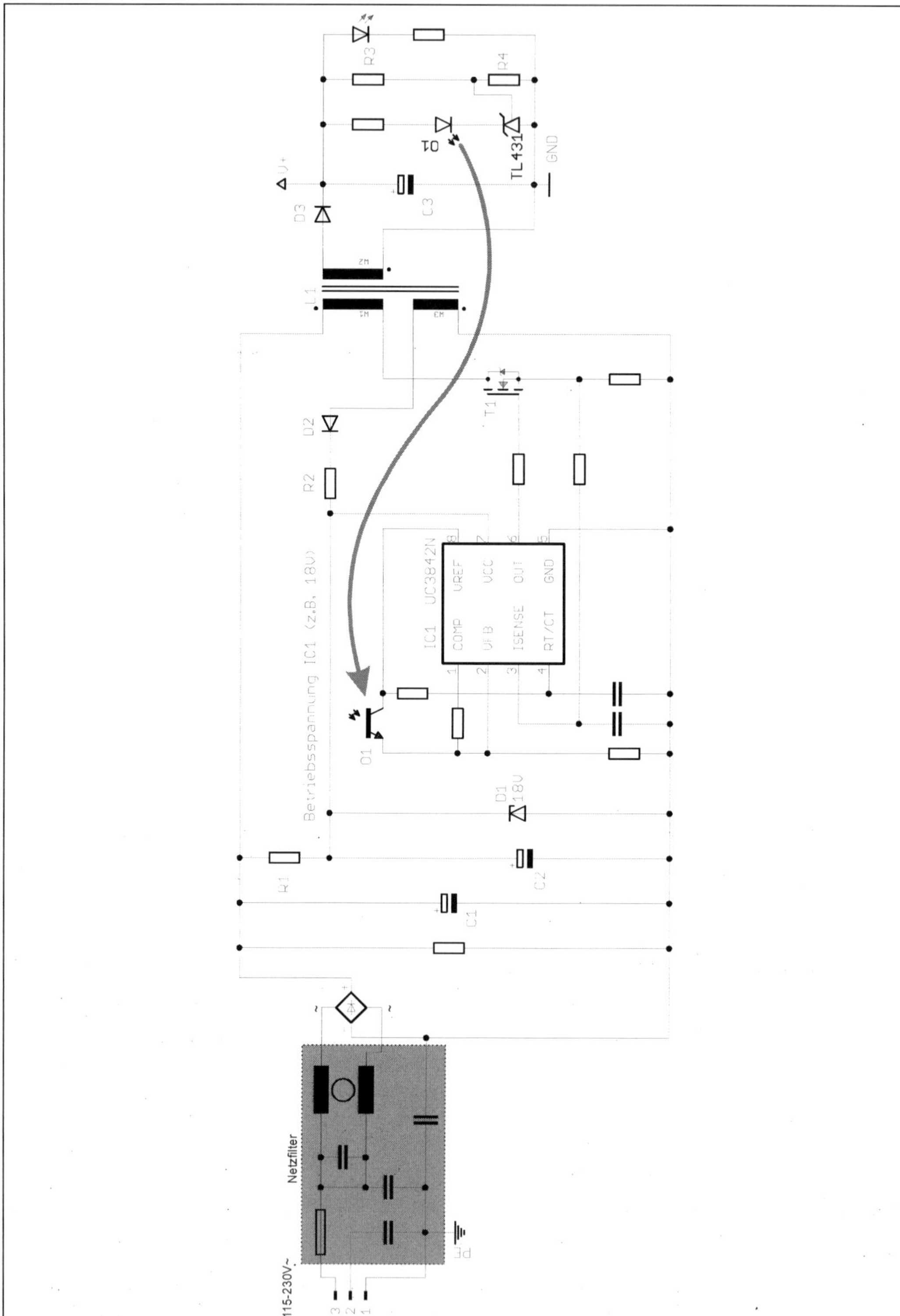

Abb. 5.15-9: Prinzipschaltbild eines Schaltnetzteils

IC1 steuert mit Hilfe eines hochfrequenten, pulsweitenmodulierten Signals den Transistor T1 an, der die 325V auf die Primärseite des Trafos schaltet. Im Trafo wird ein Magnetfeld aufgebaut, und wenn T1 durch IC1 wieder abgeschaltet wird, kehrt dieses Magnetfeld in den Trafo zurück und induziert eine Spannung. Auf der Sekundärseite des Trafos wird die induzierte Spannung mit Hilfe von D3 gleichgerichtet und über C3 geglättet. Diese Glättung ist auch wichtig, damit der später beschriebene Regelkreis eine gewisse Dämpfung erfährt.

Neben der Sekundärwicklung gibt es auf dem Trafo noch eine Hilfswicklung die ebenfalls eine Niederspannung erzeugt. Über D2, R2 und C2 dient diese Spannung der Versorgung des Steuerchips, während des Betriebs. R1 ist tatsächlich nur für den Start des Chips erforderlich, kann ihn jedoch nicht dauerhaft betreiben.

Als letzter Teil ist noch eine Spannungsregelung in der Beispielschaltung realisiert. Mit Hilfe der einstellbaren Zenerdiode TL431 (einstellbar durch R3 und R4) und einem Optokoppler O1 wird ein galvanisch getrennter Regelkreis zwischen Sekundär- und Primärseite des Netzteils aufgebaut.
Sobald die Ausgangsspannung die eingestellte Zenerspannung +1V (für die LED des Optokopplers) überschreitet, fängt die LED das Leuchten an und der Transistor im Optokoppler wird leitend. Dadurch wird IC1 abgeregelt und ändert sein Pulsweitenverhältnis so, dass nur noch ganz kurze Impulse in den Trafo geschickt werden.
Ist die Ausgangsspannung unter der Zenerspannung +1V so geht die LED im Optokoppler aus und IC1 kann mit maximaler Energie den Trafo pulsen.
Wie man sieht, wird auf diese Weise tatsächlich nur so viel Energie aus dem Netz bezogen, wie sekundärseitig benötigt wird.

Auf die verbleibenden Bauteile soll hier nicht näher eingegangen werden. Sie bestimmen u.A. die Schaltfrequenz, den maximalen Stromfluss durch T1, oder dienen der Unterdrückung von Induktionsspitzen.

5.16 Fehlersuche in elektronischen Schaltungen

Obwohl die Schaltungen moderner, computergesteuerter Geräte immer komplexer werden, und immer weniger Möglichkeiten bestehen, die Geräte in ihrer Funktionsweise zu verstehen, ist dennoch in einigen Fällen die Reparatur eines defekten Gerätes möglich.

Diese Erkenntnis beruht auf der Tatsache, dass viele Fehler, die in Geräten auftreten, nicht unbedingt aufgrund von defekten Bauteilen in der Hauptschaltung des Gerätes auftreten, sondern eher durch Fehler im Netzteil, lose Stecker und Buchsen, sowie durch "kalte Lötstellen".

Wenn die Symptome für solche Fehler bekannt sind, können doch einige Geräte mit kostengünstigen Maßnahmen wieder zum Leben erweckt werden.
Es sei an dieser Stelle darauf hingewiesen, dass der unsachgemäße Reparaturversuch zum Verlust der Garantie führt, wobei es jedoch auch nur wenig Gründe gibt, ein Gerät, das noch Garantie hat, selber zu reparieren.

5.16.1 Netzteilfehler

Netzteilfehler sind eine häufig anzutreffende Fehlerursache, da einige Bauteile in Netzteilen nur eine begrenzte Lebensdauer aufweisen. Teilweise sind Netzteile auch extremen Temperaturschwankungen ausgesetzt, wenn sie täglich im Betrieb sehr warm werden und über Nacht wieder abkühlen.

5.16.1.1 Sicherung durchgebrannt

Wenn das Gerät gar nicht mehr angeht, sollte als erstes die Sicherung überprüft werden. Diese brennt zwar eigentlich nicht grundlos durch, kann jedoch bei vielen Ein-/Ausschaltzyklen trotzdem irgendwann durchbrennen. Oft läuft das Gerät nach dem Ersetzen der Sicherung wieder. Wichtig ist, dass die Sicherung durch den gleichen Typ ersetzt wird. Also keinesfalls durch eine Sicherung mit höherer Strombelastbarkeit, da sonst die Absicherung des Gerätes nicht mehr gegeben ist!
Brennt die neue Sicherung beim nächsten Einschaltversuch gleich wieder durch, so ist der Fehler im Netzteil zu suchen.

5.16.1.2 Defekter Gleichrichter

In den Netzteilschaltungen von Kapitel 5.15 ist gut zu erkennen, was der Gleichrichter bewirkt. Er macht aus der Wechselspannung eine pulsierende Gleichspannung, die durch den nachgeschalteten Elko geglättet wird. Ist eine der vier Dioden in einem Gleichrichter defekt (sie leitet dann in der Regel den Strom in beide Richtungen), so gelangt die Wechselspannung auf den Glättungselko, der sie aufgrund seines frequenzabhängigen Widerstandes kurzschließt. Die Folge ist eine Überlastung vor dem Gleichrichter und dabei brennt dann normalerweise die Sicherung durch.
Mit Hilfe eines Multimeters können die einzelnen Dioden des Gleichrichters auf korrekte Funktionsweise geprüft werden. Beim Ersatz eines defekten Gleichrichters muss ein Typ mit mindestens gleicher oder höherer Strom- und Spannungsbelastbarkeit eingesetzt werden.

5.16.1.3 Vertrocknete Elkos

Elkos haben nur eine begrenzte Lebensdauer, die mit steigender Betriebstemperatur drastisch abnimmt. Da es in Netzteilen oft sehr warm wird, sind die Elkos im Betrieb teilweise sehr hohen Temperaturen ausgesetzt und vertrocknen mit der Zeit.
So sind in der Praxis die meisten Defekte in Schaltnetzteilen auf vertrocknete Elkos zurückzuführen. Die Reparatur ist normalerweise kostengünstig, da fast immer nur der kleine "Bootstrap-Elko" (C2 in Abbildung 5.15-9) betroffen ist, der nur wenige Cent kostet.

In Schaltnetzteilen äußert sich ein vertrockneter Elko meist in einem Komplettausfall des Netzteils. Eine "Elkokur" ist die einfachste Reparaturmaßnahme. Hierbei werden einfach alle Elkos ausgetauscht. Aus Kostengründen kann man sich überlegen, den großen Siebelko auf der Primärseite nicht zu tauschen, wenn er noch gut aussieht oder besser, wenn er messbar noch seine Nennkapazität hat. Achtung: Dieser Elko auf der Primärseite wird im Betrieb mit bis zu 400V aufgeladen und muss vor dem Berühren auf Restspannung geprüft und ggf. entladen werden!

In konventionellen Netzteilen gibt es nur Elkos auf der Sekundärseite des Trafos. Auch diese können vertrocknen, führen jedoch zu einem anderen Fehlerbild. So kann es sein, dass die Geräte anfangen zu brummen, später zu flackern, teilweise Neustarts erfolgen, bis das Gerät am Ende gar nicht mehr anläuft. Bei Endstufen führen vertrocknete Netzteilelkos zu einem "schwammigen" Klang.

Teilweise kann man die betroffenen Bauteile auf den ersten Blick erkennen: Sind die Deckel der Elkos gewölbt und nicht mehr flach, so kann der Elko ungeprüft getauscht werden. Bei kleinen Elkos ist diese Erscheinung nicht zu beobachten - hier muss pauschal getauscht oder nachgemessen und getauscht werden. Grundsätzlich sind alle Elkos besonders gefährdet, die sich in der Nähe von Wärmequellen wie Kühlkörpern oder Leistungsbauteilen befinden.

5.16.2 Kalte Lötstellen

Unter "kalten Lötstellen" versteht man eine Lötverbindung, die nicht (mehr) sicher leitet und ein Bauteil nicht mehr mechanisch stabil auf einer Platine befestigt (siehe Abbildung 5.16-1). Von Hand gelötet sind kalte Lötstellen fast nicht hinzubekommen - vielmehr ist es eher das Problem einer nicht gut eingestellten maschinellen Lötanlage und/oder zusätzlicher Alterung.
Gerne spricht man in diesem Zusammenhang auch von einem "Montagsgerät", da diese Geräte die ersten sind, die eine Lötanlage nach ihrer Inbetriebnahme am Montagmorgen produziert hat.
Die Löttechnik hat sich inzwischen verbessert und es wird auch mehr und mehr ohne Fertigungspausen gearbeitet, so dass die Qualität der Lötstellen über die Jahre stetig besser geworden ist.

Abb. 5.16-1: Kalte Lötstelle. In diesem Fall ist sehr gut der ringförmige Schlitz zu erkennen, an dem das Bauteil und das Lötauge nicht mehr richtig miteinander verbunden sind. Leider ist eine kalte Lötstelle nur selten so deutlich zu erkennen.

Doch gegen die Alterung sind auch Lötstellen nicht gefeit und so kommt es nach wie vor zu Fehlern durch kalte Lötstellen. Besonders in Bereichen starker Erwärmung wird das Lötzinn mit der Zeit spröde und die Bauteile werden locker.

Kalte Lötstellen können bei sehr genauem Hinsehen mit einer Lupe auch optisch erkannt werden. Wenn man sie einmal gesehen hat, fällt das Wiedererkennen leichter. Um sie jedoch das erste Mal zu finden, sollte man eine bereits bekannte, kalte Lötstelle (z.B. Wackelkontakt eines Steckers) genau betrachten.

Abhilfe gegen kalte Lötstellen ist das Nachlöten der betroffenen Lötpunkte mit frischem Lötzinn. Wichtig ist hierbei das Flussmittel im Lötzinn, das die elektrische und mechanische Verbindung wieder sicherstellt. Man erkennt das Vorhandensein des Flussmittels durch das Dampfen beim Löten.
In den folgenden Unterkapiteln geht es nicht mehr um die Reparatur, sondern nur noch um die Eingrenzung der fehlerhaften Stelle.
Ist die fehlerhafte Stelle nicht zweifelsfrei zu finden, so kann immer noch das ganze Gerät nachgelötet werden, was zwar etwas länger dauert aber meist zum gewünschten Erfolg führt.

5.16.2.1 Gerät arbeitet unterschiedlich, je nach Betriebsdauer

Ein klassisches Fehlerbild durch kalte Lötstellen bieten Geräte, die beispielsweise im Moment des Einschaltens funktionieren und mit zunehmender Betriebsdauer und Erwärmung im Inneren Fehler zeigen.
Auch der umgekehrte Fall kann gegeben sein, so dass ein Gerät erst nach einer Aufwärmphase seinen Betrieb ordentlich verrichtet.

Temperaturabhängige Fehler sind teilweise sehr mühsam zu suchen, da Temperaturänderungen einen langsamen Prozess darstellen. Der Fachmann behilft sich hier mit Kältespray und Heißluftpistole, um gezielt Bauteile oder Gerätebereiche abzukühlen bzw. zu erwärmen. Da mit beiden Mitteln extreme Temperaturunterschiede herstellbar sind (-20°C bis über +500°C), sollte man an beide Maßnahmen mit gesundem Menschenverstand herangehen.
Zu extremes Abkühlen führt zu Kondensatbildung und damit zu Feuchtigkeit in der Schaltung. Zudem ist es möglich, die Bauteile unter ihre spezifizierte

Betriebstemperatur herunterzukühlen, so dass aus anderen Gründen Fehler entstehen.
Bei der Erwärmung können Plastikteile schmelzen oder sogar Bauteile ausgelötet werden. Hier ist eine temperaturgeregelte Heißluftpistole oder gleich nur ein Haarfön empfehlenswert, da die zu erzielenden Temperaturen nicht über 70°-80°C liegen sollten.

5.16.2.2 Wackelkontakte

Auch Wackelkontakte, die durch Klopfen oder Draufhauen vorübergehend zu beseitigen sind, haben oft kalte Lötstellen als Ursache.
Um diese zu lokalisieren, muss das Gerät geöffnet und die defekte Stelle systematisch gesucht werden. Am einfachsten nimmt man dazu einen Plastikfilzschreiber oder ein Holzstäbchen. Mit diesem Werkzeug kann nun die Platine Stück für Stück von der Lötseite aus abgeklopft werden. Dabei klopft man im eingeschalteten Zustand des Gerätes leicht auf die Lötstellen bis der Fehler auftritt. Anschließend wird die betroffene Stelle bei ausgeschaltetem Gerät nachgelötet.

5.16.2.3 Defekte in Steckern, Buchsen und anderen mechanischen Bauteilen

Stecker und Buchsen sind durch mechanische Belastung gefährdet, kalte Lötstellen zu bekommen. Hierbei sind neben Steckern und Buchsen auch Potis, Schalter und andere mechanisch belastete Bauteile betroffen.
In einem kleinen Mischpult moderner Bauweise werden beispielsweise die meisten Potis und Schalter nur durch ihre Lötpunkte gehalten. Diese sind oft nicht mehr zusätzlich mit der Frontplatte verschraubt. Sollte man sich beispielsweise regelmäßig auf die Pultoberfläche aufstützen, so werden diese Bauteile über die Maßen belastet und die Lötstellen geben irgendwann nach. Bei Steckern und Buchsen ist oft eine zusätzliche mechanische Befestigung durch eine Schraube vorgesehen, aber vor allem die immer öfter vorkommende Miniklinke für Kopfhörer ist in der Regel nur durch Lötpunkte befestig und geht gerne kaputt. Gleiches gilt für die Niederspannungshohlstecker, mit denen Steckernetzteile an Geräte angeschlossen werden.
Merkt man, dass die Stecker locker geworden sind oder einen Wackler haben, sollte man nachlöten.

5.16.3 Leere Speicherbatterie

Es gibt immer noch Geräte, die mit einer Speicherbatterie arbeiten, um Geräteparameter zu speichern. Diese Speicherbatterie hat nicht nur eine bestimmte Kapazität und ist dadurch je nach Nutzung irgendwann leer, sie hat auch eine kalendarische Lebensdauer. Das heißt, sie ist auch bei Nichtbenutzung irgendwann leer (durch Selbstentladung).
Die Kombination der beiden eben genannten Gründe führt auch bei nahezu dauerhaftem Betrieb eines Gerätes dazu, dass die Speicherbatterie irgendwann den Speicher nicht mehr aufrecht erhalten kann. Ab dann werden die Speicherinhalte fehlerhaft und das Gerät kann schlimmstenfalls in einen unkontrollierten Zustand gelangen.
Teilweise schafft es das Gerät dann nicht einmal mehr zu booten und die Fehlermeldung "Speicherbatterie leer" anzuzeigen.

Ob eine Speicherbatterie leer ist, kann man nur durch Messen der Batteriespannung im ausgeschalteten Zustand des Gerätes ermitteln. Hierbei sollte die üblicherweise verwendete Lithiumbatterie 3V oder etwas mehr haben, da sie ansonsten erschöpft ist.

Oft ist die Reparatur einfach, da die Batterie in eine kleine Fassung eingesetzt ist. Manchmal sind jedoch auch eingelötete Speicherbatterien anzutreffen, bei denen für das Auswechseln ein Zerlegen und Auslöten erforderlich ist. In letzterem Fall ist es eine Überlegung wert, statt einer neuen Speicherbatterie eine Fassung einzulöten, um den Wechsel beim nächsten Mal zu vereinfachen.

5.16.4 Schmutz und Korrosion

Im Laufe der Jahre sammelt sich immer mehr Schmutz in den Geräten. Vom relativ harmlosen Staub bis zu hartnäckigem Schmierfilm durch Nikotin oder Küchendämpfe kann da alles dabei sein.

Kontaktoberflächen von Schaltern und Trennklinken können mit der Zeit korrodieren und ihre sichere Schaltfähigkeit verlieren.

Fehlerbilder, die durch Schmutz und Korrosion verursacht sind, gehen von kratzenden Potis und Fadern über krachende Schalter bis hin zu

Signalunterbrechungen an Trennklinkenbuchsen in Inserts und Patchbays.

Als Allerweltsheilmittel gegen solche Fehler wird oftmals Kontaktspray genannt, doch gibt es auch Gegner, die sagen, dass der Fehler durch Kontaktspray nur kurzfristig weg ist und dann noch schlimmer wieder kam.

Das grundsätzliche Problem an Kontaktspray ist, dass es relativ aggressiv sein muss, um die Oberfläche eines Schalters oder Potis wieder freizulegen. Arbeitet man also nur mit Kontaktspray, so ist das Ergebnis zwar nach kurzer Zeit erreicht, doch können die Oberflächen weiter angegriffen werden. Irgendwann trocknet der im Mittel gelöste Schmutz wieder an und verklebt die gerade gereinigten Stellen möglicherweise erneut.

Der Trick beim Arbeiten mit Kontaktspray besteht darin, dass man nach dem Lösen des Schmutzes die entsprechenden Stellen spülen sollte. um den Schmutz zu entfernen.
So gibt der Hersteller CRC beispielsweise für die Verwendung des wohl bekanntesten Kontaktreinigers "Kontakt 60" in seinem Datenblatt an:

"Die optimale Kontaktreinigung verläuft in 3 Phasen:
1) KONTAKT 60 löst Korrosion und Schmutz
2) KONTAKT WL spült die angelösten Korrosionsprodukte und den Schmutz weg
3) KONTAKT 61 schützt den sauberen Kontakt vor erneuter Korrosion"

Werden diese Vorgaben nicht befolgt, so kann man mit dem Ergebnis Glück haben oder aber die Situation langfristig verschlimmern.

Neben der Reinigung mit Kontaktspray sollte der Techniker auch immer an Isopropylalkohol und Wattestäbchen als "Reinigungsbesteck" denken.
Für Schaltkontakte empfiehlt sich alkoholgetränktes Löschpapier, das man in den geöffneten Kontakt einführt und bei geschlossenem Kontakt wieder herauszieht.

Zwar kann man mit dem Alkohol keine Korrosion beseitigen, aber er löst erfolgreich die Verschmutzungen ohne die Bauteile oder Geräteoberflächen anzugreifen. Lediglich Gummiteile sollten nicht damit gereinigt werden.

Um mit Alkohol effizient reinigen zu können, müssen die betroffenen Stellen direkt erreichbar sein. Das bedeutet, dass Poti, Fader, Schalter und Buchsen geöffnet sein müssen. Das erscheint oft zu mühsam, das Ergebnis nach der Reinigung spricht jedoch dafür.
Auch beim Reinigen mit Alkohol muss nach dem Lösen des Schmutzes der Rückstand entfernt werden. Die geschieht am einfachsten, indem man mit dem einen alkoholgetränkten Ende des Wattestäbchens den Schmutz löst und mit dem trockenen anderen Ende die gelösten Rückstände beseitigt.

Kapitel 6 - Elektroakustik

6 Elektroakustik

Unter Elektroakustik versteht man jegliche Art von Schallwandlern, sowie deren Zubehör. Somit gehören alle Bauteile, die Schall in elektrische Spannung umwandeln (Mikrofone), sowie alle Bauteile, die genau das Gegenteil davon machen (Lautsprecher), zu den elektroakustischen Wandlern.
Auch Zubehör, wie Verstärker, Equalizer, Übertrager und Kabel können im weitesten Sinne zur Elektroakustik gezählt werden. Letztere sind in Kapitel 4 beziehungsweise 5 zu finden.

6.1 Grundlagen und Gemeinsamkeiten von Mikrofonen und Lautsprechern

Da zwischen den Mikrofonen und den Lautsprechern sehr viele Gemeinsamkeiten bestehen, werden sie hier zunächst in einem gemeinsamen Kapitel abgehandelt. Erst, wenn es spezieller wird, sollen diese beiden Wandlertypen getrennt betrachtet werden.

6.1.1 Anforderungen an elektroakustische Wandler

Wenn Schall in elektrische Spannung umgewandelt werden muss oder umgekehrt, sollen die Wandler, die diese Aufgabe übernehmen, gewisse Mindestanforderungen erfüllen, damit sie die Umwandlung möglichst gut vollziehen können. Diese Anforderungen klingen vielleicht im ersten Moment einfach und selbstverständlich, bei genauerer Betrachtung wird man allerdings feststellen, dass sie alle gemeinsam nur sehr schwer zu realisieren sind.

6.1.1.1 Impulsverhalten

Die elektroakustischen Wandler sollen ein möglichst gutes Impulsverhalten aufweisen. Dies bedeutet, dass ein Impuls auf der Eingangsseite des Wandlers möglichst genau den gleichen Impuls auf der Ausgangsseite des Wandlers erzeugen soll. Ziel des Wandlers ist es, nur von einer Energieform in eine andere zu wandeln und nicht das Signal zu verfremden.

Um ein möglichst gutes Impulsverhalten zu bekommen, sollte eine möglichst trägheitslose Umwandlung erfolgen. Dafür sind mehrere Dinge erforderlich:

- Sehr leichte Membranen oder membranlose Umwandlung (Plasmalautsprecher)
- Möglichst vollflächiger und kräftiger Antrieb bei Lautsprechern
- Möglichst hohe Kapselimpedanz bei Mikrofonen (Kondensatormikrofone)

Sind diese Bedingungen gegeben, stehen die Chancen für ein gutes Impulsverhalten gut. Aus dem Impulsverhalten ergibt sich auch der Amplituden- und Phasenfrequenzgang. Wird ein "idealer Impuls" oder "Dirac-Stoß" in den Wandler geschickt, so kann man mit Hilfe einer Fouriertransformation der Impulsantwort des Wandlers auf dessen Amplituden- und Phasenverhalten rückschließen. Genaueres zum Thema Impulsmessung ist in Kapitel 16 zu finden.

6.1.1.2 Amplituden- und Phasenfrequenzgang

Der Amplitudenfrequenzgang, der oft auch nur Frequenzgang genannt wird, beschreibt, wie laut einzelne Frequenzen umgewandelt werden. Erstrebenswert für eine klanglich neutrale Wandlung ist ein Amplitudenfrequenzgang, der bei allen Frequenzen gleich stark ist. In der Fachsprache heißt das, dass der Übertragungsfaktor des Wandlers bei allen Frequenzen der gleiche ist. In der Praxis ist es ausreichend, wenn der Hörbereich von 20Hz bis 20kHz mit einem konstanten Übertragungsfaktor übertragen wird.
Ist der Übertragungsfaktor innerhalb kleiner Toleranzen konstant, so spricht man auch von einem "linearen Frequenzgang" oder sagt, der Frequenzgang sei "flat" (flach). Wie viel Toleranz man in der Praxis duldet ist Ansichtssache. Hersteller finden oft ±3dB oder sogar ±10dB völlig ausreichend. Klanglich neutral wird ein Wandler jedoch erst ab ±1dB oder noch geringeren Toleranzen im Übertragungsfaktor.

Der Phasenfrequenzgang beschreibt, mit welcher Phasenverschiebung einzelne Frequenzen umgewandelt werden. Da es nicht möglich ist, eine Umwandlung unendlich schnell durchzuführen, vergeht immer eine bestimmte Zeit, bis das Signal von einem Zustand in den anderen umgewandelt wird. Diese Zeit nennt man auch "Gruppenlaufzeit". Sie beschreibt, wie lange es dauert, bis ein Signal bei einer bestimmten Frequenz vom Eingang bis zum Ausgang braucht. Man kann die Gruppenlaufzeit mit folgender Formel in einen Phasenwinkel umrechnen:

$$\varphi = f \cdot t \cdot 360^{0}$$

mit:
φ: Phasenwinkel an der Frequenz f in Grad
f: Frequenz des Signals in Hertz, Hz
t: Gruppenlaufzeit in Sekunden, s

Ist die Gruppenlaufzeit bei allen Frequenzen gleich, so ergibt sich ein Phasenwinkel, der proportional zur Frequenz verläuft. Trägt man diesen in ein Diagramm ein, so kann man erkennen, dass der Verlauf des Phasenwinkels über die (linear aufgetragene) Frequenz eine Gerade ergibt, somit also linear ist.
Im Umkehrschluss bedeutet dies, dass ein linearer Phasenverlauf auch eine konstante Gruppenlaufzeit (=Delay) zur Folge hat. Ein linearer Phasenverlauf hat somit nur eine konstante Verzögerung aller Frequenzen zur Folge und ist demnach klanglich nicht wahrnehmbar.
Erst, wenn verschiedene Frequenzen unterschiedlich stark verzögert werden, ergeben sich klangliche Einbußen, da das Einschwingverhalten der Signale verändert wird (siehe auch Kapitel 2.4). Es sollte somit immer ein möglichst linearer Phasenfrequenzgang angestrebt werden.

6.1.1.3 Wirkungsgrad

Der Wirkungsgrad eines Wandlers beschreibt, wie gut das Signal von einer Energieform in die andere umgewandelt werden kann. Ein Wirkungsgrad von 100% bedeutet, das die Umwandlung verlustfrei erfolgt, dass heißt, ohne dass Energie verloren geht. Allgemein kann der Wirkungsgrad mit folgender Formel berechnet werden:

$$\eta = \frac{P_{aus}}{P_{ein}} \cdot 100\%$$

mit:
η: Wirkungsgrad in Prozent, %
P_{aus}: Ausgangsleistung des Wandlers in Watt, W
P_{ein}: Eingangsleistung des Wandlers in Watt, W

Bei einem elektrodynamischen Lautsprecher ist im Schnitt nur ein Wirkungsgrad von 1-2% realistisch. Das bedeutet, dass 98-99% der zugeführten elektrischen Leistung in Wärme umgewandelt wird und nur 1-2% in akustische Leistung. Prinzipiell wäre gegen einen schlechten Wirkungsgrad nichts einzuwenden, wenn der Lautsprecher dadurch nicht der Gefahr ausgesetzt wäre, wegen Überhitzung durchzubrennen. Aus diesem Grund strebt man einen möglichst hohen Wirkungsgrad an.

Bei Mikrofonen ist der Wirkungsgrad ganz wesentlich von der Kapselimpedanz abhängig, die starken Einfluss darauf hat, wie viele Luftteilchen die Membran bewegen können und wie viele "ausweichen". Je größer die Impedanz der Kapsel ist, desto besser ist der Wirkungsgrad und somit die Ausgangsspannung - allerdings ist dann auch der Ausgangsstrom sehr klein, da gilt:

$$I = \frac{U}{Z}$$

mit:
I: Ausgangsstrom
U: Ausgangsspannung
Z: Impedanz der Kapsel

Ein kleiner Ausgangsstrom muss verstärkt werden, bevor er den Weg durch das Mikrofonkabel zum Mischpult antritt. Nur ein relativ hoher Stromfluss weist einen ausreichend großen Störabstand zu eventuell auftretenden Einstreuungen im Kabel auf. Zu diesem Zweck wird in Mikrofone mit hoher Kapselimpedanz (Kondensatormikrofone) ein Stromverstärker eingebaut (siehe Kapitel 6.2.3).
Ist die Kapselimpedanz niedrig, bekommt man zwar einen relativ hohen Ausgangsstrom, jedoch ist der Wirkungsgrad schlechter und somit auch die Ausgangsspannung geringer. Weiterhin verschlechtert sich das Impulsverhalten eines solchen Mikrofons, da die Kapsel mit ihrer niedrigen Impedanz die Luftteilchen in ihrer Schwingungsbewegung bremst. Ein typisches Beispiel hierfür ist das dynamische Mikrofon.

6.1.1.4 Ausreichende Leistung

Ein Mikrofon muss in der Lage sein, die Schalldrücke oder Schallleistungen, die man aufnehmen möchte, verzerrungsfrei zu übertragen. Je nach Bauform des Mikrofons sind jedoch Grenzen bezüglich hoher Schalldrücke gesetzt. So sollte man ein hochempfindliches Kleinmembrankondensatormikrofon nicht im Kessel eines Schlagzeugs aufstellen, da die Membran reißen könnte oder es zu einem Kurzschluss in der Kapsel führen könnte. Für jedes Mikrofon ist unbedingt der maximal zulässige Grenzschalldruck zu beachten, da es sonst zerstört werden kann.

Lautsprecher sollten in der Lage sein, ein Signal mit einer realistischen Lautstärke zu reproduzieren. Oft wird sogar eine Leistung gefordert, die den natürlichen Lautstärkeeindruck noch übersteigt, da viele Signale "besser" klingen, wenn man sie lauter wiedergibt. Das Hauptproblem eines Lautsprechers in dieser Beziehung ist sein schlechter Wirkungsgrad. Ein Großteil der zugeführten Leistung wird in Wärme umgewandelt, und somit ist der maximalen zugeführten Leistung automatisch dann eine Grenze gesetzt, wenn der Lautsprecher droht durchzubrennen. Eine weitere Grenze ist durch den maximalen Hub der Lautsprechermembran gegeben. Sobald der Lautsprecher an seine mechanischen Grenzen gerät und anstößt, sollte die zugeführte Leistung nicht weiter erhöht werden.

6.1.1.5 Richtcharakteristik

Die Richtcharakteristik eines Wandlers beschreibt dessen Empfangs- beziehungsweise Abstrahlverhalten im Raum bezogen auf verschiedene Frequenzen im Nutzbereich. Die Richtcharakteristik beschreibt, mit welcher Lautstärke ein Mikrofon Schallereignisse aus bestimmten Richtungen empfängt. Bei Lautsprechern gibt sie an, wie laut der Lautsprecher ein Signal in bestimmte Richtungen abstrahlt.

Es ist erstrebenswert, eine möglichst konstante Richtcharakteristik über alle Frequenzen des Übertragungsbereiches zu haben. Nur auf diese Weise ist es gewährleistet, dass sowohl Direkt- als auch Diffusschall (siehe Kapitel 6.13) bei allen Frequenzen gleich stark aufgenommen beziehungsweise angeregt werden.

Die Richtcharakteristik hängt von dem Verhältnis zwischen Wellenlänge und Membrangröße ab (siehe nächstes Kapitel). Im Audiobereich ändert sich die Wellenlänge zwischen 17m (20Hz) und 17mm (20kHz). Daher ist es schwierig, die Richtcharakteristik konstant zu halten. Es gibt nur zwei Möglichkeiten, dies zu bewerkstelligen:

- Sehr kleine Membranabmessung: Nur, wenn die Membranabmessung für alle Wellenlängen verhältnismäßig klein ist (beispielsweise 5mm Durchmesser), kann eine konstante Richtwirkung erzielt werden. Diese Eigenschaft wird oft bei Messmikrofonen angewandt.
- Die Membranabmessung muss mit der Wellenlänge "mitwachsen" oder "mitschrumpfen".
  Diese Methode wird bei Mehrwegelautsprechern angewandt. Je mehr Wege vorhanden sind, desto besser kann das Verhältnis zwischen Membranabmessung und Wellenlänge konstant gehalten werden. Allerdings ergibt sich daraus das Problem einer nicht mehr punktförmigen Abstrahlung und die Lokalisation verschlechtert sich.
  Eine effektiv variable Membrangröße ergibt sich auch bei Hornlautsprechern (siehe Kapitel 6.13.2). Daher sind Hornlautsprecher in der Lage, über ihren gesamten Nutzbereich mit

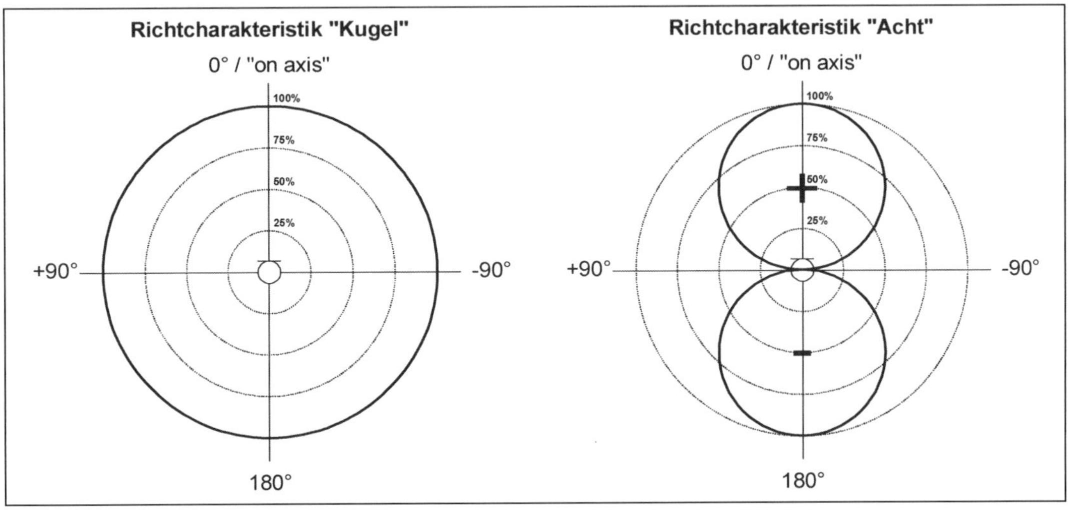

Abb. 6.1-1: Die Grundrichtcharakteristiken "Kugel" und "Acht"

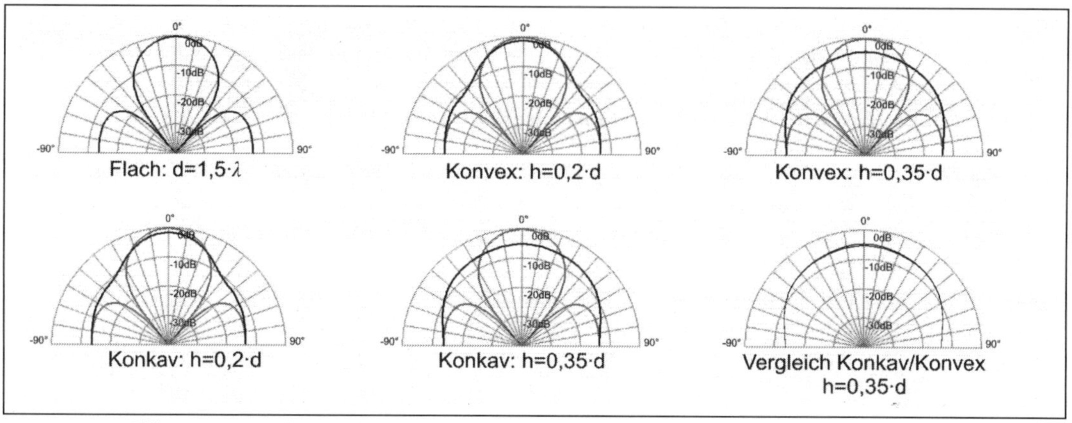

Abb. 6.1-2: Veränderung der Richtcharakteristik in Abhängigkeit der Membrandurchbiegung. Mit: d: Membranbreite, h: Mebranhöhe am höchsten Punkt, Kalottenform, Hörabstand: 20·d

einer konstanten Richtcharakteristik abzustrahlen.

Es gibt zwei grundlegende Richtcharakteristiken bei Lautsprechern und Mikrofonen:

- Ist das Mikrofon ein Druckempfänger (siehe Kapitel 6.3.1) oder der Lautsprecher in eine Box eingebaut, so ergibt sich eine Grundrichtcharakteristik von "Kugel". Das bedeutet, dass der Schall bei einer punktförmigen Membrangröße (λ>>Membrandurchmesser) in alle Richtungen gleich stark abgestrahlt wird.
- Ist das Mikrofon ein Druckgradientenempfänger (siehe Kapitel 6.3.2) oder der Lautsprecher nicht in eine Box eingebaut (Dipolstrahler), so ergibt sich eine Grundrichtcharakteristik von "Acht". Das bedeutet, dass der Schall bei einer punktförmigen Membrangröße (λ>>Membrandurchmesser) in die eine Richtung phasenrichtig und in die andere phasengedreht abgestrahlt wird.

Die zwei möglichen Grundrichtcharakteristiken sind in Abbildung 6.1-1 zu sehen.

Nun ist es prinzipiell möglich, aus den beiden Grundrichtcharakteristiken kombinierte Charakteristiken zu konstruieren (siehe Kapitel 6.3.3). Dies wird allerdings fast nur bei Mikrofonen gemacht. Lautsprecher sind normalerweise in eine Box eingebaut und verfügen somit über die Grundrichtcharakteristik "Kugel".
Die Grundrichtcharakteristik wird in der Praxis verfälscht, wenn die Wellenlänge der abgestrahlten Schwingung nicht mehr sehr groß gegenüber dem Membrandurchmesser ist.

6.1.1.6 Änderung der Richtcharakteristik in Abhängigkeit der Wellenlänge

Bei allen Schallwandlern besteht ein direkter Zusammenhang zwischen ihrer Richtcharakteristik und dem Verhältnis zwischen Wellenlänge des Signals und Membranabmessung. Das bedeutet, dass eine runde Membran prinzipiell immer die gleiche Richtcharakteristik aufweist, wenn die Wellenlänge des Schalls beispielsweise genau dem Membrandurchmesser entspricht. Hierbei ist es unerheblich, ob die Membran 2cm oder 1m Durchmesser hat. Stimmt die Wellenlänge der abgestrahlten Frequenz mit dem Membrandurchmesser überein, so ergibt sich eine vorhersagbare Richtcharakteristik. Diese kann lediglich noch durch die Membranform verändert werden. Dabei gelten folgende Regeln:

- Ist die Membran konvex (in der Mitte Richtung Hörer durchgebogen), so erscheint die Richtwirkung breiter, als bei einer flachen Membran.
- Ist die Membran konkav (in der Mitte vom Hörer weggebogen), so erscheint die Richtwirkung zunächst schmaler, als bei einer flachen Membran. In diesem Fall ergibt sich jedoch (möglicherweise in unmittelbarer Nähe) vor der Membran ein Fokuspunkt, hinter welchem die Richtwirkung dann wiederum breiter erscheint als bei einer flachen Membran.

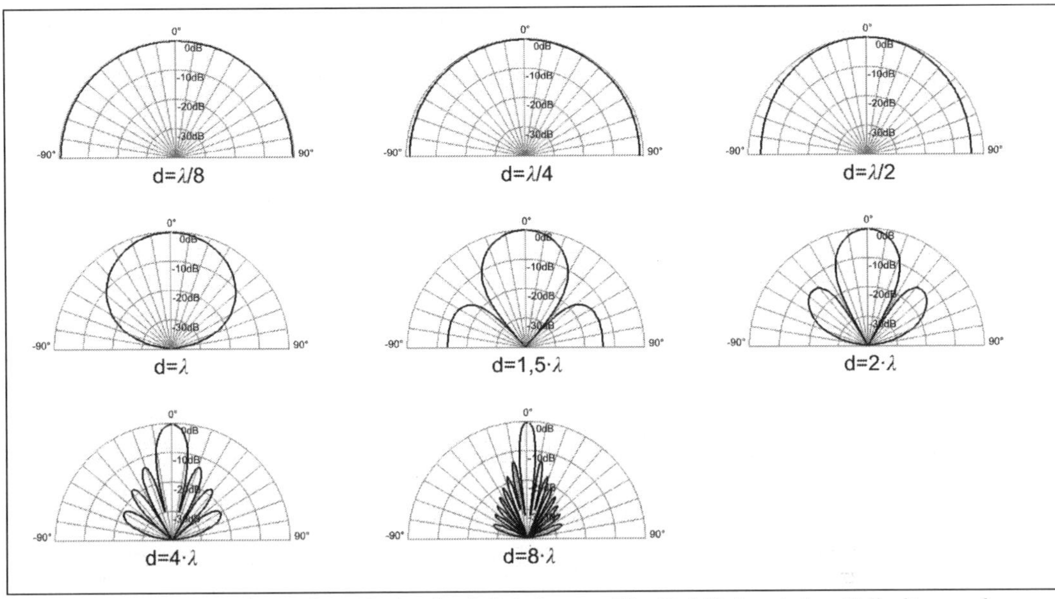

Abb. 6.1-3: Veränderung der Richtcharakteristik in Bezug auf das Verhältnis zwischen Wellenlänge und Membrandurchmesser (d) am Beispiel der Grundrichtcharakteristik "Kugel".
Achtung: Es wird nur der vordere Halbraum betrachtet.

Grundsätzlich kann man daher sagen, dass in einem normalen Hörabstand eine durchgebogene Membran (konvex oder konkav) immer das Abstrahlverhalten verbreitert (siehe Abbildung 6.1-2).

Möchte man die Richtcharakteristik einer beliebigen flachen Membran bei einer bestimmten Wellenlänge wissen, so kann man die Membran in ganz viele, einzelne Teilschallquellen aufteilen. Die Summe der abgestrahlten Einzelschallereignisse ergibt dann die resultierende Richtcharakteristik. Hierbei kann folgende Formel angewandt werden:

$$R(a) = \left[\frac{\sin\left(\frac{\pi \cdot f \cdot d}{c} \cdot \sin(a)\right)}{\frac{\pi \cdot f \cdot d \cdot \sin(a)}{c}} \right]$$

mit:
$R(a)$: Abstrahlfaktor in einem bestimmten Winkel
d: Membrandurchmesser in Meter, m
a: Winkel, in der die Abstrahlung berechnet werden soll in Grad, °
f: Frequenz in Hertz, Hz
c: Schallgeschwindigkeit

Verschiedene Richtcharakteristiken, die sich aus dieser Formel ergeben, sind in Abbildung 6.1-3 dargestellt. Dort kann man auch sehr gut erkennen, wie sich die Richtcharakteristik in Abhängigkeit des Verhältnisses zwischen Wellenlänge und Membrandurchmesser verändert. Hierbei gilt:

- Je höher die abgestrahlte Frequenz wird, desto gerichteter ist das Abstrahlverhalten.
- Je tiefer die abgestrahlte Frequenz wird, desto ungerichteter ist das Abstrahlverhalten.

Diese Regeln gelten auch für kombinierte Richtcharakteristiken. So bekommt beispielsweise auch ein Mikrofon mit einer Richtcharakteristik "Niere" zu hohen Frequenzen hin ein immer gerichteteres Aufnahmeverhalten, und die "Niere" wird dadurch verbogen.
Wichtig für die Praxis ist, dass das Abstrahlverhalten immer vom Verhältnis zwischen abgestrahlter Wellenlänge und Membrandurchmesser abhängt. Soll ein Lautsprecher oder ein Mikrofon eine konstante Richtwirkung haben, so müsste die Membran ihre Größe mit der Frequenz verändern!

6.1.2 Impulsverhalten

Das Impulsverhalten eines Schallwandlers beschreibt, wie ein Wandler auf einen sehr kurzen, definierten Eingangsimpuls reagiert. Im Idealfall wäre der Ausgangsimpuls des Wandlers identisch mit dem Eingangsimpuls. Dies würde bedeuten, dass der Wandler eine ideale Impulsantwort hätte und somit einen sehr linearen Amplituden- und Phasenfrequenzgang aufwiese.

In der Praxis reagiert ein Wandler auf einen kurzen Eingangsimpuls mit einer mehr oder weniger lang ausschwingenden Impulsantwort. Dies deutet jedoch auf vorhandene Schwankungen im Amplituden- und Phasenfrequenzgang hin. Über eine Fouriertransformation kann aus der Impulsantwort eines Wandlers dessen Amplituden- und Phasenverhalten berechnet werden (siehe Kapitel 16.1.1.2). Die nicht-ideale Impulsantwort des Wandlers resultiert aus folgenden Tatsachen:

- Die Membran besitzt eine Massenträgheit und kann nicht unendlich schnell auf einen Erregerimpuls reagieren.
- Die Membranmasse zusammen mit der elastischen Aufhängung der Membran und eventuell vorhandenen Luftpolstern hinter der Membran bilden ein Feder-Masse-System, welches eine Resonanzfrequenz besitzt.
- Eventuell angebrachte Ports oder Reflexöffnungen erzeugen Resonanzen, die zu Nachschwingern in der Impulsantwort führen.

Das Impulsverhalten eines Schallwandlers hat direkt Einfluss auf den Amplituden- und Phasenfrequenzgang.

6.1.2.1 Amplitudenfrequenzgang

Der Amplitudenfrequenzgang beschreibt das Übertragungsverhalten eines Wandlers bezogen auf 1kHz Referenzfrequenz. Ist das Übertragungsverhalten bei allen Frequenzen gleich, so spricht man auch von einem linearen Amplitudenfrequenzgang oder einem Frequenzgang, der "flat" ist. Dieses Verhalten ist prinzipiell anzustreben, wenn es um einen möglichst natürlichen Klang des Wandlers geht.
Die meisten klanglichen Auswirkungen sind sicherlich auf Unregelmäßigkeiten im Amplitudenfrequenzgang zurückzuführen, doch nicht alle klanglichen Eigenschaften eines Wandlers lassen sich aus diesem Frequenzgang rückschließen. In der Praxis wird bei einem Mikrofon oder Lautsprecher nur dem Amplitudenfrequenzgang Beachtung geschenkt - nicht zuletzt, weil vielleicht auch nur dieser in den technischen Daten angegeben ist. Ganz sicher jedoch, weil dieser relativ leicht zu interpretieren ist:

- Eine Überhöhung im Amplitudenfrequenzgang bedeutet, dass die entsprechende Frequenz zu laut wiedergegeben wird.
- Ein zu leiser Frequenzbereich ist durch eine Senke im Frequenzgang ersichtlich.

Bezüglich der klanglichen Neutralität ist ein Frequenzgang anzustreben, der linear ist, und somit bei allen Frequenzen eine gleich laute Wandelung ermöglicht. Allerdings kann auch ein nichtlinearer Frequenzgang seine Vorteile aufweisen:

- Eine Überhöhung in den Bässen bei einem Mikrofon verleiht dem Wandler einen warmen, angenehmen Klang.
- Eine Absenkung in den Bässen lässt den Wandler dünn und hohl klingen.
- Eine Überhöhung in den Höhen lässt den Wandler präsenter, jedoch auch kälter klingen.
- Eine Absenkung in den Höhen lässt den Wandler dumpf und "billig" klingen.
- Eine Überhöhung in den Mitten, lässt den Wandler nasal und bisweilen auch nervig klingen.
- Eine Absenkung in den Mitten lässt den Wandler weich klingen und ist besonders für leise Signale angenehm.

Wie man sehen kann, ist somit durch eine bestimmte Frequenzgangverformung auch die gezielte Modellierung eines bestimmten Klangs möglich. Aus diesem Grund sollte man in einem Studio auch immer verschiedene Mikrofone zur Auswahl haben, wenn es um die Gestaltung eines bestimmten Klangs während der Aufnahme geht. Der Einsatz eines Equalizers ist - vor allem mit dem Ziel, eine natürlich klingende Aufnahme zu machen - eher weniger zu empfehlen! Man kann den Klang eines bestimmten Mikrofons nur schwerlich durch die Verwendung eines anderen Mikrofons in Kombination mit einem Equalizer hinbekommen.
Auch der Einsatz eines Plug-Ins zur Simulation des Klangs verschiedener Mikrofontypen ist sehr fragwürdig. Zwar kann das Plug-In das Frequenzverhalten und bis zu einem gewissen Grad auch das Einschwingverhalten eines anderen Mikrofons nachbilden, jedoch wird es niemals möglich sein, damit aus einem schlechten Mikrofon, den Klang eines hochwertigen Mikrofons zu formen. Weiterhin kann das Plug-In keinen Einfluss auf die Richtcharakteristik des Mikrofons nehmen, welche schließlich nur konstruktions- und membrangrößenabhängig ist. Nur zusammen mit einem sehr

hochwertigen (Mess-) Mikrofon kann ein solches Plug-In einen halbwegs brauchbaren Klang erzielen. Es ist jedoch meist nur als Homerecording-Lösung gedacht, damit der finanziell eher schlecht gestellte Amateur den Eindruck bekommt, er habe mit einem teuren Mikrofon aufgenommen.

6.1.2.2 Phasenfrequenzgang

Der Phasenfrequenzgang hat - ebenso wie der Amplitudenfrequenzgang - einen nicht unerheblichen Einfluss auf die klanglichen Eigenschaften eines Wandlers. Je linearer dieser ist, desto natürlicher ist auch der Klang eines Wandlers (siehe Kapitel 2.4).

Besondere Beachtung muss dem Phasenverlauf geschenkt werden, wenn es um Mehrwegesysteme geht. Bei Mehrwegelautsprechern ist es an den Grenz- beziehungsweise Übergangsfrequenzen der einzelnen Treiber wichtig, dass sich diese nicht nur im Pegel korrekt ergänzen, sondern auch genau die gleiche Phasenlage haben. So muss bei einer Zweiwegebox beim Übergang vom Tieftöner auf den Hochtöner im Bereich der Grenzfrequenz ein dekkungsgleicher Phasenverlauf gegeben sein, da die Lautsprecher das Signal sonst nicht gleichzeitig abstrahlen. In diesem Fall würde der Hörer an der Grenzfrequenz zwei Schallereignisse in einem sehr kurzen Abstand hintereinander hören. Diese Laufzeitfehler zwischen den Systemen liegen in der Praxis im Bereich um 100µs und verschlechtern die Lokalisation und Tiefenstaffelung einer Lautsprecherbox (siehe Kapitel 2.5 und 2.6). Lautsprecher, die diesen Fehler nicht aufweisen, werden als "zeitabgeglichen" oder "Time Aligned" bezeichnet.
Bei passiven Lautsprechern kann der notwendige Zeitabgleich, der zu einer deckungsgleichen Phasenlage an der Grenzfrequenz führt, mechanisch durch unterschiedliche Einbautiefen der Treiber erfolgen. Bei aktiven Lautsprechern können Allpassfilter (siehe Kapitel 5.8) oder digitale Delays eingesetzt werden.
Um den wirklich relevanten Phasenverlauf einer Box beurteilen zu können, müssten in der Praxis immer die Phasenverläufe der einzelnen Treiber als Überlagerungsdiagramm dargestellt werden. Nur dann kann man tatsächlich erkennen, ob die Phasenverläufe an der Grenzfrequenz deckungsgleich sind. Ein Gesamtphasenverlauf der ganzen Box ist - obwohl des öfteren in den technischen Daten zu finden - ziemlich wertlos.

6.1.3 Beschreibung der Mikrofonparameter

Im Folgenden sollen die wichtigsten Parameter für Mikrofone beschrieben werden. Diese werden in den nächsten Kapiteln als bekannt vorausgesetzt.

6.1.3.1 Richtcharakteristik

Die Richtcharakteristik beschreibt, wie laut ein Mikrofon Schall aus unterschiedlichen Einsprechrichtungen aufnimmt. Hierbei gibt es immer eine Haupteinsprechrichtung, die in Richtdiagrammen mit 0° beschriftet wird. Oft wird in diesem Zusammenhang auch der englische Begriff "on axis" (auf der Hauptachse) verwendet.

Es ist zu beachten, dass die meisten Mikrofone keine konstante Richtcharakteristik über ihren gesamten Übertragungsbereich haben. Man sollte also beim Betrachten der Aufnahmerichtungen immer allen relevanten Frequenzen Beachtung schenken. Meist wird die Richtwirkung zu hohen Frequenzen hin in Richtung 0° stärker gebündelt (siehe Kapitel 6.1.1.6). Dies bedeutet, dass die Ausrichtung der Mikrofone besonders für hohe Frequenzen sehr entscheidend für den Klang sein kann.
Prinzipiell können nur sehr kleine Mikrofonkapseln über den gesamten Übertragungsbereich konstante Richtcharakteristiken aufweisen.

Über das genaue Zustandekommen verschiedener Richtcharakteristiken bei Mikrofonen kann in Kapitel 6.3 nachgelesen werden.

6.1.3.2 Feld-Übertragungsfaktor

Der Feld-Übertragungsfaktor B_F gibt an, wieviel Ausgangsspannung ein Mikrofon bei einem Schalldruck von 1Pa liefert. Da die zu erwartende Ausgangsspannung im Millivoltbereich liegt, wird er in der Einheit

$$B_F : \frac{mV}{Pa}$$

angegeben. Man unterscheidet zwischen:

Feld-Leerlaufübertragungsfaktor:
Dieser gibt die Ausgangsspannung bei 1Pa Schalldruck an, wenn der Ausgang des Mikrofons nicht durch einen Abschlusswiderstand belastet wird.

Feld-Betriebsübertragungsfaktor:
Dieser gibt die Ausgangsspannung bei 1Pa Schalldruck an, wenn der Ausgang des Mikrofons mit der Nennabschlussimpedanz belastet wird. Diese beträgt bei einem Standard-Mikrofoneingang 1kΩ.

Werte für den Feld-Übertragungsfaktor bewegen sich zwischen $1\frac{mV}{Pa}$ bei Bändchenmikrofonen, 1-2 $\frac{mV}{Pa}$ bei Tauchspulenmikrofonen und 10-20 $\frac{mV}{Pa}$ bei Kondensatormikrofonen.

6.1.3.3 Grenzschalldruck

Der Grenzschalldruck gibt den Schalldruck an, bei dem das Mikrofon einen Klirrfaktor von 0,5% erreicht. Schalldrücke, die über dem Grenzschalldruck liegen, produzieren zunächst noch stärkere Klirrverzerrungen und können schließlich auch zur mechanischen Zerstörung des Mikrofons führen. Ein Mikrofon, das in unmittelbarer Nähe zu einer Schallquelle aufgestellt wird, kann sehr schnell dem zulässigen Grenzschalldruck ausgesetzt werden.

6.1.3.4 Eigenstörspannung

Die Eigenstörspannung U_E ist die Spannung, die ein Mikrofon abgibt, wenn es keinem Schalldruck ausgesetzt ist. Es handelt sich hierbei um ein Rauschsignal, welches auf das Eigenrauschen der Kapsel, das thermische Rauschen der Widerstände und das Rauschen eventuell vorhandener Verstärkerbauteile zurückzuführen ist.

6.1.3.5 Bewertete Eigenstörspannung / Geräuschspannung

Gemessen nach DIN 45405 beziehungsweise CCIR 468-1 beschreibt dieser Wert eine Quasi-Spitzenspannung, welche mit Hilfe eines Ohrkurvenfilters so angepasst wird, dass der gemessene Wert eher der tatsächlich empfundenen Lautstärke entspricht.

Im Unterschied zu der Messung nach DIN 45405 / CCIR 468-1 existiert auch eine Messung nach DIN/IEC 651. Bei letzterer wird der Effektivwert gemessen und eine Bewertung durch ein A-Filter vorgenommen. Im Vergleich zu der Messung nach DIN 45405 / CCIR 468-1 kommen dabei um bis zu 13dB niedrigere Werte heraus, so dass eine DIN/ IEC 651 Messung immer die besseren (niedrigeren) Werte für die bewertete Eigenstörspannung ergibt. Somit ist bei der Angabe dieses Wertes darauf zu achten, nach welcher Norm er ermittelt wurde (siehe auch Kapitel 16.2.1.6).

Soll der bewertete Eigenstörspannungspegel angegeben werden, so gilt folgende Formel:

$$L_E = 20 \cdot \log\frac{U_E}{1V}$$

mit:
L_E: Bewerteter Eigenstörspannungspegel in dBV
U_E: Bewertete Eigenstörspannung

6.1.3.6 Äquivalentschalldruck der Eigenstörspannung

Der Äquivalentschalldruck der Eigenstörspannung beschreibt, wie laut ein akustisches Ereignis wäre, wenn es an einem Mikrofon die Eigenstörspannung hervorrufen würde. Man kann sich somit ein Bild davon machen, welches die geringsten Schalldrücke sind, die ein Mikrofon noch übertragen kann, ohne dass diese komplett im Eigenrauschen verschwinden. Der Äquivalentschalldruck berechnet sich über die Eigenstörspannung und den Feld-Übertragungsfaktor:

$$p_E = \frac{U_E}{B_F}$$

mit:
p_E: Äquivalentschalldruck in Pascal, Pa
U_E: Eigenstörspannung
B_F: Feld-Übertragungsfaktor

Analog zum Äquivalentschalldruck kann auch der bewertete Äquivalentschalldruck berechnet werden. In diesem Fall muss für U_E die bewertete Eigenstörspannung eingesetzt werden.

Soll der Äquivalentschalldruckpegel berechnet werden, so gilt:

$$L_{SPL_E} = 20 \cdot \log\frac{p_E}{2 \cdot 10^{-5}Pa}$$

mit:
L_{SPL_E}: Äquivalentschalldruckpegel in dB_{SPL}
p_E: Äquivalentschalldruck in Pascal, Pa

6.1.3.7 Eigenstörspannungsabstand, Geräuschspannungsabstand

Der Eigenstörspannungsabstand, auch unter dem Namen Geräuschspannungsabstand bekannt, gibt den Unterschied zwischen $94dB_{SPL}$ (=1Pa) und dem Äquivalentschalldruckpegel an. Er berechnet sich mit der Formel:

$$L = 94dB_{SPL} - L_{SPL_E}$$

6.1.3.8 Freifeld- und Diffusfeldfrequenzgang

Diese Begriffe beziehen sich auf den Amplitudenfrequenzgang eines Mikrofons, wenn es nur Direktschall oder nur diffusem Schall ausgesetzt wird.
Dass ein Mikrofon nur Direktschall empfängt, kann nur im reflexionsarmen Raum oder im Freifeld vorkommen. Unter fast allen praktischen Bedingungen wird immer eine Mischung aus Direktschall und Diffusschall empfangen. Welcher Anteil hierbei überwiegt, ist abhängig vom Hallradius (siehe Kapitel 6.13.1.5).
Der Freifeldfrequenzgang bezieht sich auf den Amplitudenfrequenzgang, den ein Direktsignal aus der Haupteinsprechrichtung hervorrufen würde (0°- Frequenzgang).

Der Diffusfeldfrequenzgang bezieht sich auf den Amplitudenfrequenzgang, den ein diffuses Signal hervorrufen würde, das gleich stark aus allen Richtungen auf das Mikrofon trifft.

Bei guten Mikrofonen verlaufen Freifeld- und Diffusfeldfrequenzgang parallel zueinander. Dies bedeutet, dass der Abstand des Mikrofons zur Schallquelle lediglich den aufgenommenen Raumanteil erhöht, den Klang jedoch nicht verfärbt.

Eine weitere Möglichkeit ist es, ein Mikrofon "freifeldentzerrt" oder "diffusfeldentzerrt" zu konstruieren. Hierbei gilt:

- Ein freifeldentzerrtes Mikrofon ist besonders gut für die Abnahme von direkten Schallquellen geeignet. Es sollte möglichst innerhalb des Hallradius der Schallquelle positioniert werden.
- Ein diffusfeldentzerrtes Mikrofon ist besonders gut für Aufnahmen im diffusen Schallfeld, also außerhalb des Hallradius geeignet. Es kann somit gut als Raummikrofon eingesetzt werden.

6.1.3.9 Ausgangsübertrager und übertragerlose Schaltung

Das Mikrofonsignal sollte symmetrisch übertragen werden, um Einstreuungen in die Mikrofonleitung so gut wie möglich wieder herausrechnen zu können. Bei dynamischen Mikrofonen ist das Signal der Kapsel bereits symmetrisch. Bei Kondensator- und Elektretkondensatormikrofonen jedoch nicht. Diese benötigen noch eine Symmetrierschaltung am Ausgang. Bei den Kondensatormikrofonen mit Röhrenvorverstärker wird hierzu ein Übertrager verwendet, der gleich mehrere Aufgaben gleichzeitig erfüllt:

- Symmetrieren des Ausgangssignals.
- Anpassen des Signals auf die vorgeschriebene Impedanz.
- Abkoppeln der Anodenspannung der Röhre.
- Galvanische Trennung zwischen Röhrennetzteil und Mischpult.

Übertrager werden auch noch bei vielen Kondensatormikrofonen in Transistortechnik benutzt. Da sie jedoch viele Nachteile haben (teuer, schwer, groß, klanglich nicht neutral), werden sie mehr und mehr durch übertragerlose Symmetrierschaltungen abgelöst. Hierbei gibt es zwei Möglichkeiten:

- Elektronische Schaltung zur Symmetrierung der Signale. Diese Variante hat den Nachteil, dass dem Signal noch einmal Rauschen hinzugefügt wird.
- Quasisymmetrischer Ausgang (siehe Kapitel 5.10.4). Diese Variante fügt dem Signal kein weiteres Rauschen hinzu, ist jedoch bezüglich der Störsignalunterdrückung ebenso gut geeignet wie die elektronische Symmetrierung.

Welche Variante tatsächlich angewandt wird, kann man den technischen Daten des Mikrofons oder teilweise nur dessen Schaltbild entnehmen.

6.1.4 Beschreibung der Lautsprecherparameter

Hier werden die wichtigsten Parameter für Lautsprecher beschrieben. Auch diese werden anschließend in den nächsten Kapiteln als bekannt vorausgesetzt.

6.1.4.1 Abstrahlverhalten

Mit dem Abstrahlverhalten eines Lautsprechers wird angegeben, in welche Richtungen der Lautsprecher eine einheitliche Leistung abstrahlt. Hierbei kann ein Richtdiagramm für den gesamten Übertragungsbereich des Lautsprechers angegeben werden (was für den Hörer am meisten Sinn macht) oder auch für einzelne Frequenzbereiche.
Das Richtdiagramm gibt hierbei in der Regel den Bereich an, in dem der Pegel weniger als 3dB abgefallen ist (siehe Abbildung 6.1-4). Dabei ist jedoch zu beachten, dass der Hörer, wenn er sich innerhalb der -3dB Richtung befindet, bereits Pegelverluste im Übertragungsbereich von bis zu -3dB bekommen kann. Diese sind bereits deutlich hörbar.

Das Abstrahlverhalten eines Lautsprechers muss in der Praxis so beschaffen sein, dass der Klang des Lautsprechers im gesamten Hörbereich möglichst gleich ist. Er sollte jedoch außerhalb des Nutzbereichs möglichst wenig Schall abstrahlen, damit der Raum, in dem er sich befindet, nicht zu stark angeregt wird. Bevor man also einen Lautsprecher anhand seines Abstrahlverhaltens beurteilen möchte, sollte man die Hörbedingungen definieren:

- Im HiFi-Bereich ist meist ein möglichst ungerichtetes Abstrahlverhalten erwünscht. Auf diese Weise ist es möglich, an jeder Stelle des Raums in etwa den gleichen Klang zu bekommen. Es muss jedoch hinzugefügt werden, dass in diesem Fall der Raum stark angeregt wird und ein starker Diffusschallanteil entsteht. Die Klangqualität ist somit sehr stark von der akustischen Gestaltung des Raums und dessen Nachhallzeit abhängig.

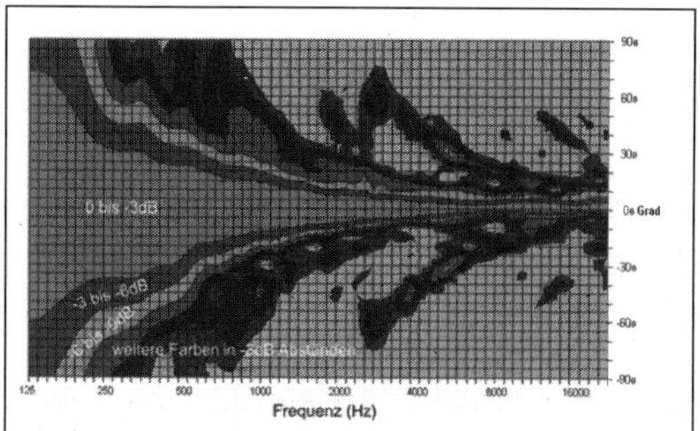

Abb. 6.1-4: Abstrahlverhalten eines stark bündelnden Lautsprechers innerhalb -3dB Pegelverlust (innerer heller Bereich).

- Im Studio muss der Lautsprecher über die gesamte Arbeitsbreite den gleichen Klang liefern. Nur dann ist es möglich, in jedem Kanalzug des Mischpultes die Wirkung des Equalizers zu beurteilen und den gewünschten Klang der Spur einzustellen. Das Abstrahlverhalten ist somit hauptsächlich von der Mischpultbreite abhängig.
- Im Livebereich sind sehr gerichtete und vor allem klar definierte Abstrahleigenschaften erwünscht. Auf diese Weise kann das Publikum bei einem Konzert gezielt mit Schall versorgt werden. Man transportiert die Schallleistung auf diese Weise möglichst effektiv zum Hörer und bleibt weitestgehend unabhängig von den räumlichen Gegebenheiten. Weiterhin verringert sich durch ein gerichtetes Abstrahlverhalten die Gefahr von Rückkopplungen.

6.1.4.2 Schalldruckpegel pro Watt und Meter

Dieser Wert gibt an, wie viel Schalldruckpegel ein Lautsprecher in einem Meter Entfernung vor der Membran erzeugt, wenn er mit 1 Watt elektrischer Leistung angeregt wird. Dieser Pegel wird meist bei der Messfrequenz 1kHz angegeben. Mit Hilfe dieses Wertes ist es schnell möglich, verschiedene Lautsprecher bezüglich ihrer abgestrahlten Lautstärke miteinander zu vergleichen, ohne dass komplizierte Berechnungen nötig werden.

6.1.4.3 Sinusleistung

Die Sinusleistung oder auch RMS-Leistung eines Verstärkers ist die eigentlich relevante Leistung. Sie wird normalerweise nach DIN 45500 mit Hilfe eines Sinustons gemessen, den der Verstärker 10 Minuten lang abgeben können muss. Begrenzt wird die Sinusleistung eines Verstärkers von der Stärke des Netzteils, das nur eine bestimmte Leistungsmenge abgeben kann.

Da das menschliche Ohr nur den Effektivwert als Lautstärkeinformation wahrnimmt, kommt diese Messung und Leistungsangabe der empfundenen Lautstärke am nächsten. Bei einem Lautsprecher ist die Sinusleistung die Leistung, die er dauerhaft als Effektivwert vertragen kann, ohne durchzubrennen.

6.1.4.4 Spitzenleistung

Die Spitzenleistung ist bei Endstufen rein rechnerisch genau doppelt so groß wie die Sinusleistung, da gilt:

$$U_S = U_{eff} \cdot \sqrt{2} \text{ und } P = \frac{U^2}{R}$$

also

$$P_S = P_{eff} \cdot 2$$

Bei Lautsprechern ist die Spitzenleistung durch die maximale Membranauslenkung beziehungsweise die Antriebskraft der Schwingspule begrenzt. Zu hohe, kurzfristige Pegelspitzen lassen einen Lautsprecherantrieb zwar nicht durchbrennen, können dem Antrieb jedoch mechanischen Schaden zufügen. So kann beispielsweise die Schwingspule von der Membran abreißen oder komplett aus dem Schwingspulenspalt austreten, versetzt auf der oberen Polplatte landen und sich zusammenstauchen. In beiden Fällen ist der Lautsprecher defekt, jedoch nicht durchgebrannt.
Gefahr geht hierbei vor allem von Verstärkern aus, die über eine unverhältnismäßig hohe Spitzenleistung verfügen. So wird oft aus marketingtechnischen Gründen ein Netzteil mit sehr hoher Leerlaufspannung eingebaut, damit am Ende auf der Verstärkerfrontplatte "1000W" stehen kann. Das Netzteil kann jedoch im Dauerbetrieb vielleicht nur 100W liefern. Neben Verzerrungen, die eine solche Endstufe produziert, weil man denkt sie könne mehr Lautstärke liefern, als sie tatsächlich in der Lage ist, können die kurzfristigen starken Spitzen dem Lautsprecher mechanisch gefährlich werden.

6.1.4.5 Musikleistung

Die Angabe der Musikleistung ist in der Praxis nicht sehr wertvoll, da normalerweise keine genormten Messverfahren angewandt werden. So liegt die Musikleistung irgendwo zwischen der Sinus- und der Spitzenleistung.

6.1.4.6 Leistungsauslegung des Lautsprechers

Bei aktiven Lautsprechern hat man keine Möglichkeit, Einfluss auf die Leistung der eingebauten Endstufen zu nehmen. Man kann jedoch bei guten Aktivboxen davon ausgehen, dass die Endstufen so ausgelegt wurden, dass den Lautsprechern unter allen Betriebsbedingungen nichts passieren kann.

Anders sieht es bei passiven Lautsprechern aus. Man ist selbst in der Verantwortung die richtige Endstufe zu finden, die zusammen mit dem Lautsprecher einen guten Klang ergibt und ihn auch möglichst nicht gefährdet. Um hierbei ein optimales Ergebnis zu bekommen, muss man zwischen zwei Lautsprechertypen unterscheiden:

- Einwegelautsprecher: Die Lautsprecher sollten mindestens die Sinusleistung vertragen, die die Endstufe abgeben kann. Werden die Lautsprecher stärker ausgelegt, so wird es für die Endstufe nahezu unmöglich, die Lautsprecher zu zerstören.
- Mehrwegelautsprecher: Bei Mehrwegelautsprechern verteilt sich die Verstärkerleistung auf Hoch-, Mittel- und Tieftöner. Bei einer durchschnittlichen Rock/Pop Mischung kann man davon ausgehen, dass der Pegel des Musiksignals mit 3dB/Okt. zu den hohen Frequenzen hin abnimmt. Daraus lässt sich eine Leistungsverteilung ermitteln, die in Tabelle 6.1-1 zu sehen ist.

Oktave	Leistungsverteilung
20 - 39Hz	50,00%
39 - 78Hz	25,00%
78 - 156Hz	12,50%
156 - 313Hz	6,25%
313 - 625Hz	3,13%
625 - 1250Hz	1,56%
1250 - 2500Hz	0,80%
2500 - 5000Hz	0,40%
5000 - 10000Hz	0,20%
10000 - 20000Hz	0,10%

Tab. 6.1-1: Leistungsverteilung bei Rock/Popmusik über die verschiedenen Oktaven

Für einen Zweiwegelautsprecher mit einer Trennfrequenz von 2500Hz ergibt sich somit eine theoretische Leistungsverteilung über den gesamten Audiobereich von 99,3% für den Tieftöner und 0,7% für den Hochtöner. Geht der Zweiwegelautsprecher nur bis 80Hz herunter, so beträgt die Verteilung noch 97,25% für den Tieftöner und 2,75% für den Hochtöner.

Bei einer Dreiwegebox sieht die Rechnung entsprechend aus. Liegen beispielsweise die Trenn-

frequenzen bei 600Hz und 2500Hz, so ergibt sich folgende Verteilung: Tieftöner 96,5%, Mitteltöner 2,8% und Hochtöner 0,7%.
Man erkennt, dass der Tieftöner immer die meiste Leistung abbekommt und entsprechend kräftig dimensioniert sein muss. Weiterhin ist auch erkennbar, dass die Mittel- und Hochtöner nur einen kleinen Bruchteil der Gesamtleistung der Box verkraften müssen.
Soll nun die Endstufe dem Lautsprecher angepasst werden, so empfiehlt es sich grundsätzlich, eine etwas zu starke Endstufe zu verwenden. Das klingt zwar auf den ersten Blick widersinnig, ist jedoch der beste Schutz vor defekten Mittel- und Hochtönern.

Bei einer zu schwachen Endstufe ist man gerne versucht, diese zu weit aufzudrehen. Man überschreitet dadurch ja auch nicht die Gesamtbelastbarkeit der Box. Allerdings kann die Endstufe ins Clipping gehen und es entstehen neue Obertöne, durch die sehr schnell die Belastungsgrenze der Mittel- und Hochtöner überschritten wird. Die Endstufe ist schließlich nicht so schwach, dass sie nicht den Mittel- oder Hochtöner zerstören könnte.
Verwendet man eine zu starke Endstufe, bleibt das Signal im gesamten Leistungsbereich der Box unverzerrt und es besteht keine Gefahr für die Lautsprecher.

6.2 Wandlerprinzipien von Mikrofonen

6.2.1 Kohlemikrofone

Kohlemikrofone waren für lange Zeit die einfachsten und billigsten Mikrofone. Sie wurden bis nach 1980 in Telefonen eingesetzt. Das Konstruktionsprinzip beruht auf einem Metallbecher, der mit Kohlekrümeln gefüllt ist, auf welchen sich eine Metallplatte als Membran befindet (siehe Abbildung (6.2-1). Die obere Metallplatte ist isoliert zu dem Becher angebracht und, da die Kohle elektrischen Strom leiten kann, ergibt sich ein bestimmter Widerstand zwischen dem Metallbecher und der Metallmembran. Dieser Widerstand verändert sich, jenachdem, wie stark die Kohle zusammengedrückt wird. Wird nun die Membran Schalldruckschwankungen ausgesetzt, so übt sie einen veränderlichen Druck auf die Kohle aus und es entsteht eine Widerstandsveränderung, die umgekehrt proportional zum Schalldruck ist. Je höher der Druck ist, der auf die Membran wirkt, desto geringer wird der elektrische Widerstand der Kohle. Wird nun ein einfacher Stromkreis aus einem Kohlemikrofon, einer Batterie und einem Lautsprecher aufgebaut, so ergibt sich die einfachste Variante der elektrischen Schallübertragung (siehe Abbildung 6.2-2). Auf dieser Schaltung basieren die ersten Telefone. Die Widerstandsveränderung am Mikrofon verändert den Stromfluss im Stromkreis und somit auch den Strom durch den Lautsprecher. Auf diese Weise wird die Membran des Lautsprechers proportional zu den Schalldruckschwankungen am Mikrofon angetrieben und der Schall wieder hörbar gemacht.
Aus heutiger Sicht sind Kohlemikrofone zu groß, zu schwer und auch nicht mehr die kostengünstigste Variante. Sie werden meist durch kleine Elektretkondensatorkapseln (siehe Kapitel 6.2.3.3) ersetzt.

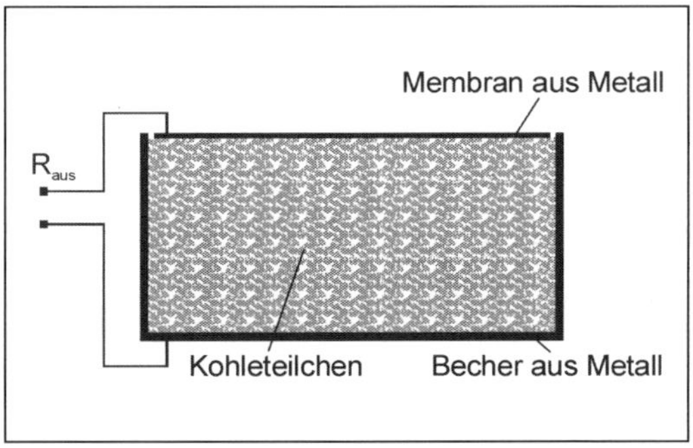

Abb. 6.2-1: Querschnitt durch ein Kohlemikrofon

Es kann jedoch durchaus reizvoll sein, eine alte Kohlekapsel einzusetzen, wenn ein typisch alter Telefonklang oder ein nostalgisch wirkender Sound gefordert ist. Dazu benötigt man lediglich einen Mikrofoneingang mit Phantomspeisung (siehe Kapitel 6.4.3). Man schließt das Mikrofon zwischen Hot (Pin 2) und Masse (Pin 1) des XLR-Steckers an und verbindet cold (Pin 3) mit Masse (Pin 1). Die Schaltung ist in Abbildung 6.2-3 zu sehen. Auf diese Weise ergibt sich ein Spannungsteiler, der aus dem Vorwiderstand der Phantomspeisung und dem Mikrofonwiderstand besteht. Somit bekommt man eine Eingangsspannung, die umgekehrt proportional zum Schalldruck ist. Der Spannungsverlauf ist also invertiert zum Schalldruckverlauf.

6.2.2 Dynamische Mikrofone

Die Bezeichnung "dynamische Mikrofone" stammt von dem elektrodynamischen Wandlerprinzip, welches bei dieser Bauform verwendet wird. Es handelt sich hierbei um das Prinzip der Induktion, bei dem ein elektrischen Leiter in einem Magnetfeld bewegt wird (Siehe auch Kapitel 4.8.4). Die Richtung des induzierten Stroms kann mit Hilfe der "Rechten-Hand-Regel" bestimmt werden (siehe Abbildung 6.2-4). Die Ausgangsspannung des Mikrofons lässt sich durch folgende Formel berechnen:

$$U = -B \cdot l \cdot v$$

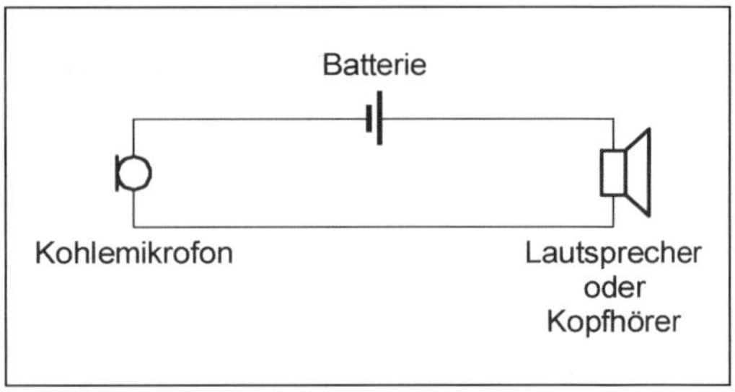

Abb. 6.2-2: Einfacher Schaltkreis zur elektrischen Übertragung von Schallsignalen

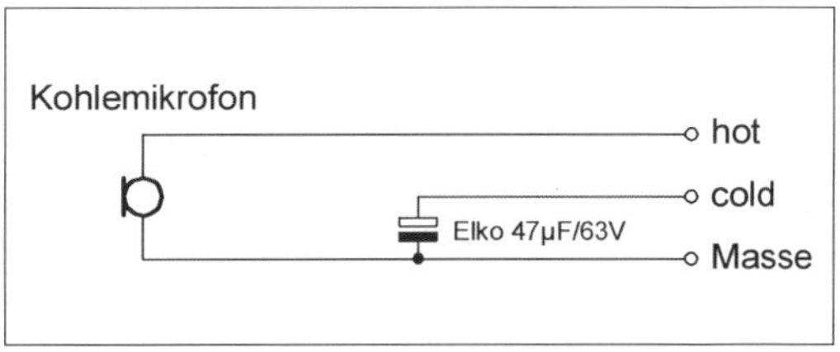

Abb. 6.2-3: Anschluss eines Kohlemikrofons an einen Mischpulteingang mit Phantomspeisung

mit:
U: Ausgangsspannung des Mikrofons in Volt, V
B: Magnetische Flussdichte des Magneten in Tesla, T
l: Länge des elektrischen Leiters im magnetischen Feld, in Meter, m
v: Geschwindigkeit des Leiters im magnetischen Feld in $\frac{m}{s}$

Man erkennt, dass die Ausgangsspannung proportional zur Geschwindigkeit der Membran ist, an der der Leiter befestig ist. Dynamische Mikrofone sind somit "Geschwindigkeitsempfänger". Sie reagieren auf die Schallschnelle eines Signals.

Da eine möglichst hohe Ausgangsspannung des Mikrofons angestrebt wird, sollte man den Leiter in einem sehr starken Magnetfeld bewegen, ihn möglichst lang machen und für eine hohe Geschwindigkeit sorgen. Dabei ergeben sich jedoch ein paar Probleme:

- Die magnetische Flussdichte ist abhängig von der Stärke des Magneten und der Wegstrecke, die das Magnetfeld in der Luft zurücklegen muss. Je größer der Luftspalt ist, desto schwächer wird die Flussdichte. In einem zu kleinen Luftspalt kann sich der Leiter jedoch verkanten oder es passt zu wenig Leiterlänge hinein.
- Je länger der Leiter sein soll, der sich im Magnetfeld befindet, desto mehr Platz benötigt er. Weiterhin steigt der Widerstand des Leiters mit der Leiterlänge an, und somit geht der Stromfluss, den das Mikrofon erzeugen kann zurück.
- Die Geschwindigkeit des Leiters wird durch die Massenträgheit der Membran und des Leiters begrenzt. Daher ist es erstrebenswert, die Membran und den Leiter möglichst leicht zu gestalten.
  Weiterhin arbeitet die Lorentzkraft gegenläufig zur Membranbewegung. Sobald eine Spannung im Leiter induziert wird, fließt bei angeschlossenem Mikrofon auch Strom. Dieser wiederum sorgt für eine Membranbewegung entgegen der Auslenkung durch den Schalldruck. Diese Gegenkraft ist um so stärker, je höher der Stromfluss ist, das heißt, je niedriger Leitungs- und der Abschlusswiderstand sind. Es wird jedoch ein relativ großer Stromfluss gewünscht (siehe Kapitel 6.1.1.3). Das bedeutet, dass bei dynamischen Mikrofonen die Mebranbewegung immer recht stark durch die eben beschriebene Gegeninduktion gebremst wird.

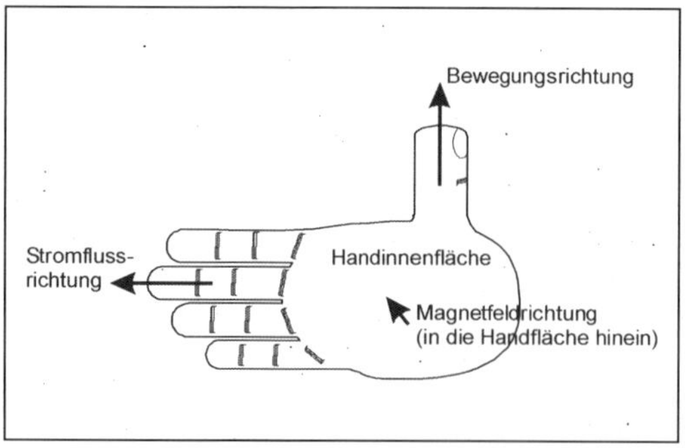

Abb. 6.2-4: Rechte-Hand-Regel für die Induktion

Somit ergeben sich für dynamische Mikrofone nicht zu vernachlässigende Nachteile:

- Relativ niedrige Ausgangsspannung / geringer Feldübertragungsfaktor.
- Schlechte Impulstreue durch die ständig entstehende Gegeninduktion. Die schlechte Impulstreue führt zu Amplituden- und Phasenfehlern, die den Klang eines dynamischen Mikrofons immer ein wenig unnatürlich erscheinen lassen.
- Eventuelle Empfindlichkeit gegenüber magnetischen Störfeldern.

Jedoch sind auch Vorteile bei einem dynamischen Mikrofon zu finden:

- Günstig in der Herstellung.
- Mechanisch robust.
- Keine aktive Elektronik vorhanden, somit ist keine Betriebsspannung nötig.

Durch die Schwingspule besteht die Gefahr, dass ein magnetisches Störfeld eine Spannung in das Mikrofon induzieren kann. Um diese Störempfindlichkeit herabzusetzen, werden in besseren dynamischen Mikrofonen Kompensationsspulen eingebaut. Diese sind so angeordnet, dass in ihnen die gleiche Störspannung, jedoch mit umgekehrtem Vorzeichen, induziert wird. Auf das Nutzsignal hat diese Kompensationsspule aufgrund ihrer Dimensionierung keine klangliche Auswirkung. So kann ein magnetisches Störfeld ziemlich gut unterdrückt und einer der Nachteile des dynamischen Mikrofons eliminiert werden. Die Abbildung 6.2-5 zeigt ein aufgeschnittenes dynamisches Mikrofon, bei dem die verschiedenen Komponenten gut zu erkennen sind.

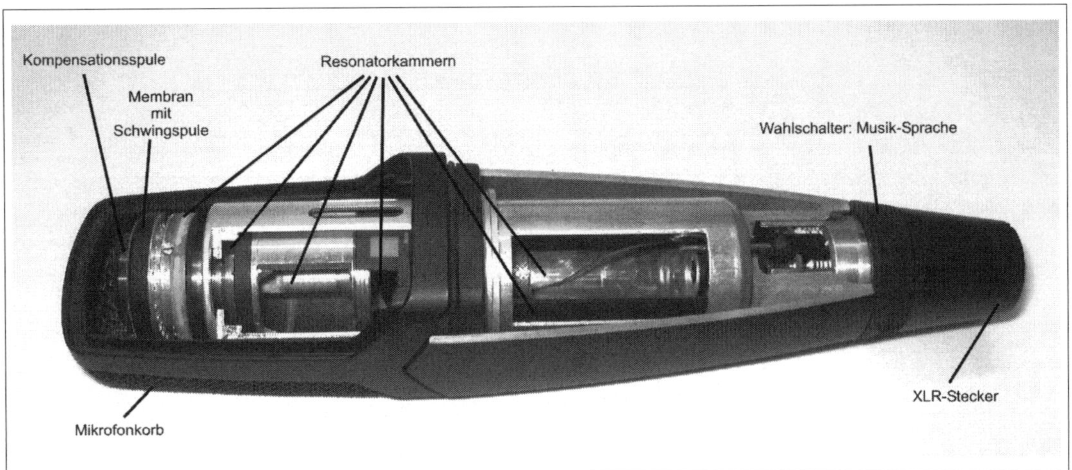

Abb. 6.2-5: Schnittbild eines professionellen dynamischen Mikrofons

6.2.3 Kondensatormikrofone

Die Kondensatormikrofone wurden Anfang des 20. Jahrhunderts entwickelt, um einen Mikrofontypen zu schaffen, der nicht mehr die Nachteile der Kohlemikrofone oder der dynamischen Mikrofone aufweist. Eines der ersten bekannten Modelle ist das CMV3, das von der Firma Neumann ab 1928 hergestellt wurde (siehe Abbildung 6.2-6).
Eine der wesentlichsten Eigenschaften eines Kondensatormikrofons ist die Kapselimpedanz. Diese liegt weit höher als bei einem dynamischen Mikrofon, und somit ist die Anpassung der Mikrofonkapsel an die Impedanz der Luft wesentlich verlustärmer. Wurde beim dynamischen Mikrofon die Membranbewegung durch die Gegeninduktion gebremst, so ist dies beim Kondensatormikrofon konstruktionsbedingt nicht mehr der Fall.

Abb. 6.2-6: Neumann CMV3 Kondensatormikrofon. (© Neumann)

Die Ausgangsspannung eines Kondensatormikrofons ist gegenüber der eines dynamischen Mikrofons etwa 10-mal größer, was einem Pegelgewinn von 20dB entspricht.

Die Ausgangsspannung eines Kondensatormikrofons ist wesentlich von dem Kapseldurchmesser abhängig. Je größer die Kapsel wird, desto größer wird auch deren Ausgangsspannung. Doppelter Membrandurchmesser bedeutet hierbei vierfache Ausgangsspannung. Allerdings bedeutet ein größerer Kapseldurchmesser auch eine stärkere Verfälschung der Richtcharakteristik zu hohen Frequenzen hin. Der optimale Kompromiss bleibt somit dem Hersteller überlassen.

Es gibt zwei grundlegend verschiedene Konstruktionsprinzipien bei den Kondensatormikrofonen, die im Folgenden vorgestellt werden.

6.2.3.1 Spannungsteilerprinzip

Das technisch einfachere und auch das meistverwendete Prinzip ist das Spannungsteilerprinzip. Die Kondensatorkapsel wird hierbei zusammen mit einem ohmschen Widerstand als Spannungsteiler geschaltet. Die Abbildung 6.2-7 zeigt den Aufbau dieser Konstruktion.
Die Kondensatorkapsel wird mit einem sehr hochohmigen Widerstand aufgeladen. Die Ladespannung beträgt in der Regel 60V. Eine Zeit lang wurden direkt die 48V der Phantomspeisung als Ladespannung verwendet. Dies ist jedoch heute meist nicht mehr der Fall, und die Kondensatormikrofone können somit meist problemlos mit einer Phantomspeisung zwischen 12V und 48V betrieben

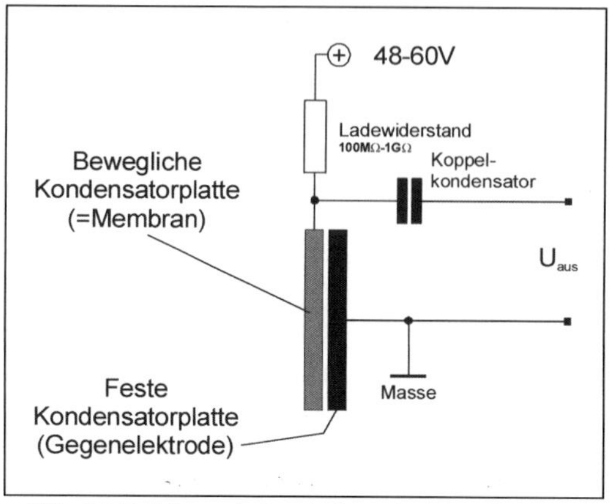

Abb. 6.2-7: Schematischer Aufbau eines Kondensatormikrofons nach dem Spannungsteilerprinzip

werden. Die 60V werden von einem eingebauten DC/DC-Wandler erzeugt. Dieser erzeugt im Bedarfsfall auch noch -60V, wenn es sich um ein Kondensatormikrofon mit elektrisch umschaltbarer Richtcharakteristik handelt.

Bei Kleinmembrankondensatormikrofonen liegt die Kapselkapazität bei ca. 50pF. Zusammen mit dem Ladewiderstand von 1GΩ ergibt sich daraus ein frequenzabhängiger Spannungsteiler mit einer Grenzfrequenz von:

$$f_g = \frac{1}{2 \cdot \pi \cdot 50\text{pF} \cdot 1\text{G}\Omega} = 3,18\text{Hz}$$

Das bedeutet, dass die Kapselladung Q für Frequenzen oberhalb 3,18Hz konstant bleibt, da sich der Kondensator im Falle einer Kapazitätsveränderung nicht schnell genug umladen kann.

Die Kapazitätsänderung der Kapsel wird durch die eintreffende Schallwelle hervorgerufen. Diese bewegt die Membran vor und zurück, und in gleichem Maße wird die Kapselkapazität größer und kleiner. Für die Kapazität eines Kondensators gelten folgende zwei Formeln:

$$C = \frac{Q}{U}$$

und

$$C = \frac{A \cdot \varepsilon}{d}$$

mit:
C: Kapazität in Farad, F
Q: Ladung in Coulomb, C
U: Spannung in Volt, V
A: Fläche der Membran, in m^2
ε: Dielektrizitätskonstante:
in Luft: $8,86 \cdot 10^{-12} \frac{C}{V \cdot m}$
d: Abstand der Membran zur Gegenelektrode in Metern, m

Setzt man die eine Formel in die andere ein, so erhält man:

$$\frac{Q}{U} = \frac{A \cdot \varepsilon}{d}$$

oder nach der Spannung aufgelöst:

$$U = \frac{Q \cdot d}{A \cdot \varepsilon}$$

Da ein Audiosignal eine Wechselspannung ist, interessiert nur die Änderung von U und nicht deren Ruhewert. Da Q, A und ε konstant sind, ergibt sich aus obiger Formel:

$$U \sim d$$

Man sieht, dass die Ausgangsspannung proportional zum Abstand der Membran zur Gegenelektrode ist. Kondensatormikrofone sind somit "Elongationsempfänger". Sie reagieren auf die Auslenkung der Luftteilchen eines Signals.

Um eine möglichst hohe Ausgangsspannung zu bekommen, muss auch die Abstandsänderung durch die Membranbewegung möglichst groß ausfallen. Da jedoch die Membranbewegung nur sehr gering ist, muss die Mikrofonkapsel so aufgebaut werden, dass die Membran und die Gegenelektrode bereits im Ruhezustand einen sehr geringen Abstand haben. Abstände von 5-50µm sind hierbei Standard.
Jede Kapazität, die an den Ausgang der Kapsel geschaltet wird, verschlechtert den Wirkungsgrad des Kondensatormikrofons, da sie als Parallelschaltung zur Kapsel erscheint. Daher ist es entscheidend, die Ausgangskapazitäten so gering wie möglich zu halten. Das bedeutet auch, dass das Ausgangssignal der Kapsel nicht durch ein langes Kabel transportiert werden darf, sondern möglichst schon in unmittelbarer Nähe zur Kapsel verstärkt wird. Dieser Verstärker wurde früher in Röhren-

technik ausgeführt (was diesen Mikrofonen heutzutage den eigentlich falschen Namen "Röhrenmikrofon" gibt). Heute sind die Verstärker in Feldeffekttransistortechnik (FET) ausgeführt, da diese Transistortechnik die geringsten Eingangsströme aufweist.

Bei dem Verstärker handelt es sich (bei Röhre und FET) um einen Stromverstärker, der den geringen Stromfluss der Kapsel in einen höheren Strom verstärkt, der dann "auf die lange Reise" über die Mikrofonleitung zum Pult geschickt wird. Dieser höhere Strom ist notwendig, damit das Signal mit möglichst hohem Störabstand über die Leitung geschickt werden kann, und die Leitungskapazität keine störenden Auswirkungen mehr hat.

In der Fachsprache wird der Stromverstärker auch Impedanzwandler genannt, da er bei gleichbleibender Ausgangsspannung lediglich die Ausgangsimpedanz des Signals herabsetzt. Die Abbildung 6.2-8 zeigt die Schaltung eines Kondensatormikrofons mit nachgeschaltetem Impedanzwandler einmal in Röhrentechnik und einmal in FET-Technik. Man kann gut erkennen, dass die beiden Schaltungen sehr ähnlich sind und jeweils nur ein einziges aktives Bauelement - die Röhre oder der FET - vorhanden ist.

Lange Zeit hatten Kondensatormikrofone in Spannungsteilertechnik Probleme mit Feuchtigkeit. Die extrem hochohmige Beschaltung der Kapsel machte vor allem den Ladewiderstand der Kapsel sehr feuchtigkeitsempfindlich. Sollte dieser die

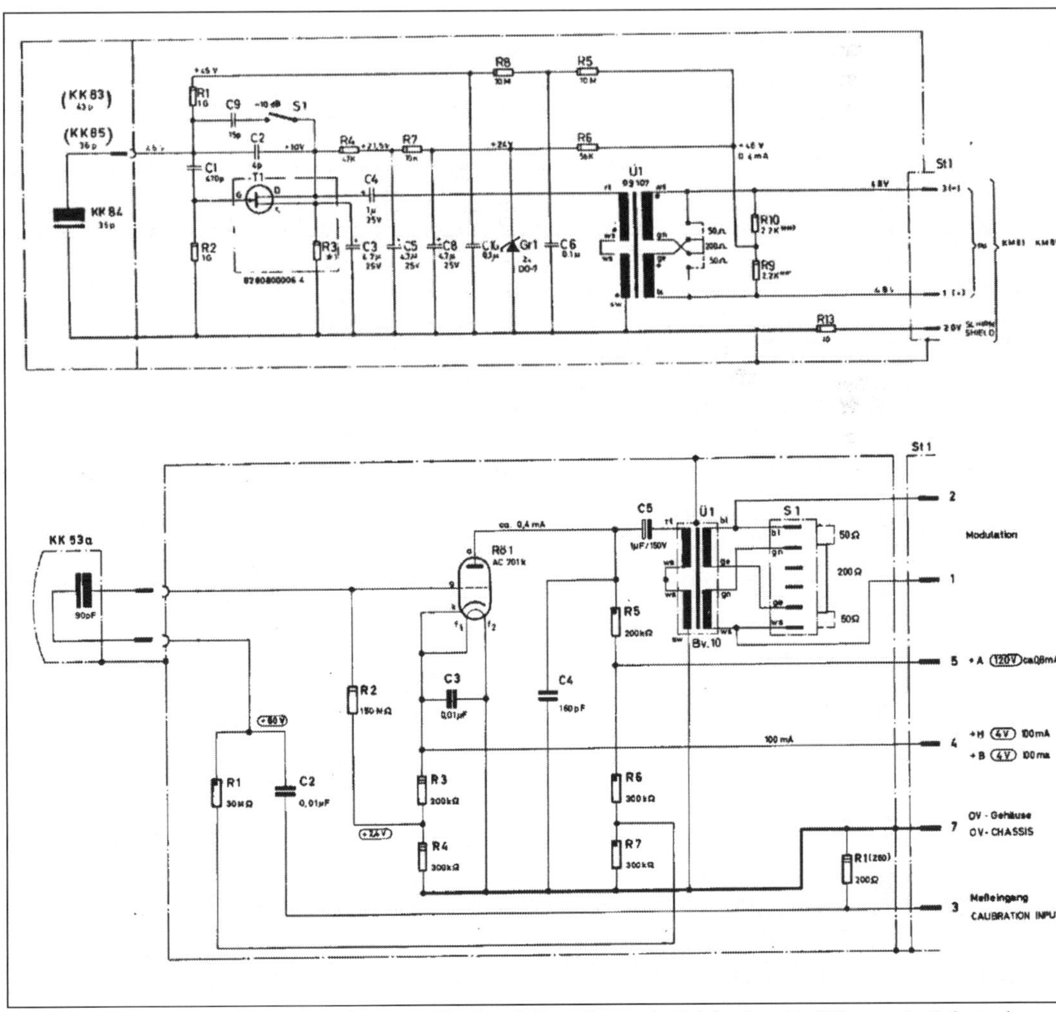

Abb. 6.2-8: Schaltbild eines Kondensatormikrofons in Transistortechnik (oben) und in Röhrentechnik (unten) (© Neumann)

Feuchtigkeit auch nur in kleinsten Mengen aufnehmen können, so würde sich sein Widerstandswert sofort verringern und die gesamte Schaltung anders arbeiten. Aus diesem Grund entwickelte man die Hochfrequenztechnik für Kondensatormikrofone (siehe nächstes Kapitel). Heute sind die Bauteile so weit entwickelt, dass Feuchtigkeit kein Problem mehr darstellt und die Spannungsteilertechnik deshalb das meistverwendetste Prinzip darstellt.

6.2.3.2 Hochfrequenzprinzip

Das Hochfrequenzprinzip stellt eine Alternative zur Spannungsteilertechnik dar und zeichnet sich in erster Linie durch einen sehr feuchtigkeitsunempfindlichen Aufbau aus. Die grundlegende Schaltung ist in Abbildung 6.2-9 zu sehen.
Ein frequenzstabiler Quarzoszillator regt einen Demodulatorkreis an, der im Ruhezustand genau auf die Quarzfrequenz abgestimmt ist. Der Demodulatorkreis besteht aus einer Spule L und der dazu parallelgeschalteten Mikrofonkapsel C. Sie bilden zusammen einen Schwingkreis, der auf folgender Frequenz schwingt:

$$f = \frac{1}{2 \cdot \pi \cdot \sqrt{L \cdot C}}$$

Wird nun die Kapsel beschallt, so verändert sich deren Kapazität C und somit auch die Resonanzfrequenz des Schwingkreises. Auf diese Weise entsteht eine Modulation des Oszillatorsignals, welche durch einen Demodulator (Ratiodetektor) in eine Niederfrequenzspannung gewandelt wird. Nach einer abschließenden Ausfilterung der hochfrequenten Trägersignale wird die Niederfrequenz auf die Tonadern des Mikrofons gegeben.

Zu den besonderen Eigenschaften der Hochfrequenztechnik zählt, dass die Schalldruckschwankung bis 0Hz hinunter gewandelt werden kann. Bei der Spannungsteilertechnik ist durch den Ladewiderstand eine Hochpassfunktion bei ca. 3Hz gegeben. Die Möglichkeit, auch Infraschall zu wandeln, macht die Hochfrequenztechnik jedoch sehr störempfindlich gegenüber Windgeräuschen und anderen tieffrequenten Schalldruckschwankungen.

Der entscheidende Vorteil war lange Zeit die völlige Unempfindlichkeit gegenüber Luftfeuchtigkeit. Dies bedingt sich durch die relativ niederohmige Schaltung. Bei einer Oszillatorfrequenz von 6,5MHz und einer Kapselkapazität von 50pF beträgt der Blindwiderstand lediglich 490Ω. Bei einem derart niedrigen Wert spielen feuchtigkeitsbedingte Widerstandsveränderungen keine Rolle.

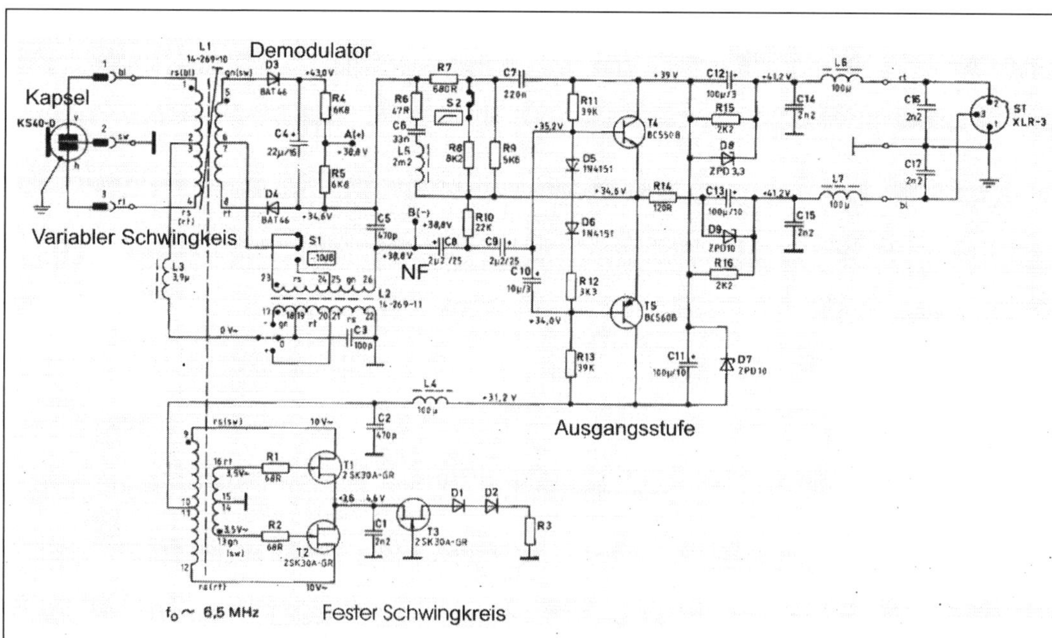

Abb. 6.2-9: Hochfrequenzschaltung eines Kondensatormikrofons (© Sennheiser)

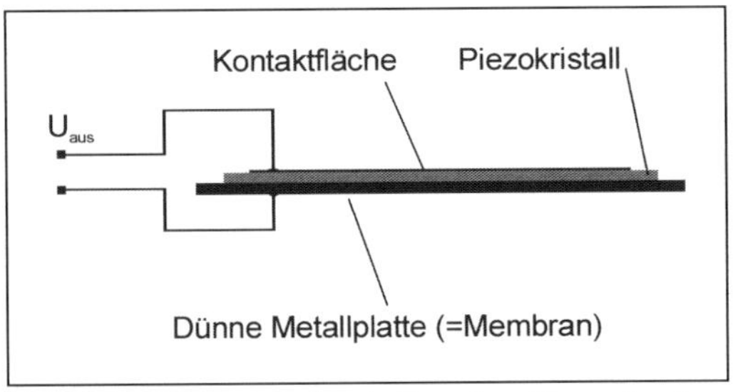

Abb. 6.2-10: Schematischer Aufbau eines Piezomikrofons

6.2.3.3 Elektretkondensatormikrofone

Elektretkondensatormikrofone sind Kondensatormikrofone, die immer in Spannungsteilertechnik aufgebaut werden. Ihre Besonderheit besteht darin, dass keine Ladespannung für die Kapsel erforderlich ist, sondern die Ladung bereits auf der Membran "eingefroren" ist. Elektretkondensatormikrofone benötigen trotzdem eine Versorgungsspannung für den Impedanzwandler, der direkt hinter die Kapsel geschaltet ist.
Einsatz finden diese Mikrofone aufgrund ihres geringen Preises in der Unterhaltungselektronik und in Telefonen. Daher stammt auch zurecht die Aussage, Elektretkondensatormikrofone seien nicht besonders rauscharm. Doch gerade für den Studiobereich gibt es auch hochwertige Großmembranelektretkondensatormikrofone, die bezüglich des Grundrauschens mit herkömmlichen Kondensatormikrofonen mithalten können.

6.2.4 Piezomikrofone

Piezomikrofone - auch Kristallmikrofone genannt - bestehen aus einem kristallinen Material, welches die Eigenschaft besitzt, bei Verformung Ladungsträger zu verschieben. Dies bedeutet, dass eine Membran, welche eine Kraft auf einen Piezokristall abgibt diesen zu einer proportionalen Spannungsabgabe anregt (siehe Abbildung 6.2-10). Dieser Vorgang ist auch umgekehrt anwendbar (siehe Piezolautsprecher, Kapitel 6.8.3).

Piezomikrofone sind, wie auch die Kondensatomikrofone, Elongationsempfänger.

Piezomikrofone haben eine sehr hohe Impedanz, was der Impulstreue zugute kommt. Allerdings wird, wie bei den Kondensatormikrofonen, ein Impedanzwandler benötigt, bevor man das Signal auf die Leitung schicken kann.

Piezomikrofone waren die Vorgänger der Elektretkondensatormikrofone. Mit dem Aufkommen der Elektretkondensatormikrofone, die einfacher herzustellen waren, verschwanden die Piezomikrofone vom Markt. Heute sind noch Triggermikrofone in Piezotechnik zu finden, die in elektronischen Schlagzeugsets Anwendung finden. Hierbei wird kein Audiosignal erzeugt, sondern lediglich der Schlag auf ein Drumpad in einen Spannungsimpuls gewandelt, der wiederum von einem Prozessor in einen MIDI-Befehl gewandelt wird.

6.2.5 Siliziummikrofone

Eine kostengünstige und vor allem in Consumerelektronik befindeliche Technik sind Siliziummikrofone. Sie werden auf den Fertigungsstraßen für Microchips gefertigt und sind problemlos mit anderen Halbleiterbauelementen automatisiert bestück- und lötbar. Ihre Qualität reicht nicht an die der Elektretmikrofone heran, liefert aber erstaunliche Qualität. Anwendung ist der kostengünstige Massenmarkt (z.B. Handys).

6.2.6 Digitalmikrofone

Digitalmikrofone sind prinzipiell analoge Mikrofone mit eingebautem Analog/Digitalwandler. Weiterhin verfügen sie über einen digitalen Signalprozessor, der Equalizing, Kompression und Limiting bewerkstelligen kann.
Digitalmikrofone benötigen eine spezielle digitale Phantomspeisung (siehe Kapitel 6.4.4), über die auch die Einstellung aller erforderlichen Parameter erfolgen kann.
Von der Anwendung her unterscheiden sich Digitalmikrofone in erster Linie dadurch, dass sie einen eingebauten Vorverstärker haben und ein fertig gepegeltes Signal liefern.
Werden mehrere Digitalmikrofone gleichzeitig verwendet, so benötigt man ein Interface, das diese Mikrofone miteinander synchronisiert um eine samplesynchrone Übertragung aller Kanäle zu gewährleisten. Dies kann entweder durch freilaufende Mikrofone und Samplerate-Converter erfolgen (Mode1 der Mikrofone) oder durch eine Synchronisierung auf eine externe Wordclock (Mode2 der Mikrofone).

6.3 Bauformen und Richtcharakteristiken von Mikrofonen

6.3.1 Druckempfänger

Die einfachste Mikrofonbauform ist der Druckempfänger. Hierbei ist eine Membran vor ein geschlossenes Luftvolumen gespannt. Somit liegt der Druck hinter der Membran, also im Inneren des Gehäuses, konstant beim Umgebungsluftdruck. Der Druck vor der Membran, also der Schalldruck, ist variabel (siehe Abbildung 6.3-1).

Damit bei langfristigen Schwankungen des Luftdrucks kein Über- oder Unterdruck im Gehäuse entsteht, ist dort eine kleine Ausgleichsbohrung angebracht, die langsame Druckschwankungen ausgleichen kann. Sie ist jedoch so dimensioniert, dass sie keine klanglichen Auswirkungen im Nutzbereich des Mikrofons hat.

Durch die Federwirkung des Luftvolumens hinter der Membran und die Masse der Membran gibt es ähnlich einer Lautsprecherbox eine Resonanzfrequenz. Durch eine günstige Positionierung dieser Resonanz kann der Amplitudenfrequenzgang des Mikrofons den Anforderungen angepasst werden. Dabei gelten für dynamische Druckmikrofone und Kondensatordruckmikrofone unterschiedliche Bedingungen:

- **Dynamische Mikrofone** sind Geschwindigkeits-Empfänger. Das bedeutet, dass ihre Ausgangsspannung proportional zur Membrangeschwindigkeit und somit zur Schallschnelle ist.

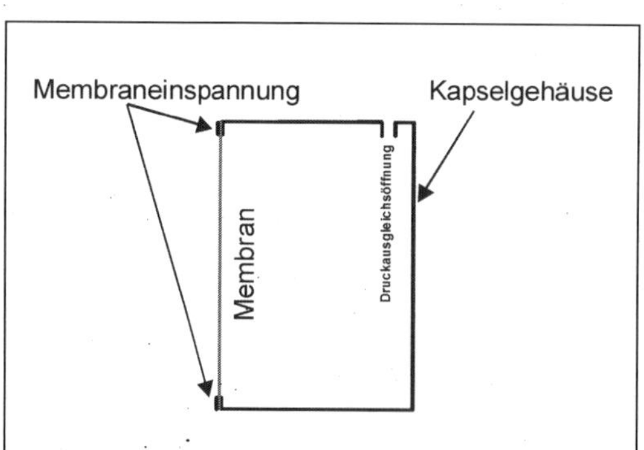

Abb. 6.3-1: Schematischer Aufbau eines Druckempfängers

Für die ebene Welle gilt:

$$Z_S = \frac{p}{v} \text{ also } v = \frac{p}{Z_s}$$

mit:

Z_s: Schallfeldimpedanz in $\frac{N \cdot s}{m^3}$
p: Schalldruck in Pascal, Pa
v: Schallschnelle in $\frac{m}{s}$

Schallschnelle und Schalldruck stehen nach obiger Formel in einem proportionalen Zusammenhang. Für einen konstanten Schalldruck bei allen Frequenzen, die das Mikrofon umwandeln soll, ist somit auch eine konstante Schnelle in allen Frequenzen vorhanden. Dynamische Druckempfänger haben somit grundlegend einen flachen Frequenzverlauf.

Durch das Feder-Masse-System Membranaufhängung/Luftvolumen-Membranmasse ist eine Eigenresonanz vorhanden. Dynamische Mikrofone werden bezüglich ihrer Eigenresonanz mittig abgestimmt. Damit sich die Resonanz im Frequenzgang nicht störend bemerkbar macht, wird die Membran mechanisch bedämpft, so dass durch Reibungsverluste eine sehr breite Resonanz über möglichst den gesamten Nutzbereich resultiert und der Frequenzgang wieder flach wird (siehe Abbildung 6.3-2).

- **Kondensatormikrofone** sind Elongationsempfänger. Das bedeutet, dass ihre Ausgangsspannung proportional zur Membranauslenkung ist. Bei konstantem Schalldruck in allen Frequenzen wird die Amplitude der Luftteilchenbewegung zu hohen Frequenzen hin immer geringer. Die Schallschnelle bleibt zwar konstant (siehe oben), aber die Luftteilchen müssen bei höheren Frequenzen immer öfter ihre Richtung wechseln. Sie können sich somit nicht mehr so weit bewegen wie bei tieferen Frequenzen. Das bedeutet, dass Kondensator-Druckempfänger grundsätzlich einen Frequenzgang haben, der mit 6dB/Oktave zu den hohen Frequenzen hin abfällt.

  Auch die aufgespannte Membran eines Kondensatormikrofons stellt zusammen mit dem dahinter liegenden Luftvolumen ein Feder-Masse-System dar. Im Fall des Druckempfängers wird dessen Resonanzfrequenz an das obere Ende des Übertragungsbereiches gelegt, um mit Hilfe der Resonanz den Frequenzgang flach zu bekommen (siehe Abbildung 6.3-2).

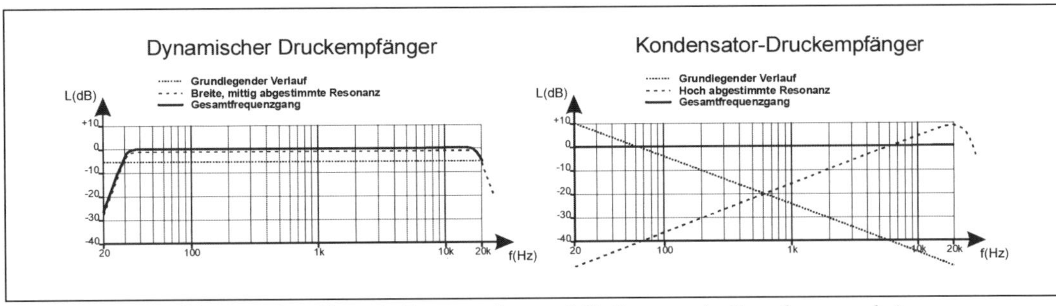

Abb. 6.3-2: Grundlegende Frequenzgänge und Abstimmung der Kapselresonanz bei Dynamischen- und Kondensator-Druckempfängern

6.3.1.1 Richtcharakteristik Kugel

Druckempfänger haben grundsätzlich die Richtcharakteristik "Kugel". Das bedeutet, dass der Schall aus allen Richtungen gleich gut aufgenommen wird. Mathematisch gesehen lautet die Formel für eine Kugel:

$$B_\varphi = B_{\varphi 0} \cdot 1$$

mit:
B_φ: Feldübertragungsfaktor in mV/Pa
$B_{\varphi 0}$: Feldübertragungsfaktor auf der 0°-Achse in mV/Pa
φ: Winkel, in dem der Schall eintrifft in Grad, °

Dies gilt jedoch nur bei sehr kleinen Mikrofonen, um die sich der Schall auch für alle Frequenzen herumbeugen kann. Meistens haben Mikrofone in der Praxis einen Durchmesser von etwa 10-30mm. Das bedeutet, dass der hochfrequente Schall sich nicht mehr um das Mikrofon herumbeugen kann und daher eine Veränderung in der Richtwirkung entsteht:

- Für Schalleinfall von vorne entsteht ein Druckstau vor der Membran.
- Für Schalleinfall von hinten entsteht eine Abschattung des Schalls.

Beide Auswirkungen zusammen haben zu hohen bis sehr hohen Frequenzen hin eine Richtwirkung in Richtung der Einsprechrichtung des Mikrofons zur Folge. Aus der "Kugel" wird dann eine "Keule" (siehe Kapitel 6.3.4).

6.3.1.2 Grenzflächenmikrofone mit Richtcharakteristik Halbkugel

Grenzflächenmikrofone sind Druckempfänger, die meist bündig in eine Fläche eingebaut sind. Das bedeutet, dass sich der Schall nicht um die Fläche beugen kann, solange gilt:

$$\lambda < d$$

mit:
λ: Wellenlänge in Metern, m
d: Abmessung der Grenzfläche in Metern, m

Dadurch ergibt sich eine halbkugelförmige Richtcharakteristik. Wird die Grenzfläche zusätzlich auf den Boden gelegt oder an der Wand befestigt, so gilt für alle Frequenzen im Audiobereich: λ<d. Somit hat man eine konstante halbkugelförmige Richtcharakteristik. Weiterhin erhöht sich der Direktschallanteil auf dem Mikrofon, und der Diffusschallanteil des Raums sinkt, da die Reflexion von der Fläche, an der das Mikrofon befestigt ist, nicht mehr relevant ist.

6.3.2 Druckgradientenempfänger

Bei den Druckgradientenempfängern kann der Schall von zwei Seiten auf die Membran gelangen. Das heißt, ein Signal gelangt auf die Vorderseite der Membran, ein anderes auf deren Rückseite (siehe Abbildung 6.3-3).
Das bedeutet, die Auslenkung der Membran ist abhängig vom Druckunterschied (=Druckgradient) zwischen Vorder- und Rückseite der Membran.
In der Abbildung 6.3-4 ist der Schalldruckverlauf einer Schwingung zu einem bestimmten Zeitpunkt zu sehen. Der Druckgradient ist der Schalldruckunterschied zwischen zwei dicht beieinander liegen-

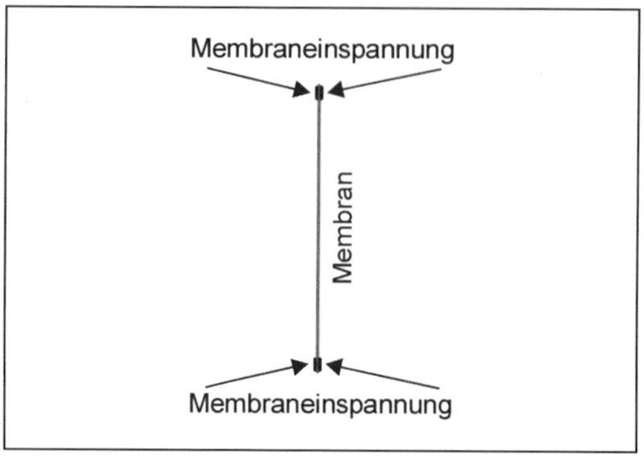

Abb. 6.3-3: Schematischer Aufbau eines Druckgradientenempfängers

den Punkten (d=3-8cm Wegstreckenunterschied). In der Abbildung 6.3-5 und 6.3-6 kann man sehen, dass der Druckgradient stark frequenzabhängig ist. Je höher eine Frequenz ist, desto größer wird zunächst der Druckgradient. Bei einer bestimmten maximalen Frequenz wird die maximale Membranauslenkung erreicht und der Druckgradient fällt wieder ab. Es kommt zu einem Kammfilter, der in der Praxis vermieden werden muss. Aus diesem Grund arbeiten Druckgradientenempfänger oberhalb einer bestimmten Frequenz f_{max} als Druck- oder Interferenzempfänger (siehe Kapitel 6.3.4).

Auch hier gelten für dynamische Druckgradientenmikrofone und Kondensatordruckgradientenmikrofone unterschiedliche Bedingungen:

- **Dynamische Mikrofone** sind Geschwindigkeits-Empfänger. Das bedeutet, dass ihre Ausgangsspannung proportional zur Membrangeschwindigkeit ist.
  Für die ebene Welle gilt nach wie vor:

$$Z_S = \frac{p}{v} \text{ also } v = \frac{p}{Z_s}$$

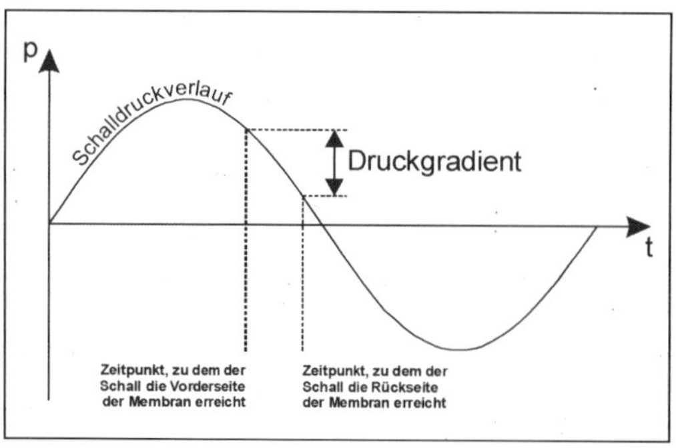

Abb. 6.3-4: Definition des Druckgradienten

mit:

Z_s: Schallfeldimpedanz in $\frac{N \cdot s}{m^3}$

p: Schalldruck in Pascal, Pa

v: Schallschnelle in $\frac{m}{s}$

Schallschnelle und Schalldruck stehen nach obiger Formel in einem proportionalen Zusammenhang. Nimmt der Druckgradient zu hohen Frequenzen hin zu, so nimmt auch der Schnellegradient zu. Dynamische Druckgradientenempfänger haben somit grundsätzlich einen Frequenzverlauf, der mit 6dB pro Oktave zu den Höhen hin im Pegel ansteigt.

Durch das Feder-Masse-System Membranaufhängung/Luftvolumen-Membranmasse ist eine Eigenresonanz vorhanden. Diese wird bei den dynamischen Druckgradientenempfängern tief abgestimmt. Auf diese Weise kann man den Frequenzgang flach bekommen (Siehe Abbildung 6.3-7).

Ein Problem besteht darin, dass die Mikrofone durch die tief abgestimmte Resonanz stark erschütterungsempfindlich werden. Bereits

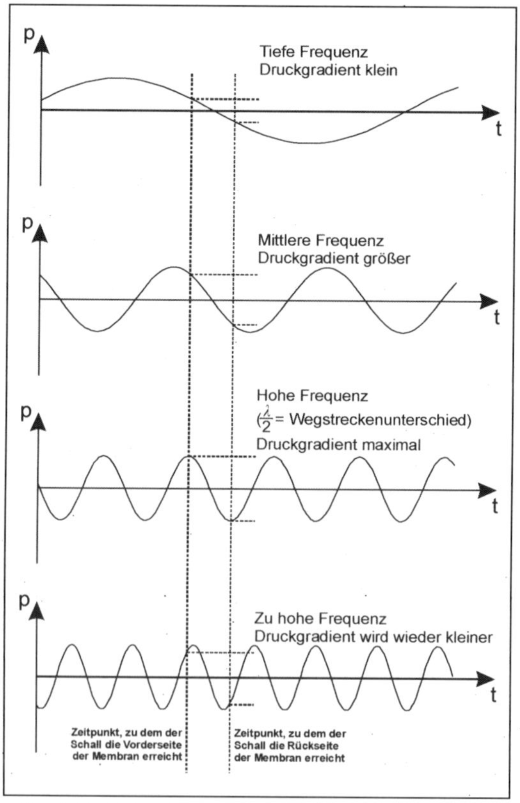

Abb. 6.3-5: Entstehung und Verlauf des Druckgradienten für unterschiedliche Frequenzen

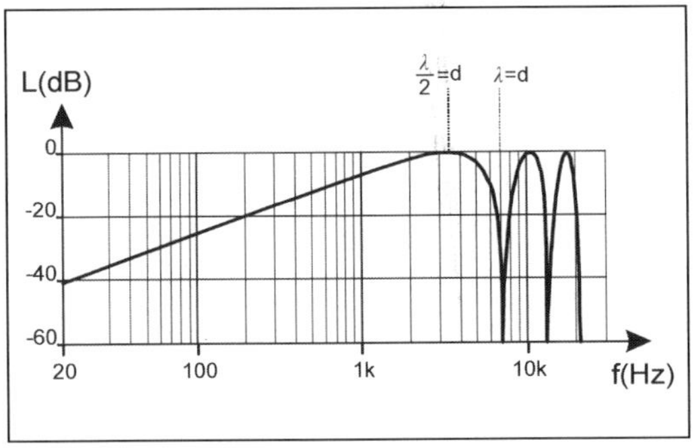

Abb. 6.3-6: Frequenzabhängigkeit des Druckgradienten. Der Wegstreckenunterschied d wurde hier mit d=5cm gewählt.

das Anfassen alleine kann hörbar werden, was vor allem bei Bühnenmikrofonen kritisch ist. Daher wird die gesamte Kapsel meist elastisch gelagert, um sie weitestgehend vom Mikrofongehäuse zu entkoppeln.

- **Kondensatormikrofone** sind Elongationsempfänger. Das bedeutet, dass dessen Ausgangsspannung proportional zur Membranauslenkung ist. Bei steigendem Druckgradienten zu hohen Frequenzen hin bleibt die Luftteilchenbewegung konstant. Dies kann man sich so vorstellen, dass zu hohen Frequenzen hin auch der Schnellegradient ansteigt und die Teilchen schneller um ihren Ruhepunkt schwingen. Sie müssen zwar bei höheren Frequenzen immer öfter ihre Richtung wechseln, legen jedoch aufgrund der schnelleren Bewegung immer die gleiche Strecke zurück. Das bedeutet, dass Kondensator-Druckgradientenempfänger einen Frequenzgang haben, der grundsätzlich flach verläuft.
Die Eigenresonanz der Membran mit deren Aufspannung wird in den mittleren Frequenzbereich gelegt und mechanisch stark bedämpft. Dadurch ergibt sich eine über den gesamten Nutzbereich verlaufende, flache Resonanz und der Frequenzgang bleibt flach (siehe Abbildung 6.3-7).

6.3.2.1 Richtcharakteristik Acht

Die grundsätzliche Richtcharakteristik eines Druckgradientenempfängers ist die "Acht". Der Name rührt daher, dass das Richtdiagramm im Schnitt wie eine Acht aussieht. Der Schall wird von der Vorderseite phasenrichtig und von der Rückseite des Mikrofons invertiert (phasengedreht) aufgenommen. Schall, der von +90° oder -90° eintrifft, hat keine Membranbewegung und somit auch keine Ausgangsspannung zur Folge.
Mathematisch lässt sich die Acht mit folgender Formel beschreiben:

$$B_\varphi = B_{\varphi 0} \cdot \cos(\varphi)$$

mit:
B_φ: Feldübertragungsfaktor in mV/Pa
$B_{\varphi 0}$: Feldübertragungsfaktor auf der 0°-Achse in mV/Pa
φ: Winkel, in dem der Schall eintrifft in Grad, °

Auch bei den "Achtermikrofonen" gilt, dass zu hohen Frequenzen hin vor der Membran ein Druckstau auftreten kann und die Richtcharakteristik daher gerichteter wird. Nur sehr kleine Kapselabmessungen würden diesem Problem vorbeugen.

6.3.3 Kombinierte Empfänger

Bei kombinierten Empfängern wird das Druckempfängerprinzip mit dem Druckgradientenempfängerprinzip in einer Kapsel kombiniert. Dies geschieht meistens durch Bohrungen in der Rückseite des Membrangehäuses (siehe Abbildung 6.3-8). Auf diese Weise arbeitet ein Teil der Membran als

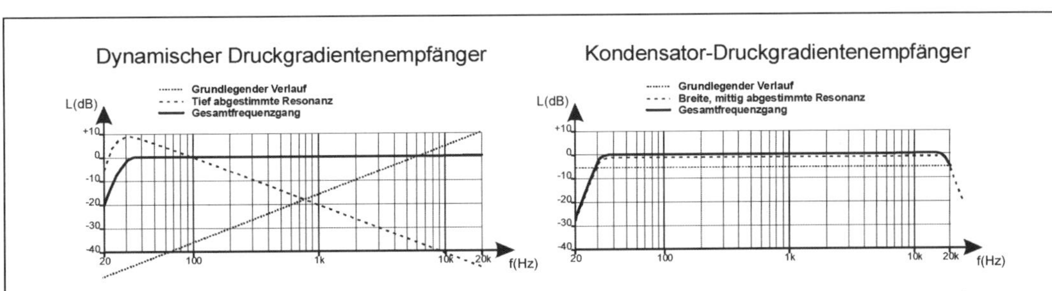

Abb. 6.3-7: Grundlegende Frequenzgänge und Abstimmung der Kapselresonanz bei Dynamischen- und Kondensator-Druckgradientenempfängern

Druckempfänger, ein anderer Teil (der mit den Bohrungen) als Druckgradientenempfänger. Mit Hilfe des Anteils zwischen Druckempfänger (Kugel) und Druckgradientenempfänger (Acht), welcher durch die Anzahl der Bohrungen veränderbar ist, können Richtdiagramme zwischen Kugel und Acht kombiniert werden.
Hierbei unterscheidet man noch zwischen Mikrofonen mit fester Richtcharakteristik und einstellbarer Richtcharakteristik.

6.3.3.1 Feste Richtcharakteristik

Mikrofone mit fester Richtcharakteristik haben normalerweise eine Membran und ein festes Verhältnis, mit dem die Kugel und Achtercharakteristik kombiniert wird. Auf diese Weise lassen sich alle wichtigen Richtcharakteristiken kombinieren (siehe Tabelle 6.3-1).

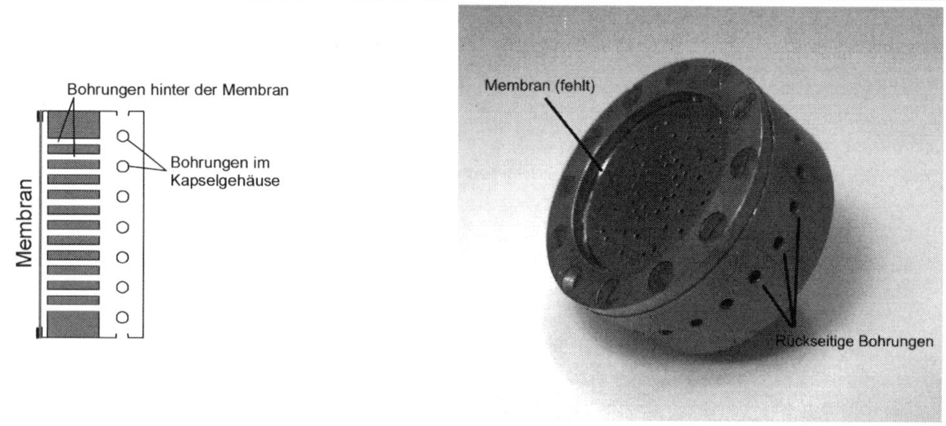

Abb. 6.3-8: Mikrofonkapsel mit Bohrungen. Links: Prinzipskizze.
Rechts: Foto einer "Nieren"-Kapsel (Die Membran wurde zur besseren Ansicht entfernt).

Richtcharakteristik		Anteil Druckempfänger	Anteil Druckgradientenempfänger	Formel
Kugel	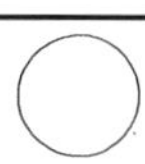	100%	0%	$B_\varphi=B_{\varphi 0}\cdot 1$
Breite Niere	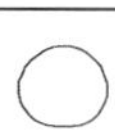	67%	33%	$B_\varphi=B_{\varphi 0}\cdot[0{,}67+0{,}33\cdot\cos(\varphi)]$
Niere		50%	50%	$B_\varphi=B_{\varphi 0}\cdot[0{,}5+0{,}5\cdot\cos(\varphi)]$
Superniere		37%	63%	$B_\varphi=B_{\varphi 0}\cdot[0{,}37+0{,}63\cdot\cos(\varphi)]$
Hyperniere		25%	75%	$B_\varphi=B_{\varphi 0}\cdot[0{,}25+0{,}75\cdot\cos(\varphi)]$
Acht		0%	100%	$B_\varphi=B_{\varphi 0}\cdot\cos(\varphi)$

Tab. 6.3-1: Kombinierte Richtcharakteristiken bei festem Kapselaufbau

6.3.3.2 Doppelmembranmikrofone mit einstellbarer Richtcharakteristik

Mikrofone mit einstellbarer Richtcharakteristik haben zwei Membranen, die beide zu 50% als Kugel und 50% als Acht arbeiten. Dadurch nehmen beide Membranen den Schall aus entgegengesetzten Richtungen jeweils mit Nierencharakteristik auf (siehe Abbildung 6.3-9).

Auch hier können durch Kombinationen der beiden Nierencharakteristiken unterschiedlichste Richtcharakteristiken geschaffen werden. Der Vorteil im Vergleich zu den kombinierten Empfängern mit einer Membran liegt darin, dass die Kombination der Richtcharakteristiken einfach elektrisch durch die Vorspannung der Membranen eingestellt werden kann. Auf diese Weise ist die Richtcharakteristik umschaltbar oder sogar stufenlos einstellbar (siehe Tabelle 6.3-2).

Auch fernsteuerbare Richtcharakteristiken sind realisierbar. Dabei wird an einem entfernten Steuergerät die Ladespannung der beiden Membranen beeinflusst und somit die Gesamtrichtcharakteristik kombiniert.

Achtung! Obwohl Doppelmembranmikrofone zwei Membranen besitzen, handelt es sich bei ihnen nicht um Stereomikrofone. Die beiden Kapseln dienen lediglich zur Einstellung der Gesamtrichtcharakteristik eines Monomikrofons.

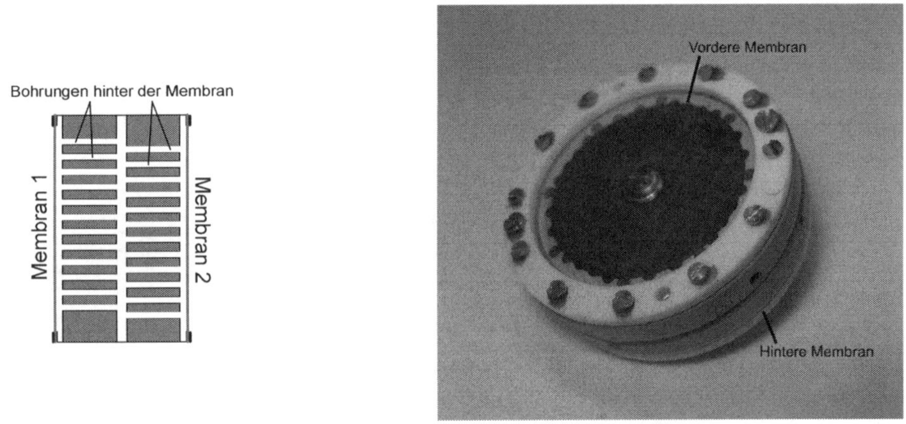

Abb. 6.3-9: Doppelmembrankapsel mit Bohrungen. Links: Prinzipskizze. Rechts: Foto einer Doppelmembrankapsel (beide Seiten sind identisch).

Richtcharakteristik		Anteil vordere Niere	Anteil rückwärtige Niere	Formel
Kugel	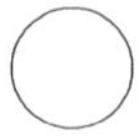	100%	100%	$B_\varphi=B_{\varphi 0}\cdot 1$
Breite Niere	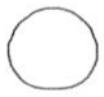	100%	33%	$B_\varphi=B_{\varphi 0}\cdot[0{,}67+0{,}33\cdot\cos(\varphi)]$
Niere		100%	0%	$B_\varphi=B_{\varphi 0}\cdot[0{,}5+0{,}5\cdot\cos(\varphi)]$
Superniere		100%	-25%	$B_\varphi=B_{\varphi 0}\cdot[0{,}37+0{,}63\cdot\cos(\varphi)]$
Hyperniere		100%	-50%	$B_\varphi=B_{\varphi 0}\cdot[0{,}25+0{,}75\cdot\cos(\varphi)]$
Acht	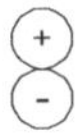	100%	-100%	$B_\varphi=B_{\varphi 0}\cdot\cos(\varphi)$

Tab. 6.3-2: Kombinierte Richtcharakteristiken bei Doppelmembrankapseln

6.3.3.3 Nahbesprechungseffekt

Alle Druckgradientenempfänger weisen einen so genannten "Nahbesprechungseffekt" auf. Dieser äußert sich in einer zu starken Darstellung tiefer Frequenzen bei geringen Sprechabständen. Stellt man beispielsweise ein Nierenmikrofon im Abstand von 5cm vor einen Sprecher, statt im Abstand von 30cm, so werden 100Hz etwa 7dB stärker dargestellt. Dadurch kommt es bei geringen Sprechabständen schnell zu einem störenden Dröhnen oder, möglicherweise auch positiv gesehen, zu einer sehr kräftigen Tiefbasswiedergabe.

Der Nahbesprechungseffekt entsteht, weil sich der Druckgradient in der Nähe einer Schallquelle stark frequenzabhängig verändert. Ein anschauliches Beispiel zeigt die Abbildung 6.3-10, in der man den Druckgradienten für eine ebene Welle (also in großem Abstand zum Mikrofon) und für eine Kugelwelle (also in geringem Abstand zum Mikrofon) sieht.

Der Übergang von der kugelförmigen zur ebenen Welle wird meist im Abstand $r = \frac{\lambda}{2\pi}$ angenommen. In diesem Abstand beträgt die Anhebung des Pegels durch den Nahbesprechungseffekt bei einem Achtermikrofon +3dB gegenüber einem Kugelmikrofon (welches keinen Nahbesprechungseffekt hat). Die kombinierte Richtcharakteristik Niere hat in dieser Entfernung eine Pegelanhebung von +1,6dB gegenüber der Kugel.

Die Abbildung 6.3-11 zeigt den Effekt der Nahbesprechung bei verschiedenen Abständen für die unterschiedlichen Richtcharakteristiken.

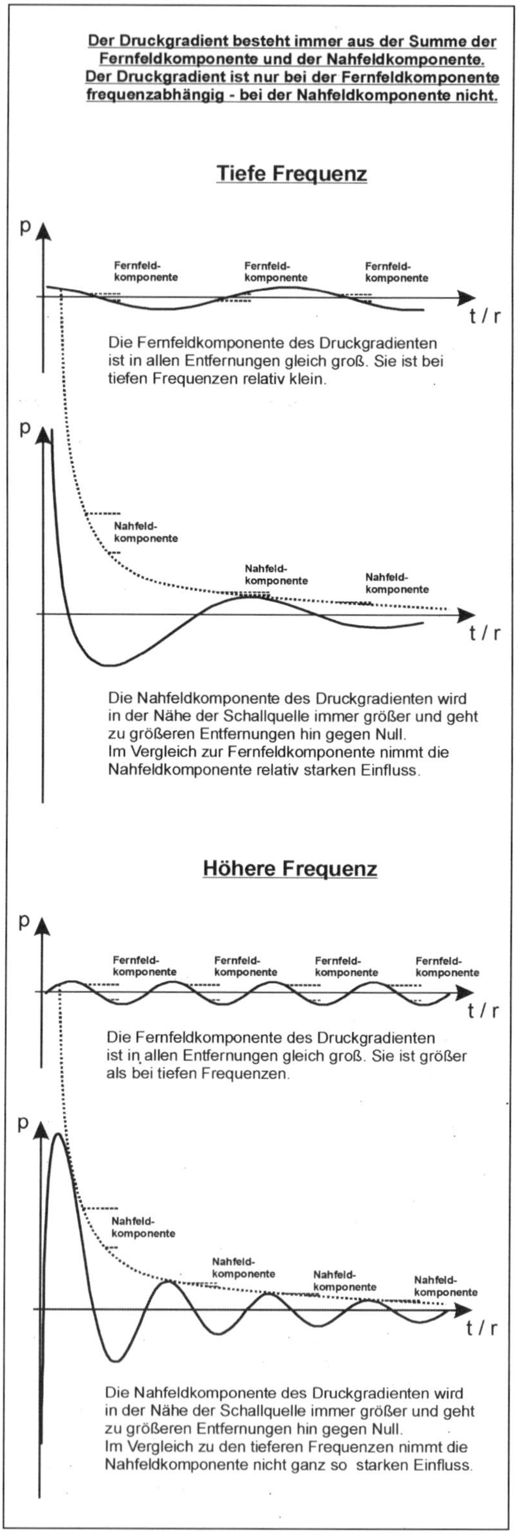

Abb. 6.3-10: Verhalten des Druckgradienten im Fernfeld und Nahfeld. Entstehung des Nahbesprechungseffekts.

6.3.3.4 Akustische Vergrößerung der Schallquelle

Sobald Mikrofone eine andere Richtcharakteristik als Kugel haben, entsteht durch ihre Richtwirkung eine Verschiebung zwischen dem aufgenommenen Direkt- und Diffusschall. Der Diffusschall kommt definitionsgemäß aus allen Richtungen gleich stark. Der Direktschall kommt nur aus einer Richtung oder aus einem Bereich.

Ein Mikrofon mit der Richtcharakteristik Kugel nimmt sowohl den Direktschall als auch den Diffusschall aus allen Richtungen gleich empfindlich auf. Gerichtete Mikrofone sind in manchen Richtungen empfindlicher und in anderen unempfindlicher. Dadurch wird weniger Diffusschall aufgezeichnet als bei der Richtcharakteristik Kugel. Positioniert

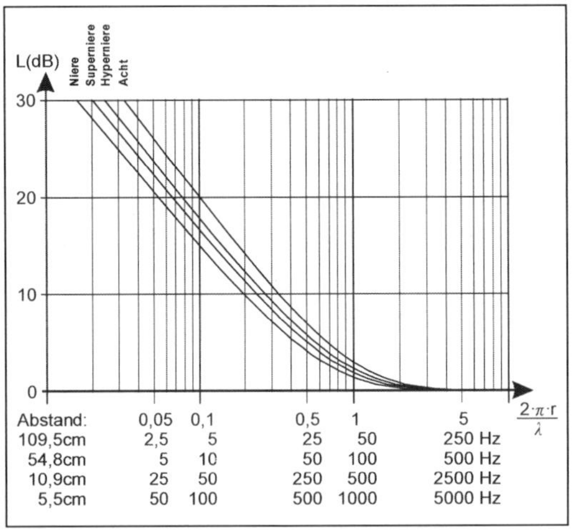

Abb. 6.3-11: Anhebung tiefer Frequenzen durch den Nahbesprechungseffekt bei verschiedenen Abständen, Frequenzen und Richtcharakteristiken

man nun die gerichteten Mikrofone so, dass der Direktschall die Bereiche mit großer Empfindlichkeit trifft, so erscheint die Schallquelle näher als bei einem Kugelmikrofon. Diese "akustische Vergrößerung" ist stark abhängig von der verwendeten Richtcharakteristik. In Tabelle 6.3-3 sind die Vergrößerungsfaktoren gegeben. Eine Vergrößerung um Faktor zwei bedeutet hierbei, dass sich das Mikrofon, was das Verhältnis zwischen Direkt- und Diffusschall her betrifft, doppelt so nah an der Schallquelle zu befinden scheint wie ein Mikrofon mit Kugelcharakteristik. Der Vergrößerungsfaktor errechnet sich aus der Wurzel vom Bündelungsmaß γ oder auch Q_{mic} des Mikrofons. Dieser Wert hat auch Einfluss auf den Hallradius (siehe Kapitel 6.13).

6.3.4 Mikrofone mit Keulencharakteristik

Keulenmikrofone sind Mikrofone mit stark gerichtetem Aufnahmeverhalten. Ihr Richtdiagramm sieht dreidimensional wie eine Keule aus - daher der Name. Ihr Einsatzgebiet ist überall dort, wo man über größere Entfernungen hin ein brauchbares Signal einfangen möchte. So sind Keulenmikrofone zum Standard am Filmset geworden, wo sie, an einer "Angel" befestigt, über dem Schauspieler gehalten werden und dessen Sprache einfangen. Auch im Bühnenbereich kann man mit Hilfe von Keulenmikrofonen Schauspieler akustisch "verfolgen" und ihr Signal auffangen, obwohl sie sich ständig über die Bühne bewegen. Ein letztes Einsatzgebiet ist der Geheimdienst, der mit Hilfe dieser Mikrofontypen Gespräche aus großen Entfernungen mithören kann. Allerdings werden bei letzterem auch Parabolspiegelmikrofone eingesetzt, die die eintreffenden Signale über einen Hohlspiegel auf das Mikrofon bündeln.

Eine Möglichkeit, ein Keulenmikrofon aufzubauen, besteht aus vielen unterschiedlich langen Rohren, die an einem Ende auf die Mikrofonkapsel wirken. Eine weitere Möglichkeit besteht darin, an unterschiedlichen Stellen seitliche Öffnungen in ein Rohr zu machen, in die der Schall eindringen kann. Das Rohr ist vorne offen und hinten mit der Mikrofonkapsel verbunden. Aufgrund der Tatsache, dass diese Konstruktion mit montiertem Griff wie eine Pistole oder ein Gewehr aussieht, haben diese Mikrofone auch im englischen Sprachgebrauch den Namen "Shotgun Microphone".

Bei beiden Konstruktionen ist das Funktionsprinzip das gleiche: Der Schall kann durch sämtliche Öffnungen zur Mikrofonkapsel gelangen. Die Öffnungen befinden sich jedoch in einem unterschiedlichen Abstand zur Kapsel. Nur wenn der Schall genau von vorne eintrifft, ist die Laufzeit des Schalls durch alle Öffnungen die gleiche. Dadurch kann der Schall ungehindert an die Mikrofonkapsel gelangen.

Trifft der Schall jedoch schräg von der Seite auf, so gelangt er durch jede Öffnung zu einer unterschiedlichen Zeit an die Mikrofonkapsel. Dadurch entstehen Auslöschungen, und der seitlich einfallende Schall wird schwächer aufgenommen.

Richtcharakteristik	Bündelungsmaß (Q_{mic} oder auch γ)	Vergrößerungsfaktor (Wurzel aus Q_{mic})
Kugel	1	1
Breite Niere	2,08	1,44
Niere	3	1,73
Superniere	3,73	1,93
Hyperniere	4	2
Keule	3-16	1,73-4 (frequenzabhängig)
Acht	3	1,73

Tab. 6.3-3: Faktoren der akustischen Vergrößerung für verschiedene Richtcharakteristiken

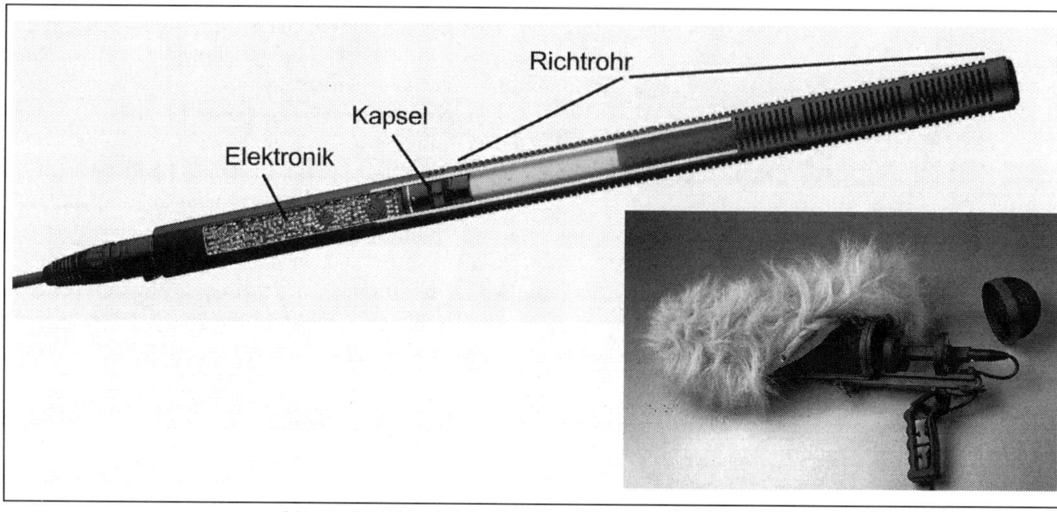

Abb. 6.3-12: Oben: Richtmikrofon mit Keulencharakteristik.
Rechts unten: Pistolengriff mit elastischer Aufhängung und Windschutz um ein Richtmikrofon. (© Sennheiser)

Man spricht in diesem Zusammenhang auch von "Interferenzempfängern", da die Interferenzen der unterschiedlich eintreffenden Signale an der Mikrofonkapsel angelangen und dessen Ausgangsspannung bestimmen.

6.3.5 Mikrofonzeilen / -arrays

Mikrofonzeilen und -arrays sind Anordnungen von mehreren Druckempfänger-Mikrofonen in Linien- oder Flächenform. Durch Addition dieser vielen Einzelmikrofone ergeben sich Gesamtrichtcharakteristiken, die interessante Sonderanwendungen zulassen.

6.3.5.1 Funktionsprinzip einer Mikrofonzeile

Zeilenförmige Mikrofone bestehen aus mehreren einzelnen Mikrofonen, die in einer Linie angeordnet sind und elektronisch summiert werden. Dadurch ergibt sich eine effektive Membranform, die in einer Richtung sehr schmal und 90° dazu relativ breit erscheint. Die Membran kann beispielsweise 1cm breit und 10cm hoch erscheinen, wenn zehn Mikrofone mit 1cm Durchmesser übereinander eingebaut werden.

6.3.5.2 Erreichbare Richtcharakteristiken

Das resultierende Richtdiagramm eines linienförmigen Mikrofons ist ein "Fächer". Befindet sich die Mikrofonanordnung stehend im Raum, so bildet

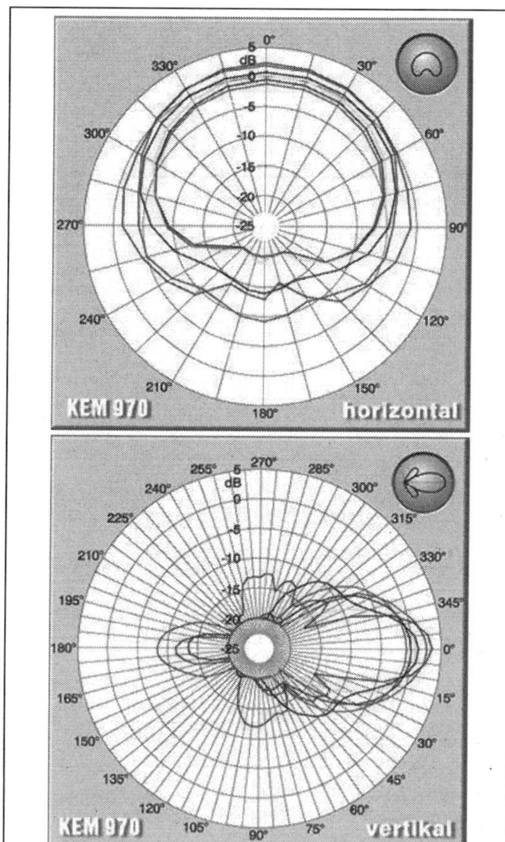

Abb. 6.3-13: Richtdiagramme in horizontaler und vertikaler Schnittebene für das KEM 970.
(© Microtech Gefell)

Abb. 6.3-14: Zeilenförmiges Mikrofon KEM 970. (© Microtech Gefell)

sich der Fächer liegend aus (siehe Abbildung 6.3-13).

Das Problem liegt darin, dass sich die Richtwirkung in der Richtung, in der das Mikrofon eine große Abmessung hat, stark frequenzabhängig verhält. Dadurch ist entweder nur ein bestimmter Frequenzbereich mit akzeptabler Richtwirkung zu erfassen, oder man muss ein Mehrwegemikrofon bauen.

Letzteres würde zum Beispiel so aussehen, dass 10 Mikrofone direkt übereinander gebaut die hohen Frequenzen aufnehmen. Zehn weitere Mikrofone, die jeweils nur ein paar Zentimeter auseinander liegen, nehmen die mittleren Frequenzen auf, und noch einmal zehn Mikrofone, die mehrere Zentimeter auseinander liegen, sind für die tiefen Frequenzen zuständig.

Ein Beispiel für so ein Mikrofon ist das KEM 970 von Microtech Gefell (siehe Abbildung 6.3-14).

6.3.5.3 Funktionsprinzip einer Mikrofonarrays

Bei einem Array werden viele Mikrofonkapseln in einer Fläche angeordnet. So könnten beispielsweise 8 x 8 Mikrofone in einem Quadrat angeordnet werden. Die Ausgangssignale der 64 einzelnen Mikrofone werden anschließend aufsummiert und bilden somit die Gesamtrichtcharakteristik. Bei der Summierung müssen jedoch nicht unbedingt alle Mikrofone zeitgleich summiert werden. Durch entsprechende Verzögerungen bestimmter Mikrofone sind weitere Richtcharakteristiken möglich (siehe Abbildung 6.3-15).

6.3.5.4 Erreichbare Richtcharakteristiken

Die Grundrichtcharakteristik eines Flächenarrays, bei dem die Ausgangssignale aller Mikrofone summiert werden, ist eine "Keule". Diese Keule steht normalerweise senkrecht zur Mikrofonfläche.

Durch die verzögerte Summierung einiger Mikrofone zueinander kann die Richtung der Keule in alle Richtungen geschwenkt werden. Ein Mikrofon mit elektronisch einstellbarer "Hörrichtung" wird dadurch möglich. Da die Einzelsignale aller Mikrofone bei der verzögerten Summierung digitalisiert werden müssen und dann in einem Signalprozessor zur Verfügung stehen, können sie auch mehrfach mit unterschiedlichen Verzögerungszeiten aufsummiert werden. Dadurch wird das Mikrofon in die Lage versetzt, keulenförmig in mehrere Richtungen gleichzeitig zu "hören". Auch das automatische Verfolgen von Schallquellen wäre möglich, indem die dafür notwendigen Verzögerungszeiten ständig an die gewünschte Richtung angepasst werden.

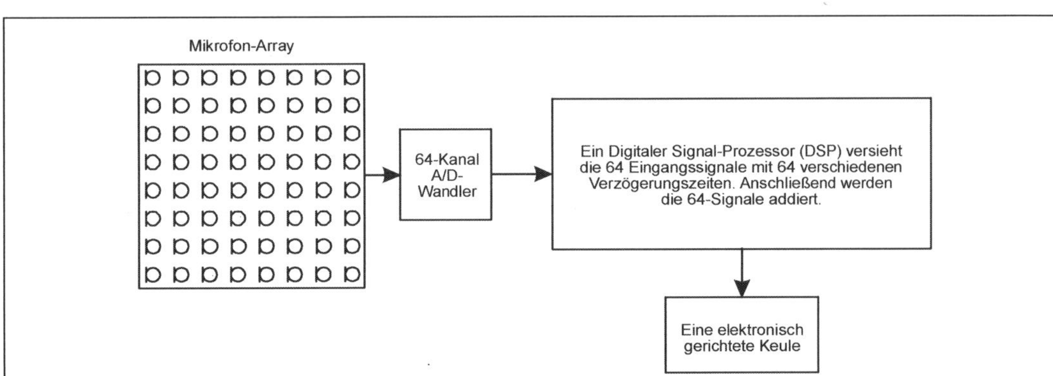

Abb. 6.3-15: Funktionsprinzip eines Mikrofonarrays

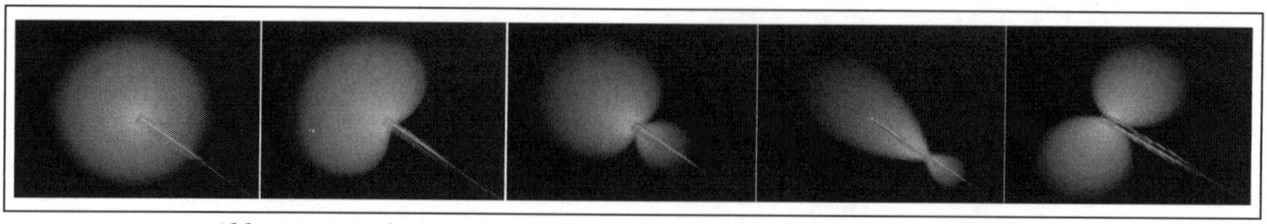

Abb. 6.3-16: Grafische Darstellung der verschiedenen Richtdiagramme im Raum. Von links nach rechts: Kugel, Niere, Superniere, Keule, Acht (© Sennheiser)

Weiterhin hat man natürlich auch die Möglichkeit, nur eine Zeile zu summieren und wieder einen Fächer als Richtcharakteristik zu bekommen.

Auch bei diesem Mikrofontyp ist eine starke Frequenzabhängigkeit der Richtcharakteristik vorhanden, so dass man auch hier Mehrwegesysteme für eine ausgeglichene Richtcharakteristik über den gesamten Audiobereich haben sollte.

6.3.5.5 Grafischer Überblick über die Richtcharakteristiken

Zur besseren Übersicht sind die gängigen Richtcharakteristiken von Mikrofonen in Abbildung 6.3-16 noch einmal grafisch dargestellt.

6.4 Speisungstechniken

Für den Betrieb von Kondensatormikrofonen ist eine Spannungsversorgung - auch Speisung genannt - notwendig. Diese hat im wesentlichen die folgenden Aufgaben:

- Versorgung der Kondensatorkapsel mit einer Ladespannung, damit eine konstante Ladung auf den Kondensatorplatten aufgebracht werden kann.
- Versorgung des eingebauten Impedanzwandlers. Dieser ist erforderlich, um die Ausgangsspannung der extrem hochohmigen Mikrofonkapsel (Z ~ 200MΩ-1GΩ) auf die Leitungsimpedanz (Z ~ 50Ω-200Ω) zu konvertieren. Hierbei wird die Ausgangsspannung normalerweise nicht verstärkt, sondern nur der Ausgangsstrom um ein Vielfaches erhöht.
- Eventuelle Versorgung von Kontrolllämpchen für Richtcharakteristik, Einsprechrichtung etc.

Über die Jahre haben sich verschiedene Speisungstechniken entwickelt, auf die im Folgenden näher eingegangen werden soll.

6.4.1 Speisung von Röhrenmikrofonen

Die Spannungsversorgung von Röhrenmikrofonen erfordert spezielle Netzteile, die genau zu einem Mikrofon passen. Drei Versorgungsspannungen müssen zur Verfügung gestellt werden:

- Eine Heizspannung, um die Verstärkerröhre(n) im Mikrofon zu betreiben. Da die Röhren oft direkt geheizt sind, das heißt, ein Anschluss der Heizung ist mit der Kathode verbunden, muss die Heizspannung eine Gleichspannung mit sehr niedriger Restwelligkeit sein. Im Speisegerät wird große Sorgfalt auf die Siebung dieser Spannung gelegt, damit sie auch bei Strömen von ca. 100mA noch brummfrei ist. Die Restwelligkeit der Heizspannung überlagert sich bei direkt geheizten Röhren mit der Signalspannung und kann bei unzureichender Siebung ein störendes Brummen hervorrufen.
- Eine Anodenspannung, die je nach verwendeter Röhre zwischen 120V und 250V liegen kann. Auch diese muss brummfrei sein, was jedoch bei den geforderten Strömen von ca. 2mA nicht so schwierig ist.
- Eine oder mehrere Kapselvorspannungen. Diese wird meist aus der Anodenspannung herunter geteilt und beträgt meistens ca. 60V. Bei einer Doppelgroßmembrankapsel mit Richtcharakteristik Acht beträgt sie ±60V. In diesem Fall bekommt die Kapsel ein virtuelles Massepotential von 60V. Auf diese Weise stellen dann 0V und 120V die entsprechenden 60V Abweichung in positiver und negativer Richtung dar.

Netzteile für Röhrenmikrofone sind mit heutigen Halbleiterspannungsreglern relativ kompakt aufzubauen - trotzdem wesentlich aufwendiger als eine Phantomspeisung.
Besondere Aufmerksamkeit muss dem Kabel gewidmet werden, welches das Speisegerät mit dem Mikrofon verbindet. Dies kann eine hohe Empfindlichkeit gegenüber Verformung und Druckbelastung aufweisen, so dass das Hinauftreten bei einem "normalen" Kabel bereits als Störgeräusch hörbar werden kann. Spezielle Kabel minimieren diesen Effekt.
Somit gilt, dass für Röhrenmikrofone immer das speziell dafür konstruierte Netzteil und das Originalkabel verwendet werden sollte.

6.4.2 AB-Speisung / Tonaderspeisung

Die AB- oder Tonaderspeisung wurde mit dem Erscheinen von transistorverstärkten Kondensatormikrofonen eingeführt. Es handelt sich um die Überlagerung einer Gleichspannung von 12V über den Signal- oder Tonadern "hot" und "cold".
Hierbei wird auf die Ader hot - auch A-Ader genannt - die Spannung 12V gelegt und auf die Ader cold - auch B-Ader genannt - das Bezugspotential 0V. Die Abbildung 6.4-1 zeigt das Prinzipschaltbild der Tonaderspeisung. Die Speisespannung wird direkt für den Impedanzwandler des Mikrofons verwendet. Für die Kapselvorspannung ist ein kleiner DC/DC Wandler im Mikrofon eingebaut, der aus den 12V die 60V oder ±60V erzeugt.
Zwischen den Leitungen hot und cold entsteht somit ein Potentialunterschied von 12V. Hierbei kann, bedingt durch die 180Ω Widerstände ein Kurzschlussstrom von 33mA fließen. Wird ein dynamisches Mikrofon an einen Mikrofoneingang mit Tonaderspeisung angeschlossen, so geht die Gleichspannung direkt auf die Schwingspule des Mikrofons und kann diese durchbrennen lassen. Auf jeden Fall wird die Schwingspule stark ausgelenkt und das Signal somit verzerrt aufgenommen.

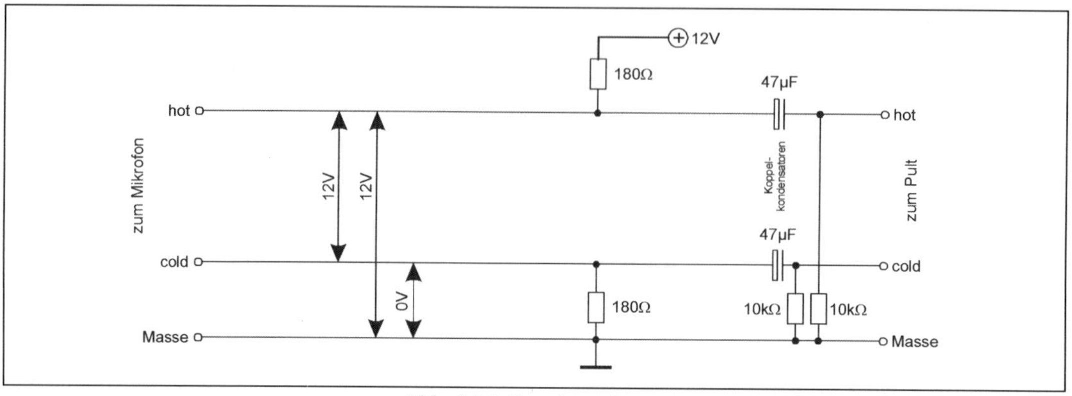

Abb. 6.4-1: Tonaderspeisung

Mikrofone mit Tonaderspeisung dürfen nicht mit Hilfe eines "Spezialkabels" phasengedreht werden, da sonst die Versorgungsspannung des Mikrofons verpolt wäre. Dies könnte auch ein Kondensatormikrofon zerstören.

Bei der Tonaderspeisung ist auf eine sehr glatte Gleichspannung zu achten, da bereits eine geringe Restwelligkeit als 100Hz Brummton zu hören wäre. Dies begründet sich dadurch, dass sich eine eventuell auftretende Restwelligkeit direkt zu dem Mikrofonnutzsignal auf den Leitungen addiert und entsprechend vom Mikrofonvorverstärker mit verstärkt wird.

Tonadermikrofone können problemlos an unsymmetrischen Eingängen betrieben werden, da in diesem Fall cold direkt mit Masse verbunden wird und somit immer noch das gleiche Speisepotential auf dieser Leitung ist.

6.4.3 Phantomspeisung

Um die Probleme der Tonaderspeisung zu eliminieren, die eine sehr saubere Speisespannung erfordern bzw. eine Zerstörung von dynamischen Mikrofonen zur Folge haben können, wurde die Phantomspeisung eingeführt. Hierbei wird das gleiche Spannungspotential auf beide Signaladern gelegt, so dass keine Gleichspannungsdifferenz zwischen ihnen entsteht. Das Bezugspotential von 0V wird über die Masseleitung geführt, die gleichzeitig als Schirm dient. Die Abbildung 6.4-2 zeigt das Prinzipschaltbild der Phantomspeisung. Die Phantomspeisung ist genauso einfach aufzubauen wie die Tonaderspeisung, hat aber folgende entscheidende Vorteile:

- Keine Gleichspannung zwischen hot und cold. Somit werden dynamische Mikrofone nicht beeinflusst oder zerstört. Auch Trennübertrager in DI-Boxen oder Split-Boxen können problemlos direkt an Mikrofoneingänge mit Phantomspeisung angeschlossen werden.

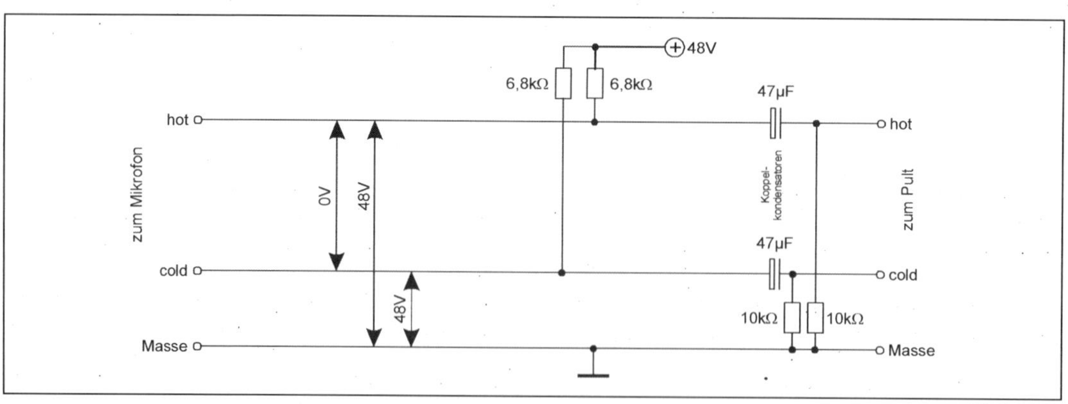

Abb. 6.4-2: Phantomspeisung P48

Typ	P12L	P12	P24	P48	P48H
Versorgungsspannung	12V ± 1V	12V ±1V	24V ±4V	48V ± 4V	48V ± 4V
Widerstandswerte	3,3kΩ	680Ω	1,2kΩ	6,8kΩ	2,2kΩ
Betriebsstrom	4mA	15mA	10mA	10mA	20mA
Kurzschlussstrom	8mA	39mA	47mA	16mA	48mA

Tab. 6.4-1: Varianten der Phantomspeisung

Selbst bei unsymmetrisch angeschlossenen dynamischen Mikrofonen, wenn die Gleichspannung doch auf die Schwingspule gelangt, kann aufgrund der großen Widerstandswerte die Kapsel nicht zerstört werden.

- Unkritische Restwelligkeit der Gleichspannung. Da der Mikrofonvorverstärker nur die Differenz zwischen hot und cold verstärkt, ist die Restwelligkeit der Speisespannung unproblematisch. Voraussetzung ist allerdings, dass die Spannung gleich stark auf beide Signaladern gegeben wird. Deshalb sollte die Toleranz zwischen den beiden Widerständen, über die die Phantomspeisung auf hot und cold gelegt wird innerhalb ±0,2% liegen. Die Toleranz der Widerstandswerte selbst ist jedoch relativ unkritisch, sollte jedoch auch innerhalb 1% liegen, um eine ausreichende Stromversorgung zu gewährleisten.

Es gibt verschiedene Spannungen und Widerstandsnormen für die Phantomspeisung. In Tabelle 6.4-1 sind die möglichen Varianten aufgelistet. Standard ist P48 geworden, da ursprünglich die Kapselvorspannung direkt aus der Speisung entnommen werden sollte. Für welche Varianten ein Mikrofon geeignet ist, kann aus dessen technischen Daten entnommen werden. Hierbei gilt, dass die Bezeichnung P12-48 darauf hindeutet, dass es zwischen P12 und P48 funktioniert - also auch mit P24. Die Bezeichnung P12/48 bedeutet, dass es mit P12 oder mit P48 funktioniert, nicht jedoch mit P24.
Die Phantomspeisung wird heute auch nur noch direkt für den Impedanzwandler verwendet, und die Kapselvorspannung mit Hilfe eines DC/DC Wandlers erzeugt.
Trotz der unproblematischeren Handhabung der Phantomspeisung müssen auch hier zwei wichtige Punkte beachtet werden:

- Niemals Line-Ausgänge an Mikrofoneingänge mit Phantomspeisung anstecken. Der Line-Ausgang verkraftet die 48V auf den Signalleitungen nicht, und der Symmetrierverstärker am Ausgang wird zerstört. Ausnahmen bilden nur Line-Ausgänge mit Trafosymmetrierung. Eine Verbindung kann durch fehlerhaftes Stekken am Steckfeld entstehen, oder durch kompatibel erscheinende XLR-Stecker und ein XLR-Kabel.
- Beim Ein- und Ausschalten der Phantomspeisung bzw. An- und Abstecken von Mikrofonen muss die Abhöre stummgeschaltet werden. Ansonsten kann der hochpegelige Einschaltknackser den Abhörlautsprecher zerstören

6.4.4 Digitale Phantomspeisung nach AES42

Digitale Mikrofone benötigen einen deutlich höheren Speisestrom als analoge Mikrofone, da zusätzlich zur Kapselvorspannung und dem Impedanzwandler noch die A/D-Wandler und ein DSP versorgt werden müssen. Diese digitale Phantomspeisung (DPP) ist in der AES42-Norm definiert.
Die DPP ist - ebenso wie die analoge Phantomspeisung - auf Hot und auf Cold vorhanden. Sie wird in der Praxis über einen Mittelabgriff des AES3-Eingangsübertragers eingespeist und über einen entsprechenden Mittelabgriff im Ausgangsübertrager des Mikrofons wieder ausgekoppelt (Siehe Abbildung 6.4-3).

Die DPP beträgt 10V (+0,5V/-0,1V) und muss 250mA Strom liefern können.
Die DPP kann um +2V erhöht werden, um Steuerdaten an das digitale Mikrofon zu übertragen. Diese Steuerdaten werden mit 750bit/s bei 48kHz Abtastfrequenz (und Vielfachen davon) bzw. 689,06bit/s bei 44,1kHz (und Vielfachen davon) übertragen.
Mit Hilfe der Steuerdaten können diverse Parameter des digitalen Mikrofons verändert werden. Unter anderem und falls möglich sind dies:

- Vordämpfung
- Richtcharakteristik
- Trittschallfilter
- Vorverstärkung in 1dB Schritten
- Limiting
- Stummschaltung
- M/S auf L/R Decodierung

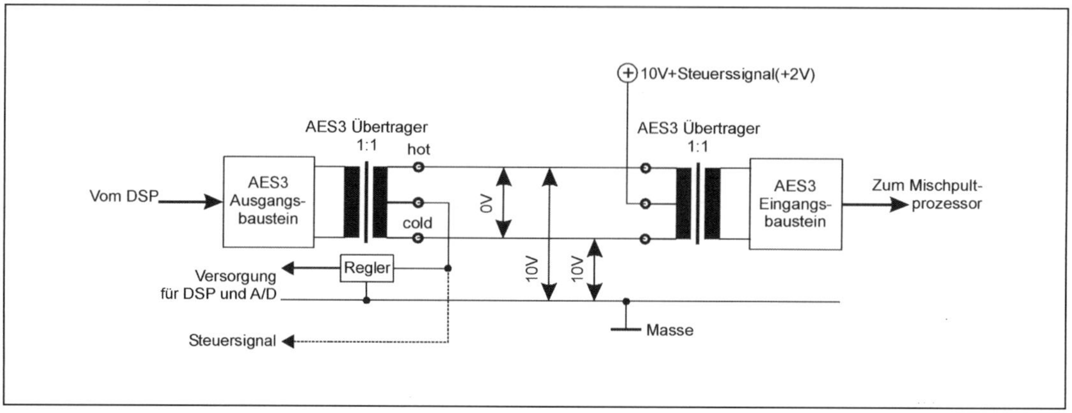

Abb. 6.4-3: Digitale Phantomspeisung (DPP)

- Equalizereinstellungen
- Kompressor/Limiter Attack, Release, Ratio und Thresholdeinstellungen
- Schalten eines Kontrolllämpchens
- Abtastfrequenz + Feintuning für wordclock-synchrones Arbeiten
- Phasendreher

6.4.5 Speisung von Elektretkondensatormikrofonen

Elektretkondensatormikrofone benötigen keine Kapselvorspannung, da durch das Elektretmaterial eine konstante Ladung auf den Kondensatorplatten "eingefroren" ist. Allerdings haben auch diese Mikrofone einen eingebauten Impedanzwandler. Dieser benötigt eine Speisung, die prinzipiell immer gleich aufgebaut ist (siehe Abbildung 6.4-4). Die Größe des Widerstandes und die Versorgungsspannung sind den technischen Daten des Mikrofons zu entnehmen. Für die Versorgungsspannung gelten Werte zwischen 1,5V und 15V, der Widerstand sollte zwischen 2,2kΩ und 18kΩ liegen. Als Faustregel kann der Widerstand etwa 1500 mal größer als die Versorgungsspannung gewählt werden: also bei 1,5V 2,2kΩ, bei 3V 4,7kΩ, bei 9V 12kΩ und bei 12V 18kΩ. Mit 12V Versorgungsspannung und einem Widerstand zwischen 12kΩ und 18kΩ liegt man jedoch nie falsch. In der Abbildung 6.4-5 ist zu sehen, dass das Elektretmikrofon nur an hot und Masse angeschlossen wird, da es sich um eine unsymmetrische Mikrofonkapsel handelt. Möchte man trotzdem einen symmetrischen Ausgang haben, so kann man sich der Quasisymmetrierung bedienen (siehe Kapitel 5.10.4). Dazu wird cold über einen Kondensator und einen Widerstand auf Masse gelegt. Der Widerstand sollte hierbei möglichst genauso groß sein, wie die Ausgangsimpedanz der Elektretkapsel.

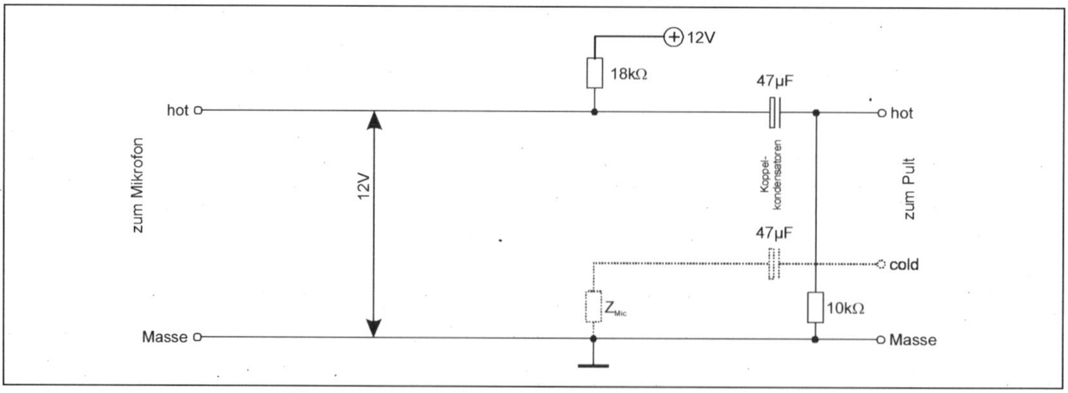

Abb. 6.4-4: Speisung von Elektretkondensatormikrofonen

6.5 Drahtlose Mikrofone und Kommunikations-Systeme

Für viele Arten von Veranstaltungen sind drahtlose Systeme heute die eleganteste Möglichkeit, eine unauffällige Verbindung zwischen den Künstlern und den Technikern herzustellen. Dabei werden sowohl Mikrofonsignale von der Bühne zum Mischpult als auch Monitorsignale vom Mischpult zu den Künstlern drahtlos übertragen.
Durch das Wegfallen von Kabeln wird die gesamte Installation unauffälliger und auch Stolperfallen, Brummschleifen und die Gefahr von Stromschlägen werden minimiert.

6.5.1 Funktionsprinzip

Bei der drahtlosen Signalübertragung ist so gut wie immer das gleiche Grundprinzip anzutreffen: Ein Signal (Mikrofon oder Line-Eingang) wird vom Sender zunächst rauschunterdrückt und anschließend frequenzmoduliert gesendet. Der Empfänger demoduliert das Signal, komplettiert die Rauschunterdrückung und gibt das Audiosignal wieder auf einer Line-Buchse oder Kopfhörerbuchse aus (Siehe Abbildung 6.5-1).
Je nachdem, ob Sender oder Empfänger am Körper oder an Instrumenten befestigt werden sollen oder fest installiert sind, sind sie in unterschiedlichen Größen mit Batterie- und Netzbetrieb erhältlich. So kann ein Sänger seine Darbietung beispielsweise mit einem kleinen Ansteckmikrofon, welches möglicherweise unauffällig auf die Stirn geklebt und mit Schminke abgedeckt wird, zum Mischpult übertragen. Das eigene Kontrollsignal, sowie die Signale anderer Musiker bekommt er ebenfalls drahtlos vom Pult aus zugesendet und mit Hilfe eines In-Ear-Monitorings unauffällig in sein Ohr eingespielt. Er trägt dazu am Körper zwei kleine, etwa zigarettenschachtelgroße "Bodypacks" - einen Sender und einen Empfänger.

Wichtig beim Einsatz von Drahtlosanlagen ist der störungsfreie Betrieb. Das heißt, dass mehrere Systeme sich nicht gegenseitig beeinflussen dürfen und auch gegen Fremdeinflüsse möglichst resistent sind. Im Fachjargon der Drahtlostechniker spricht man auch von einem "Intermodulationsfreien Betrieb". Da jede Sendeanlage aufgrund ihrer Modulation und ihrer nicht linearen Bauteile Intermodulationsprodukte um die eigentliche Sendefrequenz herum erzeugt, sollten verschiedene Kanäle einer Drahtlosanlage einen bestimmten Abstand zueinander haben. Presets in den gängigen Anlagen berücksichtigen dieses Problem bereits und ermöglichen so einen störungsfreien Betrieb.

6.5.2 Rauschunterdrückungsmaßnahmen

Je nach System finden mehr oder weniger Rauschunterdrückungssysteme Einsatz in der Funkübertragung. Zum Standard geworden sind Kompandersysteme, die das Signal senderseitig komprimieren und es empfängerseitig wieder expandieren (siehe auch Kapitel 8.3.5). Weiterhin wird senderseitig oft eine Höhenanhebung des Signals vorgenommen und empfängerseitig der Originalfrequenzgang wieder hergestellt (siehe Kapitel 8.3.6).

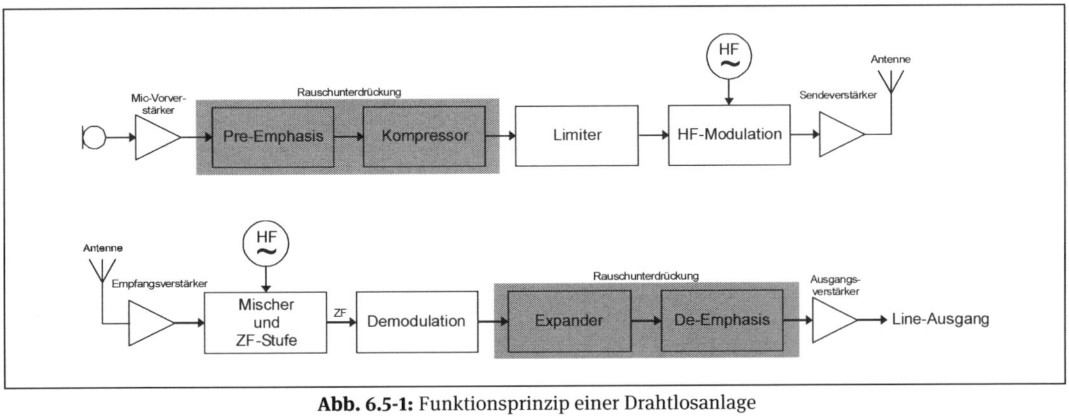

Abb. 6.5-1: Funktionsprinzip einer Drahtlosanlage

6.5.3 Empfänger

Das Hauptproblem der Empfangsanlage sind Interferenzen der Funkwellen. Wenn eine Funkwelle reflektiert wird, so überlagert sich ihre Reflexion mit dem direkt gesendeten Signal. Dies kann zu einer Überhöhung oder auch zu einer Abschwächung im Hochfrequenzpegel führen. Im Falle einer Abschwächung kann das Signal so schwach werden, dass kaum noch Feldstärke vorhanden ist und somit die Qualität des empfangenen Audiosignals stark zurück geht. Rauschen und Pegeleinbrüche sind die hörbare Folge. Bei einer stationären Installation kann man durch eine sorgfältige Wahl der Position des Senders und des Empfängers einen störungsfreien Betrieb weitestgehend sicherstellen, doch die Besonderheit der Drahtlosanlagen auf Bühnen ist schließlich die erweiterte Mobilität der Künstler.
Um die Interferenzen weitestgehend in den Griff zu bekommen, werden Diversity-Empfänger eingesetzt und teilweise Richtantennen aufgestellt.

6.5.3.1 Diversity-Techniken

Bei den Funkempfängern ist mittlerweile die so genannte "Diversity-Technik" zum Standard geworden. Das bedeutet, dass immer mindestens zwei Antennen an verschiedenen Positionen zum Empfang des Signals herangezogen werden (Diversity = Verschiedenheit). Auf diese Weise hofft man, das Problem der Interferenzen beim Empfang lösen oder zumindest stark unterdrücken zu können. Die optimalen Positionen der Antennen sind abhängig von der verwendeten Wellenlänge des Senders und in der Bedienungsanleitung angegeben. Oft lässt auch die mechanische Beschaffenheit der Empfänger keine andere Positionierung der Antennen zu, wenn beispielsweise Ansteckantennen direkt am Empfängergehäuse befestigt werden und die dazu notwendigen Buchsen sich in einem bestimmten Abstand befinden.

Zum Einsatz kommen passive und aktive Diversity-Techniken. Bei den passiven wird mit einem Empfänger gearbeitet, der von mehreren Antennen gespeist wird. Die aktiven Systeme haben mehrere Empfänger und schalten/blenden je nach Signalqualität das Audiosignal um. Damit keine zu häufigen Umschaltvorgänge auftreten, gibt es auch Empfänger, die die Empfangsstärke nach sprunghaften Pegelverlusten beurteilen und nur in diesem Fall - wenn ein Interferenzeinbruch zu erwarten ist - umschalten.
Eine Übersicht über die gängigen Diversity-Techniken ist in der Tabelle 6.5-1 zu sehen.

6.5.3.2 Antennen

Bei den Antennen für Drahtlossysteme gibt es ähnliche Richtwirkungen wie auch bei den Mikrofonen. So ist beispielsweise eine einfache Stabantenne ungerichtet und empfängt die Funkwellen aus allen Richtungen gleich gut. Weiterhin gibt es Antennen mit Richtcharakteristik Acht und Niere sowie Richtantennen mit Richtcharakteristik Keule. Letztere werden auch Yagi-Antennen genannt. In Abbildung 6.5-2 sind die verschiedenen Antennenformen und ihre Richtcharakteristiken zu sehen.

6.5.4 Frequenzbereiche

Für die Drahtlosübertragung sind viele verschiedene Frequenzbereiche vorgesehen. Durch moderne, quarzgesteuerte Sender und Empfänger sowie die zunehmende Digitalisierung der Hochfrequenzstufen ist ein immer genaueres Einhalten der Sendefrequenzen möglich. Dadurch können in einem kleinen Frequenzbereich viele Sendefrequenzen dicht nebeneinander liegen, ohne sich gegenseitig zu beeinflussen. Mittlerweile bieten die Drahtlossysteme über 1000 verschiedene Sendefrequenzen an. Bei den Frequenzen unterscheidet man zwischen drei verschiedenen Bereichen:

Technik	Aktiv / Passiv	Beschreibung
Passiv-Diversity	Passiv	Zwei Antennen werden passiv auf einen Empfänger gemischt.
Antenna-Switching-Diversity	Passiv	Zwischen zwei Antennen wird umgeschaltet, wenn die empfangene Feldstärke zu gering wird.
Antenna-Phase-Switching-Diversity	Passiv	Zwei Antennen werden passiv auf einen Empfänger gemischt. Die Phase einer Antenne kann umgeschaltet werden, wenn die empfangene Feldstärke zu gering wird.
True-Diversity	Aktiv	Zwei getrennte Empfänger sind eingebaut. Das Audiosignal wird immer von dem Empfänger mit der höheren Feldstärke verwendet.

Tab: 6.5-1: Übersicht über verschiedene Diversity-Techniken

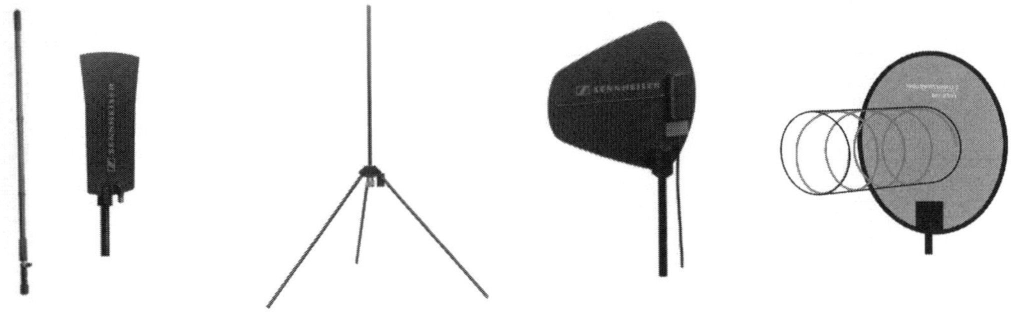

Ungerichtet Richtwirkung kreisförmig um die Antenne	**Relativ ungerichtet** Leichte Richtwirkung in Richtung der zum Boden gerichteten Strahler. Alle Strahler müssen $\lambda/4$ Länge haben. Unkritisch gegenüber Bodenbeschaffenheit.	**Gerichtet** Richtwirkung mit etwa 100° vertikalem Öffnungswinkel	**Stark gerichtet und zirkular polarisierend** Das heißt: guter Empfang aus einer Richtung unabhängig von der Lage der Sendeantenne

Abb. 6.5-2: Verschiedene Antennenformen für Drahtlossysteme und ihre Richtcharakteristiken (Fotos © Sennheiser)

- **Lizenzpflichtig:** Zunächst ist davon auszugehen, dass alle Funkanlagen lizenzpflichtig sind, und bei der Bundesnetzagentur angemeldet werden müssen.
  Ausnahmen stellen Anlagen dar, die explizit eine Genehmigung als "Lizenzfrei" oder "Lizenzfrei für bestimmte Nutzergruppen" haben. Diese Genehmigung liegt normalerweise der Anlage bei.
- **Lizenzfrei für bestimmte Nutzergruppen:** Für bestimmte Gruppen, wie zum Beispiel den Öffentlich-Rechtlichen-Rundfunk, für professionelle Musikveranstalter, aber auch Bands oder Theaterveranstalter gibt es fest zugewiesene Frequenzbereiche. Diese können in den Betriebsanleitungen der Anlagen nachgeschlagen werden und müssen eingehalten werden. Meistens verfügen die Drahtlossysteme über voreingestellte "Presets" für die jeweiligen Nutzergruppen und Länder.
- **Lizenzfrei:** Lizenzfreie Systeme können von jedermann eingesetzt werden. Diese Systeme sind jedoch, was die Sendeleistung betrifft, beschränkt und daher nicht so störsicher wie Systeme für bestimmte Nutzergruppen.

Welches System welche Sendefrequenzen verwendet, sowie die Genehmigungspflicht beziehungsweise Lizenzfreiheit wurde in den letzten Jahren und Jahrzehnten ständig verändert. Daher sollen hier keine Frequenzen oder Genehmigungen genannt werden. Vielmehr muss der Betreiber der Anlage sich informieren, wie mit der entsprechenden Technik zu verfahren ist.

6.6 Stereomikrofontechniken

Der Begriff Stereo (=räumlich) wird normalerweise mit "zwei-kanalig" in Zusammenhang gebracht. Geht es um mehr als zwei Kanäle, so spricht man von "Surround" (siehe Kapitel 6.7).
Um Aufnahmen in Stereo machen zu können, sind daher mindestens zwei Mikrofone notwendig. Diese sollen ein Schallereignis bezüglich folgender Eigenschaften möglichst gut abbilden:

- Stereoabbildung
- Tiefenstaffelung
- Klang der Schallquelle

Um dies zu gewährleisten, wurden verschiedene Stereomikrofontechniken entwickelt. Sie alle stellen meist einen Kompromiss zwischen den eben genannten Eigenschaften dar. Eines der größten Probleme ist hierbei die Richtcharakteristik der Mikrofone. Diese ist meistens über den Frequenzbereich von 20Hz bis 20kHz nicht konstant sondern wird im Bassbereich eher ungerichteter und zu hohen Frequenzen hin eher gerichteter.

Welche Stereoaufnahmetechnik man in der Praxis verwendet, lässt sich aus den vorhandenen Mikrofonen, der möglichen Positionierung und dem gewünschten Ergebnis ableiten.

Man unterscheidet die Mikrofontechniken nach den verschiedenen Möglichkeiten, ein Stereosignal zu erzeugen. Eine Übersicht ist in Tabelle 6.6-1 gegeben.

6.6.1 Pegeldifferenztechniken

Pegeldifferenztechniken sind Stereomikrofontechniken, die so konzipiert sind, dass ausschließlich Pegelunterschiede zwischen den verwendeten Mikrofonen auftreten können.

6.6.1.1 X/Y-Technik

Die X/Y-Technik ist eine so genannte Koinzidenz-Mikofontechnik. Das bedeutet, dass die Mikrofone an den gleichen Stellen im Raum positioniert werden. Noch genauer bedeutet es, dass die Kapseln am gleichen Ort im Raum sein müssen. Nachdem dies immer nur näherungsweise möglich ist, ergibt sie ein kleiner Laufzeitunterschied in einer Ebene. Die Abbildung 6.6-1 zeigt eine typische Aufstellung für eine X/Y-Technik. Der Laufzeitunterschied in der Abbildung läge in der vertikalen Ebene, was sich in der Praxis als sehr unkritisch herausgestellt hat.

Die X/Y-Technik gibt die Pegelunterschiede zwischen zwei (Nieren-)Mikrofonen als Ausgangssignal aus. In Kapitel 2.8 wurde beschrieben, welche Pegelunterschiede notwendig sind, um die Abbildung eines Signals auf einer bestimmten Position der Stereobasis zu erhalten. Dabei wurde von einem maximalen Pegelunterschied von ±18dB ausgegangen, der eine Positionierung am äußersten Rand der Stereobasis zur Folge hat.

Bei der X/Y-Technik entsteht also ein Pegelunterschied, der eine bestimmte Auslenkung der Phantomschallquelle auf der Stereobasis zur Folge hat. Man definiert hierbei den so genannten "Aufnahmebereich" als den Bereich in dem Schallquellen innerhalb der Stereobasis abgebildet werden. Bei der Pegeldifferenztechnik ist das der Bereich zwischen +18dB und -18dB Pegelunterschied zwischen den Kanälen. Pegelunterschiede von mehr als ±18dB werden ebenfalls am Rand der Stereobasis abgebildet und geben daher keinen weiteren Aufschluss über die ursprüngliche Position der Schallquelle. Hier findet eine Verdichtung der abgebildeten Schallquelle statt. Das heißt, dass mehrere

Verfahren	Mikrofone	Beispiel	Stereoabbildung	Tiefenstaffelung	Bemerkungen
Pegeldifferenz-technik	Meist Druckgradientenempfänger	X/Y, M/S	Sehr gut	Weniger gut	Auf jeden Fall monokompatibel.
Laufzeittechnik	Zwei mal Kugel	AB	Weniger gut	Sehr gut	Nicht unbedingt monokompatibel.
Äquivalenztechnik	Meistens zwei mal Niere	ORTF, NOS, DIN	Gut	Gut	Am einfachsten anzuwenden.
Trennkörpertechnik	Meistens zwei Kugeln	Kugelfläche, Jecklin-Scheibe	Gut	Gut	Gute Technik, für Lautsprecher und Kopfhörerwiedergabe.
Binauraltechnik	Kunstkopf-mikrofon	Kunstkopf	Exzellent bei Kopfhörerwiedergabe	Bei Schallquellen vor dem Hörer	Ohne größere Nachbearbeitung nur auf Kopfhörern gut.

Tab. 6.6-1: Übersicht über die gängigen Stereomikrofontechniken

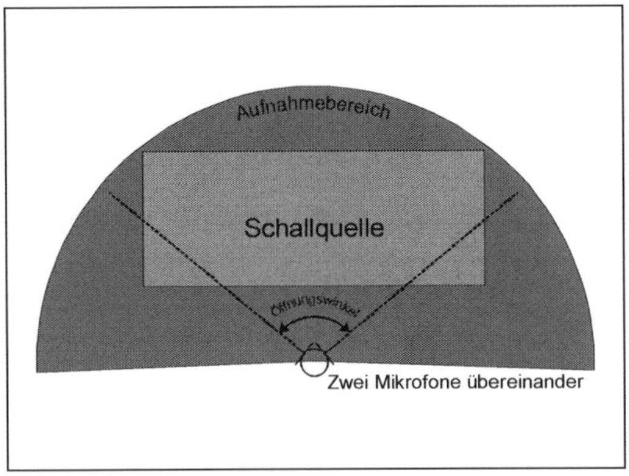

Abb. 6.6-1: Aufstellung einer X/Y-Technik am Beispiel Öffnungswinkel = 100°

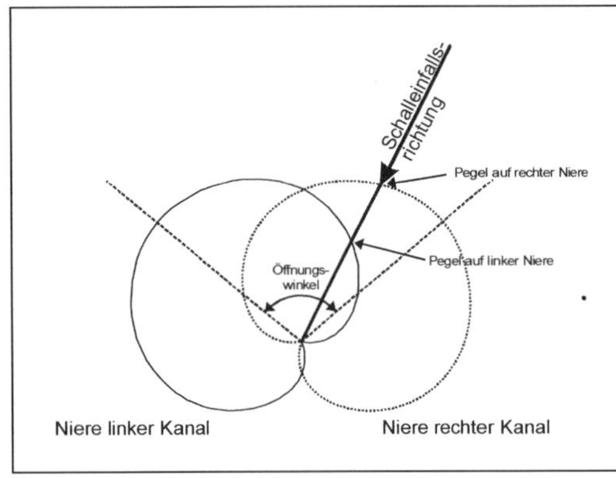

Abb. 6.6-2: Pegelunterschiede an den Nierenmikrofonen

aufgenommene Richtungen an der gleichen Position (auf der Stereobasis jeweils ganz außen) wiedergegeben werden.

Der Aufnahmebereich kann mit Hilfe des Öffnungswinkels zwischen den Mikrofonen verändert werden. Dabei gilt:

- Je größer der Öffnungswinkel, desto kleiner wird der Aufnahmebereich. Eine Schallquelle wirkt dadurch breiter.
- Je kleiner der Öffnungswinkel desto größer wird der Aufnahmebereich. Eine Schallquelle wirkt dadurch schmäler.

Der halbe Öffnungswinkel ist der so genannte "Versatzwinkel". Dieser beschreibt die Verdrehung des Mikrofons aus der Mittelachse.

In der Abbildung 6.6-2 kann man sehen, wie die Pegelunterschiede an den beiden Nierenmikrofonen für unterschiedliche Schalleinfallswinkel konstruiert werden können. Außerhalb der ±90° Positionen sieht man auch, dass der Pegelunterschied wieder geringer wird und dadurch eine Spiegelung der Schallquellen in den Aufnahmebereich stattfindet. Allerdings findet diese Spiegelung immer nur für Schallereignisse hinter der Mikrofonposition statt (Winkel größer als ±90°).

Da sich das Polar-Pattern der Mikrofone in der Praxis über die Frequenz ändert, ist die Abbildung idealisiert. In der Praxis bekommt man zu hohen Frequenzen hin eine Richtwirkung entlang der 0°-Winkel der Mikrofone. Schallquellen, die sich dort befinden, werden im hochfrequenten Frequenzbereich übermäßig stark wahrgenommen und in der Mitte entsteht ein "Loch".

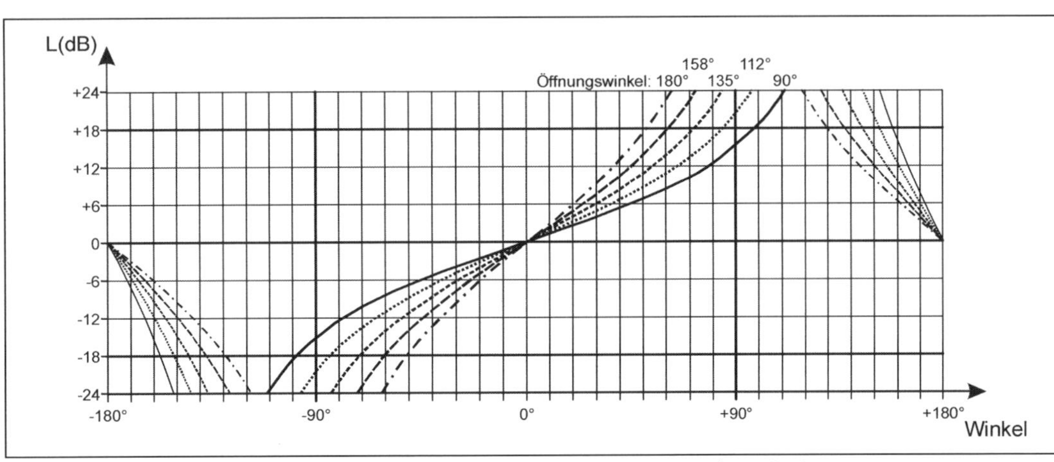

Abb. 6.6-3: Pegelunterschiede zwischen den Mikrofonen bei einer X/Y-Technik mit zwei Nieren mit Öffnungswinkeln von 90°, 112°, 135°, 158° und 180°

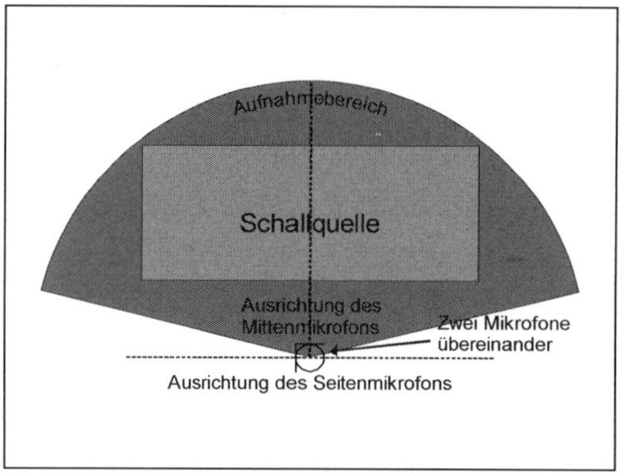

Abb. 6.6-4: Aufstellung der M/S-Technik. Seitenmikrofon 6dB leiser als Mittenmikrofon.

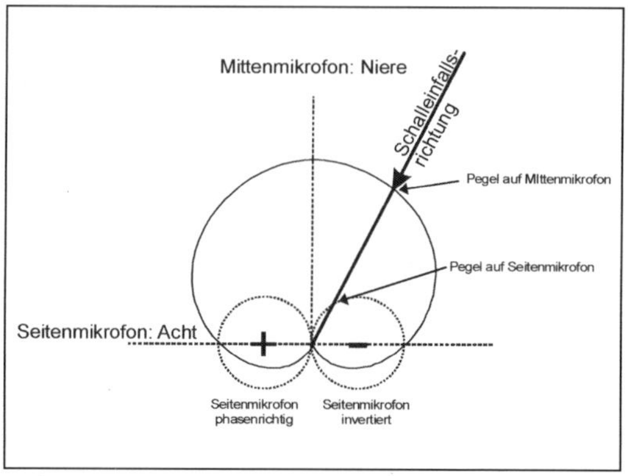

Abb. 6.6-5: Zusammenspiel von Niere und Acht bei der M/S-Technik

Anhand der Formeln aus Kapitel 6.3.3 (Niere) kann man sich schließlich die Pegelunterschiede für verschiedene Schalleinfallswinkel ausrechnen. Für ein paar ausgewählte Öffnungswinkel ist der Verlauf des Pegelunterschieds bezogen auf den Schalleinfallswinkel in Abbildung 6.6-3 zu sehen. Weitere Öffnungswinkel können dazwischen interpoliert werden.

6.6.1.2 M/S-Technik

Die M/S-Technik ist ebenfalls ein Koinzidenz-Verfahren. Allerdings werden die Links- und Rechts-Signale hier aus den Mikrofonsignalen ausgerechnet und nicht direkt aufgezeichnet. Die verwendeten Mikrofone sind ein Mittenmikrofon (Richtcharakteristik Kugel, Niere oder andere) und ein Seitenmikrofon (Richtcharakteristik Acht). Das Seitenmikrofon ist hierbei um 90° aus der Achse des Mittenmikrofons gedreht, so dass das Mittenmikrofon Schallereignisse von vorne und das Seitenmikrofon Schallereignisse von der Seite aufnimmt. Die Abbildung 6.6-4 zeigt die Aufstellung einer M/S-Technik und die Abbildung 6.6-5 das Zusammenspiel der Richtcharakteristiken am Beispiel Niere-Acht.

Die Ausgangssignale einer M/S-Mikrofontechnik können zwar direkt aufgezeichnet werden, beinhalten jedoch nicht die Links-Rechts Information. Um diese zu bekommen, müssen die M/S-Signale zu L/R matriziert werden. Dies erfolgt mit den Gleichungen:

$$L = (M+S)\cdot 0{,}707$$
$$R = (M-S)\cdot 0{,}707$$

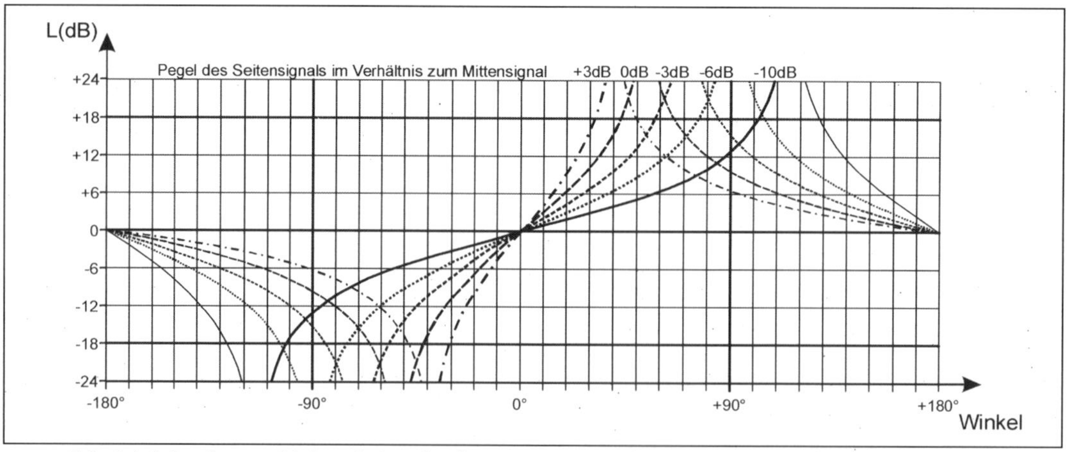

Abb. 6.6-6: Pegelunterschiede zwischen den dematrizierten Kanälen L & R bei einer M/S-Technik mit Nieren und Acht. Das Seitensignal wird mit -10dB, -6dB, -3dB, 0dB und +3dB zum Mittensignal gemischt.

Man kann zu diesem Zweck einen speziellen M/S-Decoder verwenden oder (wie bei vielen Harddiskrecording Softwares möglich) hinter dem Panorama-Regler des Seitensignals auf dem rechten Kanal die Phase drehen. Die Multiplikation mit dem Faktor 0,707 entspricht einer Pegelreduktion um -3dB. Diese ist notwendig, um bei der Decodierung keine zu hohen Signalpegel zu bekommen und (rechnerisch) nicht ins Clipping zu gelangen.

Mit Hilfe des Pegels des Seitenmikrofons kann die Stereobasisbreite nach der Aufnahme noch verändert werden. Man könnte dies mit einer Art elektronischen Einstellung des Öffnungswinkels einer X/Y-Technik vergleichen:

- Ist das Seitensignal abgeschaltet, bekommt man eine reine Monoaufnahme (L=R) durch das Mittenmikrofon.
- Sind Mittenmikrofon (Niere) und Seitenmikrofon gleich laut zueinander gemischt (und haben den gleichen Feldübertragungsfaktor), dann entspricht dies einer X/Y-Technik mit 102° Versatzwinkel also 204° Öffnungswinkel. Daraus ergibt sich ein Aufnahmebereich von ±42° = 84°.
- Wird das Seitenmikrofon leiser als das Mittenmikrofon zugemischt, dann wird der "Öffnungswinkel" kleiner, der Aufnahmebereich größer und die Mitte verdichtet sich.
- Wird das Seitenmikrofon lauter als das Mittenmikrofon zugemischt, dann wird der "Öffnungswinkel" größer, der Aufnahmebereich kleiner und in der Mitte entsteht ein "Loch". Dies kann gut genutzt werden, um Platz für andere Signale zu schaffen, die in der Mitte der Stereoabbildung positioniert werden sollen.

Als Mittenmikrofon können beliebige Richtcharakteristiken verwendet werden, wobei meist mit einer Niere oder Kugel gearbeitet wird:

- Bei einer Niere als Mittenmikrofon wird der von hinten kommende Schall gut ausgeblendet und es ergibt sich eine ähnliche Abbildung wie bei der X/Y-Technik.
- Bei einer Kugel als Mittenmikrofon wird der Schall von vorne sowie von hinten gleich stark aufgezeichnet. Dadurch hat man einen deutlich stärkeren Raumanteil. Daher empfiehlt sich dies nur bei gut klingenden Räumen und wenn der Raumanteil erwünscht ist.

Rein theoretisch, bei idealen Richtcharakteristiken, kann eine M/S-Technik durch die Decodierung direkt in eine X/Y-Technik mit einem bestimmten Öffnungswinkel umgerechnet werden. In der Praxis bestätigt sich dies jedoch nicht, da zu hohen Frequenzen hin die Richtwirkung der Mikrofone zunimmt. Dadurch ist bei der M/S-Technik ein stärkeres Hervortreten der hohen Frequenzanteile aus der Mittelachse zu bemerken, wohingegen, die X/Y- Technik die seitlichen Schallquellen überbetont.

In Abbildung 6.6-6 sind die Pegelunterschiede zwischen linkem und rechtem Kanal nach der Dematrizierung für verschiedene Mischungsverhältnisse der Mikrofone zu sehen.

6.6.1.3 Das Soundfield-Mikrofon

Das Soundfield-Mikrofon ist ein Mikrofon, welches aus vier fest montierten Kapseln am nahezu gleichen Ort arbeitet. Die Kapseln haben die Richtcharakteristik Niere und sind auf einem Tetrahedron angebracht. Das bedeutet, dass alle vier Kapseln zueinander im 60° Winkel montiert sind (siehe Abbildung 6.6-7 links).
Diese Kapselanordnung liefert ein vierkanaliges, so genanntes A-Format, das auf vier Spuren aufgezeichnet werden könnte. In der Praxis zeichnet man es jedoch nicht auf. Aus dem A-Format wird mittels elektronischer Phasenschieber und Summierer das so genannte B-Format berechnet. Dieses entspricht einer Anordnung von 3 Achtermikrofonen und einem Kugelmikrofon (siehe Abbildung 6.6-7 rechts). Auch das B-Format kann 4-kanalig aufgezeichnet werden, wenn man damit später weiterrechnen möchte.
Aus dem B-Format können im letzten Schritt Stereo- oder Surround-Signale berechnet werden, wobei sowohl die Aufnahmerichtung (in allen 3-Dimensionen), als auch der Aufnahmebereich und die gewünschten Richtcharakteristiken elektronisch eingestellt werden können. Durch Aufzeichnung des B-Formats kann man somit nachträglich noch die wesentlichen Parameter der Aufnahme verändern.

6.6.2 Laufzeittechniken

Laufzeittechniken sind Stereomikrofontechniken, die so konzipiert sind, dass ausschließlich Laufzeitunterschiede zwischen den verwendeten Mikrofonen auftreten können. Zwangsläufig ergeben sich

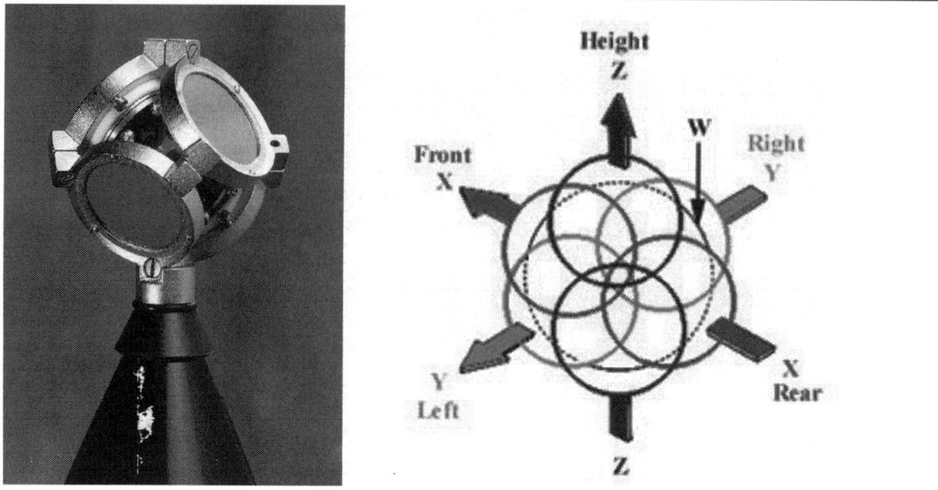

Abb. 6.6-7: Kapselanordnung des Soundfield Mikrofons (A-Format) und das daraus berechnete B-Format (© SoundField Ltd., UK)

dabei aber auch immer geringe Pegelunterschiede, da die Mikrofone nicht am gleichen Ort aufgestellt werden können.

6.6.2.1 AB

Unter der AB-Technik versteht man eine Laufzeitmikrofontechnik. Das bedeutet, dass die Richtungsinformationen für die Stereoabbildung nicht aus Pegelunterschieden sondern ausschließlich aus Laufzeitunterschieden gewonnen werden. Damit die Pegelunterschiede zwischen den Mikrofonen so gering wie möglich werden, verwendet man Mikrofone mit Kugelcharakteristik als Schallwandler.
Welche Laufzeitunterschiede zu welcher Darstellung des Signals auf der Stereobasis führen, ist in Kapitel 2.8 beschrieben. Man kann von einer Darstellung am Rand der Stereobasis ab einer Laufzeit von 1,5ms ausgehen. Laufzeiten über 1,5ms bleiben zunächst am Rand der Stereobasis und führen ab etwa 30ms zu einem hörbaren Echo.

Die Aufstellung einer AB-Technik ist in Abbildung 6.6-8 zu sehen, das Zusammenspiel der beiden Mikrofone in Abbildung 6.6-9. Um Laufzeitunterschiede zwischen den Mikrofonen zu bekommen die eine brauchbare Stereoabbildung ergeben, sollten die Mikrofone in einem Abstand von 51-73cm (±90° bis ±45° Aufnahmebereich) nebeneinander aufgestellt werden. Über den Abstand der Mikrofone zueinander kann man den Aufnahmebereich beeinflussen. Zu große Abstände führen zu einem zu kleinen Aufnahmebereich und damit zu einer breiteren Abbildung der Schallquelle. In Abbildung 6.6-10 sind die Laufzeitunterschiede für verschiedene Mikrofonabstände zu sehen. Auch hier gilt, dass Zwischenwerte durch Interpolation ermittelt werden können.

Unter bestimmten Voraussetzungen spricht man von Klein-AB oder Groß-AB. Gemeint sind damit Mikrofonaufstellungen, die außerhalb des empfohlenen Mikrofonabstandes liegen. So kann beispielsweise eine Groß-AB-Anordnung auch 3m Abstand zwischen den Mikrofonen haben. Allerdings wird damit keine vernünftige Stereoabbildung mehr erzielt. Vielmehr geht es beispielsweise darum, möglichst diffus den Raumeindruck einzufangen.

Bei einer AB-Mikrofontechnik werden durch die Laufzeitunterschiede teilweise nicht monokompatible Signale erzeugt. Um die AB-Aufnahme abzuhören, sollte man daher die Panoramaregler der Kanäle Links und Rechts immer gleich weit (und am besten maximal) aus der Mitte auseinander drehen. Sind sie nicht gegenläufig auseinander gedreht, kommt es zu Auslöschungen und zu Trading (siehe Kapitel 2.8.3).

6.6.2.2 Dreipunkttechnik

Die Dreipunkttechnik ist eine Sonderform der AB-Technik. Sie ist beispielhaft in Abbildung 6.6-11 zu sehen. Bei ihr wird ein Mittenstützmikrofon genau zwischen den beiden äußeren Mikrofonen eingesetzt. Dieses Mikrofon wird im Pegel reduziert zu

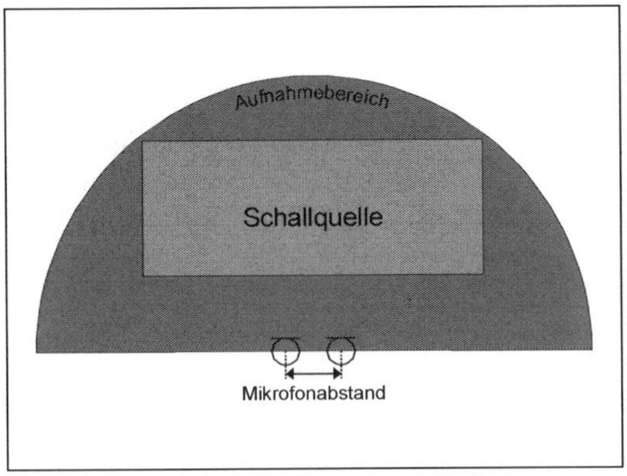

Abb. 6.6-8: Aufstellung der AB-Technik. Mikrofonabstand: 50cm

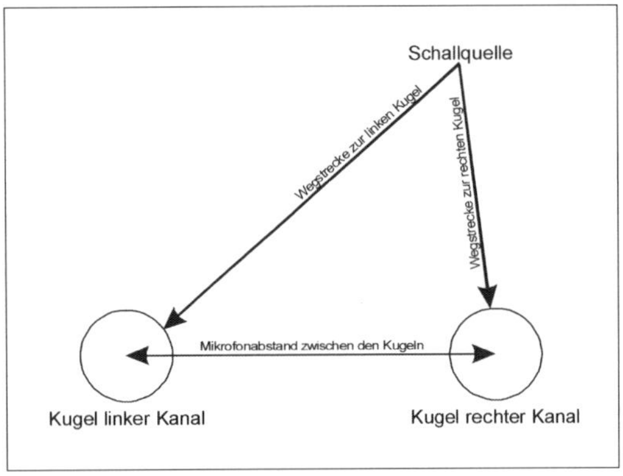

Abb. 6.6-9: Zusammenspiel der Kugelmikrofone bei einer AB-Technik

gleichen Anteilen auf Links und Rechts gemischt (Panorama in der Mitte). Dadurch soll die Mittenlokalisation stabiler und ein klanglich empfundenes "Loch" gefüllt werden. Das Loch entsteht, da außerhalb des Aufnahmebereichs alle Schallquellen am Rand der Stereobasis verdichtet abgebildet werden und dadurch zu "massiv" klingen. Relativ zu diesen zu lauten Randbereichen scheint dann in der Mitte ein klangliches Loch zu sein.

6.6.2.3 Decca-Tree

Der Decca-Tree ist eine Spezialtechnik der Firma "Decca Records", welche mit drei Mikrofonen mit Kugelcharakteristik arbeitet. Die Anordnung ist in Abbildung 6.6-12 zu sehen. Der Name "Tree" (=Baum) rührt wohl vom Aussehen der Konstruktion her, welche wie ein Baum aussieht, an dessen Ästen mehrere Mikrofone hängen.

Die Decca-Tree Anordnung hat zwei wesentliche Besonderheiten:

- Die Mikrofonanordnung steht "in der Schallquelle", also beispielsweise am Platz oder über dem Kopf des Dirigenten.
- Die bevorzugten Mikrofone sind Neumann M50 Kleinmembran-Kugelmikrofone. Diese haben die konstruktive Besonderheit, dass die Kapsel in einer Kugel eingelassen ist und sich daher ein Druckstau "on axis" ab etwa 2kHz ergibt. Dadurch wird das Mikrofon zu hohen Frequenzen gerichtet und pegelmäßig überbetont. Aufgrund der Richtwirkung ist auch ein Ausrichten dieser speziellen Kugelmikrofone notwendig. Somit kann eigentlich nicht mehr von einer "reinen Laufzeittechnik" gesprochen werden.

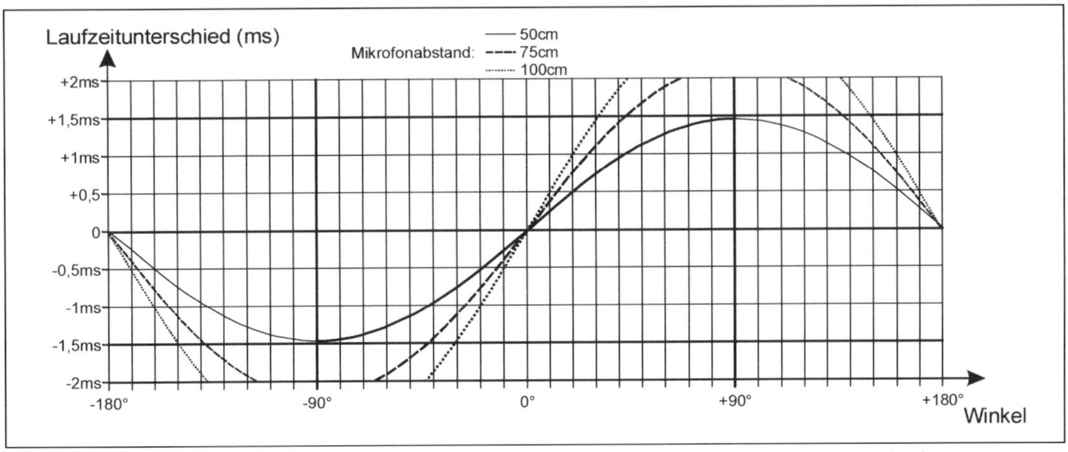

Abb. 6.6-10: Verzögerungszeiten der AB-Technik bei unterschiedlichen Abständen der Mikrofone. Abstände: 50cm, 75cm und 100cm

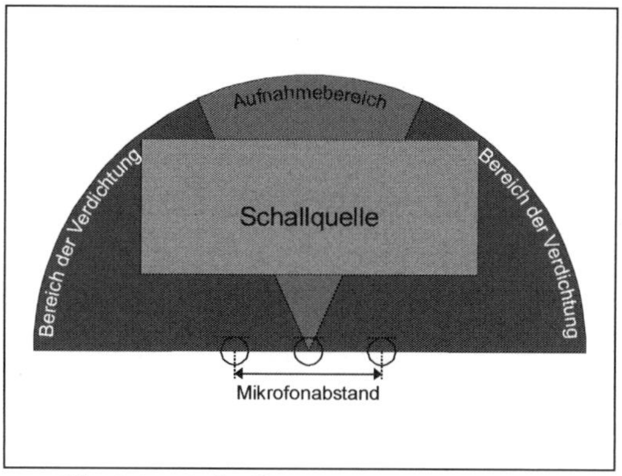

Abb. 6.6-11: Aufstellung einer Dreipunkttechnik. Mikrofonabstand: 130cm

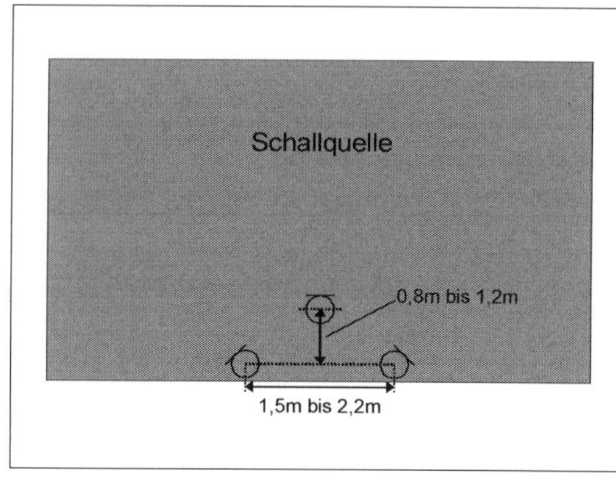

Abb. 6.6-12: Aufstellung eines "Decca-Tree". Die Aufstellung erfolg innerhalb der Schallquelle!

Die genauen Abmessungen des Decca-Tree sind nicht fest definiert und somit bleibt es dem Toningenieur überlassen, wie er die Mikrofonabstände wählt, um einen möglichst optimalen Klang zu erhalten.

6.6.3 Äquivalenzmikrofontechniken

Bei Äquivalenzmikrofontechniken werden gleichsinnige Laufzeit- und Pegelunterschiede zur Abbildung des Stereobildes benutzt (siehe Kapitel 2.8). Um dies zu erreichen, werden Mikrofone mit gerichtetem Polar-Pattern (meist Niere) in einem bestimmten Abstand zueinander aufgestellt. Dadurch erhält man die Laufzeitunterschiede. Weiterhin werden die Mikrofone aus der Mittenachse gedreht, um die Pegelunterschiede zu bekommen.

Verständlicherweise ergeben sich unendlich viele Möglichkeiten, in welchem Abstand und mit welchem Öffnungswinkel die Mikrofone aufgestellt werden können. Jede Möglichkeit hat einen anderen Klang der Aufnahme zur Folge, selbst wenn der Aufnahmebereich der gleiche sein sollte.
In Tabelle 6.6-2 sind verschiedene, namentlich bekannte Äquivalenztechniken im Vergleich zueinander aufgeführt. In Abbildung 6.6-13 ist deren prinzipielle Aufstellung zu sehen. Abbildung 6.6-14 zeigt schließlich das Zusammenspiel der zwei Mikrofone einer Äquivalenztechnik am Beispiel von Nierenmikrofonen.

6.6.4 Trennkörpertechniken

Unter den so genannten "Trennkörpertechniken" versteht man ein Stereo- oder auch Mehrkanalmikrofonsystem, welches ein 3-dimensionales Objekt als Trennkörper zwischen sich hat (Siehe Abbildung 6.6-16). Damit sollen die klanglichen Veränderungen, die der menschliche Kopf auf die Stereoabbildung hat, nach Möglichkeit nachgebildet werden. Da sich beim Abhören eines Signals über Lautsprecher, der eigene Kopf jedoch auch auf jeden Fall zwischen den Ohren befindet, ergibt sich bei den Trennkörpermikrofontechniken ein Problem: Bei der Lautsprecherwiedergabe sind zwei Trennkörper vorhanden - der eine während der Aufnahme, der andere (eigener Kopf) während der Wiedergabe. Daraus resultieren zum Teil sehr unschöne Klangveränderungen. Man sollte sich daher überlegen, ob man für die Lautsprecherwiedergabe

Name	Richtcharakteristiken	Mikrofonbasis	Öffnungswinkel	Aufnahmebereich
ORTF	Niere / Niere	17cm	110°	96°
DIN	Niere / Niere	20cm	90°	101°
RAI	Niere / Niere	21cm	100°	93°
NOS	Niere / Niere	30cm	90°	81°
Faulkner / Blumlein	Acht / Acht	30cm	90°	48°
Olson	Superniere / Superniere	5cm	135°	81°

Tab. 6.6-2: Vergleich verschiedener bekannter Äquivalenztechniken

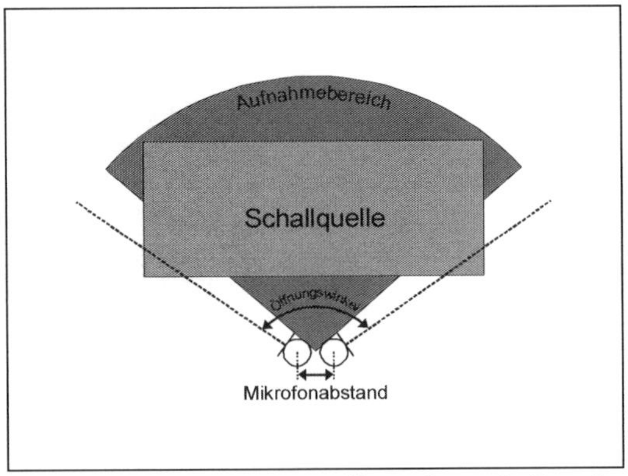

Abb. 6.6-13: Aufstellung einer Äquivalenztechnik nach ORTF: Abstand 17cm, Öffnungswinkel 110°.

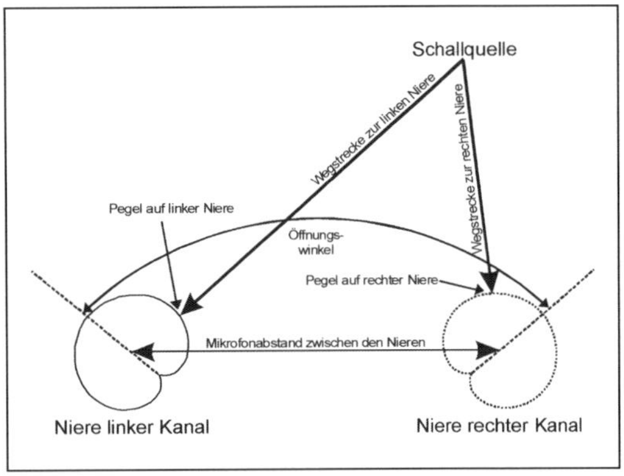

Abb. 6.6-14: Zusammenspiel der Nierenmikrofone bei einer Äquivalenztechnik

tatsächlich mit einer Trennkörpermikrofontechnik aufnehmen möchte.
Geeignet sind die Trennkörpermikrofontechniken für Kopfhörerwiedergabe, weil in diesem Fall der wiedergabeseitige Trennkörper entfällt, da die Signale vom Kopfhörer direkt in den Gehörgang gelangen. Im Vergleich zu Mikrofontechniken ohne Trennkörper zeigen die Trennkörpermikrofontechniken bei Kopfhörerwiedergabe tatsächlich auch ein deutlich realistischeres Stereoabbild.

6.6.4.1 Jecklin-Scheibe (OSS)

Benannt nach dem Tonmeister Jürg Jecklin. OSS steht für "Optimales Stereo System". Zwei Mikrofone mit Kugelcharakteristik werden im Abstand von 36cm links und rechts von einer Scheibe angeordnet. Die Mikrofone sollen einen linearen Diffusfeldfrequenzgang aufweisen und werden mit einem Öffnungswinkel von 60° montiert. Die Scheibe ist mit einem etwa 10mm dicken Schaumstoff, Filz oder ähnlich absorbierendem Material belegt.

6.6.4.2 Crows-SASS

Hierbei handelt es sich um ein von der Firma Crown hergestelltes Stereomikrofon. SASS steht für "Stereo Ambient Sampling System". Die Konstruktion verwendet zwei Grenzflächenmikrofone, die in einem Abstand von 17cm auseinander liegen. Zwischen den Mikrofonen befindet sich ein Schaumstoff-Trennkörper, der laut Crown "die Richtwirkung der Grenzflächen formen soll und für eine

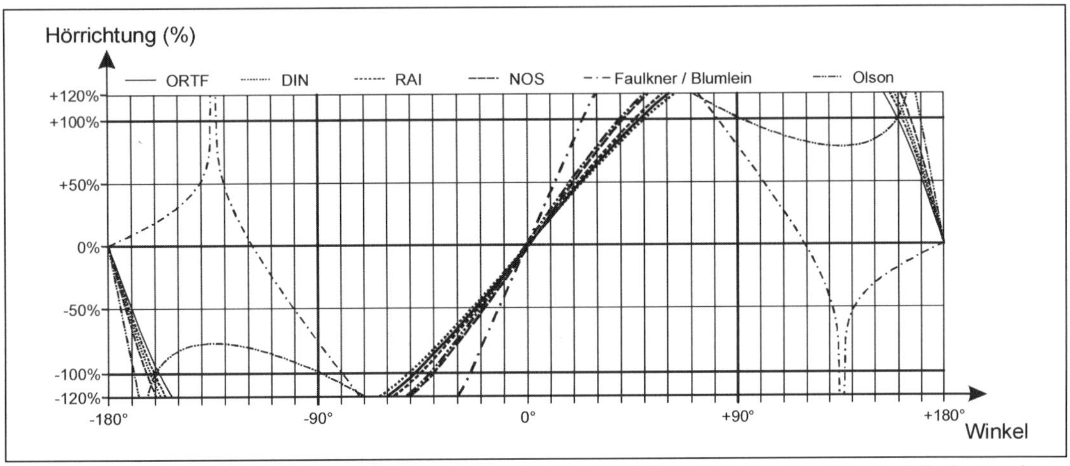

Abb. 6.6-15: Vergleich verschiedener Äquivalenztechniken bezüglich ihres Aufnahmebereichs. Anstelle der Pegel- und Laufzeitunterschiede wird hier direkt die Hörereignisrichtung in Prozent angegeben. Dabei bedeutet 100%, dass ein Signal nur noch von einem Lautsprecher lokalisiert wird. 0% bedeutet, dass ein Signal genau zwischen beiden Lautsprechern lokalisiert wird.

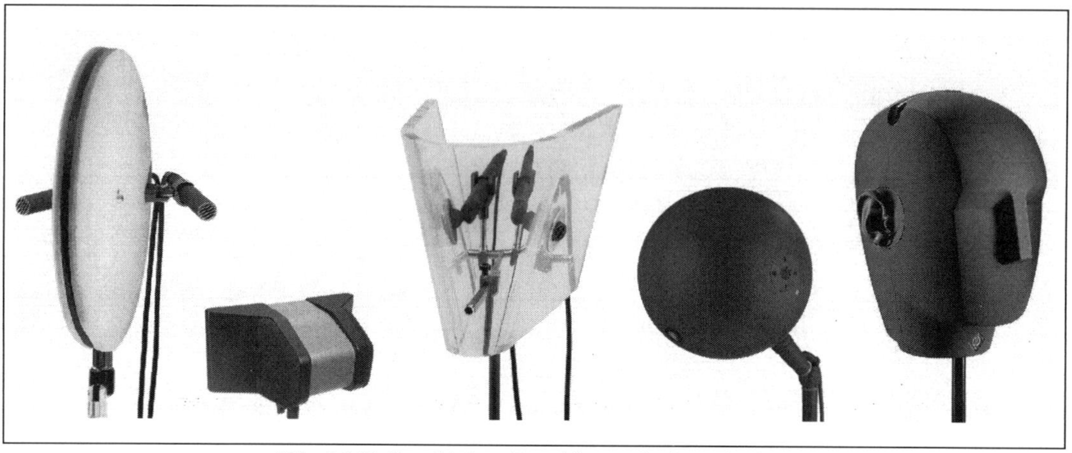

Abb. 6.6-16: Verschiedene Trennkörpermikrofontechniken.
Von links nach rechts: Jecklin Scheibe, Crown-SASS, Clara, Kugelfläche und Kunstkopf
(© Crown International, Stereoplay, Neumann)

bessere Monokompatibilität sorgt" (siehe Abbildung 6.6-16).

6.6.4.3 Kugelfläche

Das Kugelflächenmikrofon besteht aus einer harten Kugel mit 20cm Durchmesser auf deren gegenüberliegenden Seiten jeweils ein Mikrofon bündig eingelassen ist. Der Aufnahmebereich des Kugelflächenmikrofons beträgt etwa 90°.

6.6.4.4 Clara

Clara besteht aus einer gebogenen Plexiglasplatte, in die zwei Mikrofone (Druckempfänger) eingelassen sind, welche nach Äquivalenztechnik angeordnet sind. Im Gegensatz zur Jecklin-Scheibe ist kein absorptives Material auf den Oberflächen vorhanden.

6.6.4.5 Kunstkopf

Beim Kunstkopf ist der Trennkörper eine Nachbildung des menschlichen Kopfes. Dazu gehört bei manchen Systemen sogar noch der Bereich der Schultern oder des Oberkörpers. An dem Kopf sind Ohren aus Silikon angebracht, die das gleiche Reflexions- und Abschattungsverhalten haben sollen wie die menschlichen Ohren. In dem künstlichen Kopf befinden sich Ansätze eines Gehörgangs in dem dann wiederum die Mikrofone eingebaut werden.
Mit dem Kunstkopf kann man sehr realistische Aufnahmen machen, die bei Kopfhörerwiedergabe extrem nah an die Realität heran kommen. Allerdings haben Kunstkopfaufnahmen ein Problem mit der Vorne-Lokalisation, welche nur sehr ungenau reproduzierbar ist.

6.7 Mehrkanalmikrofontechniken

Mehrkanalmikrofontechniken - auch Surroundmikrofontechniken genannt - haben die Aufgabe ein Signal für eine 5-Kanal-Anlage möglichst originalgetreu in der Abbildung aufzunehmen. Exemplarisch sollen hier nur einige wenige Techniken vorgestellt werden, jedoch ist bei den Mehrkanalmikrofontechniken grundsätzlich auf folgendes zu achten:

- Die einzelnen Mikrofone werden möglichst so angeordnet, dass es zu keiner mehrfachen Phantomschallquellenabbildung kommt, oder, dass diese nur schwach ausgeprägt ist.
- Mit der Mikrofonposition einer Surroundmikrofontechnik legt man das klangliche Verhältnis zwischen Direkt und Diffusschall sehr stark fest. Wesentlich mehr Möglichkeiten hat man, wenn man mit zwei Stereotechniken aufnimmt, da man dann durch die Positionen der Stereotechniken wesentlich besser auf die räumlichen Gegebenheiten eingehen kann!

6.7.1 INA-5

Mit INA ist eine "Ideale Nieren-Anordnung" mit fünf Nieren gemeint. Das soll heißen, dass die Nieren so angeordnet sind, dass bezüglich ihrer Abstände und Ausrichtungen zueinander wenig mehrfache Phantomschallquellen abgebildet werden. In Abbildung 6.7-1 ist die Anordnung einer INA-5 zu sehen.

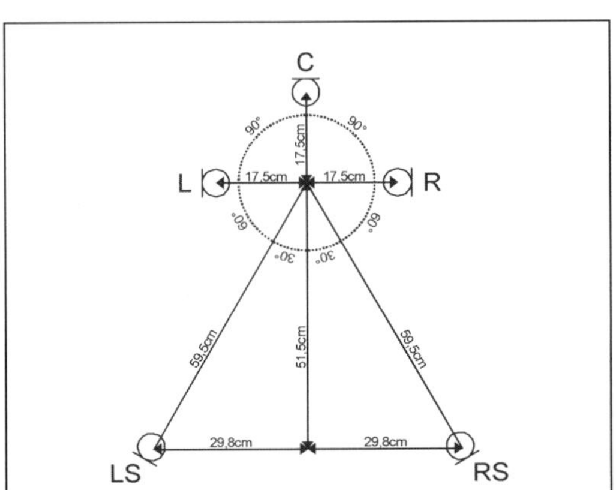

Abb. 6.7-1: Aufstellung einer INA-5 (5 Nierenmikrofone)

6.7.2 OCT-Surround

OCT steht für "Optimal Cardioid Triangle". Durch die Erweiterung Surround entsteht ein Mikrofonsystem, welches ähnlich der INA-5 funktioniert, jedoch andere Richtcharakteristiken und Abstände aufweist. Der Aufbau von OCT-Surround ist in Abbildung 6.7-2 zu sehen. Der Aufnahmebereich geht von 90° bei jeweils 45cm versetzten Mikrofonen bis zu 160° bei jeweils 20cm zur Mitte versetzten Mikrofonen.

Da die Supernieren, die für links und rechts verwendet werden, bauartbedingt eine Bassschwäche haben, wird empfohlen, zu den Supernierenmikrofonen noch ein Kugelmikrofon aufzustellen. Dieses wird nach Tiefpassfilterung (je nach verwendeter Superniere bei etwa 40-60Hz) zu den Supernieren hinzugemischt. Auch zum Center-Mikrofon kann man eine Kugel als Bassstütze hinzuziehen.

6.7.3 IRT-Kreuz

Die Anordnung nach dem IRT-Kreuz (Institut für Rundfunktechnik) hat vier Nierenmikrofone, die in 90°-Winkeln zueinander ausgerichtet sind. Ein Signal für den Center-Lautsprecher fehlt. Zwischen den Mikrofonen sind 20-25cm Abstand (siehe Abbildung 6.7-3). Diese Anordnung war ursprünglich für Quadrophonie gedacht, ist jedoch für Surround-Atmos gut geeignet.

6.7.4 Doppelte M/S-Technik

Bei der doppelten M/S-Technik wird zu der normalen Stereo-M/S-Technik bestehend aus nach vorne gerichteter Niere und zur Seite gerichteter Acht,

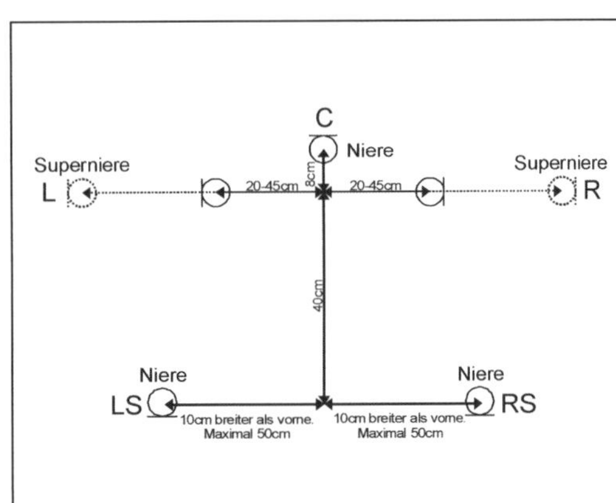

Abb. 6.7-2: Aufstellung eines OCT-Surround

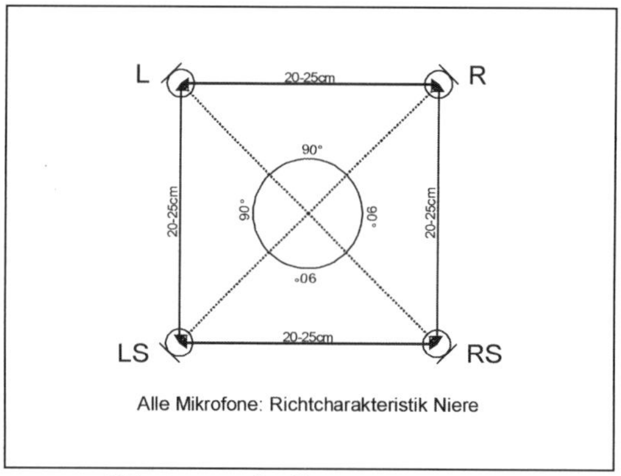

Abb. 6.7-3: Aufstellung eines IRT-Kreuz

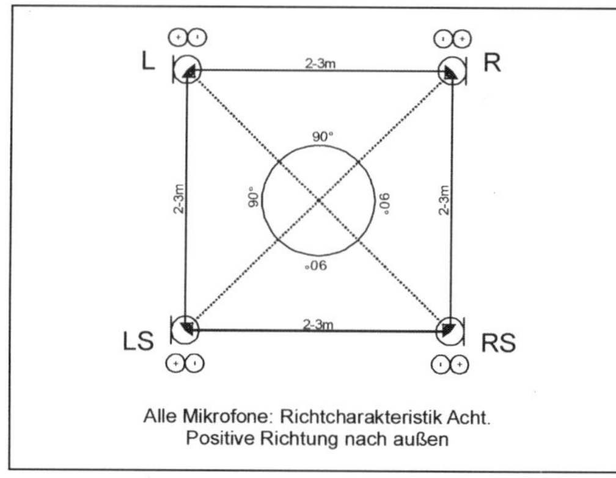

Abb. 6.7-4: Aufstellung eines Hamasaki-Square

noch ein weiteres Nierenmikrofon nach hinten gerichtet. Dadurch bekommt man drei Ausgangssignale: Mitte vorne (M_v), Seite (S) und Mitte hinten (M_h). Die Gleichungen für die Dematrizierung lauten dann:

- $L = (M_v+S)\cdot 0{,}707$
- $R = (M_v-S)\cdot 0{,}707$
- $LS = (M_h+S)\cdot 0{,}707$
- $RS = (M_h-S)\cdot 0{,}707$

Man kann die Signale M_v, S und M_h auf drei Spuren aufnehmen und erst später im Mixdown mit dem gewünschten Aufnahmebereich in die vier Ausgangskanäle dematrizieren.

6.7.5 Hamasaki-Square

Beim Hamasaki-Square werden vier Mikrofone mit Richtcharakteristik Acht in großem Abstand zueinander als Quadrat aufgestellt (siehe Abbildung 6.7-4). Die Achten sind dabei so ausgerichtet, dass sie möglichst unempfindlich gegenüber dem frontal eintreffenden Schall sind und somit nur Diffusschall aufzeichnen. Das Hamasaki-Square wird im diffusen Schallfeld mehrere Meter entfernt von der Schallquelle aufgestellt. Zweck dieser Anordnung ist es, einen Raumeindruck aufzuzeichnen. Dieser kann anschließend zu L und R zugemischt werden, sowie auf LS und RS aufgezeichnet werden. Als Hauptmikrofon ist das Hamasaki-Square nicht geeignet.

6.8 Wandlerprinzipien von Lautsprechern

Ein Lautsprecher hat grundsätzlich eine sehr einfache Aufgabe zu erfüllen: Er soll elektrische Spannung in Schalldruck umwandeln. Da dies jedoch in möglichst hoher Qualität erfolgen soll, gestaltet sich die Umwandlung in der Praxis als schwieriger, als zunächst angenommen. Verschiedene Ansätze bezüglich der Umwandlung wurden versucht, um einen möglichst guten Kompromiss zu erzielen.
Am Ende entscheidet jedoch meistens das Kosten-Nutzenverhältnis, und dann gewinnen in der Regel die elektrodynamischen Wandler. Trotzdem sollen hier auch die alternativen Wandlerprinzipien vorgestellt werden.

6.8.1 Elektrodynamisch

Der Begriff Elektrodynamik beschreibt "die Lehre von den zeitlich veränderlichen elektromagnetischen Feldern". Bei einem elektrodynamischen Lautsprecher handelt es sich um das veränderliche Feld des Membranantriebs, welches zusammen mit einem Permanentmagneten einen effizienten und kostengünstigen Schallwandler ermöglicht.

Die einfachste Variante des elektrodynamischen Wandlers beruht auf der Lorentz-Kraft (Siehe Kapitel 4.8.3). Diese besagt, dass ein Ladungsträger, der sich durch ein magnetisches Feld bewegt eine Kraftwirkung erfährt. In Abbildung 6.8-1 ist diese Auswirkung anhand der "Linken-Hand-Regel" schematisch dargestellt. Hierbei ist es nicht wichtig, ob der Stromfluss frei im Raum oder Vakuum oder auch in einem Leiter stattfindet. Findet er jedoch in einem Leiter statt, so erfährt der gesamte Leiter die Kraft und kann somit bewegt werden.

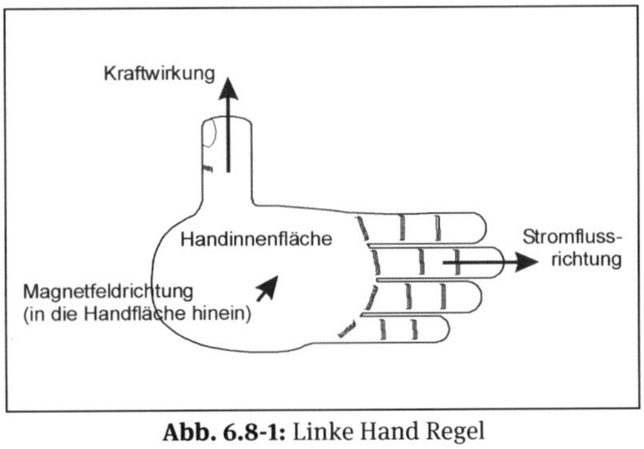

Abb. 6.8-1: Linke Hand Regel

Für den elektrodynamischen Schallwandler nutzt man diese Kraftwirkung auf einen stromdurchflossenen Leiter als Antrieb der Membran. Es gilt:

$$F = I \cdot l \cdot B$$

mit:
F: Kraftwirkung auf den Leiter in Newton, N
I: Stromstärke im Leiter in Ampere, A
l: Länge des Leiters im Magnetfeld in Meter, m
B: Magnetische Flussdichte in Tesla, T

Dabei stehen die magnetische Flussdichte, die Stromflussrichtung und die Kraftwirkung jeweils senkrecht aufeinander.

Aus der Formel ergibt sich bereits eine grundlegende Problematik der elektrodynamischen Wandler: Die Antriebskraft - und somit auch der Wirkungsgrad des Lautsprechers - ist vom Produkt aus Strom, Leiterlänge und Flussdichte abhängig. Soll sie groß werden, muss auch das Produkt groß werden. Daraus ergeben sich jedoch Probleme:

- Wird der Leiter doppelt so lang gemacht, so verdoppelt sich bei gleichem Leiterquerschnitt auch die Impedanz und es fließt nur noch der halbe Strom.
- Wird der Leiter länger und dicker gemacht, so bleiben die Impedanz und der Strom konstant, der Magnetfeldspalt muss jedoch größer werden, um den dickeren Leiter aufnehmen zu können. Dadurch verringert sich die magnetische Flussdichte.
- Passt der längere, dickere Leiter mit Hilfe eines sehr flachen Drahtes in den originalen Magnetfeldspalt hinein, so wirkt das Magnetfeld wahrscheinlich nicht mehr gleich stark über die gesamte Länge des Drahtes ein (Schwingspule wird zu lang). Dadurch verringert sich die effektive magnetische Flussdichte.

Je mehr man diese Problematik durchrechnet, desto mehr kommt man zum Ergebnis, dass eine große Kraft am Ende nur durch ein sehr starkes Magnetsystem erreicht werden kann. Dieses wird auch in einem großen Magnetspalt noch hohe Flussdichten erzeugen, so dass auch ein langer, dicker Schwingspulendraht verwendet werden kann.
Große und starke Magneten sind jedoch teuer, und da das Magnetsystem den Hauptkostenfaktor eines Lautsprechertreibers ausmacht, wird an ihnen oft gespart. Es gilt somit einmal mehr: nur ein teurer Treiber kann auch hohe Wirkungsgrade erzielen.

Der elektrodynamische Lautsprecher ist trotz allem, bezogen auf das klangliche Ergebnis, immer noch die günstigste Wandlervariante.

6.8.1.1 Bändchen

In der einfachsten Variante wird ein gerader Leiter direkt in ein Magnetfeld eingebracht. Der Leiter dient hierbei gleichzeitig als Antrieb und Membran. Da er in Form eines dünnen Metallbändchens geformt ist, nennt man diesen Wandler "Bändchenlautsprecher". In Abbildung 6.8-2 ist der Aufbau von Bändchenhochtönern zu sehen.

Der Bändchenlautsprecher hat aufgrund des großen Abstands zwischen den magnetischen Polen nur ein relativ schwaches magnetisches Feld zur Verfügung. Auch die Länge des Leiters im Feld ist nicht groß, da keine Spule gewickelt werden kann, sondern nur ein kurzes Stück Draht gerade im Magnetfeld liegt. Der Strom durch das Bändchen kann jedoch sehr groß werden, ohne, dass das Bändchen zerstört wird. Dadurch ist noch ein Wirkungsgrad möglich, der knapp mit Schwingspulensystemen vergleichbar ist.
Damit der Strom hoch genug für das extrem niederohmige Bändchen ist, wird ein Transformator vorgeschaltet, der die übliche Impedanz von 8Ω auf die Impedanz des Bändchens von 0,1-0,2Ω umsetzt. Hierbei wird gleichzeitig der Strom erhöht.

Ein Bändchenlautsprecher hat aufgrund der Tatsache, dass Antrieb und Membran eine Einheit sind, einen vollflächigen Membranantrieb und daher eine exzellente Impulswiedergabe. Der Klang ist "seidig", der Amplitudenfrequenzgang linear.

Bändchenlautsprecher werden normalerweise mit senkrecht stehender Membran eingebaut. Gute Bändchenhochtöner können auch 90° verdreht eingebaut werden, so dass das Bändchen sowohl bei liegender als auch bei stehender Boxenaufstellung senkrecht stehen kann.
Die Maße für das Bändchen eines Hochtöners betragen beispielsweise 5mm horizontal auf 50mm vertikal. Die Richtcharakteristik ist durch die längliche Membranform bei einem stehenden Bändchen in der Horizontalebene nahezu perfekt halbkugelförmig. In der Vertikalebene strahlt der Bändchenhochtöner relativ gerichtet ab, da die Membranabmessung ab 7kHz größer als die abgestrahlte Wellenlänge wird. Das Gesamtabstrahlverhalten entspricht somit einem Fächer.
Somit ist das Bändchen sehr gut für Nahfeldlautsprecher an Mischpulten einsetzbar, da es über die gesamte Mischpultbreite den gleichen Klang aufweist, jedoch nur wenige Reflexionen an der Pultoberfläche hervorruft.

6.8.1.2 Magnetostat

Die konsequente Weiterentwicklung des Bändchenlautsprechers ist der "Magnetostat". Hierbei handelt es sich um ein Kunstwort, das sich aus Magneto- (dynamisch) und (Elektro)stat zusammensetzt. Damit soll auf eine Mischform dieser bei-

Abb. 6.8-2: Aufbau eines Bändchenlautsprechers (© Troels Gravensen)

den Wandlerprinzipien hingewiesen werden. Der Antrieb erfolgt elektrodynamisch, die Membranform ist flach wie beim Elektrostaten (siehe Kapitel 6.8.2). Man kann sich den Magnetostaten wie eine Anordnung vieler Bändchenlautsprecher nebeneinander vorstellen, die eine gemeinsame flache Membran antreiben (siehe Abbildung 6.8-3). Der Vorteil des Magnetostaten ist der nahezu vollflächige Membranantrieb und eine dementsprechend gute Impulstreue.

6.8.1.3 Schwingspulenantrieb

Die häufigste Variante von elektrodynamischen Wandlern ist der Schwingspulenantrieb. Dabei wird ein in Spulenform gewickelter Draht in ein Magnetfeld gebracht und erzeugt einen linearen Antrieb. Die resultierende Kraft entsteht nur an dem Ring über der Schwingspule. Man kann daher nicht von einem vollflächigen Antrieb sprechen. Allerdings bietet der Schwingspulenantrieb den Vorteil, dass das Magnetsystem größtenteils unabhängig von der Membranform aufgebaut werden kann und daher eine erhebliche Kostenersparnis möglich ist.

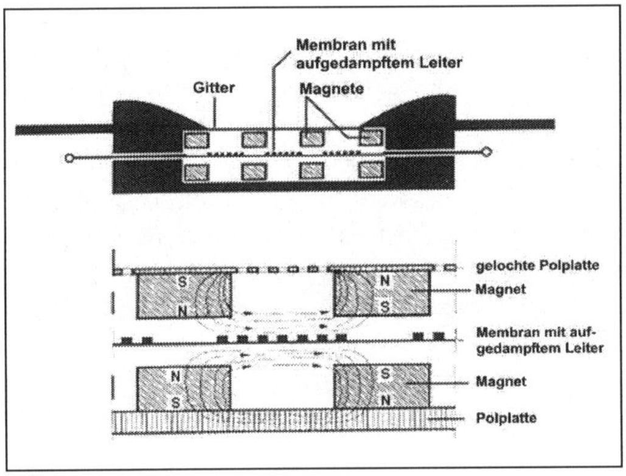

Abb. 6.8-3: Prinzipzeichnung eines Magnetostaten (© Visaton)

Der prinzipielle Aufbau eines Schwingspulenantriebs ist in Abbildung 6.8-4 zu sehen. Auf den Schwingspulenantrieb wird meist eine Kalotte oder ein Konus montiert.

Kalottenlautsprecher: In der einfachsten Variante eines Schwingspulenantriebs wird auf den Antrieb eine Kalotte (=Kugelabschnitt) gesetzt. Die Kalottenform weist eine sehr hohe Stabilität auf und kann trotz des ringförmigen Antriebs gleichmäßig mitschwingen. Weiterhin wird das Abstrahlverhalten zu hohen Frequenzen hin nicht zu stark gebündelt.
Kalotten gibt es in harter und weicher Ausführung. In harter Ausführung (zum Beispiel Titan) sind sie für sehr hohe Schalldrücke geeignet und schwingen sehr steif mit dem Antrieb mit. Sollte jedoch die harte Membran in Eigenschwingungen aufbrechen, so entstehen schnell starke Verzerrungen. In weicher Ausführung (zum Beispiel Gewebe) folgt die Membran dem Antrieb nur ungenau. Allerdings können aufgrund der guten inneren Dämpfung des weichen Membranmaterials keine schlimmen Verzerrungen entstehen.

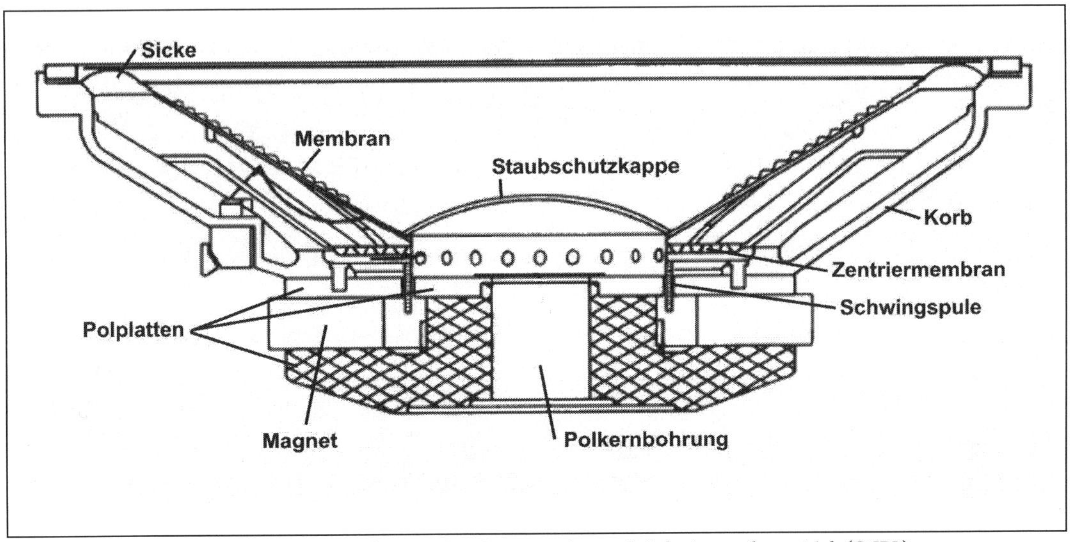

Abb. 6.8-4: Schnittzeichnung eines Lautsprechers mit Schwingspulenantrieb (© JBL)

Kalotten werden bis zu einer maximalen Größe von etwa 10cm Durchmesser gebaut. Darüber geht man auf Konuslautsprecher über.

Bei Kalottenlautsprechern handelt es sich normalerweise um Hoch- oder Mitteltöner. Beide führen nur relativ kleine Membranbewegungen aus. Um eine gute Kühlung der Schwingspule zu ermöglichen, kann ein so genanntes "Ferrofluid" in den Schwingspulenspalt eingebracht werden. Hierbei handelt es sich um in Öl gelöste Ferritteilchen, die eine sehr gute magnetische Leitfähigkeit haben. Durch das Magnetfeld im Schwingspulenspalt hält sich das Ferrofluid dort alleine fest. Die Erwärmung der Schwingspule wird über das flüssige Ferrofluid sehr effektiv an das Magnetsystem weitergegeben. Dadurch kann der Treiber weitaus höher belastet werden als ohne Ferrofluid.

Konuslautsprecher: Ab etwa 10cm Durchmesser setzt man eine Konuskonstruktion auf den Schwingspulenantrieb. Dies ist ebenfalls die gängige Bauform für Tieftöner und die meisten Mitteltöner. Der Konus wird entweder als zusammengewickelte Konstruktion oder als Nawi-Membran (**N**icht **abwi**ckelbare Membran) ausgeführt. Die Nawi-Membranen sind hierbei die stabileren Konstruktionen. Das Membranmaterial besteht aus Pappe, Kunststoff oder anderweitigen leichten und steifen Materialen.
Die Kühlung der Schwingspule bei Tieftönern ist aufgrund der höheren Membranauslenkung nicht mit Ferrofluid möglich. Eine mögliche Lösung der Firma JBL nennt sich "Vented-Gap". Dabei wird die hinter der Staubschutzkappe weggedrückte Luft nicht durch die Polkernbohrung geführt sondern durch Bohrungen im Schwingspulenspalt. Der Polkern ist in diesem Fall verschlossen. Die Abbildung 6.8-5 zeigt den Unterschied zwischen normalen und "Vented-Gap" Tieftönern.

6.8.2 Elektrostatisch

Elektrostatische Lautsprecher funktionieren mit Hilfe der Kraft elektrischer Felder. Innerhalb eines elektrischen Feldes werden Elektronen zum Pluspol hingezogen und vom Minuspol abgestoßen (siehe Abbildung 6.8-6). Der elektrostatische Lautsprecher erzeugt zwischen zwei Loch- oder Schlitzblechen ein elektrisches Feld. Dieses wird mit Hilfe eines Transformators direkt aus dem Audiosignal gewonnen.
Eine Hochspannungsquelle lädt eine dünne metallisierte Folie (Membran), die sich zwischen den Blechen befindet, auf eine konstante negative Hochspannung auf. Dadurch befinden sich auf der Folie viele negative Ladungsträger (Elektronen).
Durch das elektrische Feld zwischen den Blechen erfährt die Membran eine vollflächige Kraft, die sie entweder nach vorne oder nach hinten bewegt. Hierbei wird die negativ geladene Membran von dem "negativen Blech" abgestoßen und vom "positiven Blech" angezogen.
In der Praxis müssen die Folien relativ groß sein, um einen brauchbaren Schalldruck zu erzeugen. Die Fläche beträgt bis zu 0,5m². Aufgrund des vollflächigen Antriebs können sie trotzdem bis 20kHz hinauf betrieben werden.

Der elektrostatische Lautsprecher weist aber auch ein paar Nachteile auf:

- Aufgrund der großen Membranfläche wird der Schall bei mittleren bis hohen Frequenzen extrem stark gebündelt abgestrahlt. Die Membranen sind zwar etwas durchgebogen, um diesen Effekt zu mindern, jedoch ist der korrekte Frequenzgang nur in einem kleinen Bereich direkt vor dem Lautsprecher erreichbar.
- Aufgrund der großen Membranfläche und der äußerst geringen Membranmasse ist keine ver-

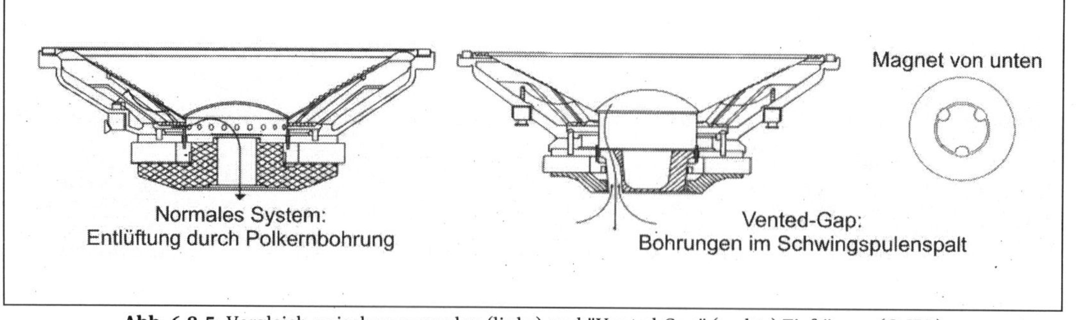

Abb. 6.8-5: Vergleich zwischen normalen (links) und "Vented-Gap" (rechts) Tieftönern (© JBL)

nünftige Boxenkonstruktion möglich. Eine Box, die ihre Resonanzfrequenz im Bereich von 20-50Hz hätte, wäre bereits mehrere 1000 Liter groß. Daher wird der Elektrostat ohne Box aufgestellt. Daraus ergeben sich jedoch weitere Probleme:

- Der Lautsprecher arbeitet als Dipolstrahler und strahlt nach vorne phasenrichtigen und nach hinten invertierten Schall ab. Dadurch können starke Reflexionen an der Raumrückwand entstehen und mit dem direkten Schall interferieren. Es empfiehlt sich daher, den Raum hinter dem Elektrostaten absorptiv zu gestalten.
- Unterhalb einer bestimmten Frequenz (abhängig von den Abmessungen der Membran) setzt der akustische Kurzschluss ein. Das bedeutet, dass der abgestrahlte Schalldruck zu tiefen Frequenzen hin stark abnimmt. Daher werden Elektrostaten meist zusammen mit einem elektrodynamischen Tieftöner verwendet.

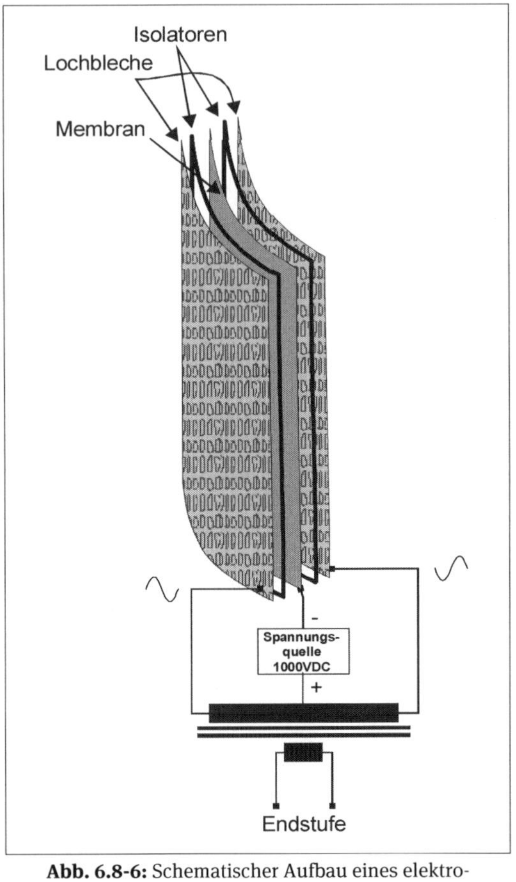

Abb. 6.8-6: Schematischer Aufbau eines elektrostatischen Lautsprechers

Aufgrund seiner Nachteile ist dieser Wandlertyp nur selten im Tonstudio anzutreffen. Man findet ihn im Hi-End HiFi-Bereich und als Schallwandler für Kopfhörer.

6.8.3 Piezoelektrisch

Die piezoelektrischen Wandler funktionieren genau umgekehrt wie die piezoelektrischen Mikrofone. Legt man an einen Piezokristall eine Spannung an, so verformt sich dieser. Befestigt man nun an dem Kristall eine Membran - meist eine Metallplatte - so gibt diese Schallschwingungen ab (siehe Abbildung 6.8-7).

Piezolautsprecher können nur einen relativ kleinen Frequenzbereich linear wiedergeben. Ihr Klang ist meist als "mäßig" zu bezeichnen.

Im Bereich ihrer Eigenresonanz arbeiten sie jedoch mit einem sehr hohen Wirkungsgrad so dass sie zur Anregung einzelner Frequenzen gut verwendet werden können. So sind in vielen Signalpiepsern und Alarmgebern Piezowandler eingebaut. Auch das Erzeugen von leistungsstarkem Ultraschall gelingt mit Hilfe von Piezowandlern sehr gut.

Piezolautsprecher sind durch Billigprodukte, die mit Hilfe eines Piezolautsprechers "mal eben" noch einen weiteren Weg hinzubekamen in Verruf geraten. So wird aus einem 3-Wege-Lautsprecher ein 4-Wege-Lautsprecher, indem man einfach einen Piezohochtöner ohne Frequenzweiche mit anschließt. Der Piezowandler besitzt einen kapazitiven Innenwiderstand, der wie ein Hochpass 1. Ordnung arbeitet. Der Klang dieser Boxen ist meist scharf und aggressiv, allerdings sind die Piezowandler kaum kaputt zu bekommen.

Abb. 6.8-7: Foto von Piezolautsprechern (© Ekulit)

Abb. 6.8-8: Plasmahochtöner MP-02 der Firma Magnat (© U. Haumann / www.plasmatweeter.de)

6.8.4 Plasma- / Ionenwandler

Bei diesen Schallwandlern wird eine Schallwelle ohne Membran direkt durch die Erwärmung der Luft erzeugt. Erhitzt man die Luft beispielsweise mit einer Flamme, so wird zunächst kein Signal hörbar werden. Würde man jedoch die Flamme in ihrer Stärke modulieren, so würde sich die Luft unterschiedlich stark erwärmen und somit auch unterschiedlich stark ausdehnen. Zu Beginn des 20. Jahrhunderts stellte diese Konstruktion eine Jahrmarktsattraktion dar. Eine "magische" Gasflamme sollte Antworten auf Fragen des Besuchers geben. In Wirklichkeit saß in einer Kiste oder hinter einer Wand ein Mensch, der die Frage hörte und die Antwort auf eine Membran sprach, die mit Hilfe eines Ventils den Gasfluss steuerte. Dadurch wurde die Flamme in ihrer Intensität moduliert und "sprach".

Der Plasmawandler verwendet das gleiche Prinzip: Mit Hilfe einer Hochspannung wird ein Lichtbogen erzeugt, der in seiner Intensität vom Audiosignal moduliert werden kann. Dadurch wird der Schall membranlos und somit auch trägheitslos und ohne störende Eigenresonanzen erzeugt.
Als unschöner Nebeneffekt entsteht beim Brennen des Lichtbogens Ozon, welches sich nur bei höheren Temperaturen schnell wieder abbaut. Daher wird durch Schirmgitter oder Brennkammern versucht, das Ozon auf einer hohen Temperatur zu halten, damit es sich möglichst schnell zersetzt. Aufgrund der kleinen Lichtbogen und der trotzdem hohen benötigten Energie bleibt die Anwendung von Plasmawandlern auf Hochtöner beschränkt. Die Firma Magnat hat sich in den 80er Jahren zum Marktführer der Plasmahochtöner entwickelt. Die Abbildung 6.8-8 zeigt einen der legendären MP-02 Plasmahochtöner von Magnat. In Abbildung 6.8-9 ist das Schnittbild eines Plasmahochtonhorns zu sehen, welches heute noch Verwendung findet.

6.8.5 Intermodulationswandler

Diese Wandler werden an dieser Stelle lediglich vom Autor so genannt. In Wirklichkeit handelt es sich um eines der vorangegangenen Wandlerprinzipien, bei denen allerdings nicht direkt hörbarer Schall entsteht. Vielmehr wird mit sehr hohem Schalldruck ein Ultraschallsignal erzeugt. Bereits

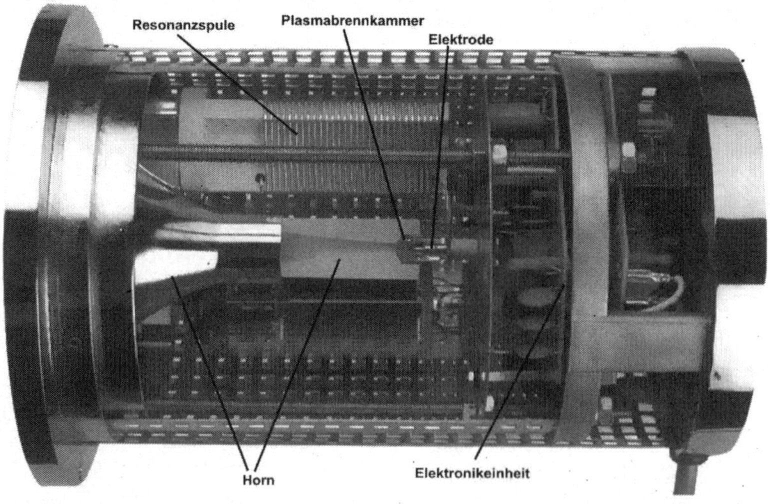

Abb. 6.8-9: Schnittbild eines Plasmahochtonhorns. (© Lansche Audio)

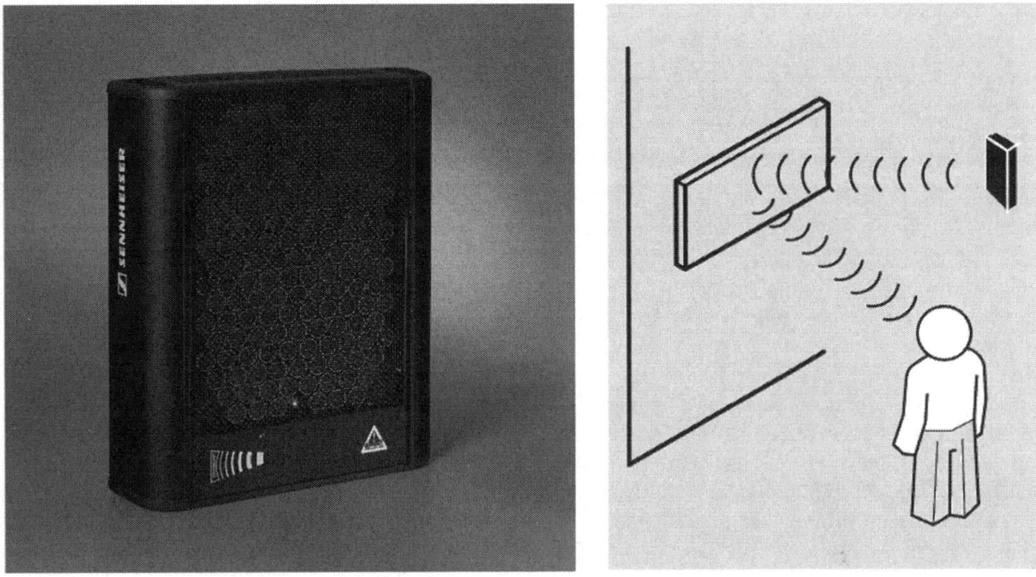

Abb. 6.8-10: Audiobeam: Ein gerichtet strahlender Intermodulationswandler (© Sennheiser)

Helmholtz entdeckte, dass die Luft bei hohen Schalldrücken eine nichtlineare Übertragungsfunktion annimmt (siehe auch Kapitel 4.1). Dadurch entstehen Intermodulationsverzerrungen, aus denen wiederum Summen- und Differenztöne entstehen.
Strahlt man beispielsweise ein 100kHz und ein 101kHz Signal mit sehr hohem Schalldruck ab, so hört man beide Schwingungen selbst nicht. Durch die Summen- und Differenztonbildung entstehen jedoch in der Luft 201kHz (unhörbar) und 1kHz (hörbar). Zunächst mag man sich fragen, wozu diese umständliche Variante der Schallerzeugung gut sein soll. Um beispielsweise den Hörbereich von 20-20000Hz (10Oktaven) mit Hilfe der Intermodulation zu erzeugen, müssen zum Beispiel 100kHz bis 120kHz Signale generiert werden. Zwischen 100kHz und 120kHz liegt jedoch nicht einmal eine Terz. Somit ist nur ein relativ geringer Frequenzumfang notwendig, den ein Schallwandler reproduzieren können muss. In diesem kleinen Bereich haben die notwendigen Schallwandler dann meist auch einen sehr guten Wirkungsgrad und sind linear.
Eine weitere Möglichkeit, die sich durch die Abstrahlung hochfrequenter Schallsignale ergibt, ist deren Bündelbarkeit. Durch eine große Membranfläche oder viele dicht beieinander liegende Schallwandler kann ein sehr gerichteter Schallstrahl erzeugt werden. Nur innerhalb des Strahls ist das intermodulierte Signal zu hören. An glatten Wänden reflektiert der Strahl, an rauen Wänden wird er gestreut und scheint somit an der Wand eine Schallquelle zu bilden. Ein Beispiel für dieses System ist der "Audiobeam" von Sennheiser (siehe Abbildung 6.8-10).

6.9 Kopfhörer

6.9.1 Grundlagen

Kopfhörer sind Schallwandler, die den Schall direkt am Ohr oder im Ohr (Ohrhörer) erzeugen. Auf diese Weise können mit kleinen Membranen Einwegesysteme gebaut werden, die den gesamten Frequenzbereich von 20-20000Hz problemlos wiedergeben. Kopfhörer gibt es mit Impedanzen von 32Ω bis 600Ω. Hierbei gilt: Je niedriger der Wert, desto mehr Lautstärke kann man auch aus einem Niederspannungsausgang bekommen. So funktioniert ein 600Ω-Kopfhörer nur sehr leise an einem portablen Musikgerät. Der 32Ω-Kopfhörer liefert (wenn er nicht billig gebaut wurde) die größte Lautstärke. Der Vorteil von 600Ω-Kopfhörern liegt darin, dass man sie direkt - ohne Kopfhörerverstärker - an jeden Line-Ausgang anstecken und Musik hören kann. Für alle Kopfhörer mit weniger als 600Ω ist ein Kopfhörerverstärker notwendig.

Ein Problem bei Kopfhörern ist die "Im-Kopf-Lokalisation". Das bedeutet, dass sämtliche Schallquellen, die zwischen Links und Rechts platziert wurden, im Kopf zwischen linkem und rechtem Ohr erscheinen. Eine vernünftige Beurteilung von Stereobasis und Räumlichkeit ist somit kaum mehr möglich.

Ein weiteres Problem ist der fehlende Körperschall. Frequenzen unterhalb 150Hz werden ab einer bestimmten Lautstärke vom gesamten Körper wahrgenommen, also gefühlt. Dieser Effekt bleibt bei Kopfhörern aus. Psychoakustisch gesehen ist dieser Effekt jedoch wichtig, um das vegetative Nervensystem anzuregen und bestimmte Gefühle beim Hören höherer Lautstärken zu wecken. Fehlt dieses Gefühl wirkt die Schallwiedergabe "langweilig", "lasch", "drucklos". Abhilfe können teilweise so genannte "Bass-Shaker" bringen, die unterhalb von 150Hz Körperschall produzieren und diesen auf den Boden oder auf Sitzgelegenheiten übertragen.

6.9.2 Kopfhörerarten

Man unterscheidet bei Kopfhörern drei Grundarten:

- **Offene Kopfhörer:** Bei diesen Kopfhörern ist der Schallwandler sowohl zum Ohr hin als auch zur Umgebung hin offen. Das gibt dem Zuhörer weiterhin einen guten Kontakt zur Außenwelt und man fühlt sich nicht so "abgeschottet". Allerdings ist auch das Musiksignal nach außen hörbar und kann somit stören. Gerade bei Studioaufnahmen sind offene Kopfhörer ungeeignet, da das über sie abgespielte Playback mit auf das Mikrofon gelangen kann.
- **Geschlossene Kopfhörer:** Bei diesen Kopfhörern ist der Schallwandler und meist das gesamte Ohr zur Außenwelt hin abgeschlossen. Dadurch kann fast kein Schall nach außen dringen und ebenso wenig Störschall hinein. Zu hohen Frequenzen hin kann die Dämpfung 40dB betragen, bei sehr tiefen Frequenzen etwa 10dB. Geschlossene Kopfhörer werden bevorzugt in lauter Umgebung (Disco), oder wenn kein Schall nach außen dringen darf (Aufnahmesituation) eingesetzt. Geschlossenen Kopfhörern sagt man teilweise einen dröhnigen Bass nach, was aber auch daran liegen kann, dass der Bass durch den geschlossen, direkt mit dem Ohr verbundenen Schallwandler, sehr druckvoll wirkt.
- **Halboffene Kopfhörer:** Dies ist eine Mischform aus offenem und geschlossenem Kopfhörer. Ein Teil des Schalls kann den Kopfhörer durchdringen, so dass man einen guten Kompromiss aus "abgeschottet" und "im Raum befindlich" bekommt. Auch diese Art von Kopfhörern ist für Aufnahmen nicht zu empfehlen.

Alle drei Arten können zum Musikhören oder zum Mischen verwendet werden. Letztendlich entscheidet der Klang, welcher Kopfhörer bevorzugt wird.

Vom Tragekomfort her gibt es ebenfalls drei Prinzipien:

- **Ohrumschließend:** Das Ohrpolster geht um das gesamte Ohr herum und liegt auf dem Kopf auf. Das Ohr befindet sich ohne Belastung innerhalb des Kopfhörers.
- **Ohraufliegend:** Der Kopfhörer liegt auf der Ohrmuschel auf. Dadurch kann er kleiner gebaut werden als die ohrumschließenden Kopfhörer. Um den Druck auf die Ohrmuschel zu reduzieren, sind oft noch zusätzliche Polster oberhalb der Ohren im Bügel angebracht.
- **Frei schwebend:** In diesem Fall sind nur Polster oberhalb des Ohres im Bügel angebracht. Die eigentlichen Schallwandler schweben frei vor den Ohren. Dadurch hat man gar keinen

Druck auf den Ohren und auch nicht das Gefühl, mit der Zeit "heiße Ohren" zu bekommen. Allerdings haben diese Systeme aufgrund der fehlenden Ankopplung meist weniger Druck im Bassbereich.

6.9.3 Drahtloskopfhörer

Drahtloskopfhörer sind oft ähnliche Modelle wie drahtgebundene Kopfhörer, allerdings mit einer drahtlosen Audioverbindung. Früher hat man der Einfachheit halber Infrarotwellen verwendet, heute sind fast ausschließlich Funksysteme im Einsatz. Dabei gibt es (AM- und) FM-Analogkopfhörer und digital übertragende Systeme. Bei allen Funkkopfhörern muss der Klang unbedingt kritisch beurteilt werden, da sie oft ein höheres Grundrauschen oder Klangverfärbungen durch Rauschunterdrückungssysteme haben. Der Klang von Infrarotkopfhörern ist als vergleichsweise schlecht und störanfällig zu bezeichnen.
Zielgruppe für Funkkopfhörer sind HiFi-Hörer, die die Bewegungsfreiheit schätzen. Im Studio sind sie normalerweise nicht anzutreffen.

6.9.4 Surroundkopfhörer

Surroundkopfhörer gibt es in zwei Varianten. Zum einen die Systeme, die mit mehreren Kapseln vor und hinter den Ohren arbeiten. Zum anderen die Systeme, die die Richtungsinformationen künstlich auf ein Stereosignal rechnen (siehe Kapitel 2.9) und das Ergebnis über einen normalen Stereokopfhörer wiedergeben.
Die erstgenannten Systeme funktionieren ganz gut, wenn die (realen) Schallquellen etwa 15cm oder mehr von den Ohren entfernt sind. Die Systeme mit den berechneten Schallquellen sind als "mäßig" zu bezeichnen, da die Lokalisation der künstlichen Schallquellen nicht gut funktioniert. Mit Hilfe von "Head-Tracking" verspricht man sich hier weitere Verbesserungen. Dabei werden die Bewegungen des Kopfes abgetastet und die künstlichen Schallquellen in der Position angepasst. Das entspricht der natürlichen Hörwahrnehmung und führt in der Regel zu gut lokalisierbaren Schallquellenrichtungen.
In Abbildung 6.9-1 sind zwei Surroundsysteme zu sehen, die mit realen Schallquellen arbeiten. Mit beiden kann man ganz gut Surround abhören und mischen, obwohl eine echte Lautsprecherabhöre immer bequemer ist.

6.9.5 In-Ear

Unter In-Ear versteht man Ohrhörer, die den Schall direkt in den Gehörgang abgeben. Diese sind heute fast nur noch bei Live- und Bühnenanwendungen zu finden, wenn es um die verdeckte Beschallung des Künstlers mit einem Monitorsignal geht. Mit einem Kopfhörer würde der Künstler zu unpersönlich gegenüber dem Publikum oder bei Theater- und Musicalaufführungen fehlplatziert wirken.

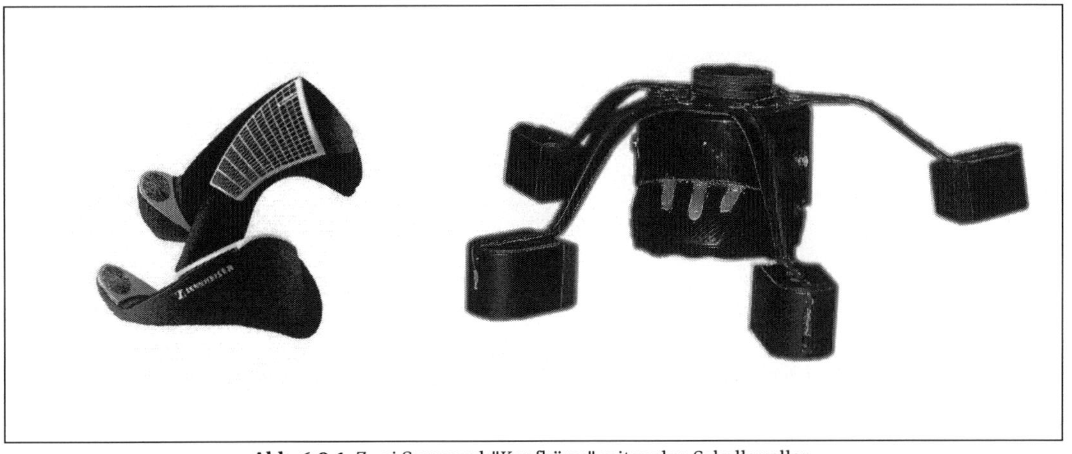

Abb. 6.9-1: Zwei Surround-"Kopfhörer" mit realen Schallquellen.
Links: Surrounder (wird über die Schultern gehängt) (© Sennheiser) Rechts: experimentelles Modell des Autors

Ohrhörer gibt es in zwei Varianten:

- **Schaumstoff-Ohrhörer:** Ein kostengünstiges, auswechselbares Schaumstoffröhrchen hält den Schallwandler. Dieses kann durch Zusammendrücken in den Gehörgang eingeführt werden und bleibt durch den Schaumstoff alleine in Position.
- **Ohrhörer in Otoplastiken:** Speziell für den Träger wird ein Ohrabdruck des Gehörgangs genommen. Daraus wird ein Silikonabguss angefertigt (Otoplastik), in den dann der Schallwandler eingebaut wird. Otoplastiken haben für den richtigen Träger einen sehr hohen Tragekomfort und eine optimale Ankoppelung des Schallwandlers ans Ohr.

Die Gefahr bei Ohrhörern ist ein zu großer Schalldruck, der bei Fehlbedienung auftreten kann. Daher sollte man immer einen Verstärker mit Limiter verwenden, der den maximalen Schalldruck begrenzt.

6.10 Lautsprechergehäuse

In diesem Kapitel soll keine Anleitung gegeben werden, wie man das Gehäuse für einen Lautsprecher berechnet. Zu diesem Zweck sei die Spezialliteratur zu diesem Thema empfohlen, die in ausreichender Anzahl vorhanden ist.

Vielmehr werden in den folgenden Kapiteln die drei wichtigsten Gehäusearten von Lautsprechern beschrieben, sowie ihre Auswirkungen auf den Frequenzgang und das Impulsverhalten des Lautsprechers. Doch zunächst muss der Grund für eine Boxenkonstruktion geklärt werden.

6.10.1 Wozu braucht man eine Box?

Ein Lautsprecher strahlt den Schall grundsätzlich als Dipol ab. Das bedeutet, vor der Membran entsteht eine phasenrichtige Schallwelle (Schalldruck) und hinter der Membran eine dazu invertierte Schallwelle (Schallunterdruck). Die Grundrichtcharakteristik eines Lautsprechers ist somit eine "Acht".

Wird nun der Lautsprecher ohne Box betrieben, so kann der vorne abgestrahlte Schall auf die Rückseite der Membran gelangen, wenn die Wellenlänge (λ) größer wird als der Durchmesser (d) des Lautsprechers oder der Montageplatte. Bei ovalen Lautsprechern findet dieser Übergang fließend zwischen der längeren und kürzeren Abmessung des Lautsprechers statt. Die Abbildung 6.10-1 verdeutlicht diesen Effekt. In einer guten Näherung kann man auch davon ausgehen, dass der Durchmesser d etwa dem Umweg des Schalls entspricht. Das bedeutet, dass der nach vorne abgestrahlte Schall bei λ=d=Umweg genau eine Wellenlänge später auf der Rückseite eintrifft und dort den phasengedreht abgestrahlten Schall auslöscht.

Gelangt der vorne abgestrahlte Schall auf die Rückseite des Lautsprechers, so gleicht sich der Schalldruck mit dem Schallunterdruck aus und es entsteht fast kein Schall mehr. Man spricht in diesem Fall von einem "akustischen Kurzschluss". Dieser Zustand ist für den Lautsprecher gefährlich, da er fast keinen Schalldruck mehr abstrahlt, jedoch, aufgrund des fehlenden Luftwiderstands vor der Membran (die Luft weicht nach hinten aus) eine sehr große Membranbewegung ausführt. Somit kann schnell die maximale Membranauslenkung (siehe Kapitel 6.10.2.11) überschritten werden, die den Lautsprecher mechanisch zerstören kann. Der weit verbreitete Eindruck, ein Lautsprecher, der sich viel bewegt, strahle auch viel Schalldruck ab, ist einfach falsch! Im Gegenteil - dieser Lautsprecher erfährt einen zu geringen Widerstand der Luft und strahlt somit so gut wie keinen Schalldruck ab.

Es gibt zwei Möglichkeiten, einen akustischen Kurzschluss zu vermeiden:

- Einbau des Lautsprechers in eine "unendliche Schallwand". Die Abmessungen der Schallwand müssen "unendlich" gegenüber der abgestrahlten Wellenlänge sein, so dass sich der Schall nicht um sie herum beugen kann. Für einen Lautsprecher, der bis 80Hz ohne akustischen Kurzschluss arbeiten soll, entspricht dies einem Schallwanddurchmesser von 4,3m. Bei 20Hz unterer Grenzfrequenz wären es bereits 17m. In der Regel lässt sich diese Konstruktion aus Platzgründen in geschlossenen Räumen nicht verwirklichen (siehe Abbildung 6.10-2).
- Einbau des Lautsprechers in eine geschlossene Box. Auf diese Weise wird der invertiert abgestrahlte Schall in der Box "eingesperrt" und absorbiert. Allerdings stellt das geschlossene Luftvolumen der Box eine Feder dar, die die Resonanzfrequenz des Lautsprechers verändert. Auf diese Weise verändert sich der Fre-

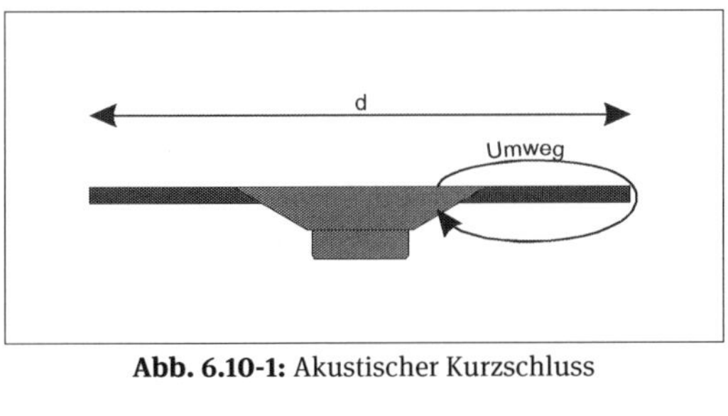

Abb. 6.10-1: Akustischer Kurzschluss

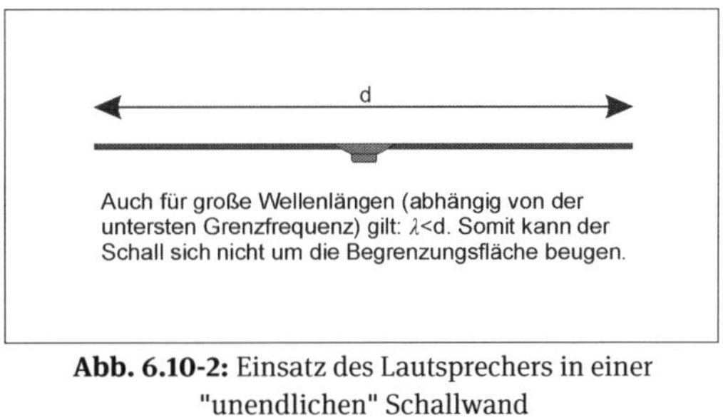

Abb. 6.10-2: Einsatz des Lautsprechers in einer "unendlichen" Schallwand

quenzgang im Bassbereich, da zu der Federsteife der Aufhängung noch die der Box hinzukommt. Bei richtiger Berechnung kann dies jedoch sehr gute Ergebnisse erzielen.

Wie man sieht, ist eine Box unumgänglich, wenn man Wert auf eine gute Basswiedergabe legt. Um zu sehen, worauf man bei der Boxenkonstruktion achten muss, sollen zunächst einige grundlegende Formeln und Parameter der Box vorgestellt werden.

6.10.2 Grundlegende Parameter und Formeln

Um die Auswirkungen eines Gehäuses auf einen Lautsprecher verstehen zu können, sind zunächst relativ viele Formeln nötig, die in den folgenden Kapiteln vorgestellt werden.

6.10.2.1 Form der Box

Die Form und die Abmessungen einer Box können sich wesentlich auf den Klang auswirken. Hierbei bestehen grundlegende Ähnlichkeiten zur Form eines Raums und deren Auswirkungen auf die Raumakustik.

Prinzipiell wurde die Box nur um den Lautsprecher gebaut, damit es keinen akustischen Kurzschluss gibt. Neben der Federwirkung der eingeschlossenen Luft (siehe nächste Kapitel) können jedoch auch durch die Formgebung der Box klangliche Veränderungen entstehen:

Stehende Wellen:

Zwischen parallelen Wänden können sich stehende Wellen ausbilden, die zu Resonanzen bei bestimmten Frequenzen führen. Diese stehenden Wellen sind direkt vergleichbar mit Raummoden (siehe Kapitel 1.5.2) und können auch mit den selben Formeln berechnet werden. Damit diese Resonanzen sich möglichst schwach auf den Klang der Box auswirken, gibt es drei Möglichkeiten:

- Parallele Wände vermeiden. Die Box sollte möglichst verwinkelt in allen drei Dimensionen aufgebaut sein. Auf diese Weise wird das Auftreten von stehenden Wellen minimiert oder ganz verhindert.
- Bestimmte Verhältnisse zwischen Breite, Höhe und Tiefe vermeiden. Die Box sollte beispielsweise nicht würfelförmig gebaut werden, da ansonsten zwischen allen Wänden stehende Wellen bei der gleichen Frequenz auftreten. Weiterhin sollten ganzzahlige Vielfache der Seitenverhältnisse vermieden werden, da hierbei stehende Wellen unterschiedlicher Ordnung zusammenfallen und somit Resonanzeffekte verstärken. Somit ist auch beim Boxenbau die Anwendung bestimmter "gut klingender Verhältnisse" zu empfehlen. Beispiele hierzu finden sich im Kapitel 1.5.2.
- Grundsätzlich Dämmstoff in die Box einbringen, damit stehende Wellen möglichst schnell absorbiert werden.

Reflexionen und Kammfilter:

Der Schall, der von der Rückseite der Membran in die Box hinein abgestrahlt wird, reflektiert an den Innenwänden der Box. Diese Reflexion addiert sich akustisch mit dem direkt von der Membran abgestrahlten Schall, und es entsteht ein Kammfilter. Aufgrund der gängigen Boxendimensionen ist die Wahrscheinlichkeit sehr hoch, dass dieses Kammfilter mitten im Hörbereich beginnt. Durch die Formgebung der Box kann man dafür sorgen, dass Reflexionen, die auf die Membran zurückfallen, einen möglichst langen Weg zurücklegen müssen. Auf diese Weise durchläuft der Schall eine weite Wegstrecke durch den Dämmstoff und wird entsprechend geschwächt zur Membran zurück reflektiert. Somit fällt das Kammfilter nur sehr schwach oder unmerklich aus.
Alternativ macht man die Wegstrecke sehr kurz, so dass das Kammfilter erst oberhalb des Nutzbereichs des Lautsprechers einsetzt.

Bei beiden eben beschriebenen Problemen spielt der Dämmstoff eine wesentliche Rolle, da durch ihn die störenden Effekte innerhalb der Box gedämpft werden. Im nächsten Kapitel wird mehr Information zum Dämmstoff gegeben.

Eine weitere, wichtige Eigenschaft einer Box ist dessen Resonanzfreiheit. Das bedeutet, dass die Box bezüglich ihrer Konstruktion und Materialbeschaffenheit so gebaut sein muss, dass sie selbst keine mechanischen Resonanzerscheinungen aufweist. Es darf also kein - oder nur ein sehr geringes - Vibrieren der Boxenwände vorhanden sein, wenn die Box hohe Leistungen abgibt. Um diese mechanische Stabilität zu erreichen, ist eine solide Konstruktion aus resonanzarmem Material gefragt. Weiterhin können in die Box Verstrebungen oder

Verstärkungen an Schwachstellen eingebaut werden.
Die HiFi-Lösung versucht, nicht die Ursache, sondern die Auswirkung zu verbessern: Spezielle "Spikes" sollen die auftretenden Gehäuseschwingungen in den Boden ableiten und somit für einen klareren Klang sorgen. Wäre die Box jedoch von vornherein stabil genug gebaut worden, so könnte man sich diese "Spikes" sparen.

6.10.2.2 Dämmstoff

Der Dämmstoff im Inneren einer Box ist von wesentlicher Bedeutung für den Klang und die korrekte Größe einer Box. Der Einfluss auf die Größe ist im nächsten Kapitel beschrieben. Auswirkungen auf den Klang sind im wesentlichen im vorangegangenen Kapitel zu finden.

Mit Hilfe der Art und der Menge des Dämmstoffs kann die korrekte Boxengröße V_{AB} und somit der Verlauf des Amplitudenfrequenzgangs im Bassbereich eingestellt werden. Hierbei gilt: Je mehr Dämmstoff in eine Box gegeben wird, desto größer erscheint das Boxenvolumen. Auch die Art beziehungsweise die spezifische Dichte des verwendeten Dämmstoffes wirkt sich auf das Volumen der Box aus.

Eine Box sollte auf keinen Fall ohne Dämmstoff gebaut werden, da ansonsten stehende Wellen und Kammfiltereffekte sehr stark zum Tragen kommen.

In geschlossenen Boxen kann der Dämmstoff lose hineingestopft werden. Bei Bassreflexboxen ist dies nicht ohne weiteres möglich, da die starken Luftbewegungen an der Bassreflexresonanz den Dämmstoff aus dem Bassreflextunnel blasen würden. Deshalb muss der Dämmstoff an den Wänden befestigt werden. Es bietet sich hierbei die Verwendung von Dämmstoffplatten an, die leicht vollflächig mit den Innenwänden verklebt werden können.

6.10.2.3 Volumen der Box

Das Volumen der Box ist der Luftinhalt der Lautsprecherbox. Obwohl das Boxenvolumen meist in Litern angegeben wird, sollte es in den folgenden Formeln immer in Kubikmeter eingesetzt werden.
Hierbei ist zu beachten, dass das Nettovolumen angegeben wird - das heißt, der Luftinhalt der Box abzüglich der Luftmenge, die durch den Einbau der Lautsprecher, Frequenzweiche und Endstufen verdrängt wird. Weiterhin muss aufgrund des Dämmstoffes im Inneren der Box eine Volumenkorrektur durchgeführt werden, so dass gilt:

$$V_{AB} = u \cdot V_B$$

mit:

V_{AB}: Äquivalentvolumen der Luftmasse in der Box in m^3

u: Korrekturfaktor, abhängig von Art und Anbringung des Dämmstoffes im Inneren der Box. Hierbei gilt: u=1, bei leeren Gehäusen bis u=1,4 bei spezieller, starker Dämmung. Durchschnittlich u=1,2.

V_B: Nettovolumen der Box in m^3

Eine Box muss somit immer etwa 1,2 Mal kleiner gebaut werden, als die Berechnung von V_{AB} ergibt.

6.10.2.4 Äquivalentvolumen des Lautsprechers

Das Äquivalentvolumen des Lautsprechers, V_{AS}, gibt an, welches Volumen die elastische Lautsprecheraufhängung hätte, wenn sie durch ein Luftpolster nachgebildet würde. Dies erscheint auf den ersten Blick kompliziert, lässt jedoch in den weiteren Berechnungen viele Formeln einfacher werden. Das Äquivalentvolumen eines Lautsprechers hat nichts mit dessen Hubraum, V_M zu tun und darf nicht damit verwechselt werden. Der Wert für V_{AS} muss den Datenblättern des Lautsprechers entnommen werden, da sich die Messung schwierig gestaltet. Als Anhaltspunkt kann man die Steifigkeit der Membranaufhängung nehmen: Je weicher die Membran aufgehängt ist, desto größer ist das Äquivalentvolumen des Lautsprechers. Je steifer oder härter die Membranaufhängung ist, desto kleiner ist das Äquivalentvolumen des Lautsprechers

6.10.2.5 Membranoberfläche

Mit der Membranoberfläche S_D ist die Fläche gemeint, die senkrecht zur Auslenkungsrichtung Luft verschieben kann. Bei einem kalottenförmigen Lautsprecher ist somit nicht das Kugelsegment der Kalotte die Oberfläche, sondern lediglich der Kreis, der sich aus dem Membrandurchmesser ergibt. Ähnlich verhält es sich bei Konuslautsprechern. Lediglich bei Lautsprechern mit flacher Membran ist die effektive Membranoberfläche gleich der sichtbaren Oberfläche.
Die Membranoberfläche kann stark vergrößert werden, wenn der Antrieb keine Vor- und Zurückbewegung, sondern eine Art Ziehharmonikabewegung durchführt (wie beim Air-Motion-Transfor-

mer, oder auch Heil-Wandler). Auf diese Weise erscheint die effektive Membranoberfläche größer als die sichtbare. Auch wenn es vielleicht manchmal ähnlich aussieht: ein Bändchenlautsprecher führt keine Ziehharmonikabewegung aus - die Membran ist lediglich aus Stabilitätsgründen manchmal gefaltelt, die Bewegung geht jedoch nur vor und zurück.
Auch Bassreflextunnel haben eine "Membranoberfläche", da die Luft den Schall im Tunnel wie eine Membran abstrahlt. Hierbei entspricht die Oberfläche der Tunnelöffnung praktisch der "Membranoberfläche".

6.10.2.6 Membranmasse

Die schwingende Masse m_T eines Lautsprechers setzt sich aus der Membranmasse, der Masse der Schwingspule und der Masse der Aufhängung zusammen. Sie ist eventuell vom Hersteller angegeben. In der Praxis kommt nach dem Einbau des Lautsprechers in eine Box noch die Luftlast vor und hinter der Membran hinzu. Das führt dazu, dass die effektiv schwingende Masse etwa 1,11 mal größer ist als die Masse ohne Luftlast.

6.10.2.7 Dämpfungswiderstände

Die Schwingung der Membran wird durch mehrere Dämpfungswiderstände bedämpft. Hierbei unterscheidet man den mechanischen und den elektrischen Dämpfungswiderstand.

Der mechanische Dämpfungswiderstand R_m kommt durch die Membranaufhängung und Verluste im absorptiv ausgekleideten Gehäuse zustande.

Der elektrische Dämpfungswiderstand R_{em} entsteht durch den Antrieb des Lautsprechers. Er kann mit folgender Formel berechnet werden:

$$R_{em} = \frac{(B \cdot l)^2}{R_e}$$

mit:

R_{em}: elektrischer Dämpfungswiderstand in $\frac{N \cdot s}{m}$

B: Magnetische Flussdichte des Magneten in Tesla, T

l: Länge des Schwingspulenleiters im Magnetfeld in Meter, m

R_e: Gleichstromwiderstand der Schwingspule in Ohm, Ω.

In der Praxis addiert sich zum Schwingspulenwiderstand R_e noch der Generatorwiderstand R_g hinzu. Dieser setzt sich aus der Ausgangsimpedanz der Endstufe plus dem Widerstand der Zuleitungskabel plus dem Innenwiderstand der Frequenzweiche zusammen.

Der Gesamtdämpfungswiderstand R_T kann aus der Summe des mechanischen und des elektrischen Dämpfungswiderstandes berechnet werden:

$$R_T = R_m + R_{em}$$

mit:

R_T: Gesamtdämpfungswiderstand in $\frac{N \cdot s}{m}$

R_m: mechanischer Dämpfungswiderstand in $\frac{N \cdot s}{m}$

R_{em}: elektrischer Dämpfungswiderstand in $\frac{N \cdot s}{m}$

In der Praxis sind die Dämpfungswiderstände schwer zu bestimmen und können meist nur vom Hersteller korrekt angegeben werden. Da sie nur zur Berechnung der Resonanzgüten verwendet werden, wird in den Datenblättern meist die mechanische und die elektrische Güte des Lautsprechers anstatt der Widerstände angegeben (siehe Kapitel 6.10.2.9).

6.10.2.8 Resonanzfrequenz

Ein Lautsprecher stellt - mit oder ohne Box - ein Feder-Masse-System dar. Die Resonanzfrequenz dieses Systems kann mit folgender Formel berechnet werden:

$$f_{res} = \frac{1}{2 \cdot \pi \cdot \sqrt{C_T \cdot m_T}}$$

mit:

f_{res}: Resonanzfrequenz in Hertz, Hz

C_T: Gesamtnachgiebigkeit der Lautsprecheraufhängung und des Luftvolumens in der Box in $\frac{m}{N}$

m_T: Gesamtmasse der Membran und des Antriebs in Kilogramm, kg

Ist bei einem Lautsprecher eine Eigenresonanz angegeben, so bezieht sich diese immer auf den nicht eingebauten Zustand. Durch den Einbau des Lautsprechers in eine Box kommt zur Membanmasse noch die bewegte Luftmasse vor und hinter der Membran dazu, so dass gilt:

$$f_{sb} = f_s \cdot 0,9$$

mit:

f_s: Eigenresonanz des Lautsprechers (uneingebaut) in Hertz, Hz

f_{sb}: Eigenresonanz des Lautsprechers (eingebaut) in Hertz, Hz

6.10.2.9 Resonanzgüten

Jede Resonanz weist eine Güte auf. Diese kann berechnet werden, mit:

$$Q_{tc} = \frac{1}{R_T} \cdot \sqrt{\frac{m_T}{C_T}}$$

mit:

Q_{tc}: Güte der Resonanz (Faktor)

R_T: Gesamtdämpfungwiderstand in $\frac{N \cdot s}{m}$

C_T: Gesamtnachgiebigkeit der Lautsprecheraufhängung und des Luftvolumens in der Box in $\frac{m}{N}$

m_T: Gesamtmasse der Membran und des Antriebs in Kilogramm, kg

Bezüglich der Güte gelten folgende Eigenschaften:

- Je größer die Güte ist, desto schmalbandiger ist die Resonanz und desto länger die Ausschwingzeit der Resonanz.
- Je kleiner die Güte ist, desto breiter ist die Resonanz und desto kürzer die Ausschwingzeit der Resonanz.

Eine zu hohe Güte führt zu einem Dröhnen oder "Klingeln" an der Resonanzfrequenz.

Da sowohl der Gesamtwiderstand, als auch die Membranmasse nur schwer zu bestimmen sind, geben die Hersteller in den technischen Daten eines Lautsprechers oft die elektrische Güte Q_{es}, sowie die mechanische Güte Q_{ms} an. Diese Werte werden jedoch für den uneingebauten Zustand des Lautsprechers angegeben. In der Praxis sind somit noch einige Korrekturen nötig:

- Durch die Luftlast, die zur Membranmasse hinzukommt, werden beide Güten des eingebauten Lautsprechers um den Faktor $\sqrt{1,23} = 1,11$ größer. Somit gilt

  $$Q_{esb} = Q_{es} \cdot 1,11$$

  $$Q_{msb} = Q_{ms} \cdot 1,11$$

  Hierbei ist Q_{esb} und Q_{msb} die jeweilige luftmassenkorrigierte Güte.

- Der Generatorwiderstand (Ausgangsimpedanz der Endstufe + Frequenzweiche) verändert die elektrische Güte:

  $$Q_{esbg} = Q_{esb} \cdot \left(1 + \frac{R_g}{R_e}\right)$$

  mit:

  Q_{esbg}: Elektrische Güte mit Generatorwiderstand

  R_g: Generatorwiderstand in Ohm, Ω

  R_e: Schwingspulenwiderstand in Ohm, Ω

- Durch den Einbau des Lautsprechers in eine Box verändern sich beide Güten, da die Luft in der Box als zusätzliche Nachgiebigkeit zur Nachgiebigkeit der Membran hinzukommt. Die Formeln hierfür lauten:

  $$Q_{ec} = Q_{esbg} \cdot \sqrt{\frac{V_{AS}}{V_{AB}} + 1}$$

  $$Q_{mc} = Q_{msb} \cdot \sqrt{\frac{V_{AS}}{V_{AB}} + 1}$$

  Letztere Formel gilt allerdings nur für eine leere Box. Befindet sich in der Box ein Dämmstoff, so ist man mit folgender Formel besser beraten:

  $$Q_{mc} = \frac{1}{2} \cdot Q_{msb} \cdot \sqrt{\frac{V_{AS}}{V_{AB}} + 1}$$

  mit:

  Q_{mc}: Dämmstoffkorrigierte Güte

  V_{AS}: Äquivalentvolumen des Lautsprechers in m^3

  V_{AB}: Äquivalentvolumen der Box in m^3

Interessant ist in diesem Zusammenhang der Term:

$$\sqrt{\frac{V_{AS}}{V_{AB}} + 1}$$

Er beschreibt die Veränderung eines Lautsprecherparameters durch den Einbau in eine Box und wird bei der Berechnung der geschlossenen Box (Kapitel 6.10.3.1) erneut benötigt.

Die Gesamtgüte, die sich aus der mechanischen und elektrischen Güte ergibt, berechnet sich schließlich durch deren Parallelschaltung:

$$Q_{tc} = \frac{1}{\frac{1}{Q_{mc}} + \frac{1}{Q_{ec}}}$$

mit:
Q_{tc}: Gesamtgüte der Resonanz
Q_{mc}: Mechanische Güte
Q_{ec}: Elektrische Güte

Die Gesamtgüte nimmt einen wesentlichen Einfluss auf den Frequenzgang des Lautsprechers und ist somit besonders beachtenswert.

6.10.2.10 Nachhallzeit

Jede Resonanz hat eine bestimmte Ausklingdauer, abhängig von der Güte der Resonanz. Je größer die Güte ist, desto länger wird auch die Ausschwingdauer. Soll diese nun als Nachhallzeit RT angegeben werden, so muss berechnet werden, wie lange es dauert, bis die Resonanz nach Abstellen des Erregers um 60dB abgeklungen ist. Zu lange Ausschwingzeiten haben ein Dröhnen im Bassbereich zur Folge, jedoch sind bei der Beurteilung der Nachhallzeit zwei wesentliche Tatsachen zu berücksichtigen:

- Auch der Raum, in dem die Box betrieben wird, hat eine eigene Nachhallzeit. Erst wenn die Nachhallzeit der Box länger ist, als die des Raums, produziert die Box ein wirklich störendes Dröhnen.
- Gerade im Bassbereich ist das menschliche Gehör sehr unempfindlich. Somit ist überhaupt nur bei sehr hohen Abhörlautstärken ein Abklingen der Resonanz um 60dB hörbar. Allerdings produziert auch eine leise, jedoch lang ausschwingende Resonanz ein störendes Dröhnen.

Für die Berechnung der Nachhallzeit gilt boxenunabhängig immer die gleiche Formel:

$$RT = \frac{\frac{Q}{\pi} \cdot \left(6{,}9 + 0{,}5 \cdot \ln\left(1 + \frac{1}{\sqrt{4 \cdot Q^2 - 1}}\right)\right)}{f_g}$$

mit:
RT: Nachhallzeit, in der die Resonanz um 60dB abgeklungen ist, in Sekunden, s
Q: Güte der Resonanz, für die die Nachhallzeit berechnet werden soll
f_g: untere Grenzfrequenz (-3dB) der Box in Hertz, Hz

In die eben genannte Formel muss immer das größte Q eingesetzt werden, da diese die längste Nachhallzeit bestimmt.

Geschlossene Gehäuse ohne Filter haben nur ein Q, somit gilt immer:

$$Q = Q_{tc}$$

Für die Standardboxenkonstruktion mit Q_{tc}=0,707 gilt somit vereinfacht:

$$RT = \frac{1{,}63}{f_g}$$

Für eine Grenzfrequenz der Box von 50Hz würde dies eine Nachhallzeit von 0,03s ergeben.

Für geschlossene Gehäuse mit elektrischem Hochpassfilter davor, muss das größere Q eingesetzt werden. Dies kann sowohl Q des Filters oder auch Q_{tc} sein.

Für Bassreflex und gefilterte Bassreflexboxen muss über die komplexe Übertragungsfunktion der Konstruktion das größte Q gesucht und in die Nachhallzeitgleichung eingesetzt werden. In diesem Fall ist die Berechnung wohl nur für den Konstrukteur möglich, und eine Bestimmung der Nachhallzeit läuft in der Praxis auf eine Messung des Ausschwingverhaltens der Box hinaus.
Viele Bassreflexboxen werden jedoch mit Q=4 für die Bassreflexresonanz konstruiert. Dies ist gleichzeitig auch das größte Q der Gesamtkonstruktion. Wenn man nun noch die Resonanzfrequenz der Bassreflexöffnung ermittelt, kann die Nachhallzeit relativ gut abgeschätzt werden.

6.10.2.11 Membranauslenkung

Die maximale Membranauslenkung ist einer der wichtigsten Parameter, wenn es um die maximale abzustrahlende Lautstärke geht. Zwei Größen begrenzen die maximale Ausgangsleistung eines Lautsprechers:

- Die maximale thermische Belastbarkeit der Schwingspule. Wird diese überschritten, so brennt die Schwingspule durch oder der Klebstoff löst sich auf und der Lautsprecher ist zerstört.

- Die maximale Auslenkung der Membran. Wird diese überschritten, so fängt der Lautsprecher zunächst an zu verzerren. Wird die Auslenkung noch größer, so stößt die Membran am Korb an oder die Schwingspule verlässt den Schwingspulenspalt. Beides kann zur mechanischen Zerstörung oder Verformung der Membran und der Schwingspule führen und gefährdet den Lautsprecher extrem.

Die maximale Membranauslenkung X_{Mss} muss vom Lautsprecherhersteller bezogen werden, da sie schlecht zu messen ist.

Bei geschlossenen Boxen ohne Filter wird die Membranauslenkung zu tiefen Frequenzen hin immer größer. Dies kann man sich dadurch erklären, dass die Membran in Bezug auf die abgestrahlte Wellenlänge immer kleiner wird und somit der Widerstand, den die Luft der Membran bei der Schwingung entgegensetzt, auch immer kleiner wird. Aus diesem Grund kann eine geschlossene Box nicht beliebig tiefe Frequenzen mit ausreichend Leistung wiedergeben. Auch nicht, wenn man mit einem Equalizer im Bassbereich nachhilft. Die Membranauslenkung wird irgendwann zu groß.

Bei Bassreflexboxen ist die Membranauslenkung an der Bassreflexresonanzfrequenz sehr gering, steigt jedoch unterhalb dieser Frequenz extrem schnell an. Letzteres begründet sich durch den akustischen Kurzschluss, der unterhalb der Bassreflexresonanz gegeben ist. Somit ist es bei Bassreflexboxen noch wichtiger, im Subbassbereich eine zu große Membranauslenkung zu verhindern.
Abhilfe schafft hier ein Butterworth-Hochpassfilter (2. Ordnung) vor der Box. Dieses wird oft "Subsonic-Filter" genannt, da es sehr tiefe, nicht mehr reproduzierbare Frequenzen von der Box fernhält und somit eine zu große Membranauslenkung verhindert. Das Problem hierbei ist, dass die Subsonic-Filter normalerweise zwischen 20-30Hz Grenzfrequenz haben und nicht auf die Box abgestimmt sind.

Durch ein Hochpassfilter 2. Ordnung, welches exakt an die Resonanzparameter der Box und des Treibers angepasst ist, lässt sich ein noch besseres Ergebnis erzielen. Das Ergebnis nennt sich "Gefilterter Bassreflex". So kann man beispielsweise mit einer gefilterten Bassreflexbox mit Quasi-Butterworth- Charakteristik bis 12dB mehr Leistung aus dem selben Lautsprecher herausholen, ohne dass die maximale Membranauslenkung überschritten wird.
Die Abbildung 6.10-3 zeigt die verschiedenen Membranauslenkungen bei den unterschiedlichen Boxenkonstruktionen. Man kann erkennen, dass im Bereich der Bassreflexresonanz ein Minimum in der Membranauslenkung gegeben ist. Weiterhin erkennt man, den stärkeren Anstieg der Bassreflexbox unterhalb der Bassreflexresonanz aufgrund des akustischen Kurzschlusses. Bei der gefilterten Bassreflexbox ist zunächst unterhalb der Bassreflexresonanz ein starker Anstieg der Membranauslenkung zu sehen. Dieser kommt vom Hochpassfilter, welches mit relativ hohem Q-Faktor eine Anhebung dieses Frequenzbereichs hervorruft. Unterhalb dieses Bereichs verläuft die Membran-

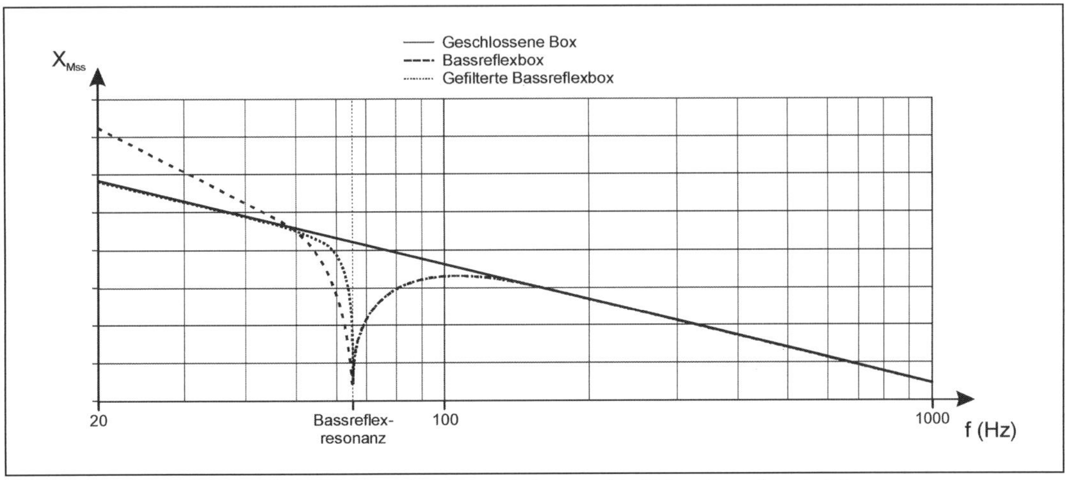

Abb. 6.10-3: Membranauslenkungen, bei unterschiedlichen Boxenkonstruktionen

auslenkung wieder vergleichbar mit der geschlossenen Box.

6.10.2.12 Wirkungsgrad

Der Wirkungsgrad eines Lautsprechers beschreibt das Verhältnis zwischen elektrischer Eingangsleistung und akustischer Ausgangsleistung. Über den Wirkungsgrad kann die Verlustleistung berechnet werden, die den Lautsprecher an die thermische Belastungsgrenze bringen kann. Der Wirkungsgrad im linearen Übertragungsbereich berechnet sich mit:

$$\eta = 9,7 \cdot 10^{-7} \cdot (f_{sb})^3 \cdot V_{AS} \cdot \frac{1}{Q_{esb}}$$

mit:

η: Wirkungsgrad. Soll dieser in Prozent angegeben werden, so ist das Ergebnis noch mit 100% zu multiplizieren

f_{sb}: Luftmassenkorrigierte Eigenresonanz des Lautsprechers in Hertz, Hz. $f_{sb} = 0,9 \cdot f_s$ mit:

f_s: Resonanzfrequenz des Lautsprechers

V_{AS}: Äquivalentvolumen des Lautsprechers in m^3

Q_{esb}: Luftmassenkorrigierte, elektrische Güte des Lautsprechers (siehe Kapitel 6.10.2.9)

Die elektrische Eingangsleistung, die nicht in akustische Ausgangsleistung umgesetzt wird, muss als Wärme abgeführt werden. Diese Wärmeleistung erhitzt die Schwingspule und kann den Lautsprecher thermisch zerstören.

6.10.2.13 Strahlungskopplung

Unter Strahlungskopplung versteht man die akustische Kopplung mehrerer Membranen zu einer einzigen, größeren Membran. Dieser Effekt tritt immer dann ein, wenn die Membranen weniger als eine Wellenlänge voneinander entfernt sind. Ist dies der Fall, so addieren sich die Membranflächen und es scheint, als würde eine einzige, größere Membran den Schall abstrahlen. Weiterhin ändert sich durch die größere Membranfläche auch die Richtcharakteristik (siehe Kapitel 6.1.1.6), so dass mit Einsetzen der Strahlungskopplung auch immer von einer gerichteteren Abstrahlung gesprochen werden kann. Vorteile der Strahlungskopplung sind:

- Erzeugung größerer Membranen durch die Anordnung mehrerer, strahlungsgekoppelter, kleiner Membranen.
- Besseres Impulsverhalten mehrerer, kleiner Membranen im Vergleich zu einer einzigen, größeren Membran.
- Erzeugen komplexer Richtcharakteristiken durch entsprechende Anordnung von mehreren, strahlungsgekoppelten Einzellautsprechern.

6.10.2.14 Zeitabgleich

Unter Zeitabgleich oder "Time Alignment" versteht man eine besondere Eigenschaft von Mehrwegelautsprechern. Zeitabgleich bedeutet, dass ein breitbandiges Erregersignal, wie zum Beispiel ein Impuls oder eine Flanke auf allen Lautsprechern eines Mehrwegesystems zeitgleich wiedergegeben wird. Man möchte denken, diese Forderung wäre für alle Mehrwegelautsprecher selbstverständlich, jedoch haben die meisten Mehrwegesysteme Zeitfehler. Somit können sich manche Lautsprecherhersteller zu Recht mit dem Attribut "zeitabgeglichen" schmücken, welches für eine bessere Lokalisation und Tiefenstaffelung von Signalen steht. Einen Vergleich zwischen einem nicht zeitabgeglichenen 2-Wege Lautsprecher (oben) und einem zeitabgeglichenen Lautsprecher (unten) ist anhand einer Rechteckmessung in Abbildung 6.10-4 zu sehen. Auch aus der Sprungantwort eines Lautsprechers kann man schnell erkennen, ob es sich um ein zeitabgeglichenes System handelt oder nicht. Die Abbildung 6.10-5 zeigt oben die Sprungfunktion, die zum Messen eines Lautsprechers verwendet werden kann. Darunter befindet sich ein nicht zeitabgeglichenes System und ganz unten das gleiche, jedoch zeitabgeglichene System.
Auch wenn der Autor die Rechteckmessung für nur wenig aussagekräftig hält, wurde sie hier genannt, da sie oft im Zusammenhang mit Time-Alignment Verwendung findet. In Zusammenhang mit einer Rechteckmessung sollte man immer die Frage nach unterschiedlichen Frequenzen der Rechteckschwingung stellen, da es für fast jeden Lautsprecher recht einfach ist, für genau eine Frequenz eine gute Rechteckschwingung zu reproduzieren. Bei allen anderen Frequenzen wird es jedoch teilweise unmöglich!

Die Zeitfehler zwischen den Lautsprechern entstehen normalerweise in der Frequenzweiche, welche mit einer zu geringen Ordnung aufgebaut wird. Dies geschieht normalerweise aus Kostengründen und sollte sich auf passive Lautsprecher beschränken. Doch auch aktive Systeme haben nicht immer eine richtig dimensionierte Frequenzweiche und können Zeitfehler aufweisen.

Die Frequenzweiche produziert Zeitfehler, wenn die Phasengänge der Filter an den Grenzfrequenzen der Lautsprecher nicht deckungsgleich sind. Da die Hersteller meist nicht sonderlich viel Wert auf den Phasenverlauf der Frequenzweichen legen, werden die Grenzfrequenzen der Filter oft willkürlich so lange verschoben, bis der Amplitudenfrequenzgang möglichst linear ist. Dabei kann der Phasenverlauf jedoch völlig falsch sein! In Kapitel 5.5 wurden die möglichen Filter für Frequenzweichen gegenübergestellt. Dort konnte man auch sehen, dass nur bei dem Linkwitz-Riley Filter (4. Ordnung) ein ganz linearer Frequenzgang entsteht und auch der Phasenverlauf bei allen Frequenzen deckungsgleich ist. Aus diesem Grund sollten in guten Boxen auch nur Linkwitz-Riley Frequenzweichen eingesetzt werden, da alle anderen Kombinationen immer nur ein schlechter Kompromiss sind.

Mechanischer Zeitabgleich:

Eine mechanische Lösung kann die versetzte Montage der Lautsprecher auf der Boxenfront sein (siehe Umbausatz für NS10 in Abbildung 6.10-6). Diese Lösung ist die kostengünstigste, sie hinterlässt jedoch einen Einbruch im Amplitudenfrequenzgang an der Grenzfrequenz der Box.

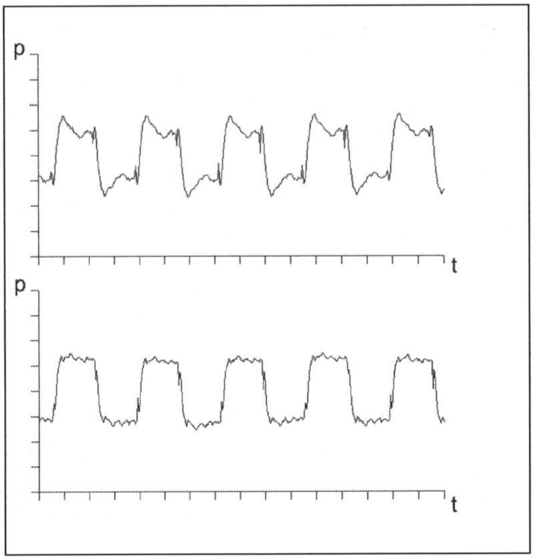

Abb. 6.10-4: Vergleich zwischen nicht zeitabgeglichenem (oben) und zeitabgeglichenem (unten) Lautsprecher

Elektronischer Zeitabgleich:

Durch analoge Allpassfilter (siehe Kapitel 5.8) können einzelne Systeme so verzögert werden, bis sie zeitgleich mit den anderen abstrahlen. Diese Art der Korrektur ist jedoch nur in Zusammenhang mit aktiven Frequenzweichen angebracht, da sonst die Allpassfilter schwierig zu realisieren sind. Weiterhin gilt, dass Allpassfilter proportional mit der höchsten Frequenz, die verzögert werden soll, in ihrer Ordnung zunehmen. So kann es beispielsweise gelingen, einen Mitteltöner mit einem Allpass 4. Ordnung zu verzögern. Bei einem Hochtöner kann für die selbe Verzögerungszeit bereits ein Allpass 12. Ordnung notwendig sein.
Bei aktiven Lautsprecherboxen lässt sich ein Zeitabgleich mit Hilfe von digitalen Delays sehr einfach realisieren. Es ist jedoch zu beachten, dass das Delay durch seine A/D- und D/A-Wandler einen Klangunterschied hervorrufen kann. Weiterhin gilt meistens, dass die kleinste Verzögerungseinheit einem Sample entspricht. Bei 48kHz sind das bereits 20,8µs. Somit kann nur in ganzzahligen Vielfachen dieses Wertes verzögert werden. Bei

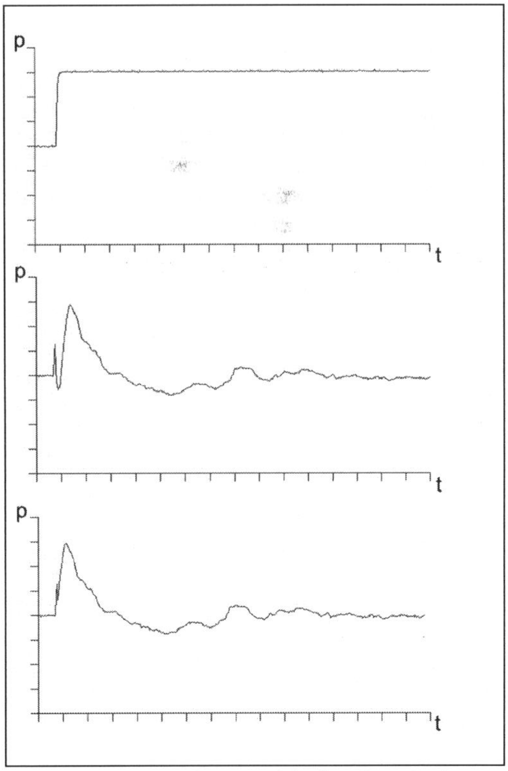

Abb. 6.10-5: Sprungfunktion (oben) und Vergleich zwischen der Antwort eines nicht zeitabgeglichenen (mitte) und zeitabgeglichenen (unten) Lautsprechers

Abb. 6.10-6: Mechanischer Zeitabgleich bei der Nahfeld-Abhöre NS10 von Yamaha (Umbausatz)

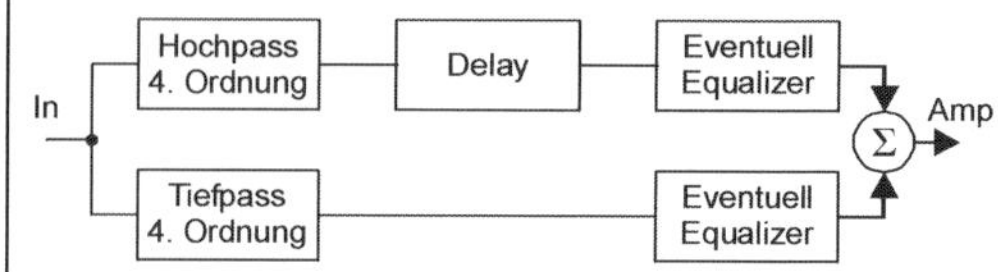

Abb. 6.10-7: Elektronischer Zeitabgleich mit Hilfe einer digitalen Frequenzweiche

einer Abtastfrequenz von 96kHz beträgt die kleinste Verzögerungsstufe bereits 10,4µs, und somit kann die gewünschte Verzögerungszeit schon doppelt so genau eingestellt werden. Da der Zeitabgleich im 100µs-Bereich stattfindet, empfiehlt es sich daher, eine möglichst hohe Abtastfrequenz für das Delay zu wählen.

Auch bei der Verwendung von Allpassfiltern oder Delays entsteht ein deutlicher Einbruch im Amplitudenfrequenzgang an der Grenzfrequenz der Box. Ein korrigierender Eingriff mit einem EQ ist somit angebracht.

Eine weitere, recht neue Variante des elektronischen Zeitabgleichs zeigt die Abbildung 6.10-7. Das besondere hierbei ist, dass keinerlei Eingriff in der Box vorgenommen werden muss. Hier nun die Beschreibung anhand einer Zweiwegebox:
Am Anfang der Korrekturschaltung wird das Signal vor der Endstufe mit Hilfe von Linkwitz-Riley-Filtern 4. Ordnung in hohe und tiefe Frequenzen geteilt. Die Grenzfrequenz des Linkwitz-Riley-Filters wird hierbei so gewählt, dass sie mit der Grenzfrequenz der Box möglichst übereinstimmt. Am Ende der Korrekturschaltung werden die beiden Signale wieder summiert. Durch die Verwendung der Linkwitz-Riley-Filter wird der Amplitudenfrequenzgang also nicht verändert.
Als nächstes wird im Hochton (meistens der Fall) oder Tieftonzweig ein Digitaldelay eingeschleift. Mit Hilfe einer Impuls- oder Flankenmessung wird die benötigte Delayzeit empirisch ermittelt.
Nun ergibt sich durch das Delay ein Einbruch im Amplitudenfrequenzgang an der Grenzfrequenz. Dieser wird mit Hilfe von EQ-Bändern möglichst gleichmäßig im Hochton- und Tieftonzweig egalisiert.
Sind alle Einstellungen korrekt, so erhält man eine zeitabgeglichene Box, ohne dass sich der Amplitudenfrequenzgang verändert. Es empfiehlt sich jedoch, alle notwendigen Einstellungen unter Zuhilfenahme eines Lautsprechermesssystems vorzunehmen, damit Schritt für Schritt verfolgt werden kann, was tatsächlich mit dem abgestrahlten Signal passiert.

Eine zeitabgeglichene Box verfügt über eine wesentlich bessere Lokalisation und Tiefenstaffelung als eine Box mit Zeitfehlern. Ein Zeitabgleich bei Trennfrequenzen unter 500Hz ist nicht mehr notwendig, da dieser keine klangliche Verbesserung mit sich bringt.

6.10.3 Gehäusearten

In diesem Kapitel sollen drei verschiedene, grundlegende Gehäusearten vorgestellt werden. Dabei nehmen die Transmission-Line-Gehäuse und die Bassreflexgehäuse eine besondere Stellung ein, da bei ihnen der Schall, der von der Rückseite der Membran abgestrahlt wird, genutzt wird, um die Box mehr Tiefbass abstrahlen zu lassen.

6.10.3.1 Geschlossenes Gehäuse

Das geschlossene Gehäuse ist die einfachste Art, eine Lautsprecherbox zu bauen. Der akustische Kurzschluss wird wirkungsvoll verhindert und die Box ist verhältnismäßig einfach zu berechnen. Es gibt bei der geschlossenen Box eigentlich nur einen Parameter, der Einfluss auf den Klang der Box nehmen kann - das Boxenvolumen. Dieses kann sogar in gewissem Maße noch nachträglich durch das eingefüllte Dämmmaterial etwas verändert werden. Die Abbildung 6.10-8 zeigt den prinzipiellen Aufbau einer geschlossenen Box.

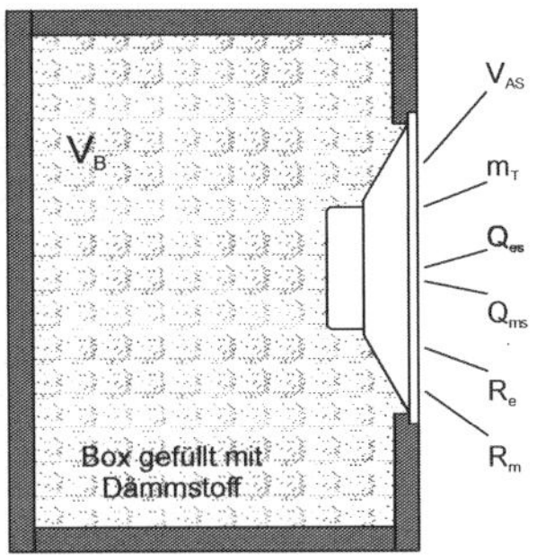

Abb. 6.10-8: Schematischer Aufbau einer geschlossenen Box

Bei Mehrwegesystemen befindet sich hinter jedem Lautsprecher eine geschlossene Box. Bei dem Hoch- und Mitteltöner fällt diese nicht weiter auf, da sie nur ein paar cm^3 oder wenige Liter groß ist. Die "Boxen" hinter den Hoch- und Mitteltönern sind in der Regel mit einem zu großen Volumen aufgebaut, da weder Hoch-, noch Mitteltöner bis zu ihrer Eigenresonanz herunter betrieben werden und daher das genaue Boxenvolumen unerheblich ist.

Die Berechnung einer geschlossenen Box läuft darauf hinaus, passend zu den gegebenen Parametern des Lautsprechers das richtige Boxenvolumen zu finden. Welchen klanglichen Einfluss das Boxenvolumen auf den Amplitudenfrequenzgang und das Ausschwingverhalten nehmen kann, zeigen die Abbildungen 6.10-9 und 6.10-10.

Eine geschlossene Box verhält sich immer wie ein Hochpassfilter 2. Ordnung. Wie man sehen kann, wirkt sich die Größe der Box direkt auf den Übergang des Durchlassbereiches in den Sperrbereich aus. Eine zu große Box hat einen frühen Abfall der Bassfrequenzen und mehr Tiefbass, eine zu kleine Box fängt bei ihrer Resonanzfrequenz an zu Dröhnen. Die "richtig" große Box weist einen linearen Durchlassbereich auf und geht ohne Unregelmäßigkeiten in den Sperrbereich über. Welche Boxengröße im Endeffekt die richtige ist, hängt von den gewünschten klanglichen Eigenschaften ab. Möglicherweise ist es sogar gewünscht, der Box bei einer bestimmten Frequenz ein Dröhnen zu geben.

Die Boxengröße lässt sich sehr gut mit der Charakteristik eines elektrischen Filters vergleichen:

- Eine normal große Box entspricht einem Butterworth-Filter und hat somit ein Q_{tc} von 0,707.
- Eine zu große Box entspricht tendenziell einem Bessel-Filter und hat ein Q_{tc} kleiner 0,707.
- Eine zu kleine Box geht, was die Filtercharakteristik betrifft, in Richtung Chebychev und hat somit ein Q_{tc} größer 0,707.

Ebenso, wie sich der Amplitudenfrequenzgang in Abhängigkeit von Q_{tc} verändert, ändert sich auch der Phasenfrequenzgang. An dieser Stelle sei die Lektüre des Kapitels 5.4 empfohlen, in dem diese Eigenschaften genau besprochen werden.

Auch das Ausschwingverhalten ändert sich mit der Größe der Box. Die Berechnung der Nachhallzeit beinhaltet Q_{tc} als Parameter und berechnet sich über das Ausschwingverhalten (siehe Kapitel 6.10.2.10):

- Die zu große Box hat das kürzeste Ausschwingverhalten und somit die beste Impulswiedergabe. Aus diesem Grund streben viele Hi-Ender eine große Box an (Das voluminöse Aussehen ist natürlich auch viel wert).
- Die normale Box hat ein mittellanges Ausschwingverhalten und stellt, wie auch bei den elektrischen Filtern, einen guten Kompromiss dar.
- Die zu kleine Box hat ein langes Nachdröhnen der Resonanzfrequenz und gibt somit diese Frequenz nicht nur zu laut, sondern auch zu lang wieder.

Am Beispiel einer Box mit Q_{tc}=0,707 soll gezeigt werden, wie das Volumen berechnet werden kann:

Man muss zunächst die Resonanzfrequenz des Lautsprechers im eingebauten Zustand kennen. Dies ist einfach, da f_s vom Hersteller angegeben ist und f_{sb} daraus berechnet werden kann (Kapitel 6.10.2.8). Weiterhin muss man eine gewünschte untere Grenzfrequenz f_g der Box vorgeben. Diese muss über f_{sb} liegen! Über das vom Hersteller bezogene Äquivalentvolumen V_{AS} des Lautsprechers kann nun das Boxenvolumen berechnet werden:

$$V_{AB} = \frac{V_{AS}}{\left(\frac{f_g}{f_{sb}}\right)^2 - 1}$$

Das tatsächlich zu konstruierende Boxenvolumen V_B muss jedoch geringer ausfallen, da noch Dämmstoff in die Box gefüllt wird. Es liegt etwa bei:

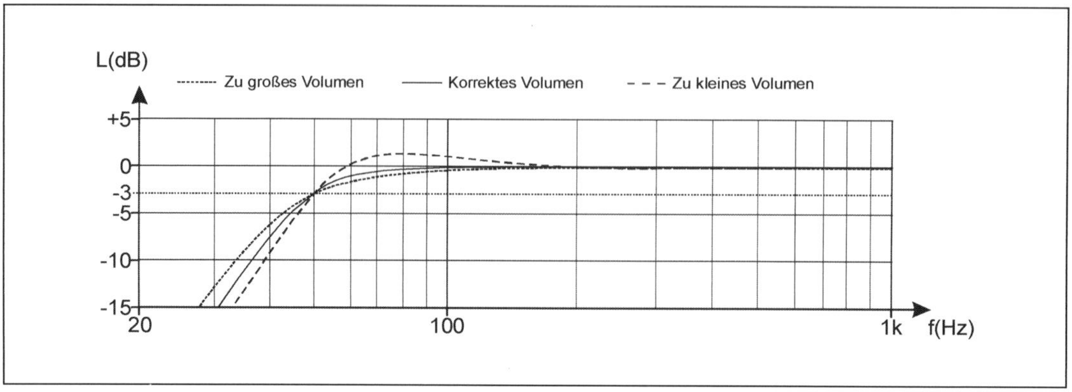

Abb. 6.10-9: Auswirkung der Boxengröße auf den Amplitudenfrequenzgang im Bass

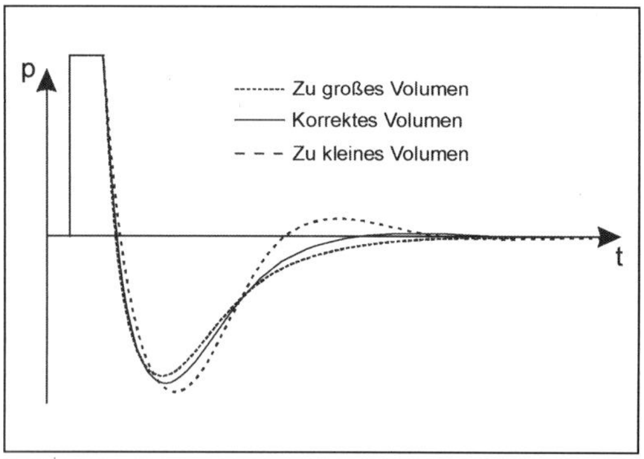

Abb. 6.10-10: Auswirkung der Boxengröße auf das Ausschwingverhalten an der Resonanzfrequenz

$$V_B = \frac{V_{AB}}{1{,}2}$$

Nach dieser Berechnung muss noch überprüft werden, ob Q_{tc} tatsächlich bei 0,707 liegt. Dafür muss anhand der gegebenen Größen Q_{es} und Q_{ms} unter Berücksichtigung der Luftlast, des Generatorwiderstands und des Einbaus in die Box Q_{tc} berechnet werden (siehe Kapitel 6.10.2.9).

Eventuell muss nun durch Hinzugeben oder Wegnehmen von Dämmstoff die mechanische Güte so angepasst werden, dass sich die korrekte Gesamtgüte ergibt. Letzteres kann nur durch eine Messung des Lautsprechers überprüft werden.

6.10.3.2 "Transmission-Line"

Bei den "Transmission-Line"-Gehäusen wird versucht, den Schall, den der Lautsprecher auf der Membranrückseite abstrahlt, für den Hörer nutzbar zu machen. Meist wird im Bassbereich ein höherer Schalldruck gewünscht, so dass für tiefe Frequenzen der rückwärtig abgestrahlte Schall von Nutzen sein kann.

Die Rückseite der Membran strahlt den Schall invertiert ab, so dass diese Energie nicht ohne weiteres genutzt werden kann, da es ansonsten auf der Vorderseite der Membran zu Auslöschungen mit dem nicht invertierten Schall kommt (akustischer Kurzschluss). Bei der Transmission-Line-Box wird der rückwärtig abgestrahlte Schall durch ein Laufzeitglied um eine halbe Wellenlänge verzögert, so dass er wieder phasenrichtig mit dem Schall auf der Membranvorderseite ist. Die Abbildung 6.10-11 zeigt schematisch den Aufbau einer solchen Box.

Das Laufzeitglied wird meist in die Box hineingefaltet und besteht aus nicht parallelen Wänden, um Flatterechos zu vermeiden. Weiterhin sind die Innenseiten des Laufzeitgliedes mit Dämmstoff verkleidet, um hohe Frequenzen wie in einem Schalldämpfer zu absorbieren.

Das Problem des Laufzeitgliedes ist es, dass seine Länge nur bei einer Frequenz genau einer halben Wellenlänge entspricht. Dies ist auch die tiefste Frequenz, bei der das Transmission-Line-Prinzip wirksam ist. Eine Oktave über dieser Frequenz passt jedoch bereits eine ganze Wellenlänge in das Laufzeitglied, und der verzögerte Schall ist wieder invertiert zum Direktschall. Nur bei allen ungeradzahligen Vielfachen der tiefsten Frequenz führt das Laufzeitglied zu phasenrichtigem Schall. Die Konsequenz aus diesem Problem ist ein meist welliger Frequenzgang im Bassbereich (siehe Abbildung 6.10-12).

Um diese Welligkeit gering zu halten, liegt die Öffnung des Laufzeitgliedes möglichst weit weg von der Membranvorderseite des Lautsprechers. Auf diese Weise können sich zwei invertierte Signale

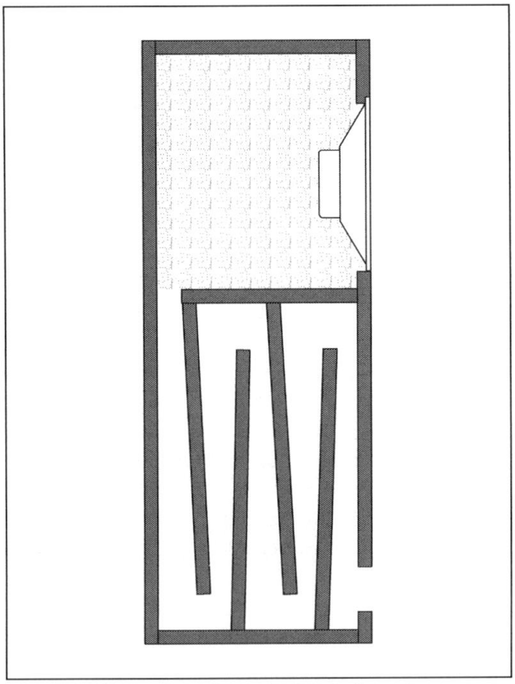

Abb. 6.10-11: Schematischer Aufbau einer Transmission-Line-Box

nicht vollständig auslöschen, da sie wahrscheinlich vorher bereits Raumreflexionen produzieren und somit diffuser werden.

Transmission-Line-Boxen sind meist sehr groß, da das Laufzeitglied untergebracht werden muss. Dieses ist in der Regel mehrere Meter lang. Vorteil ist jedoch die geringe Nachhallzeit dieser Systeme, da die Federwirkung der geschlossenen Box entfällt und somit nur das Ausschwingverhalten des Lautsprechers relevant ist.

6.10.3.3 Bassreflexgehäuse

Bassreflexgehäuse basieren auf der Idee von Helmholtz, dass ein Tunnel, der mit einem abgeschlossenen Luftvolumen verbunden ist, als Feder-Masse System arbeitet. Bekannt wurde diese Konstruktion zunächst als Helmholtzresonator (siehe Kapitel 1.6.2 und 1.6.3). Sie findet vorwiegend in der Akustik Anwendung als Bassabsorber.
Eine Resonanz - somit auch die Helmholtzresonanz - hat die Eigenschaft, dass sie gegenphasig zum Erreger schwingt. Würde die Resonanz von einem gegenphasigen Signal erregt, so wäre sie wieder in Phase. Genau diesen Trick verwendet die Bassreflexbox. Der Lautsprecher wird in einen Helmholtzresonator eingebaut, welcher gleichzeitig als Box fungiert (siehe Abbildung 6.10-13). Dieser Helmholtzresonator wird durch den rückwärtig abgestrahlten Schall des Lautsprechers angeregt und strahlt an seiner Resonanzfrequenz Schallenergie durch die Tunnelöffnung ab. Diese Schallenergie ist durch die doppelte Phasendrehung des Signals wieder phasenrichtig und unterstüzt den direkt abgestrahlten Schall des Lautsprechers.

Die Bassreflexbox ist wie die Transmission-Line-Box eine Konstruktion, die die rückwärtig abgestrahlte Schallenergie nutzt, um mehr Schalldruck im Bassbereich oder eine tiefere Grenzfrequenz der Box zu erreichen. Die Berechnung einer Bassreflexbox gestaltet sich jedoch als recht schwierig, so dass an dieser Stelle darauf verzichtet werden soll und nochmals die dazu reichlich vorhandene Spezialliteratur empfohlen wird.

Um die Funktion der Bassreflexresonanz und der Bassreflexöffnung verstehen zu können, muss man sich die drei Zustände der Bassreflexresonanz vor

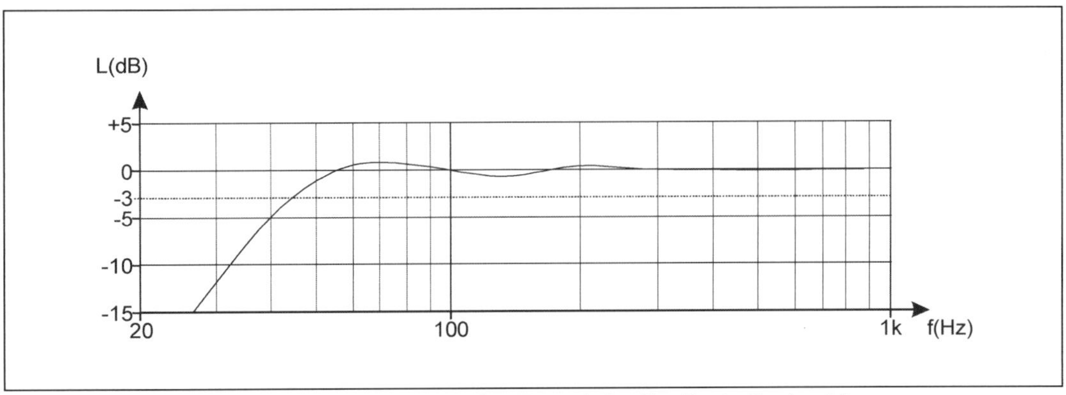

Abb. 6.10-12: Frequenzgang einer Transmission-Line-Box im Bassbereich

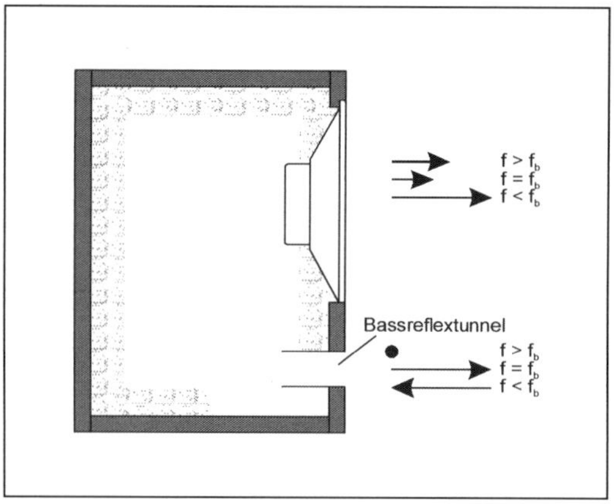

Abb. 6.10-13: Schematischer Aufbau einer Bassreflexbox

Augen führen. Hierbei soll die Bassreflexresonanzfrequenz mit f_b angegeben werden:

- $f>f_b$: In diesem Fall ist die Luft im Tunnel zu träge, um hin und her zu schwingen und die Bassreflexöffnung scheint geschlossen zu sein. Oberhalb der Bassreflexresonanz arbeitet die Bassreflexbox also als geschlossene Box und verhindert wirkungsvoll den akustischen Kurzschluss.
- $f=f_b$: An der Resonanzfrequenz geht die Luft im Tunnel mit der Federwirkung der Luft in der Box in Resonanz. Da die Resonanz gegenphasig zum Erreger - der Lautsprechermembran - ist, belastet sie diese auch gegenphasig. Somit wird an der Resonanzfrequenz der meiste Schall über die Reflexöffnung abgestrahlt, und die Membran erfährt hier ein Auslenkungsminimum.
- $f<f_b$: Unterhalb der Resonanzfrequenz bewegt sich die Luft im Tunnel gleichphasig mit der Membranauslenkung auf der Rückseite des Lautsprechers. Somit wird phasengedrehter Schall über die Reflexöffnung abgestrahlt und es entsteht ein akustischer Kurzschluss. Die Membranbewegung steigt stark an und der Schalldruck geht mit mindestens 24dB/Okt. zurück.

Die Abbildung 6.10-13 zeigt diese drei Zustände noch einmal schematisch.

In Abbildung 6.10-14 ist der Vergleich der Amplitudenfrequenzgänge von geschlossener Box, Bassreflexbox und gefilterter Bassreflexbox zu sehen.

Um die starke Membranauslenkung unterhalb der Bassreflexfrequenz zu bedämpfen, sollte eine Bassreflexbox zusammen mit einem Subsonic-Filter betrieben werden. Dieses Tiefpassfilter kann in zwei verschiedenen Varianten zusammen mit der Box eingesetzt werden:

- Die Grenzfrequenz des Subsonic-Filters hat keinen direkten Bezug zur Grenzfrequenz der Box. Das Filter hat meist Q=0,7 (Butterworth). Dadurch verringert sich die Membranauslenkung unterhalb der Grenzfrequenz, und der Lautsprecher kann im Nutzbereich mit mehr Leistung betrieben werden.
- Die Grenzfrequenz des Subsonic-Filters bezieht sich auf die Grenzfrequenz der Box und ergänzt deren Frequenzverhalten. Man spricht in diesem Fall von einer "gefilterten Bassreflexbox". Diese Konstruktion ist bei aktiven Boxen zu finden, bei denen der Einbau und die Anpassung des Subsonic-Filters in die aktive Elektronik der Frequenzweiche gut möglich ist. Gefilterte Bassreflexboxen gehen noch tiefer runter als ungefilterte Bassreflexboxen oder

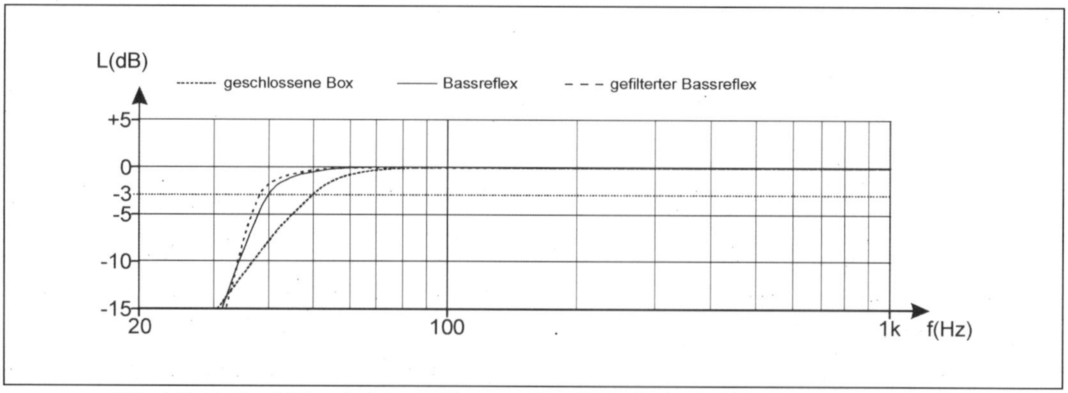

Abb. 6.10-14: Vergleich zwischen geschlossener Box, Bassreflexbox und gefilterter Bassreflexbox

bringen noch mehr möglichen Schalldruck im Nutzbereich. Unterhalb ihrer Grenzfrequenz fällt der Schalldruck dann jedoch mit 36dB/ Okt. ab.

Besonderen Wert muss bei Bassreflexboxen auf die Verarbeitung des Gehäuses gelegt werden. Dieses muss wesentlich stabiler und luftdichter konstruiert werden als bei geschlossenen Gehäusen. Der Grund dafür ist die Güte der Helmholtzresonanz. Diese Güte ist die Ausgangsbasis für alle Berechnungen bei der Bassreflexbox. Durch eine instabile Boxenkonstruktion wird diese Güte zu klein, durch zu viel Dämmstoff im Inneren der Box wird sie ebenfalls zu klein und auch Undichtigkeiten in der Box führen zu einer zu kleinen Güte. Ist die Güte aufgrund mechanischer Unzulänglichkeiten zu klein geworden, kann man sie auch durch Dämmstoffwegnahme kaum noch auf die richtige Größe bringen, da man bei zu wenig Dämmstoff Reflexionen und Resonanzen zwischen den Boxenwänden bekommt. Eine gute Bassreflexbox zeichnet sich somit schon äußerlich durch eine sehr stabile Konstruktion aus.

Die Bassreflexöffnungen können nahezu beliebig positioniert werden und auch jede beliebige Form annehmen. Ausgefallene Formen machen lediglich die Berechnung schwieriger. Wichtig bei den Öffnungen ist ein geringer Luftwiderstand und möglichst keine Ecken oder Kanten im Strömungsweg. Sauber verarbeitete Öffnungen mit abgerundeten Kanten sind hierbei optimal.
Bei billigen Konstruktionen sind die Bassreflextunnel oft schlampig gebaut. Damit die resultierenden Luftverwirbelungen und Windgeräusche nicht hörbar werden, platzieren die Hersteller die Bassreflexöffnung oft auf die Rückseite der Box. Die tiefe Bassreflexfrequenz kann sich nach vorne um die Box herumbeugen, die hochfrequenten Störgeräusche jedoch nicht.
Allerdings sollte der Tunnel seine Öffnung besser auf der Vorderseite haben, da man nur in diesem Fall die Box bündig in die Wand einbauen kann. Auch bei kleinen Boxen gibt der Tunnel auf der Vorderseite Sinn, da man somit unabhängig von Wandabstand und Material hinter der Box ist.

Eine Alternative zu einem Tunnel ist eine Passivmembran. Bei dieser ist es nicht die Luftmasse, die zur Resonanz mit der Luft in der Box führt, sondern die Membranmasse der Passivmembran. Passiv bedeutet in diesem Zusammenhang, dass kein Antrieb an der Membran befestigt ist und somit auch kein Magnet vonnöten ist. Passivmembranen brauchen sehr viel Platz auf der Boxenoberfläche und werden deshalb oft auf der Rückseite positioniert. Somit schränkt sich die Aufstellung der Box wiederum ein. Vorteil von Passivmembranen ist das Fehlen von störenden Luftgeräuschen

6.10.3.4 Nierenlautsprecher

Nierenlautsprecher sind halboffene Systeme, die durch eine Öffnung auf der Rückseite im tieffrequenten Bereich ein invertiertes Signal abstrahlen.
Vergleichbar mit einem Nierenmikrofon wird das kugelförmige Abstrahlverhalten eines geschlossenen Lautsprechers mit dem achterförmigen Abstrahlverhalten eines Dipolstrahlers (ohne Gehäuse) kombiniert und ergibt die Nierencharakteristik. Praktisch sind damit Pegelabschwächungen auf der rückwärtigen Achse des Lautsprechers von etwa 10dB im Bassbereich möglich.
Nierenlautsprecher haben gegenüber andern Lautsprechern den Vorteil, dass der schwächere, rückwärtige Schall den Raum und somit auch die Raumresonanzen weniger stark anregt. Das Ergebnis sind weniger Kammfilter durch Reflexionen der Wände und weniger stark angeregte stehende Wellen.

6.11 Lautsprechertypen

6.11.1 Nahfeld-Lautsprecher

Der Name "Nahfeld-Lautsprecher" bedeutet eigentlich nur, dass sich diese Lautsprecher im Nahfeld der Abhörposition befinden. Das heißt, die Abhörposition ist innerhalb des Hallradius der Lautsprecher. Somit ist vielmehr von der Abhörposition und nicht vom Kauf eines bestimmten Lautsprechertypen abhängig, ob dieser Lautsprecher ein Nahfeld-Lautsprecher ist oder nicht.

Der Vorteil von Nahfeld-Lautsprechern ist, dass der Raum, in dem man sich beim Abhören befindet, keinen sehr großen Einfluss auf den Klang des Lautsprechers hat. Der Raumeinfluss wird um so geringer, je näher die Abhörposition am Lautsprecher ist. Es ist somit auch nicht so wichtig, dass der Raum für eine Nearfield-Abhöre akustisch aufwändig gestaltet wird. Sobald der Raum eine angenehme Arbeitsatmosphäre bietet - man sich also darin akustisch wohl fühlt - ist er auch für eine Nearfield-Abhöre geeignet.

In der Praxis verwendet man mehrere, unterschiedliche Nahfeld-Lautsprecher, um möglichst viele verschiedene Klangsituationen, die beim Endverbraucher auftreten können, durchzuspielen. Einige typische Beispiele sind:

- **HiFi-Lautsprecher:** Sie sollten in Größe und Klang durchschnittlichen HiFi-Lautsprechern entsprechen. Sie sollen den Klang nicht schönen, das heißt, keine übermäßigen Höhen und Bässe reproduzieren. Sollten die Mitten etwas überbetont sein, so klingen die Lautsprecher im ersten Moment "schlecht" oder "schwierig", führen jedoch beim Mischen zu guten Ergebnissen.
  Man kann mehrere dieser HiFi-Lautsprecher als Abhöre verwenden. Man sollte hierbei darauf achten, dass sie möglichst alle irgendwie "schwierig" klingen. Wenn dann schließlich eine Mischung so gelungen ist, dass sie auf allen schwierigen Lautsprechern gut klingt, sollte sie marktreif sein.

  Ein berühmtes Beispiel für die HiFi-Abhöre war die "NS-10" von Yamaha.

- **Kleine Einwegelautsprecher:** Mit ihnen soll der Klang eines durchschnittlichen Radios oder Fernsehers nachgebildet werden. Konstruktionsbedingt treten durch die Einwegelautsprecher Modulationsverzerrungen auf, die einer Frequenzmodulation beziehungsweise dem Dopplereffekt entsprechen (siehe Kapitel 1.1.3 und 1.2.2.3). Außerdem ist der Frequenzgang meist stark eingeschränkt.
  Genau diese Unzulänglichkeiten schrecken auf den ersten Blick vor dem Kauf einer solchen Abhöre ab. Allerdings produzieren kleine Einwegeabhören eben genau den gleichen Klang, wie Weck- und Küchenradios, Autolautsprecher und Fernsehlautsprecher. Somit kann gut kontrolliert werden, dass eine Mischung auch auf diesen Geräten gut klingen wird.

  Ein berühmtes Beispiel für die kleine Einwegeabhöre waren die "Cubes" von Auratone.

- Zusätzliche Abhörmöglichkeiten sind durch die Verwendung der tatsächlichen Geräte gegeben, auf denen die Musik später gehört werden soll. So sollte eine Telefonwarteschleifenmusik über einen Telefonhörer abgehört werden, eine Museumsführung über das Gerät, das der Kunstinteressierte später für die Führung bekommt, und eine Disconummer am besten über eine Discoanlage, wobei letztere meist nicht mehr zu den Nahfeld-Lautsprechern zählt, sondern eher eine "Große Abhöre" darstellt.

6.11.2 Große Abhöre

Die "Große Abhöre" in einem Studio hat die Aufgabe, das Musiksignal "Full-Range", also von 20Hz bis 20kHz wiederzugeben. Weiterhin sollten mit der großen Abhöre Schalldruckpegel möglich sein, die möglichst höher sind, als der natürliche Höreindruck von Instrumenten. Auf diese Weise ist es möglich, fast jede Lautstärkesituation mit der großen Abhöre nachzubilden. Man kann somit beurteilen, ob bei leisen Hörlautstärken ausreichend Bass vorhanden ist, oder ob die Mischung noch gut klingt, wenn sie mit Disco-Lautstärke gehört wird.
Um die geforderten Leistungen vor allem im Bassbereich zu erbringen, müssen diese Lautsprecher groß sein - daher auch der der Name "Große Abhöre".

Akustisch gesehen, ist die sinnvollste Position der großen Abhöre, wenn sie bündig in die Front des Regieraums eingebaut wird (siehe auch Kapitel 6.12). Nur an dieser Stelle kann sie den Bassbereich optimal wiedergeben. Weiterhin fallen die Boxen nicht störend auf, da sie in die Wand integriert werden. Die Befestigung der Boxen in der Wand sollte elastisch aufgehängt erfolgen. Das bedeutet, dass die Box und die Wand nicht starr miteinander verbunden sind. Dazu gibt es mehrere Möglichkeiten, die je nach baulichen Gegebenheiten eingesetzt werden können:

- Die Box wird in der Frontkonstruktion elastisch befestigt. Dies kann durch Gummimatten und spezielle weiche Befestigungssysteme geschehen.
- Die Box wird mit Hilfe von Federn von der Decke abgehängt und hat keinerlei Berührung zur Frontkonstruktion.
- Die Box befindet sich in einem "Boxenkasten". Dies ist eine extra Kiste, die federnd auf dem Boden steht, in die die Box eingebaut ist und die keine Berührung zur Frontkonstruktion hat (siehe Abbildung 6.11-1).

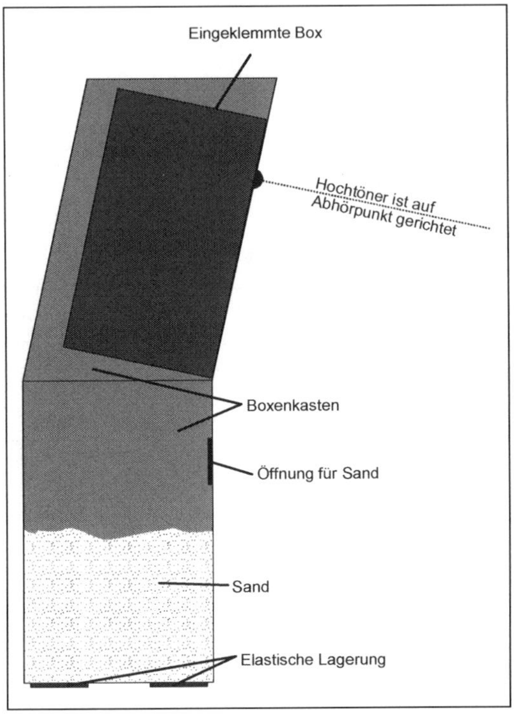

Abb. 6.11-1: Schematische Darstellung eines Boxenkastens für elastisch gelagerte Boxen

Aufgrund ihrer Position im Raum, ist die große Abhöre immer genauso weit weg wie der Raum selbst. Das führt dazu, dass man nicht davon ausgehen kann, im Nahfeld der Box zu sitzen und fast nur Direktschall zu hören. Somit muss der Raum (hauptsächlich) für die große Abhöre akustisch gestaltet werden, so dass Lautsprecher und Raum zusammen einen optimalen Gesamtklang ergeben. Für die große Abhöre werden die Wände schief gestellt und somit eine reflexionsfreie Zone erreicht. Deckenreflexionen werden meist absorbiert, und an der Rückwand befinden sich Diffusoren und Absorber, um den nach hinten gelenkten Schall zu zerstreuen oder zu schlucken. Für die große Abhöre wird die Raumakustik gebaut, und erst bei Verwendung einer großen Abhöre wird der Studiobau richtig teuer. Zu der Gestaltung der Regieraumakustik kann mehr im Kapitel 1.5 nachgelesen werden. Man sollte in der Praxis niemals mit dem Gedanken spielen, eine große Abhöre anzuschaffen, wenn man nicht auch gewillt ist, den Raum akustisch zu optimieren.

6.11.3 Lautsprecher zum Mischen

Auch wenn an dieser Stelle die Technik ein wenig in den Hintergrund tritt, sollen hier ein paar Tips zu Mischlautsprechern gegeben werden:

- Grundsätzlich ist jeder Lautsprecher zum Mischen geeignet, wenn man sich nur lange genug daran gewöhnt hat und ihn gut kennt.
- Es zählt nicht der Lautsprecher auf dem man mischt, sondern nur das Ergebnis, das dabei herauskommt. Kein Konsument kauft eine CD, weil er weiß, auf welchen Lautsprechern sie gemischt wurde. Und keiner kauft eine CD nicht, weil er die Lautsprecher nicht mag, auf denen sie gemischt wurde.
- Die Frequenzbereiche, die von einem Lautsprecher überbetont wiedergegeben werden, müssen auf diesem Lautsprecher feiner gemischt werden.
- Die Frequenzbereiche, die von einem Lautsprecher zu leise wiedergegeben werden, werden von benachbarten Frequenzbereichen teilweise verdeckt und müssen nicht so genau gemischt werden.
- Im Idealfall ist der Lautsprecher, auf dem der Konsument später abhört, auch der Lautsprecher auf dem gemischt wurde.

In der Praxis kennt man den Lautsprecher nicht, auf dem der Konsument abhören wird, und man kann nicht tausend verschiedene Mischungen machen. Somit muss ein Lautsprecher gefunden werden, der eine Mischung ermöglicht, die überall gut klingt. Auf der Suche nach so einem Lautsprecher sollte man sich folgende Gedanken machen:

- Wird dieser Lautsprecher auch von anderen Toningenieuren in der Branche eingesetzt? Sollte dies öfter der Fall sein, kann die Wahl nicht so schlecht sein.
- Entspricht der Lautsprecher der Art von Lautsprecher, die der potentielle Konsument verwendet? Es nützt nichts, wenn man seine Mischung über hochwertige lineare Lautsprecher mischt, der Konsument jedoch "miese, krumme" HiFi-Boxen benutzt. Klingt die Mischung beim Konsumenten nicht gut, wird sie nicht gekauft!
- Schönt der Lautsprecher irgendwelche Frequenzbereiche? Hat der Lautsprecher Senken im Amplitudenfrequenzgang (Mittenloch etc.), so wird der entsprechende Bereich schöner dargestellt, als er wirklich ist. Eine gut klingende Mischung auf so einem Lautsprecher klingt sehr wahrscheinlich auf vielen anderen Lautsprechern nicht gut.

Es hat sich gezeigt, dass ein Lautsprecher, der die Mitten etwas überbetont wiedergibt, Bässe und Höhen jedoch neutral, zu Mischergebnissen führt, die auf den meisten anderen Lautsprechern gut klingen. Dies ist darauf zurückzuführen, dass das Ohr im Mittenbereich zwischen 2kHz und 5kHz am empfindlichsten hört.

Ein subjektiv guter Klang ist bei einem Mischlautsprecher nicht das Entscheidende - wichtig ist, dass die Mischung am Ende gut klingt.

6.11.4 Lautsprecher für den HiFi-Bereich

Der HiFi-Bereich besteht aus extrem weit auseinander liegenden Lautsprechertypen. Vom billigsten "Ghettoblaster" bis zu Hi-End Anlagen ist alles vertreten. Standard im HiFi-Bereich sind jedoch nach wie vor die 2-Wege Lautsprecher, heute zumeist als Bassreflexkonstruktion, damit mehr Tiefbass zu hören ist. Mit einem solchen Lautsprecher als Abhöre liegt man prinzipiell schon ganz gut, wenn man für den HiFi-Bereich mischen soll. Es empfiehlt sich hierbei jedoch immer, die mögliche Zielgruppe genauer zu definieren. Wird die Mischung mehr von Hi-Endern gehört, so sollte auch eine Hi-End-Box zum Kontrollhören herangezogen werden. In der Praxis bietet es sich an, die Mischung wirklich auf einer HiFi-Anlage bei sich zu Hause oder bei Bekannten Probe zu hören.

6.11.5 Lautsprecher im Multimediabereich

Im Multimediabereich haben sich mehr und mehr Satelliten-Subwoofersysteme durchgesetzt. Diese Lautsprecher verfügen über zumeist kleine Mittel-Hochtonboxen und einen kräftigen Tief-Mittelton Subwoofer. Weiterhin sind sie meist so abgestimmt, dass sie im ersten Moment sehr gut zu klingen scheinen. Allerdings ergeben sich konstruktionsbedingt folgende Vor- und Nachteile:

- Sehr gute Lokalisation im Mitten- und Höhenbereich durch die zumeist verwendeten Einwegelautsprecher.
- Mittenproblem (meist Mittenloch) bei 100-200 Hz durch die schwierige Anpassung des Subwoofers an die Satelliten. Dadurch sehr angenehmer, weicher Klang.
- Dröhniger, scheinbar voller Bass, der jedoch im Tiefbassbereich nicht mehr vorhanden ist.
- Grundtonbereich der Sprache wird über den Subwoofer wiedergegeben und ist somit verfälscht lokalisierbar.

Es handelt sich also um einen Lautsprecher, der mehr auf psychoakustische Effekte setzt und nicht wirklich gut klingt. Es ist nicht gut möglich, über so einen Lautsprecher den Klang einer Mischung vernünftig zu beurteilen. Auf der anderen Seite ist es nicht sehr schwierig, für diese Art von Lautsprecher eine gut klingende Mischung zu erstellen, da fast alles gut klingt. Lediglich der Tiefbass darf nicht zu stark in der Mischung vorkommen, da dieser nicht mehr wirklich zu hören ist.

6.11.6 Fernsehlautsprecher

Bei den etwas besseren Fernsehern hat es sich inzwischen etabliert, dass Mehrwegelautsprecher eingesetzt werden. Der Hersteller macht sich teilweise sogar Gedanken über halbwegs vernünftige Frequenzgänge dieser Lautsprecher. Doch allzu oft ist der Klang eines Fernsehers schlecht. Die meisten Fernseher verfügen über ausgefeilte Videotechnik,

jedoch kommt der Ton fast immer zu kurz. So ist in der Praxis kein Tiefbass vorhanden - die Fernsehlautsprecher übertragen meist erst ab 80-100Hz, und über 10kHz wird auch nicht mehr viel Schalldruck abgestrahlt.
Um nun eine Mischung für die Fernsehausstrahlung so hinzubekommen, dass sie beim Zuschauer gut klingt, sollte man einen kleinen oder mittleren Durchschnittsfernseher als Abhörlautsprecher benutzen. Auf diese Weise ist es möglich, den Klang zu hören, den der Zuhörer später auch bekommen wird. Es muss lediglich darauf geachtet werden, dass man nicht zu extrem am Equalizer herumdreht, da es zunehmend mehr Heimkino-Enthusiasten gibt, die ihre HiFi-Anlage oder andere hochwertige Lautsprecher für die Wiedergabe des Fernseherlebnisses nutzen. Eine große Abhöre, als Kontrolle gegen zu viel Bass ist hier ratsam.

6.12 Einfluss der Position des Lautsprechers im Raum auf den Klang

Die Position, an der ein Lautsprecher in einem Raum steht, hat wesentlichen Einfluss auf den Klang, den man von dem Lautsprecher an der Abhörposition erwarten kann. Nicht jede Position ist hierbei genauso gut geeignet. Die folgenden Kapitel zeigen kurz, welchen Einfluss die Position auf den Klang nehmen kann.

6.12.1 Verhältnis von Direktschall zu Diffusschall

Jenachdem, ob sich ein Lautsprecher in der Mitte eines Raumes befindet oder näher am Boden oder an den Wänden ist, ändert sich das Verhältnis des gehörten Direktschalls zum Diffusschall.

Der Direktschall ist hierbei der Schall, der auf direktem Weg vom Lautsprecher zum Hörer gelangt. Der Diffusschall ist der Schallanteil, welcher durch Raumreflexionen zum Hörer gelangt. Das Verhältnis zwischen Direkt- und Diffusschall kann über den Hörabstand zum Lautsprecher, sowie über die Position des Lautsprechers im Raum verändert werden.

Würde sich der Lautsprecher im Freifeld - also mitten in der Luft in freier Natur - befinden, so könnte man nur den Direktschall hören, da keine Reflexionen entstehen. Der Diffusschallanteil liegt somit bei Null. Diesen Klang kann man auch in sehr stark bedämpften Räumen erreichen, in denen viel Dämmstoff angebracht wurde, um die Reflexionen zu absorbieren.

Stellt man sich jedoch in einem Raum hinter einen Lautsprecher, so erreicht einen der Direktschall nie. Man hört nur reflektierten Schall - also nur Diffusschall.

Zwischen diesen beiden Extremfällen befinden sich wahrscheinlich die meisten Abhörsituationen. Hierbei sind folgende Situationen denkbar:

- Der Lautsprecher befindet sich mitten im Raum, zum Beispiel auf der Meter-Bridge eines Mischpults: In diesem Fall reagiert der Raum sehr stark auf das Lautsprechersignal, da der Direktschall alle Wände des Raums erreicht und aus allen Richtungen Reflexionen eintreffen. Damit ein Signal in diesem Fall nicht zu raumlastig klingt, könnte der Raum stark bedämpft werden, was jedoch zu einem unangenehmen Arbeitsklima führt. Die bessere und praxisgerechtere Lösung ist, möglichst nahe an den Lautsprecher heran zu gehen (Nearfield) und somit das Verhältnis Direkt- zu Diffusschall mehr in Richtung Direktschall zu verschieben (siehe Kapitel 6.11.1).
- Der Lautsprecher steht direkt an einer Wand: Somit kann das Direktsignal des Lautsprechers zumindest keine Reflexionen von dieser Wand zur Folge haben. Lediglich der Schall, der sich um den Lautsprecher herumbeugen kann, wird noch an der Wand reflektiert (siehe Kapitel 6.12.2).
- Der Lautsprecher befindet sich in einer Wand: Nun kann die Reflexion der entsprechenden Wand gar nicht mehr durch den Lautsprecher angeregt werden. Nur Raumreflexionen sind noch in der Lage, von der Einbauwand Reflexionen zu erzeugen. Das Signal klingt somit deutlich direkter und trockener. Diese Lösung wird bei großen Abhören angestrebt, da der Hörabstand meist nicht sehr nah sein kann, der Raum allerdings nicht so stark hörbar sein soll.
- Es wäre auch eine Positionierung des Lautsprechers eingebaut in eine Raumkante oder Ecke denkbar. In diesen Fällen könnten zwei oder sogar drei Wände keine Direktschallreflexionen mehr produzieren. Das gehörte Signal wird somit immer direkter, der Diffusschallanteil immer geringer.

Es ist immer zu bedenken, dass sich die Lautstärke eines Signals nur unwesentlich verändert, wenn der Lautsprecher umpositioniert wird. Lediglich das Verhältnis zwischen Direkt- und Diffusschall verschiebt sich. Je absorptiver jedoch ein Raum gestaltet ist, desto schneller klingt der Diffusschallanteil ab. Somit führt ein stärkerer Direktschallanteil auch zu einer höheren Lautstärke.

6.12.2 Bassfrequenzgang

Durch die Position eines Lautsprechers im Raum verändert sich die Tiefbasswiedergabe und es können positionsabhängig Kammfilter entstehen. Dies begründet sich durch die Tatsache, dass sich Schallwellen um ein Hindernis herumbeugen kön-

nen, wenn ihre Wellenlänge größer ist als die Ausmaße des Hindernisses. Hat eine Box beispielsweise eine rechteckige Front mit 20cm auf 30cm Kantenlänge, so beugt sich der nach vorne abgestrahlte Schall ab einer Wellenlänge von λ=20cm um die Schmalseite der Front herum. Ab λ=30cm kann sich der Schall auch um die Längsseite der Box beugen und ab λ=36cm (Diagonale) beugt er sich vollständig um die Box. Unterhalb der dazugehörigen Frequenz ist das Abstrahlverhalten des Lautsprechers nicht mehr nur nach vorne gerichtet sondern auch nach hinten.
Der abgestrahlte Schall verteilt sich somit auf die doppelte Oberfläche, und man bekommt 3dB weniger Direktschall zu hören. Dafür wird der Diffusschallanteil um 3dB größer. Dadurch erscheint zunächst die Wiedergabe unterhalb der tiefsten Beugungsfrequenz um 3dB schwächer oder zumindest verschwommener. Bei den oben angenommenen Zahlen, würde der Pegel ab 1720Hz (λ=20cm) schwächer werden und ab 956Hz (λ=36cm) um 3dB abgesunken sein. Die Abbildung 6.12-1 zeigt den Frequenzverlauf des Direktschalls, der durch die Beugung tiefer Frequenzen geschwächt erscheint.

Vermeiden ließe sich dieser Effekt nur durch den Einbau des Lautsprechers in die Wand. Allerdings kann durch die Form der Box Einfluss auf den Verlauf der Beugung genommen werden. Bei einer Box mit einer kreisrunden Front setzt die Beugung schlagartig ab einer Frequenz ein, bei einer speziellen Dreiecks- oder Spiralform kann der Verlauf sehr sanft gestreckt werden. Die Abbildung 6.12-2 zeigt verschiedene Boxenformen und den dazugehörigen Verlauf des Direktschalls.

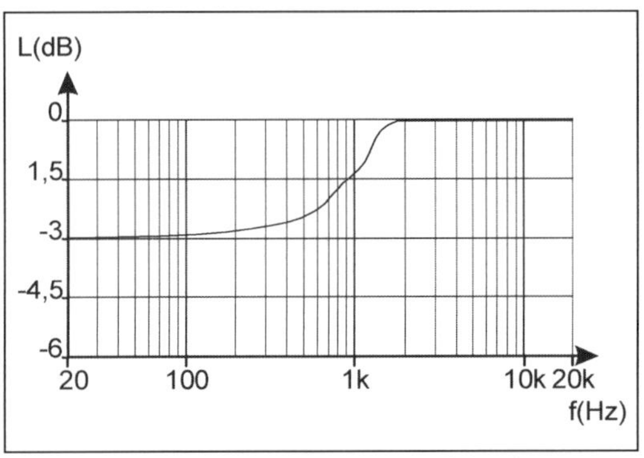

Abb. 6.12-1: Pegelverlust im Direktschall durch Beugung an einer 10cm auf 20cm großen Boxenfront

6.12.3 Kammfilter

Eine weitere Auswirkung der Beugung des Schalls ist ein Kammfiltereffekt (siehe Kapitel 1.2.3.1). Dieser entsteht, da sich der Direktschall mit dem reflektierten, gebeugten Schall mischt und bei bestimmten Frequenzen zu Auslöschungen oder Anhebungen führt. Dazu zwei Beispiele:

- Steht ein Lautsprecher mit 20cm Boxentiefe direkt an der Wand, so wird der Schall, der sich um die Box beugen kann, mit d=40cm Wegunterschied als Reflexion wieder nach vorne geworfen. Der Kammfiltereffekt führt zu Einbrüchen im Frequenzgang, bei:

$$f = \frac{c \cdot N}{2 \cdot d}$$

  mit:
  f: Frequenz des Einbruchs in Hertz, Hz
  c: Schallgeschwindigkeit (in Luft: $344 \frac{m}{s}$)
  N: 1, 3, 5, 7, 9...
  d: Wegstreckenunterschied der Reflexion in Meter, m
  k: Wellenlänge der Schwingung in Meter, m

  Somit bekommt man bei 430Hz, 1290Hz, 2150Hz... Einbrüche im Frequenzgang.

  Bei N=2, 4, 6, 8... entstehen Überhöhungen. Dies entspricht den Frequenzen 860Hz, 1720Hz, 2580Hz...

- Der Lautsprecher steht 1m vor der Wand auf dem Boden. Der Wegstreckenunterschied der Reflexion ist somit d=2m. Es entstehen also Einbrüche bei 86Hz, 258Hz, 430Hz... und Überhöhungen bei 172Hz, 344Hz, 516Hz... Wie man

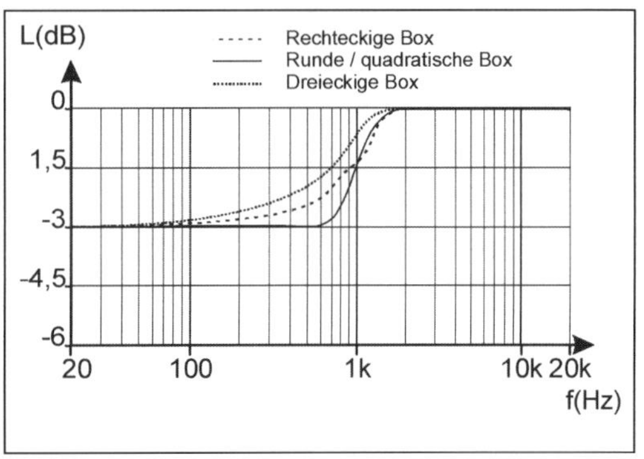

Abb. 6.12-2: Beeinflussung des Direktschallfrequenzgangs durch Beugung an unterschiedlichen Boxenformen

sehen kann, liegt das Kammfilter deutlich tiefer und enger beieinander, je weiter die Box von der Wand entfernt aufgestellt ist. Allerdings wird mit zunehmender Entfernung auch der Pegel der Reflexion schwächer und das Kammfilter ist nicht mehr so ausgeprägt.

Die einzige endgültige Abhilfe gegen den Kammfiltereffekt ist der Einbau der Box in die Wand.

Ein weiterer Kammfiltereffekt entsteht durch die Kanten der Boxenfront. Diese arbeiten - wie auch beim Grenzflächenmikrofon - wie neue, schwache Schallquellen, die sich dem Direktsignal überlagern. Es entsteht ein schwacher Kammfiltereffekt, der zu einer leichten Welligkeit im Amplitudenverlauf führen kann. Abhilfen gegen diesen Effekt sind:

- Bündiger Einbau der Box in eine Wand
- Abrunden der Kanten mit einem Radius von 1-2cm
- Günstige Formgebung der Boxenfront (dreieckig oder spiralförmig). Siehe hierzu auch Kapitel 6.3.1.2 (Grenzflächenmikrofon).

6.12.4 Stehende Wellen

In den meisten Räumen können - bedingt durch die Raumgeometrie - stehende Wellen entstehen (siehe Kapitel 1.5.2). Angeregt und somit hörbar wird eine stehende Welle jedoch erst dann, wenn sich der Lautsprecher im Druckmaximum der stehenden Welle als Erreger befindet. Ist der Lautsprecher jedoch im Druckminimum der Welle platziert, so wird von ihm die stehende Welle nicht angeregt und ist somit auch nicht hörbar.
Ähnliches gilt auch für die Hörposition. Liegt die Hörposition im Druckmaximum einer stehenden Welle, so wird bei der entsprechenden Frequenz ein Dröhnen wahrgenommen. Befindet sich jedoch die Hörposition im Druckminimum, so wird die betroffene Frequenz nur sehr schwach oder sogar gar nicht zu hören sein.

Aus Sicht der Hörposition ist eine stehende Welle in jedem Fall zu vermeiden und durch eine geeignete Raumgeometrie oder Absorptionsmaßnahmen zu unterdrücken. Aus der Sicht des Lautsprechers kann eine stehende Welle durch eine geeignete Position von vornherein vermieden werden. Hierzu müssen die möglichen stehenden Wellen anhand der Raumgeometrie berechnet (siehe Kapitel 1.5.2) und der Lautsprecher möglichst nicht in die Druckmaxima gestellt werden. Beim Einbau des Lautsprechers in die Wand befindet sich der Lautsprecher immer im Druckmaximum. Somit ist auf jeden Fall eine akustische Unterdrückung der stehenden Wellen vorzunehmen.

6.12.5 Lokalisation

Über die präzise Lokalisation (in Tontechnikerkreisen auch oft als "Ortung" bezeichnet) eines Signals entscheidet nicht nur der Lautsprecher, sondern auch eventuell eintreffende Raumreflexionen. Diese können die Lokalisation verschieben oder verschwimmen lassen. Im Idealfall befindet sich die Abhörposition innerhalb einer reflexionsfreien Zone. Das bedeutet, dass keine ersten Reflexionen aus dem Raum an die Abhörposition gelangen können. Lediglich diffuse Reflexionen von einem Diffusor oder Zweit- und Drittreflexionen können (schwach) eintreffen.
Weiterhin ist es sehr wichtig, dass alle Reflexionen symmetrisch zur Mittelachse der Hörposition auftreten, da sie ansonsten die Lokalisation nach links oder rechst verschieben. Somit ist unbedingt auf eine symmetrische Raumgestaltung zu achten.

6.13 Beschallungstechnik

6.13.1 Grundlagen

In der Beschallungstechnik geht es darum, eine Schallquelle so weit zu verstärken, dass sie von einem größeren Publikum gut zu hören ist. Hierbei kann die Schallquelle ein elektronisches Instrument sein (Synthesizer, CD-Player etc.), ein halbelektronisches (E-Gitarre) oder ein akustisches (Stimme, akustische Musikinstrumente).
Weiterhin unterscheidet man die Beschallung in "Open-Air" - also ohne Raumreflexionen und dem dadurch entstehenden Diffusschall - und "Halle" beziehungsweise "Saal", also mit Diffusschall.
Bei allen Beschallungen werden folgende Punkte angestrebt:

- Keine Rückkopplungen
- Ausreichende Lautstärke
- Guter Klang
- Gute Sprachverständlichkeit

Ein Beschallungssystem besteht grundsätzlich aus den Komponenten: Mikrofon, Verstärker und Lautsprecher. Mischpulte, Delays, Funkstrecken und Frequenzweichen stellen nur Details in diesem System dar und sind für das grundlegende Verständnis nicht von Bedeutung. In Abbildung 6.13-1 ist der grundlegende Aufbau eines Beschallungssystems zu sehen

6.13.1.1 Lautstärke einer Schallquelle in einem bestimmten Abstand

Zur Berechnung der Lautstärke einer Schallquelle in einem bestimmten Abstand d zur Schallquelle kann für den Direktschall folgende Formel herangezogen werden:

$$L_{SPL} = 10 \cdot \log\left(\frac{P_{ak}}{1pW}\right) - 10 \cdot \log\left(\frac{4 \cdot \pi \cdot d^2}{Q}\right)$$

mit:

L_{SPL}: Schalldruckpegel in dB_{SPL}
P_{ak}: Akustische Leistung in Watt, W. Diese kann berechnet werden mit $P_{ak}=P_{el} \cdot \eta$.
mit η: Wirkungsgrad in %
d: Abstand zur Schallquelle in Meter, m
Q: Bündelungsmaß des Lautsprechers. Siehe hierzu Kapitel 6.13.1.2

Die Formel geht von der Tatsache aus, dass eine Schallwelle sich kugelförmig oder kugelsegmentförmig ausbreitet. Der Term $4 \cdot \pi \cdot d^2$ stellt die Kugeloberfläche dar. Q ist der Teilerfaktor, wenn die Ausbreitung nicht ganzkugelförmig ist (Beispiel Q=2 bei halbkugelförmiger Abstrahlung).
Beispiel: Ein Lautsprecher (Q=2 und η=1,5%) wird mit 10W elektrischer Leistung betrieben. Der Schalldruck in 5m Entfernung beträgt demnach 89,8dB_{SPL}.
Kennt man die zugeführte Leistung nicht, wohl aber den Schalldruckpegel in einer bestimmten Entfernung, wird die Berechnung noch einfacher:

$$L_{SPL} = L_{SPLb} + 20 \cdot \log\left(\frac{d_1}{d_2}\right)$$

mit:

L_{SPL}: Schalldruckpegel in dB_{SPL} im Abstand d_2
L_{SPLb}: Bekannter Schalldruckpegel in dB_{SPL} im Abstand d_1

Hat man beispielsweise mit einem Schalldruckmessgerät gemessen, dass eine Schallquelle in 2m

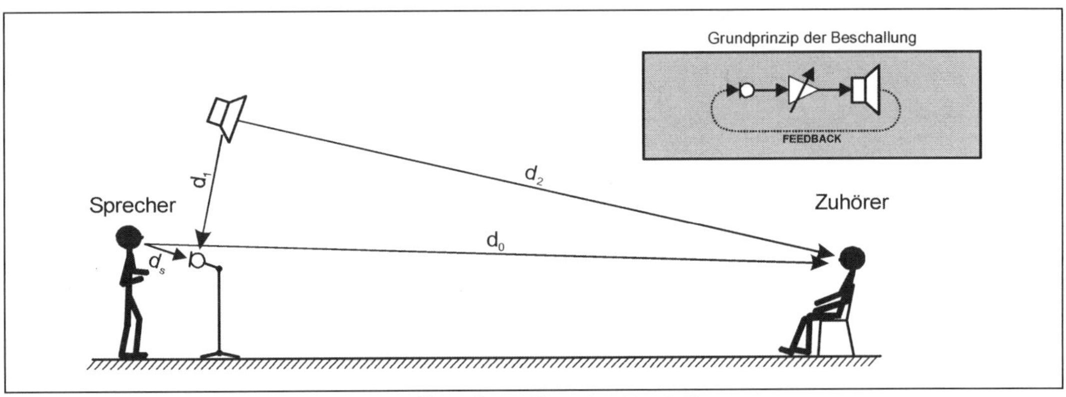

Abb. 6.13-1: Grundlegender Aufbau eines Beschallungssystems

Entfernung $96dB_{SPL}$ abgibt, so berechnet sich der Schalldruck in 5m Entfernung zu $88dB_{SPL}$.

Einfacher ausgedrückt kann man sagen, dass der Schalldruck bei einer Entfernungsverdoppelung um 6dB abnimmt und bei einer Halbierung der Entfernung um 6dB zunimmt.

6.13.1.2 Das Bündelungsmaß eines Lautsprechers

Das Bündelungsmaß (Q) ist eine dimensionslose Größe, welche das Abstrahlverhalten der Schallquelle angibt. Da bei allen Berechnungen zunächst immer von einer kugelförmigen Abstrahlung ausgegangen wird, ist Q=1 für ein kugelförmiges Abstrahlverhalten. Für eine Halbkugel ist Q=2, bei einer Viertelkugel Q=4, bei einer Achtelkugel Q=8. Kennt man den horizontalen und vertikalen Abstrahlwinkel eines Lautsprechers, so berechnet sich Q mit:

$$Q = \frac{180^\circ}{\arcsin\left[\sin\left(\frac{\alpha}{2}\right)\cdot\sin\left(\frac{\beta}{2}\right)\right]}$$

mit:
Q: Bündelungsmaß des Lautsprechers
α: Horizontaler Abstrahlwinkel in Grad, °
β: Vertikaler Abstrahlwinkel in Grad, °

6.13.1.3 Rückkopplungen

Eine Rückkopplung (=Feedback) - oder korrekter ausgedrückt: eine Mitkopplung, die ein störendes Pfeifen der Beschallungsanlage zur Folge hat, wird ausgelöst, wenn der Pegel der Lautsprecher am Mikrofon gleich groß wird wie der Pegel der eigentlichen Schallquelle. Erzeugt beispielsweise ein Sprecher 65dB am Mikrofon, so wird eine Rückkopplung anfangen, wenn der Lautsprecher ebenfalls 65dB am Mikrofon erzeugt. Bei mehreren Lautsprechern in einem Raum darf der Gesamtpegel der Lautsprecher plus dem Diffusschall nicht über dem Pegel des Sprechers liegen. Open-Air entfällt der Diffusschall.
Dieser theoretische Wert sollte in der Praxis nicht ausgereizt werden, da das System bereits kurz vor dem stabilen Rückkoppelungspegel anfängt sich aufzuschaukeln. Bestimmte Frequenzbereiche bekommen dadurch eine relativ lange Ausschwingzeit, und der Gesamtfrequenzgang klingt sehr unausgeglichen. Klangverfärbungen im Gesamtsignal sind die Folge. Als Sicherheitsabstand nimmt man normalerweise 6dB weniger Pegel vom Lautsprecher als vom Sprecher an. Das bedeutet, wenn der Sprecher, wie im obigen Beispiel 65dB am Mikrofon erzeugt, dass dann der Lautsprecher nur 59dB erzeugen darf.

Die Pegelreduktion für einen sicheren Abstand zur Rückkoppelungsgrenze kann man auch mit Hilfe des Abstrahlverhaltens des Lautsprechers und der Richtcharakteristik des Mikrofons beeinflussen.
Verwendet man zum Beispiel einen gerichtet abstrahlenden Lautsprecher, so wird dieser auf ein neben ihm stehendes Mikrofon nicht so viel Schalldruck abstrahlen wie ein ungerichtet abstrahlender Lautsprecher. Ein Mikrofon mit Nierencharakteristik nimmt den Schall zum Beispiel bei 90° um 6dB unempfindlicher auf als direkt von vorne. Durch die geschickte Wahl von Lautsprecher, Mikrofon und deren Positionen zueinander kann man also die Rückkopplungsempfindlichkeit heruntersetzen.

Geht man von mehreren Lautsprechern aus, so muss zunächst jeder einzelne Lautsprecher die Bedingung für einen rückkopplungsfreien Betrieb erfüllen. Weiterhin darf auch die Summe aller Lautsprechersignale nicht über dem maximal zulässigen Pegel liegen (siehe nächstes Kapitel).

6.13.1.4 Erreichbare Verstärkung

Achtung: Die nachfolgenden Berechnungen schließen alle noch keinen Raum mit ein! Dieser kommt erst in Kapitel 6.13.1.5 hinzu.

Um die Wirksamkeit einer Beschallungsanlage zu berechnen, gibt es das Konzept der "Akustischen Verstärkung", welches einen Dezibel-Wert liefert, der etwas über die Erhöhung der Lautstärke am Zuhörerpunkt aussagt. Hierbei wird meist die maximale Verstärkung ausgerechnet, die noch ohne Rückkoppelung und Klangverfärbungen möglich ist. Diese kann mit folgender Formel berechnet werden:

$$G_{max} = 20 \cdot \log\left(\frac{d_0}{d_s}\right) - 20 \cdot \log\left(\frac{d2}{d_1}\right) - 6dB$$

mit:
G_{max}: Maximal mögliche Verstärkung in dB
d_s, d_0, d_1 und d_2 : Abstände nach Abbildung 6.13-1 in Meter, m

Die 6dB stellen den eben erwähnten Rückkopplungssicherheitsabstand dar.

Dazu ein Beispiel: Der Sprecher soll 0,5m (d_s) vom Mikrofon entfernt sein. Der Zuhörer 20m (d_0). Der Lautsprecher befindet sich 3m (d_1) entfernt zum Mikrofon. Der Zuhörer ist 20m (d_2) vom Lautsprecher entfernt. Daraus ergibt sich zunächst G_{max} von 9,5dB. Das bedeutet, dass mit Hilfe der Beschallungsanlage eine Erhöhung der Lautstärke am Zuhörerplatz um +9,5dB im Vergleich zum unverstärkten Sprecher erreichbar ist. Dies scheint zunächst kein sehr hoher Wert zu sein. Der Wert von +9,5dB entspricht jedoch einem scheinbaren Näherkommen des Sprechers um den Faktor 3. Das heißt der Sprecher ist mit Beschallungsanlage so laut wie in 6,7m Entfernung, obwohl er sich tatsächlich 20m vom Zuhörer entfernt befindet. Berechnet werden kann dies mit der Formel:

$$d_{se} = \frac{d_s}{10^{\frac{G}{20}}}$$

mit:

d_s: Tatsächlicher Abstand des Sprechers in Meter, m

d_{se}: Empfundener Abstand des Sprechers mit Beschallungsanlage in Meter, m

Diese Formel lässt sich auch nach der Verstärkung umstellen und lautet dann:

$$G = 20 \cdot \log\left(\frac{d_s}{d_{se}}\right)$$

In diesem Fall kann berechnet werden, welche akustische Verstärkung notwendig ist, um den Sprecher in einem bestimmten Abstand zu empfinden. Diese Formel ist wichtig, wenn man sich eine Vorstellung verschaffen möchte, wie viel Verstärkung ungefähr notwendig sein könnte. Geht man beispielsweise davon aus, dass ein Sprecher im Abstand von 3m als angenehm empfunden wird, tatsächlich aber 20m entfernt steht, so sind nach obiger Formel 16,5dB Verstärkung notwendig.

Die eben gezeigten Verstärkungs-Rechnungen gehen alle noch von ungerichteten Lautsprechern und Mikrofonen aus. Wenn beispielsweise der Lautsprecher nach wie vor ungerichtet abstrahlt, als Mikrofon jedoch ein Nierenmikrofon verwendet wird und der Lautsprecher sich 90° seitlich vom Mikrofon befindet, dann wird der Lautsprecher durch die Richtwirkung des Mikrofons um -6dB schwächer aufgenommen als der Sprecher, der sich direkt vor dem Mikrofon befindet. Dadurch erhöht sich die mögliche Verstärkung auf einen Wert von 9,5dB+6dB=15,5dB.

Um noch hörere Verstärkungen zu bekommen, muss man den Sprecher näher an das Mikrofon bringen. Wäre dieser beispielsweise nur 25cm vom Mikrofon entfernt, so ändert sich G_{max} für einen ungerichteten Lautsprecher und ein ungerichtetes Mikrofon auf 15,6dB. Mit zusätzlichen 6dB durch ein Nierenmikrofon käme man bereits auf 21,6dB. Dies entspricht bereits einer empfundenen Entfernung des Sprechers von 1,7m.

Geht man von mehreren Lautsprechern aus, so müssen alle einzelnen Lautsprecher in die Berechnung der maximalen Verstärkung mit einbezogen werden. Dadurch ändert sich die Formel in:

$$G_{max} = 20 \cdot \log\left(\frac{d_0}{d_s}\right) -$$

$$-20 \cdot \log\left[\frac{1}{N} \cdot \left(\frac{d_{21}}{d_{11}} + \frac{d_{22}}{d_{12}} + \ldots + \frac{d_{2N}}{d_{1N}}\right)\right] - 6\text{dB}$$

mit:

G_{max}: Maximal mögliche Verstärkung in dB

d_s, d_0, d_{1x} und d_{2x}: Abstände in Meter nach Abbildung 6.13-1. Hierbei steht x für den x-ten Lautsprecher. N ist die Gesamtanzahl der Lautsprecher.

Hierzu ein Beispiel: Der Sprecher soll 0,5m (d_s) vom Mikrofon entfernt sein. Der Zuhörer 20m (d_0). Zwei Lautsprecher befinden sich jeweils 3m (d_{11} und d_{12}) entfernt zum Mikrofon. Der Zuhörer ist jeweils 20m (d_{21} und d_{22}) vom Lautsprecher entfernt. Die Berechnung der obigen Formel ergibt ein G_{max} von 9,5dB. Das ist der gleiche Wert wie mit nur einem Lautsprecher. Zwar bringen zwei Lautsprecher zweimal ein Signale zum Mikrofon, erzeugen dadurch eine höhere Rückkoppelungsgefahr und müssen jeweils leiser eingestellt werden, allerdings erzeugen zwei Lautsprecher auch zwei Signale beim Zuhörer. Daher bleibt die gesamtmögliche Maximalverstärkung gleich.

Ein weiteres Beispiel: Sprecher und Zuhörer bleiben gleich wie im ersten Beispiel. Der eine Lautsprecher soll 2m vom Mikrofon (d_{11}) und 20m vom Zuhörer (d_{21}) weg sein. Der zweite Lautsprecher 10m vom

Mikrofon (d_{12}) und 10m vom Zuhörer (d_{22}). Obige Formel ergibt eine maximale Verstärkung von:

$$G_{max} = 20 \cdot \log\left(\frac{20m}{0{,}5m}\right) -$$

$$-20 \cdot \log\left[\frac{1}{2} \cdot \left(\frac{20m}{3m} + \frac{10m}{10m}\right)\right] - 6dB =$$

$$G_{max} = 32dB - 20 \cdot \log\left[\frac{1}{2} \cdot \left(\frac{20m}{3m} + \frac{3m}{3m}\right)\right] - 6dB =$$

$$G_{max} = 32dB - 20 \cdot \log\left[\frac{1}{2} \cdot \frac{23m}{3m}\right] - 6dB =$$

$$G_{max} = 32dB - 20 \cdot \log\left[\frac{23m}{6m}\right] - 6dB =$$

$$G_{max} = 32dB - 11,7dB - 6dB = 14,3dB$$

6.13.1.5 Raumeinfluss auf die Beschallungsanlage

Befindet sich die Beschallungsanlage nicht im Freifeld sondern in einem Raum, dann kommt der Diffusschall hinzu, der durch die Reflexionen des abgestrahlten Schalls entsteht. Beim Diffusschall geht man immer von einer gleichmäßigen Schalldruckverteilung im gesamten Raum aus. Weiterhin kann man sagen, dass der Diffusschall nicht korreliert zum Direktschall ist.

Eine wichtige Größe in diesem Zusammenhang ist der so genannte Hallradius. Er gibt die Entfernung zu einer Schallquelle an, in der der Direktschall gleich stark ist wie der Diffusschall. In Abbildung 6.13-2 ist der entfernungsabhängige Verlauf des Direkt- und Diffusschalls zu sehen. Es wird hierbei davon ausgegangen, dass der Direktschall pro Entfernungsverdoppelung um 6dB abnimmt, der Diffusschall jedoch konstant bleibt. Die Entfernung, in der sich die Kurven von Direkt- und Diffusschall schneiden, ist der Hallradius. In der Abbildung ist er normiert dargestellt, das heißt, am Hallradius ist die Entfernung 1. Zur Berechnung des Hallradius sind drei entscheidende Größen notwendig: das Raumvolumen (V), die Nachhallzeit (RT60) und das Abstrahlverhalten des Lautsprechers (Q).
Der Hallradius berechnet sich mit:

$$r_H = 0,057 \cdot \sqrt{\frac{V \cdot Q_{LS} \cdot Q_{mic}}{RT60}}$$

mit:

r_H:	Hallradius in Metern, m
V:	Raumvolumen in m^3
RT60:	Nachhallzeit in Sekunden, s
Q_{LS}:	Bündelungsmaß des Lautsprechers
Q_{mic}:	Bündelungsmaß des Mikrofons

Hinweis: Für die Berechnung des Hallradius ist zwar das Bündelungsmaß des Mikrofons (siehe Kapitel 6.3.3.4) entscheidend, dieses wird hier je-

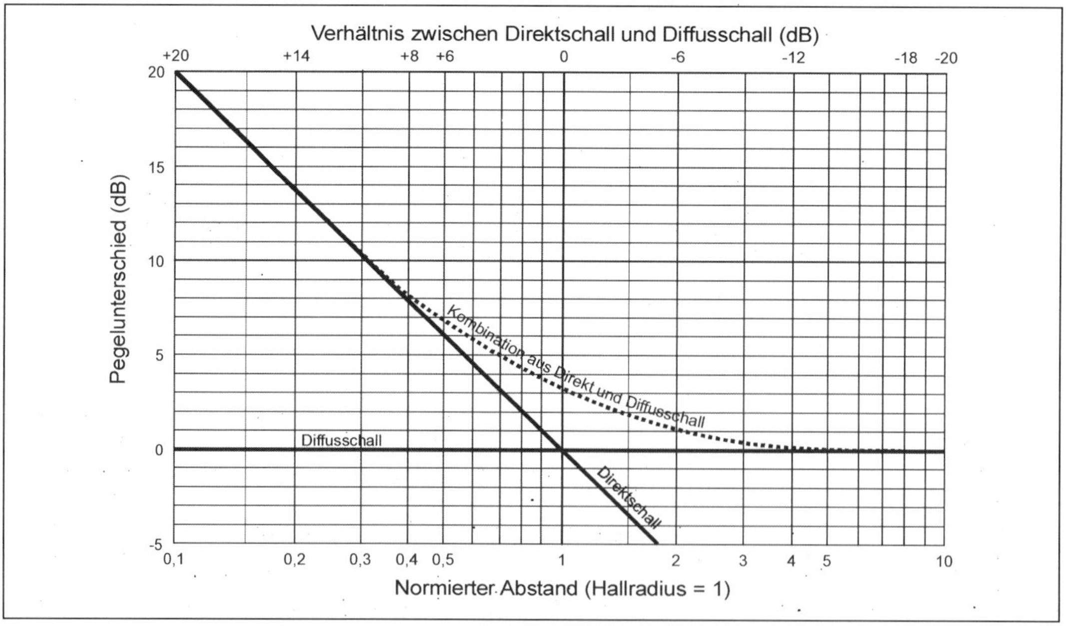

Abb. 6.13-2: Gráfische Darstellung von Direkt- und Diffusschall bezogen auf den Hallradius

doch zur Vereinfachung immer mit Q_{mic}=1 (Kugelcharakteristik) angenommen!
Wenn der Abstand r_H bekannt ist, kann die Stärke des Diffusschalls berechnet werden. Sie entspricht per Definition der Stärke des Direktschalls im Abstand r_H von der Schallquelle. Dieser kann mit der Formel aus Kapitel 6.13.1.1 berechnet werden.

Für den Lautstärkeeindruck in einem Raum ist immer die Summe aus Direkt- und Diffusschall ausschlaggebend. Diese kann in Abbildung 6.13-2 abgelesen werden. Am Hallradius beträgt die Summe +3dB mehr Schalldruckpegel als der Direkt-/Diffusschall. Ab etwa dem 3-fachen Hallradius kann man davon ausgehen, dass nur noch der Diffusschall ausschlaggebend für den Gesamtpegel ist.

Für eine Beschallungsanlage, die eine brauchbare akustische Verstärkung bringen soll, müssen zwei wichtige Dinge beachtet werden:

- Das Mikrofon muss sich im Direktschallfeld des Sprechers befinden. Dies kann durch geringe Abstände zwischen Sprecher und Mikrofon erfolgen oder durch Mikrofone mit gerichtetem Aufnahmeverhalten (Niere oder besser).
- Das Mikrofon muss sich im Diffusschallfeld (mindestens 3-facher Hallradius) der Lautsprecher befinden. Auch hier hilft ein gerichtetes Mikrofon, den seitlich eintreffenden Schall schwächer umzuwandeln.

Um nun die akustische Verstärkung einer Beschallungsanlage in einem Raum zu berechnen, kalkuliert man zunächst den Hallradius des Sprechers. Dessen Bündelungsmaß kann mit guter Näherung mit Q=2 angegeben werden (siehe auch Kapitel 3.2). Im Beispiel eines Raums mit RT60=1s und 600m³ Volumen errechnet sich der Hallradius auf 2m. Das Mikrofon soll 50cm vom Sprecher entfernt aufgestellt sein und bekommt nach Abbildung 6.13-2 somit etwa 12dB mehr Schalldruckpegel, als der Direktschall beziehungsweise auch der Diffusschall am Hallradius ausmacht. Das Mikrofon befindet sich somit klar im Direktschallfeld des Sprechers.
Der Zuhörer soll 20m entfernt vom Sprecher sein. Er befindet sich somit in 10-facher Entfernung vom Hallradius und ist klar im Diffusschallfeld. Er wird somit nur den Diffusschallpegel des Sprechers wahrnehmen. Dieser liegt, wie eben gesehen, 12dB unter dem Pegel am Mikrofon.

Der verwendete Lautsprecher soll ungerichtet abstrahlen (Q=1) und hat somit einen Hallradius von 1,4m. Er befindet sich 3m entfernt vom Mikrofon. Damit befindet sich das Mikrofon noch nicht ganz perfekt im Diffusschallfeld des Lautsprechers. Auch der Lautsprecher ist 20m vom Zuhörer entfernt, und somit ist der Zuhörer wieder perfekt im Diffusschallfeld des Lautsprechers. Nach Abbildung 6.13-2 kann man sehen, dass am Mikrofon etwa 1dB mehr Schalldruckpegel ankommt als beim Zuhörer. Geht man wieder von einem Sicherheitsabstand für guten Klang von 6dB aus, kann man sagen, dass der Lautsprecher 5dB mehr Pegel am Zuhörerplatz erzeugen kann als der Sprecher. Nochmal zur Erinnerung:

Sprecher am Mikrofon: +12dB über Diffusschall
Lautsprecher am Mikrofon: +1dB über Diffusschall
Sicherheitsabstand: 6dB
Lautsprecher am Mikrofon mit 5dB Verstärkung: +6dB über Diffusschall, also 6dB unter dem Pegel des Sprechers.

Man kann somit von einer akustischen Verstärkung von +5dB ausgehen. Durch gerichtete Mikrofone und Lautsprecher lässt sich dieser Wert noch weiter erhöhen. Man sieht somit, dass im Vergleich zur Beschallung ohne Raum (9,5dB G_{max}, siehe Kapitel 6.13.1.4) nicht so eine hohe Verstärkung möglich ist. Allerdings kommt durch den hohen Diffusschallanteil in einem Raum trotzdem mehr Schalldruck bei entfernt sitzenden Zuhörern an als im Freifeld.

6.13.1.6 Klang und Sprachverständlichkeit

Für den Klang einer Beschallungsanlage sind wesentlich die verwendeten Lautsprecher verantwortlich. Je flacher und linearer der Frequenzgang der Lautsprecher ist, desto neutraler klingt die Beschallungsanlage zunächst. Mit Hilfe von Equalizern kann man anschließend den Klang gut den eigenen Bedürfnissen anpassen.
Ein weiterer, wesentlicher Vorteil eines flachen Amplitudenfrequenzgangs ist die ausgewogenere Verteilung möglicher Rückkoppelungsfrequenzen. Sollte ein Lautsprecher oder ein Mikrofon Überhöhungen im Amplitudenfrequenzgang aufweisen, so besteht bei den betroffenen Frequenzen zuerst die Gefahr von Rückkoppelungen. Bei Mikrofonen kann man jedoch einen relativ flachen Frequenzgang meist voraussetzen.

Eine gute Sprachverständlichkeit ist vor allem für Sprachdarbietungen notwendig. Für die Sprachverständlichkeit ist jedoch nicht allein die Beschallungsanlage verantwortlich sondern ganz wesentlich auch die Nachhallzeit des Raums. Genaueres zur Sprachverständlichkeit und deren Messung ist in Kapitel 16.2.2.7 zu finden.

6.13.2 Hornlautsprecher

Hornlautsprecher sind normale Lautsprecher mit einem so genannten "Horn", welches vor der Membran befestigt wird. Das Horn stellt eine Führung für den Schall dar und bringt die abgestrahlte Schallwelle in eine ganz bestimmte Form. Welche Form die Schallwelle erreicht, wird durch die Öffnungsfunktion des Horns bestimmt.
Durch ein Horn wird der Schall gerichteter abgestrahlt. Der Grund dafür ist gut zu erkennen, wenn man in der Abbildung 6.13-3 den Vergleich zwischen einem normalen Lautsprecher und einem Hornlautsprecher betrachtet. Hier passieren zwei Dinge:

- Der abgestrahlte Schall verteilt sich nicht mehr auf eine halbkugelförmige Oberfläche sondern nur noch auf ein Kugelsegment. Dadurch bleibt viel mehr Leistung pro Fläche übrig. Der Wirkungsgrad des Lautsprechers wird dadurch zwar nicht höher, aber man bekommt im Abstrahlbereich wesentlich mehr Schalldruck pro Watt und Meter. Das wiederum bedeutet, dass man mit gleicher Leistung höhere Schalldrücke erzeugen kann.
- Die Form der abgestrahlten Welle verändert sich je nach Formgebung des Horns. Auf diese Weise kann ein bestimmtes Abstrahlverhalten eingestellt werden, welches sogar über einen großen Bereich konstant sein kann. In letzterem Fall spricht man von "Constant-Directivity"-Hörnern oder kurz CD-Hörnern.

Das Horn kann somit als Begrenzungsfläche für die Schallwelle und gleichzeitig als "Umweg" für seitlich abgestrahlte Wellen betrachtet werden.
Damit das Horn Wirkung zeigt, muss der Umweg und die Begrenzungsfläche für den Schall lang genug sein. Daraus ergibt sich eine bestimmte Mindestlänge des Horns in Abhängigkeit der unteren Grenzfrequenz.
Bei tiefen Frequenzen führt das dazu, dass die Länge mehrere Meter betragen muss. Aus diesem Grund werden bei tieffrequenten Hornlautsprechern die Hörner gefaltet. In Abbildung 6.13-4 ist eine Schnittzeichnug durch ein gefaltetes Horn zu sehen.

Damit bei Hochleistungstreibern (vor allem im Hochtonbereich) das Abstrahlverhalten konstant bleibt, ist ein enger Hornhals notwendig. Dessen Durchmesser liegt oft deutlich unter dem Membrandurchmesser der Treibers. Um nun den Treiber dem engen Hornhals anzupassen, wird eine Druckkammer konstruiert, wie sie beispielsweise in Abbildung 6.13-5 zu sehen ist.

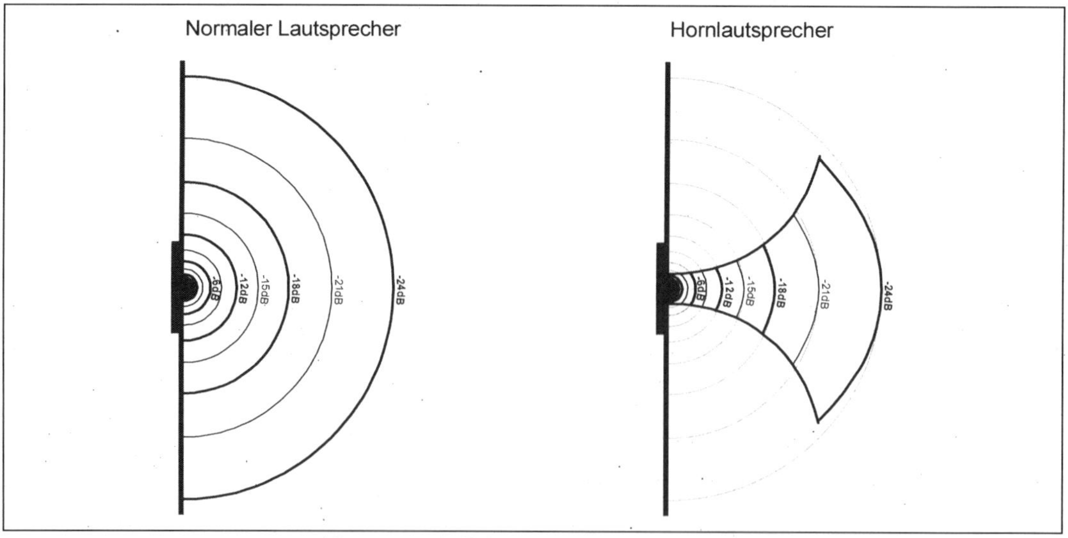

Abb. 6.13-3: Schallabstrahlung mit und ohne Horn

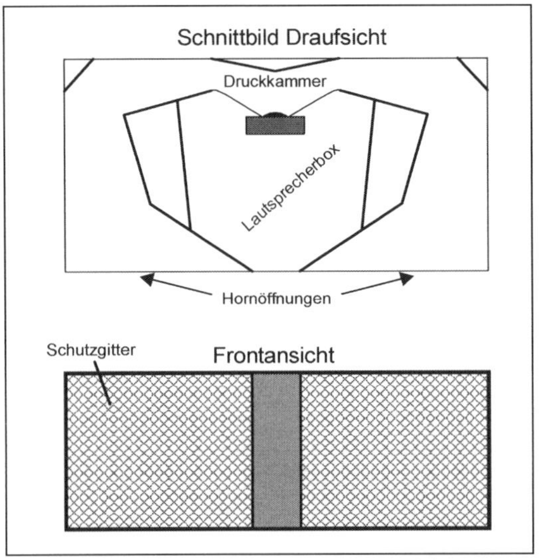

Abb. 6.13-4: Schnittzeichnung eines gefalteten Tieftonhorns

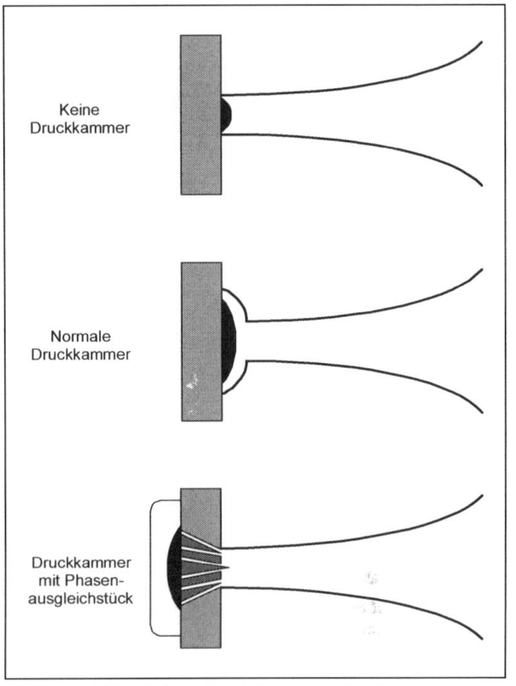

Abb. 6.13-5: Vergleich normales Horn, Druckkammertreiber und Druckkammertreiber mit Phasenausgleichstück

Zu hohen Frequenzen hin wird der Gegendruck durch das künstlich erzeugte gerichtete Abstrahlverhalten auf die Membran sehr hoch. Dadurch besteht die Gefahr, dass die Membran durch die hohe Belastung keine Bewegung mehr ausführt und somit nicht mehr gleichförmig schwingt. Partialschwingungen und Verzerrungen wären die Folge. Um dem vorzubeugen, haben die meisten Hornlautsprecher ein Phasenausgleichstück in der Druckkammer. Dieses verteilt die Luftlast gleichmäßiger auf die Membran und verhindert dadurch wirkungsvoll die Überlastung einzelner Teile der Membran. Die Abbildung 6.13-6 zeigt ein solches Phasenausgleichstück aus einem Hochleistungshochtonhorntreiber.

Eine weitere Gefahr bei der Verwendung von Hörnern besteht in der Überlastung der Lautsprecher. Da diese aufgrund des hohen Gegendrucks der Luft nur noch geringe Membranbewegungen ausführen, ist die Kühlung durch die Membranbewegung vor allem bei Tieftönern kaum mehr gegeben.

Abb. 6.13-6: Phasenausgleichstück in einem Hochtonhorntreiber. Oben: Ansicht hinter der Membran. Unten: gegenüberliegende Seite am Hornanfang

6.13.3 Line-Arrays

Line-Arrays sind zunächst einfach nur linienförmig nebeneinander angeordnete Lautsprecher. In Folge der Strahlungskopplung (siehe Kapitel 6.10.2.13) arbeiten die vielen einzelnen Membranen wie eine große längliche Membran und erzeugen in einer Ebene ein gerichteteres Abstrahlverhalten. Ordnet

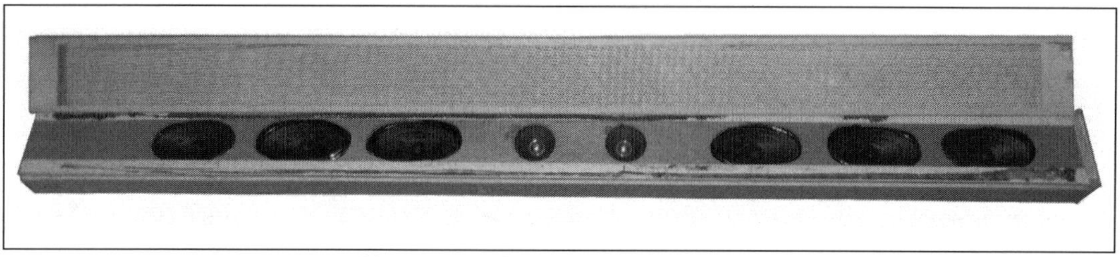

Abb. 6.13-7: Geöffneter "Kirchenlautsprecher"

man eine linienförmige Lautsprecheranordnung vertikal an (also ein Lautsprecherturm), so bekommt man horizontal ein relativ ungerichtetes, vertikal jedoch ein sehr gerichtetes Abstrahlverhalten.
Man unterscheidet heute zwei Arten von Line-Arrays: Einfache linienförmige Anordnungen von Lautsprechern und Zylinderwellenstrahler.

6.13.3.1 Einfache linienförmige Anordnung

Die einfache linienförmige Anordnung ergibt - sobald die Gesetze der Strahlungskopplung gelten - eine gerichtetere Abstrahlung entsprechend der neuen (scheinbaren) Membrangröße, jedoch auch mit allen Konsequenzen:

- Je länger ein Array gebaut wird, desto gerichteter kann tieffrequenter Schall abgestrahlt werden. Allerdings tritt zu hohen Frequenzen hin eine übermäßig starke Bündelung mit Nebenmaxima auf.
- Je kürzer ein Array wird, desto ungerichteter wird die Abstrahlung tiefer Frequenzen. Bei hohen Frequenzen bleibt die Bündelung jedoch moderat.

Aufgrund dieser Tatsachen liegt die Idee nahe, ein Array frequenzabhängig in der Größe zu variieren. Das bedeutet, dass die äußeren Lautsprecher zu hohen Frequenzen hin immer weniger Schall abstrahlen, also durch Tiefpassfilter begrenzt werden. Dies passiert in einfachen Arrays, wie beispielsweise den länglichen Lautsprechern in Kirchen, bei denen die Hochtöner mittig angeordnet sind. In Abbildung 6.13-7 ist ein solcher Lautsprecher geöffnet zu sehen. Außen befinden sich 6 parallel geschaltete Mittel-/Tieftöner innen zwei über Kondensatoren angeschlossene Hochtöner.

6.13.3.2 Zylinderwellenstrahler

Echte Zylinderwellenstrahler sind ebenfalls linienförmige Anordnungen von Lautsprechern, die auf den ersten Blick möglicherweise nicht von den einfachen Arrays zu unterscheiden sind. Ihre Besonderheit liegt darin, dass sie über ihre gesamte

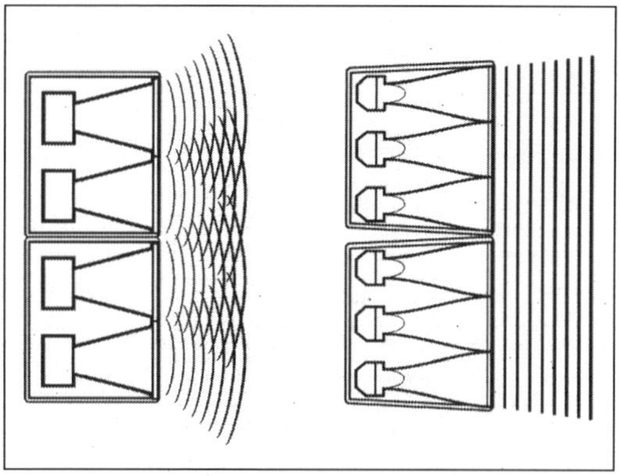

Abb. 6.13-8: Vergleich zwischen mehreren Kugelstrahlern (links) und einer kohärenten Wellenfront (rechts) (© JBL)

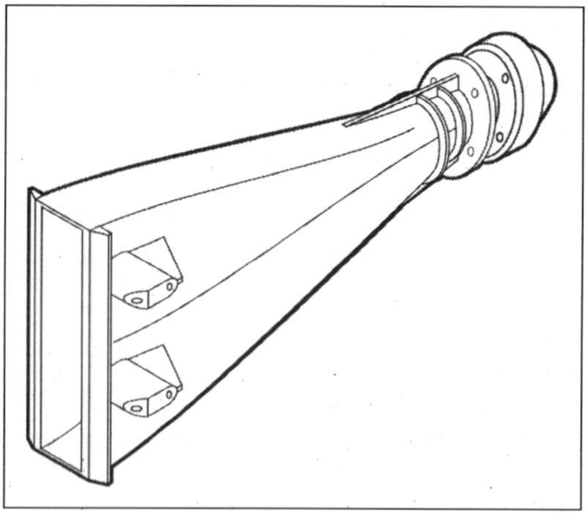

Abb. 6.13-9: Detailansicht eines "Waveformers", der eine kohärente Wellenform erzeugt. Gut zu erkennen sind die Umwegstücken in den Schallkanälen. (© JBL)

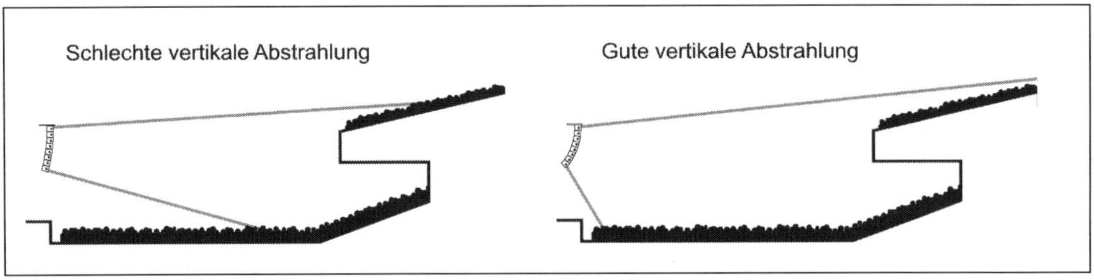

Abb. 6.13-10: Ein schlecht (links) und ein gut (rechts) ausgerichtetes Line-Array (© JBL)

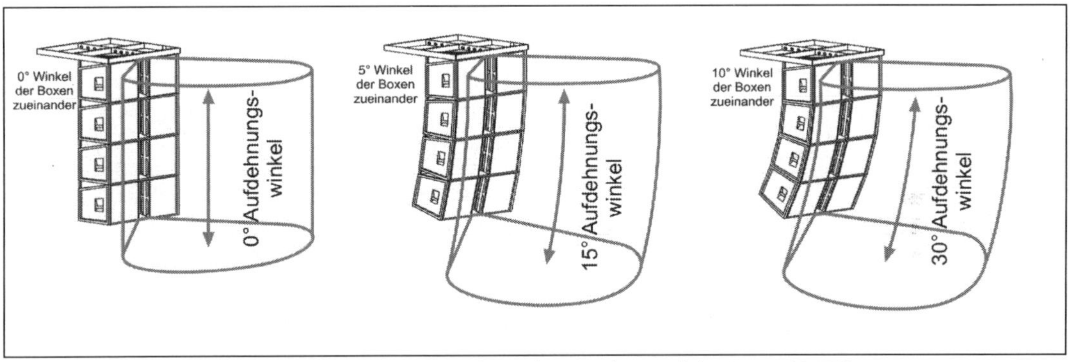

Abb. 6.13-11: Auswirkungen des Verbiegens (curving) der Arrays (© JBL)

Länge eine "kohärente Wellenfront" abstrahlen. Das bedeutet, dass sie in der Vertikalen eine ebene Welle und nicht mehrere kugelförmige Wellen abstrahlen. Die Abbildung 6.13-8 zeigt den Unterschied zwischen einzelnen Kugelstrahlern und der Abstrahlung einer ebenen Welle.

Damit eine wirklich zylinderförmige Schallwelle entsteht, muss zunächst eine lange, linienförmige Schallquelle aufgebaut werden. Dies erreicht man in der Praxis durch das Übereinanderstapeln mehrerer Lautsprecher, die jeweils bereits eine ebene Welle abstrahlen. Bei tiefen und mittleren Frequenzen funktioniert das noch mit Hilfe der Strahlungskopplung. Zu höheren Frequenzen hin wären jedoch sehr viele extrem nah zueinander angeordnete Hochtöner notwendig. Gerade im PA-Bereich sind leistungsstarke, relativ große Hochtontreiber gefragt, die sich nicht nahe genug übereinander anordnen lassen. Daher verwendet man eine hornähnliche Schallführung vor den Hochtontreibern, die dafür sorgt, dass der Schall überall zeitgleich aus der Öffnung tritt (siehe Abbildung 6.13-9).

Wenn das Array richtig aufgebaut wurde, entsteht eine zylinderförmige Schallwelle, die sich nur in der horizontalen Ebene ausdehnt. In der Vertikalen bleibt sie idealerweise konstant. Da man damit nur einen relativ kleinen Zuhörerbereich beschallen kann, werden die Arrays in der Praxis durchgebogen und die Zylinderwelle aufgedehnt. Dadurch kann man den richtigen Zuschauerbereich gezielter beschallen (siehe Abbildung 6.13-10). Wie weit die Aufdehnung erfolgt, steht in direktem Zusammenhang mit den Winkeln, in denen die Lautsprecher zueinander angeordnet sind (Siehe Abbildung 6.13-11). Verwendet man beispielsweise 10 Lautsprecher für das Array und hat die oberen 5 direkt übereinander gestapelt, dann zwei mit 3°, zwei mit 5° und einen mit 10° zueinander befestigt, dann geht die Zylinderwelle um $0°+0°+0°+0°+3°+3°+5°+5°+10°=$ $=26°$ auseinander. Welches Abstrahlverhalten sich schließlich daraus genau ergibt, muss man den jeweiligen Berechnungsprogrammen entnehmen, die die Hersteller mit ihren Systemen zur Verfügung stellen.

Die Hauptvorteile eines Line-Arrays liegen in der einfachen Aufstellung und der relativ optimalen Abdeckung eines großen Zuschauerbereichs, da der Schalldruck mit zunehmender Entfernung nicht mehr so stark abnimmt.

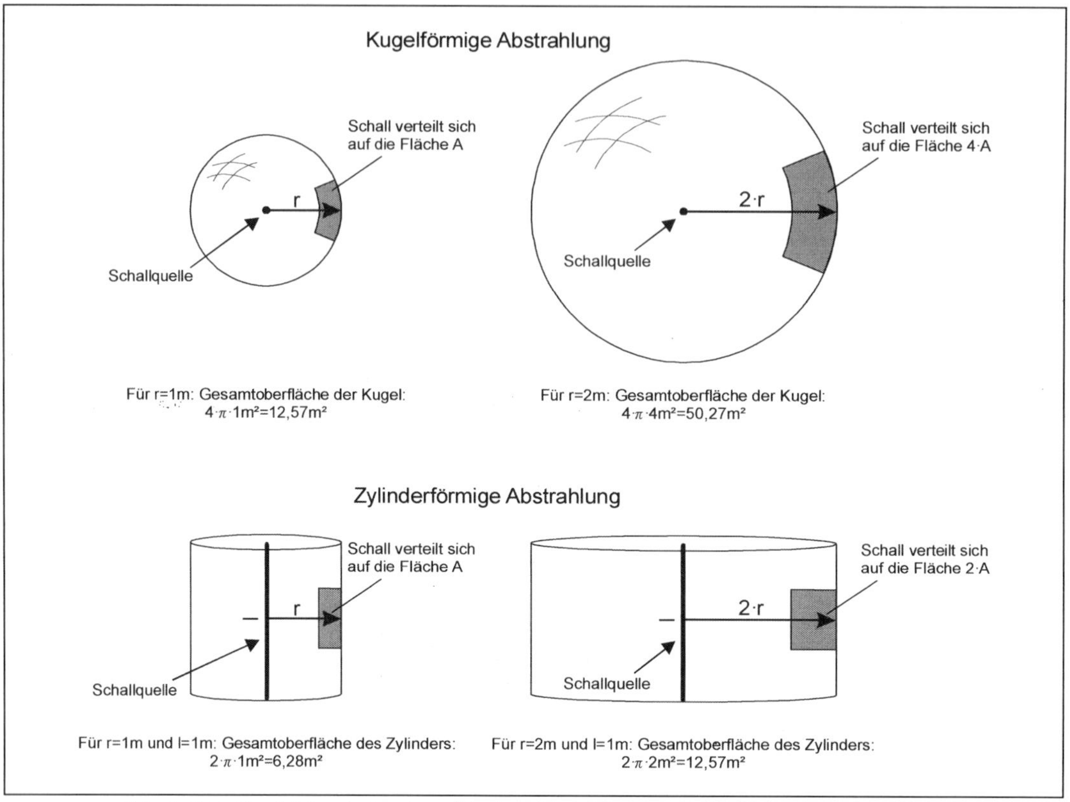

Abb. 6.13-12: Vergleich zwischen kugelförmiger Abstrahlung und zylinderförmiger Abstrahlung

Bei allen bisherigen Annahmen und Berechnungen wurde immer von einer kugelförmigen oder kugelsegmentförmigen Abstrahlcharakteristik ausgegangen. Dies bedeutet, dass bei jeder Entfernungsverdoppelung der Schalldruck um 6dB zurückgeht, da sich die abgestrahlte Leistung jeweils auf die 4-fache Fläche verteilt.

Im Falle einer zylinderförmigen Abstrahlung wird die Fläche, auf die sich der Schall verteilt, bei jeder Entfernungsverdoppelung nur doppelt so groß. Daher muss sich die abgestrahlte Leistung auch nur auf die doppelte Fläche verteilen und nimmt nur um 3dB ab (siehe Abbildung 6.13-12).

Für eine Verdoppelung der Entfernung klingt der erreichbare Pegelunterschied noch nicht sehr groß, betrachtet man jedoch eine Verzehnfachung der Entfernung, so nimmt der Pegel bei kugelförmiger Abstrahlung um 20dB ab, bei zylinderförmiger Abstrahlung nur um 10dB. Im Falle eines Publikumsbereichs, bei dem sich der nächststehende Zuhörer 7m und der entfernteste Zuhörer 70m entfernt vom Lautsprecher befindet, hätte man daher bei zylinderförmiger Abstrahlung nur 10dB Pegelunterschied zwischen diesen Hörpositionen. Siehe hierzu auch das Kapitel 1.2.2.12.

6.13.4 ELA-Technik

ELA ist die Kurzform für Elektroakustik und steht heute meist für Beschallungsanlagen in 100V-Technik. Diese findet man in Kaufhäusern, Schulen, Krankenhäusern, Flughäfen - also überall, wo große Flächen und viele Räume beschallt werden sollen.

Da der Kabelwiderstand bei großen Entfernungen zwischen der Endstufe und den Lautsprechern eine erhebliche Rolle spielt und sehr dicke Kabel aus Kostengründen vermieden werden sollen, ist man auf eine Übertragung mit höherer Ausgangsspannung und demzufolge niedrigerem Strom übergegangen. So würde beispielsweise eine Ausgangsspannung von 20V an einem 4Ω-Lautsprecher eine Leistung von 100W hervorrufen. Hat jedoch das Zuleitungskabel bereits 4Ω, dann entstehen nur noch 50W. 25W am Lautsprecher und 25W als Wärme am Kabel.

Die ELA-Technik verwendet am Ausgang einer Endstufe einen Ausgangsübertrager, der die Ausgangsspannung hochtransformiert sowie den Ausgangsstrom heruntersetzt. Die maximal mögliche Ausgangsleistung bleibt dabei gleich. Bei maximaler Ausgangsleistung wird eine Spannung von 100V hinter dem Übertrager erreicht - daher auch der Name 100V-Technik. Hat ein Verstärker beispielsweise 100W Ausgangsleistung, dann hat er diese bei 100V Ausgangsspannung. Somit kann ein maximaler Ausgangsstrom von 1A fließen.
Jeder Lautsprecher einer ELA-Anlage hat ebenfalls einen Übertrager, der die hohe Spannung wieder heruntersetzt und den Strom hochtransformiert. Daher können ganz normale 4Ω, 8Ω oder 16Ω Lautsprecher verwendet werden. Die Übertrager an den Lautsprechern haben normalerweise mehrere Primärwicklungen und mehrere Sekundärwicklungen (siehe Abbildung 6.13-13). In der Abbildung erkennt man, dass an die verschiedenen Ausgangswicklungen ein 4Ω, ein 8Ω oder ein 16Ω Lautsprecher angeschlossen werden kann. Die unterschiedlichen Eingangsabgriffe bestimmen die Leistung, die aus der 100V-Versorgung abgegriffen werden soll. Dabei kann man über das Leistungs-Gesetz berechnen, welcher Widerstand der Eingangswicklung welchen Leistungsabgriff zur Folge haben kann. Nach der Formel:

$$P = \frac{U^2}{R}$$

mit:
P: Leistung in Watt, W
U: Spannung in Volt, V (hier 100V bei P_{max})
R: Widerstand der Eingangswicklung in Ohm, Ω

Geht man von der Maximalleistung aus, so steht in der Formel:

$$P_{max} = \frac{10000V^2}{R}$$

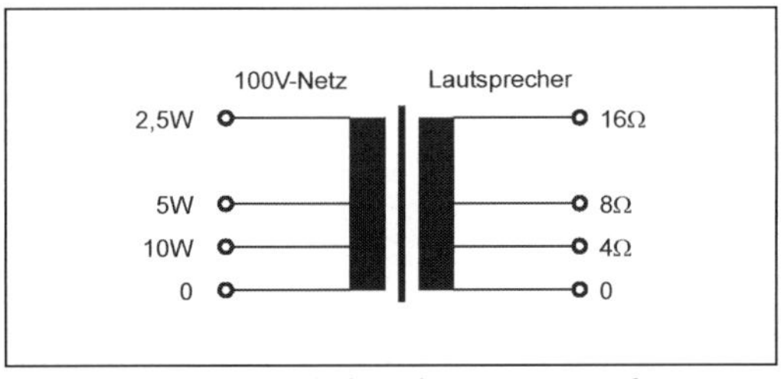

Abb. 6.13-13: Schaltzeichen eines typischen 100V-Übertragers

Das heißt, dass man mit einem Widerstand von 1000Ω eine Leistung von maximal 10W aus dem 100V-System abgreift. Stellt der Verstärker eine Maximalleistung von 100W zur Verfügung, bedeutet das, dass man bis zu 10 solcher Abgriffe am 100V-Netz machen kann. Alternativ könnte man auch 5 10W-Abgriffe, 5 5W-Abgriffe und 10 2,5W-Abgriffe gleichzeitig machen, ohne die Maximalleistung von 100W zu überschreiten. Man sieht also, dass die 100V-Technik einen entscheidenden Vorteil mit sich bringt: man baut eine zweipolige 100V-Leitung auf und kann an verschiedensten Stellen Abgriffe machen und Lautsprecher anschließen. Lediglich die maximale Ausgangsleistung des Verstärkers darf nicht überschritten werden. Welche Lautsprecher man mit wie starken Abgriffen versieht, ist vom jeweiligen Anwendungsfall abhängig. So könnte man beispielsweise bei einem Supermarkt 4 mal 10W-Lautsprecher im Parkplatzbereich installieren, 4 mal 5W im Eingangs-/Kassenbereich und 20 mal 2W über die Verkaufsfläche verteilt. Insgesamt wären 100W Gesamtleistung abgegriffen.

In Tabelle 6.13-1 sind die verschiedenen Widerstände für die jeweils abgegriffene Ausgangsleistung eines 100V-Systems zu sehen. Achtung: die Widerstände sind bei 1kHz Frequenz zu messen und nicht bei Gleichspannung. Ein konventionelles Widerstandsmessgerät ist daher nicht geeignet. Man benötigt ein Impedanzmessgerät mit einer Messfrequenz von 1kHz.

Möchte man eine 100V-Leitung aufbauen, so kann man entweder einen speziellen 100V-Verstärker kaufen (was sich in der Praxis anbietet, da dieser bereits alle gängigen Normen und Vorschriften erfüllen sollte) oder einen normalen 4Ω-Verstärker mit einem Ausgangstrafo ergänzen. In letzterem Fall sollte zwischen Verstärker und Trafo ein RC-Glied geschaltet werden, wie es in Abbildung

Widerstand	Abgegriffene Leistung
10000Ω	1W
5000Ω	2W
3300Ω	3W
2000Ω	5W
1300Ω	7,5W
1000Ω	10W
500Ω	20W
330Ω	30W
200Ω	50W
100Ω	100W

Tab. 6.13-1: Übersicht über die Widerstände und die abgegriffene Leistung (an 100V)

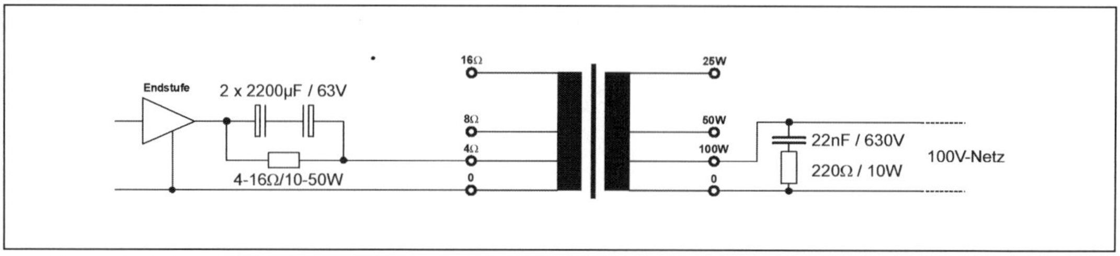

Abb. 6.13-14: Ein- und Ausgangsbeschaltung eines 100V-Übertragers am Ausgang einer konventionellen Endstufe

6.13-14 zu sehen ist. Auch am 100V Ausgang empfiehlt sich ein RC-Glied, um das frequenzabhängige Verhalten des Übertragers zu kompensieren.

In Amerika sind anstelle der 100V-Systeme 70V-Systeme gebräuchlich. Ihr Verhalten ist identisch, nur die Spannung bei maximaler Ausgangsleistung beträgt 70V. Verwendet man 100V-Übertrager in einem 70V System, so liefern sie 3dB (also die Hälfte) weniger Leistung als in einem 100V- System. Um beispielsweise einen 10W Lautsprecher mit einem 100V-Übertrager in einem 70V- System auch tatsächlich mit 10W zu betreiben, muss der Übertrager am 20W-Anschluss mit dem 70V-Netz verbunden werden.

Kapitel 7 - Digitaltechnik

7 Digitaltechnik

7.1 Grundlagen digitaler Systeme

7.1.1 Binäre Logik und digitale Zahlendarstellung

Der Begriff "Digital" wird oft mit Nullen und Einsen in Verbindung gebracht, und das ist auch in vielen Fällen richtig. In der Digitaltechnik werden die meisten Informationen heute mit Hilfe von Binärzahlen in Form von Nullen und Einsen gespeichert und übertragen. Umgekehrt bedeutet es jedoch nicht, dass etwas automatisch digital sein muss, wenn Nullen und Einsen verwendet werden.
Die Darstellung einer Information mit Hilfe von Null und Eins, 0/1 oder auch An/Aus nennt man binäre Darstellung. Binär kommt aus dem Lateinischen und bedeutet soviel wie aus zwei Einheiten oder Zeichen bestehend. Ein Schalter kann zum Beispiel nur zwei Zustände annehmen: An oder Aus. Baut man jetzt einen Datenspeicher mit Hilfe von Schaltern, dann müssen die Informationen mit Hilfe der An- / Aus-Zustände der Schalter gespeichert werden - also binär. Datenspeicher bestanden früher wirklich aus vielen einzelnen Schaltern oder Relais und auch heute bestehen sie, wie zum Beispiel dynamische RAM-Speicher aus elektronischen Schaltern, so genannten Flip-Flops. Computer speichern also die Informationen in binärer Form.
"Digital" hat auch einen lateinischen Ursprung und bedeutet soviel wie "die Finger betreffend". So lautet zumindest heute die (ursprüngliche,) medizinische Bedeutung. Die Finger hat man früher zum Zählen benutzt, und man konnte mit ihrer Hilfe Zahlen darstellen. Die Bedeutung des Begriffes "Digital" in der Tontechnik ist die Darstellung einer Information in Form von Zahlen.
Ein wenig paradox scheint es, wenn man weiß, dass man zehn Finger hat und damit auch zehn verschiedene Zahlen darstellen könnte, die meistgebräuchliche Form der Zahlendarstellung in der Digitaltechnik jedoch die binäre Darstellung mit nur zwei verschiedenen Zuständen ist.
So ist also die Digitaltechnik meistens binär, die binäre Darstellung einer Information nicht automatisch digital. Ein Lichtschalter kann beispielsweise auch nur die Zustände "an" und "aus" darstellen, er ist jedoch nicht digital, da er keine Zahleninformation repräsentiert.
Erst, wenn eine Information wirklich nur in Form von Zahlen dargestellt wird - völlig unabhängig vom verwendeten Zahlensystem - kann sie als digital bezeichnet werden. Mit einer echten digitalen Information kann man dann auch Rechenoperationen ausführen, da man Zahlen sehr einfach in Rechenformeln einbinden kann. Hat man nur eine reine An/Aus-Information, so kann man damit auch nicht rechnen.

7.1.1.1 Binäre Logik

Unter binärer Logik versteht man Bausteine, die auf eine bestimmte binäre Eingangsinformation mit einem entsprechenden binären Ausgangssignal reagieren. So ist der einfachste binäre Logikbaustein eine Nicht-Operation: Eine binäre Eins am Eingang wird zu einer binären Null am Ausgang, und eine binäre Null am Eingang wird zu einer binären Eins am Ausgang umgewandelt.

Etwas komplizierter ist die Und-Operation, die feststellen soll, ob ein Eingang und ein anderer Eingang gleichzeitig eins sind. Bei zwei Eingängen würde folgendes gelten: Sind beide Eingänge Null, so ist der Ausgang auch Null, ist nur einer der beiden Eingänge Eins, der andere jedoch Null, so ist der Ausgang immer noch Null und nur, wenn beide Eingänge Eins sind, dann ist der Ausgang auch Eins. Da diese Beschreibung nun langsam sehr umständlich wird, beschreibt man die Funktionsweise von komplizierteren Logikschaltungen mit Hilfe einer so genannten Wahrheitstabelle. Diese würde für die Und-Operation mit zwei Eingängen wie in Tabelle 7.1-1 abgebildet aussehen:
Mit Hilfe dieser Tabelle kann man nun sehr schnell erkennen, unter welchen Bedingungen der Ausgang Null oder Eins wird.

Eine dritte grundlegende Logikschaltung ist die Oder-Operation. Ihre Wahrheitstabelle ist in Tabelle 7.1-2 zu sehen.

Weiterhin erwähnenswert ist in Zusammenhang mit der Berechnung von Fehlerkorrekturdaten die Exklusiv-Oder-Operation, die in Tabelle 7.1-3 zu

Eingang 1	Eingang 2	Ausgang
0	0	0
0	1	0
1	0	0
1	1	1

Tabelle 7.1-1: Wahrheitstabelle der Und-Operation

Eingang 1	Eingang 2	Ausgang
0	0	0
0	1	1
1	0	1
1	1	1

Tabelle 7.1-2: Wahrheitstabelle der Oder-Operation

Eingang 1	Eingang 2	Ausgang
0	0	0
0	1	1
1	0	1
1	1	0

Tabelle 7.1-3: Wahrheitstabelle der Exklusiv-Oder-Operation

sehen ist. Sie entspricht der Oder-Operation, mit dem Unterschied, dass eine Eins an beiden Eingängen wieder eine Null am Ausgang erzeugt. Sie stellt also die Unterschiedlichkeit der Eingänge dar.
Aus den gerade vorgestellten drei Grundoperationen können nun komplexere Logikschaltungen zusammengesetzt werden, wie zum Beispiel Speicher, Zähler, Rechenglieder, Vergleicher etc.

Ein Prozessor in einem Computer besteht im wesentlichen aus einem Programmablaufzähler, einem Programm- und Datenspeicher und Rechengliedern, so dass man einen Prozessor komplett mit den drei oben genannten binären Logikschaltungen (Nicht, Und und Oder) zusammensetzen kann. Ein Prozessor nimmt allerdings nicht nur einfache binäre Verknüpfungen vor, sondern kann Zahlen darstellen, speichern und mit ihnen rechnen. Ein Prozessor ist also in der Lage, mit Hilfe seiner binären Logikschaltungen digitale Informationen zu verarbeiten. Damit allerdings die einzelnen binären Logikschaltungen eine Zahl darstellen können, müssen mehrere binäre Informationen zusammen gefasst werden.

7.1.1.2 Bits, Bytes und Words

Bit ist eine Abkürzung und steht für **Bi**nary Digi**t**, was soviel bedeutet wie Binärstelle. Werden Zahlen in binärer Form dargestellt, so braucht man meistens mehrere Stellen, denn mit einer Stelle könnte man ja nur die Zahlen 0 und 1 darstellen. Diese Stellen werden dann Bit genannt.
Die Zusammenfassung von 4 Bit nennt man ein Nibble. Die ersten Prozessoren (und auch heute gibt es solche noch) waren 4-Bit Prozessoren und wurden mit Nibbles programmiert.
Zwei Nibbles oder auch 8 Bit ergeben ein Byte. Für die sehr stark verbreiteten 8-Bit Prozessoren ist dies die Programmiereinheit. Auch heute, im Zeitalter der 32- und 64-Bit Prozessoren wird Speicherplatz immer noch in Byte angegeben.
Words sind die Anordnung mehrerer Bytes zu einer noch größeren Darstellungsform. Ein Word kann aus 2 Byte bestehen, dann ist es ein 16-Bit Word. Besteht ein Word aus 4 Byte, dann ist es ein 32-Bit Word. Der in der Digitaltechnik oft anzutreffende Begriff "Wortbreite" bezieht sich auf die Anzahl der Bits in einem Word. Eine Wortbreite von 24-Bit bedeutet also, dass das Word aus 3 Byte zusammengesetzt wird, und auch mit 3 Byte Speicherbedarf abgespeichert werden kann.
Das Bit, das ganz links eines Byte oder Word steht, hat die Bezeichnung MSB. MSB steht für **M**ost **S**ignificant **B**it, also höchstwertiges Bit - das Bit mit dem größten Multiplikator (siehe Kapitel 7.2.2). Das Bit, das am weitesten rechts steht, hat die Bezeichnung LSB, was soviel bedeutet wie **L**east **S**ignificant **B**it, also das Bit mit dem kleinsten Multiplikator.
1 Kibibyte (KiB) besteht aus 2^{10} = 1024 Bytes. Ein Kilobyte sind 1000 Bytes. Aufgrund der binären Adressierung der Speicher, sind eigentlich vielfache von 1000 Byte nicht sinnvoll, und daher war

1 Bit			
1 Byte		8 Bit	
1 KiB	Kibibyte	2^{10} Bytes	1 024 Byte
1 MiB	Mebibyte	2^{20} Bytes	1 048 576 Byte
1 GiB	Gibibyte	2^{30} Bytes	1 073 741 824 Byte
1 TiB	Tebibyte	2^{40} Bytes	1 099 511 627 776 Byte
1 PiB	Pebibyte	2^{50} Bytes	1 125 899 906 842 624 Byte
1 EiB	Exbibyte	2^{60} Bytes	1 152 921 504 606 846 976 Byte

Tabelle 7.1-4: Überblick über Speichergrößen auf Basis 1024

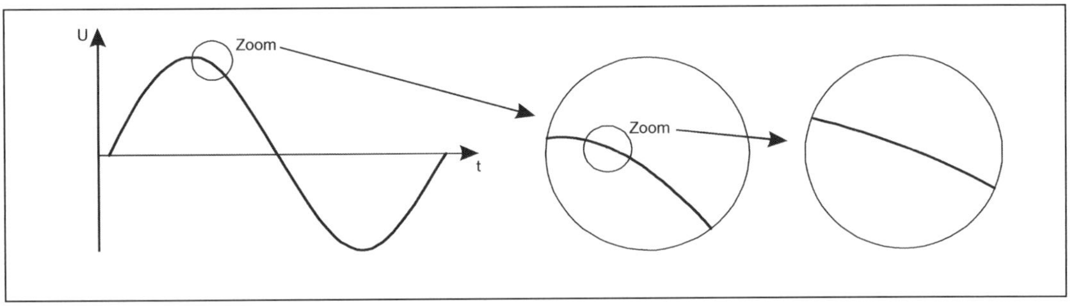

Abb. 7.1-1: Ein kontinuierliches Signal

das Kilobyte früher bei 1024 Byte. Um eine Vereinheitlichung mit der SI-Definition von kilo = 1000 zu bewerkstelligen, wurden die neuen Kunstworte Kibi, Mebi, Gibi etc. für die Vielfachen mit 1024 als Basis geschaffen. 1 Mibibyte (MiB) besteht demnach aus 2^{10} KiB oder 2^{20} Bytes, ein Gibibyte (GiB) aus 2^{30} Bytes und ein Tebibyte (TiB) aus 2^{40} Bytes.
Die Tabelle 7.1-4 gibt einen Überblick über die verschiedenen Speichergrößen.
Für Verwirrung sorgten die neuen Definitionen zu einer Zeit, als die neuen Namen nicht genannt wurden und Kilobyte mal 1000 mal 1024 Byte waren. So wurden beispielsweise Festplatten mit 100GB verkauft, hatten aber nach der Formatierung nur noch 93MB, da der Hersteller die Größe in GB (Basis 1000) angegeben hatte, der Computer aber noch mit den "alten GB" (Basis 1024) gerechnet hat.

Selbst in modernen Betriebssystemen ist die Umstellung kB/KiB noch nicht immer vollständig umgesetzt worden, und oft ist daher keine wirklich klare Aussage möglich, wie viel Speicher nun tatsächlich vorhanden ist. Glücklicherweise schreiben aber viele Betriebssysteme mittlerweile zur Sicherheit die Größe eines Speichermediums auch nochmals in Byte hin.

7.1.2 Digital im Vergleich zu Analog

"Digital" wird meistens als Gegenteil zu "Analog" bezeichnet, was nicht korrekt ist. Haben doch beide Begriffe ganz unterschiedliche und nicht etwa gegensätzliche Bedeutungen wie z.B. schwarz und weiß oder hell und dunkel.
Der Begriff "Analog" stammt aus dem Griechischen und bedeutet soviel wie entsprechend, gleichartig, ähnlich. Die Verwendung des Begriffes "Analog" in der Tontechnik kommt von der Signaldarstellung: Ein Mikrofon wandelt akustische Schwingungen so ähnlich wie möglich in elektrische um, so dass der Schwingungsverlauf der elektrischen Spannung gleichartig mit dem des Schalldruckes ist. Eine analoge Bandmaschine wandelt die elektrische Spannung so ähnlich wie möglich in ein magnetisches Feld um, so dass der Verlauf des Magnetismus auf Band entsprechend dem der elektrischen Schwingung ist. Ein Lautsprecher wandelt die elektrische Spannung so ähnlich wie möglich in Kraft um, die wiederum die Luft zusammendrückt oder expandiert, so dass ein Schalldruckverlauf entsteht, der entsprechend dem der elektrischen Schwingung ist.
Die Analogtechnik beruht also darauf, dass Signale immer wieder so ähnlich wie möglich von einer Energieform in eine andere umgewandelt werden. Erfolgt die Umwandlung nicht ähnlich genug - ist die Übertragungsfunktion also nichtlinear - entstehen nichtlineare Verzerrungen, die zu einer Signalverschlechterung und klanglichen Veränderung des Signals führen.
Ein analoges Signal zeichnet sich dadurch aus, dass es zu jedem beliebigen Zeitpunkt eindeutig definiert ist. Man spricht in diesem Zusammenhang auch von einem "kontinuierlichen Signal". Die Abbildung 7.1-1 verdeutlicht diese Tatsache. Eine Wellenform wird immer genauer betrachtet, indem einzelne Ausschnitte herausvergrößert werden.

Die Digitaltechnik stellt die Informationen in Form von einzelnen Zahlen dar. Die Zahlen sind jedoch in ihrer Anzahl pro Zeit begrenzt (abhängig von der Abtastrate), so dass ein Signal auf einer CD-DA aus 44100 Werten pro Sekunde besteht. Auch die Zahlenmenge ist endlich (abhängig von der Wortbereite), so dass oben genanntes CD-Signal mit 16 Bit Wortbreite nur 65536 verschiedene Werte annehmen kann. Das digitale Signal ist also in der Zeitachse und in der Spannungsachse quantisiert (besteht aus einer endlichen Menge auf einem Raster). Dieses Signal, das nur aus einzelnen Werten besteht, nennt man "diskretes Signal".

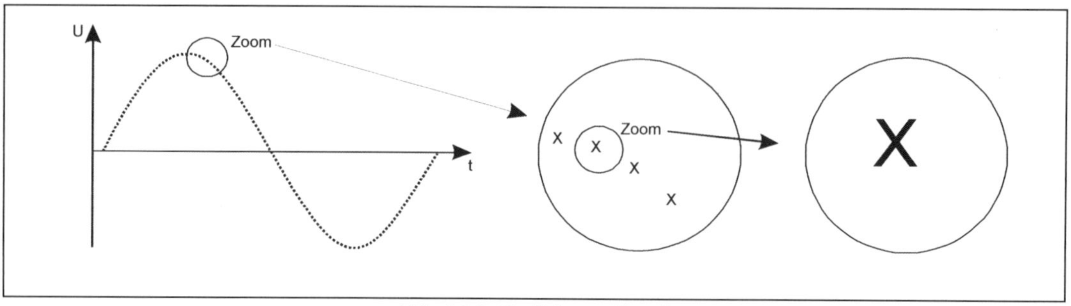

Abb. 7.1-2: Ein diskretes Signal

Durch die Darstellung von diskreten Signalen wird mathematisch vieles einfacher. Möchte man zum Beispiel den Mittelwert eines Signals bilden, so erfordert das bei einem kontinuierlichen Signal eine Integration über die gewünschte Mittelungszeit. Hat man jedoch schon ein diskretes Signal vorliegen, so kann man einfach die Werte nehmen, die während der gewünschten Mittelungszeit auftreten, diese addieren und anschließend durch die Anzahl der zusammengezählten Werte teilen. Aus einem Integral wird also eine Summe.

Diskrete Signale stellen allerdings im Vergleich zu kontinuierlichen Signalen weniger Informationen dar. Dies wird aus Abbildung 7.1-2 ersichtlich, in der ein Ausschnitt der selben Wellenform wie in Abbildung 7.1-1 immer weiter herausvergrößert wird.

Je genauer das Signal betrachtet wird, desto mehr stellt man fest, dass es in Wirklichkeit nur aus einzelnen Werten besteht, die auch bei noch so genauem Betrachten nicht mehr Informationen bereitstellen. Es stellt sich sofort die Frage, wie viele Werte man mindestens braucht, um diese "ungenaue" Darstellung nicht zu bemerken. Im ersten Bild der Abb. 7.1-2 ist noch nicht sofort zu bemerken, dass das Signal in Wirklichkeit diskret ist, da die einzelnen Punkte des Signals beim normalen Betrachten vom Auge nicht wahrgenommen werden können. Erst beim immer weiteren Herausvergrößern einzelner Ausschnitte wird die Quantisierung des Signals immer deutlicher sichtbar.

Das Beispiel zeigt allerdings nur die Auswirkungen auf ein Bild, in der Tontechnik haben wir es mit hörbaren und nicht mit sichtbaren Signalen zu tun. Ein hörbares Signal kann auch vergrößert werden, wenn man es lauter abhört oder näher an die Signalquelle herangeht. So ist es wesentlich einfacher, die Quantisierungsschritte eines Digitalsignals zu hören, wenn man es laut über Kopfhörer abhört, als wenn das Signal leise im Hintergrund über Boxen läuft.

Wieviele Quantisierungsstufen tatsächlich nötig sind, um nicht zu bemerken, dass das Signal diskret ist, hängt also ganz wesentlich von den Abhörbedingungen ab. Die CD-Qualität (16-Bit / 44,1kHz) mit 44100 Werten pro Sekunde und 65536 möglichen Spannungsstufen ist für den durchschnittlichen Musikhörer ausreichend gut und bereits zu gut, um nur nebenbei gehört zu werden. Möchte man allerdings bewusst unter sehr guten Abhörbedingungen Musik hören, so setzt die Tontechnik auf den Standard (24-Bit/96kHz) mit 96000 Abtastwerten pro Sekunde und 16777216 möglichen Spannungsstufen, welcher dem analogen Signal bedeutend näher kommt.

Abgesehen von dem Nachteil, dass die Digitaltechnik die Werte ungenauer darstellt, hat sie jedoch auch viele Vorteile, und diese überwiegen oft bei der Frage, ob man Analog- oder Digitaltechnik verwenden soll:

- Die Digitaltechnik kann durch die Zahlendarstellung ein Signal verlustfrei übertragen.
- Eine Fehlerkorrektur ist möglich, und somit kann ein Signal sehr lange verlustfrei gespeichert werden.
- Es gibt neue Möglichkeiten des Editierens, wie beispielsweise nichtlineares oder nichtdestruktives Editieren.
- Die digitale Signalverarbeitung erfolgt mit Hilfe mathematischer Formeln und ist somit keinen Alterungserscheinungen, Bauteiletoleranzen und Temperaturschwankungen ausgesetzt.
- Digitale Geräte sind mathematisch einfach zu simulieren und daher vorhersagbar, so dass das fertige Gerät den theoretischen Anforderungen entsprechen kann.
- Neue Signalverarbeitungsmöglichkeiten sind gegeben, wie z.B. linearphasige Filter oder die Bearbeitung des Signals im Frequenzbereich.

- Digitalgeräte sind in der Regel kostengünstiger, als vergleichbare Analoggeräte.

Diese Vorteile haben die Digitaltechnik soweit gebracht, dass sie aus dem heutigen Tonstudioalltag nicht mehr wegzudenken ist.

7.2 Zahlensysteme

Um Verstehen zu können, wie ein digitales System die einzelnen Werte darstellt, muss man sich zunächst mit den verwendeten Zahlensystemen auseinandersetzen. Prinzipiell ist das Zahlensystem, mit dem die Zahlen dargestellt werden, nicht vorgegeben. Möchte man allerdings einen Prozessor verwenden, um mit den Zahlen zu rechnen, so bietet sich, wie in Kapitel 7.1 nachzulesen war, das Binärsystem an.
Die verschiedenen Zahlensysteme sind prinzipiell alle gleich aufgebaut und gehorchen den gleichen Rechenregeln. Das bedeutet, wenn man ein Zahlensystem verstanden hat, so hat man auch die anderen verstanden - vielleicht ist es einem nur noch nicht bewusst. Hier sollen zunächst ein paar Grundlagen des Dezimalsystems - in dem sich jeder auskennt - wiederholt werden, um diese dann auf das Binärsystem und das Hexadezimalsystem anzuwenden.

7.2.1 Grundlagen des Dezimalsystems

Das Dezimalsystem ist ein Zahlensystem auf der Basis **10**. Wahrscheinlich haben wir irgendwann in grauer Vorzeit diese Basis gewählt, weil wir 10 Finger besitzen und damit die 10 verschiedenen Zahlen einfach zeigen und abzählen können.
Jede einzelne Stelle im Dezimalsystem kann **10** verschiedene Werte annehmen: 0 bis 9. Hier begegnet einem die Basis wieder.

Dazu eine Beispielzahl, die 4 Stellen haben soll:

1472

Diese Zahl wird als Eintausendvierhundertzweiundsiebzig gelesen und das ist merkwürdig, denn eigentlich lesen wir die Zahlen von rechts nach links und nicht von links nach rechts. Nehmen wir die Zahl 184736478593202. Wenn diese Zahl gelesen werden soll, fängt man unweigerlich von rechts an, die Stellen der Zahl abzuzählen, in Dreiergruppen aufzuteilen und dann erst kann man anfangen die Zahl von links nach rechts vorzulesen. Wir müssen uns erst die Wertigkeit der zu lesenden Stellen überlegen, sonst können wir sie nicht benennen. Bei einer vierstelligen Zahl, wie in dem ersten Beispiel 1472, sieht man auf den ersten Blick, dass die äußerst linke Stelle die Wertigkeit Eintausend hat. Danach kommen die Stellen mit der Wertigkeit Einhundert, Zehn und Eins. Wird nun eine Zahl in der Exponentialschreibweise geschrieben, so kann man die Wertigkeit direkt ablesen:

$$1 \cdot 10^3 + 4 \cdot 10^2 + 7 \cdot 10^1 + 2 \cdot 10^0 = 1472$$

oder:

$$1 \cdot 1000 + 4 \cdot 100 + 7 \cdot 10 + 2 \cdot 1 = 1472$$

Jede einzelne Stelle wird mit einer Zahl multipliziert, die sich aus der Basis **10** hoch dem Exponenten berechnet. Der Exponent beginnt bei ganzen Zahlen immer bei Null an der äußersten rechten Stelle.
Mit einer vierstelligen Dezimalzahl können 10000 verschiedene Werte dargestellt werden: 0 bis 9999. Anders ausgedrückt können mit 4 Stellen $\mathbf{10}^4$ verschiedene Werte dargestellt werden oder mit N-Dezimalstellen $\mathbf{10}^N$ verschiedene Werte.

Mehr Grundlagen sollen hier nicht betrachtet werden. Kommen wir nun zum binären Zahlensystem.

7.2.2 Das binäre Zahlensystem

Im Binärsystem bleibt im Prinzip alles gleich wie im Dezimalsystem, nur die Basis ändert sich und ist nun **2**. Somit kann jede Binärstelle (=Bit) auch nur noch **2** verschiedene Werte annehmen: 0 und 1.
Die hier gewählte Beispielzahl

1011b

wird als "Eins-Null-Eins-Eins" gelesen, da das kleine "b" am Ende der Zahl auf eine Binärzahl hindeutet. Die Binärzahlen sind im Alltag nicht gebräuchlich, und deswegen hat man den einzelnen Stellen keine Namen gegeben so wie im Dezimalsystem. Also müssen wir die Zahl Ziffer für Ziffer lesen. In der Exponentialschreibweise lautet diese Zahl:

$$1 \cdot 2^3 + 0 \cdot 2^2 + 1 \cdot 2^1 + 1 \cdot 2^0 = 1011\text{b}$$

oder:

$$1 \cdot 8 + 0 \cdot 4 + 1 \cdot 2 + 1 \cdot 1 = 1011\text{b} = 11\text{d}$$

In der zweiten Formel wird die Zahl in das uns vertraute Dezimalsystem umgerechnet, damit wir eine Vorstellung bekommen, wie groß die Binärzahl 1011b tatsächlich ist. Um Verwechslungen zu

vermeiden, wird hier hinter die Dezimalzahl ein kleines "d" geschrieben, um diese Zahl als Dezimalzahl zu kennzeichnen.
Mit einer N-stelligen Binärzahl oder auch einer Zahl mit N-Bit Wortbreite können $\mathbf{2^N}$ verschiedene Werte dargestellt werden. Bei 4-Bit wären das 16 verschiedene Zahlen (0-15), bei 8-Bit 256 verschiedene Zahlen (0-255), bei 16-Bit 65536 und bei 24-Bit 16777216 verschiedene Zahlen.
Auch die Rechenregeln, die uns aus dem Dezimalsystem bekannt sind, gelten für das Binärsystem. So kann genauso addiert, subtrahiert, multipliziert und dividiert werden. Man muss nur beachten, dass jede Stelle nur zwei Ziffern darstellen kann (0 und 1).

7.2.2.1 Addition von Binärzahlen

Die Addition von Binärzahlen weist im Vergleich zu den Dezimalzahlen keine Besonderheiten auf. Es soll in diesem Abschnitt eigentlich um die benötigte Wortbreite des binären Ergebnisses gehen, damit eine Addition erfolgreich ausgeführt werden kann. Sollen zum Beispiel zwei Binärzahlen mit 8-Bit Wortbreite addiert werden, so kann jede der beiden 8-Bit Zahlen Werte von 0 bis 255 darstellen. Das Ergebnis kann also zwischen 0 und 510 liegen. Um eine Zahl zwischen 0 und 510 darstellen zu können, werden 9-Bit benötigt (2^9=512). Dieses einfache Beispiel zeigt, dass man für die Ergebnisse einer binären Addition eine höhere Wortbreite braucht, als die zu addierenden Werte hatten. So kann man mit einem 16-Bit Prozessor nicht ohne weiteres zwei 16-Bit Zahlen addieren, da das Ergebnis 17-Bit hat.
Für die Addition mehrerer Binärzahlen gleicher Wortbreite ist folgende Formel gültig:

2^M·N-Bit Zahlen ergeben ein (M+N)-Bit Ergebnis

Dazu ein Beispiel: In einem digitalen Mischpult sollen 64 (=2^6) Kanäle mit jeweils 24-Bit Wortbreite addiert werden. Die Stereosumme muss hierzu eine Wortbreite von 6+24 = 30-Bit haben. Verfügt sie nur über 24 Bit Wortbreite, so hätte dies zur Folge, dass die 24-Bit Eingangswerte zunächst auf 18-Bit Wortbreite reduziert werden müssten, also um 36dB leiser gerechnet werden müssten, bevor sie zusammen addiert werden könnten. Dieses "leiser Rechnen" hätte jedoch einen Verlust im Signal-Rauschabstand zur Folge und sollte deswegen unterbleiben.

7.2.2.2 Multiplikation / Division von Binärzahlen

Hier soll nicht die genaue Berechnung der Multiplikation bzw. Division von Binärzahlen beschrieben werden, vielmehr geht es um die Auswirkungen der Verschiebung von Binärzahlen. Eine sehr einfache Operation für einen Prozessor ist das bitweise Verschieben einer Binärzahl nach rechts oder links. Dabei passiert folgendes:

- Wird die Zahl nach links verschoben, so bekommen alle Ziffern die doppelte Wertigkeit. Die Zahl wird also mit zwei multipliziert. Das äußerste linke Bit verschwindet nach der Verschiebung, das äußerste rechte Bit wird mit 0 aufgefüllt:

  0101 1000 1111 1011 = 22779d
  eine Stelle nach links
  1011 0001 1111 0110 = 45558d

- Wird die Zahl nach rechts verschoben, so bekommen alle Ziffern die halbe Wertigkeit. Die Zahl wird also durch zwei geteilt. Das äußerste rechte Bit verschwindet nach der Verschiebung, das äußerste linke Bit wird mit 0 aufgefüllt:

  0101 1000 1111 1011 = 22779d
  eine Stelle nach rechts
  0010 1100 0111 1101 = 11389d

Somit ist es sehr einfach, eine Binärzahl mit einer Potenz von 2 zu multiplizieren bzw. durch eine Potenz von 2 zu teilen. Für eine Multiplikation mit 32 müsste die Zahl lediglich um 5 Stellen nach links verschoben werden, für eine Division durch 128 um 7 Stellen nach rechts.

7.2.3 Das hexadezimale Zahlensystem

Ein weiteres Zahlensystem, dem man in der Tontechnik begegnet, ist das Hexadezimalsystem. Es hast die Basis **16**. Jede Hexadezimalstelle kann somit **16** verschiedene Werte annehmen. Aus dem Dezimalsystem sind jedoch nur zehn verschiedene Zeichen für die zehn Zahlen definiert. Die letzten, fehlenden sechs möglichen Werte werden durch die ersten sechs Buchstaben im Alphabet dargestellt. Eine Hexadezimalstelle kann also die folgenden Werte annehmen: 0...9, A, B, C, D, E und F.

Dadurch ergeben sich teilweise "merkwürdige" Ziffernfolgen für die Hexadezimalzahlen:

A7FCh

ist eine vierstellige Beispielzahl. Das kleine "h" am Ende der Zahl kennzeichnet diese als Hexadezimalzahl. Lesen werden wir diese Zahl als "A-Sieben-Ef-Ce". Auch hier haben die Stellen keine Namen bekommen, und die Zahl wird Ziffer für Ziffer vorgelesen. In der Exponentialschreibweise lautet diese Zahl:

$$A \cdot 16^3 + 7 \cdot 16^2 + F \cdot 16^1 + C \cdot 16^0 = A7FCh$$

oder:

$$10 \cdot 4096 + 7 \cdot 256 + 15 \cdot 16 + 12 \cdot 1 = A7FCh = 43004d$$

Diese vierstellige Hexadezimalzahl stellt eine fünfstellige Dezimalzahl dar. Dies lässt sich durch die größere Basis von 16 erklären. Mit einer N-stelligen Hexadezimalzahl kann man $\mathbf{16^N}$ verschiedene Werte darstellen.
Warum führt man ein so kompliziertes Zahlensystem wie das Hexadezimalsystem ein?

7.2.3.1 Umrechnung Binär - Hexadezimal - Binär

Die Umrechnung zwischen dem Binärsystem und dem Hexadezimalsystem ist sehr einfach, da mit einer Hexadezimalstelle genau vier Binärstellen dargestellt werden können: $2^4 = 16^1$
Wird nun eine Binärzahl in Vierergruppen notiert, so lässt sie sich sehr schnell in eine Hexadezimalzahl umrechnen, da immer nur eine Vierergruppe in eine Hexadezimalstelle umgerechnet werden muss. Als Beispiel soll eine 32 Bit Binärzahl dienen:

	1110	0101	1001	0011	1111	0111	1011	1100	b
=	E	5	9	3	F	7	B	C	h

Die 32-stellige Binärzahl ist sehr lang und schlecht zu merken. Auch beim Eintippen einer solchen Zahl muss man insgesamt 32 Mal eine Taste drücken. Die umgerechnete Hexadezimalzahl sieht schon wesentlich übersichtlicher aus. Sie hat nur noch 8 Stellen, man kann sie sich zur Not wie eine 8-stellige Telefonnummer merken und auch beim Eintippen ist man wesentlich schneller fertig. Die Hexadezimalzahlen dienen also einzig und allein der kürzeren Darstellung von Binärzahlen - deswegen auch die Basis 16, die genau der Anzahl der möglichen Zahlen einer 4-stelligen Binärzahl entspricht. Die Tabelle 7.2-1 verdeutlicht diesen Zusammenhang noch einmal.

Binär	Hexadezimal	Anzahl der Zahlen
4 Bit	1 Stelle	16
8 Bit	2 Stellen	256
16 Bit	4 Stellen	65.536
24 Bit	6 Stellen	16.777.216
32 Bit	8 Stellen	4.294.967.296

Tabelle 7.2-1: Zusammenhang zwischen Binär- und Hexadezimalstellen

7.2.4 Festkommaformate

Die Zahlendarstellung im Audiobereich erfordert nicht nur eine bestimmte Wertemenge, die sich aus der Wortbreite errechnen lässt, sondern auch einen bestimmten Wertebereich. Dieser ist für fast alle digitalen Anwendung der Wertebereich zwischen -1 und +1. Abbildung 7.2-1 zeigt links ein Audiosignal, das in diesen Wertebereich eingepasst wurde.

Das Einpassen des Audiosignals in den Wertebereich erfolgt mit Hilfe des Eingangsverstärkers, mit dem man das Signal verstärken kann, wenn es zu klein ist, oder abschwächen kann, wenn es den Wertebereich überschreiten und somit zu Verzerrungen führen würde.

7.2.4.1 Binärzahlen kleiner 1

Zunächst sollen Binärzahlen kleiner Eins definiert werden. Wir können als Vorbild wieder die Dezimalzahlen nehmen, bei denen uns eine Darstellung von Zahlen kleiner Eins durchaus geläufig sein sollte. Nehmen wir die eben verwendete 4-stellige Dezimalzahl 1742 und versuchen diese als 0,1742 darzustellen. Die Zahl hat immer noch 4 Stellen, ist jedoch nun kleiner Eins, da die vier Stellen sich alle hinter dem Dezimalkomma befinden.

$$1 \cdot 10^{-1} + 7 \cdot 10^{-2} + 4 \cdot 10^{-3} + 2 \cdot 10^{-4} = 0{,}1742$$

Um Zahlen kleiner Eins darzustellen, müssen also nur die Exponenten der einzelnen Ziffern negativ werden, beginnend mit der linken Ziffer und dem Exponenten "-1".
Das funktioniert genauso auch für binäre Zahlen. Die vorhin verwendete 4-stellige Zahl 1011b soll als Zahl kleiner Eins verwendet werden, also müssen

die vier Stellen hinter das Binärkomma geschoben werden. Somit lautet dies Zahl 0,1011b.

$$1{\cdot}2^{-1}+0{\cdot}2^{-2}+1{\cdot}2^{-3}+1{\cdot}2^{-4} = 0{,}1011\text{b} = 0{,}6875\text{d}$$

Mit einer 4-stelligen Binärzahl können somit Zahlen zwischen 0d und 0,9375d dargestellt werden. Mit einer 8-stelligen Binärzahl werden bereits Zahlen zwischen 0d und 0,996d möglich, mit einer 16-stelligen Binärzahl erreicht man schon den Wertebereich 0d bis 0,999985d oder allgemein:
Mit einer N-stelligen Binärzahl kleiner 1 ist der Wertebereich von 0d bis $1 - 2^{-N}$d möglich.

Bleibt noch die Notwendigkeit der Darstellung negativer Zahlen. Audiosignale sind meist positiv und negativ, so dass auch positive und negative Binärzahlen definiert werden müssen.

7.2.4.2 2er-Komplement Zahlen

Negative Zahlen im Dezimalsystem sind eine reine Definitionssache, an die wir uns gewöhnt haben und mit der wir umgehen können. Ein kleiner waagerechter Strich - ein Minus vor einer Zahl, deutet auf den negativen Wertebereich hin. Ein Prozessor braucht allerdings eine klare Definition der Zahlen, mit denen er rechnen soll. Ein Minuszeichen kennt er nicht. Weiterhin gibt es ein Problem mit der Zahl 0. Diese Zahl ist weder positiv noch negativ, sondern steht genau dazwischen.

Das 2er-Komplement versucht diese Probleme zu lösen, indem die Zahlen so umdefiniert werden, dass sowohl die Rechenregeln des Prozessors funktionieren, als auch positive und negative Zahlen, sowie die Null dargestellt werden können.

Da im Audiobereich positive und negative Zahlen kleiner 1 bzw. -1 benötigt werden, soll zur Veranschaulichung der 2er-Komplement Zahlen eine 16-Bit 1.15-Binärzahl dienen. 1.15 bedeutet, dass 1 Bit für das "Vorzeichen" verwendet wird, dann das Komma eingesetzt wird und 15 Bit hinter dem Komma für die Darstellung des Zahlenwertes verwendet werden. In der Abbildung 7.2-1 ist die Zuordnung des analogen Eingangssignals zu den entsprechenden 2er-Komplement Werten im Binär- und im Hexadezimalsystem zu sehen. Weiterhin ist auch die umgerechnete dezimale Wertigkeit angegeben.
Wichtig bei der Definition der 2er-Komplement Zahlen sind folgende Bedingungen:

- 0d muss auch 0b und 0h sein, damit der Nulldurchgang bei Multiplikationen (=lauter) und Divisionen (=leiser) des Signals nicht verschoben wird.
- Die kleinste negative Zahl muss, wenn sie mit der kleinsten positiven Zahl addiert wird, 0 ergeben:

```
  1111 1111 1111 1111
+ 0000 0000 0000 0001
---------------------
= 0000 0000 0000 0000
```

Dies funktioniert nur, wenn die Wortbreite der Binärzahl definiert ist. Wäre die Wortbreite nicht auf 16-Bit festgesetzt, so würde die Addition ein 17-Bit Ergebnis liefern, das ungleich Null wäre.

```
    1111 1111 1111 1111
+   0000 0000 0000 0001
-----------------------
= 1 0000 0000 0000 0000
```

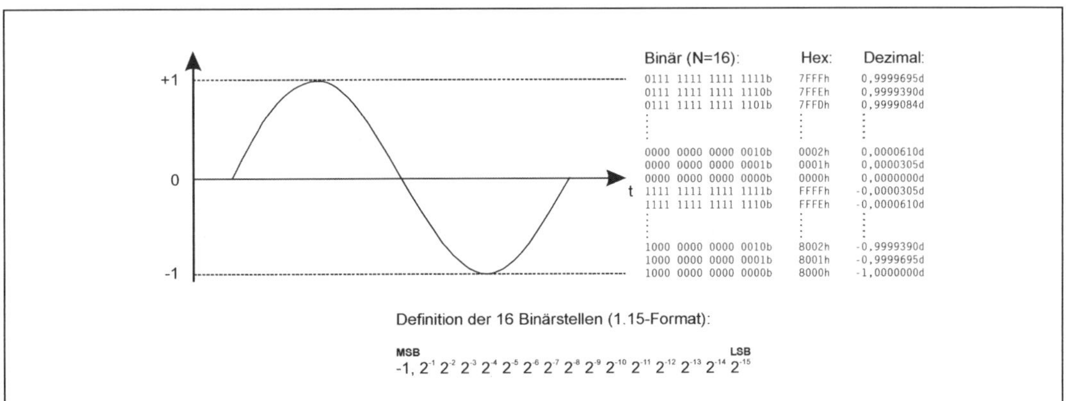

Abb. 7.2-1: Darstellung eines Audiosignals im 1.15-Zahlenformat

Nur aufgrund der Tatsache, dass das 17te Bit mit 16-Bit Wortbreite nicht dargestellt werden kann, ergibt die Addition der beiden Zahlen tatsächlich Null.

In der Abbildung 7.2-1 kann man erkennen, dass die Zahl +1 nicht definiert ist. Dies ist darauf zurückzuführen, dass die Zahl Null als positive Zahl definiert wurde. Somit fehlt dem positiven Wertebereich eine Zahl: die +1. Die Zahl -1 ist definiert, da im negativen Zahlenbereich auch alle Zahlen zur Verfügung stehen. In der Praxis wird ein Audiosignal, das nicht Verzerren soll, somit auch nur bis maximal fast +1 ausgesteuert und erreicht somit, da es im Schnitt die gleiche negative wie positive Amplitude hat, auch nur fast -1 als negativsten Wert. Die Zahl -1 wird also verschenkt. Bei 16 Bit Wortbreite, also 65536 möglichen Zahlenwerten, verringert dieser eine verschenkte Zahlenwert die Gesamtdynamik nur um 0,00013dB - ein durchaus vernachlässigbarer Wert.
Die Genauigkeit der Zahlendarstellung ergibt sich aus der Division des Wertebereichs geteilt durch die Anzahl der darstellbaren Zahlenwerte. Bei 16 Bit Wortbreite ergibt das:

$$\text{Auflösung} = \frac{2}{2^{16}} = \frac{2}{65536} = 30,5\mu$$

Werte, die kein ganzzahliges Vielfaches von 30,5µ sind, werden auf- oder abgerundet (siehe Quantisierungsfehler, Kapitel 7.4.2). Berechnungen, die eine höhere Auflösung als 30,5µ erfordern, müssen mit mehr als 16-Bit Wortbreite durchgeführt werden. Eine 24-Bit Darstellung hat schon eine Auflösung von 0,12µ, ist also 256 Mal genauer als eine 16-Bit Darstellung.
Das MSB hat bei der 2er-Komplement Darstellung nicht die Wertigkeit $2^0 = 1$ sondern $-1 \cdot 2^0 = -1$. Auf diese Weise können negative Zahlen erzeugt werden, deren Addition und Subtraktion mit jedem Prozessor durchgeführt werden kann.

Ein großer Vorteil der 2er-Komplement Darstellung ist die Möglichkeit, Signale mit unterschiedlicher Wortbreite addieren zu können. Hierzu müssen lediglich die MSBs untereinander geschrieben, die fehlenden Stellen mit Nullen aufgefüllt werden, und schon funktioniert die Addition. Der Wertebereich und die Definition des Vorzeichens bleibt unabhängig von der Wortbreite immer gleich.

Eine 1.k-Zweierkomplement Zahl (Ein Bit vor dem Komma und k-Bits hinter dem Komma) ist also wie folgt definiert:

- 0d ist 0b ist 0h.
- Das äußerste linke Bit (MSB) ist das "Vorzeichen", wobei eigentlich gilt: Dieses Bit zeigt an, ob zu der positiven Zahl noch -1 hinzuaddiert (also 1 abgezogen) wird.
- Der Wertebereich geht von fast +1 bis genau -1.
- Die Genauigkeit bzw. Auflösung ist abhängig von der Wortbreite und lautet $2^{-(N-1)}$.

7.2.4.3 Umrechnung Dezimal in 2er Komplement

Um eine Dezimalzahl in eine 1.k-Zweierkomplement Zahl umrechnen zu können, müssen zwei Voraussetzungen gegeben sein:

- Die Dezimalzahl muss zwischen -1 und fast +1 liegen.
- Die Wortbreite der 2er-Komplement Zahl muss bekannt sein.

Da die umzurechnende Dezimalzahl im Wertebereich zwischen 0 und 1 liegt, muss der Wertebereich an die Wortbreite der Binärzahl angepasst werden:

$$\text{Angepasste Zahl} = \text{Dezimalzahl} \cdot 2^{(N-1)}$$

Wobei N die Wortbreite der 2er-Komplement Zahl ist.

Auch die Formel

$$\text{Angepasste Zahl} = \text{Dezimalzahl} \cdot 2^{k}$$

würde zu dem gleichen Ergebnis führen.
War die ursprüngliche Dezimalzahl positiv, so ist die Anpassung abgeschlossen. Es ist lediglich darauf zu achten, dass die Zahl +1 nicht durch einen Rundungsfehler entstanden ist. Es darf also als angepasste Zahl nicht der Wert $2^{(N-1)}$ oder 2^k herauskommen!
War die ursprüngliche Zahl negativ, so muss zu der angepassten Zahl noch der Wert 2^N addiert werden.
Die nun berechnete, an die Wortbreite angepasste Zahl kann mit einem Taschenrechner oder Computerprogramm in eine Binär- bzw. Hexadezimalzahl umgerechnet werden. Dazu zwei Beispiele:

Die Zahl +0,707 soll für ein 16-Bit System ins 2er-Komplement (1.15) umgerechnet werden.

$$\text{Angepasste Zahl} = 0,707 \cdot 2^{15} = 23167$$

Umgerechnet in das Binärsystem ist das:

0101 1010 0111 1111b

oder Hexadezimal:

5A7Fh

Die Zahl -0,125 soll für ein 16-Bit System ins 2er-Komplement umgerechnet werden.

$$\text{Angepasste Zahl} = -0,125 \cdot 2^{15} = -4096$$

$$-4096 + 2^{N} = 61440$$

Umgerechnet in das Binärsystem ist das:

1111 0000 0000 0000b

oder Hexadezimal:

F000h

Das Umrechnen von einer 2er-Komplementzahl in eine Dezimalzahl erfolgt entsprechend umgekehrt.

7.2.5 Fließkommaformate

Die bisher betrachteten Zahlen waren 1.15-Zahlen und hatten das Komma bei einer gegebenen Wortbreite von 16 Bit immer an der gleichen Stelle. Somit war auch immer die selbe Genauigkeit und die selbe Gesamtdynamik vorhanden. Wird eine höhere Dynamik oder Übersteuerungsfestigkeit gefordert, so werden Audiosignale mehr und mehr im Fließkommaformat dargestellt.
Die Fließkommadarstellung von Zahlen kennt man vielleicht schon von dem Taschenrechner. Wenn dieser z.B. $1{,}345285912 \cdot 10^{12}$ hinschreibt, so ist das lediglich eine Fließkommadarstellung der Zahl 1345285912000. Da der Taschenrechner nur zehn Ziffern in seiner Anzeige darstellen kann, ist es ihm nicht möglich, die Zahl 1345285912000 hinzuschreiben. Also wird die Zahl in der Exponentialschreibweise mit der Mantisse 1,345285912 und dem Exponenten 12 dargestellt. Da der Taschenrechner die Zahlen im Dezimalsystem hinschreibt, ist die Basis für den Exponenten die 10. Auch der Zahlenwert 1,25pico = 0,00000000000125 wäre für einen zehnstelligen Taschenrechner nicht darstellbar. Auch diese Zahl muss in der Exponentialschreibweise als $1{,}25 \cdot 10^{-12}$ dargestellt werden.
Auf diese Weise scheint der Taschenrechner eine sehr hohe Anzahl von Stellen zu bekommen. Wenn der Exponent von -99 bis +99 reicht, so sind dies 199 mögliche Positionen, an die der Taschenrechner seine zehnstellige Mantisse platzieren kann.
Die Fließkommadarstellung bei Binärzahlen funktioniert prinzipiell genauso, nur ist hier die Basis wieder die 2.

7.2.5.1 Das Fließkommaformat IEEE 754

Ein sehr häufig anzutreffender Fließkommastandard ist IEEE 754. Eine Zahl besteht hier aus insgesamt 32 Bit:

- Das ganz links stehende Bit (MSB) ist das Vorzeichen, wobei gilt: 0 ist positiv / 1 ist negativ.
- Die nächsten 8 Bit sind der Exponent. Der Exponent hat kein Vorzeichen, jedoch einen Offset von -127. Das heißt, um einen Exponent von 0 zu bekommen, muss die Zahl 127 abgespeichert werden.
- Die nächsten 23 Bit sind die Mantisse. Auch die Mantisse hat kein Vorzeichen, d.h. sie ist nicht als 2er-Komplement-Zahl dargestellt.
- Ein "verstecktes Bit", das immer gesetzt ist, befindet sich links neben der Mantisse. Dieses Bit hat immer die Wertigkeit 1, so dass die Mantisse immer den Wert 1 oder größer haben muss.

Die Abbildung 7.2-2 zeigt die 33 Bit noch einmal übersichtlicher.

Es gibt zwei Exponenten, die einen besonderen Zustand anzeigen:

- Ist der Exponent Null, und die Mantisse auch Null, so wird die Zahl Null dargestellt. Dies ist eine reine Definitionssache, da aufgrund des "versteckten Bits", das den Wert 1 als Mindestwert darstellt, eigentlich keine Darstellung des Wertes Null möglich ist. Es kann eine positive oder eine negative Null dargestellt werden. In der Regel werden bei dem Wert Null alle 32 Bit auf Null gesetzt, so dass bei der Fließkommadarstellung die Null eine positive Zahl ist.
- Ist der Exponent 255 und die Mantisse Null, wird der Wert "Unendlich" dargestellt. Auch

hier ist sowohl positiv Unendlich als auch negativ Unendlich möglich.

- Ist der Exponent 255 und die Mantisse ungleich Null, so hat die Zahl keinen Wert. Man nennt sie dann "NAN", was soviel bedeutet wie "Not-A-Number". NANs werden zur Programmsteuerung verwendet, um anzuzeigen, dass Speicherplätze noch nicht belegt sind oder, dass mit ihren Inhalten nicht gerechnet werden soll.

Mit einer IEEE 754 Fließkommazahl können also 23 Bit plus Vorzeichen an 254 verschiedenen Positionen dargestellt werden. Für ein Audiosignal würde dies einer Dynamik von 144,5dB für die 23 Bit Mantisse plus Vorzeichen und 1529,2dB für die 254 möglichen Positionen der Mantisse entsprechen - insgesamt also 1673,7dB!
Weiterhin sind die Verzerrungen, die einem Audiosignal durch eine Fließkommarechenoperation hinzugefügt werden, verschwindend gering. Beschränkt man sich auf die 1529,2dB Dynamik, so hat man einen konstant niedrigen Klirrfaktor von etwa 0,000006%. Man kann somit guten Gewissens behaupten, dass eine Fließkommadarstellung für Audiosignale die bestmögliche Variante ist.

7.2.5.2 Einschränkungen bei Fließkommaformaten

Man könnte meinen, Fließkommaformate böten nur Vorteile gegenüber Festkommazahlen. Doch es gibt auch Einschränkungen, die es zu beachten gilt. Die Zahl 1345285912000 wurde dargestellt als $1{,}345285912 \cdot 10^{12}$. Das ist soweit auch richtig, aber nicht eindeutig. Auch die Zahl 1345285912157 würde als $1{,}345285912 \cdot 10^{12}$ dargestellt werden. Geht man von den gängigen Rundungsregeln aus, so werden alle Zahlen von 1345285911500 bis 1345285912499 als $1{,}345285912 \cdot 10^{12}$ dargestellt. Hieraus ergibt sich ein nicht zu vernachlässigender Fehler in der Genauigkeit der Darstellung von Zahlenwerten. Bei Audiosignalen würde dies zu einem Quantisierungsrauschen führen (siehe Kapitel 7.4.2.1). Ist die Mantisse jedoch ausreichend genau (z.B. 24 Bit), so bleibt das Quantisierungsrauschen unhörbar.

Man kann keine Fließkommazahlen direkt addieren, deren Wertebereiche sich nicht überlappen:
Addiert man zu der Zahl $1{,}345285912 \cdot 10^{12}$ die Zahl $1{,}25 \cdot 10^{-12}$, so lautet das Ergebnis $1{,}345285912 \cdot 10^{12}$. Auch hier ergibt sich aufgrund der mangelnden Genauigkeit ein falsches Ergebnis. Hätte man das Ganze mit Festkommazahlen gemacht, die natürlich bei einem entsprechenden Wertebereich viel mehr Speicherplatz benötigen würden, wäre das Ergebnis besser ausgefallen:
Addiert man zu der Zahl 1345285912000 die Zahl 0,00000000000125, so ergibt sich daraus genau 1345285912000,00000000000125. Dieses Problem ist bei Audiosignalen vermutlich vernachlässigbar, denn würden zwei Signale addiert, deren Wertebereich sich nicht überlappt, dann würde das lautere Signal das leisere ohnehin verdecken (siehe Kapitel 2.3.5).

Bit Nummer	1 Vorzeichen 0: pos. / 1: neg.	2 Exponent 2^7	3 Exponent 2^6	4 Exponent 2^5	5 Exponent 2^4	6 Exponent 2^3	7 Exponent 2^2	8 Exponent 2^1	9 Exponent 2^0
Bit Nummer	Verstecktes Bit Wert: immer 2^0	10 Mantisse 2^{-1}	11 Mantisse 2^{-2}	12 Mantisse 2^{-3}	13 Mantisse 2^{-4}	14 Mantisse 2^{-5}	15 Mantisse 2^{-6}	16 Mantisse 2^{-7}	17 Mantisse 2^{-8}
Bit Nummer	18 Mantisse 2^{-9}	19 Mantisse 2^{-10}	20 Mantisse 2^{-11}	21 Mantisse 2^{-12}	22 Mantisse 2^{-13}	23 Mantisse 2^{-14}	24 Mantisse 2^{-15}	25 Mantisse 2^{-16}	26 Mantisse 2^{-17}
Bit Nummer	27 Mantisse 2^{-18}	28 Mantisse 2^{-19}	29 Mantisse 2^{-20}	30 Mantisse 2^{-21}	31 Mantisse 2^{-22}	32 Mantisse 2^{-23}			

Beispiele (verstecktes Bit nicht zu sehen!):

0	0	0	0	0	0	0	0	0	0	0	0	0	0	0	0	0	0	0	0	0	0	0	0	0	0	0	0	0	0	0	0	0
0,5	0	0	1	1	1	1	1	1	0	0	0	0	0	0	0	0	0	0	0	0	0	0	0	0	0	0	0	0	0	0	0	0
0,7071	0	0	1	1	1	1	1	1	0	0	1	1	0	1	0	1	0	0	0	0	0	1	0	0	1	0	0	0	0	0	0	1
1	0	0	1	1	1	1	1	1	1	0	0	0	0	0	0	0	0	0	0	0	0	0	0	0	0	0	0	0	0	0	0	0
-1	1	0	1	1	1	1	1	1	1	0	0	0	0	0	0	0	0	0	0	0	0	0	0	0	0	0	0	0	0	0	0	0
1,5	0	0	1	1	1	1	1	1	1	1	0	0	0	0	0	0	0	0	0	0	0	0	0	0	0	0	0	0	0	0	0	0
2	0	1	0	0	0	0	0	0	0	0	0	0	0	0	0	0	0	0	0	0	0	0	0	0	0	0	0	0	0	0	0	0
1000	0	1	0	0	0	1	0	0	0	1	1	1	1	0	1	0	0	0	0	0	0	0	0	0	0	0	0	0	0	0	0	0

Abb. 7.2-2: Fließkommazahlen nach IEEE 754

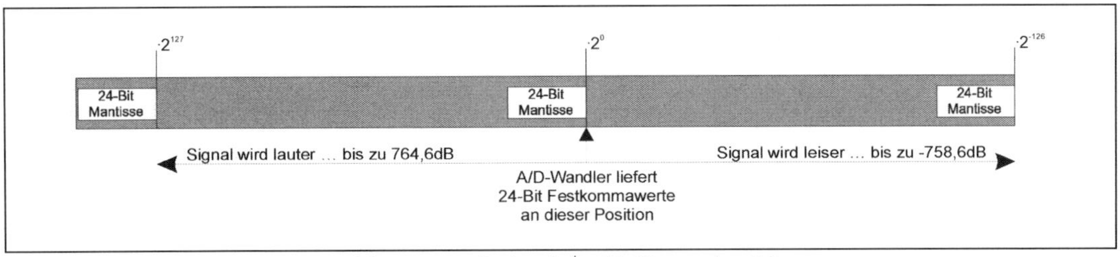

Abb. 7.2-3: Audiosignale im Fließkommabereich

7.3 Der Abtastvorgang

Damit ein analoges Signal zu einzelnen Zahlenwerten werden kann, muss es quantisiert werden. Dabei wird eine Quantisierung in zwei Dimensionen durchgeführt: zum einen wird das Signal in eine bestimmt Anzahl von Spannungsstufen eingepasst (siehe Kapitel 7.4) und zum anderen findet eine zeitliche Rasterung statt, die in diesem Kapitel beschrieben werden soll.
Ein Digitalsignal - ist es nicht datenreduziert (siehe Kapitel 7.11) - ist ein so genanntes PCM-Signal. PCM steht für Pulse Code Modulation und bedeutet, dass impulsartig Proben aus dem analogen Signal entnommen werden und diesen Proben anschließend ein Zahlencode zugeordnet wird.

7.3.1 Die Abtastfrequenz

Die Abtastfrequenz oder auch Samplingrate beschreibt die Anzahl der Werte, die pro Sekunde aus dem analogen Signal entnommen werden. In Tabelle 7.3-1 sind Abtastraten, die im professionellen Tonstudiobereich vorkommen können, und ihre Anwendung in der Praxis zu sehen.

Abtastrate	Anwendung
32 kHz	Digitales Radio
44,056 kHz	1/1000 niedriger als 44,1 kHz, selten
44,1 kHz	Standard Consumer Format / CD
48 kHz	Profi Format
88,2 kHz	Doppelte CD-Abtastrate
96 kHz	Hochauflösendes Profi Format / Hi-End
192 kHz	Hochauflösendes Profi Format / Hi-End

Tabelle 7.3-1: Abtastfrequenzen

7.3.2 Die Sample & Hold Stufe

Die Sample & Hold Stufe (zu Deutsch: Abtast- und Halte-Stufe) hat die Aufgabe, impulsartig entnommene Proben (=Samples) aus dem analogen Signal zu entnehmen und diese Proben so lange zu halten, bis der nachgeschaltete A/D-Wandler ihnen einen Zahlencode zugewiesen hat. Dabei ist es sehr wichtig, dass die Proben in gleichen Abständen aus dem Analogsignal entnommen werden, da es sonst zu Jitter (siehe Kapitel 7.10.1) kommen würde.

Eine typische Sample & Hold-Stufe besteht aus einer nicht-invertierenden Operationsverstärkergrundschaltung mit einem Kondensator in der Gegenkopplung (siehe Abbildung 7.3-1). Der Schalter wird mit einem impulsartigen Signal, das die Abtastfrequenz besitzt, angesteuert und schaltet somit periodisch Spannungsproben aus dem analogen Eingangssignal auf den Kondensator. Dieser hat die Aufgabe, die Probe bis zum Eintreffen der nächsten Probe zu speichern.
Die Sample & Hold-Stufe nimmt also die Zeitquantisierung des Signals vor. In Abbildung 7.3-2 sieht man das analoge, noch zeitkontinuierliche Signal als durchgezogene Linie. Die senkrechten Striche auf der Zeitachse entsprechen den Abtastimpulsen, mit denen der Schalter der Sample & Hold-Stufe geschlossen wird. Die gestrichelte Linie ist das zeitquantisierte Signal nach der Sample und Hold Stufe. Das Signal ist immer noch analog, auch wenn es stufenförmig geworden ist. Die einzelnen Stufen sind jedoch weiterhin unendlich fein darstellbar und noch keinen Zahlenwerten zugeordnet. Diese Zuordnung findet erst im A/D-Wandler statt (siehe Kapitel 7.4).

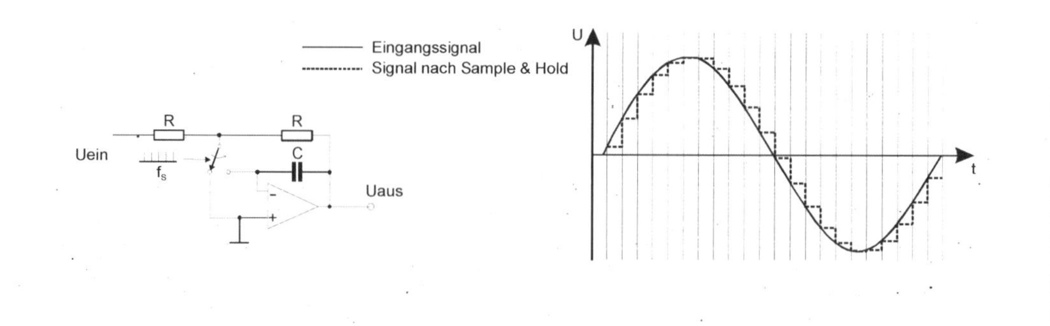

Abb. 7.3-1: Sample & Hold-Stufe

7.3.3 Das Theorem von Shannon und Nyquist

Wie viele Abtastwerte pro Sekunde werden für ein Audiosignal benötigt? Diese Frage lässt sich so einfach gar nicht beantworten. Zunächst muss definiert werden, welchen Frequenzumfang das Audiosignal hat, oder besser gesagt, welche höchste Frequenz noch übertragen werden soll. Für ein professionelles Audiosignal sollte der Frequenzbereich von 0Hz bis 20kHz übertragen werden können, daher ergibt sich eine höchste Frequenz von f_{max}=20kHz.

Das Abtasttheorem, das 1928 von Harry Nyquist formuliert und 1948 von Claude Shannon bestätigt wurde, besagt, dass ein bandbegrenztes Signal eindeutig rekonstruiert werden kann, wenn es in gleichen Abständen und mehr als zweimal pro Periode abgetastet wird:

$$f_S > 2 \cdot f_{max}$$

mit:

f_S: Abtastfrequenz in Hertz, Hz

f_{max}: Höchste zu übertragende Frequenz in Hertz, Hz

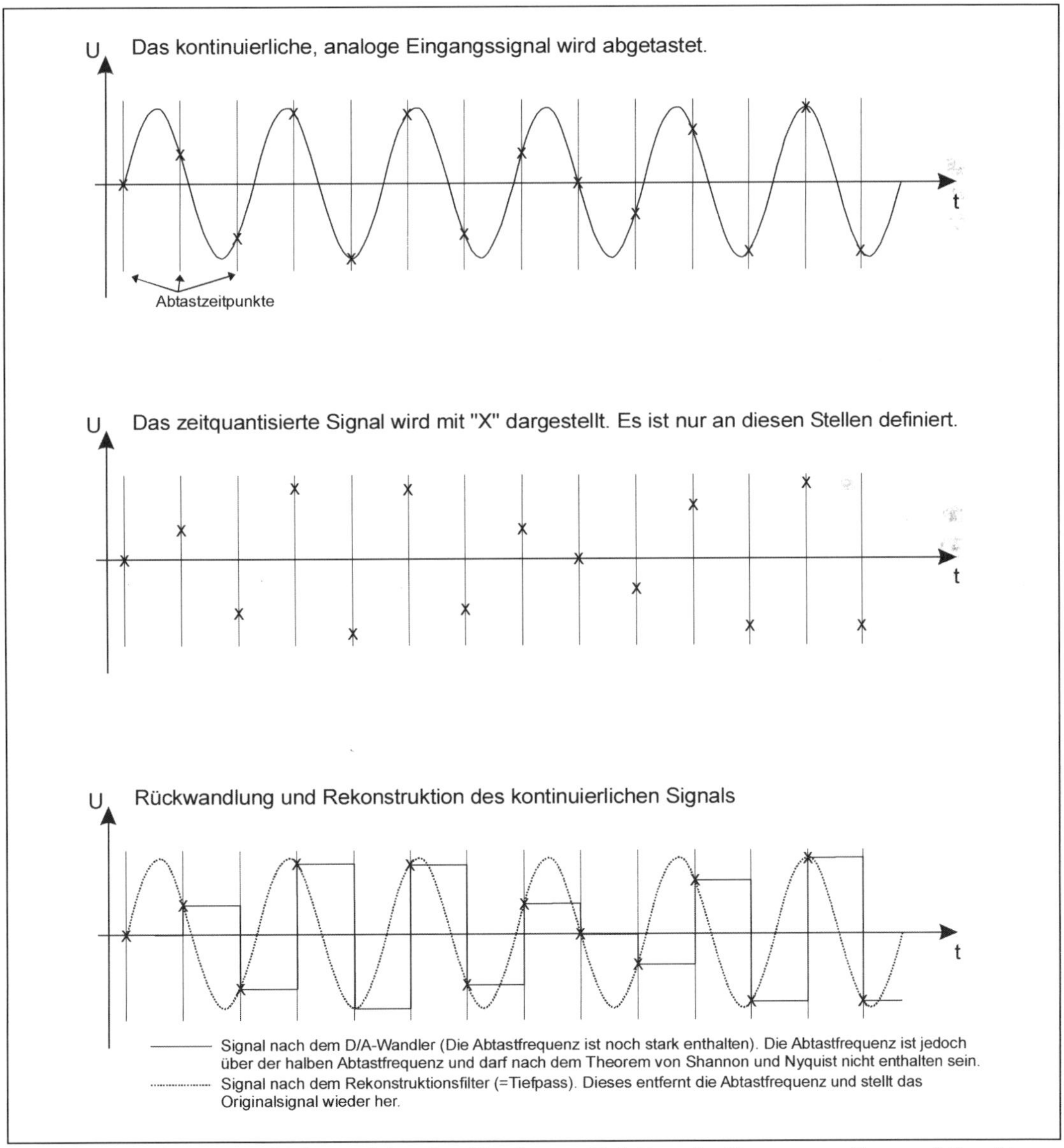

Abb. 7.3-2: Abtastung und Rekonstruktion eines Signals unter Einhaltung des Theorems von Shannon & Nyquist.

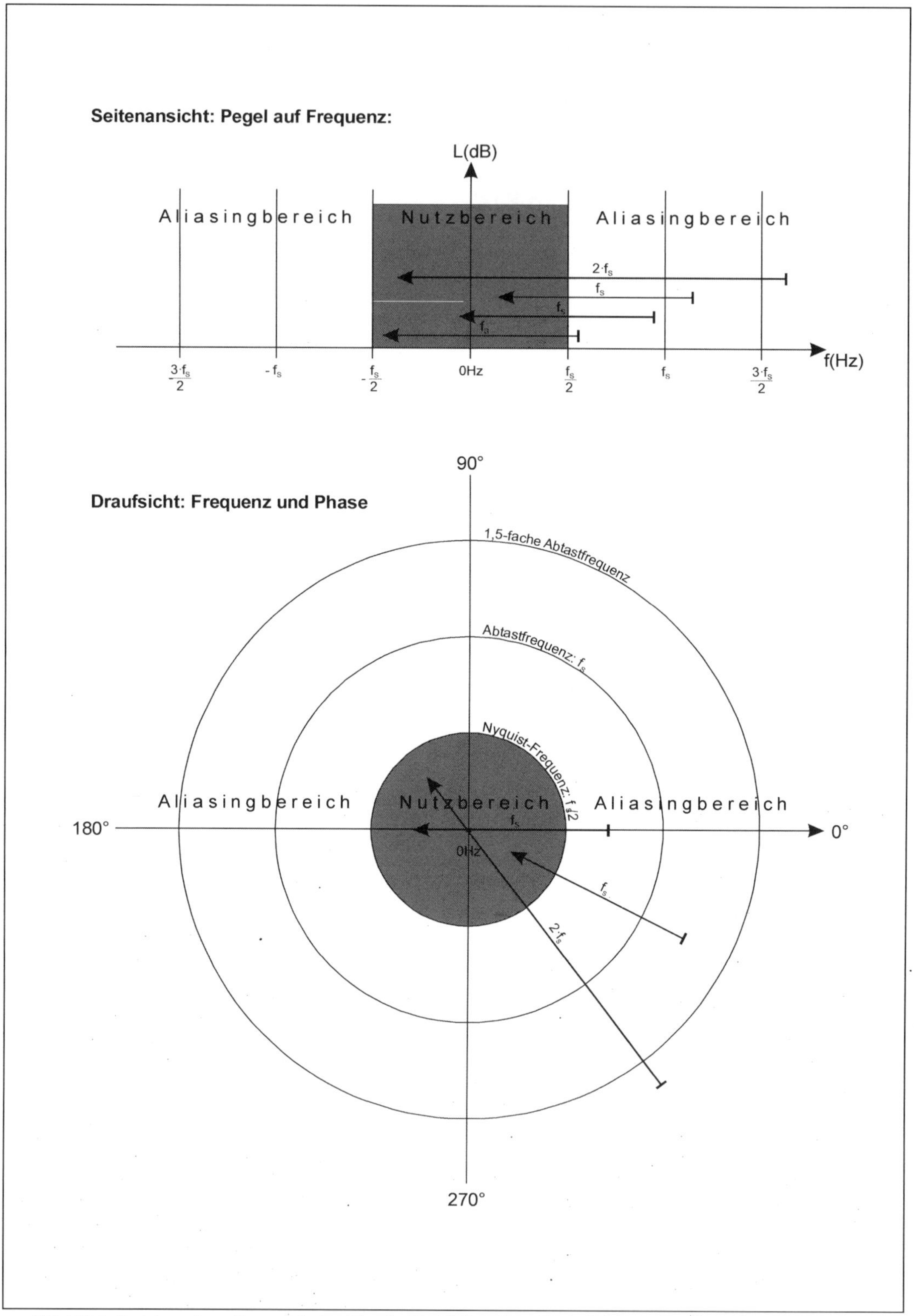

Abb. 7.3-3: Spektrum des zeitquantisierten Signals. Die Pfeile zeigen die Auswirkung des Aliasings. Die oberen und unteren Pfeile stehen nicht in Zusammenhang miteinander

Für das Audiosignal mit f_{max}=20kHz bedeutet das, die Abtastrate muss größer als 40kHz sein. 40,1kHz würde theoretisch schon reichen, um das Theorem einzuhalten, jedoch wären dann die benötigten Anti-Aliasing-Filter (siehe Kapitel 7.3.5) nicht mehr realisierbar.
Es gibt zwei Möglichkeiten, um das Theorem von Shannon und Nyquist einzuhalten:

- Die Abtastfrequenz ist vorgegeben: Das Audiosignal muss durch geeignete Filter (Tiefpass) bandbegrenzt werden.
- Das Spektrum des Audiosignals ist begrenzt: Die Abtastfrequenz muss mehr als doppelt so hoch wie die höchste im Spektrum vorkommende Frequenz gewählt werden.

In der Praxis ist eher die erste Möglichkeit umsetzbar. Das Spektrum des Audiosignals ist nämlich nicht eindeutig begrenzt. Selbst wenn der Frequenzgang eines Mikrofons z.B. von 5Hz bis 25000Hz angegeben wird, heißt das noch lange nicht, dass über 25kHz kein Signal mehr vorhanden ist. Es ist lediglich schwächer vorhanden, so dass es nicht mehr in den linearen Übertragungsbereich des Mikrofons mit einbezogen wird.
Es ist unbedingt zu beachten, dass das Theorem von Shannon und Nyquist zu jedem Zeitpunkt und an jeder Stelle eines digitalen Gerätes eingehalten wird. Wird es missachtet, treten unerwünschte Störfrequenzen durch Frequenzspiegelungen und Frequenzverschiebungen auf. Es gilt immer:

$$f_{max} < \frac{f_S}{2}$$

mit:
f_S: Abtastfrequenz in Hertz, Hz
f_{max}: Höchste zu übertragende Frequenz in Hertz, Hz

7.3.4 Das Spektrum eines zeitquantisierten Signals

Wird ein Signal zeitquantisiert, so heißt das auch, dass nur noch bestimmte Zeitpunkte des Signalverlaufs betrachtet werden. Wie das Signal sich zwischen zwei Abtastwerten verhält, wird in keiner Weise beachtet. Die Einhaltung des Theorems von Shannon und Nyquist verhindert, einfach gesagt, dass zwischen zwei Abtastzeitpunkten mehr als ein Nulldurchgang des Signals vorkommen kann. Was passieren würde, wenn das Theorem nicht beachtet würde, ist in Abbildung 7.3-3 mit Hilfe der Pfeile dargestellt. Hierbei ist am Fuß des Pfeils die Frequenz, die abgetastet werden soll, und an der Spitze des Pfeils die Frequenz, die tatsächlich aufgezeichnet wird.

7.3.4.1 Der Nutzbereich

Zwischen der Frequenz 0Hz und der halben Abtastrate, die auch Nyquist-Frequenz genannt wird, liegt der Nutzbereich für Audiosignale. In diesem Bereich ist auch das Theorem von Shannon und Nyquist erfüllt, und die Signale werden korrekt dargestellt.

7.3.4.2 Die Nyquist-Frequenz

An der Nyquist-Frequenz und auch an allen ganzzahligen Vielfachen der Nyquist-Frequenz ist nicht genau vorhersagbar, was nach der Abtastung herauskommt. Die Frequenz, die abgetastet wird, ist zwar definiert, aber nicht deren Amplitude. Dies verdeutlicht die Abbildung 7.3-4, in der ein Signal abgetastet werden soll, das genau an der Nyquist-Frequenz liegt. Man sieht im oberen Bild, dass die Amplitude und die Phase korrekt erfasst werden kann, wenn zufällig die Maximalwerte der Schwingung abgetastet werden. Das mittlere Bild zeigt, dass sich sowohl die Amplitude als auch die Phase des rekonstruierten Signals durch eine Verschiebung der Abtastzeitpunkte weg vom Maximum verändert haben. Im untersten Bild wird deutlich, dass schlimmstenfalls kein Signal abgetastet wird, wenn die Abtastung immer genau in den Nulldurchgängen erfolgt.

7.3.4.3 Der Aliasing-Bereich

Frequenzen, die über der Nyquist-Frequenz liegen, verletzen das Theorem von Shannon und Nyquist, da nunmehr immer wieder Nulldurchgänge des analogen Signals zwischen den Abtastwerten verpasst werden. Das bedeutet, dass eine falsche, zu tiefe Frequenz abgetastet wird. Diesen Effekt nennt man "Aliasing" (siehe Kapitel 7.3.5). Die Alias-Frequenz steht mit der ursprünglichen Frequenz immer in folgendem Zusammenhang:

$$f_{Alias} = f - M \cdot f_S$$

mit:
f_{Alias}: Alias-Frequenz in Hertz, Hz

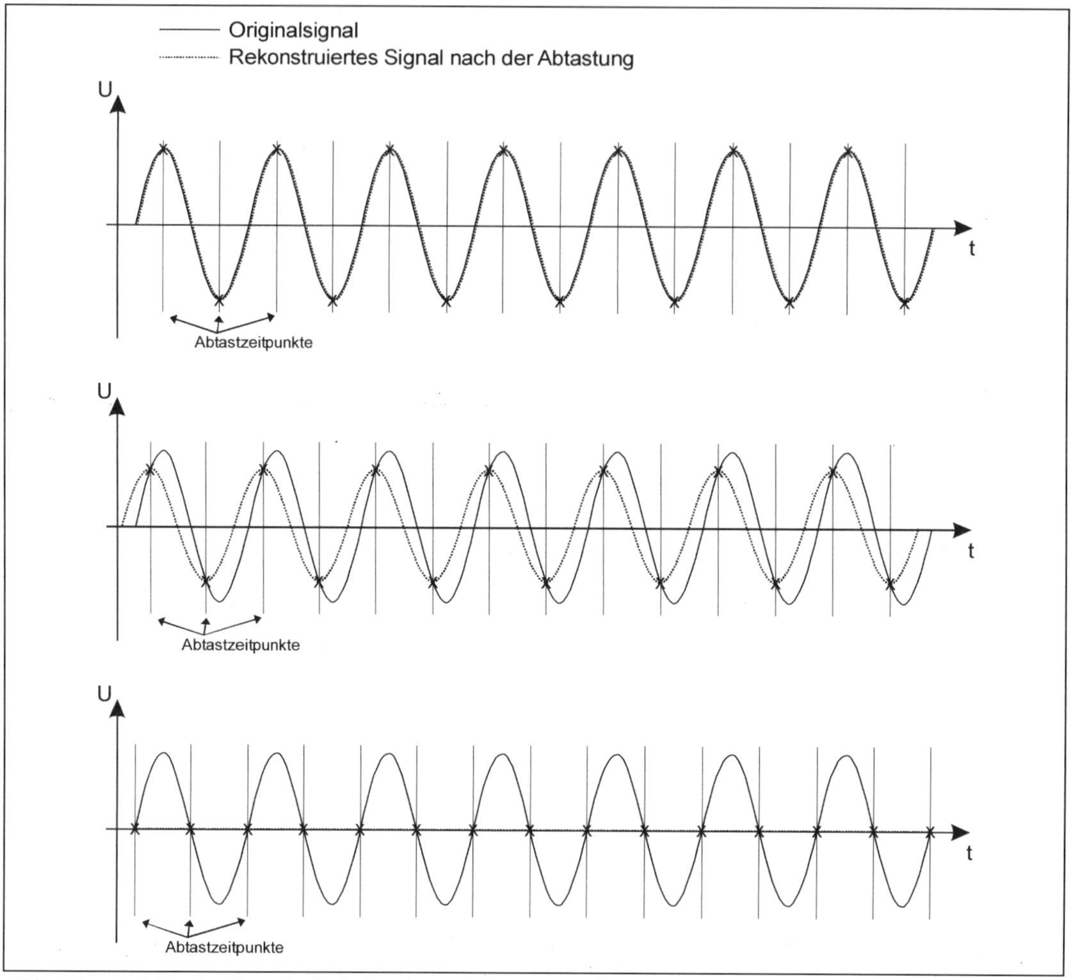

Abb. 7.3-4: Drei Signale, die exakt die halbe Abtastfrequenz haben, werden zu unterschiedlichen Zeitpunkten abgetastet. Dadurch ändert sich die Amplitude und die Phase des abgetasteten Signals

f: Frequenz des abzutastenden Signals in Hertz, Hz

f_s: Abtastfrequenz in Hertz, Hz

M: Ganzzahl. f_s wird so oft von f abgezogen, bis das Ergebnis im Bereich zwischen $-\frac{f_s}{2}$ und $+\frac{f_s}{2}$ liegt.

Bei einer gegebenen Abtastfrequenz von 44,1kHz würde das Pfeifen eines Computermonitors von 31,25kHz, das durchaus von einem Mikrofon übertragen wird, mit einer Frequenz von -12,85kHz abgespeichert werden. Das Ergebnis liegt hier im Bereich der negativen Frequenzen. Negative Frequenzen sind das gleiche, wie positive Frequenzen, mit dem Unterschied, dass deren Phase um 180° verschoben ist. Das heißt also, dass aus dem Aliasing eine tiefere, phasengedrehte Frequenz resultiert.

Ein Taktgenerator, der zum Beispiel einen Takt von 50kHz erzeugt, der auf das Audiosignal überspricht, welches mit 44,1kHz abgetastet wird, würde nach der Verschiebung eine hörbare Störfrequenz von +5,9kHz erzeugen.

7.3.4.4 Die Periodizität des Spektrums

Wird ein stetig in der Frequenz steigender Sinuston mit einer konstanten Abtastfrequenz abgetastet, so stellt man fest, dass der Sinuston bis zur Nyquist-Frequenz tatsächlich stetig steigt, dann jedoch wieder bis 0Hz herunter in der Frequenz sinkt (obwohl er eigentlich jetzt die Abtastfrequenz hat).

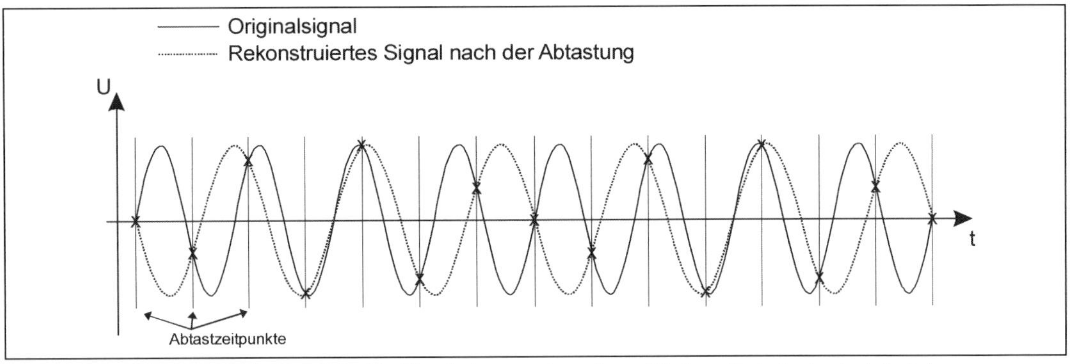

Abb. 7.3-5: Aliasingeffekt: Ein Signal, dass weniger als zwei Mal pro Periode abgetastet wird, stimmt sowohl in Frequenz als auch in Phase nicht!

Anschließend wird er wieder bis zur Nyquist-Frequenz steigen um schließlich wieder bis 0Hz zu sinken (obwohl er jetzt die zweifache Abtastfrequenz hat) usw.. Wenn der Abtastimpuls kurz genug ist, wiederholt sich dieser Effekt immer und immer wieder bis in den Megahertz Bereich.

Man kennt diesen Effekt aus dem Fernsehen oder aus dem Kino: Das Kutschenrad, das sich beim Losfahren der Kutsche zuerst vorwärts dreht, dann jedoch stehen zu bleiben scheint und schließlich anfängt, sich rückwärts zu drehen, obwohl die Kutsche weiterhin vorwärts fährt. Wenn hier die Verschlusszeit der Kamera kurz genug ist, so wiederholt sich auch dieser Effekt mehrfach, während die Kutsche immer schneller und schneller fährt. - Erst, wenn die Bewegung zu schnell wird und verschwimmt, weil die Verschlusszeit zu lang ist, dann hört dieser merkwürdige Effekt auf.

Eine stetig höher werdende Frequenz hat also ein sich periodisch wiederholendes, an- und absteigendes Signal zur Folge. Das gilt jedoch nicht nur für Signale, sondern auch für (beispielsweise) Filterfunktionen. In Abbildung 7.3-6 ist ein Tiefpassfilter im Nutzbereich und dessen Auswirkungen auf den Frequenzgang im Aliasingbereich abgebildet. Im gesamten Frequenzspektrum hat dieses Filter einen periodischen Frequenzgang, der ein wenig an ein Rechtecksignal erinnert. Eine Periode dieses Signals könnte nun verwendet werden, um die Koeffizienten eines digitalen FIR- Filters zu berechnen (siehe Kapitel 7.12.2).

7.3.5 Aliasing

Unter Aliasing versteht man die Verschiebung von Signalen oberhalb der Nyquist-Frequenz in den Nutzbereich. Aufgrund der oben genannten Formeln gibt es dabei keinerlei harmonischen Zusammenhang zwischen dem Signal im Nutzbereich und den Störfrequenzen. Somit können sie auch nicht verdeckt werden oder positiv zum Gesamtklang beitragen. Daher ist es dringend notwendig, diese Störfrequenzen zu unterdrücken. Das Theorem von Shannon und Nyquist muss immer eingehalten werden, und somit dürfen keine Signale oberhalb

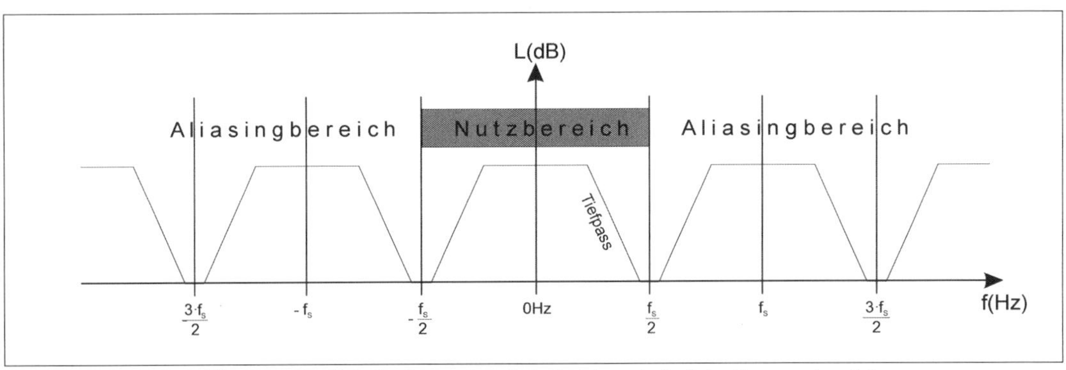

Abb. 7.3-6: Ein digitales System wiederholt sich periodisch im Frequenzbereich

der Nyquist-Frequenz in die Sample und Hold Stufe gelangen.

7.3.5.1 Anti-Aliasing-Filter

Gegen das Auftreten der Alias-Frequenzen muss auf der Analogseite ein Tiefpassfilter eingesetzt werden, das alle Frequenzen im Audiobereich von 0Hz bis 20kHz durchlässt und alle Frequenzen oberhalb der Nyquist Frequenz sperrt. Dieses Filter nennt sich Anti-Aliasing-Filter und hat eine Tiefpasscharakteristik. Die Anforderungen an das Filter sind anhand eines Beispiels mit 44,1kHz Abtastfrequenz und 16-Bit Wortbreite in der in Abbildung 7.3-7 zu sehen. Soll das Filter genau nach Vorschrift arbeiten, so muss es das Signal an der Nyquist-Frequenz so stark abschwächen, dass es von dem Analog/Digitalwandler nicht mehr erfasst werden kann. Bei 44,1kHz / 16 Bit bedeutet dies, dass das Signal bei 22,05kHz um 96dB (siehe Kapitel 7.4.1) abgeschwächt werden muss, wobei es bei 20kHz noch unverändert durchgelassen werden soll. Dies erfordert eine extrem hohe Flankensteilheit des Filters: ca. 96dB pro Achtel-Oktave, also ca. 800dB pro Oktave, und ca. 128. Ordnung. Ein Filter so hoher Ordnung ist nicht nur sehr materialaufwendig, es hat auch andere, gravierende Nachteile:

- Teuer
- Relativ starkes Rauschen durch die vielen Operationsverstärker
- Verschlechtert die Lokalisation und die Tiefenstaffelung durch Phasenverschiebungen im Nutzbereich
- Sehr hoher Abgleichaufwand für guten Stereogleichlauf
- Ist nur für eine Abtastfrequenz optimierbar

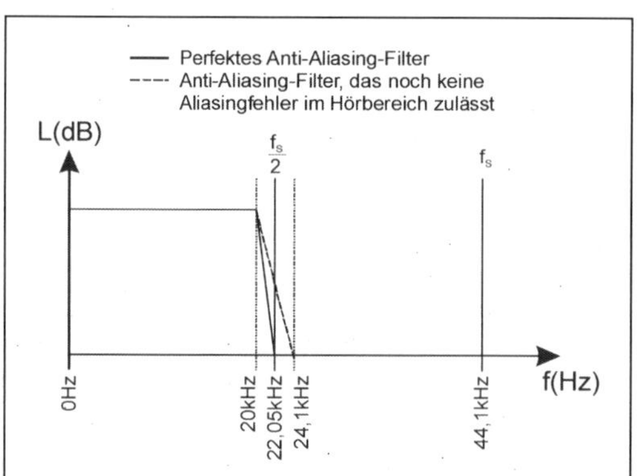

Abb. 7.3-7: Anforderungen an ein Anti-Aliasingfilter für CD-Qualität ohne Oversampling

Man kann nun ein wenig "schummeln" und eine Sperrdämpfung von 80dB oder weniger oberhalb der Nyquist-Frequenz als ausreichend definieren. Weiterhin soll ja "nur" vermieden werden, dass sich Frequenzen in den Audiobereich spiegeln, und das passiert im oben genannten Beispiel tatsächlich erst ab 24,1kHz. Somit wäre ein Filter ausreichend, das bei 24,1kHz 80dB Sperrdämpfung erreicht. Dieses Filter hätte eine Flankensteilheit von "nur" ca. 80dB pro Viertel-Oktave also ca. 320dB pro Oktave und ca. 53. Ordnung.

7.3.5.2 Oversampling

Um den Nachteilen der Anti-Aliasing-Filter hoher Ordnung entgegenzuwirken, wurde das Oversampling eingeführt. Es bedeutet soviel wie Überabtastung, das heißt, es werden mehr Abtastwerte aus dem analogen Signal entnommen, als eigentlich benötigt werden. Das Theorem von Shannon und Nyquist besagt, dass keine Frequenzen oberhalb der Nyquist-Frequenz in die Sample und Hold Stufe gelangen dürfen. Der Frequenzumfang für das Audiosignal ist von 0Hz bis 20kHz festgelegt und nicht veränderbar. Wenn man die Steilheit des Anti-Aliasing-Filters reduzieren möchte, muss die Abtastfrequenz erhöht werden, da sich dann auch die halbe Abtastfrequenz erhöht und damit das Filter mehr Platz hat, um in die erforderliche Sperrdämpfung zu gehen. Abbildung 7.3-8 zeigt die Anforderungen an das Anti-Aliasing-Filter mit 4-fach Oversampling, also 176,4kHz Abtastfrequenz, und 16-Bit Wortbreite. Die Nyquist-Frequenz liegt nun bei 88,2kHz und das Filter hat über zwei Oktaven Platz, um die 96dB Sperrdämpfung zu erreichen. Damit ist eine Flankensteilheit von 8dB pro Oktave ausreichend, und das Filter ist nur noch 8. Ordnung. Je höher das Oversampling ist, desto

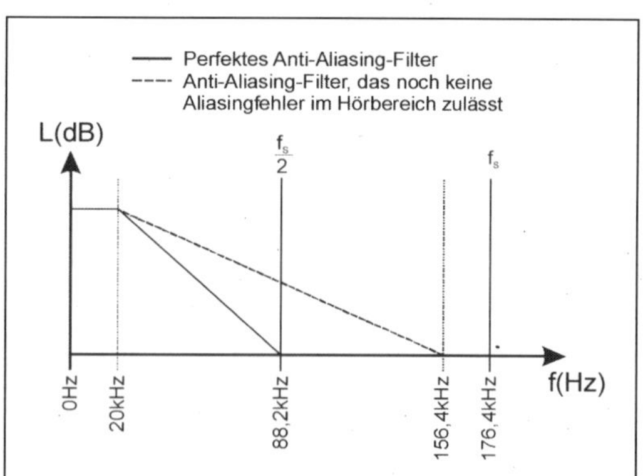

Abb. 7.3-8: Anforderungen an ein Anti-Aliasingfilter für CD-Qualität mit 4-fachem Oversampling

niedriger ist der Aufwand für das Anti-Aliasing-Filter. Heutiger Standard ist 128-faches Oversampling mit einem passiven, analogen Anti-Aliasing-Filter 1. Ordnung.

7.3.5.3 Digitales Dezimationsfilter

Ein Problem, das man bei der Verwendung von Oversampling zu lösen hat, sind die vielen Abtastwerte, die nicht alle weiterverarbeitet werden können. Bei oben genanntem Beispiel von 4-fach Oversampling sind vier mal so viele Werte vorhanden, wie tatsächlich benötigt werden. Die überschüssigen Werte können nicht einfach weggelassen werden, da dies eine Verletzung des Theorems von Shannon und Nyquist bedeuten würde: Beim Abtasten des Signals mit 176,4kHz waren, durch das Anti-Aliasing-Filter bedingt, Frequenzen bis 88,2kHz erlaubt und sind eventuell auch im abgetasteten Signal vorhanden. Würde man einfach 3 von 4 Werten weglassen, um auf die gewünschte Abtastfrequenz von 44,1kHz zu kommen, so wären die Frequenzen von 22,05kHz bis 88,2kHz nicht zulässig und würden zu Aliasing führen.
Bevor Werte weggelassen werden dürfen, muss also der Frequenzbereich von 22,05kHz bis 88,2kHz weggefiltert werden, um das Theorem von Shannon und Nyquist einzuhalten. Auch hier ist ein sehr steilflankiges Filter notwendig, das alle Frequenzen bis 20kHz ungehindert durchlässt, die Frequenzen ab 22,05kHz jedoch sperrt. Dieses Filter wird "Dezimationsfilter" genannt. Da das Signal an dieser Stelle bereits in Zahlenform vorliegt, kann dieses Filter digital gerechnet werden und hat damit die folgenden Vorteile:

- Kostengünstig
- Kein störendes Rauschen bei ausreichender Rechengenauigkeit
- Keine Verschlechterung der Lokalisationsschärfe und der Tiefenstaffelung durch linearphasiges Design
- Kein Abgleich notwendig und perfekter Stereogleichlauf
- Die Filterfrequenzen skalieren sich proportional zu der Abtastfrequenz

Zu den genauen Hintergründen und den Vorteilen digitaler Filter sei auf Kapitel 7.12 verwiesen.
Hier wird bereits von Zahlenwerten gesprochen, allerdings liegen diese erst hinter dem A/D- Wandler vor. Das digitale Dezimationsfilter befindet sich im Signalfluss auch hinter dem A/D-Wandler, jedoch wird es bereits in diesem Kapitel erwähnt, weil es zu dem Vorgang des Oversampling gehört.
Eine sehr einfache Möglichkeit, sich die Funktionsweise des digitalen Dezimationsfilters vorzustellen, wenngleich sie nicht ganz korrekt ist, ist, das Filter einfach als arithmetischen Mittelwertbilder anzusehen. Rein mathematisch werden also bei 4-fach Oversampling jeweils vier Werte zusammenaddiert und die Summe durch vier geteilt. Der Ergebniswert wird anschließend ausgegeben. Dann werden die nächsten vier Werte addiert usw.. In Abbildung 7.3-9 ist eine Sinusschwingung mit einem überlagerten, hochfrequenten Sinuston als dünne Linie zu sehen. Werden die Mittelwerte von jeweils vier Abtastwerten dieses Signals gebildet (dicke Linie), so verschwindet die hochfrequente Sinusschwingung - sie wurde durch die Mittelung weggefiltert.

An dieser Stelle bekommt das Signal eine zusätzliche Genauigkeit. Werden 4 binäre Werte aufaddiert, so werden 2 zusätzliche Bit Genauigkeit für die Summe benötigt (siehe Kapitel 7.2.2.1). Auch nachdem die Summe durch vier geteilt wurde, also um zwei Binärstellen nach rechts verschoben wurde (siehe Kapitel 7.2.2.2), bleiben die zusätzlichen Bits erhalten. Sie befinden sich jetzt hinter dem binären Komma. Diese zusätzliche Genauigkeit kann entweder weiter verwendet oder aufgezeichnet werden, oder man kann von vorne herein einen ungenaueren Wandler nutzen. Ein 14-Bit-Wandler, mit 4-fachem Oversampling würde nach der Dezimation 16-Bit-Werte liefern. Ein Wandler mit 128- fachen Oversampling würde durch das Dezimationsfilter 7-Bit zusätzliche Genauigkeit bekommen (siehe auch Kapitel 7.4.4).

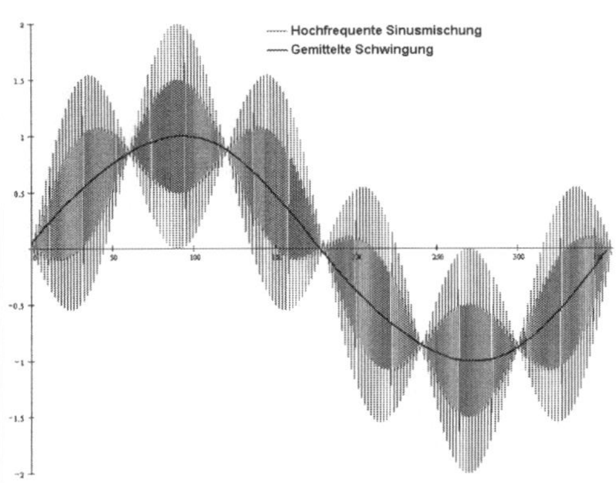

Abb. 7.3-9: Mischung aus hochfrequenter und niederfrequenter Sinusschwingung und deren arithmetische Mittelung

7.3.6 Wellenformdarstellung innerhalb von DAWs

Beim Arbeiten an einer DAW ist man ständig mit der Darstellung der aufgezeichneten Wellenform konfrontiert. Bei kleinem Zoom-Wert ist zunächst eine Hüllkurvendarstellung des Lautstärkeverlaufs zu sehen. Mit zunehmender Vergrößerung der Darstellung schaltet die DAW irgendwann auf die Wellenformdarstellung des Signals um. Bei noch stärkerer Vergrößerung können schließlich einzelne Samples betrachtet werden.

Was dabei passiert, soll in den Abbildungen 7.3-10 und 7.3-11 anhand zweier Beispiel DAWs (Pro-Tools und Samplitude) gezeigt werden. Dargestellt werden jeweils drei verschiedene Sinusfrequenzen: 1000Hz, 10000Hz und 20000Hz. Die verwendete Abtastfrequenz beträgt 44100Hz. Das Ergebnis fällt in beiden DAWs deutlich unterschiedlich aus: bei 1kHz sieht das Signal noch ganz gut aus, aber bei 10kHz und 20kHz wird die Darstellung eckig und erinnert nicht mehr an eine Sinusfunktion.

Genau an dieser Stelle ist man durch die Darstellung der Software versucht einen schwerwiegenden Denkfehler zu begehen: Man könnte glauben, dass die Frequenzen 10kHz und 20kHz durch die Abtastung mit 44,1kHz ungenau aufgezeichnet und wiedergegeben würden. Schnell ist die Notwendigkeit einer höheren Abtastfrequenz verbalisiert und die 44,1kHz werden zum Teufel gejagt.

Tatsächlich jedoch ist man nur einem Darstellungsfehler der DAWs aufgesessen. Die Software zeigt nicht wirklich den Wellenformverlauf an, sondern ein "Phantasiesignal" ähnlich dem "Malen nach Zahlen". Je nach verwendeter Software werden die einzelnen Samples durch Linien direkt oder treppenstufenförmig miteinander verbunden oder als Auslenkungen von der Nullachse dargestellt. Doch diese Darstellung hat mit der Wirklichkeit nichts zu tun! Wird das 10kHz- oder 20kHz-Signal am Ausgang der Soundkarte nachgemessen, so kommt dort ursprünglich aufgezeichnete Sinuston heraus (siehe Abbildung 7.3-12). Dieser wird jedoch nicht am Computer angezeigt. Aber wo hat sich der Fehler eingeschlichen?

Das Problem ist eine Missachtung des Theorems von Shannon und Nyquist in der optischen Darstellung des Signals. Dieses Theorem gilt nicht nur im Moment der Abtastung oder bei der Rekonstruktion des analogen Signals, sondern auch innerhalb des gesamten Digitalsystems. Das heißt, dass beispielsweise auch Plug-Ins keine Frequenzen oberhalb der halben Abtastfrequenz (=Nyquistfrequenz) benutzen können oder dürfen.
Die optische Darstellung des Signals findet auch innerhalb des Digitalsystems statt und ist eigentlich eine optische Rekonstruktion des Signals. Das bedeutet, dass auch hier keine Frequenzen oberhalb der Nyquistfrequenz angezeigt werden dürfen. Doch fast jede Software zeigt Frequenzen oberhalb der Nyquistfrequenz an, was an den spitzen Ecken

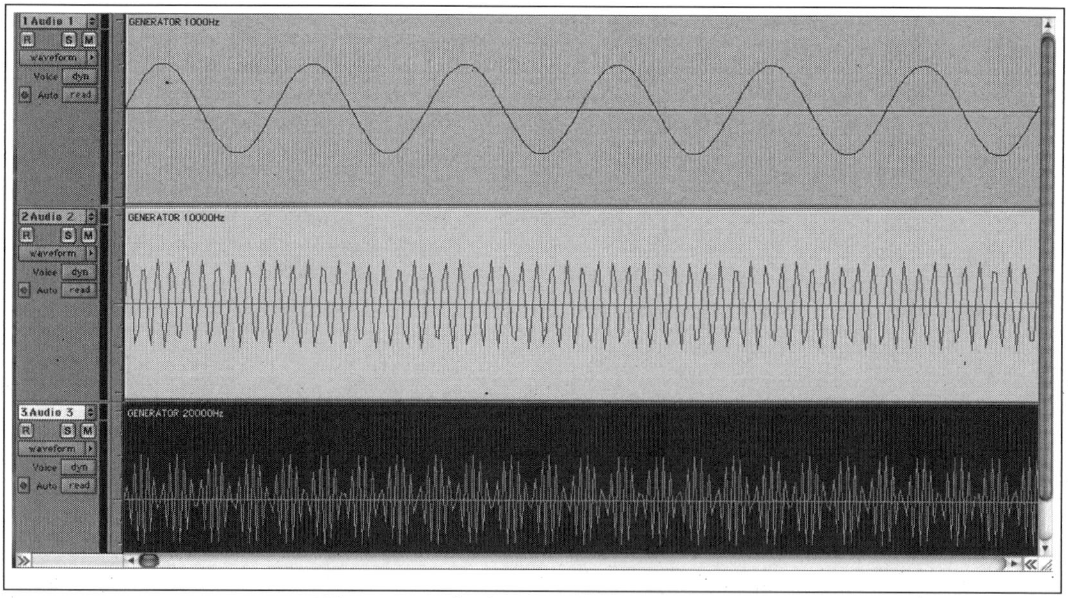

Abb. 7.3-10: Wellenformdarstellung von Pro-Tools

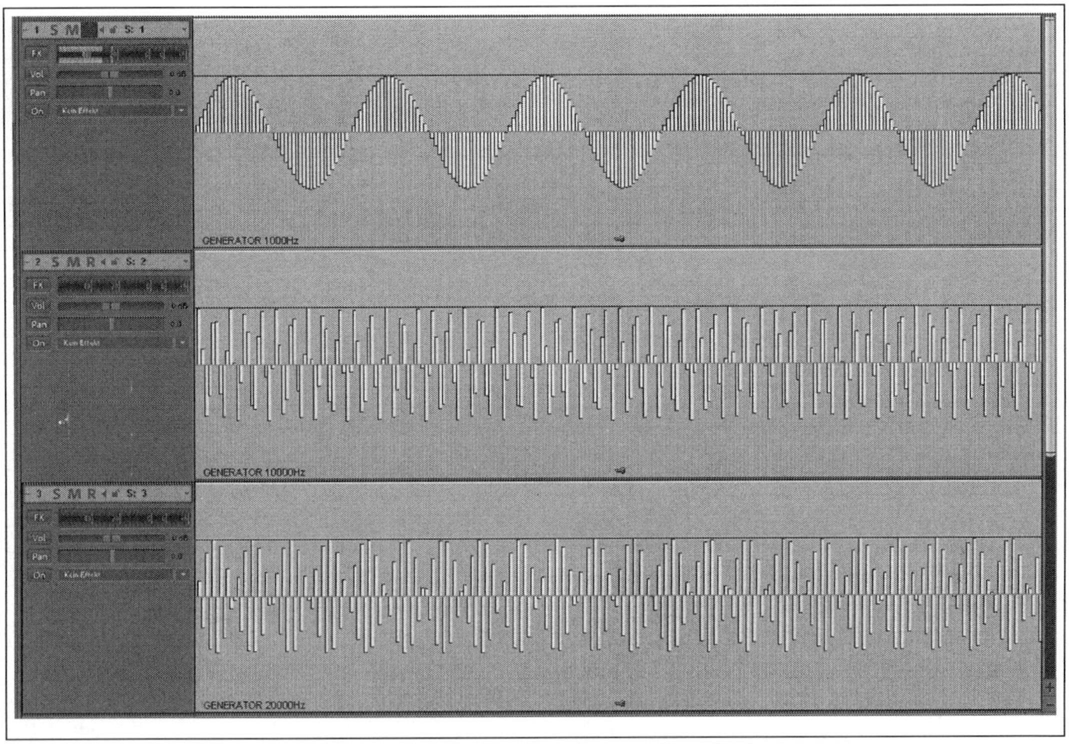

Abb. 7.3-11: Wellenformdarstellung von Samplitude

des grafischen Wellenformverlaufs zu sehen ist.. Diese Darstellung ist in der Praxis die Variante mit dem geringsten Rechenleistungsbedarf. Als Resultat kommt jedoch ein fehlerhafte Wellenformdarstellung der Signale heraus.

Eine mögliche Vorgehensweise zur Verbesserung der Darstellung könnte wie folgt aussehen: Das Signal müsste zunächst durch das Berechnen von Zwischenwerten auf die Anzahl der Pixel zwischen zwei Samples hochinterpoliert werden. Anschließend würde das interpolierte Signal an einem Tiefpassfilter gefiltert und die gefilterten Pixel würden dargestellt werden (siehe Abbildung 7.3-13). Die Software Cool-Edit 2000 verfügt über diese Möglichkeit.

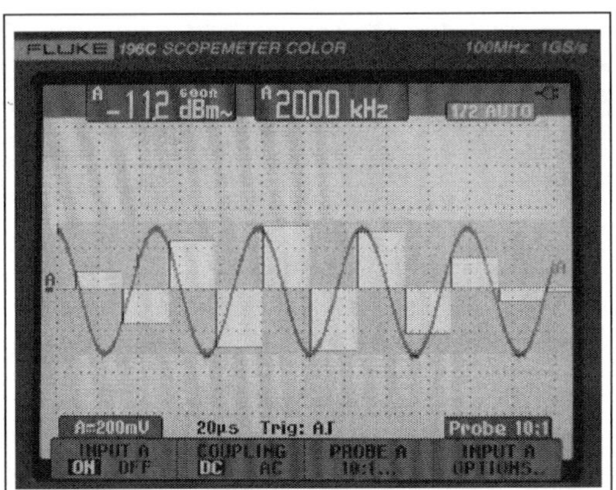

Abb. 7.3-12: Messung am Ausgang der Soundkarte im Vergleich zum dargestellten Signal (hell hinterlegt). Abtastfrequenz 44,1kHz - Signal: 20kHz

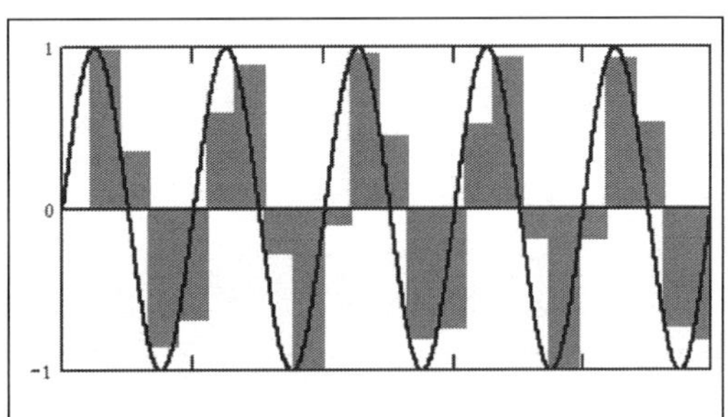

Abb. 7.3-13: Signal vor (grau) und nach (schwarz) der Interpolation und Filterung

7.3.7 Intersample-Peaks

Wie der Name schon nahe legt, handelt es sich bei Intersample-Peaks um Spitzenwerte, die zwischen zwei Abtastwerten auftreten.
Die Abbildung 7.3-14 zeigt solche Intersample-Peaks am Beispiel eines ganz normalen Musiktitels sowie eines Testtons. Für das Erstellen der Abbildung wurde die Software Cool-Edit 2000 benutzt, welche in der Lage ist, neben den digitalen Abtastwerten auch den rekonstruierten Verlauf der Wellenform korrekt anzuzeigen.
Wie man sieht, handelt es sich um rekonstruierte Spannungswerte, die über den digitalen Werten liegen und somit auch über der Vollaussteuerung des Signals liegen können. So lange sich das Signal in der Digitalebene befindet, sind die Intersample-Peaks nur theoretisch interessant. Wird es jedoch im D/A-Wandler rekonstruiert, so stellt sich die Frage, ob der D/A-Wandler die erforderlichen Spannungen erzeugen kann, die die Rekonstruktion der Intersamplepeaks erfordert.
In der Praxis kann er das nicht und produziert Clipping oder Intermodulationsverzerrungen.

Sollen diese Probleme vermieden werden, so muss mit Hilfe eines "True-Peak"-Messgerätes der Intersample-Peak gemessen und angezeigt werden. Dieser sollte dann $0dB_{FS}$ nicht überschreiten.

Die Messung erfolgt in der Praxis folgendermaßen:

- Das Signal wird mit Hilfe eines digitalen Interpolationsfilters auf die 4-fachen Abtastfrequenz heraufinterpoliert.
- Das interpolierte Signal wird ohne Hinlaufzeit gemessen und angezeigt

Zwar sind mit 4-fachem Oversampling theoretisch nicht alle Intersamplepeaks korrekt erfasst, jedoch praktisch genau genug, um hörbare Artefakte zu vermeiden. Die EBU 128 schreibt für die Kontrolle eine Intersample-Peak-Messung nach o.g. Vorgehensweise vor und verlangt, dass das Signal bis maximal -1dB unter Vollaussteuerung gehen darf.

7.3.8 Wozu Abtastraten über 48kHz?

Bei dem Abtasttheorem von Shannon und Nyquist darf nicht vergessen werden, dass es besagt, dass tatsächlich Signale bis zur halben Abtastrate eindeutig und fehlerfrei darstellbar sind. Für das Audiofrequenzband von 20Hz bis 20kHz bringt daher eine Erhöhung der Abtastfrequenz von 48kHz auf 96kHz oder sogar auf 192kHz keine bessere Darstellung des Signals. Klangunterschiede, die aus einer Erhöhung der Abtastrate resultieren, sind nur marginal und darauf zurückzuführen, dass sich das breitbandige Quantisierungsrauschen (siehe Kapitel 7.4.2.1) auf einen größeren Frequenzbereich verteilen kann und der Signal-Rauschabstand im Audiobereich somit verbessert wird. Letzteres lässt sich jedoch auch durch eine Erhöhung der Wortbreite wesentlich effizienter realisieren.

Auch wenn Wandler nicht völlig fehlerfrei arbeiten, was durchaus vorkommen kann, verteilen sich die auftretenden Wandlerfehler durch eine höhere Abtastfrequenz auf einen breiteren Frequenzbereich. Somit bleiben im Hörbereich zwischen 20Hz und 20kHz effektiv weniger hörbare Fehler zurück.

Der Kehrwert der Abtastfrequenz stellt das kleinste Raster dar, in dem Signale künstlich verzögert

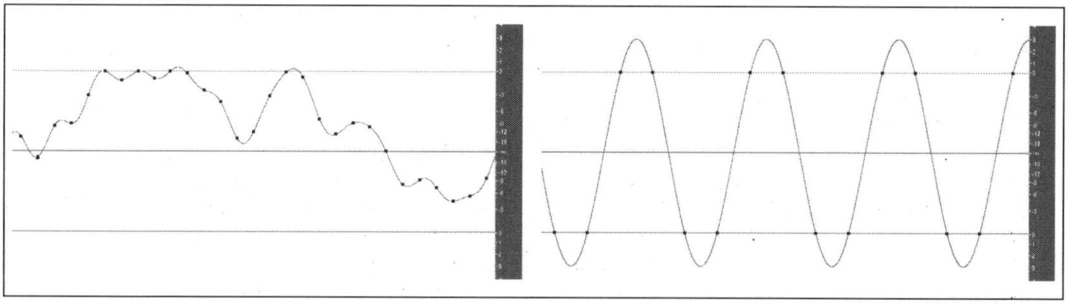

Abb. 7.3-14: Darstellung von Intersamplepeaks. **Links:** Musiksignal mit Intersample-Peaks
Rechts: Testton mit 11025Hz und 45° Phasenverschiebung zum Samplingzeitpunkt.
Die schwarzen Punkte sind die Abtastwerte, die grauen Linien das rekonstruierte Signal.
Die äußeren horizontalen Linien markieren die $0dB_{FS}$-Marke

werden können. Dies ist für Echos und Hallgeräte ein relevanter Wert.

$$t_{Raster} = \frac{1}{f_s}$$

mit:

t_{Raster}: Zeitraster in Sekunden, s

f_s: Abtastfrequenz in Hertz, Hz

Bei einer Abtastfrequenz von 44,1kHz wäre das Raster 22,7µs groß. Bei 88,2kHz nur noch halb so groß: 11,3µs. Die Frage ist, wie genau kann das menschliche Gehirn verschiedene Schallereignisse auflösen und wie fein muss das Raster sein, damit das Signal möglichst natürlich klingt?

Dazu kann auch das Kapitel 7.10.1 Aufschluss geben. Bereits Verschiebungen einzelner Abtastwerte im Bereich von 100ns sind hörbar, wenn auch nicht sehr gravierend. Hierbei geht es allerdings um die Stabilität der Abtastfrequenz und nicht mehr um dessen absoluten Wert.

Bei dieser Diskussion darf jedoch nicht vergessen werden, dass unabhängig von der verwendeten Abtastfrequenz die Phasenlage eines Signals beliebig fein dargestellt werden kann. Der Gedanke, dass das komplette Signal gerastert würde, also beispielsweise ein Instrument nur zu Beginn eines Abtastwertes anfangen kann einzuschwingen, ist grundsätzlich falsch und widerspricht dem Theorem von Shannon und Nyquist!

Sinn macht eine Abtastfrequenz von 96kHz auch bei der Bearbeitung von Signalen. Digitale Filter haben die unangenehme Eigenschaft, dass sie an der Nyquist-Frequenz eine Nullstelle aufweisen (siehe Kapitel 7.12.1) und somit ihr Frequenzgang im Vergleich zu analogen Filtern in den Höhen verbogen wird. Soll ein Digitalfilter möglichst "analog" funktionieren und klingen, so sollte die Nyquist-Frequenz nicht zu nahe an 20kHz liegen. Die Abbildung 7.3-15 zeigt den Vergleich zwischen einem analogen Hi-Shelf Equalizer und dem digitalen Pendant - einmal bei einer Abtastfrequenz von 48kHz und einmal bei 96kHz. Man erkennt deutlich, dass bei 96kHz Abtastfrequenz das Digitalfilter im Audiobereich mit dem Analogfilter exakt übereinstimmt.

Der Einsatz von Dithering und Noise-Shaping ist bei Abtastfrequenzen von 88,2 oder 96kHz besser. So kann sich das breitbandige Ditherrauschen über den doppelten Frequenzbereich verteilen und ist somit im Hörbereich um 3dB leiser wahrzunehmen. Bei Noise-Shaping kann sogar das hochfrequente Rauschen gezielt über 20kHz gelegt werden, um im Hörbereich ein noch geringeres Rauschen zu ermöglichen.

Eine interessante Frage stellt sich bei näherer Betrachtung der digitalen Dezimationsfilter (A/D-Seite) und Interpolationsfilter (D/A-Seite). Diese Filter werden als linearphasige Digitalfilter realisiert. Der Vorteil der linearphasigen Filter ist die Tatsache, dass sie lediglich den Amplitudenfrequenzgang verändern, jedoch die Phase des Signals unangetastet lassen. Das Signal wird lediglich verzögert. Linearphasige Digitalfilter haben jedoch die Eigenschaft, dass ihre Impulsantwort symmetrisch ist. Das bedeutet, dass vor dem eigentlichen Signal bereits ein Einschwingvorgang stattfindet. Es ist fraglich, wie das Ohr auf solche Signale reagiert, die in der Natur nicht vorkommen können. Ein Einschwingvorgang vor dem Signal ist quasi eine "Zeitmaschine", nur, dass das gesamte Signal auch noch verzögert wird.

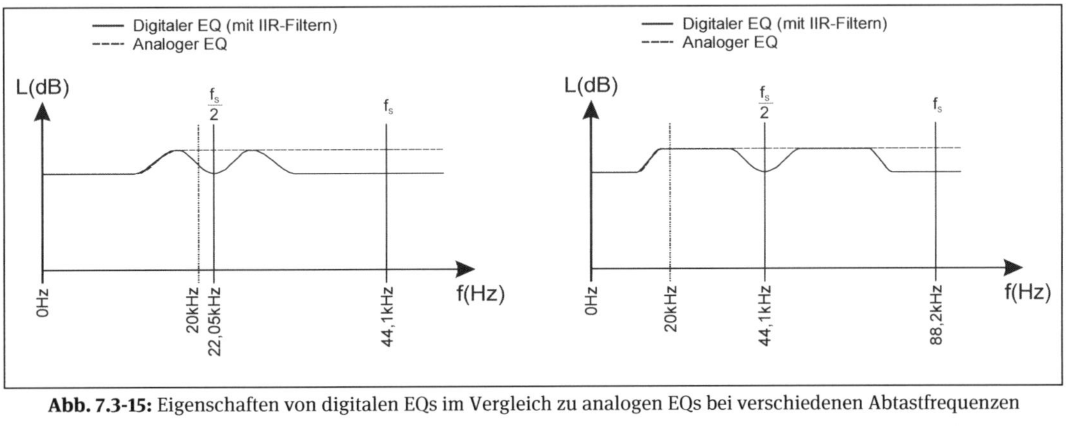

Abb. 7.3-15: Eigenschaften von digitalen EQs im Vergleich zu analogen EQs bei verschiedenen Abtastfrequenzen

Je höher die Abtastfrequenz gewählt wird, desto kürzer wird dieser Einschwingvorgang. Bei DSD-Signalen auf einer SACD entfallen diese Filter und damit auch deren Einschwingvorgänge komplett.

Zuletzt sollen auch alle "High-Ender" und "Audiophilen" nicht unerwähnt bleiben, die einer höheren Abtastfrequenz einen besseren Klang bescheinigen und auch gewillt sind, für solches Material viel Geld auszugeben. Selbst wenn klangliche Aspekte hierbei möglicherweise für den Toningenieur oder Produzenten nicht relevant sind, so gilt es doch, eine Käuferschaft zu befriedigen, die das hochauflösende Audiomaterial schätzt.

7.4 A/D-Wandlung

Die Zeitquantisierung wurde im letzten Kapitel genauer betrachtet. Bei der A/D-Wandlung wird das Signal spannungsquantisiert, das heißt, den noch kontinuierlichen Spannungsstufen, die aus der Sample & Hold-Stufe kommen, werden Zahlencodes zugeordnet.

7.4.1 Die Spannungsquantisierung

Die Spannungsquantisierung von Audiomaterial erfolgt normalerweise linear, das heißt in gleich großen Spannungsstufen. Hierzu wird über das Signal ein Zahlenraster bestehend aus 2^N Spannungsstufen gelegt. N ist die Wortbreite des A/D-Wandlers. So kann ein 1-Bit Wandler 2 verschiedene Spannungsstufen erfassen, ein 16-Bit Wandler 65536, und ein 24-Bit Wandler 16777216 verschiedene Spannungsstufen. Als überschaubares Beispiel ist in Abbildung 7.4-1 eine Spannungsquantisierung mit 4-Bit, also 16 verschiedenen Spannungsstufen zu sehen. Der Übersicht halber soll die Sample & Hold-Stufe, und die Spannungsquantisierung zusammengefasst gezeigt werden. Auf der linken Achse sind die analogen Signalwerte aufgetragen, auf der rechten Achse die dazugehörigen digitalen Zahlenwerte im 2-er Komplement. Das Digitalsignal besteht nur aus den Kreuzen, die sich immer auf Schnittpunkten zwischen den senkrechten (Abtastfrequenz) und waagerechten (Spannungsstufen) Linien befinden. Pro Abtastwert kann immer nur genau eine Spannungsstufe zugewiesen werden, auch wenn es teilweise so scheint, als wäre das Signal genau zwischen zwei Spannungsstufen. Welcher Zahlenwert zugewiesen wird, hängt davon ab, an welcher Spannungsstufe das analoge Signal näher dran ist.
Zu beachten ist, dass die negativste Spannungsstufe mit dem Wert -1 nicht verwendet wird, da es kein positives Pendant dazu gibt.

7.4.2 Quantisierungsfehler

Man kann in der Abbildung 7.4-1 deutlich erkennen, dass die zugewiesenen Spannungsstufen nicht immer genau den Signalpunkten entsprechen, sondern schlimmstenfalls um eine halbe Spannungsstufe abweichen können. Man spricht

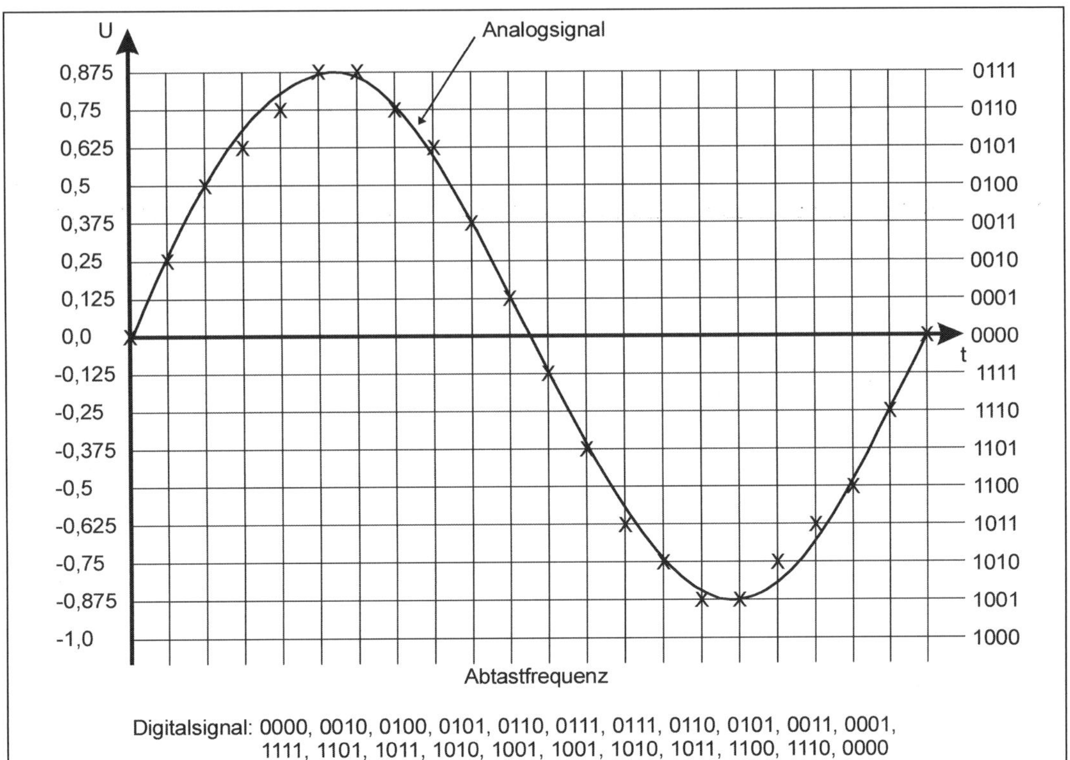

Abb. 7.4-1: Zeit- und Spannungsquantisierung mit 16 Stufen

hierbei von dem Quantisierungsfehler des A/D-Wandlers. Dieser Quantisierungsfehler kann als Quantisierungsrauschen oder auch als Klirrverzerrung des Signals betrachtet werden.

7.4.2.1 Das Quantisierungsrauschen

Der Fehler, der beim Quantisieren des analogen Signals entsteht, ist bei einer großen Anzahl von Spannungsstufen eine rein zufällige Störspannung, die dem Nutzsignal überlagert wird. Eine zufällige Spannung entspricht weißem Rauschen. Man kann somit den Quantisierungsfehler auch als Quantisierungsrauschen bezeichnen. Der Klangcharakter dieses Rauschsignals ändert sich jedoch mit der Anzahl der möglichen Quantisierungsstufen. Je weniger Stufen vorhanden sind, desto tonaler wird das Rauschen. Tonal bedeutet, dass bestimmte Frequenzen im Rauschspektrum überbetont sind - im Gegensatz zum weißen Rauschen, bei dem alle Frequenzen gleich laut vorhanden sind. Man sieht dieses Verhalten am besten in einem Extremfall: Wird ein sinusförmiges Signal mit nur einem Bit quantisiert, so ist es nach der Abtastung rechteckig. Das heißt, der Quantisierungsfehler besteht nur aus ganz bestimmten Obertönen, die zu dem sinusförmigen Signal hinzugekommen sind. Man kann nur schwerlich noch von einem Rauschen sprechen - vielmehr sind tonale Komponenten zum ursprünglichen Signal hinzugekommen. Der Übergang zwischen dem weißen Quantisierungsrauschen und den reinen Obertönen ist fließend, so dass man von einem immer tonaler werdenden Rauschen sprechen kann.
Tonales Rauschen wird vom Gehirn wesentlich störender empfunden, als weißes Rauschen. Das heißt, man versucht mit verschiedenen Mitteln das tonale Rauschen zu verdecken, damit es nicht mehr wahrgenommen werden kann. Die verschiedenen Maßnahmen sind in Kapitel 7.10.2 zu finden. Alle haben gemein, dass sie das Rauschen messtechnisch gesehen erhöhen, es jedoch als weniger störend empfunden wird.
Der Signal-Rauschabstand eines digitalen Systems ist von der Wortbreite N und dem Quantisierungsrauschen abhängig. Er kann mit folgender Formel berechnet werden:

$$\text{S/N Ratio} = 20 \cdot \log\frac{(2^N-1)\,\text{LSB}}{1\,\text{LSB}} + 1,76\text{dB}$$

Wortbreite	Signal-Rauschabstand
1-Bit	7,78 dB
8-Bit	50 dB
16-Bit	98 dB
20-Bit	122 dB
24-Bit	146 dB

Tab. 7.4-1: Theoretische Signal-Rauschabstände verschiedener Wortbreiten

Dabei stellt der Term

$$20 \cdot \log\frac{(2^N-1)\,\text{LSB}}{1\,\text{LSB}}$$

die mögliche Systemdynamik dar, der Korrekturwert 1,76dB bezieht sich auf die statistische Verteilung des Quantisierungsfehlers. Dieser liegt in der Praxis zwischen ±0LSB und ±½LSB. Die Einheit LSB bezieht sich auf das "Least Significant Bit", welches der Fachausdruck für eine Spannungsstufe ist, da sich dieses Bit von Spannungsstufe zu Spannungsstufe jedes Mal ändert.
In Tabelle 7.4-1 sind die Signal-Rauschabstände von verschiedenen Wortbreiten aufgeführt. Die Signal-Rauschabstände von 20-Bit und 24-Bit sind jedoch meistens rein theoretisch, da in der Praxis aufgrund des Schaltungsaufbaus nur ein Signal-Rauschabstand von ca. 110dB erreicht wird.

7.4.2.2 Klirrfaktor

Eine andere Art, den Quantisierungsfehler zu betrachten, ist zu sagen, dass das Originalsignal durch den Fehler verzerrt wurde. Somit ergibt sich ein bestimmter Klirrfaktor, der messbar und auch hörbar ist. Allgemein ist der Klirrfaktor wie folgt definiert, wenn er in Prozent angegeben werden soll:

$$\text{THD} = \frac{\text{Neue Obertöne}}{\text{Gesamtsignal}} \cdot 100\%$$

Wird diese Formel auf die Digitaltechnik umgeschrieben, so können die neuen Obertöne mit dem Quantisierungsfehler gleich gesetzt werden. Sie betragen also maximal ±½LSB = 1LSB, da dies die größtmögliche Abweichung vom Originalsignal darstellt. Das Gesamtsignal besteht aus der Anzahl der Spannungsstufen, die bei der A/D-Wandlung im Moment benötigt wird. Hierbei muss man aufpassen, dass man nicht die insgesamt mögliche Anzahl an Spannungsstufen nimmt (also 2^N-1),

sondern wirklich nur die Anzahl, die gerade vom Signal belegt ist.
Wird die Formel von oben mit konkreten Werten berechnet, so ergibt sich bei einem 16-Bit vollausgesteuerten Signal:

$$\mathrm{THD} = \frac{1\,\mathrm{LSB}}{65535\,\mathrm{LSB}} \cdot 100\% = 0{,}0015\%$$

Es ist ein sehr niedriger Wert, der auch gerne in den technischen Daten des Gerätes angegeben wird. Man könnte diesen Wert noch durch den Faktor 1,22 teilen, wenn wiederum die Verteilung des Rauschens, die einen Korrekturwert von 1,76dB ergibt, mit einbezogen werden soll. Somit käme man sogar auf einen Klirrfaktor von 0,0012%.
Das Bild ändert sich jedoch schnell, wenn man statt eines vollausgesteuerten Signals ein realistisches Signal mit beispielsweise -36dB unter Vollaussteuerung betrachtet. Nun werden von den 65536 möglichen Spannungsstufen nur noch 1039 verwendet. Somit ergibt sich als Klirrfaktor:

$$\mathrm{THD} = \frac{1\,\mathrm{LSB}}{1039\,\mathrm{LSB}} \cdot 100\% = 0{,}096\%$$

Der Klirrfaktor ist also bereits deutlich angestiegen. Zu noch leiseren Signalpegeln hin steigt er noch weiter an. Bei -60dB unter Vollaussteuerung ergibt sich bereits:

$$\mathrm{THD} = \frac{1\,\mathrm{LSB}}{66\,\mathrm{LSB}} \cdot 100\% = 1{,}5\%$$

Bei -66dB unter Vollaussteuerung erreicht man 3% Klirrfaktor, was allgemein als Grenze des zumutbaren betrachtet wird. Zu noch leiseren Signalpegeln hin übersteigt der Klirrfaktor 3% und gibt dem Signal einen "metallisch harten" Klang, was im allgemeinen als eine der Klangeigenschaften der Digitaltechnik bezeichnet wird. Die Tabelle 7.4-2 zeigt die Klirrfaktoren unterschiedlicher Wortbreiten bei unterschiedlicher Aussteuerung der Signale.
Will man ausgehend von den technischen Daten eines analogen Gerätes die entsprechend notwendige Wortbreite für ein Digitalgerät wissen, so kann man wie folgt rechnen:

Die notwendige Gesamtwortbreite ist die Summe aus der Wortbreite, die für einen bestimmten Signal-Rauschabstand nötig ist, plus die Wortbreite, die für einen bestimmten Klirrfaktor nötig ist. Als Beispiel soll ein sehr gutes Analoggerät mit 104dB Signal-Rauschabstand und 0,04% Klirrfaktor genommen werden.
Für die 104dB Signal-Rauschabstand werden 17- Bit benötigt, für die 0,04% Klirrfaktor 11,3-Bit also 12-Bit. Somit muss man insgesamt ein System mit 29-Bit zur Verfügung stellen, um die technischen Daten des Analoggerätes zu erreichen.

7.4.3 Dynamik in Abhängigkeit der Wortbreite

Die maximale Dynamik eines Digitalgerätes steht in direktem Zusammenhang mit der verwendeten Wortbreite. So berechnet sie sich, wie oben schon einmal gesehen, mit:

$$\mathrm{Dynamik} = 20 \cdot \log \frac{(2^N - 1)\,\mathrm{LSB}}{1\,\mathrm{LSB}}$$

Die Tabelle 7.4-3 zeigt die verwendbare Dynamik bei verschiedenen Wortbreiten.
Hierbei gilt zu beachten, dass die angegebene Dynamik zwar theoretisch zur Verfügung steht, in der Praxis sollte man jedoch ca. 30dB Footroom lassen. Footroom ist der Bereich, der als Abstand zum leisestmöglichen Signal gelassen werden sollte. Bei 30dB Footroom wird gewährleistet, dass der Klirrfaktor 3% nicht übersteigt.

Wortbreite	Dynamik	Mit 30dB Footroom
8-Bit	48 dB	18dB
16-Bit	96 dB	66dB
20-Bit	120 dB	90dB
24-Bit	144 dB	114dB

Tab. 7.4-3: Dynamik verschiedener Wortbreiten

	$0dB_{FS}$	$-20dB_{FS}$	$-30dB_{FS}$	$-40dB_{FS}$	$-50dB_{FS}$	$-60dB_{FS}$	$-80dB_{FS}$	$-100dB_{FS}$
8 Bit	0,39%	3,9%	12,4%	39%	-	-	-	-
16 Bit	0,0015%	0,015%	0,048%	0,15%	0,48%	1,5%	15%	-
20 Bit	0,000095%	0,00095%	0,003%	0,0095%	0,03%	0,095%	0,95%	9,5%
24 Bit	0,000006%	0,00006%	0,0002%	0,0006%	0,002%	0,006%	0,06%	0,6%

Tab. 7.4-2: Klirrfaktoren bei unterschiedlicher Aussteuerung

7.4.4 Der Delta-Sigma-Wandler

Es gibt viele verschiedene Möglichkeiten, ein analoges Signal in digitale Zahlenwerte umzuwandeln. In den Anfängen der digitalen Audiotechnik waren vor allem die sukzessiven Approximationswandler ein Standard. Mittlerweile findet man jedoch nur doch Delta-Sigma-Wandler, da diese ohne komplizierten und zeitaufwändigen Abgleich eingebaut werden können. Weiterhin haben sie eine hervorragende Linearität und können einfach hergestellt werden.

Die Abbildung 7.4-5 zeigt das Blockschaltbild eines Delta-Sigma-Wandlers mit 14-Bit Wortbreite. Das analoge Eingangssignal wird nur von einem 1-Bit Delta-Sigma-Modulator mit einer sehr hohen Abtastfrequenz umgewandelt. Als Standard hat sich die 128-fache Abtastfrequenz durchgesetzt. Dieser Wert entspricht gleichzeitig dem Oversamplingfaktor dieses Wandlertypen.

Der gezeigte Beispielmodulator (Delta-Sigma-Modulator 1. Ordnung) hat einen Aussteuerungsbereich von ±1V. Anhand der folgenden Punkte soll kurz seine Funktionsweise vorgestellt werden:

- Vom Eingangssignal wird mit Hilfe eines Differenzverstärkers der zuletzt vorhandene Ausgabewert (+1 oder -1) abgezogen (=U1).
- Dieser Unterschied wird in einem Integrator (=Tiefpassfilter 1. Ordnung) zum letzten Unterschied addiert (=U2).
- Anschließend wird mit Hilfe eines Komparators (=1-Bit Flash Wandler) verglichen, ob der Ausgang des Integrators positiv oder negativ. ist. Ist er positiv, wird eine "+1" ausgegeben, ist er negativ, eine "-1" (=U3).
- Die ausgegebene "+1" oder "-1" wird nun einem mit der Oversamplingfrequenz getakteten Schalter (=D/A-Wandler) zugeführt, der den Wert bis zum nächsten Taktzyklus hält (=U4).
- Ein digitales Filter (Dezimationsfilter) bildet den Mittelwert aus jeweils 128 "+1" und "-1" Werten. Das Ergebnis liegt im Bereich ±128 und hat somit vor dem Komma 8-Bit. Die Abstufung hinter dem Komma beträgt $\pm\frac{2}{128}$ also 6Bit. Skaliert auf einen Gesamtwertebereich von ±1 ergibt sich eine Auflösung von $\pm\frac{1}{8192}$. Das entspricht einer 14-Bit 2er-Komplement-Zahl. Um eine Auflösung von 16-Bit zu bekommen, müsste ein Delta-Sigma-Modulator höherer Ordnung eingesetzt werden, der bereits genauere Eingangswerte in das Digitalfilter liefert.

Beim Einschalten des Wandlers findet ein Nullabgleich statt. Dabei wird der Integrator auf 0V entladen und der digitale Filter auf den Wert "0 gesetzt. Während dieser Zeit gelangt kein Eingangssignal auf den Wandler. Nach dem Nullabgleich wird das Eingangssignal eingeschaltet und die Wandlung beginnt. Durch den automatischen Nullabgleich beim Einschalten entfällt bei diesem Wandler eine aufwendige Kalibrierung von Hand. Er ist somit "Plug & Play".

In der Tabelle 7.4-4 sind für verschiedene Eingangsspannungen die Verläufe der Spannungen U1, U2, U3 und U4 im Delta-Sigma-Modulator zu sehen. Weiterhin ist am Ende der nach 64-Taktzyklen berechnete digitale Ausgangswert abzulesen. U3 und U4 wird in diesem Beispiel gleichgesetzt, da durch die Tabellenzeilen ein Takt gegeben ist. aus Platzgründen werden 64 Werte statt 128 Werten verwendet.

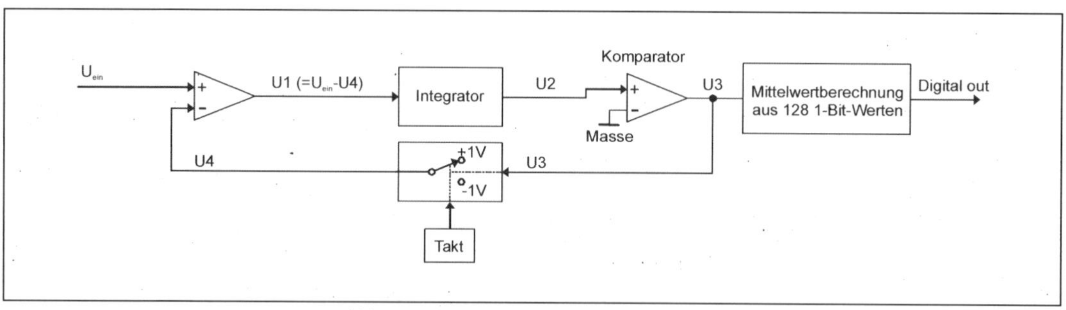

Abb. 7.4-5: Delta-Sigma-Wandler mit 14 Bit

Takt	Uein	U1	U2	U3=U4	Uein	U1	U2	U3=U4	Uein	U1	U2	U3=U4
0	0	0	0	0	0,3	0	0	0	0,75	0	0	0
1	0	0	0	1	0,3	0,3	0,3	1	0,75	0,75	0,75	1
2	0	-1	-1	-1	0,3	-0,7	-0,4	-1	0,75	-0,25	0,5	1
3	0	1	0	1	0,3	1,3	0,9	1	0,75	-0,25	0,25	1
4	0	-1	-1	-1	0,3	-0,7	0,2	1	0,75	-0,25	0	1
5	0	1	0	1	0,3	-0,7	-0,5	-1	0,75	-0,25	-0,25	-1
6	0	-1	-1	-1	0,3	1,3	0,8	1	0,75	1,75	1,5	1
7	0	1	0	1	0,3	-0,7	0,1	1	0,75	-0,25	1,25	1
8	0	-1	-1	-1	0,3	-0,7	-0,6	-1	0,75	-0,25	1	1
9	0	1	0	1	0,3	1,3	0,7	1	0,75	-0,25	0,75	1
10	0	-1	-1	-1	0,3	-0,7	0	1	0,75	-0,25	0,5	1
11	0	1	0	1	0,3	-0,7	-0,7	-1	0,75	-0,25	0,25	1
12	0	-1	-1	-1	0,3	1,3	0,6	1	0,75	-0,25	0	1
13	0	1	0	1	0,3	-0,7	-0,1	-1	0,75	-0,25	-0,25	-1
14	0	-1	-1	-1	0,3	1,3	1,2	1	0,75	1,75	1,5	1
15	0	1	0	1	0,3	-0,7	0,5	1	0,75	-0,25	1,25	1
16	0	-1	-1	-1	0,3	-0,7	-0,2	-1	0,75	-0,25	1	1
17	0	1	0	1	0,3	1,3	1,1	1	0,75	-0,25	0,75	1
18	0	-1	-1	-1	0,3	-0,7	0,4	1	0,75	-0,25	0,5	1
19	0	1	0	1	0,3	-0,7	-0,3	-1	0,75	-0,25	0,25	1
20	0	-1	-1	-1	0,3	1,3	1	1	0,75	-0,25	0	1
21	0	1	0	1	0,3	-0,7	0,3	1	0,75	-0,25	-0,25	-1
22	0	-1	-1	-1	0,3	-0,7	-0,4	-1	0,75	1,75	1,5	1
23	0	1	0	1	0,3	1,3	0,9	1	0,75	-0,25	1,25	1
24	0	-1	-1	-1	0,3	-0,7	0,2	1	0,75	-0,25	1	1
25	0	1	0	1	0,3	-0,7	-0,5	-1	0,75	-0,25	0,75	1
26	0	-1	-1	-1	0,3	1,3	0,8	1	0,75	-0,25	0,5	1
27	0	1	0	1	0,3	-0,7	0,1	1	0,75	-0,25	0,25	1
28	0	-1	-1	-1	0,3	-0,7	-0,6	-1	0,75	-0,25	0	1
29	0	1	0	1	0,3	1,3	0,7	1	0,75	-0,25	-0,25	-1
30	0	-1	-1	-1	0,3	-0,7	0	1	0,75	1,75	1,5	1
31	0	1	0	1	0,3	-0,7	-0,7	-1	0,75	-0,25	1,25	1
32	0	-1	-1	-1	0,3	1,3	0,6	1	0,75	-0,25	1	1
33	0	1	0	1	0,3	-0,7	-0,1	-1	0,75	-0,25	0,75	1
34	0	-1	-1	-1	0,3	1,3	1,2	1	0,75	-0,25	0,5	1
35	0	1	0	1	0,3	-0,7	0,5	1	0,75	-0,25	0,25	1
36	0	-1	-1	-1	0,3	-0,7	-0,2	-1	0,75	-0,25	0	1
37	0	1	0	1	0,3	1,3	1,1	1	0,75	-0,25	-0,25	-1
38	0	-1	-1	-1	0,3	-0,7	0,4	1	0,75	1,75	1,5	1
39	0	1	0	1	0,3	-0,7	-0,3	-1	0,75	-0,25	1,25	1
40	0	-1	-1	-1	0,3	1,3	1	1	0,75	-0,25	1	1
41	0	1	0	1	0,3	-0,7	0,3	1	0,75	-0,25	0,75	1
42	0	-1	-1	-1	0,3	-0,7	-0,4	-1	0,75	-0,25	0,5	1
43	0	1	0	1	0,3	1,3	0,9	1	0,75	-0,25	0,25	1
44	0	-1	-1	-1	0,3	-0,7	0,2	1	0,75	-0,25	0	1
45	0	1	0	1	0,3	-0,7	-0,5	-1	0,75	-0,25	-0,25	-1
46	0	-1	-1	-1	0,3	1,3	0,8	1	0,75	1,75	1,5	1
47	0	1	0	1	0,3	-0,7	0,1	1	0,75	-0,25	1,25	1
48	0	-1	-1	-1	0,3	-0,7	-0,6	-1	0,75	-0,25	1	1
49	0	1	0	1	0,3	1,3	0,7	1	0,75	-0,25	0,75	1
50	0	-1	-1	-1	0,3	-0,7	0	1	0,75	-0,25	0,5	1
51	0	1	0	1	0,3	-0,7	-0,7	-1	0,75	-0,25	0,25	1
52	0	-1	-1	-1	0,3	1,3	0,6	1	0,75	-0,25	0	1
53	0	1	0	1	0,3	-0,7	-0,1	-1	0,75	-0,25	-0,25	-1
54	0	-1	-1	-1	0,3	1,3	1,2	1	0,75	1,75	1,5	1
55	0	1	0	1	0,3	-0,7	0,5	1	0,75	-0,25	1,25	1
56	0	-1	-1	-1	0,3	-0,7	-0,2	-1	0,75	-0,25	1	1
57	0	1	0	1	0,3	1,3	1,1	1	0,75	-0,25	0,75	1
58	0	-1	-1	-1	0,3	-0,7	0,4	1	0,75	-0,25	0,5	1
59	0	1	0	1	0,3	-0,7	-0,3	-1	0,75	-0,25	0,25	1
60	0	-1	-1	-1	0,3	1,3	1	1	0,75	-0,25	0	1
61	0	1	0	1	0,3	-0,7	0,3	1	0,75	-0,25	-0,25	-1
62	0	-1	-1	-1	0,3	-0,7	-0,4	-1	0,75	1,75	1,5	1
63	0	1	0	1	0,3	1,3	0,9	1	0,75	-0,25	1,25	1
64	0	-1	-1	-1	0,3	-0,7	0,2	1	0,75	-0,25	1	1
Summe				**0**				**0,3125**				**0,75**

Tab. 7.4-4: Verlauf der Spannungen in einem Delta-Sigma-Modulator für drei verschiedene Eingangsspannungen: 0V, 0,3V und 0,75V

7.5 Kanalcodierung

Bevor ein digitalisiertes Signal übertragen, oder auf einem Datenträger gespeichert wird, findet erst eine Kanalcodierung statt. Damit ist gemeint, dass das Signal an den Übertragungs- bzw. Aufnahmekanal angepasst wird. Dabei werden die folgenden Ziele verfolgt:

- Möglichst geringes Übertragungs- bzw. Aufzeichnungsspektrum. Ein Signal mit einem Frequenzumfang von einer Oktave ist wesentlich leichter aufzuzeichnen als ein Signal mit 20 Oktaven Umfang.
- Möglichst gleichspannungsfrei. Gleichspannung kann magnetisch nicht einfach gelesen werden und führt auch bei anderen Speichermedien zu Problemen in den Verstärkerschaltungen.
- Möglichst selbsttaktend. Aus dem Signal soll der Bittakt zurückgewonnen werden können, damit er nicht extra übertragen bzw. gespeichert werden muss.

Bevor auf die verschiedenen Möglichkeiten der Kanalcodierung eingegangen wird, sollen die Grundlagen der digitalen Signalübertragung geklärt werden.

7.5.1 Frequenzspektrum eines digitalen Signals

Digitale Signale werden normalerweise seriell übertragen beziehungsweise gespeichert. Das heißt, dass die einzelnen Bits sowie die verschiedenen Kanäle und die Fehlerkorrekturinformationen hintereinander über eine Leitung geschickt werden. Das Frequenzspektrum des digitalen Signals kann erst ermittelt werden, wenn die Kanalanzahl, die Wortbreite, die Abtastfrequenz und die Menge der redundanten Daten bekannt sind. Die redundanten Daten sind für die Fehlerkorrektur notwendig und stellen Informationen zur rechnerischen Rückgewinnung der originalen Daten dar. Als Beispiel soll eine 16-Bit, 44,1kHz Stereo Aufzeichnung mit 30% zusätzlichen redundanten Daten dienen. Die gesamte Datenmenge berechnet sich mit:

$$\begin{aligned}\text{Datenmenge} &= 16 \cdot 44100 \cdot 2 \cdot 1,3 \\ &= 1834560 \frac{\text{Bit}}{\text{s}} \sim 1,8 \frac{\text{MBit}}{\text{s}}\end{aligned}$$

Sollten die Bits zufällig so angeordnet sein, dass immer auf eine Eins eine Null folgt und umgekehrt, so ergeben genau zwei Bit eine Taktperiode des höchsten, aufzuzeichnenden Signals. Dieses würde also bei ca. 900kHz liegen. Soll dieses Signal als Rechteckspannung übertragen werden, dann kämen noch mindestens die ersten 6 Obertöne dazu, damit die Rechteckflanken steil genug werden. Da jedoch die Aufzeichnung in sinusförmiger Form ausreichend ist, weil nur die Anzahl der Nulldurchgänge für die Erkennung des Signals notwendig ist, sollten 900kHz als höchste Übertragungsfrequenz ausreichen.
Sind die Bits alle Null und die redundanten Daten der Fehlerkorrektur auch Null, dann würde sich eine Frequenz von Null Hertz ergeben. Diese kann zwar aufgezeichnet werden, ist jedoch schwierig wieder abzutasten, weil beispielsweise eine magnetische Induktion nur bei wechselnden Magnetfeldern gegeben ist.
Besonders kritisch ist allerdings der sehr große mögliche Frequenzumfang, der eine Aufzeichnung nahezu unmöglich macht, da bei der Abtastung enorme Equalizerschaltungen nötig wären, um alle Frequenzkomponenten des Signals wieder lesbar zu machen.

7.5.2 Gleichspannungswert eines digitalen Signals

Der Gleichspannungswert eines digitalen Signals ergibt sich, wenn über einen langen Zeitraum alle digitalen Einsen als positiver Wert und alle digitalen Nullen als entsprechender negativer Wert aufsummiert werden. Der Zeitraum kann zum Beispiel eine Sekunde betragen, dann bekommt man durch die Summierung den Gleichspannungsanteil bis 1Hz heraus. Ein zu hoher Gleichspannungswert würde die Aufzeichnung des digitalen Signals in Richtung Eins oder Null verschieben und somit die Erkennbarkeit der Nulldurchgänge verringern. Das Signal wäre dadurch fehleranfälliger. Deshalb ist darauf zu achten, dass der Gleichspannungswert möglichst bei Null zu liegen kommt. Abhilfe schaffen hierbei in der Praxis spezielle Kanalcodierungstechniken, die keinen Gleichspannungswert erzeugen können, oder das Einfügen von Füllwörtern oder Füllbits, die den Gleichspannungswert ausgleichen sollen.

7.5.3 Taktung eines digitalen Signals

Die Taktung eines digitalen Signals erfolgt durch den Bittakt. Dieser ist ein Rechtecksignal mit einer Periode pro Bit. Er würde also bei einer Datenmenge von 1,8MBit pro Sekunde bei 1,8MHz liegen. Der Bittakt muss vorhanden sein, wenn die einzelnen Bits richtig zugeordnet werden sollen. Der Bittakt kann entweder direkt in einer extra Spur übertragen werden oder er wird in heruntergeteilter Form, meist als Wordclock Signal übertragen. Das Wordclock Signal ist eine Rechteckspannung mit exakt der aktuellen Abtastfrequenz. Durch eine steigende Signalflanke wird der Beginn des linken Kanals angezeigt, bei der fallenden Flanke beginnt der rechte Kanal.

7.5.4 Kanalcodierungen

Die gängigen Kanalcodierungen sind zum Vergleich in Abbildung 7.5-1 zu sehen. Sie werden in Beziehung zu den Daten und zum Bittakt gezeigt.

7.5.4.1 RZ

RZ steht für "Return to Zero" und hat folgende Codiervorschrift:

- Eine Null bewirkt keine Pegeländerung.
- Eine Eins bewirkt einen positiven Flankenwechsel zu Beginn des Bits und einen negativen Flankenwechsel in der Mitte des Bits. Auf diese Weise wird immer zum ursprünglichen Pegel des Nullzustandes zurückgekehrt.

Der RZ-Code hat folgende Eigenschaften:

- Kann ohne Informationsverlust invertiert werden.
- Bei langen Folgen von Nullen wird kein Takt übertragen.
- Bei langen Folgen von Nullen geht der Gleichspannungswert stark in die negative Richtung.
- Der Frequenzumfang ist sehr hoch.

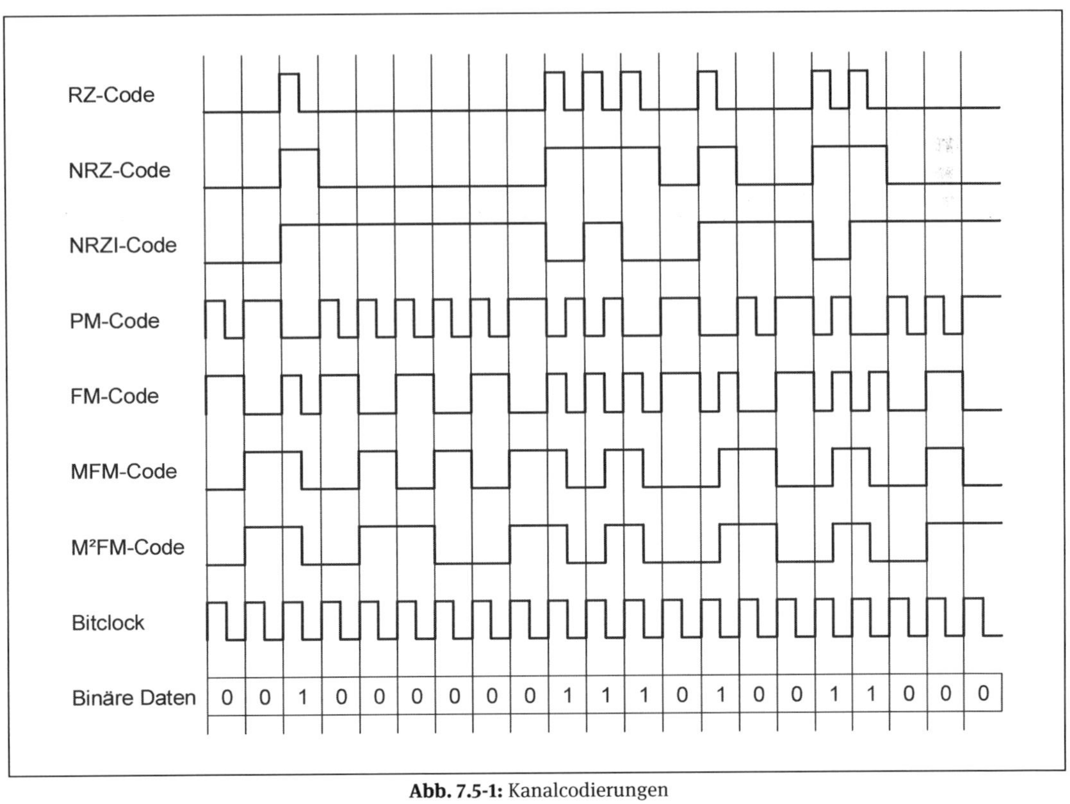

Abb. 7.5-1: Kanalcodierungen

7.5.4.2 NRZ, NRZ-L

NRZ, auch NRZ-L genannt, steht für "Non Return to Zero", beziehungsweise "Non Return to Zero Level" und hat folgende Codiervorschrift:

- Eine Null hat negativen Pegel.
- Eine Eins hat positiven Pegel.

Der NRZ-Code hat folgende Eigenschaften:

- Invertieren bedeutet Informationsveränderung
- Es wird kein Takt übertragen.
- Der Gleichspannungswert ist abhängig von den digitalen Zahlenwerten.
- Der Frequenzumfang ist sehr hoch.

Der NRZ-Code wird geräteintern zur Signalübertragung verwendet.

7.5.4.3 NRZI, NRZ-M

NRZI, auch NRZ-M genannt, steht für "Non Return to Zero Invert", beziehungsweise "Non Return to Zero Mark" und hat folgende Codiervorschrift:

- Eine Null bewirkt keine Pegeländerung.
- Eine Eins bewirkt einen Flankenwechsel zu Beginn eines Bits.

Der NRZI-Code hat folgende Eigenschaften:

- Er kann ohne Informationsverlust invertiert werden.
- Bei langen Folgen von Nullen wird kein Takt übertragen.
- Bei langen Folgen von Nullen geht der Gleichspannungswert stark in die negative Richtung.
- Der Frequenzumfang ist sehr hoch.

Der NRZI-Code wird bei der Aufzeichnung auf CD beziehungsweise bei der Übertragung des MADI-Interfaces verwendet. In beiden Fällen wird er in Kombination mit der RLL-Encodierung verwendet.

7.5.4.4 PM, Bi-Phase-Transition, Manchester

PM steht für "Phase Modulation" und entspricht dem "Bi-Phase-Transition-Code" beziehungsweise dem "Manchester-Code". Er hat folgende Codiervorschrift:

- Eine Null bewirkt einen positiven Flankenwechsel zu Beginn eines Bits.
- Eine Eins bewirkt negativen Flankenwechsel zu Beginn eines Bits.

Damit ein positiver beziehungsweise ein negativer Flankenwechsel stattfinden kann, muss eventuell in der Mitte eines Bits ein zusätzlicher Flankenwechsel eingefügt werden.

Der PM-Code hat folgende Eigenschaften:

- Invertieren bedeutet Informationsveränderung.
- Durch die Flankenwechsel zu Beginn eines Bits wird immer ein Takt übertragen.
- Kein Gleichspannungswert.
- Der Frequenzumfang beträgt nur eine Oktave.

7.5.4.5 FM, Bi-Phase-Mark

FM steht für "Frequency Modulation" und entspricht dem "Bi-Phase-Mark-Code". Er hat folgende Codiervorschrift:

- Eine Null bewirkt einen Flankenwechsel zu Beginn eines Bits.
- Eine Eins bewirkt einen Flankenwechsel zu Beginn eines Bits und einen zusätzlichen Flankenwechsel in der Mitte eines Bits.

Der Bi-Phase-Mark-Code hat folgende Eigenschaften:

- Er kann ohne Informationsverlust invertiert werden.
- Durch die Flankenwechsel zu Beginn eines Bits wird immer ein Takt übertragen.
- Kein Gleichspannungswert.
- Der Frequenzumfang beträgt nur eine Oktave.

Der Bi-Phase-Mark-Code findet Anwendung bei der Aufzeichnung eines SMPTE-Longitudinal Timecode, sowie bei der Übertragung über die AES3 bzw. S/PDIF Schnittstelle.

7.5.4.6 MFM, Miller

MFM steht für "Modified Frequency Modulation" und entspricht dem "Miller-Code". Er hat folgende Codiervorschrift:

- Eine Null bewirkt keine Pegeländerung. Sollten jedoch mehrere Nullen aufeinander folgen, so wird ein Flankenwechsel zu Beginn der nächsten Null eingefügt.

- Eine Eins bewirkt einen Flankenwechsel in der Mitte eines Bits.

Der MFM-Code hat folgende Eigenschaften:

- Er kann ohne Informationsverlust invertiert werden.
- Gute Übertragung des Bittaktes.
- Niedriger Gleichspannungswert.
- Der Frequenzumfang beträgt weniger als eine Oktave. Die Frequenzen sind niedriger als beim PM-Code oder FM-Code.

Der MFM-Code fand Anwendung bei der Aufzeichnung auf Disketten und Festplatten. Heute sind es wesentlich weiterentwickelte Kanalcodierungsverfahren, die immer größere Speicherdichten ermöglichen.

7.5.4.7 M²FM

M²FM steht für "Modified Modified Frequency Modulation" und hat folgende Codiervorschrift:

- Eine Null bewirkt keine Pegeländerung. Sollten jedoch mehrere Nullen aufeinander folgen, so wird ein Flankenwechsel zu Beginn der nächsten Null eingefügt. Dies gilt nicht, wenn ein Flankenwechsel in dem vorangegangenen Bit stattgefunden hat.
- Eine Eins bewirkt einen Flankenwechsel in der Mitte eines Bits.

Der M²FM-Code hat folgende Eigenschaften:

- Er kann ohne Informationsverlust invertiert werden.
- Noch gute Übertragung des Bittaktes.
- Niedriger Gleichspannungswert.
- Der Frequenzumfang beträgt mehr als eine Oktave. Die Frequenzen sind jedoch niedriger als beim PM-Code oder FM-Code.

7.5.4.8 RLL-Encodierung

RLL steht für "Run Length Limited" und bedeutet, dass innerhalb einer bestimmten Zeit nur ein Flankenwechsel erlaubt ist und eine bestimmte Anzahl an Nullen dazwischen vorkommen muss, um ein Datenwort darzustellen. Auf diese Weise können bei der Aufzeichnung oder Übertragung keine zu hohen Frequenzen auftreten.
RLL Codes werden in der Regel als RLL(d,k) angegeben, wobei d die Mindestanzahl und k die Höchstanzahl von aufeinander folgenden Nullen darstellt.
Eine Anwendung von RLL Codes ist der EFM- Code, der bei der Compact Disk Verwendung findet: ein RLL(2,10)-Code, bei dem aus 8-Bit Daten jeweils 14-Bit gebildet werden, die dann auf die CD geschrieben werden. Bei der Vorschrift RLL(2,10) ergeben sich nur 267 mögliche 14-Bit Kombinationen, die verwendet werden können. 256 davon sind den Datenworten zugewiesen, zwei werden als Synchronworte verwendet und 9 werden nicht gebraucht.
Eine zweite Anwendung findet man bei der MADI-Schnittstelle, wo ein RLL(0,2) implementiert ist. Dieser bietet zusammen mit dem NRZI-Code die Möglichkeit der Übertragung des Taktes, ohne die höchste Übertragungsfrequenz heraufzusetzen.

7.5.4.9 PRML und EPRML

In modernen Festplatten wird der "(Extended) Partial Response Maximum Likelihood Code" - kurz (E)PRML-Code verwendet. Hierbei werden stückweise die Daten auf den Festplatten zunächst analog ausgelesen und digitalisiert. Anschließend wird mit Hilfe einer Mustererkennung geprüft, welcher vorgegebenen Signalfolge das gelesene Stück am ehesten entspricht. Dieses wird dann als die gespeicherte Information angenommen und ausgegeben.
Durch den (E)PRML-Code ist die Datendichte auf der Festplatte im Vergleich zum MFM oder M²FM-Code signifikant weiter angewachsen.

7.6 Fehlerkorrektur

Die Fehlerkorrektur ist eine der grundlegenden Vorteile der Digitaltechnik. Da das Signal in Zahlenform gespeichert und übertragen wird, lassen sich Prüfsummen bilden und mit abspeichern. Zu einem späteren Zeitpunkt kann durch eine erneute Berechnung von Prüfsummen die Richtigkeit des Signals ermittelt werden. Es ist sogar möglich, anhand dieser Prüfwerte auf die Originaldaten zurück zu schließen, selbst wenn diese nicht mehr auslesbar sein sollten. Allerdings ist die Fehlerkorrektur auch ein zwingend notwendiges Verfahren für digitale Speichermedien, da sich Fehler, die genau so wie bei analogen Speichermedien auftreten, sehr schlimm bemerkbar machen können. In der Tabelle 7.6-1 sind die möglichen hörbaren Fehler von Analog- und Digitalaufzeichnungen aufgelistet. Auch wenn die Arten von Fehlern bei der Analogaufzeichnung vielfältiger sind, so sind digitale Fehler, wenn sie auftreten, wesentlich schwerwiegender. Sie können von leisen sowie stark hörbaren Knacksern über falsche Signalwellenformen bis hin zu Totalausfällen des Signals reichen. Bereits kleine Fehler in der digitalen Aufzeichnung können von den meisten Hörern wahrgenommen werden, so dass eine effektiv arbeitende Fehlerkorrektur dringend vonnöten ist.

7.6.1 Rechenoperationen modulo 2

Um die Fehlerkorrekturtechniken verstehen zu können, muss man sich mit etwas ungewöhnlichen Rechenoperationen auseinandersetzen. Dies sind die Rechenoperation "modulo2" (kurz mod2). Sie bedeuten, dass das Ergebnis einer Berechnung noch durch 2 geteilt wird, jedoch nur der Rest dieser Division Verwendung findet. Daher können die Ergebnisse nur noch die Werte 0 oder 1 annehmen. Bei der Addition mehrstelliger Zahlen entsteht auch kein Übertrag!
So gibt 01b+01b nicht 10b, sondern 00b; 01b+10b gibt 11b; 01b+11b ergibt 10b. Das scheint sehr verwirrend, ist jedoch bei der Verwendung von Binärzahlen sehr einleuchtend, da die einzelnen Binärstellen einfach mit einer Exclusiv-Oder-Verknüpfung zusammen gerechnet werden können (siehe Kapitel 7.1.1).

Analog	Digital
Bandrauschen	Knackser
Gleichlaufschwankungen	Falsche Wellenform
Pegelverluste (drop outs)	Signalausfälle (mute)
Höhenverluste	

Tab. 7.6-1: Fehler bei Analog- und Digitalaufzeichnung

7.6.1.1 Addition / Subtraktion modulo 2

Die einfachste Operation ist die Addition mod2. Das Formelzeichen hierfür ist: ⊕. Bei der Modulo-Addition von Binärzahlen werden keine Stellenüberläufe beachtet, wie in folgendem Beispiel zu sehen ist:

	1 0 1 1	0 1 0 1	Datenwort A
⊕	0 0 1 1	0 1 1 1	Datenwort B
=	**1 0 0 0**	**0 0 1 0**	Summe A ⊕ B = C

Von der binären Logik aus betrachtet, ist eine Addition mod2 eine Exklusiv-Oder-Verknüpfung. Sie kann jedoch auch mit der spaltenweisen Bildung eines geraden Paritätsbits verglichen werden. Das Interessante an dieser Addition ist, dass die Addition mod2 einer Subtraktion mod2 entspricht:

	1 0 1 1	0 1 0 1	Datenwort A
⊖	0 0 1 1	0 1 1 1	Datenwort B
=	**1 0 0 0**	**0 0 1 0**	Summe A ⊖ B = C

Das Zeichen ⊕ kann also mit dem Zeichen ⊖ gleich gesetzt werden. Somit gilt auch:

$$A \oplus B = C$$
$$A \oplus C = B$$
$$B \oplus C = A$$

und:

$$A \oplus B \oplus C = 0$$

7.6.1.2 Multiplikation modulo 2

Die Multiplikation mod2 ist am einfachsten zu verstehen, wenn man weiß, wie eine Multiplikation ohne Taschenrechner durchgeführt wird. Als Beispiel sollen zwei 8-Bit Zahlen mod2 miteinander multipliziert werden:

```
      1 0 1 1 0 0 1 0 x 1 0 1 0 1 1 1 0
=                       0 0 0 0 0 0 0 0
⊕                     1 0 1 1 0 0 1 0
⊕                   1 0 1 1 0 0 1 0
⊕                 1 0 1 1 0 0 1 0
⊕               0 0 0 0 0 0 0 0
⊕             1 0 1 1 0 0 1 0
⊕           0 0 0 0 0 0 0 0
⊕         1 0 1 1 0 0 1 0
=         1 0 0 1 0 0 1 0 1 1 1 1 1 0 0
```

Bei der Multiplikation passiert folgendes: Das linke Datenwort wird rechtsbündig unter die Stellen des rechten Datenwortes geschrieben, die den Wert 1 haben. An den Stellen des rechten Datenwortes, an denen eine Null steht, wird der Wert 0 darunter geschrieben. Die einzelnen Werte werden anschließend mod2 addiert und ergeben somit das Ergebnis der Multiplikation.

7.6.1.3 Division modulo 2

Die Division erfolgt vergleichbar zur Multiplikation - vorausgesetzt man erinnert sich auch hier wieder an die Variante ohne Taschenrechner. Es soll als Beispiel eine 8-Bit Zahl durch eine 5-Bit Zahl geteilt werden. Die Schreibweise mutet etwas komisch an, deshalb seien die 2 Zahlen vorher genannt:

8-Bit Zahl: 10100111b (Dividend)
5-Bit Zahl: 10011b (Divisor)

```
                    1 0 1 1    Ergebnis (Quotient)
1 0 0 1 1 | 1 0 1 0 0 1 1 1
          ⊖ 1 0 0 1 1          1 (MSB Ergebnis)
          = 0 1 1 1 1 1 1
            ⊖ 0 0 0 0 0        0
              = 1 1 1 1 1 1
              ⊖ 1 0 0 1 1      1
                = 1 1 0 0 1
                ⊖ 1 0 0 1 1    1 (LSB Ergebnis)
                  = 1 0 1 0    Rest
```

Auch die Division lässt sich schnell erklären: Der Divisor wird jedes Mal in verschobener Form mod2 vom Divisor subtrahiert (=addiert), wenn an der linkesten Stelle des Dividenden eine Eins steht. Lässt sich eine Subtraktion durchführen, so wird eine Eins in das Ergebnis geschrieben, ansonsten eine Null. Die Richtigkeit dieser Division lässt sich leicht überprüfen indem man Divisor und Quotient miteinander mod2 multipliziert und anschließend den Rest mod2 addiert.

7.6.2 Fehlererkennung

Damit ein Fehler korrigiert werden kann, muss er zunächst sicher als ein solcher erkannt werden. Das Problem hierbei ist, dass zwischen dem Speichermedium, das die Audioinformationen enthält, und dem Originalsignal, kein Vergleich mehr möglich ist. Eine CD, die weltweit eine Million mal verkauft wird, muss in jedem beliebigen CD-Player als fehlerfrei oder fehlerbehaftet erkannt werden - auch noch nach vielen Jahren.
Es werden also zusätzlich zu den eigentlichen Audioinformationen Prüfwerte mit aufgezeichnet, anhand deren eine Fehlererkennung möglich wird. Diese Prüfwerte sollen eine zuverlässige Fehleranzeige ermöglichen, jedoch nicht allzu viel zusätzlichen Speicherplatz benötigen.
Würde man jeden Audiodatenwert doppelt abspeichern, so wäre die Erkennung eines Fehlers durch Vergleich der beiden gespeicherten Werte sehr einfach, man würde allerdings auch die doppelte Menge an Speicherplatz benötigen.

7.6.2.1 Das Paritätsbit

Eine relativ einfache Methode zur Fehlererkennung ist die Paritätsprüfung (=Gleichheitsprüfung). Sie überprüft die Anzahl der binären Einsen in einer bestimmten Zahlenmenge. Diese wird als ein zusätzliches Bit hinter die Nutzdaten geschrieben. Man unterscheidet hierbei zwischen einem ungeraden und einem geraden Paritätsbit. Als Beispiel soll ein 8-Bit Datenwort dienen, das mit einem geraden Paritätsbit ergänzt werden soll:

1011 1101 Paritätsbit: **0**

Das Paritätsbit ergänzt die Anzahl der Einsen im Datenwort auf eine gerade Anzahl. Die Anzahl der binären Einsen im obigen Beispiel ist bereits gerade, deshalb wird eine Null als Paritätsbit geschrieben. Das Paritätsbit muss nun mit aufgezeichnet werden, damit später die Anzahl der Einsen im Datenwort rekonstruierbar ist. Das ergänzte Datenwort lautet also:

1011 1101 **0**

Wird nun bei der Wiedergabe ein Bit falsch ausgelesen, so könnte das ergänzte Datenwort lauten:

1011 *0*101 **0**

Eine nun folgende Fehlerprüfung überprüft, ob die Gesamtanzahl der Einsen im Datenwort und im Paritätsbit gerade ist. Da das Paritätsbit aufnahmeseitig die Summe der Einsen auf eine gerade Anzahl ergänzt hat, müsste bei einer fehlerfreien Übertragung die Fehlerprüfung (die im Übrigen genauso wie die Paritätsprüfung, nur mit allen 9 Bit, funktioniert) eine Null als Prüfbit ergeben. Ist das Prüfbit jedoch eine Eins, so befindet sich ein Fehler im Datenwort oder im Paritätsbit.

Gelesenes Wiedergabewort:

1011 *0*101 **0** Prüfbit: **1**

Obgleich die Prüfung mit Hilfe eines Paritätsbits sehr einfach ist und nicht viel Speicherplatz benötigt, hat sie eine offensichtliche Schwäche: Es kann nur eine ungeradzahlige Anzahl von Fehlern erkannt werden. Sind zwei, vier, sechs oder acht Bit im ergänzten Datenwort defekt, wird kein Fehler bemerkt.

Man könnte als nächsten Schritt die Paritätsbits auf einzelne Gruppen des Datenwortes beziehen. Bildet man zwei Paritätsbits für jeweils vier Datenbits, so wären bereits zwei fehlerhafte Bits in den jeweiligen Hälften des Datenwortes erkennbar:

Datenwort:	1 0 1 1	1 1 0 1	
Paritätsbits:	1 0 1 1	x x x x	**1**
	x x x x	1 1 0 1	**1**

Ein "x" kennzeichnet hierbei die Teile des Datenwortes, die nicht in die Paritätsberechnung mit einbezogen werden.

Ein weiterer Schritt wären 4 Paritätsbits, die wie folgt angeordnet sind:

Datenwort:	1 0 1 1	1 1 0 1	
Paritätsbits:	1 0 1 1	x x x x	**1**
	x x x x	1 1 0 1	**1**
	1 0 x x	1 1 x x	**1**
	x 0 1 x	x 1 0 x	**0**

Wenn nun der gleiche Fehler auftritt wie im allerersten Beispiel, lauten die Paritätsbits:

Datenwort:	1 0 1 1	*0* 1 0 1	
Paritätsbits:	1 0 1 1	x x x x	**1**
	x x x x	*0* 1 0 1	**0** (Fehler!)
	1 0 x x	*0* 1 x x	**0** (Fehler!)
	x 0 1 x	x 1 0 x	**0**

Es würde also ein Fehler innerhalb der zweiten vier Bit des Datenwortes angezeigt werden, dort in den Bit 1 oder 2, jedoch nicht in Bit 2 oder 3. Somit muss der Fehler im ersten Bit der zweiten Hälfte des Datenwortes liegen. Zusätzlich zu der reinen Fehlererkennung hat hier bereits eine Fehlerlokalisation stattgefunden. Somit kann ein defektes Bit irgendwo innerhalb eines Datenwortes gefunden werden. Lässt sich ein defektes Bit exakt bestimmen, so ist der Fehler damit auch gleichzeitig behoben, denn ein Bit kann nur die Werte "richtig" oder "falsch" annehmen. Man muss also das fehlerhafte Bit nach dem Auffinden nur noch invertieren, damit es wieder richtig wird. Daher ist es erstrebenswert, die Fehlererkennung so zu gestalten, dass gleichzeitig eine Fehlerlokalisation stattfindet.

7.6.2.2 Ungewichtete Prüfsumme

Man kann nun aus mehreren Datenworten eine Prüfsumme durch die Addition modulo2 (=gerade Spaltenparität) bilden:

	1 0 1 0	1 1 0 0	Datenwort A
⊕	0 1 0 1	1 0 1 0	Datenwort B
⊕	1 1 1 1	0 0 0 0	Datenwort C
⊕	0 1 0 1	0 0 0 0	Datenwort D
⊕	1 0 1 1	1 1 1 0	Datenwort E
⊕	1 0 1 1	0 0 0 1	Datenwort F
⊕	0 0 0 0	1 0 1 1	Datenwort G
⊕	1 1 0 0	1 1 0 0	Datenwort H
=	**1 0 0 1**	**1 1 1 0**	Prüfwort P

mit:

$$P = A \oplus B \oplus C \oplus D \oplus E \oplus F \oplus G \oplus H$$

und:

$$S = A \oplus B \oplus C \oplus D \oplus E \oplus F \oplus G \oplus H \oplus P = 0$$

S wird "Syndrom" genannt und kann zur Korrektur von Daten verwendet werden. Nur wenn das Syndrom nach der Fehlerüberprüfung gleich Null ist, so ist der Datenblock fehlerfrei. Ist das Syndrom ungleich Null, so befinden sich ein oder mehrere Fehler in einem Datenblock.

Wäre zum Beispiel eindeutig klar, dass nur das Datenwort D nach der Aufzeichnung defekt ist, so könnte es mit Hilfe des Prüfwortes eindeutig rekonstruiert werden:

$$D = A \oplus B \oplus C \oplus E \oplus F \oplus G \oplus H \oplus P$$

Auf diese Weise müssten nicht mehr einzelne Bits auf Fehlerhaftigkeit überprüft werden, es würde reichen, wenn man eindeutig ein Datenwort als fehlerhaft erkennen kann. Das Erkennen eines fehlerhaften Datenwortes wäre durch ein relativ großes Interleaving und die Zuhilfenahme einer CRC Prüfsumme möglich. Stellt die CRC Prüfung einen Fehler fest, so werden die Datenworte innerhalb eines gesamten Blocks als fehlerhaft gekennzeichnet. Nach dem Deinterleaving sind nur noch einzelne Fehler an ganz bestimmten und bekannten Stellen vorhanden, die nun durch eine ungewichtete Prüfsumme repariert werden können. Diese Möglichkeit der Fehlerkorrektur findet jedoch selten Anwendung und wird hier deshalb nicht genauer beschrieben.

7.6.2.3 Das Galoisfeld

Ein Galoisfeld - kurz GF - wird als eine endliche Menge an Zahlen definiert. Es ist ein zyklisches Zahlenfeld, in dem Multiplikationen und Divisionen immer zu Ergebnissen führen, die auch innerhalb des Galoisfeldes liegen. GF(p^m), mit p als Primzahl und m als natürliche Zahl bedeutet, dass das Galoisfeld p^m Zahlen beinhaltet. Diese unterliegen der modulo p Addition und der modulo p Multiplikation. Ein Galoisfeld hat mindestens ein "primitives Element" a. Durch Potenzierung des primitiven Elements mit 0,1,2...,p^m-1 können alle Zahlen innerhalb des Galoisfeldes gebildet werden, bis auf Null. Weiterhin existiert innerhalb eines Galoisfeldes ein primitives Polynom p(x), das für die Berechnung der Werte innerhalb des Feldes benötigt wird. Hierbei gilt: $p(a)=0$.
In der binären Zahlendarstellung wird die Zahl 2 als Basis für das Galoisfeld benutzt. Somit bestehen die Galoisfelder aus 2^m Elementen und unterliegen der modulo2 Addition und Multiplikation. Als Beispiel soll ein GF(2^4) konstruiert werden, das in Tabelle 7.6-2 zu sehen ist:

Das primitive Element ist $a=2$
Das primitive Polynom lautet:

$$p(x)=x^4+x+1$$

Somit gilt:

$$p(a)=a^4+a+1=0$$

also aufgrund der modulo2 Rechnung:

$$a^4=a\oplus 1\oplus 0=a^1\oplus a^0\oplus 0=a^1\oplus a^0$$

Die möglichen Exponenten für a sind die Zahlen 0 bis 15.
Man kann erkennen, dass es sich bei der Konstruktion des Galoisfeldes um ein zyklisches Feld handelt, da die einzelnen Binärzahlen, die das Feld repräsentieren aus modulo2 Additionen von vorangegangenen Werten gebildet werden können. So ist zum Beispiel:

$$a^4=a^1\oplus a^0$$

oder allgemein dargestellt:

$$a^n=a^{(n+12)\bmod 15}\oplus a^{(n+11)\bmod 15}$$

Das letzte Element des Galoisfeldes stimmt mit dem ersten überein. Das bedeutet, dass mit modulo15 statt mit modulo16 gerechnet werden muss. Nach dem Wert 1001 folgt also der Wert 0001 und dann der Wert 0010. Der Wert 0001 kommt nicht doppelt vor! In Tabelle 7.6-2 kommt er lediglich zweimal vor, um zu verdeutlichen, dass sich ab dem Symbol a^{15} das Feld wiederholt.

Praktisch lässt sich ein Galoisfeld für eine bestimmte Zahlenmenge am einfachsten als Tabelle abspeichern. Jedem Eingangszahlenwert, der den Exponenten des primitiven Elements darstellt, wird dann über die Tabelle der entsprechende Wert des Galoisfeldes zugewiesen. Dieser zugewiesene Wert wird als "Symbol" bezeichnet. So könnte man in oben angeführtem Beispiel dem Eingangswert 12d über die Tabelle sehr schnell das Symbol 1111b oder 15d zuordnen.

Eingangswert (Exponent)						Erklärung	Binär
a^0	=				a^0	Siehe a^{15}	0 0 0 1
a^1	=			a^1		Das doppelte von a^0 jedoch auch: $a^{13}\oplus a^{12}$	0 0 1 0
a^2	=		a^2			Das doppelte von a^1 jedoch auch: $a^{14}\oplus a^{13}$	0 1 0 0
a^3	=	a^3				Das doppelte von a^2 jedoch auch: $a^{15}\oplus a^{14}$	1 0 0 0
a^4	=			a^1	$+a^0$	Weil: $a^4=a^1+a^0$ jedoch auch: $a^1\oplus a^{15}$	0 0 1 1
a^5	=		a^2	$+a^1$		Das doppelte von a^4 jedoch auch: $a^2\oplus a^1$	0 1 1 0
a^6	=	a^3	$+a^2$			Das doppelte von a^5 jedoch auch: $a^3\oplus a^2$	1 1 0 0
a^7	=	a^3		$+a^1$	$+a^0$	Das doppelte von a^6 also: $a^4\oplus a^3$	1 0 1 1
a^8	=		a^2		$+a^0$	Das doppelte von a^7 also: $a^5\oplus a^4$	0 1 0 1
a^9	=	a^3		$+a^1$		Das doppelte von a^8 also: $a^6\oplus a^5$	1 0 1 0
a^{10}	=		$+a^2$	$+a^1$	$+a^0$	Das doppelte von a^9 also: $a^7\oplus a^6$	0 1 1 1
a^{11}		a^3	$+a^2$	$+a^1$		Das doppelte von a^{10} also: $a^8\oplus a^7$	1 1 1 0
a^{12}		a^3	$+a^2$	$+a^1$	$+a^0$	Das doppelte von a^{11} also: $a^9\oplus a^8$	1 1 1 1
a^{13}		a^3	$+a^2$		$+a^0$	Das doppelte von a^{12} also: $a^{10}\oplus a^9$	1 1 0 1
a^{14}		a^3			$+a^0$	Das doppelte von a^{13} also: $a^{11}\oplus a^{10}$	1 0 0 1
a^{15}					a^0	Das doppelte von a^{14} also: $a^{12}\oplus a^{11}$	0 0 0 1

Tab. 7.6-2 : Galoisfeld mit 16 Elementen

Soll eine Multiplikation innerhalb eines Galoisfeldes durchgeführt werden, so gilt für das GF(2^4) folgende Regel:

$$a^k \cdot a^n = a^{(k+n)\mathrm{mod}15}$$

oder allgemein für ein GF(2^m):

$$a^k \cdot a^n = a^{(k+n)\mathrm{mod}(2^m-1)}$$

Für das oben ausgeführte GF(2^4) würde also gelten:

$$a^2 \cdot a^5 = a^7$$

oder auch:

$$a^8 \cdot a^{12} = a^5$$

In der Multiplikation ist wiederum das zyklische Verhalten des Galoisfeldes zu sehen. Dieses kann nun bei der Fehlerkorrektur genutzt werden, um Fehler nicht nur zu erkennen, sondern auch zu lokalisieren.

Für die Zahl Null, die das letzte verbleibende Element des Galoisfeldes darstellt, jedoch nicht innerhalb der zyklischen Zahlenfolge ist, gilt:

$$0 \cdot a^x = 0$$

In Tabelle 7.6-3 soll ohne weitere Erklärung ein GF(2^8) konstruiert werden. Hierbei ist als primitives Element wiederum a=2. Das primitive Polynom lautet:

$$p(x)=x^8+x^4+x^3+x^2+1$$

7.6.2.4 Gewichtete Prüfsumme mit GF(2^8)

Eine gewichtete Prüfsumme mit Hilfe eines Galoisfeldes entsteht, wenn die Datenworte mit Gewichtungssymbolen aus dem Galoisfeld multipliziert werden. Dies soll im nächsten Beispiel anhand der gleichen Zahlen wie bei der ungewichteten Prüfsumme aus Kapitel 7.6.2.2 erfolgen. Dabei bleibt Datenwort A erhalten, da die Multiplikation mit a^0 keine Konsequenz hat. Datenwort B muss mit a^1 multipliziert werden, das heißt, das Symbol, das in der Tabelle 7.6-3 eine Zeile nach dem Symbol für Datenwort B zu finden ist, ist das Ergebnis. Bei Datenwort C muss das Symbol als Ergebnis der Multiplikation eingesetzt werden, dass zwei Zeilen nach dem Symbol für Datenwort C in Tabelle 7.6-3 zu finden ist.

	1 0 1 0	1 1 0 0	Datenwort A $\cdot a^0$
⊕	1 0 1 1	0 1 0 0	Datenwort B $\cdot a^1$
⊕	1 1 1 0	0 1 1 1	Datenwort C $\cdot a^2$
⊕	1 0 1 1	1 0 1 0	Datenwort D $\cdot a^3$
⊕	0 0 1 0	1 1 1 1	Datenwort E $\cdot a^4$
⊕	1 0 1 0	0 0 1 1	Datenwort F $\cdot a^5$
⊕	1 1 1 1	1 0 1 0	Datenwort G $\cdot a^6$
⊕	1 1 0 1	1 0 1 0	Datenwort H $\cdot a^7$
=	**1 1 1 0**	**1 0 0 1**	gewichtetes Prüfwort GP

Hier gilt ebenfalls wieder:

$$A \oplus B \oplus C \oplus D \oplus E \oplus F \oplus G \oplus H \oplus GP = 0$$

Anwendung findet die gewichtete Prüfsumme bei der Fehlerlokalisation und Fehlerkorrektur (siehe Kapitel 7.6.3) in Zusammenarbeit mit der ungewichteten Prüfsumme.

α^{0}	0000 0001 =	1	α^{64}	0101 1111 =	95	α^{128}	1000 0101 =	133	α^{192}	1000 0010 =	130
α^{1}	0000 0010 =	2	α^{65}	1011 1110 =	190	α^{129}	0001 0111 =	23	α^{193}	0001 1001 =	25
α^{2}	0000 0100 =	4	α^{66}	0110 0001 =	97	α^{130}	0010 1110 =	46	α^{194}	0011 0010 =	50
α^{3}	0000 1000 =	8	α^{67}	1100 0010 =	194	α^{131}	0101 1100 =	92	α^{195}	0110 0100 =	100
α^{4}	0001 0000 =	16	α^{68}	1001 1001 =	153	α^{132}	1011 1000 =	184	α^{196}	1100 1000 =	200
α^{5}	0010 0000 =	32	α^{69}	0010 1111 =	47	α^{133}	0110 1101 =	109	α^{197}	1000 1101 =	141
α^{6}	0100 0000 =	64	α^{70}	0101 1110 =	94	α^{134}	1101 1010 =	218	α^{198}	0000 0111 =	7
α^{7}	1000 0000 =	128	α^{71}	1011 1100 =	188	α^{135}	1010 1001 =	169	α^{199}	0000 1110 =	14
α^{8}	0001 1101 =	29	α^{72}	0110 0101 =	101	α^{136}	0100 1111 =	79	α^{200}	0001 1100 =	28
α^{9}	0011 1010 =	58	α^{73}	1100 1010 =	202	α^{137}	1001 1110 =	158	α^{201}	0011 1000 =	56
α^{10}	0111 0100 =	116	α^{74}	1000 1001 =	137	α^{138}	0010 0001 =	33	α^{202}	0111 0000 =	112
α^{11}	1110 1000 =	232	α^{75}	0000 1111 =	15	α^{139}	0100 0010 =	66	α^{203}	1110 0000 =	224
α^{12}	1100 1101 =	205	α^{76}	0001 1110 =	30	α^{140}	1000 0100 =	132	α^{204}	1101 1101 =	221
α^{13}	1000 0111 =	135	α^{77}	0011 1100 =	60	α^{141}	0001 0101 =	21	α^{205}	1010 0111 =	167
α^{14}	0001 0011 =	19	α^{78}	0111 1000 =	120	α^{142}	0010 1010 =	42	α^{206}	0101 0011 =	83
α^{15}	0010 0110 =	38	α^{79}	1111 0000 =	240	α^{143}	0101 0100 =	84	α^{207}	1010 0110 =	166
α^{16}	0100 1100 =	76	α^{80}	1111 1101 =	253	α^{144}	1010 1000 =	168	α^{208}	0101 0001 =	81
α^{17}	1001 1000 =	152	α^{81}	1110 0111 =	231	α^{145}	0100 1101 =	77	α^{209}	1010 0010 =	162
α^{18}	0010 1101 =	45	α^{82}	1101 0011 =	211	α^{146}	1001 1010 =	154	α^{210}	0101 1001 =	89
α^{19}	0101 1010 =	90	α^{83}	1011 1011 =	187	α^{147}	0010 1001 =	41	α^{211}	1011 0010 =	178
α^{20}	1011 0100 =	180	α^{84}	0110 1011 =	107	α^{148}	0101 0010 =	82	α^{212}	0111 1001 =	121
α^{21}	0111 0101 =	117	α^{85}	1101 0110 =	214	α^{149}	1010 0100 =	164	α^{213}	1111 0010 =	242
α^{22}	1110 1010 =	234	α^{86}	1011 0001 =	177	α^{150}	0101 0101 =	85	α^{214}	1111 1001 =	249
α^{23}	1100 1001 =	201	α^{87}	0111 1111 =	127	α^{151}	1010 1010 =	170	α^{215}	1110 1111 =	239
α^{24}	1000 1111 =	143	α^{88}	1111 1110 =	254	α^{152}	0100 1001 =	73	α^{216}	1100 0011 =	195
α^{25}	0000 0011 =	3	α^{89}	1110 0001 =	225	α^{153}	1001 0010 =	146	α^{217}	1001 1011 =	155
α^{26}	0000 0110 =	6	α^{90}	1101 1111 =	223	α^{154}	0011 1001 =	57	α^{218}	0010 1011 =	43
α^{27}	0000 1100 =	12	α^{91}	1010 0011 =	163	α^{155}	0111 0010 =	114	α^{219}	0101 0110 =	86
α^{28}	0001 1000 =	24	α^{92}	0101 1011 =	91	α^{156}	1110 0100 =	228	α^{220}	1010 1100 =	172
α^{29}	0011 0000 =	48	α^{93}	1011 0110 =	182	α^{157}	1101 0101 =	213	α^{221}	0100 0101 =	69
α^{30}	0110 0000 =	96	α^{94}	0111 0001 =	113	α^{158}	1011 0111 =	183	α^{222}	1000 1010 =	138
α^{31}	1100 0000 =	192	α^{95}	1110 0010 =	226	α^{159}	0111 0011 =	115	α^{223}	0000 1001 =	9
α^{32}	1001 1101 =	157	α^{96}	1101 1001 =	217	α^{160}	1110 0110 =	230	α^{224}	0001 0010 =	18
α^{33}	0010 0111 =	39	α^{97}	1010 1111 =	175	α^{161}	1101 0001 =	209	α^{225}	0010 0100 =	36
α^{34}	0100 1110 =	78	α^{98}	0100 0011 =	67	α^{162}	1011 1111 =	191	α^{226}	0100 1000 =	72
α^{35}	1001 1100 =	156	α^{99}	1000 0110 =	134	α^{163}	0110 0011 =	99	α^{227}	1001 0000 =	144
α^{36}	0010 0101 =	37	α^{100}	0001 0001 =	17	α^{164}	1100 0110 =	198	α^{228}	0011 1101 =	61
α^{37}	0100 1010 =	74	α^{101}	0010 0010 =	34	α^{165}	1001 0001 =	145	α^{229}	0111 1010 =	122
α^{38}	1001 0100 =	148	α^{102}	0100 0100 =	68	α^{166}	0011 1111 =	63	α^{230}	1111 0100 =	244
α^{39}	0011 0101 =	53	α^{103}	1000 1000 =	136	α^{167}	0111 1110 =	126	α^{231}	1111 0101 =	245
α^{40}	0110 1010 =	106	α^{104}	0000 1101 =	13	α^{168}	1111 1100 =	252	α^{232}	1111 0111 =	247
α^{41}	1101 0100 =	212	α^{105}	0001 1010 =	26	α^{169}	1110 0101 =	229	α^{233}	1111 0011 =	243
α^{42}	1011 0101 =	181	α^{106}	0011 0100 =	52	α^{170}	1101 0111 =	215	α^{234}	1111 1011 =	251
α^{43}	0111 0111 =	119	α^{107}	0110 1000 =	104	α^{171}	1011 0011 =	179	α^{235}	1110 1011 =	235
α^{44}	1110 1110 =	238	α^{108}	1101 0000 =	208	α^{172}	0111 1011 =	123	α^{236}	1100 1011 =	203
α^{45}	1100 0001 =	193	α^{109}	1011 1101 =	189	α^{173}	1111 0110 =	246	α^{237}	1000 1011 =	139
α^{46}	1001 1111 =	159	α^{110}	0110 0111 =	103	α^{174}	1111 0001 =	241	α^{238}	0000 1011 =	11
α^{47}	0010 0011 =	35	α^{111}	1100 1110 =	206	α^{175}	1111 1111 =	255	α^{239}	0001 0110 =	22
α^{48}	0100 0110 =	70	α^{112}	1000 0001 =	129	α^{176}	1110 0011 =	227	α^{240}	0010 1100 =	44
α^{49}	1000 1100 =	140	α^{113}	0001 1111 =	31	α^{177}	1101 1011 =	219	α^{241}	0101 1000 =	88
α^{50}	0000 0101 =	5	α^{114}	0011 1110 =	62	α^{178}	1010 1011 =	171	α^{242}	1011 0000 =	176
α^{51}	0000 1010 =	10	α^{115}	0111 1100 =	124	α^{179}	0100 1011 =	75	α^{243}	0111 1101 =	125
α^{52}	0001 0100 =	20	α^{116}	1111 1000 =	248	α^{180}	1001 0110 =	150	α^{244}	1111 1010 =	250
α^{53}	0010 1000 =	40	α^{117}	1110 1101 =	237	α^{181}	0011 0001 =	49	α^{245}	1110 1001 =	233
α^{54}	0101 0000 =	80	α^{118}	1100 0111 =	199	α^{182}	0110 0010 =	98	α^{246}	1100 1111 =	207
α^{55}	1010 0000 =	160	α^{119}	1001 0011 =	147	α^{183}	1100 0100 =	196	α^{247}	1000 0011 =	131
α^{56}	0101 1101 =	93	α^{120}	0011 1011 =	59	α^{184}	1001 0101 =	149	α^{248}	0001 1011 =	27
α^{57}	1011 1010 =	186	α^{121}	0111 0110 =	118	α^{185}	0011 0111 =	55	α^{249}	0011 0110 =	54
α^{58}	0110 1001 =	105	α^{122}	1110 1100 =	236	α^{186}	0110 1110 =	110	α^{250}	0110 1100 =	108
α^{59}	1101 0010 =	210	α^{123}	1100 0101 =	197	α^{187}	1101 1100 =	220	α^{251}	1101 1000 =	216
α^{60}	1011 1001 =	185	α^{124}	1001 0111 =	151	α^{188}	1010 0101 =	165	α^{252}	1010 1101 =	173
α^{61}	0110 1111 =	111	α^{125}	0011 0011 =	51	α^{189}	0101 0111 =	87	α^{253}	0100 0111 =	71
α^{62}	1101 1110 =	222	α^{126}	0110 0110 =	102	α^{190}	1010 1110 =	174	α^{254}	1000 1110 =	142
α^{63}	1010 0001 =	161	α^{127}	1100 1100 =	204	α^{191}	0100 0001 =	65	α^{255}	0000 0001 =	1

Tab. 7.6-3: Galoisfeld mit 256 Elementen

7.6.2.5 CRC

CRC ist die Abkürzung für Cyclic Redundancy Check und stellt eine Möglichkeit dar, mit relativ wenigen Prüfbits einen Fehler sehr sicher erkennen zu können. Der CRC ermöglicht normalerweise keine Fehlerlokalisation - diese kann jedoch in Kombination mit dem Interleaving gewährleistet werden (siehe Kapitel 7.6.2.6 sowie 7.6.3.3).

Eine einfache Prüfsumme, wie im vorangegangenen Kapitel beschrieben, ist als Fehlererkennungsmaßnahme zu unsicher. Gehen mehrere Bits gleichzeitig kaputt, dann kann es passieren, dass die Prüfsumme trotzdem noch stimmt und somit

```
10110101 | 1010110001011010111100000101000010111110101100010000101111001100000000 0
           10110101
           0001100101011010111100000101000010111110101100010000101111001100000000 0
              10110101
              0111111111010111100000101000010111110101100010000101111001100000000 0
               10110101
               010010101010111100000101000010111110101100010000101111001100000000 0
                10110101
                00100000010111100000101000010111110101100010000101111001100000000 0
                  10110101
                  001101000111100000101000010111110101100010000101111001100000000 0
                    10110101
                    0110010011100000101000010111110101100010000101111001100000000 0
                     10110101
                     011111001100000101000010111110101100010000101111001100000000 0
                      10110101
                      01001100100000101000010111110101100010000101111001100000000 0
                       10110101
                       0010110000000101000010111110101100010000101111001100000000 0
                         10110101
                         00000101000101000010111110101100010000101111001100000000 0
                              10110101
                              000101111000010111110101100010000101111001100000000 0
                                 10110101
                                 000010010010111110101100010000101111001100000000 0
                                     10110101
                                     00100111111110101100010000101111001100000000 0
                                       10110101
                                       001010101110101100010000101111001100000000 0
                                         10110101
                                         0001111010101100010000101111001100000000 0
                                            10110101
                                            0100000001100010000101111001100000000 0
                                             10110101
                                             001101011100010000101111001100000000 0
                                               10110101
                                               0110001000010000101111001100000000 0
                                                10110101
                                                011100010010000101111001100000000 0
                                                 10110101
                                                 01010111010000101111001100000000 0
                                                  10110101
                                                  0001101110000101111001100000000 0
                                                     10110101
                                                     0110100100101111001100000000 0
                                                      10110101
                                                      011001110101111001100000000 0
                                                       10110101
                                                       01111011101111001100000000 0
                                                        10110101
                                                        0100001001111001100000000 0
                                                         10110101
                                                         001100011111001100000000 0
                                                           10110101
                                                           0111001011001100000000 0
                                                            10110101
                                                            010100001001100000000 0
                                                             10110101
                                                             00010100001100000000 0
                                                                10110101
                                                                00010100100000000 0
                                                                   10110101
                                                                   00010001000000 0
                                                                      10110101
                                                                      00111101000 0
                                                                        10110101
                                                                        010000010 0
                                                                         10110101
                                                                         00110111 0

                                                                           110111 0
```

Datenblock: 1010 1100 0101 1010 1111 0000 0101 0000 1011 1110 1011 0001 0000 1011 1100 1100
erweitert: 1010 1100 0101 1010 1111 0000 0101 0000 1011 1110 1011 0001 0000 1011 1100 1100 0000000
geteilt durch Prüfwert (=Generatorpolynom): *10110101*
ergibt als Rest (=CRC-Prüfsumme): **1101110**

Datenblock mit Prüfsumme: 1010 1100 0101 1010 1111 0000 0101 0000 1011 1110 1011 0001 0000 1011 1100 1100 **1101110**

Abb. 7.6-1: Berechnung des CRC

kein Fehler angezeigt wird. Um die Wahrscheinlichkeit herabzusetzen, dass mehrere Bitkombinationen die gleiche Prüfsumme ergeben, führt man eine Division mod2 des Datenblockes mit einem Prüfwert durch. Diese Division wird mit dem Symbol ")" gekennzeichnet. Der Rest dieser Division wird anschließend als Prüfsumme abgespeichert. Als Beispiel in Abbildung 7.6-1 sollen die acht vorgenannten Datenworte dienen, die nun mit Hilfe einer CRC- Prüfsumme auf ihre Richtigkeit überprüft werden sollen. Der verwendete Prüfwert, der auch "Generatorpolynom" genannt wird, soll 10110101 lauten. Der Datenblock wird aus den einzelnen Datenworten zusammengesetzt und als neue, sehr große Zahl definiert. Bevor dieser durch den Prüfwert geteilt wird, muss er mit der Anzahl an Nullen erweitert werden, die als möglicher Rest erwartet werden. Das heißt, er wird bei einem N-Bit Prüfwert mit (N-1) Nullen erweitert. In unserem Beispiel wird der Block mit 7 Nullen erweitert (oder mit 128 multipliziert), da der Prüfwert 8-Bit groß ist. Das ganzzahlige Ergebnis der Division ist bei der CRC-Berechnung uninteressant und nur ein Abfallprodukt. Lediglich der Rest der Division wird als Prüfsumme abgespeichert. Mit einem Prüfwert, der N-Bit groß ist, bekommt man eine CRC-Prüfsumme mit (N-1)-Bit Länge.

Wird nun die Prüfsumme als Ergänzung hinter den (unerweiterten) Datenblock geschrieben, so erhält man eine Zahl, die genauso lang ist, wie der eben erweiterte Datenblock. Wenn jetzt der Datenblock mit Prüfsumme durch den Prüfwert geteilt wird, so muss als Ergebnis Null heraus kommen. Ist das nicht der Fall, so befindet sich ein Fehler im Datenblock.

Auch wenn die eben beschriebene Methode sehr umständlich und rechenaufwändig erscheint, so ist sie mit binären Logikbausteinen gar nicht so schwer zu realisieren. So kann für einen 16-Bit CRC ein Schieberegister mit 16 Speicherzellen zur Berechnung verwendet werden. Die notwendige Division passiert, während der digitale Datenstrom seriell durch das Schieberegister läuft. Für binäre Zahlenreihen ist die CRC-Berechnung also gar nicht so aufwendig, bietet jedoch eine sehr hohe Fehlererkennungsquote.

7.6.2.6 Interleaving

Unter Interleaving versteht man die verschachtelte Aufzeichnung eines Signals. Durch Interleaving werden keine zusätzliche Zahlen erzeugt, sondern lediglich eine andere Aufzeichnungsreihenfolge gewählt. Das folgende Beispiel soll die Funktionsweise verdeutlichen:

DIE_EIGENSCHAFTEN_EINES_SINUSFÖRMIGEN_SIGNALS___

Diese Worte sind leicht zu lesen und zu deuten. Wenn jedoch ein großer Blockfehler einen Teil der Information zerstört, wird es deutlich schwieriger, die fehlerhaft gelesene Information zu deuten:

DIE_EIGENSCHAFTEN_???????????FÖRMIGEN_SIGNALS___

Werden die Informationen jedoch vor der Aufnahme verschachtelt:

DGAESÖNAIEFIIR_LENTNNMSS_SEEUII_ECNSSGG_IH__FEN_

dann sieht der Fehler so aus:

DGAESÖNAIEFIIR_LEN???????????II_ECNSSGG_IH__FEN_

Und würde nach der Entschachtelung folgende Information ergeben:

DIE?EIGEN?CHAF??N_EI??S_SI??SFÖR?IGEN_?IGNAL?___

Diese Zeichenfolge ist wesentlich einfacher zuzuordnen als die oben genannte. Weiterhin sind nur kurze oder nur einzelne Fehler vorhanden und nicht viele Datenwerte hintereinander defekt.

Der Vorgang, der hier gezeigt wurde, ist ein Block Interleaving mit Faktor N. Das heißt, von einem Datenblock wird das erste Datenwort geschrieben, dann das N-te danach, dann wieder das N-te danach usw.. Wird eine Blockgrenze erreicht, dann beginnt man am Anfang des Blocks, wiederholt jedoch keine Worte. Im oben gezeigten Beispiel war für das Interleaving N=6 und für das Deinterleaving N=8.

Einfacher geht das ganze, wenn man N als Wurzel der Blocklänge wählt. Zum Beispiel Blocklänge=16 und N=4. Eine Eingangswortfolge könnte also lauten:

0 1 2 3 4 5 6 7 8 9 10 11 12 13 14 15

Nach dem Interleaving würde daraus werden:

0 4 8 12 1 5 9 13 2 6 10 14 3 7 11 15

Bis zu vier Fehler hintereinander können auftreten und würden nach dem Deinterleaving - das in diesem Fall exakt dem Interleaving entspricht - in vier Einzelfehler aufgeteilt werden:

0 4 8 12 1 5 9 ? ? ? ? 14 3 7 11 15

Deinterleaving:

0 1 ? 3 4 5 ? 7 8 9 ? 11 12 ? 14 15

Auf diese Weise können blockweise auftretende Fehler, auch "Burst-Fehler" genannt, in viele einzelne Fehler zerlegt werden, die von der Fehlerkorrektur einfacher bearbeitet werden können. Die Verschachtelung und die Entschachtelung kann hierbei im einfachsten Falle durch vertauscht angeschlossene Adressleitungen eines Speicherchips erfolgen. Um das oben gezeigt Interleaving zu bekommen, müsste man lediglich die Daten mit der originalen Adressierung schreiben, also mit den Adressleitungen A3, A2, A1 und A0 für die 16 Worte 0-15. Wenn diese anschließend mit der Adressleitungsanordung A1, A0, A3, A2 ausgelesen werden, ergibt sich die oben gezeigte, verschachtelte Darstellung. Hierzu ist lediglich ein Zwischenspeicher für die 16 Worte nötig, jedoch kaum Rechenleistung und gar kein zusätzlicher Speicherplatz auf dem Datenträger.

7.6.3 Fehlerlokalisation und Korrektur

Hier sollen zwei von vielen Möglichkeiten der Fehlerlokalisation und der anschließenden Korrektur vorgestellt werden. Die erste kann einzelne Bitfehler finden und reparieren, die zweite lokalisiert ganze Wortfehler und kann diese anschließend reparieren. Das Reparieren von fehlerhaften Bits ist eine sehr einfache Sache, wenn genau bekannt ist, welche Bits fehlerbehaftet sind. Da Bits nur die Zahlenwerte 0 und 1 annehmen können, sind sie entweder richtig oder falsch. Lassen sie sich eindeutig lokalisieren, so besteht die Reparatur aus einem einfachen Invertieren des entsprechenden Bits.

7.6.3.1 Kreuzparitätsprüfung

Eine einfache Möglichkeit Bitfehler zu finden, stellt die Kreuzparitätsprüfung dar. Hierbei werden mehrere Datenwörter als Block untereinander geschrieben, und anschließend Wortparitäten und Spaltenparitäten gebildet. Dies soll im folgenden Beispiel mit acht 8-Bit Worten gezeigt werden. Es wird wieder eine gerade Paritätsprüfung angewandt.

1 0 1 0	1 1 0 0	**0**	Datenwort A
0 1 0 1	1 0 1 0	**0**	Datenwort B
1 1 1 1	0 0 0 0	**0**	Datenwort C
0 1 0 1	0 0 0 0	**0**	Datenwort D
1 0 1 1	1 1 1 0	**0**	Datenwort E
1 0 1 1	0 0 0 1	**0**	Datenwort F
0 0 0 0	1 0 1 1	**1**	Datenwort G
1 1 0 0	1 1 0 0	**0**	Datenwort H
1 0 0 1	**1 1 1 0**	**1**	

Die zusätzlich entstandenen 17 Paritätsbits werden mit auf dem Datenträger aufgezeichnet. Geht nun bei der Wiedergabe ein Daten- oder Paritätsbit im Block kaputt, so kann anhand der mitaufgezeichneten Paritätsbits die genaue Position des fehlerhaften Bits im Block ermittelt werden:

		A	W	
1 0 1 0	1 1 0 0	**0**	**0**	Datenwort A
0 1 0 1	1 0 1 0	**0**	**0**	Datenwort B
1 1 1 1	0 0 0 0	**0**	**0**	Datenwort C
0 1 0 1	*1* 0 0 0	**0**	**1**	Datenwort D
1 0 1 1	1 1 1 0	**0**	**0**	Datenwort E
1 0 1 1	0 0 0 1	**0**	**0**	Datenwort F
0 0 0 0	1 0 1 1	**1**	**0**	Datenwort G
1 1 0 0	1 1 0 0	**0**	**0**	Datenwort H
1 0 0 1	**1 1 1 0**	**1**	**0**	**A**
0 0 0 0	**1 0 0 0**	**0**		**W**

Die Buchstaben A und W kennzeichnen die aufgezeichneten Paritätsbits bzw. die Wiedergabeprüfbits. Die Wiedergabeprüfbits sollten alle Null sein, wenn kein Fehler im Block entstanden ist. Sind sie es nicht, so ist ein Fehler in der entsprechenden Zeile bzw. Spalte, in der die Prüfbits Eins geworden sind. In diesem Fall wird der Fehler eindeutig im Datenwort D und in der 5. Spalte lokalisiert. Das Invertieren dieses Bits würde den Fehler korrigieren und das Originaldatenwort wieder herstellen.
Probleme gibt es, wenn zwei oder mehr Bits innerhalb eines Blocks defekt sind. Die Paritätsbits können dann wahrscheinlich noch den Fehler erkennen, ihn jedoch nicht mehr eindeutig lokalisieren:

		A	W	
1 0 1 0	1 1 0 0	**0**	**0**	Datenwort A
0 *0* 0 1	1 0 1 0	**0**	**1**	Datenwort B
1 1 1 1	0 0 0 0	**0**	**0**	Datenwort C
0 1 0 1	*1* 0 0 0	**0**	**1**	Datenwort D
1 0 1 1	1 1 1 0	**0**	**0**	Datenwort E
1 0 1 1	0 0 0 1	**0**	**0**	Datenwort F
0 0 0 0	1 0 1 1	**1**	**0**	Datenwort G
1 1 0 0	1 1 0 0	**0**	**0**	Datenwort H
1 0 0 1	**1 1 1 0**	1	**0**	**A**
0 1 0 0	**1 0 0 0**	**0**		**W**

Hierbei lässt sich eindeutig ein Fehler in Spalte 2 und ein Fehler in Spalte 5 feststellen. Weiterhin sind die Fehler in Datenwort B und Datenwort D zu finden. Es ist jedoch nicht bekannt, ob der Fehler im Datenwort B in Spalte 2 oder Spalte 5 ist. Das gleiche gilt für das Datenwort D. Somit könnte das Fehlerkorrektursystem nur raten und die Fehler mit einer 50% Chance reparieren oder aber auch zwei neue Fehler erzeugen. Um solche Fehler auch noch lokalisieren zu können, könnte man nun eine dritte Prüfdimension einführen. Man schreibt acht Blöcke hintereinander, bildet für jeden Block eine Wortparität, eine Spaltenparität und anschließend noch eine Tiefenparität für die 64 Achsen, die in die Tiefe des Blockes zeigen. Nun können auch die beiden oben genannten defekten Bits gleichzeitig erkannt und repariert werden. Weiterhin sind auch noch weitere defekte Bits lokalisierbar und reparierbar, wenn sie durch die 3 Koordinaten eindeutig zugewiesen werden können. Aufgrund der sehr hohen Menge an Paritätsbits ist diese Methode jedoch nicht praktikabel.

7.6.3.2 Ungewichtete plus gewichtete Paritätsprüfung innerhalb eines Galoisfeldes

Eine interessante Methode, ganze Wortfehler zu finden und zu reparieren, ist die Anwendung einer ungewichteten und einer oder mehrerer gewichteter Paritätsprüfungen. Hierbei wird die ungewichtete Paritätsprüfung zur Bestimmung der fehlerhaften Bits in einem Datenwort verwendet, die gewichtete Prüfsumme hilft, die Position des fehlerhaften Datenwortes zu ermitteln. Der RS-Code (Reed-Solomon Code) beziehungsweise der CIRC (Cross Interleaved Reed-Solomon Code), der auch auf der CD Anwendung findet, funktioniert nach diesem Prinzip. In Abbildung 7.6-2 ist diese Variante der Fehlerlokalisation und -korrektur anschaulich zu sehen. In diesem Beispiel kann ein beliebiges fehlerhaftes Wort innerhalb des Datenblocks erkannt und korrigiert werden. Hierfür sind zwei Prüfsummen notwendig.

Der Fehler hat das Datenwort E verändert. Anhand der ungewichteten Parität lässt sich zunächst nur feststellen, dass ein Fehler im Block vorhanden sein muss, aber nicht in welchem Datenwort. Geht man davon aus, dass der Fehler in nur einem Datenwort ist, so weiß man bereits, welche Bits des Datenworts falsch sind. Wenn man nun das Syndrom nacheinander mit den Gewichtungen des zweiten Blocks multipliziert, so kommt man bei bestimmten Faktoren zu einer Übereinstimmung mit dem gewichteten Syndrom. So hat das Syndrom 1 den Wert 27. Wird dieser Wert im GF(2^8) mit den Gewichtungsfaktoren 0 bis 7 multipliziert (eine Multiplika-

Originaldaten vor der Aufzeichnung	1 0 1 0 1 1 0 0	Datenwort A	172	1 0 1 0 1 1 0 0	Datenwort A·a^0	172·a^0=172
	0 1 0 1 1 0 1 0	Datenwort B	090	1 0 1 1 0 1 0 0	Datenwort B·a^1	090·a^1=180
	1 1 1 1 0 0 0 0	Datenwort C	240	1 1 1 0 0 1 1 1	Datenwort C·a^2	240·a^2=231
	0 1 0 1 0 0 0 0	Datenwort D	080	1 0 1 1 1 0 1 0	Datenwort D·a^3	080·a^3=186
	1 0 1 1 1 1 1 0	Datenwort E	190	0 0 1 0 1 1 1 1	Datenwort E·a^4	190·a^4=047
	1 0 1 1 0 0 0 1	Datenwort F	177	1 0 1 0 0 0 1 1	Datenwort F·a^5	177·a^5=163
	0 0 0 0 1 0 1 1	Datenwort G	011	1 1 1 1 1 0 1 0	Datenwort G·a^6	011·a^6=250
	1 1 0 0 1 1 0 0	Datenwort H	204	1 1 0 1 1 0 1 0	Datenwort H·a^7	204·a^7=218
	1 0 0 1 1 1 1 0	Prüfwort	158	*1 1 1 0 1 0 0 1*	gewichtetes Prüfwort	233
	0 0 0 0 0 0 0 0	Syndrom	0	**0 0 0 0 0 0 0 0**	gewichtetes Syndrom	0
Fehler in Datenwort E nach der Aufzeichnung	1 0 1 0 1 1 0 0	Datenwort A	172	1 0 1 0 1 1 0 0	Datenwort A·a^0	172·a^0=172
	0 1 0 1 1 0 1 0	Datenwort B	090	1 0 1 1 0 1 0 0	Datenwort B·a^1	090·a^1=180
	1 1 1 1 0 0 0 0	Datenwort C	240	1 1 1 0 0 1 1 1	Datenwort C·a^2	240·a^2=231
	0 1 0 1 0 0 0 0	Datenwort D	080	1 0 1 1 1 0 1 0	Datenwort D·a^3	080·a^3=186
Fehlerhaft:	1 0 1 0 0 1 0 1	Datenwort E	165	1 0 0 0 0 0 1 0	Datenwort E·a^4	165·a^4=130
	1 0 1 1 0 0 0 1	Datenwort F	177	1 0 1 0 0 0 1 1	Datenwort F·a^5	177·a^5=163
	0 0 0 0 1 0 1 1	Datenwort G	011	1 1 1 1 1 0 1 0	Datenwort G·a^6	011·a^6=250
	1 1 0 0 1 1 0 0	Datenwort H	204	1 1 0 1 1 0 1 0	Datenwort H·a^7	204·a^7=218
	1 0 0 1 1 1 1 0	Prüfwort	158	*1 1 1 0 1 0 0 1*	gewichtetes Prüfwort	233
Falsche Bits:	**0 0 0 1 1 0 1 1**	Syndrom	27	**1 0 1 0 1 1 0 1**	gewichtetes Syndrom	173

Abb. 7.6-2: Ungewichtete plus gewichtete Paritätsprüfungen im GF(2^8)

tion entspricht hierbei einfach dem Weiterlesen in der Tabelle um 0 bis 7 Werte), so ergeben sich die Zahlen 27, 54, 108, 216, 173, 71, 142 und 1. Das gewichtete Syndrom hat den Wert 173. Dieser Wert ergibt sich bei dem Gewichtungsfaktor 4, der bei dem Datenwort E angewandt wurde. Somit lässt sich der Fehler im Datenwort E lokalisieren.
Ist das fehlerhafte Datenwort gefunden, kann durch Invertieren der fehlerhaften Bits (=Syndrom) im entsprechenden Datenwort E das Original wieder hergestellt werden. Auf diese Weise können mit geringem zusätzlichen Speicherplatz Fehler aufgefunden und korrigiert werden.
Der Reed-Solomon Code kann mit 2·N Prüfsummenwerten N beliebige fehlerhafte Worte innerhalb eines Datenblockes finden und reparieren. Hierbei ist es gleichgültig, ob nur ein einzelnes Bit oder das gesamte Datenwort fehlerhaft ist.

Sollte ein Prüfwort oder ein gewichtetes Prüfwort kaputtgehen, so wird einer der beiden Blöcke nach wie vor ein fehlerfreies Syndrom liefern und somit darauf hindeuten, dass kein Fehler in einem Datenwort aufgetreten ist.

Die Effektivität des Reed-Solomon Codes hängt ganz wesentlich von einem verwendeten Interleaving ab, damit gewährleistet ist, dass nicht zu viele Datenworte hintereinander in einem Block kaputtgehen.

Genauere Details zur Aufzeichnung der Daten und zum CIRC bei der CD sind in Kapitel 8.4 zu finden.

7.6.3.3 Interleaving mit blockweisem CRC

Bei dieser Art der Fehlerkorrektur wird ein stark verschachtelter Datenblock zusätzlich mit einem CRC versehen. Da der CRC sehr sicher Fehler erkennen kann, wird bei einem oder mehreren Fehlern in dem Datenblock der gesamte Block als fehlerhaft gekennzeichnet. Nach dem Deinterleaving sind aus den vielen Fehlern hintereinander viele Einzelfehler geworden, die nun mit Hilfe geeigneter Korrekturalgorithmen repariert werden können. Eine solche Art der Fehlerkorrektur findet bei CD-ROMs statt, bei denen neben dem CIRC, der auch schon bei der Audio CD verwendet wird, noch zusätzlich pro Datenblock ein CRC gebildet wird und hinter diesen dann noch Prüfsummen des Reed-Solomon Codes angehängt werden. Auf diese Weise kann ein fehlerhafter Block zunächst durch den Wert Null ersetzt und anschließend mit Hilfe des Reed-Solomon Codes repariert werden. Der Reed-Solomon Code hat die besondere Eigenschaft, dass er mit N Prüfsummenwerten auch N Fehler reparieren kann, wenn die Fehler statt des originalen Datenwortes den Wert Null haben. Also wird die Korrekturfähigkeit des Reed-Solomon Codes bei der CD-ROM mit Hilfe des CRC erweitert.

7.6.4 Fehlerverdeckung

Sollte die Fehlerkorrektur versagen, weil zwar Fehler angezeigt werden, jedoch nicht eindeutig lokalisierbar sind, so kann bei Audiomaterial noch immer eine Fehlerverdeckung erfolgen, da es sich um ein kontinuierliches Signal gehandelt hat. Somit können fehlende Werte rechnerisch ziemlich genau rekonstruiert werden. Handelt es sich bei dem Datenträger um einen Speicher für reine Daten (CD-ROM oder Festplatte), so darf eine Fehlerverdeckung nicht erfolgen, da beispielsweise die Befehle, die in einem Computerprogramm hintereinander als Datenwerte gespeichert sind, keine Kontinuität aufweisen, und bereits ein defekter Wert einen Absturz des Programms zur Folge haben kann. Bei diesen Datenträgern muss die Fehlerlokalisation verbessert werden, was auf Kosten des Speicherplatzes geht, da mehr Prüfsummen gespeichert werden müssen. So hat eine CD-DA mit 74 Minuten Spielzeit eine Speicherkapazität von 747MB, der selbe Datenträger kann jedoch im CD-ROM Format nur 650MB speichern.

7.6.4.1 Die Interpolation

Die erste Maßnahme, die bei komplett fehlenden Daten ergriffen wird, ist eine Interpolation des Wertes. Hierbei wird im einfachsten Fall der arithmetische Mittelwert zwischen den zwei benachbarten gültigen Werten gebildet und an Stelle des fehlenden Wertes eingesetzt. Die Abbildung 7.6-3 zeigt eine Wellenform, bei der mehrere Werte aufgrund nicht korrigierbarer Fehler fehlen. Dass es sich hierbei teilweise nur um einen einzigen Wert handelt, ist dem Interleaving des Signals zu verdanken (siehe Kapitel 7.6.2.6). Man sieht in dem Bild, dass bei der Interpolation je nach Wellenformverlauf und der Anzahl der fehlenden Werte durchaus eine starke Änderung des Signals auftreten kann. Allerdings ist in dieser Abbildung noch nicht berücksichtigt, dass die starken Kanten durch das analoge Rekonstruktionsfilter bei der Interpolation und bei Hold wieder abgerundet würden. Trotzdem entstehen mehr oder weniger starke Verzerrungen im Signal. Fragwürdig ist jedoch teilweise, ob

Verzerrungen bei der gegebenen Frequenz überhaupt noch wahrnehmbar sind. Zur Erinnerung: Verzerrungen sind neu entstehende Obertöne des Signals. Verzerrungen eines 10kHz Signals würden somit Obertöne bei 20kHz, 30kHz usw. zur Folge haben, die jedoch nicht mehr hörbar sind.
Um solche Verzerrungserscheinungen zu minimieren, könnte man versuchen, bei der Interpolation eine sinusförmige Schwingung, die möglichst gut an das noch vorhandene Signal passt, in die Lücke einzupassen. Meistens wird jedoch eine einfache lineare Interpolation durchgeführt, wie sie in der Abbildung 7.6-3 zu sehen ist.

7.6.4.2 Hold

In vielen Fehlerkorrekturchips ist lediglich die Interpolation eines einzigen fehlerhaften Samples möglich. Sind zwei oder mehr Werte nacheinander defekt, so hält die Interpolationsstufe das letzte noch gültige Sample auf seinem Zahlenwert, bis wieder ein gültiges Sample kommt. Dann kann zwischen dem gehaltenen und dem wieder gültigen Sample interpoliert werden.
In diesem Fall kann ein Knackser im Signal hörbar werden.

7.6.4.3 Stummschalten des Signals

Wenn die Fehlerrate zu hoch wird, um ein akzeptables Signal zu gewährleisten, so schalten die Digitalgeräte ihren Ausgang stumm, um den sonst hörbaren "Datenmüll" zu verstecken. Dies passiert, wenn so viele Daten defekt sind, dass trotz des Interleavings keine vernünftigen Interpolationen mehr durchführbar sind, oder auch, wenn die Dauer eines "Holds" zu lang ist.
Das Stummschalten des Signals wird nun als ein plötzlicher Ausfall des digitalen Speichergerätes wahrgenommen. Wo bei analogen Speichermedien das Signal kontinuierlich über die Zeit immer schlechter wird, bleibt es digital sehr lange gleich, wird dann zunächst unhörbar schlechter, um schließlich komplett auszufallen. Wenn dann keine Schutzkopie der Informationen vorhanden ist, sind die Daten unwiederbringlich verloren.

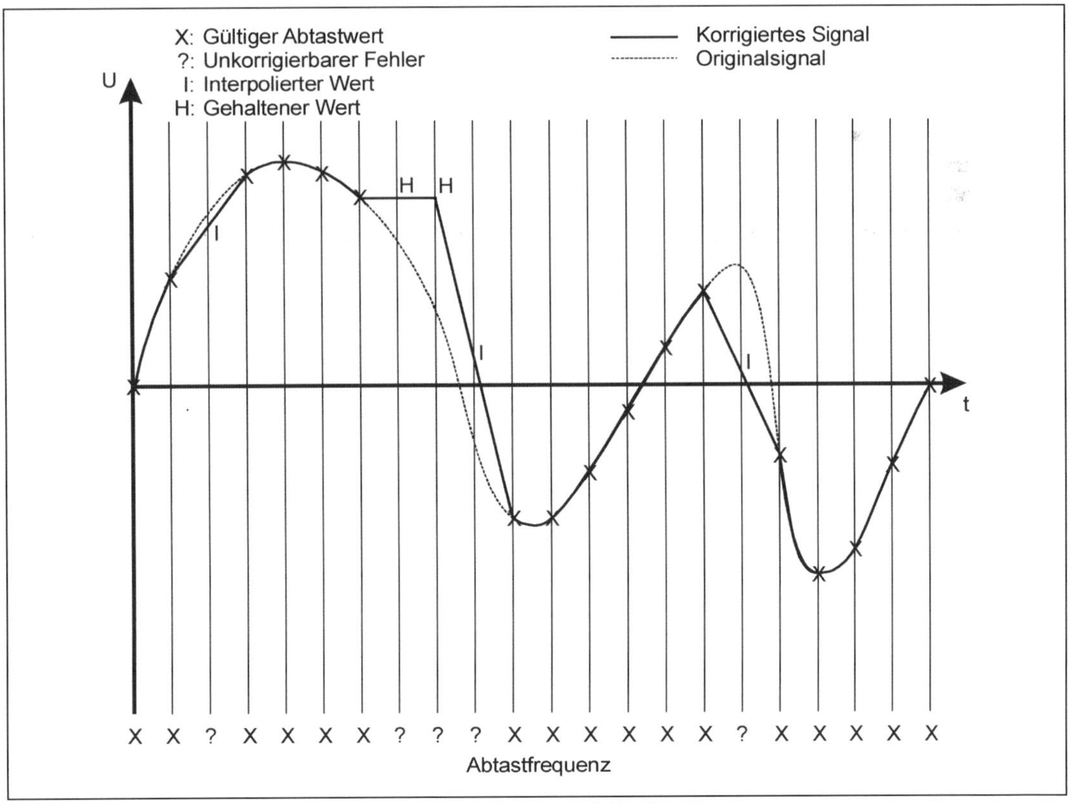

Abb. 7.6-3: Interpolation von fehlenden Werten

7.7 D/A-Wandlung

Bei der D/A-Wandlung geht es darum, aus den fehlerkorrigierten Zahlenwerten wieder eine analoge, kontinuierlich verlaufende Ausgangsspannung zu machen.

7.7.1 Wandlerprinzipien

Es gibt zwei Wandlerprinzipien, die im Audiobereich verwendet werden. Zum einen die R-2R-Leiter-Wandler, die früher der Standard waren und heute nur noch vereinzelt anzutreffen sind. Zum anderen die Delta-Sigma-Wandler, die ähnlich den Delta-Sigma A/D-Wandlern das Signal aus vielen kleinen Stufen wieder zusammensetzen.

7.7.1.1 R-2R-Leiter Wandler

Die R-2R-Leiter Wandler verwenden ein Widerstandsnetzwerk, welches abwechselnd aus den Widerständen mit dem Wert R und dem Wert 2·R besteht. Der genaue Wert für R in Ohm ist hierbei den Wandlerherstellern überlassen. Das Widerstandsnetzwerk ist so geschaltet, dass sich der Ausgangsstrom an jedem Abgriff jeweils zum vorhergehenden Abgriff halbiert (siehe Abbildung 7.7-1) Über elektronische Schalter können die einzelnen Abgriffe des R-2R-Netzwerks auf den Ausgang addiert werden oder auch nicht. Dadurch lässt sich mit 16 Schaltern und einem Widerstandsnetzwerk mit 16 Ausgängen ein 16-Bit Wert wieder in einen Spannungswert zurück wandeln.
Das Problem des R-2R-Wandlers ist der Umschaltzeitpunkt zwischen den Samples. Da unterschiedlich viel Strom durch die elektronischen Schalter fließt, können die Schalter nicht alle gleich schnell schalten. Dadurch entstehen zum Umschaltzeitpunkt "Knackser", die mit der Abtastfrequenz auftreten können. Diese Knackser nennt man auch "Glitches". Abhilfe gegen die Glitches bringt ein "Deglitcher", der in Kapitel 7.7.2 beschrieben ist.
Ein weiteres Problem der R-2R-Wandler ist der Abgleich. Da pro Bit Genauigkeit zwei Widerstände benötigt werden, die alle eine Toleranz aufweisen können, sind viele potentielle Fehlerquellen in so einem Wandler vorhanden. Daher verfügen die meisten R-2R-Wandler über externe Abgleichmöglichkeiten, mit denen der Nulldurchgang und das Verhältnis zwischen positiven und negativen Spannungsstufen zueinander eingestellt werden kann. Dieser Abgleich ist aufwändig durchzuführen und bringt teilweise nur bei einer bestimmten Betriebstemperatur der Wandler den gewünschten Erfolg. Daher ist man zu den "wartungsfreien" Delta-Sigma-Wandlern umgestiegen

7.7.1.2 Delta-Sigma-Wandler

Der Delta-Sigma-Wandler auf der D/A-Seite funktioniert sehr ähnlich dem Delta-Sigma-Wandler auf der A/D-Seite (siehe Kapitel 7.4). Hier nun eine vereinfachte Erklärung des Funktionsprinzips:
Das digitale Signal muss zuerst in viele kleine Stücke umgerechnet werden, die aus +1 und -1 bestehen. Dazu ist ein digitales Interpolationsfilter mit hohem Oversampling (typischerweise 64-faches Oversampling) notwendig (siehe auch Kapitel 7.7.4). Anschließend wird das Signal auf einen Schalter gegeben, der die zwei Zustände mit der hohen Oversamplingfrequenz als positive und negative Spannung ausgibt. Nachdem die Mittelung, also die Tiefpassfilterung von 64 Ausgangswerten den gewünschten analogen Wert ergibt, ist noch ein analoger Integrator (Tiefpass 1. Ordnung)

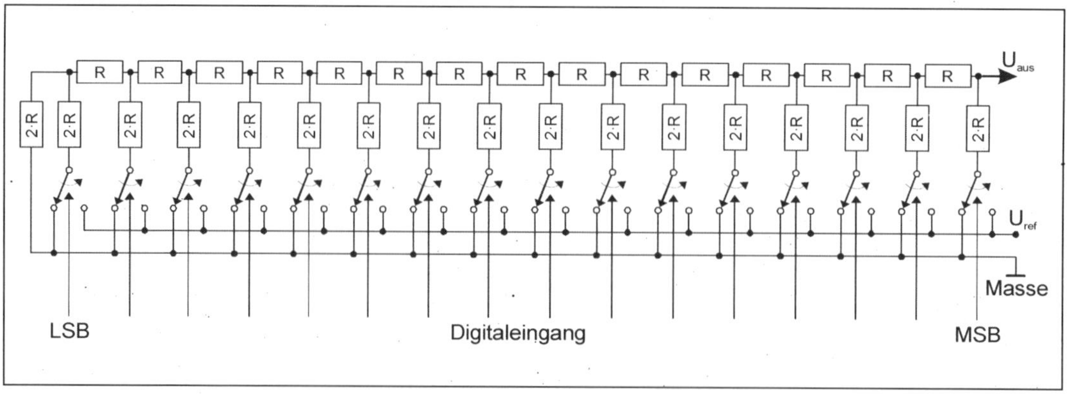

Abb. 7.7-1: Blockschaltbild eines R-2R-Leiter-Wandlers

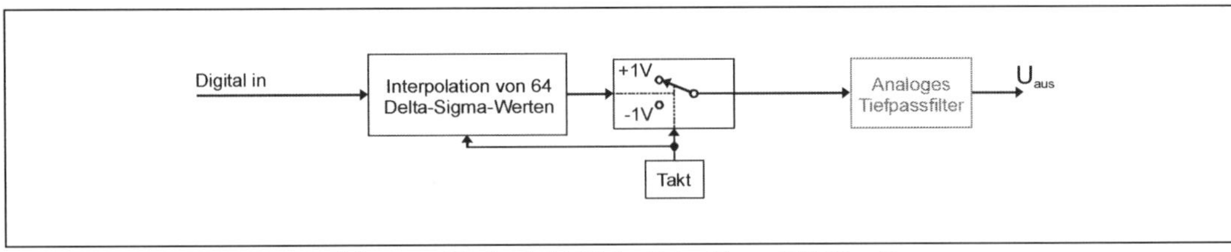

Abb. 7.7-2: Blockschaltbild des Delta-Sigma-D/A-Wandlers

nötig, der das kontinuierliche Analogsignal rekonstruiert.

Das Blockschaltbild eines Delta-Sigma-D/A-Wandlers ist in Abbildung 7.7-2 zu sehen.

7.7.2 Deglitching

Unter einem "Glitch" versteht man einen "Spannungsausrutscher" oder auch eine Spannungsspitze. Diese kann sowohl positiv als auch negativ sein. Glitches entstehen zum Beispiel während des Umschaltvorgangs von elektronischen Schaltern. Solche Schalter und auch die Problematik der Glitches wurden bereits beim R-2R-Wandler vorgestellt.

Ein Deglitcher hat die Aufgabe, die Glitches aus dem Signal zu entfernen, so dass ein sauberes Signal entsteht. Dazu wird eine Sample & Hold Schaltung verwendet, wie sie bereits in Kapitel 7.3 vorgestellt wurde. Der Deglitcher wartet hierbei, bis das Ausgangssignal des D/A-Wandlers stabil auf der Signalleitung steht, tastet es dann ab und speichert es in einem Kondensator. Am Ausgang des Deglitchers ist nun das sauber gewandelte Signal ohne Störspitzen zu sehen (siehe Abbildung 7.7-3).

7.7.3 Analoges Rekonstruktionsfilter

Das Ausgangssignal eines D/A-Wandlers sieht noch sehr stufig aus und erfüllt daher nicht das Theorem von Shannon & Nyquist. Dieses besagt, dass nur Frequenzen bis zur halben Abtastfrequenz im Signal enthalten sein dürfen. Betrachtet man jedoch das Spektrum am Ausgang des D/A-Wandlers, so sind durch die Umschaltvorgänge zwischen den Samples Ecken im Signal enthalten, die die Abtastfrequenz und Obertöne davon enthalten.

Das Rekonstruktionsfilter hat die Aufgabe, diese Frequenzen herauszufiltern und auf diese Weise das Theorem von Shannon und Nyquist zu erfüllen. Nach der Filterung hat man (bis auf den Quantisierungsfehler) wieder das originale Analogsignal zurückgewonnen, so wie es ursprünglich in den A/D-Wandler gelangt ist.

Da nach der D/A-Wandlung ganz offensichtlich nur die Abtastfrequenz und deren Harmonische vorhanden sind, benötigt man als Rekonstruktionsfilter gar kein Filter, welches bereits ab der Nyquistfrequenz alle Signale sperrt. Ein Filter, das erst ab der Abtastfrequenz alle Signale sperrt, ist ausreichend. Daher ist das Filter auf der D/A-Seite deutlich einfacher aufzubauen als auf der A/D-Seite.

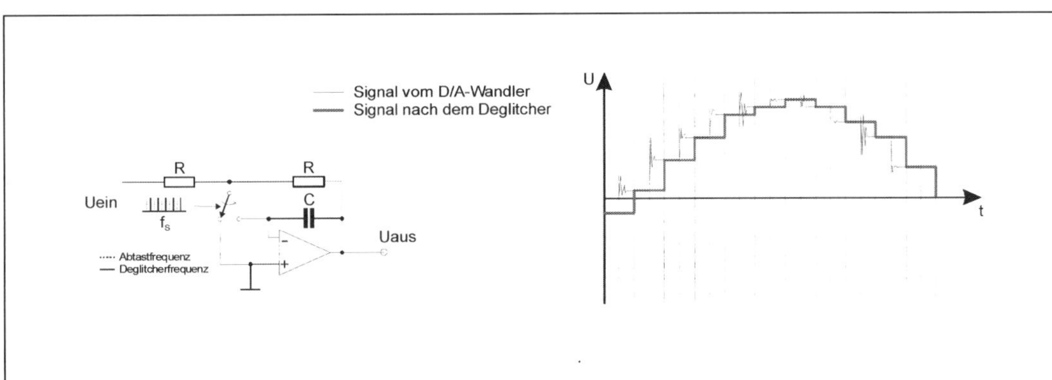

Abb. 7.7-3: Schaltung und Funktion des Deglitchers

7.7.4 Oversampling

Das Oversampling auf der D/A-Seite entspricht vom Prinzip her dem Oversampling auf der A/D- Seite. Durch das Oversampling auf der D/A-Seite wird der analoge Filteraufwand des Rekonstruktionsfilters verringert. Um jedoch die höhere Abtastfrequenz für den D/A-Wandler zu erhalten, müssen zunächst Zwischenwerte zwischen die gespeicherten Samples gerechnet werden. Diesen Vorgang nennt man "Interpolation". Man verwendet dazu ein digitales Interpolationsfilter, welches die benötigten Zwischenwerte berechnet und mit höherer Abtastfrequenz auf den nachgeschalteten D/A- Wandler gibt.

Auf der D/A-Seite ist das Oversampling meist nur halb so hoch wie auf der A/D-Seite, da schließlich auch ein einfacheres Rekonstruktionsfilter benötigt wird (siehe vorangegangenes Kapitel). Hat beispielsweise ein A/D-Wandler 128-faches Oversampling, so hat ein vergleichbarer D/A-Wandler 64-faches Oversampling.

7.8 Rauschunterdrückung

Schon in den Anfängen der Digitaltechnik, als noch Wortbreiten von 12 oder 14-Bit verwendet wurden, hat man über die Möglichkeit einer Rauschunterdrückung nachgedacht. Die Abbildung 7.8-1 zeigt die Pegelgrenzen des Digitalsignals: das Quantisierungsrauschen und die Clippinggrenze verlaufen bei einem bestimmten, wortbreitenabhängigen Pegel frequenzunabhängig. Ein durchschnittliches Rock/Pop Signal nimmt jedoch zu den Höhen hin mit 3dB/Oktave ab. Somit ergibt sich zu hohen Frequenzen hin ein immer schlechterer Signal-Rauschabstand.
Man könnte die Höhen stärker aussteuern, wenn sie vor der Aufnahme angehoben würden, ohne dass man Gefahr laufen würde, sie ins Clipping zu bringen. Nach der Aufnahme müsste man die Höhen wieder absenken, damit der Frequenzgang des Audiosignals wieder stimmt. Hierbei wird dann auch das Quantisierungsrauschen in den Höhen mit abgesenkt, was einen höheren Signal-Rauschabstand zur Folge hat. Diese Art der Rauschunterdrückung nennt man Emphase oder englisch Emphasis.

7.8.1 Die 50/15 Emphasis

Die Emphasis, die im Consumerbereich vorkommt, ist die so genannte 50/15 Emphasis. Der Name bildet sich aus den beiden Zeitkonstanten 50μs und 15μs, welche indirekt die Grenzfrequenzen und die Bauteilwerte der Schaltung angeben. Die Pre-Emphasis Schaltung kann passiv ausgeführt werden und ist in Abbildung 7.8-3 zu sehen. Der Frequenzgang dieser Schaltung ist in Abbildung 7.8-4 zu sehen. Die Schaltung hebt in Wirklichkeit nicht die Höhen an, sondern senkt die tiefen Frequenzen um etwas mehr als 10dB ab. Somit kann man das Gesamtsignal um genau diese 10dB höher aussteuern. In Abbildung 7.8-2 ist das durchschnittliche Rock/Pop Signal mit einer Pre-Emphasis zu sehen. Man kann erkennen, dass dieses höhenbetonte Signal noch immer nicht die Clippinggrenze erreicht. Das heißt, dass bei Rock/Pop, und auch Klassik oder Jazz immer mit Pre-Emphasis aufgenommen werden kann. Lediglich höhenlastige Signale, wie zum Beispiel Hihat, Shaker, Becken oder Triangel sind mit Vorsicht auszusteuern.
Eine Pre-Emphasis muss sich immer vor dem A/D-Wandler befinden, da es darum geht, das Quantisierungsrauschen des Wandlers zu reduzieren. Da das Peak-Meter eines digitalen Gerätes auf der digitalen Ebene, also hinter dem A/D-Wandler misst, ist es mit oder ohne Pre-Emphasis genauso gut zum Einpegeln geeignet.
Die 50/15 Emphasis ist für jede Consumeraufnahme geeignet, da jedes Consumergerät eine 50/15 De-Emphasis unterstützt. Die De-Emphasis führt die umgekehrte Filterung wie die Pre-Emphasis durch und stellt den Originalfrequenzgang des Audiosignals wieder her. Man kann die De-Emphasis normalerweise nicht manuell einschalten, sondern sie schaltet sich automatisch in den Signalweg, wenn ein Emphasis-Bit im digitalen Datenstrom erkannt wird. Die Abbildungen 7.8-5 und 7.8-6 zeigen die Schaltung einer 50/15 De-Emphasis, sowie deren Frequenzverlauf.
Es ist zu beachten, dass es keine Norm gibt, wie schnell und mit welchen Nebengeräuschen eine De-Emphasis einschalten muss. So gibt es Geräte, die ein Relais zum Zuschalten der De-Emphasis nutzen,. andere rechnen sie digital in den Datenstrom zum D/A-Wandler. Aufgrund dieser Unterschiede ist das Ein- bzw. Ausschalten der Emphasis nur zwischen Titeln und nicht im Titel erlaubt. Meistens werden CDs ohne Emphasis hergestellt, da es wohl einen zu großen Aufwand bedeutet, mit den "verbogenen" Frequenzgängen während dem Mixdown und dem Mastering umzugehen. Hat

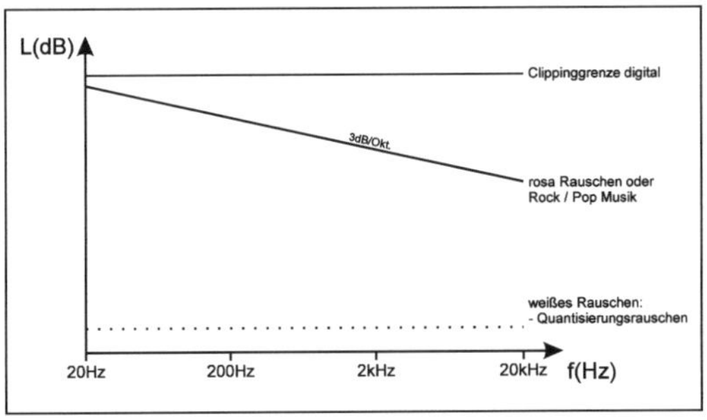

Abb. 7.8-1: Rausch- und Clippinggrenze eines Digitalsignals

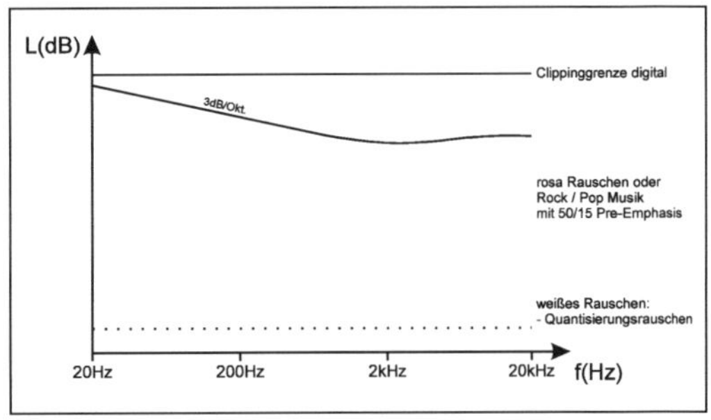

Abb. 7.8-2: Auswirkung der 50/15 Pre-Emphasis

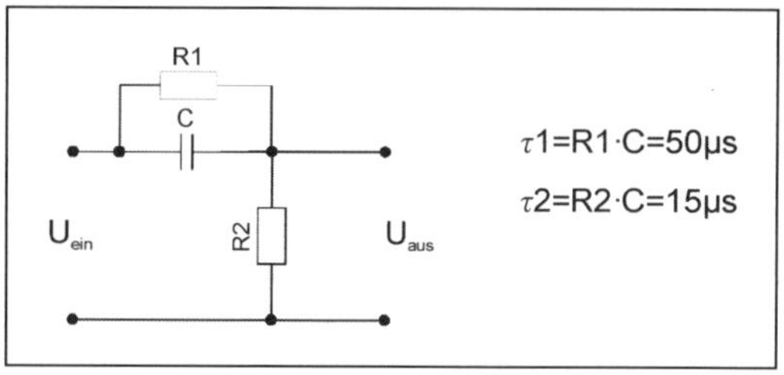

Abb. 7.8-3: Schaltung 50/15 Pre-Emphasis

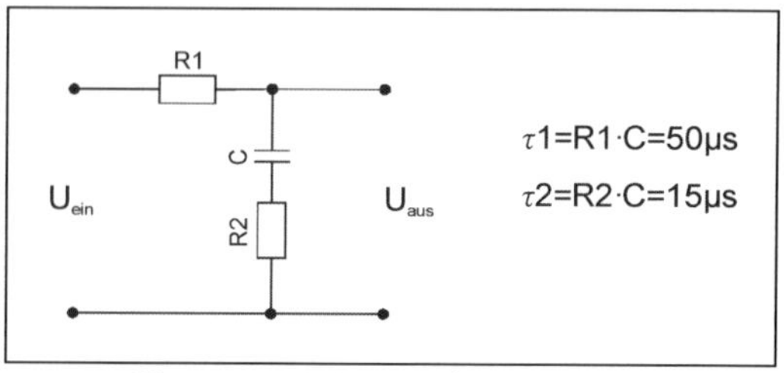

Abb. 7.8-5: Schaltung 50/15 De-Emphasis

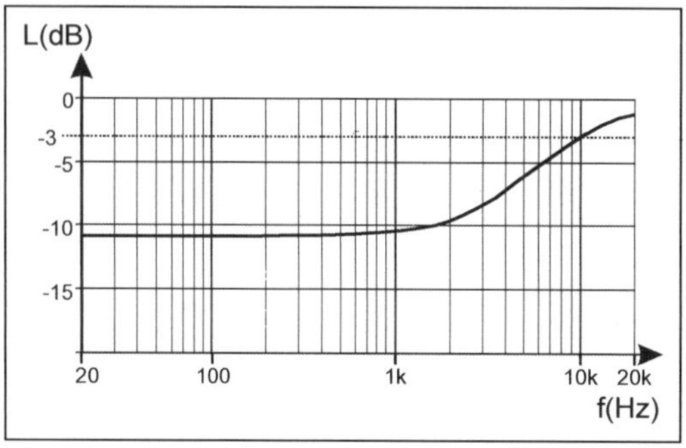

Abb. 7.8-4: Frequenzgang 50/15 Pre-Emphasis

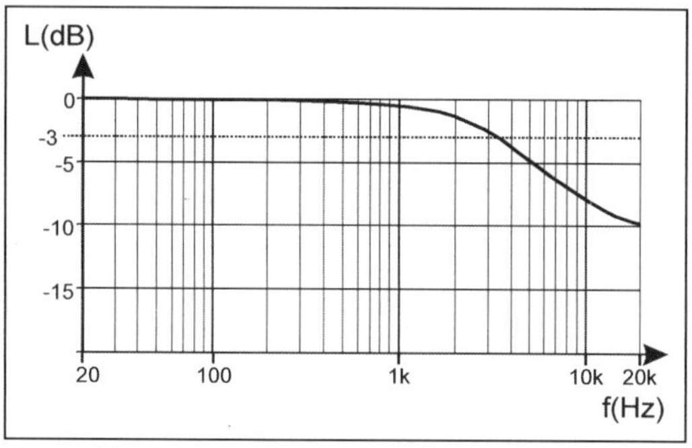

Abb. 7.8-6: Frequenzgang 50/15 De-Emphasis

dann doch eine von 1000 CDs eine Emphasis, so ist sie meistens während der gesamten Laufzeit der CD eingeschaltet.

7.8.2 Die CCITT J17 Emphasis

Eine zweite Art Emphasis, die aus dem Bereich des digitalen Fernsehens kommt und nur im Profibereich eingesetzt wird, ist die Emphasis nach CCITT J17. Sie arbeitet stärker als die 50/15 Emphasis und kann somit eine höhere Rauschunterdrückung erzielen. Die Schaltung für eine Pre-Emphasis ist in Abbildung 7.8-8 zu sehen. Wie man erkennen kann, ist es die gleiche Schaltung wie auch für die 50/15

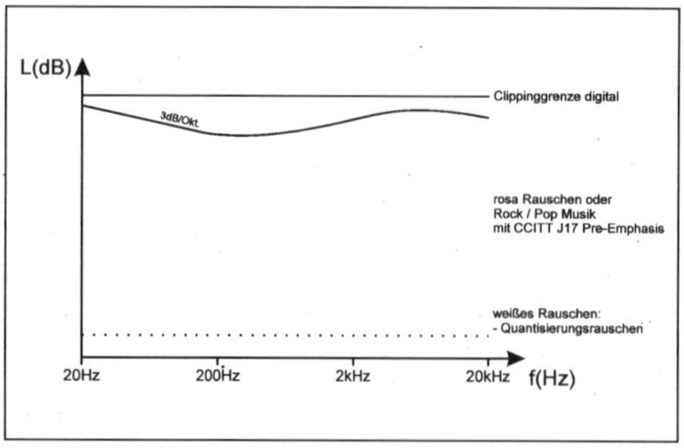

Abb. 7.8-7: Auswirkung der CCITT J17 Pre-Emphasis

Emphasis, lediglich die Bauteile sind anders dimensioniert. Die zwei Zeitkonstanten, die auf die Grenzfrequenzen der Schaltung hinweisen, sind nun 333µs und 38µs. Man könnte die CCITT J17 Emphasis also auch 333/38 Emphasis nennen. Mit diesen Zeitkonstanten werden die tiefen Frequenzen um fast 20dB abgesenkt. Der Frequenzgang der CCITT J17 Pre-Emphasis ist in Abbildung 7.8-9 zu sehen. Das Gesamtsignal kann um ca. 20dB höher ausgesteuert werden, allerdings ist nun immer Vorsicht geboten, dass die Höhen nicht ins Clipping gehen. Bei einem Rock/Pop Signal ist nun der Pegel in den um 20dB höher ausgesteuerten Höhen bereits sehr nahe an der Clippinggrenze. Die Abbildung 7.8-7 zeigt den resultierenden Frequenzgang eines Pock/Pop-Signals mit CCITT J17 Pre- Emphasis.
Die entsprechende De-Emphasis ist nur im professionellen Bereich vorgesehen und wird zum Beispiel von CD-Playern oder DAT-Recordern nicht unterstützt. Die Abbildungen 7.8-10 und 7.8-11 zeigen die Schaltung sowie den Frequenzgang der CCITT J17 De-Emphasis.

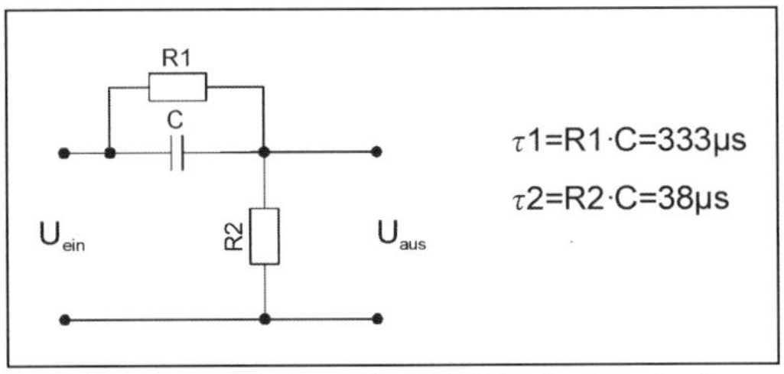

Abb. 7.8-8: Schaltung der CCITT J17 Pre-Emphasis

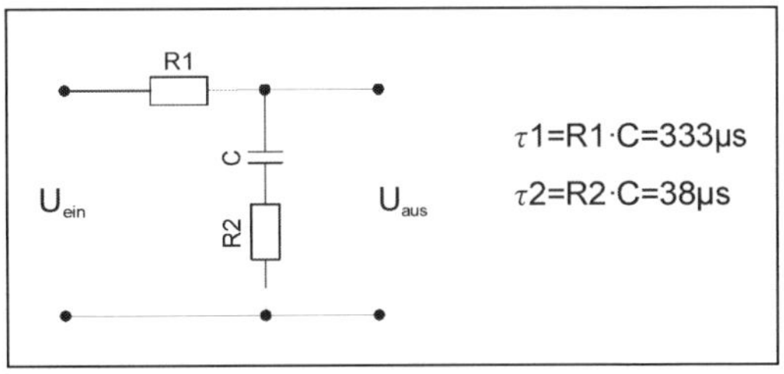

Abb. 7.8-10: Schaltung der CCITT J17 De-Emphasis

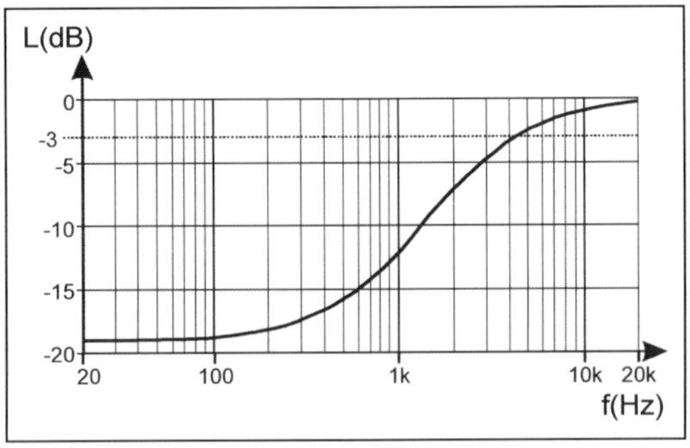

Abb. 7.8-9: Frequenzgang der CCITT J17 Pre-Emphasis

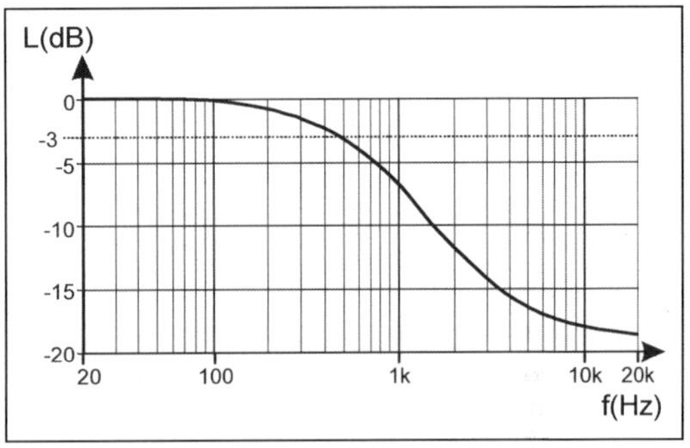

Abb. 7.8-11: Frequenzgang der CCITT J 17 De-Emphasis

7.9 Übertragungsformate

7.9.1 Grundlagen

Die Übertragung von digitalen Signalen im Audiobereich erfolgt im Normalfall über ein einziges Kabel. In diesem werden zwei oder mehr Audiokanäle und einige Hilfsinformationen seriell übertragen. Seriell bedeutet, dass ein Bit nach dem anderen über die Leitung geschickt wird, so dass für ein 16-Bit Wort 16 Taktzyklen benötigt werden, um es zum Empfänger zu übermitteln. Damit die Verkabelung von Digitalgeräten so einfach wie möglich wird, werden nicht nur die Audiodaten über dieses eine Kabel geschickt, sondern auch der Bittakt, die Abtastfrequenz sowie einige Hilfsinformationen. Diese sind mit in das Signal codiert und werden über die selbe Leitung mitgesandt.

7.9.2 Interfaces

Es gibt viele verschiedene Normen für die digitale Datenübertragung. Die meisten sollen hier nur kurz Erwähnung finden. Das wohl am häufigsten anzutreffende Interface ist das so genannte AES3 Interface, auch als AES/EBU Interface bekannt, das unter diesem Namen eine Schnittstelle für den professionellen Bereich darstellt. Nahezu identisch ist unter dem Namen S/PDIF eine Schnittstelle für den Consumer Bereich vorhanden. Auf diese Interfaces soll im folgenden Kapitel genauer eingegangen werden. Weiterhin sollen das MADI Interface und in kurzer Schnittstellendefinition das TDIF und das ADAT-Optical Interface vorgestellt werden.

7.9.2.1 AES3 und S/PDIF

Das AES3-1992 Interface (von der Audio Engineering Society) und das S/PDIF Interface (Sony / Philips Digital Interface) sind entworfen worden, um digitale Audiodaten und Taktinformationen (Bittakt, Worttakt und Abtastfrequenz) über eine einzige Leitung zu schicken. Dabei wurde von vornherein Wert auf die Ausbaufähigkeit des Systems gelegt, so dass es von Anfang an vorgesehen war, Audiodaten bis zu 24-Bit Genauigkeit, sowie viele zusätzliche Hilfsinformationen und anwendungsspezifische Daten (z.B. Spurnummern, Songtexte und Songtitel) mit diesem Interface übertragen zu können. Das AES3 Interface hat einen XLR Steckverbinder, das S/PDIF Interface verfügt über eine Cinchbuchse oder einen optischen Toslink Stecker. Der Vergleich zwischen beiden Schnittstellen ist in Tabelle 7.9-1 dargestellt.

Interface:	AES3	S/PDIF
Anwendung:	Profi	Consumer
Stecker:	XLR	Cinch oder Toslink
Signalart:	symmetrisch	unsymmetrisch
Spannung:	2-7V_{SS}	0,75V_{SS}
Impedanz:	110 Ohm	75 Ohm
Leitungslänge:	>100m	ca. 10m
Galvanische Trennung:	Eingang und Ausgang	nur Ausgang
Wortbreite:	16-24 Bit	16 oder 24 Bit
Format-unterschiede:	Channel-Status Daten	Channel Status Daten

Tab. 7.9-1: Vergleich AES3 und S/PDIF

Die Übertragung der Audiodaten auf der AES/EBU Leitung erfolgt in so genannten Blöcken. Ein Block wird unterteilt in 192 Frames (= Rahmen).
In einem Frame befinden sich zwei Subframes - Subframe A und Subframe B.
Jedes Subframe überträgt ein Audiowort und zusätzliche Hilfsinformationen, so dass 1 Frame insgesamt zwei Kanäle überträgt, bei Stereo-Anwendungen wird in Subframe A der linke, in Subframe B der rechte Kanal übertragen.
Zur Übertragung von Audiodaten in CD-Qualität müssen also 44100 Frames pro Sekunde bzw. 88200 Subframes pro Sekunde über die Leitung geschickt werden. Die Übertragungsstruktur ist in Abbildung 7.9-1 zu sehen.

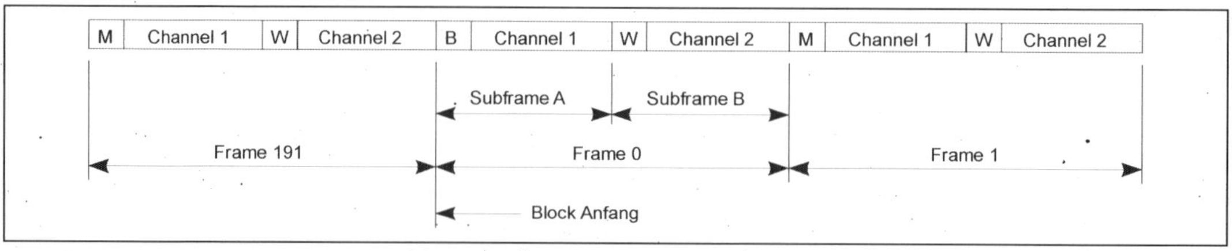

Abb. 7.9-1: Übertragungsstruktur AES/EBU

Damit die Frames auf der Empfängerseite wieder eindeutig auseinander gehalten werden können, werden vor den eigentlichen Daten Startworte (so genannte Preambeln) auf die Leitung geschickt. Subframe A, Subframe B und der Blockanfang müssen erkannt werden, so dass drei Preambeln definiert werden müssen.
Damit eine Preambel sicher als solche erkannt wird, muss sie zweifelsfrei aus den Audiodaten heraus zu erkennen sein. Dafür gibt es zwei Möglichkeiten:

- Die Preambel ist länger als ein Audiowort, so dass ein Audiowort nicht zufällig als Preambel gelesen werden kann.
- Die Preambel stellt keine sinnvolle Information dar.

Die letztere Möglichkeit wird in der Praxis vorgezogen, da die Preambel dann nicht zu lang werden muss. Die Preambel wird in 4 Bittakten übertragen - jedoch wird die Bi-Phase Codierungsvorschrift bei der Preambel ganz gezielt verletzt. Auf diese Weise lässt sie sich ganz sicher erkennen.

Die Audiodaten und die Zusatzinformationen werden Bi-Phase-Mark codiert übertragen. Je nach Anzahl der Einsen und Nullen in diesen Daten ist der Spannungszustand am Ende der Daten nicht vorhersagbar. Aus diesem Grund existieren alle Preambeln in zwei Versionen.

Die zweite Version ist zu der ersten Version invertiert oder 180° phasengedreht. Die drei Preambeln sind in der Abb. 7.9-2 dargestellt.

Die drei Preambeln B, M und W haben die folgende Bedeutung:

- B: Block Anfang und Anfang Subframe A
- M: Anfang Subframe A
- W: Anfang Subframe B

Nach der Preambel werden die eigentlichen Audiodaten übertragen und zum Schluss eines Frames noch Hilfs- und Zusatzinformationen, so dass ein Subframe schließlich aus 32 Bit besteht. Der genaue Aufbau eines Subframes ist in Abb. 7.9-3 zu sehen.

Die **Bits 0-3** stellen die jeweilige Preambel dar.

Die **Bits 4-7** sind die Auxiliary-Bits (Aux-Bits). Man kann sie zur Vergrößerung der Wortbreite der Audiodaten verwenden oder sie für einen Hilfs-Sprachkanal nutzen. Das LSB wird zuerst übertragen.

Die **Bits 8-27** sind die Audiobits. Es werden immer 20 Bit für Audiodaten verwendet, auch wenn die Wortbreite geringer ist. Das LSB wird zuerst übertragen. Sollte die Wortbreite kleiner als 20 Bit sein, werden die LSBs mit Nullen aufgefüllt. Bei Worten mit mehr als 20 Bits (24 Bit ist das Maximum) werden die Aux-Bits als zusätzliche LSBs verwendet.

Bit 28 ist das Validity-Bit. Es zeigt die Gültigkeit des gerade übertragenen Subframes an. Ist dieses Bit Eins, sind die übertragenen Audiodaten nicht original gelesene Daten. Dieses Bit wird beispielsweise bei CD-Playern Eins, wenn ein Titelsprung erfolgt, der Player auf Pause steht oder die Fehlerkorrektur eine Fehlerverdeckung durchführt.

Bit 29 ist das User-Bit. In einem Block werden 192 verschiedene User Bits übertragen (linker und rechter Kanal übertragen das gleiche User Bit). Aus den 192 User Bits wird der User Bit Block gebildet. Er kann Songtextinformationen oder Ähnliches enthalten. Ein Block kann 24 Buchstaben darstellen ($\frac{192}{8} = 24$). Wie der Name sagt, ist die jeweilige Verwendung dem Anwender überlassen. Die Bits bleiben oft ungenutzt.

Bit 30 ist das Channel-Status-Bit. In einem Block werden 192 verschiedene Channel Status Bits übertragen (linker und rechter Kanal übertragen meistens das gleiche Channel Status Bit). Aus den 192 Channel Status Bits wird der Channel Status Block geformt. Er enthält Informationen über die Abtastfrequenz, die Kanalanzahl, den Gerätetypen, Kopierschutz-, Emphasis-Informationen und vieles mehr.

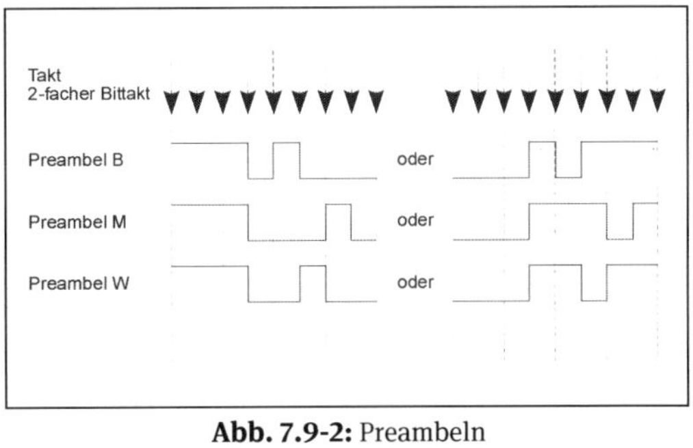

Abb. 7.9-2: Preambeln

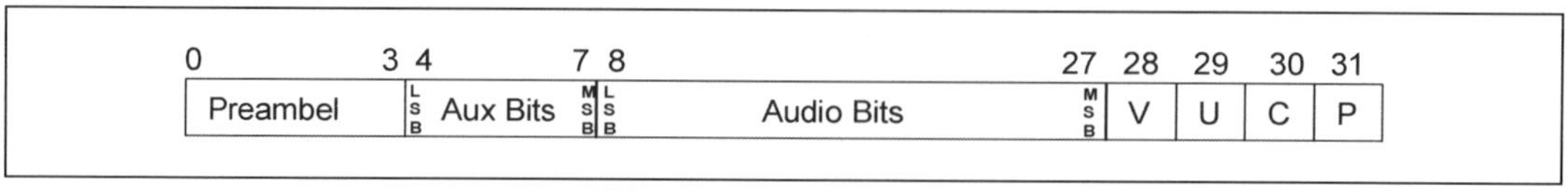

Abb. 7.9-3: Aufbau Subframe

Bit 31 ist das Parity-Bit. Es überträgt die Prüfsumme der vorangegangenen 31 Bits. Es wird eine gerade Parität gebildet, das heißt, bei einer geraden Anzahl von Einsen wird dieses Bit Null. Dieses Bit wird zur Ermittlung von Fehlern in einem Subframe verwendet. Es wird jedoch nur eine ungerade Anzahl von Fehlern bemerkt. Die Preambeln, die eine Codierungsverletzung hervorrufen, sind mit einer geraden Anzahl von Einsen definiert.

Eine genauere Betrachtung wert sind die Channel-Status-Bits. Der Channel Status Block, der aus 192 einzelnen Bits zusammengesetzt wird, ist für professionelle und für Consumer-Geräte völlig unterschiedlich definiert. Aus diesem Grund "verstehen" sich oft professionelle Digitalgeräte und Homerecording- beziehungsweise HiFi-Digitalgeräte nicht. Das wurde von der Industrie ganz gezielt so konzipiert, damit der Homerecording-Markt sich deutlich vom professionellen Markt abgrenzt.

Die Bedeutung der einzelnen Bits in den beiden verschiedenen Channel Status Blocks ist in den Tabellen 7.9-5 und 7.9-6 am Ende diese Kapitels dargestellt.
Das Copy und das L Bit bilden den Kopierschutz für Originalaufnahmen. Dabei ist die Bedeutung des L Bits auch je nach Kategorie-Code unterschiedlich.

7.9.2.2 MADI

MADI steht für "Multichannel Audio Digital Interface", oft auch "Serial Multichannel Audio Digital Interface" genannt. Es wird im AES10-1991 Standard definiert und hat die folgenden Eigenschaften:

- Ein 75Ω Koaxialkabel mit BNC-Steckern als Verbindung
- Bis zu 56 Kanäle übertragbar
- Bis 24-Bit Wortbreite pro Kanal
- 32kHz bis 48kHz Abtastfrequenz ±12,5%
- Konstante Bitrate von 125Mbit pro Sekunde auf der Datenleitung
- Bis 50m Kabellänge möglich

Die Übertragung der Audiodaten erfolgt im wesentlichen wie bei dem AES3 Interface, nur dass ein Frame jetzt bis zu 56 Subframes enthalten kann. Es werden immer noch pro Subframe 32-Bit an Informationen geschickt. Den wesentlichen Unterschied bilden die Bits 0-3, die nun keine Preambel darstellen, sondern die folgende Bedeutung bekommen:

Bit 0: Kanal 0 Synchronisation. Eine 1 in diesem Bit zeigt an, dass der Kanal Nummer 0 übertragen wird.

Bit 1: Kanal an/aus. Eine 1 in diesem Bit zeigt an, dass auf dem entsprechenden Kanal Daten übertragen werden. Alle nicht verwendeten Kanäle müssen auf Null gesetzt werden.

Bit 2: Subframe A/B. Eine 0 in diesem Bit zeigt an, dass der übertragene Kanal in der ursprünglichen AES3 Struktur ein Subframe A gewesen wäre.

Bit 3: Kanal Block Synchronisation. Eine 1 in diesem Bit zeigt den Beginn eines Channel-Status-Blocks an. Vergleichbar mit Preambel B

Die Subframes werden zunächst RLL(0,2) encodiert. Hierzu werden die 32-Bit eines Subframes in acht 4-Bit Nibbles unterteilt, und jedem Nibble ein 5-Bit Symbol nach Tabelle 7.9-2 zugewiesen. Die Symbole werden anschließend NRZI-codiert und von links nach rechts übertragen. Zwischen die

4-Bit Nibble	5-Bit Symbole
0000	11110
0001	01001
0010	10100
0011	10101
0100	01010
0101	01011
0110	01110
0111	01111
1000	10010
1001	10011
1010	10110
1011	10111
1100	11010
1101	11011
1110	11100
1111	11101
Synchronisationssymbol	11000 10001

Tab. 7.9-2: RLL(0,2) Encodierung für MADI

Pin-Nummer	Bedeutung
1	Ausgang Audiodaten Kanal 1/2
2	Ausgang Audiodaten Kanal 3/4
3	Ausgang Audiodaten Kanal 5/6
4	Ausgang Audiodaten Kanal 7/8
5	Eingang L/R Clock
6	Eingang FS0
7	Masse
8	Ausgang FS0
9	Ausgang L/R Clock
10	Eingang Audiodaten Kanal 1/2
11	Eingang Audiodaten Kanal 3/4
12	Eingang Audiodaten Kanal 5/6
13	Eingang Audiodaten Kanal 7/8
14	Masse
15	Masse
16	Masse
17	Masse
18	Eingang Emphasis
19	Eingang FS1
20	Ausgang FS1
21	Ausgang Emphasis
22	Masse
23	Masse
24	Masse
25	Masse

Tab. 7.9-3: Steckerbelegung eines TDIF-Steckers

Subframes können Synchronisationssymbole eingefügt werden, um dem Empfänger einen regelmäßigen Anhaltspunkt zu übermitteln. Es muss mindestens ein Synchronisationssymbol pro Frame vorkommen, eine Höchstanzahl ist nicht definiert. Nach jedem Subframe können beliebig viele Synchronisationssymbole vorkommen. Das Auffüllen des Datenstroms mit Synchronisationssymbolen ermöglicht eine konstante Datenübertragungsrate von 125Mbit pro Sekunde, unabhängig von der Abtastfrequenz.

7.9.2.3 TDIF

TDIF steht für "Tascam Digital Interface". Die Schnittstelle ist in erster Linie an Tascam-Geräten zu finden oder an Geräten, die zu Tascam Geräten kompatibel sein sollen. Das TDIF-Format überträgt 8 Kanäle über einen 25-poligen Sub-D Stecker. Die Daten und der Takt werden hierbei getrennt übertragen. Die Informationen sind nicht kanalcodiert. Aus diesem Grund sind nur Verbindungslängen von wenigen Metern möglich und für eine sichere Übertragung müssen spezielle Kabel verwendet werden. Die genaue Spezifikation ist hier aus rechtlichen Gründen nicht weiter aufgeführt. In Tabelle 7.9-3 ist die Anschlussbelegung des TDIF-Steckers zu sehen. Mit TDIF können bis zu 8 Kanäle in zwei Richtungen übertragen werden. Es sind Wortbreiten bis 24-Bit und Abtastfrequenzen bis 48kHz möglich.

Pin-Nummer	Bedeutung
1	Ground
2	Ground
3	Wordclock In/Out -
4	Left In/Out -
5	Right In/Out -
6	Ground
7	Wordclock In/Out +
8	Left In/Out +
9	Right In/Out +

Tab. 7.9-4: Anschlussbelegung SDIF-1

7.9.2.4 ADAT-Optical

ADAT-Optical, manchmal auch als "Lightpipe" bekannt ist ein mehrkanaliges Digitalformat der Firma Alesis. Auch dieses ist durch rechtliche Konventionen geschützt und die Spezifikation ist aus diesem Grund hier nicht aufgeführt. ADAT-Optical verwendet die Toslink Verbindung, die bereits vom optischen S/PDIF-Format bekannt ist. Allerdings ist ADAT-Optical nicht kompatibel zu S/PDIF. Die Übertragung geht über maximal 10m, ab dann muss das Signal aufgefrischt werden. ADAT-Optical überträgt bis zu 8 Kanäle mit maximal 24 Bit und maximal 48kHz Abtastfrequenz.

7.9.2.5 SDIF

SDIF steht für **S**ony **D**igital **I**nter**F**ace. Es gibt drei SDIF-Standards: SDIF-1, SDIF-2 und SDIF-3. Grundlegend gilt für alle:

- Es wird jeweils nur ein Kanal auf einer Verbindungsleitung übertragen.
- Zur Synchronisation wird eine Wordclock über ein eigenes Kabel übertragen.

SDIF-1 wird über 9-polige Sub-D Stecker miteinander verbunden. Es verfügt über symmetrische Signalführung und weist die in Tabelle 7.9-4 zu sehende Anschlussbelegung auf. Die Audiokanäle können bis zu 24-Bit haben.

SDIF-2 wird unsymmetrisch über 75Ω-BNC Leitungen geführt. Hierbei muss pro Audiokanal ein

BNC-Kabel und für die Wordclock ein weiteres BNC-Kabel mit jeweils gleicher Länge angesteckt werden. Die Übertragungsstrecke sollte nicht mehr als 10m betragen. Jeder Audiokanal kann bis zu 24-Bit haben.

SDIF-3 ist vergleichbar mit SDIF-2, jedoch werden über die Audioleitungen keine PCM-Signale verschickt, sondern DSD-Signale. Die Wordclock beträgt in diesem Fall 44,1kHz. Die DSD-Signale werden mit 2,8224MHz oder mit 5,6448MHz übertragen, je nachdem um welches DSD-Format es sich handelt.

7.9.2.6 Mel1/Y1 und Mel2/Y2

Die digitalen Schnittstellen von Yamaha Mel1 und Mel2, welche auch mit Y1 beziehungsweise Y2 bezeichnet werden, sind von der Grundidee sehr ähnlich dem SDIF-1 Format. Es handelt sich um eine Mono (Mel1/Y1) beziehungsweise Stereo (Mel2/Y2) Schnittstelle, die symmetrisch die Kanäle Links (=Mono bei Mel1/Y1) und Rechts (leer bei Mel1/Y1) und Wordclock überträgt.
Der verwendete Stecker ist ein 8-poliger DIN Stecker bei einer Stereoschnittstelle. Werden mehrere Kanäle übertragen, so finden meist 25-polige Sub-D Stecker Anwendung.

BYTE 0	
Bit 0	PRO=1
0	Consumer use of channel status block
1	Professional use of channel status block
Bit 1	Audio
0	Digital Audio
1	Non-Audio
Bits 2 3 4	Encoded audio signal emphasis
0 0 0	Emphasis is not indicated. Receiver defaults to no emphasis with manual override enabled.
1 0 0	None. Receiver manual override disabled.
1 1 0	50/15 µs. Receiver manual override disabled.
1 1 1	CCITT J.17. Recvr. manual override disabled.
X X X	All other states of bits 2-4 are reserved.
Bit 5	Lock: Source sample frequency
0	Locked - default
1	Unlocked
Bits 6 7	Fs: Sample frequency
0 0	Not indicated. Receiver default to 48 kHz and manual override or auto set enabled.
0 1	48 kHz. Manual override or auto disabled.
1 0	44.1 kHz. Manual override or auto disabled.
1 1	32 kHz. Manual override or auto disabled.

BYTE 1	
Bits 0 1 2 3	Channel Mode
0 0 0 0	Mode not indicated. Receiver default to 2-channel mode. Manual override enabled.
0 0 0 1	Two channels. Manual override disabled.
0 0 1 0	Single channel. Manual override disabled.
0 0 1 1	Primary / Secondary (Channel A is primary). Manual override disabled.
0 1 0 0	Stereophonic. (Channel A is left). Manual override disabled.
0 1 0 1	Reserved for user defined applications.
0 1 1 0	Reserved for user defined applications.
1 1 1 1	Vector to Byte 3. Reserved.
X X X X	All other states of bits 0-3 are reserved.
Bits 4 5 6 7	User bits management
0 0 0 0	Default, no user information indicated.
0 0 0 1	192 bit block structure. Preamble 'B' starts block.
0 0 1 0	Reserved.
0 0 1 1	User defined application.
X X X X	All other states of bits 4-7 are reserved.

BYTE 2		
Bits 0 1 2	AUX: Use of auxiliary sample bits	
0 0 0	Not defined. Maximum audio word length is 20 bits.	
0 0 1	Used for main audio. Maximum audio word length is 24 bits.	
0 1 0	Single coordination signal. Maximum audio word length is 20 bits.	
0 1 1	User defined application.	
X X X	All other states of bits 0-2 are reserved.	
Bits 3 4 5	Source word length. Max. audio based on bits 0-2 above	
	Max audio 24 bits:	Max audio 20 bits:
0 0 0	Not indicated (default)	Not indicated (default)
0 0 1	23 bits	19 bits
0 1 0	22 bits	18 bits
0 1 1	21 bits	17 bits
1 0 0	20 bits	16 bits
1 0 1	24 bits	20 bits
X X X	All other states of bits 3-5 are reserved.	
Bits 6 7		
X X	Reserved	

BYTE 3	
Bits 0-7	
XXXXXXXX	Reserved

BYTE 4	
Bits 0 1	Digital audio reference signal per AES11-1990
0 0	Not reference signal (default).
0 1	Grade 1 reference signal
1 0	Grade 2 reference signal
1 1	Reserved
Bits 2-7	
XXXXXX	Reserved

BYTE 5	
Bits 0-7	
XXXXXXXX	Reserved

BYTES 6 - 9	
	Alphanumeric channel origin data 7-bit ISO 646 (ASCII) data with odd parity bit. First character in message is Byte 6. LSB's are transmitted first.

BYTES 10 - 13	
	Alphanumeric channel destination data 7-bit ISO 646 (ASCII) data with odd parity bit. First character in message is Byte 10. LSB's are transmitted first.

BYTES 14 - 17	
	Local sample adress code (32-bit binary) Value is of first sample of current block. LSB's are transmitted first.

BYTES 18 - 21	
	Time-of-day sample adress code (32-bit binary) Value is of first sample of current block. LSB's are transmitted first

BYTE 22	
Bits 0 1 2 3	
X X X X	Reserved
Bit 4	Channel status bytes 0 to 5
0	Reliable
1	Unreliable
Bit 5	Channel status bytes 6 to 13
0	Reliable
1	Unreliable
Bit 6	Channel status bytes 14 to 17
0	Reliable
1	Unreliable
Bit 7	Channel status bytes 18 to 21
0	Reliable
1	Unreliable

BYTE 23	
	CRCC: Cyclic redundancy check character CRCC for channel status data block that uses bytes 0 to 22 inclusive.

Tab. 7.9-5: Channel Status Block für den "Professional Mode" (AES3)

BYTE 0	
Bit 0	CONS=0
0	Consumer use of channel status block
1	Professional use of channel status block
Bit 1	Audio
0	Digital Audio
1	Non-Audio
Bit 2	Copy / Copyright
0	Copy inhibited / copyright asserted
1	Copy prohibit / copyright not asserted
Bits 3 4 5	Pre-emphasis - if bit 1 is 0 (digital audio)
0 0 0	None - 2 channel audio
1 0 0	50/15 µs - 2 channel audio
0 1 0	Reserved - 2 channel audio
1 1 0	Reserved - 2 channel audio
X X 1	Reserved - 4 channel audio
Bits 3 4 5	If Bit 1 is 1 (non-audio)
0 0 0	Digital data
X X X	All other states of bits 3-5 are reserved
Bits 6 7	Mode
0 0	Mode 0 (defines bytes 1-3)
X X	All other states of bits 6-7 are reserved

BYTE 1		
Bits 0 1 2 3	4 5 6	Category Code
0 0 0 0	0 0 0	General
	0 0 1	Experimental
	X X X	Reserved
0 0 0 1	X X X	Solid state memory
0 0 1 X	X X X	Broadcast reception of digital audio
0 1 0 X	X X X	Digital/digital converters
0 1 1 0	0 X X	A/D converters without copyright
	1 X X	A/D converters with copyright (using copy and L bits)
0 1 1 1	X X X	Broadcast reception of digital audio
1 0 0 X	X X X	Laser-optical
1 0 1 X	X X X	Musical instruments, microphones
1 1 0 X	X X X	Magnetic tape or disk
1 1 1 X	X X X	Reserved

BYTE 1 - Category Code 001	
Bits 3 4 5 6	Broadcast reception of digital audio
0 0 0 0	Japan
0 0 1 1	United States
1 0 0 0	Europe
0 0 0 1	Electronic software delivery
X X X X	All other states are reserved

BYTE 1 - Category code 100	
Bits 3 4 5 6	Laser-optical
0 0 0 0	CD - compatible with IEC-908
1 0 0 0	CD - not compatible with IEC-908 (magneto-optical)
X X X X	All other states are reserved

BYTE 1 - Category code 010	
Bits 3 4 5 6	Digital/digital converters & signal processing
0 0 0 0	PCM encoder/decoder
0 0 1 0	Digital sound sampler
0 1 0 0	Digital signal mixer
1 1 0 0	Samplerate converter
X X X X	All other states are reserved

BYTE 1 - Category code 101	
Bits 3 4 5 6	Musical instruments, microphones, etc.
0 0 0 0	Synthesizer
1 0 0 0	Microphone
X X X X	All other states are reserved

BYTE 1 - Category code 110	
Bits 3 4 5 6	Magnetic tape or disk
0 0 0 0	DAT
1 0 0 0	Digital audio sound VCR
X X X X	All other states are reserved
Bit 7	L: Generation Status
	Only category codes:001XXXX, 0111XXX,100XXXX
0	Originally / Commercially pre-recorded data
1	No indication or 1st generation or higher
	All other category codes
0	No indication or 1st generation or higher
1	Originally / Commercially pre-recorded data

BYTE 2	
Bits 0 1 2 3	Source Number
0 0 0 0	Unspecified
1 0 0 0	1
0 1 0 0	2
1 1 0 0	3
0 0 1 0	4 to ....
0 1 1 1	... to 14
1 1 1 1	15
Bits 4 5 6 7	Channel Number
0 0 0 0	Unspecified
1 0 0 0	A (Left in 2 channel format)
0 1 0 0	B (Right in 2 channel format)
1 1 0 0	C to ...
0 1 1 1	... to N
1 1 1 1	O

BYTE 3	
Bits 0 1 2 3	Fs: Sampling Frequency
0 0 0 0	44,1kHz
0 1 0 0	48kHz
1 1 0 0	32kHz
1 1 0 0	Sample Rate Converter
X X X X	All other states are reserved
Bits 4 5	Clock Accuracy
0 0	Level II, ±1000ppm - (default)
0 1	Level III, variable pitch
1 0	Level I, ±50ppm - high accuracy
1 1	Reserved
Bits 6 7	
X X	Reserved

BYTES 4-23
Reserved

Tab. 7.9-6: Channel Status Block für den "Consumer Mode" (S/PDIF)

7.10 Jitter, Noise Shaping und Sampleratekonvertierung

In diesem Kapitel sollen einige Besonderheiten der Digitaltechnik oder der Digitalsignale behandelt werden. Dazu gehören einerseits merkwürdig erscheinende Dinge, wie zum Beispiel die Tatsache, dass verschiedene Digitalkabel unterschiedlich klingen können. Andererseits werden hier Techniken vorgestellt, die zur psychoakustischen Signalverbesserung oder zur technischen Signalanpassung dienen.

7.10.1 Jitter

Unter Jitter versteht man geringfügige Schwankungen in der Abtastfrequenz. Dabei ist nicht gemeint, dass die Abtastfrequenz höher oder tiefer wird, sondern, dass manche Abtastwerte ein wenig früher oder später ausgegeben werden, als sie es eigentlich müssten. Dies führt dazu, dass nicht mehr alle Abtastwerte in gleichen Abständen zueinander stehen. Über die Auswirkungen des Jitters wurde lange gestritten und diskutiert. Heute sind die klanglichen Effekte, die der Jitter mit sich bringt, geklärt und es gibt Lösungen, um den Jitter zu unterdrücken oder zu schwächen.
Ein Effekt, der in Zusammenhang mit dem Jitter steht, ist die unterschiedliche Klangqualität verschiedener Digitalkabel.

7.10.1.1 Ursache

Ursachen für den Jitter sind verrauschte oder gestörte Taktsignale (zum Beispiel die Wordclock) innerhalb eines Digitalsystems. Ursache für das Rauschen oder Störungen sind Reflexionen auf den Leitungen, Übersprechen von Nachbarleitungen oder Schwankungen in der Betriebsspannung der digitalen Logikbausteine. Diese Störungen sind immer mehr oder weniger stark vorhanden.
Damit die Übertragung von Binärinformationen innerhalb eines Digitalsystems durch diese Störungen nicht zum Erliegen kommt, weisen die Eingänge der Logikbausteine eine mehr oder weniger große Hysterese auf, die das Erkennen der logischen Betriebszustände Null und Eins eindeutig ermöglichen soll (siehe Abbildung 7.10-1). Durch diese Hysterese wird es zwar möglich, die Flanken des Digitalsignals wieder sauber zu erkennen, allerdings kann das Rauschen selbst nicht verringert werden. Dieses überlagert sich der Flanke des Binärsignals und sorgt dafür, dass der Threshold, ab dem eine Null oder eine Eins erkannt wird, mal etwas früher, mal etwas später überschritten wird. Wann er genau überschritten wird, hängt von dem Rauschsignal ab. Da sich dieses zufällig verändert, verschiebt sich auch der Zeitpunkt des Flankenwechsels zufällig nach vorne oder hinten.
Der Flankenwechsel sagt dem A/D- oder D/A-Wandler, wann ein Abtastwert gewandelt werden soll. Wenn die Flankenwechsel nicht in zeitgleichen Abständen erfolgen, so werden auch die

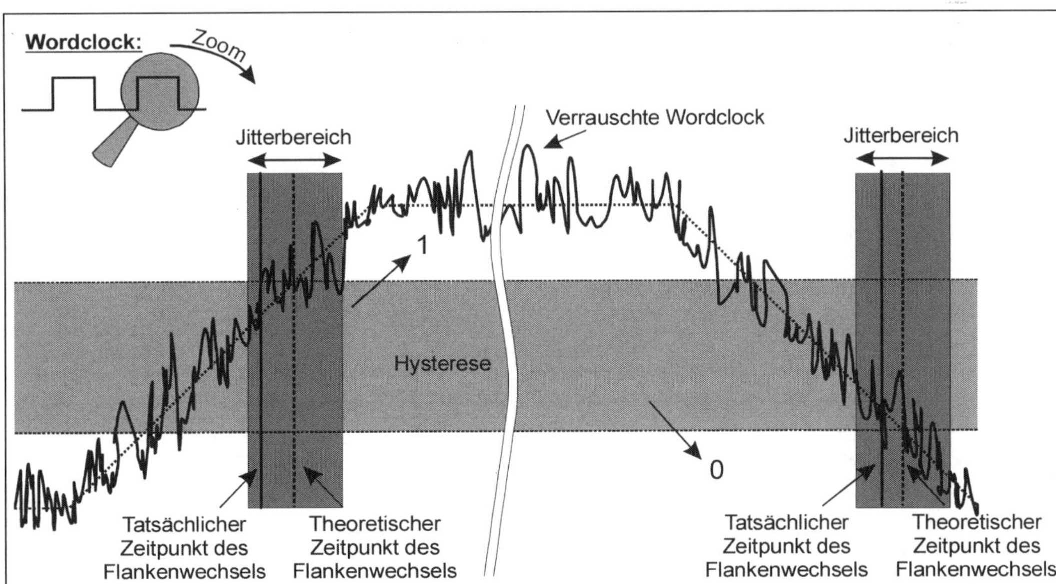

Abb. 7.10-1: Eine Hysterese sorgt für das eindeutige Zuordnen der Logikzustände Null und Eins

Abtastwerte nicht in zeitgleichen Abständen aus dem Analogsignal entnommen oder zurückgewandelt. In diesem Fall spricht man von Jitter. Dieser ist um so schlimmer, je stärker das Rauschen die Flankenwechsel verzieht.

7.10.1.2 Auswirkungen

Die Verschiebungen der Flankenwechsel liegen in einem Zeitbereich von deutlich unter 1µs. Man könnte somit meinen, solch kurze Zeitschwankungen sind für den Menschen unhörbar. Es lässt sich allerdings im A/B-Vergleich ganz gut bestimmen, ob ein Signal mit oder ohne Jitter zu hören ist. Das Signal mit Jitter hat eine etwas geringere Tiefenstaffelung sowie eine etwas unpräzisere Lokalisation. Die Unterschiede sind jedoch ziemlich klein und lassen sich überhaupt nur über sehr gute und laufzeitkorrigierte Boxen hören.

7.10.1.3 Abhilfe

Wenn Jitter vermieden oder minimiert werden soll, dann muss man dafür sorgen, dass möglichst wenige Störeinstreuungen auf die Taktleitung geraten können. Weiterhin muss die Leitung so beschaffen sein, dass keine Reflexionen des Taktsignals entstehen. Beides lässt sich durch ein entsprechendes Platinenlayout des Gerätes erreichen. Weiterhin empfiehlt es sich, den Taktgenerator und den Wandler möglichst nahe beieinander zu platzieren, damit die kritische Verbindungsleitung so kurz wie möglich wird. Die meisten Gerätehersteller berücksichtigen inzwischen diese Vorgaben, so dass die wenigsten Geräte Jitter haben.

Es wird jedoch sehr kritisch, wenn an ein Gerät ein externer D/A-Wandler angeschlossen wird. Die Daten und der Takt zu dem externen Wandler laufen über eine längere Kabelverbindung, die Störeinstreuungen ausgesetzt ist. Die Vorgabe, den Takt nahe an den Wandler zu bauen, kann somit nicht mehr eingehalten werden, da sich der Taktgenerator im abspielenden Gerät befindet und nicht im Wandler. In diesem Fall ist es von entscheidender Bedeutung, ein möglichst gutes Kabel zu verwenden. Dieses sollte nur so lang wie nötig sein, möglichst doppelt abgeschirmt sein und es muss den richtigen Wellenwiderstand haben (Siehe Kapitel 4.17.1). Nur wenn das Kabel genau auf die Verbindung abgestimmt ist, wird der Jitter minimiert.
Optische Verbindungen haben einen noch größeren Jitter als elektrische Verbindungen. Eine Verbesserung bringen so genannte "Multimode-Fasern".
Diese haben unterschiedliche Lichtgeschwindigkeiten innerhalb des Faserquerschnitts und ermöglichen somit ein besseres Impulsverhalten als die standardmäßigen Monomode-Fasern.

Moderne Studiogeräte haben an ihren Eingängen spezielle Schaltungen zur Unterdrückung von Jitter. Diese sorgen dafür, dass der aus dem Signal zurückgewonnene Takt nur sehr langsam schwanken kann und kurzfristige Taktschwankungen, die auf der Leitung entstehen, ignoriert werden. Diese Schaltungen sind inzwischen Standard und haben nur einen kleinen Nachteil. Dadurch, dass der Takt sich nur noch langsam ändern kann, kann das Gerät Abtastratenänderungen nicht mehr sehr schnell folgen. Somit ist ein Varispeed-Betrieb nur eingeschränkt möglich. Da sich Varispeedanwendungen jedoch kaum in der Praxis finden lassen, ist dieses Problem eher theoretischer Natur.

Jitter kann sich über eine längere Kette von Digitalverbindungen immer weiter verstärken, bis schließlich das Signal unbrauchbar wird und nur noch fehlerhaft empfangen werden kann.

Jitter kann nicht digital kopiert oder aufgenommen werden. Obwohl im Moment einer Aufnahme eventuell Jitter zu hören ist, wenn man am Aufnahmegerät abhört, ist dieser Jitter nicht mehr hörbar, wenn man die Aufnahme wiedergibt. Dies liegt daran, dass der Takt des Wiedergabegerätes bei der Wiedergabe die Ausgabe steuert, und dieser ist normalerweise nahe am D/A-Wandler und somit jitterfrei.

Für den Fall, dass der eigene Takt eines Gerätes nicht jitterfrei arbeiten sollte, könnte man bei vorhandenem Wordclock-Eingang eine externe jitterfreie Wordclock zu den Geräten schicken. Dies gibt dann sowohl bei Abspielgeräten und deren (externen) Wandlern Sinn, als auch bei A/D-Wandlern, die natürlich auch nur dann sauber klingen können, wenn sie ohne Jitter abtasten.

7.10.2 Möglichkeiten zur Verdeckung des Quantisierungsrauschens

Quantisierungsrauschen entsteht, wenn ein Signal quantisiert, also in ein Spannungsraster eingepasst wird. Dies passiert bei der A/D-Wandlung und bei der Reduzierung der Wortbreite eines Signals. In letzterem Fall wird die höhere Genauigkeit eines

Signals einfach beschnitten oder gerundet. Die dadurch entstehenden Abschneide- oder Rundungsfehler wirken sich genauso aus, wie der Quantisierungsfehler eines A/D-Wandlers.
Auch beim Umrechnen der Abtastfrequenz können Ergebnisse entstehen, die zwischen den Quantisierungsstufen liegen. Möchte man ein Signal nach der Umrechnung nicht mit höherer Wortbreite weiterbehandeln, dann entstehen auch hier Quantisierungsfehler.

Alle Quantisierungsfehler haben eines gemeinsam: Es entsteht ein Rauschsignal, das mehr oder weniger tonal ist. Das bedeutet, dass es sich klanglich zwischen weißem Rauschen (bei hoch ausgesteuerten Signalen) und tonalem Rauschen mit einzelnen, ausgeprägten Harmonischen (bei niedrig ausgesteuerten Signalen) verändert (siehe auch Kapitel 7.4.2.1). Diese signalabhängige Rauschmodulation wird vom Ohr als störend empfunden, und das Signal wirkt verzerrt, "metallisch klingend" oder "kalt".
Abhilfe können hierbei Dither und Noise-Shaping schaffen, die zwar technisch gesehen das Rauschen erhöhen, jedoch psychoakustisch einen niedrigeren Rauscheindruck schaffen.

7.10.2.1 Dither

Dither bedeutet, dass dem Signal vor dem Entstehen eines Quantisierungsfehlers ein künstliches Rauschen hinzuaddiert wird. Dieses Rauschen wird berechnet und ist ein weißes Rauschen mit immer gleichem Spektrum. Es gibt jedoch verschiedene Algorithmen zur Berechnung dieses Rauschens. Meist sind die unterschiedlichen Ditheringarten nach den entsprechenden Algorithmen benannt.
Durch das addierte Rauschen passieren zwei Dinge:

- Das abzutastende Signal erscheint durch das Rauschen größer, da das Rauschen mal in positiver, mal in negativer Richtung eine Spannung zum Nutzsignal addiert. Auf diese Weise kann der Wandler das Gesamtsignal eher erfassen.
- Durch das berechnete, statische Rauschen wird es dem Ohr möglich, sich an das Rauschen zu gewöhnen und dieses zu maskieren. Dadurch erscheint das Gesamtrauschen des Systems geringer, als ohne Dither. Technisch gesehen ist jedoch mehr Rauschen vorhanden.

Beides zusammen wirkt sich psychoakustisch gesehen positiv auf das Nutzsignal aus. Nunmehr können Signale abgetastet werden, die eigentlich bereits unter der Erfassungsschwelle eines A/D-Wandlers liegen und die Verzerrungen, die bei der Quantisierung entstehen, werden durch das Ditherrauschen verdeckt.
In Abbildung 7.10-2 ist das Prinzip des Ditherings schematisch dargestellt. Auch wenn hierbei das rechte Signal wesentlich schlimmer auszusehen scheint als das linke, klingt es doch wesentlich besser. Das linke Signal ist ziemlich rechteckig geworden und man hört dessen Verzerrungen deutlich. Im rechten Signal hört man eindeutig den Sinuston und das hinzuaddierte Rauschen. Allerdings - und das ist schließlich die Aufgabe des Ditherings - ist der Sinuston als Sinuston zu hören und scheint nicht verzerrt zu sein.

Mit der Stärke des Dithers kann man einstellen, wie stark das Rauschen zum Nutzsignal addiert wird, bevor die Quantisierung stattfindet. Hierbei gilt, dass ein stärkeres Rauschen auch eine stärkere Verdeckung der Verzerrungen bedeutet. Ein Dithersignal mit ±1LSB Größe hat sich hierbei als guter Wert bewährt.

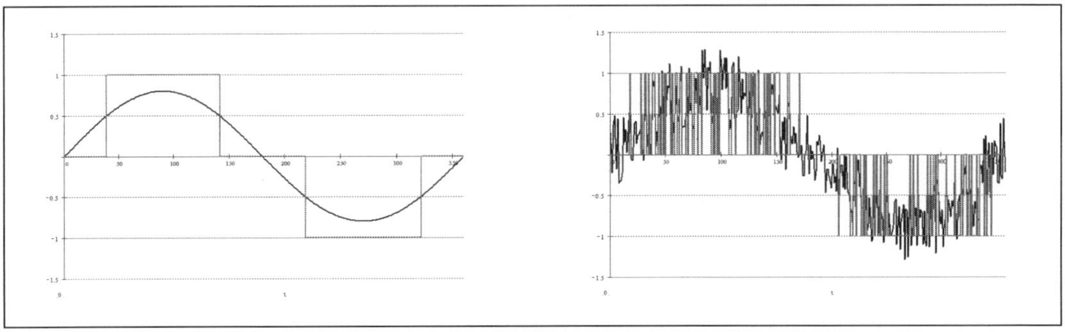

Abb. 7.10-2: Abtastung eines sehr leisen Signals ohne (links) und mit (rechts) Ditherrauschen

7.10.2.2 Noise-Shaping

Hinter Noise-Shaping steckt prinzipiell die gleiche Idee, wie beim Dithering. Ein Rauschen wird zum Signal addiert, bevor die Quantisierung stattfindet. Allerdings ist das Rauschen kein weißes Rauschen mit gleichförmiger Frequenzverteilung, sondern ein "geformtes" Rauschen (engl. "Shaped Noise"). Dies bedeutet, dass die hohen Frequenzen des Rauschens meist deutlich stärker vorhanden sind als die mittleren oder tiefen Frequenzen. Auf diese Weise treten zwei vorteilhafte Effekte auf einmal auf:

- Das hinzugefügte Rauschen ist kaum oder gar nicht hörbar, da es in einen Frequenzbereich geschoben wurde, der nicht wahrgenommen wird. Hierzu gibt es beispielsweise auch Noise-Shaping Frequenzgänge, die sehr stark an die Kurven gleicher Lautstärke angelehnt sind.
- Der Quantisierungsvorgang erfolgt besser, da durch das zusätzliche Rauschsignal auch bei leisen Nutzsignalen immer ausreichend Bits für die Quantisierung verwendet werden können.

Noise-Shaping verbessert somit - psychoakustisch gesehen - den Signal-Rauschabstand über die technisch machbaren Grenzen hinweg. Rein messtechnisch bekommt das Signal jedoch durch das hinzugefügte Rauschen einen schlechteren Signal-Rauschabstand, als ohne Noise-Shaping.

In Abbildung 7.10-3 sind die Frequenzgänge von verschiedenen Noise-Shaping-Varianten im Vergleich zum herkömmlichen Dither zu sehen. Welche der Kurven in der Praxis gewählt wird, sollte man dem Gehör überlassen. Die beste Variante ist die, bei der man das Gefühl hat, es würden am wenigsten Verzerrungen und Signalverfremdungen entstehen. Weiterhin ist man meist nicht in der Lage an die Frequenzgänge der Noise-Shaping-Algorithmen zu kommen, so dass man sich mit klangvollen Namen dafür begnügen muss.

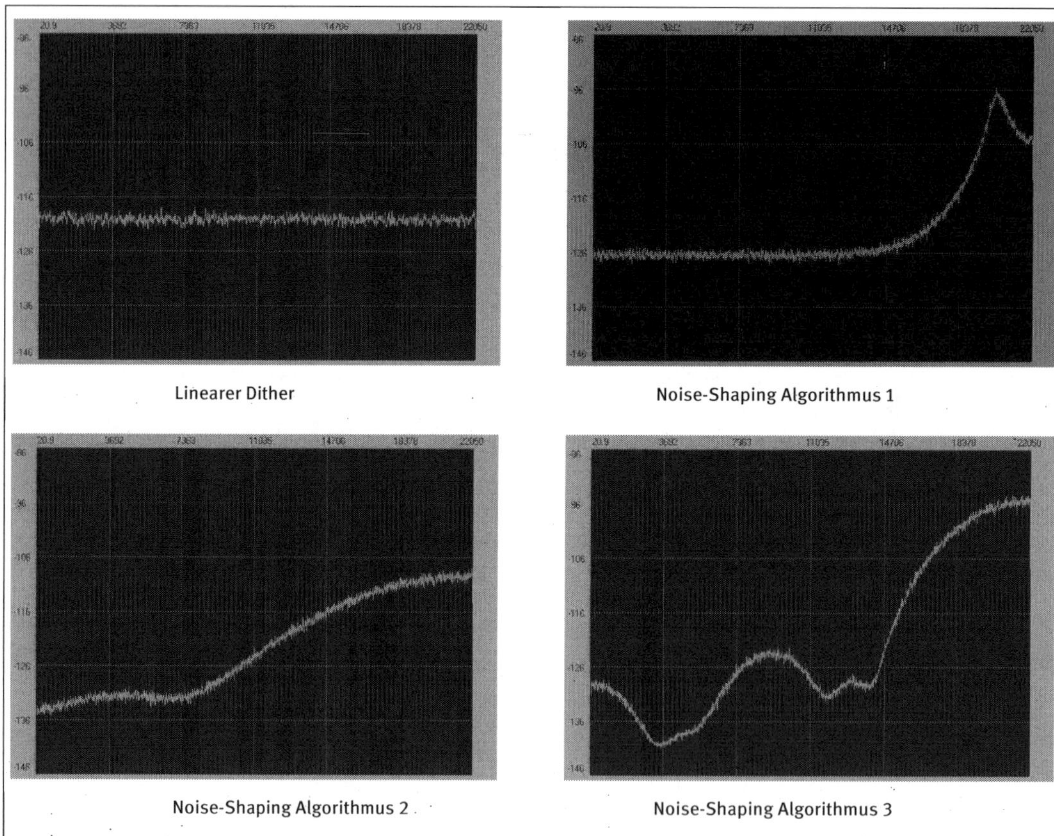

Linearer Dither — Noise-Shaping Algorithmus 1 — Noise-Shaping Algorithmus 2 — Noise-Shaping Algorithmus 3

Abb. 7.10-3: Frequenzgänge der unterschiedlichen Rauschsignale bei Dithering und Noise-Shaping

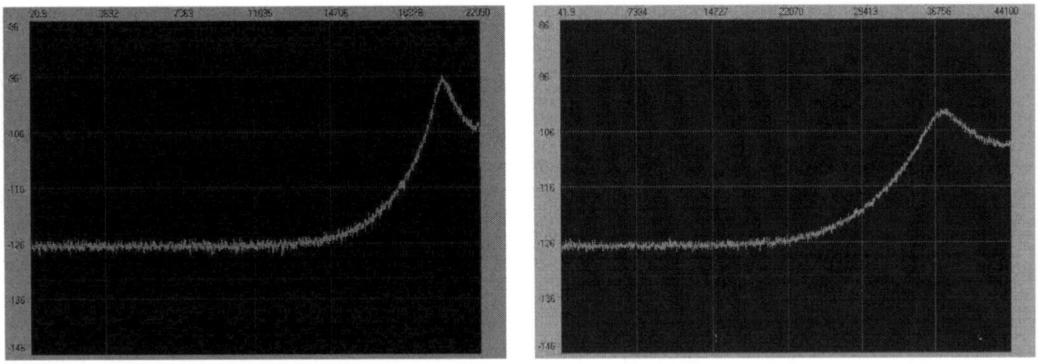

Noise-Shaping Algorithmus 1 bei 44,1kHz — Noise-Shaping Algorithmus 1 bei 88,2kHz

Abb. 7.10-4: Vergleich eines identischen Noise-Shaping-Algorithmus bei zwei unterschiedlichen Abtastfrequenzen

Die Namen der dargestellten Noise-Shaping-Algorithmen sind hier absichtlich nicht genannt, da sich diese auch jederzeit ändern können und es sich nur um Beispielfrequenzgänge handelt.

Deutlich zu erkennen ist jedoch im Algorithmus 3, wie das Rauschen ähnlich einer Kurve gleicher Lautstärke geformt wird.

Weiterhin kann man gut ablesen, wie beim Noise-Shaping das Rauschen bei tiefen und mittleren Frequenzen deutlich niedriger liegt als beim Dithering. Dafür ist der Rauschanteil bei hohen Frequenzen höher, wo das Rauschen jedoch aufgrund der geringeren Empfindlichkeit der Ohres nicht so störend wahrgenommen werden kann.

Der Noise-Shaping-Algorithmus 1 fügt bei Frequenzen bis 14kHz um 6dB weniger Rauschen hinzu als der lineare Dither. Beim Noise-Shaping-Algorithmus 3 sind bei 3kHz (dem empfindlichsten Frequenzbereich des Ohres) sogar 20dB weniger Rauschen vorhanden als beim linearen Dither.

Interessant wird der Aspekt des Noise-Shaping bei höheren Abtastfrequenzen. Wird ein Signal mit 88,2kHz oder 96kHz abgetastet und auch mit dieser Abtastrate veröffentlicht, so kann ein Noise-Shaping eingesetzt werden, bei dem das starke zusätzliche Rauschen nur im Bereich über 20kHz liegt und somit unhörbar bleibt. Es ist in diesem Fall lediglich darauf zu achten, dass ein Noise-Shaping-Algorithmus Verwendung findet, bei dem eine starke Höhenbetonung des Rauschens stattfindet. Der Vergleich eines solchen Algorithmus bei den Abtastfrequenzen 44,1kHz und 88,2kHz ist in Abbildung 7.10-4 zu sehen.

7.10.3 Abtastratenkonvertierung

Eine sehr interessante und immer notwendigere Anwendung der Digitaltechnik ist die Abtastratenkonvertierung. Hierbei muss ein Signal, das sich in einer bestimmten zeitlichen Quantisierung befindet, neu quantisiert werden. So ist wohl die häufigste Anwendung bei der Konvertierung von 48 kHz Abtastfrequenz auf 44,1 kHz Abtastfrequenz zu finden. Diese Konvertierung benötigt der Amateur immer dann, wenn er seinen Mix auf eine CD pressen lassen möchte, obwohl sein Recorder die Abtastfrequenz 44,1 kHz aufnahmeseitig nicht unterstützt, sondern nur 48 kHz.

Das grundsätzliche Problem bei der Konvertierung ist die Tatsache, dass das Eingangssignal zeitquantisiert vorliegt und, dass die Eingangswerte zwischen zwei Samples nicht definiert sind. Genau zwischen den Samples wird aber der neue Ausgangswert benötigt, so dass dieser sehr aufwendig berechnet werden muss, damit bei der Konvertierung keine Signalverluste oder Verzerrungen auftreten.

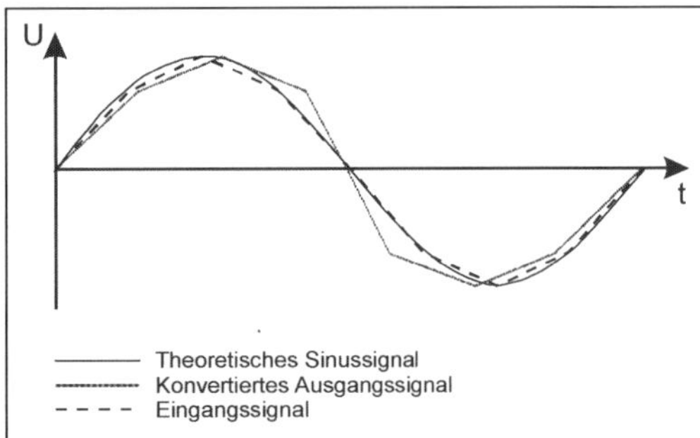

Abb. 7.10-5: Schlechte Abtastratenkonvertierung durch Verschieben von Abtastwerten

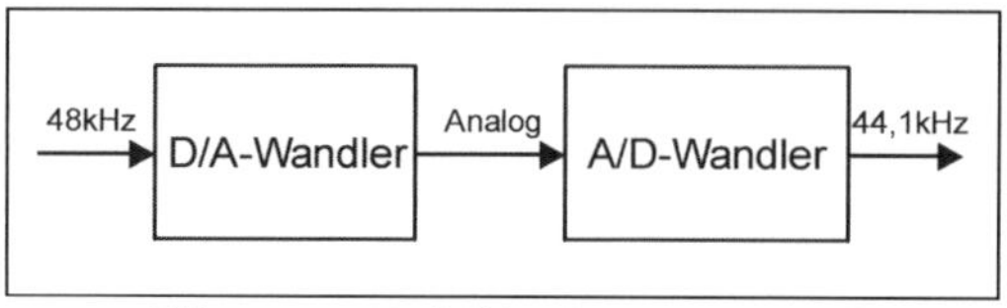

Abb. 7.10-6: Modell für den Konverter auf analogem Weg

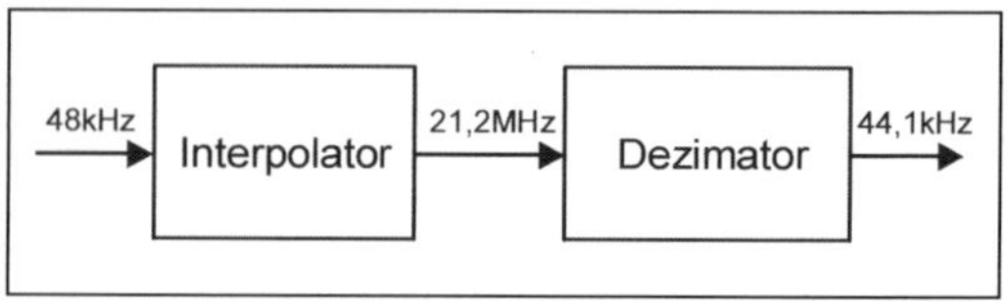

Abb. 7.10-7: Modell für den Konverter mit Interpolation und Dezimation

Der Glaube, man könne bei der Konvertierung von 48kHz auf 44,1kHz einfach Abtastwerte weglassen - oder bei der Konvertierung von 44,1kHz auf 48kHz einfach Abtastwerte hinzufügen, führt zu einem sehr verzerrten - wenngleich auch konvertierten - Ausgangssignal (siehe Abbildung 7.10-5).

Wie man an der gepunkteten Linie sieht, muss die Konvertierung auf jeden Fall durch eine genaue Berechnung der Werte zwischen je zwei Samples erfolgen.

Für die Abtastratenkonvertierung können drei verschiedene Methoden angewandt werden. Der Übersicht halber sind alle drei Methoden für die Konvertierung von 48kHz auf 44,1kHz beschrieben.

7.10.3.1 Konvertierung über den analogen Umweg

Die einfachste Möglichkeit ist die Umwandlung des Digitalsignals in ein Analogsignal und die erneute Digitalisierung mit der erwünschten Abtastrate (siehe Abbildung 7.10-6).
Obwohl diese Methode sehr einleuchtend und vielleicht völlig lächerlich klingt, ist sie unter Umständen besser als eine schlecht berechnete, rein digitale Konvertierung. Die A/D- und D/A-Wandler sind inzwischen sehr gut geworden, so dass der analoge Umweg mit guten Wandlern bei Pop und Rockmusik kaum bemerkbar ist.

7.10.3.2 Rein digitale Konvertierung (aufwendige Methode)

Um ein Signal rein digital umrechnen zu können, müssen so viele Zwischenwerte zwischen zwei Eingangswerte hineininterpoliert werden, dass die möglichen Ausgangswerte auf jeden Fall mit enthalten sind. Die Anzahl der Zwischenwerte kann hierbei sehr hoch werden. Bei der Konvertierung von 48kHz zu 44,1kHz sind

$$\frac{48000 \cdot 44100}{100} = 21168000$$

Abtastwerte pro Sekunde notwendig. Das heißt, zwischen je zwei 48kHz Eingangswerten müssen 441 Zwischenwerte eingerechnet werden. Aus dieser großen Datenmenge wird dann nur jeder 480ste Wert ausgelesen und dadurch eine Abtastrate von 44,1kHz erzeugt.

Diese Interpolationsrate ist jedoch noch "relativ harmlos" - bei der Umrechnung von 44,056 kHz auf 44,1 kHz wären schon

$$\frac{44056 \cdot 44100}{4} = 485717400$$

Abtastwerte pro Sekunde notwendig - also immer das kleinste gemeinsame Vielfache.

Die rein digitale Umrechnung nach dem oben genannten Interpolations-Dezimations-Modell kann aufgrund der hohen Datenmenge, die nötig ist, und wegen des vorher nicht bekannten Verhältnisses der Abtastraten zueinander schlecht in Echtzeit erfolgen, sondern muss meist Offline gerechnet werden. Die anfallende Rechenzeit ist eventuell sehr hoch.
Wenn die Umrechnung von einem Programm aus Zeitgründen nicht genau genug durchgeführt wird, ist auf jeden Fall mit Verzerrungen zu rechnen und nach Möglichkeit die Konvertierung über den analogen Umweg vorzuziehen. Die Abbildung 7.10-7 zeigt die Abtastratenkonvertierung nach dem Interpolations-Dezimations-Modell.

7.10.3.3 Rein digitale Konvertierung (schnelle Methode)

Die oben angesprochene Methode erscheint bei genauerer Betrachtung doch etwas "stur" bei der Umrechnung vorzugehen. Erst werden sehr viele Interpolationen durchgeführt und dann werden noch mehr Werte wieder weggelassen (dezimiert). So erscheint es einem doch wesentlich rationeller, nur die tatsächlich benötigten Abtastwerte zu interpolieren.

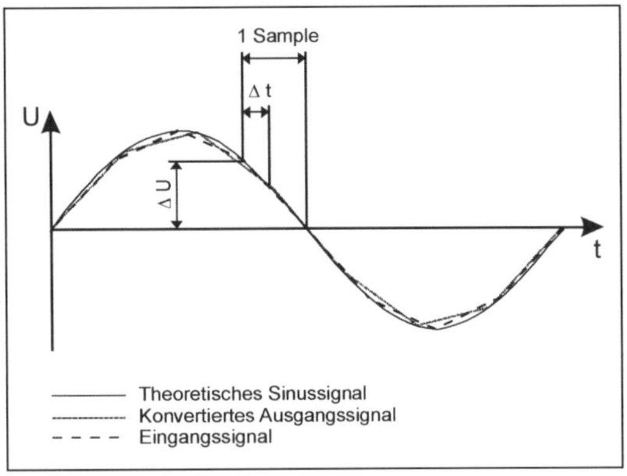

Abb. 7.10-8: Interpolationsmöglichkeit durch Zeitmessung zwischen Ein- und Ausgangssample

- Da die Interpolation linear erfolgen kann, ist zur Berechnung des benötigten interpolierten Wertes nur die Zeit zwischen zwei Eingangssamples, die Spannungsdifferenz ΔU zwischen diesen beiden Eingangswerten und der zeitliche Abstand dt zwischen Eingangs- und Ausgangswert nötig (siehe Abbildung 7.10-8).
Mit Hilfe dieser Informationen kann jetzt ganz gezielt nur der jeweils benötigte Ausgangswert berechnet werden. Die Interpolationsstufe muss jedoch für jeden Ausgangswert eine neue Zeitinformation erhalten.
Der Aufbau eines Abtastratenkonverters nach diesem Prinzip ist in Abbildung 7.10-9 zu sehen.

Bei so einem Konverter ist die Berechnungszeit des Ausgangssignals immer gleich aufwendig, so dass quasi mit beliebigen Verhältnissen zwischen der Eingangs- und Ausgangsabtastrate gearbeitet werden kann. Da zudem nur eine relativ einfache Interpolation nötig ist, kann die Abtastratenkonvertierung auf jeden Fall in Echtzeit erfolgen.

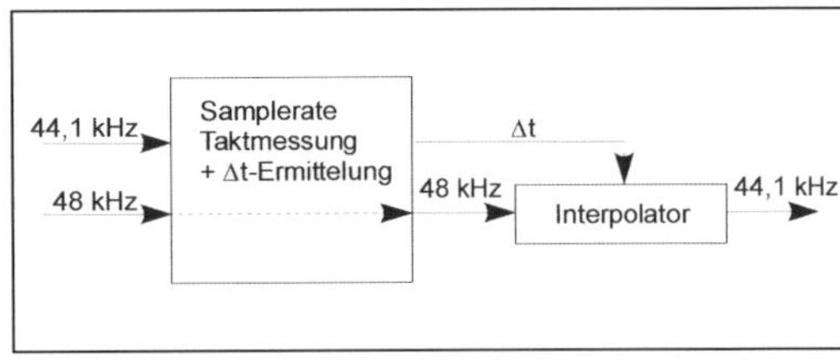

Abb. 7.10-9: Modell für den Konverter mit Zeitdifferenzmessung

7.10.3.4 Die Notwendigkeit eines Abtastratenkonverters

Die Abtastratenkonvertierung verringert die internen Rechenschritte innerhalb eines digitalen Systems wesentlich. So sind zum Beispiel die Mittenfrequenzen in einem digitalen Equalizer abhängig von der Abtastrate, bei einem digitalen Kompressor ist es die Attack- und Releasezeit und bei einem Hall die Raumgröße usw.. Wenn an jedem Digitaleingang eines Gerätes ein Abtastratenkonverter wäre, so könnte man unabhängig vom Eingangssignal intern immer mit der selben Abtastrate arbeiten und somit die Berechnungen vereinfachen oder die Qualität verbessern.
Ein wichtiges Einsatzgebiet für Abtastratenkonverter sind auch Varispeed Anwendungen. So möchte man bei Digitalgeräten (CD- Player, Harddisk-Recorder) - genau wie bei Analoggeräten - das Musiksignal mit variabler Geschwindigkeit ausgeben können. Manche Geräte verfügen zwar bereits über eine Varispeed Möglichkeit - wird sie aber tatsächlich genutzt, "verstehen" sie sich garantiert nicht mehr mit anderen Digitalgeräten. Wenn man an den Digitalausgang eines Varispeed Gerätes einen Abtastratenkonverter setzt, kann man Digitalsignale unabhängig von der internen Abtastrate immer mit z.B. 44,1 kHz ausgeben, die dann auch jedes andere Gerät versteht. Der Anwendungsbereich ist sehr groß, und es ist zu hoffen, dass die digitalen Audiodaten durch Abtastratenkonverter etwas länger auf der digitalen Ebene bleiben können, als es bis jetzt möglich war.

7.11 Datenreduktion von Digitalsignalen

Obwohl die Speicherkapazitäten der digitalen Speichermedien täglich größer werden, besteht ein reges Interesse daran, Audiosignale in ihrer Datenmenge zu reduzieren. Gründe dafür sind:

- kürzere Übertragungszeiten über Computernetzwerke.
- höhere Kanalzahl bei der Übertragung über Datenleitungen oder Sendestrecken.
- geringerer Platzbedarf von großen Musikarchiven.
- mehr Musiktitel auf kleinen, portablen Geräten.

Man unterscheidet bei der Datenreduktion zwei verschiedene Kategorien:

- Verlustfreie Datenreduktion: Hierbei wird die Datenmenge geringer, ohne dass jedoch die Qualität des Signals leidet. Somit kann das Originalsignal jederzeit wieder hergestellt werden. Mit dieser Technik sind jedoch nur relativ geringe Reduktionsfaktoren möglich.
- Verlustbehaftete Datenreduktion: Diese Technik "überlistet" das menschliche Gehör und verschlechtert das Audiosignal so stark, dass es gerade noch nicht hörbar sein soll. Je nach Datenreduktions-Algorithmus und Kompressionsfaktor kann es jedoch zu mehr oder weniger stark hörbaren Veränderungen des Signals kommen. Das Originalsignal kann nie mehr rekonstruiert werden. Mit dieser Technik sind sehr hohe Reduktionsfaktoren möglich.

Datenreduziertes Material kann mit der derzeit verfügbaren Hard- und Software nicht direkt weiterbearbeitet oder editiert werden. Hierzu ist zunächst immer die Dekompression des Materials notwendig, so dass ein PCM-Signal vorliegt. Findet eine Speicherung in einem verlustbehafteten Datenreduktionsformat statt, so ist die Anzahl der Bearbeitungsschritte (Dekompression - Bearbeitung - Kompression) begrenzt, da das Signal mit jedem zusätzlich eingefügten Schritt immer schlechter wird.

Im Folgenden sollen die Grundlagen der verlustfreien Datenreduktion erläutert werden.

Audioformate, die eine verlustfreie oder verlustbehaftete Datenreduktion einsetzen, sind ab Kapitel 8.5.3 näher beschrieben.

7.11.1 Lauflängencodierung

Die Lauflängencodierung ist eine der einfachsten verlustfreien Reduktionsverfahren. Hierbei wird das wiederholte Auftreten eines Zahlenwertes durch eine Codesequenz ersetzt. Sollte die Zahl 0 beispielsweise zehnmal hintereinander vorkommen, so könnte man statt "0 0 0 0 0 0 0 0 0 0" auch schreiben: "HD 0 10". Hierbei steht "HD" für einen "Header", der besagt, dass die zwei folgenden Zahlen eine andere Bedeutung haben. Der Header muss hierbei ein Zahlenwert sein, der nicht im Audiosignal vorkommen kann. Man könnte zum Beispiel für den Header die größte darstellbare negative Zahl verwenden, und diese aus der Audiodatenmenge ausschließen. Die erste Zahl hinter dem Header besagt, welche Zahl als nächstes kommen wird. Die zweite Zahl hinter dem Header gibt die Anzahl dieser Zahl an.
Mit dem einfachen Beispiel von oben können zehn Datenworte durch drei ersetzt werden. Sollten noch häufiger gleiche Zahlenwerte hintereinander auftreten, so wird dieses Reduktionsverfahren noch effizienter. In Audiosignalen kommt es jedoch nur sehr selten vor, dass zwei benachbarte Abtastwerte den gleichen Wert aufweisen. Daher würde das Lauflängencodierungsverfahren bei PCM-Signalen nicht viel Wirkung zeigen. Sollte das Signal jedoch in eine andere Darstellungsform transformiert werden, könnte die Lauflängencodierung wirkungsvoller werden.

7.11.2 Huffman-Codierung

Die Huffman-Codierung basiert auf der Häufigkeit der auftretenden Datenworte. In einem Analyseprozess wird das Datenmaterial hinsichtlich der Häufigkeit der einzelnen Datenworte untersucht und anschließend eine Tabelle erzeugt. In dieser Tabelle bekommt das am häufigsten vorkommende Datenwort einen sehr kurzen Code. Das zweithäufigste Datenwort bekommt einen etwas längeren Code, und je geringer die Häufigkeit eines Datenwortes ist, desto länger wird der zugewiesene Code. Hierbei kann der Code die Länge des Datenwortes auch deutlich übersteigen.
Damit man die einzelnen Codes von einander unterscheiden kann, müssen die Codes hinsichtlich

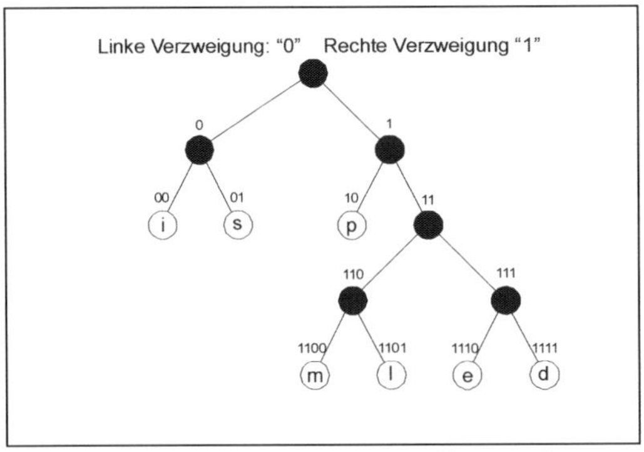

Abb. 7.11-1: Der Codebaum für die Huffman-Codierung

ihrer ersten Stellen eindeutig unterschiedlich sein. Man kann sich dies ein wenig wie ein Telefonnummernsystem vorstellen. So ist zum Beispiel überall die Telefonnummer 110 als Notrufnummer reserviert. Die Nummer ist kurz, leicht zu merken und schnell zu wählen, aber sie hat zur Folge, dass keine weiteren Telefonnummern, die mit 110 anfangen, vergeben werden dürfen, da ansonsten jeder Anrufer beim Notruf herauskäme.

Beim Huffman-Code verhält es sich ähnlich. Wird dem häufigsten Datenwort der kürzeste Zahlencode "0" zugewiesen, so sind keine weiteren Codes mehr möglich, die mit "0" anfangen. Jeder weitere Code müsste mit "1" anfangen. So könnte man dem zweithäufigsten Datenwort den Code "10" zuweisen, was wiederum bedeutet, dass alle weiteren Codes nur noch mit "11" beginnen dürften.

Auf ähnliche Weise wird ein "Codebaum" erstellt, der in Abbildung 7.11-1 zu sehen ist.

Hierbei wurde das Wort "Mississippilied" gewählt und die einzelnen Buchstaben auf ihre Häufigkeit hin untersucht. Das Wort weist insgesamt 15 Buchstaben auf, und die Häufigkeit der einzelnen Buchstaben beträgt:

"i"	"s"	"p"	"m"	"l"	"e"	"d"
$\frac{5}{15}$	$\frac{4}{15}$	$\frac{2}{15}$	$\frac{1}{15}$	$\frac{1}{15}$	$\frac{1}{15}$	$\frac{1}{15}$

Dem häufigsten Buchstaben "i" muss nun der kürzeste Code zugewiesen werden, wohingegen die am wenigsten häufigen Buchstaben "m", "l", "e" und "d" längere Codes haben könnten.

Der Huffman-Baum für dieses Beispiel in Abbildung 7.11-1 weist dem 5-mal vorkommenden "i" einen zweistelligen Code "00" zu. Dem nur einmal vorkommenden "m" hingegen einen vierstelligen Code.

Möchte man die 7 verschiedenen Buchstaben des oben genannten Beispielwortes mit normalen Binärcodes darstellen, so muss man jedem Buchstaben eine 3-stellige Zahl zuweisen. Das Wort würde somit durch 15·3 = 45Bit gespeichert werden (Im ASCII-Code mit 8Bit pro Zeichen wären es sogar 15·8 = 120Bit!). Wird das gleiche Wort durch den Huffman-Code dargestellt, so benötigt es nur noch 38Bit. Mathematisch gesehen ist eine kürzere Darstellung der gleichen Information nicht möglich.

Bei PCM-Daten ist jedoch die Huffman-Codierung nicht sehr effizient, da es keine stark erhöhte Häufigkeit bestimmter Abtastwerte gibt. Der Nulldurchgang kommt zwar am häufigsten vor, und auch die Abtastwerte um Null herum sind häufiger als die Vollaussteuerungswerte, doch die tatsächliche Verteilung der Werte ist abhängig vom Musikmaterial und schlecht vorhersagbar. Daher bringt auch der Huffman-Code nur wenig Datenkompression bei PCM-Material.

7.12 Digitale Filter

Digitale Filter sind in der Tontechnik des 21. Jahrhunderts nicht mehr wegzudenken. Jeder spricht davon, doch die wenigsten wissen, was digitale Filter eigentlich sind. In diesem Kapitel sollen die zwei grundlegenden digitalen Filterarten vorgestellt, sowie konkrete Formeln zur Berechnung dieser Filter gezeigt werden.
Ein digitales Filter rechnet - einfach ausgedrückt - eine Impulsantwort über das digitale Eingangssignal. Je nachdem, welche Impulsantwort berechnet wird, können unterschiedlichste Filtercharakteristiken erzeugt werden. Neben den Standardfiltern, die bereits aus der Analogtechnik bekannt sind, können digitale Filter den Amplitudenfrequenzgang und den Phasenfrequenzgang unabhängig voneinander beeinflussen. Auf diese Weise ist es zum Beispiel möglich, nahezu beliebige Frequenzgangänderungen in ein Signal hinein zu rechnen, ohne die Phasenlage des Signals zu beeinflussen. Oder es kann die Phasenlage des Signals beispielsweise um 90° verschoben werden, ohne dass sich dabei der Amplitudenfrequenzgang verändert. Alles, was bekannt sein muss, um ein digitales Filter zu berechnen, ist die richtige Impulsantwort.
Das Hineinrechnen einer Impulsantwort in ein Signal nennt man auch "Faltung". Die Faltung wird durch folgende Formel dargestellt:

$$y(n) = x(n) \bullet h(n)$$

Hierbei ist:
$y(n)$: Das digitale Ausgangssignal
$x(n)$: Das digitale Eingangssignal
$h(n)$: Die Impulsantwort
n: Nummer des aktuellen Abtastwertes

Zur Berechnung von digitalen Filtern sind drei grundlegende Programmoperationen nötig:

- Eine Verzögerung des Abtastwertes um eine Abtastperiode (Abbildung 7.12-1a)
- Eine Multiplikation des Abtastwertes mit einem Koeffizienten (Abbildung 7.12-1b)
- Eine Aufsummierung verschiedener Werte (Abbildung 7.12-1c)

Aus der entsprechenden Anordnung dieser drei Grundoperationen kann jedes digitale Filter gebildet werden. Aus diesem Grund können DSPs (Digitale Signal-Prozessoren) diese Rechenoperationen besonders gut ausführen. So kann heute jeder DSP eine Multiplikation mit einem Koeffizienten, eine Aufsummierung auf eine Summe und eine Verzögerung des Signals gleichzeitig in nur einem Taktzyklus ausführen.
Man unterscheidet prinzipiell zwischen den IIR-Filtern und die FIR-Filtern, die eine Untergruppe der IIR-Filter sind.

7.12.1 IIR-Filter

IIR steht für "Infinite Impulse Response" und bedeutet auf Deutsch: unendliche Impulsantwort. Der Name deutet bereits auf eine Eigenschaft des Filters hin: wenn die Impulsantwort unendlich lang sein kann, jedoch nur endliche Rechenleistung zur Verfügung steht, dann muss ein Teil des Ausgangssignals auf den Eingang des Filters zurückgeführt werden. Auf diese Weise kann ein einzelner idealer Impuls am Eingang des Filters zu einer unendlich langen Impulsantwort am Ausgang des Filters führen. Die Abbildung 7.12-2 zeigt den prinzipiellen Aufbau eines IIR-Filters zweiter Ordnung. Diese Art von Filter ist direkt mit einem analogen Filter zweiter Ordnung vergleichbar. Das heißt, es kann die gleichen Amplitudenfrequenzgänge annehmen und hat dabei auch die gleichen Phasenfrequenzgänge. Lediglich die Einschränkungen bezüglich des Theorems von Shannon und Nyquist gelten zusätzlich.
Man erkennt, dass das Eingangssignal einmal direkt mit einem Koeffizienten multipliziert auf die Summe gelangt, zweimal verzögert, anschließend mit einem Koeffizienten multipliziert und auf die

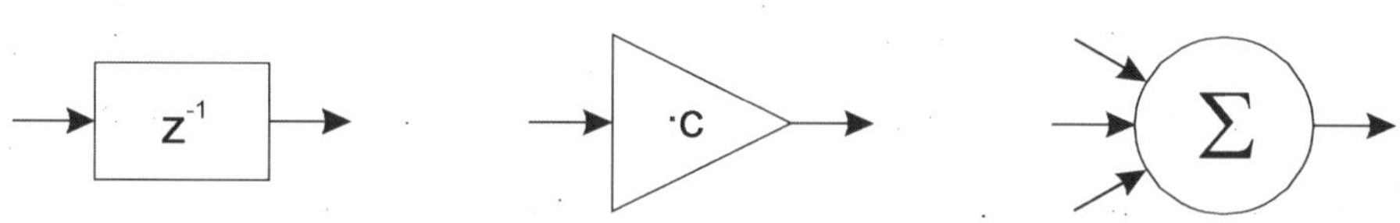

7.12-1a: Verzögerung um eine Abtastperiode
7.12-1b: Multiplikation mit dem Koeffizienten "c"
7.12-1c: Summierung

Abb. 7.12-1: Grundoperationen für digitale Filter:

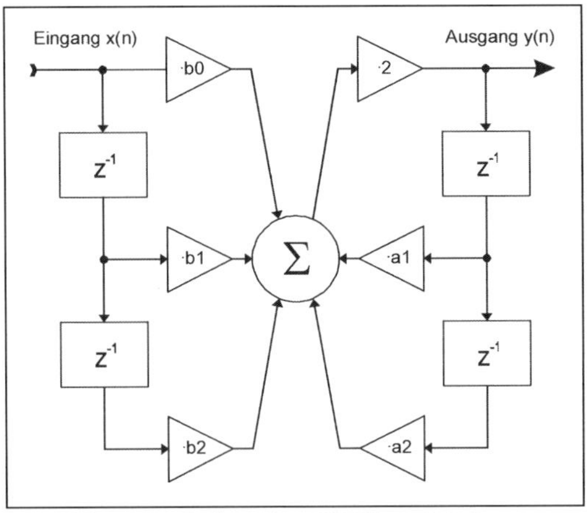

Abb. 7.12-2: Aufbau eines IIR-Filters 2. Ordnung

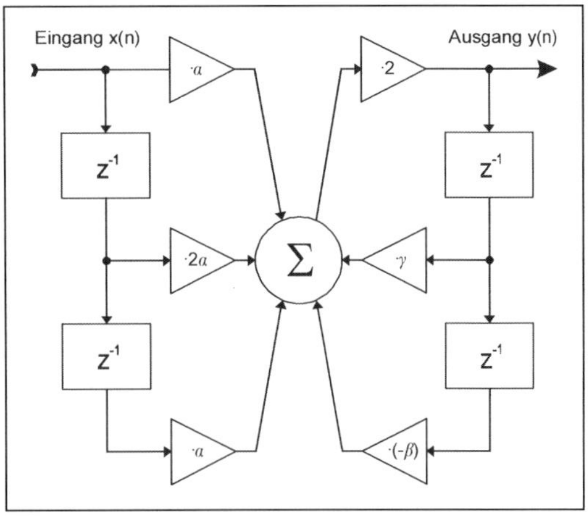

Abb. 7.12-3: IIR-Tiefpass 2. Ordnung

selbe Summe gegeben wird. Das Summensignal wird mit dem Faktor zwei multipliziert und stellt dann das Ausgangssignal dar. Dieses wiederum wird auch zweimal verzögert und jeweils mit Koeffizienten multipliziert auf die Summe addiert. Das gezeigte IIR-Filter hat also fünf Filterkoeffizienten, die Einfluss auf die Filterart, dessen Frequenz und dessen Güte haben. Das Ausgangssignal des Filters kann mit folgender Formel berechnet werden:

$$y(n) = 2 \cdot [x(n) \cdot b_0 + x(n-1) \cdot b_1 + x(n-2) \cdot b_2 + \\ + y(n-1) \cdot a1 + y(n-2) \cdot a2]$$

mit:
y(n): Ausgangssignal
x(n): Eingangssignal
a und b: Filterkoeffizienten
n: Nummer des aktuellen Abtastwertes

In den folgenden Kapiteln sollen die Koeffizienten für die vier grundlegenden Filtertypen 2. Ordnung berechnet werden. In diesem Zusammenhang ist die vorangehende Lektüre des Kapitels 5.4 empfohlen.

IIR-Filter können aufgrund der Rückführung des Ausgangssignals instabil werden und anfangen zu schwingen. Dies bedeutet, dass das Filter einen unkontrollierten Zustand annimmt und Frequenzen erzeugt, die am Eingang nicht vorhanden waren. Eine sorgfältige Berechnung der Filterkoeffizienten ist notwendig, um die Schwingneigung eines IIR-Filters zu vermeiden.
Um IIR-Filter mit einer Ordnung zu berechnen, die ein Vielfaches von 2 ist, müssen mehrere Filter 2. Ordnung hintereinander berechnet werden. Hierbei gelten die gleichen Auswahlkriterien für die Grenzfrequenzen und die Güten, wie auch bei den analogen Filtern höherer Ordnung (siehe Kapitel 5.4).

7.12.1.1 Tiefpass

Die Abbildung 7.12-3 zeigt die Struktur eines IIR-Tiefpasses 2. Ordnung. Seine Koeffizienten werden wie folgt berechnet:

$$\beta = 0,5 \cdot \frac{1-\sin(\frac{\theta_g}{2 \cdot Q})}{1+\sin(\frac{\theta_g}{2 \cdot Q})}$$

$$\gamma = (0,5 + \beta) \cdot \cos(\theta_g)$$

$$\alpha = \frac{0,5+\beta-\gamma}{4}$$

mit:
Q: Güte des Filters: entspricht dem Kehrwert des Dämpfungsfaktors d
θ_g: Normalisierte Grenzfrequenz: $2 \cdot \pi \cdot \frac{f_g}{f_S}$
f_g: Grenzfrequenz in Hertz (Hz)
f_S: Abtastfrequenz in Hertz (Hz)

Es gilt zu beachten, dass das Filter an der Nyquist-Frequenz eine Verstärkung von 0 aufweist. Weiterhin muss bei Güten $Q \geq \frac{1}{\sqrt{2}}$ beachtet werden, dass das Filter bei bestimmten Frequenzen eine Verstärkung größer 1 bekommt. Somit muss das Eingangssignal eventuell vor der Berechnung abgeschwächt werden, um eine Übersteuerung zu vermeiden.

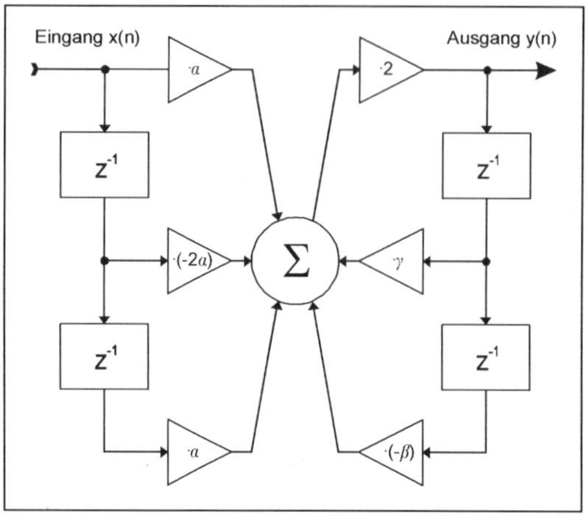

Abb. 7.12-4: IIR-Hochpass 2. Ordnung

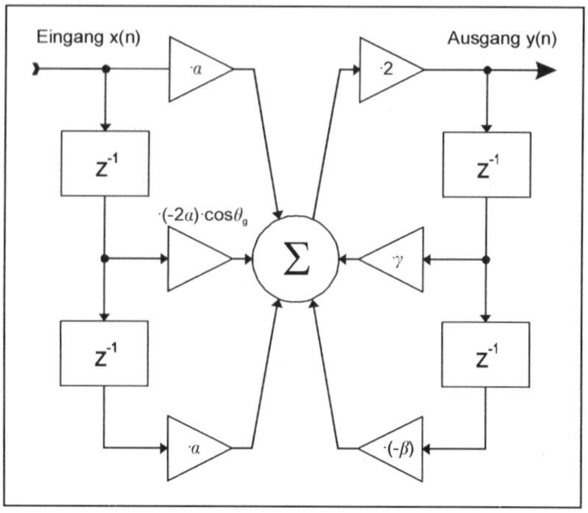

Abb. 7.12-5: IIR-Bandsperre 2. Ordnung

7.12.1.2 Hochpass

Die Abbildung 7.12-4 zeigt die Struktur eines IIR-Hochpasses 2. Ordnung. Die Koeffizienten werden hier wie folgt berechnet:

$$\beta = 0,5 \cdot \frac{1-\sin(\frac{\theta_g}{2\cdot Q})}{1+\sin(\frac{\theta_g}{2\cdot Q})}$$

$$\gamma = (0,5+\beta)\cdot\cos(\theta_g)$$

$$a = \frac{0,5+\beta+\gamma}{4}$$

mit:

Q: Güte des Filters: entspricht dem Kehrwert des Dämpfungsfaktors d

θ_g: Normalisierte Grenzfrequenz: $2\cdot\pi\cdot\frac{f_g}{f_S}$

f_g: Grenzfrequenz in Hertz (Hz)

f_S: Abtastfrequenz in Hertz (Hz)

Auch hier gilt zu beachten, dass das Filter an der Nyquist-Frequenz eine Verstärkung von 0 aufweist. Das hat im Vergleich zu einem analogen Hochpass eine sehr starke Veränderung des Amplitudenfrequenzgangs in der Nähe der Nyquist-Frequenz zur Folge. Die exakte Auswirkung sollte durch ein geeignetes Simulationsprogramm ermittelt werden. Dies könnte beispielsweise durch die Berechnung der Impulsantwort und eine anschließende Fouriertransformation dieser erfolgen. Wiederum muss bei Güten $Q \geq \frac{1}{\sqrt{2}}$ beachtet werden, dass das Filter bei bestimmten Frequenzen eine Verstärkung größer 1 bekommt und das Eingangssignal vor der Berechnung entsprechend abgeschwächt werden muss.

7.12.1.3 Bandsperre

Die Abbildung 7.12-5 zeigt die Struktur einer IIR-Bandsperre 2. Ordnung. Hier werden die Koeffizienten wie folgt berechnet:

$$\beta = 0,5 \cdot \frac{1-\tan(\frac{\theta_c}{2\cdot Q})}{1+\tan(\frac{\theta_c}{2\cdot Q})}$$

$$\gamma = (0,5+\beta)\cdot\cos(\theta_c)$$

$$a = \frac{0,5+\beta}{2}$$

mit:

Q: Güte des Filters: $Q = \frac{f_c}{f_2-f_1}$

f_1: Untere Frequenz, an der -3dB Pegelverlust sind

f_2: Obere Frequenz, an der -3dB Pegelverlust sind

θ_c: Normalisierte Mittenfrequenz: $2\cdot\pi\cdot\frac{f_c}{f_S}$

f_c: Mittenfrequenz in Hertz (Hz)

f_S: Abtastfrequenz in Hertz (Hz)

Wieder ist zu beachten, dass das Filter unabhängig von der Mittenfrequenz der Bandsperre an der Nyquist-Frequenz eine Verstärkung von 0 aufweist. Die Verstärkung geht jedoch niemals über den Wert 1. Demzufolge ist keine Abschwächung des Signals notwendig.

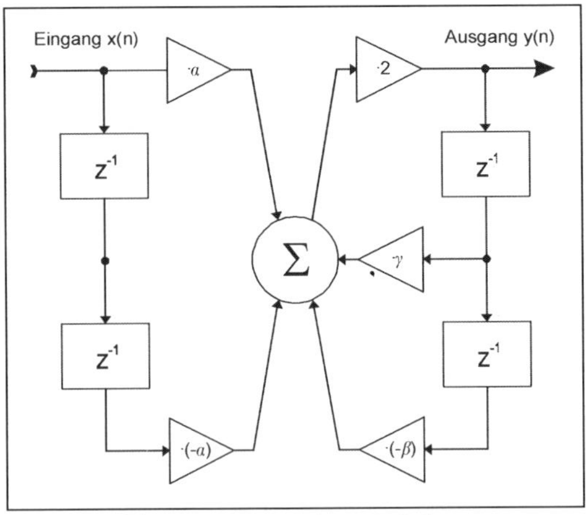

Abb. 7.12-6: IIR-Bandpass 2. Ordnung

7.12.1.4 Bandpass

Die Abbildung 7.12-6 zeigt die Struktur eines IIR-Bandpass 2. Ordnung, wobei die Koeffizienten wie folgt berechnet werden:

$$\beta = 0,5 \cdot \frac{1-\tan(\frac{\theta_C}{2 \cdot Q})}{1+\tan(\frac{\theta_C}{2 \cdot Q})}$$

$$\gamma = (0,5+\beta) \cdot \cos(\theta_C)$$

$$a = \frac{0,5-\beta}{2}$$

mit:

Q: Güte des Filters: $Q = \frac{f_c}{f_2 - f_1}$

f_1: Untere Frequenz, an der -3dB Pegelverlust sind

f_2: Obere Frequenz, an der -3dB Pegelverlust sind

θ_c: Normalisierte Mittenfrequenz: $2 \cdot \pi \cdot \frac{f_c}{f_S}$

f_c: Mittenfrequenz in Hertz (Hz)

f_S: Abtastfrequenz in Hertz (Hz)

Auch diesmal gilt wieder zu beachten, dass das Filter unabhängig von der Mittenfrequenz des Bandpasses. an der Nyquist-Frequenz eine Verstärkung von 0 aufweist. Weiterhin ist auch hier die Verstärkung nie größer als 1. Demzufolge ist keine Abschwächung des Signals notwendig.

7.12.2 FIR Filter

FIR-Filter sind eine Sonderform der IIR-Filter, da sie nur aus dem Teil eines IIR-Filters bestehen, der direkt vom Eingangssignal abhängig ist. Das heißt es gibt keine Rückführung des Ausgangssignals in das Filter. FIR steht für "Finite Impulse Response", was soviel heißt wie endliche Impulsantwort. Die Abbildung 7.12-7 zeigt den prinzipiellen Aufbau eines FIR-Filters mit 8 "Taps". Jeder "Tap" ist der Abgriff eines verzögerten Signals, der mit einem Koeffizienten multipliziert und anschließend auf die Ausgangssumme addiert wird. Das Ausgangssignal des FIR-Filters kann wie folgt berechnet werden:

$$y(n) = \sum_{i=0}^{N-1} c(i) \cdot x(n-i)$$

mit:

y(n): Ausgangssignal

x(n): Eingangssignal

c(i): Impulsantwort des Filters

n: Nummer des aktuellen Abtastwertes

N: Länge der Impulsantwort

Wird nun ein idealer Impuls (ein Abtastwert Vollaussteuerung) durch ein FIR Filter geschickt, so

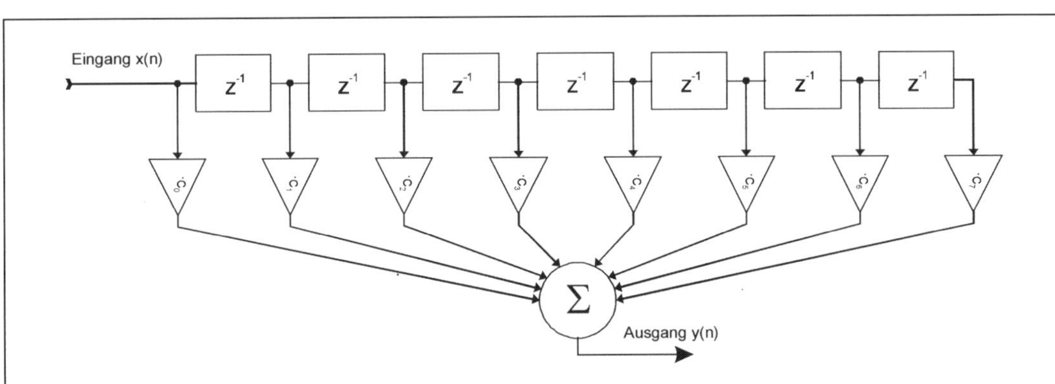

Abb. 7.12-7: FIR-Filter mit 8 Taps

befindet er sich zunächst in der Multiplikatorstufe des ersten Koeffizienten. Alle Multiplikatorstufen, an denen sich der Impuls gerade nicht befindet, haben den Signalwert Null. Somit ergibt sich zu diesem Zeitpunkt am Summenausgang des Filters der erste Koeffizient c(0) multipliziert mit dem Wert der Vollaussteuerung. Da diese fast bei 1 liegt, kann man näherungsweise annehmen, es ergäbe sich der erste Koeffizient c(0) am Ausgang. Einen Abtastwert später ist der ideale Impuls in die zweite Multiplikatorstufe vorgerückt. Nun ergibt sich am Ausgang der zweite Koeffizient c(1). Wiederum einen Abtastwert später der dritte Koeffizient c(2) usw.. Dies kann bis c(N) fortgesetzt werden. Stück für Stück kommt also die ganze Impulsantwort aus dem Filter heraus. Nach N Taktzyklen ist die Impulsantwort zu Ende, was dem Filter auch den Namen FIR gibt. FIR-Filter sind immer stabil, da das Abschalten des Eingangssignals nach spätestens N Taktzyklen ein Verstummen des Filterausgangs zur Folge haben muss.

Weiterhin ist das Design eines FIR-Filters sehr einfach: kennt man die gewünschte Impulsantwort mit der Länge N, so muss man nur ein FIR-Filter mit N-Taps aufbauen und die Impulsantwort direkt in die einzelnen Filterkoeffizienten schreiben. Es ist nur eine Frage der Rechenleistung, wie lang die Impulsantwort maximal sein darf. Weiterhin ist es nur eine Frage der Impulsantwort, was das Filter im Endeffekt bewirkt. Es kann ein Equalizer sein, ein Delay, ein Hall oder auch die Erzeugung einer virtuellen Schallquelle, wenn die Außenohrübertragungsfunktion als Impulsantwort eingesetzt wird. Die Berechnung eines FIR-Filters wird auch "Faltung" genannt.

7.12.2.1 Berechnung von FIR-Filtern

Die Berechnung der Koeffizienten eines FIR-Filters ist relativ einfach, wenn man sich die Fouriertransformation in Erinnerung ruft (Siehe Kapitel 16.1.1.2). Diese kann ein Signal vom Zeit- in den Frequenzbereich transformieren und umgekehrt. Wird ein (reales) Signal aus der Zeitebene in die Frequenzebene transformiert, so bekommt man beispielsweise aus 1024 Eingangsabtastwerten s(t) 512 komplexe Frequenzinformationen H(f). Aus diesen kann mit den folgenden Formeln der Amplitudenfrequenzgang und der Phasenfrequenzgang berechnet werden:

$$L(f) = 20 \cdot \log \sqrt{Re(f)^2 + Im(f)^2}$$

$$\varphi(f) = \arctan\left[\frac{Im(f)}{Re(f)}\right]$$

Hierbei ist:

L(f): Pegel an der Frequenz f

φ(f): Phasenwinkel an der Frequenz f

Re(f): Realteil der komplexen Frequenzinformation H(f)

Im(f): Imaginärteil der komplexen Frequenzinformation H(f)

Umgekehrt kann auch eine komplexe Frequenzinformation H(f) aus gegebenen Pegel- und Phaseninformationen zusammengesetzt werden:

$$H(f) = 10^{\frac{L(f)}{20}} \cdot \cos(\varphi(f)) - i \cdot 10^{\frac{L(f)}{20}} \cdot \sin(\varphi(f))$$

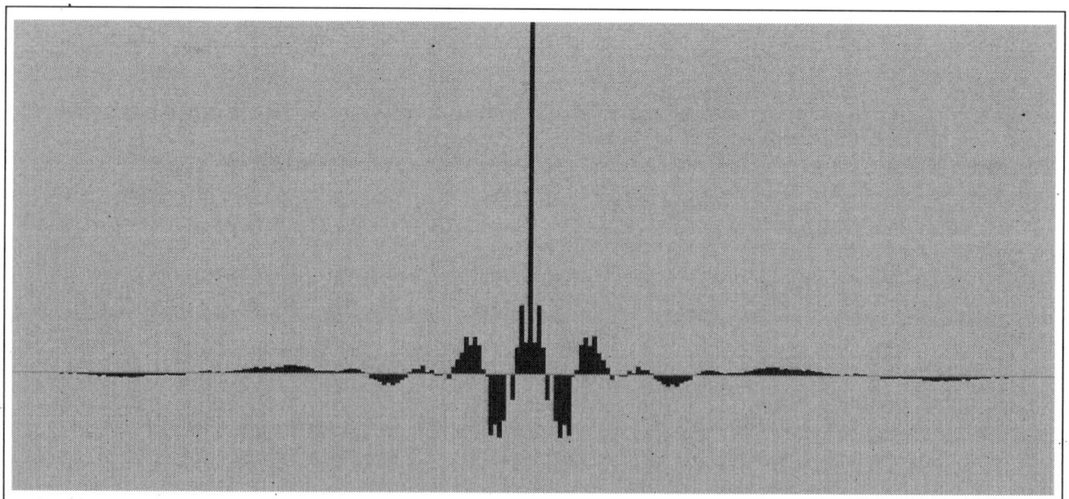

Abb. 7.12-8: Symmetrische Impulsantwort eines linearphasigen Filters

Diese wiederum kann mit Hilfe der inversen Fouriertransformation zurück in eine reale Zeitinformation gewandelt werden, was dann der gewünschten Impulsantwort entspricht. Hierbei ist zu beachten, dass mit 512 komplexen Frequenzinformationen wiederum 1024 Zeitinformationen entstehen.
Somit kann man sich den Amplituden- und Phasenfrequenzgang in einer Tabelle aufnotieren, anschließend die komplexen Frequenzinformationen bilden und durch die inverse Fouriertransformation zu der gewünschten Impulsantwort gelangen. Sie wird anschließend in die Koeffizienten des FIR-Filters geschrieben.
Aus dem eben geschilderten Vorgang für den Entwurf von FIR-Filtern ist ersichtlich, dass nahezu beliebige Amplituden- und Phasenverläufe mit einem FIR-Filter realisiert werden können. So gibt es mittlerweile diverse Programme, bei denen man den gewünschten Filterverlauf einfach in ein Frequenzdiagramm einzeichnen kann und die resultierende Impulsantwort automatisch berechnet wird.

7.12.2.2 Linearphasige Filter

Linearphasige Filter sind eine Sonderform der FIR-Filter. Sie haben einen (in der linearen Frequenzdarstellung betrachteten) linearen Phasenverlauf. Dieser ist gleichbedeutend mit einer Verzögerungszeit, die das Filter hat, bis das gefilterte Signal wieder herauskommt. Man könnte auch von einer Latenz des Filters sprechen. An und für sich sollte man eine reine Verzögerung des Signals nicht wahrnehmen können, allerdings erreichen linearphasige Filter ihr Filterergebnis auf eine "merkwürdige" Weise:

Damit ein digitales Filter linearphasig sein kann, muss seine Impulsantwort symmetrisch verlaufen. Das bedeutet, dass ein Einschwingvorgang vor dem eigentlichen Impuls stattfindet, der genauso aussieht wie der Ausschwingvorgang nach dem Impuls (siehe Abbildung 7.12-8).
Dieser nicht unerheblich lang dauernde Einschwingvorgang "verwirrt" das Gehirn möglicherweise, da er in der Natur nicht vorkommen kann! Die Folgen könnten eine schlechtere Abbildungsschärfe und Tiefenstaffelung von Signalen sein, da das Gehirn deren Position nicht exakt bestimmen kann.
Ein solches Problem tritt (möglicherweise hörbar) auch bei allen modernen A/D- und D/A-Wandlern auf, die Dezimationsfilter und Interpolationsfilter mit symmetrischen Impulsantworten haben. Bei höheren Abtastfrequenzen werden diese Impulsantworten insgesamt kürzer, und somit wird auch der Einschwingvorgang vor dem eigentlichen Impuls kürzer. Dies könnte ein plausibler Grund sein, warum Aufnahmen mit 96kHz "durchsichtiger" und "besser" klingen als welche mit 48kHz.

7.13 Grundlagen der nichtlinearen und nondestruktiven Signalverarbeitung

7.13.1 Grundlagen der nichtlinearen Signalverarbeitung

Unter der "nichtlinearen Signalverarbeitung" versteht man die Tatsache, dass die digitalisierten Signale nicht "der Reihe nach" bearbeitet und gespeichert werden müssen.
Hatte man früher ein Signal auf Tonband aufgenommen, so verlief die Spielzeit des Signals proportional zur Länge des Bandes. Dauerte ein Titel beispielsweise 3 Minuten und wurden dafür 69m Bandmaterial benötigt, so betrug die Spielzeit bei 23m Bandmaterial etwa 1 Minute. Wollte man eine spätere Stelle im Titel hören, so musste man um die notwendige Bandlänge nach hinten spulen, für eine frühere Stelle entsprechend nach vorne.

Nach der Digitalisierung von Signalen gab es in den Anfängen jahrelang weiterhin die Notwendigkeit linear mit dem Material zu arbeiten, da es nach wie vor auf Bändern gespeichert wurde. Erst durch die Festplattentechnik und ausreichend große RAMs in Computern wurde die nichtlineare Signalbearbeitung möglich. So wird ein Signal auf einer Festplatte beispielsweise in Form von einzelnen Blöcken gespeichert. Diese bestehen aus einer relativ geringen Anzahl von Daten (zum Beispiel 512Byte) und können an einer beliebigen Stelle auf der Festplatte platziert werden. Der oben genannte 3 Minuten Titel würde bei CD-Qualität 30,3MB Speicherbedarf haben, was 62016 Blöcken mit jeweils 512Byte entspricht. Jeder Block würde 3ms lang dauern.

In der Praxis werden immer mehrere zusammenhängende Blöcke hintereinander auf die Festplatte geschrieben. Nur wenn zwischen zwei Aufnahmen andere Daten auf die Festplatte geschrieben wurden, kann es passieren, dass die Audioblöcke nicht mehr zusammenhängen. In diesem Fall ist die Zugriffsgeschwindigkeit der Festplatte gefragt, die 5-10ms beträgt. Man sieht, dass es für die Festplatte schwierig würde, wenn alle Blöcke an zufälligen Stellen auf der Festplatte positioniert wären.
Wird nun der Audiotitel normal abgespielt, werden die Blöcke der Reihe nach von der Festplatte abgerufen, zwischengespeichert und ausgegeben. Eventuell vorhandene Positionssprünge zwischen den Blöcken und die damit verbundene Zugriffszeit gleicht der Zwischenspeicher (Buffer) aus.
Dadurch, dass die Daten in kleinen Blöcken einzeln "adressierbar" auf der Platte vorhanden sind, besteht nun die Möglichkeit, ihre Reihenfolge beim Abspielen zu ändern, indem man die Blöcke einfach nicht der Reihe nach, sondern in einer anderen Reihenfolge ausliest. Auf diese Weise können Zeitsprünge im Titel ohne hörbare Unterbrechungen erfolgen und der Titel nahezu beliebig "durcheinander" abgespielt werden. Nur die Geschwindigkeit der Sprünge darf nicht schneller als die Zugriffszeit der Festplatte sein.

Eine weitere interessante Funktion ist die Möglichkeit, verschiedene Stellen des Musiktitels zeitgleich abzuspielen. Dies gelingt aufgrund der Existenz des Lesepuffers, in dem viele Blöcke eingelesen und zwischengespeichert werden können. Anschließend können die eingelesenen Bereiche zusammengerechnet und zeitgleich ausgegeben werden.

Durch die nichtlineare Signalverarbeitung ist man in der Lage, sehr kreative Zusammenschnitte und Mischungen des aufgenommenen Materials zu erstellen, was bei konventioneller linearer Aufzeichnungstechnik nur sehr mühsam möglich ist.

7.13.2 Grundlagen der nondestruktiven Signalverarbeitung

Die "nondestruktive Signalverarbeitung" beschreibt die Möglichkeit, das aufgezeichnete Material durch Schnitte, Überblendungen und klangliche Bearbeitungen zu verändern, ohne, dass jedoch das Originalmaterial beschädigt wird.
Durch die mittlerweile hohe Rechenleistung der Prozessoren ist eine digitale Nachbearbeitung möglich geworden, die alle hörbaren Bearbeitungen in Echtzeit auf das Signal draufrechnen kann. Die aufgezeichneten Originaldaten werden hierbei nur ausgelesen und nicht verändert.
Je nach Anzahl der Spuren kann es hierbei passieren, dass die Rechenleistung für eine Bearbeitung in Echtzeit nicht mehr ausreichend ist. In diesem Fall können die Programme eine Zwischenmischung von Spuren oder Spurgruppen berechnen und diese als neue Spuren auf der Festplatte speichern. Diese fertig bearbeiteten und berechneten Spuren können nun zwar nicht mehr editiert werden, müssen allerdings zum Abspielen auch nur noch ausgelesen werden, so dass wieder

Rechenleistung für zusätzliche nondestruktive Bearbeitungen frei wird.

Auch in diesem Fall wird das Originalmaterial nicht beschädigt, da die Zwischenmischungen als neue Dateien angelegt werden.

7.14 Grundlegende Funktionsweise von digitalen Mischpulten

Digitale Mischpulte arbeiten meistens ähnlich wie ihre analogen Vorbilder. Dies hat den Vorteil, dass sie auf die gleiche Art und Weise bedient werden können. Allerdings werden die möglichen Vorteile, die die Digitaltechnik bietet, oft nicht ausgenutzt:
So könnte beispielsweise ein Fader, der in einem Kanal ein Signal lauter machen soll, gleichzeitig die Pegelverhältnisse in allen anderen Kanälen leiser machen. Auf diese Weise würde ein "Hochmischen" - also das Erreichen des oberen Faderanschlags - vermieden werden.
Ein Kompressor könnte vorausschauend arbeiten, somit Transienten besser erkennen und früh genug mit der Regelung des Signals beginnen.
Ein Equalizer hätte die Möglichkeit, das Signal auf Resonanz bzw. Präsenzbereich zu analysieren und dem Toningenieur die entsprechenden Frequenzbereiche auf die Regler "Resonanz" und "Präsenz" zu geben.
Es gäbe noch viel mehr Möglichkeiten, die ein Digitalpult bieten könnte, da die gesamte Bedienoberfläche lediglich aus einer Ansammlung von gespeicherten Werten besteht und somit alle Parameter in Beziehung zueinander und zum Signal gebracht werden können.
Im Folgenden sollen einige einfache Funktionen beschrieben werden, die in jedem Mischpult vorhanden sind, um ein Grundverständnis für die Arbeitsweise eines Digitalpults zu bekommen. Hierbei soll von der Berechnung aller Werte mit Fließkommazahlen ausgegangen werden, um die Probleme der Skalierung und Sättigung des Signals nicht beachten zu müssen.

7.14.1 Digitale Pegelsteller

Soll der Pegel eines Signals mit Hilfe eines Faders oder Potis verändert werden, so ist dies gleichbedeutend einer Multiplikation des Signals mit einem Verstärkungsfaktor. Der Verstärkungsfaktor berechnet sich hierbei aus der Pegeländerung, mit der der jeweilige Pegelsteller beschriftet ist:

$$G = 10^{\frac{L}{20}}$$

mit:
G: Verstärkungsfaktor
L: Pegeländerung in dB

Zum Beispiel würde ein Fader, der auf -10dB Verstärkung steht, einen Verstärkungsfaktor von 0,316 zur Folge haben. Wird nun jeder Abtastwert des digitalen Signals mit diesem Faktor multipliziert, so ergibt sich ein neues Signal, welches um 10dB leiser ist.
Das Verändern des Pegels eines Digitalsignals ist somit eine sehr einfache Rechenoperation, die von einem DSP in einem Taktzyklus bewerkstelligt werden kann. Da ein DSP innerhalb eines Taktzyklus zusätzlich noch eine Addition ausführen kann, wird die Pegelberechnung eines Faders meist zusammen mit der Bildung der Bussumme durchgeführt. Das Gleiche gilt für Aux-Wege und die Aux-Summe. Somit kann ein 24-kanaliges Mischpult mit einem DSP innerhalb von 24 Taktzyklen 24 Faderstellungen und die Bussumme berechnen.
Man beachte, dass diese 24 Taktzyklen pro Abtastperiode berechnet werden müssen.

7.14.2 Digitale Panoramasteller

Panoramasteller sind ebenfalls nur Pegelsteller, mit dem Unterschied, dass linker und rechter Kanal mit gegenläufigen Pegeländerungen versehen werden. Für eine Stereosumme mit Fader und Pan-Poti können also zwei Verstärkungsfaktoren gebildet werden. Der eine berechnet sich aus der Faderstellung, multipliziert mit der Pan-Einstellung für die linke Summe, und der andere aus der Faderstellung und der Pan-Einstellung für die rechte Summe. Die Stereosummenberechnung wird dann mit Hilfe der oben genannten Multiplikationen des Signals mit den notwendigen Verstärkungsfaktoren und anschließender Addition auf die Stereosummen links und rechts durchgeführt.
Die Verstärkungsfaktoren für die unterschiedlichen Panoramapositionen werden mit Hilfe eines "Panning-Law" berechnet. Bei Mehrkanalpanoramastellern ist diese Berechnung etwas aufwändiger und gibt in Abhängigkeit der Links/Rechts-Position und der Vorne/Hinten Position 4 oder 5 Werte zurück, die anschließend für die Berechnung der Signalpegel Richtung Summenbusse verwendet werden können. Weitere Informationen hierzu finden sich in Kapitel 10.7.4.
Gerade bei digitalen Panoramastellern ist es problemlos möglich, nicht nur Pegelunterschiede zwischen Links und Rechts zu realisieren (vergleichbar mit einer X/Y-Mikrofontechnik), sondern auch Laufzeitunterschiede. Ein digitales Delay benötigt nur sehr wenig Rechenleistung, und so könnte man ähnlich einer A/B-Mikrofontechnik

auch die Panoramaverteilung im Mischpult realisieren. Weiterhin wären auch gemischte Verfahren, vergleichbar mit der ORTF-Mikrofontechnik, möglich, je nach den klanglichen Vorstellungen des Toningenieurs. Ein moderner Panoramasteller könnte also einen Knopf für die Position und einen weiteren Knopf für das Verhältnis zwischen Pegel- und Laufzeitstereofonie haben.

7.14.3 Digitale Klangsteller

Digitale Equalizer verwenden zur Berechnung meistens IIR-Filter zweiter Ordnung, da diese mit relativ wenig Rechenaufwand funktionieren (siehe Kapitel 7.12.1) und die gleichen klanglichen Eigenschaften haben wie analoge Filter zweiter Ordnung. Ein IIR-Equalizerband kann in ca. 6 Taktzyklen berechnet werden. Somit ist es möglich, aus wenigen DSPs ein leistungsfähiges digitales Mischpult zu konstruieren und gleichzeitig die Kosten gering zu halten.
Die Möglichkeit, ein FIR Filter (siehe Kapitel 7.12.2) einzusetzen, nutzen nur wenige Hersteller, da der Rechenaufwand wesentlich höher ist, und somit die Zahl der benötigten DSPs stark ansteigt. Aus diesem Grund bieten digitale Mischpulte fast nie die Vorteile der linearphasigen Filterung von Audiosignalen, obwohl gerade diese Filtertechnik bei natürlich klingenden Signalquellen (möglicherweise) wünschenswert wäre.

Eine weitere Möglichkeit wäre, die Klangbearbeitung mehrerer Kanäle in der Frequenzebene zu realisieren. Somit könnte der Klangregelalgorithmus beim Anheben eines bestimmten Frequenzbereichs eines Kanals den entsprechenden Frequenzbereich auf verkoppelten Kanälen absenken. Auf diese Weise kommt man mit weniger starken Eingriffen zum gleichen gewünschten Ergebnis. In diesem Zusammenhang ist ebenso denkbar, dass die spektrale Zusammensetzung eines Kanals zunächst analysiert wird und anschließend die Klangregelung nicht mehr durch die Parameter Mittenfrequenz und Q-Faktor erfolgt, sondern durch "menschlichere" Parameter wie "Druck", "Resonanz", "Präsenz" oder "Durchsetzungsvermögen".

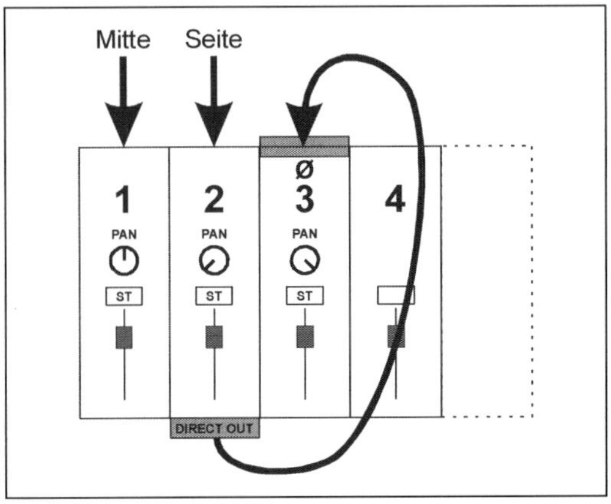

Abb. 7.14-1: M/S-Decodierung mit einem analogen Pult. Man beachte die Routing- und Panoramaeinstellugen.

7.14.4 Latenzen

Leider haben digitale Mischpulte ebenso wie DAWs Probleme mit Latenzen. Je nach Prozessor sind diese zwar nicht zwingend innerhalb des Mischpults ein Problem, jedoch spätestens, wenn das Signal A/D- oder D/A-gewandelt werden muss.
Jeder Wandlervorgang hat aufgrund der Anti-Aliasing- und Rekonstruktionsfilter der Wandler eine Latenz von mehreren Abtastwerten. Diese Latenzen unterscheiden ein digitales Mischpult wesentlich von einem analogen und können spätestens beim Patchen von Signalen zu unerwünschten Kammfiltern führen.
Anhand eines einfachen Beispiels soll der Unterschied zwischen einem analogen und einem digitalen Pult anhand der M/S-Decodierung gezeigt werden:

In einem Analogpult kann die Decodierung einfach über einen zusätzlichen Kanal erfolgen, der vom Direct-Out des Seitensignal-Kanals gespeist wird (siehe Abbildung 7.14-1). Weder der Direct-Out vom Kanal 2 noch der Eingang des Kanals 3 hat Latenzen, und durch den Phasendreher im Kanal 3 befindet sich ein zum Kanal 2 invertiertes Signal im Kanal 3.

Würde man diese Vorgehensweise digital versuchen, so hätten sowohl der Direct-Out im Kanal 2 als auch der Eingang vom Kanal 3 eine Wandlerlatenz (graue Flächen) und das Signal im Kanal 3 wäre zwar invertiert zum Kanal 2, aber leider auch etwas zeitverzögert, so dass sich eine korrekte Decodierung nicht mehr bewerkstelligen lässt.

Um eine M/S-Decodierung mit Hilfe eines Digitalpults möglich zu machen, müssen alle Signale, die addiert werden sollen, die gleichen Verzögerungen erfahren. Das heißt, sobald ein Signal eine Latenz erfährt, müssen die anderen Signale die gleiche

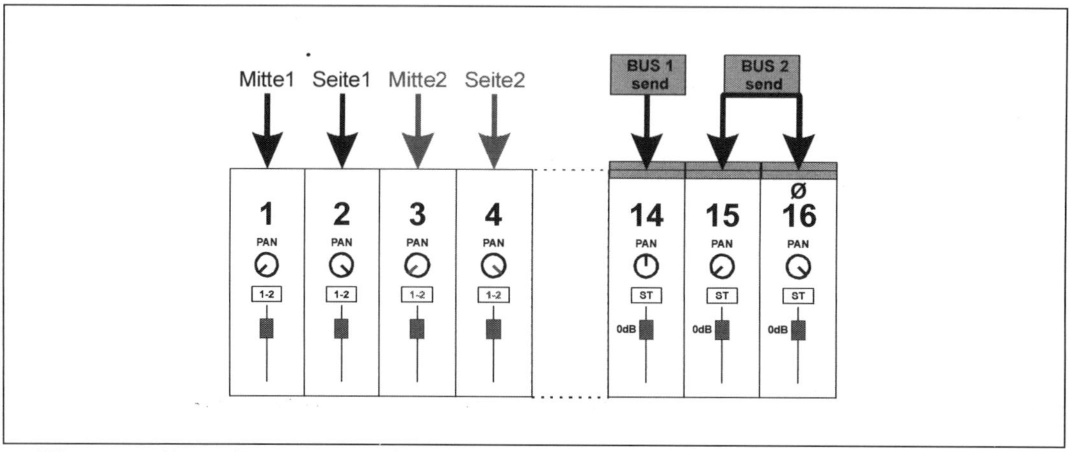

Abb. 7.14-2: M/S-Decodierung mit einem digitalen Pult. Man beachte unbedingt die Routing- und Panorama-, sowie Pegeleinstellungen. Neben einem M/S-Mikrofonpärchen auf Kanal 1 und 2 ist hier auch noch ein mögliches weiteres Mikrofonpärchen auf Kanal 3 und 4 eingezeichnet.

Latenz bekommen. Innerhalb von DAWs sorgt die so genannte "Latenzkompensation" dafür, dass dies automatisch geschieht. Bei Mischpulten muss der Toningenieur die Latenzkompensation manuell vornehmen.

Die Abbildung 7.14-2 zeigt, wie eine vergleichbare M/S-Decodierung mit Hilfe eines Digitalpults vorgenommen werden könnte.

Die Signale für M und S werden auf die Busse 1 und 2 geschickt und verlassen das Mischpult über die Bus-Send Ausgänge jeweils mit der gleichen Wandlerlatenz.

Der Bus1-Send (Mittensignal) geht mit der Eingangswandlerlatenz in den Kanal 14 und wird dort über das Panorama mit jeweils -3dB auf die Stereobusse Links und Rechts geroutet.

Der Bus2-Send geht über einen Splitpunkt auf die Eingänge 15 und 16. Beide Eingänge haben wieder die gleichen Latenzen, und so können die Signale anschließend phasenrichtig auf Links und invertiert auf Rechts geroutet werden.

Im ersten Moment erscheint die digitale Decodierung sehr umständlich - tatsächlich ist sie jedoch ein "universeller M/S-Decoder". Alles was auf Bus 1/2 geschickt wird, gelangt decodiert auf die Stereosumme. Wenn also weitere M/S-Signale vorhanden sind, so können diese (wie am Beispiel von Kanal 3/4) einfach auch auf die Busse 1/2 geschickt und dort decodiert werden.

Ein weiteres Problem, das Latenzen mit sich bringen, entsteht beim Monitoring von Signalen. Ein Sänger, der seinen Kopfhörermix über ein Digitalsystem erhält, erfährt auf dem Kopfhörermix mindestens die Wandlerlatenzen und - je nach System - zusätzliche Pufferlatenzen (siehe Abbildung 7.14-3).

Diese Latenzen können sowohl zu unbewussten Timingproblemen führen, als auch klangliche Auswirkungen mit sich bringen.

Neben dem Kopfhörersignal hört der Sänger auch immer den Körperschall, der direkt vom Mundraum

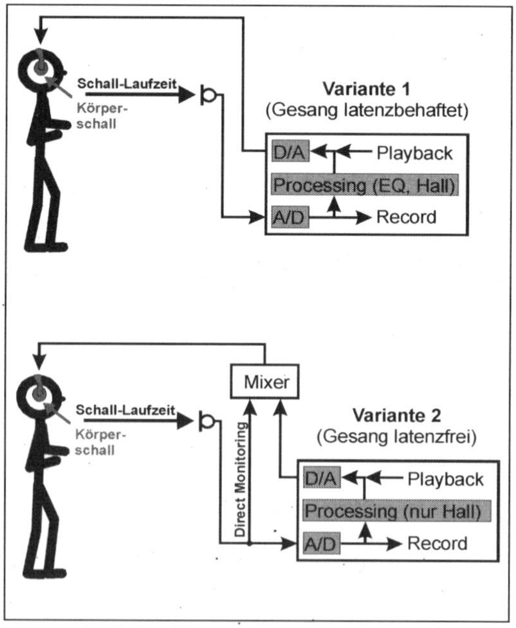

Abb. 7.14-3: Kopfhörermix mit Systemlatenzen (oben) und ohne Systemlatenzen (unten) auf dem Gesangssignal

ins Ohr übertragen wird und keinerlei Latenzen hat. Zusammen mit dem verzögerten Signal (bestehend aus Schalllaufzeit zum Mikrofon und ggf. Wandler- und Systemlatenzen) kann hier ein sehr unschöner Kammfiltereffekt entstehen. Schlimmstenfalls liegt ein Einbruch des Kammfilters im Grundtonbereich des Sängers, und er hört sich selber nur sehr "dünn" im Kopfhörer.

Abhilfe kann hier der Phasendreher im Signal bringen, da dieser im Falle von Kammfiltern Einbrüche und Überhöhungen gegeneinander austauscht. Sollte also vorher im Grundtonbereich ein Einbruch vorhanden gewesen sein, so würde ein phasengedrehtes Kopfhörersignal nun eine Überhöhung des Grundtonbereichs bewirken, und der Sänger hört sich "kräftig" an.

An welcher Stelle im Signalfluss der Phasendreher geschaltet wird, ist egal - meist ist es der Pulteingang. Dass der Sänger dann auch phasengedreht aufgenommen wird, ist unerheblich, da er so oder so keine Phasenbeziehung zu anderen Signalen hat.

Lässt sich das Problem mit dem Phasendreher nicht lösen, so sollte ein Direct-Monitoring vorgenommen werden. Hierbei wird das Signal vor dem Wandler gesplittet und einem Mischer zugeführt, der den Kopfhörermix speist. Möchte der Sänger zusätzlich Hall haben (sein Playback braucht er auch noch), so bekommt er beides vom Digitalsystem zusätzlich in den Mischer eingespielt. Dass der Hall hierbei eine Latenz zum Direktsignal aufweist, stört nicht, da ein Hall ohnehin mit Delays arbeitet und erst deutlich nach dem Direktsignal einsetzt.

7.15 Grundlagen der Computertechnik

Im folgenden Kapitel sollen die grundlegenden Eigenschaften eines Computers erklärt werden. Für den versierten Computeranwender wird dieses Kapitel nicht viel Neues bringen, da es tatsächlich nur um eine möglichst zeitlose Erklärung der einzelnen Komponenten geht. Da in der Computertechnik sehr schnell neue Standards und Größenordnungen entstehen und verschwinden, soll ein möglichst allgemeingültiger Überblick gegeben werden, der helfen soll, die Grundlagen zu verstehen.

7.15.1 Funktionsweise eines Computers

Ein Computer ist ein Zusammenschluss vieler binärer Logikbausteine zu einem komplexen Rechenwerk. Er besteht immer aus den gleichen Grundbausteinen:

- Speicher: Der Speicher beinhaltet das Programm und Variablen. Das Programm sagt dem Prozessor, was er machen soll. Die Variablen sind Platzhalter für Zahlenwerte.
- Prozessor: Der Prozessor kann bestimmte Befehle ausführen. Welche Befehle möglich sind, wird durch den elektrischen Aufbau des Prozessors bestimmt. Die Befehle bezieht der Prozessor aus dem Speicher. Zu den Befehlen gehören Rechenoperationen, Speicherzugriffsoperationen und logische Verknüpfungen (z.B. Wenn, Und, Oder)
- Eingabe- und Ausgabebausteine: Der Prozessor hat Zugriff auf mehr oder weniger viele Ein- / Ausgabebausteine. Mit deren Hilfe kann der Prozessor Kontakt zu anderen Geräten oder Baugruppen aufnehmen.

7.15.2 Prozessor

Der Prozessor wird oft als das "Herz" eines Computers bezeichnet, da sich in ihm alle Operationen, die der Computer ausführen kann, abspielen. Ein Prozessor braucht einen Takt, der ihn am Laufen hält. Der Takt wird meist in Megahertz oder Gigahertz angegeben. Über den Takt kann man allerdings noch nicht direkt etwas über die Rechenleistung eines Prozessors sagen. Aussagekräftiger für den Audiobereich sind die Angaben OPS oder FLOPS. OPS steht für "Operations Per Second" und besagt, wie viele Befehle der Prozessor innerhalb einer Sekunde ausführen kann. FLOPS steht für "Floating Point Operations Per Second" und gibt an, wieviele Fließkomma-Rechenoperationen der Prozessor in der Sekunde bewältigt. Je höher letzterer Wert ist, desto mehr kann der Prozessor in der Audiobearbeitung leisten.

In Multiprozessorsystemen sind mehrere Prozessoren eingebaut, die vom Betriebssystem oder den Anwendungen unterschiedliche Aufgaben zugewiesen bekommen, die sie zur gleichen Zeit bewältigen können (Multiprocessing). Auf diese Weise lässt sich die Leistung eines Systems gegenüber eines Einfachprozessors deutlich steigern. Damit dies bei Audioanwendungen jedoch eine Verbesserung bringt, müssen die Programme das Multiprocessing jedoch unterstützen. Unterstützt nur das Betriebssystem Multiprocessing, so wird eine einzelne Audioanwendung durch mehrere Prozessoren nicht schneller laufen. Sobald jedoch mehrere Audioanwendungen gleichzeitig laufen sollen (Beispiel Harddiskrecording, Sequenzer und Softwaresampler), so wird das Betriebssystem die Prozessorleistung aller Prozessoren gleichmäßig an die Anwendungen verteilen und es ergibt sich eine bessere Leistung des Gesamtsystems.

7.15.2.1 BIOS

Das BIOS (Basic Input Output System) eines Computers ist die tiefste und einfachste Programmebene, die der Prozessor abhandeln muss. Das BIOS sagt dem Prozessor, was er eigentlich ist: ein PC, ein Getränkeautomat, die Einspritzelektronik eines Autos oder eine Digitaluhr...
Das BIOS befindet sich in einem nichtflüchtigen Speicher, ROM, PROM, EPROM oder EEPROM. Bei letzterem kann das BIOS nachträglich umprogrammiert werden, wenn Updates zur Verfügung stehen.

7.15.2.2 Besonderheiten eines DSPs

Prozessoren sind unterschiedlich aufgebaut, je nachdem, welche Anwendung sie später haben. So ist ein Prozessor in einem PC z.B. darauf ausgelegt, mit möglichst viel Speicher umgehen zu können und möglichst universell einsetzbar zu sein.
Ein DSP hingegen soll in erster Linie sehr schnell und effizient rechnen können. Dabei handelt es sich in erster Linie um Additionen und Multiplikationen. Um das zu bewerkstelligen verfügt ein DSP

intern über getrennte Speicherbereiche für Programmdaten und Variablen, welche über unabhängige Busse adressiert werden können. Auf diese Weise schafft es ein DSP innerhalb von einem Taktbefehl folgende Operationen durchzuführen:

```
mr=mr+mx0*my0(ss), mx0=dm(i0,m1), my0=pm(i4,m4);
  | 1 |  2  |       3        |        4         |
```

- Multiplizieren von zwei Werten [2]
- Addieren des Ergebnisses auf ein Summenregister [1]
- Laden eines neuen Parameters aus dem Programmspeicher [4]
- Laden einer neuen Variablen aus dem Variablenspeicher [3]
- Erhöhen und ggf. zurücksetzen eines Pointers auf den Parameterspeicher [i4=i4+m4t]
- Erhöhen und ggf. zurücksetzen eines Pointers auf den Variablenspeicher [i1=i1+m1]

Die beiden letzen Operation sind im Code schlecht erkennbar, passieren aber im Hintergrund automatisch. Auch der Reset der Index-Register i1 und i4, nach Überschreiten einer definierten Grenze erfolgt automatisch.

Zusätzlich kann ein DSP z.B. seine internen Register auf eine zweite Bank umschalten, wenn ein Interrupt ausgelöst wird. Dadurch entfällt das Sichern der Register bei Interruptbeginn und das Wiederherstellen am Ende.

Schleifen laufen in DSPs automatisch in der Hardware ab. Sie werden einmal eingestellt, und dann im Hintergrund anderer Befehle automatisch erhöht bzw. beendet.

Fast alle Befehle können an Zustandsprüfungen geknüpft werden, so dass die Befehle nur unter bestimmten Umständen ausgeführt werden.

Die Unterschiede zwischen normalen Prozessoren und DSPs merkt der Programmierer jedoch kaum, wenn in C programmiert wird. Erst bei der Programmierung in Maschinensprache merkt man, dass auf einem DSP kaum noch Befehlszeilen für die gleichen Berechnungen erforderlich sind. Ein Beispiel ist in Abbildung 7.15-1 zu sehen. Der Code berechnet innerhalb von 40 Taktzyklen ein digitales Tiefpassfilter 10.Ordnung.

7.15.1 Arbeitsspeicher

Der Arbeitsspeicher eines Computers wird in den Hauptspeicher und den Cache aufgeteilt. An beide werden unterschiedliche Anforderungen, was Geschwindigkeit und Größe betrifft, gestellt. Hauptspeicher und Cache verlieren ihre Daten, wenn keine Spannungsversorgung mehr vorhanden ist.

7.15.1.1 Hauptspeicher

Der Hauptspeicher eines Computers sollte alle Daten beinhalten können, die zum Ablauf eines Programms erforderlich sind. Das bedeutet, dass der gesamte Softwarecode des Betriebssystems und der Anwendungen, sowie die zu bearbeitenden Daten der Anwendungen im Hauptspeicher Platz finden sollten.
Der Prozessor ist in der Lage, mit relativ hoher Geschwindigkeit auf den Hauptspeicher zuzugreifen und kann dadurch Anwendungen entsprechend schnell ausführen.
Reicht der Hauptspeicher nicht aus, so werden Daten auf die Festplatte ausgelagert und der Speicher damit künstlich vergrößert. Allerdings ist

```
{-----------------------------------------------------}
{- Subroutine Tiefpassfilter 10. Ordnung (40 Takte) --}
{-----------------------------------------------------}

lpf: cntr=5;                                          // Counter auf 5 stellen
     do lpl until ce;                                 // Schleife starten
     mx0=dm(i0,m0), my0=pm(i4,m4);                    // Schleife geht von hier...
     mr=mx0*my0(ss), mx1=dm(i0,m0), my0=pm(i4,m4);    // |
     mr=mr+mx1*my0(ss), my0=pm(i4,m4);                // |
     mr=mr+sr1*my0(ss), mx0=dm(i0,m0), my0=pm(i4,m4); // |
     mr=mr+mx0*my0(ss), mx0=dm(i0,m1), my0=pm(i4,m4); // |
     dm(i0,m0)=mx1, mr=mr+mx0*my0(rnd);               // |
lpl: dm(i0,m0)=sr1, sr=ashift mr1 (hi);               // ... bis hier
     dm(i0,m0)=mx0;                                   // Zwischenwert ablegen
     dm(i0,m0)=sr1;                                   // Ergebnis ablegen
     rts;
```

Abb. 7.15-1: DSP-Code für ein Tiefpassfilter 10.Ordnung am Beispiel eines Analog Devices DSPs. Jede Zeile wird in einem Taktzyklus abgearbeitet.

der Zugriff auf die Festplatte deutlich langsamer und die Leistung eines Systems sinkt dadurch.

7.15.1.2 Cache

"Cache" bedeutet soviel wie "versteckt" und bezeichnet einen sehr prozessornahen, relativ kleinen Speicher. Dieser kann mit dem vollen Prozessortakt gelesen und beschrieben werden und beinhaltet Zwischenergebnisse von Berechnungen oder Teile des Programmcodes. So können beispielsweise bei der Übertragung von Programmcode aus dem Hauptspeicher bereits Teile in den Cache geladen werden, die im Moment noch nicht abgehandelt werden, aber sehr wahrscheinlich kurz darauf benötigt werden. Auf diese Weise kann der Prozessor schneller und effektiver arbeiten, da nicht jeder Befehl einzeln aus dem Hauptspeicher geladen werden muss.

7.15.2 Speichermedien

Da der Hauptspeicher beim Einschalten eines Rechners zunächst leer ist, müssen Betriebssysteme und Anwendungen erst einmal von verschiedenen Speichermedien geladen werden.

7.15.2.1 Festplatte

Festplatten sind aktuell die günstigsten und beliebtesten Massenspeichermedien und demzufolge als Hauptspeichermedium im Audiobereich zu finden. Allerdings bergen Festplatten ein nicht zu unterschätzendes Risiko. Dieses liegt primär darin begründet, dass man bei Festplatten ein berührungsloses Abtasten und Aufzeichen der Daten ermöglichen möchte. Aus diesem Grund sind die Köpfe einer Festplatte so konstruiert, dass sie durch die Rotation der Platten auf einem Luftpolster schweben. Dieses Luftpolster ist sehr klein, und es darf sich kein Stäubchen oder Feuchtigkeit auf den Platten befinden, da ansonsten das Luftpolster gestört wird. In Abbildung 7.15-2 ist eine geöffnete Festplatte zu sehen. Man erkennt deutlich in der Mitte das Lager für die rotierenden Platten und oben in der Mitte der Platte die hineinragende Kopfhalterung. Der Kopf selber ist zu klein, um ihn auf der Abbildung sehen zu können.

Folgende Probleme können mit Festplatten auftreten:

- Es kann zu einem "Head-Crash" kommen, bei dem einer oder mehrere Köpfe der Festplatte mit der Oberfläche der rotierenden Metallplatten in Berührung kommen. Meist mit einem unangenehmen, quietschenden oder schleifenden Geräusch verbunden deutet dieser Fehler bereit akustisch auf einen kompletten Datenverlust hin.
  Ein Head-Crash kann jederzeit unvermittelt passieren. Meist ist die Platte dann defekt und nicht mehr auslesbar.
- Wird eine eingeschaltete Festplatte zu starken Erschütterungen ausgesetzt, so kann dies zum Head-Crash führen.
- Wird eine ausgeschaltete Festplatte zu starken Erschütterungen ausgesetzt oder fallen gelassen, so springen die Köpfe aus ihrer Ruheposition und landen auf den stehenden Metallscheiben. Da das Luftpolster mangels Rotation der Platten nicht aufgebaut werden kann, wird die Oberfläche zerkratzt, oder die Köpfe verbogen. Beim nächsten Einschalten ist dann ein Head-Crash oft unvermeidlich.

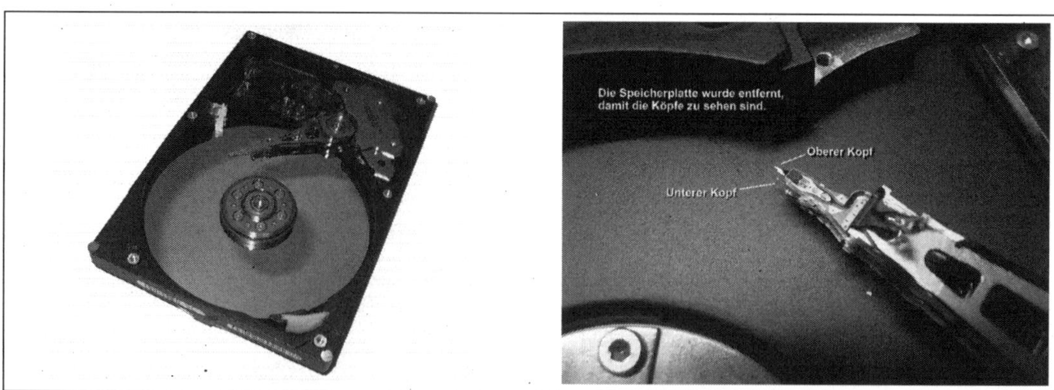

Abb. 7.15-2: Festplatte von innen. Rechts die Köpfe im Detail.
Achtung! Keine funktionierenden Festplatten aufschrauben, da sonst ein Head-Crash sehr wahrscheinlich ist!

Da auf einer Festplatte Monate an Arbeit gespeichert sind, ist der Verlust dieser Daten oft auch mit erheblichen finanziellen Verlusten verbunden - ganz abgesehen von der Zeit, die verloren gegangen ist.
Es empfiehlt sich daher, eine Methode zu entwikkeln, die eine einfache, schnelle Sicherung der Daten ermöglicht, ohne, dass viel Aufwand getrieben werden muss. Hierzu ist immer eine zweite Festplatte erforderlich, da ein Head-Crash immer eine gesamte physikalische Platte inklusive aller darauf angelegten Partitionen zerstört. Zwei Möglichkeiten bieten sich für die Praxis an:

- Ein RAID-System mit zwei gleichen Festplatten wird aufgebaut. RAID steht für "Redundant Array of Independent / Inexpensive Discs".
  Das RAID muss hierbei als RAID-1, RAID-5 oder RAID-6 (Security-RAID mit Ausfallsicherheit) konfiguriert werden. Auf diese Weise werden alle Daten immer mindestens auf zwei physikalisch unterschiedliche Festplatten gleichzeitig aufgezeichnet. Sollte eine Platte kaputt gehen, so sind auf der/den anderen Platten nach wie vor alle Informationen vorhanden. Nach dem Einbau einer Ersatzplatte werden die Daten von den intakten Platten automatisch auf die neue, leere Platte gespiegelt und es ist erneut eine eine hohe Sicherheit gegeben.
- In regelmäßigen Abständen werden Backups der relevanten Daten auf eine andere Festplatte oder andere Speichermedien gemacht. Je nach Geschwindigkeit der Medien dauern die Backups unterschiedlich lange. Im Falle eines Datenverlustes können die Daten nur bis zum letzten Backupzeitpunkt wieder hergestellt werden.
- Man lässt ein zweites Medium bei einer Aufnahme parallel zu einem Harddiskrecorder mitlaufen. Sollten Fehler im Hauptsystem auftreten oder die Software bei der Aufnahme abstürzen, so existiert immer noch die Zweitaufzeichnung. Diese Vorgehensweise ist z.B. bei Produktionen mit sehr teuren Studiotagen (z.B. Orchester) angebracht.

Für welche Lösung man sich entscheidet, bleibt jedem Anwender selbst überlassen. Unterlässt man jedoch die zusätzlichen Sicherheitsmaßnahmen, so ist der Ärger bereits vorprogrammiert. Meist ist es nur eine Frage der Zeit, bis etwas passiert.

7.15.2.2 Speicherkarten / SSD-Festplatten

Speicherkarten, USB-Sticks und SSDs (Solid State Discs) sind einander sehr ähnlich, da sie alle die Daten in Flash-EPROMs speichern. Der Vorteil besteht darin, dass keine mechanisch bewegten Bauteile erforderlich sind und die Laufwerke daher sehr robust sind. Weiterhin benötigen sie i.d.R. weniger Strom als normale Festplatten. Ein sehr großer Vorteil dieser Speichermedien besteht beispielsweise darin, dass sie völlig geräuschlos arbeiten. Das heißt, dass man mit einer SSD auch problemlos im Aufnahmeraum (oder Konzertsaal) störungsfrei mitschneiden kann.
Dadurch, dass sie mechanisch sehr robust sind, werde sie auch bevorzugt in Field-Recordern eingesetzt.

7.15.2.3 Benötigte Speicherkapazität

Die erforderliche Speicherkapazität für das Harddiskrecording kann mit Hilfe folgender Formel berechnet werden:

$$S = \frac{\text{Abtastrate} \cdot \text{Kanalzahl} \cdot \text{Wortbreite}}{8192} \left(\frac{\text{kB}}{\text{s}}\right)$$

Soll das Ergebnis in MB/s dargestellt werden, so ist zusätzlich durch die Zahl 1024 zu dividieren. Als "Daumenregel" kann man sich merken, dass CD-Qualität (44,1kHz Abtastrate, Stereo, 16-Bit) etwa 10MB/min an Speicher benötigt.
Eine 24-Spur Aufnahme mit 96kHz und 24-Bit benötigt etwa 6,6MB/s oder 396MB/min.

Bei manchen Recordern sind Grenzen bezüglich der maximalen Größe einzelner Files gesetzt. Diese kommen vom verwendeten Filesystem und nicht von der Größe der Festplatte. Eine noch häufig anzutreffende Größe ist 4GB pro File. Für eine Stereo-Aufnahme mit 44,1kHz/24Bit wird diese Grenze bei ca 4,5h Aufnahmedauer erreicht. Für eine Einzelspur mit 44,1kHz/24Bit entsprechend bei ca. 9h.
Auch das verwendete Betriebssystem kann diese Grenze haben. Dies sollte im Vorfeld geprüft werden, da sonst ein extern aufgenommenes File nicht im Rechner abgespielt werden kann.

7.15.3 Ton

Die Audioein- und -ausgabe ist für den Toningenieur eine der wichtigsten Schnittstellen am Computer. Ihr sollte man auf keinen Fall zu wenig Aufmerksamkeit schenken, denn mit der Qualität dieser Schnittstelle steht und fällt möglicherweise das Ergebnis der gesamten Produktion.

7.15.3.1 Spielesoundkarten

Die meisten Soundkarten für Computer und auch die Onboard-Soundkarten der Motherboards sind primär für untergeordnete Audioanwendungen gedacht. Mit ihnen soll es möglich sein, ein Spiel mit den notwendigen Soundeffekten zu untermalen oder Musik als "Nebenprodukt" auszugeben. Die Audioqualität dieser Soundkarten ist zwar in den vergangenen Jahren besser geworden, wird jedoch trotzdem selten den Ansprüchen eines professionellen Toningenieurs gerecht.
Wichtig zu wissen ist, dass Bezeichnungen wie "CD-Qualität" lediglich bedeuten, dass die Soundkarte in der Lage ist, 16-Bit Stereo mit einer Abtastfrequenz von 44,1kHz zu wandeln. Hierbei wird jedoch keine Angabe zu dem wirklich vorhandenen Signal-Rauschabstand gemacht. Dieser kann schlimmstenfalls nur 40dB betragen, da im Computer sehr viele Störquellen die Qualität der Soundkarte beeinflussen. Auch der Frequenzumfang kann, bedingt durch schlecht dimensionierte Analogbauteile, oben und unten eingeschränkt sein.

Spielesoundkarten verfügen weiterhin über einen General-MIDI Synthesizer (siehe Kapitel 9.3), der zwar ein MIDI-Signal in etwas Hörbares umwandeln, jedoch für professionelle Anwendungen nicht den erwünschten Klang bieten kann. Diese Umwandlung geschieht in modernen Systemen softwareseitig.

7.15.3.2 MIDI

Lief früher MIDI noch über den "Joystickport" der Soundkarte so ist heute fast immer ein USB-Interface für eine MIDI-Anbindung zweckdienlich. Vom einfachen MIDI-In/Out bis hin zu komplexen Audio/MIDI Interfaces ist mittlerweile alles asl externes USB-Gerät zu bekommen

7.15.3.3 Recordingkarten

Recordingkarten sind speziell für die hochwertige Aufnahme und Wiedergabe von Audiomaterial konstruiert worden. Sie verfügen in der Regel über hochwertige Wandler, die neben einer großen Wortbreite und Abtastfrequenz auch wirklich einen hohen Signal-Rauschabstand und ein lineares Frequenzspektrum bieten. Gewährleistet wird dies durch eine gute Filterung der Betriebsspannungen, die Verwendung externer Netzteile sowie durch eine hochwertige Analogsektion dieser Karten.
Recordingkarten verfügen weiterhin meist über MIDI-Schnittstellen, die direkt und ohne Adapter verwendet werden können. Integrierte (General-) MIDI Synthesizer sind hingegen eher weniger zu finden, da der Profi über hochwertige externe Klangerzeuger verfügt.

7.15.3.4 Digitale Schnittstellen

Sind digitale Schnittstellen an Soundkarten oder Recordingkarten vorhanden, verlagert man das Problem der gut oder schlecht klingenden Wandler sowie der kritischen Spannungsversorgung auf externe Peripheriegeräte. Die Soundkarten können somit nur noch die extern gewandelten, digitalen Daten einlesen und ausgeben. Da bei den Digitalschnittstellen eine große Formatvielfalt herrscht, sollte man sich vor dem Kauf einer solchen Karte genau überlegen, welche Wandler extern zur Verfügung stehen und wie gut diese sind.
Soundkarten unterscheiden in der Regel nicht zwischen dem S/PDIF und AES3 Format, sondern lesen beide Formate bezüglich der Audiodaten identisch ein. Meistens werden jedoch die Channel-Status-Daten dieser Formate nicht mit eingelesen. Auf diese Weise gehen Zusatzinformationen wie Emphasis, Kopierschutz und Abtastrate verloren. Vor allem bei der Emphasisinformation kann dies viel Ärger bedeuten, da die Audiodaten aufgrund einer möglichen Emphasis höhenlastig klingen und man sich nicht erklären kann, woher das kommt (siehe hierzu auch Kapitel 7.8).
Weiterhin muss einem bewusst sein, dass das Abhören von Signalen über externe Wandler fast immer mit Jitter verbunden ist und somit hochwertige Kabel notwendig werden.

7.15.4 Schnittstellen

In den folgenden Kapiteln werden als Referenz noch die seriellen und parallelen Schnittstellen betrachtet, da es nach wie vor Peripherie gibt, die über diese Schnittstellen gesteuert werden. Obwohl es kaum mehr serielle und parallele Schnittstellen auf den Motherboards gibt und diese Funktionalität extern über USB-Interfaces nachgerüstet werden muss, kann es doch mal vorkommen, dass ein

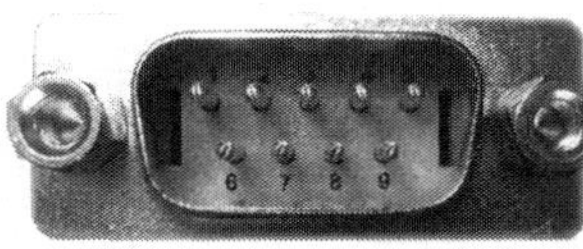

Pin Nr.	Name	Beschreibung
1	CD	Carrier Detect
2	RXD	Receive Data
3	TXD	Transmit Data
4	DTR	Data Terminal Ready
5	GND	Ground
6	DSR	Data Set Ready
7	RTS	Request to Send
8	CTS	Clear to Send
9	RI	Ring Indicator

Tab. 7.15-1: Steckerbelegung für RS 232 (Computerseite)

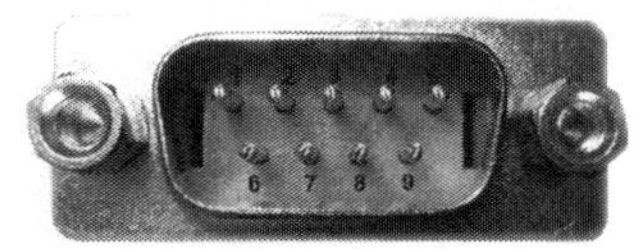

Pin Nr.	Master	Slave
1	Masse	Masse
2	Receive A	Transmit A
3	Transmit B	Receive B
4	Transmit Masse	Receive Masse
5	Frei	Frei
6	Receive Masse	Transmit Masse
7	Receive B	Transmit B
8	Transmit A	Receive A
9	Masse	Masse

Tab. 7.15-2: Anschlussbelegung des Sony 9-pin Steckers

serielles Kabel oder ein Nullmodemkabel durchgemessen oder verlängert werden muss. Daher ist neben der Funktion der Schnittstellen auch eine Steckerbelegung aufgezeigt, anhand derer man Adapter oder Kabel anfertigen kann.

7.15.4.1 Seriell RS 232

RS 232 ist der Standard für die unsymmetrische, serielle Datenübertragung an Computern. PCs verfügen meist über zwei RS 232 Schnittstellen, denen heute jedoch eine eher untergeordnete Bedeutung zukommt. War früher noch jede Maus über RS 232 angeschlossen, wird diese Schnittstelle heute nur noch für die Steuerung von externer Peripherie wie zum Beispiel für Softwareupdates oder die Konfiguration von Studiogeräten verwendet.
Es ist nicht möglich eine RS 232 Schnittstelle für MIDI zu verwenden, da die Baudrate 31,25kbaud nicht unterstützt wird.

Die Anschlussbelegung von RS 232 ist in Tabelle 7.15-1 zu sehen.

Für die meisten Anwendungen ist eine dreipolige Verbindung der Anschlüsse GND, RXD und TXD ausreichend.
Es ist zu beachten, dass die gezeigte Anschlussbelegung für die Computerseite gilt. Sollen also zwei Computer über RS 232 miteinander verbunden werden, so ist ein gekreuztes Kabel (Nullmodemkabel) notwendig, bei dem mindestens RXD auf TXD und TXD auf RXD und GND auf GND geschaltet wird.

Die Verbindung zu Peripheriegeräten erfolgt mit Hilfe eines 1:1 Kabels, da am Peripheriegerät die Anschlüsse entsprechend konfiguriert sind.

Typische Baudraten einer RS 232 Schnittstelle sind 300, 600, 1200, 2400, 9600, 14400, 19200, 38400, 57600, und 115200 baud.

7.15.4.2 Seriell RS 422

RS 422 ist ein symmetrisches, serielles Interface, das vielfach bei Computern und Audiogeräten Einsatz findet. Es ist vor allem bei professionellen Messgeräten, bei der Sony 9-pin Schnittstelle und auch bei der AES3 Schnittstelle anzutreffen. Aus diesem Grund soll hier auch nicht für jedes Format eine Steckerbelegung angegeben werden, da es zu viele verschiedene Möglichkeiten gibt. Lediglich die Sony 9-pin Steckerbelegung ist in Tabelle 7.15-2 angegeben.

Der Vorteil einer RS 422 Übertragung ist die hohe Störunempfindlichkeit aufgrund der symmetrischen Übertragung der Daten.

7.15.4.3 Parallelport

Der Parallel- oder Printerport eines Rechners ist eine 8-Bit Schnittstelle, über die Daten bidirektional übertragen werden können. Über diese Schnittstelle ist es möglich, ein Byte auf einmal in den Computer zu laden oder auszugeben. Auf diese Weise sind wesentlich höhere Datendurchsätze möglich, als über den RS 232 Port.

Die modernen seriellen Schnittstellen, wie USB, Firewire oder SATA übertreffen jedoch den Datendurchsatz des Parallelports bei weitem, da sie für Hochgeschwindigkeitsübertragungen konzipiert wurden.

Somit ist die Hauptanwendung für den Parallelport die Druckeransteuerung. Tabelle 7.15-3 zeigt die Anschlussbelegung des ECP-Parallelports. ECP steht hierbei für **E**xtended **C**apabilities **P**ort.

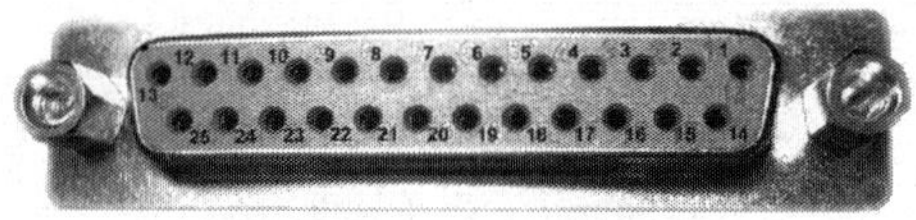

Pin	Name	Beschreibung
1	Strobe	Strobe für Daten
2	D0	Datenleitung 0
3	D1	Datenleitung 1
4	D2	Datenleitung 2
5	D3	Datenleitung 3
6	D4	Datenleitung 4
7	D5	Datenleitung 5
8	D6	Datenleitung 6
9	D7	Datenleitung 7
10	\Ack	Acknowledge
11	Busy	Busy
12	PError	Paper Error
13	Select	Printer Online
14	\AutoFd	Auto Feed
15	\Fault	Error Meldung
16	\Init	Initialize Printer / Data Direction
17	\SelectIn	Select ECP-Mode
18-25	GND	Ground

Tab. 7.15-3: Anschlussbelegung des Parallelports

7.15.4.4 SCSI

SCSI steht für **S**mall **C**omputer **S**ystem **I**nterface. Es war einer der ersten Standards, mit dessen Hilfe Festplatten, CD-Brenner und andere Peripheriegeräte an einen Computer angeschlossen werden konnten. Teilweise sind alte Geräte heute noch über SCSI angeschlossen, im Audiobereich hat USB jedoch SCSI abgelöst.
SCSI Geräte dürfen im laufenden Betrieb eines Computers nicht an- oder abgesteckt werden, da dadurch der Controller oder auch das Peripheriegerät zerstört werden kann. Die Geräte würden auch gar nicht automatisch vom System erkannt werden.

7.15.4.5 USB

USB steht für **U**niversal **S**erial **B**us, was bereits andeutet, dass dieser Bus für alle möglichen Peripheriegeräte genutzt werden soll. Tatsächlich ist die Verbreitung dieses Formats sehr hoch, und es gibt eine Vielzahl an Computerzubehör mit USB Anschluss.
Eine USB-Verbindung wird immer zwischen einem Master (Computer) und einem Slave (Peripherie) hergestellt. Sollen mehrere Slaves an einen Masterport angeschlossen werden, so muss ein USB-Hub dazwischen geschaltet werden.
Bei USB unterscheidet man zwischen den Standards USB1.x, USB2.x und USB 3.x:

- USB1.x unterstützt die Datentransferraten von 1,5MBit/s und 12MBit/s.
- USB2.x hat Datentransferraten bis 480MBit/s, ist jedoch rückwärtskompatibel zu USB1.x.
- USB3.x: Neuer Stecker mit fünf zusätzlichen Anschlüssen (zwei zusätzliche Aderpaare + Masse), aber in jeder Richtung abwärtskompatibel zu USB 2.0. Datentransferraten bis 5Gbit/s (USB 3.0) bzw. 10Gbit/s (USB 3.1)

Eine USB-Verbindung sollte nicht länger als 5m sein. Für Verbindungen bis 10m gibt es "aktive Kabel" mit einer Signalaufbereitungsstufe am Ende. Für noch längere Verbindungen gibt es USB-Verlängerer, die über eine CAT5-Leitung das USB-Signal bis zu 50m weit transportieren können.
USB-Verbindungen sind "Hot-Pluggable". Das bedeutet, dass Peripheriegeräte im Betrieb des Computers an- und abgesteckt werden können, automatisch erkannt und in Betrieb genommen werden. Dies ist beispielsweise bei SCSI-Verbindungen nicht möglich!

7.16 Netzwerktechnik

Für Computer ist es schon lange Standard, dass die Datenübertragung über kabelgebundene oder drahtlose Netzwerke erfolgt. Doch auch im Audiobereich bekommen mehr und mehr Geräte Netzwerkanschlüsse und lassen sich somit untereinander vernetzen oder sogar in Computernetzwerke mit einbinden.
Mittlerweile muss auch ein Tontechniker ein grundlegendes Verständnis für Computernetzwerke haben, um die Geräte im Netzwerk konfigurieren zu können. Sind jedoch die Computernetzwerk-Grundlagen einmal verstanden, so kann auch ein einfacheres, kleineres Audionetzwerk schnell eingerichtet werden.

7.16.1 Netzwerkarchitekturen

Damit eine reibungslose Kommunikation zwischen zwei Partnern stattfinden kann, müssen einige Regeln beachtet werden. Ein russischer Wissenschaftler könnte beispielsweise nicht direkt mit einem deutschen Wissenschaftler kommunizieren, da sie nicht die gleiche Sprache sprechen. Würde man sich aber auf eine gemeinsam bekannte Sprache (z.B. Englisch) einigen, so könnte die Kommunikation stattfinden. Dabei ist es erst einmal unerheblich, ob die beiden Wissenschaftler Englisch sprechen oder jeder einen Übersetzer ins Englische zu Rate zieht.
Ganz so einfach ist es jedoch noch nicht: Auch ein Kommunikationsweg muss noch gefunden werden. Befinden sich beide Wissenschaftler in ihren Heimatländern, so könnten sie nicht direkt miteinander sprechen. Über Telefon, e-mail, oder eine Videokonferenz würde es funktionieren. Bei letzterem aber auch nur, wenn beide den selben Anbieter nutzen, da es verschiedene, inkompatible Standards gibt.
Wie man sieht, sind für eine erfolgreiche Kommunikation verschiedene Regeln erforderlich. Ein so genanntes "Referenzmodell" stellt hierfür eine Strukturierung der einzelnen Teilaufgaben dar, die schlussendlich die Kommunikation ermöglichen soll.
Die Abbildung 7.16-1 zeigt anhand der beiden Wissenschaftler so eine strukturierte Kommunikation:

- Der deutsche Wissenschaftler hat seinen Text in Deutsch verfasst
- Der deutsche Text wird von einem Übersetzer ins Englische übersetzt

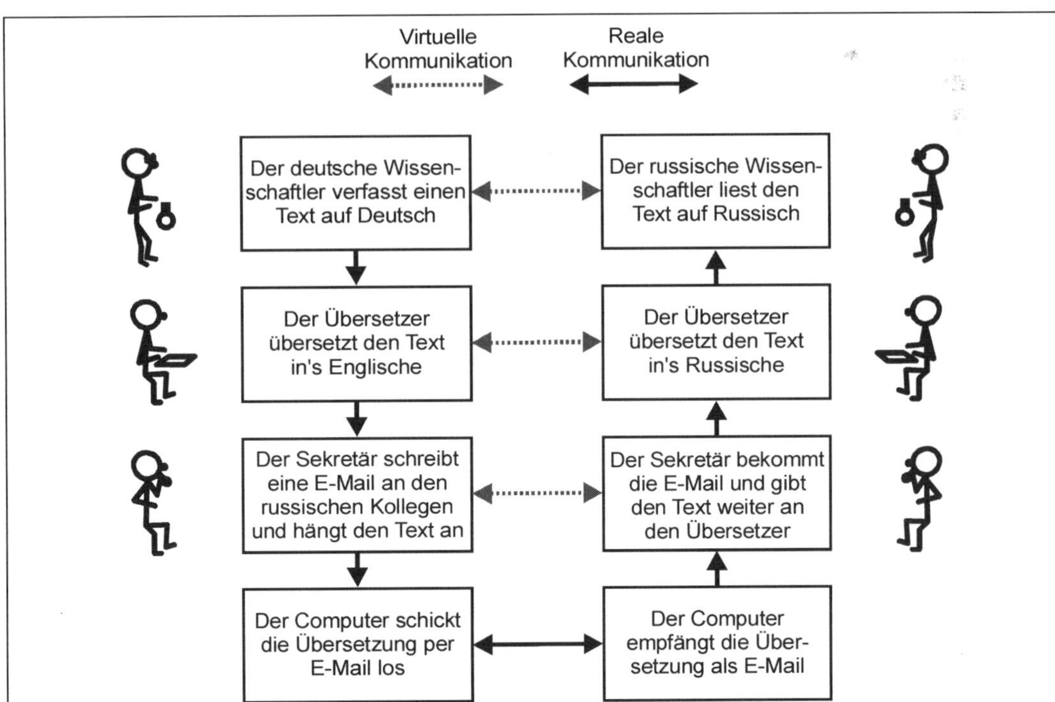

Abb. 7.16-1: Kommunikationsmodell vergleichbar mit einem Netzwerkmodell

- Der englische Text wird von einem Sekretär per E-Mail verschickt
- Das E-Mail-Programm versendet die Daten über das Internet
- Die russische Sekretärin empfängt den Text per E-Mail
- Der englische Text wird von einem Übersetzer ins Russische übersetzt
- Der russische Wissenschaftler kann den Text lesen und verstehen

In diesem Beispiel finden zwei Arten der Kommunikation statt:

- Reale Kommunikation (durchgezogene Pfeile): Diese Kommunikation findet tatsächlich statt. Die reale Kommunikation zwischen Deutschland und Russland wird in diesem Beispiel vom E-Mail-Programm übernommen.
- Virtuelle Kommunikation (gestrichelte Pfeile): Diese Kommunikation findet gedanklich statt: Der deutsche Wissenschaftler schreibt einen Text an den russischen Wissenschaftler, obwohl er nie direkt mit ihm in Kontakt tritt. Der Übersetzer übersetzt gedanklich für den nächsten Übersetzer. Die Sekretäre schreiben einander eine Grußformel, für die Übermittlung der Nachricht. Aber auch sie kommunizieren nicht direkt miteinander.

Der Vorteil dieses Kommunikationsmodells ist die Flexibilität und Anpassungsfähigkeit, die es mit sich bringt. So könnten beispielsweise die Sekretäre einander ein Fax schicken und das würde für die Wissenschaftler gar nichts ändern.
Sollten die Übersetzer als gemeinsame Sprache Französisch gewählt haben, kann das Kommunikationsmodell ebenso gut funktionieren wie mit Englisch.

Bei dem oben genannten Kommunikationsmodell kann man von so genannten "Schichten" sprechen. Die oberste Schicht stellen hierbei die Wissenschaftler dar - die unterste das E-Mail-Programm. Jede Schicht in dem Kommunikationsmodell führt immer nur eine reale Kommunikation mit der jeweils darüber und darunter liegenden Schicht aus. Daher müssen für jede Schicht nur wenige Regeln für die Schnittstelle zur benachbarten Schicht bekannt sein.
Je mehr Schichten man definiert, desto flexibler kann das Kommunikationsmodell am Ende werden und desto einfacher sind die Schnittstellen zwischen den einzelnen Schichten.

Hinweis: Auch das im o.g. Beispiel verwendete E-Mail-Programm bedient sich weiterer Schichten eines Kommunikationsmodells, die der Einfachheit halber hier nicht weiter gezeigt wurden.
Die Kommunikation zwischen zwei Computern wird im nächsten Kapitel genauer beschrieben.

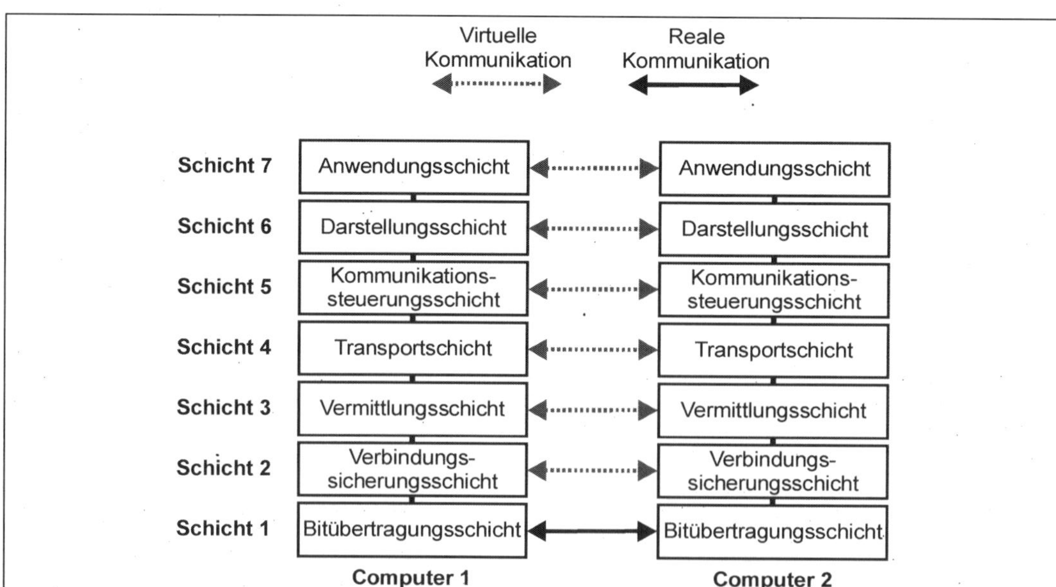

Abb. 7.16-2: Die Schichten des OSI-Referenzmodells

7.16.2 Das OSI-Referenzmodell

Das OSI-Referenzmodell (Open System Interconnection) ist ein 1983 von der ISO standardisiertes Modell, das den Grundstein gelegt hat, damit Rechner heute weltweit miteinander kommunizieren können. Es definiert sieben Schichten, die in Abbildung 7.16-2 zu sehen sind. Ebenso wie in dem eben genannten Kommunikationsmodell findet hier reale (durchgezogene Pfeile) und virtuelle (gestrichelte Pfeile) Kommunikation statt.

Für den Endanwender ist in der Regel nur ein Programm auf Schicht 7 zu sehen, das eine Netzwerkfunktionalität hat. Die Kommunikation läuft jedoch von Schicht 7 hinunter bis zur Schicht 1, wird über ein Kabel oder drahtlos übertragen, und geht dann wieder hinauf bis Schicht 7, wo sie in einem zweiten Programm angekommen ist.

7.16.3 Die OSI-Schichten im Detail

7.16.3.1 Bitübertragungsschicht / Physical Layer

Die Bitübertragungsschicht legt die physikalischen Eigenschaften der Übertragung fest. Hier wird beispielsweise beschrieben, welches Steckerformat und welche Anschlussbelegung zu verwenden ist, und ob die Übertragung elektrisch, optisch oder per Funk erfolgt. Auch die Bitcodierung (Kanalcodierung, siehe Kapitel 7.5) und Übertragungsgeschwindigkeit ist hier festgelegt.
Diese Schicht stellt eine reale Kommunikationsschnittstelle zwischen zwei Rechnern dar. Daten werden hier beispielsweise über ein Kabel als serieller Datenstrom übertragen.

7.16.3.2 Sicherungsschicht / Data Link Layer

Die Sicherungsschicht, bereitet die Daten für die Bitübertragungsschicht vor. Bits werden hier zu einem Frame zusammengefasst und mit Prüfsummen versehen. Weiterhin stellt die Sicherungsschicht die physikalische Adressierung der Netzwerkgeräte zur Verfügung. Bei Ethernet ist dies die weltweit einzigartige 48-bit MAC-Adresse des Gerätes (z.B. 00:11:E0:03:2A:9E).

7.16.3.3 Vermittlungsschicht / Network Layer

In der Vermittlungsschicht werden Daten über das gesamte (globale) Netzwerk hinweg vermittelt. Hierzu gehört die eindeutige Adressierung eines Rechners im Netzwerk - beispielsweise mit Hilfe der IP-Adresse. Auch die Wegesuche - das so genannte Routing - findet in dieser Schicht statt.

7.16.3.4 Transportschicht / Transport Layer

In der Transportschicht findet die Übertragungskontrolle von Datenpaketen (wie z.B. UDP oder TCP) statt. Datenpakete werden beim Senden mit Nummern versehen, ggf. beim Empfang auf korrekten Inhalt kontrolliert und eventuell neu angefordert (Flusskontrolle). Große Datenmengen können hier in mehrere Datenpakete aufgeteilt werden und dank der Nummerierung beim Empfänger wieder zu einem großen Paket zusammengesetzt werden.

7.16.3.5 Kommunikationssteuerungsschicht / Session Layer

Die Kommunikationssteuerungsschicht - auch Sitzungsebene genannt - regelt den Aufbau und den Abbau von Verbindungen zwischen den Endgeräten. Hier kommen die Kommunikationsprotokolle, wie beispielsweise HTTP, SMTP, FTP etc. zum Einsatz. Ebenfalls werden in dieser Schicht ggf. Zugangsdaten und Passwörter für die Autorisierung der Verbindung eingesetzt.

7.16.3.6 Darstellungsschicht / Presentation Layer

Die Darstellungsschicht konvertiert die übertragenen Daten in ein lesbares Format. Zeichensätze, Wortcodierungen und Verschlüsselungen können hier vorkommen. Zu übertragende Daten können auf eine Standardcodierung gebracht und ggf. verschlüsselt werden (z.B. mit SSL für https-Seiten).
Neben Zeichen können auch bekannte Formate wie Bilder oder Dateien anderer Applikationen in dieser Schicht erkannt und als korrektes "Paket" weiterverarbeitet werden.

7.16.3.7 Verarbeitungsschicht / Application Layer

In der letzten Schicht, der Verarbeitungsschicht, steht das Programm, das dem User die Daten präsentiert, bzw. Eingaben zulässt und diese überträgt, beispielsweise der Webbrowser, das Mail-Programm oder der FTP-Client.

7.16.4 Ethernet

7.16.4.1 IEEE 802 Grundlagen

Die IEEE 802-Norm legt die Grundlagen für die beiden untersten Schichten des OSI-Modells fest. In ihnen werden die physikalischen Verbindungen zwischen den Geräten und die Zuweisungen der Datenpakete an die richtigen Empfänger gesteuert.
Das folgende Kapitel beschreibt die Hardware, die erforderlich ist, um mehrere Computer miteinander vernetzen zu können.

7.16.4.2 Ethernet Hardware

Kabel:
Das Netzwerkkabel stellt eine Verbindung zwischen zwei Netzwerkgeräten dar. Je nach Kabeltyp sind dabei unterschiedliche Geschwindigkeiten möglich.

Die Kabel werden je nach Typ in Kategorien unterteilt. Die am häufigsten anzutreffenden sind:

- CAT5: 100MBit/s Übertragung
- CAT5e: 1GBit/s Übertragung
- CAT7: vorgesehen für 10GBit/s

Gerade im Audiobereich kann es durch die geschirmten Kabelverbindungen zu Brummschleifen kommen (siehe Kapitel 4.20). Obwohl die eigentliche Datenübertragung galvanisch getrennt mit Hilfe von Übertragern erfolgt, ist der Schirm auf beiden Seiten des Kabels angeschlossen und mit dem Gerätegehäuse (und damit meist auch mit Masse) verbunden. Eine einfache Lösung gegen das Brummproblem stellt ein kurzes, ungeschirmtes Patchkabel dar, das zwischen der Netzwerkbuchse (z.B: in der Wand) und dem Computer gesteckt wird.

Repeater:
Oft wird noch von Repeatern gesprochen, aber man trifft sie in der Praxis eigentlich nicht mehr an. Ein Repeater verstärkt lediglich das Signal auf einem Netzwerkkabel und schickt es weiter. Ein Repeater arbeitet also ohne eigene Intelligenz auf Schicht 1 des OSI Modells. Er kann sinnvoll zur Verlängerung von Netzwerkkabeln eingesetzt werden.

Bridge:
Eine Bridge schaltet mehrere Netzwerksegmente zusammen. Diese Zusammenschaltung erfolgt auf Schicht 2 des OSI-Modells - es werden also MAC-Adressen berücksichtigt. Je nach MAC-Adresse können Daten zu einem bestimmten Ausgang des Netzwerks geleitet werden. Dadurch werden die Datenmengen innerhalb der Teilnetze geringer und die Netze nicht so schnell überlastet.

An welchem Ausgang welche MAC-Adressen zu finden sind, bestimmt die Bridge in der Regel dynamisch. Das heißt, sie merkt sich, von welchem Anschluss aus Anfragen mit einer bestimmten MAC-Adresse kamen, und leitet die Antwort auf diese Anfragen an den entsprechenden Port zurück.

Eine Besonderheit stellt die "Translation-Bridge" dar, die zwischen verschiedenen Netzwerktechnologien vermitteln kann.

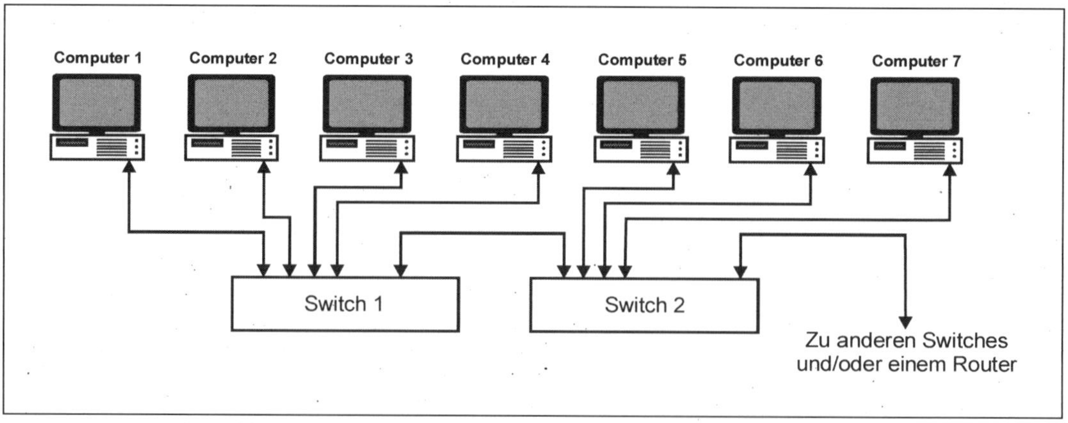

Abb. 7.16-3: Aufbau eines Computernetzwerkes mit mehreren Switches

Switch:
Ein Switch ist eigentlich ein Repeater kombiniert mit einer Bridge - er arbeitet also auf Schicht 2 des OSI-Modells. Wie in der Bridge werden Pakete nach MAC-Adressen verteilt und nur an die Endgeräte weitergeleitet, die am entsprechenden Port anzutreffen sind. Dadurch bekommt jedes Netzwerksegment am Ausgang eines Switches nur die Datenpakete für die Netzwerkteilnehmer an dem entsprechenden Ausgang.
In einer typischen Ethernetverkabelung hängt jeder Computer direkt an genau einem Port eines Switches (Switch1) (Siehe Abbildung 7.16-3). Ein weiterer Port verbindet Switch1 mit einem Port des nächsten Switches (Switch2). Switch(2) verteilt die Daten aller Teilnehmer von Switch(1) und der Computer, die an Switch2 angeschlossen sind. Weiterhin ist er mit einem weiteren Switch oder einem Router für den Internetzugriff verbunden.
Durch Switches werden alle Verbindungen zwischen Rechner und Switch kollisionsfrei. Das heißt, dass keine anderen Netzwerkteilnehmer die Kommunikation stören können. Der Switch kann nun intern die Daten der einzelnen Rechner zu einem Datenstrom zusammenfassen und - ebenfalls kollisionsfrei - zum nächsthöheren Switch weiterschicken. Dadurch ist insgesamt eine deutlich schnellere Kommunikation im Gesamtnetzwerk möglich.

Router:
Router koppeln Netzwerkteilnehmer auf Schicht 3 des OSI-Modells. Sie werden durch eine eigene IP-Adresse angesprochen und können zum Beispiel die Verbindung zwischen zwei Netzwerken managen. Die wohl typischste Anwendung ist die Verbindung LAN-WAN (umgangssprachlich: eigenes Netzwerk - Internet).
MAC-Adressen der einzelnen Netzwerkteilnehmer werden von einem Router nicht weitervermittelt. Ein Router gibt bei der Kommunikation nur seine eigene MAC-Adresse weiter.

Gateway:
Gateways stellen Verbindungen auf den Schichten 4-7 her. Sie sind beispielsweise erforderlich, um mit Hilfe von Zugangsdaten eine WAN-Verbindung bei einem Provider herzustellen.
Da Router oftmals ohne einen Gateway nicht funktionieren (Beispiel Internetverbindung), sind Router und Gateways im Consumerbereich oft in einem Gerät vereint. Sie werden dann meist vereinfacht nur "Router" genannt. Sie stellen in der Regel auch einen DHCP-Server zur Verfügung, der den Netzwerkteilnehmern automatisch IP-Adressen zuweisen kann (siehe Kapitel 7.16.5.9).

Hub:
Ein Hub ist eigentlich nur ein "Knotenpunkt" in einer Netzwerkverkabelung. Welche Funktion er hierbei hat, ist allein mit dem Begriff "Hub" noch nicht definiert. Allerdings hat es sich eingebürgert, einen "Hub" mit einem "Repeating-Hub", also einem "Repeater" gleichzusetzen.

7.16.5 Netzwerkprotokolle und -dienste

7.16.5.1 Grundlagen

Eine Übersicht über gängige Netzwerkprotokolle ist in Tabelle 7.16-1 zu finden. Dort sieht man ebenfalls, in welcher Schicht des OSI-Modells das Protokoll angesiedelt ist.

7.16.5.2 ARP

Das "Address Resolution Protocol" (ARP) dient dazu, die physikalische Adresse (=MAC-Adresse) eines Gerätes in einem Netzwerk anzufordern. Damit eine Kommunikation auf OSI-Schicht 2 funktionieren kann, muss die MAC-Adresse des Empfängers bekannt sein. Schickt nun ein Gerät einen ARP-Request an eine bestimmte IP-Adresse im Netz, so antwortet das Gerät mit dieser IP Adresse und teilt dem anfordernden Gerät seine MAC-Adresse mit. Bei dazwischengeschalteten

OSI	Schicht	Protokoll						
7	Anwendung	File Transfer	Mail	Terminal	Usenet	WWW	DNS	DHCP
6	Darstellung							
5	Sitzung	FTP	SMTP	Telnet	NNTP	HTTP	DNS	DHCP
4	Transfer			TCP			UDP	
3	Netzwerk			ARP / IP / ICMP				

Tab. 7.16-1: Die Netzwerkprotokolle und dazugehörigen OSI-Schichten

Routern (meist Standard) übernimmt der Router die Antwort.

7.16.5.3 IP

Das Internet Protocol (IP) ist ein verbindungsloser Dienst, der Datenpakete von einem Rechner zu einem anderen transportiert. Verbindungslos bedeutet hier, dass es keinen Austausch der zwei kommunizierenden Rechner darüber gibt, ob eine Verbindung hergestellt wurde. Es werden einfach nur Daten auf den Weg geschickt, die irgendwann (hoffentlich) beim anderen Rechner ankommen. Beim IP ist tatsächlich weder der genaue Weg, noch die Dauer der Übertragung sichergestellt, so dass es in der Praxis passieren kann, dass Datenpakete nicht mehr in der Reihenfolge beim Empfänger eintreffen, in der sie abgesendet wurden. Auch können Datenpakete verloren gehen oder doppelt eintreffen.

Die Aufgabe von IP ist es, den höher liegenden OSI-Schichten eine Verbindung zur Verfügung zu stellen, über die diese Schichten nicht "nachdenken" müssen. So kann man beispielsweise mit TCP große Datenpakete verschicken, die in der Praxis durch IP in kleinere Pakete zerstückelt werden, damit die Hardware sie besser transportieren kann. Diese Zerstückelung (Fragmentierung) und das erneute Zusammensetzen der Daten (Defragmentierung) ist Aufgabe von IP und muss daher nicht von TCP beachtet werden.

7.16.5.4 UDP

Das "User Datagram Protocol" (UDP) ist ein verbindungsloses Protokoll ohne Flusskontrolle mit einem 8Byte-Header und einer maximalen Länge von ca. 64kB.
Verbindungslos bedeutet in diesem Fall, dass ein Teilnehmer ein Datenpaket zwar schicken kann, aber nie erfährt, ob dieses auch angekommen ist oder empfangen werden konnte. Im Gegensatz zu TCP (siehe nächster Abschnitt) ist UDP schneller und erzeugt weniger Datenverkehr auf den Leitungen. Es kann auch als Broadcasting- oder Multicasting-Protokoll eingesetzt werden und mehrere Empfänger gleichzeitig ansprechen.

UDP wird daher für zeitkritische Anwendungen eingesetzt, wie beispielsweise Audio- oder Videostreaming über IP.

Ein weiteres Einsatzgebiet ist die Anforderung von IP-Adressen über Domain Name Server (DNS). Aufgrund der Häufigkeit dieser Anfragen ist das UDP hier im Vorteil gegenüber dem TCP.

Probleme bei UDP sind die fehlende Fehlersicherheit und Flusskontrolle. Datenpakete können also fehlerhaft eintreffen und werden nicht wie bei TCP automatisch neu angefordert. Auch ist nicht sicher, ob die gesendeten Daten auch wirklich in der gleichen Reihenfolge beim Empfänger eintreffen, da es keine Paketnummern gibt. Es ist daher bei UDP Aufgabe des Anwenderprogramms, mit diesen Problemen umzugehen, oder sich wie beim Streaming nicht daran zu stören, wenn auch Mal fehlerhafte Daten kommen.

7.16.5.5 TCP

Das "Transmission Control Protocol" (TCP) verfügt über einen deutlich größeren Header als das UDP. In diesem Header werden Sequenznummern, Bestätigungsnummern und Flags übertragen, die eine Rückmeldung über den Empfang der Daten möglich machen. Der Header ist zwischen 20 und 64Bytes lang und damit deutlich größer als ein UDP-Header.

Das TCP ist das Standardprotokoll beim Datenaustausch im Internet. Es wird für FTP-, HTTP- und SMTP-Dienste genutzt. Auch bei der DNS-Abfrage kann es verwendet werden, falls UDP aufgrund zu langer Domainnamen nicht ausreichen sollte (UDP-Pakete werden oft auf 512Byte limitiert).

Im TCP wird der Empfang von Datenpaketen quittiert, so dass sichergestellt werden kann, dass wirklich alle Pakete angekommen sind. Fehlt die Quittierung für ein Datenpaket, so wird es erneut gesendet bis der Empfang bestätigt wird oder ein "Timeout" die Übertragung unterbricht.

7.16.5.6 PPP

Das "Point to Point Protocol" (PPP) dient der direkten Datenübertragung zwischen zwei Netzwerkteilnehmern. Bevor die Datenübertragung stattfinden kann muss eine Authentifizierung des rufenden Teilnehmers durch den gerufenen Teilnehmer stattfinden. Hierfür stehen verschiedene Protokolle zur Verfügung.

Steht die Verbindung, können Daten ausgetauscht werden. Die Verbindung bleibt auch ohne Datenaustausch bereit, es sei denn, ein Zeitlimit sorgt für eine Beendigung.

Nach der Datenübertragung wird die Verbindung "terminiert" und der gerufene Teilnehmer weiß, dass die Verbindung zu Ende ist und er nicht weiter auf Daten warten muss.

Eine typische Anwendung ist die Verbindung zwischen Heimrechner und Netzwerk-Provider mittels "PPP-over-Ethernet". Hierbei authentifiziert sich das Heim-Modem gegenüber dem Provider als zugangsberechtigt und kann anschließend Daten im Internet aufrufen und versenden.

7.16.5.7 Ports

Neben der IP-Adresse eines Gerätes gibt es auch noch Ports, über die ein bestimmter Dienst auf einem Gerät angesprochen wird. Die Ports sind vergleichbar mit verschiedenen Zugängen zu einem Haus: Briefkasten für Briefe, Haustür für Menschen, Telefon für Sprachkommunikaten etc. Es sind theoretisch 65536 verschiedene Ports möglich. Man unterteilt die Ports wie in Tabelle 7.16-2 zu sehen:

Einige der "Well Known Ports" sind in Tabelle 7.16-3 aufgeführt. Über diese Ports sind die dazu genannten Dienste immer erreichbar.

7.16.5.8 Internet-Dienste

FTP: Das File Transfer Protocol ist ein Dienst, der zum Hoch- und Runterladen von Files gedacht ist. Der FTP-Server kann hierbei gleichzeitig die Verwaltung von Zugriffsrechten der Files steuern, sowie ein filesystemübergreifendes Datenformat anbieten. Dadurch kann mit Rechnern unterschiedlicher Betriebssysteme und unterschiedlicher Filesysteme auf die gleiche Art und Weise auf einen FTP-Server zugegriffen werden.

Telnet: Der "Terminal Emulation over Internet"-Dienst dient dazu, einen entfernten Rechner als User benutzen zu können. Dazu bedient man sich der so genannten "Konsole" - einer kommandozeilenbasierten Benutzeroberfläche. Man kann hierbei nur mit getippten Befehlen den entfernten Rechner steuern, eine Mausunterstützung oder eine fensterbasierte, grafische Benutzeroberfläche ist nicht gegeben.

HTTP: Das "Hyper Text Transfer Protocol" ist wohl einer der bekanntesten Dienste, da er die Grundlage für alle Webseiten darstellt. Im HTTP wird eine Anfrage zu einem Server geschickt, die mit einer Antwort quittiert wird. Die Antwort ist hierbei eine Statusmeldung und bei erfolgreicher Anfrage auch ein Nutzdatenpaket. Dieses Nutzdatenpaket kann dann beispielsweise in einem Browser als Internetseite angezeigt werden.

SMTP: Das "Simple Mail Transfer Protocol" dient zur Übertragung von Mails von einem Rechner auf einen anderen. In der Praxis sieht das so aus, dass ein E-Mail-Provider einen SMTP-Server (einen "Message Transfer Agent", kurz MTA) anbietet und der Anwender sich als SMTP-Client mit diesem Server verbindet. Die Mails, die an den MTA geschickt wurden, gehen von dort an den MTA des Empfängers und stehen dann zum Abruf bereit.

POP3: Das "Post Office Protocol Version 3" kann Mails von einem Mail-Server abholen. Es erlaubt jedoch nur das Auflisten, Herunterladen und Löschen von Mails als Funktionen.
Es wird typischerweise so eingesetzt, dass der Anwender mit einem Endgerät seine Mails vom Server abholt, sie auf dem Server löscht und lokal

Portnummer	Dienst
20	FTP (Daten)
21	FTP (Befehle)
22	Secure Shell (SSH)
23	Telnet
25	SMTP
53	DNS
80	HTTP
110	POP3
143	IMAP
194	IRC
443	HTTPS
531	AIM

Tab. 7.16-3: Einige typische "Well known Ports"

Port Nummernbereich	Anwendung
0-1023	**System Ports:** "Well Known Ports" - für Standard-Internetanwendungen. Zuteilung der Nummern erfolgt unter Einbeziehung der Internet Engineering Task Force (IETF)
1024-49151	**User Ports:** Zuteilung ohne Beteiligung der IETF möglich
49152-65535	**Dynamic Ports:** Frei verfügbare Verwendung

Tab. 7.16-2: Die Unterteilung der Ports in Bereiche

im Endgerät speichert. Möchte man mit mehreren Endgeräten auf die gleichen Mails zugreifen und den Mailverkehr auf allen Geräten synchronisiert halten, benötigt man IMAP als Protokoll.

IMAP: Das "Internet Message Access Protocol" erlaubt einen vielseitigeren Zugriff auf Mails als das POP3. So kann beispielsweise von mehreren Rechnern auf das gleiche Mail-Konto zugegriffen werden und die Ansicht auf den verschiedenen Endgeräten ist immer synchron. Mails können in Ordner sortiert werden, und die Ordner sind dann auch auf allen Endgeräten die gleichen.

Im typischen Einsatz bleiben bei IMAP die Mails auf dem Mail-Server gespeichert, und die Endgeräte stellen eine lokale Kopie zur Verfügung. Wird eine Mail auf einem Endgerät gelöscht, passiert dies auch auf den anderen Endgeräten. Wird ein neues Endgerät dazu genommen, synchronisiert es sich mit dem Mail-Server und stellt dann die gleichen Daten zur Verfügung wie die bisherigen Endgeräte. Sollte zum Beispiel ein Endgerät kaputt gehen, so kann mit einem Ersatzgerät sofort mit dem alten E-Mail-Bestand weiter gearbeitet werden.

7.16.5.9 IP-Adressen

IPv4 und IPv6

IPv4-Adressen sind 32-Bit-Adressen, die in vier Binärzahlen-Oktette unterteilt werden. Damit eine IP-Adresse lesbar bleibt, werden die Oktette nicht binär, sondern Dezimal geschrieben und durch einen Punkt voneinander getrennt. So lautet beispielsweise eine typische IP-Adresse innerhalb eines Firmennetzwerks 192.168.0.1 (eigentlich 11000000.10101000.00000000.00000001).

Da mit Hilfe der 32-Bit langen IPv4 Adressen "nur" 2^{32}, also ca. 4,3Milliarden verschiedene Adressen angesprochen werden können, wird derzeit Stück für Stück auf IPv6 umgestellt. Die Version IPv5 wurde aufgrund eines technischen Problems übersprungen.

Bei IPv6 sind die IP-Adressen 128-Bit lang und können somit 2^{128} also etwa $3{,}4\cdot10^{38}$ verschiedene Adressen ansprechen. Innerhalb der 128-stelligen Adresse sind normalerweise die ersten 64-Bit das so genannte "Präfix", unter dem ein Endkunde erreichbar ist. Die letzten 64-Bit stellen den "Interface Identifier" dar, der ein Endgerät eindeutig identifiziert. Der Interface Identifier kann beispielsweise unter Zuhilfenahme der MAC-Adresse des Endgerätes gebildet werden.

Durch die IPv6-Adressen soll es wieder möglich sein, wirklich jedes Endgerät im Internet eindeutig anzusprechen und zu identifizieren. Bei IPv4 ist es im Vergleich so, dass ein Endkunde nur eine IP-Adresse bekommt und die einzelnen Geräte des Endkunden dann nach außen hin nicht mehr identifizierbar sind (Beispiel: Der Router bekommt von dem Netzwerkprovider die Adresse 88.217.64.205 und ist darüber von außen ansprechbar. Innerhalb der Firma werden jedoch Adressen von beispielsweise 192.168.0.1 bis 192.168.0.254 verwendet, um die einzelnen Endgeräte zu adressieren. Alle Endgeräte kommunizieren nach außen über die 88.217.64.205 und sind daher nicht direkt einzeln ansprechbar.

Subnetze

Um aus einer großen möglichen Menge an Netzwerkadressen nur eine bestimmte Untermenge zur Adressierung zuzulassen, sind "Subnetzmasken" erfunden worden. Diese sind vergleichbar mit einer Telefonnummer und Nebenstellen (siehe auch Tabelle 7.16-4).

Zunächst ein Beispiel einer möglichen Rechneradresse:

IP-Adresse:	**192.168.0.200**
Subnetzmaske:	**255.255.255.0**

Durch diese Kombination ist es dem Rechner nur möglich, Adressen im Bereich von 192.168.0.0 bis 192.168.0.255 anzusprechen. Die ersten drei Zahlen der IP-Adresse sind sozusagen "verriegelt".
Die Subnetzmaske unterteilt somit eine IP-Adresse in eine Netzadresse (der Bereich, der mit Einsen in der Subnetzmaske "verriegelt" wurde) und einen Rechneranteil (der Bereich, der durch Nullen in der Subnetzmaske adressierbar geblieben ist).

Würde sich also im gleichen physikalischen Netzwerk ein Rechner mit der Adresse 192.168.2.100 befinden, wäre dieser vom ersten Rechner aus nicht zu sehen, da die dritte Stelle der IP-Adresse unterschiedlich ist. Hätte der erste Rechner jedoch die Adresse

IP-Adresse:	**192.168.0.200**
Subnetzmaske:	**255.255.0.0**

Klasse	Linkeste Bits (MSB)	Adressbereich Anfang	Adressbereich Ende	Vorgabe-Subnetzmaske	Adressverteilung	Anzahl der Netze	Anzahl der Hosts/Rechner pro Netz
A	Bit 1 = 0	1.0.0.0	127.255.255.255	255.0.0.0	7Bit Netzadresse 24Bit Hostadresse	127	16.777.214
B	Bit 1-2 = 10	128.0.0.0	191.255.255.255	255.255.0.0	14Bit Netzadresse 16 Bit Rechneradresse	16384	65534
C	Bit 1-3 = 110	192.0.0.0	223.255.255.255	255.255.255.0	21Bit Netzadresse 8Bit Rechneradresse	2097152	254
D	Bit 1-4 = 1110	224.0.0.0	239.255.255.255		für IP Multicasts		
E	Bit 1-4 = 1111	240.0.0.0	255.255.255.254		Reserviert		

Tab. 7.16-4: Die Subnetze und Subnetzmasken

dann könnten sich die Rechner sehen, da nun der gesamte Bereich zwischen 192.168.0.0 und 192.168.255.255 angesprochen werden kann.
Die Subnetzmaske dient demnach dazu Netzwerke in Teilnetze aufzugliedern.

Eine Subnetzmaske muss - binär - von links betrachtet, so lange Einsen beinhalten, wie sie für das Teilnetz erforderlich sind. Danach folgen Nullen für den variablen Bereich.

Die Subnetzmaske 255.255.255.0 wäre binär
11111111.11111111.11111111.00000000
und kennzeichnet durch die ersten 24 Einsen das Teilnetz. Die letzten acht Nullen geben die Möglichkeit $2^8 = 256$ verschiedenen IP-Adressen im Teilnetz anzusprechen.

Die Subnetzmaske
11111111.11111111.00000000.00000000
kennzeichnet nur 16 Bit als Teilnetz und weitere 16 Bit = 65536 Möglichkeiten für die verschiedenen Teilnehmer innerhalb des Teilnetzes.

Unzulässig wäre beispielsweise:

11111111.11111111.00001111.00000000
da nach dem ersten Wechsel auf Nullen in der Subnetzmaske keine Einsen mehr vorkommen dürfen!

7.16.5.10 Netzklassen

Innerhalb der IP-Adressen existieren Netzklassen, die verschiedene Bereiche grundlegend auseinander halten. Die Netzklassen unterscheiden sich durch einen unterschiedlichen Anfang der Binärzahlen innerhalb der IP-Adresse. Vergleichbar wären diese Netzklassen mit der Vorwahl bei einer Telefonnummer.

Die folgenden Beispiele beziehen sich alle auf IPv4.

Spezialadressen:

Es gibt unter den IP-Addressen ein paar Spezialadressen, die für bestimmte Anwendungen vorgesehen sind. So gehört zum Beispiel immer die erste und die letzte Adresse eines Netzes zu diesen vorher festgelegten Adressen. Da diese Adressen

Adresse	Funktion	Anmerkung
127.0.0.1 - 127.0.0.254	Loopback-Adresse des lokalen Rechners	Jeder Rechner kann sich selbst unter dieser Adresse ansprechen und somit prüfen, ob seine Netzwerksoftware funktioniert (z.B. mit Ping 127.0.0.1)
Netzadresse [0...0] alle Adressbits=0 z.B.: 192.168.0.0 oder: 10.0.0.0	Netzwerk-Adresse. Immer die erste Adresse eines Netzwerkes	Die Adresse des Netzwerkes selber - kein Teilnehmer wird angesprochen.
Netzadresse [1...1] alle Adressbits=1 z.B.: 192.168.0.255 oder: 10.255.255.255	Broadcast-Adresse. Immer die letzte Adresse eines Netzwerkes.	Nachricht geht an alle Teilnehmer

Tab. 7.16-5: Stets vorhandene Adressen in einem Netzwerk

bereits vom System vergeben wurden, ist es nicht möglich, sie selber zu belegen.

System-Adressen:

Zu den Adressen, die in einem System immer vorhanden sind, zählen die in Tabelle 7.16-5 aufgeführten Adressen:

Wichtig in Zusammenhang mit der Netzwerk- und der Broadcast-Adresse ist die Zuweisung einer Subnetzmaske. So liegt beispielsweise nur in einem Netzwerk mit
IP: 192.168.0.0
Subnetz: 255.255.255.0
die Broadcast-Adresse bei 192.168.0.255.

In einem Netzwerk mit
IP: 192.168.0.0
Subnetz: 255.255.0.0
läge sie jedoch bei 192.168.255.255, und die 192.168.0.255 könnte für einen Teilnehmer verwendet werden.

In einem Netzwerk mit
IP: 192.168.0.0
Subnetz: 255.255.255.240
wäre sie bereits bei 192.168.0.15 zu finden.

Private Adressen:
Unter den oben genannten Netzklassen finden sich so genannte "Private Adressen", die für die private Nutzung innerhalb von Firmen- oder Heimnetzen gedacht sind.

In einem Klasse A Netz ist dies der Adressbereich:
10.0.0.0 bis 10.255.255.255
(1 Netz mit 16777214 Teilnehmern).

In einem Klasse B Netz:
172.16.0.0 bis 172.31.255.255
(16 Netze mit jeweils 65534 Teilnehmern).

In einem Klasse C Netz:
192.168.0.0 bis 192.168.255.255
(256 Netze mit jeweils 254 Teilnehmern).

Weiterhin gibt es in einem Klasse B-Netz noch den Adressbereich 169.254.0.0 bis 169.254.255.255, der für Microsoft- und Apple-Rechner verwendet wird, wenn diese anderweitig keine IP-Adresse zugewiesen bekommen haben (zum Beispiel durch feste Zuweisung oder einen DHCP-Server).

7.16.6 Audiospezifische Protokolle

Im Audiobereich finden sich Netzwerkverbindungen für reine Steuersignale, Verbindungen für Audiosignale und Steuerdaten, sowie nicht-ethernetkonforme Verbindungen über Netzwerkkabel.

Reine Steuerverbindungen sind in der Regel nach einem Ethernetprotokoll auf (mindestens) OSI-Schicht 3 angesiedelt und daher auch problemlos zwischen Computern und Mischpulten bzw. Outboardequipment einzusetzen. Sie können zusammen mit Computersignalen über Switches und Router in ein Netzwerk eingebunden werden.

Kombinierte Verbindungen können sowohl auf OSI-Schicht 2 als auch auf OSI-Schicht 3 ablaufen. Verbindungen auf OSI-Schicht 2 können über Switches geschickt oder verteilt werden, Verbindungen auf OSI-Schicht 3 gehen auch über Router, da sie eine IP-Adresse haben.

Reine Audioverbindungen können auch nur auf Schicht 1 angesiedelt sein und müssen dann Point-to-Point Verbindungen zwischen den Endgeräten sein, da sie nicht über Switches laufen würden.

Die wichtigsten Protokolle sind:

- **Cobranet:** Das älteste Netzwerkformat für Audiodaten kann über Switches verteilt werden und überträgt 64 Kanäle mit 48kHz/24Bit in jede Richtung. Anwendungen sind hauptsächlich komplexe, jedoch feste Großinstallationen (z.B: Theater, Konferenzzentren).
- **Ethersound**: Dieses im Live-Bereich oft anzutreffende Format wird normalerweise als Daisy-Chain-Verbund aufgebaut. Das bedeutet, dass alle Geräte hintereinander gesteckt werden und das letzte Gerät in der Kette wieder mit dem ersten verbunden wird. Dadurch entsteht eine Fehlersicherheit, die das System auch dann weiter laufen lässt, wenn eine Verbindung unterbrochen wird. Ethersound überträgt ebenfalls 64 Kanäle mit 48kHz/24Bit in jede Richtung.
- **Dante:** Als einziges Format auf OSI-Schicht 3 kann Dante auch über Router geschickt werden. Es überträgt UDP-Pakete und schafft auf einer 1GBit/s-Leitung 64 Kanäle mit 48kHz/24Bit in jede Richtung, über eine 100MBit Verbindung jedoch nur 48 Verbindungen.

- **AVB:** Das Audio Video Bridging Protokoll ist auf OSI-Schicht 2 und stellt einen offenen Standard dar. Für eine Vernetzung sind AVB-fähige Switches erforderlich. Es können 64 Kanäle mit 48kHz/24Bit übertragen werden.
- **ACE:** Das Allen&Heat Audio & Control over Ethernet-Format ist OSI-Schicht 2 kompatibel und überträgt 64 Kanäle mit 48kHz/24bit in jede Richtung und gleichzeitig mit 9.6Mbit noch Steuerdaten in beide Richtungen.
- **Soundgrid:** Dieses OSI-Schicht 2 Format läuft über 1GBit/s Leitungen und überträgt je nach Hardwarekarte eine unterschiedliche Anzahl von Kanälen (64 sind z.B. möglich) mit 24Bit/48kHz.
- **AES50 beziehungsweise SuperMAC:** Eine Verbindung, die auf Osi-Schicht 1 abläuft, und mehrkanaliges Audio sowie Sync-Informationen in beide Richtungen überträgt. Es sind 48Kanäle mit 48kHz/24Bit möglich
- **AES67:** Ein OSI-Schicht 3 Standard, der 2013 definiert wurde und möglichst viel Flexibilität bei einer Netzwerkübertragung ermöglichen soll. Er kann ab 44,1kHz/16Bit eingesetzt werden und in der niedrigsten Auflösung mehrere hundert Kanäle übertragen.

Grundsätzlich können die meisten der eben genannten Formate auch höhere Abtastfrequenzen übertragen, dies jedoch nur mit entsprechend reduzierter Kanalanzahl.

Im Gegensatz zu Multicore-Kabeln, in denen viele Signale vom Sender zum Empfänger transportiert werden, haben Netzwerkverbindungen die Möglichkeit, an jeder "Zwischenstation" Signale abzugreifen und einzuspeisen. So gibt es beispielsweise kleine "Personal Monitoring"-Lösungen, die aus einem Netzwerkdatenstrom mehrere Kanäle zusammenmischen können und z.B. auf ein In-Ear-System geben. Dieser Submix kann dann als neue Stereosumme ins Netzwerk eingespeist werden und von anderen Stationen empfangen werden. Ebenso können Mikrofonsignale an jeder Station ins Netz eingespeist werden (siehe Abbildung 7.16-4).

Abb. 7.16-4: Netzwerkbasierte "Personal-Monitoring"-Lösung mit Misch- und Einspeisefunktion (© Movek)

Auf diese Art und Weise löst sich die bisherige Mikrofon-Stagebox-FOH-Pult-Monitormix-Kette auf, und jeder Musiker trägt zum Mix selber bei. Gerade für kleinere Bands, die keinen FOH-Mischer haben wollen, erscheint dies als sehr praktikable Lösung.

Übertragungen, die komplett außerhalb der OSI-Schichten laufen, benutzen nur das Ethernetkabel als Verbindung. Dies sieht dann zwar optisch nach einer Netzwerkverbindung aus, ist jedoch in Wirklichkeit nur ein Multipinstecker mit einem Kabel mit definiertem Wellenwiderstand.
Als Beispiel überträgt der Fostex LR16 auf einem Cat5 Kabel die Betriebsspannung der Remote, jeweils ein AES3-Signal in jede Richtung und Steuerdaten in zwei Richtungen.

7.17 Ausflug in die Zeit- und Frequenzebene

Für ein besseres Verständnis der Zusammenhänge innerhalb der (digitalen) Signalverarbeitung soll hier ein kurzer "Ausflug" in die beiden Darstellungsebenen eines Signals gemacht werden. Viele Toningenieure trennen gedanklich die Zeit- und die Frequenzebene voneinander und haben deshalb oft Verständnisschwierigkeiten bei bestimmten Zusammenhängen.

So wird beispielsweise einem dynamischen Mikrofon ein "schlechtes Impulsverhalten" bescheinigt, und möglicherweise gleichzeitig über eine "Höhenschwäche" gesprochen. Beides sind aber nur unterschiedliche Ansichten ein und desselben Effekts. Das schlechte Impulsverhalten - hervorgerufen durch eine Masseträgheit der Membran - ist eine Betrachtung der Zeitebene. Die dadurch hervorgerufene Höhenschwäche betrachtet den gleichen Effekt in der Frequenzebene.
Würde man nun die Höhenschwäche durch einen Equalizer ausgleichen, so denkt man unweigerlich an eine Signalbearbeitung in der Frequenzebene, vergisst dabei aber, dass die Korrektur der Höhenschwäche auch das Impulsverhalten (nicht das mechanische der Membran, wohl aber das elektrische des Ausgangssignals) verbessert.

In der Praxis wird ein Signal je nach Anwendung entweder in der Zeitebene als "Wellenform" oder in der Frequenzebene als "Spektrum" oder "Frequenzgang" betrachtet. Welche Darstellung gewählt wird, hängt davon ab, in welcher Ebene das Signal einfacher zu veranschaulichen ist.
So wird beispielsweise bei einem Schnittprogramm die Wellenformdarstellung gewählt, da man sich mit ihrer Hilfe schnell orientieren und zielsicher die Schnitte setzen kann. Geht es jedoch um die Analyse von Störfrequenzen, so hilft die Spektraldarstellung, die betroffenen Frequenzbereiche zügig zu finden.

Für das richtige Verständnis kann an dieser Stelle festgehalten werden: Zeit- beziehungsweise Frequenzebene sind nur zwei unterschiedliche "Betrachtungswinkel", aus denen man ein Signal betrachten kann:

- **Zeitebene:** In der Zeitebene sieht man die Wellenformdarstellung des Signals. Die Hochwertachse ist als Spannung oder Schalldruck angegeben, die Rechtswertachse als Zeit.
- **Frequenzebene:** Die Frequenzebene zeigt das Spektrum des Signals - also mit welcher Amplitude bestimmte Frequenzanteile vorhanden

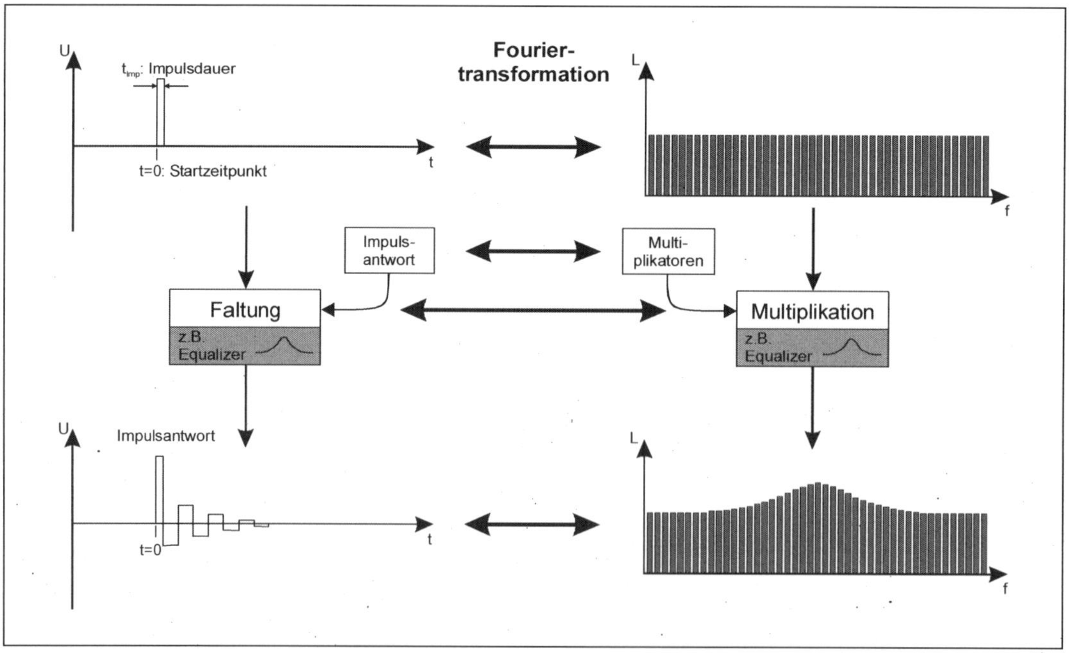

Abb. 7.17-1: Der Zusammenhang zwischen Zeitebene = Wellenform (links) und Frequenzebene = Spektrum (rechts)

sind. Korrekterweise gehört neben der Amplitude einer Frequenz auch noch deren Phasenlage dazu. Erst dann ergibt sich eine vollständige Information. Auf die Phase soll hier zunächst aus Gründen der Vereinfachung verzichtet werden.
In der Frequenzebene ist die Hochwertachse üblicherweise als Spannungs- oder Schalldruck*pegel* angegeben. Die Rechtswertachse stellt die Frequenz in (meist) logarithmischer Skalierung dar.

Zwischen den beiden Ebenen kann man mit Hilfe der Fouriertransformation hin- und herrechnen. So kann man beispielsweise für ein Stück Wellenform dessen Spektrum berechnen und ebenso aus den einzelnen spektralen Komponenten wieder ein Stück Wellenform zusammensetzen.

In Abbildung 7.17-1 ist dieser Zusammenhang anhand von mehreren Beispielen zu sehen. Hierbei ist immer links die Zeitebene und rechts die Frequenzebene dargestellt.

Oben links befindet sich ein interessantes Signal: ein so genannter "idealer" Impuls. Dieser Impuls hat bei Digitalsignalen eine Länge von einem Abtastwert und ist voll ausgesteuert ($0dB_{FS}$). Analysiert man diesen Impuls auf seine spektralen Bestandteile (Fourieranalyse), so stellt man fest, dass in ihm alle Frequenzen enthalten sind. Alle sind gleich laut und alle haben die gleiche Phasenlage (90°). Somit handelt es sich um lauter Cosinusschwingungen.

Addiert man alle diese Cosinusschwingungen, die zum Zeitpunkt $t=0$ ihr Maximum haben (Fouriersynthese), so erhält man zum Zeitpunkt $t=0$ einen kurzen und sehr großen Impuls. Zu allen Zeitpunkten $t\neq0$ löschen sich die Cosinusschwingungen gegenseitig aus und es entsteht keine Spannung.

Anhand dieses grundlegenden Beispiels kann eigentlich schon sehr gut der Zusammenhang zwischen Zeit- und Frequenzebene erkannt werden. Daher erfolgt als nächstes eine Bearbeitung des Signals:
Würde der ideale Impuls durch einen Equalizer geschickt werden, so bekäme man eine so genannte "Impulsantwort" (unten links). Damit ist das Signal gemeint, mit dem ein Gerät "antwortet", wenn es durch einen idealen Impuls angeregt wird. Die Fouriertransformation dieser Impulsantwort entspricht dem neuen Frequenzspektrum, das nach der EQ-Bearbeitung herauskommt: Bestimmte Frequenzen sind je nach EQ-Einstellung lauter oder leiser geworden oder gleich laut geblieben (unten rechts).

In der Vorstellung des Anwenders passiert die Signalbearbeitung auf der rechten Seite: Der Equalizer macht bestimmte Frequenzen lauter oder leiser indem er sie mit Faktoren größer 1 oder kleiner 1 multipliziert. In einem analogen EQ stimmt dies auch, da die frequenzabhängigen Bauteile (Kondensatoren und Spulen) frequenzvariable Spannungsteiler darstellen und die Verstärkung des Audiosignals entsprechend ändern.

In Plug-Ins wird die tatsächliche Signalbearbeitung jedoch auf der linken Seite als so genannte "Faltung" vorgenommen, da dies effizienter vonstatten geht. Für eine Multiplikation auf der rechten Seite müsste das Digitalsignal zunächst fouriertransformiert werden, bevor einzelne Frequenzen multipliziert werden könnten. Danach müsste es wieder in die Wellenform zurücktransformiert werden, bevor es wieder anhörbar wäre. Auf der linken Seite besteht ein einfaches Filter 2. Ordnung (=vollparametrischer EQ) aus nur wenigen Multiplikationen und Additionen, die pro Sample gerechnet werden müssen (siehe Kapitel 10.7.7).

Ist ein Equalizer in der Frequenzebene noch ganz gut vorstellbar, stellt sich jetzt doch die Frage, wie das Verhalten dieses Equalizers in der Zeitebene (also als Impulsantwort) aussieht. In den Abbildungen 7.17-2 und 7.17-3 sind ein paar Beispiele für die Impulsantworten bestimmter EQ- Einstellungen zu sehen. Dort kann man beispielsweise gut erkennen, dass die Mittenfrequenz des Equalizers direkt mit der Periodendauer des Ausschwingers der Impulsantwort zusammenhängt. Die Länge des Ausschwingers gibt Aufschluss über den Q-Faktor (lang = hoher Q-Faktor). Die Richtung des Ausschwingers zeigt an, ob der EQ auf "Cut" oder auf "Boost" steht. Alle Parameter des Equalizers sind also auch in der Impulsantwort zu erkennen, wenngleich nicht so "bequem" wie in der Spektraldarstellung.

Umgekehrt verhält es sich jedoch bei Effekten, die primär in der Zeitebene bearbeitet werden. Ein Delay, ein Echo oder ein Hall sind Beispiele für solche Effekte, deren Parameter (Predelay, Early Reflections, Nachhallzeit) in der Zeitebene problemlos verstanden werden. Aber auch diese Parameter könnten in der Frequenzebene dargestellt werden:

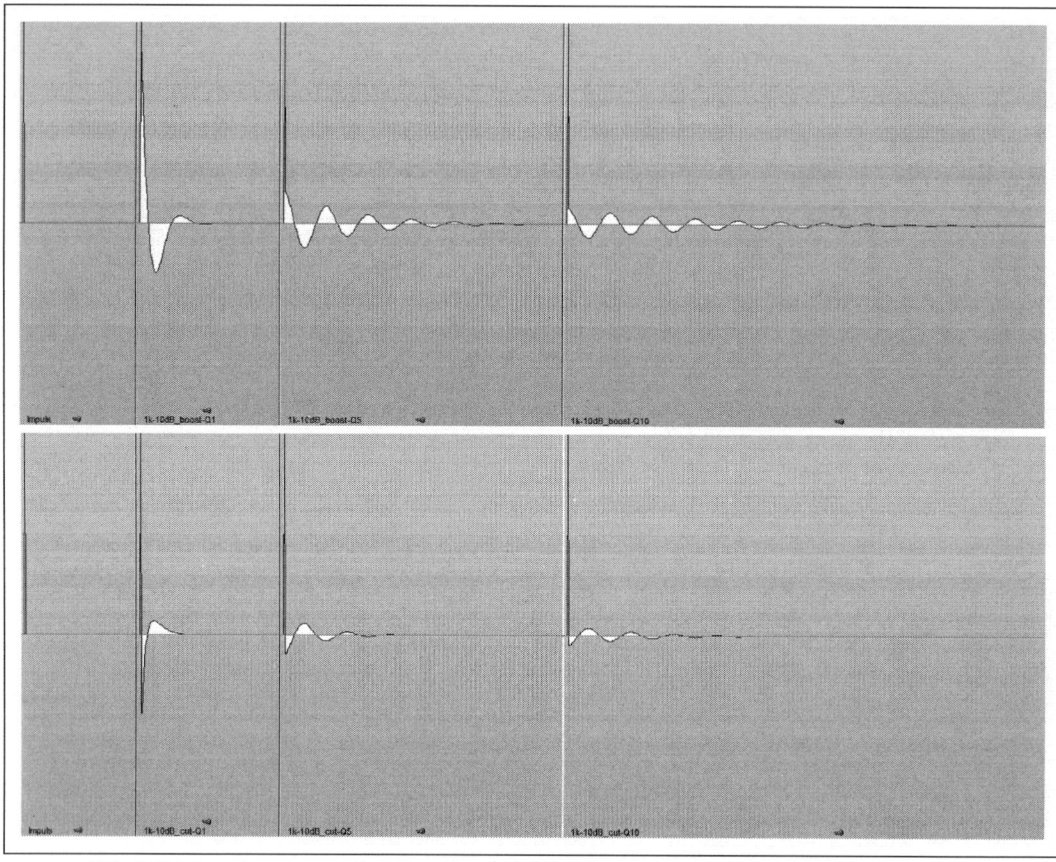

Abb. 7.17-2: Impulsantworten eines Equalizers bei 1kHz Mittenfrequenz mit verschiedenen Q-Faktoren. Oben: 10dB boost, unten 10dB cut - von links nach rechts: Impuls, Q=1, Q=5, Q=10

Bei einem Delay fällt diese Vorstellung ziemlich schwer, da keine Veränderung im Amplitudenfrequenzgang des Spektrums zu erkennen ist. Lediglich die Phasen der einzelnen Harmonischen sind anders und deuten auf die Verzögerung des Signals hin.
Ein Echo führt im Amplitudenfrequenzgang zu einem deutlich sichtbaren Kammfilter, und ein Hall besteht aus vielen, sich überlagernden Kammfiltern (siehe Abbildung 7.17-4).

Hall, Echo, Delay und Equalizer sind also alles Faltungen, die nur mit jeweils unterschiedlichen Impulsantworten ausgeführt werden.

Da stellt sich schnell die Frage, ob man einen Hall auch, anstatt mit Hilfe der Faltung, mit einem "komplexen Equalizer" realisieren könnte? Ja, wenn dieser Equalizer neben einer sehr genauen und vielbandigen Amplitudeneinstellung auch die Phase entsprechend verändern könnte. In der Praxis gibt es solche Equalizer nicht als Hardwaregeräte, und die Einstellung der Amplituden- und Phasenfrequenzgänge wäre auch alles andere als intuitiv, aber digital ist die eben genannte, feine Bearbeitung in der Frequenzebene möglich. Hierzu ein kleines Rechenbeispiel:

Ein echter "Faltungshall" soll die Impulsantwort eines Raums beispielsweise mit 4s Impulsantwortdauer auf ein CD-Signal (Stereo, 44,1kHz) falten. Die Impulsantwort ist somit für jeden Kanal 44100·4 = 176400 Samples lang. Diese Impulsantwort muss auf jedes Sample des zu verhallenden Signals gefaltet werden, was bei einem Stereosignal 44100·2·176400 = 15,6 Milliarden Multiplikationen und Additionen pro Sekunde an Rechenaufwand erfordert. Ein DSP mit 16GHz Takt könnte dies gerade so in Echtzeit schaffen, ein "normaler" Prozessor mit 16GHz Takt bereits nicht mehr.

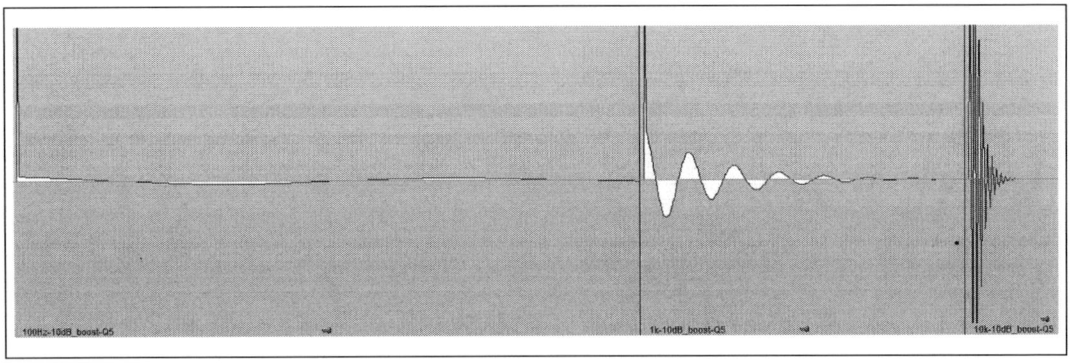

Abb. 7.17-3: Impulsantworten eines Equalizers mit 10dB boost und Q=5 bei verschiedenen Frequenzen
Von links nach rechts: 100Hz, 1kHz, 10kHz

Um diesen Hall dennoch in Echtzeit rechnen zu können, bedient man sich eines Tricks. Der Hall wird gar nicht gefaltet, sondern in Wirklichkeit in der Frequenzebene auf das Spektrum multipliziert. Dies entspricht einem EQing, da durch die Multiplikation einzelne Frequenzen lauter oder leiser gerechnet werden. Allerdings wird nicht nur die Amplitude sondern auch die Phasenlage der einzelnen Frequenzen in diesem "EQ" verändert. Der 4s Stereohall mit 44,1kHz würde im Falle der Multiplikation nur noch 2·176400Hz = 384000Hz Multiplikationen pro Sekunde benötigen. Dazu kommt allerdings noch zweimal eine Fouriertransformation, die jedoch von modernen Prozessoren sehr effizient umgesetzt werden kann.

Der bekannte Faltungshall wird also in Wirklichkeit gar nicht als Faltung gerechnet, sondern als Multiplikation in der Frequenzebene ausgeführt (auch "schnelle Faltung" genannt).

Auch hier hat der Programmierer des Plug-Ins letztendlich die Wahl, ob er eine Signalbearbeitung in der Zeitebene als Faltung oder in der Frequenzebene als Multiplikation ausführen möchte. Beides führt zum gleichen Ergebnis.

Auch spezielle Effekte, wie zum Beispiel "virtual Surround" oder Lautsprecherkorrekturen können mit Hilfe der Faltung (oder entsprechend als EQ) realisiert werden.

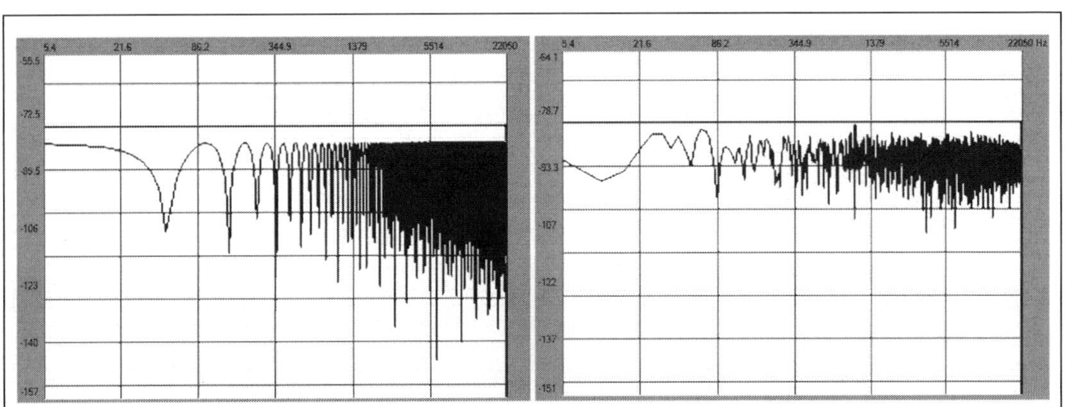

Abb. 7.17-4: Impulsantworten eines 10ms-Delays (links) und eines Halls (rechts)

Kapitel 8 - Schallaufzeichnung

8 Schallaufzeichnung

8.1 Die mechanische Schallaufzeichnung

Unter der mechanischen Aufzeichnung versteht man die Schallspeicherung in Form von mechanischen Veränderungen eines Materials. In der heutigen Zeit ist nur noch die Schallplatte als mechanisches Aufzeichnungsmedium vorhanden. Die mechanische Aufzeichnung hat für den Massenmarkt der Audiodatenträger keine wesentliche Bedeutung mehr.

8.1.1 Geschichte der mechanischen Schallaufzeichnung

Das Jahr 1877 wird im Allgemeinen als das Erfindungsjahr der magnetischen Schallaufzeichnung genannt. Im April dieses Jahres hatte der Franzose Charles Cros die Idee eines "Phonographen" niedergeschrieben und der Akademie der Wissenschaften in Paris vorgestellt. Im gleichen Jahr konstruierte Thomas A. Edison, der wahrscheinlich nichts von Cros wusste, das erste funktionstüchtige Modell eines Phonographen, welches er als geschäftstüchtiger Amerikaner auch gleich zum Patent anmeldete.
Doch bereits zwei Jahrzehnte vorher konnte man Schall aufzeichnen. Bereits 1857 wurden mit dem von dem Franzosen Edouard-Leon Scott erfundenen "Phonautographen" Schallschwingungen auf rußgeschwärzten Materialien für wissenschaftliche Zwecke sichtbar gemacht (siehe Abbildung 8.1-1). An eine erneute Wiedergabe der aufgezeichneten Schallschwingungen war zu diesem Zeitpunkt jedoch noch nicht zu denken.

Edison baute das erste Aufnahme-Wiedergabe-Gerät. Seine Erfindung basierte auf der Idee, eine dünne Zinnfolie um einen Zylinder zu wickeln und diesen mit einer Kurbel in Drehbewegungen zu versetzen. Mit Hilfe einer Nadel, die an einer Membran befestigt war, wurden Schallschwingungen in Schneidbewegungen der Nadel umgesetzt. Die Nadel schnitt dadurch eine Schallinformation in die Tiefe des weichen Zinnmaterials. Während der Zylinder gedreht wurde, wurde er gleichzeitig über eine Gewindestange vorwärts bewegt, so dass sich eine lange, gewindeähnliche Rille auf der Walze bildete (siehe Abbildung 8.1-2).
Ein wesentlicher Nachteil der Zylinder war die fehlende Möglichkeit der mechanischen Vervielfältigung. Jede einzelne Aufnahme musste individuell hergestellt werden, so dass die Künstler ihre Stücke hunderte Male vortragen mussten, um genügend Tonträger für den Markt zu erstellen.

1887 wurde von Emil Berliner das "Grammophon" erfunden, welches Scheiben als Tonträger benutzte. Im Gegensatz zu den Walzen von Edison waren die

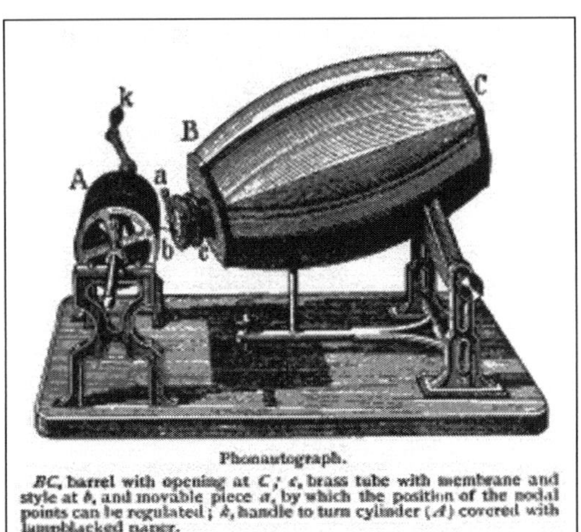

Abb. 8.1-1: Skizze des Phonautographen von E. Scott

Abb. 8.1-2: Nachbau des ersten Phonographen von Edison. (© Edison National Historic Site)

Scheiben relativ einfach in großen Mengen reproduzierbar und daher günstiger herzustellen. Die ersten Versuche Berliners basierten jedoch zunächst auch auf Zylindern. Er verwendete Wachsbeschichtete Zinkfolie, in die mit Hilfe einer Membran eine seitliche Auslenkung geschrieben wurde. Anschließend wurde das Zink an den durch den Schneidstichel freigelegten Stellen angeätzt und somit eine Rille erzeugt. Diese konnte dann auf einem Wiedergabegerät hörbar gemacht werden. In Abbildung 8.1-3 ist ein Modell eines der ersten Grammophone zu sehen

Die aufgenommenen Zink-Masterplatten wurden galvanisch mit Metall beschichtet und bildeten auf diese Weise einen Stempel. Mit diesem konnten viele Kopien der Aufnahme angefertigt werden. Zunächst wurde Zelluloid und Hartgummi als Plattenmaterial verwendet. Später fand man mit Schellack ein sehr gutes Plattenmaterial. Nach der Erfindung der Kunststoffe wurden Schallplatten aus PVC (Polyvinylchlorid, kurz Vinyl) hergestellt.

8.1.2 Schriftverfahren

Zwei verschiedene Schrift-Techniken wurden zur mechanischen Schallspeicherung eingesetzt:

- Edison verwendete die Tiefenschrift, bei der die Schallschwingungen eine mehr oder weniger tiefe Rille in ein Medium ritzten.
- Berliner setzte die Seitenschrift ein, bei der mit konstanter Tiefe geschnitten wurde und die Schallschwingungen eine seitliche Auslenkung der Rille bewirkten.

Abb. 8.1-3: Modell eines sehr frühen Grammophons

Bezüglich der Dynamik ist die Seitenschrift die bessere Variante, weshalb sie auch nach der Umstellung von Schallzylindern auf Schallplatten von Berliner weiter eingesetzt wurde. Die Tiefenschrift erfordert für die gleiche Dynamik relativ hohe Auflagegewichte und bringt zudem die Gefahr mit sich, dass bei einer hohen Aussteuerung der Tonarm "aus der Rille fliegt" und springt.

Für die Stereoaufzeichnung auf der Schallplatte hat man sich entschlossen eine ±45° Schrift einzusetzen. Hierbei wird eine V-förmige Rille geschnitten, bei der in der einen Flanke die Information für den rechten Kanal enthalten ist und in der anderen Flanke die Information für den linken Kanal (siehe Abbildung 8.1-4). Der rechte Kanal wird jedoch phasengedreht geschrieben, sodass sich bei einer Monoaufzeichnung (bei der beide Kanäle die gleichen Signale enthalten) eine reine Seitenschrift ergibt. Auf diese Weise ist die Mono-Abspielbarkeit der Stereoschallplatten gewährleistet.

Wird ein Signal auf Schallplatte geschrieben, bei dem der linke Kanal phasengedreht zum rechten ist, so entsteht eine reine Tiefenschrift. Sollte dieses Signal jedoch zu hoch ausgesteuert werden, so kommt es zu Verzerrungen durch das geringe geforderte Auflagegewicht des Tonarms und zu einem möglichen Abheben des Tonarms. Eine Erhöhung des Auflagegewichtes würde hier zwar Verbesserungen bringen, jedoch zu einem schnelleren Verschleiß der Rille führen. Aus diesem Grund werden beim Mastering-Prozess starke gegenphasige Anteile im Signal entfernt, bevor der Plattenschnitt stattfindet. Kontrolliert man eine Mischung mit einem Korrelationsgradmesser oder Stereosichtgerät, so sollte man auf Monokompatibilität achten, um keine zu hohen Tiefenschriftauslenkungen zu provozieren.

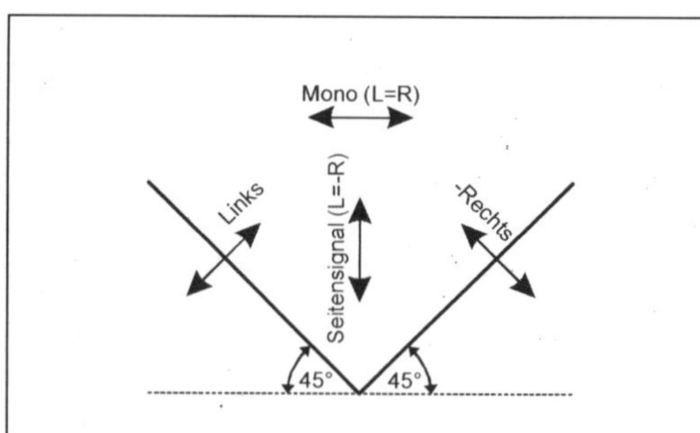

Abb. 8.1-4: Modulation der Rille bei Stereoschallplatten

In den folgenden Abbildungen sind verschiedene Signale einer Stereoaufzeichnung zu sehen:

Abbildung 8.1-5: Von oben nach unten:

- Nur linker Kanal:
  1000Hz, 500Hz, 125Hz jeweils 0dB
- Nur rechter Kanal:
  1000Hz, 500Hz, 125Hz jeweils 0dB
- Monosignal:
  300Hz : +10dB, +9dB und +8dB
- Phasengedrehtes Signal:
  300Hz: +5dB, +3dB und +1dB
  Bei der obersten Rille sieht man, dass die Rille zwischendurch fast verschwindet und die Nadel dadurch die Spur verlieren kann.

Abbildung 8.1-6: Verschieden dicht geschriebene Rillen von LPs und Maxi-Single.

Abbildung 8.1-7: Stereo Rauschsignale in den Rillen

8.1.3 Entzerrung des Frequenzgangs

Bei der Schallplattenaufzeichnung hatte man bald festgestellt, dass tiefe Frequenzen, die auch die meiste Energie im Signal haben, eine zu große Auslenkung der Rille zur Folge haben würden. Die Folge wäre ein zu geringer Platz auf der Schallplatte. Da im tieffrequenten Bereich das Rauschen und die Fahrgeräusche der Rille nicht so kritisch sind, hat man sich entschieden, den Frequenzgang des Signals vor der Aufnahme zu verzerren. In der Praxis werden die Höhen bis 20kHz um maximal +20dB angehoben, die Bässe bis 20Hz um etwa -20dB abgesenkt. Die hierfür zuständige Entzerrerkennlinie ist in der RIAA festgelegt und hat folgende Zeitkonstanten: 3180µs, 318µs und 75µs. Der Frequenzverlauf für die Aufnahmeverzerrung ist in Abbildung 8.1-8 zu sehen. Wiedergabeseitig wird ein spiegelbildlicher Frequenzverlauf als Entzerrung in den üblichen Phono-Vorverstärkern eingesetzt, der auch in Abbildung 8.1-8 zu sehen ist. Bei der Wiedergabe gibt es neben der RIAA-Kennlinie noch die DIN/IEC98 Variante, welche mit einer Zeitkonstante von 7950µs die Bässe absenkt, um Rumpelstörungen zu verringern.
Ebenfalls anzutreffen ist eine Modifikation der DIN/IEC98 mit 15900µs, welche nur ganz tiefe Rumpelstörungen wegfiltert.

Abb. 8.1-5: Verschiedene Signale in den Rillen

Abb. 8.1-6: Verschieden große Rillen von LPs (Links und Mitte) und einer Maxi-Single (Rechts)

Abb. 8.1-7: Stereorauschen in den Rillen

8.1.4 Plattenspielertechnik

Einen sehr wesentlichen Bestandteil der Schallplattenwiedergabe hat die Qualität des Plattenspielers. Dabei werden Laufwerk und Tonabnehmersystem normalerweise getrennt betrachtet. Beides kann vom Endverbraucher individuell zusammengestellt werden.

8.1.4.1 Laufwerke

Auf den ersten Blick zu unterscheiden sind Laufwerke mit "normaler" Tonarmanordnung und Laufwerke mit Tangentialtonarm (siehe Abbildung 8.1-9).

Schneidemaschinen schneiden die Rille mit Hilfe eines tangential zur Rille laufenden Arms. Dieser

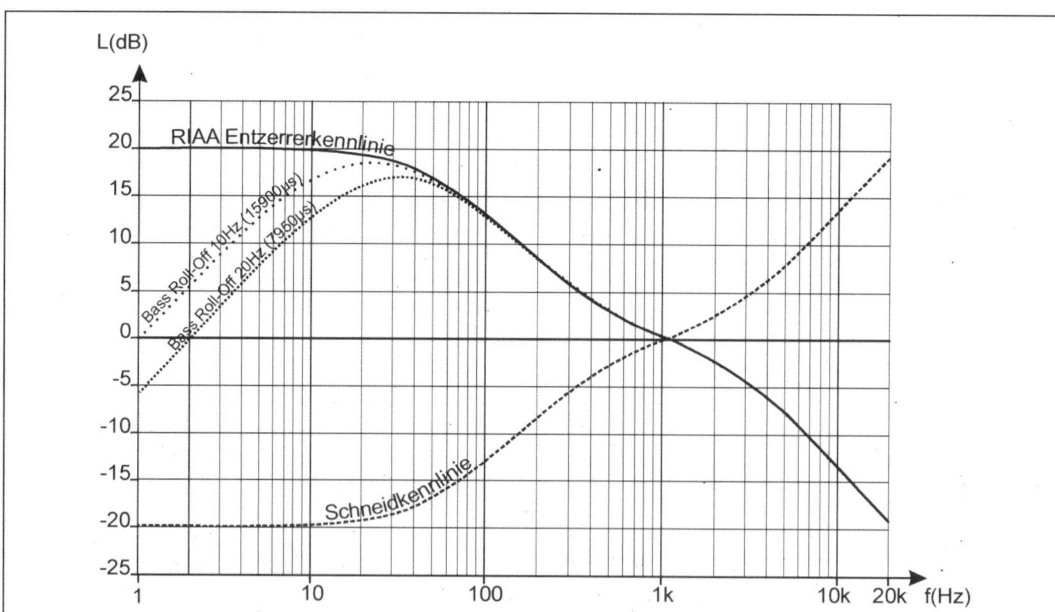

Abb. 8.1-8: RIAA Schneidkennlinie und Entzerrerkennlinien

bewegt sich somit genau auf einer Linie zwischen Plattenmittelpunkt und Plattenrand.
Auch für Plattenspieler wäre die tangentiale Abtastung zu empfehlen. Da hierbei der Tonarm auf einer Spindel oder einer Achse mit der Rille mitlaufen muss, ist eine aufwendige mechanische Steuerung des Arms notwendig. Diese muss weiterhin rückwirkungsfrei auf die Wiedergabe der Platte sein. Da solche Systeme nur relativ teuer zu realisieren sind, verfügen nur wenige Plattenspieler über Tangentialtonarme.

Die normale (schwenkbare) Anordnung ist deutlich billiger zu realisieren, da nur ein passives Drehgelenk für den Tonarm notwendig ist. Außerdem kann der Arm von Hand sehr schnell an jede gewünschte Position auf der Schallplatte gebracht werden. Die Länge des Tonarms und dessen Lagerpunkt werden dabei so gewählt, dass der Winkelfehler bei der Abtastung von außen nach innen möglichst gering gehalten wird.
Ein Problem der Schwenktonarme ist eine auftretende "Skatingkraft", die die Tonabnehmernadel in Richtung der inneren Flanke der Rille drückt. Dadurch erscheint der linke Kanal, der in diese Flanke geschrieben wird, mit etwas abweichendem Pegel und wird auch schneller abgenutzt. Um dieses Problem zu vermeiden, verfügen bessere Schwenktonarme über eine "Antiskating"-Einrichtung. Diese bewirkt über eine Feder oder ein Gewicht eine entsprechende Gegenkraft zur auftretenden Skatingkraft.

Der Tonarm muss bei beiden Systemen so beschaffen sein, dass er ausreichend Trägheit besitzt, um einen Halt für das Tonabnehmersystem zur Verfügung zu stellen. Würde der Arm bei tiefen Frequenzen bereits der Rille folgen, so würden diese Frequenzen zu schwach wiedergegeben. Auf der anderen Seite sollen Unebenheiten der Schallplatte und ein nicht ganz zentrisch angebrachtes Mittenloch ausgeglichen werden können. Diese mechanischen Unzulänglichkeiten der Platte liegen jedoch meist erst in einem Frequenzbereich unter 10Hz.

Der Antrieb des Plattentellers kann auf drei verschiedene Weisen erfolgen (siehe Abbildung 8.1-10):

- Reibradantrieb: Ein Gummireibrad überträgt die konstante Drehbewegung einer Motorachse auf den Plattenteller. Durch eine mechanische Höhenverstellung kann das Reibrad an unterschiedlich dicken Stellen der Motorachse positioniert werden und somit den Plattenteller mit verschiedenen Geschwindigkeiten antreiben.
- Riemenantrieb: Der Motor überträgt seine Drehbewegung mit Hilfe eines Gummiriemens auf den Plattenteller. Die Geschwindigkeitsumschaltung erfolgt ähnlich wie beim Reibradantrieb oder durch Verändern der Motordrehzahl.
- Direktantrieb: Der Plattenteller ist gleichzeitig die Drehachse des Motors. Mit Hilfe von Magnetfeldern wird er berührungslos angetrieben. Dieser Antrieb lässt sehr schnelle Änderungen (zum Beispiel beim Starten) der Drehzahl zu und ist über die Motorelektronik stufenlos in der Geschwindigkeit regelbar. Dieser Antrieb ist vor allem im hochwertigen HiFi-Bereich und im DJ-Bereich zu finden.

Abb. 8.1-9: Verschiedene Tonarmtechniken in Plattenspielern: Links: Schwenktonarm, Rechts: Tangentialtonarm

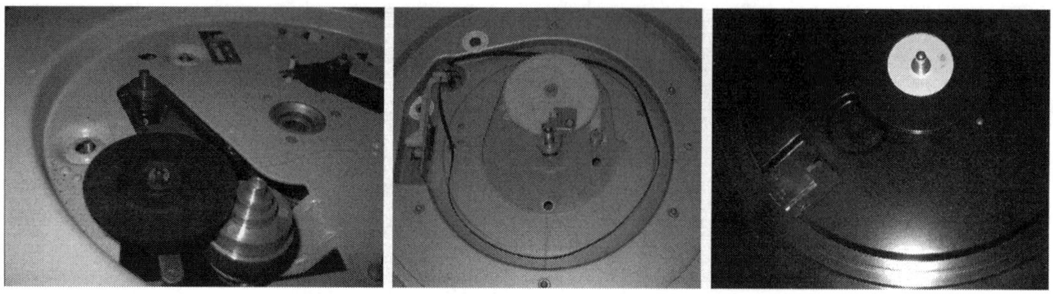

Abb. 8.1-10: Antriebstechniken für den Plattenteller:
Links: Reibrad mit 4 Geschwindigkeiten
Mitte: Riemen mit 2 Geschwindigkeiten (Motor oben links im Bild - das Zahnrad ist eine Abschaltautomatik)
Rechts: Direct-Drive (Der Motor ist in der Achse eingebaut und nicht zu sehen)

Die Ausregelung der Geschwindigkeit erfolgt entweder mit Hilfe von Synchronmotoren, die eine konstante Drehzahl im Verhältnis zur Netzfrequenz haben, oder über eine elektronische Motordrehzahlregelung. Bei der zweiten Variante sind Varispeed-Anwendungen möglich, um die Tonhöhe und Geschwindigkeit der Wiedergabe zu beeinflussen. Dies ist vor allem im DJ-Bereich sehr wichtig.
Zum Einstellen der Standardgeschwindigkeiten 331/3Upm und 45Upm sind Nullpunktschalter oder eine Stroboskopzeile eingebaut. Letztere ist ein um den Teller laufendes Band aus dunklen und hellen Segmenten, welches mit pulsierendem Licht beleuchtet wird. Steht das Erscheinungsbild der Zeile still, so stimmt die Drehzahl.

Die Plattenspieler können weiterhin über Halb- oder Vollautomatik verfügen. Dies bedeutet, dass sie automatisch den Durchmesser der Platte erkennen können und somit den Tonarm auf den Anfang platzieren können. Am Ende der Platte wird der Tonarm abgehoben und in die Ruheposition zurückgefahren. Bei Wechsellaufwerken konnten sogar weitere Schallplatten "nachgeladen" und der Tonarm wieder auf Anfang gesetzt werden.

Eine früher beliebte Konstruktion waren die so genannten "Jukeboxen". Dies sind Wechsellaufwerke, die nach Geldeinwurf und Titelanwahl eine von 50 oder 100 Platten automatisch einlegen und abspielen konnten. Heute werden moderne Jukeboxen fast ausschließlich mit MP3-Files betrieben.

8.1.4.2 Tonabnehmersyteme und Nadeln

Das Tonabnehmersystem ist das klanglich wichtigste Element des Plattenspielers. Es hat die Aufgabe, die Auslenkungen der Rille in eine Spannung umzuwandeln, welche nach Verstärkung über die RIAA-Kennlinie angehört werden kann.

Folgende Tonabnehmersysteme sind heute in Verwendung (siehe Abbildung 8.1-11):

Kristallsystem: In diesem System werden die Bewegungen der Nadel genutzt, um einen Piezokristall zu verformen. Die Verformung des Kristalls bewirkt eine Spannung am Kristall. Dieses System ist sehr kostengünstig und einfach, jedoch qualitativ nicht besonders hochwertig.

Moving Magnet (MM): Ein an der Nadel befestigter Dauermagnet durchflutet mit seinem Magnetfeld eine feststehende Spule. Durch die Bewegung der Nadel verändert sich der magnetische Fluss durch die feststehende Spule. Die Ausgangsspannung eines MM-Systems ist sehr gering.

Moving Coil (MC): An der Nadel ist eine kleine Spule befestigt, welche sich im magnetischen Feld eines Dauermagneten bewegen kann. Die induzierte Spannung ist ebenfalls sehr gering.

Die Nadeln eines Tonabnehmers haben die Aufgabe, die sehr dünne Rille mit der Toninformation nachzufahren und deren Auslenkungen auf die Spannungswandler im System zu übertragen. Dabei wird auf zwei Dinge Wert gelegt:

- Die Nadel soll beim Abtasten einen möglichst geringen Verschleiß der Rille produzieren.
- Die Abtastfehler sollten durch die Form des Nadelschliffs so gering wie möglich gehalten werden.

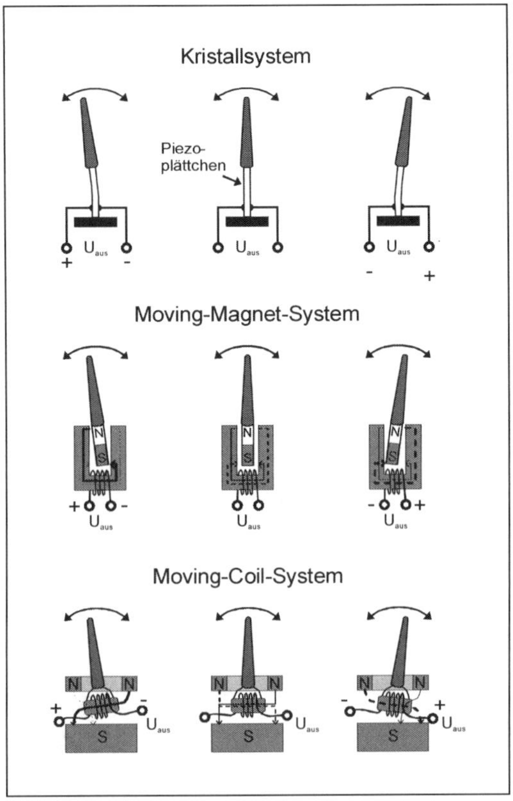

Abb. 8.1-11: Prinzipzeichnungen der Tonabnehmersysteme: **Oben:** Kristall, **Mitte:** MM, **Unten:** MC

Gerade bei alten Kristallsystemen mit Saphirnadel wurde die Nadel relativ schnell abgenutzt, was dazu führte, dass die Nadel zu tief in die Rille eintaucht und Störgeräusche durch den Dreck am Boden der Rille wiedergibt. Weiterhin führt die scharf abgeschliffene Nadel zu einem erhöhten Verschleiß der Rille. Aus diesem Grund werden heute ausschließlich die härteren Diamantnadeln eingesetzt.

Beim Schliff unterscheidet man hauptsächlich zwischen "Sphärisch", "Elliptisch" und den so genannten "Fine-Line" Schliffen (siehe Abbildung 8.1-12):

- **Sphärisch** geschliffene Nadeln haben eine halbkugelförmige Spitze. Sie werden daher auch mit "Radial" oder "Rundschliff" betitelt. Würde man eine sphärisch geschliffene Nadel in der Ebene durchschneiden, die der Schallplatte entspricht, so hätte man eine kreisrunde Fläche. Diese Nadeln sind für das DJing besonders geeignet, da sie einen niedrigen Rillenanpressdruck haben und somit auch bei höheren Auflagegewichten wenig Verschleiß produzieren.
- **Elliptisch** geschliffene Nadeln sind entlang der Rillenrichtung schmaler als quer zur Rille. Würde man sie durchschneiden, ergäbe sich eine Ellipse als Schnittbild. Die Ellipse liegt 90° zur Rillenrichtung. Durch den elliptischen Schliff wird die Auflagefläche in den Rillenflanken geringer und der Anpressdruck höher. Elliptische Nadeln sollten daher mit geringerem Auflagegewicht betrieben werden als sphärische Nadeln.
  Durch die schmalere Konstruktion kann die Rille genauer abgetastet werden und demzufolge entstehen weniger Spurverzerrungsfehler. Dadurch ist das Signal originalgetreuer.
- **"FineLine"**-Schliffe. Diese Schliffe haben im Gegensatz zu sphärischen oder elliptischen Nadeln einen linienförmigen Kontakt zur Rille. Die Rille wird dadurch sehr genau abgetastet. Allerdings steigt der Anpressdruck stark an,

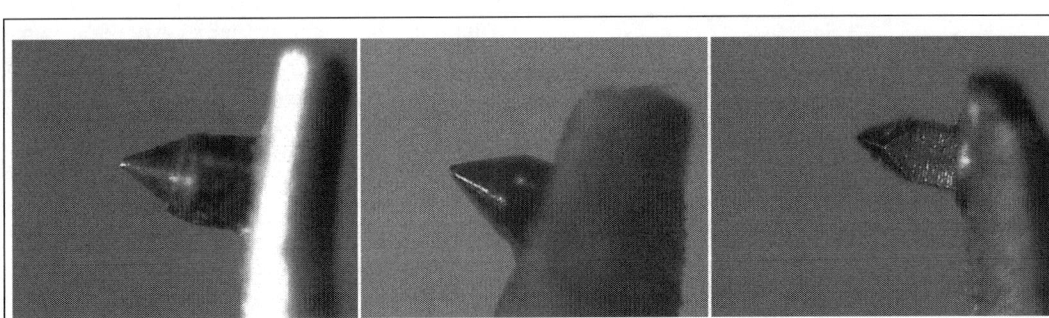

Abb. 8.1-12: Mikroskopaufnahmen von Tonabnehmernadeln (Blick jeweils von der Seite)
Links: Sphärisch
Mitte: Elliptisch
Rechts: FineLine mit "Van den Hul" Schliff (Gut zu sehen, die linienförmige Auflagefläche in der Mitte der Spitze)

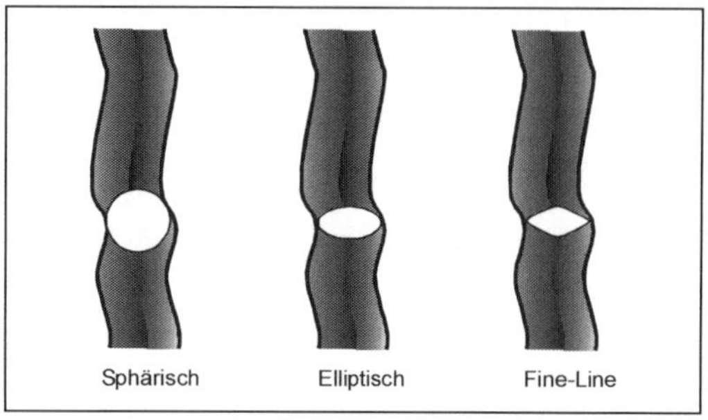

Abb. 8.1-13: Schematische Schnitt-Darstellung der drei Nadelschliffe in einer Schallplattenrille

was zu einem schnelleren Verschleiß bei hohen Auflagegewichten führen würde. Deshalb sollten Fineline-Schliffe nur mit sehr geringen Auflagegewichten betrieben werden. Fineline-Schliffarten werden meist nach ihren Erfindern benannt: Bekannt geworden sind hierbei unter anderem der "Shibataschliff" und der "Van den Hul"-Schliff (siehe Abbildung 8.1-12 rechts).

In Abbildung 8.1-13 sind die drei Schliffarten noch einmal schematisch dargestellt. Ein Querschnitt durch die Nadel zeigt, mit welcher geometrischen Form die Rille abgetastet wird. Hier ist gut erkennbar, dass hohe Frequenzen und kleine Biegeradien in der Rille bei der sphärischen Nadel am ungenauesten abgetastet und bei der Fine-Line-Nadel am genauesten abgetastet werden.

Abb. 8.1-14: Recording-Session (ca. 1915)

8.1.5 Schneideanlagen

Früher erfolgte der Plattenschnitt rein mechanisch, dadurch, dass die Schallwingungen eine Membran bewegt haben, an der ein Schneidstichel befestigt war. Sehr hohe Schalldrücke waren notwendig, um vernünftige Schnitttiefen zu erreichen, und so konnten die Künstler kaum leise spielen oder singen, da sonst kein vernünftiges Signal auf die Schallplatte kam. Die Musiker wurden in dieser Zeit so um einen Schalltrichter herum platziert, wie es klanglich zu den besten Ergebnissen führte (siehe Abbildung 8.1-14).

Mit der Einführung der elektronischen Verstärkerbauteile und Mikrofone konnten die Schallwellen elektronisch verstärkt und einem elektromagnetischen Schneidesystem zugeführt werden.
Dabei wird die Toninformation in einen Plattenrohling aus lackiertem Metall geschnitten. Danach wird die Lackplatte metallisiert und galvanisch mit Kupfer beschichtet. Aus dieser Negativform wird galvanisch eine metallische Positivform erstellt, aus der dann die Pressmatritze gefertigt werden kann.
Um sich zwei Arbeitsschritte zu ersparen und dadurch die Klangqualität zu verbessern, wurde später das Direct-Metal-Mastering (DMM) eingeführt. Hierbei wird direkt in einen Metallrohling geschnitten, aus dem dann direkt die Pressmatritze gefertigt werden kann.

Geschnitten wird mit Präzisionslaufwerken, die einen spindelförmigen Vorschub für den Schneidstichel haben. Das Schneidlaufwerk erinnert somit an einen Tangentialplattenspieler. Der Vorschub war anfangs konstant, was jedoch bei leisen Signalen zu einer "Verschwendung" des Plattenmaterials führte. Neuere Schallplattenschnitte werden in der "Füllschrift" ausgeführt. Hierbei wird das Signal

Abb. 8.1-15: DMM-Schneidemaschine (© Neumann)

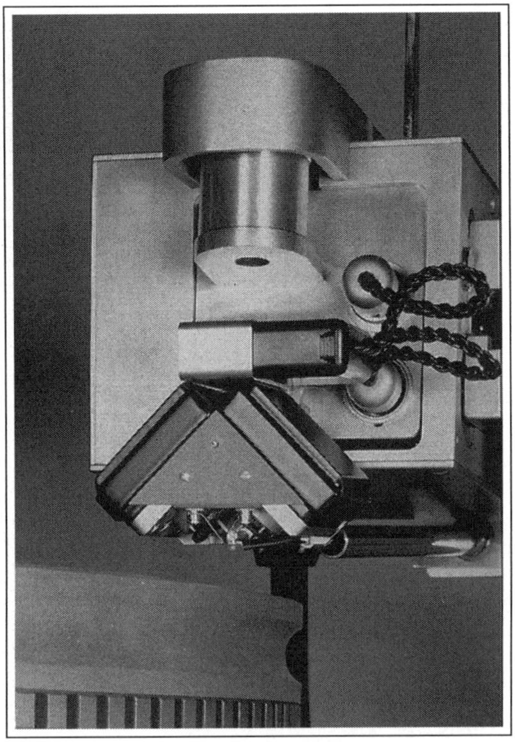

Abb. 8.1-16: Schneidkopf der DMM-Maschine (© Neumann)

Abb. 8.1-17: DJ-Schneidemaschine für Dubplates (© Vestax)

über einen zusätzlichen Tonkopf an der Masterbandmaschine eine Plattenumdrehung früher ausgelesen, um den Vorschub des Schneidstichels pegelabhängig zu steuern.

Der Schneidstichel selbst ist ähnlich einem elektrodynamischen Lautsprecher aufgebaut. Mit Hilfe einer Schwingspule in einem Permanentmagneten wird die Kraft erzeugt, mit der der Schneidstichel in die Flanken des Rohlings schneidet.

Vor allem in Deutschland sind die Schneidesysteme der Firma Neumann berühmt geworden. Die Abbildungen 8.1-15 und 8.1-16 zeigen eine DMM-Maschine und den Schneidkopf in Vergrößerung. Gut zu sehen sind die ±45° angeordneten Antriebe für den Schneidstichel und die diversen Kontrolleinrichtungen (Mikroskop, Kamera, Tonarm), um die Schnittqualität zu kontrollieren.

In jüngerer Zeit sind kleine Plattenschneidemaschinen für DJs auf den Markt gekommen, um Einzelstücke oder Kleinauflagen für den Hausgebrauch selber schneiden zu können. Die damit erstellten Platten werden auch "Dub-Plates" genannt.

Da man selbst die Kontrolle über den Schneidevorgang hat, können mit solchen Maschinen auch relativ einfach Endlosrillen mit "Killer-Loops" oder Flächenklängen erstellt werden. Die Abbildung 8.1-17 zeigt eine DJ-Schneidemaschine mit Tonarm als Kontrollmöglichkeit.

8.2 Die analoge, magnetische Schallaufzeichnung

Die magnetische Signalaufzeichnung ist sehr stark verantwortlich für die heutige Arbeitsweise und die Möglichkeiten in der Tontechnik. Fast alle Signale werden - bevor sie auf Consumermedien wie CD oder DVD gelangen - magnetisch aufgezeichnet. Sei dies auf einem analogen Tonband oder einer Festplatte - das Prinzip bleibt das gleiche. Ohne die magnetische Aufzeichnung wären so einfache Bearbeitungsmöglichkeiten wie Editieren und Löschen von Signalen nicht möglich. Dabei ist die magnetische Schallaufzeichnung fast ebenso alt wie die mechanische Schallaufzeichnung.

8.2.1 Geschichte der magnetischen Schallaufzeichnung

Die magnetische Aufzeichnung wurde im Jahre 1878 von Oberlin Smith in Amerika erfunden. Kurz nachdem Edison seinen Phonographen vorgestellt hatte, begann Smith mit grundlegenden Experimenten in der magnetischen Schallaufzeichnung. 1888 veröffentlichte er seine Ideen in einer Fachzeitschrift doch hat es - wahrscheinlich aufgrund eines fehlenden Vorführgerätes - fast niemanden interessiert.

Auch als das "Telegraphon" des Dänen Valdemar Poulsen im Jahre 1900 zur Weltausstellung in Paris vorgeführt wurde (von dem es heute noch eine Aufnahme gibt), erregte die magnetische Schallaufzeichnung nur wenig Aufsehen. Dies lag in erster Linie daran, dass die magnetische Schallaufzeichnung noch bis 1907 ohne die Erfindung der Verstärkerröhre auskommen musste und die erreichbaren Lautstärken sehr gering waren. Die Grammophone standen zu der Zeit bereits in manchen Haushalten und wurden auf Parties eingesetzt, doch die magnetischen Schallaufzeichnungsgeräte waren noch weit davon entfernt, zu einem Heimgerät zu werden.

Die ersten Versuche, Magnetismus aufzuzeichnen, erfolgten auf Stahldraht, Stahlbändern und Stahlplatten. Mit dem heutigen "Tonband" hatte dies noch nicht viel gemeinsam. Es war zu schwer und zu unhandlich. Interessanterweise wurden gerade die Stahlplatten für die magnetische Aufzeichnung wiederentdeckt und finden heute in den Festplatten als Speichermedium Anwendung.

1928 wurde der Vorläufer des heutigen Tonbandes patentiert. Der österreichische Papierhersteller Fritz Pfleumer entwickelte ein 16mm breites Magnetpapier, das mit pulverisiertem Eisen beschichtet war. Basierend auf dieser Erfindung wurde ab 1932 von der Chemiefirma BASF ein 50µm dickes Tonband hergestellt, bei dem statt Papier eine Trägerfolie aus Acetylcellulose zur Anwendung kam.

1935 wurde auf der "Großen Deutschen Funkausstellung" in Berlin das erste Tonbandgerät der Öffentlichkeit vorgestellt. Es war das "Magnetophon K1" der Firma AEG, das mit Hilfe eines 1933 neu entwickelten Ringkopfes mit 1m/s Bandgeschwindigkeit auf ein 6,5mm breites Band Mono-Signale aufzeichnen konnte. Es sah ähnlich aus, wie das Gerät in Abbildung 8.2-1. Das Original wurde bei einem Brand zerstört.

1936 ersetzte das Eisenoxid Fe_3O_4 das bisher verwendete Reineisen als Magnetpigment, welches 1939 von dem Eisenoxid γ-Fe_2O_3 abgelöst wurde. Letzteres fand erst 1971 mit Chromdioxid CrO_2 einen Konkurrenten.

Obwohl die magnetische Schallaufzeichnung viele technische Vorteile hatte, konnte sie in Puncto Qualität mit der damaligen Schallplatte nicht konkurrieren. Der Signal-Rauschabstand war noch zu schlecht.

Erst die Entdeckung der Hochfrequenzvormagnetisierung (AC-Bias) von Walter Weber im Jahre 1940 brachte die magnetische Schallaufzeichnung an die Spitze der Aufzeichnungsmedien. Ab dann war das Tonband besser als alle anderen Aufzeichnungsmedien und konnte somit auch als Master für diese verwendet werden.

1942 begann man das Trägermaterial Acetylcellulose durch das wesentlich reißfestere PVC zu ersetzen, das bei heutigen Bändern wiederum durch Polyester ersetzt wurde.

Abb. 8.2-1: Frühes Koffertonbandgerät von AEG (Ähnlich Magnetophon K1)

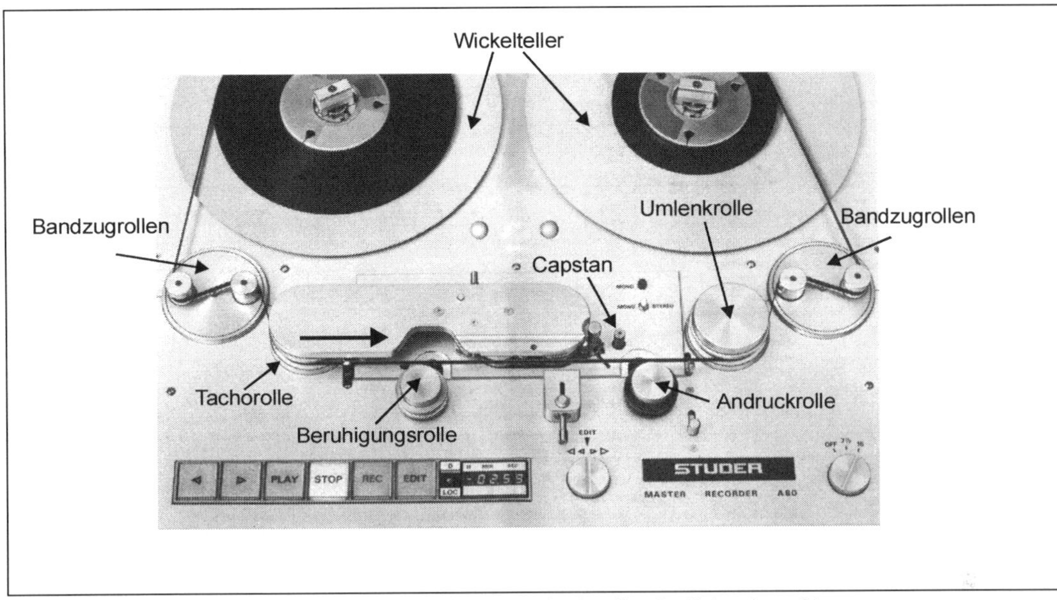

Abb. 8.2-2 Bandlaufwerk einer professionellen Studiobandmaschine

In Amerika wurde erst lange nach dem zweiten Weltkrieg von der qualitativ hochwertigen Aufnahmetechnik deutscher Tonbandmaschinen Kenntnis genommen. Der Amerikaner Jack Mullin wunderte sich über die hohe tontechnische Qualität des Nachtprogramms im deutschen Rundfunk, welche er sich nicht erklären konnte. Nachdem er die deutsche Tonbandtechnik "entdeckt" hatte, nahm er zwei Geräte inklusive Schaltbildern mit nach Amerika und überzeugte 1948 zusammen mit dem Künstler Bing Crosby den amerikanischen Motorenhersteller Ampex, Tonbandmaschinen zu bauen. An der Entwicklung dieser Maschinen war auch Ray M. Dolby beteiligt, welcher später die Dolby Laboratories gründete und die bekannten Rauschunterdrückungssysteme entwickelte.

8.2.2 Mechanische Grundlagen

Die magnetische Schallaufzeichnung hat sich seit der Erfindung der Hochfrequenzvormagnetisierung oder AC-Bias nicht wesentlich verändert. Es wird auch bei modernen Maschinen standardmäßig auf ein ca. 50µm dickes Band aufgezeichnet, welches aus einer 30µm dicken Polyester-Trägerschicht und einer ca. 15µm dicken Magnetbeschichtung besteht.

8.2.2.1 Der Bandlaufpfad

In der Abbildung 8.2-2 ist der Aufbau eines Bandlaufwerks für Studiobandmaschinen mit Beschriftung der einzelnen Komponenten zu sehen. Die gezeigte Bandmaschine hat eine Kopfanordnung für die "internationale Schichtlage" des Bands, das heißt, die magnetisierbare Schicht des Bandes liegt auf der Innenseite der Bandwickel. Bei der "deutschen Schichtlage" liegt die magnetisierbare Schicht außen auf den Wickeln des Bandes. Somit müssen die Köpfe zu den Wickeltellern hin zeigen. Die Verwendung der deutschen oder internationalen Schichtlage hat Auswirkungen auf den Kopiereffekt des Bandes, der im Kapitel 8.2.2.6 genauer beschrieben wird.

In Abbildung 8.2-3 ist die Anordnung der Köpfe bei einer analogen Bandmaschine genauer zu sehen. Eine professionelle Bandmaschine weist hierbei einen Unterschied zwischen Aufnahme- und Wiedergabekopf auf:

- Der Aufnahmekopf hat einen breiteren Kopfspalt, damit ein möglichst homogenes Magnetfeld austritt, welches das Band magnetisieren soll. Weiterhin hat er auf der Rückseite einen Scherspalt, der dauerhafte Magnetisierungen so stark schwächen soll, dass sie nicht mehr stören.
- Der Wiedergabekopf hat einen sehr kleinen Kopfspalt, damit die Höhen möglichst ohne Verluste abgetastet werden können (siehe Spaltfunktion, Kapitel 8.2.6.2). Er verfügt nicht über einen Scherspalt, damit das abgetastete

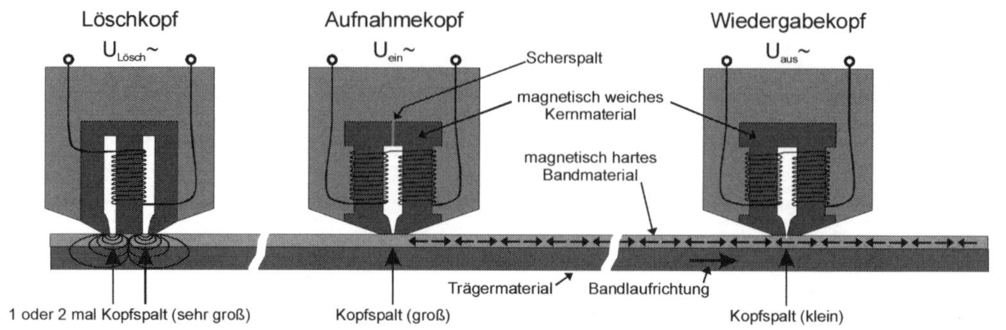

Abb. 8.2-3: Die Anordnung der Köpfe schematisch und fotografiert

Feld nicht geschwächt wird und somit der Signal-Rauschabstand optimal ist.

Maschinen, die kombinierte Aufnahme- / Wiedergabeköpfe haben, können immer nur einen Kompromiss aus Aufnahme- und Wiedergabequalität erreichen und sind deshalb nicht im professionellen Bereich anzutreffen.

8.2.2.2 Bandtransport

Für den Transport des Bandes in der korrekten Geschwindigkeit sorgt der Capstan in Zusammenarbeit mit der Andruckrolle. Hierbei wird die Andruckrolle mit Hilfe eines Elektromagneten an den drehenden Capstan gedrückt und transportiert somit das dazwischen liegende Band mit der richtigen Geschwindigkeit. Damit keine Tonhöhenschwankungen im Transport des Bandes entstehen, sind folgende Punkte von Wichtigkeit:

- Gleichmäßige Drehzahl der Capstanwelle. Dies wird durch eine elektronische Drehzahlregelung sowie eine große Schwungscheibe erreicht. Auf diese Weise werden sowohl kurzfristige als auch langsame Geschwindigkeitsschwankungen minimiert.
- Gut erhaltene und gleichmäßige Oberfläche von Capstan und Andruckrolle. Insbesondere die Andruckrolle sollte hierbei pfleglich behandelt und nicht mit Alkohol gereinigt werden. Eine wässrige Seifenlösung ist hierzu besser geeignet. Hart gewordene und deformierte Andruckrollen müssen ausgetauscht werden.
- Gleichmäßiger Bandzug von beiden Wickeltellern. Professionelle Maschinen verfügen über einen elektronisch geregelten Bandzug, der mit Hilfe der Bandzugrollen oder Bandzugfühler konstant gehalten wird, unabhängig davon,

wieviel Band sich auf den Wickeltellern befindet.

Eine Tachorolle im Bandlaufpfad nimmt den genau zurückgelegten Weg des Bandes in beiden Richtungen auf. Mit Hilfe dieser Weginformation und der eingestellten Bandgeschwindigkeit wird die Bandlaufzeit errechnet, die das elektronische Zählwerk anzeigt. Das Zählwerk verfügt weiterhin über die Möglichkeit, automatisch zum Nullpunkt oder zu anderen gespeicherten Zeitpunkten zu spulen, um bestimmte Stellen möglichst schnell wieder finden zu können. Auch Wiederholungen von bestimmten Passagen auf Band sind hiermit möglich, wenn das Laufwerk das Programmieren von Schleifen zwischen Zählwerkspositionen unterstützt.

Einige Rollen im Bandlaufpfad weisen mehrere Vertiefungsrillen auf, damit die Luft bei schnellen Bandbewegungen zwischen Band und Rolle entweichen kann. Ansonsten würde es beispielsweise beim Umspulen zu viel Schlupf zwischen Tachorolle und Band geben, und die angezeigte Bandlaufzeit wäre nicht korrekt.

8.2.2.3 Bandgeschwindigkeiten

Es gibt heute 5 Standardbandgeschwindigkeiten, die alle ein Vielfaches voneinander sind. In Tabelle 8.2-1 sind die Geschwindigkeiten, sowie ihre Anwendung aufgelistet. Die Geschwindigkeiten sind sowohl in Zentimeter pro Sekunde (cm/s) als auch in der amerikanischen Einheit Inch per Second (ips) angegeben.

v (in cm/s)	v (in ips)	Anwendung
4,76	1,875	Cassette / HiFi Tonband
9,53	3,75	HiFi Tonband
19,05	7,5	Profi & HiFi Tonband
38,10	15	Profi Tonband
76,20	30	Profi Tonband

Tab. 8.2-1: Bandgeschwindigkeiten und ihre Anwendung

8.2.2.4 Bandbreiten und Spurlagen

Im Studiobetrieb sind 4 verschiedene Bandbreiten von 1/4 Zoll bis 2 Zoll anzutreffen. Hinzu kommt noch die Breite der Compact-Cassetten. Je nach Bandbreite sind eine oder mehrere Spurlagen zulässig, je nachdem, wie viele Spuren oder Kanäle auf das Band aufgezeichnet werden sollen. In der Tabelle 8.2-2 sind die verschiedenen Bandbreiten mit den jeweils möglichen Spurlagen aufgelistet.

8.2.2.5 Bandführung / Kopfhöhe

Die Bandführung wird durch Rollen und Stifte bewerkstelligt. Diese haben die Aufgabe, das Band in der richtigen Höhe am Kopf vorbeizuführen. Dabei sind sehr geringe Toleranzen gefragt. Bereits ein Höhenfehler von etwas über 100µm führt bei einer 24-Spur 2" Bandmaschine zu einem Pegelverlust von circa 1dB. Damit die Spuren des Bandes korrekt von den Köpfen abgetastet und geschrieben werden können, muss auch die Höhe der Köpfe exakt stimmen. Diese kann mit Hilfe eines Bezugsbandes mit Trennspuren eingestellt werden. Man stellt hierbei die Höhe ein, bis der maximale Pegel wiedergegeben wird. Ein Standardbezugsband ist nicht geeignet, da sich auf diesem eine Vollspuraufzeichnung befindet und der Pegel unabhängig von der Höhe immer der gleiche ist.

Eine alternative Methode zum Einstellen der Kopfhöhe klingt etwas komplizierter, ist jedoch ohne spezielles Bezugsband durchführbar:
Man nimmt auf allen Spuren ein 2kHz-Rechtecksignal für ein paar Sekunden auf. Anschließend legt man auf das Stück Band eine Magnetlupe. Dies ist

Bandbreite (Zoll)	Bandbreite (mm)	Anzahl der Spuren	Breite der Spuren (Zoll)	Breite der Spuren (mm)
0,157"	4mm	4 (2 x Stereo)	0,021	0,5
1/4"	6,3mm	1 (Mono)	0,248	6,3
1/4"	6,3mm	2 (2-Track)	0,085	2,15
1/4"	6,3mm	2 (Stereo)	0,108	2,75
1/4"	6,3mm	4 (4 x Mono oder 2 x Stereo)	0,04	1
1/4"	6,3mm	8 (Multitrack)	0,02	0,5
1/2"	12,7mm	8 (Multitrack)	0,04	1
1/2"	12,7mm	16 (Multitrack)	0,02	0,5
1"	25,4mm	8 (Multitrack)	0,07	1,75
1"	25,4mm	16 (Multitrack)	0,04	1
2"	50,8mm	24 (Multitrack)	0,04	1

Tab. 8.2-2: Bandbreiten und Spurlagen

ein sehr flaches Gefäß, das mit einer Mischung aus Magnetpartikeln und dünnflüssigem Öl gefüllt ist. Unter dem Mikroskop kann man nun die einzelnen Spuren klar erkennen und ausmessen, ob sie sich an der richtigen Position befinden. Hat man den Aufnahmekopf erfolgreich justiert, so kann man mittels einer einfachen Pegelmessung hinterband nun auch die Höhe des Wiedergabekopfes einstellen.

Damit durch die Reibung an den Bandführungselementen das Band nicht zu hochfrequenten Schwingungen angeregt wird, befindet sich bei professionellen Maschinen eine Beruhigungsrolle zwischen den Köpfen.

8.2.2.6 Der Kopiereffekt / Lagern von Bändern

Da die Tonbänder im aufgewickelten Zustand gelagert werden, ist es unvermeidlich, dass die einzelnen Bandlagen sehr dicht übereinander zu liegen kommen. Auf diese Weise kann sich die Magnetisierung des Bandes von einer Lage auf die nächste durchkopieren. Dadurch entstehen so genannte Vor- und Nachechos. Bei dem Kopiereffekt gilt folgendes:

- Internationale Schichtlage:
  Die Vorechos sind stärker als die Nachechos, wenn das Band "Programmanfang außen" gelagert wird.
  Die Vorechos sind schwächer als die Nachechos, wenn das Band "Programmende außen" gelagert wird.

- Deutsche Schichtlage:
  Die Vorechos sind schwächer als die Nachechos, wenn das Band "Programmanfang außen" gelagert wird.
  Die Vorechos sind stärker als die Nachechos, wenn das Band "Programmende außen" gelagert wird.

Da ein Vorecho wesentlich störender wirkt, als ein Nachecho, das einem natürlichen Echo ähnelt, sollte man das Band immer so aufbewahren, dass die Vorechos möglichst schwach ausfallen.

Besonders störend macht sich der Kopiereffekt bemerkbar, wenn kurze und laute Schallereignisse auf dem Band sind.

Moderne Bänder weisen eine Kopierdämpfung von ca. 60dB auf. Dies bedeutet, dass die kopierten Echos nach 24 Stunden bei 20°C -60dB oder mehr unter dem Originalsignal liegen. Da eine hohe Temperatur sowie Erschütterungen fördernd auf den Kopiereffekt wirken, sollten die Bänder bei einer niedrigen Temperatur erschütterungsfrei gelagert werden. Der Kopiereffekt tritt bereits nach ein paar Minuten ein und wird nach 24 Stunden nur noch vernachlässigbar schlimmer.

Manche Bandmaschinen verfügen über eine so genannte "Archiv" bzw. "Library-Wind" Funktion. Bei dieser wird das Band mit weniger starkem Zug auf die Bandspulen gewickelt. Auf diese Weise liegen die einzelnen Schichten nicht ganz so fest aneinander, und der Kopiereffekt fällt geringer aus. Alternativ kann man das Band auch einfach im Play-Betrieb bis zum Ende durchlaufen lassen, wenn es "Programmende außen" gelagert werden soll. Der Bandzug ist im Play-Betrieb in der Regel lockerer als im Umspulbetrieb, so dass auch hier die Bandlagen nicht so dicht aufeinander zu liegen kommen.

8.2.2.7 Azimuth

Unter "Azimuth" versteht man den Winkel zwischen dem Kopfspalt und der Bandlaufrichtung. Da es in der Praxis wünschenswert ist, eine möglichst kleine effektive Kopfspaltbreite zu haben (siehe Kapitel 8.2.6.2), sollte der Azimuthwinkel möglichst genau 90° betragen. Ist dieser nicht 90° so entsteht ein Pegelverlust, der in den hohen Frequenzen am ehesten zu bemerken ist. Ein falsch eingestellter Azimuth bewirkt daher eine dumpf klingende Aufnahme und Wiedergabe.

Das korrekte Einstellen des Azimuthwinkels erfolgt mit Hilfe eines Bezugsbandes. Ein Link zum Einmessen von Bandmaschinen ist in Kapitel 16.4 zu finden.

8.2.2.8 Bandkontakt zum Kopf

Von entscheidender Wichtigkeit für den Wiedergabepegel sowie den Frequenzgang einer Bandmaschine ist der Kontakt zwischen Wiedergabekopf und Band. Der Kopf ist nämlich "kurzsichtig" und kann nur unmittelbar vor ihm liegende Magnetfelder optimal abtasten. Bereits geringe Schmutzablagerungen können den Abstand zwischen Band und Kopf soweit vergrößern, dass sich eine hörbar schlechtere Höhenwiedergabe ergibt. Der Pegelverlust, der durch einen bestimmten Abstand hervorgerufen wird, lässt sich mit folgender Formel abschätzen:

$$L = -55 \cdot \frac{d}{\lambda}$$

mit:

d: Abstand zwischen Band und Wiedergabekopf in Meter, m

λ: Wellenlänge des Signals auf Band in Meter, m Diese kann berechnet werden mit: $\lambda = \frac{v}{f}$, mit:

v: Bandgeschwindigkeit in $\frac{m}{s}$

f: Aufgezeichnete Frequenz in Hertz, Hz

Bei einem Abstand von nur 2µm beträgt der Pegelverlust eines 10kHz Signals auf einem 38cm/s Band bereits -2,9dB! Nun ist es in der Praxis möglich, durch sorgfältiges Putzen Abstände unter 0,25µm zu erreichen, vorausgesetzt die Oberfläche der Köpfe befindet sich in einem guten Zustand. Sollten diese zu stark ab- oder eingeschliffen sein, so muss die Oberfläche nachgeläppt oder nachgeschliffen werden. Das bedeutet, dass der Kopfspiegel nachpoliert wird und somit wieder ein guter Kopf-Bandkontakt gewährleistet werden kann. Die Abbildung 8.2-4 zeigt die Oberfläche eines stark abgenutzten Kopfes, die Abbildung 8.2-5 den Pegelverlust eines sehr gut geputzten Kopfes mit polierter Oberfläche und einem Kopf-Band Abstand von 0,25µm.

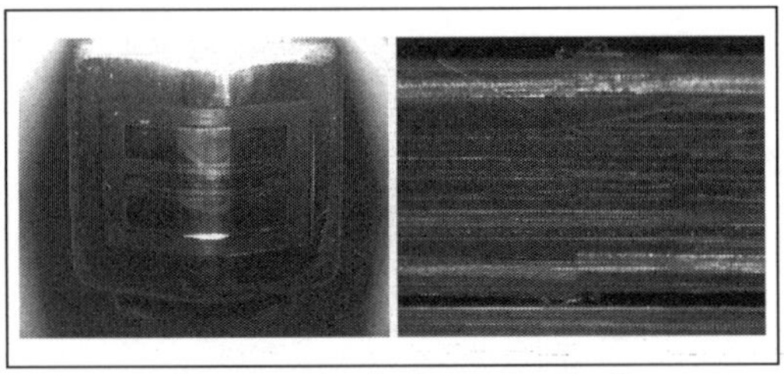

Abb. 8.2-4: Stark abgenutzter Kopf bei normaler Betrachtung (links) und starker Vergrößerung der Oberfläche (rechts).

Eine wesentlich schwerwiegendere Auswirkung entsteht jedoch dadurch, dass das Band, welches eine Schichtdicke von 15µm aufweist, nur unmittelbar an seiner Oberfläche einen guten Kontakt zum Kopf haben kann. Die tiefer liegenden Magnetpartikel haben einen Abstand von bis zu 15µm. Dies hat zur Folge, dass der Kopf die hohen Frequenzen eines Signals nur von der Oberfläche eines Bandes abtasten kann, die tiefen jedoch aus der gesamten Beschichtung gelesen werden können. Es ergibt sich somit durch die "Kurzsichtigkeit" des Wiedergabekopfes immer ein Pegelverlust zu den Höhen hin, der um so schlimmer wird, je langsamer die Bandgeschwindigkeit bzw. dicker die Beschichtung wird. In Abbildung 8.2-6 ist der frequenzabhängige Pegelverlust für ein 15µm dickes Band bei 38cm/s Bandgeschwindigkeit zu sehen. Aus dieser Tatsache lässt sich auch das Problem ableiten, dass alte Bänder, deren Oberfläche mechanisch abgenutzt ist, weniger Höhen haben, da diese einfach "weggerieben" worden sind.

8.2.3 Aufnahmevorgang

Soll ein Signal magnetisch gespeichert werden, dann muss das Speichermedium proportional zu der elektrischen Wellenform magnetisiert werden. Im Fall der Bandmaschine übernimmt der Aufnahmekopf das Magnetisieren der Magnetpartikel auf dem Band. Nun wird allerdings das Band vor dem Kopf vorbeigezogen und nicht durch ihn hindurch, so dass sich die Frage stellt, wie die Magnetisierung auf das Band gelangt. Aufgrund der Konstruktion

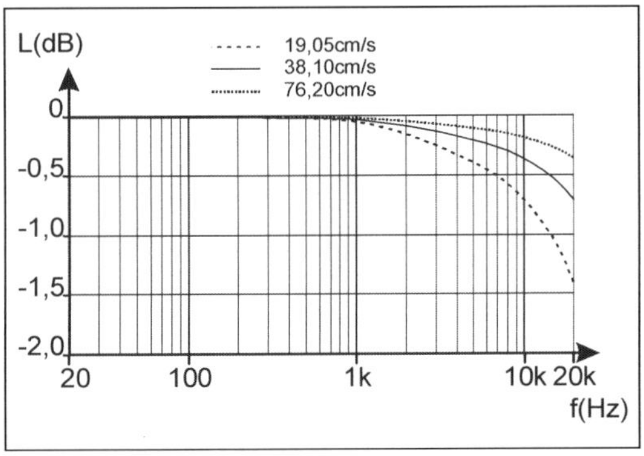

Abb. 8.2-5: Pegelverluste durch den Abstand zwischen Kopf und Band (Abstand = 0,25µm).

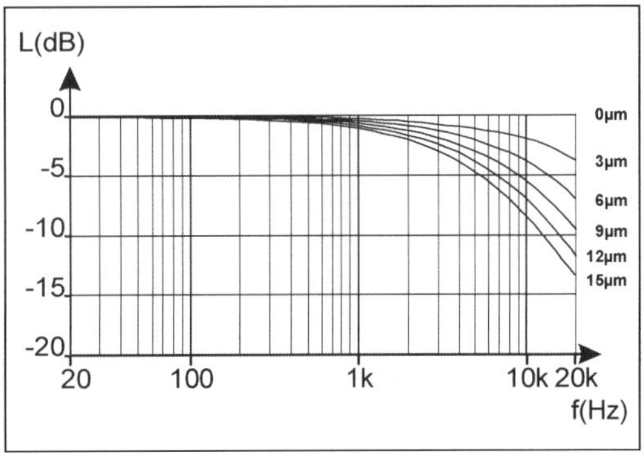

Abb. 8.2-6: Pegelverluste durch die Schichtdicke des Bandes (v=38cm/s).

des Aufnahmekopfes müssen sich die magnetischen Feldlinien, die im Kern des Kopfes nach vorne geleitet werden, über den Kopfspalt schließen. Da sich jedoch innerhalb des Kopfspaltes ein magnetisch sehr schlecht leitfähiges Material befindet, wird die Konzentration an Feldlinien dort sehr hoch - so hoch, dass die Feldlinien aus dem Spalt nach vorne und hinten austreten (siehe Abbildung 8.2-8). Die nach vorne austretenden Feldlinien werden hierbei benutzt, um das vorbeilaufende Band zu magnetisieren. Dabei ist es wichtig, dass genügend Feldlinien austreten, so dass möglichst die gesamte Magnetisierbarkeit des Bandes ausgenutzt werden kann und somit ein möglichst großer Signal-Rauschabstand realisierbar ist.

Der Aufnahmevorgang eines Signals auf ein Band kann am einfachsten mit Hilfe eines Feldstärke-Flussdichte-Diagramms, wie es in Abbildung 8.2-7 zu sehen ist, beschrieben werden. Aus diesem Diagramm geht hervor, wie die Magnetpartikel auf einem Band reagieren, wenn eine bestimmte Feldstärke am Aufnahmekopf anliegt. Das Diagramm beschreibt also die Übertragungsfunktion zwischen dem elektrischen Eingangssignal am Aufnahmekopf und den Magnetpartikeln auf dem Band. Bei den Feldstärke-Flussdichte-Diagrammen gilt es zu beachten, dass die Übertragungsfunktion zwischen Feldstärke und Flussdichte im Kern des Aufnahmekopfes linear ist, da dieser aus einem magnetisch weichen Material besteht (siehe Kapitel 4.8.2.3). Sie hat somit keine Auswirkung auf die Übertragung zum Band, und daher kann direkt die Übertragungsfunktion zwischen Feldstärke am Kopf und Flussdichte auf Band betrachtet werden.

Bei der Aufnahme eines Signals werden zwei verschiedene Zustände unterschieden:

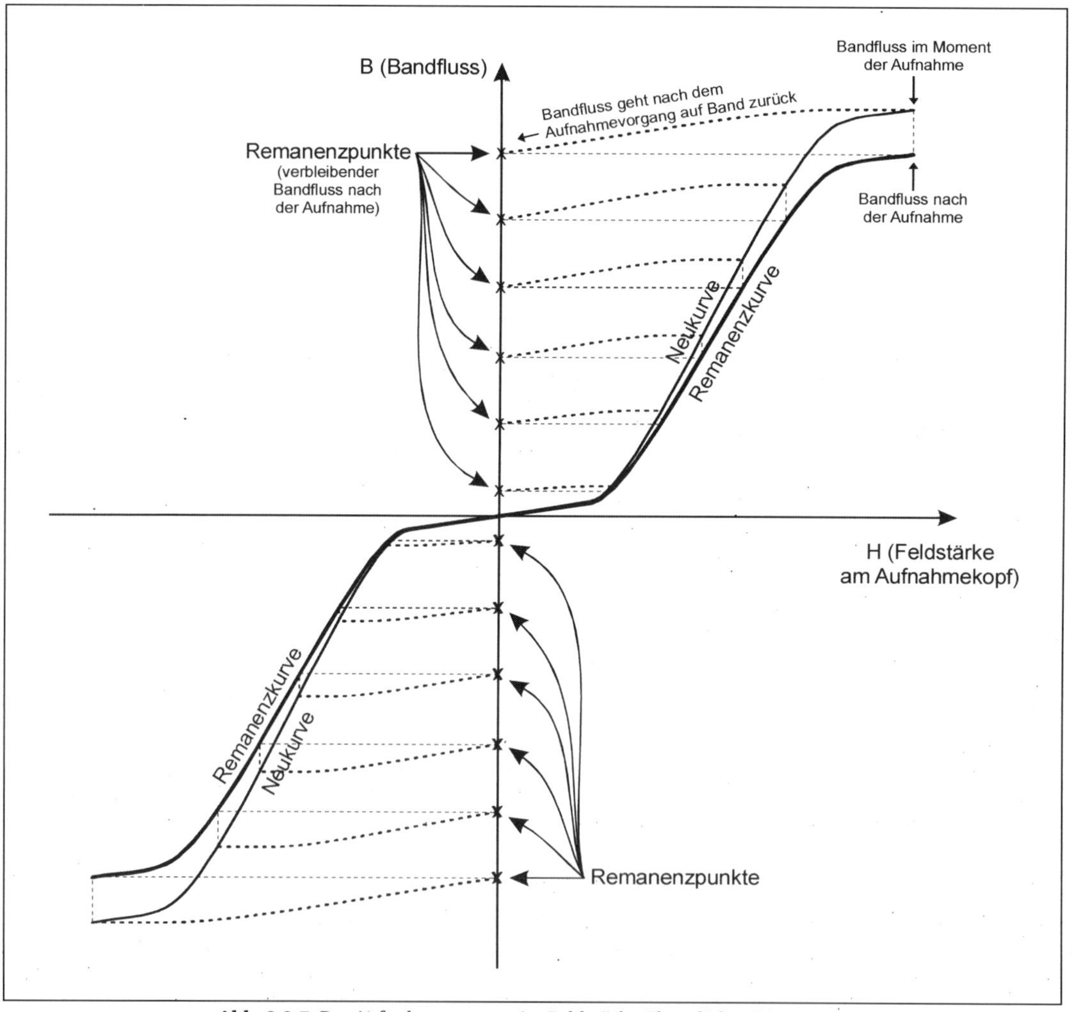

Abb. 8.2-7: Der Aufnahmevorgang im Feldstärke-Flussdichte-Diagramm

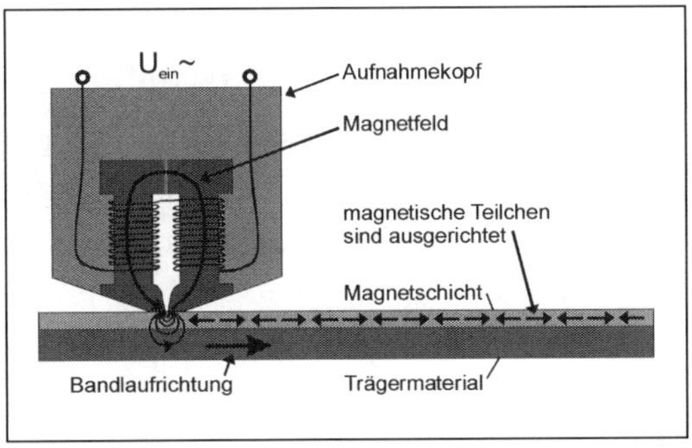

Abb. 8.2-8: Der Aufnahmevorgang am Aufnahmekopf

- Ein Signal wird auf ein leeres Band aufgezeichnet. In diesem Fall beschreibt die Neukurve das Verhalten des Bandes
- Eine Feldstärke wirkt auf ein bereits magnetisiertes Band. Dieser Zustand ist in der Praxis nur für das Löschen eines Bandes relevant, da keine Signale auf bereits bespielte Bänder aufgezeichnet werden.

8.2.3.1 Die Neukurve

Die Neukurve beschreibt, wie eben schon erwähnt, das Verhalten der Magnetpartikel auf einem gelöschten Band, wenn eine bestimmte Feldstärke am Aufnahmekopf anliegt. Wie in Abbildung 8.2-7 deutlich zu erkennen ist, verhält sich die Flussdichte der Magnetpartikel auf Band nichtlinear zu der am Kopf anliegenden Feldstärke. Das heißt, dass die Magnetpartikel auf dem Band bei kleiner Feldstärke, größtenteils in ihrer Ruheposition verharren und erst ab einer bestimmten Feldstärke ein proportionales Ansteigen der Flussdichte zu verzeichnen ist. Dieses Verhalten der Magnetpartikel auf dem Band begründet sich durch die Tatsache, dass es sich um ein magnetisch hartes Material handelt, welches den Magnetismus möglichst gut speichern soll. Somit speichert es auch den "gelöschten" Zustand und lässt sich erst ab einer gewissen Mindestfeldstärke ummagnetisieren (siehe Kapitel 4.8.2.3).

Die Neukurve beschreibt also die Flussdichte auf einem Band (=Bandfluss) während eine bestimmte Feldstärke am Aufnahmekopf anliegt und auf die Magnetpartikel wirkt. Möchte man wissen, wie viel Flussdichte auf dem Band verbleibt, nachdem eine bestimmte Feldstärke eingewirkt hat, so muss die Remanenzkurve konstruiert werden.

8.2.3.2 Die Remanenzkurve

Die Remanenzkurve ist ein etwas schwächeres Abbild der Neukurve. Sie ist ebenfalls in der Abbildung 8.2-7 zu sehen. Sie kann konstruiert werden, wenn man - ausgehend von der Neukurve - den Bandfluss betrachtet, der tatsächlich auf dem Band verbleibt, wenn die einwirkende Feldstärke des Aufnahmekopfes nicht mehr vorhanden ist. Man wird feststellen, dass der verbleibende Bandfluss etwas geringer ist als im Moment der Aufnahme. Dies begründet sich dadurch, dass einige Magnetpartikel ohne die Einwirkung der Aufnahmefeldstärke wieder in ihre Ruheposition zurückfallen und nicht in der Lage sind, den Magnetismus zu speichern. Der verbleibende Bandfluss wird durch die Remanenzpunkte beschrieben, die in Abbildung 8.2-7 zu sehen sind.
Betrachtet man abschließend, wie viel Feldstärke nötig war, um einen bestimmten Remanenzpunkt zu bekommen, so ergibt sich die Remanenzkurve. Sie beschreibt den tatsächlich verbleibenden Magnetismus auf Band, in Relation zu der Aufnahmefeldstärke.

Die Remanenzkurve ist, wie auch die Neukurve, nichtlinear. Dies bedeutet, dass die Aufzeichnung auf das Magnetband nichtlineare Verzerrungen, also neue Obertöne, zur Folge hat. Um diese Verzerrungen zu minimieren, wird eine Vormagnetisierung oder englisch "Bias" eingesetzt (siehe Kapitel 8.2.5).

8.2.4 Löschen

Um ein Band zu löschen, müssen die Magnetpartikel auf dem Band in ein "ideales Chaos" gebracht werden. Dieser Zustand entspricht der Ausrichtung der Magnetpartikel bei einem neuen Band und gewährleistet einen standardisierten Grundzustand für den Aufnahmevorgang. Um alle Signale, die sich auf dem Band befinden, löschen zu können, muss das Magnetfeld des Löschkopfes sehr stark sein, damit wirklich alle Magnetpartikel neu ausgerichtet werden können.

Es gibt nur eine Möglichkeit, wieder ein "ideales Chaos" unter den Magnetpartikeln zu erreichen. Man muss sie einem kontinuierlich kleiner werdenden magnetischen Wechselfeld aussetzen. Hierbei spielt die Frequenz des Wechselfeldes keine große Rolle, wenn das Feld wirklich kontinuierlich kleiner wird.

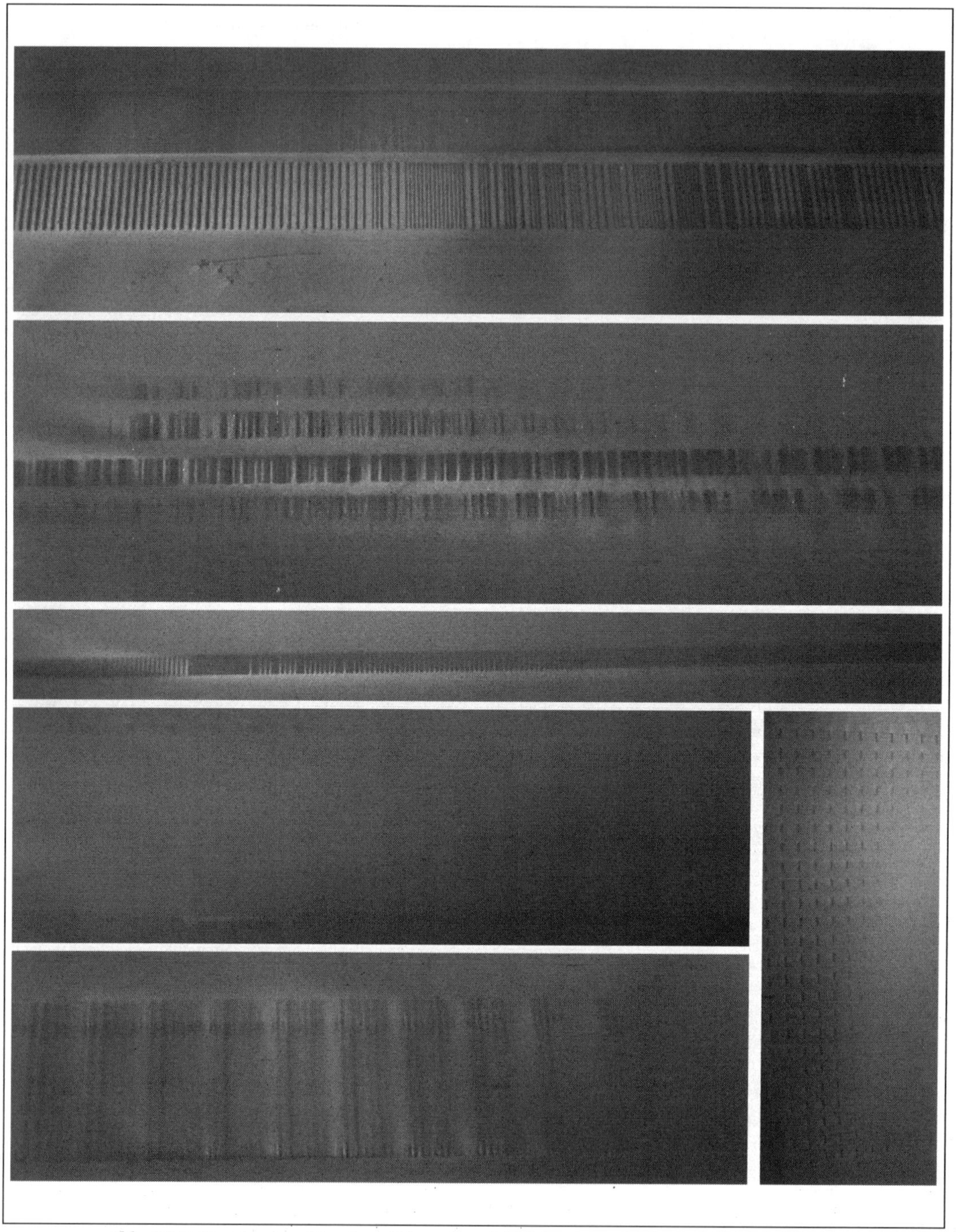

Abb. 8.2-9: Verschiedene Signale auf Magnetband. Sichtbar gemacht durch eine "Magnetlupe"
Die Bilder wurden unterschiedlich vergrößert und sind daher nicht zueinander maßstabsgetreu.
Oben: Zweispuriger Bi-Phase-Code von einer Kreditkarte
Darunter: 4-Spuren Analogsignal einer Compact-Cassette
Mitte: Timecodespur auf Spur 8 eines 1/2" 8-Spur-Bandes
Links, 2. Bild von unten: U-Matic-Videoband (oben CTL-Spur, unten Analogton, die Schrägspuren sind nicht darstellbar)
Links unten: Vollspuraufzeichnung eines 1kHz Tons auf einem 1/4"-Bezugsband
Rechts unten: 24 korrelierte Sinustöne mit Vollaussteuerung auf einem 2"-24-Spur-Band

Der Löschvorgang ist schematisch in der Abbildung 8.2-11 zu sehen. Man erkennt, dass die Flussdichte auf Band mit der wechselnden Feldstärke entlang der Hystereseschleife verläuft. Wird nun die Feldstärke kontinuierlich kleiner, so zieht sich die Hystereseschleife langsam immer weiter zusammen, bis man schließlich im Ursprung des Diagramms ankommt, an dem Null Feldstärke und auch Null Flussdichte - also ein leeres Band - vorherrschen.

In der Praxis kann man sich den Vorgang folgendermaßen vorstellen: Am Löschkopf wird ein sehr starkes, wechselndes Magnetfeld erzeugt. Das Band wird mit einer bestimmten Geschwindigkeit an dem Löschkopf vorbeigezogen, und die Magnetpartikel auf dem Band bekommen somit das Wechselfeld am stärksten direkt vor dem Löschkopf zu spüren. Je weiter das Band wieder vom Löschkopf wegläuft, desto schwächer wird das Wechselfeld.
Direkt vor dem Löschkopf werden alle Magnetpartikel auf dem Band hin- und hergeworfen. Je weiter sie sich jedoch vom Löschkopf entfernen, desto schwächer wirkt das Wechselfeld auf sie und ihre Bewegung wird auch schwächer. Irgendwann ist das Feld so schwach, dass sie stehen bleiben. Der Zeitpunkt, ab dem das Wechselfeld zu schwach ist, ist für jeden Magnetpartikel jedoch ein anderer, da sie sich alle in einem etwas anderen Abstand zum Löschkopf befinden. Man kann also sagen: "Mit zunehmender Entfernung zu dem Wechselfeld am Löschkopf bleiben irgendwelche Magnetpartikel irgendwann irgendwie stehen". Dieser Zustand stellt genau das gewünschte Chaos dar. Damit das Feld möglichst stark und homogen austritt, haben Löschköpfe in der Regel zwei Spalten (siehe Abbildung 8.2-10).

Ein paar Grundlagen gibt es beim Löschen noch zu beachten:

Abb. 8.2-10: Foto eines Löschkopfs

- Die Löschfrequenz muss so hoch sein, dass auch ein 30ips oder 76cm/s Band noch gut gelöscht werden kann. Um ein Band gut zu löschen, sollten mehr als 15 Hystereseschleifen durchlaufen werden, während das Wechselfeld schwächer wird. Die Löschfrequenz kann mit folgender Formel berechnet werden:

$$f = \frac{N \cdot v}{s}$$

mit:
f: Löschfrequenz in Hertz, Hz
N: Zahl der Schleifendurchläufe
s: Wegstrecke, in der das Löschfeld von Maximum bis auf Null zurückgeht in Meter, m
v: Bandgeschwindigkeit in $\frac{m}{s}$

Bei einer typischen Wegstrecke von 125µm, 30cm/s Bandgeschwindigkeit und 15 oder mehr Schleifendurchläufen ergibt sich eine Löschfrequenz von 91kHz oder größer. In der Praxis beträgt die Löschfrequenz einer Profibandmaschine 100kHz oder mehr.
- Wird das Band durch das Drücken auf die Stop-Taste abrupt gestoppt, so kann das Magnetfeld nicht mehr über die Entfernungszunahme kleiner werden. In diesem Fall wird das Löschfeld des Kopfes bei einer Profibandmaschine innerhalb von 1ms ausgeblendet. Somit

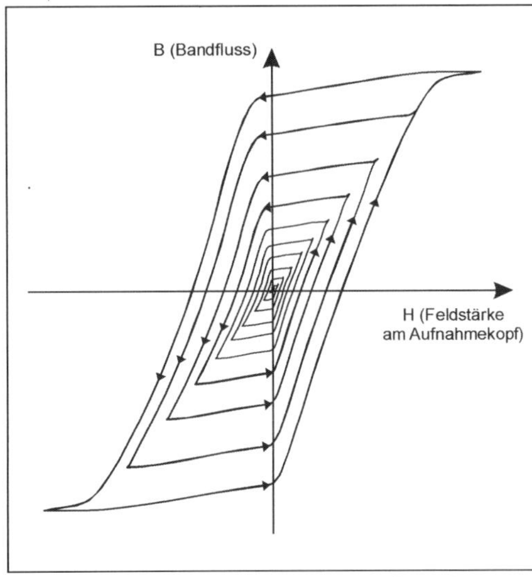

Abb. 8.2-11: Schematische Darstellung des Löschvorgangs

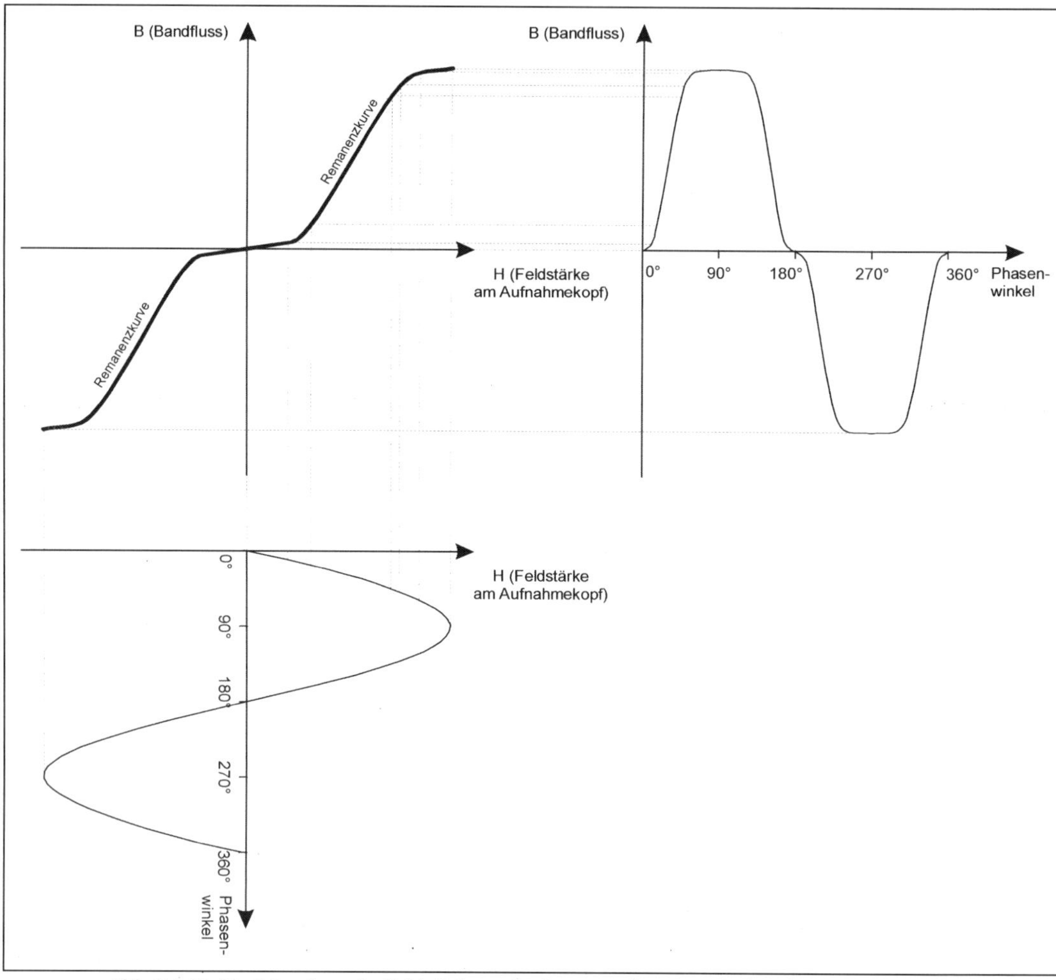

Abb. 8.2-12: Die Spiegelung der Feldstärke an der Remanenzkurve ergibt die Flussdichte auf Band

ist ein knackfreies Starten und Stoppen des Löschvorgangs möglich.

- Wird während der Wiedergabe plötzlich auf Aufnahme geschaltet (Punch-In) oder während der Aufnahme auf Wiedergabe (Punch-Out), so erfolgt ebenfalls ein Ein- und Ausblenden des Wechselfeldes am Löschkopf. Auf diese Weise bekommt man nicht nur knackfreie Anschlussstellen, sondern auch eine Überblendung zwischen dem alten und dem neuen Signal.

8.2.5 Maßnahmen zur Reduzierung der Verzerrungen

Wie in Kapitel 8.2.3.2 zu sehen war, ist die Remanenzkurve - also die Übertragungsfunktion zwischen Aufnahmekopf und Band - nichtlinear. Diese Nichtlinearität würde bei der Aufnahme eines Signals sofort zu nichtlinearen Verzerrungen führen, wie sie in Abbildung 8.2-12 zu sehen sind. In dieser Abbildung wird der Feldstärkeverlauf einer Sinusschwingung am Aufnahmekopf über die Remanenzkurve gespiegelt und zeigt anschließend den Flussdichteverlauf auf Band. Die Spiegelung ist eine Standardmethode, um die Auswirkungen einer bestimmten Übertragungsfunktion auf ein Signal zu sehen.

Anhand dieses Diagramms können nun Überlegungen angestellt werden, wie eine möglichst verzerrungsarme Aufnahme zu bewerkstelligen ist. Es wird hierzu eine Bias verwendet. Unter dem Begriff Bias versteht man eine gewisse Grundeinstellung. Dies kann eine Vorspannung sein, die zu einem

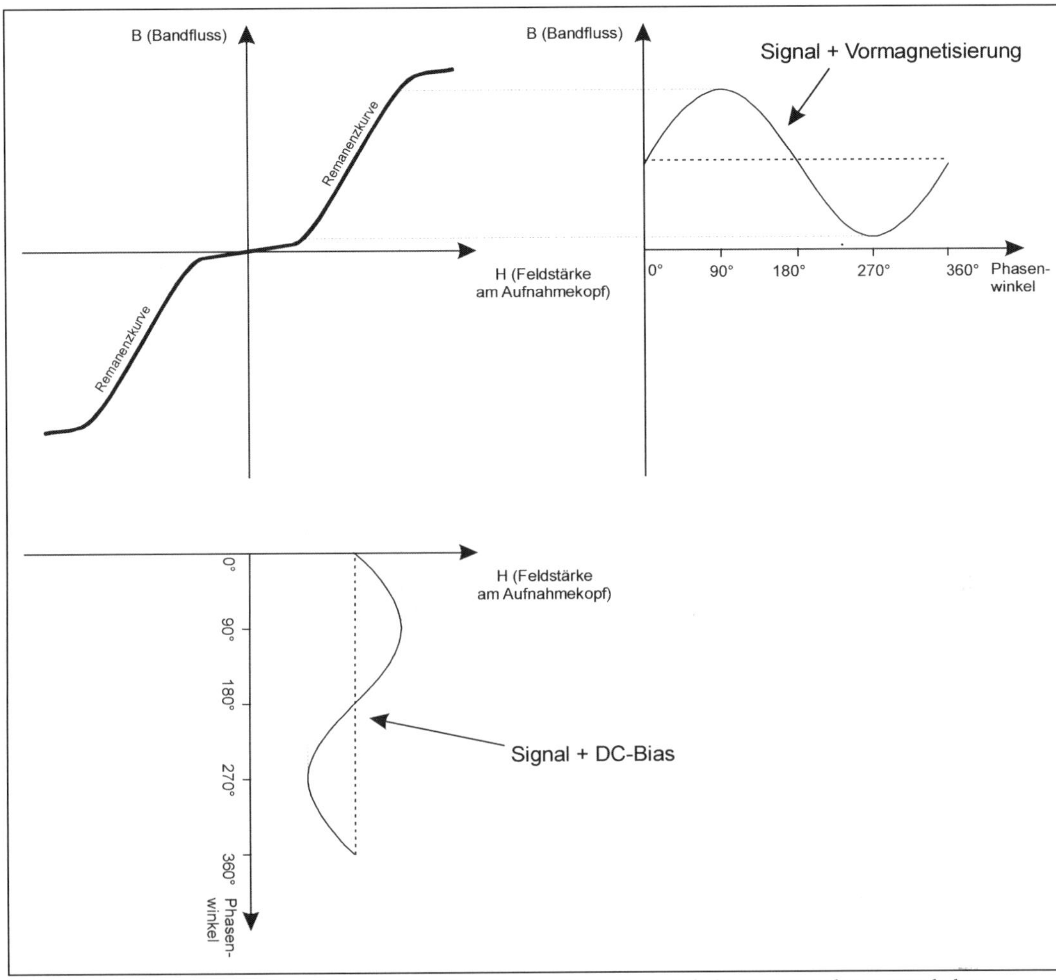

Abb. 8.2-13: Durch die DC-Bias wird das Signal in den linearen Bereich der Remanenzkurve verschoben

Signal addiert wird. Es kann auch ein Ruhestrom sein, der ständig fließt, oder eine Vormagnetisierung, die die Magnetpartikel eines Bandes bereits im Ruhezustand ausrichtet.

8.2.5.1 DC-Bias

Die einfachste Methode ein Signal verzerrungsfrei aufzuzeichnen, ist, das Signal solange in der Amplitude und im Nulldurchgang zu verändern, bis es sich vollständig im linearen Bereich der Remanenzkurve befindet. Dies kann durch Addieren einer Gleichspannung (DC) zum Signal mit Hilfe eines Koppelkondensators erfolgen. Die Remanenzkurve weist sowohl im positiven als auch im negativen Bereich eine lineare Stelle auf. In der Praxis ist es egal, welchen Bereich man wählt - der jeweils andere bleibt auf jeden Fall ungenutzt. Die Abbildung 8.2-13 zeigt die Anwendung der DC-Bias. Aufgrund ihrer einfachen Realisierung, wurde die DC-Bias bei den ersten Bandaufzeichnungen bereits eingesetzt und fand bis 1940 Anwendung. Allerdings wurde stets nach einer besseren Variante geforscht, da die DC-Bias entscheidende Nachteile hat:

- Geringer Signal-Rauschabstand, da nur ein kleiner Teil der gesamten Remanenzkurve ausgenutzt werden kann.
- Dauerhafte Magnetisierung der Köpfe, da ständig eine Gleichspannung aufgenommen und abgetastet werden muss.

8.2.5.2 AC-Bias

Im Jahre 1940 wurde von Walter Weber mit einer großen Portion Glück die bis heute aktuelle Hochfrequenzvormagnetisierung oder AC-Bias entdeckt. Diese ist wesentlich komplizierter zu verstehen als die DC-Bias, hat jedoch einen ganz entscheidenden Vorteil, nämlich einen sehr hohen Signal-Rauschabstand durch die Ausnutzung der gesamten Remanenzkurve für die Aufzeichnung.

Um die AC-Bias zu verstehen, kann man sich am besten folgende Idee verdeutlichen: Die Magnetpartikel auf dem Band speichern leider auch ihren Ruhezustand auf einem leeren Band. Aus diesem Grund war eine gewisse Mindestfeldstärke nötig, um die Magnetpartikel neu auszurichten. Aus dem selben Grund war die Remanenzkurve im Bereich des Nulldurchgangs verbogen. Durch die Addition einer hochfrequenten Wechselspannung zum Audiosignal werden die Magnetpartikel auf dem Band mit soviel Energie versorgt, dass sie sich bereits bewegen und nicht mehr vom Nutzsignal aus ihrer Ruheposition herausgerissen werden müssen. Auf diese Weise ist es möglich, das Nutzsignal verzerrungsfrei aufzuzeichnen.

Um diese Idee zu realisieren, wird zu dem Nutzsignal eine hochfrequente Wechselspannung von typisch 100kHz addiert. Diese gelangt dann mit auf den Aufnahmekopf und bewirkt den eben beschriebenen Effekt.

Nun stellt sich schnell die Frage, wie sich die Hochfrequenz und das Audiosignal so arrangieren, dass sie sich nicht gegenseitig beeinflussen, denn die Hochfrequenz könnte die bereits vom Signal ausgerichteten Magnetpartikel wieder in Bewegung bringen. Genau das passiert leider in der Praxis auch, und durch die Tatsache, dass die Hochfrequenz kontinuierlich schwächer wird, während das Band immer weiter weg vom Aufnahmekopf läuft, hat die Hochfrequenz einen Löscheffekt zur Folge. Sie löscht vor allem die Höhen des Audiosignals an (siehe auch Kapitel 8.2.6.3) und verändert somit den Frequenzgang des aufzunehmenden Signals.

An dieser Stelle soll noch die Auswirkung der Stärke der AC-Bias auf die Verzerrungen und den Aufnahmepegel eines Signals gegenübergestellt werden. In Diagramm 8.2-14 sind die Gesamtklirrverzerrungen (THD) sowie der Wiedergabepegel eines 10kHz-Signals in Abhängigkeit des Biasstroms zu sehen. Man erkennt, dass die Verzerrungen mit immer stärkerer Addition der hochfrequenten Wechselspannung zwei Minima zeigen. Das erste Minimum ist hierbei sehr schmalbandig und deswegen nicht praxistauglich, da bereits kleinste Temperaturschwankungen und Erschütterungen der Bandmaschine den Biasstrom geringfügig verändern könnten und die Verzerrungen schnell wieder groß wären. Das bedeutet, man stellt die Bias in der Praxis so stark ein, dass man im zweiten, breiteren Verzerrungsminimum liegt.

Das 10kHz-Signal, das hier betrachtet wird, wurde mit einem konstanten Pegel aufgezeichnet. In Abhängigkeit des Biasstroms lässt sich jedoch feststellen, dass die 10kHz mit unterschiedlichem Pegel tatsächlich auf dem Band gespeichert werden. Mit ansteigendem Biasstrom steigt zunächst auch der Pegel der 10kHz an, da die Hochfrequenz zunehmend das Audiosignal bei Ausrichtung der Magnetpartikel unterstützt. Bei einem bestimmten Biasstrom wird das Maximum des 10kHz Signals erreicht. Man befindet sich nun an der Stelle, wo die Hochfrequenz die Magnetpartikel so stark anregt, dass sie sich gerade losbewegen sollten und das Audiosignal mit vollem Pegel aufgezeichnet werden kann. Wird die Bias weiter erhöht, so beginnt sie von alleine, die Magnetpartikel zu bewegen und tut dies auch noch, nachdem das Audiosignal bereits aufgenommen wurde. Sie fängt also an zu löschen, und der Pegel des 10kHz-Signals sinkt wieder. Wie stark sie das Signal anlöschen kann, hängt vom verwendeten Bandmaterial ab. Je besser das Band den Magnetismus speichern kann, desto weniger vermag die Bias das Signal wieder zu löschen. Diese Tatsache ist ebenfalls in Abbildung 8.2-13 zu sehen. Weitere Auswirkungen der AC-Bias sind in Kapitel 8.2.6.3 genauer beschrieben. Es ist auf jeden Fall von grundlegender Wichtigkeit, dass die Bias korrekt eingestellt ist, da ansonsten zu viel oder zu wenig Höhen gelöscht werden und der Gesamtfrequenzgang der Bandmaschine somit überhaupt nicht stimmt.

8.2.6 Maßnahmen zum Erlangen eines linearen Frequenzgangs

Um ein zufrieden stellendes Ergebnis der Bandaufzeichnung zu bekommen, sollte der Übertragungsfrequenzgang innerhalb eines weiten Bereiches, jedoch mindestens von 20Hz bis 20kHz linear sein. Um dies zu bewerkstelligen, müssen Equalizer oder

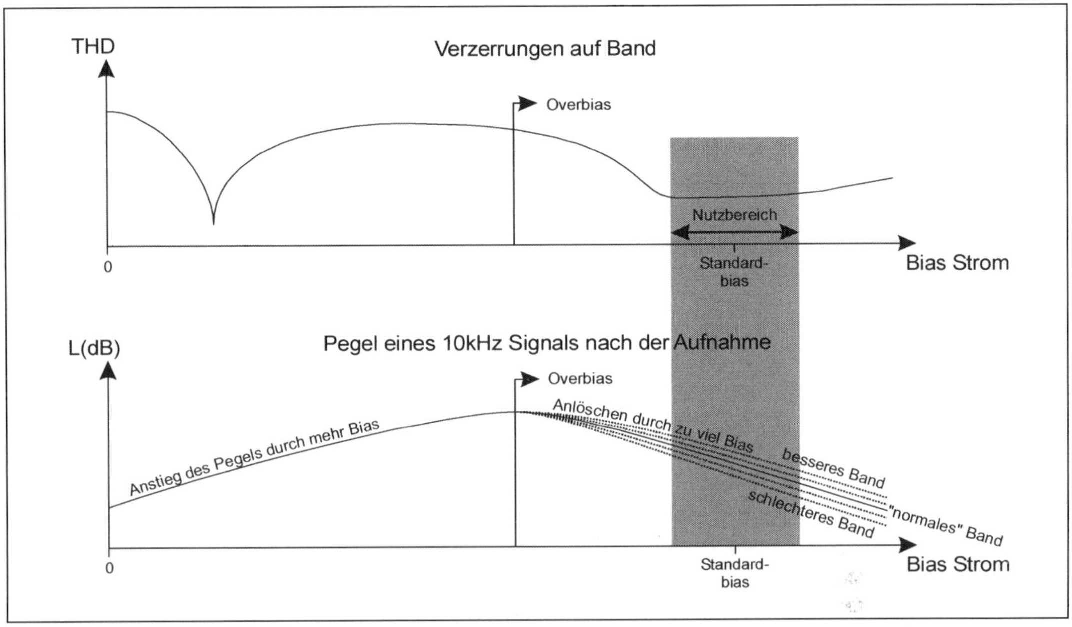

Abb. 8.2-14: Gesamtklirrverzerrungen und Wiedergabepegel eines 10kHz Signals in Abhängigkeit des Biasstroms

"Entzerrer" in die Bandmaschinen eingebaut werden, die die Aufgabe haben, die unterschiedlichen frequenzgangverändernden Auswirkungen zu kompensieren. Diese Equalizer sind fest eingebaut, arbeiten nach einer bestimmten Norm und dürfen nicht mit den Equalizern verwechselt werden, die für Servicezwecke einstellbar sind. Letztere dienen nur der Kompensation der Höhenverluste von abgeschliffenen Köpfen. (siehe Link Kapitel 16.4).

8.2.6.1 Der Frequenzgang des Aufnahmekopfes

Der Frequenzgang des Aufnahmekopfes kann als unkritisch angesehen werden, da es mit Hilfe des Aufnahmeverstärkers relativ einfach möglich ist, ihn linear zu halten. Einzige Auswirkung auf den Aufnahmefrequenzgang hat die mit höher werdender Frequenz ansteigende Induktivität der Spule im Aufnahmekopf. Um eine frequenzlineare Feldstärke erzeugen zu können, muss der Strom durch diese Spule konstant gehalten werden und die Spannung zu höheren Frequenzen hin immer weiter ansteigen. In der Praxis wird ein Konstantstromverstärker eingesetzt, der den Strom und somit auch die magnetische Feldstärke im Aufnahmekopf bei allen Frequenzen konstant hält.

Schwerwiegende Frequenzgangänderungen beim Aufnahmevorgang werden jedoch durch die AC-Bias hervorgerufen. Diese sind im Kapitel 8.2.6.3 beschrieben.

8.2.6.2 Der Frequenzgang des Wiedergabekopfes

Beim Wiedergabekopf sind vier Effekte zu beachten, die eine Auswirkung auf den Frequenzgang haben:

- Das Induktionsgesetz
- Die Spaltfunktion
- Die Kopfspiegelresonanz
- Die Resonanz durch Kopfinduktivität und Kabelkapazität

Das Induktionsgesetz:

Das Induktionsgesetz besagt, dass die induzierte Spannung proportional zu der Stärke der Änderung des magnetischen Flusses in einem bestimmten Zeitintervall ist:

$$V_{ind} = N \cdot \frac{\Delta\phi}{\Delta t}$$

mit:

V_{ind}: Induzierte Spannung in Volt, V
N: Windungszahl der Spule im Wiedergabekopf

$\Delta\phi$: Änderung des magnetischen Flusses in $\frac{Wb}{m^2}$

Δt: Zeitintervall in Sekunden, s

Aus dieser Formel geht hervor, dass die induzierte Spannung größer wird, wenn die Änderung der magnetischen Flussdichte ansteigt oder wenn die Änderung in einem kleineren Zeitintervall stattfindet. Das bedeutet, dass mit ansteigender Frequenz des Audiosignals ein proportionaler Anstieg der induzierten Spannung zu erwarten ist. Dies passiert, da die Änderung der magnetischen Flussdichte bei einer höheren Frequenz in einem kürzeren Zeitintervall vonstatten geht.
Das Induktionsgesetz besagt also, dass eine doppelt so hohe Frequenz bei gleicher Flussdichte die doppelte induzierte Spannung zur Folge hat. Es ergibt sich somit ein Frequenzgang, der relativ konstant mit 6dB pro Oktave ansteigt. Dies ist die größte Unregelmäßigkeit im Frequenzgang, die im Wiedergabekopf anzutreffen ist.

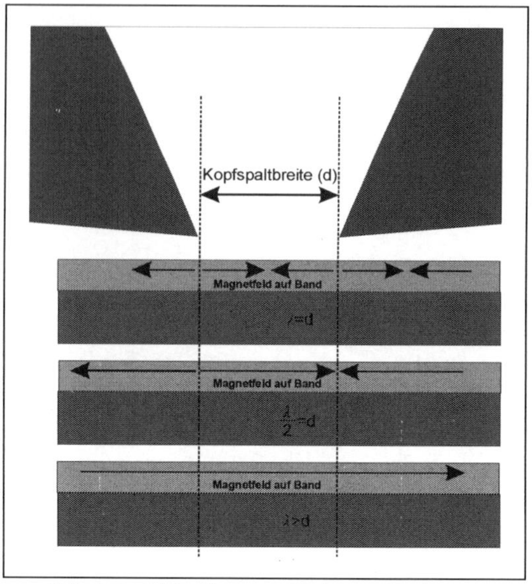

Abb. 8.2-15: Die Abtastung kleiner Wellenlängen

Die Spaltfunktion:

Der Wiedergabekopf ist nicht in der Lage Magnetfelder abzutasten, die sich innerhalb oder außerhalb des Kopfspaltes befinden. Vielmehr wird der Magnetismus nur an genau zwei Stellen abgetastet: an den Übergängen zwischen Kopfspalt und Kopfkern (siehe Abbildung 8.2-15 gestrichelte Linie).

Da sich im Kopfspalt ein magnetisch nicht leitfähiges Material befindet, werden im Spalt selber keine Magnetfelder gelesen. Dies führt bei sehr kleinen Wellenlängen dazu, dass sich große Teile der Schwingung im Spalt befinden und nicht gelesen werden. Sollte sogar eine ganze Wellenlänge in den Kopfspalt passen, so wird gar keine Spannung mehr induziert, da der Kopf diese Schwingungen nicht mehr "sehen" kann. Dieses frequenzabhängige Abtastverhalten wird "Spaltfunktion" genannt. Der Pegelverlust, der sich daraus ergibt, berechnet sich mit:

$$L = 20 \cdot \log\left(\frac{\sin\left(\pi \cdot \frac{d}{\lambda}\right)}{\pi \cdot \frac{d}{\lambda}}\right)$$

mit:

d: Breite des Kopfspaltes in Meter, m

λ: Wellenlänge des Signals auf Band in Meter, m
Diese kann berechnet werden mit: $\lambda = \frac{v}{f}$, mit:

v: Bandgeschwindigkeit in $\frac{m}{s}$

f: Aufgezeichnete Frequenz in Hertz, Hz

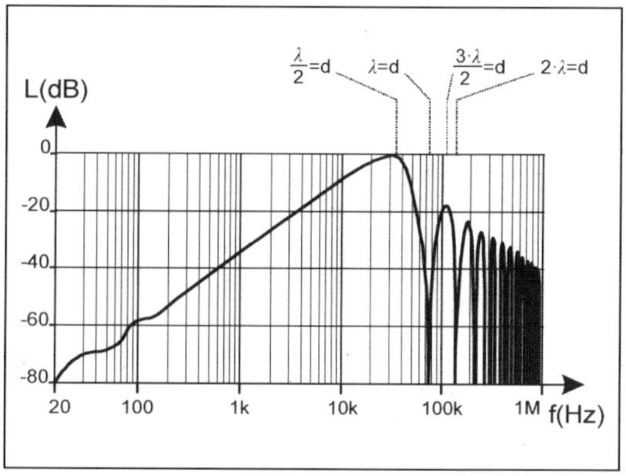

Abb. 8.2-16: Die Spaltfunktion
(am Beispiel d=5µm und v=38cm/s)

Die Spaltfunktion soll hier nicht gesondert gezeigt werden. Vielmehr ist in Abbildung 8.2-16 die Kombination der Induktionsfunktion und der Spaltfunktion zu sehen. Man erkennt, dass sich bei allen ganzzahligen Vielfachen von λ=d ein kompletter Pegeleinbruch befindet. Immer, wenn ein ganzzahliges Vielfaches einer Wellenlänge in den Kopfspalt passt, wird also keine Spannung mehr induziert. Der Teil des Frequenzgangs, in dem diese Einbrüche entstehen, ist in der Praxis nicht mehr verwendbar, da kein Equalizer in der Lage ist, aus Null Spannung wieder ein Signal zu machen. Es ist also vom Hersteller darauf zu achten, dass die Einbrüche deutlich außerhalb des Nutzbereiches

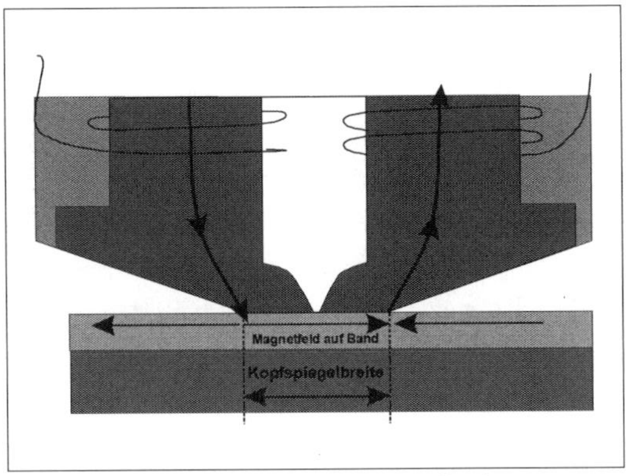

Abb. 8.2-17: Abtastung großer Wellenlängen

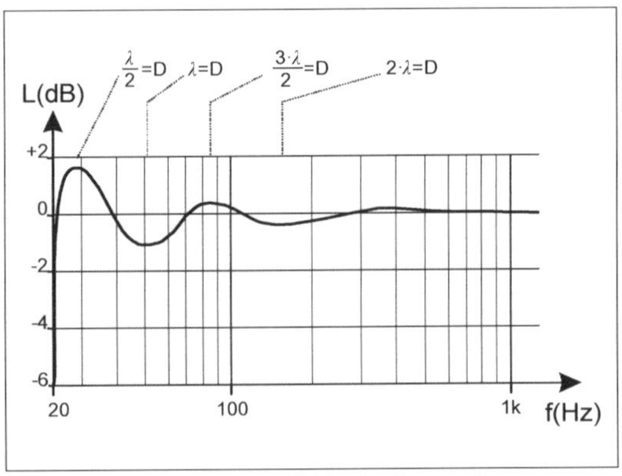

Abb. 8.2-18: Frequenzgangfehler im Gesamtfrequenzgang durch Kopfspiegelresonanz

der Maschine liegen. Dies lässt sich am einfachsten durch einen sehr kleinen Kopfspalt bewerkstelligen.
Man geht daher für die Praxis davon aus, dass der Wiedergabekopf im Nutzbereich einen konstanten Pegelanstieg von 6dB/Oktave zu hohen Frequenzen hin hat.

Die Kopfspiegelresonanz:

Die Kopfspiegelresonanz ist eine Erscheinung, die bei tiefen Frequenzen auftritt. Sie entsteht durch die endlichen Abmessungen des Wiedergabekopfes. Erreicht die Wellenlänge auf Band die Abmessung des Kopfes, so können die magnetischen Feldlinien auch seitlich und von hinten in den Kopf gelangen und somit eine Spannung induzieren. Auf diese Weise ergibt sich ein Buckel im Frequenzgang, der bei folgender Frequenz liegt:

$$f_{res(max)} = 0,8 \cdot \frac{D}{\lambda}$$

mit:
D: Abmessung des Kopfspiegels in Meter, m
λ: Wellenlänge des Signals auf Band in Meter, m

Etwa eine Oktave höher hat der Frequenzgang eine leichte Senke und wird dann fast linear. In Abbildung 8.2-17 und Abbildung 8.2-18 ist die Abtastung für große Wellenlängen, sowie die Auswirkung der Kopfspiegelresonanz zu sehen.

Die Resonanz durch Kopfinduktivität und Kabelkapazität:

Durch die Induktivität des Wiedergabekopfes und der Kapazität der Zuleitungskabel entsteht ein Schwingkreis, der bei einer bestimmten Frequenz in Resonanz geht. Diese Frequenz wird in der Praxis so gewählt, dass sie zum Teil die Verluste durch die Spaltfunktion und die Abstandsverluste (siehe Kapitel 8.2.2.8) kompensiert.

8.2.6.3 Die Auswirkung der AC-Bias auf den Frequenzgang

Die Verwendung der AC-Bias hat eine unschöne Auswirkung auf den Aufnahmefrequenzgang zur Folge. Durch die hohe Frequenz, die mit nicht unerheblicher Stärke auf den Aufnahmekopf gegeben wird, bekommt der Aufnahmekopf ein wenig die Fähigkeit eines Löschkopfes. Die Bias löscht also das Signal an! Dies geschieht in Abhängigkeit von drei verschiedenen Größen:

- Stärke der Bias: Je stärker die Bias mit auf den Aufnahmekopf gegeben wird, desto stärker löscht sie das aufgenommenen Audiosignal an.
- Frequenz des Audiosignals: Höhere Frequenzen lassen sich eher wieder löschen als tiefe. Je höher die Audiofrequenz ist, desto stärker wird sie von der Bias angelöscht.
- Bandsorte: Kann eine Bandsorte den Magnetismus besser speichern, ist es nicht so einfach ihn wieder herunter zu löschen. Je besser die verwendete Bandsorte ist, desto schwächer wird das Audiosignal von der Bias angelöscht.

Unter dem Anlöschen versteht man keinen vollständigen Löschvorgang, sondern lediglich eine Signaldämpfung um einen bestimmten Pegel. In Abbildung 8.2-19 sind verschiedene mögliche

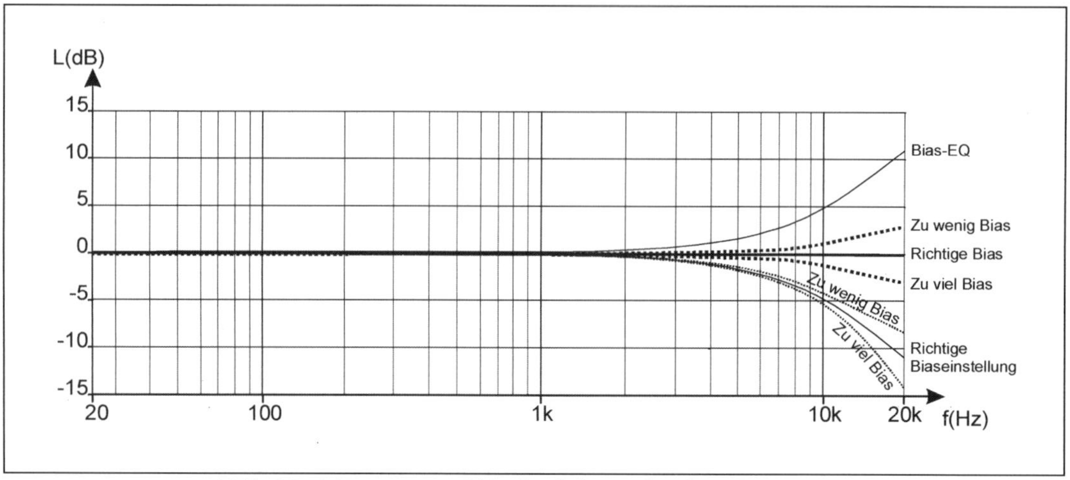

Abb. 8.2-19: Frequenzgangfehler durch die Löschwirkung der AC-Bias:
Dünne Linie oben: EQ zur Kompensation des Anlöschens der Bias
Dicke Linien in der Mitte: Resultierender Frequenzgang
Dünne Linien unten: Löschwirkung bei unterschiedlichen Biaseinstellungen

Frequenzgangfehler durch das Anlöschen der Bias zu sehen.

Um dem Anlöschen der Bias entgegen zu wirken, wird aufnahmeseitig ein Equalizer eingesetzt, der die Höhen des Audiosignals anhebt, bevor sie auf den Aufnahmekopf gelangen. Dieses Anheben der Höhen hat jedoch eine verringerte Aussteuerungsgrenze in den Höhen zur Folge und das Audiosignal geht somit in den Höhen früher ins Clipping (Siehe hierzu auch Kapitel 8.3.6 sowie Kapitel 16.3.1.5).

Weiterhin ist unbedingt zu beachten, dass die Bias bei einem Wechsel der Bandsorte, neu eingestellt werden muss, da sonst eventuell zu viel oder zu wenig Höhen angelöscht werden und sich somit ein nichtlinearer Frequenzgang ergibt.

8.2.6.4 Die Aufnahmeentzerrung

Bei der Aufnahmeentzerrung, welche gleichbedeutend mit dem Aufnahmeequalizer ist, werden nicht nur die Höhen angehoben, die von der Bias angelöscht werden, sondern auch Teile des Frequenzgangs des Wiedergabekopfes korrigiert.

Das Problem der Wiedergabeentzerrung (siehe nächstes Kapitel) ist, dass bei der Wiedergabe auch immer das Bandrauschen mit angehoben wird, wenn bestimmte Frequenzen angehoben werden

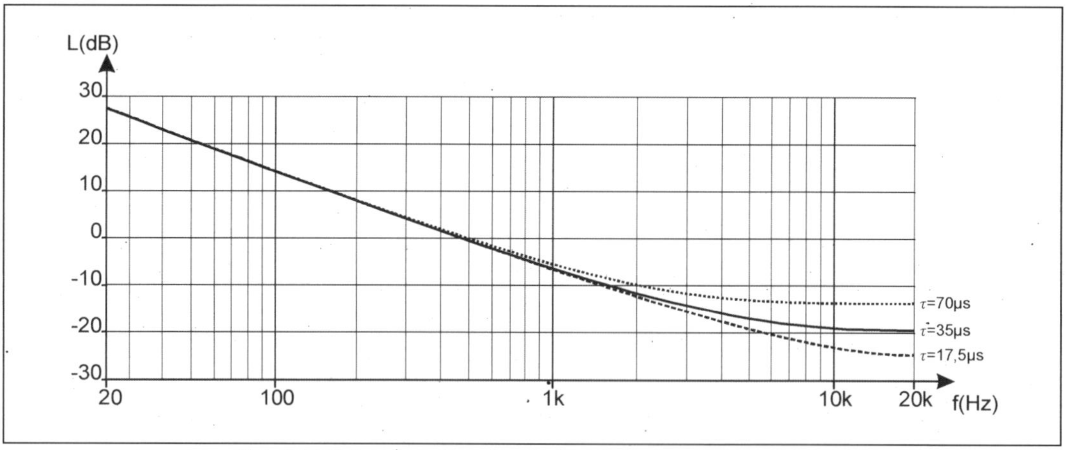

Abb. 8.2-20: Frequenzgänge der Wiedergabeentzerrungen nach DIN
bei 19cm/s: 70μs, 38cm/s: 35μs und 76cm/s: 17,5μs

Standard	4,76cm/s - 1,875ips	9,53cm/s - 3,75ips	19,05cm/s - 7,5ips	38,1cm/s - 15ips	76,2cm/s - 30ips
DIN / CCIR / IEC 1		3180µs / 90µs 50Hz, 1768Hz	70µs 2274Hz	35µs 4547Hz	17,5µs 9095Hz
NAB / IEC 2		3180µs / 90µs 50Hz, 1768Hz	3180µs / 50µs 50Hz / 3180Hz	3180µs / 50µs 50Hz / 3180Hz	17,5µs 9095Hz
Kassette Fe_2O_3 / IEC 1	1590µs / 120µs 100Hz / 1326Hz				
Kassette CrO_2 / IEC 2	1590µs / 70µs 100Hz, 2274Hz				
Kassette Metall / IEC 4	1590µs / 70µs 100Hz, 2274Hz				

Tab. 8.2-3: Zeitkonstanten der Wiedergabeentzerrungen für verschiedene Maschinen und Geschwindigkeiten

müssen. Man versucht in der Praxis, keine Höhen wiedergabeseitig anzuheben, damit das Bandrauschen, welches sich in den Höhen am ehesten störend bemerkbar macht, in diesem Bereich nicht noch stärker wird. Alle Höhen, die wiedergabeseitig angehoben werden müssten, werden bereits aufnahmeseitig angehoben, wo es noch kein Bandrauschen gibt.

Die Summe der Höhenanhebung für die Bias und der Höhenkorrektur des Wiedergabekopfes bilden zusammen die Aufnahmeentzerrung. Die Aufnahmeentzerrungen müssen in Kombination mit der jeweiligen Bandmaschine und der genormten Wiedergabeentzerrung einen linearen Frequenzverlauf ergeben. Wie sie realisiert werden, ist den Maschinenherstellern überlassen und nicht festgelegt.

8.2.6.5 Die Wiedergabeentzerrung

Prinzipiell hat die Wiedergabeentzerrung, welche auch Wiedergabeequalizer genannt wird, die Aufgabe, die Frequenzgangfehler des Wiedergabekopfes zu kompensieren. Wie jedoch bereits im letzten Kapitel zu lesen war, werden Teile der Gesamtentzerrung des Wiedergabekopfes, aufgrund des besseren Signal-Rauschabstands, bereits aufnahmeseitig durchgeführt. Somit beschränkt sich die Wiedergabeentzerrung auf die Entzerrung der mittleren und tiefen Frequenzen und bewirkt in den Höhen gar nichts. Die genauen Frequenzgänge der Wiedergabeentzerrung sind in Kapitel 8.2.7 zu sehen.

8.2.7 Die genormten Entzerrungen

Wie bereits in den Kapiteln 8.2.6.4 und 8.2.6.5 beschrieben, wird die Entzerrung des Wiedergabe-

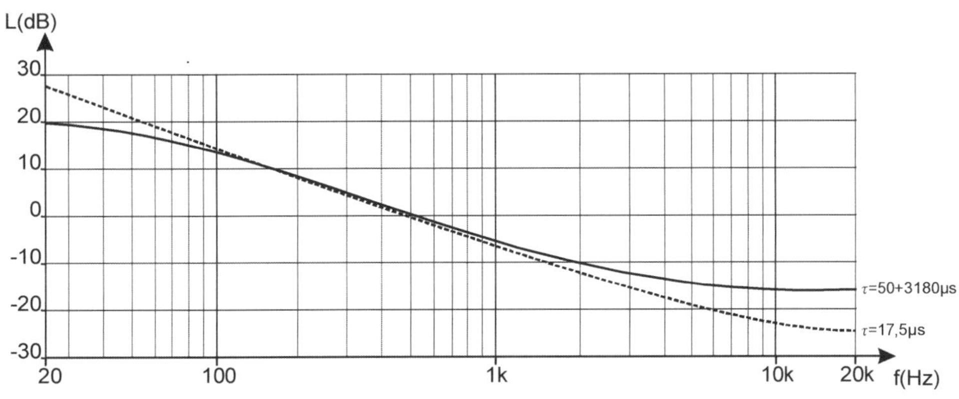

Abb. 8.2-21: Frequenzgänge der Wiedergabeentzerrungen nach NAB bei 19cm/s: 50+3180µs, 38cm/s: 50+3180µs und 76cm/s: 17,5µs

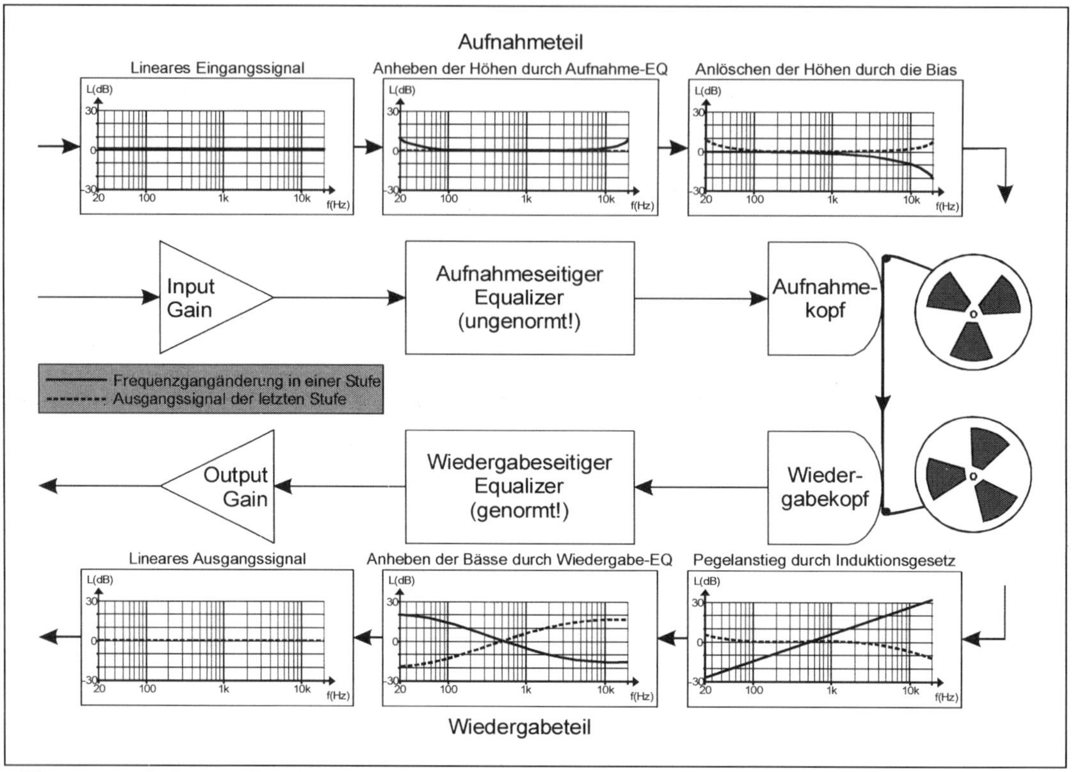

Abb. 8.2-22: Aufnahme- und wiedergabeseitige Frequenzgangveränderungen und der resultierende Gesamtfrequenzgang

kopfes teilweise aufnahmeseitig und teilweise wiedergabeseitig durchgeführt. Nun kann es jedoch passieren, dass ein Band auf einer Maschine aufgenommen wird, jedoch auf einer ganz anderen Maschine in einem anderen Studio wiedergegeben werde muss. Demzufolge ist es sehr wichtig, dass die Frequenz, bis zu der die Wiedergabeentzerrung arbeitet, genormt ist. Trotz dieser Normung gibt es immer noch Unterschiede zwischen Maschinen, die für den amerikanischen Markt hergestellt worden sind (Entzerrung nach NAB) und solchen, die für den europäischen Markt bestimmt sind (Entzerrung nach DIN). Diese beiden Maschinentypen sind daher nicht kompatibel zueinander.

Nur die wiedergabeseitigen Entzerrungen sind genormt und haben exakt beschriebene Frequenzgänge. In der Praxis hat jedoch auch die Konstruktion des Aufnahmekopfes und die Bias einen Einfluss auf den Frequenzgang der Maschine. Daher ist es Aufgabe des Bandmaschinenherstellers, alle zusätzlich notwendigen Entzerrungen, die zu einem linearen Frequenzgang führen, aufnahmeseitig einzubauen. Dadurch ist gewährleistet, dass jeder Hersteller eine "ideale Bandmaschine" baut, die ein Signal auf Band schreibt, welches mit der genormten Wiedergabeentzerrung zu einem flachen Amplitudenfrequenzgang führt. Auf diese Weise ist die Austauschbarkeit von Tonbändern gewährleistet.

In Tabelle 8.2-3 sind die genormten Entzerrungen angegeben. Die Eckfrequenzen werden, wie in der Tontechnik üblich, als Zeitkonstante(n) angegeben, sind jedoch der Vollständigkeit halber auch noch umgerechnet in Hertz in der Tabelle zu finden.

In der Abbildung 8.2-20 und 8.2-21 sind schließlich die Frequenzverläufe der Standardentzerrungen nach DIN bzw. NAB bei den Bandgeschwindigkeiten 19cm/s, 38cm/s und 76cm/s zu sehen.

Maschine	Bandfluss (in Picoweber pro Millimeter)	Frequenz
Ampex-Pegel	185	700Hz
Homerecording Multitrack	250	1kHz
Mono / Profi-Multitrack	320	1kHz
2-Track / Stereo	514	1kHz

Tab. 8.2-4: Genormte Bandflüsse

Als letztes sind in Abbildung 8.2-22 die gesamten frequenzgangbeeinflussenden Auswirkungen der Bandaufzeichnung zu sehen. Hierbei ist die Frequenzgangänderung immer als durchgezogene Linie in einer Stufe eingezeichnet. Die gestrichelten Linien stellen den jeweiligen Frequenzgang der vorangegangenen Stufe dar. Auf diese Weise kann man sehr gut erkennen, in welcher Art und Weise die einzelnen Maßnahmen die Signale verändern. Am Ende der Signalkette sollte dabei wieder ein linearer, flacher Frequenzgang herauskommen.

8.2.8 Der Bandfluss

Der Bandfluss beschreibt die magnetische Flussdichte auf einem Tonband. Die magnetische Flussdichte wird in der Einheit

$$\text{Tesla} = \frac{\text{Wb}}{\text{m}^2}$$

angegeben. Auf einem Tonband, das sich mit konstanter Geschwindigkeit bewegt und auf dem nur sehr geringe Flussdichten gespeichert werden können, hat man diese Größe angepasst zu:

$$\text{Bandfluss}: \frac{\text{nWb}}{\text{m}} = \frac{\text{pWb}}{\text{mm}}$$

Die gebräuchlichste Größe ist hierbei "Picoweber pro Millimeter Spurbreite". Sie beschreibt die magnetische Flussdichte auf einer 1mm breiten Tonbandspur.

Nun könnte man sich fragen, wozu man den Bandfluss braucht, denn am Bandrauschen und an der Clippinggrenze des Bandes ändert er doch auch nichts. Das ist richtig: stellt man einen höheren Bandfluss ein, so verringert sich der Headroom und bei einem niedrigeren Bandfluss wird der Headroom größer. Am Signal-Rauschabstand ändert sich dadurch gar nichts.

Der Bandfluss wird verwendet, um eine genormte Bezugsgröße auf Band zu bekommen. Er gibt die 0VU-Marke bei 1kHz auf Band an. Auf diese Weise werden Bänder mit der gleichen Bezugsgröße austauschbar und sind auch auf unterschiedlichen Maschinen kompatibel zueinander. Besonders in Zusammenhang mit Rauschunterdrückungssystemen, deren Einsatzpunkte vom Pegel abhängig sind, ist ein genormter Bandfluss wichtig. In der Tabelle 8.2-4 sind die gängigen Bandflüsse aufgelistet, auf die man eine Maschine stellen sollte, wenn sie Normkonform arbeiten soll (siehe Link im Kapitel 16.4).

8.3 Rauschunterdrückungssysteme

Die analoge, magnetische Schallaufzeichnung hat immer mit dem Problem des Bandrauschens zu kämpfen. Ein Tonband hat nur eine endliche Menge an Magnetpartikeln pro Fläche zur Verfügung, die das Signal speichern können. Bei einem "leeren" oder gelöschten Band sind diese zufällig ausgerichtet und ergeben in der Summe aller Teilmagnetfelder der einzelnen Partikel fast Null. Da jedoch nur endlich viele Magnetpartikel vorhanden sind, ergeben deren Felder in der Summe nicht genau Null, sondern ein kleiner Restmagnetismus bleibt übrig. Dieser Restmagnetismus wiederum ändert sich zufällig, je nachdem, an welcher Stelle das Band ausgelesen wird. Somit wird eine sich zufällig ändernde Fehlerspannung induziert - ein weißes Rauschen. Dieses so genannte "Barkhausen-Rauschen" ist die Hauptursache für das Bandrauschen. Die einzige Möglichkeit, etwas gegen das Bandrauschen zu unternehmen, wäre, die Anzahl der Magnetpartikel möglichst hoch zu wählen. Wird das Band von einem Signal ausgesteuert, so ändert sich das Rauschen in Abhängigkeit der Stärke des Nutzsignals, es verschwindet jedoch nie. Elektrisch kann man weder aufnahme- noch wiedergabeseitig etwas gegen das Bandrauschen tun - man kann lediglich versuchen, es durch das Nutzsignal zu verdecken.

8.3.1 Grundlagen

Soll das Bandrauschen weniger störend auffallen, so muss das Audiosignal lauter sein als das Rauschen und es somit verdecken. Die Aufgabe von Rauschunterdrückungssystemen ist es daher, das Nutzsignal immer in einen Bereich zu bringen, in dem es das Bandrauschen verdecken wird. Eine weitere Möglichkeit, den Signal-Rauschabstand zu vergrößern, ist eine Erhöhung der Clippinggrenze, also eine Erweiterung des Headrooms, denn wenn das Nutzsignal höher ausgesteuert werden kann, ist es auch weiter weg vom Bandrauschen.
Folgende Diskrepanz tritt zwischen Quellendynamik und aufnehmbarer Dynamik auf, die ein Rauschunterdrückungssystem überwinden soll:

Quellendynamik:	Mikrofon:	bis 140dB
	Mischpult:	ca. 100dB
	16-Bit PCM:	ca. 96dB
Dynamik auf Band:		45dB-70dB

Die Dynamik auf Band ist hier zwischen 45dB bei einem Kassettendeck und 70dB bei einer hochwertigen Mastering-Bandmaschine angegeben.

In der Abbildung 8.3-1 sind die Grenzen für das Nutzsignal abgebildet. Nach oben hin ist dies die Clippinggrenze, an der das Signal beginnt zu verzerren. Nach unten hin wird das Signal durch das Grundrauschen des Gerätes oder das Bandrauschen begrenzt. Diese beiden Grenzen sind durch den grundlegenden Aufbau eines Gerätes festgelegt und lassen sich nicht durch einfache Zusatzschaltungen verändern.
Die digitale Clippinggrenze verläuft linear, da es unabhängig von der Frequenz ist, wann der höchste speicherbare Zahlenwert erreicht wird. Die analoge Clippinggrenze sollte auch linear verlaufen, fällt jedoch ab ca. 1-2kHz mit bis zu 6dB/Okt. ab. Dies erklärt sich durch den Equalizer, der aufnahmeseitig benutzt wird, um das Anlöschen der Höhen, welches die Bias hervorgerufen hat, zu kompensieren (siehe Kapitel 8.2.6.3). In Diagramm 8.3-1 ist weiterhin ein Signal eingezeichnet, das mit

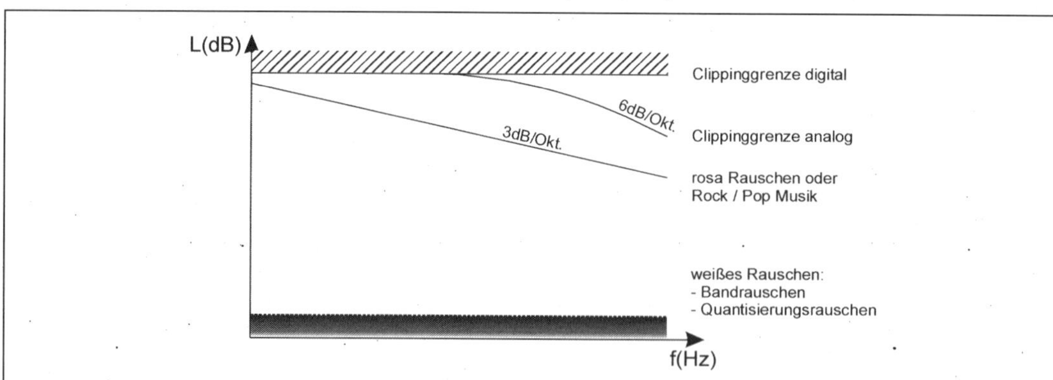

Abb. 8.3-1: Grundrauschen und Clippinggrenzen

3dB/Okt. zu den Höhen hin abfällt. Das könnte sowohl ein rosa Rauschen, oder auch ein gut gemischtes Musiksignal, der Stilrichtung Rock/Pop sein. Von einem Musiksignal mit 3dB/Okt. Pegelabfall sollte man ausgehen, wenn man die Standardsituationen berücksichtigen möchte.

Aufgabe eines Rauschunterdrückungssystems ist es nun, das Nutzsignal möglichst optimal zwischen diesen Grenzen zu halten, so dass es nicht übersteuert und möglichst lange das Grundrauschen verdeckt. Für ein optimales Ergebnis muss das Nutzsignal aufnahmeseitig an die gegebenen Grenzen angepasst werden:

- Bei lauten Signalpegeln sollte der Frequenzgang des Musiksignals bei tiefen und hohen Frequenzen abgesenkt werden, damit eine höhere Aussteuerung möglich wird. Auf diese Weise kann das lauteste Signal noch weiter weg vom Grundrauschen aufgezeichnet werden.
- Mit zunehmend leiseren Signalpegeln sollte der Frequenzgang waagerecht gestellt werden, damit die hohen Frequenzen nicht im Rauschen untergehen. Weiterhin sollten leisere Signale lauter aufgezeichnet werden, als sie eigentlich sind (Kompression).

Die gängigen Rauschunterdrückungssysteme verwenden eine oder mehrere der eben genannten Möglichkeiten, um das Nutzsignal möglichst lange über dem Rauschen zu halten. Selbstverständlich müssen alle Veränderungen am Signal wiedergabeseitig wieder rückgängig gemacht werden, damit es keine Klangveränderungen im Signal gibt.

8.3.2 Rauschverringerung ohne Rauschunterdrückungssysteme

Auch ohne Rauschunterdrückungssysteme kann man durch konsequente Anwendung bestimmter Maßnahmen das Rauschen der Aufnahme möglichst gering halten:

- Das Signal immer möglichst hoch aussteuern, um keine Dynamik zu verschenken.
- Eventuell das Signal vor der Aufnahme komprimieren.
- Eventuell das Signal bei der Wiedergabe expandieren. Hierbei wird der Expander als "weiches" Gate eingesetzt. Er soll nur das Bandrauschen herunterziehen. Der Threshold ist also knapp über das Bandrauschen zu stellen, und die Ratio kann relativ hoch eingestellt werden.
- Mit Hilfe eines Noise-Gates können bevorzugt bei Schlagzeug die Stellen zwischen den Schlägen abgeschaltet werden. Somit ist auch kein Rauschen zu hören, wenn kein Nutzsignal vorhanden ist.
- Eine Automation ist das geeignete Mittel, um bei Instrumenten und Gesang die Stellen auszublenden, an denen kein Nutzsignal vorhanden ist. Im Gegensatz zu dem Noise-Gate können mit Hilfe einer Automation die Ein- und Ausblendevorgänge sanfter und gezielter erfolgen und sind somit unhörbarer.
- Ein Tiefpassfilter kann wiedergabeseitig hochfrequentes Bandrauschen entfernen. Es muss nur darauf geachtet werden, dass das Signal nicht störend beschnitten wird. Bereits eine Filterung ab 10kHz verringert das Rauschen um ca. 3dB.
- Es sollte ein Signal mit ausreichend Präsenz aufgezeichnet werden, so dass wiedergabeseitig nicht zu viele Höhen mit einem Equalizer angehoben werden müssen, was auch einen Anstieg des Bandrauschens zur Folge hätte.
- Wird die Bandlaufgeschwindigkeit verdoppelt, so sind doppelt so viele Magnetpartikel pro Zeit vorhanden, auf die das Signal aufgezeichnet werden kann. Dadurch steigt der Headroom um +6dB. Es sind dann allerdings auch doppelt so viele Magnetpartikel vorhanden, die zum Bandrauschen beitragen. Das Rauschen ist jedoch ein nicht korreliertes Signal und steigt nur um +3dB an. Somit wird der Signal-Rauschabstand um +3dB vergrößert.
- Wird die Spurbreite verdoppelt, so ergibt sich aus den gleichen Gründen wie bei der doppelten Bandgeschwindigkeit eine Erhöhung des Signal-Rauschabstands um +3dB.

8.3.3 Digitale Systeme zur Unterdrükkung von Störsignalen

Digitale Systeme zur Unterdrückung von Störsignalen - und das kann auch Rauschen sein - arbeiten mit Hilfe der schnellen Fourier Transformation. Dabei wird zunächst das Störsignal alleine analysiert und eine Spektraldarstellung dieses Signals gespeichert. Hierbei ist wichtig, dass man eine Stelle des Quellenmaterials findet, an der das Störsignal alleine vorkommt. Nun ist bekannt, welche Frequenzen des Störsignals wie laut vorhanden sind. Als nächstes wird das gesamte

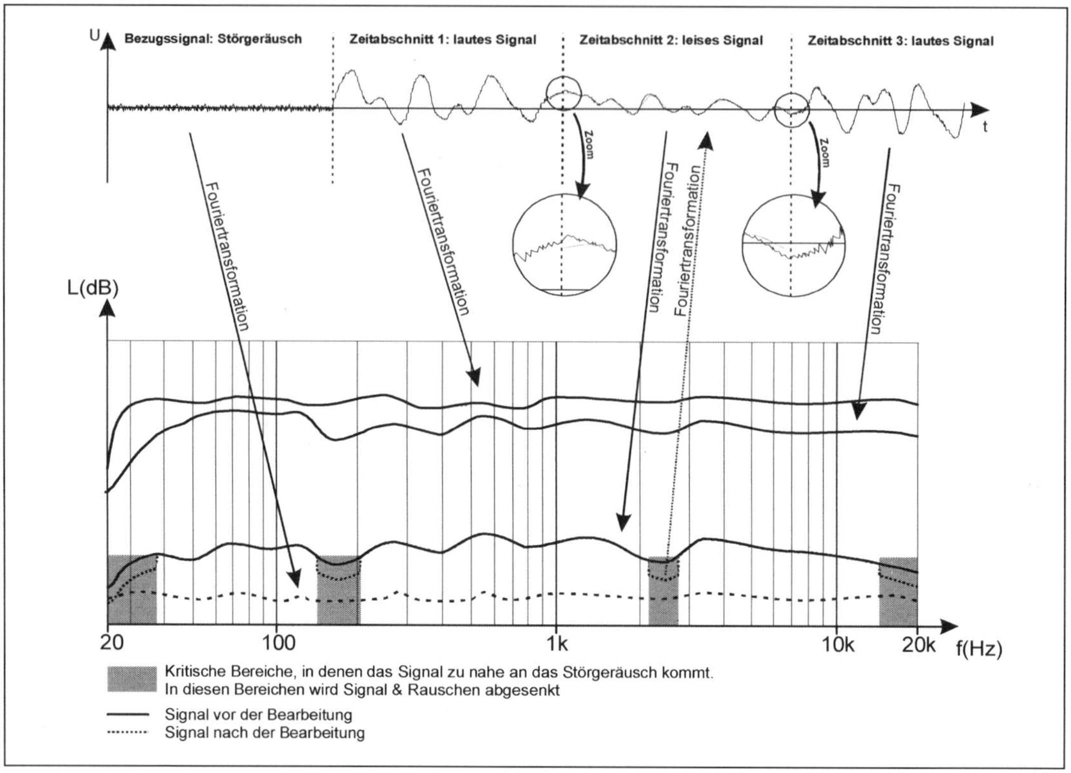

Abb. 8.3-2: Prinzip der digitalen Störgeräuschunterdrückungssysteme

Signal Block für Block analysiert und mit dem Störspektrum verglichen (siehe Abbildung 8.3-2). Befindet sich das Gesamtsignal weit genug über dem Störsignal, so wird nichts weiter unternommen und der nächste Block analysiert. Kommt jedoch das Gesamtsignal an irgendeiner Frequenz zu nahe an das Störgeräusch, so wird der betreffende Frequenzbereich expandiert. Der Abstand zwischen Gesamt- und Störsignal, sowie Attack- und Releasezeit des Expanders sind hierbei vom Benutzer einstellbar. Mit Hilfe eines solchen Systems kann das Nutzsignal sehr gezielt nur in den Frequenzbereichen verändert werden, wo es wirklich notwendig ist. Der Klang bleibt somit wesentlich länger akzeptabel, als bei anderen Methoden der Störgeräuschunterdrückung. Die Genauigkeit, mit der einzelne Frequenzbereiche analysiert werden können, hängt von der Größe eines Analyseblocks der schnellen Fouriertransformation ab. Diese haben immer eine Potenz von 2 als Größe. Die Frequenzselektivität berechnet sich mit:

$$f = \frac{f_s}{2^N}$$

mit:

f: Frequenzselektivität in Hertz, Hz
f_s: Abtastfrequenz des Digitalsignals in Hertz, Hz
N: Potenz des Analyseblocks

So liegt die Frequenzselektivität bei einer Blockgröße von $2^{11} = 2048$ und einer Abtastrate von 48kHz bei 23,44Hz. Man hat also zwischen 20Hz und 20kHz ca. 850 Expander zur Verfügung, mit denen das Signal bearbeitet werden kann.

Digitale Systeme werden hauptsächlich zur Restauration von Audiomaterial eingesetzt, wobei hier mit Sorgfalt gearbeitet werden muss: oftmals ist es besser, die Störsignale nicht vollständig heraus zu rechnen und somit mehr vom Originalklang des Nutzsignals zu erhalten. Der Gedanke, ein digitales System könne ein Störsignal vollständig heraus rechnen, ohne das Nutzsignal zu beeinflussen, ist ein weit verbreiteter Irrglaube. Die frequenzselektiven Expander expandieren das Störsignal und das Nutzsignal immer gleichzeitig.

8.3.4 Der passende Decoder zu einem Encoder

Je komplizierter ein Rauschunterdrückungssystem wird, desto eher wird man sich fragen: wie kann man den genau passenden Decoder zu einer komplexen Encoderschaltung bauen, ohne dass die Bauteiltoleranzen, Temperaturschwankungen und Alterserscheinungen der Bauteile zu starke Auswirkungen haben? Die Lösung ist einfach. Man verwendet dieselbe Schaltung mit denselben Bauteilen sowohl als Encoder als auch als Decoder (siehe Abbildung 8.3-3). Die Decoderschaltung entsteht, wenn man die Encoderschaltung in die Gegenkopplung einer nichtinvertierenden Operationsverstärkerschaltung setzt. Einzige Einschränkung dieser Lösung ist, dass man nunmehr nur noch Encodieren oder Decodieren kann und nicht mehr beides gleichzeitig.

8.3.5 Kompandersysteme

Eine grundlegende Konstruktionsweise für Rauschunterdrückungssysteme sind die Kompandersysteme. Das Wort "Kompander" ist ein Kunstwort, welches sich aus **Komp**ressor und Exp**ander** zusammensetzt. Bei Kompandersystemen wird die Dynamik aufnahmeseitig mittels eines Kompressors eingeengt, dieses Signal dann auf Band aufgezeichnet, und wiedergabeseitig wird mit Hilfe eines Expanders die Originaldynamik wieder hergestellt (siehe Abbildung 8.3-4). Wichtig ist hierbei, dass Kompressor und Expander genau gegenläufig eingestellt werden, wenn es darum geht, ein möglichst originalgetreues Signal wiederzubekommen. In den meisten Kompandersystemen ist der Threshold bei -∞dB, so dass das gesamte Signal komprimiert wird. Bereits mit einer Kompressions-Ratio von 2:1 könnten somit 100dB Signaldynamik auf 50dB zusammengedrückt werden (siehe Abbildung 8.3-5). Diese könnten problemlos auf jeder Bandmaschine aufgezeichnet werden.

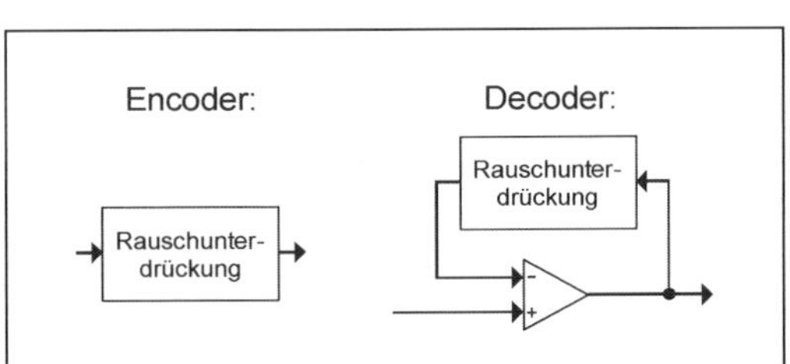

Abb. 8.3-3: Encoder - Decoderschaltung

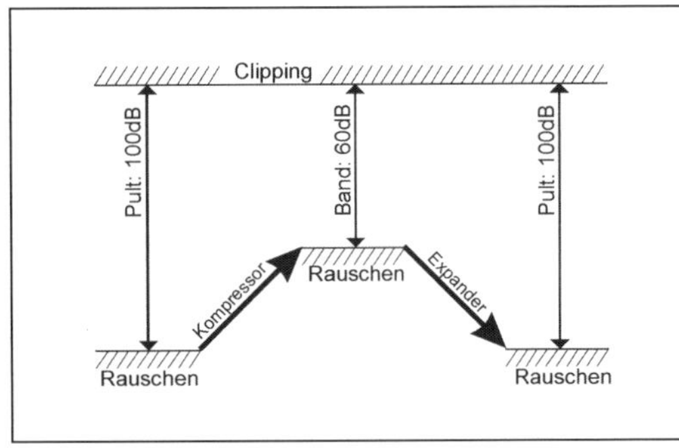

Abb. 8.3-4: Grundprinzip des Kompandersystems

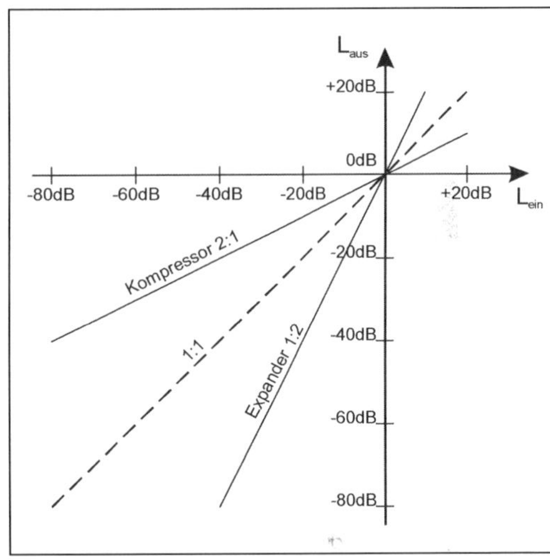

Abb. 8.3-5: Kennlinien eines typischen Kompander-Sytems (dbx)

8.3.6 Emphasis

Eine relativ günstig realisierbare Art der Rauschunterdrückung ist die so genannte "Emphasis". Der Name bezieht sich auf die Betonung eines bestimmten Frequenzbereichs des Audiosignals. Meistens werden die Höhen vor der Aufnahme angehoben und bei der Wiedergabe wieder abgesenkt - bei den Höhen wirkt sich das Rauschen am störendsten aus. Das Audiosignal bleibt hierbei im Frequenzgang linear, das Bandrauschen, das erst nach der Höhenanhebung hinzukommt, wird nur abgesenkt (siehe Abbildung 8.3-6).

Allerdings stellt sich die Frage, ob das Anheben der Höhen nicht zu einem zu großen Pegel führen kann und die Höhen somit verzerren könnten. In Abbildung 8.3-1 am Anfang dieses Kapitels ist deutlich

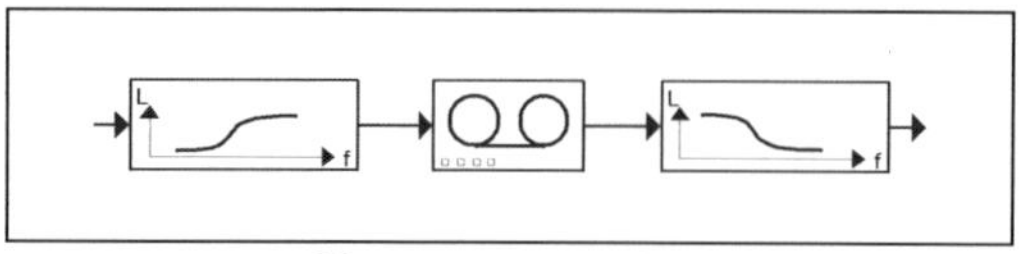

Abb. 8.3-6: Die Emphasis

zu sehen, dass die Höhen bei einer digitalen Aufzeichnung problemlos angehoben werden können, da genügend Dynamikreserven vorhanden sind. Bei einer Aufzeichnung auf Analogband wäre der Einsatz einer Emphasis jedoch kritisch, da die Höhen viel früher ins Clipping gehen, als tiefe Frequenzen, und somit eine Übersteuerung droht. Verschlimmernd wirkt sich noch aus, dass das Pegelmessgerät in einer Bandmaschine oder in einem Mischpult die sinkende Clippinggrenze in den Höhen nicht berücksichtigt und die Übersteuerung der Höhen nicht anzeigen würde. Eine Emphasis kann also nur bei einer linearen Clippinggrenze eingesetzt werden oder muss pegelabhängig gestaltet werden, wie es beispielsweise bei den Dolby-Systemen der Fall ist.

8.3.7 Dolby Systeme

Die meisten Rauschunterdrückungssysteme, die heute auf dem Tontechnikmarkt existieren, sind größtenteils von der amerikanischen Firma Dolby. Sie basieren prinzipiell auf Kompandersystemen (fixed-Regelkreise) und Emphasis-Schaltungen (sliding-Regelkreise), die jedoch in mehreren Frequenzbändern und dynamisch an das Programmmaterial angepasst eingesetzt werden.
In der Tabelle 8.3-1 werden die Eigenschaften der verschiedenen Dolby Systeme einander gegenübergestellt.
Weitere Informationen zu den Dolby Schaltungen finden sich unter: **www.die-audio-enzyklopaedie.de**

System:	Dolby A	Dolby B	Dolby C	Dolby S	Dolby SR
Anwendung:	Profi	Consumer	Consumer	Consumer	Profi
Medium:	Mehrspur 2-Track analoger Filmton	Tonband Kassette	Kassette Homerecording- Mehrspur	Kassette Homerecording- Mehrspur	Mehrspur 2-Track analoger Filmton
„fixed" Regelkreise:	4	0	0	3	5
„sliding" Regelkreise:	0	1	2	2	5
Pegelstufen	1	1	2	2	3
Frequenzbänder	4	1	1	2	2
Spectral Skewing:	Nein	Nein	Höhen	Höhen und Tiefen	Höhen und Tiefen
Anti Saturation:	Nein	Nein	Höhen	Höhen	Höhen und Tiefen
Pegelton:	Dolby Tone	Nein	Nein	Nein	Dolby Noise
Rauschunterdrückung:	10dB unter 9 kHz 16dB über 9kHz	10dB in den Höhen	20dB in den Höhen	20dB in den Höhen 10dB unter 200Hz	24dB über 800Hz 16dB unter 800Hz
Aufnahme und Wiedergabe gleichzeitig möglich?	Nein	Ja	Ja	Ja	Nein
Logo		DOLBY B NR	DOLBY C NR	DOLBY S NR	Dolby SR

Tab. 8.3-1: Vergleich der Dolby Systeme

8.4 Aufzeichnung digitaler Signale auf CD, DVD und Blu-ray

Signale auf einer CD oder DVD werden so aufgezeichnet, dass sie optisch und berührungslos gelesen werden können. Die CD und die DVD unterscheiden sich hierbei nur geringfügig in den Abmessungen der Datenschicht, so dass der Lese- und Schreibvorgang für beide gleichermaßen in Kapitel 8.4.4 beschrieben werden kann.

8.4.1 Das Medium CD

Die CD wurde im Jahre 1982 auf dem Markt eingeführt. Zu einer Zeit, in der die Computer gerade in den Heimbereich einzogen und eine Speicherkapazität von 64kB bereits als hoch galt, wurde ein Speichermedium geschaffen, dass mit über 600MB Nutzkapazität aufwarten konnte - die Audio-CD.

Die Firmen Sony und Philips waren wesentlich an der Entwicklung beteiligt und haben ein Medium geschaffen, das mehrere Jahrzehnte Bestand haben sollte. An den Erfolg der Audio-CD knüpften bald die CD-ROM, die Video-CD sowie diverse andere CD-Formate an. Schließlich kamen Anfang der 90er Jahre die ersten beschreibbaren CD-Rs auf den Markt, und seitdem hat die CD als mobiles Speichermedium die Diskette abgelöst.

8.4.1.1 Mechanische Eigenschaften

Die mechanischen Eigenschaften einer CD wurden ursprünglich im "Red-Book-Standard" (IEC60908) definiert. Demnach beträgt der Durchmesser einer CD 120mm beziehungsweise 80mm (Single CD).
Die Dicke der CD beträgt normalerweise 1,2mm und das Mittelloch hat 15mm Durchmesser. Das Material ist Polycarbonat.

Die CD wird mit einer konstanten Spurgeschwindigkeit ausgelesen, die minimal 1,2m/s und maximal 1,4m/s beträgt. Dadurch sind beispielsweise die unterschiedlichen Spielzeiten von 74 und 80 Minuten möglich. Damit die Spurgeschwindigkeit konstant bleibt muss die Umdrehungszahl ständig angepasst werden, da die Spuren im inneren Bereich der CD relativ kurz und außen mehr als doppelt so lang sind. Die Umdrehungsgeschwindigkeiten variieren dabei von 500 Umdrehungen pro Minute (innen) bis 200 Umdrehungen pro Minute (außen).

Die CD dreht sich im Uhrzeigersinn, wenn man auf die Seite mit dem Labelaufdruck blickt. Die Daten sind in einer spiralförmigen Spur von innen nach außen geschrieben.

Die Spuren der CD sind 0,6µm breit und 1,6µm ±0,1µm auseinander (siehe Abbildung 8.4-1). Die

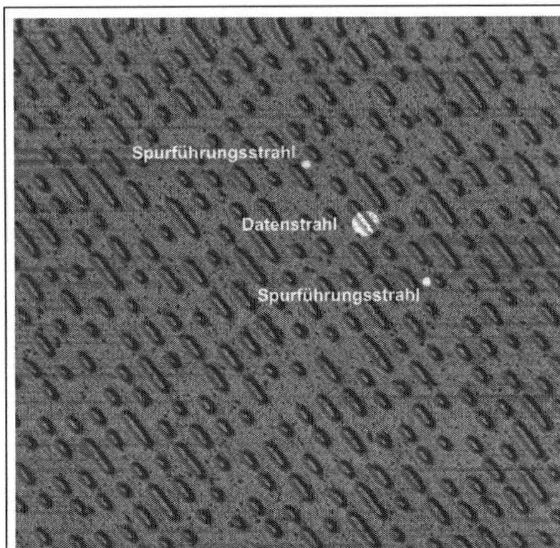

CD-Spur (Laserpunkt wurde hineingezeichnet).
(© IN-VSEE Project; Arizona State University 1999)

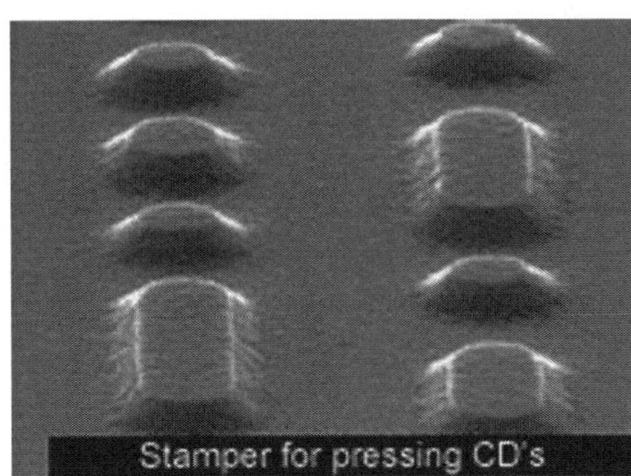

Detail des Werkzeugs, welches die Vertiefungen in die CD presst.
(© LPD Laboratory Services, www.lpdlabservices.co.uk)

Abb 8.4-1: Datenschicht auf einer CD (links) und Detail eines dazu notwendigen Presswerkzeugs (rechts)

Position der Spur ist mit relativ großen Toleranzen versehen: Die Spur darf in der Höhe ±0,5mm "eiern" und ±140μm, also ±87 Spuren nach links und rechts von ihrer Ideallage abweichen. Eine Servonachführung (siehe Kapitel 8.4.4) sorgt für die entsprechende Spurführung. Dadurch ist es möglich, billige Laufwerke zu konstruieren, an die keine sehr hohen mechanischen Anforderungen gestellt werden.

Die Spuren der CD werden mit einem Laser im Infrarotbereich ausgelesen. Die Wellenlänge (in Luft) beträgt 780nm ±10nm. Durch die unterschiedlichen Ausbreitungsgeschwindigkeiten des Lichts in verschiedenen Medien beträgt die Wellenlänge im Polycarbonat (Brechungsindex 1,55) nur 500nm. Die Daten innerhalb einer Spur werden mit Hilfe von Vertiefungen (Pits) und nicht vertieften Stellen (Lands) in das Medium geschrieben. Eine Vertiefung ist etwa 120nm tief, also eine viertel Wellenlänge. An einer Vertiefung streut sich der abtastende Laserstahl (siehe Abbildung 8.4-8 im Kapitel 8.4.4.2)

8.4.1.2 Speicherkapazität

Die Speicherkapazität einer CD hängt vom verwendeten Format ab. Bei Audio- und Video-CDs wird eine schlechtere Fehlerkorrektur sowie eine Fehlerverdeckung verwendet. Dadurch ist eine Speicherkapazität von 747MB (=74 Minuten Audio/Video) oder 807,5MB (80 Minuten Audio/Video) möglich.
Bei Verwendung des CD-ROM-Formats wird eine deutlich bessere Fehlerkorrektur verwendet, und eine Fehlerverdeckung ist nicht mehr zulässig. Allerdings ist für die bessere Fehlerkorrektur zusätzlicher Speicherbedarf notwendig. Im Falle einer CD-ROM beträgt die Nutzkapazität 650MB oder 700MB.

Im Falle einer Audio CD sind maximal 99 Titel erlaubt, die wiederum mit maximal 99 Indizes versehen werden können. Das Red-Book erlaubt explizit, dass CDs auch mit Titelnummern >1 anfangen dürfen.

8.4.1.3 Formate

Ein grundlegendes "Problem" der CDs ist die Tatsache, dass alle CDs von ihrer Grundstruktur her Audio-CDs sind. Das bedeutet, sie haben die Blockstruktur und die Fehlerkorrektur einer Audio-CD. Alle Nicht-Audio-Formate führen lediglich eine Neudefinition der speicherbaren Daten durch, um Teile davon für eine zusätzliche Fehlerkorrektur einsetzen zu können.
Aus diesen Gründen sind alle CDs in einem Audio-CD-Player "abspielbar" - auch wenn bei Daten CDs nichts oder nur Unverständliches herauskommt. Auf der anderen Seite ist aber die Fehlerkorrektur gerade bei Daten-CDs nicht optimal, da sie immer nur auf der Audio-Fehlerkorrektur aufbauen und diese erweitern kann. Hätte man ein komplett neues Format definiert (siehe auch DVD), dann hätte man eine effizientere Fehlerkorrektur und somit eine höhere Menge an Nutzdaten auf eine CD-ROM bringen können.

Die Tabelle 8.4-1 gibt eine Übersicht über bestehende CD-Formate.

8.4.1.4 Die Fehlerkorrektur bei der CD-DA

Die Fehlerkorrektur der Audio-CD, also der CD-DA ist der CIRC. CIRC steht für "Cross Interleaved Reed-Solomon Code". Zum Interleaving und zum Reed-Solomon Code sind die Grundlagen in Kapitel 7.6 nachzulesen.

Die Abbildung 8.4-2 zeiget den prinzipiellen Aufbau des CIRC-Encoders, wie er im Red-Book spezifiziert ist. Der Decoder im CD-Player ist entsprechend umgekehrt aufgebaut. Um das Verständnis dieses Diagramms zu erleichtern, ist in Abbil-

Standard	Anwendung	Speicherplatz	Besonderheiten
Red-Book	CD-Digital Audio	74/80Minuten(747/ 807,5MB)	
Yellow-Book Mode 1	CD-ROM	650/700MB	Sehr gute Fehlerkorrektur
Yellow-Book Mode 2	CD-ROM Audio/Video	747/807,5MB	Schlechtere Fehlerkorrektur
Blue-Book	CD-Extra:		1. Session: Audio, 2. Session ROM
Green-Book	CD-Interactive	747/807,5MB	
Orange-Book	Alle CDs		Beschreibung des Multisessionstandards
White-Book	Video-CD	74/80 Minuten (747/807,5MB)	Hauptsächlich für Karaoke
Beige-Book	Photo-CD (Kodak)	100 Bilder	
Scarlet-Book	SACD		Eigentlich keine CD!

Tab. 8.4-1: Übersicht über die CD-Formate (Rainbow-Books)

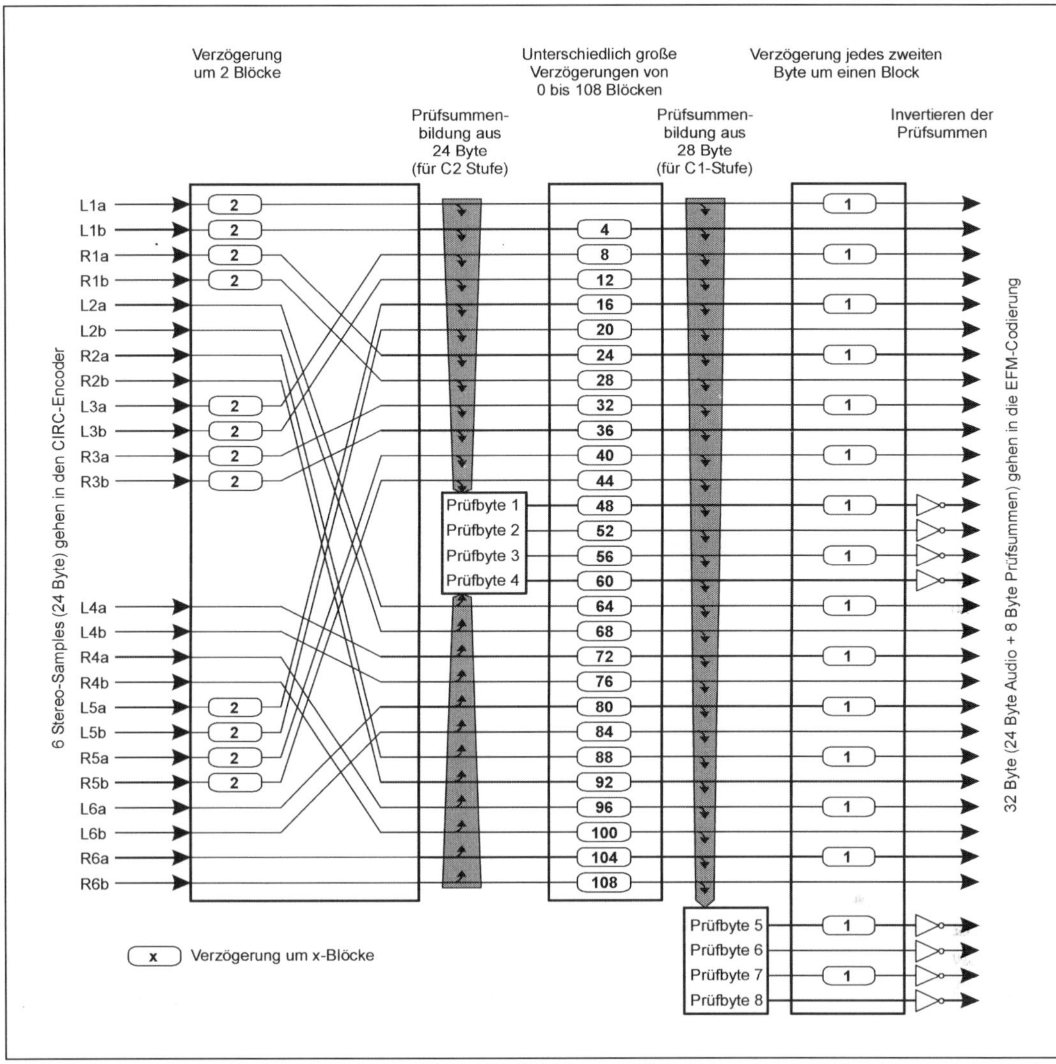

Abb. 8.4-2: Blockschaltbild des CIRC-Encoders

dung 8.4-3 ein Blockdiagramm der Fehlerkorrektur zur Erläuterung zu sehen.

Man erkennt, dass die Audiodaten in Blöcken mit jeweils 6 Stereo-Samples verarbeitet werden. Da die CD-Player intern mit einer 8-Bit Systemarchitektur arbeiten, wird jedes Sample (16Bit) in zwei Hälften geteilt. Dadurch ergeben sich 24 Byte an Daten.
Die 24 Byte werden in einer ersten Interleaving-Stufe in Stereopärchen mit dem übernächsten 24-Byte-Block verschachtelt.
Anschließend kommen durch die Berechnung einer ungewichteten und drei gewichteter Prüfsummen vier Prüfbyte hinzu.

Die jetzt vorhandenen 28 Byte werden durch eine sehr große Interleavingstufe mit anderen Blöcken verschachtelt. Die Verschachtelung geht über einen Bereich von über 3136 Byte, das heißt, dass die 28 Byte in gleichmäßigen Abständen innerhalb der 3136 Byte verteilt werden. Mechanisch entspricht dies der Verteilung der Daten innerhalb mehrerer Zentimeter der Spur. Dadurch haben kleine Kratzer oder Beschädigungen nicht so schlimme Auswirkungen, da kaum zusammenhängende Daten gestört werden können.
In der nächsten Stufe kommen erneut eine ungewichtete und drei gewichtete Prüfsummen, also vier Prüfbyte hinzu.

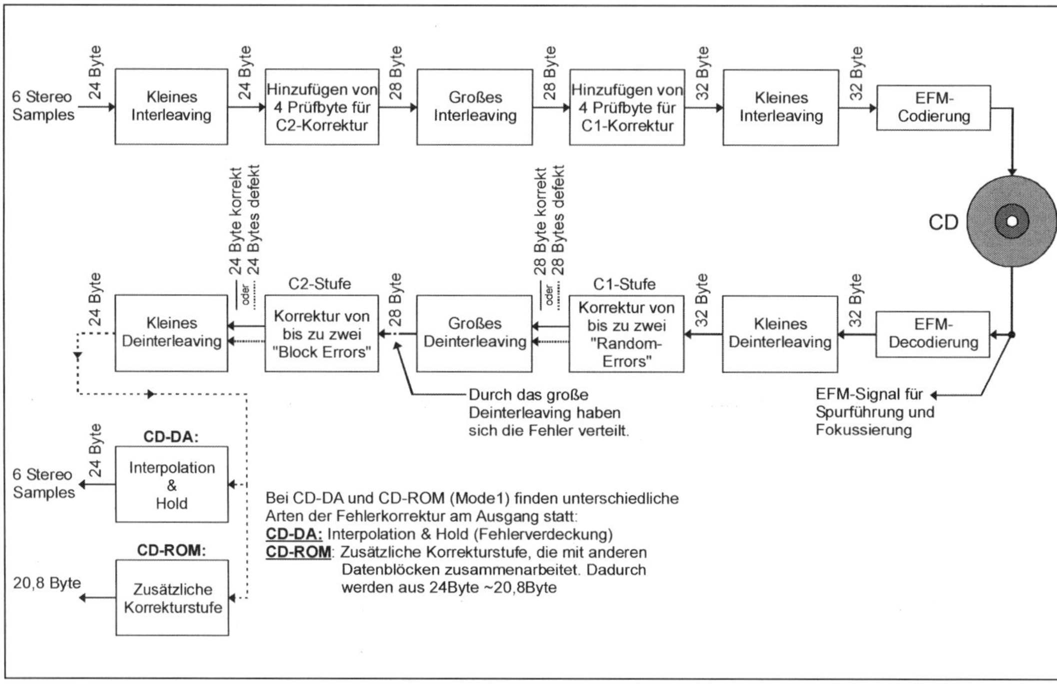

Abb. 8.4-3: Blockdiagramm zur Erläuterung der Fehlerkorrektur (CIRC) auf CD

Die 32 Byte werden durch ein Interleaving noch einmal byteweise mit dem nächsten Block verschachtelt.

Danach folgt die EFM-Codierung (siehe Abbildung 8.4.3) und die Daten werden auf CD geschrieben.

Nach der optischen Abtastung der Pits und Lands auf der CD erfolgt die EFM-Decodierung und die Blockerkennung.

Anschließend liegen in jedem Block 32Byte an Daten vor. Diese durchlaufen ein Deinterleaving, so dass sie mit dem benachbarten Block zurückgetauscht werden.

Als nächstes kommt die erste Fehlerkorrekturstufe. Diese Stufe wird auch C1-Stufe genannt. In dieser Stufe können ein oder zwei fehlerhafte Bytes mit Hilfe der vier Prüfbytes gefunden und repariert werden. Daraus ergeben sich folgende Möglichkeiten für den Ausgang dieser Stufe:

- 28 Byte korrekt (eventuell korrigiert)
- 28 Byte defekt

War die Fehlerkorrektur erfolgreich, so verlassen 28 korrekte Bytes die Stufe. Die Prüfbyte werden nicht mehr benötigt. Werden mehr als 2 Bytes als defekt erkannt, so ist keine Korrektur mehr möglich. In diesem Fall werden alle Ausgangsbytes mit einem "Pointer" versehen, der den nächsten Stufen anzeigt, dass es sich um defekte Daten handelt.

In der folgenden Stufe findet das Deinterleaving der weit in der Spur verstreuten Daten statt. Wieder aus 3136 Byte werden in Abständen von 108 Bytes die 28 Bytes gelesen, die für die nächste Fehlerkorrekturstufe benötigt werden.

Auf diese Weise würden bei einem Block, der aus 28 defekten Bytes bestünde, die defekten Bytes in 28 Blöcke verteilt. Dadurch befindet sich nach dem Deinterleaving in jedem Block nur noch ein defektes Byte. Selbstverständlich können auch weitere defekte Blöcke in die Deinterleavingstufe gelangen, aber die Wahrscheinlichkeit, dass von den 28 Eingangsblöcken mehr als zwei defekt sind, ist bereits sehr gering.

Nach dem Deinterleaving folgt die zweite Fehlerkorrekturstufe, auch C2-Stufe genannt. Sie ist identisch zur ersten Stufe aufgebaut und kann ebenfalls maximal zwei fehlerhafte Bytes finden und reparieren. Am Ausgang dieser Stufe sind:

- 24 Bytes korrekt (eventuell korrigiert)
- 24 Bytes defekt

Sollte die zweite Fehlerkorrekturstufe versagen, so werden 24 defekte Bytes ausgegeben, die ebenfalls

mit einem Pointer versehen sind, so dass man sie erkennen kann. Diese Fehler können nun nicht mehr korrigiert werden!
In der nächsten Deinterleavingstufe werden die Bytes von dem übernächsten Nachbarblock zurückgetauscht. Das geschieht jedoch nicht byteweise sondern mit ganzen Samples. Das heißt, immer zwei zusammenhängende Byte werden im Interleaving verarbeitet. Auf diese Weise würden aus den möglichen 24 defekten Byte (=6 Stereosamples) nur noch 3 defekte Stereosamples und drei (sehr wahrscheinlich) korrekte Stereosamples aus dem übernächsten Block werden.
Sollten die Daten alle korrekt sein, werden sie nach dem letzten Deinterleaving auf den D/A-Wandler gegeben. Sollten Daten mit einem Fehler-Pointer versehen worden sein, so können diese interpoliert werden. Da nach der letzten Deinterleavingstufe immer abwechselnd korrekte und defekte Samples vorhanden sind, ist es nicht weiter schwierig, ein defektes Sample durch eine lineare Interpolation zwischen zwei korrekten Samples zu ersetzen. Sollten zwei oder mehr Samples hintereinander defekt sein, so erfolgt erst ein "Hold" und anschließend eine Interpolation (siehe auch Kapitel 7.6.4).

8.4.2 Das Medium DVD

8.4.2.1 Mechanische Eigenschaften

Die DVD ist im großen und ganzen sehr ähnlich zur CD aufgebaut. Das hat den Vorteil, dass die gleiche Laufwerksmechanik benutzt werden kann, die Aufbewahrungssysteme weiter verwendbar bleiben und der "Look & Feel" sich für den Endverbraucher nicht ändert.

Wie die DVD, kann auch eine wird auch Im Unterschied zur CD wird jedoch jede DVD aus zwei Hälften zusammengeklebt. Dies ist notwendig, um die Herstellung zweiseitiger DVDs zu ermöglichen.

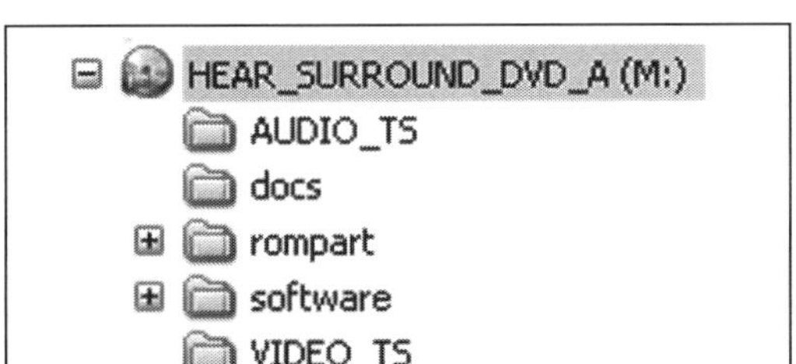

Abb. 8.4-4: Typische Verzeichnisse einer "wirklich vielseitigen" DVD

Das bedeutet, dass die DVD aus zwei 0,6mm starken Hälften besteht. Jede dieser Hälften kann wiederum aus zwei Hälften zusammengeklebt sein, um die Mehrlagigkeit zu ermöglichen. Im Extremfall einer doppelseitigen, zweilagigen DVD wird das Medium somit aus vier dünnen Schichten zusammengesetzt.

8.4.2.2 Speicherkapazität

Man unterscheidet bei der DVD zwischen vier verschiedenen Speicherkapazitäten: DVD5, DVD9, DVD10 und DVD18. Deren Namensgebung soll die ungefähre Speicherkapazität in Gigabyte widerspiegeln. Da die Speicherkapazität einer DVD oft mit dem Faktor 1000 als Multiplikator zwischen Byte und Kilobyte gerechnet wird, Computer jedoch den Faktor 1024 (2^{10}) verwenden, ergibt sich immer wieder ein Unterschied zwischen den angegebenen Speichermengen. In Tabelle 8.4-2 sind die verschiedenen DVD-Formate mit ihren zugehörigen Speicherkapazitäten aufgelistet.
Bisher wurde immer von einer 120mm-DVD ausgegangen. Es gibt jedoch auch eine 80mm-DVD. Dieses kleinere Medium wird aus Kostengründen gerne für Werbezwecke eingesetzt und verfügt nur über einen Bruchteil der Speicherkapazität (siehe ebenfalls Tabelle 8.4-2).

8.4.2.3 Formate

Grundlegend ist die DVD ein reiner Datenträger, der am ehesten mit der CD-ROM vergleichbar ist. Die Unterscheidung, ob eine DVD für Daten, Video oder Audio verwendet werden soll, hängt von den Daten selbst ab, die auf ihr gespeichert werden.
Soll eine DVD als DVD-Video eingesetzt werden, so muss sich ein Unterverzeichnis mit dem Namen VIDEO_TS auf ihr befinden. Ein DVD-Video-Player sucht dann in diesem Verzeichnis nach Filmen und spielt diese ab.
Eine DVD-Audio muss über das Verzeichnis AUDIO_TS verfügen, in dem wiederum ein DVD-Audio-Player nach Daten sucht.
Alle weiteren Verzeichnisse können für Computerdaten genutzt werden.
Selbstverständlich ist es möglich, die Verzeichnisse VIDEO_TS, AUDIO_TS und noch weitere Datenverzeichnisse gleichzeitig anzulegen und mit Inhalt zu füllen. In diesem Fall kann die DVD wirklich als vielseitiges Medium genutzt werden und in jedem Player etwas abspielen (siehe Abbildung 8.4-4).

Da die DVD als reiner Datenträger eingesetzt wird und sehr oft auch datenreduzierte Audio- und Videoinformationen beinhaltet, wird immer die gleiche Fehlerkorrektur eingesetzt. Diese ist eine Weiterentwicklung der CD-ROM Fehlerkorrektur und kann auch hohe Fehlermengen noch hundertprozentig korrigieren. Eine Fehlerverdeckung ist bei der DVD nicht vorgesehen.

8.4.3 Die Blu-ray Disc

8.4.3.1 Mechanische Eigenschaften

Die Blu-ray Disc oder kurz Blu-ray ist ebenfalls von den äußeren Abmessungen identisch mit der DVD und CD. Der Laser, der zum Lesen einer Blu-ray erforderlich ist, hat noch einmal eine kürzerer Wellenlänge als der, der für DVDs verwendet wird. Sie liegt bei λ=405nm - also im blauen Bereich des sichtbaren Lichts. Daher auch der Name Blu-ray.

Eine Blu-ray kann ebenfalls mehrlagig aufgebaut sein. Die Möglichkeit, sie umzudrehen und beidseitig einzusetzen hat man jedoch nicht vorgesehen, da dies auch bei der DVD wenig Anklang gefunden hat.
Als zusätzliche Verbesserung hat die Blu-ray eine kratzfeste und fingerabdruckabweisende Beschichtung, so dass sie mechanischen Beanspruchungen besser standhält. Dies ist aufgrund der höheren Datendichte und der damit verbundenen verhältnismäßig kleineren Fläche, auf der die Daten untergebracht werden, auch erforderlich.

8.4.3.2 Speicherkapazität

Man unterscheidet bei der Blu-ray zwischen zwei Speicherkapazitäten:

- Einlagige Blu-Ray: BD25 mit 25GB Speicherkapazität
- Zweilagige Blu-Ray: BD50 mit 50GB Speicherkapazität

Es sind auch noch drei- und vierlagige Blu-rays im Bereich der beschreibbaren Blu-rays spezifiziert worden. Diese haben eine Speicherkapazität von 100GB (dreilagig) bzw. 128GB (vierlagig).

8.4.3.3 Formate

Auch die Blu-ray ist ein reiner Datenträger, der verschiedenste Daten speichern kann.
Meist wird die Blu-ray für Filme in HD-Qualität mit den entsprechenden Tonformaten verwendet - es gibt jedoch auch ein noch junges Audioformat, dass es ermöglicht, die Blu-ray als High-Definition-Audiospeicher zu benutzen:
Die so genannte "Pure Audio Blu-Ray" ist in der Lage, Audiodaten bis 7.1 und bis zu 192kHz/24Bit zu speichern. Dabei lässt sie sich ohne eingeschalteten Fernseher, wie eine Audio-CD bedienen. Über die farbigen Tasten der Fernbedienung des Blu-ray-Players kann zwischen maximal vier verschiedenen Tonformaten umgeschaltet werden.
Die Surroundformate sind hierbei i.d.R. als verlustfrei codierte dts-HD Master Audio oder Dolby-True-HD Formate vorhanden, die Stereomischung als unkomprimiertes PCM-Format.

Das Format kann nur abgespielt werden, wenn der Blu-ray-Player über HDMI an den Receiver angeschlossen ist, da der S/PDIF-Ausgang die Bandbreite der HD-Audiodaten nicht übertragen kann.

Zusätzlich zu der Möglichkeit die Musik über den Blu-ray-Player wiederzugeben, befindet sich auf der Pure Audio Blu-ray das so genannte "mShuttle". Hierbei stellt der Blu-ray Player über seinen Netzwerkanschluss eine Internetseite zur Verfügung, über die das Audiomaterial in verschiedensten Formaten (beispielsweise FLAC, WAV oder MP3) vom Blu-ray-Player heruntergeladen und anschließend am Rechner abgespielt werden kann. Da hier keine Verbindung nach außen zum Internet entsteht, sondern nur zwischen Computer und Blu-ray-Player, erfolgt diese Übertragung sehr schnell.

8.4.4 Lese- und Schreibvorgang bei CD, DVD und Blu-ray-Disc

Der Lese- und Schreibvorgang bei CDs und DVD ist prinzipiell sehr ähnlich. Der Unterschied besteht im Wesentlichen darin, dass die Informationen auf einer DVD kleiner und dichter geschrieben werden und daher mit einem kurzwelligeren Laserstrahl ausgelesen werden müssen. Bei der CD beträgt die Wellenlänge des Lichts λ=780nm, bei der DVD λ=650nm und bei der Blu-ray λ=405nm. Die weiteren Beschreibungen sollen alle Anhand des

Name	Durchmesser	Seiten	Lagen	Speicherplatz (Basis 1000)	Speicherplatz (Basis 1024)
DVD-5	120mm	1	1	4,70GB	4,37GB
DVD-9	120mm	1	2	8,54GB	7,95GB
DVD-10	120mm	2	1	9,40GB	8,74GB
DVD-18	120mm	2	2	17,08GB	15,90GB
DVD-1	80mm	1	1	1,46GB	1,36GB

Tab. 8.4-2 Übersicht über die Speicherkapazitäten der verschiedenen DVD-Medien

Beispiels CD stellvertretend für alle drei Medien gezeigt werden, da die Abmessungen einer Leseeinheit bei der CD teilweise noch so groß sind, dass man auf den Fotos etwas erkennen kann.

8.4.4.1 Optik

Die Optik eines CD-Players hat die Aufgabe, den Laserstrahl auf die Datenschicht der CD zu fokussieren, eine Fokus- und Spurnachführung durchzuführen, Informationen über die Umdrehungszahl zu geben und die Daten selbst auszugeben oder zu schreiben. Damit ist die Optik das eigentliche Herzstück eines CD-Players.
Bei der Fokussierung des Lichts, mit dem die Daten gelesen werden sollen, gilt es jedoch eine wichtige Grundlage zu beachten: Der kleinste Punkt, der mit Hilfe eines Lichtstrahls erzeugt werden kann, ist eine Wellenlänge groß. Das heißt, dass man mit weißem Licht, welches aus vielen verschiedenen Wellenlängen gleichzeitig besteht, gar keinen definiert großen Punkt erzeugen kann. Hätte man Licht mit nur einer Wellenlänge - auch kohärentes Licht genannt - dann wäre die Größe des Lichtpunktes vorhersagbar. Weiterhin gilt: Je kurzwelliger das Licht ist, mit dem man eine Datenspur auslesen möchte, desto kleiner lässt sich der Lichtstrahl fokussieren. Das ist der Grund, warum man bei der DVD auf rotes Licht umgestiegen ist (die CD wird mit infrarotem Licht gelesen) und bei der BlueRay-Disc auf blaues Licht.

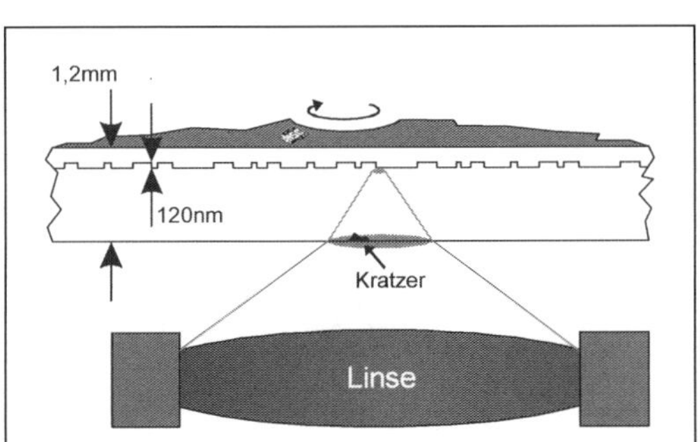

Abb. 8.4-5: Brechung des Lichts am Übergang

Die Fokussierung des Lasers ist weiterhin so angelegt, dass sich auf der Oberfläche der CD ein relativ großer Lichtpunkt ausbildet. Erst durch die Brechung am Übergang Luft-Kunststoff bekommt der Strahl seine endgültige Richtung. Der relativ große Lichtpunkt auf der CD-Oberfläche macht die CDs ziemlich unempfindlich gegenüber Kratzern, die sehr schnell ein Vielfaches der Datenspurgröße annehmen können (siehe Abbildung 8.4-5).

Umkohärentes Licht zu erzeugen, ist ein Laser notwendig, da das Laserlicht tatsächlich nur aus einer einzigen Wellenlänge besteht. Wäre es hörbar, könnte man es mit einer Sinusschwingung vergleichen. Auch die notwendigen Interferenzef-

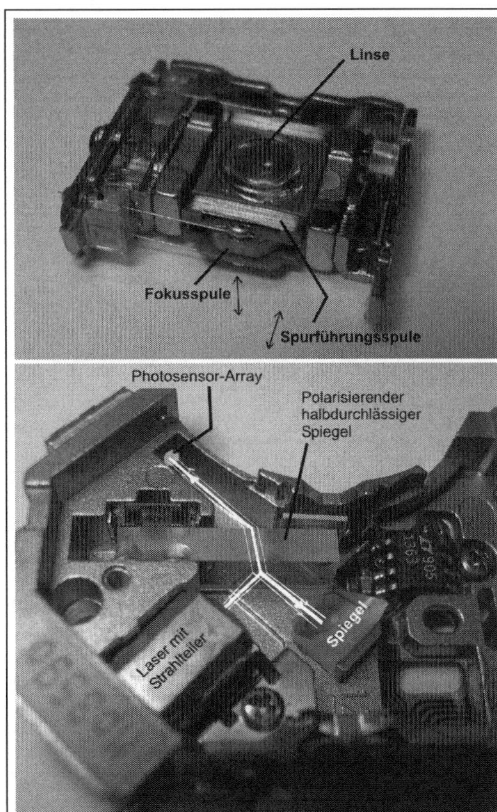

Abb. 8.4-6: CD-Player-Optik von innen

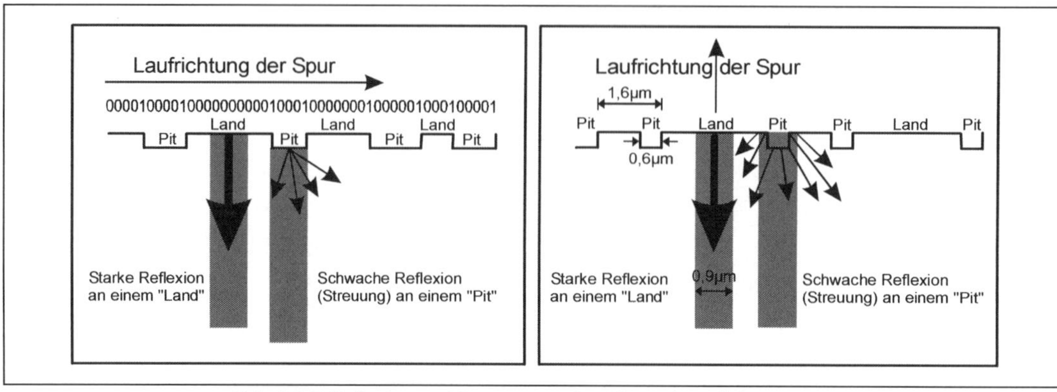

Abb. 8.4-7: Reflexion und Streuung an den Pits und Land der CD-Spur

fekte, die zum Auslesen der Daten auf der CD benötigt werden, sind nur mit kohärentem Licht möglich.

In Abbildung 8.4-6 ist eine geöffnete CD-Player Optik zu sehen. Der "Laserstrahl" wurde nachträglich eingezeichnet, um den Strahlenverlauf innerhalb der Optik zu verdeutlichen:

Das Licht des Lasers wird über einen Strahlenteiler in einen Hauptstrahl und zwei Hilfsstrahlen geteilt. Der Hauptstrahl hat die Aufgabe, die eigentliche Datenspur zu lesen, die Hilfsstrahlen dienen der Spurnachführung und liegen etwas links und rechts vom Hauptstrahl.
Über einen polarisierenden, halbdurchlässigen Spiegel wird der Strahl vom Laser zunächst zu einem Umlenkspiegel und anschließend durch eine Linse in Richtung CD gelenkt.
Der Strahl wird an den glatten Flächen der CD zurückgeworfen, in den Vertiefungen und deren Kanten jedoch gestreut. Dadurch kommt eine starke oder eine schwache Reflexion des Lichts zurück. Die EFM-Codierung erfordert lediglich das Erkennen des Übergangs zwischen Pit und Land, da dies eine "1" darstellt. Gleichbleibende starke Lichtreflexion bedeutet "0" (siehe Abbildung 8.4-7).
Das reflektierte Licht gelangt zurück durch die Optik und den halbdurchlässigen Spiegel zu einem Photodioden-Array. Dabei hat der halbdurchlässige Spiegel noch eine weitere Funktion: durch seine Dicke ist er in der Lage, den Hauptstrahl so zu verformen, dass eine Fokusinformation im Photodioden-Array gewonnen werden kann.
Das Photodioden-Array besteht aus sechs einzelnen Photodioden und ist in Abbildung 8.4-8 zu sehen. Auf die obere und untere großflächige Photodiode fallen die Spurführungsstrahlen. Wird die Lichtinformation auf einer dieser Flächen zu gering, dann wird die Linse in Richtung CD-Mittelpunkt oder in Richtung CD-Außenrand bewegt, bis die Spur wieder stimmt. Auf die vier mittleren Photodioden fällt

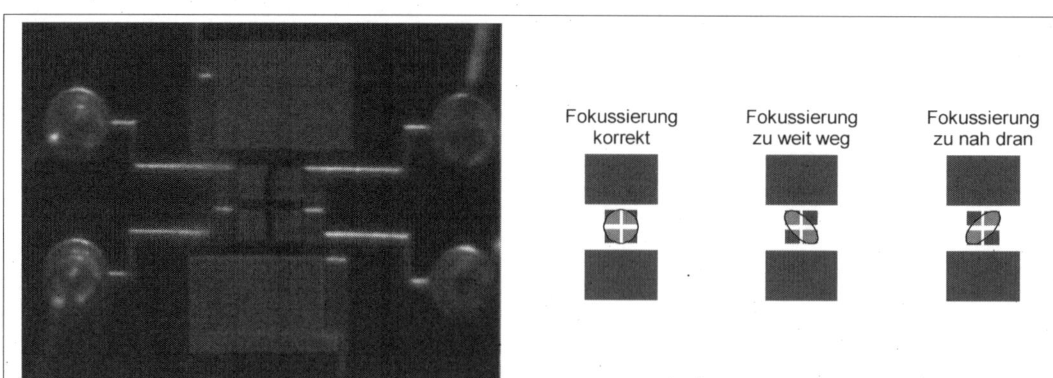

Abb. 8.4-8: Photodioden-Array im CD-Player

der Hauptdatenstrahl. Dieser verändert seine Form je nach Fokussierung. Damit kann ein Steuersignal erzeugt werden, welches die Linsensteuerung veranlasst, die Linse näher oder weiter weg zur CD-Oberfläche zu bringen. Ziel ist hierbei, den Hauptstrahl auf allen vier Flächen immer gleich stark zu haben (siehe Abbildung 8.4-8 rechts).

Die schematische Darstellung der gesamten Leseeinheit ist in Abbildung 8.4-9 zu sehen. Aus Kostengründen wird die Konstruktion heute noch weiter vereinfacht. Laser und Photodioden-Array befinden sich hierbei in einer Einheit, und es sind nur noch ein Umlenkspiegel und eine Linse zur Fokussierung notwendig.

8.4.4.2 Lesevorgang

Beim Lesevorgang fällt der Hauptstrahl des abtastenden Lasers auf die vier inneren Photodioden des Photodioden-Arrays. Deren Summe ist das Nutzsignal, das von der CD heruntergelesen wird. Dieses Signal ist ein EFM-codiertes (8 auf 14) Signal, welches die Daten noch nicht direkt enthält (DVD: EFM+ 8 auf 16). Nach der EFM-Decodierung liegen einzelne Byte vor, die durch die Fehlerkorrekturstufen korrigiert und anschließend ausgegeben werden.

Leseprobleme haben CDs, wenn großflächige Verschmutzungen wie Fingerabdrücke oder auch ein Schmutzfilm durch Nikotin oder Küchendämpfe auf der Oberfläche sind. In diesem Fall durchdringt der Laserstrahl die Oberfläche nicht mehr richtig und die Daten können nur noch schlecht gelesen werden.

Die Spurführungs- und Fokustoleranzen eines CD-Players sind sehr hoch. Für die Spurführung sind ±87 Spuren zulässig und für die Fokussierung eine Abweichung in der Höhe um ±0,5mm. Bis zu diesen Werten schafft es die CD-Player-Optik, der Spur zu folgen. Gerade bei billigeren Laufwerken sind jedoch deren mechanische Beschaffenheiten teilweise so schlecht, dass diese Toleranzen bereits ausgeschöpft werden. Eine etwas schiefe Halterung der CD reicht daher schon aus, um eine große Toleranz zu erzeugen. Angesichts der Preise für

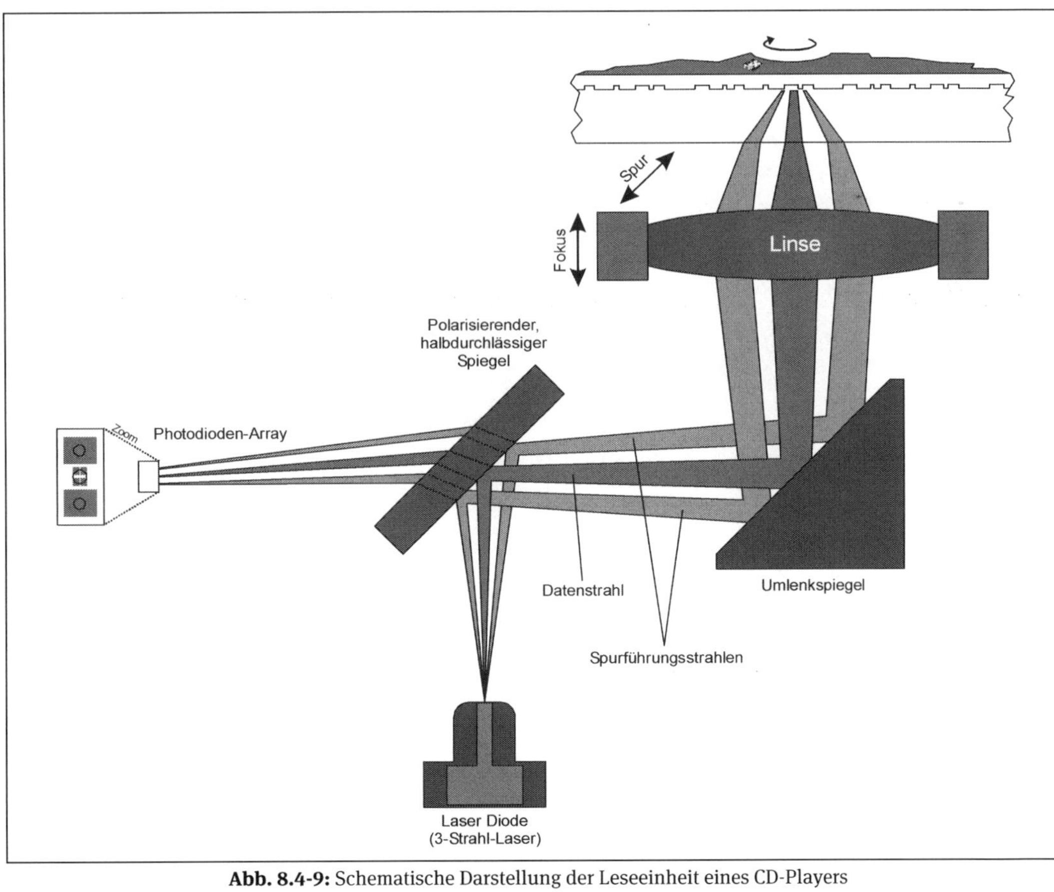

Abb. 8.4-9: Schematische Darstellung der Leseeinheit eines CD-Players

CD-Player kann man jedoch auch keine Präzisionsteile erwarten.

Kommt die Spurnachführung oder die Fokussierung nicht mehr hinterher, so fängt die CD an zu "springen". Dies äußert sich durch kurze wiederkehrende Unterbrechungen des Musikstücks oder durch eine ständige Wiederholung einer bestimmten Stelle. Oft kann das Reinigen der CD-Oberfläche schon Abhilfe schaffen.

8.4.4.3 Schreibvorgang

Beim Schreibvorgang wird eine Dateninformation auf den leeren Rohling geschrieben. Man spricht in diesem Zusammenhang von Brennen, da der Schreibvorgang unter Einwirkung von Hitze passiert und eine Veränderung des Materials hervorruft. Bei CD-R und DVD-R Rohlingen wird hierbei eine dauerhafte Veränderung der Datenschicht vorgenommen, die laut manchen Herstellern 100 Jahre lang halten soll. Bei CD-RW und DVD-RW findet ein so genanntes "Phase-Change-Verfahren" Anwendung. Hierbei wird eine spezielle Metalllegierung verwendet, die auf unterschiedliche Brenntemperaturen unterschiedlich reagiert:

- Wird die Schicht bis zu einer bestimmten niedrigen Temperatur erhitzt und dann abgekühlt, wird die Schicht kristallin (geordnete Atomstruktur) und kann das Licht gut reflektieren.
- Wird die Schicht bis zu einer bestimmten höheren Temperatur erhitzt und dann abgekühlt, wird die Schicht amorph (ungeordnete Atomstruktur) und absorbiert das Licht.

Der Wechsel zwischen amorpher und kristalliner Struktur ist oft wiederholbar, so dass CD-RWs mehrere hundert Mal neu beschrieben werden können.

Abb. 8.4-10: Pre-Groove auf einer unfertigen CD-R

Damit die Recorder eine Orientierung haben, wo sie die Daten auf die vermeintlich leere CD brennen sollen, befindet sich ein "Pre-Groove" in der Datenschicht. Diesen kann man sich wie eine sehr schwache Informationsschicht vorstellen, die den Laser beim Brennvorgang führt. Der Pre-Groove ist mit einer Frequenz moduliert, die die Drehzahl beim Brennvorgang steuern kann. Bei der CD ist dies die halbe Abtastfrequenz (22,050kHz). Weiterhin ist eine Zeitinformation in den Pre-Groove codiert, aus der der Brenner die aktuelle Position lesen kann. In der Abbildung 8.4-10 ist eine CD-R zu sehen, die nicht mit einer Datenschicht versehen ist. Diese durchsichtigen CD-Rs findet man oft oben und unten als Schutzabdeckung bei Spindelware. Gegen das Licht gehalten ist jedoch bereits deutlich der Pre-Groove zu erkennen, der kurz vor dem äußeren Rand der CD aufhört.

8.5 Fileformate für Audiodaten

Verschiedene komprimierte und unkomprimierte Audioformate haben sich mittlerweile als Standards durchgesetzt. In Tabelle 8.5-1 werden sie einander gegenübergestellt. Die Tabelle erhebt jedoch keinen Anspruch auf Vollständigkeit, da sich jederzeit neue Audioformate bilden können.

Bei den datenreduzierten und -komprimierten Formaten ist zu beachten, dass diese nicht direkt editierbar sind, sondern vorher in ein PCM-Format umgerechnet werden müssen. Das bedeutet, dass datenreduzierte Formate für den Endverbraucher bestimmt sind, wohingegen unkomprimierte Formate den Produktionsstandard darstellen.

Im folgenden Abschnitt werden zunächst die unkomprimierten Formate WAV und AIFF - und vor allem deren Header - genauer betrachtet, da bei ihnen durch einfaches Editieren des Headers z.B. eine Änderung der Abtastfrequenz möglich ist.

Anschließend wird ein Überblick über die komprimierten und datenreduzierten Formate gegeben.

8.5.1 Unkomprimierte Formate

Die unkomprimierten Formate speichern direkt die PCM-Daten des A/D-Wandlers und nehmen keinerlei rechenintensive Datenkompression oder -reduktion vor.
Sie sind daher schnell auslesbar und müssen nicht vor jeder Bearbeitung decodiert und nachher wieder codiert werden.
Nachteilig für Endkonsumenten wirkt sich der hohe Speicherbedarf unkomprimierter Audiodaten aus, was nach wie vor für die Beliebtheit von MP3 oder ähnlichen datenreduzierten Formaten, vor allem bei tragbaren Geräten, sorgt.

8.5.1.1 WAV

Das WAV-Format wurde ursprünglich von Microsoft auf das RIFF (**R**esource **I**nterchange **F**ile **F**ormat) aufgesetzt, welches es ermöglicht, verschiedene Bild-, Ton-, Video- und Textdaten in einem so genannten "Datencontainer" zu verpacken.
So befinden sich neben den WAV-Dateien zum Beispiel auch AVI-Dateien in einem RIFF-Container.

Das WAV-Format, zu erkennen an der Dateinamenendung ".wav", ist ein Format, das meist in Zusammenhang mit PCs auf unkomprimierte Musikdatenspeicherung schließen lässt. Zwar können WAV-Dateien auch datenreduziert sein, allerdings wird die Dateiendung dann oft entsprechend angepasst (Beispiel .mp3 oder .ac3).

Eine WAV-Datei erkennt man jedoch nicht nur an der Dateiendung, sondern vor allem anhand des so genannten Headers. Damit sind die ersten Byte der Datei gemeint, in denen sowohl das Format als auch alle weiteren wichtigen Parameter genannt sind.

Der Aufbau eines WAV-Headers ist in Tabelle 8.5-2 zu sehen. Wichtig sind hierbei vor allem die so genannten "Chunks" und "Sub-Chunks" - also die Datensegmente, aus denen die WAV- Datei besteht. Jeder Chunk bzw. Sub-Chunk hat eine Längenangabe, die die Länge des jeweiligen Chunks angibt.

- RIFF-Chunk: Er beschreibt das Format, das in diesem Container übertragen werden soll. Die

Format	Komprimiert / Reduziert	Besonderheiten
Linear PCM	Nein	Standard auf CD und in der Audiobearbeitung
WAV/AIFF	Nein	Standard auf PC bzw. Apple
DSD	Nein	1-Bit Datenstrom, der nicht direkt weiterberechnet werden kann
MLP	Ja	Verlustfreie Datenkompression für DVD-Audio
MP3	Ja	Klangqualität stark abhängig vom verwendeten Encoder
MPEG II / Layer 3	Ja	Entspricht MP3
MPEG II / Layer 2	Ja	Standard für digitales Fernsehen, Klangqualität stark vom verwendeten Encoder abhängig
Dolby AC3	Ja	Weltweiter Standard für Mehrkanalton im Film
dts	Ja	Weltweiter Standard für Mehrkanalton im Film und für Surround-Musikproduktionen
AAC	Ja	Microsoft Standard für Audiodatenreduktion
Real-Audio	Ja	Format speziell für Streaming-Audio

Tab. 8.5-1: Vergleich von verschiedenen Standard-Audioformaten

Chunk	Offset	Offset Hex	Länge	Bedeutung
RIFF	0	0x00	4	Hier steht "RIFF"
	4	0x04	4	Länge des RIFF-Chunks - maximal 4GB
	8	0x08	4	Hier steht "WAVE"
fmt	12	0x0C	4	Hier steht "fmt "
	16	0x10	4	Größe des fmt -Sub-Chunks (meist 16 = 0x0010)
	20	0x14	2	Audio-Format: 0x0001 = PCM / 0x0050 = MPEG-1 Audio
	22	0x16	2	Kanalanzahl: Mono= 0x0001 / Stereo = 0x0002
	24	0x18	4	Abtastfrequenz in Hertz: 0x0000AC44 = 44100Hz
	28	0x1C	4	Datenrate in Byte/s: 0x0002B110 = 176400Byte/s
	32	0x20	2	Blockausrichtung = Kanalanzahl·Bits pro Sample / 8.
	34	0x22	2	Bits pro Sample: 0x0008 = 8Bit / 0x0010 = 16Bit / 0x0018 = 24Bit
data	36	0x24	4	Hier steht "data"
	40	0x28	4	Länge des data-Sub-Chunks:
	44	0x2C	...	Audiodaten... (ebenfalls immer mit niederwertigstem Byte zuerst)

Tab. 8.5-2: Aufbau eines WAV-Headers. Bei allen Zahlen wird das niederwertigste Byte zuerst angegeben (Little Endian-Format). Das bedeutet, dass z.B. die Zeichenfolge 44 AC 00 00 als 0x0000AC44 zu lesen ist. Die Offset-Werte beziehen sich auf die Beispiele in Abbildung 8.5-1.

Längenangabe bezieht sich meist auf die komplette Datei.

- fmt -Sub-Chunk: Er gibt Informationen zu Abtastfrequenz, Kanalanzahl und Audioformat.
- data-Sub-Chunk: Er enthält die eigentlichen Audiodaten, die später zu hören sind.

In Abbildung 8.5-1 sind die Header eines 44,1kHz / 16Bit / Stereo-Files sowie eines 48kHz / 24-Bit / Stereo-Files zu sehen.

Die Abtastfrequenz ist jeweils an den Adressen 0x18-0x1B gut zu erkennen. Diese ist im "Little-Endian" Format gespeichert, das heißt, das niederwertigste Byte kommt zuerst:

44100Hz=0x0000AC44 gespeichert als 44 AC 00 00
48000Hz=0x0000BB80 gespeichert als 80 BB 00 00

Die Kanalanzahl befindet sich bei 0x16 und 0x17 und steht in beiden Beispielen auf dem Wert 0x0002.
Von weiterem Interesse ist hier noch die Wortbreite. Diese ist an den Adressen 0x22 und 0x23 gespeichert. Sie beträgt im oberen Beispiel 0x0010 = 16Bit und im unteren Beispiel 0x0018 = 24Bit.

Aus den bisher genannten Werten berechnet sich die Byterate, die an den Adressen 0x1C-0x1F zu finden ist. Im oberen Beispiel beträgt sie 0x0002B110 = 176400Byte/s und im unteren Beispiel 0x00046500 = 288000Byte/s.

8.5.1.2 Broadcast WAV (BWF)

Das Broadcast-WAV-Format ist eine Erweiterung des WAV-Formates, um den Anforderungen im Rundfunkbereich gerecht zu werden. Als wichtigste

```
             0  1  2  3  4  5  6  7  8  9  a  b  c  d  e  f
00000000h: 52 49 46 46 4A EE 1A 00 57 41 56 45 66 6D 74 20 ; RIFFJî..WAVEfmt
00000010h: 10 00 00 00 01 00 02 00 44 AC 00 00 10 B1 02 00 ; ........D¬...±..
00000020h: 04 00 10 00 64 61 74 61 A0 EA 1A 00 01 00 01 00 ; ....data ê......
00000030h: 1C 09 1C 09 09 12 08 12 99 1A 98 1A 9D 22 9C 22 ; ........™.˜. "œ"

             0  1  2  3  4  5  6  7  8  9  a  b  c  d  e  f
00000000h: 52 49 46 46 AA F5 2B 00 57 41 56 45 66 6D 74 20 ; RIFFªõ+.WAVEfmt
00000010h: 10 00 00 00 01 00 02 00 80 BB 00 00 00 65 04 00 ; ........€»...e..
00000020h: 06 00 18 00 64 61 74 61 00 F2 2B 00 01 56 FF 00 ; ....data.ò+..Vÿ.
00000030h: 55 FF 00 43 05 00 43 05 00 71 0E 00 70 0E 00 AD ; Uÿ.C..C..q..p..-
```

Abb. 8.5-1: Header von zwei verschiedenen WAV-Dateien:
Oben: Datei mit 44,1kHz / 16Bit / Stereo
Unten: Datei mit 48kHz / 24Bit / Stereo

Chunk	Länge	Bedeutung
bext	4	Hier steht "bext"
	4	Länge des bext-Chunks
	256	Hier kann im Klartext (ASCII) die Beschreibung des Materials erfolgen
	32	Name des Urhebers
	32	Organisation des Urhebers
	10	Erstellungsdatum: yyyy-mm-dd
	8	Erstellungszeit: hh-mm-ss
	8	Zeitreferenz: Anzahl der Samples seit Mitternacht
	2	BWF-Versionsnummer: Aktuell (2011) ist Versionsnummer 2
	64	UMID (Unique Material Identifier) nach SMPTE 330M
	2	Lautstärke in LU_{FS}·100 als vorzeichenbehafteter Integerwert: -23,00LU_{FS} = 0xF704
	2	Lautstärke-Bereich in LU·100 als vorzeichenbehafteter Integerwert: 12,05LU = 0x0465
	2	Maximaler True-Peak-Wert·100 als vorzeichenbehafteter Integerwert: -1,00dB_{TP} = 0xFF9C
	2	Maximale momentane Lautstärke·100 als vorzeichenbehafteter Integerwert
	2	Maximale Kurzzeit-Lautstärke·100 als vorzeichenbehafteter Integerwert
	180	Reserviert für zukünftige Daten
	...	Coding-History. Nicht explizit vorgegebene Länge an Zeichen, die die jeweiligen Formate beschreiben, die das Signal durchlaufen hat. Jedes Format wird mit einem CR/LF beendet. Siehe auch EBU-R98

Tab. 8.5-3: Aufbau des bext-Sub-Chunks. Bei allen Zahlen wird das niederwertigste Byte zuerst angegeben. Zeichenfolgen können kürzer als der vorgesehene Speicherplatz sein, müssen dann jedoch mit einem 0x00 abgeschlossen werden.

Neuerung ist ein bext-Sub-Chunk hinzugekommen, in dem Informationen zum Titel abgespeichert werden können. Eine Übersicht der Daten, die im bext-Sub-Chunk gespeichert werden können, ist in Tabelle 8.5-3 zu finden.

Weiterhin ist ein JUNK-Sub-Chunk definiert worden, der in einem normalen BWF keine Bedeutung hat, sondern nur Speicherplatz zur Verfügung stellt, falls eine Aufnahme über die 4GByte-Grenze gehen sollte und vom BWF auf das MWBF/RF64-Format umgeschaltet werden soll. Er besteht nur aus der Kennung "JUNK", dann 4Byte für die Länge und mindestens 28Byte für die reservierten Daten.

8.5.1.3 Multichannel Broadcast WAV (MBWF / RF64)

Neben dem Broadcast-WAV-Format wurde ein zusätzliches Mehrkanal Broadcast-WAV-Format eingeführt, welches zusätzlich keine 4GByte-Grenze mehr hat.

Mehrere Kanäle waren mit einem WAV-File schon immer möglich, jedoch bestand dann schnell die Problematik, dass die Dateigröße die 4GByte-Grenze überschreitet.

Um dieses Problem zu beheben wurde ein neues Format definiert, das das "alte" RIFF ablöst: Das RF64. Es ist mit 64Bit-Längenindikatoren versehen und kann somit Dateien bis 16Exabyte verarbeiten (16777216 Terabyte).

Die 64-Bit Längenindikatoren sind in einem zusätzlichen Sub-Chunk gespeichert - dem ds64-Sub-Chunk. Dessen Aufbau ist in Tabelle 8.5-4 zu sehen. Soll eine neue Datei aufgezeichnet werden, so ist im Vorfeld die Aufnahmelänge nicht bekannt. Damit eine BWF-Datei bei Überschreiten der 4GByte-Grenze in eine MBWF-Datei umgewandelt werden kann, gibt es in der BWF-Datei den JUNK-Sub-Chunk. Er enthält zunächst nur Nullen, bei Überschreiten der 4GByte-Grenze wird er jedoch durch den ds64-Sub-Chunk ersetzt.

Ein typisches MBWF-File mit über 4GByte Größe kann dann im Header so aufgebaut sein, wie in Tabelle 8.5-4 zu sehen ist.

Auffällig sind hier vor allem die festen Längenangaben der RF64- und data-Chunks, die mit der Zahl 0xFFFFFFFF "ungültig" anzeigen und auf den neuen ds64-Sub-Chunk verweisen.

Weiterhin gibt es im fmt-Sub-Chunk einen Formathinweis auf die Mehrkanalton-Ausgänge - die erforderlichen Ausgänge werden in einem Maskierungswert aktiviert.

So hat beispielsweise der linke Kanal den Wert 1 und der rechte den Wert 2. Sollen beide aktiviert werden, gibt man den Wert 3 an.

5.1-Surround wäre dann 1+2+4+8+16+32 = 63

Chunk	Länge	Bedeutung
RF64	4	Hier steht "RF64"
	4	Hier steht der Wert 0xFFFFFFFF - dies bedeutet "Länge nicht beachten - beachte den ds64-Sub-Chunk"
	4	Hier steht "WAVE"
ds64	4	Hier steht "ds64"
	4	Länge des ds64-Sub-Chunks
	4	Tatsächliche Größe des RIFF-Chunks LOW (unterste 32-Bit)
	4	Tatsächliche Größe des RIFF-Chunks HIGH (oberste 32-Bit)
	4	Tatsächliche Größe des data-Sub-Chunks LOW (unterste 32-Bit)
	4	Tatsächliche Größe des data-Sub-Chunks HIGH (oberste 32-Bit)
	4	Sampleanzahl LOW (unterste 32-Bit)
	4	Sampleanzahl HIGH (oberste 32-Bit)
	4	Tabellenlänge
	...	Tabelle (falls vorhanden und Tabellenlänge >0)
fmt	4	Hier steht "fmt "
	4	Größe des fmt -Sub-Chunks
	2	Audio-Format: 0xFFFE = WAVE_FORMAT_EXTENSIBLE
	2	Kanalanzahl: Mono= 0x0001 / Stereo = 0x0002 etc.
	4	Abtastfrequenz in Hertz
	4	Datenrate in Byte/s
	2	Blockausrichtung
	2	Bits pro Sample: 0x0008 = 8Bit / 0x0010 = 16Bit / 0x0018 = 24Bit
	2	cbSize - gibt an, ob noch zusätzliche Daten im fmt -Sub-Chunk gespeichert werden
	4	Kanalmaskierung. Hier können gezielt die einzelne Ausgänge eines Mehrkanalformats aktiviert und deaktiviert werden (Ein Bit pro Ausgang). Die Zuordnung der Bits ist in der EBU Tech 3306 zu finden.
data	4	Hier steht "data"
	4	Hier steht der Wert 0xFFFFFFFF - dies bedeutet "Länge nicht beachten - beachte den ds64-Sub-Chunk"
	...	Audiodaten... (ebenfalls immer mit niederwertigstem Byte zuerst)

Tab. 8.5-4: Aufbau des RF64-Chunks für das MBWF

```
            0  1  2  3  4  5  6  7  8  9  a  b  c  d  e  f
00000000h: 46 4F 52 4D 00 1A EA F4 41 49 46 46 43 4F 4D 4D ; FORM..êôAIFFCOMM
00000010h: 00 00 00 12 00 02 00 06 BA A8 00 10 40 0E AC 44 ; ........°¨..@.¬D
00000020h: 00 00 00 00 00 00 4D 41 52 4B 00 00 00 02 00 00 ; ......MARK......
00000030h: 49 4E 53 54 00 00 00 14 3C 00 00 7F 01 7F 00 00 ; INST....<...... 
00000040h: 00 00 00 00 00 00 00 00 00 00 00 00 53 53 4E 44 ; ............SSND
00000050h: 00 1A EA A8 00 00 00 00 00 00 00 00 00 01 00 00 ; ..ê¨............
00000060h: 09 1C 09 1C 12 09 12 08 1A 98 1A 98 22 9D 22 9D ; ..........˜.˜" "

            0  1  2  3  4  5  6  7  8  9  a  b  c  d  e  f
00000000h: 46 4F 52 4D 00 2B F2 54 41 49 46 46 43 4F 4D 4D ; FORM.+òTAIFFCOMM
00000010h: 00 00 00 12 00 02 00 07 53 00 00 18 40 0E BB 80 ; ........S...@.»€
00000020h: 00 00 00 00 00 00 4D 41 52 4B 00 00 00 02 00 00 ; ......MARK......
00000030h: 49 4E 53 54 00 00 00 14 3C 00 00 7F 01 7F 00 00 ; INST....<...... 
00000040h: 00 00 00 00 00 00 00 00 00 00 00 00 53 53 4E 44 ; ............SSND
00000050h: 00 2B F2 08 00 00 00 00 00 00 00 00 FF 56 00 FF ; .+ò.........ÿV.ÿ
00000060h: 55 00 05 43 00 05 43 00 0E 71 00 0E 70 00 15 AD ; U..C..C..q..p..-
```

Abb. 8.5-2: Header von zwei verschiedenen AIFF-Dateien:
Oben: Datei mit 44,1kHz / 16Bit / Stereo
Unten: Datei mit 48kHz / 24Bit / Stereo

8.5.2 AIFF-Format

Das AIFF-Format stammt von Apple und stellt bei der unkomprimierten Audiodatenspeicherung die Alternative zu WAV dar. AIFF steht für "**A**udio **I**nterchange **F**ile **F**ormat".

Vergleichbar mit den WAV-Dateien arbeitet auch AIFF mit Chunks, die die verschiedenen Abschnitte eines Files und deren jeweilige Länge beschreiben.

Grundsätzlich anders ist jedoch die Reihenfolge der Bytes, in denen die Daten abgelegt werden. Diese sind im "Big Endian"-Format gespeichert, was heißt, dass das höchstwertige Byte zuerst kommt.

AIFF und WAV sind also nicht nur durch den Header verschieden, sondern auch durch die Datenstruktur, in der die Audioinformationen aufgezeichnet werden. Das führt dazu, dass eine Konvertierung zwar verlustfrei erfolgt, jedoch länger dauern kann.

Der grundsätzliche Aufbau einer AIFF-Datei ist in Tabelle 8.5-5 zu sehen. Zwei dazu passende Beispielheader sind in Abbildung 8.5-2 dargestellt.

8.5.3 Komprimierte und datenreduzierte Formate

8.5.3.1 MLP

MLP steht für **M**eridian **L**ossless **P**acking und ist eine der wenigen Audiodatenreduktionsverfahren, die verlustfrei sind und sowohl in der Industrie als auch im Konsumentenbereich Anwendung finden. Inzwischen über die Dolby-Laboratories lizensierbar garantiert dieses von der Firma Meridian erfundene Verfahren eine verlustfreie Datenreduktion um den Faktor 1,5:1 oder besser.
Anwendung findet es in erster Linie auf der DVD-Audio, die aufgrund des begrenzten Datendurchsatzes von etwa 10Mbit/s nicht in der Lage ist, unkomprimierten Mehrkanalton (5-Kanäle) in 24Bit/96kHz Auflösung wiederzugeben:

$$d = 5 \cdot 24 \cdot 96000 = 10,99 \frac{\text{Mbit}}{\text{s}}$$

mit:
d: Datenmenge (1Mbit = 1048576Bit)

Erst durch die MLP-Codierung wird es überhaupt möglich, das 5-kanalige Mehrkanalformat wiederzugeben.

Chunk	Offset	Offset Hex	Länge	Bedeutung
FORM	0	0x00	4	Hier steht "FORM"
	4	0x04	4	Länge des Form-Chunks - maximal 4GB
	8	0x08	4	Hier steht "AIFF"
COMM	12	0x0C	4	Hier steht "COMM"
	16	0x10	4	Größe des COMM-Sub-Chunks
	20	0x14	2	Kanalanzahl: Mono= 0x0001 / Stereo = 0x0002
	22	0x16	4	Frame-Anzahl = Anzahl der Samples in einem Kanal
	26	0x1A	2	Bits pro Sample: 0x0008 = 8Bit / 0x0010 = 16Bit / 0x0018 = 24Bit
	28	0x1C	10	Abtastfrequenz in Hertz als Extended 80-Bit Fließkommawert: 0x400E-
MARK	38	0x26	4	Hier steht "MARK" (Optionaler Chunk)
	42	0x2A	4	Länge des MARK-Sub-Chunks (für Marker)
	46	0x2E	2	Inhalt des Marker-Bereichs (in diesem Beispiel leer)
INST	48	0x30	4	Hier steht "INST" (Optionaler Chunk)
	52	0x34	4	Länge des INST-Sub-Chunks (ist immer 20 - für Instrumenten-Beschreibun-
	56	0x38	20	Inhalt des Instrumenten-Bereichs.
SSND	76	0x4C	4	Hier steht "SSND"
	80	0x50	4	Länge des SSND-Sub-Chunks.
	84	0x54	4	Offset für die Audiodaten (ist meist 0x00000000)
	88	0x58	4	Blockgröße der Audiodaten (ist meist ungenutzt und 0x00000000)
	92	0x5C	...	Audiodaten... (ebenfalls immer mit höchstwertigstem Byte zuerst)

Tab. 8.5-5: Aufbau eines AIFF-Headers. Bei allen Zahlen wird das höchstwertigste Byte zuerst angegeben (Big Endian-Format). Das bedeutet, dass z.B. die Zeichenfolge 00 1A EA F4 als 0x001AEAF4 zu lesen ist.
Die Offset-Werte beziehen sich auf die Beispiele in Abbildung 8.5-2.

Die Funktionsweise der MLP-Datenreduktion beruht auf der Idee, vorherzusagen, wie sich ein Signal ändern wird, und nur den Fehler der Vorhersage zu speichern. Dieses Prinzip machen sich auch andere Reduktionsverfahren wie zum Beispiel APT zu Nutze, verwenden es jedoch nicht für eine verlustfreie Reduktion. Damit die Vorhersage von MLP möglichst effizient funktioniert, wird das Signal vor der Vorhersagestufe etwas aufbereitet:

- Zunächst findet eine Skalierung der Daten statt, damit bei kleineren Signalamplituden innerhalb eines Datenworts keine unnötigen Nullen übertragen werden.
- Über eine Matrix werden von einem Kanal Signalanteile aus Nachbarkanälen abgezogen, um möglichst wenig Informationen mehrfach übertragen zu müssen. Hierbei wird gespeichert, wie viel jeweils abgezogen wurde, damit diese Information im Encoder wieder hinzugerechnet werden kann.

Sind diese Vorbereitungen getroffen, so erfolgt eine Vorhersage des Signals in der Frequenzebene. Hierzu kann der Encoder auf verschiedene Algorithmen zurückgreifen, um eine möglichst gute Vorhersage treffen zu können. Der Fehler der Vorhersage wird dann ähnlich einem Huffman-Code komprimiert und übertragen. Die verschiedenen Kanäle werden am Ende ineinander verschachtelt und mit zusätzlicher Fehlerkorrektur versehen als Datenstrom übertragen.

Der Decoder bekommt den jeweiligen Vorhersagealgorithmus und den Fehler der Vorhersage nach der Fehlerkorrektur und Entschachtelung mitgeteilt, so dass das Originalsignal wieder rekonstruiert werden kann.

Ein Pufferspeicher sorgt dafür, dass kurzfristig auftretende Spitzen in der Datenrate ausgeglichen werden und sich eine gleichmäßig reduzierte Datenrate ergibt. Auf diese Weise wird es auch möglich, mit kurzfristigen Datenmengen klarzukommen, die die DVD bereits nicht mehr hätte übertragen können.

Abtastfrequenz	Wortbreite	Datenreduktion
48kHz	16-Bit	2:1
48kHz	24-Bit	1,5:1
96kHz	16-Bit	3,2:1
96kHz	24-Bit	1,85:1
192kHz	16-Bit	3,5:1
192kHz	24-Bit	1,9:1

Tab. 8.5-6: Durchschnittliche Datenreduktion von MLP

MLP ist so ausgelegt, dass bis zu 63 Kanäle bearbeitet und übertragen werden können.

Die Datenreduktion ist stark abhängig vom Programmmaterial und der verwendeten Abtastrate. Durchschnittswerte sind in Tabelle 8.5-6 angegeben.

8.5.4 Verlustbehaftete Datenreduktion

Neben den wenigen verlustfreien Verfahren wird eine Datenreduktion im Audiobereich fast immer verlustbehaftet durchgeführt. Die Konsequenz einer verlustbehafteten Reduktion kann man immer auf zweierlei Art betrachten:

- Es werden Informationen aus dem Audiomaterial entfernt, die man (hoffentlich) ohnehin nicht gehört hätte.
- Man lässt das Quantisierungsrauschen so stark ansteigen, dass es (hoffentlich) gerade noch vom Nutzsignal verdeckt wird. Dadurch "entfernt" man auch die leisen Signalanteile.

Beides bedeutet das gleiche: Über unterschiedlichste psychoakustische Modelle wird überprüft, welche Wortbreite ein Signal in bestimmten Frequenzbereichen haben muss, damit es noch ausreichend gut dargestellt werden kann. Diese Wortbreite wird dann den einzelnen Frequenzbereichen zugewiesen. Dadurch verschwinden leise Signalanteile, und das Quantisierungsrauschen steigt. Das wiederholt geschriebene "hoffentlich" wurde deshalb erwähnt, da viele verlustbehaftete Datenreduktionssysteme nicht unhörbar arbeiten und Fehler im Signal - so genannte "Artefakte" - hinterlassen.
Die verschiedenen verlustbehafteten Datenreduktionsverfahren sind in den nächsten Kapiteln beschrieben. Alle haben eines gemeinsam: Sie versagen in der Regel bei Rauschsignalen. Das bedeutet auch, dass man sie mit Rauschen auf eine "harte Probe" stellen kann und auf diese Weise schnell die möglichen Fehler und Probleme der einzelnen Algorithmen zu hören bekommt.

8.5.4.1 ADPCM

ADPCM steht für **A**daptive **D**ifferential **P**ulse **C**ode **M**odulation und stellt eines der einfachsten und schnellsten Reduktionsverfahren für Audiosignale dar.

Hierbei wird die Differenz zwischen dem aktuellen Audiodatenwort und dem letzten Audiodatenwort gebildet und diese als (zum Beispiel) 4-Bit Wert gespeichert. Diese 4-Bit stellen 8 mögliche positive Differenzen und 8 mögliche negative Differenzen dar. Diese 16 Differenzwerte repräsentieren allerdings nicht direkt den Unterschied zwischen den zwei Audiodatenworten, sondern müssen noch mit einem Gewichtungsfaktor multipliziert werden. So ergibt der Gewichtungsfaktor 16 die jeweils positiven und negativen Differenzwerte 2, 4, 6, 8, 10, 12, 14, und 16.

Der Gewichtungsfaktor wird bei jeder Differenzberechnung ebenfalls neu berechnet und somit den jeweiligen Bedürfnissen angepasst. So haben große Differenzwerte zur Folge, dass der Gewichtungsfaktor erhöht wird, und kleine Differenzen führen zu einer Verringerung des Gewichtungsfaktors. Dies ist die Adaption des Verfahrens an den jeweiligen Wellenformverlauf.

Bei ADPCM werden nur die Differenzwerte übertragen. Der Gewichtungsfaktor wird immer nur berechnet und nicht mit übertragen. Damit Encoder

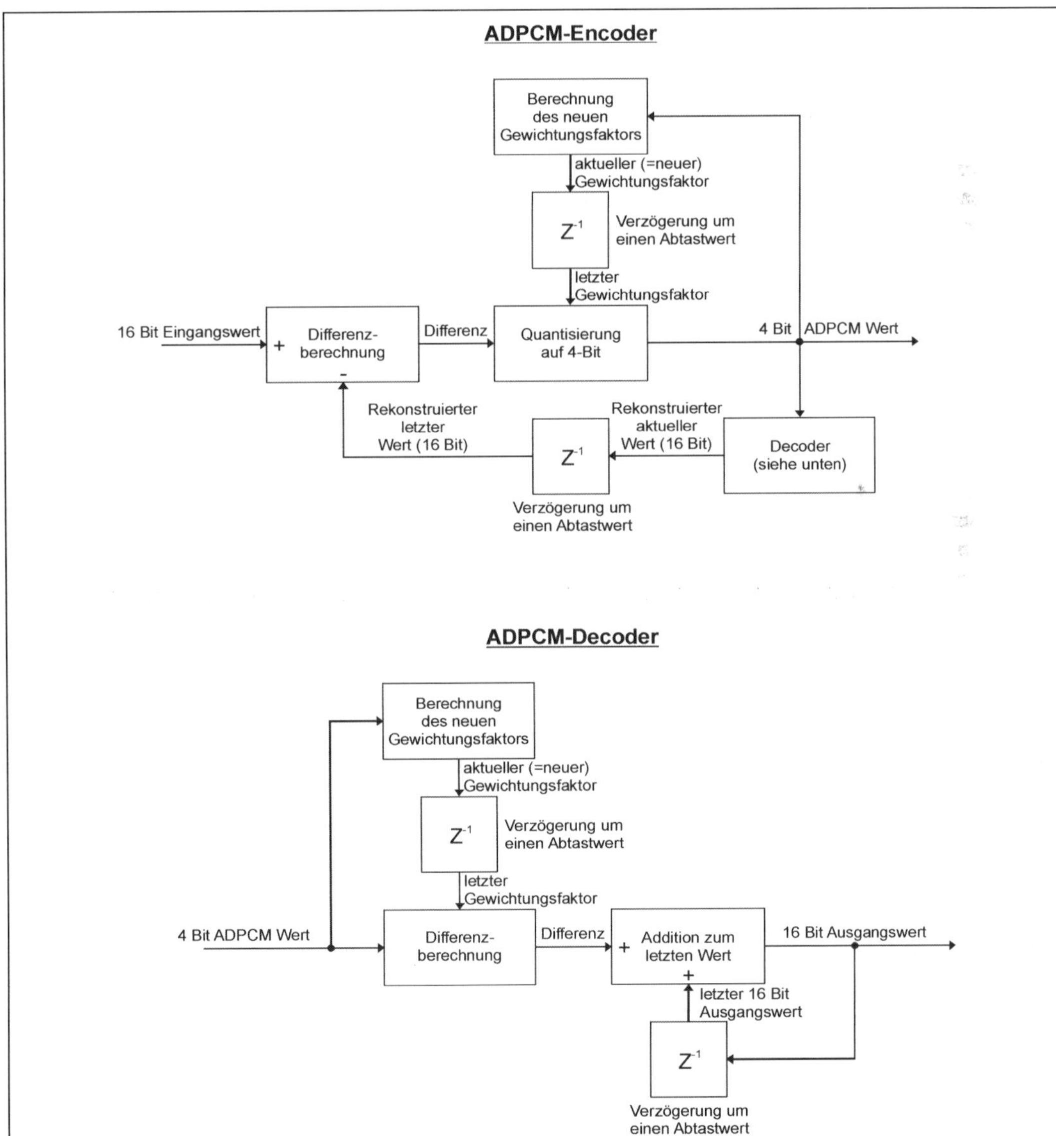

Abb. 8.5-3: Das ADPCM Verfahren: Oberes Bild: Encoder / Unteres Bild Decoder

und Decoder garantiert den gleichen Gewichtungsfaktor bilden, wird bereits im Encoder wieder eine Decodierung des Ausgangssignals vorgenommen und diese dann für die Berechnung der jeweiligen Differenzwerte und Gewichtungsfaktoren herangezogen. Weiterhin verfügen Encoder und Decoder über die gleiche Formel zur Berechnung des Gewichtungsfaktors aus den aktuellen Differenzwerten.
Die Blockdiagramme für Encoder und Decoder sind in Abbildung 8.5-3 zu sehen.

Dazu ein Beispiel:
Die Zahlenwerte 0, 120, 377 und 204 sollen nacheinander mit Hilfe des ADPCM-Algorithmus codiert werden. Die erste Differenz lautet 120. Der erste Gewichtungsfaktor soll jedoch beispielsweise nur 64 betragen. Somit sind nur Differenzen zwischen +64 und -64 möglich (Abstufung 8).
Das heißt, dass nach der Null nicht der Wert 120 codiert werden kann, sondern nur der Wert 64! Ein großer Quantisierungsfehler entsteht. Der ausgegebene Differenzwert lautet +64 und der Decoder im Encoder sorgt dafür, dass:

- der nächste Eingangswert (377) nicht mit 120 verglichen wird, sondern nur mit 64.
- der Gewichtungsfaktor stark erhöht wird, da die codierte Differenz sehr hoch war (64=8·8).

Die nächste Differenz beträgt 377-64=313. Der Gewichtungsfaktor wird auf 512 erhöht (Abstufung 64). Somit kann zwar nicht die Differenz 313 dargestellt werden, jedoch die Differenz 320. Diese wird ausgegeben und sorgt wiederum dafür, dass:

- der nächste Eingangswert (204) nicht mit 377 verglichen wird, sondern mit 384.
- der Gewichtungsfaktor nur gering erhöht wird, da die codierte Differenz im mittleren Bereich lag (320=5·64).

Der nächste Gewichtungsfaktor soll 600 betragen (Abstufung 75). Die Differenz lautet 204-384=-180. Diese kann nun mit -150 dargestellt und ausgegeben werden. Daraus folgt, dass:

- der nächste Eingangswert nicht mit 204 verglichen wird, sondern mit 234.
- der Gewichtungsfaktor herabgesetzt wird, da die codierte Differenz gering war (150=2·75).

Verschiedene Formeln zur Anpassung des Gewichtungsfaktors an das Programmmaterial können zu einer Optimierung des Algorithmus bezüglich Sprache, Musik oder anderem Material führen.
Da trotz Gewichtung mit den 4-Bit Differenzwerten niemals der genaue Wellenformverlauf beschrieben werden kann, bringt das ADPCM-Verfahren einen hörbaren Quantisierungsfehler mit sich und ist daher für hochwertige Musikübertragung nicht geeignet. Die Datenreduktion von 16-Bit auf 4-Bit würde 4:1 betragen.
Anwendungsgebiete sind hauptsächlich Sprachübertragung und -speicherung.

8.5.4.2 APT-X

APT-X ist ein Datenreduktionsverfahren der Irischen Firma APT. Es zeichnet sich durch eine feste Datenreduktion um den Faktor 4:1 und extrem geringe Encodier- und Decodierzeiten aus. So kann ein kompletter Encodier- und Decodiervorgang bei 44,1kHz in weniger als 3ms erfolgen. Dadurch wird es mit diesem System möglich, die Datenreduktion im Echtzeitbetrieb zu nutzen. So gibt es beispielsweise einen APT-X Encoder/ Decoder, der 16-Bit, 44,1kHz Signale über drei ISDN B-Kanäle übertragen kann. Zwei B-Kanäle befinden sich bereits in jedem Standard ISDN-Hausanschluss (S0). Somit wird es möglich, hochqualitative Signalverbindungen über ISDN aufzubauen und somit Sprecher oder Musiker aufzunehmen, die sich nicht im Studio befinden. Das Playback würde hierbei vom Studio zum externen Künstler APT-X-codiert gesendet werden, und das Signal des Musikers kommt mit extrem geringer Verzögerung zurück ins Studio. So können kurze Parts kosteneffizient "eingeflogen" werden, ohne dass der Musiker ins Studio kommen muss.

Die Funktionsweise von APT-X basiert grundlegend auf der ADPCM-Codierung, allerdings in verschiedenen Frequenzbändern. Das Signal durchläuft dazu folgende drei Stufen:

- Das Signal wird in vier Frequenzbänder aufgeteilt, da in verschiedenen Frequenzbereichen eines Audiosignals unterschiedlich viel Energie vorherrscht und somit auch eine unterschiedliche Genauigkeit bei der Darstellung dieser Bereiche benötigt wird. Die Aufteilung erfolgt mit Hilfe eine QMF (**Q**uadrature **M**irror **F**ilter), welches die angenehme Eigenschaft besitzt, dass es bei einer Aufteilung des Frequenzspektrums auch die Abtastrate aufteilt. So weist jeder Teilbereich nach der Vierteilung des Frequenzspektrums nur noch ein Viertel der ursprünglichen Abtastfrequenz auf.

- In jedem der vier Frequenzbereiche findet eine ADPCM-Codierung statt. Die Differenz wird in jedem Frequenzband mit einer unterschiedlichen Auflösung gespeichert. So haben die tiefen Frequenzen 7-Bit für die Differenzdarstellung, die unteren Mitten 4-Bit, die oberen Mitten 3-Bit und die Höhen 2-Bit.
  Für jeden Frequenzbereich wird ein eigener Gewichtungsfaktor bestimmt, welcher jedoch nicht extra übertragen wird (siehe ADPCM Kapitel 8.5.4.1).

Jedes Frequenzband verfügt über 16-Bit Genauigkeit mit einem Viertel der Abtastfrequenz. Die Gesamtdatenmenge aller vier Frequenzbereiche nach dem QMF entspricht somit auch der Eingangsdatenrate. Nach den ADPCM-Stufen sind bei einem Viertel der Abtastfrequenz insgesamt nur noch 7+4+3+2=16-Bit vorhanden. Somit verfügt das System über eine feste Datenreduktion um den Faktor 4:1.
Durch die unterschiedlich starken Auflösungen in den einzelnen Frequenzbereichen ist das System sehr gut an die psychoakustischen Eigenschaften des Gehörs angepasst und führt in den meisten Fällen zu einem sehr guten Ergebnis.

8.5.4.3 dts

Das dts-Format (Digital Theater Systems) ist grundlegend identisch mit APT-X. Allerdings werden 5 Kanäle codiert, damit ein Surroundsignal zur Verfügung gestellt werden kann. Der LFE-Kanal wird durch Filterung aus den Surroundkanälen gewonnen: Frequenzen unter 80Hz in den Surroundkanälen gehen auf den LFE-Subwoofer. Frequenzen über 100Hz auf den Surroundkanälen gehen auf die Surroundlautsprecher.

8.5.4.4 MP3

Die gängigen MPEG-Datenreduktionsverfahren sind MPEG Layer 2 und MPEG Layer 3. Letzteres ist besser bekannt unter dem Namen "MP3", da dies die dreistellige Dateierweiterung der DOS- basierten PC-Systeme für MPEG Layer 3 Dateien ist.
MP3 ist über die Jahre hinweg eines der beliebtesten Datenreduktionsverfahren für Musik geworden. Bei Datenreduktionswerten von über 10:1 wird es bereits schwierig, das Material von CD-Qualität zu unterscheiden.
MPEG Layer 2 ist im Rundfunk und im digitalen Fernsehen weiterhin existent, da im Layer 2 eine sehr schnelle Encodierung und Decodierung möglich ist.

Die Datenreduktion von MP3 basiert auf der Tatsache, dass das menschliche Ohr in verschiedenen Frequenzbereichen unterschiedlich empfindlich ist (siehe Kapitel 2.3). Nur Signale, die in einem Frequenzbereich innerhalb des Hörbereichs liegen müssen aufgezeichnet werden.
Weiterhin wird der Verdeckungseffekt genutzt (siehe Kapitel 2.3.5), der für komplexe Musiksignale eine Verdeckungsschwelle zur Folge hat, die relativ gleichmäßig einige dB unter dem Spektrum des Musiksignals liegt.

Das Musiksignal wird zunächst in Blöcke mit 1152 Samples aufgeteilt und anschließend mit Hilfe eines Polyphasefilters in 32 Frequenzbereiche (zu je 36 Abtastwerten) aufgeteilt.
Diese werden mit Hilfe von langen (36 Abtastwerte) oder kurzen (3 Mal 12 Abtastwerte) Fensterfunktionen gefenstert und anschließend mit Hilfe einer modifizierten Cosinustransformation in die Frequenzebene übertragen.
In der Frequenzebene können die einzelnen Frequenzbereiche neu quantisiert werden. Da jedoch durch das Quantisieren das Grundrauschen ansteigt, wird eine Näherungsschleife berechnet, bei der die Quantisierung stetig gröber wird, solange das Rauschen theoretisch noch unter der Verdeckungsschwelle liegt. Man versucht dadurch, den gröbsten Quantisierungswert zu bekommen, der noch ohne hörbares Rauschen zu bewerkstelligen ist.
Zur Analyse der Verdeckungsschwelle des Musiksignals werden parallel zur Polyphase-Filterung mehrere FFTs gerechnet. Eine 1024-Punkte FFT und vier 256-Punkte FFTs geben Auskunft über die Frequenzverteilung innerhalb eines Blockes. Die kürzeren FFTs sollen hierbei Transienten entdecken und die oben genannten Fensterfunktionen umschalten können.
Nach der Quantisierung der Frequenzbereiche werden die Ergebnisse Huffman-Codiert und ausgegeben.

MP3 existiert seit etwa 1991 als Bestandteil des MPEG-Standards. Erst 1998 wurde der erste portable Player mit MP3-Unterstützung auf den Markt gebracht

8.5.4.5 Dolby AC3

Das AC3-Format von Dolby (Audio Coding 3) ist dem Datenreduktionsverfahren des MP3-Formats in vielen Bereichen sehr ähnlich. Unterschiede bestehen in erster Linie in der Art, wie die Quantisierung innerhalb der Frequenzebene ermittelt wird.

Die größte Besonderheit ist die Tatsache, dass AC3 mehrkanalig ist und von Anfang an 5.1 Surround übertragen konnte. MP3 konnte maximal Stereo und wurde erst lange nach AC3 auf mehrere Kanäle aufgerüstet.

Ins Kino kam AC3 1992 unter dem Namen "Dolby Digital" oder "Dolby SR-D".

8.5.4.6 ATRAC

ATRAC ist ein Datenreduktionsverfahren der Firma Sony, welches für die MiniDisc und das Kinotonformat SDDS eingesetzt wurde. Die momentan aktuellsten Versionen sind ATRAC3 und ATRAC3-plus. ATRAC steht hierbei für "**A**daptive **TR**ansform **A**coustic **C**oding". Die Datenreduktion beträgt üblicherweise 4,7:1. Das grundlegende Datenreduktionsverfahren ist auch wieder dem MP3-Verfahren sehr ähnlich, jedoch einfacher aufgebaut:
Ähnlich wie bereits beim APT-Verfahren werden die Audiosignale mit Hilfe eines QMF in vier (ATRAC3) Frequenzbereiche zerlegt. Anschließend werden sie mit Hilfe einer modifizierten Cosinustransformation in die Frequenzebene umgerechnet. Hierbei kann die Blocklänge für die Umrechnung in die Frequenzebene an das Signal im jeweiligen Frequenzbereich angepasst werden. Lange Blöcke von knapp 12ms sind für statische Signalanteile gedacht und kürzere Blöcke von knapp 3ms für Transienten.
In der nächsten Stufe werden die einzelnen Frequenzbereiche quantisiert, je nach den Kurven gleicher Lautstärke und den entstehenden Verdeckungseffekten. Hierbei wird meistens jedem Frequenzbereich eine feste Grundmenge an Bits zugewiesen und das verbleibende Kontingent je nach Signalart variabel verteilt.
In der letzten Stufe findet noch eine Huffman-Codierung der Daten statt.

Auf der Decoderseite müssen lediglich die vier Frequenzspektren zurück in die Zeitebene transformiert und mit einem QMF-Synthesefilter zusammengesetzt werden. Durch diesen relativ einfachen Decoder wurde es bereits 1992 mit Einführung der MiniDisc möglich, ein portables System mit datenreduziertem Musikmaterial zu konstruieren.

8.5.4.7 Probleme bei der verlustbehafteten Datenreduktion

Bei der verlustbehafteten Datenreduktion wird immer davon gesprochen, dass nur Dinge "weggelassen" werden, die man ohnehin nicht hören kann. In Wirklichkeit sind es aber Störgeräusche, die hinzukommen! Das Quantisierungsrauschen steigt an, je gröber ein Signal quantisiert wird. Erfolgt die Quantisierung im Frequenzbereich, so steigt das Rauschen nur in den betroffenen Frequenzbereichen an.
Stimmen die Modelle oder Berechnungen der Verdeckungsschwellen nicht oder wird bei der Encodierung eine zu hohe Geschwindigkeit verlangt und dadurch die Berechnung unvollständig ausgeführt und somit ungenauer, so kann das Rauschen hörbar werden und störende "Artefakte" produzieren. Diese Fehler im Audiomaterial können sich von Verzerrungen über Flanger-/Choruseffekte bis hin zum "Klang aus der Mülltonne" auswirken.

Schwieriges Ausgangsmaterial für eine Codierung ist Rauschen oder stark komprimiertes, obertonreiches Musikmaterial (zum Beispiel Heavy Metal). Bei diesen Signalen kann man sehr schnell fehlerhafte Encoder hören und deren Auswirkungen beurteilen. Vor allem beim statischen Rauschen sind Fehler extrem schnell zu bemerken.

Da die Verdeckungsschwellen abhängig von der Abhörlautstärke sind, kann es passieren, dass ein normal gehörtes datenreduziertes Material sehr gut klingt, der Klang bei zunehmender Lautstärke jedoch immer schlechter wird. Gerade wenn es um Beschallungen mit hohem Pegel geht, ist von datenreduziertem Material abzuraten.

Das Hören von datenreduziertem Material wird über eine längere Hördauer als anstrengender empfunden. Dies begründet sich aus der Tatsache, dass ein relativ hohes Grundrauschen vorhanden ist, welches zwar nicht bewusst hörbar ist, jedoch unbewusst das Gehör "belastet".

Kapitel 9 - MIDI

9 MIDI

9.1 Grundlagen von MIDI

MIDI steht für Musical Instrument Digital Interface und ist eine Standardschnittstelle für den Austausch von Steuerdaten zwischen Musikinstrumenten und Computern. Die ursprüngliche Idee von MIDI war es, mit Hilfe weniger Steuerinformationen Klangerzeuger anzusteuern, und mit Hilfe weniger Kabel komplexe Aufbauten von Synthesizern zu kontrollieren. Als MIDI 1982 / 1983 entwickelt wurde, war die Computertechnik noch in den Kinderschuhen und man war froh, eine relativ schnelle und zuverlässige Steuerleitung realisieren zu können, mit deren Hilfe Klangerzeuger angesteuert werden konnten. Damals war es undenkbar, die Wellenform eines Klangs in brauchbarer Qualität über eine digitale Schnittstelle zu übertragen - erst recht nicht in Echtzeit und mehrstimmig!

Man hat also die Klangerzeuger - seien sie nun analog oder digital - mit einer Schnittstelle ausgestattet, über die das Erzeugen von Tönen und Klangeigenschaften gesteuert werden konnte. Diese Schnittstelle nannte man MIDI und sie stellt bis heute den Standard für die Steuerung von Musikdaten dar.

Welche MIDI-Funktionen in einem Gerät realisiert worden sind, gibt die so genannte MIDI-Implementierung an, die meist im Anhang der Bedienungsanleitung des Gerätes zu finden ist.

Um sowohl mit den Fachbegriffen, als auch mit den Zahlendarstellungen, die in den folgenden Kapiteln verwendet werden, zurechtzukommen, sei die Lektüre der Kapitel 7.1.1, sowie 7.2.1, 7.2.2 und 7.2.3 empfohlen.

In diesem Kapitel finden sich sehr viele englische Fachbegriffe, die vielleicht etwas abschreckend wirken. Diese Begriffe existieren jedoch in Fachkreisen nur auf englisch, und ein Eindeutschen würde nicht nur den Sinn, sondern vor allem das Verständnis in Frage stellen.

9.1.1 MIDI Hardware

Das MIDI-Interface verwendet einen 5-poligen 180° DIN-Stecker als Schnittstelle. Für alle Ein- und Ausgänge sind immer weibliche Buchsen an den Geräten. Die Kabel sind demzufolge stets männlich auf männlich, haben also an beiden Enden einen Stecker.

Die Datenübertragung über MIDI erfolgt seriell und asynchron mit einer Geschwindigkeit von 31,25 kbaud bzw. $31{,}25\,\frac{\text{kbit}}{\text{s}}$ und einer Toleranz von ±1%. Asynchron bedeutet, dass die gesendeten und die empfangenen Datenworte nicht zeitgleich beginnen müssen bzw. nicht den exakt gleichen Takt aufweisen müssen.

Ein MIDI-Byte wird mit 10 Bit übertragen (siehe Abbildung 9.1-1):

- Ein Start-Bit: Es hat immer den Logikpegel "Null" und entspricht einer Spannung von 0V auf der Datenleitung. Dies hat einen Stromfluss über das MIDI-Kabel zur Folge, da als Referenzspannung nicht 0V, sondern +5V verwendet werden.
- 8 Datenbits: Beginnend mit dem LSB (Least Significant Bit) werden die acht Datenbits direkt auf die Leitung gegeben.
- Ein Stop-Bit : Es hat immer den Logikpegel "Eins" und entspricht einer Spannung von +5V. Diese Spannung hat keinen Stromfluss über die MIDI-Leitung zur Folge.

Sollte man nun denken, die MIDI-Daten würden invertiert gesendet, da eine Null Stromfluss und eine Eins keinem Stromfluss über die Leitung entspricht, so sei gesagt, dass dies nicht stimmt. Der Stromfluss in der MIDI-Leitung bringt eine Leuchtdiode in dem Optokoppler des Empfängers zum Leuchten. Diese wiederum leuchtet auf einen Fototransistor, der bei Lichteinfall durchschaltet und eine logische Null an seinem Ausgang erzeugt.

0	D0	D1	D2	D3	D4	D5	D6	D7	1
Startbit	LSB							MSB	Stopbit

Abb. 9.1-1: MIDI-Datenwort

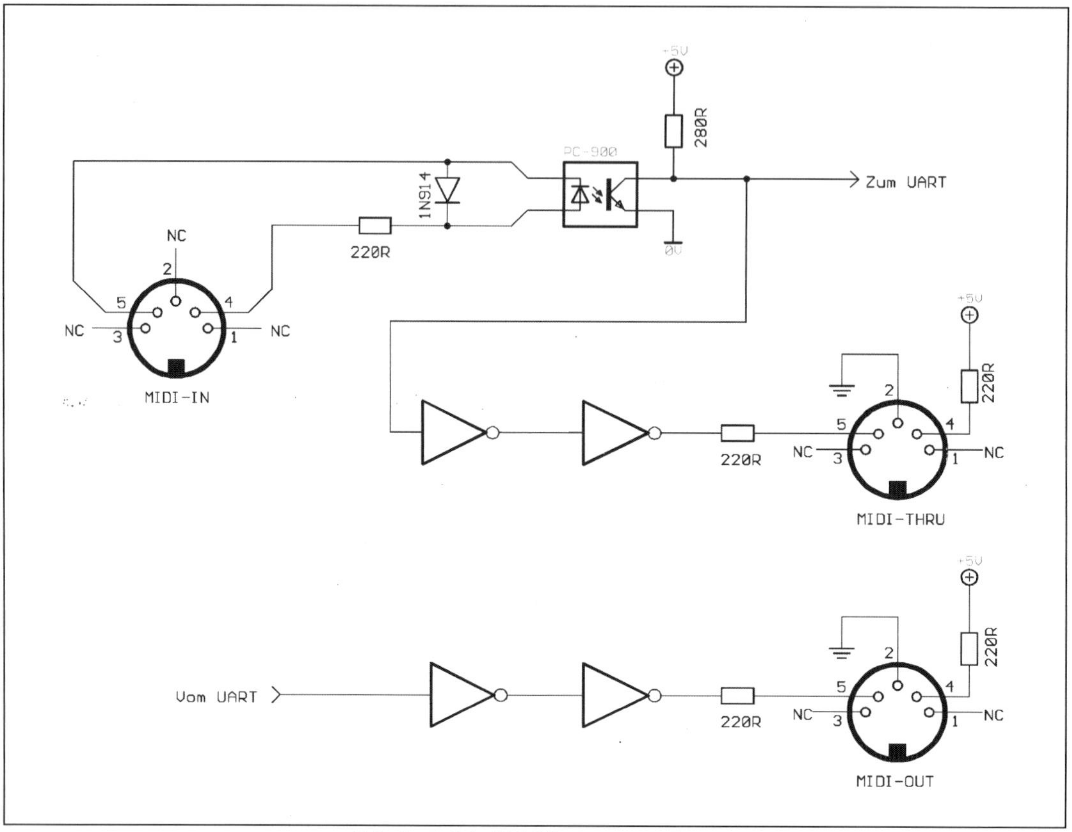

Abb. 9.1-2: Schaltbild des MIDI-Interfaces

Fließt kein Strom durch das MIDI-Kabel, leuchtet auch die Leuchtdiode nicht, der Transistor schaltet nicht durch, und an seinem Ausgang liegt eine logische Eins an. Man sieht, dass das Signal auf jeden Fall korrekt übertragen wird. Das Schaltbild der kompletten MIDI-Ein- und Ausgangssektion ist in Abbildung 9.1-2 zu sehen. Die dort gezeigten MIDI-In, MIDI-Thru und MIDI-Out Anschlüsse sind in Kapitel 9.1.1.1 bis 9.1.1.3 näher beschrieben.

Damit über eine MIDI Leitung keine Brummschleife (siehe Kapitel 4.20) entstehen kann, ist jede MIDI-Verbindung galvanisch getrennt. Dies wird durch zwei Vorschriften realisiert:

- Nur bei MIDI-Ausgängen ist das Gerätegehäuse an Anschluss 2 des Steckers angeschlossen. An Eingängen bleibt dieser Anschluss frei. Somit wird die Abschirmung eines MIDI-Kabels immer nur von den Ausgängen betrieben.
- Ein Eingang wird stets über einen Optokoppler realisiert. Dieser hat eine galvanische Trennung des Signals zur Folge, da die Dateninformation nur über Licht übertragen wird.

Die verwendeten Optokoppler müssen bei einem Strom von 5mA sicher durchschalten, da die MIDI-Verbindung als 5mA Stromschleife konzipiert worden ist. Sie müssen weiterhin eine Schaltgeschwindigkeit von 2µs aufweisen. Diese Zeit ist als Minimum anzusehen. Kürzere Schaltzeiten begünstigen das Durchschleifen von mehreren Geräten über MIDI-Thru.

MIDI-Kabel sind geschirmte "twisted pair" Kabel. Der Schirm ist an beiden Seiten mit Anschluss 2 des Steckers verbunden. Somit ist keine Richtung des Kabels vorgeschrieben. Das Gerät muss die Trennung des Masseanschlusses beim Empfänger am entsprechenden MIDI-In durchführen.

Die Kabel sollten nicht länger als 15 Meter sein. MIDI-Verbindungen stellen pseudosymmetrische Verbindungen dar (siehe Kapitel 5.10.4), da sie die gleiche Ausgangsimpedanz von 220Ω auf der Signalleitung, wie auch auf dem Bezugspotential haben. Dadurch sind die Leitungen unempfindlich gegenüber magnetischen und elektrischen Störfeldern. Die Problematik, dass ein MIDI-Kabel nicht länger als 15m sein sollten rührt von den Kabeln her, die durch ihre Kapazität die Flanken des Signals verbiegen. Mit zunehmender Länge des Kabels steigt die Kapazität und die Verbiegung wird schlimmer, bis schließlich die einzelnen Bits nicht mehr sauber erkannt werden können.

9.1.1.1 MIDI-In

Der MIDI-In Anschluss ist der Eingang eines Gerätes, das MIDI-Daten verarbeiten kann. An diesem ist nur Anschluss 4 und 5 des DIN-Steckers belegt und mit dem Optokoppler verbunden. Dort wird eine galvanische Trennung des MIDI-Signals gewährleistet.

9.1.1.2 MIDI-Thru

Der MIDI-Thru (eigentlich Through) stellt eine direkte Kopie des Eingangssignals zur Verfügung. Dieser Anschluss wird benötigt, um mehrere Geräte hintereinander schalten zu können, da ein Ausgang immer nur einen Eingang ansteuern kann. Der MIDI-Thru ist galvanisch getrennt nach dem Optokoppler des Gerätes angeschlossen und ist somit von den Verzögerungszeiten dieses Optokopplers betroffen.

Der MIDI-Thru stellt keine eigenständigen Informationen dar, sondern immer nur eine elektrisch aufgefrischte Kopie des Eingangssignals.

9.1.1.3 MIDI-Out

Am MIDI-Out liegen die Ausgangsdaten eines Steuergerätes an. Das MIDI Konzept ist so gedacht, dass jeder Ausgang nur mit einem Eingang verbunden wird. Y-Kabel sind demnach nicht zulässig. Um mehrere Geräte an einen Ausgang anschließen zu können, muss das Signal über die MIDI-Thru Anschlüsse weitergereicht werden.

9.1.1.4 MIDI-Thru-Box / MIDI-Splitter

Eine MIDI-Thru-Box ist ein Gerät mit einem MIDI-Eingang und vielen MIDI-Thru Ausgängen. Einen MIDI-Out im eigentlichen Sinne hat sie nicht, da eine MIDI-Thru-Box nichts anderes macht, als ein Eingangssignal auf mehrere Ausgänge zu verteilen. Sie erfüllt also die Funktion von mehreren MIDI-Thru Ausgängen. Eine MIDI-Thru-Box hat weder einen Prozessor noch eine Logikschaltung eingebaut, mit dessen Hilfe die MIDI- Daten verändert werden könnten. Sie ist lediglich ein Verteiler.

Mit Hilfe einer MIDI-Thru-Box ist es möglich, eine sternförmige Verkabelung der MIDI-Geräte zu realisieren und somit die Kabelwege möglichst kurz zu halten. Die Abbildung 9.1-3 zeigt schematisch die zwei möglichen Verkabelungen mit und ohne MIDI-Thru-Box.

9.1.1.5 MIDI-Merger

Ein MIDI-Merger erfüllt die umgekehrte Funktion wie ein MIDI-Splitter. Er hat mehrere Eingänge und nur einen MIDI-Out. Da man MIDI-Signale nicht so einfach wie Audio Signale mischen kann, muss der MIDI-Merger jeden Eingang mit Hilfe eines Prozessors überwachen und die dort erscheinenden Datenwörter verarbeiten. Aus den MIDI-Befehlen der verschiedenen Eingänge generiert er anschlie-

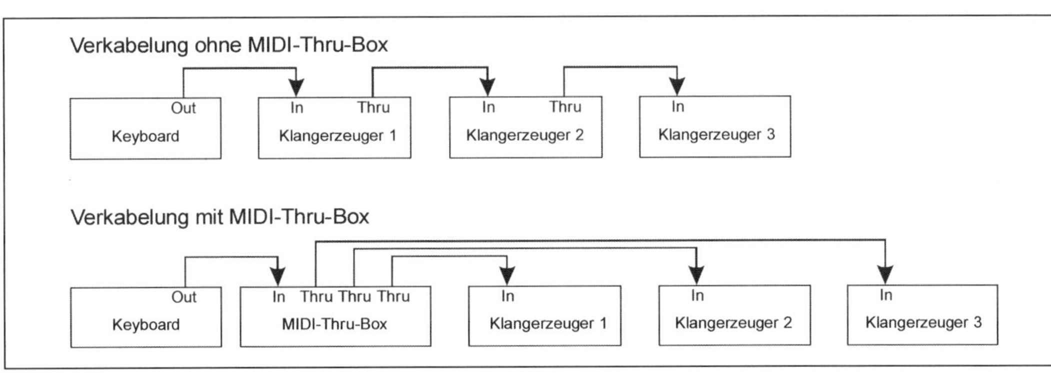

Abb. 9.1-3: Verkabelung von MIDI-Geräten

ßend einen neuen MIDI-Out Datenstrom. Dabei müssen Befehle, die eine höhere Priorität haben, auch bevorzugt auf den Ausgang geschrieben werden.

Ein Problem des MIDI-Mergers ist, dass die Gesamtdatenmenge am Ausgang zu hoch werden kann. Wenn ein sehr hohes Datenaufkommen an allen Eingängen vorherrscht, dann wird der Ausgang, der auch nur die selbe Datenmenge transportieren kann wie jeder einzelne Eingang, schnell überlastet. Eine gewisse Menge an Daten kann der interne Speicher des MIDI-Mergers noch zwischenspeichern und in Zeiten mit geringerem Datenaufkommen auf den Ausgang schreiben. Allerdings nützt dies langfristig gesehen auch nicht viel, da die Verzögerung der Datenworte sonst zu hoch würde.

Um die zu verarbeitende Datenmenge zu verringern können bei einem MIDI-Merger Filter für die verschiedenen Eingänge eingestellt werden. Mit Hilfe dieser Filter wird dann bestimmt, welche Befehle von welchem Eingang verarbeitet werden und welche nicht.

MIDI-Merging kann heute von fast allen Computerprogrammen durchgeführt werden, die MIDI beherrschen. Wichtig ist lediglich das Vorhandensein mehrerer Eingänge.

9.1.2 Datenformat

Es gibt zwei verschiedenen Arten von MIDI-Bytes, aus denen ein MIDI-Befehl zusammengesetzt wird. Diese werden durch das MSB (Most Significant Bit) des MIDI-Bytes unterschieden.

9.1.2.1 Statusbytes

Bei einem Statusbyte oder auch Nachrichtenbyte ist das MSB des MIDI-Bytes immer Eins. Das bedeutet, dass alle MIDI-Bytes mit einem Wert zwischen 80h und FFh Statusbytes sein müssen. Eine genaue Aufschlüsselung, wie diese 128 möglichen Statusbytes genutzt werden, ist in den folgenden Kapiteln zu finden.

9.1.2.2 Datenbytes

Ein Datenbyte liegt dann vor, wenn das MSB eines MIDI-Bytes Null ist. Dies wiederum hat zur Folge, dass ein Datenbyte alle Werte zwischen 00h und 7Fh annehmen kann. Es gibt also 128 Möglichkeiten oder 128 Zustände, die das Datenbyte übertragen kann. Dies ist auch der Grund, warum viele MIDI-Parameter nur in 128 Stufen aufgelöst werden.

Werden mehr als 128 Zustände benötigt, so muss die Information in zwei aufeinander folgenden Datenbytes übertragen werden. Auf diese Weise können dann bereits 16384 verschiedene Zustände dargestellt werden.

9.1.3 Nachrichtentypen

Unter einer MIDI-Nachricht versteht man die Kombination aus Status- und Datenbytes.

Hierbei gibt es vier verschiedene Möglichkeiten, wie eine MIDI-Nachricht (MIDI-Message) aufgebaut sein kann. Diese sind in Abbildung 9.1-4 zu sehen. Es gibt Nachrichten, die lediglich ein Statusbyte senden, welche die ein oder zwei Datenbytes hinter dem Statusbyte erfordern und die System Exclusive Messages, die beliebig viele Datenbytes enthalten können. Das Ende der Datenbytes wird im letzteren Fall durch eine End of Exclusive Nachricht abgeschlossen.

Man unterscheidet weiterhin zwei grundlegend verschiedene Arten von Nachrichten (Messages), die bei MIDI Anwendung finden:

- **Channel Messages:** Bei diesen wird ein konkreter Kanal angegeben, auf dem die Nachricht gesendet wird. Somit ist es möglich einzelne Geräte individuell anzusprechen. Zu den Channel Messages gehören die Channel Voice Messages und die Channel Mode Messages. Beide sind in Kapitel 9.2 genauer beschrieben.
- **System Messages:** Diese Nachrichten werden ohne Kanalinformation gesendet und können somit alle angeschlossenen Geräte beeinflussen. Man unterscheidet hierbei die System Common Messages, die System Realtime Messages und die System Exclusive Messages. Auch diese werden in Kapitel 9.2 genauer beschrieben.

Eine Besonderheit bei den Channel-Voice-Messages und Channel-Mode-Messages ist der so genannte Running-Status. Er besagt, dass gleichbleibende Statusbytes nicht erneut gesendet werden müssen, wenn der Empfänger auf Running-Status geschaltet

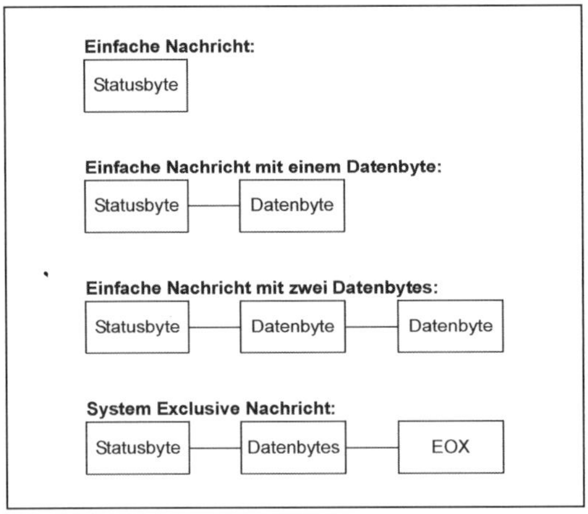

Abb. 9.1-4: Vier mögliche Arten, wie eine Nachricht aufgebaut sein kann

ist. Der Empfänger bleibt dann auf dem zuletzt empfangenen Status, bis ein neues Statusbyte empfangen wird.

Die Hauptanwendung des Running-Status liegt in Kombination mit Note-On Befehlen (siehe Kapitel 9.2.1.1). Da ein Note-Off Befehl, der eigentlich notwendig ist, um einen Klang wieder abzuschalten, durch einen Note-On Befehl mit Velocity 0 ersetzt werden kann, ist es möglich, zur Übertragung von Noten immer wieder Note-On Befehle in Folge zu senden. In diesem Fall wird der Running-Status am effektivsten funktionieren, da nur noch die Datenbytes der Note-On Befehle übertragen werden müssen. Der Running-Status stellt somit eine Methode dar, mit der die begrenzte Datenübertragungsrate der MIDI-Leitung besser ausgenutzt werden kann, da nur noch Datenbytes gesendet werden müssen.
Auch bei Midi-Controllern ist der Running-Status gut einsetzbar, da alle Controller das gleiche Statusbyte (siehe Kapitel 9.2.1.3) haben.

9.1.4 Channel-Modes

Mit Hilfe der Channel-Modes (Kanalbetriebsarten) kann man die Zuweisung zwischen den MIDI-Kanälen und den Stimmen oder Sounds eines Instrumentes festlegen.

Man unterscheidet hierbei die Betriebsarten Omni-On, Omni-Off sowie Poly und Mono. Daraus ergeben sich vier verschiedene Kombinationen, die in Tabelle 9.1-1 aufgeführt sind.

In dieser Tabelle wird das Verhalten des Senders einer MIDI-Nachricht, sowie die Reaktion des Empfängers beschrieben. Der Buchstabe N steht für den Basiskanal, auf dem ein Gerät sendet oder empfängt. N geht von 1 bis 16. M steht für die Anzahl der Stimmen, die ein Gerät gleichzeitig erfassen oder wiedergeben kann.

Das Umschalten des Channel-Modes erfolgt über eine Channel Mode Message, die auf dem Basiskanal des entsprechenden Empfängers zu senden ist.

Ein Gerät sollte beim Einschalten senderseitig in den Mode 1 gehen: Omni-On und Poly. Empfängerseitig gehen die meisten Geräte in den Mode 3b (Multi-Mode). Auf diese Weise ist es problemlos möglich, mehrere Geräte zusammenzuschalten und ohne großen Konfigurationsaufwand gleich in Betrieb zu nehmen.

Der Begriff Multi-Mode, auch Mode 3b genannt, bezieht sich nicht auf einen echten Channel-Mode, sondern beschreibt die Tatsache, dass ein Gerät sich wie mehrere virtuelle Geräte mit ihren jeweiligen Instrumenten verhalten kann. Jedes dieser virtuellen Geräte kann auf einen anderen Basiskanal gestellt und auch in einen der vier möglichen Channel-Modes geschaltet werden.

Mode	Omni		Was macht der Sender?	Wie verhält sich der Empfänger?
1	On	Poly	Alle Channel Voice Messages werden auf dem Basiskanal N übertragen (Standardmode beim Einschalten eines Gerätes)	Channel Voice Messages werden auf allen Kanälen empfangen und polyphon den Stimmen eines Instrumentes zugewiesen. Die Anwendung beschränkt sich meist nur auf Kabeltests, da jeder Sender auf jedem Kanal eine Tonerzeugung zur Folge hat.
2	On	Mono	Die Channel Voice Message für nur eine Stimme (monophon) wird auf dem Basiskanal N übertragen. Dieser Mode findet im Sender Anwendung, wenn der Empfänger den Mode 2 oder 4 nicht unterstützt.	Channel Voice Messages werden auf allen Kanälen empfangen. Es wird jedoch nur eine Stimme des Instrumentes angesteuert.
3	Off	Poly	Entspricht Mode 1	Channel Voice Messages werden auf dem angewählten Kanal empfangen und polyphon den Stimmen eines Instrumentes zugewiesen.
3b	Off	Poly	Entspricht Mode 1	Dieser Mode wird auch Multi-Mode genannt und ist nicht offiziell Bestandteil der MIDI-Spezifikation. In diesem Mode verhält sich ein Gerät wie mehrere virtuelle Geräte im Mode 3, die auf unterschiedlichen Kanälen Channel Voice Messages empfangen können und diese polyphon wiedergeben.
4	Off	Mono	Jede Stimme wird auf einem eigenen Kanal übertragen. Die Zuweisung erfolgt in aufsteigender Reihenfolge beginnend mit dem Basiskanal N. Ist N=1, so können maximal M=16 Stimmen übertragen werden. Ist N>1, so können nur die verbleibenden Kanäle bis 16 verwendet werden (Bsp. N=8: Es verbleiben nur noch 9 Kanäle für 9 verschiedene Stimmen). Anwendung findet dieser Mode zum Beispiel in MIDI-Gitarren, welche für jede Saite einen eigenen monophonen Sendekanal haben.	Channel Voice Messages werden auf dem angewählten Kanal N sowie den Kanälen mit höherer Nummer N+M-1 empfangen und monophon den Instrumenten 1 bis M des Gerätes zugewiesen. Hinweis: Der Wert M wird im dritten Byte der Mono-Mode Nachricht angegeben.

Tab. 9.1-1: Die Channel-Modes

9.2 Details

In diesem Kapitel werden die einzelnen MIDI-Nachrichten oder MIDI-Befehle detailliert betrachtet. Es wird eine Auflistung über die verschiedenen Möglichkeiten der jeweiligen Nachrichtentypen gegeben.

9.2.1 Channel Voice Messages

Mit Hilfe von Channel Voice Messages werden die meisten Informationen, die notwendig sind, übertragen. Alle Channel Voice Messages beziehen sich auf einen bestimmten Kanal, auf dem sie gesendet werden und beeinflussen das Verhalten einer bestimmten Stimme eines Instrumentes oder eines bestimmten Parameters eines Empfängers.

Die Kanalnummer wird in allen folgenden Statusbytes mit x angegeben. Die Tabelle 9.2-1 zeigt die Zuweisung von MIDI-Kanälen zu der Kanalnummer x.

9.2.1.1 Note-On

Aufbau: Statusbyte: 9xh
Datenbyte: Note Number
Datenbyte: Velocity

Die Note Number gibt die Note in Halbtonschritten an. Dabei ist der Wert 60 (3Ch) dem mittleren C zugeordnet.

Kanalnummer	x
1	0h
2	1h
3	2h
4	3h
5	4h
6	5h
7	6h
8	7h
9	8h
10	9h
11	Ah
12	Bh
13	Ch
14	Dh
15	Eh
16	Fh

Tab. 9.2-1: Zuweisung von MIDI-Kanälen

Die Velocity gibt die Lautstärke der zu spielenden Note an. Hierbei ist der Wert 64 (40h) einer mittleren Lautstärke zugewiesen (mezzoforte). Dieser Wert wird auch ausgegeben, wenn der MIDI-Sender keine Anschlagsdynamik hat.

Ein Note-On Befehl mit einer Velocity von 0 ist vom Empfänger als Note-Off Befehl zu interpretieren. Hierbei wird für den Note-Off Befehl die Velocity 64 (40h) angenommen.

Der Note-On Befehl ist der wohl wichtigste MIDI-Befehl, da er nicht nur zur Ansteuerung von Tönen eines Instrumentes verwendet wird, sondern auch für Faderautomationen (dort ist die Note Number der Mischpultkanal, und die Velocity entspricht der Faderstellung) oder auch für Lichtanlagen (Dort ist die Note Number der Scheinwerfer, und die Velocity dessen Helligkeit).

9.2.1.2 Note-Off

Aufbau: Statusbyte: 8xh
Datenbyte: Note Number
Datenbyte: Release Velocity

Wie auch beim Note-On Befehl wird hier die Notennummer der abzuschaltenden Note angegeben, sowie eine Velocity. Die Velocity gibt bei anschlagdynamischen Instrumenten an, wie schnell die Note ausgeschaltet bzw. abgedämpft werden soll. Verfügt das Instrument über keine Anschlagsdynamik beim Abschalten einer Note, wird der Standardwert 64 (40h) ausgegeben.

9.2.1.3 Control Change

Aufbau: Statusbyte: Bxh
Datenbyte: Controller Number (0-119)
Datenbyte: Controller Wert (0-127)

Die Controller Number 120d bis 127d (78h bis 7Fh) werden für die Channel Mode Messages verwendet und sind keine Control Change Parameter.

Mit Hilfe der Controller können beispielsweise Klänge eines Instrumentes verändert werden (Vibrato, Modulation, etc.) oder andere Parameter (Hallzeit, Faderposition, Pan, etc.).

Für viele Controller können ihre Auswirkungen frei zugewiesen werden. Die Tabelle 9.2-2 soll einen Anhaltspunkt geben, wofür sie gedacht sind.

Controller Nummer		Funktion
Dezimal	**Hex**	
0	00h	Bank Select
1	01h	Modulation Wheel
2	02h	Breath Controller
3	03h	Undefined
4	04h	Foot Controller
5	05h	Portamento Time
6	06h	Data Entry (MSB)
7	07h	Channel Volume
8	08h	Balance
9	09h	Undefined
10	0Ah	Pan
11	0Bh	Expression Controller
12	0Ch	Effect Control 1
13	0Dh	Effect Control 2
14-15	0Eh-0Fh	Undefined
16-19	10h-13h	General Purpose Controller 1-4
20-31	14h-1Fh	Undefined
32-63	20h-3Fh	LSB für die Controller 0 bis 31
64	40h	Damper Pedal (Sustain)
65	41h	Portamento On / Off
66	42h	Sostenuto
67	43h	Soft Pedal
68	44h	Legato Footswitch
69	45h	Hold 2
70	46h	Sound Controller 1 (Sound Variation)
71	47h	Sound Controller 2 (Timbre)
72	48h	Sound Controller 3 (Release Time)
73	49h	Sound Controller 4 (Attack Time)
74	4Ah	Sound Controller 5 (Brighness)
75-79	4Bh-4Fh	Sound Controllers 6-10
80-83	50h-53h	General Purpose Controller 5-8
84	54h	Potamento Control
85-90	55h-5Ah	Undefined
91	5Bh	Effects 1 Depth
92	5Ch	Effects 2 Depth
93	5Dh	Effects 3 Depth
94	5Eh	Effects 4 Depth
95	5Fh	Effects 5 Depth
96	60h	Data Increment
97	61h	Data Decrement
98	62h	Non-Registered Paramenter Number LSB
99	63h	Non-Registered Paramenter Number MSB
100	64h	Registered Paramenter Number LSB
101	65h	Registered Paramenter Number MSB
102-119	66h-77h	Undefined

Tab. 9.2-2: Controllerfunktionen

Wenn für bestimmte Controller nur 7 Bit an Dateninformation benötigt werden (Controller 0-31), so wird nur dieser Controller gesendet. Wird eine höhere Auflösung benötigt (bis zu 14-Bit), so kann ein zusätzliches Datenwort die Genauigkeit der Controller 0-31 erweitern. Dies sind dann die Controller 32-63. Ein Controller besteht dann aus einem MSB (Controller Number 0-31) und einem LSB (Controller Number 32-63). Ändert sich bei einem hochauflösenden Controller nur das LSB, kann auch der LSB-Controller alleine gesendet werden.

Registered Parameter Number Controller

Die Controller 64h und 65h sind so genannte Registered Parameter Number Controller. Diese geben dem Anwender die Möglichkeit, auf bestimmte Einstellungen des Gerätes Einfluss zu nehmen. Definiert sind momentan nur 5 verschiedene Registered Parameter Number Controller. Diese sind in Tabelle 9.2-3 zu sehen. Die Funktionsweise eines solchen Controllers ist folgende:

- Man sendet zunächst den Registered Parameter Number Controller. Beispiel: Pitch Bend Sensitivity:

  Bxh, 64h, 00h, Bxh, 65h, 00h

- Man sendet den neuen Wert, den dieser Parameter bekommen soll mit Hilfe des Data Entry Controllers. Beispiel: Pitch Bend ±1 Halbton:

  Bxh, 06h, 01h, Bxh, 26h, 00h

- Man kann alternativ zu der direkten Dateneingabe über die Data Entry Controller auch die Data Increment bzw. Data Decrement Controller verwenden. Bei diesen ist der übermittelte Controller-Datenwert der Wert, um den der Parameter erhöht bzw. erniedrigt wird.

Sowohl bei den (bisher nur teilweise definierten) Registered Parameter Number Controllers als auch bei den Non Registered Parameter Number Control-

LSB	MSB	Funktion	Bedeutung der Datenwerte (Über Data Entry Controller einzugeben)
00h	00h	Pitch Bend Sensitivity	MSB: Regelbereich in ± Halbtönen LSB: Regelbereich in ± Cent
01h	00h	Fine Tuning	Abweichung der Stimmung von A=440Hz in Cent. Einstellbarer Bereich ±100Cent
02h	00h	Coarse Tuning	Abweichung der Stimmung von A=440Hz in 100Cent. Einstellbarer Bereich -64000 / +63000 Cent
03h	00h	Tuning Programm Select	
04h	00h	Tuning Bank Select	

Tab. 9.2-3: Registered Parameter Number Controller

lers sind jeweils 16384 neue Controller möglich. Daraus ergeben sich insgesamt 32768 zusätzlich benutzbare Controller, welche auch für aufwändige Setups ausreichen sollten.

9.2.1.4 Program Change

Aufbau: Statusbyte: Cxh
Datenbyte: Program Number

Program Change Befehle werden verwendet, um ein anderen Klang bei einem Klangerzeuger anzuwählen. Insgesamt sind 128 verschiedenen Anwahlmöglichkeiten gegeben, die meist beim Empfänger des Befehls bestimmten Klängen zugewiesen werden können.

Da die 128 verschiedenen anwählbaren Klänge heute oft nicht mehr ausreichen, können zusätzlich mit Hilfe des Bank-Select-Controllers (Bxh, 00h, xxh) 128 verschiedenen Sound-Bänke umgeschaltet werden.

Program Change Befehle können auch verwendet werden, um bei Drum-Sequencern ein neues Muster oder einen neuen Rhythmus einzustellen. Weiterhin lassen sich damit Presets bei Effektgeräten aufrufen.

9.2.1.5 Aftertouch

Es gibt zwei Arten von Aftertouch, die unterschieden werden:

Channel Pressure:

Aufbau: Statusbyte: Dxh
Datenbyte: Aftertouch Wert

Polyphonic Key Pressure:

Aufbau: Statusbyte: Axh
Datenbyte: Note Number
Datenbyte: Aftertouch Wert

Aftertouch wird verwendet, um einen Klang nach dem Spielen noch verändern zu können. Dies geschieht durch unterschiedliche Aktionen, je nachdem welches Eingabemedium verwendet wird:

- Vor- oder Zurückbewegen einer Taste
- Links- / Rechtsbewegung einer Taste
- Stärkeres Drücken einer Taste über den Anschlag hinaus
- Veränderung des Luftdrucks bei Breath Controllern

Bei dem Channel Pressure Aftertouch wird durch den Aftertouch der gesamte Kanal beeinflusst. Bei dem Polyphonic Key Pressure Aftertouch kann jede Note einzeln beeinflusst werden.

Aftertouch wird beispielsweise verwendet, um einen Klang nachträglich in der Lautstärke oder im Panorama zu verändern oder ihm ein Vibrato etc. zu geben.

9.2.1.6 Pitch Bend Change

Aufbau: Statusbyte: Exh
Datenbyte: Pitch Value LSB
Datenbyte: Pitch Value MSB

Mit Hilfe des Pitch Bend Change Befehls kann die Tonhöhe eines Kanals verändert werden. Da das menschliche Gehör relativ gut geringste Tonhöhenschwankungen wahrnehmen kann, ist der Wert, um den die Tonhöhe verändert werden kann, als 14-Bit Wert ausgeführt. Das heißt, nach dem Pitch Bend Befehl folgen zwei Datenbytes.

Soll die Tonhöhe nicht verändert werden, so müssen als Datenbytes die Werte 0, 64 (00h, 40h) gesendet werden. Die größte Tonhöhenverringerung erreicht man mit den Werten 0, 0 (00h, 00h). Die stärkste Tonhöhenanhebung mit den Werten 127, 127 (7Fh, 7Fh). Wie stark der Pitch Bend Befehl sich auf die Tonhöhe des Klangs auswirken soll, muss im Klangerzeuger eingestellt werden.

9.2.2 Channel Mode Messages

Die Channel Mode Messages sind Sonderformen der Control Change Befehle. Aus diesem Grund sieht auch der Aufbau einer Channel Mode Message genauso aus, wie der eines Control Change Befehls:

Aufbau: Statusbyte: Bxh
Datenbyte: Controller Number (120-127)
Datenbyte: Controller Wert (0-127)

Die Channel Mode Messages 124-127 führen immer einen zusätzlichen All Note Off Befehl (siehe Kapitel 9.2.2.4) aus.

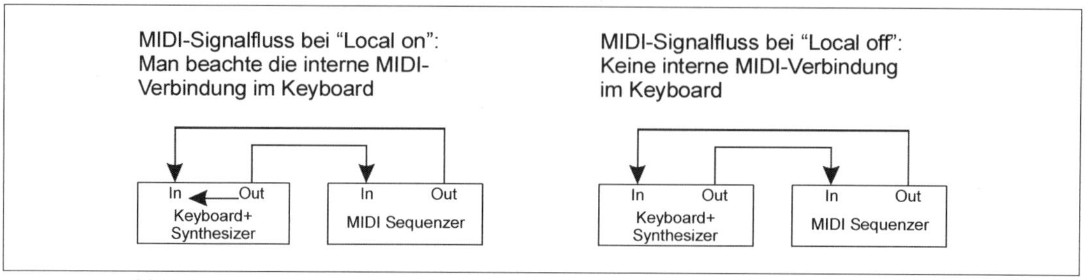

Abb. 9.2-1: Der typische Aufbau mit Keyboard+Synthesizer und Sequenzer erfordert "Local Off"

9.2.2.1 All Sound Off

Aufbau: Statusbyte: Bxh
Datenbyte: 120 (78h)
Datenbyte: 0

Mit diesem Befehl soll jeglicher Klangerzeuger auf dem Kanal abgeschaltet werden. Der Unterschied zu einem All Notes Off Befehl ist, dass auch bei MIDI gesteuerten Effektgeräten die Signalpuffer gelöscht werden und somit eventuell hängen gebliebene Delayfahnen abgeschaltet werden.

Dieser Befehl bewirkt ein Abschalten der Klangerzeuger nur auf dem angegebenen Kanal und wird bei Omni-On ignoriert.

9.2.2.2 Reset All Controllers

Aufbau: Statusbyte: Bxh
Datenbyte: 121 (79h)
Datenbyte: 0

Mit dem Reset All Controllers Befehl können alle Controller (siehe Kapitel 9.2.1.3) in ihren Ursprungszustand versetzt werden.

Dieser Befehl bewirkt nur einen Controller Reset auf dem angegebenen Kanal und wird bei Omni-On ignoriert.

9.2.2.3 Local Control

Aufbau: Statusbyte: Bxh
Datenbyte: 122 (7Ah)
Datenbyte: 0 oder 127

Mit Hilfe des Local Control Befehls kann der Klangerzeuger eines Instrumentes von der Eingabeeinheit getrennt werden. Es kann also bei einem Keyboard mit eingebautem Synthesizer die Klaviatur von dem Synthesizerbaustein getrennt werden. Es gibt zwei Zustände:

- **Local Control Off:** (auch kurz: Local Off)
  Das zweite Datenbyte wird als 0 (00h) übertragen. Bei Local Off ist der Klangerzeuger von der Eingabeeinheit getrennt. Die Eingabeeinheit sendet nach wie vor MIDI Befehle über den MIDI-Out, der Klangerzeuger reagiert nach wie vor auf MIDI-Befehle, die am MIDI-In ankommen.
  Local Off wird angewandt, wenn beispielsweise bei einem Keyboard mit integriertem Klangerzeuger das Keyboard als Eingabegerät und der Klangerzeuger als Ausgabegerät für einen Sequenzer genutzt wird. Damit die Klänge des Keyboards nicht doppelt erzeugt werden, wenn der Klangerzeuger des Keyboards mit dem Ausgang des Sequenzers verbunden ist, stellt man das Keyboard auf Local Off (siehe Abbildung 9.2-1).
- **Local Control On:** (auch kurz: Local On)
  Das zweite Datenbyte wird als 127 (7Fh) übertragen. Bei Local On ist der Klangerzeuger mit der Eingabeeinheit verbunden. Beim Einschalten eines Gerätes steht dies auf Local On.

Local On/Off kann auch an den empfangenden Geräten mit Hilfe von Tasten oder Menüs eingestellt werden. Es muss also nicht zwingend ein MIDI-Befehl dafür verwandt werden.

9.2.2.4 All Notes Off

Aufbau: Statusbyte: Bxh
Datenbyte: 123 (7Bh)
Datenbyte: 0

Der All Notes Off Befehl hat die Aufgabe, alle Klänge, die über MIDI eingeschaltet worden sind, wieder abzuschalten. Das heißt, dass bei einem

Keyboard, dass sowohl über Tastendrücke als auch über eintreffende MIDI-Befehle Klänge erzeugen kann, nur die Klänge abgeschaltet werden, die über MIDI erzeugt wurden. Dieser Befehl ist als eine Art "Not-Aus" zu verstehen, wenn Töne "hängenbleiben" sollten.

Der All Notes Off Befehl bewirkt nur ein Abschalten der Klänge, wenn Omni-Off aktiviert ist. Er wird bei Omni-On ignoriert. Bei Omni-Off ist die Auswirkung des All Notes Off Befehls außerdem abhängig von der Einstellung Mono / Poly:

- In der Einstellung Omni-Off / Mono bewirkt der All Notes Off Befehl ein Abschalten der Klänge auf dem Kanal, auf dem der Befehl gesendet wurde.
- In der Einstellung Omni-Off / Poly bewirkt der All Notes Off Befehl ein Abschalten der Klänge auf dem Basiskanal, der am Gerät eingestellt ist.

9.2.2.5 Omni Off

Aufbau: Statusbyte: Bxh
Datenbyte: 124 (7Ch)
Datenbyte: 0

Der Empfänger wird mit Hilfe dieses Befehls in den Omni-Off Modus geschaltet. Es wird zusätzlich ein All Notes Off Befehl ausgeführt.

9.2.2.6 Omni On

Aufbau: Statusbyte: Bxh
Datenbyte: 125 (7Dh)
Datenbyte: 0

Der Empfänger wird mit Hilfe dieses Befehls in den Omni-On Modus geschaltet. Es wird zusätzlich ein All Notes Off Befehl ausgeführt.

9.2.2.7 Mono On (Poly Off)

Aufbau: Statusbyte: Bxh
Datenbyte: 126 (7Eh)
Datenbyte: 0

Der Empfänger wird mit Hilfe dieses Befehls in den Mono Modus geschaltet. Es wird zusätzlich ein All Notes Off Befehl ausgeführt.

9.2.2.8 Poly On (Mono Off)

Aufbau: Statusbyte: Bxh
Datenbyte: 127, (7Fh)
Datenbyte: 0

Der Empfänger wird mit Hilfe dieses Befehls in den Poly Modus geschaltet. Es wird zusätzlich ein All Notes Off Befehl ausgeführt.

9.2.3 System Common Messages

Die System Common Messages sind, wie der Name schon sagt, Nachrichten, die jeden MIDI Empfänger ansprechen sollen. Es wird in der Nachricht keine Kanalnummer übermittelt.

9.2.3.1 MIDI Timecode Quarter Frame

Aufbau: Statusbyte: F1h
Datenbyte: 0nnndddd

Der MIDI Timecode Quarter Frame wird viermal pro Timecodeframe gesendet und überträgt jedesmal ein Achtel einer kompletten Zeitinformation. Nach zwei Frames ist somit eine vollständige Zeitinformation übermittelt worden. Näheres zu dem Thema Timecode und dessen Anwendung ist in Kapitel 12 zu finden.

nnn:	111	110	101	100	011	010	001	000
xxxx:	a bb c	cccc	dd ee	eeee	ff gg	gggg	hhh i	iiii
	a:	Nicht definiert	dd:	Nicht definiert	ff:	Nicht definiert	hhh:	Nicht definiert
	bb:	SMPTE-Art:	eeeeee:	Minuten: 0-59	gggggg:	Sekunden: 0-59	iiiii:	Frames: 0-29
		00: 24 fps						
		01: 25 fps						
		10: 30 fps df						
		11: 30 fps						
	ccccc:	Stunden: 0-23						

Tab. 9.2-4: Aufbau des Quarter Frame Timecodes

Die Platzhalter "nnn" im Datenbyte geben an, welche der Acht Teilinformationen gerade übermittelt wird. Die Platzhalter "dddd" geben die Daten an, die mit der jeweiligen Information übermittelt werden. Die Tabelle 9.2-4 zeigt den Aufbau dieser acht Dateninformationen und, wie sie zu einer kompletten Zeitinformation zusammen gesetzt werden.

Soll beispielsweise die Zeitinformation

21h:12m:47s:19f / 25fps

auf einer Basis von 25 Frames pro Sekunde codiert werden, so ergibt sich folgende Befehlsfolge:

F1h, 03h, F1h, 11h, F1h, 2Fh, F1h, 32h
F1h, 4Ch, F1h, 50h, F1h, 65h, F1h, 73h

Der Timecode startet immer mit einer F1h, 0xh Nachricht zu Beginn eines Frames. Da er nur alle zwei Frames aktualisiert wird, werden bei 24 und 30fps nur geradzahlige Framenummern gesendet, bei 25fps dagegen sind es geradzahlige und ungeradzahlige, die jede Sekunde wechseln.

Der MIDI Timecode Quarter Frame wird nur ausgegeben, wenn ein Sequenzer oder ein anderes zeitbezogenes System läuft. Im Stop-Zustand wird er nicht erzeugt. Er benötigt knapp 8% der Bandbreite einer MIDI-Leitung.

Es gibt auch einen Full-Message-Timecode, der in einem Datenblock die gesamte Zeitinformation als System-Exclusiv-Realtime-Message überträgt. Näheres dazu ist in Kapitel 12.3 zu finden.

9.2.3.2 Song Position Pointer

Aufbau: Statusbyte: F2h
Datenbyte: LSB des Pointers
Datenbyte: MSB des Pointers

Der Song Position Pointer (SPP) gibt die Anzahl der MIDI-Takte an, die seit dem Drücken der Start Taste abgespielt worden sind. Ein MIDI-Takt entspricht 6 MIDI-Clocks (siehe Kapitel 9.2.4.1). Da die MIDI-Clock 24 mal pro Viertelnote gesendet wird, entspricht ein MIDI-Takt einer $\frac{1}{16}$-tel Note.

Der Song Position Pointer gibt also an, wie viele sechzehntel Noten seit dem Drücken der Start Taste abgespielt worden sind. Steht er beispielsweise auf dem Wert 84, so entspricht dies 84 sechzehntel Noten. Bei einem Vier-Viertel Takt wäre dies der Takt 5, Schlag 2, auf dem dann der SPP stehen würde.
Der Song Position Pointer wird benutzt, um mehrere Geräte synchron miteinander laufen zu lassen. Hierbei dient der SPP nur als grobe Positionsangabe, während die MIDI-Clock die Verkoppelung der Geräte 6 mal genauer angibt (siehe Kapitel 9.2.4.1).

9.2.3.3 Song Select

Aufbau: Statusbyte: F3h
Datenbyte: Songnummer

Mit Hilfe dieses Befehls kann einer von 128 verschiedenen Songs eines Sequenzers oder Drumpatterns eines Drumcomputers angewählt werden.

9.2.3.4 Tune Request

Aufbau: Statusbyte: F6h

Dieser Befehl fordert einen analogen Synthesizer dazu auf, seine Oszillatoren zu stimmen. Das funktioniert natürlich nur, wenn der Synthesizer hardwaremäßig diese Funktion auch unterstützt, was nur sehr selten der Fall ist.

9.2.3.5 EOX (End of Exclusive)

Aufbau: Statusbyte: F7h

Diese Nachricht beendet eine System Exclusive Übertragung. Nach dem Start mit der Nachricht F0h (siehe Kapitel 9.2.5) können beliebig viele Datenbytes folgen. Nur System Realtime Messages (siehe folgendes Kapitel) sind innerhalb einer System Exclusive Message erlaubt. Das Ende der Übertragung wird durch die Nachricht EOX angezeigt.

9.2.4 System Realtime Messages

System Realtime Messages haben die Aufgabe, eine Information in Echtzeit zu übertragen. Sie können daher an jeder beliebigen Stelle in den MIDI Datenstrom eingefügt werden - beispielsweise auch zwischen zwei Datenbytes eines Note On Befehls. Alle System Realtime Messages bestehen nur aus einem Statusbyte. Sie haben Priorität bei der Übertragung.

9.2.4.1 MIDI-Clock

Aufbau: Statusbyte: F8h
Die MIDI-Clock wird 24 mal pro Viertelnote gesendet und stellt somit einen Takt der Übertragung dar. Sie kann auch während des Stillstands eines Sequenzers gesendet werden, um die Empfänger bereits auf den kommenden Takt vorzubereiten. Die MIDI-Clock wird unter anderem für den Song Position Pointer benötigt.

9.2.4.2 Start

Aufbau: Statusbyte: FAh

Dieser Befehl wird gesendet, wenn der Play Knopf eines MIDI-Gerätes gedrückt wird. Zusammen mit diesem Befehl wird der Song Position Pointer auf den Wert Null gesetzt.

9.2.4.3 Continue

Aufbau: Statusbyte: FBh

Dieser Befehl wird gesendet, wenn der Continue Knopf eines MIDI-Gerätes gedrückt wird. Der Song Position Pointer wird nicht verändert. Die Wiedergabe geht ab dem Empfang der nächsten MIDI-Clock weiter.

9.2.4.4 Stop

Aufbau: Statusbyte: FCh

Dieser Befehl wird gesendet, wenn der Stop Knopf eines MIDI-Gerätes gedrückt wird. Der Song Position Pointer wird nicht verändert, es kann jedoch nach dem Stop-Befehl ein neuer SPP gesendet werden, wenn eine neue Stelle angefahren werden soll. Nach dem Senden des Stop-Befehls müssen noch alle eingeschalteten Noten ausgeschaltet werden und veränderte Controller zurückgesetzt werden.

9.2.4.5 Active Sensing

Aufbau: Statusbyte: FEh

Dieser Befehl ist nicht bei allen MIDI Geräten implementiert. Wenn ein Sender Active Sensing beherrscht, so sollte er diesen Befehl alle 270ms spätestens jedoch alle 300ms senden.

Ein Empfänger, der ebenfalls Active Sensing beherrscht, wird, wenn er das erste Mal diesen Befehl empfangen hat, alle 300ms auf einen neuen Active Sensing Befehl warten. Trifft nach spätestens 330ms kein weiterer Active Sensing Befehl ein, so geht der Empfänger davon aus, das die MIDI-Leitung unterbrochen worden ist (Kabel abgesteckt / defekt), und führt einen Reset seiner Klangerzeuger aus. Anschließend wartet er auf weitere Befehle.

9.2.4.6 System Reset

Aufbau: Statusbyte: FFh

Dieser Befehl führt einen Reset auf den Einschaltzustand hin aus. Folgende Einstellungen werden vorgenommen:

- Omni On
- Poly On
- Local On
- All Notes Off
- Reset All Controllers
- Song Position Pointer auf Null setzen
- Stop (Wiedergabe anhalten)
- Running Status löschen
- Hardware resetten

9.2.5 System Exclusive Messages

Aufbau: Statusbyte: F0h
Datenbyte(s): Device ID
...
Datenbytes
...
Statusbyte: F7h (EOX)

System Exclusive Messages (SysEx) haben die Aufgabe, MIDI Geräten eine speziell definierte Art der Kommunikation zu gestatten. Mit Hilfe dieser Nachricht können Speicherinhalte ausgetauscht oder Updates geladen werden. Es sind im Prinzip beliebige Arten der Kommunikation denkbar, da nur der Kommunikationsrahmen festgelegt ist:

Eine System Exclusive Message wird mit dem Statusbyte F0h eingeleitet. Als nächstes folgt ein Datenbyte mit einer Device ID. Diese gibt an, welches Gerät sich angesprochen fühlen soll.

Besteht die Device ID aus einem Wert zwischen 01h und 7Ch, so wird damit direkt ein bestimmter

Hersteller angesprochen. Da die möglichen Herstellernummern bald knapp wurden, hat man die Device ID erweitert. Ist die Device ID 00h, so geben die darauf folgenden zwei Datenbytes den Code des Herstellers an. Die Device ID 7Dh ist für Forschungszwecke reserviert.

Die Device ID 7Eh gibt an, dass eine System Exclusive Non-Realtime Message folgen wird.
Die Device ID 7Fh gibt an, dass eine System Exclusive Realtime Message folgen wird.
Die letzten beiden Nachrichtenarten sind in den folgenden Kapiteln noch genauer beschrieben.

Nach der Device ID folgt eine bestimmte Anzahl von Datenbytes, mit deren Hilfe die gewünschte Information übertragen werden kann. Diese Datenbytes dürfen nur durch System Realtime Messages unterbrochen werden. Jedes andere Statusbyte, das innerhalb des Datenstroms einer System Exclusive Message gesendet würde, hätte ein sofortiges Beenden der System Exclusive Message zur Folge.

Das Ende einer System Exclusive Message stellt das EOX-Statusbyte F7h dar. EOX steht hierbei für **E**nd **O**f E**X**clusive.

Aufgrund der Vielzahl verschiedener SysEx-Nachrichten wird dem interessierten Leser an dieser Stelle die Lektüre der kompletten MIDI Spezifikation empfohlen.

9.2.5.1 System Exclusive Non-Realtime Message

Aufbau: Statusbyte: F0h
Datenbyte: 7Eh
Datenbyte: Device ID
Datenbyte: Sub-ID 1
Datenbyte: Sub-ID 2
...
Datenbytes
...
Statusbyte: F7h (EOX)

Die System Exclusive Non-Realtime Message wird gesendet, wenn nach dem Statusbyte F0h ein Datenbyte mit dem Wert 7Eh kommt.

Anschließend muss die Device ID gesendet werden. Diese adressiert das Gerät, das mit der Nachricht angesprochen werden soll, und kann von 00h bis 7Fh gehen. Wird die Device ID 7Fh angegeben, so heißt das, dass alle Geräte angesprochen werden. Die Device ID muss am Empfänger manuell eingestellt werden, damit er auf der richtigen ID angesprochen werden kann.

Es folgen zwei Sub-IDs, die angeben, welche Art von Non-Realtime Message gesendet wird.

Die Datenbytes, die die eigentliche Information enthalten, werden wieder mit der EOX-Nachricht F7h abgeschlossen.

Die System Exclusive Non-Realtime Messages beinhalten beispielsweise das Ausspielen von Sampling Daten (Sample Dump) oder das Setzen von Markern für Punch In / Out Positionen.

9.2.5.2 System Exclusive Realtime Message

Aufbau: Statusbyte: F0h
Datenbyte: 7Fh
Datenbyte: Device ID
Datenbyte: Sub-ID 1
Datenbyte: Sub-ID 2
...
Datenbytes
...
Statusbyte: F7h (EOX)

Die System Exclusive Realtime Message wird gesendet, wenn nach dem Statusbyte F0h ein Datenbyte mit dem Wert 7Fh kommt. Sie hat die Aufgabe, die System Realtime Messages durch zusätzliche Befehle zu erweitern.

Anschließend muss die Device ID gesendet werden. Diese adressiert das Gerät, das mit der Nachricht angesprochen werden soll, und kann von 00h bis 7Fh gehen. Wird die Device ID 7Fh angegeben, so heißt das, dass alle Geräte angesprochen werden. Die Device ID muss am Empfänger manuell eingestellt werden, damit er auf der richtigen ID angesprochen werden kann.

Es folgen zwei Sub-IDs, die angeben, welche Art von Realtime Message gesendet wird.

Die Datenbytes, die die eigentliche Information enthalten, werden wieder mit der EOX-Nachricht F7h abgeschlossen.

Abschließend sollen noch drei wichtige Realtime Messages herausgegriffen und ihr Aufbau gezeigt werden:

Master Volume:

Aufbau: Statusbyte: F0h
Datenbyte: 7Fh
Datenbyte: Device ID
Datenbyte: Sub-ID 1: 04h
Datenbyte: Sub-ID 2: 01h
Datenbyte: Volume LSB
Datenbyte: Volume MSB
Statusbyte: F7h (EOX)

Mit dieser Nachricht kann die Master Lautstärke eines Gerätes verändert werden. Hierbei entspricht 00h, 00h für die Volume-Datenbytes einem Mute des Ausgangs und 7Fh, 7Fh der maximalen Lautstärke.

Man beachte: mit dem Control Change Befehl 07h und 27h kann die Lautstärke eines bestimmten MIDI Kanals verändert werden (siehe Kapitel 9.2.1.3).

Master Balance:

Aufbau: Statusbyte: F0h
Datenbyte: 7Fh
Datenbyte: Device ID
Datenbyte: Sub-ID 1: 04h
Datenbyte: Sub-ID 2: 02h
Datenbyte: Balance LSB
Datenbyte: Balance MSB
Statusbyte: F7h (EOX)

Mit dieser Nachricht kann die Master Balance eines Gerätes verändert werden. Hierbei entspricht 00h, 00h einer Balance von ganz links, 00h, 40h der Mitte und 7Fh, 7Fh ganz rechts.

Man beachte: mit dem Control Change Befehl 08h und 28h kann die Balance eines bestimmten MIDI Kanals verändert werden (siehe Kapitel 9.2.1.3).

Machine Control:

Hier soll lediglich ein Beispiel gezeigt werden, mit dem eine einfache Steuerung über MIDI Machine Control (MMC) möglich ist. In diesem Beispiel werden alle Geräte angesteuert, da die Device ID auf 7Fh gesetzt wird.

Aufbau: Statusbyte: F0h
Datenbyte: 7Fh
Datenbyte: Device ID: 7Fh
Datenbyte: Sub-ID 1: 06h
Datenbyte: Sub-ID 2: MMC-Befehl
Statusbyte: F7h (EOX)

Der MMC-Befehl in der Sub-ID 2 gibt an, welcher Steuerbefehl gerade gesendet wird. In Tabelle 9.2-5 sind die wichtigsten Befehle zu sehen.

Befehl	Hex-Wert
Stop	01h
Play	02h
Fast Forward	04h
Fast Rewind	05h
Record Strobe (1)	06h
Record Exit (2)	07h
Record Pause (3)	08h
Pause	09h
MMC-Reset	0Dh
(1): Schaltet Record auf den scharfen Spuren ein bzw. aus. Es wird der jeweils aktuelle Zustand umgeschaltet (2): Alle Spuren verlassen den Record Modus (3): Bereit zur Aufnahme. Alle Spuren, die scharf sind, gehen in den Aufnahmezustand. Der Monitor schaltet auf Input, die Aufnahme wird jedoch noch nicht gestartet	

Tab. 9.2-5: Midi Machine Control Befehle

9.3 Der General-MIDI Standard

Wenn Note-On Befehle über eine MIDI-Leitung gesendet werden, so ist noch lange nicht klar, was diese Befehle beim Empfänger für einen Klang hervorrufen. Lediglich eine bestimmte Tonhöhe eines Klangs wird angegeben, nicht jedoch die Art des Klangs. Auf diese Weise ist es nahezu unmöglich eine MIDI-Datei zu kreieren, die einen vorhersagbaren "Sound" hat.

Um dieses Problem zu lösen, wurde der General-MIDI Standard eingeführt, der angibt, welche Klänge welchen Program Numbers zugewiesen sind, und was die verschiedenen Controller bewirken. Auf diese Weise können zum Beispiel vorhersagbare Klänge auf Computern und Handys erzeugt werden.

In diesem Kapitel soll die Definition eines General MIDI Systems kurz beschrieben werden.

9.3.1 Anforderungen

Die Anforderungen an ein General-MIDI Gerät sind folgende:

- Mindestens 24 frei zuweisbare Stimmen für Klänge und Schlagzeug oder
  16 frei zuweisbare Stimmen für Klänge und 8 Stimmen für Schlagzeug
- 16 MIDI Kanäle
- Polyphonie auf allen Kanälen
- Verschiedene Instrumente auf verschiedenen Kanälen möglich
- Schlagzeug (siehe Kapitel 9.3.4) ist immer auf Kanal 10
- 128 verschiedene Klangvoreinstellungen (siehe Kapitel 9.3.3)
- 47 verschiedene Schlagzeugeinstellungen (siehe Kapitel 9.3.4)
- Master Volume Control
- MIDI-In Anschluss (Eventuell auch Out und Thru)
- Stereo Audio Ausgang

Dies sind Mindestanforderungen, die selbstverständlich übertroffen werden dürfen.

9.3.2 MIDI Implementierung

Die folgenden Befehle müssen implementiert sein:

9.3.2.1 Note-On / Note-Off

- Das mittlere C liegt bei dem Notenwert 60 (3Ch).
- Alle Stimmen sind anschlagdynamisch.
- Gleiche Noten können mit noch ungenutzten Stimmen mehrfach aufgerufen werden.

9.3.2.2 Controller Changes

Die folgenden Controller sind implementiert:

- 1 (01h) Modulation
- 7 (07h) Volume
- 10 (0Ah) Panorama
- 11 (0Bh) Expression
- 64 (40h) Sustain
- 121 (79h) Reset all Controllers
- 123 (7Bh) All Notes Off

Die folgenden Registered Parameter sind implementiert:

- 0 (00h) Pitch Bend Sensitivity
- 1 (01h) Fine Tuning
- 2 (02h) Coarse Tunig

9.3.2.3 Channel Messages

Zwei Channel Messages können verwendet werden:

- Channel Pressure (Aftertouch)
- Pitch Bend (Standard ±2 Halbtöne)

9.3.2.4 Grundeinstellungen

Es gelten folgende Grundeinstellungen:

- Bend steht auf 0 (00h)
- Volume steht auf 100 (64h)
- Die Controller stehen auf "normal"

9.3.2.5 System Nachrichten

Es können zwei System Exclusive Non-Realtime Messages gesendet werden:

- General MIDI System einschalten:
  F0h, 7Eh, 7Fh, 09h, 01h, F7h
- General MIDI System ausschalten:
  F0h, 7Eh, 7Fh, 09h, 02h, F7h

Bei den gezeigten Befehlsfolgen wurde für die Device ID der Wert 7Fh eingesetzt, sodass alle Geräte angesprochen werden.

9.3.3 General-MIDI Program Numbers

Die Tabelle 9.3-1 gibt die Programmnummern an, mit denen bestimme Klänge aufgerufen werden können. Diese gelten für alle Kanäle außer dem Kanal 10. Letzterer ist für Schlagzeugklänge reserviert (siehe Kapitel 9.3.4).

Es gibt keine Vorgabe, in welcher Art und Weise die unten beschriebenen Klänge erzeugt werden müssen. Dies ist vollständig dem Hersteller des General-MIDI Gerätes überlassen. Die Namen der Instrumente dienen hierbei als Anhaltspunkte für den resultierenden Klang.

9.3.4 General-MIDI Percussion Map

Die Tabelle 9.3-2 gibt die Notennummern an, mit denen bestimme Schlagzeugklänge auf dem Kanal 10 aufgerufen werden können. Diese Klänge sind nur auf dem Kanal 10 verfügbar und nicht auf andere Kanäle übertragbar. Weiterhin können keine Klänge aus Tabelle 9.3-1 auf Kanal 10 wiedergegeben werden.

Nr.	Klang	Nr.	Klang	Nr.	Klang	Nr.	Klang
1	Acoustic Grand Piano	33	Acoustic Bass	65	Soprano Sax	97	FX 1 (rain)
2	Bright Acoustic Piano	34	Electric Bass (finger)	66	Alto Sax	98	FX 2 (soundtrack)
3	Electric Grand Piano	35	Electric Bass (pick)	67	Tenor Sax	99	FX 3 (crystal)
4	Honkytonk Piano	36	Fretless Bass	68	Baritone Sax	100	FX 4 (atmosphere)
5	Electric Piano 1	37	Slap Bass 1	69	Oboe	101	FX 5 (brightness)
6	Electric Piano 2	38	Slap Bass 2	70	English Horn	102	FX 6 (goblins)
7	Hapsicord	39	Synth Bass 1	71	Bassoon	103	FX 7 (echoes)
8	Clavi	40	Synth Bass 2	72	Clarinet	104	FX 8 (sci-fi)
9	Celesta	41	Violin	73	Piccolo	105	Sitar
10	Glockenspiel	42	Viola	74	Flute	106	Banjo
11	Music Box	43	Cello	75	Recorder	107	Shamisen
12	Vibraphone	44	Contrabass	76	Pan Flute	108	Koto
13	Marimba	45	Tremolo Strings	77	Blown Bottle	109	Kalimba
14	Xylophone	46	Pizzicato Strings	78	Shakuhachi	110	Bag Pipe
15	Tubular Bells	47	Orchestral Harp	79	Whistle	111	Fiddle
16	Dulcimer	48	Timpani	80	Ocarina	112	Shanai
17	Drawbar Organ	49	String Ensemble 1	81	Lead 1 (square)	113	Tinkle Bell
18	Percussive Organ	50	String Ensemble 2	82	Lead 2 (sawtooth)	114	Agogo
19	Rock Organ	51	Synth Strings 1	83	Lead 3 (calliope)	115	Steel Drums
20	Church Organ	52	Synth Strings 2	84	Lead 4 (chiff)	116	Woodblock
21	Reed Organ	53	Chois Aahs	85	Lead 5 (charang)	117	Taiko Drum
22	Accordion	54	Voice Oohs	86	Lead 6 (voice)	118	Melodic Tom
23	Harmonica	55	Synth Voice	87	Lead 7 (fifths)	119	Synth Drum
24	Tango Accordion	56	Orchestra Hit	88	Lead 8 (bass+lead)	120	Reverse Cymbal
25	Acoustic Guitar (nylon)	57	Trumpet	89	Pad 1 (new age)	121	Guitar Fret Noise
26	Acoustic Guitar (steel)	58	Trombone	90	Pad 2 (new age)	122	Breath Noise
27	Electric Guitar (Jazz)	59	Tuba	91	Pad 3 (warm)	123	Saeshore
28	Electric Guitar (clean)	60	Muted Trumpet	92	Pad 4 (polysynth)	124	Bird Tweet
29	Electric Guitar (muted)	61	French Horn	93	Pad 5 (choir)	125	Telephone Ring
30	Overdriven Guitar	62	Brass Section	94	Pad 6 (metallic)	126	Helicopter
31	Distortion Guitar	63	Synth Brass 1	95	Pad 7 (halo)	127	Applause
32	Guitar harmonics	64	Synth Brass 2	96	Pad 8 (sweep)	128	Gunshot

Tab. 9.3-1: General-MIDI Program Numbers

Notennummer	Klang	Notennummer	Klang	Notennummer	Klang
35	Acoustic Bass Drum	51	Ride Cymbal 1	67	High Agogo
36	Bass Drum 1	52	Chinese Cymbal	68	Low Agogo
37	Side Stick	53	Ride Bell	69	Cabasa
38	Acoustic Snare	54	Tambourine	70	Maracas
39	Hand Clap	55	Splash Cymbal	71	Short Whistle
40	Electric Snare	56	Cowbell	72	Long Whistle
41	Low Floor Tom	57	Crash Cymbal 2	73	Short Guiro
42	Closed Hi-Hat	58	Vibraslap	74	Long Guiro
43	High Floor Tom	59	Ride Cymbal 2	75	Claves
44	Pedal Hi-Hat	60	High Bongo	76	High Wood Block
45	Low Tom	61	Low Bongo	77	Low Wood Block
46	Open Hi-Hat	62	Mute High Conga	78	Mute Cuica
47	Low-Mid Tom	63	Open High Conga	79	Open Cuica
48	High-Mid Tom	64	Low Conga	80	Mute Triangle
49	Crash Cymbal 1	65	High Timbale	81	Open Triangle
50	High Tom	66	Low Timbale		

Tab. 9.3-2: General-MIDI Percussion Map

9.4 MIDI Anwendungen

Unter den zahlreichen Möglichkeiten, die sich mit MIDI ergeben, sollen hier nur ein paar grundlegende Anwendungen gezeigt werden, die im Tonstudioalltag sehr wichtig sind.

9.4.1 Grundlagen eines MIDI-Sequenzers

Ein MIDI-Sequenzer ist eine Software, die MIDI-Befehle speichern und wiedergeben kann. Sequenzer bedeutet soviel wie Ablaufsteuerung. Ein MIDI-Sequenzer ist also in der Lage, MIDI-Daten und Befehle zu bestimmten Zeitpunkten auszugeben. Somit kann man ihn auch als eine Art Bandmaschine für MIDI-Daten ansehen. Auch der Vergleich zu einer Spieluhr oder einem automatischen Klavier liegt sehr nahe.

Nachdem jedoch Bandmaschinen und automatische Klaviere mehr und mehr nur noch aus dem Museum bekannt sind, soll hier noch eine weitere Erklärung über die Funktionsweise einer solchen Software gegeben werden:

Ein Sequenzer ist in der Lage, Ereignisse zeitbezogen aufzuzeichnen. Im Falle eines MIDI-Sequenzers bedeutet das, dass gespeichert werden kann, zu welchem Zeitpunkt welche MIDI-Befehle gesendet wurden. Der Sender für eine solche Aufnahme ist meist ein Keyboard oder ein anderes MIDI-Eingabegerät. Neben Note-On/Off Befehlen können auch Controller und andere Parameter gespeichert werden.

Ein Sequenzer arbeitet auf mehreren Spuren, die meist den verschiedenen MIDI-Kanälen zugewiesen sind. Er ermöglicht auf den einzelnen Spuren eine grafische Darstellung der MIDI-Ereignisse und kann diese in den unterschiedlichsten Formaten darstellen. So können beispielsweise Note-On und Note-Off Befehle wie auf Notenpapier dargestellt werden. Der Sequenzer bestimmt die Position und die Länge der Note und platziert sie anschließend in die Notenzeilen. Weiterhin ist er in der Lage, die Noten auf vorgegebene Längen zu quantisieren, damit das Stück rhythmisch klingt, auch wenn man nicht so perfekt Keyboard spielen kann.

Controller werden grafisch dargestellt. Somit sind Lautstärkeverläufe und andere Controllerverläufe einfach zu betrachten und zu editieren.

Neben der Eingabe der MIDI-Ereignisse über ein externes Gerät können die MIDI-Befehle auch direkt am Computer editiert werden. Auf diese Weise kann man Noten genau an die richtige Position bringen oder die Länge bzw. den Notenwert korrigieren. Weiterhin können auch grafisch Lautstärkeveränderungen, Panoramaeinstellungen und andere Controllerwerte editiert werden. Die Abbildung 9.4-1 zeigt einen typischen Editor eines MIDI-Sequenzers.

Abb. 9.4-1: MIDI Sequenzer

In modernen Studioproduktionen werden echte Audiospuren und MIDI-Spuren gemischt verwendet, wobei die Klänge der MIDI-Spuren sehr einfach austauschbar werden, dadurch, dass nur Note- On und Note-Off Befehle gespeichert sind. Der Klang selbst hängt vom angeschlossenen Klangerzeuger oder Synthesizer ab. Viele Sequenzerprogramme sind daher in der Lage, sowohl Audiospuren als auch MIDI-Spuren gemischt zu verwalten, so dass komplette Arrangements mit einem Programm erstellt werden können.

Um bestimmte Parameter, wie beispielsweise Lautstärke oder Vibrato, realistischer editieren zu können, gibt es so genannte MIDI Hardware Controller (siehe nächstes Kapitel). Mit ihnen sind alle Varianten der Parametereingabe über Drehknöpfe, Fader, druckempfindliche Flächen oder Breath Controller gegeben, so, wie es auch bei echten Musikinstrumenten der Fall ist. So kann zum Beispiel das Anschwellen eines Klarinettentons von einem Klarinettisten sehr realistisch mit einem Midi Breath Controller editiert werden. Später wäre es dann jedoch kein Problem für den Toningenieur, diesen Klarinettenklang durch ein beliebiges anderes Instrument zu ersetzen.

Wie man sieht, bieten die Sequenzer vielfältige Möglichkeiten der Klangeingabe und Klangbearbeitung, ohne dass ein bestimmter Klang dabei vorgeschrieben ist.

9.4.2 MIDI Mischpulte

Mehr und mehr Aufgaben kann der Computer im Tonstudio übernehmen. Die Zeiten der großen Mischpulte sind vorbei, außer man hat noch eines von früher und kann sich die Stromkosten, den Service und den Stellplatz leisten. Mit immer größer werdender Rechenleistung ist es nur eine Frage der Zeit, bis wirklich alle Aufgaben im Tonstudio von einem Computer übernommen werden können.

Nun ist ein Computer zwar ziemlich universell konzipiert worden, die Ein- und Ausgabeschnittstellen sind jedoch eigentlich für Textverarbeitung und Bürotätigkeiten ausgelegt. Es fehlen die Bedienelemente, mit denen man schnell und gefühlvoll eine Lautstärke oder einen Klang regeln kann. Sollen alle Parameter, die ein Mischpult an seiner Bedienoberfläche zur Verfügung stellt, mit einer Maus eingestellt werden, so ist es eine Frage der Zeit, bis der Toningenieur die Geduld verliert und sich in die Zeit der "greifbaren" Knöpfe zurückwünscht.

Ganz unmöglich wird es, wenn zwei Parameter gleichzeitig mit Hilfe der Maus am Bildschirm verändert werden sollen. Mit nur einem Mauszeiger kann das nicht funktionieren und man muss in der Praxis zuerst den einen Parameter automatisieren bevor man später die Änderung des zweiten darüberschreibt. Unter diesen Umständen leidet die Kreativität und die Experimentierfreudigkeit eines Toningenieurs ganz gewaltig. Die Arbeit wird sich auf die Standardtätigkeiten reduzieren, da alles andere zu aufwändig ist.

Hardware Controller sollen diesem Problem beikommen. Sie haben Fader, Drehknöpfe, Taster und alle möglichen anderen Eingabeelemente, mit deren Hilfe das Arbeiten wie an einem echten Mischpult möglich ist. Der große Unterschied zu einem Mischpult besteht darin, dass ein solcher Controller nur Steuerinformationen senden und empfangen kann. Kein Audiosignal - weder in analoger noch in digitaler Form - geht durch diesen Controller hindurch.

Hardware Controller sind also spezielle Eingabegeräte, die ein möglichst gutes Mensch- Maschine-Interface für Audioanwendungen bereitstellen.

Oft werden solche Steuergeräte über MIDI-Leitungen mit dem Computer verbunden. Durch Note On oder Controller Befehle werden die Daten zwischen dem Gerät und dem Computer hin- und hergeschickt. Dabei ist es dem Hersteller überlassen, welche Befehle er für welche Parameter verwendet. Ist MIDI zu langsam für sehr komplexe Controlleranwendungen, wo ein hohes Datenaufkommen anfallen kann, so weicht man auf schnellere Schnittstellen aus. Diese können USB, IEEE1394 (Firewire) oder auch IEEE802.3 (Ethernet) sein.

Soll nun eine bestimmte Software mit Hilfe eines Hardware Controllers gesteuert werden, so muss zunächst die Software eine Unterstützung für diese Funktionalität bieten. Dies bedeutet, dass man mit Hilfe von MIDI-Befehlen Einfluss auf Parameter der Software nehmen kann und, dass die eigestellten Werte bestimmter Softwareparameter als MIDI-Daten gesendet werden. Nur wenn beides in die Software implementiert wurde, ist ein arbeitserleichternder Einsatz eines Controllers möglich.

Abb. 9.4-2: Universeller MIDI Hardware Controller

Der Hardware Controller wiederum muss die richtigen MIDI-Befehle senden können, die das Computerprogramm erwartet. Weiterhin müssen auch MIDI-Daten, die von der Computersoftware gesendet werden, richtig umgesetzt bzw. angezeigt werden. Es gibt viele Controller, die nur mit einer bestimmten Art von Software zusammenarbeiten - dies jedoch meist sehr gut. So genannte Universal-Controller können mit allen möglichen Programmen zusammen verwendet werden, jedoch ist meist nicht der volle Funktionsumfang implementiert worden. Es ist zu hoffen, dass es irgendwann einen Controller Standard geben wird, an den sich alle Programm- und Controllerhersteller halten. Damit wäre sichergestellt, dass der volle Nutzen eines solchen Controllers dem Benutzer zugute kommt.
Die Abbildung 9.4-2 zeigt einen universellen MIDI Hardware Controller, der mit unterschiedlichen Softwareprogrammen genutzt werden kann.

Neben der Möglichkeit, mit einem Controller Mischpultfunktionen zu steuern, existieren auch Spezialcontroller, die ein möglichst naturgetreues Manipulieren von Klängen für einen MIDI-Sequenzer ermöglichen. Über diese Controller konnte man bereits in Kapitel 9.4.1 etwas erfahren.

9.4.3 MIDI Pad-Controller

Mit Hilfe von MIDI Pad-Controllern (siehe Abbildung 9.4-3) können Tastendrücke in MIDI-Befehle umgesetzt werden und somit verschiedenen Dinge angesteuert werden. Vom einfachen Aufrufen von Samples und Clips, bis hin zum Umschalten von Klängen und Szenen, können alle möglichen Ereignisse gesteuert werden. Auch Laufwerkstasten sowie eine rudimentäre Eingabe von Lautstärke bzw. Panorama ist meist möglich.
Die Tasten (Pads) sind in der Regel anschlagdynamisch konstruiert, so dass neben einem Note-On-Befehl auch eine Velocity in Abhängigkeit der Anschlagsstärke übermittelt werden kann. Auch Aftertouch ist bei vielen Controllern möglich.

Abb. 9.4-3: Pad-Controller (© Novation)

Für eine bessere Kontrolle über den Pad-Controller sind die Pads mehrfarbig beleuchtbar. So kann der Anwender schnell sehen, was eine Taste gerade bewirkt und welche Tasten aktiv belegt sind.

Im Endeffekt kann ein Pad-Controller genau das, was die angeschlossene Software ihm ermöglicht. Diese wertet die Tasteneingaben aus und steuert die Beleuchtung an. Welche Möglichkeiten sich daraus ergeben, ist den Softwareentwicklern überlassen.

9.4.4 MIDI Plattenspieler

Auch in den DJ-Bereich ist MIDI eingezogen und so verfügen ein paar wenige Plattenspieler mittlerweile über MIDI-Ein- und/oder -Ausgänge.

Die Ausgänge sind normalerweise dazu gedacht, Tasten auf dem Plattenspieler - ähnlich der Pad-Controller - MIDI-Befehlen zuzuweisen und damit eine Software anzusteuern. So kann der DJ, während er am Plattenspieler arbeitet gleichzeitig Ereignisse in einer Software steuern.
Die Eingänge dienen dazu die Geschwindigkeit des Plattenspielers über externe MIDI-Befehle zu steuern. Auf diese Art und weise kann mit einem externen Keyboard der Plattenspieler dazu gebracht werden in der richtigen Tonhöhe zu spielen. Der Plattenspieler wird auf diese Art zum externen MIDI-Klangerzeuger. Je nachdem, welche Platte aufgelegt wird, können die erzeugten Klänge von Flächensounds bis zu ganzen Musiktiteln reichen. Der Vorteil zu einem Sampler besteht darin, dass der DJ weiterhin in die Platte eingreifen, und somit weitere Kontrolle über den Klang nehmen kann.

Kapitel 10 - Effektgeräte

10 Effektgeräte

10.1 Grundlagen der Effektverschaltung

Effektgeräte haben unter anderem die Aufgabe, einem Signal den gewünschten Klang zu geben. Dazu zählt ganz allgemein die Bearbeitung des Frequenzgangs eines Signals, aber auch die Veränderung der Dynamik, das Hinzufügen einer künstlichen Rauminformation und das künstlerische Verfremden eines Klangs. Für diese verschiedenen Aufgaben gibt es eine Vielzahl an so genannten Effektgeräten, mit deren Hilfe fast alle Klangmanipulationen möglich sind. In diesem Kapitel soll die Funktionsweise der Effektgeräte genauer beschrieben werden, sowie deren praktische Einsatzgebiete im Tonstudio. Weiterhin wird am Ende des Kapitels ein Vergleich zwischen Hardwareeffektgeräten und Software-Plug-Ins aufgestellt.

10.1.1 Ansteuerung von Effektgeräten

Grundlegend gibt es zwei Möglichkeiten, ein Effektgerät in den Signalfluss einzubinden. Diese sind in Abbildung 10.1-1 zu sehen:

- Signale in einem Mischpultkanal können komplett durch das Effektgerät geschickt werden. Man arbeitet dann nur mit dem Ausgangssignal des Effektgerätes weiter.
  Diese Effekte nennt man "Ersetzungseffekte", da sie das Originalsignal durch das Effektsignal ersetzen.
- Signale können in einem Mischpultkanal aufgeteilt werden, so dass ein Teil des Signals auf die Summe des Pultes geschickt wird und ein Teil des Signals auf das Effektgerät. Der Ausgang des Effektgerätes wird dann ebenfalls über einen Mischpultkanal oder einen Hilfseingang auf die Mischpultsumme gegeben.
  Diese Art von Effekten nennt man "Zumischeffekte", da der Effekt lediglich zum Originalsignal hinzugemischt wird.

10.1.1.1 Ersetzungseffekte

Ersetzungseffekte verwendet man normalerweise, wenn es darum geht, ein Signal komplett durch ein effektbehaftetes Signal zu ersetzen. Beispiele hierfür sind Equalizer, Kompressoren, Expander oder Gates. Wenn man wissen möchte, welche Effekte Ersetzungseffekte sein könnten, muss man sich nur überlegen, welche Effekte ein Signal sinnvoll ersetzen können. So sind beispielsweise auch Stereobasisverbreiterungen ein Ersetzungseffekt, da das Stereosignal durch ein neues Stereosignal ersetzt wird.
In der Praxis sind fast alle Effekte als Ersetzungseffekte verwendbar. So kann man auch ein Hallgerät, das eigentlich klassisch als Zumischeffekt eingesetzt wird, als Ersetzungseffekt in einen Mischpultkanal einbinden. Dies ist möglich, da die meisten Zumischeffekte am Ausgang einen Regler haben, mit dem man das Eingangssignal und das ersetzte Signal ineinander überblenden kann. Dieser Regler heißt normalerweise "Wet/Dry". Dabei ist "Wet" das ersetzte Signal und "Dry" das Originalsignal. Durch die richtige Stellung des Wet/Dry-Reglers wird anschließend das gewünschte Mischungsverhältnis zwischen Original- und Effektsignal gewählt.

Ersetzungseffekte steuert man im Signalfluss normalerweise über einen Insert-Punkt des Mischpultes an. Dabei geht das Insert-Send Signal zum Effektgerät, und das Insert-Return-Signal bringt das ersetzte Signal zurück ins Pult.

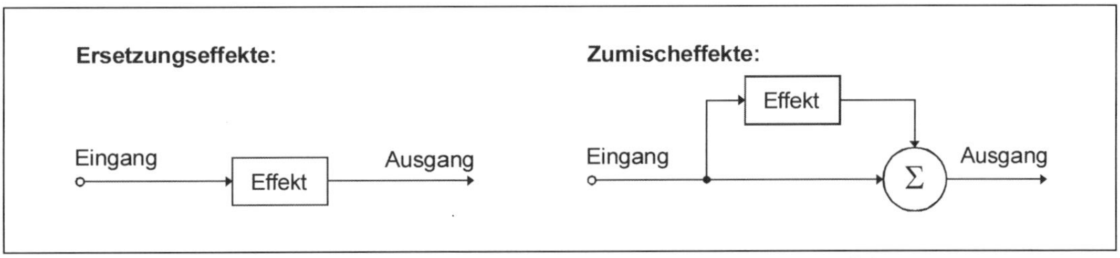

Abb. 10.1-1: Prinzipielle Verschaltung von Ersetzungs- und Zumischeffekten

10.1.1.2 Zumischeffekte

Zumischeffekte sind, wie der Name schon sagt, Effekte, die dem Originalsignal eine neue Komponente hinzumischen. Die häufigsten Zumischeffekte sind die Hallgeräte, die zum Originalsignal noch einen Raum- oder Hallanteil hinzufügen.

Wichtig bei der Verwendung eines Effektgerätes als Zumischeffekt ist, dass der "Wet/Dry"-Regler komplett auf "Wet" steht, da ansonsten nicht nur der Effekt zugemischt wird, sondern auch noch ein Teil des Originalsignals. Letzteres würde das Mischungsverhältnis der Originalsignale im Mix in unerwünschter Weise verändern.

Zumischeffekte werden normalerweise über die Aux-Wege eines Mischpults angesteuert. Dabei stellt man mit dem Aux-Send im Mischpultkanal ein, wie viel Signalanteil auf einen bestimmten Zumischeffekt geschickt werden soll.

Der Master-Aux-Send in der Mastersektion des Pultes ist in der Regel voll aufgedreht. Nur wenn der Eingang des Effektgerätes übersteuern sollte, dreht man ihn zurück.

Zurück holt man das Signal entweder über einen Aux-Return, der das Signal meistens direkt auf die Summe gibt. Aux-Returns haben oft keine weiteren Signalbearbeitungsmöglichkeiten, was in der Praxis jedoch nur wenig stört. Eine andere Möglichkeit, die gerne genutzt wird, wenn man genug Mischpultkanäle zur Verfügung hat, besteht darin, das Effektsignal über einen normalen Mischpultkanal zurückzuholen. Dies hat den Vorteil, dass man alle Bearbeitungsmöglichkeiten des Kanals und auch einen Insert-Punkt im Kanal für das Effektsignal zur Verfügung hat.

10.2 Panoramasteller

Auf den ersten Blick mag ein Panoramasteller nicht zu den Effektgeräten gehören, sondern zur "Standardausstattung" eines Mischpultkanals. Das war jedoch nicht immer so. In den Anfängen der Tontechnik, als Signale noch Mono waren, gab es verständlicherweise keine Panoramasteller. Auch bei den ersten Stereopulten war oft nur ein Wahlschalter Links-Mitte-Rechts vorhanden.

Der Panoramasteller ist ein Effekt, der ein Signal stufenlos im Stereobild zwischen links und rechts positionieren kann. Für Surround funktioniert das stufenlose Positionieren aus psychoakustischen Gründen nur mäßig gut.
Der Panoramasteller realisiert das Positionieren einer Schallquelle mit Hilfe von Intensitäts- und Laufzeitunterschieden zwischen zwei gleichen Signalen. Für das Gehör ist in der Praxis bereits eine dieser beiden Möglichkeiten ausreichend, um eine Positionierung vorzunehmen (siehe hierzu auch Kapitel 2.8).

Für spezielle Panoramaeffekte gibt es auch spannungsgesteuerte Panoramasteller, die zum Beispiel mit einem LFO angesteuert werden und für eine ständige Bewegung eines Signals sorgen. Dieser Effekt wird zum Beispiel gerne für Shaker eingesetzt.

Die klanglichen Eigenschaften eines Panoramastellers sind direkt vergleichbar mit einer entsprechenden Stereomikrofontechnik.

10.2.1 Intensitätspanoramasteller

Panoramasteller, die auf der Basis von Intensitätsunterschieden zwischen den Signalen funktionieren sind nach wie vor der Standard bei Mischpulten.

Das Funktionsprinzip ist hierbei einfach und soll am Beispiel eines Stereopanoramastellers beschrieben werden. Das Signal wird zunächst verdoppelt, damit es auf die beiden Stereokanäle gegeben werden kann. Anschließend werden die Pegel der beiden Signale in Abhängigkeit der Position des Panoramastellers abgeschwächt. Mit welchem Verlauf diese Abschwächung in Abhängigkeit der Panningposition steht, bestimmt das so genannte "Panning-Law". Bei Analogpulten ist es durch die Wahl der Bauteile festgelegt. Bei Digitalpulten und DAWs ist es teilweise umschaltbar.
Das Standard-Panning-Law ist das "Constant-Power-Pan". Dabei wird ein Signal so gepant, dass man unabhängig von der Position immer den gleichen Lautstärkeeindruck hat. In der Praxis wird hierbei die elektrische Leistung konstant gehalten. Für das Constant-Power-Pan gilt folgendes:

- Panoramasteller ganz links: Linker Kanal wird nicht abgeschwächt. Rechter Kanal wird sehr stark (mehr als -20dB) abgeschwächt.
- Panoramasteller in der Mitte: Beide Kanäle werden um -3dB abgeschwächt.
- Panoramasteller ganz rechts: Rechter Kanal wird nicht abgeschwächt. Linker Kanal wird sehr stark (mehr als -20dB) abgeschwächt.

Der genaue Panoramaverlauf um die Mittelposition herum ist auch wieder vom Panning-Law abhängig und kann bei jedem Pult etwas anders sein.

Signale, die mit Hilfe von Intensitätspanoramastellern positioniert wurden sind nach wie vor monokompatibel.

10.2.2 Laufzeitpanoramasteller

Laufzeitpanoramasteller sind eher selten zu finden, obwohl sie gerade in digitalen Mischpulten sehr einfach zu realisieren wären. Auch bei ihnen wird das Signal zunächst verdoppelt. Anschließend erfährt eines der beiden Signale eine Zeitverzögerung in Abhängigkeit der Panoramaposition. Auch hier können Panning-Laws angewendet werden, die die genaue Zeitverzögerung in Abhängigkeit der Panoramastellerposition festlegen. Für eine korrekte Signalpositionierung gilt folgendes:

- Panoramasteller ganz links: Linker Kanal wird nicht verzögert. Rechter Kanal wird stark (1,5ms oder mehr) verzögert.
- Panoramasteller in der Mitte: Beide Kanäle werden nicht verzögert.
- Panoramasteller ganz rechts: Rechter Kanal wird nicht verzögert. Linker Kanal wird stark (1,5ms oder mehr) verzögert.

Laufzeitpanoramasteller haben das Problem, dass die Signale nach dem Panning nicht mehr monokompatibel sind.

10.2.3 Gemischte Panoramasteller

Gemischte Panoramasteller verwenden gleichzeitig Intensitäts- und Laufzeitpanning. Sie sind so vergleichbar mit einer Äquivalenztechnik bei Stereomikrofonen. Allerdings wäre es auch denkbar, bei gemischten Panoramastellern einen weiteren Parameter einzuführen, der das Mischungsverhältnis zwischen Intensität und Laufzeit bestimmt. Mit diesem Parameter könnte man dann das klangliche Verhalten des Panoramastellers beeinflussen: Von reinem Intensitätspanning (scharfe Phantomschallquellen, weniger Tiefe, monokompatibel) bis zu reinem Laufzeitpanning (ungenauere Phantomschallquellen, gute räumliche Tiefe, nicht monokompatibel).

10.3 Klangbearbeitende Geräte

Zu den klangbearbeitenden Geräten gehören die Filter und Equalizer. Dies sind frequenzabhängige Verstärker, also Verstärker, bei denen die Signalverstärkung bei jeder Frequenz anders sein kann.

Mit Hilfe der klangbearbeitenden Geräte kann man den Klang eines Signals technisch oder musikalisch an die jeweiligen Anforderungen anpassen.

Bei der technischen Bearbeitung geht es darum, Störungen oder nicht benötigte Frequenzanteile zu entfernen. Dies können zum Beispiel tieffrequente Rumpel- oder Windgeräusche sein, hochfrequentes Rauschen oder auch Pfeiftöne.

Bei der musikalischen Bearbeitung versucht man das Signal klanglich an die eigenen Vorstellungen und an den Musikstil anzupassen. Gerade bei abmikrofonierten Signalen ist es jedoch empfehlenswert, durch die richtige Wahl des Mikrofons, der Richtcharakteristik und der Mikrofonposition dem gewünschten Klang bereits bei der Aufnahme möglichst nahe zu kommen. Es gelingt nämlich nicht immer, nur mit Hilfe der Filter und Equalizer jeden vorstellbaren Klang zu bekommen.

10.3.1 Beschreibung der Parameter

Sowohl Filter als auch Equalizer bestehen grundlegend aus Filterbaugruppen. Der Unterschied besteht lediglich in der Signalverschaltung. Daher gelten die nachfolgend beschriebenen Parameter gleichermaßen für Filter und Equalizer (siehe auch Abbildung 10.3-1).

10.3.1.1 Grenzfrequenz

Unter der Grenzfrequenz versteht man die Frequenz an der ein Filter -3dB Pegelverlust aufweist. Definitionsgemäß ist immer der -3dB-Punkt eines Filters gemeint und nicht irgend ein Punkt im Amplitudenfrequenzgang eines Equalizers.

10.3.1.2 Eckfrequenz

Sind bei komplexeren Filtern (zum Beispiel High-Shelf) keine eindeutigen Grenzfrequenzen anzugeben, so gibt man so genannte Eckfrequenzen an. Diese sind abhängig von der Wahl der Bauteile und errechnen sich über deren Zeitkonstanten mit der Formel:

$$f_g = \frac{1}{2 \cdot \pi \cdot \tau}$$

mit:

f_g: Grenzfrequenz in Hertz, Hz

τ: Zeitkonstante in Sekunden, s

Meistens werden nicht die Eckfrequenzen direkt angegeben sondern nur die Zeitkonstanten. Dies hat noch einen weiteren Vorteil: Ist die Prinzipschaltung bekannt, die mit den gegebenen Zeitkonstanten aufgebaut werden soll, so erhält man automatisch den gesamten Amplitudenfrequenzgang des komplexen Filters.

10.3.1.3 Flankensteilheit

Die Flankensteilheit eines Filters gibt einen frequenzabhängigen Pegelverlust an, an den sich das Filter annähert. Die Flankensteilheit wird in der Praxis nicht schon ab der Grenzfrequenz erreicht, sondern erst zu sehr hohen oder sehr tiefen Frequenzen hin.

Die Flankensteilheit wird entweder in "dB pro Oktave" oder in "dB pro Dekade" angegeben. Dabei entsprechen 6dB/Oktave = 20dB/Dekade. Der Umrechnungsfaktor beträgt also 3,33.

Ein Filter hat 6dB/Oktave Flankensteilheit pro Ordnung des Filters. Ein Bandpass ist immer mindestens ein Filter 2. Ordnung (Hochpass 1. Ordnung und Tiefpass 1. Ordnung). Daher hat ein Bandpass 2. Ordnung zwei Mal (Hochpassflanke und Tiefpassflanke) eine Flankensteilheit von 6dB/Oktave und nicht, wie man aufgrund der Ordnung annehmen könnte, 12dB/Oktave.

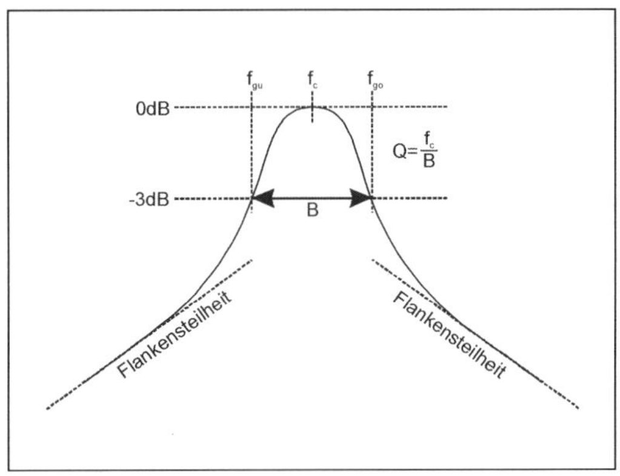

Abb. 10.3-1: Kennzeichnung der Parameter bei einem Equalizer

10.3.1.4 Mittenfrequenz

Die Mittenfrequenz eines Filters gibt an, um welche Frequenz herum das Filter arbeitet. Je nach Konstruktion des Filters kann die Mittenfrequenz auch der Resonanzfrequenz entsprechen. In letzterem Fall ist es einfach, sie zu bestimmen, da sie direkt gegeben ist. Schwieriger wird es, wenn die Mittenfrequenz aus der oberen und der unteren Grenzfrequenz mehrerer Filter berechnet werden soll. Es gilt folgende Formel:

$$f_c = \sqrt{f_{gu} \cdot f_{go}}$$

mit:
f_c: Mittenfrequenz in Hertz, Hz
f_{gu}: Untere Grenzfrequenz in Hertz, Hz
f_{go}: Obere Grenzfrequenz in Hertz, Hz

10.3.1.5 Cut / Boost

Der Cut/Boost-Wert gibt an, um wie viel dB ein Frequenzband eines Equalizers abgesenkt oder angehoben wird. Im Falle eines Bell-EQs entspricht dieser genau der Anhebung an der Mittenfrequenz. Im Falle eines Shelf-EQs ist es ein Näherungswert, dem der EQ oberhalb der Grenzfrequenz schnell nahe kommt.
Normalerweise sind EQs so gebaut, dass sie identische Cut/Boost-Werte haben. Das heißt, wenn ein EQ +15dB boosten kann, dann kann er auch -15dB cutten. Es gibt jedoch "asymmetrische" Cut/Boost Konstruktionen, die meistens stärker cutten können als boosten. Dies ist für den Live-Bereich sinnvoll, da man mit diesen EQs nicht zu stark anheben kann, und so die Anlage nicht überlastet, jedoch sehr stark absenken kann, um Störfrequenzen zu beseitigen.

10.3.1.6 Q-Faktor / Bandbreite

Der Q-Faktor (Q für Quality = Güte) gibt die Güte einer Resonanz an. Da die meisten Filter in einem Equalizer als resonanzfähige Filter gebaut werden, ist es auch immer möglich einen Q-Faktor anzugeben. Er berechnet sich mit folgender Formel:

$$Q = \frac{f_c}{B}$$

mit:
Q: Q-Faktor
f_c: Mittenfrequenz in Hertz, Hz
B: Bandbreite in Hertz, Hz

Bei Equalizern ist es gewünscht, trotz variabler Mittenfrequenz einen konstanten (möglicherweise jedoch einstellbaren) Q-Faktor zu haben. Das bedeutet, dass mit steigender Mittenfrequenz auch die Bandbreite ansteigen muss und umgekehrt.

Die Bandbreite ist kein Faktor, sondern der Frequenzbereich zwischen den -3dB-Punkten eines Bandpassfilters. Sie wird in Hertz angegeben und berechnet sich mit:

$$B = f_{go} - f_{gu}$$

mit:
B: Bandbreite in Hertz, Hz
f_{go}: Obere Grenzfrequenz in Hertz, Hz
f_{gu}: Untere Grenzfrequenz in Hertz, Hz

Teilweise wird bei Equalizern anstelle des Q-Faktors ein "pseudomusikalischer" Faktor in Oktaven angegeben. Dieser ist oft mit "Bandbreite" betitelt. In Tabelle 10.3-1 ist der Zusammenhang zwischen einem Oktavverhältnis und dem Q-Faktor gegeben.

Oktavbreite	Q-Faktor
2 Oktaven	0,67
1 Oktave	1,41
1/2 Oktave	2,87
1/3 Oktave (Terz)	4,32
1/12 Oktave (Halbton)	17,31

Tab. 10.3-1: Vergleich zwischen Oktavbreiten und Q-Faktoren

10.3.2 Filter

Filter sind Baugruppen, die bestimmte Frequenzbereiche durchlassen und andere Frequenzbereiche abschwächen. Man unterscheidet bei Filtern:

- Durchlassbereich (Englisch: Passband): Das Signal wird um weniger als -3dB abgeschwächt. Es kann im Falle einer Welligkeit oder Resonanz des Filters auch angehoben werden.
- Grenzfrequenz: -3dB-Punkt.
- Sperrbereich (Englisch: Stopband): Das Signal wird um mehr als -3dB abgeschwächt. Die Abschwächung nähert sich einer bestimmten Flankensteilheit (Englisch: Slope).

10.3.2.1 Funktionsweise

Filter arbeiten mit Hilfe von frequenzabhängigen Spannungsteilern oder mathematischen Formeln. Auf diese Weise werden bestimmte Frequenzbereiche nur wenig bedämpft und andere entsprechend stärker.
Man unterscheidet die Filter über deren Namen nach ihrer Funktionsweise:

- **Tiefpassfilter:** Tiefe Frequenzen werden von diesem Filter durchgelassen. Zu immer höheren Frequenzen hin wird die Signalabschwächung immer stärker. Bei unendlich hohen Frequenzen kommt kein Signal mehr aus dem Filter.
- **Hochpassfilter:** Hohe Frequenzen werden von diesem Filter durchgelassen. Zu immer tieferen Frequenzen hin wird die Signalabschwächung immer stärker. Bei 0Hz (Gleichspannung) kommt kein Signal mehr aus dem Filter.
- **Bandpassfilter:** Bei diesem Filter wird nur ein bestimmtes Frequenzband durchgelassen. Frequenzen oberhalb und unterhalb des Durchlassbandes werden abgeschwächt. Ein Bandpassfilter ist eigentlich die Serienschaltung aus einem Hochpass- und einem Tiefpassfilter.
- **Bandsperrenfilter:** Diese eher selten anzutreffenden Filter stellen eine Parallelschaltung aus Hochpass und Tiefpass dar. Sie lassen Frequenzen oberhalb und unterhalb eines bestimmten Frequenzbereichs durch und sperren den Bereich dazwischen.
  Die Bandsperre darf nicht mit einem Notch-Filter verwechselt werden, welches wirklich nur eine einzige Frequenz sehr stark unterdrückt.
- **Notchfilter:** Auch Kerbfilter genannt. Sie unterdrücken gezielt eine ganz bestimmte Frequenz. Diese wird als Mittenfrequenz angegeben. Es gibt jedoch keine Flankensteilheit, da die Unterdrückung an der Mittenfrequenz theoretisch unendlich werden kann.

10.3.2.2 Praktische Anwendung

Filter finden Anwendung, wenn es darum geht, ein Signal frequenzmäßig zu beschneiden. So kann man beispielsweise mit einem Hochpassfilter tieffrequente Rumpelgeräusche und Windgeräusche entfernen. Dabei sollte man jedoch drauf achten, den Grundtonbereich der menschlichen Sprache nicht zu sehr mit zu beschneiden, damit die Sprache nicht "dünn" klingt.

Auch hochfrequentes Rauschen oder Zischgeräusche lassen sich gut mit Filtern unterdrücken. Allerdings sollte man darauf achten, dass das Nutzsignal dadurch nicht zu dumpf wird. Hilfreich ist hierbei ein Bypass-Schalter, mit dem man den Vorher-Nachher Vergleich hat.
Meistens ist es empfehlenswert mit einer höheren Flankensteilheit als 6dB/Oktave zu filtern, damit man den Durchlassbereich und den Sperrbereich optimal von einander trennen kann. Filter in Mischpulten sind daher normalerweise 2. oder 3. Ordnung.

Im Synthesebereich werden Filter als klangformender Effekt verwendet. Dabei sind die Filter in der Frequenz durch eine Steuerspannung veränderbar und werden durch einen LFO (Low Frequency Oscillator) angesteuert. Auf diese Weise verändert sich ein Klang ständig und wird dadurch interessanter. Im Gegensatz zu den Filtern in Mischpulten haben Filter in Synthesizern einen einstellbaren Q-Faktor, der auch oft "Resonance" genannt wird. Dieser Wert wird eher hoch eingestellt, um einen bestimmten Frequenzbereich durch die entstehende Resonanz lauter zu bekommen und länger ausklingen zu lassen.

10.3.3 Equalizer

Equalizer (kurz EQ) bedeutet in einer direkten Übersetzung soviel wie "Gleichmacher". Die gängige deutsche Bezeichnung ist jedoch "Entzerrer". Ein Equalizer hat die Aufgabe einen Frequenzgang so zu verbiegen, dass er den gewünschten Klangvorstellungen näher kommt. Man sollte ihn daher eigentlich "Verzerrer" nennen, da er den Amplitudenfrequenzgang linear verzerrt. Eine "Entzerrung" ist eigentlich die Korrektur eines verbogenen Frequenzgangs.

10.3.3.1 Funktionsweise

Equalizer erzeugen zunächst eine Kopie des Eingangssignals. Diese Kopie durchläuft anschließend ein oder mehrere Filter und wird anschließend mit dem Cut/Boost-Gain verstärkt (siehe Abbildung 10.3-2). Diese Verstärkung geht von einem negativen Wert über Null bis zu einem positiven Wert. Als letztes werden die verstärkten und gefilterten Signale zum Eingangssignal hinzuaddiert.
Bei negativen Verstärkungwerten entsteht ein gefiltertes und invertiertes Signal, das - mit dem Origi-

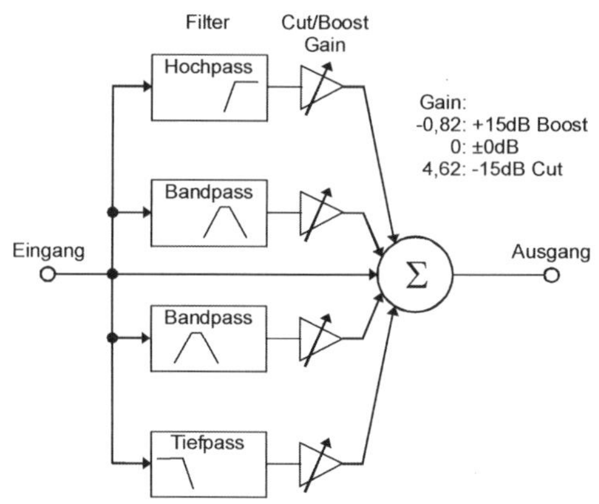

Abb. 10.3-2: Blockschaltbild eines 4-bandigen Equalizers (man beachte das Direktsignal in der Mitte zwischen den Filtern)

nalsignal addiert - eine teilweise Auslöschung in einem Frequenzbereich erzeugt (Cut). Wird das Signal mit dem Faktor Null verstärkt so ist das gefilterte Signal weg und nimmt keinen Einfluss auf das Direktsignal (Neutralstellung ±0dB). Bei positiven Verstärkungsfaktoren hinter dem Filter entsteht bei der Addition ein lauteres Signal im gefilterten Frequenzbereich (Boost).

Equalizerbänder werden nach den verwendeten Filtern benannt. Bänder mit Hochpass- oder Tiefpassfiltern heißen "Shelving-Bänder" oder "Shelf-EQ". Bänder mit Bandpassfiltern "Bell-EQ" oder "Sweep-EQ".

Addiert man beispielsweise ein verstärktes, hochpassgefiltertes Signal zum Eingangssignal, so ergibt sich ein Hi-Shelf-EQ in Stellung "Boost". Zieht man das gefilterte Signal vom Eingangssignal ab, so steht das Band auf "Cut". Bei der Addition oder Subtraktion eines Bandpassfilters mit dem Eingangssignal ergibt sich ein Bell-EQ.

Prinzipiell kann jede Art von Filter in einem Equalizer Anwendung finden, allerdings sind es meistens nur einfache Hochpass-, Tiefpass- und Bandpassfilter von 1. bis 2. Ordnung.

10.3.3.2 Bauformen

Einfache Klangsteller: Diese sind oft in einfachen HiFi-Anlagen und Gitarrenamps zu finden. Sie verfügen nur über einen "Treble"- und einen "Bass"-Knopf. Es handelt sich hierbei um Hi-Shelf und Lo-Shelf EQs mit fester Grenzfrequenz und fester Flankensteilheit. Lediglich der Cut/Boost-Wert ist eingestellbar.

Einfache Multiband-EQs: Diese EQs verfügen über Hi- und Lo-Shelf und zusätzliche Mittenbänder. Oft ist ein 4-Band EQ anzutreffen, der zwei Mittenbänder hat. Auch bei diesem EQ ist nur der Cut/Boost-Wert einstellbar.

Grafische EQs: Sie verfügen ausschließlich über Mittenbänder mit fester Mittenfrequenz und festem Q-Faktor. Nur der Cut/Boost-Wert ist einstellbar.
Die Besonderheit dieser EQs liegt darin, dass jede Mittenfrequenz genau an die jeweils benachbarten Bänder angrenzt. Weiterhin wird die EQ-Einstellung nicht durch Drehknöpfe, sondern durch Fader realisiert, so dass man eine grafische Darstellung des eingestellten Frequenzverlaufs bekommt.
Grafische EQs sind entweder mit Oktavbändern (Q=1,41) oder Terzbändern (Q=4,32) realisiert. Ihre Mittenfrequenzen sind genormt und in der Tabelle 10.3-2 zu sehen. Ein typischer grafischer Equalizer ist in Abbildung 10.3-3 zu sehen.

Semiparametrische EQs: Im englischen Sprachraum auch "Sweep-EQs" genannt. Es sind Multiband-EQs mit stufenlos einstellbarer Mittenfrequenz oder Grenzfrequenz.

Quasiparametrische EQs: Wie die semiparametrischen EQs aber mit umschaltbaren Q-Faktoren bei den Mittenbändern.

Vollparametrische EQs: Alle Parameter sind unabhängig voneinander einstellbar. Oft sind die

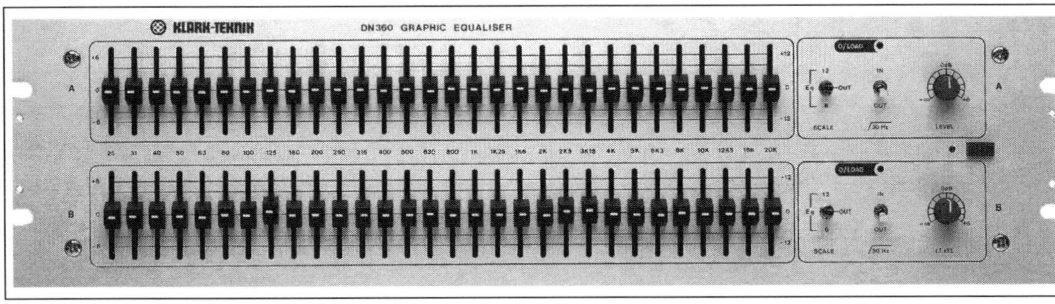

Abb. 10.3-3: Grafischer Equalizer mit 30 Terzbändern (© Klark Teknik)

Hi- und Lo-Bänder noch umschaltbar zwischen Bell-EQ und Shelf-EQ. Im Falle der Shelf-Charakteristik ist der Q-Faktor oft nicht mehr einstellbar, sondern möglicherweise nur noch schaltbar.

10.3.3.3 Praktische Anwendung

Equalizer dienen hauptsächlich der klanglichen Bearbeitung von Signalen. Am flexibelsten und genauesten kann man hierbei mit vollparametrischen Equalizern arbeiten. Handelt es sich um Plug-Ins, so hat man auch bei den parametrischen EQs eine grafische Darstellung des Frequenzgangs. Ob das jedoch ein Vorteil ist, muss jeder Anwender für sich entscheiden, denn es geht beim EQing um den Klang und nicht um das Aussehen einer EQ-Einstellung. Außerdem zeigen Plug-Ins bei sehr hohen Frequenzen (ab ca. 75% der Nyquist-Frequenz) üblicherweise einen falschen Frequenzverlauf des EQs an!

EQs können auch verwendet werden, um Fehler oder Unzulänglichkeiten im Frequenzgang von Geräten oder Lautsprechern zu korrigieren. Gerade im Live-Bereich wird für die Lautsprecherkorrektur gerne ein grafischer EQ verwendet, da man mit diesem auch schnell auf eventuell auftretende Feedbacks reagieren und schnell das betroffene Band herausziehen kann.

10.3.3.4 Normale oder phasenstarre EQs?

Mit normalen EQs sind alle analogen und die digitalen auf IIR-Filter basierenden EQs gemeint. Letztere erkennt man daran, dass sie sehr wenig Rechenleistung benötigen.
Bei diesen EQs entsteht eine frequenzabhängige Phasenverschiebung im bearbeiteten Signal. Ob und wie stark diese tatsächlich hörbar ist, wird in Fachkreisen sehr unterschiedlich beurteilt.

Phasenstarre EQs sind digitale EQs auf FIR-Filter Basis. Andere Begriffe dafür sind "linearphasige EQs" oder "FFT-EQs".
Bei diesen EQs wird nur der Amplitudenfrequenzgang des Signals verändert, die Phasenlage bleibt unverändert. Es findet jedoch eine frequenzunabhängige Verzögerung des EQten Signals statt. Diese kann als Delay oder auch als Latenz des EQs betrachtet werden.

Aus musikalischer Sicht können beide EQs eingesetzt werden, da es hierbei "nur" auf das gewünschte klangliche Ergebnis ankommt. Wie und mit welchem EQ man das erreicht, ist dem Toningenieur überlassen.

Aus technischer Sicht ist oft der normale EQ der bessere. Fehler im Frequenzgang eines Gerätes oder Lautsprechers sind so gut wie immer Fehler im Amplituden- **und** im Phasenfrequenzgang. Sehr

EQ	F	R	E	Q	U	E	N	Z	E	N
Oktavband	32	63	125	250	500	1000	2000	4000	8000	16000
2/3-Oktavband	20	32	50	80	125	200	315	500	800	1250
	2000	3150	5000	8000	12500	20000				
1/3-Oktavband	20	25	32	40	50	63	80	100	125	160
(Terzband)	200	250	315	400	500	630	800	1000	1250	1600
	2000	2500	3150	4000	5000	6300	8000	10000	12500	16000
	20000									

Tab. 10.3-2: Genormte Mittenfrequenzen der grafischen Equalizer

selten kommt es vor, dass ein Fehler nur im Amplitudenfrequenzgang auftritt.

Wie man in Abbildung 10.3-4 im oberen Bild sehen kann, hat jede Amplitudenüberhöhung eine absteigende Phase zur Folge. Jeder Einbruch in der Amplitude führt zu einem Anstieg in der Phase. Ideal wäre eine gleichmäßig flach verlaufende Phase ohne An- und Abstiege.

Der EQ im mittleren Bild ist ein normaler vollparametrischer EQ, der bei der dargestellten Korrektur die Amplitude um -6dB absenkt und ebenfalls einen Anstieg der Phase zur Folge hat.

Im unteren Bild sieht man schließlich, dass bei dem korrigierten Lautsprecher sowohl die Amplitude flacher geworden ist als auch die Phase keinen Abstieg mehr hat.

Will man also einen Fehler vollständig korrigieren, so muss man sowohl die Amplitude als auch die Phase korrigieren. Ein normaler EQ macht das bei den typischen Fehlern eines Lautsprechers automatisch. Bei einem phasenstarren EQ würde man nur die Amplitude korrigieren und die Phase "krumm" lassen.

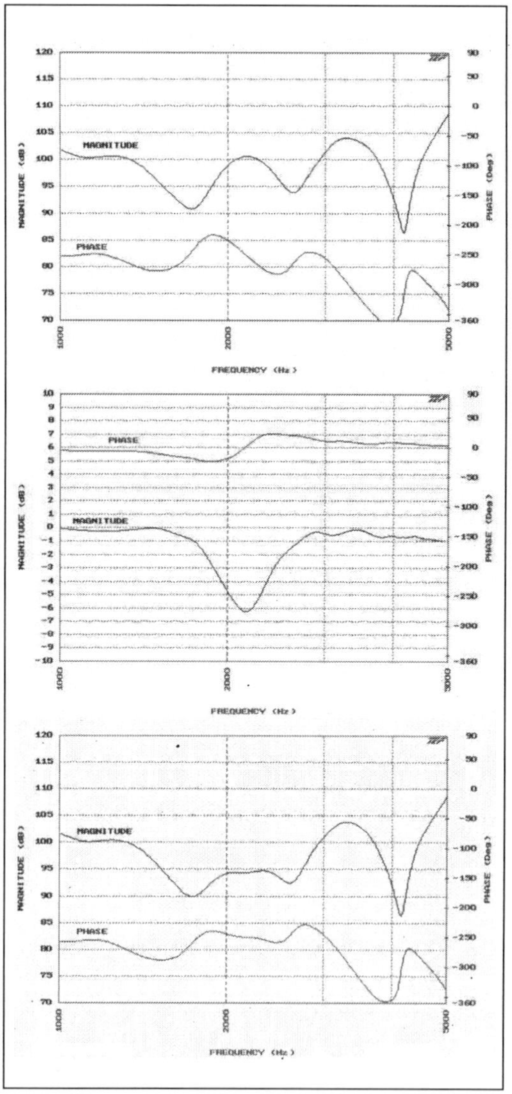

Abb. 10.3-4: Korrektur von Amplituden- und Phasenfrequenzgang durch einen "normalen" EQ.
Oben: Lautsprecher ohne EQ
Mitte: EQ alleine
Unten: Lautsprecher mit EQ

10.4 Dynamikbearbeitende Geräte

Dynamikbearbeitende Geräte sind pegelabhängige Verstärker. Das heißt, dass ihre Verstärkung abhängig vom Signalpegel verändert wird.

Durch die pegelabhängige Verstärkung verändern diese Geräte die Programmdynamik eines Signals. Man könnte auf diese Weise dafür sorgen, dass im Extremfall alle Signale gleich laut würden und die Programmdynamik auf 0dB zurück ginge (keine Pegeländerungen). Dazu müsste man lediglich leise Signale lauter und laute Signale leiser machen, bis alle Signale auf dem gleichen Pegel sind. Ob das Ergebnis am Ende gut klingt, sei dahingestellt.

In Zusammenhang mit den dynamikbearbeitenden Geräten wird man unweigerlich mit dem Begriff "Sidechain" konfrontiert. Mit Sidechain ist der Steuerweg gemeint, der die eigentliche Dynamikbearbeitung im Signalweg steuert. Der Sidechain wird normalerweise vom Signal im Signalweg angesteuert. Es ist jedoch auch möglich, ein anderes Signal direkt in den Sidechain zu stecken. Der Eingang dafür heißt "Key Input".

10.4.1 Beschreibung der Parameter

Obwohl nicht alle dynamikbearbeitenden Geräte über alle nachfolgenden Parameter verfügen, sollen sie hier trotzdem gemeinsam aufgelistet werden.

10.4.1.1 Input Level

Mit dem Input Level stellt man das Gerät auf einen passenden Eingangspegel ein. Dieser Parameter ist hauptsächlich dazu gedacht, unterschiedliche Geräte pegelmäßig aneinander anzupassen. Bei manchen Kompressoren fehlt der Threshold Regler. In diesem Fall ist der Input Level die einzige Möglichkeit, auf den Einsatzpunkt des Kompressors Einfluss zu nehmen.

10.4.1.2 Output Level

Dieser Parameter wird manchmal auch "Makeup-Gain" genannt. Mit dem Output Level kann man das Ausgangssignal des Kompressors auf den gewünschten Ausgangspegel bringen, so dass das Signal pegelmäßig zum nachgeschalteten Gerät passt.

10.4.1.3 Threshold

Der Threshold (Deutsch: Schwellwert) gibt eine Pegelschwelle an, ab der ein dynamikbearbeitendes Gerät anfängt zu arbeiten. Dabei gibt es sowohl die Möglichkeit, dass ein Überschreiten als auch ein Unterschreiten des Thresholds den Einsatz der Dynamikbearbeitung bedeutet.

10.4.1.4 Hysterese

Die Existenz des Parameters Hysterese bedeutet, dass es zwei Thresholds gibt. Die Hysterese ist der Pegelunterschied zwischen den beiden Thresholds. Normalerweise hat sowohl das Überschreiten des oberen Thresholds als auch das Unterschreiten des unteren Thresholds eine Auswirkung auf das Signal. Im Bereich der Hysterese passiert nichts (siehe Abbildung 10.4-1) .

10.4.1.5 Range / Floor

Der Parameter Range oder Floor ist ein Parameter für Gates. Er gibt an, wie stark ein Signal bei geschlossenem Gate noch durchgelassen wird. Steht Range auf -∞dB, dann wird das Signal nicht mehr durchgelassen, steht Range auf -10dB, dann wird das Signal bei geschlossenem Gate um -10dB abgeschwächt.

10.4.1.6 Ratio

Der Parameter Ratio gibt das Verhältnis an, in dem ein Signal komprimiert oder expandiert wird. Es ist hierbei immer ein Pegelverhältnis gemeint und kein Spannungsverhältnis. So bedeutet eine Ratio von 2:1 bei einem Kompressor, dass bei Überschreiten des Thresholds eine Pegeländerung von 10dB auf eine Pegeländerung von 5dB zusammen komprimiert wird.
Bei einem Expander ist es entsprechend umgekehrt. Eine Ratio von 1:2 bedeutet, dass bei Unterschreiten des Thresholds eine Pegeländerung von 5dB zu einer Pegeländerung von 10dB auseinander expandiert wird.

10.4.1.7 Attack

Dieser Parameter ist ein Zeitparameter, der die Ansprechzeit eines dynamikbearbeitenden Geräts nach dem Auslösen des Thresholds angibt. Allerdings fängt die Dynamikänderung eigentlich sofort nach dem Auslösen des Thresholds an, da die Attackzeit lediglich eine Zeitkonstante angibt. Das bedeutet, dass nach der eingestellten Attackzeit die Dynamikbearbeitung bereits zu 63% eingesetzt hat. Nach der drei- bis fünffachen Attackzeit hat die Dynamikbearbeitung voll eingesetzt.

Kurze Attackzeiten benutzt man, wenn es darum geht, kurze Signalspitzen und Einschwingvorgänge zu bearbeiten. Dies ist meistens bei Limitern der Fall. Auch bei Gates sind normalerweise sehr kurze Attackzeiten gefragt, damit ein Gate schnell genug öffnet, wenn ein Signal auftritt.

Mittlere bis lange Attackzeiten verwendet man, wenn der Einschwingvorgang eines Signals erhalten bleiben, das Signal selber jedoch in der Dynamik verändert werden soll. Die Anwendung beschränkt sich daher eher auf Kompressoren und Expander.

10.4.1.8 Release

Release ist ebenfalls ein Zeitparameter, der angibt, wie lange es nach dem Abschalten des Thresholds dauert, bis die Dynamikbearbeitung aufgehört hat. Auch dieser Parameter ist nur eine Zeitkonstante (siehe Attack).

Bei kurzen Releasezeiten bekommt man eine "harte" Dynamikbearbeitung, die schnell die Gefahr des "Pumpens", also einer unerwünscht stark hörbaren Lautstärkeänderung, mit sich bringt. Durch kurze Releasezeiten wird ein Signal bei der Kompression jedoch lauter.

Lange Releasezeiten entsprechen eher dem normalen Hörempfinden, da auch das Ohr länger braucht, um auf eine Lautstärkeänderung zu reagieren. Dadurch klingen längere Releasezeiten ausgewogener.

10.4.1.9 Hold

Dieser Zeitparameter gibt an, wie lange ein Gate nach dem Unterschreiten des Thresholds noch geöffnet bleibt. Anwendung findet dieser Parameter, wenn die Ausklingphasen oder der Nachhall von Instrumenten noch durch das Gate durchgelassen werden soll, obwohl der Pegel des Signals bereits unter den Threshold gefallen ist.

10.4.2 Gate

Ein Gate (Deutsch: Tor) hat die Aufgabe, ein Signal erst ab einem gewünschten Signalpegel durchzulassen. Auf diese Weise kann man Grundgeräusche wie Rauschen oder Hintergrundgeräusche unterdrücken.

10.4.2.1 Funktionsweise

Das Eingangssignal wird in den Sidechain gegeben und mit dem Threshold verglichen. Ist der Threshold überschritten, so wird das Eingangssignal über einen VCA auf den Ausgang durchgeleitet. Ist der Threshold unterschritten wird nach der Hold-Zeit das Signal vom VCA abgeregelt. Mit Hilfe des Range-Parameters kann noch bestimmt werden, wie stark die Abregelung erfolgt.

Hat ein Gate zwei Thresholds, so öffnet es erst beim Überschreiten des oberen Thresholds und schließt erst wieder beim Unterschreiten des unteren Thresholds. Dadurch wird ein ständiges An- und Abschalten des Signals verhindert, wenn das Signal nur geringe Pegeländerungen im Bereich des Thresholds hat.

10.4.2.2 Praktische Anwendung

Früher wurden Gates verwendet, um Bandmaschinenspuren zu entrauschen, wenn kein Nutzsignal auf ihnen war. Daher kommt auch der oft gehörte Begriff "Noise-Gate". Die Gefahr war jedoch, dass

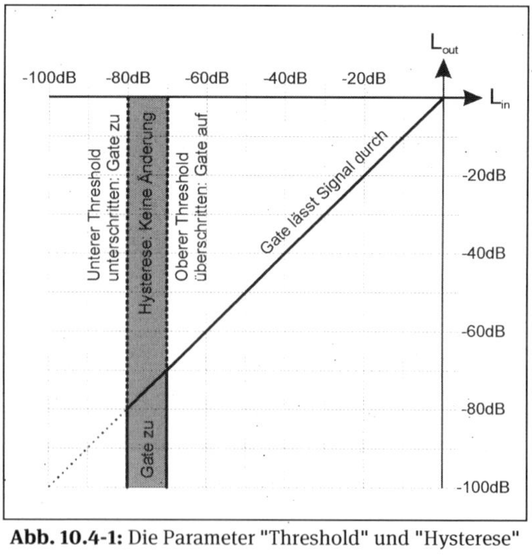

Abb. 10.4-1: Die Parameter "Threshold" und "Hysterese"

dabei auch mal ein Signal zu spät eingeschaltet wurde.
Heute ist die Spurbereinigung an DAWs wesentlich komfortabler möglich, indem man die Spuren von Hand oder automatisch auf die notwendigen Signale reduziert. Da man dabei non-destruktiv vorgehen kann, ist niemals ein Signal verloren. Weiterhin können die Ein- und Ausblendvorgänge individuell an das Signal angepasst werden.

Diese Spurbereinigung funktioniert allerdings nur schlecht oder sehr mühsam, wenn es sich um viele kurze Signale mit Übersprechen handelt. Dies ist typischerweise bei Schlagzeugspuren der Fall. Hier könnte man wieder ein Gate einsetzen.

Auch im Live- und Konferenzbereich ist das Gate ein wichtiges Hilfsmittel, um die Anzahl der "Offenen Mikrofone" auf einem Minimum zu halten.

10.4.2.3 Sonderfall "Ducking"

Eine besondere Anwendung eines Gates ist das "Ducking". Hierbei wird das Gate umgekehrt betrieben und senkt ein Signal ab, wenn der Threshold überschritten ist. Für die normale Signalbearbeitung ist diese Funktion sinnlos. Sie wird jedoch bedeutend, wenn das Steuersignal am Sidechain ein anderes Signal als das Eingangssignal ist. So kann man mit Hilfe des Duckings beispielsweise die Hintergrundmusik einer Radiosendung automatisch absenken, wenn der Moderator spricht. Oder der Bass wird in einer Mischung abgesenkt, wenn die Bass-Drum schlägt. In beiden Fällen kann man wirkungsvoll dem Verdeckungseffekt entgegenwirken und ein klareres Signal mit mehr Durchsetzungsvermögen bekommen.

10.4.3 Kompressor

Ein Kompressor hat die Aufgabe den Dynamikbereich eines Signals "zusammen zu stauchen". Auf diese Weise werden die Unterschiede zwischen lauten und leisen Stellen geringer.
Selbstverständlich wird während der Dynamikänderung auch die Wellenform eines Signals verändert. Dies passiert um so drastischer, je kürzer die Attack- und die Releasezeit ist. Dadurch entstehen bei der Kompression auch immer mehr oder weniger stark hörbare Verzerrungen.

10.4.3.1 Funktionsweise

Für den praktischen Aufbau von Kompressoren gibt es zwei grundsätzlich verschiede Ansätze: Die Feed-Forward-Kompressoren und die Feed-Back-Kompressoren. Einfacher zu konstruieren und daher auch billiger sind die Feed-Back-Kompressoren.

Feed-Forward-Kompressor: Das Signal für den Sidechain wird vom Eingangssignal des Kompressors gewonnen. Im Sidechain wird das Signal gleichgerichtet und logarithmiert. Anschließend kann die logarithmische Steuerspannung mit dem Threshold verglichen werden. Über den Unterschied zwischen Threshold und Steuerspannung wird das Steuersignal für den VCA ermittelt, der dann im Signalweg die Dynamik des Signals verändert.
Das Problem bei dieser Technik ist, dass das Verhalten des VCA im Steuerweg sehr gut bekannt sein muss, da es keinerlei Rückmeldung über die tatsächlich erfolgte Dynamikänderung gibt.
Der Vorteil dieser Kompressoren ist die Tatsache, dass sie sich sehr gut einstellen lassen, da sie das Signal um einen bestimmten Arbeitspunkt (Rotation Point) herum verändern und an diesem Punkt einen konstanten Pegel beibehalten.

Feed-Back-Kompressoren: Diese Variante führt dem Sidechain das Ausgangssignal des VCA zu. Im Sidechain wird das Signal gleichgerichtet und mit dem Threshold verglichen. Eine aufwändige Logarithmierung entfällt. Ebenso muss das genaue

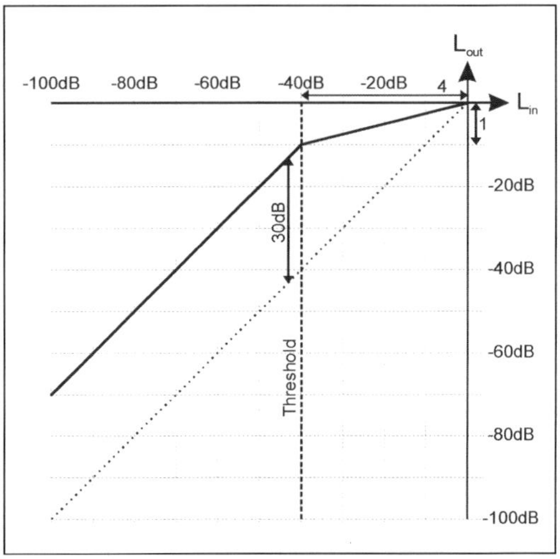

Abb. 10.4-2: Kompressor mit Threshold bei -40dB, 4:1 Ratio und 30dB Output-Gain

Regelverhalten des VCA nicht bekannt sein, da sich die gesamte Schaltung durch die Messung des Ausgangssignals selbst "unter Kontrolle" hält.
Der Vorteil dieser Kompressoren ist dessen einfacher Aufbau.
Der Nachteil besteht darin, dass sich der Arbeitspunkt in Abhängigkeit des Thresholds und der Ratio verschiebt. Daher muss das Ausgangssignal mit dem Output-Level angepasst werden. Bei diesen Kompressoren ist es somit unmöglich, eine Änderung des Thresholds oder der Ratio in ihrem klanglichen Verhalten direkt zu vergleichen, da sich der Output-Level ändert.

10.4.3.2 Praktische Anwendung

In der Musikbearbeitung dienen Kompressoren der Dynamikeinschränkung von Signalen. Da der Endkonsument unter normalen Hörbedingungen die hohe Dynamik nicht hören kann, die die Instrumente bei einer Aufnahme erzeugen, muss man die Dynamik einschränken. Anderenfalls müsste der Hörer ständig zum Lautstärkeregler greifen um nachzuregeln. In letzter Zeit hat diese Dynamikeinschränkung jedoch ziemlich absurde Formen angenommen, so dass ein Konkurrenzkampf darüber entstanden ist, wer die lauteste Produktion hinbekommt. Dabei wird auch vor einer Verzerrung des Signals nicht mehr Halt gemacht.

In der Praxis ist es sinnvoll, mehrere kleinere Kompressionsvorgänge durchzuführen, als einen großen. Aus diesem Grund werden die einzelnen Spuren einer Produktion bei der Aufnahme und bei der Wiedergabe komprimiert und die Summe einer Gesamtkompression unterzogen.

Um dem Problem vorzubeugen, dass ein lauter, kräftiger Bass bei einer Summenkompression den gesamten Mitten- und Höhenbereich störend hörbar zusammenkomprimiert, verwendet man zunehmend Multibandkompressoren auf der Summe. Diese bearbeiten das Signal in mindestens drei Frequenzbereichen und arbeiten daher unauffälliger.

Technische Anwendung finden Kompressoren in Kompandersystemen. Kompander ist ein Kunstwort bestehend aus **Kom**pressor und Ex**pander**.
In diesen Systemen wird ein Signal am Anfang einer Übertragungsstrecke komprimiert und am Ende wieder expandiert. Dadurch behält das Signal seine Originaldynamik, jedoch wird nur eine geringere Dynamik auf der Übertragungsstrecke benötigt. Kompandersysteme sind eine gängige Rauschunterdrückungstechnik.

10.4.4 Limiter

Limiter sind eine Sonderform der Kompressoren. Man spricht meistens bei einer Ratio bis 4:1 von Kompressoren. Liegt die Ratio darüber, so spricht man von Limitern. Bei Limitern kann die Ratio bis zu ∞:1 gehen. Letzteres würde bedeuten, dass ein Signal nach Überschreiten des Thresholds nicht mehr lauter wird sondern beim Pegel des Threshold bleibt.

Mit Hilfe von Limitern kann man wirkungsvoll einen Übersteuerungsschutz realisieren, da man durch die Limiterfunktion große Pegelüberschreitungen des Signals mit einem geringen (oder gar keinem) Headroom auffangen kann. Ein wirkungsvoller Übersteuerungsschutz muss jedoch sehr schnell ansprechen und benötigt daher eine sehr kurze Attackzeit. Dadurch entstehen wiederum möglicherweise hörbare Verzerrungen im Signal. Ein Limiter sollte daher nur als "Notbremse" für das Signal angesehen werden.

In Musikmischungen kann man die höchsten Spitzen mit einem Limiter dezent beschneiden, die möglicherweise nur an wenigen Stellen eines Stückes vorkommen. Werden diese Spitzen weglimitiert, so kann der Gesamtdurchschnittspegel des Stückes angehoben werden, ohne dass die wenigen Spitzen ins Clipping gehen.

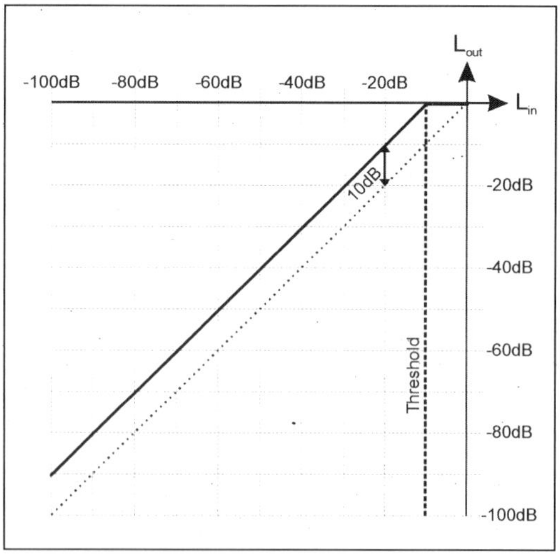

Abb. 10.4-3: Limiter mit Threshold bei -10dB, ∞:1 Ratio und 10dB Output-Gain

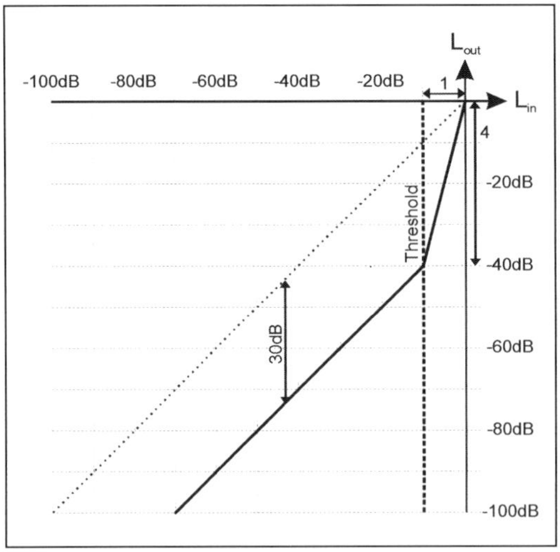

Abb. 10.4-4: Upward-Expander mit Threshold bei -10dB, 1:4 Ratio und -30dB Pegelabsenkung

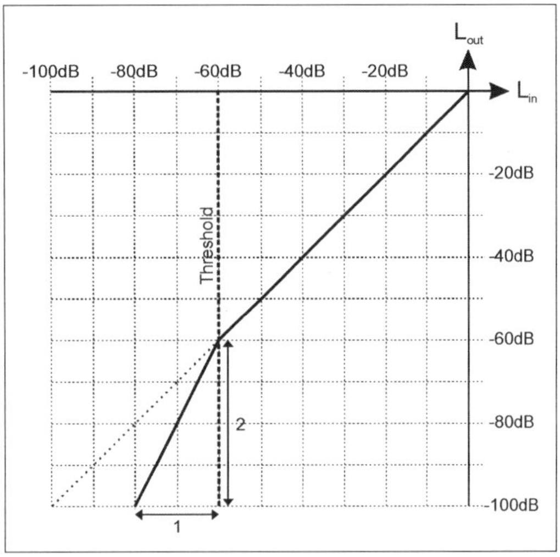

Abb. 10.4-5: Downward-Expander mit Threshold bei -60dB und 1:2 Ratio

10.4.5 Expander

Ein Expander funktioniert prinzipiell genau umgekehrt wie ein Kompressor. Pegeländerungen im Signal werden durch ihn größer gemacht. Die Lautstärkeunterschiede steigen.

Man unterscheidet zwischen zwei Arten von Expandern: Upward-Expander und Downward- Expander.

Die Upward-Expander heben Signale oberhalb eines Thresholds im Pegel an und können somit die Auswirkung eines Kompressors umkehren. Damit das Signal nicht übersteuert, muss das Gesamtsignal ggf. im Pegel reduziert werden (siehe Abbildung 10.4.4).

Downward-Expander senken Pegel unterhalb eines Thresholds ab und machen somit leise Signale noch leiser (siehe Abbildung 10.4.5).

Anwendung findet ein Upward-Expander im technischen Sinne in Kompandersystemen, um eine bereits erfolgte Kompression rückgängig zu machen.

Downward-Expander werden eher musikalisch zur Erhöhung des Signal-Rauschabstandes eingesetzt. Dabei stellt man den Threshold relativ niedrig, in der Nähe des Grundgeräusches ein. Unterschreitet der Pegel eines Signals nun diesen niedrigen Wert, wird dieses noch leiser gemacht, als es ohnehin schon ist. Das Grundgeräusch wird jedoch auch leiser, und man bekommt dadurch einen größeren Signal-Rauschabstand.

10.5 Hallgeräte und Delay

Delays und Hallgeräte sind beides Geräte, die Verzögerungen und Rückkoppelungen von Signalen ermöglichen. Trotz vieler Ähnlichkeiten ist ihre Funktionsweise und ihre Wirkung unterschiedlich, so dass sie in zwei verschiedenen Unterkapiteln behandelt werden sollen.

10.5.1 Beschreibung der Parameter bei Delays

10.5.1.1 Time

Hiermit ist die Delayzeit gemeint. Sie wird normalerweise in Millisekunden (ms) angegeben. Die Delayzeit ist bei Digitaldelays konstruktionsbedingt immer ein ganzzahliges Vielfaches eines Samples. Das heißt, bei 48kHz Abtastfrequenz ein Vielfaches des Kehrwertes, also 20,83µs.

10.5.1.2 Feedback

Dieser Parameter gibt an, wie stark das Ausgangssignal des Delays auf den Eingang rückgekoppelt wird. Man kann den Parameter normalerweise in der Einheit Prozent einstellen. Bereits kurz vor 100% Rückkoppelung wird sich jedoch das Delay mit den rückgekoppelten Signalen aufschaukeln und nur noch verzerrte Signale am Ausgang liefern.

10.5.1.3 Multitap / Ping-Pong

Nicht alle Delays verfügen über diese Einstellung. Damit sind mehrere Ausgänge gemeint, die entweder mit unterschiedlichen Delayzeiten versehen werden können oder nacheinander durchgeschaltet werden. Im Beispiel von Ping-Pong bedeutet das, dass das Delaysignal abwechselnd auf dem linken und dem rechten Ausgang erscheint. Bei Multitap sind es entsprechend mehrere Ausgänge.

10.5.2 Delays

10.5.2.1 Funktionsweise

Die allerersten analogen Delays wurden mit Hilfe eines Tonbands realisiert, das mit einstellbarer Geschwindigkeit an mehreren Tonköpfen vorbei lief. Der erste Kopf war der Aufnahmekopf, alle weiteren Wiedergabeköpfe. Durch das Rückkoppeln der Ausgangssignale zum Eingangssignal wurde sogar eine Art Hall möglich.

Heute werden Delays durch eine sampleweise Zwischenspeicherung des Audiosignals realisiert. Das bedeutet, dass das Audiosignal zunächst mit einer bestimmten Frequenz abgetastet werden muss. Anschließend werden bei Digitaldelays die Abtastwerte digitalisiert, so dass sie in Zahlenform vorliegen. Danach werden die Abtastwerte in einen Zwischenspeicher geschrieben.

Bei analogen Delays wurden so genannte "Eimerkettenspeicher" verwendet. Dies sind Chips, in denen sehr viele Kondensatoren (die "Eimer") und Schalter zur Signalspeicherung enthalten sind. Hierbei befindet sich in einem Chip eine bestimmte Menge an "Eimern" für die einzelnen analogen Samples. Am Eingang des Eimerkettenspeichers wurden die Samples in den ersten "Eimer" eingela-

Abb. 10.5-1: Bilder eines klassischen Tape-Delays. Im linken Bild ist schön das Endlosband in der Kassette zu erkennen. Im rechten Bild die Bandführung mit den verschiedenen Köpfen (ganz links der Aufnahmekopf, dann 4 Wiedergabeköpfe) (© RUSKOV / Daytona DVD Inc.)

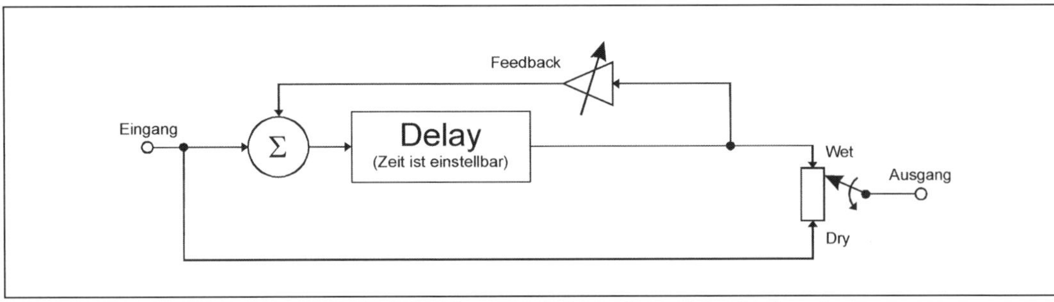

Abb. 10.5-2: Blockschaltbild eines einfachen Delays mit Feedbackregelung

den und am Ausgang, nach einer festen Anzahl an "Eimern", wieder abgegriffen. Da somit die "Delayzeit in Samples" fest vorgegeben war, konnte man sie nur noch durch eine Veränderung der Abtastfrequenz beeinflussen.

Bei digitalen Delays werden die Samples in einen digitalen Speicher geschrieben und je nach gewünschter Delayzeit weiter hinten im Speicher wieder ausgelesen. Dadurch kann mit einer festen Abtastfrequenz gearbeitet werden. Die Delayzeit ist als ganzzahliges Vielfaches eines Samples einstellbar.

10.5.2.2 Praktischer Einsatz

Delays sind Geräte, die die Verzögerung eines Signals ermöglichen. Dadurch ergeben sich psychoakustische und musikalische Anwendungen:

Mit sehr kurzen Delayzeiten bis 1,5ms kann man Lokalisationsverschiebungen im Stereobild erreichen (siehe Kapitel 2.6 und 2.8).

Mit Delayzeiten zwischen 5 und 50ms kann man den Haas-Effekt (Siehe Kapitel 2.6) ausnutzen. Bei welcher Delayzeit er am besten funktioniert, beurteilt man am besten nach Gehör. Theoretisch sind es 17ms.

Delayzeiten ab 30ms werden als Echo wahrgenommen und können entsprechend eingesetzt werden. Ein Echo wirkt dann besonders gut, wenn es im Takt der Musik ist. Man sollte daher ein Echo auf Sechzehntel-, Achtel-, oder Viertelnoten einstellen. Die Formel für die Umrechnung von Notenwerten in Millisekunden lautet:

$$t = \frac{60000}{BPM \cdot N}$$

mit:

t: Delayzeit in Millisekunden, ms

BPM: Beats Per Minute. Anzahl der Viertelnoten (N=1) pro Minute

N: Mögliche weitere Unterteilung:
- N=1,5: Halbetriolen
- N=2: Achtel
- N=3: Vierteltriolen
- N=4: Sechzehntel
- N=6: Achteltriolen

10.5.3 Beschreibung der Parameter bei Hallgeräten

10.5.3.1 Size

Dieser Parameter wird auch "Room-Size" genannt und gibt die Größe des Hallraums in Kubikmetern an. Je größer ein Raum ist, desto länger brauchen die Signale, bis sie Reflexionen auslösen, welche wiederum Reflexionen erzeugen können. Mit diesem Parameter kann man also auch die Halldichte steuern.

10.5.3.2 Predelay

Dies ist die Zeit, die zwischen dem Direktsignal und der ersten Reflexion vergeht. Sie wird in Millisekunden angegeben.

10.5.3.3 Reverb Time

Auch manchmal mit "RT60" betitelt. Dieser Parameter gibt die Nachhallzeit als genormten RT60-Wert an. Die Einheit ist Sekunden.

10.5.3.4 Hi-Damp

Hierbei handelt es sich um einen Tiefpassfilter, der bei jeder erneuten Reflexion die Höhen absenken soll. Man kann damit einerseits die Luftabsorption sehr großer Räume nachbilden. Weiterhin ist damit in gewisser Weise die Oberflächenbeschaffenheit (also dessen Absorption) der Wände einstellbar.

10.5.3.5 Room / Hall

Man unterscheidet bei Hallgeräten zwischen einer reinen Rauminformation und dem eigentlichen Hall. Die Rauminformation wird durch die ersten Reflexionen gegebenen. Hierbei sind oft Hallalgorithmen für rechteckige Räume gegeben, die sechs erste Reflexionen erzeugen können. Das diffuse Ausklingen des Raumes wird Hall oder Hallfahne genannt. In ihr steckt kaum noch Rauminformation sondern nur noch das Ausklingen des Signals.

10.5.3.6 Diffusion / Density

Der Algorithmus eines Hallgeräts basiert darauf, dass aus jeder Raumreflexion weitere Reflexionen berechnet werden. Der Parameter Diffusion oder Density gibt an, wie viele weitere Reflexionen erzeugt werden sollen. Je diffuser ein Raum ist, desto mehr weitere Reflexionen werden erzeugt.

10.5.3.7 Wet/Dry

Mit dieser Eistellung legt man das Mischungsverhältnis zwischen dem Direktsignal und dem Hallsignal fest. Zum Hallsignal gehören die ersten Reflexionen und der diffuse Nachhall

10.5.4 Analoge Hallgeräte und Hallraum

Analoge Hallgeräte erzeugen durch mechanische Reflexionen ein künstliches Hallsignal. Im Falle eines Hallraums wird ein echter Nachhall in einem Raum mit Mikrofonen abgegriffen.

10.5.4.1 Federhall

Ein Federhall war die einfachste Möglichkeit, ein Signal mit einem Hall zu versehen. Hierbei wurde zwischen zwei elektromagnetische Wandler eine Feder gespannt. Der eine Wandler bekommt das Eingangssignal und regt damit die Feder mechanisch an. Der andere Wandler greift das Ausgangssignal am anderen Ende der Feder wieder ab. Durch die mechanischen Eigenschaften der Feder braucht das Signal eine gewisse Zeit, um akustisch durch sie hindurch zu wandern. Am Ausgang angekommen wird das Signal reflektiert und erzeugt somit eine (schwächere) Reflexion. Diese läuft in der Feder zum Eingang zurück und erzeugt wiederum eine Reflexion. Auf diese Weise wird dem Signal eine Folge von Reflexionen angehängt, die einem Hall recht ähnlich klingt. Die Nachhallzeit ist normalerweise fest. Im Vergleich zu einem echten Raum ist der Reflexionszuwachs jedoch zu gering!

10.5.4.2 Platten- und Folienhall

Ein Platten- oder Folienhall funktioniert relativ ähnlich wie ein Federhall. Vom Eingangssignal wird eine große (1-2m^2) Metallplatte oder eine Kunststofffolie zum Schwingen angeregt. In dieser breitet sich die Schwingung zweidimensional aus und erzeugt an jeder Kante, an der die Folie eingespannt ist, eine Reflexion. Dadurch steigt die Anzahl an Reflexionen quadratisch an, was bereits relativ realistisch einem echten Hall entspricht.
Durch die Änderung der Härte der Einspannung und durch Dämpfungselemente an bestimmten Teilen der Hallplatte kann die Nachhallzeit und der Klang des Halls verändert werden. Die Einstellungen erfolgen zwar mechanisch, wurden jedoch bei professionellen Hallplatten mittels Stellmotoren realisiert, so dass sie vom Mischpult aus fernbedienbar waren.

10.5.4.3 Hallraum

Ein Hallraum ist ein echter Raum, dessen Nachhall mit Hilfe eines Mikrofons aufgenommen und zum Originalsignal dazugemischt wird. Man gibt dazu das zu verhallende Signal auf einen Lautsprecher, der im Hallraum steht. Über eines oder mehrere Mikrofone wird dann die Raumantwort auf das Signal wieder abgenommen. Da man hauptsächlich diffuse Informationen von einem Hallgerät haben möchte, wird der Lautsprecher meist von den Mikrofonen weggedreht, so dass kein Direktsignal zu den Mikrofonen gelangt. Dies entspricht dann einem Hallgerät, das auf 100% "Wet" gestellt ist.

Der Klang eines Hallraums ist von vielen Parametern abhängig. Der Lautsprecher und die Mikrofone, sowie deren Positionen im Raum, sind die variablen Parameter, die man hat. Der Raum selber sollte so gewählt werden, dass er von vornherein bereits einen schönen Hall liefert. Große, leere Räume, wie zum Beispiel eine Tiefgarage, eine leere

Lagerhalle oder ein Treppenhaus sind dazu besonders gut geeignet.

10.5.5 Digitale Hallgeräte

Digitale Hallgeräte versuchen mit Hilfe eines Rechenalgorithmus den Nachhall eines echten Raums nachzubilden. Da das nicht wirklich einfach möglich ist, bedient man sich eines Tricks, um den Hallalgorithmus zu vereinfachen und damit den Rechenaufwand zu verringern.
In Abbildung 10.5-3 ist ein mögliches Blockschaltbild eines digitalen Hallgerätes mit sechs Delaystufen zu sehen.

Das Eingangssignal gelangt zuerst auf eine "Reflexionsmatrix", in der es mit unterschiedlichem Pegel auf die sechs Delaystufen gegeben werden kann. Die nachgeschalteten Tiefpassfilter simulieren das Absorptionsverhalten der Wände und sind durch den Parameter "Hi-Damp" einstellbar. Die sechs Delaystufen erzeugen zunächst die "Early Reflections". Die Delayzeiten sind vom Parameter "Size" abhängig.
Das Ausgangssignal der Delaystufen wird zurück auf die Reflexionsmatrix gegeben. Dort kann jede der sechs Reflexionen weitere sechs Reflexionen anregen. Ob, und wie stark diese angeregt werden, hängt von den Koeffizienten in der Reflexionsmatrix ab. Beeinflusst werden diese von den Parametern "Reverb Time" und "Diffusion".
Am Ausgang befindet sich der "Wet/Dry" Regler, der zwischen dem reinen Hallsignal mit Early Reflections und dem Direktsignal überblenden kann.

10.5.5.1 Faltungshall

Der Faltungshall gehört auch zu den digitalen Hallgeräten, ist jedoch von der Funktionsweise eher einem Hallraum ähnlich. Eine Impulsantwort, die ein Abbild des Halls beinhaltet, wird mit dem Audiosignal "gefaltet". Dadurch wird auf das Audiosignal der Hall der Impulsantwort gerechnet.

Die Faltung ist ein extrem rechenintensiver Vorgang. Man benötigt pro Audiosample genau so viele Multiplikationen und Additionen wie die Impulsantwort Samples hat. So benötigt ein 2s Hall mit 44,1kHz Abtastfrequenz 88100 Multiplikationen und Additionen pro Audiosample. Für eine Sekunde Audiomaterial sind somit 3,89 Milliarden Multiplikationen und Additionen pro Sekunde notwendig.

Um diesen Rechenaufwand zu reduzieren, wird eine Faltung oft durch die Multiplikation von zwei Spektren innerhalb der Frequenzebene ersetzt. Dazu wird das Audiosignal mit Hilfe der FFT stückweise in die Frequenzebene transformiert. Das gleiche geschieht mit der Impulsantwort. Anschließend wird das Audiospektrum mit dem Impulsspektrum multipliziert und das Ergebnis wieder zurück transformiert.
Obwohl hierbei zusätzlich mehrfach die Fast-Fourier-Transformation (FFT) benötigt wird, ist die Berechnung bei längeren Impulsantworten deutlich schneller zu bewerkstelligen, da "relativ" wenige Multiplikationen benötigt werden.

Mit Faltungshall kann man sehr natürliche Hallsignale bekommen, wenn auch die Impulsantwort in einem natürlichen Raum aufgenommen wurde.

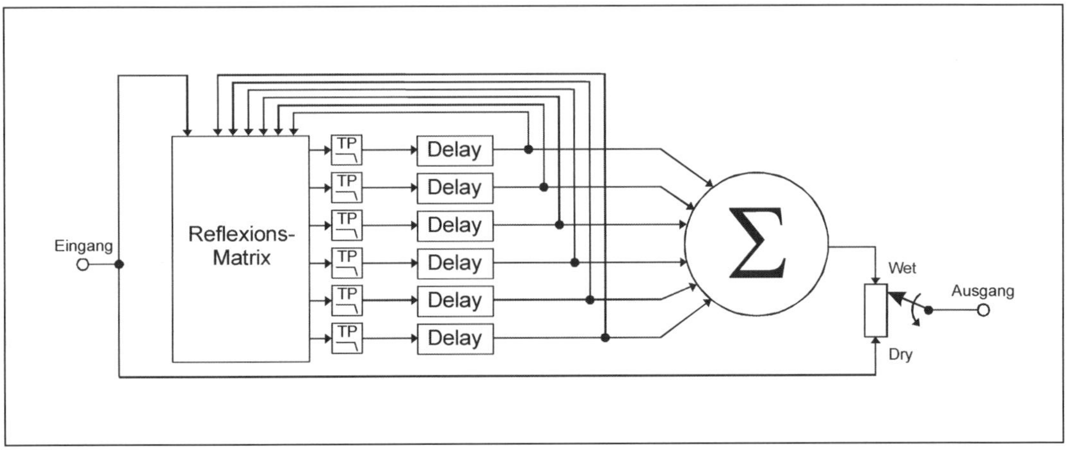

Abb. 10.5-3: Aufbau eines Hallgerätes

Allerdings steht und fällt die Qualität des Halls mit der Aufnahmequalität der Impulsantwort.

Beim Faltungshall gibt es nur wenige Editierungsmöglichkeiten, da die Impulsantwort des Raums vorgegeben ist. So kann man zwar nachträglich das Direktsignal wegschneiden, den Nachhall ausblenden oder die Impulsantwort EQen - eine Veränderung der Raumart und der Reflexionsdichte ist jedoch nicht möglich.

10.5.6 Praktischer Einsatz

Immer, wenn es darum geht, einem zu "trockenen" Signal einen Raumeindruck oder einen Hall zu geben, werden Hallgeräte verwendet. In der Praxis ist es oft nicht möglich, das gewünschte Verhältnis zwischen Direktsignal und Nachhall allein durch die Mikrofone zu bewerkstelligen. Weiterhin kann der Aufnahmeraum einen "nicht perfekten" Hall haben. In beiden Fällen würde man ein Signal eher zu trocken aufnehmen und im Nachhinein mit einem künstlichen Hall versehen.

Besondere Effekte erreicht man, wenn ein Hallsignal künstlich verfremdet wird. Berühmt geworden ist in diesem Zusammenhang der "Gated Reverb" - ein Hall, der mit Hilfe eines Gates nach einer bestimmten Zeit einfach abgeschaltet wird. Er wird oft für Snare-Drum-Signale verwendet.

Auch ein "Reverse-Hall" ist ein interessanter Effekt, da er in der Natur nicht vorkommen kann. Um ihn zu realisieren, dreht man die zu verhallende Spur in der Zeitebene um (früher wurde einfach das Tonband umgedreht), so dass das Signal rückwärts läuft. Anschließend schickt man das Rückwärts-Signal durch einen Hall, den man auf einer weiteren Spur aufnimmt. Werden nun das Signal und der Hall wieder richtig herum abgespielt, so hat man eine rückwärts laufende Hallfahne vor dem Musiksignal.

10.6 Effektgeräte

In diesem Kapitel werden schließlich alle "Effektgeräte" beschrieben, die im tontechnischen Bereich vorkommen. Mit Effektgeräten sind Geräte gemeint, die Klangeffekte erzeugen, die ein Signal verfälschen. Vollständig wird dieses Kapitel nicht sein, da durch immer neue Kombinationen von Einzeleffekten weitere "Effektgeräte" geschaffen werden können. Daher beschränkt sich diese Kapitel auf die Grundlagen.

10.6.1 Chorus / Flanger / Phaser

Wie der Name schon vermuten lässt, ist ein Chorus ein Gerät, das ein Signal voller und mehrstimmiger klingen lassen soll. Übertrieben dargestellt soll aus einem Solisten ein Chor gemacht werden.
Ein Flanger ist das gleiche wie ein Chorus, nur wird mit einer kürzeren Delayzeit gearbeitet, so dass das Ergebnis kein mehrstimmiger Klang sondern ein sich ständig ändernder Klang ist.
Ein Phaser arbeitet mit noch kürzeren Delayzeiten als ein Flanger. Der Klang ist ein sich ständig ändernder Kammfiltereffekt, der so klingt, als würde man an vielen, auf Cut-gestellten, schmalbandigen EQ-Bändern gleichzeitig die Mittenfrequenzen nach unten und wieder nach oben drehen.

10.6.1.1 Beschreibung der Parameter

Delay: Gibt die Delayzeit an, mit der das Signal im Phasenschieber verzögert werden kann. Sie wird meistens in Millisekunden angegeben. Diese Delayzeit wird durch die Modulation variiert.

Speed: Legt die Geschwindigkeit der Modulation fest. Wird normalerweise in Hertz angegeben.

Depth: Legt die Tiefe der Modulation in Prozent fest. 0% bedeutet, der Phasenschieber arbeitet nicht, 100% heißt, er erzeugt maximale Phasenverschiebungen.

Feedback: Wie viel vom Ausgangssignal auf den Eingang zurück gekoppelt wird.

Wet/Dry: Mit dieser Eistellung legt man das Mischungsverhältnis zwischen dem Direktsignal und dem Chorussignal fest.

10.6.1.2 Funktionsweise

Das Blockschaltbild ist in Abbildung 10.6-1 zu sehen. Das Eingangssignal wird zunächst über ein zeitvariables Delay verzögert. Die genaue Verzögerungszeit ist abhängig von der Modulationsstufe und kann von 0ms bis zur maximalen Verzögerungszeit gehen.
Der LFO erzeugt ein sinusförmiges Signal, mit dem die Delayzeit moduliert wird. Wie stark die Modulation tatsächlich erfolgt, hängt von dem Parameter Depth ab.
Den Ausgang des verzögerten Signals kann man auf den Eingang zurückführen, um noch weitere verzögerte Varianten zu erhalten.
Durch das Zumischen des verzögerten Signals kommt es bei sehr kurzen Delayzeiten, zu Phasenverschiebungen, die Kammfilter bilden (Phaser). Bei kurzen Delayzeiten klingt das Signal ähnlich einem etwas verstimmten Kurzwellenempfänger, der gerade die Sendung verliert (Flanger). Zu längeren Delayzeiten hin bildet sich ein Effekt der Mehrstimmigkeit aus (Chorus).

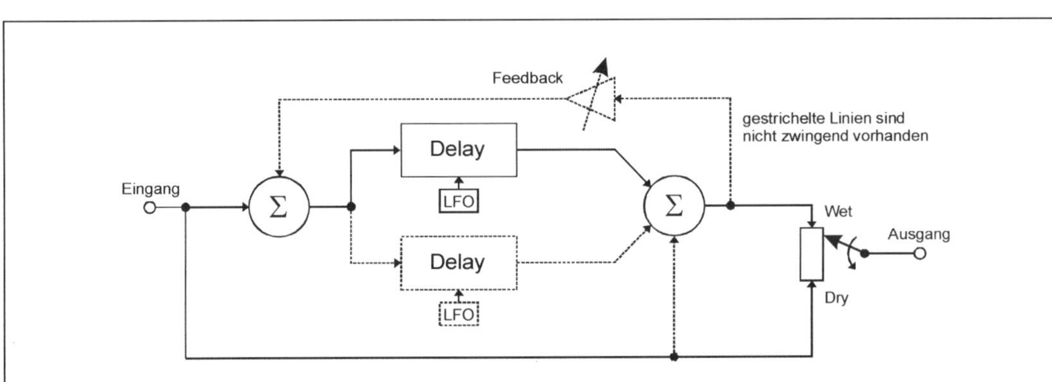

Abb. 10.6-1: Blockschaltbild von Chorus / Flanger / Phaser

10.6.1.3 Praktischer Einsatz

Wenn es darum geht, einen Klang interessanter zu gestalten, kann Phaser, Flanger und Chorus eingesetzt werden. Die Klangvariationen sind hierbei nahezu unendlich, so dass man sehr lange "herumtüfteln" kann, bis das Richtige dabei ist. Zum Beispiel wirkt eine Hi-Hat, mit einem langsam modulierten Flanger viel interessanter, als eine gleichmäßig durchspielende Hi-Hat.

Für Gitarren und vorsichtig auch für Gesang ist der Chorus der gängige Effekt, um das Signal voller und interessanter zu bekommen.

10.6.2 Exciter

Ein Exciter ist ein Effekt, der die Obertonstruktur eines Signals anreichert. Man erreicht dadurch einen (teilweise nur scheinbar) luftigeren und offeneren Klang in einem Mix.

10.6.2.1 Beschreibung der Parameter

Drive: Bestimmt, wie stark das Signal in die Obertonanreicherung gefahren wird.

Tune: Bestimmt die Grenzfrequenz, oberhalb der das Signal mit neuen Obertönen angereichert wird.

Mix: Legt das Mischungsverhältnis zwischen dem Originalsignal und dem exciteten Signal fest.

10.6.2.2 Funktionsweise

Das Blockschaltbild ist in Abbildung 10.6-2 zu sehen. Das Signal wird einmal direkt zum Ausgang geschickt und einmal durch die "Anreicherungsstufe". In letzter wird das Signal zunächst hochpassgefiltert, anschließend ins Clipping gefahren, wobei neue Obertöne entstehen, und dann wieder zum Originalsignal hinzu gemischt.
Durch die Verzerrung des Signals im Seitenweg entsteht ein Signal, das für sich alleine genommen nicht gut klingt. Durch das Zumischen dieses Signals zum Originalsignal kommen jedoch nur die neu entstandenen Obertöne hörbar hinzu, und das Signal klingt voller in den Höhen.
Anzumerken ist noch, dass Filtereinstellungen ab etwa 10kHz zwar eine Höhenanhebung im Gesamtsignal produzieren, jedoch keine Exciterwirkung mehr zeigen, da die neu entstandenen Obertöne außerhalb des Hörbereichs liegen.

10.6.2.3 Praktischer Einsatz

Exciter verwendet man, um ein Signal deutlicher und präsenter zu bekommen. Vor allem, wenn sich eine Stimme gegenüber anderen Instrumenten im Mix durchsetzen soll, ist der Exciter ein gerne eingesetzter Effekt. In der Werbung hat fast jede Stimme einen Excitereffekt, um mehr Durchsetzungsvermögen zu bekommen.
Exciter kann sehr gut bei Einzelspuren wirken. Auf der Summe ist er jedoch mit Vorsicht anzuwenden. Man hört sich an dem Excitereffekt schnell "satt", und die Ohren stumpfen ab. Weiterhin hat man das Gefühl, dass das Hören von Excitermaterial anstrengender ist.

10.6.3 De-Esser

Ein De-Esser hat die Aufgabe, übermäßig starke Zischlaute bei "s", "sch" und "z" abzudämpfen.

10.6.3.1 Beschreibung der Parameter

Threshold: Hiermit legt man den Arbeitspunkt fest, ab dem der De-Esser anfängt, die "s"-Laute zu unterdrücken. Je niedriger der Threshold gewählt

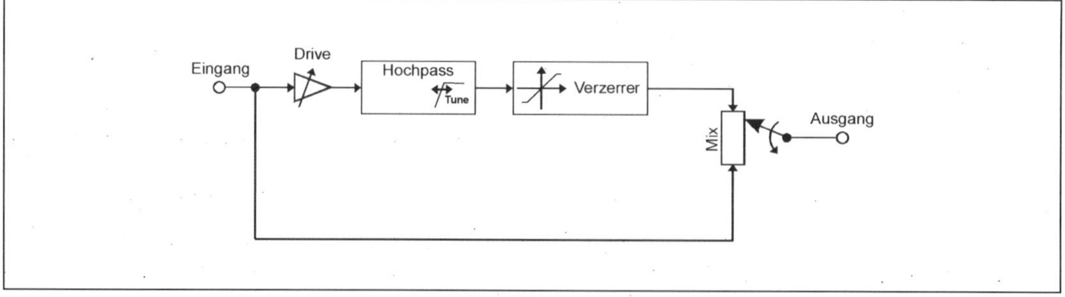

Abb. 10.6-2: Blockschaltbild eines Exciters

wird, desto stärker werden die "s"-Laute unterdrückt.

Frequency: Stellt die Frequenz des Equalizers im Sidechain des De-Essers ein. Diese Frequenz muss auf die störenden "s"- oder Zischlaute eingestellt sein.

Split: Wenn vorhanden, teilt dieser Parameter das Audiosignal in einen oberen und einen unteren Frequenzbereich. Zum De-Essen wird nur der obere Frequenzbereich bearbeitet. Man vermeidet damit Pumpeffekte in den Bässen, wenn der De-Esser arbeitet.

10.6.3.2 Funktionsweise

Das Blockschaltbild eines De-Essers ist in Abbildung 10.6-3 am Beispiel der "Split-Variante" zu sehen. Bei der Nicht-Split-Variante würde die Signalbearbeitung über das gesamte Spektrum erfolgen.
Das Signal wird in einen hochfrequenten Bereich zur Bearbeitung und einen niederfrequenten Bereich, der unbearbeitet bleibt, aufgeteilt. Anschließend wird ein Kompressor in den hochfrequenten Bereich geschaltet. Dieser Kompressor hat im Sidechain einen Equalizer, mit dem man speziell nur die "s"-Laute durchlassen kann.
Treten "s"-Laute über dem eingestellten Threshold auf, so spricht der Kompressor an und regelt den hochfrequenten Signalanteil für die Dauer des "s"-Lautes herunter. Dadurch wird dieser Laut unterdrückt.
Vor dem Ausgang wird zum bearbeiteten hochfrequenten Teil noch der unbearbeitet tieffrequente Teil gemischt, um wieder ein Gesamtsignal herzustellen.

10.6.3.3 Praktischer Einsatz

De-Esser verwendet man, wenn bedingt durch die Aussprache eines Sprechers oder Sängers "s"- und Zischlaute zu stark erscheinen. Hierbei muss man allerdings darauf achten, dass nach dem De-Essing der Sprecher oder Sänger nicht anfängt zu Lispeln, da die "s"-Laute sehr wirkungsvoll entfernt werden können

10.6.4 Pitch-Shifter

Pitch-Shifter können die Tonhöhe eines Audiosignals in Echtzeit verändern. Ein legendärer Pitch-Shifter war der "Harmonizer" von der Firma Eventide, der mit Hilfe von Rückkopplungen der Signale einen ganz besonderen Klang erzeugen konnte.

10.6.4.1 Beschreibung der Parameter

Pitch Shift: Auch "Pitch Factor" genannt, gibt an, um wie viele Halbtöne oder um welches Verhältnis ein Signal nach oben oder unten gepitched werden soll.

Feedback: Nur eventuell vorhandene Rückkopplung des Signals auf den Eingang.

10.6.4.2 Funktionsweise

Ein Pitch-Shifter arbeitet in seiner einfachsten Form mit kleinen Samples, die mit unterschiedlicher Geschwindigkeit geschrieben und ausgelesen werden. Wird schneller gelesen, als geschrieben, so wird die Tonhöhe erhöht und umgekehrt. Da bei unterschiedlicher Schreib- und Lesegeschwindigkeit Teile des Signals mehrfach oder gar nicht gelesen werden, erzeugt der Pitch-Shifter Crossfades, die zwischen den Samples überblenden.

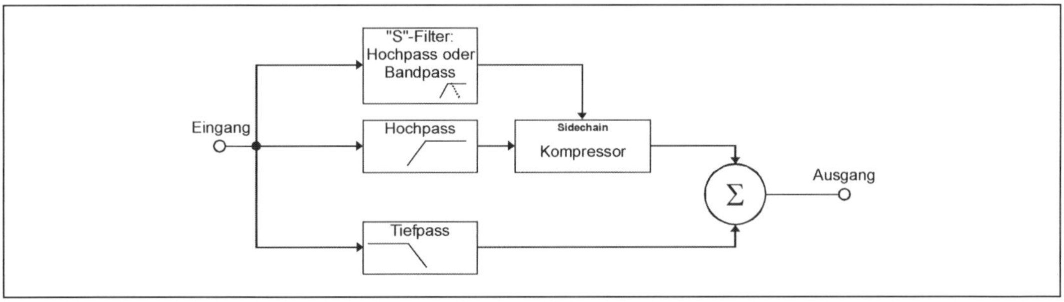

Abb. 10.6-3: Blockschaltbild eines De-Essers

Eine andere, besser klingende Variante, die heute häufiger eingesetzt wird, ist die Möglichkeit, ein Signal mit Hilfe einer FFT in den Frequenzbereich zu transformieren. Anschließend werden die Frequenzen verschoben und das Signal wieder in den Zeitbereich zurücktransformiert. Zwischen den einzelnen Blöcken, die transformiert werden, müssen auch Crossfades verwendet werden. Diese kommen jedoch nicht so häufig vor, als bei der einfachen, samplebasierten Methode, was zu einem besseren Gesamtklang führt.

10.6.4.3 Praktischer Einsatz

Die praktische Verwendung ist vielseitig. Man kann beispielsweise eine zweite Stimme mit einem Pitch-Shifter generieren, die eine Terz über der ersten Stimme liegt.

Weiterhin ist es möglich, Stimmen klanglich zu verfälschen. Ein typisches Beispiel hierfür sind "Die Schlümpfe", deren Stimme durch einen Pitch-Shifter erzeugt wurde.

Man kann die Tonhöhe einer Gesangslinie verändern und sowohl eine Korrektur (Tuning) als auch eine Abweichung (Detuning) vom Original erzeugen.

Man kann mittels einer Quintverschiebung nach oben und Zumischung des verschobenen Signals zum Original den Residualeffekt bei beliebigen Signalen erzeugen.

Feedbacks im Livebereich können vermieden werden, wenn die PA über einen leicht verstimmten Pitch-Shifter läuft. Jedes auftretende Feedback würde sofort nach oben "wegwandern".

Pitch-Shifter am Computer verfügen auch oft über die Funktion "Time-Stretching", mit deren Hilfe ein Titel länger (langsamer) oder kürzer (schneller) gerechnet werden kann, ohne die Tonhöhe zu verändern. Damit kann man zum Beispiel die "Apotheker-Ansage" am Ende einer Medikamentenwerbung erzeugen, die teilweise schneller gesprochen ist, als es ein Mensch könnte.

10.6.5 Vocoder

Ein Vocoder ist ein Gerät, das den spektralen Klangverlauf eines Signals auf ein anderes Signal aufprägen kann. Das bedeutet, dass man mit einem Vocoder beispielsweise einer Gesangsstimme den Klang einer Gitarre geben kann. Man hat dann eine "sprechende Gitarre".
Ursprünglich wurde der Vocoder entwickelt, um mit möglichst wenig Daten mehrere Sprachinformationen und Steuerdaten gleichzeitig über eine Telefonleitung schicken zu können.

10.6.5.1 Beschreibung der Parameter

Der Vocoder hat nur wenige Parameter, die einstellbar sind, da sein grundlegender Aufbau festgelegt ist.

Filterbänder: Bei analogen Geräten vorgegeben, bei digitalen einstellbar. Durch die Anzahl der Filterbänder wird die Qualität der "spektralen Aufprägung" festgelegt. Je mehr Filterbänder vorhanden sind, desto genauer wird das Signal.

Tonal/Rauschen: Am Ausgang eines Vocoders kann festgelegt werden, wie stark tonale Komponenten und wie stark Rauschen zur Regeneration des Signals verwendet werden soll. Ohne Rauschen klingt ein Signal meistens sehr künstlich. Hat man jedoch zu viel Rauschen, wird es zu hauchig oder "monstermäßig".

10.6.5.2 Funktionsweise

Das Blockschaltbild ist in Abbildung 10.6-4 zu sehen. Das Eingangssignal wird durch mehrere Bandpassfilter in einzelne Teilbänder aufgeteilt. Bei digitalen Vocodern könnte dies auch eine FFT übernehmen. Anschließend werden die Ausgangssignale der einzelnen Filter gleichgerichtet, so dass sich eine Steuerspannung ergibt. Bis zu dieser Stelle arbeitet der Vocoder genauso wie ein Spektrum-Analyser.
Am Ausgang des Vocoders befanden sich ursprünglich mehrere Sinusgeneratoren, die auf den gleichen Frequenzen schwangen wie auch die Analysefilter. Durch die Steuerspannungen der Filter wurden die Amplituden der Generatoren gesteuert, und so ein neues, künstliches Signal erzeugt.

Bei neueren Vocodern wird am Ausgang des Vocoders ein zweites Audiosignal mit den gleichen Filtern in einzelne Teilbänder zerlegt. Diesen Filtern sind VCAs nachgeschaltet, die von den Steuerspannungen der Eingangsfilter angesteuert werden. Dadurch ändert sich das Spektrum des zweiten Signals mit dem gleichen Verlauf wie das

Spektrum des ersten Signals. Zum zweiten Signal kann noch ein Rauschen gemischt werden.
Damit die spektrale Aufprägung gut funktioniert, sollte das zweite Signal möglichst wenig Schwankungen in seiner spektralen Zusammensetzung haben. Flächensounds von Synthesizern oder ausgehaltene Gitarrensounds sind hierzu sehr gut geeignet.

10.6.5.3 Praktischer Einsatz

Der Vocoder kann immer dann eingesetzt werden, wenn ein Signal verfälscht werden soll. Alternativ kann man den Klang des Eingangssignals dem Ausgangssignal aufprägen. Sprechende Instrumente, oder instrumentenartig singende Chöre sind dadurch möglich.

Ebenfalls können Stimmen verfälscht werden und zu Monsterstimmen gemacht werden.

Vocoder sind ein sehr vielseitiges Mittel im Bereich des Sounddesigns, da mit seiner Hilfe viele Fantasieklänge erzeugt werden können.

10.6.6 Weitere Effekte

In diesem Abschnitt werden einige weitere Effekte gezeigt, die über weniger Parameter verfügen und deshalb nicht so detailliert beschrieben werden.

10.6.6.1 Wah-Wah

Ein Wah-Wah ist ein typischer Gitarreneffekt, der seinen Namen direkt über den Klang, den er erzeugt bekommen hat. Er verändert den Klang eines Signals so, dass es klingt, als würde man "Wah" sagen. Der Effekt kommt ursprünglich von den Blechblasinstrumenten, die mit ihrem Dämpfer den Klang des Instrumentes stark beeinflussen können. Wird nun im Ton der Dämpfer herausgenommen, so wird der Ton heller und lauter. Etwas Ähnliches passiert beim Wah-Effekt.
Ein einstellbares Tiefpassfilter mit Resonanz wird von tiefer (etwa 300Hz) zu hoher Frequenz (etwa 1200Hz) verschoben, so dass der Klang währenddessen heller wird und der Formantbereich nach oben wandert. Wird ein Gitarrensignal auf diese Weise gefiltert, hat man einen Wah-Effekt.

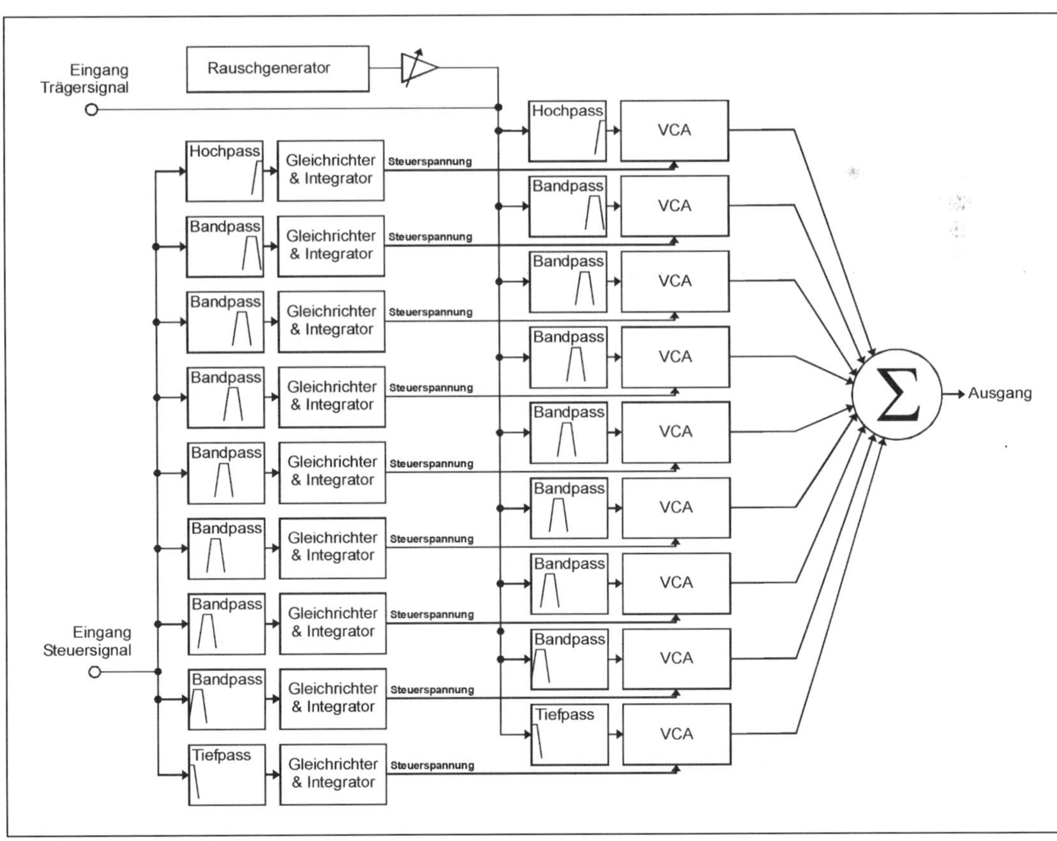

Abb. 10.6-4: Blockschaltbild eines Vocoders

Entweder wird der Wah-Effekt mit einem Fußpedal während des Spielens gesteuert oder man hat ein "Auto-Wah". Letzteres analysiert das Eingangssignal und erzeugt dann eine Hüllkurve, die den Filter automatisch nach oben wandern lässt. Gerade für sehr schnelle Gitarrenparts ist ein "Auto-Wah" notwendig.

10.6.6.2 Rotating Speakers / Leslie

Dieser Effekt, der ursprünglich von Don Leslie für die Hammondorgeln gebaut wurde, basiert tatsächlich auf rotierenden Lautsprechern. Es handelt sich um eine Box (Englisch: "Cabinet"), in der sich ein Zwei- oder Dreiwege-Lautsprechersystem befindet. Im oberen Bereich ist der Hochtontreiber, um den herum zwei oder mehr Hörner rotieren. Das bedeutet, man bewegt hier nur die Schallführung, nicht den Lautsprecher. Im unteren Bereich sind ein Tieftöner und eventuell noch ein Mitteltöner. Auch beim Tieftöner rotiert nur eine Schallführung. Der Mitteltöner rotiert komplett, was eine aufwändige Signalführung über Schleifkontakte erfordert.

Durch die drehenden Lautsprecher bekommt man zwei Effekte auf einmal: Das Signal ändert sich in der Lautstärke und es gibt einen Dopplereffekt durch das ständige Näherkommen und Entfernen der Schallquelle. Da die Umdrehungsgeschwindigkeit von Hoch- und Tieftöner nicht identisch ist, hat man kein monotones An- und Abschwellen des Signals, sondern einen sehr reizvollen Tremolo-Vibrato-Effekt.

Elektronische Nachbildungen des Leslie-Effektes kommen klanglich nicht an die Originale heran, da nicht ausreichend viele Parameter simuliert werden.

10.6.6.3 Saturation / Distortion

Bei diesen Effekten geht es darum, ein Signal nichtlinear zu verzerren. Dies geschieht mit Hilfe einer nichtlinearen Kennlinie, die analog oder digital über das Signal gerechnet werden kann.

Unter Distortion versteht man normalerweise ein "hartes Clipping", welches ein reiches Obertonspektrum mit allen Harmonischen produziert.

Abb. 10.6-5: Ein Drei-Wege-"Leslie-Cabinet" von außen und die Mechanik im Inneren

Analog ist die Distortion ein typischer Effekt für E-Gitarren, welche dadurch aggressiver und voller klingen. Erreicht wird der Effekt am einfachsten, wenn das Signal auf zwei entgegengesetzt parallel geschaltete Dioden gegeben wird. Ab ±0,7V wird das Signal von den Dioden "kurzgeschlossen" und dadurch geclipt. Mit dem Eingangspegelsteller stellt man ein, wie stark das Signal auf die Dioden gegeben wird und somit auch, wie stark es geclipt wird.

Digital wird einfach nur ein maximaler positiver und negativer Zahlenwert für die Audiosamples zugelassen, der nicht überschritten werden kann. Dieser Wert kann einstellbar sein und somit die Stärke des Clippings bestimmen.

Saturation ist ein "weiches Clipping", welches auch an einer nichtlinearen Kennlinie erzeugt wird. Allerdings schneidet diese Kennlinie das Signal nicht schlagartig ab einer bestimmten Spannung ab, sondern geht sanft in den Clippingbereich über. Dadurch wird das Signal in den Spitzen zusammengestaucht was klanglich in einem volleren, wärmeren Signal resultiert. So entstehen nur bestimmte Harmonische, die vom genauen Verlauf der Sättigungskennlinie abhängen.

In Abbildung 10.6-6 sind zwei Übertragungsfunktionen für Distortion und für Saturation im Vergleich zu sehen.

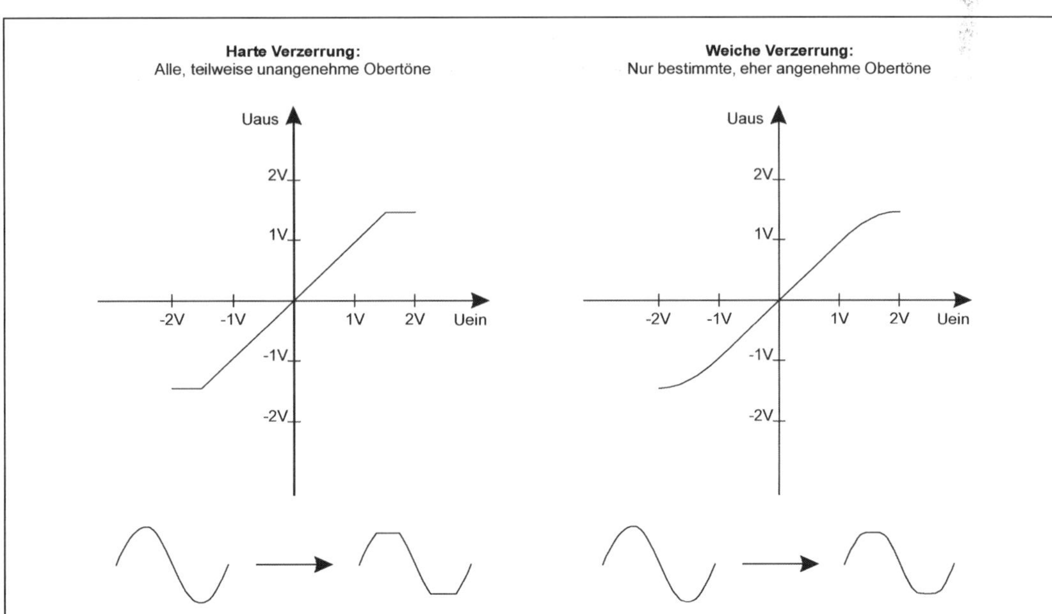

Abb. 10.6-6: Übertragungsfunktionen für Distortion (links) und Saturation (rechts)

10.7 Funktionsweise digitaler Effekte

Innerhalb einer DAW werden alle Effekte durch mathematische Operationen berechnet. Dies geschieht sowohl in der DAW selbst als auch innerhalb der Plugins, die eine Erweiterung der rechnerischen Möglichkeiten der DAW darstellen.

Um grundlegend eine Vorstellung zu bekommen, wie bestimmte Effekte rechnerisch bewerkstelligt werden, soll dieses Kapitel eine Übersicht über die verschiedenen Elemente eines Mischpults und deren rechnerische Umsetzung geben.

Beispielcode wird hierbei in der Programmiersprache C angegeben, da dieser meist für die Plugin-Programmierung verwendet wird. Einige Codebeispiele wären in der Praxis noch optimierbar, sind jedoch für das leichtere Verständnis eher zu ausführlich geschrieben.
Weiterhin gibt es in den Codebeispielen keine Sicherheitsabfragen, inwieweit der Code ausführbar ist. So treten vor allem bei falscher Wahl von Pointer-Werten Programmabstürze auf.

Für die Programmierung von DSPs ist C ebenfalls verwendbar, es empfiehlt sich jedoch, die DSPs in ihrer jeweiligen Maschinensprache zu programmieren. Weiterhin sollten die Hardwaremöglichkeiten der DSPs (z.B. Mehrfachbefehle, zirkulare Puffer, Registerbank-Umschaltung) kennengelernt werden, um diese speziellen Prozessoren auch möglichst effizient einsetzen zu können.

Die gezeigten Audiosignalberechnungen müssen für jedes Sample erneut durchgeführt werden. Bei einem Plugin passiert dies in einer Schleife für den gesamten Samplebuffer und benötigt entsprechend vielfache Rechenzeit.

10.7.1 Darstellung der Signale und Parameter innerhalb von DAWs und Plugins

In diesem Abschnitt wird nur auf die Darstellung von Signalen innerhalb von Fließkomma-DAWs eingegangen, da diese der aktuelle Stand der Technik sind, und auch die letzte große DAW seit 2013 die Fließkommaberechnung nutzt.
Genaueres zur Fließkommadarstellung findet sich in Kapitel 7.2.5.

Audiosignale werden innerhalb der DAW im Wertebereich zwischen +1 und -1 dargestellt. Auch wenn die Fließkommadarstellung einen weitaus größeren Zahlenbereich zuließe, wurde der Bereich von ±1 gewählt, um kompatibel zu den Festkommazahlen zu sein, mit denen die A/D- und D/A-Wandler nach wie vor arbeiten.

Schieberegler und Drehknöpfe bewegen normalerweise in einem Bereich von 0 bis 1. So hätte also ein Panoramapoti bei Linksanschlag den Wert 0 und bei Rechtsanschlag den Wert 1. Die Mittelstellung liegt somit bei 0,5.
Fader haben ganz unten den Wert 0 und ganz oben den Wert 1.

Bei der Darstellung von Parametern wird normalerweise eine möglichst benutzerfreundliche Darstellung gewählt, die aber oft nicht direkt für die interne Signalverarbeitung benutzt werden kann.
So werden beispielsweise Pegeländerungen als logarithmische Pegelwerte angezeigt, intern jedoch als nicht logarithmische Faktoren für eine Multiplikation eingesetzt.
Ein Equalizer zeigt in seiner Darstellung Frequenz und Güte als Parameter an, die interne Berechnung erfolgt jedoch über die Koeffizienten Alpha, Beta und Gamma.

Es gibt also in der Berechnung von Effekten meist zwei Ebenen: die Benutzerdarstellung, die mit gewohnten Parametern aufwartet und die interne Berechnung, die die tatsächliche Manipulation der Samples vornimmt.

10.7.2 Pegeländerung

Eine Pegeländerung ist eine einfache Multiplikation der Audiosamples mit einem Faktor. Ist der Faktor kleiner 1, so wird das Audiosignal leiser, ist er größer 1 wird das Audiosignal lauter, bei genau 1 bleibt es gleich laut.
Der Code für eine Pegeländerung sieht folgendermaßen aus:

```
sample=sample*gain;
```

mit:
`sample:` aktueller Samplewert
`gain:` Faktor, mit dem die Samples multipliziert werden.

Damit beispielsweise ein Fader den typischen Regelweg von -∞ bis -10dB hat, muss zunächst der Faderwert in einen `gain`-Faktor umgerechnet werden:

```
gain=3.16*fader;
```

mit:

`fader:` Wert des Faders aus dem User-Interface im Wertebereich 0 bis 1.

Der Faktor 3.16 entspricht hierbei einer Pegelerhöhung um +10dB.

Doch dieser Fader hat zwar einen Regelweg von -∞ bis -10dB, hat aber in seiner Mittelstellung +4dB, was nicht praxistauglich ist.

Eine mögliche praktikable Faderfunktion könnte lauten:

```
gain=pow(10,((fader-0.75)*2))-pow(10,-0.75);
```

Hierbei wird im ersten Teil der Formel eine Exponentialfunktion auf die lineare Faderstellung angewandt. Im zweiten Teil wird ein Korrekturwert abgezogen, der dafür sorgt, dass der Fader auch wirklich eine Verstärkung von 0 am unteren Ende hat.

Die anzuzeigende Pegeländerung des Faders kann anschließend mit Hilfe folgender Formel berechnet und im User-Interface dargestellt werden:

```
level=20.0*log10(gain+0.00001);
```

mit:

`level:` berechneter Pegel aus dem `gain`-Faktor

Die Addition des Wertes 0.00001 erfolgt, damit bei niedrigster Faderstellung nicht log(0) gerechnet werden muss, was zu einer Fehlermeldung führen würde. Statt dessen wird log(0.00001) gerechnet, was zu -100dB führt.

10.7.3 Phasendreher

Ein "Phasendreher" oder korrekterweise "Inverter" ist eine sehr einfache Berechnung, da nur jedes Sample das entgegengesetzte Vorzeichen bekommen muss. Der Code hierfür lautet:

```
sample=-sample;
```

10.7.4 Panorama

Die Panoramasteller sind etwas komplizierter zu bewerkstelligen. Eigentlich ist es nur eine Aufteilung des Eingangswertes in zwei Ausgangswerte. Diese werden jedoch je nach Position des Panoramaknopfes entsprechend einem "Panning-Law" berechnet.
Daher wird hier zunächst das Panning-Law definiert.

Normalerweise geht man von einem "Constant Power Panning" aus. Das bedeutet, dass in den Extrempositionen des Panoramapotis das Signal nur auf der jeweiligen Seite (Links oder Rechts) erscheint und auf der gegenüberliegenden Seite kein Signal ist. In der Mittelstellung hingegen wird das Signal mit jeweils -3dB Pegelabschwächung auf beide Kanäle gegeben.

Im einfachsten Fall erreicht man diese Charakteristik durch Sinus- und Cosinusfunktionen deren Ausgangswert in Abhängigkeit der Panoramaposition berechnet wird.

Im ersten Schritt wird die Panoramaknopfposition (0-1) in einen Winkel von 0-90° umgerechnet. Die Mittelstellung soll hierbei 45° entsprechen:

```
angle=panorama*90;
```

Da das Ergebnis jedoch im Bogen- und nicht im Gradmaß benötigt wird, muss noch durch 180° geteilt und mit Pi multipliziert werden:

```
angle=panorama*90/180*3.14;
```

oder

```
angle=panorama*1.57;
```

mit:

`angle:` Drehwinkel von 0 - Pi/2
`panorama:` Panoramaknopfposition von 0 - 1

Im nächsten Schritt können die gain-Faktoren berechnet werden:

```
gainl=cos(angle);
gainr=sin(angle);
```

mit:

`gainl:` gain-Faktor (1 bei 0° und 0 bei 90°) für den linken Ausgangskanal `gainr:` gain-Faktor (0 bei 0° und 1 bei 90°) für den rechten Ausgangskanal

An dieser Stelle könnten auch andere Panning-Laws berechnet werden, um den gefühlten Verlauf des Panoramapotis den individuellen Wünschen anzupassen.

Die Berechnung des Panoramas lautet dann folgendermaßen:

```
samplel=sample*gainl;
sampler=sample*gainr;
```

mit:
`sample:` Eingangssample
`samplel:` linkes Ausgangssample
`sampler:` rechtes Ausgangssample

10.7.5 Signalsummierung

Die Summierung von Signalen ist eine der wichtigsten Aufgaben eines Mischpults. Jeder (Summen)-Bus führt die Addition aller Eingangskanäle durch.

Um die Summierung richtig verstehen zu können, muss zunächst klargestellt werden, dass wirklich immer alle vorhandenen Kanäle auf einen Summenbus addiert werden. Auch wenn ein Routingknopf nicht gedrückt ist, wird der entsprechende Kanal auf den Bus addiert - allerdings mit 0V Signalspannung.

Daher kann eine Summierung einfach über folgenden Code stattfinden:

```
for (i=1; i<=channels; i++)
{
   suml=suml+samplel[i];
   sumr=sumr+sampler[i];
}
```

mit:
`channels:` Kanalanzahl die summiert werden soll
`suml:` Summensignal des linkes Summenbusses
`samplel[i]:` linkes Ausgangssample vom Panoramaknopf des Kanals `i`
`sumr:` Summensignal des rechten Summenbusses
`sampler[i]:` rechtes Ausgangssample vom Panoramaknopf des Kanals `i`
`i:` Zeiger auf die jeweilige Kanalnummer

Durch die Verwendung von Fließkommazahlen kann die Summe nicht ins Clipping gehen, egal wie viele Kanäle aufaddiert werden. Um jedoch das Summensignal anschließend wieder in den Wertebereich ±1 zu bringen, sollte hinter der Summierung ein Masterfader programmiert werden. Dieser muss dann jedoch mit seinem `gain`-Faktor beide Summensignale gleichzeitig beeinflussen:

```
suml=suml*gain;
sumr=sumr*gain;
```

10.7.6 Filter

Digitale Filter werden als IIR-Filter (Infinite Impulse Response Filter) oder FIR-Filter (Finite Impulse Response Filter) realisiert. Für ein besseres Verständnis dieses Kapitels sollte vorher der Abschnitt 7.12 gelesen werden, um die grundlegende Funktionsweise eines IIR- bzw. FIR-Filters zu verstehen.
Die IIR-Filter finden in der Praxis Einsatz bei EQs, Trittschallfiltern und Frequenzweichen, die FIR-Filter bei phasenstarren Filtern oder auch bei der Abtastratenkonvertierung.

Für einen 30-bandigen Realtime Analyser müssten in der Praxis nur 3 Bandpassfilterkoeffizientensätze berechnet werden (12,5kHz, 16kHz und 20kHz), und durch eine wiederholte Abtastratenkonvertierung um den Faktor 2 könnten dann die darunter liegenden Oktaven mit den gleichen Filterkoeffizienten erneut berechnet werden.

10.7.7 IIR-Filter

Die IIR-Filter benötigen für die Berechnung drei Koeffizienten: `alpha`, `beta` und `gamma`. Diese werden je nach Filterart mit unterschiedlichem Vorzeichen und Gewichtungsfaktor verrechnet.

Das folgende Beispiel soll einen Bandpassfilter mit 1kHz Mittenfrequenz und einer Güte von 4,32 (Terzfilter) berechnen.

Zunächst werden die Koeffizienten berechnet. Hierbei findet die auf die Abtastfrequenz normierte Frequenz `fnorm` Anwendung:

```
pi=3.1415927;
fsampling=44100;
frequency=1000;
```

```
fnorm=frequency/fsampling;

qfactor=4.32;

beta=0.5*(1-tan(2*pi*fnorm/(2*qfactor)))/(1+
tan(2*pi*fnorm/(2*qfactor)));

gamma=(0.5+beta)*cos(2*pi*fnorm);

alpha=(0.5-beta)/2;


a1=gamma;
a2=-beta;
b0=alpha;
b2=-alpha;
```

Als nächstes kann das eigentliche Filter berechnet werden. Hierbei findet in der ersten Zeile die Berechnung des Filters statt, in den vier weiteren Zeilen werden die erforderlichen Delay-Lines geschaffen:

```
filterout=(b0*filterin+b2*xn2+a1*yn1+a2*yn2)
*2;

xn2=xn1;
xn1=filterin;
yn2=yn1;
yn1=filterout;
```

mit:

`filterin:`	Eingangssample des Filters
`filterout:`	Ausgangssample des Filters

Achtung: Bei den Delay-Lines darf keinesfalls `xn1` weggelassen werden, da ansonsten die Verzögerung nicht stimmt!

10.7.8 FIR-Filter / Faltung

Für die Berechnung von FIR-Filtern (die das gleiche sind wie eine Faltung) sind zwei Buffer erforderlich. In einem wird ein zirkularer Samplebuffer `z[2*taps]` angelegt, der ein doppeltes Stück Audiosignal beinhaltet. Durch die Verdoppelung wirkt der Buffer zirkular und muss nicht nach jedem Sample aufwändig verschoben werden. Im zweite Buffer befindet sich die Impulsantwort `h[taps]` des FIR-Filters.
Der Samplebuffer muss bei Programmstart(!) mit Nullen gefüllt werden. Die Variable `cbuf` wird einmalig initialisiert:

```
for (i=0; i<taps*2; i++)
{
   z[i]=0;
}
cbuf=taps-1;
```

In der eigentlichen Filterberechnung wird zunächst das aktuelle Eingangssample jeweils vorne an den Buffer angehängt:

```
z[cbuf]=z[cbuf+taps]=filterin;
```

Danach kann das eigentliche Filter berechnet werden:

```
filterout=0;

for (i=0; i<taps; i++)
{
  filterout=filterout+z[i+cbuf]*h[i];
}

cbuf--;
if (cbuf<0) {cbuf=taps-1;}
```

mit:

`filterin:`	Eingangssample des Filters
`filterout:`	Ausgangssample des Filters
`taps:`	Länge des FIR-Filters
`cbuf:`	Pointer im zirkularen Buffer
`z[i]:`	Samplebuffer
`h[i]:`	Impulsantwort des FIR-Filters

Für die Berechnung der Impulsantwort des FIR-Filters gibt es im Internet verschiedenste Programme, mit denen i.d.R. auch eine Simulation des Filters sowie ein Export der Koeffizienten möglich ist.

10.7.9 Equalizer

In Equalizern werden gefilterte Audiosignale zum ungefilterten Audiosignal addiert oder von ihm subtrahiert. Bei einer Addition ergibt sich der "Boost" eines bestimmten Frequenzbereichs, bei einer Subtraktion ein "Cut".
Der wesentliche Unterschied zwischen grafischen und parametrischen Equalizern besteht darin, dass der grafische Equalizer feste Mittenfrequenzen und Güten hat und beim parametrischen beides frei wählbar ist.
Weiterhin sind normalerweise bei einem grafischen EQ mehr Frequenzbänder vorhanden, als bei einem parametrischen.

10.7.9.1 Grafisch

Bei einem grafischen EQ sind dessen Mittenfrequenzen fest in Oktav- oder Terzbändern definiert. Weiterhin ist auch die Güte der Filter fest bei 1,41 (Oktave) oder 4,32 (Terz).
In der Praxis werden für Equalizer IIR-Bandpassfilter eingesetzt. Die Koeffizienten für diese Filter können einmalig bei Programmstart berechnet oder auch direkt fest hinterlegt werden.

Um "Boost" zu bewerkstelligen, muss das gefilterte Signal zum Direktsignal addiert werden. Dazu wird zunächst der gewünschte maximale Boost-Wert ermittelt. Liegt dieser beispielsweise bei 15dB, so bedeutet das ein 5,62-mal größeres Signal. Zum vorhandenen Signal muss also das gefilterte und mit einem Faktor von 4,62 multiplizierte Signal addiert werden:

```
eqout=filterin+boost*filterout;
```

mit

`eqout:`	Ausgangssample des Equalizers
`filterin:`	Eingangssample des Equalizers und damit auch der Filter
`filterout:`	Ausgangssample eines einzelnen Filters
`boost:`	Faktor für den Frequenzboost. Beispielsweise 0-4,62 für 0-15dB Boost

Für "Cut" ist die Vorgehensweise analog zu "Boost", nur dass das Signal subtrahiert werden muss. Um beispielsweise 15dB Cut zu bekommen, muss das Signal 0,18-fache Größe bekommen. Das entspricht der Subtraktion eines 0,82-fachen gefilterten Signals vom vorhandenen Signal:

```
eqout=filterin-cut*filterout;
```

mit

`eqout:`	Ausgangssample des Equalizers
`filterin:`	Eingangssample des Equalizers und damit auch der Filter
`filterout:`	Ausgangssample eines einzelnen Filters
`cut:`	Faktor für den Frequenzcut. Beispielsweise 0-0,82 für 0-15dB Cut

In der Praxis können die beiden oben genannten Faktoren `boost` und `cut` zu einem `cutboost`-Faktor zusammengeführt werden, der je nach Position des Knopfes, Werte von -0,82 bis +4,62 annimmt und bei Mittelstellung den Wert 0 hat:

```
eqout=filterin+cutboost*filterout;
```

Erneut von einem Knopf ausgehend, der Werte von 0-1 liefert, würde sich der `cutboost`-Faktor folgendermaßen berechnen:

```
cutboost=pow(10,(cbpot-0.5)*1.5)-1;
```

mit:

`cutboost:`	cutboost-Faktor von -0,82 bis +4,62
`cbpot:`	Wert des Cut/Boost-Knopfes von 0-1

Für andere Cut-/Boost Bereiche muss lediglich der Faktor 1,5 verändert werden. So würde der EQ bei einem Faktor 2 ein Cut/Boost von ±20dB erreichen.

10.7.9.2 Parametrisch

Bei einem parametrischen EQ sind Mittenfrequenz und Güte frei einstellbar. In der Praxis bewegt sich die Mittenfrequenz zwischen 20Hz und 20000Hz, wobei manche Anwender einen Bereich ab 10Hz bevorzugen würden und bei höheren Abtastfrequenzen auch bis 40000Hz einstellen möchten.
Die Koeffizienten für die IIR-Filter eines parametrischen EQs müssen bei jeder Parameteränderung im User-Interface neu berechnet werden. Sie können dann jedoch problemlos zwischen zwei Samples umgeschaltet werden.

Für die Parameter Boost und Cut gilt die gleiche Vorgehensweise wie beim grafischen EQ.

10.7.10 Delay

Für ein Delay werden normalerweise einfach Samples zwischengespeichert und um den gewünschten Betrag verzögert wieder ausgegeben. Damit sind allerdings nur Verzögerungen möglich, die ein ganzzahlig Vielfaches der Dauer eines Samples sind, was jedoch in der Tontechnikpraxis meistens ausreicht. Für Verzögerungszeiten unter einem Sample können Allpassfilter (meist als FIR) berechnet und mit nahezu beliebigen Verzögerungszeiten realisiert werden.

Ein einfaches Delay kann mit einem Verzögerungspuffer der Länge `bufferlength` realisiert werden. Diese Pufferlänge muss größer sein als die größte Delayzeit, die man einstellen möchte.
Initial wird die Delayzeit durch zueinander verschobene Pointer im `delaybuffer` gesetzt:

```
pointerout=bufferlength;
pointerin=bufferlength-delaytime;
```

Anschließend kann das Delay berechnet werden:

```
delaybuffer[pointerin]=samplein;
sampleout=delaybuffer[pointerout];

pointerin--;
if (pointerin<0) {pointerin=bufferlenght;}
pointerout--;
if (pointerout<0) {pointerout=bufferlenght;}
```

mit:

`pointerin`,
`pointerout`: Zeiger auf die Schreib- bzw. Leseposition der Samples im `delaybuffer`
`delaybuffer[]`: Zwischenspeicher für die zu verzögernden Samples. Der Buffer muss lang genug sein, um alle gewünschten Verzögerungszeiten erreichen zu können.
`bufferlength`: Länge des Buffers
`delaytime`: Gewünschte Verzögerungszeit in Samples

Die beiden Pointer sind um den Betrag `delaytime` zueinander verschoben. Das bedeutet, dass Eingangssamples immer um diesen Betrag früher in den Buffer geschrieben werden, als die Ausgangssamples wieder ausgelesen werden.

10.7.10.1 Delay-Feedback

Ein Feedback in einem Delay sorgt dafür, dass das verzögerte Signal in gleichen Abständen wiederholt wird. Liegt hierbei ein `feedbackgain` von weniger 1 vor, so wird die Wiederholung stetig leiser, bis das Feedback-Signal ausgeklungen ist. Weiterhin kann ein Tiefpass-Filter in den Feedbackweg geschaltet werden, der das Signal in jeder Wiederholungsschleife etwas dumpfer macht, was eher den natürlich auftretenden Raumreflexionen entspricht.
Für ein Feedback ist zunächst nur eine Ergänzung im Code für das Delay erforderlich:

```
delaybuffer[pointerin]=samplein+sampleout*fe
edbackgain;
```

mit:

`feedbackgain`: Verstärkungsfaktor für das Feedback.

Hier wird das Ausgangssample des Delays mit einem bestimmten Verstärkungsfaktor zum aktuellen Eingangssample addiert.

10.7.10.2 Multi-Tap Delay

Ein Multitap-Delay verfügt über mehrere Ausgänge und kann auch mehrere Feedback-Schleifen haben. Dazu müssen mehrere Pointer auf verschiedene Stellen des Delaypuffers zeigen.

Initialisierung der Pointer:

```
pointerout2=bufferlength;
pointerout1=bufferlength-(delaytime2-delayti
me1);
pointerin=bufferlength-delaytime2;
```

Berechnung des Delays:

```
delaybuffer[pointerin]=samplein;
sampleout=delaybuffer[pointerout1]+delaybuff
er[pointerout2];

pointerin--;
if (pointerin<0) {pointerin = bufferlenght;}
pointerout1--;
if (pointerout1<0)
{pointerout1=bufferlenght;}
pointerout2--;
if (pointerout2<0)
{pointerout2=bufferlenght;}
```

mit:

`delaytime1`: kürzere Delayzeit
`delaytime2`: längere Delayzeit

Wenn die verschiedenen Ausgänge des Delays noch mit unterschiedlichen Verstärkungsfaktoren versehen werden, erhält man die einfache Möglichkeit, Raumreflexionen (Early-Reflections) nachzubilden. So könnte der Ausgangswert beispielsweise folgendermaßen berechnet werden:

```
sampleout=samplein*directgain+delaybuffer[po
interout1]*er1gain+delaybuffer[pointerout2]*
er2gain+delaybuffer[pointerout3]*er3gain+del
aybuffer[pointerout4]*er4gain;
```

Hier werden das Direktsignal und vier "Reflexionen" mit unterschiedlichen Verstärkungsfaktoren addiert.

10.7.10.3 Ping-Pong Delay

Für ein Ping-Pong-Delay müssen zwei getrennte Verzögerungsstrecken aufgebaut werden, die überkreuz ein Feedbacksignal erhalten. Da der Ping-Pong-Effekt in beide Richtungen gleich schnell gehen soll, haben beide Delays die gleiche Verzögerungszeit. Allerdings erhält nur DelayL ein Eingangssample. DelayR wird aus dem Ausgangssignal von DelayL gespeist. Beide Feedbackschleifen könnten mit unterschiedlichen Verstärkungsfaktoren versehen werden:

```
pinggain=0.9;
ponggain=0.9;
```

Initialisierung der Pointer:

```
pointerout=bufferlength;
pointerin=bufferlength-delaytime;
```

Berechnung des Delays:

```
delaybufferleft[pointerin]=samplein+delaybuf
ferright[pointerout]*ponggain;
delaybufferright[pointerin]=delaybufferleft[
pointerout]*pinggain;
sampleoutleft=delaybufferleft[pointerout];
sampleoutright=delaybufferright[pointerout];

pointerin--;
if (pointerin<0) {pointerin=bufferlenght;}
pointerout--;
if (pointerout<0) {pointerout=bufferlenght;}
```

10.7.10.4 Moduliertes Delay

Bei einem modulierten Delay verändert sich die Delayzeit durch einen Modulator. Je nachdem wie der Modulator arbeitet, kann man dadurch Phaser, Flanger und Chorus realisieren. Dafür wird das meist sinusförmig in der Delayzeit modulierte, verzögerte Signal zum Direktsignal addiert.
Weiterhin lassen sich Vibrato und Pitch-Shifter realisieren, bei denen ein sinus- oder sägezahnförmig in der Delayzeit moduliertes, verzögertes Signal, ohne zugemischtes Direktsignal am Ausgang erscheint.

Durch verschiedene mathematische Funktionen kann die `delaytime` moduliert werden. Für die meisten Anwendungen wird die Delayzeit sinusförmig moduliert, aber auch Dreieck-, Sägezahn- und Zufalls-Modulation kommen vor.

Die aktuelle Delayzeit kann entweder in Echtzeit berechnet oder bei Programmstart als "Wavetable" abgelegt werden. Auf modernen Prozessoren ist die Echtzeitberechnung meistens unkritisch, da auch Sinusberechnungen sehr schnell gehen. Auf DSPs bietet sich teilweise noch die Wavetable-Methode an, wenn die Prozessoren z.B. keine Sinusfunktionen direkt berechnen oder in einem Look-up-Table nachschauen können.

Um modulierbare Pointer möglichst unkompliziert realisieren zu können, ist ein Doppelpuffer sinnvoll, da dadurch die eigentliche Verzögerung und die Veränderung der Verzögerungszeit unabhängig voneinander verlaufen können:

Initialisierung der Pointer:

```
pointerout=bufferlength/2;
pointerin=bufferlength/2-delaytime;
```

mit:
`bufferlength:` Vielfaches von 2 als Länge des Delaypuffers.

Der Modulator kann folgendermaßen berechnet werden:

```
moddelay=sin(modrate/samplingrate*2*3.14*sam
plecounter)*moddepth;

samplecounter++;
if(samplecounter=samplingrate)
{samplecounter=0;}
```

mit:

`moddelay:`	modulierte Verzögerungszeit
`modrate:`	Frequenz des Modulators. Bei `modrate=1` beträgt diese 1Hz
`moddepth:`	Tiefe der Modulation. Bei `moddepth=100` wird ±100Samples moduliert. Darf bis zu `bufferlength/4-1` gehen
`samplingrate:`	Abtastfrequenz des Systems
`samplecounter:`	Interner Zähler. Muss am Anfang auf 0 gesetzt werden

Berechnung der Delays:

```
delaybuffer[pointerin]=delaybuffer[bufferlen
gth/2+pointerin]=samplein;

sampleout=sameplein+delaybuffer[pointerout+b
ufferlength/4+moddelay]*fxgain;
```

```
pointerin--;
if (pointerin<0)
{pointerin=bufferlenght/2-1;}
pointerout--;
if (pointerout<0)
{pointerout=bufferlenght/2-1;}
```

Der Parameter `fxgain` gibt an, wie stark das moduliert verzögerte Signal zum Direktsignal hinzuaddiert wird. Wird das Direktsignal weggelassen, ergibt sich ein Vibrato.

Durch verschiedene Modulationsfunktionen können die unterschiedlichsten Effekte hervorgerufen werden. Für viele Effekte empfehlen sich zwei modulierte Delays, um einen Stereoeffekt zu - bekommen.

10.7.11 Hall

Hall besteht zunächst aus einem Multitap-Delay, das die Early Reflections nachbilden soll. Jede Reflexion ist in der Praxis gefiltert (meist tiefpassgefiltert), da die reflektierenden Flächen bestimmte Frequenzen absorbieren. Die einzelnen Early Reflections regen den Raum zu weiteren Reflexionen an. Diese können entweder durch weitere Feedback-Delays (mit Tiefpass im Feedbackweg) nach den Early Reflections realisiert werden oder durch eine Rückkopplung in das Multitap-Delay.

Die für einen Hall erforderlichen Bausteine sind bereits weiter vorne in diesem Kapitel erläutert worden und werden hier nicht erneut aufgegriffen.

10.7.12 Amplitudeneffekte

10.7.12.1 Tremolo / Auto-Pan

Ein Tremolo moduliert die Amplitude eines Signals durch einen tieffrequenten (meist sinusförmigen) Modulator. Erfolgt die Signalbearbeitung mono, wird das Signal einfach nur periodisch lauter oder leiser. Bei einer Stereobearbeitung wird das Signal abwechselnd rechts lauter und links leiser bzw. umgekehrt. Durch ein extremes Stereo-Tremolo wird das Signal komplett hin und her gepant und es entsteht ein Auto-Pan.

Um ein Tremolo realisieren zu können, wird ein ähnlicher Modulator wie im Kapitel 10.7.10 benötigt:

```
modulator=sin(modrate/samplingrate*2*3.14*sa
mplecounter);
```

```
samplecounter++;
if(samplecounter=samplingrate)
{samplecounter=0;}
```

Dieser Modulator geht von -1 bis 1. Um das Signal entsprechend zu bearbeiten, muss dieser Wert noch zu einer Grundverstärkung addiert werden:

```
sampleout=samplein*(1+modulator*moddepth);
```

In diesem Fall wird das Signal von 0dB Verstärkung ausgehend mit der `moddepth` (Wert von 0-1 zulässig) moduliert.

Für eine Stereo-Modulation würde der Modulator invertiert auf den Ausgangskanälen eingesetzt:

```
sampleoutleft=samplein*(1+modulator*moddepth
);
sampleoutright=samplein*(1-modulator*moddept
h);
```

Selbstverständlich könnte auch noch ein Panning-Law mit einbezogen und dadurch ein schönerer Panningverlauf erzielt werden.

10.7.13 Dynamikbearbeitung

Die Dynamikbearbeitung benötigt eine pegelabhängige Verstärkungsänderung. Im einfachsten Fall wird hierbei das Ausgangssignal gemessen, welches über Threshold, Attack und Release Einfluss auf das Eingangssignal nimmt. Durch diese so genannte Feedback-Schaltung ist der Kompressor leicht analog zu realisieren und stabil im Verhalten. Allerdings ist das Verhalten nicht exakt vorhersagbar und so ist die bessere Vorgehensweise die Feed-Forward-Variante. Diese ist analog nur durch teurere Bauteile und komplexere Schaltungen möglich, digital aber sehr einfach umzusetzen.
Zunächst wird das Eingangssignal gleichgerichtet und geglättet (ähnlich VU-Meter). Anschließend erfolgt der Vergleich mit dem Threshold, dann das Logarithmieren und Einbeziehen von Attack- und Releasezeiten. Die nun vorhandene Steuerspan-

nung beeinflusst über den Parameter Ratio die Verstärkung des Eingangs in Richtung Ausgang.

10.7.13.1 Kompressor/Limiter/Expander

Die Berechnung des Audiosignals sieht folgendermaßen aus:

```
dynout=dynin*dyngain;
```

Der Verstärkungsfaktor `dyngain` muss im Sidechain berechnet werden. Dazu wird das Eingangssignal zunächst gleichgerichtet und geglättet:

```
abssample=fabs(sample);

avgstore=(abssample-avg+avgstore);
avg=avgstore*avgtime;
```

mit:

`abssample:`	Absolutwert des Eingangssamples
`avg:`	"rollender" Mittelwert
`avgstore:`	Zwischenspeicher des Mittelwerts
`avgtime:`	Mittelungszeit (abtastfrequenzabhängig!). Beispiel: 20ms = 1/(Abtastfrequenz·0,02)

Anschließend erfolgt das Logarithmieren des Mittelwerts:

```
logavg=20*log10(avg+0,000001);
```

Da `avg` zwischen 0 und 1 liegt, wird der 20-fache logarithmierte Wert (inkl. dem addierten Hilfswert) zwischen -120dB und etwa 0dB liegen.

Der Vergleich zum Threshold kann am logarithmierten Signal über eine einfache Abfrage gelöst werden. Ist der Wert überschritten, wird die Attack-Zeit berechnet, ist er nicht überschritten, die Releasezeit:

```
if (logavg>threshold)
{
controlstore=((logavg-threshold)-control+con
trolstore);
control=controlstore*attack;
}
else
{
control=control*release;
controlstore=control/attack;
};
```

mit:

`threshold:`	sinnvolle Werte sind zwischen -120 und 0dB
`logavg:`	logarithmierter und korrigierter Mittelwert des Betrags vom Audiosignal
`control:`	Steuerspannung für die Verstärkungsänderung
`controlstore:`	Zwischenspeicher der Steuerspannung
`attack:`	Attackzeit (abtastfrequenzabhängig!). Beispiel: 1ms=1/(Abtastfrequenz·0,001)
`release:`	Releasezeit (abtastfrequenzabhängig!). Beispiel: 0,3s pro 20dB= 0,1^(0,3/Abtastfrequenz)

Ist der Threshold beispielsweise um 10dB überschritten, so ergibt `logavg-threshold` genau diese 10dB. Nach der Attackzeit hat sich `control` dann ebenfalls auf 10 "aufgeladen".

Als letztes muss die Steuerspannung noch in einen sinnvollen Gain-Wert umgerechnet werden. Hier kommt der Parameter Ratio zum Tragen.
Die Ratio stellt das Verhältnis zwischen überschrittenem Pegel und reduziertem Pegel dar. Wird beispielsweise der Threshold um 10dB überschritten, so muss bei einer 4:1-Ratio (ratio=4) das Signal um 7,5dB leiser gemacht werden, damit nur noch ein Viertel des überschrittenen Thresholds übrig bleibt.

```
dyngain=pow(10,-(control-control/ratio)/20);
```

Bei einem Expander geht es an dieser Stelle darum, ein Signal lauter zu machen, wenn der Threshold überschritten ist. Auf diese Weise lassen sich zum Kompressor spiegelbildliche Kennlinien realisieren und man kann mit einem Expander die Signalbearbeitung eines Kompressors rückgängig machen (z.B: für ein Kompandersystem). So müsste beispielsweise das o.g. Signal, welches um 2,5dB über dem Theshold liegt, bei einer Ratio von 1:4 (ratio=0,25) wieder auf 10dB expandiert werden, also 7,5dB Verstärkung erfahren.

Sowohl beim Kompressor als auch beim Expander erhält man durch die oben stehende Formeln einen Knick in der Kennlinie, so dass - ausgehend von Unity-Gain - die Kennlinie ab dem Threshold nach unten oder oben abknickt (siehe Abbildung 10.7-1).

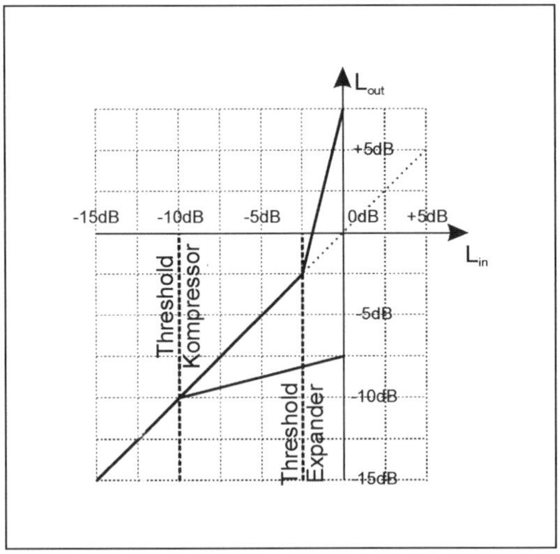

Abb. 10.7-1: Gegenläufige Kompressor- und Expanderkennlinien ohne Ausgangsverstärkung

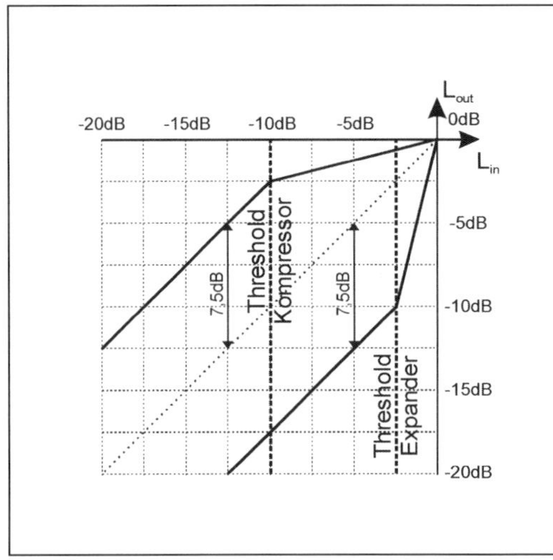

Abb. 10.7-2: Gegenläufige Kompressor- und Expanderkennlinien mit passender Ausgangsverstärkung

Daher wird ein zusätzlicher Parameter benötigt, der das Ausgangssignal noch verstärken oder abschwächen kann, so dass es wieder im gewünschten Pegelbereich liegt.

Allerdings kann diese Ausgangsverstärkung auch automatisch berechnet werden - dann ergibt sich ein Rotation-Point z.B. um die 0dB-Marke herum (siehe Abbildung 10.7-2).

Um diese Ausgangsverstärkung zu berechnen, wird folgende Formel noch zur bereits berechneten `dyngain` hinzugefügt:

```
dyngain=pow(10,(-(control-control/ratio)-(th
reshold-threshold/ratio))/20);
```

Durch den Rotation-Point sind dann die Kennlinien auch wirklich "spiegelbildlich"

Um o.g. Beispiel nachvollziehen zu können, kann beispielsweise ein Kompressor mit einem Threshold von -10dB und einer Ratio von 4 berechnet werden. Der Expander, der die Kompression rückgängig macht, muss dann einen Threshold von -2,5dB haben und eine Ratio von 0,25.

10.7.13.2 Gate

Ein Gate soll ein Signal erst ab einem bestimmten Threshold durchlassen. Unterhalb diese Thresholds soll das Signal abgeschaltet oder stark abgedämpft werden.

Der Parameter Range gibt an, wie stark das Signal abgedämpft werden soll. Bei einer Knopfeinstellung von 0-1 liegt man eigentlich schon im richtigen Bereich, allerdings ist der Verlauf wieder ungünstig (siehe Kapitel 10.7.2). Erneut kann eine Korrekturfunktion eingesetzt werden:
Eine mögliche praktikable Korrekturfunktion könnte lauten:

```
range=pow(10,((knob-1)*2))-pow(10,-2);
```

mit:

`range:` Verstärkung beim Schließen des Gates von -100dB - 0dB

`knob:` Knopfposition des Range-Knopfes von 0-1

Das Gate soll nach Überschreiten des Thresholds und dem Vergehen der Attackzeit aufmachen. Nach Unterschreiten des Thresholds und dem Vergehen der Releasezeit soll es schließen.

Für die Berechnung des Sidechainsignals können erst einmal die gleichen Formeln wie beim Kompressor genutzt werden. Erst ab dem Threshold schaut es etwas anders aus:

```
if (logavg>threshold)
{
controlstore=((1-range)-control+controlstore
);
control=controlstore*attack;
}
else
```

```
{
control=control*release;
controlstore=control/attack;
};
```

In `control` wird nicht der Pegelunterschied zwischen gemitteltem Signal und Threshold erzeugt, sondern ein Wert zwischen `1-range` und Null. Wenn der Threshold überschritten ist, lädt sich `control` bis auf `1-range` auf, nach dem Unterschreiten geht der Wert wieder auf Null zurück.

Die Signalbearbeitung erfolgt dann folgendermaßen:

```
gateout=gatein*(range+control);
```

Das Eingangssignal das Gates wird im Falle des offenen Gates `control=1-range` mit 1 multipliziert, also unverändert durchgelassen. Bei geschlossenem Gate `control=0` wird es mit `range` multipliziert und um den dort eingestellten Betrag abgeschwächt.

10.8 Vergleich Hardware- und Software-Effektgeräte

An dieser Stelle soll ein kurzer Vergleich hinsichtlich der Arbeitsweise und den Möglichkeiten von Hardware- und rein softwarebasierten Effekten gegeben werden. Mit den rein softwarebasierten Effekten sind so genannte "Plug-Ins" gemeint, die man in die digitalen Audio-Workstations einbinden kann. Der Vergleich ist in der unten stehenden Tabelle 10.8-1 zu sehen. Die Existenz der softwarebasierten Effekte hat die Arbeitsweise mit den Effekten teilweise grundlegend verändert. Man hat einfach mehr "Geräte" vorrätig, die man je nach Rechenleistung einsetzen kann. Bei den echten Hardware-Geräten musste man seine Arbeitsweise an das vorhandene Equipment - das zur damaligen Zeit unglaublich teuer war - anpassen.

Trotz enorm vieler Vorteile der Plug-Ins, ist doch der charakteristische Klang der echten Hardwaregeräte verloren gegangen. Dieser beruhte größtenteils auf technischen Unzulänglichkeiten, obwohl man damals versucht hat, das Gerät so gut wie möglich aufzubauen. Diese Unzulänglichkeiten hat ein Plug-In nicht mehr. Meistens klingt es daher steriler und langweiliger als ein echtes Originalgerät.

Weiterhin sind alte Analoggeräte oft aus dem Rundfunkbereich und daher auf allerhöchsten Standards gefertigt worden. Daher sind sie vom mechanischen und elektrischen Aufbau "für die Ewigkeit" gebaut und verfügen über hervorragende Messwerte, an die auch moderne Geräte teilweise kaum herankommen.

Hardware-Geräte	Plug-Ins
Relativ teuer, da reale Bauteile notwendig sind	Relativ billig, da nur Software
Look & Feel eines Gerätes. Anfassen und Bedienen erfolgt intuitiv.	Look & Feel nachempfunden. Bedienung mit Maus oder Controller erfolgt eher abstrakt.
Nur bestimmte Effekte möglich	Auch komplexe Effekte möglich, die in Hardwareeffektgeräten nicht realisiert werden
Lädt zum Experimentieren ein, da beliebig in den Signalfluss einbindbar	Kann nur vorprogrammierte Funktionen. Experimentieren eher mühsam
Verleiht dem Studio ein "amtliches" Aussehen	Ist nur auf dem Bildschirm vorhanden
Ist nur einmal vorhanden	Kann beliebig oft (je nach Rechenleistung) geöffnet und verwendet werden
Kann kaputt gehen	Geht nicht kaputt
Bauteile und deren Unzulänglichkeiten machen den typischen Klang aus	Klingen meist steriler und weniger typisch
Keine Parametervisualisierung erzwingt das Arbeiten "nach Gehör"	Starke Parametervisualisierung verleitet zum Arbeiten "nach Sicht"
Kaum oder gar nicht automatisierbar	Oft komplett automatisierbar
Ist auf analoge Arbeitsumgebung ausgelegt	Ist auf digitale Arbeitsumgebung ausgelegt
Sehr gut livetauglich	Kaum livetauglich

Tab. 10.8-1: Vergleich zwischen Hardwareeffekten und Software-Effekten (Plug-Ins)

Kapitel 11 - Mischpultkonzepte

11 Mischpultkonzepte

11.1 Bestandteile eines Mischpults

In diesem Kapitel geht es um die Funktion und die Anwendung von Mischpulten. Da sehr viele unterschiedliche Mischpulte existieren, die ab einer gewissen Größe auch fast immer "Customized" - also auf den Kunden angepasst sind, sollen hier nur die Grundlagen besprochen werden. Eine Anwendung dieses Wissens auf das reale Mischpult sollte dann nicht weiter schwer fallen. Gezeigte Beispiele dienen der Veranschaulichung von Mischpultkonzepten, stellen jedoch auf keinen Fall eine vollständige Referenz für ein Pult dar. Dazu sollte man immer das Manual des jeweiligen Pultes studieren.

Ein Mischpult besteht aus mehreren "Sektionen", durch die das Signal laufen kann. Die Bestandteile dieser Sektionen werden zuerst besprochen, da jedes Mischpult modulweise aus diesen Sektionen zusammengesetzt wird. In den Abbildungen 11.1-1 und 11.1-2 sind die Sektionen für einen Eingangskanal und einen Tape-Return-Kanal (=Monitorkanal) blockartig zu sehen.

Im zweiten Teil dieses Kapitels geht es um die Funktionsprinzipien und die Anwendungs-Settings von Split- und Inline-Mischpulten, sowie um die Besonderheiten von Digitalmischpulten.

Aus Gründen der Verständlichkeit wird im gesamten Kapitel 11 immer von der "Stereosumme" gesprochen. Entsprechend der Bedeutung des Wortes "Stereo" (=räumlich) ist damit sowohl eine 2-kanalige als auch eine mehrkanalige Summe gemeint.

11.1.1 Eingangssektion

Die Eingangssektion ist der Bereich, an dem das Signal ins Mischpult hinein kommt. Hier wird die Signalanpassung auf den mischpultinternen Pegel vorgenommen.

11.1.1.1 Mikrofoneingang

Mikrofoneingänge sind für die Vorverstärkung von Mikrofonsignalen auf den Line-Pegel nötig. Ihre Verstärkung beträgt bis zu 65-70dB (etwa 2000-3000-fache Spannungsverstärkung).
Mikrofoneingänge sind normalerweise symmetrisch ausgeführt, damit die symmetrischen Signale von professionellen Mikrofonen mit einem möglichst großen Störabstand übertragen werden können.
Mikrofoneingänge sollten über Phantomspeisung verfügen, so dass auch Kondensatormikrofone und aktive DI-Boxen problemlos betrieben werden können. Die Phantomspeisung ist fast immer abschaltbar, um bei bestimmten Adapterkonfigurationen die Gleichspannung von den angeschlossenen Geräten fern zu halten.

11.1.1.2 Line-Eingang

Der Line-Eingang ist für hochpegelige Signale bestimmt, wie sie von CD-Playern, Synthesizern oder anderem Outboardequipment kommen. Line-Eingänge lassen sich von der Verstärkung her meist in einem Bereich von ±10dB bis ±20dB an das Signal anpassen.

Bei einfachen Mischpulten ist der Line-Eingang nur eine Abschwächungsstufe, nach der das Signal auf den Mikrofoneingang gegeben wird. In dieser Konfiguration ist der Line-Eingang signalflusstechnisch gleichwertig mit dem Mikrofoneingang. Es sollten jedoch nicht beide Eingänge gleichzeitig verkabelt werden.
Eine eventuell auf dem Mikrofoneingang vorhandene Phantomspeisung wird in diesem Fall von dem Line-Eingang ferngehalten.

11.1.1.3 Tape-Return-Eingang

Der Tape-Return-Eingang ist prinzipiell identisch mit dem Line-Eingang. Bei Inline-Pulten ist er der Eingang, über den das Signal in das Monitor-Modul geholt wird.
Bei Split Pulten gehen die Tape-Return-Eingänge auf die Tape-Return-Module.

Der Tape-Return-Eingang ist normalerweise in den Patchbays mit dem Line-Eingang verbunden. Erst wenn ein Signal in den Line-Eingang oder in den Tape-Return-Eingang auf der Patchbay eingesteckt wird, wird die Verbindung unterbrochen.

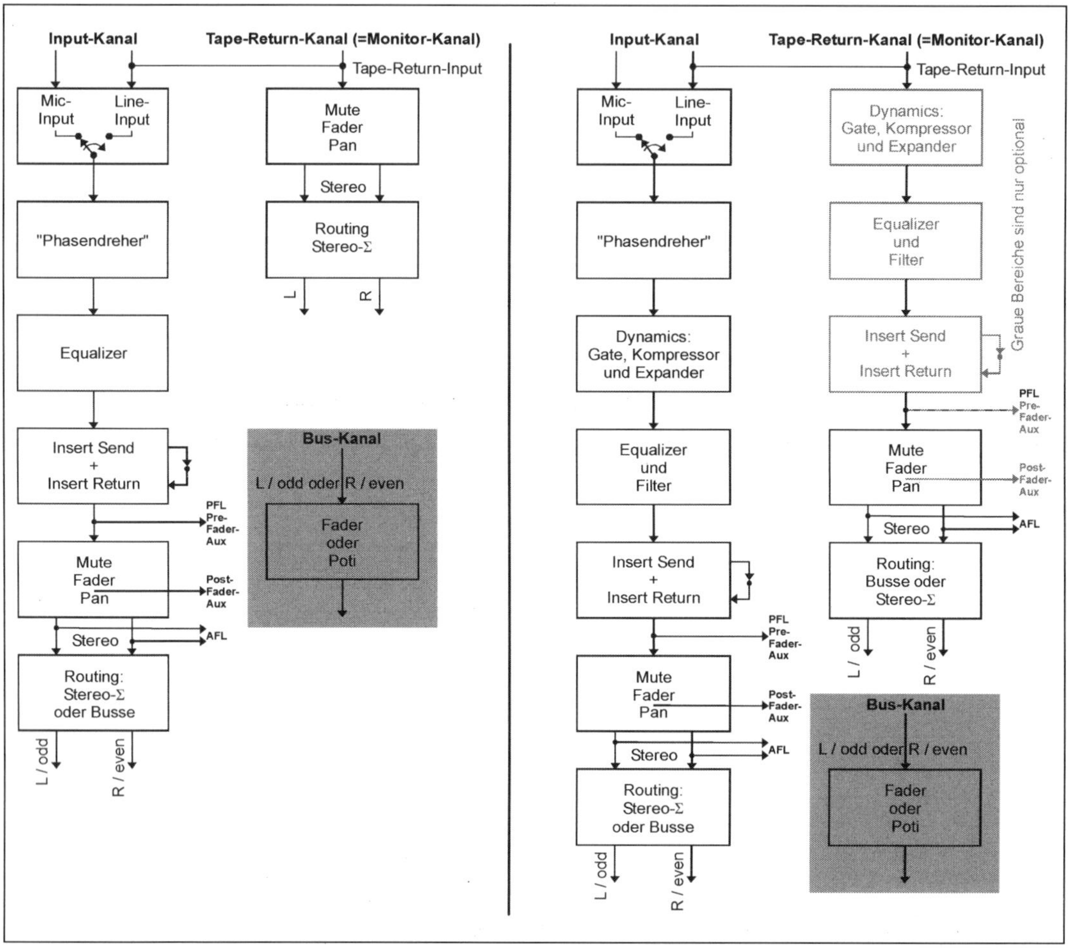

Abb. 11.1-1 und 11.1-2: Schematische Darstellung des Signalflusses für ein einfaches Mischpult (links) und ein komplexes Inline-Pult (rechts)

11.1.1.4 Phasendreher

Der Phasendreher führt elektrotechnisch gesehen eine Invertierung des Signals durch. Dadurch wird das Signal effektiv nicht mehr auf die Summe des Pultes addiert sondern von ihr abgezogen.
Im Signalfluss ist zu beachten, dass der Phasendreher nicht immer für alle Eingänge zur Verfügung steht, sondern teilweise nur auf dem Mikrofoneingang verwendet werden kann.

11.1.2 Dynamikbearbeitende Sektion

In der dynamikbearbeitenden Sektion kann die Dynamik des Eingangssignals verändert werden. Je nach Pult stehen dazu Kompressor, Expander und Gate zur Verfügung. Meistens ist die dynamikbearbeitende Sektion umschaltbar zwischen Kompressor- oder Expander-/Gatefunktion.
Dynamikbearbeitende Sektionen sind nur bei den großen Profimischpulten zu finden.

11.1.2.1 Kompressor

Der Kompressor kann als normaler Kompressor des Signals im entsprechenden Mischpultkanal eingesetzt werden. Je nach Mischpult ist es weiterhin möglich, den EQ oder Filter in den Sidechain des Kompressors zu schalten. Ebenso kann oft der Sidechain benachbarter Kanäle miteinander verbunden werden, um Stereokompressoren zu bekommen.
Auch möglich ist hierbei die Funktion, dass das Signal eines Kanals den Kompressor des Nachbarkanals ansteuert, um eine Art Ducking-Effekt zu

erreichen. Dazu werden die Sidechains der Kompressoren miteinander verbunden, der Kompressor aber nur im zu duckenden Kanal eingeschaltet.

11.1.2.2 Expander/Gate

Expander und Gate sind oft gemeinsam vorhanden, da sie über den gleichen VCA realisiert werden können. Sie dienen dazu, den Signal Rauschabstand in einem Kanal zu erhöhen und Signalanteile, die nicht benötigt werden, abzuschalten oder leiser zu machen.

11.1.3 Klangbearbeitende Sektion

In der klangbearbeitenden Sektion befinden sich je nach Pultausstattung Filter und Equalizer. Bei Inline-Pulten ist hierbei teilweise getrennt voneinander anwählbar, ob sich die Filter- und EQ-Sektion im Eingangskanal oder im Monitorkanal befinden soll.
Verfügt das Pult über eine dynamikbearbeitende Sektion, so können die Filter oder Equalizer meist auch in den Sidechain der Dynamiksektion geschaltet werden.

11.1.3.1 Filter

Die Filter dienen einer technischen Bearbeitung des Signals. Mit ihnen kann man das Signal auf einen bestimmten Frequenzbereich eingrenzen, so dass nach den Filtern beispielsweise möglichst wenig Rumpelgeräusche (Hochpass) und Rauschen (Tiefpass) im Kanal vorhanden sind.

11.1.3.2 Equalizer

Die Equalizer dienen der klanglichen Anpassung des Signals an die Wünsche den Toningenieurs. Je nach Pult verfügen die Equalizer über 2 bis 4 Bänder. Es gibt sie als einfache Cut/Boost-Equalizer bis hin zu vollparametrischen Equalizern.

11.1.4 Insert-Send und -Return Sektion

Die Insert-Send und Insert-Return Sektion ermöglicht es, in den Mischpultkanal externe Geräte zu schalten. Dabei geht das Signal aus dem Kanal über den Insert-Send zu dem externen Gerät und kommt vom externen Gerät über den Insert-Return zurück ins Pult. Das externe Gerät wird dadurch signalflusstechnisch in den Kanal eingefügt (Insert).

Je nach Pult ist der Insert Punkt vom Signalfluss umschaltbar gestaltet, so dass er beispielsweise vor oder nach dem EQ sein kann.
Es ist immer möglich, den Insert-Send alleine abzugreifen und somit eine Kopie des Signals aus dem Kanal zu bekommen. Je nach Pult muss hierbei eventuell eine Verbindung zum Insert-Return hergestellt werden, da ansonsten der Signalfluss im Kanal unterbrochen wird.

11.1.5 Hilfswege

Hilfswege werden bei Mischpulten mit "Aux" für "Auxiliary" (Deutsch: Hilfs-) beschriftet. Sie stellen zusätzlich vorhandene Aus- und Eingänge für Signale dar.

Aux-Sends sind normalerweise in den Mischpultkanälen vorhanden. Sie gehen auf einen Aux-Summenbus, welcher noch im Gesamtpegel mit dem Master-Aux-Send in der Mastersektion des Pultes veränderbar ist.
Die Aux-Sends im Kanal können das Signal vor (Pre-Fader) oder hinter (Post-Fader) dem Fader abgreifen. An welcher Position abgegriffen wird, ist entweder schaltbar, vom Pultstatus abhängig oder fest verdrahtet.

Aux-Returns sind in der Mastersektion eines Pultes vorhanden und gehen meist direkt auf die Hauptsumme des Pultes. Sie sind meistens Stereo ausgeführt und verfügen über sehr wenige oder sogar gar keine Bearbeitungsmöglichkeiten. Über sie kann man zusätzliche Signale auf die Summe des Pultes mischen.

11.1.5.1 Mono Hilfsausgänge

Mono Hilfsausgänge werden hauptsächlich für die Beschickung von Effektgeräten verwendet. Um zum Beispiel ein Signal in einem Kanal mit Hall zu versehen, wird das Hallgerät an einem Aux-Ausgang angeschlossen. Dreht man im Kanal den entsprechenden Aux-Send auf, so wird das Signal dieses Kanals zum Hallgerät geschickt. In diesem Fall sollten die Aux-Ausgänge Post-Fader geschaltet sein, damit der Pegel, mit dem das Hallgerät beschickt wird, abhängig vom Pegel des Faders ist. Dadurch wird auch der Hall automatisch lauter oder leiser, wenn das Signal mit dem Fader lauter oder leiser gemacht wird.

11.1.5.2 Stereo Hilfsausgänge

Stereo-Aux-Wege werden normalerweise dazu verwendet, um eine zusätzliche Stereomischung der Signale anfertigen zu können. Dies kann zum Beispiel ein Kopfhörermix für einen Musiker sein. Auch das Monitor-Signal für die Bühnenmonitore bei einer Live-Veranstaltung kann über die Aux-Wege gemischt werden, wenn dafür kein separates Mischpult zur Verfügung steht. Ebenso kann über die Aux-Wege ein separater Mix für einen 2-Spur Mitschnitt erstellt werden, während über die Hauptsumme die Mischung für die Beschallungsanlage gefahren wird.
Eine weitere Anwendung der Stereo-Aux-Wege ist das Einbinden von Stereoeffektgeräten in die Mischung.

11.1.6 Fader- und Panorama-Sektion

In der Fader- und Panoramasektion wird der Pegel des Signals mit Hilfe des Faders auf die gewünschte Lautstärke im Mix gestellt. Mit dem Panoramasteller kann man das Signal zusätzlich an eine bestimmte Position im Stereo- oder Surroundbild stellen.

11.1.6.1 Stereo Panorama

Das Stereo-Panorama ermöglicht es, ein Signal im Stereobild an einer beliebigen Position zwischen linkem und rechtem Lautsprecher zu positionieren. Realisiert wird dies normalerweise dadurch, dass das Signal im Kanal durch den Panoramasteller mit unterschiedlichen Pegeln auf die Summenbusse gegeben wird. Die gesamte Leistung des Signals auf allen Summenbussen bleibt hierbei konstant, um auch einen konstanten Lautstärkeeindruck des Signals zu ermöglichen.

11.1.6.2 Mehrkanal Panorama

Ein Mehrkanal Panorama ist vergleichbar mit einem Stereo Panorama, nur dass hierbei mehr als 2 Summenbusse mit unterschiedlichem Pegel angesteuert werden. Auch hier gilt, dass die Gesamtenergie des Signals auf allen Summenbussen gleich sein soll, um Lautstärkeschwankungen beim Positionieren des Panoramas zu vermeiden.
Je nach Mehrkanalformat sind mehr oder weniger Lautsprecher vorne, um einen herum und hinten angeordnet. Die Panoramapositionierung funktioniert aus psychoakustischen Gründen nur vorne und hinten gut, so dass auch nur dort eine tatsächliche Positionierung einer Schallquelle möglich ist. Werden Signale als Phantomschallquellen auf der Seite positioniert, so ist die Lokalisation unscharf und die Schallquelle nicht klar aus einer bestimmten Richtung wahrnehmbar.
Mehrkanalpanoramasteller arbeiten so, dass das Signal zum Beispiel bei einem Links-Center-Rechts-Panorama ausschließlich aus dem Center Lautsprecher kommt, wenn es dort hin gepant wurde. Dies führt zu einer sehr genauen und scharfen Abbildung des Signals, da dieses über eine reale Schallquelle (den Center-Lautsprecher) abgestrahlt wird. Gerade im Kino oder TV-Bereich ist es jedoch oft unerwünscht, die Schallquelle zu scharf abzubilden, vor allem dann nicht, wenn der optische Eindruck ein anderer ist. Beispielsweise wäre ein nahezu bildfüllendes Auto, das jedoch mit seinem Motorengeräusch ausschließlich genau aus der Mitte zu hören ist, klanglich unrealistisch. Daher gibt es bei Mehrkanalpanoramastellern oft einen zusätzlichen Divergenzregler.

Divergenz: Dieser Parameter gibt an, wie stark ein Signal auf die benachbarten Summenbusse mit drauf gegeben wird. Pant man beispielsweise ein Signal auf den Center-Bus und hat die Divergenz komplett abgedreht, so geht es ausschließlich auf den Center-Bus. Dreht man nun die Divergenz auf, so geht das Signal zusätzlich auch auf die benachbarten Busse (zum Beispiel Links und Rechts) und wird im entsprechenden Maße am Center-Bus zurückgeregelt. Dadurch kann die wahrgenommene Breite eines Signals stufenlos (auf das Bildgeschehen) angepasst werden.

11.1.6.3 Faderautomation

Die Fader in den Mischpulten sind teilweise automatisiert, um eine timecodeabhängige dynamische Mischung zu ermöglichen. Dies bedeutet, dass Faderpositionen und -bewegungen in Abhängigkeit des Timecodes gespeichert und wieder aufgerufen werden können. Das Pult "merkt" sich somit, wie der Toningenieur es zu einem bestimmten Zeitpunkt eingestellt hat.

Mit einer Faderautomation lassen sich fast alle Automationsaufgaben lösen, da man beispielsweise auch einen Aux-Send mit einem Fader automatisieren kann. Dazu schaltet man den Aux-Send Post-Fader, schickt jedoch Signal nach dem Fader nicht auf die Stereosumme. Nun hat

man einen Aux- Send, der sich alleine durch den Fader steuern und automatisieren lässt.
Sind ausreichend Kanäle mit Automation vorhanden, so sind sehr viele Varianten mit einer Faderautomation realisierbar. Zum Beispiel könnte man ein Signal mit Hilfe der Patchbay auf zwei Kanäle verteilen, in einem Kanal den gewünschten Klang einstellen und im zweiten Kanal lediglich den Präsenzbereich durchlassen. Mit Hilfe des Faders vom zweiten Kanal kann nun die Präsenz des Signals eingestellt und auch automatisiert werden.

11.1.7 Solofunktionen

Unter Solo versteht man die Möglichkeit, einzelne Signale auf die Abhöre schalten zu können, um sie individuell beurteilen zu können. Dies macht man zum Beispiel dann, wenn man den Klang eines einzelnen Signals einstellen möchte. Die Funktion Solo wird auch mit "Vorhören" bezeichnet, da man ein Signal teilweise schon hören kann, bevor es auf die Summe gegeben wird.

Es gibt Solo-Funktionen, die nur auf das Signal der Abhöre wirken und die Summe unbeeinträchtigt lassen. Dies ist für Live-Mischungen interessant, wenn man ein Signal einzeln abhören kann, ohne die Gesamtmischung auf der Verstärkeranlage zu beeinträchtigen.
Weiterhin gibt es Funktionen, die die Signale direkt auf der Summe verändern. Diese sind eher für die Musikproduktion gedacht und sollen das Signal unter "realistischen Bedingungen" auf der Summe abbilden.

Je nach Pult gibt es noch Logikschaltungen, die sich auf das gegenseitige Auslösen von Solotasten auswirken. Hierbei ist zum Beispiel folgendes einstellbar:

- Jede gedrückte Solotaste löscht alle bisher gedrückten Solotasten (Standardeinstellung).
- Beliebig viele Solotasten können zusammen gedrückt werden ("Latch").
- Alle gedrückten Solotasten können zentral gelöscht werden ("Solo Clear").

11.1.7.1 PFL

PFL steht für "Pre Fader Listen" und bedeutet, dass das Signal eines Kanals vor dem Fader abgegriffen und auf den Solo-Bus gegeben wird. Weiterhin wird die Abhöre umgeschaltet, so dass der Solo-Bus abgehört wird.
Der gehörte Pegel des PFL-Signals ist unabhängig von der Faderstellung. Die Summe wird nicht beeinflusst. PFL eignet sich daher gut zur Kontrolle des Signals im Kanalzug während einer Live-Mischung.

11.1.7.2 AFL

AFL steht für "After Fader Listen". Gemeint ist damit jedoch "After Pan Listen", da bei der Funktion AFL das Signal eines Kanals nach dem Panoramasteller abgegriffen und auf den Stereo-Solo-Bus gegeben wird.
Der gehörte Pegel ist abhängig von der Fader- und Panoramastellung, beeinflusst jedoch nicht die Summe des Pultes. Somit kann das Signal eines Kanals an der korrekten Position und mit dem korrekten Pegel abgehört werden, ohne die Mischung zu beeinflussen.

11.1.7.3 Solo in Place

"Solo in Place" ist eine Funktion, die direkt Einfluss auf die Summe des Pultes nimmt. Bei Solo in Place werden alle Kanäle stumm geschaltet, bei denen nicht Solo gedrückt ist. Dadurch hört man die Solo-Kanäle direkt auf der Summe. Es gibt keinen extra Solo-Bus - auch die Abhöre wird nicht umgeschaltet. Der gesamte Pult-Signalfluss bleibt somit beim Solo-Hören unverändert.

Solo-Safe: Mit der Taste Solo-Safe können Kanalzüge vor einem Stummschalten bei Solo in Place geschützt werden. Dies ist notwendig, wenn zum Beispiel Hallsignale von einem Hallgerät über Mischpultkanäle zurückgehört werden. Möchte man nun das zu verhallende Signal solo hören, so müssen die Kanäle, auf denen der Hall zurückkommt auf Solo-Safe stehen, da ansonsten der Hall des Signals stumm geschaltet wird.
Auch wenn Audio-Subgruppen gebildet werden und man ein Signal einer Subgruppe solo hören möchte, müssen die Summenkanäle der Subgruppe auf Solo-Safe stehen, um die Gruppe hören zu können. Bei großen Mischpulten gibt es hierzu jedoch eine Extra-Taste, die zum Beispiel "Group" heißt. Sie schaltet die Kanäle in Solo-Safe und ändert gleichzeitig den Signalfluss in diesen Kanälen so, dass sie unproblematisch als Summenbusse für eine Gruppe verwendet werden können.

11.1.8 Mute Funktionen

Mute bedeutet sowie wie "Stummschalten" eines Signals. Mit Hilfe von Mute Funktionen können Signale abgeschaltet werden, die in einem Mix gerade nicht benötigt werden, ohne dass man diese in Bezug auf den Signalfluss von der Summe trennen muss.
Das Signal wird normalerweise vor dem Fader aber nach dem PFL-Abgriff stummgeschaltet. Somit kann man den Kanal noch vorhören, er geht jedoch nicht mehr auf die Summe.

Der Pre-Fader Aux-Weg wechselt bei größeren Pulten seine Position in Bezug auf den Pultstatus. In der Recording-Situation ist er vor dem Mute-Schalter und in der Mixdown-Situation nach dem Mute Schalter.
In der Recording-Situation bedeutet dies, dass ein Kopfhörermix, der über die Pre-Fader-Aux-Wege gemacht wurde, für den Musiker immer gleich klingt, egal, ob der Toningenieur einen Kanal mutet oder nicht. Somit kann der Toningenieur während der Aufnahme bereits an seinem Mix "arbeiten".
In der Mixdown Situation wird ein Pre-Fader-Aux meistens für einen Submix oder einen Monitormix verwendet. Mutet man den Kanal, so soll er auch im Submix verschwinden. Daher ist der Mute in dieser Situation vor dem Pre-Fader-Aux Abgriff.

11.1.8.1 Mute Gruppen

Mit Mute Gruppen können mehrere Kanalzüge auf einmal stumm geschaltet werden. Das heißt, im Kanalzug wählt man mit einer Taste an, ob dieser Kanalzug zu einer bestimmten Mutegruppe gehört oder nicht. In der Mastersektion gibt es einen Mute-Schalter für die Gruppe. Wird dieser in der Mastersektion gedrückt, so werden alle Kanäle, deren Gruppenzugehörigkeit aktiviert wurde, stumm geschaltet.
Auf diese Weise kann man zwischen verschiedenen Grundsituationen während eines Mixes umschalten. So kann beispielsweise ein komplettes Schlagzeugset gemutet oder zwischen EQ- oder Kompressor-Einstellungen umgeschaltet werden.

11.1.8.2 Mute Automation

Eine Mute Automation entspricht der weiter oben bereits beschriebenen Fader Automation. Der Unterschied besteht lediglich darin, dass nur die Mutes timecodebezogen an- und ausgeschaltet werden können. Dadurch können nur die jeweils benötigten Kanäle aktiviert werden, und die Automation speichert den vom Toningenieur gewünschten Zustand.

11.1.9 Routing Sektion

Das Routing ist die Sektion, in der man bestimmen kann, wo das Signal hingeschaltet werden soll.
Normalerweise wird das Signal in einem Kanal nach den Fadern und Panoramastellern nicht automatisch weitergeleitet. Vielmehr muss man mit Hilfe des Routings angeben, wohin das Signal aus dem Kanal gelangen soll.

11.1.9.1 Summenrouting

Das Summenrouting schaltet das Signal auf die Summenbusse des Mischpults. Dies kann eine Stereosumme oder auch eine Mehrkanalsumme sein. Bei kleinen und mittleren Pulten gibt es nur eine Summe und für diese einen einzigen Summenknopf. Bei großen Pulten kann das Signal auch nur auf einen Bus einer Summe geschaltet werden. Zum Beispiel nur auf Links in der Stereosumme. In diesem Fall kann man den Panoramasteller umgehen, der bei großen Pulten ohnehin abschaltbar ist.

11.1.9.2 Multitrackrouting

Das zweite Routing in einem Pult ist das Multitrackrouting. Hier kann man angeben, auf welchen Bus einer Multitrackmaschine das Signal geschickt werden soll. Je nach Pultgröße sind 4 bis 48 Busse möglich. Bei Inline-Pulten verfügt das Multitrackrouting ebenfalls über ein Summenrouting. Zusätzlich ist bei Inline-Pulten im Multitrackrouting ein weiterer Panoramasteller zu finden.

11.1.10 Mastersektion

In der Mastersektion eines Pultes laufen die meisten Signale zusammen und können noch einmal kontrolliert werden.
So findet man in der Mastersektion sowohl die Master Fader und Potis für die Summenbusse als auch für die Aux-Wege. Weiterhin sind bei großen Pulten Gruppen-Fader zu finden.
In der Mastersektion befindet sich die Kontrolle über die Abhöre. Man kann hier verschiedene interne und externe Signale auf die Abhöre schal-

ten, sowie zwischen verschiedenen Lautsprechern wählen. Weiterhin ist es bei großen Pulten möglich, die Abhöre Mono zu schalten, einzelne Lautsprecher abzuschalten und Kanäle gegeneinander auszutauschen.
Die Talkbacksektion ist ebenfalls Bestandteil der Mastersektion. Dort hat der Toningenieur die Möglichkeit, über ein im Pult eingebautes Mikrofon mit den Musikern Rücksprache zu halten.
Auch ein eventuell vorhandener Computer für Automation / Total Recall / Maschinensteuerung ist in der Mastersektion zu finden.

11.2 Split-Pulte

11.2.1 Prinzip

Der Name Split-Pult beschreibt schon das Grundprinzip. Alle Bestandteile für eine Aufnahme- und Mixdown-Situation sind voneinander getrennt (split = trennen). Bei einem Split-Pult gibt es Kanalzüge für die Eingänge, Kanalzüge für die Multitrack- Send-Busse und Kanalzüge für die Tape-Returns (=Monitor-Kanäle).
Dadurch ist die Arbeitsweise mit einem solchen Pult sehr übersichtlich, da die einzelnen Bereiche klar voneinander getrennt sind. Der Nachteil besteht darin, dass die Split Pulte im Verhältnis zur nutzbaren Kanalanzahl relativ groß sind.
Die Abbildung 11.2-1 zeigt den typischen Aufbau eines Split-Pultes

11.2.2 Signalfluss der Aufnahmesituation

Der Signalfluss bei der Aufnahmesituation mit einem Split Pult ist in Abbildung 11.2-2 zu sehen.

Das Eingangssignal geht in einen Eingangskanal und wird von dort aus auf das Multitrackrouting geschickt. Im Multitrack-Send-Kanal wird der Pegel

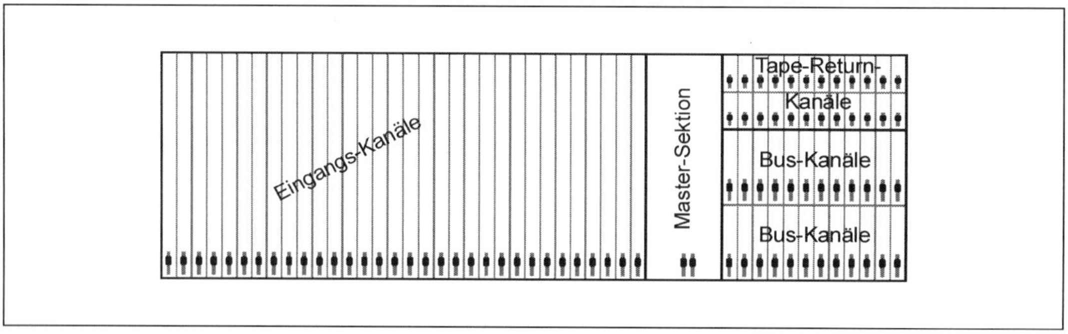

Abb. 11.2-1: Typischer Aufbau eines Split-Pultes

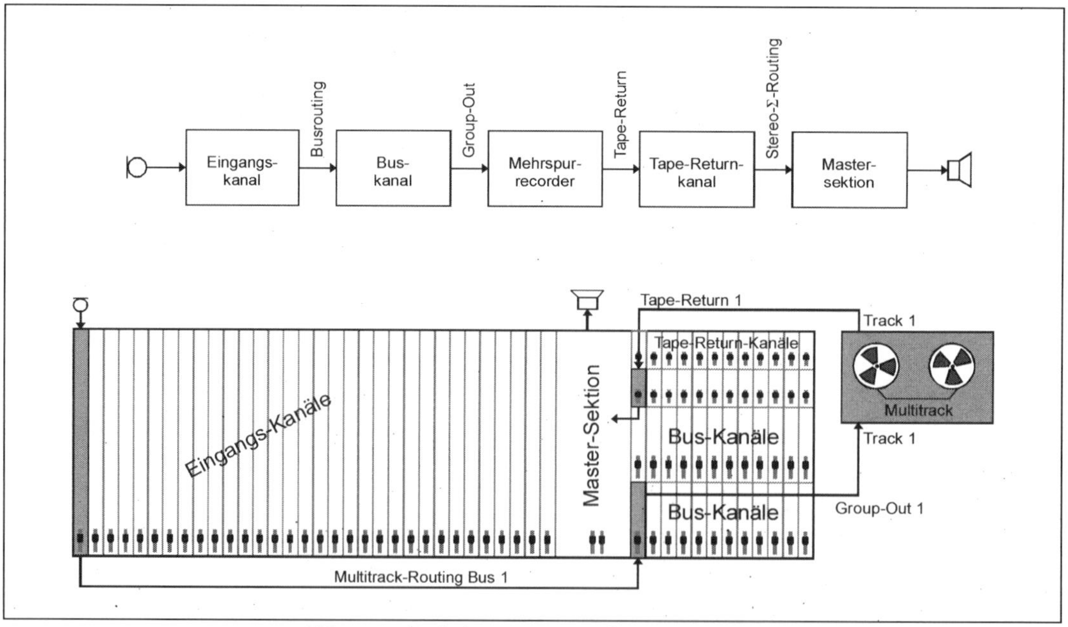

Abb. 11.2-2: Aufnahmesituation auf einem Split-Pult

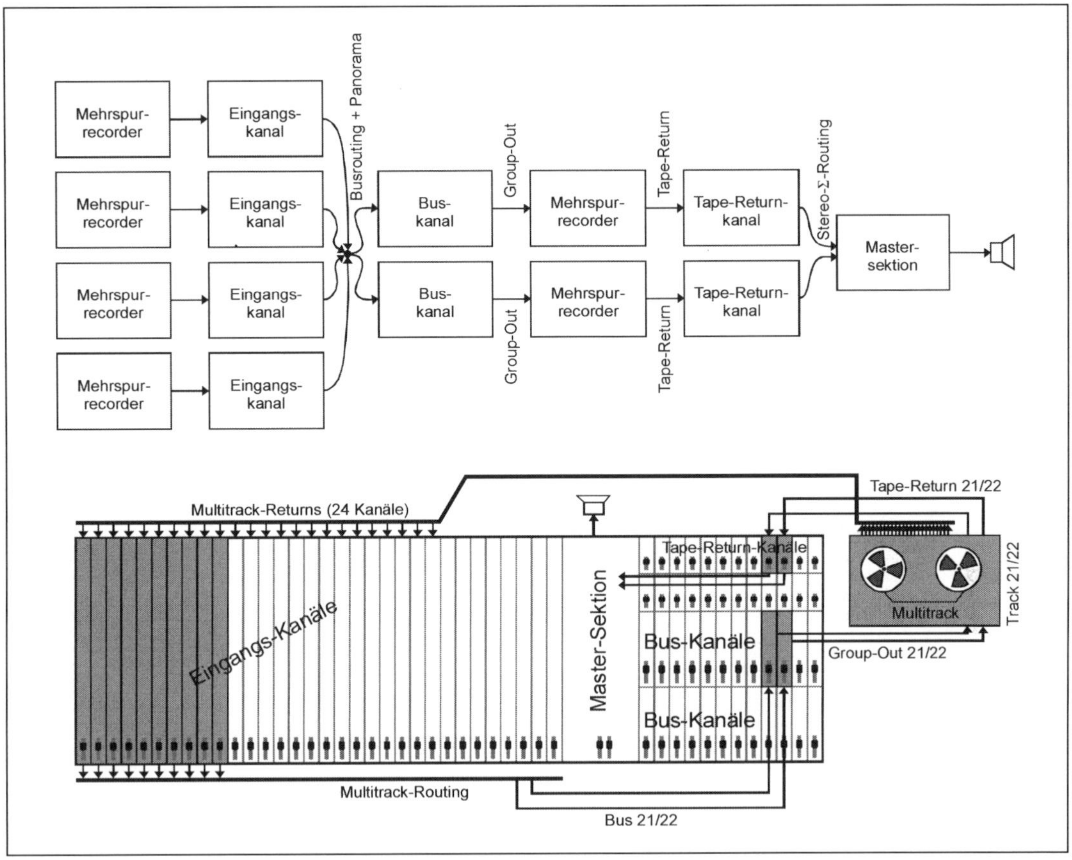

Abb. 11.2-3: Signalfluss eines Split Pultes beim Bouncen.
Beispiel: Die Spuren 1-10 werden auf die Spuren 21 und 22 gebounced
(Im oberen Diagramm sind zur Vereinfachung nur 4 Kanäle zu sehen).

zur Multitrackmaschine gemacht, und das Signal zum Aufzeichnungsgerät geschickt.
Das Signal vom Aufzeichnungsgerät geht in einen Tape-Return-Kanal und gelangt von dort auf die Stereosumme. Diese kann in der Mastersektion abgehört werden.

Besonderheit Bounce: Siehe hierzu die Abbildung 11.2-3. Beim "Bouncen" werden mehrere, bereits aufgenommene Spuren zu weniger Spuren zusammengemischt, und diese Mischung erneut aufgezeichnet. Man macht das, um Aufzeichnungsspuren zu sparen und wieder Platz auf dem Aufzeichnungsmedium zu haben.
Das Bouncen erfolgt normalerweise in der Recording-Situation. Die Signale der Multitrackmaschine müssen jedoch beim Bouncen gemischt und auf Busse geschickt werden. Das entspricht wiederum der Mixdown-Situation.

Beim Bouncen geht man daher folgendermaßen vor: Alle Spuren die zusammen gebounced werden sollen, werden auf die Eingangskanäle geschaltet. Dies bedeutet, dass man das Pult an den entsprechenden Eingangskanälen auf Line-Input schalten muss (oder ein eventuell vorhandener Line-Input aus der Patchbay gezogen werden muss). Dann werden diese Kanäle mit Hilfe der Routings auf die Busse geschickt, auf denen die Zusammenmischung aufgezeichnet werden soll. Das Signal geht nicht auf die Stereosumme. Mit den Bus-Kanälen wird der Pegel zur Maschine gemacht, das Signal dort aufgenommen und das Signal von der Maschine wieder über die Tape-Return-Kanäle zurückgehört.
Nach dem erfolgreichen Bouncen können die Einzelspuren gelöscht und neu verwendet werden.

11.2.3 Signalfluss der Mischsituation

Der Signalfluss der Mixdownsituation ist in Abbildung 11.2-4 zu sehen. Die Signale der Mehrspuraufzeichnung gelangen in die Eingangskanäle. Diese werden dazu auf Line-Input umgeschaltet. Die Kanäle werden direkt auf die Stereosumme geroutet. Die Bus-Kanäle sind prinzipiell frei und können daher beispielsweise für Audio-Subgruppen verwendet werden. Die Tape-Return-Kanäle können als zusätzliche Eingänge oder Effekt-Returns verwendet werden.

Besonderheit Audiosubgruppen:
Audiosubgruppen sind "Zwischenmischungen" einzelner Signale. Diese sind dann als zusammen gefasste Version mit weniger Fadern steuerbar. Weiterhin können diese Signale dann gemeinsam bearbeitet werden und mit Effekten versehen werden.
Bei Split-Pulten erzeugt man Audiosubgruppen, indem man die Signale der Kanäle nicht auf die Stereosumme schickt, sondern auf ein Buspärchen. Im entsprechenden Bus-Kanal kann das Signal weiter bearbeitet und dann auf die Stereosumme geroutet werden (siehe Abbildung 11.2-5). Je nach Pultausführung kann man möglicherweise auch Aux-Wege und EQs in die Bus-Kanäle schalten und diese dann auf die Stereosumme routen. In letzterem Fall erübrigt sich das Patchen der Group-Outs auf die Eingangskanäle.

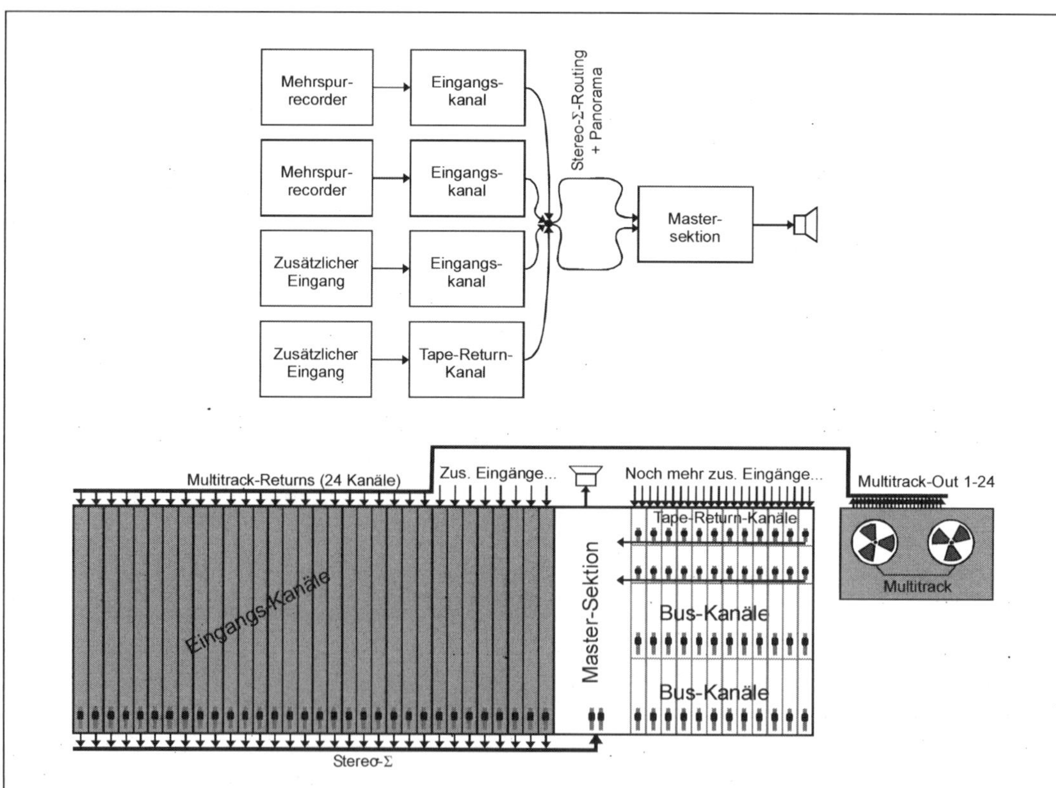

Abb. 11.2-4: Signalfluss eines Split Pultes bei der Mixdownsituation

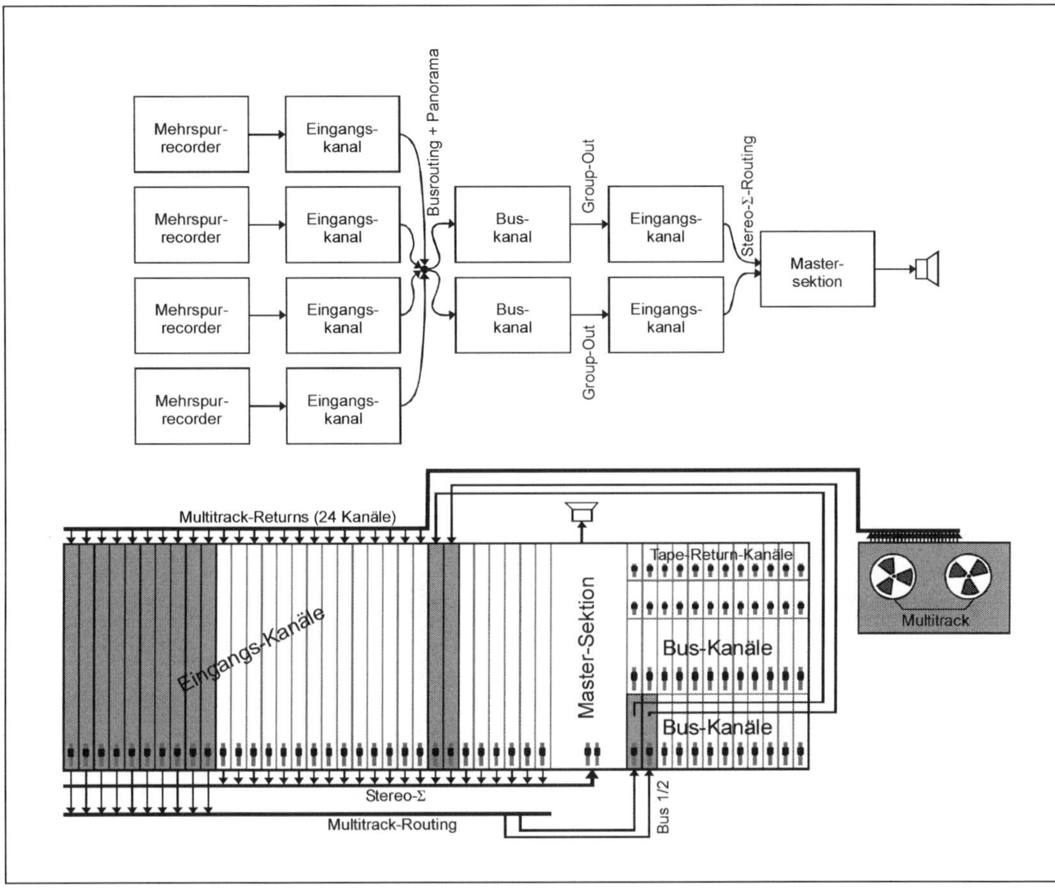

Abb. 11.2-5: Audiosubgruppen auf einem Split-Pult.
Beispiel: Die Multitrack-Spuren 1-10 werden über die Busse 1/2 zusammengemischt und anschließend über die Patchbay auf die Eingangskanäle 25/26 gegeben.

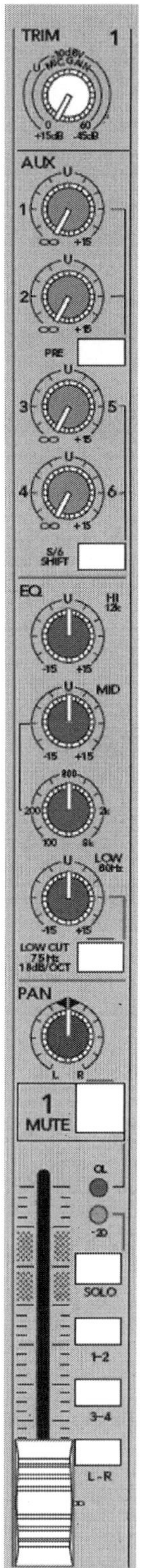

Abb. 11.2-6: Kanalzug eines einfachen 4-Bus-Mischpults ohne Tape-Return-Sektion (Mackie 1604 VLZ Pro)

Mackie Designs 1604 VLZ PRO:

- Sehr einfach zu verstehendes Stereomischpult mit 4 Bussen.
- 6 Aux-Wege (3/4 & 5/6 umschaltbar)
- Keine speziellen Tape-Return-Kanäle. Das heißt, die Tape-Returns werden über die normalen Input-Kanäle zurück geholt.
- Anwendung: Homerecording, oder einfache Bühnensituation.

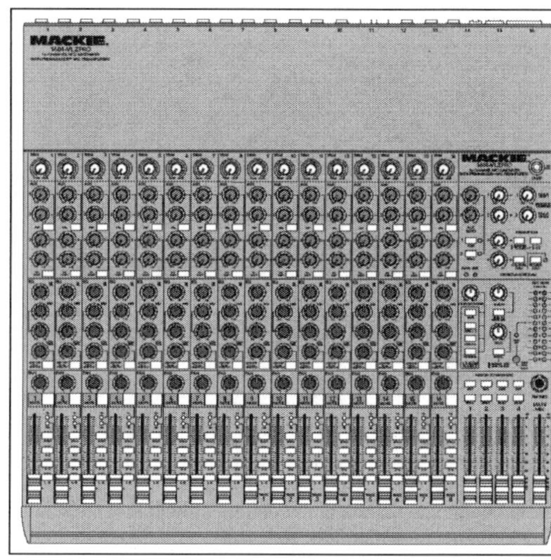

Abb. 11.2-7: Front des Mackie 1604 VLZ Pro

Abb. 11.2-8: Bild des Mackie 1604 VLZ Pro

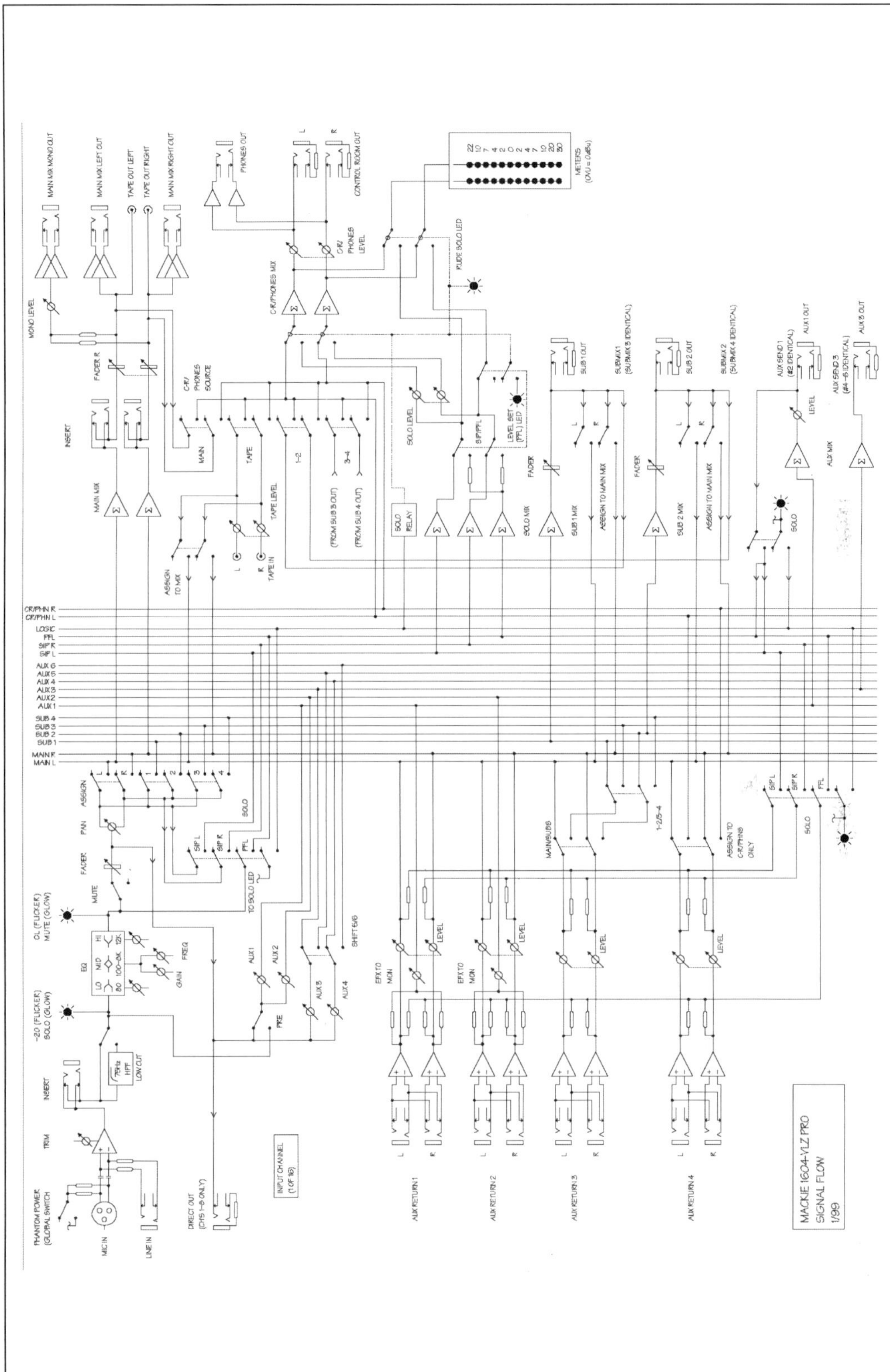

Abb. 11.2-9: Signalfluss des Mackie 1604 VLZ Pro

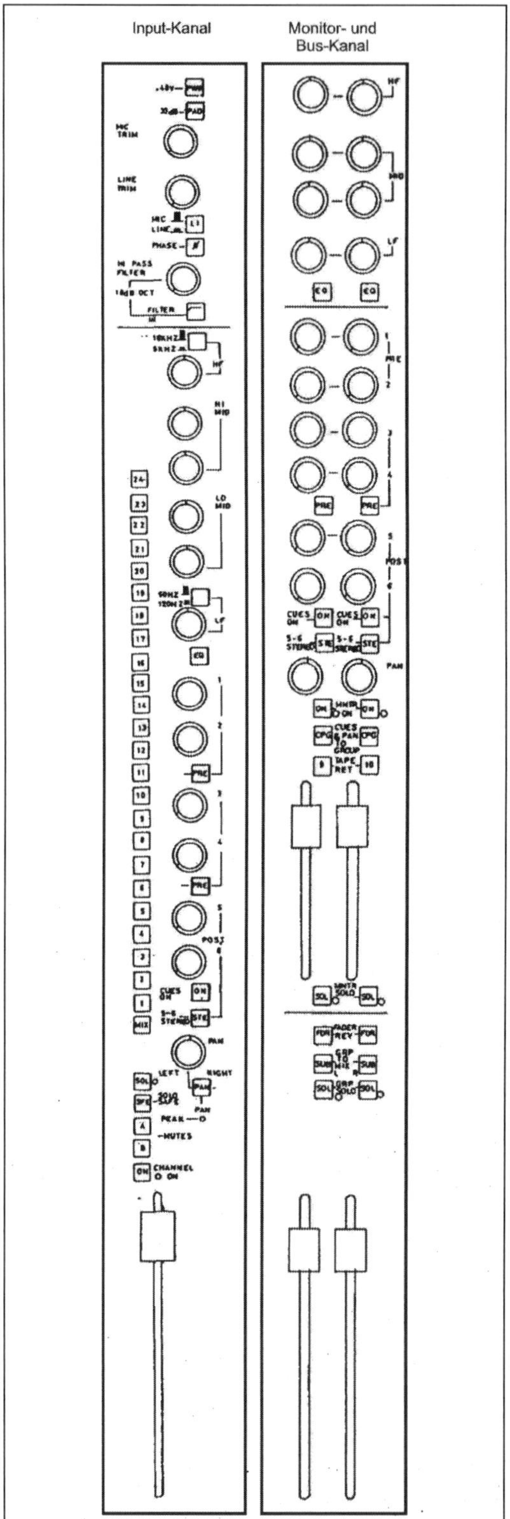

Abb. 11.2-10: Kanalzüge eines Studiomischpults (Soundcraft 2400)

Soundcraft 2400:

- Professionelles Studio-Split-Mischpult
- Erscheinungsjahr: 1984. Wird nicht mehr hergestellt
- 24 Busse
- 6 Aux-Wege
- Stereosumme
- Anwendung: Professioneller Recordingbereich

Abb. 11.2-11: Bild des Soundcraft 2400

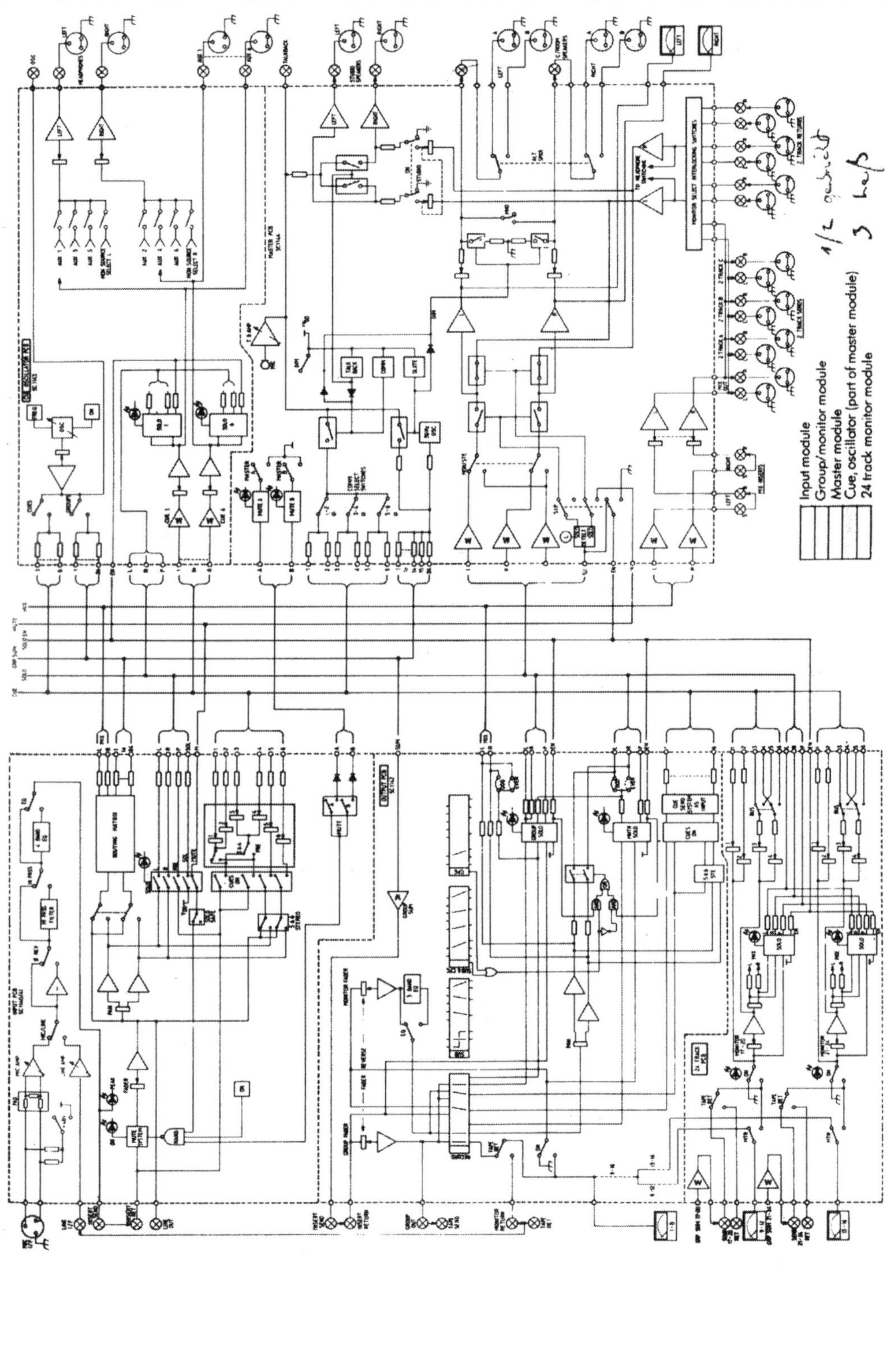

Abb. 11.2-12: Signalfluss des Soundcraft 2400

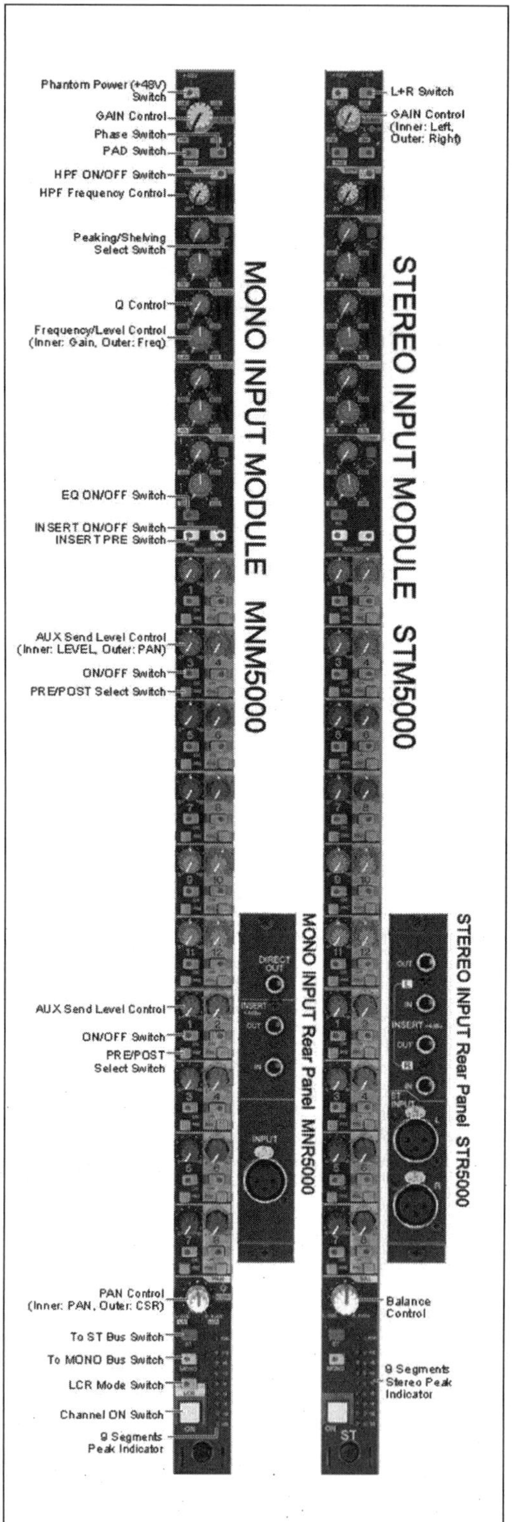

Abb. 11.2-13: Kanalzüge eines Livemischpults (Yamaha PM5000)

Yamaha PM5000:

- Professionelles Live-Mischpult
- Szenenspeicher mit Motorfadern
- Aux-Wege (12 Mono oder 6 Stereo)
- Group-Wege (8 Mono oder 4 Stereo) (im linken Bild die unteren Aux-Wege)
- Stereo oder LCR-Summe
- Anwendung: Professioneller Beschallungsbereich

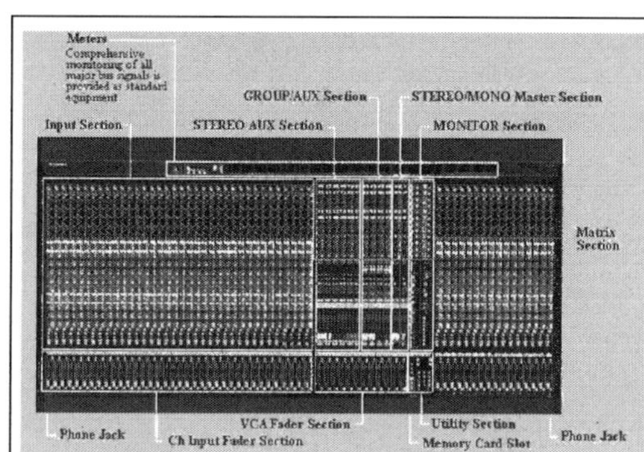

Abb. 11.2-14: Front des Yamaha PM5000

Abb. 11.2-15: Bild des Yamaha PM5000

11.3 Inline-Pulte

11.3.1 Prinzip

Vor diesem Kapitel sollte man das Kapitel 11.2 - Split-Pulte gelesen haben, um sich mit den Grundfunktionen eines Mischpults vertraut zu machen. In Inline-Pulten ist zunächst der Signalfluss identisch mit dem der Split-Pulte. Eine größere Flexibilität der einzelnen Module erlaubt in der Praxis jedoch eine andere Arbeitsweise. Die einzelnen Situationen sind nicht erneut grafisch dargestellt, da sie bei Inline-Pulten nur sehr unübersichtlich innerhalb der Kanalzüge ablaufen jedoch prinzipiell identisch mit denen der Split-Pulte sind.

Split-Pulte hatten den Nachteil, dass sie relativ groß im Vergleich zur nutzbaren Kanalanzahl waren. Daher hat man eine Lösung gesucht, um die Eingangs-Kanäle, die Bus-Kanäle und die Tape-Return-Kanäle miteinander zu kombinieren. Das Ergebnis sind die Inline-Pulte, die in einem Kanalzug ein Eingangs-Modul, ein Bus-Modul und ein Tape-Return-Modul haben. Dadurch werden die Pulte zwar kompakter aber auf den ersten Blick unübersichtlicher.

Der typische Aufbau eines Inline-Pultes ist in Abbildung 11.3-1 und 11.3-2 zu sehen.

Bei Inline-Pulten gibt es eine etwas andere Bezeichnung für die "Kanäle" (welche dann üblicherweise "Module" genannt werden):
Es gibt das Eingangs-Modul, welches dem Eingangs-Kanal eines Split-Pultes entspricht und das Monitor-Modul, welches identisch dem Tape-Return-Kanal eines Split-Pultes ist.
Die Bus-Kanäle eines Split-Pultes fallen im Inline-Pult fast komplett weg. Meist existiert nur noch ein Bus-Level Poti oder Trimmer.
Je nach Größe des Pultes gibt es für das Eingangs-Modul und für das Monitor-Modul je einen Fader - einen großen Fader und einen kleinen Fader. Welcher Fader gerade welches Modul steuert, hängt vom Master-Status das Pultes ab und davon, ob der Fader-Swap-Schalter gedrückt wurde.

Dynamik- Equalizer, Filter-, Aux-, und Insert-Sektionen sind in jedem Kanalzug nur einmal vorhanden. Mit verschiedenen Schaltern kann man die einzelnen Sektionen in das Eingangs-Modul oder in das Monitor-Modul schalten. So bedeutet zum Beispiel der Schalter "EQ to Mon", dass die Equalizer-Sektion in das Monitor-Modul geschaltet wird.

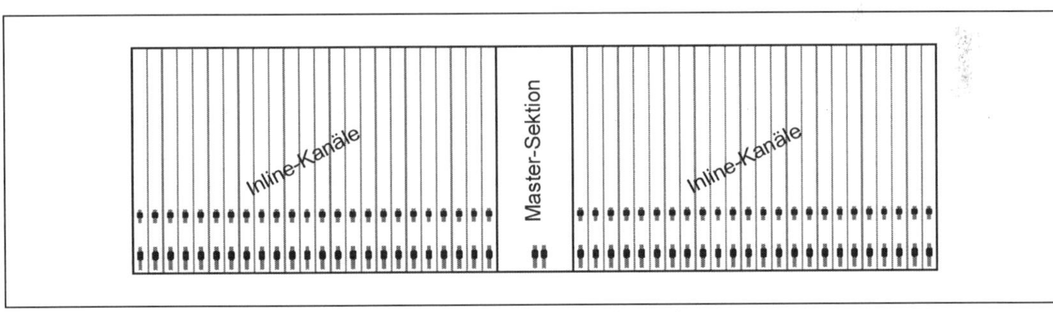

Abb. 11.3-1: Aufbau eines Inline-Pultes

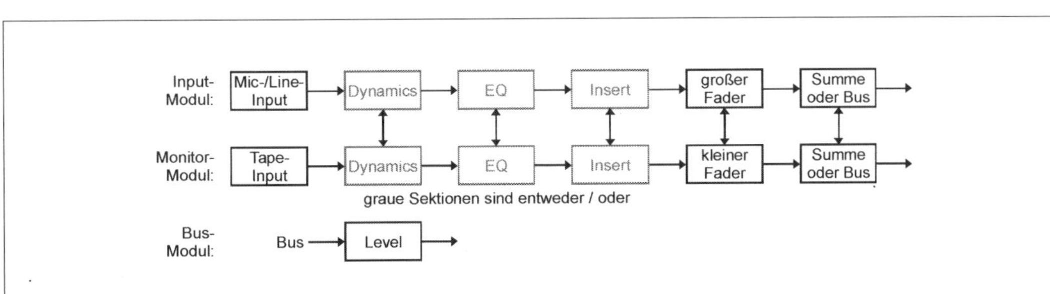

Abb. 11.3-2: Bestandteile eines Inline-Kanals

Inline-Pulte verfügen ab einer gewissen Größe über einen Master-Status-Umschalter, bei dem zwischen Recording- und Mixdown-Situation gewählt werden kann. Mit diesem Schalter wird der grundlegende Signalfluss innerhalb des Inline-Kanalzugs geändert und der jeweiligen Situation angepasst.

11.3.2 Aufnahmesituation

Die Aufnahmesituation wird bei großen Pulten dadurch aktiviert, dass in der Master-Sektion der "Record-Status" gewählt wird. Dadurch wird das Mikrofonsignal auf das Eingangs-Modul geschaltet. Anschließend geht das Signal über den großen Fader auf das Multitrack-Routing. Dort kann es auf einen Bus geschickt werden.

Der Bus, auf den das Signal geschickt wurde, befindet sich im Kanalzug mit der gleichen Nummer wie der Bus. Wird beispielsweise ein Signal vom Eingangs-Modul im Kanalzug 1 auf den Bus 12 geschickt, so befindet sich der zugehörige Busverstärker im Kanalzug 12.

Das Signal, das von der Mehrspurmaschine ins Pult zurückkommt, geht in das Monitor-Modul. Dort kann es mit dem kleinen Fader im Pegel verändert und anschließend über das Summenrouting auf die Stereosumme geschickt werden.

Besonderheit Bounce: Beim Bouncen werden die Eingangs-Module der Kanalzüge die gebounced werden sollen auf Line-Input umgeschaltet (oder ein eventuell vorhandener Line-Input aus der Patchbay gezogen). Dadurch geht das Multitrack-Return-Signal in das Eingangsmodul, kann über den großen Fader gemischt und über das Multitrack-Routing wieder ausgegeben werden.

11.3.3 Mischsituation

Die Mixdown Situation wird bei großen Pulten dadurch aktiviert, dass in der Master-Sektion der "Mixdown-Status" gewählt wird.

In der Mixdown-Situation wird das Tape-Return-Signal der Mehrspurmaschine auf das Eingangs-Modul geschaltet. Anschließend geht das Signal über den großen Fader auf das Summenrouting und kann dort zur Stereosumme geschickt werden.

Die Monitor-Module sind in der Mixdown-Situation eigentlich nicht notwendig, können jedoch als zusätzliche Eingänge verwendet werden. Dazu geht man auf die Tape-Return-Eingänge an der Patchbay (an denen normalerweise bereits das Multitrack Signal anliegt) und gelangt über das Monitor-Modul auf den kleinen Fader. Dieser kann über das Multitrack-Routing, welches auch ein Summenrouting beinhaltet, auf Busse oder auf die Stereosumme geschickt werden.

Sind in dem Pult zwei Stereosummen vorhanden, können auf diese Weise auch zwei relativ unabhängige Stereomixes gefahren werden.

Schickt man die Signale auf die Busse, so kann man Audiosubgruppen bilden.

Besonderheit Audiosubgruppen: Die Audiosubgruppen werden genauso wie schon beim Split-Pult über die Busse des Pultes zusammengemischt. Da das Inline-Konzept jedoch ein sehr flexibles Routing zulässt, kann man die Subgruppen nicht nur über die Input-Module mischen (welche in der Mixdown-Situation von Routing her auf die Stereosumme geschaltet werden müssen), sondern auch über die Monitor-Module realisieren. Die Bus-Signale müssen anschließend nur noch in die Eingangs-Module zurückgeholt werden. Dazu gibt es einen Schalter mit der Bezeichnung "Subgroup" oder "Group". Dieser schaltet den Multitrack-Send-Ausgang auf das Input-Modul mit der gleichen Nummer. Wird beispielsweise das Input-Modul Nummer 1 auf "Subgroup" geschaltet, so geht das Signal von Bus 1 auf dessen Eingang.

Eine weitere Spezialität bezüglich der Audiosubgruppen ist die "Solo-Safe"-Funktion. Sie sollte bei den Subgruppen-Modulen angewählt werden, damit die Subgruppenkanäle beim Solo-In-Place-Hören von einzelnen Signalen, die jedoch über eine Audiosubgruppe gehen, nicht stumm geschaltet werden.

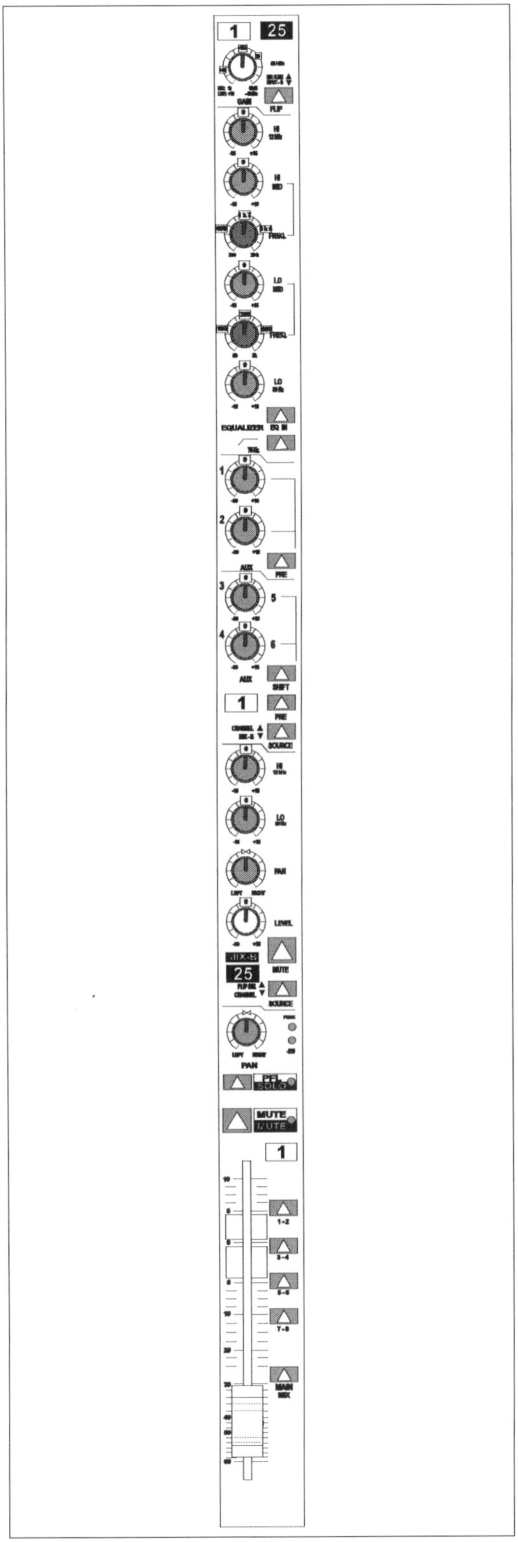

Abb. 11.2-3: Kanalzug eines einfachen 8-Bus-Inline-Mischpults (Behringer Eurodesk MX9000)

Behringer Eurodesk MX9000:

- Einfach zu verstehendes Inline-Mischpult
- 8 Busse
- 6 Aux-Wege (Pre/Post schaltbar)
- Stereosumme
- Mic/Line-Umschalter und Pad-Schalter befinden sich auf der Rückseite
- Anwendung: Homerecording, semiprofessionelle Studios.

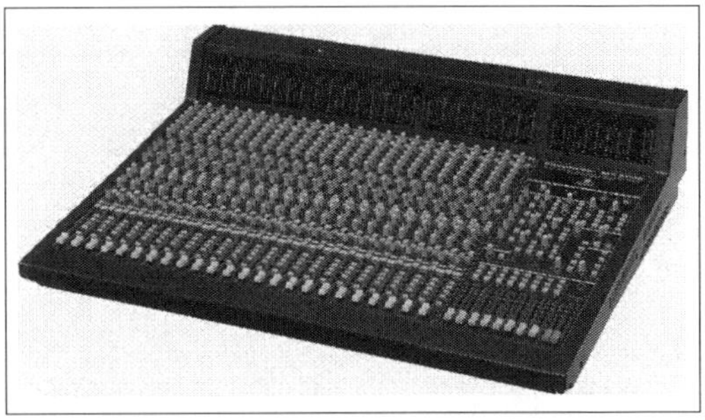

Abb. 11.2-4: Front des Behringer Eurodesk MX9000

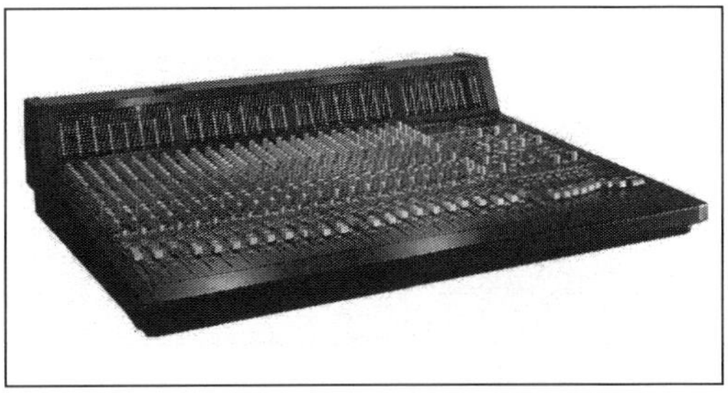

Abb. 11.2-5: Bild des Behringer Eurodesk MX9000

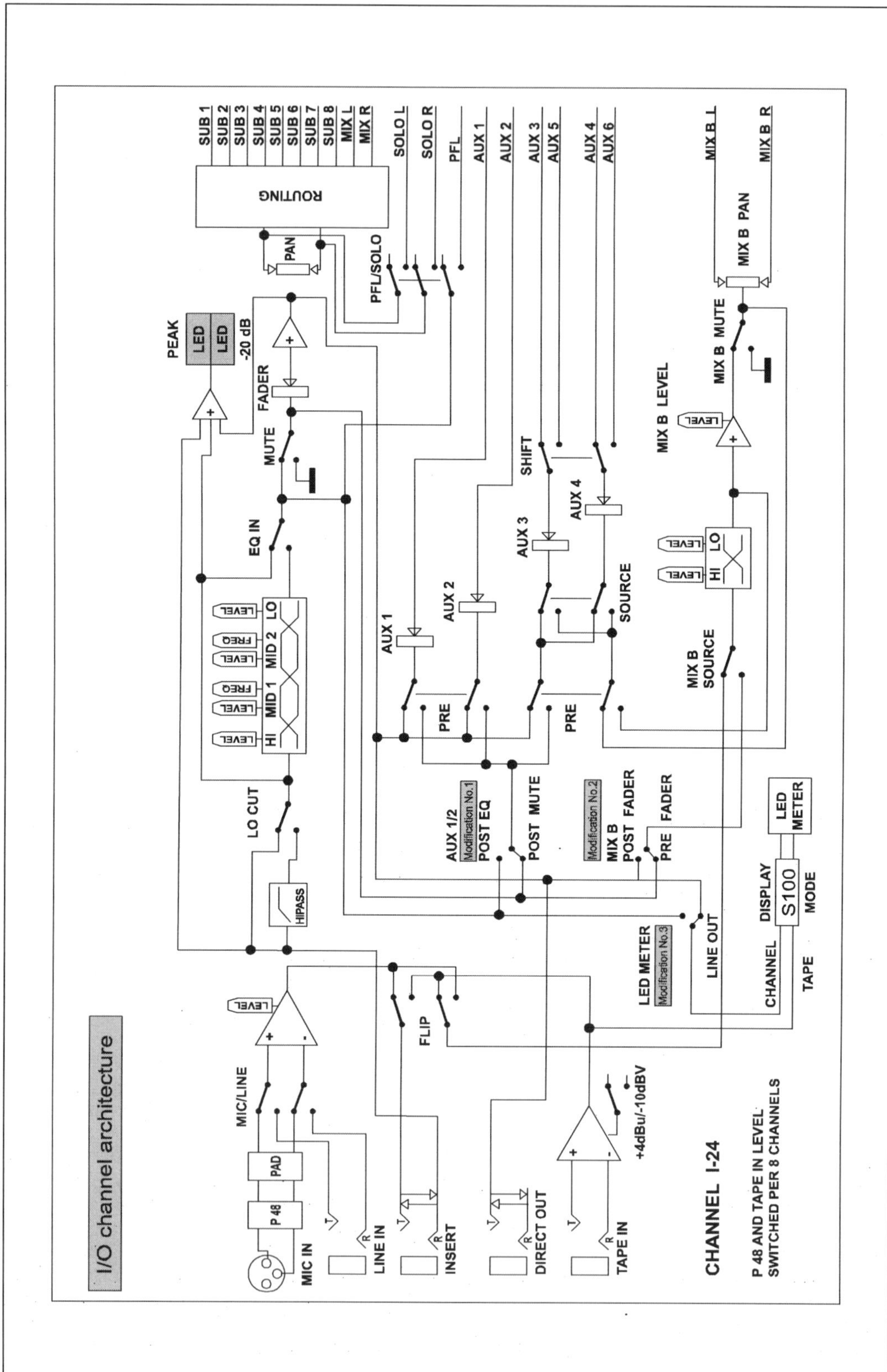

Abb. 11.3-6: Signalfluss des Behringer Eurodesk MX9000 (Teil 1)

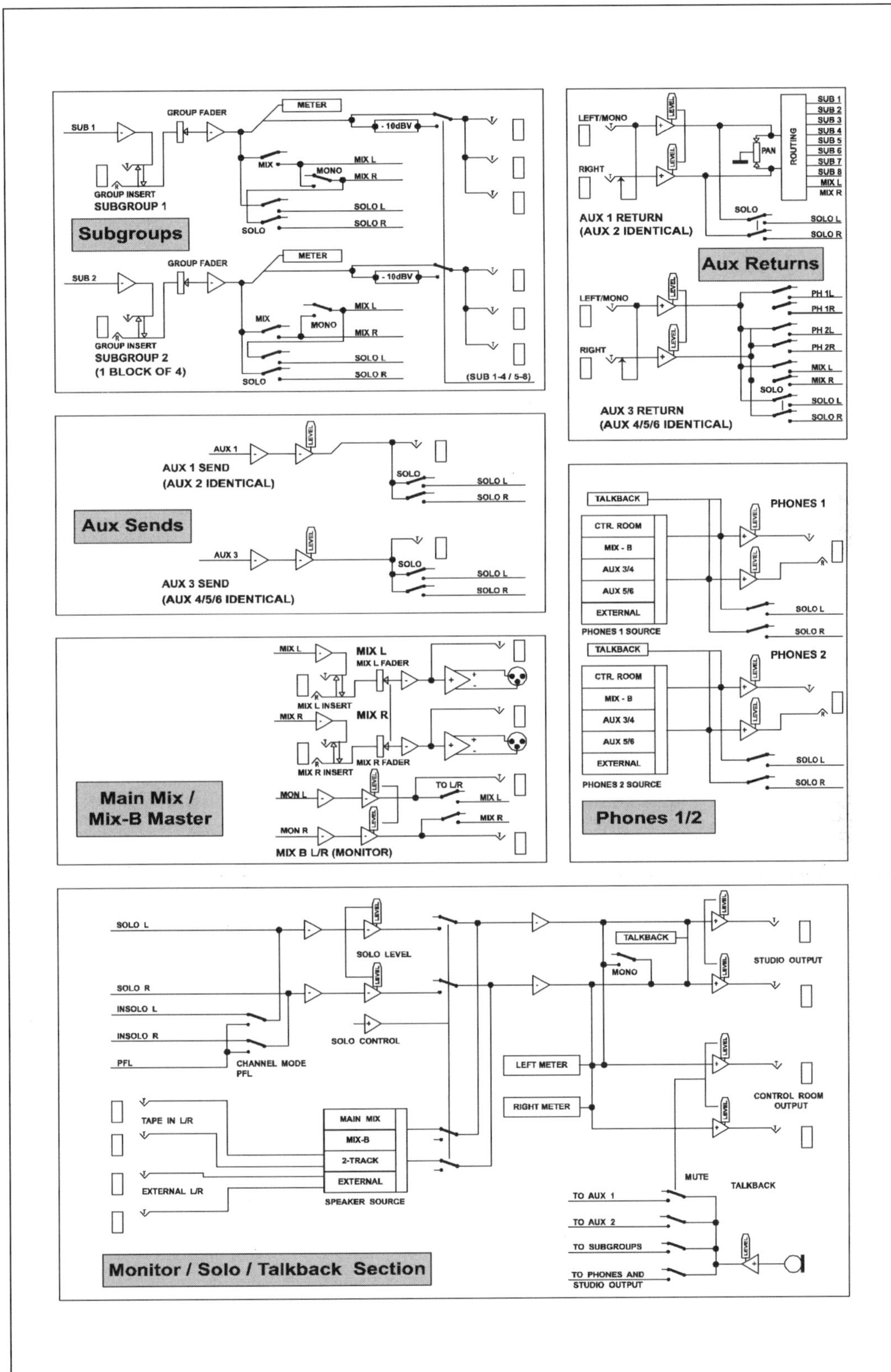

Abb. 11.3-7: Signalfluss des Behringer Eurodesk MX9000 (Teil 2)

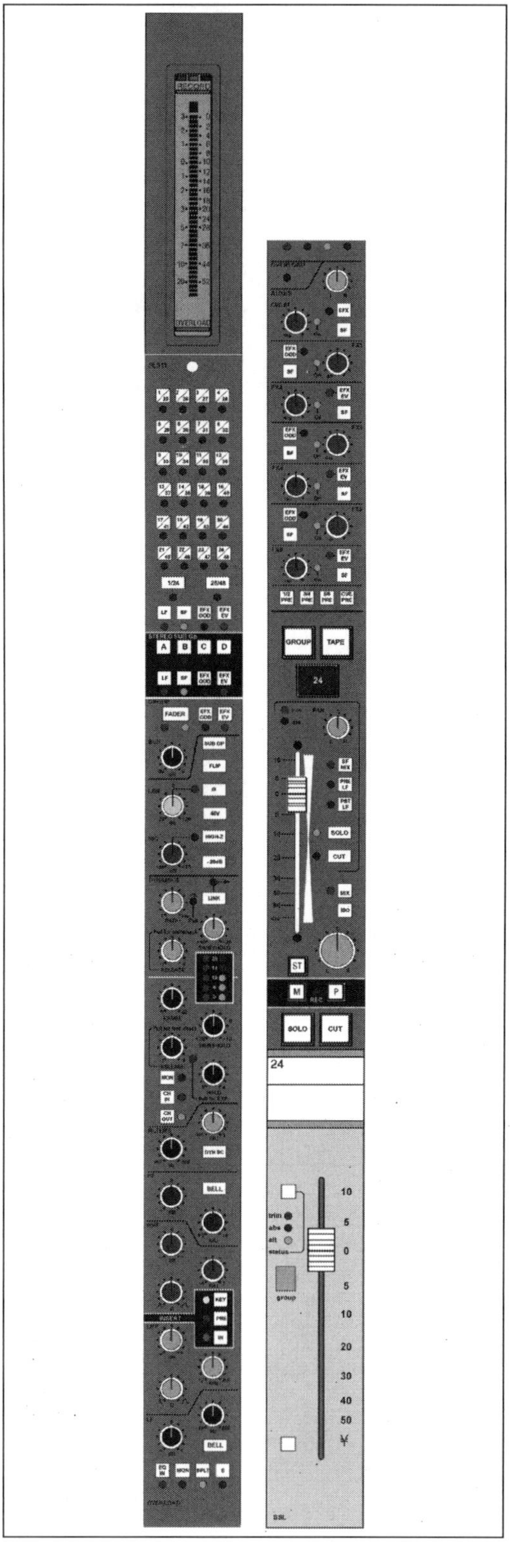

Abb. 11.3-8: Kanalzug eines Studiomischpults (SSL XL9000)

Solid State Logic (SSL) XL9000:

- Professionelles Inline-Recording-Pult
- 48 Busse
- Dynamics in jedem Kanal
- 6 Aux-Wege (Routing auf die Busse möglich)
- Stereo oder LCR-Summe
- Anwendung: Professioneller Recordingbereich

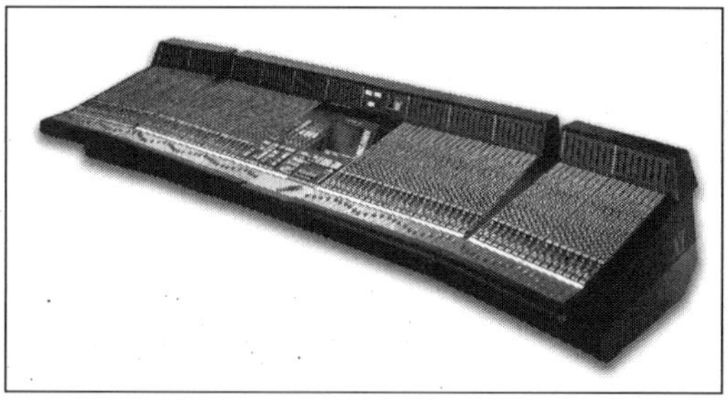

Abb. 11.3-9: Bild des SSL XL9000

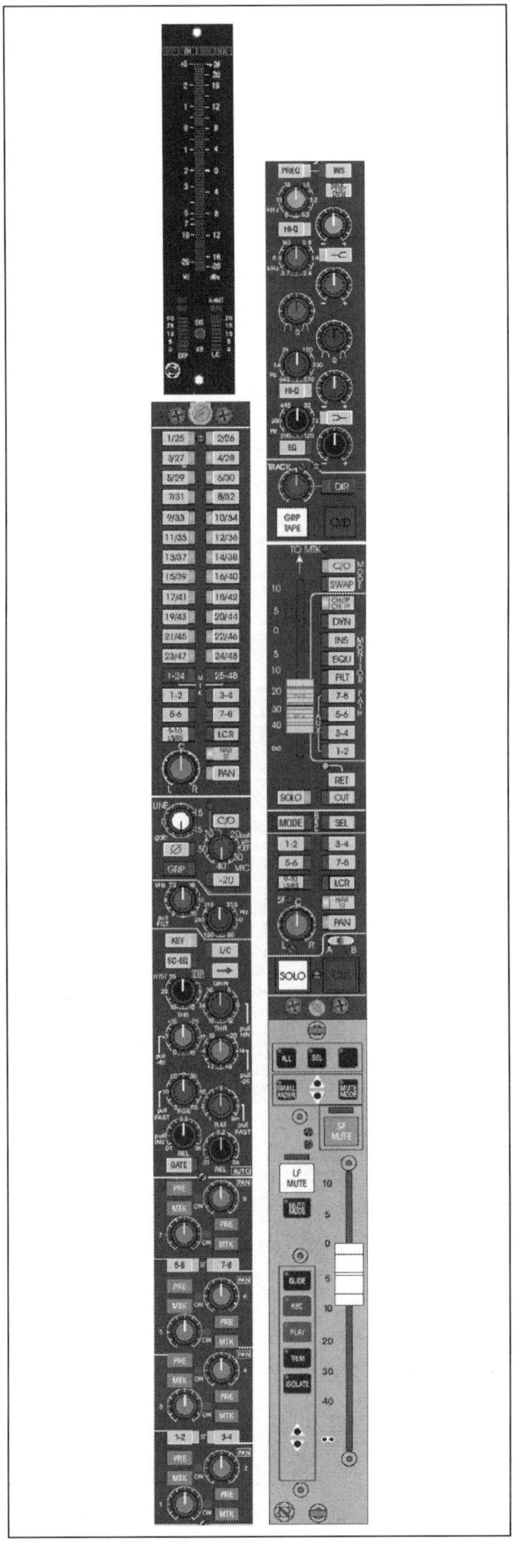

Abb. 11.3-10: Kanalzug eines Studiomischpults (Neve 88R)

AMS-Neve 88R:

- Professionelles Inline-Recording-Pult
- 48 Busse
- Dynamics in jedem Kanal
- 8 Aux-Wege (Routing auf die Busse möglich)
- Stereo oder LCR-Summe
- Anwendung: Professioneller Recordingbereich

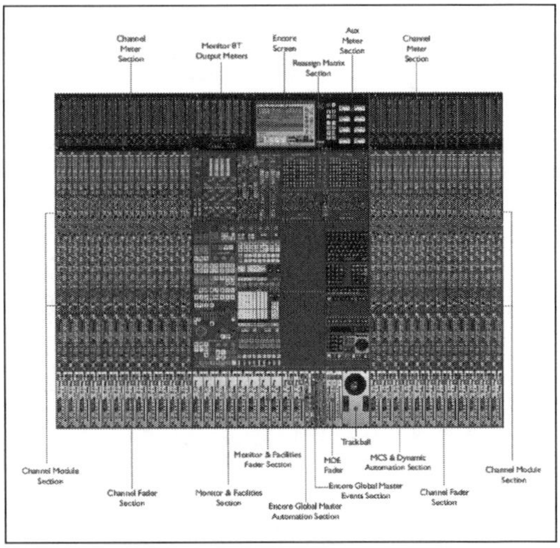

Abb. 11.3-11: Front des Neve 88R

Abb. 11.3-12: Bild des Neve 88R

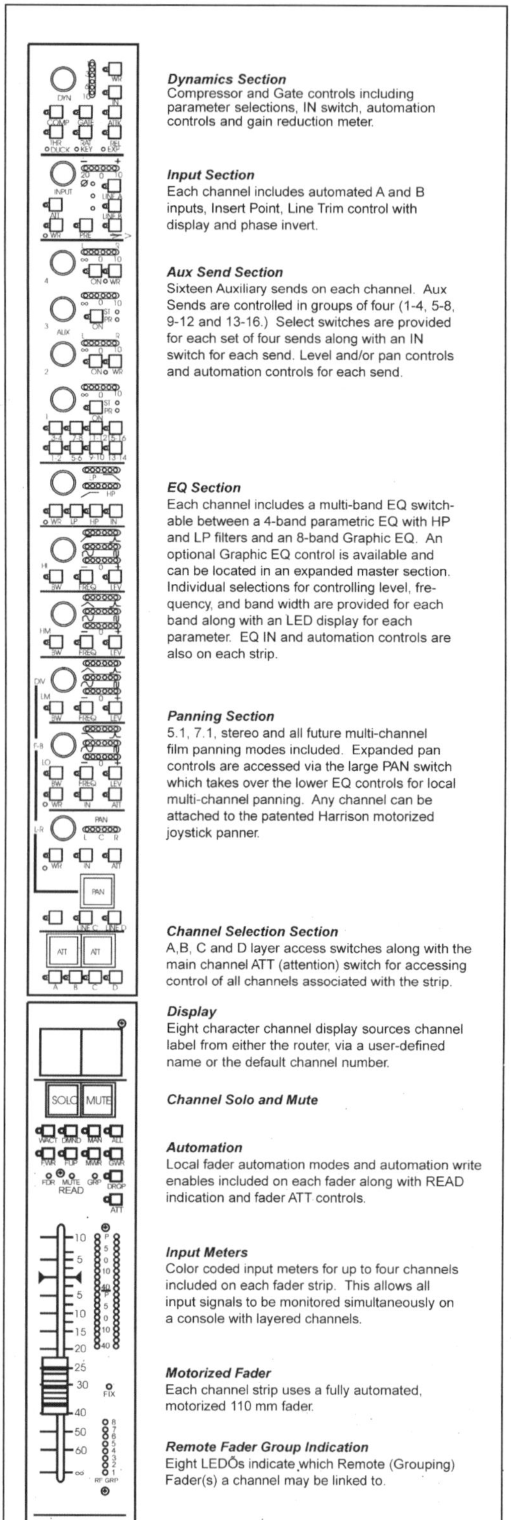

Abb. 11.3-13: Kanalzug eines Filmmischpults (Harrison Series Twelve)

Harrison Series Twelve:

- Professionelles Inline-Film-Mischpult
- Analoge Bedienoberfläche mit analoger und digitaler Signalführung
- 48 Busse
- Nahezu voll automatisierbar
- Dynamics in jedem Kanal
- 16 Aux-Wege
- 5.1 oder 7.1 Panning mit Divergenzregler und Motorjoysticks in der Mastersektion
- Anwendung: Professioneller Filmmischbereich

Abb. 11.3-14: Bild des Harrison Series Twelve

11.4 Digitale Pulte und DAWs

Digitale Pulte werden normalerweise so aufgebaut, dass sie vom Signalfluss her den analogen Pulten möglichst ähnlich sind. Der Grund liegt in der Kompatibilität dieser beiden Systeme.

Digitale Pulte haben im Vergleich zu analogen Pulten normalerweise eine stark an Bedienelementen reduzierte Oberfläche. Nicht alle Knöpfe sind vorhanden und können "mit einem Griff" bedient werden. Vielmehr sind nur die wichtigsten Bedienelemente in jedem Kanal enthalten und seltener benötigte Elemente findet man nur in der Mastersektion. Mit einer "Select"-Taste kann man im jeweiligen Kanal anwählen, ob dieser Kanal gerade bearbeitet werden soll.

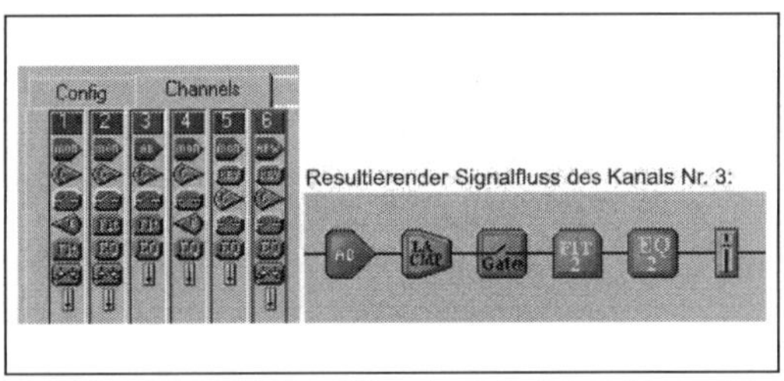

Abb. 11.4-1: Der Signalfluss kann in jedem Channel individuell zusammen gestellt werden (© AMS-Neve, England)

Das Problem hierbei ist, dass auf diese Weise der direkte Griff zu einem Parameter fehlt, was die Bedienung dieses Pultes in Live-Situationen erschwert. Weiterhin leidet unter Umständen auch die Kreativität, da teilweise nicht mehrere Parameter in verschiedenen Kanälen gleichzeitig bedient werden können, um die beste Kombination auszuprobieren.

Ein weiterer Unterschied zu analogen Pulten ist die Tatsache, dass manche Digitalpulte vom Toningenieur frei konfigurierbar sind. Hierbei verfügt man über Knöpfe, deren Beschriftung wechseln kann, um die jeweils notwendigen Parameter anzuzeigen. Weiterhin hat man einen "Gerätevorrat", bestehend aus EQs, Kompressoren, Gates, Filtern, Aux- Wegen etc. Der Gerätevorrat ist nur abhängig von der Rechenleistung des Pultes, welche durch zusätzliche Hardware aufgestockt werden kann.
Man schaltet sich nun einfach alle "Geräte", die man gerne in einem Kanal hätte, hintereinander und konfiguriert sich auf diese Weise seinen Kanalzug individuell (siehe Abbildung 11.4-1 und 11.4-2). Dadurch können die vorhandenen Geräte effizienter eingesetzt werden, da sie nicht an eine feste Kanalnummer gebunden sind.

Es gibt allerdings auch Digitalpulte, die auf den ersten Blick gar nicht danach aussehen. So ist es beispielsweise im Live-Betrieb wünschenswert, alle Parameter "auf einen Griff" parat zu haben und

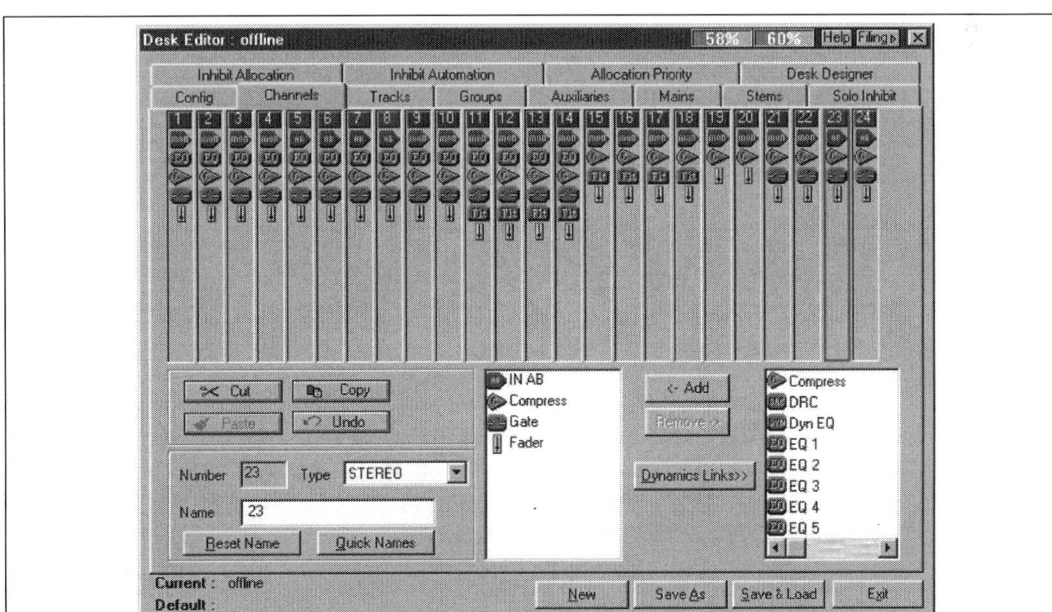

Abb. 11.4-2: Konfigurationssoftware eines Digitalpults. (© AMS-Neve, England)

Abb. 11.4-3: Digitalpult + 18-Spur Recorder mit komplett analoger Bedienoberfläche (© Fostex)

nicht erst durch Konfigurationsmenüs auswählen zu müssen, welcher Kanal und welcher Parameter gerade bearbeitet werden soll.
In Abbildung 11.4-3 ist ein Live-Mischer zu sehen, der von der Benutzeroberfläche überhaupt nicht an ein Digitalpult erinnert - nicht einmal ein Display ist irgendwo vorhanden. Erst wenn man sieht, dass das ganze Pult nur über ein CAT-5 Kabel an ein 19"-Gerät gesteckt wird und eigentlich nur eine Fernbedienung darstellt, wird klar, dass es sich um ein Digitalpult handelt.

Auch DAWs werden vom Signalfluss grundsätzlich wie einfache Mischpulte aufgebaut. Durch Plugins können die einzelnen Kanäle mit Effekten erweitert, und so ein individuell konfigurierbares Pulte geschaffen werden.

Eine Besonderheit von digitalen Pulten und DAWs ergibt sich, wenn die interne Signalbearbeitung mit Hilfe von Fließkommazahlen erfolgt. Da diese einen enorm großen Head- und Footroom zulassen, wird der Anwender durch die Einstellmöglichkeiten am Pult niemals die rechnerisch mögliche Dynamik ausnutzen oder überfahren können.
Das bedeutet, dass ein Signal innerhalb einer DAW, sehr sicher gegenüber Übersteuerungen und neuem Grundrauschen ist. Vielmehr kann man mit dem Signal fast machen, was man will, und es am Ende - in der Mastersektion - jederzeit wieder "retten".

So führt beispielsweise ein Signal, welches in einem Plugin übersteuert wurde, nicht wirklich zu Clipping - vielmehr wird die Übersteuerung nur optisch auf einem Meter oder einem "Lämpchen" angezeigt. In der Mastersektion kann dann das Signal mit Hilfe des Master-Faders wieder unter die (virtuelle) Clippinggrenze gefahren und sauber wiedergegeben werden.

Achtung! Wie schon erwähnt, gilt dies nur für Digitalpulte und DAWs mit interner Fließkommadarstellung. Sollten die Pulte oder DAWs intern mit Festkommazahlen arbeiten, verhalten sie sich eher wie ein analoges Pult.

Kapitel 12 - Synchronisation

12 Synchronisation

12.1 Grundlagen der Synchronisation

Die Synchronisation in Tonstudios ist eine oft benötigte, jedoch meist unterschätzte Angelegenheit. Erfolgt eine Synchronisation zwischen verschiedenen Medien heute zwar mehr und mehr intern in einem Computer, so ist die Verkoppelung von externen Geräten nach wie vor ein wesentlicher Bestandteil der Studioarbeit. In diesem Kapitel sollen die Grundlagen, die für das Verständnis der Synchronisation erforderlich sind vermittelt werden.

Bei der Synchronisation gibt es immer einen Zeit- oder Taktgeber (Master) und einen oder mehrere Geräte, die sich auf diesen Takt einstellen sollen (Slave). Wenn es nun um die Frage geht, wer Master und wer Slave sein soll, so gilt zuerst:
Das langsamste Gerät sollte immer der Master sein. Das hat einen einfachen Grund. Die schnelleren Geräte (Slaves) können somit immer problemlos der Zeit- oder Taktinformation des Masters folgen und die Synchronisation wird erfolgreich sein. In Tabelle 12.1-1 sind einige Gerätearten der Geschwindigkeit nach sortiert.

12.1.1 Zweck der Synchronisation

Aufgabe der Synchronisation ist die zeitgenaue Verkoppelung von mehreren Studiogeräten. Beispielsweise kann es darum gehen, dass zwei 24-Spur Recorder zusammengeschaltet werden, damit man sie wie einen 48-Spur Recorder betreiben kann. Hierbei muss gewährleistet werden, dass die beiden Recorder immer synchron zueinander laufen und alle 48 Spuren auch immer an der selben Stelle aufnehmen, oder wiedergeben können.
Bei digitalen Recordern wird hierbei eine samplegenaue Verkoppelung gefordert, was bedeutet, dass die beiden Maschinen exakt mit der gleichen Abtastrate laufen und gleichzeitig die Abtastwerte aufnehmen und wiedergeben können. Bei einer Abtastrate von 48kHz bedeutet dies, dass die Maschinen genauer als 20µs synchron zueinander laufen.
Bei analogen Recordern ist eine so genaue Verkoppelung nicht möglich, hier wird meist eine Genauigkeit von 500µs bis 1ms angestrebt.

Eine andere Variante ist die Synchronisation von Ton zu Bild. Ursprünglich war dies auch eine der schwierigsten Aufgaben für die Realisation des Tonfilms. Hierbei orientiert sich der Ton an den Bildern und man spricht oft von einer bildgenauen oder framegenauen Synchronisation. Mehr dazu im Kapitel 12.1.2.

In modernen Studios geht es meist darum den Computer synchron zu anderen Geräten zu bekommen. So könnte zum Beispiel ein Computer mit einem Sequenzerprogramm synchron zu einem Recorder laufen. Dies wird über einen Timecode realisiert, der entweder als Signal oder MIDI-Information vom Recorder zum Computer geschickt wird.

Mit welcher Technik es realisiert wird, ist in der Praxis fast egal, das Ziel ist entscheidend: synchroner Lauf von unterschiedlichen Geräten.

Gerät	schnell
Computer (RAM)	.
Computer (Festplatte)	.
Computer (CD-Laufwerk)	.
Perfoläufer	.
Filmprojektor	.
Profi Bandmaschine	.
Homerecording Bandmaschine	.
Videorecorder	.
	langsam

Tab. 12.1-1: Verschiedene Gerätearten nach ihrer Geschwindigkeit sortiert

12.1.2 Synchronisation über Taktsignale

Eine der einfachsten Möglichkeiten zwei Geräte synchron zueinander zu halten, sind Taktsignale. Hierbei gibt es ein Gerät, das den Takt angibt und eines oder mehrere Geräte, die sich auf den Takt synchronisieren. Dadurch ist es gewährleistet, dass bestimmte Abläufe taktsynchron ablaufen.
Der Taktgeber kann auch ein reiner Taktgenerator sein, der verschiedene Taktsignale zur Verfügung stellt, auf die sich die Studiogeräte einstellen kön-

nen. In diesem Fall spricht man auch von einem "Haustakt".
Bei der Taktsynchronisation ist zu beachten, dass keine Zeitinformationen übertragen werden, sondern nur Taktsignale. Die synchron laufenden Geräte können somit nicht ihre Position angleichen, sondern lediglich in der gleichen Geschwindigkeit laufen.

12.1.2.1 Perfoläufer

Eine sehr einfache Technik, um zwei Geräte gleich schnell laufen zu lassen, sind die so genannten Perfoläufer. Der Name leitet sich von den Perforationslöchern ab, die im Datenträger enthalten sind, und über die die Synchronität gewährleistet wird. Die Perfoläufer waren ursprünglich zur Verkoppelung von Ton zu Bild vorgesehen: Ein Film hat Perforationslöcher, über die er mit Hilfe einer Nockenwelle (engl. Rocker-Wheel) angetrieben wird. Dadurch ist ein konstanter Vorschub des Filmmaterials möglich. Man hat nun einen zusätzlichen Magnetfilm mit den gleichen Perforationslöchern versehen und über eine Verlängerung der Nockenwelle synchron zum Film angetrieben. Wenn die Tonaufnahme einmal synchron zum Film erfolgte, wird sie durch die Nocken auch bei jeder Wiedergabe wieder synchron laufen. Die Abbildung 12.1-1 zeigt diese Anordnung schematisch.

Wie bereits gesagt, müssen das Bild und der Ton bereits bei der Aufnahme synchron zueinander laufen. Das heißt, die Mischung des Soundtracks und auch alle weiteren erforderlichen Tonaufnahmen (Foleys, Dialoge oder Synchronfassungen in anderen Sprachen) müssen bereits auf einer solchen Maschine erfolgen. Hierzu ist ein spezieller Filmprojektor erforderlich, der vor- und zurücklaufen kann, da bestimmte Stellen eventuell mehrfach wiederholt werden müssen. Ein normaler Kinoprojektor kann nicht rückwärts laufen. Diese Spezialprojektoren nennt man in Fachkreisen auch "Rock 'n' Roll-Projektoren", da sie über die "Rocker" angetrieben werden und "Roll back" können.

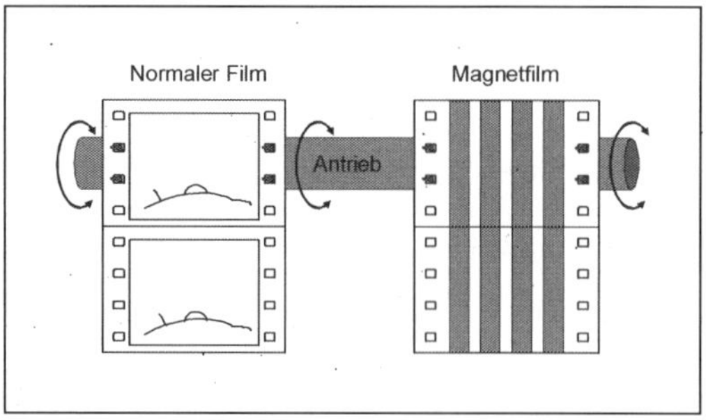

Abb. 12.1-1: Schematische Anordnung eines synchron laufenden Licht- und Magnetfilms

Eine weitere Anwendung der Synchronisation über die Perforationen ist die Interlock-Technik. Sie findet hauptsächlich Anwendung in Kinos, wenn eine Filmkopie aus Kostengründen auf mehreren Projektoren gleichzeitig gezeigt werden soll. Auf diese Weise kann man die selbe Kopie in mehreren Sälen zeigen und somit mehr Zuschauer erreichen. Gerade bei großen Kinokomplexen und Blockbuster-Filmen wird diese Technik gerne angewandt.
Die Nockenwelle der Projektoren wird hierbei durch einen Synchronmotor angetrieben, der seine Umdrehungszahl synchron zur Netzfrequenz hält. Da alle Projektoren am selben Lichtnetz laufen, haben sie auch alle die gleiche Netzfrequenz und alle Nockenwellen drehen sich exakt gleich schnell. Man kann nun den Film in den ersten Projektor einfädeln und ihn anschließend über Umlenk- und Spannrollen zum nächsten Vorführraum leiten, wo er durch den zweiten Projektor läuft. Dann weiter zum dritten Projektor und so weiter. In jedem Kinosaal läuft der selbe Film, nur kurz nacheinander. Durch die synchron laufenden Motoren wird der Film niemals zwischen den Projektoren reißen oder aus den Rollen springen können. Manche Kinos können auf diese Weise bis zu 16 Säle verkoppeln (siehe Abbildung 12.1-2 - man sieht deutlich die kreuz und quer gespannten Filmstreifen zwischen den Projektoren).

12.1.2.2 Tachosignale

Die Synchronisation über Tachosignale kann in Grundzügen als Variante der Perfoläufer angesehen werden. Allerdings ist keine mechanische Verkop-

Abb. 12.1-2: Interlock von mehreren Projektoren (© Brad Miller, Film-Tech)

pelung zwischen zwei Medien gegeben, sondern nur eine elektrische. Diese erfolgt durch elektronische Impulse, die durch eine Tachorolle erzeugt werden, oder auf einer Spur des Recorders aufgezeichnet sind.
Genau wie Perfoläufer enthalten Tachosignale keine Zeitinformation. Sie haben jedoch einen großen Nachteil gegenüber der mechanische Verkopplung über Perforationen: Die Tachoimpulse enthalten auch keine Richtungsinformation. Sollen zwei Maschinen über Tachosignale synchronisiert werden, so muss der Master zusätzlich zu den Tachoimpulsen auch immer noch eine Richtungsinformation mitschicken, damit der Slave in die richtige Richtung mitläuft. Stimmt diese Richtungsinformation auch nur für einen Moment nicht, so entsteht sofort ein Versatz zwischen den Maschinen.

Die Nachteile von Tachosignalen überwiegen in der Praxis, so dass diese Technik nicht für die professionelle Synchronisation eingesetzt wird:

- Möglicher Verlust von Tachoimpulsen durch mechanischen Schlupf an der Tachorolle.
- Möglicher Verlust von aufgezeichneten Tachoimpulsen durch Drop-Outs auf dem Band.
- Mögliche falsche Richtungsinformation (Beispiel: Die Maschine wird zwar gestoppt, aber die Bandzugarme bewegen das Band noch in eine Richtung).

Der Einsatz von Tachosignalen beschränkt sich in der Praxis auf elektronische Zählwerke, die die Bandlaufzeit anzeigen können.

Ein in der Videotechnik angewandtes Tachosignal sind die CTL-Impulse. Diese werden mit der Bildfrequenz synchron zu den Videobildern auf eine Längsspur am Rand des Videobandes aufgezeichnet (siehe Abbildung 8.2-9) und dienen in erster Linie zur Spurführung für den Videokopf. Man könnte aus ihnen jedoch auch Tachosignale ableiten, die der Bildfrequenz entsprechen.

Abb. 12.1-3: Aufnahmekopf, Pilottonkopf und Wiedergabekopf einer professionellen Filmton-Bandmaschine

Im Filmbereich wird teilweise zur Synchronisation der Pilotton verwendet, der von der Filmkamera kommt. Er hat eine Frequenz, die der Bildrate der Kamera entspricht und wird auf eine spezielle Spur des Tonbandgerätes am Set aufgezeichnet. Auf diese Weise wird ein Taktbezug zwischen den Bildern auf der Kamera und der Bandgeschwindigkeit des Audiobandes möglich. In Abbildung 12.1-3 sind die Köpfe eines typischen Filmtonbandgerätes zu sehen. Es handelt sich hierbei um eine Monomaschine, die auf ein Viertelzollband aufzeichnen kann. Der linke Kopf ist der Aufnahmekopf, der rechte der Wiedergabekopf für das Audiosignal. Der mittlere Kopf ist der Aufnahme- und Wiedergabekopf für den Pilotton. Er schreibt in zwei sehr schmalen Spuren den Pilotton mitten in die Audiospuren hinein - allerdings ist die eine Spur exakt phasengedreht zu der anderen. Auf diese Weise wird sich der Pilotton auf dem Mono-Wiedergabekopf genau auslöschen und nicht zu hören sein.

Heute wird nur noch selten mit Pilotton im Filmbereich gearbeitet. Man hat in der Regel relativ kurze Takes und sowohl Kamera, als auch der Audiorecorder laufen mit einer über Quarzoszillatoren stabilisierten Geschwindigkeit. So genügt es, wenn man im Schnitt, den Ton mit Hilfe der Klappe synchron zum Bild anlegt. Dazu wird das Geräusch der Klappe exakt an den Zeitpunkt angelegt, an dem sich die Klappe im Film vollständig schließt. Anschließend kann man davon ausgehen, dass der Ton während des Takes ausreichend synchron zum Bild läuft, da auch bei der Wiedergabe Quarzoszillatoren verwendet werden. Erst bei sehr langen Takes, ist eine Pilottonverkopplung zwischen Kamera und Audiorecorder notwendig.

12.1.2.3 Wordclock

Ein Wordclock-Signal ist eine Rechteckspannung, die die Abtastfrequenz eines Digitalgerätes darstellt. Ein CD-Player mit Wordclock-Ausgang würde somit die Frequenz 44100Hz ausgeben.
Die Rechteckspannung wird mit 5V Logikpegel ausgegeben. Das bedeutet, dass sie zwischen 0V und 5V wechselt. Bei Stereosystemen zeigt hierbei eine steigende Flanke (0V auf 5V) den Beginn des linken Abtastwertes und eine fallende Flanke (5V auf 0V) den Beginn des rechten Abtastwertes an. Dies gilt jedoch nur für die digitale Übertragung der Abtastwerte. Die Abtastung und Ausgabe der analogen Abtastwerte erfolgt immer für alle Kanäle bei der steigenden Flanke.

Mit Hilfe der Wordclock ist es möglich mehrere Digitalgeräte so zu synchronisieren, dass sie "samplegenau" zueinander arbeiten. Das bedeutet, dass alle Geräte genau gleichzeitig ihre Werte ausgeben und aufnehmen und dass sie mit der gleichen Abtastfrequenz arbeiten.

Als Beispiel soll der Fall dienen, dass mehrere Digitalsignale über ein digitales Mischpult miteinander gemischt werden: Damit die mischpultinterne Signalverarbeitung die Signale mischen kann, müssen diese samplegenau im Pult vorliegen. Das bedeutet, dass die digitalen Zuspieler für das Pult mit exakt der gleichen Abtastfrequenz ihre Werte anliefern. Um dies zu gewährleisten, könnte man das Mischpult als Wordclock-Master verwenden und alle Zuspieler als Slave anschließen. Hierbei ist jedoch selbstverständlich sicherzustellen, dass auch jeder Zuspieler über einen Wordclockeingang verfügt und sich somit extern synchronisieren lässt.

Eine Wordclocksynchronisation kann mit einer Timcodesynchronisation kombiniert werden. Man bekommt dann samplegenau gleichlaufende Geräte, die auch immer an der gleichen Zeitposition arbeiten.

Wordclocksignale werden über BNC-Stecker angeschlossen. Die Impedanz der Ein- und Ausgänge beträgt 75Ω, die Verbindungskabel sollten ebenfalls einen Wellenwiderstand von 75Ω haben.

Für eine einfache Digitalverbindung zwischen zwei Geräten ist keine Wordclocksynchronisation erforderlich. Möchte man beispielsweise ein Signal von einem CD-Player über die digitale Schnittstelle in einen Computer überspielen, so stellt sich der Empfänger des Digitalsignals automatisch auf den Sendertakt ein und arbeitet dann ebenfalls mit dem gleichen Takt.
Erst, wenn der Empfänger den Takt angeben möchte, wäre eine Wordclocksynchronisation erforderlich.

Wenn keine Wordclocksynchronisation möglich ist, und trotzdem mehrere Signal gemischt werden müssen, so kann man auf Abtastratenwandler zurückgreifen (siehe Kapitel 7.10.3). Viele Mischpulte bieten die Möglichkeit, an den digitalen Eingängen die Signale durch einen Abtastratenwandler zu schicken, um sie somit synchron zum internen Bearbeitungstakt zu bekommen.

12.1.2.4 AES 11

Der AES 11 Standard beschreibt ein AES 3 Signal, das ohne Audioinhalt nur zur Synchronisation verwendet wird. Dieses Signal wird auch "DARS - Digital Audio Reference Signal" genannt.
Vergleichbar mit der Wordclock wird mit dem DARS ein samplegenaues Synchronisieren verschiedener Geräte möglich.

Das AES 11 Signal wird über Standard-AES 3 Schnittstellen transportiert. Es kann als komplett leere AES-Frames ("Black Audio") verschickt werden, bei denen lediglich die Preambeln vorhanden sind und zur Takterkennung verwendet werden.

Auch der Einsatz eines "normalen" AES 3 Audiosignals ist möglich, da für die Timinginformation nur die Preambeln ausgewertet werden.

Sollte ein DARS kein Audiosignal beinhalten, so muss es innerhalb der Channel-Status-Bits als "not linear PCM" gekennzeichnet werden, damit ein D/A-Wandler es bei einem Steckfehler nicht versehentlich umwandelt.

Innerhalb der Channel-Status-Bits ist in Byte 18-21 ein Einbetten der Tageszeit vorgesehen. So kann man beispielsweise mit Hilfe eines GPS-Empfängers nicht nur die Taktreferenz gewinnen, sondern auch gleich die aktuelle Tageszeit automatisch in das AES 11 Signal codieren.

Es gibt zwei Genauigkeitsklassen des AES 11 DARS:

- Grade-1: Hochgenaues DARS, geeignet zur Synchronisation ganzer Studiokomplexe oder auch einzelner Studios.
- Grade-2: Normalgenaues DARS, geeignet für die Synchronisation einzelner Studios, wenn keine hochgenaue Referenz erforderlich ist.

Um welche Genauigkeitsklasse es sich bei einem Signal handelt, ist in den Channel-Status-Bits Byte4: Bit0 und 1 codiert (Siehe Tabelle 7.9-5).

12.1.2.5 Black-Burst

Bei dem Black-Burst handelt es sich um ein Videosignal, bei der alle Bilder schwarz sind. Somit sind nur noch die horizontalen und vertikalen Synchronimpulse vorhanden, sowie die Burst-Signale für den Farbhilfsträger.

Mit Hilfe des Black-Burst können verschiedene Videogeräte so zueinander synchronisiert werden, dass alle Bilder immer exakt zeitgleich ausgegeben und aufgenommen werden. Man könnte somit den Black-Burst als eine Art "Wordclock für Videosignale" bezeichnen.

Für den Videoschnitt ist es erforderlich, dass die zu bearbeitenden Videosignale synchron in den Bildmischer gelangen. Damit dies gewährleistet ist, gibt beispielsweise der Bildmischer einen Black-Burst aus, nach dem sich die Zuspieler richten müssen. Die Black-Burst-Eingänge heißen entweder "Black-Burst", "Reference Video" oder auch "Genlock".

Auch Black-Burst kann mit einem Timecode kombiniert werden. Obwohl der Timecode bereits eine bildgenaue Zeitinformation darstellt, wird mit Hilfe des Black-Burst für eine hohe Stabilität des genauen Bildanfangs, für exakte Zeilenanfänge und eine Synchronität der Farbinformation gesorgt. Es ist jedoch noch keine wordclockgenaue Synchronisation gewährleistet.

Black-Burst läuft ebenso wie Wordclock über 75Ω BNC-Verbindungen.

12.1.3 Frame-Rates

Im Zusammenhang mit der Synchronisation kommt man um den Begriff der Frame-Rates (deutsch: Bildwiederholfrequenzen) nicht herum. Sie beschreiben, wie viele Bilder (Frames) ein Film in einem bestimmten Format pro Sekunde hat. Sie sind die Basis für eine Verkoppelung von Geräten mit Hilfe eines Timecode-Signals. Die Einheit Frames pro Sekunde (fps) wird hierbei englisch angegeben, da nur selten eine deutsche Bezeichnung dafür verwendet wird. Es existieren 6 verschiedene Framerates, die alle für unterschiedliche Anwendungen benötigt werden. MIDI unterstützt aufgrund der festen Übertragungsgeschwindigkeit nur vier der sechs Framerates. Die 29,97-basierten Framerates werden von MIDI nicht unterstützt.
Auch viele andere Geräte unterstützen nur 5 Timecodes, wobei diese dann sehr wahrscheinlich 24, 25, 30, 29,97 und 29,97df sind. Oft wird fälschlicherweise der 29,97df als 30df angegeben. Der 30df ist jedoch tatsächlich fast nur bei Geräten zu finden, die alle sechs Formate unterstützen.

12.1.3.1 24 Frames pro Sekunde

In Kinos werden die Filme mit 24 verschiedenen Bildern pro Sekunde gezeigt. Diese Bildfrequenz ist ausreichend, um dem menschlichen Gehirn ein flüssig bewegtes Bild vorzugaukeln.
Da die einfache Projektion von 24 Bildern pro Sekunde jedoch ein flimmerndes Bild ergeben würde, wird in den meisten Kinos jedes Bild zwei mal hintereinander gezeigt, in Kinos mit sehr großen Leinwänden sogar drei mal hintereinander. Auf diese Weise wird auch in den Randbereichen der Leinwand, wo das Auge besonders empfindlich auf Flimmern reagiert, ein flimmerfreies Bild gewährleistet.

Geht es um die Synchronisation von Geräten zu einem Kinofilm, so werden lediglich die 24 Bilder pro Sekunde als Basis herangezogen. Auch eine Filmkamera gibt als Pilotton ein 24 Hertz Signal aus.

12.1.3.2 25 Frames pro Sekunde

In Europa beträgt die Netzfrequenz 50Hz. Diese Frequenz wurde als Basis für die Bildwiederholrate im europäischen Fernsehen verwendet. Es werden in Europa (meistens PAL-Farbstandard) 50 Halbbilder pro Sekunde gezeigt. Damit erreicht man ein größtenteils flimmerfreies Bild. Aufgrund der Übertragungsbandbreite der Sender, sendet man nicht 50 Vollbilder (Frames), sondern nur Halbbilder (Fields), die das Auge aufgrund seiner Trägheit zu Vollbildern zusammensetzt. Europäisches Fernsehfilmmaterial besteht somit aus 25 Vollbildern pro Sekunde, die als Basis für die Synchronisation eingesetzt werden.

Wird ein Kinofilm im europäischen Fernsehen gezeigt, so läuft er statt mit 24 Bildern pro Sekunde einfach etwas schneller mit 25 Bildern pro Sekunde. Damit ist zwar alles um 4% zu schnell, was jedoch in der Regel nicht auffällt. Auch die Tonspur läuft entsprechend schneller, was einem Tonhöhenunterschied von einem Viertelton entspricht.

Ein TV-Signal, welches mit 50 Halbbildern pro Sekunde gesendet wird, trägt auch den Namen "Interlaced". Werden hingegen 50 Vollbilder gezeigt (was normale Fernseher nicht wiedergeben können, nur Projektoren und Computermonitore), so spricht man von "Progressive"

12.1.3.3 30 Frames pro Sekunde

In Amerika beträgt die Netzfrequenz 60Hz und daher wurde der amerikanische Fernsehstandard auf 60 Halbbilder pro Sekunde festgelegt. Dies war jedoch noch zu Schwarz-Weiß-Zeiten. Als der amerikanische Farbstandard NTSC eingeführt wurde, gab es Interferenzen zwischen der zusätzlichen Farbinformation und der Frame-Rate. Man hat aus diesem Grund die Frame-Rate um ein Tausendstel auf 29,97 Frames pro Sekunde reduziert.

Heute ist der Standard 30 Frames nur noch aus Kompatibilitätsgründen vorhanden, da sich aus diesem Standard unter anderem die Abtastfrequenz 44100Hz ableitet.

12.1.3.4 29,97 Frames pro Sekunde

Das amerikanische Farbfernsehen sendet 59,94 Halbbilder pro Sekunde. Dies entspricht 29,97 Vollbildern pro Sekunde. Der Wert erscheint deshalb so "krumm", da er auf eine Sekunde bezogen wird. Man könnte auch einfach sagen, dass es 30 Bilder pro 1,001s sind. Die Bilder werden hierbei tatsächlich von 0 bis 29 durchgezählt, wobei jedes Bild ein kleines bisschen länger als eine dreißigstel Sekunde andauert. In einer Stunde werden 107892 Frames gezeigt.

Bei einem 29,97fps-Timecode läuft die Zeit, die der Timecode-Generator anzeigt also um ein Tausendstel zu langsam, so dass das Generieren von einer Stunde Timecode in Wirklichkeit 01h00m03s18f andauert und somit um 3 Sekunden und 18 Frames zu langsam ist. Nun kann man im Fernsehen nicht mit einer falschen Zeitanzeige arbeiten, da sonst die Spieldauer der Filme nicht stimmen würde und die Sendezeiten sich verschieben würden. Aus diesem Grund wurde der 29,97df-Timecode eingeführt (siehe Kapitel 12.1.3.5), der die Zeitanzeige korrigiert.

Wird ein Kinofilm im amerikanischen Fernsehen gezeigt, so findet eine Konvertierung von 24fps auf 30fps statt. Dazu werden aus 4 Kinobildern 5 TV-Vollbilder gebildet: Das erste Kinobild wird hierbei in drei TV-Halbbildern aufeinander gezeigt, das zweite in zwei TV-Halbbildern, das dritte in drei TV-Halbbildern und das vierte wieder in zwei TV-Halbbildern. Dass am Ende der TV-Film nur mit 29.97fps gezeigt wird, fällt aufgrund des geringen Unterschieds zu 30fps nicht auf.

Aus dem 29,97fps-Standard abgeleitet, würde sich eine Abtastfrequenz von 44056Hz ergeben, die tatsächlich genormt ist. Allerdings werden 44,056kHz Aufnahmen später einfach mit 44,1kHz abgespielt - der Unterschied fällt nicht auf.

12.1.3.5 29,97df Frames pro Sekunde

29,97df steht für 29,97 "drop Frame" und ist eine im Broadcast-Bereich notwendige Variante, um bei einem 29,97-Timecode eine korrekte Zeitanzeige zu bekommen. Da der 29,97-Timecode um ein Tausendstel zu langsam läuft, wird eine Stunde Timecode in Wirklichkeit 1Stunde, 3Sekunden und 18 Frames andauern. Das heißt, der Timecode ist um 3Sekunden und 18Frames hinter der Echtzeit her. In Frames ist er 108Frames pro Stunde zu langsam.
Um diesen Zeitfehler auszugleichen, hat man beschlossen beim Zählen der Frames ab und zu ein paar Frames zu überspringen (drop), um nach und nach über eine Stunde hinweg die 108 Frames einzuholen.
Die Funktionsweise ist hierbei folgende: Es werden 30 Frames pro Sekunde gezählt. Jede Minute werden am Anfang die Frames 0 und 1 in der Zählweise ausgelassen, in jeder durch zehn teilbaren Minute jedoch nicht.
Dadurch werden neun Minuten lang 1798 Frames pro Minute gezählt und in jeder zehnten Minute 1800 Frames. Nach zehn Minuten ergibt dies 17982 Frames und nach einer Stunde 107892 Frames. Diese Bildanzahl entspricht exakt der Anzahl der Bilder bei einem 29,97 Timecode.

Durch das Überspringen von Framenummern wird somit die Uhr des Timecode-Generators immer ein kleines bisschen vorgestellt, so dass sich die korrekte Echtzeit in der Anzeige ergibt.

Achtung: Beim 29,97df-Timecode handelt es sich lediglich um eine andere Zählweise der Frames. Es sind jedoch exakt genau so viele Frames wie beim normalen 29,97-Timecode und die Frames dauern auch jeweils 1,001 Sekunde an.

12.1.3.6 30df Frames pro Sekunde

Dieses Format ist vergleichbar mit dem 29,97df-Timecode, mit dem Unterschied, dass als Basis nicht der 29,97-Timecode sondern der 30-Timecode verwendet wird. Somit werden in einer Stunde 108000 Frames gezeigt, die Zeitanzeige wird jedoch wiederum vorgestellt, so dass dieses Mal die Zeit zu schnell zu laufen scheint und nach einer Stunde 108108 Frames gezählt wurden.

Dieses Format wird nur sehr selten Anwendung finden. Es wird nur benötigt, wenn ein 29.97df-Timecode zu einem 30-Timecode synchronisiert werden soll. Man lässt hierbei den 29,97df um ein tausendstel schneller laufen und erhält dadurch den 30df-Timecode.

12.2 SMPTE/EBU-Timecode

SMPTE steht für "**S**ociety of **M**otion **P**ictures and **T**elevision **E**ngineers" und ist die international anerkannte Vereinigung, wenn es um Standards und Normen im TV- und Kinobereich geht. Man spricht in diesem Zusammenhang auch von der SMPTE-Norm, oder kurz SMPTE (sprich: Sämptie).

Die SMPTE hat ein Format für einen Timecode definiert, mit dessen Hilfe verschiedene Bild- und Tongeräte zueinander synchronisiert werden können. Der Timecode ist hierbei nichts anderes als eine Zeitinformation, die in einem bestimmten Format übertragen oder aufgezeichnet wird.
In Europa hat die EBU (European Broadcast Union) ebenfalls eine Norm für den Timecode herausgegeben. Beide Timecodes sind bis auf wenige Bits identisch.

Im Folgenden soll der SMPTE/EBU-Timecode nur kurz SMPTE-Timecode genannt werden.

Man unterscheidet hierbei zwischen zwei verschiedenen SMPTE-Timecodes:

- LTC (Longitudinal Timecode, siehe Kapitel 12.2.1) für normale Bandaufzeichnungen oder CD.
- VITC (Vertical Interval Timecode, siehe Kapitel 12.2.2) für Videoaufzeichnungen.

Diese beiden Timecodes können jeweils in den in Kapitel 12.1.3 besprochenen Frame-Rates existieren.

Die Zeitinformation eines SMPTE-Timecodes ist eingeteilt in Stunden (h), Minuten (m), Sekunden (s) und Frames (f) und hat das Format: hh:mm:ss:ff.

Die Zeitdarstellung beginnt hierbei bei 00:00:00:00 und endet bei einem 30fps Timecode bei 23:59:59:29. Es ist also möglich, genau einen Tag mit einer eindeutigen Timecodeinformation darzustellen. In vielen Studios läuft der Haustakt mit einem Timecode, der genau die aktuelle Uhrzeit anzeigt.

Zusätzlich zur reinen Zeitinformation können beim SMPTE-Timecode Hilfsinformationen übertragen werden. Diese sind dem Anwender überlassen und unterliegen keiner Norm. Es wäre beispielsweise möglich kurze Textinformationen mit dem Timecode zu verschicken. Auch könnten spezielle Steuerinformationen geschickt werden, die für Lampen, Relais oder Laufwerksfunktionen genutzt werden.

Weiterhin ist es beim LTC möglich, anhand eines Synchronwortes die Laufrichtung des Bandes zu ermitteln und somit die Timecodeinformation auch rückwärts zu lesen und auszuwerten.

Um einen SMPTE-Timecode zu erzeugen, benötigt man einen Timecode-Generator. Ein LTC wird hierbei als Audiosignal über eine analoge Audioschnittstelle ausgegeben. Soll ein VITC erzeugt werden, so muss der Generator über einen Videoeingang verfügen und in das Videosignal den Timecode einfügen. Am Ausgang erscheint das gleiche Videobild mit einem unsichtbaren Timecode oberhalb der Bildinformation.

Möchte man ein Gerät über SMPTE-Timecode synchronisieren, so muss dieses über einen SMPTE-Eingang verfügen. Bei einem LTC ist dies wiederum eine analoge Audioschnittstelle. Im Falle von VITC ist es ein Videoeingang.

SMPTE-Timecode Ein- und Ausgänge sind mit Timecode, TC oder SMPTE beschriftet.

12.2.1 Longitudinal Timecode (LTC)

Der Longitudinal-Timecode ist für die Aufzeichnung auf Längsspurbändern gedacht. Er wird normalerweise auf eine Audiospur aufgenommen, was zur Folge hat, das der LTC prinzipiell auf jeden Datenträger aufgenommen werden kann, der auch ein Audiosignal aufnehmen kann. In der Praxis gibt es jedoch teilweise Schwierigkeiten, wenn auf der betreffenden Spur ein Rauschunterdrückungssystem eingeschaltet ist, oder wenn die Aufzeichnung datenreduziert erfolgt.

Damit die digitale Timecodeinformation aufgenommen werden kann, muss sie zunächst so aufbereitet werden, dass sie einem Audiosignal nahe kommt. Hierzu wird jedes LTC-Frame mit Hilfe der Bi-Phase-Mark Kanalcodierung (siehe Kapitel 7.5.4) codiert.
Dies hat zur Folge, dass einer binären Null eine tiefe Frequenz und einer binären Eins eine genau doppelt so hohe Frequenz zugewiesen wird. Die hohe Frequenz entspricht weiterhin genau der Bitrate des Timecodes.
Beispiel: Ein 25fps Timecode soll aufgezeichnet werden. Jedes Frame besteht beim LTC aus 80Bit.

Somit fallen 2000Bit pro Sekunde an. Der Timecode wird also mit den Frequenzen 1000Hz und 2000Hz aufgezeichnet.
In Tabelle 12.2-1 sind die Frequenzen für die jeweiligen Framerates zu sehen.

Ein Frame eines LTC besteht aus 80 Bit. Diese sind in Tabelle 12.2-2 für das EBU-Format einzeln aufgelistet. Ein Beispiel ist in Abbildung 12.2-1 zu sehen. Der LTC eines Magnetbandes wurde mit Hilfe einer Magnetlupe sichtbar gemacht und anschließend aufgeschlüsselt. Dabei ist deutlich am Anfang des Frames die fortlaufende Framenummer zu erkennen.

Hierbei gibt es ein paar besonders erklärungsbedürftige Bits (Die Bitnummern beziehen sich auf den EBU-Timecode, die SMPTE-Bitnummern stehen in Klammern):

- Bit 10: Drop Frame: Ist dieses Bit auf 1 gesetzt, so handelt es sich um einen Drop-Frame-Timecode (siehe Kapitel 12.1.3.5).
- Bit 11: Das "Color Lock Flag" zeigt an, ob das aktuelle Timecodeframe mit dem Beginn einer Farbsequenz zusammenfällt. Für Audioanwendungen uninteressant.
- Bit 27 und 43 (Bits 43 und 59): Sie zeigen an, ob die User-Daten in einem bestimmten Format vorliegen: Hierbei sind zwei Kombinationen definiert:
  - Beide Bits 0: Kein bestimmtes Format.
  - Bit 43: 1 und Bit 59: 0: Die Userdaten liegen als 8-Bit ASCII-Character vor
- Bit 58: Reserviert für zukünftige Anwendungen. Es steht normalerweise auf Null.
- Bit 59 (Bit 27): Das "Phase Correction Bit" wird in einem Frame auf 0 oder 1 gesetzt, so dass jedes 80-Bit Frame eine gerade Anzahl an Nullen enthält. Auf diese Weise wird gewährleistet, dass das Synchronwort auch nach der Bi-Phase-Modulation immer gleich aussieht. Das Synchronwort ist somit leichter zu erkennen.

Framerate		Frequenzen
24	fps	960Hz & 1920 Hz
25	fps	1000Hz & 2000Hz
29,97	fps	1199Hz & 2398Hz
30	fps	1200Hz & 2400Hz

Tab. 12.2-1: Aufzeichnungsfrequenzen des LTC

Aufgrund des eindeutigen Synchronworts (die Bits 64-79 sind immer gleich), kann der LTC sowohl vorwärts, als auch rückwärts gelesen werden. Gute SMPTE-Leser sind weiterhin in der Lage den Timecode über einen Geschwindigkeitsbereich von 1:100

Bit Nr.	Bedeutung	Wertigkeit	Wert
0	Einerstelle Frames	1	
1	Einerstelle Frames	2	
2	Einerstelle Frames	4	
3	Einerstelle Frames	8	
4	User Bits Gruppe 1		
5	User Bits Gruppe 1		
6	User Bits Gruppe 1		
7	User Bits Gruppe 1		
8	Zehnerstelle Frames	1	
9	Zehnerstelle Frames	2	
10	Drop Frame Flag		
11	Color Lock Flag		
12	User Bits Gruppe 2		
13	User Bits Gruppe 2		
14	User Bits Gruppe 2		
15	User Bits Gruppe 2		
16	Einerstelle Sekunden	1	
17	Einerstelle Sekunden	2	
18	Einerstelle Sekunden	4	
19	Einerstelle Sekunden	8	
20	User Bits Gruppe 3		
21	User Bits Gruppe 3		
22	User Bits Gruppe 3		
23	User Bits Gruppe 3		
24	Zehnerstelle Sekunden	1	
25	Zehnerstelle Sekunden	2	
26	Zehnerstelle Sekunden	4	
27	User Bits Format Flag		
28	User Bits Gruppe 4		
29	User Bits Gruppe 4		
30	User Bits Gruppe 4		
31	User Bits Gruppe 4		
32	Einerstelle Minuten	1	
33	Einerstelle Minuten	2	
34	Einerstelle Minuten	4	
35	Einerstelle Minuten	8	
36	User Bits Gruppe 5		
37	User Bits Gruppe 5		
38	User Bits Gruppe 5		
39	User Bits Gruppe 5		
40	Zehnerstelle Minuten	1	
41	Zehnerstelle Minuten	2	
42	Zehnerstelle Minuten	4	
43	User Bits Format Flag		
44	User Bits Gruppe 6		
45	User Bits Gruppe 6		
46	User Bits Gruppe 6		
47	User Bits Gruppe 6		
48	Einerstelle Stunden	1	
49	Einerstelle Stunden	2	
50	Einerstelle Stunden	4	
51	Einerstelle Stunden	8	
52	User Bits Gruppe 7		
53	User Bits Gruppe 7		
54	User Bits Gruppe 7		
55	User Bits Gruppe 7		
56	Zehnerstelle Stunden	1	
57	Zehnerstelle Stunden	2	
58	Reserviert		0
59	Phase Correction Bit		
60	User Bits Gruppe 8		
61	User Bits Gruppe 8		
62	User Bits Gruppe 8		
63	User Bits Gruppe 8		
64	Synchronwort (fest)		0
65	Synchronwort (fest)		0
66	Synchronwort (fest)		1
67	Synchronwort (fest)		1
68	Synchronwort (fest)		1
69	Synchronwort (fest)		1
70	Synchronwort (fest)		1
71	Synchronwort (fest)		1
72	Synchronwort (fest)		1
73	Synchronwort (fest)		1
74	Synchronwort (fest)		1
75	Synchronwort (fest)		1
76	Synchronwort (fest)		1
77	Synchronwort (fest)		1
78	Synchronwort (fest)		0
79	Synchronwort (fest)		1

Tab. 12.2-2: Ein LTC-Frame

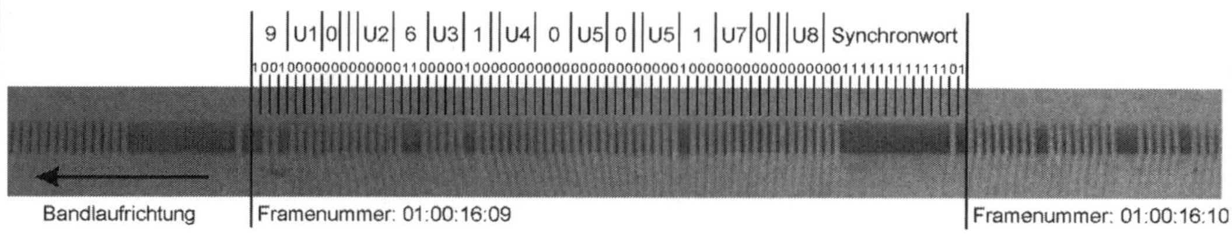

Abb. 12.2-1: Sichtbar gemachter LTC auf einem Magnetband

noch zu erkennen. Somit kann von langsamer Suchgeschwindigkeit bis hinzu schnellem Vor- oder Rücklauf der Timecode immer gelesen werden.

Der LTC kann jedoch in der Praxis unter bestimmten Umständen zu Problemen führen:

- Der LTC kann nicht bei stehendem Band ausgelesen werden. Es muss immer mindestens ein komplettes Frame abgespielt werden, damit die Timecodeposition erkannt werden kann.
- LTC kann nicht ohne weiteres kopiert werden. Um einen LTC von einem Analoggerät auf ein anderes zu kopieren muss der Timecode aufgefrischt werden. Dies geschieht meist mit Hilfe eines Synchronizers, der den Timecode liest, auswertet und neu generiert.
- Unter Umständen verträgt sich der LTC nicht mit Rauschunterdrückungssystemen. Aus diesem Grund wird empfohlen, auf einer Timecodespur immer alle Rauschunterdrückungssysteme abzuschalten.
- Timecode kann vom Aufzeichnungspegel kritisch sein. Wird das Signal zu schwach aufgezeichnet gibt es Probleme mit der Lesbarkeit, ist es zu stark könnte man Übersprechen zu den Nachbarkanälen hören. Der empfohlene Aufzeichnungspegel ist in Tabelle 12.2-3 abzulesen.
- Der LTC benötigt immer eine eigene Spur auf dem Analogmedium. Hat man keine Spur für ihn reserviert, so wird auch keine Synchronisation möglich sein. Bei Mehrspurmaschinen hat es sich eingebürgert, immer die letzte Spur für den Timecode zur Verfügung zu stellen.

Anwendung	Empfohlener Aufzeichnungspegel
Mittelspur	-10dB bis -5dB
Timecodespur	-10dB bis -5dB
Mehrspurmaschine	-10dB bis -5dB
U-Matic	-5dB bis 0dB
Videorecorder	0dB bis +3dB
Harddiskrecorder	Normalerweise keine Aufzeichnung erforderlich

Tab. 12.2-3: Aufzeichnungspegel für LTC-Timecode

12.2.2 Vertical Interval Timecode (VITC)

Der VITC (Vertical Interval Timecode) entspricht dem LTC, nur mit dem Unterschied, dass er direkt in ein Videobild hineingeschrieben wird. Dabei "versteckt" sich der VITC in der vertikalen Austastlücke des Videobildes und ist somit nicht störend im Bild zu sehen.

Ein Videobild beinhaltet immer mehr Zeilen, als tatsächlich auf dem Bildschirm zu sehen sind. So sind beispielsweise bei dem Europäischen PAL-Standard von 625 Zeilen nur 576 Zeilen sichtbar. Die verbleibenden 49 Zeilen stellen die "vertikale Austastlücke" dar. Während dieser Zeilen gibt man dem Fernseher Zeit, seinen Elektronenstrahl von unten rechts noch oben links zu steuern und auf den vertikalen Synchronimpuls zu warten. Man ist bald auf die Idee gekommen, dass man in die jeweils ersten Zeilen eines Bildes zusätzliche Informationen s
chreiben kann, die nicht sichtbar sind. So befindet sich zum Beispiel auch der Bildschirmtext in der vertikalen Austastlücke.
In Abbildung 12.2-2 wurde durch ein verschobenes Videobild der VITC sichtbar gemacht. Man sieht

Abb. 12.2-2: Durch Vertikalverschiebung sichtbar gemachter VITC oberhalb des Fernsehbildes

deutlich, dass er sich als schwarz/weiß-Information über dem oberen Bildrand befindet.
Der VITC wird in jedem Halbbild in die vertikale Austastlücke geschrieben. Er befindet sich je nach Konfiguration irgendwo auf den Zeilen 10-20. Da zwei aufeinander folgende Halbbilder (Fields) ein Vollbild (Frame) ergeben, wird jeweils in zwei zusammengehörige Halbbilder die gleiche Framenummer des Timecodes geschrieben. Es gibt jedoch ein Field-Bit, das anzeigt, ob es sich gerade um Field 1 oder Field 2 handelt.

Der VITC verfügt nicht über ein Synchronwort, sondern über mehrere Synchronbitpärchen. Diese sind immer als Übergang zwischen 1 und 0 angeordnet (siehe Tabelle 12.2-4). Mit Hilfe des ersten 1/0-Übergangs kann zunächst der Timecode-Reader recht einfach erkennen, in welcher Zeile der Timecode liegt und ihn einfach auslesen. Die zusätzlichen 1/0-Übergänge können genutzt werden, um beim Auslesen der Timecodeinformation die Bitsynchronität zu gewährleisten.

Ein VITC-Frame besteht aus 90 Bit. In Tabelle 12.2-4 sind die Bedeutungen der einzelnen Bits zu sehen. Der Inhalt eines VITC-Frames ist größtenteils identisch mit dem eines LTC-Frames. Lediglich zwei Unterschiede fallen auf:

- Es gibt kein "Phase-Correction Bit" mehr. An dessen Stelle steht nun ein "Field-Mark Bit". Das Field-Mark Bit zeigt mit einer Null an, dass es sich um das Field 1 eines Frames handelt. Ist das Field-Mark Bit Eins, so befindet sich die Timecodeinformation im Field 2 eines Frames.
- Das Synchronwort fehlt. Es ist beim VITC auch nicht notwendig, da sich der VITC immer an der gleichen Stelle im Bild befindet und dessen Anfang schnell über die Synchronbits gefunden werden kann.
  Da ein Videobild auch immer von links nach rechts und oben nach unten gelesen wird, ist auch eine Laufrichtungsinformation nicht sinnvoll.
- Am Ende der Informationen befindet sich ein CRC-Prüfwort, dass mit Hilfe des Generatorpolynoms x^8+1 errechnet wird. Mit Hilfe dieses Prüfworts kann schnell festgestellt werden, ob die Daten im VITC-Frame gültig sind oder nicht.

VITC wird als Hell-Dunkel Information direkt in die Zeile geschrieben und unterliegt keiner zusätzlichen Umcodierung.

VITC kann im Gegensatz zu LTC auch im Stand erkannt werden, da im Stand ein Videobild stetig wiederholt ausgegeben wird. Somit kann auch bei Slow-Motion und Standbildern genau die Framenummer zugewiesen werden. Allerdings gibt es Schwierigkeiten beim Lesen im schneller Vor- und Rücklauf, da dann die Timecodezeile möglicherweise nicht mehr mitgelesen wird.

VITC kann problemlos zusammen mit dem Bild kopiert werden. Allerdings sind VITC-Generatoren und VITC-Inserter wesentlich teurer als LTC-Generatoren.

Bit Nr.	Bedeutung	Wertigkeit	Wert
0	Synchron-Bit		1
1	Synchron-Bit		0
2	Einerstelle Frames	1	
3	Einerstelle Frames	2	
4	Einerstelle Frames	4	
5	Einerstelle Frames	8	
6	User Bits Gruppe 1		
7	User Bits Gruppe 1		
8	User Bits Gruppe 1		
9	User Bits Gruppe 1		
10	Synchron-Bit		1
11	Synchron-Bit		0
12	Zehnerstelle Frames	1	
13	Zehnerstelle Frames	2	
14	Drop Frame Flag		
15	Color Lock Flag		
16	User Bits Gruppe 2		
17	User Bits Gruppe 2		
18	User Bits Gruppe 2		
19	User Bits Gruppe 2		
20	Synchron-Bit		1
21	Synchron-Bit		0
22	Einerstelle Sekunden	1	
23	Einerstelle Sekunden	2	
24	Einerstelle Sekunden	4	
25	Einerstelle Sekunden	8	
26	User Bits Gruppe 3		
27	User Bits Gruppe 3		
28	User Bits Gruppe 3		
29	User Bits Gruppe 3		
30	Synchron-Bit		1
31	Synchron-Bit		0
32	Zehnerstelle Sekunden	1	
33	Zehnerstelle Sekunden	2	
34	Zehnerstelle Sekunden	4	
35	User Bits Format Flag		
36	User Bits Gruppe 4		
37	User Bits Gruppe 4		
38	User Bits Gruppe 4		
39	User Bits Gruppe 4		
40	Synchron-Bit		1
41	Synchron-Bit		0
42	Einerstelle Minuten	1	
43	Einerstelle Minuten	2	
44	Einerstelle Minuten	4	
45	Einerstelle Minuten	8	
46	User Bits Gruppe 5		
47	User Bits Gruppe 5		
48	User Bits Gruppe 5		
49	User Bits Gruppe 5		
50	Synchron-Bit		1
51	Synchron-Bit		0
52	Zehnerstelle Minuten	1	
53	Zehnerstelle Minuten	2	
54	Zehnerstelle Minuten	4	
55	User Bits Format Flag		
56	User Bits Gruppe 6		
57	User Bits Gruppe 6		
58	User Bits Gruppe 6		
59	User Bits Gruppe 6		
60	Synchron-Bit		1
61	Synchron-Bit		0
62	Einerstelle Stunden	1	
63	Einerstelle Stunden	2	
64	Einerstelle Stunden	4	
65	Einerstelle Stunden	8	
66	User Bits Gruppe 7		
67	User Bits Gruppe 7		
68	User Bits Gruppe 7		
69	User Bits Gruppe 7		
70	Synchron-Bit		1
71	Synchron-Bit		0
72	Zehnerstelle Stunden	1	
73	Zehnerstelle Stunden	2	
74	Reserviert		0
75	Field Mark Bit		
76	User Bits Gruppe 8		
77	User Bits Gruppe 8		
78	User Bits Gruppe 8		
79	User Bits Gruppe 8		
80	Synchron-Bit		1
81	Synchron-Bit		0
82	CRC-Code		
83	CRC-Code		
84	CRC-Code		
85	CRC-Code		
86	CRC-Code		
87	CRC-Code		
88	CRC-Code		
89	CRC-Code		

Tab. 12.2-4: Ein VITC-Frame

Wenn man sich bei einem Timecode im Videobild vorstellt, dass die Zeitinformation im Bild angezeigt wird, dann meint man nicht den VITC. Um die Zeit im Bild sehen zu können, wird ein Zeichengenerator benötigt, der den VITC ausliest und die Zeit als Schriftinformation ins Bild einblendet. Der VITC alleine ist nicht sichtbar.

12.3 MIDI Timecode

MIDI-Timecode ist eine Möglichkeit Timecode über die MIDI-Leitung zu schicken. Dazu bestehen zwei Möglichkeiten:

- Quarter Frame Messages: Bei den Quarter Frame Messages (siehe auch Kapitel 9.2.3.1) wird viermal pro Frame ein Achtel einer kompletten Timecodeinformation gesendet. Somit wird nach 2 Frames eine komplette Timecodeinformation gesendet.
- Full Messages: In diesem Fall werden komplette Timecodeinformationen als System-Exclusive-Realtime-Message gesendet.
  Diese Art von Nachricht wird angewandt, wenn schnell eine genaue Position übermittelt werden soll.

12.3.1 Quarter Frame Message

Quarter Frame Message Timecode ist die gängige Art, einen normal laufenden Timecode zu übertragen. Lediglich beim schnellen Umspulen oder Positionswechsel wird die Full Message gesendet.

Die Quarter Frame Message überträgt ein Timecode Frame in acht Blöcken. Jeder Block beginnt hierbei mit dem Startbyte F1h und wird gefolgt von einem Informationsbyte.
Ein vollständiges Timecode-Frame besteht also aus folgenden Bytes:

F1h, 0xh, F1h, 1xh, F1h, 2xh, F1h, 3xh
F1h, 4xh, F1h, 5xh, F1h, 6xh, F1h, 7xh

Hierbei steht "x" für die zu übermittelnde Timecode Information. Genaueres zur Bedeutung der Timecode Information ist im Kapitel 9.2.3.1 zu finden.

Der Name "Quarter Frame" kommt daher, da pro Frame nur vier Timecodenachrichtenblöcke gesendet werden. Da jedoch für eine vollständige Timecodenachricht acht Blöcke benötigt werden, steht nur alle zwei Frames eine genaue Timecodeinformation zur Verfügung. Diese wird bei 24, 30df und 30 Frames pro Sekunde immer eine geradzahlige Framenummer beinhalten, bei 25 Frames pro Sekunde wechselt jede Sekunde die Information zwischen ungeradzahligen und geradzahligen Framenummern.

12.3.2 Full Message

Die Full Message ist eine System-Exclusive-Realtime-Message, die somit jederzeit gesendet werden kann. Sie überträgt eine komplette Zeitinformation. Diese übertragene Zeitinformation wird jedoch vom Empfänger zunächst als stehende Zeitinformation angesehen. Die Zeit läuft erst wieder los, wenn der erste Block einer Quarter Frame Message empfangen wird.

Die Full Message besteht insgesamt aus 10 Bytes (siehe auch Kapitel 9.2.5.2):

- F0h, 7Fh
  (System-Exclusive-Realtime-Message)
- Device ID (Ein Byte)
  (7Fh, wenn alle Geräte angesprochen werden)
- 01h, 01h
  (Sub-ID für MIDI Timecode Full Message)
- Byte für Stunden und Timecode Type:
  0YYZZZZZ mit:
  - YY Timecodetyp: 00: 24fps
    01: 25fps
    10: 30fps df
    11: 30fps
  - ZZZZZ: Stunden (von 0 bis 23)
- Byte für Minuten (von 0 bis 59)
- Byte für Sekunden (von 0 bis 59)
- Byte für Frames (von 0 bis 29)
- F7h (End of Exclusive)

12.3.3 Übertragen der SMPTE User-Bits

Vergleichbar mit der Full Message können auch die User Bits eines SMPTE Timecodes mit Hilfe von MIDI übertragen werden. Auch hier wird eine System-Exclusive-Realtime-Message verwendet:

- F0h, 7Fh
  (System-Exclusive-Realtime-Message)
- Device ID (Ein Byte)
  (7Fh, wenn alle Geräte angesprochen werden)
- 01h, 02h
  (Sub-ID für MIDI Timecode User Bits)
- Byte für u1: 0000AAAA
- Byte für u2: 0000BBBB
- Byte für u3: 0000CCCC

- Byte für u4: 0000DDDD
- Byte für u5: 0000EEEE
- Byte für u6: 0000FFFF
- Byte für u7: 0000GGGG
- Byte für u8: 0000HHHH
- Byte für u9: 000000IJ
- F7h (End of Exclusive)

Hierbei stehen die Platzhalter AAAA bis HHHH für die entsprechenden Userbits der Gruppen 1 bis 8.

Zusätzlich werden die User-Bit-Format-Flags übertragen: I steht hierbei für das Bit 27 des EBU Timecodes und J für das Bit 43 des EBU Timecodes. Somit kann auch nach der MIDI-Übertragung der Userbits noch festgestellt werden, ob die Userbits einen ASCII-Code enthalten, oder nicht.

12.4 Synchronisation in der Praxis

Damit eine Studiosynchronisation in der Praxis sicher läuft, sind einige Dinge zu beachten, auf die in diesem Kapitel eingegangen werden soll.

12.4.1 Master und Slave

Wenn mehrere Geräte zusammen verkoppelt werden sollen, stellt sich bald die Frage, welches Gerät Master werden soll. Alle verbleibenden Geräte sind Slaves.
Diese Frage ist teilweise sehr einfach zu beantworten: Master ist immer das langsamste Gerät. Soll beispielsweise ein Videorecorder zu einem Harddiskrecorder verkoppelt werden, so ist der Videorecorder Master und der Harddiskrecorder Slave. Wird nun am Master durch Umspulen eine neue Position vorgegeben, so kann der Harddiskrecorder schnell an die gewünschte Stelle springen. Umgekehrt könnte man mit einem Mausklick eine neue Position beim Harddiskrecorder anwählen und der Videorecorder müsste durch hin- und herspulen diese Stelle erst einmal finden. Wahrscheinlich holt er den bereits laufenden Harddiskrecorder nie ein.

Sind zwei Geräte gleich schnell, so ist es egal, wer Master und wer Slave ist.

In Zusammenhang mit Mischpultautomationen ist immer das Mischpult ein Slave, da dieses nur positionsbezogen reagieren soll, jedoch keine eigenen Timecodepositionen angibt.

Wird ein Haustakt verwendet, so generiert dieser immer Wordclock und Blackburst. Der generierte Timecode wird jedoch nur verwendet, wenn er das erste Mal aufgezeichnet werden soll.

12.4.2 Auswahl der Framerate

Die Auswahl der "richtigen" Framerate trifft man am besten anhand der Verwendung des Materials oder auch der möglichen zukünftigen Weiterverwendung.
Soll das Audiomaterial zu einem Bild synchronisiert werden, oder ist an eine spätere Verwendung dieser Art gedacht, so kann gleich von vornherein der entsprechende Timecode mit aufgezeichnet werden.

Man würde somit für einen Kinofilm 24fps, für einen PAL-Videofilm 25fps und für einen NTSC-Videofilm 29,97df verwenden.
Steht eine solche Verwendung nicht fest, so hält man sich gerne an einen länderspezifischen Standard, obwohl die Framerate für reine Audioanwendungen eigentlich egal ist. So werden in Europa meist 25fps und in Amerika 30fps verwendet.

Da es bei der Synchronisation immer um das Zusammenspiel mehrerer Geräte geht, muss der Timecode sinnvoll für die Weiterverwendung gewählt werden. Der Auftraggeber, Aufnahmeleiter oder Produzent hat in diesem Zusammenhang möglicherweise eine Vorgabe parat.

12.4.3 Welche Zeitinformation sollte man aufzeichnen?

Grundsätzlich kann man drei verschiedene Zählweisen bei der Zeitaufzeichnung vornehmen:

- Aufzeichnen der Echtzeit: Hierbei wird bei einer Aufnahme immer die aktuelle Uhrzeit als Timecode mitgeschrieben. Auf diese Weise lassen sich später verschiedenen Takes einfach wieder chronologisch einordnen.
- Es wird eine willkürliche Zeit angegeben, die mit aufgezeichnet wird. So könnte der Timecodegenerator zum Beispiel bei 01h00m00s00f mit Arbeitsbeginn gestartet werden. Auch hier ist eine chronologische Unterteilung der Takes möglich. Vorteil wäre hierbei, dass jede Aufnahmesession bei der gleichen Zeit anfangen kann und später die Zeitinformation zügiger in ein Takersystem eingegeben werden kann.
- Es wird nur Timecode gezählt, wenn auch aufgezeichnet wird. Bei einer Unterbrechung der Aufzeichnung hält der Timecode automatisch an. Auf diese Weise bekommt man am Ende einen durchlaufenden Timecode ohne Sprünge.
  Diese Methode ist jedoch nur für die Videoaufzeichnung interessant, da im Audiobereich der Timecode bereits vorher durchgehend auf ein Band aufgezeichnet werden kann.
- Man sollte keinen Timecode aufzeichnen, der über die 23:59:59:29 Grenze - also über "Mitternacht" hinausgeht. Synchronizer und Takersysteme könnten durch den Zeitsprung verwirrt werden und in die falsche Richtung spulen.

12.4.4 Einsatz von Lockit's

Normalerweise werden mehrere Geräte über Kabelverbindungen miteinander synchronisiert. Es gibt jedoch immer wieder Anwendungen, wo Kabel unerwünscht sind oder nicht verlegt werden können. Um mehrere Geräte ohne Kabelverbindung untereinander synchron zu halten, können so genannte "Lockit"-Geräte eingesetzt werden.
Diese zigarettenschachtelgroßen Geräte arbeiten autark und stellen einen Videotakt oder eine Wordclock bzw. Blackaudio oder MTC zur Verfügung.
Mit einer Schwankung von ±0,1ppm (=0,1 Millionstel) und der Möglichkeit, auf einen gemeinsamen Takt und einen gemeinsamen Timecode synchronisiert zu werden, können diese Geräte an einer Kamera, einem Field-Recorder oder einem Digitalpult angebracht werden und diese Geräte über Stunden framegenau synchron halten.

Die Abbildung 12.4-1 zeigt einen Lockit, der auf 25fps läuft. Dieses Gerät kann zusätzlich drahtlos Timecodeinformationen verschicken und sich auf einen Mastergenerator synchronisieren. Dabei wird alle 5 Minuten der empfangene Timecode mit dem internen verglichen und ggf. der interne Takt leicht angepasst.

12.4.5 Genauigkeit der Synchronisation

Eine Synchronisation ist immer nur so genau, wie die kleinste Zeitinformation, die übermittelt wird.
So kann man mit einem LTC oder VITC nur auf ein Bild genau synchronisieren. Es ist zwar theoretisch möglich, ein Timecodeframe weiter zu unterteilen, jedoch bringt dies nur eine scheinbare Erhöhung der Genauigkeit.

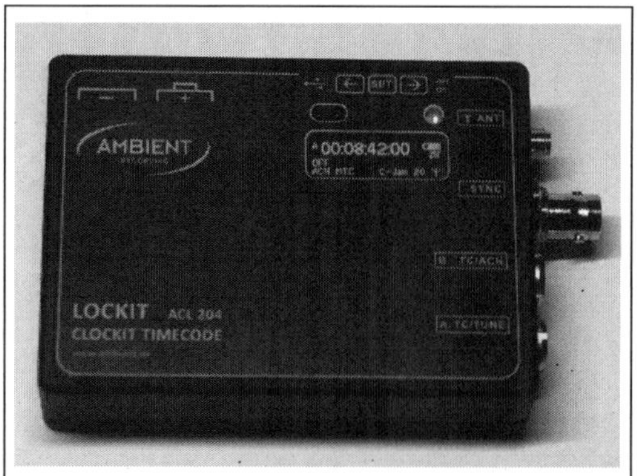

Abb. 12.4-1: Lockit ACL 204

Man kann beispielsweise den Timecode nicht missbrauchen, um eine akkurate Wordclocksynchronisierung zu bekommen. Der Timecode lässt sich zwar bis auf die Abtastfrequenz genau unterteilen, jedoch besteht kein Bezug zwischen dem Beginn eines Timecodeframes und einem Abtastwert. Die synchronisierten Geräte würden dann zwar mit der gleichen Abtastfrequenz laufen, die Samples jedoch nicht zwingend gleichzeitig abgetastet oder ausgegeben werden. Ist neben der Timecodeverkoppelung zweier Geräte zusätzlich auch eine Wordclocksynchronität gewünscht, so müssen sowohl Wordclock als auch Timecode gemeinsam benutzt werden. Hierbei bietet es sich an, den gleichen Master für beides zu verwenden.

12.4.6 Welche Framenummer befindet sich an welcher Stelle?

Es wird immer die korrekte Framenummer passend zu einem Bild aufgezeichnet und übertragen. Da beim LTC immer erst ein ganzes Timecodeframe gelesen werden muss, bis es ausgewertet werden kann, wird beim Vorwärtslauf des Timecodes immer ein Frame zum gelesenen Timecode hinzuaddiert. Rückwärts wird immer ein Frame abgezogen. Auf diese Weise stimmt sowohl der Timecode auf dem Band mit dem jeweiligen Bild genau überein und es wird auch die jeweils richtige Framenummer angezeigt. Besonders wichtig ist diese Übereinstimmung der Framenummern, wenn LTC und VITC gleichzeitig auf einem Videoband sind.

12.4.7 Was beinhalten die User-Bits?

Grundsätzlich können die User-Bits eines SMPTE/EBU-Timecodes beliebig definiert werden. Bei Filmproduktionen wird in die User-Bits oft die Bandnummer und das Datum und eventuell auch die Takenummer hineincodiert.
Auch bei den User-Bits können genaue Vorgaben seitens des Aufnahmeleiters oder Produzenten gegeben sein, welche im Zweifelsfall zu befolgen sind.

12.5 Zusammenhang zwischen den Formaten

Alle Takte im Synchronbereich lassen sich durch ganzzahlige Verhältnisse ineinander umrechnen. In der folgenden Tabelle 12.5-1 sind einige dieser Zusammenhänge aufgeführt. Man erkennt hierbei beispielsweise, dass die im Consumerbereich verwendete Abtastrate von 44,1kHz sich sowohl aus einem ganzzahligen Vielfachen der NTSC-S/W Bildfrequenz, als auch der PAL Bildfrequenz errechnet. Dies liegt darin begründet, dass in den ersten 10-20 Jahren der CD-Herstellung U-Matic Videomaschinen der Firma Sony als Mastermaschinen dienten. Diese waren das einzige Speichermedium für die enormen Datenmengen, die aus damaliger Sicht auf eine CD passten (Anmerkung: 1982 konnte man bereits auf einer CD über 600MB an Daten speichern - auf einer extrem teuren Fest-

Abtastfrequenz der Video-Pixel:	**13,5MHz**
Teilerfaktor	÷1125 ·1024
Master Clock für 48kHz Abtastrate	**12,288MHz**
Teilerfaktor der Wandlerchips	÷256
Abtastrate 48kHz	**48kHz**

Abtastfrequenz der Video-Pixel:	**13,5MHz**
Teilerfaktor	÷858
NTSC Color Zeilenfrequenz	**15,73427kHz**
Zeilenzahl	÷525
NTSC Color Bildfrequenz	**29,97Hz**

Abtastfrequenz der Video-Pixel:	**13,5MHz**
Teilerfaktor	÷864
PAL Zeilenfrequenz	**15,625kHz**
Zeilenzahl	÷625
PAL Bildfrequenz	**25Hz**

Abtastfrequenz (Profi)	**48kHz**
Teilerfaktor	·147 ÷160
Abtastfrequenz (Consumer)	**44,1kHz**

Abtastfrequenz (Profi)	**48kHz**
Teilerfaktor	·2 ÷3
Abtastfrequenz (Digitalradio)	**32kHz**

Abtastfrequenz (Profi)	**48kHz**
Teilerfaktor	÷2000
Bildfrequenz Kinofilm	**24Hz**

Abtastfrequenz (Profi)	**48kHz**
Teilerfaktor	÷1920
Bildfrequenz PAL	**25Hz**

Abtastfrequenz (Profi)	**48kHz**
Teilerfaktor	÷1600
Bildfrequenz PAL	**30Hz**

Abtastfrequenz (Consumer, jedoch sehr selten)	**44,056kHz**
Teilerfaktor (Anzahl der auf Videoband gespeicherten Abtastwerte pro Bild)	÷1470
Bildfrequenz NTSC Color	**29,97Hz**

Abtastfrequenz (Consumer)	**44,1kHz**
Teilerfaktor (Anzahl der auf Videoband gespeicherten Abtastwerte pro Bild)	÷1470
Bildfrequenz NTSC Schwarz/Weiß	**30Hz**

Abtastfrequenz (Consumer)	**44,1kHz**
Teilerfaktor (Anzahl der auf Videoband gespeicherten Abtastwerte pro Bild)	÷1764
Bildfrequenz PAL	**25Hz**

PAL Zeilenfrequenz	**15,625kHz**
Multiplikator	·2
MIDI Bitclock	**31,250kHz**

Tab. 12.5-1: Umrechnungsfaktoren verschiedener Takte im Audio- und Videobereich zueinander

platte nur etwa 10MB). Diese Mastermaschinen waren im NTSC S/W Format. Hat man jedoch auf einer NTSC Color U-Matic gemastert, so lief alles 1/1000 langsamer ab und die Abtastfrequenz reduzierte sich auf 44,056kHz. Auf diese Weise gemasterte CDs laufen in den heimischen CD-Playern 1/1000 zu schnell, was jedoch nicht auffällt.

Kapitel 13 - Mehrkanalton / Film- und Kinoton

13 Mehrkanalton / Film- und Kinoton

13.1 Grundlagen des Kino- und Mehrkanaltons

Die ersten Filmvorführungen wurden im November 1895 in Berlin von den Brüdern Skladanowski und im Dezember 1895 in Paris von den Gebrüdern Lumière der Öffentlichkeit dargeboten. Obwohl es sich bei diesen Filmen nur um kurze Sequenzen handelte, in denen ein vorbeifahrendes Auto oder ein paar laufende Menschen gezeigt wurden, hatten diese Filme bereits eine Musikuntermalung. Diese war in mehrfacher Hinsicht vonnöten: man wollte die Geräusche des Projektors kaschieren und den Zuschauern in dem abgedunkelten Raum ein wenig Sicherheit durch die Musik geben.

In den folgenden Jahren entwickelte sich der Film zu einem immer massentauglicheren Medium. Am Anfang wurden die Filme nur der High-Society in opernhausähnlichen Filmtheatern mit Orchestergraben und Filmmusikorchester vorgespielt. Mit der stetigen Verbreitung der Kinos in kleinere Orte wurden die Orchester durch Klavier oder Orgelspieler ersetzt.

Schließlich im Jahre 1923 kam der erste Tonfilm in die Kinos. Dabei gab es zunächst verschiedene Varianten, um den Ton synchron zum Film laufen zu lassen: Schallplatten wurden mechanisch mit dem Filmprojektor verkoppelt und Lichtton wurde als Sprossen oder Zackenschrift mit auf die Filmkopie geschrieben.

13.1.1 Meilensteine des Kinotons

Hier sollen kurz die wichtigsten Meilensteine des Kinotons aufgelistet werden:

- **1923:** Erste öffentliche Vorführung eines Tonfilms im Rivoli Theater in New York.
- **1927:** Die Erfindung der perforierten Leinwand erlaubt die Montage der Lautsprecher hinter der Leinwand. Standardmäßig wird ein Lautsprecher in der Mitte der Leinwand platziert (Center Lautsprecher).
- **1935:** Zweiwege Lautsprecher (Mittelhochton Horn und 15" Tieftöner) werden in den Kinos Standard.
- **1940:** Ein vierkanaliges, optisches Tonformat wird für den Film Fantasia verwendet. Der so genannte "Fantasound" verwendet 3 Lautsprecher (Links, Center, Rechts) hinter der Leinwand und 65 Surroundlautsprecher im hinteren Bereich des Kinos. Nur 2 Kinos wurden mit der 85000$ teuren Anlage ausgestattet.
- **1952:** Das Kinoformat "Cinerama" verwendete drei synchron laufende 35mm Filme für das Bild und einen zusätzlichen Magnetfilm mit sieben Tonspuren (Links, Links-Center, Center, Rechts-Center, Rechts, Links-Surround und Rechts-Surround).
- **1953:** Ein 35mm Filmformat wurde entwickelt, das mit einem Cinemascope-Bild und vier Magnettonspuren auf dem Film ausgestattet war.
- **1955:** Das "TODD-AO"-Format mit 70mm Film und 6 Magnettonspuren kam in die Kinos.
- **1971:** "A Clockwork Orange" ist der erste Film, der mit Dolby A Rauschunterdrückung hergestellt wird.
- **1974:** Das "Sensurround" Tonformat wurde für den Film "Earthquake" verwendet. Zusätzlich zu einem vierkanaligen Magnetton auf 35mm Film konnten in speziellen Kinos über tieffrequente Steuersignale vier Tieftonhörner mit je 1000W-Verstärkern ein- und ausgeschaltet werden. Diese strahlten ein von Sinusgeneratoren erzeugtes, tieffrequentes Signal zwischen 5Hz und 40Hz ab, um die Zuschauer die Vibrationen im Film spüren zu lassen.
- **1975:** "Lisztomania" war der erste Kinofilm, der mit "Dolby-Stereo-Ton" in die Kinos kam (Links, Center, Rechts, Surround).
- **1982:** Der "THX-Standard" wird mit dem Film "Return of the Jedi" eingeführt.
- **1987:** "Innerspace" und Robocop" sind die ersten Filme, die mit der neuen "Dolby-SR" Rauschunterdrückung in die Kinos kommen.
- **1990:** Das digitale Format "Cinema Digital Sound" (CDS) kam mit "Dick Tracy" in die Kinos. Die Lautsprecheranordnung war Links, Center, Rechts, Links-Surround, Rechts-Sur-

round und LFE). Das System war nicht kompatibel zum analogen Lichtton.

- **1992:** Mit "Batman Returns" wird "Dolby Digital" in die Kinos gebracht. Es ist kompatibel zum analogen Lichtton und hat die Spuren Links, Center, Rechts, Links-Surround, Rechts-Surround und LFE).
- **1993:** "Jurrasic Park" kommt mit dem Tonformat "Digital Theater Systems" (dts) in die Kinos. Die Toninformation befindet sich hierbei auf CD-ROMs. Die Spuren sind Links, Center, Rechts, Links-Surround, Rechts-Surround und LFE.
- **1993:** Sony führt das "Sony Dynamic Digital Sound" (SDDS) System mit dem Film "Last Action Hero" in die Kinos ein. Das System hat bis zu acht Kanäle: Links, Links-Center, Center, Rechts, Rechts-Center, Links-Surround, Rechts-Surround und LFE).
- **1999:** Mit "Star Wars: Episode I - The Phantom Menace" wurde Dolby Digital auf "Dolby Surround EX" erweitert. Hierbei kommt ein zusätzlicher Center-Surround-Kanal hinzu. Die Firma dts zieht mit einem vergleichbaren System mit dem Namen dts-ES nach.
- **2010:** Dolby bringt Pixars "Toy Story 3" in Dolby Surround 7.1 heraus. Der Center-Surround Kanal wird hierbei in zwei Kanäle aufgeteilt, die diskret angesteuert werden können.
- **2012:** Wieder mit einem Pixar Film - "Merida" - kommt der erste Dolby Atmos Film in die Kinos.

13.1.2 Lichtton

Die erfolgreichsten Tonformate auf dem Kinofilm waren und sind die Lichttonformate. Lichtton bedeutet, dass sich die Toninformation als "Bild" mit auf dem Filmstreifen befindet und mittels einer Lampe und einem Fotoempfänger gelesen wird. Seit 1910 wurde am Lichtton für den Film entwikkelt. Hierbei waren die ersten Varianten des Lichttons im Signal Rauschabstand noch nicht sonderlich gut. Heute ist sogar die Speicherung digitaler Toninformationen im Lichtton möglich.

13.1.2.1 Sprossenschrift

Eine der frühen Varianten des Lichttons war die Sprossenschrift. Hierbei handelt es sich um viele gleichbreite quer zur Filmlaufrichtung angeordnete "Sprossen" mit unterschiedlicher Schwärzung. Ein

Abb. 13.1-1: Sprossenschrift

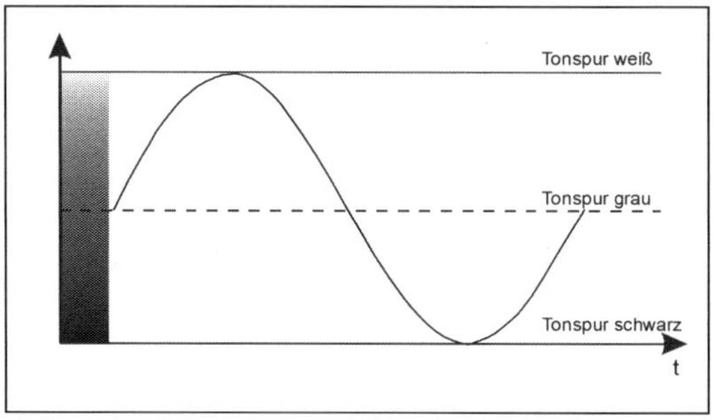

Abb. 13.1-2: Wellenform und Schwärzungsgrad der Sprossenschrift

35mm Film aus dem Jahre 1940 mit Sprossenschrift ist in Abbildung 13.1-1 zu sehen. Die Sprossenschrift befindet sich hierbei am linken Bildrand. In Abbildung 13.1-2 ist die Zuordnung der Filmschwärzung zu der Wellenform angegeben. Man erkennt, dass der Nulldurchgang der Schwingung bei einem mittleren Grau liegt. Sehr große positive Amplituden gehen in Richtung Weiß und sehr große negative Amplituden in Richtung Schwarz. Somit kann man feststellen, dass sich der Signal-Rauschabstand dieses Tonformats über den Kontrast des Films ergibt. Dies gilt jedoch nur mit Einschränkungen: Da jede Kopie eines Films etwas heller oder etwas dunkler ausfallen kann als das Original, dürfen die Schwärzungen der Tonspur nicht ganz weiß oder ganz schwarz werden. Ansonsten würde eine leichte Verschiebung der Wellenform in Richtung Weiß (zu helle Kopie) oder in Richtung Schwarz (zu dunkle Kopie) sofort zu einem Clipping des Audiosignals führen.

In der Praxis war mit der Sprossenschrift ein Signal-Rauschabstand von etwa 35dB möglich.

13.1.2.2 Zackenschrift

Die Zackenschrift kam ab 1926 in die Kinos und stellte eine ernstzunehmende Konkurrenz zur Sprossenschrift dar. Alle modernen Filme speichern den analogen Ton als Zackenschrift. Die Zackenschrift ist der Nachfolger der Sprossenschrift und weist einen wesentlich besseren Signal-Rauschabstand auf. Weiterhin ist sie relativ unempfindlich gegenüber zu hell oder zu dunkel ausfallenden Kopien. In Abbildung 13.1-3 ist eine moderne Filmkopie mit Zackenschrift zu sehen. Es handelt sich hierbei um eine Stereospur - also zwei Zackenschriften nebeneinander. Die ersten Filme mit Zackenschrift hatten nur eine solche Spur am linken Bildrand. Bei der Zackenschrift ist der Signal-Rauschabstand abhängig von der optischen Auflösung des Films. Da diese sehr hoch ist, weist die Zackenschrift von Anfang an einen Signal-Rauschabstand von 45dB auf. Seit 1971 sind die Zackenschrift-Lichttonspuren auch Dolby rauschunterdrückt. Sie haben seitdem einen Signal-Rauschabstand von 55-60dB (Dolby A bis 1987) und 65-70dB (Dolby SR ab 1987).

Abb. 13.1-3: Zackenschrift

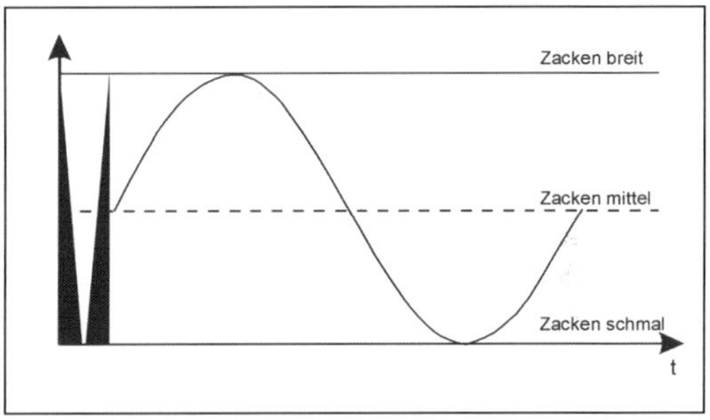

Abb. 13.1-4: Wellenform und Breite der Zacken

Die Zackenschrift entspricht der Hüllkurve des Audiosignals und besteht aus lauter amplitudenabhängigen, unterschiedlich breiten, schmalen Strichen.

In Abbildung 13.1-3 sind zusätzlich noch die Tonformate Dolby Digital, dts und SDDS zu sehen, auf die im Kapitel 13.4 näher eingegangen wird.

13.1.3 Magnetton

Für das 70mm Filmformat wurde hauptsächlich ein 6-kanaliger Magnetton verwendet, der vor allem Mitte der achtziger Jahre des 20. Jahrhunderts oft zur Anwendung kam, um das Kino konkurrenzfähig gegen die gut gehenden Videotheken zu machen. Es handelte sich hierbei um das TODD-AO Format, das nach seinem Erfinder Mike Todd benannt ist. Seit 1929 wurden mit speziellen Kameras Filme in diesem Format erstellt. Diese hatten ab 1955 standardmäßig 6 magnetische Tonspuren, die auf die Filmkopie aufgeklebt wurden. In Abbildung 13.1-5 sind die Magnetstreifen deutlich zu sehen. Es befin-

Abb 13.1-5: 6 Magnettonspuren auf einem 70mm Film.
Auf jeder Seite zwei Spuren außerhalb der Perforationen und eine innerhalb.

den sich jeweils zwei Spuren links und rechts außerhalb der Perforationen und jeweils eine innerhalb. Der 70mm Film fiel durch eine wesentlich bessere Bildqualität, sowie einen höheren Signal-Rauschabstand der Tonspuren auf. Aufgrund der hohen Herstellungskosten wurden mit Einführung der digitalen Kinotonformate die 70mm-Kopien kaum noch in den Verleih gegeben, so dass heute nur noch 35mm-Kopien mit digitalen Tonformaten zu sehen sind.

Es gab verschiedene Kanalanordnungen für den 6-Kanalton auf dem 70mm Film:

- **TODD-AO:**
  5 Lautsprecher hinter der Leinwand und ein Effekt-Kanal
- **70mm Dolby Stereo:**
  3 Lautsprecher hinter der Leinwand und ein Surround-Kanal (2 Spuren leer)
- **70mm Dolby Stereo / Stereo Surround:**
  3 Lautsprecher hinter der Leinwand und zwei Surround-Kanäle (eine Spur leer)
- **70mm Dolby Stereo / Stereo Surround / Baby Boom:**
  3 Lautsprecher hinter der Leinwand und zwei Surround-Kanäle und ein "Baby Boom"-Kanal für tieffrequente Effekte

Weitere Versuche gab es, Timecode auf 70mm Film aufzunehmen, um damit eine externe Tonquelle zum Film zu synchronisieren. Diese Technik wird nur noch bei den horizontal laufenden 70mm-I-MAX-Filmen eingesetzt, bei denen zum Film ein 8-Spur Harddiskrecorder synchronisiert wird.

13.2 Geschichte des Kino- und Mehrkanaltons

In diesem Abschnitt soll kurz die Entwicklung der verschiedenen Tonformate und Lautsprecherkanäle gezeigt und erklärt werden. Nur durch diese historische Entwicklung begründet sich ein modernes Mehrkanaltonformat im Kino- und Heimbereich. In den folgenden Abbildungen sind die Sitzbereiche grau unterlegt, an denen eine gute Tonwiedergabe möglich ist. Natürlich ist es das Ziel, auf allen Plätzen im Kino eine optimale Tonreproduktion zu gewährleisten. Dies ist auch der Grund dafür, dass die modernen Mehrkanalstandards eine ganz bestimmte Lautsprecheranordnung erfordern.

13.2.1 Mono

In den Anfängen des Kinos war der Ton mono und kam aus einem Lautsprecher, der in der Mitte hinter der Leinwand angeordnet war. Für die Kinobesucher auf den unterschiedlichsten Plätzen bedeutet dies, dass der Ton immer aus der Mitte der Leinwand zu lokalisieren ist. Da sich die wichtige Handlung auch meist in der Mitte der Leinwand abspielt, stimmen somit Bild- und Tonlokalisation überein. Die Abbildung 13.2-1 zeigt den Aufbau eines Monokinos und die Lokalisation von drei verschiedenen Sitzpositionen aus. Sowohl von der idealen Abhörposition in der Mitte des Kinos, als auch ganz am Rand in der ersten Reihe und hinten in der letzten Reihe stimmt die Lokalisation.

13.2.2 Das "unmögliche" Stereo-Kino

Nachdem die Plattenspieler und Tonbandgeräte in den Haushalten Stereo abspielen und aufnehmen konnten, lag es nahe, auch das Kino in Stereo zu bauen. Dies ist jedoch aufgrund der vielen verschiedenen Sitzpositionen nicht sinnvoll möglich. Die Abbildung 13.2-2 zeigt den möglichen Aufbau eines solchen Kinos. Die Filmmusik und auch Umgebungsgeräusche könnten somit Stereo wiedergegeben werden. Der Dialog allerdings bliebe Mono und müsste aus beiden Lautsprechern gleichlaut heraus kommen. Damit ergibt sich ein Problem bezüglich der Dialoglokalisation. Nur in einem bestimmten Bereich in der Mitte des Kinos könnten, durch das Bilden einer Phantomschallquelle, die Dialoge wirklich aus der Mitte der Leinwand lokalisiert werden. Auf den Plätzen, die sich am linken und rechten Rand des Kinos befinden, verschiebt sich die Lokalisation auch nach links oder rechts. So hört beispielsweise der Besucher ganz vorne rechts in der ersten Reihe den Dialog fast nur von rechts. Ab einem gewissen Abstand zur Leinwand wird die Verschiebung geringer, da der Diffusschallanteil zunimmt, und das Signal immer mehr Mono empfunden wird.

Es gibt also sehr viele schlechte Plätze in einem Kino, auf denen eine nur unzureichende Tonwiedergabe möglich ist. Um nun diese Plätze trotzdem verkaufen zu können, müssten zusätzliche Lautsprecher in die Kinos eingebaut werden.

13.2.3 Der Dialoglautsprecher

Um zunächst das Problem der falschen Dialoglokalisation auf den schlechten Randplätzen in den

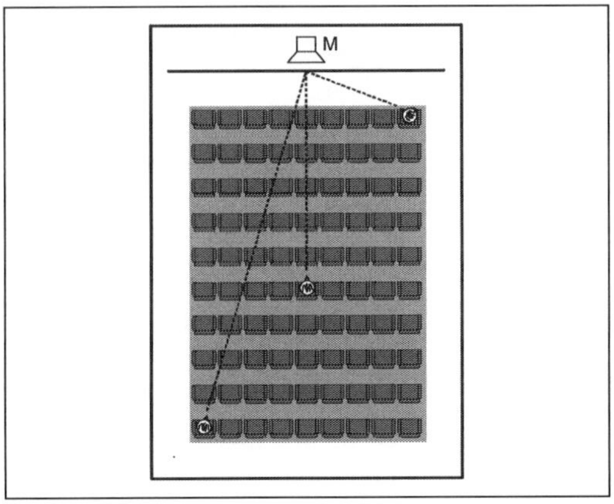

Abb. 13.2-1: Lokalisation in einem Monokino

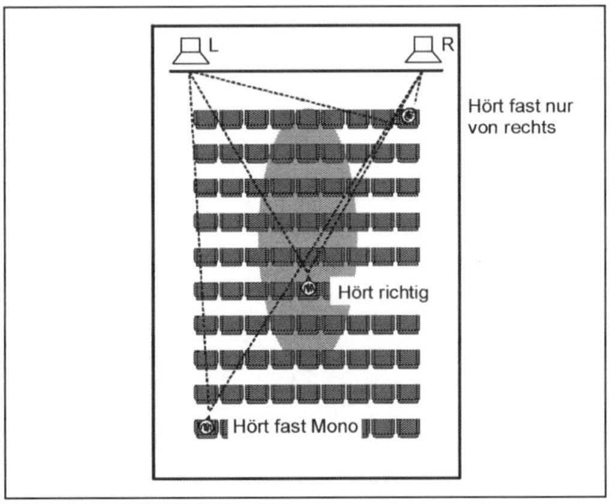

Abb. 13.2-2: Lokalisation in einem Stereokino

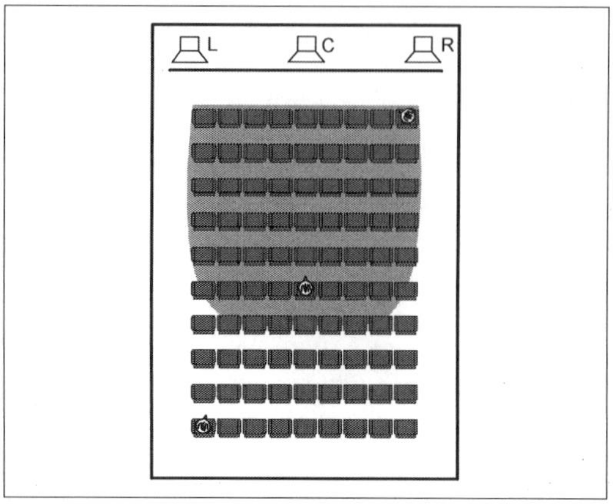

Abb. 13.2-3: Anordnung von drei Lautsprechern hinter der Leinwand

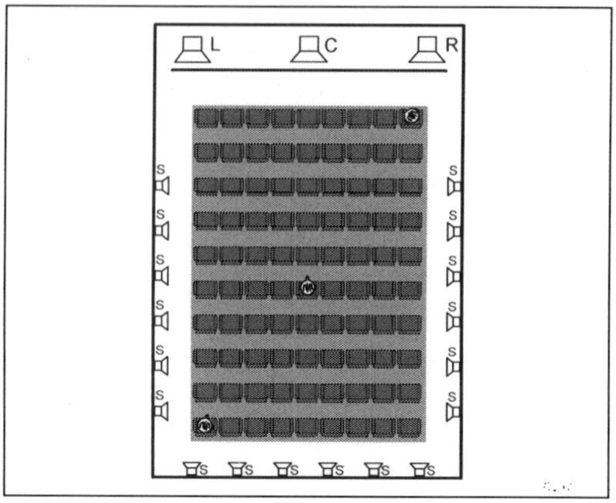

Abb. 13.2-4: Drei Lautsprecher hinter der Leinwand und ein Surroundkanal

Griff zu bekommen, wird zusätzlich zu den Stereolautsprechern ein Dialoglautsprecher hinter die Mitte der Leinwand platziert. Es ergibt sich somit eine Mischung aus Mono- und Stereokino. Das bedeutet, dass die Dialoglokalisation immer aus der Mitte kommt, wenn die Dialoge auf den Dialoglautsprecher gemischt werden. Dieser Dialoglautsprecher wird, aufgrund seiner Positionierung, meist Center-Lautsprecher genannt. Ebenso ist es möglich, die Dialoge von drei verschiedenen Positionen hinter der Leinwand kommen zu lassen, was ein realistischeres Zuordnen zum Bild ermöglicht. Die Abbildung 13.2-3 zeigt den Aufbau dieses 3-kanaligen Kinos. In den vorderen Reihen und auf den Seiten wurde die Dialoglokalisation wesentlich stabiler.

Die einzigen Bereiche, die man noch bemängeln könnte, liegen in den hinteren Reihen, da dort nach wie vor der Diffusschallanteil sehr stark ist, und die Toninformation fast Mono wahrgenommen wird. Gegen die schmale Stereobasis in den hinteren Reihen eines Kinos kann und darf man nichts unternehmen, denn die Toninformation soll mit der Bildinformation übereinstimmen. Da das Bild immer schmaler wird, je weiter hinten man sitzt, muss auch die Basisbreite des Tons immer schmaler werden. Was allerdings im hinteren Bereich des Kinos unbewusst immer mehr als störend empfunden wird, ist die Tatsache, dass der Hörer auch im Dunklen genau bemerken wird, dass er sich in einem Kino befindet und nicht etwa auf einer Waldwiese oder in fernen Galaxien. Der Raumeindruck des Kinosaals ist zu stark hörbar. Um diesen Effekt zu minimieren, wurden zusätzliche Raumlautsprecher in die Kinos eingebaut.

13.2.4 Die Surround-Lautsprecher

Die Surround-Lautsprecher befinden sich - wie der Name schon sagt - um den Zuhörer herum. Es sind, entgegen eines weit verbreiteten Gerüchtes, keine "Hinten-Lautsprecher". Ab dem ersten Drittel des Kinosaals werden an den Wänden neben und hinter den Zuhörern viele kleine Lautsprecher platziert, die die Aufgabe haben, einen künstlichen Raumeindruck abzustrahlen. Dieser künstliche Raumeindruck soll den realen Raumeindruck des Kinosaals verdecken, und dem Ohr des Zuschauers vorgaukeln, er befände sich nicht in einem Kinosaal. Da es dunkel ist, und die Leinwand den gewünschten Raum zeigt, wird der Zuschauer dieser Täuschung erliegen, und das Kinoerlebnis sich deutlich realistischer gestalten. Die Abbildung 13.2-4 zeigt die Anordnung von Surround-Lautsprechern in einem Kino.

Es ist wichtig, dass die Surround-Lautsprecher nicht vom Zuschauer lokalisiert werden können. Könnte man die künstliche Rauminformation oder irgend etwas anderes lokalisieren, das aus diesen Lautsprechern käme, so würde man in die entsprechende Richtung schauen und nicht mehr auf die Leinwand. Man würde bemerken, dass man sich in einem Kino befände und die Illusion wäre zerstört. Damit die Surround-Lautsprecher nicht bewusst lokalisiert werden können, werden folgende Maßnahmen getroffen:

- Sehr viele Surround-Lautsprecher werden in das Kino eingebaut. Dadurch entsteht ein sehr diffuses Schallfeld und ein einzelner Lautsprecher kann nicht lokalisiert werden.

- Es werden eventuell Dipolstrahler (siehe Kapitel 6.1.1.5) eingesetzt. Dies sind Lautsprecher, die mit der Richtcharakteristik Acht abstrahlen. Das heißt, diese Lautsprecher strahlen phasenrichtigen und phasengedrehten Schall ab und erzeugen somit ein noch diffuseres Schallfeld.
- Die Surround-Lautsprecher werden bei bestimmten Tonformaten durch ein Tiefpassfilter in den Höhen beschnitten, um die Lokalisation zu verschlechtern.
- Die Surround-Lautsprecher können mit Hilfe eines Delays in den Haas-Bereich (siehe Kapitel 2.6.2.2) der Hauptlautsprecher gebracht werden. Dadurch werden Rauminformationen und Atmos, die auf allen Kanälen abgestrahlt werden, immer von vorne - also auf dem Bild - lokalisiert.

Neben den genannten Effekten zur Verschlechterung der Lokalisation, werden die Surround-Kanäle auch in den Tiefen beschnitten, damit keine zu großen Lautsprecher verwendet werden müssen. Der Surround-Kanal eines Kinos kann also keine Bässe unter ca. 100Hz wiedergeben.

Die Surround-Lautsprecher wurden sehr bald nicht nur für Rauminformationen, sondern auch für Effekte verwendet. Vorzugsweise sollten Bewegungen, die aus der Leinwand herausgehen, durch die Surround-Kanäle eine räumliche Wirkung bekommen und dem Zuschauer eine dritte Dimension des Bildes vorgaukeln. Allerdings ist ein einzelner Surround-Kanal, der diffus aus allen Richtungen zu kommen scheint, für manche Effekte nicht so geeignet. Deshalb wurden die Surround-Lautsprecher bald Stereo betrieben.

13.2.5 Stereo-Surround-Lautsprecher

Bei der Stereo-Surround-Anordnung werden die Surround-Lautsprecher in eine linke und eine rechte Hälfte aufgeteilt. Dabei gibt es immer noch sehr viele Surround-Lautsprecher, um die Lokalisierbarkeit dieser Kanäle möglichst gering zu halten. Allerdings sind nun Stereo-Effekte möglich. So könnte eine Maschinengewehrsalve auf der Leinwand dem Zuhörer in Stereo die Querschläger "um die Ohren" pfeifen lassen. Auch Rauminformationen können in Stereo realistischer wiedergegeben werden. Es ist allerdings nach wie vor darauf zu achten, dass der Zuschauer nicht mit zu viel Surroundsignalen "überfrachtet" wird, da er sonst

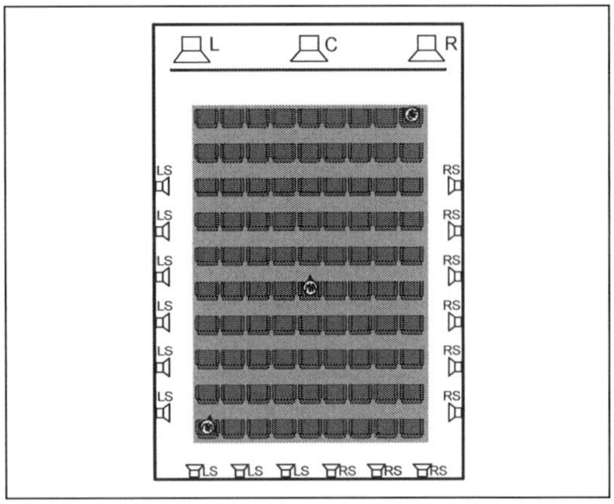

Abb. 13.2-5: Stereo Surround-Kanäle

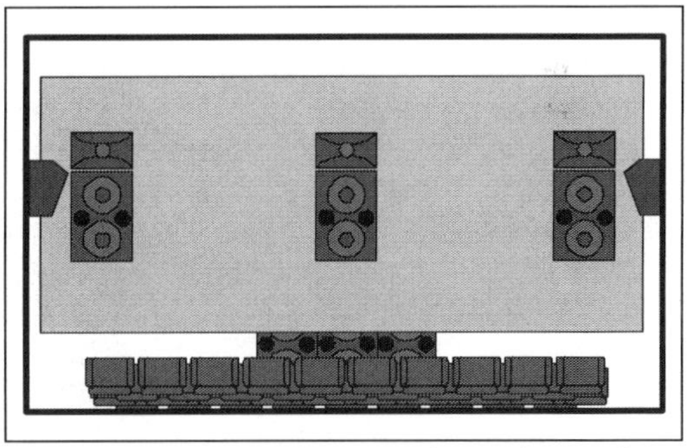
Abb. 13.2-6: Surround-Kino aus der Zuschauersicht

geneigt ist, von der Leinwand wegzuschauen und die Lautsprecher an den Kinowänden zu betrachten. Die Abbildung 13.2-5 zeigt die Lautsprecheranordnung mit Stereo-Surround-Lautsprechern.

In Abbildung 13.2-6 ist das gleiche Kino aus der Zuschauersicht hinten zu sehen.

Einen psychoakustischen Effekt, den die Surround-Lautsprecher nicht vermitteln können, sind tiefe Frequenzen. Speziell für diese wurde der Kinostandard durch einen weiteren Lautsprecher erweitert.

13.2.6 Low Frequency Effects

Besonders die tiefen Frequenzen sind meistens nicht nur zu hören, sondern auch zu spüren. Ein Druck in der Bauchgegend vermittelt dem Zuschauer das nötige Gefühl, "Live" dabei zu sein. Um

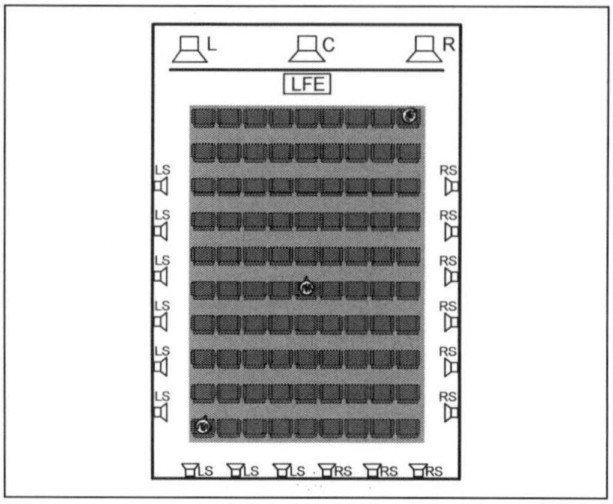

Abb. 13.2-7: Zusätzlicher Low Frequency Effects Kanal

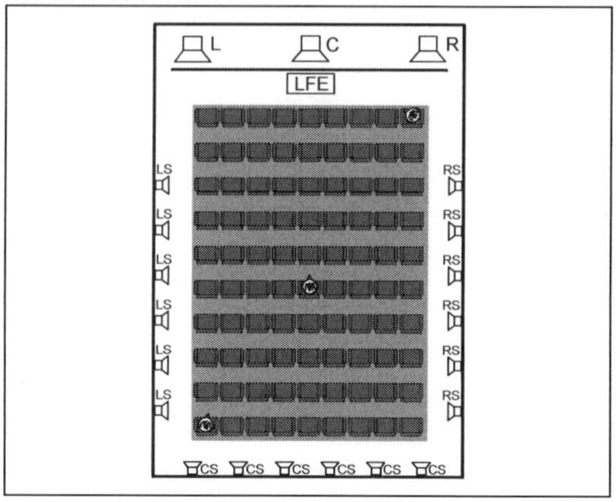

Abb. 13.2-9: Drei Surround Kanäle

ausreichend tieffrequente Effekte im Kino erzeugen zu können, wurde ein eigenständiger Kanal, der LFE (Low Frequency Effects) geschaffen. Einer oder mehrere Subwoofer unter der Leinwand sind in der Lage, mit sehr hohem Schalldruck tieffrequente Effekte abzustrahlen. Eine schematische Anordnung der Kinolautsprecher mit LFE ist in Abbildung 13.2-7 zu sehen.

Der LFE-Kanal ist ein bandbegrenzter Kanal. Daher rührt auch dessen Bezeichnung ".1". Der Punkt ist im amerikanischen Gebrauch ein Komma und deutet einen 0,1-fachen Kanal an, also einen Kanal mit nur einem Zehntel der Bandbreite. Rein rechnerisch stimmt das nicht ganz, da der LFE in Wirklichkeit nicht einmal ein hundertstel der Bandbreite der Richtungskanäle hat.

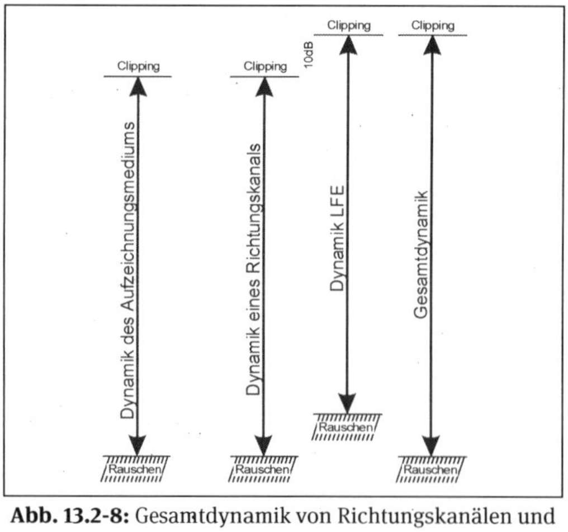

Abb. 13.2-8: Gesamtdynamik von Richtungskanälen und LFE im Kino

Durch die Bandbegrenzung können nur Frequenzen unterhalb 150Hz abgestrahlt werden. In vielen Standards liegt die Grenzfrequenz noch niedriger. Um die tiefen Frequenzen mit ausreichend Dynamik in Bezug auf die Hauptkanäle speichern zu können, wird der LFE so eingestellt, dass er bei gleicher elektrischer Eingangsspannung am Verstärker +10dB mehr Schalldruck im Kinosaal erzeugt. Auf diese Weise wird die Gesamtdynamik des Tonübertragungssystems um 10dB vergrößert (siehe Abbildung 13.2-8). Der LFE befindet sich somit immer um 10dB zu leise auf dem Aufzeichnungsmedium.

Eine wichtige Bedingung für die Anwendung eines LFE-Signals ist die Kompatibilität zu Kinos ohne LFE. Sollte ein Kino diesen Subwoofer nicht haben, so muss der Film trotzdem vernünftig klingen, und es darf nichts Wesentliches fehlen. In Kinos ohne LFE-Subwoofer wird dieser Kanal ersatzlos gestrichen. Es findet keine Zumischung des LFE- Signals auf die Frontkanäle statt. Ohne LFE ist es ausreichend, wenn Explosionen oder Gewitterdonner nicht mehr ganz so gewaltig und druckvoll klingen - sie dürfen jedoch nicht ganz weg fallen!

13.2.7 3-kanaliger Surround

Ein weiterer Standard verwendet drei Surround-Kanäle. Hierbei wird an der linken Seitenwand das Links-Surround-Signal, und an der rechten Seitenwand das Rechts-Surround-Signal abgestrahlt. Der dritte Surround-Kanal befindet sich an der Rückwand des Kinos (siehe Abbildung 13.2-9). Mit Hilfe dieses Tonformates ist es möglich, sitzplatzunabhängig Bewegungen rund um den Kinosaal zu reali-

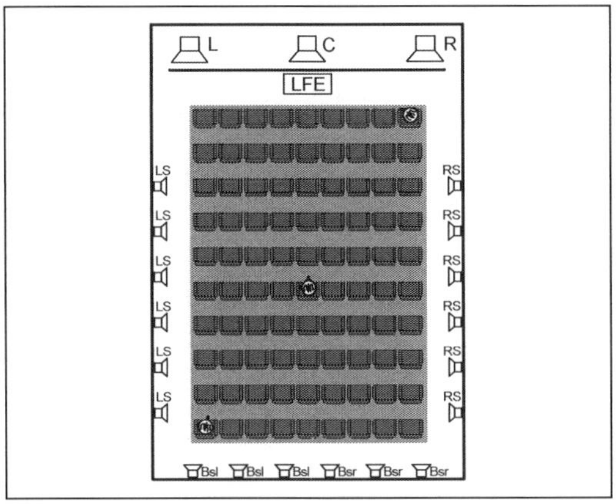

Abb. 13.2-10: Vier Surround-Kanäle mit getrennten Back-Surround-Kanälen

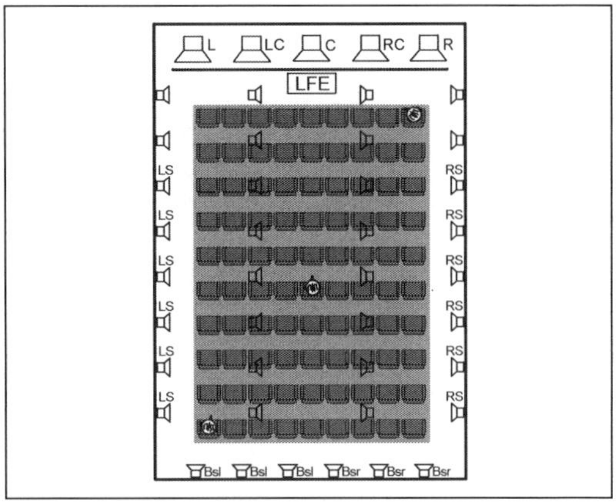

Abb. 13.2-11: Zusätzliche Decken-Lautsprecher, vorgezogene Seitenlautsprecher und die Renaissance von LC und RC lassen Klangobjekte zu

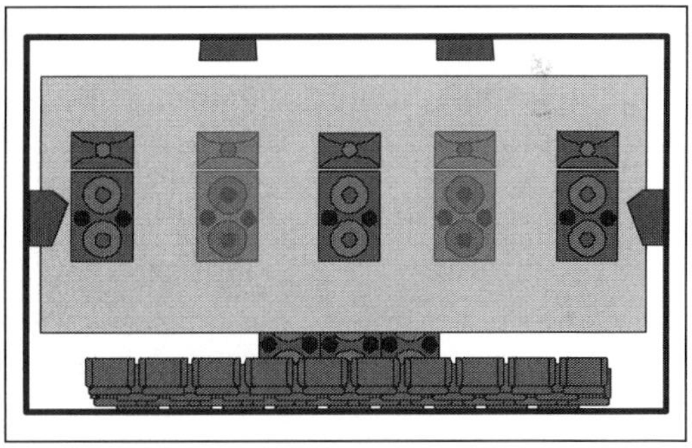

Abb. 13.2-12: Lautsprecheranordnung für Dolby Atmos aus der Zuschauersicht

sieren. Auch hier ist unbedingt darauf zu achten, dass diese Bewegungen nur das Bild auf der Leinwand ergänzen sollen und keinesfalls vom Geschehen ablenken dürfen.

13.2.7.1 4-kanaliger Surround

Mit aktuellen 7.1-Formaten wird ein 4-kanaliges Surroundsignal unterstützt, das die hinteren Lautsprecher in eine linke und rechte Hälfte aufteilt (siehe Abbildung 13.2-10). Diese zusätzlichen Kanäle heißen Back-Surround-Left (kurz Bsl) und Back-Surround-Right (kurz Bsr).

13.2.7.2 Klangobjekte im Kino

Der nächste Schritt sind nicht einfach noch mehr Kanäle, sondern zusätzlich zu den Kanälen Klangobjekte, die frei positioniert werden können. In der Praxis unterliegt die Positionierung den tatsächlichen Lautsprechergegebenheiten. Ein Klangobjekt kann nur aus einer Richtung wieder gegeben werden, in der sich auch ein installierter Lautsprecher befindet. Ein möglicher Kinoaufbau für so eine Installation (z.B. für Dolby Atmos) ist in den Abbildungen 13.2-11 und 13.2-12 zu sehen.

13.2.8 Kinoton im Heimkino

Fast alle Tonformate, die im Kino möglich sind, gibt es auch für den geneigten Heimkinofreund. Allerdings sollte man sich den Sinn der Kinotonformate noch einmal durch den Kopf gehen lassen, bevor man jedes neue Format zu Hause nachbaut.

Im Kino sind bestimmte Lautsprecher eingebaut worden, um auf den schlechten Sitzplätzen trotzdem eine akzeptable Tonwiedergabe zu ermöglichen. Es handelt sich hierbei insbesondere um den Center-Lautsprecher für eine stabile Dialoglokalisation und um die Center-Surround-Lautsprecher für eine stabile Surround-Mitte. Sollte man jedoch in seinem Heimkino nicht auf einem schlechten Platz außerhalb der Stereomitte sitzen, so können gerade diese zwei Spuren problemlos als Phantomschallquelle gebildet werden. Somit sind dort keine Lautsprecher erforderlich. Dies gilt um so mehr, je besser die verwendeten Hauptlautsprecher sind. Sollten die Hauptlautsprecher von vornherein über eine schlechte Lokalisation verfügen, so werden auch Phantomschallquellen nur unscharf abgebildet. In diesem Fall bringt ein Center-Lautsprecher eine Stabilisierung der Schallquelle. Verfügen die Lautsprecher jedoch über eine gute Lokalisation, bildet sich ein Phantom-Center aus, der genau so klingt wie ein echter Lautsprecher- er ist nur viel kostengünstiger und steht nicht im Weg

Lohnenswert im Heimbereich sind jedoch mehrere Surround-Lautsprecher. Nur eine hohe Anzahl an Surround-Lautsprechern kann ein wirklich diffuses, sitzplatzunabhängiges Surround-Signal produzieren. Verwendet man, wie im Heimbereich oft üblich, nur zwei Surroundlautsprecher, funktioniert die Anordnung nur an genau der Sitzposition in der Mitte zwischen den zwei Lautsprechern.

13.3 Dolby Stereo

Das bekannteste und am weitesten verbreitetste analoge Mehrkanaltonverfahren ist Dolby Stereo, das auch im HiFi-Bereich unter der Bezeichnung Dolby Surround oder Dolby Surround Pro-Logic bekannt ist. Im Grunde handelt es sich jedoch in allen Fällen um das gleiche System. In diesem Abschnitt soll die Funktionsweise des Dolby Stereo Systems genauer erklärt werden.

Dolby Stereo ist in der Lage, vier verschiedene Spuren auf zwei Kanäle zu codieren. Somit kann fast jedes Stereomedium als Datenträger verwendet werden. Die einzige Ausnahme bildet die Schallplatte, da diese Probleme mit der Wiedergabe von Phasenverschiebungen über 90° hat (siehe Kapitel 8.1.2), und somit keine lauten Surroundinformationen gespeichert werden können.

Die Codierung und Decodierung bei Dolby Stereo erfolgt mit einer Matrix, die der M/S-Matrix sehr ähnlich ist (siehe Kapitel 6.6.1.2). Aus diesem Grund spricht man bei Dolby Stereo auch von einem Matrixverfahren. In diesem Zusammenhang fällt auch oft der Begriff "4-2-4 Matrix", da 4 Kanäle auf 2 Spuren matriziert werden und dann wieder in 4 Kanäle zerlegt werden können.

Dolby Stereo ist kompatibel zu Stereo und umgekehrt. Dies bedeutet, dass ein Dolby Stereo codiertes Signal problemlos nur Stereo abgehört werden kann und ein normales Stereosignal auch Dolby Stereo decodiert werden kann. Diese Kompatibilität überlässt es nicht zuletzt dem Hörer, ob er ein Signal 2-kanalig oder 4-kanalig abhören möchte.

13.3.1 Der Dolby Stereo Encoder

Der Dolby Stereo Encoder hat die Aufgabe, die vier Kanäle, die bei Dolby Stereo verwendet werden können, in zwei Kanäle zu codieren. Die vier Kanäle lauten Links (L), Center (C), Rechts (R) und Surround (S). Bei der Codierung sind zwei grundlegende Fakten zu beachten:

- Der Center-Kanal muss zwischen dem linken und dem rechten Kanal positioniert sein. Es ist nicht möglich eine andere Position mit Hilfe dieses Eingangs zu codieren. Bewegungen zwischen Links und Rechts laufen zwangsläufig über den Center Kanal.
- Das Ausgangssignal des Encoders muss stereokompatibel sein.

In Abbildung 13.3-1 ist das Blockschaltbild des Dolby Stereo Encoders zu sehen. Die vier Eingangssignale L, C, R und S werden über eine einfache M/S-Matrix in die zwei Ausgangskanäle L_t und R_t codiert. L_t und R_t stehen hierbei für "Left total" und "Right total".

Die Eingangskanäle Links und Rechts werden direkt auf die Ausgänge L_t und R_t gegeben und entsprechen somit einem normalen Stereosignal.

Die Codierung des Center-Kanals erfolgt durch einen 3dB Spannungsteiler und die anschließende phasenrichtige Addition auf L_t und R_t. Dies entspricht exakt der Mittelposition eines Panoramareglers in einem Stereomischpult. Somit ist der Center-Kanal 100% stereokompatibel.

Die Codierung des Surround-Kanals erfolgt durch einen -3dB Spannungsteiler, ein Bandpassfilter von 100Hz bis 7kHz, einen modifizierten Dolby B Noise

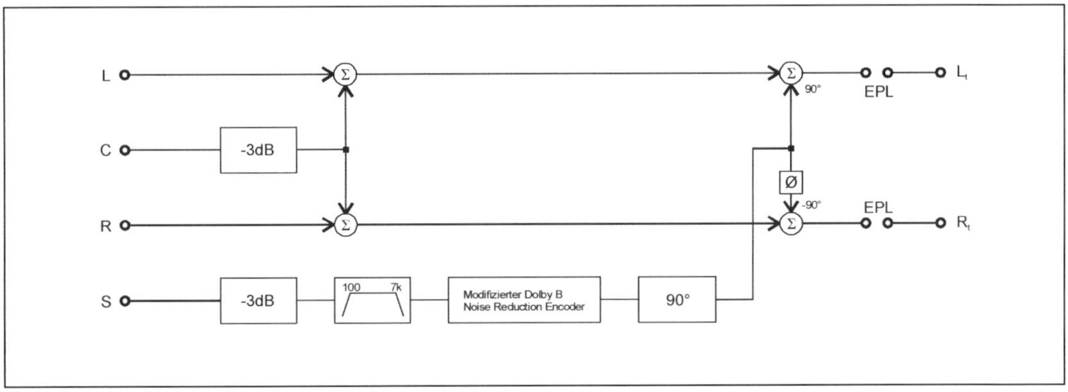

Abb. 13.3-1: Blockschaltbild des Dolby Stereo Encoders

Reduction Encoder und ein 90° Phasenschiebernetzwerk. Anschließend wird das Signal direkt auf L_t und invertiert auf R_t addiert. Somit wird der Surround-Kanal 90° phasenverschoben auf L_t und -90° phasenverschoben auf R_t addiert.

Die einzelnen Stufen haben den folgenden Zweck:

- Der -3dB Spannungsteiler schwächt das Surroundsignal so ab, dass es im Stereosignal mit dem richtigen Pegel erscheint.
- Der Bandpass sorgt dafür, dass der Surround-Kanal nur zwischen 100Hz und 7kHz auf der Stereosumme erscheint. Auf diese Weise klingt der Surround-Kanal auf einer Stereoabhöre ähnlich wie auf einer Surroundabhöre, bei der die Surroundlautsprecher nur zwischen 100Hz und 7kHz betrieben werden.
  Weiterhin ist der 90° Phasenschieber einfacher zu realisieren, wenn nicht das komplette Audiosignal, sondern nur ein kleiner Bereich bearbeitet werden muss.
- Der modifizierte Dolby B Noise Reduction Encoder würde bei leisen Signalen deren Höhen anheben (siehe Kapitel 8.3.7). Allerdings sind durch den Bandpass nicht mehr viele Höhen vorhanden, und "modifiziert" bedeutet, dass die Höhen nur um +5dB angehoben werden. Weiterhin darf dieser Dolby B Encoder nicht wirklich viel tun, denn sonst wäre das L_t/R_t-Signal nicht mehr stereokompatibel. Diese Stufe hat vermutlich eher die Aufgabe, den Encoder durch den Patentschutz, den Dolby auf den Dolby B Regelkreis hat, vor Nachbau zu schützen. So gibt es nur von den Dolby Laboratories einen Dolby Stereo Encoder und nicht von einem Drittanbieter.
- Der 90° Phasenschieber sorgt dafür, dass saubere Panoramabewegungen von Center nach Surround möglich sind. Würde das Surroundsignal ohne diese 90° Phasenschieberstufe auf L_t und R_t addiert werden, so gäbe es schwerwiegende Lokalisationsverschiebungen im Stereo- und im decodierten Surroundsignal. Die Abbildung 13.3-2 zeigt das Verhalten einer Center-Surround Panoramabewegung mit und ohne 90° Phasenschieber.

Der Dolby Stereo Encoder hat vor dem Ausgang noch einen Einschleifweg, "EPL" genannt. EPL steht für "External Processor Loop" und ermöglicht es dem Toningenieur, auf Knopfdruck ein zusätzliches Gerät vor den Ausgang zu schalten. Dies könnte beispielsweise eine Schaltung zur Simulation des analogen Lichttons sein, damit während der Mischsituation bereits der Klang gehört wird, den ein Lichttonlesegerät erzeugen würde.

Um die Funktionsweise des Dolby Stereo Encoders besser zu verstehen, kann man sich folgendes, auf Stereomikrofontechniken basierendes Beispiel vor Augen führen: Eine X/Y-Technik stellt als reine Intensitätsmikrofontechnik direkt Signale für Links und Rechts zur Verfügung. Diese können mit den Eingangskanälen Links und Rechts verglichen werden. Eine zusätzlich aufgestellte M/S-Technik hat die Aufgabe, das Mittensignal und das Seitensignal aufzunehmen. Auch diese ist eine reine Intensitäts-

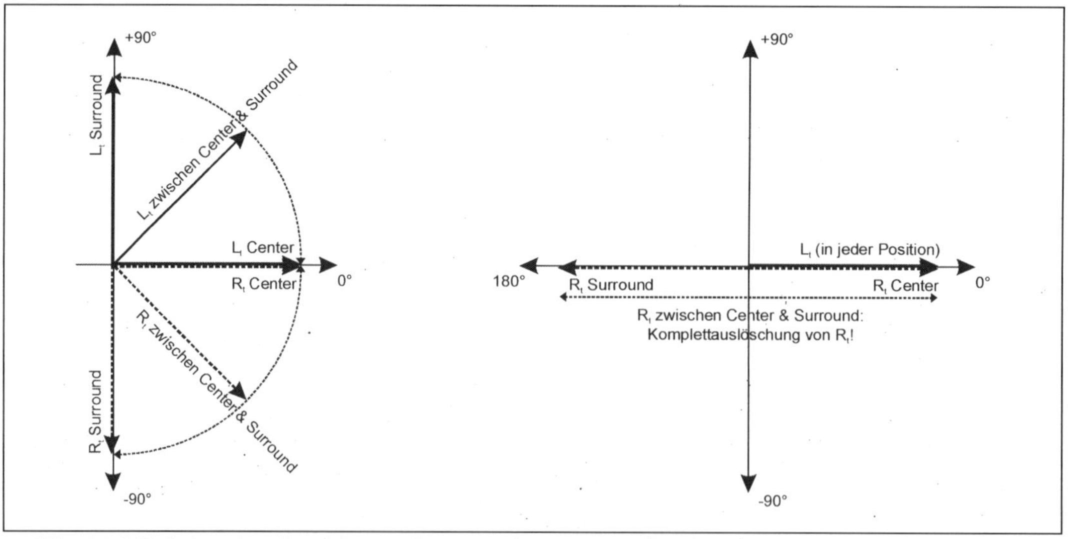

Abb. 13.3-2: Verhalten einer Center-Surround Panoramabewegung mit (links) und ohne (rechts) 90° Phasenschieber

mikrofontechnik und stellt die Spuren Center und Surround dar. Hierbei entspricht, nach den M/S Decodierungsvorschriften:

$$L = C - 3dB \text{ und } R = C - 3dB$$

sowie:

$$L = S - 3dB \text{ und } R = -(S - 3dB)$$

Weiterhin ist das Mittenmikrofon direkt auf die Mitte der Schallquelle gerichtet, das Seitenmikrofon jedoch 90° verdreht montiert, sodass dessen Einsprechrichtungen nach Links und Rechts zeigen.

Man sieht sehr schnell die Ähnlichkeit zum Dolby Stereo Encoder. Dieser codiert also in die bestehende Stereosumme noch ein Mitten- und ein Seitensignal hinein.

13.3.2 Der passive Decoder: Dolby Surround

Die einfachste Möglichkeit, aus L_t und R_t wieder 4 verschiedene Signale zu bekommen, ist ein M/S-Encoder, der in der Lage ist, Mitte und Seite aus der Stereosumme heraus zu codieren. Die Abbildung 13.3-3 zeigt das Blockschaltbild eines passiven Dolby Decoders. Dieser war nur im HiFi Bereich anzutreffen und hatte die Bezeichnung "Dolby Surround".

Man sieht, dass der Center Kanal einfach aus der Summe von L_t und R_t gewonnen und anschließend noch um -3dB abgeschwächt wird. Die Center-Information befindet sich phasen- und pegelgleich auf L_t und R_t. Da die Summe von zwei gleichen Signalen +6dB Pegelerhöhung zur Folge hat, -3dB jedoch bereits im Encoder abgeschwächt wurden, muss im Decoder auch nur -3dB abgeschwächt werden, um einen korrekten Pegel zu erhalten. Surround-Informationen, welche sich invertiert auf L_t und R_t befinden, löschen sich aus und erscheinen nicht auf dem Center-Kanal.

Der Surround-Kanal wird aus der Differenz zwischen L_t und R_t gebildet. Auch hier ist der -3dB Spannungsteiler dazu da, den korrekten Pegel wieder herzustellen. Center-Signale werden durch die Differenz Null und erscheinen somit nicht auf dem Surround Kanal. Nach der Decodierung des Surround Kanals durchläuft das Signal noch den modifizierten Dolby B Noise Reduction Decoder, einen Bandpass von 100Hz bis 7kHz und anschließend ein Delay. Der Bandpass sorgt noch einmal dafür, dass keine zu hohen oder zu tiefen Frequenzen auf die bandbegrenzten Surround-Lautsprecher gelangen können. Das Delay wird so eingestellt, dass die Surroundlautsprecher ihr Signal im Haas-Bereich der Hauptlautsprecher abstrahlen und somit nicht lokalisierbar sind.

Das Hauptproblem des passiven Decoders ist die schlechte Kanaltrennung zwischen benachbarten Kanälen. So ist zwar zwischen Links und Rechts, sowie zwischen Center und Surround eine unendlich hohe Kanaltrennung gegeben, Nachbarkanäle weisen jedoch nur 3dB Kanaltrennung auf (siehe Abbildung 13.3-4). Diese schlechte Kanaltrennung ist jedoch durch das Prinzip der Matrixcodierung vorgegeben und kann nicht verbessert werden. Allerdings ist der passive Decoder somit nicht für die Kinos geeignet, da auf den schlechten Sitzplätzen außerhalb der Mittelachse des Kinos, die Lokalisation durch den Center-Lautsprecher nicht wesentlich verbessert wird. In Abbildung 13.3-5 sind die Pegelverhältnisse auf einem schlechten Seitenplatz während eines Dialogs zu sehen. Man kann erkennen, dass durch die doppelte Entfernung zum Center-Lautsprecher das Center-Signal im Vergleich zum rechten Signal um -6dB abgeschwächt beim Hörer eintrifft. Da der Dialog, der

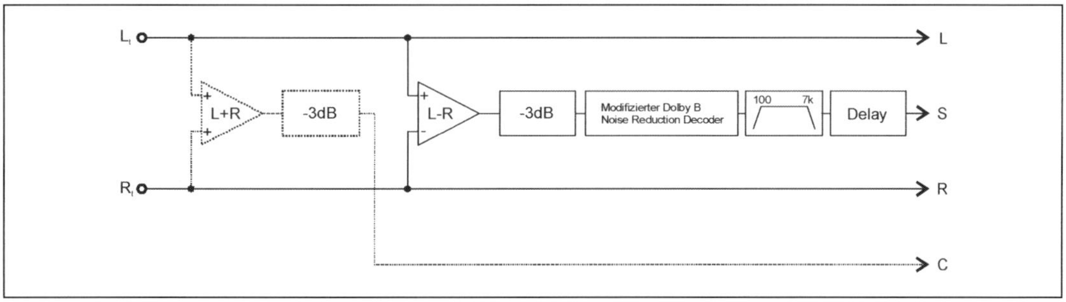

Abb. 13.3-3: Der passive Dolby Surround Decoder. Der Center-Ausgang (gestrichelt) ist normalerweise nicht vorhanden.

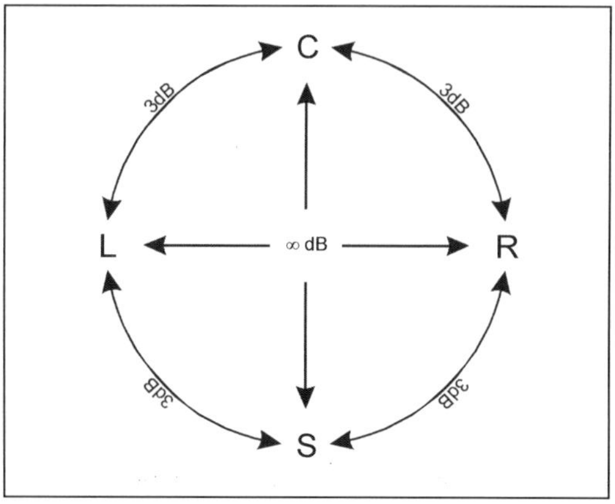

Abb. 13.3-4: Kanaltrennung bei einem passiven Dolby Surround Decoder

aus dem Center-Lautsprecher alleine kommen soll, jedoch auch um -3dB abgeschwächt aus dem rechten und dem linken Lautsprecher kommt, wird der rechte Lautsprecher an der gezeigten Sitzposition immer noch lauter zu hören sein, als der Center-Lautsprecher.

Um eine vernünftige Lokalisation des Center-Lautsprechers von allen Sitzpositionen aus zu ermöglichen, muss die Kanaltrennung mehr als 18dB betragen (siehe Kapitel 2.8.1). Dies lässt sich jedoch nur künstlich erreichen, da die Codierung von 4 Spuren auf zwei Kanäle mit Hilfe der M/S-Matrizierung tatsächlich nur 3dB hinbekommen kann. Wie dieser Trick funktioniert, und, warum man ihn nicht bemerkt, wird im nächsten Kapitel kurz beschrieben.
Weiterhin besteht das Problem, dass der nähere Lautsprecher auch früher zu hören ist. Bei einer Lokalisationsverschiebung durch Pegelunterschiede zum später ankommenden Lautsprecher hin findet ein Trading (siehe Kapitel 2.8.3) statt,

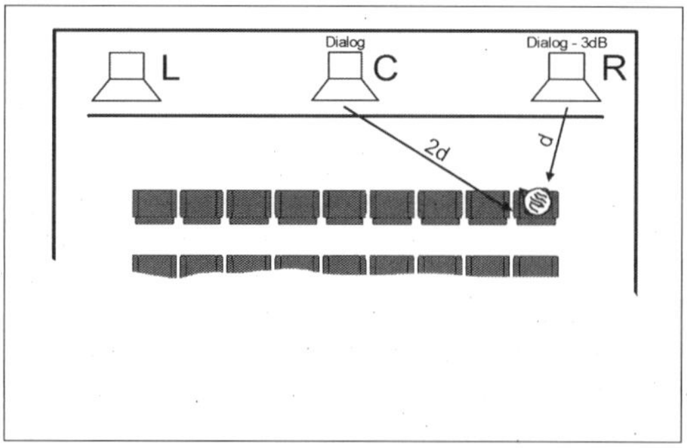

Abb. 13.3-5: Pegelverhältnisse eines Dialogs auf einem schlechten Kinoplatz

welches niemals zu einer guten Lokalisation führen kann.

13.3.3 Der aktive Decoder: Dolby Stereo / Dolby Surround Pro-Logic

Der aktive Dolby Decoder, der unter dem Namen "Dolby Stereo Decoder" beziehungsweise "Dolby Surround Pro-Logic" bekannt geworden ist, schafft eine signalabhängige Kanaltrennung zwischen 3dB und ∞ dB zwischen den Nachbarkanälen und ist somit sowohl für das Kino als auch für den anspruchsvollen HiFi-Hörer geeignet.

Die hohe Kanaltrennung ist allerdings nur mit einem Trick zu bewerkstelligen, bei dem die psychoakustischen Eigenschaften des menschlichen Gehörs ausgenutzt werden. Das Gehör ist unter normalen Umständen nicht in der Lage, mehrere Schallquellen gleichzeitig zu lokalisieren. Es konzentriert sich automatisch immer nur auf die lauteste Schallquelle und bestimmt deren Lokalisation. Dieses "lauteste" Signal wird auch "dominantes Signal" genannt. Das Interessante an dieser Tatsache ist, dass man, während ein Signal dominant ist, andere nichtdominante Signale in ihrer Position verschieben könnte, ohne, dass es bemerkt würde. Ein Beispiel: Man sitzt auf der Terrasse, es ist ruhig und man hört einen Vogel zwitschern. Man kann genau sagen, wo der Vogel sich befindet, da das Gehirn das dominante Signal des Gezwitschers automatisch lokalisiert. Nun fängt der Nachbar an, den Rasen zu mähen. Das Gehirn folgt in der Lokalisation nun dem Rasenmäher, da dieser das dominante Signal darstellt. Der Vogel wird immer noch wahrgenommen, jedoch nicht mehr bewusst lokalisiert. Er könnte woanders hinfliegen, ohne dass es bemerkt würde.

Von einer spürbaren Dominanz kann man dann sprechen, wenn das lauteste Signal 3dB lauter ist, als alle übrigen Signale zusammen. Ist der Pegelunterschied geringer, oder sind zwei oder mehrere Signale ungefähr gleichlaut, so springt das Gehirn von einer Schallquelle zur anderen und lokalisiert diese nacheinander.

Der aktive Decoder, der im Profibereich als Dolby Stereo Decoder und im HiFi-Bereich als Dolby Surround Pro-Logic Decoder bekannt ist, benutzt den psychoakustischen Effekt der Dominanz und erreicht damit eine höhere Kanaltrennung. Sein Blockschaltbild ist in Abbildung 13.3-6 zu sehen.

Der Decoder ist in einen Signalweg und einen Steuerweg unterteilt. Die Aufgabe des Steuerwegs des Decoders besteht darin, die Richtung des dominanten Signals zu ermitteln und Steuerspannungen zur akustischen Fokussierung dieser Richtung zu erzeugen. Die akustische Fokussierung erfolgt durch eine so genannte "Dominanzvektormatrix ".

Diese Dominanzvektormatrix ist eine Panning-Matrix - sie kann also nicht nur die zwei Eingangssignal in vier Ausgangssignale decodieren. Sie kann vielmehr auch Richtungsverschiebungen der Signale hervorrufen.

Nachdem im Steuerweg die Richtung des Dominanten Signals ermittelt wurde, wird eine akustische Fokussierung in diese Richtung mit Hilfe der Dominanzvektormatrix erzeugt. Das passiert durch Panoramaverschiebungen der benachbarten Kanäle in Richtung des jeweils dominanten Kanals.

Diese Verschiebungen können bei Einzelsignalen eine unendlich hohe Kanaltrennung erzeugen.

Nur bei wenigen Signalen fallen die Panoramaverschiebungen in der Dominanzvektormatrix wirklich auf. So würde beispielsweise eine Regenatmo, die aus allen Richtungen kommt, plötzlich nahezu mono werden, wenn ein dominanter Sprecher aus dem Center-Lautsprecher kommt. Da der Zuschauer in diesem Moment jedoch auf den Sprecher und nicht auf den Regen achtet, merkt er es nicht.

13.3.4 Dolby Surround Pro-Logic II

Dolby Pro-Logic II ist - wie bereits aus dem Namen hervorgeht - die Weiterentwicklung von Dolby Pro-Logic. Folgende Stufen wurden verändert:

- Es gibt verschiedene, wählbare Voreinstellungen des Decoders: "Movie", "Pro Logic" und "Music". Eine genauere Beschreibung ist in Tabelle 13.3-2 zu sehen.
- Eine automatische Balance sorgt für eine optimale Kanaltrennung zum Center-Lautsprecher, auch wenn die Center-Information nicht genau in der Mitte vorliegt.
- Die Surround-Kanäle können ungefiltert betrieben werden.
- Das Surround-Delay kann abgeschaltet werden.

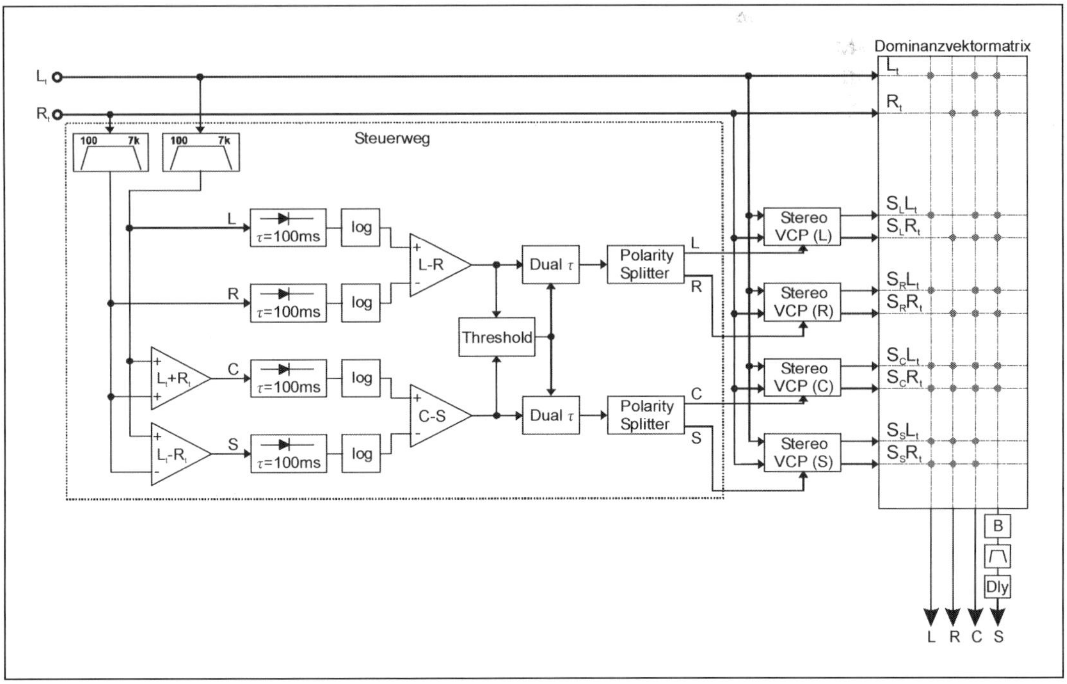

Abb. 13.3-6: Der aktive Dolby Stereo / Dolby Surround Pro-Logic Decoder

Betriebsart	Movie	Pro Logic	Music
Filter auf Surround Kanal	Keiner	100Hz - 7kHz	leichter High Cut
Delay auf Surround Kanal	Ja (Haas Effekt)	Ja (Haas Effekt)	Nein
Automatische Balance	Ja	Ja	Nein
Center Verbreiterung	Nein	Nein	Möglich
Räumlichkeits-Einstellung	Nein	Nein	Möglich
Surround Kanäle	2 (4 bei Pro Logic IIx)	1 (Mono Surround)	2 (4 bei Pro Logic IIx)

Tab. 13.3-2: Übersicht über die verschiedenen Betriebsarten eines Dolby Pro Logic II Decoders

- Es stehen zwei Surround-Kanäle zur Verfügung.
- Der Center-Kanal kann in der Breite verändert werden, um eine zu scharfe Schallquelle zu vermeiden.

Bei Dolby Surround Pro-Logic IIx werden zwei weitere Surround-Kanäle berechnet (Bsl und Bsr). Somit kann aus einem Dolby Stereo-Signal ein 7.1 Signal gebildet werden. Auch 5.1-Quellen können auf 7.1 vergrößert werden.

Bei Dolby Surround Pro-Logic IIz werden noch zwei zusätzliche Frontkanäle berechnet, die höher liegen, als die normalen Frontlautsprecher. Der Decoder kann also aus Stereo oder 5.1 Quellen bis zu 9.1-Kanäle berechnen. Der Decoder ist hierbei so gestaltet, dass möglichst nur unkorrelierte Signale (Rauminformationen) auf den erhöhten Kanälen erscheinen.

13.4 Digitale Mehrkanaltonverfahren

Es gibt verschiedene Möglichkeiten, Mehrkanalton oder Surround auf Film, DVD und anderen Medien zu speichern. Einen Überblick soll dieses Kapitel geben, in dem die verschiedene Tonformate für den Kino- und HiFi-Bereich vorgestellt werden.

In Abbildung 13.4-1 ist das Bild eines 35mm Films zu sehen, auf dem drei verschiedene digitale Tonformate gespeichert sind. Auf Details wird in den folgenden Unterkapiteln genauer eingegangen.

13.4.1 Linear PCM

Die einfachste Möglichkeit, digitalen Ton mehrkanalig zu speichern, erfolgt mit Hilfe mehrerer PCM-Tonspuren. Dieses Konzept liefert ein verlustfreies Mehrkanalsignal. Dies ist besonders für Toningenieure interessant, da jede Form von Datenreduktion die spätere Nachbearbeitung eines Signals erschwert. Als Speichermedium benötigt man einen mehrkanaligen PCM-Recorder. Dies könnte ein Harddiskrecorder oder ein kassettenbasiertes System sein. Auch die DVD-Audio ist als Konsumentenformat geeignet, mehrkanalig linearen PCM-Ton aufzuzeichnen.

Linearer PCM-Ton ist das vorgeschriebene Tonformat, das auf einer DVD-Video sein muss, wenn diese DVD keinen AC3-Ton enthält.

Im Kino hat sich linearer PCM-Ton nur in den IMAX-Kinos durchgesetzt. Dort werden Harddiskrecorder mit Hilfe eines Timecodes zum Film synchronisiert.

13.4.2 Dolby AC3

Dolby AC3 ist ein Datenreduktionsformat, das von Mono bis 5.1 einsetzbar ist. AC3 steht für "Audio Coding 3". Es ist die dritte Generation von Dolbys Datenreduktionsverfahren. Die Funktionsweise von Dolby AC3 ist in Kapitel 8.5.4.5 genauer beschrieben.

Dolby AC3 ist jedoch nicht nur für mehrkanalige Aufzeichnungen geeignet. Auf einer DVD könnte beispielsweise als Tonformat Dolby AC3 angegeben sein. Dies bedeutet allerdings nur, dass die Tonspur mit Hilfe dieses Datenreduktionsverfahrens erstellt wurde, sagt jedoch nichts über die Kanalanzahl aus.

Auf DVDs kann man AC3 in Mono, Stereo, Dolby Stereo, Dolby Digital und Dolby Surround EX vorfinden. Alle werden mit Hilfe des gleichen Verfahrens reduziert.

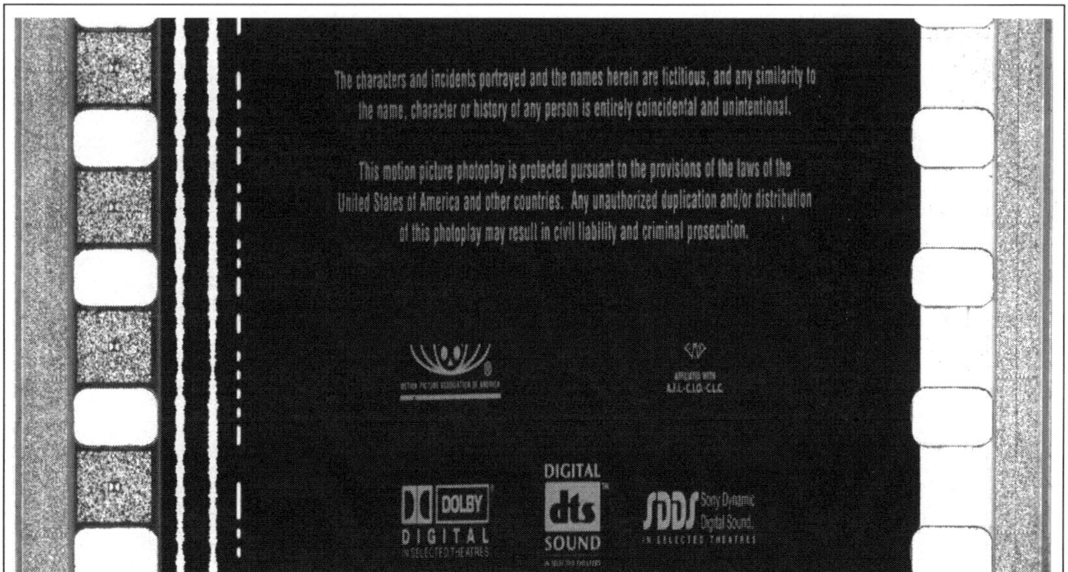

Abb. 13.4-1: Dolby Digital, dts und SDDS auf einem 35mm Film

AC3 ist als Tonformat auf einer DVD-Video vorgeschrieben, wenn sich kein linearer PCM-Ton auf dieser DVD befindet.

Dolby AC3 ermöglicht weiterhin die Codierung verschiedener Metadaten. Dies sind Daten, die die Audiodaten mit Zusatzinformation begleiten. Sie enthalten Informationen über die Datenrate und die damit verbundene Audiobandbreite, die Spuranzahl und Spurbelegung, den Dialoglevel, Parameter für eine spätere Signalkompression beim Konsumenten sowie einen Timecode.

Im Kino befindet sich der AC3-Ton als Pixelquadrat zwischen den linken Perforationslöchern eines 35mm Films (siehe Abbildung 13.4-1). Man erkennt dieses Tonformat leicht an den Dolby- Logos, in der Mitte eines jeden Quadrats. Im Kino ist das codierte Tonformat 5.1 oder 6.1. Es nennt sich "Dolby SR-D".

13.4.2.1 AC3 Stereo

Bei AC3 Stereo werden nur die zwei Spuren für den linken und den rechten Kanal codiert. Dieses Format wird für ältere Filme angewandt, die nur in Stereo gemischt waren. Manchmal werden auch Trailer oder Making-Ofs in diesem Format gespeichert.

13.4.2.2 AC3 Dolby Stereo

Dieses Format ist im Prinzip wie AC3 Stereo, jedoch wird hier L_t und R_t gespeichert. Ein Informationsbit in den Metadaten des AC3 Datenstroms kennzeichnet dieses Format als Dolby Stereo. Der AC3 Decoder, der dieses Informationsbit erkennt, rekonstruiert zunächst das Stereosignal und nimmt anschließend eine Dolby Stereo Decodierung vor. Jeder Dolby AC3 Decoder ist prinzipiell auch in der Lage, Dolby Stereo zu decodieren. Am Ausgang des AC3 Decoders stehen dann die vier Kanäle Links, Center, Rechts und Surround zur Verfügung.

13.4.2.3 Dolby Digital

Mit Dolby Digital ist normalerweise 5.1 gemeint. Das heißt: Links, Center, Rechts, Links-Surround, Rechts-Surround und LFE werden aus dem AC3 Datenstrom decodiert und ausgegeben. Ein Downmix auf 2 Spuren (L_t und R_t) ist möglich. Die Koeffizienten für die Downmixmatrix sind in Tabelle 13.4-1 zu sehen.

Eingänge	Koeffizienten	
Links	0,2426	0
Center	0,1716	0,1716
Rechts	0	0,2426
Links-Surround	-0,1716	0,1716
Rechts-Surround	-0,1716	0,1716
LFE	0	0
Ausgänge	L_t	R_t

Tab. 13.4-1: Downmixkoeffizienten für Dolby Digital auf Dolby Stereo

13.4.2.4 Dolby Surround-EX

Dolby Surround-EX ist prinzipiell der gleiche 5.1 Datenstrom wie Dolby Digital, nur, dass hier in den Metadaten ein zusätzliches Informationsbit gesetzt wird, das diesen Datenstrom als Dolby Surround-EX Datenstrom kennzeichnet. Ein normaler Dolby Digital Decoder wird dieses Bit ignorieren, ein Dolby Surround-EX Decoder wird jedoch, wenn er dieses Bit entdeckt, einen Dolby Stereo Decoder hinter die Spuren Links-Surround und Rechts-Surround schalten. Dieser Decoder generiert dann einen zusätzlichen Center-Surround, der im hinteren Bereich des Kinos abgestrahlt wird.

Dolby Surround-EX ist also ein 6.1 Format, wobei der Center-Surround nur aus Links-Surround und Rechts-Surround herausmatriziert wird und keine eigene, diskrete Spur darstellt.

13.4.2.5 Dolby Digital Plus

Um noch mehr diskrete Audiokanäle in einen Datenstrom codieren zu können, wurde Dolby Digital Plus geschaffen. Eine Codierung von bis zu 15.1-Material ist damit möglich.
Auf Blu-rays werden derzeit 7.1-Kanäle (L, C, R, LS, RS, Back-Surround Left (Bsl), Back-Surround-Right (Bsr) und LFE) unterstützt.
Damit eine Kompatibilität zu dem 5.1-Format Dolby Digital gegeben ist, wird tatsächlich ein 9.1-Format gespeichert:

- Das 5.1-Format als ein Datenpaket. In diesem befindet sich auf den LS und RS-Kanälen ein Downmix aus LS und Bsl sowie aus RS und Bsr.
- Die Surroundkanäle LS, RS, Bsl und Bsr als ein Datenpaket, welches nur die Dolby Digital Plus Decoder auslesen. Diese verwerfen die LS und

RS-Information aus dem 5.1-Paket und geben stattdessen LS, RS, Bsl und Bsr aus.

In Kinos wird ein vergleichbares Format unter Dolby Surround 7.1 angeboten. Die hierzu erforderlichen Daten kommen jedoch nicht mehr vom Filmmaterial, sondern von einem digitalen Ausspielgerät für Bild und Ton.

Um Dolby Digital Plus im Heimbereich von Blu-ray auf einen externen Decoder (meist im Receiver) übertragen zu können, ist eine HDMI1.3 Verbindung als Mindestanforderung erforderlich. Über die S/PDIF-Verbindungen kann nur Dolby Digital übertragen werden.

13.4.2.6 Dolby True HD

Dolby True HD ist ein Format, das bis zu 14 Kanäle in verlustfreier Komprimierung speichern kann. Hierbei wird das MLP-Format verwendet. Anwendung findet das Format im HiFi-Bereich auf Blu-ray Playern für Filmton und High-Definition Audiowiedergabe (siehe Kapitel 8.4.3.3).

Weiterhin können bei Dolby True HD 48kHz Filmsoundtracks auf 96kHz Abtastfrequenz hochinterpoliert und dann auf Blu-ray gespeichert werden. Das Hochinterpolieren erfolgt mit Hilfe einer Technik der Firma Meridian, die einen Algorithmus entwickelt hat, der die Einschwingvorgänge der Impulsantworten von Filtern optimieren soll. Auf diese Art und Weise kann der audiophile Hörer die 48kHz Filmtonspuren in 96kHz bekommen, ohne dass er einen möglicherweise minderwertigen Interpolationsalgorithmus seines Blu-ray Players oder Receivers benutzen muss.

Dolby True HD kann aus Blu-ray Playern nur über eine HDMI1.3-Verbindung (Mindestanforderung) zum Receiver übertragen werden.

13.4.2.7 Dolby Atmos

Die Idee hinter Dolby Atmos ist, Signale als Klangobjekte zu sehen und diese auf einem beliebigen realen Lautsprecher positionieren zu können.
Dabei werden neben den vielen Surroundlautsprechern auch zusätzliche Deckenlautsprecher eingebaut, um erhöhte Schallquellen - wie beispielsweise für Hubschrauber-, Flugzeug- und Raumschiffsounds erforderlich - darstellen zu können.

Es geht also nicht mehr um die Frage, aus welchem Kanal ein Signal kommt, sondern an welche Position im Raum ein Klangobjekt gebracht wird.
Die Klangobjekte sind hierbei sowohl statisch als auch beweglich einsetzbar und können dadurch einen präzisen, sitzpositionsunabhängigen Bewegungsverlauf durch das Kino vollziehen.

Zusätzlich zu den Klangobjekten sind weiterhin Klangbetten möglich, die über mehrere Lautsprecher gleichzeitig ausgegeben werden. Diese Klangbetten kann man sich wie die bisherigen Kanäle im Kino vorstellen.

Mischungen in Dolby Atmos bestehen aus einem Datenpaket, das die Klangbetten für jeden Kanal beinhaltet sowie die Klangobjekte mit ihren Positionsdaten.

Im Kino werden diese Daten in einem "Renderer" auf bis zu 64 Lautsprecherkanäle ausgegeben, je nachdem was an Lautsprechern tatsächlich installiert ist. Dabei versucht der Renderer anhand der tatsächlich installierten Lautsprecher die bestmögliche Wiedergabe der Klangobjekte zu erreichen. Das bedeutet, je mehr Lautsprecher installiert sind, desto schärfer können Richtungen abgebildet werden. Sollten einzelne Surroundlautsprecher pegelmäßig mit dem Signal überfordert sein, so nimmt der Renderer automatisch benachbarte Lautsprecher mit dazu, um das Signal verzerrungsfrei wiedergeben zu können.

Dieses Format kann nur über digitale Ausspieler wiedergegeben werden. Sollte das Dolby-Atmos Format ausfallen, wird automatisch auf ein Standard-5.1- oder 7.1-Surroundformat zurückgeschaltet.

13.4.3 dts / datasat

Das digitale Tonformat dts (Digital Theater System) ist die Konkurrenz zu Dolby und hat in den Kinos nahezu ebenso viele Decoderinstallationen wie Dolby Digital. Ziel von dts ist es, so wenig wie möglich aus einem Audiosignal zu entfernen, so dass der Klang nahezu unbeeinflusst bleibt. Aus diesem Grund ist dts ein sehr beliebtes Tonformat für Musikvideos und Musikdarbietungen in Surround geworden. Im Jahr 2008 wurde die Firma dts von der Datasat-Gruppe gekauft und seitdem ist in den Filmabspännen meist datasat statt dts zu sehen.

Die Funktionsweise von dts im Kino und im HiFi-Bereich unterscheiden sich, so dass diese getrennt betrachtet werden müssen.

13.4.3.1 dts im Kino

Das Tonformat dts nutzt einen anderen Weg, um digitalen Ton in die Kinos zu bringen. Auf dem Filmstreifen befindet sich lediglich ein Timecode, zu dem der dts-Decoder synchronisiert wird. Der Timecode ist hierbei zwischen den analogen Lichttonspuren und dem Bild untergebracht (siehe Abbildung 13.4-1). Der Timecode ist nahezu unzerstörbar und kann auch nach vielfacher Wiedergabe des Filmstreifens noch zuverlässig gelesen werden.

Im dts-Decoder befinden sich zwei oder drei CD-ROM Laufwerke, in die spezielle CD-ROMs eingelegt werden müssen, die den Ton des Films beinhalten. Auf den CD-ROMs befindet sich ein 5-kanaliges Tonsignal, welches nach dem APT-X Standard datenreduziert wurde (siehe Kapitel 8.5.4.2). Die Datenreduktion bei APT-X beträgt immer 4:1, so dass die 5 Spuren zusammen 125% vom Platz einer einzelnen nicht datenreduzierten Spur benötigen. Der Ton für einen Film kann somit auf zwei, maximal drei CD-ROMs gespeichert werden.

Der LFE-Kanal wird aus den Surround-Kanälen herausgefiltert. Da im Kino nur kleine Surroundlautsprecher montiert sind, müssen tiefe Frequenzen sowieso vor der Ausgabe auf die Endstufen weggefiltert werden. Diese tiefen Frequenzen werden bei dts auf den LFE gegeben, der wiederum keine hohen Frequenzen benötigt. So kann das 5.1 Format in 5 Spuren untergebracht werden.

13.4.3.2 dts im HiFi Bereich

Im HiFi-Bereich wird eine etwas abgewandelte Variante des Kino dts-Formats verwendet. Anstelle von 4 Subbändern, in denen eine ADPCM-Codierung vorgenommen wird (siehe APT-X), werden 32 Subbänder verwendet. Dieses Verfahren wird von dts "Coherent Acoustics" genannt. Auf diese Weise kann wesentlich genauer auf das Signal und die Bitzuweisung in den einzelnen Frequenzbereichen eingegangen werden.

Im HiFi-Bereich existiert ein eigenständiger diskreter LFE-Kanal. Dieser wird nicht aus den Surround-Informationen herausgefiltert, so dass die Surround-Kanäle volle Audiobandbreite haben. Die gesamte Bitrate entspricht bei einem 5.1 dts Signal genau der Bitrate eines Stereo PCM-Signals. So passt ein 5.1 Mix genau auf eine CD-DA und hat die gleiche Spielzeit wie eine normale CD-DA. Befindet sich dts-codiertes Material auf einer CD-DA, so nennt sich dieses Format "dts Music Disc".

Die Bitrate eines 5.1 Mixes mit 44,1kHz Abtastrate beträgt somit 1,4112Mb/s und die eines 5.1 Mixes mit 48kHz Abtastrate 1,536Mb/s.

Weiterhin ist es vorgesehen nicht nur 5.1 Surround auf die CD-DA zu codieren, sondern auch 5.1 Surround 24Bit/96kHz-Signale auf eine DVD-Video sowie 5.1 Surround 24Bit/192kHz-Signale auf eine Blu-ray. Auch in diesen Fällen werden die Datenraten so reduziert, dass die Datenströme parallel zu den unkomprimierten Stereo-PCM-Spuren laufen und bildsynchron sind..

Um ein dts-Surround-Format wiedergeben zu können, wird ein CD-/DVD- oder Blu-ray-Player mit Digitalausgang benötigt, woei ein externer dts-Decoder. Der Player selber kann in der Regel nur einen Stereo-Downmix oder eine Stereospur direkt ausgeben.

13.4.3.3 dts-ES / dts-ES Discrete

Die Erweiterung von dts auf ein 6.1-Format ist dts-ES. ES steht für Extended Surround. Auch hier wird zwischen der Kinotechnik und der HiFi-Technik unterschieden. Im Kino findet man dts-ES vor, das genau wie Dolby Surround-EX noch einen Center-Surround in die zwei Surroundkanäle hinein matriziert. Mit Hilfe eines Matrixdecoders kann dieser dann im Kino wieder zurückgewonnen werden. Die 5.1 Spuren von dts-ES im Kino sind somit kompatibel zu den 5.1 Spuren bei Dolby Surround-EX.

Im HiFi-Bereich heißt das 6.1-Format dts-ES Discrete. Das bedeutet, dass ein echter, diskreter Kanal für den Center-Surround hinzukommt. Zusätzlich soll dieser Kanal auch in die bereits vorhandenen Surround Kanäle hineinmatriziert werden. Ein 5.1 dts Decoder ist auf diese Weise in der Lage, den Center-Surround als Phantomschallquelle wiederzugeben, ein dts-ES Discrete Decoder dagegen kann diese Spur decodieren und einzeln ausgeben. Hierbei wird dann die matrizierte Information von Links- und Rechts-Surround abgezogen, so dass wirklich eigenständige Spuren existieren.

Es scheint jedoch, dass dies nicht von allen Herstellern von DVDs berücksichtigt wird. So kommt es schon mal vor, dass bei einem dts-ES Discrete Soundtrack, der über einen 5.1 Decoder abgehört wird, die Center-Surround Information fehlt.

13.4.3.4 dts HD Master Audio

Das verlustfrei komprimierte Mehrkanalformat von dts nennt sich dts HD Master Audio. Es kann bis zu 7.1 Kanäle und bis zu 192kHz/24bit speichern. Je nach vorhandenem Decoder kann der Datenstrom verlustfrei decodiert werden oder auch von älteren Geräten als verlustbehaftetes dts-Mehrkanalsignal decodiert werden.

Wie bei allen hochauflösenden Mehrkanalformaten, ist auch für dts HD Master Audio eine HDMI1.3-Verbindung (Mindestanforderung) zwischen Blu-ray-Player und Receiver erforderlich.

13.4.4 SDDS

SDDS steht für Sony Dynamic Digital Sound. SDDS kann bis zu 7.1 Kanäle auf einem 35mm Film speichern und hat sich bisher nur im Kino durchgesetzt. Doch auch da wird oft dem meist ausreichenden und stabiler laufenden 5.1-Formaten der Vorzug gegeben. SDDS wird in der Cyan-Lage des Films am ganz linken und ganz rechten Rand gespeichert. Die grünliche Cyan-Lage ist die Filmlage, die ganz innen im Filmmaterial liegt und von Kratzern als letztes zerstört werden kann. In Abbildung 13.4-1 sind ganz außen die beiden SDDS Digitalspuren zu sehen.

SDDS verwendet die ATRAC Datenreduktion (siehe Kapitel 8.5.4.6), die bereits von der MiniDisc von Sony bekannt ist. Um möglichst unanfällig gegenüber Fehlern auf dem Film zu sein, sind die Daten und ihre redundanten Fehlerkorrekturinformationen auf gegenüberliegenden Seiten untergebracht. Hierbei besteht ein Zeitversatz von 17 Bildern, so dass auch größere Lücken repariert werden können.

13.4.5 MPEG

Mehrkanaliger Ton im MPEG-Format ist in zwei verschiedenen Varianten möglich:

- MPEG-2 AAC (Advanced Audio Coding). Es handelt sich hierbei um ein Verfahren, das zwischen einem und theoretisch 48 Kanälen codieren kann. Es wird vornehmlich für 5.1 Codierungen eingesetzt. Dieses Format ist nicht rückwärtskompatibel zum MPEG-1 Stereoton.
- MPEG-2 BC (Backward Compatible). Dieses Format ist rückwärtskompatibel zu MPEG-1 und gibt auf MPEG-1 Playern einen Stereodownmix aus. Player, die das MPEG-2 BC Verfahren unterstützen, können aus dem Downmix und zusätzlichen Spurinformationen eine Surroundmischung berechnen. Hierbei werden die Surroundkanäle, der Center- und der LFE-Kanal aus dem Downmix herausgerechnet und mit Hilfe der zusätzlichen Informationen in eigenständige Kanäle verwandelt.

Der MPEG-Standard hat sich für mehrkanalige Mischungen nicht durchgesetzt, da es versäumt wurde, rechtzeitig einen Decoder dafür auf den Markt zu bringen. Somit wurde Dolby AC3 das weltweite Standardcodierverfahren für mehrkanalige Toninformationen auf der DVD.

13.4.6 Virtual-Surround

Unter "Virtual-Surround" versteht man die Wiedergabe eines mehrkanaligen Signals über Stereolautsprecher oder Kopfhörer. Dabei werden die Positionen der Lautsprecher simuliert, so dass sie als virtuelle Schallquellen hörbar werden. Das grundlegende Funktionsprinzip für Virtual-Surround sind die Außenohrübertragungsfunktionen, auch HRTF (Head-Related-Transfer-Function) genannt. Diese Funktionen beschreiben, wie das Außenohr ein Signal verändert, jenachdem, aus welcher Richtung es zu hören ist. Wird diese Veränderung künstlich auf ein Signal gerechnet, so scheint das Signal plötzlich aus der entsprechenden Richtung zu kommen, obwohl man möglicherweise einen Kopfhörer auf hat oder in dieser Richtung gar keine Lautsprecher stehen.
Die Außenohrübertragungsfunktionen können als Impulsantworten über das Signal gefaltet werden (siehe Kapitel 2.9) oder analog mit Hilfe von Notchfiltern nachgebildet werden. Die digitale Variante mit Hilfe der Faltung ist jedoch aus Kostengründen und aufgrund des Vorhandenseins von DSPs Standard.

Virtual-Surround über Kopfhörer mag für den Endkonsumenten, der seine Nachbarn beim Filmeschauen nicht stören will, ein ganz "nettes" Erlebnis sein, für den Toningenieur ist es aus diversen Gründen nicht praktikabel:

- Bei jeder Kopfbewegung bewegen sich die künstlichen Schallquellen mit. Somit kann man durch kleine Korrekturbewegungen nicht besser oder genauer lokalisieren.
- Die Lokalisation der virtuellen Schallquellen ist sehr gewöhnungsbedürftig und funktioniert nur eingeschränkt. Auf echten Lautsprechern kann man sofort und ohne Einschränkungen arbeiten.
- Jeder Mensch hat etwas andere Außenohrübertragungsfunktionen, so dass die tatsächlich verwendeten Funktionen immer nur einen Kompromiss darstellen.

Soll über Kopfhörer Virtual-Surround entstehen, so müssen zunächst alle Kanäle einzeln vorliegen. Anschließend werden pro Kanal eigene Außenohrübertragungsfunktionen für das rechte und das linke Ohr auf die Kopfhörerausgänge gerechnet.

Bei Lautsprechern verhält es sich ähnlich, nur dass man hierbei die Signale für Links und Rechts unverändert auf die Lautsprecher geben kann. Die restlichen Kanäle werden umgerechnet, bevor sie auf die Lautsprecher geschickt werden. Bei der Umrechnung für Lautsprecher ist diese Funktion allerdings etwas anders als bei der Kopfhörerwiedergabe. Hierbei muss zunächst die Außenohrübertragungsfunktion für die Vorne-Lokalisation abgezogen werden, und anschließend die für die Hinten-Lokalisation draufgerechnet werden. Ansonsten würde das Signal von vorne und von hinten erscheinen. Die Abbildung 13.4-2 zeigt den schematischen Aufbau von Virtual-Surround für einen Kopfhörer.

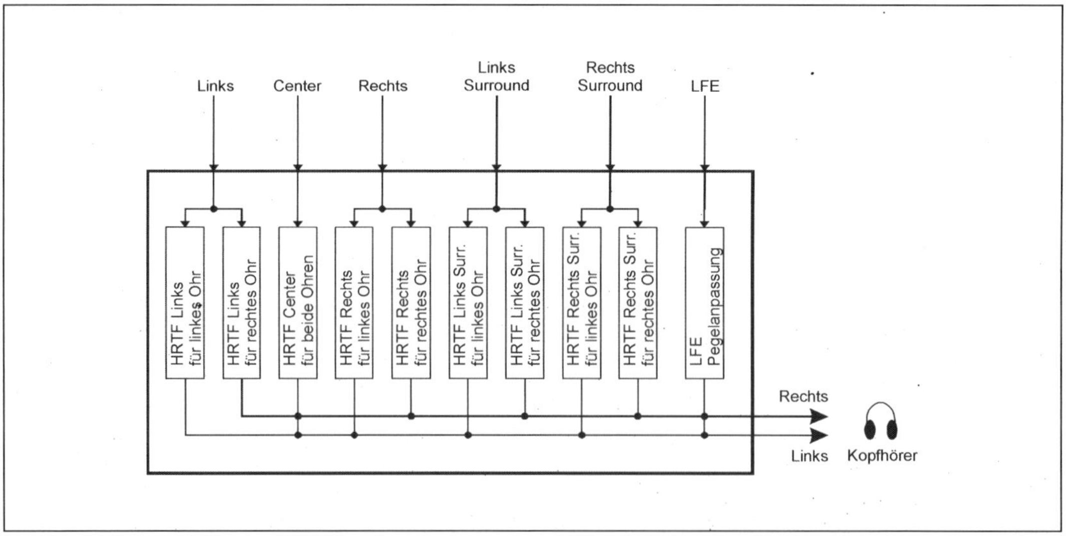

Abb. 13.4-2: Schematische Darstellung eines Virtual-Surround Kopfhörer-Prozessors

13.5 Mischungen in Mehrkanalton

Das Mischen in Mehrkanalton bietet sowohl für den Hörer, als auch für den Toningenieur viele neue Möglichkeiten. Jedoch wird eine Mehrkanalmischung nicht immer den Anforderungen gerecht oder vom Hörer wird zu viel erwartet. Auf einige Besonderheiten soll im nächsten Abschnitt genauer eingegangen werden.

13.5.1 Besonderheiten

Mehrkanalige Mischungen sollten immer mit gesundem Menschenverstand und einer Portion Psychologie angefertigt werden. Nicht immer ist es für den Hörer interessant oder wünschenswert, ein Signal von überall her kommend zu hören. Vielmehr sollte man versuchen, sich in den Hörer hineinzuversetzen und zu überlegen, was die zusätzlichen Kanäle an Mehrwert bringen könnten, ohne den Hörer zu überfordern.

Bei Hörspielen kann der Hörer durch den Mehrkanalton wesentlich stärker in die Handlung einbezogen werden. Gespräche zwischen mehreren klar zuzuordnenden Personen sind möglich, wenn die Personen entsprechende Positionen im Raum bekommen. War es bei Stereo meist der Dialog zwischen links und rechts, können nun vier oder fünf Positionen klar lokalisiert, und die Charaktere dadurch besser getrennt werden.
Man sollte sich im Vorfeld überlegen, ob man den Hörer aktiv an der Handlung teilnehmen lässt, oder nicht. In ersterem Fall könnten Dialoge so angelegt werden, dass sie scheinbar neben oder hinter dem Hörer stattfinden und diesen somit zwingen, sich zur Seite oder sogar umzudrehen. Soll der Hörer das Geschehen passiv erleben, so muss die Handlung - wie im Theater - vor ihm bleiben, und die Surroundkanäle können einer realistischeren Wiedergabe der Umgebungsgeräusche oder Räume dienen.

Bei Musik ist die Position des Hörers in Bezug zur Musikgruppe zu beachten. Es erscheint fragwürdig, ob der Hörer ein klassisches Konzert aus der Sicht des zweiten Klarinettisten mitzuerleben wünscht oder, ob er nicht eher das gesamte Orchester vor sich sitzen haben möchte.
Bei Musikdarbietungen ohne bekannte Aufstellungsregeln mag eine Verteilung aller Instrumente auch über die Surroundkanäle Sinn machen. Es kann jedoch schnell zur Ermüdung des Hörers führen.
Man sollte niemals die ursprünglichen Ideen der Surroundkanäle außer Acht lassen: Sie ergänzen das gewohnte Klangbild durch zusätzliche Rauminformation. Dies ist auch bei Musik hervorragend möglich. Soll der Hörer glauben, dass die Musik in einer Kirche oder in einem Stadion gespielt wird, so kann die entsprechende Rauminformation und Atmosphäre auf die Surroundlautsprecher gegeben werden. Auch dezent eingesetzte Effekte sind möglich und führen oft zu einem positiven Klangeindruck.
Ein Flächenklang kann beispielsweise den Hörer mehr oder weniger stark in die Musik oder Handlung einbeziehen. Läuft die Musik nur über die vorderen Kanäle, so empfindet man eine gewisse Distanz zur Musik. Je stärker die Surroundkanäle mit hinzukommen, desto stärker wird der Hörer in die Musik hineingezogen.
Effekte, die bisher in gewohnter Weise starken Richtungsveränderungen ausgesetzt waren, können nunmehr auf alle Kanäle ausgeweitet werden. So ist es möglich, gedoppelte Gitarren zu vervierfachen oder zu verfünffachen. Flächenklänge können über alle Kanäle verteilt werden. Echoeffekte können über die verschiedenen Richtungskanäle springen und vieles mehr.

Es wird deutlich, dass die Surroundmischung viele Möglichkeiten bietet, die jedoch mit viel Bedacht gewählt werden müssen, um ein Überladen der Mischung zu vermeiden. Nur weil man viel mehr Möglichkeiten hat, heißt das noch lange nicht, dass man auch alle ausschöpfen muss.

13.5.1.1 Fake Surround

Mit Vorsicht sind so genannte "Fake Surround" Mischungen zu genießen. Hierbei handelt es sich um künstlich aufgeblasene Stereo Mischungen, die über Effektprozessoren in 5.1 verwandelt werden. Dies geschieht beispielsweise durch das Bilden von Mitten- (=Center) und Seiteninformationen (=Surround) und anschließendem Dekorrelieren der Seiteninformationen durch EQ, Harmonizer, Pitch-Shifter und Hall. Zuletzt wird noch über ein Tiefpassfilter ein LFE generiert. Da es sich hierbei um keine echte Surroundmischung handelt, kann man sich damit schnell seine Hörerschaft "vergraulen", auch wenn der Nebenbeihörer es wohl kaum bemerken wird.

13.5.1.2 Unterschied Center - Phantomschallquelle

Theoretisch sollte es an der idealen Abhörposition keinen klanglichen Unterschied geben, ob ein Schallereignis aus einem Center-Lautsprecher kommt oder als Phantomschallquelle zwischen Links und Rechts abgestrahlt wird. In der Praxis wird die Lokalisation und Verständlichkeit eines realen Center-Lautsprechers jedoch oft als besser bewertet. Dies begründet sich durch zwei Fakten:

- Die Lautsprecher für Links und Rechts sind oft nicht so gut, dass sie eine perfekte Phantomschallquelle bilden können. Kleine Zeitunterschiede zwischen dem Tief-, Mittel- und Hochtöner sogen für eine Lokalisationsunschärfe und verbreitern den Phantom-Center künstlich (siehe Kapitel 6.10.2.14). Ein echter Center-Lautsprecher wird immer richtig lokalisiert, da er eine reale Schallquelle darstellt.
- Wird die Sprache von einem tieffrequenten Musiksignal überlagert, so kommt es in der Regel zu Frequenzmodulationen im Bassbereich. Dies Begründet sich durch die relativ starke Membranbewegung der Tieftöner bei tiefen Musiksignalen. Der Grundton der Sprache wird jedoch auch über die selben Tieftöner übertragen. Somit wird die Schallquelle der Sprache im Takt der Musik nach vorne und hinten verschoben, was zu einem Dopplereffekt führt. Die Sprachverständlichkeit leidet hierbei teilweise ganz erheblich. Wird die Sprache aus einem realen Center-Lautsprecher ausgegeben, so ist sie nicht den Membranbewegungen der linken und rechten Lautsprecher unterworfen und die Sprachverständlichkeit dadurch wesentlich höher.

In professionellen Mehrkanalwiedergabesystemen empfiehlt sich somit immer die Verwendung eines echten Center-Lautsprechers.

Jedoch ist es gerade im Heimbereich auch teilweise besser, den Center-Lautsprecher wegzulassen, um die Klangqualität zu verbessern:

- Der Center-Lautsprecher muss die gleichen klanglichen Eigenschaften aufweisen, wie der linke und rechte Lautsprecher. Ist dies nicht der Fall, so ändert sich der Klang bei Bewegungen von links nach rechts. In diesem Fall wäre eine Phantomschallquelle die bessere Lösung, da diese keinerlei klanglichen Veränderungen unterworfen ist. Gerade bei einer kleinen Stereobasis kann gut auf den Center-Lautsprecher verzichtet werden, da er keinen wirklichen Lokalisationsgewinn bringt.
- Der Center-Lautsprecher sollte sich korrekterweise hinter dem Bild befinden oder unmittelbar darunter oder darüber. Kann diese Position zum Beispiel aus Platzgründen nicht eingehalten werden, ist auch ein Phantom-Center die bessere Variante.
- Im Kino darf der Center-Lautsprecher niemals weggelassen werden, da ansonsten die Lokalisation der Mitte auf den schlechten Sitzplätzen verloren geht.

13.5.1.3 Unterschied Surround im Kino und im Heimkino

Surroundlautsprecher im Kino und im Heimkino werden mit unterschiedlichem Pegel angesteuert. So ist der Pegel der Surroundlautsprecher im Kino um 3dB unter dem der Hauptlautsprecher, so dass beide Surroundkanäle zusammen die gleiche Energie abstrahlen wie ein Hauptkanal. Da ein Film in einem Mischkino gemischt wird, wird diese Tatsache bei der Mischung berücksichtigt.
Im Heimkino sind alle Lautsprecher gleichlaut eingestellt, sodass die Surroundlautsprecher nunmehr +3dB lauter sind, als im Kino. Soll also eine Kinomischung für den Heimbereich verwendet werden, so müssen die Pegel der Surroundsignale um 3dB abgesenkt werden.

13.5.2 Anforderungen an das Mischpult

Ein echtes Surroundmischpult verfügt über eine mehrkanalige Summe, die in der Abhörsektion zwischen den verschiedenen Lautsprecherkonfigurationen umgeschaltet werden kann. So ist mit einer 8-kanaligen Summe jedes Format zwischen Mono und 7.1 möglich. Dabei kann möglicherweise über eine flexible Routingmatrix eingestellt werden, welche Kanäle bei welchem Format auf welche Lautsprecher geschickt werden. Es ist jedoch auch denkbar, dass die verschiedenen Formate auf fest voreingestellte Lautsprecheraufgänge gehen.
Wichtig sind in diesem Zusammenhang die mehrkanaligen Rückhörmöglichkeiten für externe Mehrkanalzuspieler. Auch die Abhörlautstärke muss mehrkanalig geregelt werden, und es sollte möglich sein, einzelne Lautsprecher oder auch Gruppen (alle vorderen oder alle hinteren Lautsprecher) stumm zu schalten oder Mono zu hören.

Selbstverständlich verfügt ein Surroundmischpult über eine mehrkanalige Panoramasektion. Hierbei sollte es möglich sein, den LFE getrennt von der Richtung im Pegel zu justieren. Weiterhin ist ein Divergenzregler sinnvoll. Mit dessen Hilfe lässt sich einstellen, wie viel Center-Signal bei Panoramamittelstellung noch auf Links und Rechts gegeben wird, um die Centerschallquelle etwas breiter erscheinen zu lassen.

Bei den Aux-Wegen wären ebenfalls mehrkanalige Varianten denkbar und eventuell wünschenswert. Sicherlich ist vieles nach wie vor mit Mono- oder Stereoauxwegen möglich, doch die echte Positionierung eines Signals in einem mehrkanaligen Hallgerät ist nur mit Hilfe von mehrkanaligen Auxwegen zu bewerkstelligen.

Auch die bisher nur in Stereo zusammenschaltbaren Kompressoren in einem Mischpult müssen nun eine Surroundoption bekommen.

Man sieht, ein echtes Surroundpult verfügt über eine Unmenge an Eingangs-und Ausgangskanälen. Um diese entsprechend flexibel zusammenschalten zu können, ist ein Digitalpult zu empfehlen, da alle Schaltmöglichkeiten in dieser Pultvariante nur aus Software bestehen und nicht durch die Hardware realisiert sein müssen. Auf diese Weise ist auch ein Update der Möglichkeiten gegeben, sollte ein neuer Surroundstandard hinzukommen.

13.5.3 Anforderungen an die Effektgeräte

Effektgeräte für mehrkanalige Mischungen müssen über die entsprechende Anzahl von Kanälen verfügen, wenn sie wirklich mehrkanalig arbeiten sollen.

So ist ein Hallgerät nicht mehr Stereo sondern kann den künstlich berechneten Hall 4, 5 oder 7-kanalig ausgeben. Auf diese Weise ist es möglich, realistischere künstliche Räume zu erzeugen als mit Stereohallgeräten.

Delays, die für Signalverdopplungen oder ähnlich Effekte eingesetzt werden sollen, sollten über entsprechend viele, einzeln einstellbare Ausgänge verfügen, damit ein Effekt auch im Kreis wandern kann oder überkreuz möglich ist. Solche Delaygeräte gab es jedoch auch schon zu "Stereozeiten".

Bei Kompressoren für Mehrkanalsignale müssen sich die Steuerwege über alle Kanäle hinweg verbinden lassen, damit echte, mehrkanalige Summenkompressionen möglich sind.

In Mehrkanalmischungen lassen sich auch ganz hervorragend Stereoeffektgeräte einsetzen, die die gewünschten Effekte meist ausreichend erzielen. Auch durch geschicktes Zusammenschalten mehrerer Stereoeffektgeräte und der Verkoppelung ihrer Steuerwege lässt sich die Neuanschaffung eines Mehrkanaleffektgerätes vermeiden.

13.5.4 Masterformate

Ist die Mehrkanalmischung fertig, muss sie codiert oder ins Masteringstudio geschickt werden, um dort im Rahmen des DVD-Authorings oder CD-Masterings standardgemäß bearbeitet zu werden.

Eine der einfachsten Möglichkeiten, das Masterformat zu transportieren, ist eine CD-ROM oder DVD-ROM. Die einzelnen Kanäle werden als einzelne Mono-Dateien (meist im WAV-Format) auf den Datenträger geschrieben und können im Masteringstudio direkt in den Rechner geladen werden. Wichtig ist in diesem Zusammenhang eine eindeutige Kennzeichnung der einzelnen Dateien, damit diese unverwechselbar zugewiesen werden können. Hierbei haben sich die Bezeichnungen L, R, C, LFE, LS und RS für die verschiedenen Kanäle eingebürgert. Die Codierung eines Surroundtracks im Masteringstudio anhand dieser Dateibezeichnungen könnte somit wie in Abbildung 13.5.1 aussehen.

Eine weitere, standardisierte Möglichkeit ist die Abgabe der Daten im DTRS-Format. Dieses ist eher bekannt unter dem Namen des dazugehörigen Recorders: Tascam DA-88. Gerade im Filmbereich hat sich dieses Format etabliert und kann von fast allen Masteringstudios gelesen werden. Die genormte Spurbelegung ist in Tabelle 13.5-1 zu sehen.

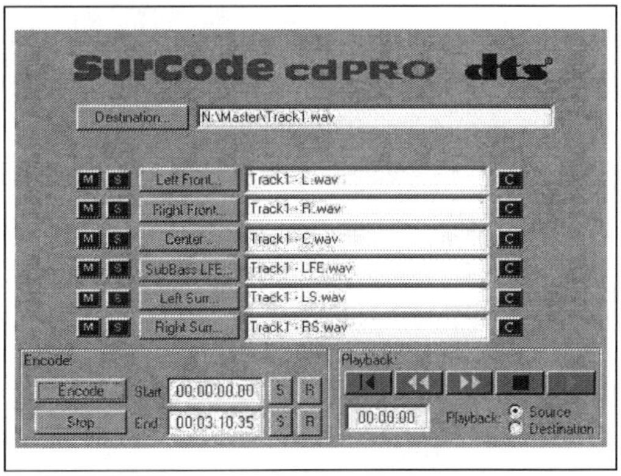

Abb. 13.5-1: Darstellung der dts-Codierung anhand einzelner Mono-WAV-Dateien

Spur	Kanal
1	L
2	R
3	C
4	LFE
5	LS
6	RS
7	LT (optional, kann auch anders belegt werden)
8	RT (optional, kann auch anders belegt werden)

Tab. 13.5-1: Spurbelegung für 5.1 Mehrkanalmischungen nach SMPTE und ITU-R

Die Spuren 7 und 8 können hierbei für einen Stereodownmix oder einen Dolby Stereo Downmix verwendet werden. Jedoch ist auch eine andere Verwendung denkbar - zum Beispiel als LC- und RC-Kanäle für eine SDDS-Mischung.

Mehrkanalton, der für Videomaterial gemischt wurde, soll möglicherweise zusammen mit dem Videomaterial verschickt werden. Auf diese Weise gibt es keine Probleme mit der Synchronität zwischen Bild und Ton und es kann nicht passieren, dass man das Bild hat, aber den falschen oder gar keinen Ton.

Ein Standardformat im Videobereich ist das Digi-Beta-Format. Hierbei wird das Bild digital aufgezeichnet und es sind zwei AES-3 Stereotonspuren mit PCM-Ton möglich. Auf dieses Format baut das Dolby E System auf. Dolby E kann bis zu 8 Kanäle in eine Stereo-PCM-Spur codieren. Somit kann eine 5.1-Mischung und ein Stereodownmix gleichzeitig codiert werden. Auch mehrere Stereospuren gleichzeitig sind denkbar. Dolby E weist zu Dolby AC3 wesentliche Unterschiede auf:

- Das Coding-Delay beträgt sowohl im Encoder als auch im Decoder nur 1 Videoframe. Bei AC3 ist das Coding-Delay deutlich höher und zudem nicht genau vorhersagbar.
- Die Datenreduktion ist deutlich geringer als bei AC3. Vorgabe von Dolby E ist, dass selbst nach 10 Generationen (Encodierung + Decodierung) keine (kaum) klanglichen Einbußen hörbar werden.
- Die Dolby E Frames sind synchron zu den Videoframes. Bei AC3 ist dies nicht der Fall, so dass ein Videoschnitt fast immer ein AC3-Frame zerstückelt. Dolby E lässt sich zusammen mit dem Videomaterial schneiden.

Aus diesen Gründen steht Dolby E auch für "Editable", obwohl "E" vielleicht auch einfach nur der Buchstabe nach "D" in der Geschichte der Dolby Geräte ist.

13.5.5 Downmixing

Um dieses Kapitel verstehen zu können, sollte zunächst das Kapitel 1.1.2.4 gelesen werden, das sich mit der Addition von Signalen im Raum befasst.

Unter Downmixing versteht man den Prozess, mehrkanalige Signale für ein "kleineres" Format zusammenzumischen. So spricht man beispielsweise von Downmixing, wenn ein 5.1-Signal zu einem Stereosignal gemischt wird, bevor es im Fernsehen oder Radio gesendet werden kann. Damit allerdings beim Hörer der Schall mit der richtigen Lautstärke aus der richtigen Richtung kommt, erfordert es bestimmte Downmix-Regeln. Diese sind in Tabelle 13.5-2 zu sehen. Ausgehend von einem 7.1 Format sind hier verschiedenste Downmixmöglichkeiten aufgezeigt. In den grau unterlegten Kästchen befindet sich jeweils die Signalmodifikation zwischen den einzelnen Formaten.

Bei der Zumischung des LFE-Kanals muss dessen Pegel angehoben werden, da der LFE um 10dB zu leise auf dem Medium gespeichert ist (siehe Kapitel 13.2.6) und vor der Lautsprecherwiedergabe entsprechend angehoben werden muss. Anschließend muss die Energie halbiert (-3dB) oder gedrittelt werden (-4,8dB), damit die Wiedergabe über zwei oder drei Lautsprecher richtig laut erscheint.

Sollen komplexere Abmischungen entstehen, so müssen die einzelnen Schritte hintereinander ausgeführt werden. Hierbei sind folgende Besonderheiten hervorzuheben:

- Beim Downmix von 5.0 auf 4.0 geht die Richtungsinformation für die Surroundkanäle verloren, da im 4.0-Format nur noch ein Surroundkanal vorhanden ist.
- Beim Downmix von 2.0 auf 1.0 geht die komplette Surroundinformation verloren, da diese phasengedreht auf der Stereosumme war und sich bei der Addition zu Mono auslöscht.

Hier wird bei allen Downmixvorgängen immer von einer Abhörposition im diffusen Schallfeld ausgegangen und demzufolge die Pegelkorrektur immer mit -3dB vorgenommen. Gerade was die Sprachverständlichkeit bei Filmen angeht, kommt es beim Downmix oft zu einer "Überfüllung" der Mitte, dadurch, dass kein getrennter Kanal mehr zur Verfügung steht. Darunter leidet die Sprachverständlichkeit und die Musik erscheint oft zu laut. Abhilfe kann hier sehr einfach geschaffen werden, wenn der Center-Kanal, der die meiste Sprachinformation trägt, nur um 1-2dB abgesenkt wird, bevor er auf Links und Rechts addiert wird. Wie viel Absenkung wirklich für eine ausreichende Sprachverständlichkeit verwendet werden soll, muss das Gehör entscheiden.

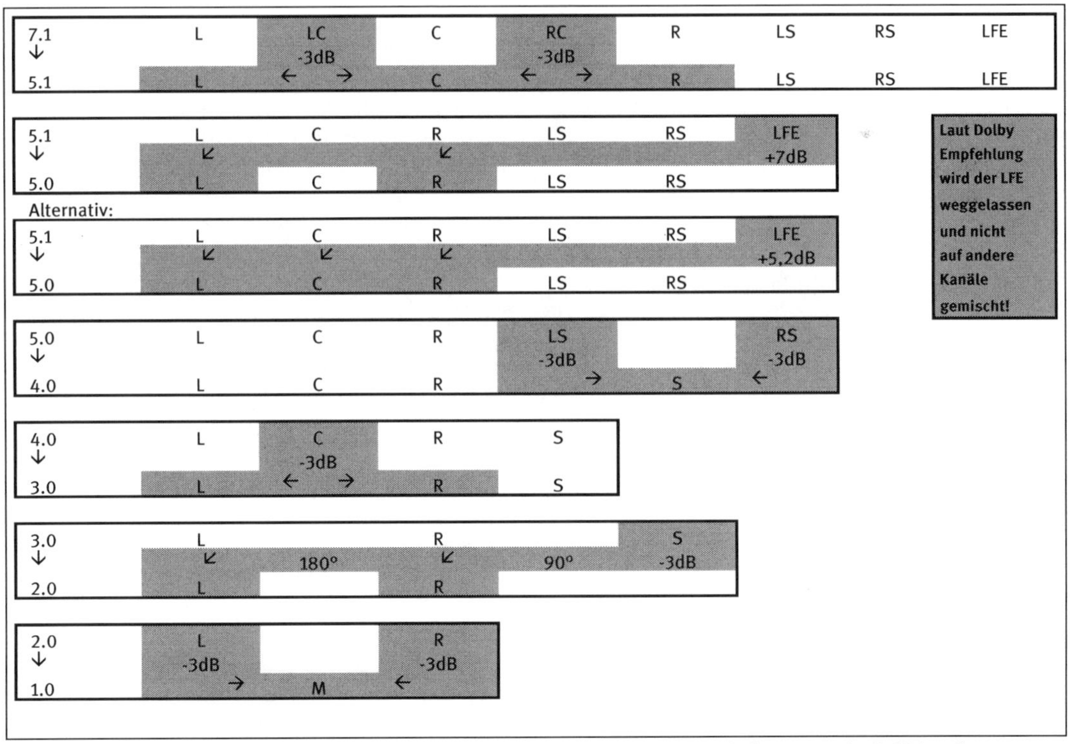

Tab. 13.5-2: Downmixvarianten für mehrkanalige Signale. In grau ist jeweils der Downmixpfad hinterlegt. Weiß hinterlegte Kanäle werden durch den Downmixvorgang nicht verändert. Bei komplexeren Downmixvorgängen (5.1 auf 2.0) können die einzelnen Vorgänge hintereinander ausgeführt werden.

13.6 Projektionstechniken für Videobilder

In Zusammenhang mit Heimkinotechnik ist es nicht nur interessant, ein mehrkanaliges Tonformat zu haben, sondern auch, das Videobild in kinoähnlicher Größe zu präsentieren. Dabei muss man allerdings von kleineren Raumbedingungen und einer geringeren Zuschauerzahl ausgehen, so dass die Ausmaße der Leinwand nicht vergleichbar mit denen eines Kinos sind.
Je nach Größe des Heimkinos bietet sich eine Bilddiagonale von 2m bis 4m an, wobei hierbei außerdem das Projektionsformat eine wichtige Rolle spielt. So gilt allgemein:

$$dg = b \cdot \sqrt{1 + \frac{sh^2}{sb^2}}$$

mit:
dg: Diagonale in Metern, m
b: Leinwandbreite in Metern, m
sh: Seitenverhältnis der Höhe
sb: Seitenverhältnis der Breite

Für eine 4:3 (oder 12:9) Leinwand gilt also: sh=3, sb=4

Wird diese Formel ausgerechnet, so ergibt sich für:

- Seitenformat 12:9: dg = b·1,25
- Seitenformat 16:9: dg = b·1,15
- Seitenformat 20:9: dg = b·1,10

Den Zusammenhang zwischen Betrachtungsabstand und Leinwandbreite kann man für ein 20:9 Bild mit folgender Formel ausrechnen:

$$b = 0,83 \cdot d$$

mit:
b: Leinwandbreite in Metern, m
d: Betrachtungsabstand in Metern, m

Diese Formel geht von einem Betrachtungswinkel von 45° aus, welcher in Kinos bei einem 20:9 Bild als ideal angesehen wird.
Möchte man nun den Abstand für andere Formate wissen, so kann man diesen am einfachsten über das Breitenverhältnis der jeweiligen Formate berechnen. Somit ergibt sich für ein 16:9 Bild:

$$b = 0,66 \cdot d$$

und für ein 12:9 Bild:

$$b = 0,5 \cdot d$$

Möchte man verschiedene Formate auf der gleichen Leinwand betrachten, so könnte man beispielsweise eine 16:9 Leinwand installieren. Ein 20:9 Kinofilm erscheint auf dieser Leinwand mit schwarzen Balken oben und unten und ist etwas kleiner als im Idealfall. Ein 12:9 Bild sollte so skalierbar sein, dass man es mit schwarzen Balken links und rechts betrachten kann. Dann wirkt es nicht zu groß.

In der Praxis sollte die Leinwandgröße vor der wirklichen Anschaffung und Installation durch eine aufgespannte Schnur oder ähnliches ausprobiert werden, da jeder Zuschauer andere Vorstellungen von der Bildgröße hat, und man diese auch im Heimkino verwirklichen sollte. Andernfalls wird man immer auf einem "schlechten Platz" sitzen.

13.6.1 Grundlagen

Wenn ein Videobild groß projiziert werden soll, darf es dabei auf keinen Fall schlechter werden, als ein Bild von einem hochwertigen Fernseher. Ein zwar großes, jedoch unscharfes, farbverfälschtes und träges Bild bereitet keine Freude im heimischen Kino, und man ärgert sich schnell über die angeschaffte Technik.

Ein Fernsehbild besteht - im Gegensatz zu einem Kinobild - aus Halbbildern, auch "Fields" genannt. Dabei werden im ersten Halbbild nur die ungeradzahligen Zeilen eines Bildes übertragen und im zweiten Halbbild die geradzahligen. Zwei Halbbilder ergänzen sich zu einem Vollbild. Man nennt ein solches Format auch "Interlaced" (zusammengefügt). Im PAL-Standard werden 50 Halbbilder, also 25 Vollbilder pro Sekunde gezeigt. Bei NTSC sind es 60 Halb- und 30 Vollbilder pro Sekunde.
Die Halbbildunterteilung wurde gemacht, damit das Bild nicht flimmert und trotzdem keine zu hohe Übertragungsbandbreite benötigt wird.

Im Kino und auf Blu-ray werden 24 Vollbilder pro Sekunde gezeigt. Damit diese nicht flimmern, zeigt man jedes Bild zwei- oder dreimal direkt hintereinander. Ein Vollbildformat hat auch den Namen "Progressiv" (aufeinander folgend).

Gerade bei der Großbildprojektion ist es ein deutlich sichtbarer Unterschied, ob das Bild aus Halbbildern oder Vollbildern besteht, da man aufgrund der Bildgröße schnell in der Lage ist, die einzelnen Zeilen zu erkennen.

Es gibt nun Geräte, die in der Lage sind, aus jeweils zwei Halbbildern ein Vollbild zusammenzusetzen und dieses im Takt der Halbbilder auf den Projektor zu geben. Diese Geräte nennen sich "Line-Doubler" und haben ganz spezielle Algorithmen, damit die Bildzusammensetzung möglichst optimal erfolgt:

- Erkennen, ob das Material ursprünglich ein Kinofilm war: Sollten bei bewegten Szenen die benachbarten Zeilen zweier Halbbilder sehr ähnliche Informationen beinhalten, so kann man davon ausgehen, dass das Ursprungsmaterial ein Kinofilm war, von dem lediglich durch Abtastung die Halbbildinformationen gewonnen wurden. In diesem Fall können die zwei Halbbilder direkt wieder zu einem Vollbild zusammengesetzt werden.
- Erkennen der Bewegungsrichtung in verschiedenen Bildbereichen: Ist das Originalmaterial bereits mit Halbbildern gefilmt worden, so ergeben sich bei bewegten Szenen (Kameraschwenks) unterschiedliche Objektpositionen in den einzelnen Halbbildern. Würde in diesem Fall ein Vollbild direkt aus zwei Halbbildern berechnet, so hätte man eine zeilenweise "Verzahnung" des Bildes. Das heißt, jede zweite Zeile wäre etwas verschoben zu ihrer Nachbarzeile. Damit so etwas nicht passiert muss der Line-Doubler die Bewegung vorhersehen können und die Zeilen des ersten Halbbildes verschoben in das zweite Halbbild einfügen. Das funktioniert um so besser, je kleiner die Abschnitte sind, in denen die Bewegungsvorhersage gemacht wird, denn es bewegt sich nicht immer das ganze Bild in die gleiche Richtung.

Nach dem Line-Doubler ist das Signal progressiv und hat die doppelte Bandbreite. Bei der Projektion sind doppelt so viele Zeilen vorhanden, und das Bild ist dadurch deutlich kinoähnlicher geworden.

13.6.1.1 Auflösung

Ein Videoprojektor muss mindestens die Auflösung zeigen können, die das Videobild hat. Diese beträgt bei PAL 720 Pixel pro Zeile bei 576 Zeilen. Bei NTSC hat das Bild 720 Pixel pro Zeile bei 480 Zeilen. Bei HD sind es 1920 Pixel pro Zeile in 1080 Zeilen.
Hier werden absichtlich digitale Bildformate angegeben, da die meisten Videoquellen heutzutage bereits digital sind.

Viele digitale Videoprojektoren (LCD und DLP) haben Bildauflösungen aus dem Computerbereich, da sie eigentlich für die Datenprojektion gedacht sind. So findet man dort - unter anderem - Projektoren mit 800·600 Pixeln und 1024·768 Pixeln. Alle diese Formate entsprechen nicht der Videoauflösung und sind für die Videoprojektion streng genommen unbrauchbar. So sollte ein PAL Projektor exakt über 720·576 Pixel verfügen - ein NTSC Projektor über 720·480 Pixel. Ein HD-Projektor muss 1920·1080 Pixel haben. Daraus folgt auch, dass ein digitaler Projektor nur ein Bildformat in einem Bildstandard exakt zeigen kann.

Stimmt die Auflösung des Projektors nicht mit der Auflösung des Videobildes überein, so muss eine Skalierung des Bildes vorgenommen werden. Bei modernen Projektoren ist dies immer gleichbedeutend mit einer Erhöhung der Auflösung, da der Projektor über eine größere Auflösung verfügt als das Videobild. Für eine Erhöhung der Bildauflösung müssen neue Pixel in den Zeilen und auch neue Zeilen interpoliert werden. Dabei gelten bezüglich der Bildqualität die selben Anforderungen wie auch bei einem Line-Doubler (siehe Kapitel (13.6.1), da es ansonsten bei jeder Bewegung innerhalb eine Szene zu Bildverschiebungen zwischen benachbarten Pixeln kommen würde. Leider verfügen die meisten Datenprojektoren nicht über gute Interpolationsroutinen, so dass ein Videobild immer etwas gestört aussieht.
Keine Probleme bezüglich der Auflösung macht der CRT-Projektor (siehe Kapitel 13.6.2.1).

13.6.1.2 Helligkeit

Die Helligkeit eines Bildes kann man akustisch mit der Lautstärke eines Signals vergleichen. In der Praxis ist die Helligkeit eines Bildes nicht von primärer Bedeutung, da man Wert auf einen möglichst hohen Kontrast legt. Um diesen allerdings bei schlechten Lichtbedingungen zu bekommen, kann eventuell eine große Helligkeit hilfreich sein.

Die Helligkeit wird normalerweise in der (von der ANSI genormten) Größe ANSI-Lumen angegeben. Lumen ist die Einheit für den Lichtstrom. Die

Beleuchtungsstärke einer Fläche wird in Lux angegeben. Dabei gilt:

$$1\,\text{Lux} = 1\,\frac{\text{Lumen}}{\text{m}^2}$$

Hat ein Projektor beispielsweise 1000ANSI-Lumen, so bedeutet das, dass er eine Leinwand mit einer Oberfläche von $1m^2$ mit 1000Lux beleuchten kann. Hat die Leinwand eine Oberfläche von $2m^2$, so beträgt die Beleuchtungsstärke nur noch 500Lux. Diese Umrechnung ist eine wesentliche Grundlage zur Bestimmung des Kontrasts.

13.6.1.3 Kontrast

Der Kontrast ist der Unterschied zwischen Hell und Dunkel und kann in der Akustik mit der Dynamik eines Signals verglichen werden.
Für ein qualitativ hochwertiges Bild ist ein möglichst hoher Kontrast gewünscht. Dabei sind Werte weit über 1000:1 erstrebenswert. Das bedeutet, dass das hellste Weiß im Bild 1000 mal heller sein kann als das dunkelste Schwarz.
Probleme mit dem Kontrast kann man bekommen, wenn auf der Leinwand so viel Streulicht ist, dass die unbeleuchtete Leinwand nicht schwarz erscheint. Wenn der Projektor nichts auf die Leinwand projiziert, sollte diese schwarz erscheinen. Ist jedoch der Raum nicht völlig abgedunkelt, sieht sie grau oder sogar weiß aus. Um nun über diese Grundhelligkeit einen guten Kontrast zu erzeugen, muss man über eine entsprechende Helligkeit des Projektors verfügen. Zeigt ein Luxmeter bei der Streulichtmessung auf der Leinwand bereits 10Lux an, dann kann ein 1000ANSI-Lumen Projektor auf einer $2{,}5m^2$ großen Leinwand nur einen Kontrast von 1:40 erzeugen. Möchte man mit einem 600 ANSI-Lumen Projektor einen Kontrast von 1000:1 sehen, dann muss eine $2{,}5m^2$ Leinwand eine maximale Streulichtbeleuchtungsstärke von 0,24Lux aufweisen. Dazu sollte man den Raum abdunkeln.

Verfügt ein Projektor technisch gesehen nur über einen Kontrast von 200:1, hat jedoch 1000ANSI-Lumen und wird dieses Bild auf einer $2{,}5m^2$ großen Leinwand bei einer Grundhelligkeit von 0,5Lux betrachtet, so lässt sich kein echtes Schwarz projizieren. Bedingt durch den Kontrast liegt der minimale Lichtstrom des Projektors bei 5ANSI-Lumen, was auf der $2{,}5m^2$ großen Leinwand 2Lux entspricht. Damit liegt der Schwarzwert des Projektors viermal höher als die Streulichtbeleuchtungsstärke. Schwarz erscheint somit als dunkelgrau oder oft auch als dunkelbraun. Um diesen störenden Effekt zu unterdrücken, empfiehlt es sich, dem Heimkino mehr Streulicht zu geben, so dass die Streulichtbeleuchtungsstärke auf der Leinwand möglichst genau dem Schwarzwert des Projektors entspricht.

Fazit: In abgedunkelten Räumen kann jeder Projektor seinen technisch möglichen Kontrast zeigen. Nur bei Tageslichtprojektion ist für einen guten Kontrast eine hohe Helligkeit nötig.

13.6.2 Eigenschaften der verschiedenen Projektionssysteme

Die drei gängigen Projektionssysteme weisen zum Teil erhebliche Unterschiede bezüglich Kontrast, Helligkeit, Farbtreue und Auflösung auf. Auch sind nicht alle für portable Anwendungen geeignet. Einen kleinen Überblick sollen die nächsten Kapitel geben.

13.6.2.1 CRT-Projektoren

CRT steht für "**C**athod **R**ay **T**ube", was soviel heißt wie Kathodenstrahlröhre. Die so genannten Röhrenfernseher oder Röhrenmonitore funktionieren nach diesem Prinzip: Eine Kathode sendet durch Erhitzung Elektronen aus. Diese werden durch Beschleunigungs- und Fokussierzylinder in Richtung Bildschirm beschleunigt und zu einem Strahl geformt. Auch der Bildschirm beschleunigt den Kathodenstrahl noch einmal, so dass dieser mit hoher Energie auf der Bildschirmfläche auftrifft. Die Bildschirmfläche ist in der Röhre mit phosphoreszierendem Material bedeckt, welches den eintreffenden Elektronenstrahl in einen Leuchtpunkt umwandelt. Der Kathodenstrahl kann nun durch Ablenkspulen so beeinflusst werden, dass er an unterschiedlichen Stellen der Bildschirmfläche auftrifft. Gestaltet man die Spannungen an den Ablenkspulen entsprechend, so zeichnet der Strahl nacheinander ein komplettes Bild auf die Bildschirmfläche.
Helligkeitsveränderungen werden hierbei durch die Stärke des Kathodenstrahls erreicht, wobei es möglich ist, den Strahl komplett abzuschalten und somit auch kein Licht zu erzeugen.
Die Farbgebung des Bildes erfolgt durch additive Farbmischung: Es laufen immer drei Kathodenstrahlen gleichzeitig über die Bildschirmfläche. Diese treffen jedoch knapp nebeneinander auf unterschiedlich farbig phosphoreszierende Stellen des Bildschirms. Somit leuchtet ein Strahl rot, der zwei-

te grün und der dritte blau. Über Helligkeitsunterschiede dieser drei Grundfarben kann jede Farbe mit jeder Helligkeit erzeugt werden. Sitzt man weit genug weg von dem Bildschirm, so erscheinen die Farben nicht einzeln, sondern als Gemisch.

Der CRT-Projektor lässt aus auflösungstechnischen Gründen die drei Strahlen nicht in einer Farbbildröhre laufen, sondern verwendet drei getrennte, einfarbige Bildröhren. Dies ist gleichzeitig eines der wichtigsten Erkennungsmerkmale des CRT- Projektors. Er hat drei große Linsen, die jeweils ein rotes, ein grünes und ein blaues Bild projizieren (siehe Abbildung 13.6-1). Der Projektor muss so eingestellt werden, dass diese drei Bilder deckungsgleich auf der Wand zu liegen kommen und sich somit zu einem farbigen Gesamtbild ergänzen. Hier liegt aber auch eine Schwierigkeit dieses Projektionssystems: Der Projektor ist fast ausschließlich für stationären Einsatz geeignet, da das deckungsgleiche Einstellen der Bilder sehr aufwändig ist und lange dauert.
Allerdings weisen die CRT-Projektoren viele entscheidende Vorteile auf:

- Die Auflösung ist nur durch die Optik begrenzt und kann bis zu 2000·2000 Linien betragen. Da der Projektor analog ist, kann er bis zu dieser Auflösung alle Formate ohne eine Bildkonvertierung erzeugen.
- Der Kontrast der Röhren ist mit einem Verhältnis von über 10000:1 extrem hoch. Daher können also auch dunkle Filmstellen bis zu wirklichem Schwarz hervorragend projiziert werden.
- Die Farbwiedergabe ist sehr natürlich und - vor allem bei farbkorrigierten Linsen - bisher unerreicht bei anderen Projektionstechniken.
- Verschiedene Bildformate sind einfach einstellbar, ohne dass die Bildauflösung darunter leidet.
- Trapezfehler können ohne Auflösungsverlust korrigiert werden.
- Für die Projektion ist keine Lampe notwendig. Daher gibt es keine Verschleißteile oder laufenden Kosten.

Allerdings sollen auch die Nachteile nicht verschwiegen werden:

- Sehr hohes Gewicht bei hochwertigen Geräten (70kg).
- Nur stationärer Betrieb sinnvoll.
- Groß.
- Hoher Preis.
- Relativ geringe Helligkeit, daher nicht für Tageslichtprojektion geeignet. Um die hervorragenden Bildeigenschaften der CRT-Projektoren ausnutzen zu können, muss der Raum abgedunkelt werden.

Im Heimkinobereich gilt der CRT-Projektor als das "Flaggschiff" unter den Projektoren.

13.6.2.2 LCD-Projektoren

Bei den LCD-Projektoren werden Flüssigkristallanzeigen (**L**iquid **C**rystal **D**isplay) als bildgebende Einheit verwendet. Auch bei diesen Geräten findet im Gerät eine Trennung des Bildes nach den drei Grundfarben statt, so dass man für rot, grün und blau jeweils eine einfarbige Flüssigkristallanzeige verwenden kann. Auf diese Weise können sehr kleine, hochauflösende Flüssigkristallanzeigen eingesetzt werden. Dadurch kann der Projektor sowie die Linsen ebenfalls sehr klein gehalten werden.
Da die Flüssigkristallanzeigen nicht selbstleuchtend sind, wird eine Lampe als Lichtquelle benötigt. Von dieser hängt im wesentlichen die mögliche Projektionshelligkeit ab. Es darf jedoch nicht außer Acht gelassen werden, dass die Lampen in den Projektoren teure Speziallampen sind, die alle 1000-3000 Betriebsstunden erneuert werden müssen.
Im Gegensatz zum CRT-Projektor werden die drei einfarbigen Bilder bereits innerhalb des Projektors wieder zu einem farbigen Bild gemischt und die Projektion kann mit einer einzigen Optik erfolgen (siehe Abbildung 13.6-2). Auch ein Zoom ist meistens eingebaut. Auf diese Weise lässt sich das Bild sehr schnell einstellen, da man nur noch die Bildgröße und die Schärfe einstellen muss.
Nachteilig ist die feste Auflösung der LCD-Projektoren. Nur wenn genau diese Auflösung gezeigt wird,

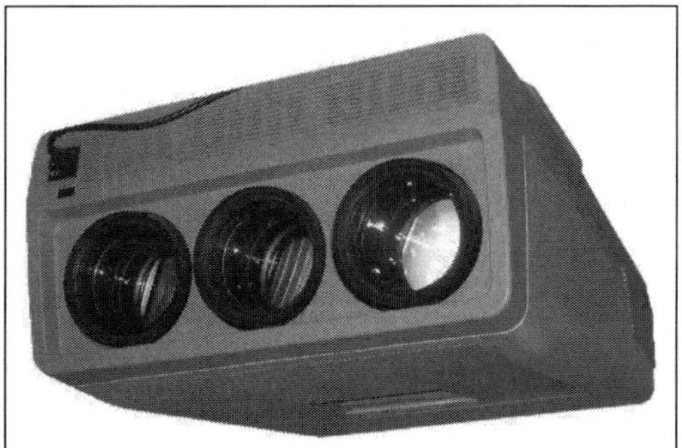

Abb. 13.6-1: CRT-Projektor mit drei Projektionslinsen

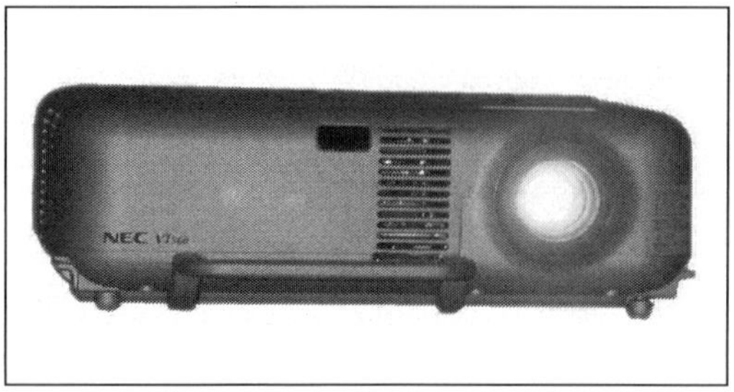

Abb. 13.6-2: LCD- bzw. DLP-Projektor

erreicht man ein optimales Projektionsergebnis. Soll ein Bild mit einer abweichenden Auflösung gezeigt werden, so muss das Bild größer oder kleiner gerechnet werden, und es entstehen Bildfehler, die das Bild oft "billig" aussehen lassen. Auch eine Trapezkorrektur des Bildes ist nur auf Kosten der Auflösung möglich.

Probleme haben die LCD-Projektoren mit dem Schwarzwert. Sie können zwar meist eine sehr hohe Helligkeit projizieren, zeigen jedoch einen nur mäßigen Kontrast. So hat ein Projektor mit 1000Ansi-Lumen und einem Kontrast von 250:1 einen Schwarzwert von 4Ansi-Lumen, was jedoch in einem abgedunkelten Raum einem dunklen Graubraun entspricht. Ein LCD-Projektor muss die Lampe für ein schwarzes Bild komplett mit seiner Flüssigkristallanzeige abdunkeln, was nicht 100% möglich ist. Somit wird Schwarz nie ganz schwarz sein und dunkle Szenen haben stets einen graubraunen Hintergrund. Moderne Projektoren verfügen zunehmend über eine mechanische Blende, die die Lampe bei dunklen Szenen zusätzlich abdunkeln kann und damit den Schwarzwert verbessert.

Vorteile der LCD-Projektoren sind also:

- Klein.
- Leicht.
- Einfach auf- und einzustellen.
- Günstig in der Anschaffung.
- Hohe Helligkeit, damit eventuell auch für Tageslichtprojektion geeignet.

Für einen Cineasten überwiegen jedoch die Nachteile:

- Geringer Kontrast (200:1 bis 400:1)
- Kein echtes Schwarz möglich.
- Nicht ganz farbtreu.
- Nur für eine Auflösung geeignet.
- Lampe ist ein teures Verschleißteil.

13.6.2.3 DLP-Projektoren

DLP steht für "**D**igital **L**ight **P**rocessing" und bedeutet, dass das Bild mit Hilfe eines Spiegelchips erzeugt wird. Äußerlich kann man DLP- und LCD-Projektoren nicht voneinander unterscheiden, und auch Ihre Eigenschaften sind sich sehr ähnlich. Das Licht der Lampe wird allerdings nicht durch eine Flüssigkristallanzeige projiziert, sondern auf einen Chip mit tausenden kleinen Spiegeln gebündelt. Dieser DLP-Chip ist in der Lage, jeden einzelnen Spiegel unabhängig zu bewegen, und kann das Licht somit in Richtung Optik lenken oder innerhalb des Projektors absorbieren. Die Abbildung 13.6-3 zeigt einen solchen DLP-Chip. Die Spiegelfläche ist hierbei ca. 2·2,7cm groß und hat 480000 Spiegel (800·600 Pixel).

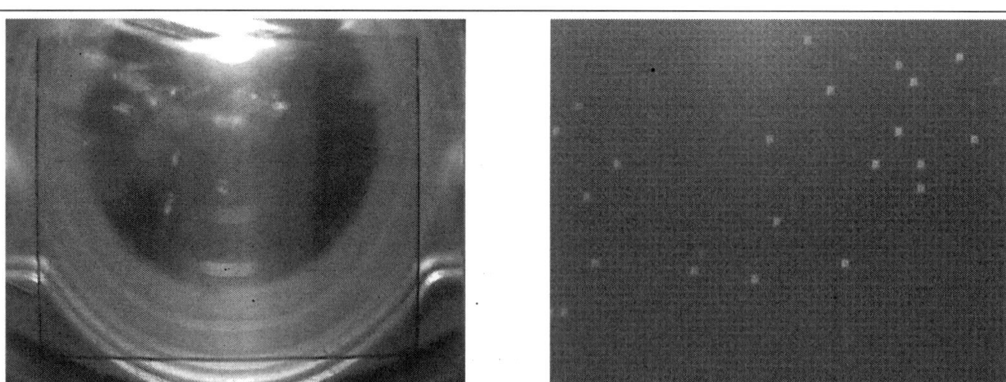

Abb. 13.6-3: DLP-Chip Links: Ganzer Chip. Innerhalb des inneren Rahmens befinden sich 480000 Spiegel. Man sieht die Spiegelung der Kameraoptik im Chip. Rechts: 20-fache Vergrößerung. Einzelne verdrehte Spiegel sind erkennbar.

13.6.3 Dynamischer Kontrast

Um den Kontrast von LCD- und DLP-Projektoren zu erhöhen, werden bei moderneren Geräten elektromechanische Blenden eingebaut, die den Lichtstrom der Lampe abhängig vom Bildinhalt anpassen sollen.
Bei dunklen Bildinhalten wird die Blende weiter geschlossen in somit weniger Licht von der Lampe in Richtung LCD- oder DLP-Panel geschickt. Das Bild kann dadurch dunklere Werte darstellen, da nicht mehr die maximal leuchtende Lampe abgedunkelt werden muss.

Mit Hilfe von dynamischem Kontrast können messtechnisch sehr hohe Werte erreicht werden und die Technik scheint Potential zu haben. Momentan muss jedoch noch auf folgendes geachtet werden:

- Teilweise wird die Blende nur 2-3 Mal pro Sekunde angepasst, so dass deutlich die Sprünge der Blende zu sehen sind.
- Bei framegenauer Blendenanpassung ist die Blende teilweise recht laut und stört dadurch.

13.6.4 Bild-Latenzen

Alle digitalen Projektoren und Fernseher haben Latenzen in der Bilddarstellung. Diese sind durch die Zwischenspeicherung und ggf. Umskalierung der Bildinhalte begründet. Diese Bildlatenzen sind i.d.R. deutlich sichtbar, wenn ein direkter Vergleich mit einem latenzfreien Gerät (Analogfernseher oder -projektor) vorgenommen wird.

Bei der Synchronisation von Bild zu Ton ist es wichtig, dass der Ton framegenau an das Bild angelegt wird. Daher muss die Latenz des Bildausgabegerätes gemessen, und dem Ton die gleiche Latenz gegeben werden. Hierfür gibt es spezielle Geräte, die diese Messung automatisch machen und das einzustellende Delay im Tonpfad anzeigen.

Im HiFi-Bereich kann diese Verzögerung normalerweise im DVD- oder Blu-ray-Player in den Audioeinstellungen vorgenommen werden.

13.6.5 Die Leinwand

Die Leinwand stellt einen wesentlichen Faktor für die Bildqualität bei der Projektion dar. Im einfachsten Fall wird das Bild auf eine weiße Wand oder eine weiß beschichtete Platte projiziert. Im anderen Extrem finden sich Leinwände, die bei Tageslicht schwarz erscheinen, jedoch ein projiziertes Bild mit enormer Helligkeit zurückwerfen.
Eine Leinwand hat - ähnlich wie ein Lautsprecher - eine bestimmte Abstrahlcharakteristik. Je nach Materialbeschaffenheit kann diese gerichteter oder ungerichteter sein. Im Fall der weißen Wand oder mattweißen Platte ist die Abstrahlcharakteristik halbkugelförmig. Das bedeutet, dass man von jeder beliebigen Stelle im Raum das Bild gleich hell sehen kann. Die Leuchtdichte wird in jeder Richtung mit 1 angegeben.
Oft ist diese Richtungsunabhängigkeit jedoch gar nicht nötig, und man könnte ebenso eine Leinwand einsetzen, die in Richtung der Projektionsachse eine größere Leuchtdichte aufweist als in den Randbereichen. Man hätte gleichermaßen eine Richtwirkung, ähnlich wie bei einem Keulenmikrofon. In Abbildung 13.6-4 sind fünf verschiedene Leinwandtypen im Vergleich zu einer weißen Platte zu sehen.

Man sollte beachten, dass eine Leinwand mit Richtwirkung eventuell zu einem "Hot-Spot" in der Mitte der Leinwand führt. Damit ist gemeint, dass das Bild in der Mitte der Leinwand heller erscheint als in den Randbereichen. Um den Hot-Spot zu vermeiden, müsste man die Leinwand etwas wölben, so dass man immer im gleichen Winkel auf die Leinwand blickt.

Soll eine Leinwand mit Perforation verwendet werden, damit man hinter der Leinwand Lautsprecher platzieren kann, ist die Perforation so klein zu wählen, dass man am normalen Betrachtungspunkt die Löcher nicht mehr erkennen kann. Ansonsten wirkt das Bild durch die Perforationslöcher stark gestört.

Eine Leinwand weist meist sowohl bei indirekter als auch direkter Beleuchtung eine größere Streulichthelligkeit auf als der Bildschirm eines Röhren-, Plasma, oder LCD-Fernsehers. Um mit einer Leinwand ähnlich gute Schwarzwerte zu bekommen wie mit einem Fernseher, ist somit eine Verdunkelung des Raums zu empfehlen. Für den Heimkinobetrieb ist oft die (relativ günstige) Verdunkelung einer teuren Leinwand vorzuziehen, da bei einem dunklen Raum auch eine einfache, mattweiß beschichtete Holzplatte den Zweck vollends erfüllt und keinen Hotspot aufweisen kann.

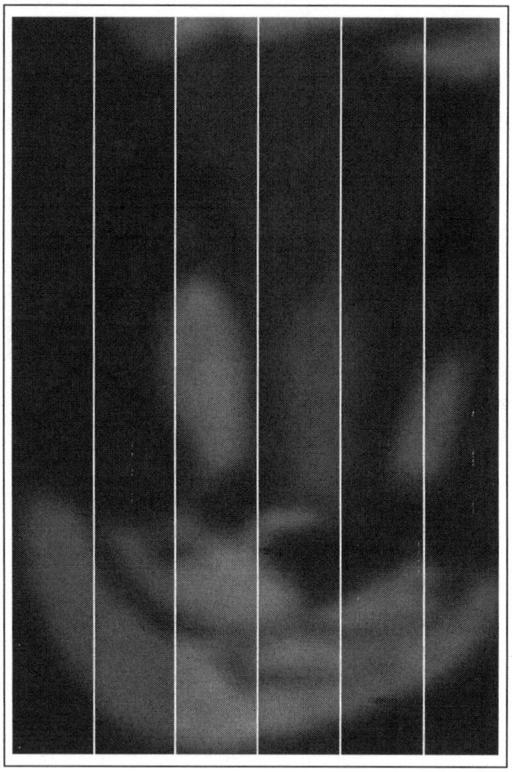

Abb. 13.6-4: Verschiedene Leinwandmuster im Vergleich.
Von links nach rechts: Weiße Wand
Kinoleinwand
Perlmuttleinwand Typ 1
Perlmuttleinwand Typ 2
Silberleinwand
Silberleinwand für 3D Projektion.

Kapitel 14 - Rundfunktechnik

14 Rundfunktechnik

14.1 Aufbau eines Radiosenders

Ein Radiosender stellt sein Hörfunkprogramm einer breiten Öffentlichkeit zur Verfügung. Anders als beim Fernsehen, vermittelt ein Radiosender Inhalte, Stimmungen und sein Image nur über den Ton. Daher wird beim Radio besonders viel Wert auf gutes Sounddesign gelegt. Beim Fernsehen muss der Ton in erster Linie "funktionieren" - er ist aber nie alleine existent. Hört man sich nur den Ton eines Fernsehsenders an, bemerkt man schnell den Unterschied zum Radio. Daher soll in diesem Kapitel auch nicht weiter auf den Fernsehton eingegangen werden, da beim Fernsehen das Bild an erster Stelle steht.
Ein Radiosender besteht grundsätzlich immer aus den gleichen Elementen, welche in den folgenden Abschnitten kurz beschrieben werden.

14.1.1 Produktionsstudios

Die Produktionsstudios entsprechen weitgehend normalen Tonstudios und sind in den Radiobetrieb auch nicht direkt eingebunden. An die Produktionsstudios angekoppelt sind ein oder mehrere Aufnahmeräume für Sprecher, Musiker oder ganze Orchester. Dementsprechend vielfältig sind die Aufgabengebiete in den Produktionsstudios: Beiträge, Hörspiele, und Musikproduktionen werden dort aufgenommen.
Weiterhin werden dort auch die so genannten "Verpackungselemente", also Jingles, Senderkennungen, und Musikbetten erstellt. Auch Werbespots werden teilweise in den sendereigenen Produktionsstudios aufgenommen.

Die einzige Besonderheit besteht in der Anbindung des Studios an einen zentralen Musik- und Datenserver. Das bedeutet, dass die Produktionsstudios Zugriff auf alle Musik- und Sprachelemente haben und die dort erstellten Produktionen ebenso auf dem Server abgelegt werden. Auf diese Weise kann eine Produktion sehr zügig auf Sendung gehen, da sie jederzeit im Netzwerk zur Verfügung steht.

14.1.2 Senderegie

Die Senderegie ist der Arbeitsplatz des Moderators. Dieser übernimmt mittlerweile alle Aufgaben, die für die erfolgreiche Abwicklung einer Sendung notwendig sind. Man spricht daher auch von einem so genannten "Selbstfahrerstudio".
Der Moderator ist meistens technisch nur grundlegend ausgebildet. Deswegen müssen alle Elemente für eine Sendung einfach und unkompliziert zur Verfügung stehen.

14.1.2.1 Zuspieler

Der Moderator verfügt über verschiedene Zuspieler, die mittels Faderstart "abgefahren" werden können. Das bedeutet, dass ein Zuspieler losläuft, wenn der entsprechende Fader hochgezogen wird. Als Zuspieler stehen zur Verfügung:

- Ausspielcomputer: Über eine Sendeablaufplanungssoftware wird dem Moderator eine Liste der zu spielenden Titel, Jingles und Beiträge der Reihe nach auf den Bildschirm gegeben. Die Titelliste wird in der Regel von der Redaktion erstellt und soll nicht vom Moderator geändert werden. Der Ausspielcomputer puffert alle auszuspielenden Elemente und spielt sie der Reihe nach aus. Soll das Programm komplett automatisch ablaufen (zum Beispiel nachts), so befinden sich hier auch die vorher aufgenommenen Moderationselemente.
- CD-Player, Plattenspieler, Tonband: Sie werden verwendet, wenn "Specials" gespielt werden, die nicht auf dem Musikserver liegen. Allerdings wird immer mehr Musik digitalisiert, so dass die analogen Zuspieler immer mehr entfallen.
- Cartwall-Software: Früher wurden Endlosbänder (so genannte "Cartridges") in speziellen Laufwerken für die Senderkennungen und Jingles verwendet. Heute übernimmt diese Aufgabe eine Software, die vom Aussehen ähnlich gestaltet ist wie die früheren Cart(ridge)-Player.
- Mantelprogramm: Kleinere Radiosender versorgen sich mit einem so genannten "Mantelprogamm". Dies ist ein extern erstelltes Programm, welches einzelne Beiträge, Nach-

richten, Wetter und auch ganze Musikstrecken beinhaltet. Mantelprogramme können sowohl in Echtzeit oder bei Bedarf über ftp-Server abgerufen werden. Bei der Verwendung von Echtzeit-Mantelprogrammen ist eine genaue Zeitplanung der eigenen Inhalte wichtig, damit diese gut in das Mantelprogramm integriert werden können.

14.1.2.2 Moderatoren- / Sprecherplätze

Der Moderator verfügt selbstverständlich über ein Sprechermikrofon, welches sich bequem in jede Position bringen lässt. Weiterhin wird dieses Mikrofon mit Hilfe eines Voice-Processings vorverstärkt, um den charakteristischen Klang des Sprechers zu bekommen (siehe Kapitel 14.3).
Neben dem Moderatorenmikrofon stehen in der Senderegie Mikrofone für Co-Moderatoren und Interviewgäste zur Verfügung. Steht kein extra Studio zur Verfügung, existieren noch weitere Sprecherplätze für Nachrichten, Wetter und Verkehrsfunk. Letzteres kann jedoch auch von einem Mantelprogrammanbieter kommen.

14.1.2.3 Weitere Informations- und Kommunikationsmittel

Weitere Programminhalte kann der Moderator über das Fernsehen, Internet und Telefon bekommen. So ist es dem Moderator möglich, sehr zeitnah auf aktuelle Geschehnisse einzugehen.
Gäste können per Telefon in die Sendung geschaltet werden und die Sendung mitgestalten. Allerdings sind diese Telefonschaltungen in den seltensten Fällen live sondern werden während der Moderationspausen aufgezeichnet, geschnitten und kurz darauf gesendet. Auf diese Weise ist man vor unliebsamen Überraschungen sicher.

Neben den Möglichkeiten, zum Moderator Kontakt aufzunehmen, verfügt heute fast jeder Radiosender über eine Webcam, um nach außen hin ein Bild des Radiobetriebs zu verbreiten. Auf diese Weise erhofft man sich eine stärkere Bindung an die jeweilige Station und somit eine hörere Einschaltquote.

14.1.2.4 Signalfluss

In Abbildung 14.1-1 ist der grundlegende Signalfluss einer Senderegie zu sehen.

14.1.3 Computersysteme

Die wesentliche Arbeit für den reibungslosen Ablauf eines Radioprogramms übernehmen Computersysteme. Diese bestehen aus mehreren miteinander vernetzten Arbeitsplätzen und erlauben über verschiedene Benutzerinterfaces die vollständige Planung der Sendungen.
In Abbildung 14.1-2 ist das Blockdiagramm eines solchen Computersystems zu sehen. Darin befinden sich folgende Komponenten:

- Zentraler Fileserver: Auf diesem befinden sich alle Musiktitel, Musikbetten, Jingles, Verpackungselemente, Eigenwerbungen (Promos), Werbespots etc. Der zentrale Server ist viele Terabyte groß und über verschiedene Sicherheitstechniken vor Ausfall geschützt.
- Broadcast Server: Dies ist ein Computer, der den gesamten Sendeablauf übernimmt. Er hat über verschiedene Schnittstellen Zugriff auf den Fileserver und auf externe Musikplanungssysteme. Der Broadcast Server ist meist redundant aufgebaut, also zwei mal vorhanden. Sollte ein System ausfallen, kann das andere den Sendeablauf übernehmen, da sich beide Systeme ständig miteinander abgleichen.
- Ausspielsystem: Dies ist ein Computer, der alle Elemente der aktuellen Sendung vom Broadcast Server zugeschickt bekommt, diese zwischenspeichert und als Audiosignal ausgibt. Der Moderator hat Zugriff auf diese Ausspielsoftware, kann somit das Programm starten und anhalten, um seine Moderation einzufügen.
- Schnittplatz: Über den Schnittplatz werden sämtliche Signale in das Gesamtsystem eingespielt, geschnitten und sendefertig gemacht. Die Schnittplätze übernehmen meist auch die Aufgabe, die eingespielten Titel in die Datenbank des Systems einzupflegen. Daher ist es unumgänglich, die Signale über diese Plätze in das System einzuspielen.
- Cartwall-Computer: Dieses System simuliert einen Cartridgeplayer und dient dazu, kurze Jingles und Musikelemente in die Sendung einzuspielen. Der Moderator hat direkten Zugriff auf diese Software und steuert sie mittels Faderstart an. Sie bezieht ihre Daten vom zentralen Fileserver.
- Sendeablaufplanung: Dies ist eine Software, in der der Sendeablauf für die verschiedenen Tage oder Wochen im Voraus geplant werden

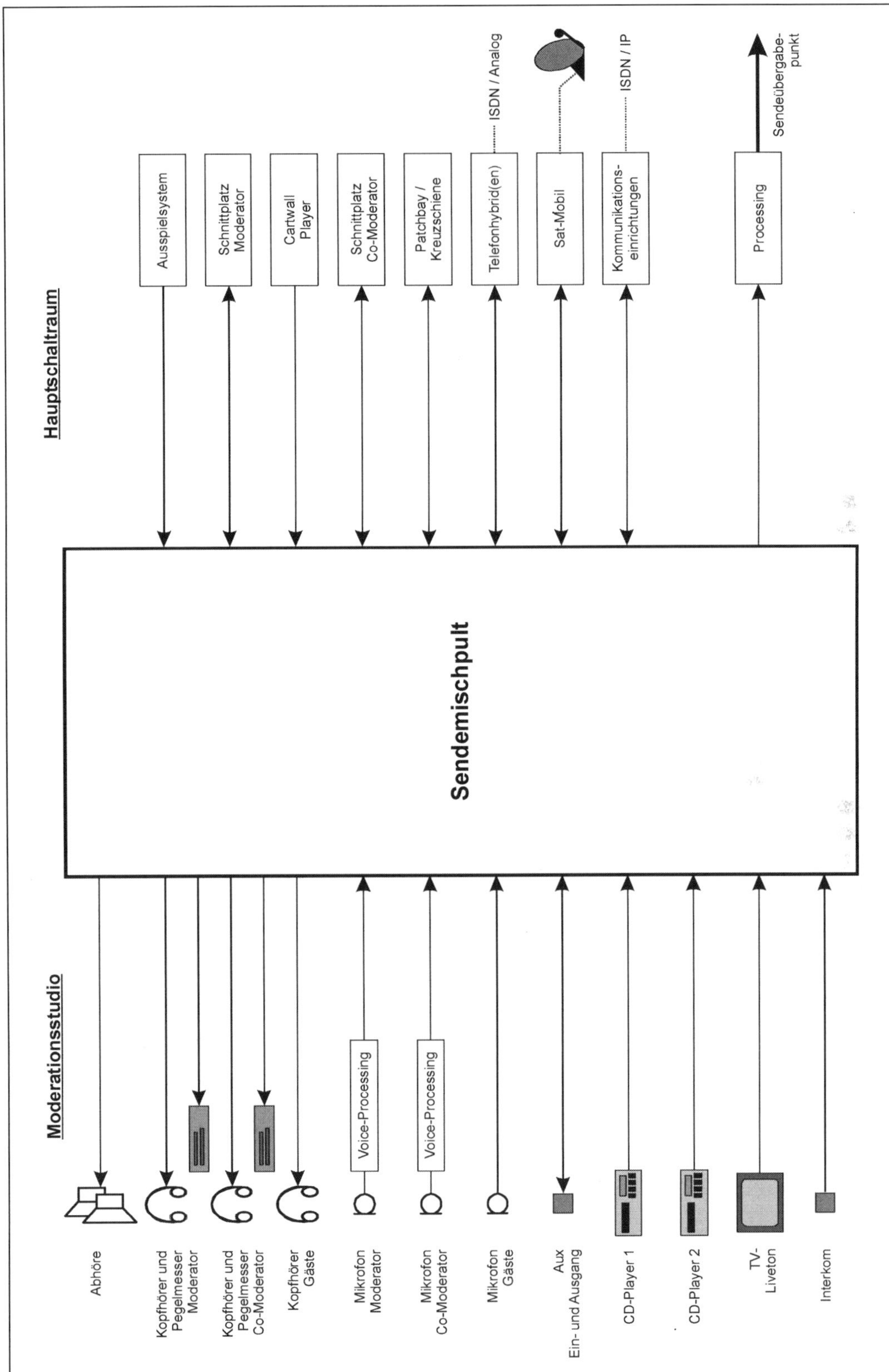

Abb. 14.1-1: Signalfluss einer Senderegie

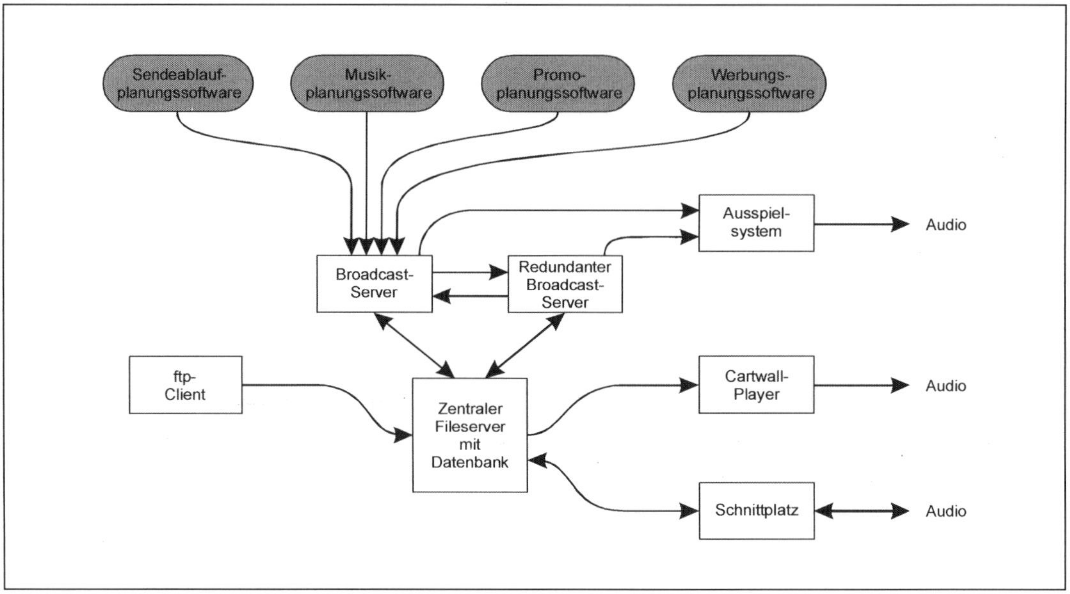

Abb. 14.1-2: Computer- und Softwaresysteme für einen Radiosender

kann. In diese Planung müssen später noch die Musik, die Promos, die Werbung, die Nachrichten, die Verpackungselemente und eventuell die Moderationen (Nachtprogramm) eingefügt werden.

- Musikplanungssoftware: Dies ist ein System, mit dem die Musikredaktion die Musik für die jeweiligen Sendungen planen kann. In dieser Software befindet sich auch die "Rotation", also die Planung von sich regelmäßig wiederholenden Hits.
- Promoplanungssoftware: Mit Hilfe dieser Software werden die Verpackungselemente und die Eigenwerbung (Promo) geplant.
- Werbungsplanungssoftware: Diese Software dient der Planung der Werbespots, die gesendet werden sollen.

Obwohl in dem Diagramm viele Einzelkomponenten zu sehen sind, heißt dies noch lange nicht, dass sich auch alle Blöcke in separaten Geräten befinden. Sie können unabhängig betrieben werden oder auch in einem oder wenigen Computern zusammengefasst sein.

14.2 Der Hauptschaltraum

Der Hauptschaltraum eines Radiosenders ist das Herzstück der gesamten Einrichtung. In ihm befinden sich die Schnittstellen zu Außenwelt, die Stromversorgung, die Server und die Kreuzschienen zu Signalverteilung. Einen Eindruck kann man durch Abbildung 14.2-1 bekommen.

14.2.1 Serverraum

Da die meisten Arbeitsabläufe am Computer erfolgen, in den Produktionsstudios und Senderegien jedoch die Geräuschentwicklung durch Lüfter und Festplatten störend wären, werden die Computer in einen Serverraum ausgelagert. Dort können sie übersichtlich in 19"-Racks untergebracht und über eine zentrale Klimaanlage gekühlt werden. Auch die gesamte Netzwerkverschaltung und der Service wird einfacher, wenn alle Computer zentral untergebracht sind.

Abb. 14.2-1: Kleiner Teil des Hauptschaltraums eines Radiosenders (Mit freundlicher Genehmigung von ANTENNE BAYERN)

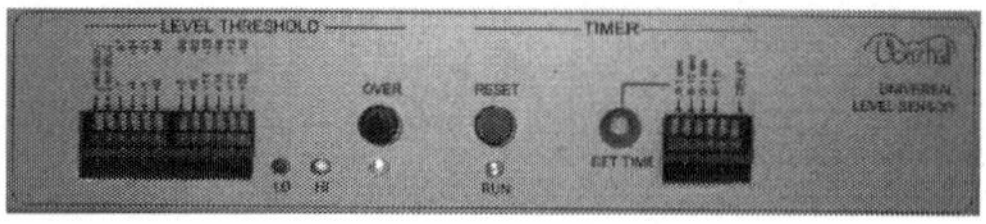

Abb. 14.2-2: Der Signalausfallsensor, der die "Havarie" (einen CD-Player) startet.
(Mit freundlicher Genehmigung von ANTENNE BAYERN)

Weiterhin befindet sich hier der zentrale Musikserver. Auf ihm liegen alle Beiträge, Jingles, Musikbetten und die Musiktitel der Rotation. Weitere Server für das Musikarchiv können hier ebenfalls vorhanden sein.

14.2.2 Processing

Eine weitere wichtige Einheit ist das Processing. Hiermit ist das Soundprocessing des Senders gemeint. Dabei kann für Musik, Sprache und Werbebeiträge ein unterschiedliches Processing vorhanden sein (siehe Kapitel 14.3).

14.2.3 Havarie (CD-Player)

Die so genannte "Havarie" oder auch "Notband" ist ein zeitgesteuerter Zuspieler für den Notfall. Meistens handelt es sich hierbei um einen CD-Player, in dem eine vorproduzierte und komplett processte Sendung mit einer Stunde Spieldauer liegt. Der CD-Player steht auf "Repeat". Eine Messschaltung (siehe Abbildung 14.2.-2) registriert, wenn über eine bestimmte Zeit kein Signal am Sender anliegt. In diesem Fall wird der CD-Player automatisch gestartet und auf den Sender geschaltet. Der CD-Player befindet sich unmittelbar vor dem Sendeübergabepunkt und kann selbst bei einem Ausfall des Processings Signal liefern. Für die Moderatoren ist es daher wichtig, nicht den Fehler zu machen, zu lange kein Signal auf Sendung zu schicken, da sonst ebenfalls die Havarie anlaufen würde.

14.2.4 Strom / Notstrom

Ein Radiosender hat neben der Aufgabe, ein Unterhaltungsprogramm zu senden, auch eine Informationspflicht. Das bedeutet, dass die Hörer zum Beispiel in Krisensituationen über aktuelle Gegebenheiten informiert werden sollten.
Um einen Radiosender bei Stromausfall zu betreiben, braucht man zunächst für die wichtigsten Geräte eine USV (Unterbrechungsfreie Stromversorgung). Weiterhin ist ein Notstromaggregat (Gasturbine oder Dieselgenerator) notwendig, um mit der entsprechenden Leistung Strom zu erzeugen. Normalerweise wird die Zeit, bis das Notstromaggregat angelaufen ist und den Sender weiter mit Strom versorgt, mit Hilfe von Akkus überbrückt.

14.2.5 SAT-Uplink/Downlink

Der Satelliten-Uplink ist für das Ausstrahlen des Senders notwendig (siehe Kapitel 14.2.6).
Der Satelliten-Downlink dient zum Empfang von Programmmaterial des Ü-Wagens. Der Downlink kann hierbei als Zuspieler der Senderegie genutzt werden. Somit kann man das Signal des Ü-Wagens direkt in eine Sendung mit einbeziehen.

14.2.6 Sendeübergabepunkt

Der Sendeübergabepunkt ist je nach Größe des Radiosenders unterschiedlich ausgeführt. Im einfachsten Fall handelt es sich um einen Telekomanschluss (ähnlich einem Telefonanschluss).
Etwas komplizierter ist der Uplink zu einem Satelliten. Diese Variante braucht man eigentlich nur bei einem ausgedehnten Sendernetz. Die Sendung wird zu einem Satelliten gesendet, und dieser strahlt sie auf einem bestimmten Transponder zurück auf die Erde. Über das Sendegebiet verteilt befinden sich UKW-Sender, die das Satellitensignal empfangen und regional auf einer UKW-Sendefrequenz ausstrahlen. Sollte der Satellit aufgrund schlechten Wetters ausfallen, können die lokalen Sender mit Hilfe von Telefonleitungen angerufen und mit Programm versorgt werden. Fällt auch diese Möglichkeit aus, läuft lokal eine Havarie an.

Wichtig ist, dass die maximale Modulation der Sender nicht überschritten wird, da ansonsten Nachbarfrequenzen gestört werden können. Findet eine Überschreitung statt, so ist mit Konventionalstrafen oder dem Abschalten des Senders zu rechnen. Es gehört daher mit zu den Aufgaben des Sendeprocessings, diesen Maximalwert nicht zu überschreiten.

Eine Verteilung des Radioprogramms zu den einzelnen lokalen UKW-Sendern über Satellit ist nicht gleichbedeutend mit der Möglichkeit, dieses Radioprogramm auch über Satellit zu empfangen. Hierfür werden andere Empfangsfrequenzen verwendet. Möchte man sein Radioprogramm über Satellit (heutzutage meist digital) zur Verfügung stellen, so muss man das Signal zu einem Playout-Center schicken. Dort wird es mit anderen Radio- und Fernsehprogrammen gemultiplext und zum Satelliten geschickt.

14.3 Processing

Unter dem so genannten "Processing" versteht man die klangliche Bearbeitung der Sprecher- und Musiksignale. Mit Hilfe des Processings soll sichergestellt werden, dass der Radiosender bei allen Gelegenheiten gut zu hören ist und einen typischen Klangcharakter bekommt.

Gerade für das Gesamtsignal nehmen Radiosender heftige Eingriffe in den Klang eines Signals vor (siehe Kapitel 14.3.2). Hier wird viel an der Dynamik, an der Stereobasis und an dem Klang eines Signals verändert. Der Grund liegt in den vielen verschiedenen Möglichkeiten, wie man Radio hören kann - vom kleinen Radiowecker, über Gettoblaster, Restaurantbeschallung, Autoradio bis zur HiFi-Anlage. Überall soll jedoch ein guter Klang zu hören sein. Weiterhin ist es bei den meisten Hörern unerwünscht, ständig die Lautstärke nachregeln zu müssen, wenn Teile des Programms zu leise, andere zu laut sind. Daher wird ein Gesamtklang erzeugt, der möglichst überall ohne Eingriffe des Zuhörers gut klingt.
Möchte man bewusst Musik hören und auf Details wie Stereoabbildung, Tiefenstaffelung und klangliche Nuancen achten, so ist das Radio das falsche Medium.

14.3.1 Voiceprocessing

Unter dem Voiceprocessing versteht man die klangliche Bearbeitung einer Stimme. Dadurch kann der Stimme ein bestimmter Charakter verliehen werden und sie klingt "warm", "freundlich", "unaufdringlich", "luftig" und so weiter. Zwar klingen manche Moderatoren bereits im echten Leben so, als hätten sie einen Equalizer "verschluckt", trotzdem wird normalerweise bei allen Sprechern ein Voiceprocessing vorgenommen.
Das Voiceprocessing übernehmen meist spezielle Geräte, die in enger Kooperation mit den Rundfunksendern entwickelt werden. Sie verfügen über alle notwendigen Einstellmaßnahmen, um der Stimme einen typischen Klangcharakter zu geben. Weiterhin kann man die Einstellung eines jeden Moderators als Preset abspeichern und per Zahlencode, Chipkarte oder RF-ID-Transponder wieder aufrufen. Die Abbildungen 14.3-1 und 14.3-2 zeigen einen typischen Voiceprozessor und dessen internen Signalfluss.

Auch das Mikrofon trägt wesentlich zu den klanglichen Eigenschaften eines Moderators bei. Es sollte gleichzeitig robust sein und einen warmen angenehmen Klang haben. Meist finden hier dynamische Mikrofone ihren Einsatz.

14.3.2 Soundprocessing

Das Soundprocessing ist die eigentliche Bearbeitung eines Signals, bevor es auf Sendung geht. Es besteht nicht selten aus einem vollen 19"-Rack mit diversen speziellen Rundfunkprozessoren. Ein paar davon sollen hier kurz beschrieben werden. Viele davon arbeiten als Multibandgeräte in verschiedenen Frequenzbereichen. Dadurch kann man besser und genauer auf die unterschiedlichen Mischungen

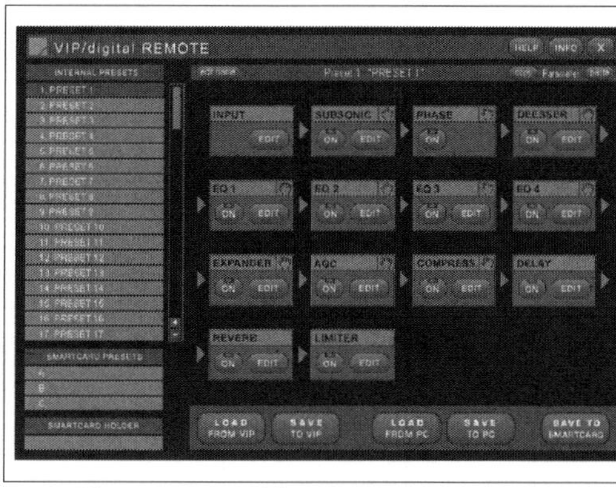

Abb. 14.3-2: Signalfluss im VIP-Voiceprozessor. (© Yellowtec)

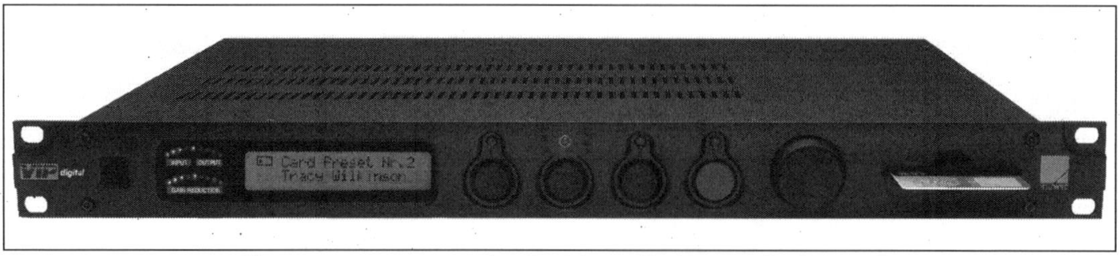

Abb. 14.3-1: VIP-Voiceprozessor für den Rundfunkbereich (© Yellowtec)

der zu sendenden Titel eingehen. Viele Hersteller schweigen sich allerdings über die genaue Funktionsweise ihrer Geräte aus.

Anhand der folgenden Geräteliste könnte der Eindruck entstehen, ein Radiosender wolle sein Programm nur möglichst laut bekommen. Das ist jedoch nur ein Aspekt. Die meisten Zuhörer empfinden den lautesten Sender tatsächlich als den besten. Das kommt durch die Geräte, die eine manuelle Senderabstimmung haben. Beim "Durchdrehen" der Empfangsfrequenz bleibt man dort automatisch beim lautesten Sender hängen.
Allerdings sollen die Processing-Geräte auch einen einheitlichen Klang und eine einheitliche Lautstärke des Programmmaterials bewerkstelligen. Dadurch können die Radiohörer unter allen Bedingungen nebenbei Radio hören, und keine Titel fallen als zu laut oder zu leise aus der Rolle.

14.3.2.1 Kompressor

Meist handelt es sich um Multibandkompressoren, die in 4 oder 5 Frequenzbändern arbeiten. Denkbar sind auch Geräte, die sich auf die kritischen Bänder des Gehörs (siehe Kapitel 2.3.1) beziehen. Zusätzlich zur Kompression des Signals wird hier auch eine AGC (Automatic Gain Control) vorgenommen. Diese bewirkt ein langsames Nachfahren des Gesamtpegels und schafft es somit, verschieden laute Titel gut einander anzugleichen.

14.3.2.2 Exciter

Der Exciter erfüllt hier seine übliche Funktion und gibt dem Signal Präsenz und Luftigkeit. Vor allem für die kleineren Radioempfänger oder für das Sprachprocessing wichtig.

14.3.2.3 Stereobasisverbreiterung

Die Stereobasisverbreiterung wird teils manuell und teils automatisch eingesetzt. Da beim UKW-Radio aus Gründen der Monokompatibilität Mitten- und Seitensignal gesendet werden, kann der optimale Modulationshub durch geschicktes Anpassen des Mitten- und Seitensignals zueinander gesteuert werden. Das bedeutet zwar, dass der Sender sehr laut auf Sendung gehen kann, sich die Stereobasis aber signalabhängig verändert.

Abb. 14.3-3: Soundprocessing-Rack
(Mit freundlicher Genehmigung von ANTENNE BAYERN)

14.3.2.4 Clipper

Ein eher unschöner Aspekt des Soundprocessings ist das Clipping. Oft wird ein Multibandclipping eingesetzt, das das Signal in verschiedenen Frequenzbereichen ins Clipping fährt. Psychoakustische Untersuchungen haben ergeben, dass Clipping in verschiedenen Frequenzbereichen erst ab einer gewissen Dauer bewusst wahrgenommen werden kann. Das wiederum bedeutet, dass ein Signal bis zur Wahrnehmungsschwelle ins Clipping gebracht werden kann, um es lauter zu bekommen. Dieses frequenzabhängige, zeitgesteuerte Clipping findet im Soundprocessing Anwendung und ist der Grund dafür, dass Radiosender klanglich teilweise aggressiv wirken und das bewusste Zuhören anstrengend sein kann. Die Abbildung 14.3-4 zeigt die Wellenform eines Musiktitels, welcher durch Multiband-Clippingmaßnahmen maximal laut gemacht wurde. Obwohl das Signal deutlich sichtbar ins Clipping geht, wird dies beim Anhören des Titels kaum bis gar nicht wahrgenommen.

14.3.2.5 EQ

Auch im Soundprocessing befindet sich noch ein Equalizer. Dieser soll dem processten Signal den finalen Klang geben und kleine Korrekturen vornehmen können. Meist handelt es sich hierbei um einen mehrbandigen parametrischen EQ.

14.3.2.6 Signalflussplan

In Abbildung 14.3-5 ist ein möglicher Signalflussplan des Soundprocessings eines Radiosenders zu sehen.

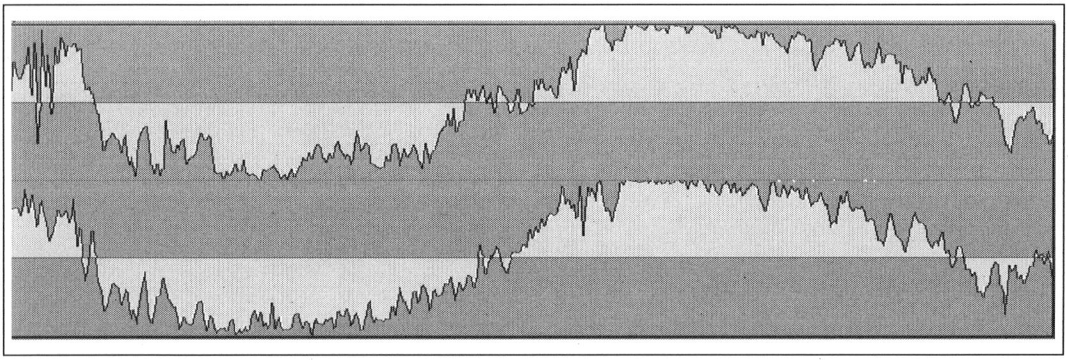

Abb. 14.3-4: Wellenform eines mit Multiband-Clipping behandelten Signals

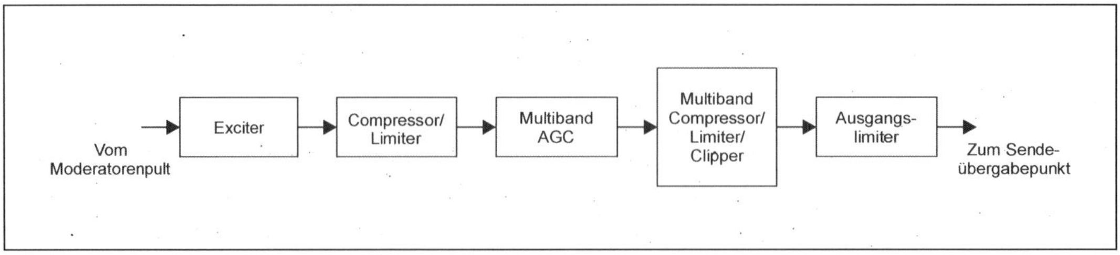

Abb. 14.3-5: Beispielhafter Signalflussplan des Soundprocessings

14.4 Kommunikationseinrichtungen

Um einem Radiosender die Kommunikation zur Außenwelt zu ermöglichen, existieren verschiedenste Kommunikationseinrichtungen.

14.4.1 Telefonhybrid

Der Telefonhybrid ist eine Schaltung, die das Signal einer Telefonleitung (analog oder ISDN, je nach Ausführung) in zwei Audiosignale aufteilt, die im Radiobetrieb weiterverwendet werden können. Die beiden Signale "Empfangen", also von der Telefonleitung kommend und "Senden", also zur Telefonleitung gehend, können hinter dem Telefonhybriden getrennt weiterverarbeitet werden. So gelangt das "Empfangen"-Signal auf einen Eingangskanal des Mischpults und das "Senden"-Signal wird über eine N-1-Mischung zum Anrufer geschickt.

Die N-1-Mischung beinhaltet alles, was der Anrufer hören soll, außer den Anrufer selbst. Im einfachsten Fall kann die Mischung also aus dem laufenden Radioprogramm abzüglich des Signals des Anrufers bestehen. Der Telefonhybrid ist somit dringend notwendig, um überhaupt eine N-1-Mischung erstellen zu können, da ohne ihn keine Trennung zwischen "Empfangen" und "Senden" bestünde und es zu Rückkopplungen käme.

Neben der Signaltrennung verfügt der Telefonhybrid über weitere Funktionen:

- Rufsignalisierung (auch optisch).
- Automatische Rufannahme und Einspielen einer Ansage.
- Wählfunktionen.
- Mithören / Mitschneiden von Gesprächen.

Die Abbildung 14.4-1 zeigt mehrere moderne Telefonhybriden, welche sich mit Hilfe eines Softwareinterfaces steuern lassen.

14.4.2 Programmaustausch

Oft befinden sich Moderatoren oder Reporter "am Ort des Geschehens" und erstellen direkt dort ihre Beiträge. Das bedeutet, dass bereits aufgenommenes und geschnittenes Material vorhanden ist und zum Radiosender übertragen werden muss. Teilweise müssen auch Live-Beiträge zum Radiosender geschickt werden, um mit entsprechender Aktualität senden zu können.

Für diese Zwecke gibt es verschiedene Kommunikationslösungen, die über ISDN-Leitungen oder das Internet funktionieren. Der Vorteil von ISDN-Leitungen ist die Tatsache, dass man während der gesamten Laufzeit der Verbindung eine exklusive Verbindung mit einer festen Latenz hat. Über das Internet-Protokoll ist die Laufzeit der Datenpakete nicht definiert und es kann zu Unterbrechungen oder auch zum "Eiern" der Tonübertragung kommen.

Abb. 14.4-1: Telefonhybriden (links) mit Rackmischpult (darüber) und dazugehöriger Steuerungssoftware (rechts). (Mit freundlicher Genehmigung von ANTENNE BAYERN)

Abb. 14.4-2: Kommunikationseinrichtungen: Hier Musiktaxi und Multiformat ISDN- und IP-Audiocodec. (Mit freundlicher Genehmigung von ANTENNE BAYERN)

Die Abbildung 14.4-2 zeigt einige mögliche Kommunikationseinrichtungen.

14.5 Verbreitungswege

Damit ein Radiosender möglichst überall zu empfangen ist, versuchen die Radiostationen ihn auf vielseitigste Weise zu verbreiten. So gut wie alle Radiostationen senden heute auch Werbung, und deren Kosten werden nach den Einschaltquoten des Senders berechnet. Ein Radiosender wird somit immer abwägen, ob die Kosten für einen weiteren Verbreitungsweg durch die Werbeeinnahmen der zusätzlichen Hörerschaft zu decken sind.

14.5.1 Analoge Ausstrahlung

In den Anfängen des Radios fing alles mit der analogen Funkausstrahlung an. Auf eine Trägerfrequenz wird mit Hilfe der Amplituden- später auch der Frequenzmodulation ein Signal moduliert. Ein dazu passender Empfänger ist in der Lage, dieses Signal zu demodulieren und wieder hörbar zu machen. Die Übertragung erfolgt allerdings nur in Mono.
Für die stereofone Übertragung machte man zunächst Versuche, den linken und rechten Kanal über getrennte Trägerfrequenzen auszustrahlen. Mit zwei Radioempfängern, die auf die entsprechenden Empfangsfrequenzen eingestellt waren, konnte das Stereosignal wieder empfangen werden. Da jedoch zwei komplette Empfänger benötigt wurden und die richtigen Frequenzen eingestellt werden mussten, war dieses System teuer und benutzerunfreundlich.

So ging man relativ bald dazu über, das Stereosignal in Form von Mitten- und Seitensignal auszustrahlen. Die Übertragung des Audiosignals ist bandbegrenzt und geht von etwa 40Hz bis 15kHz. Das Seitensignal wird hierbei auf einen Hilfsträger von 38kHz moduliert und umfasst dadurch einen Bereich von 38kHz ±15kHz - also von 23kHz bis 53kHz. Zugunsten des Signal-Rauschabstands wird die Trägerfrequenz von 38kHz unterdrückt und statt dessen ein 19kHz Pilotton gesendet (siehe Abbildung 14.5-1). Im Empfänger wird aus dem 19kHz Pilotton wieder der 38kHz Hilfsträger zurückgewonnen und das Seitensignal demoduliert. Durch die Dematrizierung L=M+S und R=M-S kann dann aus den Mitten- und Seitensignalen wieder das Stereosignal berechnet werden. Ein Mono-Empfänger empfängt allerdings nur das Mittensignal, welches auch direkt die Mono-Information enthält.

14.5.1.1 Funk

Bei der Funkausstrahlung gibt es vier verschiedene Frequenzbereiche in denen man Radio hören kann:

- UKW (Ultrakurzwelle): 87,5-108MHz
- KW (Kurzwelle): 3950-4000kHz
  5900-6200kHz
  7100-7350kHz
  9400-9900kHz
  11600-12100kHz
  13570-13870kHz
  15100-15800kHz
  17480-17900kHz
  18900-19020kHz
  21450-21850kHz
  25670-26100kHz
- MW (Mittelwelle): 526,5-1606,5kHz
- LW (Langwelle): 148,5-283,5kHz

Hierbei ist es so, dass auf UKW frequenzmodulierte Sendungen in Stereo ausgestrahlt werden und auf KW, MW und LW amplitudenmodulierte Sendungen in Mono. UKW hat eine relativ kurze Reichweite von etwa 100km.
MW und LW können bereits über mehrere 100-1000km empfangen werden.
Kurzwelle liegt in einem Frequenzbereich, der die besondere Eigenschaft besitzt, dass ihre Funkwellen an der Ionosphäre der Erde reflektiert werden. Dadurch breitet sich ein Kurzwellensender um die ganze Welt aus und ist auch weltweit zu

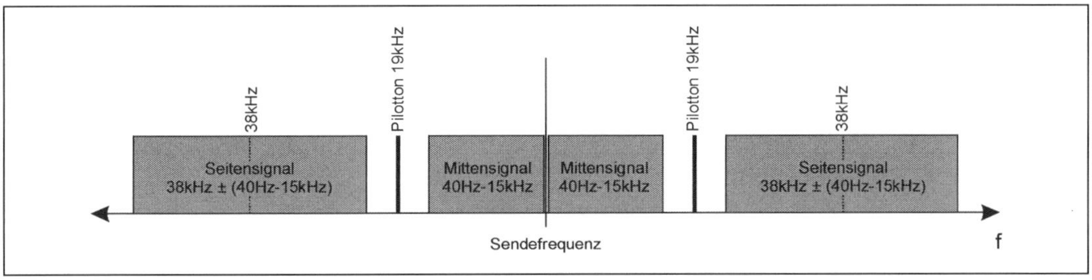

Abb. 14.5-1: Spektrum einer UKW-Stereosendung

empfangen. Allerdings entstehen durch Temperaturschwankungen immer wieder Laufzeitverschiebungen, so dass das Signal ein typisches "Fading", also eine leichte Veränderung der Empfangsfrequenz hat.

Die genaue Aufteilung der Funkfrequenzen in der Bundesrepublik Deutschland wird durch den "Frequenznutzungsplan" der Bundesnetzagentur beschrieben.

14.5.1.2 Kabel

In das Kabelnetz werden die UKW-Frequenzen des Radios eingespeist. Sie gehen von 87,5-108MHz. Allerdings befinden sich die Sender auf anderen Frequenzen als bei der Funkausstrahlung, um keine Interferenzen zu bekommen.

14.5.2 Digitale Ausstrahlung

Neben der analogen Ausstrahlung gewinnt die digitale Verbreitung von Radiosendern zunehmend an Bedeutung. Hauptvorteil der digitalen Ausstrahlung ist die Möglichkeit, Zusatzinformationen neben der eigentlichen Sendung mitzuschicken und damit zum Beispiel Nachrichten oder Verkehrsmeldungen sehr aktuell zu halten. Außerdem kann die Sendeleistung reduziert werden, da die Empfangslautstärke nicht mehr von der empfangenen Feldstärke abhängig ist.

Mehrere digitale Radiosysteme haben sich mittlerweile auf dem Markt etabliert, die jedoch alle eines gemeinsam haben: die Sendung wird datenreduziert ausgestrahlt. Die Datenreduktion basiert auf den MPEG Verfahren: Layer 2 oder Layer 3 bzw. AAC.

14.5.2.1 Digital Audio Broadcast (DAB)

Unter DAB versteht man auch das "Digital Radio", das das analoge Radio ablösen soll. DAB wird in einem höheren Frequenzbereich als FM abgestrahlt, ist jedoch grundsätzlich für Sendefrequenzen im Bereich zwischen 30MHz und 3GHz geeignet. DAB sendet die Toninformation als datenreduziertes MPEG Layer2 Signal. Zusätzlich zu den Musikdaten können Verkehrsfunkdaten, Informationen zum laufenden Programm und auch IP-Pakete verschickt werden.

14.5.2.2 Digital Radio Mondiale (DRM)

Das weltweite Digitalradio (Digital Radio Mondiale) wurde speziell für die Übertragung digitaler Sendungen auf LW, MW und KW entwickelt. Wenn in diesen Frequenzbereichen mit der Amplitudenmodulation analog gearbeitet wird, ist der Klang relativ dumpf, der Signal-Rauschabstand nicht hoch und die Ausstrahlung nur Mono. Die digitale Lösung DRM strahlt die Sendungen als AAC-Stream aus, welcher zumindest, was den Signal-Rauschabstand betrifft, sehr gut ist. Klanglich sind die typischen Artefakte der MPEG-Codierung mit niedriger Bitrate zu hören. Eventuell wird das Signal sogar in Stereo ausgestrahlt.
Gerade für die Kurzwelle ist dieses Format interessant, da man weltweit seinen Heimatsender mit relativ guter Qualität empfangen kann.

14.5.2.3 Digitales Satelliten Radio (DVB-S)

Dieses Radioformat wird, wie der Name schon sagt, zusammen mit dem digitalen Fernsehen (DVB, Digital Video Broadcast) über Satelliten ausgestrahlt. Viele verschiedene Radiostationen finden hierbei ihren Sendeplatz in den Tonspuren der TV-Programme. Da beim digitalen Satellitenfernsehen jedem Fernsehprogramm mehrere Tonspuren zugewiesen werden können, um beispielsweise Stereo, 5.1 oder auch andere Sprachen auszustrahlen, können diese Tonspuren ebenfalls für die Radioübertragung verwendet werden. Satellitenradio ist so gesehen ein "Abfallprodukt" der Fernsehprogramme. Um es zu empfangen, stellt man seinen digitalen Satellitenempfänger auf das entsprechende Fernsehprogramm und wechselt den Tonkanal zum Radioprogramm. Die Ausstrahlung erfolgt als MPEG Layer2 Signal.

14.5.3 Webradio, Podcast, DMB

14.5.3.1 Webradio

Unter Webradio versteht man "Radio über das Internet". Mittels verschiedener Streaming-Formate kann ein Radioprogramm von einem Server zu den Hörern geschickt werden. Der Vorteil besteht in der weltweiten Verfügbarkeit des Radioprogramms. Das Programmmaterial wird hierbei zum Teil stark datenreduziert (MP3 oder Real-Audio).

14.5.3.2 Podcast

Ein Podcast ist ein Kunstwort, bestehend aus **iPod** (portables Medienwiedergabegerät von Apple) und Broad**cast**. Hierbei handelt es sich eigentlich nicht um ein eigenes Format, sondern um die Möglichkeit, über so genannte RSS-Feeds ein Inhaltsverzeichnis für Audio/Videodaten zur Verfügung zu stellen. Auf Basis dieses Inhaltsverzeichnisses kann der Anwender sich sein Programm zusammenstellen und dann die entsprechenden Audiodateien (meist MP3) oder Videodateien (meist MPEG4) herunter laden.

Das Podcasting ist also eine einfache Möglichkeit, auf audiovisuelle Inhalte im Internet aufmerksam zu werden und Aktualisierungen des Programms nicht zu verpassen.

14.5.3.3 Digital Multimedia Broadcast (DMB)

DMB kann als eine Erweiterung von DAB verstanden werden, so dass auch Videoübertragungen möglich werden. Angesprochen werden dadurch primär mobile Endgeräte wie Handys oder mobile Audio/Videoplayer.

14.6 Ü-Wagen und Sat-Mobil

Man unterscheidet zwei verschiedene Arten von Übertragungswagen:

- Mobile Produktionsstudios: Dies sind voll ausgestattete Tonstudios, die es einem ermöglichen zu jedem beliebigen "Aufnahmeraum" zu fahren. Soll beispielsweise ein Mitschnitt von einer (Open-Air)-Veranstaltung erfolgen, so kann man ein mobiles Produktionsstudio dorthin schicken. Dieses greift entweder die bereits vorhandenen Signale einer Vor-Ort-Mischung ab und/ oder stellt eigene Mikrofone auf. Im Wagen werden dann Aufzeichnung, Mischung und teilweise auch gleich die Übertragung zu einem Sender vorgenommen. Die Fahrzeuge sind mit Raumakustik, Mischpult, Abhöre und Aufzeichnungsgeräten versehen. Zudem sind mehrere Multicore-Kabeltrommeln vorhanden, um die Signale einzuspielen. Teilweise ist eine unabhängige Stromversorgung über Stromgeneratoren vorhanden.
- Mobile Sendestudios: Hierbei geht es darum, an jedem beliebigen Ort auf Sendung gehen zu können. Diese Fahrzeuge sind in erster Linie für die mobile Berichterstattung vorgesehen. Die Verbindung zum Sender erfolgt über Satellit, weshalb diese Fahrzeuge auch Sat-Mobil oder SNG (Satellite News Gathering) heißen. Im Fahrzeug befinden sich ein kleines Mischpult und die Satellitentechnik. Auf dem Dach ist eine Satellitenschüssel, die im Stillstand des Fahrzeugs ausgefahren und auf einen Satelliten ausgerichtet werden kann. Die Sendestation, muss jedoch einen Satellitenkanal reservieren, um die Kommunikation zu ermöglichen.
  Als kleinster Ü-Wagen wurde im Jahr 2000 der Smart ForTwo bekannt, dessen typisches Erscheinungsbild eine große Parabolantenne auf dem Heck prägte.

Während der Signalfluss in den mobilen Aufnahmestudios nahezu identisch mit dem in einem typischen Tonstudio ist, sind Sat-Mobile tontechnisch gesehen eher spartanisch ausgestattet. Dafür muss der Techniker sich zusätzlich mit der Satellitentechnik auskennen. Die Abbildung 14.6-1 zeigt den Aufbau eines typischen Sat-Mobils, die Abbildung 14.6-2 den Signalflussplan Sat-Mobil-Sender.

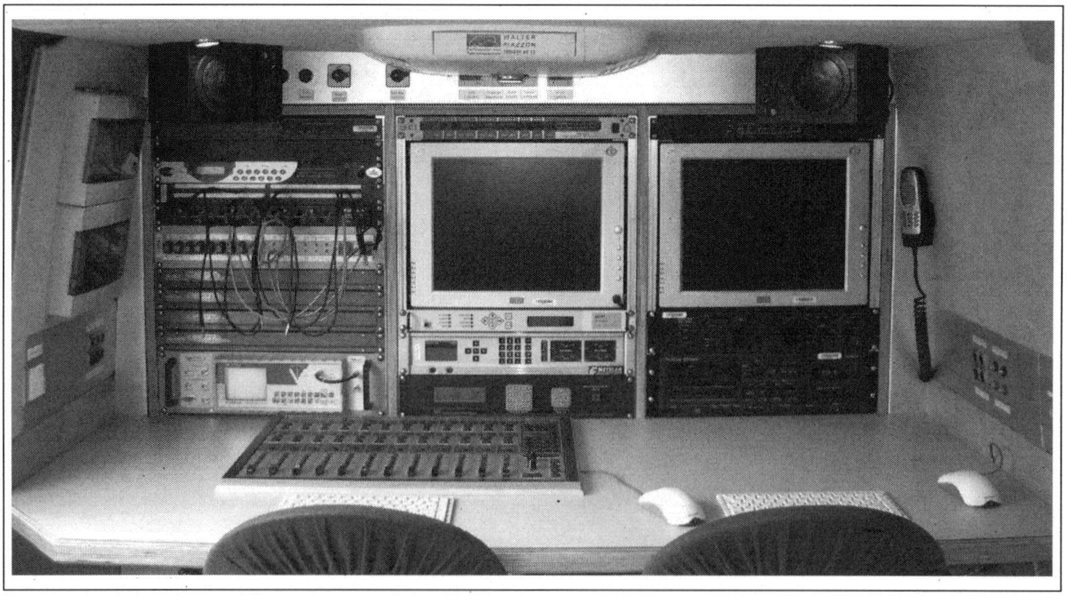

Abb. 14.6-1: Innenleben eines typischen Sat-Mobils
(Mit freundlicher Genehmigung von ANTENNE BAYERN)

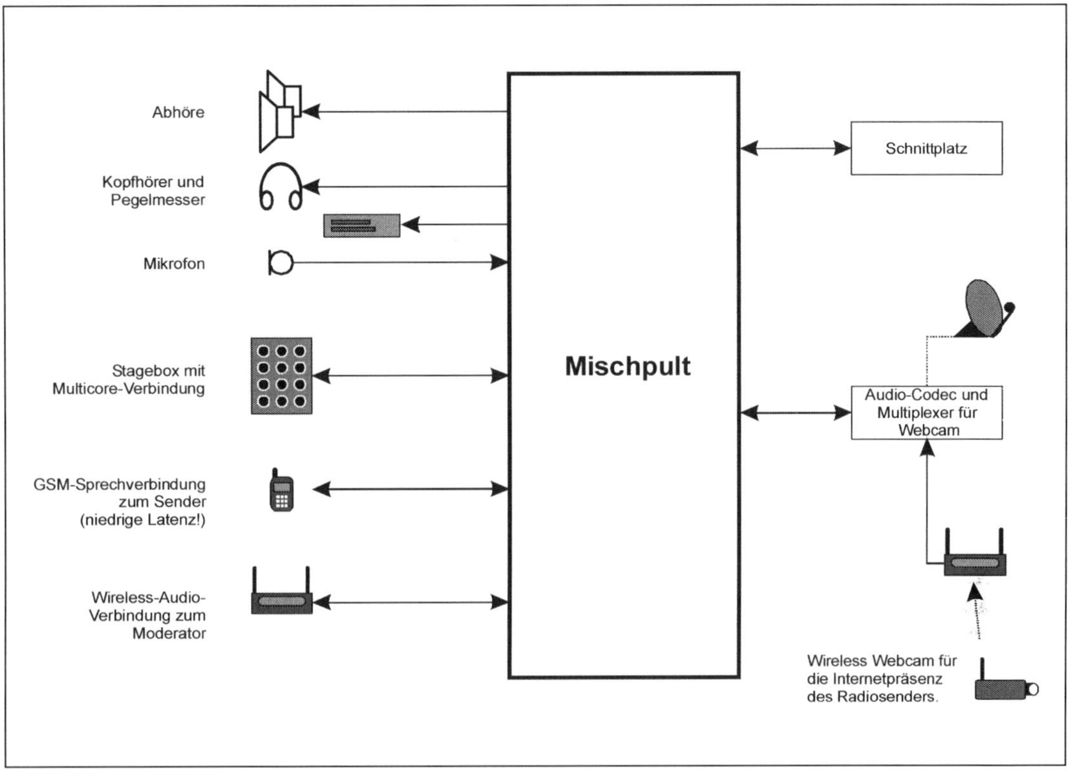

Abb. 14.6-2: Signalflussplan eines Sat-Mobils

Kapitel 15 - Mastering

15 Mastering

15.1 Die Notwendigkeit des Masterings

Unter dem Begriff Mastering wird in der heutigen Zeit immer öfter nur der Vorgang des CD-Brennens verstanden. Hat man alle Spuren zusammengemischt und alle Titel in der richtigen Reihenfolge in das Brennprogramm eingegeben, so erfolgt das "Mastering", indem man diese Zusammenstellung auf ein "Mastermedium", eine CD-R oder DVD-R brennt.

Technisch gesehen ist es hierbei korrekt, beim Brennvorgang von Mastering zu sprechen. Das Zusammenstellen einzelner Titel, das Setzen von Tracks und Indizes, sowie das Einstellen weiterer technischer Parameter wie Emphasis oder Kopierschutz stellen eine Form des Masterings dar.
Man spricht hierbei jedoch vom Erstellen des sogenannten "Premaster". Das Ergebnis ist zum Beispiel eine Datei, in der alle Parameter für das Presswerk hinterlegt sind, um einen Datenträger in großer Auflage erstellen zu können.

Wenn das Presswerk das Premaster erhalten hat, kann daraus ein Glasmaster erstellt werden, mit dessen Hilfe dann die Pressung erfolgen kann (siehe Kapitel 15.2.11).

Es gibt jedoch noch eine andere, wesentlich schwierigere und bedeutendere Form des Masterings: der künstlerische Vorgang, eine Mischung auf einem Medium so gut klingen zu lassen, wie es nur möglich ist.
Hierbei ist selbstverständlich der Anspruch jedes einzelnen Toningenieurs gefragt, der sich nach der Mischung überlegen muss, ob er ein künstlerisches Nachbearbeiten seiner Mischung für notwendig hält oder nicht.
Die meisten Toningenieure, die einmal beim Mastern waren, wollen nicht mehr darauf verzichten, da sie merken, wie viel ein guter Masteringingenieur noch aus einer Mischung herausholen kann. Die nicht überzeugten Toningenieure haben sicher ein schlechtes Masteringstudio besucht.

Ein Masteringingenieur hat den großen Vorteil, dass er während seiner Laufbahn wesentlich mehr Mischungen hören und bearbeiten kann, als ein Mischingenieur. Daher kennt er die unterschiedlichsten Produktionen aus den verschiedensten Stilrichtungen.
Die große Erfahrung, die Masteringingenieure hinsichtlich Klang und dessen Optimierung haben, machen sie zu den viel gerühmten "goldenen Ohren", denen man getrost eine Mischung anvertrauen kann, um ihr den letzten Schliff zu geben.

Weiterhin tut es jeder Mischung gut, ein paar "frische" Ohren den Mix in einem perfekten Studio noch mal anhören zu lassen.

15.1.1 Geschichte des Masterings

Mastering ist in einer Zeit entstanden, in der das Problem herrschte, dass Tonbandaufnahmen möglichst optimal auf eine Schallplatte gepresst werden mussten.
Dabei gab es zunächst einige technische Probleme zu lösen:

- Die Schallplatte ist nicht in der Lage, ohne Probleme beliebige Phasenwinkel zwischen dem linken und dem rechten Kanal aufzuzeichnen (siehe Kapitel 8.1).
- Die aufnahmeseitige Vorverzerrung des Frequenzgangs und dessen wiedergabeseitige Entzerrung ermöglichen zwar einen technisch funktionsfähigen Schnitt der Schallplatte, können jedoch zu Klangveränderungen führen.
- Die Dynamik der Schallplatte ist deutlich geringer, als die der magnetischen Masterbänder, die aus der Mischung kommen.

Die Folge dieser Probleme war, dass die gepresste Schallplatte, die beim Endverbraucher landete, nicht mehr den gleichen Klang aufwies, wie es vom Mischingenieur beabsichtigt war.
Nun konnte der Mischingenieur nicht einfach "Schallplatte return" mischen - sich also während der Mischung das Signal so anhören, als käme es bereits von der Schallplatte zurück. Es blieb ihm in der Praxis nichts anderes übrig, als ein möglichst perfektes Ergebnis auf seine Bandmaschine zu bekommen. Immer bessere Maschinen, Bänder und zusätzliche Rauschunterdrückungssysteme sorgten

schnell dafür, dass die Bandaufzeichnung viel besser, als die Schallplattenwiedergabe wurde.
Man könnte versuchen, dem Endverbraucher zu verschweigen, mit welch guter Qualität man gemischt hat, indem man einfach eine direkte Kopie auf Schallplatte anfertigt. Der Markt würde so jedoch nicht lange funktionieren, denn es wäre nur eine Frage der Zeit, bis irgendjemand (aus künstlerischen oder auch marketingtechnischen Gründen) demonstriert, dass es auch auf Schallplatte noch besser geht.

Genau diese Aufgabe übernahmen die Masteringingenieure. Sie hatten die Aufgabe Bänder zu kopieren, Lautstärkeverhältnisse der einzelnen Titel untereinander anzupassen und dafür zu sorgen, dass bei der Kopie auf Schallplatte das Signal so vorkompensiert wird, dass die Schallplatte klanglich möglichst ähnlich den Masterbändern wurde.
Am Anfang waren meist Praktikanten mit diesem Job vertraut, da der Job zwar das Gehör schulte, ansonsten jedoch aus einfachen Kopiertätigkeiten bestand.

Mit der Zeit wurden einige der Masteringingenieure jedoch so gut, dass sie deutlich mehr Verbesserungen an den Mischungen vornehmen konnten, als tatsächlich für die Vorkompensation des Schallplattenschnitts notwendig waren. Es entwickelten sich eigene Masteringstile, die nach Person oder Studio benannt wurden. Da in jeder Musikrichtung eigene Klangvorstellungen gefragt sind, konnten sich auch stilbezogen Masteringingenieure etablieren. So kann beispielsweise ein Masteringingenieur in Nashville sehr gut Country mastern jedoch mit Heavy Metal vermutlich nicht viel anfangen.

In den 80er-Jahren kam eine neue Aufgabe auf die Masteringstudios zu: Das CD-Mastering - auch Premastering genannt. Was heute jeder selbstverständlich an seinem Computer kann, war am Anfang nur wenigen Studios vorbehalten: Das Erstellen von CD-Mastern für die Presswerke. Bis Anfang der 90er-Jahre gab es auch noch keine CD-Brenner. Für das Premastering wurde ein digitaler Schnittplatz benötigt. Dies war beispielsweise ein DAE-1100 von Sony. Mit Hilfe der Sony PCM-Konverter PCM-1610 oder PCM-1630 und U-Matic DMR-2000 oder DMR-4000, sowie dem Tape-Analyser DTA-2000 konnte ein CD-Premastering durchgeführt werden. Hierbei wurden die Audiodaten mit Hilfe der PCM-Konverter entsprechend der Red-Book-Spezifikation aufbereitet und als Videosignal auf das U-Matic Band geschrieben (siehe Abbildung 15.1-1 und 15.1-2). Anschließend wurde das Band mit dem DTA-2000 bezüglich Aufzeichnungsfehler analysiert. Entsprachen die Vorgaben dem Red-Book Standard, konnte das U-Matic Band zum Presswerk geschickt werden. Die Fehlervorgaben lauten (Siehe hierzu auch Kapitel 8.4.1.4):

- weniger als 3% Fehler am Eingang des C1-Decoders innerhalb beliebiger 10s. Dies entspricht maximal 2205 Fehlern innerhalb der 10 Sekunden.

Abb. 15.1-1: "Altes" CD-Mastering Equipment: Von oben nach unten: DTA-2000, PCM-1630 und DMR-2000 (© MSM, München)

Abb. 15.1-2: Videosignal eines PCM-1610 Wandlers auf dem Bildschirm

- maximal ein fehlerhaftes Symbol am Eingang des C2-Decoders
- weniger als 7 aufeinander folgende unkorrigierte C1-Blöcke

Die drei eben genannten Bedingungen bedeuten in der Praxis, dass jeder auftretende Fehler 100% korrigiert werden kann. Daher wurden oft auch zusätzlich die folgenden Bedingungen an das Mastering gestellt, die sich jedoch automatisch aus oben genannten Bedingungen ergeben:

- Keine Interpolationen des Signals
- Kein Halten des letzten Abtastwerts
- Keine Mutes

Diese letzten drei Bedingungen stehen nicht im Red-Book, sind jedoch für ein gutes Master selbstverständlich.

Heute kann man eine CD-DA auf jedem CD-Brenner erstellen. Trotzdem kann man hierbei nie ganz sicher sein, ob diese CD bezüglich der Fehlerraten tatsächlich den Red-Book Spezifikationen entspricht. Presswerke werden die CD trotzdem annehmen und vervielfältigen - im schlimmsten Fall kann es jedoch zu hörbaren Problemen auf der Pressung kommen.

15.1.2 Mastering heute

Neben den technischen Gegebenheiten und dem Wissen um die Formatanforderungen, wird Mastering heute als eine "klangoptimierende Bearbeitung der Stereosumme" verstanden. Stereo (=räumlich) ist hier in der originalen Bedeutung zu sehen und kann auch Surround bedeuten. Im nächsten Kapitel sind die heutigen Aufgaben eines Masteringstudios näher beschrieben.

15.2 Aufgaben des Masterings in der heutigen Zeit

15.2.1 Einspielen der Signale

Ein Masteringstudio sollte über alle möglichen Zuspieler verfügen, so dass Signale unterschiedlichster Herkunft in die digitalen Workstations überspielt werden können. Die Formatvielfalt ist hierbei groß (siehe Abbildung 15.2-1):

Für das Mastering:

- Analogband 1/4 Zoll bis 2 Zoll,
  - Wiedergabeentzerrung nach DIN oder NAB
  - Bandgeschwindigkeiten bis 76cm/s
  - Rauschunterdrückung: Dolby A, SR oder telcom c[4]
- Stereo Digitalmedien: DAT, CD-DA, DASH, U-Matic

Analoge Zweispurmaschine mit Dolby A/SR

Professioneller Studioplattenspieler

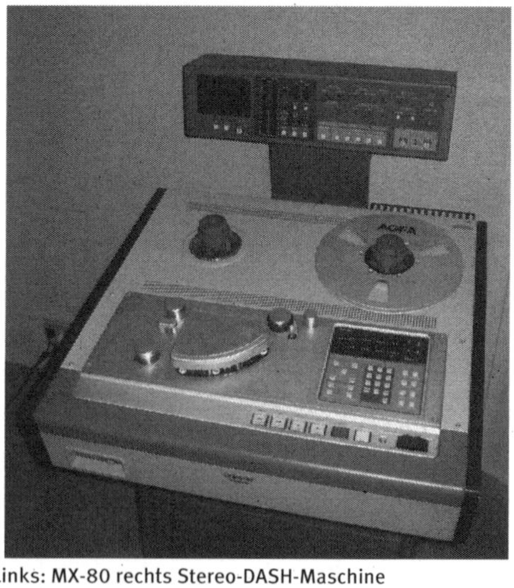

Digitale Zweispurmaschinen als Masteringzuspieler: Links: MX-80 rechts Stereo-DASH-Maschine

Abb. 15.2-1: Unterschiedliche Zuspieler für Masteringstudios (© MSM, München)

- Mehrkanaldigitalmedien: DA88, DA98HR
- Dateien in verschiedenen Fileformaten und auf unterschiedlichsten Medien: CD-ROM, DVD-ROM, MOD (Magneto Optical Disc), AIT (Advanced Intelligent Tape), Festplatte, Speicherkarten, Filetransfer.
  Für ein gutes Mastering ist hierbei immer eine möglichst hohe Audioqualität der Dateien erforderlich.

Für die Restaurierung:

- Compact-Cassette, Tonband
  Verschiedene Rauschunterdrückungssysteme: Dolby A, B, C, S, SR oder Telcom c[4]
- Schallplatte oder Schellackplatte

"Ungeeignete" Formate:

- MP3, Minidisc oder andere datenreduzierte Formate, weil die Ergebnisse aufgrund der fehlenden Daten niemals so gut, wie bei nicht datenreduzierten Formaten sein können.

Die Signale aller analogen Zuspieler werden früher oder später digitalisiert. Dazu sollten sehr hochwertige und sauber getaktete A/D-Wandler vorhanden sein. Ein Digitalformat wird digital kopiert, so dass keine erneute Wandlung vorgenommen werden muss.

15.2.2 Technische Korrekturen

Zu den technischen Korrekturen eines Signals gehören alle Bearbeitungsschritte, die ein Signal zunächst so aufbereiten, dass es technisch gesehen fehlerfrei ist und somit klanglich weiterbearbeitet werden kann. Dies können sein:

- Entfernen eines Gleichspannungsanteils im Signal
- Entfernen von kleinen und größeren Knacksern, die bei Leitungsstörungen sowohl im analogen als auch digitalen Signalweg aufgetreten sein können
- Entfernen von Brummsignalen aufgrund unsauberer Verkabelung oder Masseschleifen.
- Entfernen von Pfeiftönen von Fernsehmonitoren oder Schaltnetzteilen
- Umsetzen von M/S auf Stereosignale
- Entfernen oder Hinzufügen einer Emphasis zum Signal

15.2.3 Formatbearbeitung

Soll ein digitales Signal auf CD-DA gepresst oder gebrannt werden, so muss der "Red-Book" Standard eingehalten werden (siehe Kapitel 8.4). Das bedeutet unter anderem, dass die Abtastrate 44,1kHz betragen, und die Wortbreite 16-Bit sein muss. Sollte das Signal in einem anderen Format vorliegen, so muss eventuell eine Abtastratenkonvertierung (siehe Kapitel 7.10.3) oder eine Reduktion der Wortbreite (siehe Kapitel 7.10.2). erfolgen.
In beiden Fällen sollte ein Rechenalgorithmus gewählt werden, der möglichst geringe Unterschiede zwischen dem Original und der konvertierten Version aufweist.

In manchen Fällen kann es vorkommen, dass aus einer Monomischung eine Stereomischung werden muss oder aus Stereo eine Surroundmischung. Diese "Fake-Formate" (engl. Fake: gefälscht) sollen den Marktwert einer Produktion erhöhen, indem sie dem Käufer eine höhere Kanalanzahl - und somit einen scheinbar besseren Klang - vortäuschen. In den Anfängen der DVD-Produktion wurden auf diese Weise auch viele Käufer verärgert, da dem geschulten Ohr schnell auffiel, dass es sich nicht um eine echte Surroundmischung handelte.
Inzwischen werden zum Glück mehr und mehr Fake-Formate - allerdings mit klangvollen Namen - als solche gekennzeichnet.

15.2.4 Dynamikbearbeitung

Die Dynamik einer hochwertigen Produktion liegt weit über dem, was eine CD-DA gut wiedergeben, und auch weit über dem, was der normale HiFi-Hörer in seinen heimischen vier Wänden anhören kann. So kommen analoge Masterbänder auf 95-100dB Dynamik, und auch 24-Bit Wandler schaffen 100-110dB.
Auf der CD-DA können guten Gewissens nur 60-70dB Dynamik gespeichert werden, und auch auf einer DVD mit 24-Bit gibt eine höhere Dynamik meist nicht viel Sinn. Wer wird schon seine HiFi-Anlage zu Hause an der lautesten Stelle bis zur Schmerzgrenze aufdrehen, um dann trotzdem bei 100dB leiseren Passagen nur noch das Grundgeräusch in seinem Wohnviertel zu hören?
Zur Dynamikbearbeitung selbst gibt es nicht viel zu sagen. Leise Stellen sollen lauter gemacht werden, ohne dass es dem Hörer direkt auffällt. Störende Nebeneffekte wie Pumpen oder Rauschfahnen dür-

fen auf keinen Fall auftreten. Der Masteringingenieur kann mit Hilfe verschiedenster Pegelmessgeräte und seinen Ohren die erfolgreiche Dynamikeinschränkung kontrollieren, und den Musiktitel somit "spielbarer" für die meisten Konsumenten machen. Im Extremfall kann die Dynamik auch in mehreren Pegel- und Kompressionsvorgängen nahezu auf 0dB eingeschränkt werden, so dass alle Stellen eines Titels gleich laut wirken.

Heute gibt es oft die Meinung "Lauter ist besser". Hierbei wird von den Plattenlabels gefordert, dass eine CD nach Möglichkeit lauter beim Zuhörer ankommt, als andere CDs. Extremste Dynamikbearbeitungen bis hin zu kontrolliertem Clipping sind die Maßnahmen, mit denen man dies erreichen kann. Über die Klangästhetik des Endergebnisses lässt sich allerdings streiten. Ein guter Masteringingenieur weiß jedoch auch, wann es zu viel ist, und ist in der Lage die Dynamik so einzuschränken, dass weiterhin ein klanglich wertvolles Ergebnis herauskommt.

Geräte zur Dynamikbearbeitung sind Kompressoren, Limiter und teilweise auch Geräte aus der Radiotechnik, die eine möglichst hohe Modulation auf den Sender bringen sollen. Im Gegensatz zu den Studiogeräten lassen sich bei den Kompressoren im Masteringbereich die Parameter feiner und wiederholbarer einstellen und hochwertigere Geräte kommen zum Einsatz.

15.2.5 Klangbearbeitung

Das Wissen um die klanglichen Verbesserungsmöglichkeiten wird ausgeschöpft, um eine Mischung möglichst vielseitig abspielbar zu machen:

- Eine Mischung muss auf allen Lautsprechern gleich gut klingen. Ob die Wiedergabe durch einen Radiowecker oder eine teure HiFi-Anlage erfolgt, sollte dem Hörer nicht direkt auffallen. Selbstverständlich ist es nicht möglich, auf einem Radiowecker den gleichen Klang wie auf einer HiFi-Anlage hinzubekommen, aber es kann dafür gesorgt werden, dass gerade auf schlechteren Anlagen nicht zu viel verloren geht.
- Eine Mischung sollte radiokompatibel sein. Radiosender arbeiten mit extremer Dynamikbearbeitung und Verzerrern. Das bedeutet, dass ein Musiktitel schnell von diesen Geräten "verdorben" werden kann. Pumpen und scharfer Klang sind die Folge. Wird eine Mischung entsprechend gemastert, so bekommen die Dynamikbearbeitungsstufen im Radio nicht mehr viel zu tun, und können das Signal kaum noch schlechter machen.
- Eine Mischung sollte fehlerfrei sein. Kleine Knackser oder andere Störgeräusche sind oft noch vorhanden. Im Masteringstudio werden diese entfernt und auch sonst hörbare Fehler beseitigt.
- Ein Album sollte in sich stimmig klingen. Ob es sich um eine Compilation handelt oder das Album eines Künstlers - die einzelnen Titel sollten sich klanglich nicht zu stark voneinander abheben. Während des Masteringprozesses werden die Pegel und der Gesamtklang der einzelnen Titel aufeinander abgestimmt. Teilweise wird sogar die Reihenfolge der Titel neu festgelegt.
- Alte Aufnahmen sollen restauriert werden. Dazu werden Rauschen, Knackser, Brummen und andere Störgeräusche minimiert.
  Das Masteringstudio hat in der Regel alle notwendigen Geräte für eine klanglich gute Restaurierung. Durch die Erfahrung mit modernen Produktionen könnte man auch ältere Aufnahmen wieder modern klingen lassen. Weiterhin gelingt es dem Masteringingenieur meistens, eine alte Aufnahme nicht nur technisch zu restaurieren (klanglich ist sie dann jedoch eventuell "tot"), sondern auch noch möglichst beim Originalklang zu bleiben, so dass die Aufnahme auch künstlerisch weiterhin wertvoll ist.

Soll ein Album vervielfältigt werden, so müssen die Formatvorgaben stimmen. Das Masteringstudio kennt diese und kann ein konformes Format zu den Presswerken schicken.

Bei der Klangbearbeitung legt der Masteringingenieur Wert darauf, eine Mischung so zu perfektionieren, dass sie dem entsprechenden Musikstil klanglich gerecht wird.
Hierzu sind folgende Geräte - auch in komplizierten Kombinationen - im Einsatz:

- Normale Equalizer
- Dynamische Equalizer: Diese ändern den Klang in Abhängigkeit der Lautstärke eines Signals. Beispielsweise könnten leisere Passagen mehr Bass und Höhen bekommen, so dass sie bei allen Lautstärken ähnlich gut klingen.

- M/S-Encoder und M/S-Decoder: Mit deren Hilfe ist es möglich, nur die Mitte oder nur die Seite eines Signals zu bearbeiten. Auch getrennte Bearbeitungen in der Mitte und Seite sind möglich. Weiterhin kann durch Verändern des Mittenpegels zum Seitenpegel einfach die Stereobasisbreite verändert werden.
- Hallgeräte: Es kann etwas mehr Raum oder Hall zu dem Stereosignal gegeben werden. Das Weglöschen von zu viel Hall ist jedoch nicht möglich.

Die Klangbearbeitung kann auch erforderlich werden, wenn verschiedene Titel eines Albums in unterschiedlichen Studios aufgenommen und von verschiedenen Ingenieuren gemischt wurden. Für das Album ist ein einheitlicher Gesamtklang gefragt, der zum Teil nur schwierig zu realisieren sein kann.

15.2.6 Pegelbearbeitung

Dieser relativ einfache Schritt des Masterings dient dazu, die verschiedenen Titel einer CD in ein vernünftiges Pegelverhältnis zueinander zu bringen. Oft werden Titel normalisiert angeliefert, und bei der Zusammenstellung auf einer CD erscheinen dann manche Titel zu laut. Auch beim Zusammenstellen von Best-Of-CDs oder Sampler-CDs müssen die unterschiedlichen Titel in der Lautstärke aneinander angepasst werden.

15.2.7 Codieren

Zur Codierung gehören alle Vorgänge, die ein Musiksignal in das Endverbraucherformat bringen. Meistens wird in den Tonstudios und vor allem in den Masteringstudios mit hochauflösenden Signalen (96kHz/24Bit oder besser) gearbeitet. Der Endverbraucher benötigt das Signal jedoch in anderen - an das Medium angepassten - Formaten. Hierzu gehören:

- PCM: für CD: 44,1kHz / 16Bit. Dieser Schritt ist nur notwendig, wenn die Daten noch nicht in diesem Format vorliegen.
  Für DVD und Blu-ray: 48kHz, 96kHz oder auch 192kHz mit einer Wortbreite von 16 oder 24Bit.
- dts: für DVD und Blu-ray
- Dolby Digital: für DVD und Blu-ray
- MLP: für DVD-Audio
- DSD: für SACD
- MP3 / AAC: meist für Internetauftritte

15.2.8 PQ-Editing

Unter PQ-Editing versteht man das Setzen von Track- und Indexinformationen auf einer CD. Weiterhin ist in den PQ-Daten die Information über einen eventuell vorhandenen Kopierschutz, eine Emphasis sowie der ISRC enthalten.

Mit Hilfe des **I**nternational **S**tandard **R**ecording **C**ode (ISRC) wird jeder Track auf einer CD eindeutig identifizierbar. Der ISRC setzt sich folgendermaßen zusammen: CC-LLL-YYXXXXX
Hierbei stehen:

- CC für das Land (DE für Deutschland)
- LLL für das Label
- YY gibt die letzten beiden Ziffern des Erscheinungsjahres an
- XXXXX ist eine Nummer, mit der der Titel eindeutig identifiziert werden kann.

Den ISRC vergibt das Label, bei dem eine CD erscheint. Er muss bekannt sein, bevor das PQ-Editing gemacht werden kann, da dieser Code zu den jeweiligen Tracks auf eine CD gehört. In der so genannten "Labelcopy" (früher auch Matrizenpass genannt) stehen alle notwendigen Informationen, die das Masteringstudio zum Erstellen einer CD benötigt (siehe Abbildung 15.2-2).

Die Buchstaben "P" und "Q" in PQ-Code stehen für die Subkanäle, in denen diese Informationen auf einer CD gespeichert werden. Heute können die

Labelcopy / ISRC Code		**GTM_2005_002**	
Interpret:	Chris Boettcher	**Titel:**	„Geiler Tag"
Format:	Promo-CD		
Bestellnummer:	GTM CDP000003		
Rechte:	Welt	**Jahr:**	2005
VÖ-Datum:	April 2005		

Written by Chris Boettcher.
Produced by Gunnar Graewert for Young & Loud.

(P + C) GTM Good Time Music AG 2005. **LC: 13824**

Distributed by SPV

Tracklist:	Time:	ISRC:
01. „Geiler Tag„ (Geiler Tag Mix)	03:48	DE-AE9-05-00025
02. „Geiler Tag" (Original Mix)	02:57	DE-AE9-04-00013

Abb. 15.2-2: Beispiel einer Labelcopy
(© GTM Good Time Music AG)

meisten Softwareprogramme neben der Audiobearbeitung auch Trackmarken setzen und eine CD direkt brennen. Früher brauchte man hierzu einen speziellen PQ-Editor, der einen "PQ-Burst" ausgeben konnte, welcher als hörbares Audiosignal auf eine Analogspur des U-Matic Bandes gespeichert wurde. Neben den PQ-Daten wird an das Presswerk ein PQ-Sheet geschickt, aus dem alle Informationen noch einmal in Textform hervorgehen (siehe Abbildung 15.2-3).

Client : [redacted]
Project : [redacted]
Title : CD-2-
Date :
WO :

Date Generated: Monday July 5, 2004
Page Number: 1

PQ Log:

Delivery Type:CD, DDP or Image - (CD Times are 75 fps)
Time Format: 30/NDF
PQ Track 1 Offset: 00:00:00:10 PQ Start Offset: 00:00:00:10
PQ Splice Offset: 00:00:00:06 PQ End Offset: 00:00:00:02
PQ MinIndex 0 Width: 00:00:01:00 PQ UPC/EAN CODE: [redacted]

PQ Track / Index Information:

T	X	TITLE/ISRC	COPY EMPH	NO OFFSET TIME hh:mm:ss:ff	OFFSET TIME hh:mm:ss:ff	OFFSET DURATION hh:mm:ss:ff	CD TIME mm:ss:ff
1							
	0	Pause		-00:00:01:29	-00:00:02:09	00:00:02:00	00:00:00
	1	Track		00:00:00:01	-00:00:00:09	00:05:38:22	00:02:00
					Total:	00:05:40:21	
2	1	Track		00:05:38:18	00:05:38:12	00:04:37:07	05:40:54
					Total:	00:04:37:07	
3	1	Track		00:10:15:26	00:10:15:20	00:04:04:16	10:17:72
					Total:	00:04:04:16	
4	1	Track		00:14:20:12	00:14:20:06	00:04:44:06	14:22:37
					Total:	00:04:44:06	
5	1	Track		00:19:04:18	00:19:04:12	00:03:34:20	19:06:53
					Total:	00:03:34:20	
6							
	0	Pause		00:22:39:01	00:22:39:03	00:00:01:07	22:41:30
	1	Track		00:22:40:19	00:22:40:09	00:03:20:04	22:42:47
					Total:	00:03:21:10	
7		[redacted]					
	0	Pause		00:26:00:11	00:26:00:13	00:00:01:01	26:02:56
	1	Track		00:26:01:21	00:26:01:15	00:03:38:21	26:03:60
					Total:	00:03:39:22	
8	1	Track		00:29:40:12	00:29:40:06	00:04:00:12	29:42:39
					Total:	00:04:00:11	
9	1	Track		00:33:40:24	00:33:40:18	00:03:54:28	33:42:68
					Total:	00:03:54:27	
10	1	Track		00:37:35:22	00:37:35:16	00:03:33:00	37:37:63
					Total:	00:03:33:00	
11	1	Track		00:41:08:27	00:41:08:16	00:03:06:10	41:10:64
					Total:	00:03:06:10	
12	1	Track		00:44:15:02	00:44:14:26	00:03:45:06	44:17:14
					Total:	00:03:45:06	
13							
	0	Pause		00:48:00:01	00:48:00:03	00:00:01:03	48:02:30
	1	Track		00:48:01:11	00:48:01:05	00:03:55:04	48:03:36
					Total:	00:03:56:06	
14	1	Track		00:51:56:15	00:51:56:09	00:03:10:21	51:58:46
					Total:	00:03:10:20	
15	1	Track		00:55:07:06	00:55:07:00	00:03:39:25	55:09:23
					Total:	00:03:39:25	
16							
	0	Pause		00:58:46:23	00:58:46:25	00:00:01:22	58:49:11
	1	Track		00:58:48:27	00:58:48:17	00:03:53:18	58:50:66
					Total:	00:03:55:09	
17		[redacted]					
	1	Track		01:02:42:11	01:02:42:05	00:04:16:03	62:44:36
					Total:	00:04:16:03	
18	1	Track		01:06:58:15	01:06:58:09	00:03:40:13	67:00:45
					Total:	00:03:40:12	
19	1	Track		01:10:38:28	01:10:38:22	00:03:00:29	70:41:02
					Total:	00:03:00:28	
		LeadOut		01:13:39:18	01:13:39:20		73:41:73
Total:						01:13:41!29	

Abb. 15.2-3: PQ-Sheet

15.2.9 Authoring

Unter Authoring versteht man das Zusammenstellen der verschiedenen Elemente eines multimedialen Datenträgers. Hierzu gehört auch die Programmierung von Menüs und die interaktive Benutzerführung.
Beim Authoring muss folgendes stattfinden:

- Kontrolle auf Vollständigkeit aller Daten, die für das Zusammenstellen erforderlich sind (Texte, Videomaterial, Bilder, Audiodateien).
- Kontrolle der Daten auf Qualität und Fehler. Das Audiomaterial sollte beim Einspielen mitgehört, das Video und Bildmaterial einer Sichtkontrolle unterzogen und die Texte gegebenenfalls mit einer Rechtschreibkorrektur überprüft werden.
- Programmieren der Menüstruktur und der interaktiven Benutzerführung
- Berechnen der möglichen Bilddatenrate infolge der gleichzeitig laufenden Tonspuren
- Codieren der Tonspuren und des Bildmaterials.
- Erstellen eines Images
- Prüfen des Images auf Lauffähigkeit

Hierbei ist viel Praxiserfahrung notwendig, um ein reibungsloses Authoring durchzuführen, welches am Ende auch zu einem gut funktionierenden Datenträger führt.

15.2.10 Erstellen des Images

Sind die Audiodateien und alle Zusatzinformationen im richtigen Datenformat codiert, so können diese in der korrekten Reihenfolge und mit Zusatzinformationen versehen, zu einem "Image" kombiniert werden. Der Begriff "Image" bedeutet, dass man ein Abbild der fertigen CD oder DVD schafft, welches zum Presswerk geschickt werden kann. Weiterhin ist es mit Hilfe des Images möglich bereits vor der Pressung zu testen, ob die CD / DVD so klingt und sich bezüglich der Menüführung so verhält, wie man es beabsichtigt hat.

15.2.10.1 CD-DA Masteringformate

Für die Standard-CD-DA, die nach wie vor das meist genutzte Medium für Audioformate ist, kann das Master in folgenden Formaten beim Presswerk eingereicht werden:

- U-Matic: Dies ist ein mittlerweile veraltetes Format und wird in der Regel von den Presswerken nicht mehr akzeptiert.
- DDP-Master: Das **D**isc **D**escription **P**rotocol, das mittlerweile immer mehr digitale Audioworkstations direkt ausgeben können, wird in der Regel auf Exabyte-Bändern zum Masteringstudio geschickt. Es ist ein sehr zuverlässiges Format, das eine hundertprozentige Kontrolle darüber gibt, ob die gemasterten Daten korrekt beim Presswerk angekommen sind. Da es jedoch keine Exabyte-Laufwerke mehr gibt, wird DDP zunehmend von DDPi abgelöst.
- DDPi: Dieses Format ist vergleichbar mit DDP, jedoch nicht an das Medium Exabyte gebunden. Es kann auf CD-ROM, DVD-ROM oder auch als Filetransfer verschickt werden.
- CD-R: Auch gebrannte CDs, die im "Disc-At-Once"-Modus gebrannt wurden, werden als Master angenommen, weisen jedoch eine gewisse Problematik auf: Grundsätzlich sind nur bestimmte Fehlerraten auf der CD-R seitens des Presswerks zugelassen und diese sollten auch bei der Kopie auf das Glasmaster überprüft werden. Geschieht dies jedoch nicht, dann können die gepressten CDs alle einen möglicherweise hörbaren Fehler aufweisen.

  Da es dem normalen Heim-Anwender nicht möglich ist, die gebrannte CD-R auf Fehler hin zu untersuchen, ist immer eine Ungewissheit vorhanden, ob die CD-R tatsächlich den Anforderungen entspricht oder vom Presswerk zurückkommt.

  Für eine qualitativ gute CD-R muss man die richtige Kombination aus Brenner und Rohling finden. Hierbei empfiehlt es sich, ausschließlich Markenbrenner und Markenrohlinge zu kombinieren. Die Brenngeschwindigkeit ist hingegen meistens unkritisch.

  Die gebrannte CD-R sollte anschließend auf "kritischen" Playern ausprobiert werden. Dies sind Player, die häufig Probleme, wie Aussetzer, Sprünge oder Startschwierigkeiten bei CD-Rs haben. Sollte die CD-R auf so einem Brenner nicht gut laufen, so ist eine andere Kombination aus Brenner und Rohling auszuprobieren. Sollte sie gut laufen, ist die Wahrscheinlichkeit groß, dass diese CD-R im Presswerk auch funktioniert.

  Der Test über ein professionelles CD-Testsystem ist ebenfalls möglich, jedoch teuer.

Alle anderen Formate, wie zum Beispiel DAT sind keine direkt vom Presswerk verwendbaren Masterformate und müssen im Presswerk umkopiert werden. Dazu ist es erforderlich, dass eine genaue Trackliste, sowie eine Angabe der Reihenfolge und der Pausen vorhanden ist. Weiterhin ist darauf zu achten, dass die Abtastfrequenz 44,1kHz beträgt, da sonst eine zusätzliche Abtastratenwandlung vorgenommen werden muss.

15.2.10.2 SACD Masteringformate

Für eine SACD wird ein AIT-Cutting-Master erstellt, das alle Informationen für die SACD enthält. Das Speichermedium hierfür ist ein AIT (**A**dvanced **I**ntelligent **T**ape).

Soll die SACD als Hybrid-Disc mit SACD- und Red-Book-Layer hergestellt werden, so muss zu dem AIT-Cutting-Master noch ein CD-DA-Master (siehe vorangegangenes Kapitel) angefertigt werden.

15.2.10.3 DVD Masteringformate

Soll eine DVD erstellt werden, muss vor dem Erstellen eines Images das Authoring (siehe Kapitel 15.2.9) stattfinden. Anschließend wird das Image im DDP2.0-Format auf DLT (**D**igital **L**inear **T**ape) überspielt. Hierbei wird eine Kassette pro DVD-Seite und -Schicht benötigt:

- DVD5: 1 Kassette
- DVD9: 2 Kassetten
- DVD10: 2 Kassetten
- DVD18: 4 Kassetten

Bei einer DVD5 oder einer DVD10 ist es auch möglich, die Daten in Form einer (bzw. zwei) DVD-R abzuliefern. Jedoch kann das gleiche Problem entstehen, wie mit den CD-Rs bei der Erstellung von CD-DAs (siehe Kapitel 15.2.10.1).

DVD9 und DVD18 können aufgrund des notwendigen Layerbreaks nicht in Form von DVD-R abgegeben werden.

15.2.11 Vervielfältigung im Presswerk

Für kleinere Auflagen bis etwa 200 Stück erfolgt die Vervielfältigung in der Regel durch das Anfertigen einzelner, gebrannter CDs oder DVDs. Um dies kosteneffizient zu realisieren, gibt es Kopierroboter, die eine bestimmte Menge an Rohlingen automatisch bedrucken und brennen können. Somit können über Nacht 50-100 Datenträger automatisch erstellt werden.

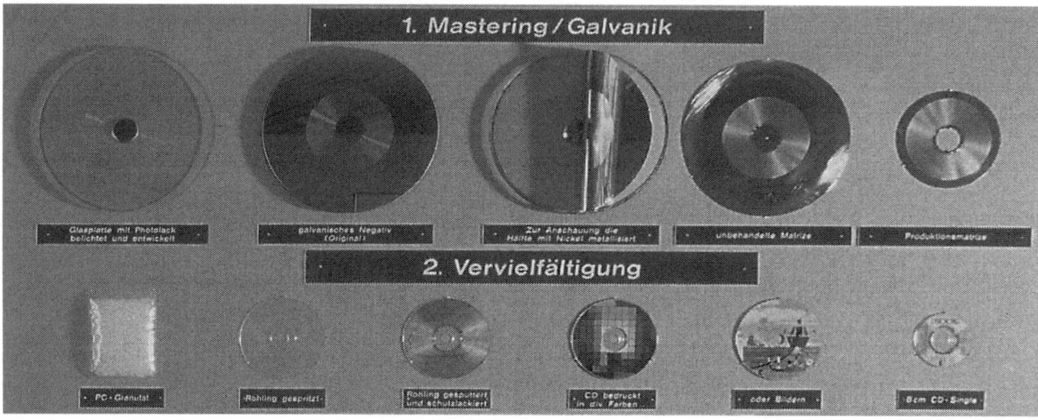

Abb. 15.2-4: Herstellungsweg einer CD im Presswerk (© Sonopress GmbH)

Für größere Auflagen ab 500 Stück lohnt sich das Pressen einer CD (siehe Abbildung 15.2-4).

Hierbei wird zuerst ein "Glasmaster" erstellt. Dabei handelt es sich um eine Glasplatte, die mit einem photoempfindlichen Lack beschichtet ist und mit einem Laserbeamrecorder belichtet wird. An den belichteten Stellen kann der Photolack durch einen chemischen Entwicklungsprozess entfernt werden.

Anschließend wird das noch durchsichtige Glasmaster auf galvanischem Wege mit Nickel beschichtet, um eine Negativform herzustellen. Dies ist der so genannte "Vater", mit dem man bereits CDs pressen könnte.

Da jedoch das Glasmaster beim Herstellen des Vaters zerstört wird, wird der Vater als Vorlage für das eigentliche Werkzeug genommen. Von ihr stellt man in weiteren galvanischen Prozessen eine "Mutter" (wieder eine Positivform) und einen "Sohn" (die eigentliche negative Pressmatrize) her. Bei großen Auflagen können auch mehrere "Söhne" erzeugt werden, da ein "Sohn" nur ein paar zehntausend Pressungen hält.

Der "Sohn", also die pressfertige "Matrize", oder auch "Stamper" genannt, wird zugeschnitten und kommt in die Pressmaschine. Dort wird flüssiges Polycarbonat eingespritzt, so dass ein durchsichtiger CD-Rohling entsteht, auf dessen Oberseite sich - durch die Matrize eingeprägt - die Dateninformation befindet.

Der Rohling wird "gesputtert", das heißt, mit einer reflektierenden Schicht aus Aluminium oder Gold beschichtet, um die Dateninformationen für den CD-Player lesbar zu machen.

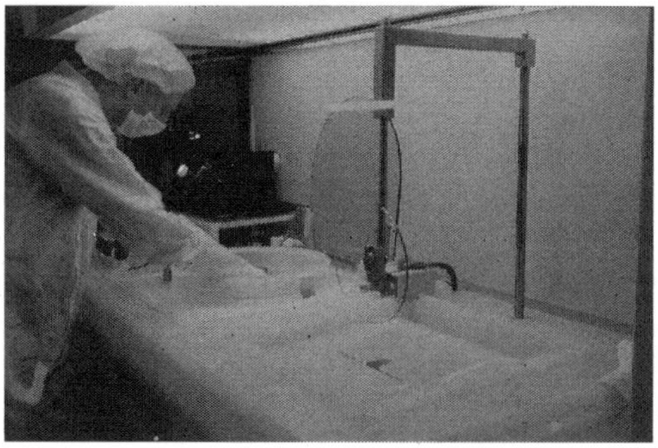

Abb. 15.2-5: Vorbereiten der Glasplatte (etwas rechts der Mitte im Bild zu sehen) (© Sonopress GmbH)

Abb. 15.2-6: Nach der Galvanik: Die unbeschnittene Matrize (Stamper) als Negativ von der "Mutter" (© Sonopress GmbH)

Abb. 15.2-7: Die pressfertige Matrize (Stamper) (© Sonopress GmbH)

Abb. 15.2-8: Sputtern der CDs. Links die durchsichtigen Rohlinge. Rechts die silbern beschichteten CDs (© Sonopress GmbH)

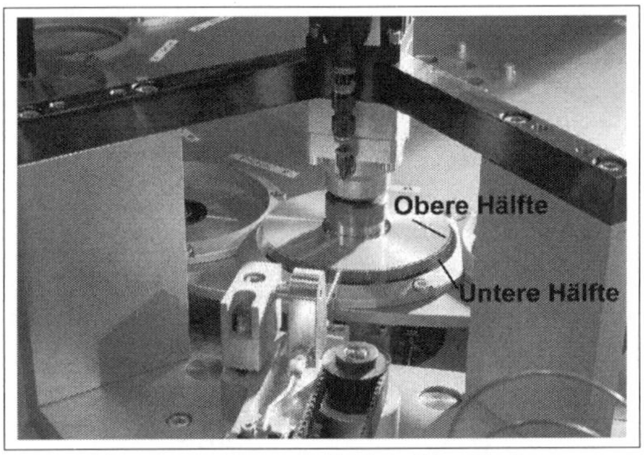

Abb. 15.2-9: Zusammenkleben (Bonding) von zwei Hälften einer DVD (© Sonopress GmbH)

Abb. 15.2-10: Siebdruckbeschriftung auf der CD/DVD. Links und rechts wird jeweils eine andere Farbe gedruckt (© Sonopress GmbH)

Bei DVDs kommt an dieser Stelle das "Bonding" hinzu, also das Zusammenkleben der einzelnen Datenschichten zu einer fertigen DVD.

Im vorletzten Schritt wird ein Schutzlack auf die Oberfläche aufgebracht und das Label aufgedruckt (nicht bei DVD10 und DVD18).

Am Schluss erfolgt die automatische Konfektionierung, das heißt, das Hinzufügen des Booklets, Verpacken in ein Jewel-Case und das Cellophanieren der fertigen CD.

15.3 Aufbau eines Masteringstudios

Im Aufbau eines Masteringstudios fällt eines sofort auf: es gibt keinen Aufnahmeraum. Dieser ist auch nicht notwendig, da nur fertige Mischungen abgehört und verbessert werden sollen.

Masteringstudios sollten eine nahezu perfekte Akustik aufweisen, denn nur unter diesen Bedingungen ist es möglich, alle Feinheiten eines Mixes zu hören, und die Eingriffe des Masterings optimal kontrollieren zu können. Das bedeutet, dass das Masteringstudio eine Akustik für alle anfallenden Aufgabenbereiche zur Verfügung stellen muss. Dazu gehören Mono-, Stereo- und Surroundmischungen. Dies wird entweder durch mehrere Studios oder durch eine ausgeklügelte Akustik für alle Anwendungsbereiche realisiert.

Neben der Akustik muss mindestens ein Satz linearer Lautsprecher zur Verfügung stehen. Der linear zu übertragende Frequenzgang sollte von 20-20000 Hertz reichen, ohne dass zu starke Abweichungen vorkommen. Es bleibt hier den Ansprüchen des Masteringingenieurs überlassen, ob er sich bereits mit Frequenzgangfehlern von ±3dB zufrieden gibt oder ob er die Toleranzen innerhalb von ±1dB halten möchte.

Neben der großen Abhöre sollte es eine oder mehrere HiFi- oder High-End-Abhören geben, die den Standard in den heimischen Wohnzimmern repräsentieren.

Auch hochwertige Kopfhörer dienen einer detailgenauen Kontrolle des Musikmaterials. Mit ihnen können schneller saubere Schnitte, Knackser oder das Grundrauschen beurteilt werden.

Es muss eine Umschaltmatrix vorhanden sein, mit der es möglich ist, sehr schnell verschiedene analoge und digitale Signalquellen im direkten Vergleich zueinander hören zu können.

Weiterhin sollte diese Matrix in der Lage sein, zwischen verschiedenen Geräteanordnungen hin- und her zu schalten. So kann schnell beurteilt werden, ob der eingesetzte Kompressor, Hall oder Equalizer den gewünschten Effekt bringen.

Im Masteringstudio sollte es möglich sein, so gut wie jedes angelieferte Tonformat in den Computer zu überspielen. Daher muss der Gerätepark neben modernen Digitalmaschinen auch alte oder bereits antike Analogmaschinen beinhalten. Auf diese Weise schafft sich ein Masteringstudio auch automatisch einen zusätzlichen Markt, indem es in der

Abb. 15.3-1: Typischer Arbeitsplatz eines Masteringingenieurs

Abb. 15.3-2: Outboardequipment im Masteringstudio. In der Mitte sind die Signalumschalteinheiten (jeweils mit zwei silbernen Knöpfen) zu sehen.

Lage ist, die meisten alten Formate auf moderne Medien zu überspielen.

Der Arbeitsplatz eines Masteringingenieurs ist zentral am idealen Abhörpunkt zwischen den Boxen angesiedelt. Alle wichtigen Geräte zur Klangbearbeitung sollten sich in Reichweite befinden, so dass die Abhörposition nicht verlassen werden muss, wenn Einstellungen vorgenommen werden.

Aufgrund der Geräuschentwicklung sollten alle Maschinen mit Lüftern (Workstations, Server, Endstufen) in einem separaten Maschinenraum untergebracht werden. Hierbei entstehen zwar neue Kabelwege, jedoch ist ein möglichst niedriges Grundgeräusch im Studio beim Mastering wichtiger. Außerdem hat man dadurch eine geringere Erwärmung des Studios durch die ausgelagerten Geräte.

Video und Mehrkanalzuspieler — Vier Stereo-Endstufen und die aktive Frequenzweiche für eine 3-Wege Abhöre — Server, RAID und zentrale Patchbay

Abb. 15.3-3: Geräte mit Geräuschentwicklung werden im Maschinenraum oder außerhalb des Studios platziert

Kapitel 16 - Messtechnik

16 Messtechnik

16.1 Grundlagen der Messtechnik

Wer kennt nicht den Ausspruch „Wer viel misst, misst Mist“? Dieser Satz hat durchaus seine Berechtigung, auch wenn er meist von Leuten angewandt wird, die mit der Messtechnik nicht viel zu tun haben. Man muss schon genau wissen, was man messen möchte, bevor man eine erfolgreiche und aussagekräftige Messung durchführen kann.

So ist beispielsweise eine allgemein verbreitete Meinung, dass man mit Hilfe eines Messmikrofons, das an einen Realtime-Terzbandanalyser angeschlossen ist und mit Hilfe eines Rauschgenerators, der rosa Rauschen auf die Lautsprecheranlage gibt, den Frequenzgang des Lautsprechers im Raum bestimmen könne. Weiterhin soll der Frequenzgang mittels eines Terzbandequalizers korrigiert werden. Diese Vorgehensweise ist allerdings in mehrfacher Weise falsch:

- Der Rauschgenerator erzeugt kein Signal, das mit der Musik, die später über die Lautsprecher abgestrahlt werden soll, vergleichbar ist. Somit werden der Lautsprecher und der Raum statisch angeregt und nicht mit sinusförmigen und impulsartigen Komponenten wie bei echter Musik.
- Das Messmikrofon und der Analyser nehmen nicht nur das Direktsignal des Lautsprechers auf, sondern - je nach Abstand zur Schallquelle - auch die Rauminformation.
- Kammfilter - also schmalbandige Einbrüche im Frequenzspektrum - sind auf einem Terzanalyser nicht zu erkennen. Gerade diese Einbrüche haben jedoch starke Auswirkungen auf die Lokalisation und den Gesamtklang.
- Mit einem Terzbandequaliser kann nur das Direktsignal, das über den Lautsprecher abgegeben wird, korrigiert werden. Da in der Messung jedoch auch ein (starker) Raumanteil vorhanden ist, wird versucht, diesen auch zu korrigieren. Es ist allerdings nicht möglich, eine stehende Welle in einem Raum wegzufiltern. Um sie zu schwächen, müsste absorptives Material an den Wänden angebracht oder ein Helmholtzresonator installiert werden. Nur mit einem Equalizer kann man die Raumakustik nicht beeinflussen!

Man erkennt anhand der vielen Fehler, die man schon bei dieser relativ einfachen Messung machen kann, wie wichtig es ist, sich genau mit der Materie auszukennen. Wie die eben genannte Messung korrekt durchgeführt wird, ist in Kapitel 16.5 beschrieben.

16.1.1 Grundlagen der Amplituden- und Phasenmessung

Bei der Messung von Amplitudenfrequenzgängen (meist auch kurz Frequenzgang genannt) und Phasenfrequenzgängen (Phasengang) ist grundsätzlich immer nur eine relative Messung möglich. Das heißt, es wird nicht wirklich der Frequenz- bzw. Phasengang eines Gerätes bestimmt, sondern nur der Unterschied zu einem Messsignal. Daher ist es von besonderer Bedeutung, dass das Messsignal genauestens bekannt ist. Der Frequenz- und Phasengang des Messsignals muss hierbei nicht zwingend linear sein, nur die genaue Kenntnis des Signals ist wichtig.
Um weitere Fehler in der Messung zu vermeiden, sollte jedoch das Messequipment möglichst linear sein, da sonst zu viele Korrekturen vorgenommen werden müssen.

Grundsätzlich kann eine Frequenzgangmessung auf zwei verschiedene Weisen durchgeführt werden:

16.1.1.1 Frequenzgangmessung im Frequenzbereich

Bei der ersten Methode der Frequenzgangmessung wird direkt mit einzelnen Sinusfrequenzen gemessen. Das heißt, das Messsignal ist ein Sinuston, dieser wird durch die Messstrecke verändert, und am Ausgang kann ein Vergleich mit dem Eingangssignal durchgeführt werden. Die Abbildung 16.1-1 zeigt diesen Messaufbau schematisch.

Der Quotient zwischen der Amplitude des Eingangssignals und der des Ausgangssignals ist der

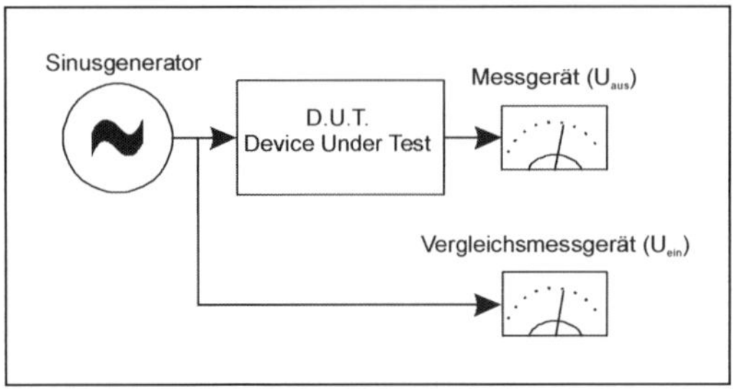

Abb. 16.1-1: Aufbau einer Frequenzgangmessung im Frequenzbereich

Übertragungsfaktor der Messstrecke an dieser Frequenz:

$$H(f) = \frac{U_{aus}(f)}{U_{ein}(f)}$$

mit:
$H(f)$: Übertragungsfunktion der Messstrecke bezogen auf die Frequenz f
f: Frequenz in Hertz, Hz
$U_{ein}(f)$: Eingangsspannung an der Frequenz f
$U_{aus}(f)$: Ausgangsspannung an der Frequenz f

Es kann auch der Pegelunterschied zwischen der Ausgangs- und der Eingangsamplitude gefragt sein. Dieser wird bestimmt mit:

$$L(f) = 20 \cdot \log \frac{U_{aus}(f)}{U_{ein}(f)}$$

mit:
$L(f)$: Pegelunterschied der Messstrecke bezogen auf die Frequenz f

Auf eine vergleichbare Art kann der Phasenwinkel zwischen Ausgangsspannung und Eingangsspannung bestimmt werden. Dieser ist der Zeitunterschied zwischen zwei gleichartigen Nulldurchgängen, umgerechnet in einen Phasenwinkel:

$$\varphi(f) = \frac{t_{aus}(f) - t_{ein}(f)}{T} \cdot 360^{o}$$

mit:
$\varphi(f)$: Phasenverschiebung der Messstrecke (in Grad) bezogen auf die Frequenz f
$t_{ein}(f)$: Zeitpunkt, an dem das Eingangssignal einen bestimmten Nulldurchgang hat (negativ nach positiv oder positiv nach negativ) in Sekunden, s
$t_{aus}(f)$: Zeitpunkt, an dem das Ausgangssignal einen vergleichbaren Nulldurchgang hat (negativ nach positiv oder positiv nach negativ) in Sekunden, s
T: Periodendauer der Frequenz, in Sekunden, s

In dieser Formel wird der Phasenwinkel in Grad berechnet. Soll er im Bogenmaß angegeben werden, so ist anstelle der 360° der Faktor $2 \cdot \pi$ einzusetzen.

Bei sinusförmigen Messsignalen ergibt sich das Problem, dass es sehr schwierig ist, genau zu bestimmen, wann der Nulldurchgang des Eingangssignals wieder am Ausgang herauskommt. Alle Nulldurchgänge sehen genauso aus. Aus diesem Grund wird der Phasenwinkel bei dieser Art der Phasenmessung meist nur zwischen 0° und 359° bzw. ±180° angegeben. Somit sind allerdings z.B. 498° gleichbedeutend mit 138° und die tatsächliche Zeitverzögerung geht aus dem Messergebnis nicht eindeutig hervor.

Soll das Ergebnis der Messung nicht in Amplitude und Phase angegeben werden, sondern als komplexe Größe, dann kann der Übertragungsfaktor H(f) und der Phasenwinkel $\varphi(f)$ mit den folgenden Formeln umgerechnet werden:

$$Re(f) = H(f) \cdot \cos(\varphi(f))$$

$$Im(f) = H(f) \cdot \sin(\varphi(f))$$

Der komplexe Wert c(f) bildet sich nun aus dem Realteil Re(f) und dem Imaginärteil Im(f) mit der Formel:

$$c(f) = Re(f) + i \cdot Im(f)$$

mit:
i: Imaginäre Einheit: $\sqrt{i} = -1$

16.1.1.2 Frequenzgangmessung im Zeitbereich

Eine zweite Methode, eine Frequenzgangmessung durchzuführen, ist die Messung im Zeitbereich. Hierzu wird ein Signal mit einem bekannten Spektrum als Messsignal verwendet. Dies kann beispielsweise ein idealer Impuls sein, der alle Harmonischen als Cosinusschwingungen mit gleicher Amplitude beinhaltet.

Würde man diesen idealen Impuls mit Hilfe der Fouriertransformation (siehe Kapitel 1.1.5) von dem Zeitbereich in den Frequenzbereich umrechnen, so erhielte man seine spektrale Amplituden- und Phasenverteilung und würde sehen, dass tatsächlich alle Harmonischen den gleichen Pegel und die gleiche Phasenlage haben. Die Abbildung 16.1-2 zeigt den schematischen Aufbau dieses Messverfahrens.

Somit ist der ideale Impuls ein sehr einfaches Messsignal - es kann durch ein kurzes Schließen eines elektronischen Schalters erzeugt werden - das zudem ein wohl bekanntes Spektrum aufweist.

Ein idealer Impuls existiert leider nur in der Theorie: Er ist unendlich kurz und unendlich groß. Der elektronische Schalter kann nur einen realen Impuls erzeugen, der endlich lang ist und auch nur eine endliche Spannung hat.

Um nun mit Hilfe des realen Impulses ein ausreichend großes Frequenzspektrum abzudecken, muss er kurz genug sein. Die höchste Frequenz, die in einem Rechteckimpuls (siehe Abbildung 16.1-3) enthalten ist, ist:

$$f_{max} = \frac{1}{t_{Imp}}$$

mit:

f_{max}: höchste Frequenz in einem Rechteckimpuls in Hertz, Hz

t_{Imp}: Länge des Impulses

Allerdings hat dieser Impuls einen Frequenzgang, der nicht mehr viel mit dem idealen Impuls zu tun hat. An der Frequenz f_{max} geht die Amplitude gegen Null! Um den Frequenzgang des Impulses über einen größeren Bereich linear zu halten, muss er so kurz wie möglich sein. Allerdings muss er auch noch von dem Messsystem erfasst werden können, da ansonsten gar nichts für die Analyse zur Verfügung steht.

Am besten wäre ein realer Impuls, der gleichzeitig für das Analysesystem ein idealer Impuls ist. Dies ist erfüllt, wenn er einen Abtastwert lang ist:

$$t_{Imp} = \frac{1}{f_s}$$

mit:

t_{Imp}: Länge des Impulses

f_s: Abtastfrequenz des Messsystems in Hertz, Hz

Die Amplitude der einzelnen Harmonischen ist abhängig von der Analysedauer der Fouriertransformation. Dies beruht auf der Tatsache, dass eine Fouriertransformation der Länge t_F als erste Harmonische $f = \frac{1}{t_F}$ analysieren kann. Dabei gilt: $t_F = \frac{N}{f_s}$. N ist hierbei die Länge der Fouriertransformation in Samples. Bei einer 1024 Samples langen Fouriertransformation mit 48kHz Abtastfrequenz ergibt sich somit ein t_F von 21,33ms.

Alle weiteren Harmonischen ergeben sich wie immer aus den ganzzahligen Vielfachen der ersten Harmonischen. Wird diese Tatsache nun auf den zu analysierenden Impuls angewandt, so wird die erste Harmonische um so tiefer, je länger auch das "Nichts" vor und hinter dem Impuls analysiert wird. Weiterhin bedeutet dies jedoch auch, dass bei einem längeren Analysebereich auch die Anzahl der Harmonischen ansteigt, da die höchste Harmonische genau bei der Abtastfrequenz des Signals liegen muss (in diesem Fall der Analyse wird von einer diskreten Fouriertransformation ausge-

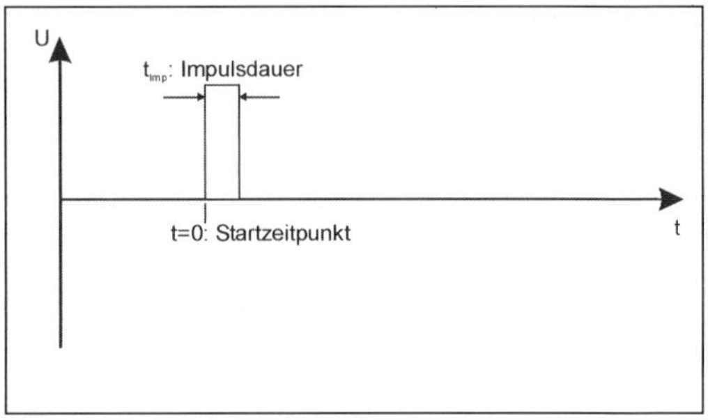

Abb. 16.1-3: "Idealer" Impuls

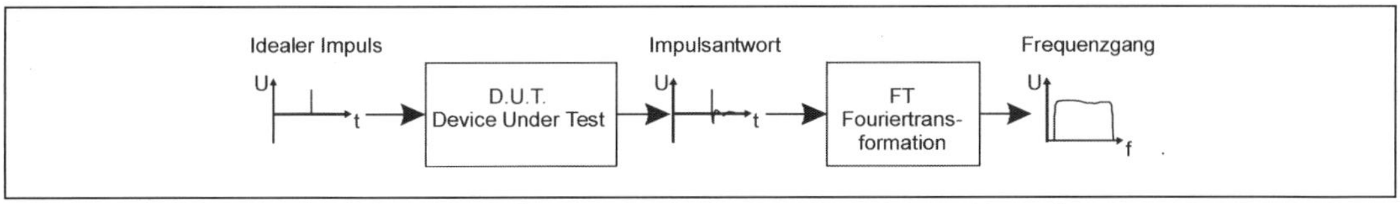

Abb. 16.1-2: Aufbau einer Frequenzgangmessung im Zeitbereich

gangen, die eine Digitalisierung der Signale erforderlich macht). Die Gesamtenergie des Impulses muss sich also bei einem längeren Analysefenster auf mehr Harmonische verteilen. Die Amplitude, die bei einer einzelnen Harmonischen zu erwarten ist beträgt:

$$U_H = \frac{U_{Imp}}{f_s \cdot t_F} = \frac{U_{Imp}}{N}$$

mit:

U_H: Spannung, die eine einzelne Harmonische hat in Volt, V. Man beachte, dass bei einem idealen Impuls alle Harmonischen die gleiche Spannung haben.

U_{Imp}: Amplitude (Spitzenwert) des Impulses in Volt, V

t_F: Analysedauer in Sekunden, s

f_s: Abtastfrequenz in Hertz, Hz

N: Anzahl der Abtastwerte, die für die Fouriertransformation verwendet werden

Ein Impuls mit 1V Spitzenspannung würde somit bei einer Fouriertransformation mit 1024 Abtastwerten eine Spannung von $977 \cdot 10^{-6}$V pro Harmonische ergeben.

Diese Spannung kann man nun als Referenz des Messsignals einsetzen. Werden nun nach der Messstrecke die Amplituden der Harmonischen größer oder kleiner als dieser Wert, so stellt dies die Abweichung von einem linearen Frequenzgang dar.

In der Praxis ist es wichtig, dass der Impuls möglichst die Länge $t_{Imp} = \frac{1}{f_s}$ aufweist, da nur dann die optimalen Analysevoraussetzungen gegeben sind. Wird der Impuls länger, so sinkt die oberste Grenzfrequenz und der Frequenzgang im Nutzbereich wird nichtlinear. Wird er kürzer, kann es passieren, dass er vom Messsystem nicht mehr erfasst wird.

Die Phase des idealen Impulses beträgt bei allen Harmonischen 0°, da, wie oben erwähnt, der Impuls aus lauter Cosinusschwingungen zusammengesetzt wird. In der komplexen Darstellung eines Signals entspricht die Cosinusschwingung dem Realteil der Schwingung, die Sinusschwingung dem Imaginärteil. Besteht also eine Schwingung nur aus Cosinusanteilen, so sind alle Imaginärteile der Schwingung Null. Nach der Phasenformel

$$\varphi(f) = \arctan\left[\frac{Im(f)}{Re(f)}\right]$$

ergibt sich daraus ein Winkel von 0° für alle Harmonischen. Somit ist die Referenz für den Phasenwinkel sehr einfach. Alle resultierenden Phasenwinkel der Messung können direkt als Phasenwinkel der Messstrecke verwendet werden.

Wird ein Signal mit Hilfe der Fouriertransformation in den Frequenzbereich transformiert, so besteht das Ergebnis dieser Rechnung aus komplexen Daten. Das bedeutet, man bekommt nicht direkt Amplituden und Phaseninformationen, sondern Realteile und Imaginärteile der einzelnen Harmonischen, die anschließend in Amplituden bzw. Phaseninformationen umgerechnet werden können. Mit Hilfe der folgenden Formel kann der Frequenzgang in dB berechnet werden:

$$L(f) = 20 \cdot \log\sqrt{Re(f)^2 + Im(f)^2}$$

mit:

L(f): Pegel an der Frequenz f

Re(f): Realteil der Frequenzinformation

Im(f): Imaginärteil der Frequenzinformation

Mit Hilfe der Formel

$$\varphi(f) = \arctan\left[\frac{Im(f)}{Re(f)}\right]$$

kann der Phasenwinkel $\varphi(f)$ berechnet werden. Dieser muss nicht in Bezug auf einen Eingangsphasenwinkel gebracht werden, da dieser Null war.

Der Vollständigkeit halber sei hier noch einmal die diskrete Fouriertransformation angegeben:

$$c(k) = \frac{1}{N} \cdot \sum_{n=0}^{N-1} u(n) \cdot \left[\cos\left(\frac{k \cdot \omega \cdot n}{f \cdot N}\right) - i \cdot \sin\left(\frac{k \cdot \omega \cdot n}{f \cdot N}\right)\right]$$

mit:

u(n): aktueller Abtastwert der Schwingung

n: Nummer des Abtastwertes: 0, 1, 2, ..., N-1

f: Frequenz der 1. Harmonischen in Hertz, Hz. (Tatsache ist, dass sich f im Bruch wegkürzen wird! Dadurch liegt die erste Harmonische bei $\frac{f_s}{N}$ mit f_s: Abtastfrequenz in Hertz, Hz)

ω: Winkelgeschwindigkeit: $\omega = 2 \cdot \pi \cdot f$

k: Nummer der Harmonischen: 0,1,2, ..., $\frac{N}{2} - 1$

N: Gesamtanzahl der zu analysierenden Abtastwerte

wobei wieder gilt:

$$c(k) = Re(k) + i \cdot Im(k)$$

mit:
i: Imaginäre Einheit: $\sqrt{i} = -1$

Bei der Fouriertransformation werden oft Fensterfunktionen eingesetzt, um den Analysebereich nicht plötzlich anfangen und aufhören zu lassen. Da die Fouriertransformation über den Bereich N (auch Fenster genannt) einen rein zufälligen Bereich aus dem Audiosignal herausnimmt und analysiert, kann es an den Anfangs- und Endpunkten zu Sprüngen kommen, da diese nicht zwangsläufig in den Nulldurchgängen des Signals liegen. Diese Sprünge oder auch Knackser führen zu einem verfälschten Analyseergebnis, da sie Frequenzen enthalten, die nicht im eigentlichen Audiosignal vorhanden waren (Das Audiosignal hätte keinen plötzlichen Sprung nach Null gemacht!). Um diesem Problem entgegen zu wirken, legt man so genannte Fensterfunktionen über den Analysebereich. Diese werden mit den zu analysierenden Daten multipliziert und sorgen somit für ein Ein- und Ausblenden des Signals.

Die Abbildung 16.1-4 zeigt diese Problematik. In (a) ist eine Analyse mit einem so genannten Rechteckfenster zu sehen. Das sinusförmige Signal ist an den Blockkanten nicht im Nulldurchgang, weiterhin passt auch keine ganzzahlige Anzahl an Perioden zufällig in das Fenster. Dementsprechend breit sieht nun die Frequenzdarstellung dieses Signals aus, das eigentlich nur aus einer einzigen Frequenz bestehen dürfte. Die Flankensteilheit beträgt nur 6dB/Okt.. Dies wäre mit einer Bandpassfilterung zweiter Ordnung vergleichbar. Um dieses Problem zu umgehen, wählt man eine kompliziertere Fensterfunktion. Das Analysefenster soll nicht einfach ab dem Anfang des Blocks offen und am Ende plötzlich wieder zu sein (Rechteck), sondern langsam auf und zu gehen. Hierfür gibt es verschiedene Fensterfunktionen, die in Tabelle 16.1-1 beschrieben sind. Je nach Wahl der Fensterfunktion lassen sich die Blockkanten mehr oder weniger sanft ein- und ausblenden. Auf diese Weise wird der Analysefehler deutlich verringert, was auch in Abbildung 16.1-4 (b) am Beispiel eines Hanning-Fensters zu sehen ist. Die Flankensteilheit liegt nun bereits bei 18dB/Okt. Dies entspricht Bandpassfiltern 6. Ordnung.
Man sieht deutlich, dass periodische Signale durch die Fensterfunktionen viel besser dargestellt werden. Bei nicht periodischen Signalen, wie es auch Musik ist, trifft dies allerdings nicht zu. In diesem Fall können einmalig auftretende Signalanteile, wie zum Beispiel eine Snare-Drum oder ein anderes perkussives Signal im Ein- beziehungsweise Ausblendbereich des Fensters liegen. Sie würden dann zu schwach oder gar nicht analysiert werden und lieferten somit ein völlig falsches Ergebnis.

Die Fensterung ist also ein sehr effizientes Mittel, um periodische Signale besser analysieren zu können. Für Musik liefert sie oft falsche oder unzuverlässige Ergebnisse (siehe auch Kapitel 16.3.3.1).

16.1.2 Anforderungen an das Equipment

Um aussagekräftige Messungen durchführen zu können, wird ein - für den Messzweck - geeignetes Equipment oder sogar ein amtlich geeichtes Messinstrument benötigt. In den folgenden Kapiteln soll kurz auf die Anforderungen des Messequipments eingegangen werden.

Fenstername	**Funktion:** $(0 \leq n \leq N-1)$	**Störunterdrückung**
Rechteck	$w(n) = 1$	21dB min.
Bartlett	$w(n) = \frac{2n}{N-1}$ für $0 \leq n \leq \frac{N-1}{2}$	25dB min.
	$w(n) = 2 - \frac{2n}{N-1}$ für $\frac{N-1}{2} \leq n \leq N-1$	
Hanning	$w(n) = 0,5 \cdot \left[1 - \cos\left(\frac{2 \cdot \pi \cdot n}{N-1}\right)\right]$	44dB min.
Hamming	$w(n) = 0,54 - 0,46 \cdot \cos\left(\frac{2 \cdot \pi \cdot n}{N-1}\right)$	53dB min.
Blackman	$w(n) = 0,42 - 0,5 \cdot \cos\left(\frac{2 \cdot \pi \cdot n}{N-1}\right) + 0,08 \cdot \cos\left(\frac{2 \cdot \pi \cdot n}{N-1}\right)$	74dB min.

Tab. 16.1-1: Fensterfunktionen

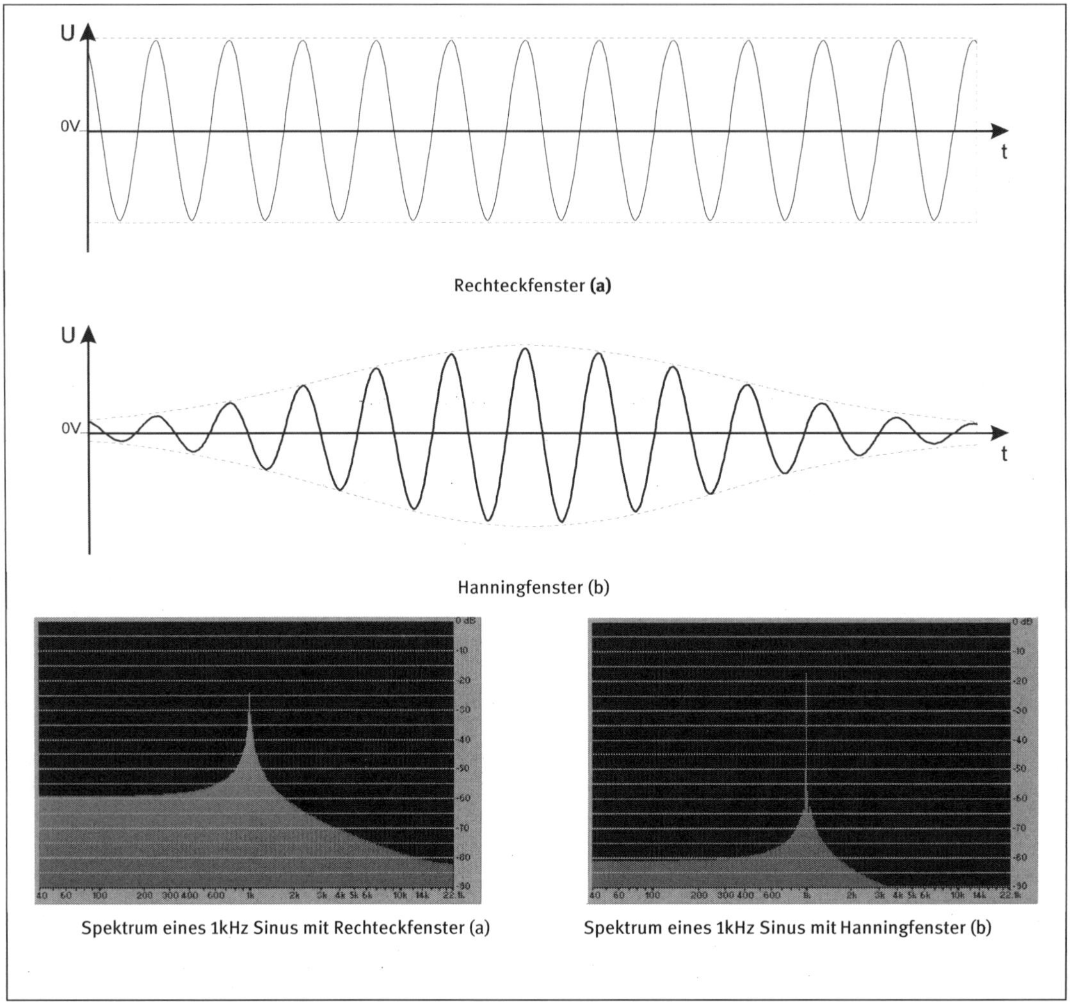

Abb. 16.1-4: Auswirkung der Fensterfunktion auf das Analyseergebnis

16.1.2.1 Signalgenerator

Als Signalgenerator für Messungen können prinzipiell alle Signalquellen verwendet werden, die zur Verfügung stehen. Um jedoch bestimmte Fehlerquellen ausschließen zu können, sollten folgende Mindestanforderungen erfüllt werden:

- Linear (flach) im Messbereich (20Hz - 20kHz)
- Phasenstabil
- Ausreichend Pegel
- Niedriges Grundrauschen
- Geringer Klirrfaktor

Nun sind nicht alle Anforderungen für alle Messungen notwendig. Wenn eine Klirrfaktormessung durchgeführt werden soll, ist beispielsweise der niedrige Klirrfaktor und das niedrige Grundrauschen des Signalgenerators am wichtigsten, Frequenz- und Phasengänge jedoch irrelevant. Für eine Frequenzgangmessung ist wiederum der Klirrfaktor des Gerätes unerheblich usw.

Soll eine Computer-Soundkarte oder ein CD-Player als Signalquelle eingesetzt werden, so muss man sicherstellen, dass diese den Mindestanforderungen für die jeweilige Messung wirklich genügt. Den Angaben des Herstellers ist bei solchen Geräten, die als Messgenerator "missbraucht" werden sollen, eher nicht zu trauen. Daher empfiehlt sich immer der Vergleich mit einem zuverlässigen Messgerät.

16.1.2.2 Signalanalysator

Die gleichen Anforderungen, die für den Signalgenerator gelten, sind auch auf den Signalanalysator anzuwenden. Ob dies ein digitales Multimeter, ein Oszilloskop oder eine Computer-Soundkarte ist, ist egal, solange die Anforderungen wirklich erfüllt werden. Im Zweifelsfall sollten die Messergebnisse mit professionellem, geeichtem Equipment verglichen werden.
Es bleibt anzumerken, dass Frequenzgangmessungen auch mit Geräten durchgeführt werden können, die keinen linearen Frequenzgang haben. Allerdings muss der tatsächliche Frequenzgang der verwendeten Geräte genau bekannt sein, damit dieser bei der Messung als Fehler berücksichtigt und heraus gerechnet werden kann.

16.1.2.3 Messlautsprecher

Für den Messlautsprecher gelten folgende Anforderungen, die je nach Art der Messung erfüllt sein müssen:

- Bekanntes und brauchbares Abstrahlverhalten, um mögliche Raumreaktionen in die Messung mit einzubeziehen.
- Linearer (flacher) Frequenzgang im Messbereich.
- Ausreichend Leistung.

Bei vielen Messungen ist der tatsächliche Frequenzgang des Lautsprechers nicht wichtig, da immer ein Vergleich durchgeführt wird. So können Nachhallmessungen und Isolationsmessungen auch mit Lautsprechern durchgeführt werden, die einen "krummen" Frequenzgang haben. Wichtig ist hierbei nur, dass alle Frequenzen, die in der Messung berücksichtigt werden sollen, auch von dem Lautsprecher abgestrahlt werden können.

16.1.2.4 Messmikrofon

Als Messmikrofon wird bevorzugt ein Kugelmikrofon mit sehr kleinem Membrandurchmesser verwendet. Typische Messmikrofonkapseln haben nur einen Membrandurchmesser von ca. 5mm. Auf diese Weise ergibt sich ein:

- linearer, flacher Frequenzgang von 20Hz bis 20kHz.
- konstantes Polar-Pattern (Kugel).

Die Tatsache, dass kleine Mikrofonkapseln ein höheres Eigenrauschen aufweisen, ist bei den meisten Messungen unwichtig. Sollte das Grundrauschen jedoch relevant sein, so muss auf entsprechend teure Messmikrofone mit hohen Kapselvorspannungen ausgewichen werden. Für die meisten Messungen sind jedoch auch günstige Elektretkondensator-Messmikrofone geeignet.

Wichtig für manche Messungen ist, dass der Feldübertragungsfaktor des Mikrofons bekannt ist. Nur dann kann bei einer bestimmten Ausgangsspannung auch eine Aussage getroffen werden, welchem Schalldruck diese entspricht.

16.2 Grundlegende Messungen

Im folgenden Kapitel sollen einige grundlegende elektrische und akustische Messmethoden vorgestellt werden. Diese sind von der Beschreibung so gehalten, dass man einen möglichst praktischen Nutzen von ihnen hat und sie nutzbringend im Tonstudiobetrieb einsetzen kann. Einige dieser Messungen sind weiterhin für das grundlegende Verständnis komplizierterer Messtechniken (siehe Kapitel 16.5) notwendig.

16.2.1 Elektrische Messungen

Elektrische Messungen an Geräten sind immer dann möglich, wenn sowohl das Eingangssignal als auch das Ausgangssignal der Messstrecke ein elektrisches Signal ist. Dies ist bei Verstärkern, Mischpulten und Effektgeräten aller Art der Fall.

16.2.1.1 Verstärkung

Um die Verstärkung einer Schaltung oder einer Endstufe angeben zu können, muss die Spannung am Eingang und am Ausgang des Gerätes gemessen werden. Dies erfolgt meist mit Hilfe eines Pegelmessgerätes und der Frequenz, bei der man die Verstärkung wissen möchte. Für Endstufen wird hierbei 1kHz als Referenzfrequenz verwendet.
Soll der Amplitudenfrequenzgang eines Gerätes gemessen werden, so muss die Verstärkung für alle Frequenzen, die interessant sind, bestimmt werden. Anschließend können die Verstärkungsmaße in einem Diagramm als Frequenzgang geschrieben werden. Messsysteme, die direkt eine Frequenzgangmessung ermöglichen, sind in Kapitel 16.5 genauer beschrieben.

Ist die Ein- und Ausgangsspannung bestimmt, so kann die Verstärkung G mit:

$$G(f) = \frac{U_{aus(f)}}{U_{ein(f)}}$$

berechnet werden.
Soll die Verstärkung als Verstärkungsmaß in Dezibel angegeben werden, lautet die Formel:

$$L(f) = 20 \cdot \log \frac{U_{aus(f)}}{U_{ein(f)}}$$

mit:
$G(f)$: Verstärkungsfaktor an der Frequenz f
$L(f)$: Verstärkungsmaß in Dezibel, dB
$U_{aus(f)}$: Ausgangsspannung an der Frequenz f
$U_{ein(f)}$: Eingangsspannung an der Frequenz f
f: Frequenz, an der gemessen wird in Hertz, Hz

16.2.1.2 Phase

Zur Bestimmung des Phasenunterschieds zwischen zwei Signalen gibt es mehrere Messmethoden:
Mit Hilfe eines Oszilloskops und Lissajousfiguren können Phasenwinkel grafisch dargestellt werden. Hierbei muss das Oszilloskop auf X/Y-Betrieb geschaltet werden und an den X-Eingang das eine Signal und an den Y-Eingang das andere Signal gegeben werden. Wichtig ist, dass hierbei keine Invert-Schalter am Oszilloskop gedrückt sind! Welches Signal an welchem Eingang ist, ist egal, da nur der relative Winkel von 0° bis 180° zwischen den Signalen angezeigt wird. Nun kann man über das angezeigte Bild den Phasenwinkel ablesen. Die Pegeleinstellungen können hierbei nachgestellt werden, um ein möglichst gut ablesbares Bild zu bekommen. In Abbildung 16.2-1 sind die Lissajousfiguren für verschiedene Phasenwinkel zu sehen.
Eine zweite Möglichkeit für die Phasenmessung ist der Korrelationsgradmesser, der in fast jedem Studio zu finden ist. Er verfügt teilweise auch über eine Grad-Skala und zeigt ebenfalls nur den relativen Winkel von 0° bis 180° an. Somit ist es auch hier unerheblich, welches Signal auf welchen Eingang gegeben wird.

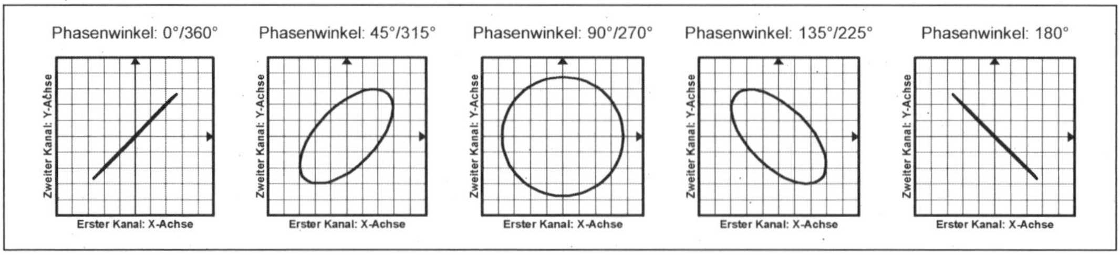

Abb. 16.2-1: Lissajousfiguren für die Phasenmessung am Oszilloskop

Für eine Messung des absoluten Phasenwinkels von +180° bis -180° oder bis zu noch größeren Gradzahlen ist eine sehr komplexe Messtechnik erforderlich, auf die hier nicht näher eingegangen werden soll. Es wäre in diesem Fall notwendig, dass das Messgerät das Messsignal selbst erzeugt und somit immer über dessen aktuellen Phasenwinkel informiert ist.
Für viele Messungen ist jedoch der relative Phasenwinkel ausreichend, da das Vorzeichen meist aus dem Messaufbau oder der Schaltung, die gemessen wird, rückschließbar ist.

16.2.1.3 Impedanz

Eine Impedanzmessung ist prinzipiell eine Widerstandsmessung an verschiedenen Frequenzen. Misst man den Widerstand mit Hilfe eines Ohmmeters, so ist die Frequenz, an der der Widerstand gemessen wird, 0Hz, da das Messgerät mit Gleichspannung arbeitet.
Die Impedanz ist der frequenzabhängige Widerstand und muss demzufolge auch bei verschiedenen Frequenzen bestimmt werden. Hierzu kann man sich der Schaltung bedienen, die in Abbildung 16.2-2 zu sehen ist: Man konstruiert einen Spannungsteiler bestehend aus einem Ohmschen Widerstand und der Impedanz, die man messen möchte. Der Ohmsche Widerstand sollte hierbei etwa den gleichen Wert haben, wie der erwartete Durchschnittswert der Impedanz. Nun gibt man auf diesen Spannungsteiler - mit Hilfe eines Signalgenerators und eventuell eines Verstärkers - verschiedene Frequenzen mit einer konstanten Spannung und misst gleichzeitig die Spannung, die über der Impedanz abfällt. Mit der Formel:

$$Z(f) = \frac{R \cdot U_{aus(f)}}{U_{ein(f)}}$$

kann anschließend die Impedanz an der Frequenz f berechnet werden.
mit:

$Z(f)$: Impedanz an der Frequenz f in Ohm, Ω
R: Ohmscher Widerstand in Ohm, Ω
$U_{aus(f)}$: Ausgangsspannung an der Frequenz f
$U_{ein(f)}$: Eingangsspannung an der Frequenz f
f: Frequenz, an der gemessen wird in Hertz, Hz

Bei der gezeigten Messung gilt es zu beachten, dass die Phasenverschiebung zwischen den Widerständen nicht berücksichtigt wurde. Daher kann die gemessene Impedanz etwas falsch ausfallen. Zur Bestimmung der Eigenresonanz eines Lautsprechers ist diese Messmethode jedoch gut geeignet. Soll der exakte Wert der Impedanz ermittelt werden, so sollte ein Messsystem verwendet werden, das die Phasenverschiebungen mit einberechnen kann.

16.2.1.4 Leistung

Für die Messung der elektrischen Leistung können zwei Verfahren angewandt werden:

- Man misst Spannung und Strom.
- Man misst die Spannung an einem bekannten Widerstand.

Das erste Verfahren ist für komplexe Lasten geeignet und erfordert eine Multiplikation der Messgrößen Spannung und Strom. Mit:

$$P = U \cdot I$$

kann die Leistung berechnet werden. Allerdings ist noch eine eventuelle Phasenverschiebung zwischen diesen Größen zu berücksichtigen. Es muss also prinzipiell die Wellenform der Spannung mit der Wellenform des Stroms multipliziert werden. Hierzu kann die Spannung direkt gemessen und der Strom über einen sehr kleinen Widerstand mit Hilfe einer zweiten Spannungsmessung bestimmt werden:

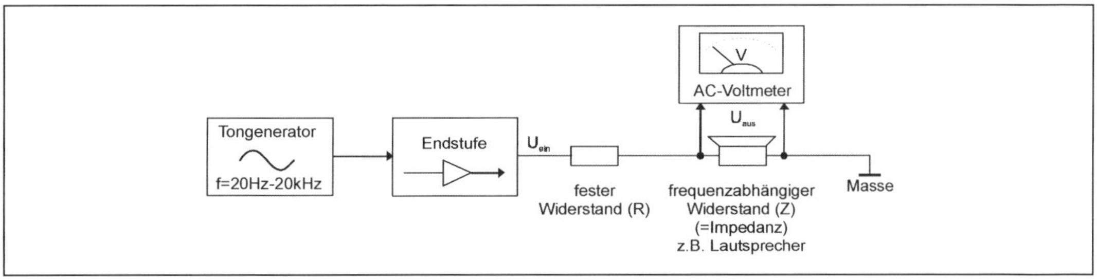

Abb. 16.2-2: Messaufbau für eine Impedanzmessung

$$I = \frac{U}{R}$$

Die Wellenform, die sich aus der Multiplikation ergibt, muss integriert werden und gibt die Leistung an der komplexen Last an. Obwohl dieses Messverfahren kompliziert klingt, ist es die einzige Möglichkeit, die echte Wirkleistung an einer komplexen Last zu bestimmen.
Eine komplexe Last besteht sowohl aus ohmschen Widerständen als auch teilweise aus Kapazitäten und Induktivitäten.

Die zweite Messmethode erfordert eine Ohmsche Last, das heißt, eine Last ohne Phasenverschiebungen zwischen Spannung und Strom. Mit der Formel:

$$P = \frac{U^2}{R}$$

kann die Leistung berechnet werden, wenn die Spannung U über dem Ohmschen Widerstand R gemessen wird.

Allgemein gilt: Wird die Effektivspannung gemessen, so ergibt die Formel auch die effektive Leistung. Wird die Spitzenspannung gemessen, so ergibt die Formel die Spitzenleistung. Für eine sinusförmige Spannung gilt:

$$U_{eff} = \frac{U_S}{\sqrt{2}}$$

und somit auch:

$$P_{eff} = \frac{P_S}{2}$$

16.2.1.5 Klirrfaktor

Eine Klirrfaktormessung findet normalerweise bei der Frequenz 1kHz statt, kann jedoch auch an anderen Frequenzen durchgeführt werden. Der Aufbau in Abbildung 16.2-3 zeigt das Prinzip der Klirrfaktormessung bei 1kHz. Mit Hilfe der Formel

$$THD = \frac{U_{neue\,Obertöne}}{U_{Gesamt}} \cdot 100\%$$

kann der Klirrfaktor in Prozent berechnet werden.

Hierbei ist:

THD:	Total Harmonic Distortion (Klirrfaktor) in Prozent
$U_{neue\,Obertöne}$:	Effektivwert der neu hinzugekommenen Obertöne in Volt, V
U_{Gesamt}:	Effektivwert des Gesamtsignals in Volt, V

Alternativ kann die Klirrdämpfung in Dezibel mit der Formel:

$$L = 20 \cdot \log\frac{U_{neue\,Obertöne}}{U_{Gesamt}}$$

berechnet werden. Letztere Formel gibt an, um wie viel dB die neuen Obertöne, die durch die Verzerrungen entstanden sind, unter dem Gesamtsignal liegen.
Die neuen Obertöne durch Klirrverzerrungen sind oft nicht vom Grundrauschen eines Gerätes zu unterscheiden. Daher wird meist THD+N als Messgröße angegeben, was soviel heißt wie "Total Harmonic Distortion plus Noise" oder "Klirrfaktor plus Grundrauschen".
Wichtig bei der Klirrfaktormessung ist, dass sowohl der Signalgenerator als auch das Filter für die neuen Obertöne selbst nur einen sehr kleinen Klirrfaktor aufweisen, da ansonsten keine Aussage über

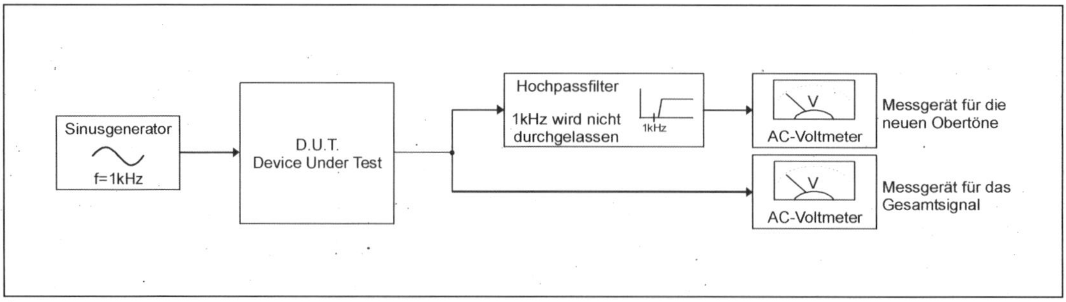

Abb. 16.2-3: Klirrfaktormessung (THD+N)

den Klirrfaktor des zu messenden Gerätes gemacht werden kann.

16.2.1.6 Signal-Rauschabstand

Um den Signal-Rauschabstand eines Gerätes angeben zu können, müssen zwei Größen gemessen werden: Die Clippinggrenze des Gerätes und das Grundrauschen.
Die Clippinggrenze kann mit Hilfe einer Klirrfaktormessung bestimmt werden. Man erhöht einfach das Eingangssignal immer weiter, bis ein bestimmter maximaler Klirrfaktor erreicht ist. Dies kann 1% oder auch 3% sein. Zu beachten ist hierbei, dass bei der Standardklirrfaktormessung nur die Clippinggrenze bei 1kHz gemessen wurde und nicht eine möglicherweise frequenzabhängige Clippinggrenze bestimmt wird.
Das Grundrauschen wird mit Hilfe einer Effektivwertmessung des Grundrauschens des Gerätes gemessen. Bei der Rauschmessung können noch verschiedene Filter über das zu messende Signal gelegt werden, um die Messung im Frequenzbereich zu begrenzen oder zu gewichten. In Tabelle 16.2-1 sind einige Messnormen und ihre Bedeutung angegeben. Wichtig bei der Messung des Grundrauschens ist ein sehr rauscharmes Messsystem und entsprechend rauscharme Filter, die davor geschaltet werden können.
Nachdem die Clippinggrenze und das Grundrauschen gemessen wurde, kann der Signal-Rauschabstand mit:

$$L = 20 \cdot \log \frac{U_{Clipping}}{U_{Grundrauschen}}$$

berechnet werden. Sollte eine Filterung oder Gewichtung vorgenommen worden sein, so ist die entsprechende Norm zusammen mit dem Messwert anzugeben. Das gleiche gilt für die Clippinggrenze. Oft werden zusätzlich zum Signal-Rauschabstand die Clippinggrenze und das Grundrauschen in dBu oder dB extra angegeben.

16.2.2 Akustische Messungen

Akustische Messungen werden an bzw. mit Geräten durchgeführt, die Schall erzeugen oder aufnehmen können. Akustische Messungen gestalten sich teilweise schwierig, weil die zu messende Größe oft von Störeinflüssen beeinträchtigt wird. So ist beispielsweise bei einer Schalldruckmessung eines Lautsprechers in einem Raum auch immer das gesamte diffuse Schallfeld mit allen Reflexionen vorhanden und erhöht den Pegel der Messung. Besonders bei akustischen Messungen ist es wichtig, sich sehr genau zu überlegen, ob die angewandte Methode auch wirklich das Messergebnis bringt, das man am Ende haben möchte.

16.2.2.1 Schalldruck

Schalldruckmessungen können mit Hilfe von Schalldruckmessgeräten durchgeführt werden.
Hierbei unterscheidet man sehr kostengünstige Geräte, die einen Eindruck über den vorhandenen Schalldruck geben sollen, und sehr teure Geräte, die geeichte Messergebnisse liefern und für Gutachten oder einen Rechtsstreit verwendet werden können.
Die Messung des Schalldrucks erfolgt prinzipiell sehr einfach. Ein Kugelmikrofon mit möglichst

Norm	Filterung der Messung	Pegelermittlung	
DIN 45412 (Unbewertet)	Bandpass von 22Hz - 22kHz	Effektivwert	
DIN 45412 (A-Bewertet)	A-Bewertungsfilter	Effektivwert	Entspricht DIN/IEC 651
ITU-R BS. 468-4 (Unbewertet)	Bandpass von 22Hz - 22kHz	Quasipeak	Entspricht DIN 45405 und CCIR 468
ITU-R BS. 468-4 (Bewertet)	0dB Referenz bei 1kHz. 6dB/Oktave Anstieg bis 6300Hz (+12,2dB). Darüber Pegelabfall mit 30dB/Okt.	Quasipeak	Entspricht DIN 45405 und CCIR 468
CCIR-ARM (Bewertet) ARM: "Average Response Meter" Consumer-Version	wie ITU-R BS.468-4 jedoch mit -5,6dB weniger Pegel. Das heißt: 0dB bei 2kHz	Mittelwert	Modifikation der ITU-R 468. Entspricht ITU-R 2k

Anmerkungen: - Das Bewertungsfilter der ITU-R BS.468-4 wird in der ITU detailliert angegeben.
- Die Quasi-Peak-Messung ist eine Spitzenwertmessung mit zwei unterschiedlichen Integratoren hintereinander. Dessen Einschwingverhalten wird in der ITU-R BS.468-4 genauer erläutert.

Tab. 16.2-1: Normen für die Rauschmessung

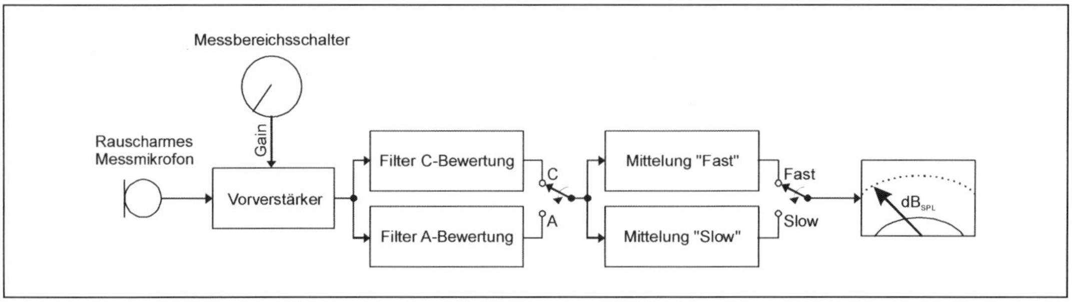

Abb. 16.2-4: Prinzipschaltung eines Schalldruckmessgerätes

linearem Frequenzgang und bekanntem Feldübertragungsfaktor wird als Schallwandler eingesetzt. Die Ausgangsspannung des Mikrofons wird in schaltbaren Stufen verstärkt und auf ein Messgerät gegeben. Hat das Mikrofon beispielsweise einen Feldübertragungsfaktor von 10mV pro Pascal und wird unverstärkt auf ein Messgerät gegeben, das eine Spannung von 10mV anzeigt, so beträgt der Schalldruck 1 Pascal oder

$$L_{SPL} = 20 \cdot \log \frac{1\text{Pa}}{2 \cdot 10^{-5}\text{Pa}} = 94\text{dB}_{SPL}$$

Wird das Mikrofonsignal um 30dB verstärkt und das Messgerät zeigt 20mV an, so beträgt der gemessene Schalldruck:

$$U = 10^{\frac{-30\text{dB}}{20}} \cdot 20\text{mV} = 632\mu\text{V}$$

$$p = 1\text{Pa} \cdot \frac{632\mu\text{V}}{10\text{mV}} = 632 \cdot 10^{-2}\,\text{Pa}$$

$$L_{SPL} = 20 \cdot \log \frac{632 \cdot 10^{-2}\text{Pa}}{2 \cdot 10^{-5}\text{Pa}} = 70\text{dB}_{SPL}$$

Wichtig bei der Schalldruckmessung ist der konstante und bekannte Feldübertragungsfaktor des Mikrofons.

Schalldruckmessungen können nach verschiedenen Messkriterien durchgeführt werden. So gibt es die Messung des Spitzenschalldrucks, bei der die Spitzenspannung des Mikrofons ausgewertet wird, und die Messung des mittleren Schalldrucks, bei der der Effektivwert des Mikrofonsignals gemessen wird. Bei der Effektivwertmessung kann unter Umständen auch noch zwischen kurzer (125ms) und langer (1000ms) Integrationszeit unterschieden werden.

Weiterhin können zwischen Vorverstärker und Mikrofon Filter geschaltet werden, wenn der Schalldruck nur in bestimmten Oktav- oder Terzbändern bestimmt werden soll oder eine Gewichtung mittels der A, B oder C-Kurve durchgeführt werden soll (siehe Kapitel 1.3.5).

Die Abbildung 16.2-4 zeigt den Prinzipaufbau eines Schalldruckmessgerätes.

Soll der Schalldruck in Terzbändern oder Oktavbändern ermittelt werden, so ist anstelle einer A-Bewertung oder C-Bewertung ein Terzfilter beziehungsweise ein Oktavfilter einzusetzen.

16.2.2.2 Umrechnen von Terz- auf Oktavmessungen

In der Praxis kann es vorkommen, dass Messungen in Terzbändern durchgeführt wurden, jedoch in Oktavbändern benötigt werden. Auch der umgekehrte Fall ist manchmal gegeben. Da eine Terz messtechnisch gesehen genau eine drittel Oktave ist, kann die Energiemenge relativ einfach zwischen diesen beiden Messbereichen umgerechnet werden:

Die Summe der Energie dreier Terzbänder ist gleich der Energie eines Oktavbandes. Die Summe muss logarithmisch gebildet und mit Hilfe folgender Formel berechnet werden:

$$L_O = 10 \cdot \log\left(10^{\frac{L_{T1}}{10}} + 10^{\frac{L_{T2}}{10}} + 10^{\frac{L_{T3}}{10}}\right)$$

mit:

L_O: Summenpegel in einem Oktavband in dB
L_{T1}: Pegel im ersten Terzband in dB
L_{T2}: Pegel im zweiten Terzband in dB
L_{T3}: Pegel im dritten Terzband in dB

Um zum Beispiel den Pegel des 1kHz-Oktavbandes zu ermitteln, sollten die Pegel der 800Hz-, der 1000Hz- und der 1250Hz-Terz addiert werden.

Soll der Pegel eines Oktavbandes in Terzpegel umgerechnet werden, kann man die Energie des Oktavpegels einfach dritteln. Dies entspricht einer Reduktion um -4,77dB:

$$L = 10 \cdot \log\frac{1}{3}$$

Hat man beispielsweise 68dB in einem Oktavband bei 1kHz, so kann man den Pegel der Terzen 800Hz, 1000Hz und 1250Hz mit jeweils 63,23dB annehmen.

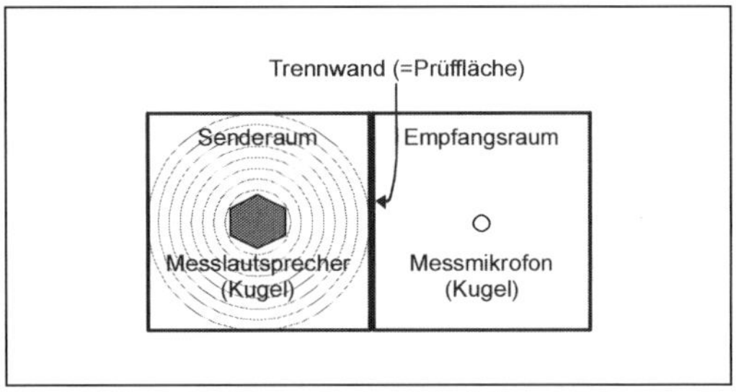

Abb. 16.2-5: Messung des Schalldämmmaßes R

16.2.2.3 Ruhegeräusch

Für eine Ruhegeräuschmessung in einem Raum wird ein sehr rauscharmes Schalldruckmessgerät benötigt, das durch einen Terz- oder Oktavfilter ergänzt werden muss. Auf diese Weise können die Ruhepegel in bestimmten Frequenzbereichen ermittelt und mit einer der Referenzkurven verglichen werden (siehe Kapitel 1.4.1 zu den Auswertungen der Messungen).

16.2.2.4 Schalldämmmaß, Isolation

Die Isolation R eines Trennbauteils (zum Beispiel einer Wand) kann mit Hilfe einer Messanordnung, wie sie in Abbildung 16.2-5 zu sehen ist, ermittelt werden. Man unterscheidet bei den Messungen zwei verschiedene Angaben:

- R: Schalldämmmaß (in Terzbändern angegeben) eines Trennbauteils. Diese Messung wird einzig und allein vom Bauteil selbst angefertigt und ist in der Praxis nur im Isolationsprüfstand möglich.
- R': Bau-Schalldämmmaß (in Terzbändern angegeben) eines Trennbauteils. Hier wird das Bauteil im eingebauten Zustand gemessen (zum Beispiel eine Tür in einer Wand). Die Schalldämmung der Tür alleine kann in diesem Fall jedoch nicht ermittelt werden, da auch durch die Wand Schall hindurchdringt. Man spricht daher bei R' auch von einem Schalldämmmaß mit flankierenden Bauteilen und Nebenwegen.
- Rw und R'w: Bewertete Schalldämmmaße. Diese geben die Schalldämmung mit Hilfe einer einzigen Zahl an. Ihre Ermittlung wird später in diesem Abschnitt behandelt.

Mit Hilfe eines möglichst kugelförmig abstrahlenden Lautsprechers (eventuell ein kugelförmiges oder zwölfflächiges Gehäuse mit vielen kleinen Lautsprechern) wird in einem Raum ein Schalldruck erzeugt und dieser über Terzbänder gemessen. Als Messsignal kann rosa Rauschen

Terzmittenfrequenz	Bezugspegel R_B (dB)
100	33
125	36
160	39
200	42
250	45
315	48
400	51
500	52
630	53
800	54
1000	55
1250	56
1600	56
2000	56
2500	56
3150	56

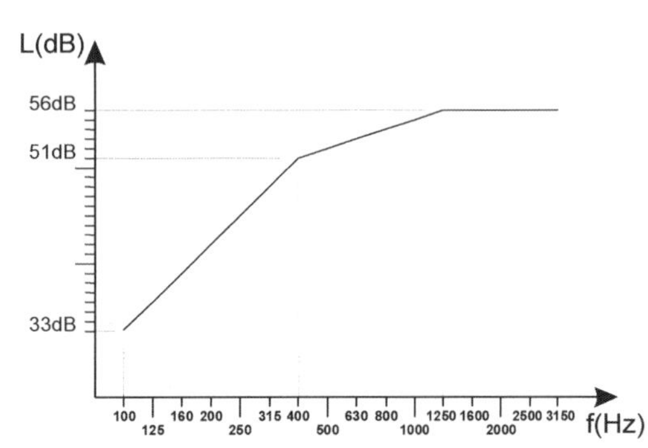

Abb. 16.2-6: R'w Bezugskurve für den Vergleich der Isolation
Tab. 16.2-2: R'w Bezugskurvenwerte in den einzelnen Terzbändern

Terz	R'_M	R_B	$R_{vB1(-13)}$	R_{vB1}-R'_M	$R_{vB2(-14)}$	R_{vB2}-R'_M	$R_{vB3(-15)}$	R_{vB3}-R'_M
				Differenz		Differenz		Differenz
100	28	33	20	0	19	0	18	0
125	30	36	23	0	22	0	21	0
160	31	39	26	0	25	0	24	0
200	30	42	29	0	28	0	27	0
250	33	45	32	0	31	0	30	0
315	32	48	35	3	34	2	33	1
400	30	51	38	8	37	7	36	6
500	33	52	39	6	38	5	37	4
630	35	53	40	5	39	4	38	3
800	36	54	41	5	40	4	39	3
1.000	37	55	42	5	41	4	40	3
1.250	40	56	43	3	42	2	41	1
1.600	45	56	43	0	42	0	41	0
2.000	49	56	43	0	42	0	41	0
2.500	50	56	43	0	42	0	41	0
3.150	55	56	43	0	42	0	41	0
Summe aller Unterschreitungen				35dB		28dB		21dB
Gemittelte Unterschreitungen (Summe / 16)				2,19dB		1,75dB		1,31dB
Ermitteltes gewichtetes Bau-Schalldämmmaß:				zu hoch!		38dB		zu niedrig!

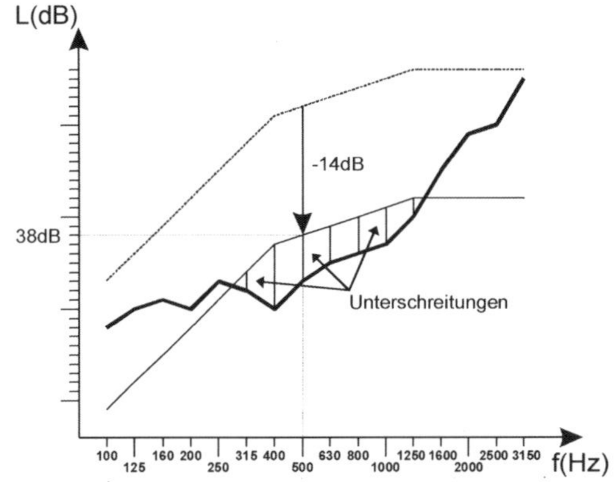

Abb. 16.2-7: Beispiel für die Ermittlung von R'w.
R'_M: Gemessenes Bau-Schalldämmmaß. R_B: Bezugskurve. $R_{vB1(-13)}$: erste, um -13dB verschobene Bezugskurve

verwendet werden. Anschließend geht man in den zweiten Raum und führt dort eine Ruhegeräuschmessung durch, während der Lautsprecher im ersten Raum immer noch das Messsignal abstrahlt. Auch die Ruhegeräuschmessung wird in Terzbändern ermittelt. In beiden Fällen werden 16 Terzbänder von 100Hz bis 3150Hz verwendet.

Man geht bei beiden Messungen von einem perfekt diffusen Schallfeld aus. Sollte dies nicht gegeben sein, ist mit Hilfe eines Schwenkmikrofons zu messen. Man kann auch an mehreren Positionen im Raum messen, und die Messungen anschließend logarithmisch mitteln.

Um nun das Schalldämmmaß tatsächlich zu bestimmen, muss noch die Absorption des Schalls im Empfangsraum berücksichtigt werden. Die Formel hierfür lautet:

$$R' = L_S - L_E + 10 \cdot \log \frac{S_S}{A}$$

mit:

- R': Bau-Schalldämmmaß in dB
- L_S: Schalldruckpegel im Senderaum in dB_{SPL}
- L_E: Schalldruckpegel im Empfangsraum in dB_{SPL}
- S_S: Fläche des Trennbauteils in m^2
- A: Äquivalente Schallabsorptionsfläche des Empfangsraums in m^2

Die äquivalente Schallabsorptionsfläche des Empfangsraums kann ausreichend gut mit Hilfe der

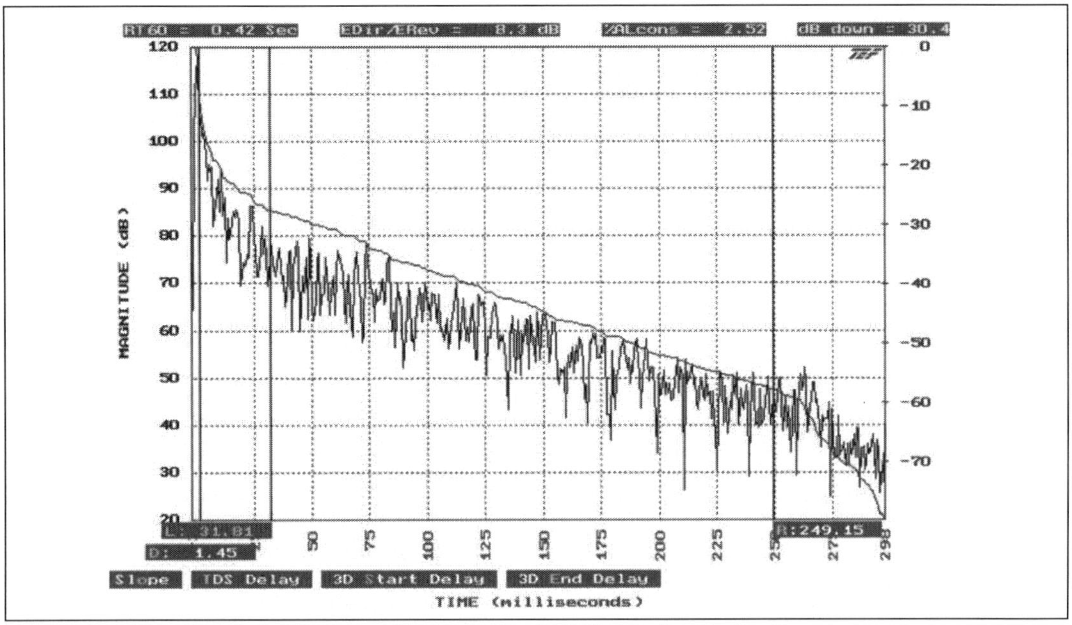

Abb. 16.2-8: Pegelverlauf nach Abschalten der Schallquelle

umgestellten Sabin'schen Nachhallformel berechnet werden:

$$A = 0,16 \cdot \frac{V}{T}$$

mit:

A: Äquivalente Schallabsorptionsfläche des Empfangsraums in m^2

V: Volumen des Empfangsraums in m^3

T: Nachhallzeit des Empfangsraums in Sekunden, s

Nun kann man die Isolationswerte in den verschiedenen Oktavbändern berechnen, in ein Diagramm eintragen und bekommt somit das frequenzabhängige Schalldämmmaß zwischen dem einen Raum und dem anderen.

Um das bewertete Schalldämmmaß zu bekommen, wird eine Bezugskurve definiert, die das unterschiedliche Lautstärkeempfinden des Gehörs bei verschiedenen Frequenzen nachbilden soll. Diese Bezugskurve ist in Abbildung 16.2-6 zu sehen und in Tabelle 16.2-2 definiert.

Über die Kurve des gemessenen Schalldämmmaßes wird die Bezugskurve geschoben. Die Verschiebung erfolgt in ganzen dB-Schritten so lange, bis die gemessene Kurve die Bezugskurve im Mittel um nicht mehr als 2dB unterschreitet. Da das Mittel immer über alle 16 gemessenen Terzbänder gebildet wird, kann die Forderung gleichermaßen lauten, dass die Unterschreitung insgesamt nicht mehr als 32dB betragen darf.

Anschließend kann man an dem Schnittpunkt der verschobenen Bezugskurve mit der Frequenzachse bei 500Hz das Schalldämmmaß ablesen. Ein Beispiel dazu ist in Abbildung 16.2-7 zu sehen.

Die Isolation ist im Wesentlichen abhängig von der Fläche des schwächsten Bauteils. So stellt ein großes Fenster in einer Wand, das nur 30dB R'w erreicht, einen Wandaufbau mit 55dB R'w ein wenig in Frage. Daher sollten beim Aufbau von Wänden oder Räumen grundsätzlich vergleichbar gute Bauteile verwendet werden oder die schwachen Bauteile sollten eine möglichst kleine Gesamtfläche ausmachen.

16.2.2.5 Nachhallzeit RT

Die Nachhallzeit RT (für Reverberation Time) beschreibt, innerhalb welcher Zeit nach dem Abschalten einer Schallquelle der Pegel des Signals um 60dB zurückgegangen ist. Die Messung der Nachhallzeit erfolgt meist nicht für das gesamte Frequenzspektrum, sondern in Terz- oder Oktavbändern. Um die Nachhallzeit eines Raumes bestimmen zu können, sind mehrere Methoden möglich:

Bei der ersten Methode wird Rauschen in Terz- oder Oktavbändern über einen Messlautsprecher in den Raum abgestrahlt. Wenn der Raum in dem jeweiligen Frequenzbereich angeregt wurde, wird die Schallquelle abgeschaltet und der Ausklingvorgang des Raums mit Hilfe eines Pegelschreibers aufgezeichnet. Anhand der Geschwindigkeit, mit der der Pegel nach dem Abschalten der Schallquelle abnimmt, kann die Nachhallzeit für das entsprechende Frequenzband bestimmt werden.

Bei der zweiten Methode wird eine Messung der Raumakustik (siehe Kapitel 16.5) durchgeführt. Das resultierende Wasserfalldiagramm wird über Terzen oder Oktaven gemittelt. Das Ergebnis sind - wie bereits bei der ersten Methode - Pegeldiagramme in bestimmten Frequenzbändern.

Das genaue Bestimmen der Nachhallzeit erfolgt am besten mit Hilfe einer Geraden, die man versucht, an den abfallenden Pegel der gemessenen Diagramme anzulegen. Dies kann mit Hilfe eines Lineals oder auch computergestützt durchgeführt werden. Die Abbildung 16.2-8 zeigt ein solches Pegeldiagramm, sowie eine Linie (Integral), die eine einfache Bestimmung der Nachhallzeit ermöglicht.

Sollte aufgrund des hohen Grundrauschens keine Messung des Pegelverlustes um 60dB möglich sein, kann auch eine Bestimmung über 20dB oder 30dB erfolgen. Beides sind vergleichbare Messungen, allerdings beträgt der Pegelverlust nur 20dB bzw. 30dB. Ausgehend von den Ergebnissen dieser Messungen kann die RT dann durch eine Multiplikation mit 3 (bei Messung von 20dB Pegelverlust) oder 2 (bei 30dB Pegelverlust) berechnet werden. Wird zum Messen eine Gerade angelegt, so ist das Ergebnis auch ohne Multiplikation korrekt, da die Steigung der Geraden direkt die RT angibt.

16.2.2.6 Stehende Wellen (Moden)

Um stehende Wellen - auch Moden genannt - in einem Raum bestimmen zu können, kann man zunächst mit Hilfe der Formel

$$f = \frac{c}{2} \cdot \sqrt{\left(\frac{n_x}{\text{Länge}}\right)^2 + \left(\frac{n_y}{\text{Breite}}\right)^2 + \left(\frac{n_z}{\text{Höhe}}\right)^2}$$

die möglichen auftretenden Resonanzfrequenzen für die stehenden Wellen berechnen (siehe auch Kapitel 1.5.2):

mit:
f: Frequenz der Mode in Hertz, Hz
c: Schallgeschwindigkeit
n_x: Ordnung der Mode in der Länge des Raums
n_y: Ordnung der Mode in der Breite des Raums
n_z: Ordnung der Mode in der Höhe des Raums
Länge, Breite, Höhe: Maße des Raums in Meter, m

Anschließend setzt man sich an den Abhörpunkt oder andere Hörpunkte von Interesse und erzeugt mit Hilfe eines Sinusgenerators und einer Lautsprecheranlage tiefe Frequenzen im Bereich der stehenden Wellen. Hierfür ist ein Generator mit stufenlos einstellbarer Frequenz notwendig. Der Messlautsprecher sollte an der Stelle stehen, an der auch die Abhöre steht - selbstverständlich kann auch direkt die Abhöre verwendet werden, wenn diese genügend Schalldruck im Bassbereich erzeugen kann.
Nimmt man beim Durchstimmen der Frequenzen ein Dröhnen am Hörpunkt war, so befindet man sich im Druckmaximum einer stehenden Welle - hat man jedoch den Eindruck, der Schalldruck gehe bei einer Frequenz stark zurück, so ist man im Schnellemaximum einer stehenden Welle. Beide Phänomene wirken sich störend auf einen ausgewogenen Klang am Hörpunkt aus und sollten im Rahmen der Akustikausbaumaßnahmen des Raumes beseitigt werden.
Man merkt sich alle Frequenzen, an denen ein solches Phänomen auffällt und macht eventuell noch einen Vermerk über dessen geschätzte Stärke. Hat man nun alle Frequenzen der Moden bestimmt, so kann man diese noch mit den theoretisch berechneten Werten vergleichen. Aus der Berechnung geht auch hervor, zwischen welchen Wänden die Mode entstanden ist. So bedeutet ein Übereinstimmen der gemessenen Frequenz mit der berechneten Frequenz für $n_x=1$, $n_y=0$ und $n_z=0$, dass es sich um eine axiale Mode zwischen den Begrenzungsflächen der Raumlänge handelt. Eine Übereinstimmung mit $n_x=1$, $n_y=1$ und $n_z=0$ bedeutet, dass die stehende Welle eine tangentiale Mode ist, die zwischen den Begrenzungsflächen der Raumlänge und der Raumbreite entsteht.

Hat man diese theoretischen Überlegungen abgeschlossen, so kann man nun - beginnend mit der stärksten stehenden Welle - an die möglichen Begrenzungsflächen gehen und ermitteln, wo dort ein Druckmaximum zu hören ist (an der Begrenzungsfläche ist eine stehende Welle immer gleichbedeutend mit einem Druckmaximum, da dort keine Schallschnelle sein kann). Dazu hört man am einfachsten die Wandfläche systematisch mit den

Ohren ab. Die Stelle, an der das stärkste Dröhnen bei einer bestimmten Frequenz zu hören ist, ist die optimale Position für einen Helmholtzresonator (siehe Kapitel 1.6.3.2), der dann zum Absorbieren der betroffenen Mode eingebaut werden kann.
Stehende Wellen haben immer zwei Druckmaxima an den Begrenzungsflächen, zwischen denen sie entstehen, somit sind auch immer zwei optimale Positionen für Absorber möglich. Es ist ausreichend, an einer dieser Positionen einen Absorber zu platzieren.

16.2.2.7 Sprachverständlichkeit

Unter der Sprachverständlichkeit versteht man die Möglichkeit für den Zuhörer, in einem Gespräch einzelne Silben, Wörter und Sätze zu verstehen. Die Sprachverständlichkeit ist neben technischen Gegebenheiten auch abhängig vom Sichtkontakt zum Sprecher und der Art und Weise, wie ein Sprecher auftritt. Hier sollen nur die technischen Gegebenheiten betrachtet werden, da nur diese messtechnisch erfassbar sind.
Die Sprachverständlichkeit wird grundlegend von folgenden Parametern beeinflusst:

- Ruhegeräusch im Raum
- Nachhallzeit im Raum
- Störende Raumreflexionen
- Übertragungsfunktion einer Verstärkeranlage

Zur Bestimmung der Sprachverständlichkeit über das Ruhegeräusch kann näherungsweise folgende Formel verwendet werden:

$$AI = \frac{L_{S(A)} - L_{N(A)} + 12}{30dB}$$

mit:
AI: Artikulationsindex
$L_{S(A)}$: Sprecherpegel (A-Bewertet)
$L_{N(A)}$: Ruhegeräuschpegel (A-Bewertet)

Der Artikulationsindex kann über die Art der Sprache in die Sprachverständlichkeit umgerechnet werden. Vereinfacht könnte man sagen, dass ganze Sätze bei einem AI von 0,2-0,4 etwa 90% Sprachverständlichkeit aufweisen. Bei Silben und einzelnen Worten muss der AI bereits über 0,7 liegen, damit 90% Sprachverständlichkeit gegeben ist.

Eine weitere Messung für die Sprachverständlichkeit ist STI: der "Speech Transmission Index". Bei ihm werden Modulationsübertragungsfunktionen in verschiedenen Oktavbändern gemessen. Eine Modulationsübertragungsfunktion beschreibt, wie sich ein amplitudenmoduliertes Signal nach der Übertragung (durch eine Beschallungsanlage oder nur durch den Raum) verändert.
So wird zum Beispiel als Messsignal ein 100% amplitudenmoduliertes Signal ausgesandt. Die Amplitude geht also von 0 bis zum Maximalwert und wieder zurück. Ist das empfangene Signal aufgrund eines hohen Grundgeräusches und eines starken Nachhalls nur noch zu 60% moduliert, so beträgt die Modulationsübertragungsfunktion 0,6.
Die Geschwindigkeit in der moduliert wird - die Modulationsfrequenz - ist hierbei vorgegeben und entspricht der der menschlichen Sprache. Nachdem die Sprache jedoch nicht immer gleichmäßig lauter und leiser wird, sind 14 verschiedene Modulationsfrequenzen definiert (siehe Tabelle 16.2-4).
Gemessen wird in 7 Oktaven von 125Hz bis 8kHz. Das bedeutet, dass mit den 14 Modulationsfrequenzen 98 einzelne Messungen durchgeführt werden müssen. Über einen gewichteten Mittelwert der 98 Modulationsübertragungsfunktionen wird anschließend der STI berechnet.

Da die STI-Messung sehr lange dauert, hat man den RASTI definiert, den "Rapid Speech Transmission

Sprachverständlichkeit	Sehr gut bis gut	geht noch	schlecht	unbrauchbar
ALcons%	0% - 10%	10% - 15%	15% - 33%	33% - 100%
STI/RASTI	1 - 0,55	0,55 - 0,45	0,45 - 0,3	0,3 - 0

Tab. 16.2-3: Sprachverständlichkeit bei STI und ALcons%

Nummer	1	2	3	4	5	6	7	8	9	10	11	12	13	14
Frequenz	0,63Hz	0,8Hz	1Hz	1,25Hz	1,6Hz	2Hz	2,5Hz	3,15Hz	4Hz	5Hz	6,3Hz	8Hz	10Hz	12,5Hz

Tab. 16.2-4: Modulationsfrequenzen für die STI-Messung

Index ". Bei diesem werden nur 9 Modulationsübertragungsfunktionen gemessen - vier im Oktavband 500Hz und fünf im Oktavband 2000Hz. Dadurch geht die Messung über zehnmal schneller als die STI-Messung. Allerdings können aufgrund der Tatsache, dass nur 2 Oktaven gemessen werden, gravierende Fehler im Beschallungssystem nicht sicher erkannt werden und zu teilweise extrem falschen Ergebnissen führen.

Sowohl für den STI als auch für den RASTI können die Sprachverständlichkeitswerte in Tabelle 16.2-3 abgelesen werden.

Eine weitere, recht zuverlässige Messmethode ist der ALcons%: der "Articulation loss of consonants" - auf Deutsch der "Artikulationsverlust von Konsonanten". Für die Messung wird das Ausklingverhalten des Raumes im Bereich um 2kHz ermittelt. Für die Berechnung werden das Ruhegeräusch, die ersten Raumreflexionen und die Nachhallzeit betrachtet.
Alternativ ist es auch möglich, mit Hilfe einer Wortliste, die vorgelesen wird, und einem Testpublikum, das die Worte erkennen muss, den ALcons% zu ermitteln.

Die Ergebnisse der ALcons%-Messung können ebenfalls in Tabelle 16.2-3 der Sprachverständlichkeit zugewiesen werden

16.2.3 Digitale Multimeter

Digitale Multimeter (DMM) sind nützliche Helfer, die in keiner Studiowerkstatt oder einem Live-Koffer fehlen sollten.
Ihr häufigster Einsatzbereich ist sicherlich die Überprüfung von Kabeln und Stromversorgungen. Damit diese Messungen erfolgreich durchgeführt werden können, soll hier ein kleiner Überblick über die grundlegenden Messungen gegeben werden.
Für den Kauf eines DMM empfiehlt sich ein Gerät mit Autoranging-Funktion - also einer automatischen Wahl des Messbereichs. Sollen auch Pegel gemessen werden, so muss das Messgerät über eine Echt-Effektivwert-Funktion verfügen sowie über einen Wechselspannungsfrequenzbereich bis mindestens 20kHz.

Die Abbildung 16.2-9 zeigt schematisch die Grundmessfunktionen eines Multimeters.

16.2.3.1 Spannungsmessung

Um eine erfolgreiche Spannungsmessung durchzuführen, muss zunächst klar sein, ob Gleich- oder Wechselspannung gemessen werden soll. DMMs zeigen, wenn sie auf Gleichspannungsmessung eingestellt sind, jede Wechselspannung als 0V an und umgekehrt!
Gleichspannungen hat man bei Batterien und den meisten Steckernetzteilen, Wechselspannung bei Steckdosen.
Für die Messung müssen die Messkabel in den Buchsen für Spannungsmessung eingesteckt sein. Bei Gleichspannung kommt das rote Kabel an den Plus- das schwarze Kabel an den Minuspol der Spannungsquelle. Bei Wechselspannung spielt die Kabelfarbe keine Rolle.
Bei Batterien gilt es zu beachten, dass diese im Leerlauf eine höhere Spannung haben, als unter Last. Idealerweise prüft man sie im laufenden Betrieb eines Gerätes. Sollten sie im Leerlauf bereits unter der Nennspannung liegen, so sind sie sehr wahrscheinlich erschöpft.
Achtung! Bei Netzspannung keinesfalls die Metallspitzen des Messgerätes während der Messung berühren!

16.2.3.2 Widerstandsmessung

Die Widerstandsmessung kann verwendet werden, um Lautsprecher, Mikrofone oder auch Widerstände (Bauteile) zu messen. Für Widerstände bis ca. 10kOhm kann man hierbei die Kontaktspitzen der Messkabel berühren, größere Werte würden dadurch jedoch durch den parallelgeschalteten Körperwiderstand verfälscht werden.
Bei Lautsprechern und Mikrofonen misst man immer nur den ohmschen Widerstand der Spule, der etwas geringer ist als die Nennimpedanz.

16.2.3.3 Diodentest

Für Halbleiterbauteile wie Dioden oder Transistoren ist der Diodentest gedacht. Messtechnisch ist er ähnlich der Widerstandsmessung, allerdings mit mehr Strom. Außerdem wird die Durchlassspannung angezeigt und nicht der Widerstand.
Dioden sollten in einer Richtung nichts anzeigen (Overload), in der anderen die Durchlassspannung (0,2-0,7V). Bei Transistoren verhält es sich ähnlich. Sollten irgendwo 0V gemessen werden, so ist das Bauteil durchlegiert und erfüllt keine Halbleiterfunktion mehr.

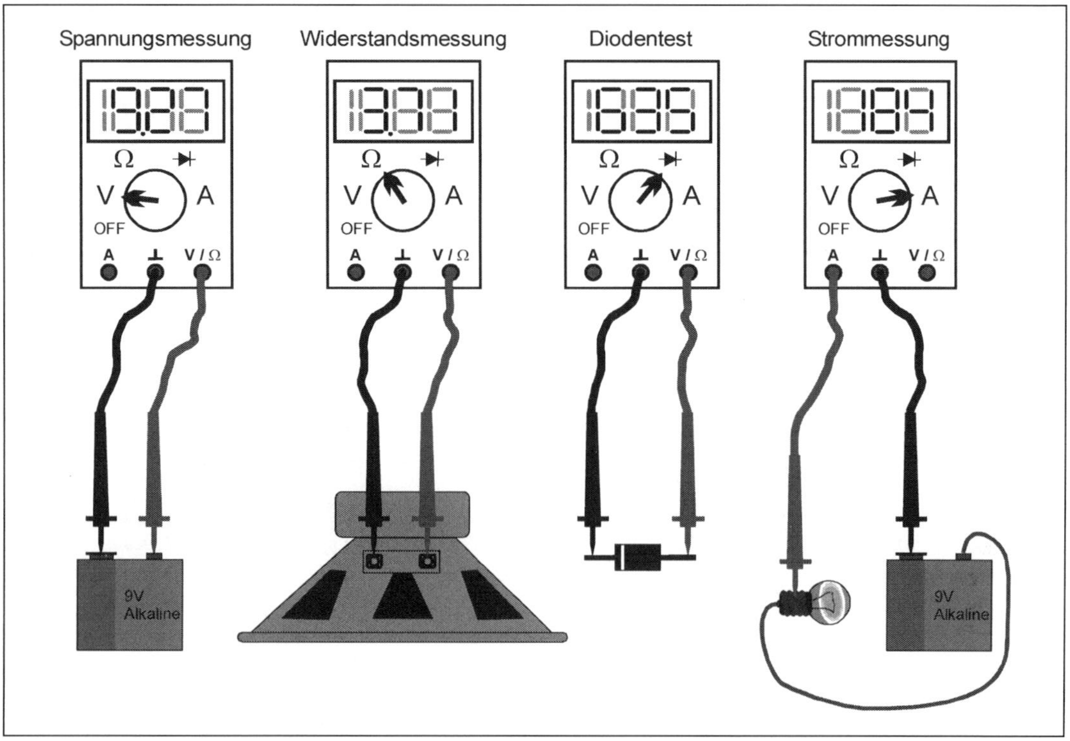

Abb. 16.2-9: Grundmessarten eines digitalen Multimeters:

16.2.3.4 Durchgangsprüfer

Ganz einfach kann mit dem "Durchgangspiepser" die Verbindung eines Kabels geprüft werden. Eigentlich ist der Durchgangsprüfer eine Widerstandsmessung, die jedoch bei Werten unter ein paar Ohm einfach nur piepst.
Auf diese Weise können Kabel sehr schnell auf Verbindung zwischen beiden Enden sowie auf Kurzschluss zwischen den Anschlüssen geprüft werden.
Auch eine Sicherung kann hiermit einfach auf Durchgang überprüft werden

16.2.3.5 Strommessung

Seltener wird eine Strommessung benötigt. Das besondere bei der Strommessung ist, dass sie im Stromkreis stattfinden muss und daher der Stromkreis aufgetrennt werden muss.
Auch das rote Messkabel muss meist auf einen Strommesseingang umgesteckt werden.
Am einfachsten kann eine Strommessung an einer Sicherungsfassung stattfinden. Die Sicherung wird herausgenommen und an deren Stelle werden die Messkabel eingesetzt.
Bei Batteriehalterungen kann man oft recht einfach eine Batterie in die Feder drücken und am nunmehr unterbrochenen Pluspol die Strommessung durchführen.

Achtung! Ein DMM, das auf Strommessung umgestellt/umgesteckt wurde, darf keinesfalls direkt zur Spannungsmessung verwendet werden, da es die Spannungsquelle kurzschließen würde! Am besten gewöhnt man sich an, das rote Messkabel nach einer Strommessung wieder auf den Spannungsmesseingang zurückzustecken.

16.3 Messtechnik im Tonstudio

Die Messgeräte, die tagtäglich im Tonstudio um einen herum blinken und leuchten, werden oft in ihrer Funktionalität unterschätzt. Sie stellen ein wichtiges, wenn nicht sogar notwendiges Hilfsmittel dar, um ein Signal auf dem langen Weg durch den Bearbeitungs- und Speicherungsprozess zu begleiten. Hierbei sind sie eine Unterstützung für das schnell ermüdende Gehör und geben auch nach stundenlanger Arbeit noch zuverlässige Aussagen über die Beschaffenheit eines Signals. Alle nachfolgend behandelten Messgeräte werden in der Praxis am Meter-Out-Anschluss des Mischpultes betrieben. Dieser befindet sich in der Abhörsektion vor dem Lautstärkeregler der Abhöre. Auf diese Weise können die Signale betrachtet werden, die gerade gehört werden, unabhängig von der eingestellten Abhörlautstärke.

16.3.1 Pegelmessgeräte

Das bekannteste Messgerät im Studio ist sicherlich das Pegelmessgerät. Allgegenwärtig, in Mischpultkanalzügen, Bandmaschinen, Harddiskrecordern, Effektgeräten usw. begleitet es das Signal auf seinem Weg durch das Studio. Es gibt jedoch zwei verschiedene wichtige Pegelmessgeräte, deren Aussage und Anwendung völlig unterschiedlich ist: Das VU-Meter und das Peak-Meter.
Damit der Pegel eines Signals korrekt gemessen werden kann, müsste der Effektivwert des Signals vorliegen (siehe Kapitel 1.3.4 sowie 4.3.2.1). Da jedoch das Bilden des Effektivwertes eine aufwendige Schaltung erfordert, die auch nicht immer das jeweils gewünschte Ergebnis bringen würde, wird bei den Pegelmessgeräten auf eine andere Messmethode zurückgegriffen. Hierbei wird das Audiosignal zunächst gleichgerichtet, so dass der Betrag des Audiosignals zur Verfügung steht. Anschließend wird der Mittelwert gebildet (VU-Meter), oder der Spitzenwert auf einen Referenzpegel abgebildet (Peak-Meter).

16.3.1.1 VU-Meter

Das VU-Meter soll als Volume-Unit Messgerät dienen, also Lautstärkeeinheiten des Signals anzeigen. Die Skala eines VU-Meters ist hierzu in der Einheit VU eingeteilt (siehe auch Kapitel 1.3.7), welche der Einheit dB weitestgehend entspricht. VU-Meter sind meistens als Zeigerinstrument mit einem Skalenverlauf von -20VU bis +3VU ausgelegt. Die Abbildung 16.3-1 zeigt ein solches analoges Zeigerinstrument. Ein Zeigerinstrument hat aufgrund seiner Masseträgheit nicht die Möglichkeit, einem Signal trägheitslos zu folgen - es zeigt also einen Mittelwert des Signals an. Da das Signal immer bereits gleichgerichtet vorliegt, wird der Mittelwert vom Betrag des Signals gebildet, denn bei der Mittelung eines Audiosignals würde dessen Bezugsspannung - also 0V herauskommen. Die Abbildung 16.3-2 zeigt das Blockschaltbild eines VU-Meters. Man sieht hierbei, dass die Mittelung durch das träge Zeigermesswerk erfolgen kann oder auch elektronisch durch ein RC-Glied, wenn anschließend eine LED-Kette bzw. eine Plasmaanzeige angesteuert werden soll. Die Mittelungszeit eines VU-Meters sollte 100ms betragen, das heißt, dass das Signal über einen Zeitraum von 100ms integriert wird. Auf diese Weise wird man der eigentlichen Anforderung an ein VU-Meter gerecht,

Abb. 16.3-1: VU-Meter als Zeigerinstrument

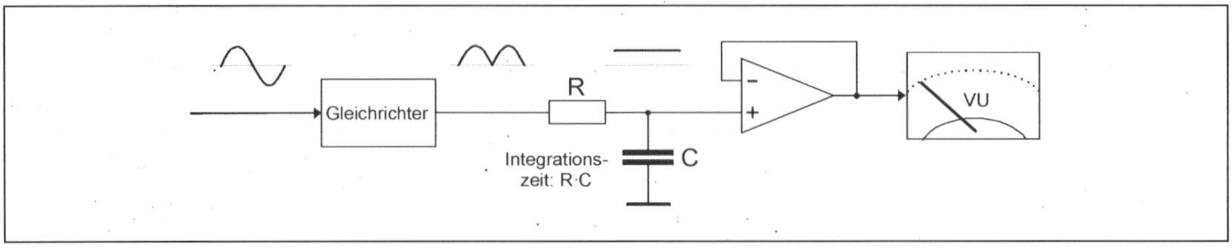

Abb. 16.3-2: Blockschaltbild VU-Meter

Signal	Unterschied Spitzenwert zu Mittelwert
Sinuston	4,1dB
Rechteck	0dB
Schlagzeug	20-30dB
Musik	15-20dB

Tab. 16.3-1: Unterschied zwischen Spitzenwert und Mittelwert

die besagt, dass ein VU-Meter nach 300ms den korrekten Pegel anzeigen soll. Mit einer Integrationszeit von 100ms werden nach 300ms 95% des korrekten Pegels oder -0,45dB unter dem Signalpegel angezeigt. Die Integrationszeit von 100ms kann über die Zeitkonstante

$$\tau = R \cdot C$$

festgelegt werden. Da ein VU-Meter das Signal stets über einen Bereich von 100ms mittelt, werden periodische Signale mit einem höheren Pegel angezeigt als kurze Impulse. Somit erfolgt die Anzeige des VU-Meters signalabhängig. Bei einem Sinuston liegt der Mittelwert beispielsweise 4,1dB unter dem Spitzenwert. Wenn dieser nun mit Hilfe eines VU-Meters auf 0VU eingepegelt wird, so heißt das, dass seine Spitzen bei +4,1VU liegen. Damit diese Spitzen nicht verzerrt werden, hat man einen Headroom als Sicherheitsabstand zur eigentlichen Clippinggrenze eingeführt. Bei professionellen Geräten beträgt dieser Headroom 20dB, bei Homerecordinggeräten meist nur 12dB. Die Tabelle 16.3-1 zeigt den Unterschied zwischen den Spitzen und dem Mittelwert für verschiedene Signale.
Das VU-Meter ist aufgrund seiner Trägheit nicht geeignet, um Signale in Mischpulten oder Aufzeichnungsgeräten einzupegeln. Das Clipping passiert bei diesen Geräten, wenn:

- die Signalspannung größer ist als die Betriebsspannung des Gerätes
- die magnetische Flussdichte auf Band größer ist als die höchste speicherbare Flussdichte
- der Zahlenwert größer ist als der größte darstellbare Zahlenwert

Dies bedeutet, dass Clipping immer vom Spitzenwert des Signals abhängig ist und nicht von einem Durchschnittswert.

Das VU-Meter ist geeignet, um die empfundene Lautstärke eines Signals darzustellen. Da auch das menschliche Gehör einen Mittelwert des Schalldrucks wahrnimmt, kann das VU-Meter als relativ gute Lautheitsanzeige verwendet werden. Weiterhin zeigt es die Dynamik eines Signals an, da dies der Lautstärkeunterschied zwischen der leisesten und lautesten Stelle ist. Ein VU-Meter ist also eine sehr hilfreiche Unterstützung bei der Arbeit mit einem Kompressor, da man mit Hilfe des Lautstärkeunterschiedes sehen kann, ob die Dynamikeinengung erfolgreich war und die empfundene Durchschnittslautstärke sich auch tatsächlich erhöht hat. Zusätzlich kann mit Hilfe eines Peak-Meters gesehen werden, wie weit der empfundene Lautstärkepegel noch von der maximalen Aussteuerung weg ist. Somit ist es möglich, verschiedene Musikstücke auf dem gleichen Speichermedium in der Lautheit zu vergleichen oder auch die Lautstärke eines anderen Musikstückes zu übertreffen.

16.3.1.2 Peak-Meter

Das Peak-Meter hat die Aufgabe, den Spitzenwert des Signals möglichst schnell und korrekt anzuzeigen. Hierzu ist eine schnelle Signalbearbeitung erforderlich, um wirklich alle kurzen Spitzen in ihrer richtigen Größe zu erfassen. Das Anzeigeinstrument muss hierbei gar nicht so schnell sein, es könnte sogar ein Zeigermesswerk sein, welches dann den Spitzenwert aufgrund seiner Trägheit erst einen kurzen Moment später anzeigen könnte. Wichtig ist die schnelle Auswerteelektronik. Damit ein Peak-Meter auf kurze Spitzen nicht nur so kurz reagiert, dass man nichts mehr ablesen kann, wird der Abfall einer Pegelspitze künstlich träge gemacht. Dies kann bis zum dauerhaften Halten der höchsten Spitze führen (=Peak Hold). Man spricht in diesem Zusammenhang von einer Hinlaufzeit und einer Rücklaufzeit des Peak-Meters. Die Hinlaufzeit gibt an, wie lange es dauert, bis eine Signalspitze korrekt angezeigt wird, die Rücklaufzeit die Geschwindigkeit des Zeigerabfalls, wenn die Signalspitze vorbei ist. In Tabelle 16.3-2 sind die Hin- und Rücklaufzeiten für verschiedene Peak-Meter-Normen angezeigt. Eine Hinlaufzeit von 10ms bedeutet, dass nach 10ms der Spitzenwert mit 1dB unter dem tatsächlichen Wert angezeigt wird. Dies entspricht 90% der Signalspannung. Um diesen Wert zu erreichen, muss der Betrag des Eingangssignals mit einer Zeitkonstante von 4,3ms integriert werden. Eingangssignale, die kürzer als 10ms sind, werden mit einem entsprechend geringeren Pegel angezeigt.
Die Hinlaufzeiten der analogen Peak-Meter von 5ms bis 12ms sind ein Kompromiss aus "angezeigter Lautstärke" und dem "technisch Nötigen". Das

Norm	Hinlaufzeit	Rücklaufzeit	Skala
Analog:			
DIN 45 406	10ms	1,5s/20dB	-50 -30 -20 -10 -5 0 5
Nordic N9	5ms	1,7s/20dB	-36 -30 -24 -18 -12 -6 0 6 12
British Standard 55428 Part 9	12ms	2,3s/20dB	1 2 3 4 5 6 7
Digital:			
AES/EBU	1 Sample	1,5s/20dB	-60 -40 -30 -20 -15 -10 -5 0

Tab. 16.3-2: Hin- und Rücklaufzeiten für Peak-Meter

bedeutet, dass man durch die Signalintegration einen Lautstärkeeindruck des Programmmaterials angezeigt bekommt und in gewissen Grenzen auch eine Übersteuerungskontrolle möglich ist. So sagt man, dass Übersteuerungen, die kürzer als 10ms andauern, nicht hörbar seien.

Da das Hören von Übersteuerungen jedoch gelernt werden kann, ist auf jeden Fall ein Peak-Meter mit einer möglichst schnellen Hinlaufzeit empfehlenswert, da nur dann der wirkliche Spitzenpegel angezeigt wird. Das digitale Peak-Meter weist eine Hinlaufzeit von einem Abtastwert auf, was bei den gängigen Abtastfrequenzen einer Zeit zwischen 10µs und 31µs entspricht. Es ist also bis zu 1000 mal schneller als ein analoges Peak-Meter, was sich auch deutlich an der Anzeige ablesen lässt: bereits bei normalem Musikmaterial liegen die Spitzenpegel des digitalen Peak-Meters ca. 3 dB über denen der analogen Varianten. Diese 3dB wären bei der Aussteuerung mit einem analogen Peak-Meter eventuell bereits im Clipping gewesen.

Um trotz einer Hinlaufzeit von nur 10ms ein Übersteuern des Signals zu vermeiden, hat man den Begriff "Aussteuern auf -9dB" geprägt. Gemeint ist damit, dass mit einem analogen Peak-Meter nach DIN bis maximal -9dB unter Clipping ausgesteuert werden soll, damit die (nicht angezeigten) Spitzen nicht ins Clipping gehen, das Programmmaterial aber eine ähnliche Lautstärke hat

Die Rücklaufzeit eines Peak-Meters bestimmt im Wesentlichen, wie ruhig die Anzeige ist. Eine sehr schnelle Rücklaufzeit bewirkt ein unnötig starkes "Zappeln" der Anzeige, ohne jedoch einen sinnvollen Anzeigegehalt zu haben - eine zu langsame Rücklaufzeit lässt den Bezug zwischen den angezeigten Werten und dem Musikmaterial vermissen. Man hat als guten Kompromiss einen Wert von 1,5s für 20dB Rücklauf genormt. Das bedeutet, dass nach Absinken der Signalspannung das Meter nach 1,5s auf 20dB unter dem Spitzenpegel zurückgegangen ist, nach 3s auf 40dB und nach 4,5s auf 60dB unter Spitzenpegel.

Im HiFi-Bereich wird oft eine schnellere Rücklaufzeit zusammen mit einem Peak-Hold verwendet. Dies soll dem HiFi-Benutzer einen stärkeren Bezug des Meters zum Musikmaterial vermitteln und trotzdem ein zuverlässiges Ablesen des wirklichen Spitzenwertes ermöglichen. In diesem Zusammenhang sei erwähnt, dass die Kombination aus einem

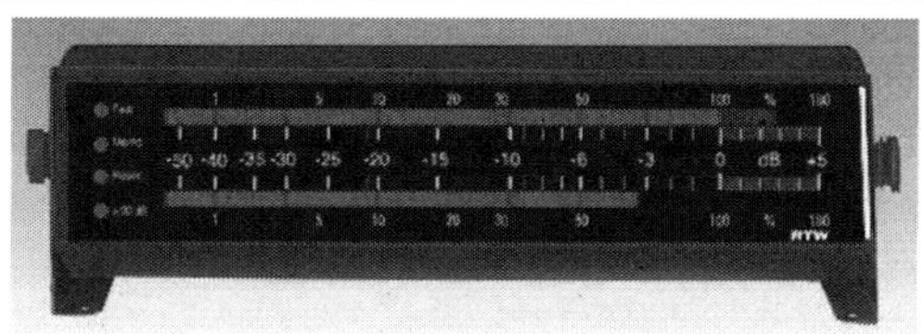

Abb. 16.3-4: Peakmeter (© RTW)

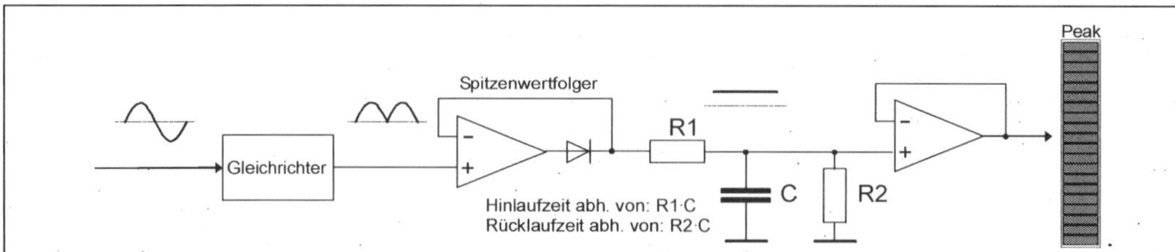

Abb. 16.3-3: Blockschaltbild Peak-Meter

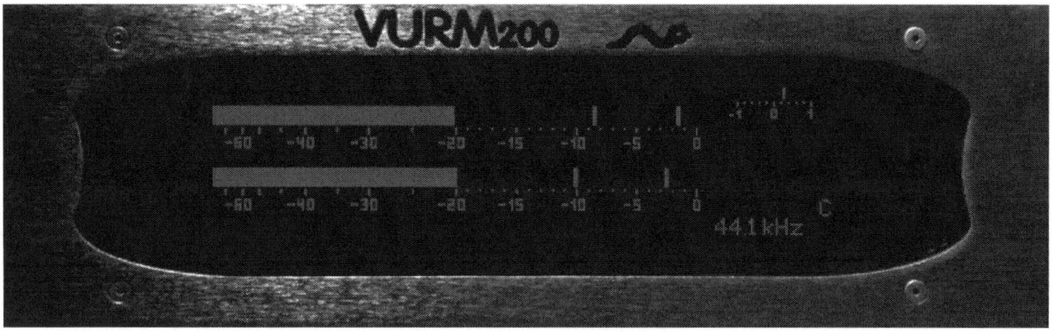

Abb. 16.3-5: Peak-Hold, Peak- und VU-Meter in kombinierter Anzeige

genormten Peak-Meter mit Peak-Hold und einem VU-Meter die wesentlich aussagekräftigere Variante darstellt. In Abbildung 16.3-3 ist das Blockschaltbild eines Peak-Meters zu sehen, in Abbildung 16.3-4 ein typisches Peak-Meter.

Peak-Meter finden ihren Einsatz als Aussteuerungsmessgeräte. Da sie den Spitzenwert sofort anzeigen können, ist auf ihnen auch ein Überschreiten der Clippinggrenze unabhängig von der Signalwellenform möglich.

16.3.1.3 Einstellen des Referenzpegels

Es stellt sich die Frage, was ein VU-Meter bzw. ein Peak-Meter nun tatsächlich anzeigen soll, wenn ein bestimmter Referenzpegel hineingeschickt wird. Meistens werden sie so justiert, dass beide bei einem sinusförmigen Eingangssignal mit 0dB-Pegel auch 0VU beziehungsweise 0dB anzeigen. Somit sind beide als eine Art Quasieffektivwertmessgerät geschaltet. Dies ist die gängige Einstellung.
Beispiel: 0dB liegen in einem Profistudio bei $1{,}23V_{eff}$. Das bedeutet, dass bei $1{,}23V_{eff}$ das VU-Meter 0VU anzeigt und das Peakmeter 0dB.

Doch gerade in Zusammenhang mit der Anzeige eines Peak-Meters wäre vielleicht eine andere Einstellung sinnvoller: Bei einem sinusförmigen Eingangssignal mit einem Pegel von 0dB, wird das Peak-Meter auf 0dB gestellt und das VU-Meter auf -4,1VU. Auf diese Weise kann die Signalabhängigkeit des VU-Meters besser zur Geltung kommen. Da das VU-Meter sowieso nicht zum Aussteuern benutzt werden kann, ist sein genauer Pegel nicht so relevant. Es kann nun jedoch über den Unterschied zwischen Peak- und VU-Meter entschieden werden, ob und wie stark ein Signal noch komprimiert oder maximiert werden kann. Bei letzterer Methode muss allerdings darauf geachtet werden, dass Pegeltöne, die mit 0dB verlangt werden, auf 0dB am Peak-Meter eingepegelt werden müssen, da das VU-Meter zu wenig anzeigen würde.

In Abbildung 16.3-5 ist ein Kombimessgerät für Peak, VU und Peak-Hold zu sehen. Hierbei ist der VU-Wert als Balken zu sehen, der Strich rechts daneben ist der Peak-Wert und der Strich ganz rechts ist der Peak-Hold. Durch die unterschiedlichen Hin- und Rücklaufzeiten der zwei Messinstrumente ist gewährleistet, dass der VU-Wert immer unter dem Peak-Wert liegt und somit ablesbar bleibt.

Eine letzte denkbare Einstellung wäre, dass das Peakmeter bei 0dB-Pegel +3dB anzeigt, da dieser Wert dem tatsächlichen Spitzenwert über einer sinusförmigen Schwingung entspricht. Das VU-Meter würde auf -1,1VU eingestellt werden, da dies dem tatsächlichen Mittelwert einer sinusförmigen Schwingung entspricht. Mit dieser Einstellung hat man zwar die Pegel der Spitzen beziehungsweise Mittelwerte korrekt angezeigt, ist jedoch mit beiden Messgeräten inkompatibel zu den gängigen Vorschriften.

16.3.1.4 EBU-128 Empfehlung

Seit 2013 hat sich in den Fernsehsendern die EBU R 128 etabliert, die dazu führen soll, dass jegliches Programmmaterial im Fernsehen mit einem vergleichbaren Pegel ausgestrahlt wird. Hierbei geht es nicht einfach nur um den Spitzen- oder Mittelwertpegel, sondern um einen "Lautstärkepegel" (engl. Loudness).
In diesem Zusammenhang wurden einige neue Begriffe definiert:

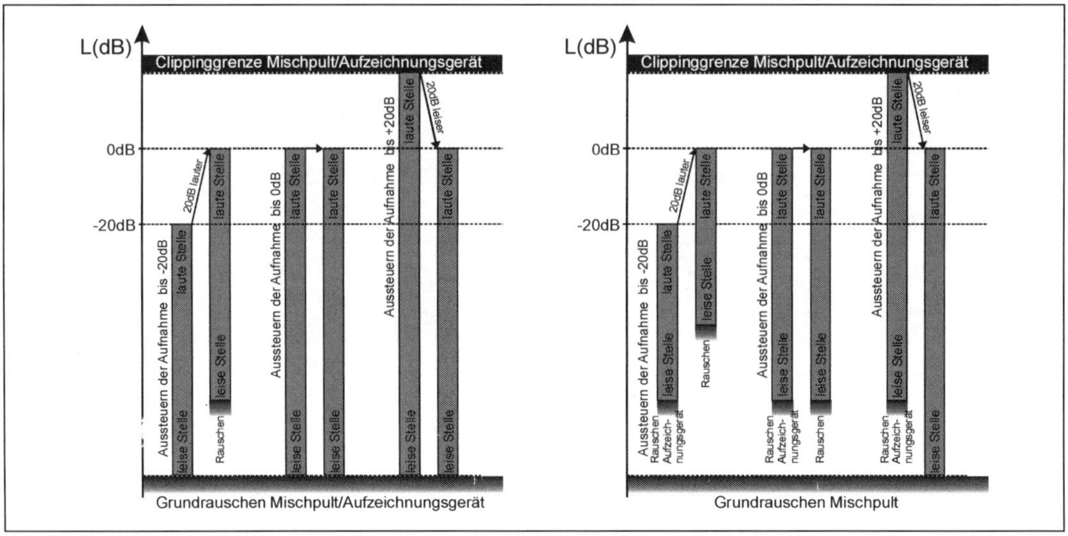

Abb. 16.3-6: Jeweils drei verschiedene Aufnahmepegel im Vergleich.
Links: Grundrauschen des Mischpultes gleich stark wie Grundrauschen des Aufzeichnungsgerätes.
Rechts: Grundrauschen des Mischpultes schwächer als das Grundrauschen des Aufzeichnungsgerätes

- Loudness Units (LU): Die Einheit, in der die Lautstärke gemessen wird.
- LU_{FS}: Loudness Units bezogen auf $0dB_{FS}$ (Full-Scale)
- Programme Loudness: Lautstärke des Programmmaterials.
- Loudness Range (LR): Bereich der Lautstärkeschwankungen
- Maximum True Peak Level: Maximalpegel mit echter Spitzenwertmessung inkl. Intersamplepeaks.

Laut EBU 128 ist das Ziel ein Signal, das sich bei $-23LU_{FS}$ befindet. Dieser Zielwert wird als 0LU definiert und soll in der Praxis auf ±1LU eingehalten werden. Die Toleranz ist in erster Linie für Live-Material gedacht, da aufgezeichnetes Material sehr genau auf $-23LU_{FS}$ eingepegelt werden kann.

Die Messung erfolgt über verschiedene Zeitbereiche, in denen jeweils die $-23LU_{FS}$ einzuhalten sind:

- Momentane Lautstärke: In einem Zeitfenster von 0,4s Länge wird die Lautstärke ähnlich wie bei einem VU-Meter gemessen.
- Kurzzeit-Lautstärke: gemessen wird in einem gleitenden Fenster von 3s Länge - das Ergebnis wird kontinuierlich angezeigt.
- Integrierte Lautstärke: Es wird das gesamte Programmmaterial gemessen und mindestens 1 Mal pro Sekunde die Anzeige aktualisiert. Diese Art der Messung hat in der Praxis einen Start-/Pause-/Continue- und Reset-Knopf, um die Messung über das relevante Material laufen zu lassen. Weiterhin werden sehr leise Signale oder Stille von der Messung ausgeschlossen, um z.B. Unterbrechungen bei der Sprache nicht fälschlicherweise als Signal mitzumessen.

Zum Kalibrieren des EBU-Messgerätes soll ein Sinuston auf beiden Stereokanälen mit jeweils $-23dB_{FS}$ (Peak) verwendet werden. Dieser soll auf dem EBU-Messgerät zu einer Anzeige von $-23LU_{FS}$ führen.
Im Falle einer Surround-Mischung sollen 1kHz auf L und R mit jeweils $-28dB_{FS}$, auf C mit $-24dB_{FS}$ und auf LS und RS mit jeweils $-30dB_{FS}$ zu einer Anzeige von $-23LU_{FS}$ auf dem EBU-Meter führen. Der LFE wird derzeit nicht in die Messung mit einbezogen.

Die True-Peak-Messung ist im Prinzip eine samplegenaue Messung des Digitalsignals, welches mit 4-fach-Oversampling rekonstruiert wurde. Durch diese Rekonstruktion können Intersample-Peaks relativ genau erfasst werden.
In der Praxis wird also ein 48kHz Signal (Fernsehstandard) erst auf 192kHz Abtastfrequenz heraufinterpoliert. Der Betrag der 192kHz-Samples wird mit dem Zahlenwert für $0dB_{FS}$ (meist die Zahl 1) ins Verhältnis gesetzt und als dB_{TP}-Wert angezeigt.

Die EBU 128 empfiehlt, dass ein Wert von -1dB$_{TP}$ nicht überschritten werden soll.

Für weitere Informationen seien an dieser Stelle die ITU-R BS.1770-2 sowie die EBU Tech Doc 3341, 3342 und 3343 empfohlen.

16.3.1.5 Der richtige Pegel im Studio

Soll nun ein Signal mit möglichst großem Signal-Rauschabstand aufgenommen werden, so muss es bis knapp unter die Clippinggrenze des Gerätes ausgesteuert werden. Einzige Ausnahme bilden höhenlastige Signale, die auf Analogband aufgenommen werden sollen. Da die Clippinggrenze auf einem Analogband zu den Höhen hin abnimmt (vergleiche Kapitel 8.2.6.3), diese jedoch nicht von den Messgeräten angezeigt wird, muss der Pegel "nach Gefühl" reduziert werden. Prinzipiell ist ein Pegel von ca. -12dB unter Vollaussteuerung auf dem Peakmeter bei höhenlastigen Signalen (Hi-Hat, Shaker usw.) auf Analogband empfehlenswert. Digitale Speichermedien weisen diese höhenabhängige Clippinggrenze nicht auf und können bei jeder Frequenz voll ausgesteuert werden.
Der Sinn des Vollaussteuerns soll in Abbildung 16.3-6 verdeutlicht werden. Ein Signal wird zum Vergleich mit -20dB (a), 0dB (b) und +20dB (c) aufgenommen. Wenn es anschließend bei der Mischung mit 0dB im Mischpult weiterverarbeitet werden soll, muss es um 20dB verstärkt werden (a), bzw. im Pegel gleich gelassen werden (b) oder um 20dB abgesenkt werden (c). Doch nicht nur das Signal wird angehoben oder abgesenkt, auch das Grundrauschen des Aufzeichnungsgerätes. Dies kann das Bandrauschen oder das Quantisierungsrauschen sein. Das niedrigste Grundrauschen beim Mixdown ergibt sich in (c), da hier das Signal mit dem Rauschen um 20dB abgesenkt werden muss.

Bei 24-Bit Digitalsystemen kann man auf Grund deren hoher Nutzdynamik auch nur bis 0dB aussteuern und die obersten 20dB "verschenken". Dies hat den praktischen Vorteil, dass die Signale ohne Pegeländerung in das Mischpult geschickt werden können. Sollte bei einem Mischpult zum Beispiel kein Input-Gain-Poti vorhanden sein, so empfiehlt sich diese Vorgehensweise.

16.3.1.6 Lautheitsmessgeräte

Eine besondere Variante des Pegelmessgerätes ist das echte Lautheitsmessgerät. Hierbei wird nicht wie beim VU-Meter der Mittelwert des Signalbetrags als Quasilautheit angezeigt, sondern wirklich die Kurven gleicher Lautstärke sowie die Verdeckungseffekte zwischen den verschiedenen kritischen Bändern mit einbezogen. Damit jedoch die korreten Bewertungskurven herangezogen werden können, muss ein echtes Lautheitsmessgerät mit einer kalibrierten Abhöre verwendet und hinter dem Lautstärkeregler für diese angeschlossen werden.
Ein Lautheitsmessgerät zeigt das Ergebnis in Sone an. Meist wird zusätzlich eine Grafik mit ausgegeben, die die spektrale Verteilung der Pegel in den kritischen Frequenzbändern darstellt (siehe Abbildung 16.3-7). Aufgrund dieser Darstellung können Rückschlüsse gezogen werden, welche Frequenzen besonders stark zur empfundenen Lautstärke beigetragen haben und an welcher Stelle sich z.B: eine Pegelreduzierung für lärmreduzierende Maßnahmen lohnt.

16.3.2 Phasenmessgeräte

Phasenmessgeräte werden verwendet, um die Phasenbeziehung zwischen zwei Signalen anzuzeigen. Dies ist wichtig, um Phasenfehler während der Aufnahme frühzeitig erkennen zu können oder auch, um eine monokompatible Mischung machen zu können. Man unterscheidet hier zwischen einfachen Korrelationsgradmessern, die nur das lauteste Signal anzeigen und Goniometern, die alle Signale gleichzeitig anzeigen können.

16.3.2.1 Korrelationsgradmesser / Phasenmesser

Ein Korrelationsgradmesser soll primär die Korrelation zwischen zwei Signalen anzeigen. Die zwei Signale sind meistens die Stereosummenkanäle Links und Rechts. Die häufigste Bauform besteht aus 10 roten LEDs und 10 grünen LEDs, die eventuell durch eine gelbe LED getrennt werden. Dabei ist

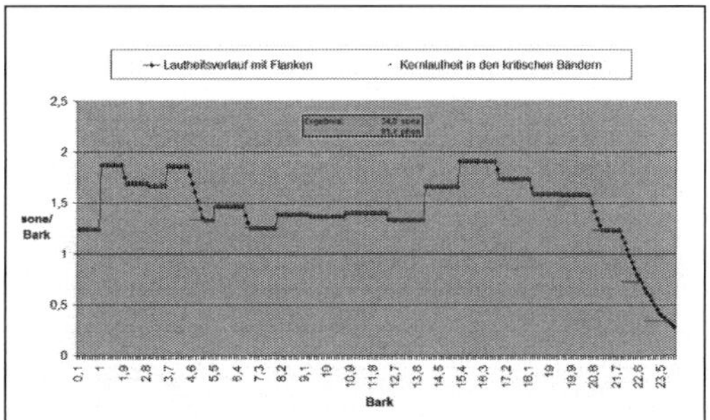

Abb. 16.3-7: Ergebnis einer Lautheitsmessung

Abb. 16.3-6: Hochauflösender Korrelationsgradmesser mit Phasenwinkelanzeige

Korrelationsgrad	-1	zwischen -1 und 0	0	zwischen 0 und 1	1
Beziehung L/R	L = -R		L ≠ R		L = R
Phasenwinkel	180°	zwischen 180° und 90°	90°	zwischen 90° und 0°	0°
Stereobild	Sehr hohe Basisbreite	Hohe Basisbreite	Mittlere Basisbreite	Niedrige Basisbreite	Mono
Monokompatibilität		Nicht monokompatibel		monokompatibel	
Auf Schallplatte		Pressung nicht empfohlen		pressbar	
Dolby Stereo	Surround Kanal	Tendenz zu Surround	Nur Links oder Rechts	Tendenz zu Center	Center Kanal
X/Y-Mikrofontechnik		falsch aufgestellt		richtig aufgestellt	

Tab. 16.3-3: Bedeutung der Anzeige des Korrelationsgradmessers

der Korrelationsgrad -1 an der äußersten roten LED aufgetragen, der Korrelationsgrad 0 an der gelben und der Korrelationsgrad 1 an der äußersten grünen LED. Aufwendigere Konstruktionen verwenden grafische Anzeigen für den Korrelationsgrad (siehe Abbildung 16.3-8) und weisen meist auch eine wesentlich höhere Genauigkeit auf. Die Bedeutung der Anzeige eines Korrelationsgradmessers ist in Tabelle 16.3-3 zu sehen. Wichtig für das Ablesen eines Korrelationsgradmessers sind zwei Dinge:

- Man muss genau wissen, was man ablesen möchte (Phase oder Korrelationsgrad).
- Es wird stets nur das lauteste Signal angezeigt. Bei zwei gleich lauten Signalen ist der Korrelationsgrad der Mittelwert zwischen den zwei Signalen. So würde ein phasengedrehter Synthesizerklang zusammen mit einem gleich lauten Mono-E-Bass einen Korrelationsgrad von 0 anzeigen.

Hauptanwendung findet der Korrelationsgradmesser in der Stereosumme, um deren Monokompatibilität zu überprüfen. Weiterhin bietet er eine zuverlässige Anzeige der Stereobasisbreite. Somit kann bei einer Stereobasisverbreiterung deren Ergebnis überprüft werden. Dies ist besonders wichtig, da das menschliche Ohr sich sehr schnell an eine breitere Stereobasis gewöhnt und man somit versucht ist, sie permanent noch breiter zu machen.

Sollen mit Hilfe eines Korrelationsgradmessers einzelne Signale auf Monokompatibilität überprüft werden, so sollten sie AFL oder Solo-In-Place abgehört und betrachtet werden. Auf diese Weise lässt sich schnell ein Phasendreher in einer Stützmikrofontechnik oder in einer Stereospur finden.

16.3.2.2 Goniometer / Stereosichtgerät

Wesentlich aufwendiger und auch aussagekräftiger ist das Goniometer, auch Stereosichtgerät genannt. Es bietet die Möglichkeit, die Stereosumme grafisch als Vektordiagramm darzustellen. Auf einem Bildschirm wird ein Leuchtpunkt durch die Musik in unterschiedliche Richtungen abgelenkt und zeichnet somit Figuren, aus der die Amplituden und die Phasenbeziehungen der Signale hervorgehen. Die meisten Stereosichtgeräte haben zwei Eingänge: Links und Rechts. Diese werden über Verstärker, welche eventuell ihren Verstärkungsfaktor automatisch an das Musiksignal anpassen, auf zwei Ablenkeinheiten des Stereosichtgerätes gegeben. Der linke Kanal wird entlang einer 45° abfallenden Gerade abgelenkt und der rechte Kanal entlang

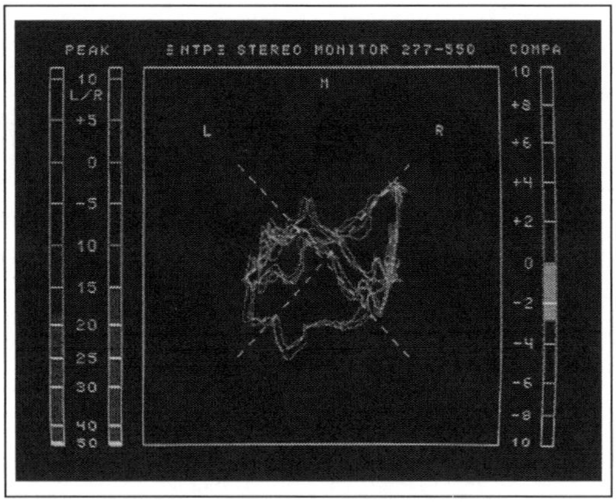

Abb. 16.3-9: Stereosichtgerät

einer 45° ansteigenden Gerade. Die Ablenkung erfolgt trägheitslos, so dass man bei Musiksignalen zwischen 20Hz und 20kHz keine Bewegung des Lichtpunktes verfolgen kann. Die Vektoraddition der beiden Eingangssignale ergibt die resultierende Abbildung der Lichtspuren am Bildschirm. Hierbei werden Monosignale als senkrechte Linie dargestellt, wohingegen zueinander invertierte Signale als waagerechte Linie zu sehen sind. Die Abbildung 16.3-9 zeigt ein Stereosichtgerät, in der Abbildung 16.3-10 wird gezeigt, wie verschiedene Musiksignale auf einem Stereosichtgerät dargestellt werden.

Ein Stereosichtgerät zeigt immer alle Signale gleichzeitig an, und man benötigt eine gewisse Einlernphase, bis man aus dem Knäul am Bildschirm herauslesen kann, was in der Musik tatsächlich für Signalanteile enthalten sind.

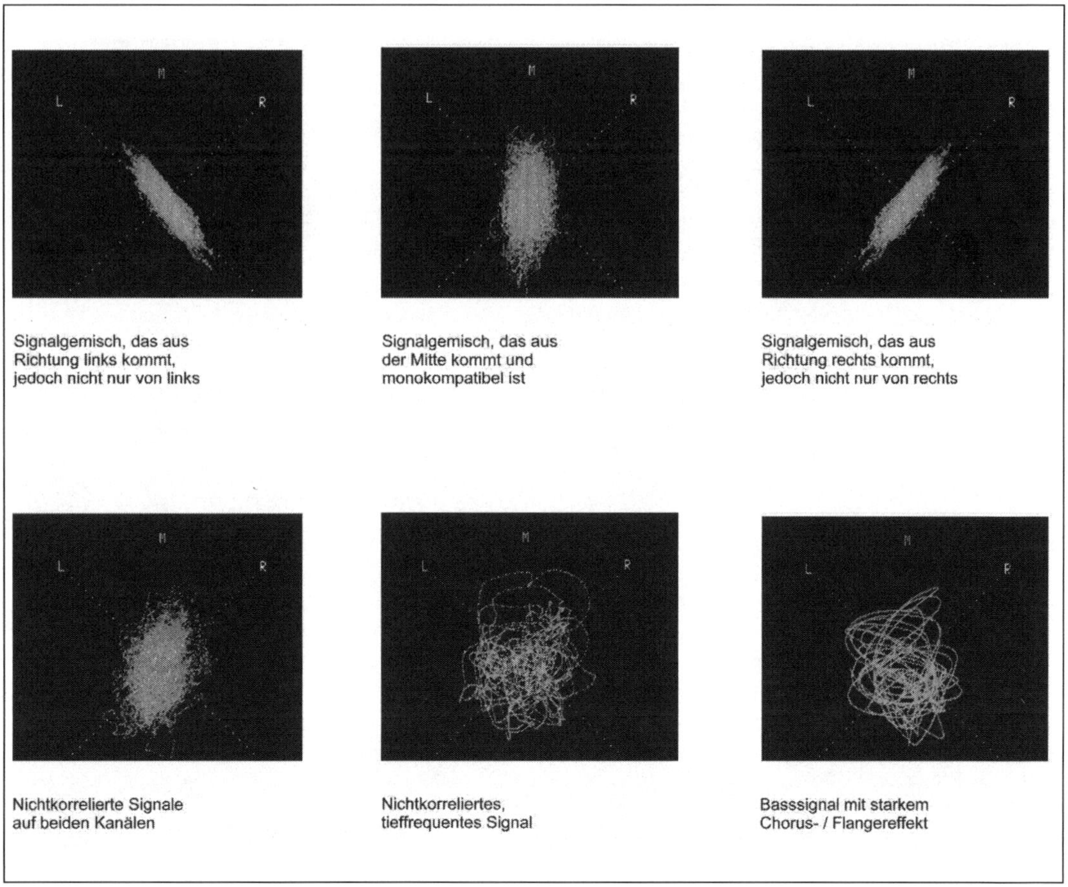

Abb. 16.3-10: Verschiedene Musiksignale auf einem Stereosichtgerät (© RTW)

1. Dekade	20Hz	25Hz	31,5Hz	40Hz	50Hz	63Hz	80Hz	100Hz	125Hz	160Hz
2. Dekade	200Hz	250Hz	315Hz	400Hz	500Hz	630Hz	800Hz	1kHz	1,25kHz	1,6kHz
3. Dekade	2kHz	2,5kHz	3,15kHz	4kHz	5kHz	6,3kHz	8kHz	10kHz	12,5kHz	16kHz
4. Dekade	20kHz									

Tab. 16.3-4: Genormte Mittenfrequenzen für Terzbandanalyser

16.3.3 Frequenzanalyser

Frequenzanalyser haben die Aufgabe, das Spektrum eines Signals in Echtzeit darzustellen. Der Echtzeitbezug ist hierbei sehr wichtig, da man sonst keinen Zusammenhang zwischen dem gehörten Signal und dem Anzeigebild des Analysers hat. Analyser zeigen das Frequenzspektrum meist in Frequenzbändern zwischen 20Hz und 20kHz an. Dies können im einfachsten Fall 10 Oktavbänder sein oder, wenn die Messung sehr genau erfolgen soll, 120 1/12-Oktavbänder. Als Standard hat sich jedoch die Darstellung in 31 Terzbändern bewährt, die eine ausreichend genaue Frequenzanalyse zulässt, den Betrachter jedoch nicht mit zu vielen Informationen überschüttet. Die Mittenfrequenzen der Terzbänder sind hierbei in der ISO genormt und in Tabelle 16.3-4 abzulesen. Es handelt sich um die gleichen Mittenfrequenzen, die auch bei einem Terzbandequalizer anzutreffen sind.
Ein wichtiges Kriterium für die Selektivität der Frequenzanalyse ist die Steilheit der Filter. Mit einem zu flachen Filter gibt es zu viel Übersprechen zwischen benachbarten Frequenzbändern, und eine genaue Spektraldarstellung ist nicht möglich. Je steiler ein Filter arbeitet, desto selektiver können die einzelnen Frequenzbänder betrachtet werden. Allerdings werden für steilere Filter mehr Rechenleistung bzw. mehr Bauteile benötigt. Genaueres zu den Auswirkungen der unterschiedlichen Filterarten ist in Kapitel 16.3.3.2 nachzulesen.

16.3.3.1 FFT-Analyser

Die schnelle Fouriertransformation, kurz FFT (Fast Fourier Transformation), ist, wie der Name bereits sagt, eine schnelle Möglichkeit, ein Signal von dem Zeit- in den Frequenzbereich zu transformieren. Ein Block von Abtastwerten, dessen Größe eine Potenz von 2 sein muss, wird in gleich viele Frequenzinformationen umgesetzt. Als Beispiel soll eine Blockgröße von 2^{10}=1024 Abtastwerten dienen. Wird diese mit Hilfe einer FFT umgerechnet, so bekommt man 1024 Frequenzinformationen an den folgenden Frequenzen:

$$f = \frac{n \cdot f_s}{2^N}$$

mit:
n: Ganzzahl zwischen 0 und 2^{N-1}-1
f_s: Abtastfrequenz
N: Potenz den Blockgröße, die Basis ist immer 2

Für das oben genannte Beispiel mit N=10 und einer Abtastfrequenz von 48kHz würden sich somit ergeben: 0Hz, 46,875Hz, 93,75Hz, 140,625Hz usw. Alle Frequenzen sind hierbei ganzzahlige Vielfache von 46,875Hz. So gibt es also auch die Frequenzen 18750Hz, 18796,875Hz usw. Die Frequenzen setzen sich fort bis:

$$f_{max} = \frac{(2^{(N-1)}-1) \cdot f_s}{2^N}$$

In unserem Beispiel wäre die höchste Frequenz f_{max}=23953,125Hz, also ein Frequenzschritt unter der Nyquist-Frequenz des Systems. Das sind aber bisher nur 512 Frequenzinformationen. Wo bleiben die übrigen 512 Informationen? Jede Frequenzinformation besteht aus einem Realteil und einem Imaginärteil. Über die Formel

$$L(f) = 20 \cdot \log \sqrt{Re(f)^2 + Im(f)^2}$$

kann der Amplitudenfrequenzgang als Pegel berechnet werden.

Hierbei ist:
L(f): Pegel an der Frequenz f
Re(f): Realteil der Frequenzinformation
Im(f): Imaginärteil der Frequenzinformation

Mit Hilfe der Formel

$$\varphi(f) = \text{artcan}\left[\frac{Im(f)}{Re(f)}\right]$$

kann der Phasenwinkel $\varphi(f)$ berechnet werden.

Man bekommt also nach der Umrechnung eines 1024-Werte langen Blocks 512 Real- und Imaginärinformationen zurück, die man in 512 Frequenz- und 512 Phaseninformationen umrechnen kann. Hauptproblem der FFT ist, dass sie eigentlich für periodische Signale gedacht war, was Musik jedoch nicht ist. Weiterhin liefert sie eine lineare Aufteilung der Frequenzinformationen, was zu einer ungenauen Darstellung des Bassbereiches und einer viel zu genauen Darstellung des Höhenbereiches führt. Vergleicht man die Frequenzen, die eine FFT zurück liefert mit den Terzfrequenzen aus Tabelle 16.2-4, so wird der Unterschied schnell deutlich. Erst ab einer Frequenzauflösung von ca. 5Hz kann der Bassbereich ebenso gut dargestellt werden, wie mit einem Terzbandanalyser. Hierzu wäre allerdings eine Blocklänge von 8192 Werten nötig, was wiederum viel mehr Rechenleistung und Speicherplatz erfordern würde.

Ein weiteres, großes Problem ist die "Fensterung" des Signals (siehe Kapitel 16.1.1.2). Aus der kontinuierlichen Wellenform des Audiosignals wird an einer zufälligen Stelle der Block mit den 2^N Analysewerten herausgeschnitten. Dies führt an den Blockkanten zu einem möglichen Spannungssprung in der Wellenform und somit zu falschen Frequenzen bei der Analyse.

Durch die Analyse in Fenstern und noch schlimmer bei der Verwendung von nicht-rechteckigen Fenstern können sich allerdings nie alle interessanten Signale im Analyseblock befinden. Teile des Signals werden abgeschnitten oder eventuell ausgeblendet. Man stelle sich eine Snare-Drum vor, die sich regelmäßig alle zwei Sekunden wiederholt. Bei einer Abtastfrequenz von 48kHz und einer Blocklänge von 1024 Werten (entspricht einer Blocklänge von 21,33ms) liegen die Blöcke 1,984s oder 2,005s auseinander. Somit wird eine regelmäßig wiederholte Snare-Drum auf einem FFT-Analyser bei jedem Schlag ein klein wenig anders aussehen. Auf diese Weise kann wenig über das tatsächliche Spektrum gesagt werden, und der ursprüngliche Zweck des Analysers als Hilfsmittel für die korrekte Frequenzdarstellung eines Signals wird verfehlt. Was bleibt, ist noch eine schön anzuschauende Balkengrafik, die nicht viel mehr Nutzen hat, als vielleicht einen Musiker in seinen Bann zu ziehen.
Einzige Abhilfe gegen dieses Problem sind mehrere zueinander zeitversetzte Analysen, die sich gegenseitig überlappen und die anschließend gemittelt werden. Um das Signal zu jedem Zeitpunkt korrekt darstellen zu können, sind hierzu je nach verwendeter Fensterfunktion 50-75% Überlappung notwendig. Dadurch steigt der Rechenaufwand auf das

Blocklänge	1024	2048	4096	8192	16384
f_s= 32kHz	32ms	64ms	128ms	256ms	512ms
f_s= 44,1kHz	23ms	46ms	93ms	186ms	372ms
f_s= 48kHz	21ms	43ms	85ms	171ms	341ms
f_s= 96kHz	11ms	21ms	43ms	85ms	171ms

Tab. 16.3-5: Mindestverzögerungszeit bis ein FFT-Analyser das Spektrum eines Signals anzeigen kann.

Doppelte bzw. Vierfache, was der ursprünglichen Idee, mit wenig Rechenleistung eine Analyse machen zu können, widerspricht.

Ein letztes, nicht zu vernachlässigendes Problem der FFT-Analyser ist die Zeit, die vergeht, bis ein Block analysiert wurde und angezeigt werden kann. Die Analyse selbst dauert nicht sehr lange, allerdings muss erst der gesamte Block im Speicher sein, bevor man mit der Fouriertransformation beginnen kann. Die Tabelle 16.3-5 zeigt die Mindestverzögerungszeit verschiedener Blocklängen bei unterschiedlichen Abtastfrequenzen. Man sieht hierbei deutlich, dass die Verzögerungszeit sehr schnell den Begriff "Realtime-Analyser" ad absurdum führt.

16.3.3.2 Filter-Analyser

Filter-Analyser arbeiten mit mehreren parallelgeschalteten Bandpassfiltern. Das Signal wird also durch diese Filter in viele Frequenzbereiche aufgeteilt. Anschließend werden die Spitzenwerte oder manchmal auch die Mittelwerte gebildet und angezeigt. Ein Analyser in Filtertechnik kann komplett analog realisiert werden, was jedoch einen enormen Bauteilaufwand bedeutet. Meistens werden heute auch Filteranalyser digital mit Hilfe von IIR-Filtern (siehe Kapitel 7.12.1) berechnet.

Eine IIR-Filterstufe entspricht einem Filter 2. Ordnung, so dass die einfachste Variante der Filteranalyser mit Bandpässen 2. Ordnung arbeitet. Die Charakteristik dieser Terzbandfilter ist genormt und entspricht der IEC 225 Norm. Das Problem hierbei ist die geringe Selektivität dieser Bandpässe 2. Ordnung. Mit nur 6dB/Okt. werden Frequenzen über und unter der eigentlich zu analysierenden Frequenz abgedämpft. In Abbildung 16.3-11 ist das Resultat für einen 1kHz Ton mit Vollaussteuerung zu sehen. Hierbei wird das resultierende Anzeigebild aus den einzelnen 31 Terzbandfiltern konstruiert, dessen Schnittpunkte mit dem 1kHz Signal den jeweiligen Pegel im entsprechenden Band ergeben.

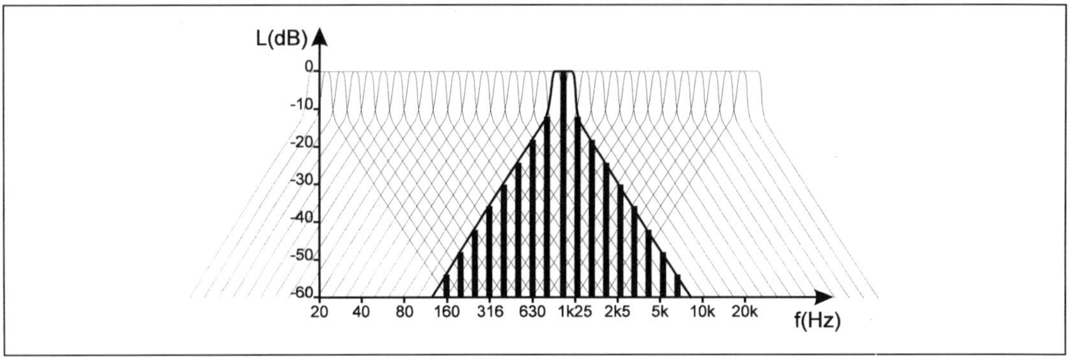

Abb. 16.3-11: Konstruktion des Anzeigebildes für ein 1kHz-Signal auf einem Filteranalyser mit Bandpässen 2. Ordnung nach IEC 225

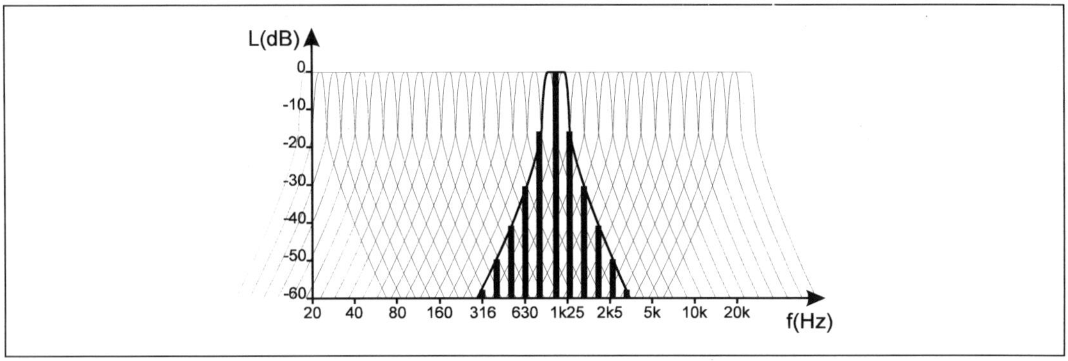

Abb. 16.3-12: Konstruktion des Anzeigebildes für ein 1kHz-Signal auf einem Filteranalyser mit Bandpässen 6. Ordnung nach ANSI Part III

Das Ergebnis ist, dass die meisten Frequenzbänder etwas anzeigen, obwohl nur eine einzelne Frequenz vorhanden war. In der Praxis wird sehr oft nicht einmal die IEC 225 Norm eingehalten, so dass die Filter noch flacher verlaufen als in Abbildung 16.3-11 gezeigt. Ein Trick, der Abhilfe gegen das unschöne Anzeigebild schaffen soll, ist die Einschränkung der Anzeigedynamik. Wenn also statt 60dB Dynamik nur 20dB angezeigt werden, sieht die Filterkurve schon viel steiler aus. Man stelle sich hierbei das obere Drittel der Abbildung 16.3-11 vor und dehne es auf die gesamte Höhe der Abbildung. Dieser Trick wird dann meist noch mit einer "sehr hohen Pegelauflösung" beworben, was im Endeffekt nicht viel Nutzen bringt. Wichtig wäre es, laute und leise Signalanteile gleichzeitig und selek-

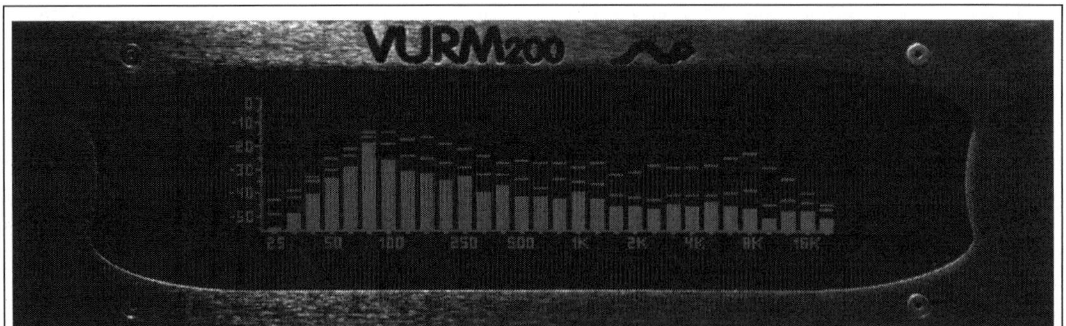

Abb. 16.3-13 : Terzbandanalyser mit Bandpassfiltern 6. Ordnung nach ANSI Part III

tiv in hohen und tiefen Frequenzen betrachten zu können.
Die aufwendigere, jedoch wesentlich bessere Variante, sind Filter-Analyser mit Filtern 6. Ordnung nach der Spezifikation ANSI Part III. Mit solchen Filtern ist es dann auch möglich, zwei verschiedene Signale in unterschiedlichen Frequenzbereichen zu betrachten, auch wenn das eine Signal wesentlich lauter ist als das andere. Die oben angeführte Snare-Drum könnte mit Hilfe eines Filter-Analysers sehr gut nach Resonanz- und Präsenzbereich untersucht werden. Anschließend kann man gezielt den Equalizer einstellen, so dass diese Bereiche entsprechend den Klangvorstellungen bearbeitet werden. Die Abbildung 16.3-12 zeigt die konstruierte Darstellung der Anzeige eines 1kHz Tones auf einem solchen Analyser.
Der Hauptvorteil der Filteranalyser liegt in der wirklichen, kontinuierlichen Echtzeitdarstellung des Signals. Ein sich ständig wiederholendes Signal wird auch jedes Mal gleich angezeigt, da die Filter das gesamte Signal jederzeit gleich bearbeiten. Die Abbildung 16.3-13 zeigt einen Analyser, der auf Filtern 6. Ordnung basiert und gleichzeitig den VU-Wert, den Peak-Wert und den Peak-Hold anzeigen kann.

16.4 Einmessen von Bandmaschinen

Die Qualität einer analogen Bandmaschine ist wesentlich davon abhängig, wie gut diese eingemessen ist. Unter Einmessen versteht man die Justage der folgenden Parameter:

- Die Tonköpfe müssen so eingestellt werden, dass diese exakt senkrecht zur Bandlaufrichtung stehen.
- Die Höhenfrequenzgänge der Verstärker müssen justiert werden, um einem möglichen Höhenverlust durch abgeschliffene Tonköpfe entgegen zu wirken.
- Die Aufnahme- und Wiedergabepegel müssen eingestellt werden, so dass der korrekte Bandfluss aufgezeichnet und der korrekte Studiopegel von der Bandmaschine verarbeitet wird.
- Die Bias muss auf die verwendete Bandsorte eingestellt werden.

Die eben genannten Maßnahmen sollten in mehr oder weniger regelmäßigen Abständen kontrolliert und nachgestellt werden. Unterbleibt dies, so ist die Bandmaschine sehr bald ein teurer "Staubfänger", der in keiner Weise für einen Tontechniker zufrieden stellend arbeitet. Der Boom der Digitalrecorder und Harddiskrecorder Ende der 90er-Jahre ist im Wesentlichen darauf zurückzuführen, dass nur wenige Tonstudios Wert auf die Pflege und Justage der Bandmaschine gelegt haben und deshalb mit der Leistungsfähigkeit unzufrieden waren.
Aktuell sind Bandmaschinen - für den, der sie noch warten und einmessen kann - ein Produktionswerkzeug, das entweder als Effektgerät oder als vollwertiger Recorder eingesetzt werden kann.

Um eine Bandmaschine erfolgreich einmessen zu können ist folgendes Equipment erforderlich:

- Bezugsband
- Service-Manual der Bandmaschine
- Entmagnetisierdrossel
- Reinigungsset (Wattestäbchen + Isopropylalkohol)
- Sinusgenerator (extern, im Mischpult oder als Plugin)
- AC-Voltmeter oder pulteigene Meter
- Oszilloskop oder Stereosichtgerät
- ggf. Sweepgenerator + Oszilloskop
- falls erforderlich, Adapterkabel

Zur Übersicht ist in Abbildung 16.4-1 das Blockschaltbild einer typischen Bandmaschine zu sehen. Der genaue Einmessvorgang, Tipps und Tricks, Umrechnungstabellen für Messbänder etc. sind unter **www.die-audio-enzyklopaedie.de** zu finden.

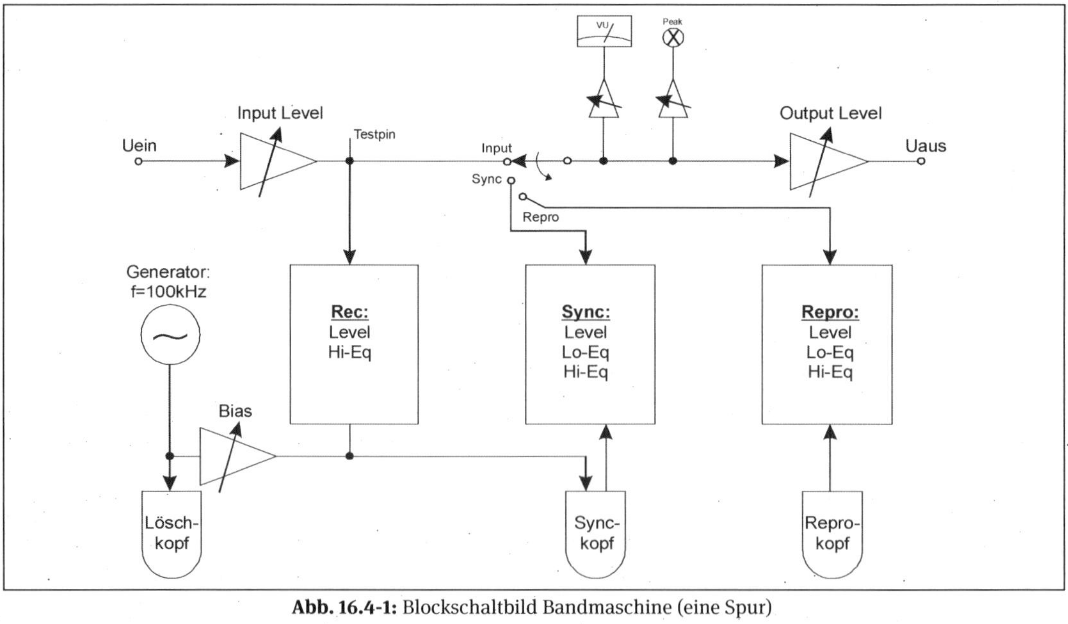

Abb. 16.4-1: Blockschaltbild Bandmaschine (eine Spur)

16.5 Messtechnik für Lautsprecher und Raumakustik

Wenn es um die Aufgabe geht, den Frequenzgang eines Lautsprechers in einem Raum zu messen, ohne jedoch den Raum mitzumessen, so sind ganz besondere Messverfahren gefragt. Drei Methoden, eine solche Messung durchzuführen, sollen hier beschrieben werden. Mit Hilfe dieser Messverfahren ist es nicht nur möglich, Lautsprecherfrequenzgänge zu bestimmen, sondern auch das Ausklingverhalten eines Raums kann gemessen werden. Somit sind genaue Bestimmungen der Nachhallzeit sowie stehender Wellen in einem Raum möglich. Durch die Unterstützung solcher Messgeräte kann das Einmessen und akustische Ausgestalten eines Lautsprechers bzw. Raumes sehr stark vereinfacht werden.

Die folgenden drei Verfahren basieren auf teilweise völlig unterschiedlichen Ansätzen und haben alle ihre Vor- und Nachteile. Nichtsdestotrotz liefern sie selbstverständlich alle das gleiche Ergebnis. Die Vor- und Nachteile der unterschiedlichen Messmethoden sind in Tabelle 16.5-1 aufgelistet.

16.5.1 Impulsmessverfahren

16.5.1.1 Grundlagen

Die einfachste Messmethode ist die Impulsmessung. Sie wurde bereits ansatzweise in Kapitel 16.1.1.2 erklärt. Dort findet sich auch die Grundlage für die Fouriertransformation, die in diesem Messverfahren ebenfalls eingesetzt wird.

Die Abbildung 16.5-1 zeigt den schematischen Aufbau des Impulsmessverfahrens. Hierbei ist der Signalweg von einem Lautsprecher zu einem Mikrofon in einem Raum als Messstrecke gegeben. Es soll im weiteren Verlauf gezeigt werden, dass es möglich ist, den Lautsprecher im Frequenzgang zu messen, ohne dass der Raum Einfluss darauf nimmt.

Das Messsignal - ein "idealer Impuls" - wird von dem Messgenerator abgegeben. Dieser Impuls hat in der Praxis eine Länge, die dem Kehrwert der Abtastfrequenz des Messsystems entspricht:

$$t_{Imp} = \frac{1}{f_s}$$

mit:

t_{Imp}: Länge des Impulses in Sekunden ,s

f_s: Abtastfrequenz in Hertz, Hz

Messverfahren	Signal-Rauschabstand	Aufbau des Messverfahrens	Anzahl Messungen
Impulsmessung	Gering, bei Einzelimpulsen. Mehrere Impulse gemittelt verbessern den Signal-Rauschabstand	Einfach, kann mit Standardsoftware realisiert werden	Eine für alle Ergebnisse (Mehrere bei Mittelung für besseren Signal-Rauschabstand)
Maximum Length Sequence	Hoch	Kompliziert, benötigt Spezialsoftware	Eine für alle Ergebnisse
Time Delay Spectrometry	Sehr hoch	Kompliziert, benötigt Spezialsoftware. Könnte analog realisiert werden	Eine pro Ergebnis. Für 3D-Raumantworten sind viele Messungen nötig.

Tab. 16.5-1: Vor- und Nachteile der verschiedenen Messverfahren für Lautsprecher- und Raummessungen

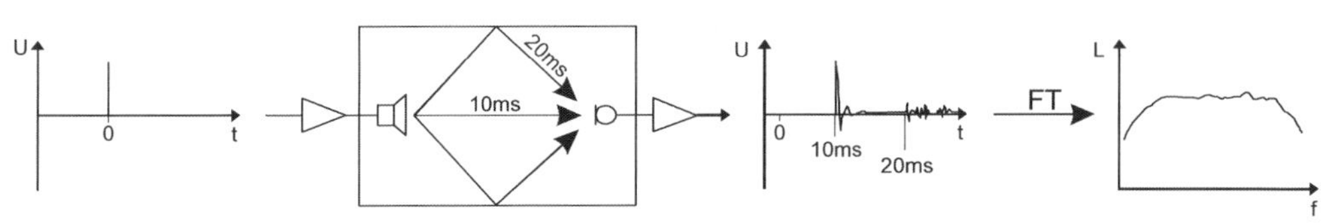

Abb. 16.5-1: Impulsmessverfahren

Dieser Impuls darf nicht beliebig laut auf den Lautsprecher gegeben werden, da ansonsten die Hochtöner des Lautsprechers möglicherweise zerstört werden. Bei einem Impuls sind alle Harmonischen gleich stark vertreten. Das bedeutet, dass bei einem Spektrum bis 20kHz, die Hälfte der Energie zwischen 10kHz und 20kHz liegt. Die andere Hälfte ist zwischen 0Hz und 10kHz. Die Tabelle 16.5-2 zeigt die Aufteilung der Energie eines Impulses im Audiobereich. Sie wird in Prozent pro Oktave angegeben, wobei 100% dem gesamten Bereich von 0Hz bis 20kHz entsprechen.

Man erkennt, dass bei einem typischen Zweiwegelautsprecher, der eine Trennfrequenz zwischen Tief- und Hochtöner von 2kHz aufweist, ca. 90% der gesamten Energie des Impulses auf den Hochtöner gelangt. Dieser wiederum verkraftet jedoch nur ca. 10% der Energie der gesamten Box. Bei einer 100W Box kann der Hochtöner also maximal mit 10W belastet werden.

Daher ist mit Sorgfalt darauf zu achten, dass der Messimpuls nicht zu laut auf den Messlautsprecher gegeben wird. Aus diesem Grund kann mit der Impulsmessung kein gutes Signal-Rauschverhältnis erreicht werden.

Wurde der Impuls schließlich mit der korrekten Lautstärke über den Messlautsprecher abgestrahlt, so erreicht er nach einer bestimmten Laufzeit t_{Dir} das Messmikrofon. Dieses nimmt die Impulsantwort des Lautsprechers auf, die dann wiederum nach der Umwandlung in ein elektrisches Signal digitalisiert, gespeichert und weiter bearbeitet wird.

Oktave			Energie in Prozent
20Hz	-	39 Hz	0,1%
39Hz	-	78 Hz	0,2%
78Hz	-	156Hz	0,4%
156Hz	-	313Hz	0,8%
313Hz	-	625Hz	1,6%
625Hz	-	1,25kHz	3,1%
1,25kHz	-	2,5kHz	6,3%
2,5kHz	-	5kHz	12,5%
5kHz	-	10kHz	25,0%
10kHz	-	20kHz	50,0%

Tab. 16.5-2: Energie eines Impulses in verschiedenen Oktaven des Audiobereichs

16.5.1.2 Messung des Direktsignals für hohe Frequenzen

Da die Messung in einem Raum stattfindet, erreicht allerdings auch die erste Raumreflexion nach einer bestimmten Zeit t_{Raum} das Messmikrofon und überlagert sich mit der Impulsantwort des Lautsprechers. Somit wird die Messung verfälscht, und im Frequenzgang des Lautsprechers treten Kammfilter auf, die auf die Raumreflexionen zurückzuführen sind.

Nun war jedoch die Aufgabe des Messsystems, den Frequenzgang des Lautsprechers ohne den störenden Raumeinfluss messen zu können. Dies wird möglich, wenn man bei der Impulsantwort nur den Zeitraum von $t=t_{Dir}$ bis $t=t_{Raum}$ für die Analyse berücksichtigt. Der Rest der Impulsantwort wird einfach abgeschnitten oder "weggefenstert". Ein Rechteckfenster hilft, dies zu bewerkstelligen. Wenn jedoch die Impulsantwort zurechtgeschnitten wird, dann beträgt der Zeitrahmen, der analysiert werden kann, nur noch:

$$t_A = t_{Raum} - t_{Dir}$$

und die tiefste Frequenz der Analyse liegt somit bei:

$$f_{min} = \frac{1}{t_A}$$

Setzt man mögliche Werte ein, so könnte t_{Dir}=10ms sein. Dies bedeutet, dass das Messmikrofon 3,4m von dem Messlautsprecher entfernt ist. Ist der Raum gut gestaltet, so könnte t_{Raum}=20ms sein. Somit wäre ein t_A von 10ms möglich. Dies würde zu einer unteren Grenzfrequenz von 100Hz führen.

Über den Analysezeitraum t_A muss nun eine Fouriertransformation durchgeführt werden, und man bekommt komplexe Frequenzinformationen zurück, die bei f_{min} beginnen und dann alle Harmonischen bis hin zu $\frac{f_s}{2}$ enthalten. Die Harmonischen, die über $\frac{f_s}{2}$ liegen und bis f_s gehen, sind nicht brauchbar, da sie aufgrund des Theorems von Shannon und Nyquist lediglich eine gespiegelte Information darstellen (siehe Kapitel 7.3).

16.5.1.3 Messung tiefer Frequenzen

Die Messung eines Lautsprechers in einem Raum ist bis zu einer bestimmten unteren Grenzfrequenz also sehr einfach. Je nachdem, wie spät die erste

Raumreflexion eintrifft, kann diese Frequenz mehr oder weniger tief liegen. Sollen auch die Frequenzen unterhalb f_{min} in die Messung mit einbezogen werden, so ist eine zweite Messung des Lautsprechers im Nahfeld durchzuführen. Dies geschieht, indem man das Messmikrofon sehr nahe vor dem Tieftöner der Box aufstellt. Hat die Box eine Bassreflexöffnung, so muss das Mikrofon so aufgestellt werden, dass sowohl der Schall des Tieftöners als auch der der Reflexöffnung gleichermaßen aufgenommen wird. Es kann also in diesem Fall nicht in unmittelbarer Nähe der Tieftonmembran platziert werden.

Nach der $\frac{1}{r}$-Regel nimmt der abgestrahlte Schall pro Verdoppelung der Entfernung um 6dB ab. Das Diffusfeld eines Raumes ist - einen wirklich diffusen Raum vorausgesetzt - überall gleich laut vorhanden. Das bedeutet, je näher man mit dem Messmikrofon an den Lautsprecher herangeht, desto geringer wird der Raumeinfluss auf die Messung. Den gesamten Frequenzgang möchte man meist am Abhörpunkt haben, nicht zuletzt auch, um zu sehen, wie sich die verschiedenen Wege des Lautsprechers in Frequenz und Phase ergänzen. Der tieffrequente Bereich, der nur über den Tieftöner und eventuell die Bassreflexöffnung abgestrahlt wird, kann jedoch problemlos im Nahfeld gemessen werden.

16.5.1.4 Zusammensetzen der Messungen

Es empfiehlt sich, die Messung vom Frequenzumfang überlappend mit der ersten Messung zu machen, damit später die beiden Ergebnisse problemlos aneinander gefügt werden können. Hierbei muss die zweite Messung um einiges leiser gerechnet werden, damit sie, was den Pegel betrifft, an die zweite Messung passt. Weiterhin muss die Phase angepasst werden, da die zwei Messungen in unterschiedlichen Abständen zur Schallquelle durchgeführt werden. Dadurch ergeben sich unterschiedliche Laufzeiten zum Messmikrofon und somit auch eine unterschiedliche Phasenlage. Werden die beiden Messungen überlappend gestaltet, so kann man später die Messungen durch einfaches Anlegen und Anpassen zusammenfügen.

16.5.1.5 Messung der Rauminformation

Soll anstelle des Direktsignals des Lautsprechers das Ausklingverhalten des Raums gemessen werden, so muss lediglich ein anderer Zeitbereich der Impulsantwort in die Fouriertransformation geschickt werden. In diesem Fall kann das Analysefenster größer als t_A werden, da der Raum mit in die Messung einbezogen werden soll.

16.5.1.6 3-dimensionale Darstellung - Wasserfalldiagramm

Besonders aussagekräftig bei den Raummessungen ist ein so genanntes Wasserfalldiagramm. Diese Art von Diagramm hat drei Dimensionen: eine Frequenzachse, eine Pegelachse und eine Zeitachse. Mehrere Analysen der Impulsantwort in unterschiedlichen Zeitbereichen werden auf der Zeitachse geschrieben. Dadurch entsteht die 3-dimensionale Darstellung, die als Beispiel in Abbildung 16.5-2 zu sehen ist. Da Messungen in einem späteren Zeitfenster stets die Raumantwort darstellen, die leiser sein muss als das Direktsignal des Lautsprechers, empfiehlt sich eine Betrachtung des Diagramms schräg aus Richtung der Zeitachse, wie in der Abbildung zu sehen. Aus diesem Blickwinkel sieht das Diagramm wie ein Wasserfall aus. Man kann nun bei den einzelnen Frequenzen anhand des Abfalls des Pegels sehen, wie schnell der Raum ausklingt. In dem gezeigten Diagramm sind stehende Wellen bei etwa 30Hz und 60Hz sehr schön zu sehen.

Wird das Wasserfalldiagramm in einzelne Frequenzstücke zerschnitten, so ergeben sich viele einzelne Diagramme, die den Pegel bei einer bestimmten Frequenz auf die Zeit darstellen. Versucht man nun, eine Gerade an die abfallende Linie anzulegen, so kann man anhand der Steigung dieser Gerade auf die Nachhallzeit bei der entsprechenden Frequenz schließen. Sehr oft wird ein Wasserfalldiagramm in genormte Terzbänder zerlegt und anschließend die Nachhallzeit über diese Terzbänder bestimmt.

Die Bestimmung der Nachhallzeit ist bei der Planung der Akustik eines Raums sehr wichtig. Nur wenn die Nachhallzeit des Rohraums bekannt ist, können die richtigen Akustikmodule in den tatsächlich notwendigen Flächen berechnet und eingesetzt werden. Ohne eine aussagekräftige Raummessung ist die akustische Ausgestaltung eines Raumes sehr oft nur ein "Schuss ins Blaue".

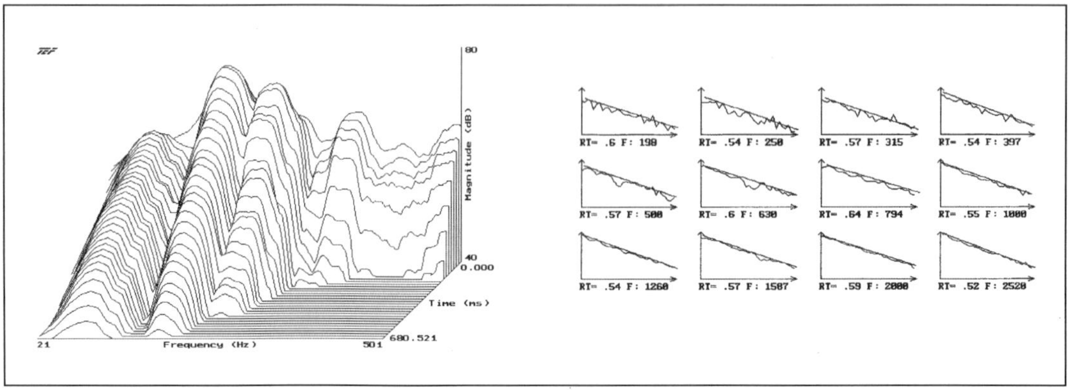

Abb. 16.5-2: Wasserfalldiagramm (links) und eine Zerlegung in die Terzbänder mit angelegter Nachhallzeit (rechts). (Hinweis: das rechte Diagramm wurde nicht aus dem linken gebildet!)

16.5.2 Maximum Length Sequence (MLS) Messverfahren

Für das Verständnis des MLS-Verfahrens stellt das Impulsmessverfahren eine wichtige Grundlage dar. Diese sollte zuerst gelesen und verstanden werden, bevor man versucht, das MSL-Verfahren zu begreifen.

16.5.2.1 Die Maximalfolge (MLS)

Das MLS-Messverfahren ist in vielen Punkten völlig identisch mit dem Impulsmessverfahren. Die Abbildung 16.5-3 zeigt den prinzipiellen Aufbau dieses Messverfahrens. Man erkennt, dass vom Messgenerator anstelle eines idealen Impulses eine so genannte Maximalfolge oder auf englisch "Maximum Length Sequence" kurz MLS ausgesendet wird. Diese Folge ist eine "Quasizufallsfolge", die aus den Werten 1 und -1 besteht. "Quasizufall" deswegen, weil sie in Wirklichkeit mathematisch berechnet ist und jedes Mal gleich aussieht. Allerdings hat sie das gleiche Spektrum und den gleichen Klang wie weißes Rauschen, das wirklich rein zufällig ist.

Eine solche Folge kann sehr einfach durch ein Schieberegister erzeugt werden, welches eine bestimmte Anzahl von Verzögerungsstufen T hat. Man sagt auch, T sei die Ordnung der MLS. Die Länge der Maximalfolge beträgt:

$$L = 2^T - 1$$

Die Abbildung 16.5-4 zeigt ein solches Schieberegister mit 12 Verzögerungsstufen. Es gilt also T=12. Somit wird eine Maximalfolge erzeugt, die 4095 Werte lang ist. Danach wiederholt sie sich.

Man erkennt in der Abbildung, dass das Eingangssignal des Schieberegisters abhängig von den Ausgängen der einzelnen Abgriffe des Registers ist.

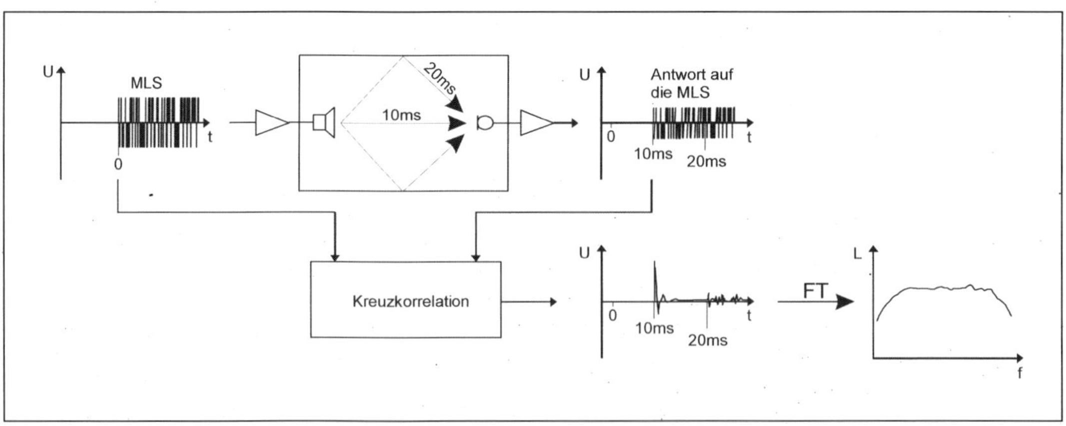

Abb. 16.5-3: MLS-Messverfahren

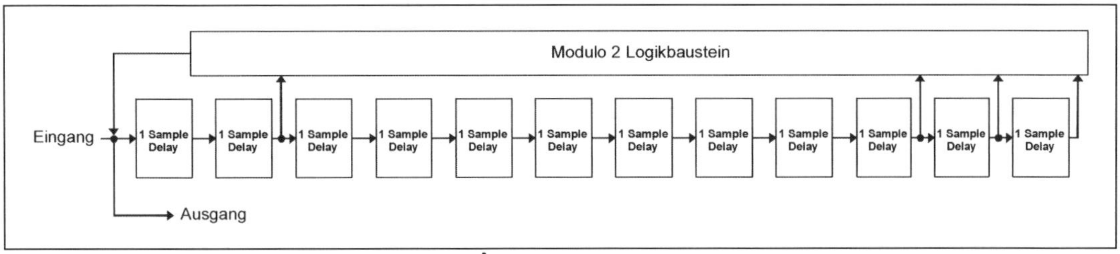

Abb. 16.5-4: Berechnung einer Maximalfolge mit Hilfe eines Schieberegisters

Diese Abhängigkeit ist durch einen Modulo2-Logikbaustein gegeben. Dieser wurde grundlegend bereits im Kapitel 7.1.1.1 beschrieben. Es gilt:

- Der Ausgang des Logikbausteins ist Null, wenn alle Eingänge Null sind oder eine gerade Anzahl der Eingänge Eins ist.
- Der Ausgang ist Eins, wenn eine ungerade Anzahl der Eingänge Eins ist.

Durch eine geschickte Platzierung der Abgriffe des Schieberegisters für den Modulo2-Baustein kann somit ein Signal geschaffen werden, das über die oben erwähnte Länge von $2^T - 1$ quasizufällig ist.

Um die Folge zu starten, wird einmalig am Anfang eine Eins auf den Eingang des Schieberegisters geschrieben. Da dieser Startvorgang jedes Mal gleich ist, und auch die Berechnung jedes Mal gleich erfolgt, sind die Folgen, die entstehen, auch jedes Mal identisch - also nur quasizufällig.

Die Folge von Einsen und Nullen, die am Eingang des Schieberegisters entsteht, wird, bevor sie auf den Ausgang des Messgenerators gegeben wird, noch umgesetzt, so dass aus einer Null eine negative, und aus einer Eins eine positive Spannung wird. Dies geschieht, damit das Messsignal möglichst wenig Gleichspannungsanteil aufweist und die weiter verwendeten Geräte somit nicht mit einer Gleichspannung belastet.

In der Tabelle 16.5-3 sind die Positionen der Abgriffe für Folgen verschiedener Ordnung aufgelistet. Auch die Folge 12. Ordnung aus Abbildung 16.5-4 ist dort wieder zu finden.

16.5.2.2 Die Kreuzkorrelation

Um mit Hilfe der Maximalfolge zu einem Messergebnis zu kommen, muss diese nach dem Durchlaufen der Messstrecke mit dem Originalsignal kreuzkorreliert werden. Die Kreuzkorrelation vergleicht - ähnlich wie die Korrelationsmessung zweier Signale (siehe Kapitel 16.3.2.1) - die Ähnlichkeit zwischen zwei Signalen. Allerdings geschieht dies nicht nur einmal, sondern eine Art Mustererkennungsanalyse wird durchgeführt. Dies geschieht, indem die Korrelation zwischen dem Messsignal und dem empfangenen Signal immer wieder für alle möglichen verschobenen Zustände zwischen diesen zwei Signalen bestimmt wird. Die Formel mit der das bewerkstelligt wird, ist sehr ähnlich der Formel für ein FIR-Digitalfilter (siehe Kapitel 7.12.2) und lautet:

$$y(n) = \sum_{i=0}^{N-1} m(i) \cdot x(n+i)$$

mit:
y(n): Ausgangssignal der Kreuzkorrelation
x(n+i): Signal nach der Messstrecke
m(i): Messsignal (MLS)
n: Nummer des aktuellen Abtastwertes
N: Länge der MLS

Ordnung (T)	Länge (N)	Abgriffe
2	3	1,2
3	7	1,3
4	15	1,4
5	31	2,5
6	63	1,6
7	127	1,7
8	255	1,5,6,8
9	511	4,9
10	1023	7,1
11	2047	2,11
12	4095	2,10,11,12
13	8191	1,2,5,6,9,11,12,13
14	16383	1,11,12,14
15	32767	2,4,6,7,8,11,12,15
16	65535	2,3,4,7,10,11,12,16

Tab. 16.5-3: Abgriffe für MLS-Folgen verschiedener Ordnung

Man erkennt an der Formel, dass die MLS-Sequenz, die als Messsignal verwendet wird, mit dem Signal nach der Messstrecke multipliziert wird. Dies geschieht bei jedem Abtastwert erneut, so dass immer wieder verglichen werden kann, wie gut die Originalfolge mit dem empfangenen Signal übereinstimmt.

Wird eine MLS-Folge mit sich selbst kreuzkorreliert, so ergibt sich der ideale Impuls. Dies ist so, weil sich alle Folgen, die nicht absolut deckungsgleich sind, mit der Kreuzkorrelationsformel komplett zu Null wegmitteln. Sind die Folgen allerdings deckungsgleich, so wird zu der Summe ständig $1 \cdot 1 = 1$ bzw. $(-1) \cdot (-1) = 1$ addiert. Somit entsteht ein Wert, der der Länge der MLS entspricht. Es ergibt sich also eine Funktion y(n), die immer Null ist, nur an der Stelle, an der m(i) und x(n+i) identisch sind, nimmt y(n) den Wert N an.

16.5.2.3 Auswertung

Das kreuzkorrelierte Signal stellt also nichts anderes dar als die Impulsantwort der Messstrecke. Somit gestaltet sich die Auswertung exakt genauso wie bei dem Impulsmessverfahren.

Der wesentliche Unterschied zwischen dem Impulsmessverfahren und der MLS-Messung ist der resultierende Signal-Rauschabstand. Dieser ist bei der MLS-Messung um ein Vielfaches höher, da mit der Maximalfolge im Grunde viele kleine Impulse nacheinander ausgesendet werden und erst durch die Kreuzkorrelation zu einem großen Impuls umgerechnet werden. Auf diese Weise wird der Messlautsprecher nicht so stark belastet wie mit einem einzelnen, großen Impuls. Das Spektrum der MLS entspricht dem des einzelnen Impulses.

Durch einen doppelt so großen Impuls kann der Signal-Rauschabstand um 3dB verbessert werden. Das heißt, dass eine Maximalfolge der Ordnung T den Signal-Rauschabstand um ca. T·3dB verbessert. Dies gilt, da jede Erhöhung von T um den Wert Eins eine doppelt so lange Maximalfolge generiert. Für eine Folge mit T=12 sind dies bereits 36dB Verbesserung im Signal-Rauschabstand.

Mit dem MLS-Messverfahren sind die gleichen Darstellungen möglich wie auch schon bei der Impulsmessung, da hinter der Kreuzkorrelation die gleichen Analysestufen folgen.

16.5.3 Time Delay Spectrometry (TDS) Messverfahren

Eine grundlegend andere Messtechnik wird beim TDS-Messverfahren verwendet. TDS steht für Time Delay Spectrometry, was soviel heißt wie zeitverzögerte Spektralanalyse.

16.5.3.1 Grundlagen der Frequenzgangmessung mit Hilfe eines Sinussweeps

In der Abbildung 16.5-5 ist ein sehr einfacher Messaufbau zu sehen, der die Durchführung einer Frequenzgangmessung mit Hilfe eines Sinussweeps ermöglicht. Dies stellt noch keine TDS-Messung dar, ist jedoch eine der Grundlagen dieses Messverfahrens.

Man erkennt, dass ein ganz normaler Sinusgenerator als Signalquelle verwendet wird, der die zu messende Frequenz erzeugt. Dieser Generator lässt sich jedoch in der Frequenz von einer Steuerspannung beeinflussen. Man könnte ihn deswegen auch als einen VCF-Generator (Voltage Controlled Frequency) bezeichnen. Die Veränderung der Frequenz mit Hilfe der Steuerspannung erfolgt trägheitslos, das heißt, man kann sehr schnell andere Frequenzen einstellen bzw. Frequenzen höher oder tiefer machen.

In diesem Fall wird der Sinusgenerator mit einer sägezahnförmigen Steuerspannung angesteuert, so dass er einen Frequenzsweep am Ausgang erzeugt. Sweep bedeutet in diesem Zusammenhang, dass die abgegebene Sinusfrequenz immer höher wird. Wird eine vorgegebene höchste Frequenz erreicht, wird der Generator abgeschaltet. Start- und Stopfrequenz dieses Sweeps sind einstellbar, ebenso die Geschwindigkeit. Die Änderung der Frequenz erfolgt linear, das heißt, man kann genau angeben, um wie viel Hertz pro Sekunde der Sweep seine Frequenz ändert.

Der Frequenzsweep wird über den Messlautsprecher abgestrahlt und erreicht nach einer gewissen Verzögerungszeit das Messmikrofon. Hinter dem Messmikrofon befindet sich eine Gleichrichterstufe und ein Logarithmierer, so dass die Ausgangsspannung des Messmikrofons als Spannungspegel bestimmt werden kann. Dieser Pegel wird einem Pegelschreiber zugeführt, der in der einfachsten Variante die Spannungsamplitude auf die Hochwertachse eines Millimeterpapiers aufträgt, während das Papier mit konstanter Geschwindigkeit

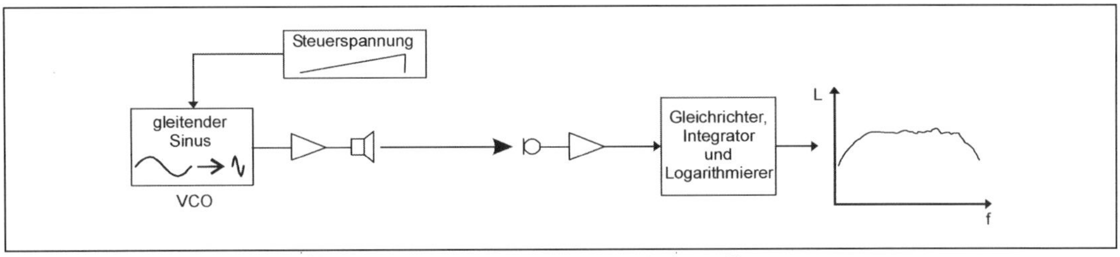

Abb. 16.5-5: Frequenzgangmessung mit einem Sinussweep

entlang der Rechtswertachse unter dem Stift weggezogen wird. Entspricht nun die Beschriftung der Hochwertachse dem Pegel und die Papiergeschwindigkeit der Sweepgeschwindigkeit, dann kann damit ein sehr guter Frequenzgang geschrieben werden.

Moderne Messgeräte digitalisieren das Signal vom Messmikrofon, die Software richtet es gleich, logarithmiert es und speichert die gemessenen Werte. Da diese Software auch die selbe ist, die das Messsignal erzeugt hat, ist auch gleich ein Bezug zur aktuell gemessenen Frequenz gegeben. Lediglich die Zeitverzögerung über den Abstand zwischen Messlautsprecher und Messmikrofon muss einbezogen werden.

Das soeben beschriebene Messverfahren ist sehr gut für die Frequenzgangmessung von Geräten geeignet. In diesem Fall ist die Verzögerungszeit zwischen Eingang und Ausgang auf Null zu setzen, und der Messlautsprecher sowie das Messmikrofon entfallen.

Soll ein Lautsprecherfrequenzgang gemessen werden, so funktioniert dieses Verfahren nur, wenn kein störender Raumeinfluss vorhanden ist. Es wäre also sowohl im Freifeld als auch in reflexionsarmen ("schalltoten") Räumen geeignet.

Soll der Raum ausgeblendet werden, muss ein zusätzlicher Trick angewandt werden, den das TDS-Verfahren bietet.

16.5.3.2 Ausblenden des Raums durch TDS

Bei dem TDS-Verfahren geht es um einen besonderen Trick, wie man die störenden Raumreflexionen mit Hilfe einer Zeitverzögerung aus der Messung ausblenden, beziehungsweise nur einen zeitlich begrenzten Bereich analysieren kann. Die Abbildung 16.5-6 zeigt den prinzipiellen Aufbau des TDS-Messverfahrens.

Man erkennt, dass zu dem Messverfahren aus Abbildung 16.5-5 ein spannungsgesteuerter Bandpassfilter hinzugekommen ist. Dieser sorgt zusammen mit einer Verzögerungsleitung in der Steuerspannung dafür, dass die Frequenzgangmessung nur innerhalb eines bestimmten Zeitbereiches stattfindet.

Wie bereits in Kapitel 16.5.1.2 beschrieben, soll der Abstand zwischen Messlautsprecher und Messmikrofon 3,4m betragen. Dies entspricht einer Zeitverzögerung von t_{Dir}=10ms.

Wenn das Direktsignal des Lautsprechers gemessen werden soll, so wird auch die Verzögerungsleitung in der Steuerspannung auf t_{Dly}=10ms eingestellt. Dies bedeutet, dass das Bandpassfilter, das hinter

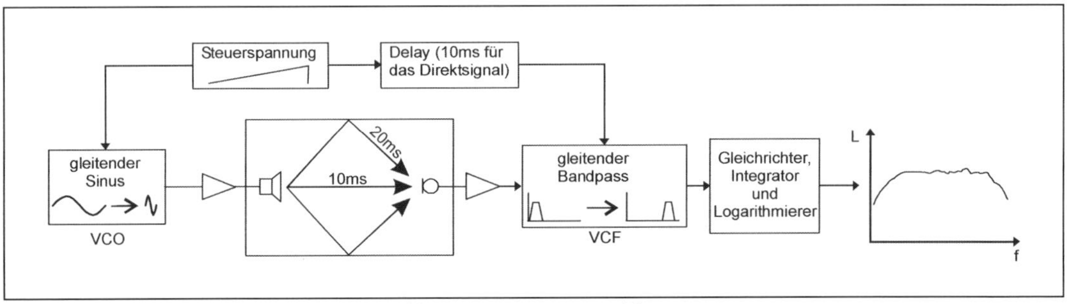

Abb. 16.5-6: TDS-Messverfahren

das Messmikrofon geschaltet ist, immer die gleiche Mittenfrequenz hat wie die Sinusschwingung, die auf dem Messmikrofon eintrifft.

Der Sweep soll beispielsweise mit 10000Hz pro Sekunde laufen. Dies bedeutet, dass die Frequenz des Generators innerhalb der 10ms, die das Signal zwischen Lautsprecher und Mikrofon braucht, um 100Hz angestiegen ist. Da allerdings das Bandpassfilter erst 10ms verzögert seine Mittenfrequenz ändert, stimmt diese nicht mit dem abgestrahlten, sondern mit dem eintreffenden Signal überein.

Wie in Kapitel 16.5.1.2 beschrieben, soll nun auch die erste Raumreflexion bei t_{Raum}=20ms eintreffen. Zu diesem Zeitpunkt ist das Signal am Messlautsprecher bereits 200Hz über der Frequenz, die nun durch die Reflexion am Messmikrofon eintrifft. Das Direktsignal ist 100Hz über der Frequenz der Raumreflexion, und auch das Bandpassfilter ist 100Hz über der Frequenz der Reflexion. Da das Bandpassfilter 10ms hinter dem Sinussweep herläuft, wird eine Reflexion, die mit 20ms Verzögerung eintrifft, nicht durch das Filter durchgelassen, sondern an der unteren Flanke des Filters abgeschwächt. Ist das Filter selektiv genug, so können die erste und auch alle weiteren Raumreflexionen ausreichend stark unterdrückt werden.

Soll nun die Raumantwort anstelle des Direktsignals gemessen werden, so muss lediglich die Verzögerungsstufe des Filters anders eingestellt werden. Dies wäre vergleichbar mit der Wahl eines späteren Analysefensters beim Impuls- bzw. MLS-Messverfahren.

Dadurch, dass pro eingestellter Verzögerungszeit der Verzögerungsstufe nur ein bestimmter Zeitbereich gemessen werden kann, müssen bei den meisten Messgeräten, die auf dem TDS-Verfahren basieren, viele Einzelmessungen durchgeführt werden bis ein Wasserfalldiagramm entsteht. Eine mögliche Lösung wäre, den empfangenen Sweep - vom Messmikrofon digitalisiert - komplett aufzuzeichnen, und das Bandpassfilter erst später darüber zu rechnen.

16.5.3.3 Wie es wirklich realisiert wird

Bei der bisherigen Beschreibung des TDS-Messverfahrens wurde ein steuerspannungsabhängiger Bandpassfilter eingesetzt. So ein Filter ist mit einer ausreichenden Flankensteilheit fast nicht zu realisieren. Aus diesem Grund wird ein weiterer Trick angewandt, um das Filter mit einer festen Frequenz aufbauen zu können und trotzdem den TDS-Effekt zu bekommen.

Das Signal, das am Messmikrofon eintrifft, wird mit dem Signal des Messgenerators multipliziert. Durch die Multiplikation entstehen Summen und Differenzfrequenzen. Die Summenfrequenz ist:

$$f_{Sum} = f_{Gen} + f_{Mic}$$

und die Differenzfrequenz liegt bei:

$$f_{Diff} = f_{Gen} - f_{Mic}$$

mit:
f_{Sum}: Summenfrequenz in Hertz, Hz
f_{Diff}: Differenzfrequenz in Hertz, Hz
f_{Gen}: Frequenz des Generators in Hertz, Hz
f_{Mic}: Frequenz am Messmikrofon in Hertz, Hz

Bei einer konstanten Sweepgeschwindigkeit ist auch die Differenzfrequenz konstant. In unserem Beispiel mit einer Sweepgeschwindigkeit von 10000Hz pro Sekunde und t_{Dir}=10ms würde sich eine Differenzfrequenz von 100Hz ergeben. Die Differenzfrequenz, die die erste Raumreflexion mit t_{Raum}=20ms erzeugen würde, wäre bei 200Hz. Alle weiteren Raumreflexionen hätten noch höhere Differenzfrequenzen zur Folge. Man könnte nun mit einem festen Bandpass bei 100Hz das Direktsignal durchlassen. Wenn die Flankensteilheit hoch genug ist, werden die Raumreflexionen, die Messsignale und die Summenfrequenz herausgefiltert. Die Abbildung 16.5-7 zeigt den Aufbau dieser Variante des Messverfahrens.

Soll das Raumverhalten auf diese Weise gemessen werden, so muss lediglich die Frequenz des Bandpassfilters auf die entsprechende Differenzfrequenz gestellt werden, die dem Zeitintervall entspricht.

Auch in diesem Fall ist die Messung eines Wasserfalldiagramms mit mehreren Durchläufen verbunden, bei denen jedes Mal eine andere Differenzfrequenz eingestellt werden muss. Allerdings könnte auch hier eine spätere Auswertung mit Hilfe von verschiedenen, festen Filtern durch Zwischenspeichern des multiplizierten Signals durchgeführt werden.

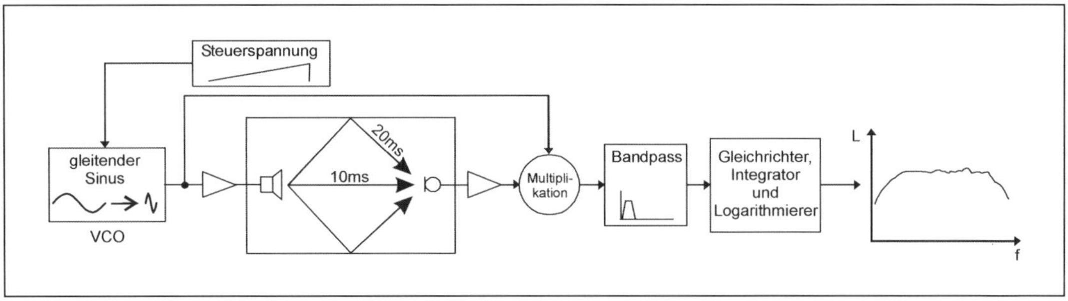

Abb. 16.5-7: Praktische Variante des TDS-Messverfahrens

16.5.3.4 Grenzen des TDS-Messverfahrens

Entgegen der möglichen Erwartung, man könnte mit Hilfe des TDS-Verfahrens und durch dessen Bandpassfilterung die störenden Rauminformationen besser unterdrücken als beim Impuls- oder MLS-Verfahren, ist dies nicht möglich. Auch das TDS-Messverfahren hat seine Grenzen, und unterhalb einer bestimmten Frequenz ist es nicht möglich, den Raum auszublenden. Dies beruht auf der Tatsache, dass die Sweepgeschwindigkeit bei tiefen Frequenzen nicht beliebig hoch sein kann. Es ist beispielsweise nicht möglich, mit einer Sweepgeschwindigkeit von 10000Hz pro Sekunde eine Messung von 20Hz bis 200Hz durchzuführen. Diese Messung wäre innerhalb von 18ms abgeschlossen. Um jedoch eine 20Hz Schwingung mit zumindest einer Periode zu erzeugen, sind bereits 50ms Zeitdauer notwendig. Man sieht, dass bei einer zu schnellen Sweepgeschwindigkeit tiefe Frequenzen nicht erzeugt, geschweige denn gemessen werden können. Wird die Sweepgeschwindigkeit reduziert, so wird bei gleicher Laufzeit zwischen Messlautsprecher und Messmikrofon die Differenzfrequenz der Multiplikation auch geringer. Bei einer Sweepgeschwindigkeit von 100Hz pro Sekunde und einer Laufzeit von t_{Dir}=10ms würde die Differenzfrequenz nur noch bei 1Hz liegen. Die erste Raumreflexion, die nach t_{Raum}=20ms eintrifft, hat dann eine Differenzfrequenz von 2Hz. Somit müsste ein Filter konstruiert werden, das 1Hz noch ungehindert durchlässt, bei 2Hz jedoch eine ausreichende Dämpfung aufweist. Dies gestaltet sich in der Praxis als unmöglich. Somit ist auch beim TDS-Messverfahren bei den tiefen Frequenzen eine Nahfeldmessung direkt in der Nähe des Tieftöners notwendig. Die beiden Messungen werden dann wie bereits im Kapitel 16.5.1.4 beschrieben, zusammengefügt.

Anhang I: Fachbegriffe und Abkürzungen

Name, Symbol oder Abkürzung	Bedeutung
α	Absorptionskoeffizient
A	Ampere
A/D	Analog zu Digital
Aavg	Mittlere Amplitude
ABC	American Broadcast Company
AC	Alternating Current
ADC	Analog-Digital Wandler
ADPCM	Adaptive Delta Pulse Code Modulation
AES	Audio Engineering Society
AFC	Automatic Frequency Control: Automatische Frequenzregelung
AGC	Automatic Gain Control: Automatische Verstärkungsregelung
Ah	Ampere-Stunde
AM	Amplituden-Modulation
Amp	Kurzform für Amplifier (Verstärker)
Angel	Langer, leichter Stab zur Befestigung eines Mikrofons zur Tonaufnahme (Angeln) beim Film
Ansatz	Mund- und Lippenhaltung bei der Tonerzeugung von Blasinstrumenten
ANSI	American National Standards Institute
antilog	Antilogarithmus (Invers-logarithmisch)
APF	All Pass Filter
ARI	Autofahrer Radio Information
Array	Anordnung (von Lautsprechern oder Mikrofonen)
ASA	Acoustical Society of America
ASA	Amerian Standards Association
ASCII	American Standard Code for Information Interchange
at	Atmosphäre: Technische Atmosphäre
ATA	AT-Attachment
atm	Atmosphäre: Normale Atmosphäre
ATRACS	Datenreduktionsformat von Sony
Attack	Hinlaufzeit, Reaktionszeit
atü	Atmosphäre: Atmosphären Überdruck
Aufnahme	Aufnahmeraum
Aux	Auxiliary. Englisch für Hilfs-...
AVC	Automatic Volume Control: Automatische Lautstärkekontrolle
avg	Average (Mittelwert)
b	Bar
b	Bit (Binary Digit)
B	Bel
B	magnetische Flußdichte
BBS	Bulletin Board Sevice
BCD	Binary Coded Dezimal
Bd	Baud (Bits pro Sekunde)
Beamer	Videoprojektor
Bouncen	Ausspielen von Signalen

BPF	Bandpass Filter
bps	Bits pro Sekunde / Beats pro Sekunde
Breakout-Kabel	Adapterkabel von Multipin auf einzelne Stecker
Bus	Sammelschiene für Audiosignale
BW	Bandbreite (bandwidth)
°C	Grad Celsius
C	Kapazität
C	Coulomb
c	Ausbreitungsgeschwindigkeit
CBS	Columbia Broadcasting Company
CC	Compact Cassette: Analoges Tonspeichermedium
CCD	Charge Coupled Device
CCIR	Commitée Consultatif International des Radiocommunications
ccw	Counterclockwise (Gegen den Uhrzeigersinn)
CD	Compact Disc
cd	Candela
cd /m²	Candela pro m²
CD-DA	Compact Disc Digital Audio
CD-ROM	Compact Disc Read Only Memory
Chip	für einen integrierten Schaltkreis
Cinch	auch RCA-Jack: unsymmetrischer Stecker im HiFi-Bereich
CIRC	Cross Interleave Reed Solomon Code
cm	Zentimeter
CMRR	Common Mode Rejection Ratio: Gleichtaktunterdrückungsmaß
Codec	Kurzform für Codierer/Decodierer
Controller	Steuergerät
CRT	Cathod Ray Tube: Kathodenstrahl Röhre (Fernsehbildschirm)
cw	Clockwise (Im Uhrzeigersinn)
D/A	Digital zu Analog
DAB	Digital Audio Broadcast. Digitalradio
DAC	Digital-Analog Wandler
DASH	Digital Audio Stationary Head
DAT (Eigentlich R-DAT)	Digital Audio Tape: Digitales (Ton)Speichermedium auf 4mm Cassetten mit rotierender Kopftrommel
dB	Dezibel
dB(A)	A-bewerteter Schalldruckpegel in dB
dB(B)	B-bewerteter Schalldruckpegel in dB
dB(C)	C-bewerteter Schalldruckpegel in dB
DC	Direct Current
DCC	Digitale Compact Cassette: Nicht mehr existentes digitales Tonspeichermedium
DDM	Direct-to-Disk Mastering
DDS	Digital Data Storage
Delay	Verzögerungsschaltung für Audiosignale
DFT	Diskrete Fourier Transformation
DIL	Dual In-line Package
DIN	Deutscher Industrie Normenausschuss
DLP	Digital Light Processor: Chip zur Bilderzeugung in der Videoprojektion
DMD	Digital Micro-Mirror Device: Spiegelchip für DLP-Projektion
DMM	Direct Metal Mastering
DNR	Dynamic Noise Reduction
Dolby	Firmenname (gegründet von Ray Dolby)

Dolby Digital	Digitales datenreduziertes Mehrkanalformat von Dolby. Eigentlich 5.1. Mittlerweile auch Mono bis 6.1
Downlink	Empfangsstelle vom Satelliten
Drum-Booth	Schlagzeugkabine
DSD	Direct Stream Digital. Digitalisierungsformat
DSP	Digital Signal Processing
dts	Digital Theater Sound: Datenreduziertes 5.1 (6.1) Mehrkanalformat
Dubplate	In geringer Stückzahl angefertigte Schallplatte
DUT	Device Under Test (Gerät, das getestet wird)
DVD	Digital Versatile Disc (Digitale vielseitige Scheibe)
DVM	Digitales Voltmeter
Dynamik	Unterschied zwischen lautestem und leisestem Signal
EBU	European Broadcasting Union
EEPROM	Electrically Erasable Programmable Read Only Memory
EFC	Energy-Frequency Curve
EIA	Electronics Industries Association
ELA	Abkürzung für Elektroakustik
EMV	Elektromagnetische Verträglichkeit
EPROM	Erasable Programmable Read Only Memory
EQ	Equalizer
Equalizer	Klangsteller
ETC	Energy Time Curve
eV	Elektronenvolt
Expander	Schaltung zur Dynamikerweiterung von Audiosignalen
°F	Grad Fahrenheit
F	Farad
f	Frequenz
Fader	Lautstärkesteller zum Schieben
FCC	Federal Communications Commission
FET	Feld Effekt Transistor
FFT	Fast Fourier Transformation
FIR	Finite Impulse Response
Flash-EPROM	Electrically Fast Erasable Programmable Read Only Memory
Flatscreen	Flachbildschirm basierend auf LCD- oder Plasmatechnik
Floppy (Disk)	Datenspeicher basierend auf flexiblen magnetischen Speichermedien
FM	Frequenz-Modulation
FOC	Fiber Optic Connector (Glasfaserkabel)
FOH	Front of House: Mischpult vor der Bühne (im Zuschauerbereich) bei Live-Veranstaltungen
Formant	Resonanzbereich eines akustischen Instruments oder auch der menschlichen Stimme
FPS	Frames per Sekunde - Abspielgeschwindigkeit für Filmmaterial
FS	Full Scale
FSK	Frequency Shift Keying
ft	Fuß
FTC	Frequency Time Curve
G	Gauss
GHz	Gigahertz
GMT	Greenwich Mean Time
H	Henry
h	Stunde

Hard Disk	Datenspeicher basierend auf starren magnetischen Speichermedien (beschichtete Glasplatten)
H_c	Koerzitivkraft
HDTV	High Definition Television (Hochauflösendes Fernsehen)
HF	Hochfrequenz
Horn	Trichterförmige Konstruktion vor Lautsprechern um die Richtwirkung zu erhöhen
HPF	Hochpass Filter
Hub	Passiver Verteiler für Daten in einem Netzwerk
Hysterese	Bereich zwischen zwei Schwellwerten (in dem nichts passiert)
Hz	Hertz
I/O	Input-Output
IC	Integrierter Schaltkreis (Integrated circuit)
IDFT	Inverse Diskrete Fourier Transformation
IEEE	Institute of Electrical and Electronic Engineers
IIR	Infinite Impulse Response
in oder "	Inch
Intonation	Tonhöhenkorrektur der Musiker, um eine Harmonie korrekt zu spielen
ips	Inch pro Sekunde
IR	Infrarot
ISO	International Organization for Standardization
ISRC	International Standard Recording Code
ITD-Gap	Initial Time Delay Gap
ITU	International Telecommunication Union
J	Joule
JPEG	Joint Photographers Expert Group
K	Kelvin
kHz	Kilohertz
Klinke	Stecker für Audiosignale
Kohärent	Gleichphasig. Gleicher Schwingungsverlauf in gleichen Moment
Kompander	Kurzform für Kompressor/Expander
Kompressor	Schaltung zur Dynamikeinschränkung von Audiosignalen
Kreuzschiene	Verteiler-/Verschaltgerät für Signale
kVA	Kilovoltampere
$k\Omega$	Kiloohm
kW	Kilowatt
KW	Kurzwelle
kWh	Kilowattstunde
L	Induktivität
l	Liter
λ	Wellenlänge
LASER	Light Amplification by Stimulated Emission of Radiation
lb	Pound: Pfund
LCD	Liquid Crystal Display: Flüssigkristallanzeige
LDR	Light Dependent Resistor
LED	Light Emitting Diode: Leuchtdiode
LEDE	Live End - Dead End
LFO	Low Frequency Oscillator. Tieffrequenter Oszillator
lm	Lumen
ln	Logarithmus, natürlich (Basis e)
log	Logarithmus (Basis 10)
LP	Long Play

LPF	Tiefpass Filter
LSB	Least Significant Bit (Niederwertigste Binärstelle)
LSI	Large Scale Integration
LW	Langwelle
lx	Lux
µbar	Mikrobar
µF	Mikrofarad
µH	Mikrohenry
µs	Mikrosekunde
m	Meter
MAC	Multiplier/Accumulator: Multiplizierer/Addierer (Prozessorrecheneinheit)
Mantelprogramm	Radioprogramm, das Radiostationen von einem externen Anbieter beziehen
Manual	Klaviatur bei Orgel / Cembalo
Manual	Bedienungsanleitung
MASH	Multistage Noise Shaping
mbar	Millibar
Mbps	Megabits pro Sekunde
MC	Moving Coil (Bewegte Spule)
MD	MiniDisc: Datenspeicher von Sony für ATRACS komprimierte Audiosignale
MeV	Megaelektronenvolt
mH	Millihenry
MHz	Megahertz
mic	Mikrophon
MIDI	Music Instrument Digital Interface
min	Minute
mm	Millimeter
MM	Moving Magnet (Bewegter Magnet)
MO	Magneto-Optics
MoBo	Umgangssprachlich für Motherboard (Hauptplatine eines Gerätes)
Modding	Umgangssprachlicher Anglizismus für Modifizierung (Umbau)
Modem	Kurzform für Modulator/Demodulator
Monitor	Bildschirm eines Computers oder Lautsprecher einer Tonregieanlage
Monitor (-Mischer)	Mischpult auf der Bühne bei Live-Veranstaltungen
MOR	Magneto-Optical Recording
MOS	Metal-Oxyd-Semiconductor (Metalloxyd Halbleiter)
MOS	Begriff aus der Filmsprache: Ohne Ton (Mit Out Sound)
MP2	Datenreduziertes Tonformat (MPEG Layer 2)
MP3	Datenreduziertes Tonformat (MPEG Layer 3)
MPEG	Moving Pictures Expert Group
ms	Millisekunde
MSB	Most Significant Bit (Höchstwertige Binärstelle)
MTC	MIDI-Time-Code
Multicore	Kabel mit mehreren Signalleitungen
Multitrack	Mehrspur(aufnahmegerät)
Musikbett	Musikuntermalung des Moderators
MΩ	Megaohm
MW	Megawatt
MW	Mittelwelle
mW	Milliwatt
N	Newton
NAB	National Association of Broadcasters

NBC	National Broadcasting Company
NBS	National Bureau of Standards
NEC	National Electrical Code
NEMA	National Electrical Manufacturers Association
nF	Nanofarad
NPN	Negativ-Positiv-Negativ
NTSC	National Television Standards Committee
OP	Kurzform für Operation-Amplifier (Operationsverstärker)
OpAmp	Kurzform für Operation-Amplifier (Operationsverstärker)
ORTF	Office de Radiodiffusion Television Francois
PA	Public Adress. Englisch für Beschallungsanlage
Pa	Pascal
PAL	Phase Alternation Line
PAM	Puls Amplituden Modulation
Patchbay	Steckfeld für die Signalverschaltung
P_{avg}	Mittlere Leistung
PCB	Printed Circuit Board: Platine
PCM	Pulse Code Modulation. Digitalisierungsformat
Pegel	Logarithmisches Maß (der Lautstärke)
Peitsche	Verteiler von Multicore auf einzelne Stecker
pF	Picofarad
PFL	Pre Fader Listen
PIN	Positiv-Intrinsic-Negativ
PM	Phasenmodulation
PNP	Positiv-Negativ-Positiv
Port	Allgemeine Bezeichnung für eine Computerschnittstelle zur Außenwelt
Poti	Drehregler am Mischpult
Powercon	Steckerformat für Netzspannung
PPM	Peak Program Meter
PPM	Puls Pausen Modulation
preamp	Preamplifier
PROM	Programmable Read Only Memory
PVC	Polyvinyl Chloride
pW	Picowatt
PWM	Puls Weiten Modulation
Q	Abstrahlverhalten (directivity factor)
Q	Gütefaktor (bei Filtern)
QRD	Quadratic Residue Diffusor
Rack	Möbel zur Geräteunterbringung
RAID	Redundant Array of Inexpensive/Independent Discs. Festplattenanordung
RAM	Random Access Memory
RASTI	Rapid Speech Transmission Index
Ratio	Verhältnis
RC (-Glied)	Widerstand-Kapazität (Zusammenschaltung)
R-DAT	Rotary Head Digital Audio Tape
RDS	Radio Data Service
Receiver (RX)	Empfänger
Reflexionsarmer Raum	Fachbegriff für den "schalltoten" Raum
Regie	Raum in dem das Mischpult steht
Release	Rücklaufzeit, Abklingzeit
Resonator	akustisches Bauteil ähnlich Equalizer

RFZ	Reflection Free Zone: Reflexionsfreie Zone
RGB	Rot, Grün, Blau
RIAA	Recording Industry Association of America
RLC (-Glied)	Widerstand-Induktivität-Kapazität (Zusammenschaltung)
RMS	Root-Mean-Square
Rohling	unbespielter Datenträger
ROM	Read Only Memory
rpm	Revolutions per minute: Umdrehungen pro Minute
RT60	Reverberation Time: Nachhallzeit
RTA	Real Time Analyser: Echtzeitanalysator
S	Siemens (Leitwert)
s	Sekunde
S/H	Sample & Hold
SA-CD	Super Audio Compact Disc
Sampler	Gerät zur Aufnahme und zum Abspielen von (kurzem) Tonmaterial
Schalltoter Raum	Umgangssprachlich für einen reflexionsarmen Raum
Schnecke	Scheckenförmiger absorptiver Gang für Hörspielaufnahmen
Schnürsenkel	Umgangssprachlich für 1/4-Toll Tonband
Schüssel	Umgangssprachlich für Mischpult / Satellitenschüssel
SCSI	Small Computer Serial Interface
SDDS	Sony Digital Dynamic Sound: Digitales (auf ATRACS basierendes) Mehrkanalformat (7.1)
SECAM	Sequence Electronique Couleur Avec Memoire
Senkelmaschine	Umgangssprachlich für eine 1/4-Zoll Bandmaschine
SLM	Sound Level Meter: Schallpegelmeßgerät
SMPTE	Society of Motion Picture & Television Engineers
SNR	Signal-to-Noise Ratio
Soundkarte	Ein-/Ausgabegerät für Audiosignale in einem Computer
Speakon	Steckerformat für Lautsprechersignale
Spinne	Elastische Mikrofonaufhängung
SPL	Sound Pressure Level
SR-D	Film mit einer Kombination aus analogen Ton und Dolby Digital Ton (5.1 oder 6.1)
Stagebox	Anschlussfeld für die Bühne
Stem	Zusammenfassung mehrerer Signale (z.B. alle Sprachsignale oder alle Schlagzeugmikrofonsugnale)
Studio	Aufnahmeraum
Subwoofer	Sehr tief abgestimmter Tieftöner
Switch	Aktiver Verteiler in einem Netzwerk
SWL	Sound Power Level
Sythesizer	Erzeuger künstlicher Klänge
T	Tesla
τ	Zeitkonstante
TDS	Time Delay Spectrometry
TEF	Time Energy Frequency
TFT	Flachbildschirm basierend auf LCD-TFT-Technologie
TFT	Thin Film Transistor: Dünnfilmtransistor (Durchsichtiger Transistor)
thd	Total Harmonic Distortion
Threshold	Schwellwert, ab dem ein Ereignis gesteuert wird
THX	keine Bedeutung der einzelnen Buchstaben
Timecode	Zeitinformation mit der Geräte zueinander synchronisiert werden können
TOC	Table Of Contents: Inhaltsverzeichnis

TP	True Peak
Transmitter (TX)	Sender
TT-Phone	Steckerformat für Patchbays
TV	Television
Tweeter	Hochtöner
UHF	Ultra High Frequency
UKW	Ultrakurzwelle
Uplink	Sendestelle zum Satelliten
USB	Universal Serial Bus
U_{SS}	Spitze-Spitze Spannung
UV	Ultraviolett
V	Volt
v	Geschwindigkeit
VA	Voltampere
VCA	Voltage Controlled Amplifier: Spannungsgesteuerter Verstärker
VCF	Voltage Controlled Filter: Spannungsgesteuertes Filter
VCO	Voltage Controlled Oscillator: Spannungsgesteuerter Oszillator
VDT	Verband Deutscher Tonmeister
Verpackungselemente	Musik- und Sprachstücke vor und hinter Moderationen und Musiktiteln
VFO	Variable Frequency Oscillator
VHF	Very High Frequency
VI	Volume Indicator
Vinyl	Moderne Bezeichnung der Schallplatte
VTVM	Vacuum Tube Volt Meter: Röhrenvoltmeter
VU	Volume Unit
Ω	Ohm
W	Watt
Wallbox	Anschlussfeld an der Wand
Wb	Weber
Wh	Wattstunde
WO	Write Once
Woofer	Tieftöner
WORM	Write Once Read Many/Multiple
X_C	Blindwiderstand des Kondensators
X_L	Blindwiderstand der Spule
XLR	Professionelles Steckerformat für Audiosignale
Z	Impedanz
Zelt	Mit Molton-Vorhang abgetrennter Bereich für Sprachaufnahmen

Anhang II: Das griechische Alphabet

Name		Bedeutung Großbuchstabe		Bedeutung Kleinbuchstabe
Alpha	A		α	Absorptionsgrad, Winkel, Wärmeübergangskoeffizient
Beta	B		β	Winkel, Flussdichte, Phase, Wellenlänge, Dämpfungskonstante
Gamma	Γ		γ	Leitwert, elektrische Leitfähigkeit
Delta	Δ	Erhöhung, Verringerung	δ	Winkel, Abklingkoeffizient, Erhöhung, Verringerung
Epsilon	E	Elektrische Feldstärke	ε	Emissionsgrad, Permittivität, Dielektrizitätskonstante, Basis des natürlichen Logarithmus: 2,71828
Zeta	Z		ζ	
Eta	H		η	Wirkungsgrad, Viskosität (dynamisch)
Theta	Θ	Winkel, thermischer Widerstand, magnetische Durchflutung	θ	Winkel
Jota	I		ι	
Kappa	K		κ	Empfindlichkeit, elektrische Leitfähigkeit
Lambda	Λ		λ	Wellenlänge, Wärmeleitfähigkeit
My	M		μ	Permeabilität, Reibungszahl, Beweglichkeit von Ladungsträgern, Verstärkungsfaktor, Präfix "Mikro": 10-6
Ny	N		ν	Frequenz, Viskosität (kinematisch)
Ksi	Ξ	Schallauslenkung, Schallausschlag	ξ	Schallauslenkung, Schallausschlag
Omikron	O		o	
Pi	Π		π	Konstante 3,1415927
Rho	P		ρ	Dichte
Sigma	Σ	Summe	σ	Oberflächenspannung, elektrische Leitfähigkeit
Tau	T	Periodendauer	τ	Zeitkonstante, Übertragungsfaktor
Ypsilon	Υ		υ	
Phi	Φ	Magnetische Flussdichte, Lichtstrom	φ	Magnetische Flussdichte, Phasenwinkel und Phasenverschiebung
Chi	X		χ	Kompressibilität, Winkel,
Psi	Ψ	Winkel	ψ	Phasenverschiebung
Omega	Ω	Elektrischer Widerstand	ω	Kreisfrequenz, Winkelgeschwindigkeit

Anhang III: Das Periodensystem der Elemente

Gruppe

Periode	I	II	IIIb	IVb	Vb	VIb	VIIb	VIIIb			Ib	IIb	III	iV	V	VI	VII	VIII
1	1 □ **H** 1,007																	2 □ **He** 4,002
2	3 ■ **Li** 6,941	4 ■ **Be** 9,012											5 ◪ **B** 10,81	6 □ **C** 12,01	7 □ **N** 14,00	8 □ **O** 15,99	9 □ **F** 18,99	10 □ **Ne** 20,17
3	11 ■ **Na** 22,98	12 ■ **Mg** 24,30											13 ■ **Al** 26,98	14 ◪ **Si** 28,08	15 □ **P** 30,97	16 □ **S** 32,06	17 □ **Cl** 35,45	18 □ **Ar** 39,94
4	19 ■ **K** 39,09	20 ■ **Ca** 40,07	21 ■ **Sc** 44,95	22 ■ **Ti** 47,88	23 ■ **V** 50,94	24 ■ **Cr** 51,99	25 ■ **Mn** 54,93	26 ■ **Fe** 55,84	27 ■ **Co** 58,93	28 ■ **Ni** 58,69	29 ■ **Cu** 63,54	30 ■ **Zn** 65,39	31 ■ **Ga** 69,72	32 ◪ **Ge** 72,61	33 ◪ **As** 74,92	34 ◪ **Se** 78,96	35 □ **Br** 79,90	36 □ **Kr** 83,80
5	37 ■ **Rb** 85,46	38 ■ **Sr** 87,62	39 ■ **Y** 88,90	40 ■ **Zr** 91,22	41 ■ **Nb** 92,90	42 ■ **Mo** 95,94	43 ■ **Tc** 98,90	44 ■ **Ru** 101,0	45 ■ **Rh** 102,9	46 ■ **Pd** 106,4	47 ■ **Ag** 107,8	48 ■ **Cd** 112,4	49 ■ **In** 114,8	50 ■ **Sn** 118,7	51 ◪ **Sb** 121,7	52 ◪ **Te** 127,6	53 □ **I** 126,9	54 □ **Xr** 131,2
6	55 ■ **Cs** 132,9	56 ■ **Ba** 137,3		72 ■ **Hf** 178,4	73 ■ **Ta** 180,9	74 ■ **W** 183,8	75 ■ **Re** 186,2	76 ■ **Os** 190,2	77 ■ **Ir** 192,2	78 ■ **Pt** 195,0	79 ■ **Au** 196,9	80 ■ **Hg** 200,5	81 ■ **Tl** 204,3	82 ■ **Pb** 207,2	83 ■ **Bi** 208,9	84 ■ **Po** 208,9	85 □ **At** 209,9	86 □ **Rn** 222,0
7	87 ■ **Fr** 223,0	88 ■ **Ra** 226,0		104 ■ **Rf** 261,1	105 ■ **Db** 262,1	106 ■ **Sg** 263,1	107 ■ **Bh** 262,1	108 ■ **Hs** 265,0	109 ■ **Mt** 266,0	110 ■ **Ds** 269,0	111 ■ **Rg** 272,0	112 ■ **Uub** 277,0						
8				57 ■ **La** 138,9	58 ■ **Ce** 140,1	59 ■ **Pr** 140,9	60 ■ **Nd** 144,2	61 ■ **Pm** 146,9	62 ■ **Sm** 150,3	63 ■ **Eu** 151,9	64 ■ **Gd** 157,2	65 ■ **Tb** 158,9	66 ■ **Dy** 162,5	67 ■ **Ho** 164,9	68 ■ **Er** 167,2	69 ■ **Tm** 168,9	70 ■ **Yb** 173,0	71 ■ **Lu** 174,9
9				89 ■ **Ac** 227,0	90 ■ **Th** 232,0	91 ■ **Pa** 231,0	92 ■ **U** 238,0	93 ■ **Np** 237,0	94 ■ **Pu** 244,0	95 ■ **Am** 243,0	96 ■ **Cm** 247,0	97 ■ **Bk** 247,0	98 ■ **Cf** 251,0	99 ■ **Es** 252,0	100 ■ **Fm** 257,0	101 ■ **Md** 258,0	102 ■ **No** 259,1	103 ■ **Lr** 260,1

Ordnungszahl – 26
Symbol – **Fe**
Relative Atommasse (g/mol) – 55,84

■ Metall
◪ Halbmetall
□ Nichtmetall

Index

B

D

E

F

G

H

I

J

K

L

M

N

O

P

Q

R

T

Printed and bound by CPI Group (UK) Ltd, Croydon, CR0 4YY
10/09/2026
02214295-0001